1 MONTH OF
FREE
READING

at
www.ForgottenBooks.com

By purchasing this book you are
eligible for one month membership to
ForgottenBooks.com, giving you
unlimited access to our entire
collection of over 1,000,000 titles via
our web site and mobile apps.

To claim your free month visit:
www.forgottenbooks.com/free449716

ISBN 978-0-656-97260-9
PIBN 10449716

Erlangen, W.-S. 18 89/90.

ELEMENTE

DER

MINERALOGIE

BEGRÜNDET VON

CARL FRIEDRICH NAUMANN.

ZWÖLFTE, VOLLSTÄNDIG NEU BEARBEITETE UND ERGÄNZTE AUFLAGE

VON

DR. FERDINAND ZIRKEL

ORD. PROFESSOR DER MINERALOGIE UND GEOGNOSIE AN DER UNIVERSITÄT LEIPZIG,
K. S. GEH. BERGRATH.

MIT 951 FIGUREN IN HOLZSCHNITT.

LEIPZIG

VERLAG VON WILHELM ENGELMANN

1885.

Das Recht der englischen und französischen Uebersetzung dieser zwölften Auflage hat
sich der Verleger vorbehalten.

VORREDE ZUR ZEHNTEN AUFLAGE.

Fast gleichzeitig mit dem Erscheinen der neunten Auflage seiner Elemente der Mineralogie schloss Carl Friedrich Naumann am 26. November 1873 für immer die Augen.

Von dem langjährigen Verleger der Werke des Dahingeschiedenen wurde mir der ehrenvolle Auftrag zu Theil, eine fernere Ausgabe jenes Buches vorzubereiten, welches wie kein anderes die Grundlage mineralogischen Studiums auf deutschen Hochschulen und an anderen wissenschaftlichen Anstalten, sowie in den Händen zahlreicher Freunde der Mineralogie bildet.

Wenn es dabei galt, diejenigen Veränderungen und Bereicherungen anzubringen, welche durch die neuesten Fortschritte der Wissenschaft auch in einem Elementarbuche über Mineralogie geboten zu sein schienen, so mussten dieselben innerhalb der ersten Hälfte insbesondere den Abschnitten über die allgemeinen physikalischen und chemischen Eigenschaften der Mineralien in reichlichem Maasse zu Theil werden. Vor allem war es der über die chemische Constitution der Mineralien, bei welchem eine den heutzutage durchweg gültigen Grundsätzen entsprechende Neubearbeitung nicht umgangen werden durfte. In dem allgemeinen krystallographischen Hauptstück finden sich nur verhältnissmässig wenig Zusätze und weitere Ausführungen, die in keinem anderen Sinne als dem des gerade auf diesem Gebiete unübertrefflichen Lehrers und Meisters ausfallen konnten.

Eine grössere, freilich nur äusserliche Veränderung hat in dem zweiten speciellen Theil Platz gegriffen. Immer mehr und mehr bricht sich in

Vorträgen und Abhandlungen und tabellarischen Zusammenstellungen die Ueberzeugung Bahn, dass die naturgemässe Gruppirung der Mineralkörper in erster Linie von ihrem chemischen Wesen ausgehen muss, wodurch allein es auch möglich wird, die formbeherrschenden Verhältnisse des wirklichen Isomorphismus gebührend zu berücksichtigen. Und so ist denn hier der Versuch gewagt worden, die bisherige Classification zu verlassen und die auf die chemische Constitution begründete als die mit Recht begünstigtere an ihre Stelle zu setzen, wobei alsdann die Hauptordnungen von selbst vorgezeichnet waren. Scheint auch dadurch bei einer Vergleichung mit der neunten Auflage in der zweiten Hälfte fast das Unterste zu oberst gekehrt, so werden doch Lehrer und Schüler, welche das Buch liebgewonnen haben, die specielle Beschreibung der einzelnen Mineralien in nahezu derselben — nur durch die nothwendig gewordenen neuen Zusätze und Veränderungen abweichenden — Gestalt wiederfinden. Beruht ja einer der Hauptvorzüge des Werkes in der unvergleichlichen Klarheit, welche bei aller Kürze und Knappheit in diesen durch Jahrzehnte hindurch sorgfältigst ausgearbeiteten Darstellungen herrscht. Ueberall habe ich darnach getrachtet, die in den allgemeinen Lehren vorkommenden Original-Aussprüche und -Ansichten des Verfassers in ihrer Selbständigkeit hervortreten zu lassen.

Möge es mir gelungen sein, dieser zehnten Auflage diejenige Fassung im Ganzen wie im Einzelnen zu geben, welcher Carl Friedrich Naumann, wenn er noch bei uns weilte, unter Berücksichtigung des inzwischen erfolgten Vorschreitens der Wissenschaft zustimmen würde.

Wenn schon er in den Vorreden zu den früheren Auflagen durch die Dankbarkeit, womit er ihm zu Theil gewordener Bemerkungen und Rathschläge gedachte, auf den hohen Werth derselben hinwies, so möchte ich um so weniger versäumen, geradezu die Bitte auszusprechen, mich auf etwaige, der Correctur bedürftige Angaben aufmerksam zu machen, um das Buch trotz der ausserordentlichen Fülle des bearbeiteten Detailmaterials immer fehlerfreier zu gestalten.

Leipzig, Anfang September 1877.

F. Zirkel.

VORREDE ZUR ELFTEN AUFLAGE.

Wenn in einem ähnlich kurzen Zeitraum, in welchem die früheren Ausgaben dieses Buches vergriffen wurden, sich auch für die letzte gänzliche Umarbeitung und Neugestaltung desselben das Bedürfniss einer ferneren Auflage geltend gemacht hat, so darf ich daraus wohl die Hoffnung ableiten, dass es mir gelungen sei, den altbewährten Traditionen desselben gerecht zu werden und seines vortrefflichen Urhebers Darstellungsweise fortzusetzen.

In dieser elften Auflage bin ich bestrebt gewesen, nicht nur die gesammte neuere Literatur in ihren Hauptergebnissen mit aufzunehmen, sondern auch etliche wichtiger gewordene allgemeine Capitel etwas weiter auszuführen, zugleich auch, um den Umfang nicht allzusehr zu vergrössern, andere, augenblicklich mehr in den Hintergrund der Forschung getretene Punkte kürzer zu fassen. 43 Holzschnitte sind neu hinzugekommen, zum Theil als Ersatz früher vorhandener.

Zahlreichen verehrten Freunden und Fachgenossen, insbesondere den Herren Eck, H. Fischer, Frenzel, Groth, Kalkowsky, C. Klein, vom Rath, Streng, Wichmann, v. Zepharovich bin ich für die Mittheilung von Berichtigungen, für mündliche oder briefliche Rathschläge zu aufrichtigem Dank verpflichtet.

Leipzig, Ende Juni 1881.

F. Zirkel.

VORREDE ZUR ZWÖLFTEN AUFLAGE.

~~~~~~~

Bei einer Vergleichung der elften mit der vorliegenden Auflage wird es allerorts hervortreten, dass ich wiederum bemüht war, den Fortschritten der Wissenschaft durch einige Aenderungen in der Anordnung der Mineralarten, sowie in der Gestaltung chemischer Formeln, namentlich aber durch sehr viele Zusätze und Verbesserungen im Text zu entsprechen, wobei abermals manchen Fachgenossen für freundliche Bemerkungen und Berichtigungen mein aufrichtiger Dank gebührt. Insbesondere bin ich meinem verehrten Freunde Prof. A. Wichmann in Utrecht zu grosser Dankbarkeit verpflichtet, welcher aus eigenem Antrieb die überaus mühevolle Arbeit durchgeführt hat, die procentarische Normalzusammensetzung der Mineralien auf Grund der letzten Atomgewichtsbestimmungen von Lothar Meyer und K. Seubert neu zu berechnen. Die Anzahl der Figuren hat sich um 33 vermehrt, sehr zahlreiche ältere Holzschnitte sind diesmal durch neue ersetzt worden. Zum ersten Mal wurde versucht, die Beschreibung der minder wichtigen oder ganz seltenen Mineralien durch etwas kleineren Druck vor derjenigen der anderen zurücktreten zu lassen.

Leipzig, Anfang August 1885.

F. Zirkel.

INHALT.

Einleitung.

Allgemeiner Theil.

Erster Abschnitt.

Physiologie und Terminologie der Mineralien.

I. Hauptstück.

Von den morphologischen Eigenschaften der Mineralien.

1. Abtheilung. Krystallographie.

1. Reguläres Krystallsystem.

2. Tetragonales Krystallsystem.

3. Hexagonales Krystallsystem.

4. Rhombisches Krystallsystem.

5. Monoklines Krystallsystem.

6. Triklines Krystallsystem.

7. Hemimorphismus mancher Krystalle.

8. Von dem Wachsthum der Krystalle und den Unvollkommenheiten der Bildung.

9. Messung der Krystalle.

10. Von den Zwillingskrystallen.

III. Hauptstück.

Von den chemischen Eigenschaften der Mineralien.

Specieller Theil.

Physiographie der Mineralien.

        Den weiteren Inhalt gibt die Uebersicht der Gliederung in §. 182, oder von
        S. 283 bis 295, sowie das Register zur Physiographie.

EINLEITUNG.

§ 1. Begriff von Mineral. Mit dem Worte Mineral bezeichnet man jeden homogenen, starren oder tropfbar flüssigen, anorganischen Körper, welcher so, wie er erscheint, ein unmittelbares, ohne Mitwirkung organischer Processe und ohne Zuthun menschlicher Willkür entstandenes Naturproduct ist. Die Mineralien bilden wesentlich die äussere Kruste unseres Planeten, wie solche zwischen der Atmosphäre und dem unbekannten Inneren desselben enthalten ist. Indessen werden herkömmlicher Weise einige, aus der Zersetzung und Umbildung urweltlicher organischer Körper entstandene, und im Schoosse der Erde begrabene Massen, wie z. B. Steinkohle, Braunkohle, Bernstein, Polirschiefer, mit in das Gebiet des Mineralreiches gezogen, obwohl sie eigentlich keine Mineralien, sondern nur Fossilien sind, welches Wort man sonst, und namentlich in Deutschland, als gleichbedeutend mit Mineral zu gebrauchen pflegte.

Vom Mineralreiche ausgeschlossen sind daher alle luft- und dampfförmigen Körper, welche der Atmosphäre angehören; alle von thierischen und pflanzlichen Organismen gebildeten anorganischen Secretionen und Concretionen (als Korallen, Muschelschaalen, Knochen, Harnsteine u. dergl.); und alle diejenigen anorganischen Körper, welche auf Anlass menschlicher Willkür und unter Mitwirkung menschlicher Kunst gebildet werden. Das Gebiet der Anorganographie ist daher weit grösser, als das der Mineralogie, und letztere nur ein Theil der ersteren. Jedenfalls lässt sich aber eine gesonderte Betrachtung der im Laboratorium der freien Natur gebildeten und gleichsam autochthonen anorganischen Körper rechtfertigen; hat ja doch der Planet selbst einmal ohne den Menschen und ohne jene zahlreichen anorganischen Körper bestanden, zu deren Darstellung Bedürfniss und Wissbegierde den Künstlersinn desselben veranlassten. Zwei Beispiele von tropfbar flüssigen Mineralien liefern das Wasser und das gediegene Quecksilber.

Ueber das Prädicat homogen ist noch Folgendes zu bemerken. Man versteht unter einem homogenen Körper einen jeden, welcher in seiner ganzen Ausdehnung wesentlich dieselben physischen und chemischen Eigenschaften besitzt. Jedes einzelne, vollkommen reine Mineral ist nun ein homogener Körper. Hieraus folgt denn zuvörderst, dass die meisten Gesteine, als schon mit dem blosen Auge deutlich erkennbare Aggregate von Individuen zweier oder mehrer Mineralarten, keine homogenen Körper, sondern Gemenge verschiedener Körper sind, weshalb sie denn auch als solche keinen Gegenstand der Mineralogie bilden. — Viele Mineralien enthalten aber auch eingeschlossene fremde Körper, z. B. kleine meist mikroskopische Krystalle anderer Mineralien, oder Poren, welche bald leer, bald

mit Luft erfüllt sind, oder Einschlüsse einer Flüssigkeit oder Glasmasse. Die
mikroskopischen Untersuchungen von Dünnschliffen der Mineralien haben gelehrt, dass
dergleichen Einschlüsse ausserordentlich häufig vorkommen. Dadurch wird nun freilich die Homogenität solcher Mineralien stellenweise unterbrochen oder aufgehoben ;
indem man aber von diesen Einschlüssen abstrahirt, und das einschliessende Mineral
an und für sich in seiner Reinheit betrachtet, wird für selbiges der Begriff Homogenität erhalten; leider ist indessen diese Abstraction in der Wirklichkeit oft gar nicht
auszuführen. — Das Wort Fossil wird gegenwärtig nur von den in den Gebirgs-
schichten begrabenen und mehr oder weniger umgewandelten organischen Ueberresten
gebraucht. Die oben genannten Fossilien sind theils phytogene, theils zoogene
anorganische Körper.

§ 2. **Krystalle und Individuen des Mineralreiches.** Jeder Mineralkörper,
dessen verschiedene Eigenschaften einen inneren gesetzlichen Zusammenhang, eine
gegenseitige Abhängigkeit beurkunden, wird mit allem Rechte als ein Individuum, als ein in sich abgeschlossenes Wesen, als ein selbständiges, von der
übrigen Welt abgesondertes Einzelding zu betrachten sein. Die Individualität
eines Mineralkörpers wird aber am leichtesten und sichersten an dem Zusammenhange erkannt, welcher zwischen seinen morphologischen und physischen Eigenschaften (zwischen seiner Form und seinen Qualitäten) stattfindet. Da eine gesetzmässige räumliche Individualisirung die erste Bedingung zur Anerkennung des
Individuums überhaupt ist, so muss die Form des anorganischen Individuums nicht
nur eine stabile und selbständige, sondern auch eine gesetzlich regelmässige
Form sein. Nun finden wir in der That, dass sehr viele Mineralkörper eine ringsum abgeschlossene, mehr oder weniger regelmässige polyëdrische Form besitzen, begrenzt von ebenen Flächen, welche bestimmte Winkel mit einander bilden. Man hat diese regelmässig-polyëdrisch gestalteten Mineralkörper Krystalle
genannt. Eine genauere Untersuchung lehrt aber, dass die Form dieser Krystalle
mit den meisten ihrer physischen Eigenschaften, und namentlich mit ihren
Cohärenz-Verhältnissen, mit ihren optischen Eigenschaften, mit ihrer Elasticität,
mit ihrem Ausdehnungsvermögen durch die Wärme u. s. w. in dem genauesten,
mathematisch nachweisbaren Zusammenhange steht. Die Krystalle sind also in
der That als die vollkommen ausgebildeten anorganischen Individuen zu
betrachten. — Da nun jede Eigenschaft eines Dinges, welche mit der Gesammtheit
seiner übrigen Eigenschaften gesetzlich verknüpft ist, zu dem Wesen des Dinges
gehört, und als eine wesentliche Eigenschaft desselben bezeichnet werden
kann, und da die Form eines jeden Individuums doch eine ursprüngliche, von
der Natur selbst ausgeprägte sein muss, so gelangen wir zu folgendem Begriff von
Krystall: Krystall ist jeder starre anorganische Körper, welcher eine
wesentliche und ursprüngliche, mehr oder weniger regelmässige polyëdrische Form besitzt, die mit seinen physikalischen Eigenschaften zusammenhängt [1]). — Die Krystalle bilden sich beim Uebergang der betreffenden Substanzen

----

[1]) Unvollkommen sind solche Begriffsbestimmungen, in welchen, wie in der alten *Linné*-
schen Definition, die regelmässige polyëdrische Form als alleiniges Merkmal erscheint; wonach
denn die Pseudomorphosen und die regelmässigen Spaltungsstücke, oder Aggregate und
Fragmente, gleichfalls Krystalle sein würden. Anderseits geht *Groth* zu weit, wenn er
das Wesen des Krystalls blos in dessen molecularer Structur erblickt und die äussere Gestalt
als etwas secundäres auffassend, die »theoretisch richtige« Definition hinstellt: »Ein Krystall ist
ein homogener fester Körper, dessen Elasticität sich mit der Richtung ändert.« (Monatsber. d.
Berliner Akad. 5. Aug. 1875.) Darnach ist, entgegen dem üblichen Sprachgebrauch, welcher
sich dafür des Adjectivs krystallinisch bedient, nicht nur jedes Spaltungsstück von Kalk-

aus dem beweglichen — einerseits dem gas- oder dampfförmigen, anderseits dem flüssigen, und zwar wässerig gelösten oder geschmolzenen — in den starren Zustand. Der höhere oder niedere Grad von morphologischem Regelmaass kommt den Krystallformen wenigstens ihrer Idee nach zu, indem die Natur bei der Ausbildung eines jeden Krystalls zunächst auf die Darstellung eines ebenflächigen und regelmässigen Polyëders hinarbeitete. Da aber die Krystallisationskraft gar häufig in ihrer Wirksamkeit durch andere Kräfte gestört worden ist, und da die Krystalle theils in dem Fundamente, von welchem aus ihre Bildung erfolgte, theils in ihrem gegenseitigen Contacte ein Hinderniss ihrer Entwickelung gefunden haben können, so lassen sich auch in der Wirklichkeit mancherlei Anomalien der Ausbildung erwarten, durch welche jedoch die allgemeine Gesetzmässigkeit der Krystallformen ebenso wenig aufgehoben wird, wie das allgemeine Gesetz der elliptischen Planetenbahnen durch die mancherlei Störungen, denen die Planeten in ihren Bewegungen unterworfen sind.

Diese Gesetzmässigkeit der Krystallformen lässt sich aber freilich nur dann in ihrer ungetrübten Klarheit erkennen und darstellen, wenn dabei vorläufig von den Störungen abgesehen wird, denen sie in der Wirklichkeit unterliegen. Indem wir also einstweilen eine ideale Vollkommenheit der Krystallbildung voraussetzen, fordern wir für jeden Krystall eine mehr oder weniger r e g e l m ä s s i g e p o l y ë d r i s c h e Form.

Diese polyëdrische Form muss aber auch eine u r s p r ü n g l i c h e, d. h. sie muss eine solche sein, mit welcher der Krystall unmittelbar aus den Händen der Natur hervorgegangen ist. Dieses Merkmal ist wichtig, weil die r e g e l m ä s s i g e n S p a l t u n g s s t ü c k e, welche sich aus den meisten Krystallen durch zweckmässige Theilung herausschlagen lassen, in allen übrigen Eigenschaften und in der W e s e n t l i c h k e i t ihrer Form mit den Krystallen übereinstimmen. Allein die Rhomboëder, welche aus jedem Kalkspathkrystalle, die Hexaëder, welche aus jedem Bleiglanzkrystalle durch das Zerschlagen desselben dargestellt werden können, sind ja nur S t ü c k e oder F r a g m e n t e. Die bildende Natur bringt aber keine Fragmente oder Stückwerke hervor, und die Formen w i r k l i c h e r Krystalle können nimmer secundäre, durch gewaltsame Eingriffe zum Vorschein gebrachte Formen sein, sondern müssen den Charakter der Ursprünglichkeit an sich tragen. Die regelmässigen Spaltungsstücke sind daher k r y s t a l l ä h n l i c h e Körper, welche durch den Mangel der U r s p r ü n g l i c h k e i t ihrer Formen aus dem Gebiete der wirklichen Krystalle ausgeschlossen werden.

Es gibt aber noch eine a n d e r e Art von krystallähnlichen Körpern, welche gleichfalls eine solche Ausschliessung erfordern. Dies sind die P s e u d o m o r p h o s e n oder Afterkrystalle: Mineralkörper, welche in Krystallformen auftreten, ohne doch selbst Krystalle zu sein, Gebilde, welche ihre äussere Form entweder von einem präexistirenden Krystall blos entlehnt, oder auch nach einem solchen Krystall noch rückständig erhalten haben, indem sie selbst durch eine, unbeschadet der Form erfolgte substantielle U m w a n d l u n g desselben entstanden sind. Alle diese Pseudomorphosen haben zwar u r s p r ü n g l i c h e und mehr oder weniger

---

spath, sondern auch jeder beliebig angeschliffene Quarz, ja jedes splitterförmige Quarzfragment ein »k r y s t a l l i s i r t e s« Mineral. Uebrigens würde man nach jener Definition auch die rasch gekühlten Gläser mit zu den Krystallen rechnen müssen. *Tschermak* folgt dagegen in seinem vortrefflichen Lehrbuch der Mineralogie wesentlich den hier gegebenen Begriffsbestimmungen *Naumann's*.

regelmässige polyëdrische Formen; es geht ihnen aber dasjenige Merkmal ab, welches einem wirklichen und ächten Krystalle niemals fehlen darf: das Merkmal nämlich, welches wir als Wesentlichkeit der Form bezeichnet haben.

§ 3. **Unbestimmte Maassgrösse und Aggregation der Individuen.** Jeder Krystall ist also ein Individuum der anorganischen Natur. Allein umgekehrt kann nicht jedes Individuum ein Krystall genannt werden. Es unterscheiden sich nämlich die Individuen der anorganischen von denen der organischen Natur, wie durch viele andere Eigenschaften, so besonders durch folgende zwei Momente:

1) dass die absolute Grösse der vollkommen ausgebildeten Individuen eines und desselben Minerals an kein bestimmtes mittleres Normalmaass gebunden ist, sondern zwischen sehr weiten Grenzen schwankt, und besonders häufig durch immer kleinere Dimensionen bis zu mikroskopischer Kleinheit herabsinkt; und

2) dass eine freie und vollständige Form-Ausbildung zu den selteneren Fällen gehört, indem die Individuen der anorganischen Natur dem vorherrschenden Gesetz der Aggregation unterworfen und daher gewöhnlich in grosser Anzahl neben, über und durch einander ausgebildet sind.

Beide Momente sind von grossem Einfluss auf die Methode unserer Wissenschaft. Die herrschende Aggregation der Individuen hat nämlich zur Folge, dass in allen solchen Fällen, wo sehr viele Individuen neben, über oder auch durch einander in dichtem Gedränge entstanden sind, für jedes einzelne derselben entweder nur eine theilweise, oder auch gar keine freie Form-Ausbildung möglich war. Die einzelnen Individuen erscheinen dann nur in mehr oder weniger verdrückten oder verkrüppelten Formen, deren Contouren durch ganz zufällige und regellose Contactflächen bestimmt werden, welche meist in gar keiner Beziehung zu derjenigen Krystallform stehen, auf deren Ausbildung die Natur doch eigentlich in jedem Individuum hinarbeitete. Wenn wir also unter einem Krystall nur das vollständig oder doch wenigstens theilweise zu freier Form-Ausbildung gelangte Individuum zu denken haben, so folgt hieraus, dass sehr viele Individuen der anorganischen Natur, in Folge ihrer durch die Aggregation bedingten gegenseitigen Hemmungen und Störungen, nicht mehr als Krystalle ausgebildet sein werden, obwohl sie ihre Individualität in dem inneren Zusammenhange ihrer physischen Eigenschaften noch hinreichend beurkunden.

Vereinigt sich nun mit der Aggregation auch eine sehr geringe Maassgrösse der Individuen, und sind die mikroskopisch kleinen Individuen auf das Innigste mit einander verwachsen und verwoben, so wird man sogar Schwierigkeiten haben, das Aggregat als solches zu erkennen.

Beispiele vollständiger Form-Ausbildung der Individuen: Granatkrystalle in Glimmerschiefer, Boracitkrystalle in Gyps, Magneteisenerzkrystalle in Chloritschiefer; Beispiele theilweiser Formausbildung: jede Druse von Kalkspath, Quarz u. a. Mineralien: Beispiele gänzlich gehemmter Form-Ausbildung: körniger Kalkstein, Gyps, Quarz u. s. w.: Beispiele sehr feiner Aggregate: dichter Kalkstein, dichter Gyps, Speckstein, Hornstein.

§ 4. **Unterschied des krystallinischen und amorphen Zustandes.** Denjenigen, auf eine bestimmte und regelmässige Anordnung der Molecüle begründeten physikalischen Zustand, welcher sowohl den normal ausgebildeten Krystallen, als nicht minder auch den in ihrer äusseren Formentwickelung gehemmten Individuen eigen ist, bezeichnet man als den krystallinischen. Vor Allem spricht er sich in der Erscheinung aus, dass solche Gebilde nach verschiedenen Richtungen eine verschiedene Elasticität besitzen oder auch abweichende Cohärenz-Verhältnisse aufweisen, und da diese physikalische Eigenschaft durch die Zerkleinerung der Masse nicht aufgehoben wird, so befindet sich jeder abgesprengte Splitter, jede geschliffene Platte eines Krystalls in demselben krystallinischen Zustande, wie das normal gewachsene Individuum, von welchem sie herstammen.

Im Gegensatz zu diesen krystallinischen Mineralien stehen nun die amorphen, d. h. diejenigen, welchen mit der räumlichen Individualisirung auch das krystallinische Gefüge überhaupt abgeht, indem die gegenseitige Aggregation der Molecüle eine unregelmässige ist, und bei welchen (wie z. B. unter den Kunstproducten bei dem Glase) die Elasticität und Cohärenz nach allen Richtungen hin gleichmässig wirkt[1]). Zu ihnen gehören nicht nur die flüssigen, sondern auch manche starre Mineralien, deren äussere Formen, wenn sie auch stabile und ursprüngliche sind, doch keinerlei Wesentlichkeit und Gesetzmässigkeit besitzen. Die meisten dieser starren amorphen Mineralien sind allmählich aus einem gallertähnlichen Zustande, andere ziemlich rasch aus dem Zustande feuriger Flüssigkeit zur Festwerdung gelangt; man kann die ersteren mit *Breithaupt* porodine, die anderen hyaline Mineralien nennen. Viele amorphe Mineralien sind jedoch blose Producte oder Rückstände der Zersetzung anderer präexistirender Mineralien und lassen sich dann nicht immer als porodine Körper bezeichnen; bei feinerdiger thonähnlicher Beschaffenheit könnte man sie pelitische Mineralien nennen.

Manche namentlich thonähnliche Mineralien sind jedoch nur scheinbar amorph, indem sie aus einer sehr innigen Zusammenhäufung zartester mikroskopischer Partikelchen von krystallinischer Natur bestehen. Nicht selten läuft man überhaupt Gefahr, da ein amorphes Mineral vorauszusetzen, wo man es nur mit einem äusserst feinkörnig zusammengesetzten krystallinischen Aggregat zu thun hat.

Durch Schmelzung und nachheriges rasches Erstarrenlassen kann man manche krystallisirte Mineralkörper künstlich in den amorphen Zustand überführen; diese amorphe Modification unterscheidet sich von der krystallinischen im Allgemeinen durch ein geringeres specifisches Gewicht, durch leichtere Zersetzbarkeit oder Löslichkeit in Säuren, durch leichtere Schmelzbarkeit, vielfach auch durch geringere Härte.

§ 5. **Begriff von Mineralogie.** Mineralogie im weiteren Sinne des Wortes ist die Wissenschaft von den Mineralien nach allen ihren Eigenschaften und Relationen, nach ihrem Sein und Werden, nach ihrer Bildung und Umbildung. Mineralogie im engeren Sinne aber ist die Physiographie der Mineralien, oder die wissenschaftliche Kenntniss (und resp. Darstellung) der Mineralien nach ihren Eigenschaften und nach ihrem gegenwärtigen Sein. Sie bildet einen Theil der allgemeinen Physiographie oder sogenannten Naturgeschichte, und würde eigentlich richtiger Minerognosie zu nennen sein; sie setzt aber die Physiologie der Mineralien, d. h. die Lehre von der Gesetzmässigkeit ihrer natürlichen Eigenschaften voraus. Da nun diese Eigenschaften theils morphologische, theils physikalische, theils chemische sind, so beruht auch die Mineralogie wesentlich auf Geometrie, Physik und Chemie.

§ 6. **Eintheilung der Mineralogie.** Die Mineralogie in der weitesten Bedeutung des Wortes (§ 5) zerfällt in mehre verschiedene Doctrinen, von welchen die Minerognosie unstreitig die wichtigste und erste (d. h. den übrigen

---

[1]) Bisweilen wird das Wort amorph in der ganz anderen und unrichtigen Bedeutung gebraucht, dass man darunter die eingewachsenen und zu keiner Formbildung gelangten Individuen, oder auch die sehr feinkörnigen Aggregate von Individuen krystallinischer Mineralien versteht.

nothwendig vorauszuschickende) Doctrin bildet, weshalb man denn auch gewöhnlich unter Mineralogie schlechthin, oder in der engeren Bedeutung des Wortes,
diese Minerognosie zu verstehen pflegt. Minerogenie könnte man die Bildungs-
und Entwickelungsgeschichte der Mineralien nennen, womit dann die Frage nach
dem ferneren Schicksal eines gegebenen Minerals zusammenhängt, welches es erleidet, wenn es allerhand Umwandlungsprocessen unterworfen wird. Paragenesis der Mineralien nennt *Breithaupt* die Lehre von der Gesetzmässigkeit ihrer
räumlichen Association, ihres Zusammenvorkommens; Lithurgik oder ökonomi-
sche Mineralogie ist die Lehre von dem Gebrauche, welchen die Mineralien zur
Befriedigung menschlicher Bedürfnisse gewähren. Eine andere besondere Abtheilung der Mineralogie im ausgedehntesten Sinne des Wortes befasst sich
mit den Forschungen, welche man über die künstliche Nachbildung der natürlich vorkommenden Mineralkörper angestellt hat. Alle diese Doctrinen setzen
aber die Kenntniss der Mineralien als fertig vorliegender Naturproducte voraus,
woraus sich denn die vorwaltende Wichtigkeit der Minerognosie und die Rechtfertigung des Gebrauches ergibt, solche schlechthin als Mineralogie zu bezeichnen.

Da nun die Mineralogie eine wissenschaftliche Darstellung der einzelnen Mineralien nach ihren Eigenschaften sein soll, so wird sie in einem ersten Abschnitte
diese Eigenschaften *in abstracto*, nach den drei Kategorien der Form, der Qualitäten und des Stoffes, zu betrachten und alle physiographisch wichtigen Modalitäten derselben durch bestimmte Worte oder Zeichen auszudrücken, in einem
zweiten Abschnitte aber die Principien der gegenseitigen Abgrenzung der einzelnen Mineralien, sowie die Reihenfolge aufzustellen haben, in welcher dieselb-
ben betrachtet werden sollen. Diese beiden Abschnitte, von denen der erste als
Physiologie und Terminologie, der andere als Systematik bezeichnet
werden kann, bilden den allgemeinen oder präparativen Theil unserer Wissenschaft, an welchen sich dann die eigentliche Physiographie der Mineralarten als specieller oder applicativer Theil anschliesst.

§ 7. **Literatur.** Als einige der wichtigsten Hand- und Lehrbücher der Mineralogie und ihrer einzelnen Zweige mögen folgende genannt werden:

Allgemeine Mineralogie.

Handbuch der Mineralogie von *C. A. S. Hoffmann*, fortgesetzt von *Aug. Breithaupt*.
4 Bände. Freiberg 1811—1817.
Hauy, Traité de Minéralogie, sec. édit. 4 vol. nebst Atlas. Paris 1822.
Mohs, Grundriss der Mineralogie. 2 Thle. Dresden 1822 und 1824.
v. Leonhard, Handbuch der Oryktognosie. 2. Aufl. Heidelberg, 1826.
C. Naumann, Lehrbuch der Mineralogie. Berlin, 1828.
A. Breithaupt, Vollständige Charakteristik des Mineralreichs. 3. Aufl. Dresden, 1828.
Beudant, Traité de Minéralogie, 2. édit. Paris, 1830—32.
v. Leonhard, Grundzüge der Oryktognosie. Heidelberg, 1833.
Breithaupt, Vollständiges Handbuch der Mineralogie. Dresden, 1836—1847.
Mohs, Leichtfassliche Anfangsgründe der Naturgeschichte des Mineralreiches. 2. Aufl.
Wien 1836 und 1839.
Phillips, Elementary introduction in Mineralogy, new edition by *Brooke* and *Miller*.
London, 1852.
Glocker, Grundriss der Mineralogie. Nürnberg, 1839.
Hartmann, Handbuch der Mineralogie, 2 Bde., nebst Atlas. Weimar, 1843.
Dufrénoy, Traité de Minéralogie. 2. édit. Paris, 1856—1859.
Hausmann, Handbuch der Mineralogie. 2 Thle. Göttingen, 1828—1847.
Haidinger, Handbuch der bestimmenden Mineralogie. 2. Aufl. Wien, 1854.

James Nicol, Manual of Mineralogy. London, 1849.
Axel Erdmann, Lärobok i Mineralogien. Stockholm, 1853.
Leonhard, Grundzüge der Mineralogie. 2. Aufl. Heidelberg, 1860.
Girard, Handbuch der Mineralogie. Leipzig, 1862.
Des-Cloizeaux, Manuel de Minéralogie, Tome I. Paris, 1862. Tome II, 1. 1874.
Andrä, Lehrbuch der gesammten Mineralogie. Braunschweig, 1864.
v. Kokscharow, Vorlesungen über Mineralogie. St. Petersburg, 1866.
J. D. Dana, System of Mineralogy. 5. ed. New York, 1868, nebst 3 Nachträgen.
v. Kobell, Die Mineralogie, leicht fasslich dargestellt. 4. Aufl. Leipzig, 1871.
Blum, Lehrbuch der Mineralogie (Oryktognosie). 4. Aufl. Stuttgart, 1874.
Senft, Synopsis der Mineralogie und Geognosie; I. Mineralogie. Hannover, 1875.
Pisani, Traité élémentaire de Minéralogie. Paris, 1875.
A. Knop, System der Anorganographie. Leipzig, 1876.
Quenstedt, Handbuch der Mineralogie. 3. Aufl. Tübingen, 1877.
Kenngott, Lehrbuch der Mineralogie. 5. Aufl. Darmstadt, 1880.
F. J. Wiik, Mineral Karakteristik, en Handledning vid bestämmandet af Mineralier och
   Bergarter. Helsingfors, 1881.
Edw. Dana, Textbook of Mineralogy. Revid. Ausg. New York, 1883.
H. Bauerman, Textbook of descriptive Mineralogy. London, 1884.
Baumhauer, Kurzes Lehrbuch der Mineralogie. Freiburg i. Br., 1884.
Tschermak, Lehrbuch der Mineralogie. Wien, 1884.

   Zur Bestimmung der Mineralien dienen:
Fuchs, Anleitung zum Bestimmen der Mineralien. 2. Aufl. Giessen, 1875.
Weisbach, Tabellen zur Bestimmung der Mineralien nach äusseren Kennzeichen. 2. Aufl.
   Leipzig, 1878.
G. J. Brush, Manual of determinative Mineralogy with an introduction of blow-pipe
   analysis. 3. edit. New York, 1878.
v. Kobell, Tafeln z. Bestimmung der Mineralien. 12. Aufl. von *Oebbeke*. München, 1884.
Hussak, Anleit. z. Bestimmen d. gesteinbildenden Mineralien. Leipzig, 1885.

   Eine sehr zweckmässige Zusammenstellung gewährt:
P. Groth, Tabellarische Uebersicht der einfachen Mineralien nach ihren krystallogra-
   phisch-chemischen Beziehungen geordnet. 2. Aufl. Braunschweig, 1882.

   Für Krystallographie und Krystallophysik sind bemerkenswerth:
Naumann, Lehrbuch d. reinen u. angewandten Krystallographie. 2 Bde. Leipzig, 1829-30.
Kupffer, Handbuch der rechnenden Krystallonomie. St. Petersburg, 1831.
Miller, Treatise on Crystallography. Cambridge, 1839.
Rammelsberg, Lehrbuch der Krystallkunde. Berlin, 1852.
Naumann, Elemente der theoretischen Krystallographie. Leipzig, 1856.
Miller, Lehrbuch d. Krystallographie. übersetzt u. erweitert v. *J. Grailich*. Wien, 1856.
H. Karsten, Lehrbuch der Krystallographie. Leipzig, 1861.
Kopp, Einleitung in die Krystallographie. 2. Aufl. Braunschweig, 1862.
v. Lang, Lehrbuch der Krystallographie. Wien, 1866.
Schrauf, Atlas der Krystallformen des Mineralreichs. Wien. Seit 1865 bis 1878 der
   I. Bd. mit 5 Lieferungen erschienen.
Schrauf, Lehrbuch der physikalischen Mineralogie. I. Bd. Krystallographie, 1866.
   II. Bd. Krystallophysik, 1868.
G. Rose, Elemente der Krystallographie. 3. Aufl.; herausgeg. v. *Sadebeck*. Berlin, 1873.
Quenstedt, Grundriss d. bestimmenden u. rechnenden Krystallographie. Tübingen, 1873.
Groth, Physikalische Krystallographie. 2. Aufl. Leipzig, 1885.
C. Klein, Einleitung in die Krystallberechnung. Stuttgart, 1876.
Sadebeck, Angewandte Krystallographie. Berlin, 1876 (II. Bd. von Rose-Sadebeck's
   Elementen der Krystallographie).
Mallard, Traité de Cristallographie géométrique et physique. Tome I. Paris 1879.

Sohncke, Entwickelung einer Theorie der Krystallstructur. Leipzig, 1879.
Liebisch, Geometrische Krystallographie. Leipzig, 1881.
Brezina, Methodik der Krystallbestimmung. Wien, 1884.

Für das Studium der **chemischen Eigenschaften** und der **chemischen Zusammensetzung** der Mineralien sind zu empfehlen:

Fresenius, Anleitung zur qualitativen Analyse. 14. Aufl. 1874.
H. Rose, Handbuch der analytischen Chemie. Herausgeg. v. *Finkener.* 2 Bde. 1871.
Wöhler, Die Mineralanalyse. Göttingen, 1862.
Plattner, Die Probirkunst mit dem Löthrohre. 5. Aufl. von *Th. Richter.* Leipzig, 1877.
Rammelsberg, Handbuch der Mineralchemie. 2. Aufl. Leipzig, 1875.
Hirschwald, Löthrohrtabellen. Leipzig u. Heidelberg, 1875.
J. Landauer, Die Löthrohranalyse. 2. Aufl. Berlin, 1881.

Mit der **mikroskopischen Structur** der Mineralien beschäftigen sich:

Rosenbusch, Mikroskopische Physiographie der petrographisch wichtigsten Mineralien. Stuttgart, 1873.
Zirkel, Die mikroskopische Beschaffenheit der Mineralien und Gesteine. Leipzig, 1873.
Fouqué u. *Michel-Lévy,* Minéralogie micrographique. Paris, 1879.
E. Cohen, Sammlung von Mikrophotographien zur Veranschaulichung der mikroskopischen Structur d. Mineralien und Gesteine. 10 Lieferungen. Stuttgart, 1881—1883.

Ueber die **Bildung** und **Umbildung** der Mineralien vergleiche man:

G. Bischof, Lehrbuch der chemischen und physikalischen Geologie. 2. Aufl. Bonn, 1863—66.
Volger, Studien zur Entwickelungsgeschichte der Mineralien. Zürich, 1854.
Blum, Die Pseudomorphosen des Mineralreichs. Stuttgart 1843; nebst vier Nachträgen 1847, 1852, 1863, 1879.
J. Roth, Allgemeine und chemische Geologie. I. Bd. Berlin, 1879.

Die **Paragenesis** von Mineralien beschreibt das treffliche ältere Werk:

Breithaupt, Die Paragenesis der Mineralien. Freiberg, 1849.

Als wichtige fortlaufende Quellen des mineralogischen Studiums oder **Zeit-schriften** mit Abhandlungen mineralogischen Inhalts sind besonders zu nennen:

Neues Jahrbuch für Mineralogie, Geologie und Petrefaktenkunde, vormals von *Leonhard* und *Geinitz,* dann von *Benecke, Klein* und *Rosenbusch,* jetzt von *Bauer, Dames* und *Liebisch.* Stuttgart, seit 1833.
Mineralogische Mittheilungen, gesammelt von *G. Tschermak.* Wien, 1872—1878. Fortgesetzt u. d. T. Mineralogische und petrographische Mittheilungen, seit 1878.
Zeitschrift für Krystallographie u. Mineralogie. Von *P. Groth.* Leipzig, seit 1877.
Zeitschrift der deutschen geologischen Gesellschaft. Berlin, seit 1849.
Sitzungsberichte d. math.-naturw. Klasse der k. k. Akademie d. Wissensch. zu Wien.
The mineralogical Magazine and Journal of the Mineralogical Society of Great Britain and Ireland. London, seit 1876.
Bulletin de la société minéralogique de France. Paris, seit 1878.
Geologiska Föreningens i Stockholm Förhandlingar. Stockholm, seit 1872.
N. v. Kokscharow, Materialien zur Mineralogie Russlands. Bd. 1—8.

Geschlossen sind:

Hessenberg, Mineralogische Notizen. Heft 1—11.
Kenngott, Uebersicht der Resultate mineralogischer Forschungen. 1844—1865.

Ueber **Geschichte** der Mineralogie handeln:

Marx, Geschichte der Krystallkunde. Carlsruhe u. Baden, 1825.
Lenz, Mineralogie der alten Griechen und Römer. Gotha, 1861.
v. Kobell, Geschichte der Mineralogie von 1650—1860. München, 1864.

Allgemeiner Theil.

Erster Abschnitt.

Physiologie und Terminologie der Mineralien.

Erstes Hauptstück.

Von den morphologischen Eigenschaften der Mineralien.

§ 8. Eintheilung. Die krystallinischen Mineralien zeigen in ihren f r e i ausgebildeten Varietäten die streng gesetzlichen Formen der anorganischen Individuen, deren genaue Auffassung von der grössten Wichtigkeit ist. In den aggregirten oder zusammengesetzten Varietäten dagegen treten eigenthümliche, durch die Aggregation selbst bedingte Formen auf, welche zum Theil mit den Formen der amorphen Mineralien übereinstimmen. Demgemäss zerfällt dieses Hauptstück in Krystallographie oder Morphologie der Krystalle, und in Morphologie der krystallinischen Aggregate und der n i c h t krystallinischen Mineralien, an welche sich eine kurze Betrachtung der secundären Formen anschliessen wird, in welchen gewisse Mineralien recht häufig vorkommen.

I. Abtheilung. Krystallographie.

§ 9. Begrenzungselemente der Krystalle. Krystallsysteme. Die Krystalle sind die ebenflächigen, mehr oder weniger regelmässig gebildeten Gestalten der vollkommenen anorganischen Individuen. Flächen sind diejenigen Ebenen, welche den Krystall äusserlich begrenzen, Kanten diejenigen Linien, welche durch das Zusammentreffen zweier Flächen gebildet werden, Ecken diejenigen Punkte, in denen drei oder mehr Kanten oder Flächen zusammenstossen.

Betreffs der Anzahl der Flächen (F), Ecken (E) und Kanten (K) gilt der Satz: $F + E = K + 2$, woraus $K = E + F - 2$, oder $F = K - E + 2$.

An allen vollflächig ausgebildeten Krystallen wird beobachtet, dass für jede Fläche auf der entgegengesetzten Seite des Krystalls eine mit ihr parallele Fläche zugegen ist, so dass es hier lauter Flächen p a a r e sind, welche den Krystall begrenzen.

Eine Krystallfläche erleidet k e i n e Veränderung ihres krystallographischen Charakters, wenn dieselbe parallel mit sich selbst verschoben gedacht wird; es kommt also nicht auf die absolute, sondern nur auf die relative Lage derselben an.

Unter einer Z o n e versteht man den Inbegriff von mindestens drei Flächen,
welche unter einander lauter parallele Kanten an dem Krystall bilden, oder welche
einer und derselben Linie im Raume parallel sind; diese in einer Zone liegenden
Flächen heissen t a u t o z o n a l, und die gerade Linie, mit Bezug auf welche solcher
Parallelismus stattfindet, wird Z o n e n l i n i e oder Z o n e n a x e genannt. Die Lage
einer Zone ist bestimmt durch Angabe zweier Flächen derselben, welche einander
nicht parallel sind. Durch Erhöhung oder Verminderung der Temperatur erleidet
der Zonenverband k e i n e Störung oder Beeinträchtigung.

Gleichwerthige Flächen eines Krystalls sind solche, von denen bei einer
vollkommenen Ausbildung desselben niemals die eine ohne die anderen auftreten
kann. Da wegen der Möglichkeit einer parallelen Verschiebung die gleichwerthigen
Flächen nicht denselben Abstand von dem Mittelpunkte des Krystalls zu haben
brauchen, so können sie unter einander sehr verschiedene G r ö s s e und G e s t a l t
besitzen, bedingt durch die zufälligen Umstände, welche die Ausbildung des
Krystalls begleiteten. Die gegenseitige R i c h t u n g indessen, unter welcher sich die
gleichwerthigen Flächen einer krystallisirten Substanz schneiden, ist, so lange keine
Aenderung der Temperatur eintritt, allemal constant, die Winkel, welche sie mit
einander einschliessen, sind stets dieselben. Es ist dies das G e s e t z von der C o n-
s t a n z d e r K a n t e n w i n k e l.

Die an einem Krystall vorhandenen unter einander gleichwerthigen Flächen
denkt man sich, sofern dies nicht schon der Fall ist, zu einer selbständigen Gestalt
vereinigt, welche eine e i n f a c h e K r y s t a l l f o r m genannt wird; eine einfache
Krystallform wird also blos von gleichwerthigen Flächen begrenzt. Diese einfachen
Krystallformen sind theils g e s c h l o s s e n e, deren Flächen den Raum ringsum allseitig abschliessen, theils o f f e n e, welche den Raum nach gewissen Richtungen
hin offen lassen. Die Zahl der Flächen einer einfachen Form beträgt höchstens 48,
mindestens 2. Eine Krystallgestalt, welche von den Flächen mehrer, neben einander ausgebildeter einfacher Formen begrenzt wird, nennt man eine C o m b i-
n a t i o n dieser Formen; eine solche weist daher u n g l e i c h w e r t h i g e Flächen auf.
Die Durchschnittslinien zweier Flächen, welche zwei verschiedenen einfachen Formen angehören, heissen Combinationskanten.

Um überhaupt die Krystalle einer mathematischen Untersuchung unterwerfen
zu können, bezieht man ihre Gestalt auf A x e n, d. h. auf Linien, welche durch
den Mittelpunkt der Krystalle gezogen gedacht werden und welche in zwei gegenüberliegenden gleichartigen Flächen, Kanten oder Ecken übereinstimmend endigen.
Die Axen sind ein C o o r d i n a t e n s y s t e m, welches man den Gestalten im Raum
zu Grunde legt, um die Lage der Flächen darauf zu beziehen und einen mathematischen Ausdruck für die Bezeichnung derselben zu gewinnen. Alle Theile des
Krystalls liegen regelmässig oder symmetrisch um dieses Kreuz von idealen einander durchschneidenden Linien vertheilt.

Die Axen sind im Allgemeinen die Durchschnittslinien dreier Ebenen (Axenebenen), welche parallel gedacht werden zu drei Krystallflächen, die ihrerseits entweder unmittelbar oder nach ihrer Verlängerung eine Ecke bilden und, wenn sie auch
nicht an dem Krystall auftreten, wenigstens daran möglich sein müssen. Auf dieselben
Axenrichtungen gelangt man, wenn man die drei, einander nicht parallelen Kanten,

welche von den drei ausgewählten Flächen gebildet werden, parallel mit sich in den Krystall versetzt, so dass sie dort durch einen gemeinsamen Durchschnittspunkt gehen.

Mit Rücksicht auf den durch die verhältnissmässige Länge gegebenen Werth, auf die Anzahl und gegenseitige Lage der Axen lassen sich die Krystalle in sechs verschiedene Abtheilungen oder Systeme bringen, wie folgt[1]):

Die verschiedenen Krystallformen werden bezogen:

I. Auf gleichwerthige Axen: drei Axen von gleicher Länge schneiden sich unter rechten Winkeln: 1) Reguläres System.

II. Auf Axen von zweifach verschiedenem Werth:
   a) zwei gleichwerthige Axen schneiden sich in einer Ebene unter rechtem Winkel, eine dritte von abweichendem Werth steht rechtwinkelig darauf: 2) Tetragonales System.
   b) drei gleichwerthige Axen schneiden sich in einer Ebene unter 60°, eine vierte von abweichendem Werth steht rechtwinkelig darauf: 3) Hexagonales System.

III. Auf Axen von dreifach verschiedenem Werth:
   a) drei Axen, alle von abweichendem Werth, kreuzen sich rechtwinkelig: 4) Rhombisches System.
   b) zwei ungleichwerthige Axen schneiden sich unter schiefem Winkel, eine dritte von verschiedenem Werth kreuzt beide rechtwinkelig: 5) Monoklines System.
   c) drei Axen von verschiedenem Werth kreuzen sich schiefwinkelig: 6) Triklines System.

Das reguläre System begreift nur geschlossene Formen, in den übrigen Krystallsystemen spielen offene Formen eine mehr oder weniger wichtige Rolle.

Man kann auch den Begriff eines Krystallsystems so definiren, dass man dasselbe als die Gesammtheit aller Krystallformen bezeichnet, welche bei vorhandener Vollflächigkeit denselben Grad von Symmetrie besitzen. Eine Symmetrie-Ebene (oder ein Hauptschnitt) ist diejenige Ebene, nach welcher ein Krystall symmetrisch ist, d. h. die den Complex aller möglichen Flächen des Krystalls in zwei Hälften zerlegt, welche unter sich genau gleich und entgegengesetzt sind, von welchen die eine das Spiegelbild der anderen mit Bezug auf diese Symmetrie-Ebene darstellt. Dabei brauchen die entsprechenden Flächen beiderseits nicht in gleichen Entfernungen vom Hauptschnitt vorhanden zu sein, sondern sie müssen nur Gleichheit der Lage gegen den letzteren aufweisen, womit es alsdann zusammenhängt, dass zu beiden Seiten desselben die entsprechenden Kanten und Ecken gleiche Winkel besitzen, und die gleichwerthigen Begrenzungselemente übereinstimmend auf einander folgen. Eine Symmetrie-Ebene hat stets die Richtung einer vorhandenen oder möglichen Krystallfläche. — Die Richtung einer senkrecht auf eine Symmetrie-Ebene gezogenen Linie nennt man die Symmetrie-Axe; es ist eine Gerade, um welche man den Krystall um den aliquoten Theil einer ganzen Um-

---

[1]) V. v. Lang (Lehrb. d. Krystallogr. S. 99) u. Sohncke (Ann. d. Phys. u. Chem. Bd. 132) haben auf verschiedenem Wege den Beweis erbracht, dass in der That nur sechs Krystallsysteme möglich sind. Vgl. auch Sohncke, Entwickelung einer Theorie der Krystallstructur. Leipzig, 1879.

drehung derart drehen kann, dass er darauf in allen seinen Punkten mit Punkten seiner Anfangslage zusammenfällt. Gleichwerthig heissen zwei Symmetrie-Axen, wenn die Anordnung der Kanten und Flächen um die eine von ihnen dieselbe ist, wie um die andere, oder wenn diese Axen beliebig mit einander vertauscht werden können, ohne dass dadurch die Krystallform verändert wird. — Als Haupt-Symmetrie-Ebene gilt diejenige, in welcher sich mehre Symmetrie-Axen von gleichem Werth befinden; das Vorhandensein einer oder mehrer Haupt-Symmetrie-Ebenen bedingt natürlich einen höheren Grad der Regelmässigkeit in der Ausbildung der betreffenden Krystallgestalt. Die Normale auf einer solchen Haupt-Symmetrie-Ebene bezeichnet man als Haupt-Symmetrie-Axe oder Hauptaxe. In der Hauptaxe schneiden sich daher zwei oder mehr gleichwerthige Symmetrie-Ebenen.

Betrachtet man die vollflächigen Krystalle nach ihrer Symmetrie, nach dem Vorhandensein oder Fehlen der beiden Arten von Symmetrie-Ebenen, so ergeben sich folgende sechs Abtheilungen, welche sich mit den oben genannten sechs Krystallsystemen decken:

I. Krystalle mit drei rechtwinkelig auf einander stehenden gleichwerthigen Haupt-Symmetrie-Ebenen (mit drei gleichwerthigen Hauptaxen), und sechs gewöhnlichen Symmetrie-Ebenen, welche die Winkel der letzteren halbiren: 1) Reguläres System.

II. Krystalle mit einer Haupt-Symmetrie-Ebene (mit einer Hauptaxe):
   a) ausserdem mit vier gewöhnlichen Symmetrie-Ebenen, senkrecht auf der Hauptebene: 2) Tetragonales System.
   b) ausserdem mit sechs gewöhnlichen Symmetrie-Ebenen, senkrecht auf der Hauptebene: 3) Hexagonales System.

III. Krystalle ohne Haupt-Symmetrie-Ebene (ohne Hauptaxe):
   a) mit drei auf einander senkrechten gewöhnlichen Symmetrie-Ebenen: 4) Rhombisches System.
   b) mit blos einer gewöhnlichen Symmetrie-Ebene: 5) Monoklines System.
   c) ohne Symmetrie-Ebene überhaupt: 6) Triklines System.

Es ist ein Grundgesetz der Krystallographie, dass, wenn mit einer Form andere in Combination treten, dies nur solche sind, welche denselben Grad der Symmetrie besitzen. — Durch Erhöhung oder Verminderung der Temperatur wird die Zugehörigkeit eines Krystalls zu einer dieser sechs Symmetrie-Abtheilungen nicht verändert.

§ 10. **Lage und Bezeichnung der Flächen.** Diejenigen Abschnitte, welche irgend eine Fläche nach entsprechender Vergrösserung an den Axen hervorbringt, werden, gemessen vom Durchschnittspunkt der letzteren, Parameter genannt. OA, OB, OC sind die Parameter der Fläche ABC (Fig. 1).

Von den sechs Halbaxen eines dreilinigen Axenkreuzes werden diejenigen drei, welche den vorderen oberen rechten Oktanten begrenzen, als positiv (oder mit ungestrichelten Buchstaben) als X, Y, Z, die drei anderen als negativ, — X, — Y, — Z oder (mit gestrichelten Buchstaben) X', Y', Z' eingeführt (Fig. 1): also die verticale Axe ist oben, die Queraxe rechts, die Längsaxe vorne positiv.

Die auf den ersteren positiven Axenästen hervorgebrachten Abschnitte werden bei der Aufzählung der Parameter gleichfalls als positiv oder ungestrichelt, die auf den anderen negativen erzeugten ebenso als negativ oder gestrichelt angegeben. Bezeichnet man abgekürzt OA, OB, OC als a, b, c, so wird die Lage der Fläche

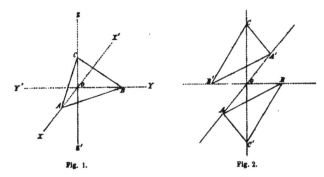

Fig. 1.   Fig. 2.

ABC (Fig. 1) durch die Parameter $a : b : c$ ausgedrückt; diejenige der Fläche ABC' 'vorne unten rechts) durch $a : b : - c$, diejenige der Fläche $A'B'C$ (hinten oben links' durch $- a : - b : c$ (Fig. 2).

Wenn man die drei Parameter einer Fläche alle mit derselben Zahl multiplicirt, oder durch dieselbe dividirt, so erhält man die Parameter keiner neuen anderen Fläche, sondern nur einer solchen, welche mit der vorigen parallel ist, weil dadurch die bezügliche Lage am Axenkreuze sich n i c h t verändert. So repräsentirt $3a : 3b : 3c$, oder $\frac{1}{2}a : \frac{1}{2}b : \frac{1}{2}c$ keine andere Fläche als $a : b : c$. Eine jede Fläche dagegen, welche mit Bezug auf eine gegebene andere abweichende Parameter-Verhältnisse besitzt, hat auch eine a n d e r e Lage als diese, ist mit ihr nicht parallel; so ist $2a : 3b : c$ eine ganz abweichend gerichtete Fläche als $a : b : c$.

Jede Krystallfläche liegt an einem dreilinigen Axenkreuz so, dass sie entweder:

1) alle drei Axen schneidet, oder
2) zwei Axen schneidet, der dritten parallel geht, oder
3) nur eine Axe schneidet, den beiden anderen parallel geht. Ein fernerer Fall ist nicht denkbar.

Geht eine Fläche einer Axe parallel, kann also für die letztere kein endlicher Parameter angegeben werden, so gelangt dies dadurch zum Ausdruck, dass der betreffende Parameter als unendlich gross (∞) bezeichnet wird.

Unter einer F o r m versteht man, wie schon oben S. 10 angedeutet, in der Krystallographie den Inbegriff von solchen Flächen, welchen ein und dasselbe Parameterverhältniss zukommt, also den vollzähligen Complex von lauter i s o p a r a - m e t r i s c h e n Flächen. Soll nicht jede einzelne Fläche für sich, sondern die Gesammtheit aller gleichen, eine einfache Form bildenden Flächen auf einmal bezeichnet werden, so pflegt man das Zeichen der einzelnen Fläche mit einer Klammer zu umschliessen.

So bedeutet also ($a : b : c$) gemeinsam die Flächen:

$$a : b : c \qquad -a : b : c \qquad a : -b : c \qquad a : b : -c$$
$$-a : -b : c \qquad a : --b : -c \qquad -a : b : -c \qquad -a : -b : -c.$$

$(\infty\, a : \infty\, b : c)$ bedeutet die eingeklammerte Fläche und ausserdem noch $\infty\, a : \infty\, b : -c$.
Doch werden auch oft, wo kein Missverständniss zu besorgen ist, die Klammern weggelassen.

Bei der Betrachtung der Gestalten eines krystallisirten Minerals geht man von einer ausgewählten Form, der Grundform aus, deren Fläche man das Parameterverhältniss $a : b : c$ zuschreibt, indem dessen einzelne Glieder als Einheit gesetzt werden. Dieses Parameterverhältniss, also das Zahlenverhältniss der Parameterlängen, wird gewöhnlich das Axenverhältniss genannt, welches auf die Form gebracht zu werden pflegt, dass wenigstens eine der drei Zahlen als 1 erscheint; z. B.: $0,8584 \ldots : 1 : 1,3697 \ldots$, d. h. wenn die Fläche der Grundform von der einen Axe die Länge 1 abschneidet, so trifft sie die beiden anderen in den Entfernungen $0,8584 \ldots$ und $1,3697 \ldots$ Diese Werthe sind mit Ausnahme von 1 irrational.

Die Lage irgend einer Fläche einer anderen Form, welche an derselben krystallisirten Substanz auftritt, wird aber nicht sowohl durch das Zahlenverhältniss ihrer eigenen Parameterlängen ausgedrückt, als vielmehr durch die Angabe, das Wievielfache ihre Parameter sind von den entsprechenden, auf dieselben Axen bezogenen Parametern der Grundform. Die ganze Krystallwelt ist nun aber von dem allgemeinen, zuerst (1785) von *Hauy* durch Erfahrung gefundenen Grundgesetz beherrscht, dass, wenn an einem Krystall eine Fläche das Parameterverhältniss $a : b : c$ hat, dann an demselben Krystall neben dieser Grundform nur solche ferneren Flächen vorhanden oder möglich sind, in deren allgemeinem Parameterverhältniss $ma : nb : rc$ die Coëfficienten m, n, r wechselnde rationale Zahlen (oder theilweise ∞) und ausserdem insbesondere recht einfache Zahlen sind. Solche Formen, welche nur nach irrationalen Werthen dieser Coëfficienten abgeleitet werden können, sind also in der Krystallwelt unmöglich; sie lassen sich zwar geometrisch construiren, haben aber keine objective Realität in der Natur. Man nennt dieses merkwürdige Gesetz dasjenige der Rationalität der Ableitungs-Coëfficienten. Dasselbe beschränkt daher die Combinationsfähigkeit von Gestalten noch in dem Falle, wo das Gesetz der Symmetrie sie zuliesse.

Hat eine Fläche das Parameterverhältniss $a : b : c$, so hat z. B. eine andere das Verhältniss $2a : b : c$, eine andere $a : 3b : c$, eine weitere $a : 2b : 3c$, eine fernere $2a : \infty b : c$, oder $a : \infty b : \infty c$. Ist das Axenverhältniss für die Fläche $a : b : c$, in Zahlen ausgedrückt, $= 0,8584 \ldots : 1 : 1,3697 \ldots$, so ist dasjenige für die Fläche mit dem Parameterverhältniss $2a : b : 3c = 1,7168 \ldots : 1 : 4,1091 \ldots$

Im Allgemeinen ist also die Grundform eines Krystalls bestimmt durch die Kenntniss 1) der drei Axenwinkel (α der Axenwinkel zwischen Z und Y in Fig. 1, β der zwischen X und Z, γ der zwischen X und Y); 2) der Axenlängen ($a = OA$ in Fig. 1, $b = OB$, $c = OC$), von denen, da die eine $= 1$ gesetzt wird, nur zwei zu bestimmen sind. Diese fünf von einander unabhängigen Grössen heissen die Elemente des Krystalls.

Die im Vorstehenden befolgte Methode, die Flächen durch Symbole anzugeben, welche die das Axenverhältniss andeutenden Buchstaben enthalten und nebstdem die rationalen Coëfficienten für die Axenabschnitte aufführen, rührt von *Christian Samuel Weiss* her. Sie empfiehlt sich durch ihre unmittelbare Anschaulichkeit namentlich bei den anfänglichen allgemeinen Darlegungen der Verschiedenheiten der Flächenlage, während sie in Folge ihrer Länge und Umständlichkeit zu wissenschaftlichen Beschreibungen minder geeignet erscheint.

Eine zweite krystallographische Bezeichnungsweise ist diejenige von *Carl Friedrich Naumann*, welche in diesen Elementen zu Grunde gelegt wird, und deshalb später ihre specielle Erläuterung findet. Im Gegensatz zu der Flächenbezeichnung von *Weiss* unternimmt sie kurz und logisch, den Körper als solchen, also den Inbegriff sämmtlicher seiner Flächen, durch ein Symbol zu repräsentiren, wobei natürlich auf die Angabe einer einzelnen von den gleichen Flächen verzichtet werden muss. Auch diese Methode zeichnet sich dadurch aus, dass die Zeichen unmittelbar und ohne Schwierigkeit eine Vorstellung über die Lage der Flächen gewähren.

Nach einer dritten, der sogenannten *Miller*'schen[1]) Methode werden anstatt der Coëfficienten deren reciproke Werthe unmittelbar nebeneinander geschrieben. Letztere werden Indicés genannt und allgemein mit h, k, l bezeichnet. Sind für die Axenschnitte a, b, c die Coëfficienten m, n, r, so ist

$$m : n : r = \frac{1}{h} : \frac{1}{k} : \frac{1}{l} \text{ sowie } h : k : l = \frac{1}{m} : \frac{1}{n} : \frac{1}{r}.$$

Die drei Zahlen h, k, l sind, als Nenner von Brüchen mit dem Zähler 1, den Abschnitten der Fläche an den drei Axen umgekehrt proportional, während die Coëfficienten der *Weiss*'schen und *Naumann*'schen Symbole diesen Abschnitten direct entsprechen. Um nun aus den Coëfficienten m, n, r die Indices h, k, l zu erhalten, kann man auf zweierlei Weise verfahren:

Entweder man nimmt statt der Coëfficienten deren reciproke Werthe und bringt das entstehende Verhältniss auf ganze Zahlen, welche dann die Indices darstellen.

In dem Parameterzeichen $a : 2\,b : 3\,c$ werden statt der Coëfficienten 1, 2, 3 deren reciproke Werthe $\frac{1}{1}$, $\frac{1}{2}$, $\frac{1}{3}$ gesetzt, welche der Multiplication mit 6 bedürfen, um auf ganze Zahlen gebracht zu werden und dann zuerst $\frac{6}{1}$, $\frac{6}{2}$, $\frac{6}{3}$, darauf als Indices (632) liefern.

Oder man bringt die Coëfficienten durch Division mit einer gemeinsamen Zahl auf die Form $\frac{1}{x}$, und schreibt die so erhaltenen drei Nenner als Indices an.

In dem Parameterzeichen $a : 2\,b : 3\,c$ werden die Coëfficienten 1, 2, 3 durch Division mit 6 (zuerst auf die Form $\frac{1}{6}$, $\frac{2}{6}$, $\frac{3}{6}$ oder) auf die Form $\frac{1}{6}$, $\frac{1}{3}$, $\frac{1}{2}$ gebracht, woraus sich abermals die Indices (632) ergeben.

Das Zeichen $3\,a : \frac{3}{2}\,b : c$ wird zuerst in $6\,a : 3\,b : 2\,c$ verwandelt, welches sodann die Indices (123) liefert.

Die Indices der Grundform, deren Parameter $= a : b : c$, sind offenbar (111).

---

1) Diese Bezeichnung sollte eigentlich die *Grassmann*'sche heissen, weil sie bereits im Jahre 1829 von *Grassmann* in seinem trefflichen Werke »Zur physischen Krystallonomie« aufgestellt und angewendet wurde. Auch *Frankenheim* hat sie in demselben Jahre in seiner Abhandlung über die Cohäsion der Krystalle angedeutet und später consequent durchgeführt.

$a : \infty b : c$ liefert nach dem zuerst angegebenen Verfahren das Verhältniss $\frac{1}{1} : \frac{1}{\infty} : \frac{1}{1}$, d. h. die Indices (101). Ebenso ist $a : \infty b : \infty c = (100)$.

Auch hier werden die Indices, welche sich auf die drei Halbaxen im vorderen oberen rechten Oktanten beziehen, als positiv oder ohne weiteres Nebenzeichen geschrieben, während die Indices für die drei anderen Halbaxen oben ein Minuszeichen erhalten; also $a : b : c = 111$; $a : b : -c = 11\bar{1}$. Dadurch ist es möglich, jede einzelne Fläche der Gestalt besonders zu bezeichnen. Will man aber sämmtliche gleiche zusammengehörende Flächen, also die vollständige einfache Krystallform durch ein einziges Symbol repräsentiren, so pflegt man die Indices in Klammern zu setzen; also $(a : b : c) = (111)$, d. h. 111 selbst und die sieben anderen dazu gehörigen Flächen $\bar{1}11$, $1\bar{1}1$, $11\bar{1}$, $\bar{1}\bar{1}1$, $1\bar{1}\bar{1}$, $\bar{1}1\bar{1}$, $\bar{1}\bar{1}\bar{1}$.

§ 11. **Projection.** Um eine Übersicht über die Formen eines Krystalls zu gewinnen und insbesondere die Zonenverhältnisse desselben hervortreten zu lassen, wird eine sogenannte Projection seiner Flächen vorgenommen. Man bedient sich dabei namentlich zweier Methoden, der Linearprojection (der *Quenstedt*'schen) und der sphärischen oder Kugelprojection (*Neumann*'schen oder *Miller*'schen) [1].

Die erstere Methode besteht darin, jede Fläche durch eine gerade Linie darzustellen, und zwar durch diejenige, in welcher sie die Ebene der Zeichnung durchschneiden würde, wenn man sich sämmtliche Flächen durch einen einzigen Punkt gelegt vorstellt. Man denkt sich den Krystall so gerichtet, dass die zu seiner Verticalaxe senkrechte, also horizontale Ebene parallel wird der Projectionsebene, d. h. der Papierfläche, und verschiebt nun in der Vorstellung alle Flächen des Krystalls parallel mit sich selbst so weit, bis sie sich in einem Punkte schneiden, welcher von dem Mittelpunkt der Zeichnung in verticaler Richtung um die Länge der Verticalaxe der Grundform absteht. Jedes Paar von parallelen Flächen fällt dabei natürlich zu einer einzigen Fläche zusammen, welche dann die Projectionsebene in einer Linie (Sectionslinie) schneidet, die ihrerseits ausgezogen wird. Die Fläche, welche der Projectionsebene parallel gestellt wurde, liefert in der Zeichnung selbstverständlich keine Linie. Schneiden sich zwei oder mehre Sectionslinien in einem Punkte, so zeigt dies an, dass die denselben entsprechenden Flächen in einer Zone liegen, deren Zonenaxe eben jenen Schnittpunkt (Zonenpunkt) als Projectionspunkt liefert. Wenn es sich aber um einen Zonenverband handelt, zu welchem die Projectionsebene als Krystallfläche selbst gehört, so geht die Zonenaxe der Projectionsebene parallel und alle sonst in solche Zone fallenden Flächen liefern ein System paralleler Sectionslinien, deren gemeinsame Richtung parallel der Zonenaxe ist. — Offenbar kann auch jede andere Krystallfläche als Projectionsebene gewählt werden. Bei einer hinreichend genauen Construction gestattet die Linearprojection, das Symbol einer Fläche zu bestimmen, welche sich an zwei Zonen betheiligt.

Die sphärische Projectionsmethode besteht darin, dass die Flächen des

---

[1] Beide Methoden wurden von *F. E. Neumann* ersonnen, die erstere von ihm nur angedeutete aber später von *Quenstedt* ausführlich entwickelte, 1835, die zweite, insbesondere durch *Miller* zur Verbreitung gelangte, schon 1823.

Krystalls als P u n k t e projicirt werden. Man denkt sich um einen Punkt des Krystalls als Centrum eine Kugelfläche von beliebigem Radius construirt und darauf, von diesem Mittelpunkt aus, gegen die Krystallflächen senkrechte Linien gezogen, welche verlängert die Kugeloberfläche in Punkten treffen. Jede Krystallfläche liefert so auf der Kugeloberfläche einen Punkt, den P o l der Krystallfläche genannt, durch welchen dieselbe ihrer Lage nach vollständig bestimmt ist.

Da die Senkrechten, welche vom Centrum aus auf die Flächen einer Zone gezogen werden, sämmtlich in einer Ebene liegen, die auch ihrerseits durch das Centrum geht, eine so gerichtete Ebene aber allemal die Kugeloberfläche in einem grössten Kreise schneidet, so müssen die Pole aller t a u t o z o n a l e n Flächen a u f e i n e m g r ö s s t e n K r e i s e liegen.

Nun handelt es sich darum, von der Kugeloberfläche mit den darauf gelegenen Flächenpolen durch die Projection e i n B i l d i n d e r E b e n e zu entwerfen. Dies geschieht nicht etwa so, dass die Projection die Kugel aus einer grösseren Entfernung gesehen, bildlich darstellt, sondern in der Weise, dass dieselbe gleichsam die Innenansicht der Kugel ist, welche sich einem in der Kugelfläche befindlichen Auge darbietet. Man wählt zur Projectionsebene eine durch den Mittelpunkt gehende Ebene, welche die Kugel in dem sog. G r u n d k r e i s schneidet. Nimmt man dazu diejenige Ebene, welche senkrecht steht zu den Flächen der verticalen prismatischen Zone des Krystalls, also der horizontalen Basis parallel geht, so liegen natürlich die Pole aller vertical gerichteten Flächen in dem Grundkreis. Die eine der beiden durch den Grundkreis getrennten Kugelhälften wird nun so auf dessen Ebene projicirt, dass man sich das Auge in den am weitesten entfernten Punkt der anderen Kugelhälfte versetzt denkt, welcher von allen Punkten des Grundkreises um 90⁰ absteht. Wenn man also vom Mittelpunkt der Kugel aus nach derjenigen Seite, welche ihrer abzubildenden Hälfte entgegengesetzt ist, eine Senkrechte zur Ebene des Grundkreises zieht, und den Punkt, in welchem dieses Loth die Kugeloberfläche trifft, mit allen Flächenpolen jener Hälfte durch gerade Linien verbindet, so sind die Punkte, in denen diese Linien die Grundkreisebene schneiden, die Projectionen der Flächenpole. Bei dieser Projection der halben Kugelfläche auf die Ebene des Grundkreises erscheint jeder auf der Kugel befindliche Kreis als Kreis oder als Durchmesser des Grundkreises; jeder grösste Kreis auf der Kugel, welcher die Pole einer Flächenzone enthält, erscheint als Durchmesser oder als Kreisbogen (Zonenkreis), welcher den Grundkreis in den Enden eines Durchmessers desselben schneidet. Alle Zonen, welche senkrecht zu derjenigen des Grundkreises stehen, stellen sich als Durchmesser dar. Bei der oben angegebenen Wahl des Grundkreises sind die Pole der einzelnen Flächen der Verticalzone unmittelbar durch die Winkel ihrer Normalen gegeben, indem diese letzteren in der Ebene des Grundkreises selbst liegen. Der Pol der horizontalen Basis erscheint dann in dieser Projection als Mittelpunkt des Grundkreises.

Diese sphärische Projectionsmethode ist sehr bequem für die Sichtbarmachung und Ermittelung der Zonenverhältnisse, sowie für die Darstellung des Zusammenhangs zwischen der Form und den physikalischen Eigenschaften der Krystalle, indem z. B. die optischen Elasticitätsaxen, die optischen Axen für die verschiedenen Farben als Punkte markirt werden können, in welchen diese Richtungen die Kugelfläche treffen.

Sie gewährt ferner den Vortheil, dass die wichtigsten krystallographischen Rechnungen mit ihrer Hülfe auf einfache Probleme der sphärischen Trigonometrie zurückgeführt werden können. Da es die Normalenwinkel, d. h. die Supplemente der körperlichen Winkel der Flächen sind, welche stets bei diesen Projectionen gebraucht, auch meistens bei den Berechnungen zu Grunde gelegt werden, so hat *Miller* vorgeschlagen, anstatt der wahren Winkel stets diese, bei der Messung unmittelbar gefundenen Supplemente anzuführen.

§ 12. Zonenverband.

Eine Krystallfläche, welche zugleich in zwei Zonen, also in der Durchkreuzung derselben gelegen ist, geht sowohl der Zonenaxe der einen als derjenigen der anderen parallel und ist deshalb dadurch vollkommen

bestimmt, da überhaupt eine Ebene durch zwei derselben parallele gerade Linien ihrer Richtung nach gegeben ist. Sind daher die zwei Zonen bekannt, so ist die Fläche in ihrer Durchkreuzung auch bekannt.

In Fig. 3 bildet z. B. die Fläche 111 eine Zone mit 100 und 011, ferner mit 101 und 010, sodann auch mit 001 und 110. — Die Fläche 110 liegt in einer Zone mit 100 und 010, sowie mit 111 und $\overline{1}11$.

Fig. 3.

Eine Zone ist aber ihrerseits bekannt, sofern die Durchschnittslinie zweier in derselben liegender nicht paralleler Flächen bekannt ist. Die Indices dieser Durchschnittslinie [u, v, w] nennt man das Zonensymbol oder Zonenzeichen. Haben die beiden Flächen die Indices hkl und $h'k'l'$, so ist

$$u = kl' - lk' \ , \ v = lh' - hl' \ , \ w = hk' - kh' \text{ ¹)}.$$

Sind die bekannten Indices einer Fläche z. B. (111), die einer anderen (123), so erhält man nach Vorstehendem das Symbol ihrer Zone, indem man die Indices der einen Fläche zweimal hintereinander schreibt, darunter die der anderen ebenfalls zweimal setzt, sodann die erste und letzte Colonne weglässt und nun bei dem Rest den ersten oberen Index mit dem zweiten unteren multiplicirt, darauf den zweiten oberen mit dem ersten unteren multiplicirt und alsdann die beiden Producte von einander abzieht, deren Differenz den ersten Index u des gesuchten Zonensymbols liefert. Durch entsprechende Fortsetzung des Verfahrens dieser kreuzweisen Multiplication erhält man auch die beiden anderen Indices derselben.

$$\begin{matrix} 1 & 1 & 1 & 1 & 1 & 1 \\ 1 & 2 & 3 & 1 & 2 & 3 \end{matrix}$$

$$u = (1 \times 3) - (1 \times 2) = 1; \quad v = (1 \times 1) - (1 \times 3) = -2; \quad w = (1 \times 2) - (1 \times 1) = 1.$$

Also ist das Zonensymbol hier [$1\overline{2}1$]; aus den Indices zweier Flächen (201) und (110) würde man so das Zonenzeichen [$\overline{1}12$] erhalten; dasjenige für die beiden Flächen (201) und (314) ist [$\overline{1}\overline{5}2$].

Da die Indices stets ganze rationale Zahlen sind, so müssen es auch die Grössen u, v, w sein.

Wenn eine Fläche R mit zwei anderen, Q und S, in einer Zone liegen soll, so müssen die Indices der Fläche einer besonderen Bedingung genügen. Diese besteht darin, dass, wenn die Indices von $R = hkl$ sind, und das Zonensymbol von

---

1) Die theoretische Ableitung dieser Zonenregeln, welche hier nur als solche gegeben werden können, mag man z. B. in *H. Karsten*, Lehrb. d. Krystallogr. S. 18, oder *Groth*, Physikal. Krystallogr. 1876. S. 165 nachsehen.

Q und S nach der eben angeführten Berechnung $[uvw]$ ist, alsdann $hu + kv + lw = 0$.

Sind die Indices von Q und S z. B. (111) und (123), so ist ihr Zonensymbol, wie oben, $[1\bar{2}1]$. Die Fläche R mit den Indices (432) liegt daher auch in dieser Zone, da $(1 \times 4) + (-2 \times 3) + (1 \times 2) = 0$. Ebenso gehört die Fläche $(\bar{3}11)$ in die (z. B. die Flächen 201 und 314 aufweisende) Zone, deren Symbol $[\bar{1}\bar{5}2]$ ist. — Anderseits erkennt man, dass die Fläche (112) dagegen nicht in der Zone $[1\bar{2}1]$ liegen kann, da man bei jener Addition der Producte nicht 0, sondern 1 erhält.

Das Zeichen $[uvw]$ einer Zone liefert daher auch die Gesammtheit aller möglichen zu ihr gehörigen Flächen, indem man für k und l in obiger Bedingungsgleichung der Tautozonalität nach und nach alle einfachen rationalen Zahlen $0, 1, 2$ u. s. w. einsetzt und jedesmal das entsprechende h aus derselben berechnet.

Wie angeführt, ist eine Krystallfläche, welche zugleich in zwei Zonen liegt, dadurch vollkommen bestimmt. Man erhält nun die Indices des Durchschnittspunkts zweier Zonen, d. h. der in beiden liegenden Fläche auf dieselbe Weise, nach welcher man das Zonensymbol aus den Flächen-Indices entwickelt. Sind die Symbole der beiden Zonen $[uvw]$ und $[u'v'w']$, so sind die Indices der in beiden liegenden Fläche hkl:

$$h = vw' - wv' \; ; \; k = wu' - uw' \; ; \; l = uv' - vu'.$$

Das Zonensymbol der beiden Flächen (123) und (113) ist $[30\bar{1}]$, dasjenige der beiden Flächen (011) und (122) ist $[01\bar{1}]$. Wird zufolge obigem Schema der nach Abtrennung der ersten und letzten Colonne vorgenommenen kreuzweisen Multiplication u. s. w. nunmehr mit diesen beiden Zonensymbolen selbst verfahren, so erhält man die gesuchten Indices (133) für diejenige Fläche, welche sowohl in der einen als in der anderen Zone liegt, also einerseits mit (123) und (113), anderseits mit (011) und (122) parallele Kanten bildet. Ebenso liegt die Fläche (531) in der Durchkreuzung der beiden Zonen $[1\bar{2}1]$ und $[\bar{1}12]$.

Da die auf diese Weise berechneten Indices für eine in zwei Zonen liegende Fläche stets rational sind, so ist eine solche Fläche stets am Krystall möglich. Anderseits sind aber auch in einem Krystallsystem nur solche Flächen möglich, welche je zwei Zonen dieses Systems zugleich angehören.

Die Indices einer Fläche, welche die Kante zweier gleichartiger Flächen gleichmässig abstumpft, werden erhalten durch die Addition der Indices der letzteren bezüglich jeder Axe. So ist es eine Fläche mit den Indices (332), welche die Kante der beiden gleichartigen Flächen (211) und (121) gerade abstumpft.

Auch vermittels einfacher Sätze der analytischen Geometrie und an der Hand der Linearprojection können die im Vorstehenden angeführten Ermittelungen vorgenommen werden[1]).

§ 13. Holoëdrie und Hemiëdrie. Neben den den Symmetriegesetzen vollkommen gehorchenden Krystallen gibt es in den meisten Krystallsystemen andere, welche bei übrigens gleichem Bau regelmässige Abweichungen von diesem Gesetz erkennen lassen. Vielfach zeigt es sich dabei, dass eine Form zwar ihre Flächen in genau derselben Lage besitzt wie eine andere, aber diese Flächen nur in der halben Anzahl aufweist, weshalb man von der einen Form auf die andere gelangt, wenn man die symmetrisch vertheilte Hälfte ihrer Flächen verschwinden

---

1) Vgl. darüber z. B. *Quenstedt*, Grundriss der bestimmenden und rechnenden Krystallographie 1873, S. 188. — *Klein*, Einleitung in die Krystallberechnung, 1876, S. 39.

lässt, wobei die übrig bleibende Hälfte der Flächen für sich eine geschlossene, von unter einander gleichen Flächen begrenzte Gestalt bildet. Die erstere, vollflächig und vollkommen symmetrisch ausgebildete Form nennt man eine holoëdrische, die andere eine hemiëdrische, und dieses Auftreten einer Form mit ihrer halben Flächenzahl wird als Hemiëdrie bezeichnet. Dabei kann es verschiedene Modalitäten der Hemiëdrie geben, je nachdem auf diese oder auf eine andere Weise die Auswahl der zum Verschwinden bestimmten Hälfte der Flächen erfolgt ist. Es muss aber schon hier bemerkt werden, dass blos bei einer Anzahl von Formen die Hemiëdrie die thatsächliche Ausbildung von nur der Hälfte der Flächen im Gefolge hat; wenn andere Formen, z. B. der Würfel, von der Hemiëdrie erfasst werden, so bleibt dessen von sechs gleichen Quadraten umschlossene Gestalt als solche bestehen. Hier äussert sich daher die Hemiëdrie nicht morphologisch, sondern lediglich in der Weise, dass die Räume zwischen den Hauptschnitten (welche äusserlich alle gleich erscheinen) doch physikalisch nur abwechselnd gleich sind: die acht Ecken des hemiëdrischen Würfels stimmen in physikalischer Hinsicht blos abwechselnd überein. Man kann also die Hemiëdrie als die Erscheinung bezeichnen, dass die Räume zwischen den Hauptschnitten — die Krystallräume — entweder in morphologischer oder in physikalischer Hinsicht blos abwechselnd gleich sind, wobei die Vertheilung der gleichen Räume ganz regelmässig ist, so dass kein Hauptschnitt einseitig wird, und dass die gleichen Hauptschnitte in gleicher Art betroffen werden [1]).

Es ist einleuchtend, dass bei jeder Hemiëdrie zwei hemiëdrische Formen entstehen müssen, welche sich gegenseitig zur holoëdrischen Stammform ergänzen, daher sie complementäre Formen, oder auch, weil sie bei völliger Aehnlichkeit einen Gegensatz der Stellung zeigen, Gegenkörper genannt worden sind.

In der Natur findet eine strenge Scheidung zwischen den holoëdrischen und hemiëdrischen Formen statt, indem eine und dieselbe als Mineralart auftretende chemische Substanz entweder nur holoëdrisch oder nur hemiëdrisch, und im letzteren Falle auch nur in einer bestimmten Modalität der Hemiëdrie krystallisirt.

In den Krystallsystemen höherer Symmetriegrade, in welchen mehre Arten von Hemiëdrie möglich sind, können die nach einer Modalität gebildeten hemiëdrischen Formen noch einmal nach dem Gesetz einer anderen Modalität der Hemiëdrie in zwei Hälften zerlegt werden, wodurch Formen gebildet werden können, welche nur den vierten Theil der Flächen der ursprünglichen holoëdrischen Gestalt, bei genau gleichbleibender Lage derselben aufweisen. Man nennt diese Erscheinung die Tetartoëdrie oder Viertelflächigkeit; sie besteht also allgemein darin, dass auch jene Krystallräume, welche in den hemiëdrischen Krystallen noch untereinander gleich erscheinen, hier blos abwechselnd gleich sind, oder dass von allen Krystallräumen des holoëdrischen Krystalls blos der vierte Theil Gleichheit darbietet.

Das krystallographische Axensystem ist für die hemiëdrischen und tetar-

---

[1]) Vgl. *Tschermak*, Lehrb. d. Mineralogie 1884. S. 26.

toëdrischen Formen dasselbe, wie für die holoëdrischen, aus welchen sie abgeleitet werden. Dagegen ist ihre mit dem Vorhandensein charakteristischer Ebenen zusammenhängende Symmetrie in anderer und zwar minder vollkommener Weise ausgebildet, als bei den betreffenden holoëdrischen Formen:

I. Reguläres Krystallsystem.

§ 14. **Geometrischer Grundcharakter.** Dieses Krystallsystem, welches von *Werner*, *Mohs* und *Haidinger* das tessularische, von *Naumann* das tesserale, von *Hausmann* das isometrische [1]) System genannt worden ist, zeichnet sich dadurch aus, dass alle seine Formen auf drei, unter einander rechtwinkelige, völlig gleiche und gleichwerthige krystallographische Hauptaxen bezogen werden können. Daher lässt sich jede reguläre Form nach drei verschiedenen Richtungen in völlig gleicher Weise aufrecht stellen. Das Axenkreuz, auf welches man die Gestalten dieses Systems bezieht, richtet man so, dass die eine Hauptaxe vertical, die zweite horizontal und quer, die dritte geradeaus von vorn nach hinten verläuft. — Die vollflächigen regulären Krystalle besitzen drei zu einander normale Haupt-Symmetrieebenen und daher auch drei Haupt-Symmetrieaxen, welche in ihrer Richtung mit den krystallographischen Hauptaxen zusammenfallen; ausserdem noch sechs sich unter 120° durchschneidende gewöhnliche Symmetrieebenen, welche die sechs rechtwinkeligen Neigungswinkel jener Haupt-Symmetrieebenen halbiren.

Anm. Ausser den drei Hauptaxen sind noch einige andere, durch den Mittelpunkt gehende Linien oder Symmetrie-Axen von Wichtigkeit, welche man die Zwischenaxen nennt: die rhombischen Zwischenaxen sind diejenigen, in den Hauptaxenebenen enthaltenen Linien, welche mitten zwischen zwei Hauptaxen liegen und folglich den Winkel derselben halbiren; es sind ihrer sechs. Trigonale Zwischenaxen (vier an der Zahl) nennt man diejenigen, welche mitten zwischen drei Hauptaxen liegen, und somit gegen jede derselben gleich geneigt sind; vgl. Fig. 4.

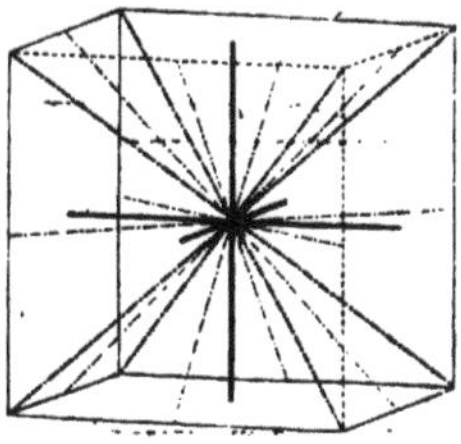

Fig. 4.

§ 15. **Beschreibung der holoëdrisch-regulären Formen.** Der vollflächigen (oder plenotesseralen) Formen des regulären Systems gibt es folgende sieben:

das Hexaëder,
das Oktaëder,
das Rhomben-Dodekaëder,
die Tetrakishexaëder,
die Triakisoktaëder,
die Ikositetraëder und
die Hexakisoktaëder.

Das Hexaëder, oder der Würfel (Fig. 5), ist eine von 6 gleichen Quadraten umschlossene Form, mit 12 gleichen Kanten C von 90° Winkelmaass, mit 8 drei-

---

[1]) Dieser vortrefflich gebildete Name, der auch von *Dana* adoptirt wurde, dürfte vielleicht vor allen den Vorzug verdienen.

flächigen (trigonalen) Ecken. Die Hauptaxen verbinden die Mittelpunkte je zweier gegenüberliegender Flächen, damit der auch für alle folgenden Formen geltenden Nothwendigkeit genügt werde, dass die sechs gleichwerthigen Enden der drei Hauptaxen sämmtlich in krystallographisch gleichen Orten liegen. Die Kanten des Würfels geben also die Lage der Hauptaxen an. Die rhombischen Zwischenaxen verbinden die Halbirungspunkte zweier gegenüberliegender Würfelkanten, die trigonalen Zwischenaxen verbinden je zwei gegenüberliegende Würfelecken (vgl. Fig. 4). Die Flächen des Würfels gehen den drei Haupt-Symmetrieebenen des regulären Systems parallel, dessen sechs gewöhnliche Symmetrieebenen je zwei gegenüberliegende Kantenwinkel des Würfels halbiren. — Flussspath, Bleiglanz, Steinsalz.

Das Oktaëder (Fig. 6) ist eine von 8 gleichseitigen Dreiecken umschlossene Form, mit 12 gleichen Kanten B, die 109° 28′ 16″ messen, und mit 6 vierflächigen (tetragonalen) Ecken; die Hauptaxen verbinden je zwei gegenüberliegende Eckpunkte. — Alaun, Spinell, Magneteisenerz.

Das Rhomben-Dodekaëder (Fig. 7) ist eine von 12 gleichen und ähnlichen Rhomben (mit dem Verhältnisse der Diagonalen 1 : $\sqrt{2}$) umschlossene Form; es hat 24 gleiche Kanten A von 120° Winkelmaass, und 6 vierflächige (tetragonale) sowie 8 dreiflächige (trigonale) Ecken. Zwei Flächen, welche ihre spitzen Ecken einander zuwenden, sind unter 90° gegenseitig geneigt. Die Hauptaxen verbinden je zwei gegenüberliegende tetragonale Eckpunkte. Die sechs gewöhnlichen Symmetrieebenen des regulären Systems fallen mit den Flächen des Rhomben-Dodekaëders zusammen. — Granat, Rothkupfererz, Magneteisen; das häufige Vorkommen am Granat veranlasste den Namen Granatoëder.

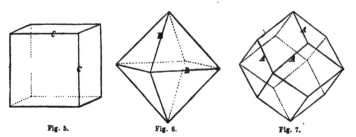

Fig. 5. Fig. 6. Fig. 7.

Diese ersten drei Formen sind einzig in ihrer Art, indem sie gar keine verschiedenen Varietäten zulassen; die übrigen Formen aber können in sehr verschiedenen Varietäten ausgebildet sein, ohne doch den allgemeinen geometrischen Charakter ihrer Art aufzugeben.

Die Tetrakishexaëder (oder Pyramidenwürfel, Fig. 8, 9, 10) sind von 24 gleichschenkeligen Dreiecken umschlossene Formen, deren allgemeine Gestalt zwischen jener des Hexaëders und des Rhomben-Dodekaëders schwankt, jedoch so, dass stets die Kanten der ersteren, nie aber die Kanten der anderen Grenzform an ihnen zu erkennen sind[1]). Die Kanten sind zweierlei: 12 längere C, welche

―――――――――

1) Hierdurch wird auch der Name Tetrakishexaëder gerechtfertigt, der an die weit be-

den Kanten des Hexaëders entsprechen, und 24 kürzere *A* (Pyramidenkanten), welche zu je 4 über den Flächen des eingeschriebenen Hexaëders liegen. Die Ecken sind gleichfalls zweierlei: 6 vierflächige (tetragonale) Pyramidenecken und

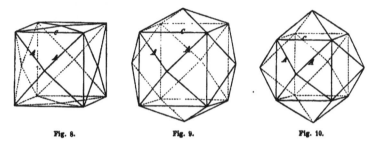

Fig. 8.   Fig. 9.   Fig. 10.

8 sechsflächige, so liegend wie die Ecken eines Hexaëders. Die Hauptaxen verbinden je zwei gegenüberliegende tetragonale Eckpunkte. — Gold, Flussspath.

Die **Triakisoktaëder**[2] (oder Pyramidenoktaëder, Fig. 11, 12, 13) sind von 24 gleichschenkeligen Dreiecken umschlossene Formen, deren allgemeine Gestalt zwischen jener des Oktaëders und Rhomben-Dodekaëders schwankt, jedoch so,

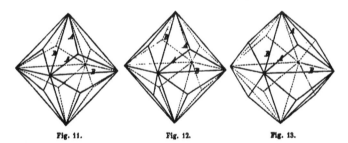

Fig. 11.   Fig. 12.   Fig. 13.

dass stets die Kanten der ersteren, niemals aber die Kanten der anderen Grenzform wirklich hervortreten. Die Kanten sind zweierlei: 12 längere *B*, welche den Kanten des Oktaëders entsprechen, und 24 kürzere *A* (Pyramidenkanten), welche zu je drei über den Flächen des eingeschriebenen Oktaëders liegen. Die Ecken sind gleichfalls zweierlei: 6 achtflächige (ditetragonale) Oktaëderecken, so liegend wie die Ecken eines Oktaëders, und 8 dreiflächige (trigonale), in den einzelnen

---

stümmtere Beziehung zu dem Hexaëder erinnert, während er zugleich die, in Bezug auf diese Form stets vorhandene Gruppirung der Flächen in 6 vierzählige Systeme betont. Der Name Pyramidenwürfel drückt aus, dass die Gestalt gleichsam ein Würfel ist, der auf jeder seiner Flächen eine niedrige vierseitige Pyramide trägt. Je niedriger diese Pyramiden sind, je flacher der Winkel *A* ist (Fig. 8), desto mehr nähert sich die Gestalt des Tetrakishexaëders einem Würfel, je höher (Fig. 10), desto mehr einem Rhomben-Dodekaëder.

2) Zur Rechtfertigung des Namens dient die vorige Anmerkung, aus welcher auch die Erklärung des Namens Pyramidenoktaëder gefolgert werden kann. Die grössere Flachheit der Pyramiden (Fig. 11) bedingt eine Annäherung an das Oktaëder, die grössere Steilheit (Fig. 13) diejenige an das Rhomben-Dodekaëder.

Oktanten gelegene Pyramidenecken. Die Hauptaxen verbinden je zwei gegenüberliegende ditetragonale Eckpunkte. — Bleiglanz, Diamant.

   Die **Ikositetraëder** (Fig. 14, 15, 16) sind von 24 Deltoiden[1]) umschlossene Formen, deren allgemeine Gestalt zwischen jener des Oktaëders und des Hexaëders schwankt, ohne dass doch die Kanten einer dieser beiden Grenzformen jemals her-

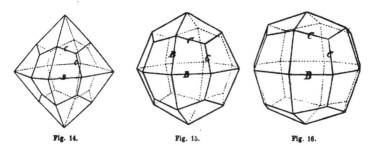

Fig. 14.   Fig. 15.   Fig. 16.

vortreten könnten. Die Kanten sind zweierlei: 24 längere B, paarweise über den Kanten des eingeschriebenen Oktaëders, und 24 kürzere C, zu je drei über den Flächen des eingeschriebenen Oktaëders[2]). Die Ecken sind dreierlei: 6 gleichkantig-vierflächige (tetragonale), 8 dreiflächige (trigonale), und 12 ungleichkantigvierflächige (rhombische). Die Hauptaxen verbinden je zwei gegenüberliegende tetragonale Eckpunkte. — Analcim, Granat.

     Das früher allgemein angenommene Vorkommen der in Fig. 15 abgebildeten Varietät am Leucit veranlasste für sie den Namen Leucitoëder, während man die in Fig. 16 abgebildete Varietät das Leucitoid nannte. Diese Namen verlieren jedoch alle Bedeutung und müssen verschwinden, seitdem man inne geworden, dass der Leucit nicht in Ikositetraëdern, überhaupt gar nicht regulär, sondern tetragonal krystallisirt.

     Die **Hexakisoktaëder** oder Sechsmalachtflächner oder Achtundvierzigflächner (Fig. 17) sind von 48 ungleichseitigen Dreiecken umschlossene Formen,

deren allgemeine Gestalt zwischen denen aller übrigen holoëdrisch-regulären Formen schwanken kann; am häufigsten gruppiren sich jedoch die Flächen entweder in sechs 8zählige oder in acht 6zählige, oder auch in zwölf 4zählige Flächensysteme: der Achtundvierzigflächner erscheint bald durch das Aufsetzen sehr stumpfer achtseitiger Pyramiden über den 6 Hexaëderflächen (Oktakishexaëder), bald durch das Aufsetzen sehr stumpfer sechsseitiger Pyramiden über den 8 Oktaëderflächen (Hexakisoktaëder), bald durch das Aufsetzen sehr stum-

Fig. 17.

pfer vierseitiger Pyramiden über den 12 Rhomben-Dodekaëderflächen (Tetrakisdodekaëder) entstanden zu sein.

---

   1) Deltoide sind Trapezoide, welche zwei Paare gleicher Seiten haben.
   2) Je stumpfer die Kanten C sind, desto grösser ist die Annäherung an das Oktaëder (Fig. 14), je stumpfer die Kanten B, desto grösser diejenige an das Hexaëder (Fig. 16).

Die Kanten sind dreierlei: 24 längste Kanten A, welche nicht selten mit denen des Rhomben-Dodekaëders zusammenfallen, jedenfalls aber eine ähnliche Lage und Vertheilung haben; 24 mittlere Kanten B, welche paarweise über den Kanten des eingeschriebenen Oktaëders (gebrochene Oktaëderkanten), und 24 kürzeste Kanten C, welche paarweise über den Kanten des eingeschriebenen Hexaëders liegen. Die längsten Kanten schwanken in ihrem Winkelmaass zwischen 180° und 120°, die mittleren zwischen 180° und 109° 28' 16", die kürzesten zwischen 180° und 90°. Die Ecken sind gleichfalls dreierlei: 6 achtflächige (ditetragonale), 8 sechsflächige, und 12 vierflächige (rhombische) Ecken. Die Hauptaxen verbinden je zwei gegenüberliegende ditetragonale Eckpunkte. — Granat, Diamant, Flussspath.

Anm. Dass die Tetrakishexaëder, Triakisoktaëder, Ikositetraëder und Hexakisoktaëder — im Gegensatz zum Oktaëder, Hexaëder und Rhomben-Dodekaëder — in ihrer äusseren Gestaltung grosser Variabilität fähig sind, ergibt sich u. a. aus der Erwägung, dass die sie begrenzenden Flächen — gleichschenkelige Dreiecke, Deltoide und ungleichseitige Dreiecke — selbst sehr abweichend in ihren Winkelverhältnissen beschaffen sein können, während gleichseitiges Dreieck, Quadrat und Rhombus einzig in ihrer Art sind.

§ 16. Ableitung und Bezeichnung der holoëdrisch-regulären Formen. Die sieben Arten von holoëdrischen Formen bilden einen völlig abgeschlossenen Inbegriff, und sind mit einander nach verschiedenen Richtungen durch Uebergänge verbunden, welche am leichtesten aus der Ableitung und aus der, auf die Ableitung gegründeten Bezeichnung erkannt werden. *Naumann* leitet alle diese Formen aus irgend einer derselben, welche er die Grundform nennt, durch eine einfache Construction ab. Als Grundform des regulären Systems empfiehlt sich vorzugsweise das Oktaëder, welches er daher mit O, als dem Anfangsbuchstaben seines Namens, bezeichnet[1].

Jede Fläche des Oktaëders schneidet drei Halbaxen desselben in gleich grossen Entfernungen vom Mittelpunkt; nennt man also diese Abschnitte der Halbaxen die Parameter der Fläche (S. 12), und setzt man jeden derselben = 1, so ist das Oktaëder durch das Verhältniss der Parameter 1 : 1 : 1 charakterisirt.

Jede andere reguläre Form wird ebenso durch ein anderes Parameter-Verhältniss ihrer Flächen charakterisirt, in welchem jedoch immer der kleinste Parameter = 1 gesetzt werden kann. Während nun das Verhältniss der durchgängigen Gleichheit 1 : 1 : 1 mit Recht als das eigentliche Grundverhältniss, und demnach das Oktaëder als die naturgemässe Grundform zu betrachten ist, so sind ausser ihm nur noch zwei allgemeine Grössenverhältnisse der Parameter denkbar.

Das zweite ist nämlich das Verhältniss zweier gleicher gegen einen ungleichen Parameter; dieses Verhältniss liefert aber zwei verschiedene Gruppen von Formen, je nachdem die beiden gleichen Parameter grösser oder kleiner sind als der dritte, oder, den kleinsten Parameter = 1 gesetzt, je nachdem dasselbe

---

[1] Bei dem Zeichen O hat man sich also das vollständige Oktaëder, und nicht blos eine einzelne Fläche dieser Gestalt vorzustellen.

$$m : m : 1, \text{ oder } m : 1 : 1$$

geschrieben werden kann, wobei m irgend eine **rationale** Zahl bedeutet, welche grösser als 1 ist. Da nun aber diese Zahl bis auf ∞ wachsen kann, und da die solchenfalls eintretenden Grenzverhältnisse

$$\infty : \infty : 1, \text{ oder } \infty : 1 : 1$$

wiederum zwei besondere Formen bedingen, so ergibt sich, dass das **zweite** allgemeine Grössenverhältniss der Parameter überhaupt **vier** verschiedene Arten von Formen bedingt.   :

Das **dritte** allgemeine Verhältniss endlich ist das der **durchgängigen Ungleichheit** der Parameter, welches wir

$$m : n : 1$$

schreiben können, wenn der kleinste Parameter $= 1$, der grösste $= m$, und der mittlere $= n$ gesetzt wird. Dasselbe liefert abermals eine besondere Gruppe von Formen; da jedoch m wiederum bis auf ∞ wachsen kann, in welchem Falle das Verhältniss

$$\infty : n : 1$$

resultirt, und da dieses Grenzverhältniss gleichfalls eine besondere Art von Formen bedingt, so folgt, dass das **dritte** allgemeine Grössenverhältniss der Parameter überhaupt **zwei** verschiedene Arten von Formen bedingt.

Nach dieser Erläuterung der sieben möglichen Parameter-Verhältnisse ergibt sich nun für die Formen selbst folgende Ableitungs-Construction.

Man lege in jede Octaëder**ecke eine** Fläche, welche den beiden **nicht zu** derselben Ecke gehörigen Hauptaxen parallel ist (oder solche in der Entfernung ∞ schneidet), so resultirt das Hexaëder, dessen krystallographisches Zeichen $\infty O \infty$ ist, weil jede seiner Flächen durch das Verhältniss der Parameter $\infty : \infty : 1$ bestimmt wird.

Man lege in jede Octaëder**kante eine** Fläche, welche der **nicht zu** derselben Kante gehörigen Hauptaxe parallel ist (oder solche in der Entfernung ∞ schneidet), so resultirt das Rhomben-Dodekaëder, dessen Zeichen ∞O ist, weil jede seiner Flächen durch das Parameter-Verhältniss $\infty : 1 : 1$ bestimmt wird.

Dass das Oktaëder, Hexaëder und Rhomben-Dodekaëder **invariable** Formen sind, ergibt sich nun auch daraus, dass ihre Zeichen nicht, wie es bei denen der übrigen nun folgenden Gestalten der Fall, mit variabeln Coëfficienten behaftet sind.

Man verlängere jede Halbaxe des Oktaëders durch Vervielfältigung nach einer Zahl m, welche rational und grösser als 1 ist, und lege hierauf in jede Oktaëderkante **zwei** Flächen, welche die **nicht** zu derselben Kante gehörige Hauptaxe beiderseits in der Entfernung m schneiden, so entsteht ein Triakisoktaëder, dessen Zeichen mO ist, weil jede Fläche das Parameter-Verhältniss $m : 1 : 1$ hat.

Die gewöhnlichsten Varietäten sind $\frac{3}{2}O$, $2O$ und $3O$; die Pyramidenkanten sind um so schärfer, die Kanten B um so stumpfer, je grösser m ist [1]).

----

[1]) Als Beispiel für die Winkelwerthe verschiedener Varietäten dienen nachstehende Angaben, in welche auch die beiden Grenzformen mit aufgenommen sind.

	Oktaëderkanten B	Pyramidenkanten A
O	$109°\ 28'$	$180°$
$\frac{3}{2}O$	$115°\ 42'$	$174°\ 36'$

Man nehme in jeder der Halbaxen des Oktaëders abermals die Länge *m*, und lege hierauf in jede Oktaëderecke vier Flächen, von denen jede einzelne über eine Fläche derselben Ecke dergestalt fällt, dass sie die beiden zu derselben Fläche gehörigen Halbaxen in der Entfernung *m* schneidet, so entsteht ein Ikositetraëder, dessen Zeichen *m*O*m* ist, weil jede seiner Flächen das Parameter-Verhältniss *m* : *m* : 1 hat.

Die gewöhnlichsten Ikositetraëder sind 2O2 und 3O3, von denen zumal das erstere am Analcim und Granat sehr häufig vorkommt; die Kanten *C* messen bei ihm 146° 27′, bei dem letzteren 129° 31′; sie sind um so schärfer und anderseits die Kanten *B* um so stumpfer, je grösser *m* ist. — Das Ikositetraëder 2O2 hat die Eigenschaft, dass die seine Deltoide symmetrisch theilenden Flächendiagonalen mit den Kanten des eingeschriebenen Rhomben-Dodekaëders zusammenfallen.

Man nehme wiederum in jeder Halbaxe des Oktaëders eine Länge *n*, die grösser als 1 ist, und lege hierauf in jede Oktaëderecke vier Flächen, von welchen jede einzelne über eine Kante dieser Ecke dergestalt fällt, dass sie die zu derselben Kante gehörige Halbaxe in der Entfernung *n* schneidet, während sie der dritten Hauptaxe parallel ist (oder selbige in der Entfernung ∞ schneidet), so entsteht ein Tetrakishexaëder, dessen Zeichen ∞O*n* ist, weil jede seiner Flächen das Parameter-Verhältniss ∞ : *n* : 1 hat.

Am häufigsten sind die Tetrakishexaëder ∞O1, ∞O2 und ∞O3; bei ihnen sind die Pyramidenkanten *A* um so stumpfer, die Kanten *C* um so schärfer, je grösser *n* ist. Für das Tetrakishexaëder ∞O2 sind alle 36 Kanten von gleichem Winkelwerth.

Man nehme endlich in jeder Halbaxe des Oktaëders vom Mittelpunkt aus zwei verschiedene Längen *m* und *n*, von denen *m* grösser als *n* ist, während beide grösser als 1 sind, und lege hierauf in jede Oktaëderecke acht Flächen, von welchen je zwei über eine Kante derselben Ecke dergestalt fallen, dass sie die zu derselben Kante gehörige Halbaxe gemeinschaftlich in der kleineren Entfernung *n*, die nicht zu solcher Kante gehörige Hauptaxe aber beiderseits in der grösseren Entfernung *m* schneiden, so entsteht ein Hexakisoktaëder, dessen Zeichen *m*O*n* ist, weil jede seiner Flächen das Parameter-Verhältniss *m* : *n* : 1 hat. Die gewöhnlichsten Varietäten sind 3O$\frac{3}{2}$, 4O2 und 5O$\frac{5}{2}$.

Jede Fläche des Hexakisoktaëders besitzt den kleinsten Parameter in derjenigen Halbaxe, mit welcher sie unmittelbar zum Durchschnitt gelangt; ihre mittlere Kante stösst auf die Halbaxe mit dem mittleren Parameter, ihre kürzeste Kante auf die Halbaxe mit dem grössten Parameter. Die Hexakisoktaëder, bei welchen $n = \frac{2m}{m+1}$, z. B. 2O$\frac{4}{3}$, 3O$\frac{3}{2}$ und 5O$\frac{5}{3}$, sind sog. isogonale, d. h. solche, deren längste und kürzeste Kanten gleiches Winkelmaass haben; diejenigen, bei welchen $n = \frac{m}{m-1}$, z. B. 3O$\frac{3}{2}$, 4O$\frac{4}{3}$,

	Oktaederkanten *B*	Pyramidenkanten *A*
$\frac{3}{2}$O	129° 31′	162° 39′
$\frac{4}{3}$O	136° 0′	157° 5′
2O	144° 3′	152° 44′
4O	159° 57′	136° 39′
9O	174° 1′	127° 24′
36O	177° 43′	121° 50′
∞O	180°	120°

Triakisoktaëder mit gleichen Kanten können in der Natur nicht vorkommen, da in diesem Falle *m* den irrationalen Werth $1 + \sqrt{2}$ erhalten würde.

$\Psi O \Psi$, heissen parallelkantige, weil ihre längsten Kanten mit den Kanten des eingeschriebenen Rhomben-Dodekaëders zusammenfallen und folglich zu je sechs und sechs
einander parallel sind. Die Varietät $30\frac{1}{2}$ besitzt daher die merkwürdige Eigenschaft,
sowohl isogonal als parallelkantig zu sein.

Anm. Soll sich die Bezeichnung c o n s e q u e n t bleiben, so ist es nöthig, dass
in dem Zeichen mOn der Zahl m stets der g r ö s s e r e Werth und die Stelle v o r dem
Buchstaben O angewiesen wird. Wer also das Triakisoktaëder mO schreibt, der darf
das Tetrakishexaëder nicht $mO\infty$ schreiben wollen. In dieser Hinsicht wird von manchen Mineralogen, welche sich der *Naumann*'schen Bezeichnung bedienen, bisweilen
die wünschenswerthe Consequenz ausser Acht gelassen, indem sie z. B. das Zeichen
des Triakisoktaëders bald mO, bald Om, das Zeichen des Tetrakishexaëders bald ∞On,
bald $nO\infty$ schreiben u. s. w. — Die Elemente eines jeden Zeichens sollten, gerade
so wie die Buchstaben eines jeden Wortes, d i c h t n e b e n e i n a n d e r geschrieben
(und gedruckt) werden, um ihre Zusammengehörigkeit recht augenscheinlich zu machen; also nicht $m O n$, sondern mOn, nicht ∞O sondern ∞O. Auch ist es zweckmässig, den Buchstaben O (wie auch die entsprechenden Buchstaben der übrigen Systeme) als das Grundelement dieser Zeichen, nicht cursiv, sondern a u f r e c h t (antiqua)
zu schreiben und ebenso drucken zu lassen.

Die im Vorstehenden erläuterte axiometrische Bezeichnungsweise von *Naumann* hat sich wegen der auch bei den anderen Krystallsystemen wiederkehren-
den logischen Kürze und Uebersichtlichkeit mit Recht den grössten Beifall der
Krystallographen erworben. *C. S. Weiss*, der Begründer der Krystallsysteme,
führte (vgl. S. 13) die Bezeichnung einer Fläche einfach dadurch aus, dass das
Verhältniss ihrer Axenabschnitte oder Parameter neben einander geschrieben wird,
und da nun sämmtliche Flächen derselben Form dasselbe Parameter-Verhältniss
besitzen, so kann das für die einzelne gewonnene als repräsentatives Symbol der
ganzen Form gelten [1]. Jede andere Form wird auch hier durch ein anderes Parameter-Verhältniss ihrer Flächen charakterisirt.

Die Fläche des Oktaëders liegt so, dass sie die drei Hauptaxen in gleichen Entfernungen vom Mittelpunkt schneidet. Bezeichnet man diese drei gleichen Parameter
mit a, so erhält man als Zeichen des Oktaëders $a : a : a$. Die Fläche des Rhomben-
Dodekaëders schneidet zwei Hauptaxen in gleichen Abständen (a) und geht der dritten
a parallel, daher das Zeichen $a : a : \infty a$. Die Fläche des Hexaëders schneidet nur eine
Hauptaxe und geht den beiden anderen parallel, deshalb das Zeichen $a : \infty a : \infty a$.
Bei der Flächenbezeichnung der anderen Formen treten ein oder mehre variable
Elemente ein. Die Fläche des Triakisoktaëders schneidet zwei Hauptaxen in gleichen
Entfernungen (a), die dritte erst in einer m-mal verlängerten, ist daher charakterisirt
durch $a : a : ma$ (z. B. $a : a : 2a$, $a : a : 3a$); in ganz analoger Weise wird das Zeichen für das Ikositetraëder $= a : ma : ma$, das für das Tetrakishexaëder $= a : \infty a : ma$
(oder $a : \infty a : na$), das für den Achtundvierzigflächner endlich, bei dessen Fläche alle
drei Parameter abweichenden Werth haben $= a : ma : na$. Die Reihenfolge, in welcher diese Bezeichnungsweise die Parameter aufzählt, ist selbstredend gleichgültig.

Die Analogie der beiden Bezeichnungsweisen ergibt sich aus folgendem ver-
gleichenden Schema:

$$a : a : a \quad = O$$
$$\infty a : a : a \quad = \infty O$$
$$\infty a : a : \infty a = \infty O \infty$$

[1] Dies ursprüngliche F l ä c h e n zeichen von *Weiss* hat daher eine ganz andere Bedeutung,
als das *Naumann*'sche K ö r p e r zeichen, und es ist nicht richtig, wenn *Blum* sagt, dass man den
Ausdruck $a : a : a$ »zur Abkürzung« als O schreibe.

$$ma : a : a \ = m0$$
$$\infty a : a : na \ = \infty 0n$$
$$ma : a : ma \ = m0m$$
$$ma : a : na \ = m0n.$$

Der *Miller*'schen Signatur (vgl. S. 15) liegt gewissermassen die Voraussetzung zu Grunde, dass die verschiedenen regulären Formen nicht durch Umschreibung um, sondern durch Einschreibung in das Oktaëder abgeleitet werden. Sie beruht, wie schon oben angeführt, im Allgemeinen darauf, dass jedes Parameter-Verhältniss auf die Form $\frac{1}{h} : \frac{1}{k} : \frac{1}{l}$ gebracht werden kann, in welchem die Nenner h, k und l (die Indices) ganze Zahlen oder auch zum Theil $= 0$ sind. Abgesehen von den auf S. 15 gegebenen Regeln mögen hier noch einige Andeutungen über die Umwandlung der *Naumann*'schen Zeichen in diejenigen von *Miller* und umgekehrt folgen.

Um die Zeichen *Naumann*'s in die *Miller*'schen zu übersetzen, dazu bedarf es nur folgender Erwägung. Das Hexakisoktaëder $m0n$ hat bei *Naumann* das Parameter-Verhältniss $m : n : 1$; schreiben wir es umgekehrt, und dividiren wir es mit mn, so wird

$$1 : n : m = \frac{1}{mn} : \frac{1}{m} : \frac{1}{n};$$

also würde ganz allgemein $h : k : l = mn : m : n$, welches Verhältniss jedoch stets auf seinen einfachsten Ausdruck zu bringen ist. Dies geschieht immer sehr leicht, wenn m und n ganze Zahlen sind; ist aber eine dieser Zahlen ein (unächter) Bruch, oder sind beide dergleichen Brüche, so hat man das Verhältniss $mn : m : n$ mit den Nennern dieser Brüche zu multipliciren. Ist $n = m$, so wird $h : k : l = m : 1 : 1$, und folglich $m0m = (m11)$; und ist $n = 1$, so wird $h : k : l = m : m : 1$, und folglich $m0 = (mm1)$. Ist endlich $m = \infty$, so wird

$$mn : m : n = \infty n : \infty : n = n : 1 : 0,$$ und folglich $\infty 0n = (n10)$,

wo in dem Falle, dass n ein (unächter) Bruch sein sollte, statt n der Zähler, und statt 1 der Nenner desselben zu schreiben ist.

Ein paar Beispiele mögen den Gebrauch dieser Regeln erläutern. Für das Hexakisoktaëder $30\frac{3}{2}$ ist $m = 3$, und $n = \frac{3}{2}$, folglich das *Miller*'sche Zeichen $hkl = \frac{9}{2}3\frac{3}{2} = (963) = (321)$; ferner ist $50\frac{3}{2} = (531)$; in 302 ist $m = 3$, und $n = 2$, also hierfür $hkl = (632)$.

Für das Ikositetraëder 303 wird $hkl = hll = (311)$; $\frac{3}{2}0\frac{3}{2} = (322)$.

Für das Triakisoktaëder 30 wird $hkl = hhl = (331)$; $\frac{3}{2}0 = (332)$.

Für das Tetrakishexaëder $\infty 0\frac{3}{2}$ wird $hkl = hk0 = (320)$; und so wird man sich leicht für jede andere, nach unserer Methode bezeichnete Form das entsprechende *Miller*'sche Zeichen bilden können. Das Oktaëder ist (111), das Rhomben-Dodekaëder (110), das Hexaëder (100).

Umgekehrt übersetzen sich die *Miller*'schen Zeichen in diejenigen *Naumann*'s, wie folgt:

Da $h : k : l = mn : m : n$, so wird offenbar $h : k = n : 1$, und folglich $n = \frac{h}{k}$; ebenso wird $k : l = m : n$, und folglich $m = \frac{h}{l}$.

Dem *Miller*'schen Zeichen hkl entspricht daher das *Naumann*'sche $\frac{h}{l}0\frac{h}{k}$; also $(432) = 20\frac{4}{3}$; $(522) = \frac{5}{2}0\frac{5}{2}$; $(221) = 20$; $(430) = \infty 0\frac{4}{3}$.

§ 17. Uebersicht der holoëdrisch-regulären Formen. Die Uebergänge und Verwandtschaften sämmtlicher holoëdrisch-regulärer Formen lassen sich am besten aus beistehendem triangulären Schema erkennen (Fig. 18).

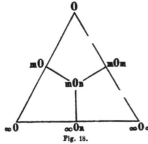

Fig. 18.

In den drei E c k e n des Schemas stehen diejenigen drei Formen, welche einzig in ihrer Art sind (S. 26), während die drei S e i t e n des Schemas die Zeichen der drei Vierundzwanzig-flächner tragen, als deren G r e n z formen die drei singulären Formen zwar schon oben (§ 15) genannt worden sind, während sie jetzt erst mit Evidenz als solche anerkannt werden kön-nen. Es wird in der That durch Vergleichung der Stellung und des Zeichens der Formen sehr anschaulich, dass die Triakisoktaëder $m0$ je nach dem Werth von m körperlich zwischen dem Oktaëder und dem Rhomben-Dodekaëder, dass ebenso die Ikositetraëder $m0m$ je nach dem Werth von m zwischen dem Oktaëder und Hexaëder, dass die Tetrakishexaëder je nach dem Werth von n zwischen dem Rhomben-Dodekaëder und Hexaëder schwanken. Werden diese Werthe bald gleich 1 und bald gleich ∞, so gehen die Grenzformen hervor. In diesem Schema nimmt das Hexakisoktaëder den Mittelpunkt ein, weil in s e i-n e n Ve r h ä l t n i s s e n die Bedingungen für die E x i s t e n z aller übrigen For-men ebenso, wie in seinem Z e i c h e n die Zeichen derselben enthalten sind und es sonach als der eigentliche Repräsentant aller regulären Formen betrachtet wer-den kann, welche nur gewisse S p e c i a l f ä l l e desselben darstellen[1]).

Wird in dem Zeichen des Achtundvierzigflächners $n = 1$, so geht daraus $m0$ her-vor; wird $m = \infty$, so erhält man $\infty 0n$; wenn $n = m$, so $m0m$; wenn sowohl m als $n = 1$, alsdann 0; wenn m und n beide $= \infty$, alsdann $\infty 0 \infty$; wenn schliesslich $m = \infty$ und $n = 1$, alsdann $\infty 0$. Oder das Hexakisoktaëder (Fig. 17) wird zu einem

Triakisoktaëder, wenn die Hexaëderkanten verschwinden, d. h. wenn $C = 180^\circ$,
Tetrakishexaëder, wenn die Oktaëderkanten verschwinden, d. h. wenn $B = 180^\circ$,
Ikositetraëder, wenn die Dodekaëderkanten verschwinden, d. h. wenn $A = 180^\circ$,
Oktaëder, wenn Hexaëder- und Dodekaëderkanten verschwinden, $C = A = 180^\circ$,
Hexaëder, wenn Oktaëder- und Dodekaëderkanten verschwinden, $B = A = 180^\circ$,
Dodekaëder, wenn Hexaëder- und Oktaëderkanten verschwinden, $C = B = 180^\circ$.

So können also die übrigen sechs Formen als Quasi-Hexakisoktaëder aufgefasst werden, bei welchen bald diese, bald jene Kanten verschwunden sind. Und zwar sind die 3 Vierundzwanzigflächner solche Quasi-Achtundvierzigflächner, bei welchen blos e i n e Kantenart verschwunden ist, die 3 invariabeln Formen solche, bei welchen z w e i Kantenarten zum Verschwinden gelangt sind.

Dass mit den angeführten s i e b e n holoëdrischen Formen überhaupt alle, welche in dem regulären System vorkommen können, bekannt und erschöpft sind, ergibt sich, abgesehen von der auf S. 25 vorgenommenen Eintheilungen auch noch aus fol-gender Erwägung. Im Allgemeinen kann die Lage einer Fläche mit Bezug auf die einen Oktanten bildenden drei Halbaxen eine dreifache sein: die drei Parameter derselben sind entweder alle von endlichem Werth, oder zwei sind endlich, der dritte ∞, oder

---

1) Solche Bezeichnungs-Methoden, welche für die verschiedenen A r t e n der Formen eben so viele verschiedene B u c h s t a b e n zu Grunde legen, müssen natürlich auf die Darstellungen der Uebergänge und Verwandtschaften verzichten, und ermangeln jedes inneren systematischen Zusammenhanges.

blos einer ist endlich, die beiden anderen ∞; der vierte Fall, dass alle drei Parameter ∞ seien, ist nicht denkbar. Die weiteren Möglichkeiten zeigt das folgende Schema:

I. Alle drei Parameter endlich:
    1) alle drei gleich (*a : a : a*), Oktaëder;
    2) zwei gleich, der dritte ungleich:
        a) der dritte grösser (*a : a : ma*), Triakisoktaëder,
        b) der dritte kleiner (*ma : ma : a*), Ikositetraëder;
    3) alle drei ungleich (*a : ma : na*), Hexakisoktaëder.

II. Zwei Parameter endlich, der dritte unendlich:
    1) die endlichen gleich (*a : a : ∞a*), Rhomben - Dodekaëder;
    2) die endlichen ungleich (*a : na : ∞a*), Tetrakishexaëder.

III. Ein Parameter endlich, die beiden anderen unendlich (*a : ∞a : ∞a*), Hexaëder.

Weitere Haupt- oder Unterabtheilungen sind n i c h t m ö g l i c h und somit ist ein fernerer holoëdrisch - regulärer Körper n i c h t d e n k b a r.

Auf genau dieselben Abtheilungen gelangt man, wenn die verschiedenen Möglichkeiten der Lage einer Fläche zu den drei Haupt - Symmetrie - Ebenen ins Auge gefasst werden.

§ 18. Die Hemiëdrien des regulären Systems. Um zu untersuchen, auf welche Art die Formen des regulären Systems möglicher Weise hemiëdrisch (vgl. S. 20) werden können, betrachtet man am zweckmässigsten zunächst die allgemeinste Gestalt, das H e x a k i s o k t a ë d e r, indem alle anderen Formen ja nur specielle Fälle desselben darstellen, und so dasjenige, was für dasselbe erkannt worden ist, in entsprechender Weise auch auf die übrigen Gestalten Anwendung finden muss. Bei dem Achtundvierzigflächner kann die Auswahl der zum Wachsen oder zum Verschwinden bestimmten Hälfte der Flächen, den Gesetzen der Hemiëdrie gemäss, auf eine dreifach abweichende Weise erfolgen, weshalb man d r e i verschiedene M o d a l i t ä t e n der Hemiëdrie unterscheidet. Es gelangen nämlich bei ihm zur Ausdehnung, resp. zum Verschwinden:

1) die in den abwechselnden Oktanten gelegenen s e c h s zähligen Flächencomplexe: die t e t r a ë d r i s c h e, oder geneigtflächige Hemiëdrie; oder
2) die abwechselnden Flächen p a a r e, welche an den mittleren, gebrochenen Oktaëderkanten (oder an den in den Haupt-Symmetrie-Ebenen befindlichen Kanten) gelegen sind: die d o d e k a ë d r i s c h e oder pentagonale oder parallelflächige Hemiëdrie; oder
3) die abwechselnden e i n z e l n e n Flächen: die p l a g i ë d r i s c h e oder gyroëdrische Hemiëdrie.

Eine a n d e r e Modalität der Hemiëdrie, als die drei hier genannten, kann am Achtundvierzigflächner, und also im regulären System überhaupt n i c h t vorkommen.

Wenn nun die Wirkungen der einzelnen Hemiëdrien auf die ersten sechs Formen des regulären Systems ermittelt werden sollen, so empfiehlt es sich, dieselben zunächst, gemäss dem im § 17 Angeführten, als Q u a s i -Achtundvierzigflächner zu betrachten.

§ 19. Die tetraëdrische Hemiëdrie. Bei dem Oktaëder wird derjenige sechszählige Flächencomplex (§ 18, 1), um dessen abwechselndes Verschwinden es sich bei dem Achtundvierzigflächner auf dem Gebiete der tetraëdrischen Hemiëdrie handelt, vollgültig durch die e i n z e l n e Fläche repräsentirt. Das Oktaëder wird daher zufolge dieser Modalität hemiëdrisch, indem man seine vier abwechselnden Flächen vergrössert, wobei dann die übrigen zum Verschwinden gelangen (Fig. 19). Es entsteht so aus demselben das Tetraëder.

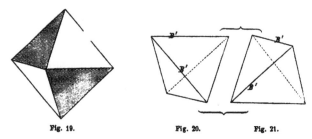

Fig. 19. Fig. 20. Fig. 21.

Das Tetraëder ist eine von 4 gleichseitigen Dreiecken umschlossene Form mit 6 gleichen Kanten B', deren Winkelmaass 70° 32', und mit 4 dreiflächigen (trigonalen) Ecken. Die Hauptaxen verbinden die Mittelpunkte je zweier gegenüberliegender Kanten. Das Zeichen des Tetraëders kann in Folge seiner Ableitung aus dem Oktaëder $\frac{O}{2}$ geschrieben werden. Da sich jedoch bald die eine, bald die andere Hälfte der ganzen Flächenzahl vergrössert oder allein ausgebildet haben kann, so liefert das Oktaëder zwei, durch ihre Stellung verschiedene, ausserdem aber völlig gleiche Tetraëder (Fig. 20, 21) deren Zeichen durch Vorsetzung der Stellungszeichen + und — unterschieden werden können, von denen jedoch nur das letztere in vorkommenden Fällen hingeschrieben wird[1]. — Fahlerz, Boracit, Helvin.

Wird der Würfel der in Rede stehenden Hemiëdrie unterworfen, so erleidet derselbe keine wirkliche Gestaltsveränderung, sondern erscheint gerade so, als ob er holoëdrisch geblieben wäre, obschon auch an ihm die Hälfte der Flächen als verschwunden gelten muss. Dies wird einleuchtend, wenn man sich den Würfel durch angemessene Felder-Eintheilung seiner Flächen in einen Quasi-Achtundvierzigflächner verwandelt denkt, und dann auch für ihn genau das Gesetz dieser Hemiëdrie zur Verwirklichung bringt. Ebenso liefern auch das Rhomben-Dodekaëder und der Pyramidenwürfel keine neuen Gestalten.

In nachstehenden drei Figuren stellen die schwarzen Theile diejenigen Flächenfelder vor, welche eigentlich als verschwunden zu denken, während die weiss gelassenen Flächenfelder die wirklich rückständigen sind. Da nun aber jedes verschwindende Flächenfeld mit einem bleibenden Flächenfelde in eine Ebene fällt, so wird in der geometrischen Erscheinungsweise dieser Formen gar nichts geändert werden,

---

[1] Es ist sogar unzweckmässig, die positiven Vorzeichen mit hinzuschreiben, weil dadurch die Zeichen der Combinationen unnöthiger Weise weitschichtiger werden, und überhaupt jede Ueberladung der Zeichen zu vermeiden ist. Wie man in der Algebra eine ohne Vorzeichen stehende Grösse als positiv vorstellt und behandelt, so gilt dies auch für das ohne Vorzeichen eingeführte Symbol einer Krystallform. Diese Bemerkung hat ganz allgemeine Gültigkeit in allen Krystallsystemen, wo die correlaten Formen oder Partialformen durch die Stellungszeichen + und — unterschieden werden. — Diese Verschiedenheit der Stellung ist besonders bei den Combinationen hemiëdrischer Formen (§ 23) gar sehr zu berücksichtigen.

obgleich die Bedeutung ihrer Flächen eine ganz andere ist. Im Hexaëder z. B. besteht streng genommen jede Fläche nur noch aus zweien, an einer Diagonale anliegenden quadratischen Feldern, welche sich aber, weil sie in eine Ebene fallen, zur vollständigen Hexaëderfläche ausdehnen; und auf ähnliche Weise verhält es sich im

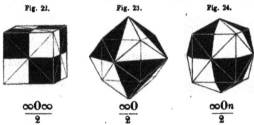

Fig. 22. Fig. 23. Fig. 24.

$$\frac{\infty O \infty}{2} \qquad \frac{\infty O}{2} \qquad \frac{\infty O n}{2}$$

Rhomben-Dodekaëder und Tetrakishexaëder. Diese drei Formen sind also da, wo sie zugleich mit Tetraëdern vorkommen, wenn auch nicht ihrem Aussehen, so doch ihrem Wesen nach als hemiëdrische Formen zu deuten. *Naumann* hat diese nun allgemein angenommene Anschauungsweise schon seit dem Jahre 1830 geltend gemacht.

Bei den Ikositetraëdern mOm kommen die abwechselnden dreizähligen, über den Flächen des eingeschriebenen Oktaëders gelegenen Flächengruppen zum Verschwinden, die übrigen dazwischen liegenden dehnen sich bis zur gegenseitigen Durchschneidung aus (Fig. 25). Als Hälftflächner entstehen so die Trigon-Dodekaëder (Pyramidentetraëder,

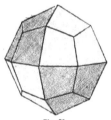

Triakistetraëder), deren Zeichen daher $\frac{mOm}{2}$ oder auch $-\frac{mOm}{2}$ sein wird. Es sind von 12 gleichschenkeligen Dreiecken umschlossene Formen, deren allgemeine Gestalt zwischen jener des Tetraëders und Hexaëders schwankt, jedoch so, dass stets die Kanten der ersteren, aber niemals die Kanten der letzteren Grenzform hervortreten. Die Gestalt ist gleichsam ein Tetraëder, welches auf jeder seiner 4 Flächen eine dreiseitige Pyramide trägt. Je flacher dieselbe ist (Fig. 26), desto mehr nähert sich die Form einem Tetraëder, je steiler (Fig. 28), desto mehr einem Hexaëder.

Fig. 25.

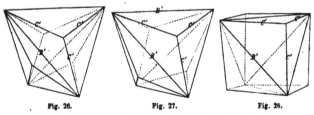

Fig. 26. Fig. 27. Fig. 28.

Die Kanten sind zweierlei: 6 längere Kanten B', welche den Kanten des Tetraëders entsprechen, und 12 kürzere Kanten C', welche zu je drei über den Flächen des eingeschriebenen Tetraëders liegen; die Ecken sind gleichfalls zweierlei:

4 sechsflächige, und 4 dreiflächige (trigonale) Ecken. Die Hauptaxen verbinden die Mittelpunkte je zweier gegenüberliegender längerer (Tetraëder-) Kanten. — Fahlerz. Kieselwismuth.

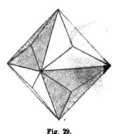

Die Triakisoktaëder mO liefern, nach den in den abwechselnden Oktanten gelegenen dreizähligen Flächensystemen (Fig. 29) hemiëdrisch werdend, die Deltoid-Dodekaëder, welche daher das Zeichen $\frac{mO}{2}$ oder $-\frac{mO}{2}$ erhalten. Dieselben sind von 12 Deltoiden umschlossene Formen, deren allgemeine Gestalt zwischen jener des Tetraëders und Rhomben-Dodekaëders schwankt, ohne dass jedoch die Kanten einer dieser Grenzformen jemals hervortreten können (Fig. 30, 31, 32).

Fig. 29.

Die Kanten sind zweierlei: 12 längere Kanten B', welche paarweise über den Kanten, und 12 kürzere Kanten A', welche zu drei über den Flächen des eingeschriebenen Tetraëders liegen. Die Ecken sind dreierlei: 6 vierflächige (rhombische) Ecken, 4 spitzere, und 4 stumpfere dreiflächige (trigonale) Ecken. Die

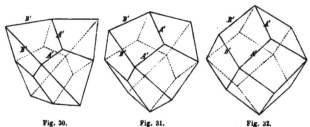

Fig. 30.　　　　Fig. 31.　　　　Fig. 32.

Hauptaxen verbinden je zwei gegenüberliegende rhombische Eckpunkte. Je stumpfer diese rhombischen Ecken (Fig. 30) sind, desto mehr nähert sich die Form einem Tetraëder, je spitzer (Fig. 32), desto mehr einem Rhomben-Dodekaëder. — Fahlerz, Weissgültigerz, doch nicht als selbständige Form.

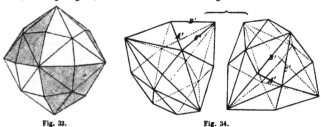

Fig. 33.　　　　　　Fig. 34.

Bei den Hexakisoktaëdern mOn sind es die in den abwechselnden Oktanten gelegenen sechszähligen Flächensysteme (Fig. 33), nach welchen diese Hemiëdrie erfolgt: alsdann gehen aus ihnen die mit $\frac{mOn}{2}$ oder $-\frac{mOn}{2}$ zu bezeichnenden Hexakistetraëder (Fig. 34) hervor. Dieselben sind von 24 ungleichseitigen Dreiecken umschlossene Formen, deren allgemeine Gestalt bald einer der drei vorhergehenden hemiëdrischen Formen, bald auch dem Rhomben-Dodekaëder, dem Hexaëder oder dem Tetrakishexaëder genähert sein kann; doch gruppiren sich die Flächen am häufigsten in 4 sechszählige Systeme.

Die Kanten sind dreierlei: 12 mittlere B', paarweise über den Kanten, 12 längere C', und 12 kürzere A', zu je dreien über den Flächen des eingeschriebenen Tetraëders. Die Ecken sind gleichfalls dreierlei: 6 vierflächige (rhombische), 4 spitzere, und 4 stumpfere sechsflächige Ecken. Die Hauptaxen verbinden je zwei gegenüberliegende rhombische Eckpunkte. — Diamant, Boracit, Fahlerz; jedoch an letzteren beiden Mineralien nicht selbständig.

Bei den Formen der tetraëdrischen Hemiëdrie ist die bei den holoëdrischen Gestalten des regulären Systems bestehende Symmetrie nach den Hexaëderflächen verloren gegangen; dieselben sind nur noch nach den Rhomben-Dodekaëder-Flächen symmetrisch.

Indem die tetraëdrische Hemiëdrie sich darin ausspricht, dass die Oktanten zwischen den drei Haupt-Symmetrie-Ebenen sich blos abwechselnd gleich verhalten, werden alle diejenigen Formen dabei eine Gestaltsveränderung erfahren, bei welchen die Normalen der Flächen in diese Oktantenräume fallen, also das Oktaëder, Ikositetraëder, Triakisoktaëder, Hexakisoktaëder. Bei den übrigen Formen (Hexaëder, Rhomben-Dodekaëder, Tetrakishexaëder) liegen aber die Normalen der Flächen in den Haupt-Symmetrie-Ebenen selbst und daher zugleich in dem einen und in dem benachbarten Oktanten; eine Verschiedenheit dieser beiden Oktanten ist demzufolge hier auf die Normalen ohne geometrischen Einfluss, und die zu solchen Normalen gehörigen Flächen werden scheinbar ebenso auftreten, wie in der holoëdrischen Abtheilung.

Anm. *Miller* bildet das Zeichen der tetraëdrisch-hemiëdrischen Form, indem er dem Symbol *hkl* ein (griechisches) x vorsetzt, z. B. $\frac{30}{2} = x\,(331)$; $\frac{302}{2} = x\,(632)$.

§ 20. Die dodekaëdrische Hemiëdrie.
Wenn das Hexaëder, das Oktaëder, das Rhomben-Dodekaëder, die Triakisoktaëder und Ikositetraëder dieser Hemiëdrie (S. 31) unterliegen, so erleiden dieselben keine wesentliche Gestaltsveränderung, wie am leichtesten eingesehen wird, indem man diese fünf Formen durch eine angemessene Theilung ihrer Flächen in Quasi-Hexakisoktaëder verwandelt, und dann für sie das Gesetz in Erfüllung bringt, dass nur die an den abwechselnden mittleren Kanten gelegenen Flächenpaare allein ausgebildet sein sollen. Die bleibenden und die verschwindenden Flächenfelder fallen alsdann immer zu je zwei oder mehren in eine Ebene, weshalb denn die Hemiëdrie scheinbar gar keinen Erfolg hat, obgleich, streng genommen, die Bedeutung der Flächen eine wesentlich andere geworden ist.

In nachstehenden Figuren entsprechen die weiss gelassenen Flächenfelder den bleibenden, die schwarzen Flächenfelder dagegen denjenigen Flächenpaaren, welche eigentlich als verschwunden zu denken sind. Es ist augenscheinlich, dass z. B. bei dem so nach der dodekaëdrischen Hemiëdrie hälftflächig gewordenen Würfel die Begrenzungselemente eine ganz andere Bedeutung besitzen, als bei dem ebenfalls scheinbar holo-

· ёdrischen, welcher (vgl. Fig. 22, S. 33) das Resultat der tetraёdrischen Hemiёdrie ist. Das Oktaёder, welches in der tetraёdrischen Abtheilung als solches nicht existirt, tritt also hier als vollgültiges Mitglied auf.

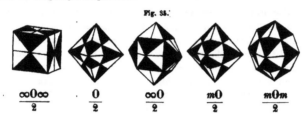

Fig. 35.

$$\frac{\infty O \infty}{2} \qquad \frac{O}{2} \qquad \frac{\infty O}{2} \qquad \frac{mO}{2} \qquad \frac{mOm}{2}$$

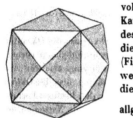

Bei den Tetrakishexaёdern ∞On sind die einzelnen Flächen das vollgültige Aequivalent derjenigen an den mittleren Kanten gelegenen Flächenpaare, um deren abwechselndes Wachsen und Verschwinden es sich auf dem Gebiete dieser Hemiёdrie bei dem Achtundvierzigflächner handelt (Fig. 36). Sind die Tetrakishexaёder nur mit ihren abwechselnden Flächen ausgebildet, so gehen aus ihnen die Pentagon-Dodekaёder hervor, welche daher allgemein mit $\frac{\infty On}{2}$ bezeichnet werden. Die Pentagon-

Fig. 36.

Dodekaёder sind von 12 symmetrischen Pentagonen [1] umschlossene Formen, deren allgemeine Gestalt zwischen jener des Hexaёders und des Rhomben-Dodekaёders schwankt, ohne dass jedoch die Kanten einer dieser beiden Grenzformen jemals hervortreten könnten.

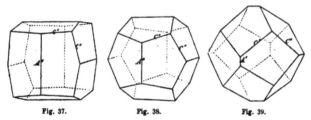

Fig. 37. 　　　　　Fig. 38. 　　　　　Fig. 39.

Die Kanten sind zweierlei: 6 regelmässige, die abweichend langen Seiten der Pentagone repräsentirende, meist längere (selten kürzere) Kanten A'', welche über den Flächen, und 24 unregelmässige, meist kürzere (selten längere) Kanten C'', welche, die gleichen Seiten der Pentagone darstellend, gewöhnlich paarweise über den Kanten des eingeschriebenen Hexaёders liegen. Die Ecken sind gleichfalls zweierlei: 8 gleichkantig-dreiflächige (trigonale) und 12 ungleichkantig-dreiflächige (unregelmässige) Ecken. Die Hauptaxen verbinden die Mittel-

---

1) Ein symmetrisches Pentagon ist ein solches, welches 4 gleiche Seiten und 2 Paare gleicher Winkel hat. ·

punkte je zweier gegenüberliegender regelmässiger Kanten. Hexaëdrischer Eisenkies oder Pyrit und Glanzkobalt.

Je nachdem in den Pentagonen die einzelne, abweichend lange Seite entweder grösser oder kleiner als jede der vier gleichen Seiten ist, demgemäss hat das Pentagon-Dodekaëder mehr Aehnlichkeit mit dem Hexaëder, Fig. 37 (n mit sehr grossem Werth), oder mit dem Rhomben-Dodekaëder, Fig. 39 (n dem Werth 1 genähert) Mitten inne steht, freilich nur als eine ideale Form, das reguläre Pentagon-Dodekaëder der Geometrie mit 30 gleichlangen Kanten; bei demselben ist der Coëfficient $n = \dfrac{1+\sqrt{5}}{2}$, also eine irrationale Zahl, weshalb denn auch die Form als Krystallform unmöglich ist (§ 10, S. 14); sehr nahe würde die Varietät $\dfrac{\infty O\frac{1}{2}}{2}$ kommen. Die gewöhnlichste Varietät $\dfrac{\infty O2}{2}$ findet sich am Eisenkies oder Pyrit gar häufig ausgebildet und wird daher auch Pyritoëder genannt.

Werden die Hexakisoktaëder mOn nach denen an den abwechselnden mittleren Kanten (b) gelegenen Flächenpaaren (Fig. 40) hemiëdrisch, so gehen daraus die Dyakis-Dodekaëder[1]) (oder Diploëder) hervor (Fig. 41); um sie

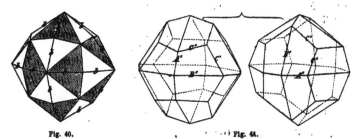

von den Hexakistetraëdern, als den geneigtflächig-hemiëdrischen Formen derselben Stammform zu unterscheiden, pflegt man ihr Zeichen in zwei parallele Klammern einzuschliessen; sonach ist $\left[\dfrac{mOn}{2}\right]$ das allgemeine Zeichen der Dyakis-Dodekaëder. Es sind in der Regel von 24 gleichschenkeligen Trapezoiden (selten von dergleichen Trapezen) umschlossene Formen, deren allgemeine Gestalt an verschiedene andere Formen, gewöhnlich aber an irgend ein Pentagon-Dodekaëder erinnert.

Die Kanten sind dreierlei: 12 kürzeste A'', paarweise über den regelmässigen Kanten, und 12 längere B'', einzeln über den Flächen des eingeschriebenen Pentagon-Dodekaëders, sowie 24 mittlere, unregelmässige Kanten C'', welche eine den unregelmässigen Kanten desselben Dodekaëders nahe kommende Lage haben. Die Ecken sind gleichfalls dreierlei: 6 gleichwinkelig-vierflächige (rhombische), 8 dreiflächige (trigonale) und 12 ungleichwinkelig-vierflächige (unregelmässige)

---

1) Eigentlich Dis-Dodekaëder, was jedoch, zumal bei vorausgehendem Artikel, schwer auszusprechen ist und schlecht klingt, daher *Naumann* statt dis die freilich ungebräuchliche Form dyakis wählte.

Ecken. Die Hauptaxen verbinden je zwei gegenüberliegende rhombische Eckpunkte. — Eisenkies und Glanzkobalt, an ersterem bisweilen selbständig.

Die gewöhnlichsten Varietäten sind $\left[\dfrac{30\frac{1}{2}}{2}\right]$, $\left[\dfrac{40\frac{1}{2}}{2}\right]$ und $\left[\dfrac{50\frac{1}{2}}{2}\right]$. Sind die Flächen
Trapeze, so wird jede Kante C'' der gegenüberliegenden Kante B'' parallel, weshalb
denn in jedem eine längste Kante bildenden Flächenpaare drei parallele Kanten
hervortreten; diese sehr auffallende Erscheinung rechtfertigt für solche Varietäten den
Namen parallelkantige Dyakis-Dodekaëder, für welche die allgemeine Bedingung
gilt: $m = n^2$, weshalb denn die zweite der eben aufgeführten Varietäten parallelkantig ist.

Die Formen der dodekaëdrischen Hemiëdrie sind nur noch nach den Hexaëderflächen symmetrisch, indem bei ihnen die für die holoëdrischen Gestalten
des regulären Systems ausserdem noch vorhandene Symmetrie nach den Rhomben-
Dodekaëderflächen verloren gegangen ist. Die dodekaëdrische Hemiëdrie macht
sich eben darin geltend, dass die Räume zwischen den sechs gewöhnlichen Symmetrie-Ebenen sich blos abwechselnd gleich verhalten. Von allen holoëdrisch-regulären Formen sind es blos das Tetrakishexaëder und das Hexakisoktaëder, bei
welchen die Normalen der Flächen in diese Räume fallen und daher geschieht es,
dass nur diese beiden in Folge dieser Hemiëdrie ihre Gestalt verändern; die fünf
anderen Formen bleiben dabei in geometrischer Hinsicht anscheinend unverändert.
Dennoch sind sie aber auch hier als hemiëdrische Gestalten zu deuten, sobald sie
an einem Mineral vorkommen, welches in Pentagon-Dodekaëdern oder Dyakis-
Dodekaëdern krystallisirt, wie z. B. beim Eisenkies.

Anm. Das Zeichen der dodekaëdrisch-hemiëdrischen Formen bildet *Miller*, in-
dem dem Symbol hkl ein (griechisches) π vorgesetzt wird: $\dfrac{\infty 0 2}{2} = \pi\,(2\,1\,0)$.

§ 21. Die plagiëdrische Hemiëdrie. Das Oktaëder, Hexaëder, Rhomben-
Dodekaëder, die Ikositetraëder, Tetrakishexaëder, Triakisoktaëder erleiden, wie
leicht einzusehen, gar keine Gestaltveränderung, wenn diese Art der Hemiëdrie
(§ 18, 3) auf dieselben angewendet wird. Nur die Hexakisoktaëder selbst (Fig. 43)
liefern dabei neue eigenthümliche Formen, die Pentagon-Ikositetraëder,

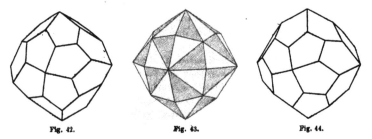

Fig. 42.   Fig. 43.   Fig. 44.

begrenzt von 24 ungleichseitigen Fünfecken (Fig. 42 und 44). Die zwei correlaten
Ikositetraëder dieser Art, welche aus einem und demselben Hexakisoktaëder hervorgehen, haben die merkwürdige Eigenschaft, dass sie sich zu einander als ein

rechts und als ein links gebildeter Körper verhalten, welche durch keine Aenderung der Stellung des einen zur Congruenz gebracht werden können; sie bieten in der Lage und Verknüpfung ihrer (übrigens völlig gleichen) Begrenzungselemente dieselbe Verschiedenheit dar, wie z. B. der rechte und linke Handschuh eines und desselben Paares, die eine Gestalt ist gewissermaassen das Spiegelbild der anderen. Nach *Naumann's* Vorschlag nennt man derartige entgegengesetzte hemiëdrische (und tetartoëdrische) Formen enantiomorph. Dieselben zeichnen sich auch sämmtlich dadurch aus, dass sie keinerlei Symmetrie-Ebene mehr besitzen.

Früher war diese Art der Hemiëdrie nur als möglich bekannt, indem eine derselben wirklich folgende krystallisirte Substanz nicht beobachtet war. 1882 wies indessen *Tschermak* nach, dass an den Krystallen des Chlorammoniums in der That plagiëdrisch-hemiëdrische Pentagonal-Ikositetraëder auftreten.

§ 22. Die Tetartoëdrie im regulären System.

Die Tetartoëdrie (§ 13) ist die Erscheinung, dass die nach einer Modalität der Hemiëdrie hervorgebrachten Formen noch einmal nach einer anderen Hemiëdrie-Modalität hälftflächig werden, so dass die entsprechende holoëdrische Gestalt nur mit dem vierten Theil ihrer Flächen zur Ausbildung gelangt ist.

Wird die allgemeinste Gestalt des regulären Systems, das Hexakisoktaëder, der Tetartoëdrie unterworfen, so kann dies auf verschiedene Weise geschehen, nämlich durch Anwendung z. B.:

a) der tetraëdrischen Hemiëdrie auf die dodekaëdrisch-hemiëdrische Form: das Dyakis-Dodekaëder ist nur mit seinen in den abwechselnden Oktanten liegenden Flächen ausgebildet.

b) der dodekaëdrischen Hemiëdrie auf die tetraëdrisch-hemiëdrische Form: das Hexakistetraëder ist nur mit den abwechselnden einzelnen Flächen ausgebildet.

c) der tetraëdrischen Hemiëdrie auf die plagiëdrisch-hemiëdrische Form: das Pentagon-Ikositetraëder ist nur mit den in den abwechselnden Oktanten gelegenen dreizähligen Flächensystemen ausgebildet.

Alle drei hemiëdrischen Formen des Hexakisoktaëders liefern dabei immer ein und dieselbe tetartoëdrische Form, die tetraëdrischen Pentagon-Dodekaëder, begrenzt von 12 unsymmetrischen Pentagonen, welche zwei Paare gleicher Seiten, aber lauter verschiedene Winkel haben; es sind enantiomorphe Formen (§ 21) ohne Symmetrie-Ebene. Da jedes Hexakisoktaëder als holoëdrische Stammform vier dergleichen Pentagon-Dodekaëder liefert, so wird es darunter zwei rechts und zwei links gebildete geben, von denen zwar je zwei gleichnamige durch blose Stellungsänderung zur Congruenz gebracht werden können, während solches für je zwei ungleichnamige ganz unmöglich ist.

Wenn nun auch die übrigen holoëdrischen regulären Formen von diesem Bildungsgesetz ergriffen und zu tetartoëdrischen umgestaltet werden, so entfernen sich vier derselben äusserlich nicht von den hemiëdrischen, indem sich

das Oktaëder in ein Tetraëder,
die Tetrakishexaëder in Pentagon-Dodekaëder,
die Triakisoktaëder in Deltoid-Dodekaëder,
die Ikositetraëder in Trigon-Dodekaëder

verwandeln, während das Hexaëder und Rhomben-Dodekaëder auch hier scheinbar ihre holoëdrische Gestalt unverändert beibehalten. Es stellt sich also die merkwürdige Thatsache heraus, dass das Tetraëder und das Pentagon-Dodekaëder, welche, durch verschiedene Modalitäten der Hemiëdrie erzeugt, sich bei einer hemiëdrisch krystallisirenden Substanz durchaus gegenseitig ausschliessen und unmöglich machen (vgl. § 13), auf dem Gebiete der Tetartoëdrie b e i d e z u g l e i c h zum Vorschein kommen und hier nothwendig co ë x i s t i r e n und zusammengehören.

Tetartoëdrisch-reguläre Ausbildung zeigen einige künstlich in Krystallen erhaltene Substanzen, chlorsaures Natron, Nitrate von Blei, Baryum[1]), Strontium.

§ 23. Combinationen der regulären Formen.

Sind die Formen des regulären Systems zu zwei, drei und mehren an einem und demselben Krystall z u - g l e i c h ausgebildet, so liegt eine C o m b i n a t i o n derselben vor (§ 9). In solchen Combinationen, welche nach der Anzahl der zu ihnen beitragenden Formen als z w e i z ä h l i g e, d r e i z ä h l i g e u. s. w. unterschieden werden, kann natürlich k e i n e der combinirten Formen ganz vollständig erscheinen, weil ihre gleichzeitige Ausbildung an demselben Krystall (oder um denselben Mittelpunkt) nur in d e r W e i s e möglich ist, dass die Flächen der e i n e n Form symmetrisch z w i - s c h e n den Flächen, und folglich an der Stelle gewisser K a n t e n und E c k e n der anderen Formen auftreten; weshalb diese Kanten und Ecken durch jene Flächen gleichsam wie weggeschnitten (abgestumpft, zugeschärft oder zuge- spitzt) erscheinen, und ganz neue Kanten (Combinationskanten) entste- hen, welche weder der einen noch der anderen Form eigenthümlich zugehören. Gewöhnlich sind die Flächen der e i n e n Form viel mehr ausgedehnt als die der anderen, so dass s i e den Totalhabitus der Combination bestimmt, während manche Formen nur eine sehr geringe Flächenausdehnung zeigen; dieses Verhält- niss bedingt den Unterschied der v o r h e r r s c h e n d e n und u n t e r g e o r d n e t e n Formen. Uebrigens erstreckt sich die im § 13 erwähnte Disjunction zwischen ho- loëdrischen und hemiëdrischen Formen auch auf die Combinationen derselben, und so haben wir denn im regulären System h o l o ë d r i s c h e und h e m i ë d r i s c h e, sowie innerhalb der letzteren g e n e i g t f l ä c h i g - und p a r a l l e l f l ä c h i g - h e m i ë - drische Combinationen zu unterscheiden, während geneigtflächig- und parallel- flächig-hemiëdrische Formen sich niemals combiniren[2]).

Die von *Werner* eingeführten Ausdrücke der Abstumpfung oder Zuschärfung von Kanten und Ecken, sowie die Zuspitzung der Ecken gewähren bei der B e s c h r e i b u n g der Combinationen eine grosse Bequemlichkeit und werden wohl von Niemand so missverstanden werden, als ob die Natur die betreffende Krystallform zuvor in ihrer Integrität gebildet, und dann erst durch Wegnahme von Kanten oder Ecken u. s. w. modificirt habe. — Als eine auch für alle folgenden Krystallsysteme gültige Bemerkung mag es hier nur erwähnt werden, dass man unter der E n t w i c k e l u n g oder A u f -

---

1) Der kürzlich auch in natürlichen Krystallen aufgefundene salpetersaure Baryt zeigt hier die Formen eines Oktaëders, welches daher als Combination zweier Tetraëder von tetartoëdri- schem Charakter aufgefasst werden muss.

2) Die Unmöglichkeit des Zusammenvorkommens von parallelflächig- und geneigtflächig- hemiëdrischen Formen an einem und demselben Krystall schien durch die von *Rammelsberg* und *Marbach* nachgewiesenen Combinationen des chlorsauren Natrons und einiger anderer Salze widerlegt zu werden, an welchem das Tetraëder zugleich mit dem Pentagon-Dodekaëder er- scheint. *Naumann* hat jedoch gezeigt, dass diese Combinationen nicht als eine Mesalliance der beiderseitigen Hemiëdrien, überhaupt nicht als hemiëdrische, sondern als tetartoëdrische (§ 22) aufzufassen sind, und dass die Coëxistenz von Tetraëdern und Pentagon-Dodekaëdern eine n o t h - w e n d i g e Folge der Tetartoëdrie ist. (Ann. d. Phys. u. Chem., Bd. 95, 1855, S. 465.) *Baumhauer* wies auch später durch die auf den Tetraëderflächen des chlorsauren Natrons erzeugten Aetz- eindrücke nach, dass diese Flächen nicht hemiëdrischer, sondern tetartoëdrischer Natur sind (N. Jahrb. f. Min. 1876. 606). Vgl. auch die lehrreichen Untersuchungen über die tetartoë- drisch-reguläre Salze der Nitrate von Blei, Baryum, Strontium von *Ludwig Wulff* in Z. f. Kr. IV. 122.

lösung einer Combination die Bestimmung aller zu ihr beitragenden Formen versteht, und dass das krystallographische Z e i c h e n einer Combination dadurch gewonnen wird, dass man die Zeichen ihrer einzelnen F o r m e n, nach Maassgabe des Vorherrschens derselben, durch Punkte getrennt (aber ganz dicht) hinter einander schreibt. Es ist selbstverständlich und übrigens aus dem Folgenden ersichtlich, dass in Combinationen die Flächen der einen Form immer nur g l e i c h a r t i g e Kanten und Ecken der anderen durch Abstumpfung oder Zuschärfung modificiren.

In den meisten h o l o ë d r i s c h - r e g u l ä r e n Combinationen erscheint das Hexaëder, oder das Oktaëder oder auch das Rhomben-Dodekaëder als vorherrschende Form, wie denn überhaupt d i e s e drei Formen am häufigsten ausgebildet und in der Mehrzahl der Combinationen zu finden sind. Das H e x a ë d e r erfährt durch die Flächen des Oktaëders eine regelmässige Abstumpfung seiner Ecken, durch die Flächen des Rhomben-Dodekaëders eine regelmässige Abstumpfung seiner Kanten, durch jedes Ikositetraëder mOm (am häufigsten durch $2O2$) eine dreiflächige, auf die Flächen aufgesetzte Zuspitzung seiner Ecken, durch jedes Triakisoktaëder eine dreiflächige, auf die Kanten aufgesetzte Zuspitzung seiner Ecken, durch jedes Tetrakishexaëder eine zweiflächige Zuschärfung seiner Kanten, durch jedes Hexakisoktaëder eine sechsflächige Zuspitzung seiner Ecken.

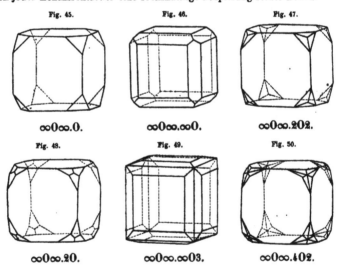

Fig. 45.   Fig. 46.   Fig. 47.

$\infty O \infty . O.$ $\infty O \infty . \infty O.$ $\infty O \infty . 2O2.$

Fig. 48.   Fig. 49.   Fig. 50.

$\infty O \infty . 2O.$ $\infty O \infty . \infty O3.$ $\infty O \infty . 4O2.$

Das O k t a ë d e r erfährt durch die Flächen des Hexaëders eine Abstumpfung seiner Ecken, durch die Flächen des Rhomben-Dodekaëders eine regelmässige Abstumpfung seiner Kanten, durch jedes Ikositetraëder (gewöhnlich durch $2O2$) eine vierflächige, auf die Flächen aufgesetzte Zuspitzung seiner Ecken, durch jedes Triakisoktaëder eine zweiflächige Zuschärfung seiner Kanten.

Das R h o m b e n - D o d e k a ë d e r erleidet durch die Flächen des Hexaëders eine Abstumpfung seiner tetragonalen Ecken, durch die Flächen des Oktaëders eine Abstumpfung seiner trigonalen Ecken, durch das Ikositetraëder $2O2$ eine

Abstumpfung seiner Kanten, durch das Hexakisoktaëder eine zweiflächige Zuschärfung seiner Kanten.

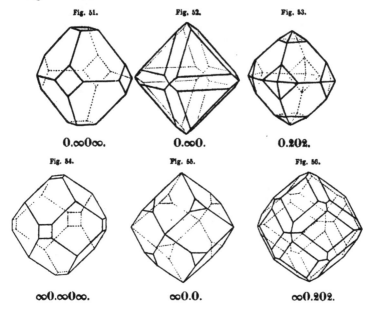

Fig. 51.   Fig. 52.   Fig. 53.

0.∞0∞.   0.∞0.   0.202.

Fig. 54.   Fig. 55.   Fig. 56.

∞0.∞0∞.   ∞0.0.   ∞0.202.

In den geneigtflächig-hemiëdrischen Combinationen erscheint gewöhnlich das Tetraëder, oder das Rhomben-Dodekaëder, oder auch das Hexaëder,
selten ein Trigon-Dodekaëder als vorherrschende Form. Das Tetraëder erleidet
durch die Flächen seines Gegenkörpers eine Abstumpfung der Ecken, durch die
Flächen des Hexaëders eine Abstumpfung der Kanten, durch die Flächen des
Rhomben-Dodekaëders eine dreiflächige auf die Flächen aufgesetzte Zuspitzung
der Ecken.

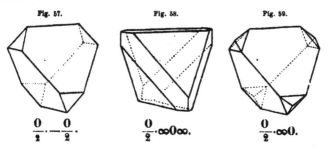

Fig. 57.   Fig. 58.   Fig. 59.

$\frac{0}{2} . \frac{0}{2} .$ $\frac{0}{2} . \infty 0 \infty.$ $\frac{0}{2} . \infty 0.$

Das Rhomben-Dodekaëder erleidet durch die Flächen des Tetraëders
eine Abstumpfung der abwechselnden trigonalen Ecken, das Hexaëder durch

dieselbe Form eine Abstumpfung seiner abwechselnden Ecken, und jedes Trigon-Dodekaëder durch das Tetraëder von gleicher Stellung eine Abstumpfung
der trigonalen Pyramidenecken.

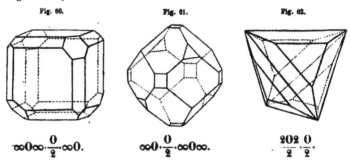

Fig. 60.   Fig. 61.   Fig. 62.

$$\infty O \infty \cdot \frac{O}{2} \cdot \infty O. \qquad \infty O \cdot \frac{O}{2} \cdot \infty O \infty. \qquad \frac{2O2}{2} \cdot \frac{O}{2}.$$

In den parallelflächig-hemiëdrischen Combinationen erscheint gewöhnlich das Hexaëder, oder das
Oktaëder, oder auch das Pentagon-Dodekaëder als vorherrschende Form. Das Hexaëder
erfährt durch die Flächen eines
jeden Pentagon-Dodekaëders (ge-
wöhnlich der Varietät $\frac{\infty O2}{2}$) eine
unsymmetrische Abstumpfung sei-
ner Kanten (Gegensatz zur Combination mit dem Rhomben-Dodeka-
ëder (Fig. 46), und durch jedes Dyakis-Dodekaëder eine unsymmetrische dreiflächige Zuspitzung seiner Ecken.

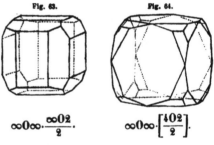

Fig. 63.   Fig. 64.

$$\infty O \infty \cdot \frac{\infty O2}{2}. \qquad \infty O \infty \cdot \left[\frac{4O2}{2}\right].$$

Das Oktaëder erleidet durch die Flächen eines jeden Pentagon-Dodekaë-
ders, gewöhnlich der Varietät $\frac{\infty O2}{2}$, eine Zuschärfung, durch jedes Dyakis-Dodekaëder aber eine vierflächige Zuspitzung seiner Ecken, wobei sowohl jene Zu-

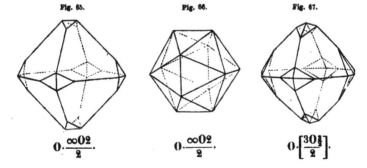

Fig. 65.   Fig. 66.   Fig. 67.

$$O \cdot \frac{\infty O2}{2}. \qquad O \cdot \frac{\infty O2}{2}. \qquad O \cdot \left[\frac{3O\frac{3}{2}}{2}\right].$$

schärfungs- als diese Zuspitzungsflächen (die letzteren paarweise) auf zwei gegenüberliegende Kanten aufgesetzt sind. Sind die Flächen des Oktaëders und Pentagon-Dodekaëders im Gleichgewicht ausgebildet, so erscheint die. Combination
ähnlich dem Ikosaëder der Geometrie; Fig. 66.

Fig. 68.　　　　　　　Fig. 69.　　　　　　　Fig. 70.

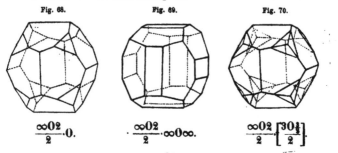

$$\frac{\infty O2}{2} \cdot O. \qquad \frac{\infty O2}{2} \cdot \infty O \infty. \qquad \frac{\infty O2}{2} \left[\frac{3O\frac{1}{2}}{2}\right]$$

Das Pentagon-Dodekaëder $\frac{\infty O2}{2}$ erfährt durch die Flächen des Oktaëders eine Abstumpfung seiner trigonalen Ecken, durch die Flächen des Hexaëders
eine Abstumpfung seiner regelmässigen Kanten, und durch die Flächen gewisser,
in gleicher Stellung befindlicher Dyakis-Dodekaëder, eine regelmässige dreiflächige,
auf die Flächen aufgesetzte Zuspitzung seiner trigonalen Ecken.

　　Anm. In den drei- und mehrzähligen Combinationen, in welchen die Flächen
　verschiedener Formen nach verschiedenen Richtungen zu parallelen Durchschnitten
　gelangen, liefern die Zonen ein wesentliches Hülfsmittel zur Bestimmung derjenigen
　Formen, welche nicht unmittelbar nach ihren Verhältnissen zu erkennen sind. Vergl.
　§ 12; auch Naumann's Anfangsgründe der Krystallographie, 2. Aufl., S. 25 und 279 ff.

2. Tetragonales Krystallsystem.

§ 24. Grundcharakter. Das tetragonale System, welches von *Weiss* das
viergliedrige oder zwei- und einaxige, von *Mohs* das pyramidale, von *Hausmann*
das monodimetrische und von Anderen das quadratische System [1]) genannt wurde,
hat mit dem regulären System die Dreizahl und Rechtwinkeligkeit der Axen
gemein, unterscheidet sich aber durch das Grössenverhältniss derselben, indem
gegen zwei gleiche Axen eine ungleiche Axe vorhanden ist. Diese letztere beherrscht die Symmetrie aller Formen, bestimmt die aufrechte Stellung derselben,
und ist in aller Hinsicht von der Natur selbst als die Hauptaxe bezeichnet. Wir
nennen die Endpunkte dieser verticalen Hauptaxe Pole, und die von solchen aus-

---

　　1) Viele ziehen dem Prädicate tetragonal das Prädicat quadratisch vor; ja, es ist
sogar gesagt worden, der Name tetragonal sei falsch oder doch unzureichend, weil er für jede
vierseitige Figur gelte. Vor solchem Ausspruche hätte man sich doch erst im *Euklid* umsehen
sollen, welcher das Wort τετράγωνον ausdrücklich zur Bezeichnung des Quadrates gebraucht.
Es war jedenfalls ein glücklicher Gedanke von *Breithaupt*, den Namen tetragonales System vor-
zuschlagen, nicht nur, weil die krystallographische Nomenclatur überhaupt ihre Namen meist
aus der griechischen Sprache entlehnt, sondern auch, weil die Alliteration der Worte tetragonal
und hexagonal an die grosse Analogie erinnert, welche zwischen den beiden so benannten Krystallsystemen waltet. Der Name pyramidales System besagt gar nichts. ·

laufenden Kanten **Polkanten**, die in sie fallenden Ecken **Polecken**. Die beiden anderen horizontalen Axen gelten nur als **Nebenaxen**, und die beiden, mitten zwischen ihnen hinlaufenden Linien lassen sich als **Zwischenaxen** bezeichnen. Von den beiden Nebenaxen pflegt man die eine auf den Beobachter zulaufend, die andere quer zu richten. Die Ebene durch die beiden Nebenaxen heisst die **Basis** und diese ist hier die einzige Haupt-Symmetrie-Ebene, auf welcher die Haupt-Symmetrie-Axe oder Hauptaxe senkrecht steht. Jede der beiden Ebenen durch die Hauptaxe und eine Nebenaxe (*I*) heisst ein **primärer Hauptschnitt**, und jede der beiden Ebenen durch die Hauptaxe und eine Zwischenaxe (*II*) ein **secundärer Hauptschnitt** (Fig. 71); diese vier Ebenen, welche sich unter 45° in der Hauptaxe schneiden, sind

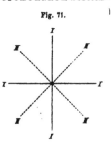

Fig. 71.

nur gewöhnliche Symmetrie-Ebenen. Durch die horizontale Haupt-Symmetrie-Ebene und die verticalen vier anderen Symmetrie-Ebenen wird der Raum in 16 gleiche Theile getheilt. — Die Formen des tetragonalen Systems besitzen einen sogenannten **wirtelförmigen** Bau, indem ihre Flächen gleichmässig um die Hauptaxe gruppirt sind. — Der Name Tetragonalsystem bezieht sich auf die, meist quadratische oder tetragonale Figur der Basis.

§ 25. Uebersicht und Beschreibung der holoëdrisch-tetragonalen Formen. Dieselben sind:

a) **Geschlossene**, d. h. ihren Raum allseitig umschliessende Formen, von definiter Ausdehnung.

    1) Tetragonale Pyramiden (zwei Arten),

    2) Ditetragonale oder achtseitige Pyramiden.

b) **Offene**, d. h. ihren Raum **nicht allseitig** umschliessende Formen, von indefiniter Ausdehnung.

    3) Tetragonale Prismen (zwei Arten),

    4) Ditetragonale oder achtseitige Prismen, und

    5) das Pinakoid.

Aus der Ableitung ergibt sich, dass die offenen Formen nur als **Grenzformen** gewisser geschlossener Formen zu betrachten sind.

Die **tetragonalen Pyramiden** sind von 8 gleichschenkeligen Dreiecken umschlossene Formen, deren Mittelkanten in **einer** Ebene liegen, und ein Quadrat bilden. Sie stellen jedenfalls einen Inbegriff zweier, in ihren Grundflächen verbundener Pyramiden der Geometrie dar, welche bei gleicher quadratischer Basis gleiche Höhe besitzen [1]). Die Kanten sind zweierlei: 8 Polkanten *X* (oder *Y*), so ge-

---

1) Sie und alle Pyramiden der Krystallographie würden daher eigentlich **Dipyramiden** genannt werden müssen; da jedoch einfache Pyramiden im Reiche der Krystallformen gar nicht oder nur äusserst selten (in Folge des Hemimorphismus) vorkommen, so kann man der Kürze wegen das Wort Pyramide schlechthin beibehalten. — Der Name Quadratoktaëder ist zwar etwas kürzer als der Name tetragonale Pyramide, er drückt aber gar nichts aus, was an eine **Verschiedenheit** dieser Form von dem Oktaëder des regulären Systems erinnern könnte. Vergleicht man endlich alle solche Namen wie Quadratoktaëder, Rhombenoktaëder, Hexagondodekaëder mit Rhomben-Dodekaëder und anderen analog gebildeten Namen des regulären Systems, so er-

nannt, weil sie von den Polen der Hauptaxe ausgehen, und 4 Mittelkanten (oder Randkanten) Z, so genannt, weil sie stets um die Mitte der Form liegen. Die Ecken sind ebenfalls zweierlei: zwei tetragonale Polecken und 4 rhombische Mittelecken (oder Randecken). Es gibt wegen des abwechslungsvollen Längenverhältnisses zwischen Hauptaxe und Nebenaxen möglicherweise eine unendliche Manchfaltigkeit von tetragonalen Pyramiden.

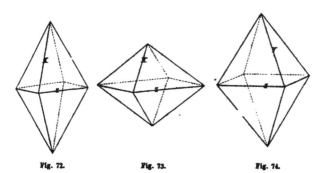

Fig. 72.   Fig. 73.   Fig. 74.

Nach der verschiedenen Lage ihrer Mittelkanten zu den Nebenaxen sind zwei wesentlich verschiedene **Arten** von tetragonalen Pyramiden zu unterscheiden. Es verbinden nämlich die Nebenaxen in den Pyramiden der ersten Art oder **Protopyramiden** die Eckpunkte der Basis (Fig. 72 und 73), in den Pyramiden der **zweiten Art** oder **Deuteropyramiden** die **Mittelpunkte der Seiten der Basis** (Fig. 74). Diese Pyramiden sind holoëdrische und sehr häufig vorkommende Formen, obwohl sie nur selten selbständig ausgebildet sind. — Zirkon, Scheelit, Hausmannit, Anatas, Mellit, Vesuvian.

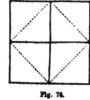

Die Stellung der Protopyramiden ist also so, dass sie vorne ihre Polkante und Mittelecke, diejenige der (um 45° in der Horizontalebene gedreht erscheinenden Deuteropyramiden derartig, dass sie vorne eine Fläche und Mittelkante aufweisen. Fig. 75 zeigt die Basis der ersteren, Fig. 76 die der letzteren. Die Polkanten der Protopyramiden (Fig. 72 und 73) werden mit X, die der Deuteropyramiden (Fig. 74) mit Y bezeichnet. Für die Mittelkanten gilt in beiden Pyramiden der Signaturbuchstabe

Fig. 75.   Fig. 76.

Z. — Im Allgemeinen unterscheidet man **stumpfe** und **spitze** Pyramiden, zwischen welchen das Oktaëder des regulären Systems seinen Dimensionsverhältnissen nach mitten inne steht, obwohl solches niemals als eine tetragonale Form existiren kann. Ausser den Proto- und Deuteropyramiden gibt es noch eine **dritte** Pyramidenart von aber-

---

kennt man sofort, wie wenig sie geeignet sind, eine consequente Nomenclatur zu begründen. Denn der Consequenz zufolge würden die Namen Quadratoktaëder oder Rhombenoktaëder ebenso einen von Quadraten oder von Rhomben umschlossenen **Achtflächner** bedeuten müssen, wie der Name Rhomben-Dodekaëder einen von Rhomben umschlossenen **Zwölfflächner** bedeutet.

mals abweichender Stellung, die Tritopyramiden, welche indess als hemiëdrische
- Formen aufzufassen und erst unter diesen zu erläutern sind.

Die ditetragonalen Pyramiden sind von 16 ungleichseitigen Dreiecken
umschlossene Formen (Fig. 77), deren Mittelkanten in einer Ebene liegen und ein
Ditetragon (d. h. ein gleichseitiges, aber nur abwechselnd gleichwinkeliges Acht-
eck) bilden (Fig. 78). Die Kanten sind dreierlei: 8 längere schärfere, und 8
kürzere stumpfere Polkanten, sowie
8 gleiche Mittelkanten Z; die Ecken sind
ebenfalls dreierlei: 2 achtflächige (ditetragonale) Polecken, 4 spitzere und 4
stumpfere vierflächige (rhombische) Mittelecken. — Die eine Art von Polkanten
fällt immer in die primären, die andere
Art in die secundären Hauptschnitte,
nach welcher Lage sie als primäre
Polkanten X und secundäre Polkanten Y unterschieden werden können.

Die ditetragonalen Pyramiden sind
nur sehr selten als selbständige Formen

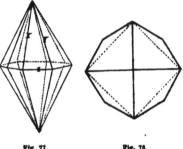

Fig. 77. **Fig. 78.**

beobachtet worden, da sie gewöhnlich untergeordnet in Combination mit tetragonalen Pyramiden und anderen Formen auftreten. — Zirkon, Vesuvian, Zinnerz.

Regelmässig achtseitige oder oktogonale Pyramiden mit acht gleichen
Winkeln der Basis (und gleichen Polkanten), und eben dergleichen Prismen, sind
in der Krystallwelt nicht möglich, weil ihre Ableitung einen irrationalen Ablei-
tungscoëfficienten erfordern würde.

Die tetragonalen Prismen sind von 4, der Hauptaxe parallelen Flächen
umschlossene Formen, deren Querschnitt ein Quadrat ist; sie zerfallen nach denselben Kriterien wie die tetragonalen
Pyramiden in Prismen der ersten und
zweiten Art, in Protoprismen (Fig. 79,
Fig. 80) und Deuteroprismen (Fig. 81,
82). Sie und die achtseitigen Prismen
bedingen die säulenförmigen Krystalle des Tetragonalsystems.

Die Enden der Nebenaxen fallen bei
den ersteren Prismen in die Halbirungspunkte der verticalen Kanten, bei den
zweiten in die Mittelpunkte der verticalen
Flächen. Das Deuteroprisma ist daher
gegen das Protoprisma um 45° gewendet.
Die Prismen entstehen durch senkrechte

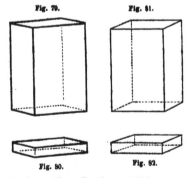

Fig. 79. **Fig. 81.**

Fig. 80. **Fig. 82.**

Abstumpfung der Mittelkanten der betreffenden Pyramiden. Es gibt natürlich nur ein
tetragonales Prisma der ersten Art und ebenso nur eins der zweiten Art, da jedes
derselben keiner Gestaltsveränderung fähig ist. — Eine fernere, dritte Art tetragonaler
Prismen, die Tritoprismen, wird erst später unter den hemiëdrischen Formen erwähnt.

Die ditetragonalen Prismen sind von 8, der Hauptaxe parallelen Flächen umschlossene Formen, deren Querschnitt ein Ditetragon ist; Fig. 83, 84. Sie haben zweierlei Seitenkanten, welche nach ihrer Lage in den betreffenden Hauptschnitten als primäre und secundäre Seitenkanten unterschieden werden.

Fig. 83.

Fig. 84.

Das Pinakoid (Geradendfläche) ist das der Basis parallele Flächenpaar, welches die tafelförmigen Krystalle des Systems bedingt: Fig. 80, 82, 84.

Da die Prismen in der Richtung der Hauptaxe und das Pinakoid in der Richtung der Nebenaxen unbegrenzt oder offen sind, so müssen sie allemal, und zwar jene terminal, dieses lateral, durch die Flächen anderer Formen begrenzt sein. Die Combination ist demnach eine nothwendige Bedingung ihrer Existenz.

Die in den Figuren 79, 81 und 83 mitgezeichneten Endflächen der Säule, und die in den Figuren 80, 82 und 84 mitgezeichneten Randflächen des Pinakoids gehören daher nicht mit zu denjenigen Formen, welche eigentlich durch diese Figuren dargestellt werden sollen.

§ 26. Grundform und Ableitung. Eine jede tetragonal krystallisirende Mineralart wird durch bestimmte Dimensions-Verhältnisse ihrer Pyramiden charakterisirt, vermöge welcher allein ihr Formencomplex von den Formencomplexen anderer tetragonaler Mineralien zu unterscheiden ist[1]). Da aber alle Formen eines und desselben Formencomplexes aus einander abgeleitet werden können, so braucht man das Dimensions-Verhältniss nur einer Pyramide zu bestimmen. Dazu wählt man immer eine der tetragonalen Pyramiden, welche man als eine Protopyramide betrachtet, als Grundform den Ableitungen unterstellt, und mit dem Buchstaben P bezeichnet[2]). Diese Form wird vermöge ihrer Lage um das Axenkreuz in jedem der 8 Oktanten desselben mit einer Fläche auftreten. — Das (durch Messung ermittelte) Winkelmaass einer ihrer Kanten, am besten der Mittelkante Z, bestimmt die Grundform nach ihren Angular-Dimensionen, wogegen das (durch Rechnung gefundene) Verhältniss der Nebenaxe zur Hauptaxe, welches, die halbe Nebenaxe (a) gleich 1 gesetzt, für die halbe Hauptaxe (c) irgend einen anderen Werth ergibt, uns eine Bestimmung der Grundform durch ihre Linear-Dimensionen gewährt. Dies letztere Axen-Verhältniss (1 : 1 : c, oder blos 1 : c) ist wie bei allen Krystallsystemen, mit Ausnahme des regulären, irrational[3]). So hat die Grundpyramide des Zinnsteins das Axen-Verhältniss 1 : 0,6724...., die des Anatas 1 : 1,7777....

---

[1]) Unter dem Formencomplex eines krystallisirten Minerals versteht man den Inbegriff aller an ihm bekannten (oder auch aller aus seiner Grundform ableitbaren) Gestalten. *Mohs* gebrauchte dafür den Ausdruck Krystallreihe.

[2]) Als Grundform pflegt man hier, wie in den folgenden Krystallsystemen, diejenige Pyramide zu wählen, welche entweder am häufigsten vorkommt, oder in den Combinationen am meisten vorherrscht, oder allemal durch die Spaltbarkeit erhalten wird, oder endlich die, mit Bezug auf welche die übrigen Pyramiden das einfachste Ableitungs-Verhältniss ergeben.

[3]) Die Nothwendigkeit der Irrationalität des Axenverhältnisses ergibt sich u. A. einfach aus folgender Erwägung: Da die Winkel der Grundform sich mit der Temperatur stetig ändern, so muss auch der Werth von c (in dem Verhältniss 1 : c) für eine bestimmte Temperatur vollkommen stetig in einen anderen, welcher einer anderen Temperatur entspricht, übergehen, sofern der Krystall in diese letztere versetzt wird. Dies ist indessen nur dann möglich, wenn c bei einer

Unter P hat man sich also nicht eine einzelne Fläche der Grundform, sondern diese selbst in ihrer ganzen Vollständigkeit vorzustellen, was immer eine leichte Aufgabe ist, sobald man sich das Maass ihrer Mittelkante oder auch den Werth von c vergegenwärtigt.

§ 27. Ableitung sämmtlicher Protopyramiden.

Man nehme in der Hauptaxe der Grundform vom Mittelpunkte aus beiderseits irgend eine Länge mc (wobei m theils grösser, theils kleiner als 1, aber stets rational vorausgesetzt wird) und lege hierauf in jede Mittelkante von P zwei Flächen, von denen die eine den oberen, die andere den unteren Endpunkt der nach m verlängerten oder verkürzten Hauptaxe schneidet, so entsteht eine neue Protopyramide, welche entweder spitzer oder stumpfer als P, und allgemein mit mP zu bezeichnen ist. Da nun m alle möglichen Werthe erhalten kann, so sind in der That alle möglichen Protopyramiden abgeleitet worden; am häufigsten finden sich $\frac{1}{2}P$, $2P$, $3P$. Wird $m = \infty$, so erhält durch fortgesetztes Spitzerwerden die Pyramide senkrechte Flächen, wird demzufolge zu einem oben und unten offenen Krystallraum und geht in das Protoprisma über, dessen Zeichen daher ∞P ist; wird $m = 0$, so gelangt man eigentlich auf die Basis von P, welche jedoch stets in zwei Parallelflächen, als basisches Pinakoid ausgebildet ist, dessen Zeichen daher 0P geschrieben wird. Das Protoprisma muss mit vier, und das der einzigen Haupt-Symmetrieebene parallele Pinakoid kann nur mit zwei Flächen auftreten.

§ 28. Ableitung der ditetragonalen und der noch übrigen Formen.

Aus jeder beliebigen Protopyramide mP lassen sich nun viele ditetragonale Pyramiden und eine Deuteropyramide ableiten. Man nehme in jeder Nebenaxe vom Mittelpunkte aus beiderseits die Länge n, welche rational und grösser als 1 ist; dann lege man in jede Polkante von mP zwei Flächen, welche die nicht zu derselben Polkante gehörige Nebenaxe beiderseits in der Entfernung n schneiden, so entsteht eine ditetragonale Pyramide, deren Zeichen uns mit mPn gegeben ist. Eine solche Form wird in jedem Oktanten mit 2 Flächen auftreten, im Ganzen also 16 Flächen besitzen. — Obgleich nun n alle möglichen Werthe haben kann, so begegnen wir doch am häufigsten den Werthen $\frac{3}{2}$, 2, 3 und ∞. Ist aber $n = \infty$, so geht die ditetragonale Pyramide in eine achtflächige Deuteropyramide über, deren Zeichen daher allgemein $mP\infty$ geschrieben wird, während die beiden Varietäten $P\infty$ und $2P\infty$ am öftersten vorkommen.

Für den irrationalen Werth $n = 1 + \sqrt{2} = \tan 67\frac{1}{2}^\circ = 2,4142\ldots$ würde die Pyramide oktogonal werden. Eine ditetragonale Pyramide mit 16 genau gleichen Polkanten ist daher krystallonomisch unmöglich. Ist n kleiner als $2,414\ldots$, so sind diejenigen Polkanten die stumpferen, welche nach den Zwischenaxen zu laufen und die ditetragonale Pyramide ähnelt, zu welcher sie wird, wenn $n = 1$, indem dann der Winkel jener Polkanten $= 180^\circ$ ist. Ist n grösser als $2,414\ldots$, so sind die nach den Nebenaxen laufenden Polkanten die stumpferen: die

---

bestimmten Temperatur im allgemeinen überhaupt eine irrationale Zahl ist, da der Uebergang einer rationalen Zahl in eine ebensolche zweite nur sprungweise erfolgen kann. Diese Irrationalität der Axen-Verhältnisse ist für die beiden rechtwinkeligen Systeme sogar Bedingung ihrer Existenz: denn ständen z. B. im tetragonalen System die Nebenaxen zu der Hauptaxe in dem rationalen Verhältniss $4 : 4 : \frac{3}{5}$, so wäre eine Form, deren Flächen die Hauptaxen im Abstand $\frac{3}{5}$, die Nebenaxen in der Einheit treffen, nicht mehr ein tetragonales, sondern ein reguläres Oktaëder (*C. Klein*, Elemente der Krystallberechnung, 1875. 77).

ditetragonale Pyramide ähnelt sodann mehr einer Deuteropyramide, in welche sie übergeht, sofern $n = \infty$, indem dann der Winkel dieser stumpferen Polkanten $= 180^\circ$.

Wie aus jeder anderen Protopyramide, so wird dieselbe Ableitung auch aus
der Grenzform ∞P vorzunehmen sein, wodurch man zunächst auf ditetragonale
Prismen ∞Pn, und endlich auf $\infty P\infty$ oder das Deuteroprisma gelangt. Das
erstere muss mit 8, das letztere kann nur mit 4 Flächen auftreten.

Die Coëfficienten m und n besitzen also stets rationale Werthe. Der Coëfficient m
(überhaupt das Zeichen, welches links vor P steht, also auch ∞) bezieht sich stets
auf die Hauptaxe, der Coëfficient n (überhaupt das rechts hinter P stehende Zeichen,
demnach auch jenes ∞) bezieht sich auf die eine Nebenaxe, der Coëfficient der zweiten Nebenaxe ist stets $= 1$.

Dieselbe Rolle, welche im regulären System der Achtundvierzigflächner spielt,
übernimmt hier die ditetragonale Pyramide mPn; sie ist in der That der allgemeinste Fall einer tetragonalen Krystallgestalt, von welcher alle anderen Formen
nur Specialfälle sind, dadurch entstehend, dass die Coëfficienten m und n die besonderen Werthe 0 oder 1 oder ∞ annehmen. Wird $n = 1$, so resultiren die Protopyramiden; $n = \infty$, dann die Deuteropyramiden; sofern $n = 1$ und $m = \infty$, entsteht das Protoprisma; sofern $n = \infty$ und $m = \infty$, das Deuteroprisma; $m = \infty$
liefert das ditetragonale Prisma, $m = 0$ (wobei der Werth von n gleichgültig) das
Pinakoid.

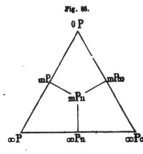

Fig. 85.

Sehr übersichtlich ist nebenstehendes trianguläres Schema, in dessen Mitte die ditetragonale
Pyramide, als der allgemeine Repräsentant aller holoëdrischen Formen figurirt, während die linke Seite
des Dreiecks die Protopyramiden, die rechte
Seite die Deuteropyramiden, die Basis des
Dreiecks aber die sämmtlichen Prismen begreift.
Das Schema steht also auf lauter Säulen und erhebt
sich mit den verschiedenen Pyramiden, bis es zuletzt
von dem Pinakoid begrenzt wird.

Unter Berücksichtigung der Symmetrie-Verhältnisse des tetragonalen Systems ergibt sich folgende Uebersicht der nothwendig existiren-
den holoëdrischen Formen, aus welcher sich auch
leicht die Anzahl der bei den einzelnen vorhandenen Flächen ableiten lässt, wobei
zugleich erhellt, dass fernere tetragonale Formen nicht möglich sind.

1) Parallel der Haupt-Symmetrie-Ebene:
   das einzige Flächenpaar $0P$.

2) Senkrecht zur Haupt-Symmetrie-Ebene:
   a) parallel den primären, gleich geneigt gegen die secundären Haupt-
      schnitte $= \infty P\infty$;
   b) parallel den secundären, gleich geneigt gegen die primären Haupt-
      schnitte $= \infty P$;
   c) ungleich geneigt gegen beide Hauptschnitte $= \infty Pn$.

3) Geneigt gegen die Haupt-Symmetrie-Ebene:
   a) gleich geneigt gegen die primären, senkrecht zu den secundären Haupt-
      schnitten $= mP$;
   b) senkrecht zu den primären, gleich geneigt gegen die secundären Haupt-
      schnitte $= mP\infty$;
   c) ungleich geneigt gegen die primären (und secundären) Hauptschnitte $= mPn$.

Weiss bezeichnet in diesem (sowie auch in dem hexagonalen Krystallsystem) die
halbe Hauptaxe der Grundform mit c, die beiden halben Nebenaxen mit a. Das Para-

meter-Verhältniss einer jeden Fläche der Grundform (Protopyramide) ist daher $a : a : c$. Aus dieser Grundform lassen sich zahlreiche andere Protopyramiden ableiten, indem man bei gleichbleibender Basis die Hauptaxe um ein Stück m verlängert oder auf $\frac{1}{m}$ verkürzt: spitzere Protopyramiden mit dem allgemeinen Flächenzeichen $a : a : mc$ (z. B. $a : a : 2c$; $a : a : 3c$), stumpfere mit dem allgemeinen Zeichen $a : a : \frac{1}{m}c$ (z. B. $a : a : \frac{1}{2}c$). Wenn durch fortwährendes Spitzerwerden der Pyramiden der Werth der Hauptaxe c unendlich wird, so erhält man $a : a : \infty c$ als Zeichen des Protoprismas mit seinen senkrechten Flächen. Das basische Pinakoid schneidet die Hauptaxe in c und geht den beiden Nebenaxen parallel, sein Zeichen ist daher $\infty a : \infty a : c$; es ist gewissermassen eine Pyramide mit unendlich langen Nebenaxen. Die Flächen der Deuteropyramide liegen so, dass sie die Hauptaxe und eine der Nebenaxen schneiden, der zweiten parallel gehen; demnach ihr Zeichen $a : \infty a : c$, woraus wiederum andere mit mc und $\frac{1}{m}c$ abgeleitet werden können. Wird hierin der Werth der Hauptaxe c unendlich, so erhalten wir die senkrechten Flächen des Deuteroprismas $= a : \infty a : \infty c$. Die Flächen der ditetragonalen Pyramide schneiden alle drei Axen, indessen die eine Nebenaxe in einer um n mal grösseren Entfernung (n stets > 1) als die andere; daher das Zeichen $a : na : c$ (allgemein $a : na : mc$); das Zeichen der ditetragonalen Prismen ist natürlich betreffs der Nebenaxen dasselbe, aber wegen der senkrechten Stellung ihrer Flächen lautet es $a : na : \infty c$. Wächst in der Formel der ditetragonalen Pyramide der Werth von n, so nähert sie sich immer mehr der Deuteropyramide; wird n unendlich, so ist der Uebergang in die Deuteropyramide ($a : \infty a : c$) geschehen; in derselben Weise geht aus dem ditetragonalen Prisma ($a : na : \infty c$) das Deuteroprisma hervor.

Es sind demnach

		Weiss					*Naumann*
a	:	$a : mc$	$=$	$mc :$	a	$: a$	$= mP$
a	:	$a : \infty c$	$=$	$\infty c :$	a	$: a$	$= \infty P$
a	:	$na : mc$	$=$	$mc :$	a	$: na$	$= mPn$
a	:	$\infty a : mc$	$=$	$mc :$	a	$: \infty a$	$= mP\infty$
a	:	$na : \infty c$	$=$	$\infty c :$	a	$: na$	$= \infty Pn$
a	:	$\infty a : \infty c$	$=$	$\infty c :$	a	$: \infty a$	$= \infty P\infty$
∞a	:	$\infty a : c$	$=$	$c :$	∞a	$: \infty a$	$= 0P.$

Bei *Miller* ist das allgemeine Zeichen der ditetragonalen Pyramiden mPn auch hier wieder hkl, wobei abermals dieses Symbol dem *Naumann*'schen $\frac{h}{l}P\frac{h}{k}$ entspricht; nach dem früher mitgetheilten ist z. B. $3P3 = (311)$; $3P\frac{3}{2} = (321)$; $\frac{3}{2}P3 = (312)$; $4P2 = (421)$; $\frac{1}{4}P3 = (3.1.12)$.

Die tetragonalen Protopyramiden mP werden zu hhl; die Grundform ist (111); $7P = (771)$; $\frac{1}{4}P = (114)$; $\frac{5}{2}P = (552)$; $\frac{3}{5}P = (335)$.

Das Protoprisma $\infty P = (110)$; das Deuteroprisma $\infty P\infty = (100)$; die Basis $0P = (001)$.

Das allgemeine Zeichen der Deuteropyramiden $mP\infty$ ist $h0l$; die zu (111) gehörige Deuteropyramide $P\infty = (101)$; $5P\infty = (501)$.

Die ditetragonalen Prismen ∞Pn erhalten das allgemeine Zeichen $hk0$; $\infty P2 = (210)$; $\infty P\frac{3}{2} = (320)$.

§ 29. Hemiëdrie im tetragonalen System. Wie die verschiedenen Möglichkeiten der Hemiëdrie in dem regulären System an dem Achtundvierzigflächner zunächst erläutert wurden, so sind dieselben hier ebenfalls an der allgemeinsten Gestalt des Tetragonalsystems, der ditetragonalen Pyramide, zu entwickeln.

Dieselbe **kann** auf dreifache Art hemiëdrisch werden, nämlich durch Wachsen
oder Verschwinden:

    a) der in den abwechselnden Raumoktanten gelegenen zweizähligen Flä-
chengruppen: **s p h e n o i d i s c h e** Hemiëdrie;

    b) der an den abwechselnden Mittelkanten oben und unten gelegenen Flä-
chen: **p y r a m i d a l e** Hemiëdrie;

    c) der abwechselnden einzelnen Flächen: **t r a p e z o ë d r i s c h e** Hemiëdrie.

    Diese letztere Modalität der Hemiëdrie ist bis jetzt nur an einigen künstlich kry-
stallisirten organischen Salzen nachgewiesen oder wahrscheinlich gemacht worden,
weshalb sie hier nicht weiter berücksichtigt werden soll.

    Auf dem Gebiete der **s p h e n o i d i s c h e n** Hemiëdrie werden die Protopyramiden
mP dadurch hälftflächig, dass an ihnen nur die abwechselnden Flächen ausgebildet

Fig. 86.

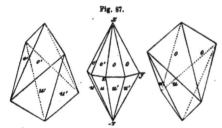

sind, indem diese hier einzeln in den einzelnen Oktanten liegen. Sie verwandeln
sich dabei in **t e t r a g o n a l e S p h e-
n o i d e**[1]), von vier gleichschenkeligen
Dreiecken umschlossene Formen, deren
Mittelkanten im Zickzack auf- und absteigen, während ihre End- oder Polkanten
horizontal sind (Fig. 86). Es gibt solche
Sphenoide, bei welchen die Polkanten
schärfer, und solche, bei welchen diese
stumpfer sind, als die Mittelkanten. Zwischen beiden steht, als nicht zu diesem System gehörige Form, das reguläre Tetraëder, dessen Pol- und Mittelkanten **g l e i c h**
(70° 32′) sind. Das Zeichen der Sphenoide ist $\dfrac{mP}{2}$ und $- \dfrac{mP}{2}$.

    Die Deuteropyramiden, das Protoprisma, das Deuteroprisma, die ditetragonalen

Fig. 87.

Prismen, sowie das basische Pinakoid
bleiben bei dieser sphenoidischen Hemiëdrie scheinbar **u n v e r ä n d e r t**,
obschon eigentlich z. B. von jeder Deu-
teropyramidenfläche nur die rechte
oder linke Hälfte vorhanden, von jeder
Protoprismenfläche abwechselnd nur
die obere oder untere Hälfte ausgebildet ist — was allerdings auf die
geometrische Erscheinungsweise der
ganzen Form keinen Einfluss übt.

    Die ditetragonalen Pyramiden
mPn liefern bei der sphenoidischen
Hemiëdrie die **t e t r a g o n a l e n S k a l e n o ë d e r**[2]) (Disphenoide), d. h. von 8 ungleichseitigen Dreiecken umschlossene Formen, deren Mittelkanten im Zickzack auf- und
ablaufen, und deren Polkanten zweierlei, nämlich 4 längere stumpfere, und 4 kürzere
schärfere sind (Fig. 87). Je zwei correlate Skalenoëder lassen sich durch blose Stellungsänderung zur Congruenz bringen.

    Unter den Mineralien ist der Kupferkies in seiner Krystallreihe der **s p h e-
n o i d i s c h e n** Hemiëdrie unterworfen.

    Bei der **p y r a m i d a l e n** Hemiëdrie unterliegen nur die ditetragonalen Pyramiden

---

    [1]) Von σφήν oder σφηνός, der Keil.

    [2]) Von σκαληνός, ungleichseitig.

und die ebensolchen Prismen einer wirklichen Gestaltsveränderung, indem alle übrigen Formen scheinbar holoëdrisch bleiben. Die ditetragonale Pyramide *mPn* liefert dabei eine **tetragonale Pyramide der dritten Art**, oder eine **Tritopyramide**, d. h. eine solche Pyramide,

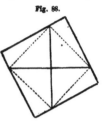

Fig. 88.

welche sich durch ihre Flächenstellung sowohl von den Protopyramiden als von den Deuteropyramiden unterscheidet, insofern die Nebenaxen weder in den Mittelecken noch in den Halbirungspunkten der Mittelkanten (vgl. Fig. 75 und 76) endigen, sondern in irgend beliebigen Punkten der Mittelkanten austreten; ihre Basis hat, bezogen auf das Nebenaxenkreuz, daher eine Stellung wie z. B. Fig. 88. Von den beiden correlaten Tritopyramiden ist die eine nach rechts, die andere ebenso nach links gedreht. Wie ein und dasselbe Modell durch blose Stellungsänderung bald eine Protopyramide bald eine Deuteropyramide darbietet, so kann es auch durch fernerweite Drehungen um die Hauptaxe die beiden Tritopyramiden repräsentiren.

Das ditetragonale Prisma ∞*Pn* zerlegt sich dabei in zwei **tetragonale Prismen der dritten Art** oder **Tritoprismen**; dieselben sind Tritopyramiden mit unendlich langer Hauptaxe und für sie macht sich ebenfalls der Unterschied des rechts und links Gewendetseins geltend.

Unter den Mineralien zeigen der wolframsaure Kalk (Scheelit), das wolframsaure Blei, und das molybdänsaure Blei die Wirkungen dieser pyramidalen Hemiëdrie. Im tetragonalen System wäre auch eine Tetartoëdrie möglich, indem z. B. die sphenoidische und die pyramidale Hemiëdrie gleichzeitig zur Anwendung kämen. Doch sind viertelflächig-tetragonale Formen bis jetzt noch nicht beobachtet worden.

§ 30. Einige Combinationen des Tetragonalsystems. Die Combinationen dieses Systems sind eigentlich, eben so wie die Formen desselben, als holoëdrische und hemiëdrische zu unterscheiden; da jedoch die letzteren selten vorkommen, so wollen wir zunächst nur einige der ersteren erwähnen. Ausser den, bereits S. 47 abgebildeten Combinationen der Prismen mit dem Pinakoide sind besonders folgende als sehr häufige zu betrachten. Das Protoprisma ∞P erfährt durch die Grundform P (und überhaupt durch jede Protopyramide *m*P) beiderseits eine vierflächige, auf seine **Flächen** gesetzte Zuspitzung Fig. 89; das Deuteroprisma ∞P∞ dagegen durch dieselben Pyramiden eine vierflächige, auf

Fig. 89.   Fig. 90.   Fig. 91.   Fig. 92.

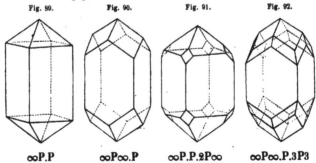

∞P.P   ∞P∞.P   ∞P.P.2P∞   ∞P∞.P.3P3

seine **Kanten** gesetzte Zuspitzung. Fig. 90. Im ersteren Falle werden oft die Combinationsecken durch rhombische Flächen ersetzt, Fig. 91, im anderen Falle die Combinationskanten abgestumpft, Fig. 92, was dort durch die spitzere Deuteropyramide 2P∞, hier durch irgend eine ditetragonale Pyramide mPn mit gleichen Werthen beider Ableitungszahlen (gewöhnlich durch 3P3), geschieht. Die Grundpyramide P (oder jede andere Pyramide mP in ihrer Weise) erfährt durch das Protoprisma ∞P eine Abstumpfung ihrer Mittelkanten (Fig. 93),

Fig. 93.　　　　Fig. 94.　　　　Fig. 95.

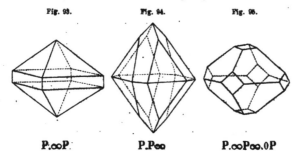

P.∞P.　　　　P.P∞　　　　P.∞P∞.0P

durch die Deuteropyramide P∞ (oder mP∞) eine Abstumpfung ihrer Polkanten (Fig. 94), durch das Deuteroprisma ∞P∞ eine Abstumpfung ihrer Mittelecken, und durch das Pinakoid 0P eine Abstumpfung ihrer Polecken (Fig. 95). Das Deuteroprisma stumpft stets die Kanten des Protoprismas gerade ab, und umgekehrt. Die ditetragonalen Pyramiden treten auf zweierlei Weise auf, indem sie nämlich entweder die im Zickzack auf- und absteigenden Combinationskanten zwischen Protopyramide und Deuteroprisma abstumpfen (Fig. 92), oder indem sie die Polkanten der Protopyramide zweiflächig zuschärfen.

Die Flächen der ditetragonalen Pyramide liegen mit parallelen Combinationskanten zwischen je einer Fläche derjenigen Protopyramide und derjenigen Deuteropyramide, mit welchen beiden sie gemeinsame Ableitungszahl m haben.

Diejenigen ditetragonalen Pyramiden mPn, welche mit P und ∞P∞ eine Zone bilden, haben das allgemeine Zeichen mPm (d. h. bei ihnen ist $m = n$); dazu gehört z. B. die ditetragonale Pyramide 3P3 (Fig. 92); auch die beiden Grenzgestalten P und ∞P∞ sind gewissermassen ditetragonale Pyramiden von dem Zeichen mPm.

Diejenigen mPn, welche tautozonal sind mit P∞ und ∞P, besitzen den allgemeinen Ausdruck $mP\dfrac{m}{m-1}$ (d. h. $n = \dfrac{m}{m-1}$); dazu gehören z. B. 3P$\frac{3}{2}$, 4P$\frac{4}{3}$, $\frac{3}{2}$P3, sowie die beiden Grenzgestalten; auch ein mPm, nämlich 2P2, nimmt, wie man sieht, an dieser Zone Theil.

Die ditetragonalen Pyramiden, gelegen zwischen P und 2P∞, haben das allgemeine Zeichen $mP\dfrac{m}{2-m}$; dazu gehören z. B. $\frac{4}{3}$P3, $\frac{4}{3}$P2 und die beiden Grenzgestalten selbst (2P$\frac{4}{3}$ = 2P∞).

Diejenigen, gelegen zwischen 2P∞ und ∞P, sind allgemein $mP\dfrac{m}{m-2}$; dazu ausser den Grenzgestalten z. B. 4P2, 5P$\frac{5}{3}$; auch ein mPm, nämlich 3P3 ist damit tautozonal. . .

Diejenigen mPn, welche zwischen $\frac{1}{2}$P und P∞ liegen, sind allgemein $mP\dfrac{m}{1-m}$; dazu gehören z. B. $\frac{2}{3}$P2 und $\frac{3}{4}$P3, sodann die Grenzgestalten.

3. Hexagonales Krystallsystem.

§ 31. Grundcharakter. Das hexagonale System (sechsgliederige, oder drei- und einaxige System nach *Weiss*, rhomboëdrische S. nach *Mohs*, monotrimetrische S. nach *Hausmann*) wird dadurch charakterisirt, dass alle seine Formen auf v i e r Axen bezogen werden müssen, von welchen sich d r e i g l e i c h e in einer Ebene unter 60° schneiden, während die v i e r t e u n g l e i c h e auf ihnen rechtwinkelig ist. Diese letztere, durch ihre abweichende Grösse wie durch ihre Lage ausgezeichnete verticale Axe ist die H a u p t a x e; die drei anderen horizontalen sind N e b e n a x e n, zwischen welchen man sich noch d r e i Z w i s c h e n a x e n vorstellen kann; die drei Nebenaxen pflegt man so zu richten, dass die eine quer mit dem Beobachter verläuft. Wir nennen die Endpunkte der Hauptaxe auch hier (wie im tetragonalen System) die P o l e, die Ebene durch die Nebenaxen die Basis, und diese ist hier ebenfalls die einzige Haupt-Symmetrie-Ebene, auf welcher die Haupt-Symmetrie-Axe oder Hauptaxe senkrecht steht; ferner unterscheiden wir p r i m ä r e (I) und s e c u n d ä r e (II) Haupt-schnitte gerade wie im Tetragonalsystem (Fig. 96) und diese sechs verticalen Ebenen, welche sich in der Hauptaxe unter 30° schneiden, sind nur gewöhnliche Symmetrie-Ebenen. Durch die horizontale Haupt-Symmetrie-Ebene und die verticalen sechs anderen Symmetrie-Ebenen wird der Raum um den Mittelpunkt in 24 gleiche Theile getheilt. — Die Formen dieses Systems sind von einem ähnlichen wirtelförmigen Bau, wie diejenigen des tetragonalen. Der von *Breithaupt* herrührende Name des Systems bezieht sich auf die gewöhnlich hexagonale Figur der Basis, oder des Mittelquerschnittes.

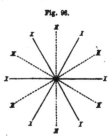

Fig. 96.

§ 32. Uebersicht und Beschreibung der holoëdrisch-hexagonalen Formen. Dieselben sind:

A. G e s c h l o s s e n e Formen, von definiter Ausdehnung.
     1) Hexagonale Pyramiden, zwei Arten,
     2) Dihexagonale oder zwölfseitige Pyramiden.
B. O f f e n e Formen, von indefiniter Ausdehnung.
     3) Hexagonale Prismen, zwei Arten,
     4) Dihexagonale oder zwölfseitige Prismen, und
     5) das Pinakoid.

Die Ableitung lehrt, dass die offenen Formen auch in diesem (wie überhaupt in jedem) Krystallsystem nur als die Grenzformen gewisser geschlossener Formen zu betrachten sind.

Die h e x a g o n a l e n P y r a m i d e n (Dihexaëder) sind von 12 gleichschenkligen Dreiecken umschlossene Formen, deren Mittelkanten in e i n e r Ebene liegen und ein reguläres H e x a g o n bilden; Fig. 97 und 98. Die Kanten sind zweierlei: 12 Polkanten X (oder Y), und 6 Mittelkanten (oder Randkanten) Z; die Ecken sind gleichfalls zweierlei: 2 hexagonale Polecken und 6 rhombische Mittelecken (oder Randecken). Die sehr zahlreichen hexagonalen Pyramiden zerfallen nach der Lage ihrer

Basis zu den Nebenaxen in zwei, wesentlich verschiedene Arten (oder Ordnungen).

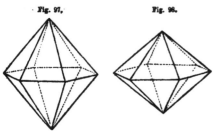

Es verbinden nämlich die Neben-axen in den Pyramiden der ersten Art (den Protopyramiden) die Mitteleckpunkte, Fig. 99, in den Pyramiden der zweiten Art (den Deuteropyramiden) die Halbi-rungspunkte je zweier gegenüber-liegender Mittelkanten (Fig. 100). — Quarz, Apatit, Mimetesit.

Die Stellung der Protopyrami-den ist also so, dass sie vorne eine Fläche und eine querlaufende Mittelkante, dieje-nige der (um 30° in der Horizontalebene

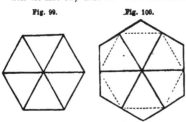

Fig. 99. Fig. 100.

gedreht erscheinenden) Deuteropyramiden derart, dass sie vorne eine Polkante und Mittelecke aufweisen. Beide Figuren 97 und 98 stellen daher Protopyramiden dar. Noch eine dritte Pyramidenart gibt es von aber-mals abweichender Stellung, die Tritopyra-miden, welche jedoch erst später unter den hemiëdrischen Formen erläutert werden können. — Uebrigens unterscheidet man auch, jedoch ohne scharfe Grenzbestimmung, stumpfe und spitze hexagonale Pyramiden [1]).

Die Polkanten der Protopyramiden müssen mit X, die der Deuteropyramiden mit Y bezeichnet werden, wenn diese Signatur auf eine mit ihren Beziehungen zu den dihexagonalen Pyramiden übereinstimmende Weise erfolgen soll.

Die dihexagonalen Pyramiden sind von 24 ungleichseitigen Dreiecken umschlossene Formen, Fig. 101, deren Mittelkanten in einer Ebene liegen, und

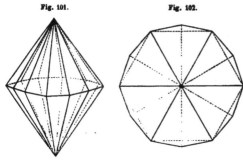

Fig. 101. Fig. 102.

ein Dihexagon, d. h. ein gleichseitiges, aber nur ab-wechselnd gleichwinkeliges Zwölfeck (Fig. 102) bilden. Die Kanten sind dreierlei: 12 längere schärfere, und 12 kürzere stumpfere Polkanten, sowie 12 Mittelkanten; die Ecken sind gleichfalls dreier-lei: 2 dihexagonale Polecken, und 6 spitzere, sowie 6 stum-pfere rhombische Mittelecken.

Die beiden Arten von Polkanten lassen sich am zweckmässigsten nach ihrer Lage in den beiderlei Hauptschnitten als primäre und secundäre Polkanten un-terscheiden, welcher Unterscheidung ihre Bezeichnung durch die beiden Buchstaben X und Y entspricht.

---

1) Die Pyramide, deren Mittelkante $Z = 109° 28'$, könnte vielleicht als die Grenzform zwischen den stumpfen und spitzen Pyramiden gelten.

Diese Pyramiden sind wohl noch niemals in selbständiger Ausbildung beobachtet worden, und finden sich nur als sehr untergeordnete Formen in den Combinationen, wie z. B. am Beryll und Apatit; dennoch spielen sie eine wichtige Rolle in dem System.

Die hexagonalen Prismen (Säulen) sind von 6, der Hauptaxe parallelen Flächen umschlossene Formen, deren Querschnitt ein reguläres Hexagon ist, Fig. 103; auch sie müssen, ebenso wie die hexagonalen Pyramiden und ganz nach denselben Kriterien, als Prisma der ersten und zweiten Art (oder Ordnung) unterschieden werden. Die oben und unten offenen Krystall-

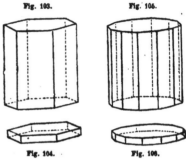

Fig. 103.   Fig. 105.

Fig. 104.   Fig. 106.

räume der zwei Prismen-Arten gehen aus den entsprechenden zwei Pyramiden-Arten durch verticale Abstumpfung ihrer Mittelkanten hervor. Die Endpunkte der Nebenaxen liegen demzufolge bei dem Prisma der ersten Art in den Halbirungspunkten der Kanten, bei demjenigen der zweiten Art in den Mittelpunkten der Flächen; das erstere wendet daher (Fig. 103) eine Fläche, das zweite, um 30° gewendete, eine Kante nach vorne.

Die dihexagonalen Prismen sind von 12, der Hauptaxe parallelen Flächen umschlossene Formen, deren Querschnitt ein Dihexagon ist; Fig. 105.

Das Pinakoid (Geradendfläche) ist das der Basis parallele Flächenpaar; Fig. 104 und 106. Als offene Formen sind weder die Prismen noch das Pinakoid einer selbständigen Ausbildung fähig; sie können nur in Combinationen mit einander oder mit anderen Formen auftreten.

Da es nur ein hexagonales Prisma der ersten Art, und ebenso nur eins der zweiten Art gibt, so pflegt man diese so häufig vorkommenden Formen schlechthin als erstes und zweites Prisma aufzuführen, wofür wir uns auch hier künftig der Namen Protoprisma und Deuteroprisma bedienen werden. — Eine dritte Art von Prismen, die Tritoprismen, kann als hemiëdrische Gestalt erst später besprochen werden.

§ 33. **Grundform und Ableitung der hexagonalen Pyramiden erster Art.** Für jeden hexagonalen Formencomplex *in concreto* (gleichwie für das Krystallsystem selbst *in abstracto*) wird nach den im § 26 (Anm. 2) erläuterten Rücksichten irgend eine hexagonale Pyramide als Grundform gewählt, mit P bezeichnet, und der Ableitung aller übrigen Formen zu Grunde gelegt. Man betrachtet solche Grundform als eine Protopyramide, und bestimmt sie entweder durch das Verhältniss ihrer Linear-Dimensionen a ($= 1$) : c (Verhältniss der halben Nebenaxe zur halben Hauptaxe), oder durch einen ihrer Kantenwinkel, wozu sich besonders die Mittelkante Z empfiehlt. Aus der Grundform erfolgt nun zuvörderst die Ableitung sämmtlicher anderer spitzerer oder stumpferer Protopyramiden genau in derselben Weise, wie solches oben (§ 27) für das Tetragonalsystem gelehrt worden ist. Das allgemeine Zeichen einer solchen Pyramide wird wiederum mP, und als Grenzformen dieser Ableitung ergeben sich einerseits das **Protoprisma** ∞P, anderseits das **Pinakoid** 0P. Das erstere muss mit 6 Flächen, das letztere, der einzigen Haupt-Symmetrie-Ebene parallel, kann nur mit 2 Flächen ausgebildet sein. Der Inbegriff aller dieser Formen lässt sich in éiner Reihe vereinigen, welche wir die Grundreihe des Systems nennen.

Das Axen-Verhältniss ist, wie schon § 26 hervorgehoben, auch hier irrational; so ist $a : c$ z. B. für die Grundform des Korunds 1 : 1,363...., für diejenige des Kalkspaths 1 : 0,8543...., für die des Smaragds 1 : 0,4990.....

§ 34. Ableitung der übrigen Formen.

Aus jeder Protopyramide mP lassen sich nun **viele dihexagonale** Pyramiden ableiten, wobei man genau dasselbe Verfahren beobachtet, wie es in § 28 für die Ableitung der ditetragonalen Pyramiden angegeben worden ist. Das allgemeine Zeichen solcher Pyramiden, welche in jedem der 24 Raumtheile zwischen den 7 Symmetrie-Ebenen mit einer Fläche auftreten müssen, wird daher wiederum $= mPn$. Nur tritt hier, vermöge des eigenthümlichen geometrischen Grundcharakters des hexagonalen Axensystems der Umstand ein, dass die Werthe der Ableitungszahl n zwischen weit engeren Grenzen eingeschlossen sind, als im Tetragonalsystem. Während nämlich in diesem letzteren System n alle möglichen rationalen Werthe von 1 bis ∞ haben konnte, so wird im hexagonalen System schon mit dem Werthe 2 die Grenze erreicht, über welche hinaus n gar nicht wachsen kann. In einer jeden dihexagonalen Pyramide liegen daher die Werthe von n stets zwischen 1 und 2; für den Grenzwerth 2 aber verwandeln sich die zwölfseitigen Pyramiden in **hexagonale** Pyramiden der **zweiten Art**, oder in **Deuteropyramiden**, welche daher allgemein mit $mP2$ bezeichnet werden müssen. Wie jedes mP, so wird auch das Protoprisma ∞P dieser Ableitung zu unterwerfen sein, wodurch man erst auf verschiedene dihexagonale Prismen ∞Pn, und endlich auf ∞P2, oder auf das **Deuteroprisma** gelangt.

Dihexagonale Pyramiden mit **gleichen** Polkanten sind nicht möglich, weil in deren Zeichen mPn der Coëfficient n den **irrationalen** Werth $\frac{1}{2}(1 + \sqrt{3}) =$ $\sqrt{2} \cdot \sin 75° = 1,36603....$ besitzen würde. Diejenigen dihexagonalen Pyramiden, bei welchen $n (>1)$ **kleiner** ist als dieser Werth (z. B. $\frac{5}{4}$), weisen die **schärferen** Polkanten an den **Nebenaxen**, die stumpferen Polkanten an den **Zwischenaxen** auf; bei denjenigen, bei welchen n zwischen jener Zahl und 2 liegt (z. B. $\frac{7}{4}$), stossen die schärferen Polkanten auf die Zwischenaxen, die stumpferen auf die Nebenaxen. Wird $n = 1$, so

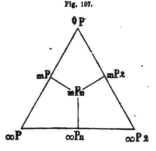

Fig. 107.

werden die nach den Zwischenaxen herablaufenden stumpferen Polkanten $= 180°$ und es resultirt die Protopyramide. Bei dem Grenzfall $n = 2$ bilden die Basiskanten der Pyramide mit den Nebenaxen rechte Winkel, es werden die nach den Nebenaxen herablaufenden stumpferen Polkanten $= 180°$ und es entsteht die Deuteropyramide.

Auch in diesem Krystallsystem lässt sich der vollständige Inbegriff aller holoëdrischen Formen in ein trianguläres Schema vereinigen, aus welchem ihre gegenseitigen Uebergänge und Verwandtschaften mit einem Blicke zu ersehen sind. In der Mitte dieses Schemas stehen die dihexagonalen Pyramiden; die linke Seite begreift sämmtliche Protopyramiden, die rechte Seite sämmtliche Deuteropyramiden,

während an der Basis des Dreiecks wiederum die sämmtlichen Prismen neben einander stehen. — Wie im tetragonalen System die ditetragonale, so stellt hier die dihexagonale Pyramide den allgemeinsten Repräsentanten aller holoëdrischen Formen
vor, welche gewissermassen nur Specialfälle derselben sind, indem sie als Quasi-
dihexagonale Pyramiden. gelten können, bei denen n bald 1, bald 2, und m bald 1,
bald ∞, bald 0 ist.

Die Entwickelung der auf Grund der Symmetrie-Verhältnisse nothwendig existi-
renden holoëdrischen Formen ergibt sich genau analog, wie es für das tetragonale System
S. 50 ausgeführt wurde.

Weiss bezeichnet auch in diesem System die halbe Hauptaxe der Grundform mit
c, die drei gleichwerthigen halben Nebenaxen mit a. Jede Fläche der Grundform (Protopyramide) schneidet die Hauptaxe, zwei der Nebenaxen in unter sich gleichen Entfernungen, geht aber der dritten Nebenaxe parallel; ihr Zeichen ist demzufolge $a : a :$
$\infty a : c$, woraus spitzere Protopyramiden mit mc und stumpfere Protopyramiden mit
$\frac{1}{m}c$ bei gleichbleibenden Nebenaxen abgeleitet werden. Das Protoprisma mit seinen
senkrechten Flächen geht auch hier aus der Protopyramide durch unendliche Verlängerung der Hauptaxe c hervor, also $a : a : \infty a : \infty c$. Das basische Pinakoid, parallel
gehend der Ebene der Nebenaxen, erhält das Zeichen $\infty a : \infty a : \infty a : c$. Die Flächen der Deuteropyramide schneiden ausser der Hauptaxe alle drei Nebenaxen, aber
von diesen die mittlere in einer um die Hälfte kürzeren Entfernung als die beiden
anderen, daher ihr Zeichen $a : \frac{a}{2} : a : c$ oder $2a : a : 2a : c$ (allgemein wiederum mc
oder $\frac{1}{m}c$). Aus diesem. leitet sich einfach die Bezeichnung des Deuteroprismas mit
$a : \frac{a}{2} : a : \infty c$ oder $2a : a : 2a : \infty c$ ab, weil es eine Deuteropyramide mit senkrechten Flächen ist. — Die Flächen der dihexagonalen Pyramide schneiden ebenfalls
ausser der Hauptaxe c die drei Nebenaxen a, aber letztere sämmtlich in verschiedenen Abständen vom Axen-Kreuzpunkte, wobei alsdann der Parameter der mittleren Axe jederzeit den kleinsten Werth hat. Setzen wir diesen kleinsten Parameter
$= a$, den grössten $= sa$, so waltet das eigenthümliche Verhältniss ob, dass alsdann
der dritte den Werth $\frac{s}{s-1}a$ haben muss. Ist z. B. der grösste Parameter $3a$, so besitzt dieser dritte den Werth $\frac{3}{2}a$, ist der erstere $4a$, dann der letztere $\frac{4}{3}a$. Das allgemeine Flächenzeichen der dihexagonalen Pyramide ist demzufolge $sa : a : \frac{s}{s-1}a : c$

(z. B. $6a : a : \frac{6}{5}a$), wofür man natürlich auch schreiben kann $a : \frac{1}{s}a : \frac{1}{s-1}a : c$
(z. B. $a : \frac{1}{6}a : \frac{1}{5}a$). In diesen Formeln muss s einen grösseren Werth haben als 2,
während der Werth von $\frac{s}{s-1}$ jederzeit zwischen 1 und 2 liegt. Wenn in dem Zeichen der dihexagonalen Pyramide s gleich 2 wird, so resultirt $2a : a : 2a : c$, oder
$a : \frac{a}{2} : a : c$, d. h. die Formel der Deuteropyramide; sofern $s = 1$ ist, wird der
Werth des dritten $a = \infty$ und die dihexagonale Pyramide zur Protopyramide. In
dem *Naumann*'schen Zeichen mPn entspricht der Coefficient n dem Werth $\frac{s}{s-1}a$ in
der *Weiss*'schen Formel, z. B. $P\frac{6}{5} = 6a : a : \frac{6}{5}a : c$. Das Zeichen des dihexagonalen
Prismas ist dasselbe wie das der dihexagonalen Pyramide, nur mit ∞c, demzufolge
$sa : a : \frac{s}{s-1}a : \infty c$.

Bei dem hexagonalen System handelt es sich (nach der durch *Bravais* vorgenommenen Modification der *Miller*'schen Ausdrücke) um die Angabe von 4 Indices $(hkli)$, deren erstere drei bei gleichem Vorzeichen sich auf die 3 Hälften der Nebenaxen, welche 120° mit einander einschliessen, beziehen, während der vierte Index der Hauptaxe entspricht. Bei dieser Schreibweise ist stets $h + k + l = 0$; dabei gestalten sich die Zeichen der hexagonalen Formen folgendermassen:

Die Protopyramiden sind allgemein $h0\bar{h}i$; $P = (10\bar{1}1)$; $4P = (40\bar{4}1)$; $\frac{1}{2}P = (10\bar{1}2)$; $\frac{2}{5}P = (20\bar{2}5)$; $\frac{2}{5}P = (50\bar{5}2)$.

Die Deuteropyramiden sind allgemein $(hh\bar{2}hi)$; $P2 = (11\bar{2}2)$; $2P2 = (11\bar{2}1)$; $4P2 = (22\bar{4}1)$; $3P2 = (33\bar{6}2)$; $\frac{1}{3}P2 = (11\bar{2}6)$; $\frac{2}{3}P2 = (11\bar{2}3)$; $\frac{4}{3}P2 = (22\bar{4}3)$.

Das Protoprisma $\infty P = (10\bar{1}0)$. Das Deuteroprisma $\infty P2 = (11\bar{2}0)$. Die Basis $0P = (0001)$.

Die dihexagonalen Pyramiden sind allgemein $hkli$; z. B. $3P\frac{3}{2} = (21\bar{3}1)$; $6P\frac{3}{2} = (51\bar{6}1)$; $8P\frac{4}{3} = (62\bar{8}1)$.

Das dihexagonale Prisma wird zu $hk\bar{i}0$, z. B. $\infty P\frac{5}{4} = (41\bar{5}0)$.

§ 35. Einige holoëdrische Combinationen des Hexagonalsystems. Es gibt verhältnissmässig nicht sehr viele hexagonale Mineralien, welche vollkommen holoëdrisch krystallisiren; denn selbst der Quarz und der Apatit sind eigentlich, jener als eine tetartoëdrische, dieser als eine hemiëdrische Substanz zu betrachten, obgleich ihre gewöhnlichen Combinationen von holoëdrischen nicht unterschieden werden können. In den holoëdrischen Combinationen pflegen die beiden hexagonalen Prismen ∞P und $\infty P2$, und das Pinakoid $0P$ als vorherrschende, sowie die beiden hexagonalen Pyramiden P und $2P2$ als untergeordnete Formen am häufigsten ausgebildet zu sein.

Sehr gewöhnlich ist die, auf S. 57 Fig. 103 abgebildete Combination des Protoprismas ∞P mit dem Pinakoid $0P$; dabei sind nicht selten die Seitenkanten des Prismas abgestumpft, was durch die Flächen des Deuteroprismas $\infty P2$ geschieht, und ein gleichwinkelig zwölfseitiges Prisma liefert, welches jedoch immer dieser Combination $\infty P.\infty P2$ entspricht, weil es als einfache Form ganz unmöglich ist. Auch die in Fig. 104 abgebildete Combination $0P.\infty P$, oder die sechsseitige Tafel mit gerad angesetzten Randflächen, ist ziemlich häufig, sowie die tafelartige Combination $0P.P$ gleichfalls bisweilen vorkommt; Fig. 108.

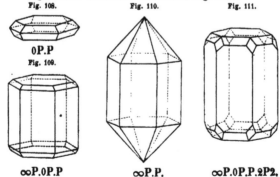

Fig. 108.

Fig. 110.

Fig. 111.

0P.P

Fig. 109.

$\infty P.0P.P$ $\infty P.P.$ $\infty P.0P.P.2P2.$

Das Protoprisma ∞P wird zuweilen an beiden Enden durch die Flächen der

Grundpyramide P begrenzt, welche auch in der Combination ∞P.0P nicht selten erscheinen und eine Abstumpfung der Combinationskanten bilden; Fig. 110 und 109. Dann kommt es wohl zuweilen vor, dass auch die Combinationsecken von P und ∞P durch kleine rhombische Flächen abgestumpft werden, welche der Pyramide 2P2 angehören; Fig. 111. Ueberhaupt hat man auch hier, wie im tetragonalen System, des Umstandes zu gedenken, dass bei Combinationen von Prismen und Pyramiden derselben Art oder Ordnung die Flächen der einen Form unter denen der anderen liegen, dagegen bei Combinationen von Prismen und Pyramiden verschiedener Art die Flächen der einen unter den Kanten der anderen und umgekehrt auftreten.

§ 36. Hemiëdrie im hexagonalen System. Sucht man auch hier, ganz analog wie im tetragonalen System (§ 29) die verschiedenen Möglichkeiten der Hemiëdrie zunächst an der allgemeinsten Gestalt, der dihexagonalen Pyramide auf, so ergibt sich, dass dieselbe ebenfalls auf dreifache Art hemiëdrisch werden kann, nämlich durch Wachsen oder Verschwinden:

a) der in den abwechselnden Dodekanten gelegenen Flächenpaare: rhomboëdrische Hemiëdrie;

b) der an den abwechselnden Mittelkanten oben und unten gelegenen Flächen: pyramidale Hemiëdrie;

c) der abwechselnden einzelnen Flächen: trapezoëdrische Hemiëdrie.

Da bis jetzt kein Mineral (und auch keine künstlich krystallisirende Substanz) gefunden wurde, welche der trapezoëdrischen Hemiëdrie folgt, so bleibt dieselbe hier ausser Beachtung.

§ 37. Rhomboëdrische Hemiëdrie. Dieselbe besitzt eine hervorragende Bedeutung, da die Zahl der ihr folgenden hexagonalen Mineralien viel grösser ist, als die der holoëdrisch ausgebildeten; sie entspricht der sphenoidischen des tetragonalen Systems. Gemäss derselben werden die Protopyramiden dadurch hälftflächig, dass an ihnen nur die abwechselnden Flächen ausgebildet sind (Fig.112), indem diese hier einzeln in den einzelnen Dodekanten liegen. Sie verwandeln sich dabei in Rhomboëder, von sechs gleichen Rhomben umschlossene Formen, deren Mittelkanten nicht in einer Ebene liegen, sondern im Zickzack auf- und absteigen (Fig. 113 bis 115). Die Kanten sind zweierlei: 6 Polkanten X, und 6 Mittelkanten Z, welche beide

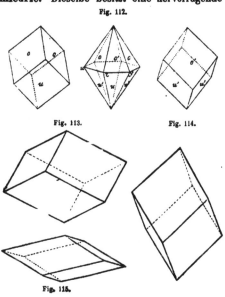

Fig. 112.

Fig. 113.　　　　　Fig. 114.

Fig. 115.

gleich lang, aber ihrem Winkelmaasse nach verschieden sind, indem sie sich gegenseitig zu 180° ergänzen; die Ecken sind gleichfalls zweierlei: 2 trigonale Polecken, und 6 unregelmässig dreiflächige Mittelecken. In den gewöhnlich vorkommenden Rhomboëdern verbinden die Nebenaxen die Mittelpunkte je zweier gegenüberliegender Mittelkanten; wir nennen sie Rhomboëder der ersten Art, zum Unterschiede von den (sehr seltenen) Rhomboëdern der zweiten und dritten Art, welche beide überhaupt keine hemiëdrischen Formen sind, sondern als tetartoëdrische betrachtet werden müssen. — Uebrigens unterscheidet man alle Rhomboëder als stumpfe oder spitze Rhomboëder, je nachdem ihre Polkanten grösser oder kleiner als 90° sind [1]).

Der Mittelquerschnitt des Rhomboëders durch die Nebenaxen ist ein regelmässiges Hexagon; die zwei Querschnitte, von welchen der eine durch die drei oberen Mittelecken, der andere durch die drei unteren Mittelecken gelegt wird, zertheilen die Hauptaxe in drei gleiche Theile.

Da nun mP das allgemeine Zeichen dieser Pyramiden ist, so würde eigentlich $\frac{mP}{2}$ das Zeichen der Rhomboëder sein müssen. Indessen ist es aus mehren Gründen weit zweckmässiger, den Rhomboëdern ein besonderes Zeichen zu geben, und das aus P abgeleitete Rhomboëder mit R, das aus mP abgeleitete Rhomboëder mit mR zu bezeichnen, wobei natürlich nach § 13 und 19 immer zwei complementäre, in verwendeter Stellung befindliche Gegenkörper, ein $+mR$ und ein $— mR$ zu unterscheiden sind; wendet das Rhomboëder R seine Fläche nach vorne, so liegen dort die Polkanten des Gegenrhomboëders $—R$.

Für das bei einer Substanz erwählte Hauptrhomboëder R gibt es ein anderes, welches dessen Polkanten gerade abstumpft; es besitzt bei gleicher Länge der Hauptaxe die zwiefache Nebenaxenlänge, oder bei gleich langen Nebenaxen nur eine halb so lange Hauptaxe; da es sich auch in verwendeter Stellung befindet, so erhält es das Zeichen $—\frac{1}{2}R$ (erstes stumpferes). Für dieses gibt es ein ferneres Rhomboëder, welches an ihm die Polkanten abstumpft; seine Hauptaxe besitzt nur den vierten Theil der Länge derjenigen von R, und da es seine Flächen wieder liegen hat, wie dieses letztere, so gewinnt es das Zeichen $(+)\frac{1}{4}R$ (zweites stumpferes). Das an diesem die Polkanten abstumpfende Rhomboëder (drittes stumpferes) wird weiter $—\frac{1}{8}R$ sein u. s. w. — Umgekehrt existirt für das Hauptrhomboëder ein anderes spitzeres, an welchem dasselbe die Polkanten abstumpft; es hat bei gleichen Nebenaxen eine doppelt so lange Hauptaxe und ist in verwendeter Stellung, also $— 2R$ (erstes spitzeres); für dieses ist wieder ein anderes denkbar, an welchem $— 2R$ die Polkanten abstumpft; liegend wie das Hauptrhomboëder und von vierfacher Länge der Hauptaxe ist sein Zeichen $(+)4R$ (zweites spitzeres); das Rhomboëder, an welchem dieses letztere die gleiche Abstumpfung vollzieht (drittes spitzeres), wird $— 8R$ sein u. s. w.

Wendet man diese rhomboëdrische Hemiëdrie auch auf die hexagonalen Deuteropyramiden an, so erleiden dieselben dadurch gar keine Gestaltsveränderung, daher bleiben auch ihre Zeichen unverändert. Sie sind in manchen For-

---

[1]) Da der Würfel, auf eine Ecke gestellt, stereometrisch als ein Rhomboëder von 90° Polkantenwinkel betrachtet werden kann und da bei diesem das Verhältniss der Entfernung zweier gegenüberliegender Ecken zu einer Quadratdiagonale $= \sqrt{3} : \sqrt{2}$, so muss die Hauptaxe, gemessen mit der Nebenaxe, bei allen stumpfen Rhomboëdern kleiner als $\sqrt{\frac{3}{2}}$, bei allen spitzen grösser als $\sqrt{\frac{3}{2}}$ sein.

mencomplexen (z. B. in jenem des Kalkspathes) eine seltene, in anderen Formencomplexen aber (z. B. in denen des Korundes und Eisenglanzes) eine sehr gewöhnliche Erscheinung, und können daher aus dem Bereich der rhomboëdrischen
Formen eben so wenig ausgeschlossen werden, als z. B. das Rhomben-Dodekaëder oder der Würfel aus dem Bereich der geneigtflächig-hemiëdrischen regulären
Formen (§ 19). Auch das Protoprisma und das Pinakoid bleiben bei dieser Hemiëdrie gestaltlich unverändert; der Uebereinstimmung wegen bezeichnen wir dieselben aber, als die Grenzformen der Rhomboëder, mit ∞R und 0R; doch
sind die abwechselnden Flächen des Prismas ∞R als obere und als untere
Flächen zu unterscheiden. Ferner stimmt auch das rhomboëdrisch-hemiëdrische
Deuteroprisma formell mit dem holoëdrischen überein.

Die dihexagonalen Pyramiden verwandeln sich bei dieser Hemiëdrie in die
hexagonalen Skalenoëder

Fig. 116.

(Fig. 116). Dies sind von 12
ungleichseitigen Dreiecken umschlossene Formen, deren Mittelkanten, gerade so wie jene der
Rhomboëder, nicht in einer
Ebene liegen, sondern im Zickzack
auf- und absteigen; ihre Flächen
gruppiren sich in 6 Flächen-
paare (Fig. 117 und 118). Die Kanten sind dreierlei: 6 kürzere schärfere Polkanten X, 6 längere stumpfere Pol-
kanten Y, und 6 Mittelkanten Z;
die Ecken sind zweierlei: 2 sechsflächige (ditrigonale) Polecken, und
6 unregelmässig vierflächige Mittelecken. Die Nebenaxen verbinden die Mittelpunkte je zweier gegenüberliegender Mittelkanten. Der
zickzackförmige Verlauf der Mittelkanten, sowie der abwechselnde
Werth der Polkanten unterscheidet
das Skalenoëder sofort von der hexagonalen Pyramide. Man spricht im

Fig. 117.

Fig. 118.

Allgemeinen, jedoch ohne scharfe Grenze, von stumpfen und spitzen Skalenoëdern.

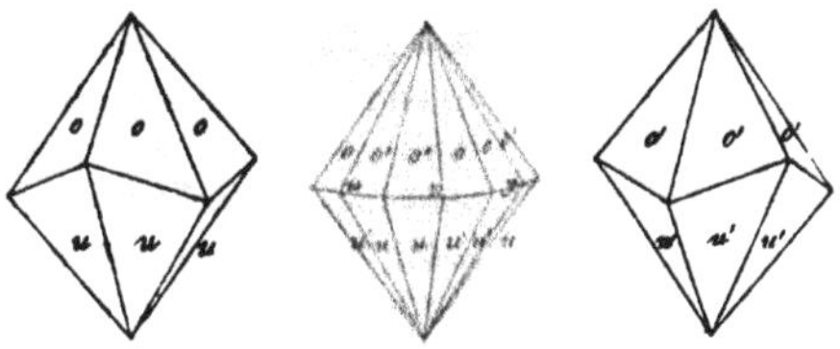

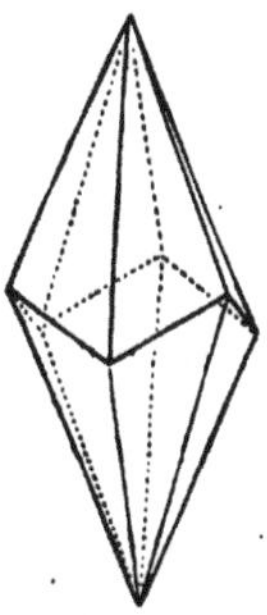

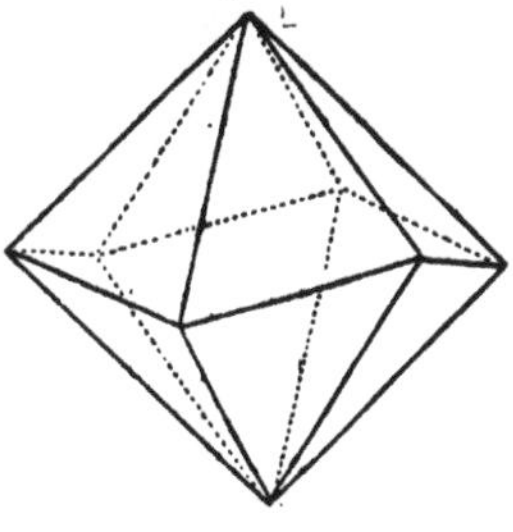

Eine ebenso auffällige als bedeutsame Eigenschaft eines jeden Skalenoëders
ist es, dass seine Mittelkanten allemal genau dieselbe Lage haben, wie die
Mittelkanten irgend eines Rhomboëders, welches man daher das eingeschriebene Rhomboëder, oder auch das Rhomboëder der Mittelkanten nennt.

Auch die stumpferen und schärferen Polkanten eines Skalenoëders haben dieselbe
Lage, wie die stumpferen und schärferen Polkanten zweier verschiedener Rhomboëder;
das Rhomboëder der stumpferen und das der schärferen Polkanten sind stets in verwendeter Stellung, das letztere ist aber immer in derselben Stellung, wie das der
Mittelkanten.

Als Hälftflächner der dihexagonalen Pyramiden würden die Skalenoëder eigentlich das allgemeine Zeichen $\frac{mPn}{2}$ erhalten. Allein für die krystallographische Entwickelung ist es weit zweckmässiger, ihre Ableitung und Bezeichnung auf die eingeschriebenen Rhomboëder zu gründen. Ist nämlich für irgend ein Skalenoëder das eingeschriebene Rhomboëder = mR, so bedarf es nur einer angemessenen Vervielfachung der Hauptaxe dieses Rhomboëders nach einer bestimmten Zahl n (> 1), um die Pole des Skalenoëders zu erhalten (Fig. 119). Legt man dann in jede Mittelkante des

Fig. 119.

Rhomboëders zwei Flächen, von welchen die eine den oberen, die andere den unteren Endpunkt seiner vergrösserten Hauptaxe schneidet, so ist offenbar das gegebene Skalenoëder construirt worden. Um nun demgemäss das Zeichen des Skalenoëders zu bilden, so schreibt man die Zahl n hinter den Buchstaben R; es wird daher mRn das allgemeine Zeichen irgend eines aus dem Rhomboëder mR abgeleiteten Skalenoëders[1]. — Der Uebereinstimmung wegen erhalten die, in den rhomboëdrischen Formencomplexen vorkommenden dihexagonalen Prismen, welche bei dieser Hemiëdrie unverändert auftreten, das Zeichen ∞Rn.

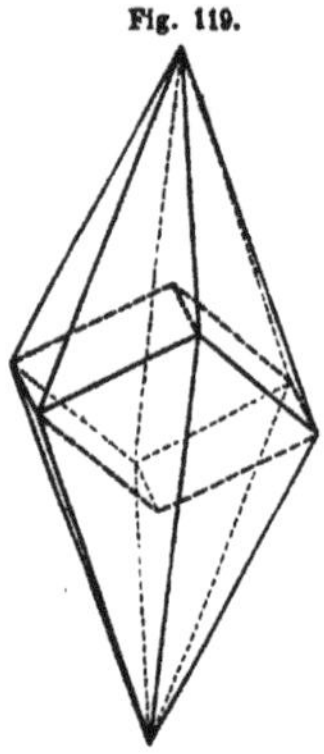

Alle Formen der rhomboëdrischen Hemiëdrie besitzen nur noch drei, nämlich die secundären, Hauptschnitte, die übrigen Symmetrieebenen des Systems, so auch die Bedeutung der Basis als Hauptsymmetrie-Ebene, sind durch die Hemiëdrie verloren gegangen.

Die *Bravais-Miller*'sche Bezeichnung der Rhomboëder und Skalenoëder ergibt sich aus Folgendem:

$$mR = \pi\,(h\,0\,\bar{h}\,i); \quad - mR = \pi\,(0\,h\,\bar{h}\,i)$$
$$mRn = \pi\,(h\,k\,\bar{l}\,i); \quad - mRn = \pi\,(k\,h\,\bar{l}\,i)$$

wobei $h > k$; $\quad m = \frac{h-k}{i}$; $\quad n = \frac{h+k}{h-k}$;

z. B. bei den Rhomboëdern; R = (10$\bar{1}$1); — R = (01$\bar{1}$1); $\frac{1}{2}$R = (10$\bar{1}$2); — $\frac{1}{2}$R = (01$\bar{1}$2); — 2R = (02$\bar{2}$1); — $\frac{1}{2}$R = (05$\bar{5}$2); hierbei pflegt, wenn eine Verwechslung mit holoëdrischen Formen ausgeschlossen ist, das π weggelassen zu werden;

bei den Skalenoëdern: R3 = (21$\bar{3}$1); R2 = (31$\bar{4}$2); R5 = (32$\bar{5}$1); — 2R3 = (24$\bar{6}$1); — 2R$\frac{1}{4}$ = (17$\bar{8}$3); — $\frac{1}{2}$R3 = (12$\bar{3}$2); — $\frac{1}{2}$R5 = (23$\bar{5}$2).

§ 38.   **Einige Combinationen der rhomboëdrischen Formen.** Diese Combinationen finden sich in der grössten Manchfaltigkeit, und namentlich der Kalkspath übertrifft alle anderen Mineralien durch die Menge seiner verschiedenen

---

[1] Das *Naumann*'sche Zeichen mRn ist eben so einfach als repräsentativ, und enthält alle zur Berechnung des Skalenoëders erforderlichen Elemente, sobald auch der Werth der Hauptaxe gegeben ist; nur muss man immer dessen eingedenk bleiben, dass sich die Ableitungszahl n, obschon sie hinter dem Zeichen der Grundform steht, hier nicht auf die Nebenaxen, sondern auf die Hauptaxe des eingeschriebenen Rhomboëders mR bezieht; es ist dies um so eher erlaubt, als bei dieser Ableitung die Nebenaxen gänzlich ausser dem Spiele bleiben. *Hornstein* schlug vor, das Zeichen des Skalenoëders als μ(mR) zu schreiben, worin μ = n ist. Das Skalenoëder $\frac{1}{2}$R3 würde z. B. dabei zu 3($\frac{1}{2}$R). — Andere setzen die Ableitungszahl n als Exponenten rechts oben hinter R, also mR^n.

einfachen Formen und Combinationen. An gegenwärtigem Orte können freilich nur einige der gewöhnlichsten Fälle erwähnt werden. Sehr häufig finden wir das Protoprisma ∞R in Combination mit einem Rhomboëder *m*R (z. B. am Kalkspath mit —$\frac{1}{2}$R, oder auch mit — 2R), dessen Flächen das Prisma an beiden Enden mit einer dreiflächigen Zuspitzung in der Weise begrenzen, dass die Zuspitzungsflächen auf die abwechselnden Seitenflächen aufgesetzt und pentagonal begrenzt erscheinen; Fig. 120. — Ganz anders verhält sich jedes Rhomboëder *m*R zu dem Deuteroprisma ∞P2, welches seine Flächen zwar wiederum mit einer dreiflächigen Zuspitzung begrenzen, jedoch so, dass sie auf die abwechselnden Seitenkanten aufgesetzt und als Rhomben ausgebildet sind; Fig. 121.

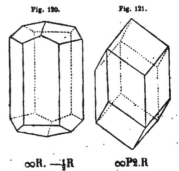

Fig. 120.   Fig. 121.

∞R. —$\frac{1}{2}$R   ∞P2.R

Fig. 122.   Fig. 123.   Fig. 124.

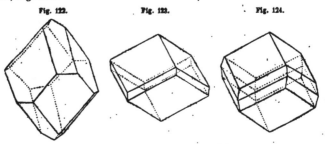

An jedem Rhomboëder *m*R werden die Polkanten durch das in verwendeter Stellung befindliche Rhomboëder von halber Axenlänge, also durch —$\frac{1}{2}$*m*R, die Mittelkanten aber durch das Prisma ∞P2 abgestumpft, sowie durch irgend ein aus ihm selbst abgeleitetes Skalenoëder *m*R*n* zugeschärft; Fig. 122, 123, 124.

An jedem Skalenoëder *m*R*n* werden die längeren Polkanten durch das Rhomboëder $\frac{1}{2}$*m*(3*n*+1)R und ebenso die kürzeren Polkanten durch das Rhomboëder —$\frac{1}{2}$*m*(3*n*—1)R abgestumpft; Fig. 126.

Fig 125.   Fig. 126.   Fig. 127.

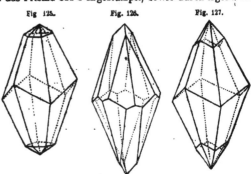

Eine sechsflächige Zuspitzung der Polecken findet gewöhnlich entweder mit

horizontalen, oder auch mit solchen Combinationskanten statt, welche den
Mittelkanten parallel sind; in beiden Fällen ist es ein flacheres Skalenoëder $m'Rn'$, welches die Zuspitzung bildet, und zwar wird im ersteren Falle $n'=n$,
im zweiten Falle $m'=m$. (Fig. 125 und 127.)

Zu den allergewöhnlichsten Erscheinungen gehören endlich noch in vielen
rhomboëdrischen Formencomplexen die Combinationen $\infty R.0R$ oder auch $0R.\infty R$,
d. h. das Protoprisma mit dem Pinakoid (Fig. 103 und 104), welche sich von den
gleichnamigen holoëdrischen Combinationen durch nichts unterscheiden.

§ 39. **Pyramidale Hemiëdrie.** Die dihexagonale Pyramide liefert hier, ganz
wie die entsprechende Form des tetragonalen Systems (S. 58), zwei Tritopyramiden,
oder hexagonale Pyramiden der dritten Art, welche eine Zwischenstellung
zwischen Proto- und Deuteropyramiden besitzen, indem ihre Nebenaxen in be-

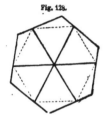
Fig. 128.

liebigen Punkten der Mittelkanten endigen (Fig. 128). Auch
die zwölfseitigen Prismen erscheinen nur mit den abwechselnden Flächen, als hexagonale Prismen der dritten
Art oder als Tritoprismen. Dagegen erleiden die hexagonalen Pyramiden und Prismen der ersten und zweiten
Art, wenn sie dieser pyramidalen Hemiëdrie unterworfen werden, gar keine Gestaltsveränderung, so dass
sie holoëdrisch ausgebildet erscheinen, und an ihnen allein
diese Hemiëdrie gar nicht erkannt werden kann[1]). Die
Formenreihe des Apatits ist dieser Hemiëdrie unterworfen. Die hierher gehörigen
Gestalten besitzen die Basis noch als Haupt-Symmetrie-Ebene, haben aber die
übrigen Symmetrie-Ebenen eingebüsst.

§ 40. **Tetartoëdrie im hexagonalen System.** Das gleichzeitige Auftreten
zweier Hemiëdrie-Modalitäten würde im Allgemeinen 3 Fälle liefern:

1) Vereinigung der rhomboëdrischen und trapezoëdrischen Hemiëdrie; sie liefert
die trapezoëdrische Tetartoëdrie;

2) Vereinigung der rhomboëdrischen und der pyramidalen Hemiëdrie; ergibt die
rhomboëdrische Tetartoëdrie;

3) Vereinigung der trapezoëdrischen mit der pyramidalen Hemiëdrie; da indessen
hierdurch aus der allgemeinsten Gestalt, der dihexagonalen Pyramide, Formen
hervorgehen würden, welche die übrigbleibenden 6 Flächen nur oberhalb
oder unterhalb der Haupt-Symmetrie-Ebene aufwiesen, so ist diese Tetartoëdrie nicht möglich.

Trapezoëdrische Tetartoëdrie. Dieselbe spricht sich an der dihexagonalen Pyramide darin aus, dass das Skalenoëder, der Hälftflächner derselben gemäss
der rhomboëdrischen Hemiëdrie, seinerseits selbst nur mit den an den abwechselnden Mittelkanten gelegenen Flächen ausgebildet ist. Dadurch entsteht ein
trigonales Trapezoëder (Fig. 129), welches demzufolge eine nur mit dem
vierten Theile ihrer Flächen ausgebildete dihexagonale Pyramide ist. Die sechs

1) *Baumhauer* hat die interessante Beobachtung gemacht, dass die auf den scheinbar holoëdrischen Formen des Apatits durch Corrodirung vermittels Salzsäure hervorgebrachten Aetzeindrücke wegen ihrer Unsymmetrie deutlich für den pyramidal-hemiëdrischen Charakter
sprechen.

Flächen dieser Form sind gleichschenkelige Trapezoide, ihre im Zickzack auf- und absteigenden Mittelkanten zerfallen in 3 längere stumpfe und 3 kürzere scharfe, die 3 oberen und 3 unteren Polkanten sind gleich. Aus demselben Skalenoëder leiten sich nun zwei solcher Trapezoëder ab, welche enantiomorph sind, d. h.

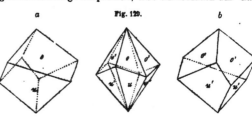

a   Fig. 129.   b

sie können durch keinerlei Drehung zur Congruenz gebracht werden und verhalten sich gegenseitig wie ein paar rechts und links gebildete Körper; welche auch keine geometrische Symmetrie-Ebene mehr besitzen. Fig. 129a ist ein linkes, Fig. 129b ein rechtes Trapezoëder.

Da die dihexagonale Pyramide ein positives und ein negatives Skalenoëder, jedes derselben ein rechtes und ein linkes Trapezoëder liefert, so entstehen aus der ersteren folgende 4 Viertelgestalten, von denen die erste und zweite, sowie die dritte und vierte enantiomorph, dagegen die erste und dritte, sowie die zweite und vierte congruent sind:

$$\text{Rechtes positives Trapezoëder} = + \frac{mPn}{4}r$$

$$\text{Linkes positives Trapezoëder} = + \frac{mPn}{4}l$$

$$\text{Rechtes negatives Trapezoëder} = - \frac{mPn}{4}r$$

$$\text{Linkes negatives Trapezoëder} = - \frac{mPn}{4}l.$$

Wenn diese trapezoëdrische Tetartoëdrie auf die anderen holoëdrisch-hexagonalen Formen Anwendung findet, so liefert:

die Protopyramide wiederum ein Rhomboëder, welches in seiner Gestalt und Stellung vollkommen mit dem hemiëdrischen mR übereinstimmt;

die Deuteropyramide (dadurch, dass sie nur mit den an den abwechselnden Mittelkanten gelegenen Flächen auftritt) eine trigonale Pyramide, deren sechs Flächen gleichschenkelige Dreiecke sind und deren drei gleiche Mittelkanten in einer Ebene liegen;

das dihexagonale Prisma, indem es nur mit seinen abwechselnden einzelnen Flächen ausgebildet ist, ein ditrigonales Prisma (mit drei schärferen und drei stumpferen verticalen Kanten);

das Deuteroprisma durch alleinige Ausbildung seiner abwechselnden drei Flächen ein trigonales Prisma.

Das Protoprisma und die Basis bleiben scheinbar unverändert. — Der Quarz zeigt, obschon er als gemeiner Quarz gewöhnlich holoëdrisch ausgebildet zu sein scheint, doch in seinen reinsten Varietäten, als Bergkrystall ganz entschieden tetartoëdrische Combinationen, welche ihren Charakter durch das Zusammen-Auftreten der vorstehenden Formen kund geben, wie dies C. F. *Naumann* schon im J. 1830 gezeigt hat.

Die rhomboëdrische Tetartoëdrie der dihexagonalen Pyramide erfolgt dadurch, dass entweder das Skalenoëder oder die hemiëdrische hexagonale Tritopyramide nur mit ihren einzelnen abwechselnden Flächen ausgebildet ist.

5 *

Auf beiden Wegen entstehen (nicht enantiomorphe) Rhomboëder der dritten Art, welche in ihrer Stellung zwischen den gewöhnlichen der ersten und denen der zweiten Art liegen. Erstreckt sich diese Art der Tetartoëdrie einer dihexagonalen Pyramide auf die Deuteropyramide $mP2$, so liefert sie ein Rhomboëder der zweiten Art, welches eine um 30° gewendete Stellung gegen das Rhomboëder der ersten Art besitzt (Titaneisen, Phenakit, Dioptas). Die Protopyramide verwandelt sich dabei in scheinbar dasselbe Rhomboëder erster Art, welches auch durch die Hemiëdrie erzeugt wurde. Protoprisma und Deuteroprisma bleiben scheinbar unverändert; die dihexagonalen Prismen liefern ein Tritoprisma, welches aber hier nicht als eine Tritopyramide mit $m = \infty$, sondern als ein unendlich spitzes Rhomboëder der dritten Art zu betrachten ist.

4. Rhombisches Krystallsystem [1]).

§ 11. Grundcharakter. Die Verhältnisse dieses Systems sind äusserst einfach, weil es nur sehr wenige, wesentlich verschiedene Arten von Formen begreift. Diese Formen werden insgesammt durch drei, aufeinander rechtwinkelige, aber durchgängig ungleiche, daher auch völlig ungleichwerthige Axen charakterisirt, von welchen eine zur senkrecht gestellten Verticalaxe [2]) (c) gewählt werden muss, wodurch die beiden anderen zu Horizontalaxen werden; von diesen letzteren pflegt man die kürzere (a) geradeaus von vorne nach hinten, die längere (b) quer von rechts nach links zu richten. Da nun die Wahl der Verticalaxe oft ziemlich willkürlich ist, so fehlt es in dieser Hinsicht an Uebereinstimmung unter den Mineralogen, indem ein und derselbe Formencomplex von Einigen nach dieser, von Anderen nach jener Axe aufrecht gestellt wird. Die Ebene durch die Horizontalaxen heisst wiederum die Basis, und diese, sowie jede der beiden Ebenen durch die Verticalaxe und eine der Horizontalaxen ein Hauptschnitt. Diese drei Hauptschnitte sind die drei auf einander senkrechten gewöhnlichen Symmetrie-Ebenen dieses Systems, welches einer Hauptsymmetrie-Ebene (wie eine solche im tetragonalen und hexagonalen vorhanden ist), demzufolge auch einer Hauptaxe entbehrt. Durch die Symmetrie-Ebenen wird der Raum in acht gleiche Theile (Oktanten) getheilt, welche nur durch ihre Lage verschieden sind. Der von *Breithaupt* vorgeschlagene Name rhombisches System bezieht sich auf die Figur der Basis und aller Querschnitte.

Dieses Krystallsystem ist fast immer nur holoëdrisch ausgebildet. Es gibt folgende Arten von holoëdrischen Formen:

A. Geschlossene Formen:
   Rhombische Pyramiden verschiedener Art.

B. Offene Formen:
   1) rhombische Prismen (und Domen) verschiedener Art,
   2) drei Pinakoide.

---

1) Ein-und-einaxiges System nach *Weiss*, orthotypes (sonst prismatisches System) nach *Mohs*, anisometrisches System nach *Hausmann.*
2) Früher nannte man die Verticalaxe auch Hauptaxe; doch ist diese Bezeichnung ein Missbrauch, weil diese »Hauptaxe« hier keineswegs dieselbe Rolle spielt, wie die mit Recht so genannte Hauptaxe im tetragonalen oder hexagonalen System. Die Horizontalaxen hiessen früher auch Nebenaxen.

§ 42. Beschreibung der Formen. Die rhombischen Pyramiden sind von acht ungleichseitigen Dreiecken umschlossene Formen, deren Mittelkanten in einer Ebene liegen und einen Rhombus bilden; Fig. 130. Ihre Kanten sind dreierlei: 4 längere schärfere, und 4 kürzere stumpfere Polkanten, sowie 4 gleiche Mittelkanten; die Ecken sind ebenfalls dreierlei, aber durchgängig rhombisch, nämlich 2 Polecken, 2 spitzere Mittel-

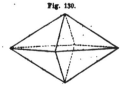

Fig. 130.

ecken an den Endpunkten der grösseren, und 2 stumpfere Mittelecken an den Endpunkten der kleineren Horizontalaxe.

Die rhombischen Prismen im Allgemeinen sind von vier, einer der Axen parallelen Flächen umschlossene Formen, deren Querschnitte Rhomben sind. Sie entstehen durch Abstumpfung entweder der Mittelkanten oder der längeren oder der kürzeren Polkanten der rhombischen Pyramiden. Je nachdem nun der Parallelismus der Flächen entweder in Bezug auf die Verticalaxe (Fig. 131 und 132),

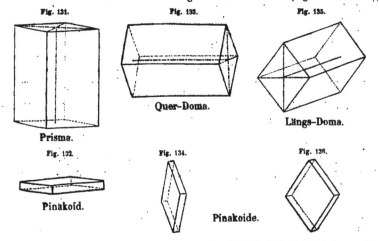

Fig. 131.   Fig. 133.   Fig. 135.

Quer-Doma.

Längs-Doma.

Prisma.

Fig. 132.   Fig. 134.   Fig. 136.

Pinakoïd.

Pinakoïde.

oder in Bezug auf eine der Horizontalaxen (Fig. 133 bis 136) stattfindet, werden diese Prismen entweder als verticale oder als horizontale Prismen erscheinen. Es ist jedoch sehr zweckmässig, mit *Breithaupt* den Namen Prisma (Säule) lediglich für die verticalen Prismen zu gebrauchen, alle horizontalen Prismen dagegen mit dem Namen Doma zu belegen.

Die drei Pinakoïde, entstehend durch die Abstumpfung entweder der beiden Polecken, oder der beiden spitzeren, oder der beiden stumpferen Mittelecken, sind diejenigen drei Flächenpaare, welche der Basis, oder einem der beiden verticalen Hauptschnitte parallel sind; Fig. 132, 134, 136.

Unter Berücksichtigung der Symmetrie-Verhältnisse lässt sich leicht einsehen, dass im rhombischen System überhaupt nur folgende holoëdrische Formenarten möglich sind:

1) Formen senkrecht gegen zwei Symmetrie-Ebenen; sie gehen dann natürlich parallel der dritten und können nur ein Flächenpaar darstellen: die 3 Pinakoide.

2) Formen senkrecht gegen eine Symmetrie-Ebene und geneigt gegen die beiden anderen; sie müssen je einen vierflächigen Complex liefern: die verticalen Prismen, sowie die horizontalen Domen (Längsdoma und Querdoma).

3) Formen geneigt gegen alle drei Symmetrie-Ebenen; sie liefern, da sie in jedem Oktanten auftreten müssen, einen achtflächigen Complex, eine Pyramide.

§ 43. Ableitung und Bezeichnung. In jedem rhombischen Formencomplex wählt man eine der vorhandenen (oder doch wenigstens angezeigten) Pyramiden zur Grundform, bezeichnet sie mit P, entscheidet sich über ihre aufrechte Stellung, somit über die Wahl der Verticalaxe, und bestimmt sie entweder durch Angabe zweier ihrer Kantenwinkel, oder auch durch das aus diesen oder aus ein paar anderen Winkeln berechnete Verhältniss ihrer Lineardimensionen (der Hälften der kleinen Horizontalaxe $= a$, der grossen Horizontalaxe $= b$, der Verticalaxe $= c$), wobei man gewöhnlich $b = 1$ setzt; c ist dann $\gtreqqless 1$.

Ein jeder besonderer Formencomplex des rhombischen Systems erfordert nämlich zu seiner vollständigen Bestimmung die Kenntniss zweier, von einander unabhängiger Kantenwinkel; aus diesen durch Messung gefundenen Winkeln kann erst das Verhältniss der Lineardimensionen oder der Parameter $a : b : c$ für die Grundform berechnet werden. Die Grundpyramide des rhombischen Schwefels hat z. B. das (irrationale) Axen-Verhältniss $a : b : c = 0,813.... : 1 : 1,9037.....$

In dieser Grundpyramide werden nun aber die grosse und kleine Horizontalaxe, weil sie die Diagonalen ihrer Basis sind, mit dem Namen Makrodiagonale und Brachydiagonale[1] belegt, und demgemäss auch die beiden verticalen Hauptschnitte, sowie die beiderlei in ihnen liegenden Polkanten und Mittelecken durch die Prädicate makrodiagonal und brachydiagonal unterschieden. Diese Benennung ist eine durchgreifende; sie wird auf alle abgeleiteten Formen übergetragen, deren grosse und kleine Horizontalaxe daher nicht mit der Makrodiagonale und Brachydiagonale der Grundform zu verwechseln sind. Für die Begrenzungs-Elemente (Kanten, Ecken) und Horizontalaxen der abgeleiteten Formen haben daher die Prädicate makrodiagonal und brachydiagonal nur eine topische Bedeutung, sofern sie die Lage derselben entweder in dem einen oder in dem anderen (durch die Horizontalaxen der Grundform bestimmten) Hauptschnitt ausdrücken.

Aus der Grundform P leiten wir nun zuvörderst durch Multiplication ihrer Verticalaxe mit einer rationalen Zahl m, welche theils grösser, theils kleiner als 1 sein kann, alle diejenigen Pyramiden ab, welche gleiche und ähnliche Basis mit P haben, und allgemein mit mP zu bezeichnen, sowie als Protopyramiden zu benennen sind. Als Grenzform derselben stellt sich einerseits das Protoprisma ∞P (Fig. 131) mit unendlichem Werth der Verticalaxe, anderseits das basische Pinakoid 0P (Fig. 132) heraus, und wir wollen diesen Inbegriff von Formen, welcher sich unter dem Schema einer Reihe

$$0\mathrm{P}\ldots,\ldots m\mathrm{P}\ldots\ldots \mathrm{P}\ldots\ldots m\mathrm{P}\ldots \infty\mathrm{P}$$

1) Die beiden Horizontalaxen werden auch als Makroaxe und Brachyaxe unterschieden.

darstellen lässt, künftig die **Grundreihe** nennen. Alle Glieder dieser Reihe haben dieselben Horizontalaxen wie die Grundform.

§ 44. Fortsetzung. Aus jedem Gliede mP der Grundreihe lassen sich nun nach zwei verschiedenen Richtungen, je nachdem die eine oder die andere Horizontalaxe von mP vergrössert wird, viele neue Formen ableiten.

Man multiplicire zunächst die Makrodiagonale mit einer rationalen Zahl n (die stets grösser als 1), und lege darauf in jede brachydiagonale Polkante von mP zwei Flächen, welche die Makrodiagonale in der Entfernung n schneiden, so resultirt eine neue Pyramide, welche wir mit dem Namen **Makropyramide** und mit dem Zeichen $m\overset{.}{P}n$ versehen, um es mittels des über P gesetzten prosodischen Zeichens der Länge auszudrücken, durch **welcher** Diagonale Vergrösserung sie abgeleitet wurde. — Für $n = \infty$ verwandelt sich diese Pyramide in ein nach der Makrodiagonale gestrecktes horizontales Prisma oder Doma, ein **Makrodoma** (Querdoma), dessen Zeichen $m\overset{.}{P}\infty$ wird; Fig. 133.

Verfährt man auf ähnliche Weise, indem man die **Brachydiagonale** von mP mit n multiplicirt, und die Constructionsflächen in ihre **makrodiagonalen** Polkanten legt, so erhält man **Brachypyramiden** von dem Zeichen $m\overset{\smile}{P}n$, in welchem das über P geschriebene prosodische Zeichen der **Kürze** auf diejenige Diagonale verweist, nach welcher die Ableitung erfolgte[1]. Die Grenzform dieser Pyramiden ist ein **Brachydoma** (Längsdoma) $m\overset{\smile}{P}\infty$; Fig. 135[2].

Wie jedes Glied der Grundreihe, so wird auch das Protoprisma ∞P dieser doppelten Ableitung zu unterwerfen sein, wodurch einerseits verschiedene nach der **Makrodiagonale** gestreckte **Makroprismen** $\infty\overset{.}{P}n$, und als Grenzform das **Makropinakoid** $\infty\overset{.}{P}\infty$, Fig. 136, andererseits verschiedene **Brachyprismen** $\infty\overset{\smile}{P}n$, und als Grenzform das **Brachypinakoid** $\infty\overset{\smile}{P}\infty$, Fig. 134, erhalten werden[3]. Neigt sich das Makropinakoid $\infty\overset{.}{P}\infty$ gegen die Verticalaxe, so muss vor P der endliche Werth m erscheinen und es resultirt wieder das Makrodoma $m\overset{.}{P}\infty$; neigt sich anderseits das Brachypinakoid $\infty\overset{\smile}{P}\infty$ gegen die Verticalaxe, so geht ebenso das Brachydoma $m\overset{\smile}{P}\infty$ hervor.

Die sämmtlichen Resultate dieser Ableitungen lassen sich auch hier in einem

---

[1] Sofern die n-mal verlängerte Brachydiagonale länger ist, als die Makrodiagonale, hat eine solche **abgeleitete** Brachypyramide natürlich — im Gegensatz zur Grundpyramide — ihre **scharfen** Polkanten am Ende der Brachydiagonale, ihre stumpfen am Ende der Makrodiagonale liegen; ebenso verhält es sich mit den verticalen Kanten der Brachyprismen.

[2] In den Figuren 131, 133, 135 sind die Richtungen der Verticalaxe, Makrodiagonale und Brachydiagonale durch punktirt-gestrichelte Linien ausgedrückt worden.

[3] Manche Mineralogen schreiben mit *Breithaupt* diese Symbole **nicht** über das **Grundelement** P der Bezeichnung, sondern über die betreffende **Ableitungszahl**; zur Rechtfertigung der hier angewandten, auch von *Naumann* adoptirten älteren Schreibart nach *Mohs* darf Folgendes angeführt werden. In dem Zeichen $m\overset{.}{P}n$ sagt uns $m\overset{.}{P}$, dass die Pyramide mP überhaupt nach der Brachydiagonale **verlängert** werden soll, während uns die Zahl n die **Grösse** dieser Verlängerung angibt. Das Zeichen gewinnt aber an Symmetrie und Consistenz, und das Signal $\smile$ wird leichter und sicherer wahrgenommen, wenn es über dem P einen eminenten und festen Standpunkt hat, als wenn es über der betreffenden Zahl schwebt, wo es bisweilen sehr unscheinbar werden kann. Gleichwie P das Grundelement in dem Zeichen der Protopyramiden, so bilden $\overset{.}{P}$ und $\overset{\smile}{P}$ die Grundelemente in dem Zeichen der Brachypyramiden, Makropyramiden, und der dazu gehörigen Domen. Daher bedienen und bedienten sich auch mehre ausgezeichnete Krystallographen, wie z. B. *G. vom Rath, Nicolai v. Kokscharow, Groth, Hessenberg* u. A. der älteren Schreibart.

.triangulären Schema vereinigen, welches jedoch etwas anders construirt werden muss,

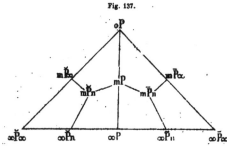
Fig. 137.

als in den vorhergehenden Krystallsystemen.

Wir wählen dazu ein rechtwinkeliges gleichschenkeliges
Dreieck, welches durch seine
Höhenlinie in zwei kleinere Dreiecke getheilt ist. An die drei
Eckpunkte des grossen Dreiecks
schreiben wir die Zeichen der
drei Pinakoide, an die Mitte
seiner Grundlinie das Zeichen des
Prismas ∞P, und in die Mitte
der beiden kleinen Dreiecke
einerseits das Zeichen der Bra-
chypyramiden, anderseits das Zeichen der Makropyramiden. Dann füllt
sich das Schema von selbst dergestalt aus, dass die Höhenlinie desselben die Grundreihe darstellt, während die Grundlinie sämmtliche Prismen, die linke Seite
sämmtliche Brachydomen, und die rechte Seite sämmtliche Makrodomen begreift. Es gewährt dieses Schema jedenfalls die einfachste und natürlichste Uebersicht aller möglichen holoëdrischen Formen des rhombischen Systems.

Weiss bezeichnet in diesem System die Verticalaxe wiederum mit *c*, die Makrodiagonale (Queraxe) mit *b*, die Brachydiagonale (Längsaxe) mit *a*. Die Fläche der
Grundform-Pyramide hat daher das Parameterverhältniss $a : b : c$, woraus sich allgemein die bei gleicher Basis spitzeren oder stumpferen Protopyramiden $a : b : mc$
(= *m*P) ableiten. Die hieraus resultirenden, bei gleichbleibender kürzeren Axe *a* nach
der längeren Axe *b* gestreckten Makropyramiden erhalten alsdann das Zeichen $a : nb : mc$,
wobei $n > 1$; ebenso gewinnen die nach der kürzeren Axe *a* gestreckten Brachypyramiden das Zeichen $na : b : mc$. Von den drei Pinakoidflächen schneidet jede nur eine
Axe und geht den beiden anderen parallel, daher ist das basische Pinakoid (Geradendfläche) charakterisirt durch $\infty a : \infty b : c$, das Makropinakoid (Querfläche) durch
$a : \infty b : \infty c$, das Brachypinakoid (Längsfläche) durch $\infty a : b : \infty c$. Die Flächen
der Prismen und Domen schneiden zwei Axen und gehen der dritten parallel. Das
Protoprisma erhält so das Zeichen $a : b : \infty c$, woraus sich die Makroprismen $a : nb : \infty c$
und die Brachyprismen $na : b : \infty c$ ableiten. Das Makrodoma (Querdoma) wird allgemein $a : \infty b : mc$ und das Brachydoma (Längsdoma) $\infty a : b : mc$, worauf man
auch kommt, wenn man entweder in den Zeichen der Makropyramiden und Brachypyramiden den Werth *n* wachsen, oder in den Zeichen des Makropinakoids und Brachypinakoids den Werth ∞ der Verticalaxe zu einer endlichen Zahl *m* werden lässt.

Bei der Formulirung der *Miller*'schen Zeichen pflegt man neuerdings die Indices in
der Reihenfolge zu schreiben, welche man auch bei der Angabe des Axenverhältnisses
den Axen ertheilt, nämlich: Brachydiagonale, Makrodiagonale, Verticalaxe. Demgemäss
sind: $\infty \bar{P} \infty = (100)$; $\infty \bar{P} \infty = (010)$; $0P = (001)$ und ferner z. B. ∞P $= (110)$:
$\infty \bar{P}3 = (130)$; $\infty \bar{P}\frac{1}{3} = (350)$; $- \infty \bar{P}2 = (210)$; $\infty \bar{P}\frac{3}{2} = (320)$.
$\bar{P}\infty = (101)$; $4\bar{P}\infty = (401)$; $\frac{1}{3}\bar{P}\infty = (103)$; $\frac{2}{3}\bar{P}\infty = (205)$.
$\bar{P}\infty = (011)$; $2\bar{P}\infty = (021)$; $\frac{1}{2}\bar{P}\infty = (012)$; $\frac{2}{3}\bar{P}\infty = (023)$.
$P = (111)$; $\frac{1}{3}P = (119)$; $\frac{2}{3}P = (225)$; $2P = (221)$.
$3\bar{P}3 = (131)$; $\frac{3}{2}\bar{P}3 = (132)$; $2\bar{P}4 = (142)$; $\bar{P}5 = (155)$; $\bar{P}\frac{3}{2} = (323)$; $\bar{P}2 = (212)$.

§ 45. Einige Combinationen.
Pyramiden sind selten als selbständige oder
auch nur als vorherrschende Formen ausgebildet, wie z. B. am Schwefel; gewöhnlich bestimmen entweder Prismen und Domen, oder auch Pinakoide die allge-

meine Physiognomie der Combinationen, welche daher meistentheils entweder
säulenförmig oder tafelförmig, zuweilen wohl auch rectangulär-pyramidal ausgebildet erscheinen; welches letztere durch zwei ungleichnamige, aber correlate
(d. h. zu derselben Pyramide mP gehörige) und ungefähr im Gleichgewicht ausgebildete prismatische Formen verursacht wird. Hat man sich nun vorher über die
Wahl und Stellung der Grundform entschieden, so weiss man auch, ob jene säulen-
oder tafelförmigen Krystalle vertical oder horizontal zu stellen sind, indem dadurch
die Lage der Basis, des Makropinakoides und Brachypinakoides ein für alle Mal bestimmt worden ist.

Als Beispiele für vertical-säulenförmige und tafelförmige Combinationen mögen
die nebenstehenden zwei Formen des
Topases (Fig. 138) und Liёvrits (Fig. 139),
sowie Fig. 140 dienen. In den beiden
ersteren sind es das Brachyprisma $\infty \check{P}2$
und die Grundpyramide P, welche den
allgemeinen Habitus der Combination
bestimmen; dazu gesellt sich im Topaskrystall das Prisma ∞P (M), im Liёvrit-
krystall das Makrodoma $\check{P}\infty$ (d). In
der dritten Combination ist das vor-
waltende Brachypinakoid $\infty \check{P}\infty$ (c), mit
der Pyramide P (o) und dem Makropinakoid $\infty \bar{P}\infty$ (b) verbunden.

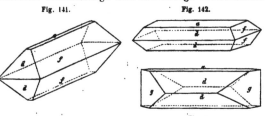

Fig. 138.   Fig. 139.   Fig. 140.

Als Beispiele für horizontal-säulenförmige und tafelförmige Combinationen
seien drei sehr häu-
fige Krystallformen
des Baryts gewählt.
Die beiden ersteren
(Fig. 141 und 142)
werden von densel-
ben Formen, nämlich
von dem basischen Pi-
nakoid $0P(a)$, dem
Brachydoma $\check{P}\infty$ (f) und dem Makrodoma $\frac{1}{2}\bar{P}\infty$ (d) gebildet; nur ist das Verhältniss des Vorwaltens verschieden, daher denn der eine Krystall mehr horizontal-
säulenförmig, der andere mehr rectangulär-tafelförmig erscheint. Der dritte Kry-
stall (Fig. 143) ist säulenförmig durch das Makrodoma $\frac{1}{2}\bar{P}\infty$ (d), wird seitlich durch
das Prisma ∞P (g) begrenzt, und zeigt noch ausserdem eine Abstumpfung der
stumpfen Polkanten des Makrodomas durch die Flächen des Basopinakoides $0P$ (a).
— Eine von sechs auf einander rechtwinkelig stehenden Flächen begrenzte rhombische Form ist die Combination der drei Pinakoide.

Am Schlusse des Abschnittes über das rhombische System mag ein Beispiel
für die beiden Projectionsmethoden eingeschaltet werden, welche in § 11 erläutert wurden.

Die rhombische Combination Fig. 144 ist in Fig. 145 in der Linearprojection dar-

Fig. 144.

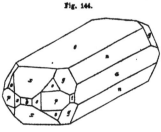

gestellt, wobei die Basis als Projectionsebene gilt. An dem Krystall ist $c =$
$0P$, $b = \infty \bar{P} \infty$, $a = \infty \breve{P} \infty$; ferner
$o = P$, $p = \infty P$, $n = \breve{P} \infty$, $s = \infty \bar{P}\frac{3}{4}$
$(a : \frac{4}{3}b : \infty c)$, $t = \infty \breve{P}2$ $(2a : b : \infty c)$, x
$= \frac{4}{3}\bar{P} \infty$ $(2a : \infty b : c)$, $g = \breve{P}2$ $(2a : b : c)$.
Der Zonenverband ist aus der Figur er-
sichtlich.

Fig. 146 ist die Projection einer anderen rhombischen Combination, in welcher der Pol der Basis $0P$ den Mittelpunkt
des Grundkreises liefert; oben und unten ist

alsdann der Pol des Makropinakoids $\infty \breve{P} \infty$, rechts und links derjenige des Brachypina-

Fig. 145.

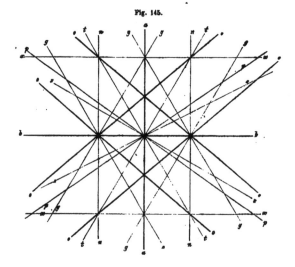

Fig. 146.

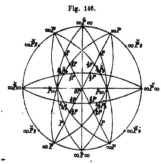

koids $\infty \bar{P} \infty$; auf der Peripherie des Grundkrei-
ses liegen zwischen $\infty \bar{P} \infty$ und $\infty \breve{P} \infty$ alle Prismen, das Grundprisma wie die Makro- und Bra-
chyprismen; auf dem horizontalen Durchmesser
erscheinen die Brachydomen zwischen $0P$ und
$\infty \breve{P} \infty$, auf dem verticalen Durchmesser die
Makrodomen zwischen $0P$ und $\infty \bar{P} \infty$. Auf dem
Radius zwischen $0P$ und ∞P finden sich die
Grundpyramide P, sowie alle anderen Pyramiden
von dem einfachen Zeichen mP (zwischen P und

∞P) und $\frac{1}{m}P$ (zwischen P und $0P$).

Anm. 1. Von den hemiëdrischen Gestalten des rhombischen Systems sind nur die

rhombischen Sphenoide zu erwähnen, von 4 ungleichseitigen Dreiecken umschlossene Formen, deren Mittelkanten (oder Seitenkanten) im Zickzack auf- und absteigen, und deren (horizontale) Polkanten sich nicht rechtwinkelig kreuzen; Fig. 147. Dieselben verhalten sich zu den rhombischen Pyramiden genau so, wie die tetragonalen Sphenoide zu den tetragonalen Pyramiden, wie das Tetraëder zu dem Oktaëder, treten

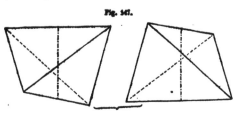

Fig. 147.

aber nur selten, und nur am Bittersalz und Zinkvitriol mit etwas ausgedehnteren Flächen auf. Sie besitzen die Eigenschaft, dass je zwei correlate Sphenoide sich als rechts und links gebildete Körper wesentlich unterscheiden, und daher auf keine Weise in parallele Stellung oder zur Congruenz gebracht werden können. *Pasteur* hat übrigens diese Hemiëdrie auch an vielen weinsteinsauren und apfelsauren Salzen nachgewiesen.

Anm. 2. Eine Anzahl von rhombischen Krystallen zeigt in morphologischer Beziehung (aber auch nur in dieser) recht bemerkenswerthe Beziehungen zum hexagonalen System. Beträgt der rhombische Prismenwinkel nahezu 120°, so erscheint die Combination $\infty P.\infty \breve{P}\infty$ beinahe wie ein hexagonales Prisma; in der Endigung tritt dann zu der rhombischen Pyramide P das Brachydoma $2\breve{P}\infty$, um eine scheinbare hexagonale Pyramide zu gestalten; andere anscheinende solche Pyramiden werden durch das gleichzeitige Vorhandensein von mP und $2m\breve{P}\infty$ hervorgebracht, während in der Säulenzone wieder $\infty \breve{P}\infty$ und $\infty \breve{P}3$ zusammen wie ein hexagonales Deuteroprisma aussehen. Beispiele sind Kupferglanz, Cordierit, Glaserit, Witherit, Weissbleierz.

5. Monoklines Krystallsystem.

§ 46. Grundcharakter. Dieses Krystallsystem (das zwei- und eingliederige System nach *Weiss*, das hemiorthotype S. nach *Mohs*, das klinorhombische S. nach *Kenngott*, das monosymmetrische S. nach *Groth*) ist dadurch charakterisirt, dass alle seine Formen auf drei ungleiche Axen bezogen werden müssen, von denen sich zwei unter einem schiefen Winkel schneiden, während die dritte Axe auf ihnen beiden rechtwinkelig ist. Die Symmetrie des Systems fordert, dass eine der beiden schiefwinkeligen Axen zur Verticalaxe (c) gewählt wird, dann können die beiden anderen Axen, als Diagonalen der schiefen Basis, durch die sehr bezeichnenden Namen Orthodiagonale (b) und Klinodiagonale (a) unterschieden werden, von welchen man die erstere, normal zur Verticalaxe stehend, quer von rechts nach links horizontal laufen lässt, während die andere, die Verticalaxe schief schneidend, von vorne nach hinten aufsteigt. Ebenso werden die durch die Axen b und a bestimmten verticalen Hauptschnitte als orthodiagonaler und klinodiagonaler Hauptschnitt unterschieden. Der letztere Hauptschnitt, also die Axenebene ac, ist die einzige (und zwar gewöhnliche) Symmetrie-Ebene des Systems, auf welcher die Orthodiagonale (b) als Symmetrie-Axe senkrecht steht. Zu dieser Ebene sind also die Flächen auf der einen Seite ebenso gelagert, wie auf der anderen Seite. Zwischen rechts und links besteht daher bei den Formen dieses Systems noch Symmetrie, nicht mehr aber zwischen vorne und hinten. — Der Name **monoklines** S. bezieht sich darauf, dass die drei, durch die Axen gehenden Ebenen der Hauptschnitte unter einander, neben zwei rechten (α und γ) einen **schiefen** Winkel β bilden, welcher dem der Verticalaxe und Klinodiagonale **gleich** und in jedem besonderen Formencomplex **constant** ist [1].

Die recht zweckmässige Bezeichnung **monosymmetrisches** S. gründet sich auf das Vorhandensein nur einer einzigen Symmetrie-Ebene. — Einige Krystallographen haben die von *Breithaupt* vorgeschlagenen Namen Orthodiagonale und Klinodiagonale durch **Orthoaxe** und **Klinoaxe** ersetzt, was indessen für die weitere Nomenclatur minder bequem zu sein scheint. Missbräuchlich nannte man früher die Verticalaxe *c* auch **Hauptaxe**, obschon dieselbe im Bereich dieses Systems keineswegs die Rolle spielt, wie die verticale Hauptaxe im tetragonalen und hexagonalen System, wo dieselbe zugleich Haupt-Symmetrie-Axe ist.

§. 47. **Uebersicht der Formen.** Obwohl das monokline System in vieler Hinsicht dem rhombischen System sehr ähnlich ist, so wird doch durch den schiefen Neigungswinkel (β) zweier Axen (*a* und *c*) eine ganz eigenthümliche und sehr auffallende Ausbildungsweise seiner Formen verursacht, welche es jedenfalls auf den ersten Blick erkennen lässt, dass man es mit keinem rhombischen Formencomplex zu thun hat, wenn auch jener Winkel einem **rechten** sehr nahe kommen sollte. Jede **Pyramide** zerfällt nämlich in zwei von einander ganz unabhängige **Partialformen** oder **Hemipyramiden**, welche wir als die **positive** und **negative** Hemipyramide unterscheiden, je nachdem ihre Flächen über dem spitzen oder über dem **stumpfen** Winkel (β) des orthodiagonalen und basischen Hauptschnittes gelegen sind. Ausser diesen Pyramiden kommen noch **drei** Arten von **Prismen**, nämlich verticale, geneigte (Längs-), oder horizontale (Quer-) Prismen vor, je nachdem ihre Flächen der Verticalaxe, der Klinodiagonale oder der Orthodiagonale parallel laufen. Die horizontalen Prismen dieses Systems theilen die Eigenschaft der Pyramiden, in zwei, von einander unabhängige Partialformen zu zerfallen, welche **Hemiprismen**, oder, weil sie horizontal sind, **Hemidomen** genannt werden können. Die geneigten Prismen werden als **Klinodomen**, die horizontalen als **Orthodomen** bezeichnet, wogegen auch hier das Wort **Prisma**, wie im rhombischen System, lediglich für die **verticalen** Prismen gebräuchlich ist. — Endlich sind noch die **drei Pinakoïde** zu erwähnen, welche als basisches, orthodiagonales und klinodiagonales Pinakoid unterschieden werden und der schiefen Basis oder den beiden verticalen Hauptschnitten parallel gehen (Schiefendfläche, Querfläche, Längsfläche).

§ 48. **Beschreibung der Formen.** Die monoklinen Pyramiden sind von 8, zweierlei ungleichseitigen Dreiecken umschlossene Formen, deren Mittelkanten in **einer** Ebene, nämlich in der Ebene der schiefen Basis liegen; Fig. 148 und 149 [2]). Die gleichartigen Dreiecke liegen **paarweise** an den klinodia-

---

[1] Eigentlich ist das früher von *Naumann* gebrauchte Wort **monoklinoëdrisch** insofern bezeichnender, als dasselbe ausdrückt, dass der schiefe Neigungswinkel zunächst auf **zwei** der Hauptschnitte, als der *hedrae cardinales*, des Axensystems zu beziehen ist.

[2] Fig. 148 ist so gezeichnet, dass der klinodiagonale Hauptschnitt, Fig. 149 dagegen so, dass der orthodiagonale Hauptschnitt auf den Beobachter zuläuft, während die schiefe Basis in der ersteren Figur ihm zufällt, in der anderen von links nach rechts geneigt ist.

-gonalen Polkanten, die einen (vorne unten und hinten oben) in den beiden spitzen; die anderen (vorne oben und hinten unten) in den beiden stumpfen Winkelräumen des orthodiagonalen und basischen Hauptschnittes; jene bilden die positive, diese

Fig. 148.   Fig. 149.   Fig. 150.   Fig. 151.

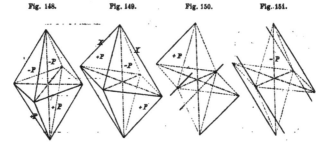

die negative Hemipyramide, welche beide durch Vorsetzung der Zeichen + und — unterschieden werden können, wobei jedoch das Zeichen + in der Regel wegzulassen ist, wie man ja auch in der Algebra eine einzeln stehende positive Grösse ohne Vorzeichen schreibt. — Die vier Mittelkanten der monoklinen Pyramide sind alle gleich, die vier orthodiagonalen Polkanten rechts und links ebenfalls gleich, die vier klinodiagonalen Polkanten aber nur zu zwei und zwei gleich. Die beiden Mittelecken an den Enden der Orthodiagonale sind gleich-, diejenigen an den Enden der Klinodiagonale abweichend-werthig.

Da jedoch diese Hemipyramiden in der Erscheinung durchaus nicht an einander gebunden, sondern völlig unabhängig sind, so kommt es weit häufiger vor, dass man sie einzeln, als dass man sie beide zugleich, in ihrer Vereinigung zu einer vollständigen Pyramide, beobachtet. Jede einzelne Hemipyramide besteht aber aus zwei Flächenpaaren, welche entweder der kürzeren Polkante (X), oder der längeren Polkante (X') der vollständigen Pyramide parallel sind; sie stellt daher für sich eine prismaähnliche, den Raum nicht allseitig umschliessende Form dar (Fig. 150 und 151), welche für sich allein eben so wenig ausgebildet sein kann, als irgend ein Prisma, weshalb ihre Erscheinung nothwendig die Combination mit anderen Formen erfordert [1]).

Die verticalen Prismen (Säulen) sind von 4 gleichwerthigen, der Verticalaxe parallelen Flächen umschlossene Formen, deren Querschnitt ein Rhombus ist (Fig. 152); sie stumpfen die Mittelkanten der Pyramiden gerade ab. Die geneigten Klinodomen werden ebenso von 4 gleichwerthigen, der Klinodiagonale parallelen Flächen gebildet (Fig. 153) und stumpfen die orthodiagonalen Polkanten ab; die horizontalen Prismen endlich oder die Orthodomen sind von 4, der Orthodiagonale parallelen und die klinodiagonalen Polkanten abstumpfenden Flächen umschlossene Formen, deren Querschnitt kein Rhombus, sondern ein Rhomboid ist, daher die Flächen selbst ungleichwerthig sind und eine Zerfällung

---

1) Will man sie in ihrer Isolirung auf eine bestimmte Weise begrenzt denken, so ist es am zweckmässigsten, den basischen und orthodiagonalen Hauptschnitt als subsidiarische Begrenzungsflächen anzunehmen, wie solches in den Figuren 150 und 151 geschehen ist.

der ganzen Gestalt in zwei Hemidomen bedingen, welche, wie die Hemipyramiden, als positives und negatives Hemidoma unterschieden werden (Fig. 154 [1]) und von denen jedes also nur ein Flächenpaar darstellt.

Fig. 152.   Fig. 153.   Fig. 154.

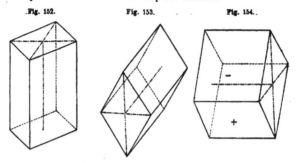

    Mit Bezug auf die Symmetrie-Ebene, das Klinopinakoid, ordnen sich also die im monoklinen System möglichen Formen, welche einerseits Flächenpaare, andererseits vierzählige Flächencomplexe sind, in drei Arten:

    I. Parallel der Symmetrie-Ebene kann nur eine einzige Form, und zwar als Flächenpaar auftreten, das Klinopinakoid.

    II. Senkrecht zur Symmetrie-Ebene können, weil derselben nur eine existirt, auch nur Flächenpaare liegen und zwar:

    1) parallel *a*, schief zu *c*: das basische Pinakoid;

    2) parallel *c*, schief zu *a*: das Orthopinakoid;

    3) schief zu *c* und zu *a*: die Orthodomen.

    Diese Flächenpaare bilden sämmtlich eine Zone, für welche die Orthodiagonale die Zonenaxe ist.

    III. Schief geneigt zur Symmetrie-Ebene muss jede Form mit vier Flächen auftreten; es sind:

    1) parallel *a*, schief zu *c*: die Klinodomen;

    2) parallel *c*, schief zu *a*: die verticalen Prismen;

    3) schief zu *c* und zu *a*: die Pyramiden.

    Weitere Formen sind daher, wie man leicht ersieht, im monoklinen System nicht möglich.

    § 49. Ableitung und Bezeichnung. Man denkt sich immer irgend eine vollständige monokline Pyramide als Grundform, und bezeichnet sie mit ±P, indem +P die positive, —P die negative Hemipyramide bedeutet. Aus solcher Grundform, welche gewöhnlich durch Angabe des Verhältnisses $a : b : c$ ihrer Lineardimensionen (der halben Klinodiagonale, halben Orthodiagonale, welche gewöhnlich = 1 gesetzt wird, und halben Verticalaxe), sowie des schiefen Winkels β bestimmt wird, erfolgt nun die Ableitung in diesem System völlig so, wie im rhombischen System. Man hat dabei nur sorgfältig zu beachten, dass jede Pyramide in zwei Hemipyramiden, und jedes Orthodoma in zwei Hemidomen zerfällt, während die verticalen Prismen und die Klinodomen immer vollständig mit allen ihren vier Flächen ausgebildet sind. Die correlaten, d. h. die zu derselben

---

    1) In den drei Figuren 152 bis 154 sind die Richtungen der Verticalaxe, der Orthodiagonale und der Klinodiagonale durch punktirt-gestrichelte Linien ausgedrückt worden.

vollständigen Form gehörigen Partialformen werden durch Vorsetzung der Stellungszeichen + und — unterschieden.

Man erhält also zuvörderst, wie in § 43, eine Grundreihe von der Form

$$0P \dots \pm mP \dots \pm P \dots \pm mP \dots \infty P$$

deren Grenzglieder einerseits das (schiefe) basische Pinakoid $0P$, andererseits ein (verticales) Prisma ∞P sind. In Uebereinstimmung mit dem für das rhombische System Erläuterten werden alle diese, mit der Grundform so innig verbundenen, und als die ersten Resultate der Ableitung erhaltenen Pyramiden Protopyramiden, sowie das zu ihnen gehörige Prisma Protoprisma genannt.

Bei dieser allgemeinen schematischen Darstellung ist das Vorzeichen + für die positiven Hemipyramiden nicht füglich zu entbehren; in allen concreten Fällen aber wird es weggelassen, um die Zeichen nicht unnützerweise zu überladen. Ein ohne das negative Vorzeichen eingeführtes Symbol ist also stets auf eine positive Partialform zu beziehen.

Ein jeder besonderer Formencomplex des monoklinen Systems erfordert zu seiner vollständigen Bestimmung die Kenntniss dreier von einander unabhängiger Kantenwinkel, unter denen sich auch der Winkel β befinden kann. Aus solchen durch Messung gefundenen Winkeln kann erst für die Grundform das Verhältniss der Lineardimensionen $a : b : c$ und, dafern er nicht unmittelbar gemessen werden konnte, der Winkel β berechnet werden.

Aus jedem Gliede $\pm mP$ dieser Grundreihe folgen nun einestheils, bei constanter Klinodiagonale, durch Vergrösserung der Orthodiagonale nach irgend einer Zahl n, verschiedene, nach dieser Orthodiagonale gestreckte Pyramiden, welche man kurz Orthopyramiden nennen kann, und deren Zeichen sich mit $\pm m\bar{P}n$ geben lässt, indem der horizontale Strich durch den Stamm des Buchstaben P daran erinnern soll, dass sich die Ableitungszahl n auf die horizontale Diagonale der Basis der Grundform bezieht. Als Grenzform dieser Ableitung ergibt sich ein, aus zwei Hemidomen $+ m\bar{P}\infty$ und $- m\bar{P}\infty$ bestehendes horizontales Prisma (oder Orthodoma). Anderntheils aber folgen auch aus jeder Pyramide $\pm mP$, bei constanter Orthodiagonale, durch Vergrösserung der Klinodiagonale, verschiedene, nach dieser Klinodiagonale gestreckte Pyramiden, welche ebenso Klinopyramiden genannt werden, und deren Zeichen sich als $\pm m\underset{\cdot}{P}n$ ergibt; die Grenzform dieser Klinopyramiden ist allemal ein Klinodoma $m\underset{\cdot}{P}\infty$, bei welchem die Zeichen + und — wegfallen, weil der Gegensatz zwischen denselben hier nicht existirt.

Wie jedes Glied der Grundreihe, so wird auch das Protoprisma ∞P dieser Ableitung zu unterwerfen sein, wodurch man einerseits auf verschiedene nach der Orthodiagonale gestreckte Orthoprismen $\infty\bar{P}n$ und das Orthopinakoid $\infty\bar{P}\infty$, sowie andererseits auf verschiedene nach der Klinodiagonale gestreckte Klinoprismen $\infty\underset{\cdot}{P}n$ und auf das Klinopinakoid $\infty\underset{\cdot}{P}\infty$ gelangt [1]).

Lässt man das Orthopinakoid $\infty\bar{P}\infty$ sich gegen die Verticalaxe neigen, so muss vor P der endliche Werth m erscheinen und es resultirt wieder das Orthodoma $\pm m\bar{P}\infty$; neigt sich anderseits das Klinopinakoid $\infty\underset{\cdot}{P}\infty$ gegen die Verticalaxe, so geht ebenso das Klinodoma $m\underset{\cdot}{P}\infty$ hervor. Die Resultate dieser Ableitungen lassen sich auch in

---

[1]) Die im Vorstehenden erläuterte und wohl allgemein adoptirte sinnreiche Ableitung und Nomenclatur, welche sich auch durch Kürze auszeichnet, stammt, wie die entsprechende im rhombischen System, von *Carl Friedrich Naumann*.

diesem System durch ein trianguläres Schema darstellen, welches auf ganz ähnliche Weise zu construiren ist, wie das S. 72 stehende Schema des rhombischen Systems.

Auch die Bezeichnungsweise von *Weiss* schliesst sich eng an diejenige des rhombischen Systems an. Er nennt die Verticalaxe wiederum c, die querlaufende Orthodiagonale b, die Klinodiagonale a. Das Flächenzeichen der Protopyramide ist daher $a : b : c$ oder allgemein $a : b : mc$, woraus sich die Orthopyramiden $a : nb : mc$ und die Klinopyramiden $na : b : mc$ ableiten. Das verticale Protoprisma (Säule) erhält das Zeichen $a : b : \infty c$, aus ihm gehen die verschiedenen Orthoprismen $a : nb : \infty c$ und die Klinoprismen $na : b : \infty c$ hervor. Die Klinodomen (Längsdomen) ergeben sich allgemein als $\infty a : b : mc$, die Orthodomen (Querdomen) zerfallen in zwei Flächenpaare $a : \infty b : mc$ und $a' : \infty b : mc$. Die Zeichen der Pinakoidflächen sind endlich für das basische $\infty a : \infty b : c$, für das Orthopinakoid (Querfläche) $a : \infty b : \infty c$, für das Klinopinakoid (Längsfläche) $\infty a : b : \infty c$.

Die *Miller*'schen Zeichen sind denen für das rhombische System (S. 72) entwickelten ganz analog, insofern im monoklinen System die Orthodiagonale und Klinodiagonale der Makrodiagonale und Brachydiagonale des rhombischen Systems entsprechen; hier ist z. B. $0P = (001)$; $\infty\check{P}\infty = (100)$; $\infty\check{R}\infty = (010)$; $2\check{R}\infty = (021)$; $\infty P = (110)$; $\infty\check{P}2 = (210)$; $P = (11\bar{1})$; $-P = (111)$; $3P = (33\bar{1})$; $\check{P}2 = (21\bar{2}$; $\check{P}\infty = (10\bar{1})$; $-\check{P}\infty = (101)$.

§ 50. Einige Combinationen. Das Auftreten der Partialformen ist das einzige Verhältniss, welches dem mit den Combinationen des rhombischen Systems Vertrauten bei dem monoklinen einige Schwierigkeit bereiten könnte; indessen

Fig. 155.   Fig. 156.   Fig. 157.

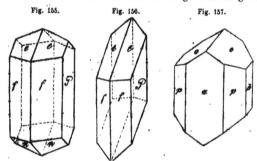

haben dieselben viel Aehnlichkeit mit den hemiёdrischen der übrigen Krystallsysteme. Hier können wir nur einige Beispiele erwähnen. Fig. 155 stellt eine nicht seltene Krystallform des Gypses dar, welche sich dadurch auszeichnet, dass die Grundpyramide vollständig, mit beiden Hemipyramiden (l und n) ausgebildet ist, welche die säulenförmige Combination des Prismas ∞P und des Klinopinakoides $\infty\check{R}\infty$ beiderseits begrenzen. Fig. 156 zeigt eine am Gyps noch häufigere Combination, welche sich von der vorigen dadurch unterscheidet, dass die positive Hemipyramide fehlt und nur die negative vorhanden ist. Fig. 157 ist die gewöhnlichste Krystallform des Augits, deren krystallographisches Zeichen zu schreiben ist: $\infty P. \infty\check{P}\infty.\infty\check{R}\infty.P$ (entsprechend $p . a, b, o$): die verticalen Formen werden hier lediglich durch die positive Hemipyramide der Grundform begrenzt.

Die Figuren 158 und 159 zeigen ein paar gewöhnliche Combinationen des Orthoklases oder gemeinen Feldspaths, deren erstere von den Flächen des Klinopinakoides $\infty\check{R}\infty$ (M) und Prismas ∞P [1]), des basischen Pinakoides $0P$ (P) und

---

1) Die Flächen des Prismas ∞P sind zwar geometrisch gleichwerthig, zeigen aber im Or-

des Hemidomas $2\text{-}P\infty$ (y) gebildet wird, während in der anderen dazu noch die Hemipyramide P (o) und das Klinodoma $2\text{-}R\infty$ (n) treten. Fig. 160 ist eine sehr

Fig. 158.　　　　　．　　Fig. 159.　　　　　　Fig. 160.

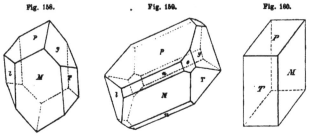

einfache, bei mehren Mineralien (z. B. Heulandit) vorkommende Combination, gebildet von den drei Pinakoiden 0P (P,), $\infty\text{-}P\infty$ (T) und $\infty\text{-}R\infty$ (M).

6. Triklines System.

§ 51. Grundcharakter. Das trikline [1]) System ist unter allen Krystallsystemen das am wenigsten regelmässige; dasjenige, in welchem mit dem Maximum von Ungleichwerthigkeit der Grund-Elemente das Minimum von Symmetrie der Gestaltung erreicht worden ist. Sämmtliche Formen desselben sind nämlich auf **drei**, unter einander **schiefwinkelige** und durchaus **ungleiche** Axen a, b und c zu beziehen, so dass eine jede hierher gehörige Krystallreihe zu ihrer Bestimmung die Kenntniss des Grössenverhältnisses der drei Parameter und der drei schiefen Neigungswinkel entweder der Axen (α, β, γ), oder auch der durch die Axen gehenden Hauptschnitte erfordert [2]). Nachdem **eine** der Axen zur **Verticalaxe** (c) gewählt worden ist, können die beiden anderen, als die Diagonalen der schiefen rhomboidischen Basis, ebenso wie im rhombischen System, durch die Namen der **Makrodiagonale** (b) (Queraxe) und der **Brachydiagonale** (a) (Längsaxe) unterschieden werden. Die drei Hauptschnitte erhalten die Namen des makrodiagonalen, des brachydiagonalen und des basischen Hauptschnitts. Die Formen dieses letzten Krystallsystems besitzen überhaupt **keine** Symmetrie-Ebene und keine Symmetrie-Axe mehr, daher der von *Groth* vorgeschlagene Name **asymmetrisches System** [3]).

§ 52. Uebersicht der Formen. Die Formen des triklinen Systems sind theils **Pyramiden**, theils **Prismen**, theils **Pinakoide**. Für die Pyramiden und

thoklas merkwürdigerweise eine **physikalische** Verschiedenheit, und werden deshalb in den Zeichnungen gewöhnlich mit zwei verschiedenen Signatur-Buchstaben T und l versehen.

[1]) Das ein- und -eingliederige System nach *Weiss*, das anorthotype S. nach *Mohs*, das **anorthische** S. nach *Haidinger*, das **asymmetrische** S. nach *Groth*. Der Name triklines S. bezieht sich eigentlich darauf, dass die drei Coordinat-Ebenen oder Hauptschnitte des Systems unter einander lauter schiefe Winkel bilden; insofern war der früher von *Naumann* gebrauchte Name, **triklinoëdrisches** System jedenfalls bezeichnender. Anfangs nannte *Naumann* dieses System das **klinorhomboidische**.

[2]) α ist der Winkel zwischen den Axen b und c, β der zwischen a und c, γ der zwischen a und b; und zwar gewöhnlich gemessen im rechten oberen vorderen Oktanten.

[3]) *Liebisch* hat darauf aufmerksam gemacht, dass die triklinen Krystalle insofern nicht völlig »asymmetrisch« sind, als sie wenigstens noch ein Centrum der Symmetrie besitzen, d. h. einen Punkt, welcher alle durch ihn gezogenen und von dem Krystall begrenzten Geraden halbirt.

Prismen begründen jedoch-die drei schiefen Neigungswinkel der Hauptschnitte eine durchgreifende Zerfällung in Partialformen, welche in Bezug auf ihr Vorkommen völlig unabhängig von einander sind. Jede vollständige Pyramide besteht nämlich aus vier verschiedenen Viertelpyramiden oder Tetartopyramiden, und jedes Prisma aus zwei verschiedenen Hemiprismen. Da nun eine jede dieser Partialformen an und für sich nichts anderes darstellt, als ein Paar paralleler Flächen, so zerfallen sämmtliche Formen des triklinen Systems in lauter einzelne Flächenpaare. Diese Zerstückelung der Formen ist es besonders, was manchen Formencomplexen einen so unsymmetrischen Charakter verleiht. Die Pyramiden eines und desselben Formencomplexes können zwar in sehr verschiedenen Dimensions-Verhältnissen auftreten, sind aber doch immer nur von einerlei Art, d. h. trikline Pyramiden. Die Prismen sind dreierlei, je nachdem ihre Flächen der Verticalaxe, oder einer der beiden anderen geneigten Axen parallel sind. Die Pinakoide endlich sind die Parallelflächen der drei Hauptschnitte. Uebrigens werden, zur Erleichterung der Nomenclatur, auch in diesem System die Worte Prisma und Hemiprisma lediglich für die verticalen Prismen gebraucht, die beiden Arten von geneigten Prismen und deren Partialformen dagegen mit dem Namen Doma und Hemidoma belegt.

§ 53. **Beschreibung der Formen.** Die triklinen Pyramiden sind von 8, viererlei verschiedenen Dreiecken umschlossene Formen, deren Mittelkanten in einer Ebene liegen (Fig. 161).

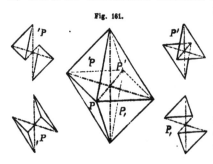

Fig. 161.

Je zwei gleichartige Dreiecke sind einander parallel, und liegen in zwei entgegengesetzten Raum-Oktanten, wie solche durch die Ebenen der drei Hauptschnitte bestimmt werden. Sie bilden eine Viertelpyramide oder Tetartopyramide, welche an und für sich ein bloses Flächenpaar, also eine unbegrenzte Form darstellt, und daher nur in Combination mit irgend anderen Partialformen existiren kann.

Um sie jedoch in irgend einer bestimmten Begrenzung vorstellen zu können, ist es am zweckmässigsten, ihre beiden Flächen in derjenigen Ausdehnung zu denken, wie solche durch die Intersection mit den drei Hauptschnitten, oder, was dasselbe ist, durch die gleichzeitig ausgebildeten drei correlaten Viertelpyramiden bestimmt wird. Die Durchschnitte der Flächen einer jeden Viertelpyramide mit den Hauptschnitt-Ebenen liefern drei Kanten, welche als die eigentlichen Polkanten und Mittelkanten der Viertelpyramide zu betrachten, und, wegen des unabhängigen Auftretens dieser Partialformen, weit wichtiger sind, als diejenigen Kanten, welche in der vollständigen triklinen Pyramide durch das Zusammentreffen ihrer sämmtlichen Flächen gebildet werden.

Die Prismen erscheinen als verticale Prismen und als zweierlei Klinodomen, je nachdem ihre Flächen der Verticalaxe oder einer der anderen Axen parallel sind. Alle diese prismatischen Formen haben einen rhomboidischen Querschnitt, bestehen folglich aus zwei ungleichwerthigen Flächenpaaren, und zerfallen daher in Hemiprismen und Hemidomen. Uebrigens werden sie auch hier durch die Ableitung als die Grenzformen der Pyramiden bestimmt.

§ 54. **Ableitung und Bezeichnung der Formen.** Um sich in dem Gewirre der Flächenpaare die Uebersicht zu erhalten, ist es durchaus erforderlich, die correlaten, d. h. die zu einer und derselben vollständigen Form gehörigen Partialformen nach ihrer Correlation aufzufassen und im Auge zu behalten. Zu diesem Ende legen wir bei der Ableitung eine vollständige trikline Pyramide zu Grunde, für welche das Verhältniss der drei Axen $a : b : c$, sowie die drei an solchen Axen anliegenden schiefen Neigungswinkel der Hauptschnitte überhaupt gegeben sein müssen, wenn der betreffende Krystallcomplex als völlig bestimmt gelten soll. Diese vollständig vorausgesetzte Grundform denken wir in aufrechter Stellung so vor uns, dass ihr brachydiagonaler Hauptschnitt (die Axenebene ac) auf uns zuläuft. Dann erscheinen die vorderen, uns zugewendeten Flächen ihrer vier Partialformen dergestalt vertheilt, dass sie nach ihrer Lage als obere und untere, als rechte und linke unterschieden werden können; ein topisches Verhältniss, von welchem wir für die Viertelpyramiden selbst die Zeichen P', 'P, P, und ,P entlehnen, durch deren Zusammenfassung für die vollständige Pyramide das Zeichen ,'P, gewonnen wird; Fig. 161 [1]).

Ein jeder besonderer Formencomplex des triklinen Systems erfordert zu seiner vollständigen Bestimmung die Kenntniss von fünf verschiedenen und von einander unabhängigen Kantenwinkeln, unter welchen sich auch einer oder zwei, oder auch alle drei der Neigungswinkel der Axen (α, β, γ) befinden können. Aus diesen durch Messung gefundenen Winkeln lässt erst das Verhältniss der Lineardimensionen $a : b : c$ (das Axenverhältniss) der Grundform, und die Grösse der Winkel α, β, γ, soweit solche nicht gemessen wurden, berechnet werden.

Die Ableitung selbst erfolgt übrigens aus dieser Grundform genau so, wie im rhombischen System (§ 43). Man leitet erst eine Grundreihe solcher Pyramiden ab, deren allgemeine Zeichenform $m,'P,$ ist, und deren jede einzelne, wie die Grundform selbst, in vier Viertelpyramiden mP', $m'P$, $mP,$ und m,P zerfällt, während als Grenzform einerseits das basische Pinakoid $0P$, andererseits ein in zwei Hemiprismen $\infty P'$ und $\infty'P$ zerfallendes Prisma hervortritt.

Aus jedem Gliede dieser Grundreihe werden nun ferner theils Makropyramiden $m,'\overset{.}{P},n$, theils Brachypyramiden $m,'\overset{.}{P},n$ abgeleitet, dabei als Grenzglieder die Makrodomen und Brachydomen, sowie endlich aus $\infty'P'$ die übrigen verticalen Prismen und die zwei verticalen Pinakoide erhalten. Für alle diese Ableitungen gilt buchstäblich das im rhombischen System § 44 angegebene Verfahren, und hat man nur immer darauf zu achten, dass jede Pyramide in vier Tetartopyramiden, und jedes Prisma oder Doma in zwei Hemiprismen oder Hemidomen zerfällt.

Die Entwickelung der *Weiss'*schen Flächenzeichen ist derjenigen im Bereich des monoklinen Systems ganz analog. — Auch die *Miller'*sche Bezeichnung ist nach dem bei

---

1) Bezeichnet man vorn mit v, hinten mit h, oben mit o, unten mit u, rechts mit r und links mit l, so gehören an der triklinen Pyramide als ein paralleles Flächenpaar zusammen die Dreiecke: vor und hul; vol und hur; vur und hol; vul und hor.

den zuletzt besprochenen Systemen Angeführten leicht verständlich: $0P = (001)$;
$\infty \breve{P} \infty = (100)$; $\infty \bar{P} \infty = (010)$; $P' = (111)$; $P_{,} = (11\bar{1})$; $'P = (1\bar{1}1)$; $_{,}P = (1\bar{1}\bar{1}$;
$'\breve{P}'\infty = (101)$; $_{,}\bar{P}_{,}\infty = (10\bar{1})$; $_{,}\breve{P}'\infty = (011)$; $'\breve{P}_{,}\infty = (01\bar{1})$; $\breve{P}'3 = (133$;
$'\bar{P}2 = (2\bar{1}2)$.

§ 55. **Combinationen trikliner Formen.** Manche Formencomplexe dieses
Systems (wie z. B. die der meisten Feldspathe) zeigen in ihren Combinationen
noch eine Annäherung an die Symmetrieverhältnisse des monoklinen Systems,
während andere Formencomplexe (wie z. B. jene des Kupfervitriols und Axinits)
die Unsymmetrie und Unvollständigkeit der Formenausbildung im höchsten Grade
erkennen lassen. In diesem letzteren Falle erfordert es allerdings einige Aufmerksamkeit, um die gegenseitige Beziehung und krystallographische Bedeutung der
verschiedenen Flächenpaare oder Partialformen nicht aus dem Auge zu verlieren.
Wenn es die Beschaffenheit der Combination gestattet, so hat man zuvörderst drei,
entweder wirklich vorhandene, oder doch ihrer Lage nach bestimmte Flächenpaare
als Hauptschnitte zu wählen, und dann eine angemessene Wahl der Grundform
(wenn auch nur in e i n e r ihrer Viertelpyramiden, oder in zweien von ihr unmittelbar abhängigen hemiprismatischen Formen) vorzunehmen. Doch kann man auch
von der Wahl irgend anderer Partialformen ausgehen, und aus ihren Verhältnissen
die Lage der drei Hauptschnitte und der Grundform erschliessen.

Die weitere Entwickelung der Combinationen erfolgt wesentlich nach denselben oder nach ähnlichen Regeln, wie im rhombischen und monoklinen System,
und wird um so leichter zum Ziele gelangen, je bestimmter sich die Correlation
der zu einander gehörigen Flächenpaare zu erkennen gibt, was freilich bald mehr,
bald weniger, in der Regel aber um so mehr der Fall zu sein pflegt, je reichhaltiger
oder verwickelter die Combination ausgebildet ist. — Als ein paar sehr einfache
Beispiele mögen nachstehende Figuren dienen.

Fig. 162.   Fig. 163.   Fig. 164.

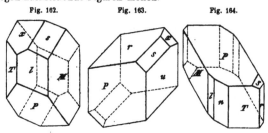

In dem Albitkrystall (Fig. 162) betrachte man die mit P und M bezeichneten
Flächen als basisches und brachydiagonales Pinakoid, die Flächen s als die obere
rechte Viertelpyramide P', so wird $l = \infty P'$, $T = \infty'P$, und $x = '\breve{P}'\infty$.

Bei dem in Fig. 163 dargestellten Axinitkrystall pflegt man zu betrachten:
P als das linke Hemiprisma $\infty'P$,
u als das rechte Hemiprisma $\infty P'$,
r als die linke obere Viertelpyramide $'P$,
x als die rechte obere Viertelpyramide P'.
s als das Makrohemidoma $2'\bar{P}'\infty$.

Bei dem in Fig. 164 abgebildeten Kupfervitriol-Krystall gilt:
M und T als linkes und rechtes Hemiprisma $\infty'P$ und $\infty P'$,
l als das linke Makroprisma $\infty'\breve{P}2$,
n als das Makropinakoid $\infty\breve{P}\infty$,
r als das Brachypinakoid $\infty\breve{P}\infty$,
P als die rechte obere Viertelpyramide $'P$,
s als rechte obere Partialform der Brachypyramide $2\breve{P}'2$.

7. Hemimorphismus mancher Krystalle.

§ 56. Eine ganz eigenthümliche, durchaus nicht mit der Hemiëdrie zu verwechselnde Erscheinung gibt sich in gewissen nicht regulären Krystallreihen dadurch zu erkennen, dass ihre Krystalle an den entgegengesetzten Enden einer
Symmetrie-Axe (gewöhnlich der Hauptaxe oder Verticalaxe) gesetzmässig durch
die Flächen ganz verschiedener Formen begrenzt werden. Von diesen Formen
ist daher nur entweder die obere, oder die untere Hälfte ausgebildet, weshalb
denn auch die Erscheinung selbst sehr zweckmässig durch das von *Breithaupt* vorgeschlagene Wort Hemimorphismus bezeichnet wird. Der Turmalin und das Kieselzinkerz liefern ausgezeichnete Beispiele von hemimorphischen Krystallen; Fig. 165
stellt einen Turmalinkrystall dar, welcher
an dem oberen Ende der Hauptaxe durch
die Flächen der beiden Rhomboëder R und
—2R, unten durch das Pinakoid (k) begrenzt
ist. Die verticalen Flächen sind das Deuteroprisma $\infty P2$ (s) und das, nur mit drei
Flächen ausgebildete Protoprisma ∞R (l).
Der in Fig. 166 abgebildete Kieselzinkkry-
stall zeigt am oberen Ende die Basis c, das
Makrodoma $3\breve{P}\infty$ (d) und das Brachydoma
$3\breve{P}\infty$ (f), während er am unteren Ende

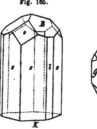
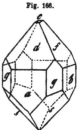

Fig. 165.　Fig. 166.

durch die Brachypyramide $2\breve{P}2$ (s) begrenzt wird. Die verticalen Flächen sind das
Makropinakoid a, das Brachypinakoid b, und das Prisma ∞P (g).

Die Erscheinung gewinnt deshalb ein doppeltes Interesse, weil die meisten
hemimorphischen Krystalle zugleich die Eigenschaft besitzen, durch Erwärmung
polar-elektrisch zu werden, d. h. an den entgegengesetzten Enden die entgegengesetzten Elektricitäten zu entwickeln [1]).

Während sich bei den genannten und einigen anderen Mineralien der Hemimorphismus als eine gesetzmässige Erscheinung zu erkennen gibt, kommen bei manchen
Mineralien nur dann und wann zufällige Unregelmässigkeiten der Ausbildung vor,
welche eine Aehnlichkeit mit dem Hemimorphismus besitzen, aber doch nur als individuelle oder singuläre Anomalieen betrachtet werden können. Dergleichen kennt
man z. B. am Topas, am Kalkspath, am Wiluit und einigen anderen Mineralien.

---

1) Der Struvit, welcher rhombisch krystallisirt, ist gleichfalls ausgezeichnet hemimorphisch, und zeigt auch nach *Hausmann* die polare Thermo-Elektricität. — Andere hemimorphische Mineralien sind noch Rothzinkerz, Wurtzit, Greenockit. — Unter den künstlichen Krystallen weisen noch nach *Groth* und *Bodewig* Jodsuccinimid, Tolylphenylketon, Resorcin und
Quercit Hemimorphismus auf.

Uebrigens kommt auch bisweilen ein Hemimorphismus in der Richtung einer anderen Axe vor, z. B. am Zucker und an der Weinsäure, wie *Hankel* zuerst gezeigt hat.

Eine nothwendige Folge des Hemimorphismus ist es, dass im Hexagonalsystem, bei rhomboëdrischer Hemiëdrie, das Prisma ∞R nur mit drei abwechselnden Flächen, als trigonales Prisma, und jedes dihexagonale Prisma ∞Rn nur mit drei abwechselnden Flächenpaaren, als ditrigonales Prisma ausgebildet sein kann. Es bedarf also das, namentlich am Turmalin und an der Silberblende ganz gewöhnliche Vorkommen des trigonalen Prismas $\frac{\infty R}{2}$ keine anderweite Erklärung.

Dass nämlich in den rhomboëdrischen Krystallreihen die abwechselnden Flächen des Protoprismas ∞R wirklich eine verschiedene Bedeutung haben, indem sie gewissermaassen als obere und untere Flächen zu unterscheiden sind, dies beweisen nicht nur ihre Verhältnisse zu den Flächen des holoëdrischen Prismas ∞P, sondern auch die durch *v. Kobell* durch Aetzung auf den Flächen des Kalkspathprismas ∞R hervorgebrachten Lichtfiguren. Sitzungsber. der Königl. Bayer. Ak. d. Wiss. 1862. 7. — Das Deuteroprisma ∞P2 kann dagegen hinsichtlich seiner Flächenzahl durch den Hemimorphismus keine Veränderung erleiden. — Die Aetzfiguren auf den verticalen Flächen des Kieselzinks z. B. erweisen durch ihre Gestaltung, dass bei diesen rhombischen Krystallen die horizontale Basis aufgehört hat, eine Symmetrie-Ebene zu sein.

Da die Axe des Hemimorphismus stets eine Symmetrie-Axe ist, d. h. auf einer Symmetrie-Ebene des normal ausgebildet gedachten Krystalls senkrecht steht, so kann im triklinen System ein Hemimorphismus nicht vorkommen.

8. Von dem Wachsthum der Krystalle und den Unvollkommenheiten der Bildung.

§ 57. In den bisherigen Betrachtungen der Krystallformen wurde vorausgesetzt, dass solche von ebenen und glatten Flächen begrenzt seien, dass alle Flächen einer und derselben Form (oder Partialform) gleiche und ähnliche Figur, oder, was dasselbe ist, gleiche Centraldistanz haben, dass für die Krystalle selbst immer eine vollständige, ringsum vollendete Ausbildung stattfinde, und dass solche nach allen Dimensionen hinreichend gross ausgebildet seien, um eine wissenschaftlich genaue Bestimmung zu gestatten. Diesen Voraussetzungen entspricht jedoch die Natur keineswegs in allen Fällen, indem die Flächen und Gestalten der Krystalle grösseren oder geringeren Unvollkommenheiten unterworfen, die meisten Krystalle nur zu einer theilweisen Ausbildung, und viele derselben zu keiner hinreichenden Entwickelung ihrer Dimensionen gelangt sind. Ja, man kann wohl behaupten, dass an keinem Krystall jene ideale Regelmässigkeit der Gestaltung thatsächlich erreicht worden ist, auf deren Verwirklichung die Natur doch in jedem Krystall hinarbeitete. Diese Erscheinungen sind das Resultat des Wachsthums und des successiven Aufbaus der Krystalle, welche in vielfach erkennbarer Weise durch Anlagerung kleinerer krystallisirter Elemente entstanden sind.

Die Lehre von dem Wachsthum der Krystalle ist von *Sadebeck* als Krystallotektonik[1] bezeichnet worden, wobei er durch diesen neuen Namen der Verwechslung mit der Vergrösserungsweise organisirter Wesen vorzubeugen beabsichtigte.

---

[1] Eine sehr ausführliche, durch viele lehrreiche Bilder unterstützte Darstellung gab *Sadebeck* in seiner angewandten Krystallographie (*Rose-Sadebeck*'s Elemente der Krystallographie. II. Band).

§. 58. Parallele Verwachsung gleichartiger Krystalle. Manche grössere
Krystalle erscheinen wie ein regelmässiges Aggregat sehr vieler kleiner, theils
ähnlich, theils verschieden geformter Krystalle derselben Mineralart, welche
sämmtlich in paralleler Stellung mit einander verwachsen sind. Bei dieser
Zusammensetzungsweise aus kleinen polyëdrischen Bausteinchen können natürlich
die Flächen des Aggregates keine continuirlich fortlaufende und glatte Ebene bilden.

Dergleichen, durch p a r a l l e l e Verwachsung gebildete polysynthetische Krystalle
(welche keineswegs mit den durch z w i l l i n g s a r t i g e Verwachsung erzeugten Aggregaten zu verwechseln sind) kommen u. a. ziemlich häufig am Kalkspath vor, dessen
grössere Rhomboëder oder Skalenoëder mitunter aus unzähligen kleinen Rhomboëderchen aufgebaut sind, wie auch wohl grössere Flussspath-Oktaëder aus lauter kleinen
Würfelchen bestehen. — Oftmals beschränkt sich übrigens diese parallele Aggregation
blos auf die äussere Oberfläche, indem im Inneren der Krystall eine compacte geschlossene Masse darstellt, oder, wie bei säulenförmig ausgebildeten Krystallen, z. B. Diopsid, Epidot, auf das eine Ende, welches in parallele dünne Stengel oder Fasern aufgelöst ist, während das andere compact erscheint.

Die einzelnen krystallisirten Elemente, die Bausteine, welche die Aufführung
grösserer, vollkommen oder unvollkommen gebildeter Krystalle vermitteln, nennt *Sadebeck* S u b i n d i v i d u e n, und er unterscheidet hierbei solche von höherer Stufe, die
in den meisten Fällen dieselbe Gestalt besitzen, wie das von ihnen zusammengesetzte
Hauptindividuum, und solche von niederer Stufe, welche complicirte, aber doch den
einfachen genäherte krystallographische Zeichen haben.　Die Subindividuen höherer
Stufe sind nach ihm aus solchen niederer Stufe aufgebaut und somit seien die letzteren
die wahren Grundgestalten der Krystalle. Dem Krystall liegen daher, gemäss der Annahme von *Sadebeck*, keine so einfach gestalteten Bausteine zu Grunde, wie *Hauy*
glaubte, welcher ihn als aus der Spaltungsgestalt entsprechenden Partikeln zusammengesetzt erachtete, sondern im Gegentheil complicirtere Formen, als sie die meisten
Hauptindividuen zeigen.

Bei dieser Gelegenheit mag auch hervorgehoben werden, dass manche Gemengtheile von Felsarten (z. B. Hornblende, Feldspath), welche auf den ersten Blick wie
einheitliche Individuen aussehen, unter dem Mikroskop in Dünnschliffen erkennen lassen,
dass sie aus zahlreichen nadelförmigen Mikrolithen (§ 63) ihrer eigenen Art zusammengefügt sind, welche sich in paralleler Stellung auf solche Weise unmittelbar
neben einander aggregirt haben, dass ihre Vereinigung die Contouren des betreffenden
Krystalls ziemlich deutlich oder roher wiedergibt [1]).

§ 59. Schalenförmige Zusammensetzung mancher Krystalle. Manche
Krystalle des Mineralreichs, z. B. grosse Individuen von Wolfram, Pistazit, Vesuvian
und Quarz, bestehen aus einem Kern und mehren ähnlich gestalteten, sich in
paralleler Stellung umschliessenden Krystallschalen. Diese Schalen oder Schichten
sind gewöhnlich mehr oder weniger fest mit einander verwachsen, bisweilen aber
so locker verbunden, dass man sie ohne Weiteres abheben kann; mitunter liegt sogar ein staubartiges Sediment oder eine sehr feine fremdartige Zwischenlage auf
ihren Absonderungsflächen.

Aehnliche Erscheinungen geben sich in anderen Mineralien dadurch zu erkennen, dass die äussere und die innere Masse ihrer Krystalle zweierlei verschiedene
Farben zeigt, deren Grenzflächen entweder gewissen äusserlich vorhandenen, oder

---

4) Vgl. über diese Vorkommnisse *F. Zirkel*, Die mikrosk. Beschaffenheit d. Mineral. u. Gesteine, 1873. S. 31.

irgend anderen Krystallflächen des Minerals parallel sind (Flussspath, Apatit, Bary t,
Kalkspath, Turmalin); so finden sich beim Flussspath honiggelbe Hexaëder mit
weissen trüben Kernen, weingelbe Hexaëder mit violetten Kernen, farblose Hexaëder
mit blauen Kernen, weisse Hexaëder mit violblauen Ecken. Beim Epidot umschliessen
hellgrüne Hüllen einen schwarzgrünen Kern, beim Turmalin z. B. braune Schalen
einen blauen Kern.

Alles dieses scheint zu beweisen, dass das Wachsthum solcher Krystalle mit
gewissen Unterbrechungen stattfand, so dass jede schalenartige Umhüllung einer
Bildungsperiode entspricht, während durch die Absonderungsflächen die Inter-
mittenzen des Bildungsactes bezeichnet werden; die äusseren Ablagerungen
nahmen entweder dieselben oder auch eine andere Form an, als die inneren.

Die schalige Zusammensetzung offenbart sich bei vielen Krystallen erst mit Hülfe
des Mikroskops durch die Untersuchung der von ihnen angefertigten Dünnschliffe,
erscheint alsdann aber auch im allergrössten Detail; die einzelnen Schichten geben
sich in solchen Durchschnitten als rahmenähnliche ineinander geschachtelte Streifen oder
Zonen zu erkennen, deren gegenseitige Abgrenzung mitunter durch verschiedenen
Farbenton der aufeinander folgenden oder durch zwischengestreute fremde Körperchen
besonders deutlich wird. Augite, Hornblenden, Feldspathe, Granaten, Leucite, namentlich solche, welche als Gemengtheile der Felsarten auftreten, weisen diese Erscheinung
ungemein schön auf. Derart fein fallen manchmal die einzelnen zusammensetzenden
Lagen aus, dass sie nur wenige Tausendstel Mm. in der Dicke messen: an den Durchschnitten von millimeterlangen Augitkrystallen sind bisweilen an hundert einzeln einander umhüllende Schichten zu zählen.

In vielen Fällen sind bei dieser Ausbildungsweise der Kern und die einzelnen
Schalen nicht von übereinstimmender chemischer Beschaffenheit, sondern mehr oder
weniger in dieser — und dann gewöhnlich auch in optischer — Hinsicht abweichende
Varietäten eines und desselben Minerals, welche vermöge ihrer gleichen oder ähnlichen
Krystallisation eben zu einer schichtweisen Betheiligung an einer einheitlichen Gestaltung befähigt sind. Derartiges ist z. B. bei Feldspathen, Augiten, Epidoten nachgewiesen. *Tschermak* nennt diesen Vorgang treffend die isomorphe Schichtung. Künstlich ist es vielfach gelungen, derlei schichtenförmige Umhüllungen nachzuahmen, z. B.
bei verschiedenfarbigen Alaun-Varietäten.

§ 60. Unvollkommenheit der Krystallflächen. Die Unvollkommenheit in
der Beschaffenheit der Krystallflächen gibt sich (abgesehen von der im § 58 berührten Erscheinung) theils als eine durch viele kleinere Unebenheiten bewirkte Abweichung von der ebenflächigen Ausdehnung, theils als eine scheinbare
oder wirkliche Krümmung derselben zu erkennen.

Zu der ersten Art der Unvollkommenheit gehören besonders diejenigen Unebenheiten, welche als Streifung, Drusigkeit und Rauhheit bezeichnet
werden. Die Streifung (oder Reifung) ist eine sehr häufig vorkommende Erscheinung, welche durch die oscillatorische (d. h. nicht stetige, sondern in
schmalen, abwechselnden Flächenstreifen treppenartig ausgebildete) Combination
irgend zweier Formen hervorgebracht wird; (Quarz, Pyrit, Turmalin und viele
andere Mineralien). Die Flächen einer Krystallform sind drusig, wenn aus ihnen
viele kleine, in paralleler Stellung dicht aneinander stossende Ecken oder Theile
einer anderen Krystallform hervorragen (Flussspath). Rauhe Flächen endlich sind
mit ganz kleinen, nicht mehr erkennbaren Unebenheiten besetzt, können aber bis-

weilen durch Vergrösserung als sehr feindrusige Flächen erkannt werden. In anderen Fällen erscheinen die Krystallflächen wie gekörnt, genarbt, geschuppt, gebrochen, getäfelt, parquettirt oder zerfressen.

Scheinbar gekrümmte Flächen entstehen theils durch die soeben erwähnte oscillatorische Combination (Turmalin, Beryll), theils durch eigenthümliche Aggregation vieler sehr kleiner Individuen (Subindividuen), deren Flächen ungefähr so wie die Mauersteine eines Gewölbes, unter sehr stumpfen Winkeln zusammenstossen (Desmin, Prehnit, Strahlerz). Eine wirkliche Krümmung der Flächen dürfte dagegen an den sattelförmig gebogenen Rhomboëdern des Braunspaths und Eisenspaths, an den linsenförmigen Krystallen des Gypses, an den Krystallformen des Diamants und einiger anderer Mineralien vorkommen. Zu den ganz regellosen Krümmungen der Oberfläche gehören diejenigen, welche gerade so erscheinen, als ob der Krystall in Folge einer beginnenden Schmelzung halb zerflossen, oder auch an allen Kanten und Ecken abgerundet worden wäre (Bleiglanz, Augit von Arendal, Apatit im körnigen Kalkstein).

Endlich kommen auch noch andere, gleichfalls regellose, durch ganz unbestimmte Vertiefungen und Erhöhungen verursachte Unebenheiten der Krystallflächen vor. Eine fast allgemein gültige und für die Orientirung der Combinationen sehr wichtige Regel ist es übrigens, dass alle Flächen einer und derselben Form oder Partialform auch eine und dieselbe Beschaffenheit der Oberfläche besitzen, und sich überhaupt als völlig gleichwerthig erweisen.

Anmerkung. Ueber die Unregelmässigkeiten der Krystallflächen vergl. *Scharff* im N. Jahrb. f. Min. 1861, 32 und 385, auch 1862, 684. Sehr eingehend sind auch diese Erscheinungen behandelt und auf ihre letzten Ursachen zurückzuführen versucht worden in dem § 57 in der Anm. citirten Werk von *Sadebeck*, S. 194.

Von allen diesen Unvollkommenheiten ist die Streifung als die wichtigste und interessanteste Erscheinung zu betrachten, deren sorgfältige Beachtung nicht selten auf die Kenntniss von Formen gelangen lässt, welche in der betreffenden Krystallreihe noch gar nicht selbständig beobachtet worden sind. Man unterscheidet übrigens die einfache Streifung der Krystallflächen, welche nur nach einer Richtung stattfindet, von der mehrfachen, nach verschiedenen Richtungen zugleich ausgebildeten Streifung, welche federartig, triangular, quadratisch, rhombisch u. s. w. erscheinen kann, jedenfalls aber, wie die einfache Streifung, aus der oscillatorischen Combination zu erklären ist. So erscheinen z. B. die prismatischen Flächen ∞P des Quarzes einfach und horizontal gestreift durch oscillatorische Combination von ∞P und $4P$; die Würfelflächen des Flussspaths bedeckt mit quadratischen Streifensystemen (wobei die Seiten der Quadrate mit den Würfelkanten parallel gehen) durch die oscillatorische Combination von $\infty O \infty$ mit einem sehr stumpfen Tetrakishexaëder $\infty O n$. Auch bedingt die Streifung oftmals die Ausbildung von ganz eigenthümlichen Flächen, welche bisweilen recht sehr ausgedehnt erscheinen, ohne doch wirklichen Krystallflächen zu entsprechen, mit denen sie aber leichter verwechselt werden können. Sie stellen die Tangentialflächen der Treppe dar, welche durch die alternirenden Flächenstreifen gebildet wird. Vergl. *Hessenberg*'s Mineralogische Notizen, 1856, S. 31. Uebrigens darf die Combinationsstreifung nicht mit der sehr ähnlichen, durch Zwillingsbildung bedingten Streifung oder Riefung, und die Drusigkeit der Krystallflächen nicht mit dem drusigen Ueberzuge derselben verwechselt werden, vergl. § 68.

Bisweilen sind die feineren und gröberen Unebenheiten der Oberfläche nicht ursprünglich bei der Bildung derselben, sondern erst nachträglich entstanden, indem

die ebenen Krystallflächen dem Angriff natürlich wirkender Corrosions- und Lösungsmittel unterlagen.

Die häufig vorkommende Erscheinung des Gebrochenseins der Flächen in mehre
äusserst schwach gegen einander geneigte Felder hat *Scacchi* sehr ausführlich in einer
Abhandlung betrachtet, deren Uebersetzung *Rammelsberg* in der Z. d. d. geol. Ges.
Bd. XV. S. 19 mittheilt. *Scacchi* begreift diese Erscheinung unter dem nicht sehr
glücklich gewählten Namen der Polyëdrie [1]; denn Polyëdrie, d. h. Umgrenzung von
vielen ebenen Flächen, ist eine Eigenschaft aller Krystalle, welche gerade deshalb
allgemein als Polyëder definirt werden. Sehr richtige Bemerkungen über diese sogenannte Polyëdrie gab *Websky*, in Z. d. d. geol. Ges. Bd. XV. S. 677; er will nur
dann, wenn die Abweichungen der Neigungsverhältnisse gewisser Flächen von den
mit ihnen in Verbindung gebrachten theoretischen Werthen in einer analogen Abweichung der inneren Structur ihren Grund haben, von einer Polyëdrie reden, und
bezeichnet als vicinale Flächen denjenigen Complex von verschiedenen, einander
und einer bekannten wohlausgeprägten sehr nahe liegenden Flächen, dessen Vorhandensein eine blose Oberflächenerscheinung ist. Diesen Flächen sind complicirte krystallographische Zeichen eigen, welche indess nur wenig von einfachen
Zeichen abweichen. Die Triakisoktaëder mO sind vicinal dem Oktaëder, wenn die
Coëfficienten m der Einheit sehr nahe stehen, z. B. $\frac{11}{12}$, $\frac{11}{13}$, $\frac{11}{14}$; vicinal dem Rhomben-Dodekaëder, wenn m einen sehr hohen Werth hat; das Skalenoëder $\frac{17}{12}R\frac{21}{13}$ ist z. B.
dem Rhomboëder R, das Makrodoma $\frac{1}{10}\overline{P}\infty$ der Basis 0P vicinal. *Websky* hat am Adular, *v. Zepharovich* am Aragonit, *Grünhut* am Topas beobachtet, dass die Symbole vicinaler Flächen häufig gleiche Factoren aufzuweisen haben; bei letzterem findet sich z. B.
in der Prismenzone die Reihe $\infty P\frac{11}{12}$, $\infty P\frac{11}{13}$, $\infty P\frac{11}{14}$, $\infty P\frac{11}{15}$, in welchen den die
Axenschnitte ausdrückenden Verhältnisszahlen sämmtlich der Nenner 25 gemeinsam
ist. Eine andere Prismenreihe, deren Verhältnisszahlen sämmtlich auf das allgemeine

Zeichen $\dfrac{n}{n-1}$ führen, ist beim Topas: $\infty\overset{.}{P}\frac{8}{7}$, $\infty\overset{.}{P}\frac{9}{8}$, $\infty\overset{.}{P}\frac{4}{3}$, $\infty\overset{.}{P}\frac{3}{2}$. Die Brachydomen

des Topases $\frac{2}{3}\overset{.}{P}\infty$, $\frac{1}{2}\overset{.}{P}\infty$, $\frac{4}{9}\overset{.}{P}\infty$, $\frac{5}{12}\overset{.}{P}\infty$, $\frac{1}{3}\overset{.}{P}\infty$ stehen in dem Verhältniss, dass die Zähler
der hier auftretenden ·Brüche, sofern man sie auf gleichen Nenner 9 bringt, eine arith-
metische Reihe bilden.

Unechte Flächen, welche bisweilen wegen ihrer Glätte oder Streifung u. s. w.
den wirklichen zum Verwechseln ähnlich sind, entstehen, wenn ein wachsender Krystall einen anderen bereits vorhandenen als Hinderniss antrifft und an diesem eine ganz
zufällig verlaufende Contactebene abformt, welche dann noch desto mehr wie eine
eigenthümliche Krystallfläche aussehen kann, wenn vielleicht der vorhanden gewesene
Krystall später weggeführt worden ist. An Quarz-Individuen finden sich so vielfach
die Flächen benachbarter Kalkspathkrystalle mit grosser Vollkommenheit ausgeprägt.

§ 61. Unregelmässigkeiten der Krystallformen. Es kann die Streifung
und es muss die Krümmung der Krystallflächen schon eine mehr oder weniger
auffallende Verunstaltung der ganzen Form zur Folge haben; allein die meisten
Unregelmässigkeiten der Krystallformen können bei völlig ebener und stetiger
Ausdehnung ihrer Flächen vorkommen. Es gehören dahin besonders folgende Erscheinungen:

1) Ungleiche Centraldistanz gleichwerthiger Flächen. Die Flächen
einer und derselben Form oder Partialform können nur dann die für sie geforderte

---

[1] *Tschermak* will den Ausdruck Polyëdrie auf die betreffende Erscheinung bei den mimetischen Krystallen (vgl. § 75) beschränken, bei welchen sie dadurch zu Stande kommt, dass die
einzelnen Felder oft verschiedenen Individuen angehören, welche nahezu in derselben Fläche
endigen. Alsdann verhalte sich die Polyëdrie zu dem Auftreten der Vicinalflächen wie die Zwillingsstreifung zur Combinationsstreifung (Lehrb. d. Miner. 188f. 103).

Gleichheit und Aehnlichkeit der Figur besitzen, wenn sie in gleichen Abständen vom Mittelpunkt des Krystalls ausgebildet sind; ausserdem werden sie nicht nur von ungleicher Grösse, sondern auch mit ganz anderer Figur erscheinen, als sie ihnen eigentlich zukommt, wodurch dann auch die Totalform des Krystalls mehr oder weniger entstellt werden muss. Da nun die Ungleichheit der Centraldistanz eine ganz gewöhnliche Erscheinung ist, so begegnet man auch sehr häufig den durch sie bedingten Abweichungen von der Regelmässigkeit der Ausbildung. Dadurch wird jedoch die, auch in ihrer physikalischen Beschaffenheit sich offenbarende völlige Gleichwerthigkeit aller Flächen einer und derselben Form oder Partialform nicht aufgehoben, welche Gleichwerthigkeit als eines der wesentlichsten Momente zu betrachten ist.

Man muss sich also eine jede Krystallfläche als parallel mit sich selbst beweglich vorstellen. Gewöhnlich erscheinen die dadurch erzeugten Unregelmässigkeiten als einseitige Verlängerungen oder Verkürzungen der Formen nach einer der Axen, nach einer Kante, oder nach irgend einer anderen krystallographisch bestimmten Linie, wodurch in manchen Krystallsystemen und namentlich im regulären System so auffallende Verzerrungen entstehen können, dass es nicht selten grosser Aufmerksamkeit bedarf, um den eigentlichen Charakter des Systems zu erkennen. So kann es geschehen, dass Bleiglanzwürfel bald wie die tetragonale Combination $\infty P.0P$, bald gar wie die Combination der drei rhombischen Pinakoide aussehen; dass das Rhomben‑Dodekaëder des Granats oder Sodaliths wie die tetragonale Combination $P.\infty P2$, oder die rhomboëdrische $R.\infty P2$, oder die rhombische $P.\infty \check{P}\infty.\infty \check{P}\infty$ erscheint. Zu den auffallendsten Beispielen gehören wohl die Salmiak‑Krystalle, welche von *Marx* und von *Naumann*, sowie die Kochsalz‑Krystalle, welche von *v. Kobell* beschrieben wurden [1].

2) Unvollzähligkeit der Flächen. An die aus der ungleichen Centraldistanz entstehenden Unvollkommenheiten der Ausbildung schliessen sich unmittelbar diejenigen an, welche darin begründet sind, dass die Zahl der zu einer und derselben Form gehörigen Flächen gar nicht vollständig vorhanden ist; eine Erscheinung, welche sowohl an einfachen Formen, als auch (und noch häufiger) an Combinationen vorkommt, und, bei ihrer völligen Regellosigkeit, weder mit der Hemiëdrie, noch mit dem Hemimorphismus (§ 56) verwechselt werden darf.

3) Unterbrochene Raumerfüllung. Man sieht nicht selten Krystalle, deren Substanz den, von den Umrissen des Kantennetzes vorgeschriebenen Raum nicht vollständig erfüllt, indem nur die unmittelbar an den Kanten und von diesen aus nach dem Mittelpunkt zu liegenden Theile ausgebildet sind. Die Flächen erscheinen dabei trichterförmig vertieft oder ausgehöhlt, mit treppenartigen Absätzen, und dies findet bisweilen in dem Grade statt, dass nur noch gleichsam Skelette von Krystallen übrig bleiben. Anderseits beobachtet man auch die Erscheinung, dass die Kanten wie eingekerbt oder eingeschnitten aussehen, was

---

[1] Ueber diese Verzerrungen der regulären Formen, wie solche durch die oben ad 1) und 2) erwähnten Verhältnisse herbeigeführt werden, gab *Albin Weisbach* im Jahre 1858 eine Abhandlung unter dem Titel: Ueber die Monstrositäten tesseral krystallisirender Mineralien, in welcher manche recht interessante neue Beobachtung geboten wird. Ebenso gab *G. Werner* eine Abhandlung über die Bedeutung der Krystallflächen-Umrisse und ihre Beziehungen zu den Symmetrieverhältnissen der Krystalle, im N. Jahrb. für Min. 1867. 129 ff. Auch in der Dissertation von *C. Klein*, über Zwillingsverbindungen und Verzerrungen (Heidelberg, 1869) finden sich viele gute Beobachtungen und Bemerkungen. Ueber lang prismatisch ausgezogene und mehrfach hakenförmig gebogene Eisenkies-Gebilde vgl. *Vrba* in Z. f. Kryst. u. M. IV. 357.

auf denjenigen gestörten Bildungsact zurückzuführen ist, bei welchem die Flächen
fortwachsen und die Kanten im Wachsthum zurückbleiben.

Die erstere Ausbildungsweise ist zumal an gewissen künstlichen, aus dem aufgelösten und geschmolzenen Zustande, oder auch durch Sublimation dargestellten Krystallen
zu beobachten; z. B. an Kochsalz, Alaun, Wismut, Silber, arseniger Säure, Bleiglanz;
sie tritt insbesondere da auf, wo eine rasche Krystallisation stattfindet (vgl. *Lehmann*,
Z. f. Kryst. I. 458). Quarze mit rippenartig vorstehenden Kanten zwischen den Rhomboëderflächen beschrieb *Laspeyres* vom Süderholz bei Siptenfelde im Harz; diese Kanten
sind als blose Oberflächenerscheinung gebildet durch das regelmässige Zurückbleiben
von Flächen beim lagenweisen Weiteraufbau von Krystallen. — Ueber die K r y s t a l l -
g e r i p p e gab *A. Knop* lehrreiche Mittheilungen in seiner Schrift: Molekularconstitution
und Wachsthum der Krystalle, Leipzig, 1867; auch *Hirschwald* theilt über dieselben
schätzbare Beobachtungen mit im N. Jahrb. f. Mineral. 1870. 183. Die Krystallgerippe
bestehen aus Reihen von linear aneinander gefügten kleineren, insgesammt parallel und
im Sinne e i n e s Individuums orientirten Kryställchen (Subindividuen), wobei diese
Reihen von einem Centrum aus in- der Richtung gewisser Axen geradlinig auslaufen.
Diese so in die Erscheinung tretenden Wachsthumsrichtungen nennt *Hirschwald* genetische Axen, *Sadebeck* tektonische Axen. In dem regulären System, in welchem Kry-
stallgerippe oder discontinuirliche Wachsthumsformen sehr häufig sind, erfolgt die
Aneinanderreihung sowohl in der Richtung der drei Hauptaxen (z.˙ B. Salmiak, Roth-
kupfererz, Bleiglanz, auch beim Gusseisen), als auch in der Richtung der trigonalen
Zwischenaxen, welche das Centrum des Würfels mit dessen Ecken verbinden (z. B.
Chlorkalium, Speiskobalt, ged. Silber), als auch selten in der Richtung der rhombischen
Zwischenaxen, welche vom Centrum des Krystalls gegen die Halbirungspunkte der
Oktaëderkanten oder gegen die Mittelpunkte der Rhomben-Dodekaëderflächen verlaufen.
Dasselbe Mineral kann übrigens je nach den Bedingungen, unter welchen es krystal-
lisirt, bald in der einen, bald in der anderen Axenrichtung wachsen. Wachsen die
Krystallgerippe weiter, so können sie sich endlich zu einem einheitlichen Individuum
schliessen.

Der schalenförmige Aufbau, oder eine Parallelaggregation mit treppenartiger Ausbildung, wodurch eine Einkerbung der Kanten entsteht, ist nach *Hirschwald* sehr ausgezeichnet an Oktaëdern des gediegenen Silbers von Kongsberg, sowie an künstlichen
Alaunkrystallen, nach *v. Lasaulx* am Rothkupfererz, nach *Helmhacker* am gediegenen
Gold von Sysertsk im Ural zu gewahren.

Anmerkung. Bei dieser Gelegenheit müssen wir auch der i n n e r e n Unterbrechungen der Raumerfüllung gedenken, welche bisweilen an den Krystallen angetroffen werden.˙ So umschliessen manche Krystalle g r ö s s e r e, mit dem blosen Auge
sehr leicht erkennbare Höhlungen, welche theils leer, theils mit eigenthümlichen
Flüssigkeiten erfüllt sind; eine. Erscheinung, welche bei gewissen Bergkrystallen
(Varietäten von Quarz) schon lange bekannt, und von *Nicol* auch an Barytkrystallen
beobachtet worden ist. Bisweilen zeigen diese Höhlungen eine mit der äusseren Form
der Krystalle übereinstimmende oder doch vereinbare Form, und dann befinden sie
sich in paralleler Stellung zu einander und zu dem Krystall selbst; wie solches von
Leydolt am Eis, Bergkrystall und Topas, von *G. Rose* am Gyps nachgewiesen worden ist (Sitzungsber. d. Wiener Ak., Bd. VII. (1851) 477, und Ann. d. Phys. u. Ch.
Bd. 97. (1856) 164); ausgezeichnet sind die 1—3 Mm. grossen Hohlräume mit der
scharfen Form ∞P.P in den wasserklaren Bergkrystallen von Middleville, New-York.
Diese ebenflächig begrenzten Cavitäten nennt man wohl n e g a t i v e Krystalle. Die
mikroskopischen Untersuchungen haben nachgewiesen, dass leere (d. h. nur mit Gasen
erfüllte) P o r e n von äusserster Winzigkeit eine ungemein weit verbreitete Erscheinung
in den verschiedensten Mineralien sind. Sie sind gewöhnlich kugelrund oder eirund,
und liegen entweder regellos zerstreut, oder zu Haufen und Schwärmen gruppirt, oder
perlschnurartig aneinandergereiht, oder zu förmlichen, durch den Krystall hindurch-

ziehenden Schichten vereinigt, deren Lage mitunter eine Beziehung zur äusseren Krystallgestalt erkennen lässt. Gewisse Mineralien finden sich in einer ganz unermesslichen Menge von mikroskopischen Poren erfüllt; so sind im Hauyn von Melfi kleine Hohlkügelchen stellenweise so dicht gedrängt, dass bei der Voraussetzung einer gleichmässigen Vertheilung durch die Krystallsubstanz nach einer Berechnung in einem Kubikmillimeter so porenreichen Hauyns 360 Millionen derselben enthalten sein würden.

Endlich wird auch die Substanz vieler Krystalle dadurch unterbrochen, dass sie mit grösseren oder kleineren Krystallen anderer Mineralien durchwachsen, oder mit anderen, bald festen bald flüssigen Substanzen theilweise erfüllt sind, Erscheinungen, welche wegen ihrer Wichtigkeit später an einer besonderen Stelle zur Sprache gebracht werden sollen (§ 78, 79).

Zu den merkwürdigsten Beispielen einer sehr mangelhaften Raumerfüllung gehören auch die von *Scheerer* so genannten Perimorphosen oder Kernkrystalle: regelmässige, aus einem Individuum bestehende Krystallhüllen, welche meist mit ganz anderen Mineralien ausgefüllt sind, deren Aggregat sie wie einen Kern umschliessen. Sie sind bisweilen papierdünn, so dass der eigentliche Krystall gleichsam nur auf seine Epidermis reducirt ist. Die in körnigen Kalkstein vorkommenden Krystalle des Granats (z. B. von Arendal, Auerbach, Moldawa) lassen diese Ausbildungsweise zuweilen sehr auffallend erkennen: sie ist aber auch an anderen Mineralien beobachtet worden. *Blum, Volger* und *Tschermak* verweisen diese räthselhaften Gebilde in das Gebiet der Pseudomorphosen, wogegen *Scheerer* und *A. Knop* sie anders zu deuten versucht haben. Höchst seltsame Bildungen der Art sind die von *v. Dechen* beschriebenen Feldspathkrystalle im Pechstein der Insel Arran, welche aus abwechselnden dünnen Feldspathschalen und glasigen Pechsteinlagen bestehen, Erscheinungen, welche sich übrigens mikroskopisch manchfach wiederholen.

4) Anomalieen der Kantenwinkel. Die Unregelmässigkeiten der Krystallflächen scheinen sich bisweilen sogar bis auf die Lage derselben zu erstrecken, indem solche kleinen Schwankungen unterworfen sein kann, so dass die gleichwerthigen Kanten einer und derselben Krystallform die für sie geforderte Gleichheit des Winkelmaasses nicht in allen Fällen erkennen lassen.

Breithaupt hat wohl zuerst auf diese Anomalieen aufmerksam gemacht, indem er z. B. zeigte, dass die Grundformen mehrer tetragonal und hexagonal krystallisirter Mineralien keineswegs die vorausgesetzte Gleichheit ihrer Polkanten besitzen, und dass selbst bei manchen regulären Formen Ungleichheiten vorkommen. Später will sich *Baudrimont* überzeugt haben, dass dergleichen Anomalieen wirklich zu den ganz gewöhnlichen Erscheinungen gehören: so fand er z. B. an einem und demselben Rhomboëder des Eisenspaths die dreierlei Werthe der Polkanten 107°, 107° 17' und 107° 26'; ebenso am Isländischen Doppelspath dreierlei verschiedene Werthe u. s. w. Er meint, dass die Betrachtung dieser Monstrositäten den Gegenstand einer besonderen mineralogischen Doctrin, der Teratologie der Mineralien, bilden dürfte; Comptes rendus, T. 25, 1847. 668. Indessen möchten diese Anomalieen doch noch einer weiteren Prüfung bedürfen, bevor sie in solchem Grade und in solcher Allgemeinheit anzunehmen sind. Dass z. B. die an den beiden Rhomboëdern der Quarzpyramide angeblich vorhandenen Winkeldifferenzen nicht existiren, davon haben sich *Kupffer*, *G. Rose, Naumann* und *Dauber* durch sehr genaue und sorgfältige Messungen überzeugt, und dass ferner z. B. die an der Grundpyramide des Vesuvians angegebenen Anomalieen, welche diese Pyramide als ein Triploëder erscheinen liessen, an den Varietäten aus Piemont, von Poljakowsk und Achmatowsk nicht vorhanden sind, dies bewiesen *v. Kokscharow* in Material. z. Mineral. Russlands, Bd. I. 120, und *v. Zepharovich* in seiner schönen Abhandlung über den Vesuvian. Als *Strüver* u. a. die Winkel eines Spinell-Oktaëders, dessen Flächen nur ein scharfes Bild des Fadenkreuzes reflectirten, möglichst sorgfältig maass, fand er, dass »der Krystall allen billigen Anforderungen entspreche, welche man an ein physisches Oktaëder stellen kann«, sowie »dass man vom geometrischen Standpunkt aus das Mineral als regulär zu betrachten hat« (Z. f. Kryst. II. 481).

Damit soll jedoch keineswegs behauptet werden, dass solche Anomalieen gar nicht vorkommen; sie mögen sich recht häufig finden, aber wohl nur auf kleine und unbestimmte Schwankungen beschränken, welche jeder Gesetzmässigkeit ermangeln. So berichtet *Pfaff*, dass er bei genauen, in dieser Richtung angestellten Messungen die Würfelflächen eines Flussspaths im Mittel 9¼′ von 90°, die Dodekaёderflächen eines Granats im Mittel 13⅔′ von 60°, die Prismenflächen eines Berylls 6′ von 120° abweichend befunden habe, was erweise, dass eine absolute Regelmässigkeit und Constanz der Winkel nicht zu erwarten sei, und darauf hindeute, dass da, wo für eine Form ein sehr unwahrscheinliches complicirtes Flächensymbol gefunden wurde, eine Winkelcorrection um mehre Minuten zur Herbeiführung eines annehmbaren in manchen Fällen wohl gestattet sei. *Dauber* hat mehrfach auf die physischen Einwirkungen aufmerksam gemacht, welche eine Störung in der Lage der Flächen verursachen können, ohne doch immer die Glätte und Ebenheit derselben zu alteriren. Wenn man bedenkt, wie manchen solchen störenden Einflüssen die Krystallbildung unterworfen gewesen sein mag, so wird man es ganz begreiflich finden, dass nur wenige Krystalle jener idealen Regelmässigkeit in der Ausdehnung und Beschaffenheit ihrer Flächen nahe kommen, welche in der reinen Krystallographie vorausgesetzt wird. Dergleichen Anomalieen können aber die Gesetze der Krystallsysteme nimmermehr erschüttern.

§ 62. **Unvollständige Ausbildung der Krystalle.** Freier Raum nach allen Seiten, oder räumliche Isolirung ist die erste Bedingung zu einer vollständigen Ausbildung der Krystalle. Die meisten ganz vollständigen Krystalle haben sich ursprünglich innerhalb einer sie umgebenden Masse als einzeln eingewachsene Krystalle gebildet, und erscheinen als lose Krystalle, wenn sie durch die Zerstörung und Fortschaffung ihrer Matrix, oder auch durch absichtlichen Eingriff des Menschen frei gemacht worden sind. Dergleichen eingewachsene und lose Krystalle stellen das Individuum der anorganischen Natur in seiner völligen Isolirung, und wenn sie auch ausserdem regelmässig und scharf ausgebildet sind, in seiner vollkommensten Verwirklichung dar. Viele eingewachsene Krystalle sind jedoch durch die sie umgebende Mineralmasse in ihrer Entwickelung gehemmt worden, ermangeln daher einer scharfen Ausprägung ihrer Form, und gehen endlich durch verschiedene Abstufungen in ganz regellos gestaltete Individuen über; (Granat, Pyroxen, Spargelstein aus Tirol).

Zu den auffallendsten Deformitäten dieser Art gehören wohl die in grossen Glimmertafeln eingewachsenen, und dünn tafelartig ausgebildeten Krystalle von Granat und Turmalin, welche bei Acworth in New-Hampshire und bei Haddam in Connecticut vorkommen.

Die nächst vollkommene Form der Ausbildung gewähren die einzeln aufgewachsenen Krystalle, welche sich auf der Oberfläche einer (gleichartigen oder fremdartigen) Masse gebildet haben. Solche Krystalle werden freilich nur eine theilweise Formausbildung besitzen, weil sie in ihrem Fundament, oder in derjenigen Masse, welche sie trägt oder hält, ein Hinderniss ihres freien Wachsthums finden mussten. Gewöhnlich zeigen sie nicht viel mehr, als die eine (obere) Hälfte ihrer Form; doch können sie bei günstiger Lage noch eine ziemlich vollständige Entwickelung, ja bisweilen, wenn sie nur von einem einzelnen Stützpunkt aus gewachsen sind, eine fast völlige Integrität der Form erreichen.

Wenn aber, wie dies nach § 4 meist der Fall, keine Isolirung, sondern eine Gruppirung oder Aggregation der Individuen stattfindet, so wird auch, im eingewachsenen wie im aufgewachsenen Zustande, eine unvollständige Bildung eintreten müssen, weil sich die neben und über einander gewachsenen Individuen gegenseitig nach verschiedenen Richtungen beschränken. Gewöhnlich ragen dann nur die zuletzt gebildeten Krystalle mit ihren freien Enden hervor.

Der Mineralog befindet sich daher öfters in derselben Lage, wie der Archäolog, welchem die Aufgabe vorliegt, aus einzelnen Gliedern, aus dem verstümmelten Torso einer Statue die ganze Form herauszufinden, und solche, wenigstens in seiner Vorstellung, zu reproduciren.

§ 63. **Unzureichende Ausdehnung und mikroskopische Kleinheit der Krystalle.** Die absolute Grösse der Individuen eines und desselben Minerals ist nach § 4 ein sehr schwankendes Element, welches, wenn ihm auch aufwärts gewisse Grenzen gesetzt sind, so doch abwärts bis zu mikroskopischer Kleinheit herabsinken kann.

So kennt man z. B. vom Quarz, Gyps, Beryll fuss- bis ellenlange Krystalle, wogegen man noch niemals einen Boracitkrystall oder Diamantkrystall von solcher Grösse gesehen hat; wie denn überhaupt die regulären Krystalle, wegen der Gleichheit ihrer Dimensionen, die absolute Grenze derselben weit eher erreichen, als die Krystalle der übrigen Systeme.

Es ist daher begreiflich, dass bei sehr kleiner Ausdehnung der Individuen eine genaue Erkennung und Bestimmung ihrer Krystallform theils erschwert, theils auch ganz unmöglich gemacht werden muss. Dies gilt nicht nur für solche Krystalle, welche nach allen drei Dimensionen eine sehr geringe Ausdehnung besitzen, sondern auch für solche, bei denen dies nur nach einer oder nach zweien der Dimensionen der Fall ist. Zeigt ein Krystall sehr geringe Ausdehnung nach einer Dimension, so hat er eine dünn-tafelartige oder lamellare, irgend einem Pinakoid entsprechende Form, und dann sind nicht selten die Randflächen der Tafel entweder so klein und schmal, oder auch so unvollkommen ausgebildet, dass eine nähere Untersuchung der Form nicht einmal bis zur Bestimmung des Krystallsystems gelangen lässt. Sind zugleich auch die übrigen Dimensionen sehr klein, so erscheinen die Krystalle nur noch als dünne Blättchen und Schüppchen. Wenn ein Krystall nur nach einer Dimension bedeutende, nach den beiden anderen Dimensionen aber sehr geringe Ausdehnung besitzt, so hat er eine nadelförmige, oder haarförmige, meist durch die Flächen eines Prismas bestimmte Gestalt, und dann sind wiederum die Seitenflächen dieses Prismas oft so schmal, und die terminalen Flächen so klein, dass man gleichfalls auf eine nähere Bestimmung der Form verzichten muss. In vielen solchen Fällen lässt zwar die Anwendung einer Loupe oder eines Mikroskops zu einer allgemeinen Bestimmung der Form gelangen; doch ist eine ganz genaue Ermittelung derselben, wenigstens bei papierdünnen oder haarfeinen Krystallen, nicht leicht vorzunehmen.

Eine Anzahl von Mineralien gibt es übrigens, welche bis zur allergrössten Winzigkeit ihrer Individuen deren eigenthümliche Formengestaltung mit fast modellgleicher Schärfe beizubehalten vermögen. Dazu gehören z. B. Leucit, Quarz, Augit, Magneteisen, Eisenglanz, Spinell, Apatit, Zirkon, die mitunter in den niedlichsten um und um ausgebildeten Kryställchen von wenigen Tausendstel Millimeter Länge auftreten.

Die in mikroskopischer Kleinheit ausgebildeten Mineral-Individuen, wie dieselben namentlich als Gemengtheile von Gesteinen oder als Einschlüsse in Mineralien sich finden, erscheinen, abgesehen von den eben erwähnten wohlgeformten
Vorkommnissen, namentlich in der Gestalt von rundlichen Körnern, Lamellen oder
langen nadelförmigen Säulchen.

Die mikroskopischen lamellaren Krystalltäfelchen zeigen mancherlei Deformitäten
durch gestörte Ausbildung, indem ihre begrenzenden Ränder zum Theil oder sämmtlich nicht linear ausgezogen, sondern mit den verschiedensten Contouren ausgebuchtet,
ausgezackt und ausgefranzt sind, oder indem diese Blättchen aus einzelnen isolirten
und durch fremde Substanz getrennten Striemen zusammengesetzt erscheinen, welche
gleichwohl in ihrer Vereinigung augenscheinlich zu einem Individuum zusammengehören. Im grösseren Maassstabe kommt letzteres z. B. bei den wie zerschnitten aussehenden Titaneisen-Lamellen im Basalt vor.

Ausserordentlich beliebt ist für die mikroskopischen Individuen mehrer Mineralarten die Nadelform oder langgestreckte dünne Säulengestalt. *Vogelsang* hat für diese
Gebilde die sehr passende allgemeine Gruppenbezeichnung M i k r o l i t h [1] in Vorschlag
gebracht (Philosophie d. Geologie, 1867. 139). In vielen Fällen kann man mit grös-
ter Sicherheit feststellen, welchem Mineral der Mikrolith angehört, und alsdann bedient man sich der genaueren Benennung Hornblende-Mikrolith, Feldspath-Mikrolith,
Augit-Mikrolith, Apatit-Mikrolith u. s. w. Anderseits ist bei manchen nadelförmigen
Gebilden dieser Art die Zurechnung zu einem makroskopisch bekannten Mineral nicht
mit genügender Gewissheit möglich, sei es weil dieselben zu arm an charakteristischen
Eigenthümlichkeiten sind, sei es weil sie vielleicht überhaupt nicht makroskopisch aufzutreten pflegen. Die Mikrolithen sind gleichfalls allerhand Abweichungen in ihrer
äusseren Gestaltung unterworfen: bald erscheinen diese Nadeln an einem oder an beiden Enden etwas keulenförmig verdickt, oder pfriemenförmig zugespitzt, oder gabel-
artig in zwei Zinken ausgezogen, oder fein eingesägt und gefranzt; bald sind sie
schwächer oder stärker hakenähnlich gekrümmt oder gar geknickt, schleifenförmig verdreht oder pfropfenzieherartig geringelt; bald wird es durch die abwechselnde Verdickung und Verdünnung eines und desselben Mikroliths ersichtlich, dass er durch die
Vereinigung mehrer linear aneinandergereihter rundlicher Körnchen entstanden ist.
Doch sind solche Gestaltungen immerhin nur Ausnahmen gegenüber den regelmässig
in der einfachen Nadelform gewachsenen Mikrolithen. Die regulären Mineralien besitzen wegen ihres isometrischen Aufbaues keinerlei Neigung zur mikrolithischen Ausbildungsweise, ebensowenig diejenigen, welche auch makroskopisch als Tafeln oder
Lamellen aufzutreten vorziehen.

9. Messung der Krystalle.

§ 64. **Beständigkeit der Kantenwinkel.** Aus den in den vorhergehenden §§ betrachteten Unvollkommenheiten ergibt sich, dass sowohl die allgemeine
Form der Krystalle, als auch die Figur und Beschaffenheit ihrer Flächen den
manchfaltigsten Abweichungen von der bisher vorausgesetzten Regelmässigkeit
unterworfen sind. Wie schwankend aber auch dadurch die Linear-Dimensionen

---

[1] Der Begriff Mikrolith ist später in verwirrender Weise auch anders gefasst worden. *Ro-*
senbusch will schliesslich unter Mikrolithen nur solche Kryställchen verstanden wissen, welche
»ihrer Species nach nicht bestimmbar sind«. *Cohen* sieht gleichfalls bei der Bezeichnung M.
von der Form der Gebilde gänzlich ab und verlangt nur eine solche Kleinheit, dass sie sich bei
passender Lage im Dünnschliff als ringsum ausgebildete Individuen, nicht in Schnitten darstellen; auf die mineralogische Bestimmbarkeit oder Unbestimmbarkeit scheint es ihm dabei
nicht anzukommen. Es ist kein Grund vorhanden, die ursprüngliche Definition *Vogelsang's* zu
verlassen.

der Krystalle werden müssen, so sind doch ihre Angular-Dimensionen und namentlich ihre Kantenwinkel in der Regel als constante Elemente zu erkennen (vgl. S. 10, 94), weil die relative Lage und gegenseitige Neigung ihrer Flächen durch die erläuterten Unvollkommenheiten in der Regel nicht gestört wird, sobald nur diese Flächen noch eben ausgedehnt und keiner wirklichen Krümmung unterworfen sind. Aus diesem Grundgesetz, einem der wichtigsten der Krystallographie, folgt denn, dass die Kantenwinkel die einzigen sicheren Beobachtungs-Elemente abgeben, welche der Berechnung aller übrigen Elemente einer Krystallform zu Grunde gelegt werden müssen.

Da übrigens die Unregelmässigkeiten aller Art an den grösseren Individuen eines Minerals häufiger vorzukommen pflegen, auch jedenfalls auffallender und deutlicher hervortreten müssen, als an den kleineren Krystallen, so erscheinen die letzteren gewöhnlich regelmässiger gebildet, als die grossen.

Bei den nicht regulären Mineralien können allerdings die Kantenwinkel einer und derselben Form etwas verschieden gefunden werden, wenn sie bei bedeutend verschiedenen Temperaturen gemessen werden, wie *Mitscherlich* gezeigt hat (§ 140). Neuere Untersuchungen über die verschiedene Ausdehnung der Krystalle durch die Wärme theilte *Pfaff* mit, in Ann. d. Phys. u. Ch. Bd. 104, S. 171 und Bd. 107, S. 148. Auch gab *Hahn* eine Berechnung dieser Ausdehnung am Calcit, Magnesit und Aragonit, im Archiv d. Pharmacie, Bd. 148, S. 19. Es sind jedoch diese Aenderungen so unbedeutend, dass sie bei den gewöhnlichen Messungen vernachlässigt werden können. Wichtiger sind die permanenten Verschiedenheiten der Angular-Dimensionen, welche in verschiedenen Varietäten einer und derselben Mineralart durch ein Schwanken der chemischen Zusammensetzung, insbesondere durch das Eintreten isomorpher Bestandtheile herbeigeführt werden. Das Gesetz von der Beständigkeit der Kantenwinkel ist zuerst von dem Dänen *Nicolaus Steno* im Jahre 1669 erkannt und 1783 von *Romé de l'Isle* bestimmter formulirt worden [1]).

Unter dem Winkel einer Kante verstehen wir übrigens denjenigen Winkel, welchen ihre beiden Flächen einwärts im Krystall, oder nach innen zu bilden. Je stumpfer dieser Winkel ist, desto stumpfer, je spitzer er ist, desto schärfer wird die Kante sein. Misst derselbe Winkel mehr als 180°, so nennt man die Kante eine einspringende Kante. Diese Bestimmung entspricht der gewöhnlichen und allgemein hergebrachten Bedeutung. *Miller* definirt den Winkel einer Kante als das Supplement dessen, was man gewöhnlich darunter versteht, oder als denjenigen Winkel, welchen die Normalen beider Flächen gegen die Kante hin bilden. Hiernach wird das Winkelmaass einer Kante desto stumpfer, je schärfer sie ist, und umgekehrt (vgl. S. 18).

§ 65. **Goniometer.** Da die Kantenwinkel das einzige Object der Krystallmessung sind, so liegt uns im Allgemeinen die Aufgabe vor, den Neigungswinkel zweier Krystallflächen zu bestimmen. Man nennt die zu diesem Behuf erfundenen Instrumente Goniometer, und unterscheidet sie als Contact-Goniometer und Reflexions-Goniometer, je nachdem die Messung durch den unmittelbaren Contact zweier auf die Krystallflächen aufgelegter und mit einem eingetheilten Halbkreise

---

[1]) »Les faces d'un cristal peuvent varier dans leur figure et dans leurs dimensions relatives; mais l'inclination de ces mêmes faces est constante et invariable dans chaque espèce« (Cristallographie T. 1, p. 93).

verbundener Lineale, oder durch die Reflexion des Lichtes bewerkstelligt wird, wobei die Krystallflächen als kleine Spiegel dienen.

Die Contact- oder Anlege-Goniometer (zuerst 1783 von *Carangeot* angegeben), welche nur bei etwas grösseren Krystallen und für solche Winkel anwendbar sind, deren Kantenlinie wirklich ausgebildet ist, erweisen sich in ihren Resultaten so wenig genau, dass sie nur bei den ersten vorläufigen Messungen, oder auch subsidiarisch in solchen Fällen eine Berücksichtigung verdienen, wo die Reflexions-Goniometer nicht gebraucht werden können. Bei ihrer Anwendung muss die Ebene der Lineale allemal senkrecht auf der zu messenden Kante stehen

Die Reflexions-Goniometer, zuerst von *Wollaston* 1809 angegeben, setzen zwar ebene und glatte, nach den Gesetzen der Planspiegel reflectirende Krystallflächen voraus, sind aber vorzugsweise bei kleineren Krystallen und auch für solche Winkel brauchbar, deren Flächen nicht unmittelbar zum Durchschnitt kommen; sie gewähren bei zweckmässigem Gebrauch Resultate, welche bis auf 1' genau sind, und verdienen daher in den meisten Fällen den Vorzug vor den Contact-Goniometern. — Sie bestehen wesentlich aus einem Vollkreise (Limbus), dessen Theilung sich durch einen Nonius bis auf einzelne Minuten fortsetzt, und an dessen Axe der Krystall mit etwas Wachs so befestigt wird, dass beide Flächen der zu messenden Kante parallel sind der Drehungsaxe. Beobachtet man nun das Spiegelbild eines etwas entfernten Gegenstandes (oder einer Lichtflamme im Dunkeln) erst auf der einen Krystallfläche, und dreht dann den Kreis um seine Axe so lange, bis dasselbe Bild auch von der zweiten Krystallfläche reflectirt wird, während zugleich die Bedingung erfüllt ist, dass der reflectirte Lichtstrahl bei beiden Beobachtungen genau dieselbe Lage behauptet, so wird der Drehungswinkel des Kreises (nicht den gewöhnlich so genannten Kantenwinkel, sondern) unmittelbar das Supplement des gemessenen Winkels, den Normalenwinkel der betreffenden Kante, geben. Damit der gespiegelte Gegenstand sowie das beobachtende Auge beide während der Messung dieselbe Stellung beibehalten, gehen sowohl das einfallende als das reflectirte Licht bei den besseren neueren Instrumenten durch je ein Fernrohr (Einlass- und Ocularfernrohr). Während bei den meisten älteren Instrumenten der Theilkreis vertical steht, also die zu messende Kante horizontal zu liegen kommt (System von *Wollaston*), gibt man neuerdings den Goniometern mit horizontalem Theilkreis und senkrechter Drehungsaxe (System von *Malus*) häufig den Vorzug. Die zu messende Krystallkante muss justirt, d. h. senkrecht sein zur Ebene des Limbus und zu der durch die Fernröhre gelegten Ebene, anderseits muss sie centrirt sein, d. h. in der Verlängerung der Limbusaxe liegen.

Das Goniometer von *Wollaston* wurde durch *Mitscherlich*[1]) und *V. v. Lang*[2]), dasjenige von *Malus* (welcher auch die Visirrichtung durch das Fernrohr mit Fadenkreuz fixirte) durch *Babinet* und in neuester Zeit durch *Websky*[3]) verbessert. Sehr nützliche Bemerkungen und Verbesserungen, sowie Vorschläge zur Vereinfachung und Preisverminderung theilte *Carl Klein* mit (Einleitung in die Krystallberechnung. 1875. 54); vgl. auch den sich auf Goniometer und Messoperationen beziehenden Absatz in *Groth's* treff-

---

1) Abhandl. d. Berliner Akad. 1843. 189.
2) Denkschr. d. Wiener Akad.; math.-naturw. Kl. Bd. 36. 1875.
3) Zeitschr. f. Krystall. IV. 1880. 545.

licher Physikalischer Krystallographie 1876. 455. Höchst eingehend sind die Methoden und Fehler der Messung behandelt in dem ausgezeichneten Werk von *A. Brezina* »Methodik der Krystallbestimmung. Wien 1884«. — Bei sehr kleinen und mikroskopischen Krystallen ist *Frankenheim*'s Methode, die Winkel zu messen, zu empfehlen[1]). Dieselbe beruht auf Messung der Flächenwinkel, d. h. der ebenen Winkel auf den Krystallflächen, unter dem Mikroskop. Aehnlich ist das von *Schmidt*, in seinem Werke: Krystallonomische Untersuchungen 1846, angegebene und gleichfalls auf Anwendung des Mikroskops beruhende Verfahren. Von *Thoulet* stammt eine (sehr complicirte) Anleitung zur Messung mikroskopischer Krystalle (Bull. soc. minér. I. 68). — Ein nicht nur zur Messung der Krystallwinkel, sondern auch zur Bestimmung der Strahlenbrechung, des Winkels der optischen Axen u. s. w. geeignetes Instrument gab früher *Haidinger* an, in Sitzungsber. d. Wiener Ak., Bd. 18 (1855) S. 110, und in Ann. d. Phys. u. Chem. Bd. 97 (1856) S. 590. *Börsch* hat ein Reflexions-Goniometer construirt, welches zugleich als Spectroskop und Spectrometer benutzt werden kann (ebendas. Bd. 129 (1866) S. 384). Sehr vorzügliche, einen horizontalen Kreis besitzende Instrumente nach dem System *Malus-Babinet* (Preis 1350 und 405 Mark) sind diejenigen, welche *Groth* in seiner Physikalischen Krystallographie S. 464 und 460 beschreibt; sie werden von *R. Fuess* in Berlin (Alte Jacobstrasse 108) geliefert und sind mit mehren von *Websky* herrührenden Verbesserungen versehen. Bei dem in § 111 angeführten *Groth*'schen Universalapparat befindet sich auch ein Goniometer. — Ueber das von *Hirschwald* construirte »Mikroskop-Goniometer, ein neues Instrument zum Messen der Krystalle mit spiegellosen Flächen« vgl. N. Jahrb. f. Min. 1879. 301 u. 359; 1880, I. 156; dazu die kritischen Bemerkungen von *Calderon* in Z. f. Kryst. I. 68.

Die zwar verhältnissmässig ebenen aber matten Krystalloberflächen pflegt man, um eine Spiegelung derselben zu bewirken, aushülfsweise mit dünnen Glasplättchen zu bedecken, oder mit einer schwachen Firnissschicht zu überziehen. — Ueber das sog. Fühlhebel-Goniometer von *Fuess* vgl. *Alex. Schmidt* in Z. f. Kryst. VIII. 1; vermittels eines Fühlhebelsystems wird dadurch die Lage der spiegelungslosen, jedoch mehr oder minder eben beschaffenen Krystallflächen im Raume genau und vergleichbar fixirt.

10. Von den Zwillingskrystallen.

§ 66. **Begriff und Eintheilung derselben.** Sehr oft finden wir, dass zwei gleich gestaltete Krystalle oder Individuen eines und desselben Minerals in nicht paralleler Stellung[2]) nach einem sehr bestimmten Gesetz mit einander verwachsen sind. Die Gesetzlichkeit der Verwachsung besteht darin, dass die Individuen mindestens eine gleichnamige Krystallfläche gemeinschaftlich oder parallel, ferner wenigstens eine in jener Fläche liegende gleichnamige Kante gemeinschaftlich oder parallel haben, wobei genannte Fläche und Kante entweder an den einzelnen Individuen schon ausgebildet oder daran möglich sind. Man nennt dergleichen Doppelindividuen Zwillingskrystalle, und hat bei ihrer Betrachtung besonders zweierlei Verhältnisse, nämlich die gegenseitige Stellung beider Individuen, und die Art und Weise ihrer Verwachsung zu berücksichtigen.

Nach der Stellung der Individuen sind zuvörderst Zwillinge mit parallelen

---

1) Annal. d. Phys. u. Ch. Bd. 37. S. 627.
2) Unter paralleler Stellung zweier gleich gestalteter Krystalle versteht man diejenige Stellung, bei welcher die Axen und Flächen des einen den Axen und Flächen des anderen parallel sind.

Axensystemen, und Zwillinge mit geneigten (oder nicht parallelen) Axensystemen zu unterscheiden. Die Zwillinge der ersten Art können nur bei hemiëdrischen Formen und Combinationen vorkommen, und stehen unter dem allgemeinen Gesetz, dass beide Individuen mit einander in derjenigen Stellung verwachsen sind, in welcher ihre beiderseitigen hemiëdrischen Formen aus den betreffenden holoëdrischen Stammformen als Gegenkörper abzuleiten sein, oder in welcher sie diese Stammformen reproduciren würden.

Die Zwillinge mit geneigten (oder nicht parallelen) Axensystemen finden sich sowohl bei holoëdrischen als auch bei hemiëdrischen Formen und Combinationen, und stehen nach *Weiss* unter dem allgemeinen Gesetz, dass beide Individuen in Bezug auf eine bestimmte Krystallfläche, welche die Zwillings-Ebene genannt wird, vollkommen symmetrisch zu einander gestellt sind. Man gelangt auf dieselbe Vorstellung, wenn man, von der parallelen Stellung beider Individuen ausgehend, sich denkt, dass das eine Individuum gegen das andere um die Normale der Zwillings-Ebene (die Zwillingsaxe oder Drehungsaxe) durch 180° verdreht worden sei (Hemitropie), bei welchem Vorgang die Zwillingsebene dieselbe Lage beibehält.

Die Zwillinge der ersten Art hat *Haidinger* sehr richtig Ergänzungs-Zwillinge genannt, weil sich die wirklich hemiëdrischen Formen beider Individuen in ihrer Vereinigung zu den betreffenden holoëdrischen Stammformen ergänzen. Handbuch der bestimmenden Mineralogie, S. 258, 265 und 267. Bei ihnen liegen daher ungleichartige Krystallräume parallel.

Die Stellung beider Individuen in den Zwillingen der zweiten Art ist dieselbe, welche irgend ein Gegenstand zu seinem Spiegelbilde hat, wobei der Spiegel durch die Zwillings-Ebene vertreten wird. Uebrigens gibt es nur sehr wenige Fälle, wo diese Ebene gar nicht, oder doch nicht ganz ungezwungen auf eine vorhandene oder mögliche Krystallfläche zurückgeführt werden kann (vgl. *Liebisch* in Z. f. Kryst. II. S. 74); gewisse Zwillinge trikliner Individuen ergeben nämlich, dass die Zwillingsebene zwar nicht parallel einer anderen Krystallfläche liegt, aber doch wenigstens auf einer möglichen Krystallfläche senkrecht steht. — Zu erwähnen ist noch, dass bei diesen Zwillingen der zweiten Art die Zwillingsebene niemals einer Symmetrie-Ebene des Einzelindividuums entspricht, weil es sich in diesem Falle überhaupt nicht um einen Zwilling, sondern um eine parallele Verwachsung handeln würde.

Im Allgemeinen ist die Zwillingsebene nur zu solchen Krystallflächen parallel (oder senkrecht), welche sich durch die Einfachheit der Parameterverhältnisse auszeichnen.

In einer sehr bemerkenswerthen-Abhandlung »Zur Theorie der Zwillingskrystalle« (Min. u. petr. Mitth. 1879. 499) hat *Tschermak* auf Grund allgemein theoretischer Betrachtungen über die unvollständige Orientirung zweier sich aneinanderfügender Moleküle für die Zwillinge der zweiten Art folgende mögliche Fälle entwickelt. Bei den beiden in hemitroper Stellung befindlichen Individuen ist:

1) die Zwillingsaxe (Drehungsaxe) senkrecht zu einer möglichen Krystallfläche — der Fall, wozu die Mehrzahl der bisher bekannten Zwillingsbildungen gehört: dabei haben die Individuen mindestens eine mögliche Krystallfläche gleicher Art, ferner mindestens zwei in dieser Krystallfläche liegende mögliche Kanten, resp. Zonenaxen gemeinschaftlich oder parallel.

2a) die Zwillingsaxe parallel einer möglichen Kante (Zone); dabei haben die Individuen zwei mögliche Flächen und deren Kante, also eine vollständige Zone gemeinschaftlich oder parallel (z. B. Karlsbader Zwillinge des Orthoklas).

2 b) die Zwillingsaxe in einer möglichen Fläche, normal zu einer möglichen Kante (Zone) gelegen; dabei haben die Individuen mindestens eine Krystallfläche und mindestens eine in dieser Fläche liegende Kante gemeinschaftlich oder parallel. Diesen Fall hat erst das Studium von Zwillingen trikliner Mineralien aufgedeckt; in den Krystallsystemen von höherem Symmetriegrade fällt derselbe mit 2 a) zusammen.

Die Grundlage der Zwillinge der ersten Art (der Ergänzungszwillinge) bilden nach *Tschermak* zwei Moleküle, welche nach allen Molekularlinien parallel orientirt sind, aber in den Wachsthumslinien nicht übereinstimmen.

§ 67. Verwachsungsart der Individuen und Verkürzung derselben; Zwillingskanten. Was das zweite Verhältniss, nämlich die Art und Weise der Verwachsung der Individuen betrifft, so unterscheidet man Contact-Zwillinge und Durchwachsungs-Zwillinge, je nachdem die Individuen blos an einander, oder förmlich in und durch einander gewachsen, je nachdem sie also durch Juxtaposition, oder durch Penetration verbunden sind. Im ersteren Falle nennt man die Fläche, in welcher die Verwachsung stattfindet, die Zusammensetzungsfläche; dieselbe ist sehr häufig zugleich die Zwillingsebene (vgl. z. B. Fig. 170, 185, 190, 191); bisweilen aber berühren sich beide Individuen in einer auf der Zwillingsebene senkrecht stehenden Fläche (z. B. Fig. 192) oder auf noch andere Weise. — Im zweiten Falle findet oft nur eine theilweise Penetration, nicht selten eine vollkommene Durchkreuzung, zuweilen auch eine so vollständige gegenseitige Incorporirung beider Individuen statt, dass sie einen scheinbar einfachen Krystall darstellen.

In den durch Juxtaposition gebildeten Zwillingskrystallen erscheinen die Individuen sehr gewöhnlich in der Richtung der Zwillingsaxe mehr oder weniger verkürzt, weil das Fortwachsen des einzelnen über die Zwillingsebene als Grenzebene hinaus nicht stattgefunden hat (vgl. z. B. Fig. 170, 173, 185); ja diese Verkürzung ist gar häufig in der Weise ausgebildet, dass von jedem Individuum nur die Hälfte, und zwar die von dem anderen Individuum abgewendete Hälfte ausgebildet ist. Man kann daher dergleichen Zwillingskrystalle am leichtesten construiren, wenn man sich ein Individuum durch eine der Zwillings-Ebene parallele Fläche in zwei Hälften geschnitten denkt, und hierauf die eine Hälfte gegen 'die andere um die Normale der Schnittfläche durch 180° herumdreht. Bei den Durchwachsungszwillingen findet die Fortsetzung der Individuen gegenseitig über die Zwillingsgrenze hinaus statt (vgl. Fig. 168, 187, 188).

Romé de l'Isle schlug für die durch Juxtaposition gebildeten Zwillinge den Namen Macle vor; j'appelle macle, sagt er, tout cristal, qui est produit par l'inversion en sens contraire de l'une des moitiés de ce même cristal. Gegenwärtig bedient man sich in Frankreich zur Bezeichnung der Zwillingskrystalle wohl allgemein des von *Hauy* vorgeschlagenen Wortes Hémitropie.

Die Kanten und Ecken, in welchen die Flächen der beiden Individuen zusammentreffen, werden Zwillingskanten und Zwillingsecken genannt; sie sind häufig einspringend, doch haben die Individuen manchmal eine gewisse Neigung, die einspringenden Winkel zu verdecken; dagegen ist die Demarcationslinie beider Individuen an solchen Stellen oft gar nicht sichtbar, wo ihre Flächen oder Flächentheile in eine Ebene fallen.

Wenn aber die in eine Ebene fallenden Flächentheile mit einer Combinations-streifung versehen sind, dann gibt sich die Demarcationslinie oft durch das Zusammenstossen der beiderseitigen Streifen in einer Streifungsnaht zu erkennen. Bisweilen haben auch die beiderseitigen Flächentheile eine verschiedene physikalische Beschaffenheit, wodurch die Grenzlinien gleichfalls sichtbar werden.

§ 68. **Wiederholung der Zwillingsbildung; Zwillingsstreifung.** Die Zwillingsbildung wiederholt sich nicht selten, indem ein drittes Individuum mit dem zweiten (oder auch ersten) Individuum nach demselben Gesetz verbunden ist, wie das erste und zweite; so enstehen Drillingskrystalle, oder, wenn sich die Wiederholung fortsetzt, Vierlingskrystalle, Fünflingskrystalle, und endlich zwillingsartig gebildete polysynthetische Krystalle oder Krystallstöcke[1]), wie sie *Volger* nannte.

Bei dieser Wiederholung ist der Unterschied sehr wichtig, ob die successiven Zusammensetzungsflächen einander parallel sind, oder nicht, weil sich im ersteren Falle die Zwillingsbildung unzählige Male wiederholen kann, und reihenförmig zusammengesetzte Krystalle liefert, während im zweiten Falle (wobei nicht dieselbe Krystallfläche Zwillingsebene bleibt, sondern eine andere, aber mit derselben krystallographisch gleichwerthige als solche auftritt) kreisförmig in sich zurücklaufende, bouquetförmige und andere Gruppen entstehen.

Wie fast bei allen mit Juxtaposition gebildeten Zwillingskrystallen die Verkürzung der Individuen in der Richtung der Zwillingsaxe eine sehr gewöhnliche Erscheinung ist, so pflegen ganz besonders in den mit parallelen Zusammensetzungsflächen gebildeten polysynthetischen Krystallen die mittleren oder inneren Individuen oft ausserordentlich stark verkürzt zu sein, so dass sie nur als mehr oder weniger dicke, als papierdünne oder nur durch das Mikroskop als solche wahrnehmbare Lamellen erscheinen, deren Querschnitte auf den Krystall- oder Spaltungsflächen des ganzen Aggregates eine sehr charakteristische Streifung bilden, welche man die Zwillingsstreifung nennt.

Diese Zwillingsstreifung (oder besser Zwillingsriefung) ist also wesentlich verschieden von der oben erläuterten Combinationsstreifung (§ 60). Ueberhaupt erscheinen im Gefolge der Zwillingsbildung einseitige Verkürzungen, Verlängerungen und andere Unregelmässigkeiten der Form - sehr häufig und bisweilen in so complicirter Weise, dass die richtige Deutung mancher (zumal hemiëdrischer) Zwillingskrystalle mit bedeutenden Schwierigkeiten verknüpft sein kann. Wegen der Verzerrungen der Formen in den Zwillingskrystallen vergl. die Dissertation von *C. Klein*, über Zwillings-Verbindungen und Verzerrungen (1869).

§ 69. **Einige Zwillinge des regulären Systems.** Zwillinge mit parallelen Axensystemen sind nur bei tetraëdrischer oder pentagonal-dodekaëdrischer Hemiëdrie möglich, und erscheinen gewöhnlich als Durchkreuzungs-Zwillinge, wie z. B. die Pentagon-Dodekaëder des Eisenkieses, Fig. 167 (sog. Zwilling des eisernen Kreuzes), und die Tetraëder des Diamants, Fig. 168. Die beiden Individuen stehen

---

[1]) *Tschermak* benutzte später die Bezeichnung Krystallstock in einem ganz anderen Sinne, indem er darunter eine Zusammenhäufung mehrer parallel gestellter Krystalle versteht, welche indessen nicht zu einer charakteristischen Gesammtform verbunden sind, wie dies z. B. bei Würfeln von Steinsalz vorkommt (Lehrb. d. Mineral. 1884, 77).

in der ersten Figur symmetrisch zu einander in Bezug auf die Rhomben-Dodekaёderfläche, in der zweiten in Bezug
auf die Würfelfläche.

Fig. 167.   Fig. 168.

DenZwillingenmit geneigten
Axensystemen liegt fast immer das
Gesetz zu Grunde, dass eine Fläche
desOktaёders alsZwillings-Ebene
auftritt; sie kommen häufig vor, sowohl bei holoёdrischer, als auch
bei hemiёdrischer Formbildung. Die

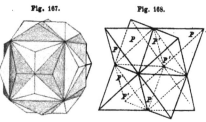

Individuen sind gewöhnlich an ein-
ander gewachsen und häufig in der Richtung der Zwillingsaxe bis auf die Hälfte
verkürzt, so dass man sich dergleichen Zwillinge am besten vorstellen kann,
wenn man sich ein Individuum durch einen centralen, parallel mit einer Oktaёderfläche geführten Schnitt halbirt, und die eine Hälfte gegen die andere um die Normale der Schnittfläche durch 180° verdreht denkt.

Auf diese Weise finden sich z. B. sehr häufig zwei Oktaёder des Spinells, Magnet-
eisenerzes, Automolits mit einander verwachsen; Fig. 170. Nach demselben Gesetz

Fig. 169.   Fig. 170.   Fig. 171.

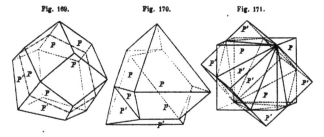

sind die Würfel des Flussspaths, Eisenkieses, Bleiglanzes als Durchkreuzungszwillinge
gebildet; Fig. 171. Endlich kommen auch, zumal an der Zinkblende, zwei Rhomben-
Dodekaёder in einer Oktaёderfläche durch Juxtaposition verbunden als Zwillinge vor,
in welchen ebenfalls gewöhnlich jedes Individuum einer sehr starken Verkürzung unterliegt; Fig. 169. Aehnlich finden sich Zwillinge des Ikositetraёders z. B. beim ged.
Kupfer, Silber, Gold.

Sehr lehrreich für die Zwillingsbildung nach der Oktaёderfläche im regulären System sind J. Strüver's Mittheilungen über polysynthetische Spinellgruppen (Z. f. Kryst.
II. 1878. 180); er unterscheidet bei den polysynthetischen Verwachsungen 3 Gruppen, je nachdem erstere a) eine gemeinsame Zwillingsaxe haben (dazu die Erscheinung,
dass in anscheinend einfache Krystalle oder zur Gruppenbildung verwandte Individuen
dünne Lamellen in der Zwillingsstellung eingeschaltet sind); b) ihre Zwillingsaxen nicht
unter sich parallel, wohl aber in einer Ebene gelegen und zwar ein und derselben
Krystallfläche (der Rhomben-Dodekaёderfläche) parallel haben; c) ihre Zwillingsaxen
weder alle unter sich parallel, noch alle einer Fläche parallel haben.

§ 70. **Einige Zwillinge des Tetragonalsystems.** Zwillinge mit parallelen
Axensystemen kommen deshalb selten vor, weil nur wenige tetragonale Mineralarten hemiёdrisch ausgebildet sind; doch finden sie sich z. B. am Kupferkies,

welcher der sphenoidischen, und am Scheelit, welcher der pyramidalen Hemiëdrie unterworfen ist (§ 29).

Unter den Zwillingen mit geneigten Axensystemen treffen wir besonders ein Gesetz bei mehren Mineralien verwirklicht; dasselbe lautet: Zwillings-Ebene eine Fläche der Deuteropyramide P∞, oder eine von denjenigen Flächen, welche die Polkanten der Grundform P regelmässig abstumpfen. Nach diesem Gesetz sind z. B. die fast immer zwillingsartig ausgebildeten Krystalle des Zinnerzes, sowie die Zwillingskrystalle des Rutils und des Hausmannits gebildet.

Die Zwillinge des Zinnerzes erscheinen theils wie Fig. 172, wenn die Individuen pyramidal, theils knieförmig wie Fig. 173, wenn die Individuen mehr säulenförmig gestaltet sind; die Zwillingsbildung wiederholt sich nicht selten an diesem Mineral, wodurch Drillings-, Vierlings- und mehrfach zusammengesetzte Krystalle entstehen. Die Zwillinge des Rutils sind denen des Zinnerzes sehr ähnlich, erscheinen aber stets knieförmig, wie Fig. 173, weil die Krystalle immer säulenförmig verlängert sind. Der

Fig. 172.　　　　　Fig. 173.　　　　　　　Fig. 174.

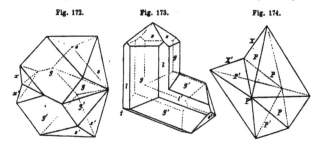

Hausmannit besitzt Zwillinge wie Fig. 174, indem die Krystalle stets vorherrschend die Grundpyramide P zeigen, an deren Polkanten sich die Zwillingsbildung bisweilen sehr symmetrisch wiederholt, so dass ein centrales Individuum den Träger der übrigen bildet. Kupferkies bildet ganz ähnliche Zwillinge.

§ 71. **Einige Zwillinge des Hexagonalsystems.** Solche mit parallelen Axensystemen sind nicht selten am Kalkspath, Chabasit, Eisenglanz und anderen rhomboëdrisch krystallisirenden Mineralien; auch kommen sie am Quarz vor, bei welchem sie durch Tetartoëdrie bedingt sind.

Der Kalkspath zeigt oft sehr regelmässige Zwillinge der Art, indem beide Individuen in einer Parallelfläche der Basis zusammenstossen und einen scheinbar einfachen Krystall darstellen, welcher jedoch aus zwei Hälften besteht, deren obere dem einen, und deren untere dem anderen Individuum angehört, während sich beide Individuen in verwendeter (also complementärer. Stellung befinden. So erscheinen z. B. zwei Individuen der Combination ∞R. — ½R wie Fig. 175, zwei Skalenoëder R3 wie Fig. 176; die Spaltungsflächen liegen jedesmal in den beiden Individuen nach verschiedener Richtung. — Der Quarz zeigt besonders in den reineren Varietäten, als sog. Bergkrystall, Zwillinge, welche wesentlich durch den tetartoëdrischen Charakter seiner Krystallreihe ermöglicht werden, in Folge dessen z. B. die Pyramide P in zwei, geometrisch gleiche, aber physikalisch differente Rhomboëder p und z zerfällt; Fig. 177. Beide Individuen sind, indem eine Fläche des Prismas ∞R als Zwillingsebene gilt, entweder an einander gewachsen, ungefähr so wie in Fig. 177, wobei +R (p) des einen parallel ist —R (z) des anderen; oder noch häufiger durch einander gewachsen, in welchem letzteren Falle sie sich gewöhnlich in ganz unregelmässig begrenzten Partieen gegenseitig umschliessen, und scheinbar einfache Krystalle darstellen, wie z. B. in Fig. 178, wo die Theile des einen Individuums schraffirt sind, um sie von denen des

Fig. 175.   Fig. 176.   Fig. 177.   Fig. 178.   Fig. 179.

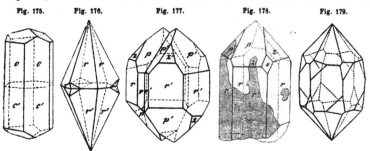

anderen zu unterscheiden, wie dies in der Natur durch einen Gegensatz von matten und glänzenden Stellen hervorgebracht wird, wobei häufiger als es auf den ersten Blick scheinen will, Niveaudifferenzen der einzelnen Partieen zu beobachten sind. Wenn an einem solchen Durchwachsungszwilling die tetartoëdrischen Flächen eines trigonalen Trapezoëders auftreten, so sind dieselben an allen aufeinanderfolgenden Ecken zu beobachten (Fig. 179), während sie bei einem einfachen Individuum blos an den abwechselnden Ecken erscheinen. — Der Quarz bildet aber auch noch andere Ergänzungs-Zwillinge, indem ein rechtes und ein linkes Individuum in paralleler Stellung mit einander verbunden sind, wobei sie nach einer Fläche von ∞P2 zu einander symmetrisch stehen; dadurch geschieht es, dass zwei trigonale Trapezoëder (x) derselben Rhomboëderfläche anliegen, und zusammen wie ein Skalenoëder auftreten (Fig. 180).

Fig. 180.

Zwillinge mit geneigten Axensystemen kommen häufig und nach verschiedenen Gesetzen vor; doch ist gewöhnlich die Fläche irgend eines Rhomboëders die Zwillings-Ebene.

So finden sich oft am Kalkspath zwei Rhomboëder R und R' nach dem Gesetz: Zwillings-Ebene eine Fläche von —½R verwachsen, wie in Fig. 181, wobei die in A und A' auslaufenden Hauptaxen beider Individuen einen Winkel von 127° 34′ bilden.

Fig. 181.   Fig. 182.   Fig. 183.

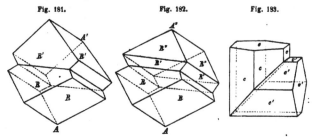

Diese Zwillingsbildung wiederholt sich nicht selten, indem ein drittes Individuum R'' hinzutritt, welches sich mit dem ersten Individuum R in paralleler Stellung befindet; dann pflegt das mittlere Individuum R' sehr stark verkürzt und nur als eine mehr oder weniger dicke Lamelle ausgebildet zu sein, welche dem scheinbar einfachen, wesentlich von R und R'' gebildeten Krystall eingeschaltet ist; Fig. 182. Häufig sind solchergestalt viele sehr dünne lamellare Individuen in einem grösseren Spaltungsstück eingewachsen, an welchem dann zwei Gegenflächen eine, durch die Querschnitte der Lamellen gebildete, der längeren Diagonale parallele Zwillingsstreifung zeigen. — Wenn zwei Kalkspath-krystalle nach dem Gesetz: Zwillings-Ebene eine Fläche von R verwachsen sind, so bilden ihre Hauptaxen den Winkel von 89° 8', sind also fast rechtwinkelig auf einander, was, zumal bei säulenförmiger Gestalt der Individuen, dieses Gesetz sehr leicht erkennen lässt; Fig. 183.

§ 72. Einige Zwillinge des rhombischen Systems. Zwillinge mit parallelen Axensystemen sind bis jetzt nur sehr selten beobachtet worden, weil die sie bedingende hemiëdrische Ausbildung der Formen zu den seltenen Erscheinungen gehört. Sehr häufig sind dagegen Zwillinge mit geneigten Axensystemen, besonders nach dem Gesetz: Zwillings-Ebene eine Fläche des Protoprismas ∞P. Diese Zwillingsbildung findet sich sehr ausgezeichnet am Aragonit, Cerussit, Markasit, Melanglanz, Arsenkies, Bournonit u. a. Mineralien.

Am Aragonit sind die Individuen theils durch, theils an einander gewachsen; das letztere ist z. B. der Fall in dem, Fig. 185 dargestellten Zwilling der Combination $\infty P.\infty \breve{P}\infty.\breve{P}\infty$. Diese Ver-

Fig. 184.   Fig. 185.   Fig. 186.

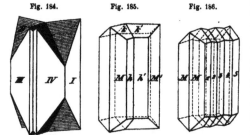

wachsung wiederholt sich häufig mit durchgängig parallelen Zusammensetzungsflächen, wodurch reihenförmige Aggregate entstehen, wie Fig. 186, in welchen sich die ungeradzähligen Individuen einerseits, und die geradzähligen Individuen anderseits zu einander in paralleler, je zwei auf einander folgende Individuen aber in der Zwillingsstellung befinden. Gewöhnlich sind jedoch die inneren Individuen so stark verschmälert, dass sie nur wie dünne, einem grösseren Krystall einverleibte Lamellen erscheinen, welche auf den Flächen $\breve{P}\infty$ und $\infty \breve{P}\infty$ dieses Krystalls mit einer deutlichen Zwillingsstreifung hervortreten. Auch wiederholt sich dieselbe Zwillingsbildung mit geneigten Zusammensetzungsflächen, wodurch kreisförmig in sich selbst zurücklaufende Aggregate entstehen, wie z. B. der in Fig. 184 abgebildete Vierlingskrystall der Combination $\infty P.2\breve{P}\infty$. — Ganz ähnliche Erscheinungen wie der Aragonit zeigen auch der Cerussit und Bournonit.

Der Staurolith ist ein durch seine kreuzförmigen Zwillingskrystalle sehr ausgezeichnetes Mineral. Seine Individuen stellen gewöhnlich die säulenförmige Combination $\infty P.\infty \breve{P}\infty.0P$ dar; die Zwillinge sind namentlich nach zweierlei Gesetzen gebildet:

1) Zwillings-Ebene eine Fläche des Brachydomas $\frac{4}{3}\breve{P}\infty$; die Verticalaxen beider Individuen schneiden sich fast rechtwinkelig, und der Zwillingskrystall erscheint wie Fig. 187.

2) Zwillings-Ebene eine Fläche der Brachypyramide $\frac{3}{2}\breve{P}\frac{3}{2}$; die Verticalaxen und ebenso die Brachypinakoide (o) beider Individuen schneiden sich ungefähr unter 60°, und der Zwillingskrystall erscheint wie Fig. 188.

Endlich mag noch des Arsenkieses gedacht werden, welcher ausser den oben erwähnten Verwachsungen, bei denen ∞P die Zwillings-Ebene ist, noch ein anderes

Fig. 187. Fig. 188. Fig. 189.

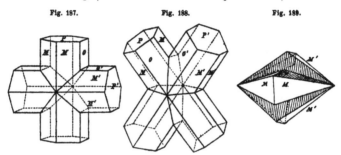

Gesetz (Fig. 189) aufweist, nach welchem für die zwei Individuen das Makrodoma P̄∞
die Zwillings-Ebene darstellt; die Verticalaxen beider Individuen sind dabei unter 59°
12′ gegen einander geneigt, das sehr flache Brachydoma ist in charakteristischer Weise
gestreift.

§ 73. **Einige Zwillinge des monoklinen Systems.** Die häufigsten Zwillinge
dieses Systems sind solche, bei welchen die Verticalaxen und die beiden verticalen
Hauptschnitte beider Individuen einander parallel liegen, weshalb man für sie das
Gesetz: Zwillings-Ebene das Orthopinakoid, oder: Zwillingsaxe die Normale desselben, anzunehmen hat[1]). Gewöhnlich sind die Individuen durch J u x t a p o s i t i o n in
einer dem orthodiagonalen Hauptschnitt parallelen Fläche verbunden.

So erscheinen z. B. die Zwillinge des Gypses, Fig. 190, von welchen zwei Individuen der Combination ∞P̄∞.∞P.—P oft so regelmässig mit einander verwachsen
sind, dass die Flächen des Klinopinakoids (P und P′) beiderseits in e i n e Ebene fallen.

Auf ganz ähnliche Weise
sind die gewöhnlichen
Zwillinge des Augits ge-
bildet, Fig. 191, deren Individuen die Combination
∞P.∞P̄∞.∞P̆∞.P
darstellen, und gleich-
falls sehr symmetrisch
gestaltet und sehr re-
gelmässig verwachsen
zu sein pflegen, ohne
irgendeine Demarca-
tionslinie auf den Flä-

Fig. 190. Fig. 191. Fig. 192.

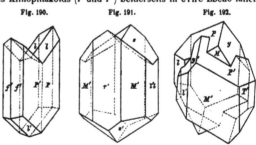

chen des Klinopinakoids erkennen zu lassen. Die beiderseitigen Hemipyramiden P (s)
bilden (ebenso wie die Hemipyramiden —P am Gyps) einerseits einspringende, anderseits ausspringende Zwillingskanten. Aehnliche Erscheinungen wiederholen sich
bei der Hornblende, dem Wolframit und bei anderen Mineralien.

In anderen Fällen zeigen sich die Individuen durch P e n e t r a t i o n verbunden,
indem sie in der Richtung der Orthodiagonale mehr oder weniger in einander ge-

---

1) Man gelangt auf dieselbe Zwillingsbildung, wenn man mit *Naumann* das Gesetz »Zwillingsaxe die Verticalaxe« annimmt.

schoben sind, und sich theilweise umschliessen und durchkreuzen. Am Gyps ist auch diese Verwachsungsart nicht selten, am Orthoklas und Sanidin aber sehr häufig zu beobachten.

Die Individuen des Orthoklases zeigen gewöhnlich Formen, denen wesentlich die Combination $\infty\breve{P}\infty.\infty P.0P.2\breve{P}\infty$ zu Grunde liegt (vgl. S. 81). Zwei dergleichen Krystalle sind nun seitwärts in einander geschoben, wie es Fig. 192 zeigt, und lassen dabei noch einen, zuerst von *Weiss* hervorgehobenen Unterschied wahrnehmen, je nachdem sie einander ihre rechten oder ihre linken Seiten zukehren. So stellt z. B. Fig. 192 einen Zwilling mit links verwachsenen Individuen dar. Um dieses rechts und links zu bestimmen, denkt man sich selbst in dem einzelnen Individuum so aufrecht stehend, dass das Gesicht nach der schiefen Basis 0P (der im Bilde mit *P* bezeichneten Fläche) gewendet ist. Wird der eine Krystall von dem anderen völlig umschlossen, so hört natürlich dieser Unterschied auf, wiefern er blos geometrisch begründet ist.

Sehr belehrend für die Zwillingsbildungen des monoklinen Systems sind auch diejenigen des Glimmers (vgl. diesen im systematischen Theil), bei welchem die Individuen bald neben-, bald übereinandergewachsen sind.

§ 74. Einige Zwillinge des triklinen Systems. In diesem System kommen häufig ein paar Zwillingsbildungen vor, welche zur Unterscheidung der triklinen und monoklinen Feldspathe von grosser Wichtigkeit und daher sehr beachtenswerth sind. Die eine dieser Bildungen steht unter dem Gesetz: Zwillingsaxe die Normale des brachydiagonalen Hauptschnitts. Da nun dieser Hauptschnitt und die Basis in den triklinen Feldspathen nicht mehr rechtwinkelig auf einander sind, so müssen in solchen Zwillingen die beiderseitigen Basen einerseits ausspringende, anderseits einspringende Winkel bilden, wogegen in den monoklinen Feldspathen (wo der brachydiagonale Hauptschnitt dem klinodiagonalen entspricht und Symmetrie-Ebene ist) nach diesem Gesetz gar keine Zwillinge entstehen können, und die beiderseitigen Basen in eine Ebene fallen würden.

Die Krystalle der unter dem Namen Plagioklas vereinigten triklinen Feldspathe (z. B. Albit) lassen diese Zusammensetzung nach $\infty\breve{P}\infty$ sehr häufig wahrnehmen, Fig. 193, und die dadurch von den beiderseitigen Flächen 0P (*P* und *P'*) und ebenso von den beiderseitigen $\breve{P}\infty$ (oder *x* und *x'*) gebildeten sehr stumpfen aus- und einspringenden Winkel sind eine höchst charakteristische Erscheinung, durch welche diese Mineralien auf den ersten Blick ihre trikline Natur zu erkennen geben. Diese Zusammensetzung wiederholt sich gewöhnlich, und so entstehen zunächst Drillings-

Fig. 193.   Fig. 194.

krystalle wie Fig. 194, in welchen meistentheils das mittlere Individuum eine dünne lamellare Form hat, so dass der ganze Drilling wie ein (aus den beiden äusseren Individuen bestehender) einfacher Krystall erscheint, welchem eine Krystall-Lamelle eingewachsen ist. Findet die Wiederholung mehrfach statt, so sind gewöhnlich alle inneren Individuen zu solchen dünnen Lamellen verkürzt, und dann erscheint auf den Flächen *P* und *x* des Krystallstockes eine ausgezeichnete Zwillingsstreifung, welche nicht

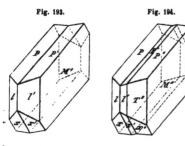

selten so fein ist, dass sie erst unter der Loupe oder in Dünnschliffen unter dem

Mikroskop sichtbar wird. Ueber andere Zwillingsverwachsungen bei triklinen Krystallen vgl. Albit und Anorthit.

Allgemein gilt die Bemerkung, dass auch zwei Zwillinge, von denen ein jeder nach demselben bestimmten Gesetz gebildet ist, nach einem anderen Gesetz zu einem Doppelzwilling zusammenwachsen können. So 'geschieht es z. B., dass zwei Zwillinge des Plagioklases, von denen jeder wie Fig. 193 gebildet ist, in solcher Stellung und nach entsprechendem Gesetz mit einander verwachsen sind, wie es Fig. 192 für die beiden einfachen Orthoklas-Individuen zeigt.

§ 75. **Erhöhung der Symmetrie durch Zwillingsbildung.** Als sehr bemerkenswerth muss es schliesslich hervorgehoben werden, dass den durch Zwillingsverwachsung entstehenden Formen oft höhere und vollkommenere Symmetrieverhältnisse eigen sind, als den betreffenden Einzelindividuen. So erlangen z. B. die nach $\infty \breve{P} \infty$ gebildeten Zwillinge der triklinen Feldspathe (Fig. 193) die Symmetrie des monoklinen Systems, die Zwillinge der monoklinen Mineralien Augit, Hornblende, Gyps, Titanit (z. B. Fig. 190, 191) die Symmetrie des regelmässigeren rhombischen; die Drillinge des rhombischen Witherits erscheinen wie hexagonale Formen; der monokline Harmotom und Phillipsit sind vermöge eigenthümlicher Winkelverhältnisse sogar fähig, durch gehäufte Zwillingsbildung Gestalten von ächt tetragonaler, ja regulärer Symmetrie anzunehmen.

In neuerer Zeit ist der Kreis der hierher zu rechnenden Vorkommnisse noch bedeutend erweitert worden, indem die optische Untersuchung dünner Platten (bisweilen verbunden mit dem Studium der Aetzfiguren) auf das Resultat geleitete, dass die Gestalt mancher Mineralien, welche man von jeher als einem regelmässigeren Krystallsystem wirklich angehörig erachtete, nur eine Sammelform sehr zahlreicher, in Zwillingsstellung befindlicher Individuen eines minder symmetrischen Systems sei. So ist nach *Becke* das Rhomboëder des Chabasits ein Complex trikliner, nach *Grosse-Bohle* das Oktaëder des Senarmontits ein Complex monokliner, nach *Baumhauer* der Würfel des Boracits ein solcher von rhombischen Individuen. In gewissen dieser Fälle ist freilich die Vermuthung nicht ausgeschlossen, dass die optischen Erscheinungen, auf Grund deren sowohl die Existenz als das Krystallsystem der Einzelindividuen erschlossen wurde, nicht auch noch einer anderen Deutung fähig sind.

Derlei Formen, welche äusserlich einen höheren Symmetriegrad besitzen, aber aus Individuen eines niedrigeren Symmetriegrades vermittels polysynthetischer Zwillingsbildung aufgebaut sind, hat *Tschermak* mimetische zu nennen vorgeschlagen (Z. d. d. geol. Ges. 1879. 638); so wäre also der Witherit als mimetisch-hexagonal, der Chabasit als mimetisch-rhomboëdrisch, der trikline Mikroklin-Feldspath als mimetisch-monoklin zu bezeichnen. Solche mimetische Mineralien pflegen durch eine Streifung oder Sculptur auf den Krystallflächen, sodann durch die Inconstanz der Kantenwinkel, ferner durch die Unvereinbarkeit der optischen Charaktere mit den geometrischen gekennzeichnet zu werden.

§ 76. **Zwillingsbildung durch Druck und Erwärmung.** Die Zwillingsbildung, in den meisten Fällen schon anfänglich beim Wachsthum der Krystalle zu Stande gekommen, kann aber auch hin und wieder das Resultat eines secundären Vorgangs sein, indem sie erst später an einem ursprünglich nicht verzwillingten Krystall herbeigeführt worden ist. Es ist nachgewiesen, dass eine solche secundäre

Zwillingsbildung bei gewissen Mineralien einerseits durch Druck, anderseits durch Erwärmung erzeugt werden kann.

Durch einen geeigneten Druck kann z. B., wie *Reusch* und *Baumhauer* zeigten, bei einem Spaltungsrhomboëder des Kalkspaths eine einfache oder lamellar-polysynthetische Zwillingsbildung nach einer Fläche von —$\frac{1}{2}$R hervorgerufen werden (vgl. § 101). *Stelzner* war daher geneigt, die Ursache der so oft bei den Kalkspath-Individuen gröberkörniger Marmore wahrzunehmenden Zwillingsstreifung in dem gegenseitigen Druck zu erblicken, welchen die sich bildenden Krystallkörner auf einander ausübten. *Linck* wies nach, dass die beim Kalkspath in Dünnschliffen beobachtbare Zwillingsstreifung nicht immer eine primäre zu sein braucht, sondern auch bei der Herstellung des Dünnschliffs entstanden sein kann (N. Jahrb. f. Miner. 1883. I. 204). Für gewisse Gesteinsgemengtheile ist es in hohem Grade wahrscheinlich, dass bisweilen die polysynthetische Zwillingsbildung nicht eine ursprüngliche, sondern erst durch spätere mechanische Druckwirkung entstandene oder modificirte ist, so bei Diallagen, bei Feldspathen, für welche *van Werveke* auf Vorkommnisse hinwies, die eine solche Erklärung begründen (z. B. Absetzen der Lamellen an Rissen, welches nicht als Verwerfung gedeutet werden kann; vgl. N. Jahrb. f. Min. 1883. II. 98). *Mügge* hob hervor, dass Krystalle mit secundär (etwa durch Druck) entstandenen Zwillingslamellen sich gegenüber den ursprünglichen, als solche krystallisirten Zwillingen dadurch unterscheiden müssen, dass in ihnen im Allgemeinen keine Symmetrie der äusseren Form mehr vorhanden ist. An eingewachsenen Rutilkrystallen von Graves-Mount beobachtete er, dass die Ecken, als wären sie eine plastische Masse, verbogen waren und dass dort die Zwillingslamellen, auch bei sonst ganz lamellenfreien Krystallen, sich ausserordentlich häufen; die Lamellen durchsetzen hier auch den Krystall nicht der ganzen Breite nach, sondern sind auf die Nachbarschaft der verbogenen Theile beschränkt.

Nachdem *Mallard* schon an Platten von künstlichen Krystallen des rhombischen schwefelsauren Kali gefunden hatte, dass beim Erhitzen derselben die nach ∞P oder ∞P̆3 vorhandenen verzwillingten Lamellen sich erheblich vermehren, gelang es *Baumhauer* auch an vorher als einfach erkannten Platten dieses Salzes durch Temperaturerhöhung eine solche polysynthetische Zwillingsbildung erst hervorzurufen; dieselbe wurde auch in Platten von chromsaurem Kali durch Erhitzen bis zum schwachen Glühen reichlich und in grosser Feinheit erzeugt (Z. geol. Ges. XXV. 1883. 639). *Klein* hatte schon früher dieselbe Erscheinung beim Boracit wahrgenommen, aber damals nicht als Zwillingsbildung deuten können. *Mügge* erhielt in Spaltstücken von Anhydrit durch Erwärmen zahlreiche parallel P̆∞ eingelagerte Zwillingslamellen.

Bei mehren mimetischen Substanzen geht umgekehrt die in gewöhnlicher Temperatur ersichtliche Zwillingsbildung bei stärkerer Erwärmung verloren und die Krystalle erlangen dann eine optische Beschaffenheit, welche mit ihrer Form im Einklang steht; z. B. beim Boracit, Tridymit.

11. Verwachsungen und Einschliessungen ungleichartiger Substanzen.

§ 77. Gesetzmässige Verwachsung ungleichartiger Krystalle. Noch merkwürdiger, als die vorher betrachteten Verwachsungen, sind diejenigen, welche zuweilen zwischen Krystallen wesentlich verschiedener Mineralarten vorkommen und ebenfalls auf eine gesetzmässige Weise erfolgen. Die Individuen sind dabei in der Weise gegen einander orientirt, dass beide mindestens eine Krystallfläche und eine dieselbe begrenzende Kante parallel haben. So kennt man schon lange die von *Germar* zuerst genau beschriebenen Verwachsungen des blauen Disthens und braunrothen Stauroliths, in welchen beiderseits eine Fläche und eine Axe parallel sind. *Breithaupt* hat sehr interessante Verwachsungen von

Eisenglanz und Rutil nachgewiesen, bei welchen kleine Krystalle des letzteren auf einem grösseren Krystall des ersteren so aufgewachsen sind, dass für die Hauptaxe und gewisse Flächen des Rutils ein Parallelismus zu den Zwischenaxen und gewissen Flächen des Eisenglanzes hergestellt wird. — Auf gleiche Weise sind zuweilen grössere Krystalle des Orthoklases (z. B. von Baveno und Elba, von Hirschberg und Striegau in Schlesien) mit kleinen Krystallen von Albit in einer möglichst parallelen Stellung besetzt, oder auch auf gewissen ihrer Flächen mit krystallisirtem Albit überzogen; eine Erscheinung, welche *Leopold v. Buch* schon im Jahre 1826 nach ihrer Gesetzmässigkeit erkannt und genau beschrieben hat. — Der sogenannte Schriftgranit bietet analoge Erscheinungen zwischen einem grösseren Feldspath-Individuum und vielen eingewachsenen Quarz-Individuen dar. — Der Speerkies, eine durch ihre Zwillingskrystalle ausgezeichnete Varietät des Markasits oder rhombischen Eisenbisulfurets, ist öfters mit kleinen Krystallen des Pyrits oder regulären Eisenbisulfurets besetzt, welche sich zu den Krystallen des ersteren in einer gesetzmässigen Stellung befinden[1]). Ein schönes Beispiel liefert auch die zuerst von *Zschau* erkannte regelmässige Verwachsung von Malakon und Xenotim.

Ueber die speciellen Verwachsungs-Beziehungen vgl. die Beschreibung der betreffenden Mineralien in dem systematischen Theil. — *Haidinger* erkannte zuerst eine bisweilen vorkommende Verwachsung zwischen Pyroxen und Amphibol, bei welcher viele lamellare Individuen beider Mineralien mit paralleler Lage der beiderseitigen Verticalaxen und Orthodiagonalen abwechselnd verbunden sind, und einen Theil von dem bilden, was man Smaragdit genannt hat. *G. Rose* untersuchte und beschrieb im J. 1869 die regelmässige Verwachsung der verschiedenen Glimmerarten. *G. vom Rath* bestimmte die Verwachsung von Pyroxen und Amphibol noch etwas schärfer und hob die Gesetzmässigkeit derjenigen von Eisenglanz und Magnoferrit hervor. — Bei der Verwachsung von Quarz und Kalkspath ist eine Quarzfläche R mit einer Kalkspathfläche —$\frac{1}{2}$R und ausserdem die Kante zwischen R und ∞R beim Quarz mit der horizontalen Diagonale der Kalkspathfläche —$\frac{1}{2}$R parallel. Vgl. ferner in dem systematischen Theil z. B. Rutil und Eisenkies. Allgemeine Betrachtungen über die regelmässigen Verwachsungen stellte *Sadebeck* an in Ann. d. Phys. u. Chem. Ergänzgsb. VIII. 659.

Hierher sind auch die eigenthümlichen feindrusigen Ueberzüge von Kupferkies über Krystallen von Fahlerz und Zinkblende zu rechnen, in welchen die kleinen Individuen des Kupferkieses eine sehr regelmässige Stellung gegen die regulären Formen der anderen Schwefelmetalle behaupten. Und ebenso gehört hierher die von *Scheerer* mit dem Namen Interponirung belegte Erscheinung, welche wesentlich darin besteht, dass grösseren Krystallen oder Individuen eines Minerals sehr viele, fast mikroskopisch kleine Lamellen eines anderen in paralleler und regelmässiger Lage eingewachsen sind, wofür der sogenannte Sonnenstein und der Glimmer von South-Burgess in Canada ein paar ausgezeichnete Beispiele liefern.

§ 78. **Regellose makroskopische Einschlüsse von Krystallen in Krystallen.** Das Vorkommen solcher Einschlüsse gehört zu den ziemlich häufigen Erscheinungen des Mineralreichs, und findet sich in sehr verschiedener Weise der Ausbildung. Bald sind es grössere, sehr deutlich erkennbare Krystalle, bald nur haarförmige oder feinschuppige Individuen eines Minerals, welche in ganz regelloser Lage von grösseren Krystallen eines anderen Minerals umschlossen werden. Im

---

[1]) Andere interessante Beispiele von dergleichen Verwachsungen theilte *Breithaupt* mit, in der Berg- und Hüttenmännischen Zeitung, 1861. 153.

ersteren Falle ragen die eingeschlossenen Krystalle bisweilen mehr oder weniger weit aus dem einhüllenden Krystall heraus, auch sind sie wohl mitunter verbogen oder zerbrochen; im zweiten Falle kommt es oft vor, dass die feinen schuppigen oder körnigen Individuen nur nahe an oder auf der Oberfläche des einschliessenden Krystalls vertheilt, ihm gleichsam nur aufgestreut sind.

Besonders häufig ist die Erscheinung am Quarz, zumal an denjenigen reineren Varietäten, welche Bergkrystall genannt werden, und bei ihrer grossen Durchsichtigkeit ganz vorzüglich geeignet sind, die eingeschlossenen Krystalle deutlich erkennen zu lassen. Auch der Kalkspath, der Flussspath, der Baryt, die Feldspathe und Turmaline sind nicht selten mit krystallisirten Einschlüssen versehen, deren Vorhandensein, bei den höheren Graden der Pellucidität, welche diesen Mineralien eigen zu sein pflegen, ebenfalls leicht bemerkt werden kann.

Als weniger deutliche Einschlüsse in Form von staubähnlichen Partikeln, Schüppchen oder haarförmigen Gebilden kommen zumal häufig Pyrit, Kupferkies, Chlorit (Helminth), Amiant und Goethit vor. Die kleinen Pyrit- und Chloritkrystalle zeigen bisweilen innerhalb des sie umschliessenden Krystalls eine mehr oder weniger regelmässige Vertheilung, welche durch die Form dieses Krystalls bestimmt wird. Doch bleibt die gegenseitige Lage der Individuen eine regellose, weshalb die Erscheinung auch in diesem Falle nicht als eine Interponirung, sondern nur als eine regellose Verwachsung ungleichartiger Krystalle zu betrachten ist.

Mit diesen Einschlüssen haben sich besonders *Seiffert* und *Söchting*, *Blum*, *G. Leonhard* und *Kenngott* ausführlicher beschäftigt. Eine vollständige Zusammenstellung der Untersuchungen der vier zuerst genannten Forscher gibt die von der holländischen Soc. der Wissensch. zu Haarlem gekrönte dreifache Preisschrift: Die Einschlüsse von Mineralien in krystallisirten Mineralien, Haarlem 1854.

§ 79. **Mikroskopische Einschlüsse der Mineralien.** Schon zu Ende des ersten Paragraphen wurde hervorgehoben, dass das im Begriff von Mineral enthaltene Merkmal der Homogenität in der Wirklichkeit keineswegs immer vorhanden sei, indem viele Mineralien, ja sogar viele recht vollkommen ausgebildete Krystalle, mit mikroskopischen Einschlüssen versehen sind, welche bei der Beobachtung mit blosem Auge und selbst mit der Loupe gar nicht wahrgenommen werden können. Daher wird denn in neuerer Zeit die mikroskopische Untersuchung der Mineralien und Gesteine mit vollem Recht als eine sehr wichtige Aufgabe der Mineralogie und Petrographie betrachtet. Freilich lässt sich diese Untersuchung in den meisten Fällen nicht ohne einige vorbereitende Operationen ausführen, indem es zunächst darauf ankommt, das betreffende Mineral (oder Gestein) in so dünnen Platten herzustellen, dass es durchsichtig oder doch wenigstens stark durchscheinend wird. Zu dem Ende werden aus ihm durch Schleifung feine Lamellen, sogenannte Dünnschliffe, präparirt, welche hinreichend pellucid sind, um eine mikroskopische Untersuchung im durchgehenden Licht zu gestatten.

Die durch das Mikroskop in den Dünnschliffen der Mineralien zur Anschauung gebrachten eingehüllten fremden Körper sind sehr verschiedener Art. Es sind entweder Krystalle und krystallinische Individuen, oder Einschlüsse einer Flüssigkeit, oder Einschlüsse von Glas oder anderen amorphen Substanzen [1]).

---

1) Vgl. hierüber Ausführliches in *F. Zirkel*, Die mikroskopische Beschaffenheit der Mineralien u. Gesteine, S. 39, und *Rosenbusch*, Mikroskop. Physiographie d. petrographisch wichtigsten Mineralien, S. 18.

Die Gegenwart dieser Gebilde lässt sich zu sehr wichtigen Schlussfolgerungen verwerthen.

Krystallisirte oder krystallinische Körper von mikroskopischer Winzigkeit sind den verschiedensten Mineralien in reichlicher Fülle und vormals ungeahnter Verbreitung eingewachsen. Obschon sie in der Regel während des Wachsthumsactes des sie bergenden Minerals ganz ordnungslos und in zufälliger Stellung darin eingeschlossen wurden, gibt es doch auch manche Fälle, wo ihre innerliche Einlagerung (Interponirung) in einer gesetzmässigen Beziehung zu Form und Wachsthum des grossen Krystalls steht.

So enthalten z. B. die röthlichen Kalkspathkörner des serpentinführenden Kalksteins von Modum in Norwegen eine grosse Menge zinnoberrother oder dunkelorangefarbiger, scharf begrenzter, durchscheinender Nädelchen (wahrscheinlich Nadeleisen) in sich, welche genau parallel den vier Axenrichtungen des Kalkspaths darin orientirt sind. In dem Elaeolith von Laurvig sind grüne Hornblendelamellen auch nach allen vier Axenrichtungen des hexagonalen Minerals eingeordnet; mit ihren flachen Seiten liegen sie zum Theil den drei senkrechten Richtungen der Prismenflächen, zum Theil dem basischen Pinakoid des Elaeoliths parallel. Der Leucit hat die charakteristische Tendenz, zahlreiche fremdartige Körperchen (z. B. Augitmikrolithen, Magneteisenkörnchen) in sich einzuschliessen und dieselben so zu gruppiren, dass sie im Leucit-Durchschnitt entweder einen centralen runden Haufen oder mehre concentrische Kränze darstellen, welche entweder Kreise oder achteckige Figuren sind; sie liegen demnach auf der Oberfläche von kleineren Leucitformen vertheilt, welche man sich in den Krystall eingeschrieben denkt.

Solche Einwachsungen von mikroskopischen krystallisirten oder krystallinischen Individuen sind es auch, wodurch gewisse Mineralien ihre besondere Farbe oder hervorstechende optische Eigenthümlichkeiten erlangen. Rother feinvertheilter Eisenglimmer färbt den bei Stassfurt vorkommenden Carnallit und den Stilbit aus dem tiroler Fassathal intensiv roth. Der Prasem von Breitenbrunn verdankt seine lauchgrüne Farbe einem dichten Gewirre von schilfigen und nadelförmigen Strahlsteinsäulen, mit welchen seine klare farblose Quarzmasse durch und durch gespickt ist. Betreffs anderer durch solche Einlagerungen hervorgebrachter Erscheinungen vgl. den Abschnitt über Farbenwandlung, Schillern und Asterismus.

In manchen Krystallen sind die eingewachsenen mikroskopischen Individuen in ganz ungeheurer Anzahl vorhanden. Die Substanz vieler dunkelgefärbter Mineralien strotzt wahrhaft von innig eingemengten isolirten winzigen Magneteisenkörnchen. In den triklinen Feldspathen vieler Gesteine liegen schwarze und bräunlich durchscheinende Körnchen, Nädelchen und Täfelchen in enormer Anzahl und herabsinkend zu so kleinen Dimensionen, dass ein Theil derselben selbst bei stärkster Vergrösserung nur wie der allerfeinste Staub erscheint. — Ausserdem ist die grosse Verschiedenartigkeit der eingeschlossenen Kryställchen bemerkenswerth; so hat man z. B. Leucit-Individuen untersucht, welche ausser glasigen und flüssigen Partikeln nicht weniger als fünf verschiedene andere mikroskopische Mineralien einhüllten: Augite, Nepheline, Noseane, Granaten, Magneteisen.

Mit Bezug auf die mikroskopischen Einwachsungen fremder krystallinischer Substanzen in Krystallen haben wir ausser vielen anderen Forschern namentlich *H. Fischer*

werthvolle Untersuchungen zu verdanken [1]). Er stellte sich die Aufgabe, gewisse
Mineralien, welche entweder ein sehr complicirtes Analysenresultat ergeben, oder bei
kleiner Anzahl von Bestandtheilen auffallende Quantitätsschwankungen derselben aufweisen, oder endlich selten oder nie krystallisirt gefunden werden, in Dünnschliffen
mittels des Mikroskops zu prüfen, ob sie in der That auch reine Substanz darstellen.
Und als Resultat fand sich für eine ganze Reihe solcher bisher als einfach geltender
Körper, dass sie aus zwei, drei, vier Mineralien zusammengesetzt seien. Mechanisch
beigemengtes Magneteisen enthalten z. B. Wehrlit, Fayalit, Anthosiderit, Anthophyllit,
Hisingerit, Hypersthen u. s. w.; manche dieser besitzen auch noch andere fremde
mikroskopische Mineralgebilde reichlich eingewachsen. Bastit, Aegirin, Catlinit, Lasurstein, Skolopsit u. a. enthüllten sich als förmliches Gemenge verschieden gearteter,
gefärbter und polarisirender Substanzen. Selbst vorzüglich auskrystallisirte Mineralien
sind es, welche sich so als keineswegs homogen zu erkennen geben. Nur als präparirte
Dünnschliffe aber und im durchfallenden Licht tragen sie ihren eigentlichen früher
unvermutheten Charakter zur Schau; denn im auffallenden Licht verrathen sie, sogar
mit den schärfsten Loupen betrachtet, nicht ihren gemengten Zustand.

Die unausbleibliche Folge von den in dieser Richtung weiter ausgedehnten
Forschungen wird die Ausmerzung mancher alten vermeintlichen Mineralart sein,
welche nur eine durch eingewachsene fremde Körper verunreinigte andere ist. Offenbar ist es nun nach solchen Untersuchungen, dass die chemische Analyse zahlreicher
Mineralien, bei welchen sich die verunreinigenden Einwachsungen von der Hauptsubstanz, wie es gewöhnlich der Fall, nicht mechanisch trennen lassen, keine vollkommen exacten Resultate liefern kann, und dass anderseits manche bisher auffallende
oder unerklärliche Ergebnisse der Analysen, welche nicht mit der Normalformel des
Minerals stimmen wollen, in derlei fremden Einmengungen ihren Grund haben. (Vgl.
z. B. Staurolith.) Für die Folge muss es bei der Aufstellung neuer Mineralarten, bei
denen die Anfertigung eines Dünnschliffs nur einigermaassen möglich ist, als unerläss-
lich gelten, durch mikroskopisches Studium vorerst den Nachweis zu liefern, dass
in der That reine Substanz vorliegt. Davon machen die wohlausgebildeten, aber als
solche undurchsichtigen Krystalle keine Ausnahme; denn makro- und mikroskopische
Betrachtung lehrt, dass innige Erfüllung mit fremden Gebilden das Regelmaass der
Krystallform keineswegs zu beeinträchtigen braucht. Denjenigen Mineralien gegenüber,
welche, wie die meisten Erze, keine hinlänglich pelluciden Dünnschliffe liefern, hat
das berechtigte Misstrauen in die Homogenität einen noch viel weiteren Spielraum.

Mit blosem Auge sichtbare Einschlüsse einer Flüssigkeit sind u. a.
in vielen Chalcedonen von Brasilien, Quarzen und Amethysten von Schemnitz und
vom St. Gotthard, in manchen Steinsalzen, Flussspathen, Gypsen nicht eben selten
und längst bekannt. Die in einem Hohlraum sitzende Flüssigkeit besitzt gewöhnlich ein Bläschen, eine Libelle, und bewegt sich deshalb beim Neigen der Stücke
wie diejenige einer Wasserwage hin und her. Auch nachdem *David Brewster*
nachgewiesen, dass solche Höhlungen mit Flüssigkeiten sich gleichfalls in mikroskopischer Kleinheit in manchen anderen Mineralien (z. B. Smaragd, Beryll, Chrysoberyll, Chrysolith, Feldspath, Topas, Sapphir) finden, glaubte man noch, dass dieselben nur in wohl ausgebildeten Krystallen und in diesen blos spärlich und zufällig vorkommen. Erst durch *Henry Clifton Sorby*[2]) wurden (1858) diese Beobachtungen über die Verbreitung mikroskopischer Flüssigkeitseinschlüsse weiter

---

[1]) Kritische mikroskopisch-mineralogische Studien, Freiburg i. Br. 1869, und erste Fortsetzung ebend. 1871; zweite Fortsetzung 1874.
[2]) In seiner für alle Zeit classischen Abhandlung: On the microscopical structure of cry-
stals, indicating the origin of minerals and rocks (Quart. journ. of geol. soc. XIV. 455).

ausgedehnt, verallgemeinert und zugleich auf zwei ganz neue Gebiete gelenkt, indem einerseits die künstlich gebildeten Krystalle in dieser Rücksicht eingehend zur Vergleichung untersucht wurden und anderseits die als Gemengtheile von Gesteinen auftretenden Mineralien eine Prüfung erfuhren. Augenblicklich haben sich die Nachweise über die Verbreitung dieser Gebilde so vervielfacht, dass es im Gegensatz zu den früheren Anschauungen immer wahrscheinlicher wird, eine jede Mineralsubstanz sei unter den erforderlichen genetischen Bedingungen tauglich, liquide Einschlüsse und zwar selbst in reichlicher Anzahl während ihres Wachsthums mechanisch in sich aufzunehmen.

So sind dieselben z. B. beobachtet in: Quarz, monoklinem und triklinem Feldspath, Nephelin, Elaeolith, Leucit, Meionit, Augit, Hornblende, Chlorit, Olivin, Phenakit, Topas, Cordierit, Vesuvian, Smaragd, Beryll, Spinell, Sapphir, Apatit, Kalkspath, Gyps, Flussspath, Steinsalz, Kryolith, Zinnstein, Zinkblende, Zinnober. Diese Mineralien sind allesammt solche, welche in Dünnschliffen genügende Pellucidität erlangen; für die völlig impellucid bleibenden Mineralkörper, z. B. die meisten Erze, lassen sich diese Einschlüsse durch das Mikroskop nicht nachweisen; es ist aber wahrscheinlich, dass sie hier in einem vielleicht nicht minderen Maasse ebenfalls vorhanden sind.

Die kleineren der mikroskopischen Flüssigkeitseinschlüsse in den Mineralien sind gewöhnlich rundlich, dem kugelrunden genähert, eiförmig, die grösseren oft auf das Verschiedenartigste gestaltet mit unregelmässigen Verästelungen und schlauchförmigen Verzerrungen. Weitaus die meisten derselben zeigen ein ganz deutlich erkennbares kugelförmiges Gasbläschen (Libelle) in ihrer Ausfüllung, welches sich sehr oft innerhalb derselben hin und her bewegt. Die freiwillige Beweglichkeit der Libelle ist es, wodurch der ganze Einschluss auf den ersten Blick in entscheidender Weise als eine Flüssigkeit charakterisirt wird. Man deutet diese Erscheinung als *Brown*'sche Molekularbewegung, für welche die Wärme als Ursache angenommen wird. Anderen Flüssigkeitseinschlüssen ist diese selbständige Motion des Bläschens nicht eigen. Bei einem Theile derselben kann aber eine einfache Orts- oder Formveränderung des letzteren durch eine Erwärmung des Präparats herbeigeführt werden, wodurch gleichfalls die liquide Natur der Substanz gekennzeichnet ist. Bei noch anderen Einschlüssen verbleibt die Libelle sowohl bei gewöhnlicher als erhöhter Temperatur fortwährend ganz unbeweglich; dieses indifferente Verhalten darf indessen keineswegs als ein Beweis gegen den flüssigen Charakter gelten. — Die Angabe *Sorby*'s, dass in einem und demselben Krystall ein constantes Verhältniss zwischen dem Volumen der ganzen Einschlüsse und ihrer Bläschen herrsche, hat sich nicht bestätigt, und damit fallen dann auch die scharfsinnigen Folgerungen, welche er daraus betreffs der Temperatur, bei welcher die Krystalle sich gebildet haben, einstmals gezogen hat.

Die grösseren mikroskopischen Flüssigkeitseinschlüsse messen selten mehr als 0,06 Mm. im grössten Durchmesser und es finden sich alle Abstufungen der Kleinheit; die winzigsten erscheinen selbst bei 1000facher Vergrösserung nur als die allerfeinsten, kaum mehr wahrnehmbaren Punkte. Sind die Wandungen, welche die liquiden Einschlüsse begrenzen, gerade und flach, so entsprechen sie, wie bei den künstlich aus Lösungen entstandenen Gebilden, meist auch den Flächen des betreffenden Krystalls.

So sind die mit einem Bläschen ausgestatteten liquiden Einschlüsse im Steinsalz meist hexaëdrisch gestaltet; im Quarz gibt es solche, welche genau die Form einer hexagonalen Pyramide oder der Combination einer solchen mit dem Prisma besitzen. Ja flüssige Einhüllungen von einer den Orthoklas-Combinationen entsprechenden Gestalt wurden im Adular vom St. Gotthard beobachtet.

Die Flüssigkeitseinschlüsse erscheinen innerhalb der Mineralmasse entweder einzeln unregelmässig durcheinander gestreut, oder zu vielfach sich verzweigenden und wieder vereinigenden Reihen und Streifen versammelt, auch wohl zu Haufen und förmlichen Schichten zusammengeschaart. In den Gesteinen bemerkt man manchmal, wie ein solcher Streifen durch mehre benachbarte fremdartige Gemengtheile mit ungestörter Richtung hindurchsetzt. Eine übergrosse Menge sehr kleiner mikroskopischer Flüssigkeitspartikel verursacht oftmals ein milchiges Aussehen der damit imprägnirten sonst völlig klaren Mineralsubstanz, z. B. beim Quarz, Steinsalz, Kalkspath.

Unter den Mineralien ist wohl keines durchschnittlich reicher an solchen flüssigen Einschlüssen als der Quarz, namentlich derjenige, welcher als Gemengtheil der Gesteine, der Granite, Gneisse, Porphyre u. s. w. auftritt. Sie sind stellenweise so massenhaft darin vertreten, dass es in der That von ihnen wimmelt, und dass nach einer Berechnung in einem Cubikzoll daran sehr reichen Quarzes über 1000 Millionen derselben enthalten sind. — Uebrigens scheinen die verschiedenen Mineralsubstanzen mit Bezug auf ihre Tendenz, während ihres Wachsthums flüssige Theilchen in ihre Masse einzuhüllen, von einander abzuweichen. So berichtet auch *Sorby*, dass, wenn gemischte Lösungen von Alaun und Chlornatrium nicht allzu rasch bei gewöhnlicher Temperatur verdunsten, die sich ausscheidenden Chlornatrium-Krystalle so zahlreiche Flüssigkeitseinschlüsse enthalten, dass sie völlig weiss und impellucid erscheinen, während die klaren Alaunkrystalle nur sehr spärliche derselben aufgenommen haben.

Mit Recht wird nicht mehr daran gezweifelt, dass die mikroskopischen Flüssigkeitseinschlüsse in den verschiedenen Mineralien ursprünglich bei der Bildung derselben auf mechanischem Wege eingehüllt wurden und dass nicht etwa das Liquidum erst nachträglich im Laufe der Zeit in präexistirende leere Hohlräume eingedrungen sei. Daraus ergibt sich dann aber, unter Vergleichung der künstlich dargestellten Krystalle, der höchst wichtige Schluss, dass alle Mineralien, welche derlei Einschlüsse beherbergen, gebildet worden sind bei Gegenwart von Flüssigkeit als solcher, oder von Gasen, welche sich zu Flüssigkeiten condensirten.

Sehr bedeutsam ist die Ermittelung der chemischen Beschaffenheit der Flüssigkeitseinschlüsse. Wohl die meisten bestehen aus Wasser oder aus einer Lösung von Salzen oder von Gas in vorwaltendem Wasser. Bei ihnen wird durch steigende Temperatur, durch Erwärmung des Präparats, das Volumenverhältniss zwischen Libelle und Flüssigkeit nicht merklich verändert, selbst bei Temperaturen von 120° ist keine Condensation der Libelle zu beobachten. Ja es kommen in der That auch gesättigte Salzlösungen als mikroskopische Flüssigkeitseinschlüsse vor, welche durch die darin ausgeschiedenen Salzkrystalle charakterisirt sind. Die merkwürdigste Natur ist aber denjenigen Einschlüssen eigen, welche aus flüssiger Kohlensäure bestehen und sich dadurch kennzeichnen, dass während einer Erhöhung der Temperatur schon bei ca. 34°C. das Bläschen durch die enorme Expansivkraft der Kohlensäure zum Verschwinden gebracht wird, worauf dasselbe alsdann während der Abkühlung genau bei demselben Temperaturgrade wiederum in dem Einschluss zum Vorschein kommt.

Die in mehren Quarzen eingeschlossene Flüssigkeit wurde von *H. Davy* und *Sorby* als fast reines Wasser befunden, während der letztere in anderen Quarzen wässerige Flüssigkeiten untersuchte, welche oft eine sehr beträchtliche Menge von Chlorkalium und Chlornatrium, von Sulphaten des Kaliums, Natriums, Calciums und mitunter freie Säuren enthielten. Sehr weit verbreitet scheinen die Liquida zu sein, welche aus kohlensäurehaltigem Wasser bestehen.

Die gesättigten Salzlösungen sind bis jetzt hauptsächlich nur in Quarzen nachgewiesen worden, scheinen aber, wo dies Mineral als Gemengtheil von Felsarten auftritt, gar nicht so selten zu sein. Zur Zeit hat man so nur Chlornatriumlösung gefunden, in welcher neben der Libelle ein kleines oft scharfkantiges wasserhelles Würfelchen des Salzes schwimmt. Dass hier in der That Chlornatrium vorliegt, dies wurde einmal auf spectral-analytischem Wege dargethan, indem der in der Flamme decrepitirende Quarz ein prachtvolles Aufblitzen der Natrium-Linie hervorrief; anderseits ergab destillirtes Wasser, in welchem derselbe Quarz gepulvert worden war, mit salpetersaurem Silberoxyd einen sehr deutlichen Niederschlag von Chlorsilber[1]).

Den Nachweis von der Gegenwart flüssiger Kohlensäure in den Mineralien verdanken wir den ingeniösen Experimenten von *Vogelsang* und *Geissler*. Nachdem schon 1858 *Simmler* vermuthet hatte, dass wohl gewisse der von *Brewster* mehrfach in Krystallen aufgefundenen und beschriebenen Flüssigkeiten liquide Kohlensäure sein dürften, weil die angeführten physikalischen Eigenschaften, insbesondere das so beträchtliche Expansionsvermögen, am meisten mit denjenigen dieses seltsamen Körpers übereinstimmen, thaten jene beiden Forscher 1869 die wirkliche Existenz desselben in Mineralien dar. Das Liquidum in einem Bergkrystall und in Topasen besass genau diejenigen Expansionsverhältnisse, welche nach *Thilorier* der flüssigen Kohlensäure zukommen. Beim Decrepitiren ergeben diese Mineralien in dem Spectral-Apparat das Spectrum der reinen Kohlensäure, indem beim Zersprengen in Kalkwasser erzeugen sie eine Abscheidung von kohlensaurem Kalk[2]). Fast gleichzeitig und unabhängig wies *Sorby* überzeugend nach, dass auch das in Sapphiren eingeschlossene Liquidum Kohlensäure ist[3]). Nachdem einmal die Beweise für ihre wirkliche Existenz in den Mineralien geführt und die Unterscheidungsmerkmale festgestellt waren, gelang es, die flüssige Kohlensäure auch in Gemengtheilen von Gesteinen aufzufinden, wie sie denn in Quarzen von Graniten und Gneissen gar nicht so selten ist, und auch in Augiten, Olivinen und Feldspathen der Basalte vorkommt[4]).

Wie ein aus einer wässerigen Lösung entstehender Krystall Mutterlauge-Partikelchen mechanisch in sich aufnimmt, so hüllt ein aus einer künstlich geschmolzenen Materie sich ausscheidender Krystall während seines Wachsthums sehr häufig kleine isolirte Partikel des umgebenden Schmelzflusses in seine Masse ein, welche, indem sie rasch erstarren, sich gewöhnlich als Einschlüsse von glasiger Substanz darstellen. Mikroskopische Glaseinschlüsse solcher Art besitzen auch in gewissen natürlichen Mineralvorkommnissen eine ganz ungeheure Verbreitung; sie finden sich sowohl in den Gemengtheilen derjenigen Gesteine, deren Masse zum

---

1) *F. Zirkel*, N. Jahrb. f. Mineral. 1870. 802.
2) Ann. d. Phys. u. Chem., Bd. 137, 1869. 56 u. 265.
3) Proceedings of the Royal Society XVII. 1869. 291.
4) Vgl. noch über diese Einschlüsse die Abhandlung von *Erhard* und *Stelzner* (Min. u. petr. Mitth. 1878. 450), worin u. a. angegeben wird, dass der »kritische Punkt«, diejenige Temperatur, bei welcher die Libelle als solche verschwindet, bei den selbst in demselben Krystall befindlichen einzelnen Flüssigkeiten etwas verschieden sein kann, sowie dass auch für manche Einschlüsse, welche wahrscheinlich aus unreiner Kohlensäure bestehen, der kritische Punkt niedriger, z. B. zwischen 25 und 26° C. liegt.

grössten oder grossen Theil selbst zu Glas erstarrt ist, wie z. B. der porphyrartigen Obsidiane, der Pechsteine, als auch derjenigen, welche bei ihrer Festwerdung lediglich oder fast gänzlich zu einem krystallinischen Aggregat ausgebildet wurden. Wo immer die Glaseinschlüsse sich zeigen, da liefern sie den u n w i d e r l e g l i c h s t e n Beweis dafür, dass der sie einhüllende Krystall in Gegenwart einer geschmolzenen Masse fest geworden ist, eine Thatsache, welche für die genetische Mineralogie, Petrographie und Geologie die höchste Bedeutung besitzt.

Die in fremder Krystallmasse eingeschlossenen mikroskopischen Glaspartikel haben sehr oft eine dem eirunden oder kugelrunden genäherte tropfengleiche Umgrenzung, mitunter aber auch eckige und zackige, unregelmässige und keilähnliche Form. Nicht selten ist auch die oben gleichfalls für die Flüssigkeitseinschlüsse hervorgehobene Erscheinung, dass ihre Contour die Gestalt des sie einschliessenden Krystalls im Miniaturmaassstabe wiedergibt.

Wir haben es hier gewissermaassen mit negativen Krystallen zu thun, wobei der durch sie bedingte Hohlraum mit Glas erfüllt ist. So kommen in den vesuvischen Leuciten isolirte Partikel braunen Glases vor, welche ihrerseits ausserordentlich scharf die Leucitform zur Schau tragen. Vielorts (z. B. in Felsitporphyren, Rhyolithen, Pechsteinen) besitzen die Glaseinschlüsse im Quarz vermöge ihres pyramidalen Umrisses, der oft als solcher hervortritt, einen hexagonalen oder rhomboidalen, diejenigen im Feldspath einen länglich-rechteckigen Durchschnitt, so dass man schon aus der Configuration derselben zu erkennen vermag, ob es Quarz oder Feldspath ist, der sie einhüllt.

In den Glaseinschlüssen findet sich nun gewöhnlich gleichfalls ein, im Gegensatz zu demjenigen der flüssigen Einschlüsse sehr dunkel umrandetes Bläschen oder auch mehre derselben. Diesem Bläschen innerhalb des starren Glases ist natürlich die freiwillige Bewegung oder die durch Erwärmung bewirkte Ortsveränderung, wie sie die Libellen der liquiden Partikel charakterisirt, durchaus versagt. Das Bläschen ist in der Regel ziemlich kugelrund, oft eirund, hin und wieder birnförmig, oder sackähnlich und schlauchförmig gekrümmt; es existirt selbst innerhalb desselben Krystalls keinerlei Beziehung zwischen dem Volum des Bläschens und dem des ganzen Einschlusses, wie denn dicke Glaspartikel mit ganz kleinem und solche mit ausnehmend grossem Bläschen nebeneinander vorkommen [1]). Die hyalinen Einschlüsse finden sich bald ganz unregelmässig durch die Krystallmasse vertheilt, bald auf gewisse Stellen, z. B. das Centrum beschränkt, wobei dann die anderen Krystalltheile arm daran oder frei davon sind. Häufig ist die charakteristische Erscheinung, dass die innerliche Gruppirung der Glaskörner in Schichten erfolgte, welche mit den äusseren Flächen des Krystalls parallel gehen und durch Lagen einschlussfreier Krystallsubstanz von einander getrennt sind.

Der Krystall wurde daher in einem Zeitpunkte seines Wachsthums auf seiner ganzen Oberfläche von zahlreich anhaftenden isolirten Theilchen des umgebenden Schmelzflusses bedeckt und vergrösserte sich darauf wieder durch Ansatz seiner eigenen Masse. Mitunter fand dieser Process wiederholt statt und es ergeben sich dann in dem Krystalldurchschnitt mehre concentrische Zonen von Glaspartikeln.

---

1) Ueber Glaseinschlüsse überhaupt und die Anhaltspunkte zur Unterscheidung derselben von den Flüssigkeitseinschlüssen vgl. *F. Zirkel*, die mikrosk. Beschaffenh. d. Mineral. u. Gest., 1873. 66. — Ueber die noch nicht hinlänglich aufgeklärten sog. secundären Glaseinschlüsse vgl. *Arthur Becker* in Z. d. geol. Ges. XXXIII. 1881. 40; *v. Chrustschoff* in *Tscherm*. Min. u. petr. Mitth. IV. 1882. 475; *Becke*, ebendas. V. 1883. 174.

Die Anzahl der von den Krystallen eingehüllten mikroskopischen Glaspartikel geht oft ins Erstaunliche. Durchschnitte von Leucitkrystallen aus Vesuvlaven z. B., welche das Gesichtsfeld des Mikroskops bilden, bieten manchmal Hunderte von winzigen braungelben Glaseinschlüssen in e i n e r Ebene dar, und bei der um ein Minimum veränderten Focaldistanz treten Hunderte andere tiefer oder höher' gelegene Glaskörner innerhalb der farblosen Leucitsubstanz hervor, so dass diese in der That durch und durch auf das Innigste mit feinen Glaspartikeln imprägnirt ist, welche in einem nur den Bruchtheil eines Millimeters messenden Krystall nach Tausenden zählen. In derselben Weise strotzen z. B. viele Feldspathe, Augite, Noseane, Hornblenden u. s. w. von hyalinen Theilchen.

Schliesslich sei noch erwähnt, dass in den Glaseinschlüssen, welche ja im Moment ihrer Einhüllung geschmolzene Partikel waren, sich manchmal eine Ausscheidung winziger Mikrolithen in Form feinster Nädelchen oder Fäserchen ereignet hat.

Ausser den eigentlich glasigen Einschlüssen begegnet man in den Mineralindividuen, welche als Gemengtheile von gewissen Eruptivgesteinen vorkommen, noch anderen ebenfalls a m o r p h e n Einhüllungen, welche hauptsächlich aus der den Grundteig des Gesteins bildenden, nicht individualisirten Substanz bestehen, und genetisch sowie morphologisch den Glaspartikeln sehr ähnlich sind.

II. Abtheilung. Morphologie der krystallinischen Aggregate.

1. Allgemeine Verhältnisse der Aggregation.

§ 80. **Verschiedene Beschaffenheit der Aggregate.** Nach § 4 sind es besonders das herrschende Gesetz der Aggregation und die unbestimmte, oft sehr geringe Grösse der Individuen, welche den meisten Vorkommnissen des Mineralreichs einen ganz eigenthümlichen Charakter ertheilen. Die Aggregate der krystallinischen Mineralien lassen sich nach ihrer m a k r o s k o p i s c h e n Erscheinungsweise in vier Abtheilungen bringen, je nachdem noch eine theilweise freie Auskrystallisirung der Individuen stattfindet oder nicht, je nachdem die krystallinische Zusammensetzung des Aggregats selbst noch deutlich wahrnehmbar ist oder nicht, und je nachdem die Individuen selbst noch deutlich erkennbar sind oder nicht. Hiernach gibt es also dem unbewaffneten Auge gegenüber:

I. Aggregate wenigstens theilweise f r e i ausgebildeter, deutlich erkennbarer Individuen (k r y s t a l l i s i r t e Aggregate *Naumann's*).

II. Aggregate n i c h t m e h r f r e i auskrystallisirter Individuen:

    1) die krystallinische Zusammensetzung ist als solche e r k e n n b a r (p h a n e r o k r y s t a l l i n i s c h e Aggregate);

        a) die einzelnen Individuen sind als solche erkennbar (phanerokrystallinische eudiagnostische Aggregate);

        b) die einzelnen Individuen sind als solche nicht mehr makroskopisch erkennbar (phanerokrystallinische adiagnostische Aggregate).[1]

    2) die vorhandene krystallinische Zusammensetzung ist als solche n i c h t m e h r e r k e n n b a r, selbstverständlich können dann auch die einzelnen Individuen mit blosem Auge nicht mehr unterschieden oder erkannt werden (k r y p t o k r y s t a l l i n i s c h e Aggregate)[1]).

---

[1] Während sich das Vorstehende auf die makroskopische Beschaffenheit der Aggregate bezieht, kehren bei den mikroskopischen Aggregaten die unter II angeführten Gegensätze

Die phanerokrystallinischen Aggregate werden je nach der Grösse ihrer Individuen allgemein auch als makrokrystallinisch und mikrokrystallinisch unterschieden; die letzteren schliessen sich an die kryptokrystallinischen Aggregate an, in welchen die Zusammensetzung zwar für das unbewaffnete Auge verschwindet, aber gewöhnlich durch Vergrösserung noch sichtbar gemacht werden kann (dichter Kalkstein).

Die besondere Beschaffenheit eines jeden phanerokrystallinischen Aggregats hängt mehr oder weniger von der allgemeinen Configuration der Individuen ab, in welcher Hinsicht besonders der isometrische oder körnige, der lamellare, und der stängelige Typus als die drei vorwaltenden Formen zu berücksichtigen sind.

Welche Form und Grösse, und welchen Grad der Ausbildung aber auch die Individuen haben mögen, so sind doch jedenfalls die zwei Fälle zu unterscheiden, ob das Aggregat im freien oder im beschränkten Raume gebildet worden ist.

§ 84. Zusammenfügungsflächen und dadurch bedingte Formen. Wenn sich viele Individuen in dichtem Gedränge neben und über einander gebildet haben, so berühren und beschränken sie sich gegenseitig in Flächen von regelloser Lage und Ausdehnung, welche Zusammenfügungsflächen oder Contactflächen genannt werden. Diese Flächen sind meist uneben, oft rauh oder unregelmässig gestreift, und dürfen weder mit Krystallflächen noch mit den weiter unten zu erwähnenden Spaltungsflächen verwechselt werden. Die Zusammenfügungsflächen der Individuen in den Zwillingskrystallen sind grossentheils, und die Spaltungsflächen sind sämmtlich durch ihre Ebenheit und ihre gesetzmässige Lage von diesen regellosen Zusammenfügungsflächen unterschieden.

Wenn jedoch innerhalb eines Aggregats hier und da leere Zwischenräume geblieben sind, so treten in diese letzteren die zunächst angrenzenden Individuen mit Krystallflächen aus, und so kann es kommen, dass selbst mitten in einem Aggregat einzelne Individuen theils von Krystallflächen, theils von Zusammenfügungsflächen begrenzt werden.

Die Formen der wesentlich von Zusammenfügungsflächen begrenzten Individuen sind:

a) bei isometrischem oder körnigem Typus, gewöhnlich eckigkörnig, selten rundkörnig oder plattkörnig;

b) bei stängeligem Typus, entweder stabförmig (bacillar), d. h. von gleicher Dicke, oder nadelförmig (acicular), d. h. nach dem einen Ende zugespitzt, nach dem anderen Ende verdickt;

wieder. Ein solches Aggregat ist unter dem Mikroskop phanerokrystallinisch, wenn es seine Zusammensetzung aus krystallinischen Theilchen offenbart; können die letzteren ihrer mineralogischen Natur nach erkannt werden, so ist das mikroskopisch-phanerokrystallinische Aggregat eudiagnostisch, andernfalls adiagnostisch. Kann u. d. M. die vermuthlich vorhandene krystallinische Zusammensetzung überhaupt nicht mehr wahrgenommen werden, so liegt ein kryptokrystallinisches Aggregat vor, welches natürlich stets adiagnostisch ist. Vielfach sind bisher die Begriffe krystallin und diagnostisch mit einander verwechselt worden, so z. B. von *Rosenbusch* (Massige Gesteine 1877. 70), welcher Grundmassepartien, »die sich nur als ein krystallines Aggregat schlechthin, ohne nähere Definirbarkeit der einzelnen Partikel erkennen lassen, als kryptokrystallin« bezeichnete. Die Krystallinität des Aggregats ist in diesem Falle gar nicht verborgen, sondern die mineralogische Natur der zusammensetzenden Theilchen; es handelt sich im Gegentheil hier um ein entschieden phanerokrystallinisches, aber adiagnostisches Aggregat.

c) bei lamellarem Typus, entweder tafelförmig, d. h. von gleicher Dicke, oder keilförmig, d. h. nach der einen Seite zugeschärft, nach der anderen Seite verdickt.

Sehr dünne Stängel werden Fasern, und sehr kleine und dünne Lamellen Schuppen genannt. Oft haben die Stängel eine grössere Breite als Dicke, in welchem Falle ihre Form breitstängelig heisst.

§ 82. Verschiedene Grade der Aggregation. Durch das Zusammentreten vieler Individuen, entstehen eigenthümliche Aggregationsformen, welche, obgleich verschieden von den Krystallformen, doch noch bisweilen eine gewisse Regelmässigkeit erkennen lassen. Die ersten, unmittelbar durch die Verwachsung der Individuen gebildeten Formen nennen wir Aggregationsformen des ersten Grades. Allein die Aggregation wiederholt sich sehr häufig, indem neben oder über dem zuerst gebildeten Aggregat ein zweites, drittes, viertes u. s. w. abgesetzt wurde, durch welche doppelte Zusammensetzung Aggregationsformen des zweiten Grades entstehen, deren nächste Elemente nicht Individuen, sondern Aggregate des ersten Grades sind. Nicht selten finden wir eine nochmalige Wiederholung der Aggregation, indem Aggregate des zweiten Grades abermals zu Aggregaten verbunden sind, welche demnach als Aggregate des dritten Grades bezeichnet werden können.

Jeder Grad der Aggregation bedingt natürlich das Dasein besonderer Zusammensetzungsflächen, welche daher eigentlich als Zusammenfügungsflächen des ersten, zweiten oder dritten Grades zu unterscheiden sein würden. Doch wollen wir künftig diejenigen des zweiten und dritten Grades Zusammensetzungsflächen, oder auch nach Befinden Ablagerungsflächen nennen, und das Wort Zusammenfügungsflächen lediglich von den Contactflächen der Individuen gebrauchen.

§ 83. Textur und Structur der Aggregate. Die Aggregation der Individuen bedingt für die so zusammengesetzten Varietäten des Mineralreichs zuvörderst eine innere Textur, welche den einfachen Krystallen und den anorganischen Individuen überhaupt gänzlich abgeht [1]).

Unter der Textur eines Mineral-Aggregats verstehen wir mit *Naumann* die durch die Grösse, Form, Lage und Verwachsungsart seiner einzelnen Individuen bedingte makroskopische Modalität der Zusammensetzung. So lange die Individuen noch eine erkennbare Grösse besitzen, wird sich die Zusammensetzung durch die Textur immer noch kund geben; sind aber die Individuen mikroskopisch klein, so verschwindet mit der Zusammensetzung auch die erkennbare Textur des Aggregats. Die kryptokrystallinischen Mineralien erscheinen daher dicht, d. h. ohne alle Textur.

Diese kryptokrystallinischen dichten Mineralien können leicht mit den amorphen Mineralien verwechselt werden, welche stets dicht sind. Hat man Dünnschliffe von hinreichender Durchsichtigkeit hergestellt, so wird deren mikroskopische Prüfung im polarisirten Lichte meist darüber entscheiden, ob man es mit einem kryptokrystallinischen Aggregat, oder mit einem wirklich amorphen Mineral zu thun hat. Glatter

---

1) Es scheint zweckmässig, das unmittelbar und zunächst durch die Individuen selbst bedingte Gefüge der Aggregate als Textur von den ausserdem noch vorkommenden Arten des Gefüges zu unterscheiden, welchen der Name Structur gelassen werden mag.

muscheliger Bruch, starker Glanz der Bruchflächen, und höhere Grade der Pellucidität lassen übrigens bei einem dichten Mineral immer eher auf amorphen, als auf krystallinischen Zustand schliessen.

Die Unterscheidung der verschiedenen Arten von Textur setzt in der Regel eine phanerokrystallinische Zusammensetzung voraus.

Nach der Form der Individuen erscheint die Textur entweder als körnige, oder als schalige (blätterige) und schuppige, oder als stängelige und faserige Textur, welche dann weiter nach der Grösse der Individuen als gross-, grob-, klein- und feinkörnig, als dick- und dünnschalig, als grob- und feinschuppig, als dick- und dünnstängelig, sowie als grob- und feinfaserig unterschieden wird. Nach der besonderen Form der Lamellen und Stängel unterscheidet man wohl auch gerad- und krummschalige, gerad- und krummstängelige, gerad- und krummfaserige Textur.

Nach der Lage der Individuen erscheint

die schalige (oder blätterige) Textur: parallelschalig, divergentschalig und verworren-schalig;

die schuppige Textur: körnigschuppig und schieferigschuppig;

die stängelige und faserige Textur: parallel-, radial- und verworren-stängelig oder -faserig.

Nach der Verwachsungsart der Individuen ist die Textur fest, locker oder zerreiblich. Bisweilen lässt auch die Masse eines Aggregats Zwischenräume wahrnehmen, welche dann gewöhnlich eine drusige Oberfläche haben, und die poröse oder cavernose Textur, im Gegensatz der compacten Textur bedingen.

Die Aggregate des zweiten und dritten Grades lassen ausser der Textur der sie zusammensetzenden einfachen Aggregate auch noch eine ihnen eigenthümliche Structur wahrnehmen, welche wesentlich durch die Form, Lage und Verbindungsweise dieser einfachen Aggregate bestimmt wird, und gewöhnlich als krummschalige oder als grob- und grosskörnige Structur erscheint.

Hierher gehört die sogenannte doppelte Structur, in welcher eine Vereinigung von Textur und Structur stattfindet, und die dreifache Structur, welche eigentlich eine doppelte ist, und allemal ein dreifaches Aggregat voraussetzt. Da die Verhältnisse der Structur von der Form der einfachen Aggregate abhängig sind, so müssen wir nun zunächst diese in Betrachtung ziehen.

2. Formen der krystallisirten Agreggate.

§ 84. **Krystallgruppe.** Die Formen der im freien oder halbfreien Raum deutlich auskrystallisirten Aggregate lassen sich mit *Mohs* wesentlich auf die Krystallgruppe und Krystalldruse zurückführen.

Unter einer Krystallgruppe versteht man ein Aggregat vieler, um und über einander ausgebildeter Krystalle, welche eine gewisse Regel der Anordnung zeigen und sich gegenseitig dergestalt unterstützen, dass nur wenige Punkte als die Stützpunkte des Ganzen erscheinen. Wir unterscheiden sie als eingewachsene und aufgewachsene Krystallgruppe.

a) Bei eingewachsenen oder freien Krystallgruppen liegen die Stützpunkte im Mittelpunkt der Gruppe, von welchem aus sich die Krystalle nach allen Richtungen ausbreiten. Nach der besonderen, z. Th. in wiederholter Aggregation begründeten Gestalt erscheinen sie als kugelige, ellipsoidische, sphäroidische, traubige, nierförmige, knollige, garbenförmige und unregelmässige Krystallgruppen.

b) Bei aufgewachsenen oder halbfreien Krystallgruppen liegen die Stützpunkte an der Grenze der Gruppe auf einer fremdartigen Unterlage, oberhalb welcher sich die Krystalle ausbreiten. Auch bei ihnen kommen im Allgemeinen die kugeligen, traubigen, nierförmigen, knolligen und unregelmässigen Formen zur Unterscheidung, obwohl solche in der Regel nur mit der oberen Hälfte ausgebildet sind.

Ausserdem aber entwickeln sich nach Maassgabe des besonderen Formentypus der Individuen noch folgende besondere äussere Gestalten der Krystallgruppe:

α) Bei isometrischem oder körnigem Typus der Krystalle pflegen in den freien oder aufgewachsenen Krystallgruppen keine anderen, besonders erwähnenswerthen Verhältnisse vorzukommen als die, dass die Krystalle bisweilen eine reihenförmige, treppenförmige oder auch eine kugelige, halbkugelige Anordnung u. s. w. erkennen lassen.

β) Bei tafelartigem Typus sind die Krystalle gewöhnlich auf die Weise gruppirt, dass sie von einer Linie, wie von einer gemeinschaftlichen Axe aus divergiren, während ihre breiten Seitenflächen einander zugewendet sind, was nothwendig mit einer keilartigen Verschmälerung jedes Krystalls nach der Gruppirungsaxe hin verbunden ist. Die so gebildeten Gruppen erscheinen keilförmig, fächerförmig, radförmig, mandelförmig, wulstförmig, cylindrisch oder doppelt kegelförmig. — Selten sind tafelartige Krystalle so verbunden, dass ihre breiten Seitenflächen beiderseits in eine Ebene fallen, wodurch bei divergirender Stellung die kamm- und radförmigen Gruppen entstehen. — Sind viele tafelartige Krystalle rings um einen gemeinschaftlichen Mittelpunkt geordnet, so bilden sie rosettenförmige Krystallgruppen.

γ) Bei stängeligem Typus sind die Krystalle entweder parallel oder divergirend zusammengewachsen; in ersteren Falle entstehen bündelförmige Gruppen, im anderen Falle, welcher meist mit einer Verschmälerung jedes Individuums nach dem Gruppirungscentrum hin verbunden ist, büschelförmige, oder auch sternförmige, kugelige und halbkugelige Krystallgruppen.

§ 85. Krystalldruse. Unter einer Krystalldruse versteht man ein Aggregat vieler neben einander gebildeter Krystalle, welche sich, ohne eine bestimmte Anordnung, auf eine gemeinschaftliche Unterlage dergestalt stützen, dass ihre Stützpunkte auf der ganzen Unterlage vertheilt sind. Die Druse hat sich entweder aus ihrer Unterlage heraus, oder blos auf ihrer Unterlage gebildet; im ersteren Falle ist die Unterlage gleichartig mit der Druse, welche dann nur aus den letzten, frei ausgebildeten Individuen derselben Mineralart besteht, deren Individuen weiter abwärts ein körniges, lamellares oder stängeliges Aggregat bilden, in welchem dieselben gewissermaassen wurzeln. Im zweiten Falle ist die Unterlage theils und gewöhnlich ungleichartig, theils aber auch gleichartig mit der Druse.

Die Form der Drusen richtet sich im Allgemeinen nach der Form desjenigen Raumes, dessen Begrenzungsfläche ihre Unterlage bildet; sie ist also ganz zufällig, bald eben, bald uneben, gewöhnlich sehr unregelmässig und oft von allen Seiten umschlossen (Drusenhöhle). Bildet die Unterlage einen hohlen sphäroidischen Raum, so nennt man die Druse eine Geode, dergleichen in den grösseren Blasenräumen der Mandelsteine nicht selten zur Ausbildung gelangt sind. Wenn die Druse nur aus einer Lage vieler kleiner, aber ziemlich gleich grosser, dicht neben einander stehender Krystalle

besteht, so bildet sie eine drusige Kruste oder einen Ueberzug ihrer Unterlage, welcher die Form dieser letzteren noch deutlich erkennen lässt, und, wenn die
Krystalle sehr klein sind, nur noch als eine Drusenhaut erscheint. Sehr häufig
sind grössere Krystalle eines anderen Minerals mit einer solchen Drusendecke oder
Drusenkruste überzogen, welche die Formen der umhüllten Krystalle noch mehr oder
weniger erkennbar zur Schau trägt. Hat sich eine Druse oder überhaupt eine krystallinische Masse über einer anderen, früher vorhandenen Druse gebildet, so wird sie auf
ihrer Unterfläche die Eindrücke der Krystalle dieser älteren Druse zeigen müssen,
welche Eindrücke als freie Hohlabdrücke solcher Krystalle erscheinen werden,
wenn die ältere Druse später zerstört worden ist. — Manche Drusen zeigen ausnahmsweise die Merkwürdigkeit, dass sich ihre Individuen entweder insgesammt oder doch
gruppenweise in paralleler Stellung befinden; in den meisten Drusen ist jedoch keine
bestimmte Anordnung der Individuen zu entdecken.

3. Freie Formen der mikrokrystallinischen Aggregate.

§ 86. **Einfache Aggregationsformen.** Die, zwar noch kenntlich krystallinischen, aber nicht mehr deutlich auskrystallisirten Aggregate bestehen in der
Regel aus sehr kleinen Individuen, welche nach Maassgabe ihres besonderen Formentypus als feine Körner, als Schuppen, oder als feine Nadeln und Fasern erscheinen, dicht aneinander gedrängt sind, und daher eine körnige, eine schuppige,
oder eine faserige Textur des Aggregats bedingen. Verkleinern sich die Individuen
immer mehr, so hören sie endlich auf, unterscheidbar zu sein; die Textur verschwindet, und das Aggregat wird kryptokrystallinisch.

Die im freien (oder doch wenigstens im einseitig freien) Raume gebildeten
Formen solcher mikrokrystallinischen und kryptokrystallinischen Aggregate erscheinen sehr häufig als Aggregationsformen des zweiten und dritten Grades (§ 82),
sind in ihrer allgemeinen Ausdehnung nicht selten abhängig von der Schwerkraft,
finden aber ausserdem ihre Erklärung in den Verhältnissen der Krystallgruppe und
Krystalldruse. Die ihnen zu Grunde liegenden Aggregationsformen des ersten Grades
sind entweder um einen Punkt, oder längs einer Linie, oder auch über einer
Fläche zur Ausbildung gelangt, und stellen daher im Allgemeinen entweder
kugelige, oder langgestreckte, oder flach ausgebreitete Formen dar.

Die Kugeln haben sich bisweilen ganz frei gebildet, und erscheinen dann als
vollständige Kugeln (Erbsenstein, Oolith). Häufiger entstanden sie auf einer
Unterlage, und erweisen sich nur als Halbkugeln, oder, wenn sich viele neben
einander bildeten, als unregelmässige Kugelausschnitte, welche in ihrer
Vereinigung eine mehr oder weniger starke Decke von nierförmiger Oberfläche
darstellen, die eigentlich schon eine Aggregationsform des zweiten Grades ist. —
Die langgestreckten Formen sind entweder cylindrisch, und dann meist
gerade, selten zackig gewunden (Eisenblüthe); oder sie sind kegelförmig.
zapfenförmig, keulenförmig und kolbenförmig gestaltet. Bisweilen erscheinen sie hohl oder röhrenförmig. — Die flach ausgebreiteten Formen stellen
Krusten, Schalen, Ueberzüge oder Decken dar, von ebenflächiger oder
krummflächiger Ausdehnung, in welcher Hinsicht sie ganz abhängig von der Form
ihrer Unterlage sind. Ist oder war diese Unterlage ein Krystall, so zeigen dergleichen Krusten krystallähnliche Formen, welche man Umhüllungs-Pseudo-

morphosen genannt hat (Hornstein, Brauneisenerz). Diese Krystallkrusten sind nicht selten hohl, wenn nämlich der Krystall, um welchen sie sich gebildet hatten, später zerstört und weggeführt worden ist. Uebrigens werden die aus mikro- und kryptokrystallinischen Mineralien bestehenden Krusten und Decken, wenn sie sich über früher vorhandenen Drusen bildeten, auf ihrer Unterfläche dieselben Krystalleindrücke zeigen müssen, welche oben S. 124 bei der Krystalldruse erwähnt worden sind.

Ueber die Textur dieser Aggregationsformen ist noch zu bemerken, dass, bei faseriger Form der Individuen, in den kugeligen Formen eine radiale, in den cylindrischen Formen eine um die Axe symmetrisch geordnete und auf sie rechtwinkelige, in den Krusten eine gegen die Unterlage rechtwinkelige Stellung der Individuen stattzufinden pflegt. In den zackig gewundenen Formen der Eisenblüthe stehen jedoch die Individuen schiefwinkelig auf der Axe.

Die meisten langgestreckten und flach ausgebreiteten Aggregationsformen haben sich aus einer Flüssigkeit, während des freien Herabtröpfelns oder auch tropfenweisen Abfliessens derselben gebildet, weshalb man sie auch unter dem gemeinschaftlichen Namen von Stalaktiten oder stalaktitischen Formen (Tropfsteinen) zusammenfasst. Die langgestreckten Formen sind daher in ihrer Längenausdehnung gewöhnlich vertical, wenn sie sich noch in ihrer ursprünglichen Lage befinden. — Sehr merkwürdig sind die bisweilen vorkommenden cylindrischen, röhrenförmigen, zapfenförmigen Gestalten, deren Spaltungsverhältnisse beweisen, dass sie nur aus einem einzigen Individuum bestehen.

Zu den ganz eigenthümlichen mikrokrystallinischen oder auch kryptokrystallinischen Aggregaten gehören endlich auch diejenigen, welche zumal an einigen gediegenen Metallen (namentlich Gold, Silber, Kupfer und Wismuth), an ein paar Metallverbindungen (Silberglanz und Speiskobalt, namentlich schön an dem mikroskopischen Magneteisen in den Gesteinen), zum Theil auch an künstlich dargestellten Salzen (z. B. am Salmiak) vorkommen, und mit der Krystallform dieser Körper im genauesten Zusammenhang stehen. Sie setzen reguläre, oder doch wenigstens solche Krystallformen voraus, welche einen isometrischen Typus der Individuen gestatten, und sind wesentlich in einer reihenförmigen oder linearen Gruppirung der Individuen begründet, bei welcher sich dieselben durchaus in paralleler oder auch in zwillingsmässiger Stellung befinden. Diese linearen Aneinanderreihungen erfolgen dabei nach den Axenrichtungen (vgl. § 61, 3).

Sind die Individuen sehr klein und mit einander sehr innig verwachsen, so erscheinen diese Aggregate als haarförmige oder drahtförmige, gewöhnlich mehr oder weniger gekrümmte und gekräuselte Gestalten. Oft sind mehre solche Aggregate entweder parallel um eine Axe, oder in einer Ebene nach zwei und mehren Richtungen, oder auch im Raume nach drei Richtungen mit einander verwachsen, und so entstehen die zähnigen, baumförmigen, federförmigen, blechförmigen, blattförmigen, ästigen und gestrickten Gestalten, welche alle mehr oder weniger eine krystallographische Gesetzmässigkeit der Zusammensetzung erkennen lassen [1]. und nicht selten mit einer einseitigen Verlängerung der Individuen verbunden sind.

---

1) Mohs, Grundriss der Mineralogie, I. 311 ; G. Rose, Reise nach dem Ural, I. 101 ; Sadebeck in Min. u. petr. Mitth. 1878. 293. Manche derselben, und namentlich die gestrickten Gestalten erinnern an die oben (S. 92) erwähnten Krystallskelette.

§ 87. Mehrfache Aggregationsformen. Mit allen, in dem vorhergehenden Paragraph beschriebenen Formen ist nun sehr gewöhnlich eine Wiederholung der Aggregation verbunden, indem sich auf der Oberfläche des zuerst gebildeten Aggregats eine Schale oder Kruste absetzte, in welcher sich die Gestalt dieser Oberfläche wiederholt. Nicht selten liegen viele dergleichen ähnlich gestaltete Schalen übereinander, deren Ablagerungsflächen theils durch wirkliche Ablösungen bezeichnet, theils nur durch einen Wechsel der Farbe angedeutet sind. So entstehen Kugeln, Halbkugeln und Kugelausschnitte von concentrisch schaliger Structur; cylindrische, zapfenförmige, kegelförmige, keulenförmige, kolbenförmige Aggregate von ähnlich gestalteter krummschaliger Structur; Krusten und Ueberzüge von gerad- oder krummschaliger Structur.

Eine andere Art der Wiederholung ist darin begründet, dass viele Kugeln oder Kugelausschnitte, theils von einfacher, theils auch von zweifacher Zusammensetzung über und neben einander gruppirt sind. Es entstehen dadurch mancherlei zusammengesetzte Gestalten und Structuren, von welchen besonders die (bisweilen ausgezeichneten) traubigen und nierförmigen Gestalten, sowie die oolithische und pisolithische Structur und die Glaskopfstructur zu erwähnen sind. — Auch die langgestreckten stalaktitischen Formen finden sich in der Regel zu neuen Aggregaten versammelt; gewöhnlich sind sie alle parallel gestellt, und bilden in dieser Vereinigung parallele Systeme von Cylindern, Zapfen, Kolben u. dgl., welche an ihren oberen Enden oft mit einander verwachsen sind. Die kürzeren kegelförmigen Aggregate sind wohl bisweilen zu knospenförmigen, straussförmigen, staudenförmigen Gestalten verbunden. Nicht selten trifft man auch nierförmige Krusten mit kleinen langgestreckten Stalaktiten besetzt u. s. w.

Ueberhaupt finden sich die Gruppirungen der stalaktitischen Formen in grosser Manchfaltigkeit ausgebildet, und nicht mit Unrecht hat man daher neben den Krystallgruppen und Krystalldrusen auch Stalaktitengruppen und Stalaktitendrusen unterschieden, weil die stalaktitischen Formen der mikro- und kryptokrystallinischen Mineralien auf ähnliche Weise und nach ähnlichen Gesetzen mit einander verbunden zu sein pflegen, wie die Krystalle der krystallisirten Aggregate.

Bei der Glaskopfstructur finden sich häufig ebene und glatte, z. Th. spiegelnde Absonderungsflächen, nach welchen sich das ganze Aggregat in keilförmige Stücke zerschlagen lässt; diese Absonderungsflächen scheinen die einzelnen, radial-faserigen Systeme von Individuen zu trennen, deren jedes für sich einem besonderen Mittelpunkt der Aggregation entspricht, von welchem aus die Bildung eines Kugelausschnittes eingeleitet und mehr oder weniger weit vollendet worden ist.

4. Formen der im beschränkten Raum gebildeten Aggregate.

§ 88. Allgemeine Verhältnisse derselben. Die im beschränkten Raum gebildeten Formen werden auf allen Seiten von fremdartiger Mineralmasse umschlossen, und laufen an ihren Grenzen nirgends in Krystallspitzen aus, selbst wenn sie krystallinisch grosskörnig ausgebildet sind: welches letztere Merkmal freilich bei kryptokrystallinischen Mineralien verloren geht. Sie sind theils von gleichzeitiger Ausbildung mit der umschliessenden Masse, theils spätere Ausfüllungen von hohlen Räumen (Klüften, Spalten, Blasenräumen u. dgl.) und enthalten nicht selten in ihrem Inneren selbst hohle Räume, welche zur Ausbildung von Drusen Gelegenheit gaben.

Bei weitem die meisten und die ausgedehntesten Massen des Mineralreichs haben sich im beschränkten Raum gebildet, oder doch wenigstens zu derjenigen Beschaffenheit umgebildet, mit welcher sie uns gegenwärtig vorliegen. Die meisten Schichten, Lager und Stöcke, sehr viele Gänge und manche weit verbreitete und tief hinabreichende Gebirgsmassen befinden sich in diesem Falle. Indem wir an gegenwärtigem Orte von diesen grösseren, der Gebirgswelt angehörigen Formen absehen, wenden wir uns zur Betrachtung der kleineren Formen der Art, welche zum Theil selbst in Handstücken studirt werden können.

§ 89. Wichtigste Arten derselben. Das einzeln eingewachsene, aber durch die umgebende Masse in seiner Ausbildung gehemmte und gestörte Individuum liefert uns den Ausgangspunkt für die Betrachtung dieser Formen. Dergleichen Individuen erscheinen als rundliche, längliche oder platte, ganz unregelmässig gestaltete Körper, welche individualisirte Körner oder Massen genannt werden können, je nachdem sie kleiner sind, oder schon eine bedeutendere Grösse besitzen. Sind nun viele solche Individuen zu einem Aggregat vereinigt, so werden sie in ihrer Ausbildung theils gegenseitig, theils durch die umgebende Masse behindert worden sein, und dann entstehen Formen, welche bei ungefähr isometrischem Typus als derb und eingesprengt bezeichnet werden, je nachdem sie etwa grösser oder kleiner als eine Haselnuss sind [1]. Das Eingesprengte kann bis zu mikroskopischer Kleinheit herabsinken, in welchem Falle aber ein jedes eingesprengte Theilchen nur einem Individuum zu entsprechen pflegt.

Interessant sind die in manchen Mandelsteinen vorkommenden Kalkspathmandeln, welche sich durch ihre stetige Spaltbarkeit als einzelne Individuen zu erkennen geben, obwohl ihre äussere Form durch die Gestalt des Blasenraums bestimmt wurde, innerhalb dessen sie sich gebildet haben.

Rundliche, eiförmige, mandelförmige Aggregate entstehen durch gänzliche oder theilweise Ausfüllung von übereinstimmend gestalteten Hohlräumen. Ist eine Dimension des Aggregats sehr klein gegen die beiden anderen Dimensionen, so liegen platte Formen vor, welche nach der besonderen Beschaffenheit Platten, Lagen, Trümer, Adern, Anflug genannt werden.

Diese Anflüge erscheinen als ganz dünne, auf fast geschlossenen Klüften und Fugen abgesetzte Lamellen oder Membranen, finden sich nicht selten bei mehren gediegenen Metallen, und sind den Dendriten sehr nahe verwandt.

Alle diese Formen können sowohl bei phanerokrystallinischer, als auch bei kryptokrystallinischer Ausbildung vorkommen. Im ersteren Falle werden sie eine Textur erkennen lassen, welche dieselben allgemeinen Verschiedenheiten zeigen kann, wie solche im § 83 betrachtet worden sind. Während aber das Derbe und Eingesprengte nur eine regellos körnige, schalige oder stängelige Textur besitzt, so findet sich in den Platten und Trümern, wenn solche aus schaligen und blätterigen, oder aus stängeligen und faserigen Individuen bestehen, eine parallele

---

[1] Derb nennt man oft auch jedes, von einer grösseren Masse abgeschlagene und aus Individuen derselben Art bestehende Stück Mineral.

Anordnung derselben, indem die Längsaxen der Blätter oder Fasern auf den Seitenflächen der Platten und Trümer völlig oder doch beinahe rechtwinkelig stehen.

5. Formen der amorphen Mineralien.

§ 90. Wichtigste Arten derselben. Die amorphen Mineralien sind theils
tropfbarflüssig, theils fest, in beiden Fällen aber ohne alle Spur von Individualisirung, und daher auch ohne alle Textur, wie solche durch die Individuen bedingt
wird. Die flüssigen Mineralien insbesondere, welche nur in Tropfenform auftreten,
besitzen auch keine Structur. Dagegen können bei den porodinen und hyalinen
Mineralien dieselben Structuren vorkommen, wie bei den kryptokrystallinischen
Mineralien, indem durch den wiederholten Absatz derselben amorphen Substanz parallele und concentrische Lagen gebildet wurden, welche sich vielfach umschliessen und zu den manchfaltigsten Gestalten vereinigen. Die Ablagerungsflächen
sind auch bei ihnen theils durch wirkliche Absonderung bezeichnet, theils nur
durch eine, den successiven Absätzen entsprechende Verschiedenheit der Farbe zu
erkennen (Opal, Eisensinter, Kupfergrün).

Was nun die Formen selbst betrifft, so erscheinen diejenigen, welche im
freien Raum gebildet wurden, bei einfacher Ablagerung als kugelige, halbkugelige, knollige, tropfenförmige, cylindrische, zapfenförmige, krustenartige Gestalten; bei wiederholter Ablagerung als undulirte Ueberzüge und Decken, als
traubige, nierförmige und stalaktitische Gestalten von sehr verschiedener Grösse
und Figur, wobei es auch vorkommen kann, dass Ueberzüge über Krystallen gebildet wurden. Die im beschränkten Raum gebildeten Vorkommnisse dagegen
lassen besonders derbe und eingesprengte, knollige und sphäroidische, oder auch
plattenförmige und trümerartige Gestalten erkennen.

Auf engen Klüften oder Fugen der Gesteine bilden sich häufig durch Infiltrationen
von Wasser, welches Metallsalze aufgelöst hält, die sogenannten Dendriten, feine
und z. Th. äusserst zierliche baum- oder strauchähnliche Zeichnungen, welche schon
Scheuchzer 1709 sehr richtig für das erkannte, was sie sind (*tinctura arborifica*), obgleich sie auch später noch oft für Pflanzenabdrücke gehalten wurden. Es sind besonders
Eisenoxydhydrat, Eisenoxyd und Manganoxyde, welche dergleichen Dendriten bilden,
daher sie bald gelb oder braun, bald roth, bald schwarz erscheinen. Sie sind nur
oberflächliche, auf beiden Wänden fast geschlossener Fugen oder Klüfte, unter
Mitwirkung der Capillarität entstandene Zeichnungen, bei denen das Pigment gewöhnlich sehr dünn, bisweilen auch dick aufgetragen ist. Es kommen aber auch körper-
liche Dendriten vor, welche sich innerhalb einer Mineral- und Gesteinsmasse nach
allen Richtungen ausbreiten. Zu diesen körperlichen Dendriten gehören auch die
pflanzenähnlichen Einschlüsse der sogenannten Moosachate, welche, wenn sie grün
erscheinen, von Grünerde oder Chlorit gebildet zu sein scheinen. Sie wurden vielfach
für wirkliche vegetabilische Petrefacte gehalten, und haben zu manchen Discussionen
Veranlassung gegeben, welche indess durch die künstliche Darstellung ähnlicher
Gebilde von *Gergens* zum Abschluss gebracht sein dürften (N. Jahrb. f. Min. 1858.
801). Uebrigens sind wohl viele Dendriten kryptokrystallinischer Natur.

6. Von den Pseudomorphosen.

§ 91. Allgemeine Verhältnisse derselben. Zu den merkwürdigsten Erscheinungen des Mineralreichs gehören die Pseudomorphosen. So nennt man

nämlich diejenigen krystallinischen oder amorphen Mineralkörper, welche ohne selbst Krystalle zu sein, die Krystallform eines anderen Minerals zeigen [1]. Diese Krystallformen der Pseudomorphosen sind meist sehr wohl erhalten und leicht erkennbar, ja zuweilen ganz scharfkantig und glattflächig [2]. Zerschlägt man aber eine Pseudomorphose, so erkennt man, dass sie keineswegs aus einem Individuum der ihrer Form entsprechenden Mineralart, sondern meist aus einem körnigen, faserigen oder dichten Aggregat einer ganz anderen Mineralart besteht. Die Krystallform einer Pseudomorphose, welche dem sie aufweisenden Mineral nicht zukommt, ist nur das rückständige Monument des ursprünglichen, und oft spurlos verschwundenen Krystalls, um welchen, in welchem, oder aus welchem die Pseudomorphose entstanden ist. Einer fremden Substanz also, deren Dasein stets der Ausbildung der Pseudomorphose vorangehen musste, verdanken diese Formen ihre Existenz, nicht der eigenen, freiwilligen Krystallisationskraft des pseudomorphen Minerals.

Nach ihrer verschiedenen Entstehung und Beschaffenheit lassen sich die Pseudomorphosen zuvörderst als hypostatische und metasomatische Pseudomorphosen unterscheiden. Die hypostatischen Pseudomorphosen sind solche, welche durch den, von den Begrenzungsflächen eines Krystalls aus mechanisch erfolgten Absatz eines fremdartigen Minerals entstanden; die metasomatischen Pseudomorphosen dagegen solche, welche vermöge der substantiellen Umwandlung eines Krystalls, vermöge der chemischen Ersetzung seiner Substanz durch eine andere, und zwar unter Beibehaltung seiner Form, gebildet wurden.

Die hypostatischen Pseudomorphosen haben sich von den Begrenzungsflächen des Krystalls aus entweder nach aussen, oder nach innen (oder nach beiden Richtungen hin) gebildet, und man unterscheidet demnach Umhüllungs-Pseudomorphosen und Ausfüllungs-Pseudomorphosen.

Als die wichtigsten Quellen für das Studium der Pseudomorphosen sind zu nennen: *Breithaupt*, Ueber die Echtheit der Krystalle, Freiberg 1815; *Haidinger's* Abhandlung in den Ann. d. Phys. u. Chem., Bd. 11, S. 173 und S. 366; *Zippe*, über einige in Böhmen vorkommende Pseudomorphosen, in Verhandlungen der Gesellschaft des vaterländischen Museums, 1832. 43; das selbständige Werk von *Landgrebe*, über die Pseudomorphosen im Mineralreiche, Kassel 1841; ganz vorzüglich aber das Werk von *Blum*, die Pseudomorphosen des Mineralreichs, Stuttgart 1843, nebst vier Nachträgen dazu aus den Jahren 1847, 1852, 1863 und 1879, der reichhaltigste Schatz für das Studium aller Erscheinungen der Pseudomorphosen; er theilt dieselben darin ein in Umwandlungs- und Verdrängungs-Pseudomorphosen, welche letztere in Umhüllungs-

---

[1] Man nennt sie auch Afterkrystalle; die zweckmässigste Benennung wäre wohl Pseudokrystalle oder Krystalloide, obschon dies letztere Wort, welches eine äussere Aehnlichkeit mit Krystallen ausdrückt, mehrfach in anderem, weniger passendem Sinn verwandt worden ist. Der Name Pseudomorphose rührt von *Hauy* her. Unter demselben wurden von Anfang an Gebilde zusammengefasst, welche sich später als auf sehr abweichendem Wege entstanden herausgestellt haben. Wäre nicht die Bezeichnung Pseudomorphosen somit ein Sammelname für Körper, welche ihre Eigenthümlichkeit zum Theil auf rein mechanischem Wege erlangt haben, so würde es mit Rücksicht auf den anderen umfangreicheren Theil wohl gerechtfertigt erscheinen, das folgende Kapitel im dritten Hauptstück, welches sich mit den chemischen Eigenschaften der Mineralien befasst, zu behandeln.

[2] An dem Dasein einer äusseren Krystallform muss wohl bei dem Begriff der Pseudomorphosen festgehalten werden. Verändern sich traubige oder nierförmige Massen von Rotheisen unter Erhaltung der Gestalt und Textur in Brauneisen, so ist dies nur eine Umwandlungserscheinung, aber nicht — wie *Haidinger* und *Tschermak* wollen — eine Pseudomorphose.

und Ersetzungs-Pseudomorphosen zerfallen. *Haidinger* gab über diese Gebilde noch eine Abhandlung in Ann. d. Phys. u. Chem., Bd. 62, 1844. 164, worin er eine wenig verwerthbare, auf genetische Verhältnisse begründete Eintheilung der Pseudomorphosen in a n o g e n e und k a t o g e n e Bildungen aufstellte. Eine spätere Schrift über die Pseudomorphosen ist die gekrönte Preisschrift von *Winkler*, die Pseudomorphosen des Mineralreichs, München 1855. Eine übersichtliche Zusammenstellung, neue Eintheilung und theoretische Betrachtung der Pseudomorphosen gab *Scheerer* im Jahre 1857, im Handwörterbuch der reinen und angew. Chemie, 2. Aufl., unter dem Titel: Afterkry-stalle. Als besondere Bildungen betrachtet er die P a r a m o r p h o s e n (siehe unten S. 134), und die oben S. 93 erwähnten P e r i m o r p h o s e n, d. h. solche Krystalloide, welche aus einer hohlen, oft papierdünnen, aber individualisirten Krystallhülle e i n e s Minerals, und aus einer, meist von ganz a n d e r e n Mineralien gebildeten Ausfüllung dieser Hülle bestehen. In einem anderen Sinne bezeichnete *Kenngott* die Umhüllungs-Pseudomorphosen als Perimorphosen, während er die Ausfüllungs-Ps. Pleromorphosen, und die Umwandlungs-Ps. allein Pseudomorphosen nennt, übrigens die Paramorphosen anerkennt. Viele hierher gehörige Betrachtungen finden sich auch in der Abhandlung *Hausmann's*: Ueber die durch Molekularbewegungen in starren Körpern bewirkten Formveränderungen, in Abhandl. der Kgl. Soc. der Wiss. zu Göttingen, VI. 139 und VII. 3, sowie in der reichhaltigen und kritischen Abhandlung von *Delesse*, Recherches sur les pseudomorphoses, in Ann. des mines [5], tome 16, 1859. 317 ff. Auch sind diejenigen Betrachtungen und Untersuchungen über die Pseudomorphosen sehr wichtig, welche *G. Bischof* im I. und II. Bande der zweiten Auflage seines Lehrbuchs der chem. Geol. an vielen Stellen mitgetheilt hat. Unter den neueren Forschungen über diese Gebilde nehmen den ersten Rang diejenigen von *Eugen Geinitz* ein (N. Jahrb. f. Miner. 1877. 449; vgl. auch in *Tschermak's* Min. u. petr. Mitth. 1879. 489), welcher nicht nur sehr richtige kritische Vergleichungen der einzelnen Begriffsbestim-mungen veranstaltete, sondern namentlich durch sorgfältige mikroskopische Studien das Verständniss zahlreicher Bildungsprocesse wesentlich förderte. Die neuesten voll-ständigen Zusammenstellungen gab *J. Roth* in dem ersten Bande (1879) seiner ausge-zeichneten »Allgemeinen und chemischen Geologie«. Fortwährend werden übrigens noch in den mineralogischen Zeitschriften neue Fälle von Pseudomorphosen - Bildung zur Sprache gebracht.

§ 92. **Umhüllungs- und Ausfüllungs-Pseudomorphosen.** Die U m h ü l-lu ngs-Pseudomorphosen sind wesentlich nichts anderes, als die in den §§ 85 und 89 erwähnten abformenden Krusten, welche irgend ein Mineral über den Kry-stallen eines anderen Minerals bildete; doch pflegt man nur die dünneren, mikro-krystallinischen, kryptokrystallinischen oder amorphen Krusten, deren Oberfläche die Form des umhüllten Krystalls d e u t l i c h wiedergibt, als Pseudomorphosen zu bezeichnen. Sie sind zuweilen papierdünn, haben meist eine drusige, rauhe, fein nierförmige oder gekörnte Oberfläche, und umschliessen oft noch den umhüllten Krystall, wie eine Schale den Kern. Sofern aber mit diesem Krystall und seinem Ueberzug keine weiteren Veränderungen vorgegangen sind, kann man den letzteren kaum als eine Pseudomorphose im strengsten Sinne des Wortes bezeichnen.

Sehr häufig ist jedoch dieser Krystall durch einen späteren Auflösungsprocess, welcher die Umhüllung verschonte, gänzlich oder theilweise zerstört und entfernt worden, und dann können zweierlei verschiedene Verhältnisse stattfinden.

1) Entweder ist der dadurch frei gewordene Krystallraum l e e r geblieben, und die Innenseite der Umhüllungs-Pseudomorphose stellt einen vollkommenen negativen A b d r u c k der Krystallform dar.

Auf Gängen ist diese Ueberkrustung und spätere Wegführung des inneren Krystalls eine sehr gewöhnliche Erscheinung; hauptsächlich ist es der Quarz, welcher in dünnen Rinden andere Krystalle, z. B. Kalkspath, Eisenspath überzieht, und wegen seiner grossen Unlöslichkeit bei nachfolgenden Auflösungsvorgängen als Hülle von fremder erborgter Gestalt übrig blieb.

2) Oder es gab der entstandene leere Raum Gelegenheit zum Absatz neuer Substanz an der Innenseite der Umhüllungs-Pseudomorphose, wodurch dieselbe zuweilen gänzlich, gewöhnlich aber nur theilweise ausgefüllt wurde, indem diese innere Bildung zuletzt mit einer kleinen Krystall- oder Stalaktiten-Druse endigte. Eine derartige Ausfüllungs-Pseudomorphose setzt demnach stets das Dasein einer früher gebildeten Umhüllungskruste voraus und besitzt äusserlich ebenfalls nur eine entliehene, nicht selbständige Form.

Wir haben also bei dieser Combination einer Umhüllungs- und Ausfüllungs-Pseudomorphose vier Acte zu unterscheiden: Bildung des ursprünglichen Krystalls, Ueberkrustung desselben, Fortführung des Krystalls, Ausfüllung des Hohlraums durch eine andere Substanz. Allerdings ist somit zu ihrer Entwickelung eine immerhin complicirte Reihe von Processen erforderlich, von Vorgängen aber, welche keineswegs so schwierig denkbar so unwahrscheinlich sind, dass man deshalb die Existenz von Ausfüllungs-Pseudomorphosen überhaupt gänzlich in Abrede zu stellen berechtigt wäre, wie dies einigemal geschehen ist. Man erwäge nur, dass sich in den Niederschlägen der Gangräume oft eine vielfache Succession und Repetition sehr verschiedenartiger Substanzen zu erkennen gibt, welche beweist, dass die, aus einer und derselben Gangspalte hervorbrechende Mineralquelle im Laufe der Zeit eine sehr verschiedenartige Beschaffenheit hatte, und daher noch weit mehr als vier verschiedene Acte der Bildung und Zerstörung nach einander bedingen konnte.

Die Substanz, welche den leeren Raum ausfüllte, ist in den meisten Fällen dasselbe Mineral, aus welchem auch die Hülle besteht, oder eine Varietät desselben; hier fand also eine successive Repetition des Absatzes statt, unterbrochen durch die Auflösung des überrindeten Krystalls. Bisweilen gehören aber auch Umhüllungs- und Ausfüllungs-Pseudomorphosen verschiedenen Mineralien an. Für die Ausfüllungs-Pseudomorphosen ist es charakteristisch, dass die auf der Innenseite der Hülle gebildeten Individuen eine einwärts gewandte Stellung besitzen.

Wenn später auflösende Substanzen auf die ausgefüllte Umhüllungs-Pseudomorphose einwirkten, so konnte, sofern Schale und Kern demselben Mineral angehörten, nicht die erstere weggeführt werden, ohne dass auch der letztere zerstört worden wäre. Bestanden sie dagegen aus verschiedenen Mineralien, so mochte der Fall eintreten, dass nur die Hülle dem Lösungsprocess unterlag und verschwand, während die Ausfüllung davon nicht angegriffen wurde. Alsdann bleibt also nur noch die Ausfüllungs-Pseudomorphose erhalten, und man würde sie gar nicht von einer directen Umwandlung des ursprünglichen Krystalls unterscheiden können, wenn nicht die Geschichte ihrer Bildung innerhalb eines Hohlraums durch die einwärts gekehrte Richtung ihrer Individuen und durch die öftere Anwesenheit von Drusen im Inneren erwiesen würde.

§ 93. **Umwandlungs-Pseudomorphosen.** Eine Umwandlungs-Pseudomorphose ist eine solche, welche durch die innere Umwandlung eines krystallisirten Minerals in ein anderes, krystallinisches oder amorphes Mineral entstanden ist, ohne dass dabei die äussere Form des ursprünglichen Minerals

9*

verloren ging. Diese Umwandlung ist in den allermeisten Fällen eine sub-
stantiell-chemische; nur äusserst selten handelt es sich dabei um eine
blose Umlagerung der Moleküle bei gleichbleibender chemischer Constitution.
Da nun diese Umwandlung gewöhnlich an der Oberfläche beginnt, und allmählich
weiter einwärts dringt, so findet man gar nicht selten im Inneren einer solchen
Pseudomorphose noch einen unveränderten Kern des ursprünglichen Minerals,
aus dessen Zersetzung die Pseudomorphose hervorgegangen ist. Diese partielle
Alteration ist desshalb besonders wichtig, weil durch sie die Natur des veränderten
Minerals noch sicherer festgestellt wird, als es durch die alleinige Deutung der
äusseren Pseudomorphosenform geschehen kann. In manchen Fällen ist sogar die
Spaltbarkeit des ursprünglichen Minerals noch mehr oder weniger erhalten geblieben, wie z. B. in den Pseudomorphosen von Gyps nach Anhydrit [1]), von Aragonit
nach Gyps, von Brauneisen nach Eisenspath u. s. w.

Alle genaueren Untersuchungen vereinigen sich dahin, dass der Stoffwechsel,
um welchen es sich hier handelt, in erster Linie durch das in feinster Vertheilung
hinzutretende und verschiedene Substanzen gelöst enthaltende Wasser herbeigeführt wird.

Früher in den alten Mineraliensammlungen nur als ein zufälliges schliessliches An-
hängsel in ein Armsünderschränkchen verbannt, als ein verwahrlostes Häuflein seltsamer und sinnloser Missgeburten mit viel Verwunderung und wenig Nutzen betrachtet,
bilden die Umwandlungs-Pseudomorphosen schon seit geraumer Zeit den Gegenstand
grossen wissenschaftlichen Interesses und eines eifrigen Studiums, welches auch für
die Geologie zu so bedeutsamen Resultaten geführt hat, dass der Einfluss jener unschein-
baren Gebilde auf ganze grosse Kapitel dieser Wissenschaft unverkennbar ist. Denn
sie vermitteln uns die Erkenntniss und Specialisirung der gesetzmässig verlaufenden
chemischen Processe, welche in dem grossen Laboratorium der äusseren Erdkruste
thätig sind.

So nachdrücklich und erfolgreich haben übrigens diese Alterationsvorgänge nach-
gewiesenermaassen oftmals gespielt, dass alle die unzähligen Individuen eines Minerals
auf einer local begrenzten Lagerstätte, z. B. einem Erzgange, sammt und sonders bis
auf das letzte in eine andere Substanz umgewandelt sind, so dass nur in ihrer geretteten
Form das Andenken an ihr früheres Vorhandensein dort aufbewahrt wird.

Die alte Form ist mitunter ganz vorzüglich erhalten: die Kantenwinkel sind nur
von höchst geringfügigen Veränderungen in ihrem Werth oder in ihrer Schärfe betroffen
worden und charakteristische Oberflächen - Erscheinungen, z. B. die oscillatorische
Combinationsstreifung, bisweilen völlig unverwischt geblieben.

Die pseudomorphe Umbildung ist nur ein ganz specieller Fall der grossartigen
chemischen Veränderungsvorgänge im Mineralreich, derjenige nämlich, bei welchem
während und trotz der Metamorphose die äussere Gestalt erhalten blieb. Tausendfältig
häufiger sind der Natur der Sache gemäss die wenn auch eben so gesetzlich, dann doch
weniger exact und vorsichtig verlaufenden Processe, durch welche neben der alterirten
chemischen Beschaffenheit auch die Krystallform des ursprünglichen Minerals entweder
bis zur Unkenntlichkeit verunstaltet oder gänzlicher Zerstörung preisgegeben wurde.

Da wo bei der beginnenden materiellen Umwandlung ein Mineral neue Stoffe,
wenn auch nur in spärlicher Menge in sich aufgenommen hat, mag der analysirende
Chemiker leicht verleitet sein, dieselben für zufällig beigemengte Bestandtheile zu
halten. Scheinbar unwesentlich und lästig, weil sie der Formelconstruction Schwierig-

---

[1) Nach dem Vorgang von *Blum* wird das Mineral, aus welchem die Pseudomorphose jetzt
besteht, zuerst, darauf, durch »nach« verbunden, das ursprüngliche genannt.

keiten bereiten, werden sie aber bedeutungsvoll, wenn man sie mit der Zusammensetzung der vollendeten Pseudomorphosen vergleicht und gewahrt, dass sie das erste Stadium des Uebergangs in ein anderes Mineral bezeichnen. Das oft versuchte Einzwängen solcher unbestimmter Zwischenstufen in irgend eine chemische Formel hat natürlich keinen Sinn, und von diesem Gesichtspunkte aus betrachtet, mag der Selbständigkeit mancher sogenannten Mineralspecies in der Folge ernstliche Gefahr drohen.

Etliche Mineralien sind sogar der Umwandlung in mehre abweichend geartete Producte fähig; einen solchen Ausgangspunkt für eine vielgliederige Reihe von verschiedenen pseudomorphen Mineralien bildet z. B. der Cordierit: der Pinit, Aspasiolith, der Gigantolith, Oosit, Pyrargyllit, Bonsdorffit, Fahlunit, Praseolith, Esmarckit, Chlorophyllit, Iberit — alle diese theils glimmerähnlichen, theils serpentinartigen wasserhaltigen Gebilde sind nichts weiter als ehemaliger Cordierit, der sich auf verschiedenen Stadien und in verschiedenen Richtungen der chemisch wohl zu verfolgenden Zersetzung befindet, dessen zwölfflächige Säulengestalt sie grösstentheils beibehalten und dessen halbfrische Ursubstanz sie vielfach als verschonten Kern noch einschliessen.

Die Umwandlung der Mineralkörper schreitet auf den verschiedensten Wegen gegen die frische Substanz vor, theils vorhandenen Spaltrissen, Sprüngen oder mikroskopischen Capillarspältchen, auch fremden Einschlüssen im Mineral folgend, theils sich nach der verschiedenen physikalischen Beschaffenheit im Inneren des Krystalls richtend; und zwar entweder in unregelmässigen, körnigen, flockigen oder strahligen Partikelchen oder anderseits in Krystallcontouren erscheinend, welche bald dem Umwandlungsproduct, bald dem ursprünglichen Mineral eigenthümlich sind [1]). In seltenen Fällen beginnt übrigens auch die Veränderung im Inneren der Krystalle.

Die Umwandlungs-Pseudomorphosen kann man in folgende drei Gruppen bringen:

1) solche, bei welchen die ursprüngliche und die an ihre Stelle getretene Substanz chemisch identisch sind, sog. Paramorphosen;

2) solche, welche zwar auf chemischer Umwandlung beruhen, bei welchen aber zwischen der ursprünglichen und der pseudomorphen Substanz noch ein chemischer Zusammenhang stattfindet, indem beide Massen einen oder mehre Bestandtheile gemein haben. Diese können gebildet werden durch

    a. Verlust von Bestandtheilen,

    b. Aufnahme von Bestandtheilen,

    c theilweisen Austausch von Bestandtheilen;

3) solche, bei welchen die chemischen Bestandtheile beider Substanzen vermöge des stattgefundenen völligen Stoffaustausches gänzlich von einander verschieden sind (Blum's Verdrängungs-Pseudomorphosen) [2]).

In den meisten Pseudomorphosen bildet das neue Mineral ein regelloses und verworrenes Aggregat von Individuen; in manchen Fällen aber behaupten diese epigenetischen Individuen eine parallele Stellung zu einander, und zugleich eine gesetzmässige Stellung zu der Krystallform des ursprünglichen Minerals; wie z. B. die Aragonit-Individuen des sogenannten Schaumkalkes nach Gyps, in welcher Pseudomorphose nach G. Rose die Verticalaxen und brachydiagonalen Hauptschnitte beider Mineralien einander parallel sind.

---

[1] F. Zirkel, Mikrosk. Beschaffenh. d. Min. u. Gest., S. 100. — Eugen Geinitz, N. Jahrb. f. Min., 1876. 476.

[2] Seltsamer Weise zählt Blum die Umhüllungs-Pseudomorphosen auch zu den Verdrängungs-Pseudomorphosen.

Die einzelnen der oben genannten Fälle erfordern nun eine specielle Erläuterung.

1) U.-Ps. (Paramorphosen), gebildet ohne Verlust und ohne Aufnahme von Stoffen, können nur bei dimorphen Substanzen vorkommen, und finden sich im Mineralreich an Aragonitkrystallen, die in Kalkspath, an Kalkspathkrystallen, die in Aragonit, an Anatas- und Arkansitkrystallen, die in Rutil, an Andalusitkrystallen, die in Disthen umgewandelt wurden.

Ueber die früher wenig bekannte Umwandlung von Kalkspath in Aragonit machte *Sandberger* bemerkenswerthe Mittheilungen in Ann. d. Phys. u. Chem. Bd. 129, S. 472 [1]). Ein interessantes Beispiel von Pseudomorphosen dieser Art liefern auch die aus geschmolzenem Schwefel künstlich dargestellten Krystalle, welche nach einiger Zeit von selbst, oder, mit Schwefelkohlenstoff befeuchtet, sogleich in ein Aggregat von rhombischen Krystallen übergehen, ohne jedoch ihre monokline Form dabei zu verlieren.

Das Verhältniss solcher, ohne Verlust und ohne Aufnahme von Stoffen gebildeter Pseudomorphosen hat *Dana* früher als Allomorphismus, *Stein* als Paramorphismus bezeichnet, welchem letzteren sich *Scheerer* anschliesst, indem er dergleichen Pseudomorphosen Paramorphosen nennt (Ann. d. Phys. u. Chem. Bd. 89, S. 11). *Scheerer* bemerkt, sie könnten nicht als gewöhnliche Umwandlungs-Pseudomorphosen betrachtet werden, weil sie weder innerlich noch äusserlich eine ihrer Substanz fremdartige Form besitzen, wie z. B. die undurchsichtig gewordenen Krystalle des monoklinenSchwefels; auch hat er später die Paramorphosen in einer besonderen, sehr gehaltreichen kleinen Schrift behandelt (der Paramorphismus und seine Bedeutung in der Chemie, Mineralogie uud Geologie, 1854). Hält man sich an die oben gegebene Definition, so gehören die Paramorphosen mit in das Gebiet der Umwandlungs-Pseudomorphosen. Doch mag die Einführung eines besonderen Namens für diese, durch eine blose Stoffumsetzung entstandenen Pseudomorphosen zweckmässig sein.

Da manche Mineralien sich unter ganz anderen Bedingungen gebildet haben mögen, als solche gegenwärtig bestehen, und unter den jetzt waltenden Bedingungen vielleicht nur eines anderen Körpertypus fähig sind, so ist es sehr wahrscheinlich, dass es Paramorphosen gibt, deren ursprünglicher Körpertypus nirgends mehr existirt. Die Paramorphose wird dann die Krystallform eines gleichsam ausgestorbenen Minerals zeigen, zu dessen Bezeichnung *Haidinger* vorgeschlagen hat, dem Namen des jetzigen Minerals das Wort Paläos vorzusetzen. So würde z. B. Paläo-Natrolith der Name einer ausgestorbenen Mineralart sein, welche, bei der chemischen Constitution des Natroliths, eine ganz eigenthümliche Krystallform besass, gegenwärtig aber nur in Paramorphosen rückständig ist, welche ein faseriges Natrolith-Aggregat von jener Krystallform darstellen. Es wäre ein, unter den jetzigen Bedingungen nicht mehr existenzfähiger Prototypus der Natrolithsubstanz.

2 a) U.-Ps. gebildet durch Verlust von Bestandtheilen sind nicht sonderlich häufig, z. B. Kalkspath nach Gaylussit (durch Austritt von kohlensaurem Natron und Wasser), Willemit nach Kieselzink, gediegen Kupfer nach Rothkupfererz (durch Desoxydation), Hausmannit nach Manganit, Silberglanz nach Rothgültigerz durch Verlust von Schwefelantimon oder Schwefelarsen).

Künstlich kann man nach den Versuchen von *Berzelius* den Vorgang bei dieser letzteren Umwandlung nachahmen, indem man Rothgültigerz-Krystalle in eine Auflösung von Schwefelalkalien bringt, welche in wenigen Stunden die Sulphosäure auszieht und das Schwefelsilber zurücklässt.

---

1) Die hierher gehörigen Vorkommnisse aus den sicilianischen Schwefeldistricten hält r. *Lasaulx* nicht für eigentliche Paramorphosen, sondern für mechanische Ausfüllungs-Pseudomorphosen (N. Jahrb. f. Min. 1879. 507).

2b) Bei den U.-Ps., gebildet durch Aufnahme von Bestandtheilen, sind es meistens Sauerstoff, Wasser oder Kohlensäure, welche in die neue Verbindung eintreten; z. B. die weit verbreitete Umwandlung von Anhydrit in Gyps, die Pseudomorphosen von Malachit nach Rothkupfererz (welches bisweilen seinerseits selbst schon eine hierher gehörige Pseudomorphose nach gediegen Kupfer ist), von Martit nach Magneteisenerz, von Bleivitriol nach Bleiglanz.

2c) Bei den U.-Ps., erzeugt durch theilweisen Austausch der Bestandtheile, hat die ursprüngliche Substanz gewisse Theile verloren, andere dafür aufgenommen, z. B. Aragonit nach Gyps, Kaolin nach Feldspath, Baryt nach Witherit, Bleiglanz nach Pyromorphit, Malachit nach Kupferlasur, Brauneisenerz nach Eisenkies oder Eisenspath, Grünerde nach Augit, Zinkspath nach Kalkspath.

Mehrfach findet hierbei der wechselseitige Austausch von Kohlensäure gegen Wasser statt, indem das letztere, wo es lange Zeit und in steter Zufuhr sich erneuernd wirkt, eine so schwache Säure, wie es die Kohlensäure ist, auszutreiben und sich selbst an deren Stelle zu setzen vermag (z. B. Malachit nach Kupferlasur, Brauneisenerz nach Eisenspath). — In manchen Fällen lässt sich dieser Austausch von Bestandtheilen als das Resultat einer einfachen, auf sog. doppelte Wahlverwandtschaft gegründeten Wechselzersetzung zweier Salze betrachten. Wenn z. B. auf Gypskrystalle Wasser einwirkte, welches kohlensaures Natron gelöst enthielt, so verband sich die Kohlensäure mit dem Kalk des Gypses zu Aragonit, welcher die Form des letzteren beibehielt, während das gebildete schwefelsaure Natron als leicht löslicher Stoff weggeführt wurde. Künstlich kann man, wie Stein darthat, diesen Vorgang nachmachen: behandelt man längere Zeit hindurch Gypskrystalle mit einer Auflösung von kohlensaurem Natron bei 50°, so werden sie in Kalkspath umgewandelt. Sorby hat manche dergleichen Pseudomorphosen dargestellt, indem er verschiedene Krystalle in geeigneten Solutionen bei verschiedenen Temperaturen bis zu 150° C. behandelte (Comptes rendus T. 50, 1861. 991). Auch Scheerer gab manche Verfahrungsarten an, nach denen sich künstliche Pseudomorphosen erzeugen lassen.

Sehr häufig entstehen solche Pseudomorphosen dadurch, dass das mit einem schwerer löslichen Stoff beladene Wasser diesen absetzt und dagegen einen leichter löslichen auflöst, wobei jener die Form von diesem annimmt. Diese Bildungsweise, auf welche G. Bischof aufmerksam gemacht hat, ist nach ihm auch die Ursache einer eintretenden porösen Beschaffenheit. Wenn Wasser, welches den schwerer darin löslichen Eisenspath enthält, mit dem leichter darin löslichen Kalkspath in Berührung kommt, so wird unter der Voraussetzung, dass sowohl die zugeführte Lösung des Eisenoxydulcarbonats, als die abgeführte des Kalkcarbonats eine gesättigte sei, mehr Kalkspath fortgeführt, als Eisenspath an dessen Stelle tritt, und es müssen sich daher hohle oder poröse Pseudomorphosen bilden — abgesehen davon, dass diese hier schon deshalb entstehen müssen, weil Eisenspath specifisch schwerer als Kalkspath ist. A. Knop hat auf diese Weise durch Einwirkung einer Lösung des schwerer löslichen Thonerde-Ammoniakalauns auf Krystalle des leichtlöslichen Eisenoxyd-Ammoniakalauns hohle Krystalle der ersteren Substanz künstlich erzeugt (Z. f. Kryst. IV. 1880. 257).

3) Sehr merkwürdig ist die Gruppe von Pseudomorphosen, welche durch völligen Austausch der Stoffe gebildet wurden, z. B. Quarz nach Flussspath, Quarz nach Kalkspath, Brauneisenstein nach Quarz, Brauneisenstein nach Kalkspath, Zinnstein nach Feldspath, Kieselzink nach Bleiglanz, Eisenkies nach Quarz, Pyrolusit nach Kalkspath u. s. w.

So räthselhaft diese Processe auch meistens sind, so kann man doch bisweilen solche Verdrängungen mit Hülfe der bekannten Zersetzungserscheinungen erklären,

namentlich wenn man bedenkt, dass nicht immer eine d i r e c t e Umwandlung stattgefunden zu haben braucht, sondern dass dieselbe durch Z w i s c h e n g l i e d e r allmählich vermittelt sein kann. So ist die Pseudomorphose von Brauneisenstein nach
Kalkspath leicht zu deuten, wenn man annimmt, dass dieselbe zuvörderst das Stadium
derjenigen von Eisenspath nach Kalkspath durchlaufen habe; beide Vorgänge, sowohl
die Umwandlung von Kalkspath in Eisenspath, als die von Eisenspath in Brauneisenstein,
sind einzeln als solche sehr wohl constatirt. So mag ferner die Pseudomorphose von
Quarz nach Flussspath in der Weise erfolgt sein, dass Wasser, welches kieselsaures
und kohlensaures Natron enthielt, auf Flussspath reagirte : es bildete sich Fluornatrium,
welches in Lösung weggeführt wurde, und kieselsaurer Kalk, der seinerseits durch
das kohlensaure Natron zersetzt wurde; dabei erzeugte sich kohlensaurer Kalk, welcher gleichfalls im aufgelösten Zustand abgeführt wurde, und Kieselsäure, die als unlösliches Endproduct zurückblieb.

Zu dieser Gruppe von Pseudomorphosen gehört übrigens, wie *Bischof* mit Recht
bemerkt, manches, was scheinbar in den Bereich der Gruppe 2c) fällt : jedes pseudomorphe Gebilde nämlich, von welchem sich nachweisen lässt, dass der gemeinschaftliche Bestandtheil nicht von dem verdrängten zu dem verdrängenden Mineral über-
gegangen sei. So ist z. B. bei der Pseudomorphose von Zinkspath nach Kalkspath
nicht etwa nur Zinkoxyd gegen Kalk ausgetauscht worden und die Kohlensäure ver-
blieben, sondern das kohlensaure Zinkoxyd hat als solches den ganz weggeführten
kohlensauren Kalk verdrängt. Ebenso ist die Gemeinschaftlichkeit des sicherlich n i c h t
vererbten Sauerstoffs bei der Pseudomorphose Quarz nach Kalkspath kein Grund, um
dieselbe etwa der Gruppe 2c) zuzugesellen.

Die Reinheit, in welcher bei sehr vielen Pseudomorphosen die ursprüngliche Form
erhalten blieb (z. B. Quarz nach Datolith, Brauneisenerz nach Eisenkies), deutet darauf
hin, dass es wahrscheinlich sehr verdünnte wässerige Auflösungen waren, welche in
langen Zeiträumen allmählich die Veränderung bewirkten.

Uebrigens hat *Eugen Geinitz* auf mikroskopischem Wege überzeugend nachgewiesen, dass bei manchen der stets in diese Abtheilung gestellten Pseudomorphosen (z. B.
Hornstein oder Chalcedon nach Kalkspath oder Flussspath) zunächst eine zarte krustenförmige Umhüllung aus der neuen Substanz sich um den bestehenden Krystall gebildet
hat, welche gleichsam die Wandungen des Gefässes abgab, worin die Umwandlung
(vielleicht auch manchmal die Auslaugung und Neu-Ausfüllung) vor sich ging.

E. *Geinitz* hat vorgeschlagen, die Umwandlungs-Pseudomorphosen der Abtheilung
2a) Apomorphosen, diejenigen der Abtheilung 2b) Epimorphosen, diejenigen
der Abtheilung 2c) p a r t i e l l e und endlich die der Abtheilung 3) t o t a l e A l l o m o r-
p h o s e n (statt des längeren Allassomorphosen) zu nennen.

7. Von den organischen Formen.

§ 94. **Verschiedene Arten und Verhältnisse derselben.** Die organischen
Formen, in welchen so viele Mineralien und Gesteine auftreten, zeigen manche
Analogieen mit den Pseudomorphosen, und lassen sich grossentheils wie diese als
hypostatische und metasomatische Gebilde unterscheiden. Je nachdem sie übrigens
dem Thierreich oder dem Pflanzenreich angehören, können wir sie Z o o m o r-
p h o s e n oder P h y t o m o r p h o s e n nennen.

Eigentliche Umhüllungsgebilde in dem Sinne, wie die Umhüllungs-Pseudomorphosen kommen selten vor (Kalktuff, Sprudelstein). Weit häufiger sind die
durch Umhüllung gebildeten ä u s s e r e n Abdrücke (Spurensteine), sowie die
durch Ausfüllung gebildeten i n n e r e n Abdrücke oder Abgüsse (Steinkerne) organischer Formen, welche die Analoga der Krystalleindrücke (§ 86) und der Ausfüllungs-Pseudomorphosen (§ 92) sind.

Wurde der organische Körper, welcher einen äusseren oder inneren Abdruck lieferte, später zerstört, und der dadurch leer gewordene Raum mit Mineralmasse erfüllt, so entstanden Bildungen, welche sich theils mit den durch Ausfüllung oder Verdrängung, theils mit den durch Umwandlung gebildeten Pseudomorphosen vergleichen lassen. Dasselbe gilt von den wirklich versteinerten oder vererzten organischen Körpern, bei welchen nicht nur die Form, sondern auch oft die Structur bis in das feinste Detail erhalten zu sein pflegt, so dass man in ihnen einen Atom für Atom bewirkten Austausch der organischen Substanz gegen die Mineralsubstanz annehmen möchte (verkieseltes Holz).

Die mineralisirten organischen Körper endlich, wie Anthracit, Steinkohle und manche fossile Harze sind als solche Umwandlungsproducte zu betrachten, welche während eines sehr langsamen Zersetzungsprocesses, und meist durch Verlust von Bestandtheilen gebildet wurden.

Kieselsäure und kohlensaurer Kalk sind bei weitem die gewöhnlichsten Versteinerungsmittel; sehr selten treten Gyps, Cölestin, Flussspath, Baryt als solches auf. Unter den metallischen Mineralien spielt der Pyrit oder Eisenkies nebst Brauneisenstein als seinem Umwandlungsproduct die Hauptrolle als Vererzungsmittel; hin und wieder haben auch Eisenspath, Vivianit, Bleicarbonat, Zinkspath, Rotheisenerz, Bleiglanz, Kupferglanz, Glaukonit für die Erhaltung der organischen Formen gedient. Merkwürdig ist die regelmässige Stellung der Kalkspath-Individuen in den versteinerten Crinoiden, Echiniden, Belemniten, Inoceramen u. a., sowie der Umstand, dass einzelne Theile der Echiniden (z. B. die Cidaritenstacheln) sehr häufig blos von einem einzigen Kalkspath-Individuum gebildet werden, dessen Hauptaxe mit der Längsaxe des Stachels zusammenfällt. Vergl. *Hessel*, Einfluss des organischen Körpers auf den unorganischen in Enkriniten, Pentakriniten u. s. w., Marburg 1826. Ueber den Versteinerungsprocess: *Landgrebe*, die Pseudom. im Mineralreiche, S. 246. *Göppert* in Ann. d. Phys. u. Ch., Bd. 38, S. 561; Bd. 43, S. 395; Bd. 55, S. 570. *Brom*, Geschichte d. Natur. Bd. II. 671. *Blum*, I. Nachtrag z. d. Pseudom., 152.

8. Von den secundären Formen der Mineralien.

§ 95. **Verschiedene Arten derselben.** Alle bisher betrachteten Formen der Mineralien besitzen den Charakter der Ursprünglichkeit, d. h. sie sind unmittelbar bei der Bildung des betreffenden Minerals entstanden. Es kommen aber auch andere Formen vor, welche diesen Charakter entbehren, und deshalb als secundäre Formen bezeichnet werden können. Dahin gehören die durch mechanische Zerstückelung und Zermalmung, durch Reibung und Abschleifung, sowie die durch Ausnagung und Auflösung entstandenen Formen, welche theils als lose, ringsum oder allseitig begrenzte Körper, theils nur als oberflächliche, einseitig oder nur mehrseitig begrenzte Gestalten ausgebildet sind. Nach der soeben angedeuteten Entstehungsweise lassen sich diese secundären Formen besonders als fragmentare oder klastische Formen, als Frictionsformen, als Erosionsformen und Contractionsformen unterscheiden.

1) Klastische oder fragmentare Formen; als solche gelten die bisweilen vorkommenden (und im folgenden Abschnitt näher betrachteten) Spaltungsstücke; dann alle, durch Zertrümmerung von Mineralmassen und durch Fortführung ihrer Fragmente in den Gewässern gebildeten Formen, welche nach Maassgabe ihrer Grösse und Gestalt durch verschiedene Ausdrücke, als scharfkantige und stumpf-

kantige Stücke, als Geschiebe und Gerölle, als eckige, platte und rundliche Körner, als Sand und Staub bezeichnet werden.

2) Frictionsformen (oder Contusionsformen); sie sind nur oberfläch-liche Formen an den Wänden von Klüften und Spalten, entstanden durch die gewalt-same Bewegung der zu beiden Seiten solcher Spalten liegenden Gebirgstheile; sie zei-gen die sehr charakteristischen Frictionsstreifen, besitzen oft einen hohen Grad von Politur, und sind besonders dadurch ausgezeichnet, dass ursprünglich jedenfalls zwei, einander correspondirende Flächen vorhanden sind. Nach Maassgabe ihrer besonderen Beschaffenheit nennt man sie Rutschflächen, Quetschflächen oder Spiegel.

Aehnliche, aber nur einseitig, und an der Oberfläche des Felsgrundes ausgebil-dete Formen zeigen die durch die Einwirkung von Gletschern, vielleicht auch durch das Fortschieben von Gebirgsschutt bei heftigen Fluthen gebildeten Felsenschliffe.

3) Erosionsformen; sie entstanden theils durch die mechanische Gewalt, theils durch die auflösende Einwirkung des Wassers oder gewisser organischer Körper; zu ihnen gehören z. B. die seltsam ausgenagten Formen des Kalksteins, da, wo er dem Wellenschlag und der Brandung ausgesetzt ist; die Formen, welche Gyps und Stein-salz durch die auflösende Einwirkung der Atmosphärilien und Gewässer erhalten; die Aushöhlungen des Kalksteins durch Bohrmuscheln, und andere Erscheinungen.

4) Contractionsformen (formes de retrait): entstanden durch das mit der allmählichen Austrocknung oder Abkühlung verbundene Schwinden der Massen, was innere Zerberstungen oder Absonderungen zur Folge hatte; Septarien, stängeliger Thoneisenstein, geglühter Magnesit. Auch die Kerne der sogenannten Klappersteine lassen sich gewissermaassen hierher rechnen.

—————

Zweites Hauptstück.
Von den physikalischen Eigenschaften der Mineralien.

§ 96. **Uebersicht.** Die physikalischen Eigenschaften der Mineralien haften theils beständig an ihrer Substanz, theils werden sie nur vorübergehend, durch den Conflict mit einer von aussen einwirkenden Kraft oder Materie in ihnen her-vorgerufen. Zu den ersteren gehören die Cohärenz und Elasticität, die Dichtigkeit oder das specifische Gewicht, und der Magnetismus; zu den letzteren die opti-schen, elektrischen und thermischen Eigenschaften der Mineralien. Die meisten und bemerkenswerthesten derselben geben sich in erster Linie an den Krystal-len, oder an den anorganischen Individuen überhaupt auf eine eigenthümliche und gesetzmässige Weise zu erkennen.

Sohncke bringt die physikalischen Eigenschaften der Krystalle nach dem Grade ihrer Abhängigkeit von der krystallographischen Richtung in zwei Gruppen: 1) die Eigenschaften, bei denen Gleichheit nur in solchen Richtungen herrscht, die auch kry-stallographisch übereinstimmen (dazu hauptsächlich alle von der Cohärenz abhängigen Eigenschaften); 2) diejenigen, bei welchen die Gleichheit nicht durchgängig auf kry-stallographisch übereinstimmende Richtungen beschränkt ist (hierher die optischen, thermischen, magnetischen Eigenschaften). — Jede geometrische Symmetrie-Ebene ist, wie *Groth* treffend hervorhob, zugleich auch eine physikalische, aber nicht umgekehrt jede physikalische auch eine geometrische.

1. Spaltbarkeit der Individuen und Bruch der Mineralien überhaupt.

§ 97. **Spaltbarkeit der Individuen.** Cohärenz überhaupt ist der innere Zusammenhalt der Körper, welcher sich durch den grösseren oder geringeren

Widerstand offenbart, den sie jeder mechanischen Theilung entgegensetzen. Wir unterscheiden an der Cohärenz die Quantität (den Grad oder die Stärke), und die Qualität (die eigenthümliche Weise ihrer Aeusserung).

An den Krystallen oder Individuen überhaupt müssen wir ferner die Quantität der Cohärenz nach verschiedenen Richtungen unterscheiden. Es ist nämlich eine sehr merkwürdige Erscheinung, dass in jedem anorganischen Individuum nach verschiedenen Richtungen verschiedene, und nach gewissen Richtungen weit geringere Grade der Cohärenz stattfinden, als nach anderen Richtungen. Jedes Individuum zeigt also nach bestimmten Richtungen Minima der Cohärenz, welche sich dadurch offenbaren werden, dass es in solchen Richtungen leichter zerrissen, oder nach den darauf normalen Richtungen durch Anwendung eines Messers, Meissels u. dgl. leichter gespalten werden kann, als nach anderen Richtungen. Ein jeder Krystall und überhaupt ein jedes Individuum besitzt demnach eine mehr oder weniger deutliche Spaltbarkeit, durch welche die Hervorbringung von Spaltungsflächen und Spaltungslamellen ermöglicht wird. Individuen von Glimmer, Gyps, Kalkspath, Bleiglanz, Flussspath, Topas u. a. Mineralien lassen die Erscheinung besonders deutlich beobachten.

Sehr wichtig ist ferner die Thatsache, dass die Spaltungsflächen stets den Flächen bestimmter Formen des betreffenden Formencomplexes parallel liegen, welche entweder an dem Krystall schon vorhanden oder daran möglich sind; woraus denn von selbst folgt, dass die Richtungen jener Minima der Cohärenz stets normal auf denselben Krystallflächen sein müssen.

Da sich ferner jede Spaltungsfläche als eine ebene Fläche mit gleicher Vollkommenheit durch den ganzen Körper des Individuums verfolgen lässt, so müssen wir auch schliessen, dass die Minima der Cohärenz einen sehr eminenten Charakter behaupten, und keineswegs durch allmähliche Uebergänge in die grösseren Cohärenzgrade der zunächst anliegenden Richtungen verlaufen.

Endlich sind wir berechtigt anzunehmen, dass die Spaltbarkeit ohne Grenzen stattfindet, und auf immer dünnere und dünnere Lamellen gelangen lässt, bis zuletzt die Instrumente nicht mehr fein genug sind, um fernere Spaltungen zu bewerkstelligen (Gyps, Glimmer).

Die Spaltbarkeit ist also nur eine Folge der eigenthümlichen Cohärenzverhältnisse, des Vorhandenseins von Minimalgraden der Festigkeit bei den anorganischen Individuen, aber durchaus nicht eine Structur oder ein Gefüge derselben, wie so oft gesagt wurde, und nur dann mit Recht gesagt werden könnte, wenn die Spaltungsflächen und Spaltungslamellen als solche in den Individuen wirklich präexistirten, ehe sie durch mechanischen Eingriff zum Vorschein gebracht werden; dies ist aber schlechterdings nicht der Fall, vielmehr hat man sich die Sache nur so vorzustellen, dass die Substanz des Krystalls in jedem Punkte nach der Richtung der Normalen der Spaltungsflächen am wenigsten cohärirt, oder, atomistisch zu reden, dass jedes Molekül von seinen Nachbarn nach diesen Richtungen am wenigsten angezogen wird. Da die Spaltungsflächen eine Theilung der Krystalle in Lamellen oder Blätter gestatten, so hat man sie auch Blätterdurchgänge genannt. — Der Verlauf der Spaltbarkeit findet sich bei vielen Mineralien durch Sprünge oder Risse im Inneren angezeigt; einige derselben, wie Glimmer, Gyps gelangen vielfach schon im zerspaltenen Zustand in unsere Hände.

§ 98. **Spaltungsformen.** Lässt sich an einem Individuum ein Minimum der

Cohärenz oder eine Spaltungsfläche nachweisen, so findet dasselbe nach den Normalen aller gleichwerthigen Flächen, oder nach den sämmtlichen Flächen derjenigen Krystallform (oder Partialform) statt, zu welcher die beobachtete Spaltungsfläche gehört. Auch sind jederzeit diese correlaten Minima von völlig gleichem Werth, während sich die zu verschiedenen Formen gehörigen Minima als ungleichwerthig erweisen (Beispiele an Kalkspath, Bleiglanz, Amphibol, Baryt, Gyps). Spaltungsflächen, welche nicht in gleichem Grade eben sind, lassen also immer auf die [Ungleichheit der mit ihnen parallelen Krystallflächen schliessen.

Die gleichwerthigen Spaltungsflächen sind also stets in derselben Anzahl vorhanden, wie die Flächenpaare der ihnen entsprechenden Krystallform; sie gestatten die Darstellung von Spaltungsformen, welche sich durch nichts, als durch den Mangel der Ursprünglichkeit von den Krystallformen unterscheiden (§ 2) und, gleichwie diese, theils als geschlossene, theils als offene Formen zu erkennen geben. Daher bestimmt man auch die Spaltungsformen jeder Art am einfachsten und genauesten durch die krystallographischen Namen und Zeichen der entsprechenden Krystallformen.

Vielfach fällt bei dem ersten Versuch, die Spaltungsform herzustellen, dieselbe etwas verzerrt aus: so liefert das cubisch spaltende Steinsalz vielleicht längliche rechtwinkelige Parallelepipeda, der oktaëdrisch spaltbare Flussspath zunächst Tetraëder, die rhombendodekaëdrisch spaltbare Zinkblende Formen, welche nicht von allen zwölf Flächen begrenzt sind.

Eine sehr wichtige Thatsache, welche der Spaltbarkeit einen grossen Werth für die Diagnose der Mineralien verleiht, ist es aber, dass jede Mineralart immer nur eine, oder einige wenige Spaltungsformen erkennen lässt, welche in allen ihren Varietäten dieselben, und von der äusseren Krystallform sowie überhaupt von der Ausbildungsweise der Individuen gänzlich unabhängig sind. Diese specifische Einerleiheit der Spaltungsformen, bei aller Manchfaltigkeit der Krystallform eines und desselben Minerals, erhebt die Spaltbarkeit zu einem Merkmal von grösstem Belang. Ob der Kalkspath in flachen Rhomboëdern oder in spitzen Skalenoëdern oder in hexagonalen Prismen krystallisirt, seine Spaltbarkeit ist stets die gleiche. Und selbst die ganz ungestalteten Individuen der körnigen, schaligen und stängeligen Aggregate, welche keine Spur von Krystallformen besitzen, zeigen die Spaltbarkeit nach denselben Richtungen und mit derselben Vollkommenheit, wie die Krystalle derselben Substanz. Die Spaltbarkeit ist daher eine, allen Individuen derselben Mineralart in gleicher Weise zukommende Eigenschaft, wie vollkommen oder wie unvollkommen und wie verschieden auch ihre äussere Form beschaffen sein mag. So ermöglichen denn die Spaltungsformen bisweilen die Feststellung des Krystallsystems bei Substanzen, welche nicht in ausgebildeten Individuen, sondern nur in krystallinischen Stücken vorliegen, während dieselben anderseits verwandt werden können, um die Richtigkeit der Deutung einer Krystallform zu erproben.

Ein Krystall z. B., der nur nach einer oder nur nach zwei Richtungen spaltet, kann daher nicht dem regulären System angehören, welches mindestens drei gleichwerthige Spaltungsrichtungen erfordert. — Geschlossene Spaltungsgestalten mit Spaltungsflächen gleicher Qualität sind ein nothwendiges Postulat des regulären Systems.

§ 99. Bezeichnung und Benennung der Spaltungsrichtungen. In den verschiedenen Krystallsystemen sind besonders folgende Spaltungsrichtungen zu bemerken. Die Spaltbarkeit ist gewöhnlich

1) im regulären System:

oktaëdrisch nach O [1]), Flussspath, Rothkupfererz,

hexaëdrisch nach $\infty O \infty$, Steinsalz, Bleiglanz,

dodekaëdrisch nach ∞O, Zinkblende, Sodalith;

2) im Tetragonalsystem:

pyramidal nach P oder $2P\infty$, Scheelit, Wulfenit, Kupferkies,

prismatisch nach ∞P oder $\infty P\infty$, Rutil, Zinnerz,

basisch nach 0P, Uranit, Apophyllit;

3) im Hexagonalsystem:

a) bei holoëdrischer Ausbildung.

pyramidal nach P oder P2, Pyromorphit,

prismatisch nach ∞P oder $\infty P2$, Apatit, Nephelin, Zinkit,

basisch nach 0P, Beryll, Pyrosmalith, Zinkit;

b) bei rhomboëdrischer Hemiëdrie:

rhomboëdrisch nach R, Kalkspath, Eisenspath, Dolomit,

prismatisch nach ∞R oder $\infty P2$, Zinnober,

basisch nach 0R, Chalkophyllit, Antimon;

4) im rhombischen System:

pyramidal nach P, Schwefel,

prismatisch nach ∞P, Cerussit, Natrolith,

makrodomatisch nach $\bar{P}\infty$, oder brachydomatisch nach $\breve{P}\infty$.

basisch nach 0P, Topas, Prehnit.

makrodiagonal nach $\infty\bar{P}\infty$, Anhydrit.

brachydiagonal nach $\infty\breve{P}\infty$, Antimonglanz;

5) im monoklinen System:

hemipyramidal nach P oder —P, Gyps,

prismatisch nach ∞P, Amphibol, Pyroxen,

klinodomatisch nach $\breve{P}\infty$, Kupferlasur.

hemidomatisch nach $\bar{P}\infty$ oder —$\bar{P}\infty$,

basisch nach 0P, Magnesiaglimmer, Orthoklas, Klinochlor, Epidot,

orthodiagonal nach $\infty\bar{P}\infty$, Epidot,

klinodiagonal nach $\infty\breve{P}\infty$, Gyps, Stilbit, Orthoklas;

6) im triklinen System:

hemiprismatisch nach $\infty P'$ oder $\infty'P$, Labradorit,

hemidomatisch nach einem halben Makrodoma oder Brachydoma,

basisch nach 0P, Albit, Oligoklas, Labradorit.

makrodiagonal nach $\infty\bar{P}\infty$, oder

brachydiagonal nach $\infty\breve{P}\infty$, Albit, Oligoklas, Labradorit.

---

[1]) Die Benennungen der am häufigsten vorkommenden Spaltungsflächen sind mit gesperrter Schrift gedruckt.

§ 100. Verschiedene Vollkommenheit der Spaltbarkeit. Gleichwie sich die Spaltbarkeit an einem und demselben Individuum nach den Richtungen verschiedener Krystallflächen sehr ungleichwerthig herauszustellen pflegt (§ 97), so finden wir auch, dass sie, obwohl nach denselben Flächen vorhanden, doch bei verschiedenen Mineralien, ja sogar in verschiedenen Varietäten einer und derselben Mineralart mit recht verschiedenen Graden der Vollkommenheit stattfinden kann (Eisenglanz, Magneteisenerz, Eisenkies, Korund und Sapphir). Daher muss, ausser der Lage der Spaltungsflächen, auch die Leichtigkeit oder Schwierigkeit der Spaltung selbst, und die Beschaffenheit der Spaltungsflächen berücksichtigt werden.

Die Spaltbarkeit ist entweder höchst vollkommen (Glimmer, Gyps, Antimonglanz), oder sehr vollkommen (Flussspath, Baryt, Amphibol), oder vollkommen (Pyroxen, Kryolith), oder unvollkommen (Granat, Quarz), oder endlich sehr unvollkommen, wenn nur einzelne, kaum bemerkbare Spuren derselben vorhanden sind. Die Spaltungsflächen selbst aber sind entweder stetig ausgedehnt, oder unterbrochen und gleichsam abgerissen, übrigens meist glatt, selten gestreift. Sehr unvollkommene Spaltungsrichtungen geben sich nur in kleinen sporadischen Elementen von Spaltungsflächen zu erkennen, und lassen sich oft nur bei starker Beleuchtung auf den Bruchflächen des Minerals entdecken. Nur bei wenigen krystallinischen Mineralien unterscheiden sich die Minima der Cohärenz so wenig von den übrigen Cohärenzgraden, dass sie gar keine Spaltungsflächen, sondern lediglich Bruchflächen wahrnehmen lassen.

Bei solchen Mineralien, welche der vielfach wiederholten Zwillingsbildung mit parallelen Zusammensetzungsflächen unterworfen sind, und daher in polysynthetischen Krystallen oder in dergleichen individualisirten Massen auftreten, sind gestreifte Spaltungsflächen eine sehr gewöhnliche Erscheinung. Diese Streifung ist eine nothwendige Folge der wiederholten Zwillingsbildung und gibt unter Anderem ein vortreffliches Merkmal ab, um die triklinen Feldspathe von den monoklinen Feldspathen zu unterscheiden.

Die absolute Festigkeit der Krystalle ist natürlich um so abhängiger von ihrer Spaltbarkeit, je vollkommener dieselbe ist. *Sohncke* hat Versuche über diese Cohäsion oder Zugfestigkeit des Steinsalzes nach verschiedenen Richtungen ausgeführt, indem er daraus verschiedene quadratische Prismen schnitt, deren Längsaxe einer der Hauptaxen, einer der rhombischen, einer der trigonalen Zwischenaxen und endlich der Normale einer Fläche des Tetrakishexaëders ∞O2 parallel war, diese Prismen in zweckmässiger Fassung senkrecht befestigte, und am unteren Ende mit einer Schale verband, in welche feine Schrotkörner liefen, bis die Zerreissung erfolgte. Er fand so die absolute Festigkeit für 1 Q.-Mm. Querschnitt in der Richtung

der Hauptaxe . . . . : . . . . . == 35 Loth
der trigonalen Zwischenaxe, ihre untere Grenze = 75,2 Loth, nach anderen Versuchen . . . . == 96,9 Loth
der rhombischen Zwischenaxe, ihre untere Grenze = 69,7 Loth, nach
anderen Versuchen . . . . == 86,5 Loth
der Normale von ∞O2, ihre untere Grenze . . . . . : . . . == 76 Loth
Bei allen diesen Versuchen ergab sich übrigens, dass die Zerreissungsflächen den Spaltungsflächen entsprachen. Ann. d. Phys. u. Chem. Bd. 137, 1869. 177.

§ 101. Gleitflächen und Schlagfiguren. Ausser den Spaltungsflächen gibt es in den Krystallen noch andere Flächen, welche dadurch ausgezeichnet sind, dass

parallel denselben ein G l e i t e n , eine gegenseitige Verschiebung der Theilchen mit
bedeutend grösserer Leichtigkeit als in den unmittelbar benachbarten Richtungen
von Statten gehen kann und welche durch zweckmässigen D r u c k hervorgebracht
werden. Viele Mineralien besitzen diejenigen Richtungen als Gleitflächen, nach
welchen auch die Zwillingsbildung insbesondere erfolgt. Ueber die hierher gehörigen Erscheinungen hat zuerst *E. Reusch* interessante Beobachtungen angestellt [1]).

Feilt man an einem hexaëdrischen Spaltungsstück von Steinsalz zwei gegenüberliegende Kanten regelmässig weg, und presst man hierauf das Spaltungsstück
zwischen den angefeilten Abstumpfungsflächen, so entsteht in ihm eine Trennungsfläche, welche der in der Richtung des Druckes liegenden Fläche von $\infty 0$ parallel
ist. Feilt man ebenso an einem Spaltungsstück von Kalkspath zwei gegenüberliegende schärfere Kanten dergestalt weg, dass die angefeilten Flächen dem Prisma
$\infty P 2$ entsprechen, und presst man das Stück zwischen beiden Flächen, so sieht
man in dessen Innerem Trennungsflächen aufblitzen, welche den Flächen des Rhomboëders $-\frac{1}{2}R$ parallel sind, also dieselbe Lage haben, wie die Zwillingslamellen,
welche die Spaltungsstücke so häufig durchsetzen; und in der That sind auf diese
Weise dergleichen Lamellen erzeugt worden. *Reusch* nannte die so durch einen
D r u c k entstandenen Trennungsflächen G l e i t f l ä c h e n. Nach *Max Bauer* besitzen
auch am Bleiglanz die Rhomben-Dodekaëderflächen, am Cyanit die Basisflächen,
nach *Seligmann* am Antimonglanz die Basisflächen Gleitflächencharakter.

Die Thatsache, dass die Rhomboëderfläche $-\frac{1}{2}R$ am Kalkspath die Bedeutung
einer Gleitfläche hat, war übrigens schon 1828 *Brewster* bekannt. Nach der Auffassung von *Reusch* beruht die Entstehung der Gleitfläche darin, dass der Druck eine
Drehung der Theilchen um eine Axe, welche in einer Fläche $-\frac{1}{2}R$ und zugleich senkrecht
zu einem Hauptschnitt (senkrecht zur Polkante von R) liegt, bewirkt, so dass die Moleküle dadurch in eine neue Gleichgewichtslage gelangen. Sehr merkwürdig ist bei dieser
künstlichen Zwillingsbildung am Kalkspath die ebenfalls von *Reusch* beobachtete Thatsache, dass eine solche durch Druck hervorgebrachte Lamelle, welche nicht durch die
ganze Dicke des Krystalls geht, mittels Erwärmung wieder zum Verschwinden gebracht
werden kann. — Nach *Baumhauer* lässt sich aus einem prismatischen Spaltungsstück
von Kalkspath ein äusserlich vollkommen modellgleicher Zwilling aus zwei nach $-\frac{1}{2}R$
symmetrischen Hälften herstellen, indem die Klinge eines gewöhnlichen Taschenmes-
sers in geeigneter Weise allmählich hineingedrückt wird (Fig. 195); die stattfindende
Verschiebung gibt sich auch darin kund, dass die auf den
Flächen des in Zwillingsstellung übergegangenen Theiles erzeugten Aetzfiguren (vgl. § 102) sowohl ihre Lage als ihre Gestalt verändert haben; ritzt man in die Fläche vor der Einwirkung des Druckes mit einer feinen Spitze einen Kreis ein
und bewirkt dann die Verschiebung des betreffenden Theiles,
so zeigt sich an Stelle des Kreises eine zierliche Ellipse (Z. f.
Kryst. III. 1879. 588; vgl. auch *Brezina* ebendas. IV. 1880.

Fig. 195.

518). — *O. Mügge* hat gezeigt, dass am Kalkspath auch $\infty P2$, 0R und vielleicht noch
einige andere Flächen als »Structurflächen« zu betrachten sind, d. h. als Flächen, parallel welchen eine Trennung, Verschiebung oder Drehung der kleinsten Theilchen besonders leicht stattfindet (N. Jahrb. f. Min. 1883. I. 32, 81).

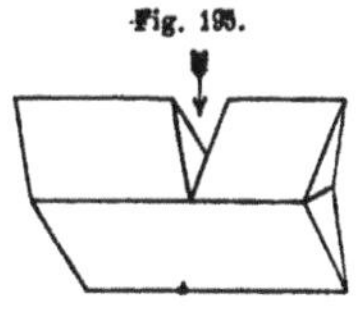

1) Ann. d. Phys. u. Chem., Bd. 132. 441, und Bd. 136. 130; auch Monatsberichte der Akad.
der Wissenschaften in Berlin, 1872, April, S. 242, und 1873 vom 29. Mai.

Bauer hat zuerst die Vermuthung ausgesprochen, dass eine allgemeine Beziehung zwischen gewissen Gleitflächen der Krystalle und ihren Zwillingsflächen bestehe, wie dies z. B. für den Glimmer gilt, bei welchem die Gleitflächen zugleich Zwillingsflächen sind, ebenso beim Cyanit bezüglich der Fläche 0P; auch *Mügge* hat darauf aufmerksam gemacht, dass bei so vielen anderen Mineralien (wie namentlich beim Kalkspath) z. Th. die Zwillingsflächen mit den Spalt-, Gleit- und sog. Absonderungsflächen zusammenfallen, z. Th. letztere zu ersteren symmetrisch liegen; bei derselben gegenseitigen Lage beider Arten von Flächen tritt besonders häufig polysynthetische Zwillingsbildung ein, und diese ist bei gewissen Mineralien eben an den e i n gewachsenen, dem Gebirgsd r u c k ausgesetzten Massen weit häufiger als an den a u f gewachsenen derselben Art. — Doch unterscheiden sich die Gleitflächen von den Zwillingsflächen dadurch, dass sie in Richtungen existiren können, nach denen vermöge der Symmetrie keine Zwillingsbildung möglich ist, z. B. ∞O beim Steinsalz, 0P beim Antimonglanz.

Aehnliche Flächen lassen sich aber auch durch einen S c h l a g hervorbringen, indem man auf die zu prüfende Krystall- oder Spaltungsfläche einen stumpf-konisch zugespitzten Stahlstift (den Körner der Metallarbeiter) senkrecht aufsetzt, und gegen denselben mit einem kleinen Hammer einen kurzen leichten Schlag führt. Dabei entstehen gleichzeitig m e h r e Trennungsflächen in der Form kurzer Sprünge, welche vom Schlagpunkt aus nach bestimmten Richtungen divergiren, und daher eigenthümliche Figuren bilden, welche *Reusch* S c h l a g f i g u r e n nennt. So entstehen auf einer Spaltungsfläche von Steinsalz zwei Sprünge, die ein rechtwinkeliges Kreuz bilden, und den auf der geschlagenen Fläche senkrechten Flächen von ∞O parallel sind, während nach anderen Richtungen die übrigen sichtbar werden. Diese Sprünge entsprechen Trennungsflächen, welche bei dem Steinsalz als eigentliche Spaltungsflächen nicht ausgebildet sind. Auf einem Spaltungsstück von Kalkspath entsteht ein gleichschenkeliges Dreieck, dessen Schenkel den Mittelkanten parallel sind, während die der Polecke zugewendete Basis der langen Diagonale der geschlagenen Fläche parallel ist, nach welcher Richtung auch die ganze Figur dicht gestreift erscheint. Auf parallel der Basis geschnittenen Kalkspathplatten erhält man einen Stern, dessen drei Strahlen 120° mit einander bilden.

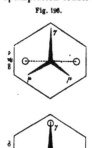

Fig. 196.

Besonders interessant sind die von *Reusch* an Lamellen z w e i a x i g e r G l i m m e r hervorgebrachten Schlagfiguren. Wenn sie gut gelingen, so erscheinen sie als sechsstrahlige Sterne, welche aber bisweilen zu dreistrahligen werden, indem die Radien von der Mitte aus nur nach einer Richtung verlaufen. Einer dieser Radien (γ, welchen *Reusch* den c h a r a k t e r i s t i s c h e n Radius nennt, ist stets p a r a l l e l den zwei Lamellenkanten, welche der K l i n o d i a g o n a l e entsprechen, während die beiden anderen, nicht wie dieser einfach, sondern treppenartig verlaufenden Risse (u) den übrigen vier Kanten des Hexagons parallel liegen (Fig. 196)[1]. Da die Ebene der optischen Axen in den meisten Glimmern parallel der Orthodiagonale, in den übrigen parallel der Klinodiagonale ist, so verhilft uns die Schlagfigur zur Erkennung dieses Unterschiedes. Denn in einem Glimmer der e r s t e n Art wird die Ebene der optischen Axen r e c h t w i n k e l i g auf dem charakteristischen Radius sein, während sie demselben in einem Glimmer der z w e i t e n Art p a r a l l e l ist; bei jenem fällt also die Axen-Ebene mitten

1) Man vergleiche auch die treffliche Abhandlung von *Bauer* über den Glimmer (Ann. d.

zwischen zwei Durchmesser der (hexagonalen) Schlagfigur; bei diesem coincidirt sie mit dem charakteristischen Durchmesser derselben. Diese Unterscheidung ist ganz unabhängig davon, wie die Lamelle begrenzt ist, und kann an jedem ganz regellos gestalteten Glimmer vollzogen werden.

§ 102. Aetzfiguren. Auch durch den hinreichend langsamen und vorsichtigen Angriff von lösenden oder corrodirend wirkenden Mitteln auf die Krystalle offenbaren sich gewisse latente Cohäsionsverhältnisse nach bestimmten Richtungen, indem auf den glatten Krystallflächen mikroskopisch kleine und von ebenen Flächen begrenzte Vertiefungen (oder Erhabenheiten), die sogenannten Aetzfiguren entstehen, welche namentlich von *Leydolt, G. Rose, Haushofer*, am eingehendsten und erfolgreichsten aber von *H. Baumhauer* untersucht worden sind. Dieselben lassen erkennen, dass die Löslichkeit nach verschiedenen Richtungen eine verschiedene ist, sind aber auf einer und derselben Fläche eines homogenen Krystalls sämmtlich einander ähnlich und unter einander parallel gestellt; ferner erweisen sie sich gleichartig auf krystallographisch gleichwerthigen, und verschiedenartig auf ungleichwerthigen Flächen. Sie erscheinen zwar, wie *Baumhauer* gezeigt hat, unabhängig von den Spaltungsrichtungen, stehen aber mit den Symmetrieverhältnissen der betreffenden Krystalle im engsten Zusammenhang, indem sie in dieser Hinsicht genau von derselben Ordnung sind, wie die Krystallform selbst. Deshalb ermöglichen sie nicht nur die Erkennung des Krystallsystems, sondern geben auch, selbst wenn man nur einzelne Flächen der Krystalle untersuchen kann, ein Mittel an die Hand, die Existenz und Art einer etwaigen hemiëdrischen, tetartoëdrischen oder hemimorphen Ausbildung festzustellen. Zudem zeigen die Aetzeindrücke in manchen Fällen, dass gewisse Krystallflächen, wenn sie auch holoëdrisch erscheinen, dies doch in Wirklichkeit nicht sind, sondern als Grenzformen hemiëdrischer, tetartoëdrischer oder hemimorpher Gestalten aufgefasst werden müssen (vgl. z. B. Apatit). Wegen ihrer relativ verschiedenen Lage auf den gleichnamigen Flächen mit einander verwachsener Krystalle lassen diese künstlichen Eindrücke ferner Zwillinge leicht als solche erkennen und die Art ihrer Verbindung beurtheilen; auch treten nach der Aetzung die Zwillingsgrenzen, sowie die eingeschalteten Lamellen besonders deutlich hervor. — Uebrigens machen *Laspeyres* und *Baumhauer* darauf aufmerksam, dass die Aetzfiguren, wenn sie auch auf denselben Flächen eines Krystalls dieselbe Symmetrie und zwar diejenige des Krystalls selbst aufweisen, doch ihrer Ausbildungsweise nach von der Natur des angewandten Aetzmittels abhängig sind [1]), weshalb dieselben nicht zugleich die Form der den Krystall aufbauenden Moleküle wiedergeben können. Jedenfalls bieten dieselben als Hülfsmittel zur Erlangung einer genaueren Kenntniss der Krystallstructur ein nicht geringes Interesse dar.

Phys. u. Chem., Bd. 138, S. 387), in welcher die Wichtigkeit dieser durch die Schlagfiguren ermöglichten Unterscheidung der Glimmer nach ihrer ganzen Bedeutung hervorgehoben, und das Verfahren zur Erzeugung jener Figuren ausführlich erläutert wird. Eine fernere Arbeit in Zeitschr. d. geol. Ges. 1874. 137, behandelt den Gegenstand noch weiter und erörtert den Unterschied zwischen den Schlagfiguren und ähnlichen, aber anders orientirten Bruchlinien, die durch plötzlichen Druck mit einem abgerundeten Stift bei Glimmerblättchen, welche auf elastischer Unterlage aufruhen, hervorgebracht werden; diese Knickungen stehen auf den Schlaglinien fast genau senkrecht.

1) Vgl. dar. auch die am Kalkspath mit verschiedenen Säuren gewonnenen Aetzresultate von *O. Meyer*, N. Jahrb. f. Min. 1883. I. 74.

Die Beobachtung derselben geschieht unter dem Mikroskop, entweder unmittelbar an der geätzten Fläche oder an Hausenblase-Abdrücken derselben.

Fig. 197.

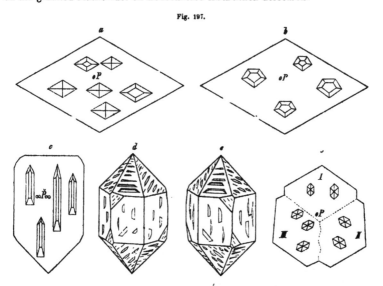

In Fig. 197 gibt Fig. *a* die auf der Basis des rhombischen Topas vermittels geschmolzenen Aetzkalis, Fig. *b* die auf der Basis des monoklinen Muscovits durch Behandlung mit Flussspath und Schwefelsäure erzeugten Aetzfiguren wieder; die ersteren sind, entsprechend der Symmetrie der rhombischen Basis, gleichgestaltet einerseits nach rechts und links, anderseits nach vorne und hinten, wogegen diejenigen auf der Basis des Muscovits blos nach rechts und links sich symmetrisch verhalten. Fig. *c* zeigt die mit Salzsäure hervorgerufenen Aetzfiguren auf dem Brachypinakoid des nach der Verticalaxe hemimorphen Kieselzinks, welche selbst oben anders als unten ausgebildet sind. Werden Quarzkrystalle mit Flusssäure geätzt, so bedecken sich die Flächen mit feinen Figuren, welche durch Form oder Lage den unsymmetrischen Charakter aller Flächen bekunden und zugleich den Gegensatz der beiden Rhomboëder $+R$ und $-R$ ersichtlich machen; bei dem linken Quarzkrystall (Fig. *d*) finden sich dieselben Figuren in gerade entgegengesetzter Stellung, wie bei dem rechten (Fig. *e*). Der vielleicht scheinbar ein einfaches Individuum bildende Drilling von Aragonit lässt auf der mit Essigsäure geätzten Basis die drei verwachsenen Krystalle durch die relativ abweichende Lage ihrer Aetzfiguren deutlich unterscheiden (Fig. *f*).

Aeltere Beobachtungen über die Aetzung von Krystallen finden sich schon in einer Abhandlung von *Daniell*, im Quarterly Journal of Science, I. 1816, p. 24, dieselbe erschien auch übersetzt in *Oken*'s Isis vom Jahre 1817, S. 745. — Besonders wurde dann die Aufmerksamkeit auf die Aetzeindrücke wieder gelenkt durch die Versuche von *Leydolt* am Quarz (Sitzgsber. Wien. Akad. XV. 59) und jene von *Lavizzari* am Kalkspath, von welchen letzteren *Kenngott* in seiner Uebersicht der Resultate mineral. Forschungen in den Jahren 1862 bis 1865, S. 454 berichtet. *H. Baumhauer* gab in den Ann. d. Phys. u. Ch., Bd. 138, S. 563; Bd. 139, S. 349; Bd. 140, S. 271; Bd. 145, S. 459; Bd. 150, S. 619; Bd. 153, S. 75, und mehrfach in den neueren Jahrgängen des N. Jahrb. f. Mineralogie sowie in der Zeitschr. f. Kryst. die Resultate seiner unermüdlichen und werthvollen Untersuchungen über die Aetzfiguren an Krystallen; da die Krystallflächen oder die Massen der Krystalle sich gegen corrodirende Mittel anders verhalten als gegen Spaltung, so folge, dass in chemischer Hinsicht eine andere Cohäsion, wenn man so sagen dürfe, existirt, oder doch existiren kann, als in physikalischer. Vgl. auch *Knop* in seinem System der Anorganographie 1876, S. 25. Ferner hat sich *Klocke* sehr eingehend mit den Aetzfiguren z. B. der Alaune beschäftigt. Ueber die Aetzerscheinungen bei der Zinkblende vgl. *Becke* in *Tsch.* **Min. u. petr. Mitth. V. 457.** Bei dem Bleiglanz bilden die Aetzfiguren auf dem Oktaëder und Dodekaëder vertiefte Aetzgrübchen, auf den Würfelflächen erhabene Aetzhügel. — Aehnlich wie bei vielen Krystallen die Aetzung durch Säuren, wie bei den in Wasser löslichen der Angriff durch dieses Mittel (oder durch den Wasserdampf beim Anhauchen), wirkt nach *G. Rose* bei dem Diamant der Verbrennungsprocess, indem sich während des Verbrennens auf seiner Oberfläche (durch den Sauerstoff als corrodirendes Mittel) kleine dreiflächige Vertiefungen ausbilden, deren Flächen denen des Ikositetraëders $3O3$ parallel sind.

An einem und demselben Krystall werden die ungleichartigen Flächen (und Kanten) auch durch Aetzmittel abweichend rasch und stark angegriffen; verdünnte Säure ätzt an einem Aragonitkrystall die Flächen von $\infty \check{P} \infty$ rascher als die von ∞P; an einem Kalkspath wird in derselben Zeit R stärker geätzt, als 0R; an einem pyramidal endenden Quarzkrystall werden die Polkanten abwechselnd sehr stark und nur wenig angegriffen. — Natürliche Krystallflächen scheinen im Allgemeinen schwieriger durch Aetzung angreifbar als künstliche Spaltflächen; Spaltflächen, welche längere Zeit der Luft ausgesetzt waren, schwieriger als frisch erzeugte.

Bisweilen zeigen auch in der Natur vorkommende Mineralien Erscheinungen, welche man als Wirkungen einer mit natürlichen Corrosions-Mitteln vor sich gegangenen Oberflächen-Aetzung aufzufassen veranlasst ist; selbstverständlich dürfen diese Vorkommnisse weder mit der im § 61, 3 erwähnten treppenartigen Vertiefung der Flächen, noch mit der im § 60 besprochenen Drusigkeit verwechselt werden. Eine tief eingreifende Aetzung kann wohl eine wie zernagt aussehende Form im Gefolge haben.

In den Kreis dieser Erscheinungen gehören auch wohl die auf natürlichem Wege sich bei der Zersetzung von Krystallen entwickelnden regelmässigen Verwitterungs-(oder Verstäubungs-)gestalten, deren oft scharfe Begrenzungsflächen dem Krystallsystem der Substanz angehören und mit den Symmetrieverhältnissen derselben im Einklang stehen; vgl. auch § 137.

§ 103. Bruch der Mineralien. Wird ein Mineral nach Richtungen zerbrochen oder zerschlagen, in welchen keine Spaltbarkeit vorhanden ist, so entstehen Bruchflächen, die man kurzweg den Bruch nennt. Bei Mineralien von sehr vollkommener Spaltbarkeit ist es schwierig, Bruchflächen hervorzubringen, zumal wenn die Spaltung nach mehren Richtungen gleich erfolgt; an den Individuen solcher Mineralien, wie z. B. an denen des Kalkspaths oder Bleiglanzes, ist daher der eigentliche Bruch nur selten wahrzunehmen. Je unvollkommener aber die Spaltbarkeit ist, um so bestimmter tritt der Bruch hervor, indem die Spaltungsflächen an sehr vielen Stellen durch Bruchflächen unterbrochen werden, und zuletzt nur noch an einzelnen Punkten sichtbar sind.

Bei der Beschreibung des Bruches hat man die allgemeine Form der Bruchflächen und ihre Beschaffenheit im Kleinen anzugeben.

Nach der Form der Bruchflächen erscheint der Bruch:

1) muschelig, wenn die Bruchflächen muschelähnliche Vertiefungen zeigen,

wobei weiter flach- und tiefmuscheliger, gross- und kleinmuscheliger, vollkommen und unvollkommen muscheliger Bruch unterschieden wird;

2) eben, wenn die Bruchflächen ziemlich frei von Vertiefungen und Erhabenheiten sind, und sich in ihrer Ausdehnung einer Ebene nähern;

3) uneben, wenn dieselben regellos Erhöhungen und Vertiefungen zeigen.

Nach der Beschaffenheit der Oberfläche erscheint der Bruch:

1) glatt, wenn die Bruchfläche ganz stetig ausgedehnt und frei von kleinen Rauhheiten ist;

2) splitterig, wenn die Bruchfläche kleine halbabgelöste Splitter zeigt; diese Splitter werden dadurch besonders sichtbar, dass sie in ihren scharfen Ränder n lichter gefärbt und stärker durchscheinend sind; wie denn überhaupt eine deutliche Wahrnehmbarkeit des splitterigen Bruches nur bei pelluciden Mineralien stattfinden kann; man unterscheidet übrigens nach der Grösse der Splitter feinsplitterigen und grobsplitterigen Bruch;

3) erdig, wenn die Bruchfläche lauter staubartige oder sandartige Theilchen wahrnehmen lässt; feinerdig und groberdig; kommt wohl bei Individuen nur im zerstörten oder zersetzten Zustande vor; Thon, Tripel;

4) hakig, wenn dieselbe sehr kleine drahtähnliche Spitzen von hakenartiger Krümmung zeigt; findet sich nur bei dehnbaren gediegenen Metallen.

2. Härte der Mineralien.

§ 104. **Schwierigkeit ihrer Bestimmung.** Ausser der Bestimmung der relativen Cohärenz, wie sich solche in den Verhältnissen der Spaltbarkeit zu erkennen gibt, ist auch eine, wenigstens approximative Bestimmung der absoluten Cohärenz, oder der Härte der Krystalle und der Mineralien überhaupt von grosser Wichtigkeit. Unter der Härte eines festen Körpers versteht man den Widerstand, welchen er der Trennung seiner kleinsten Theile entgegensetzt.

Zu einer leichten, schnellen und für das gewöhnliche praktische Bedürfniss hinreichend sicheren Bestimmung der Härte steht uns kein anderes Mittel zu Gebot, als das Experiment, mit einer Stahlspitze oder auch mit dem scharfkantigen Fragment eines Minerals in das zu prüfende Mineral einzudringen, also dasselbe zu ritzen. Da nun die Ursache des dabei geleisteten Widerstandes in der Cohärenz, oder in derjenigen Kraft zu suchen ist, welche die Theile des Minerals zusammenhält, und da diese Cohärenz in den Krystallen nach gewissen Richtungen ihre Minima hat, so wird natürlich auch die Härte an einem und demselben Krystall nach verschiedenen Richtungen mehr oder weniger verschieden sein müssen, was sich schon dadurch offenbart, dass an einem und demselben Krystall die Flächen verschiedener Krystallformen bei dem Ritzungs-Experiment oft einen sehr verschiedenen Widerstand erkennen lassen.

Aber auch eine und dieselbe Krystallfläche zeigt oft nach verschiedenen Richtungen mehr oder weniger auffallende Verschiedenheiten der Härte; und sogar dieselbe Richtung auf derselben Fläche verräth dergleichen Verschiedenheiten, je nachdem längs dieser Richtung das Ritzungs-Experiment in dem einen, oder in dem entgegengesetzten Sinne ausgeführt wird. Doch zeigen stets alle correlaten, d. h. alle derselben Form oder Partialform angehörigen Flächen ganz übereinstimmende Verhältnisse.

Man würde also eigentlich bei Krystallen die Flächen, auf welchen, und die Richtung, nach welcher das Experiment angestellt worden ist, angeben müssen, dafern eine sehr genaue Bestimmung der Härte stattfinden sollte oder könnte. Da jedoch eine solche Bestimmung bei Anwendung der gewöhnlichen Ritzungsmethode ohnedies nicht zu hoffen ist, so muss man sich mit einer ungefähren Bestimmung der mittleren Härte begnügen, und diese ist mit einer, dem nächsten Bedürfniss der Mineralogie hinreichend entsprechenden Genauigkeit durch das von *Mohs* angegebene Verfahren zu erhalten.

Schon *Huyghens* bemerkte, dass sich die Flächen der rhomboëdrischen Spaltungsstücke des Kalkspaths nach einer Richtung leichter ritzen lassen, als nach der anderen. Dieselbe Erscheinung ist später bei mehren Mineralien, z. B. am Gyps, Disthen und Glimmer erkannt, zuerst aber von *Frankenheim* ausführlicher verfolgt und nach ihrer Abhängigkeit von der Lage der Spaltungsflächen untersucht worden (*Frankenheim, de crystallorum cohaesione*, Vratisl. 1829, auch in *Baumgartner's* Zeitschrift für Physik, Bd. 9, S. 94 und 194). Beim Flussspath sind die Oktaëderflächen weniger hart als die Würfelflächen; auf den Würfelflächen ist nach *Franz* die geringste Härte in der Richtung der Diagonalen, die grösste parallel den Kanten. *Franz* versuchte, die Härtebestimmungen durch Ritzen in einer etwas bestimmteren Weise zur Ausführung zu bringen, wobei die bereits von *Frankenheim* erkannte Abhängigkeit der nach verschiedenen Richtungen verschiedenen Härtegrade von den Spaltungsverhältnissen noch genauer ermittelt wurde (Annalen d. Phys. u. Ch., Bd. 80, 1850. 37). Der von *Seebeck* construirte und von *Franz* benutzte Apparat (Sklerometer) beruht darauf, dass sich über dem Mineral eine verticale Diamant- oder Stahlspitze befindet, welche durch aufzulegende Gewichte auf die zu prüfende Fläche hinabgedrückt wird; wenn man nun das Mineral in horizontaler Lage langsam unter dieser Spitze fortbewegt, so lässt die Menge der Gewichte, womit die Spitze belastet werden muss, damit auf der Fläche ein Strich erscheint, eine Vergleichung der Härte zu. Sehr genaue und gründliche Forschungen über diesen Gegenstand verdankt man auch *Grailich* und *Pekárek*, welche in den Sitzungsber. d. Wien. Akad., Bd. 13 (1854). 410 eine Abhandlung veröffentlicht haben, in welcher ein ähnlicher Apparat zur Prüfung und Messung der Härte beschrieben, und eine sklerometrische Untersuchung des Kalkspaths mitgetheilt wird, woraus das überraschende Resultat folgt, dass sich in diesem Mineral der kleinste und grösste Härtegrad wie 1 : 10 verhalten. Auch hat *Grailich* über die Form der Cohäsionsfläche der Krystalle scharfsinnige Studien eingeleitet, aber leider nicht durchführen können, weil der Tod den ausgezeichneten Forscher frühzeitig ereilte (vgl. Sitzungsber. Wien. Akad., Bd. 33, 1858. 657). Ausführliche Untersuchungen stellte in neuerer Zeit *F. Exner* vermittels 116 Beobachtungsreihen an 17 Substanzen an; die sehr werthvollen Ergebnisse finden sich niedergelegt in einer von der Wiener Akademie gekrönten Preisschrift (Wien, 1873). — Auch *Pfaff* hat sich jüngst vielfach mit der Härte der Krystalle beschäftigt. Er versuchte die absolute Härte dadurch zu messen, dass man mit der horizontalen Schneide eines meisselförmigen Diamantsplitters bei mässiger Belastung vielmals über eine horizontale Krystallfläche abhobelnd hinführt; wägt man den Krystall vor und nach dem Ritzen, so kann man aus der Gewichtsdifferenz der beiden Wägungen (dem Gewicht des weggeritzten Pulvers) und dem spec. Gewicht des Krystalls theoretisch die Tiefe der Hobelrinne berechnen. Damit verbindet *Pfaff* den weiteren Satz, dass die Härte der Mineralien genau im umgekehrten Verhältniss stehe zu der bei gleicher Belastung und gleicher Zahl der Gänge der Diamantschneide über die Krystallfläche erzeugten Tiefe der Hobelrinne. Mesosklerometer nennt *Pfaff* ein von ihm construirtes Instrument zur Messung der mittleren Härte. Es besteht im Wesentlichen darin, dass eine belastete feste Diamantspitze sich in eine darunter befindliche, vermittels eines Zahnrades in drehende Bewegung versetzte Krystallfläche einbohrt, und nun vermittels eines kleinen Fühlhebels die Tiefe, bis zu welcher der Bohrer eindrang, genau gemessen wird. Die Zahl der Umdrehungen, welche nöthig ist, um den gleichmässig nach allen Richtungen wirkenden Bohrer stets um den gleichen Betrag in den Krystall eindringen zu lassen, steht direct im Verhältniss zur Härte (Sitzgsber. München. Akad. 1883. 55, 375; 1884. 255 .

Streng genommen würde sich also der mittlere Härtegrad eines krystallinischen Minerals nicht sowohl an dessen grösseren Krystallen oder Individuen, sondern an dessen kryptokrystallinischen Aggregaten, also an den sogenannten dichten Varietäten bestimmen lassen, in welchen jedes Individuum gleichsam auf einen materiellen Punkt reducirt ist, dessen Härte die mittlere Resultante aller der nach verschiedenen Richtungen vorhandenen Härtegrade darstellen würde.

§ 105. **Methode der Härtebestimmung nach** *Mohs.* Diese Methode beruht auf folgenden beiden Axiomen:

1) Von zwei Körpern, von welchen der eine den anderen zu ritzen vermag, ist der ritzende härter als der geritzte; und

2) von zwei Körpern, welche, bei ungefähr gleichem Volumen und ähnlicher Configuration, mit möglichst gleichem Druck auf einer feinen Feile gestrichen werden, ist derjenige der härtere, welcher einen schärferen Klang, einen grösseren Widerstand und ein spärlicheres Strichpulver gibt.

Das erstere dieser Axiome begründet die Aufstellung einer Härtescala, indem man mehre Mineralien von deutlich ausgesprochenen Härtedifferenzen in eine Reihe stellt, deren mit Zahlen bezeichnete Glieder als feste Vergleichungspunkte für alle übrigen Bestimmungen dienen. So hat *Mohs* folgende zehngliederige Scala aufgestellt, welche als allgemein angenommen gelten darf:

Härtegrad	1 = Talk,		Härtegrad 6	= Orthoklas.
»	2 = Steinsalz oder Gyps,		»	7 = Quarz,
»	3 = Kalkspath,		»	8 = Topas,
»	4 = Flussspath,		»	9 = Korund,
»	5 = Apatit,		»	10 = Diamant.

Mit Ausnahme des Diamants, der sehr selten in Anwendung kommt, hat man grössere und kleinere Stücke dieser Mineralien vorräthig, um sie bei den Härtebestimmungen zu benutzen. Glas hat ungefähr die Härte des Apatits.

Die Prüfung der Härte eines gegebenen Minerals geschieht nun in der Weise, dass man mit einem etwas scharfkantigen Stück desselben die Glieder der Scala zu ritzen versucht, indem man von den härteren zu den minder harten herabsteigt, um nicht die Probestücke der unteren Härtegrade unnöthiger Weise zu zerkratzen. Dadurch bestimmt sich zuvörderst dasjenige Glied der Scala, dessen Härtegrad von dem des gegebenen Minerals noch eben übertroffen wird. Hierauf versucht man, ob das zu prüfende Mineral selbst von dem Mineral des nächst höheren Härtegrades geritzt wird, oder nicht. Im letzteren Falle hat es genau den nächst höheren Härtegrad; im ersteren Falle liegt seine Härte zwischen diesem und dem nächstniederen Härtegrad. Ist das zu prüfende Mineral eingewachsen oder nicht verfügbar in isolirten Bruchstücken, so versucht man dasselbe mit den Gliedern der Härtescala zu ritzen, wobei man von unten nach oben fortgeht, bis dasjenige Glied erreicht wird, welches eine Ritzung hervorbringt.

Das Resultat solcher Prüfung drückt man einfach durch Zahlen aus; fände man z. B., dass ein Mineral genau so hart ist, als Orthoklas, so schreibt man: H. = 6; oder fällt seine Härte zwischen die des Orthoklases und Quarzes, so schreibt man: H. = 6,5. Dass nun diese Zahlen kein genaues Maass-Verhältniss der Härte ausdrücken können und sollen, dies versteht sich von selbst; auch würde man eben so gut Buchstaben oder sonstige Zeichen gebrauchen können, wenn nicht die Zahlenreihe den Vortheil gewährte, die successive Steigerung der Härtegrade einigermaassen auszudrücken. Die gelehrten Bedenklichkeiten, welche gegen solchen Gebrauch von Zahlen erhoben worden sind, dürften kaum einen zureichenden Grund zur Verwerfung derselben abgeben. Uebrigens sind die Härtedifferenzen zwischen den höheren Gliedern der Scala weitaus bedeutender, als zwischen den Anfangsgliedern.

Bei den Versuchen von *Calvert* und *Johnson* über die Härte der Metalle und Legirungen fand sich das Gusseisen am härtesten; setzt man dessen Härte = 1000, so ist sie

für Stahl	= 958	für Aluminium	= 271	für Cadmium	= 108
» Stabeisen	= 948	» Silber	= 208	» Wismuth	= 52
» Platin	= 375	» Zink	= 183	» Zinn	= 27
» Kupfer	= 301	» Gold	= 167	» Blei	= 16

Die Legirungen von Kupfer und Zink sind alle härter als Kupfer, jene von Zinn und Zink alle weicher als Zink.

Sowohl zur Controle des ersten durch Ritzen gefundenen Resultates, als auch zur genaueren Ermittelung des Härtegrades, wenn solcher zwischen zwei Glieder der Scala fällt, dient nun die Anwendung des zweiten Axioms. Man vergleicht nämlich das Probestück mit einem, nach Form und Grösse ungefähr gleichen Stück sowohl des nächst höheren, als auch des nächst niederen Härtegrades auf der Feile, wobei das Gefühl und Gehör des Beobachters sich gegenseitig unterstützen, und auch auf die Menge des abgefeilten Pulvers Rücksicht zu nehmen ist.

§ 106. Allgemeine Ergebnisse der Härtebestimmungen. Nach den bisherigen Untersuchungen, insbesondere denen von *Exner*, gelten folgende Sätze:

1) Gegensätze in der Härte werden überhaupt nur an solchen Krystallen beobachtet, welche eine Spaltbarkeit besitzen.

2) Die Krystallflächen, welche der vollkommensten Spaltbarkeit parallel gehen, sind überhaupt am wenigsten hart, diejenigen, auf welchen die Spaltbarkeit senkrecht steht, am härtesten.

3) Auf einer Krystallfläche, welche der Spaltung parallel geht und welche von keiner weiteren Spaltrichtung getroffen wird, zeigt sich nach allen Richtungen dieselbe Härte.

4) Eine Fläche, auf welcher die Spaltbarkeit senkrecht steht, besitzt in der Richtung parallel zur Spaltung die geringste, senkrecht zur Spaltung die grösste Härte.

5) Auf einer Fläche, welche schief von einer Spaltebene geschnitten wird, zeigt sich sogar eine Härtedifferenz längs derselben Linie: ritzt man von dem stumpfen Durchschnittswinkel gegen den scharfen zu, so offenbart sich die grössere Härte; wird umgekehrt die Härte in der Richtung von dem scharfen

Durchschnittswinkel gegen den stumpfen zu geprüft, so erweist sie sich geringer.

Um graphisch auf einer Krystallfläche die Grösse der Härte in einer bestimmten Richtung darstellen zu können, drückte *Exner* das zum Ritzen nothwendige Gewicht durch die relative Länge von Linien aus, welche vom Mittelpunkt aus gezogen werden; in der Richtung, in welcher bei 3 Gramm Belastung ein Ritz erfolgte, wurde eine dreimal so lange Linie aufgetragen, als in einer anderen, in welcher zum Ritzen blos 1 Gr. erforderlich war. Verbindet man die Enden sämmtlicher vom Mittelpunkt aus strahlenförmig auslaufender Linien, so wird die Härtecurve auf der geprüften Fläche erhalten. Zeigen sich keine Härtegegensätze nach verschiedenen Richtungen, so ist diese Curve ein Kreis, steht auf der untersuchten Fläche eine einzige Spaltbarkeit senkrecht, so gibt sie eine Ellipse; wird die Fläche von mehren Spaltrichtungen geschnitten, so liefert sie eine gelappte Figur, welche in der Richtung grösserer Härte eine Ausbuchtung, in derjenigen geringerer eine Einbuchtung zeigt.

Fig. 198.

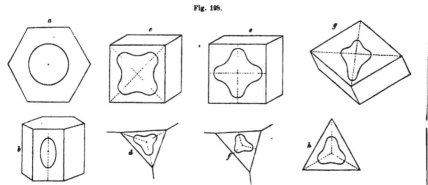

Auf der sechsseitigen Basis (*a* in Fig. 198) des monoklinen Glimmerkrystalls, welcher nur nach dieser Fläche Spaltbarkeit zeigt, erscheint nach Satz 3 die Härtecurve als Kreis; auf der Seitenfläche dieses Minerals (Fig. *b*) ist sie eine Ellipse, deren kürzere Axe parallel zur basischen Spaltbarkeit steht (Satz 4). Auf den Würfelflächen des vollkommen cubisch spaltbaren Steinsalzes (Fig. *c*) ist die Härtecurve vierlappig, indem die Maxima der Härte den Diagonalen parallel sind (Satz 4). Wird an dem Steinsalzwürfel eine dreieckige Oktaëderfläche angeschliffen (Fig. *d*), so erscheint die geringste Härte senkrecht gegen die Combinationskante von Oktaëder und Würfel. Gerade umgekehrt liegen die Verhältnisse an dem oktaëdrisch spaltbaren regulären Flussspath. Auf den Würfelflächen (Fig. *e*) ist senkrecht zu den Kanten die Härte am grössten, in der Richtung der Diagonalen am geringsten; auf einer Oktaëderfläche (Fig. *f*) ergibt sich hier senkrecht gegen die Combinationskante von Würfel und Oktaëder die grösste Härte. Der rhomboëdrisch spaltbare Kalkspath ist überhaupt auf diesen Spaltungsflächen am mindesten hart; auf ihnen (Fig. *g*) erscheint eine vierlappige Härtecurve, welche ihren schwächsten Lappen gegen die Polecke des Rhomboëders wendet; wird an dem Rhomboëder die gleichseitig-dreieckige Basis angeschliffen (Fig. *h*), so zeigt sie eine symmetrisch-dreilappige Härtecurve.

3. Tenacität und Elasticität der Mineralien.

§ 107. Verschiedenheiten derselben. Die Qualität der Cohärenz oder die Tenacität lässt vorzüglich folgende Verschiedenheiten erkennen. Ein Mineral ist:

1) **spröd**, wenn sich jede, durch eine Stahlspitze, Feile oder ein Messer bewirkte Unterbrechung des Zusammenhangs von selbst nach vielen Richtungen weiter fortsetzt, so dass sich kleine Risse und Sprünge bilden und viele, zum Theil fortspringende Splitter ablösen, was meist mit Heftigkeit und einem knisternden Geräusch geschieht; Zinkblende, Feldspath;

2) **mild**, wenn sich die Unterbrechung des Zusammenhangs nur wenig fortsetzt, wobei die abgetrennten Theile nur pulverartig zermalmt erscheinen und ruhig liegen bleiben; Speckstein, Kupferglanz;

3) **geschmeidig**, wenn die Unterbrechung des Zusammenhangs genau nur so weit stattfindet, als das Instrument eingedrungen ist, dabei weder Splitter noch Pulver entstehen, sondern die abgetrennten Theile ihren Zusammenhang behaupten; Silberglanz, Silber, Kupfer;

4) **biegsam**, wenn dünne Blättchen oder Stäbchen gebogen werden können, ohne nachher ihre frühere Form wieder anzunehmen; Chlorit, Talk;

5) **elastisch**, wenn dünne Blättchen oder Nadeln nach der Biegung, oder grössere Massen nach einer Zusammendrückung in ihre vorige Form und Lage zurückspringen; Glimmer, Elaterit, Asbest;

6) **dehnbar**, wenn es sich unter dem Hammer zu dünnen Blechen plätten oder auch zu Draht ausziehen lässt, ohne den Zusammenhang zu verlieren.

Die meisten Mineralien sind spröde, die wenigsten geschmeidig, und nicht viele mild.

Nach *Haidinger* ordnen sich die Metalle nach ihrer Streckbarkeit zu Draht in: 1. Gold, 2. Silber, 3. Platin, 4. Eisen, 5. Kupfer, 6. Zink, 7. Zinn, 8. Blei; nach ihrer Hämmerbarkeit in: 1. Gold, 2. Silber, 3. Kupfer, 4. Zinn, 5. Platin, 6. Blei, 7. Zink, 8. Eisen.

Fast alle Verschiedenheiten der Tenacität beruhen eigentlich mit auf der Elasticität, welche die Mineralien in einem höheren oder geringeren Grade besitzen und in ihren Individuen insofern auf eine krystallographisch gesetzmässige Weise offenbaren, als die Elasticitätsverhältnisse in den Krystallen in verschiedenen Richtungen verschieden, in allen gleichwerthigen Richtungen jedoch gleich beschaffen sind.

Schneidet man aus einem Mineral Stäbchen, so kann man die durch angehängte Gewichte hervorgebrachte Verlängerung, die durch aufgelegte Gewichte erfolgende Verkürzung derselben messen; eine Biegung erfahren horizontale Stäbchen, welche an einem Ende festgeklemmt, am anderen freien durch Gewichte belastet werden, oder welche an beiden Enden unterstützt und in der Mitte belastet sind. — Nach *Baumgarten*, welcher Kalkspathstäbchen prüfte, die nach verschiedenen Richtungen aus einem Rhomboëder herausgeschnitten waren, ist das Maximum des Elasticitätscoëfficienten parallel den Kanten des Rhomboëders und sind die Minima parallel den kurzen Diagonalen seiner Flächen (Annal. d. Phys. u. Chem. Bd. 152, S. 369). Auch *Voigt* und *Groth* fanden, dass beim Steinsalz sich der Elasticitätscoëfficient erheblich mit der Richtung ändert (z. B. senkrecht zu $\infty O \infty = 4,17$, senkrecht zu $\infty O = 3,40$, senkrecht zu $O = 3,18$ Millionen Gramm). Aehnliche sehr ausführliche Feststellungen sind später von *Coromilas* über die Elasticitätsverhältnisse im Gyps und Glimmer gemacht worden (im Auszug in Z. f. Kryst. I. 1877. 407); vgl. auch *Koch* über Sylvin und Steinsalz in Annal. d. Phys. u. Chem. XVIII. 1883. 325; *Beckenkamp* über Alaun in Z. f. Kryst. IX. 1885. 41. Hierher gehören auch aus älterer Zeit die schönen akustischen

Untersuchungen von *Savart* (Annal. d. Phys. u. Ch. Bd. 16, S. 206) und die gründlichen Forschungen *Neumann's* (ebend. Bd. 31, S. 177). *Savart* schnitt bei seinen Untersuchungen über die Schallschwingungen des Bergkrystalls Platten von 1 Linie Dicke und 24—27 L. Durchmesser in verschiedenen Richtungen aus demselben. Wären dieselben homogen wie Glas, so müssten sie unter gleichen Verhältnissen gleiche Knotenlinien und gleiche Töne geben. Allein auf den verschiedenwerthigen Flächen konnten die Töne um eine Quinte von einander abweichen. Vermöge des tetartoëdrischen Charakters des Bergkrystalls tönen auch drei Flächen der oberen scheinbar holoëdrischen Pyramide anders als die drei übrigen. Die Elasticität von Steinsalz und Eis hat *Reusch* in ähnlicher Weise aus der Tonhöhe schwingender Stäbe dieser Substanzen zu bestimmen versucht.

Nach den bisherigen Erfahrungen weichen die Elasticitätseigenschaften der Krystalle, welche von der Cohäsion abhängig sind, insofern von den Eigenschaften der optischen Elasticität ab, als sie sich nicht, wie diese letzteren, auf drei zu einander senkrechte Elasticitätsaxen beziehen lassen.

4. Specifisches Gewicht.

§ 108. Wichtigkeit dieser Eigenschaft. Das specifische Gewicht, Eigengewicht oder Volumgewicht liefert für die Mineralogie ein Merkmal des ersten Ranges, weil verschiedene Mineralsubstanzen in den meisten Fällen verschiedenes, dagegen alle Varietäten eines und desselben Minerals sehr nahe gleiches specifisches Gewicht haben. Die genaue Bestimmung desselben wird am sichersten durch eine gute Wage erreicht, wobei die Abwägung im destillirten Wasser (von + 4° C.) mittels eines kleinen niedrigen Flacons mit fein durchbohrtem eingeschliffenem Stöpsel (Pyknometer) in vielen Fällen derjenigen vorzuziehen ist, bei welcher der Körper an einem Haar in das Wasser eingehängt wird. Nur da, wo geringere Grade der Genauigkeit genügen, kann man sich auch des *Nicholson's*chen Aräometers bedienen. In der Regel wird eine um so genauere Bestimmung erfordert, je niedriger das specifische Gewicht ist, während bei sehr schweren Körpern auch minder genaue Wägungen wenigstens zur Diagnose hinreichend sind.

Das spec. Gewicht ist gleich dem absoluten Gewicht, dividirt durch den Gewichtsverlust, welchen das Mineral im Wasser erleidet. Ist M das Gewicht des als feine Splitter oder Körnchen vorhandenen Minerals, G das Gewicht des Ganzen, nachdem das Mineral in das Fläschchen eingetragen und der übrige Raum desselben genau mit Wasser gefüllt wurde, P das ein für allemal bestimmte Gewicht des blos mit Wasser ganz gefüllten Pyknometers, so ist das spec. Gewicht $= \dfrac{M}{P+M-G}$. Ist das Mineral im Wasser löslich, so bestimmt man das specifische Gewicht desselben mit Beziehung auf eine andere Flüssigkeit von bekannter Dichtigkeit z. B. Alkohol, Baumöl) und reducirt dann das Ergebniss auf Wasser.

§ 109. Regeln für die Wägung. Bei der Bestimmung des specifischen Gewichts der Mineralien sind besonders folgende Punkte zu berücksichtigen:

1) Das zu wägende Stück muss vollkommen rein, und frei von beigemengten fremdartigen Substanzen sein;

2) dasselbe muss frei von Höhlungen und Porositäten sein; dies ist besonders dann zu beachten, wenn man eine zusammengesetzte Varietät zu wägen hat;

3) dasselbe muss vor der Abwägung im Wasser sorgfältig benetzt und gleichsam mit Wasser eingerieben, oder auch im Wasser gekocht werden, um die der Oberfläche adhärirende Luft zu vertreiben;

4) saugt das Mineral Wasser ein, so muss man dasselbe sich völlig damit sättigen lassen, bevor man es im Wasser wägt.

Die erste Bedingung wird am sichersten erfüllt, wenn man das Mineral in kleinen Krystallen, oder überhaupt in so kleinen Stücken anwendet, dass man sich durch den Augenschein von der Reinheit derselben überzeugen kann. Der zweite Punkt macht es oft rathsam und bisweilen nöthig, das Mineral zu pulverisiren, um alle Zwischenräume und Porositäten zu vernichten. Die dritte Bedingung kann bei allen, und muss bei pulverförmigen Mineralien durch Auskochen derselben im Wasser erreicht werden. Das vierte Erforderniss endlich macht ebenfalls eine gehörige Zerkleinerung des Minerals nothwendig, um sicher zu sein, dass nicht noch im Inneren der Stücke wasserfreie Stellen geblieben sind.

Die erste Bedingung kann freilich in vielen Fällen gar nicht genau erfüllt werden, indem die specifischen Gewichte der Mineralien durch die in § 79 erwähnten sehr häufig mechanisch oder chemisch untrennbaren mikroskopischen Einschlüsse mehr oder weniger alterirt werden müssen.

Die Methode, das spec. Gewicht der Körper im pulverisirten Zustande zu bestimmen, welche besonders von *Beudant* nach ihrer ganzen Wichtigkeit hervorgehoben (Annales de chimie et de phys. T. 38, p. 389, auch Ann. d. Phys. u. Ch. Bd. 14, 1828. 474) und schon früher von *Hessel* für den Bimsstein angewendet worden ist (*Leonhard's* Zeitschr. f. Mineral., 1825. II. 344), liefert in manchen Fällen ganz überraschende, und jedenfalls solche Resultate, die sehr nahe das normale spec. Gewicht der Substanz darstellen dürften; obgleich nach *Osann* und *Girard* der Einfluss der Capillarität kleine Schwankungen herbeiführt, je nachdem eine grössere oder geringere Quantität des zerkleinerten Minerals gewogen wird (*Kastner's* Archiv, Bd. I, S. 58). Man vergleiche auch *G. Rose's* Abhandlung über die Fehler bei der Bestimmung des spec. Gewichts sehr fein vertheilter Körper (in Ann. d. Phys. u. Ch. Bd. 73, 1848. 1, und Bd. 75, S. 403), aus welcher sich ergibt, dass zwar die sehr feinen chemischen Niederschläge, nicht aber die durch mechanische Zerkleinerung dargestellten Pulver ein höheres spec. Gewicht zeigen, als solches den betreffenden Körpern im krystallisirten Zustande zukommt. *Schiff* gab gelegentlich Bemerkungen über den Einfluss der mechanischen Zerkleinerung der Masse auf die Grösse des spec. Gewichts, und fand durch Versuche, dass letzteres meist höher ausfällt, wenn die Masse fein zertheilt ist. Die Ursache dieser Erscheinung glaubt er in einer, durch die Massenanziehung bewirkten Verdichtung des Wassers an der Oberfläche des gewogenen Körpers finden zu können (Annal. d. Chemie u. Pharm., Bd. 108, 1858. 29).

Methoden und Apparate zu sehr genauen Bestimmungen der spec. Gewichte haben *Scheerer* und *Marchand* angegeben (Annalen d. Phys. u. Ch., Bd. 67, S. 120, und Journ. f. prakt. Chemie, Bd. 24, S. 139). Auch *Jenzsch* beschreibt in Annal. d. Phys. u. Ch. Bd. 99, S. 151 einen Apparat und eine Methode zur genaueren Ermittelung des spec. Gewichts. Ebendas. S. 639 theilte *Raimondi* ein Verfahren zur Gewichtsbestimmung vermittels der gewöhnlichen Wage mit, wobei aber der Uebelstand besteht, dass man den Körper nicht vorher in Wasser auskochen kann. *Axel Gadolin* gab eine einfache Methode an, welche wesentlich auf der Anwendung einer Wage mit eingetheiltem Wagebalken beruht, an welchem die zu wägende Probe und das Gewicht verschoben werden können 'Annal. d. Phys. u. Ch. Bd. 106, 1859. 215'. Ein ähnliches Verfahren hat *Tschermak* in den Sitzungsber. Wien. Akad., 1863, vorgeschlagen. Gute Bemerkungen über die genauere Bestimmung des specifischen Gewichts gab auch *Schrö-*

der in Ann. d. Phys. u. Ch. Bd. 106, 1859. 226. In demselben Bande der Annalen, S. 334, theilt *Osann* eine neue einfache aber nicht besonders feine Methode zu den gewöhnlichen Gewichtsbestimmungen mit. Ueber einen von *Pisani* ersonnenen, übrigens nur approximative Resultate liefernden Apparat zur Bestimmung des spec. Gew. vgl. Comptes rendus Bd. 86, 1878. 350. — Die von *Jolly* (Sitzungsber. d. Münch. Akad., 1864. 162) vorgeschlagene Federwage beruht auf einem *in thesi* sehr richtigen Princip, scheint aber *in praxi* einigen Bedenken unterworfen.

Eine Bestimmung des spec. Gewichts kann man bei m a n c h e n Mineralien auch mit Hülfe derjenigen s c h w e r e n L ö s u n g e n vornehmen, deren man sich bei petrographischen Untersuchungen bedient, um Felsartengemengtheile auf Grund ihrer verschiedenen spec. Gewichte von einander zu trennen. Besitzt eine solche schwere Flüssigkeit ihrerseits z. B. das spec. Gew. 3, so wird Feldspath (2,6) darauf schwimmen, Topas (3,5) darin untersinken, ein Mineral aber, dessen spec. Gew. ebenfalls genau 3 ist, weder aufsteigen noch untersinken, sondern gerade s c h w e b e n d erhalten werden. Da man jener Flüssigkeit nun durch Verdünnung mit Wasser jedes beliebige spec. Gew. zwischen 3 und 1 ertheilen kann, so ist es, um das spec. Gew. eines zu prüfenden geeigneten Mineralfragments zu ermitteln, nur erforderlich, diese Verdünnung derart vorzunehmen, dass das Mineral genau suspendirt bleibt; das pyknometrisch oder direct durch die *Westphal*'sche Wage erhaltene spec. Gew. der betreffenden Lösung ist alsdann auch dasjenige des Minerals.

Von solchen schweren Flüssigkeiten stehen im Gebrauch: a) die K a l i u m q u e c k - s i l b e r j o d i d - Lösung, eine wässerige Lösung von Jodkalium und Jodquecksilber [1]), mit einem spec. Gew. bis zu 3,196; zuerst angegeben von *Sonstadt* (Chemical News, 1873, vol. 29, S. 127), dann empfohlen durch *Church* (Mineralog. Magazine I. 1877. 237), namentlich durch *Thoulet* (Bull. soc. minéral. 1879. II. 17, 189); vgl. darüber *Goldschmidt* im N. Jahrb. f. Min. Beilageb. I. 179; über die Regeneration derselben *van Werveke* ebendas. 1883. II. 86. b) die analoge B a r y u m q u e c k s i l b e r j o d i d - Lösung mit einem erreichbaren spec. Gew. von 3,58, angegeben von *Rohrbach* (ebendas. 1883. II. 186. c) die C a d m i u m b o r o w o l f r a m i a t - Lösung ($9 WO^3$, B^2O^3, $2CdO$, $2H^2O + 16H^2O$) mit dem Maximalgewicht von 3,6, gewöhnlich ca. 3,28; zuerst benutzt von *D. Klein* (vgl. Bull. soc. minér. IV. 1881. 419, auch Z. f. Kryst. VI. 306): von *Mann* als besonders zweckmässig und haltbar empfohlen im N. Jahrb. f. Min. 1884. II. 172. — Schon 1862 schlug Graf *Schaffgotsch* eine Lösung von salpetersaurem Quecksilber zur Bestimmung des spec. Gewichts von Mineralien vor (Annal. d. Phys. u. Chem. Bd. 116. S. 279). — Ueber die *Westphal*'sche Wage vgl. *Cohen* im N. Jahrb. f. Min. 1883. II. 87. Eine vollständige Uebersicht der Mineralspecies nach ihren specifischen Gewichten gab *Websky* im ersten Theil seiner Mineralogischen Studien. Breslau 1868.

§. 110. **Unterschied des krystallinischen und amorphen Zustandes.** Eine und dieselbe Substanz zeigt im Allgemeinen ein verschiedenes specifisches Gewicht, je nachdem sie im krystallisirten (krystallinischen) oder im amorphen Zustande vorliegt, und zwar ist der letztere der specifisch leichtere; es ergibt sich dies, wenn man die specifischen Gewichte einzelner krystallisirter Mineralien mit denjenigen vergleicht, welche das glasig-amorphe Erstarrungsproduct der betreffenden künstlich (ohne Veränderung der chemischen Zusammensetzung) geschmolzenen Mineralien aufweist. So sind die specifischen Gewichte für:

---

1) Am einfachsten wird die concentrirte Lösung dadurch erhalten, dass man Jodkalium im Ueberschuss zusetzt, auf dem Wasserbad bis zur Bildung einer Krystallhaut eindampft, und nach dem Erkalten filtrirt.

	krystallisirt		geschmolzen und glasig erstarrt
Rothen Granat von Grönland	3,90	. . . .	3,05
Grossular vom Wiluifluss . .	3,63	. . . .	2,95
Vesuvian von Egg	3,45	. . . .	2,957
Adular vom St. Gotthard . .	2,561	. . . .	2,351
Orthoklas von Hirschberg. .	2,595	. . . .	2,284
Augit von Guadeloupe . . .	3,266	. . . .	2,835

5. Von den optischen Eigenschaften der Mineralien.

§ 111. **Einfache und doppelte Strahlenbrechung.** Es ist bekannt, dass ein Lichtstrahl bei seinem Eintritt aus der Luft in einen tropfbar-flüssigen oder starren durchsichtigen Körper vermöge seiner veränderten Fortpflanzungsgeschwindigkeit eine Ablenkung von seiner Richtung, eine Brechung oder Refraction erleidet, sobald er nicht rechtwinkelig auf die Trennungsfläche beider Medien einfällt. Dasselbe wird daher auch in allen Fällen stattfinden müssen, wenn ein Lichtstrahl aus der Luft in ein pellucides Mineral eintritt.

Die Winkel, welche der so auffallende und der gebrochene Strahl mit einer zur Oberfläche des Minerals senkrechten Geraden bilden — der Einfallswinkel (e) und der Brechungswinkel (r) — haben stets für eine und dieselbe Substanz ein constantes Verhältniss der Sinus, welches man **Brechungsexponent** oder Brechungsindex oder **Brechungsquotient** (μ oder n) nennt, indem $\dfrac{\sin e}{\sin r} = n$. Derselbe beträgt z. B. für Bergkrystall 1,548, d. h. wenn ein Lichtstrahl aus der Luft in Bergkrystall eintritt, so ist der Sinus des Einfallswinkels 1,548mal grösser als der Sinus des Brechungswinkels. Beim Granat, in welchem die Strahlen stärker gebrochen werden, ist er 1,815, beim Diamant 2,449 u. s. w. Die Lichtgeschwindigkeiten verhalten sich umgekehrt wie die Brechungsquotienten. Der Brechungsquotient ändert sich übrigens nicht nur mit der Substanz, sondern auch mit der Farbe, d. h. mit der Wellenlänge des Lichtes.

Die meisten Krystalle zeigen jedoch diese Brechung des Lichtes auf die ganz merkwürdige Weise, dass der in sie einfallende Lichtstrahl zugleich einer Bifurcation oder einer **Theilung in zwei** Strahlen unterliegt, von welchen zwar oft der eine den Gesetzen der gewöhnlichen Brechung, der andere aber ganz eigenthümlichen Gesetzen unterworfen ist; weshalb man jenen den **ordentlichen** oder gewöhnlichen Strahl, diesen den **ausserordentlichen** oder ungewöhnlichen Strahl nennt, und beide durch die Buchstaben O und E unterscheidet.

Die Krystalle des **regulären** Systems sind allein hiervon ausgenommen, sie zeigen **keine** Doppelbrechung des Lichtes. In ihnen ist die Fortpflanzungsgeschwindigkeit desselben und demzufolge auch die Elasticität des Aethers nach allen Richtungen hin die gleiche, keine Direction hat vor einer anderen etwas voraus und sie verhalten sich in dieser optischen Hinsicht wie amorphe, überhaupt unkrystallinische Körper. Die Krystalle der übrigen Systeme dagegen, bei welchen nicht alle Axen gleichwerthig sind, besitzen die Eigenschaft der **Doppelbrechung**, obwohl sie dieselbe nur selten unmittelbar wahrnehmen lassen, und dazu gewöhnlich erst einer zweckmässigen Schleifung oder anderer Vorbereitungen bedürfen. Am deutlichsten gibt sich die Doppelbrechung an den durchsichtigen Spaltungsstücken des Kalkspaths (dem sog. Doppelspath) zu erkennen, an welchen sie auch zuerst von *Erasmus Bartholin* im Jahre 1669 entdeckt worden ist[1]. Die Doppelbrechung eines Minerals ist natürlich um so stärker, je grösser die Differenz zwischen den Brechungsexponenten der beiden Strahlen ist. Die einfach lichtbrechenden Körper (amorphe und reguläre) nennt man auch isotrope, die doppeltbrechenden anisotrope.

Indem in den isotropen Medien die Fortpflanzungsgeschwindigkeit des Lichtes nur abhängig ist von seiner Schwingungszahl (oder Wollenlänge) und von der Natur der Substanz, dagegen unabhängig von der Fortpflanzungsrichtung, stellt die optische Elasticitätsfläche[2] hier eine Kugel dar; d. h., wenn in einem Punkt eines isotropen Mediums eine Lichtbewegung erregt wird, so pflanzt dieselbe sich radial in das umgebende Medium derart fort, dass zu einer bestimmten Zeit ein gleicher Bewegungszustand an allen denjenigen Punkten herrscht, welche auf einer Kugeloberfläche liegen, deren Centrum der Erregungspunkt ist.

Von den bei manchen Krystallen des regulären Systems vorkommenden Erscheinungen, welche dem allgemeinen Gesetz zu widersprechen scheinen, dass die Krystalle dieses Systems nur einfache Strahlenbrechung zeigen, sowie von der Erklärungsweise dafür wird später die Rede sein.

Schon 1767 gab der Herzog von *Chaulnes* eine Methode an, wie sich vermittels eines Mikroskops der Brechungsexponent planparalleler isotroper Mineralplättchen bestimmen lässt; derselbe ist gleich dem Quotienten aus der Dicke d des Plättchens und der Differenz aus dieser Dicke und der Verschiebung v des Tubus, welche nöthig ist, um einen Punkt, auf den scharf eingestellt wird, durch die zwischengeschobene Platte hindurch wieder scharf zu erblicken $\left(n = \dfrac{d}{d-v}\right)$; sowohl die Dicke des Plättchens als die Tubusverschiebung können ermittelt werden, wenn die Mikrometerschraube mit einem Theilkreis versehen ist, welcher die Umdrehung derselben in Theilstrichen dieses Kreises abzulesen und somit die Grösse der Verticalbewegung zu bestimmen gestattet. *Sorby* hat in sinnreicher Weise diese Methode auch zur Messung der Brechungsindices durchsichtiger anisotroper Mineralblättchen, z. B. der Mineraldurchschnitte in Gesteinsdünnschliffen angewandt (Miner. Magazine I. 97. 194; II. 1. 103).

Einen zweckmässigen Apparat, durch Totalreflexion die Lichtbrechungsverhältnisse fester Körper zu ermitteln, beschrieb *F. Kohlrausch* in Ann. d. Phys. u. Ch. IV. 1878. 1; vgl. Z. f. Kryst. II. 1878. 100[3].

1) Experimenta crystalli islandici disdiaclastici, quibus mira et insolita refractio detegitur. Havniae 1669.

2) Es braucht kaum besonders betont zu werden, dass die optische Elasticität der Krystalle völlig verschieden ist, von der S. 153 besprochenen gewöhnlichen oder rein mechanischen Elasticität.

3 Das Verfahren beruht darauf, dass man aus der Beobachtung des Grenzwinkels der totalen Reflexion auf einer ebenen Fläche einer in Schwefelkohlenstoff getauchten Substanz die Brechungsindices der letzteren bestimmen kann, sofern dieselben kleiner sind als die des Schwefelkohlenstoffs bei derselben Temperatur. Ueber Einrichtung und Benutzung des Apparats s. auch Fock in Z. f. Kryst. IV. 1880. 588. Eine zweckmässige Modification desselben wurde von *Klein* vorgenommen (N. Jahrb. f. Min. 1879. 880), während *Liebisch* angab, wie man auch ein Reflexionsgoniometer zu dem gleichen Gebrauch einrichten kann, und *Bauer* hervorhob, wie auch der bei dem *Fuess*'schen sog. Universalinstrument vorhandene Axenwinkelmessungsapparat fast ohne weitere Veränderung als Totalreflectometer zu benutzen ist (N. Jahrb. f. Min. 1882. I. 432). Ueber eine Abänderung des Verfahrens siehe *Feuszner* in Z. f. Kryst. VII. 1883. 505. — Ueber eine Methode, die Brechungscoefficienten einaxiger Krystalle zu bestimmen vgl. *M. Bauer* in Monatsber. d. Berl. Akad. vom 3. Novbr. 1881 oder in N. Jahrb. f. Min. Beilageb. II. 49. Vgl. auch *Ch. Soret* über ein Refractometer zur Messung der Brechungsexponenten und der Dispersion in Z. f. Kryst. VII. 1883. 529.

§ 112. Optische Axen. In jedem doppeltbrechenden Krystall gibt es jedoch entweder eine Richtung, oder zwei Richtungen, nach welchen ein hindurchgehender Lichtstrahl keine Doppelbrechung erfährt, sondern ungetheilt bleibt. Diese Richtungen nennt man die Axen der doppelten Strahlenbrechung (Refractionsaxen) oder die optischen Axen, und unterscheidet demgemäss optisch-einaxige und optisch-zweiaxige Krystalle[1]). — Die Krystalle des tetragonalen und hexagonalen Systems sind optisch-einaxig, die rhombischen, monoklinen, triklinen Krystalle optisch-zweiaxig. Man sieht also, in welchem genauen Zusammenhang die Erscheinungen der Doppelbrechung nicht nur mit den Krystallsystemen, sondern auch mit deren Haupt-Abtheilungen stehen.

Die Erscheinungen der Doppelbrechung in den damit ausgestatteten optisch-anisotropen Krystallen erweisen, dass in ihnen die Fortpflanzungsgeschwindigkeit des Lichtes nicht nur von der Wellenlänge und der Substanz, sondern im Allgemeinen auch noch von der Richtung abhängig ist, in welcher sich die Bewegung fortpflanzt; indem also in ihnen die Elasticität des Lichtäthers nach verschiedenen Richtungen eine abweichende ist, setzt man demzufolge gewisse Richtungen grösserer oder kleinerer Aether-Elasticität in denselben voraus, welche in einer engen und gesetzlichen Beziehung zu den krystallographischen Axen stehen und welche man als die optischen Elasticitätsaxen bezeichnet. — Die optischen Axen und die Elasticitätsaxen sind in den Krystall-Individuen stets entsprechend der Symmetrie des inneren Baues derselben orientirt.

§ 113. Optisch-einaxige Krystalle. In ihnen geht die optische Axe, nach welcher keine Doppelbrechung des durchlaufenden Lichtstrahls erfolgt, parallel der krystallographischen Hauptaxe c, während in jeder anderen Richtung Doppelbrechung stattfindet. Dies verweist darauf, dass in diesen Krystallen die Aether-Elasticität in der Direction der Hauptaxe verschieden ist von der in allen anderen Richtungen; wie aber die krystallographischen Nebenaxen a sowohl im tetragonalen als hexagonalen System gleichwerthig sind, so geschieht es auch hier, dass senkrecht zu der Hauptaxe nach allen Richtungen hin die gleiche Elasticität wirkt und der Krystall optisch gleich beschaffen ist[2]). Die Elasticitätsaxen dieser beiden Systeme bestimmen daher als optische Elasticitätsfläche (oder als Wellenfläche des bewegten Aethers) ein Rotationsellipsoid, dessen Rotationsaxe die krystallographische Hauptaxe c ist; und wie diese in ihrer Länge von den Nebenaxen a abweicht, so ist auch die Elasticitätsaxe, welche mit ihr zusammenfällt, grösser oder kleiner, als die darauf senkrecht stehenden. Man bezeichnet die grösste Elasticitätsaxe mit a, die kleinste mit c.

Der ordentliche Strahl pflanzt sich in diesen Krystallen nach allen Richtungen hin mit gleicher Geschwindigkeit fort und deshalb ist sein Brechungsexponent stets constant, seine Wellenoberfläche eine Kugel; der Brechungsexponent für den ausserordentlichen Strahl ist variirend je nach der Richtung, in welcher dieser den Krystall durchläuft, seine Wellenoberfläche ein Rotationsellipsoid; geht er senkrecht zur Hauptaxe hindurch, so ist die Differenz zwischen beiden Exponenten am grössten, sie nimmt

---

[1]) Die optischen Axen sind also nicht einzelne Linien, sondern Richtungen, denen unendlich viele Linien parallel laufen. Jeder Punkt des Krystalls hat seine optische Axe.

[2]) Bei den einaxigen Krystallen hat die optische Axe für jede Lichtart oder Farbe dieselbe Lage, sie zeigen keine Dispersion der optischen Axe.

ab mit dem Winkel, welcher mit der Hauptaxe gebildet wird, und parallel mit der Hauptaxe ist der Brechungsexponent von E gleich dem von O. Man bezeichnet den Brechungsexponenten von O mit ω, denjenigen des ausserordentlichen Strahls, welcher sich senkrecht zur Hauptaxe fortpflanzt, mit ε.

Man unterscheidet die doppelte Strahlenbrechung der einaxigen Krystalle als negative (repulsive) und positive (attractive) Strahlenbrechung, je nachdem der Brechungs-Index des Strahles E kleiner oder grösser als jener des Strahles O ist (Fig. 199). So verhält sich z. B. der Kalkspath

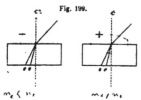

Fig. 199.

($\omega = 1,654$; ε, senkrecht zur Hauptaxe $= 1,483$) negativ, der Quarz ($\omega = 1,548$; $\varepsilon = 1,558$) positiv. Bei den negativen Krystallen ist also die Aether-Elasticität in der Richtung der Hauptaxe grösser als in jeder anderen Richtung, namentlich als senkrecht zu ihr ($c = a$), während die positiven Krystalle sich umgekehrt verhalten ($c = c$); bei den letzteren pflanzen sich die senkrecht zur Hauptaxe schwingenden Strahlen rascher fort, als die parallel derselben schwingenden. Die negativen besitzen daher ein nach der optischen Axe in die Länge gezogenes, die positiven ein senkrecht auf dieselbe abgeplattetes Elasticitätsellipsoid.

Doch kann dieser Unterschied der + oder — Doppelbrechung für die optisch-einaxigen Krystalle keine specifische Trennung begründen, sobald sie in ihren übrigen Eigenschaften übereinstimmen; denn er findet sich zuweilen an verschiedenen Krystallen eines und desselben Minerals, ja sogar an verschiedenen Stellen eines und desselben Krystalls; z. B. bei Pennin und Apophyllit.

Für jede Krystall- oder Spaltungsfläche, welche als Eintrittsfläche des Lichtes dient, versteht man unter dem optischen Hauptschnitt diejenige Ebene, welche auf solcher Fläche normal und zugleich der optischen Axe parallel ist[1]). Der ordentliche Strahl führt hier seine Schwingungen senkrecht zum optischen Hauptschnitt aus, der ausserordentliche schwingt in dem optischen Hauptschnitt.

§. 114. **Optisch-zweiaxige Krystalle.** Die Krystalle des rhombischen, monoklinen und triklinen Systems erweisen sich ebenfalls als doppeltbrechend, doch weichen hier beide Strahlen von den Gesetzen der gewöhnlichen Brechung ab, indem sie beide einen variabeln Brechungsquotienten besitzen, so dass in ihnen eigentlich gar kein ordentlicher Strahl mehr vorhanden ist. Zwei Richtungen, die beiden optischen Axen, giebt es hier, nach welchen keine Doppelbrechung erfolgt, indem die beiden Strahlen mit gleicher Geschwindigkeit und Schwingungsrichtung hindurchgehen.

In den Krystallen dieser Systeme setzt man drei Axen von abweichender optischer Elasticität voraus, von welchen man die Axe der grössten Elasticität mit a, die der mittleren mit b, die der kleinsten mit c bezeichnet. Während die krystallographischen Axen (a die Brachy- resp. Klinodiagonale, b die Makro- resp. Orthodiagonale, c die Verticalaxe) nur im rhombischen System senkrecht auf-

---

[1]) Von dem optischen Hauptschnitt gilt dasselbe wie von den optischen Axen; er ist nicht eine einzelne Ebene, sondern die durch solche Ebene bestimmte Richtung, welcher unendlich viele Ebenen parallel liegen.

einander stehen, schreibt man den Elasticitätsaxen a l l e r optisch-zweiaxigen Krystalle die gegenseitige Rechtwinkeligkeit zu. Eine Ebene, welche durch je zwei Elasticitätsaxen gelegt wird, nennt man einen H a u p t s c h n i t t der Wellenfläche, deren es demzufolge drei gibt. Die Elasticitätsoberfläche in den optisch-zweiaxigen Krystallen ist ein d r e i a x i g e s Ellipsoid, bei welchem sowohl Längsschnitte als Querschnitt Ellipsen sind. Entsprechend den drei Elasticitätsaxen hat man bei den optisch-zweiaxigen Krystallen auch drei verschiedene Brechungsexponenten zu unterscheiden.

Die optischen Axen bilden in diesen Krystallen mit einander einen W i n k e l, welcher nicht nur in den verschiedenen Mineralsubstanzen, sondern auch oft in den verschiedenen Varietäten einer und derselben Art sehr verschiedene Werthe hat. Der Winkel ist meist verschieden von 90°, daher einerseits ein spitzer ($2Va$), anderseits ein stumpfer ($2Vo$). Eine den s p i t z e n Winkel der optischen Axen halbirende Linie nennt man die B i s e c t r i x (schlechthin), die optische Mittellinie, die erste oder spitze Mittellinie; die Halbirungslinie des stumpfen Winkels bezeichnet man als stumpfe Bisectrix, als zweite oder stumpfe Mittellinie. Die beiden Mittellinien liegen daher i n der Ebene der optischen Axen und sind senkrecht auf einander. Senkrecht auf der Ebene der optischen Axen steht die sog. optische Normale. Die beiden Mittellinien und diese Normale sind die drei E l a s t i c i t ä t s - a x e n. Immer ist die optische Normale auch die Axe der m i t t l e r e n Elasticität (b), während abwechselnd in den verschiedenen Krystallen die beiden Mittellinien mit den Axen der grössten oder der kleinsten Elasticität zusammenfallen. Coincidirt die Bisectrix (die spitze Mittellinie) mit der Axe der grössten Elasticität (a), so heisst der Krystall n e g a t i v (Aragonit, Titanit, Borax), coincidirt sie mit der kleinsten Elasticitätsaxe (c), so ist der Krystall ein p o s i t i v e r (Topas, Schwerspath, Gyps). In der Richtung der Bisectrix pflanzen sich also in zweiaxigen negativen Krystallen diejenigen Strahlen, welche in der Ebene der optischen Axen schwingen, schneller fort, als diejenigen, welche rechtwinkelig darauf vibriren; bei den zweiaxigen positiven Krystallen ist es gerade umgekehrt[1]).

Da die Grösse des Winkels der optischen Axen von dem Verhältniss der Fortpflanzungsgeschwindigkeiten $a : b : c$ (oder von dem Verhältniss der Hauptbrechungsindices $\alpha : \beta : \gamma = \frac{1}{a} : \frac{1}{b} : \frac{1}{c}$) abhängt und da das Verhältniss dieser Grössen mit der Wellenlänge des Lichtes variirt, so sind auch die Winkel der optischen Axen für die verschiedenen Arten homogenen Lichtes (oder die verschiedenen Farben) nicht einander gleich. Diese Erscheinung, welche bei allen optisch-zweiaxigen Krystallen auftritt, nennt man die D i s p e r s i o n d e r o p t i s c h e n A x e n. Beim Aragonit z. B., bei welchem übrigens die Differenzen nicht sehr

---

[1]) Denkt man sich in einem negativen zweiaxigen Krystall den durch die spitze Bisectrix (= a) halbirten Axenwinkel immer kleiner und zuletzt gleich Null werdend, so fallen die optischen Axen mit a zusammen und es ergibt sich die Beschaffenheit eines negativen e i n a x i g e n Krystalls, in welchem die einzige optische Axe abermals die Axe (a) der grössten Elasticität ist und b alsdann = c wird. Dieselbe Vorstellung geleitet von einem positiven zweiaxigen Krystall auf einen positiven einaxigen, dessen Hauptaxe zugleich die Axe der kleineren Elasticität c ist. Die optisch-einaxigen (tetragonalen und hexagonalen) Krystalle stellen also gewissermaassen die S p e c i a l f ä l l e der optisch-zweiaxigen dar, dass entweder a = b (Charakter +) oder c = b (Charakter —) ist.

erheblich sind, beträgt der wirkliche Winkel der optischen Axen für: roth 18° 10', gelb 18° 12', grün 18° 18', blau 18° 24'; beim Kryolith der scheinbare Winkel derselben in Luft für: roth 58° 50', gelb 59° 24', blau 60° 10'.

Da der Winkel der optischen Axen in verschiedenen Varietäten einer und derselben optisch-zweiaxigen Substanz bei derselben Lichtart sehr verschieden sein kann, wie solches z. B. für den Topas und den Glimmer in sehr auffallender Weise der Fall ist, so lässt er sich auch nicht mit Sicherheit als ein Merkmal zur Unterscheidung benutzen. Ja, nach *Mitscherlich*'s Beobachtungen ändert er sich sogar mit der Temperatur, z. B. beim Gyps, dessen optische Axen bei der Erhitzung auf 70° zu einer einzigen zusammenfallen und bei gesteigerter Temperatur in einer rechtwinkelig zur ersteren gelegenen Ebene wieder auseinandergehen. Im Adular vom St. Gotthard verkleinert sich der Axenwinkel bei der Erwärmung, wird hierauf Null und bei 200° Temperatur haben die wieder auseinandergegangenen Axen eine zu deren anfänglicher Ebene senkrechte Lage angenommen; bei der Abkühlung kehrt Alles wieder in rückläufiger Reihenfolge zum ursprünglichen Zustand zurück; nach einer bis zur Rothgluth fortgesetzten Erhitzung bleibt aber die erfolgte Veränderung bei der Erkaltung permanent. Auch hat *Des-Cloiseaux* gezeigt, dass ein und derselbe Orthoklaskrystall bei derselben Temperatur, in verschiedenen seiner Spaltungslamellen, ganz ausserordentliche Verschiedenheiten des Neigungswinkels der optischen Axen erkennen lässt. — Ebenso ist in gewissen optisch-zweiaxigen Krystallen die Lage der optischen Axen-Ebene nicht immer constant; vielmehr schwankt sie bisweilen zwischen zwei auf einander rechtwinkeligen Richtungen; ja es kommt sogar vor, dass die Axen der verschiedenen Farben in zwei verschiedenen, jedoch auf einander rechtwinkeligen Ebenen liegen, wie dies z. B. am Orthoklas, Stilbit, Prehnit, Gyps und anderen Mineralien beobachtet wird. — Die Familie der Glimmer bietet sogar scheinbare Uebergänge zwischen optisch-einaxigen und zweiaxigen Krystallen dar; theoretisch lassen sich ja auch die ersteren als optisch-zweiaxig mit unendlich kleinem Axenwinkel betrachten.

Im rhombischen System fallen die drei ungleichwerthigen rechtwinkeligen optischen Elasticitätsaxen $a > b > c$ ihrer Richtung nach für alle Farben und Temperaturen mit den krystallographischen zusammen, ohne dass jedoch bei der hergebrachten willkürlichen Aufstellung der Krystalle auch die längste Krystallaxe mit der grössten Elasticitätsaxe coincidirte, oder a der Brachydiagonale (a), b der Makrodiagonale (b), c der Verticalaxe (c) entspräche. So ist z. B. im Olivin (wo die optischen Axen in der Basis liegen, und die Brachydiagonale deren spitzen Winkel von 87° 46' halbirt) $a = b$, $b = c$, $c = a$. Die kleinste und grösste Elasticitätsaxe halbiren den Winkel der optischen Axen, zwei der krystallographischen Axen sind also hier die Mittellinien, und die Ebene der optischen Axen ist stets parallel einem der drei krystallographischen Hauptschnitte (Pinakoide) — alles entsprechend den Symmetrieverhältnissen dieses Systems. Die Dispersion der optischen Axen findet dergestalt statt, dass dieselben für alle Strahlen genau symmetrisch zur Bisectrix liegen; eine Dispersion (veränderliche Lage) der Elasticitätsaxen kann hier nicht eintreten, da sie zugleich krystallographische Axen sind.

Im rhombischen System können daher folgende Fälle vorkommen:

Optische Axenebene parallel 0P; alsdann $\begin{cases} \text{entweder} & a = a, \ b = c \\ \text{oder} & a = c, \ b = a \end{cases} c = b$

Optische Axenebene par. $\infty \bar{P} \infty$; alsdann $\begin{cases} \text{entweder} & c = a, \ b = c \\ \text{oder} & c = c, \ b = a \end{cases} a = b$

Optische Axenebene par. $\infty \breve{P} \infty$; alsdann $\begin{cases} \text{entweder} & c = a, \ a = c \\ \text{oder} & c = c, \ a = a \end{cases} b = b$

Im monoklinen System fällt nur noch die Orthodiagonale (die auch krystallographisch bevorzugte einzige Axe der Symmetrie) mit einer der optischen Elasticitätsaxen zusammen, die beiden anderen stehen zu den krystallographischen Axen nicht mehr in einer gesetzmässigen Beziehung und verändern in der zur Orthodiagonale senkrecht stehenden Ebene ihre Lage mit der Farbe des Lichtes und der Temperatur (Dispersion der Elasticitätsaxen). Die Ebene der optischen Axen ist hier entweder parallel oder rechtwinkelig mit dem klinodiagonalen Hauptschnitt (der Symmetrie-Ebene). Daraus ergeben sich folgende Fälle:

1) Die Ebene der optischen Axen liegt in dem klinodiagonalen Hauptschnitt, welcher demzufolge auch die spitze und stumpfe Bisectrix, die Axe der kleinsten und grössten Elasticität enthält, während die Orthodiagonale b die Axe der mittleren Elasticität b darstellt und optische Normale ist. Die Lage der optischen Axen und deren Bisectricen gegen die krystallographische Verticalaxe und Klinodiagonale ist nicht auf ein allgemeines Gesetz zurückzuführen, sondern lässt sich jedesmal nur durch das Experiment feststellen (Gyps, Diopsid, Epidot).

2) Die Ebene der optischen Axen steht senkrecht auf dem klinodiagonalen Hauptschnitt. Dabei geht entweder

a) die spitze Bisectrix parallel der Orthodiagonale; die stumpfe Bisectrix und die optische Normale fallen in die Symmetrie-Ebene (Borax, Heulandit); oder es steht

b) die spitze Bisectrix senkrecht auf der Orthodiagonale, während die stumpfe mit der letzteren zusammenfällt (Orthoklas).

Die Orthodiagonale fungirt also entweder als optische Normale (Fall 1), oder als spitze Bisectrix (Fall 2 a), oder als stumpfe Bisectrix (Fall 2 b); eine andere Orientirung ist nicht möglich.

Für die Krystalle des triklinen Systems, in welchen man auch drei senkrechte Elasticitätsaxen annimmt, lässt sich im Allgemeinen gar keine bestimmte Relation zwischen der Lage der Axenebene und den Elementen des krystallographischen Axensystems aufstellen, weshalb denn in jedem concreten Falle die Auffindung der Axenebene, der optischen Axen und ihrer Mittellinien durch Experimente versucht werden muss. Die optischen Elasticitätsaxen haben hier sämmtlich für jede Farbe und für jede Temperatur eine etwas andere Lage.

Anm. Wenn auch, wie sich aus dem Vorhergehenden ergibt, die optischen Eigenschaften eines Krystalls denselben Grad der Symmetrie zeigen, wie seine äussere geometrische Form, so ist es doch noch völlig räthselhaft, in welcher engeren Verbindung die geometrischen Constanten eines Krystalls mit der relativen Grösse der optischen Elasticitätsaxen stehen.

Davon, dass an mehren Mineralien, welche sich ihrer Krystallform nach optischeinaxig verhalten sollten, dennoch Erscheinungen nachgewiesen worden sind, wie sie eigentlich nur in optisch-zweiaxigen Krystallen zu erwarten sein würden, wird später die Rede sein (§ 125).

Des-Cloiseaux untersuchte (Comptes rendus, T. 62, 1866. 988) den Einfluss hoher Temperaturen auf die optischen Eigenschaften doppeltbrechender Krystalle, und gelangte dabei wesentlich auf folgende Resultate:

1) Eine Erwärmung von 10 bis 190° C. scheint ohne Einfluss auf die optisch-einaxigen Krystalle zu sein;

2) in den Krystallen des rhombischen Systems ändert sich dabei der Winkel der optischen Axen, bald mehr, bald weniger;

3) in den Krystallen des monoklinen Systems ändert sich nicht nur der
Winkel der optischen Axen, sondern auch meist die Ebene, in welcher sie
liegen, dafern sie nicht die Symmetrie-Ebene, oder das Klinopinakoid ist;

4) in den Krystallen des triklinen Systems geben sich kaum bemerkbare Aenderungen in der Lage der Axen zu erkennen.

§ 115. Polarisation des Lichtes. Der gesetzmässige Zusammenhang zwischen den Erscheinungen der Doppelbrechung und den drei Gruppen von Krystallsystemen würde in solchen Fällen, da die letzteren nicht unmittelbar bestimmt
werden können, eine mittelbare Bestimmung derselben durch die Verhältnisse
der Lichtbrechung zulassen. Da jedoch eine directe Ermittelung der Doppelbrechung meistens mit eigenthümlichen Schwierigkeiten verbunden ist, so müssen
wir zu den Erscheinungen der Lichtpolarisation unsere Zuflucht nehmen, welche
mit den Verhältnissen der Lichtbrechung auf das Innigste verknüpft sind.

Unter der Polarisation des Lichtes versteht man eine eigenthümliche Modification desselben, vermöge welcher seine fernere Reflexions- oder Transmis-
sionsfähigkeit nach gewissen Seiten hin theilweise oder gänzlich aufgehoben wird.
In einem polarisirten Strahl finden die Aetherschwingungen nur in einer einzigen, zu seiner Fortpflanzungsrichtung senkrechten Ebene statt, während ein nicht
polarisirter gewöhnlicher sich nach allen Seiten rings um seine Gangrichtung gleichartig verhält.

Man kann das Licht sowohl durch Reflexion als auch durch Transmission
polarisiren. Lässt man z. B. einen Lichtstrahl auf einen an seiner Rückseite geschwärzten Glasspiegel unter dem Einfallswinkel von $54\frac{1}{2}°$ auffallen, so zeigt er
sich nach der Reflexion mehr oder weniger vollkommen polarisirt. Er hat nämlich
seine fernere Reflexionsfähigkeit total verloren, sobald man ihn mit einem zweiten Spiegel (dem Prüfungsspiegel) unter demselben Einfallswinkel dergestalt
auffängt, dass die Reflexionsebenen beider Spiegel auf einander rechtwinkelig
sind. Dagegen findet noch eine vollständige Reflexion statt, wenn beide Reflexions-
ebenen einander parallel sind; sowie eine partielle Reflexion, wenn beide Ebenen
irgend einen Winkel bilden, der zwischen 0° und 90° liegt.

Unter dem Polarisationswinkel einer reflectirenden Substanz versteht
man denjenigen Einfallswinkel des Lichtes, bei welchem die Polarisation desselben
möglichst vollkommen erfolgt; so ist also $54\frac{1}{2}°$ der Polarisationwinkel für gewöhnliches Spiegelglas; für andere Substanzen hat er andere Werthe. — Brewster fand, dass
derjenige Einfallswinkel der Polarisationswinkel (p) ist, bei welchem der reflectirte
Strahl auf dem gebrochenen senkrecht steht; tang $p =$ dem Brechungsquotienten.

Man nennt die Reflexions-Ebenen beider Spiegel auch die Polarisations-
Ebenen derselben, und sagt, das Licht, welches vom ersten Spiegel reflectirt
wird, sei nach der Richtung der Reflexions-Ebene desselben polarisirt, oder habe
seine Polarisationsrichtung nach dieser Ebene. Demgemäss lässt sich die
Thatsache des Fundamentalversuchs auch allgemein so darstellen: wenn ein
durch Reflexion polarisirter Lichtstrahl eine zweite polarisirende Spiegelfläche
trifft, so wird er im Maximum oder Minimum der Intensität reflectirt, je nachdem
die beiden Polarisations-Ebenen parallel oder rechtwinkelig sind. — Ueberhaupt

aber lässt sich der polarisirte Zustand eines Lichtstrahls daran e r k e n n e n, dass man ihn mit einem Prüfungsspiegel unter dem Einfallswinkel von $54\frac{1}{2}°$ auffängt, und darauf Acht gibt, ob er bei einer einmaligen Umdrehung des Spiegels zwei Mal ein Maximum und zwei Mal ein Minimum der Reflexion zeigt. Bei jedem Maximum der Reflexion gibt die Reflexions-Ebene des Prüfungsspiegels die L a g e d e r Polarisations-Ebene an.

Der erste Spiegel, welcher das Licht polarisirt, wird deshalb auch der P o l a r i - s a t o r, der zweite Spiegel, mit welchem man das polarisirte Licht untersucht, der A n a l y s a t o r genannt. Dieselben Benennungen braucht man auch für andere Körper, deren man sich einestheils zur Polarisation, anderntheils zur Prüfung oder Analyse des Lichtes bedient.

Das Licht kann aber auch durch Transmission oder Brechung polarisirt werden. Lässt man z. B. auf ein System von parallelen Glasplatten einen Lichtstrahl unter $54\frac{1}{2}°$ einfallen, so wird sich nicht nur, wie eben gezeigt, der r e f l e c t i r t e Strahl, sondern auch der t r a n s m i t t i r t e Strahl polarisirt erweisen. Allein die Polarisations-R i c h t u n g beider Strahlen ist wesentlich verschieden, indem der reflectirte Strahl nach einer P a r a l l e l - E b e n e, der transmittirte Strahl dagegen nach einer N o r m a l - E b e n e der Einfalls-Ebene polarisirt ist: man sagt daher, dass beide Lichtstrahlen auf einander r e c h t w i n k e l i g polarisirt sind.

Endlich ist auch eine jede D o p p e l b r e c h u n g des Lichtes zugleich mit einer Polarisation desselben verbunden, indem b e i d e Strahlen, sowohl O als E, jedoch beide auf einander r e c h t w i n k e l i g, und zwar O nach einer P a r a l l e l - Ebene, E nach einer N o r m a l - Ebene des optischen Hauptschnitts der Eintritts- fläche polarisirt sind. Der ordentliche Strahl schwingt also senkrecht zum Haupt- schnitt, der ausserordentliche parallel zu demselben oder in demselben. — Wenn jedoch ein Lichtstrahl den Krystall in der Richtung einer optischen Axe durchläuft, so v e r s c h w i n d e t zugleich mit der Doppelbrechung auch die Polarisation des Lichtes, und der Strahl verhält sich wie gewöhnliches (n i c h t polarisirtes) Licht.

Die beiden Strahlen O und E eines doppeltbrechenden Krystalls verhalten sich also auf ähnliche Weise zu einander, wie der reflectirte und der transmittirte Strahl der Glasplattensäule.

T u r m a l i n p l a t t e n, welche der Hauptaxe parallel geschliffen worden sind, erlangen bei einem gewissen Grade der Verdickung die Eigenschaft, einen recht- winkelig durch sie hindurchgeführten Lichtstrahl nur als einfachen Strahl zu trans- mittiren, welcher jedoch polarisirt, und zwar als Strahl E nach einer der Basis OR parallelen Richtung polarisirt ist [1]. Man kann also auch statt des Prüfungsspiegels eine solche Turmalinplatte anwenden; oder man kann b e i d e Spiegel durch z w e i Turmalinplatten ersetzen, welche das Licht im Maximum oder Minimum der In-

---

[1] Der hexagonale (rhomboëdrische) Turmalin besitzt nämlich Doppelbrechung, und würde daher eigentlich in solchen Lamellen z w e i Strahlen O und E liefern; es ist jedoch eine Eigen- thümlichkeit dieses Minerals, dass diese Lamellen bei einer gewissen Dicke den Strahl O absor- biren und nur noch den Strahl E durchlassen, welcher nach OR polarisirt ist. Der Turmalin lässt also nur solche Schwingungen im Maximum durch, welche parallel seiner Hauptaxe gerichtet sind. Statt der Turmalinplatten kann man sich auch nach *Herapath* und *Haidinger* zweier Kry- stalle des schwefelsauren Iodchinins (Herapathit) bedienen. *Kenngott* fand, dass zwei durchsich- tige Epidotlamellen sich ebenso wie zwei Turmalinplatten benutzen lassen.

tensität transmittiren werden, je nachdem sie mit parallelen oder mit rechtwinkeligen Hauptaxen über einander gelegt worden sind. Zwei in drehbare Ringe gefasste Turmalinplatten werden gewöhnlich an den Armen eines scheerenähnlich gebogenen Messingbrahts befestigt, den man dann die Turmalinzange nennt. Noch vorzüglicher wegen ihrer Farblosigkeit und Durchsichtigkeit sind die aus zwei eigenthümlich geschliffenen, mit Canadabalsam zusammengekitteten Kalkspathstücken hergestellten *Nicol'schen* Prismen (Nicols), welche gleichfalls nur den Strahl *E*, jedoch im vollkommen polarisirten Zustand, hindurchlassen, während *O* an der Balsamschicht durch Totalreflexion entfernt wird. Gehen die optischen Hauptschnitte zweier hinter einander befindlicher Nicols parallel, so ist das Gesichtsfeld hell, denn der aus dem ersten Nicol austretende polarisirte Strahl *E*, welcher parallel der Hauptaxe schwingt, kann diese Schwingung ungestört auch in dem zweiten Nicol fortsetzen; stehen die Hauptschnitte der Nicols aber senkrecht (gekreuzt), so erscheint das Gesichtsfeld dunkel, weil der aus dem ersten Nicol austretende polarisirte Strahl jetzt in den zweiten mit einer solchen Schwingung gelangt, wie sie dessen ordentlichem Strahl entspricht, weshalb er hier seitlich reflectirt und an der Balsamschicht vernichtet wird; je kleiner der Winkel der beiden Hauptschnitte ist, desto heller, je mehr er sich 90° nähert, desto dunkler erscheint das Gesichtsfeld.

Man kann sich daher Polarisations-Apparate auf sehr verschiedene Weise zusammenstellen, je nachdem man einen Spiegel, eine Turmalinplatte, oder ein *Nicol'*sches Prisma entweder als Polarisator, oder als Analysator anwendet.

Mit einem Mikroskop wird eine Polarisationseinrichtung in der Weise verbunden, dass der polarisirende Nicol in fixer Stellung in den Schlitten eingeschoben wird, welcher sich unter dem das Object tragenden Tischchen befindet, während man den analysirenden, mit einer Gradeintheilung versehenen Nicol (entweder mit dem Ocular verbindet, oder) auf das Ocular oben aufsetzt. In diesem Falle gelangt das gewöhnliche, am Spiegel reflectirte Tageslicht als schmales und daher fast paralleles Lichtbündel durch den Polarisator in die Mineralplatte, welche also im parallelen polarisirten Licht untersucht wird.

Um nun anderseits sowohl die Untersuchung im convergenten Licht, im Lichtkegel vornehmen zu können, als auch ein grösseres Gesichtsfeld zu erhalten, bedient man sich der sog. Polarisationsmikroskope. Man hat verschiedene Constructionen derselben ausgeführt, welche aber im Wesentlichen auf Folgendes hinauslaufen: Am Fusse eines verticalen Stativs befindet sich als Polarisator entweder eine Spiegelcombination, oder ein Glasplattensatz, eine Turmalinplatte oder ein Nicol, wobei die drei letzteren ihr Licht durch einen Erleuchtungsspiegel beziehen. Die parallelen polarisirten Strahlen werden in einem darauf folgenden Linsensatz stark convergent gemacht und durchsetzen so das darüber befindliche Untersuchungsobject, aus welchem sie divergent austreten. Nun passiren sie ein weiter nach oben angebrachtes zweites Linsensystem, welches sie wieder schwächer convergent macht, und welches mit dem unteren ein möglichst grosses Gesichtsfeld (übrigens keine sehr bedeutende Vergrösserung) gewährt. Als Analysator, der wie die beiden Linsensätze an dem Stativ verschiebbar ist, dient oben ein drehbarer

Nicol, dessen Polarisations-Ebene alle Stellungen zu derjenigen des Polarisators annehmen kann.

Solche sog. Polarisationsmikroskope (wohl zu unterscheiden von dem mit Polarisationsvorrichtung versehenen eigentlichen Mikroskop) sind namentlich von *Amici* und *Nörremberg* construirt worden und haben durch *Des-Cloizeaux*, *Bresina* und *Groth* mancherlei Verbesserungen und Vervollständigungen erfahren, sowie Nebeneinrichtungen erhalten [1]. — Aeusserst zweckmässig ist der Apparat und sind die Beobachtungsmethoden, welche *P. Groth* in Annalen d. Phys. u. Ch. Bd. 144, S. 34 angegeben hat. Das Instrument (Universalapparat für krystallographisch-optische Untersuchungen, Preis 570 Mark), welches der Mechaniker *R. Fuess* in Berlin liefert, dient zugleich als Polarisationsapparat und als Stauroskop, sowie zur Messung des Winkels der optischen Axen in Luft und Oel, zur Bestimmung der Brechungsexponenten und des Charakters der Doppelbrechung, der Dispersion der optischen Axen und Mittellinien, zur Ermittelung des Drehungsvermögens circularpolarisirender Substanzen, sowie als Goniometer; vgl. auch dessen Physikal. Krystallographie, 1876 S. 172. Ueber einige Modificationen desselben und über eine neue Stauroskopvorrichtung vgl. *Calderon* in Z. f. Kr. II. 1877. 68. — *Becke* beschrieb in *Tschermak*'s Min. u. petr. Mitth. 1879. 430 einen neuen Polarisationsapparat von *E. Schneider* in Wien, welcher dadurch, dass die beiden mittleren planconvexen Linsen des gewöhnlichen *Nörremberg*'schen Apparats zu einer Kugel zusammengeschoben sind, und sammt dem Präparat gedreht werden können, sowohl ein grosses Gesichtsfeld als auch den Vortheil gewährt, dass das Präparat in verschiedener Richtung durchblickt und der Austritt der selbst einen sehr stumpfen Winkel bildenden optischen Axen (vgl. S. 172) noch wahrgenommen werden kann.

§ 116. Unterschied von einfach- und doppeltbrechenden dünnen Mineralblättchen im parallelen polarisirten Licht. Zu diesen Untersuchungen dient das im vorigen Paragraph erwähnte, mit Polarisationsvorrichtung versehene Mikroskop, an welchem sich ein graduirter, mit Nonius versehener, horizontal drehbarer Tisch befindet, um dem Object eine verschiedene Lage gegen die Polarisationsebene ertheilen zu können.

Wird nun ein dünnes Blättchen eines einfach brechenden Minerals (regulären Krystalls oder amorphen Körpers) auf den Objecttisch zwischen beide Nicols gebracht, deren Hauptschnitte oder Polarisations-Ebenen gekreuzt sind, so wird an der dadurch hervorgebrachten Dunkelheit des Gesichtsfeldes nichts geändert, da jene isotrope Substanz die Schwingungsrichtung des durchgehenden Lichtes nicht alterirt. Da die Aether-Elasticität darin nach allen Directionen hin gleich ist, so wird auch dadurch, dass man dasselbe Blättchen um seine eigene Axe dreht, oder dadurch, dass man eine von dem Mineral in anderer Richtung gewonnene Lamelle unterschiebt, keinerlei Veränderung eintreten. Wenn umgekehrt durch die parallele Stellung beider Nicolhauptschnitte das Gesichtsfeld hell erscheint, so wird das zwischengeschobene Blättchen keine andere Farbe aufweisen, als es auch im gewöhnlichen Licht besass.

Genau so wie einfachbrechende Lamellen verhalten sich zwischen gekreuzten (und parallelen) Nicols diejenigen von doppeltbrechenden einaxigen Substanzen, welche senkrecht zu einer optischen Axe geschnitten sind; da der

---

[1] Weil das in Rede stehende Instrument mit convergentem Licht gar kein eigentliches Mikroskop ist, hat *Tschermak* vorgeschlagen, dasselbe kurzweg Polarisationsinstrument zu nennen und den Namen Polarisationsmikroskop auf das mit Polarisationsvorrichtung ausgestattete wirkliche Mikroskop zu übertragen. Ein »Polarisationsinstrument« ist allerdings auch schon jedes Paar von Spiegeln, von Nicols oder Turmalinplatten.

durchfallende Strahl hier keine Doppelbrechung erleidet und somit nicht zwei Strahlen in ihnen zur Interferenz gelangen können, so erscheinen sie bei gekreuzten Nicols dunkel und bleiben dunkel bei einer vollen Horizontaldrehung um die eigene Axe.

Da im tetragonalen und hexagonalen System die Basis die einzige Form ist, welche nur aus einem parallelen Flächenpaar besteht, welcher also auch eine einzelne Spaltungsfläche allein entsprechen kann, so muss jede von einem optisch-einaxigen Krystall durch Spaltung erhaltene Lamelle ihre optische Axe senkrecht stehen haben und sich daher wie angegeben zwischen gekreuzten Nicols verhalten.

Dünne Schnitte senkrecht gegen eine optische Axe eines zweiaxigen Minerals erscheinen zwischen gekreuzten Nicols bei totaler Horizontaldrehung aber nicht stets gleich dunkel, sondern im Gegentheil, und zwar in Folge der sog. inneren conischen Refraction stets gleich hell, ohne dass Interferenzfarben auftreten; die Intensität des Lichtes ist abhängig von der Dicke des Schliffes und der Stärke der Doppelbrechung; dicke Platten sind zwischen gekreuzten Nicols ebenso hell, wie zwischen parallelen [1]).

Wenn dagegen das doppeltbrechende Blättchen nicht senkrecht zu einer optischen Axe geschnitten ist, so zeigt es, mit Ausnahme gewisser besonderer Stellungen, sowohl zwischen gekreuzten als zwischen parallelen Nicols Farbenerscheinungen, chromatische Polarisation. Und zwar sind die Farben, welche ein solches Object bei gekreuzten Nicols trägt, die complementären von denjenigen, die es bei parallelen aufweist (Roth im Gegensatz zu Grün, Blau zu Gelb u. s. w.).

Diese Farbenerscheinungen [2]) gründen sich auf die Interferenz der Lichtstrahlen, welche durch die Doppelbrechung in dem Blättchen entstanden ist. Sie sind abhängig 1) von dem Brechungs-Exponenten der Substanz, weshalb gleichdicke Blättchen verschiedener Mineralien abweichende Farben aufweisen; 2) bei einer und derselben Substanz von der Lage des Schnitts, weil bei doppeltbrechenden Körpern die Aether-Elasticität nach verschiedenen Richtungen hin differirt; 3) selbst bei gleicher Lage des Schnitts und gleicher Substanz noch von der Dicke des Blättchens.

Wenn eine durch Spaltung erhaltene Lamelle einem rhombisch oder klinoëdrisch krystallisirten Mineral angehört, so entspricht ihre Spaltungsfläche in der Regel entweder der Basis oder einem der beiden verticalen Hauptschnitte; die beiden optischen Axen werden daher entweder in der Ebene der Lamelle selbst, oder in irgend einer anderen Ebene liegen, welche auf derselben rechtwinkelig oder geneigt ist, aber keine der optischen Axen wird auf der Lamelle rechtwinkelig sein; die Lamelle muss daher in den meisten Stellungen zwischen den Nicols Farben aufweisen. Unter Erwägung des oben Angeführten kann man daher sehr leicht erkennen, ob man es mit einer optisch-einaxigen oder optisch-zweiaxigen Lamelle zu thun hat, woraus sich dann rückwärts ein Schluss auf den allgemeinen Charakter des Krystallsystems machen lässt.

Ist das doppeltbrechende Blättchen nicht gleichmässig dick, sondern keilförmig, so erscheint nicht eine einzige Farbe, sondern es folgen, mit der Dicke entsprechend, mehre Farben in Uebergängen auf einander. Von zwei Substanzen mit verschiedenem Maass der Doppelbrechung, welche in gleich dicken Blättchen vorliegen, gibt diejenige mit schwächerer Doppelbrechung die intensiveren Farben.

Bei allzugrosser Dünne der doppeltbrechenden Lamelle sind die Interferenzfarben mitunter nicht lebhaft genug, um erkannt zu werden. Wenn man alsdann ein

1) Hierauf wurde zuerst von *Kalkowsky* hingewiesen, Z. f. Kryst. IX. 1885. 486.

2) Zur specielleren Erläuterung der Ursache dieser und folgender Erscheinungen muss auf die ausführlichen Lehrbücher der Physik oder der physikalischen Krystallographie verwiesen werden.

dünnes Glimmer- oder Gypsblättchen, welches für sich im polarisirten Licht gleichmässig und charakteristisch gefärbt erscheint, darüber deckt, so wird an den Stellen, wo die Lamelle darunter liegt, eine Veränderung dieser Farbe ersichtlich und damit die Doppelbrechung der Substanz selbst erwiesen sein. Eine isotrope Lamelle kann die Interferenzfarbe des Glimmerblättchens n i c h t ändern. Zu demselben Zweck schiebt man eine ca. 2 Mm. dicke planparallele und senkrecht auf die optische Axe geschliffene Quarzplatte in einen über der Objectivlinse angebrachten Schlitz des Tubus und erzeugt durch Drehung des oberen Nicols das »empfindliche Roth« des circularpolarisirenden Quarzes; selbst ein sehr schwach doppeltbrechendes Object bringt eine Veränderung dieser charakteristischen Farbe hervor.

Speciell wird ein doppeltbrechendes, n i c h t senkrecht auf die optische Axe geschnittenes Blättchen in allen den überwiegenden Fällen bei gekreuzten Nicols F a r b e n zeigen, wenn es eine solche Lage hat, dass die Elasticitätsaxen in seiner Fläche irgend einen s c h i e f e n W i n k e l mit dem optischen Hauptschnitt des Polarisators bilden. Dreht man das Blättchen horizontal um seine Axe, so bleibt die Art der Farbe gleich, aber die Intensität derselben wechselt und ist dann am grössten, wenn die Elasticitätsaxen des Blättchens mit den optischen Hauptschnitten der Nicols einen Winkel von 45° bilden; dies tritt bei einer vollen Horizontaldrehung des Blättchens viermal ein.

Fällt dagegen irgend eine Elasticitätsaxe mit dem optischen Hauptschnitt des polarisirenden Nicols z u s a m m e n, so werden auch selbst solche doppeltbrechende Blättchen k e i n e besonderen Interferenzfarben aufweisen, sondern bei parallelen Nicols nur hell oder eigenfarbig, bei gekreuzten nur d u n k e l erscheinen; denn ein schon polarisirter Strahl kann in dem Blättchen dann keine weitere Zerlegung erleiden und wird dasselbe unverändert durchlaufen, sobald seine Schwingungsebene (also der optische Hauptschnitt des Polarisators) parallel der Richtung der grössten oder kleinsten Elasticität der Fläche des Blättchens liegt, welche ja die Schwingungsrichtungen für die dasselbe durchlaufenden Strahlen sind; die durch das Blättchen ungestört durchgegangene Schwingung gelangt alsdann in den Analysator, in welchem sie vermöge der Kreuzstellung desselben ausgelöscht wird. Immer gibt diejenige Linie, in welcher eine Krystallfläche von dem dazu senkrechten Hauptschnitt getroffen wird, eine Auslöschungsrichtung an.

Durch diese so zwischen gekreuzten Nicols vorgenommene Einstellung des Blättchens auf Dunkel, durch die Aufsuchung der sog. A u s l ö s c h u n g s r i c h t u n g, ist es möglich, in optisch-einaxigen Blättchen dieser Art die Richtung der Hauptaxe, in optisch-zweiaxigen die Richtung zweier Elasticitätsaxen zu finden.

§ 117. Bunte Farbenringe im convergenten polarisirten Licht. Etwas dickere planparallele Platten von doppeltbrechenden Krystallen, welche bei den optisch-einaxigen senkrecht auf die Hauptaxe, bei den zweiaxigen senkrecht auf eine der Axen oder auf die Bisectrix geschnitten sind, offenbaren, namentlich wenn die Schwingungsebenen von Polarisator und Analysator g e k r e u z t sind, in der nahe an das Auge gebrachten Turmalinzange oder einem anderen Polarisations-Instrument, insbesondere gut in dem sog. Polarisations-Mikroskop (S. 166) im convergenten Licht sehr schöne b u n t e F a r b e n r i n g e, was darin begründet ist, dass die aus der Lamelle austretenden Lichtstrahlen, im oberen Nicol auf e i n e Schwingungsebene reducirt, gegenseitig zur Interferenz gelangen. Die A r t der an jedem

Punkte sichtbaren Farbe wird wesentlich von der Wegdifferenz der interferirenden Strahlen, und folglich von der Dicke der Lamelle und von der Richtung abhängen, in welcher die Strahlen durch sie hindurchgehen.

Bringt man nämlich, bei rechtwinkelig eingestellten Polarisations-Ebenen, eine optisch-einaxige und normal auf die Hauptaxe gespaltene oder geschnittene Platte von geeigneter Dicke in den Polarisations-Apparat, so sieht man im gewöhnlichen weissen Licht im Analysator ein System kreisrunder, concentrischer, bunter Farbenringe, welches von einem schwarzen, schattigen Kreuz durchsetzt wird, wie es die beistehende Figur zeigt, in welcher die concentrischen Ringe als regenbogenähnlich farbige Curven vorgestellt werden müssen, während das schwarze Kreuz zwar in der Mitte ganz dunkel und ziemlich scharf begrenzt, nach aussen aber allmählich immer weniger dunkel und gleichsam vertuscht erscheint.

Die Balken des Kreuzes sind den Schwingungsrichtungen des Polarisators und Analysators parallel.

Dreht man die Platte in ihrer Ebene, so bleibt die Interferenzfigur in ihrer Erscheinung ganz unverändert, da jene gekreuzten Richtungen dabei dieselben bleiben, und die Platte selbst senkrecht zur optischen Axe nach allen Richtungen gleiche Elasticität besitzt. — Dreht man aber den Analysator allmählich, bis die beiderseitigen Polarisations-Ebenen parallel geworden sind, so ändert sich die Phase des Bildes, indem das schwarze Kreuz verschwindet, und statt seiner ein weisses Kreuz erscheint, die farbigen Ringe aber die Complementärfarbe der vorherigen annehmen, etwa so, wie es die Figur zeigt.

Bei gleich dicken Platten verschiedener Substanzen hängt der Durchmesser der Ringe von der Stärke der Doppelbrechung ab: die Ringe werden desto enger, je bedeutender die Differenz zwischen ω und ε ist: der Kalkspath liefert viel engere Ringe als eine ebenso dicke Quarzplatte.

Je dünner die untersuchte Platte ist, desto weiter fallen übrigens die Ringe auseinander, und so kommt es, dass man bei einer gewissen Dünne nur noch den centralen Theil der Interferenzfigur sieht; die im vorhergehenden Paragraph besprochenen Polarisations-Erscheinungen dünner Blättchen doppeltbrechender Mineralien sind eben weiter nichts, als der innerste Theil der Interferenzfiguren.

Man nennt diese bunten Farbenringe wohl auch isochromatische Curven, weil jeder Ring in der Hauptsache immer dieselben Farben erkennen lässt. Betrachtet man die Ringe im homogenen Licht, z. B. durch ein rein roth gefärbtes Glas, so vermehrt sich ihre Anzahl sehr bedeutend, während sie zugleich dunkel oder anders gefärbt erscheinen.

Schneidet man von einem optisch-zweiaxigen Krystall eine planparallele Platte von geeigneter Dicke senkrecht auf eine optische Axe, so erblickt man bei derselben Untersuchung zwischen gekreuztem Polarisator und Analysator ein System von elliptischen oder ovalen Farbenringen, welches von einem schwarzen schattigen Streifen durchsetzt wird, etwa so, wie es die beistehende Figur zeigt, in welcher die concentrischen Ringe abermals buntfarbig zu denken sind, während der schwarze

Streifen, welcher in der Axen-Ebene liegt, zwar in der Mitte schmal und scharf begrenzt erscheint, nach aussen aber sich immer mehr verbreitert und vertuscht. Dieses Ringsystem bildet sich also um die eine der optischen Axen. Dreht man die Platte in der Horizontal-Ebene, so dreht sich auch der Streifen, aber in umgekehrter Richtung. Bei parallelen Schwingungsrichtungen des Polarisators und Analysators ändert sich die Erscheinung wie im vorhergehenden Falle.

In dem *Nörremberg*'schen Polarisations-Mikroskop (S. 166) ermöglicht es die Grösse des Gesichtsfeldes, dass man in solchen optisch-zweiaxigen Platten, deren Axen-Ebene rechtwinkelig auf ihnen steht, die um beide Axen gebildeten Ringsysteme zugleich beobachten kann, selbst wenn der Winkel der optischen Axen einen recht grossen Werth hat.

Wird also eine solche senkrecht auf die Bisectrix geschnittene oder gespaltene Platte (z. B. von optisch-zweiaxigem Glimmer) zwischen beide Linsensysteme so eingelegt, dass ihre Axen-Ebene der Polarisations-Ebene entweder des Polarisators oder des Analysators parallel ist, so erblickt

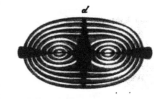

man ein Bild, wie es etwa der nebenstehende Holzschnitt zeigt. Beide Ringsysteme, deren Mittelpunkte den optischen Axen entsprechen, erscheinen mit symmetrischer Figur und Lage [1]) neben einander zugleich, umgeben von lemniscatischen Farbenringen, und getrennt durch einen dunkeln Zwischenraum, während sich der schattige Streifen in der Mitte beider Systeme schmal und scharf begrenzt zeigt, weiter hinaus aber verbreitert und vertuscht. Es ist also auch hier gewissermaassen ein schwarzes Kreuz vorhanden, wie in den optisch-einaxigen Krystallen, jedoch mit dem Unterschied, dass zwei Arme desselben sehr breit und kurz erscheinen, während die beiden anderen Arme sehr schmal beginnen und sich erst weiterhin ausbreiten. Das Kreuz ist also, wenn auch symmetrisch, so doch nicht regelmässig, wie in den einaxigen Krystallen.

Ist der Winkel der optischen Axen sehr klein, wie z. B. beim Glauberit, so nähert sich bei dieser Stellung die Interferenzfigur dem Bilde, welches ein optisch-einaxiger Krystall liefert.

Dreht man hierauf die Platte in ihrer eigenen Ebene so weit, bis ihre Axen-Ebene mitten zwischen den Polarisations-Ebenen des Polarisators und Analysators zu liegen kommt, also mit jeder derselben den Winkel von 45° bildet, so verändert sich die Erscheinung, und man erblickt ein Bild von der beistehenden Figur, in welchem beide Ringsysteme nebst den Lemniscaten vollständig zu übersehen sind, und jedes derselben von einem hyperbolischen schwarzen Streifen quer durchsetzt wird. Die Scheitel beider Hyperbeln erscheinen

schmal und scharf begrenzt in der Mitte der Ringsysteme, die Arme derselben nach aussen verbreitert und vertuscht.

Da nun die meisten optisch-zweiaxigen Lamellen, deren Axen-Ebene recht-winkelig auf ihnen steht, diese gleichzeitige Wahrnehmung beider Ring-systeme gestatten, so gewährt das *Nörremberg*'sche Polarisations-Mikroskop ein vorzügliches Hülfsmittel zur Erkennung des optisch-zweiaxigen Charakters vieler Krystalle. Bei sehr kleinem Axenwinkel kann man auch schon mit der Turmalin-zange beide Ringsysteme übersehen; bei grösserem Axenwinkel mag man sie wohl durch Hin- und Herwendung nach einander zur Anschauung bringen.

Fast gleichzeitig haben *v. Lasaulx*, *Bertrand* und *Klein* Methoden angegeben, um das Mikroskop mit parallelem Licht in ein Polarisationsinstrument mit convergen-tem Licht zur Erzeugung der Interferenzbilder in Krystalldünnschliffen umzuwandeln (N. Jahrb. f. Min. 1878. 377; Bull soc. minér. 1878. 27; Nachr. d. Ges. d. W. in Göt-tingen 1878. 461). Zu diesem Behuf dient ein Condensor, bestehend aus zwei planconvexen Linsen, von denen die eine direct über dem Polarisator angeschraubt ist, die andere, in einer Fassung befindliche auf die erste aufgelegt wird. Bei dieser Unter-suchung im convergenten Licht zwischen gekreuzten Nicols wird das Ocular entfernt, an Stelle desselben kann aber, zur Vergrösserung der Interferenzbilder, noch eine (sog. *Bertrand*'sche) Linse in den Tubus eingeschoben werden. Handelt es sich um die Prü-fung sehr kleiner Krystalldurchschnitte in Gesteinsdünnschliffen, so wird zweckmässig zur Isolirung derselben eine Blende auf den Analysator gesetzt werden. Die Inter-ferenzbilder im Mikroskop sind zwar von derselben Natur, nur nicht von derselben Deutlichkeit und Grösse wie diejenigen im *Nörremberg*'schen Instrument[1].

§ 118. **Winkel der optischen Axen.** Die Interferenzfiguren optisch-zwei-axiger Krystalle dienen auch zur Bestimmung des Winkels der optischen Axen. Der dafür benutzte, sog. Axenwinkelapparat ist ein Instrument, welches wie ein horizontal liegendes *Nörremberg*'sches Polarisationsmikroskop construirt ist, und ein Fadenkreuz im Ocular besitzt, in welchem zuerst der Centralpunkt des einen, dann derjenige des anderen Axenbildes auf den Kreuzpunkt eingestellt wird; die zu untersuchende Platte steht mit einem Theil-kreis in Verbindung, an welchem die zwi-schen beiden Einstellungen erfolgte Drehung abgelesen wird. Der hier erhaltene Werth ist aber nur der scheinbare Winkel der opti-schen Axen in Luft.

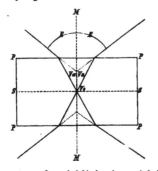

In der Platte *P* (s. beistehende Fig.), welche senkrecht auf die spitze Bisectrix *M* geschnitten ist, wird der wahre spitze Winkel, welchen die optischen Axen thatsächlich innerhalb des Krystallmediums mit einander bilden, nach dem Vorgang von *Des-Cloiseaux* mit 2*Va* bezeichnet, während der durch die stumpfe Bisectrix *S* halbirte stumpfe wirkliche Axenwinkel 2*Vo* ist. Beim Austritt in die Luft wird indessen

---

Systems und in denjenigen Krystallen des monoklinen Systems der Fall ist, deren Axen-ebene dem klinodiagonalen Hauptschnitt nicht parallel ist.

1) Die mikroskopischen Interferenzbilder sind sehr gut erläutert in *E. Hussak*'s »Anleitung zum Bestimmen der gesteinbildenden Mineralien«, einer Schrift, welche überhaupt für das optische und mikroskopische Studium der Krystalle in hohem Grade empfehlenswerth ist.

jeder Lichtstrahl, welcher die Platte in der Richtung der optischen Axe passirt hat, von dem Einfallsloth *M* abgelenkt und bildet nun mit demselben den Winkel *E*. Daher ist *2Ea* die Bezeichnung für den durch directe Messung an einer senkrecht auf die Bisectrix geschnittenen Platte erhaltenen s c h e i n b a r e n Axenwinkel i n L u f t, welcher immer grösser ist als der wahre.

Der wahre Winkel der optischen Axen wird aus dem scheinbaren berechnet vermittels der Formel $\sin Va = \dfrac{1}{\beta} \sin Ea$, worin β den Brechungsquotient der Richtung der optischen Axen bedeutet.

Ist die scheinbare Divergenz der optischen Axen sehr gross, erreicht oder überschreitet *Va* den Winkel der totalen Reflexion, so fallen die Ringsysteme in der Luft ausserhalb des Gesichtsfeldes, und dann muss man zu anderen Hülfsmitteln seine Zuflucht nehmen, wie z. B. die Lamelle in einem stärker brechenden Medium, wie in Oel (statt in Luft) untersuchen, welches die totale Reflexion an der Grenze zwischen Platte und Luft aufhebt. Das Oel befindet sich in einem durchsichtigen Gefäss, welches in den Axenwinkelapparat eingeschaltet wird; die in ihm gemessenen Axenwinkel werden als *Ha* und *Ho* bezeichnet. In solchen Oelen können auch die Axenpunkte auf Platten wahrgenommen werden, welche senkrecht zur Halbirungslinie des s t u m p f e n Winkels der wahren optischen Axen liegen.

Ist der Brechungsquotient *n* des Oels bekannt, so gilt die Formel

$$\sin Va = \frac{n}{\beta} \sin Ha;$$

kann man an zwei Platten aus demselben Individuum sowohl *Ha* als auch *Ho* bestimmen, so lässt sich ohne Kenntniss des Werthes von β der wahre Winkel der optischen Axen ermitteln nach der Formel

$$\tan Va = \frac{\sin Ha}{\sin Ho}.$$

Schon auf S. 161 wurde hervorgehoben, dass für verschiedene Farben die optischen Axenwinkel etwas verschiedenen Werth haben und es handelt sich daher bei ganz sorgfältigen Bestimmungen darum, diese Werthe f ü r d i e e i n z e l n e n F a r b e n zu gewinnen. Das dabei zur Verwendung kommende möglichst monochromatische Licht wird durch gefärbte Flammen geliefert; die Flamme eines *Bunsen*'schen Gasbrenners wird vermittels

Lithiumsalz ($LiSO_4$) einfarbig r o t h

Natriumsalz (Kochsalz, *NaCl*) einfarbig g e l b

Thalliumsalz ($TlSO_4$) einfarbig g r ü n

Schwefelsaures Kupferoxyd-Ammoniak einfarbig b l a u gefärbt.

Ueber eine sehr zweckmässige Lampe für monochromatisches Licht s. *Laspeyres*, Zeitschr. f. Instrumentenkunde 1882. 97.

§ 119. **Stauroskop und andere ähnliche Vorrichtungen.** Im Jahre 1855 hat *v. Kobell* ein Instrument angegeben, welches er Stauroskop nannte, weil sein Gebrauch wesentlich auf der Beobachtung des schwarzen Kreuzes in einer Kalkspathlamelle (S. 170) beruht[1]). Es dient (abgesehen von der Bestimmung des einfach- oder doppeltbrechenden Charakters und der Zahl der optischen Axen) namentlich zur Feststellung der Lage der Elasticitätsaxen oder Schwingungs-Ebenen und somit des Krystallsystems.

---

1) Ann. d. Phys. u. Chem. Bd. 95, S. 320.

Das Stauroskop besteht wesentlich aus einem auf der Rückseite geschwärzten polarisirenden Glasspiegel, einem in einer Messinghülse drehbaren analysirenden Nicol und einer zwischen beiden in der Hülse befindlichen und **festen Kalkspathplatte**, welche senkrecht auf die optische Axe geschnitten ist. Wenn die Schwingungs-Ebenen von Spiegel und Nicol gekreuzt sind — dies ist der Fall, sobald die kurze Diagonale des Nicolquerschnitts aufrecht steht — so zeigt die Kalkspathplatte als Interferenz-figur das schwarze Kreuz mit den buntfarbigen concentrischen Ringen. Wird nun eine zu untersuchende Krystallplatte, in einer drehbaren Hülse befestigt, zwischen Spiegel und Kalkspath eingeschoben, so tritt die Kreuzerscheinung in dem Apparat nur dann ungestört hervor, sofern entweder in dem Object überhaupt keine Doppelbrechung erfolgt, oder sofern die Schwingungs-Ebenen, also die Elasticitätsaxen des Objects, parallel liegen den Schwingungs-Ebenen von Spiegel und Nicol; ist das letztere nicht der Fall, so muss man, damit das schwarze Kreuz erscheinen soll, das Object um einen bestimmten Winkel drehen, welcher an einem ausserhalb angebrachten graduir-ten Halbkreis ablesbar ist. — Als Polarisator wird auch vielfach ein **Nicol** benutzt. Wenn nun die zu untersuchende Krystallplatte z. B. so in dem Apparat orientirt wurde, dass eine Kante derselben parallel geht der Polarisations-Ebene des Spiegels, und wenn in diesem Falle die Interferenzfigur gestört ist, so zeigt der Winkel, um welchen bis zur Wiederherstellung der letzteren das Object gedreht werden muss, an, wie gross die Neigung ist zwischen einer Hauptschwingungsrichtung (Elasticitätsaxe) im Krystall und der betreffenden Kante. Ist diese Kante einer krystallographischen Axe parallel, so lässt die Divergenz zwischen Elasticitätsaxe und Krystallaxe schliessen, dass das zweiaxige Object **nicht** dem rhombischen System angehören kann (in wel-chem ja die krystallographischen Axen mit denen der optischen Elasticität zusammen-fallen), sondern entweder monoklin oder triklin ist. Specielleres über das Verhalten der Krystalle der verschiedenen Systeme im Stauroskop ist gelegentlich der folgenden allgemeinen Charakteristik derselben angeführt [1].

In der Regel wird die **stauroskopische** in einen Korkring gefasste Kalk-spathplatte mit einem **Mikroskop** verbunden, indem man dieselbe auf das Ocular auflegt und den Analysator, in Kreuzstellung mit dem Polarisator, darüber stülpt [2]. Die Interferenzfigur des Kalkspaths tritt alsdann, nach Maassgabe des eben Ange-führten, ungestört oder gestört durch den zu untersuchenden pelluciden Mineral-durchschnitt hervor.

Brezina ersetzte die stauroskopische senkrecht auf die Axe geschliffene Kalkspath-platte durch **zwei** übereinander gelegte **nahezu** senkrecht auf die Axe geschliffene Platten, deren Interferenzfigur überaus empfindlich ist, indem eine **sehr** geringe Diver-genz zwischen der Elasticitätsaxe des Objects und dem optischen Hauptschnitt des Ana-lysators eine bedeutende Verschiebung des Mittelbalkens hervorbringt. Ein anderer Ersatz für die gewöhnliche stauroskopische Calcitplatte ist die *Calderon'sche* Doppel-platte. Dieselbe besteht aus zwei Theilen von Kalkspathrhomboëdern, welche zu einem künstlichen Zwilling aneinandergekittet und zu einer planparallelen Platte geschliffen sind. Liegt die Trennungsnaht der beiden Individuen parallel dem Hauptschnitt des

1) Vgl. noch: *Laspeyres* über Stauroskope und staurosk. Methoden, Z. f. Instrumentenk. 1882; ders. über eigenthümliche Anomalieen bei der staurosk. Messung, Z. f. Kryst. VI. 433; ferner VIII. 97. — *Liebisch*, Ableitung einer Correctionsformel bei staurosk. Messungen, eben-das. VII. 1882.

2) Vgl. *Rosenbusch* im N. Jahrb. f. Min. 1876. 504. — Solche Mikroskope, welche mit allen Einrichtungen und optischen Apparaten versehen nach den namentlich bei mikroskopisch-petrographischen Untersuchungen nothwendig werden, sind von *Fuess* in Berlin (Alte Jakob-strasse 108), von *Hartnack* in Potsdam (Waisenstr. 89) sowie von C. *Reichert* in Wien (VIII. Benno-gasse 26) zu beziehen.

einen der gekreuzten Nicols, so bleiben beide Hälften in allen den Fällen, wenn sonst die Calcit-Interferenzfigur durch ein zwischengeschobenes Object ungestört hervortreten würde, gleich dunkel, so dass die Trennungslinie überhaupt nicht sichtbar ist. Bei allen übrigen Stellungen des Objects tritt unverzüglich eine — der Störung der Interferenzfigur entsprechende — Aenderung in der Beschattung der beiden Plattenhälften hervor, die eine wird dunkel, die andere hell, oder beide erscheinen gleich hell. — Auch die S. 169 erwähnte Quarzplatte kann zur Bestimmung der Schwingungsrichtungen benutzt werden, indem ihre Farbe nur unverändert bleibt über isotropen Schnitten oder doppeltbrechenden Schnitten, welche so gerichtet sind, dass eine ihrer Elasticitätsaxen mit einem Nicolhauptschnitt zusammenfällt. — Ueber die Doppelquarzplatte von *Bertrand* vgl. N. Jahrb. f. Min. 1884. I. 191.

Aus dem Vorstehenden ergibt sich, dass als optische Wirkungen eines Objects zwischen gekreuzten Nicols einander entsprechen: Einerseits Dunkelheit des Objects ohne weiteren Apparat, ungestörtes Hervortreten der Calcit-Interferenzfigur bei der stauroskopischen Platte, normales Auftreten der Interferenzfigur bei der Platte von *Brezina*, gleichmässige Dunkelheit der Platte von *Calderon*, Unverändertbleiben der Polarisationsfarbe einer Quarzplatte. Alle diese Erscheinungen treten hervor bei Schnitten, in denen überhaupt keine Doppelbrechung erfolgt, sowie bei solchen doppeltbrechenden, welche so gerichtet sind, dass eine ihrer Elasticitätsaxen mit einem Nicolhauptschnitt zusammenfällt. Anderseits sind unter einander gleichbedeutend: Chromatische Polarisation des Objects ohne weiteren Apparat, Störung der Calcit-Interferenzfigur, Verschiebung des Mittelbalkens in der Platte von *Brezina*, Aenderung in der Beschattung der Hälften in der Platte von *Calderon*, Aenderung der Polarisationsfarbe einer Quarzplatte. Diese Erscheinungen verweisen allemal darauf, dass das untersuchte Object überhaupt doppeltbrechend und ferner derart gelegen ist, dass keine seiner Elasticitätsaxen mit einem Nicolhauptschnitt zusammenfällt.

§ 120. **Optische Charakteristik der regulären Krystalle und amorphen Mineralien.** Lamellen von durchsichtigen regulären Krystallen, z.B. von Steinsalz, Flussspath, Zinkblende, Granat, üben auf das polarisirte Licht, wie angeführt, in der Regel gar keine Wirkung aus, weil sie nur einfache Lichtbrechung besitzen. Sie zeigen im Polarisationsapparat in keiner Lage Interferenzfarben, bleiben bei gekreuzten Nicols stets dunkel, stören niemals das schwarze Kreuz im Stauroskop u. s. w. Auf dieselbe Weise verhalten sich Lamellen durchsichtiger amorpher Mineralien. — Ueber die anomale Erscheinung der Doppelbrechung bei regulären Krystallen s. § 125.

§ 121. **Optische Charakteristik tetragonaler und hexagonaler Krystalle.** Im *Nörremberg*'schen Polarisations-Apparat zeigen senkrecht auf die Hauptaxe geschliffene oder gespaltene Platten nach § 117 ein System von kreisrunden, farbigen Ringen nebst dem schwarzen Kreuz. Diese Erscheinung findet immer in völliger Regelmässigkeit statt, sobald die Platte nur ganz homogen, und, dafern sie durch Schleifung dargestellt wurde, vollkommen rechtwinkelig auf die Hauptaxe geschliffen ist. Ueber abnorme Erscheinungen in dieser Hinsicht vgl. § 125.

Um zu entscheiden, ob die Doppelbrechung einer einaxigen Lamelle positiv oder negativ ist, dazu empfiehlt sich besonders folgendes Verfahren. Man bringe

zwischen die zu prüfende Lamelle und das Objectiv des Polarisations-Mikroskops ein
s e h r   d ü n n e s   Blatt von. optisch-zweiaxigem Glimmer[1]), so dass dessen (durch einen
Pfeil markirte) Axen-Ebene die beiden Polarisations-Ebenen unter 45° schneidet. Durch
Einschaltung dieses Glimmerblatts trennt sich das schwarze Kreuz der Interferenzfigur
in zwei Hyperbeln, deren Scheiteltangenten der Axen-Ebene des Glimmerblatts entweder p a r a l l e l sind, oder dieselbe r e c h t w i n k e l i g durchschneiden. Im e r s t e r e n
Falle hat die geprüfte Lamelle p o s i t i v e, im z w e i t e n Falle n e g a t i v e Doppelbrechung.

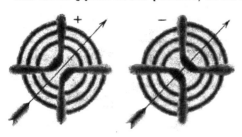

Bei den positiven
Krystallen steht also die Verbindungslinie zwischen den beiden, als graue Punkte erscheinenden Hyperbelscheiteln g e -
k r e u z t (+) auf der Axenebene
des Glimmerblatts, bei den negativen sind beide Linien p a -
r a l l e l (=). Bei den ersteren
erscheinen auch die concentrischen Ringe der Interferenzfigur
e r w e i t e r t in denjenigen Qua-
dranten, durch welche die Trace der optischen Axenebene des Glimmers n i c h t geht,
bei den letzteren ist solches der Fall in den Quadranten, welche durch diese Trace halbirt werden[2]).

Im Stauroskop bleibt das schwarze Kreuz des Kalkspaths dann u n v e r -
ä n d e r t, wenn die zu prüfende Lamelle senkrecht zur Hauptaxe geschnitten, oder
wenn sie bei irgend einer anderen Schnittrichtung so eingefügt ist, dass ihre
Hauptaxe dem optischen Hauptschnitt des Polarisators oder Analysators parallel
geht. In allen anderen Fällen tritt S t ö r u n g der Interferenzfigur ein.

Dünne Lamellen, welche man in dem mit Polarisationsvorrichtung versehenen Mikroskop untersucht, erscheinen, senkrecht auf die Hauptaxe geschnitten,
zwischen gekreuzten Nicols dunkel, und verbleiben so auch bei Drehung in der
Horizontalebene. Gehören sie Durchschnitten an, welche n i c h t senkrecht auf die
Hauptaxe liegen, so werden sie bei gekreuzten und bei parallelen Nicols farbig;
nur wenn die Hauptaxe mit dem optischen Hauptschnitt eines Nicols parallel geht,
erweisen sie sich zwischen gekreuzten Nicols dunkel, zwischen parallelen hell,
was bei einer vollen Horizontaldrehung viermal vorkommt.

Auf allen Prismenflächen beider Systeme erscheint demnach gerade (d. h. den
Prismenkanten parallele) Auslöschung, die Flächen der Pyramiden zeigen die eine Auslöschung parallel zur horizontalen Kante, auf den Flächen der Rhomboëder verlaufen
die Auslöschungsrichtungen parallel den Diagonalen.

Ob das unter dem Mikroskop untersuchte Mineral dem t e t r a g o n a l e n oder h e x a -

<hr />

1) Die D i c k e des Glimmerblatts darf h ö c h s t e n s so gross sein, wie die einer sogenannten Viertelundulationslamelle, d. h. einer von derjenigen Dicke, dass die beiden, durch dieselben gehenden Wellen einen Gangunterschied von ¼ Wellenlänge über eine beliebige Anzahl ganzer Wellenlängen erhalten.

2) Man kann auch den Charakter der Doppelbrechung vermittels einer anderen basischen
Platte bestimmen, deren Charakter in dieser Hinsicht bekannt ist. Wenn dieselben combinirt
werden, und sich alsdann im convergenten polarisirten Licht die Ringe der Combination veren-
gern und vermehren, so haben beide Platten (welche eben wie eine einzige verdickte wirken)
d a s s e l b e Zeichen; erweitern und vermindern sich aber dann die Ringe, wird also scheinbar
eine Verdünnung der bekannten Platte hervorgebracht, so ist das Zeichen der Doppelbrechung
für beide Platten e n t g e g e n g e s e t z t.

g o n a l e n System angehört, das kann man leicht durch die Beobachtung ermitteln, ob es — neben den davon herstammenden doppeltbrechenden Durchschnitten — quadratische oder hexagonale Schnitte sind, welche sich als einfachbrechend erweisen.

§ 122. Optische Charakteristik rhombischer Krystalle. Ist der Krystall s p a l t b a r nach e i n e m der zwei Pinakoide, welche r e c h t w i n k e l i g auf der optischen Axen-Ebene stehen, so wird die N o r m a l e der Spaltungslamelle entweder mit der s p i t z e n oder mit der s t u m p f e n Bisectrix zusammenfallen, und so wird man im ersteren Falle die beiden Ringsysteme im convergenten Licht des Polarisations-Mikroskops deutlich erblicken, sobald der s c h e i n b a r e (das heisst der in der L u f t gemessene) Neigungswinkel der beiden optischen Axen ($2E$, im Gegensatz zu $2V$, dem wahren Axenwinkel) nicht grösser ist, als $120°$. Der Topas liefert dafür ein ausgezeichnetes Beispiel.

Ist aber der Krystall nur s p a l t b a r nach d e m j e n i g e n Pinakoid, welches der Axen-Ebene p a r a l l e l liegt, so ist man meist genöthigt, z w e i Platten zu schleifen, welche den beiden a n d e r e n Pinakoiden parallel sind, und von denen die e i n e, auf welcher die spitze Bisectrix senkrecht steht, die Beobachtung der beiden Ringsysteme jedenfalls gewährleistet. Nur wenn der Krystall nach einem dieser Pinakoide t a f e l a r t i g ausgedehnt ist, wird man die Schleifung der entsprechenden Lamelle entbehren können. — Ist endlich der Krystall nach gar keinem der Pinakoide spaltbar oder tafelförmig ausgedehnt, so muss man d r e i Platten schleifen, welche den drei Pinakoiden parallel sind, und wird dann in derjenigen Platte, auf welcher die Axen-Ebene und die spitze Bisectrix normal sind, die beiden Ringsysteme beobachten können.

Um über den p o s i t i v e n oder n e g a t i v e n Charakter der Doppelbrechung (in Betreff der spitzen Bisectrix) zu entscheiden, dazu kann man, wenigstens in d e n j e n i g e n Fällen, wo die Lamelle im Polarisations-Mikroskop b e i d e Systeme von Farbenringen zeigt, auf ähnliche Weise gelangen, wie bei den optisch-einaxigen Krystallen, indem man nämlich ein sehr dünnes Blatt von zweiaxigem Glimmer (Viertelundulationsglimmerblatt) zwischen das Objectiv und die zu prüfende Lamelle s o einschaltet, dass die Axen-Ebene des Glimmers m i t t e n zwischen beiden Polarisations-Ebenen liegt. Das unregelmässige schwarze Kreuz zerfällt dann abermals in zwei (unregelmässige) hyperbolische Schweife, deren Scheiteltangenten parallel oder rechtwinkelig mit der Axen-Ebene des Glimmerblattes sind, je nachdem die Lamelle positive oder negative Doppelbrechung besitzt. Bei der auch hier erfolgenden Stö-

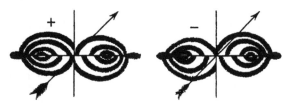

rung der Interferenzfigur der Platte sind in den abwechselnden Quadranten die Ringe verengert oder erweitert. Wenn die durch die Richtung der Pfeile angedeutete optische Axenebene des Glimmers durch die Quadranten der verengerten Ringe geht, so ist die geprüfte Platte p o s i t i v; geht sie durch die Quadranten der erweiterten Ringe, so ist die Doppelbrechung n e g a t i v [1]).

---

1) Zur Ermittelung der relativen Grösse der optischen Elasticität kann man auch einen

Die für alle zweiaxigen Krystalle charakteristische Erscheinung, dass die optischen Axen für jede Lichtart oder Farbe eine etwas verschiedene Lage haben, die Dispersion der optischen Axen, wird bei Anwendung des gewöhnlichen weissen Lichtes und des *Nörremberg'*schen Polarisations-Apparats überhaupt an der besonderen F i g u r und L a g e gewisser isochromatischer Farbenzonen erkannt, wobei zunächst die Farben roth und blau berücksichtigt zu werden pflegen.

In den Krystallen des r h o m b i s c h e n Systems offenbart sich die Dispersion der optischen Axen derart s y m m e t r i s c h , dass die den verschiedenen Farben entsprechenden Axen in der gleichen Ebene liegen und mit der Bisectrix beiderseits gleiche Winkel bilden. Wenn nun die i n n e r s t e n Ringe der beiden elliptischen Ringsysteme (in Fig. *d*, S. 171) das Roth nach i n n e n , das Blau nach a u s s e n zeigen, oder wenn die Scheitel der beiden Hyperbeln (in Fig. *e*) auf der c o n c a v e n Seite r o t h , auf der c o n v e x e n Seite b l a u gesäumt erscheinen, so bilden die r o t h e n Axen einen k l e i n e r e n Winkel, als die blauen oder violetten Axen, was durch das Symbol $\varrho < v$ ausgedrückt wird. Wenn dagegen die Lage der rothen und der blauen Farbensäume die entgegengesetzte ist, so wird $\varrho > v$, oder so würde der Axenwinkel für die rothen Strahlen grösser sein, als für die blauen Strahlen.

Prüft man d ü n n e , dem rhombischen System angehörige Durchschnitte in dem mit Nicols versehenen Mikroskop im parallelen polarisirten Licht, so werden dieselben, da die Elasticitätsaxen sämmtlich mit den krystallographischen zusammenfallen, jedesmal dann zwischen gekreuzten Nicols dunkel werden, sobald irgend eine der rechtwinkelig auf einander stossenden Umrisslinien, welche ja einer krystallographischen Axe parallel sind, mit einem Nicolhauptschnitt coincidirt. Diese g e r a d e A u s l ö s c h u n g tritt bei einer vollen Horizontaldrehung viermal ein. In diesem Falle erscheint auch das schwarze Kreuz im Stauroskop unverändert. Recht selten ist es selbstredend, dass der Durchschnitt des rhombischen Minerals gerade genau senkrecht auf einer der optischen Axen steht, wobei er alsdann selbst bei einer vollen Drehung stets zwischen gekreuzten Nicols hell bleibt (vgl. S. 168). In a l l e n ü b r i g e n Fällen, mit Ausnahme dieser beiden, erscheint der Durchschnitt zwischen gekreuzten und parallelen Nicols farbig und stört er die Interferenzfigur im Stauroskop.

Die Prismen- und die Pinakoidflächen zeigen also allemal gerade Auslöschung ; der

---

Quarzkeil, an welchem eine Fläche parallel, und dessen Kante senkrecht zur optischen Axe ist, zu Hülfe nehmen. Die zu prüfende Platte wird bei gekreuzten Nicols in der Diagonalstellung (so dass ihre Hauptschnitte 45° mit den Nicolhauptschnitten bilden, und die Hyperbeln auftreten) in den Apparat gebracht. Wird nun zwischen den Analysator und die Platte der Quarzkeil einmal so, dass seine Hauptaxe parallel der optischen Axen-Ebene der Platte, das anderemal so, dass dieselbe senkrecht zu der letzteren geht, langsam eingeschoben, so tritt in dem einen oder anderen Falle eine Erweiterung der centralen Ringe ein. Erfolgt dieselbe in dem ersteren Falle — also wenn der Quarzkeil im Sinne der Verbindungslinie der beiden Hyperbelpole oder der stumpfen Bisectrix eingeführt wird —, so muss diese letztere das entgegengesetzte Zeichen haben, wie der positive Quarz, demnach negativ sein, während die spitze Bisectrix (auf welche die Angaben bezogen zu werden pflegen) die Richtung der kleinsten Elasticität und die Platte positiv ist. Erweitern sich dagegen die Ringe, wenn die Quarzkeil-Hauptaxe senkrecht zur Verbindungslinie der Hyperbelpole eingeschoben wird, so ist umgekehrt die spitze Bisectrix die Richtung der grössten Elasticität und die Platte negativ. — Im Allgemeinen gilt der Satz, dass in der Mitte des Gesichtsfeldes Interferenzcurven auftreten, wenn die Richtung der optischen Axe des Quarzkeils parallel ist der Richtung der grösseren Elasticität der Platte.

Querschnitt eines rhombischen Prismas besitzt seine Auslöschung parallel der längeren und kürzeren Diagonale.

In den Fällen, wo zwischen gekreuzten Nicols der Durchschnitt dunkel wird, weist er zwischen parallelen seine Eigenfarbe oder Farblosigkeit auf.

§ 123. Optische Charakteristik der klinobasischen Krystalle. Für das monokline System war von der dreifach abweichenden Lage der optischen Axen-Ebene bereits S. 163 die Rede. Was die Dispersion betrifft, so liegen bei dem dort erwähnten Fall 1 (optische Axen-Ebene parallel dem klinodiagonalen Hauptschnitt) die optischen Axen für alle Farben zwar in derselben Ebene, aber die Bisectrix ist für jede Farbe eine andere, indem die Bisectricen längs der Richtung des Klinopinakoids zerstreut erscheinen (Geneigte Dispersion, Dispersion inclinée Des-Cloizeaux's). In dem Fall 2a ist die Axendispersion derart, dass die Axenebenen der verschiedenen Farben fächerförmig um die Bisectrix zerstreut sind (Gedrehte Dispersion, D. tournante oder croisée Des-Cl.). Im Fall 2b gehen zwar die Ebenen der optischen Axen für verschiedene Farben parallel der Orthodiagonale, aber diese Ebenen bilden verschiedene Winkel mit der Verticalaxe (Horizontale Dispersion, D. horizontale Des-Cl.). Zur schematischen Erläuterung mögen die beistehenden Figuren dienen. Im ersten und im letzten Falle ist das Interferenzbild noch symmetrisch nach einer Linie, was im zweiten nicht mehr stattfindet.

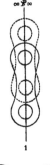

Besitzt der monokline Krystall, dessen optische Axen-Ebene parallel dem klinodiagonalen Hauptschnitt geht, eine deutliche klinodiagonale Spaltbarkeit, so lässt sich in einer Spaltungslamelle desselben die Lage der beiden Bisectricen leicht bestimmen. Man braucht nämlich die Lamelle nur im parallelen polarisirten Licht zwischen gekreuztem Polarisator und Analysator einmal in ihrer eigenen Ebene herumzudrehen und diejenigen beiden Richtungen zu bemerken, nach welchen sie das Maximum der Verdunkelung zeigt; diese beiden, auf einander rechtwinkeligen Richtungen sind es, in welche die Bisectricen fallen, und man wird finden, dass solche keine symmetrische Lage zu der Verticalaxe und Klinodiagonale haben; woraus denn folgt, dass auch die optischen Axen unsymmetrisch gegen diese beiden krystallographischen Axen liegen. Eine Spaltungslamelle von Gyps lässt dies sehr gut erkennen. Schleift man aus einem dickeren Krystall zwei Lamellen, welche auf der einen und auf der anderen Bisectrix rechtwinkelig sind, so wird wenigstens die eine derselben im Polarisations-Mikroskop die beiden Ringsysteme beobachten lassen. — Hätte man gefunden, dass eine der beiden Bisectricen ungefähr rechtwinkelig auf der Fläche des Orthopinakoids, oder der Basis, oder eines Hemidomas ist, und besitzt der Krystall nach derselben Fläche entweder eine tafelförmige Gestalt oder eine zweite Spaltbarkeit, so wird man im Polarisations-Mikroskop entweder unmittelbar durch den Krystall, oder durch eine Spaltungslamelle beide Ringsysteme, jedoch mit unsymmetrischer Figur und Lage wahrnehmen. Dies zeigen z. B. manche durch das Orthopinakoid tafelförmige oder säulenförmige Diopsidkrystalle.

Besitzt der monokline Krystall im Fall 2a klinodiagonale Spaltbarkeit, oder ist er tafelförmig nach dem Klinopinakoid, so sieht man durch eine Spaltungslamelle, oder auch unmittelbar durch den Krystall selbst, im Polarisations-Mikroskop meist beide Ringsysteme zugleich.

Da wo es sich um Durchschnitte klinobasischer Mineralien handelt, welche im parallelen polarisirten Licht untersucht werden, kann man dieselben im Gegensatz zu den rhombischen (S. 178) daran erkennen, dass bei der Horizontaldrehung des Durchschnitts dann Dunkelheit zwischen gekreuzten Nicols (im Stauroskop Herstellung des schwarzen Kalkspathkreuzes) eintritt, wenn irgend eine der Umrisslinien, welche einer krystallographischen Axe parallel geht, irgend einen schiefen Winkel mit einem Nicolhauptschnitt macht. Diese sog. schiefe Auslöschung ist ja der Beweis dafür, dass nicht mehr, wie im rhombischen System, alle Elasticitätsaxen mit den krystallographischen coincidiren.

Die Lage der Elasticitätsaxen im monoklinen System erfordert es nun aber, dass das Kreuz im Stauroskop ungestört erscheint (und zwischen gekreuzten Nicols Dunkelheit eintritt), sobald die Orthodiagonale mit einem Nicolhauptschnitt zusammenfällt. Die Orthodomen, das Orthopinakoid, die Basis bieten also hier gerade Auslöschung dar, der Querschnitt eines Prismas löscht wie im rhombischen System parallel den Diagonalen aus, auf dem Klinopinakoid erscheint allemal schiefe Auslöschung, ebenfalls auf Schnitten aus der Zone $0P : \infty \mathcal{R} \infty$ und $\infty \mathcal{P} \infty : \infty \mathcal{R} \infty$.

Das Maass der Auslöschungsschiefe auf Schnitten genau parallel dem Klinopinakoid, d. h. die Grösse des Neigungswinkels einer Elasticitätsaxe zur Verticalaxe, ist für die verschiedenen monoklinen Mineralien sehr charakteristisch; dieser Winkel ist natürlich gleich demjenigen, welchen die andere Elasticitätsaxe mit der Normalen auf das Orthopinakoid bildet. Auf anderen schief auslöschenden Schnitten wechselt die Schiefe je nach der Richtung.

In dem triklinen System gibt es gar keine Fläche mit gerader Auslöschung. Bei den Durchschnitten durch trikline Krystalle ist die Interferenzfigur im Stauroskop stets gestört, wenn eine der krystallographischen Axen mit einem Nicolhauptschnitt parallel geht. Für jede Farbe haben die optischen Axen eine abweichende Lage in verschiedenen Ebenen und zugleich eine andere Mittellinie, es findet demnach hier eine Dispersion sowohl der Axen als der Axenebenen als der Mittellinien statt.

§ 124. **Polarisationserscheinungen bei Zwillingen und Aggregationsformen.** Sämmtliche Zwillingsbildungen doppeltbrechender Mineralien mit geneigten Axensystemen geben im parallelen polarisirten Licht ihre Zusammensetzung aus mehren Individuen entweder durch Unterschiede der Helligkeit oder durch Farbengegensätze zu erkennen, wofern die Platte nicht parallel zur Zwillingsebene gerichtet ist. Ist der Schnitt senkrecht zur Zwillingsebene, so liegen die Auslöschungsrichtungen der einzelnen Individuen symmetrisch zu der Zwillingsnaht. Polysynthetische Zwillinge mit lamellarer Ausbildung der Individuen liefern im polarisirten Licht gestreifte Schnitte, nach zwei Gesetzen gleichzeitig ausgebildete Zwillingsverwachsungen ergeben solche mit gitterartiger oder parquettirter Zeichnung.

Wo bei schiefen Schnitten die Individuen an ihrer Grenze theilweise übereinandergreifen, fallen die Grenzen manchmal undeutlich aus. Unterscheiden sich die Individuen nur durch Grade der Helligkeit, so werden Farbengegensätze durch Einschaltung eines Gyps- oder Quarzplättchens hervorgebracht.

Im convergenten polarisirten Licht treten hier Axenbilder selbstverständlich nur dann hervor, wenn die einzelnen verzwillingten Individuen gross genug sind, um solche zu zeigen.

Alle Zwillinge des regulären Systems und die parallelaxigen des tetragonalen und hexagonalen können natürlich im polarisirten Licht überhaupt nicht als solche erkannt werden.

Da in den Aggregaten die feinen Individuen nicht parallel, sondern nach verschiedenen Richtungen gelagert sind, so müssen die einzelnen derselben, sofern sie nicht isotrop sind, im polarisirten Licht gegenseitig verschieden gefärbt erscheinen. Bei dieser verschwommenen und schillernden, oft fleckig marmorirten sog. Aggregatpolarisation kann bei einer Horizontaldrehung selbstverständlich niemals der Fall eintreten, dass das ganze Aggregat zwischen gekreuzten Nicols gleichmässig dunkel wird.

Durch das Centrum geführte Schnitte von radialfaserig struirten Kugeln oder Halbkugeln zeigen sowohl im parallelen als im convergenten polarisirten Licht zwischen gekreuzten Nicols ein dunkles (bisweilen blaugesäumtes) Kreuz, dessen Arme von dem Mittelpunkt der Faserung ausgehen und in der Richtung der Polarisationsebenen der Nicols liegen.

Diese letztere Erscheinung entsteht dadurch, dass gleichzeitig vier, um 90° verschieden gelegene Büschel fast paralleler Fasern, sofern dieselben doppelbrechend sind, gerade auslöschen und zusammen ein dunkles Kreuz liefern. Bei der Drehung des Präparats gelangen immer andere Fasern dazu, und dabei verbleibt das Kreuz natürlich an seiner Stelle. Bei parallelen Nicols gewahrt man ein unvollkommenes bräunliches Kreuz, dessen fleckenartige Aeste zwischen den verschwundenen Balken des ersteren liegen.

§ 125. **Optische Anomalieen.** Schon seit längerer Zeit ist es bekannt, dass gewisse Mineralien optisch untersucht nicht dasjenige Verhalten zeigen, welches man mit Rücksicht auf ihre Formausbildung und ihre Zugehörigkeit zu dem einen oder anderen Krystallsystem bei ihnen voraussetzen sollte. So gibt es eine Reihe von Mineralien, welche sich nach Winkelwerthen und charakteristischer Entwickelung der Gestalt als Mitglieder des regulären Systems bekunden, gleichwohl aber deutliche Erscheinungen der Doppelbrechung und Polarisation aufweisen. Formell zum tetragonalen oder hexagonalen System gehörige Individuen kommen vor, welche dennoch in der Richtung der Hauptaxe eine Doppelbrechung offenbaren. Für dieses optisch anomale Verhalten hat man im Laufe der Zeit mit mehr oder weniger Glück verschiedene Deutungsversuche gemacht.

Reguläre Krystalle.

Was zunächst die Polarisationserscheinungen regulärer Krystalle betrifft, so hat man dafür folgende Erklärungsweisen versucht, von denen die ersteren darauf beruhen, dass die Krystalle sich nicht, oder nicht mehr in dem krystallologischen Gleichgewicht befinden.

1) Anfangs schrieb man wohl den optisch anomalen frischen Krystallen eine lamellare, lagenweise Zusammensetzung zu, wobei die einzelnen Schichten nicht in absoluter Berührung seien und daher eine Wirkung analog der von Glasplattensätzen

hervorbringen, welche auch das transmittirte Licht polarisiren (*Biot*'s Polarisation lamellaire). Indessen unterscheiden sich diese Erscheinungen dennoch von denen,
welche mit der doppelten Lichtbrechung verknüpft sind, wesentlich dadurch, dass die
im p a r a l l e l e n Licht wahrnehmbaren Farben eine ganz regellose Vertheilung zeigen,
und dass im c o n v e r g e n t e n Licht keine regelmässigen Farbenringe zum Vorschein
kommen. Uebrigens ist es fraglich, ob eine solche Structur bei den in Rede stehenden
Mineralien vorausgesetzt werden kann.

2) Die anomale Doppelbrechung regulärer Krystalle ist die Folge innerlicher
S p a n n u n g e n [1]. Für die Polarisationerscheinungen beim Alaun hat *Reusch* (Monatsber. d. Berl. Akad., 11. Juli 1867) nachgewiesen, dass dieselben durch die *Biot*'sche
Annahme einer lamellaren Zusammensetzung nicht genügend erklärt werden, sondern
dass es sich bei den untersuchten Alaunen um eine schwache Doppelbrechung in Folge
innerer, beim Wachsthum der Krystalle hervorgebrachter S p a n n u n g e n handle. Durch
eine geeignete P r e s s u n g der polarisirenden Alaunkrystalle, welche jener Spannung
entgegenwirkt, konnte er selbst die Eigenschaft der Doppelbrechung für die Dauer des
Druckes aufheben. Früher schon hatte *Marbach* die Doppelbrechung regulärer Krystalle auf S t ö r u n g e n des molekularen Baues zurückgeführt (Ann. d. Phys. u. Ch.
Bd. 94, S. 124). — *Jannettaz* brachte in ein leeres Selterswasser-Syphon feingepulver-
ten regulären einfachbrechenden Kali-Alaun und füllte darauf die Flasche mit kohlensäurehaltigem Wasser. Nach Auflösung des Salzes an der Sonne wurde die Flasche an
einen kühlen Ort gebracht, wo sich bald Alaunkryställchen ausschieden, welche unter
dem D r u c k der Kohlensäure eine Doppelbrechung erlangt hatten, ohne sich von dem
gewöhnlichen Alaun chemisch oder geometrisch zu unterscheiden. — Reguläre geschmeidige Krystalle von Chlorsilber, Bromsilber und Jodobromid, mit dem Messer zu dünnen
Plättchen zusammengedrückt, zeigen nach *v. Lasaulx* im parallelen polarisirten Licht
unregelmässige Systeme dunkler Hyperbeln und Aufhellung einzelner Stellen; schneidet
man von einem Chlorsilber-Würfel (aus Schneeberg) ein Scheibchen ab, so zeigt sich
dies ebenfalls doppelbrechend. — *Brewster* leitete die Polarisationserscheinungen,
welche sich stellenweise im regulären Diamant, im amorphen Bernstein finden, von
comprimirten Gasen ab, welche dort in Höhlungen eingeschlossen sind und durch Druck
in der Molekularstructur der umgebenden Substanz Spannungen hervorrufen. Nach
Sorby gehen aber die Interferenzerscheinungen im Diamant nicht von Hohlräumen,
sondern von eingebetteten fremden Krystallen aus, welche rings um sich die gleichmässige Contraction des Diamants verhinderten. Auch *Jannettaz* bemerkte in einem
übrigens isotropen Diamant um einen fremden kleinen Einschluss einen hellen doppeltbrechenden Hof, während von den Ecken des Einschlusses dunkle Banden ausstrahlten.
Klocke macht darauf aufmerksam, dass die im parallelen polarisirten Licht auftretenden,
bei der Drehung der Platte b e w e g l i c h e n schwarzen Streifen für die Spannungs-
doppelbrechung, wie sie z. B. um fremde Körper in isotropen Medien vorkommt, charakteristisch sind.

Bei allen diesen Verhältnissen ist es insbesondere zu beachten, dass es ausser den
die abnormen Erscheinungen aufweisenden Individuen auch allemal solche äusserlich

---

[1] Wie künstliche amorphe Körper, Leim, gelatinöse Substanzen, Harze oft entweder schon
in Folge der beim Eintrocknen entstehenden Spannungen doppeltbrechend sind, oder durch geringen Druck und Zug doppeltbrechend werden, so zeigen auch mineralische Harze, Opale und
andere amorphe Medien manchmal energische Doppelbrechung. — *Klocke* stellte aus Gelatine-
Gallerte, welche im gespannten Zustand zum Eintrocknen gebracht wurde, Platten her, welche
sowohl im parallelen als auch im convergenten polarisirten Licht alle optischen Eigenschaften
der von optisch anomalen Krystallen herrührenden Platten besitzen und erweisen, dass ein
gleichförmig comprimirter (oder dilatirter) isotroper Körper die Eigenschaften eines zweiaxigen
Krystalls annehmen kann (Ber. d. naturf. Ges. z. Freiburg VIII. 1881. 1). Auch *Ben-Saude* nahm
wahr, dass Gelatine, wenn sie in reguläre Formen, z. B. in solche von 202 gegossen wird, in
den nach der Festwerdung angefertigten Schnitten eine nahezu vollständige Nachahmung der
Doppelbrechungserscheinungen gewisser regulärer Krystalle erkennen lässt (Nachr. Ges. Wiss.
Göttingen, 5. März 1881).

gleiche Krystalle derselben Substanz gibt, welche sich als ganz n o r m a l e i n f a c h -
brechend erweisen. *Ben-Saude* erhielt aus einer theilweisen Auflösung von durchaus
isotropem Steinsalz 1—3 Mm. grosse prächtig doppeltbrechende Steinsalzwürfelchen
neben anderen, die sich im pol. L. ganz oder fast ganz unwirksam zeigten. Aus der
Lösung eines doppeltbrechenden Krystalls schieden sich nach einander stark und weniger
stark doppeltbrechende Krystalle ab. Es gelang ihm ferner, einen doppeltbrechenden
Steinsalzkrystall in einer Kochsalzlösung so weiter wachsen zu lassen, dass einfachbrechende Substanz, ganz regelmässig orientirt, sich darum ansetzte. Die Doppelbrechung könne daher auch hier nur als eine auf gestörter Molekularstructur beruhende
Anomalie erklärt werden (N. Jahrb. f. Min. 1883. I. 165).

    R. Brauns gelangte nun f e r n e r zu dem sehr bemerkenswerthen Resultat, dass
bei den verschiedenen Alaunen, bei Bleinitrat und Baryumnitrat chemisch r e i n e Krystalle vollkommen optisch i s o t r o p sind, und die anomale D o p p e l brechung nur bei
solchen vorkommt, denen ein isomorphes Salz b e i g e m e n g t ist (N. Jahrb. f. Min.
1883. II. 102, 1885. I. 96). Alle Krystalle von reinem Kali-Thonerde-Alaun z. B.
wurden als isotrop befunden, ebenso alle von reinem Ammoniak-Thonerde-Alaun;
solche dagegen, die aus Lösungen entstanden waren, welche beide Substanzen gemischt
enthielten, waren nach Maassgabe der Betheiligung der isomorphen Verbindung doppeltbrechend, am stärksten die aus einer gleiche Gewichtstheile Kali- und Ammoniak-Alaun
enthaltenden Lösung angeschossenen. Bei Bleinitrat und Baryumnitrat genügte schon
eine verhältnissmässig geringe gegenseitige Beimengung, um Krystalle zu erhalten,
welche stärker als die am stärksten gemischten active Alaune doppeltbrechend aus-
fielen, während die reinen Salze völlig isotrop waren. Aus einer gemischten Lösung
wurden umgekehrt wieder isotrope Krystalle erhalten, wenn eine Entfernung des zu-
gemischten isomorphen Salzes erfolgte. Die isomorphen Anwachsschichten, welche
sich aus gemischten Lösungen über einem isotropen Alaunkrystall von einfacher Substanz absetzten, zeigten ebenfalls Doppelbrechung, sowie dass das Zerfallen in Sectoren
durchaus abhängig war von der Form der Krystalle. Es kann nach diesen Untersuchungen keinem Zweifel unterliegen, dass das Auftreten der Doppelbrechung in den
geprüften Krystallen mit dem Vorhandensein einer i s o m o r p h e n B e i m i s c h u n g in
einem ursächlichen Verhältniss steht [1]. Für die Erklärung dieser Erscheinung wird man
zu der Annahme geführt, dass die in jenen Mischkrystallen nebeneinanderliegenden Moleküle der verschiedenen Substanzen sich gegenseitig derartig beeinflussen, dass unter
Störung ihrer Gleichgewichtslage ein gegenseitiger S p a n n u n g s z u s t a n d entsteht.
Durch die schichtweise wechselnde Zusammensetzung, welche ein aus einigermaassen
verschieden löslichen Componenten bestehender Mischkrystall besitzen muss, wird
auch das bisweilen beobachtete, von der Mitte nach dem Rande zu erfolgende Zunehmen
der Intensität der Doppelbrechung erklärt. Auf Grund der Wahrnehmung, dass die
doppeltbrechenden Mischkrystalle von Ammoniak- und Kali-Alaun einen entgegengesetzten optischen Charakter besitzen als solche von Ammoniak- und Eisen-Alaun,
gelang es, aus einer Lösung, welche diese drei Substanzen z u s a m m e n enthielt, dennoch i s o t r o p e Krystalle darzustellen, indem jene sich in ihrer Wirkung gewissermaassen gegenseitig aufhoben.

    Andere Deutungen über das Zustandekommen der auf Spannungen begründeten
optischen Anomalie regulärer Krystalle sind von *Klein* ausgegangen [2]. In einer wichtigen Untersuchung über die Doppelbrechung des regulären Granats (N. Jahrb. f. Min.
1883. I. 87) legt er besonderes Gewicht auf die Beziehungen zwischen der anomalen
optischen Beschaffenheit und den Begrenzungselementen, der äusseren Form des Krystalls. Er constatirte, dass, wenn hier überhaupt Doppelbrechung auftritt, die Oktaëder

---

    1) Doch ist es fraglich, ob diese Verhältnisse verallgemeinert werden dürfen, da es immer-
hin sehr viele unzweifelhafte Mischkrystalle gibt, welche sich optisch durchaus normal verhalten.
    2) Vgl. auch dessen Untersuchungen über ein im Boracit beobachtetes eigenthümliches
Gerüst nach den Ebenen des Rhomben-Dodekaëders, N. Jahrb. f. Min. 1880. II. 87.

sich bezüglich derselben anders verhalten, als die reinen Rhomben-Dodekaëder, diese
wieder anders als die reinen Ikositetraëder oder die Achtundvierzigflächner, und in
den Combinationen dieser Formen kommen die für die letzteren charakteristischen optischen Structuren mit einander in Conflict. In einem und demselben Krystall finden
sich isotrope und in optischem Sinne rhombische und trikline Schichten. Da auch
nahezu und vollständig isotrope Krystalle vorkommen, so spreche dies dafür, dass die
bei jenen anderen beobachtete optische Wirksamkeit nicht aus ursprünglicher Anlage
resultirt, sondern secundären Umständen ihre Entstehung verdankt, insofern bei dem
Act der Krystallisation, in einem kurzen Zeitmoment beim Festwerden nicht nur eine
Contraction der Masse, ähnlich den Colloiden stattfindet, sondern auch die Gestalt des
vorhandenen Körpers selbst einen Einfluss auf diese Contraction geltend macht, welcher,
indem er auf einer gegebenen Fläche, nach Art ihrer Umgrenzungselemente, nach
dem auf sie wirkenden Druck, nach Temperatur und Concentration der Lösung verschieden ist, auch abweichende Wirkungen äussern wird. Ueberwiegt der Einfluss der
Begrenzungselemente (Kanten), so bildet sich eine Feldertheilung, präponderirt die
Wirkung normal zur Fläche, so bleibt letztere einheitlich. Diese Art von Doppelbrechung, welche im Gegensatz zu der molekularen, d. h. der aus ursprünglicher gesetzmässiger Anordnung der kleinsten Theilchen folgenden, steht, und sich von den
Begrenzungselementen abhängig erweist, ist vielfach mit Trennungsklüften verknüpft[1].
— Auch nach *Ben-Saude* sind die Begrenzungselemente in erster Linie beim Zustande-
kommen der optischen Structur maassgebend; er that für den Analcim dar, dass die
Form der einzelnen optischen Theile, deren für die Combination ($\infty O \infty . 2 O 2$) 30, für
2O2 allein 24 vorhanden sind, den Veränderungen der äusseren Begrenzungen des
Krystalls in zusammenhängender Weise sich verändert; verschwinden Flächen, so
fallen Theile fort, treten Kanten auf, so erscheinen optische Grenzen. Von jeder Fläche
aus geht nach der Mitte des Krystalls gewissermaassen eine Pyramide, welche als Basis
dieselbe Fläche hat und soviel Seiten besitzt, als Kanten die Fläche begrenzen. Jeder
äusseren Kante im Krystall entspricht im Inneren eine optische Grenze, jeder Fläche
ein optisches Feld. Schnitte parallel der Basis solcher Pyramiden aus der Oberfläche
des Krystalls genommen, erscheinen annähernd einheitlich und unwirksam. Auch die
Platten von Gelatinekörpern, welche in hohlen Krystallformen langsam zur Erstarrung
gelangt waren, erwiesen sich bezüglich ihres Zerfalls in Sectoren mit einer Structur
versehen, welche von den Begrenzungsflächen abhängig ist, und welche natürlich hier
in dieser amorphen Substanz nicht durch krystallographisch verschiedene Richtungen
bewirkt sein kann (N. Jahrb. f. Min. 1882. I. 41).

3) *Mallard* hat zur Erklärung der Doppelbrechungserscheinungen regulär krystallisirter Substanzen die Hypothese aufgestellt, dass diese überhaupt nur pseudoregu-
lären Krystalle aus mehren doppeltbrechenden Individuen von niedrigerer Symmetrie,
als sie die Form des ganzen Krystalls aufweist, zusammengesetzt seien (vgl. S. 109).
Nach dieser Anschauungsweise führte ihn das Studium des optischen Verhaltens zu
dem Schluss, dass z. B. der formell reguläre Boracit aus 12 rhombischen, der Granat
aus zahlreichen triklinen, der Analcim und Flussspath aus 3 tetragonalen oder vielmehr aus 12 rhombischen, der Alaun aus 8 hexagonalen Individuen aufgebaut seien
(Annales des mines X. 1876). *Baumhauer* strebte ebenfalls den Nachweis an, dass
z. B. die regulären Gestalten des Boracits und Perowskits nur Sammelformen von verzwillingten rhombischen Theilen seien. Doch verhielten sich andere Forscher dieser
Erklärung gegenüber ablehnend, und sehr gewichtige Stimmen sprachen sich gegen
die unmittelbare Annahme derselben aus. *Klein* und *Klocke* glaubten in der Thatsache,
dass die als Zwillingsgrenzen gedeuteten Grenzlinien der einzelnen optischen Felder

---

1) *R. Brauns* findet eine solche Uebereinstimmung zwischen dem optischen Verhalten des
Granats und der von ihm künstlich dargestellten doppeltbrechenden Alaunkrystalle, dass er geneigt ist, die Erscheinungen bei dem ersteren auch nur durch die verschiedene chemische Zusammensetzung, d. h. durch den Conflict isomorpher Mischungen zu erklären.

sich mit der Temperatur veränderlich erweisen und regellos hin und her schwanken, auch durch einen einseitigen Druck zur Verschiebung gebracht werden können, einen Hinweis darauf zu erkennen, dass es sich hier überhaupt nicht um eine wirkliche Zwillingsbildung, sondern um Spannungserscheinungen handle, indem die optischen Grenzen durch das Wachsthum bedingte Grenzen von verschiedenartig gespannten Theilen seien (N. Jahrb. f. Min. 1881. I. 239).

Darauf hat jedoch *Mallard* einerseits nachgewiesen, dass eine Verschiebung der Zwillingsgrenze durch die Wärme in der That bei unzweifelhaften Zwillingsgebilden vor sich geht, andererseits die sehr bemerkenswerthe Entdeckung gemacht, dass der unter gewöhnlichen Umständen bei äusserlich vollkommen regulärer Form dennoch das Licht doppeltbrechende Boracit bei einer bestimmten höheren Temperatur (ca. 265° C.) plötzlich, und zwar für alle Farben, in der That einfachbrechend wird, in noch höherer Temperatur auch isotrop bleibt, wogegen dann aber bei verminderter Temperatur nahezu dieselbe frühere Feldertheilung mit ihrer optischen Zweiaxigkeit wieder zurückkehrt (Bull. soc. minér. V. 1882. 144. 214; VI. 1883. 122). Es ist daher wohl anzunehmen, dass anfänglich eine Entstehung der regulären Form unter entsprechender Anordnung der Moleküle erfolgte, welche aber bei sinkender Temperatur nicht bestehen blieb; es ändert sich die Gleichgewichtslage unter Ausbildung einer neuen, der rhombischen, mit welcher Zwillingsbildung Hand in Hand ging; durch höhere Erwärmung kann dann wieder die der Form ursprünglich entsprechende reguläre Anordnung der Theilchen erreicht werden (vgl. auch *Klein*, N. Jahrb. f. Min. 1884. I. 239). Die Richtigkeit dieser Vorstellung ist um so wahrscheinlicher, als sich auch auf dem Gebiete anderer Systeme eine Analogie findet; so hat es sich herausgestellt, dass bei sechsseitigen Blättchen von Tridymit, welche anfänglich als wirklich dem hexagonalen System zugehörig aufgefasst, dann aber bei optischer Untersuchung als ein zwillingsmässig verschränktes Aggregat trikliner Theilchen erkannt wurden, schon bei mässigem Erhitzen die Zwillingsgrenzen verschwinden, und die der äusseren Form entsprechende einfache Brechung sich einstellt. Doch darf bei den Erklärungen der optischen Anomalie innerhalb des regulären Systems wohl nicht übersehen werden, dass bezüglich der Erscheinungsweise der Doppelbrechung selbst ein erheblicher Unterschied zwischen dem Boracit und anderen regulären Substanzen besteht; die Ausbildung und Gruppirung der polarisirenden Theile ist bei dem ersteren eine ganz andere, als sie z. B. bei dem doppeltbrechenden Granat oder Analcim oder gar bei dem Alaun vorliegt. Nach dem bisherigen Zustande unserer Kenntnisse dürfte für die letzteren mit dem grösseren Recht in Spannungen die Ursache des anomalen Verhaltens erblickt werden, namentlich auch deshalb, weil neben den dasselbe zeigenden Individuen bei derselben Beobachtungstemperatur auch andere, ganz normal beschaffene vorkommen (vgl. darüber auch *Klocke* im N. Jahrb. f. Min. 1880. I. 53).

4) Ganz abweichend von den im Vorstehenden besprochenen Erscheinungen ist diejenige, dass eine molekulare theilweise oder gänzliche innere Umwandlung die regulären Krystalle unter Beibehaltung der Form in ein Aggregat doppeltbrechender Kryställchen verändert hat, wie dies *Volger* (Ann. d. Phys. u. Ch. Bd. 97, S. 86) für viele Boracite nachwies, in welchen sich in regelmässiger Anordnung der Parasit angesiedelt hat, und wie es die zu einem Haufwerk zeolithischer Fäserchen umgestandenen Noseane schön darbieten.

Tetragonale und hexagonale Krystalle.

In den basischen Schnitten oder Spaltungsstücken optisch-einaxiger tetragonaler oder hexagonaler Krystalle kann dann, wenn die Platte nicht durchaus homogen beschaffen, sondern einer lamellaren Zusammensetzung aus Schichten von etwas verschiedener materieller Qualität, oder einer Zusammensetzung aus mehren, nicht ganz parallelen Individuen unterworfen ist, sowohl das Ringsystem als auch das schwarze Kreuz (S. 170) in seiner Erscheinung mancherlei Anomalieen darbieten, welche an die Verhältnisse optisch-zweiaxiger Krystalle erinnern. Die farbigen Ringe zeigen dann mehr oder weniger auffallende Defigurationen, und das schwarze Kreuz trennt sich in zwei schwarze Hyperbeln, deren Scheitel einander sehr nahe in der Mitte des ganzen Bildes liegen. Dreht man die Platte in ihrer eigenen Ebene, so wird man oftmals finden, dass diese Defigurationen nur bei gewissen Stellungen vorkommen, während sie bei anderen Stellungen verschwinden.

Viele Krystalle von Turmalin, Zirkon, Beryll, Mellit und von anderen optisch-einaxigen Mineralien lassen dergleichen Anomalieen wahrnehmen, ohne dass man deshalb berechtigt sein dürfte, ihren eigentlichen optischen Charakter zu bezweifeln. Man hat dann besonders den innersten, centralen Ring zu beachten, welcher nicht mehr eine ganz stetige Curve darstellt, wie dies bei wirklich zweiaxigen Lamellen der Fall ist, sondern aus zwei, einander nicht genau correspondirenden Kreisbogen besteht.

Sehr wichtig für die richtige Deutung dieser Anomalieen sind die Versuche über den Einfluss eines einseitigen Druckes auf die optischen Eigenschaften der Krystalle. Schon *Biot* fand 1850, dass einaxige Krystalle durch einen Druck senkrecht zur optischen Axe zweiaxig werden: das kreisförmige Ringsystem verwandelt sich dabei in ein elliptisches, das schwarze Kreuz in zwei Hyperbeln. *Moigno* und *Soleil* beobachteten, dass bei den positiven einaxigen Krystallen sich die Axenebene parallel zur Druckrichtung stellt (indem das Auseinandertreten des Kreuzes in Hyperbeln in der Richtung des Druckes selbst erfolgt), bei den negativen einaxigen aber sich die Axenebene senkrecht zur Druckrichtung ordnet. Ein gleiches Resultat erhielt *Pfaff* bei seinen Experimenten; doch gelang es ihm bei keinem Mineral, diese Zweiaxigkeit bleibend hervorzubringen (Ann. d. Phys. u. Chem. Bd. 107. S. 333; Bd. 108. S. 598). So gibt auch *Klocke* an, dass eine das normale Axenbild zeigende Platte von (optisch positivem) Eis schon bei einfachem Druck zwischen den Fingern die Zweiaxigkeit in der von *Pfaff* angeführten Weise offenbart; beim Nachlassen des Druckes vereinigen sich die Hyperbeln wieder zu dem schwarzen Kreuz [1]) (N. Jahrb. f. Min. 1879. 280). Aus *Bücking's* Untersuchungen über die Modification der optischen Verhältnisse der Krystalle unter dem Einfluss eines messbaren äusseren Druckes (Z. f. Kryst. VII. 558) geht hervor, dass bei einaxigen Krystallen die Grösse des durch den Druck entstehenden optischen Axenwinkels nicht von Anfang an proportional dem Druck zu- oder abnimmt, auch dass für die verschiedenen einaxigen Mineralien durch einen gleich hohen Druck ein verschiedener Axenwinkel entstand; bleibende Aenderungen konnte auch *Bücking* nicht beobachten. *Wilh. Klein* fand, indem er einaxige Krystalle ungleichmässig einseitig erwärmte, dass das dunkle Kreuz der basischen Platten in eine Hyperbel gespalten wird, und zwar steht die Hyperbelaxe bei den positiven parallel, bei den negativen senkrecht zu der Richtung, in welcher die Wärme zugeführt wurde (Z. f. Kryst. IX. 38).

Mallard hat diese optischen Anomalieen einaxiger Krystalle in analoger Weise gedeutet, wie es oben S. 184 für die regulären angeführt wurde, indem er auch hier Complexe von Individuen niedrigerer (rhombischer, monokliner oder trikliner) Symmetrie annimmt, ohne die Möglichkeit, dass hier Spannungserscheinungen vorliegen, zu erwägen. *Rumpf* ist ihm auf diesem Wege gefolgt und hat den tetragonalen Apophyllit für eine Sammelform sehr zahlreicher monokliner Individuen ausgegeben; eine Auffassung, gegen welche von *Klocke* höchst beachtenswerthe Einwendungen erhoben

---

1) Andere vorhandene eigenthümliche unregelmässige Spannungszustände äussern sich darin, dass senkrecht zur optischen Axe geschliffene Platten von Seeeis und von Gletschereiskörnern zwar im convergenten Licht das normale Interferenzbild zeigen, dagegen im parallelen Licht zwischen gekreuzten Nicols nicht dunkel werden, sondern unregelmässig und verschwommen farbig gefleckt erscheinen.

wurden, welcher zugleich zeigte, dass die manchmal vorkommende bedeutsame u n -
z w e i f e l h a f t e optische Einaxigkeit von Apophyllit-Krystallen n i c h t auf die von
Rumpf vorgeschlagene Weise (durch rechtwinkelige Kreuzung gleichdicker zwei-
axiger Lamellen) zu Stande gekommen sein k a n n (N. Jahrb. f. Min. 1880. II. 11).

Von grossem Belang ist noch die Wahrnehmung *Des-Cloizeaux's*, dass der Winkel
der optischen Axen bei den an sich einaxigen Substanzen, welche nur durch g e -
l e g e n t l i c h e Structur-Anomalieen zweiaxig e r s c h e i n e n , bei der Temperatur-
erhöhung k e i n e merklichen Veränderungen zeigt, während er bei w i r k l i c h zweiaxigen Krystallen dann meist bedeutenden Veränderungen unterworfen ist. Der tetragonale Apophyllit besitzt z. B. trotz der bisweilen vorkommenden Zweiaxigkeit dann
beim Erwärmen einen unveränderten Axenwinkel [1].

Klocke hat ferner die bedeutsame Beobachtung gemacht, dass die vier gleichwerthigen zweiaxigen Sectoren, in welche im polarisirten Licht eine basische Platte
von Vesuvian und Apophyllit bisweilen durch das schwarze Kreuz zerfällt wird, zwar
einheitlich auslöschen, indessen doch nicht je die Molekularstructur eines einheitlichen
Krystalls (wofür sie *Mallard* hält) besitzen, indem in ihnen der Winkel der optischen
Axen von dem Kreuzbalkendurchschnitt (wo er Null ist) an bis zu den Plattenrändern
s t e t i g zunimmt. Die Structur-Anomalie besteht daher darin, dass die Richtung
homologer Elasticitätsaxen in allen Punkten eines Sectors noch die gleiche, dagegen
ihre Grösse eine stetige Function des Ortes ist (N. Jahrb. f. Min. 1881. I. 204).
Schon durch schwachen Druck kann eine bedeutende Ortsveränderung der dunkeln
Streifen, ja bei basischen Platten von Vesuvian, welche eine diagonale Theilung in vier
optisch zweiaxige Felder zeigten, eine Umstellung der Axenebene in den Feldern bewerkstelligt werden, in welchen die Trace der Axenebene dem Druck parallel ist.

Für diejenigen tetragonalen und hexagonalen Krystalle, deren anomales Verhalten
sich darauf beschränkt, dass sie in basischen Platten ein zweiaxiges Interferenzbild
zeigen, dürfte die Annahme von Spannungen eine ausreichende Erklärung liefern. Dagegen kommen auf dem Gebiete dieser beiden Systeme auch Krystalle vor, welche sich
dem oben (S. 185) besprochenen Boracit ähnlich verhalten, indem die bei gewöhnlicher Beobachtungstemperatur auffällig hervortretenden Zwillingsverwachsungen zwei-
axiger Partikel von niedrigerer Symmetrie bei h o h e r Temperatur zum V e r s c h w i n -
d e n gelangen und alsdann der Krystall sich optisch so verhält, wie seine Form es
normaler Weise erfordert. Derartiges ist z. B. bei dem (hexagonalen) Tridymit beobachtet worden. Hier ist also auch die optische Anomalie nur an eine gewisse niedrige
Temperatur gebunden.

§ 126. Circular-Polarisation. Der Quarz zeigt die Polarisation des Lichtes
in der ganz besonderen Weise, welche von *Fresnel* die C i r c u l a r - P o l a r i s a t i o n
genannt wurde, und in der eigenthümlichen tetartoëdrischen Ausbildung seiner
Krystallformen begründet ist, welcher zufolge die Quarzkrystalle überhaupt als
r e c h t s und als l i n k s gebildete, enantiomorphe Krystalle zu unterscheiden sind.

Diese Circular-Polarisation besteht darin, dass im Quarz die Schwingungsebene des polarisirten Lichtes g e d r e h t wird, und zwar für Strahlen von verschiedener Wellenlänge um verschieden grosse Winkel. Sie gibt sich in den rechtwinkelig auf die Hauptaxe geschliffenen Krystallplatten, im c o n v e r g e n t e n polarisirten Licht besonders durch folgende Erscheinungen zu erkennen.

---

[1] Zu etwas anderen Resultaten gelangte *Doelter*, welcher übrigens auf das Obenstehende
in seinem Bericht gar keinen Bezug nimmt: in einer Apophyllit-Platte beobachtete er bei der
Erhitzung eine bedeutende Annäherung der Hyperbelarme; bei denjenigen Vesuvianen, welche
einen sehr kleinen Axenwinkel haben, nehme der Axenwinkel gewöhnlich mit steigender Temperatur zu, bei denjenigen, welche bei gewöhnlicher Temperatur einen grossen Axenwinkel aufweisen, nehme er im Gegentheil ab (N. Jahrb. f. Min. 1884. II. 218).

1) Die kreisrunden Farbenringe erscheinen wie in jeder anderen optisch-ein-axigen Lamelle, allein das schwarze Kreuz ist in seinem centralen Theile völlig unsichtbar und nur nach aussen hin mehr oder weniger zu bemerken.

Blos ganz dünne Platten lassen noch den mittleren Theil des Kreuzes erken-nen; sobald ihre Dicke 0,35 Millimeter erreicht hat, so fehlt dieser Theil gänzlich in dem Bilde der isochromatischen Ringe.

2) Das von dem innersten Ringe umschlossene kreisrunde Feld erscheint nicht mehr weiss, sondern gleichmässig gefärbt; und zwar hängt die Art der Farbe von der Dicke der Platte ab, weshalb sie in gleichdicken Platten dieselbe, in un-gleichdicken Platten verschieden ist.

3) Dreht man den Analysator des Polarisations-Apparats nach rechts oder nach links, so verändert sich die Farbe des centralen Feldes in der aufwärts oder abwärts steigenden Reihe der prismatischen Farben, während sich die farbi-gen Ringe zugleich in vier Bogen theilen, und etwas erweitern oder veren-gern, je nachdem die Drehung nach der einen oder der anderen Richtung erfolgt.

4) Die durch diese Drehung des Analysators bewirkte Farbenverände-rung des centralen Feldes erfolgt in je zwei Platten von gleicher Dicke genau auf dieselbe Art, wenn beide Platten entweder von einem rechts, oder von einem links gebildeten Krystall abstammen. Gehört aber die eine Platte einem rechten, die andere Platte einem linken Krystall an, so muss die Drehung bei dem einen oder bei dem anderen nach entgegengesetzten Richtungen vollzogen werden, um dieselbe Aufeinanderfolge der Farben erscheinen zu lassen.

5) Ob eine Platte einem rechts oder einem links gebildeten Krystall ange-hört, dies wird daran erkannt, dass die während der Drehung des Analysators ein-tretende Erweiterung der Farbenringe bei jener durch die Drehung nach rechts, bei dieser durch die Drehung nach links erfolgt.

6) Legt man zwei gleichdicke aber enantiomorphe Platten über einander, so zeigen sie im Polarisations-Apparat die sog. *Airy*'schen Spiralen.

Im parallelen weissen Licht wird durch keine Drehung des Analysators Dunkel-heit der Quarzplatte hervorgebracht. Beobachtet man im homogenfarbigen Licht, z. B. im rothen, indem man rothes Glas vor das Auge hält, so tritt Dunkelheit ein, nachdem man den Analysator aus der Kreuzstellung heraus um einen gewissen Winkel gedreht hat, welcher von der Dicke der Quarzplatte abhängig ist; bei andersfarbigem Licht muss zur Erzeugung der Dunkelheit um andere Winkel gedreht werden.

Um den Sinn der Circularpolarisation zu bestimmen, kann man auch zwischen die Platte und den Analysator ein Viertelundulationsglimmerblatt (S. 176) so einschalten, dass dessen optische Axenebene mit den beiden gekreuzten Nicolhauptschnitten 45° bildet; alsdann erscheint im Interferenzbild eine Spirale, welche vom Centrum aus-geht, und nach rechts oder nach links gewunden ist; der Sinn der Drehung ent-spricht dem Sinne der Circularpolarisation.

Wegen der Erklärung aller dieser Erscheinungen müssen wir auf die Lehrbücher der Physik überhaupt, oder der Optik insbesondere verweisen. *V. v. Lang* hat ge-zeigt, dass der Quarz auch in der Richtung der Hauptaxe Doppelbrechung zeigt, und eigentlich gar keinen ordentlichen Strahl besitzt. Nach *Des-Cloizeaux* zeigt unter den Mineralien der Zinnober gleichfalls die Erscheinungen der Circular-Polarisation (und zwar mit etwa 15mal so grossem Drehungsvermögen als der Quarz), wie sie denn auch bei dem chlorsauren Natrium und bei manchen Flüssigkeiten vorkommt. Eine Ueber-sicht der circular-polarisirenden Krystalle gab *Rammelsberg* in den Ber. d. d. chem.

Ges. 1869. 31; andere sind in *Groth's* Physikalischer Krystallographie eingehend beschrieben. Ob, wie es schien, sich die Circular-Polarisation stets und lediglich bei e n a n t i o m o r p h - hemiëdrischen oder tetartoëdrischen isotropen und optisch-einaxigen Substanzen findet, dies ist wieder zweifelhaft geworden, seitdem *Baumhauer* nachwies, dass das salpetersaure Baryum zwar tetartoëdrisch-regulär krystallisirt, aber dennoch die Polarisationsebene des Lichtes n i c h t dreht, sowie dass die Aetzeindrücke auf den circular-polarisirenden hexagonalen Krystallen des unterschwefelsauren Calciums und Strontiums gegen die Existenz der trapezoëdrischen Tetartoëdrie sprechen (Z. f. Kryst. I. 1877. 51). Auch *L. Wulff* hat constatirt, dass die enantiomorph regulären Nitrate von Blei, Baryum, Strontium weder als Krystalle noch in Lösungen die Polarisationsebene des Lichtes drehen (ebendas. IV. 1880. 141).

Interessante Beobachtungen über die Erzeugung der Circular-Polarisation in zweiaxigem Glimmer theilte *Reusch* mit, in Monatsb. d. Berl. Akad. 1869. 530. Schichtet man eine grössere Anzahl (12—36) Blättchen zweiaxigen Glimmers von möglichst gleicher, sehr geringer Dicke derart aufeinander, dass die (zur Fläche der Blättchen etwa senkrecht stehende) optische Axenebene jedes neu hinzugefügten Blättchens gegen die des darunter liegenden um 120° im Sinne des Uhrzeigers (nach rechts) gedreht ist, so dreht diese Glimmercombination die Polarisationsebene eines senkrecht hindurchgehenden Strahls ebenfalls nach rechts: sie verhält sich im Polarisationsapparat ähnlich wie eine senkrecht zur Axe geschnittene Platte rechtsdrehenden Quarzes. Wurde im entgegengesetzten Sinne aufgeschichtet, so ist die Combination linksdrehend. — *Sohncke* sieht die Ursache für das optische Drehungsvermögen von Krystallen und das Auftreten derselben in enantiomorphen Formen in einer inneren Structur derselben, welche einer solchen Glimmercombination analog ist (Entwickel. einer Theorie d. Krystallstructur 1879. § 41).

§ 127. **Pleochroïsmus.** Man versteht darunter die Eigenschaft pellucider Krystalle, im durchfallenden Licht nach verschiedenen Richtungen eine v e r - s c h i e d e n e F a r b e oder eine a b w e i c h e n d e I n t e n s i t ä t derselben Farbe zu zeigen. Die Farbe eines solchen Krystalls kommt davon her, dass von dem auffallenden weissen Licht nur die Strahlen, welche eben seine Farbe bilden, durchgelassen, die anderen absorbirt oder verschluckt werden[1]. Da in den regulären Krystallen (sowie in den amorphen Körpern) diese Absorption nach allen Richtungen hin g l e i c h ist, so können dieselben auch k e i n e n Pleochroïsmus aufweisen. In den doppeltbrechenden Krystallen ist aber diese Absorption gewisser Lichtstrahlen nach den Hauptrichtungen u n g l e i c h, und für sie ist daher die Erscheinung des Pleochroïsmus n o t h w e n d i g, welche sich in den optisch-einaxigen als D i c h r o i s mus, in den optisch-zweiaxigen als T r i c h r o i s m u s äussert. Diese Absorption steht im engsten Zusammenhang mit der Doppelbrechung. Wie die beiden einen doppelbrechenden einaxigen Krystall durchlaufenden Strahlen einen abweichenden Brechungsindex besitzen, so erleiden sie auch eine verschiedene Absorption, und wie ferner der Brechungsindex für den ordinären Strahl constant ist, der für den extraordinären aber mit der Richtung zur Hauptaxe wechselt, so ist auch der Absorptionscoëfficient für den ersteren constant, während er für den letzteren mit der Richtung variirt. In der Richtung, in welcher keine Doppelbrechung erfolgt, tritt

---

[1] Das Sonnenlicht, welches durch eine Platte z. B. von Granat gegangen ist, liefert bei der Untersuchung mit dem Prisma ein Spectrum, welches zahlreiche Unterbrechungen in der Form dunkler Bänder zeigt, zum Beweis, dass eine Anzahl verschiedener Lichtarten beim Durchgang durch die Platte völlig absorbirt worden ist, während die übrigbleibenden nach dem Austreten eine Mischfarbe erzeugen.

daher auch keine Absorptionsverschiedenheit zweier Strahlen auf. Manche Krystalle, z. B. Turmaline, Berylle, Cordierit, weisen die nach verschiedenen Richtungen stattfindenden Farbendifferenzen schon dem freien Auge im gewöhnlichen Tageslicht auf.

    Haidinger hat eine sehr wichtige Abhandlung über diesen Gegenstand bekannt gemacht (Ann. d. Phys. u. Ch., Bd. 65. 1845. 1; vgl. ferner Sitzungsber. d. Wien. Akad. 1854. XIII. 3 u. 306), auch zur Untersuchung ein besonderes Instrument, das Dichroskop, angegeben; dasselbe besteht im Wesentlichen aus einem länglichen Kalkspath-Rhomboëder, steckend in einer Hülse, welche an dem Ocularende eine vergrössernde Linse, an dem Objectivende eine Metallplatte mit kleiner quadratischer Oeffnung besitzt, die beim Durchblicken doppelt erscheint. Mittels desselben kann man die nach verschiedenen Richtungen austretenden Farben in die beiden Strahlen O und E neben- und auseinander legen.

    Die Richtungen, nach welchen die verschiedenen grössten Farbengegensätze sichtbar werden (die Axen der Absorption, wie man sie mit *Laspeyres* nennen könnte), sind in den dichroitischen Krystallen parallel und rechtwinkelig der Hauptaxe; unter den trichroitischen Krystallen entspricht in dem rhombischen System die verschiedene Absorption den drei Elasticitätsaxen, welche bekanntlich hier mit den drei krystallographischen Axen zusammenfallen, weshalb denn hier rechtwinkelig auf den drei Hauptschnitten die Farbenverschiedenheit erscheint[1].

    Durchblickt man mit vorgehaltenem Dichroskop einen optisch-einaxigen Krystall in der Richtung der optischen Axe, also senkrecht auf die Basis, so wird man zwei gleichgefärbte Quadratbilder wahrnehmen, da in dieser Direction keine Doppelbrechung stattfindet und die beiden Bilder von gleich (und zwar in der Ebene senkrecht zur Hauptaxe) schwingenden Strahlen (O) herrühren. Man nennt diesen Farbenton Farbe der Basis. Rechtwinkelig auf eine senkrechte Fläche des Krystalls aber zerlegt das Dichroskop den Farbenton in zwei senkrecht auf einander polarisirte Strahlen verschiedener Färbung oder Intensität, von welchen der das eine Quadratbild erzeugende wieder der Farbe der Basis entspricht, also parallel derselben schwingt, der andere aber, parallel dem Hauptschnitt schwingend (E), in dem zweiten Bilde die sog. Farbe der Axe zur Anschauung bringt. Nur wenn eine Diagonale des Kalkspathprismas mit der optischen Krystallaxe einen Winkel von 45° bildet, erscheinen die beiden Bilder gleichgefärbt. — Mit der Neigung der Schwingungsrichtung gegen die Hauptaxe geht die Farbe des ausserordentlichen Strahles allmählich in die Farbe des ordentlichen über. — Um den Dichroismus einaxiger Krystalle zu prüfen, genügt demnach eine parallel der Hauptaxe geschnittene Platte.

    Pennin zeigt z. B. parallel der Hauptaxe eine schön grüne (Basis-) Farbe, senkrecht dazu erscheint er dem unbewaffneten Auge braunroth; das Dichroskop zerlegt diesen letzteren Farbenton in die Basisfarbe Grün und die Axenfarbe Roth. Der Gegensatz der beiden Farben ist dann am stärksten, wenn die Penninhauptaxe entweder der langen oder kurzen Kalkspathdiagonale parallel geht. Bei beiden Stellungen sind die Farben der Bilder gegenseitig vertauscht. — Andere ausgezeichnet dichroitische Krystalle sind Apatit, Turmalin, Zirkon, Rutil, Sapphir in gewissen Varietäten.

    Bei dem hexagonalen Turmalin wird der ordentliche, senkrecht zur Hauptaxe

---

[1] Auch in den monoklinen und triklinen Krystallen stehen die Absorptionsaxen wohl, wie gleichfalls die Elasticitätsaxen, rechtwinkelig aufeinander; aber während man früher annahm oder voraussetzte, dass sie auch hier mit den letzteren zusammenfallen, hat *Laspeyres* bei dem monoklinen Manganepidot nachgewiesen, dass von den drei rechtwinkeligen Absorptionsaxen nur eine mit derjenigen Elasticitätsaxe coincidirt, welche ihrerseits krystallographische Symmetrieaxe ist, wogegen die beiden anderen in der Symmetrie-Ebene gelegenen Absorptionsaxen nicht mit den in derselben befindlichen Elasticitätsaxen zusammenfallen, sondern damit einen Winkel von ca. 20° bilden (Z. f. Kryst. IV. 1880. 454).

schwingende Strahl mit schwarzer, der ausserordentliche, parallel derselben schwingende mit lichtgraulichblauer Farbe durchgelassen. Da bei diesem negativ doppeltbrechenden Mineral $a = c$ und c senkrecht auf c ist (vgl. S. 160), so kann man dies Verhalten auch durch die Angabe ausdrücken: a lichtgraulichblau, c schwarz. Die grössere Stärke der Absorption wird auf die übliche Weise zum Ausdruck gebracht: es ist also bei dem Turmalin in dieser Hinsicht $O > E$ und $c > a$.

Im Allgemeinen besteht die *Babinet*'sche Regel noch immer zu Recht, dass dem Strahl mit stärkerer Geschwindigkeit (dem schwächer gebrochenen) eine geringere Absorption zukommt, als dem langsameren (stärker gebrochenen).

Bei den **trichroitischen** rhombischen Krystallen erfolgt die Farbenverschiedenheit nach nach den drei Elasticitätsaxen oder nach den beiden Bisectricen und der optischen Normale. Man muss daher hier drei **Axenfarben** unterscheiden, von denen je zwei und zwei zusammengemischt die drei **Flächenfarben** liefern. Schneidet man aus einem rhombischen Krystall ein rechtwinkeliges Parallelepiped, in welchem $a > b > c$ die drei Elasticitätsaxen, A, B, C die darauf senkrechten Pinakoidflächen darstellen, so ist, wie die Zerlegung im Dichroskop darthut, die Farbe der Fläche A gemischt aus den beiden Axenfarben b und c, die Flächenfarbe B gemischt aus a und c, die Flächenfarbe C gemischt aus a und b. So ist z. B. bei dem Cordierit A blau, B blassblau, C gelblichblau, und a gelblichgrau, b bläulichgrau, c dunkelblau. Die Axenfarbe a erscheint auf den Flächen B und C, b auf A und C, c auf A und B. Mit Rücksicht auf die Stärke der Absorption ist daher bei dem Cordierit $c > b > a$, oder bezogen auf die hier mit den Elasticitätsaxen zusammenfallenden krystallographischen Axen: Makrodiagonale $b >$ Brachydiagonale $a >$ Verticalaxe c. — Die drei Flächenfarben des Diaspors sind pflaumenblau, violblau, spargelgrün.

Da der Krystall in jeder Richtung, welche **nicht** mit einem der drei Hauptschnitte zusammenfällt, eine **zwischen** derjenigen der drei Axenfarben liegende Absorption besitzt, so existiren also in ihm eigentlich alle auf diese Weise möglichen Farbentinten, und es sind daher die Ausdrücke Dichroismus und Trichroismus strenggenommen nicht ganz richtig.

Bei Objecten, welche in dünngeschliffenen Blättchen unter dem Mikroskop untersucht werden, pflegt man, wie zuerst *Tschermak* vorschlug (Sitzungsber. d. Wien. Akad., Bd. 59, Mai 1869), den Pleochroismus dadurch zu beobachten, dass man nur den unteren Nicol einfügt und diesen dreht. Die Farbendifferenzen, welche man im Dichroskop **nebeneinander** erhält, treten alsdann bei der Drehung **nacheinander** hervor. Dasselbe wird auch durch Horizontaldrehung des **Präparats** bei feststehendem unteren Nicol erreicht.

Bei Angaben über den Pleochroismus sollte immer die **Dicke** der untersuchten Platte hervorgehoben werden, da diese auf den Grad des Pleochroismus, sowie auf die Art der Farbe von Einfluss ist.

Sénarmont gelang es, Krystalle einer an sich farblosen Substanz künstlich mit Pleochroismus auszustatten, indem er dieselben aus einer gefärbten Lösung gefärbt entstehen liess (Ann. d. Phys. u. Ch., Bd. 91, S. 491).

Gelegentlich seiner Untersuchungen über den Manganepidot hat *Laspeyres* sehr ausführlich auseinandergesetzt, wie zur möglichst scharfen Charakterisirung der Absorption das Spectroskop benutzt wird (Z. f. Kryst. IV. 1880. 447). Vgl. auch *Vierordt*, Anwendung d. Spectralapp. z. Photom. d. Absorptionsspectren, Tübingen 1873.

§ 128. Farbenwandlung, Asterismus, Lichtfiguren und Irisiren. Einige krystallinische Mineralien zeigen nach gewissen Richtungen sehr lebhafte, buntfarbige oder schillernde Lichtreflexe, welche in den angrenzenden Richtungen schwächer werden, und weiterhin gänzlich verschwinden; man hat diese Erscheinung mit dem Namen **Farbenwandlung** belegt, während sie vielleicht richtiger **Farbenschiller** genannt werden könnte. Sie kommt z. B. auf den brachydiagonalen Spaltungsflächen buntfarbig am Labradorit und fast kupferroth am Hypersthen vor. Gewisse Varietäten des Adulars und des Chrysoberylls lassen gleichfalls nach bestimmten Richtungen einen bläulichen Lichtschein wahrnehmen.

Nach *Brewster* sollte die Farbenwandlung des Labradorits darin begründet sein, dass das Mineral eine Menge sehr dünner viereckiger Poren enthält, welche ihm wie kleine Lamellen in paralleler Stellung eingeschaltet sind; wogegen *Bonsdorff* die Ursache der Erscheinung in einer Interponirung von Kieselsäure vermuthete. *Vogelsang* hat jedoch gezeigt, dass der **blaue** Lichtschein der Substanz des Labradorits eigenthümlich angehört und wahrscheinlich als ein Polarisationsphänomen zu erklären ist, während die **gelben** und **rothen** Reflexe durch zahlreiche interponirte schwarze Mikrolithen und gelblichrothe Lamellen (von Diallag), die **grünen** und **violetten** Reflexe aber durch eine Vereinigung der letzteren mit dem blauen Lichtschein hervorgebracht werden (*Archives Néerlandaises*, tome III. 1868). *Schrauf* hat sich auch eingehend mit dem Labradorit beschäftigt (Sitzungsber. Wien. Akad., Bd. 60, Decbr. 1869), doch scheint es, dass seine Ergebnisse, namentlich die Bestimmungen der eingewachsenen fremden Körper, nicht das Richtige treffen. *Th. Scheerer* that dar, dass die Erscheinung am Hypersthen durch zahlreiche braune bis schwarze Lamellen eines fremdartigen Minerals bedingt ist, welche dem Hypersthen parallel seinen Spaltungsflächen interponirt sind und von *Vogelsang* als Diallag gedeutet werden. *Kosmann*, welcher eine Untersuchung über das Schillern des Hypersthens veranstaltete, schloss sich zuerst dieser Deutung an und nahm an, dass die von schwarzen Magneteisen-Körnchen begleiteten Lamellen nach einer Fläche des Brachyprismas $\infty \breve{P}3$ orientirt sind (N. Jahrb. f. Mineral., 1869. 532). Später (ebend. 1871. 501) glaubte er jedoch diese tafelförmigen Kryställchen für Brookit ansehen zu müssen, was wegen des Mangels an Titansäure in daran sehr fraglich ist, da ein solcher Hypersthen sehr wahrscheinlich ist.

Mit dieser Farbenwandlung sehr nahe verwandt ist das **Schillern** des sogenannten Sonnensteins, welches nach *Scheerer* durch eine ähnliche Interponirung vieler sehr dünner lichtgelber, orangefarbiger, blutrother und schwarzer Eisenglanzschüppchen (nach *Kenngott* durch Göthitschuppen) verursacht wird; wie denn überhaupt eine solche Interponirung mehrfach vorkommt und derartige Lichtphänomene zur Folge hat (Ann. d. Phys. u. Ch., Bd. 64. 1845. 153). Ueber das Schillern der Krystallflächen überhaupt vergl. *Haidinger* ebendas. Bd. 70. 1847. 574 und Bd. 71, S. 321. Eine sehr gute Abhandlung über das Schillern gewisser Krystalle gab *E. Reusch* ebendas., Bd. 116. 1862. 392. Er erklärt die Erscheinung aus sehr feinen, die ganze Masse des Krystalls durchsetzenden Spaltungs- oder Absonderungs-Klüften, welche gegen die äussere Fläche geneigt sind, und beweist die Richtigkeit dieser Ansicht durch Experiment und Rechnung; vgl. auch seine weiteren Mittheilungen ebendas. Bd. 118 u. Bd. 120.

Was das bunte **Farbenspiel** des edlen Opals betrifft, so hat *Brewster* angegeben, dass in seiner Masse eine Menge mikroskopischer Poren lagenweise nach drei verschiedenen Richtungen vertheilt, und dass die Verschiedenheit der Farben von der verschiedenen Grösse dieser Poren abhängig ist. *Behrens* konnte indessen von diesen lagenweise vertheilten Poren nichts wahrnehmen, und sucht die Ursache des Farbenspiels in eingebetteten, sehr dünnen und oft gekrümmten reflectirenden Opal-Lamellen von etwas anderer Brechbarkeit (Sitzungsber. d. Wien. Akad., Bd. 64, Decbr. 1871).

Dagegen war *Fuchs* der Ansicht, dass das Farbenspiel des edlen Opals von feinen Quarztheilen herrühren möge, welche der Opalmasse in einer bestimmten Lage interponirt sind; eine Ansicht, welche aber durch das Mikroskop nicht bestätigt wird. — *Tschermak* leitet die Erscheinung neuerdings wieder von der Gegenwart feiner Sprünge und Risse her.

An die Farbenwandlung schliesst sich ferner auch, wegen seiner Abhängigkeit von der Krystallform oder Textur, der Asterismus an. So nennt man nämlich den eigenthümlichen, nach bestimmten Richtungen orientirten Lichtschein, welchen gewisse Mineralien im reflectirten oder transmittirten Licht erkennen lassen, und namentlich manche Sapphirkrystalle (die sogenannten Sternsapphire) in der Form eines sechsstrahligen Sternes zeigen. *Volger* hat ausgeführt, dass in diesem Falle die Erscheinung in einer vielfach wiederholten, lamellaren Zwillingsbildung begründet sei, während nach *Tschermak* der Effect höchst wahrscheinlich von ungemein feinen röhrenförmigen Hohlräumen herrührt, welche parallel den Seiten des sechsseitigen Prismas auftreten. Auch gehört hierher der schielende Lichtstreifen, welchen die feinfaserigen Varietäten des Chrysotils, Faserkalks, Fasergypses u. a. Mineralien quer über die Fasern, und der kreisförmige Lichtschein, welchen sie zeigen, wenn sie halbkugelig geschliffen werden.

Dieselben Erscheinungen wiederholen sich in der unter dem Namen Katzenauge bekannten, von parallelen Amiantfasern durchwachsenen (oder vielleicht auch bisweilen blos feinfaserigen) Varietät des Quarzes. In allen diesen Fällen sind sie in der faserigen Textur der betreffenden Mineralien begründet. Ihre Theorie ist nahe dieselbe, wie die der sogenannten Höfe oder Halos. Die sehr gute Abhandlung von *Volger* über den Asterismus steht in den Sitzungsber. d. Wien. Akad., Bd. 19. 1856. 103. Vgl. auch die frühere von *Babinet* in Comptes rendus, 1837. 762.

G. Rose fand den sehr ausgezeichneten sechsstrahligen Asterismus eines zweiaxigen Glimmers von South-Burgess in Canada, welcher beim Betrachten einer Kerzenflamme durch das Glimmerblatt hervortritt, veranlasst durch die Interponirung zahlloser kleiner, breitsäulenförmiger Krystalle, deren Axen sich meist unter 60° schneiden, und welche nach *Des-Cloizeaux* ebenfalls Glimmer sind, womit sich *Rose* später einverstanden erklärte, während er früher geneigt war, sie für Disthen zu halten. Auch erkannte er auf geätzten Flächen des Braunauer Meteoreisens einen tetragonalen Asterismus, welcher an einem Hausenblasen-Abdruck sichtbar wurde, und in der Einschaltung vieler kleiner säulenförmiger Krystalle begründet ist, welche den Hexaëderkanten parallel liegen. Er schliesst aus seinen Beobachtungen, dass der Asterismus wahrscheinlich in allen Fällen durch regelmässige Interponirung kleiner Krystalle bedingt werde (Monatsber. der Berliner Ak. der Wiss., 1862. 614 und 1869. 344), *F. v. Kobell* bemerkte dagegen, dass *G. Rose's* Erklärung nicht allgemein zulässig sei (Sitzgsber. Münch. Akad. 1863. 65). Nach *Vogelsang* zeigen Dünnschliffe des Labradorits, welche der Fläche ∞P∞ parallel sind, wenn man eine Kerzenflamme durch sie betrachtet, einen vielstrahligen Stern, in welchem besonders zwei Strahlen sehr hell sind; auch er erklärt diesen Asterismus durch die Wirkung der sehr zahlreich interponirten Mikrolithen von Diallag.

Hält man eine künstlich geätzte Krystallfläche (§. 102), welche mit kleinen ebenflächigen Eindrücken bedeckt ist, nahe vor das Auge, und betrachtet darauf das Bild einer etwas entfernter befindlichen Flamme, so gewahrt man sich kreuzende Lichtstreifen, oder mehrstrahlige Sterne. Diese eigenthümlichen orientirten Reflexe werden die *Brewster'schen* Lichtfiguren genannt. Jede Wandung des Aetzeindrucks erzeugt einen Reflex, und da die Eindrücke unter einander parallel sind, so erscheint die Lichtfigur mit so viel Aesten, als Flächen an den Vertiefungen vorhanden sind. Da letztere ferner in ihrer Symmetrie mit derjenigen der geätzten Fläche übereinstimmen, so entspricht auch die Gestalt der Lichtfigur selbst dieser Symmetrie. Krumme Lichtbögen erscheinen, wenn bei den Aetzeindrücken stumpf zu einander geneigte Flächen zu einer Krümmung verschwimmen.

Anstatt an den geätzten Krystallflächen selbst, kann man die Lichtfiguren gleichfalls an davon angefertigten Hausenblase-Abdrücken wahrnehmen, welche vermöge ihrer Durchsichtigkeit auch die Betrachtung derselben im durchfallenden Licht gestatten. — Wie *Brewster* zuerst beobachtete, ergeben in ähnlicher Weise auch feindrusig ausgebildete n a t ü r l i c h e Krystallflächen verschiedengestaltete, aber gesetzmässig orientirte Lichtreflexe. — Ueber die Lichtfiguren vgl. *Brewster*, Edinburgh Transactions Bd. 14. 1837 und Philos. Magaz. 1853; *v. Kobell*, Sitzgsber. d. bayer. Akad. 1863. 60: *Haushofer*, Asterismus u. Lichtfig. des Calcits, München 1865.

Aus dem Vorstehenden geht hervor, dass es sich bei den Phänomenen des Farbenschillers, des Asterismus, der Lichtfiguren um L i c h t r e f l e x e an kleinen Flächen handelt, welche einerseits i n n e r l i c h an eingelagerten festen fremden Körpern oder Hohlräumen oder an den das Mineral zusammensetzenden Fasern auftreten, anderseits aber in Folge einer eigenthümlichen Beschaffenheit der O b e r f l ä c h e dort vorhanden sind.

Die von *Stokes* als F l u o r e s c e n z bezeichnete Farbenerscheinung kommt im Mineralreich nur selten vor, obgleich sie zuerst und besonders auffallend am Flussspath (Fluorit) beobachtet wurde. Sie beruht auf einer eigenthümlichen Wirkung des von den Körpern absorbirten Lichtes, und gibt sich sehr schön an den Fluoritkrystallen von Weardale und Alston Moor zu erkennen, welche im transmittirten Licht lebhaft grün, im reflectirten prächtig blau erscheinen.

Das I r i s i r e n endlich ist eine Erscheinung, welche lediglich durch das Dasein feinster Klüfte und Risse bedingt wird, längs welcher sich sehr zarte Blättchen abgelöst haben, die das Licht zur Interferenz bringen, und daher, wie dünne Lamellen überhaupt, halbkreisförmig oder bogenförmig verlaufende, concentrische regenbogenähnliche Farbenzonen erzeugen. Sie entstehen besonders leicht in gut spaltbaren krystallinischen Mineralien parallel den Spaltungsflächen, können aber auch nach anderen Richtungen und ebenso in Mineralien von gar keiner oder von schwieriger Spaltbarkeit hervorgebracht werden.

6. Glanz, Farbe und Pellucidität der Mineralien überhaupt.

§ 129. **Allgemeine Bemerkungen über diese Eigenschaften.** Glanz, Farbe und Pellucidität sind drei optische Eigenschaften, welche für die krystallinischen und amorphen Mineralien zugleich betrachtet werden können, und wegen ihrer leichten und sicheren Wahrnehmbarkeit einen grossen Werth besitzen, weshalb sie durchaus nicht vernachlässigt werden dürfen, wenn sie auch keine schärfere, mathematisch-physikalische Bestimmung zulassen, wie dies mit den meisten bisher betrachteten Eigenschaften der Fall war.

Wir wollen erst einige allgemeine Betrachtungen über diese Eigenschaften anstellen, bevor wir zur Aufzählung ihrer Modalitäten und Abstufungen übergehen.

Unter dem G l a n z der Körper versteht man die, durch die s p i e g e l n d e

Reflexion des Lichtes von ihren mehr oder weniger glatten Oberflächen, in Verbindung mit z e r s t r e u t e m Licht hervorgebrachte Erscheinung, sofern man dabei von der Farbe abstrahirt.

Dove hat gezeigt, dass auch das von den Körpern z e r s t r e u t e Licht bei der Erzeugung des Glanzes mit im Spiele ist. Schon die qualitativen Unterschiede des Metallglanzes, Glasglanzes u. s. w. deuten darauf hin, dass die Mitwirkung eines von den Körpern ausgehenden Lichtes erfordert wird, und dass das blos äusserlich gespiegelte Licht zur Hervorbringung des Glanzes nicht ausreicht.

Unter der F a r b e der Körper versteht man dagegen diejenige eigenthümliche Erscheinung, welche das von ihnen reflectirte oder transmittirte Licht, abgesehen von Glanz und Helligkeit, zu verursachen pflegt.

Die P e l l u c i d i t ä t endlich ist die Fähigkeit eines Körpers, das Licht zu transmittiren; das Gegentheil dieser Eigenschaft lässt sich als Opacität bezeichnen.

Die q u a l i t a t i v e n Verschiedenheiten, welche in Betreff des Glanzes und der Farbe stattfinden, lassen sich nicht durch Begriffe, sondern nur durch unmittelbare Wahrnehmung zum Bewusstsein bringen, weil die Modalität, das So oder Anders ihrer Erscheinung lediglich in der Art und Weise der durch sie erregten sinnlichen Affection begründet ist. Daher kann man die mancherlei Varietäten des Glanzes und der Farbe nur empirisch kennen lernen, indem man sie wiederholt an solchen Körpern beobachtet, an denen sie besonders ausgezeichnet vorkommen.

§ 130. **Metallischer und nicht-metallischer Habitus.** Man gelangt nun leicht zur Anerkennung zweier Hauptverschiedenheiten des Eindrucks, welche sich sowohl bei dem Glanz als auch bei der Farbe geltend machen, und von grosser Bedeutung für die Physiographie der anorganischen Körper erweisen. Es sind dies die Verschiedenheiten des metallischen und des nicht-metallischen Glanzes, der metallischen und der nicht-metallischen Farbe; Verschiedenheiten, welche zum Theil dem Gegensatz der Opacität und Pellucidität entsprechen. Zwar ist es nach dem Vorigen nicht wohl möglich, diesen Unterschied durch D e f i n i t i o n e n auszudrücken; allein die Anschauung nöthigt uns zu seiner Anerkennung, und wir müssen uns daher empirisch die Kenntniss von Dem verschaffen, was man unter der einen oder der anderen Art des Glanzes und der Farbe versteht.

Diese Hauptverschiedenheiten beider Eigenschaften, sowie die Verschiedenheit des pelluciden und opaken Zustandes begründen nun aber den wichtigen Gegensatz des m e t a l l i s c h e n und des n i c h t - m e t a l l i s c h e n Habitus. Man schreibt nämlich einem Körper metallischen Habitus zu, wenn derselbe zugleich metallischen Glanz, metallische Farbe und völlige Undurchsichtigkeit zeigt; n i c h t - m e t a l l i s c h e n Habitus dagegen, wenn sowohl der Glanz als die Farbe nicht-metallisch sind, und ausserdem noch Pellucidität vorhanden ist. Halbmetallischer oder m e t a l l o i d i s c h e r Habitus findet dann statt, wenn nur z w e i jener Eigenschaften vorhanden sind, besonders aber, wenn der Körper nicht völlig opak ist.

Dieser Gegensatz des metallischen und nicht-metallischen Habitus gibt sich dem einmal damit vertraut gewordenen Auge in jedem Falle auf den ersten Blick zu erkennen, lässt sich an dem kleinsten Körnchen wie an grösseren Stücken eines Minerals mit Leichtigkeit und Sicherheit auffassen, und gewinnt daher nicht nur für die Diagnose der einzelnen Mineralarten, sondern auch für die Charakteristik grösserer Gruppen eine hohe Wichtigkeit.

Wenn sich auch nicht läugnen lässt, dass Uebergänge aus dem metallischen in den nicht-metallischen Habitus vorkommen, wie ja solche durch den metalloidischen Habitus zugestanden werden, so tritt doch in der Mehrzahl der Fälle jener Gegensatz so bestimmt hervor, dass wir ihn nicht fallen lassen dürfen. Er ist übrigens derselbe, welcher bekanntlich in der Chemie die erste Eintheilung der Elemente begründete, und auch auf dem Gebiete dieser Wissenschaft noch einen gewissen Werth behauptet, obgleich er sich für einzelne Elemente nicht ganz scharf durchführen lässt. Dieser Unterschied gewinnt aber auch Bedeutung für viele chemische Verbindungen, und ganz besonders für die Mineralien, bei denen der metallische Habitus in der Regel auch mit grossem specifischem Gewicht und mit gewissen Modalitäten der chemischen Constitution verbunden ist.

§ 131. **Grade des Glanzes.** Der Glanz zeigt Verschiedenheiten nach Quantität und Qualität, nach der Stärke und Art. Seine Stärke ist zwar von mancherlei Zufälligkeiten (z. B. von Glätte oder Rauhigkeit, Compactheit oder Lockerheit, Grösse des Korns) abhängig und daher oft von geringerer Wichtigkeit; indessen benutzt man zur Unterscheidung der verschiedenen Grade folgende Ausdrücke:

1) Starkglänzend; das Mineral reflectirt das Licht sehr vollständig, und gibt in Krystallflächen oder Spaltungsflächen scharfe und lebhafte Spiegelbilder der Gegenstände; Zinkblende, Bergkrystall, Kalkspath.

2) Glänzend; die Reflexion ist weniger intensiv und die Bilder sind nicht scharf und lebhaft, sondern nebelig und matt; dieser Grad kommt sehr häufig vor.

3) Wenigglänzend; die Reflexion ist noch schwächer und gibt nur einen allgemeinen Lichtschein, in welchem die Bilder der Gegenstände gar nicht mehr zu unterscheiden sind; ebenfalls sehr häufig.

4) Schimmernd; auch der allgemeine Lichtschein ist verschwunden, und es treten nur einzelne Punkte lebhafter hervor; Bleischweif, dichter Kalkstein, Alabaster, überhaupt die meisten mikrokrystallinischen Aggregate.

5) Matt; das Mineral ist ohne allen Glanz, wie z. B. Kreide, Thon, Kaolin.

§ 132. **Arten des Glanzes.** Die Art des Glanzes, aus welcher ein, dem gespiegelten Licht, durch Beimischung zerstreuten Lichtes, von dem reflectirenden Körper ertheilter eigenthümlicher Charakter hervorleuchtet, ist jedenfalls wichtiger, als der Grad desselben. Es scheint übrigens hinreichend, folgende, durch allmählige Abstufungen in einander verlaufende Arten zu unterscheiden:

1) Metallglanz; der sehr intensive und ganz eigenthümliche Glanz der Metalle; er ist stets mit völliger Undurchsichtigkeit verbunden und wichtig als einer der Factoren des metallischen Habitus. Man unterscheidet wohl noch vollkommenen und unvollkommenen Metallglanz, welcher letztere schon anderen Arten des Glanzes mehr oder weniger genähert und recht ausgezeichnet am Anthracit zu beobachten ist.

2) Diamantglanz; der ebenfalls sehr intensive und lebhafte Glanz des Diamants, welcher auch an manchen Varietäten der Zinkblende, des Bleicarbonats u. a. Mineralien vorkommt; bei sehr geringen Graden der Pellucidität nähert er sich oft dem Metallglanz, und heisst dann metallartiger Diamantglanz.

3) Glasglanz; der Glanz des gewöhnlichen Glases: findet sich am Quarz, Beryll und sehr vielen anderen Mineralien; ist wohl die häufigste Art des Glanzes.

4) Fettglanz; der Glanz eines mit einem fetten Oel bestrichenen Körpers; sehr ausgezeichnet im frischen Bruch des Eläoliths, Schwefels (auch Pechsteins).

5) Perlmutterglanz; der eigenthümliche milde Glanz der Perlmutter; Gyps, Schaumkalk, Stilbit, überhaupt häufig auf solchen Flächen, denen eine sehr vollkommene Spaltbarkeit oder lamellare Zusammensetzung entspricht, zumal bei geringeren Graden der Durchsichtigkeit; bisweilen nähert er sich dem Metallglanz und erscheint dann als metallartiger Perlmutterglanz; Hypersthen, Glimmer.

6) Seidenglanz; eine wenig intensive, oft nur schimmernde Abart des Glanzes, welche lediglich in der feinfaserigen Aggregation, zuweilen auch in einer eigenthümlichen Streifung begründet ist; Amiant, Fasergyps.

Nach *Haidinger* wird der Grad des Glanzes durch die mehr oder weniger vollkommene Ebenheit und Politur der Oberfläche, die Art des Glanzes durch die Strahlenbrechung und Polarisation bestimmt, welche die Körper ausüben. Glatte Krystallflächen sollen nur drei Arten des Glanzes, nämlich Glasglanz, Diamantglanz und Metallglanz zeigen, indem der Fettglanz und Perlmutterglanz bei vollkommen glatten Flächen homogener Krystalle gar nicht vorkommt. Fettglanz ist stets ein schwächerer, mit geringer Pellucidität und meist mit gelblichen Farben und kleinmuscheligem Bruch verbundener Glanz, welcher sich an den Glasglanz und Diamantglanz anschliesst. Der Perlmutterglanz aber ist nicht die reine Spiegelung von der Oberfläche, sondern das Resultat der Spiegelung vieler über einander liegender Lamellen eines durchsichtigen Körpers (wie dies schon lange von *Breithaupt* gezeigt worden war). Die Art des Glanzes ist aber auch eine Function des Refractionsvermögens; daher zeigen Körper mit geringer Strahlenbrechung Glasglanz, solche von stärkerer Brechung Diamantglanz, endlich solche von sehr starkem Brechungsvermögen Metallglanz (Sitzungsber. Wien. Akad., 1849, Heft IV. 137).

Krystallographisch gleichwerthige Flächen verhalten sich rücksichtlich der Stärke und Art des Glanzes meistentheils gleich; wie anderseits bei der nämlichen Substanz der Glanz ungleichwerthiger Flächen verschieden ist, zeigt z. B. Apophyllit und Kalkspath, deren basische Endflächen Perlmutterglanz, deren Prismen Glasglanz besitzen. Diese charakteristische Differenz des Glanzes erleichtert oft nicht nur die Deutung der Flächen, sondern auch die Erkennung des Minerals. Theoretisch dürfte der Glanz aller ungleichwerthigen Flächen eine Verschiedenheit besitzen, deren verschwindende Feinheit aber meistens unserer Wahrnehmung entgeht.

§ 133. **Unterschied der farbigen und der gefärbten Mineralien.** Die sämmtlichen Mineralien zerfallen rücksichtlich der Fähigkeit, das Licht farbig zu reflectiren oder zu transmittiren, in folgende drei Abtheilungen:

1) Farbige oder idiochromatische Mineralien; es sind solche, die in allen Formen ihres Vorkommens eine sehr bestimmte Farbe zeigen, welche ihrer Substanz wesentlich angehört, davon untrennbar ist, und daher für alle Varietäten als eine charakteristische Eigenschaft zu betrachten ist; Metalle, Kiese, Glanze, viele Metalloxyde und metallische Salze.

2) Farblose Mineralien; solche, die in der reinsten Form ihres Vorkommens, oder in ihrer normalen Ausbildung ohne alle Farbe, also wasserhell oder weiss sind; Eis, Steinsalz, Kalkspath, Quarz, Adular, überhaupt viele Haloidsalze und Sauerstoffsalze mit nicht schwermetallischen Basen.

3) Gefärbte oder allochromatische Mineralien; solche Varietäten

farbloser Mineralien, welche theils durch chemisch aufgelöste oder mechanisch beigemengte Pigmente (z. B. Metalloxyde, Kohlenstoff, bituminöse Substanzen, Partikel farbiger Mineralien), theils durch die Zumischung isomorpher farbiger Substanzen eine Färbung erhalten haben. Ihre Farbe kann daher eine sehr verschiedene sein, und wird niemals das Mineral überhaupt, sondern nur gewisse Varietäten desselben charakterisiren. So sind z. B. durch zufällige Pigmente gefärbt alle nicht-farblosen Varietäten von Quarz, Kalkspath, Flussspath, Gyps, Feldspath; durch das Eintreten isomorpher farbiger Bestandtheile entstehen die zahlreichen grünen, braunen, rothen, schwarzen Varietäten vieler Silicate, welche in anderen Varietäten farblos sind: Pyroxen, Amphibol, Granat.

Ist die färbende Substanz in bedeutender Menge zugegen, so kann sie andere physikalische und chemische Eigenschaften, z. B. specifisches Gewicht, Härte, Löthrohrverhalten, beeinflussen. Freilich reicht oft eine höchst spurenhafte Quantität derselben hin, eine recht intensive Färbung hervorzubringen, deren Ursache nachzuweisen dann der chemischen Analyse schwer fällt. So z. B. werden die prachtvoll rothen, gelben, grünen, blauen Farben des Flussspaths durch die Gegenwart weniger hundertstel Procent eines Kohlenwasserstoffs hervorgebracht. Die braunen Desmine und Chabasite von Arendal und Striegau in Schlesien sind nach *Websky* ebenfalls durch organische Substanz gefärbt; die Chabasite des letzteren Fundorts färben sich beim Erhitzen im geschlossenen Rohr schwärzlich und lassen eine kleine Menge einer Theersubstanz überdestilliren.

§ 134. **Arten der metallischen und nicht-metallischen Farben.** Von metallischen Farben werden folgende unterschieden:

Rothe: kupferroth; gelbe: bronzegelb, messinggelb, goldgelb, speisgelb; braune: tombakbraun; weisse: silberweiss, zinnweiss; graue: bleigrau (und zwar rein, weisslich, röthlich, schwärzlich bleigrau), stahlgrau; schwarze: eisenschwarz.

Die nicht-metallischen Farben lassen sich mit *Werner* unter die acht Hauptfarben weiss, grau, schwarz, blau, grün, gelb, roth und braun bringen, deren jede durch eine Varietät, als die reinste Charakterfarbe repräsentirt wird, während die übrigen Varietäten eine Beimischung anderer Farben zeigen. Die von *Werner* hervorgehobenen Varietäten sind folgende [1]:

a) weisse Farben: schneeweiss, röthlichweiss, gelblichweiss, grünlichweiss, blaulichweiss, graulichweiss;

b) graue Farben: aschgrau, grünlichgrau, blaulichgrau, röthlichgrau, gelblichgrau, rauchgrau (bräunlichgrau), schwärzlichgrau;

c) schwarze Farben: graulichschwarz, sammtschwarz, bräunlichschwarz (pechschwarz), röthlichschwarz, grünlichschwarz (rabenschwarz), blaulichschwarz;

d) blaue Farben: schwärzlichblau, lasurblau, violblau, lavendelblau, pflaumenblau, berlinerblau, smalteblau, indigblau, himmelblau;

e) grüne Farben: spangrün, seladongrün, berggrün, lauchgrün, smaragdgrün, apfelgrün, pistaziengrün, schwärzlichgrün, olivengrün, grasgrün, spargelgrün, ölgrün, zeisiggrün;

f) gelbe Farben: schwefelgelb, strohgelb, wachsgelb, honiggelb, citrongelb, ockergelb, weingelb, isabellgelb, erbsengelb, pomeranzengelb;

---

[1] Die Charakterfarbe ist jedesmal gesperrt gedruckt.

g) rothe Farben: morgenroth, hyacinthroth, ziegelroth, scharlachroth, blutroth, fleischroth, carminroth, cochenillroth, rosenroth, carmoisinroth, pfirsichblüthroth, colombinroth, kirschroth, bräunlichroth;

h) braune Farben: röthlichbraun, nelkenbraun, haarbraun, kastanienbraun, gelblichbraun, holzbraun, lederbraun, schwärzlichbraun.

Jede besondere Farbe ist verschiedener Intensitäten oder Abstufungen fähig, zu deren Bezeichnung bekanntlich die Beiworte hoch, tief, licht, dunkel, blass gebraucht werden, und welche zum Theil Uebergänge aus einer Farbe in eine andere verwandte vermitteln. Vgl. auch *H. Fischer*'s Bemerkungen und Vorschläge über die Benennungen von Farbenabstufungen bei Mineralien, N. Jahrb. f. Min. 1879. 854. Auf seine Anregung hin bezieht man sich neuerdings vielfach auf die »Internationale Farbenscala von *Radde* in Hamburg«, welche sehr scharfe Bezeichnungen gestattet.

§ 135. **Mehrfache Färbung und Farbenzeichnung.** Bei den gefärbten Mineralien ist auch die, zuweilen vorkommende zweifache oder mehrfache Färbung sowie die sogenannte Farbenzeichnung zu berücksichtigen. Gewöhnlich zeigt zwar ein und dasselbe Individuum in seiner ganzen Ausdehnung auch nur eine und dieselbe Farbe; bisweilen jedoch kommen nicht nur verschiedene Nüancen einer und derselben Hauptfarbe, sondern sogar verschiedene Hauptfarben an einem und demselben Krystall vor. Dabei verschwimmen die beiden Farben entweder unregelmässig in einander, oder ihre Grenze hat einen regelmässigen Verlauf und geht dann gewissen äusserlich auftretenden oder möglichen Krystallflächen parallel. Im letzteren Falle fand die Ablagerung der verschiedenen färbenden Stoffe durch die Krystallisationskraft in einer besonderen Richtung statt, oder sie steht mit dem successiven schalenförmigen Wachsthum der Krystalle im Zusammenhang (vgl. § 59).

So sind Bergkrystalle an einem Ende wasserhell, am anderen gefärbt, Diopside, Berylle, Turmaline, Pyromorphite an beiden Enden anders gefärbt; Flussspathe bestehen aus abwechselnden weissen und blauen, Schwerspathe aus weissen und rothen umhüllenden Schalen.

Weit häufiger findet sich diese mehrfache Färbung an Aggregaten, zumal von mikrokrystallinischer und kryptokrystallinischer Ausbildung, indem verschiedentlich gefärbte Partieen eines und desselben feinkörnigen, faserigen oder dichten Minerals durch einander gemengt sind, oder lagenweise mit einander abwechseln. Nach der Figur, Grösse und Anordnung der verschiedentlich gefärbten Theile bestimmen sich die mancherlei Arten von Farbenzeichnung, welche man als punktirte, gefleckte, gewolkte, geflammte, geaderte, gestreifte, gebänderte, wellenförmige, ringförmige, wurmförmige, festungsartige, breccienähnliche und ruinenähnliche Farbenzeichnung unterschieden hat. Andere Zeichnungen werden durch die Einmengung von organischen Formen bedingt.

Endlich ist die an einigen pelluciden Mineralien vorkommende Erscheinung zu erwähnen, dass sie im transmittirten Licht eine andere Farbe zeigen, als im reflectirten Licht; wie z. B. mancher Flussspath, Glimmer, Opal. Manches Rothgültigerz sieht von aussen metallisch bleigrau, im durchfallenden Licht nicht-metallisch cochenillroth aus.

§ 136. **Farbe und Glanz des Striches.** Viele Mineralien zeigen im fein zertheilten oder pulverisirten Zustand eine ganz andere Farbe als in compacten

Massen; z. B. Eisenkies, Eisenglanz, Chromeisenerz, Manganblende. Ja, es scheint, dass, mit Ausnahme der gediegenen Metalle, die meisten Mineralien von metallischem Habitus diese Eigenschaft besitzen. Da sich nun die Farbe des Pulvers am leichtesten dadurch prüfen lässt, dass man das Mineral auf einer weissen Platte von Porzellan-Biscuit oder auf einer Feile streicht, so pflegt man auch die Farbe des Pulvers schlechthin den Strich der Mineralien zu nennen. Die Strichfarbe ist ein sehr wichtiges Merkmal nicht nur für die leichte Erkennung vieler Mineralarten, sondern auch für die Unterscheidung des farbigen und gefärbten Zustandes bei Mineralien von nicht-metallischem Habitus. Es lässt sich nämlich bei derartigen Mineralien gewöhnlich als ein Merkmal der Farbigkeit betrachten, wenn Strich und Masse dieselbe oder doch eine sehr ähnliche Farbe besitzen, während der Strich der gefärbten Mineralien in der Regel schmutzig-weiss oder lichtgrau zu sein pflegt, welche Farbe auch das Mineral in Masse zeigen mag.

Manche Mineralien, welche an und für sich wenig glänzend, schimmernd oder matt sind, erlangen einen stärkeren Glanz, wenn sie mit einer stumpfen Stahlspitze geritzt, oder auf einer feinen Feile gestrichen werden; bei sehr niedrigen Härtegraden reicht oft der Druck des Fingernagels hin, um diesen Strichglanz hervorzubringen: man sagt dann, das Mineral werde im Strich glänzend.

§ 137. **Veränderung der Farbe.** Die meisten Mineralien behalten ihre Farbe unveränderlich im Laufe der Zeit; einige aber zeigen eine allmähliche Veränderung derselben, wenn sie der Einwirkung des Lichts, der Luft und der Feuchtigkeit ausgesetzt sind. Diese Farbenveränderung betrifft entweder nur die Oberfläche, oder sie ergreift die Masse des Minerals mehr oder weniger tief einwärts, ist aber wohl in beiden Fällen gewöhnlich als die Folge einer chemischen Einwirkung zu betrachten. Bei einer blos oberflächlichen Farbenänderung sagt man, das Mineral sei angelaufen, weil es gleichsam nur mit einem farbigen Hauch überzogen ist, unter welchem die ursprüngliche Farbe durch den Strich sogleich zum Vorschein gebracht wird; es hat sich an der Oberfläche eine äusserst zarte Schicht von fremder Zusammensetzung (z. B. von Eisenoxydhydrat) ausgebildet, welche in den Farben dünner Blättchen spielt. Man unterscheidet hierbei, ob das Mineral einfarbig oder bunt (regenbogenfarbig, pfauenschweifig, taubenhälsig) angelaufen ist. Beispiele liefern für den ersteren Fall: Silber, Arsen, Wismuth, Magnetkies; für den anderen: Kupferkies, Buntkupferkies, Eisenglanz, Antimonglanz, Steinkohle.

Die in das Innere eines Minerals eindringende Farbenänderung gibt sich gewöhnlich entweder als eine Verbleichung, wie am Chrysopras und Rosenquarz, am Topas und Cölestin, oder als eine Verdunkelung der ursprünglichen Farbe zu erkennen, wie am Braunspath, Eisenspath und Manganspath; in diesem letzteren Falle findet endlich eine gänzliche Verfärbung des Minerals statt, welche mit einer chemischen Veränderung desselben verbunden ist.

Hausmann hat über das Anlaufen der Mineralien eine ausführliche und lehrreiche Abhandlung geliefert, in welcher diese Erscheinung nach ihren mancherlei Modalitäten und nach ihren Ursachen genau erörtert wird (N. Jahrb. f. Min. 1848. 326). Interessant ist die zuweilen vorkommende Erscheinung, dass bei krystallisirten Mineralien nur die Flächen gewisser Krystallformen bunt angelaufen sind, während sich auf den Flächen der übrigen Formen die Farbe unverändert erhalten hat. So gibt es z. B. Bleiglanzkrystalle (Cubo-Oktaëder) mit stahlblau angelaufenen Oktaëderflächen und frischen Würfelflächen. Ueberhaupt scheint das Anlaufen auf den der Spaltbarkeit entsprechenden Flächen weniger leicht als auf solchen zu erfolgen, welche die Ebene der Spaltbarkeit durchschneiden (wie ein schieferiges Gestein senkrecht gegen die Schieferung am leichtesten verwittert). — Eine eigenthümliche, in sehr bestimmten kreisförmigen oder elliptischen Figuren eintretende Farbenveränderung oder mehlähnliche Trübung ist von *Pape* an mehren wasserhaltigen Salzen, in Folge ihres beginnenden Wasserverlustes, beobachtet und nach ihrer krystallonomischen Gesetzmässigkeit erkannt worden. (Ueber das Verwitterungsellipsoid und die chemischen Axen der Krystalle, in Ann. d. Phys. u. Ch., Bd. 124, 125, 133 und 135. Vgl. auch die in Z. f. Kr. IV. 1880. 225 sich findende Berichtigung von *L. Sohncke*, wonach die Propagationsform der Verwitterung innerhalb der rhomboëdrischen Krystalle, nicht, wie *Pape* angegeben, eine Kugel, sondern ein Rotationsellipsoid darstellt. *Tschermak* zieht vor, die Erscheinung nicht als Verwitterung, sondern als V e r s t ä u b u n g zu bezeichnen. Vgl. auch S. 147.)

§ 138. Verschiedene Grade der Pellucidität. Die Pellucidität kann sich in sehr verschiedenen Graden kund geben, weshalb man sich hüten muss, um nicht durch schwache Grade derselben zu einer Verneinung ihres Vorhandenseins überhaupt verleitet zu werden. Dunkle Färbung und vielfache Aggregation wirken nothwendig dahin, die höheren Grade der Pellucidität herabzudrücken, und daher kommt es, dass ein und dasselbe Mineral in hellfarbigen und krystallisirten Varietäten klar und durchsichtig erscheint, während es in dunkelfarbigen und feinkörnig zusammengesetzten Varietäten ganz trübe und undurchsichtig sein kann; Kalkspath und Kalkstein, Bergkrystall und Eisenkiesel. Durch zahlreiche Risse und Sprünge oder Poren können selbst die klarsten und durchsichtigsten Mineralien getrübt werden. Die verschiedenen Abstufungen der Pellucidität werden durch folgende Ausdrücke bezeichnet:

1) D u r c h s i c h t i g; das Mineral ist so pellucid, dass man durch dasselbe die Gegenstände deutlich sehen und z. B. eine Schrift lesen kann; ist es zugleich farblos, so sagt man: das Mineral ist w a s s e r h e l l.

2) H a l b d u r c h s i c h t i g; das Mineral lässt zwar noch die Gegenstände, jedoch nicht mehr in deutlich unterscheidbaren Umrissen erkennen.

3) D u r c h s c h e i n e n d; das Mineral lässt noch in grösseren Stücken einen allgemeinen und unbestimmten Lichtschein wahrnehmen.

4) K a n t e n d u r c h s c h e i n e n d; das Mineral lässt nur in Splittern oder in den scharfen Kanten grösserer Stücke einen Lichtschein durchschimmern.

5) U n d u r c h s i c h t i g; das Mineral lässt selbst in Splittern und scharfen Kanten keinen Lichtschein erkennen.

Das Undurchsichtige darf wohl nicht mit dem Opaken verwechselt werden, denn ein und dasselbe Mineral kann in verschiedenen Varietäten zwar alle Grade der Pellucidität besitzen (z. B. Pyroxen, Amphibol), aber wohl nicht zugleich pellucid und opak sein. Die Dicke spielt übrigens eigentlich eine zu bedeutende Rolle, als dass die vorstehenden Unterscheidungen von besonderer Schärfe und grossem Gewicht sein könnten. So ist manches Mineral in dickeren Stücken nur durchscheinend, in dünneren halbdurchsichtig, als ganz dünnes Blättchen vielleicht vollkommen durchsichtig. Dünne Blättchen des als undurchsichtig geltenden Eisenglanzes erweisen sich als blutroth durchscheinend. Der echte splitterige Bruch liefert allemal einen Beweis, dass noch Pellucidität vorhanden ist, wenn auch das betreffende Mineral undurchsichtig erscheinen sollte. — Dass sogar die Metalle in sehr dünnen Lamellen pellucid sind, dies scheint nach den Untersuchungen von *Faraday* (Philos. Trans. 1857, Part I.) ausser allem Zweifel gestellt zu sein, indem er sich überzeugte, dass die feinsten Membranen von Gold unter dem Mikroskop vollkommen s t e t i g ausgedehnt erscheinen, und dennoch ein grünes Licht durchlassen; ähnlich verhielten sich dünne Membranen von Silber. Schon früher hatte *Dupasquier* gezeigt, dass Gold, Silber, Kupfer und andere Metalle in sehr dünn geschlagenen Blättchen ein blaues Licht transmittiren (Comptes rendus, T. 21. 1845. 64). *Melsens* fand, dass Quecksilber, wenn es wie Seifenwasser zu dünnen Blasen aufgetrieben wird, ebenfalls durchscheinend wird. Anderseits sind indessen die feinsten mikroskopischen Partikelchen des Magneteisens von 0,001 Mm. Durchmesser völlig impellucid. — Im Allgemeinen dürfte bei den Mineralien Pellucidität und specifisches Gewicht im umgekehrten Verhältniss stehen, indem die meisten undurchsichtigen auch die specifisch schwereren sind, und umgekehrt.

An ,einem und demselben Individuum sind manchmal mehre Pelluciditätsgrade ausgebildet, eine Erscheinung, welche den in § 135 erwähnten Farbenverschiedenheiten auch mit Bezug auf Vertheilung und Ursache sehr ähnlich ist.

§ 139. **Phosphorescenz der Mineralien.** Anhangsweise sei nach den optischen Eigenschaften noch die Phosphorescenz, oder die unter gewissen Umständen eintretende, von einer Substanzveränderung unabhängige Lichtentwickelung der Mineralien erwähnt. Dieselbe lässt sich durch folgende Mittel hervorrufen:

1) Durch I n s o l a t i o n oder B e s t r a h l u n g. Viele Mineralien leuchten im Dunkeln, nachdem sie vorher eine Zeit lang dem Sonnenlicht, oder auch wohl nur dem gewöhnlichen Tageslicht ausgesetzt worden sind. Die meisten Diamanten und der gebrannte Baryt sind in dieser Hinsicht vorzüglich ausgezeichnet: doch leuchten auch Strontianit, Aragonit, Kalkspath und Kreide; desgleichen Steinsalz, Fasergyps, Flussspath u. a. Mineralien; wogegen Quarz und die meisten Silicate dieser Eigenschaft ermangeln.

2) Durch E r w ä r m u n g. Die meisten durch Insolation phosphorescirenden Mineralien werden durch Erwärmung gleichfalls leuchtend; doch haben diese Fähigkeit noch viele andere Mineralien, auf welche die Bestrahlung allein ohne Einfluss ist. Die dazu erforderliche Temperatur ist verschieden. Bei manchen Topasen, Diamanten und Flussspathen reicht schon die Wärme der Hand hin; andere Varietäten von Flussspath erfordern 60 bis 100°, der Phosphorit 100°, der Kalkspath und viele Silicate 200 bis 370°.

3) Durch E l e k t r i c i t ä t. Manche Mineralien (z. B. grüner Flussspath und gebrannter Baryt) gelangen dadurch zur Phosphorescenz, dass man mehre elektrische Funken durch sie schlagen lässt.

4) Durch m e c h a n i s c h e E i n w i r k u n g. Viele Mineralien entwickeln Licht, wenn sie gestossen, gerieben, gespalten oder zerbrochen werden. So leuchten schon manche Varietäten der Zinkblende und des Dolomits, wenn man sie nur mit einer Schreibfeder kratzt, oder mit dem Messer schabt, Quarzstücke, wenn man sie an einander reibt, Glimmertafeln, wenn man sie nach der Spaltungsrichtung rasch auseinander reisst.

Der grüne Flussspath (Chlorophan) bleibt nach der Insolation oft wochenlang selbstleuchtend. Merkwürdigerweise haben die rothen (die durch rothes Glas auffallenden) Strahlen die Eigenschaft, die durch Bestrahlung mit weissem Sonnenlicht

z. B. am Diamant erregte Phosphorescenzfähigkeit zu schwächen oder ganz auszulöschen. — Eine sehr ausführliche Abhandlung über die Phosphorescenz der Mineralien und anderer Körper gab *Becquerel* in Ann. de Chimie et de Phys. [3], T. 55. 1859. 5; er beschreibt auch ein Instrument, das Phosphoroskop, durch welches die Beobachtung der Lichtphänomene erleichtert und gesichert wird. Bekanntlich ist die Phosphorescenz durch Erwärmung zuerst an dem sogenannten Bolognerspath, einer Varietät des Baryts erkannt worden, welcher durch künstliche Umwandlung in Schwefelbaryum diese Eigenschaft erhält. — *Nöggerath* beschrieb die prachtvoll rothe Lichterscheinung, welche harte, zumal durchscheinende Mineralien während der Bearbeitung in den Achatschleifereien von Oberstein und Idar zeigen (Ann. d. Phys. u. Chem. Bd. 150, S. 325). — *B. Stürtz* untersuchte mit vielem Erfolg die Phosphorescenzerscheinungen, welche eine Reihe von Mineralien im hohen Vacuum erkennen lassen, ebendas., Neue Folge Bd. VIII. 1879.

7. Thermische Eigenschaften der Krystalle.

§ 140. **Wärmestrahlung.** Die in einen Körper eindringenden Wärmestrahlen werden bekanntlich, wie die Lichtstrahlen, theils reflectirt, theils absorbirt, theils transmittirt. Solche Körper, welche die Wärmestrahlen möglichst vollkommen hindurchlassen, sich also dagegen verhalten wie die durchsichtigen Körper gegen die Lichtstrahlen, nennt man **diatherman**, solche, welche keine Wärmestrahlen transmittiren, **atherman**. Mit diesen Beziehungen hängt die Pellucidität oder Impellucidität 'gar nicht zusammen: dunkle, fast undurchsichtige Bergkrystalle erweisen sich z. B. diatherman, durchsichtige Alaunplättchen nahezu ganz atherman.

Steinsalz ist, soweit bekannt, das diathermanste Mineral. Die meisten Metalle sind atherman; *Knoblauch* hat indessen gezeigt, dass ganz dünne Blättchen von Gold, Silber und Platin, welche Lichtstrahlen von bestimmter Farbe durchlassen, auch Wärmestrahlen den Durchgang gestatten. — Uebrigens gibt es wie beim Licht Wärmestrahlen von verschiedener Brechbarkeit (sog. Wärmefarben), welche auch eine ungleiche Absorption erleiden. Das Steinsalz ist es wieder, welches alle Wärmefarben mit gleicher Intensität durchlässt, sich also hierin wie ein farbloses Mineral gegen das Licht verhält, während z. B. der fast ganz athermane Alaun nur gewisse Wärmefarben transmittirt, die anderen absorbirt und mit Bezug auf diese letzteren daher wärmefarbig ist.

Wie die Lichtstrahlen, so unterliegen auch die Wärmestrahlen in allen Krystallen, mit Ausnahme der regulären, einer **Doppelbrechung**, welche indessen in der Richtung der optischen Axen ebenfalls **nicht** erfolgt. Damit hängt auch die erkannte **Polarisation** der Wärmestrahlen zusammen.

Die beiden Wärmestrahlen sind wie die Lichtstrahlen rechtwinkelig auf einander polarisirt. Wenn durch eine Steinsalzlinse parallele Wärmestrahlen auf zwei Glimmerblättchen auffallen, so geht, wenn die Polarisations-Ebenen der letzteren gekreuzt sind, ein Minimum, wenn sie parallel sind, ein Maximum von Wärme hindurch.

§ 141. **Ausdehnung der Krystalle durch Erwärmung.** Nach *Mitscherlich's* grundlegenden Beobachtungen dehnen sich die Krystalle des regulären Systems durch Erwärmung nach allen Richtungen gleichmässig aus, wogegen die Krystalle der übrigen Systeme nach verschiedenen Richtungen eine ungleichmässige Ausdehnung erleiden, und folglich einer Veränderung ihrer Kantenwinkel unterworfen sind, deren Grösse von der Temperatur abhängig ist. Mit alleiniger Aus-

nahme der regulären bleiben demnach die Krystallgestalten bei einer Aenderung
der Temperatur sich selbst nicht geometrisch ähnlich.

So fand *Mitscherlich*, dass die Polkante der rhomboëdrischen Spaltungsstücke des
Kalkspaths, welche bei 10° C. 105° 4′ misst, nach einer Temperatur-Erhöhung um
100° nur noch 104° 56′ gross, also um 8′ schärfer geworden ist; das Rhomboëder
wird sonach etwas spitzer, woraus denn folgt, dass sich der Kalkspath in der Richtung
seiner Hauptaxe stärker ausdehnt, als in der Richtung der Nebenaxen [1]. Dasselbe
Verhältniss, wenn auch in geringerem Grade, erkannte *Mitscherlich* für die Rhomboëder des Eisenspaths und des Magnesits. — Dagegen zeigten die Krystalle des Aragonits, welche dem rhombischen System angehören, nach allen drei Axen eine ungleichmässige Ausdehnung; ebenso die monoklinen Krystalle des Gypses, welche sich
besonders stark in der Richtung der Orthodiagonale ausdehnen, weshalb denn die
klinodiagonalen Seitenkanten aller Prismen, und die klinodiagonalen Polkanten aller
Hemipyramiden mit steigender Temperatur immer stumpfer werden.

Aehnliche Beobachtungen sind später von Anderen an anderen Krystallen angestellt worden, und liessen auf ähnliche Resultate gelangen, so dass man die folgenden, von *Fizeau* aufgestellten Gesetze [2]) als allgemein gültig betrachten kann:

1) In den Krystallen des r e g u l ä r e n Systems ist die lineare Ausdehnung nach
   allen drei Hauptaxen g l e i c h gross; die Winkel, welche von den Flächen
   gebildet werden, sind also hier unabhängig von der Temperatur.
2) In den Krystallen des t e t r a g o n a l e n und h e x a g o n a l e n Systems ist die
   lineare Ausdehnung nach der Richtung der Hauptaxe v e r s c h i e d e n von
   jener nach der Richtung der Nebenaxen, welche dagegen ihrerseits eine
   g l e i c h g r o s s e Ausdehnung erleiden; dabei fällt jedoch die Axe der
   g r ö s s t e n Ausdehnung durch die Wärme nicht immer mit der grössten Axe
   der optischen Elasticität zusammen.
3) In den Krystallen der ü b r i g e n Systeme ist die lineare Ausdehnung nach
   a l l e n drei Axen u n g l e i c h.

Eine Kugel aus regulärem Steinsalz geschliffen wird daher bei Temperatur-Erhöhung stets eine Kugel bleiben; eine solche aus hexagonalem Kalkspath wird sich
dabei zu einem nach der Hauptaxe ausgedehnten Rotationsellipsoid mit zwei Axen-
werthen, eine solche aus rhombischem Aragonit oder monoklinem Feldspath zu einem
dreiaxigen Ellipsoid umgestalten.

Uebrigens haben *Grailich* und *v. Lang* durch theoretische Untersuchungen gezeigt, dass die durch stetige und bedeutende Steigerung oder Verminderung der Temperatur bedingten Dimensionsänderungen der Krystalle immer in der Weise stattfinden, dass dabei sowohl die Z o n e n, als auch das K r y s t a l l s y s t e m u n v e r ä n d e r t
bleiben. Sie nennen dies das Gesetz der Erhaltung der Zonen und des Krystallsystems
Sitzungsber. d. Wiener Akad., 1858, Bd. 33, S. 369'. Die R a t i o n a l i t ä t der Parameterverhältnisse ist ebenfalls u n a b h ä n g i g von der Temperatur des Krystalls.

Obige Resultate über die Aenderung der Kantenwinkel mit der Temperatur sind
auch, wie *Naumann* hervorhebt, deshalb sehr beachtenswerth, weil sich die Krystalle
mancher Mineralsubstanzen bei recht h o h e n Temperaturen gebildet haben, und wir
also n i c h t erwarten können, durch die bei der g e w ö h n l i c h e n Temperatur an-

---

[1] In welcher letzteren Richtung er sich nach *Fizeau* sogar c o n t r a h i r t, was nach demselben Beobachter für den Beryll in der Richtung der Hauptaxe stattfindet.
[2] Compt. rend., T. 62, S. 1101, und Ann. d. Phys. u. Ch., Bd. 135, 1868. 372; vgl. auch
Pfaff, ebendas., Bd. 104, S. 171 u. Bd. 107, S. 151; *Beckenkamp* (Adular, Anorthit, Axinit), Z. f.
Kryst. V. 1881. 436 und VI. 1882. 450; *Fletcher*, Z. f. Kryst. IV. 337; VIII. 455.

gestellten Messungen diejenigen Werthe ihrer Kantenwinkel zu finden, welche der Temperatur ihres Bildungsactes entsprechen, und doch allein eine genetisch-gesetzliche Bedeutung haben können. Daraus dürften sich manche Abweichungen von gewissen Werthen erklären, welche aus anderen Gründen für sehr wahrscheinlich gehalten werden müssen, wie z. B. im Adular die Abweichung der Winkel des Klinodomas 2P∞ von 90°. Manche Mineralien verweisen uns nur beinahe auf ein sehr einfaches Zahlenverhältniss ihrer Grunddimensionen; vielleicht würde sich ein Schluss auf die Temperatur ihres Bildungsactes machen lassen, dafern ihre Dimensionen durch Temperatur-Erhöhung jenem einfachen Verhältniss immer näher rücken sollten. Dasselbe Verhältniss dürfte auch manche optische Anomalieen erklären.

§ 142. Wärmeleitung der Krystalle. Mit den vorher beschriebenen Ausdehnungsverhältnissen der Krystalle stimmen die von *Duhamel*, *Sénarmont*[1]) und anderen Forschern über die Wärmeleitung derselben angestellten Beobachtungen sehr gut überein, welche das Resultat ergaben, dass die Propagationsform der Wärmewellen (oder die Gestalt der isothermen Flächen) in den regulären Krystallen wie in den amorphen Medien durch eine Kugelfläche, in den tetragonalen und hexagonalen Krystallen durch ein verlängertes oder abgeplattetes Rotationsellipsoid dargestellt wird, dessen Axe mit der krystallographischen Hauptaxe zusammenfällt, während solche in den rhombischen, monoklinen und triklinen Krystallen (wie es scheint stets) durch ein dreiaxiges Ellipsoid bestimmt wird; und zwar fallen im rhombischen System die drei abweichenden Werthe der Leitungsfähigkeit mit den krystallographischen Axen zusammen, wogegen sie im monoklinen System zwar auch noch rechtwinkelig stehen, aber hier nur eine Ellipsoidaxe mit einer krystallographischen, nämlich mit der Orthodiagonale coincidirt (vgl. die Analogie mit der Form und Lage der optischen Elasticitätsfläche § 113, 114).

Jannettaz befand mit nur sehr wenigen Ausnahmen die Wärmeleitung grösser in der Richtung der Spaltbarkeit, als senkrecht dazu; eine durch schalige Zusammensetzung herbeigeführte Theilbarkeit ist dagegen ohne Einfluss auf die Wärmeleitung.

Nach *Thompson* und *Lodge* besitzt der polar-elektrische Turmalin in der Richtung der Hauptaxe eine nach den beiden Enden zu nicht übereinstimmende Wärmeleitung Die Wärme pflanzt sich schneller nach dem Pole fort, welcher beim Erwärmen positiv elektrisch wird (vgl. S. 207); die Isothermen auf Schnitten parallel der Hauptaxe be-

---

1) *Sénarmont* (Ann. d. chim. et de phys. [3] XXII. 179) steckte durch das Centrum mit Wachs überzogener Krystallplatten einen Draht, dessen Ende erwärmt wurde; das Schmelzen des Wachses stellte graphisch die Fortpflanzung der Wärme dar und zeichnete in jedem Augenblick auf der Platte eine isotherme Curve, welche z. B. auf den Flächen regulärer Krystalle ein Kreis, bei einem tetragonalen Krystall auf 0P ebenfalls ein Kreis, dagegen auf ∞P eine Ellipse ist. Die Curven der Ausbreitung einer gleichen Temperatur auf Krystallflächen sind eben allgemein Ellipsen, welche sich als Durchschnitte der betreffenden Fläche mit einem für den ganzen Krystall vorhandenen Ellipsoid ergeben. *Röntgen* (Ann. d. Phys. u. Ch., Bd. 151, S. 603, auch Z. f. Kryst. III. 1879. 17) erhielt dieselben Curven auf ähnliche Weise, indem er behauchte Krystallplatten vom Mittelpunkt aus durch eine heisse Metallspitze erwärmte (wobei die Hauchschicht um die Spitze herum in einer scharfbegrenzten kreisrunden oder ellipsenähnlichen Figur zuerst verdunstete) und die Grenze, bis wohin die Abtrocknung nicht vorgedrungen war, durch dann aufgestreuten Bärlappsamen noch bemerkbarer machte. *Jannettaz* hat für das *Sénarmont'*sche Verfahren einen verbesserten complicirten Apparat construirt (Bull. soc. minéral. I. (1878). 19). Ueber die Wärmeleitung im Kupfervitriol vgl. *C. Pape* in Annal. d. Phys. u. Ch. N. F. I. 126. In gepresstem amorphem Glas (oder Porzellan) vergrössert sich, wie *Sénarmont* zeigte, die Wärmeleitung in der Druckrichtung, weshalb denn hier auf den Flächen ebenfalls elliptische Isothermenlinien erscheinen.

stehen aus 2 Halbellipsen mit gemeinsamer grösserer Axe; die kleineren Halbaxen verhalten sich aber wie 1 : 1,3.

Von den durch Temperatur-Erhöhung bedingten Veränderungen, welche die Grösse des optischen Axenwinkels, die Lage der Axenebene und diejenige der Mittellinien in den optisch-zweiaxigen Krystallen erleidet, ist bereits oben S. 164 gelegentlich die Rede gewesen. Bei den rhombischen Krystallen wird dadurch blos der Axenwinkel beeinflusst. Aber auch in den optisch-einaxigen Krystallen, welche diesen Charakter bei jeder Temperatur beibehalten, übt die Erhöhung derselben wenigstens insofern eine Wirkung aus, wiefern sich mit ihr die Brechungs-Indices der beiden Strahlen O und E mehr oder weniger verändern. So fand *Fizeau*, dass sich durch Erwärmung im Quarz zwar beide Indices vermindern, jedoch der des Strahles E in einem höheren Grade als jener des Strahles O, weshalb denn die Intensität der Doppelbrechung abnimmt; im Kalkspath dagegen wächst mit der Temperatur der Index des Strahles E, während jener des Strahles O kleiner wird, weshalb denn die Intensität der Doppelbrechung zunimmt. Die regulären Krystalle bleiben bei jeder Temperatur isotrop, nur wurde der Brechungs-Index der untersuchten bei der Erhöhung kleiner. Auch *Fr. Pfaff* hat bei einer Temperaturerhöhung bis zu 200° z. B. am Quarz eine Abnahme, am Vesuvian, Beryll, Apatit eine Steigerung der Doppelbrechung constatirt, während trikline Krystalle keine Veränderung erkennen liessen. Untersuchungen über den Einfluss der Temperatur auf die Brechungsexponenten von Baryt, Cölestin, Anglesit hat *Arzruni* angestellt (Z. f. Kryst. I. 1877. 165). Beim Gyps nehmen nach *H. Dufet* alle 3 Hauptbrechungsexponenten mit steigender Temperatur ab, aber in sehr verschiedenem Grade (Bull. soc. min. 1881. 113).

8. Elektricität der Mineralien.

§ 143. **Elektricität durch Reibung und Druck.** Die Elektricität kann in den Mineralien entweder durch Reibung, oder durch Druck, oder durch Erwärmung erregt werden. Dabei ist jedoch immer zu berücksichtigen, ob das Mineral ein Leiter oder ein Nichtleiter der Elektricität ist, weil es im ersteren Falle einer vorherigen Isolirung bedarf, wenn sich die Erscheinung offenbaren soll. Zur Wahrnehmung derselben dienen kleine, sehr empfindliche Elektroskope, wie z. B. das von *Hauy* vorgeschlagene, welches aus einer leichten, beiderseits in eine kleine Kugel endigenden, und mittels eines Karneolhütchens auf einer Stahlspitze horizontal ruhenden Metallnadel besteht. Bei feineren Untersuchungen muss man andere Elektroskope, wie z. B. das von *Bohnenberger* oder *Behrens*, anwenden.

Alle Mineralien werden durch Reibung elektrisch; die erlangte Elektricität ist aber bald positiv, bald negativ, nach Umständen, welche zum Theil sehr zufällig sind, wie denn z. B. die meisten Edelsteine positiv oder negativ elektrisch werden, je nachdem ihre Oberfläche glatt oder rauh ist.

Auch durch Druck werden manche Mineralien elektrisch; am stärksten der, auch durch seine doppelte Strahlenbrechung ausgezeichnete wasserhelle Kalkspath, dessen Spaltungsstücke schon durch einen schwachen Druck zwischen den Fingern eine sehr merkliche und stets positive Elektricität entwickeln. Auch der Topas, der Aragonit, der Flussspath, das Bleicarbonat, der Quarz u. a. besitzen diese Eigenschaft, jedoch in weit geringerem Grade.

§ 144. **Elektricität durch Erwärmung.** Durch Erwärmung oder überhaupt durch Temperaturänderung wird die Elektricität in den Krystallen vieler Mineralien, z. B. im Skolecit, Axinit, Prehnit, Boracit, Turmalin, Kieselzink, Topas,

Titanit, Kalkspath, Beryll, Baryt, Gyps, Diopsid, Feldspath, Flussspath, Diamant, Granat u. s. w. erregt, von welchen man daher sagt, dass sie thermoelektrisch oder pyroelektrisch sind [1]).

Dabei ist es besonders beachtenswerth, dass in gewissen Mineralien während einer Temperaturänderung die beiden entgegengesetzten Elektricitäten zugleich an zwei oder mehren einander gegenüberliegenden bestimmten Stellen des Krystalls erregt werden, welche Modification der Erscheinung mit dem Namen der polaren Thermoelektricität bezeichnet wird. Diese Stellen nennt man die elektrischen Pole. Es treten aber eigentlich an jedem Pol successiv beide Elektricitäten auf, die eine bei der Erwärmung, die andere bei der darauf folgenden Erkaltung. Um dies Verhältniss auszudrücken, haben *G. Rose* und *Riess* vorgeschlagen, die Pole als analog- oder antilog-elektrische Pole zu bezeichnen, je nachdem sie durch Erwärmung positiv oder negativ elektrisch werden [2]).

Sehr merkwürdig ist es ferner, dass polar-elektrische Mineralien auch durch hemimorphische Krystallbildung ausgezeichnet sind (§ 56), was auf einen Causalzusammenhang zwischen beiden Erscheinungen hindeuten dürfte. Uebrigens ist die Zahl und Vertheilung der Pole verschieden. In manchen Mineralien, wie im Turmalin, Kieselzink, Skolecit gibt es nur zwei Pole an den entgegengesetzten Enden der senkrechten Axe; der Boracit hat acht Pole, welche den Ecken des Hexaëders entsprechen. Dass auch der Quarz polar-thermoelektrisch ist, und dass bei diesem, in so vieler Hinsicht merkwürdigen Mineral die elektrischen Pole ihre Stellen an den Endpunkten der drei Nebenaxen haben, während sich ausserdem die Vertheilung beider Elektricitäten nach den eigenthümlichen Formen des Quarzes richtet, dies ist eine der wichtigsten Entdeckungen, welche die Wissenschaft dem unermüdlichen Eifer *Hankel's* zu verdanken hat, der bis 1882 nicht weniger als sechzehn umfangreiche Abhandlungen unter dem Titel »Elektrische Untersuchungen« veröffentlicht hat [3]); davon beziehen sich die meisten auf die Thermoelektricität der Krystalle.

Die interessante Erscheinung der polaren Thermoelektricität ist zuerst und schon seit längerer Zeit am Turmalin beobachtet worden. Mehrfältige Untersuchungen darüber haben früher *Aepinus, Hauy* und *Brewster*, später *Erman, Köhler, Hankel, G. Rose* und *Riess* angestellt. Bei der Abkühlung erscheint positive Elektricität da, wo die Polkanten, negative da, wo die Flächen des Hauptrhomboëders auf die Flächen des hemiëdrischen dreiseitigen Prismas aufgesetzt sind; im Allgemeinen zeigt sich am flächenreicheren Ende des Turmalins positive, am flächenärmeren Ende negative Elektricität. —

---

[1]) *Kundt* schlug in sinnreicher Weise vor, in dem Moment, in welchem die durch Temperaturveränderung (oder durch Druck) auf einem Krystall hervorgerufene elektrische Vertheilung bestimmt werden soll, denselben mit einem Gemenge von Schwefel und Mennige zu bestäuben, welches durch ein engmaschiges Sieb von Baumwolle hindurchgesiebt wird. Bei diesem Vorgang wird bekanntlich das Schwefelpulver negativ, die Mennige positiv elektrisch und ebenso wie bei den *Lichtenberg'schen* Figuren setzt sich nun der negative gelbe Schwefel auf die positiven, die positive rothe Mennige auf die negativen Theile der Krystalloberfläche, wobei die Vertheilung der beiden Pulver ein sehr anschauliches Bild von der elektrischen Anordnung auf der Oberfläche gibt.

[2]) Es scheint zweckmässiger, die Elektricität zum Anhalt für die Bezeichnung zu nehmen, welche bei der auf die Erwärmung folgenden Abkühlung erscheint; dann ist der analoge Pol der negative, der antiloge Pol der positiv elektrische.

[3]) Abhandlungen der mathem.-phys. Classe der Kgl. Sächs. Gesellschaft der Wissenschaften, 1857—1882.

Hankel erklärte sich nicht ohne Grund gegen den Ausdruck pyro-elektrisch, und machte auf manche Verhältnisse aufmerksam, die einer wiederholten Prüfung bedürfen (Ann. d. Phys. u. Ch., Bd. 49. 493; Bd. 50. 237; Bd. 61. 281); vgl. die treffliche Arbeit von *Rose* und *Riess*, ebendas., Bd. 59. 353. Spätere Untersuchungen über die Thermoelektricität der Turmaline stellte *Gaugain* an; er fand unter Anderem, dass der Turmalin über eine gewisse Temperatur hinaus so leitend wird, dass die Elektricität gar nicht mehr zu beobachten ist (Ann. de Chim. et de Phys. [3], Tome 57. 1859. 5). Bei den aufgewachsenen Krystallen des Kieselzinks (S. 85) ist stets das obere durch Domen und basisches Pinakoid charakterisirte Ende negativ, die untere Pyramidenspitze positiv elektrisch. Der rhombisch-hemimorphe Struvit besitzt ebenfalls eine stark polar-elektrische Axe in der Richtung seiner Verticalaxe. Sehr umfassende Beobachtungen über die thermoelektrischen Eigenschaften des Boracits theilte *Hankel* mit, in den Abh. der Sächs. Ges. d. Wiss., Bd. VI. 1857. Derselbe lieferte eine wichtige Arbeit über die polare Thermoelektricität des Quarzes ebendas. Bd. VIII. 1866. 323; eine Uebersicht über die allmähliche Entwickelung unserer Kenntnisse von der Thermoelektricität der Krystalle eröffnet seine Untersuchungen über den Aragonit (ebend. Bd. X. 1872. 345). Vgl. auch *Mack* über Boracit in Z. f. Kryst. VIII. 503; *v. Kolenko* über Quarz ebend. IX. 1.

Ebenso wie durch Temperaturveränderung werden nach *J.* und *P. Curie* die an beiden Enden einer Symmetrieaxe verschiedenartig entwickelten Krystalle auch durch einen in der Richtung dieser Axe wirkenden Druck entgegengesetzt polar elektrisch (Comptes rendus, Bd. 91. 294. 383; Bd. 92. 186. 350; Bd. 93. 204). *Hankel* hat diese Versuche in sehr sorgfältiger Weise beim Bergkrystall wiederholt und diese durch Pressung hervorgerufene Wirkung die Piëzoelektricität genannt; er that dar, dass die Prismenkanten bei Vermehrung des Drucks dieselbe Polarität zeigen, wie sie thermoelektrisch bei steigender Temperatur beobachtet wird, und ebenso anderseits bei Verminderung des Drucks solche, welche mit der beim Erkalten übereinstimmt (Abh. Sächs. Ges. d. W. XII. 1884. 459).

Dass aber in den thermoelektrischen Krystallen die elektrische Vertheilung keineswegs immer (wie man wohl anfangs glaubte) eine polare, d. h. an beiden Enden einer Axe eine entgegengesetzte sei, dies wurde zuerst von *Erman* an Spaltungsstücken des Topases nachgewiesen, deren beide Spaltungsflächen er negativ fand, während die Säulenflächen sich positiv zeigten.

Dergleichen Abweichungen von der früheren Annahme hat nun *Hankel* durch vielfache, eben so genaue als mühsame Untersuchungen an Krystallen der verschiedenen Systeme in verschiedener Weise bestätigt gefunden, und aus allen seinen Beobachtungen die wichtigen Sätze gefolgert, dass die Thermoelektricität der Krystalle überhaupt nicht an den Hemimorphismus gebunden, sondern wahrscheinlich eine allgemeine Eigenschaft aller Krystalle ist, dass aber das Auftreten polarer, d. h. an ihren Enden entgegengesetzte Polarität zeigender Axen durch die hemimorphische Bildung bedingt wird [1].

Das Auftreten elektrisch-polarer Axen an den hemimorphen Krystallen ist ebenso nur ein Ausnahmefall im Bereich der Thermoelektricität, wie ihn der Hemimorphismus selbst im Gebiet der Krystallformen darstellt. Dies gilt auch für den Boracit, dessen Krystallformen durch den Gegensatz der positiven und negativen Tetraëder u. s. w., überhaupt durch die mit der Hemiëdrie verbundene Entzweiung der trigonalen Zwischenaxen gewissermaassen hemimorphisch in der Richtung dieser Axen sind; ebenso gilt es für den Quarz, dessen drei Nebenaxen durch die trapezoëdrische Tetartoëdrie in zwei ungleichwerthige Hälften zerfallen, welche sich thermoelektrisch

---

1) *Hankel*, Elektrische Untersuchungen, 10. Abhandlung, 1872, S. 24.

entgegengesetzt verhalten; weshalb sich diese Tetartoëdrie, wie *Hankel* gezeigt hat, auch als ein Hemimorphismus in der Richtung der Nebenaxen deuten lässt.

Da in den nicht hemimorphischen Krystallen beide Enden einer und derselben Axe gleichwerthig sind, so zeigen sie auch, bei vollständiger Ausbildung, gleiches elektrisches Verhalten; doch kann dies durch unvollständige Ausbildung oder auch durch bedeutende Verletzung der äusseren Gestalt mehr oder weniger modificirt werden.

Aus *Hankel's* grosser Untersuchungsreihe müssen einige Beispiele hervorgehoben werden, wobei sich die Angaben auf diejenige Elektricität beziehen, welche an den vorher erwärmten Krystallen während der Abkühlung auftritt.

An vollständig ausgebildeten Topaskrystallen z. B. erweisen sich die Enden der Verticalaxe und die brachydiagonalen Seitenkanten nebst den angrenzenden Flächentheilen positiv, dagegen die makrodiagonalen Seitenkanten und deren Angrenzungen negativ. Sind aber die Krystalle, wie dies ja gewöhnlich der Fall ist, abgebrochen und an dem einen Ende durch eine Spaltungsfläche begrenzt, so zeigt sich diese Spaltungsfläche gleichwie die makrodiagonalen Seitenkanten negativ, während das entgegengesetzte Ende der Verticalaxe und beide brachydiagonalen Seitenkanten positiv bleiben. — Beim Baryt sind, wenn das Spaltungsprisma als ∞P aufgefasst wird, die Enden der Verticalaxe positiv, die Enden der beiden Horizontalaxen negativ, und die Enden der in der Basis liegenden Zwischenaxen wieder positiv. Doch wird die elektrische Spannung nebenbei noch von der verschiedenen Ausbildung der Krystalle beeinflusst: nach den Enden derjenigen Diagonale hin, nach welcher das Wachsthum des Krystalls stattgefunden hat, nimmt sie stets in negativem Sinne zu oder in positivem ab. — Am Aragonit, welcher fast immer in Zwillingen ausgebildet ist, erscheinen die Flächen des Prismas ∞P längs den brachydiagonalen Seitenkanten positiv, diejenigen des Brachypinakoids $\infty \breve{P} \infty$ negativ, die des Brachydomas $\breve{P} \infty$ theils negativ, theils positiv, theils unelektrisch. — Der Prehnit gleicht in seinem elektrischen Verhalten dem Topas und Aragonit, d. h. an den Enden der Brachydiagonale liegen positive, an denen der Makrodiagonale negative Zonen; 0P ist ebenfalls negativ.

In den tetragonalen und hexagonalen Krystallen bedingt der Gegensatz zwischen Hauptaxe und Nebenaxen die Art der Vertheilung der entgegengesetzten Elektricitäten; an beiden Enden der Hauptaxe wird sich die eine, und ringsum rechtwinkelig von ihr die andere Elektricität entwickeln. So zeigen die vollständig ausgebildeten Vesuviankrystalle vom Wilui auf den Flächen 0P und P positive, auf den Prismenflächen negative Elektricität; ähnlich verhalten sich die Krystalle des Apophyllits von Andreasberg, Poonah, Bergenhill u. a. O., sowie die sibirischen Berylle und Smaragde; bei den kurzen Beryllkrystallen von Elba und bei den aufgewachsenen Vesuvianen von Ala verhielt es sich dagegen umgekehrt. Auch die meisten untersuchten Kalkspathkrystalle bieten an den Enden der Hauptaxe positive, auf den prismatischen Seitenflächen negative Elektricität dar; die eigenthümlich gestalteten Krystalle von Derbyshire weisen indessen eine umgekehrte Vertheilung der Elektricität auf. Bei den meisten Apatitkrystallen sind ebenfalls die Endflächen positiv, die Seitenflächen negativ, doch gibt es auch hier eigenthümliche Beispiele eines entgegengesetzten Verhaltens.

Auch eine Anzahl von Krystallen aus den klinoëdrischen Systemen ist von *Hankel* untersucht worden. Der Gyps ist auf $\infty \breve{P} \infty$ stets negativ, auf den verticalen Prismen ∞P und $\infty \breve{P} 2$, sowie auf der Hemipyramide P positiv. Beim Adular sind im Allgemeinen die Flächen an beiden Enden der Verticalaxe (0P und $\bar{P} \infty$), sowie die orthodiagonalen Seitenkanten oder das Klinopinakoid ($\infty \bar{P} \infty$) positiv, die verticalen Prismenflächen ∞P negativ; ganz analog verhält sich der Albit. Bei den Diopsiden waltet indessen der Unterschied ob, dass die piemontesischen Krystalle auf $\infty \bar{P} \infty$ positiv, auf $\infty\overset{P}{R}\infty$ negativ elektrisch sind, während die äusserlich gleichgestalteten Individuen aus Tirol gerade umgekehrte Vertheilungsverhältnisse darbieten.

Electricität durch Belichtung oder Bestrahlung (Aktinoelektricität) hat *Hankel* zuerst am Flussspath, namentlich an den grünen Krystallen von Weardale constatirt; durch das Licht des bedeckten Himmels, durch Sonnenbestrahlung oder elektrisches Kohlenlicht werden die Mitten der Würfelflächen negativ elektrisch, die elektrische Intensität nimmt nach den Rändern der Flächen zu ab, und geht dort, sowie an den Ecken oft in eine geringe positive über. Diese Vertheilung ist gerade entgegengesetzt derjenigen, welche der Flussspath bei der Erwärmung aufweist; daher ist denn auch hier die Qualität der erregten Elektricität nach der Belichtung und bei der Erwärmung dieselbe. Die Erregung der Elektricität erfolgt durch einen Vorgang, bei welchem der Farbstoff der Krystalle betheiligt ist (Abh. d. K. S. Ges. d. Wiss. XII. 1879. 203). Später hat *Hankel* nachgewiesen, dass auch die einen einfachen Bergkrystall durchdringenden Licht- oder Wärmestrahlen in demselben eine elektrische Spannung hervorrufen, der Vertheilung und Art nach genau übereinstimmend mit der bei der Abkühlung entstehenden thermoelektrischen (ebendas. XII. 1881. 459). Die Erregung ist proportional der Intensität der Strahlung und wesentlich abhängig von der Strahlengattung [1]).

§ 145. **Leitungsfähigkeit der Elektricität.** Ueber die Leitungsfähigkeit der Krystalle hat *G. Wiedemann* sinnreiche und werthvolle Untersuchungen angestellt [2]); er bestreute die Flächen mit einem feinen, schlechtleitenden Pulver (Mennige, Lycopodium-Samen) und leitete durch eine Nähnadelspitze die positive Elektricität einer Leidener Flasche auf den Krystall; alsdann wird das Pulver von der Spitze aus nach allen Richtungen mit einer der Leitungsfähigkeit entsprechenden Intensität fortgestossen. Auf den Flächen isotroper Körper (z. B. von Glas, regulärem Alaun, Flussspath u. s. w.) wurde dadurch eine kreisförmige Stelle entblösst, zum Beweise, dass sich in solchen Medien die Elektricität nach allen Directionen gleichmässig fortpflanzt. Ein Kreis erscheint auch auf den basischen Pinakoiden der tetragonalen und hexagonalen Krystalle, wogegen auf den Prismenflächen derselben elliptische Figuren freigelegt werden, welche auch auf allen Flächen der rhombischen, monoklinen und triklinen Krystalle resultiren. Die Analogie mit der Fortpflanzung der Wärme und des Lichtes leuchtet von selbst ein; nach *Wiedemann* scheint auch speciell die Richtung, in welcher sich die Elektricität am schnellsten verbreitet, mit jener der schnellsten Lichttransmission zusammenzufallen.

Zu denselben Resultaten ist auch *Sénarmont* gelangt, welcher die Krystallfläche mit Zinnfolie belegte und den Lichtschein, welcher sich auf ihr rings um die zuleitende Spitze bildete, im luftverdünnten Raum oder im Dunkeln beobachtete. Vgl. auch die

---

1) *C. Friedel* und *J. Curie* geben an, dass durch Bestrahlung und durch directe Wärmeleitung im Quarz die gleiche elektrische Vertheilung hervorgebracht werde und sind der Ansicht, dass die auftretende Elektricität in beiden Fällen nur die Folge einer ungleichmässigen Erwärmung resp. Abkühlung und einer damit verbundenen ungleichmässigen Dilatation resp. Compression sei, es sich also nur um eine piëzoelektrische Erscheinung handle (Bull. soc. min. V. 1882. 582). Die Ursache der Thermoelektricität erblicken sie in Aenderungen der Molekularabstände, während *Röntgen* dieselben in Spannungsänderungen findet. *Hankel* hat dagegen nochmals darauf hingewiesen, dass nach seinen Beobachtungen sowohl bei Erwärmung als bei Abkühlung die Aktinoelektricität der Thermoelektricität entgegengesetzt sei, und dass auch die aktinoelektrischen Spannungen nicht durch ungleiche Erwärmung entstehen können (Ann. Phys. u. Chem. XIX. 1883. 818).

2) Ann. d. Phys. u. Ch., Bd. 76, S. 77.

Versuche *v. Kobell's* (Münch. Gel. Anzeigen, 1850, Nr. 89 und 90) und dessen Mittheilungen über ein Gemsbart-Elektrometer (Sitzungsber. Münch. Akad., 1863. 51).

9. Magnetismus.

§ 146. Die Fähigkeit, auf die Magnetnadel einzuwirken, findet sich zwar nur bei wenigen Mineralien, wird aber gerade für diese ein sehr charakteristisches Merkmal. Sie ist jedenfalls in einem Gehalt von Eisen begründet, und hat dadurch auch insofern einigen Werth, wiefern sie uns von der Anwesenheit dieses Metalls belehrt. Es äussert sich aber diese Wirkung auf die Magnetnadel entweder als e i n f a c h e r, oder als p o l a r e r Magnetismus, je nachdem der Körper auf beide Pole der Nadel durchaus nur anziehend, oder stellenweise nur auf einen Pol anziehend, auf den anderen dagegen abstossend wirkt. Meteoreisen, Magneteisen, Magnetkies, Almandin u. a. Mineralien mit bedeutendem Gehalt von Eisenoxydul zeigen den einfachen Magnetismus mehr oder weniger lebhaft; dasselbe gilt von verschiedenen anderen eisenhaltigen Mineralien, nachdem man sie geglüht hat. Das Magneteisen zeigt aber auch bisweilen polaren Magnetismus, und verhält sich dann wie ein wirklicher Magnet; nach *v. Kokscharow* besitzt auch das Platin aus den Wäschen von Nischnei-Tagilsk oft sehr intensiven polaren Magnetismus.

Man unterscheidet auch die magnetischen Körper als r e t r a c t o r i s c h e und a t t r a c t o r i s c h e, je nachdem sie nur vom Magnet angezogen werden, oder selbst Eisen (als Feilspäne) anziehen. Die meisten magnetischen Mineralien verhalten sich nur retractorisch, was manche erst dann erkennen lassen, wenn man ihr Pulver mit einem Magnetstab in Berührung bringt. Zur Entdeckung sehr schwacher magnetischer Reactionen dient die von *Hauy* angegebene Methode des d o p p e l t e n Magnetismus.

Für gewisse Mineralien wird angegeben, sie seien nur b i s w e i l e n magnetisch; bei einigen derselben ist bestimmt eine mechanische Beimengung von Magneteisen die Ursache dieses Verhaltens. *Delesse* hat sich mit Untersuchungen über den Magnetismus vieler Mineralien und Gesteine beschäftigt, und eine eigenthümliche Methode angegeben, nach welcher sich das magnetische Vermögen (*le pouvoir magnétique*) derselben bestimmen, vergleichen und ausdrücken lässt (Ann. de Chimie et de Phys. XXV. 1849. 194, sowie Ann. des mines, (4) XIV. 429, u. XV. 479). *Plücker* versuchte die magnetische Intensität verschiedener Eisen-, Nickel- und Manganerze durch Zahlen auszudrücken (Ann. d. Phys. u. Ch., Bd. 74, S. 343). *Greiss* hat Untersuchungen über den Magnetismus der Eisenerze geliefert, aus denen sich ergibt, dass die meisten, wenigstens bei Anwendung einer astatischen Magnetnadel, eine mehr oder weniger deutliche Einwirkung zeigen (ebendas., Bd. 98. 1856. 478). Vgl. auch *Tasche* über den Magnetismus der Mineralien und Gesteine, Jahrb. d. geol. Reichsanst., 1857. 650.

Sehr wichtig wird der Gegensatz zwischen magnetischen und unmagnetischen Substanzen bei der T r e n n u n g von Mineralgemengen, wie sie in den Gesteinen vorliegen. Mit grossem Vortheil bediente sich *Fouqué* zuerst bei dieser Operation des Elektromagneten, mittels dessen es z. B. vortrefflich gelingt, eisenhaltige Mineralien, wie Magnetit, Augit, Olivin von den eisenfreien, z. B. Feldspathen zu separiren [1]).

---

1) Namentlich wenn man sich des von *Paul Mann* construirten Apparats bedient: aus dem unteren Glashahn einer oben trichterförmig erweiterten verstellbaren Bürette fliesst ein ruhiger Strom von Wasser mit den darin suspendirten Gesteinspartikelchen über die messerschneide-

Faraday hat bekanntlich zuerst solche Körper, welche, frei zwischen den Polen eines Magneten schwebend, ihre längste Dimension in die Verbindungslinie dieser Pole bringen, sich also a x i a l stellen, als p a r a m a g n e t i s c h e , diejenigen, welche ihre längste Dimension darauf senkrecht richten, also eine ä q u a t o r i a l e , transversale Stellung einnehmen, als d i a m a g n e t i s c h e bezeichnet. In den Krystallen ist auch die Stärke des Para- oder Diamagnetismus von der Richtung innerhalb derselben abhängig und zwar ergibt sich nach den Untersuchungen von *Grailich* und *v. Lang* (Sitzungsber. d. Wiener Akad., 1858, Bd. 32, S. 43) folgendes:

1) die regulären Krystalle (wie die amorphen Körper) zeigen nach allen Richtungen hin gleichen Grad dieser Eigenschaft, mögen sie nun para- oder diamagnetisch sein;

2) die tetragonalen und hexagonalen Krystalle besitzen in der Richtung der Hauptaxe entweder den stärksten oder schwächsten Para- oder Diamagnetismus; in allen darauf senkrechten Richtungen herrscht dann umgekehrt das Minimum oder Maximum dieser Eigenschaften.

Daher stellt sich die Richtung der optischen Axe a) wenn der Krystall paramagnetisch ist: a x i a l , sobald sie dem Maximum, ä q u a t o r i a l , sobald sie dem Minimum des Magnetismus entspricht; b) wenn der Krystall diamagnetisch ist: a x i a l , sobald sie mit dem Minimum, ä q u a t o r i a l , sobald sie mit dem Maximum des Diamagnetismus zusammenfällt. — Eisenspath, Turmalin und Vesuvian, alle einaxig, sind paramagnetisch, doch stellt sich die Hauptaxe bei dem ersten axial, bei den beiden anderen äquatorial. Der diamagnetische Kalkspath stellt die Hauptaxe axial, das ebenfalls rhomboëdrische und diamagnetische Wismuth dieselbe äquatorial.

3) Die Krystalle der übrigen Systeme zeigen eine dreifach verschiedene Richtung des stärksten, des mittleren und des schwächsten Para- oder Diamagnetismus.

§ 147. **Schlussbemerkung.** Aus den vorstehenden Erläuterungen ist es ersichtlich, in welchem genauen und gesetzmässig-nothwendigen Zusammenhang die verschiedenen physikalischen Beziehungen der Krystalle sowohl unter einander, als mit deren morphologischen Eigenschaften stehen. Licht, Wärme, Elektricität, Magnetismus pflanzen sich auf völlig übereinstimmende Weise in den Krystallen fort und die Krystallsysteme ordnen sich in ganz dieselben Abtheilungen, mögen wir als Argument der Gruppirung die optischen oder die thermischen u. s. w. Verschiedenheiten zu Grunde legen. Damit steht es alsdann auch in Verbindung, dass, wenn für einen Krystall z. B. die optischen Eigenschaften bekannt sind, man im Voraus bestimmen kann, wie derselbe z. B. die Wärme in sich fortpflanzen, oder auf welche Weise er sich durch die Wärme ausdehnen wird. Es ergibt sich ferner, dass jede g e o m e t r i s c h e Symmetrie-Ebene eines Krystalls z u g l e i c h eine p h y s i k a l i s c h e ist, dass zwei krystallographisch gleichwerthige Richtungen desselben dies auch in physikalischer Beziehung sind[1]).

10. Physiologische Merkmale der Mineralien.

§ 148. **Geschmack, Geruch und Gefühl, welche manche Mineralien**

---

artig zugeschärften Pole eines hufeisenförmigen Elektromagneten in ein daruntergestelltes Becherglas (N. Jahrb. f. Min. 1884. II. 182).

1) *Groth*, Physikal. Krystallographie 1876, S. 177.

-verursachen. Unter dem Ausdruck physiologische Merkmale pflegt man diejenigen Eigenschaften zu begreifen, welche gewisse Mineralien durch den Geschmacksinn, den Geruchsinn, oder das Gemeingefühl erkennen lassen. Die zu ihrer Bezeichnung dienenden Ausdrücke werden der Sprache des täglichen Lebens entlehnt, und bedürfen kaum einer besonderen Erwähnung.

So zeigen die meisten im Wasser sehr auflöslichen Mineralien auf der Zunge einen mehr oder weniger auffallenden Geschmack, welcher als salzig, süsslich, bitter, scharf u. s. w. unterschieden wird.

Einige Mineralien hauchen schon an und für sich einen eigenthümlichen Geruch aus, wie z. B. der Asphalt und der Schwefel. Andere lassen einen solchen Geruch erst verspüren, nachdem sie mit dem Hammer geschlagen oder auch stark gerieben worden sind; wie z. B. der Pyrit, das gediegene Arsen und der Stinkstein. Noch andere zeichnen sich durch einen thonigen oder bitterlichen Geruch aus, wenn sie angehaucht oder befeuchtet werden; wie z. B. die Thone, und überhaupt viele pelitische Mineralien, auch manche Hornblende u. a.; dieser Geruch der thonigen Mineralien wird von darin enthaltenen ammoniakalischen Stoffen hergeleitet.

Bei der Betastung mit den Fingern lassen manche Mineralien ein eigenthümliches Gefühl erkennen, indem sich einige fettig, andere dagegen rauh oder mager anfühlen; wie z. B. jenes bei dem Talk und Graphit, dieses bei dem Tripel und der Kreide der Fall ist. Auch die, in der specifischen Wärme und dem Wärmeleitungsvermögen begründete Verschiedenheit des mehr oder weniger kalten Anfühlens ist bisweilen beachtet worden.

Endlich zeigen mehre amorphe und pelitische Mineralien die Eigenthümlichkeit, an der feuchten Zunge mehr oder weniger fest zu haften oder zu adhäriren, was in der hygroskopischen Eigenschaft derselben begründet ist; so z. B. die den Namen Hydrophan tragende Varietät des Opals, viele Varietäten von Bol und Steinmark.

Von manchen dieser Eigenschaften lässt sich selbst für die Diagnose der Mineralien ein sehr guter Gebrauch machen, weshalb sie nicht ganz zu vernachlässigen sind.

--- --- ---

Drittes Hauptstück.

Von den chemischen Eigenschaften der Mineralien.

§ 149. **Wichtigkeit derselben.** Da die chemischen Eigenschaften sich lediglich auf die Substanz der Mineralien beziehen, und gänzlich unabhängig von der Form derselben sind, so kommt auch bei der Betrachtung dieser Eigenschaften der Unterschied des krystallisirten, aggregirten und amorphen Zustandes gar nicht in Rücksicht. Indessen pflegt bei krystallinischen Mineralien das eigentliche Wesen ihrer Substanz in den frei auskrystallisirten Varietäten am reinsten ausgeprägt zu sein, so dass man die Gesetzmässigkeit der chemischen Zusammensetzung eines solchen Minerals gewöhnlich sicherer aus seinen krystallisirten, als aus seinen aggregirten Varietäten erkennen wird.

Aber auch die krystallisirten Varietäten werden der chemischen Analyse nicht immer das vollkommen reine Bild ihrer Substanz gewähren, weil die mikroskopischen Untersuchungen gelehrt haben, dass die Individuen vieler Mineralarten mit Mikrolithen anderer Mineralien, oder mit kleinen Partikeln der umgebenden Gesteinsmasse oder anderen verunreinigenden Gebilden erfüllt sind. Wenn dergleichen Einschlüsse

in grosser Menge vorhanden sind, dann müssen sie nothwendig das Resultat der Analyse der sie einschliessenden Krystalle mehr oder weniger alteriren.

Die Mineralogie hat es bei der Betrachtung der chemischen Natur der Mineralien besonders mit zwei Gegenständen zu thun, mit ihrer chemischen Constitution und mit ihren chemischen Reactionen. In der ersteren lernen
wir das chemische Wesen der Mineralien, in den Reactionen aber die, in solchem Wesen begründeten chemischen Eigenschaften derselben kennen,
welche uns zugleich sehr werthvolle Merkmale zur Bestimmung und Unterscheidung der Mineralien darbieten. Die chemische Constitution eines Minerals kann
nur durch eine genaue quantitative Analyse erkannt werden, deren Ausführung dem Chemiker als solchem anheimfällt. Die chemischen Reactionen eines
Minerals führen nur mehr oder weniger genau auf die Kenntniss seiner qualitativen Zusammensetzung. — Ein Anhang an dieses Hauptstück beschäftigt sich
mit der chemisch-physikalischen Bildungsweise und dem Vorkommen der Mineralien.

Die Mineralogie muss die Resultate der chemischen Untersuchung der Mineralien
benutzen, wenn sie die Physiographie ihres Objects vollständig geben will. Denn
wahrlich, wenn irgend etwas zur Charakterisirung der Natur eines anorganischen
Körpers gehört, so sind es seine chemische Zusammensetzung und seine wichtigeren
chemischen Reactionen; die Mineralogie, als Naturgeschichte der Mineralien, hat eben
eine Darstellung derselben nach allen ihren Eigenschaften zu liefern. Die gegen-
theilige Ansicht beruhte entweder auf einer unrichtigen Vorstellung von der Aufgabe
der Naturgeschichte, oder auf einer nicht ganz naturgemässen Parallelisirung der Mineralien mit den lebenden Organismen. Auf der anderen Seite darf man aber nicht
vergessen, dass es die Mineralogie mit den Körpern, und nicht lediglich mit der
Substanz derselben zu thun hat, dass also eine blose chemische Kenntniss der
Mineralien nicht das ist, was der Mineralogie genügen kann. Wer in dem Mineral
nur eine Substanz anerkennt, der ist Demjenigen zu vergleichen, welcher in einer
Marmorstatue nur kohlensauren Kalk sieht.

I. Abtheilung. Von der chemischen Constitution der Mineralien.

1. Elemente, ihre Zeichen und Atomgewichte.

§ 150. Bevor wir zur Betrachtung der chemischen Constitution der Mineralien schreiten, wird es zweckmässig sein, folgende Uebersicht der Elemente einzuschalten.

Man kennt gegenwärtig 65 Elemente oder unzerlegte Stoffe, welche sich,
soweit sie genauer bekannt sind, nach gewissen Eigenschaften in folgende Abtheilungen bringen lassen:

I. Nicht-metallische Elemente (sogenannte Metalloide); meist gasige
   oder starre Körper, welche letztere nur selten metalloidischen Habitus besitzen, und schlechte Leiter der Elektricität und Wärme sind;
   1) gewöhnlich gasig: Sauerstoff, Wasserstoff, Stickstoff, Chlor und Fluor;
   2) gewöhnlich flüssig: Brom;
   3) gewöhnlich starr: Kohlenstoff, Phosphor, Schwefel, Bor, Selen, Jod und
      Silicium.

II. **Metallische Elemente**; bei gewöhnlicher Temperatur starre Körper (mit Ausnahme des Quecksilbers); in der Regel von metallischem Habitus und von grossem Leitungsvermögen für Elektricität und Wärme.

A. **Leichte Metalle**; sie haben ein specifisches Gewicht unter 5, und grosse Affinität zum Sauerstoff.

    a) **Alkalimetalle**; Kalium, Natrium, Lithium, Cäsium, Rubidium, Baryum, Strontium und Calcium;

    b) **Erdmetalle**; Magnesium, Lanthan, Yttrium, Erbium, Scandium, Beryllium, Aluminium, Zirkonium.

B. **Schwere Metalle**; sie haben ein specifisches Gewicht über 5, und lassen sich folgendermaassen eintheilen:

    a) **unedle**, oder für sich **nicht** reducirbare Metalle:

        α) spröde und schwer schmelzbar: Thorium, Titan, Tantal, Niobium, Wolfram, Molybdän, Vanadium, Chrom, Uran, Mangan, Cerium und Didymium;

        β) spröde und leicht schmelzbar oder verdampfbar: Arsen, Antimon, Tellur, Wismuth und Thallium;

        γ) dehnbare unedle Metalle: Zink, Cadmium, Gallium, Zinn, Blei, Eisen, Kobalt, Nickel, Kupfer, Indium und Ruthenium;

    b) **edle**, oder für sich reducirbare Metalle: Quecksilber, Silber, Gold, Platin, Palladium, Rhodium, Iridium und Osmium.

Obgleich sich die Eintheilung der Elemente in nicht-metallische und metallische Elemente, und die der letzteren in leichte und schwere Metalle nicht ganz scharf und consequent durchführen lässt, und obgleich sie, wie *Rammelsberg* sagt, für die Chemie unbrauchbar ist, weil der Begriff Metall ein rein physikalischer sei, so ist und bleibt sie doch für die Mineralogie, Metallurgie und die ganze berg- und hüttenmännische Praxis von der grössten Wichtigkeit.

Die Elemente pflegt man auch **einfache Radicale** zu nennen.

§ 151. Atomgewichte und Zeichen der Elemente. Wie Alles in der Natur, so sind auch die mancherlei Verbindungen der Elemente mathematischen Gesetzen unterworfen, indem eine wahrhaft chemische Verbindung zweier Elemente keineswegs in unbestimmt schwankenden, sondern nur in **bestimmt abgemessenen Gewichtsverhältnissen** derselben erfolgt. Zwar können sich je zwei Elemente meistentheils in **verschiedenen** Verhältnissen mit einander verbinden, aber jedenfalls findet das Gesetz statt, dass, wenn das Gewichtsverhältniss auf **einer** ihrer Verbindungsstufen $= m : n$ ist, für gleiches Gewicht m des **einen** Elements die den übrigen Verbindungsstufen entsprechenden Gewichtsgrössen des **anderen** Elements **Multipla** oder **Submultipla** von n nach sehr einfachen Zahlen sind.

Diese empirisch ermittelte Gesetzmässigkeit ist eine nothwendige Folge der atomistischen Constitution der Materie. Alle physikalischen und chemischen Erscheinungen nöthigen zu der theoretischen Annahme, dass die verschiedenen einfachen und zusammengesetzten Körper zunächst aus **sehr kleinen Theilen** bestehen, welche sich **nicht** unmittelbar berühren, und **Moleküle** genannt werden. Ein Molekül ist also die kleinste physikalisch untheilbare Menge eines

Körpers, welche überhaupt selbständig gedacht werden kann. Diese Moleküle betrachtet man aber wiederum zusammengesetzt aus den kleinsten Theilchen der Elemente, welche man Atome nennt, indem man unter dem Atom eines Elements die kleinste Menge desselben versteht, welche zur Bildung eines Moleküls beitragen kann. Das Molekül einer Verbindung kann daher durch chemische Mittel weiter gespalten werden.

Jedem Molekül und jedem Atom muss ein bestimmtes, unabänderliches Gewicht eigen sein. Verbindet sich ein Element mit einem anderen in mehr als einem Verhältniss, so muss in den Molekülen der verschiedenen Verbindungen die Anzahl der Atome jedes Elements in einem bestimmten aber von einander verschiedenen Verhältniss stehen; das Gesammtgewicht der einzelnen Elemente aber muss in allen Fällen ein Multiplum der Gewichte der einzelnen Atome sein.

Indem man nun zunächst die im gas- oder dampfförmigen Zustand bekannten Körper berücksichtigt, und die theoretische Voraussetzung einführt, dass solche in diesem Zustand bei gleich grossem Volumen, gleichem Druck und gleicher Temperatur gleich viele Moleküle enthalten, so gelangt man auf die Folgerung, dass die bei demselben Druck und derselben Temperatur bestimmten specifischen Gewichte der gas- und dampfförmigen Körper auch die relativen Gewichte ihrer Moleküle, oder ihre Molekulargewichte sein müssen.

Bestimmt man ferner diese Molekulargewichte verschiedener gasförmiger Körper und zugleich die elementare Zusammensetzung derselben, d. h. die Gewichtsmengen der in dem Molekül enthaltenen einzelnen Elemente, so gelangt man durch Vergleichung dieser letzteren Gewichtsmengen zur Kenntniss der Atomgewichte der Elemente. Unter dem Atomgewicht eines Elements versteht man nämlich die kleinste relative Gewichtsmenge desselben, welche zur Bildung des Moleküls einer es selbst enthaltenden Verbindung beitragen kann.

Auf diese Weise fand man z. B., dass einem Gewichtstheil Wasserstoff
für das Chlor . . . . . . 35,37 Gewichtstheile
für den Sauerstoff 15,96   »
für den Kohlenstoff . . . 11,97   »
für den Stickstoff 14,01   »
als die relativen Atomgewichte dieser Elemente entsprechen.

Da nun aber sehr viele Elemente im gasförmigen Zustand oder auch in dergleichen Verbindungen gar nicht bekannt sind, und folglich direct und unmittelbar nicht auf ihre Molekular- und Atomgewichte untersucht werden können, so sind deren Atomgewichte mittelbar, theils aus der sehr wahrscheinlichen Voraussetzung, dass sich isomorphe Elemente in ihren isomorphen Verbindungen im Verhältniss ihrer Atomgewichte vertreten, theils aus dem annähernd gesetzmässigen Verhältniss zwischen der specifischen Wärme und dem Atomgewicht erschlossen worden.

Es ist in mancher Hinsicht gleichgültig, welches Elementes Atomgewicht zur Einheit gewählt wird. *Berzelius* wählte dazu den Sauerstoff, indem er dessen (Aequivalent- oder) Atomgewicht = 100 setzte. Gegenwärtig wird jedoch allgemein der Wasserstoff als Einheit zu Grunde gelegt, welcher das kleinste Atomgewicht besitzt. Um nun aber die Zusammensetzung eines aus zweien oder mehren Elementen bestehenden Körpers kurz und bestimmt auszudrücken, dazu dient die stöchiometrische B e z e i c h n u n g der Elemente.

Jedes Element erhält nämlich ein Z e i c h e n, welches entweder der Anfangsbuchstabe seines lateinischen Namens, oder derselbe, mit noch einem anderen verbundene Buchstabe ist; so wird z. B. O das Zeichen des Sauerstoffs oder Oxygens, H das Zeichen des Wasserstoffs oder Hydrogens, P das Zeichen des Phosphors, Pb das Zeichen des Bleies. — Diese Zeichen haben aber auch zugleich eine s t ö - c h i o m e t r i s c h e Bedeutung, indem sie das e i n f a c h e oder e i n Mal gesetzte Atomgewicht des betreffenden Elements ausdrücken; es bedeutet also O e i n Atom Sauerstoff, Pb e i n Atom Blei u. s. w. In den Verbindungen wird durch Ziffern, welche dem Zeichen des Elements hinzugefügt werden, die Anzahl der Atome ausgedrückt, mit denen es sich an dem Molekül betheiligt. So gibt die Formel des Wassers H^2O an, dass darin 2 Atome (2 Gewichtstheile) Wasserstoff mit 1 Atom (15,96 Gewichtstheile) Sauerstoff zu einem Molekül (17,96 Gewichtstheile) Wasser verbunden sind.

Die Zeichen und Atomgewichte der Elemente sind nun folgende [1]):

Aluminium	Al	27,04	Magnesium	Mg	23,94
Antimon	Sb	122	Mangan	Mn	54,8
Arsen	As	74,9	Molybdän	Mo	95,9
Baryum	Ba	136,86	Natrium	Na	22,995
Beryllium	Be	9,08	Nickel	Ni	58,6
Blei	Pb	206,39	Niobium	Nb	93,7
Bor	B	10,9	Osmium	Os	195
Brom	Br	79,76	Palladium	Pd	106,2
Cadmium	Cd	111,07	Phosphor	P	30,96
Cäsium	Cs	132,07	Platin	Pt	194,3
Calcium	Ca	39,91	Quecksilber	Hg	199,8
Cer	Ce	141,2	Rhodium	Rh	104,1
Chlor	Cl	35,37	Rubidium	Rb	85,2
Chrom	Cr	52,45	Ruthenium	Ru	103,5
Didym	Di	145,0	Sauerstoff	O	15,96
Eisen	Fe	55,88	Scandium	Sc	44
Erbium	Er	166	Schwefel	S	31,98
Fluor	F	19,06	Selen	Se	78,87
Gallium	G	69,9	Silber	Ag	107,66
Gold	Au	196,2	Silicium	Si	28,0
Indium	In	113,4	Stickstoff	N	14,01
Iridium	Ir	192,5	Strontium	Sr	87,3
Jod	J	126,54	Tantal	Ta	182
Kalium	K	39,03	Tellur	Te	127,7
Kobalt	Co	58,6	Thallium	Tl	203,7
Kohlenstoff	C	11,97	Thorium	Th	231,96
Kupfer	Cu	63,18	Titan	Ti	50,25
Lanthan	La	138,5	Uran	U	239,8
Lithium	Li	7,01	Vanadin	V	51,1

___

[1]) Für die Atomgewichte sind diejenigen Zahlen angegeben, welche durch *Lothar Meyer* und *K. Seubert* mit der zur Zeit möglichsten Genauigkeit gewonnen wurden (Die Atomgewichte der Elemente, Leipzig 1883).

Wasserstoff	H	....	1	Zink	Zn	 64,88
Wismuth	Bi	....	207,5	Zinn	Sn	 117,35
Wolfram	W	....	183,6	Zirkonium	Zr	 90,4
Yttrium	Y	....	89,6			

§ 152. **Valenz der Elemente.** Unter der Valenz oder chemischen Werthigkeit der Elemente versteht man das bestimmte Bindungsvermögen, welches die Atome jedes Elements anderen Atomen gegenüber zeigen; man nennt die Elemente ein-, zwei-, drei- und vierwerthig, je nachdem ein Atom derselben 1, 2, 3 oder 4 Atome des Wasserstoffs als des zum Maass genommenen Normalelements zu binden oder zu ersetzen vermag. So verbindet sich 1 Atom Cl mit 1 Atom H, ebenso auch ein Atom F oder Br mit 1 Atom H, und man bezeichnet diese Elemente daher als einwerthige.

Einwerthige Elemente sind H, K, Na, Li, Rb, Cs, J, Br, Cl, F, Ag. Dieselben verbinden oder ersetzen sich gegenseitig auch stets zu einem Atom.

1 Atom Sauerstoff bindet aber nicht 1, sondern 2 Atome Wasserstoff, ebenso 2 Atome K, überhaupt 2 Atome eines einwerthigen Elements; der chemische Werth des Sauerstoffatoms ist also doppelt so gross, wie der des Wasserstoffatoms, und man nennt daher den Sauerstoff und diejenigen Elemente, welche sich hierin ebenso verhalten, zweiwerthige. Solche sind: Ba, Ca, Sr, Mg, Mn, Fe, Cu, Pb, Zn, Cd, Hg, Te, Se, S. Die einzelnen Atome der Elemente dieser Reihe sind untereinander äquivalent, gleichwerthig: $O = 2Cl = 2H = Ca = 2Na$.

Die Werthigkeit eines Elements wird gewöhnlich aus seinen Verbindungen mit Chlor oder Wasserstoff ermittelt. B, Au, Ce, Y, N, P, As, Sb, Bi werden gewöhnlich als dreiwerthige Elemente bezeichnet, weil die wichtigen Verbindungen derselben (NH^3, PH^3, PCl^3, $AsCl^3$, $BiCl^3$ u. s. w.) einer solchen Werthigkeit entsprechen[1]); demgemäss ist $Sb = 3H$; $2Sb = 3S$. Vierwerthige Elemente sind C, Si, Sn, Ti, Pt, weil sie in z. B. $SiCl^4$, $TiCl^4$, CH^4 vier Atome Cl oder H binden. Auch fünfwerthige Elemente hat man erkannt.

Es ist indessen zu bemerken, dass diese Verhältnisse nicht immer sofort klar erkannt werden können, weil 1) möglicherweise die Werthigkeit keine constante, den Elementen an und für sich zukommende Eigenschaft, sondern eine wechselnde Grösse ist, und 2) mehre Atome desselben Elements sich miteinander zu einem Molekül verbinden können, welches bei einigen Elementen dieselbe Werthigkeit wie das Atom, bei anderen eine von dieser verschiedene besitzt.

Die Werthigkeit der Elemente pflegt man wohl auch durch römische Ziffern auszudrücken, welche man über das Zeichen derselben setzt, z. B. $\overset{I}{Cl}$, $\overset{II}{O}$, $\overset{III}{Bi}$, $\overset{IV}{Si}$.

R ist das allgemeine Zeichen für ein Element. Nach dem Obigen vertreten sich, um in dem Molekül den chemischen Gleichgewichtszustand zu erhalten, in Verbindungen nur solche Gruppen, deren Product aus Atomzahl und Werthigkeit gleich ist, also $2\overset{I}{R} = \overset{II}{R}$, $4\overset{I}{R} = \overset{IV}{R} = 2\overset{II}{R}$ u. s. w.

Zwei Elemente von verschiedener Werthigkeit können sich aber auch in Verbindungen zu einer festeren Atomgruppe vereinigen, die dann als solche mit der-

---

[1]) N, P, As, Sb, Bi gelten auch als fünfwerthig, wobei dann die Verbindungen NH^3, PCl^3 als ungesättigt erscheinen.

jenigen Werthigkeit fungirt, welche jener Differenz entspricht; so ist die Gruppe $\overset{\text{II I}}{[O\,H]}$ (Hydroxyl) einwerthig und kann z. B. Cl oder F ersetzen; ebenso sind die Gruppen $\overset{\text{II I}}{[Mg\,F]}$, $\overset{\text{III I}}{[N\,H^4]}$, $\overset{\text{III II}}{[Al\,O]}$ einwerthig und können [O H] oder H vertreten. Man nennt derartige Gruppen, in welchen die vorhandenen Verwandtschaftseinheiten nicht befriedigt sind, und welche also den Elementen gleich wirken, zusammengesetzte Radicale; sie sind im folgenden mit einer eckigen Klammer umfasst.

Eisen, Mangan, Aluminium, Chrom treten vielfach in Verbindungen auf, in denen z wei ihrer Atome sechs Valenzen besitzen, z. B. Fe^2Cl^6, Al^2O^3, Cr^2O^3. Man hat diese zwei eng zusammengehörigen Atome wohl Doppelatome genannt, und ihr Vorhandensein durch einen das Symbol des Elements quer durchziehenden Strich ausgedrückt, z. B. Al; wir wählen dazu die zweckmässigere Umschliessung vermittels einer gerundeten Klammer (Al^2), (Fe^2). — Ausserdem tritt besonders das Eisen in einer anderen Reihe von Verbindungen auf, in denen es zweiwerthig erscheint.

2. Chemische Constitution der Mineralien.

§ 153. Unorganische Verbindungen. Unter der chemischen Constitution eines Minerals versteht man die gesetzmässige Zusammensetzung desselben' aus bestimmten Elementen nach bestimmten Proportionen. Einige wenige Mineralien sind ihrer chemischen Constitution nach als einfache Körper, als blose Elemente zu betrachten, wenn sie auch kleine Beimengungen anderer Substanzen enthalten; dahin gehören z. B. der Schwefel, der Diamant, der Graphit und mehre gediegene Metalle. Bei weitem die meisten Mineralien sind jedoch zusammengesetzte Körper oder chemische Verbindungen von Elementen. Da nun die chemischen Verbindungen überhaupt in unorganische und organische getheilt werden, und diese letzteren nur solche Verbindungen sind, welche in Thieren und Pflanzen fertig gebildet vorkommen, oder aus diesen dargestellt werden können[1]), so folgt schon aus der Definition von Mineral (§ 1), dass die eigentlichen Mineralien unorganische Verbindungen sein werden, während organische Verbindungen nur im Gebiet der Fossilien und als mancherlei Zersetzungsproducte derselben zu erwarten sind, wie z. B. in den Kohlen, Harzen und organisch-sauren Salzen.

Obgleich die Mineralien unorganische Verbindungen sind, so können sie doch oft kleine Quantitäten von Stoffen organischer Herkunft enthalten, welche in ihrer Masse ganz gleichmässig diffundirt sind. Wenn man dergleichen Mineralien im Glasrohr erhitzt, so verspürt man einen empyreumatischen Geruch, und erhält sogar bisweilen bituminöse Destillate, welche meist Ammoniak enthalten, das sich aus dem Stickstoff der organischen Substanz bildet. *Delesse* hat sich mit genauen Untersuchungen hierüber beschäftigt, aus denen hervorgeht, dass gewisse Varietäten von Fluorit, Quarz, Opal, Chalcedon, Topas, Baryt, Calcit, Gyps u. a. Mineralien mehr oder weniger Stickstoff enthalten, welcher den von diesen Mineralien aufgenommenen organischen Substanzen angehört. Comptes rendus, T. LI. 1860. 287 und dessen Werk: *De l'Azote et des matières organiques dans l'écorce terrestre*, Paris 1861. Manche Mineralien verdanken ihre Farbe solchen Beimengungen organischer Stoffe.

---

1) Allgemein scheint jetzt die Definition zu gelten, dass die organischen Verbindungen die Kohlenstoff-Verbindungen sind.

§ 154. Säuren, Basen, Salze. Für die vorliegenden Zwecke mag es, um zu einem allgemeinen Verständniss der Mineralzusammensetzung zu gelangen, genügen, folgende Sätze und Entwickelungen der Chemie hervorzuheben.

Man unterscheidet zwei Hauptarten von chemischen Verbindungen des Wasserstoffs: die Säuren (Hydrosäuren) und die Basen (Hydrobasen), von welchen die ersteren blaues Lackmuspapier röthen, die letzteren das rothe bläuen.

Eine Säure ist eine wasserstoffhaltige Verbindung, deren Wasserstoff leicht ganz oder theilweise durch Metalle ersetzt werden kann. Der mit diesem Wasserstoff verbundene Rest, den man Radical nennt, enthält ein elektronegatives Element, nämlich entweder ein Halogen (Cl, Br, J, F), oder Sauerstoff oder Schwefel. Ist R das Zeichen eines (elektronegativen) Elements, so ist die allgemeine Formel für die so hervorgehenden drei Classen von Säuren, diejenigen mit einem Halogen allein, die Oxysäuren und die Sulfosäuren:

$$\text{Wasserstoffsäuren } H R,$$
$$\text{Oxysäuren } \ldots H^m R O^u,$$
$$\text{Sulfosäuren} \ldots H^m R S^n.$$

Die Wasserstoffsäuren sind die Verbindungen von H mit Cl, Br, J und F: selten sind die Sulfosäuren; Beispiele der sehr zahlreichen Oxysäuren sind HNO^3 Salpetersäure, H^2SO^4 Schwefelsäure, H^3PO^4 Phosphorsäure. Die Säuren werden je nach der Anzahl ihrer ersetzbaren Wasserstoffatome mono-, di-, tri-, tetrahydrische (ein-, zwei-, drei-, vierbasische) genannt. Man stellt sich die Constitution der Oxysäuren so vor, dass man in ihnen Verbindungen sieht, in welchen 1 oder 2 oder 3 Sauerstoffatome zur Hälfte durch ebensoviel Atome Wasserstoff, zur Hälfte durch eine Atomgruppe (Säureradical) gebunden sind, welche 1 oder 2 oder 3 Atomen eines einwerthigen Elements äquivalent ist.

Wenn aus einer Oxysäure der Wasserstoff in Verbindung mit Sauerstoff als Wasser ausgeschieden wird, so entsteht ein Säure-Anhydrid[1]. Bei ein- und dreibasischen Säuren sind zu diesem Vorgang zwei Moleküle erforderlich; z. B.

$$2(HNO^3) - H^2O = N^2O^5, \text{ Salpetersäure-Anhydrid},$$
$$H^2SO^4 \quad - H^2O = SO^3, \text{ Schwefelsäure-Anhydrid},$$
$$2(H^3PO^4) - 3H^2O = P^2O^5 \text{ Phosphorsäure-Anhydrid}.$$

Die Säure-Anhydride stellen demzufolge Sauerstoffverbindungen (Oxyde) von Elementen dar.

Ebenso gehen aus den Sulfosäuren durch Ausscheidung von Schwefelwasserstoff H^2S die Anhydride hervor, welche Schwefelverbindungen der Elemente sind; z. B. $2(H^3AsS^4) - 3H^2S = As^2S^5$.

Im Mineralreich sind sowohl Anhydride von Oxysäuren bekannt, z. B. das der Kieselsäure (SiO^2) als Quarz, das der Titansäure (TiO^2) als Rutil, als auch Anhydride von Sulfosäuren, z. B. As^2S^3 (Auripigment), Sb^2S^3 (Antimonglanz).

Eine Basis, z. B. Na[OH], ist eine Hydroxyl (OH)-haltige Verbindung, deren Hydroxylrest eines Austausches gegen Säureradicale fähig ist; das daneben vorhandene Element ist ein Metall, also elektropositiv. Von diesen eigentlichen sauerstoffhaltigen (Oxy-) Basen unterscheidet man wohl die sog. Sulfobasen, welche

---

[1] Vormals wurde dies als die eigentliche Säure bezeichnet.

aus einem Metall, Schwefel und Wasserstoff bestehen. In den Basen ist die Anzahl der Wasserstoffatome gleich der Anzahl der Sauerstoffatome oder Schwefelatome Bezeichnet R ein elektropositives Element, so ist die allgemeine Formel für die Glieder der beiden Classen: $R[OH]^n$ und $R[SH]^n$.

Betreffs der Constitution der Oxybasen (und Sulfobasen) gilt die Vorstellung, dass 1, 2 oder 3 Atome Sauerstoff (oder Schwefel) zur Hälfte durch ebensoviel Atome Wasserstoff, zur Hälfte durch ein denselben gleichwerthiges Metallatom gebunden sind; nach der Valenz desselben unterscheidet man ein-, zwei-, drei-, vierwerthige (-hydrische) u. s. w. Basen (Hydroxyde und Hydrosulfüre); z. B.:

$$\text{Natriumhydroxyd} = \overset{\text{I}}{Na}[OH], \text{ monohydrisch,}$$

$$\text{Baryumhydroxyd} = \overset{\text{II}}{Ba}[OH]^2, \text{ dihydrisch,}$$

$$\text{Wismuthhydroxyd} = \overset{\text{III}}{Bi}[OH]^3, \text{ trihydrisch,}$$

$$\text{Baryumhydrosulfür} = \overset{\text{II}}{Ba}[SH]^2, \text{ dihydrisch.}$$

Wenn aus einer Oxybasis der Wasserstoff in Verbindung mit Sauerstoff als Wasser (H^2O) ausgeschieden wird, so nennt man die restirende Verbindung ein Basisanhydrid[1]); sie ist das Oxyd eines Metalls, z. B.

Natriumhydroxyd $2Na[OH] - H^2O = Na^2O$, Natriumoxyd, Natron,

Zinkhydroxyd $Zn[OH]^2 - H^2O = ZnO$, Zinkoxyd,

Wismuthhydroxyd $2Bi[OH]^3 - 3H^2O = Bi^2O^3$, Wismuthoxyd.

Die Oxyde, die Verbindungen eines Elements mit Sauerstoff, werden, nach der geringeren oder grösseren Menge Sauerstoff, als Suboxyd, Oxydul, Oxyduloxyd, Oxyd, Super- oder Hyperoxyd unterschieden; z. B. Pb^2O Bleisuboxyd, MnO Manganoxydul, Mn^2O^3 Manganoxyd, MnO^2 Mangansuperoxyd, $Fe^3O^4 = FeO.(Fe^2)O^3$ Eisenoxyduloxyd.

Analog geht so aus einer Sulfobasis durch Ausscheidung von H^2S als Anhydrid ein Schwefelmetall hervor, z. B.

$2Na[SH] - H^2S = Na^2S$, Schwefelnatrium,

$Ba[SH]^2 - H^2S = BaS$, Schwefelbaryum.

Oxyde, und zwar sowohl der leichten als der schweren Metalle, spielen eine grosse Rolle im Mineralreich, z. B. Periklas MgO, Korund $(Al^2)O^3$, Rothkupfererz Cu^2O, Eisenglanz $(Fe^2)O^3$, Bleioxyd PbO, Rothzinkerz ZnO.

Auch basische Schwefelmetalle sind weit verbreitet, z. B. Bleiglanz PbS, Rothnickelkies $NiAs$, Kupferglanz Cu^2S, Silberglänz Ag^2S, Zinnober HgS, Zinkblende ZnS.

Früher bediente man sich zum Ausdruck der Verbindungen des Sauerstoffs und Schwefels mit einem anderen Element der abkürzenden Signatur, dass man nur das Zeichen dieses letzteren Elements hinschrieb und darüber entweder so viele Punkte oder Striche setzte, als mit ihm entweder Sauerstoffatome oder Schwefelatome verbunden sind. Also: $\overset{.}{Pb} = PbO$, $\overset{.}{Mg} = MgO$, $\overset{..}{Si} = SiO^2$, $\overset{.}{Pb} = PbS$, $\overset{..}{F} = FeS^2$. Für solche Verbindungen, in welchen z. B. 2 Atome Radical mit 1 oder 3 Atomen Sauerstoff oder Schwefel verbunden sind, brachte man durch die Mitte des Radicalzeichens einen kurzen Querstrich an; also $\overline{Al} = (Al^2)O^3$, $\overline{Fe} = (Fe^2)O^3$, $\overline{Fe} = (Fe^2)S^1$.

---

1) Die Basisanhydride oder Anhydroxyde sind dasjenige, was man früher Basis nannte.

Ein **Salz** ist eine Verbindung, welche bei gegenseitiger Einwirkung einer Säure und Basis dadurch entsteht, dass an die Stelle des (ersetzbaren) Wasserstoffs in der Säure ein (elektropositives) Metall von derselben Werthigkeit tritt. Ebenso viel Wasserstoffatome wie in der Säure ersetzt werden, treten aus der Basis mit der entsprechenden Menge Sauerstoff als Wasser dabei aus [1]).

Demzufolge verlangt 1 Mol. einer zweibasischen Säure entweder 1 Mol. einer zweiwerthigen Basis, oder 2 Mol. einer einwerthigen Basis; 1 Mol. einer vierbasischen Säure erfordert entweder 4 Mol. einer einwerthigen, oder 2 einer zweiwerthigen, oder 1 Mol. einer vierwerthigen Basis. So werden in der Schwefelsäure H^2SO^4 die 2 Atome Wasserstoff entweder durch 2 Atome des einwerthigen Kaliums, oder durch 1 Atom des zweiwerthigen Zinks ersetzt, und es bildet sich K^2SO^4 oder $ZnSO^4$.

Je nach den oben erwähnten **drei** Arten von Säuren bezeichnet man die daraus hervorgehenden Salze als Haloidsalze, Oxysalze (Sauerstoffsalze) und Sulfosalze (Schwefelsalze).

Ein **Haloidsalz** ist das Salz einer Säure von einfachem Radical, z. B. $NaCl$, AgJ, CaF^2 (entstanden aus HCl, HJ, $2(HF)$. Beispiele von Haloidsalzen (Chloride, Bromide, Jodide, Fluoride) aus dem Mineralreich sind die häufigen Kochsalz und Flussspath, die seltenen Chlorsilber, Chlorquecksilber, Fluormagnesium.

Die **Oxysalze** stellen die zahlreichste Classe der Mineralverbindungen dar. Man bezeichnet sie nach dem Säure-Radical als Carbonate (z. B. $CaCO^3$, $FeCO^3$), Sulfate (z. B. $BaSO^4$, $PbSO^4$), Nitrate (z. B. KNO^3), Borate, Phosphate, Arseniate, Chromate, Tantalate, Molybdate ($PbMoO^4$), Silicate (z. B. $CaSiO^3$). Die Anzahl der natürlich vorkommenden Silicate allein ist grösser, als die aller übrigen Oxysalze zusammengenommen.

Zu den Oxysalzen kann man, und zwar als Aluminate und Ferrate, auch die früher als Verbindungen von Monoxyd und Sesquioxyd aufgefassten Substanzen rechnen, z. B. Spinell, $MgO.(Al^2)O^3$ und Magneteisen, $FeO.(Fe^2)O^3$, indem dieselben nach der neueren Ansicht als Salze gelten, in welchen Thonerde und Eisenoxyd starken Basen gegenüber als Säuren wirken. Der Spinell erscheint alsdann als das Magnesium-Aluminat $Mg(Al^2)O^4$, abgeleitet aus $H^2(Al^2)O^4$ (Diaspor), das Magneteisen als das Eisenferrat $Fe(Fe^2)O^4$.

Für mehre Oxysalze sind die betreffenden Säuren (Hydrosäuren) unbekannt; so kennen wir zwar die Schwefelsäure H^2SO^4, aber nicht die Kohlensäure H^2CO^3, sondern blos ihr Anhydrid (vgl. S. 220) CO^2; ebenfalls nicht die arsenige Säure H^3AsO^3, sondern nur ihr Anhydrid As^2O^3.

Früher ging man von der Ansicht aus, dass die Oxysalze binäre Verbindungen seien, zusammengesetzt aus zwei sauerstoffhaltigen Körpern: der Basis und der Säure; so fasste man den Kalkspath ($CaCO^3$) auf als bestehend aus der Basis CaO und

---

1) Anhangsweise mag hier daran erinnert werden, dass Salze sich überhaupt auf folgende Weise bilden können:
a) durch Einwirkung der Metalle auf Hydrosäuren, wobei H frei wird;
b) durch Einwirkung eines Basisanhydrids auf eine Hydrosäure, wobei neben dem Salz Wasser entsteht;
c) durch Vereinigung einer Hydrobasis mit einer Hydrosäure, wobei ebenfalls Wasser austritt;
d) durch Einwirkung eines Basisanhydrids auf ein Säureanhydrid (selten);
e) durch Einwirkung verschiedener Salze auf einander vermöge der doppelten Wahlverwandtschaft, wobei sich allezeit dasjenige neue Salz zu bilden strebt, welches weniger löslich oder anderseits in der Wärme flüchtiger ist, als die ursprünglichen Salze.

der Säure CO^2, den Schwerspath (BaSO^4) als bestehend aus BaO und SO^3. Diejenigen Verbindungen, welche wir jetzt als Säureanhydride betrachten (CO^2 und SO^3), wurden für die eigentlichen Säuren, die jetzigen Basisanhydride (CaO und BaO) für die eigentlichen Basen gehalten. Für die Bezeichnung der Salze bildete man aus dem Namen der Säure ein Adjectivum, welches man dem Namen der Basis vorsetzte, sprach also von kohlensaurem Kalk und von schwefelsaurem Baryt.

Die Sulfosalze (Schwefelsalze) gehen ebenso, wie die Oxysalze aus den Oxysäuren, aus den Sulfosäuren hervor. Die natürlich im Mineralreich vorkommenden bestehen aus Schwefel, aus Antimon (Arsen oder Wismuth) und einem elektropositiven Metall (Silber, Kupfer, Blei, seltener Eisen) oder einem anderen; z. B. Miargyrit Ag Sb S^2, dunkles Rothgültigerz Ag^3SbS^3, Zinckenit Pb Sb$^2S^4$, Dufrenoysit Pb^{2}As$^2S^5$, Klaprothit Cu^{6}Bi$^4S^9$. Die entsprechenden Sulfosäuren und Sulfobasen indessen, deren Vorhandensein diese Salze voraussetzen, sind unbekannt; wir kennen nur deren Anhydride, die einfachen Schwefelverbindungen oder Sulfide, z. B. As$^2S^3$, Sb$^2S^3$, Ag^{2}S, Cu^{2}S, PbS.

Diese Anhydride sind es, in welchen man auch hier früher die eigentlichen Sulfobasen und Sulfosäuren sah; die Sulfosalze erachtete man demzufolge gemäss der dualistischen Auffassung, ganz analog wie die Sauerstoffsalze, als aus einer elektropositiven sog. Sulfobasis und einer elektronegativen Sulfosäure gebildet; so z. B. wurde Pb Sb$^2S^4$ aufgefasst als zusammengesetzt aus PbS + Sb$^2S^3$; ferner Ag^{3}SbS^3 als bestehend aus 3Ag^{2}S + Sb$^2S^3$; oder Pb^{2}As$^2S^5$ als 2PbS + As$^2S^3$. In jeder dieser älteren Formeln ist das erste Glied die sog. Sulfobasis, das zweite die sog. Sulfosäure. Diese frühere Schreibweise ist indessen auch jetzt noch immer von praktischem Nutzen, und sie mag nebenher beibehalten werden, sofern man sich nur erinnert, dass sie der strengen theoretischen Begründung entbehrt.

Ein neutrales oder normales Salz ist dasjenige, welches entsteht, wenn der Wasserstoff einer Säure durch ein Metall vollständig ersetzt wird, z. B. K^2SO^4, gebildet vermittels Ersetzung des H^2 in H^2SO^4 durch K^2; ebenso $CaCO^3$, oder KNO^3. Ein solches Salz geht aus äquivalenten Mengen von Säure und Basis hervor; es kann auch aufgefasst werden als eine Basis (normales Hydroxyd), in welcher die sämmtlichen Hydroxyle durch Säureradicale vertreten sind.

Entspricht die Werthigkeit des Metalls nicht direct derjenigen der Wasserstoffatome in der Säure, so müssen von der letzteren mehre Moleküle zur Ableitung des neutralen Salzes in Anspruch genommen werden; um z. B. aus der Phosphorsäure H^3PO^4 ein neutrales Salz des zweiwerthigen Calciums zu erhalten, sind 2 Mol. derselben erforderlich: $H^6[PO^4]^2$ liefern dann Ca$^3[PO^4]^2$. — Ein neutrales Sulfosalz ist z. B. der Boulangerit Pb^{3}Sb$^2S^6$, abgeleitet aus 2 Mol. der Sulfosäure H^3SbS^3 durch Ersatz von H^6 durch Pb^3.

Wird aber eine Säure mit einer Basis nur theilweise gesättigt, oder wird zu dem neutralen Salz noch Säure hinzugefügt, so dass nicht alle Wasserstoffatome durch Metall ersetzt werden, so entsteht ein saures Salz, welches also noch durch Metall vertretbaren Wasserstoff enthält. Empirisch ist dasselbe mithin neutrales Salz + 1 oder n Molekülen Säure. So ist z. B. saures Kaliumsulfat: (K^2SO^4 + H^2SO^4) = HKSO^4, entstanden aus H^2SO^4, in welchem nur 1 Atom H durch 1 Atom K ersetzt ist. Einbasische Säuren und einwerthige Basen können miteinander keine sauren, sondern nur neutrale Salze liefern. Die Lösungen der sauren Salze röthen gewöhnlich blaues Lackmuspapier.

Wird umgekehrt eine Basis mit einer Säure unvollständig gesättigt, oder wird zu dem neutralen Salz noch Basis hinzugefügt, so dass nicht nur alle Wasserstoffatome der Säure durch Metall ersetzt werden, sondern dies noch Hydroxylreste mit sich bringt, so entsteht ein b a s i s c h e s Salz; empirisch ist ein solches eine Verbindung eines neutralen Salzes mit 1 oder n Molekülen Basis; es kann auch aufgefasst werden als eine mehrwerthige Basis, in welcher die Hydroxyle nur theilweise durch ein Säureradical ersetzt sind.

Als Beispiele der weitverbreiteten basischen Salze seien aus dem Mineralreich aufgeführt: Malachit $CuCO^3 + Cu[OH]^2$, oder $Cu^2[OH]^2CO^3$, oder nach den Bindungen geschrieben $[OH] \overset{I}{-} \overset{II}{Cu} - \overset{II}{[CO^1]} - \overset{II}{Cu} - \overset{I}{[OH]}$; ferner Kupferlasur $2CuCO^3 + Cu[OH]^2$, oder $Cu^3[OH]^2[CO^3]^2$, Zinkblüthe $ZnCO^3 + Zn^2[OH]^4$, oder $Zn^3[OH]^4CO^3$, Adamin $Zn^3[AsO^4]^2 + Zn[OH]^2$ oder $Zn^2[OH]AsO^4$.

Es gibt in dem Mineralreich auch saure und basische Oxysalze, welche w a s s e r s t o f f f r e i sind, und betrachtet werden können als neutrales (Sauerstoff-) Salz + Säureanhydrid oder Basisanhydrid, z. B. Melanochroit $2PbCrO^4 + PbO$, und Lanarkit $PbSO^4 + PbO$. Zu dieser Gruppe gehören auch die b a s i s c h e n H a l o i d s a l z e, zusammengesetzt aus einem Haloidsalz (s. oben) und Basisanhydrid, z. B. Matlockit $PbCl^2 + PbO$, nach den Bindungen $Cl-Pb-O-Pb-Cl$, ferner Mendipit $PbCl^2 + 2PbO$ (Oxychloride). Ein Beispiel eines solchen basischen S u l f o s a l z e s ist der Jordanit, $Pb^4As^2S^7$, deutbar als $Pb^3As^2S^6 + PbS$.

D o p p e l s a l z e sind molekulare Verbindungen von zwei oder mehren Salzen. Dieselben erscheinen, meist wasserhaltig, im Mineralreich als:

1) Verbindungen von zwei Sauerstoffsalzen, z. B. Glauberit $Na^2SO^4 + CaSO^4$; Syngenit $K^2SO^4 + CaSO^4 + H^2O$; Kali-Alaun $K^2SO^4 + [Al^2]S^3O^{12} + 24H^2O$; oder das dreifache Salz Polyhalit $K^2SO^4 + MgSO^4 + 2CaSO^4 + 2H^2O$.

2) Verbindungen von einem Sauerstoffsalz und einem Haloidsalz, z. B. Kainit $MgSO^4 + KCl + 3H^2O$.

3) Verbindungen von zwei Haloidsalzen, z. B. Kryolith $6NaF + [Al^2]F^6$; Carnallit $KCl + MgCl^2 + 6H^2O$.

4) Verbindungen von zwei Sulfosalzen, z. B. Bournonit.

In den Doppelsalzen pflegen die einzelnen nur durch schwache Anziehungen mit einander verbunden zu sein, z. B. beim Glauberit, welcher in Wasser zu Natriumsulfat und Gyps zerfällt. Für die wahren Doppelsalze ist es wahrscheinlich, dass die einzelnen darin enthaltenen Verbindungen für sich in einer Lösung bestanden haben und erst im Augenblick der Krystallisation, mit oder ohne Wasseraufnahme, sich vereinigt haben. Da aber in den meisten Fällen hierfür der wirkliche Beweis noch fehlt, so werden dergleichen Substanzen vielfach mit demselben Recht auch als c h e m i s c h e V e r b i n d u n g e n betrachtet.

Die eigentlichen Doppelsalze müssen übrigens von den i s o m o r p h e n M i s c h u n g e n getrennt gehalten werden; dies sind Vereinigungen von Salzen, bei welchen die einzelnen Glieder unter einander isomorph sind und sich in beliebigen Verhältnissen gegenseitig vertreten können, z. B. Olivin $xMg^2SiO^4 + yFe^2SiO^4$; Wolframit $xMnWO^4 + yFeWO^4$.

Sehr selten sind im Mineralreich die Verbindungen von einem schwefel- und einem sauerstoffhaltigen Glied, z. B. Rothspiessglanz oder Antimonblende Sb^2S^2 0 welches eine Verbindung von 2 Mol. Schwefelantimon und 1 Mol. Antimonoxyd ($2Sb^2S^3 + Sb^2O^3$) ist; oder der Voltzin Zn^5S^4O, eine Verbindung von 4 Mol. Schwefelzink und 1 Mol. Zinkoxyd ($4ZnS + ZnO$).

§ 155. Bedeutung des Wassers in den Mineralien. Sehr viele Mineralien liefern beim schwächeren oder stärkeren Erhitzen Wasser; der Grund davon ist gemäss den augenblicklichen Vorstellungen ein dreifacher, indem nämlich 1) das Mineral mechanisch zwischen seinen Partikeln Wasser eingeschlossen enthält; 2) das Wasser als solches in den Krystallen molekular eingelagert ist, und 3) das Wasser überhaupt nicht als solches ursprünglich in den Krystallen vorhanden ist, sondern erst in starker Hitze durch den Zusammentritt von atomistisch gebundenem Wasserstoff und Sauerstoff in ihnen entsteht.

Solche Körper, welche den Wasserdampf aus der Luft anziehen, z. B. das Kochsalz mit einem Gehalt an Chlormagnesium, heissen hygroskopische. Dies mechanisch aufgenommene Wasser nennt man auch Decrepitationswasser, weil in Folge seiner Ausdehnung beim Erwärmen die Krystalle decrepitiren.

Grösseres Interesse verdient das in den Krystallen vorhandene Krystallwasser, von welchem man gewöhnlich annimmt, dass es als H^2O vermöge der Wirksamkeit molekularer (d. h. Krystallisations-) Kräfte in verdichtetem Zustand gesetzmässig zwischen den Molekülen der Substanz gelagert sei.

Sehr viele Oxysalze (unter den Mineralien z. B. Glaubersalz, Soda, Tinkal, Alaun, Gyps, Haarsalz, Vitriole) nehmen bei ihrem Uebergang aus dem gelösten Zustand in den krystallinischen eine gewisse Menge Wasser auf, welches zum Bestehen ihrer Krystallgestalt unentbehrlich ist. Die Menge desselben beträgt ein oder mehre Moleküle, und hängt im Allgemeinen, wie namentlich die künstlichen Salze zeigen, oft von der Temperatur ab, bei welcher die Substanz krystallisirt.

1 Mol. Krystallwasser wird auch mit aq. (aqua) bezeichnet. So ist Gyps $CaSO^4 + 2H^2O$, ganz anders krystallisirend, als das wasserfreie Kalksulfat; Bittersalz $MgSO^4 + 7H^2O$; Glaubersalz $Na^2SO^4 + 10H^2O$; Natrolith $Na^2(Al^2)Si^3O^{10} + 2H^2O$.—Das Natriumsulfat (schwefelsaures Natron) schiesst künstlich aus derselben Auflösung wasserfrei und als Hydrat mit verschiedenen Molekülen Krystallwasser an, je nachdem die Temperatur höher oder niedriger ist.

Das Krystallwasser wird aus den dasselbe enthaltenden Körpern meistens leicht getrennt, sei es durch bloses Liegen an trockner Luft (z. B. Kupfervitriol, Eisenvitriol), oder durch mässiges Erhitzen. Die wasserfrei gewordenen Substanzen nehmen dasselbe aber gern unter geeigneten Umständen, bei Berührung mit Wasser oder feuchter Luft wieder auf.

Manche Salze, welche reich an Krystallwasser sind, besitzen für die einzelnen Moleküle desselben verschiedene Anziehung. So gibt der Zinkvitriol, welcher unter gewöhnlichen Umständen mit $7H^2O$ krystallisirt, bei 52° C. 1 Mol. davon ab, während die übrigen 6 Mol. erst bei 100° entweichen. Der Kupfervitriol verliert von seinen 5 Mol. Krystallwasser bei 100° vier, das fünfte geht erst bei 200° hinweg.

Ganz anders verhält es sich mit demjenigen Wasser, welches zwar auch beim Erhitzen einer Substanz zum Vorschein kommt, aber nach aller Wahrscheinlichkeit nicht fertig gebildet als solches darin präexistirte, sondern ein Product des Erhitzens ist, indem es erst in Folge einer inneren Umsetzung entsteht, welche in einer wasserstoff- und sauerstoffhaltigen Verbindung erfolgt. Man stellt sich vor, dass seine beiden Bestandtheile in unmittelbarer chemischer, d. h. atomistischer Verbindung mit den Atomen der Substanz vorhanden sind, welche H und O als Hydroxyl [OH] enthält. Im Allgemeinen wird dieses Wasser erst in der Glühhitze frei und von der desselben beraubten Substanz nicht wieder direct aufgenommen; es heisst auch Hydratwasser, Constitutionswassér, basisches oder chemisch gebundenes Wasser.

Zu solchen Verbindungen gehören die Basen oder Hydroxyde (S. 221) mit den allgemeinen Formeln $\overset{I}{R}[OH]$, $\overset{II}{R}[OH]^2$, $\overset{III}{R}[OH]^3$ u. s. w., welche, indem sie durch Verbindung von H^2 mit O Wasser austreten lassen, zu Basisanhydriden oder Metalloxyden werden. Das natürlich und krystallisirt als Hydrargillit vorkommende Aluminiumhydroxyd (die Basis der Thonerdesalze) $(Al^2)[OH]^6$ verliert erst bei 200^0 Wasser und zwar zunächst nur 2 Moleküle, wodurch es sich in $(Al^2)O^2[OH]^2$ verwandelt, eine Verbindung, welche auch als Diaspor natürlich vorkommt. Diese fängt dann ihrerseits erst bei einer Erhitzung auf mehr denn 450^0 an sich zu zersetzen, und erst in starker Glühhitze entweicht das letzte Mol. Wasser, nach dessen Abgabe sie zu $(Al^2)O^3$, dem Thonerdeanhydrid (sog. Thonerde) wird. Auch der dem Diaspor isomorphe Manganit $(Mn^2)O^2[OH]^2$ lässt erst in starker Glühhitze das durch Zusammentritt gebildete Wasser austreten. Eine ähnliche Verbindung ist der Goethit $(Fe^2)O^2[OH]^2$.

Früher war man der Ansicht, dass das Wasser in derartigen H und O enthaltenden Mineralien als solches, als Krystallwasser präexistire, und schrieb daher die Formel des Hydrargillits $(Al^2)O^3 + 3H^2O$; die des Diaspors $(Al^2)O^3 + H^2O$; die des Goethits $(Fe^2)O^3 + H^2O$.

Das Wasser entweicht also auch als Product beim Erhitzen derjenigen Mineralien, welche als basische Salze Verbindungen von neutralen Carbonaten, Sulfaten, Phosphaten, Arseniaten mit Hydroxyden sind (vgl. S. 224); z. B. Malachit $CuCO^3 + Cu[OH]^2$; Zinkblüthe $ZnCO^3 + 2Zn[OH]^2$; Libethenit $Cu^3[PO^4]^2 + Cu[OH]^2$. Hierher gehört auch der sehr belehrende Brochantit, $CuSO^4 + 3Cu[OH]^2$, welcher erst bei 300^0 Wasser verliert und dann nach *Ludwig* in der That ein Gemenge von Kupfersulfat und Kupferoxyd zurücklässt.

Früher hielt man auch dies hier entstehende Wasser für als solches präexistirendes Krystallwasser und schrieb demzufolge die Formel des Malachits $2CuO.CO^2 + H^2O$; die der Zinkblüthe $3ZnO.CO^2 + 2H^2O$.

Doch ist es in vielen Fällen schwer zu entscheiden, ob das entweichende Wasser Krystallwasser oder ein Product ist, so dass mancherlei Zweifel und Unsicherheit betreffs der von ihm gespielten Rolle bestehen. Im Allgemeinen hält man, wie schon angeführt, daran fest, das erst in der Glühhitze entweichende Wasser als ein Product zu betrachten, obschon einerseits mitunter ein Theil unzweifelhaften Krystallwassers noch in grosser Hitze hartnäckig gebunden bleibt, und es anderseits wasserstoffhaltige Verbindungen gibt, welche schon in verhältnissmässig niedriger Temperatur sich zu zersetzen und Wasser zu liefern anfangen. Eine allgültige experimentelle feste Grenze zwischen Krystallwasser und sog. chemisch gebundenem Wasser kann vorläufig nicht gezogen werden.

Sehr bemerkenswerth ist das Wasser, welches aus gewissen Silicaten erst in starker Glühhitze frei wird; *Damour* zeigte zuerst, dass der stets als wasserfrei erachtete Euklas alsdann 6 pCt. Wasser verliert; eine ähnliche Erscheinung offenbaren auch z. B. Turmalin, Epidot, Vesuvian, Staurolith u. s. w. *Rammelsberg* erblickt in diesem Verhalten, welches uns auf die Vorstellung wasserstoffhaltiger Silicate geleitet, eine Analogie mit dem Zerfallen von Säuren und Basen in Anhydride und Wasser, und mit dem Austreten des letzteren aus gewissen Phosphaten (z. B. HNa^2PO^4) bei der Erhitzung. Doch ist es nicht exact festzustellen, ob jene Mineralien das Wasser nicht etwa als solches enthalten.

Die sehr verschiedenen Temperaturen, in welchen bei gewissen Mineralien erst der eine und dann der andere Theil Wasser frei wird, haben die Schlussfolgerung erzeugt, dass hier das Wasser theilweise als Krystallwasser vorhanden sei, theilweise als Product erst entstehe. So entweicht aus dem Serpentin, welcher im Ganzen 2 Mol. Wasser enthält, die Hälfte desselben schon bei schwachem Glühen, die andere Hälfte erst nach längerem und starkem Glühen. *Rammelsberg* zieht es daher vor, seine Formel nicht $Mg^3Si^2O^7 + 2H^2O$, sondern $H^2Mg^3Si^2O^8 + H^2O$ zu schreiben. Eine ähnliche Vorstellung verbindet man auch z. B. mit der Constitution des Wavellits, wenn man seine Formel nicht $(Al^2)^3P^4O^{10} + 12 H^2O$, sondern $2(Al^2)[PO^4]^2 + (Al^2)[OH]^6 + 9H^2O$ schreibt, ihn also als bestehend auffasst aus Aluminiumphosphat, Aluminiumhydroxyd und 9 Mol. Krystallwasser.

Namentlich gilt das Vorstehende noch bezüglich mancher wasserhaltiger Zeolithe; der Stilbit z. B. führt auf die Zusammensetzung $Ca(Al^2)Si^6O^{16} + 5H^2O$; von seinen 14,77 pCt. Wasser (5 Mol.) werden bei 200° Temperatur erst 10,2 pCt. (3 Mol.) ausgetrieben, und nur diese, welche von dem Mineral auch wieder aufgenommen werden können, erachtet man als Krystallwasser; die letzten Procente des Wassers (2 Mol.) entweichen erst in der Glühhitze als Product, und darnach gestaltet sich die Formel des Stilbits zu $H^4Ca(Al^2)Si^6O^{18} + 3H^2O$. In Uebereinstimmung damit zeigten *Mallard*'s optische Beobachtungen, dass der Verlust der 3 ersten Mol. Wasser von ganz graduellen Aenderungen in der Orientirung und dem Winkel der optischen Axen begleitet ist, unter Erhaltung der krystallinischen Structur; die nach der Erhitzung der freien Luft ausgesetzte Stilbitplatte nimmt nach 24 Stunden wieder den ursprünglichen optischen Zustand an, während sie den durch Erhitzung hervorgebrachten behält, wenn man sie in Canadabalsam einkittet und so den Luftzutritt verhindert.

Uebrigens ist es nicht zu läugnen, dass durch die Vorstellung von wasserstoffhaltigen Silicaten manche früher (als man Wasser als solches darin voraussetzte) unerklärliche Beziehungen des Isomorphismus leicht begreiflich werden und dass in vielen Fällen die Constitution der betreffenden Mineralien sich vereinfacht.

Sehr bemerkenswerth für die Frage über den Gegensatz von Krystallwasser und Constitutionswasser sind die Aeusserungen von *Laspeyres* (N. J. f. Min. 1873. 160), welcher u. a. die Unwesentlichkeit und Inconsequenz der augenblicklich zwischen beiden gemachten Unterschiede hervorhebt; von demselben stammt auch eine zweckmässige neue Methode der quantitativen Bestimmung des Wassers (Journ. f. prakt. Chemie XI. 26 und XII. 347). Vgl. auch das, was *v. Kobell* über das Krystallwasser anführt in Ann. d. Phys. u. Ch., Bd. 141. S. 446.

§ 156. **Ableitung der Formel.** Nachdem vermittels der quantitativen chemischen Analyse Aufschluss über die Gewichtsverhältnisse der in einem Mineral enthaltenen Bestandtheile gewonnen wurde, ist es die Aufgabe, die Zusammensetzung desselben durch eine Formel auszudrücken. Wenn man die aus der Analyse sich ergebenden Gewichtsmengen der einzelnen Elemente durch die Atomgewichte der betreffenden dividirt, so erhält man die relative Anzahl der Atome, mit welcher das Element an der Mineralverbindung betheiligt ist. Abweichungen von der hier erforderlichen Einfachheit der Verhältnisszahlen können ihren Grund in einer Verunreinigung des untersuchten Minerals durch beigemengte fremde Substanzen, oder in einer bereits eingetretenen theilweisen Umwandlung desselben, oder in Fehlern und Versäumnissen bei der chemischen Analyse, oder in der nicht absolut richtigen Bestimmung der Atomgewichte selbst besitzen.

Ein Eisenkies von der Grube Heinrichssegen bei Müsen lieferte nach *Schnabel* 46,5 pCt. Eisen und 53,5 pCt. Schwefel; da nun das Atomgewicht von Fe $= 55,88$, dasjenige von S $= 31,98$, so verhalten sich die Atome von Fe und S wie $\dfrac{46,5}{55,88} : \dfrac{53,5}{31,98}$ $= 0,8339 : 1,673$, oder wie $1 : 2,01$, wofür man unbedenklich $1 : 2$ setzen kann. Es ist daher der Eisenkies Doppeltschwefeleisen, FeS^2. Umgekehrt lässt sich nun hieraus die procentarische Zusammensetzung des normalen oder idealen Eisenkieses **berechnen**, welche 46,63 pCt. Eisen und 53,37 Schwefel ergibt; jene Analyse hatte also 0,13 Eisen zu wenig, und 0,13 Schwefel zu viel geliefert.

Kupferglanz, von *Scheerer* analysirt, ergab an Procenten: 79,12 Kupfer, 20,36 Schwefel (und 0,28 Eisen, von welchem bei der auszuführenden Berechnung abgesehen wird). Das Atomverhältniss von Cu (Atg. 63,18) und S ist daher $\dfrac{79,12}{63,18} : \dfrac{20,36}{31,98}$ $= 1,252 : 0,637$ oder $2 : 1$; der Kupferglanz daher Halbschwefelkupfer Cu^{2}S.

Bei der Analyse des Weissbleierzes vom Griesberg in der Eifel erhielt *Bergemann*: 83,51 pCt. Bleioxyd und 16,36 Kohlensäure; das Erz besteht daher in Procenten aus 77,52 Blei, 4,46 Kohlenstoff, 17,89 Sauerstoff; und diese drei Stoffe stehen vermöge ihrer Atg. in dem Atomverhältniss $\dfrac{77,52}{206,39} : \dfrac{4,46}{11,97} : \dfrac{17,89}{15,96} = 0,375 :$ $0,373 : 1,121$, oder $1 : 1 : 3$, weshalb das Weissbleierz Pb C O^3 ist.

Während bei den vorstehenden Substanzen die berechnete Formel keine weitere Deutung zulässt oder bedarf, wird eine solche bei anderen Verbindungen wünschenswerth oder nothwendig.

Dunkles Rothgültigerz aus Mexico besteht nach *Wöhler* in Procenten aus 60,2 Silber, 21,8 Antimon, 18,0 Schwefel. Das Atomverhältniss der drei Stoffe ist demnach $\dfrac{60,2}{107,66} : \dfrac{21,8}{119,6} : \dfrac{18,0}{31,98}$ $= 0,559 : 0,182 : 0,563$, oder $3 : 1 : 3$; es ist somit das Rothgültigerz Ag^{3}SbS^3 und sein Molekulargewicht nach dieser Formel $(3\times107,66)+119,6+(3\times31,98)=538,52$. — Man sieht hier schon, dass es das Silbersalz einer Sulfosäure und zwar der sulfantimonigen Säure H^{3}SbS^3 (3Ag statt 3H) ist; jedoch kann man dasselbe auch nach etwas älterer Auffassung (S. 223) als eine Verbindung von Schwefelsilber (der Sulfobasis) mit Schwefelantimon (der Sulfosäure) betrachten; und da nun das erstere Ag^{2}S, das letztere Sb^{2}S^3 ist, so muss dann die Formel des Erzes (durch Multiplication sämmtlicher Atomquotienten mit 2) als Ag^{6}Sb^{2}S^6 gedacht werden, welche sich darauf in 3Ag^{2}S + Sb^{2}S^3 auseinanderlöst; bei dieser Deutung ist aber auch das Molekulargewicht der Substanz $2\times538,5 = 1077$.

Berthier untersuchte einen Feldspath (Adular) vom St. Gotthard; die angegebene Zusammensetzung und die daraus berechneten Elemente sind in Procenten folgende:

				Atomgew.	Quot.
Kieselsäure	64,49	= Silicium	30,14	 28	 1,076
Thonerde	18,48	= Aluminium	9,80	 27,04	 0,362
Kali	17,03	= Kalium	14,14	 39,03	 0,362
		(Sauerstoff	45,92)	 15,96	 2,878

Da sich also die Atome von Kalium, Aluminium, Silicium und Sauerstoff wie
0,362 : 0,362 : 1,076 : 2,878, oder wie 1 : 1 : 3 : 8 verhalten, so wäre der Adular
$K \, Al \, Si^3 O^8$. Weil man nun aber zu der Annahme Veranlassung hat, dass eine Alumi-
nium-Verbindung 2 Atome $Al = (Al^2)$ oder ein Multiplum davon enthält, so wird durch
Verdoppelung der Atomzahlen der Adular als $K^2 (Al^2) Si^6 O^{16}$ betrachtet.

Formeln dieser Art, welche nur die in der Verbindung enthaltenen Elemente
einfach nach deren gegenseitigem Atomverhältniss aufzählen, heissen empirische Formeln. Sie sind es, welche bei einer grossen Reihe von Mineralsubstanzen
(z. B. bei den meisten Silicaten) das einzig sicher Festgestellte ergeben. Da dieselben namentlich bei der Betheiligung zahlreicher Elemente oft keinen raschen
und rechten Ueberblick über die Zusammensetzung einer Verbindung gewähren, so
ist manchmal eine andere Formulirung bequemer, welche das nähere Analysenresultat zum Ausdruck bringt und die gefundenen Anhydride der Basen und
Säuren als solche aufführt. So würde die obige Formel des Feldspaths $K^2 (Al^2) Si^6 O^{16}$
nach dieser letzteren Schreibweise zu $K^2 O$, $(Al^2) O^3$, $6 Si O^2$, d. h. der Feldspath ergibt bei der Analyse 1 Mol. Kali, 1 Mol. Thonerde, 6 Mol. Kieselsäure [1]. — Die Constitutionsformeln oder Structurformeln sind solche, welche zugleich die
Gruppirung der in einer Verbindung enthaltenen Atome ausdrücken, indem sie
nebenbei ein Bild davon geben, in welcher Weise die einzelnen Atome im Molekül
aneinander gelagert sind.

Die empirische Formel des Calciumcarbonats $Ca \, C O^3$ besagt nur, dass im Molekül
dieser Verbindung 1 At. Calcium, 1 At. Kohlenstoff und 3 At. Sauerstoff vorhanden
sind; die Constitutionsformel $O = C \diagup^{\displaystyle O}_{\diagdown O} Ca$ drückt aber ausserdem noch aus, dass
das Kohlenstoffatom mit den Sauerstoffatomen direct, mit dem Calciumatom indess
nur durch Vermittelung zweier Sauerstoffatome verbunden ist. Jeder der Striche
drückt eine Valenzeinheit aus. Die Constitutionsformeln für Brucit ($H^2 Mg O^2$), Enstatit
($Mg \, Si \, O^3$), Olivin ($Mg^2 Si O^4$), Leucit ($K \, Al \, Si^2 O^6$) würden folgende sein:

Brucit	Enstatit	Olivin	Leucit

Zwar bei manchen Mineralien, aber nur bei verhältnissmässig wenigen Silicaten
ist es bis jetzt möglich gewesen, eine befriedigende Constitutionsformel (oder ratio-
nelle Formel) zu gestalten, und selbst wo dies bei den letzteren der Fall ist, kann
der stricte Beweis für ihre Richtigkeit nach unseren bisherigen Kenntnissen keineswegs immer erbracht werden [2]. Tschermak hat für mehre Silicate darauf hinge-

---

1) Es ist einleuchtend, dass solche Formeln mit noch grösserem Recht empirische genannt
werden können. Selbstredend schliesst jene obige Formulirung keineswegs die Behauptung
ein, dass Kaliumoxyd, Aluminiumoxyd u. s. w. als solche in dem Feldspath zugegen seien.
v. Kobell macht darauf aufmerksam, dass Formeln dieser Art auch mehr Aufschluss geben zur
Beurtheilung des chemischen Verhaltens und der Reactionen.

2) Die Schwierigkeit, die chemische Structur dieser complicirter zusammengesetzten Substanzen zu erforschen, ist vor Allem in deren grosser Beständigkeit begründet: im Gegensatz zu
den organischen Verbindungen sind die Veränderungen, welche man auf chemischem Wege
künstlich daran hervorbringen kann, gleich und lediglich derart, dass dadurch diese Mineralien
völlig zerstört, und in Endproducte zerfällt werden, welche bei den verschiedenen gleichartig
sind.

wiesen, wie der Verlauf der natürlichen Umwandlungsprocesse zu einem Einblick
in die Constitution dieser Verbindungen verhelfen kann [1]) und *K. Haushofer* hat, in
dieser Richtung weitergehend, ein besonderes Werk über die Constitution der natürlichen Silicate veröffentlicht [2]).

§ 157. **Heteromorphismus.** Ein paar, mit der chemischen Constitution der
Mineralien innigst verbunden und [für die Beurtheilung ihres Wesens äusserst
wichtige Erscheinungen sind der Heteromorphismus und Isomorphismus.

Heteromorphismus (oder Heteromorphie, Polymorphie, Pleomorphie) [3]) ist die
Fähigkeit e i n e r u n d d e r s e l b e n (einfachen oder zusammengesetzten) Substanz,
in w e s e n t l i c h verschiedenen Formencomplexen zu krystallisiren. Mit dieser Verschiedenheit des morphologischen Charakters tritt aber auch zugleich eine Verschiedenheit der physischen Eigenschaften z. B. des specifischen Gewichts ein, so
dass das ganze Wesen ein durchaus verschiedenes Gepräge zeigt, und man noch
besser sagen könnte, der Heteromorphismus sei die Fähigkeit einer und derselben
S u b s t a n z, wesentlich verschiedene K ö r p e r darzustellen, wodurch die amorphen
Vorkommnisse zugleich mit erfasst werden. Streng genommen ist es also nicht blos
ein Heteromorphismus, sondern ein H e t e r o s o m a t i s m u s, dessen die betreffenden
Substanzen fähig sind; ein schlagender Beweis dafür, dass die Eigenthümlichkeit
der K ö r p e r nicht blos in ihrer S u b s t a n z begründet ist, und dass eine Verschiedenheit der Körper mit einer Identität ihrer Substanz verbunden sein kann.   Meistens
handelt es sich nur um die Fähigkeit einer und derselben Substanz in z w e i wesentlich verschiedenen Gestaltungen aufzutreten (D i m o r p h i s m u s); doch sind auch
Fälle von T r i m o r p h i s m u s, von einer d r e i f a c h abweichenden Verkörperungs-
fähigkeit einer Substanz bekannt [4]).

In mehren Fällen lässt sich die Erscheinung durch das Experiment künstlich
hervorrufen, indem ein und dieselbe Substanz unter verschiedenen Umständen zur
Krystallisation in den abweichenden Formencomplexen gebracht werden kann.

Uebrigens ist es für den Begriff des Heteromorphismus nicht erforderlich, dass
die verschiedenen Gestalten auch verschiedenen K r y s t a l l s y s t e m e n angehören:
selbst in einem und demselben Krystallsystem ist die Heteromorphie erfüllt, sofern
nur die beiden oder mehren Formencomplexe Grunddimensionen besitzen, welche
abweichend und nicht aufeinander zurückzuführen sind.

Die erste entschiedene Hinweisung auf diese merkwürdige Erscheinung gab

---

1) Mineral. Mittheilungen, ges. v. *Tschermak*, 1871. 93.
2) Die Constitution der natürl. Silicate auf Grundlage ihrer geologischen Beziehungen.
Braunschweig 1874.
3) *Tschermak* zieht vor, die Bezeichnung Heteromorphie nur für das Verhältniss der Mi-
n e r a l i e n, welche dieselbe Substanz in verschiedenen Formen darstellen, zu verwenden und
mit Bezug auf die S u b s t a n z selbst den Ausdruck polymorph (dimorph u. s. w.) zu gebrauchen;
darnach würde man sagen: die Mineralien Kalkspath und Aragonit sind heteromorph, kohlensaurer Kalk (ihre Substanz) ist dimorph.
4) Von einem allgemeineren Gesichtspunkt aus ist eigentlich eine j e d e Substanz schon
insofern t r i m o r p h, wiefern sie eines starren, eines flüssigen, und eines gasigen Zustandes fähig
ist. E i s ist offenbar ein ganz a n d e r e r K ö r p e r als W a s s e r, und d i e s e s wiederum ein
a n d e r e r K ö r p e r als W a s s e r d a m p f. Dass aber oft eine und dieselbe Substanz auch im
s t a r r e n Zustand einer wesentlich v e r s c h i e d e n e n Verkörperung fähig sein kann, dies
wurde zuerst durch *Mitscherlich*'s Beobachtung am Schwefel nachgewiesen. Der Name H e t e r o -
m o r p h i e bringt n u r die Verschiedenheit der F o r m zum Ausdruck.

Mitscherlich, indem er zeigte, dass der Schwefel, wenn er aus dem geschmolzenen Zustand herauskrystallisirt, monokline Krystallformen habe, während er, wie er natürlich vorkommende, rhombisch krystallisirt, sobald er sich auf dem Wege der Sublimation bildet oder durch Verdunsten seiner Lösung in Schwefelkohlenstoff erhalten wird [1]. Eine der frühesten Beobachtungen des Dimorphismus ist sodann diejenige des kohlensauren Kalks, welcher rhomboëdrisch als Kalkspath, rhombisch als Aragonit krystallisirt [2].

Die als Heteromorphismus bezeichnete Erscheinung, die Verschiedenheit der Krystallformen bei den empirisch gleich zusammengesetzten Körpern, kann nach unseren heutigen Vorstellungen zur Erklärung allgemein auf verschiedene Ursachen zurückgeführt werden: zunächst auf die verschiedene L a g e r u n g der Moleküle bei chemischer Identität derselben (e i g e n t l i c h e r Heteromorphismus, physikalische Isomerie), sodann auf eine abweichende S t r u c t u r des chemischen Moleküls (chemische Isomerie), endlich auf die verschiedene G r ö s s e des Moleküls (Polymerie).

Folgendes sind die bis jetzt unmittelbar bekannt gewordenen Fälle des Heteromorphismus im Mineralreich; wo derselbe im Bereich eines und desselben Krystallsystems erfolgt, ist das abweichende Axenverhältniss der Grundformen angegeben.   :

Kohlenstoff, C: regulär als Diamant (spec. Gew. = 3,55); hexagonal als Graphit (spec. Gew. = 2,30); wahrscheinlich ist ein Theil der Graphite monoklin:

[1] Nach *Pasteur* (Comptes rendus, XXVI. 48) kann übrigens der Schwefel auch aus Schwefelkohlenstoff in gewöhnlicher Temperatur als m o n o k l i n e Prismen krystallisiren. *Barilari* erhielt durch Verdunstenlassen einer Mischung von Alkohol und Schwefelammonium monokline Krystalle von Schwefel, welche sich bald trübten und in die rhombische Modification übergingen. Umgekehrt berichtet *vom Rath* über bis 5 Mm. grosse r h o m b i s c h e Schwefelkrystalle (P . P∞), welche durch *Jacob* aus dem Schmelzfluss dargestellt wurden, sowie über die von *Silvestri* beobachteten gleichfalls rhombischen Krystalle, welche bei einem Brande der Grube Floristella durch Sublimation entstanden (Niederrhein. Ges. f. Nat.- u. Heilkunde, 6. Dec. 1875). Auch *Bombicci* fand rhombische Schwefelkrystalle im Inneren einer Schwefelstange; *Gernez* erhielt aus übersättigter Lösung in Toluol oder Benzol durch Eintauchen eines Krystalls der e i n e n oder der a n d e r e n Modification die ganze Masse in d e m s e l b e n Krystallsystem. — *J. Reicher* wies nach, dass es für die beiden Schwefelmodificationen eine dem Schmelzpunkt analoge Umwandlungstemperatur gibt, oberhalb welcher sich der rhombische Schwefel in monklinen, unterhalb welcher sich umgekehrt der monokline in rhombischen umwandelt; diese Temperatur ist bei einem Druck von 4 Atmosphären nicht weit von 95,6° entfernt.

[2] Diese verschiedene Bildung des kohlensauren Kalks wird z. Th. durch verschiedene Temperatur bedingt, wie G. *Rose* gezeigt hat: fällt man ein Kalksalz in der Kälte durch kohlensaures Alkali, so erhält man einen Niederschlag von mikroskopischen Kalkspath-Rhomboëdern; erfolgt der Niederschlag in der Siedehitze, so besteht der kohlensaure Kalk aus Aragonit-Prismen. Da man jedoch Kalksinter findet, die aus abwechselnden Lagen von Kalkspath und Aragonit bestehen, und wohl bei derselben Temperatur gebildet worden sind, so kann nicht immer eine Verschiedenheit der Temperatur als Ursache der verschiedenen Verkörperung der Substanz Calciumcarbonat angenommen werden. Auch ist *Rose* durch fortgesetzte Untersuchungen zu dem Resultat gelangt, dass nicht nur die Temperatur, sondern auch die grössere oder geringere V e r d ü n n u n g der Solution von zweifach-kohlensaurer Kalkerde dahin wirkt, dass sich ausscheidende einfache Carbonat bald als Kalkspath, bald als Aragonit zu verkörpern. Ausserdem hat *H. Credner*, die frühere Ansicht von *Becquerel* wieder aufgreifend, aus einer Reihe von Versuchen gefolgert, dass gewisse B e i m i s c h u n g e n der Solution einen wesentlichen Einfluss ausüben (Ber. d. k. sächs. Gesellsch. d. Wiss., 1870. 99). Dass aber die Aragonitform nicht oder nicht lediglich auf die Anwesenheit von Strontiancarbonat in der Lösung zu schieben ist, zeigt die Thatsache, dass Kalkspath mit Strontiangehalt analysirt wurde; sodann auch der merkwürdige Umstand, dass in den Schalen der in demselben Meerwasser lebenden Mollusken der kohlensaure Kalk hier als Kalkspath, dort als Aragonit abgeschieden wird; die Schalen von Pinna und Malleus bestehen sogar nach *Leydolt* aussen aus Kalkspath, im perlmutterglänzenden Inneren aus Aragonit (Sitzgsber. Wiener Akad. XIX. 10).

Schwefelzink, ZnS; regulär als Zinkblende (sp. G. $= 4,0$); hexagonal als Wurtzit (sp. G. $= 3,98$).

Schwefelsilber, Ag^2S: regulär als Silberglanz (sp. G. $= 7,3$); rhombisch als Akanthit (sp. G. $= 7,2$).

Eisenbisulfid, FeS^2: regulär als Eisenkies (sp. G. $= 5,1$); rhombisch als Markasit (sp. G. $= 4,86$).

Doppelarsennickel, $NiAs^2$: regulär als Chloanthit (sp. G. $= 6,6$); rhombisch (nach *Breithaupt*) als Weissnickelkies (sp. G. $= 7,14$).

Schwefelarsenkupfer, Cu^3AsS^4: rhombisch als Enargit; monoklin als Clarit (Luzonit).

Schwefelantimonsilber, Ag^3SbS^3: rhomboëdrisch als Antimonsilberblende (sp. G. $= 5,8$); monoklin als Feuerblende (sp. G. $= 4,2$).

Schwefelantimonblei(-silber), $(Pb, Ag^2)Sb^4S^{11}$: monoklin als Freieslebenit (sp. G. $= 6,53$); rhombisch als Diaphorit (sp. G. $= 5,90$).

Kieselsäure, SiO^2: hexagonal als Quarz (sp. G. $= 2,66$); triklin (hexagonal) als Tridymit (sp. G. $= 2,3$); rhombisch (?) als Asmanit (sp. G. $= 2,24$).

Titansäure, TiO^2: tetragonal als Rutil ($a : c = 1 : 0,6442$; sp. G. $= 4,25$); ferner tetragonal als Anatas ($a : c = 1 : 1,7784$; sp. G. $= 3,9$); rhombisch als Brookit (sp. G. $= 4,05$). Beispiel von Trimorphismus[1].

Antimonoxyd, Sb^2O^3: regulär als Senarmontit (sp. G. $= 5,3$); rhombisch als Weissspiessglanz (sp. G. $= 5,6$)[2].

Arsentrioxyd (arsenige Säure), As^2O^3: regulär als Arsenikblüthe (sp. G. $= 3,7$); rhombisch als Claudetit (sp. G. $= 3,85$).

Eisensulfat, $FeSO^4 + 7H^2O$: monoklin als Eisenvitriol; rhombisch als Tauriscit (nach *Volger*).

Kohlensaurer Kalk, $CaCO^3$: hexagonal als Kalkspath (sp. G. $= 2,7$); rhombisch als Aragonit (sp. G. $= 2,9$).

Mischung von kohlensaurem Kalk und Baryt, $(Ca, Ba)CO^3$: rhombisch als Alstonit (sp. G. $= 3,65-3,76$); monoklin als Barytocalcit (sp. G. $= 3,63-3,66$).

Thonerdesilicat, $(Al^2)SiO^5$: rhombisch als Andalusit (sp. G. $= 3,16$); triklin als Disthen (sp. G. $= 3,66$).

Kalithonerdesilicat $K^2(Al^2)Si^6O^{16}$. monoklin als Orthoklas; triklin als Mikroklin.

Wismuthsilicat, $Bi^4Si^3O^{12}$: regulär als Kieselwismuth (Eulytin); monoklin als Agricolit.

Tantal- und niobsaures Eisen (und Mangan), $FeTa^2O^6$: tetragonal als Tapiolit; rhombisch als Tantalit und Columbit.

---

[1] Die Zinnsäure ist sogar tetramorph: die als Zinnstein natürlich vorkommende entspricht blos dem Rutil; *Wunder* aber hat Krystalle derselben von der Form des Anatases (Journ. f. prakt. Chem. (2) II. 1870. 206), *Daubrée* solche von der Form des Brookits (Comptes rendus, T. 29. 227) künstlich dargestellt; *Michel-Lévy* und *Bourgeois* gelang die Darstellung von hexagonaler Zinnsäure in starkglänzenden bis 1 Mm. grossen Tafeln, als Rückstand der mit heissem Wasser ausgelaugten Schmelze von Zinnsäure und Natriumcarbonat (Comptes rendus T. 94. 1882. S. 812. 1865). Auf ähnliche Weise erzeugten sie auch Zirkonsäure in hexagonalen tridymitähnlichen Lamellen, nachdem *Nordenskiöld* aus Borax auskrystallisirte tetragonale Zirkonsäure erhalten hatte.

[2] H. *Fischer* zeigte, dass bei der Oxydation antimonhaltiger Mineralien vor dem Löthrohr beide Formen gleichzeitig entstehen, und zwar die reguläre an den kühleren, die rhombische an den heissen Stellen.

Vgl. ausserdem noch im systematischen Theil: Kobaltglanz (regulär) und Glaukodot (rhombisch). — Speiskobalt (regulär) und Spathiopyrit (rhombisch). — Korynit
(regulär) und Wolfachit (rhombisch). — Bleivitriol (rhombisch) und Sardinian (nach
Breithaupt monoklin). — Granat (regulär) und Partschin (monoklin). — Zoisit (rhombisch) und Epidot (monoklin). — Pennin (rhomboëdrisch) und Klinochlor (monoklin). —
Analcim (regulär) und Eudnophit (rhombisch?). — Anorthit (triklin) und Barsowit
(rhombisch oder monoklin). — Titanit (monoklin) und Guarinit (rhombisch).

Unter den **künstlich** dargestellten Verbindungen ist der Heteromorphismus
noch weiter verbreitet; so z. B. bei dem salpetersauren Kali, dem traubensauren
Lithion u. s. w.

Bisweilen ist man im Stande, künstlich die eine Modification in die andere
überzuführen: wird z. B. Quarz scharf geglüht, so verwandelt er sich nach *G. Rose*
in ein Aggregat von Tridymit, unter Erniedrigung seines specifischen Gewichts
von 2,66 auf 2,3.

Ein ähnliches Verhalten zeigt das rhombische Kalisulfat, welches, wie *Mallard*
erkannte, oberhalb 650° für alle Farben (negativ) einaxig wird, sonach in die hexagonale Modification übergeht; auch das hexagonale Jodsilber verwandelt sich nach ihm
und *Le Chatelier* bei 146° in die reguläre Modification, wie das dann eintretende isotrope Verhalten zeigt; dabei ändert sich die Farbe von Gelb in Roth.

Bemerkenswerth ist die oftmals wahrgenommene Erscheinung, dass die
Krystallformen dimorpher Substanzen, wenn sie auch verschiedenen Systemen
angehören, doch in gewissen Zonen eine **grosse Aehnlichkeit der Winkel**
offenbaren.

Dies findet z. B. in auffallender Weise bei dem monoklinen und triklinen Kalifeldspath, bei dem rhomboëdrischen Pennin und dem monoklinen Klinochlor, bei den
rhombischen und monoklinen Pyroxenen statt. Der rhombische Zoisit ist vorwiegend
entwickelt nach einem Prisma von 116° 26', während an dem heteromorphen monoklinen Epidot vorherrschend 0P und ꝑꝏ, unter 116° 18' gegeneinander geneigt, ausgebildet sind.

Von einer weiteren Ausdehnung des Heteromorphismus auf Grund von Verhältnissen des Isomorphismus kann erst im folgenden Paragraph die Rede sein. Erfahrungen
aber, welche man beim Studium der optischen Structur von Krystallen gemacht hat,
sind ferner ebenfalls geeignet, den Kreis heteromorpher Substanzen in eigenthümlicher
Weise zu erweitern: nach S. 185 wird angenommen werden müssen, dass die Boracitsubstanz ebenfalls dimorph ist; die eine Modification bildet bei gewöhnlicher Temperatur einen genau würfelförmigen Complex doppeltbrechender (rhombischer) Zwillingslamellen, die andere ist jene isotrope reguläre, in welche bei höherer Temperatur
der Krystall versetzt wird. Aehnlich verhält es sich in dieser Hinsicht mit dem Tridymit, Leucit u. s. w.

§ 158. **Isomorphismus.** So bezeichnet man die Fähigkeit zweier oder mehrer
(einfacher oder zusammengesetzter) **verschiedener** Substanzen von ähnlicher
chemischer Constitution, in den Formen **eines** und **desselben** Formencomplexes
zu krystallisiren; oft sind es aber nur **ähnliche**, und in ihren Granddimen-
sionen sehr **nahe** stehende Krystallformen, welche den isomorphen Substanzen
zukommen, und dann ist die Erscheinung wohl richtiger als **Homöomorphismus**
zu bezeichnen. Mit dieser Identität oder Aehnlichkeit der morphologischen Verhältnisse pflegt nun auch zugleich eine Aehnlichkeit derjenigen physischen Eigenschaften gegeben zu sein, welche von der Krystallform abhängen. *Mitscherlich*

war es, welcher die Lehre vom Isomorphismus zuerst begründete und den Satz aufstellte, dass analog zusammengesetzte Substanzen gleiche Krystallform besitzen.

Der Isomorphismus findet zuvörderst für sehr viele regulär krystallisirende Substanzen statt, welche in der That als isomorph gelten können, sobald nur der Charakter des Krystallsystems derselbe ist, d. h. sobald sie entweder holoëdrisch, oder in gleicher Weise hemiëdrisch ausgebildet sind (z. B. viele gediegene Metalle; Spinell, Chromit und Magneteisenerz; Pyrit und Glanzkobalt). Da es jedoch für die regulären Mineralien keine Dimensionsverschiedenheit der Grundform gibt, so ist der Isomorphismus zwar vollständig vorhanden, aber grossentheils von geringerem Interesse.

Nicht mit Unrecht fordert *Tschermak* für den Isomorphismus zweier Körper auch Identität der Spaltbarkeit, was namentlich für die regulär krystallisirenden Mineralien Beachtung verdienen dürfte; Kochsalz und Flussspath können darnach nicht als isomorph gelten. Auch wird man Uebereinstimmung in der etwaigen Zwillingsbildung als Bedingung für den wirklich vorhandenen Isomorphismus ansehen müssen.

Weit wichtiger wird die Erscheinung in den übrigen Krystallsystemen, deren Formencomplexe durch eine Dimensionsverschiedenheit der Grundform getrennt werden, und nur dann als wirklich isomorph (im engeren Sinne) zu betrachten sind, wenn die Grunddimensionen, wo nicht völlig, so doch sehr nahe dasselbe Verhältniss zeigen. In diesen Systemen findet nämlich grösstentheils kein wirklicher Isomorphismus, d. h. keine absolute Identität der Form mit völlig gleichen Dimensionen, sondern nur Homöomorphismus, d. h. eine sehr grosse Aehnlichkeit der Form mit beinahe gleichen Dimensionen statt.

Die wichtigsten Fälle des Isomorphismus bei den nicht-regulären Mineralien bilden folgende Gruppen, deren einzelne Glieder analog zusammengesetzt sind:

Kalkspath ($CaCO^3$)[1], Magnesitspath ($MgCO^4$), Eisenspath ($FeCO^3$), Manganspath ($MnCO^3$), Zinkspath ($ZnCO^3$), alle hexagonal-rhomboëdrisch krystallisirend mit Polkantenwinkeln, deren Werth zwischen 105° 5′ und 107° 40′ liegt[2].

Korund und Eisenglanz, hexagonal-rhomboëdrisch; hierzu auch das künstliche Chromoxyd Cr^2O^3.

Apatit, Pyromorphit, Mimetesit, Vanadinit, hexagonal, pyramidal-hemiëdrisch.

Arsen, Tellur, Antimon, Wismuth, hexagonal-rhomboëdrisch.

Willemit, Phenakit und Troostit, hexagonal-rhomboëdrisch.

Wurtzit und Greenockit, hexagonal.

Antimonsilberblende und Arsensilberblende, hexagonal-rhomboëdrisch.

Alunit und Jarosit, hexagonal-rhomboëdrisch.

Arsennickel und Antimonnickel, hexagonal.

Zinnstein, Rutil und Zirkon, tetragonal.

Kupferuranit und Zeunerit, tetragonal.

---

[1] Nach *Tschermak* ist der Kalkspath mit den übrigen rhomboëdrischen Carbonaten blos in der Krystallform und in der groben Spaltbarkeit ähnlich, während sich in allen übrigen Cohäsionserscheinungen, wie in den Aetzeindrücken, der Hervorbringung von Gleitflächen und Schlagfiguren ein durchgreifender Unterschied geltend macht.

[2] Weiterhin mag die specielle chemische Zusammensetzung der einzelnen Glieder innerhalb der einzelnen Gruppen in dem systematischen Theil nachgesehen werden.

Scheelit, Scheelbleierz und Gelbbleierz, tetragonal.

Antimonglanz, Wismuthglanz und Selenwismuth, rhombisch.

Skleroklas und Zinckenit (Emplektit, Wolfsbergit), rhombisch.

Arsenkies und Wolfachit, rhombisch.

Enargit und Famatinit, rhombisch.

Valentinit und Claudetit, rhombisch.

Aragonit, Witherit, Strontianit und Weissbleierz, rhombisch mit Zwillingsbildung.

Schwerspath, Cölestin (Anhydrit) und Bleivitriol, rhombisch ohne Zwillingsbildung.

Manganit, Goethit und Diaspor, rhombisch.

Olivin, Forsterit, Fayalit, Tephroit, rhombisch.

Skorodit, Strengit und Reddingit, rhombisch.

Olivenit, Libethenit, Adamin, rhombisch.

Bittersalz und Zinkvitriol, rhombisch (hierher auch der künstliche Nickelvitriol).

Glaserit und Mascagnin, rhombisch.

Eisenvitriol und Kobaltvitriol, monoklin (hierher auch der künstliche Manganvitriol).

Vivianit und Kobaltblüthe (Hörnesit, Symplesit, Cabrerit), monoklin.

Pikromerit und Cyanochrom, monoklin.

Vgl. noch: Tantalit und Columbit, auch Dechenit. — Childrenit und Eosphorit. — Erinit, Dihydrit und Mottramit. — Wagnerit und Triplit. — Kalkuranit, Uranocircit und Uranospinit. — Epidot und Orthit. — Harmotom, Desmin und Phillipsit. — Datolith, Homilit (Euklas) und Gadolinit.

Innerhalb eines und desselben (nicht-regulären) Krystallsystems können hemiëdrische und tetartoëdrische Substanzen isomorph sein, wie das Beispiel des rhomboëdrisch krystallisirenden Eisenglanzes (Polkantenwinkel von R = 86°) und des rhomboëdrische Tetartoëdrie zeigenden Titaneisens (R = 85° 55') erweist.

Es gibt Elemente, mit deren Vorhandensein in bestimmten Verbindungen sehr häufig ein Isomorphismus der letzteren Hand in Hand geht, wenn auch diese Elemente als solche untereinander keineswegs sämmtlich isomorph sind. Reihen solcher Elemente sind:

1) Cl, Br, J, F.	2) S, Se, Te.
3) P, As, Sb, auch Bi.	4) Al, Fe, Mn, Cr.
5) Be, Mg, Zn.	6) Ca, Sr, Ba, Pb.
7) Mg, Zn, Fe, Mn, Co, Ni, auch Ca.	8) Ag, Cu.
9) Ka, Na, Li, (auch Ag).	10) Zr, Ti, Sn (auch Si).

Einige Forscher, wie z. B. *Rammelsberg*, fassen den Begriff des Isomorphismus in einem viel w e i t e r e n S i n n e auf, so dass sie zwei verschiedene Mineralien von analoger Zusammensetzung aber von ganz verschiedenen Formen auch dann noch als isomorph betrachten, wenn nur diese Formen nach r a t i o n a l e n und e i n f a c h e n Verhältnissen aus einander ableitbar sind. Von diesem Gesichtspunkt aus gelten z. B. die nach der allgemeinen Formel $RSiO^3$ zusammengesetzten monoklinen Augit und Hornblende als isomorph, weil das Axenverhältniss $a : b : c$ bei dem ersteren 1,090 : 1 : 0,589, bei der zweiten 0,544 : 1 : 0,294 ist, somit sowohl die Axen a als auch die Axen c sich bei Augit und Hornblende wie 1 : 2 verhalten. Das Hornblendeprisma (124° 30') würde, am Augitprisma (87° 6') auftretend, den einfachen Ausdruck $\infty \bar{P}2$ gewinnen, das Augitprisma in Combination mit dem Hornblendeprisma als $\infty \bar{P}2$ erscheinen; auch in den anderen Zonen sind so Hornblendeflächen an Augitkrystallen krystallonomisch möglich und umgekehrt. — Ja *Rammelsberg* nennt

Topas (Axen-Verh. 0,528 : 1 : 0,954) und Andalusit (A.-V. = 0,998 : 1 : 0,701),
beide rhombisch krystallisirend, isomorph, bei welchen die Axen a im Verhältniss
1 : 1,9, die c im Verhältniss 4 : 3 stehen.

Man ist in dieser Hinsicht sogar noch weiter gegangen. Im Jahre 1843 hat
A. Laurent die Idee aufgestellt, dass der Isomorphismus nicht nothwendig eine Identität des **Krystallsystems**, sondern nur eine Gleichheit oder Annäherung der
Dimensionen (gewisser Kantenwinkel) erfordere. Diese Ansicht hat er später (Comptes
rendus, T. 27. 1848. 134) ausführlicher entwickelt, und die Ueberzeugung gewonnen, dass man die Schranken niederreissen müsse, welche zwischen den verschiedenen Krystallsystemen aufgerichtet worden sind. Auch *Pasteur* scheint sich zu ähnlichen
Ansichten hingeneigt zu haben (a. a. O., T. 26. 353). *Delafosse* unterschied daher
zweierlei Isomorphismus: den ersten, von *Mitscherlich* entdeckten, mit Identität des
Krystallsystems, und den zweiten, von *Laurent* angegebenen, mit Uebergang aus
einem System in das andere; und *Zehme* glaubt ebenfalls, die Krystallographie werde
ein zu strenges Festhalten der Axensysteme aufgeben müssen, weil der Isomorphismus wohl richtiger als **Isogonismus** aufzufassen sei, und als solcher über die
Schranken der Krystallsysteme hinausreiche (Bericht über die Provinzial-Gewerbe-
schule zu Hagen von Dr. *Zehme*, 1850). Aehnliche Beziehungen hat auch später
Rammelsberg noch in den Kreis des Isomorphismus hineingezogen (Handb. d. Mineralchemie, 2. Aufl., 1875. I. 77). Hypersthen und Bronzit sind ebenfalls wie Augit und
Hornblende nach der allgemeinen Formel R Si O³ zusammengesetzt (R = mMg $+ n$Fe),
ihr Prismenwinkel (86 — 87°) ist fast genau derselbe wie der des Augits (87° 6'),
überhaupt sind ihre Winkelverhältnisse ihrer einzelnen Zonen von überraschender Aehnlichkeit mit denen des Augits — allein sie gehören nicht dem monoklinen, sondern dem
rhombischen System an. Ja es gibt auch ein triklines Mineral, der Rhodonit, welchem
ebenfalls jene allgemeine Formel zukommt (R = Mn) und welches sich trotz des abweichenden Axensystems in seinen Winkelwerthen überaus dem Augit anschliesst.
Es ist also ein »Isomorphismus« ohne Identität des Krystallsystems [1]. Analoge Verhältnisse walten z. B. zwischen dem monoklinen Orthoklas und dem triklinen Albit ob,
welche beide nach demselben Formelschema zusammengesetzt sind; *Rammelsberg* hält
daher »unsere Krystallsysteme für künstliche Fächer, welche die Natur in der Viel-
seitigkeit der Erscheinungen überspringt, und welche kein Hinderniss für die Isomorphie bilden« [2].

---

[1] Ein anderes ausgezeichnetes Beispiel dieser Erscheinung liefern die beiden künstlichen
Salze jodsaures Kalium K J O³ und jodsaures Ammonium [N H⁴] J O³, beide analog constituirt; das
erstere krystallisirt im Oktaëder des **regulären** Systems, welches Kantenwinkel von 109° 28' besitzt; das letztere weist als Grundform eine **tetragonale** Pyramide auf, deren Polkantenwinkel
109° 7', deren Seitenkantenwinkel 110° 12' messen, also nur ausserordentlich wenig von jenem
ersteren Werth abweichen. In einem ähnlichen Verhältniss stehen das wirklich hexagonale
schwefelsaure Kali-Lithion (K, Li. S O⁴) und das analog constituirte geometrisch beinahe hexagonale (∞P = 119° 57') rhombische schwefelsaure Ammoniak-Lithion (N H⁴, Li . S O⁴). — *Wyrouboff* schlägt für diese Erscheinung den in anderem Sinne üblichen Namen Homöomorphismus vor.

[2] So interessant und bemerkenswerth derartige Beziehungen auch sind, so scheinen sie
doch streng von dem **eigentlichen** Isomorphismus unterschieden werden zu müssen und
durchaus nicht geeignet zu sein, die Bedeutung der Krystallsysteme und damit das ganze Ge-
bäude der Krystallographie zu erschüttern. *Frankenheim* erklärt sich sehr entschieden gegen die
von *Laurent* aufgestellte Ansicht vom Isomorphismus und bemerkt sehr richtig, man werde niemals zwei Krystalle isomorph nennen können, welche verschiedenen Systemen angehören, wie
wenig verschieden auch gewisse ihrer Winkel sein mögen (Ann. d. Phys. u. Ch., Bd. 95. 1855.
369). Wir müssen ihm vollkommen beistimmen, trotzdem, dass *Brooke* in seiner Abhandlung
über den geometrischen Isomorphismus der Krystalle (Philos. Trans. of the roy. Soc. of London
Vol. 147. 1857. 32) den Isogonismus, welcher zwischen irgend zweien Formen verschiedener
Krystallreihen besteht, als Isomorphismus geltend machen und demgemäss solche Formen als
Grundformen gewählt wissen will. Auf diese Weise stellt sich denn als Resultat heraus, dass
z. B. im tetragonalen und hexagonalen System ein geometrischer Isomorphismus fast für sämmtliche Krystallformen besteht. Ein solcher Isomorphismus, welchen *Scacchi* Polysymmetrie

Groth hat die specielle Einwirkung auf die Form einer krystallisirbaren Substanz, welche durch den Eintritt eines neuen (den Wasserstoff vertretenden) Atoms oder Atomcomplexes in gesetzmässiger Weise hervorgerufen wird, Morphotropie genannt. Bei den von ihm an organischen Substanzen darüber angestellten Untersuchungen hat sich die Aenderung theilweise derart herausgestellt, dass bei rhombisch krystallisirten Substanzen zwei Axen ihre Werthe behalten, und nur die dritte sich verändert. Mit der Substitution von Chlor gegen Wasserstoff im rhombischen Benzol stellt sich das monokline System ein; in der Derivatenreihe des Naphthalins bringen Brom und Chlor gleiche morphotropische Wirkung hervor, sind isomorphotrop (vgl. Annal. d. Phys. u. Ch., Bd. 141. 1870. 31; auch *Hintze* ebendas., Bd. 153. 1874. 177).
Strüver erhielt indessen bei der Untersuchung der Chlor- und Bromsubstitutionsproducte der Santon- und Metasantonsäure mit Bezug auf die Morphotropie wenig befriedigende Resultate und ist der Ansicht, »dass die Anzahl der Beobachtungen, auf welche sich die bis jetzt angegebenen morphotropischen Gesetze stützen, doch noch zu gering ist, um letztere als wohlbegründet erscheinen zu lassen, wenn es auch höchst wahrscheinlich ist, dass eine krystallographische Beziehung zwischen den Formen zweier aus einander durch Substitution eines Elements oder einer Elementengruppe durch ein anderes Element oder eine andere Gruppe abgeleiteten Substanzen besteht«. (Z. f. Kr. II. 619.) [1]

Es fragt sich aber nicht nur, wie weit der Begriff des Isomorphismus, sondern auch, wie weit derjenige der Constitutions-Analogie im chemischen Sinne gefasst werden soll. Zunächst wird eine Verbindung mit einer anderen als analog constituirt gelten müssen, in welcher ein oder mehre Elemente durch ein oder mehre gleichwerthige völlig übereinstimmend ersetzt werden, so dass die Atomzahl beider Verbindungen dieselbe ist; z. B. $CaCO^3$ (Kalkspath) und $MgCO^3$ (Magnesitspath); SnO^2 (Zinnstein) und TiO^2 (Rutil); auch $Ca^5P^3O^{12}Cl$ (Apatit) und $Pb^5As^3O^{12}Cl$ (Mimetesit); in der That sind die betreffenden Mineralien vollkommen isomorph. Wohl mit Recht wird aber von Vielen eine Analogie in der chemischen Zusammensetzung auch da noch erblickt, wo ungleichwerthige Elemente sich z. B. in der Weise vertreten, dass in der einen Verbindung 1 Atom eines zweiwerthigen Elements an der Stelle von 2 Atomen eines einwerthigen Elements der anderen steht, überhaupt sich so ersetzen, dass, unabhängig von der Atomzahl, der chemische Wirkungswerth derselbe bleibt; demnach wäre z. B. $\overset{II}{Be}(Al)^2O^4$ (Chrysoberyll) analog constituirt mit $\overset{I}{H^2}(Al^2)O^4$ (Diaspor); das Mol. hat zwar bei ersterem 7, bei letzterem 8 Atome, die Summe der chemischen Werthe (16) ist aber bei beiden gleich; ferner Be^2SiO^4 (Phenakit) analog mit $(\overset{I}{H^2}\overset{II}{Cu})SiO^4$ (Dioptas). Der bei diesen atomistisch ungleich und nur relativ-analog zusammengesetzten Verbindungen zu Stande kommende Isomorphismus ist aber in der Regel auch nur ein solcher im weiteren Sinne (s. oben), d. h. die Axenverhältnisse der betreffenden Mineralien sind nicht nahezu identisch, sondern einzelne Axenlängen stehen bei beiden nur ungefähr in einer einfachen Zahlproportion. Eine

---

nennt, mag ein gewisses geometrisches Interesse haben; eine naturhistorische Bedeutung geht ihm aber durchaus ab. — Auch *Groth* nimmt Identität des Krystallsystems als nothwendiges Moment in den Begriff des Isomorphismus auf.

1) Auch *Th. Hiortdahl* folgert aus seinen Beobachtungen über methylirte Ammoniakderivate, »dass die Krystallformen der homologen Derivate sehr häufig Beziehungen zeigen, welche mit den bei so vielen anderen organischen Körpern beobachteten morphotropen völlig übereinstimmen und auf Rechnung der eingetretenen Methylgruppen geschrieben werden können; man findet jedoch auch viele Fälle mit vollständiger Isomorphie der homologen Glieder. Die morphotropen Beziehungen sind also nicht constant, indem die eingetretenen Methylgruppen sich nicht immer auf dieselbe Weise geltend machen« (Z. f. Kryst. VI. 459). Ebenso fand er, dass z. B. die Chloride von Zinndimethyl und Zinndiäthyl isomorph sind, während dies bei anderen homologen Gliedern, z. B. den Sulfaten von Zinntrimethyl und Zinntriäthyl nicht der Fall ist.

Analogie derselben Art existirt ferner z. B. zwischen dem Salz zwei- und vierwerthiger Elemente und einem Sesquioxyd, z. B. zwischen den beiden vollkommen isomorphen $\overset{II}{Fe}\overset{IV}{Ti}O^3$ (Titaneisen) und $(\overset{VI}{Fe^2})O^3$ (Eisenglanz); oder zwischen $Be(\overset{II}{Al^2})\overset{VI}{O^4}$ (Chrysoberyll) und $\overset{II}{R^2}\overset{IV}{Si}O^4$ (Olivin). So kann auch z. B. Na^2 für Ca, die vierwerthige Atomgruppe $\overset{III}{NaFe}$ für Ca^2, die achtwerthige $\overset{II}{R}Al^2$ für Si^2 (in den Feldspathen) eintreten.

Das entscheidende Merkmal für den wirklichen Isomorphismus zweier Substanzen besteht aber darin, dass sie die Fähigkeit besitzen, zusammen zu krystallisiren, und sowohl (als »isomorphe Mischungen«) gemeinschaftlich in variirenden Verhältnissen einen homogenen Krystall aufzubauen, welcher nicht etwa ein mechanisches Gemenge ist, als auch anderseits einzeln aus der gegentheiligen Lösung wie aus der eigenen weiter zu wachsen.

So mischen sich $CaCO^3$ und $MgCO^3$ in variabeln Proportionen und erzeugen homogene Individuen. Hängt man einen Krystall von dunkel weinrothem Chromalaun in eine gesättigte Lösung von farblosem Kalialaun, so wächst er darin, wie in seiner eigenen Substanz fort.

Sehr bemerkenswerth ist es übrigens, dass es auch nicht wenige Mineralien gibt, welche zu zweien oder dreien in ihrer ganzen Formentwicklung überaus nahe übereinstimmen, ohne dass bei ihnen weder die engere noch die weitere, weder die absolute noch die relative Analogie in der Constitution vorläge [1]. So wären z. B. ihrer Form nach isomorph: Aragonit, Bournonit und Kalisalpeter; Kalkspath, Rothgültigerz und Natronsalpeter; Augit, Borax und Glaubersalz; Anatas und Quecksilberhornerz; Schwefel und Skorodit — alles Mineralien, deren chemische Natur selbst nach den neuesten Theorieen gar keinen gegenseitigen Vergleich gestattet. Dies ist um so auffallender, als, wie G. *Rose* und *Sénarmont* erkannten, ein rhomboëdrisches Spaltungsstück von Kalkspath innerhalb einer gesättigten Lösung von Natronsalpeter wie in seiner eigenen Substanz rhomboëdrisch fortwächst, wodurch der schlagendste Beweis für die Wirklichkeit des Isomorphismus geführt ist [2]. — Doch hat *Klocke* darauf aufmerksam gemacht, dass ein Alaun in isomorpher Lösung anfänglich niemals genau so weiterwächst, wie in seiner eigenen Lösung, indem er sich zunächst mit einzelnen getrennten scharf begrenzten Fortwachsungen bedeckt, welche allmählich an Dicke, mehr noch nach der Breite zunehmen, und erst wenn diese seitlich an einander geschlossen

---

[1] Die Erscheinung, dass die triklinen Feldspathe Albit und Anorthit ausgezeichnet isomorph sind, während ihre empirischen Formeln ($Na^2(Al^2)Si^6O^{16}$ für Albit und $Ca(Al^2)Si^2O^8$ für Anorthit) keine Analogie erkennen lassen, hat man durch Verdoppelung des Molekulargewichts beim Anorthit zu erklären versucht; führt man die letztere aus, so zeigt folgende Gegenüberstellung die dann hervortretende Analogie:

$$\text{Albit} = \begin{Bmatrix} Na^2\,Al^2 \\ Si^2 \end{Bmatrix} Si^4O^{16} \qquad \text{Anorthit} = \begin{Bmatrix} CaAl^2 \\ CaAl^2 \end{Bmatrix} Si^4O^{16}.$$

Im Anorthit ist alsdann $\overset{II}{Ca}$ gleichwerthig mit $\overset{I}{Na^2}$ des Albits und ausserdem $\overset{II}{Ca}(\overset{VI}{Al^2})$ gleichwerthig mit $\overset{IV}{Si^2}$ des Albits; die Summe der Werthigkeiten innerhalb der Klammer beträgt bei beiden 16.

[2] Doch ist nach *Frankenheim* (Ann. d. Phys. u. Cb. Bd. 37, S. 549) dieses Fortwachsen nur ein scheinbares, und in Wirklichkeit handele es sich nur um eine anfängliche gesetzmässige und dann weiter fortgesetzte Verwachsung verschiedener Mineralien, wie etwa zwischen Staurolith und Cyanit. Nimmt man übrigens den Stickstoff mit *Kopp* als fünfwerthig an, so besitzen $\overset{II}{Ca}\,\overset{IV}{C}\,\overset{II}{O^3}$ (Kalkspath) und $\overset{I}{Na}\,\overset{V}{N}\,\overset{II}{O^3}$ gleiche Atomzahl (5) und gleiche Summe der Werthigkeiten (12). — *Groth* will hier keinen eigentlichen Isomorphismus anerkennen, da von der Möglichkeit, dass salpetersaure und kohlensaure Salze isomorphe Mischungen bilden würden, keine Rede sein könne. Dennoch sind auch Spaltbarkeit, die übrigen Cohäsionsverhältnisse, optische Beschaffenheit vollkommen bei beiden Mineralien übereinstimmend.

sind, der Krystall sich also nun in seiner eigenen Lösung befindet, geht der Weiterabsatz geschlossen und glattflächig vor sich.

Kopp definirt daher isomorphe Verbindungen als »solche, deren Substanzen in der Art mit gleichem Krystallbildungsvermögen ausgestattet sind, dass sie in gleicher Weise, eine an Stelle einer anderen, mit gleichem Erfolg zu der Bildung eines Krystalls beitragen können«.

Für die Auffassung des Isomorphismus ist die Thatsache bemerkenswerth, dass in einer übersättigten Salzlösung hineingebrachte Krystalle eines isomorphen Salzes, aber auch nur diese, eine sofortige Krystallisation hervorbringen; so z. B. krystallisirt aus einer übersättigten Lösung von $MgSO^4 + 7H^2O$ das Salz heraus durch Einbringen fester Theile von $ZnSO^4 + 7H^2O$, oder $NiSO^4 + 7H^2O$; inactiv, d. h. die Ausscheidung nicht bewirkend, verhielten sich z. B. $Na^2SO^4 + 10H^2O$. Das letztere Salz wird alsdann seinerseits zum Krystallisiren gebracht durch $Na^2SeO^4 + 10H^2O$, nicht durch $MgSO^4 + 7H^2O$. Gewöhnlicher Alaun gelangt unter solchen Umständen zum Krystallisiren durch Chromalaun, Eisenalaun, nicht aber durch andere reguläre Krystalle, wie Chlornatrium, ein Hinweis darauf, dass es, abgesehen von der Form, auch auf die Aehnlichkeit der Constitution ankommt.

Was den Grund des Isomorphismus ánbetrifft, so glaubte *Mitscherlich* denselben in der gleichen Zahl und Verbindungsart der Atome finden zu müssen. Später erkannte man in Folge der Untersuchungen von *Dumas* und *Kopp*, dass isomorphe Körper und Verbindungen sehr häufig dadurch ausgezeichnet sind, dass ihre Molekularvolume (Molekulargewicht dividirt durch das specifische Gewicht) gleiche oder doch sehr nahe gleiche Grösse besitzen, oder in einfachen Proportionen zu einander stehen, weshalb denn dieses Verhältniss von Vielen, neuerdings auch noch von *Rammelsberg*, als die eigentliche Grundbedingung des Isomorphismus betrachtet wird [1]. Der letzte Forscher leitet aus seinen Betrachtungen die Berechtigung zu der Annahme ab, dass Moleküle, deren Volume gleich sind, oder in einfachen Verhältnissen stehen, dadurch befähigt sind, sich in demselben Weise zu gruppiren und so Krystalle von gleicher (nahe gleicher) Form und Symmetrie zu bilden. Die chemische Natur der Moleküle selbst ist alsdann nicht Ursache des Isomorphismus.

Sehr beachtenswerth sind die Schlussfolgerungen, auf welche *Brezina* bei seinen Betrachtungen über das Wesen der Isomorphie gelangt (*Tschermak*'s Mineral. Mitth., 1875, S. 13 u. 137).

Baumhauer hat darauf aufmerksam gemacht, dass isomorphe Körper hinsichtlich der auf ihren Flächen hervorgerufenen Aetzfiguren entweder nahe übereinstimmen, oder aber auch wesentliche Verschiedenheiten zeigen können, wenigstens was die Lage der Aetzeindrücke betrifft. So lässt der Kalkspath nach dem Aetzen mit Salzsäure auf seinen Spaltungsrhomboëderflächen deutliche dreiseitige gleichschenkelige Vertiefungen erkennen, welche ihre Spitze der Polecke des Rhomboëders zuwenden. Umgekehrt (mit der Basis nach der Polecke) liegen die durch Aetzen mit kochender Salzsäure auf den Spaltungsflächen des isomorphen Eisenspaths erzeug-

---

[1] Besonders schlagend oder überzeugend ist indessen die Uebereinstimmung oder einfache Proportionalität der Molekularvolum-Zahlen bei den isomorphen Mineralien keineswegs. So sind z. B. diese Zahlen für die ausgezeichnete Reihe der rhomboëdrischen Carbonate: Kalkspath 36,8; Magnesitspath 23; Zinkspath 28,4; Eisenspath 30,6. Aragonit hat 34,5, der durchaus isomorphe Strontianit 41,4, Korund und Eisenglanz weisen 25,6 und 30,2 auf, Apatit und Pyromorphit 330 und 408, Scheelit und Scheelbleierz 48 und 56,3. Derartige Differenzen sollte man selbst dann nicht erwarten, wenn man zu Gunsten der betreffenden Theorie anführt, dass sie ja nicht einen eigentlichen Isomorphismus, sondern nur einen Homöomorphismus erklären wolle. Jedenfalls ist es aber nicht gestattet, den Satz dahin umzukehren, dass Körper mit gleichem oder proportionalem Molekularvolum isomorph seien: denn es ergibt sich, dass die gestaltlich abweichendsten Mineralien aus den verschiedensten Krystallsystemen gleichwohl völlig identische oder solche Zahlen aufweisen, die einander viel näher liegen, als es selbst bei den besten isomorphen Gruppen der Fall ist. Vgl. auch *Schröder* in Ann. d. Phys. u. Ch., Bd. 107. 1859. 126.

-- ten, etwas langgedehnten dreiseitigen gleichschenkeligen Vertiefungen; ähnlich verhält sich nach *Haushofer* auch der Dolomit (Ber. d. d. chem. Ges. z. Berl., 1872. 857). Dies lässt auf eine entsprechende Aehnlichkeit oder Verschiedenheit der Structur und der Molekularformen dieser Körper schliessen (vgl. übrigens die Anm. auf S. 234). Die abweichende Lage der Aetzfiguren bei eminent isomorphen Krystallen unterstützt übrigens die von *Kekulé* geäusserte Vermuthung, dass gleiche Krystallform nicht nothwendig eine allseitige Gleichheit der Moleküle voraussetzt, sondern dass dieselbe auch durch theilweise und vielleicht sogar einseitige Gleichheiten der Molekularformen veranlasst werden kann. — Aehnliche Abweichungen kommen nach *Jannettaz* bezüglich des thermischen Verhaltens isomorpher Krystalle vor: beim Kalkspath fällt das Maximum der Wärmeleitung mit der Hauptaxe zusammen, während es beim Dolomit und Magnesitspath normal zur Hauptaxe geht; beim Baryt und Cölestin ist das Wärmeleitungs-Minimum zwar normal zur Hauptspaltungsfläche $0P$, die beiden anderen Axen sind aber mit einander vertauscht, indem das Maximum beim Baryt die Brachydiagonale, beim Cölestin die Makrodiagonale ist. Aragonit und Strontianit einerseits, Cerussit und Witherit anderseits, alle formell isomorph, optisch negativ und die spitze Bisectrix parallel der Verticalaxe besitzend, unterscheiden sich dadurch, dass in den beiden ersten die optische Axenebene parallel $\infty \overset{\smile}{P}\infty$ und $\varrho < v$, in den letzteren jene Ebene parallel $\infty \overset{\smile}{P}\infty$ und $\varrho > v$ ist. Künstliches Kaliumchromat $K^2 Cr O^4$ hat positiven und Kaliumsulfat $K^2 S O^4$ negativen Charakter der Doppelbrechung.

Isodimorph nennt man diejenigen Substanzen, welche dimorphe Modificationen aufweisen, die wiederum unter sich in gleicher Weise isomorph sind; so sind Kalisalpeter und Natronsalpeter isomorph sowohl im Bereich des hexagonalen als des rhombischen Systems; arsenige Säure und antimonige Säure sind beide dimorph (regulär und rhombisch) und als solche gegenseitig auch isomorph.

Die Verhältnisse des Isomorphismus sind dazu angethan, allerhand Schlussfolgerungen betreffs des Heteromorphismus aufzustellen, wodurch der Kreis der heteromorphen Substanzen eine wesentliche Erweiterung erfährt. Die rhomboëdrischen Carbonate von Mg, Fe, Mn, Zn sind isomorph mit dem Kalkcarbonat als Kalkspath; die rhombischen Carbonate von Ba, Sr, Pb sind isomorph mit dem Kalkcarbonat als Aragonit; wegen der Dimorphie von CaCO^3 ist es daher überaus wahrscheinlich, dass die übrigen als rhomboëdrisch bekannten Carbonate auch in der rhombischen Aragonitform, und umgekehrt die bis jetzt nur als rhombisch bekannten auch in der rhomboëdrischen Kalkspathform krystallisiren können, wenngleich die wirkliche Zweigestaltigkeit bis jetzt sicher blos bei dem Kalkcarbonat angetroffen wurde. In der That hat auch der Plumbocalcit, eine Mischung von CaCO^3 und PbCO^3, die Form des Kalkspaths, zur Unterstützung jener Folgerung, dass das Bleicarbonat als solches rhomboëdrisch krystallisiren könne; auch gibt es rhomboëdrische Kalkspathe mit einem Gehalt an SrCO^3 oder an BaCO^3. Diese Schlüsse können aber noch weiter fortgesetzt werden. Der Alstonit, eine Mischung von Barytcarbonat und Kalkcarbonat, (Ba, Ca)CO^3, ist rhombisch, wie jedes dieser Carbonate (Witherit und Aragonit) für sich; dieselbe Zusammensetzung ist aber dimorph, indem sie als Barytocalcit monkline Krystalle bildet, eine Erscheinung, welche, sofern nicht in dem Barytocalcit eine Molekularverbindung vorliegt, den Schluss gestattet, dass jedes dieser Carbonate auch für sich monokliner Form fähig sei; demzufolge würde überhaupt jedes Carbonat RCO^3 trimorph sein (vgl. auch Bittersalz). — Da Titansäure TiO^2 und Zinnsäure SnO^2 isomorphe tetragonale Krystalle bilden (Rutil und Zinnstein), so ist es auffallend, dass die Kieselsäure SiO^2 nicht auch tetragonal vorkommt; in dem Zirkon (ZrO^2.SiO^2), welcher mit jenen beiden Mineralien isomorph ist, betheiligt sie sich aber mit einer analog constituirten Verbindung an dem Aufbau tetragonaler Krystalle, und so ist es gar nicht unwahrscheinlich, dass sie auch dereinst für sich als Glied des tetragonalen Systems in der Natur gefunden oder künstlich dargestellt werden möge; alsdann würde die

Kieselsäure, da wir sie bereits als Quarz, Tridymit und Asmanit kennen, tetramorph sein. — Die neutralen Silicate Mg^2SiO^4, Fe^2SiO^4, Mn^2SiO^4 und deren Mischungen sind isomorph rhombisch (Forsterit, Fayalit, Olivin, Tephroit); die entsprechenden Zn^2SiO^4 (Willemit), Be^2SiO^4 (Phenakit) isomorph rhomboëdrisch. Da nun im Tephroit auch Zn^2SiO^4 vorkommt, und da es umgekehrt ein rhomboëdrisches, dem Willemit isomorphes Mineral gibt, der Troostit, in welchem neben Zn^2SiO^4 stets Mn^2SiO^4 (oft auch Mg^2SiO^4 und Fe^2SiO^4) vorkommt, so darf man glauben, die neutralen Silicate von Mg, Fe, Mn auch in der rhomboëdrischen Willemitform, diejenigen von Be, Zn auch in der rhombischen Olivinform zu finden. — Das Kupfer krystallisirt regulär, das Zink künstlich hexagonal, gleichwohl sind die künstlichen Legirungen Cu^mZn^n (Messing, Rothguss) regulär; daraus würde folgen, dass auch das Zink regulär krystallisiren könne. Zinn ist nur tetragonal, Eisen nur regulär bekannt; dennoch sind die Legirungen Fe^mSn^n tetragonal. Sehr sonderbar ist, dass Goldamalgam Au^2Hg^3 tetragonal ist, da doch sowohl Gold als Quecksilber nur regulär krystallisiren und auch das Silberamalgam dem regulären System angehört.

Wenn überhaupt, wie dies häufig der Fall ist, analog constituirte Verbindungen wider Erwarten nicht isomorph sind, so liegt die begründete Vermuthung nahe, dass dies eine Folge ihrer Heteromorphie ist, und wir von den zwei Gestalten bis jetzt nur bei der einen Verbindung die eine, bei der anderen die andere kennen.

Häufig hat der Erfolg die Richtigkeit derartiger Speculationen bestätigt. Ag^2S war bekannt als regulärer Silberglanz, das analog constituirte Cu^2S als rhombischer Kupferglanz, die Mischung beider als der mit dem letzteren isomorphe Kupfersilberglanz, und ausserdem war Cu^2S künstlich in regulären Formen erhalten worden; der Schluss lag somit nahe, dass auch umgekehrt Ag^2S rhombisch krystallisiren könne; und in der That hat man dann natürliches rhombisches Ag^2S als Akanthit gefunden. — Sb^2O^3 kannte man längst als rhombisches Weissspiessglanzerz, die analog constituirte arsenige Säure As^2O^3 war künstlich dimorph in regulären und rhombischen Krystallen erhalten worden, von welchen die letzteren mit dem Weissspiessglanz isomorph waren; die Vermuthung, dass es auch reguläre antimonige Säure gebe, wurde durch die Auffindung des Senarmontits gerechtfertigt. — Schwefelzink ZnS krystallisirt gewöhnlich regulär als Zinkblende, das so ähnliche Schwefelcadmium CdS hexagonal als Greenockit; diese Differenz musste Wunder nehmen, bis man ZnS auch in hexagonalen Krystallen künstlich darzustellen vermochte und natürlich als Wurtzit fand; es ist darnach kaum zweifelhaft, dass es auch umgekehrt reguläres CdS gibt.

Dass bei einem durch solche Folgerungen supponirten Heteromorphismus eine Substanz dennoch bis jetzt blos in der einen Form gefunden wurde, dies liegt möglicherweise daran, dass diese es ist, welche der stabileren Gleichgewichtslage der Moleküle entspricht, während die andere, bis jetzt nur vorauszusetzende Modification mit unbeständigerem Molekularzustande verknüpft ist (wie z. B. die monokline Form des Schwefels) und sie sich deshalb nur in Mischungen kundgibt, wo sie sich an eine andere stabile und eminent krystallisationsfähige isomorphe Substanz anlehnen kann. So scheint das Bleicarbonat nur da rhomboëdrisch krystallisiren zu können, wo es sich mit Kalkspathsubstanz an dem Aufbau eines Individuums betheiligt.

§ 159. Isomorphe Mischungen. Eine für die Chemie wie für die Mineralogie äusserst wichtige (auch schon im vorigen Paragraph angedeutete) Thatsache ist es, dass isomorphe Elemente oder Verbindungen in schwankenden und unbestimmten (d. h. stöchiometrisch nicht abgemessenen) Verhältnissen zu einem homogenen Individuum zusammenkrystallisiren können, welches dann vermöge seiner Form mit in die isomorphe Gruppe hineingehört. Der Sprachgebrauch drückt dies auch so aus, dass in ein und derselben chemischen Verbindung isomorphe Bestandtheile sich gegenseitig vertreten oder für einander vicariiren können, ohne dass dadurch die Krystallform und die von dieser abhängigen physischen Eigenschaften eine wesentliche Veränderung erleiden.

Ein Beispiel einer solchen isomorphen Mischung ist ein rhomboëdrischer Krystall, welcher aus den Carbonaten von Calcium, Magnesium und Eisen, oder ein Olivinkrystall, welcher aus den isomorphen Silicaten Mg^2SiO^4 (der Substanz des Forsterits) und Fe^2SiO^4 (derjenigen des Fayalits) besteht (vgl. S. 224). Die Mischkrystalle sehen äusserlich ganz homogen aus und das Vorhandensein einer Mischung tritt erst durch die chemische Analyse und deren Vergleichung mit der Zusammensetzung anderer isomorpher Substanzen hervor[1]. — *N. Fuchs* hat bereits im Jahre 1815 vor der Entdeckung des Isomorphismus auf das Verhältniss der sog. vicariirenden Bestandtheile aufmerksam gemacht. *Rammelsberg* erklärte sich gegen die Annahme, dass isomorphe Mischungen in schwankenden und unbestimmten Verhältnissen erfolgen können, indem er geneigt ist, überall Verbindungen nach bestimmten Atom- resp. Molekül-Verhältnissen vorauszusetzen. Dass dieselben oftmals nach festen und einfachen Proportionen von statten gehen, kann nicht bezweifelt werden; aber die grösste Anzahl der Fälle lässt sich nur, indem dem Analysenresultat entschiedener Zwang angethan wird, also deuten.

Die Formeln der isomorphen Mischungen werden oft so geschrieben, dass das den einzelnen zusammenkrystallisirten Gliedern Gemeinsame nur einmal gesetzt wird: so bedeutet z. B. (Ca, Mg, Fe)CO^3 eine isomorphe Mischung von $CaCO^3$, $MgCO^3$ und $FeCO^3$.

Für manche isomorphe Mischungen sind übrigens die Grundverbindungen als solche noch nicht gefunden worden, z. B. die Verbindung $FeSiO^3$, welche sich mit Enstatit-Substanz ($MgSiO^3$) in den Mineralien Bronzit und Hypersthen mischt. Namentlich begegnen wir in der so zahlreichen Classe der Silicate sehr vielen Beispielen eines gleichzeitigen Vorhandenseins verschiedener isomorpher Verbindungen, und es übt diese Erscheinung vorzüglich dann einen sehr wesentlichen Einfluss auf den Habitus solcher Silicate aus, wenn anscheinend die Oxyde schwerer Metalle für Erden und Alkalien eintreten. In diesem Falle müssen nämlich die übrigen, von der Krystallform nicht unmittelbar abhängigen physischen Eigenschaften, wie z. B. Härte, specifisches Gewicht, Farbe, Glanz und Pellucidität grösseren oder geringeren Veränderungen unterliegen; wofür u. A. der Pyroxen, Amphibol, Granat, Epidot sehr auffallende Belege liefern, indem ihre Varietäten z. Th. ausserordentlich abweichend erscheinen. Diese Verschiedenheiten des Habitus können uns jedoch nicht zu einer specifischen Trennung berechtigen, so lange sie für die morphologischen Eigenschaften gar nicht, für die physischen und chemischen aber nur innerhalb solcher Grenzen stattfinden, dass die durch sie bedingten verschiedenen Varietäten durch allmähliche Uebergänge mit einander verknüpft werden. Auch unter den Schwefelmetallen spielen isomorphe Mischungen eine recht wichtige Rolle.

Wenn zwei Verbindungen von analoger chemischer Constitution sich in verschiedenen Verhältnissen mischen und dabei doch Krystalle von übereinstimmender

---

[1] Die Erscheinung, dass ein Krystall aus schalenförmig sich umhüllenden Schichten von etwas abweichender chemischer Zusammensetzung und gewöhnlich auch verschiedener Farbe besteht (S. 88), kann nicht als isomorphe Mischung aufgefasst werden; die einzelnen Schichten desselben stellen allerdings gewöhnlich als solche isomorphe Mischungen in verschiedenen Verhältnissen dar.

Form erzeugen, so darf man daraus umgekehrt auf die Isomorphie dieser Verbindungen schliessen.

Merkwürdig ist es, dass, während in gewissen Silicaten die Zumischung von isomorphen Metallsilicaten zur Regel gehört, in anderen Silicaten fast gar keine Spur oder doch nur sehr selten etwas von diesem Verhältniss zu finden ist (Feldspathe, Zeolithe).

Anm. 1. Was die Molekularstructur eines isomorphen Mischkrystalls anbelangt, so ist die Vorstellung, denselben als aus den Molekülen der beiden isomorphen Substanzen aufgebaut zu betrachten, wohl berechtigter als diejenige, dass er aus gleichartigen Molekülen bestehe, von denen jedes schon die betreffende Mischung darstellt.

Anm. 2. Von vielem Interesse ist die Frage, wie sich die Krystallform isomorpher Mischungen zu derjenigen ihrer Grundverbindungen verhält. Da die letzteren immer kleine Differenzen ihrer Dimensionsverhältnisse aufweisen, so sollte man wohl erwarten, dass die Krystalle der Mischungen sich nicht nur innerhalb dieser Grenzunterschiede halten, sondern auch der Form derjenigen Grundverbindung am nächsten anschliessen, welche am reichlichsten bei der Mischung betheiligt ist. Nur wenige Beobachtungen liegen in dieser Beziehung vor, welche noch manches Räthselhafte bietet. Der Polkantenwinkel des Hauptrhomboëders des reinen $CaCO^3$ (Kalkspath) beträgt $105^o 5'$, derjenige beim isomorphen reinen $MgCO^3$ (Magnesitspath) $107^o 30'$; die isomorphe Mischung aus 1 Mol. $CaCO^3$ und 1 Mol. $MgCO^3$ (Dolomit) besitzt nun in der That einen Polkantenwinkel von $106^o 18'$, welcher gerade zwischen denjenigen der beiden Grundverbindungen liegt. Allein anderseits kennt man Belege dafür, dass das Verhältniss zweier isomorpher Verbindungen in einer Mischung mit der krystallographischen Entwickelung nicht im Einklang steht. So gibt es rhomboëdrische Mischungen von $MgCO^3$ und $FeCO^3$, welche, obschon der Polkantenwinkel der ersten Grundverbindung stumpfer ist ($107^o 30'$) als der der zweiten ($107^o 0'$), dennoch einen um so schärferen Polkantenwinkel besitzen, je grösser das Verhältniss des Mg ist. Die rhombischen Krystalle von Cölestin ($SrSO^4$) enthalten sämmtlich auch etwas $CaSO^4$, indessen regeln sich die Winkelwerthe der Spaltungsprismen keineswegs nach der verhältnissmässigen Betheiligung des Kalksulfats[1].

Schliesslich mag noch darauf aufmerksam gemacht werden, dass vielfach die grössere Aehnlichkeit oder Verschiedenheit der Dimensionsverhältnisse bei den isomorphen Grundverbindungen selbst, nicht, wie man wohl erwarten sollte, der grösseren oder geringeren chemischen Aehnlichkeit entspricht; so steht Magnesitspath offenbar chemisch dem Kalkspath näher als dem Eisenspath, allein sein Polkantenwinkel (s. o.) schliesst sich mehr an den des letzteren als an den des Kalkspaths an; Schwerspath ($BaSO^4$) und Cölestin ($SrSO^4$) haben grössere chemische Aehnlichkeit untereinander, als einer derselben mit dem Bleivitriol ($PbSO^4$); und dennoch steht der rhombische Spaltungs-Prismenwinkel des letzteren ($103^o 44'$) mitten zwischen denjenigen der beiden ersteren ($101^o 40'$ und $104^o 2'$).

Beim Zusammenkrystallisiren isomorpher Substanzen ist eine unbedingte Uebereinstimmung der optischen Charaktere nicht erforderlich, wie denn z. B. unter den optisch einaxigen Mineralien solche vorkommen, welche Mischungen von positiven und negativen Grundverbindungen sind, wenn auch meistens die zusammentretenden Componenten sich gleichartig verhalten. — Bei Mischungen rhombischer gleich orientirter Substanzen zeigt sich wohl eine Abhängigkeit des optischen Axenwinkels von dem Verhältniss der Mischung. So fand *Tschermak*, dass in der Bronzitreihe, welche

---

[1] *Arzruni*, Ber. d. d. chem. Ges., 1872, S. 1048. *Groth* hat sogar gefunden, dass bei den rhombischen isomorphen Mischungen von überchlorsaurem Kali ($KClO^4$) und übermangansaurem Kali ($KMnO^4$) die Kantenwinkel zum Theil gar nicht innerhalb derjenigen Differenzen fallen, welche die beiden Grundverbindungen aufweisen (Annal. d. Phys. u. Ch., Bd. 133, S. 193). *Neminar* hat auch für den Baryto-Cölestin dargethan, dass seine Winkel keineswegs zwischen denen seiner Grundverbindungen (Baryt und Cölestin) schwanken (Min. Mittheil. 1876. 62).

Mischungen von $MgSiO^3$ und $FeSiO^3$ darstellt, mit der Zunahme der zweiten Verbindung, also dem Wachsen des Eisengehalts, auch der positive Axenwinkel sich vergrössert. *Schuster* wies für die Plagioklase, welche isomorphe Mischungen von Albit und Anorthit sind (vgl. S. 238), eine dem Mischungsverhältniss entsprechende Veränderung von Orientirung, Dispersion und Axenwinkel nach. Dagegen hatte *G. Wyrouboff* früher an isomorphen Mischungen aus Kalium- und Ammoniumsulfat, sowie aus Kaliumsulfat und Kaliumchromat gefunden, dass die Winkel der optischen Axen sich nicht der chemischen Zusammensetzung proportional ändern. — *H. Dufet* stellte verschiedene Mischungen von isomorphem Nickel- und Magnesiavitriol dar und fand, dass der m i t t l e r e B r e c h u n g s e x p o n e n t mit Zunahme des einen höheren Brechungsexponenten besitzenden Nickelsalzes fortwährend wächst; nach ihm verhalten sich die Differenzen zwischen den Brechungsexponenten einer Mischung zweier isomorpher Salze und denjenigen der reinen Salze selbst umgekehrt wie die Anzahl der in der Mischung enthaltenen Aequivalente beider Salze (Comptes rendus, Bd. 86. 880). Nachdem es aber von vorn herein fraglich war, ob diese an e i n e m Beispiel wahrgenommene Gesetzmässigkeit allgemein gültig ist — wie auch *Dufet* dies Gesetz selbst nur als ein angenähertes bezeichnet —, hat *Fock* nachgewiesen, dass zwar an den Mischungen von unterschwefelsaurem Blei und Strontium die Aenderung der beiden Brechungsexponenten proportional mit der Aenderung der chemischen Zusammensetzung vor sich zu gehen scheint, die Mischungen von Kalium- und Thallium-Alaun dagegen Brechungsexponenten zeigen, welche a u s s e r h a l b der durch die reinen Salze vorgeschriebenen Grenzen liegen, und auch bei den Mischungen von chromsaurem und schwefelsaurem Magnesium in dieser Beziehung solche Differenzen zwischen Berechnung und Messung vorkommen, dass überhaupt hier von keinem Gesetz die Rede sein kann (Z. f. Kryst. IV. 1880. 581). — *Mallet* (vgl. Z. f. Kryst. VI. 623; IX. 311) betrachtet es allerdings als erwiesen, dass die optischen Eigenschaften der isomorphen Mischungen in der That durch einfache Summation der Einzelwirkungen der sich mischenden Körper zu Stande kommen, dass also ihre Molekularaggregationen bei der Vereinigung sich nicht, oder wenigstens nicht merklich beeinflussen.

II. Abtheilung. Von den chemischen Reactionen der Mineralien.

§ 160. **Wichtigkeit derselben.** Unter dem Namen der chemischen Reactionen der Mineralien wollen wir alle diejenigen Erscheinungen und Veränderungen begreifen, welche die Mineralien zeigen, wenn sie entweder auf dem trockenen oder auf dem nassen Wege auf ihre q u a l i t a t i v e Zusammensetzung geprüft werden. Dazu bedarf es nur solcher Operationen, welche mit sehr kleinen Quantitäten des Minerals, und mittels kleiner und einfacher Apparate ausgeführt werden. Es liefern uns aber diese chemischen Reactionen äusserst wichtige Merkmale zur Bestimmung und Unterscheidung der Mineralien; Merkmale, welche einen um so grösseren Werth besitzen, weil sie von der besonderen Ausbildungsform der Mineralien gänzlich unabhängig sind, und an jedem kleinen Splitter oder Korn zu einer Erkennung derselben gelangen lassen.

Kleine Stücke von der Grösse eines Hanfkorns, feine Splitter von ein paar Linien Länge sind gewöhnlich vollkommen ausreichend, wenigstens für die Prüfungen auf dem trockenen Wege, bei welchen in der Regel die Anwendung grösserer Stücke nicht einmal rathsam ist.

Da nun bei den einzelnen Mineralien die wichtigeren Reactionen besonders angegeben werden sollen, und die Erscheinungen, durch welche sich diese letzteren kund geben, wesentlich auf den Reactionen der einzelnen Bestandtheile der

Mineralien beruhen,· so kann sich·die folgende allgemeine Betrachtung zunächst
nur auf die Reactionen·der wichtigeren Bestandtheile beziehen, wobei vorzugsweise die Prüfung vor dem Löthrohr berücksichtigt werden soll. · ·

Auf welche Weise die quantitative Analyse der Mineralien, die Trennung und
die Quantitätsbestimmung der einzelnen Bestandtheile vorgenommen wird, darüber
können sich die vorliegenden »Elemente« nicht verbreiten.

1. Prüfung der Mineralien auf dem trockenen Wege.

§. 161. **Prüfung auf Schmelzbarkeit und flüchtige Bestandtheile.** Zur
Prüfung der Mineralien auf dem trockenen Wege dient das Löthrohr, mittels dessen
die Hitze einer Lampenflamme auf einen kleinen Raum concentrirt und folglich
bedeutend erhöht werden kann. Indem die Einrichtung und Manipulation des
Löthrohrs sowie der übrigen Apparate als bekannt vorausgesetzt wird, mag nur
in Erinnerung kommen, dass man die Probe (d. h. einen Splitter oder ein kleines
Körnchen des zu prüfenden Minerals) der Flamme entweder mit einer Platinzange,
oder auch auf einer Unterlage von Holzkohle oder Platindraht darbietet, und dass
die Flamme selbst eine chemisch verschiedene Wirkung ausübt, je nachdem sie
hauptsächlich als gelbe oder als blaue Flamme hervorgebracht wird, und je
nachdem man nur die Spitze derselben auf die Probe richtet, oder diese letztere
ganz in die Flamme eintaucht (Oxydationsfeuer und Reductionsfeuer [1]). Uebrigens behandelt man die zu prüfende Substanz theils für sich, theils mit verschiedenen Reagentien, und schliesst aus den mancherlei Erscheinungen,
welche sich in beiden Fällen zu erkennen geben, auf ihre qualitative chemische
Zusammensetzung.

Für sich erhitzt man die Probe:

a) im Kolben (oder in einer an einem Ende zugeschmolzenen Glasröhre) über
der Flamme einer Spirituslampe, um zu sehen, ob sich etwas auch ohne Zutritt der Luft verflüchtigt.

Hierbei entweicht das vorhandene Wasser und setzt sich im Halse des
Röhrchens wieder ab; flüchtige Säuren (arsenige, antimonige Säure) entweichen
und röthen ein in die Mündung gehaltenes Streifchen von blauem Lackmuspapier; Schwefel, Arsen, Quecksilber sublimiren; Antimon- und Tellur-Ver-
bindungen geben einen weissen Rauch, u. s. w.

b) im beiderseits offenen Glasrohr, um zu sehen, ob etwa beim Zutritt der
Luft flüchtige Oxyde oder Säuren gebildet werden.

Auf diese Weise erkennt man durch das Reagenspapier, durch den Geruch
oder die Beschaffenheit des Sublimats die meisten Schwefel-, Selen-, Tellur-,
Antimon- und Arsen-, sowie Quecksilber-Verbindungen; Kohle verbrennt beim
Glühen an der Luft, alle organischen Verbindungen zersetzen sich beim Erhitzen,
die meisten unter Abscheidung von Kohle.

c) auf Kohle, um die Gegenwart von Arsen (im Reductionsfeuer), oder von
Selen und Schwefel (im Oxydationsfeuer) zu entdecken, welche sich durch

---

[1] Der nicht leuchtende heissere Flammentheil am Ende der Löthrohrflamme hat wegen des
directen Zuströmens der Luft einen Ueberschuss von Sauerstoff und wirkt daher oxydirend,
in dem leuchtenden Flammentheil bringen die vorhandenen glühenden Kohletheilchen und der
Mangel an Sauerstoff eine Reduction hervor.

den Geruch zu erkennen geben; Antimon, Zink, Blei und Wismuth werden
durch den Sublimatbeschlag erkannt, mit welchem sich die Kohle durch
die Wirkung der äusseren Flamme in der Umgebung der Probe bedeckt;
aus manchen Metalloxyden und Schwefelmetallen lässt sich in der inneren
Flamme das Metall regulinisch darstellen.

d) in der Platinzange, im Oehre eines Platindrahts oder auf Kohle,
um ihre unmittelbare Schmelzbarkeit zu prüfen, wobei jedoch alle ausserdem stattfindenden Erscheinungen (Aufschäumen, Anschwellen, Aufblähen,
Leuchten, Funkensprühen, Färbung der Flamme) mit zu berücksichtigen sind.
Rücksichtlich ihrer Schmelzbarkeit verhalten sich die Mineralien sehr verschieden; einige schmelzen selbst in grösseren Körnern leicht, andere schwieriger,
noch andere nur in feinen Splittern oder scharfen Kanten, und manche sind vor
dem Löthrohr ganz unschmelzbar. Bei diesen Versuchen hat man auch besonders
darauf zu achten, ob die Löthrohrflamme während der Erhitzung und Schmelzung
der Probe eine auffallende Färbung zeigt, welche für manche Substanzen sehr
charakteristisch ist. — Die Beschaffenheit des Schmelzungsproducts ist ebenfalls
zu bemerken: ob dasselbe als Glas (klares oder blasiges), als Email, oder als Schlacke
erscheint u. s. w. Sehr viele, und zumal krystallisirte Mineralien, zerknistern
oder decrepitiren mehr oder weniger heftig in der Hitze, weshalb es rathsam
ist, sie zuvörderst im Kolben zu erhitzen, um die kleinen Splitter nicht zu verlieren, welche dann weiter auf geeignete Art zu prüfen sind.

Um die Schmelzbarkeit etwas genauer zu bestimmen, dazu schlägt v. *Kobell* eine
Scala der Schmelzbarkeit vor, deren sechs Grade durch die Mineralien Antimonglanz,
Natrolith, Almandin, Strahlstein, Orthoklas und Bronzit bestimmt werden. Der Gebrauch dieser Scala setzt voraus, dass man einen Splitter der Probe zugleich mit
dem Splitter eines der genannten Mineralien in der Zange fasst und der Flamme darbietet. *Plattner* unterscheidet folgende fünf Abstufungen der Schmelzbarkeit: 1) leicht
zur Kugel schmelzend; 2) schwer zur Kugel schmelzend; 3) leicht in Kanten schmelzbar; 4) schwer in Kanten schmelzbar; 5) unschmelzbar.

Ein Verfahren zu sehr genauer Bestimmung und Vergleichung der Schmelzbarkeit
vermittels der *Bunsen*'schen Gaslampe stammt von *Szabó* und ist mitgetheilt in dessen
Schrift »Ueber eine neue Methode, die Feldspathe auch in Gesteinen zu bestimmen«.
Budapest 1876.

Sehr interessant und sogar wichtig für die Diagnose mancher Mineralien sind die
von *G. Rose* ausgeführten Untersuchungen über die Bildung mikroskopischer
Krystalle gewisser Bestandtheile der Mineralien, wenn solche vor dem Löthrohr in
Borax oder Phosphorsalz geschmolzen oder aufgelöst worden sind. Während der
Erkaltung der Schmelzprobe scheiden sich dann gewisse Bestandtheile in vollkommen
ausgebildeten Krystallen aus, welche in der vorher platt gedrückten Perle unter dem
Mikroskop genau zu erkennen sind. Auf diese Weise erhielt *G. Rose* z. B. in der
Boraxperle die Oxyde des Eisens in den Formen des Eisenglanzes oder Magneteisen-
erzes, und die Titansäure nach Maassgabe der Temperatur in den Formen des Anatases
oder Rutils (Monatsber. d. Berl. Akad., 1867, S. 129 und 450). Diese Untersuchungen sind von *G. Wunder* weiter verfolgt und für viele Körper in Anwendung gebracht
worden. Die merkwürdigen Resultate derselben veröffentlichte er theils in einer besonderen Abhandlung unter dem Titel: Ueber die Bildung von Krystallen in Glasflüssen,
theils im Journ. f. prakt. Chemie [2], I. 1870. 452, und II. 206. Daran schliessen sich
die Untersuchungen von *A. Knop*, in den Annalen der Chemie und Pharmacie, Bd. 137,
S. 363, und Bd. 139, S. 36.

Bestimmte Färbungen der äusseren Flamme, bei Erhitzung der Probe in der Spitze der inneren Flamme, bringen folgende Substanzen hervor:

a) röthlichgelb, Natron und dessen Salze;

b) violett, Kali und die meisten seiner Salze;

c) roth, Lithion, Strontian und Kalk;

d) grün, Baryt, Phosphorsäure, Borsäure, Molybdänsäure, Kupferoxyd und tellurige Säure;

e) blau, Chlorkupfer, Bromkupfer, Selen, Arsen, Antimon und Blei.

In manchen Fällen wird die Färbung der Flamme durch Befeuchtung der Probe mit Salzsäure oder Schwefelsäure gesteigert oder doch nachhaltiger gemacht. *H. Gericke* zeigte, dass bisweilen ein Zusatz von Chlorsilber dieselbe Wirkung noch weit auffallender hervorbringt.

Sind Natron und Kali neben einander vorhanden, so verdeckt die gelbe Färbung die violette; um die letztere dennoch hervortreten zu lassen, blickt man nach *Bunsen's* Vorschlag durch ein blaues Kobaltglas oder durch eine parallelwandige mit Kupfer-oxydammoniak-Lösung gefüllte Flasche; in beiden »Lichtfiltern« werden die gelben Strahlen zurückgehalten, während die violetten durchgehen.

Anm. Die bei Verbrennung gewisser Stoffe entstehenden Färbungen der Flamme haben bekanntlich durch die Spectralanalyse eine ganz ausserordentliche Bedeutung gewonnen. Einen sehr einfachen Apparat zu derartigen Analysen gab *Mousson* an in Vierteljahrschrift der naturf. Ges. in Zürich, 1861, S. 226. Auch *v. Littrow jun.* hat den Spectralapparat wesentlich verbessert und vereinfacht, wozu *Steinheil* noch weitere Vorschläge machte in Sitzungsber. d. Münch. Akad., 1863, S. 17. Eine gute Anleitung zur Erkennung und Unterscheidung der Alkalien mittels der Flamme des *Bunsen'*schen Gasbrenners steht im J. f. prakt. Chem., Bd. 79. 1860. 491.

§ 162. Reagentien. Die wichtigsten Reagentien, welche bei der Prüfung der Mineralien vor dem Löthrohr ihre Anwendung finden, sind folgende:

1) Soda (doppelt-kohlensaures Natron oder Natriumbicarbonat). Dieses Salz dient zur Auflösung des Baryts, der Kieselsäure und vieler Silicate, ganz beson-ders aber zur Reduction der Metalloxyde. Für diesen letzteren Zweck wird die Probe pulverisirt, mit feuchter Soda zu einem Teig geknetet und dieser auf Kohle im Reductionsfeuer behandelt. Meist zieht sich das Natron in die Kohle, weshalb nach beendigter Operation die mit ihm erfüllte Kohlenmasse höchst fein pulverisirt und das Kohlenpulver durch Wasser sorgfältig fortgespült werden muss, worauf das Metall am Boden des Mörsers sichtbar wird. Als Reductionsmittel sind das neutrale oxalsaure Kali und das Cyankalium noch vorzuziehen.

2) Borax (zweifach-borsaures Natron); diese Substanz, welche selbst zu klarem Glas (Perle) schmilzt, hat, wie die folgende, die Eigenschaft, in der Schmelzhitze Metalloxyde aufzulösen, welche ihr eine besondere, als Kennzeichen dienende Färbung mittheilen. Die Mineralien werden entweder in kleinen Splittern oder in Pulverform angewendet. Man beobachtet, ob sie sich leicht oder schwer, ob mit oder ohne Aufbrausen auflösen, ob eine, und welche Farbe in dem Schmelz-product zum Vorschein kommt, wobei das Verhalten im Oxydationsfeuer sowohl als im Reductionsfeuer zu berücksichtigen ist.

3) Phosphorsalz (phosphorsaures Natron-Ammoniak). Vorzüglich wichtig ist dieses Salz zur Unterscheidung der Metalloxyde, deren Farben mit ihm weit

bestimmter hervorzutreten pflegen, als mit Borax. Auch ist es ein gutes Reagens zur Erkennung der Silicate, deren Kieselsäure von den Basen abgeschieden wird und in dem geschmolzenen Phosphorsalz ungelöst bleibt.

Diese drei Reagentien kommen am öftesten in Gebrauch. Dabei ist jedoch zu bemerken, dass die Schwefelmetalle und Arsenmetalle vor der Prüfung mit Borax, Phosphorsalz oder Soda erst auf Kohle geröstet werden müssen, um ihren Schwefel- oder Arsengehalt zu entfernen, und sie selbst zu oxydiren.

Andere, nur in besonderen Fällen zur Anwendung kommende Reagentien sind:

1) Verglaste Borsäure (Anhydrid der Borsäure), ist unentbehrlich zur Entdeckung der Phosphorsäure.

2) Saures schwefelsaures Kali, im wasserfreien Zustande, dient zur Entdeckung von Lithion, Borsäure, Fluor, Brom und Jod, sowie zur Zerlegung titansaurer, tantalsaurer und wolframsaurer Verbindungen. *Websky* empfiehlt es auch als Reagens und Aufschliessungsmittel bei der Untersuchung geschwefelter Erze und analoger Verbindungen.

3) Kobaltsolution (verdünnte Auflösung von salpetersaurem Kobaltoxydul) oder auch trockenes oxalsaures Kobaltoxyd, dient besonders zur Erkennung der Thonerde, Magnesia und des Zinkoxyds, jedoch nur bei weissen oder bei solchen Mineralien, welche nach dem Glühen im Oxydationsfeuer noch weiss sind.

4) Oxalsaures Nickeloxydul, führt zur Entdeckung von Kali in Salzen, welche zugleich Natron und Lithion enthalten.

5) Zinn, in Form von Stanniolstreifen, dient zur Beförderung vollkommener Reduction der Metalloxyde.

6) Eisen, in Form von Claviersaiten, zur Erkennung von Phosphorsäure.

7) Silber, als Silberblech, zur Erkennung von löslichen Schwefelmetallen.

8) Kieselerde, mit Soda zur Entdeckung von Schwefel und Schwefelsäure.

9) Kupferoxyd, zur Erkennung von Chlor und Jod.

10) Lackmus- und Fernambuk-Papier.

2. Prüfung der Mineralien auf nassem Wege.

§ 163. **Eintheilung der Mineralien nach ihrer Auflöslichkeit.** Die Prüfung der Mineralien auf dem nassem Wege gründet sich auf die Wechselwirkung der verschiedenen Säuren und Basen, wenn solche im Zustand der wässerigen Flüssigkeit mit einander in Conflict treten. Daher ist es auch die erste Bedingung, die zu untersuchenden Mineralien dieses Zustandes fähig zu machen, wenn sie nicht schon an und für sich im Wasser auflöslich sind. Hiernach erhalten wir folgende Eintheilung der Mineralien:

1) im Wasser auflösliche Mineralien, Hydrolyte;

2) in Salzsäure oder Salpetersäure auflösliche oder zersetzbare Mineralien;

3) weder im Wasser noch in den genannten Säuren auflösliche Mineralien.

Die im Wasser leicht auflöslichen sind nicht sehr zahlreich; es sind Säuren (Sassolin, arsenige Säure), einige Sauerstoffsalze (Soda, Glaubersalz, Thonerdesulfate, Eisensulfate, Alaune, Vitriole, Salpeter), sowie einige Haloidsalze, namentlich Chloride (Steinsalz, Sylvin, Salmiak). Andere wenige Mineralien sind schwer im Wasser löslich, z. B. Gyps, andere langsam, wie Kieserit.

Die im Wasser leicht löslichen Mineralien zeichnen sich durch starken Geschmack auf der Zunge aus. — Uebrigens sind wohl die meisten, wenn nicht alle anderen

Mineralien in überaus geringen Spuren im Wasser löslich. So haben die Gebrüder *W. B.* und *R. E. Rogers* dargethan, dass eine ganze Menge von Mineralien, wie Feldspath, Chalcedon, Glimmer, Augit, Hornblende, Turmalin, Axinit, Olivin die ihnen beigelegte absolute Unlöslichkeit im Wasser nicht besitzt; namentlich tritt dies hervor, wenn die Mineralien im sehr fein gepulverten Zustand vom Wasser angegriffen werden. Darauf beruht auch die alkalische Reaction, welche das mit Wasser befeuchtete Pulver vieler als unlöslich geltender Mineralien auch schon ohne Glühen erkennen lässt, eine Erscheinung, worauf *Kenngott* wieder die Aufmerksamkeit gelenkt hat (N. Jahrb. f. Miner., 1867. 77 u. 301).

Diejenigen Mineralien, welche **nicht** im Wasser auflöslich sind, prüft man zunächst auf ihr Verhalten gegen S ä u r e n. Dadurch werden sehr viele derselben entweder gänzlich a u f g e l ö s t, oder so z e r s e t z t, dass die Abscheidung gewisser Bestandtheile oder Producte erfolgt. Man bedient sich dabei der Chlorwasserstoffsäure oder auch der Salpetersäure, welche letztere z. B. vorzuziehen ist, wenn der äussere Habitus des Minerals vermuthen, oder eine vorläufige Prüfung vor dem Löthrohr erkennen lässt, dass man es mit einer Metall-Legirung, einem Schwefelmetall oder Arsenmetall zu thun hat. Auf diese Weise werden die Carbonate, Phosphate, Arseniate, Chromate, sehr viele wasserhaltige, sowie auch manche wasserfreie Silicate, viele Schwefelmetalle, Arsenmetalle und andere Metallverbindungen auflöslich gemacht [1]).

Die in S ä u r e n v o l l s t ä n d i g a u f l ö s l i c h e n Mineralien lösen sich entweder o h n e G a s e n t w i c k e l u n g (z. B. Eisenglanz, Brauneisenerz, etliche Sulfate, viele Arseniate und Phosphate), oder mit G a s e n t w i c k e l u n g, wenn bei dem Lösungsprocess ein gasförmiger Bestandtheil entweder entweicht (Kohlensäure) oder erzeugt wird (Chlor, Schwefelwasserstoff, Stickstoffoxyde).

Was die letztere Erscheinung betrifft, so lösen sich in C h l o r w a s s e r s t o f f - s ä u r e unter E n t w i c k e l u n g von

Kohlensäure (also mit Brausen) alle Carbonate, z. B. Kalkspath, Eisenspath;

Chlor alle Manganerze, ferner Chromate (Rothbleierz) und Vanadinate;

Schwefelwasserstoff manche Schwefelmetalle (Zinkblende, Antimonglanz); das Gas bräunt feuchtes Bleipapier (mit einer Lösung von essigsaurem Blei getränktes Filtrirpapier); über andere Schwefelmetalle vgl. unten.

In S a l p e t e r s ä u r e sind unter Entwickelung von S t i c k s t o f f o x y d (welches an der Luft rothe Dämpfe von Stickstoffdioxyd oder Untersalpetersäure erzeugt) löslich viele Elemente, namentlich Metalle und deren Legirungen, ferner niedere Oxyde, wie Magneteisen, Rothkupfererz. — Gold und Platin sind nur in K ö n i g s w a s s e r löslich.

Viele Mineralien sind nun aber in Säuren n i c h t vollständig, sondern durch eine erfolgende Zersetzung nur t h e i l w e i s e löslich, wobei dann gewisse Körper als unlösliche Bestandtheile oder Erzeugnisse a b g e s c h i e d e n werden.

So verhalten sich die S c h w e f e l m e t a l l e gegen Salpetersäure, indem aus ihnen das Metall in Lösung geht, dagegen ein Theil des Schwefels abgeschieden wird, während ein anderer Theil sich in Schwefelsäure verwandelt; dabei bilden sich rothe Dämpfe von Stickstoffdioxyd. Bei Gegenwart von Schwefelantimon scheidet sich antimonige Säure, oder deren Verbindung mit Antimonsäure ab.

Hierher gehört ferner die Zersetzung von Silicaten, Titanaten, Wolframiaten durch

---

1) Ueber die Einwirkung von organischen Säuren (namentlich u. a. der Citronensäure) vgl. *Carrington Bolton* im Mineral. Magaz. IV. 1881. 181; auch Z. f. Kryst. VII. 100.

Chlorwasserstoffsäure, wobei das Anhydrid der Kieselsäure, Titansäure, Wolframsäure abgeschieden wird. Namentlich ist dies Verhalten wichtig bei manchen weit verbreiteten Silicaten; bei ihnen wird die Kieselsäure entweder im gallertartigen Zustand (z. B. bei Nephelin, Sodalith, Analcim, Kieselzinkerz, Cerit — die sog. gelatinirenden Silicate) oder im mehr pulverigen Zustand ausgeschieden (z. B. bei Leucit, Apophyllit, Stilbit, Harmotom, Natrolith); sämmtliche Basen gehen dabei in Lösung.

Zu denjenigen Mineralien endlich, welche weder im Wasser, noch in Säuren auflöslich oder dadurch direct zersetzbar sind, gehören Schwefel, Diamant, Graphit, Oxyde von leichten und schweren Metallen (Korund, Diaspor, Spinell, Chromeisen, Quarz, Zinnstein, Rutil, Zirkon), einige Fluor- und Chlorverbindungen (z. B. Flussspath), einige Sulfate (Schwerspath, Cölestin, Bleivitriol) und Phosphate (z. B. Amblygonit), Boracit, ganz besonders aber zahlreiche Silicate, z. B. die meisten Feldspathe, die Augite, Hornblenden, Glimmer, Granate, Turmaline; ferner Topas, Andalusit, Epidot, Vesuvian, Cyanit, Chlorit u. s. w.

Derlei unzersetzbare Verbindungen werden namentlich auf folgende Weise aufgeschlossen, d. h. ganz oder theilweise in Chlorwasserstoffsäure und Wasser löslich gemacht:

Durch Zusammenschmelzen mit kohlensauren Alkalien im Platintiegel und Zersetzung des Schmelzproducts vermittels Chlorwasserstoffsäure (Quarz, Silicate, Schwerspath).

Durch Zusammenschmelzen mit Aetzalkalien im Silbertiegel und Behandlung der Masse mit Wasser (Zinnstein, Spinell, Korund).

Durch Zusammenschmelzen mit saurem schwefelsaurem Kali im Platintiegel (Korund, Spinell, Titanate, Niobate).

Durch Erhitzen mit Fluorwasserstoffsäure oder Fluorammonium und Behandlung mit Schwefelsäure (Silicate).

Durch Schmelzen mit saurem Fluorkalium (Titanate, Tantalate, Niobate).

Mehre dieser Mineralien werden auch aufgelöst oder zersetzt, wenn man sie mit Chlorwasserstoffsäure oder Schwefelsäure in Röhren einschliesst und sie alsdann längere Zeit auf $200°$—$300°$ erhitzt.

Auch gibt es Silicate, z. B. Granat, Vesuvian, Epidot, Axinit, welche, im natürlichen Zustand von Säuren ganz unangreifbar, dadurch unter Abscheidung von Kieselsäuregallert leicht zersetzt werden, wenn man sie stark geglüht oder geschmolzen hat. Das amorphe glasige Schmelzproduct ist eben eine ganz andere Modification derselben Substanz, als ihr krystallinischer Zustand, wie sich dies auch durch das abweichende specifische Gewicht derselben gegenüber demjenigen der krystallinischen Ausbildungsweise zu erkennen gibt (vgl. S. 156).

Der Umstand, dass die Anzahl derjenigen Felsarten-Gemengtheile, welche der Einwirkung von Chlorwasserstoffsäure und Fluorwasserstoffsäure Widerstand leisten, eine sehr geringe ist (z. B. Zirkon, Spinell, Rutil, Turmalin), wird bei petrographischen Untersuchungen mit Vortheil dazu angewandt, solche Mineralien durch eine Behandlung des zerkleinerten Gesteins mit jenen Säuren von den dadurch zur Lösung oder Zersetzung gelangenden getrennt zu erhalten.

Wegen der Aufzählung und Beschreibung der einzelnen Reagentien sowohl als auch der Reactionen der Bestandtheile der Mineralien verweisen wir auf *Rammelsberg's* Leitfaden für die qualitative chemische Analyse, 5. Aufl., Berlin 1867, auf *Fresenius'* Anleitung zur qualitativen chemischen Analyse, 14. Aufl., Braunschweig 1874, und ganz vorzüglich auf denjenigen Abschnitt von *H. Rose's* classischem Werk, welcher die qualitative Analyse der Körper betrifft.

3. Prüfung der Mineralien auf ihre wichtigsten Elemente.

§ 164. Prüfung auf nicht-metallische Elemente und deren Sauerstoff-Verbindungen[1])**.**

Wasser; dasselbe wird ganz oder theilweise durch Erhitzen der Probe im Kolben ausgetrieben, in dessen oberem Theile es sich niederschlägt; wo es jedoch als Product entsteht (S. 226), da entweicht es nur durch starkes Glühen.

Salpetersäure; die salpetersauren Salze verpuffen auf glühender Kohle; ausserdem geben sie, beim Erhitzen mit saurem schwefelsaurem Kali, salpetrige Säure, die an Farbe und Geruch zu erkennen ist.

Schwefel und Schwefel-Verbindungen entwickeln auf Kohle oder im offenen Glasrohr schwefelige Säure; Schwefelarsen und Schwefelquecksilber sublimiren im Kolben; einige Schwefelmetalle, wie z. B. Eisenkies, verflüchtigen einen Theil ihres Schwefels, wenn sie im Kolben erhitzt werden. Schwefelsäure und jeder noch so geringe Schwefelgehalt werden entdeckt, wenn man ein ganz kleines Fragment des Minerals mit 2 Th. Soda auf Kohle im Reductionsfeuer schmilzt, die geschmolzene Masse auf ein blankes Silberblech legt und mit etwas Wasser befeuchtet, wodurch das Silber braun oder schwarz gefärbt wird[2]). Indessen verhält sich Selen auf ähnliche Weise.

Aeusserst empfindlich ist die von *Dana* vorgeschlagene Methode. Man schmilzt nämlich die Probe auf Kohle mit Soda im Reductionsfeuer, bringt sie auf ein Uhrglas mit einem Tropfen Wasser, und setzt ein kleines Körnchen von Nitroprussidnatrium hinzu, worauf die von *Playfair* beobachtete Purpurfärbung eintritt. Auf nassem Wege, oder in Solutionen ist die Schwefelsäure am sichersten durch Chlorbaryum zu erkennen, welches einen schweren, weissen, in Salzsäure und Salpetersäure unauflöslichen Niederschlag bildet. Einen ähnlichen Niederschlag bewirkt essigsaures Bleioxyd, doch wird derselbe in heisser concentrirter Salzsäure aufgelöst.

Phosphorsäure. Die meisten phosphorsauren Verbindungen färben nach *Erdmann* die Löthrohrflamme für sich blaugrün, zumal wenn sie vorher mit Schwefelsäure befeuchtet worden sind; nur muss der Versuch im Dunkeln angestellt werden; diese Reaction ist noch bei einem Gehalt von 3 Procent erkennbar. Bei grösserem Gehalt wird die Probe mit Borsäure auf Kohle im Oxydationsfeuer geschmolzen, in die glühende Perle ein Stückchen Eisendraht gesteckt und darauf das Ganze im Reductionsfeuer behandelt. Dadurch bildet sich Phosphoreisen, welches nach Abkühlung der Perle als eisenschwarzes, dem Magnet folgsames Korn herausgeschlagen werden kann. Diese Reaction gilt jedoch nur bei Abwesenheit von Schwefelsäure, Arsensäure oder durch Eisen reducirbarer Metalloxyde.

Um ganz geringe Mengen Phosphorsäure nachzuweisen, wird die durch Erhitzen vollständig entwässerte Substanz mit einem Stückchen Magnesiumdraht oder auch mit

---

1) Obgleich in diesen Elementen zunächst nur das Löthrohrverhalten der Mineralien berücksichtigt werden soll, so mögen doch bei den wichtigeren Bestandtheilen einige Reactionen zu ihrer Erkennung auf nassem Wege in Erinnerung gebracht werden. — Für dieses Kapitel schien es zweckmässiger, sich noch der älteren Bezeichnungsweise z. B. der Salze zu bedienen.

2) Um zu entscheiden, ob das Mineral Schwefel oder Schwefelsäure hält, dazu dient folgendes von *v. Kobell* vorgeschlagene Verfahren. Man kocht die pulverisirte Probe in Kalilauge ein, erhitzt bis zur beginnenden Schmelzung des Kalis, löst auf, filtrirt, und steckt in das Filtrat ein Stück blankes Silber, welches sich schwärzt, wenn der Schwefel als solcher vorhanden war. Auf diese Weise lässt sich der Schwefelgehalt im Hauyn, Helvin und Lasurstein nachweisen.

einem Stückchen Natrium in einem Glasröhrchen erhitzt. Bei Anwesenheit von Phosphorsäure entsteht Phosphor-Magnesium resp. -Natrium, welche dann beim Befeuchten mit Wasser den höchst charakteristischen Geruch des Phosphorwasserstoffgases entwickeln (*Bunsen*).

Auf nassem Wege ist die Phosphorsäure dadurch nachzuweisen, dass sie mit schwefelsaurer Magnesia bei Zusatz von Chlorammonium und überschüssigem Ammoniak einen weissen, krystallinischen, in Säuren, aber nicht in Ammoniak, sehr wenig in Salmiak auflöslichen Niederschlag gibt, und dass der durch essigsaures Bleioxyd bewirkte Niederschlag vor dem Löthrohr geschmolzen zu einem krystallisirten Korn erstarrt. Schneller und sicherer ist sie an dem gelben Präcipitat durch überschüssiges molybdänsaures Ammoniak zu erkennen, welche Reaction freilich nur bei der einen Modification der Phosphorsäure eintrifft, übrigens aber auch mit der Kieselsäure und in der Hitze mit der Arsensäure sich einstellt.

Selen und Selensäure verrathen sich sogleich durch den höchst auffallenden faulen Rettiggeruch im Oxydationsfeuer, und durch den grauen, metallisch glänzenden Beschlag auf Kohle; auch kann man das Selen durch Röstung der Probe im Glasrohr leicht als rothes Sublimat ausscheiden.

Chlor und Chloride. Man schmilzt Phosphorsalz mit so viel Kupferoxyd, dass die Perle sehr dunkelgrün wird; mit dieser Perle wird die Probe zusammengeschmolzen, worauf sich die Flamme röthlichblau färbt, bis alles Chlor ausgetrieben ist. Einige andere Kupfersalze zeigen zwar für sich, aber nie mit Phosphorsalz eine ähnliche Reaction. Ist nur sehr wenig Chlor vorhanden, so muss die Probe in Salpetersäure aufgelöst (und zu dem Ende, wenn sie nicht schon auflöslich ist, vorher mit Soda auf Platindraht geschmolzen) werden; die mit Wasser verdünnte Solution gibt dann mit salpetersaurem Silber Niederschlag von Chlorsilber.

Ueberhaupt ist das Chlor in Solutionen am sichersten durch diesen Niederschlag zu erkennen, welcher erst weiss ist, sich aber am Licht allmählich bräunt und schwärzt, übrigens leicht in Ammoniak, aber nicht in Salpetersäure auflöst.

Jod und Jodide ertheilen, auf dieselbe Art mit Phosphorsalz und Kupferoxyd behandelt, der Flamme eine sehr schöne und starke grüne Farbe; auch geben sie im Kolben mit saurem schwefelsaurem Kali geschmolzen violette Dämpfe.

In Solutionen gibt Jod mit salpetersaurem Silber zwar einen ähnlichen Niederschlag wie Chlor, derselbe ist jedoch gelblich gefärbt und in Ammoniak sehr schwer auflöslich. Die blaue Farbe des Jod-Amylums ist bekanntlich das sicherste Erkennungsmittel, und am leichtesten dadurch nachzuweisen, dass man das Mineral in einem Probirglas mit concentrirter Schwefelsäure übergiesst und im oberen Ende des Glases einen mit Stärkekleister bestrichenen Streifen Papier befestigt.

Brom und Bromide färben, ebenso mit Phosphorsalz und Kupferoxyd geschmolzen, die Flamme grünlichblau. Mit saurem schwefelsaurem Kali im Kolben geschmolzen geben sie Bromdämpfe, welche an der rothgelben Farbe und dem eigenthümlichen Geruch erkennbar sind.

Wird ein bromhaltiges Mineral mit conc. Schwefelsäure behandelt und Stärkekleister darüber gebracht, so färbt sich derselbe nach einigen Stunden pomeranzgelb.

Fluor; ist es in geringer Menge und blos als accessorischer Bestandtheil in einem wasserhaltigen Mineral vorhanden, so braucht man die Probe nur für sich im Kolben zu erhitzen, in dessen offenes Ende ein Streifen feuchtes Fernambuk-

papier gesteckt worden ist; das Glas wird angegriffen und das Papier strohgelb
gefärbt. Wenn aber das Fluor in grösserer Menge vorhanden ist, so kann dieselbe
Reaction nur dadurch erhalten werden, dass man die Probe mit geschmolzenem
Phosphorsalz im offenen Glasrohr erhitzt, und dabei einen Theil der Flamme in das
Rohr streichen lässt.

    Auf nassem Wege ist das Fluor am sichersten dadurch nachzuweisen, dass man
die pulverisirte Probe mit concentrirter Schwefelsäure in einem kleinen Platintiegel
erwärmt, welcher mit einer Glasplatte bedeckt wird, die vorher mit einer dünnen
Wachsschicht überzogen wurde, in welche man mit einer Holzspitze Linien einzeich-
nete, um den Glasgrund stellenweise zu entblössen. Nach einiger Zeit findet man das
Glas an diesen Stellen geätzt. Nach *Nicklès* ist es jedoch besser, eine Platte von Bergkrystall anzuwenden, weil die Schwefelsäuredämpfe für sich allein auf das Glas wirken.

    Borsäure; man mengt die pulverisirte Probe mit 1 Th. Flussspath und 1½ Th.
saurem schwefelsaurem Kali und schmilzt das Gemeng; im Augenblick der Schmelzung färbt sich die Flamme vorübergehend gelblichgrün (durch Fluorbor). Dieselbe
Färbung der Flamme geben fast alle borsäurehaltigen Mineralien, wenn ihr mit
Schwefelsäure befeuchtetes Pulver in der blauen Flamme erhitzt wird.

    Auf nassem Wege ist die Borsäure dadurch nachzuweisen, dass man die Probe
mit Schwefelsäure erhitzt, dann Alkohol hinzufügt und diesen anzündet; die Flamme
wird durch die mit dem Alkohol verdampfende Borsäure sehr deutlich grün gefärbt.

    Kohle; pulverisirt und mit Salpeter erhitzt verpufft sie und hinterlässt
kohlensaures Kali; die **Kohlensäure** ist auf trockenem Wege nicht wohl nachzuweisen, weshalb zu ihrer Erkennung die Probe mit Salzsäure behandelt werden muss.

    Denn die kohlensauren Salze werden fast von allen freien, im Wasser löslichen
Säuren zersetzt, wobei die Kohlensäure unter Aufbrausen als farbloses Gas entweicht,
welches Lackmus vorübergehend röthet und Kalk- oder Barytwasser trübt. Ist Kohlensäure in Solutionen vorhanden, so erkennt man sie daran, dass Kalkwasser und Barytwasser Niederschläge geben, welche sich in Säuren unter Aufbrausen auflösen.

    Kieselsäure; für sich bleibt sie unverändert; von Borax wird sie sehr
langsam, von Phosphorsalz sehr wenig, dagegen von Soda unter starkem Aufbrausen gänzlich zu klarem Glas aufgelöst; mit Kobaltsolution geglüht erhält
sie eine schwache bläuliche Färbung. Die **Silicate** werden vom Phosphorsalz
mit Hinterlassung der Kieselsäure zersetzt, welche als Pulver oder als Skelet
in der Perle schwimmt; ausserdem schmelzen sie grossentheils mit Soda zu
klarem Glas.

    Die Kieselsäure findet sich in zwei Modificationen, von welchen die eine (amor-
phe) in Wasser und Säuren löslich ist, während die andere (krystallinische) nur von
Flusssäure angegriffen wird. Jene wird auch in kochender Kalilauge leicht, diese nur
sehr schwierig aufgelöst. Was die Silicate oder kieselsauren Salze betrifft, so werden
viele derselben von Salzsäure zersetzt, und zwar um so leichter, je stärker die Basis,
je geringer der Gehalt an Kieselsäure, und je grösser der Wassergehalt ist. Dabei
zieht die Salzsäure entweder nur die Basis aus, indem die Kieselsäure als Gallert oder
als Pulver zurückbleibt, oder sie löst auch die Kieselsäure mit auf, welche dann erst
bei dem Abdampfen der Solution eine Gallert bildet. Sehr viele Silicate sind aber
unauflöslich in Säuren, und müssen daher durch Schmelzen mit kohlensauren Alkalien
aufgeschlossen werden, wobei sich die Kieselsäure mit dem Alkali verbindet. Die

hierauf gebildete Lösung gibt bei dem Abdampfen erst eine Gallert und endlich einen trockenen Rückstand, dessen in kochender Salzsäure unauflöslicher Theil sich wie Kieselsäure verhält.

§ 165. Prüfung auf Alkalien und Erden.

Ammoniak verräth sich sogleich durch seinen Geruch, wenn d e Probe mit Soda im Kolben erhitzt wird.

Reibt man ammoniakhaltige Salze mit Kalkhydrat zusammen, oder erwärmt man solche mit Kalilauge, so wird das Ammoniak gleichfalls ausgetrieben, und gibt sich sowohl durch seinen Geruch, als auch durch seine Reaction auf feuchtes Curcumapapier, sowie durch die weissen Nebel zu erkennen, welche entstehen, wenn man ein mit Salzsäure befeuchtetes Glasstäbchen über die Probe hält.

Natron ist in den Mineralien daran zu erkennen, dass die Probe während des Schmelzens oder starken Glühens die äussere Flamme röthlichgelb färbt und auffallend vergrössert.

In den Solutionen, welche Natron enthalten, gibt dasselbe mit Platinchlorid und schwefelsaurer Thonerde und Weinsäure keinen Niederschlag. Das Natron wird überhaupt auf nassem Wege mehr durch negative als durch positive Merkmale charakterisirt, und seine Anwesenheit ist, ebenso wie die des Lithions, leichter vor dem Löthrohr zu erkennen.

Lithion wird, wenn es nicht in zu geringer Menge vorhanden ist, durch die schöne carminrothe Färbung der Flamme erkannt, welche die Probe während des Schmelzens hervorbringt; bei geringem Lithiongehalt tritt nach *Turner* dieselbe Färbung ein, wenn man die pulverisirte Probe mit einem Gemeng von 1 Th. Flussspath und 1½ Th. schwefelsaurem Kali schmilzt. Indessen wird diese Reaction durch die Anwesenheit von Natron gestört [1]).

Mit Chlorbaryum geschmolzen verschwindet die rothe Färbung nicht. Lithion gibt in Solutionen mit Platinchlorid, schwefelsaurer Thonerde und Weinsäure keinen Niederschlag; wohl aber, wenn die Lösung nicht zu sehr verdünnt ist, mit kohlensaurem Natron, noch leichter mit phosphorsaurem Natron.

Kali; wenn es allein, d. h. ohne Natron oder Lithion vorhanden ist, lässt es sich dadurch erkennen, dass die Probe, in der Spitze der blauen Flamme erhitzt, eine violette Färbung der äusseren Flamme bewirkt. Diese Reaction wird bei gleichzeitiger Anwesenheit von Natron oder Lithion gestört, tritt jedoch hervor, wenn man die Flamme durch ein Kobaltglas betrachtet (vgl. S. 247). Gleichfalls ist das Kali noch nachzuweisen, wenn man die Probe in einem durch Nickeloxydul braun gefärbten Boraxglas schmilzt, welches durch Kali bläulich wird.

In den concentrirten Auflösungen der Kalisalze erkennt man das Kali daran, dass es mit Platinchlorid einen citrongelben, krystallinischen schweren Niederschlag von Kaliumplatinchlorid, mit Weinsäure einen weissen, krystallinisch-körnigen Niederschlag von saurem weinsaurem Kali, mit schwefelsaurer Thonerde nach einiger Zeit einen Niederschlag von Alaunkrystallen bildet. Sollte auch Ammoniak vorhanden sein, so muss dies vorher ausgetrieben werden. Das Kali ist sehr häufig nur auf nassem Wege nachzuweisen, weil seine Reactionen vor dem Löthrohr durch Natron unscheinbar werden. Vermuthet man also in einem Silicat ausser Natron auch Kali, so mengt man die feinpulverisirte Probe mit dem doppelten Volumen Soda, schmilzt

---

1) Der 7 Procent Lithion haltende Amblygonit zeigt daher nur die gelbe Färbung der Flamme.

das Gemeng auf Kohle (in einer Vertiefung), pulverisirt die geschmolzene Masse, löst sie in Salzsäure, dampft ein, löst den Rückstand in wenig Wasser, und versetzt dann die Lösung mit den oben genannten Reagentien.

Baryt; der kohlensaure Baryt schmilzt leicht zu einem klaren, nach dem Erkalten milchweissen Glas; der schwefelsaure Baryt ist sehr schwer schmelzbar, reducirt sich aber auf Kohle im Reductionsfeuer zu Schwefelbaryum. In seinen Verbindungen mit Kieselsäure kann der Baryt nicht wohl auf trockenem Wege erkannt werden. Spectroskopisch leicht erkennbar.

Die Auflösungen eines Barytsalzes geben mit Schwefelsäure und mit Gypssolution sogleich einen feinen, weissen, in Säuren und Alkalien unauflöslichen Niederschlag; ebenso mit Kieselfluorwasserstoffsäure einen farblosen krystallinischen Niederschlag.

Strontian; der kohlensaure schmilzt nur in den äussersten Kanten, und bildet dabei staudenförmige, hell leuchtende Ausläufer; der schwefelsaure schmilzt ziemlich leicht im Oxydationsfeuer, und verwandelt sich im Reductionsfeuer in Schwefelstrontium, welches in Salzsäure aufgelöst, eingetrocknet und mit Alkohol übergossen, die Flamme des letzteren schön roth färbt. In anderen Verbindungen muss man die Prüfung auf nassem Wege vornehmen.

Solutionen, welche Strontian enthalten, geben zwar mit Schwefelsäure und mit Gypssolution ein Präcipitat, jedoch nicht sogleich, sondern erst nach einiger Zeit; dagegen wird der Strontian durch Kieselfluorwasserstoffsäure gar nicht gefällt. Die salzsaure Lösung des Strontians ertheilt auf die angegebene Weise der Alkoholflamme eine carminrothe Farbe. Sind in einem Mineral Baryt und Strontian zugleich vorhanden, so stellt man eine salzsaure Solution derselben her, dampft ein, glüht den Rückstand, pulverisirt und digerirt ihn mit Alkohol, welcher das Chlorstrontium auflöst, das Chlorbaryum dagegen unaufgelöst zurücklässt.

Kalkerde findet sich in so mannhfaltigen Verbindungen, dass kein allgemeines Verfahren zu ihrer Nachweisung auf trockenem Wege angegeben werden kann; die kohlensaure Kalkerde wird für sich kaustisch, und reagirt dann alkalisch; schwefelsaure Kalkerde verwandelt sich auf Kohle im Reductionsfeuer in Schwefelcalcium, welches ebenfalls alkalisch reagirt.

Kalkerde präcipitirt mit Schwefelsäure nur aus concentrirten Solutionen, mit Oxalsäure oder oxalsaurem Ammoniak aber auch bei sehr starker Verdünnung, mit Kieselfluorwasserstoffsäure gar nicht. Weil jedoch Baryt und Strontian mit Oxalsäure gleichfalls ein Präcipitat geben, so muss man solche, wenn sie zugleich mit Kalkerde vorhanden sind, vorher durch schwefelsaures Kali trennen. Uebrigens färbt Chlorcalcium die Flamme des Alkohols gelblichroth.

Enthält ein Magnesiasalz nur sehr wenig Kalkerde, so ist solche nach *Scheerer* durch oxalsaures Ammoniak nicht mehr nachzuweisen; wohl aber gelingt ihre Trennung sehr gut, wenn man das Salz in ein neutrales schwefelsaures Salz verwandelt, im Wasser auflöst, und dann vorsichtig unter stetem Umrühren Alkohol zusetzt, bis eine schwache Trübung entsteht; nach einiger Zeit hat sich aller Kalk als Gyps abgeschieden. Nach *Sonstadt* wird aus einer Solution, welche Kalkerde und Magnesia zugleich enthält, die erstere durch wolframsaures Natron gefällt, wenn die Mischung bis 42° erwärmt wird, während die Magnesia gelöst bleibt; diese Reaction erfolgt noch deutlich, wenn 1000 Theile Magnesiasalz gegen 1 Theil Kalksalz vorhanden sind.

Die Magnesia oder Talkerde ist für sich, als Hydrat, als Carbonat und in einigen anderen Verbindungen dadurch zu erkennen, dass die Probe mit Kobaltsolution oder oxalsaurem Kobaltoxyd geglüht lichtroth wird.

Magnesia wird weder durch Schwefelsäure, noch durch Oxalsäure oder Kieselfluorwasserstoffsäure gefällt; dagegen gibt sie durch phosphorsaures Natron mit Zusatz von Chlorammonium und überschüssigem Ammoniak einen weissen krystallinischen Niederschlag von phosphorsaurer Ammoniak-Magnesia.

Thonerde, welche für sich ganz unveränderlich ist, kann in vielen ihrer Verbindungen daran erkannt werden, dass die Probe mit Kobaltsolution erhitzt eine schöne blaue Farbe erhält.

Thonerde wird durch Kali als ein weisser voluminöser Niederschlag gefällt, welcher sich in einem Uebermaass von Kali leicht und vollständig auflöst, aus dieser Auflösung aber durch Salmiak wiederum gefällt wird. Kohlensaures Ammoniak bewirkt gleichfalls ein Präcipitat, welches jedoch im Uebermaass nicht löslich ist.

Beryllerde (Glycinerde) und Yttererde lassen sich in ihren Verbindungen vor dem Löthrohr nicht füglich erkennen und erfordern daher die Anwendung des nassen Weges; dasselbe gilt von der Zirkonerde und dem Thoroxyd, obgleich die Mineralien, in welchen diese Substanzen vorkommen, z. Th. durch ihr Verhalten vor dem Löthrohr recht gut charakterisirt sind.

Beryllerde verhält sich gegen Kali wie Thonerde.; dagegen ist ihr Verhalten zu kohlensaurem Ammoniak insofern verschieden, wiefern im Ueberschuss desselben das gebildete Präcipitat löslich ist, wodurch sich die Beryllerde von der Thonerde unterscheiden und trennen lässt. — Yttererde wird durch Kali gefällt, ohne im Uebermaass desselben wieder aufgelöst zu werden, während sie sich gegen kohlensaures Ammoniak wie Beryllerde verhält. — Zirkonerde verhält sich gegen Kali wie Yttererde, und gegen kohlensaures Ammoniak wie Beryllerde; durch concentrirtes schwefelsaures Kali wird aus ihren Lösungen ein Doppelsalz von Zirkonerde und Kali gefällt, welches in reinem Wasser sehr wenig auflöslich ist.

§ 166. Prüfung auf Arsen, Antimon, Tellur, Wismuth und Quecksilber.

Die schweren Metalle und deren Oxyde sind als Bestandtheile der Mineralien vor dem Löthrohr grossentheils leicht zu erkennen. Wir wollen daher für die wichtigsten dieser Metalle in aller Kürze die Reactionen angeben, welche für sie besonders charakteristisch sind.

Gediegen Arsen verflüchtigt sich auf der Kohle zu Dämpfen von Suboxyd, die an ihrem knoblauchähnlichen Geruch zu erkennen sind; auch sublimirt es im Glaskolben. Schwefelarsen verhält sich auf ähnliche Weise. Die meisten Arsenmetalle geben auf Kohle im Reductionsfeuer einen von der Probe weit entfernten weissen Beschlag, oder auch (bei grösserem Arsengehalt) graulichweisse Dämpfe von knoblauchähnlichem Geruch; einige Arsenmetalle sublimiren auch im Kolben metallisches Arsen. Sämmtliche Arsenmetalle aber entwickeln im offenen Glasrohr arsenige Säure, die Arsen- und Schwefel-Metalle zugleich schwefligsaure Dämpfe.

Viele arsensaure Salze geben mit Soda auf Kohle im Reductionsfeuer sehr deutlich den Geruch nach Arsen-Suboxyd, auch färben sie in der Zange erhitzt die äussere Flamme hellblau; die arsensauren Erdsalze sublimiren z. Th. metallisches Arsen, wenn sie mit Kohlenpulver im Kolben erhitzt werden.

Manche Arsenverbindungen und arsensaure Salze erfordern zur Nachweisung des Arsens eine Behandlung auf nassem Wege, welche dadurch vorbereitet wird, dass man die pulverisirte Probe mit dem drei- bis sechsfachen Volum Salpeter im Platinlöffel schmilzt, wobei arsensaures Kali entsteht. Die geschmolzene Masse wird mit Wasser digerirt, die Auflösung in einem Probirglas concentrirt, mit einigen Tropfen Schwefel-ammonium versetzt, geschüttelt, und das gebildete Schwefelarsen durch verdünnte Salzsäure gefällt, das Präcipitat abfiltrirt, getrocknet und mit einem Gemenge von Cyan-kalium und Soda im Kolben geglüht, wobei sich metallisches Arsen sublimirt.

Antimon schmilzt leicht auf Kohle, verdampft dann und umgibt sich dabei mit weissem, krystallinischem Antimonoxyd (oder antimoniger Säure). Im Kolben sub-limirt es nicht. Im offenen Glasrohr verbrennt es langsam mit weissem Rauch, der am Glas ein Sublimat bildet, das von einer Stelle zur anderen verflüchtigt werden kann. Dieselbe Reaction geben die meisten Mineralien, in welchen das Antimon mit Schwefel und mit Metallen verbunden ist. Das Antimonoxyd schmilzt leicht, verdampft, wird auf Kohle reducirt, und färbt dabei die Flamme schwach grünlichblau.

Ist das Antimon als Oxyd oder als Säure vorhanden, so ist es bisweilen gut, die Probe mit Soda zu mengen und auf Kohle im Reductionsfeuer zu behandeln, worauf dann der charakteristische Beschlag sichtbar wird.

Wismuth schmilzt sehr leicht, verdampft dann, und beschlägt die Kohle mit gelbem Oxyd. Im Kolben sublimirt es nicht. Im Glasrohr gibt es keinen Dampf, umgibt sich aber mit geschmolzenem Oxyd, welches warm dunkelbraun, kalt hell-gelb erscheint. Dieses Verhalten und die sehr leichte Reducirbarkeit des Oxyds lassen das Wismuth auch in seinen Verbindungen leicht erkennen.

In Solutionen bildet Wismuthoxyd mit Schwefelwasserstoff einen schwarzen Nie-derschlag, und wird durch Kali oder Ammoniak als weisses Hydrat gefällt, das im Uebermaass des Fällungsmittels nicht gelöst wird; reichlicher Zusatz von Wasser bewirkt einen weissen Niederschlag von schwer löslichem basischem Salz. Schwefel-wismuth gibt nach *v. Kobell* mit Jodkalium auf Kohle erhitzt einen rothen Beschlag.

Tellur schmilzt sehr leicht, verdampft auf Kohle und umgibt sich mit einem weissen, rothgesäumten Beschlag, welcher in der Reductionsflamme mit blaugrünem Licht verschwindet; im Kolben sublimirt es metallisch; im Glasrohr gibt es dicke Dämpfe und einen weissen Anflug von telluriger Säure, der sich zu kleinen klaren Tropfen schmelzen lässt.

Zur Erkennung des Tellurs auf nassem Wege gibt *v. Kobell* folgende Methode an. Man übergiesst das Erzpulver in einem Probirglas, von 4 bis 5 Linien Durchmesser und 6 Zoll Länge, einen Zoll hoch mit concentrirter Schwefelsäure und erwärmt über der Spiritusflamme; bei der ersten Einwirkung der Säure wird die Säure von Tellur, Sylvanit und Tetradymit roth gefärbt; bei stärkerer Erhitzung verschwindet die Farbe wieder. Setzt man zu der rothen Flüssigkeit Wasser, so bildet sich ein schwärzlichgraues Präcipitat von Tellur, und die Flüssigkeit wird farblos. Der Nagyagit gibt eine trübe, bräunliche Flüssigkeit, welche, sich selbst überlassen, hyacinthroth wird, mit Wasser aber dasselbe Verhalten zeigt, wie vorher angegeben wurde.

Quecksilber: alle Quecksilberverbindungen sublimiren metallisches Queck-silber, wenn sie mit einem Zusatz von Zinn oder Soda im Kolben erhitzt werden.

§ 167. Prüfung auf Zink, Blei, Zinn und Cadmium.

Zink: man behandelt die Probe mit Soda auf Kohle, wodurch das Zink me-tallisch ausgetrieben, aber zugleich wieder (und zwar bei grösserem Gehalt mit blaulichgrüner Flamme) zu Oxyd verbrannt wird, welches die Kohle beschlägt; der

Beschlag erscheint in der Wärme gelb, nach dem Erkalten weiss, wird aber durch Kobaltsolution schön grün gefärbt, und lässt sich im Oxydationsfeuer nicht weiter verflüchtigen.

In Solutionen ist das Zinkoxyd am sichersten daran zu erkennen, dass es durch Kali als weisses gelatinöses Hydrat gefällt wird, welches im Uebermaass des Kali leicht wieder aufgelöst, aus dieser Auflösung aber durch Schwefelwasserstoff als weisses Schwefelzink gefällt werden kann.

Blei. In seinen Verbindungen mit Schwefel und anderen Metallen wird es an dem schwefelgelben Beschlag von Bleioxyd erkannt, welcher sich im Oxydationsfeuer auf der Kohle absetzt. In den Bleisalzen verräth sich das Blei, bei Behandlung mit Soda auf Kohle im Reductionsfeuer, sowohl durch den Beschlag von Bleioxyd, als auch durch Reduction von metallischem Blei.

Die Solutionen der Bleisalze sind farblos, und geben mit Schwefelwasserstoff ein schwarzes Präcipitat. Durch Salzsäure wird weisses Chlorblei gefällt, welches von Ammoniak keine Veränderung erleidet, in vielem heissen Wasser aber auflöslich ist. Mit Schwefelsäure erfolgt ein weisser, mit chromsaurem Kali ein gelber Niederschlag.

Zinn: dasselbe findet sich wesentlich nur im Zinnkies und Zinnerz; es gibt sich durch den weissen Beschlag von Zinnoxyd zu erkennen, welcher auf der Kohle dicht hinter der Probe abgesetzt wird, und sich weder im Oxydations- noch im Reductionsfeuer vertreiben lässt [1]). Das Oxyd kann übrigens mit Soda reducirt werden, was selbst dann gelingt, wenn das Zinn nur in sehr kleinen Quantitäten, als accessorischer Bestandtheil, vorhanden ist.

Cadmium. Dieses in manchen Varietäten der Zinkblende und des Galmei, sowie im Greenockit vorkommende Metall ist daran zu erkennen, dass sich die Kohle im Reductionsfeuer (nach Befinden unter Zusatz von Soda) mit einem rothbraunen bis pomeranzgelben Beschlag bedeckt. Die saure Lösung gibt mit Schwefelwasserstoff einen citrongelben, in Schwefelammonium unlöslichen Niederschlag.

§ 168. Prüfung auf Mangan, Kobalt, Nickel und Kupfer.

Mangan. Dasselbe ist in solchen Mineralien, welche kein anderes, die Flüsse färbendes Metall enthalten, sehr leicht nachzuweisen, indem die mit Borax oder Phosphorsalz auf Platindraht im Oxydationsfeuer behandelte Probe ein durch Manganoxyd schön amethystfarbiges Glas liefert, welches im Reductionsfeuer farblos wird; diese Reaction erfolgt im Allgemeinen leichter mit Borax, als mit Phosphorsalz. Sind jedoch andere Metalle vorhanden, so mengt man die fein pulverisirte Probe mit 2 bis 3 Mal so viel Soda, und schmilzt das Gemeng auf Platinblech im Oxydationsfeuer, wodurch es eine blaugrüne Farbe (von mangansaurem Natron) erhält. Diese letztere Reaction ist überhaupt das sicherste Erkennungsmittel des Mangans, und gewährt den Nachweis auch eines sehr kleinen Mangangehalts, wenn man der Probe etwas Salpeter zusetzt.

Aus den Auflösungen seiner Salze wird das Manganoxydul durch Kali (oder Ammoniak) als weisses Hydrat gefällt, welches an der Luft allmählich schwarzbraun, und

---

[1]) Dieser Beschlag nimmt durch Kobaltsolution eine blaulichgrüne Farbe an, welche jedoch von der des Zinkoxyds sehr verschieden ist.

durch kohlensaures Ammoniak n i c h t wieder aufgelöst wird. Die Reaction mit Soda ist übrigens immer entscheidend.

In der Phosphorsäure hat *r. Kobell* ein sehr gutes Reagens auf Mangan erkannt; alle Manganerze und manganhaltige Verbindungen geben nämlich, wenn sie mit concentrirter Phosphorsäure in einer Platinschale bis zur Syrupsdicke eingekocht werden, entweder u n m i t t e l b a r (wie die eigentlichen Manganerze, der Franklinit und Manganepidot) oder nach Zusatz von S a l p e t e r s ä u r e (wie fast die sämmtlichen übrigen manganhaltigen Mineralien) eine v i o l e t t e Farbe.

K o b a l t ist gewöhnlich sehr leicht nachzuweisen. Hat das betreffende Mineral metallischen Habitus, so wird die Probe erst auf Kohle geröstet, und dann mit Borax im Oxydationsfeuer behandelt, wodurch ein Glas von sehr s c h ö n e r b l a u e r Farbe erhalten wird, welche von Kobaltoxydul herrührt. Kobalthaltige Mineralien von nicht-metallischem Habitus schmilzt man sofort mit Borax. In manchen Fällen (wenn nämlich zugleich Mangan, Eisen, Kupfer oder Nickel vorhanden ist) tritt die blaue Farbe erst dann deutlich hervor, wenn das Glas eine Zeit lang im Reductionsfeuer erhitzt worden ist.

Die Salze des Kobaltoxyduls geben eine hellrothe Solution, aus welcher Kali ein blaues flockiges Präcipitat niederschlägt, welches an der Luft olivengrün wird, und durch kohlensaures Ammoniak wieder aufgelöst werden kann. Ausserdem geben neutrale Lösungen von Kobaltoxydul nach Zusatz von etwas Essigsäure mit salpetrigsaurem Kali einen charakteristischen gelben Niederschlag von salpetrigsaurem Kobaltoxyd-Kali (Unterschied von Nickel).

N i c k e l. Gewöhnlich ist die Gegenwart dieses Metalls sehr leicht daran zu erkennen, dass die im Glasrohr oder auf Kohle geröstete Probe mit Borax im Oxydationsfeuer ein Glas gibt, welches h e i s s röthlich- bis v i o l e t t b r a u n, k a l t g e l b l i c h bis d u n k e l r o t h ist (von Nickeloxydul); ein Zusatz von Salpeter verändert die Farbe in b l a u, wodurch sich das Nickeloxyd vom Eisenoxyd unterscheidet. Im Reductionsfeuer verschwindet die Farbe, und das Glas wird graulich von fein zertheiltem Nickelmetall, besonders leicht bei Zusatz von etwas Zinn. Die Reactionen mit Phosphorsalz sind ähnlich, doch verschwindet die Farbe des Glases nach der Abkühlung fast gänzlich.

Die Solutionen der Nickeloxydsalze haben eine hellgrüne Farbe und geben mit Kali ein hellgrünes Präcipitat von Nickeloxydhydrat, welches an der Luft u n v e r ä n d e r l i c h ist, von kohlensaurem Ammoniak aber wiederum aufgelöst wird.

K u p f e r. Dasselbe ist in den meisten Fällen dadurch zu erkennen, dass die (bei metallischem Habitus des Minerals vorher geröstete) Probe mit Borax oder Phosphorsalz im Reductionsfeuer ein undurchsichtiges b r a u n r o t h e s Glas liefert, was nöthigenfalls durch einen kleinen Zusatz von Zinn befördert wird. Bei sehr geringen Mengen von Kupfer wird die Perle hoch purpurroth. Im Oxydationsfeuer behandelt erscheint das Glas heiss g r ü n, kalt b l a u. Mit Soda erhält man metallisches Kupfer. — Oft lässt sich ein kleiner Gehalt an Kupfer dadurch entdecken, dass man die Probe mit Salzsäure befeuchtet und in der Oxydationsflamme erhitzt, wobei die äussere Flamme schön grünlichblau gefärbt wird.

Die Solutionen der Kupferoxydsalze sind blau oder grün und geben mit Schwefelwasserstoff einen braunlichschwarzen Niederschlag; Ammoniak bewirkt anfangs einen blassgrünen oder blauen Niederschlag, der sich im Uebermaass desselben mit prächtiger blauer Farbe auflöst. Cyaneisenkalium gibt, auch bei grosser Verdünnung, einen dunkelbraunen Niederschlag, und Eisen fällt das Kupfer metallisch.

§ 169. **Prüfung auf Silber, Gold, Platin und die dasselbe begleitenden Metalle.**

Silber ist als gediegenes Silber sogleich zu erkennen, und lässt sich aus vielen seiner Verbindungen auf Kohle leicht darstellen. Andere Verbindungen und solche Schwefelmetalle, in denen das Silber nur als accessorischer Bestandtheil vorhanden ist, untersucht man folgendermaassen. Die pulverisirte Probe wird mit Boraxglas und Probirblei gemengt, und auf Kohle in einer Vertiefung derselben erst im Reductionsfeuer geschmolzen, dann aber eine Zeit lang im Oxydationsfeuer behandelt, wodurch zunächst ein silberhaltiges Bleikorn (Werkblei) erhalten wird. Dieses Werkblei wird nun in einer kleinen, vorher ausgeglühten Capelle aus Knochenasche im Oxydationsfeuer geschmolzen und abgetrieben (d. h. grösstentheils in Glätte verwandelt), und endlich das so erhaltene silberreiche Bleikorn in einer zweiten Capelle feingetrieben, wobei sich die Glätte in die Capelle zieht und das Silberkorn rein zurücklässt. Einige Mineralien geben bei diesem Verfahren ein kupferhaltiges oder goldhaltiges Silberkorn.

Aus seiner salpetersauren Solution wird das Silber durch Salzsäure als weisses käsiges Chlorsilber niedergeschlagen, welches am Licht allmählich schwarz wird, in Ammoniak löslich ist, und aus dieser Lösung wiederum als Chlorsilber gefällt werden kann.

Gold ist als gediegenes Gold hinreichend charakterisirt, und kann aus seinen Tellurverbindungen (auf Kohle) leicht ausgeschieden werden. Ist das so erhaltene Metallkorn weiss, so hält es mehr Silber als Gold und muss dann in einem Porcellanschälchen mit etwas Salpetersäure erwärmt werden, in welcher sich das Korn schwarz färbt und das Silber allmählich auflöst, sobald das Gold nur den vierten Theil oder noch weniger beträgt. Ist der Goldgehalt grösser, so wendet man Salpetersalzsäure an, durch welche das Gold ausgezogen wird.

Aus der Solution des Goldes in Salpetersalzsäure wird durch Zinnchlorür, mit etwas Zinnchlorid versetzt, Goldpurpur, durch Eisenvitriol metallisches Gold gefällt.

Platin und die mit ihm vorkommenden Metalle lassen sich auf trockenem Wege nicht von einander trennen. Nur das Osmiridium wird zerlegt, wenn man dasselbe mit Salpeter im Kolben stark erhitzt, wodurch sich Osmiumsäure entwickelt, welche an ihrem äusserst stechenden Geruch erkannt wird.

Das gewöhnliche Platinkörnergemeng löst sich in erhitzter Salpetersalzsäure auf, mit Hinterlassung der Osmiridiumkörner; aus der Solution wird das Platin durch Salmiak als Zweifach-Chlorplatin-Ammonium gefällt, worauf die abgedampfte und wieder verdünnte Lösung durch Cyanquecksilber das Palladium als gelbweisses Cyanpalladium ausscheidet, während Jodkalium einen braunschwarzen Niederschlag von Jodpalladium erzeugt. Die Trennung des Rhodiums beruht darauf, dass sich dasselbe in schmelzendem saurem schwefelsaurem Kali auflöst, was mit Platin und Iridium nicht der Fall ist.

§ 170. **Prüfung auf Cerium, Eisen, Chrom, Vanadium und Uran.**

Cerium lässt sich in solchen Mineralien, welche kein anderes die Flüsse färbendes Metall (namentlich kein Eisenoxyd) enthalten, leicht dadurch erkennen, dass die Probe im Oxydationsfeuer mit Borax und Phosphorsalz ein rothes oder

·dunkelgelbes Glas gibt, dessen Farbe jedoch bei der Abkühlung sehr licht wird und im Reductionsfeuer verschwindet. Ceroxyd ist oft mit Lanthanoxyd und Didymoxyd verbunden.

Eisen; das Oxyd und Oxydhydrat wird vor dem Löthrohr schwarz und magnetisch. Uebrigens ist das Verhalten zu den Flüssen sehr entscheidend, indem die eisenhaltigen Mineralien mit Borax im Oxydationsfeuer ein dunkelrothes, nach dem Erkalten hellgelbes, im Reductionsfeuer ein olivengrünes bis berggrünes Glas liefern, welche letztere Reaction durch einen Zusatz von Zinn befördert wird. Doch sind hierbei noch einige Rücksichten zu nehmen, wenn zugleich Kobalt, Kupfer, Nickel, Chrom, Uran oder Wolfram vorhanden sein sollte. Die Reactionen mit Phosphorsalz sind ähnlich. Ist das Eisen mit Schwefel oder Arsen verbunden, so muss die Probe vorher geröstet werden.

Die Eisenoxydulsalze geben eine grünliche Solution, aus welcher das Oxydul durch Kali (oder Ammoniak) als Hydrat gefällt wird, welches erst weiss ist, bald aber schmutziggrün und zuletzt gelblichbraun wird; kohlensaurer Kalk bringt keine Fällung hervor. Kaliumeisencyanür (Ferrocyankalium) bewirkt einen voluminösen blaulichweissen Niederschlag, der sich an der Luft blau färbt, während Kaliumeisencyanid (Ferridcyankalium) einen sehr schönen blauen Niederschlag gibt. — Die Eisenoxydsalze dagegen geben gelbe Solutionen, aus welchen das Oxyd durch Kali (oder Ammoniak) als flockiges braunes Hydrat gefällt wird; kohlensaurer Kalk veranlasst gleichfalls ein Präcipitat. Kaliumeisencyanür bewirkt einen sehr schönen blauen, Kaliumeisencyanid dagegen gar keinen Niederschlag.

Chrom. Die meisten chromhaltigen Mineralien zeigen die sehr entscheidende Reaction, dass sie, mit Borax oder Phosphorsalz geschmolzen, ein Glas liefern, welches nach dem Erkalten schön smaragdgrün erscheint, obgleich es warm gelblich oder röthlich zu sein pflegt. Gewöhnlich zeigt sich diese Reaction am besten im Reductionsfeuer; wenn jedoch Blei oder Kupferoxyd vorhanden ist, im Oxydationsfeuer. Bei einem geringen Chromgehalt ist man oft genöthigt, das Verfahren auf dem nassen Wege zu Hülfe zu nehmen.

In Solutionen ist das Chromoxyd gewöhnlich schon durch die grüne Farbe angezeigt: durch Kali wird dasselbe als bläulichgrünes Hydrat gefällt, welches sich im Uebermaass des Fällungsmittels wieder auflöst. Sehr sicher wird der Chromgehalt mancher Mineralien dadurch erkannt, dass man die Probe mit dem dreifachen Volumen Salpeter schmilzt, wodurch chromsaures Kali gebildet wird, welches, durch Wasser ausgezogen, mit essigsaurem Blei ein gelbes Präcipitat von chromsaurem Blei liefert.

Vanadium, als Vanadinsäure, gibt mit Borax oder Phosphorsalz auf Platindraht geschmolzen ein Glas, das im Oxydationsfeuer gelb oder braun, im Reductionsfeuer schön grün ist; das Verhalten im Oxydationsfeuer lässt das Vanad vom Chrom unterscheiden.

Uran. In den meisten uranhaltigen Mineralien wird dieses Metall an dem Verhalten der Probe mit Phosphorsalz erkannt, welches im Oxydationsfeuer ein klares, gelbes, im Reductionsfeuer ein schönes grünes Glas liefert. Mit Borax sind die Reactionen dieselben wie die des Eisens.

§ 171. **Prüfung auf Molybdän, Wolfram, Tantal und Titan.**

Molybdän; dieses, nur in wenigen Mineralien vorkommende Metall gibt sich dadurch zu erkennen, dass die Probe im Reductionsfeuer mit Phosphorsalz ein grünes, mit Borax dagegen ein braunes Glas liefert, wodurch es sich von anderen Metallen unterscheidet, welche mit Borax gleichfalls ein grünes Glas geben.

Wolfram; kommt im Mineralreich wohl nur als Wolframsäure vor, welche in einigen Fällen daran zu erkennen ist, dass die Probe mit Phosphorsalz im Oxydationsfeuer ein farbloses oder gelbliches, im Reductionsfeuer dagegen ein sehr schönes blaues Glas liefert, welches, so lange es warm ist, grün erscheint. Ist jedoch Eisen vorhanden, so wird das Glas nicht blau, sondern blutroth.

Auch gilt folgendes Verfahren: man schmilzt die Probe mit 5mal soviel Soda im Platinlöffel, löst in Wasser auf, filtrirt und versetzt das Filtrat mit Salzsäure, wodurch die Wolframsäure gefällt wird, welche kalt weiss, erwärmt citrongelb erscheint.

Tantal, als Tantalsäure, ist vor dem Löthrohr schwierig zu erkennen; sie wird von Phosphorsalz leicht und in grosser Menge zu einem farblosen Glas aufgelöst, welches bei der Abkühlung nicht unklar wird, und färbt sich mit Kobaltsolution nicht blau.

Dieses Verfahren lässt allerdings die Tantalsäure von der Beryllerde, Yttererde, Zirkonerde und Thonerde unterscheiden; zu ihrer wirklichen Erkennung gelangt man jedoch am besten auf folgende Art: Man schmilzt die Probe mit doppelt so viel Salpeter und 3mal so viel Soda im Platinlöffel, löst auf, filtrirt, und versetzt das Filtrat mit Salzsäure, wodurch sich die Tantalsäure als weisses Pulver abscheidet, welches erhitzt nicht gelb wird.

Titan, als Titansäure und Titanoxyd; die erstere lässt sich im Anatas, Rutil, Brookit und Titanit dadurch nachweisen, dass die Probe mit Phosphorsalz im Oxydationsfeuer ein Glas gibt, welches farblos ist und bleibt, im Reductionsfeuer aber ein Glas, welches heiss gelb erscheint, während des Erkaltens aber durch roth in schön violett übergeht. Ist jedoch Eisen vorhanden, so wird das Glas braunroth, was erst nach Zusatz von etwas Zinn in violett übergeht. Nach *Riley* soll ein Zusatz von etwas Zink in allen Fällen noch wirksamer sein.

Eine sehr scharfe Reaction auf ganz geringe Mengen von Titansäure erhält man dadurch, dass zu einer Titanlösung ein Tropfen Wasserstoffsuperoxyd hinzugefügt wird: augenblicklich entsteht je nach der Concentration der Lösung eine gelbe bis rothe Färbung, welche durch die Bildung einer höheren Oxydationsstufe des Titans bedingt wird. — Bringt man einen Partikel von Rutil in eine Phosphorsalzperle, so zeigt dieselbe sofort die charakteristische violette Färbung der Titanverbindungen, die bei Zusatz von Zinn noch etwas intensiver wird; der manchmal damit leicht zu verwechselnde Zirkon verändert, auch nach längerer Einwirkung der Reductionsflamme, die Phosphorsalzperle nicht im mindesten, welche ganz farblos bleibt (*Sandberger*, N. Jahrb. f. Min. 1881. I. 258).

Im Titaneisen wird das Titan daran erkannt, dass die Probe in Salzsäure gelöst und die Solution mit etwas Zinn gekocht wird, wodurch sie die violette Farbe des Titanoxyds erhält; nach der Reduction färbt die salzsaure Lösung das Curcumapapier nicht mehr braun (was bei Zirkonsäure der Fall ist). Mit concentrirter Schwefelsäure erhitzt gibt Titaneisen eine blaue Farbe.

Nach *G. Rose* lässt sich in den Eisenerzen ein Titangehalt dadurch nachweisen, dass man das Erz mit Phosphorsalz in der äusseren Flamme schmilzt, die geschmolzene Masse noch heiss mit der Zange platt drückt, und dann unter das Mikroskop bringt, welches in derselben deutlich ausgeschiedene Krystalle von phosphorsaurer Titansäure ($3TiO^2.P^2O^5$) erkennen lässt (Z. d. geol. Ges. XXI. 250; XXII. 919).

●

4. Mikrochemische Prüfung.

§ 172. **Verfahren bei derselben.** Vielfach ist der Mineralog in die Lage versetzt, mikrochemische Reactionen vorzunehmen. Der Unterschied zwischen diesen selbstverständlich in ihrer Ausdehnung beschränkteren und den makrochemischen beruht blos darin, dass es bei ihnen das bewaffnete Auge ist, welches die zu prüfenden Objecte und die daran erfolgenden Veränderungen erkennt. Die Probirröhrchen, Bechergläser, Kolben, Abdampfschalen werden hier durch den gläsernen Objectträger, ein kleines Uhrglas, einen kleinen Glastrog ersetzt, und die Reagentien mit einer feinen Pincette oder einer Capillarpipette aufgetragen. An einem Dünnschliff oder einem Mineralfragmentchen lassen sich so Löslichkeitsverhältnisse in verschiedenen Säuren, Einwirkung von Reagentien auf die erhaltene Lösung, Entwickelung von Gasen, Bildung von Kieselgallert beobachten, auch kann die Entstehung von charakteristisch krystallisirten mikroskopischen Producten der Reaction beim Verdunsten wahrgenommen und zur Erkennung der Natur des Minerals, an welchem dieselbe erfolgte, verwerthet werden.

Das Gelatiniren mit Salzsäure wird an der Abnahme der Pellucidität, an dem Aufhören der Polarisationserscheinungen und einem schleimigen Aufquellen des Minerals erkannt; die gebildete Gallert ist einer starken Imbibition mit farbiger Fuchsinlösung fähig. Bei Behandlung eines zersetzbaren natronhaltigen Silicats mit Salzsäure bilden sich unter dem Mikroskop Kochsalzwürfelchen.

Bořický schlug vor, die zu prüfenden Mineralpartikel mit Kieselfluorwasserstoffsäure zu ätzen; mit den gelösten Bestandtheilen der geätzten Mineralien bilden sich alsdann Fluorsiliciumverbindungen als kleine Krystalle, deren Form z. Th. charakteristisch genug ist, um daraus den Bestandtheil erkennen zu lassen, der in dem untersuchten Mineral vorhanden war. Das Kieselfluorkalium bildet z. B. reguläre Krystalle (meist Würfel), das Kieselfluornatrium hexagonale (Prisma mit Basis oder mit Pyramide), das Kieselfluormagnesium rhomboëdrische, das Kieselfluorcalcium spindelförmige Gestalten. Auf einem mit einer Balsamschicht überzogenen Objectträger (oder auf einem durchsichtigen Schwerspathplättchen) fügt man zu der stecknadelkopf- oder hirsekorngrossen Mineralprobe einen Tropfen Kieselflusssäure und untersucht nach dem Eintrocknen die krystallisirten Reactionsproducte; besser trocknet man bei mässiger Hitze ein, löst den Rückstand in einem Tropfen destillirten Wassers und bringt diese Lösung mit einem Haarröhrchen auf einem Objectträger zur langsamen Verdunstung und Umkrystallisation (*Bořický*, Elemente einer neuen, chem.-mikroskop. Mineral- u. Gesteinsanalyse, Prag 1877).

Wird ein in einem Platinschälchen (mit Flusssäure oder Fluorammonium) aufgeschlossenes kalkhaltiges Mineral durch Schwefelsäure zersetzt, nach dem Eindampfen der Rückstand in Wasser gelöst, so zeigt ein Tropfen der Lösung beim Verdunsten auf dem Objectträger mikroskopische Gypskryställchen. — Verfährt man ebenso mit einem magnesiahaltigen Mineral und fügt zur Lösung etwas Ammoniak und ein Körnchen Phosphorsalz, so entstehen charakteristische hemimorphe Krystalle von phosphorsaurer Ammoniak-Magnesia. Umgekehrt lässt sich so die Phosphorsäure nachweisen. — Handelt es sich um einen Thonerdegehalt jener schwach schwefelsauren Lösung, so treten bei dem Zusatz einer winzigen Menge von Caesiumchlorid (oder saurem Caesiumsulfat) sofort scharfe und schöne Krystalle von Caesium-Alaun hervor. (Vgl. auch *Behrens*, Mikrochemische Methoden zur Mineralanalyse, Versl. en Mededeel. d. Akad. v.Wetensch. Amsterdam; Afd. Natuurk. (2) VII. 1881; *Lehmann*, Annal. d. Phys. u. Chem. N. Folge XIII. 506). — *Streng* fand ein vorzügliches Reactionsmittel auf Natron in dem essigsauren Uranoxyd (Uranyl); ein Tropfen von dessen concentrirter Lösung bildet mit der eingedampften salzsauren Lösung eines natronhaltigen Silicats rasch scharfe hellgelbe

•

Tetraëder von essigsaurem Uranoxydnatron, die durch Form und Isotropie leicht von den rhombischen würfelähnlichen Kryställlchen des essigsauren Uranoxyds zu unterscheiden sind. — Sehr nützliche Bemerkungen und Rathschläge über mikroskopisch-chemische Reactionen gab *Streng* im N. Jahrb. f. Min. 1885. I. 21.

III. Anhang. Von der chemisch-physikalischen Bildungsweise und dem Vorkommen der Mineralien.

§ 173. Künstliche Nachbildung der Mineralien. Von besonderem Interesse ist die Frage nach der Entstehung der in der Natur vorkommenden krystallisirten Mineralien. Es ist klar, dass man der Lösung dieser Frage ein gutes Theil näher rückt, wenn es gelingt, dieselben auf künstlichem Wege in übereinstimmenden Formen zu erzeugen. Doch ist es eben so einleuchtend, dass die Darstellung einer krystallisirten Verbindung künstlich sehr wohl nach einer bestimmten Methode erfolgen kann, ohne dass nun dieselbe in der Natur auf genau demselben Wege entstanden zu sein braucht. Ja in vielen Fällen gestattet die Art und Weise des Vorkommens und der Vergesellschaftung eines Minerals in der Natur es überhaupt nicht, zur Erklärung seiner Bildung denjenigen Weg in Anspruch zu nehmen, auf welchem man es bis jetzt durch das künstliche Experiment nachzuahmen vermochte.

Diese Versuche beruhen im Allgemeinen darauf, dass entweder die Elemente synthetisch zu einer Verbindung zusammengefügt, oder anderseits die Bedingungen erfüllt werden, unter denen eine bereits existirende Verbindung feste Krystallform anzunehmen bestrebt ist. Die einzelnen Vorgänge, um welche es sich hier handelt, sind[1]:

1. Molekulare Umlagerung.

a) freiwillig.

Silber ist, wie Eisen, im Stande, seine Structur zu verändern und durchaus krystallinisch zu werden. Die monoklinen Krystalle des Schwefels werden bei gewöhnlicher Temperatur nach einigen Tagen undurchsichtig, blassgelb, und bestehen dann aus einem Aggregat rhombischer Pyramiden, oder zerfallen zu einem aus solchen Pyramiden bestehenden Pulver.

b) in hoher Temperatur, wodurch z. B. *G. Rose* Quarz in Tridymit umwandelte.

c) in Flüssigkeiten.

So lagern sich amorphe Kügelchen von kohlensaurem Kalk unter Wasser zu Rhomboëderchen von Kalkspath um; schwarzes amorphes Schwefelquecksilber liefert in Kalilauge oder Schwefelalkalien rothen krystallinischen Zinnober.

d) in Gasströmen.

H. St. Claire-Deville und *Troost* verwandelten amorphe Metalloxyde in jedem

---

[1] Wir verdanken C. W. C. *Fuchs* eine sehr sorgfältige und bis zum Jahr 1872 vollständige Zusammenstellung der wichtigsten Methoden, welche zur Nachahmung krystallisirter Mineralien benutzt wurden (Die künstlich dargestellten Mineralien. Gekrönte Preisschrift. Haarlem 1872). Die folgende Uebersicht schliesst sich in ihrer Gruppirung mit unwesentlichen Modificationen daran an. Vgl. auch bezüglich vieler hier erwähnter Vorgänge das grosse Werk *Daubrée's*: Etudes synthétiques de géologie expérimentale. Paris 1879. Vorzüglich wichtig, namentlich für die neueren Forschungen ist aber *Fouqué's* und *Michel-Lévy's* »Synthèse des minéraux et des roches«. Paris 1882, neben welchem sich auch L. *Bourgeois'* »Reproduction artificielle des minéraux«, Paris 1884, als sehr brauchbar erweist.

Gasstrom in krystallisirte Verbindungen, z. B. Mn^3O^4 in Wasserstoff zu Hausmannit (Comptes rendus, LIII. 199); so wurden auch prachtvolle Krystalle von Zinnstein durch Ueberleiten eines langsamen Stromes von Chlorwasserstoff über amorphes Zinnoxyd in der Rothgluth erhalten. *Debray* formte weisses pulveriges Kalkwolframiat $Ca W O^4$ in krystallisirten Scheelit um.

2. Sublimation.

a) durch blose Sublimation bei Luftabschluss.

Das amorphe Schwefelblei schmilzt z. B. bei starker Rothgluth und verdampft in noch höherer Temperatur, worauf es dann in Krystallen sublimirt, wenn der Luftzutritt abgehalten wird — ein häufiger Vorgang auf Hütten. Ebenso sublimiren Zinkblende, Zinnober, Quecksilberhornerz, Arsen, Arsenblüthe, Auripigment in Krystallen oder krystallinischen Massen.

b) in Gasen, welche chemisch nicht weiter einwirken.

H. St. Claire - Deville und *Troost* erhitzten amorphes Schwefelzink als Niederschlag in einer Porcellanröhre zum Hellrothglühen und leiteten einen Strom von Wasserstoff durch die Röhre, worauf sich an den kälteren Theilen derselben hexagonale Krystalle von Schwefelzink (Wurtzit) absetzten. Auf dieselbe Weise wurde der isomorphe Greenockit (Schwefelcadmium) durch Sublimation erhalten.

3. Gegenseitige Zersetzung von Dämpfen in hoher Temperatur.

a) Zersetzung von Chloriden durch Schwefelwasserstoff.

Indem *Durocher* in starker Glühhitze einen Strom von Schwefelwasserstoff durch dampfförmiges Kupferchlorid leitete, entstand (Chlorwasserstoff und) als Kupferglanz krystallisirtes Schwefelkupfer. Auf dieselbe Weise gelang die Bildung anderer krystallisirter Schwefelmetalle, Zinkblende, Greenockit, Wismuthglanz, Antimonglanz aus den Dämpfen der entsprechenden Chlormetalle, z. B. $Zn Cl^2 + H^2 S = Zn S + 2H Cl$. Ja es wurden sogar complicirter zusammengesetzte Schwefelmetalle, wie Rothgültigerz (durch Zersetzung von Chlorsilber und Antimonchlorid, oder Arsenchlorid vermittels Schwefelwasserstoff und Fahlerz auf diesem Wege in der Glühhitze erhalten.

b) Zersetzung von Chloriden durch Wasserdampf.

Daubrée erzielte die Krystallisation von Sauerstoffverbindungen durch gegenseitige Reaction der Dämpfe von Metallchloriden und Wasser in einer glühenden Porcellanröhre; so erhielt er aus gasförmigem Zinnchlorid und Wasser Zinnstein (Zinnoxyd), daneben bildete sich Chlorwasserstoff nach der Gleichung $Sn Cl^4 + 2 H^2 O = Sn O^2 + 4H Cl$ (Comptes rendus, XXIX. 227). Eisenglanz erzeugte sich so aus Chloreisen ($Fe^2 Cl^6 + 3H^2 O = Fe^2 O^3 + 6 H Cl$); auch erhielt er Quarz, indess viel weniger deutlich krystallisirt, aus Chlorsilicium durch eine analoge Zersetzung in grosser Hitze. *Hautefeuille* gewann Rutil (Titanoxyd) aus Chlortitan. *Sénarmont* zersetzte die wässerige Lösung von Chloraluminium ($Al^2 Cl^6$) durch sehr starke Erhitzung in einer zugeschmolzenen Röhre, und es schieden sich mikroskopische Rhomboёderchen von Korund $Al^2 O^3$) ab (Comptes rendus, XXXII. 762).

c) Zersetzung von Fluoriden durch Wasserdampf.

Ganz analog dem vorigen Process erhielt z. B. *Hautefeuille* Rutil (TiO^2) durch Einwirkung von H^2O auf $Ti F^4$ in der Glühhitze.

d) Zersetzung von Fluoriden durch andere Sauerstoffverbindungen.

St. Claire-Deville stellte krystallisirtes Magneteisen dar durch die Einwirkung von flüchtigem Eisenfluorid auf Borsäureanhydrid in der Weissgluth; ein Gemenge von Fluoraluminium und Fluorzink lieferte mit derselben Sauerstoffverbindung Oktaëder von Gahnit (Comptes rendus, XLVI. 764). Staurolith wurde erhalten, indem Fluoraluminium in einem Kohlentiegel in der Weissgluth auf Kieselsäure reagirte, welche sich in einem Kohlenschälchen darüber befand; daneben bildete sich Fluorsilicium.

4. Einwirkung von Gasen und Dämpfen auf stark erhitzte feste Körper.

So erzeugte *Daubrée* kleine Quarzkrystalle, indem er Chlorsilicium dampfförmig über verschiedene Basen (Kalk, Magnesia, Thonerde) streichen liess, wobei sich das Chlor mit den Metallen, das Silicium mit dem Sauerstoff verband; daneben bildeten sich auch Silicate. *St. Claire-Deville* liess zwischen heller Rothgluth und Weissgluth Fluorsilicium auf Zinkoxyd einwirken; es bildete sich flüchtiges Fluorzink und Zinksilicat (Willemit in hexagonalen Prismen): $4 ZnO + SiF^4$ lieferten $Zn^2SiO^4 + 2 ZnF^2$, wobei letzteres sich in der hohen Temperatur verflüchtigt. *Daubrée* gewann Krystalle von Spinell durch Einwirkung von Chloraluminium auf glühende Magnesia.

5. Schmelzung.

a) Krystallisation aus homogenen geschmolzenen Massen.

So krystallisiren Metalle, z. B. Kupfer, Silber, Blei, aus ihrer geschmolzenen Masse heraus. Schöne Krystalle von Schwefel und Wismuth erhält man aus dem Schmelzfluss, wenn man diesen langsam an der Oberfläche erstarren lässt und dann den noch flüssigen inneren Rest ausgiesst.

Aus künstlichen Schlacken, wie dieselben bei Hüttenprocessen entstehen, scheiden sich beim Erkalten, namentlich in Drusen, manchmal krystallisirte Silicate aus, so insbesondere eisenreiche Olivine und Augite, auch Hornblende, Humboldtilith, Wollastonit, Glimmer. *Prechtl* fand Feldspath aus einem Glasfluss krystallisirt.

Durch absichtliches Zusammenschmelzen der betreffenden zusammensetzenden Bestandtheile hat man ebenfalls beim Erkalten des Flusses Krystalle erhalten; so schmolz *Mitscherlich* Kieselsäure, Kalk und Magnesia in dem erforderlichen Verhältniss und erzeugte Augitkrystalle; durch Zusammenschmelzen von Kupfer und Schwefel bildete er Schwefelkupfer Cu^2S in regulären Oktaëdern (das natürliche Cu^2S, der Kupferglanz, krystallisirt rhombisch); Antimonglanz krystallisirt bei der langsamen Abkühlung der aus Schwefel und Antimon zusammengeschmolzenen Masse.

Vor Allem sind aber hier die glücklichen und ausserordentlich wichtigen Resultate von *Fouqué* und *Michel Lévy* zu erwähnen: sie schmolzen künstliche Gemenge der chemischen Bestandtheile verschiedener Mineralien in einem Platintiegel im *Schloesing*'schen Ofen zusammen, brachten, sobald die Masse im homogenen Schmelzfluss war, den Tiegel über eine Glasbläserlampe und setzten ihn 48 Stunden lang einer dem Schmelzfluss möglichst nahe kommenden constanten Temperatur aus, worauf dann ohne weitere Vorsichtsmaassregeln Erkaltung eintrat. Sie erzeugten so eine Menge der gerade für die Felsarten wichtigsten Mineralien, verschiedene Feldspathe, Leucit, Nephelin, Granat, mit allen Details der mikroskopischen Structur und der etwaigen Zwillingsbildungen, ausserdem auch Mineralgemenge, welche den natürlichen Felsarten völlig gleichen. *L. Bourgeois* hat gleichfalls auf diesem Gebiet verdienstvolle Versuche angestellt. — Nach den Untersuchungen von *Doelter* und *Hussak* zerfallen die verschiedenen Granate beim Schmelzen und Erstarrenlassen in andere Mineralien, von denen namentlich zu nennen sind: Meionit und Melilith, Anorthit, Kalk-Olivin, Kalk-Nephelin, ferner Eisenglanz und Spinell (welcher namentlich dort auftritt, wo sich Glas ausbildet). Granat selbst wurde von ihnen als Erstarrungsproduct niemals wiedererhalten. Die Umschmelzungsproducte des Vesuvians sind dieselben wie die des Granats. Andere Forscher haben früher etwas abweichende Ergebnisse erhalten (N. Jahrb. f. Mineral. 1884. I. 158).

b) Ausscheidung aus einer künstlich zusammengeschmolzenen Masse, welche in hoher Temperatur die Krystallisation eines gewissen Bestandtheils gestattet.

Debray erhielt so Magneteisenkrystalle durch Zusammenschmelzen von phosphorsaurem und schwefelsaurem Eisen; *Kuhlmann* brachte gleichfalls Magneteisenkrystalle durch Zusammenschmelzen von schwefelsaurem Eisen und Chlorcalcium zu Stande, *Heintz* Boracitkrystalle durch Zusammenschmelzen der Bestandtheile mit einem Ueberschuss von Chlormagnesium und Chlornatrium.

c) Krystallisation durch Ausscheidung beim Erstarren aus solchen Körpern, welche geschmolzen als Lösungsmittel der betreffenden Substanzen dienen.

Ebelmen benutzte schon 1845 Borsäure-Anhydrid als Lösungsmittel für die Metalloxyde in höherer Temperatur, und stellte, wie man durch Verdampfung des Wassers die darin gelösten Substanzen krystallisirt erhält, durch Verdampfung der Borsäure auch die schweren Metalloxyde dar (Annal. de chim. et de phys., XXII. 211): durch Zusammenschmelzen von Borsäure-Anhydrid (oder Borax) einerseits mit Thonerde, anderseits mit Thonerde und Magnesia in der Weissgluth erhielt er bis 4 Mm. grosse Krystalle von Korund und von Spinell. Das Schmelzproduct von Kieselsäure, Magnesia und Borsäure lieferte beim Verdampfen der letzteren Krystalle von Olivin, die sich auch erzeugten, als er statt der Borsäure ein lösendes Alkali, Potasche anwandte; durch Erhitzen von Titansäure, Kalk und kohlensaurem Alkali bis zur theilweisen Verflüchtigung des letzteren Lösungsmittels stellte er Krystalle von Perowskit dar. — *G. Rose* wandte lösendes Phosphorsalz (auch Soda, Borax) an, um Tridymit, Anatas, Eisenglanz zu krystallisiren (vgl. S. 264). *Forchhammer* bediente sich des Chlornatriums als Lösungsmittel in der Glühhitze für Apatit. *L. Bourgeois* erhielt Calcit, Witherit und Strontianit krystallisirt ausgeschieden aus einem Schmelzfluss dieser Substanzen mit gleichen Theilen von Chlornatrium und Chlorkalium (Bull. soc. minér. V. 1882. 111). Sulfate von Baryt, Strontian, Kalk lösen sich nach *A. Gorgeu* mit Leichtigkeit in geschmolzenem Manganchlorür auf und krystallisiren später heraus (Comptes rendus XCVI. 1883, 1734).

d) Krystallisation durch gegenseitige Wechselzersetzung im geschmolzenen Zustande.

Manross schmolz schwefelsaures Kali und Chlorbaryum zusammen, welche sich gegenseitig zu Chlorkalium und schwefelsaurem Baryt zersetzten ($K^2SO^4 + BaCl^2 = 2KCl + BaSO^4$): das erstere Salz zog er aus der erkalteten Masse mit Wasser aus, worauf das letztere, mit dem natürlichen Schwerspath übereinstimmend, zurückblieb; ebenso erhielt er durch Zusammenschmelzen von schwefelsaurem Kali und Chlorstrontium Cölestin, von schwefelsaurem Kali und Chlorblei Bleivitriol, von wolframsaurem Natron und Chlorcalcium Scheelit, von molybdänsaurem Natron und Chlorblei Gelbbleierz (Ann. d. Chemie und Pharmac. LXXXII. 318).

e) Krystallisation beim Erkalten eines übersättigten Schmelzflusses.

Das beim Schmelzen mit Kohlenstoff überladene graue Roheisen scheidet beim Uebergang aus dem flüssigen in den festen Zustand diesen Kohlenstoff in Form von glänzenden Graphitblättern aus.

6. Lösung in Flüssigkeiten.

a) Verflüchtigung des Lösungsmittels in einer Temperatur bis zu 180°.

Krystallisation der im Wasser gelösten Salze, wie Chlornatrium, Gyps, Vitriole, Alaun. Ausscheidung von rhombischem Schwefel aus seiner Lösung in Schwefelkohlenstoff[1].

---

[1] Diese Vorgänge entsprechen ganz dem unter 5, c) angeführten Process; der Unterschied besteht nur in der Te m p e r a t u r beider Lösungen.

b) Ausscheidung durch Verlust eines Gases, dessen Gegenwart im Lösungsmittel die Lösung selbst bewirkt oder unterstützt.

Ausscheidung des kohlensauren Kalks aus seiner Lösung in kohlensäurehaltigem Wasser durch Entweichen der Kohlensäure.

c) Ausscheidung einer Substanz beim Erkalten einer damit in höherer Temperatur übersättigten wässerigen Lösung [1].

Wird z. B. arsenige Säure in kochendem Wasser bis zur Sättigung desselben aufgelöst, so scheiden sich beim Erkalten dieser Lösung Krystalle von Arsenblüthe aus; ebenso verhält sich Borsäure u. s. w.

d) Ausscheidung aus einer durch hohe Temperatur und hohen Druck vermittelten nassen Lösung.

Nach *Wöhler* löst sich der mit Wasser in eine Röhre eingeschlossene Apophyllit bei 180°—190° unter einem Druck von 10—12 Atmosphären auf und krystallisirt beim Erkalten allmählich wieder heraus. *v. Schulten* erhielt Analcimkrystalle, als in einem geschlossenen Gefäss bei ca. 190° C. eine Auflösung von Natronsilicat oder Natronlauge bei Gegenwart eines thonerdehaltigen Glases erhitzt wurde. *Sénarmont* beobachtete, dass frisch gefällter schwefelsaurer Baryt in doppeltkohlensaurem Natron oder in Chlorwasserstoffsäure etwas löslich ist, und, damit in einer zugeschmolzenen Glasröhre 60 Stunden lang auf 250° erhitzt, sich an der Wand in mikroskopischen Schwerspathkrystallen wieder ausscheidet. Wenn nach demselben Forscher Schwefelwismuth mit einer Lösung von Schwefelkalium in eine Glasröhre eingeschmolzen wird, so löst sich dasselbe bei einer Erhitzung auf 200° auf, und krystallisirt beim Erkalten als schöne kleine Individuen von Wismuthglanz. Ebenso wird amorphes Schwefelarsen durch doppeltkohlensaures Natron und 150° im Glasrohr zu krystallisirtem Realgar.

e) Ausscheidung durch gegenseitige Zersetzung wässeriger Lösungen [2].

Um bei diesem gewöhnlichen Process nicht die üblichen amorphen oder ganz undeutlich oder nur mikroskopisch-krystallinischen Niederschläge zu erhalten, sondern besser gebildete Krystalle zu erzielen, ist vor Allem eine möglichst v e r - l a n g s a m t e Vereinigung der Flüssigkeiten erforderlich. So stellte *Macé* in ge - w ö h n l i c h e r T e m p e r a t u r Bleivitriolkrystalle dar, indem er in eine Lösung von salpetersaurem Blei längs eines als Heber dienenden Fadens langsam gelösten Eisenvitriol aus einem anderen Gefäss eindringen liess; Schwerspathkrystalle erhielt er durch ebenso erfolgende Einwirkung von Eisenvitriol auf salpetersauren Baryt, indem $BaN^2O^6 + FeSO^4 = BaSO^4 + FeN^2O^6$ (Comptes rendus XXXVI. 825). *Drevermann* gelang die Darstellung krystallisirter sehr schwer löslicher Salze durch Diffusion: er brachte je ein pulverförmiges Salz (z. B. chromsaures Kali und salpetersaures Blei) auf den Boden ziemlich hoher Glascylinder, füllte dieselben mit Wasser und stellte sie neben einander sorgfältig in ein grösseres Becherglas, in welches so viel Wasser gegossen wurde, dass dieses über beide Cylinder hinausstand: durch die nach oben stattfindende Diffusion war nach einigen Monaten das salpetersaure Bleioxyd in das Becherglas gelangt, und es bildeten sich nun am Rande des mit chromsaurem Kali gefüllten Cylinders schöne Krystalle von Rothbleierz ($PbN^2O^6 + K^2CrO^4 = PbCrO^4 + 2KNO^3$). Ebenso wurden Krystalle von Weissbleierz und von Bleivitriol erhalten (Annal. d. Chem u. Pharmacie, LXXXIX. 11).

Die Ausscheidung anderer Substanzen durch gegenseitige Zersetzung nasser Lösungen erfolgt besser i n h ö h e r e r T e m p e r a t u r und u n t e r h ö h e r e m

---

[1] Dies ist wiederum derselbe, nur bei niedrigerer Temperatur sich ereignende Vorgang, wie 5, e).

[2] Ganz analog dem Process 5, d .

Druck. *Sénarmont* erzeugte Eisenspath aus Lösungen von schwefelsaurem Eisen-oxydul und kohlensaurem Natron ($FeSO^4 + Na^2CO^3 = FeCO^3 + Na^2SO^4$); Mangan-spath aus solchen von Manganchlorür und kohlensaurem Natron in verschlosse-nen Glasröhren bei 160°; Malachit aus Lösungen von schwefelsaurem Kupfer und doppeltkohlensaurem Natron bei 150°; Kupferkies aus Chlorkupfer und Chloreisen in Schwefelkalium bei 250°; doch waren die entstandenen Producte meist nur kry-stallinische Niederschläge. — *Debray* erhielt Kupferlasur durch Einwirkung von salpetersaurem Kupfer auf Kreide im Glasrohr bei 7 Atmosphären, aber ohne er-höhte Temperatur.

f) **Ausscheidung aus nassen Lösungen durch langsame Reduction.**

Zu den durch o r g a n i s c h e Substanz vermittelten Reductionsproducten gehö-ren die Absätze von Schwefelmetallen, wie Eisenkies, Zinkblende, Kupferglanz auf Grubenholz, welches dieselben aus den betreffenden Vitriollösungen erzeugt hat. — A n o r g a n i s c h e Stoffe, wie Eisenvitriol, salpetersaures Quecksilberoxydul, auch Oxalsäure, dienen zur Reduction von Gold, Silber, Platin aus ihren Lösungen: aus salpetersaurem Wismuth wird durch Zink oder Eisen das Wismuth gefällt.

7. Elektrolyse.

Darstellung von Silber, Blei und vielen anderen Metallen.

8. Vereinigung langsam auf einander wirkender Substanzen.

a) **Ohne höhere Temperatur und ohne höheren Druck.**

Becquerel tauchte Gypsplatten in eine schwache Lösung von doppeltkohlen-saurem Natron; es erfolgte eine allmähliche Umsetzung zu kohlensaurem Kalk und schwefelsaurem Natron, und Krystalle des ersteren setzten sich als Kalkspath auf den Gypsplatten ab. Ferner legte er Eisenplatten in eine wässerige Lösung von phosphorsaurem Ammoniak, worauf sich dieselben mit krystallinischem phosphor-saurem Eisenoxydul (Vivianit) überzogen.

b) **Unter hohem Druck und hoher Temperatur.**

Becquerel stellte einige Mineralien dar, indem er langsam auf einander wir-kende Körper in einer Glasröhre mit einer Schicht von Aether oder Schwefelkoh-lenstoff bedeckte und auf 100—150° erhitzte; so Aragonit durch Einwirkung einer Lösung von doppeltkohlensaurem Natron auf Gyps; ferner analog Malachit, Kupfer-lasur in warzigen Krusten. Das letztere Mineral erzeugte auch *Wibel* durch Ein-wirkung von schwefelsaurem Kupfer auf Marmor in verschlossener Glasröhre bei 150—190°.

c) **Durch hohen Druck ohne erhöhte Temperatur.**

Spring brachte schwarzen krystallinischen Kupferglanz als chemische Verbin-dung zu Stande, indem er ein mechanisches Gemenge von Kupferfeilspänen und grobem Schwefelpulver einem Druck von 5000 Atmosphären unterwarf (Bull. acad. Belgique 1880 (2) Bd. 49. S. 323).

d) **Einwirkung durch den galvanischen Strom.**

Dadurch hat *Becquerel* Vivianit (Ann. de chim. et de phys., LIV. 149) und Bleiglanz (ebend., LIX. 105) dargestellt.

§ 174. Natürliche Bildungsprocesse der Mineralien. Während nun einige der im Vorstehenden angeführten Processe unter Verhältnissen erfolgen, welche es nicht gestatten, sie auch als in der Natur wirksam vorauszusetzen, dient aber ein anderer Theil der künstlichen Methoden der Krystallisation auch der sich selbst überlassenen Natur zur Mineralbildung. Dafür mögen folgende mit Sicherheit er-wiesene Beispiele gelten.

Kochsalz, Salmiak, Chlorkupfer, Chloreisen bilden sich durch Sublimation (2) an Vulkanen, wo auch Eisenglanz durch gegenseitige Zersetzung von
dampfförmigem Chloreisen und Wasserdampf (3, b), Kupferoxyd (Tenorit) auf ganz
analogem Wege entsteht. Aus der geschmolzenen Masse der Laven scheiden
sich vor unseren Augen eine ganze Menge von Silicaten, Orthoklas, Plagioklas,
Leucit, Nephelin, Augit, Hornblende, Olivin, Glimmer, auch andere Mineralien,
wie Apatit, Magneteisen in Krystallen oder krystallinischen Individuen aus. Noch
viel grösser ist der Kreis derjenigen Mineralien, bei deren natürlicher Bildung
nasse Lösungen nachweisbar mitgewirkt haben. So haben sich Krystalle von
Steinsalz, Gyps, Vitriolen zweifellos durch Verflüchtigung des sie gelöst haltenden
Wassers (6, a) in gewöhnlicher Temperatur erzeugt[1]); Kalkspath, Aragonit, Eisenspath durch Entweichen der Kohlensäure aus dem dieselben gelöst haltenden
kohlensäurehaltigen Wasser (6, b); vielfach sind Pflanzen, Algen und Moose wirksam, um solchem Wasser die Kohlensäure zu benehmen und den kohlensauren
Kalk zu fällen. Kieseltuff und Kieselsinter scheidet sich an den Geysirn aus, weil
das erkaltende Thermalwasser die Kieselsäure nicht mehr aufgelöst halten kann,
welche es bei hoher Temperatur in Solution besass (6, c). Ein überaus weit verbreiteter Process scheint die Mineralausscheidung durch gegenseitige Zersetzung
wässeriger Lösungen zu sein, wobei die Schönheit und Grösse der natürlichen
Krystalle, welche die chemische Kunst nicht nachzuahmen versteht, auf die Annahme einer sehr starken Verdünnung der Solutionen und einer sehr langen Bil-
dungsdauer führt. In vielen Fällen lässt sich der Gang der Zersetzung mit grosser
Sicherheit nachweisen; so sind z. B. die von Gyps begleiteten Malachitkrystalle
entstanden durch gegenseitige Reaction einer Lösung von kohlensaurem Kalk und
einer solchen von schwefelsaurem Kupfer (geliefert durch die Oxydation des benachbarten Kupferkieses); dabei entstanden kohlensaures Kupfer und schwefelsaurer Kalk als schwerlösliche Salze (6, e). Die im Inneren von Gebeinen auf Fried-
höfen gefundenen Vivianitkrystalle haben sich dort ohne Zweifel durch Einwirkung
einer Lösung von kohlensaurem Eisenoxydul auf den phosphorsauren Kalk der
Knochen angesiedelt (8, a). So kann es geschehen, dass durch gegenseitige Reaction
wässeriger Solutionen sich eine krystallisirte Substanz, z. B. Schwerspath, abscheidet, welche selbst in Wasser gar nicht löslich ist, ähnlich, wie der selbst gar
nicht sublimirbare Eisenglanz auf dem Wege der Sublimation entsteht. Die Eisenkiesknollen in Braunkohlen und Thonen sind durch die langsame Reduction einer
Eisenvitriol-Lösung vermittels organischer Substanz entstanden (6, f).

Die drei Hauptwege, auf welchen in der Natur Krystalle entstehen, sind nach
alledem: Ausscheidung aus nassen Lösungen, Festwerdung aus dem Schmelzfluss,
und Sublimation.

Indessen würde man sehr irren, wenn man die in einem gewissen Falle sicher
constatirte Bildungsweise eines Minerals ohne weitere Prüfung auch auf andere Vorkommnisse desselben in der Natur übertragen wollte. Für manche Mineralien ist es
entschieden dargethan, dass dieselben auch natürlich auf sehr verschiedenem Wege

---

[1]) Gypskrystalle fanden sich z. B. aufsitzend auf altem Grubenholz oder auf Kleidern,
welche Bergleute in den Gruben vergessen hatten.

entstehen können. Der Feldspath scheidet sich z. B. vor unseren Augen aus der geschmolzenen Masse der Laven aus; die Feldspathkrystalle aber, welche sich in den oberen Regionen der Kupferhütte zu Sangerhausen und des Eisenhochofens auf der Josephshütte bei Stollberg gebildet haben, können dahin nur als Sublimationsproducte gelangt sein. Und diejenigen Feldspathe, welche die Gerölle des Conglomerats bei Oberwiesa überkrusten und die Zwischenräume zwischen denselben ausfüllen, vermag man sich dort nur als auf nassem Wege entstanden zu denken. So ist also für eine und dieselbe Substanz ein d r e i f a c h verschiedener Bildungsact in der Natur möglich. Ja wenn wir gewahren, dass der Orthoklas als eine nur durch die Wirkung wässeriger Solutionen vermittelte Pseudomorphose nach Leucit, Analcim, Epidot und Prehnit auftritt, so stehen wir innerhalb einer und derselben Bildungsmodalität wieder vier abweichenden Specialvorgängen gegenüber, deren Product allemal Orthoklas ist.

Durch die Untersuchungen namentlich von *Scacchi* und *vom Rath* hat sich das merkwürdige Ergebniss herausgestellt, dass mehre Silicate, welche in Hohlräumen und Klüften von vulkanischen Eruptionsproducten auftreten, wie Leucit, Granat, Augit u. a. dort auf dem Wege der Sublimation entstanden sind; die specielleren Verhältnisse dieser Bildung sind freilich zur Zeit noch räthselhaft.

Von sehr grossem Gewicht für die Entstehungsweise der Mineralien auf nassem Wege sind die Beobachtungen von *Daubrée* über die Neubildungen, welche bei den Thermen von Plombières durch die Einwirkungen des warmen, Alkalisilicat enthaltenden Wassers auf die Ziegelsteine und den Mörtel des dortigen römischen Mauerwerks in historischen Zeiten hervorgebracht wurden: in den Höhlungen dieser Massen krystallisirten Zeolithe, namentlich Chabasit und Apophyllit, ferner Aragonit, Kalkspath, Flussspath (Annales des Mines, (5) XIII. 242); ähnliche Bildungen erfolgten auch im alten römischen Mörtel von Luxeuil (Haute-Sâone) und zu Bourbonne-les-Bains (Haute-Marne); am letzteren Orte haben im moderigen Boden vergrabene römische Medaillen, insbesondere von Bronze, Anlass zur Neubildung sogar von krystallisirtem Kupferglanz, Kupferkies, Buntkupfererz, Fahlerz, Bleiglanz und Bleivitriol gegeben (Comptes rendus, LXXX. 461, 604).

Die hydrochemischen Processe, die in der Natur auf nassem Wege erfolgenden Vorgänge der Auflösung, Zersetzung, Neubildung von Mineralien verdienen noch besondere Aufmerksamkeit. Zu ihnen gehören namentlich folgende, welche theils durch einfache und unmittelbare Beobachtung erkannt, theils experimentell ermittelt wurden [1]). Wie *G. Bischof* zuerst feststellte, bildet sich durch die gegenseitige Einwirkung wässeriger Auflösungen in der Regel immer diejenige Verbindung, welche unter den gegebenen Verhältnissen ihrerseits am schwersten löslich ist.

1) Einfache Auflösung durch atmosphärisches Wasser; ihr fallen z. B. Steinsalz, Gyps, Vitriole, Alaune anheim, welche dann aus der Lösung wieder auskrystallisiren können.

2) Lösung der Carbonate (Kalkspath, Eisenspath u. s. w.) im kohlensäurehaltigen Wasser; aus den gebildeten Bicarbonat-Lösungen (z. B. $CaO + 2CO^2 + H^2O$) wird beim Verdunsten eines Theiles der Kohlensäure das Carbonat anderswo wieder ausgeschieden; so können solche Carbonate im weitesten Maasse ebenfalls ihren Ort verändern. 100 Theile kohlensäurehaltigen Wassers lösen von Kalkspath 10—12, von Eisenspath 7,2, von Magnesitspath 1,2 Gewichtstheile.

3) Hydratisirung oder Umwandlung wasserfreier Substanzen in wasserhaltige; z. B.

---

1) Diese Gesetze festgestellt zu haben ist vor Allem das unvergängliche Verdienst von *Gustav Bischof* (Lehrbuch d. chemisch. u. physikal. Geologie. 2. Aufl. Bonn 1863—66). Vgl. auch *Lemberg* in Z. geol. Ges. XXII. 335; XXIV. 187; XXVIII. 519; XXIX. 457.

diejenige des Anhydrits in Gyps, des Eisenoxyds in Eisenoxydhydrat, des Olivins in Serpentin; wirksam auch bei der Zeolithbildung.

4) Hydratisirung unter Austreibung von Kohlensäure; das Wasser als solches kann, während langer Dauer in steter Zufuhr begriffen, eine so schwache Säure wie die Kohlensäure austreiben und selbst als Säure wirken. Darauf beruht u. a. das Hervorgehen von Eisenoxydhydrat (Brauneisen) aus Eisenoxydulcarbonat (Eisenspath), von Malachit aus Kupferlasur.

5) Oxydation durch sauerstoffbeladenes Wasser, ein sehr weitverbreiteter Process, durch welchen Metalloxydule (z. B. von Eisen, Mangan) zu Metalloxyden, insbesondere aber auch Schwefelmetalle zu (wasserhaltigen) schwefelsauren Metalloxyden werden, z. B. Eisenkies zu Eisenvitriol, Zinkblende zu Zinkvitriol, Bleiglanz zu Bleivitriol, Kupferkies zu Kupfervitriol und Eisenvitriol; durch die gebildeten Vitriole werden weitere Wechselzersetzungen eingeleitet (Nr. 13); ebenso werden Arsenmetalle zu arsensauren Salzen oxydirt (Kobaltglanz und Speiskobalt zu Kobaltblüthe).

6) Reduction durch Wasser, welches mit organischen Stoffen beladen ist, ein Vorgang, welcher dem eben angeführten entgegenwirkt: er bringt z. B. eine Wiederherstellung der Schwefelverbindungen aus den betreffenden entstandenen Vitriolen, eine Reduction der Oxyde in Oxydule, eine Bildung von gediegenen Metallen hervor. Sulfate von Alkalien oder alkalischen Erden werden dadurch unter Bildung von Schwefelwasserstoff zu Schwefellebern reducirt (welche dann ihrerseits die Silicate, Carbonate, Sulfate der Metalle als Schwefelmetalle fällen können, vgl. Nr. 11).

7) Kohlensäurehaltiges Wasser zersetzt bei gewöhnlicher Temperatur die Silicate von Kalk, Kali, Natron, Eisenoxydul, Manganoxydul, wobei Carbonate dieser Basen gebildet werden und freie Kieselsäure entsteht; die verbreitetsten Silicate als Gemengtheile der Felsarten unterliegen theilweise diesem Vorgang, wie Feldspathe, Augite, Hornblenden u. s. w. Dabei setzen sich Kalkspath, Eisenspath u. s. w. ab, die freie Kieselsäure bildet Quarz oder Opal. Die entstehenden gelösten Carbonate verursachen ihrerseits weitere hydrochemische Processe (Nr. 8, 13, 16, 18, 20). Thonerdesilicat wird nicht, Magnesiasilicat nur ganz spurenhaft von kohlensäurehaltigem Wasser angegriffen.

8) Auch kohlensaure Alkalien zersetzen Kalksilicat: es bildet sich Alkalisilicat und kohlensaurer Kalk, welcher vielfach fortgeführt wird, so dass blos in dem Silicat eine Ersetzung des Kalks durch Alkali stattgefunden hat. Magnesiasilicat verhält sich auch kohlensauren Alkalien gegenüber sehr widerstandsfähig.

9) Die Silicate von Zink, Kupfer, Nickel, Silber werden durch Kohlensäure unter Abscheidung von Kieselsäure zu Carbonaten zersetzt, welche in kohlensäurehaltigem Wasser löslich sind: so können metallische Silicate aus den Gebirgsgesteinen als Carbonate weggeführt und letztere unter Bildung von Quarz in Spalten abgesetzt werden (aber nach Nr. 11 auch Schwefelmetalle liefern).

10) Die Silicate von Blei, Kupfer, Nickel, Zink, Silber werden durch Schwefelwasserstoff zersetzt: es bilden sich Schwefelmetalle und Quarz; ebenfalls ein häufiger Process für die Erzgangbildung.

11) Schwefelverbindungen der Alkalien oder alkalischen Erden fällen aus Silicaten, Sulfaten, Carbonaten der Metalle die betreffenden Schwefelmetalle.

12) Eine Anzahl von basischen Silicaten wird durch stärkere Säuren auf nassem Wege zersetzt, unter Abscheidung von Kieselsäure. Die Schwefelsäure z. B., welche an Solfataren und thätigen Vulkanen aus Schwefelwasserstoff oder schwefeliger Säure entstanden ist, treibt die schwächere Kieselsäure aus ihren Verbindungen aus und bildet mit den Basen Sulfate (Gyps, Alaun u. s. w.).

13) Kalkbicarbonat und mehre schwefelsaure Metalloxyde (Kupfer, Eisen, Zink) setzen sich um zu schwefelsaurem Kalk und metallischen Carbonaten. Ebenso zersetzt

Alkalicarbonat den schwefelsauren Kalk zu Kalkcarbonat und schwefelsaurem Alkali.

14) Alkalisilicate werden durch schwefelsauren Kalk, schwefelsaure Magnesia, Chlorcalcium oder Chlormagnesium zersetzt: es bilden sich Kalk- oder Magnesiasilicat, daneben schwefelsaure Alkalien oder Chloralkalien; eventuell eine rückläufige Wiederherstellung des nach Nr. 8 Zersetzten.

15) Kalksilicate werden zersetzt durch schwefelsaure Magnesia; es entstehen Magnesiasilicate und löslicher schwefelsaurer Kalk; ebenfalls durch Chlormagnesium, wobei Magnesiasilicate und lösliches Chlorcalcium hervorgehen (vgl. Nr. 18).

16) Kalisilicate werden durch Magnesiabicarbonat zersetzt: es bildet sich Magnesiasilicat und lösliches Kalicarbonat (bei Feldspathen). Alkalisilicate erleiden ebenso eine Zersetzung durch Eisenoxydulbicarbonat, wobei Eisenoxydulsilicat entsteht.

17) Kalisilicat wird durch Chlornatrium zersetzt; dadurch wird Natronsilicat und Chlorkalium gebildet; so kann Natron an die Stelle von Kali treten; analog geht auch der umgekehrte Process vor sich.

18) Kalksilicat und Magnesiabicarbonat erzeugen Kalkbicarbonat und Magnesiasilicat; so kann Magnesia an die Stelle des Kalks treten (vgl. Nro. 15).

19) Thonerdesilicate werden zersetzt durch schwefelsauren Kalk oder Chlorcalcium zu Kalksilicaten, wobei sich nebenher Thonerdesulfat oder Chloraluminium bildet; desgleichen durch schwefelsaure Magnesia oder Chlormagnesium, unter Erzeugung von Magnesiasilicat und denselben beiden löslichen Aluminium-Verbindungen.

20) Kohlensaure Alkalien zersetzen Fluorcalcium unter Bildung von kohlensaurem Kalk und löslichen Fluoralkalien; gelöstes Fluornatrium zersetzt Kalksilicat; es bildet sich kieselsaures Natron und wieder Fluorcalcium; gelöstes Fluorkalium zersetzt Thonerdesilicat, wobei Kalisilicat und Fluoraluminium entstehen.

§ 175. Vorkommen der Mineralien.

Der Antheil, welchen die einzelnen Mineralarten an der Zusammensetzung der Erdrinde nehmen, ist bekanntlich im hohen Grade verschieden, und es sind im Ganzen sogar nur wenige, welche dabei eine Hauptrolle spielen. Während es Mineralien gibt, aus denen stellenweise ganze Gebirge in erster Linie aufgebaut werden, wurden andere nur an einem einzigen Punkt der Erde und hier blos in spärlicher Verbreitung gefunden. Gewisse Mineralien besitzen nur eine ganz specielle Art und Weise des Vorkommens, indem ihr Dasein an besondere örtliche Bedingungen geknüpft ist. Unter Berücksichtigung der allgemeinen Verhältnisse des Auftretens könnte man etwa folgende Gruppirung versuchen:

a) Mineralien, für sich ganze Gesteine bildend, z. B. Kalkspath, Quarz, Anhydrit, Gyps, Serpentin; Eis.

b) Mineralien, als ursprüngliche wesentliche Gemengtheile an der Zusammensetzung gemengter eruptiver Massengesteine sich betheiligend, z. B. Quarz, Feldspathe, Augite, Hornblenden, Glimmer, Nephelin, Leucit, Olivin.

c) Mineralien, als ursprüngliche wesentliche Gemengtheile an der Zusammensetzung gemengter krystallinischer Schichtgesteine sich betheiligend, z. B. Quarz, Feldspathe, Glimmer, Chlorit, Talk, Hornblenden, Augite, Kalkspath, Olivin.

d) Mineralien, klastische Gesteine zusammensetzend, z. B. Quarz, Feldspath, Glimmer.

e) Mineralien als ursprüngliche accessorische Gemengtheile von Gesteinen, z. B. Turmalin, Beryll, Andalusit, Granat, Epidot, Vesuvian, Zirkon, Rutil, Titanit, Apatit, Boracit, Magnetit, Titaneisen.

f) Mineralien als secundär entwickelte Gemengtheile in Gesteinen, z. B. Quarz, Kalkspath, Chlorit, Epidot, Brauneisen, Serpentin, Muscovit, Hornblende.

g) Mineralien als accessorische Bestandmassen in Gesteinen oder von nesterweisem

Vorkommen, z. B. Kalkspath, Jaspis, Feuerstein, Opal, Gyps, Eisenkies, Baryt, Sphaerosiderit, Phosphorit, Kupferlasur.

h) Mineralien auf besonderen eingeschichteten Lagerstätten, Lagern, Flötzen, z. B. Eisenspath, Brauneisen, Magnetit, Kryolith, Steinsalz, Schwefel, Steinkohle, Braunkohle.

i) Mineralien auf offenen Klüften oder Mineralgängen, bald die ganze Gangmasse ausmachend, bald nur auf Hohlräumen derselben, z. B. Kalkspath, Quarz, Schwerspath, Adular, Epidot, Diopsid, Granat, Anatas.

k) Mineralien auf Erzgängen, die Gangmasse oder die Erzführung bildend, oder Hohlräume bekleidend, z. B. Quarz, Kalkspath, Schwerspath. — Bleiglanz, Zinkblende, Kupferkies, Eisenkies, Kupferglanz, Antimonit, Fahlerz, Zinnstein, Eisenglanz, Eisenspath u. s. w., sehr zahlreiche Metallsalze und gediegene Metalle. — Flussspath, Topas, Apatit, Apophyllit, Harmotom.

l) Mineralien als ursprüngliche Bildung auf Spalten und in Drusen pyrogener Gesteine, z. B. Tridymit, Breislakit, Hypersthen, Hornblende, Sodalith, Leucit.

m) Mineralien als secundäre Ausfüllung von Blasenräumen pyrogener Gesteine, z. B. Kalkspath, Quarz, Achat, Grünerde, Natrolith, Stilbit, Analcim, Chabasit.

n) Mineralien als sog. Contactbildungen, an der Berührungsstelle zwischen massigen Eruptivgesteinen und Schichtgesteinen, z. B. Granat, Vesuvian, Augit, Phlogopit, Monticellit, Spinell, Humit. — Andalusit, Feldspath, Granat, Turmalin, Ottrelit.

o) Mineralien als vulkanische Sublimation erscheinend, z. B. Schwefel, Realgar, Salmiak, Eisenglanz.

p) Mineralien als Fumarolen- und Solfatarenbildung, z. B. Schwefel, Alaun, Eisenkies, Gyps.

q) Mineralien durch Erdbrände hervorgerufen, z. B. Schwefel, Realgar, Salmiak.

r) Mineralien als Ausblühung vorkommend, z. B. Eisenvitriol, Alaun, Salpeter.

s) Mineralien auf besonderen klastischen Lagerstätten, in Flusssandanschwemmungen, dem Seifengebirge, z. B. Diamant, ged. Gold, Platin, Spinell, Korund, Cordierit, Zirkon, Titaneisen.

Zweiter Abschnitt.

Mineralogische Systematik.

Erstes Hauptstück.

Gegenseitige Abgrenzung.

§ 176. Principien der Abgrenzung. Wir haben bisher die wichtigsten Eigenschaften der Mineralien in Betrachtung gezogen, und in der methodischen Bestimmung, Benennung und Bezeichnung derselben die zur Darstellung der verschiedenen Mineralien erforderliche Terminologie kennen gelernt. Bevor wir jedoch zu dieser Darstellung selbst übergehen können, müssen wir zunächst feststellen, was als ein Mineral (als eine besondere Mineralart) zu betrachten und demzufolge mit einem eigenen Namen zu belegen ist, sowie alsdann die Reihenfolge bestimmen, in welcher die verschiedenen, gegen einander abgegrenzten Mineralarten aufgeführt werden sollen.

Den Inbegriff dessen, was als ein Mineral zu betrachten ist, hat man die mineralogische Species genannt, indem man bestrebt war, auf dem uns beschäftigenden Gebiet die möglichste Analogie mit der Zoologie und Botanik herzustellen. Für chemische Grundstoffe aber und chemische Verbindungen, wie es die Mineralien sind, kann der Begriff der Species in der Weise, wie er im Reich der organischen Welt mit mehr oder minder Recht Gültigkeit besitzt, gar keine Bedeutung haben.

»Die Species gehört den organischen beschreibenden Naturwissenschaften an«, sagt *Rammelsberg*; ebenso sprach es *Berzelius* aus, dass in der Mineralogie nichts vorhanden ist, was dem Begriff von Species entspricht. Und schon *Johann Nepomuk Fuchs* äusserte sehr richtig (1824): »Zwischen den organischen Körpern und den Mineralien ist ein himmelweiter Abstand. Die Zoologie und Botanik haben nichts mit der Mineralogie gemein, als gewisse logische Regeln, woran alle Wissenschaften gleichen Antheil nehmen.« Auch *Groth* will den Begriff der Species aus der Mineralogie ausgeschlossen wissen.

Um indessen der Unbequemlichkeit zu entgehen, welche darin liegt, dass einmal unter »Mineral« das einzelne Vorkommniss oder Individuum, das anderemal der Complex der als zusammengehörig erkannten und besonders zu benennenden Körper verstanden werden soll, mag es erlaubt sein, den letzteren als die Mineralart zu bezeichnen, wobei jedoch abermals zu betonen ist, dass dabei von demjenigen Artbegriff, wie er in der organischen Welt eine Rolle spielt, hier keine Rede sein kann.

Aus den nachfolgenden Untersuchungen wird es sich ergeben, dass eine völlig consequente und strenge Fixirung und Abgrenzung dessen, was eine Mineralart begründet, auf gewissen Gebieten zu den unmöglichen Dingen gehört.

Wenn zwei Mineralkörper A und B in allen ihren morphologischen, physischen und chemischen Eigenschaften vollkommen übereinstimmen, so sind sie einerlei oder absolut identisch.

Hierbei versteht es sich jedoch von selbst, dass bei krystallisirten Mineralien weder gleiche Grösse noch gleiche Vollkommenheit der Krystallform, und auch bei Aggregaten durchaus nicht gleiche Grösse der Individuen erfordert wird.

Eine solche absolute Identität wird aber nicht mehr bestehen, wenn irgend eine Eigenschaft in dem Mineral A anders erscheint, als in dem Mineral B, wodurch eine grössere oder geringere Verschiedenheit derselben begründet werden muss. Es kann jedoch diese Verschiedenheit in sehr vielen Fällen entweder unwesentlich sein, oder auch in einer höheren Einheit aufgehen, und dann werden beide Mineralien zwar nicht mehr für absolut, aber doch für relativ identisch zu erklären sein. Diese Zurückführung auf den Begriff der relativen Identität wird allemal gestattet sein:

I. Wenn die beiden Modalitäten der betreffenden Eigenschaft in einer nothwendigen Correlation zu einander stehen, und aus einem und demselben Grundtypus abgeleitet werden können (zweierlei Formen derselben Krystallreihe, kleine Zumischungen einer isomorphen Substanz).

II. Wenn, bei blos quantitativer Differenz der beiden Modalitäten, dieselbe als nothwendige Folge der Verschiedenheit irgend einer anderen Eigenschaft hervortritt, deren Unterschiede nach I. aufgehoben erscheinen (verschiedenes specifisches Gewicht als Folge geringer Zumischung einer isomorphen Substanz).

III. Wenn sich, bei quantitativer oder qualitativer Differenz der beiden Modalitäten, die betreffende Eigenschaft überhaupt als eine zufällige und unwesentliche zu erkennen gibt (verschiedene Farben bei gefärbten Mineralien, verschiedene Arten oder Grade des nicht-metallischen Glanzes).

Wenn man nun unter einer gegen die anderen abzugrenzenden und besonders zu benennenden selbständigen Mineralart den Inbegriff aller Mineralkörper versteht, welche absolute oder relative Identität ihrer Eigenschaften erkennen lassen, so sind jedoch die Grenzen, innerhalb welcher, und die Bedingungen, unter welchen die relative Identität noch zugestanden werden kann, für verschiedene Eigenschaften verschieden, und müssen daher für die wichtigeren derselben besonders erwogen werden.

Betreffs der morphologischen Eigenschaften ist zunächst der Unterschied des krystallinischen und amorphen Zustands zu berücksichtigen, welcher in keinem Falle aufgehoben werden kann, so dass zwei selbst chemisch absolut identische Mineralien, von denen das eine krystallinisch, das andere amorph ist, nimmer mit einander vereinigt werden können.

Sind dagegen beide Mineralien krystallinisch, aber verschiedentlich gestaltet, so kann solche Verschiedenheit aufgehoben und auf relative Identität zurückgeführt werden, sobald sich die verschiedenen Gestalten als Glieder eines und desselben Formencomplexes erkennen lassen, weil sie dann nur als verschiedene Ausdrücke eines und desselben Gestaltungsgesetzes zu betrachten sind. Zwei krystallisirte Individuen also, deren Gestalten zwar verschieden, aber aus derselben

Grundform ableitbar sind, werden nach I. in morphologischer Hinsicht relativ identisch sein.

Hierbei sind jedoch noch zu berücksichtigen:

a) der Charakter der Krystallformen, ob solcher nämlich holoëdrisch oder
hemiëdrisch ausgebildet ist: die relative Identität zweier Mineralien setzt
allemal denselben Charakter ihrer Krystallformen voraus;

b) die kleinen Schwankungen der Dimensionen bei solchen Mineralien, in
deren Zusammensetzung isomorphe Bestandtheile hinzugemischt sind. Da
nämlich in solchen Fällen die Differenz der chemischen Constitution, in
welcher jene Schwankungen begründet sind, nach I. aufgehoben ist, so kann
nach II. noch relative Identität der Formen zugestanden werden.

Sämmtliche mit der Krystallform unmittelbar zusammenhängende und nach
ihren Gesetzen geregelte physikalische Eigenschaften unterliegen denselben
Folgerungen, wie die Krystallform selbst. Die Zusammengehörigkeit zweier Mineralien setzt jedenfalls absolute oder relative Identitäten ihrer physikalischen Eigenschaften voraus. Dahin gehört zuvörderst die Spaltbarkeit, welche bei der
geringen Anzahl und constanten Richtung ihrer Flächen hier einen noch höheren
Werth hat, als die vielfach wechselnde äussere Gestalt. Zwei Mineralien derselben Art müssen also auch dieselben, das heisst, die denselben Krystallformen entsprechenden Spaltungsformen besitzen. Die optischen Erscheinungen
der doppelten Strahlenbrechung und Lichtpolarisation, des Pleochroismus u. s. w.
sind nach ihrer allgemeinen Abhängigkeit von der Krystallform zu beurtheilen.

Das specifische Gewicht, als Ausdruck für die Dichtigkeit, ist eine
Eigenschaft von der grössten Bedeutung, welche wesentlich in der chemischen
Constitution und in der Krystallisation (oder allgemeiner, in der Erstarrungsform)
der Mineralien begründet ist. Daher kann mit derselben chemischen Constitution, bei wesentlich verschiedener Krystallisation, ein sehr verschiedenes
specifisches Gewicht verbunden sein (dimorphe und trimorphe Körper), während
umgekehrt, bei schwankender Constitution aber gleicher Krystallform, auch
das specifische Gewicht gewisse Schwankungen zeigen wird.

In dieser Hinsicht erlangt namentlich das Zugemischtsein isomorpher Substanzen
und das Vorkommen zufälliger Beimengungen einige Wichtigkeit, und es muss im
Allgemeinen das specifische Gewicht zweier Mineralien derselben Art nach II. innerhalb
gewisser, jedoch innerhalb so enger Grenzen schwankend gelassen werden, dass die
dadurch gestatteten Differenzen aus jenen Verhältnissen zu erklären sind (z. B. verschiedene Kalkspathe, Eisenspathe). Denn die relative Identität der chemischen Constitution ist es, welche in solchen Fällen die Differenzen des Gewichts aufhebt.

Die Härte ist gleichfalls ein wichtiges Merkmal, allein es folgt schon aus dem
unsicheren Charakter aller Härtebestimmungen überhaupt, dass sie für zwei Mineralien derselben Art innerhalb gewisser Grenzen schwankend befunden werden
kann. Doch werden diese Grenzen niemals sehr weit auseinander liegen.

In Farbe, Glanz und Pellucidität ist zuvörderst der Unterschied des
metallischen und des nicht-metallischen Habitus begründet (§ 130),
welcher für die Beurtheilung der Identität der Mineralien von grosser Bedeutung
ist, so dass zwei zusammengehörige in der Regel auch einen und denselben Habitus zeigen müssen. Betreffs der Farbe ist vorzüglich der Unterschied des idio-

chromatischen und allochromatischen Wesens (§ 133) geltend·zu machen. Zwei idiochromatische Mineralkörper müssen eine fast völlige Identität der Farbe (wenigstens in qualitativer Hinsicht) besitzen, wenn sie zu einer und derselben Art gehören sollen, weil ihre Farbe eine wesentliche und nothwendige Eigenschaft ihrer Substanz ist. Bei gefärbten Mineralien dagegen ist die Farbe eine zufällige und unwesentliche Eigenschaft, auf welche bei der Beurtheilung der Identität oder Diversität nur selten ein Gewicht zu legen ist. Für den Glanz ist besonders die Qualität oder Art zu berücksichtigen, während die Stärke oft von zufälligen Umständen abhängig sein kann; doch lassen sich natürlich auch für die erstere nur allgemeine Unterschiede geltend machen, da z. B. nicht selten verschiedene Krystallflächen eines und desselben Individuums verschiedene Arten des Glanzes zeigen. Der Gegensatz zwischen Pellucidität und Opacität ist an und für sich von grosser Wichtigkeit, und wird in der Regel eine Verschiedenheit begründen; dagegen werden die verschiedenen Grade der Pellucidität durch mancherlei zufällige Umstände bedingt, so dass sie nur selten hier in Betracht kommen.

Wir fordern sodann im Allgemeinen für zwei Mineralkörper derselben Art Identität der chemischen Constitution, wobei natürlich das Dasein oder der Mangel eines wesentlichen Wassergehalts mit zu berücksichtigen ist, weil ein wasserhaltiges und ein wasserfreies Mineral niemals (auch nicht relativ) identisch sein können, wenn sie auch übrigens genau dieselbe Zusammensetzung haben sollten.

Eine absolute Identität der chemischen Constitution ist jedoch keineswegs immer vorhanden, und sehr häufig findet nur eine relative Identität statt. Dies ist, abgesehen von allerlei nur verunreinigenden Stoffen, besonders der Fall, wenn bei der Zusammensetzung des Minerals eine Zumischung isomorpher Substanz stattgefunden hat, indem dann, unbeschadet der relativen Identität, bis zu einem gewissen Grade ein Schwanken der Zusammensetzung zulässig ist. Die partielle Verschiedenheit der Bestandtheile wird in solchem Falle durch die Eigenschaft ihres Isomorphismus ausgeglichen (I.).

Indessen darf sich diese Zumischung isomorpher Bestandtheile nicht in allen Fällen bis zu einem Ueberwiegen derselben steigern, wenn noch von einer Zusammengehörigkeit die Rede sein soll. Gerade auf diesem chemischen Gebiet liegt aber in dem Dasein der isomorphen Mischungen die Hauptschwierigkeit, welche sich der consequenten und befriedigenden Abgrenzung einzelner Mineralarten entgegenstellt.

Gehen wir von den drei isomorph-rhomboëdrischen Grundverbindungen

$CaCO^3$ Kalkspath, $MgCO^3$ Magnesitspath, $FeCO^3$ Eisenspath

aus, so gibt es, wenn $x > y > z$, folgende rhomboëdrische Mischungen derselben, welche entweder schon gefunden worden sind, oder jeden Tag analysirt werden können:

1) $x \, CaCO^3 + y \, MgCO^3$,
2) $x \, CaCO^3 + y \, FeCO^3$,
3) $x \, CaCO^3 + y \, MgCO^3 + z \, FeCO^3$,
4) $x \, CaCO^3 + y \, FeCO^3 + z \, MgCO^3$,
5) $x \, MgCO^3 + y \, CaCO^3$,
6) $x \, MgCO^3 + y \, FeCO^3$,

$$7) \quad x\,\mathrm{Mg\,C\,O^3} + y\,\mathrm{Ca\,C\,O^3} + z\,\mathrm{Fe\,C\,O^3},$$
$$8) \quad x\,\mathrm{Mg\,C\,O^3} + y\,\mathrm{Fe\,C\,O^3} + z\,\mathrm{Ca\,C\,O^3},$$
$$9) \quad x\,\mathrm{Fe\,C\,O^3} + y\,\mathrm{Ca\,C\,O^3},$$
$$10) \quad x\,\mathrm{Fe\,C\,O^3} + y\,\mathrm{Mg\,C\,O^3},$$
$$11) \quad x\,\mathrm{Fe\,C\,O^3} + y\,\mathrm{Ca\,C\,O^3} + z\,\mathrm{Mg\,C\,O^3},$$
$$12) \quad x\,\mathrm{Fe\,C\,O^1} + y\,\mathrm{Mg\,C\,O^3} + z\,\mathrm{Ca\,C\,O^3}.$$

Die Zahl der Mischungsverhältnisse wird nun aber dadurch noch erhöht, dass innerhalb der Grenzen der obigen Bedingung x, y und z selbst wieder unter sich die verschiedensten Werthe besitzen können. Und ausserdem finden sich auch noch die rhomboëdrisch-isomorphen Carbonate $\mathrm{Mn\,C\,O^3}$ und $\mathrm{Zn\,C\,O^3}$ manchfach zugemischt.

Wenn nun aber, wie dies einleuchtend ist, die Unmöglichkeit vorliegt, die einzelnen Mischungs-Verhältnisse als eben so viele Mineralarten zu stempeln, obschon jedes nicht mindere Berechtigung des Daseins und der Selbständigkeit hat, wie die drei Grundverbindungen für sich, so hat man wenigstens gewisse derselben, welche häufiger vorkommen und besser charakterisirt sind, hervorgehoben und mit einem unterscheidenden Namen belegt, wobei sich dann die anderen Mischungsstufen bald den Grundverbindungen, bald diesen Zwischengliedern anreihen. Dies Verfahren ist indess rein conventionell, mit demselben Recht hätten mehr, mit demselben weniger Mischungsverhältnisse als verschiedene Arten bezeichnet werden können; und die Nomenclatur bewegt sich nichtsdestoweniger hier auf zweifelhaftem Gebiet, wie z. B. dann, wenn sich die Frage erhebt, wie viel von fremdem Carbonat einer Grundverbindung noch zugemischt sein darf, ohne dass der für die letztere gültige Name aufgegeben zu werden braucht.

Trotzdem aber hier die Aufstellung und Abgrenzung von zwischenliegenden Arten eine blos künstliche und nur in sehr geringem Maasse in der Natur begründet ist, muss sie doch irgendwie vorgenommen werden, wenn wir nicht anderseits vermöge des durch die Mischungen vermittelten Zusammenhangs auf das unnatürliche Resultat gelangen wollen, dass selbst die Grundverbindungen Kalkspath, Magnesitspath, Eisenspath, Zinkspath, Manganspath nur eine einzige Mineralart bilden.

Eine andere Schwierigkeit liegt in der Thatsache, dass viele Mineralien allmählich mehr oder weniger weit vorschreitenden molekularen Umwandlungsprocessen anheimfallen, wodurch ihre chemische Zusammensetzung sich von derjenigen der ursprünglichen Substanz entfernt. Obschon man nur dann einem solchen Alterationsproduct eine Selbständigkeit zuerkennen sollte, wenn die chemische Metamorphose eine charakteristische Richtung einschlägt, und das Gebilde auch körperlich weit und bezeichnend genug von dem primitiven Mineral abweicht, so kommt bei der Beurtheilung solcher Verhältnisse doch allzusehr die subjective Willkür des Untersuchers ins Spiel, als dass nicht auf diesem Gebiet eine grosse Anzahl von schlecht begründeten Namengebungen im Voraus zu erwarten wäre.

Schliesslich muss auf die manchfachen Inconsequenzen aufmerksam gemacht werden, welche bei der gegenseitigen Abgrenzung der Mineralarten hervortreten, und zum Theil in der nur allmählich erfolgenden Entwickelung unserer Kenntnisse namentlich der chemischen Zusammensetzung begründet liegen. Neben den sog. Species, welche nur einzelne Verbindungen darstellen, gibt

es andere, welche eine ganze Gruppe von isomorphen Grundverbindungen sammt
deren Mischungen einschliessen, wobei dann die einzelnen derselben nur als
Varietäten gelten. Dies ist z. B. der Fall bei dem Augit, dem Granat, dem Turmalin, dem Fahlerz u. s. w. Unter den Granaten kommen z. B. solche vor, welche
blos aus Kieselsäure, Thonerde und Kalk bestehen, während anderseits ebenfalls
dem Granat Mischungen zugerechnet werden, welche neben der Thonerde viel
Eisenoxyd, anstatt des Kalks Eisenoxydul und Manganoxydul enthalten. Diese
Differenzen wären mehr als genügend, um bei anderen Anlässen eine Zerfällung
in mehre Arten vorzunehmen. Sofern die »Species« Granat alle diese chemischen
Gegensätze in sich vereinigte, so hätten auch, wie *Rammelsberg* sagt, Aragonit,
Strontianit, Witherit und Weissbleierz zusammen nur eine Species bilden dürfen,
was aber nicht üblich war.

Die Zahl der bis jetzt überhaupt bekannten und von einander unterschiedenen
Mineralarten beträgt über tausend. In dem vollständigsten und ausführlichsten
mineralogischen Lehrbuch: System of mineralogy by *J. D. Dana*, 5. ed. vom Jahre
1868, wurden 837 aufgeführt, welche Zahl, nach dem von *J. G. Brush* im Jahre
1872 veröffentlichten Appendix, bis dahin um 87 vermehrt worden, also auf 924
gestiegen war; der im März 1875 erschienene zweite Nachtrag, bearbeitet von
Edward S. Dana, enthält 90 neue Mineralien; der am 1. April 1882 abgeschlossene
dritte Nachtrag von demselben führt zwar 300 neue Mineralnamen auf, von denen
aber nur 89 als einigermaassen selbständig anerkannt werden; dadurch wird die
Gesammtzahl 1103; seit dieser Zeit sind vielleicht noch 50 weitere aufgestellt
worden; darunter findet sich indessen ebenfalls manche »Species«, bei welcher die
Begründung der Selbständigkeit sehr zweifelhaft ist. Namentlich gilt dies, wie
überhaupt, für viele Mineralien, welche offenbar nur in verschiedenen Stadien der
Umwandlung befindliche Zersetzungsproducte anderer Mineralien sind, und welche
sich deshalb auch nicht, oder nur gezwungener Weise als Verbindungen nach festen
Proportionen zu erkennen geben.

Unter Varietäten versteht man die durch bestimmte Verschiedenheiten
ihrer Eigenschaften von einander abweichenden Vorkommnisse derselben Art. Es
kann also Varietäten in Betreff der Form, der Farbe, der chemischen Zusammensetzung u. s. w. geben. Bei den krystallinischen Mineralien ist besonders der
Unterschied der frei auskrystallisirten und der aggregirten oder zusammengesetzten Varietäten, sowie innerhalb der letzteren der Unterschied der phanerokrystallinischen und der kryptokrystallinischen Varietäten zu beachten. Die Varietäten
stellen Gruppen dar, zwischen welchen nach verschiedenen Richtungen Uebergänge stattfinden.

Zweites Hauptstück.

Von der Gruppirung der Mineralien.

§ 177. **Allgemeines Princip der Classification.** Unser Verstand begnügt
sich nicht mit der Bestimmung der einzelnen Mineralvorkommnisse, er verlangt
auch eine Classification, eine wohlgeordnete Uebersicht derselben, welche ihm zu-

gleich einige Einsicht in den Zusammenhang der verschiedenen Glieder gewähren soll. Die Mineralarten bilden die Einheiten, welche einer jeden Classification zu Grunde liegen; da nun ihre Bestimmung auf dem Begriff der Identität beruht, so muss irgend ein anderer Begriff das leitende Princip der Classification bilden. Es ist dies der Begriff der Aehnlichkeit. Aehnlichkeit zweier Dinge ist aber die in gewissen Merkmalen hervortretende grössere oder geringere Uebereinstimmung derselben; sie kann weder in allen Merkmalen, noch in einer vollständigen Uebereinstimmung derselben begründet sein, weil sonst ihr Begriff mit jenem der Identität zusammenfällt. Vielmehr muss sie als etwas Schwankendes und verschiedener Abstufungen Fähiges gedacht werden; sie gibt sich bald in diesen bald in jenen Merkmalen, bald in höherem bald in niederem Grade zu erkennen.

§ 178. **Besonderes Princip der mineralogischen Classification.** Es ist wohl im Allgemeinen vorauszusetzen, dass die Aehnlichkeit der Mineralarten nicht blos in einer Kategorie ihrer Eigenschaften, also nicht blos in den morphologischen oder in den physischen Eigenschaften, sondern dass sie eigentlich in allen Kategorieen, und folglich auch in den chemischen Eigenschaften begründet sein wird. Die mineralogische Classification wird daher insofern eine gemischte sein müssen, wiefern sie nicht blos auf eine Kategorie der Eigenschaften Rücksicht zu nehmen hat. Da jedoch bei der Abwägung der allgemeinen Aehnlichkeit unmöglich eine jede einzelne Eigenschaft dasselbe Gewicht haben kann, da vielmehr bald diese bald jene, bald viele bald wenige derselben den Ausschlag geben werden, so entsteht die wichtige Frage, in welchen Merkmalen die Aehnlichkeit der Mineralien vorzugsweise aufgesucht und berücksichtigt werden müsse, oder welcher Werth den verschiedenen Eigenschaften der Mineralien für das Bedürfniss der Classification zugestanden werden könne.

Die Antwort auf diese Frage lautet: es ist die Aehnlichkeit der chemischen Constitution, ohne Berücksichtigung der Form, welche bei der Gruppirung der Mineralien vorzugsweise in das Auge gefasst werden muss. Dieses Resultat wird schon einigermaassen durch den Umstand gerechtfertigt, dass die meisten Varietäten auch der krystallinischen Mineralien, ja dass überhaupt die vorwaltenden Massen des ganzen Mineralreichs einer freien Formausbildung ermangeln, und dass die krystallinischen und die amorphen Mineralien in der Classification nicht scharf getrennt zu werden brauchen, sobald die formlose Masse das eigentliche Object derselben bildet. Die folgende specielle Abwägung des classificatorischen Werthes der einzelnen Eigenschaften wird diese Hintansetzung der Form noch besonders motiviren.

§ 179. **Bedeutungslosigkeit der morphologischen Eigenschaften.** Bei der Fixirung der Arten behaupten die morphologischen Eigenschaften allerdings mit den ersten Rang. Ganz anders verhält sich dies aber bei der Classification derselben, indem uns sehr viele Mineralien den Beweis liefern, dass eine grosse Verschiedenheit dieser Eigenschaften mit der grössten Aehnlichkeit der Masse verbunden sein kann (Kalkspath und Aragonit; Diamant und Graphit; Anatas, Rutil und Brookit; Pyrit und Markasit). Auf der anderen Seite gibt es aber auch sehr viele Beweise dafür, dass grosse Aehnlichkeit und sogar Identität der morphologischen Eigenschaften mit der auffallendsten Verschiedenheit des physischen und chemischen Wesens bestehen kann (Helvin und Fahlerz; Alaun und Silberglanz; Kalisalpeter und Aragonit; Tinkal und Pyroxen).

Wollte man also bei der Classification oder Gruppirung der Mineralarten die Aehnlichkeit der Krystallformen mit einiger Consequenz berücksichtigen, so würde man gar häufig die unähnlichsten Massen nahe zusammen, die ähnlichsten Massen weit auseinander werfen müssen, und nur selten auf einzelne Gruppen gelangen, in welchen Aehnlichkeit der Massen zugleich mit Aehnlichkeit der Form verbunden ist.

Hieraus folgt denn, dass bei einer Classification der Mineralien die morphologischen Eigenschaften nur eine sehr untergeordnete Rolle spielen können. Wenn sich aber dies so verhält, dann wird auch der Complex der morphologisch-physischen Eigenschaften (Spaltbarkeit, Lichtbrechung u. s. w.) hier von sehr geringer Bedeutung und die Behauptung als erwiesen zu betrachten sein, dass es die form-lose Masse, oder dass es die Masse ohne Berücksichtigung der Form sei, welche eigentlich und zunächst den Gegenstand der mineralogischen Classification bilden kann und muss. Für die formlosen Massen ist aber die chemische Zusammensetzung das in erster Linie Unterscheidende.

§ 480. **Wichtigkeit der chemischen Constitution.** Da die Classification der Mineralien zunächst die Masse derselben, ohne Rücksicht der Form, zum Gegenstand hat, so lässt sich erwarten, dass die chemischen Eigenschaften und namentlich die chemische Constitution eine äusserst wichtige Rolle spielen werden; ja, wir glauben dieselben als das wesentliche Moment einer jeden Classification betrachten zu müssen.

Dass in der That die chemische Zusammensetzung für die Mineralkörper das Wesentlichste ist, ergibt sich aus der immer mehr sich Bahn brechenden Erkenntniss, dass alle anderen Eigenschaften nur Functionen dieser Zusammensetzung sind: die chemische Constitution ist zweifellos nicht ein Product der äusseren Form, während Alles sich zu der Hoffnung vereinigt, dass es dereinst gelingen werde, das Umgekehrte im Specielleren zu erweisen.

Wenn nun die Mineralien nach rein chemischen Gesichtspunkten gruppirt werden, so lässt es sich nicht verkennen, dass Eigenschaften und Beziehungen, denen bei anderen, namentlich älteren Systemen, eine beträchtliche classificatorische Bedeutung zugestanden wurde, einer solchen verlustig gehen; so namentlich das specifische Gewicht, der Gegensatz zwischen metallischem und nicht-metallischem Habitus, der Unterschied des idiochromatischen und allochromatischen Wesens. Vereinigt eine rein chemische Classification alle Oxyde von der Formel RO^2, so werden darunter allerdings Quarz und Zinnstein, als ein paar in jenen Beziehungen sehr abweichende Mineralien zusammengeführt. Ebenso wird alsdann der edle rothe Spinell einerseits und das Magneteisen nebst Franklinit andererseits in eine Gruppe $R(R^2)O^4$ versammelt, obschon jene physikalischen Verhältnisse bei ihnen so stark als möglich differiren.

Dafür erwächst aber bei einer in erster Linie blos auf die chemischen Verhältnisse begründeten Classification der nicht hoch genug anzuschlagende Vortheil, dass hierdurch und hierdurch allein die wirklich isomorphen Mineralien zu wohlbegrenzten, zwei- oder mehrgliederigen Gruppen unmittelbar nebeneinander gerathen. Der Isomorphismus ist eine Beziehung von solchem Gewicht, dass er in einer Classification nothgedrungen zum Ausdruck kommen muss. Die isomorphen Gruppen werden aber völlig zerrissen und ihre einzelnen Glieder erscheinen, in ihrer Auseinanderlösung bedeutungslos, an mehren Stellen im System vertheilt, dafern specifisches Gewicht, metallischer oder nicht-metallischer Habitus vor der allgemeinen Natur der Constitution den Ausschlag geben.

Die Frage, ob Apatit und Pyromorphit, ob Schwerspath und Bleivitriol, ob Spinell und Magneteisen von einander getrennt werden sollen, weil sie abweichendes specifisches Gewicht oder äusseren Habitus besitzen, oder ob dieselben vereinigt werden müssen, weil sie morphologisch· identisch und chemisch möglichst analog constituirt sind, diese Frage dürfte von jedem Unbefangenen, der nicht durch das Vertrautsein mit einer anderen Classification voreingenommen ist, im letzteren Sinne bejaht werden. Damit ist dann aber das Princip der Classification entschieden, denn derselbe wird auch nicht umhin können, Sapphir und Eisenglanz neben einander zu gruppiren.

§ 181. **Uebersicht der Classen.** Nach dem, was in den §§ 153 und 154 betreffs der chemischen Constitution der Mineralien dargelegt wurde, gelangen wir nun zunächst auf folgende allgemeine grössere Abtheilungen des Mineralreichs, welche als Classen bezeichnet werden mögen.

Erste Classe: Elemente.

Zweite Classe: Schwefel- (Selen-, Tellur-, Arsen-, Antimon- und Wismuth-) Verbindungen.

Dritte Classe: Oxyde.

Vierte Classe: Haloidsalze.

Fünfte Classe: Sauerstoffsalze (Oxysalze).

Sechste Classe: Organische Verbindungen und deren Zersetzungsproducte.

§ 182. **Speciellere Gliederung des Mineralreichs**[1])**.**

Erste Classe: Elemente (und deren isomorphe Mischungen).

Erste Ordnung: Metalloide.

Isomorph: 5, 6, 7, 8, 9, 10.

Dimorph: 1 u. 2. — 25.

1. Diamant.	3. Schwefel.
2. Graphit.	4. Selenschwefel. Selen.

Zweite Ordnung: Metalle.

1. Gruppe: Unedle spröde Metalle.

5. Tellur.	8. Antimonarsen.
6. Antimon.	9. Wismuth.
7. Arsen.	10. Tellurwismuth. Tetradymit.

2. Gruppe: Unedle geschmeidige Metalle.

11. Eisen.	13. Blei. Zinn.
12. Kupfer.	

---

[1]) Diese Uebersicht ist keineswegs vollständig, weil viele seltene oder nur halb bekannte Mineralien unberücksichtigt geblieben sind. Manche derselben werden beiläufig mit kleinerer Schrift hinter denjenigen erwähnt werden, denen sie am nächsten stehen; auch die Namen von hervorragenden Varietäten sind in dieser Weise beigefügt worden.

3. Gruppe: Edle Metalle.

14. Quecksilber.	20. Eisenplatin.
15. Silber.	21. Platiniridium.
16. Arquerit.	22. Iridium.
17. Amalgam (Silberamalgam).	23. Osmiridium.
18. Gold. Elektrum. Palladiumgold.	24. Iridosmium.
Goldamalgam.	25. Palladium.
19. Platin.	

Zweite Classe: Schwefel- (Selen-, Tellur-, Arsen-, Antimon- und Wismuth-)
Verbindungen.

Erste Ordnung: Einfache Sulfide
(nebst Seleniden, Telluriden, Arseniden, Antimoniden, Bismutiden).

Isodimorph: 26 bis inclus. 37. — 44, 45, 46, 48, 49, 50, 53, 54, 55, u. (56, 57, 58).
— 59, 60, 61, 62 (63), 65 u. 66.

Isomorph: 83, 84, 85.

26. Eisenkies.	57. Tellursilber. Petzit.
27. Markasit. Lonchidit.	58. Antimonsilber. Arsensilber.
28. Arsenkies. Danait. Geierit.	59. Zinkblende.
29. Arseneisen. Glaukopyrit.	60. Wurtzit.
30. Kobaltglanz.	61. Greenockit.
31. Glaukodot. Alloklas.	62. Manganblende. Daubrelith.
32. Speiskobalt. Wismuthkobaltkies.	63. Millerit.
Spathiopyrit.	64. Eisennickelkies.
33. Arsennickelglanz. Korynit. Wolf-	65. Arsennickel.
achit.	66. Antimonnickel.
34. Antimonnickelglanz.	67. Zinnkies.
35. Chloanthit.	68. Rittingerit.
36. Weissnickelkies.	69. Covellin. Cantonit.
37. Hauerit.	70. Arsenkupfer. Algodonit. Whit-
38. Magnetkies. (Troilit.)	neyit. Darwinit. Condurrit.
39. Kobaltnickelkies.	71. Melonit.
40. Polydymit. Saynit.	72. Sylvanit. Calaverit. Krennerit.
41. Beyrichit.	Weisstellur.
42. Horbachit.	73. Nagyagit.
43. Tesseralkies.	74. Wismuthsilber. Wismuthgold.
44. Bleiglanz. Steinmannit. Johnstonit.	75. Zinnober. Quecksilberlebererz.
45. Cuproplumbit. Alisonit.	Guadalcazarit.
46. Selenblei.	76. Selenquecksilber. Onofrit.
47. Selenbleikupfer.	77. Selenquecksilberblei.
48. Tellurblei.	78. Coloradoit.
49. Kupferglanz. Digenit. Harrisit.	79. Molybdänglanz.
50. Silberkupferglanz.	80. Laurit.
51. Selenkupfer. Crookesit.	81. Realgar.
52. Eukairit.	82. Auripigment. Dimorphin.
53. Silberglanz.	83. Antimonglanz.
54. Akanthit.	84. Wismuthglanz.
55. Jalpait.	85. Selenwismuth.
56. Selensilber.	

Zweite Ordnung: Sulfosalze.

Darin R das Metall der Sulfobasis (Ag, Cu, Pb, seltener Fe oder ein anderes), Q das Metall der
Sulfosäure (Antimon, Arsen, Wismuth, auch Eisen).

Isomorph: 104 u. 106. — 124 u. 126.

Dimorph: 103. — 104 u. 105. — 124. u. 125.

1. Sulfoferrite.

86. Kupferkies.

87. Buntkupfererz. Homichlin. Barnhardtit.

88. Cuban. Carrollit.

89. Sternbergit. Silberkiese. Argyropyrit. Frieseit.

2. Sulfantimonite, Sulfarsenite, Sulfobismutite.

$$\overset{I}{R^2}\overset{I}{Q^4}S^7 = \overset{I}{R^2}S + 2Q^2S^3$$

90. Guejarit.

$$\overset{I}{R}Q\overset{I}{S^2} = \overset{I}{R^2}S + Q^2S^3$$
$$\text{und } \overset{II}{R}Q^2\overset{II}{S^4} = \overset{II}{R}S + Q^2S^3$$

91. Miargyrit. Kenngottit.

92. Silberwismuthglanz.

93. Skleroklas.

94. Zinckenit. Galenobismutit. Alaskait.

95. Emplektit.

96. Wolfsbergit.

97. Berthierit.

98. (Plagionit).

$$\overset{I}{R^6}\overset{I}{Q^4}S^9 = 3\overset{I}{R^2}S + 2Q^2S^3$$
$$\overset{II}{R^3}\overset{II}{Q^4}S^9 = 3\overset{II}{R}S + 2Q^2S^3$$

99. Klaprothit. Schirmerit.

100. Binnit.

$$\overset{I}{R^4}\overset{I}{Q^2}S^5 = 2\overset{I}{R^2}S + Q^2S^4$$
$$\overset{II}{R^2}\overset{II}{Q^2}S^5 = 2\overset{II}{R}S + Q^2S^3$$

101. Jamesonit. Heteromorphit. Zundererz. Brongniartit.

102. Dufrenoysit. Cosalit. Bjelkit. Schapbachit.

103. (Freieslebenit. Diaphorit).

$$\overset{I}{R^3}Q\overset{I}{S^3} = 3\overset{I}{R^2}S + Q^2S^4$$
$$\overset{II}{R^3}Q^2\overset{II}{S^6} = 3\overset{II}{R}S + Q^2S^3$$

104. Antimonsilberblende.

105. Feuerblende.

106. Arsensilberblende.

107. Boulangerit.

108. Kobellit.

109. Wittichenit.

110. Bournonit.

111. Nadelerz.

112. Stylotyp. Annivit. Studerit. Ju-
lianit.

$$\overset{I}{R^8}\overset{I}{Q^2}S^7 = 4\overset{I}{R^2}S + Q^2S^3$$
$$\overset{II}{R^4}Q^2S^7 = 4\overset{II}{R}S + Q^2S^3$$

113. Meneghinit.

114. Jordanit.

115. Fahlerz. Zinkfahlerz. Aphthonit.

116. Tennantit.

117. Lichtes Weissgültigerz.

$$\overset{I}{R^5}Q\overset{I}{S^4} = 5\overset{I}{R^2}S + Q^2S^3$$
$$\overset{II}{R^5}Q^2S^8 = 5\overset{II}{R}S + Q^2S^3$$

118. Stephanit.

119. Geokronit.

$$\overset{II}{R^6}Q^2S^9 = 6\overset{II}{R}S + Q^2S^3$$

120. Kilbrickenit.

121. Beegerit.

$$\overset{I}{R^{16}}Q^2S^{12} = 9\overset{I}{R^2}S + Q^2S^3$$

122. Polybasit.

$$\overset{I}{R^{24}}Q^2S^{15} = 12\overset{I}{R^2}S + Q^2S^4$$

123. Polyargyrit.

3. Anderweitige Verbindungen (Sulfarseniate, Sulfantimoniate).

124. Enargit.

125. Clarit.

126. Famatinit. Epiboulangerit.

127. Chiviatit.

128. Epigenit.

129. Xanthokon.

Dritte Ordnung: Oxysulfide.

130. Antimonblende.

131. Voltzin.

132. Karelinit. Bolivit.

Dritte Classe: Oxyde.

Isomorph: 141, 142 u. 143. — 151, 152, 153, 154, 155. — 171, 172 u. 173.

Isodimorph: 145, 146, 147.

Heteromorph: 149 u. 150. — 155, 156 u. 157.

Erste Ordnung: Anhydride.

a. Monoxyde R^2O und RO.

133. Wasser.

134. Eis.

135. Periklas.

136. Nickeloxyd. Manganosit.
137. Rothzinkerz.
138. Bleiglätte.
139. Rothkupfererz. Ziegelerz.
140. Tenorit. Melaconit.

b. Sesquioxyde R^2O^3.

141. Korund.
142. Eisenoxyd. Eisenglanz. Rotheisen-
　　　stein. Martit.
143. Titaneisen. Pseudobrookit.
144. Braunit.
145. Valentinit.
146. Senarmontit.
147. Arsenikblüthe. Claudetit.
148. Wismuthocker.

c. Bioxyde RO^2.

149. Quarz.
150. Tridymit. (Asmanit.)

151. Zirkon. Auerbachit.
152. Malakon. Tachyaphaltit. Cyrtolith.
153. Thorit. Orangit.
154. Zinnstein.
155. Rutil. Ilmenorutil.
156. Anatas.
157. Brookit. Arkansit.
158. Pyrolusit.
159. Polianit.
160. Plattnerit.
161. Cervantit.
162. Tellurit.

d. Trioxyde RO^3.

163. Molybdänocker.
164. Wolframocker.

e. Anderweitige Verbindungen.

165. Mennige.
166. Crednerit.

Zweite Ordnung: Hydroxyde und Hydrate.

a. von Monoxyden.

167. Brucit. Nemalith.
168. Pyrochroit.

b. von Sesquioxyden.

169. Sassolin.
170. Hydrargillit. Gibbsit. Beauxit.
171. Diaspor.
172. Manganit.
173. Goethit.
174. Lepidokrokit.
175. Stilpnosiderit. Kupferpecherz.
176. Raseneisenerz.
177. Turjit. Hydrohämatit.
178. Brauneisenerz. Xanthosiderit.
179. Gummierz. Eliasit.
180. Uranocker.

c. von Bioxyden.

181. Opal.
182. Stiblith.
183. Antimonocker.

d. von Verbindungen mehrer Oxyde.

184. Völknerit.
185. Kupfermanganerz.
186. Kupferschwärze. Peloconit.
187. Psilomelan. Lithiophorit.
188. Wad. Groroilith. Manganocker.
189. Varvicit.
190. Chalkophanit.
191. Kobaltmanganerz. Heterogenit.
　　　Erdkobalt z. Th.
192. Heubachit.
193. Rabdionit. Uranosphärit.

Vierte Classe: Haloidsalze.

Isomorph: 194 u. 195. — 197 u. 198.

Erste Ordnung: Einfache Haloidsalze.

a. wasserfreie.

194. Steinsalz.
195. Sylvin.
196. Salmiak.
197. Chlorsilber.
198. Bromsilber. Embolit. Jodobromit.
199. Nantokit.
200. Cotunnit.

201. Chlorquecksilber.
202. Jodsilber.
203. Flussspath. Chlorcalcium. Yttrocerit.
204. Sellait.
205. Tysonit. Fluocerit.

b. wasserhaltige.

206. Bischofit.
207. Fluellit.

Zweite Ordnung: Doppelchloride und -Fluoride.

a. wasserfreie.

208. Kryolith.
209. Pachnolith. Arksutit.

210. Chiolith. Chodnewit.
211. Prosopit.

b. wasserhaltige.
212. Thomsenolith. Hagemannit. Ralstonit.

213. Carnallit. Tachyhydrit. Kremersit.

Anhang: Oxychloride.

214. Matlockit.
215. Mendipit. Schwartzembergit.

216. Atakamit. Percylit.
217. Daubréit.

Fünfte Classe: Sauerstoffsalze (Oxysalze).
Erste Ordnung: Aluminate und Ferrate.
Isomorph: 219 bis 226.

218. Chrysoberyll.
219. Spinell. Chlorospinell. Ceylanit. Picotit.
220. Hercynit.
221. Automolit. Kreittonit. Dyslyit.
222. Franklinit.

223. Chromeisenerz.
224. Magneteisenerz. Titanmagneteisen. Eisenmulm.
225. Jacobsit.
226. Magnoferrit.
227. Hausmannit. Hetairit.

Zweite Ordnung: Borate.

1) wasserfreie Borate.
228. Jeremejewit.
229. Boracit. Parisit. Stassfurtit.
230. Rhodicit.
231. Ludwigit.
2) wasserhaltige Borate.
232. Tinkal.

233. Borocalcit. Pandermit.
234. Colemanit.
235. Natroborocalcit. Tinkalzit.
236. Szajbelyit.
237. Hydroboracit.
238. Sussexit. Lagonit. Larderellit.

Dritte Ordnung: Nitrate.

1) wasserfreie Nitrate.
239. Natronsalpeter.
240. Kalisalpeter. Barytsalpeter.

2) wasserhaltige Nitrate.
241. Kalksalpeter. Magnesiasalpeter.

Vierte Ordnung: Carbonate.
Isomorph: 242 bis 250. — 251 bis 255.
Dimorph: 253 u. 256. — 274.

1) wasserfreie neutrale Carbonate.
a. rhomboëdrisch isomorph.
242. Kalkspath. Plumbocalcit. Spartait. Strontianocalcit.
243. Dolomit. Braunspath.
244. Ankerit.
245. Magnesit.
246. Breunnerit. Mesitin. Pistomesit.
247. Eisenspath. Sideroplesit. Oligonspath. Zinkeisenspath. Kohleneisenstein.
248. Manganspath. Manganocalcit.
249. Kobaltspath.
250. Zinkspath. Eisenzinkspath. Manganzinkspath.
b. rhombisch isomorph.
251. Aragonit. Tarnowitzit.
252. Witherit.
253. Alstonit.
254. Strontianit.
255. Cerussit. Iglesiasit.

c. monoklin.
256. Barytoealcit.

2. basische und wasserhaltige Carbonate.
a. von leichten Metallen.
257. Thermonatrit.
258. Natron.
259. Trona.
260. Gaylüssit.
261. Hydromagnesit. Hydromagnocalcit. Lancasterit.
262. Dawsonit.

b. von schweren Metallen.
263. Kupferlasur.
264. Malachit. Atlasit.
265. Zinkblüthe. Hydrocerussit. Wieserit.
266. Aurichalcit. Messingblüthe. Buratit.
267. Nickelsmaragd.
268. Uranothallit. Voglit. Liebigit.

269. Bismutit. Wismuthspath. Grau-
    silber.
270. Lanthanit.
3) **Chlor- und Fluor haltige Car-**
    bonate.
271. Bleihornerz.

272. Parisit. Hamartit.
273. Bastnäsit.

4) **Verbindung von Carbonat**
    mit Sulfat.
274. Leadhillit. Susannit.

Fünfte Ordnung: Selenite, Arsenite, Antimonite.

1) **Selenite.**
275. Chalkomenit.
2) **Arsenite.**
276. Trippkëit.

277. Ekdemit.
3) **Antimonite.**
278. Romëit.
279. Nadorit.

Sechste Ordnung: Sulfate.

Isomorph: **280** u. **281.** — **285, 286, 287** u. **288.** — **293, 294** u. **295.** — **296, 297,**
298. — **316** u. **317.**

1) **Wasserfreie Sulfate.**

280. Glaserit. Aphthalos.
281. Mascagnin.
282. Thenardit. Alumian.
283. Glauberit.
284. Anhydrit.
285. Baryt. Allomorphit. Kalkbaryt.

286. Barytocölestin.
287. Cölestin.
288. Anglesit. Selenbleispath. Zinkosit.
    Sardinian.
289. Lanarkit.

2) **Wasserhaltige Sulfate.**

a. **wasserhaltige einfache Sulfate.**

290. Glaubersalz. Reussin.
291. Gyps.
292. Kieserit. Szmikit.
293. Bittersalz.
294. Zinkvitriol. Fauserit.
295. Nickelvitriol.
296. Eisenvitriol. Pisanit. Cupromag-
    nesit. Tauriscit.
297. Mallardit.
298. Kobaltvitriol.
299. Haarsalz.
300. Aluminit. Felsobanyit.
301. Coquimbit. Misy. Ihlëit.
302. Copiapit. Stypticit. Fibroferrit.
    Tekticit.
303. Pissophan. Glockerit. Vitriolocker.
    Apatelit.
304. Utahit.
305. Kupfervitriol.
306. Brochantit.

307. Langit.
308. Johannit.
b. **wasserhaltige Sulfate mehrer**
    Metalle.
309. Bloedit.
310. Loewëit.
311. Syngenit.
312. Polyhalit. Krugit.
313. Alaun.
314. Voltait.
315. Metavoltin.
316. Alunit. Loewigit.
317. Jarosit. Ettringit.
318. Gelbeisenerz.
319. Urusit.
320. Botryogen.
321. Roemerit.
322. Herrengrundit.
323. Linarit.
324. Caledonit.
325. Lettsomit.
326. Zinkaluminit. Serpierit.

3) **Sulfat mit Haloidsalz.**

327. Kainit.

Siebente Ordnung: Chromate.

328. Rothbleierz. Jossait.
329. Phoenicit.

330. Laxmannit. Vauquelinit.

Achte Ordnung: Molybdate und Wolframiate; Uranate.

Isomorph: 331, 332 u. 333.

1) **Molybdat.**
331. Wulfenit.

2) **Wolframiate.**
332. Scheelbleierz.
333. Scheelit.

334. Wolframit. Hübnerit. Reinit. Ferberit.

3) **Uranat.**
335. Uranpecherz. Cleveït. Coracit.

Neunte Ordnung: Tellurate.
336. Montanit. Magnolit.

Zehnte Ordnung: Phosphate, Arseniate und Vanadinate, Niobate, Tantalate.

Isomorph: 360, 361, 362, 363, 364. — 370 u. 371. — 383, 384 u. 385. — (390, 391 u. 392). — (404 u. 405). — (408, 409 u. 410). — 411 u. 412. — 415, 416, 417 u. 418.

Dimorph: 345 u. 346.

1) **Wasserfreie.**

a. **Phosphate.**
337. Xenotim (Wiserin).
338. Kryptolith.
339. Monazit (Turnerit).
340. Triphylin. Lithiophilit.

b. **Arseniate.**
341. Berzeliit. Nickelarseniate. Carminspath.

c. **Vanadinate.**
342. Pucherit.
343. Dechenit. Eusynchit. Araeoxen.

d. **Niobate, Tantalate.**
344. Columbit.
345. Tantalit.
346. Tapiolit. Azorit.
347. Yttrotantalit.
348. Fergusonit. Tyrit.
349. Mikrolith.
350. Hjelmit.
351. Samarskit. Yttroilmenit. Nohlit.
352. Ânnerödit.
353. Koppit.

2) **Wasserhaltige Phosphate, Arseniate, Vanadinate.**

a. **Einfache Phosphate, Arseniate, Vanadinate.**

Wesentlich kalkhaltig.
354. Brushit. Metabrushit. Isoklas.
355. Haidingerit.
356. Roselith.
357. Pharmakolith. Pikropharmakolith.
358. Wapplerit.

Wesentlich magnesiahaltig.
359. Newberyit.
360. Hörnesit.

Wesentlich FeO, CoO, NiO, MnO-haltig.
361. Vivianit.
362. Symplesit.
363. Kobaltblüthe. Kobaltbeschlag. Köttigit.
364. Nickelblüthe. Cabrerit.
365. Ludlamit.
366. Hureaulit. Heterosit. Pseudotriplit. Alluaudit.
367. Triploidit.
368. Chondroarsenit.
369. Reddingit. Fillowit. Dickinsonit. Fairfieldit.

Wesentlich eisenoxydhaltig.
370. Skorodit.
371. Strengit. Barrandit.
372. Kraurit. Dufrenit.
373. Beraunit.
374. Eleonorit.
375. Kakoxen.
376. Pharmakosiderit.

Wesentlich thonerdehaltig.
377. Kallait. Berlinit. Trolleït. Augelith. Henwoodit.
378. Wavellit. Striegisan. Cäruleolactin.
379. Variscit. Evansit. Zepharovichit.
380. Fischerit.
381. Peganit.

Wesentlich zinkhaltig.
382. Hopëit.
383. Adamin.

Wesentlich kupferhaltig.
384. Libethenit. Pseudolibethenit.
385. Olivenit. Veszelyit.
386. Descloizit.
387. Volborthit.
388. Tagilit.
389. Euchroit.
390. Erinit.

391. Dihydrit.
392. Mottramit.
393. Ehlit. Prasin. Cornwallit.
394. Kupferschaum.
395. Phosphorcalcit.
396. Strahlerz.
397. Mixit.
Wesentlich wismuthhaltig.
398. Rhagit.
Wesentlich uranhaltig.
399. Troegerit.
b. Phosphate u. Arseniate mehrer
        Metalle.
400. Struvit.

401. Arseniosiderit. Delvauxit.
402. Chalkosiderit.
403. Lazulith.
404. Childrenit.
405. Eosphorit.
406. Lirokonit.
407. Chalkophyllit.
408. Kalkuranit.
409. Uranospinit.
410. Uranocircit.
411. Kupferuranit.
412. Zeunerit.
413. Walpurgin.
414. Bleigummi.

3) Phosphate, Arseniate, Vanadinate mit Chlor- resp. Fluorgehalt.

415. Apatit. Osteolith. Sombrerit.
416. Pyromorphit. Miesit. Polyspharit.
417. Mimetesit. Kampylit. Hedyphan.
418. Vanadinit.
419. Wagnerit. Kjerulfin.

420. Triplit.
421. Zwieselit.
422. Amblygonit. Montebrasit. Hebronit.
423. Durangit.
424. Herderit.

4) Phosphate und Arseniate mit Sulfaten.

425. Svanbergit.
426. Diadochit.

427. Pittizit. Ganomatit.
428. Beudantit.

5) Phosphate mit Boraten.

429. Lüneburgit.

Elfte Ordnung: Antimoniate.

430. Atopit.
431. Bleiniere.

432. Rivotit. Thrombolith.

Zwölfte Ordnung: Silicate [1]).
1) Andalusitgruppe.

Heteromorph: 433, 434, 435.

433. Andalusit. Chiastolith.
434. Disthen.
435. Sillimanit. Bucholzit. Bamlit. Xe-
    nolith. Worthit.

436. Topas. Pyknit.
437. Staurolith. Crucilith.
438. Dumortierit.
439. Sapphirin.

2) Turmalingruppe.

Isomorph: 441, 442, (443) u. 444.

440. Turmalin.
441. Datolith. Botryolith.
442. Homilit.

443. Euklas.
444. Gadolinit.

3) Epidotgruppe.

Dimorph: 445 u. 446. — Isomorph: 446 u. 447.

445. Zoisit. Thulit.
446. Epidot. Manganepidot. Bucklandit.
    Puschkinit. Withamit.

447. Orthit. Pyrorthit. Bodenit. Muro-
    montit. Bagrationit.
448. Vesuvian.

---

1) Von einer bis ins Einzelne durchgeführten, ganz strengen Gruppirung der Silicate nach
den Sättigungsstufen ist hier Abstand genommen worden, weil sich dies nur vornehmen lässt,
indem man den Zusammenhang der Glieder vieler natürlicher Gruppen zerreisst. Die hier
gewählte Anordnung schreitet im Allgemeinen von den basischsten zu den sauersten Silicaten vor.

4) Olivingruppe.
Isomorph: 449 bis 453.

449. Forsterit. Boltonit.
450. Fayalit.
451. Olivin. Eulysit. Roepperit. Horto-
     nolith. Glinkit.
452. Tephroit. Knebelit.
453. Monticellit.

Anhang:

454. Humit.
455. Klinohumit.
456. Chondrodit.
457. Lievrit.
458. Cerit.
459. Kieselzinkerz.

5) Willemitgruppe.
Isomorph: 460, 461 u. 462.

460. Willemit.
461. Troostit.
462. Phenakit.
463. Dioptas.

464. Kupfergrün.
465. Kupferblau.
466. Friedelit.

6) Granatgruppe.

467. Granat. Partschin.
468. Axinit.

469. Danburit.

7) Helvingruppe.

470. Helvin.
471. Danalith.

472. Kieselwismuth. Agricolit.

8) Skapolithgruppe.

473. Meionit. Nuttalit. Atheriastit. Glau-
     kolith.
474. Mizzonit.
475. Skapolith. Passauit. Dipyr. Cou-
     seranit.

476. Marialith.
477. Sarkolith.
478. Melilith.
479. Gehlenit.

9) Nephelingruppe.

480. Leucit.
481. Nephelin. Davyn. Cancrinit.
482. Mikrosommit.
483. Sodalith.

484. Nosean.
485. Hauyn. Ittnerit. Skolopsit.
486. Lasurstein.

10) Glimmergruppe.

Biotitreihe:

487. Meroxen. Rubellan.
488. Lepidomelan. Haughtonit.
489. Anomit.

Phlogopitreihe:

490. Phlogopit. Vermiculit.
491. Zinnwaldit. Kryophyllit.

Muscovitreihe:

492. Lepidolith. Roscoelith.
493. Muscovit. Fuchsit. Chromglimmer.
     Sericit. Damourit.
494. Paragonit. Pregrattit.
495. Barytglimmer.

Margaritreihe:

496. Margarit.

11) Clintonitgruppe.

497. Clintonit. Brandisit.
498. Xanthophyllit.
499. Chloritoid. Sismondin.
500. Masonit.

501. Ottrelith.

Anhang:

502. Pyrosmalith.
503. Astrophyllit.

12) Chloritgruppe.

504. Chlorit. Metachlorit. Aphrosiderit. Tabergit.
505. Pennin. Leuchtenbergit. Kämmererit.
506. Klinochlor. Korundophilit. Kotschubeyit. Helminth. Epichlorit.

507. Pyknotrop.
508. Thuringit.
509. Delessit. Grengesit.
510. Cronstedtit.

13) Talk- und Serpentingruppe.

511. Talk. Steatit. Talkoid.
512. Pikrophyll.
513. Pikrosmin.
514. Monradit. Neolith.
515. Meerschaum.
516. Aphrodit.
517. Spadait.
518. Gymnit. Melopsit.
519. Saponit. Piotin. Kerolith. Pimelith.
520. Serpentin. Pikrolith. Williamsit.
521. Chrysotil. Baltimorit. Metaxit.

522. Marmolith. Vorhauserit.
523. Antigorit. Hydrophit. Jenkinsit.
524. Villarsit.
525. Pyrallolith.
526. Dermatin.
527. Chlorophaeit. Nigrescit.
528. Kirwanit.
529. Glaukonit.
530. Grünerde.
531. Stilpnomelan.
532. Chamosit.

14) Augit- und Hornblendegruppe.
(Vgl. das Specielle über den Zusammenhang der Glieder.)

Augitreihe:
533. Enstatit.
534. Bronzit. Bastit.
535. Hypersthen.
536. Wollastonit.
537. Pyroxen. Schefferit. Omphacit.
538. Jeffersonit.
539. Diallag.
540. Akmit.
541. Aegirin. Violan.
542. Spodumen. Jadeit.
543. Petalit.

544. Rhodonit. Bustamit. Fowlerit.
545. Babingtonit.

Hornblendereihe:
546. Anthophyllit. Gedrit. Kupfferit.
547. Amphibol. Breislakit. Cummingtonit. Kokscharowit. Smaragdit. Nephrit.
548. Arfvedsonit.
549. Krokydolith.
550. Glaukophan. Gastaldit.
551. Hermannit. Grunerit.

15) Cordieritgruppe.

552. Cordierit. Esmarkit. Chlorophyllit. Praseolith. Aspasiolith. Pyrargillit.
553. Gigantolith.
554. Fahlunit. Weissit. Bonsdorffit.

555. Pinit. Oosit. Iberit.
556. Beryll.
557. Leukophan.
558. Melinophan.

16) Feldspathgruppe.
(Vgl. das Specielle über den Zusammenhang der Glieder.)

559. Orthoklas. Perthit.
560. Hyalophan.
561. Mikroklin.
562. Albit, Periklin. Zygadit.
563. Anorthit. Amphodelit. Latrobit.

Lepolith. Bytownit. Lindsayit. Cyclopit.
564. Kalknatronfeldspathe. Oligoklas. Andesin. Labradorit.
Anhang:
565. Barsowit.

47) Zeolithgruppe.

Isomorph: 580, 581 u. 582.

566. Pektolith. Osmelith. Stellit.
567. Okenit. Xonotlit.
568. Apophyllit. Gurolith. Xylochlor.
569. Analcim. Cuboit. Cluthalith.
570. Pollux.
571. Faujasit.
572. Chabasit. Phakolith.
573. Gmelinit. Ledererit.
574. Levyn.
575. Herschelit.
576. Laumontit. Leonhardit. Aedelforsit. Caporcianit.
577. Epistilbit. Parastilbit.
578. Stilbit. Beaumontit.
579. Brewsterit.

580. Phillipsit.
581. Harmotom.
582. Desmin.
583. Edingtonit.
584. Foresit.
585. Natrolith. Spreustein. Lehuntit. Galaktit. Brevicit.
586. Skolecit. Poonahlith.
587. Mesolith. Antrimolith.
588. Gismondin.
589. Zeagonit.
590. Thomsonit.
591. Glottalith.
Anhang:
592. Prehnit.

48) Thongruppe

nebst Anhang: allerlei Metallsilicate.

Vorwieg. blos Thonerdesilicat.

593. Kaolin.
594. Nakrit. Gilbertit.
595. Steinmark.
596. Halloysit. Lenzin. Schrötterit.
597. Glagerit. Malthazit.
598. Kollyrit. Dillnit.
599. Miloschin.
600. Montmorillonit. Smegmatit. Tuësit.
601. Razoumoffskin. Chromocker.
602. Cimolit. Pelikanit.
603. Allophan. Samoit. Carolathin.
604. Pyrophyllit. Talcosit.
605. Anauxit. Gümbelit.

Vorwieg. Kali-Thonerdesilicat.

606. Agalmatolith.
607. Onkosin.
608. Liebenerit.
609. Giesekit.
610. Killinit.
611. Hygrophilit.
612. Bravaisit.
613. Pinitoid.

Vorwieg. Kalk-Thonerdesilicat.

614. Chalilith.
615. Stolpenit.

Vorw. Eisenoxyd-Thonerdesilicat.

616. Bergseife.
617. Plinthit. Erinit.
618. Bol.
619. Eisensteinmark.
620. Gelberde.

Vorw. Mangan-Thonerdesilicat.

621. Karpholith.

Vorw. Metalloxydsilicat.

622. Nontronit. Unghwarit.
623. Pinguit. Graminit.
624. Hisingerit. Melanosiderit. Melanolith. Lillit.
625. Bergholz. Xylit.
626. Umbra. Hypoxanthit. Siderosilicit.
627. Klipsteinit. Schwarzer Mangankiesel. Stratopëit. Neotokit.
628. Wolkonskoit.
629. Röttisit. Konarit.
630. Uranophan. Uranotil.
631. Bismutoferrit. Hypochlorit.

Dreizehnte Ordnung: Verbindungen von Silicaten mit Titanaten, Zirkoniaten, Niobaten, Vanadinaten.

632. Titanit. Greenovit. Guarinit.
633. Yttrotitanit.
634. Schorlomit.
635. Tschewkinit.
636. Mosandrit.

637. Eudialyt.
638. Kataplëit.
639. Oerstedit.
640. Woehlerit.
641. Ardennit.

Vierzehnte Ordnung: Titanate und Verbindungen von Titanaten mit Niobaten.

642. Perowskit.	646. Euxenit.
643. Dysanalyt.	647. Aeschynit.
644. Pyrochlor. Hatchettolith. Pyrrhit.	648. Polymignyt.
645. Polykras.	649. Mengit.

Sechste Classe: Organische Verbindungen und deren Zersetzungsproducte.

1) Salze mit organischen Säuren.

650. Mellit.	651. Oxalit.

2) Kohlen.

652. Anthracit.	654. Braunkohle.
653. Schwarzkohle.	

8) Harze.

655. Bogheadkohle.	661. Retinit. Walchowit. Tasmanit.
656. Bernstein. Euosmit.	Trinkerit.
657. Dopplerit.	662. Krantzit. Bombiccit.
658. Asphalt. Albertit. Walait.	663. Pyroretin.
659. Piauzit.	664. Idrialit.
660. Ixolyt. Jaulingit. Rosthornit.	

4) Kohlenwasserstoffe.

665. Hartit.	669. Hatchettin.
666. Fichtelit.	670. Pyropissit.
667. Könleinit. Scheererit.	671. Elaterit.
668. Ozokerit.	672. Erdöl.

Specieller Theil.

Physiographie der Mineralien.

§ 183. Aufgabe der Physiographie. Die Beschreibung der einzelnen Mineralarten bildet die eigentliche Aufgabe der Physiographie; sie hat dieselben in der Sprache, welche die Terminologie vorschreibt, und in der Aufeinanderfolge, welche die Systematik bestimmt, nach ihren Eigenschaften zu schildern.

Da wir aber noch nicht von allen Mineralien eine v o l l s t ä n d i g e Kenntniss ihrer Eigenschaften besitzen, indem von einigen nur die chemischen, von anderen nur die physischen und morphologischen Eigenschaften genauer untersucht worden sind; da ferner eine ausführliche Physiographie a l l e r bereits bekannter oder benannter Mineralien gar nicht in dem Plan eines Elementarbuchs über Mineralogie liegen kann, so sollen im Folgenden zwar die w i c h t i g e r e n derselben etwas ausführlicher beschrieben und durch verhältnissmässig grössere Schrift gekennzeichnet, von den übrigen aber nur kurze Notizen gegeben werden. Ebenso gebietet der Raum, über das Vorkommen und die Fundorte der Mineralien nur einzelne Andeutungen zu geben, weshalb wir wegen dieser und wegen der paragenetischen Verhältnisse auf die ausführlichen Werke von *Mohs, Breithaupt, Hartmann, Hausmann, Miller, Dana* und *Des-Cloizeaux* verweisen [1]).

§ 184. Darstellung der einzelnen Mineralien. Die Darstellung beginnt in der Regel mit der Angabe der morphologischen Eigenschaften, wobei Folgendes zu berücksichtigen ist. Bei den krystallinischen Mineralien wird zunächst das Krystallsystem genannt und (unter Hinweisung auf eine etwaige Isomorphie) der betreffende Formencomplex in folgender Weise charakterisirt:

---

[1]) An dieser Stelle mögen auch einige verdienstvolle Werke, welche die Mineralien gewisser L ä n d e r, insbesondere mit Bezug auf die einzelnen Fundorte, schildern, hervorgehoben werden:

V. v. Zepharovich, Mineralogisches Lexicon für das Kaiserthum Oesterreich. Wien, I. Band. 1859. II. Band. 1873.

Kenngott, Die Minerale der Schweiz. Leipzig 1866.

A. Frenzel, Mineralogisches Lexicon für das Königreich Sachsen. Leipzig 1874.

Eberh. Fugger, Die Mineralien des Herzogthums Salzburg. Salzburg 1878.

A. Brunlechner, Die Minerale des Herzogthums Kärnten. Klagenfurt 1884.

R. P. Greg and *W. G. Lettsom*, Manual of the mineralogy of Great Britain and Ireland. London 1858.

A. Liversidge, The Minerals of New-South-Wales; 2. edit. Sidney 1882.

F. A. Genth, The Minerals and Mineral-localities of North-Carolina. Raleigh 1881.

Sehr viele werthvolle Bemerkungen über topographische Mineralogie gewährt:

P. Groth, Die Mineralien-Sammlung der Kaiser-Wilhelms-Universität Strassburg. Strassburg 1878.

bei regulären Mineralien, durch Aufzählung der gewöhnlichen Formen und Combinationen, nebst Angabe etwaiger Hemiëdrie;

bei tetragonalen Mineralien, durch Angabe der Mittelkante Z der Grundform P, wie sich denn auch die hinter anderen Pyramiden stehenden Winkelangaben auf deren Mittelkanten beziehen, wo nicht ausdrücklich eine andere Bedeutung angegeben ist[1]);

bei hexagonalen Mineralien, wenn sie holoëdrisch krystallisiren, durch die Mittelkante der Grundform P; wenn sie rhomboëdrisch krystallisiren, durch die Polkante des Rhomboëders R; auch sind die hinter anderen hexagonalen Pyramiden oder Rhomboëdern stehenden Winkelangaben allemal bei jenen auf die Mittelkante, bei diesen auf die Polkante zu beziehen;

bei rhombischen Mineralien, durch Angabe der Winkel irgend zweier häufig vorkommender prismatischer Formen, gewöhnlich des Prismas ∞P und eines der beiden Domen P̆∞ oder P̌∞, bei welchen letzteren, wie bei den Domen überhaupt, allemal die Polkante gemeint ist; selten durch Winkel der Pyramide P;

bei monoklinen Mineralien, durch Angabe des schiefen Winkels β (Neigung der Klinodiagonale zur Verticalaxe), und der vorderen (klinodiagonalen) Seitenkante des Prismas ∞P, sowie der klinodiagonalen Polkante einer Hemipyramide oder eines Klinodomas; auch oft durch ein Hemidoma, bei welchem stets die Neigung gegen den orthodiagonalen Hauptschnitt gemeint ist;

bei triklinen Mineralien, durch Angabe derjenigen Winkel, welche in den gewöhnlichsten Gestalten zu beobachten sind; betreffs der Axenschiefe vgl. S. 81.

Für die nicht regulären, nach ihren Dimensionen bekannten Mineralien ist sodann in der Regel das Axen-Verhältniss (abgekürzt A.-V.) angeführt, welches sich stets auf die in den Vordergrund gestellten Winkelangaben bezieht. Bei den tetragonalen und hexagonalen Krystallen ist jederzeit die Nebenaxe $= 1$ gesetzt und der relative Werth der Hauptaxe angegeben (vgl. S. 18 und 58); bei den übrigen ist das Verhältniss $a : b (= 1$ gesetzt) $: c$ angeführt, wobei a die Brachydiagonale im rhombischen und triklinen, die Klinodiagonale im monoklinen System bedeutet, b die Makrodiagonale im rhombischen und triklinen, die Orthodiagonale im monoklinen System, und endlich c die Verticalaxe bezeichnet. — U. d. M. bedeutet das Verhalten des Minerals in Dünnschliffen unter dem Mikroskop.

Auf die morphologischen Eigenschaften folgen die physischen; dabei wird die Spaltbarkeit (abgekürzt Spaltb.) unmittelbar durch die krystallographischen Zeichen der Spaltungsflächen bestimmt, die Härte wird abgekürzt durch H., und das specifische Gewicht durch G. ausgedrückt.

Bei den chemischen Eigenschaften wird die chemische Zusammensetzung in den Vordergrund gestellt, wie sich dieselbe in den Resultaten der quantitativen

---

1) Dass die tetragonalen und hexagonalen Pyramiden durch ihre Mittelkanten b e s s e r charakterisirt werden, als durch ihre Polkanten, dies ist einleuchtend, weil die Werthe der Mittelkanten in beiden Arten von Pyramiden zwischen 0° und 180° schwanken, während die Werthe der Polkanten in den tetragonalen Pyramiden nur zwischen 90° und 180°, in den hexagonalen Pyramiden sogar nur zwischen 120° und 180° schwanken können. Die Mittelkante gewährt uns auch sogleich eine Vorstellung von dem Habitus der Pyramide.

Analyse und in der daraus berechneten Formel ausspricht; was die letztere anbe-
trifft, so findet dieselbe vermittels derjenigen Schreibweise (vergl. S. 229) ihren Ausdruck, welche für die Uebersichtlichkeit jedesmal am geeignetsten scheint. — Sodann
wird das Verhalten vor dem Löthrohr (v. d. L.) und gegen Säuren mitgetheilt werden.

§ 185. **Mineralnamen.** Als solche sind diejenigen theils einfachen, theils
zusammengesetzten Namen gewählt, welche in Deutschland am meisten gebräuchlich oder aus anderen Gründen empfehlenswerth schienen. Von Synonymen konnten nur die allergewöhnlichsten berücksichtigt werden. Sehr wünschenswerth
wäre es freilich, dass es für jedes wohl abgegrenzte Mineral einen (auch ausserdem untadelhaft gebildeten) Namen gäbe, welcher in allen Sprachen gleichmässig
Eingang und Aufnahme finden könnte; da aber vor der Hand die Erfüllung dieses
Wunsches noch nicht ganz erreicht ist, so sind auch manche rein deutsche Namen
beibehalten worden.

Was die Mineralnamen im Allgemeinen betrifft, so sind dieselben

1) ganz alte Namen von unbekanntem oder unsicherem Ursprung oder zweifelhafter
   Bedeutung, z. B. Quarz, Silber, Gold, Jaspis, — oder hergenommen

2) von Fundorten, wo die Mineralien entweder zuerst angetroffen wurden oder beson-
   ders charakteristisch auftreten, z. B. Aragonit, Vesuvian, Alstonit, Andalusit, Egeran,
   Redruthit, Tasmanit, Uralit, Leadhillit, Lüneburgit, Labradorit, Tirolit, Stassfurtit,
   Tremolit;

3) von Mineralogen, Geologen und sonstigen Naturforschern, sowie von Personen anderer Art, z. B. Wernerit, Hauyn, Senarmontit, Hauerit, Cordierit, Wollastonit,
   Hausmannit, Allanit, Bournonit, Haidingerit, Mosandrit, Phillipsit, Nosean, Thomsonit, Brookit, Voltait, Liebigit, Willemit, Biotit, Sillimanit, Goethit;

4) aus der classischen und skandinavischen Mythologie, z. B. Aegirin, Pollux, Thorit;

5) nach krystallographischen und Structur-Verhältnissen, z. B. Orthoklas von $\mathring{o}\varrho\vartheta\acute{o}\varsigma$
   rechtwinkelig und $\varkappa\lambda\acute{a}\omega$ spalten; Anatas von $\mathring{a}\nu\acute{a}\tau\alpha\sigma\iota\varsigma$ Ausreckung, wegen seiner
   spitzen tetragonalen Pyramiden; Staurolith von $\sigma\tau\alpha\upsilon\varrho\acute{o}\varsigma$ Kreuz und $\lambda\acute{\iota}\vartheta o\varsigma$ Stein,
   wegen der kreuzförmigen Zwillinge; Tridymit von $\tau\varrho\acute{\iota}\delta\upsilon\mu o\iota$ Drillinge; Fibrolith
   von *fibra* Faser; Krokydolith von $\varkappa\varrho o\varkappa\acute{\upsilon}\varsigma$ Faden, beide wegen der faserigen Structur; Sphen von $\sigma\varphi\acute{\eta}\nu$ Keil; Akanthit von $\mathring{a}\varkappa\alpha\nu\vartheta\alpha$ Stachel, beide wegen der Form
   der Krystalle; Axinit von $\mathring{a}\xi\acute{\iota}\nu\eta$ Beil, wegen der schneidend scharfen Krystallkanten;
   Anorthit von $\mathring{a}\nu o\varrho\vartheta\acute{o}\varsigma$ nicht rechtwinkelig, d. h. spaltbar; Plagionit von $\pi\lambda\acute{a}\gamma\iota o\varsigma$
   schiefwinkelig, mit Bezug auf seine monokline Form; Kokkolith von $\varkappa o\varkappa\varkappa\acute{o}\varsigma$ Kern,
   wegen seiner rund- und eckig-körnigen Zusammensetzung; Apophyllit von $\mathring{a}\pi o\varphi\upsilon\lambda$-
   $\lambda\acute{\iota}\zeta\varepsilon\iota\nu$ abblättern, wegen der basischen Spaltbarkeit und des Aufblätterns vor dem
   Löthrohr; Desmin von $\delta\varepsilon\sigma\mu\acute{\eta}$ Büschel;

6) nach Härte, specifischem Gewicht, Pellucidität u. a. physikalischen Eigenschaften;
   z. B. Hypersthen von $\mathring{\upsilon}\pi\acute{\varepsilon}\varrho$ über und $\sigma\vartheta\acute{\varepsilon}\nu o\varsigma$ Kraft, weil, um ihn zu ritzen, grössere
   Kraft erforderlich ist, als bei ähnlichen Mineralien; Disthen von $\delta\acute{\iota}\varsigma$ zwiefach und
   $\sigma\vartheta\acute{\varepsilon}\nu o\varsigma$, wegen der Härteverschiedenheit auf den Spaltungsflächen; Baryt von $\beta\alpha\varrho\acute{\upsilon}\varsigma$
   schwer; Elaeolith von $\check{\varepsilon}\lambda\alpha\iota o\nu$ Oel, wegen des Fettglanzes; Dichroit wegen seines vermeintlichen Dichroismus; Sericit von $\sigma\eta\varrho\iota\varkappa\acute{o}\nu$ Seide, wegen des Glanzes; Cymophan
   von $\varkappa\bar{\upsilon}\mu\alpha$ Welle und $\varphi\alpha\nu\acute{o}\varsigma$ leuchtend, wegen des bisweiligen Opalisirens; Dioptas
   von $\delta\iota\acute{o}\pi\tau o\mu\alpha\iota$ durchsehen, weil man die Spaltrichtungen beim Durchblicken erkennen kann; Enstatit von $\mathring{\varepsilon}\nu\sigma\tau\acute{a}\tau\eta\varsigma$ Widersacher, wegen der Unschmelzbarkeit vor
   dem Löthrohr. — Auch nach der Farbe, wie z. B. Leucit ($\lambda\varepsilon\upsilon\varkappa\acute{o}\varsigma$ weiss), Melanit
   ($\mu\acute{\varepsilon}\lambda\alpha\varsigma$ schwarz), Erythrin ($\mathring{\varepsilon}\varrho\upsilon\vartheta\varrho\acute{o}\varsigma$ roth), Chlorit ($\chi\lambda\omega\varrho\acute{o}\varsigma$ grün), Cyanit ($\varkappa\acute{\upsilon}\alpha\nu o\varsigma$
   blau), Glaukonit ($\gamma\lambda\alpha\upsilon\varkappa\acute{o}\varsigma$ grünlichblau), Coelestin (*coelestis* himmelblau), Albit
   (*albus* weiss), Rutil (*rutilus* röthlich), Rubellan (*rubellus* roth), Jolith ($\check{\iota}o\nu$ Veilchen),

Tephroit (τεφρός aschfarbig), Rhodonit (ῥοδόν Rose), Krokoit (κρόκος Saffran, wegen der Farbe des Pulvers), Karpholith (κάρφος Stroh, wegen der gelben Farbe), Carneol (carneus fleischfarbig); ebenso Olivin, Seladonit, Bronzit u. s. w.;

7) nach chemischen Reactionen oder der chemischen Zusammensetzung, z. B. Eudialyt von εἶ wohl und διαλύειν auflösen, wegen der leichten Löslichkeit in Säuren; Dysanalyt, von δύς übel, wegen der Schwierigkeit der Analyse; Nephelin von νεφέλη Wolke, weil die Krystalle durch Säure zersetzt und daher wolkig getrübt werden; Polykras von πολύς viel und κρᾶσις Mischung, wegen der zahlreichen Bestandtheile; ebenso Polymignyt (μίγνυμι mischen); Natrolith, Boracit, Titanit, Sodalith, Kupferuranit, Manganocalcit, Fluocerit, Phosphorchalcit (χαλκός Kupfer); Anhydrit von ἄνυδρος wasserlos, d. h. im Gegensatz zum Gyps; Dihydrit mit Bezug auf seine 2 Mol. Wasser u. s. w.;

8) nach allerlei anderen wesentlichen und unwesentlichen Beziehungen, z. Th. Willkürlichkeiten, z. B. Kryptolith von κρυπτός verborgen, weil er erst beim Auflösen des Apatits, in diesem versteckt eingewachsen, zum Vorschein kommt; Euxenit von εὔξενος gastfreundlich, wegen der vielen seltenen Bestandtheile, die er in sich fasst; Amphibol von ἀμφίβολος zweideutig, weil man das Mineral mit vielen anderen verwechselt hat; ähnlich Apatit von ἀπατάω täuschen und Phenakit von φέναξ Betrüger, weil er für Quarz angesehen wurde; Epidot von ἐπίδοσις Zugabe, weil das von *Hauy* angenommene rhomboidische Prisma im Vergleich zu seinem rhombischen des Amphibols zwei Seiten verlängert hat; Embolit von ἐμβόλιον das Eingeschobene (nämlich zwischen Chlor- und Bromsilber); Automolit von αὐτόμολος der Ueberläufer (d. h. den Uebergang bildend zwischen den metallischen und nichtmetallischen Spinellen); Eukairit von εὔκαιρος zur rechten Zeit (nämlich zur Zeit der Entdeckung des Selens aufgefunden); Eukolit von εὔκολος leicht zufriedengestellt, weil das Mineral sich angeblich mit Eisenoxyd begnügt statt der Zirkonerde des ähnlichen Wöhlerits; Pleonast von πλεονάσμος Ueberfluss, wegen der mit dem Oktaëder combinirten Ikositetraëderflächen; Gymnit von γυμνός nackt, weil die analysirte Varietät auf den Bare-hills (kahlen Hügeln) bei Baltimore vorkam; Aeschynit von αἰσχύνη Scham, weil man die in ihm enthaltene Titansäure und Zirkonsäure nicht genügend trennen konnte; Korundophilit (φιλός Freund), weil das Mineral mit Korund zusammen vorkommt; Analcim von ἄναλκις kraftlos, wegen der geringen elektrischen Erregbarkeit u. s. w.

Vortreffliche Bemerkungen über die mineralogische Nomenclatur überhaupt gibt *Haidinger* in seinem Handbuch der bestimmenden Mineralogie S. 461; eine gehaltvolle Schrift über denselben Gegenstand verdanken wir dem genialen *v. Kobell*: Die Mineralnamen und die mineralogische Nomenclatur, 1853.

Erste Classe: Elemente

und deren isomorphe Mischungen.

Die natürlich vorkommenden oder künstlich dargestellten Elemente krystallisiren, so weit bekannt,

> regulär: wie C, Si, P, Cu, Ag, Au, Hg, Pb, Fe, Pt, Pd, Ir,
> tetragonal: wie B, Sn,
> hexagonal: wie C, Sb, As, Bi, Te, Zn, Pd,
> rhombisch: wie S, Sn,
> monoklin: wie S, S?.

Mehre sind als heteromorph nachgewiesen, wie C, S, Sn, Pd. Vielfach vereinigen sich die Elemente mit variirendem Atomverhältniss zu wohlkrystallisirten Mischungen, deren Form gewöhnlich mit derjenigen übereinstimmt, welche von beiden Componenten bekannt ist; so sind die Krystalle von $Ag^x Au^y$, von $Ag^x Hg^y$ regulär, wie Ag, Au, Hg für sich. Mitunter aber haben die Legirungen eine Form, in welcher nur eines der zusammensetzenden Elemente vorkommt, während das andere für sich anders krystallisirt; so ist $Cu^x Zn^y$ regulär, obschon Zn nur hexagonal; $Fe^x Sn^y$ tetragonal, obschon Fe nur regulär bekannt ist. Man schliesst daraus, dass Zn und Fe dimorph seien, dass ersteres auch regulär, letzteres auch tetragonal krystallisiren könne — eine Folgerung, bei welcher die Heteromorphie unter den Elementen eine weitverbreitete Eigenschaft wird. Wie beim Schwefel die monokline Form sehr unbeständig ist, so ist dies vielleicht auch bei anderen heteromorphen Elementen der Fall, woraus es erklärlich würde, dass die eine Form derselben sich gewöhnlich als solche der Beobachtung entzieht und nur in Mischungen kund gibt.

1. Diamant (Demant).

Regulär, und zwar tetraëdrisch-hemiëdrisch; $\frac{0}{2}$ und $-\frac{0}{2}$, beide meist zugleich und im Gleichgewicht vorhanden (wie überhaupt die grosse Mehrzahl der Diamanten scheinbar holoëdrisch ausgebildet ist), $\infty 0$, $\infty 0n$, $m0$, $m0n$ (fast immer sog. parallelkantige Hexakisoktaëder), auch $m0m$ (sehr selten in Combinationen nach *Sadebeck*); die Oktaëder besitzen in der Regel Schalenbildung parallel den Flächen; die Krystalle gewöhnlich krummflächig, oft mehr oder weniger der Kugelform genähert (Fig. 1), lose oder einzeln eingewachsen; häufige Zwillingsbildung nach dem Gesetz: Zwillingsebene eine Fläche von 0, andere mit parallelen Axensystemen, wobei die Individuen symmetrisch in Bezug auf eine Würfelfläche zu einander gestellt und vollständig durch einander gewachsen sind; zwei Tetraëder liefern so ein scheinbar holoëdrisches Oktaëder, dessen Kanten durch eingekerbte Rinnen ersetzt sind (vgl. Fig. 2). Sehr selten derb, in feinkörnigen porösen rundlich contourirten Aggregaten kleinster Kryställchen von braunlichschwarzer Farbe (sog. Carbonat der Steinschleifer). — Spaltb. oktaëdrisch vollk., Bruch muschelig; spröd; H. = 10; G. = 3,5...3,6, nach *Schrötter* im Mittel 3,514 mit den Extremen 3,509 und 3,519; farblos und z. Th. wasserhell, doch oft gefärbt, meist verschiedentlich weiss, grau und braun, doch auch grün, gelb, roth und blau, selten schwarz; Diamantglanz, pellucid in hohen und mittleren Graden, sehr starke Lichtbrechung ($n = 2,42$) und Farbenzerstreuung, daher Farbenspiel; im polarisirten Licht geben sich anomale Erscheinungen zu erkennen, die meist auf innerliche Spannungsdifferenzen zurückzuführen sind (vgl. S. 182). — Chem. Zus.: Kohlenstoff, nach *Brewster*, *Petzholdt* und Anderen organischen Ursprungs, was jedoch nicht wahrscheinlich ist; in Sauerstoffgas verbrennt er und liefert Kohlensäure; die Gebrüder *Rogers* haben gezeigt, dass der Diamant auch auf nassem Wege durch gleichzeitige Einwirkung von chromsaurem Kali und Schwefelsäure in Kohlensäure verwandelt werden kann. — Findet sich besonders im aufgeschwemmten Lande und im

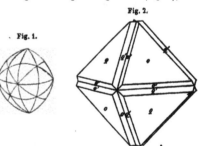

Fig. 1.   Fig. 2.

. Flusssande, gewöhnlich mit anderen Edelsteinen, auch mit ged. Gold und Platin: Ostindien an der Ostseite des Plateaus von Deccan; Brasilien, hier zumal in Minas-Geraës bei Tejuco oder Diamantina, auch bei la Chapada in der Provinz Bahia der derbe Diamant, angeblich in Massen bis zu 2 Pfund Gewicht; in Brasilien findet er sich ausser im losen Zustande auch eingewachsen in dem sog. Cascalho, einem oft durch Brauneisen verkitteten Quarzconglomerat, sowie in dem Schiefergestein Itacolumit; Borneo, Sumatra, am Ural bei Krestowodwischensk, Nordcarolina und Georgia, Mexico in der Sierra Madre, in Californien und Arizona, angeblich auch in Algerien in der Provinz Constantine, sicher in Australien, wo er bei Sikatlory sehr schön und bis zum Gewichte von 150 Karat (1 Karat = 197—206 Mgr.) vorkommt. Schöne Diamanten (bis 288 Karat Gewicht) finden sich auch im südöstl. Africa, in Transvaal, an vielen Orten bis an den Limpopo, ursprünglich eingewachsen in einem bisweilen olivinreichen diabasischen oder ophitischen Gestein.

Gebrauch. Dem Diamant wird bekanntlich als Edelstein der höchste Werth zuerkannt; ein geschliffener Diamant von 1 Karat wird auf 180—270 Mark geschätzt, bei grösseren Steinen wächst der Preis im Quadrat des Gewichts, bei solchen über 20 Karat schwer aber in viel höherem Grade. Die kleinen Diamanten werden zum Glasschneiden, zum Bohren und Graviren anderer harter Steine, zu Zapfenlagern in Chronometern, und pulverisirt als Schleifmaterial benutzt. Auch hat man versucht, Linsen für Mikroskope aus Diamanten zu schleifen.

Anm. 1. Schon *Lavoisier, Guyton-Morveau, Fourcroy* u. A. bemerkten bei der Verbrennung von Diamanten schwarze Flecke, welche *Gilbert* für nichtkrystallisirten Kohlenstoff hielt. *Petzholdt* bestätigte diese Beobachtung und fügte noch hinzu, dass er zarte dendritische Formen, Schuppen und Splitter von gelber, brauner bis schwarzer Farbe, sowie eigenthümliche maschige Netzwerke beobachtet habe; er hält diese Formen für organisches Zellgewebe, und schliesst daraus auf den organischen Ursprung der Diamanten. Auch *Göppert* machte ähnliche Beobachtungen, erklärte aber doch, dass es die umsichtigste Erwägung erfordere, ehe man sich für die organische Natur dieser Bildungen und des Diamants selbst aussprechen könne; Sprünge in Bernstein, Copal und Achat zeigen oft ganz ähnliche, an Zellgewebe erinnernde Bildungen. Dagegen haben *Rossi* und *Chancourtois* die wahrscheinlichere Ansicht aufgestellt, dass der Diamant aus einer Kohlenwasserstoff-Verbindung durch einen langsamen Oxydationsprocess entstand, bei welchem sich der Wasserstoff und ein Theil des Kohlenstoffs oxydirten, während der übrige Kohlenstoff als Diamant krystallisirte; eine Ansicht, welche wesentlich mit jener von *Liebig* übereinstimmt. *Simmler* vermuthet, dass der Diamant in den Tiefen der Erde, wo die Kohlensäure im flüssigen Zustand vorhanden ist, durch Krystallisation des Kohlenstoffs aus der liquiden Kohlensäure entstanden sei. *Harting* entdeckte in einem Brillanten viele kleine, langstängelige und z. Th. gekrümmte, metallisch glänzende Krystalle, welche er als linear gestreckte Gruppen mikroskopisch kleiner Pyritkrystalle zu deuten geneigt war; nach *Behrens* bestehen dieselben aber aus Rutil, womit sowohl die im durchfallenden Licht kupferrothe, im auffallenden orangerothe Farbe, als die Form und die Zwillingsverwachsung übereinstimme. Lamellare Krystalle von Eisenglanz oder Titaneisen nahm *Cohen* als Einschlüsse wahr. *G. Rose* fand, dass der Diamant sehr stark erhitzt, bei Abschluss der Luft in Graphit übergeht, bei Zutritt der Luft aber verbrennt, und während des Verbrennens auf der Oberfläche kleine dreiseitige Vertiefungen erhält, deren Flächen denen des Ikositetraëders 303 parallel sind (Monatsber. d. Berl. Akad. 1872, Juni, S. 516).

Anm. 2. *Sadebeck* hat die hemiëdrische Natur des Diamants bezweifelt und versucht, die darauf hinweisenden Erscheinungen, namentlich auch die Durchkreuzungstetraëder (Zwillinge mit parallelen Axensystemen) durch eine bestimmte Uebereinanderlagerung von Schalen zu erklären (Monatsber. d. Berl. Akad. 1876, Octob. 26, S. 578, ferner in der Schrift »Ueber die Krystallisation des Diamanten, nach hinterlassenen Aufzeichnungen von *G. Rose* bearbeitet« in den Abh. d. Berl. Akad. 1876). Auch *Hirschwald* hat gleichzeitig geglaubt, dass die rechtwinkelige Einkerbung der oktaëdrischen Kanten vermittels einer vielfachen parallelen Aggregation durch treppenförmigen Aufbau aus schaligen Lamellen zu Stande komme und nicht auf Penetration zweier Tetraëder verweise (Z. f. Kryst. I. 212). Diese Ansichten sind von *Groth* (Min.-Samml. d. U. Strassburg. S. 4) überzeugend entkräftet worden. *Weiss* hat später für mehre Diamanten gezeigt, dass sie alle Merkmale echter tetraëdrischer Krystalle an sich tragen (fast reine Hexakistetraëder, Durchwachsungszwillinge fast reiner Hexakistetraëder) und daher für gesetzmässig hemiëdrische Formen mit auffallender Differenz zwischen den Flächen benachbarter Oktanten, nicht für Producte zufälligen Wachsthums angesehen werden müssen (N. J. f. Min. 1880. II. 12). Auch *K. Martin* fand *m*O ganz deutlich als Deltoid-Dodekaëder entwickelt (Z. d. g. G. 1878. 521). Obschon nun *Sadebeck* (ebendas. S. 605) abermals für die holoëdrische Natur des Diamants eintrat, wobei er (mit Unrecht) das auch von ihm bestätigte hier und da erfolgende Auftreten hemiëdrischer Formen eben nicht für maassgebend hält, so dürfte doch als Endresultat der vielen Auseinandersetzungen und Mittheilungen sich der früher stets anerkannte hemiëdrische Charakter des Diamants herausgestellt haben. — Die Diamanten der Dresdener Sammlung beschrieb *Purgold* in Zeitschr. Isis, 1882.

2. Graphit (Reissblei).

Hexagonal, und zwar rhomboëdrisch, nach der früheren, noch zuletzt durch *Kenngott's* und *Czech's* Beobachtungen unterstützten Ansicht; monoklin nach *Clarke*, *Suckow* und *Nordenskiöld*, welcher Letztere (Ann. d. Phys. u. Ch., Bd. 96, S. 110) durch sehr genaue Messungen an den Krystallen von Pargas den monoklinen Charakter der Krystallreihe fast ausser allen Zweifel gestellt hat; gewöhnlich nur in sechsseitig dünn tafelartigen oder kurzsäulenförmigen Krystallen der Comb. 0P.∞P.∞P∞, wobei der Winkel $\beta = 71^\circ 16'$, ∞P = 122° 24', nach *Nordenskiöld*; 0P : ∞P = 106° 21'; A.-V. = 0,5806 : 1 : 0,5730; die Basis ist meist triangulär oder federartig gestreift; doch haben sowohl *Kenngott* als auch *Nordenskiöld* noch manche andere Formen beobachtet. Am häufigsten findet sich der Graphit derb, in blätterigen, strahligen, schuppigen bis dichten Aggregaten, auch eingesprengt und als Gemengtheil mancher Gesteine; Pseudomorphosen nach Diamant (dies ist wahrscheinlicher, als dass solche Gebilde von Pyrit herstammen sollten); die parallelstängeligen und faserigen Aggregate erinnern oft an Holzstructur, ohne jedoch eine solche zu beweisen. — Spaltb. basisch höchst vollk., prismatisch nach ∞P, unvollk.; sehr mild, in dünnen Blättchen biegsam, fettig anzufühlen; H. = 0,5...1; G. = 1,9...2,3 (des vollkommen gereinigten von Ceylon 2,25...2,26 nach *Brodie*, des dichten von Wunsiedel 2,14, des ganz reinen präparirten -1,8018...1,8440 nach *Löwe*); eisenschwarz, abfärbend und schreibend, metallglänzend, undurchsichtig. — Chem. Zus.: Kohlenstoff, mit etwas Eisen gemengt und oft durch Kieselsäure, Kalk u. a. Stoffe verunreinigt; nach *Rammelsberg* hinterlässt gereinigter Graphit von mehren Fundorten beim Verbrennen 0,24—1,97 pCt. Rückstand; v. d. L. verbrennt er sehr schwierig, nach *G. Rose* schwerer als der Diamant, nur der dichte eben so leicht; mit Salpeter im Platinlöffel erhitzt zeigt er nur theilweise ein schwaches Verpuffen; die Gebrüder *Rogers* haben den Graphit auch auf nassem Wege in Kohlensäure umgewandelt. — Wunsiedel, hier dicht, kleine derbe Partieen im Kalkstein bildend, Passau; Borrowdale in England; die Kalklager von Ersby und Storgård bei Pargas in Finnland, hier sowie bei Ticonderoga in New-York die schönsten Krystalle; St. John in Neu-Braunschweig, Ceylon; sehr bedeutende Graphitlager finden sich nach *Archer* in Sibirien, im District von Semipalatinsk und an der unteren Tunguska; auch im Tunkinsker Gebirgszug 400 Werst westlich von Irkutsk auf der Grube Mariinskoi wird sehr viel Graphit gewonnen. Als Graphitschiefer nicht selten, zumal an der Grenze von Kalksteinlagern in den ältesten Thonschiefern, Glimmerschiefern und Gneissen; auch im Meteoreisen findet sich Graphit.

Gebrauch. Die allgemeinste Benutzung des Graphits ist die zu den sogenannten Bleistiften; ausserdem dient er zur Anfertigung von Schmelztiegeln und anderen feuerfesten Gefässen, zum Einschmieren von Maschinentheilen, zum Anstreichen eiserner und thönerner Oefen und anderer Geräthe; auch benutzt man ihn in der Heilkunde.

3. Schwefel.

Rhombisch (und zwar eigentlich sphenoidisch-hemiëdrisch [vgl. unten]); P (P und p)
Polkanten $106°\,38'$ und $84°\,58'$, Mittelkante $143°\,17'$, nach *Mitscherlich's* Messungen
an künstlich dargestellten Krystallen, in naher Uebereinstimmung mit *Scacchi's* Messungen an Krystallen von der Solfatara; ∞P (m) $101°\,58'$; andere gewöhnliche Formen
sind 0P (c), ⅓P (s), P̆∞ (n); dazu gesellen sich noch bisweilen ⅓P (t), P̆∞ (e), P̆3 u. a. [1]).
A.-V. $= 0,8130 : 1 : 1,9037$.

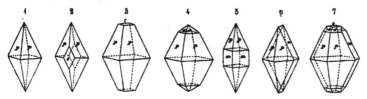

Fig. 1. Die Grundpyramide P selbständig; sehr häufig.
Fig. 2. Die Grundform mit dem Makropinakoid.
Fig. 3. Die Grundform mit dem basischen Pinakoid; oft noch weit mehr verkürzt.
Fig. 4. Die Grundform mit der Pyramide ⅓P.
Fig. 5. Die Grundpyramide mit dem Protoprisma ∞P.
Fig. 6. Dieselbe mit dem zu ihr gehörigen Brachydoma P̆∞.
Fig. 7. P.P̆∞.⅓P.0P.

Die nachstehende von *Miller* entlehnte Horizontalprojection stellt eine Combination
fast aller oben genannten einfachen Formen dar.   Der Habitus der Krystalle ist in der

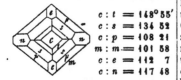

$$c : t = 148°\,55'$$
$$c : s = 134\,52$$
$$c : p = 108\,21$$
$$m : m = 101\,58$$
$$c : e = 112\,7$$
$$c : n = 117\,48$$

Regel pyramidal durch Vorherrschen von P;
nach *G. vom Rath* finden sich jedoch in der
Grube Cimicia bei Grotte in Sicilien ausgezeichnete rhombische Sphenoide der Pyramide ⅓P, theils selbständig, theils mit untergeordneten Flächen von 0P, P und dem
complementären Sphenoid; die Pyramide P
bildet sehr deutliche, bis über 2 Zoll grosse
Sphenoide nach *Kenngott* bei Cianciana.   Die Krystalle erscheinen übrigens einzeln
aufgewachsen oder zu Drusen vereinigt; Zwillingskrystalle nach dem von *G. Rose*
erkannten Gesetz: Zwillingsebene eine Fläche von P̆∞, wobei aber die Pyramidenfläche die Verwachsungsebene bildet, nicht selten; nach *Kenngott* auch symmetrische
Kreuzzwillinge bildend; weit seltener nach dem Gesetz: Zwillingsebene eine Fläche
von ∞P, doch bemerkt *Scacchi*, dass die Krystalle aus der Solfatara von Cattolica in
Sicilien lauter Zwillinge nach diesem Gesetz sind; sie sind stets mit dem Ende frei
ausgebildet, an welchem P und ⅓P einspringende Kanten bilden; ausserdem auch noch
Zwillinge nach P̆∞, welche am freien Ende nur ausspringende Kanten zeigen (vgl.
über diese dreierlei Zwillinge *vom Rath* in Ann. d. Phys. u. Ch., Bd. 155, S. 41.
Der Schwefel findet sich auch kugelig, nierförmig, stalaktitisch, als Incrustat, derb,
eingesprengt, in faserigen Trümern und als Mehlschwefel. — Spaltb. basisch und
prismatisch nach ∞P, unvoll.; Bruch muschelig bis uneben und splitterig; wenig
spröd; H. $= 1,5…2,5$; G. $= 1,9…2,1$; schwefelgelb, einerseits in honiggelb und
gelblichbraun, anderseits in strohgelb und gelblichgrau verlaufend, Fettglanz, auf
Krystallflächen oft diamantartig, pellucid in hohen und mittleren Graden, mit sehr deut-

---

[1]) Nach der von *Fletcher* im Philos. Magaz. (5) IX. 180 (März 1880) gegebenen Uebersicht
sind am Schwefel bis jetzt 24 Formen beschrieben, davon aber 2 (∞P3 und ⅓P̆∞) irrthümlich
aufgeführt worden.

lich erkennbarer positiver Doppelbrechung, wie *Kenngott* gezeigt hat; die optischen Axen liegen im brachydiagonalen Hauptschnitt, ihre spitze Bisectrix fällt in die Verticalaxe. Grosse Einschlüsse einer farblosen durchsichtigen Flüssigkeit im sicilianischen Schwefel ergaben *Silvestri* beim Eindampfen einen festen weissen Rückstand von 0,1033 Proc. des Gewichts der Flüssigkeit; bei der Analyse wurden 53,5 Chlornatrium mit etwas Chlorkalium, 45,1 Natriumsulfat, und 1,4 Chlorcalcium erhalten. — Chem. Zus.: Schwefel, rein, oder mehr und weniger verunreinigt, wie denn z. B. der pomeranzgelbe Schwefel von der Solfatara bei Neapel nach *Pisani* mit 18 pCt. Schwefelarsen gemengt ist; im Kolben sublimirt er; bei 108° C. schmilzt er, und bei 270° entzündet er sich und verbrennt mit blauer Flamme zu schwefeliger Säure. — Vorkommen namentlich im Bereich des Tertiärgebirges, in der Nachbarschaft von Vulkanen und als Absatz von Schwefelquellen. Ticsan in Quito und Minas-Geraës; Carrara und Bex; Aragonien, Murcia, Conil in Andalusien; Charkow, Swoszowice; Girgenti, Caltanisetta, Cattolica und viele andere Orte in Sicilien; Calabrien; Roisdorf, Artern; Solfatara, Ferrara (hier in Asphalt), Insel Vulcano, Pic von Tenerife, Island; Aachen, Marienbad. Auch als Sublimationsproduct bei Bränden in Kohlengruben (Duttweiler, Zielenzig in Brandenburg, Grube Floristella in Sicilien).

Gebrauch. Schwefel gewährt bekanntlich eine vielfache Benutzung zu Zündhölzern und Schwefelfäden, zum Schiesspulver, zur Darstellung von Schwefelsäure, Zinnober, zum Schwefeln von Seide, Wolle, Stroh, Fässern, als Arzneimittel, in der Feuerwerkerei u. s. w.

4. Selenschwefel, *Stromeyer*.

Dieses nur sehr wenig bekannte Mineral von pomeranzgelber bis gelblichbrauner Farbe findet sich als Beimengung oder färbender Bestandtheil von Salmiak auf der Liparischen Insel Vulcano, und ist von *Stromeyer* als eine Verbindung von Selen und Schwefel erkannt worden, welche zugleich eine geringe Menge von Auripigment enthält. *Dana* fand es auch am Krater Kilauea auf Hawaii.

Anm. Nach *Del Rio* soll bei Culebras in Mexico gediegen Selen vorkommen, welches bleigraue Farbe, H. = 2, G. = 4,8 hat, und in dünnen Splittern roth durchscheint. Künstlich dargestelltes Selen krystallisirt nach *Mitscherlich* monoklin.

5. Tellur.

Rhomboëdrisch; R 86°57′ nach *G. Rose* (86°2′ nach *Miller*, 86°50′ nach *Zenger*), selten ganz kleine säulenartige Krystalle von der Form ∞R. 0R.R.—R; A.-V. = 1 : 1,3298; gewöhnlich derb oder eingesprengt von feinkörniger Zusammensetzung. — Spaltb. prismatisch nach ∞R vollk., basisch unvollk., etwas mild; H. = 2 .... 2,5, G. = 6,1...6,3; zinnweiss.—Chem. Zus.: Tellur mit etwas Gold oder Eisen; ein Vorkommniss von Fa[c]ebaj (ohne 0R) besteht nach *v. Foullon* aus 81,28 Tellur, 5,83 Selen, 12,40 Eisenkies, 1,10 Quarz; in einer Var. von der Mountain Lion-Mine nach *Genth* über 30 pCt. Kieselsäure und Silicate haltend, und blasig, wie geschmolzen aussehend; v. d. L. sehr leicht schmelzbar; verbrennt mit grünlicher Flamme, verdampft und gibt auf Kohle einen weissen Beschlag mit röthlichem Rande; im Glasrohr bildet es stark dampfend ein weisses Sublimat, welches zu klaren farblosen Tropfen geschmolzen werden kann; in Salpetersäure löst es sich auf unter Entwickelung von salpetrigsauren Dämpfen; erwärmt man es in concentrirter Schwefelsäure, so erhält die Säure eine rothe Farbe, welche bei stärkerer Erhitzung wieder verschwindet; die rothe Flüssigkeit aber gibt, mit Wasser versetzt, ein schwärzlichgraues Präcipitat. — Fa[c]ebaj bei Zalathna in Siebenbürgen; Kensington-Mine, Mount Lion-Mine, John Jay-Mine in Boulder County, Colorado, nach *Genth;* auf der letzteren Grube sollen Massen von 25 Pfund Schwere vorgekommen sein.

Anm. *G. Rose* beobachtete an künstlichen Krystallen die Combination ∞P2.R, mit der Polkante von R = 71°51′. Die Mittelkante der hexagonalen Pyramide (R.—R), welche an den natürlichen Krystallen vorkommt, misst 118°52′; wäre sie eine Pyramide der zweiten Art, und jenes Rhomboëder von 71°51′ die Grundgestalt, so würde ihr Zeichen ⅓P2, und ihre Mittelkante 113°28′ sein.

6. Antimon.

Rhomboëdrisch; R 87°6′50″ nach *Laspeyres*, (87°35′ nach *G. Rose*, 87°12′ nach *Zenger*), aber sehr selten frei auskrystallisirt; A.-V. = 1 : 1,3236; die Krystalle stellen gewöhnlich die Comb. R.$\frac{1}{4}$R.0R dar, sind aber stets zwillingsartig verwachsen nach dem Gesetz: Zwillingsebene eine Fläche von —$\frac{1}{4}$R; Vierlingskrystalle und Sechslingskrystalle, welche jedoch auf den ersten Anblick wie einfache Krystalle erscheinen; meist derb und eingesprengt, bisweilen in kugeligen, traubigen und nierförmigen Aggregaten von körniger Zusammensetzung. — Spaltb. basisch sehr vollk., rhomboëdrisch nach —$\frac{1}{4}$R ($116^o 33'$) vollk., und nach —2R ($69^o 12'$) unvollk., Bruch nicht wahrnehmbar, zwischen mild und spröd; H. = 3...3,5; G. = 6,6...6,8, genauer 6,62... 6,65 nach *Kenngott*; zinnweiss, bisweilen gelblich oder graulich angelaufen, stark glänzend. — Chem. Zus. : Antimon, meist mit kleinen Beimischungen von Silber, Eisen oder Arsen; v. d. L. sehr leicht schmelzbar; auf Kohle verflüchtigt es sich, verbrennt mit schwacher Flamme und bildet einen weissen Beschlag; im Glasrohr gibt es Dämpfe, welche ein weisses Sublimat liefern; wird von Salpetersäure in ein Gemeng von salpeters. Antimonoxyd und antimoniger Säure umgewandelt. — Andreasberg, Przibram, Sala, Allemont, Southham in Ost-Canada, Borneo.

Anm. Eine sehr ausführliche und sorgfältige Untersuchung der künstlichen Krystalle von Antimon veranstaltete *Laspeyres* (Z. d. geol. Ges. 1875. 574). — *Cooke* will unzweifelhaft r e g u l ä r e Krystalle von Antimon und Arsen beobachtet haben.

7. Arsen.

Rhomboëdrisch; R $85^o 4'$ nach *G. Rose* ($85^o 44'$ nach *Miller*, $85^o 36'$ nach *Zenger*), $85^o 6'$ nach *v. Zepharovich*; A.-V. = 1 : 1,4025; bekannte Formen 0R, —$\frac{1}{2}$R ($113^o 57'$) und R; Zwillinge nach —$\frac{1}{4}$R, bisweilen prismatisch verlängert nach einer Kantenzone von R, aber sehr selten in deutlich erkennbaren Krystallen, meist in feinkörnigen bis dichten (selten in stängeligen) Aggregaten von traubiger, nierförmiger und kugeliger Gestalt und krummschaliger Structur (sog. Scherbenkobalt); auch derb und eingesprengt. — Spaltb. basisch vollk., auch rhomboëdrisch nach —$\frac{1}{4}$R unvollk., Bruch uneben und feinkörnig; spröd, nur noch im Strich etwas geschmeidig; H. = 3,5, G. = 5,7...5,8; *Bettendorff* fand das sp. Gew. des ganz reinen künstlich dargestellten krystallisirten Arsens = 5,727 bei 14° C.; weisslich bleigrau, doch nur im frischen Bruch, auf der Oberfläche bald graulichschwarz anlaufend, durch Bildung von Suboxyd. — Chem. Zus.: Arsen mit etwas Antimon, auch wohl Spuren von Silber, Eisen oder Gold; v. d. L. verflüchtigt es sich, ohne zu schmelzen, und gibt dabei den charakteristischen knoblauchartigen Geruch, auf Kohle zugleich einen weissen Beschlag; im Glaskolben sublimirt es metallisch; mit Salpetersäure verwandelt es sich in arsenige Säure. — Freiberg, Schneeberg, Marienberg, Annaberg, Joachimsthal, Andreasberg, Münsterthal in Baden, Borneo.

Gebrauch. Ein grosser Theil des für gewerbliche und technische Zwecke vielfach benutzten Arsens wird aus dem gediegenen Arsen durch Sublimation dargestellt.

Anm. *Breithaupt's* A r s e n g l a n z, in Aggregaten von stängeliger Zusammensetzung mit vollkommener monotomer Spaltb., H. = 2, G. = 5,36...5,39, dunkel bleigrauer Farbe, besteht nach *Kersten* aus 97 Arsen und 3 Wismuth, entzündet sich in der Lichtflamme und verglimmt von selbst weiter. Da sich jedes fein zertheilte Arsen, auch o h n e Wismuthgehalt, ebenso verhält, so vermuthete *v. Kobell*, dass der Arsenglanz k e i n besonderes Mineral sei. — *Frenzel* fand in einem Arsenglanz ausser 95,86 pCt. Arsen nur 1,61 Wismuth, daneben 1,01 Eisen und 0,99 Schwefel, woraus sich ergibt, dass das Mineral chemisch nichts weiter als ged. Arsen ist, indem die anderen Bestandtheile ohne Zweifel nur zufällig und variirend sind; doch scheine wegen der abweichenden äusseren Kennzeichen und des niederen spec. Gew. der Arsenglanz eine besondere Modification des Arsens darzustellen (N. Jahrb. f. Min. 1874. 677). — Grube Palmbaum bei Marienberg, Markirchen im Elsass.

8. Antimonarsen (Arsenik-Antimon, Allemontit).

Rhomboëdrisch; in körnigen bis fast dichten Aggregaten, derb oder kugelig und nierformig, von körniger Textur und krummschaliger Structur; H. = 3,5; G. = 6,1...6,2; zinnweiss, dem lichten Bleigrau genähert, mehr oder weniger angelaufen. — Chem. Zus. einer

Var. von Allemont nach einer Analyse von *Rammelsberg*: 37,85 Antimon und 62,15 Arsen, also beinahe Sb As³; andere Varr. scheinen anders zusammengesetzt, wie denn z. B. *Thomson* nur 38,5 pCt. Arsen fand, und auch bei dem Homöomorphismus beider Metalle zu erwarten ist, dass sie sich in unbestimmten Proportionen mischen können (ein nierförmiges gediegen Arsen von der Ophirgrube, Washoe Co., Californien, enthält nach *Genth* 9,18 Antimon); v. d. L. entwickelt es starke Arsendämpfe. — Allemont (Dauphiné), Andreasberg, Przibram.

9. Wismuth.

Rhomboëdrisch; R 87° 40′ nach *G. Rose*, also sehr ähnlich dem Hexaëder; A.-V. = 1 : 1,3035; gewöhnliche Comb. R.0R; zu Schneeberg —2R selbständig; die Krystalle meist verzerrt und durch Gruppirung undeutlich; baumförmig, federartig, gestrickt, selten drahtförmig und in Blechen; häufig derb und eingesprengt von körniger Zusammensetzung. — Spaltb. rhomboëdrisch nach —2R (69° 28′) und basisch, vollk., sehr mild aber nicht dehnbar; H. = 2,5; G. = 9,6...9,8; röthlich silberweiss, oft gelb, roth, braun oder bunt angelaufen. — Chem. Zus.: Wismuth, oft mit etwas Arsen; in einer Var. aus Bolivia fand *Forbes* 5 pCt. Tellur; v. d. L. sehr leicht schmelzbar; auf Kohle verdampft es und bildet einen citrongelben Beschlag von Wismuthoxyd; in Salpetersäure auflöslich, die Solution gibt durch Zusatz von viel Wasser ein weisses Präcipitat. — Auf Gängen mit Kobalt- und Nickelerzen: Schneeberg, Annaberg, Marienberg, Joachimsthal, Wittichen, Bieber; Cornwall und Devonshire; Nordmark, Fahlun, Broddbo in Schweden; am Sorata und Illampu in Bolivia; Neu-Süd-Wales.

Gebrauch. Das gediegene Wismuth ist neben dem Bismutit das einzige Mineral, aus welchem das Wismuthmetall im Grossen dargestellt wird. Das Wismuth dient zur Herstellung leichtflüssiger Legirungen (z. B. eine solche von 5Bi, 3Pb, 2Sn, schmilzt unter 92° und wird zu sog. Clichés verwandt), zu thermo-elektrischen Batterien.

10. Tellurwismuth.

Die verschiedenen Tellurwismuthe bestehen aus den beiden Metallen (in isomorpher Mischung?), wozu sich aber oftmals auch Schwefel und Selen gesellen. Das reinste Tellurwismuth ist das aus den Goldgruben von Fluvanna Co. (Virginien), von Dahlonega (Georgia) und aus den Goldwäschen von Highland (Montana), welches nach den Analysen von *Genth* und *Balch* sehr nahe 52 Wismuth gegen 48 Tellur ergab, also der Formel Bl²Te³ vollkommen entspricht. *Fisher* beschrieb ein blätteriges Tellurwismuth ebenfalls aus Fluvanna Co., ohne erkennbare Krystallformen; es ist blei- bis stahlgrau, mild, hat H. = 2, schmilzt leicht und gibt dabei Selengeruch; es besteht aus 54,81 Wismuth, 37,96 Tellur und 7,23 Selen, ist also Bl²Te³, in welchem ein Theil Tellur durch Selen ersetzt wird. Dagegen hat *Genth* nur Spuren von Selen gefunden.

Ein besonderes, schwefelhaltiges Tellurwismuth, besser krystallisirt als die anderen, ist der von *Haidinger* benannte Tetradymit. Rhomboëdrisch; 3R (r) 68° 10′, (66° 40′ nach *Haidinger*); A.-V. = 1 : 1,5865 (freilich nicht zwischen demjenigen von Tellur und Wismuth gelegen); gewöhnliche Comb. 3R.0R; fast immer in Zwillingskrystallen und häufig in Vierlingskrystallen nach dem Gesetz: Zwillings-Ebene eine Fläche von — R, daher die Flächen 0R beider Individuen unter 93° geneigt sind; die Polkante dieses noch nicht beobachteten Rhomboëders R würde hiernach 100°38′ messen; die Krystalle sind klein und einzeln eingewachsen, rhomboëdrisch oder tafelförmig, die Flächen von 3R horizontal gestreift; auch derb in körnigblätterigen Aggregaten. — Spaltb. basisch, sehr vollk.; mild, in dünnen Blättchen biegsam; H. = 1...2; G. = 7,1...7,5; zwischen zinnweiss und stahlgrau, äusserlich wenig glänzend oder matt, auf der Spaltungsfläche stark glänzend. — Chem. Zus. nach den Analysen von *Wehrle, Berzelius, Hruschauer, Genth* und *Frenzel*: Bl²Te²S oder 2Bl²Te³ + Bl²S², mit 59,1 Wismuth, 36,4 Tellur und 4,5 Schwefel, auch Spuren von Selen; es ist auffallend, dass bei dieser Zusammensetzung (derjenigen eines Sulfides) der Tetradymit nicht mit dem Wismuthglanz isomorph ist. V. d. L. auf Kohle schmilzt er sehr leicht unter Entwickelung von schwefliger Säure (z. Th. auch von Selengeruch), dabei beschlägt er die Kohle gelb und weiss, und gibt ein Metallkorn, welches fast gänzlich verflüchtigt werden kann; in Salpetersäure löslich unter Abscheidung von Schwefel; in concentrirter Schwefelsäure verhält er sich wie Tellur. — Schubkau bei Schemnitz und Oravicza in Ungarn; Whitehall (Spotsylvania Co., Virgi-

Vierlingskrystall.
o : r = 105° 16′
o : o′ = 93 0

nien), Washington (Davidson Co., Nord-Carolina), Phönixgrube (Cabarras Co. ebendaselbst); Uncle Sam's Grube in Montana.

Verschieden vom Tetradymit ist das Tellurwismuth von San José in Brasilien, welches in fast zollgrossen, dünnen, spaltbaren, etwas biegsamen, stark glänzenden Platten vorkommt, und nach den Analysen von *Damour* 79,15 Wismuth, 15,93 Tellur, 3,15 Schwefel nebst 1,48 Selen enthält, was sehr nahe der Formel $2\,Bi^2Te + Bi^2S^3$ entspricht. — Ebenso scheint das Tellurwismuth von Deutsch-Pilsen in Ungarn (das sogenannte Molybdänsilber *Werner's*) mit dem Tetradymit nicht ganz identisch zu sein, obwohl es in vielen Eigenschaften mit ihm übereinstimmt, da es nach *Wehrle* in 100 Theilen 61,15 Wismuth, 29,74 Tellur, 2,07 Silber und 2,33 Schwefel enthält; der fast 5 pCt. betragende Verlust bei der Analyse lässt freilich die Kenntniss seiner chemischen Constitution noch unvollständig erscheinen. Dasselbe gilt vom Tellurwismuth aus Cumberland in England, welches nach *Rammelsberg* 84,33 Wismuth, 6,73 Tellur und 6,13 Schwefel enthält (Verlust 2,5).

Anm. Zu den hexagonal oder rhomboëdrisch krystallisirenden Metallen gehört auch das bei Melbourne in Australien angeblich gediegen vorgekommene, übrigens aber u. A. von *Stolba* in grossen hexagonalen Pyramiden künstlich dargestellte Z i n k , und sehr wahrscheinlich das O s m i u m , wie sich daraus vermuthen lässt, dass die Verbindungen dieses Metalls mit dem regulär krystallisirenden Iridium hexagonale Formen besitzen. *Fuchs* glaubt, dass das Roheisen gleichfalls rhomboëdrisch krystallisirt.

11. Eisen.

Das gediegene Eisen ist als tellurisches (irdisches) und meteorisches oder kosmisches (aus dem Weltenraum stammendes) zu unterscheiden, obwohl das wirkliche Vorkommen des ersteren von *Schrötter* u. A. bezweifelt wird. Die Krystallform beider ist regulär, wie die des durch Kunst dargestellten Eisens, welches zuweilen Oktaëder erkennen lässt. Das tellurische findet sich in Körnern und Blättchen, sowie derb und eingesprengt, das meteorische theils in grossen Klumpen von zackiger, zelliger und poröser Structur, theils eingesprengt in den Meteorsteinen. — Spaltb. hexaëdrisch, sehr ausgezeichnet an manchem Meteoreisen (z. B. an dem von Braunau und Seeläsgen), gewöhnlich aber wegen der feinkörnigen Aggregation und wegen der Festigkeit und Zähigkeit der Substanz nur in sehr undeutlichen Spuren bemerkbar (über das Gefüge, namentlich des Meteoreisens, vgl. *Tschermak* in Sitzgsber. d. Wiener Akad. LXX. 1874); Bruch hakig; H.=4,5; G.=7,0...7,8; stahlgrau und eisenschwarz; geschmeidig und dehnbar, sehr stark auf die Magnetnadel wirkend. — Chem. Zus.: Das tellurische Eisen ist entweder fast ganz rein, oder mit etwas Kohlenstoff und Graphit verbunden; das meteorische Eisen ist in der Regel durch einen Gehalt an Nickel (in isomorpher Mischung, meist 3 bis 8 pCt., selten bis 17 pCt. und darüber) charakterisirt und nur ausnahmsweise frei davon; das Meteoreisen von S. Catarina in Brasilien enthält nach *Damour* sogar 33,97 pCt. Nickel, ist aber nach *Daubrée* mit nickelhaltigem Magnetkies vermengt; auch sind in einigen Varietäten kleine Beimischungen von Kobalt, Chrom, Molybdän, Zinn, Kupfer und Mangan nachgewiesen worden. Geschliffene Flächen des Meteoreisens zeigen nach der Aetzung mit Säuren die sog. Widmannstätten-schen Figuren, hervorgebracht durch den abweichenden Widerstand, welchen okta-ëdrische Schalen mit verschiedenem Nickelgehalt darbieten. — Für das Vorkommen des t e l l u r i s c h e n Eisens sind besonders Mühlhausen in Thüringen (wo es *Bornemann* in Eisenkiesknollen eines zur Keuperformation gehörigen Kalksteins fand), Chotzen in Böhmen (wo es *Neumann* in knolligen Concretionen innerhalb des Pläners entdeckte, von denen *Reuss* zeigte, dass sie durch Zersetzung von Eisenkiesknollen entstanden sind), die Gegend am St. Johns River in Liberia (wo es nach *Hayes* mikroskopische Krystalle von Quarz und Magneteisenerz umschliesst, und in grosser Menge anstehen soll), Minas Geraës in Brasilien, die Platinsand-Ablagerungen des Ural und der Cordillere von Choco, sowie die Goldsand-Ablagerungen am Altai, von Montgomery Co. (Virginia) und Burke Co. (Nordcarolina) zu erwähnen. *Bahr* fand gediegenes Eisen in einem durch Sumpferz versteinerten Baume aus dem Ralångsee bei Katrineholm in Småland. Auch hat *Andrews* gezeigt, dass viele basaltische Gesteine etwas gediegenes Eisen in mikroskopisch feinen Theilen enthalten. Das M e t e o r e i s e n , welches kosmischen

Ursprungs ist, fand sich in oft sehr grossen Massen auf der Oberfläche der Erde; so z. B. die Masse von Hraschina bei Agram (71 Pfd. schwer), von Elnbogen (191 Pfd.), von Krasnojarsk (ursprünglich 1600 Pfd. schwer), vom Red-River in Louisiana (3000 Pfd.`, vom Flusse Bendegó in Brasilien (über 17000 Pfund) und die über 300 Centner schwere Masse von Olumba in Peru; kleinere Massen sind häufiger und finden sich angeblich in grosser Menge z. B. auf dem Gebirge Magura in Ungarn, bei Cobija in Südamerika, bei Toluca in Mexico, am grossen Fischflusse in Südafrika; zu den schönsten Varietäten gehören die Meteoreisenmassen von Braunau, Seeläsgen und Rittersgrün.

Anm. 1. Im Jahre 1870 sind von A. *Nordenskiöld* bei Ovifak auf der Insel Disko (Grönland), am Fusse eines Basaltrückens, lose Eisenmassen von 500, 200 und 90 Centnern Gewicht gefunden worden. Dieses Eisen ist sehr hart, verwittert aber mitunter zu einem grobkörnigen Pulver. Nach den Analysen von *Wöhler* enthält es, ausser etwas Nickel, Kobalt und Phosphor, auch 2,82 pCt. Schwefel, 3,69 Kohlenstoff und 11,09 Sauerstoff, daher *Wöhler* vermuthet, dass es aus 46,6 Eisen, 40,2 Magneteisenerz, 3,69 Kohle und 7,75 Troilit besteht. Sehr merkwürdig ist, dass auch der daneben anstehende Basalt ellipsoidische Klumpen gediegenen Eisens (bis fast zu 150 Pfd. Gewicht), sowie auch kleine Körner und Kugeln davon einschliesst. Nach allen darüber auch von *Daubrée*, *Nauckhoff*, *Tschermak*, *Steenstrup* und *Törnebohm* angestellten Untersuchungen ist es immer noch ungewiss, ob diese Eisenmassen von einem im Augenblick der Eruption in den flüssigen Basalt hineingestürzten Meteoritenschwarm herrühren, oder ob, wie die grössere Wahrscheinlichkeit lautet, dieselben tellurisches Eisen seien, welches durch den hervorbrechenden Basalt aus der Tiefe mit emporgerissen wurde, vielleicht auch erst aus dem geschmolzenen Basalt sich ausgeschieden hat. Nach K. J. v. *Steenstrup* ist bei Asuk und einigen anderen Orten in Grönland eine 50—60 Fuss mächtige Basaltablagerung von unten bis oben ganz mit Körnern metallischen Eisens erfüllt, deren einzelne Grösse bis 18 Mm. Länge reicht, welche Kobalt und Nickel halten und die Widmannstätten'schen Figuren ergeben; nach ihm kann es sich hier nur um tellurisches Eisen handeln (Z. geol. Ges. 1883. 697).

Anm. 2. Wie bereits erwähnt, ist das meteorische Eisen durch einen nicht unbedeutenden Gehalt an Nickel, oft auch von Kobalt ausgezeichnet; doch ist es nur dieser bedeutendere Gehalt, welcher dasselbe eigentlich charakterisirt, denn es sind in vielen Sorten von Roheisen und Schmiedeeisen kleine Mengen von Kobalt und Nickel nachgewiesen worden.

Anm. 3. *Berzelius* fand im Meteoreisen von Bohumilitz eine Verbindung von Eisen, Nickel und Phosphor. *Patera* hat im Meteoreisen von Arva dieselbe Verbindung gefunden; sie bildet stahlgraue, biegsame, stark magnetische Blättchen mit H. = 6,5, G. = 7,01...7,22, welche aus 87,20 Eisen, 4,24 Nickel und 7,26 Phosphor bestehen. *Haidinger* schlug dafür den Namen Schreibersit vor. Nach *Lawrence Smith* kommt dieser Schreibersit in nordamerikanischen Meteoriten nicht selten vor; drei verschiedene Analysen ergaben aber hier 56 bis 57,2 Eisen, 25,8 bis 28,0 Nickel und 13,9 bis 14,8 Phosphor, nebst ein wenig Kobalt, so dass die Zusammensetzung durch Ni^2Fe^4P dargestellt werden kann, was auch durch eine Analyse von *Stanislas Meunier* bestätigt wird. Indessen ergibt sich aus den von *Rammelsberg* zusammengestellten Analysen der verschiedenen Varietäten dieses Phosphornickeleisens, dass dasselbe in seiner Zusammensetzung sehr schwankend, und die Aufstellung einer bestimmten Formel nicht möglich ist. Daher bezweifelt auch v. *Baumhauer* die specifische Selbständigkeit des Schreibersits, in dessen Beimengung übrigens der geringe Phosphorgehalt des meisten Meteoreisens begründet ist.

12. Kupfer.

Regulär; 0, ∞O∞, ∞O, ∞O2, theils selbständig, theils combinirt; auch ∞O⅔ u. a. Pyramidenwürfel, mehre *m*O*m*; die Krystalle [1] klein und gross, meist stark ver-

---

[1] Ueber die Krystallisation des ged. Kupfers vom Oberen See vgl. *vom Rath* in Z. f. Kryst. II. 1878. 169; eine Formenübersicht veranstaltete L. *Fletcher* im Phil. Mag. (5) IX. 180. Abwechs-

zerrt, verzogen und durcheinander gewachsen; Zwillingskrystalle, Zwillingsebene eine Fläche von 0; haar-, draht- und moosförmig; staudenförmig, baumförmig, ästig, in Platten, Blechen, als Anflug, derb und eingesprengt, selten in losen Körnern und Klumpen eine grosse dergleichen Kupfermasse fand sich am Superior-See in Nordamerika, sie war 4½ F. lang und 4 F. breit): endlich bisweilen in Pseudomorphosen nach Rothkupfererz und Aragonit. — Spaltb. nicht bemerkbar, Bruch hakig; geschmeidig und dehnbar; H. = 2,5 ... 3 : G. = 8,5 ... 8,9 : kupferroth, oft gelb oder braun angelaufen. — Chem. Zus.: Metallisches Kupfer, gewöhnlich fast frei von Beimengungen : v. d. L. ziemlich leicht schmelzbar; in Salpetersäure leicht auflöslich, ebenso in Ammoniak bei Zutritt von Luft. — Neudörfel bei Zwickau, Rheinbreitbach, Westerwald, Cornwall, Fahlun, Röraas, Libethen, Schmöllnitz, Saska und Moldova, Nischne-Tagilsk, Bogoslowsk, Turjinskische Gruben, Connecticut, am Superior-See, hier in bedeutender Menge zugleich mit Silber (auf einem Gange ist einmal die colossale gediegene Kupfermasse von 45 F. Länge, 22 F. Breite und 8 F. grösster Dicke, ja in der Phönixgrube sogar eine Masse von 65 F. Länge, 32 F. Breite, und 4, stellenweise bis 7 F. Dicke vorgekommen; Japan, China, Australien, hier zumal bei Wallaroo.

43. Blei.
Regulär, doch scheint es bis jetzt noch nicht krystallisirt gefunden worden zu sein; haarförmig, drahtförmig, ästig, als Anflug, in dünnen Platten, derb und eingesprengt; dehnbar und geschmeidig; H. = 1,5; G. = 11,3 ... 11,4; das sp. Gewicht des reinen Bleis ist nach *Reich* = 11,37; bleigrau, schwärzlich angelaufen. — Chem. Zus.: Blei; v. d. L. sehr leicht schmelzbar; auf Kohle verdampft es und bildet einen schwefelgelben Beschlag; in Salpetersäure auflöslich. — Bei Alston-Moor in Cumberland mit Bleiglanz im Kalkstein, nach *Greg* und *Lettsom*, angeblich auch bei Kenmare in Irland; im Goldsande am Ural und Altai, sowie in dem von Olabpian in Siebenbürgen und Velika in Slavonien; in kleinen Platten und Körnern eingewachsen im Hornstein auf der Gr. Bogoslowskoi in der Kirgisensteppe nach v. *Kokscharow*; Mexico, bei Zomelahuacan im Staate Vera Cruz, zugleich mit Bleiglätte und Bleiglanz; in Cavitäten des Meteoreisens von Tarapaca in Chile, im Basalt-Tuff des Rautenbergs in Mähren, im Melaphyr bei Stützerbach im Thüringer Walde, nach *Zerrenner*; doch dürften etliche dieser Vorkommnisse apokryph sein. Sehr interessant und bedeutend ist das von *Igelström* nachgewiesene Vorkommen von sehr reinem gediegenem Blei auf einem dem Dolomit eingeschalteten Lager von Eisenglanz, Magneteisen und Hausmannit, bei Pajsberg in Wermland; es findet sich dort auf Spalten und Klüften dieser Erze und der sie begleitenden Mineralien (Rhodonit, Granat, Baryt u. s. w.); unter ganz ähnlichen Verhältnissen bei Nordmark, in Drähten und Blechen bis zu 900 Grm. Gewicht. Ferner findet sich ged. Blei am Berg Himendiri (West-Timor) auf Eisenglanz, sowie auf der Insel Nias an der Westküste von Sumatra.

Anm. Gediegen Zinn wird z. B. aus Cornwall und aus den Seifenwerken von Miask und Guyana erwähnt, doch sind diese Vorkommnisse sehr problematisch; auch soll nach *Forbes* in den Goldseifen des Flusses Tipuani in Bolivia bleihaltiges Zinn (79 Zinn, 20 Blei) vorkommen. Unzweifelhaft natürliches Zinn fand auch nach *Frenzel* unter Wismuthspath von Guanaxuato in Mexico. — Künstliche Krystalle von Zinn zeigen, wie *Miller* nachgewiesen hat, tetragonale Formen (P 57° 43′) und Combinationen, auch Zwillingskrystalle nach P; A.-V. = 1 : 0,3857; H. = 2, G. = mindestens 7,196. — C. O. *Trechmann* fand auf cornwaller Zinnhütten auch rhombische Krystalle von Zinn mit dem ebengenannten sehr ähnlichen A.-V. = 0,3874 : 1 : 0,3558; G. = 6,52 ... 6,56. H. v. *Foullon* untersuchte sehr sorgfältig beide Modificationen im Jahrb. geol. R.-Anst. 1884. 367. Das geschmolzene Zinn wiegt 7,2.

44. Quecksilber (Mercur).
Amorph, weil flüssig: nur in kugeligen oder in fadenförmig ausgezogenen Tropfen und geflossenen Massen: G. = 13,5 ... 13,6 (das spec. Gewicht des ganz reinen

---

lungsvoll verbundene Zwillingskrystalle vom Ohliger Zug a. d. Sieg beschrieb v. *Lasaulx* in Sitzgsber. niederrh. Ges. 3. Juli 1882. Nach *Seligmann* gewinnen die deformirten Krystalle (∞O2) von Braubach durch Verkürzung in der Richtung einer trigonalen Zwischenaxe eine anscheinend hexagonale Symmetrie, wobei daneben noch durch einseitige Verlängerung nach einer Richtung solche Gestalten eine pseudorhombische Symmetrie erlangen.

Quecksilbers bestimmte *Regnault* zu 13,596); zinnweiss, stark metallglänzend; starr bei —40° C. und dann regulär krystallisirt. — Chem. Zus.: Quecksilber, oft mit etwas Silber; v. d. L. verdampft es vollständig oder mit Hinterlassung von wenig Silber. — Mit Zinnober auf Gängen, Klüften und Höhlungen des Gesteins: Idria in Krain, Alma-den in Spanien, Mörsfeld und Moschellandsberg in Rheinbayern, Huancavelica in Peru; in Diluvialschichten bei Lissabon und Lüneburg. **Gebrauch.** Das gediegene Quecksilber liefert einen kleinen Theil dieses Metalls.

15. Silber.

Regulär; $\infty O \infty$ die gewöhnlichste Form, auch O, ∞O, 3O3, $\infty O2$ u. a. Formen, über welche *Sadebeck* gelegentlich seiner Untersuchungen über die Krystallotektonik des Silbers in *Tschermak's* Min. u. petr. Mitth. 1878. 293 eine Uebersicht gab (vgl. auch *Fletcher* im Phil. Mag. (5) IX. 180). Die Krystalle, bald mit oktaëdrischem, bald mit hexaëdrischem Habitus, sind meist klein, und oft durch einseitige Verkürzungen und Verlängerungen verzerrt; Zwillingskrystalle, Zwillingsebene eine Fläche von O; haar-förmig, drahtförmig, moosartig, zähnig, baumförmig, gestrickt, in Blechen und Platten, angeflogen, derb und eingesprengt, selten als sog. Silbersand, in sehr kleinen losen Krystallen und krystallinischen Körnern, welche reichlich mit dergleichen Krystallen von Chlorsilber gemengt sind; in Pseudomorphosen nach Bromsilber, Silberblende und Stephanit. — Spaltb. nicht bemerkbar, Bruch hakig; geschmeidig, biegsam und dehnbar; H. = 2,5 ... 3; G. = 10,1 ... 11,0 (das Normalgewicht des ganz reinen Sil-bers bestimmte *G. Rose* zu 10,52); silberweiss, oft gelb, braun oder schwarz, auch kupferroth angelaufen. — Chem. Zus.: Silber, oft mit etwas Gold, oder mit kleinen Beimengungen von Kupfer, Arsen, Antimon, Eisen; v. d. L. leicht schmelzbar; in Salpetersäure auflöslich; die Sol. gibt mit Salzsäure einen weissen voluminösen Nie-derschlag, der sich am Licht erst bläulich, dann braun und schwarz färbt. — Auf Gängen im älteren Gebirge, seltener auf Lagern: Freiberg, Schneeberg (hier ehemals auf der Grube St. Georg eine 100 Centner schwere Masse), Marienberg, Annaberg, Johanngeorgenstadt, Joachimsthal, Andreasberg, Markirchen, Kongsberg (1834 eine 7½ Centner schwere Masse; das sog. ged. Silber von hier enthält Quecksilber, z. B. nach *Flight* bald 7, bald 23 Proc.), Schlangenberg im Altai, Nertschinsk, Mexico, Chile, Peru, Californien, am Superiorsee in Nordamerika, zugleich und oft innig verwachsen mit gediegenem Kupfer, so auch nach *Wiser* am Flumser Berge in St. Gallen; der Sil-bersand nach *v. Groddeck* als Ausfüllung kleiner Drusenräume eines Ganges bei An-dreasberg.

Anm. Das sog. güldische Silber von Kongsberg ist durch seine gelbliche Farbe und den bedeutenden Gehalt von Gold ausgezeichnet; ja es finden sich dort nach *Hiortdahl* Varietäten mit 27 bis 53 pCt. Goldgehalt.

16. Arquerit, Domeyko.

Regulär; kleine Oktaëder, auch baumförmig, derb und eingesprengt; geschmeidig und streckbar; H. = 2...2,5; G. = 10,8; silberweiss. — Chem. Zus.: $Ag^{12}Hg$, mit 86,61 Silber und 13,39 Quecksilber; v. d. L. wie Amalgam. — Bildet das Haupterz der reichen Silbergruben von Arqueros bei Coquimbo in Chile; zu Kongsberg nach *Pisani*, welcher von dort auch noch eine andere krystallisirte Verbindung von 95,10 Silber mit 4,90 Quecksilber analysirte, wofür er den Namen Kongsbergit vorschlug.

17. Amalgam (Silberamalgam).

Regulär, zuweilen sehr schön krystallisirt, besonders ∞O in mancherlei Combb. mit 2O2, O, $\infty O \infty$, 30½ und $\infty O3$; auch derb, eingesprengt, in Platten, Trümern, als Anflug. — Spaltb. Spuren nach ∞O, meist nur muscheliger Bruch; etwas spröd; H. = 3...3,5; G. = 13,7...14,1; silberweiss. — Chem. Zus.: theils $AgHg$, mit 35,02, theils $Ag^2 Hg^3$, mit 26,43 pCt. Silber, ja Varietäten aus Chile enthalten sogar 43 bis 63 pCt. Silber, wie denn überhaupt nach *Kenngott* bestimmte Proportionen kaum anzu-nehmen sein dürften. Im Kolben gibt es Quecksilber und hinterlässt schwammiges

Silber, welches auf Kohle zu einer Kugel zusammenschmilzt; in Salpetersäure leicht
löslich. — Mit Zinnober und Quecksilber bei Mörsfeld und Moschellandsberg; Friedrichssegen bei Oberlahnstein (mit ca. 56 pCt. Silber), wo sich auch das sog. ged. Silber
nach *Sandberger* als Amalgam erweist; Szlana in Ungarn, Almaden in Spanien, Allemont im Dauphiné, Chañarcillo in Chile.

18. Gold.

Regulär; 0, ∞O∞, ∞0, 303, 808, ∞O2, ∞O4 und andere Formen; die
Krystalle klein und sehr klein, oft einseitig verkürzt oder verlängert, oder sonst verzerrt, daher meist undeutlich, manchfaltig gruppirt; Zwillingskrystalle, Zwillings-
Ebene eine Fläche von 0; die Zwillinge, welche ∞O2 nach diesem Gesetz bildet,
sind nach *vom Rath* in der Richtung einer trigonalen Axe verkürzt und erscheinen als
sehr regelmässige hexagonale Pyramiden; haarförmig, drahtförmig, baumförmig, gestrickt, moosförmig, in Blättchen und Blechen, in welchen eine Oktaëderfläche, die
zugleich Zwillingsfläche ist, die Ausdehnung bedingt. Die nadel- und drahtförmigen
Gestalten von Vöröspatak sind nach *vom Rath* auf eigenthümliche Durchwachsungszwillinge des Hexaëders zurückzuführen, welche nach einer Kante zwischen ∞O∞
und O linear ausgedehnt sind, während die terminale Zuspitzung gewöhnlich durch
∞O2 gebildet wird[1]. Sehr häufig eingesprengt, oft in mikroskopischen Theilchen; als
Ueberzug von Eisenspathkrystallen (bei Corbach in Hessen); secundär als Goldstaub,
Goldsand, in losen Körnern, Blechen und Klumpen; einer der grössten bekannten
Goldklumpen von 36 Kilogr. oder 87 russ. Pfd. ist bei Miask, ein anderer von 106 Pfd.
in Australien, ein noch grösserer von 161 Pfd. (einschliesslich 20 Pfd. Quarz) in Ober-
Californien, die grössten aber von 190 und 210 sowie von 237 und 248 Pfd. sind
nach *Brough Smyth* bei Ballarat und im District Donolly in Australien vorgekommen.
— Spaltb. nicht bemerkbar, Bruch hakig; H. = 2,5...3; G. = 15,6...19,4 (mit zunehmendem Silbergehalt leichter; das Normalgewicht des reinen Goldes ist nach *G.
Rose* = 19,37), durch Poren und Höhlungen erscheint es oft weit geringer; goldgelb
bis messinggelb und speisgelb, je silberhaltiger, desto lichter; äusserst dehnbar und
geschmeidig. — Chem. Zus.: Gold mit mehr oder weniger Silber, welches in schwankenden Verhältnissen, von 1 bis fast zu 40 pCt. nachgewiesen worden ist; Spuren
von Kupfer und Eisen sind ebenfalls fast stets vorhanden, wie denn überhaupt ganz
reines Gold nicht vorzukommen scheint. Die Ansicht, dass Gold und Silber in bestimmten stöchiometrischen Verhältnissen verbunden seien, ist durch die Arbeit von
G. Rose, sowie durch die Analysen von *Awdejew* und *Domeyko* widerlegt worden. V.
d. L. leicht schmelzbar; das reine Gold bleibt mit Phosphorsalz ganz unverändert und
lässt die Perle klar und durchsichtig, silberhaltiges Gold dagegen färbt das Salz im
Red.-F. gelb und macht es undurchsichtig. Wenn das Gold nur bis 20 pCt. Silber
hält, wird es durch Salpetersalzsäure leicht aufgelöst, wobei Chlorsilber zurückbleibt; bei
grösserem Silbergehalt schmilzt man es mit Blei zusammen und behandelt die Legirung
mit Salpetersäure, in welcher das Silber mit dem Blei aufgelöst wird. — Gold findet
sich theils auf ursprünglicher Lagerstätte, auf Gängen, Lagern oder eingesprengt in Gebirgsgesteinen (Ungarn, Siebenbürgen, Salzburg, Wicklow in Irland, Leadhills in Schott-

---

[1] Nachdem schon 1831 *G. Rose* zur Kenntniss der Krystallformen des Goldes sehr viel bei-
getragen (Ann. d. Phys. u. Ch., Bd. 23, S. 196), hat *G. vom Rath* später namentlich über die nadel-,
zahn- und haarförmigen Goldkrystallisationen Untersuchungen angestellt (Z. f. Kryst. 1877. 1).
Die Formen, Verzerrungen und Wachsthumsverhältnisse der ged. Goldes von Syssersk im Ural
schilderte *Helmhacker* in Min. Mitth. 1877. 1, wobei ganz irrthümlich die gewöhnliche Zwillingsbildung nach O zum Nachweis einer vermeintlichen Hemiëdrie benutzt wird; vgl. auch *Fletcher*
im Phil. Mag. (5) IX. 180 und insbesondere noch *Werner* in N. J. f. Min. 1881. I. 1. — *T. Egelston*
ist der Ansicht, dass die gröberen Goldkörner und Goldklumpen der Seifenablagerungen nicht,
wie die gewöhnliche Auffassung lautet, als unmittelbare Producte der mechanischen Aufbereitung
primärer goldhaltiger Lagerstätten gelten können, sondern ursprünglich in Gestalt fein zerriebe-
ner Partikelchen vorhanden gewesen, und erst später durch nasse chemische Processe zu jenen
concretionären Gebilden zusammengeballt worden seien.

land, Beresowsk, Mexico, Peru, Brasilien, Nord- und Südcarolina, Neuschottland, Californien), theils auf secundärer Lagerstätte, als Waschgold, im Goldseifengebirge und im Sande vieler Flüsse (am Ural und Altai, neuerdings auch in Lappland, in Brasilien, Mexico, Peru, Guyana, Californien, Oregon, Victorialand und Neu–Süd–Wales in Australien, auf St. Domingo, Borneo, im Binnenlande und in einigen Küstenstrichen Afrikas; Donau, Rhein, Isar, Edder, Schwarza, Gölzsch, Striegis).

Anm. 1. Das speisgelbe Gold mit einem Silbergehalt über 20 pCt. und einem G.= 11,1...11,6 wird von mehren Mineralogen unter dem Namen E l e k t r u m von den übrigen Varietäten des Goldes abgesondert. *Kenngott* machte den Vorschlag, die Grenzen des Begriffs Elektrum gegen Gold mit 15 pCt. Silber, und gegen Silber mit 37,8 pCt. Gold festzustellen.

Anm. 2. P o r p e z i t (Palladiumgold) hat man nach der Gegend des Vorkommens, der Capitania Porpez in Brasilien, eine Gold-Varietät genannt, welche ausser 4 pCt. Silber auch fast 10 pCt. Palladium enthält. Eine von *Del Rio* angeführte Verbindung von Gold mit 34 bis 43 pCt. Rhodium, das R h o d i u m g o l d, vom G.= 13,5...16,8, ist ihrer Existenz nach zweifelhaft.

Anm. 3. In Columbien, Prov. Choco, kommen mit dem Platin kleine, weisse, leicht zerdrückbare Kugeln eines G o l d a m a l g a m s vor, welches nach *Schneider* 38,4 Gold, 5 Silber und 57,4 Quecksilber enthält. Nach *Schmitz* findet sich Goldamalgam an vielen Punkten Californiens; eine Var. von Mariposa, vom G.= 15,47, besteht nach *Sonnenschein* aus 39 Gold und 61 Quecksilber, ist also Au²Hg³.

19. Platin.

Regulär; kleine hexaëdrische Krystalle, recht selten, äusserst selten Oktaëder; *Jeremejew* fand auch an Krystallen aus den Sanden des Urals ∞O, die Pyramidenwürfel ∞O⅔, ∞O⅘, ∞O2, ∞O3, sowie Zwillinge nach O; gewöhnlich nur in kleinen, platten oder stumpfeckigen Körnern mit glatter, glänzender Oberfläche, selten grössere Körner und rundliche Klumpen von eckig-körniger Zusammensetzung (die grössten bekannten Klumpen wiegen 8,33 und 9,62 Kilogr.). Spaltb. fehlt, Bruch hakig; geschmeidig und dehnbar; H.= 4,5...5; G.= 17...18, nach *Jeremejew* 14,22...14,32 für die dunkelsten, und 16,77...17,58 für die hellsten Abänderungen; nach *Hare* ist das Gewicht des reinen Platins im geschmolzenen Zustand= 19,7, gehämmert bis 21,23; stahlgrau in silberweiss geneigt; bisweilen etwas magnetisch. — Chem. Zus.: Platin, doch niemals ganz rein, in der Regel mit 5 bis 13 pCt. Eisen, mit etwas Iridium, Rhodium, Palladium, Osmium und Kupfer verbunden. Höchst strengflüssig; löslich in Salpetersalzsäure; die Sol. gibt mit Salmiak ein citrongelbes Präcipitat von Platinsalmiak, welcher sich durch Glühen in Platinschwamm verwandelt. — Das Platin findet sich meist in losen Körnern, sehr selten in Körnern, die mit Chromeisen verwachsen oder in Serpentin eingewachsen sind, und gewöhnlich in Begleitung von Gold, Osmiridium, Iridium, Palladium, Chromeisen, Magneteisen, Zirkon, Korund, bisweilen auch von Diamant. So z. B. in grosser Verbreitung, doch minder häufig und zugleich mit Gold, im Diluvialsande fast aller Thäler auf dem Ostabfall des Ural, bei Bogoslowsk, Kuschwinsk, hier reichlicher, Newjansk, Miask; aber auch auf dem Westabfall bei Bissersk und in grösster Menge bei Nischne - Tagilsk, wo es, wie *Daubrée* darthat, ursprünglich mit Chromeisen in einem zu Serpentin veränderten Olivingestein eingewachsen war. Aehnlich ist das Vorkommen in den Provinzen Choco und Barbacoas der Republik Neugranada, in Brasilien und auf St. Domingo, sowie in Californien, am Rogue–River in Oregon, in Canada und auf der Insel Borneo. Bei Santa Rosa in Antioquia (Neugranada) soll es nach *Boussingault* mit Gold auf Gängen von Quarz und Brauneisen vorkommen, so auch nach *Helmersen* auf den Goldgängen von Beresowsk, dagegen nach *Jervis*, ohne Begleitung von Gold, auf einem aus Quarz, Brauneisen, Pyrit und Letten bestehenden Gang in Neugranada zwischen den Flüssen Cauca und Medellin; auch hat *Gueymard* in Fahlerzen, Bournoniten und Zinkblenden, ja sogar in verschiedenen Gesteinen mehrer Punkte der französischen Alpen einen Platingehalt nachgewiesen.

Gebrauch. Aus dem natürlichen Platin, welches *Hausmann* wegen seiner vielfachen Beimischungen P o l y x e n nennt, wird das reine Platin gewonnen, welches bekanntlich mancherlei sehr wichtige Anwendungen findet, namentlich zur Herstellung von Gefässen für chemische und physikalische Zwecke.

20. Eisenplatin, *Breithaupt.*

Regulär; Hexaëder, meist nur in kleinen Körnern; selten in grösseren Massen; Spaltb. fehlt; Bruch hakig; geschmeidig; H. $= 6$; G. $= 14,0...15,0$; dunkel stahlgrau, stark und bisweilen polar-magnetisch. — Chem. Zus.: Platin mit bedeutendem Gehalt von Eisen; dahin gehört vielleicht das von *Berzelius* analysirte, mit 11 bis 13 pCt. Eisen, von welchem *Svanberg* glaubt, dass es $FePt^2$ sei; sicher sind wohl hierher die durch *v. Muchin* analysirten Varietäten vom G. $= 13,35...14,82$ zu rechnen, welche 15 bis 19 pCt. Eisen enthielten. — Nischne-Tagilsk am Ural.

Anm. Der starke Magnetismus allein scheint das Eisenplatin noch nicht zu charakterisiren, denn *v. Muchin* fand Körner von Nischne-Tagilsk, welche bei einem Gehalt von 11 bis 19 pCt. Eisen dennoch nicht magnetisch waren, während andere magnetische Körner 15,5 bis 19 pCt. Eisen enthielten.

21. Platiniridium.

Kleine rundliche Körner, von G. $= 16,94$ und silberweisser Farbe. — Chem. Zus. nach der Analyse von *Svanberg*: 55,44 Platin, 27,79 Iridium, 6,86 Rhodium, 4,14 Eisen, 3,80 Kupfer und 0,49 Palladium; ist vielleicht nur als ein sehr iridiumreiches Platin zu betrachten und mit diesem zu vereinigen. — Brasilien.

22. Iridium.

Regulär; sehr kleine lose Krystalle der Comb. $\infty O\infty.O$ und kleine abgerundete Körner; nach *Jeremejew* kommen an den Krystallen, welche viel regelmässiger als diejenigen des Platins entwickelt sind, auch polysynthetische Zwillingsbildungen nach O vor. Doch scheint das Iridium dimorph zu sein, da es im Osmiridium und Iridosmium hexagonal auftritt (vgl. Palladium). — Spaltb. Spuren nach den Flächen des Hexaëders, Bruch uneben und hakig; wenig dehnbar; H. $= 6...7$; G. $= 22,6...22,8$ nach *G. Rose*, 21,57...23,46 nach *Breithaupt*; silberweiss, auf der Oberfläche gelblich, im Inneren graulich; starker Metallglanz. — Chem. Zus. einer Varietät nach *Svanberg*: 76,85 Iridium, 19,64 Platin, 1,78 Kupfer und 0,89 Palladium; v. d. L. ist es unveränderlich, und in Säuren, sogar in Salpetersalzsäure unauflöslich. — Nischne-Tagilsk und Newjansk am Ural, Ava in Ostindien.

23. Osmiridium, *Hausm.,* oder Newjanskit, *Haid.* (Lichtes Osmiridium, *Rose*).

Hexagonal; P $127° 36'$ nach *G. Rose*; A.-V. $= 1 : 1,6287$; Combb. $0P.\infty O P$ und $0P.P.\infty P$; wird auch als rhomboëdrisch angegeben; die Krystalle lose, tafelartig und sehr klein, gewöhnlich in kleinen platten Körnern. — Spaltb. basisch, ziemlich vollk.; dehnbar in geringem Grade, fast spröd; H. $= 7$; G. $= 19,38...19,47$; zinnweiss. — Chem. Zus.: Mischungen von Iridium und Osmium im gleichen Atomverhältniss, oder von Osmium mit vorwaltendem Iridium, ausserdem Rhodium- und Ruthenium-haltig. *Berzelius* untersuchte eine Varietät mit 49,34 Osmium und 46,77 Iridium ($IrOs$), eine andere mit 55,24 Iridium und 27,32 Osmium (10,08 Platin), *Deville* und *Debray* eine mit 70,36 Iridium und 23,04 Osmium; die letztere ist Ir^3Os; v. d. L. ist es unveränderlich; von Salpetersäure wird es nicht angegriffen; im Kolben mit Salpeter geschmolzen entwickelt es Osmiumdämpfe und gibt eine grüne Salzmasse, welche mit Wasser gekocht blaues Iridiumoxyd hinterlässt. — Kuschwinsk und Newjansk am Ural, Brasilien.

24. Iridosmium, oder Sysserskit, *Haidinger* (Dunkles Osmiridium).

Hexagonal; nach *Zenger* rhomboëdrisch mit R $= 84° 23'$; in kleinen lamellaren Krystallen und in Körnern von derselben Form und Spaltbarkeit wie das Osmiridium. H. $= 7$; G. $= 21,1...21,2$; bleigrau. — Chem. Zus. nach den Analysen von *Berzelius*: theils $Ir Os^3$ mit 24,76 pCt., theils $Ir Os^4$ mit 19,79 pCt. Iridium; v. d. L. auf Kohle wird es schwarz und riecht sehr stark nach Osmium; die Weingeistflamme macht es stark leuchtend und färbt sie gelblichroth; auf Platinblech erhitzt gibt es nach *Genth* starken Geruch nach Osmium, und gelbe und blaue Anlauffarben. — Am Ural bei Syssersk u. a. O. mit Osmiridium, doch weniger häufig; auch in Californien.

Anm. Iridium und Osmium mischen sich überhaupt in ganz variabeln Verhältnissen miteinander.

25. Palladium.

Dimorph: Regulär nach *Haidinger*; die Krystalle sind sehr kleine Oktaëder, häufiger in kleinen losen Körnern, welche nach *Wollaston* zuweilen radial-faserig sein sollen. — Spaltb. unbekannt; dehnbar; H. = 4,5...5; G. = 11,8...12,2; licht stahlgrau. — Chem. Zus.: Palladium mit etwas Platin und Iridium; v. d. L. unschmelzbar; in Salpetersäure löslich, die Solution roth. — Mit Platin u. s. w. in Brasilien.

Das von *Zincken* bei Tilkerode entdeckte Palladium (Allopalladium von *Dana* genannt) findet sich aber in sehr kleinen, stark glänzenden und nach den Seitenflächen vollk. spaltbaren hexagonalen Tafeln. Weil das dimorphe Palladium mit den meisten anderen Platinmetallen isomorphe Mischungen bildet, ist es sehr wahrscheinlich, dass diese auch dimorph sind: Platin und Iridium sind nur regulär, die Osmium-Iridium-Mischungen nur hexagonal bekannt[1]).

Gebrauch. Das Palladium wird bisweilen bei astronomischen und physikalischen Instrumenten angewendet.

Zweite Classe: Schwefel- (Selen-, Tellur-, Arsen-, Antimon- und Wismuth-) Verbindungen.

Die Mineralien dieser Classe pflegte und pflegt man nach ihren äusseren Eigenschaften einzutheilen in:

1) **Kiese** (Pyritoide), Schwefel-, Arsen- und Antimon-Metalle, von metallischem Habitus, und meist gelber, weisser oder rother, selten grauer oder schwarzer Farbe; spröd, mit Ausnahme des Buntkupferkieses; Härte meist grösser als die des Kalkspaths, bis zu jener des Feldspaths.

2) **Glanze** (Galenoide), Schwefel-, Selen- und Tellur-Metalle von metallischem Habitus und meist grauer und schwarzer, selten von weisser oder tombackgelber Farbe; mild oder geschmeidig, selten etwas spröd; Härte bis zu der des Kalkspaths, selten etwas darüber.

3) **Blenden** (Cinnabarite), Schwefelmetalle von nicht-metallischem oder nur halb-metallischem Habitus, pellucid (mit sehr wenigen Ausnahmen); Diamant- bis Perlmutterglanz, z. Th. metallähnlich; mild oder wenig spröd (mit Ausnahme der Zinkblende); Härte meist geringer als die des Kalkspaths, selten bis zu der des Flussspaths.

Einfache Sulfide

nebst Seleniden, Telluriden, Arseniden, Antimoniden, Bismutiden.

26. Eisenkies, Pyrit, Schwefelkies.

Regulär und zwar parallelflächig-hemiëdrisch; gewöhnliche Formen: ∞O∞ bei weitem vorwaltend, O, $\frac{\infty O2}{2}$, auch $\left[\frac{3O\frac{2}{2}}{2}\right]$, $\left[\frac{4O2}{2}\right]$, 2O2 u. a.; manchfaltige Combinationen, wie denn z. B. die sämmtlichen auf S. 43 und 44 dargestellten Figuren 63 bis 70 verschiedene Combb. des Eisenkieses zeigen; auch Zwillingskrystalle, namentlich Durchkreuzungs-Zwillinge, wie z. B. von zwei Pentagon-Dodekaëdern Fig. 167, S. 103; das Rhomben-Dodekaëder findet sich sehr selten selbständig. Einige andere Formen sind nachstehend abgebildet.

---

1) Die von *L. Bourgeois* künstlich dargestellten hexagonalen Kryställchen von Zinnsäure enthielten immer anstatt des Zinns eine kleine Menge stellvertretenden Platins, weshalb auch eine tetragonale Form des letzteren wahrscheinlich wird.

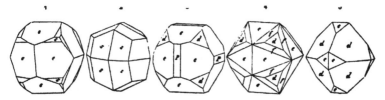

Fig. 1. $\dfrac{\infty O2}{2} \cdot \left[\dfrac{102}{2}\right]$; die Zuspitzungsflächen s sind Trapeze.

Fig. 2. $\left[\dfrac{102}{2}\right]$; dieses parallelkantige Dyakis-Dodekaëder bisweilen selbständig.

Fig. 3. $\dfrac{\infty O2}{2} \cdot O \cdot \infty O \infty$; Elba und Traversella.

Fig. 4. $\dfrac{\infty O2}{2} \cdot O \cdot \left[\dfrac{30\frac{3}{2}}{2}\right]$; auf Elba sehr gewöhnlich.

Fig. 5. $O \cdot \dfrac{\infty O2}{2}$; eine ziemlich häufige Combination.

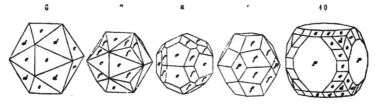

Fig. 6. Die Comb. wie Fig. 5, doch sind die Flächen des Dodekaëders und Oktaëders im Gleichgewicht, weshalb die Form wie ein Ikosaëder erscheint.

Fig. 7. $\dfrac{\infty O2}{2} \cdot \left[\dfrac{30\frac{3}{2}}{2}\right]$; eine nicht selten vorkommende Combination.

Fig. 8. Die Comb. derselben beiden Formen, welche sich jedoch nicht in gleicher, sondern in v e r w e n d e t e r Stellung befinden.

Fig. 9. $\left[\dfrac{30\frac{3}{2}}{2}\right] \cdot \infty O \infty$; dem Triakontaëder der Geometrie einigermaassen ähnlich.

Fig. 10. $\infty O \infty \cdot O \cdot 2 O 2 \cdot \left[\dfrac{102}{2}\right] \cdot \dfrac{\infty O2}{2}$; interessant durch ihre Zonen.

  Welchen Reichthum an Formen und Combinationen der Eisenkies besitzt, dies hat *Strüver* in einer vortrefflichen Abhandlung gezeigt. Man kannte bis dahin, ausser den drei Grenzformen $\infty O \infty$, O und ∞O (letztere selbständig zu Freiberg), schon 13 Pentagon-Dodekaëder, 3 Ikositetraëder, 1 Triakisoktaëder und 9 Dyakis-Dodekaëder; dazu hat *Strüver* an den Krystallen von Traversella, Brosso und Elba noch 10 Pentagon-Dodekaëder, 4 Ikositetraëder, 2 Triakisoktaëder und 8 Dyakis-Dodekaëder nachgewiesen, so dass die Zahl aller bekannten Formen 53 betrug; er beschreibt 87 verschiedene Combinationen, unter denen 2- bis 4zählige am häufigsten vorkommen[1]). Später hat *Helmhacker* an den Krystallen von Waldenstein in Kärnten noch 2 Ikositetraëder, 2 Pentagon-Dodekaëder und 6 Dyakis-Dodekaëder neu aufgefunden (*Tschermak*'s Min. Mitth. 1876. 21). Er veranstaltete auch eine allgemeine Uebersicht über die verschiedenen Gestalten, nach welcher noch durch *v. Zepharovich* das Triakisoktaëder

---

1) *Strüver*'s Abhandlung erschien in den Denkschriften der Turiner Akademie, aber auch selbständig unter dem Titel: Studi sulla mineralogia italiana, Pirite del Piemonte e dell' Elba, Torino 1869. Sehr nützliche Zusammenstellungen und Winkeltabellen gab *v. Kokscharow* im VII. Bande seiner Materialien zur Mineralogie Russlands.

$\frac{2}{3}$O, durch *v. Kokscharow* das Dyakis-Dodekaëder $\frac{2}{3}$O$\frac{2}{3}$, sowie durch *Groth* die Dyakis-Dodekaëder $\frac{1}{3}$O2, $\frac{3}{2}$O$\frac{3}{2}$, 30$\frac{3}{5}$ und 70$\frac{7}{3}$ bekannt wurden, so dass sich augenblicklich mit Ausschluss der ungewissen die Zahl der festgestellten Formen auf 69 beläuft.

Die Krystalle sind gross bis sehr klein, oft einzeln eingewachsen, auch in Drusen, und zu mancherlei Gruppen vereinigt; die Flächen des Hexaëders sind sehr häufig ihren abwechselnden Kanten, die Flächen des Oktaëders ihren Combinationskanten mit dem gewöhnlichen Pentagon-Dodekaëder, und die Flächen dieses Dodekaëders ihren Höhenlinien parallel gestreift. Der Pyrit findet sich ferner kugelig, traubig, nierförmig, knollig, in organischen Formen, am häufigsten jedoch derb und eingesprengt; endlich in Pseudomorphosen nach Magnetkies, Markasit, Arsenkies, Kupferkies und Kupferschwärze; auch nach Quarz, Fluorit, Aragonit, Calcit, Dolomit, Silberglanz, Stephanit, Polybasit und Silberblende. Vielfach zu Brauneisenstein verändert; über den merkwürdig regelmässigen Gang, welchen diese Umwandlung an Krystallen einschlägt, vgl. *Eug. Geinitz* im N. Jahrb. f. Miner., 1876. 178. — Spaltb. hexaëdrisch, meist nur sehr unvollk. und kaum in Spuren bemerkbar, Bruch muschelig bis uneben; spröd; H. = 6...6,5; G. = 4,9...5,2; Krystalle von sehr vielen Fundorten ergaben nach *Kenngott* und *v. Zepharovich* als die Grenzen des sp. Gew. 5,0 und 5,2; durch innige Beimengung von Quarz, oder bei begonnener Zersetzung sinkt es bis auf 4,8 und 4,7 herab; speisgelb, zuweilen in goldgelb geneigt, oft braun, selten bunt angelaufen, Strich bräunlichschwarz; wirkt nicht auf die gewöhnliche, und nur schwach auf die astatische Magnetnadel. Der Eisenkies ist thermoelektrisch; *G. Rose* hat unter Beihülfe von *Groth* die schon früher von *Hankel* und *Marbach* gemachte Beobachtung, dass sich die verschiedentlich gestalteten Krystalle in thermoelektrischer Hinsicht als positive und negative unterscheiden, in umfassender Weise weiter verfolgt, und ist dabei zu dem allgemeinen Resultat gelangt, dass sich die Krystallformen als solche e r s t e r (+) und z w e i t e r (—) Stellung bestimmt unterscheiden lassen, je nachdem ihre Flächen durch Erwärmung p o s i t i v oder n e g a t i v elektrisch werden. So findet sich ∞O∞ häufiger bei positiven, als bei negativen Krystallen, während sich O umgekehrt verhält, das gewöhnliche Pentagon-Dodekaëder aber gleich häufig bei positiven, wie bei negativen Krystallen erscheint (Monatsber. der Berl. Akad. der Wiss., 1870, 327) [1]. — Chem. Zus.: Doppeltschwefeleisen, das Ferrisulfid **Fe**S², mit 46,63 Eisen und 53,37 Schwefel, zuweilen goldhaltig oder silberhaltig, nicht selten kupferhaltig, manganhaltig oder mit Spuren von Kobalt, Arsen und Thallium; im Kolben gibt er freien Schwefel und etwas schweflige Säure, worauf er sich wie Magnetkies verhält; Salpetersäure löst ihn unter Abscheidung von Schwefel, während ihn Salzsäure fast gar nicht angreift. — Eines der am allgemeinsten verbreiteten metallischen Mineralien; schöne Varr. finden sich u. a. auf Elba, bei Traversella und Brosso in Piemont, am Gotthard, im Binnenthal in Wallis, Waldenstein in Kärnten, bei Schemnitz, Freiberg, Potschappel unweit Dresden, Dillenburg, Grossalmerode, Vlotho und Minden, Arendal, Fahlun, Beresowsk, bei Rossie, Johnsburgh und Chester in New-York.

Gebrauch. Der Eisenkies wird für sich nur zur Gewinnung von Eisenvitriol, Alaun, Schwefelsäure und Schwefel benutzt, wobei die Rückstände als gelbe und rothe Farben oder auf einen Kupfergehalt verwerthet werden; bei manchen Hüttenprocessen bildet er einen wichtigen Zuschlag und der goldhaltige wird auch auf Gold verarbeitet.

27. Markasit, *Haidinger* (Strahlkies, Wasserkies).

Rhombisch; ∞P (*M*) 106° 5', $\frac{1}{2}$P̆∞ (*r*) 136° 54', P̆∞ (*l*) 80° 20', P̆∞ (*g*) 64°

---

[1] Doch sind diese Resultate von *G. Rose* durch die Untersuchungen von *Schrauf* und *E. Dana* wieder zweifelhaft geworden, welche darthaten, dass auch der regulär-holoëdrische Bleiglanz und der (freilich später von *Fletcher* als hemiëdrisch erkannte) Tesseralkies, sowie Danait und Glaukodot + und — Varietäten haben, diese Differenz daher hier n i c h t durch Hemiëdrie erzeugt sein kann; anderseits konnte an ausgezeichnet hemiëdrischen Kupferkiesen und Fahlerzen keine Variation ± aufgefunden werden; sie sind geneigt, jenen Gegensatz durch einen Unterschied in der Dichte zu erklären (Sitzungsber. d. Wiener Akad., 12. März 1874), was auch *Fletcher* für wahrscheinlich hält; vgl. auch *M. Bauer* in Z. d. geol. Ges., 1875. 248; *Fletcher*, Z. f. Kryst. VI. 1882. 20.

52' nach *Miller*; Combinationen verschieden, indem ausser den genannten Formen besonders noch P und 0P auftreten. A.-V. $= 0{,}7519 : 1 : 1{,}1845$. Nach *Sadebeck* misst ∞P 105° 5', P̌∞ 78° 2' und ist das A.-V. $= 0{,}7661 : 1 : 1{,}2341$.

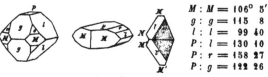

$$
\begin{aligned}
M : M &= 106^\circ\ 5' \\
g : g &= 115\ \ 8 \\
l : l &= 99\ 10 \\
P : l &= 130\ 10 \\
P : r &= 158\ 27 \\
P : g &= 122\ 26
\end{aligned}
$$

P̌∞.P̌∞.∞P.0P.P	0P.∞P.P̌∞.$\frac{1}{2}$P̌∞	Speerkies-
l *g* *M P c*	*P* *M l* *r*	Zwilling.

Die Krystalle erscheinen entweder tafelartig oder schmal säulenförmig oder pyramidal; die Comb. Fig. 1 ist nicht unähnlich einer regulären Comb. von $0.\infty0.\infty0\infty$. Zwillingskrystalle häufig, einestheils nach einer Fläche von ∞P (S p e e r k i e s, wobei die Flächen der Brachydomen nebst der Basis sich sehr stark ausdehnen und die einspringenden Winkel der Flächen des Zwillingsprismas sowie der Pyramide ganz oder zum grossen Theil verdecken) — anderentheils seltener nach einer Fläche von P̌∞; bei Vierlingen von Littmitz und Altsattel fand *Groth* zwei Individuen nach P̌∞ verwachsen, während mit jedem derselben noch ein Krystall nach ∞P verwachsen ist ; auch kammförmige Gruppen (K a m m k i e s, durch repetirte Zwillingsbildung ebenfalls nach ∞P gebildet, wobei ∞P und P̌∞ gewöhnlich im Gleichgewicht stehen). Ferner kugelige, traubige, nierförmige, stalaktitische, knollige Gruppen, und Aggregate von radial stängeliger und faseriger, oder von dichter Zusammensetzung (S t r a h l k i e s und L e b e r k i e s); in Pseudomorphosen zumal nach Magnetkies und Pyrit, auch nach Eisenglanz, Fluorit, Baryt, Calcit, Dolomit, Wolfram, Galenit, Silberglanz, Stephanit, Miargyrit, Silberblende, Kupferkies, Magnetkies; häufig derb und eingesprengt, und nicht selten als Vererzungsmittel in organischen Formen. — Spaltb. prismatisch nach ∞P undeutlich, Spuren nach P̌∞, Bruch uneben; spröd; H.$= 6 \ldots 6{,}5$; G.$= 4{,}65 \ldots 4{,}88$; graulich speisgelb, bisweilen fast grünlichgrau; anlaufend, Strich dunkel grünlichgrau. — Chem. Zus. wesentlich übereinstimmend mit der des Eisenkieses, also (rhombisches) $Fe\,S^2$, mit $46{,}63$ Eisen und $53{,}37$ Schwefel; er ist gewöhnlich der Verwitterung und Vitriolescirung sehr stark unterworfen, wobei auch etwas Schwefelsäure entsteht; nach *Plattner* zeigt der Leberkies eine kleine Beimischung von Schwefelkohlenstoff. V. d. L. und gegen Säuren verhält er sich wie Pyrit. — Clausthal, Zellerfeld; Littmitz und Przibram; Freiberg; Schemnitz; Derbyshire; im Kreidemergel von Folkestone und Misdroy (Wollin); überhaupt nicht selten.

A n m. 1. Nicht selten sind Krystalle von Markasit und Eisenkies mit einander regelmässig verwachsen, und zwar dergestalt, dass sie offenbar als g l e i c h z e i t i g gebildet gelten müssen, wie *Kenngott* gezeigt hat und auch von *Wöhler* angenommen wurde; nach *Sadebeck* erfolgt die Verwachsung nach zwei Gesetzen: 1) die Verticalaxe und eine Zwischenaxe ($a\,b$) des Markasits fallen mit zwei Hauptaxen des Eisenkies zusammen; 2) die Verticalaxe des Markasits fällt mit einer Hauptaxe des Eisenkies, die Brachydiagonale a mit einer rhombischen Zwischenaxe des letzteren zusammen.

A n m. 2. *Breithaupt* und *Glocker* unterscheiden noch den W e i c h e i s e n k i e s oder W a s s e r k i e s, welcher dem Leberkies sehr ähnlich ist, aber die Härte 3...4, das Gewicht 3,3...3,5 hat, und chemisch gebundenes Wasser halten soll. In Betreff des Leberkieses (oder H e p a t o p y r i t s) aber, welcher bei Freiberg in so schönen und grossen Pseudomorphosen nach Magnetkies vorkommt, hebt es *Breithaupt* hervor, dass er noch zu wenig beachtet worden sei. Dieser Kies hat nur schwachen Metallglanz, und meist eine schmutzig speisgelbe fast graue Farbe; dabei ist er im Bruch theils muschelig, theils uneben von sehr feinem Korn, bisweilen so dicht, wie ein amorphes Mineral. Die in der Braunkohle voıkommenden enthalten nach *Lampadius* etwas Schwefelkohlenstoff; in anderen ist Thallium nachgewiesen; ihr sp.

Gew. sinkt bisweilen auf 4,2. — *Breithaupt's* Kyrosit von der Grube Briccius bei Annaberg dürfte wohl nur ein 4,5—2 pCt. Kupfer und ca. 4 pCt. Arsen haltender Speerkies sein.

Anm. 3. Unter dem Namen Kausimkies oder Lonchidit (vgl. Anm. unten) hat *Breithaupt* einen Markasit eingeführt, welcher nach *Plattner* etwas über 4 pCt. Arsen enthält. Seine Formen sind ähnlich denen des Markasits ∞P 104° 24', P̆∞ 79° 44'; die Krystalle sind stets Zwillinge und Drillinge wie die des Speerkieses; G. = 4,92...5,00; zinnweiss, zuweilen bunt oder grünlichgrau angelaufen, überhaupt ganz ähnlich dem Arsenkies. Grube Kurprinz bei Freiberg auf Kupferkies, Schneeberg, Cornwall. *Breithaupt* bemerkt, dass überhaupt viele, und namentlich die auf Baryt und Flussspath vorkommenden Eisenkiese bis 4 pCt. Arsen enthalten.

Gebrauch. Alle diese Kiese werden hauptsächlich zur Darstellung von Eisenvitriol und Schwefelsäure benutzt.

28. Arsenkies oder Arsenopyrit, *Glocker* (Arsenikkies, Misspickel).

Rhombisch[1]); ∞P (*M*) 111° 12', ½P̆∞ (*r*) 146° 28', ¼P̆∞ (*n*) 117° 52', P̆∞ (*l*) 79° 22', P̆∞ (*g*) 59° 12' nach *Miller*; doch schwanken die Winkel etwas, wie sich insbesondere aus Messungen von *Breithaupt* und *v. Zepharovich*, namentlich auch aus denen von *Arzruni* ergibt, welcher ∞P an den verschiedenen Fundpunkten zwischen 110° 49' und 112° 17' liegend befand; nach *Hare* ist an den Krystallen von Reichenstein ∞P = 111° 28', nach *Rumpf* an denen von Schladming dieses Prisma = 112° 23'; A.-V. = 0,6851 : 1 : 1,1859; *Arzruni* befand den relativen Werth der Axe *a* zwischen 0,6777 und 0,6896; gewöhnliche Combb. ∞P.½P̆∞, wie die erste Figur, und dieselbe mit P̆∞; die Flächen von ½P̆∞ horizontal gestreift; Zwillingskrystalle namentlich nach zwei verschiedenen Gesetzen; bei dem ersten ist eine Fläche von ∞P, bei dem anderen häufigeren eine Fläche von P̆∞ die Zwillings-Ebene, weshalb im letzteren Falle die Verticalaxen beider Individuen den Winkel von 59° 12' bilden; die Nichtexistenz eines dritten, von *Gamper* angegebenen Gesetzes, wobei ¼P̆∞ Zwillingsebene sein sollte, wurde durch *Arzruni* erwiesen.

Fig. 1. ∞P.½P̆∞; sehr gewöhnlich, das Prisma oft verlängert; die charakteristische Streifung des Brachydomas ist auf einer seiner Flächen angedeutet.

Fig. 2. P̆∞.P̆∞.½P̆∞; erscheint fast wie eine rectanguläre Pyramide.

Fig. 3. ∞P.½P̆∞.P̆∞; das Prisma ist noch viel länger als im Bilde.

Fig. 4. ∞P.½P̆∞.P̆∞; auch am Kobaltarsenkies; oft auch mit P̆∞.

Fig. 5. Zwillingskrystall der Comb. 4 nach dem ersten Gesetz, in der Horizontal-projection; die beiderseitigen Streifensysteme bilden 111° 12'.

Fig. 6. Zwillingskrystall der Comb. Figur 1, nach dem zweiten Gesetz.

| 4 und 2 | 3 | 4 | 5 | 6 |

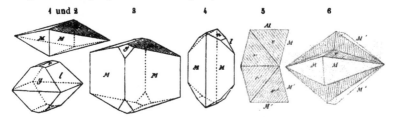

Die Krystalle sind meist kurz säulenförmig bis tafelartig, doch auch, wie Fig. 3

---

[1]) Trotz der nicht unbeträchtlichen Winkeldifferenzen zwischen Markasit und Arsenkies wird man doch beide analog zusammengesetzte Mineralien für isomorph halten müssen; dies bekräftigt auch der Lonchidit, welcher eine mit dem Markasit isomorphe Mischung von 26Fe S² und 4Fe As², oder eine solche von 25Fe S² und Fe S² + Fe As² ist. Desgleichen macht *Sade-beck* darauf aufmerksam, dass Arsenkies und Markasit sich in Bezug auf ihre Verwachsung mit Eisenkies völlig gleich verhalten, was auch auf eine Isomorphie der Molekularstructur verweise, indem beide erstere Mineralien eine gleiche Molekularattraction auf den Eisenkies ausübten.

und 4, nach der Verticalaxe langgezogen, einzeln eingewachsen, oder aufgewachsen und zu Drusen verbunden; auch derb, in körnigen und stängeligen Aggregaten, in welchen letzteren die Endflächen aller Individuen oft zu einer einzigen convexen Fläche verbunden sind; häufig eingesprengt; selten in Pseudomorphosen nach Magnetkies und Stephanit. — Spaltb. prismatisch nach ∞P ziemlich deutlich, in einigen Fällen auch nach $0P$; Bruch uneben; spröd; H. = 5,5...6; G. = 6...6,2 (5,82...6,22 nach *Behnke* und *Breithaupt*); silberweiss bis fast licht stahlgrau, Strich schwarz. — Chem. Zus. der meisten Varietäten, nach den Analysen von *Stromeyer, Thomson, Scheerer, Wöhler, Behnke* und *Potyka:* FeSAs oder FeS^2 + FeAs^2, was eigentlich 19,65 Schwefel, 46,02 Arsen und 34,33 Eisen erfordert; doch hat *Arzruni* (und *Bärwald*) darauf hingewiesen, dass die Zus. der Arsenkiese von Fundort zu Fundort wechselt, ohne eigentlich jemals der Formel FeS^2 + FeAs^2 oder auch nur derjenigen mFeS^2 + nFeAs^2 genau zu entsprechen; in 9 Analysen zugleich gemessener Krystalle kommen auf 1 Mol. FeS^2 0,7743 bis 1,1956 Mol. FeAs^2. Nachdem schon *Sandberger* erwähnt, dass mit dem steigenden Schwefelgehalt ein stetiges Schärferwerden des Prismenwinkels verbunden sei, that *Arzruni* speciell dar, dass mit einer Aenderung in der Axe a eine gleichsinnige Aenderung im Schwefelgehalt erfolge, und dass diese Aenderungen derart einander direct proportional eintreten, dass eine Differenz von 0,00001 in der Axe a äquivalent ist einer Differenz von 0,00236 pCt. im Schwefelgehalt. Diesem Satz fügen sich nach *Magel* die Arsenkiese von Auerbach völlig ein. *Arzruni* hebt ferner hervor, dass die Zusammensetzung der Arsenkiese die Auffassung, als ob sie isomorphe Mischungen der Verbindungen FeS^2 (Markasit) und FeAs^2 (Arseneisen) seien, nicht zulasse, insofern diese Endglieder mit ihren Dimensionen nicht in die Reihe der Arsenkiese hineingehören würden; es lässt sich nämlich die Gesetzmässigkeit in den Arsenkiesen nicht auf die reine Schwefel- resp. Arsenverbindung des Eisens übertragen (Z. f. Kryst. II. 344; VII. 337); vgl. jedoch S. 243. *Becke* zeigte früher, dass in der Gruppe der Arsenkiese die Winkelabweichungen nicht, wie *Scheerer* behauptet hatte, dem Kobaltgehalt (vgl. später) proportional sind (Min. Mitth. 1877. 106). Manche Varr. enthalten ein wenig Silber (*Weisserz*) oder eine Spur Gold, woraus *H. Müller*, dass das Weisserz von Bräunsdorf ein besonderes Mineral sei; in anderen wird ein Theil des Eisens durch 6 bis 9 pCt. Kobalt ersetzt (Kobaltarsenkies (Fe, Co)S^2 + (Fe, Co)As^2, vgl. Glaukodot). Im Kolben gibt er erst ein rothes, dann ein braunes Sublimat von Schwefelarsen, worauf noch metallisches Arsen sublimirt wird; auf Kohle schmilzt er zu einer schwarzen oder tombackbraunen, drusigen magnetischen Kugel, welche sich wie Magnetkies verhält, bisweilen auch die Reaction auf Kobalt gibt. Salpetersäure löst ihn unter Abscheidung von Schwefel und arseniger Säure; nach *Potyka* wird das sehr feine Pulver von kochendem und selbst von kaltem Wasser zersetzt. — Freiberg, Munzig, Hohenstein, Altenberg, Zinnwald; Joachimsthal, Schlaggenwald, Reichenstein in Schlesien, Mitterberg in Salzburg, Binnenthal in Wallis, Zinkwand bei Schladming in Steiermark, Sala in Schweden, Cornwall; im körnigen Kalk von Auerbach; der Kobaltarsenkies besonders bei Skutterud in Norwegen und Vena in Schweden.

Gebrauch. Der Arsenkies dient zur Gewinnung von Arsen, arseniger Säure und Schwefelarsen; das Weisserz wird noch auf Silber, und der Kobaltarsenkies zur Blaufarbe benutzt.

Anm. 1. Sehr nahe verwandt mit dem Arsenkies und zwar mit den kobalthaltigen Varietäten desselben ist nach *Dana* auch der Danait von Franconia in New-Hampshire (mit 6,45 Kobalt), dessen in Gneiss eingewachsene Krystalle eigenthümliche, nach der Brachydiagonale säulenförmig verlängerte Combinationen von den Abmessungen des Arsenkieses zeigen, und auch ausserdem, wie *Kenngott* dargethan hat, die Eigenschaften dieses Minerals besitzen, obwohl die Analyse von *Hayes* etwas zu wenig Arsen und Schwefel ergab. Nach *Becke* ist ∞P 112° 6', $\bar{P}\infty$ 80° 13', ausserdem beobachtete er $\frac{1}{4}\bar{P}\infty$, 3$\bar{P}\infty$, 0P, $\bar{P}\infty$, 2$\bar{P}\infty$, und eine starke, der Combinationskante parallel gehende Streifung auf ∞P und $\bar{P}\infty$. *Tschermak* schlägt vor, alle diese kobalthaltigen Arsenkiese unter dem Namen Danait zu vereinigen.

Anm. 2. Geierit nannte *Breithaupt* den Arsenkies von Geier in Sachsen, welcher das sp. G. 6,55 und einen grösseren Arsengehalt hat; *Behnke* fand das G. = 6,246...6,324, und einen der Formel $2FeAs^2 + FeS$ sehr nahe kommenden Gehalt, welche 60 Arsen, 6,4 Schwefel und 83,6 Eisen erfordert. Nach *Leroy Mac Cay* auch zu Breitenbrunn mit ganz ähnlicher Zusammensetzung.

Anm. 3. *Breithaupt's* angeblich monokliner **Plinian** ist nach *G. Rose* und *Arzruni* nur etwas verzerrt ausgebildeter rhombischer Arsenkies, gemäss *Plattner's* Analysen auch genau von der gewöhnlichen Zusammensetzung.

29. Arseneisen, oder Löllingit, *Haid.* (Arsenikalkies, Axotomer Arsenkies).

Rhombisch [1]); ∞P (*d*) $122°26'$, $\breve{P}\infty$ (*o*) $54°20'$, $\check{P}\infty$ $82°24'$; gewöhnliche Comb. $\infty P.\check{P}\infty$; meist derb und eingesprengt, von körniger oder stängeliger Zusammensetzung. — Spaltb. basisch, ziemlich vollk., brachydomatisch nach $\check{P}\infty$ unvollk., Bruch uneben; spröd; H. = 5...5,5; G. = 7,1...7,4 (nach 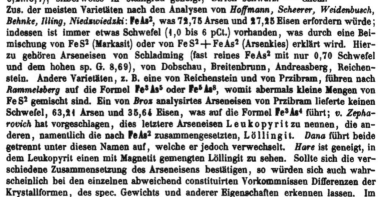 *Breithaupt* 6,9...7,1, nach *Güttler* 6,97...7,44, nach anderen Angaben 6,2...8,7); silberweiss in stahlgrau geneigt, Strich schwarz. — Chem. Zus. der meisten Varietäten nach den Analysen von *Hoffmann, Scheerer, Weidenbusch, Behnke, Illing, Niedzwiedzki*: $FeAs^2$, was 72,75 Arsen und 27,25 Eisen erfordern würde; indessen ist immer etwas Schwefel (1,0 bis 6 pCt.) vorhanden, was durch eine Beimischung von FeS^2 (Markasit) oder von $FeS^2 + FeAs^2$ (Arsenkies) erklärt wird. Hierzu gehören Arseneisen von Schladming (fast reines $FeAs^2$ mit nur 0,70 Schwefel und dem hohen sp. G. 8,69), von Dobschau, Breitenbrunn, Andreasberg, Reichenstein. Andere Varietäten, z. B. eine von Reichenstein und von Przibram, führen nach *Rammelsberg* auf die Formel Fe^3As^5 oder Fe^5As^8, womit abermals kleine Mengen von FeS^2 gemischt sind. Ein von *Bros* analysirtes Arseneisen von Przibram lieferte keinen Schwefel, 63,21 Arsen und 35,64 Eisen, was auf die Formel Fe^3As^4 führt; *v. Zepharovich* hat vorgeschlagen, dies letztere Arseneisen **Leukopyrit** zu nennen, die anderen, namentlich die nach $FeAs^2$ zusammengesetzten, **Löllingit**. *Dana* führt beide getrennt unter diesen Namen auf, welche er jedoch verwechselt. *Hare* ist geneigt, in dem Leukopyrit einen mit Magnetit gemengten Löllingit zu sehen. Sollte sich die verschiedene Zusammensetzung des Arseneisens bestätigen, so würden sich auch wahrscheinlich bei den einzelnen abweichend constituirten Vorkommnissen Differenzen der Krystallformen, des spec. Gewichts und anderer Eigenschaften erkennen lassen. Im Kolben gibt das Arseneisen ein Sublimat von metallischem Arsen, im Glasrohr arsenige Säure, auf Kohle starken Arsengeruch; v. d. L. in der Red.-Fl. schwer schmelzbar zu einer unmagnetischen Kugel, welche bei einem grösseren Schwefelgehalt des Minerals einen Mantel von tombackbraunem drusigem magnetischen FeS besitzt; in Salpetersäure löslich unter Abscheidung von arseniger Säure. — Reichenstein in Schlesien, Lölling bei Hüttenberg in Kärnten, Schladming in Steiermark; Andreasberg; Geier und Breitenbrunn in Sachsen.

Gebrauch. Das Arseneisen wird zur Bereitung arseniger Säure benutzt.

Anm. Hierher gehört auch *Sandberger's* **Glaukopyrit** von Guadalcanal in Andalusien; sehr dünnschalige nierförmige Aggregate, welche in grossblätterigem Kalkspath stecken; die Schalen wechseln mit gleichdünnen Schalen von Kalk, und zeigen auf ihrer Oberfläche kamm-

---

[1]) *Groth* macht darauf aufmerksam, dass das Prisma ∞P beim Arseneisen ($122°26'$ nach *Mohs*) der Form $\check{P}\infty$ beim Arsenkies entspricht; fasst man es in dieser Weise auf, so berechnet sich alsdann für das freilich noch nicht beobachtete Prisma ∞P des Arseneisens der Winkel $108°26'$, während ∞P beim Arsenkies $111°12'$, beim Markasit $106°25'$ misst. Unter dieser Voraussetzung, welche auf das Axenverhältniss 0,7209 : 1 : 1,3121 beim Arseneisen führt, wäre demnach der zu erwartende Isomorphismus zwischen diesem Mineral und den analog constituirten Markasit und Arsenikkies erfüllt.

An einem Arseneisen (Löllingit) vom Mont Challanges (Dauphiné), welches nach *Frenzel* die Zusammensetzung $FeAs^2$ hat, fand indessen *Schrauf* ∞P $113°40'$ und $\frac{1}{2}\check{P}\infty$ $133°50'$, also einen Prismenwinkel, welcher dem des Arsenkies recht genähert ist. A.-V. = 0,658 : 1 : 1,284. Es liegt darnach die Vermuthung nahe, dass der von *Mohs* angegebene Werth ∞P $122°26'$ ($122°20'$ nach *Breithaupt*) sich gar nicht auf die Zusammensetzung $FeAs^2$ bezieht, sondern auf eine andere der Arsen-Eisenverbindungen, wahrscheinlich den Leukopyrit, welcher natürlich nicht mit dem Arsenkies isomorph zu sein braucht.

artig zusammengehäufte Krystall-Ausstriche, welche auf zwillingsartige Durchkreuzung rhombischer Tafeln zu verweisen scheinen; die Farbe ist licht bleigrau, läuft aber an der Luft allmählich schwärzlich, dann braun und blau an; H. = 4,5; G. = 7,181. Eine Analyse von *Senfter* ergab: 2,86 Schwefel, 66,90 Arsen, 2,59 Antimon, 21,88 Eisen, auch 4,67 Kobalt und 1,11 Kupfer. *Rammelsberg* berechnet, dass diese Zusammensetzung auch auf die Formel des Löllingit-Arseneisens $(x\,\text{Fe As}^2 + \text{Fe S}^2)$ führt, worin $x = 12$ und etwas Fe durch Co, etwas As durch Sb ersetzt ist.

30. **Kobaltglanz,** Glanzkobalt, Kobaltin.

Regulär und zwar parallelflächig-hemiëdrisch; Formen und Combb. ähnlich denen des Eisenkieses, doch minder reich als dieser; namentlich sehr häufig die S. 43 und 44 in den Fig. 63, 65, 66, 68 und 69 dargestellten Combinationen; die Krystalle meist eingewachsen, auch derb in körnigen und stängeligen Aggregaten, und eingesprengt. — Spaltb. hexaëdrisch, vollk.; spröd; H. = 5,5; G. = 6,0...6,1; röthlich silberweiss, oft grau angelaufen, Strich graulichschwarz; stark glänzend; in thermoelektrischer Hinsicht verhalten sich die Krystalle nach *G. Rose* und *P. Groth* ähnlich wie die des Eisenkieses. — Chem. Zus. nach den Analysen von *Stromeyer*, *Schnabel*, *Patera* und *Ebbinghaus*: Co S As oder $\text{Co S}^2 + \text{Co As}^2$, mit 35,41 Kobalt, 45,26 Arsen und 19,33 Schwefel; doch werden meist einige Procent Kobalt durch Eisen ersetzt, also analog zusammengesetzt mit dem Eisenkies. Im Kolben geglüht verändert er sich nach *H. Rose* gar nicht, gibt also kein Sublimat von metallischem Arsen; im Glasrohr stark geglüht gibt er schwefelige Säure und arsenige Säure; auf Kohle entwickelt er starken Arsenrauch und schmilzt zu einer grauen, schwach magnetischen Kugel; nach der Abröstung gibt er mit Borax die Reaction auf Kobalt; in Salpetersäure löslich unter Abscheidung von arseniger Säure und Schwefel; die Solution ist roth und wird durch Zusatz von Wasser nicht getrübt. — Tunaberg und Vena in Schweden, Skutterud in Norwegen, Querbach in Schlesien, Siegen in Westphalen, Daschkessan bei Elisabethpol am Kaukasus (als ein bis 2 Fuss mächtiges Lager).

Gebrauch. Der Glanzkobalt ist eines der reichsten Erze für die Blaufarbenfabrikation.

31. **Glaukodot,** *Breithaupt.*

Rhombisch, mit ganz denen des Arsenkieses ähnlichen Winkeln und Formen, wie *Tschermak* zuerst darthat, jedoch nicht nur mit prismatischer, sondern auch mit deutlicher basischer Spaltb.; ∞P nach *Lewis* schwankend zwischen 110° 20′ und 111° 3′, nach *Becke* 111° 50′, nach *Sadebeck* 110° 34′; $\bar{\text{P}}\infty$ nach *Lewis* 79° 58′, darnach das A.-V. = 0,6942 : 1 : 1,1924; als fernere Formen wurden noch beobachtet $\infty\bar{\text{P}}\infty$, $\frac{1}{2}\bar{\text{P}}\infty$, 2$\bar{\text{P}}\infty$, $\bar{\text{P}}\infty$, P; die Basis fehlt. Zwillinge nach ∞P und $\bar{\text{P}}\infty$, wie beim Arsenkies. G. = 5,945...6,18; dunkel zinnweiss. — Chem. Zus. nach der Analyse von *Plattner*: fast 24,8 Kobalt, 11,9 Eisen, 43,2 Arsen und 20,2 Schwefel; der von *Håkansbo* nach *Ludwig* mit 16,06 Kobalt, 19,84 Eisen, 44,03 Arsen und 19,80 Schwefel; also der Substanz nach ein sehr kobaltreicher Arsenkies, oder auch ein sehr eisenreicher Kobaltglanz, welcher kraft dieses Eisengehalts in Formen des Arsenkieses krystallisirt, und sich daher dem S. 318 erwähnten Kobaltarsenkies anschliesst. Es liegt also hier dieselbe Dimorphie der Substanz R S² + R As² vor, welche auch dem einzelnen Gliede Fe S² (Eisenkies und Markasit) eigen ist. Nach *v. Kobell* gibt er im Kolben ein Sublimat von metallischem Arsen, auf Kohle starken Arsengeruch, mit Salpetersäure eine rothe Solution; welche mit Chlorbaryum stark auf Schwefelsäure reagirt. — Gangweise im Chloritschiefer zwischen Huasco und Valparaiso in Chile, mit Kupferkies, Quarz, Axinit; bei Håkansbo in Schweden.

Anm. Alloklas nannte *Tschermak* ein bei Oravicza in breitstängeligen, halbkugelig oder regellos begrenzten Aggregaten, innerhalb eines körnigen Kalkspathes vorkommendes Mineral, dessen seltene und sehr kleine Krystalle die rhombische Comb. ∞P.$\bar{\text{P}}\infty$ darstellen, in welcher ∞P = 106°, und $\bar{\text{P}}\infty$ = 58° ist. — Spaltb. vollk. nach ∞P, deutlich nach 0P; H. = 4,5; G. = 6,65; stahlgrau, Strich fast schwarz. — *Frenzel* fand in einer seiner 6 Analysen: 16,05 Schwefel, 27,86 Arsen, 28,88 Wismuth, 21,20 Kobalt, 2,66 Eisen, 0,45 Kupfer, 1,10 Gold, und entscheidet sich für die auch von *Groth* aufgestellte Formel (Co, Fe) (As, Bi) S, also gewissermaassen ein Kobaltarsenkies, in welchem As zum Theil durch Bi ersetzt ist; in Salpetersäure völlig löslich, die rothe Solution gibt mit Wasser ein weisses Präcipitat; im Kolben sublimirt arsenige Säure; v. d. L. auf Kohle Arsenrauch und Wismuthbeschlag, dabei schmelzend zu mattem grauem Korn.

32. Speiskobalt, *Werner,* oder Smaltin, *Beudant.*

Regulär; ∞O∞, O, seltener auch ∞O und 2O2; häufigste Combb. ∞O∞.O
und ∞O∞.∞O, Fig. 45 und 46, S. 44; nach *Groth* ist auch parallelflächige Hemiëdrie am Speiskobalt nachzuweisen, deren Vorhandensein jedoch *Bauer* bezweifelt; die
Flächen von ∞O∞ oft etwas convex, die Krystalle nicht selten rissig, wie zerborsten,
meist in Drusen vereinigt; auch gestrickt, staudenförmig, spiegelig, traubig, nierförmig, derb und eingesprengt, von körniger bis dichter, selten von feinstängeliger
Zusammensetzung. — Spaltb. nur in undeutlichen Spuren nach ∞O∞ und O, Bruch
uneben; spröd; H. = 5,5; G. = 6,37...7,3; zinnweiss bis licht stahlgrau, dunkelgrau oder bunt anlaufend, durch Umwandlung in Kobaltblüthe häufig roth beschlagend;
Strich graulichschwarz, meist nicht stark glänzend. — Chem. Zus. nach den Analysen
von *Stromeyer, Varrentrapp, v. Kobell* und *Hofmann* zum grossen Theil $CoAs^2$, was
71,88 Arsen und 28,12 Kobalt erfordern würde; jedoch wird stets von letzterem ein
mehr oder weniger bedeutender Antheil durch Eisen, oft auch ein ansehnlicher Theil
durch Nickel vertreten, ferner ist meist eine geringe Menge von Schwefel als RS^2 in
isomorpher Mischung vorhanden, also allgemein $(Co, Fe, Ni)(As, S)^2$; so fanden z. B.
Sartorius in einem krystallisirten Speiskobalt von Riechelsdorf 14 pCt. Nickel und nur
9 Kobalt, *Bull* und *Karstedt* in Schneeberger Varietäten über 12 Nickel, 6 bis 7 Eisen
und nur 3 bis 4,6 Kobalt, daher solche schon richtiger als Chloanthit zu betrachten
sind; die sehr eisenreichen Varr. (mit 10 bis 18 pCt. Eisen) haben das höhere Gewicht 6,9...7,3, und graue Farbe, daher sie als **G r a u e r S p e i s k o b a l t** oder Eisen-
kobaltkies von den übrigen als **W e i s s e m S p e i s k o b a l t** unterschieden worden sind.
Aus der Zusammenstellung und Berechnung der Speiskobalt-Analysen durch *Rammelsberg* ergibt es sich aber, dass viele Vorkommnisse nicht auf die Formel $(Co, Ni, Fe)As^2$
führen, sondern — abgesehen von dem abermaligem Gehalt an RS^2 — auf die Formeln
$R^2As^3, R^4As^5, R^3As^5, R^2As^5$, so dass die Constitution allgemein durch R^mAs^n ausgedrückt werden müsste. Doch ist es schwierig anzunehmen, dass so verschiedene Arse-
nide unter einander isomorph sein sollten. *Groth* war nach seiner Entdeckung der
parallelflächigen Hemiëdrie am Speiskobalt, welche diesen in die engste Verbindung
mit Eisenkies bringen würde, der Ansicht, dass die reinste Substanz $CoAs^2$ ist, und dass
die Analysen, welche zu viel (oder zu wenig) Co ergeben haben, an unreinem Material
angestellt sind; welches $CoAs$ (oder $CoAs^3$) enthielt, wie denn auch der Chloanthit
sehr häufig makroskopisch erkennbares röthliches $NiAs$ beigemengt besitzt. *Bauer* hat
sich auch gegen die Annahme einer so weitgehenden Verunreinigung dieser Art ausgesprochen; vgl. auch *Rammelsberg's* Erwiderung in Ann. d. Phys. u. Ch. Bd. 160, S. 131.
Indessen hat *Groth* später angeführt, dass die mit Salpetersäure oder Chlorwasser behandelte polirte Schlifffläche eines Krystalls von Schneeberg oder Riechelsdorf ergebe,
dass der Krystall aus übereinandergelagerten abwechselnden Schichten eines leichter
und eines schwerer angreifbaren Körpers bestehe, von denen der eine nach *Vollhardt*
arsen- und kobaltreicher (also bei zu grossem Arsengehalt des Krystalls wahrscheinlich
Tesseralkies, $CoAs^3$) ist. — Im Glasrohr gibt er ein krystallinisches Sublimat von
arseniger Säure; im Kolben sublimirt er Arsen, doch nur bei sehr starker Erhitzung:
auf Kohle schmilzt er leicht unter starkem Arsenrauch zu weisser oder grauer magnetischer Kugel, welche mit Borax die Reaction auf Kobalt, oft auch auf Nickel gibt; von
Salpetersäure wird er leicht zersetzt und gibt in der Wärme unter Abscheidung von
arseniger Säure eine rothe Solution. — Schneeberg, Marienberg, Annaberg, Johanngeorgenstadt, Joachimsthal, Riechelsdorf, Bieber, Schladming, Dobschau in Ungarn,
Allemont, Cornwall, La Motte in Missouri.

A n m. 1. Ueber die gestrickten Formen vgl. *Naumann*, Ann. d. Phys. u. Ch. Bd. 31,
S. 587; *vom Rath*, Z. f. Kryst. I. 8; *Groth*, Min.-Samml. d. Univ. Strassburg S. 44. Der ge-
strickte, zinnweisse bis blaugraue, hexaëdrisch spaltbare arsenreiche W i s m u t h k o b a l t-
k i e s *Kersten's* (C h e l e u t i t *Breithaupt's*) ist besonders durch seinen 3,9 pCt. betragenden
Gehalt an metallisch vorhandenem Wismuth von den übrigen Speiskobalten verschieden;
Schneeberg.

Anm. 2. *Breithaupt* bemerkt mit Recht, dass ein grosser Theil des Speiskobalts der Gegend von Schneeberg eigentlich Chloanthit sei, und *G. Rose* ist geneigt, allen Speiskobalt dahin zu rechnen.

Anm. 3. Ein rhombisch krystallisirendes und auf Speiskobalt vorkommendes Arsenkobalteisenerz von Bieber hat *Sandberger* beschrieben und wegen seiner quirlförmigen Vierlingskrystalle Spathiopyrit genannt, indessen diesen Namen später zu Gunsten des älteren von *Breithaupt* Safflorit zurückgezogen. Die Individuen stellen die Combination ∞P.mP̄∞ dar, mit stark glänzendem Makrodoma; Zusammensetzungsfläche ∞P; H. = 4,5; G. = 7,1; zinnweiss, doch bald dunkel stahlgrau anlaufend. Eine Analyse durch *E. v. Gerichten* ergab 61,46 Arsen, 2,37 Schwefel, 14,97 Kobalt, 16,47 Eisen und 4,22 Kupfer. Dasselbe Mineral ist auch bekannt von Reinerzau bei Wittichen und von Schneeberg; andere Analysen von *Petersen, Jäckel* und *L. W. Mac Cay* lassen erkennen, dass auch hier das Mol.-Verhältniss von R und As, wie im Speiskobalt, nicht constant 1 : 2 ist; in jeder Hinsicht liegt also hier die Substanz des Speiskobalts in rhombischer Form vor. Die Var. von Schneeberg wurde schon von *G. Rose* in seinem Krystallochemischen Mineralsystem S. 22 und 53 unter dem Namen Arsenikkobalt aufgeführt und näher besprochen. (*Sandberger,* in Sitz.-Ber. der Münchener Akad., 1872. 137, auch schon früher im Neuen Jahrb. f. Min. 1868. 410.)

Gebrauch. Der Speiskobalt ist eines der wichtigsten Erze für die Blaufarbenwerke; als Nebenproduct liefert er noch arsenige Säure und Nickel; auch wird er bei der Email- und Glasmalerei benutzt.

33. Arsennickelglanz, Nickelglanz z. Th., Gersdorffit, Nickelarsenkies.

Regulär; O, ∞O∞, zuweilen $\frac{∞O2}{2}$, also parallelflächig-hemiëdrisch; gewöhnlich derb in körnigen Aggregaten; Spaltb. hexaëdrisch, ziemlich vollk., Bruch uneben; spröd, H. = 5,5; G. = 5,95...6,70; silberweiss in stahlgrau geneigt, grau und graulichschwarz anlaufend. — Chem. Zus. bis jetzt noch keineswegs übereinstimmend ermittelt; die Varr. von Loos, von Lobenstein und Harzgerode, von Müsen und Ems entsprechen nach den Analysen von *Berzelius, Rammelsberg, Bergemann* und *Schnabel* der Formel NiAsS oder NiAs² + NiS², welche 35,41 Nickel, 45,26 Arsen und 19,33 Schwefel erfordert, wobei jedoch ein Theil des Nickels in der Var. von Loos und Ems ungefähr durch 4 pCt. Eisen und 1 Kobalt, in der Var. von Harzgerode durch 6, und in der von Müsen durch 2,4 pCt. Eisen ersetzt wird; die krystallisirte Var. von Schladming und die von Prakendorf in Ungarn lassen nach den Analysen von *Löwe, Rammelsberg, Pless, Vogel* eine Verbindung von RS² mit bald R²As³, bald 2RAs (wobei R = Ni, Fe, Co), so dass sich hier Verhältnisse ähnlich wie beim Speiskobalt wiederholen. Im Kolben zerknistert er heftig, und gibt stärker erhitzt ein reichliches Sublimat von gelblichbraunem Schwefelarsen; der Rückstand ist roth und verhält sich wie Rothnickelkies. Im Glasrohr gibt er arsenige und schwefelige Säure; v. d. L. schmilzt er unter Entwickelung von Arsendämpfen zu einer Kugel, welche mit den Flüssen auf Nickel, Eisen und oft auch auf Kobalt reagirt. In Salpetersäure löst er sich theilweise unter Abscheidung von Schwefel und arseniger Säure, die Sol. ist grün. — Loos in Helsingland (Schweden); Schladmin in Steiermark, Lobenstein im Voigtlande, Tanne und Harzgerode am Harz, Müsen im Siegenschen.

Gebrauch. Der Arsennickelglanz wird auf Nickel benutzt.

Anm. 1. Zwischen den Arsennickelglanz und den folgenden Antimonnickelglanz ist als ächtes Mittelglied das durch *v. Zepharovich* unter dem Namen Korynit aufgeführte Mineral einzuschalten. Dasselbe krystallisirt in Oktaëdern, welche aber nur selten einzeln eingewachsen, meist aber Hauptaxe reihenförmig gruppirt sind; auch in kugeligen, nierenförmigen, kolbenförmigen und keulenförmigen Aggregaten von faseriger Textur; Spaltb. hexaëdrisch, unvollk., H. = 4,5...5, wenig spröd; G. = 5,994; silberweiss in stahlgrau geneigt, grau, gelb und blau anlaufend, Strich schwarz. — Chem. Zus. nach *v. Payer*: 17,19 Schwefel, 37,33 Arsen, 13,45 Antimon, 28,86 Nickel und 1,92 Eisen, was der Formel Ni(As, Sb)S entspricht; der Korynit ist daher ein Antimon-Arsennickelglanz. Im Kolben gibt er erst weisses Sublimat, dann einen Arsenspiegel, begrenzt durch eine schmale rothe und eine breite gelbe Zone; im Glasrohr schwefelige Säure und weisses Sublimat; in erwärmter Salpetersäure erfolgt eine hellgrüne Solution unter Abscheidung von Schwefel und Antimonoxyd. Findet sich zu Olsa in Kärnten, eingewachsen in Kalkspath und Eisenspath.

Anm. 2. Ein in seiner chemischen Zusammensetzung nach *Petersen*'s Analyse mit dem Korynit fast ganz übereinstimmendes Mineral, welches jedoch rhombisch in den Formen des Arsenkieses krystallisirt, das sp. G. 6,872 hat, silberweiss bis zinnweiss, im Strich schwarz, und lebhaft metallglänzend ist, hat *Sandberger* nach seinem Fundort Wolfachit genannt; es besitzt 38,8 Arsen und 13,3 Antimon; die Substanz des Antimon-Arsennickel-glanzes ist daher dimorph.

34. Antimonnickelglanz, Nickelglanz z. Th., Ullmannit.

Regulär; gewöhnl. Formen O, ∞O∞, ∞O; bei den Krystallen von Montenarba, welche chemisch ganz genau die normale Zus. ergaben, beobachtete *C. Klein* an dem vorwaltenden Würfel ausser dem Rhomben-Dodekaëder auch unzweifelhaft das Pentagon-Dodekaëder $\frac{\infty O 2}{2}$, so dass der parallelflächig-hemiëdrische Charakter dieser Krystalle als völlig erwiesen gelten muss (N. Jahrb. f. Min. 1883. I. 180). Die schönen Krystalle von Lölling sind dagegen nach *v. Zepharovich* geneigtflächig-hemiëdrisch [1]), indem an ihnen beide Tetraëder sowie untergeordnet das Trigon-Dodekaëder $\frac{202}{2}$, das Deltoid-Dodekaëder $\frac{20}{2}$ und ein paar andere hemiëdrische Formen auftreten. Diese Krystalle erscheinen fast immer als Zwillingskrystalle mit vollkommener Durchkreuzung beider Individuen.

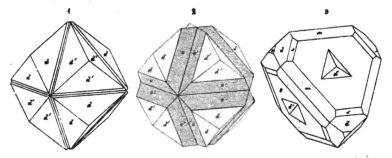

Fig. 1. Zwilling von $\frac{O}{2}$·∞O; derselbe erscheint fast wie ein Rhomben-Dodekaëder, dessen Flächen längs der Makrodiagonale eingekerbt sind.

Fig. 2. Aehnlicher Zwilling, wobei die beiderseitigen Tetraëder mehr vorwalten.

Fig. 3. Das grössere Individuum zeigt die Comb. $\frac{O}{2}$·∞O$\frac{202}{2}$·$\frac{20}{2}$·—$\frac{O}{2}$; mit ihm ist ein kleineres verwachsen, welches nur mit den trigonalen Ecken von ∞O über den Tetraëderflächen des ersteren hervorragt.

Gewöhnlich aber sind beide Tetraëder im Gleichgewicht ausgebildet, daher denn die einfacheren Krystalle anderer Fundorte wie die holoëdrischen Combinationen O.∞O∞ und O.∞O aussehen. Meistentheils erscheint das Mineral nur derb in körnigen Aggregaten und eingesprengt. — Spaltb. hexaëdrisch vollk., Bruch uneben; spröd; H. = 5...5,5; G. = 6,2...6,5, auch 6,8 nach *Jannasch*; bleigrau bis stahlgrau, graulichschwarz oder bunt anlaufend. — Chem. Zus. nach den Analysen von *Klaproth, H. Rose* und *Rammelsberg*: NiSbS oder NiSb² + NiS², mit 27,88 Nickel, 56,90 Antimon und 15,22 Schwefel, wie es die Analyse *M. v. Lill*'s für die Var. von Rinkenberg, sowie diejenige von *Jannasch* für die von Montenarba fast ganz genau, und die von *H. Rose* für die Var. von der Grube Landskrone bei Siegen sehr nahe ergab.

---

1) Diese Art der Hemiëdrie ist nicht wenig auffallend, wenn man bedenkt, dass alle analog constituirten hemiëdrisch-regulären Verbindungen parallelflächig-hemiëdrisch sind (blos der Korynit ist bis jetzt nur holoëdrisch bekannt).

Im Glasrohr gibt er Antimonrauch und schwefelige Säure; auf Kohle schmilzt er und dampft stark, gibt auch gewöhnlich etwas Arsengeruch; concentrirte Salpetersäure greift ihn stark an, indem sich Schwefel, Antimonoxyd und auch oft arsenige Säure abscheiden; Salpetersalzsäure löst ihn unter Abscheidung von Schwefel vollkommen auf, die Solution ist grün. — Gosenbach, Eisern, Freusburg u. a. Punkte im Westerwald; Harzgerode; Lobenstein; Lölling, Waldenstein und Rinkenberg in Kärnten; Montenarba bei Sarrabus auf Sardinien.

Anm. Wie es Antimon führenden Arsennickelglanz (Korynit) gibt, so sind auch arsenhaltige Antimonnickelglanze untersucht worden; dazu gehören Tetraëderzwillinge von Lölling, nach *Gintl* mit 3,23 Arsen gegen 52,56 Antimon; einer von Nassau mit 5,08 Arsen gegen 50,56 Antimon (nach *Behrendt*), einer von Sayn-Altenkirchen mit 9,94 Arsen gegen 47,56 Antimon (*Ullmann*), an welchen sich dann der Korynit anschliesst. Da *Rammelsberg* in einem sehr arsenarmen von Harzgerode 17,4 Schwefel fand, so scheint ein Theil von As noch durch S vertreten zu sein.

35. Chloanthit, *Breithaupt* (Weissnickelkies und Arsennickelkies z. Th.).

Regulär und zwar parallelflächig-hemiëdrisch nach *Groth*; O, $\infty O\infty$, $\infty O2$, letzteres als Pentagon-Dodekaëder; nach *Kenngott* kommen auch ∞O und $2O2$ als untergeordnete Formen vor; derb von feinkörniger bis dichter, zuweilen von stängeliger Zusammensetzung, wobei die Stängel in Krystalle auslaufen; Spaltbarkeit undeutliche Spuren; Bruch uneben bis eben; spröd; H. = 5,5; G. = 6,4...6,8; zinnweiss, grau und schwärzlich anlaufend, dabei matt werdend; auch nicht selten grün ausblühend mit Nickelblüthe. — Chem. Zus. nach den Analysen von *Berthier, Booth, Rammelsberg* und *Hofmann* wesentlich Ni As², mit 28,12 Nickel und 71,88 Arsen, doch wird oft etwas Nickel durch mehre Procent Eisen und Kobalt ersetzt. *Leroy Mc Cay* fand R : As = 1 : 1,86. Im Kolben gibt er ein Sublimat von metallischem Arsen, und wird kupferroth, im Glasrohr gibt er Arsen und arsenige Säure; auf Kohle schmilzt er leicht, gibt starken Arsenrauch, bleibt lange glühend, umgibt sich mit Krystallen von arseniger Säure und hinterlässt endlich ein sprödes Metallkorn; mit Salpetersäure gibt er eine grüne oder gelbliche Solution. — Schneeberg, Riechelsdorf, Grosskamsdorf, Joachimsthal, Dobschau in Ungarn, Allemont, Chatam in Connecticut.

Anm. Nach *Breithaupt* und *G. Rose* unterliegt es gar keinem Zweifel, dass sehr vieler sogenannte Speiskobalt zu dem Chloanthit gehört.

36. Weissnickelkies, *Breithaupt* (Arsenikknickel), Rammelsbergit.

Rhombisch, ∞P 123° bis 124° nach *Breithaupt*; meist derb und eingesprengt, z. Th. in radial feinstängeligen bis faserigen Aggregaten; H. = 5,5, nach *Sandberger* nur 4,5; G. = 7,09...7,19; zinnweiss, im frischen Bruch mit einem Stich in das Rothe. — Chem. Zus. nach den Analysen von *Hofmann* und *Hilger* hauptsächlich Ni As², wie der Chloanthit, so dass die Substanz Doppelt-Arsennickel gleich FeS² dimorph sein würde. Nach *Leroy Mc Cay* ist aber R : As = 1 : 1,85. — Schneeberg und Riechelsdorf.

37. Hauerit, *Haidinger*; Mangankies.

Regulär, und zwar parallelflächig-hemiëdrisch, völlig mit Eisenkies isomorph; beobachtete Formen: O, 0.$\infty O\infty$, 0.∞O.$\frac{\infty O2}{2}$ und O.$\left[\frac{3O\frac{3}{2}}{2}\right]$.$\infty O\infty$; die Krystalle scharfkantig, einzeln oder zu Kugeln gruppirt in Thon und Gyps eingewachsen, auch derb in stängeligen Aggregaten. Spaltb. hexaëdrisch, sehr vollk.; H. = 4; G. = 3,463; dunkel röthlichbraun bis bräunlichschwarz, Strich bräunlichroth, metallartiger Diamantglanz, in dünnen Lamellen schwach durchscheinend. — Chem. Zus. nach den Analysen von *Patera* und *v. Hauer* wesentlich: Manganbisulfid, Mn S², mit 46,14 Mangan und 53,86 Schwefel, etwas Mangan durch 4,3 pCt. Eisen ersetzt. Im Kolben gibt er viel Schwefel und hinterlässt einen grünen Rückstand, der sich in Salzsäure auflöst; mit Soda Reaction auf Mangan; durch erwärmte Salzsäure wird er nach *H. Rose* unter starker Entwickelung von Schwefelwasserstoff und unter Abscheidung von Schwefel zersetzt. — Schwefelwerk Kalinka bei Végles unweit Neusohl in Ungarn.

Fassen wir die von S. 313 ab besprochene **isodimorphe** Mineralgruppe zusammen, so findet sich (z. Th. unter der Voraussetzung, dass $RQS = RQ^2 + RS^2$)

regulär		rhombisch
$Fe S^2$	als Eisenkies	{ als Markasit { im Arsenkies mit $Fe As^2$
$Fe As^2$	{ im Kobaltglanz mit $Co S^2$ und $Co As^2$ { im Speiskobalt mit $Co As^2$	{ als Arseneisen { im Arsenkies mit $Fe S^2$
$Co S^2$	{ im Speiskobalt mit $Co As^2$ { im Kobaltglanz mit $Co As^2$	{ im Glaukodot mit $Co As^2$
$Co As^2$	{ als Speiskobalt { im Kobaltglanz mit $Co S^2$	{ als Safflorit { im Glaukodot mit $Co S^2$
$Ni S^2$	{ im Arsennickelglanz mit $Ni As^2$ { im Antimonnickelglanz mit $Ni Sb^2$	{ im Wolfachit mit $Ni Sb^2$ und $Ni As^2$
$Ni As^2$	{ als Chloanthit { im Arsennickelglanz mit $Ni S^2$ { im Korynit { im Speiskobalt mit $Co As^2$	{ als Weissnickelkies { im Wolfachit mit $Ni S^2$ und $Ni Sb^2$
$Ni Sb^2$	{ im Antimonnickelglanz mit $Ni S^2$ { im Korynit	{ im Wolfachit mit $Ni S^2$ und $Ni As^2$
$Mn S^2$	als Hauerit	—

Die Sulfide $Co S^2$ und $Ni S^2$ sind demnach isolirt noch nicht gefunden.

38. Magnetkies oder Pyrrhotin, *Haidinger*.

Hexagonal [1]), P (r) $126^\circ 38'$ nach *Kenngott*, $126^\circ 50'$ nach *Miller*, $127^\circ 6'$ nach *G. Rose*; A.-V. $= 1:1,723$; gewöhnliche Combb. $0P.\infty P$, und dieselbe mit P, auch wohl mit $\frac{1}{2}P$ und P2; die seltenen Krystalle sind tafelartig oder kurz säulenförmig, oft klein, bei St. Leonhard in Kärnten bis zwei Centimeter gross; Zwillinge nach *Edw. Dana*, wobei $\frac{1}{2}P$ Zwillingsfläche ist, und die Hauptaxen beider Individuen nahezu rechtwinkelig sind; meist derb und eingesprengt in schaligen, körnigen bis dichten Aggregaten. — Spaltb. ziemlich vollk. parallel $\infty P2$ zufolge *Streng*; schalige Zusammensetzung nach $0P$, welche oft wie Spaltbarkeit erscheint und auch früher dafür gehalten worden ist; spröd; H. $= 3,5...4,5$; G. $= 4,54...4,64$; Krystalle nach *Kenngott* $4,584$; bronzegelb, oder Mittelfarbe zwischen speisgelb und kupferroth, tombackbraun anlaufend, Strich graulichschwarz; magnetisch, doch bisweilen sehr schwach und sehr selten polar, wie es *Breithaupt* an demjenigen von Dobschau beobachtete. — Chem. Zus. nach den Analysen von *Stromeyer*, *H. Rose*, *Schaffgotsch*, *Plattner*, *Rammelsberg* und *Lindström* schwankend und noch nicht völlig aufgeklärt. Nach *Rammelsberg's* Discussion der Analysen ist die allgemeine Zusammensetzung des Magnetkieses $Fe^n S^{n+1}$, und zwar schwankend von $Fe^6 S^7$ bis $Fe^{11} S^{12}$ mit einem Eisengehalt von $59,96 - 61,56$ und einem Schwefelgehalt von $40,04 - 38,44$; dies lässt sich als Verbindung von Sulfid und Sesquisulfid, $nFe S + Fe^2 S^3$, oder als solche von Sulfid mit Bisulfid, $nFe S + Fe S^2$ denken. *Lindström* sieht $Fe^8 S^9$ als die wahrscheinlich allen gemeinsame Formel an.

0P.∞P.P

P M r

---

1) Nachdem *Streng* (wie auch *Vrba* und *Frenzel*) früher geneigt war, den Magnetkies als rhombisch und isomorph mit dem Silberkies anzusehen, wobei die Formen dann als rhombische Drillinge aufzufassen gewesen sein würden, hat er ausführlich dargethan, dass zwar die Winkelmessungen keinen sicheren Anhaltspunkt zur Bestimmung des Krystallsystems liefern, dass aber die Spaltbarkeit (parallel $\infty P2$) eine vollkommen hexagonale sei, ferner die Aetzfiguren auf $0P$ (mittels heisser Salzsäure) durchaus hexagonale Umrisse haben, indem sie durch Flächen gebildet werden, welche hexagonalen Protopyramiden parallel sind, dass sodann die durch regelmässige Aneinanderlagerung der Aetzfiguren entstehenden scharfen Aetzlinien sich, genau parallel $\infty P2$, unter 60° resp. 120° schneiden, und dass endlich die Wärmecurven auf $0P$ Kreise sind; auch das magnetische Verhalten steht mit dem hexagonalen System nicht im Widerspruch (N. Jahrb. f. Min. 1882. I. 207).

H. Habermehl entscheidet sich auf Grund eingehender Analysenvergleiche für die Formel *Rammelsberg's* mit dem allgemeinen Ausdruck $Fe^n S^{n+1}$ (wobei nach ihm n von 5 bis 16 wachsen kann), that übrigens für den M. von Bodenmais durch die gefundene Uebereinstimmung der Analysen sehr zahlreicher, unter Zuhülfenahme eines Magneten erhaltener Schlämmungsproducte dar, dass derselbe wirklich eine homogene Substanz sei, welche sich der Formel $Fe^7 S^8$ nähert. *Bodewig* erhielt dagegen bei dem (indessen nach seinen Versuchen freien Schwefel enthaltenden) M. von Bodenmais als Mittel aus zahlreichen nach verschiedenen Methoden angestellten Bestimmungen die Zus.: 38,45 Schwefel und 61,53 Eisen, d. i. $Fe^{11} S^{12}$. — *Hausmann* hielt den Magnetkies wesentlich nur für Einfach-Schwefeleisen, wofür sich auch *Kenngott* sowie *Petersen* erklärte; *Breithaupt* und *Frankenheim* stützten diese Ansicht durch den Hinweis, dass der Magnetkies mit gewissen einfachen Sulfiden (wie Wurtzit, Greenockit) isomorph sei; dagegen ist es nicht zweifelhaft, dass sich der Magnetkies in Wasserstoffgas erst nach dem er 4—5 pCt. Schwefel verloren hat, in Einfach-Schwefeleisen verwandelt. Nach *Stanislas Meunier* soll auch durch Einfach-Schwefeleisen aus einer Lösung von Kupfervitriol das Kupfer eben so vollständig gefällt werden, wie durch Eisen, welche Reaction der Magnetkies niemals zeige; ferner ist das Einfach-Schwefeleisen als solches gar nicht magnetisch. Eine mechanische Beimengung von FeS^2, wodurch die höhere Schwefelungsstufe erklärt würde, ist deshalb nicht anzunehmen, weil jenes in Salzsäure immer als unlöslich zurückbleiben müsste. Dagegen konnte *Bodewig* an dem M. von Bodenmais vermittels Schwefelkohlenstoff recht wägbare Quantitäten von beigemengtem Schwefel nachweisen (Z. f. Kryst. VII. 174). Viele Magnetkiese enthalten etwas Nickel, bis zu 5,6 pCt., wie nach *Rammelsberg* eine Var. aus Pennsylvanien, nach *Mutsschler* der von Todtmoos im Schwarzwald, nach *How* solche aus Nordamerika, wobei gemäss dessen Angabe die nickelreichsten die am schwächsten magnetischen sind. Im Kolben ist er unveränderlich; im Glasrohr gibt er schwefelige Säure aber kein Sublimat; auf Kohle schmilzt er im Red.-F. zu einem graulichschwarzen stark magnetischen Korn; in Salzsäure löst er sich auf unter Entwickelung von Schwefelwasserstoff und unter Abscheidung von Schwefel. — Kupferberg in Schlesien, Bodenmais, Breitenbrunn, Waldenstein in Kärnten (hier bis 2 Cm. hohe Krystalle), Andreasberg, Kongsberg, Fahlun, Bottino bei Seravezza (gut krystallisirt); in den Meteorsteinen von Juvenas und Virginien; bei Snarum und Modum nickelhaltige Varietäten mit 3 bis 4 pCt. Nickel.

Gebrauch. Der Magnetkies wird zugleich mit anderen Eisenkiesen zur Darstellung von Eisenvitriol benutzt.

Anm. Unzweifelhaftes Einfach-Schwefeleisen, FeS, (oder Troilit nach *Haidinger*) findet sich in manchen Meteorsteinen und Meteor-Eisenmassen; wie z. B. in dem Meteoreisen von Tennessee, nach *Brezina* im Eisen von Bolson de Mapimi auch hexagonal krystallisirt und mit Magnetkies isomorph. Der Tr. aus dem ersteren Eisen hat nach *Lawrence Smith* das G. = 4,75, und besteht aus 63,60 Eisen und 36,40 Schwefel. *Rammelsberg* fand für den Troilit aus dem Meteoreisen von Seeläsgen dieselbe Zusammensetzung und G. = 4,817; dies Schwefeleisen verliert beim Erhitzen in Wasserstoff keinen Schwefel.

39. Kobaltnickelkies, Linnéit, Kobaltkies.

Regulär; O und O.∞O∞, auch Zwillingskrystalle nach einer Fläche von O; derb und eingesprengt. — Spaltb. hexaëdrisch unvollk.; spröd; H. = 5,5; G. = 4,8...5,0; röthlich silberweiss, oft gelblich angelaufen. — Chem. Zus.: nach den ersten Analysen von *Hisinger* und *Werneckinck* hielt man das Mineral wesentlich für $Co^3 S^4$ mit 57,88 Kobalt und 42,12 Schwefel (Kobaltkies); dagegen haben die Analysen von *Schnabel* und *Ebbinghaus* gelehrt, dass manche Varr. von Müsen mehr (bis 42,6 pCt.) Nickel als Kobalt enthalten und daher richtiger Kobaltnickelkies genannt werden, während *Rammelsberg* in anderen Varr. ebendaher nur 14, ein andermal 18 pCt. fand; ebenso fand *Genth*, dass die Varietäten aus Maryland und Missouri an 30 pCt. Nickel enthalten; die allgemeine Formel der Zusammensetzung wird hiernach $R^3 S^4$ oder $RS + R^2 S^3$, worin R = Ni, Co und sehr wenig Fe; es ist bemerkenswerth, dass, während dies dieselbe Schwefelungsstufe darstellt, wie sie als Oxydationsstufe in der Spinellgruppe ($R^3 O^4$) erscheint, der Kobaltnickelkies nicht nur das Vorwalten des Oktaëders, sondern sogar die Zwillingsbildung nach O mit den Gliedern der Spinellgruppe theilt. V. d. L. gibt er schwefelige Säure und schmilzt im Red.-F. zu einer grauen, im Bruch bronzegelben magnetischen Kugel; mit Borax gibt er die Farbe des Kobalts; in erwärmter Salpetersäure löslich zu rother Solution mit Hinterlassung von Schwefel, die Sol. fällt auf Eisen kein Kupfer; die nordamerikanischen Varr. scheiden jedoch nach *Genth* keinen Schwefel ab. — Riddarhytta und Müsen, in den Kohlenflötzen von Rhonda Valley in Glamorganshire, auch in Maryland und Missouri.

40. **Polydymit,** *Laspeyres.*

Regulär; O; namentlich in bis 5 Mm. grossen nach der Fläche von O polysynthetisch verzwillingten Krystallen, welche nach der Zwillingsebene meist tafelförmig sind. — Spaltb. hexaëdrisch ziemlich unvollk.; zieml. mild; H. = 4,5; G. = 4,808...4,846; auf dem frischen Bruch lichtgrau, mit der Zeit grau oder gelb anlaufend. Nach den Analysen von *Laspeyres* ist die reine Substanz $R^4 S^5$, worin R fast lediglich Nickel; der Formel $Ni^4 S^5$ entsprechen: 59,69 Nickel, 40,97 Schwefel; ausserdem fanden sich ca. 0,6 Kobalt und 4 Eisen. Verunreinigt war der analysirte Polydymit mit ca. 5 pCt. Arsennickelglanz und Antimonnickelglanz. — V. d. L. decrepitirt er sehr stark; stärker im Kolben erhitzt gibt er etwas gelbes Schwefelsublimat, der Rückstand schmilzt auf Kohle leicht zu schwarzgrüner magnetischer Kugel, welche auf dem Bruch speisgelb ist; unlöslich in Salzsäure, löslich in Salpetersäure unter Schwefelabscheidung zu klarer grüner Solution. — Grünau in der Grafsch. Sayn-Altenkirchen, Westphalen, begleitet u. a. von Millerit und seinen Zersetzungsproducten Nickelvitriol und Schwefel.

Anm. Gelegentlich der Untersuchung des Polydymits (Journ. f. pr. Chem. (2) Bd. 44, S. 397) that *Laspeyres* dar, dass *v. Kobell's* Nickelwismuthglanz oder Saynit (Wismuthnickelkies) von demselben Fundpunkte ein mit Wismuthglanz und anderen Schwefelmetallen (Kupferkies, Kupferglanz, Bleiglanz) verunreinigter Polydymit sei, dessen normale Zus. nach Abzug dieser Beimengungen übrig bleibt, wie dies die untereinander sehr abweichenden Analysen von *v. Kobell* und *Schnabel* erkennen lassen. *Kenngott* ist dagegen der Ansicht, dass die von Letzteren analysirten oktaëdrischen Krystalle einestheils wegen ihrer wohlgestalteten Form, anderentheils wegen ihrer Zusammensetzung sich nicht wohl als so stark verunreinigter Polydymit deuten lassen.

41. **Beyrichit,** *Liebe.*

Dies merkwürdige, von *Ferber* und *Liebe* erkannte, und von Letzterem genauer untersuchte Mineral bildet schilfähnlich säulenförmige Krystalle, welche bis zu 7 Cm. lang und 8 Mm. breit vorkommen, auch theilweise schraubenförmig gewunden und radial gruppirt sind. Bei genauer Betrachtung erkennt man sie als längsgestreifte Krystallbündel (Viellinge) mit bisweilen flügelartig vorspringenden einzelnen Seitenkanten, und mit einer gemeinschaftlichen schiefen Endfläche, welche nach *Ferber* mit der Längsaxe den Winkel von 84° bildet; selten tritt dazu eine zweite Endfläche, wodurch eine domatische Begrenzung von 444° entsteht. H. = 3,0...3,5; G. = 4,7; mild und so zäh, dass die einzelnen Krystalle nur schwer zu zerbrechen sind; bleigrau, schwach metallglänzend. — Chem. Zus. nach einer Analyse von *Liebe*: 54,23 Nickel, 2,79 Eisen und 42,86 Schwefel, was der Formel $Ni^5 S^7$ sehr genau entspricht, welche man als $Ni S + 2 Ni^2 S^3$ oder mit *Liebe* als $3 Ni S + 2 Ni S^2$ deuten kann. Im Kolben gibt er ein Sublimat von Schwefel und wird dabei gelb und härter; auf Kohle leicht schmelzbar zu stark magnetischer Kugel, in Salzsäure leicht löslich, die Sol. smaragdgrün. Mit Eisenspath auf Quarz in dem Bergwerk Lommerichkauls-Fundgrube am Westerwalde, wo die Krystallbündel sehr häufig von äusserst feinen Lamellen eines speisgelben Kieses durchzogen werden, welcher nach *Liebe* Millerit ist und durch eine theilweise Zersetzung des Beyrichits gebildet wurde (N. Jahrb. f. Min. 1874. 844).

42. **Horbachit,** *A. Knop.*

Unregelmässige Knollen in einem stark zersetzten glimmerreichen Gneiss, mit nur einer einzigen unvollkommenen Spaltungsfläche; H. = 4...5; G. = 4,43; tombackbraune in stahlgrau geneigte Farbe, schwarzer Strich, Metallglanz, magnetisch; besteht nach vier Analysen von *G. Wagner* im Mittel aus 45,87 Schwefel, 44,96 Eisen und 44,98 Nickel, was sehr nahe der Formel $4 Fe^2 S^3 + Ni^2 S^3$ entspricht, und ein interessantes Beispiel von einem in der Natur vorkommenden Sesquisulfid liefert. — Horbach unfern St. Blasien im Schwarzwald (N. Jahrb. f. Min. 1873. 524).

43. Tesseralkies, *Breithaupt,* oder **Skutterudit,** *Haidinger* (Arsenikkobaltkies).

Regulär, und zwar nach *Fletcher* parallelflächig-hemiëdrisch (Z. f. Kryst. VII. 20); O und ∞O∞, mit ∞O, 2O2 und anderen Formen, ∞O3 als Pentagondodekaëder, 3O⅓ als Dyakisdodekaëder; auch derb in körnigen Aggregaten. — Spaltb. hexaëdrisch deutlich, Bruch muschelig bis uneben; spröd; H. = 6; G. = 6,48...6,86; zinnweiss bis weisslich bleigrau, zuweilen bunt angelaufen, ziemlich stark glänzend. — Chem. Zus. nach den Analysen von *Scheerer* und *Wöhler*: CoAs^3, mit 79,82 Arsen und 20,68 Kobalt, von welchem ein kleiner Theil durch 1 bis 1½ pCt. Eisen ersetzt wird; gibt im Kolben ein Sublimat von metallischem Arsen, im Glasrohr ein starkes Sublimat von arseniger Säure, und verhält sich ausserdem wie Speiskobalt. — Skutterud in Norwegen.

44. Bleiglanz, Galenit.

Regulär; gewöhnliche Formen ∞O∞ (h), O (o), ∞O (d), selten 2O und andere mO, 2O2 und andere mOm, zum Theil mit grossen Werthen von m (z. B. 12O12, 36O36), wie denn bis jetzt 5 verschiedene Triakisoktaëder und 11 verschiedene Ikositetraëder, auch 3 Hexakisoktaëder bekannt sind; die gemeinste Combination ist ∞O∞.O, zumal als Mittelkrystall, wie beistehende Figur, auch O.∞O∞.∞O, wie die zweite Figur;

die Krystalle gross und klein, häufig von gestörter Bildung, daher oft sehr verzerrt (säulenförmig durch Verlängerung nach einer Hauptaxe oder trigonalen Zwischenaxe, tafelartig durch Vorherrschen zweier Hexaëder- oder Oktaëderflächen), oder mit sehr unebenen Flächen ausgebildet, selten eingewachsen, meist aufgewachsen und zu Drusen oder mancherlei Gruppen verbunden; Zwillingskrystalle, Zwillings-Ebene eine Fläche von O; derbe Massen und Spaltungshexaëder zeigen wohl einfache oder doppelte Zwillingsstreifung nach einem mO, welches von *Sadebeck* als 4O bestimmt wurde; *v. Zepharovich* beobachtete auch eine lamellare Verwachsung nach einer oder mehren Flächen des Ikositetraëders 3O3, und *vom Rath* fand später nach demselben Zwillingsgesetz je zwei Individuen verwachsen beim Bleiglanz von der Grube Morgenstern bei Hesselbach in Westphalen. — Pseudomorphosen nach Pyromorphit (Blaubleierz von Bernkastel, Zschopau und Poullaouen), Bournonit und Kalkspath; auch gestrickt, röhrenförmig, traubig, nierförmig, zerfressen, angeflogen, spiegelig; ganz vorzüglich häufig aber derb und eingesprengt, bisweilen knollenförmig, in grosskörnigen bis feinkörnigen und dichten, auch wohl in striemigschaligen Aggregaten. — Spaltb. hexaëdrisch, sehr vollk., daher der Bruch in den Individuen selten zu beobachten ist; bisweilen auch oktaëdrisch (vielleicht nur in Folge lamellarer zwillingsartiger Zusammensetzung); mild; H. = 2,5; G. = 7,3...7,6; röthlichbleigrau, in sehr feinkörnigen Aggregaten etwas lichter, zuweilen bunt angelaufen, Strich graulichschwarz, starker Metallglanz, bisweilen schillernd bei Verwachsung mit Zinkblende. — Chem. Zus.: Bleisulfid Pb S, mit 86,6 Blei und 13,4 Schwefel, häufig mit einem kleinen Silbergehalt, der meist nur 0,01 bis 0,03, ziemlich oft 0,5, selten bis 1,0 pCt. beträgt; eine Var. von Utah in Nordamerika hält jedoch nach *Kerl* über 8 pCt. Silber; meist ist auch ein Eisengehalt oder Zinkgehalt und zuweilen ein Selengehalt vorhanden. Im Glasrohr gibt er Schwefel und ein Sublimat von schwefelsaurem Bleioxyd; v. d. L. auf Kohle verknistert er, schmilzt, nachdem der Schwefel verflüchtigt ist, und gibt zuletzt ein Bleikorn, welches beim Abtreiben nicht selten ein kleines Silberkorn zurücklässt. In Salpetersäure löslich unter Entwickelung von salpetriger Säure und Abscheidung von Schwefel und Bleisulfat; in erwärmter Salzsäure langsam löslich; aus der kalten Solution krystallisirt Chlorblei; Salpetersalzsäure verwandelt ihn in ein Gemeng von Bleisulfat und Chlorblei. — Ein sehr verbreitetes Bleierz, auf Lagern und Gängen und in Gebirgsgesteinen; Freiberg, Przibram, Clausthal, Zellerfeld, Bleiberg in Kärnten; Mechernich und Commern in der Eifel; Sala; Derbyshire, Cumberland, Northumberland, Insel Man, hier Hexaëder von 10 Zoll Durchmesser vorgekommen; Alpucharras in Spanien; sehr verbreitet in den Staaten Missouri, Illinois, Iowa und Wisconsin in Nordamerika.

Anm. 1. Ueber die Krystallisation des Bleiglanzes lieferte *Sadebeck* (Z. d. geol.

Ges. 1874. 617) eine Arbeit, worin auch die Wachsthumsverhältnisse besprochen sind. Ueber die Aetzfiguren vgl. *Becke* in *Tsch.* Min. u. petr. Mitth. VI. 1884. 237. — Sehr leicht nach O (auffallend schwieriger nach ∞O∞) spaltbaren Bleiglanz fand *v. Zepharovich* bei Habach im oberen Pinzgau (Salzburg); nach dem Glühen ist er leicht nach ∞O∞, schwieriger nach O spaltbar; dieser Bleiglanz enthält auch 1,97 pCt. Schwefelwismuth, und ist es, welcher nach 303 häufig von sehr dünnen Zwillingslamellen durchsetzt wird (Z. f. Kryst. 1877. 155).

Anm. 2. Der sog. Bleischweif ist theils dichter Bleiglanz, theils dichter Steinmannit, oder auch wohl ein Gemeng von beiden. Das von *Zippe* als Steinmannit eingeführte Mineral von Przibram ist aber nach *Kenngott*, *Reuss* und *Schwarz* nur ein unreiner, mit Schwefelzink und Schwefelarsen vermengter Bleiglanz.

Gebrauch. Der Bleiglanz, das wichtigste unter allen Bleierzen, wird nicht nur auf Blei, sondern auch, bei hinreichendem Silbergehalt, zugleich mit auf Silber benutzt. Auch wird er zur Glasur der Töpferwaaren, und, im rohen Zustand, zur Verzierung mancher Spielereien, als Streusand und zu Streichfeuerzeugen gebraucht.

Anm. 3. Aehnlich dem sog. mulmigen Bleiglanz ist der Johnstonit, oder das Ueber-Schwefelblei, ein bei Neu-Sinka in Siebenbürgen, bei Dufton, bei Müsen und a. O., gewöhnlich mit Bleiglanz vorkommendes und wohl auch aus ihm entstandenes Mineral, welches sich schon in der Kerzenflamme entzündet und dann mit blauer Flamme fortbrennt; *Johnston* fand in dem von Dufton 8,7 pCt. Schwefel, welcher sich durch Lösungsmittel ausziehen liess. G. = 5,275...6,713. Nach *Karl v. Hauer's* Analyse ist es ein, jedenfalls aus einer partiellen Umbildung von Bleiglanz hervorgegangenes Gemeng von Schwefelblei, Bleisulfat und Schwefel.

45. Cuproplumbit, *Breithaupt* (Kupferbleiglanz).

Regulär, bis jetzt nur derb, in körnigen Aggregaten, deren Individuen hexaëdrisch spaltbar sind; etwas mild, leicht zersprengbar; H. = 2,5; G. = 6,40...6,43; schwärzlich bleigrau. — Chem. Zus. nach einer Analyse von *Plattner*: isomorphe Mischung von $2PbS + Cu^2S$ durch $\frac{1}{4}$ pCt. Silber 65 Blei, 19,9 Kupfer und 15,1 Schwefel; vom Kupfer wird ein kleiner Theil durch $\frac{1}{4}$ pCt. Silber ersetzt; im Glasrohr schmilzt er unter Aufwallen und unter Entwickelung von schwefliger Säure; v. d. L. beschlägt er die Kohle mit Bleioxyd und Bleisulfat; mit Soda gibt er ein Metallkorn. — Chile.

Anm. Der sogenannte Alisonit, von Mina grande in der Gegend von Coquimbo, derb und dunkelblau, bildet nach *Field* eine andere isomorphe Mischung, welche 28,9 Blei, 53,3 Kupfer und 17,8 Schwefel enthält, und daher $3Cu^2S + PbS$ ist.

46. Selenblei, *H. Rose*, oder Clausthalit, *Haidinger*.

Regulär; derb und eingesprengt in klein- und feinkörnigen Aggregaten, deren Individuen hexaëdrisch spaltbar sind; mild; H. = 2,5...3; G. = 8,2...8,8; bleigrau, Strich grau. — Chem. Zus. nach den Analysen von *Stromeyer*, *H. Rose* und *Domeyko* wesentlich: PbSe, mit 72,38 Blei und 27,62 Selen; bisweilen wird ein nicht unbedeutender Theil des Bleies durch Silber vertreten, wie denn *Rammelsberg* in einer Var. von Tilkerode 11,67 pCt. Silber fand; andere enthalten kleine Antheile von Kobalt (bis 3 pCt.) und sind deshalb als Selenkobaltblei aufgeführt worden. Im Kolben verknistert das Selenblei oft heftig und bleibt dann unverändert; auf Kohle dampft es, gibt Selengeruch, färbt die Flamme blau und beschlägt die Kohle grau, roth, zuletzt auch gelb; schmilzt nicht, sondern verflüchtigt sich allmälig bis auf einen ganz kleinen Rückstand; im Glasrohr gibt es ein theils graues, theils rothes Sublimat von Selen; mit Soda auf Kohle im Red.-F. geschmolzen gibt es metallisches Blei. Von Salpetersäure wird es gelöst, und zwar unter Abscheidung von Selen, wenn die Säure erwärmt wird. — Tilkerode, Zorge, Lerbach und Clausthal am Harz, doch nach *Zincken* niemals mit Bleiglanz; Reinsberg bei Freiberg, Mendoza in Südamerika.

47. Selenbleikupfer und Selenkupferblei, oder Zorgit.

Unter diesem Namen werden verschiedene Mineralien aufgeführt, welche freilich nach ihren morphologischen und physischen Eigenschaften nur wenig erforscht sind.

a) Selenbleikupfer; G. = 5,6; dunkel bleigrau in violblau geneigt, sehr mild und fast geschmeidig; findet sich auf kleinen Kalkspathtrümern zu Tilkerode, und besteht nach einer Analyse von *H. Rose* wesentlich aus 15,77 Kupfer, 48,43 Blei und 35 Selen; v. d. L. sehr leicht schmelzbar, fliesst auf der Kohle und bildet eine graue, metallisch glänzende Masse, die, gut geröstet, mit Borax oder Soda ein Kupferkorn liefert. Eine andere Var. von Zorge enthielt nach einer Analyse von *Hübner* 46,64 Kupfer, 16,58 Blei und 36,59 Selen, was sich nach *Rammelsberg* deuten lässt als $2PbSe + 9Cu^2Se$, also unter der Voraussetzung, dass Cu^2Se mit $PbSe$, wie es bei den entsprechenden Schwefelverbindungen der Fall, isomorph ist, eine isomorphe Mischung beider.

b) Selenkupferblei mit G. = 6,96...7,04; derb und eingesprengt, in klein- und feinkörnigen Aggregaten mit muscheligem oder ebenem Bruch, mild; bleigrau, oft messinggelb oder blau angelaufen; findet sich zu Zorge und Tilkerode am Harz, auch im Glasbachgrunde bei Gabel am Thüringer Wald, und besteht nach *H. Rose* und *Kersten* aus 8 bis 9 Kupfer, 57 bis 60 Blei und 30 bis 32 Selen.

c) Selenkupferblei mit G. = 7,4...7,5; röthlich bleigrau; gleichfalls im Glasbachgrunde; besteht nach *Kersten* aus 4 pCt. Kupfer, 65 Blei und 30 Selen.

Die beiden letzteren Vorkommnisse *b*) und *c*), sowie das sub *a*) erwähnte durch *H. Rose* analysirte von Tilkerode enthalten aber, worauf *Rammelsberg* hinweist, mehr Selen, als für Cu^2Se erforderlich ist, weshalb er es für wahrscheinlich hält, dass sie neben Cu^2Se auch $CuSe$ oder (wie für die Vorkommnisse aus dem Glasbachgrunde der Fall) letzteres allein in sich besitzen. Alsdann kann aber von einer isomorphen Mischung mit $PbSe$ nicht mehr die Rede sein und es liegen vielleicht hier Gemenge vor.

48. **Tellurblei,** *G. Rose*, oder Altait, *Haidinger*.

Regulär; derb in körnigen Aggregaten, deren Individuen hexaëdrische Spaltbarkeit haben; Bruch uneben; mild; H. = 3...3,5; G. = 8,1...8,2; zinnweiss, etwas in gelb geneigt; gelb anlaufend. — Chem. Zus. nach *G. Rose* und *Genth* wesentlich: $PbTe$, mit 38,22 Tellur und 61,78 Blei, von welchem jedoch ein kleiner Theil durch 1 pCt. Silber ersetzt wird. Im Kolben schmilzt es; im Glasrohr bildet sich um die Probe ein Ring von weissen Tropfen; der zugleich aufsteigende Dampf liefert ein weisses Sublimat, das sich schmelzen lässt; v. d. L. auf Kohle färbt es die Flamme blau; im Red.-F. schmilzt es zu einer Kugel, welche sich fast gänzlich verflüchtigen lässt, während sich um dieselbe ein metallisch glänzender, und in grösserer Entfernung ein bräunlich-gelber Beschlag bildet; in Salpetersäure leicht löslich. — Bontddu zwischen Dolgelly und Barmouth in Nordwales, Grube Sawodinskoi am Altai, Calaveras-Gebiet in Californien, Red Cloud-Grube in Colorado, Grube Condoriaco in Chile.

49. **Kupferglanz** oder Chalkosin (Kupferglas, Redruthit, Chalcocit).

Rhombisch, isomorph mit Akanthit; ∞P (*o*) 119° 35′, P Mittelkante 125° 22′, ⅓P (*a*) Mittelk. 65° 40′, 2P̆∞ Mittelk. 125° 40′, ⅔P̆∞ (*e*) Mittelk. 65° 48′; A.-V. = 0,5822 : 1 : 0,9709; gewöhnliche Combb. wie nachstehende Figuren:

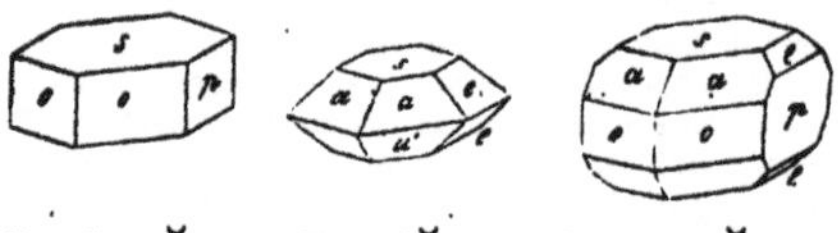

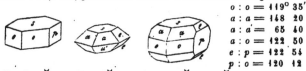

o : *o*	=	119°	35′
a : *a*	=	148	20
a : *a*′	=	65	40
a : *o*	=	122	50
e : *p*	=	122	54
p : *o*	=	120	12

0P.∞P.∞P̆∞. 0P.⅓P.⅔P̆∞. 0P.∞P.∞P̆∞.⅓P.⅔P̆∞.
s o p *s a e* *s o p a e*

Die Basis, die Brachydomen und das Brachypinakoid sind oft stark horizontal gestreift. Die an hexagonale Formen erinnernden Krystalle erscheinen meist dick tafelartig oder kurz säulenförmig, einzeln aufgewachsen oder zu Drusen verbunden; Zwillingskrystalle sehr häufig, nach dem auch Drillinge bildenden Gesetz: Zwillings-Ebene eine Fläche von ∞P; seltener nach dem Gesetz: Zwillings-Ebene eine Fläche von ⅓P, wobei sich die tafelförmigen Individuen unter 88° durchkreuzen; auch Zwillinge nach ⅔P̆∞; gewöhnlich derb, eingesprengt, in Platten, Knollen, Wülsten, als Vererzungsmittel (z. B. von Pflanzenresten, Ullmannia Bronni), Pseudomorphosen nach Kupferkies und Bleiglanz. — Spaltb. prismatisch nach ∞P unvollk., Bruch muschelig bis uneben; sehr mild; H. = 2,5...3; G. = 5,5...5,8; schwärzlich bleigrau, zuweilen angelaufen, meist wenig glänzend, im Strich glänzender. — Chem. Zus. nach den Analysen von *Klaproth*, *Ullmann*, *Scheerer*, *Schnabel* und *Bechi*: das Kupfersulfür oder Cuprosulfid Cu^2S, mit 79,80 Kupfer und 20,20 Schwefel, ein geringer Antheil Kupfer von Eisen vertreten, welches in einer Var. von **Montagone** in Toscana bis zu 6¼ pCt., in der Var. von der Algodonbai in Bolivia noch reichlicher erscheint; v. d. L. färbt er die Flamme bläulich; auf Kohle schmilzt er unter starkem Spritzen im Ox.-F. leicht, im Red.-F. erstarrt er; mit Soda gibt er ein Kupferkorn; von Salpetersäure wird er in der Wärme unter Abscheidung von Schwefel vollkommen gelöst. — Freiberg, Berggiesshübel, Siegen, Saalfeld, Mansfeld, Frankenberg in Hessen, Kapnik, Redruth in Cornwall, Norwegen, Sibirien, Bristol in Connecticut und in anderen Staaten Nordamerikas.

Gebrauch. Der Kupferglanz liefert da, wo er in grösseren Quantitäten vorkommt, eines der reichsten Kupfererze.

Anm. 1. Das Kupfersulfür Cu^2S ist d i m o r p h, da man dasselbe künstlich durch Zusammenschmelzen von Kupfer und Schwefel in r e g u l ä r e n Oktaëdern erhält. Natürlich hat sich bis jetzt reguläres Cu^2S als solches noch nicht sicher gefunden, während das entsprechende Ag^2S natürlich als regulärer Silberglanz und rhombischer Akanthit bekannt ist. Dagegen betheiligt sich reguläres Cu^2S in isomorpher Mischung mit Ag^2S an dem Aufbau des regulären Jalpait; vgl. auch Cuproplumbit.

Anm. 2. Unter dem Namen C u p r ë i n beschreibt *Breithaupt* ein hexagonal krystallisirendes Kupfersulfür; P, 84° 46'; gewöhnliche Comb. 0P.∞P, selten mit P und 2P; Zwillingskrystalle, Zwillings-Ebene wahrscheinlich eine Fläche von 2P; derb, in körnigen Aggregaten. — Spaltb. basisch, Bruch uneben bis muschelig; mild; H.=2,5...3,0; G.=5,50...5,59; schwärzlich bleigrau, Strich gleichfarbig, Metallglanz. — Chem. Zus. wie die des rhombischen Kupferglanzes. Dieser hexagonale Kupferglanz soll noch häufiger vorkommen als der rhombische, meist auf Gängen in Begleitung von Malachit; so zu Freiberg und Saida in Sachsen, bei Schmiedeberg in Schlesien, bei Sangerhausen in Thüringen; Monte-Catini in Toscana, Herrengrund in Ungarn, Redruth in Cornwall, Kongsberg in Norwegen. *Dana* bezweifelt die Realität dieses Minerals und vermuthet wohl mit Recht, dass ein Irrthum obwalten möge. Nach *A. Daubrée* soll Cuprëin im Inneren von umgewandelten gallischen und römischen Bronzemünzen vorkommen, die sich in dem Mer-de-Flines, Dép. du Nord finden.

Anm. 3. D i g e n i t hat *Breithaupt* ein eigenthümliches Kupfersulfid von folgenden Eigenschaften genannt. Derb und als Ueberzug, Bruch muschelig. — Spaltb. nicht bemerkbar; sehr mild; H.=2...2,5; G.=4,5...4,7; schwärzlich bleigrau, Strich schwarz, glänzend bis wenig glänzend. — Chem. Zus.: Nach *Plattner* enthält er 70,2 Kupfer und 0,24 Silber, was unter der Voraussetzung, dass der Rest Schwefel ist, der Formel Cu^6S^5 entspricht, welche sich als $Cu^2S + 4Cu^2S$ deuten lässt, also eine Verbindung von Kupferglanz mit Covellin; vielleicht aber ist der Digenit nur ein mechanisches Gemenge beider Substanzen. V. d. L. verhält er sich wie Kupferglanz. — Sangerhausen und Chile, Szaszka im Banat, Kargalinskische Steppe bei Orenburg, Angola an der Westküste von Afrika; Insel Carmen im Busen von Californien.

Anm. 4. Der sog. H a r r i s i t, von Canton-Mine in Georgia, ist seiner Substanz nach identisch mit dem Kupferglanz, während er doch hexaëdrische Spaltb. besitzt; *Genth* und *Torrey* erklären ihn für eine Pseudomorphose nach Bleiglanz, in welcher die Spaltbarkeit des letzteren noch erhalten blieb, und auch mitunter noch ein Kern desselben sitzt; nach *Pratt* liegt hier natürliches und ursprüngliches reguläres Cu^2S vor.

50. **Silberkupferglanz,** Kupfersilberglanz, Stromeyerit.

Rhombisch, ganz isomorph mit Kupferglanz, sowie auch isomorph mit Akanthit; A.-V. = 0,5820 : 1 : 0,9206. Die seltenen Krystalle stellen die kurz säulenförmige Combination ∞P.∞P̄∞.0P.¼P.½P̄∞ dar; gewöhnlich derb, eingesprengt, in Platten. — Spaltb. nicht bemerkbar, Bruch flachmuschelig bis eben; sehr mild; H. = 2,5...3; G. = 6,2...6,3; schwärzlich bleigrau, stark glänzend. — Chem. Zus. nach den Analysen von *Stromeyer, Sander, Domeyko* und *Siewert*: Isomorphe (rhombische) Mischung $Cu^2S + Ag^2S$, mit 53,08 Silber, 31,15 Kupfer und 15,77 Schwefel; diese Zusammensetzung gilt für die Var. vom Schlangenberge in Sibirien und von Rudelstadt in Schlesien; v. d. L. schmilzt er leicht zu einer grauen, metallglänzenden, halbgeschmeidigen Kugel, welche den Flüssen die Farbe des Kupfers ertheilt, und, auf der Kapelle mit Blei abgetrieben, ein Silberkorn hinterlässt; in Salpetersäure löslich unter Abscheidung von Schwefel. — Fand sich auch bei S. Pedro und Catemo in Chile, in Peru und Arizona, Prov. Catamarca in Argentinien.

Anm. Ausser dem Silberkupferglanz von den genannten Fundorten kommen in Chile an mehren Orten sehr silberreiche Kupferglanze vor, deren Silbergehalt nach *Domeyko* von 3 bis 29 pCt. steigt, aber schwankend ist; es sind isomorphe Gemische von Ag^2S mit 3 bis 42 Mol. Cu^2S, oder Gemenge von Silberkupferglanz mit Kupferglanz; ebenso fand *Lampadius* in einem Kupferglanz von Freiberg 48,5 pCt. Schwefelsilber. Es wird hiernach schwer, die Grenze zwischen Kupferglanz und Kupfersilberglanz zu bestimmen.

51. Selenkupfer, *v. Leonhard,* oder Berzelin, *Haidinger.*

Krystallinisch, als dünner dendritischer Anflug auf Klüften von Kalkspath, weich und geschmeidig, silberweiss, aber bald schwarz anlaufend. — Chem. Zus. nach einer Analyse von *Berzelius* sehr nahe: Cu^2Se, was 61,6 Kupfer und 38,4 Selen erfordern würde; im Glasrohr sublimirt es Selen und Selensäure mit Hinterlassung von Kupfer; auf Kohle schmilzt es zu einer grauen, etwas geschmeidigen Kugel unter starkem Selengeruch. — Skrikerum in Små-land (Schweden) und Lerbach am Harz; sehr selten.

Anm. Nach *Nordenskiöld* findet sich bei Skrikerum, doch nur in derben Partieen, ein Mineral, welches er zu Ehren von *Crookes*, dem Entdecker des Thallium, Crookes it nennt; spröd, bleigrau, metallglänzend; $H. = 2,5 ... 3,0$; $G. = 6,90$; schmilzt v. d. L. zu grünlich-schwarzem Email, wobei es die Flamme intensiv grün färbt, und besteht aus 45,76 Kupfer, 3,71 Silber, 17,25 Thallium und 33,27 Selen.

52. Eukairit, *Berzelius.*

Krystallinisch, von unbekannter Form; bis jetzt nur derb in feinkörnigen Aggregaten, deren Individuen Spaltbarkeit erkennen lassen; weich; bleigrau, Strich glänzend. — Chem. Zus. nach *Berzelius* und *Nordenskiöld*: $CuAgSe$ oder $Cu^2Se + Ag^2Se$, welche Formel 43,11 Silber, 25,30 Kupfer und 31,59 Selen erfordert; es liegt also hier eine isomorphe Mischung der Selen-Verbindungen derjenigen Metalle vor, deren entsprechende Schwefel-Verbindungen im Silberkupferglanz und Jalpait isomorph gemischt sind. Im Glasrohr gibt ein Sublimat von Selen und Selensäure; v. d. L. schmilzt er auf Kohle unter Entwickelung von Selendämpfen zu einem grauen, spröden Metallkorn; mit Borax und Phosphorsalz gibt er die Reaction auf Kupfer, mit Blei abgetrieben ein Silberkorn; in Salpetersäure löslich. — Skrikerum in Små-land (Schweden), nördlich von Tres Puntas in der Wüste Atacama, mehrorts in Chile.

53. Silberglanz, oder Argentit, *Haidinger* (Glaserz).

Regulär; gewöhnliche Formen $\infty O\infty$, O, ∞O und 202; Zwillinge nach O; die Krystalle meist sehr verzogen und verbogen, einzeln aufgewachsen, meist aber zu Drusen oder zu reihenförmigen, treppenförmigen u. a. Gruppen vereinigt; auch haar-und drahtförmig, zähnig, gestrickt, baumförmig, in Platten, als Anflug, derb und ein-gesprengt; Pseudomorphosen nach Silber und Rothgültigerz. — Spaltb. Spuren nach ∞O und $\infty O\infty$, aber sehr undeutlich; Bruch uneben und hakig; geschmeidig und biegsam; $H. = 2...2,5$; $G. = 7...7,4$; schwärzlich bleigrau, oft schwarz oder braun angelaufen; meist wenig glänzend, im Strich glänzender. — Chem. Zus.: Silbersulfür Ag^2S mit 87,07 Silber und 12,93 Schwefel; v. d. L. auf Kohle schmilzt er und schwillt stark auf, gibt schwefelige Säure und hinterlässt endlich ein Silberkorn; in concentrirter Salpetersäure auflöslich unter Abscheidung von Schwefel. — Freiberg, Schneeberg, Annaberg, Marienberg, Johanngeorgenstadt; Joachimsthal; Schemnitz, Kremnitz; Kongs-berg; Mexico, Peru, Chile, Comstock-Gang in Nevada.

Gebrauch. Der Silberglanz ist eines der reichsten und wichtigsten Silbererze.

54. Akanthit, *Kenngott.*

Rhombisch; P, Polkanten $88° 38'$ und $120° 58'$, Mittelk. $120° 36'$, ∞P $110° 54'$ nach *Dauber* (Sitzgsber. d. Wien. Akad. Bd. 39, S. 685); A.-V. $= 0,6886 : 1 : 0,9945$; trotz der Abweichungen in der Axenlänge a (bei fast gleichem c) müssen Akanthit und Kupferglanz als isomorph gelten, da sie sich in den verschiedensten Verhältnissen mischen; die ziemlich verwickelten Combinationen stellen oft spitz pyramidal aus-laufende, dabei verbogene und selbst schraubenartig gewundene, oft schwertförmige oder dornförmige Krystalle dar; die Pyramiden sind häufig blos hemiëdrisch entwickelt; bisweilen Zwillingskrystalle nach dem Gesetz: Zwillings-Ebene eine Fläche von $\bar{P}\infty$ $(69° 22')$. Weich und geschmeidig; $G. = 7,192...7,296$; schwärzlich bleigrau, etwas dunkler als Silberglanz; stark glänzend, undurchsichtig. — Chem. Zus. nach einer Analyse von *Weselsky* genau die des Silberglanzes Ag^2S, so dass hier ein ausgezeichnetes Beispiel von Dimorphismus vorliegt. — Auf Silberglanz zu Freiberg, Annaberg und Joachimsthal, bei Wolfach in Baden, wahrscheinlich auch bei Copiapo in Chile.

55. Jalpait, *Breithaupt.*

Regulär, gewöhnliche Form O; hexaëdrisch spaltbar, geschmeidig; H. = 2,5; G. = 6,87...6,89; schwärzlich bleigrau, vollk. metallglänzend. — Chem. Zus. nach *R. Richter* und *Bertrand*: Isomorphe (reguläre) Mischung $3Ag^2S + Cu^2S$ mit 71,75 Silber, 14,04 Kupfer und 14,21 Schwefel. Der Jalpait verhält sich also zum Silberkupferglanz wie der Silberglanz zum Kupferglanz. Das Vorherrschen von Ag^2S in der Mischung ist es ohne Zweifel, wodurch die reguläre Form bedingt wird, gerade so wie der Silberkupferglanz mit seinem vorwaltenden Gehalt an Cu^2S die rhombische Gestalt des Kupferglanzes besitzt. — Jalpa in Mexico und Grube Buena Esperanza, Tres Puntas, Chile.

56. Selensilber, *G. Rose,* oder Naumannit.

Derb und in dünnen Platten, von körniger Zusammensetzung. — Spaltb. hexaëdrisch vollk., geschmeidig; H. = 2,5; G. = 8,0; eisenschwarz, stark glänzend. — Chem. Zus. nach einer Analyse von *G. Rose* wahrscheinlich Ag^2Se, was eigentlich 73,19 Silber und 26,81 Selen erfordern würde, doch sind 5 pCt. Blei vorhanden. Im Kolben schmilzt es und gibt wenig Sublimat von Selen und seleniger Säure; auf Kohle schmilzt es im Ox.-F. ruhig, im Red.-F. mit Aufschäumen und glüht bei der Erstarrung wieder auf; mit Soda und Borax gibt es ein Silberkorn; in rauchender Salpetersäure ist es ziemlich leicht, in verdünnter nur sehr schwach löslich. — Tilkerode am Harz.

57. Tellursilber, *G. Rose,* oder Hessit, *Fröbel.*

Krystallformen nach *Krenner* (wie schon *G. Rose* vermuthete) regulär, wie er an ausgezeichneten und grossen Individuen von Botés erkannte, an welchen er $\infty O\infty$, ∞O, O, 2O, $\infty O2$, $\infty O3$, 2O2 beobachtete; die Krystalle sind meist cubisch, aber auch säulenförmig, ja selbst stangenförmig verlängert. Auch *Schrauf* hat das Tellursilber von Rezbanya als regulär befunden. Nach *Becke* sind die Krystalle jedoch nur scheinbar regulär, eigentlich triklin mit $\alpha = 90^o\,49'$; $\beta = 90^o\,13'$; $\gamma = 90^o\,18'$ und dem A.-V. = 1,0244 : 1 : 1,0269; aber auch in den verzerrten und unsymmetrisch aussehenden Gestalten wiederhole sich merkwürdigerweise die Flächenvertheilung des regulären Systems und die Aehnlichkeit der Winkel mit denen regulärer Formen (Min. u. petr. Mitth. III. 301). Doch ist es sehr fraglich, ob durch diese Bestimmungen das reguläre System wirklich ausgeschlossen wird. Gewöhnlich nur derb, von körniger Zusammensetzung; etwas geschmeidig; H. = 2,5...3,0; G. = 8,13...8,45; Farbe zwischen schwärzlich bleigrau und stahlgrau. — Chem. Zus. nach den Analysen von *G. Rose, Genth, Domeyko* und *Petz* wesentlich Ag^2Te, mit 62,8 Silber, 37,2 Tellur, nebst Spuren von Eisen, Blei und Schwefel; manche Varietäten enthalten auch etwas Gold. Im Glasrohr schmilzt es und gibt wenig Sublimat von telluriger Säure; auf Kohle schmilzt es leicht zur Kugel, gibt einen Beschlag von telluriger Säure, und hinterlässt ein etwas sprödes tellurhaltiges Silberkorn, dessen Oberfläche sich bei der Abkühlung mit lauter kleinen metallisch glänzenden Kügelchen bedeckt; im Kolben mit Soda und Kohlenpulver geglüht, gibt es Tellurnatrium, welches sich im Wasser mit rother Farbe auflöst; in erwärmter Salpetersäure löst es sich auf, aus der Sol. krystallisirt nach einiger Zeit tellurigsaures Silberoxyd. — Berg Botés im siebenbürgischen Bergrevier Zalathna, wo stangenförmige bis 2 Zoll lange Krystalle vorkommen, Nagyag in Siebenbürgen, Rezbanya in Ungarn, Grube Sawodinskoi am Altai, Stanislaus-Grube in Calaveras Co. Californien; Grube Condoriaco in Chile.

Anm. Es kommen auch andere Tellursilber mit sehr grossem Goldgehalt vor, für welche daher der von *Hausmann* gebrauchte Name Tellurgoldsilber gerechtfertigt wäre; doch schlug *Haidinger* für sie schon früher den Namen Petzit vor. Sie unterscheiden sich vom eigentlichen Tellursilber besonders durch ihr höheres spec. Gewicht, welches nach Maassgabe ihres Goldgehalts von 8,72 bis zu 9,40 steigen kann. Dahin gehört z. B. der Petzit von Nagyag, mit 18 pCt. Gold, und G. = 8,72...8,83 nach *Petz*, sowie der Petzit von der Stanislaus-Mine

(Calaveras Co. in Californien), von der Golden-Rule-Mine (Tuolumne Co. ebendaselbst) und von der Red-Cloud-Mine in Colorado, welcher nach *Genth* 24 bis 26 pCt. Gold enthält, und nach *Küstel* das Gewicht 9,0 bis 9,4 erreicht. Diese Tellurgoldsilber sind allgemein n Ag^{2}Te + Au^{2}Te.

58. Antimonsilber oder Diskrasit, *Fröbel* (Spiessglassilber).

Rhombisch; P Polk. 132° 42′ und 92°, ∞P 120° ungefähr; A.-V. = 0,5775 : 1 : 0,6718; gewöhnl. Combb. ∞P.∞P̆∞.0P, dieselbe mit P und 2P̆∞, u. a.; beistehende von *Miller* entlehnte Figur ist eine Horizontalprojection der Combin. ∞P.∞P̆∞.0P. 2P̆∞.P.½P; kurz säulenförmig oder dick tafelartig, die Prismen vertical gestreift und ihre Flächen oft concav; Zwillings- und Drillingskrystalle nach dem Gesetz: Zwillings-

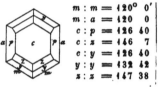

$m : m$	=	120° 0′
$m : a$	=	120 0
$c : p$	=	126 40
$c : z$	=	146 7
$c : y$	=	126 40
$y : y$	=	132 42
$z : z$	=	147 38

Ebene eine Fläche von ∞P, oft ganz wie hexagonale Combinationen erscheinend; gewöhnlich derb und eingesprengt, in körnigen Aggregaten. — Spaltb. basisch und domatisch nach P̆∞ deutlich, prismatisch nach ∞P unvollk.; wenig spröd; H. = 3,5; G. = 9,4...10,0; silberweiss, in zinnweiss geneigt; gelblich, bisweilen auch schwärzlich anlaufend. — Chem. Zus. nach den Analysen von *Klaproth*, *Vauquelin*, *Abich*, *Rammelsberg*, *Domeyko* und *Petersen*: eine Verbindung von Silber und Antimon, jedoch in schwankenden Verhältnissen, welche sich mehr oder weniger den Formeln Ag^{2}Sb, Ag^{3}Sb, Ag^{6}Sb mit 64,29 bis 84,38 Silber und 35,71 bis 15,62 Antimon nähern (ein chilenisches Antimonsilber mit 94,2 Silber führt auf Ag^{18}Sb), aber, wenn überhaupt Krystalle vorliegen, lauter isomorphe Gestaltungen liefern. *G. Rose* und *Rammelsberg* hielten deshalb dafür, dass hier isomorphe Mischungen (Legirungen) der beiden Metalle Antimon und Silber in veränderlichen Verhältnissen vorliegen, zu vergleichen denjenigen von Silber mit Gold oder mit Quecksilber; dagegen hat *Kenngott* wohl mit Recht hervorgehoben, dass Antimon eine von der des Silbers zu abweichende chemische Rolle spiele, um eine isomorphe Mischung beider anzunehmen, und die Ansicht aufgestellt, dass es sich hier um nur eine bestimmte Verbindung und ausserdem um Gemenge handle. Auch *Groth* ist der Meinung, dass das eigentliche Antimonsilber Ag^{2}Sb sei (wofür auch die krystallographischen Beziehungen zu Kupferglanz und Akanthit sprechen), und dass die mehr Silber ergebenden Vorkommnisse mechanisch mit Silber fein gemengt seien, welches das Antimonsilber in der Natur begleitet. Dies ist um so eher möglich, als viele Analysen sich nicht auf Krystalle, sondern auf körnige Varietäten des Antimonsilbers beziehen und das gediegene Silber durch Farbe nicht absticht. Ein geringerer Silbergehalt würde durch beigemengte Partikelchen von metallischem Antimon hervorgebracht. — Im Glasrohr gibt es ein Sublimat von Antimonoxyd, und umgibt sich mit gelbem verglastem Antimonoxyd; v. d. L. auf Kohle schmilzt es leicht, beschlägt die Kohle und hinterlässt nach längerem Erhitzen ein Silberkorn. In Salpetersäure löslich, die eingedampfte Solution lässt einen gelblichen Rückstand von salpetersaurem und antimonsaurem Silber. — Andreasberg, Altwolfach in Baden, Allemont, Chañarcillo in Chile.

Gebrauch. Das Antimonsilber ist als ein sehr reiches Silbererz ein wichtiger Gegenstand des Ausbringens.

Anm. Das sog. Arsensilber von Andreasberg, welches als ein Gemeng von Antimonsilber, Arsen und Arsenikkies gilt, findet sich derb, klein nierförmig, auch dendritisch in Kalkspath eingewachsen, oft schalig abgesondert, von unebenem und feinkörnigem Bruch; H. = 3,5; G. = 7,47...7,73; zinnweiss, doch bald anlaufend; es besteht aus 49 Arsen, 15,5 Antimon, 24,6 Eisen, fast 9 Silber und wenig Schwefel. Auf Kohle gibt es ein weisses und schwarzes Sublimat und starken Arsengeruch; raucht stark, schmilzt aber nicht; von Salpetersäure wird es lebhaft angegriffen.

Fassen wir die (isodimorphe) Mineralgruppe von S. 328 an zusammen, so kennt man bis jetzt:

	regulär	rhombisch
Pb S	{als Bleiglanz {im Cuproplumbit mit Cu²S	
Pb Se	als Selenblei	
Pb Te	als Tellurblei	—
Cu²S	{künstlich als solches {im Cuproplumbit mit Pb S {im Jalpait mit Ag²S	{als Kupferglanz {im Silberkupferglanz mit Ag²S
Ag²S	{als Silberglanz {im Jalpait mit Cu²S	{als Akanthit {im Silberkupferglanz mit Cu²S
Ag²Te	als Tellursilber	—
(Ag²Sb	—	als Antimonsilber).

59. Zinkblende oder Sphalerit, *Glocker* (Blende).

Regulär, und zwar tetraëdrisch-hemiëdrisch; die gewöhnlichsten Formen sind $\frac{O}{2}$. — $\frac{O}{2}$, oft beide im Gleichgewicht als O ausgebildet [1]); jedoch auch dann noch gegenseitig unterscheidbar durch die verschiedene Beschaffenheit ihrer Flächen, ferner ∞O (*o*), $\frac{3O3}{2}$. (*y*), $\frac{4O4}{2}$, $\frac{3O2}{2}$ (selten), $\infty O\infty$ u. a.; verschiedene Combb., von denen mehre S. 42 in den Figg. 57 bis 61 dargestellt sind, während die nachstehende fünfte Figur die für die Zinkblende sehr charakteristische Comb. $\infty O \cdot \frac{3O2}{2}$ zeigt; die Flächen des einen Tetraëders sind meist glatt, die des anderen drusig oder rauh, die Flächen des Hexaëders gestreift nach ihren abwechselnden Diagonalen, die Flächen des Trigon-Dodekaëders *y* ihren Combinationskanten mit ∞O parallel gestreift, meist conisch-convex. Zwillingsbildung ausserordentlich häufig, nach dem Gesetz: Zwillings-Ebene eine Fläche von O; meist ist die Zwillingsbildung mehrfach wiederholt, dabei sind die Individuen stark verkürzt, weshalb die Krystalle oft sehr verzerrt erscheinen, und bisweilen schwer zu entziffern sind.

Fig. 1. Zwei Oktaëder in regelmässiger Durchkreuzung.

Fig. 2. Zwei durch Juxtaposition verbundene Oktaëder.

Fig. 3. Das Rhomben-Dodekaëder durch die einer Oktaëderfläche parallele Median-Ebene *a b c d* in zwei Hälften getheilt; denkt man sich die links gelegene

1) *Sadebeck* zeigte ausführlich, wie nach *G. Rose* die Formen der ersten und zweiten Stellung zu unterscheiden sind, und gab Zeichnungen und Beschreibungen der beiden Gruppen von Krystallformen, in welchen einerseits das Tetraëder, andererseits das Rhomben-Dodekaëder als vorherrschende Formen auftreten (Z. d. d. geol. Ges., Bd. 21, S. 620, auch Bd. 30, S. 574); vgl. auch die wichtigen Bemerkungen von *Groth* (Mineraliens. d. Univ. Strassburg S. 23). — *Becke* kommt in einer sehr umfassenden Untersuchung, in welcher er auch im Ganzen 35 sicher bestimmte Formen aufzählt, bezüglich der Unterscheidung der Formenstellung unter Anlehnung an die von *Sadebeck* hervorgehobenen Gegensätze zu dem Ergebniss, dass der positive Oktant (Tetraëder I. Stellung *Sadebeck's*) durch Flächenarmuth, Ebenflächigkeit und geradlinige Flächenstreifung ausgezeichnet ist, während der negative Oktant (mit dem Tetraëder II. Stellung *Sadebeck's*) häufiger secundäre Formen, viele gewölbte Flächen und vicinale Formen, oft krummlinige Flächenzeichnung aufweist. $\frac{3O2}{2}$ tritt im positiven Oktanten häufiger auf als im negativen, Deltoëder finden sich nur, Hexakistetraëder fast nur im negativen. Flächenausdehnung und Glanz sind zur Unterscheidung + und — Formen gar nicht verwendbar. Dagegen sind die Aetzfiguren auf dem pos. Tetraëder vertiefte Aetzgrübchen, auf dem negat. erhabene Aetzhügel. Die diese Grübchen und Hügel begrenzenden Flächen kommen bei den eisenreichsten schwarzen Blenden der Form $\frac{3O2}{2}$ nahe und nähern sich bei den eisenärmeren helleren um so mehr dem (+) Tetraëder, je geringer der Eisengehalt ist (Min. u. petr. Mitth. V. 457).

Hälfte um die Normale der Median-Ebene durch 180° oder (was für die Erscheinung dasselbe ist) durch 60° verdreht, so entsteht ein Zwilling, wie er in

Fig. 4   abgebildet, und an den Krystallen mit vorherrschendem ∞O sehr gewöhnlich zu beobachten ist.

Fig. 5.   Die besonders an der braunen Zinkblende vorkommende Combination des Rhomben-Dodekaëders mit dem Trigon-Dodekaëder y; denkt man sich durch die von dem Punkte d auslaufenden sechs Combinationskanten eine Schnittebene gelegt, und den links von dieser Ebene gelegenen Theil um die Normale derselben durch 60° verdreht, so entsteht die

Fig. 6,   welche den Habitus der Zwillinge derjenigen Krystalle darstellt, denen wesentlich die Combination Figur 5 zu Grunde liegt.

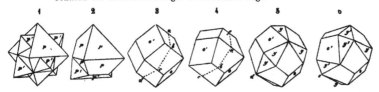

Die Zinkblende findet sich häufig derb, in körnigen, selten in stängeligen oder in höchst feinfaserigen kryptokrystallinischen Aggregaten, welche letztere auch nierförmige und traubige Gestalten z. Th. von krummschaliger Structur zeigen (Schalenblende oder Leberblende). — Spaltb. dodekaëdrisch nach ∞O, sehr vollk.; sehr spröd; H. = 3,5...4; G. = 3,9...4,2, die Schalenblende nur 3,69...3,80; grün, gelb, roth, am häufigsten braun und schwarz, sehr selten farblos oder weiss, wie zu Franklin in New-Jersey; Strich meist braun oder gelb; nach *Ad. Schmidt* verschwindet die gelbe Farbe durch Erhitzen und soll durch organische Substanz bedingt sein, welche sich beim Erhitzen ganzer Stücke sogar durch Geruch verrathe. Diamantglanz und Fettglanz; halbdurchsichtig (wie die schöne Blende von Picos de las Europas bei Eremita in Asturien, welche bis erbsengrosse Höhlungen umschliesst mit einer Flüssigkeit darin, die nach *Schertel* überwiegend Chlornatrium und daneben schwefelsaures Zink enthält), durchscheinend bis undurchsichtig. Die genannte asturische Blende ist nach *Friedel* polar-thermoelektrisch, so dass Flächen und gegenüberliegende Ecken des Tetraëders sich entgegengesetzt verhalten. Schwarze Z. aus der Gegend von Freiberg enthält u. d. M. zahlreiche feine Zinnsteinkryställchen und rundum ausgebildete Quarze. — Chem. Zus. nach vielen Analysen wesentlich: Zinksulfid **ZnS**, mit 66,98 Zink und 33,02 Schwefel, welche Zusammensetzung auch die weisse durchsichtige Blende von Franklin hat; in den braunen und schwarzen Blenden ist jedoch ein kleinerer oder grösserer Antheil von Zink als Schwefeleisen FeS enthalten, so dass es Varietäten gibt, welche über 20 pCt. Schwefeleisen besitzen; auch ist oft etwas Schwefelcadmium, sowie nach *Winkler* und *Wleugel* (in norwegischen) bisweilen Indium vorhanden. Spectroskopisch wies *v. Kobell* in der Zinkblende von Geroldseck im Breisgau und von Herbesthal Thallium, in der von Raibl Lithion nach. Ueber 1 pCt. Zinn fand *Collins* in einer sehr eisenreichen Blende von St. Agnes in Cornwall. Manche Blenden enthalten auch Gallium, woran u. A. die von Jowey-Consols-Mine (nach *Lecocq de Boisbaudran*) und die von Friedensville und Phönixville, Pennsylvania, relativ sehr reich sind. Der sogenannte Marmatit, von Marmato bei Popayan, besteht aus **3ZnS + FeS**, mit 22,9 pCt. Schwefeleisen; die von *Breithaupt* Christophit genannte sammetschwarze Blende von der Grube St. Christoph bei Breitenbrunn enthält über 28 pCt. Schwefeleisen und ist **2ZnS + FeS**. Nach *Hannay* kommen auch angeblich homogene Erze vor, welche Mischungen von vorwaltendem ZnS mit PbS und MnS sind. — Nach *Mallard* zeigt eine Spaltungsplatte von Zinkblende sich nach dem Glühen zusammengesetzt aus scharf begrenzten doppeltbrechenden optisch-einaxigen (positiven) Partieen (von Würtzit). V. d. L.

. verknistert sie óft heftig, verändert sich aber wenig und ist nur in scharfen Kanten schwierig anzuschmelzen; auf Kohle im Ox.-F. stark erhitzt gibt sie einen Zinkbeschlag; in concentrirter Salpetersäure löslich mit Hinterlassung von Schwefel. — Krystallisirte grüne oder gelbe Blende findet sich z. B. bei Scharfenberg, Przibram, Schemnitz und Kapnik, im Binnenthal; braune Blende zu Freiberg, Schwarzenberg, Kuttenberg, Lauthenthal und Nagyag; hellgelbe, rubinrothe und schwarze zu Ems; schwarze Blende häufig bei Freiberg, Zellerfeld, Kremnitz und Schemnitz, Schlaggenwald, Alston Moor; zu Ain Barber in Algier tetraëdrisch wie die ungarischen Fahlerzkrystalle gestaltet; die faserige zu Raibl, Freiberg und bei Aachen. Bei Ammeberg am Wettersee finden sich mächtige Lager von Zinkblende im Gneiss, und in Nordamerika ist sie sehr verbreitet.

Gebrauch. Die Zinkblende wird zur Darstellung des Zinks, hier und da auch zur Darstellung von Zinkvitriol oder Schwefel benutzt.

60. **Wurtzit,** *Friedel.*

Hexagonal, isomorph mit Greenockit; gewöhnl. Comb. ∞P.P, stark horizontal gestreift; A.-V. $= 1 : 0,810$; Spaltb. basisch und prismatisch nach ∞P; H. $= 3,5...4$; G. $= 3,98...4,07$) bräunlichschwarz, Strich hellbraun, glasglänzend; dichroitisch (gelb und braun). — Chem. Zus. nach *Friedel* identisch mit der Zinkblende, $Zn\dot{S}$, oder vielmehr wegen eines Gehalts von 8 pCt. Eisen $6 Zn\dot{S} + Fe\dot{S}$. Sonach ist der von *Deville*, *Troost* und *Sidot* fast gleichzeitig durch Darstellung künstlicher Krystalle beobachtete Dimorphismus des Einfach-Schwefelzinks auch in der Natur nachgewiesen. Leicht löslich in kalter concentr. Salzsäure (Gegensatz von Blende). Oruro in Bolivia. *Breithaupt* hatte schon vor der Entdeckung dieses Wurtzits erkannt, dass die braune strahlige Blende von Przibram (**Spiauterit** genannt) nicht regulär, sondern hexagonal ist, spaltbar nach den Flächen eines hexagonalen Prismas und der Basis (sie enthält nur bis 2 pCt. Eisen, aber auch ebensoviel Cadmium, und erweist sich nach *F. Zirkel* in der That doppeltbrechend); dasselbe fand er für die Blende von Albergeria velha in Portugal, und demnach gehören diese Vorkommnisse zu dem Wurtzit; nach *v. Lasaulx* ist indessen die letztere Blende durchaus einfachbrechend. *Laspeyres* befand die durchscheinende dünne, bei grösserer Dicke schwefel- bis pomeranzgelbe Rinde, welche als Umwandlungssubstanz die Antimonglanzkrystalle von Felsöbánya überzieht, ebenfalls als Wurtzit; sie besteht vorwiegend aus radial-feinstfaserigen Kügelchen; die sog. Schalenblende von Diepenlinchen betrachtet er als Gemenge von Wurtzit und Blende. Nach *H. Fischer* gehört auch die Schalenblende von Geroldseck bei Lahr zum Wurtzit.

Anm. Künstliche Krystalle von Wurtzit befand *Förstner* hemimorphisch: sie zeigen an dem einen Ende nur 2P und 0P, an dem anderen ausserdem $\frac{1}{4}$P und 2P wiederholt wechselnd (Z. f. Kryst. V. 1881. 363).

61. **Greenockit,** *Brooke.*

Hexagonal (isomorph mit Wurtzit), und zwar ausgezeichnet hemimorphisch; P $86^0 \ 21'$, 2P $123^0 \ 54'$, $\frac{1}{4}$P $50^0 \ 16'$ nach *v. Kokscharow's* Messungen; A.-V. $= 1 : 0,8125$; *Mügge* fand an sehr flächenreichen schottischen Krystallen (vgl. N. Jahrb. f. Min. 1882. II. 18) das A.-V. $= 1 : 0,8109$; gewöhnliche Combinationen 2P.0P.∞P.P oder P.2P.∞P, auch tafelförmig 0P.∞P; die Pyramiden nur mit der oberen Hälfte ausgebildet, während sie nach unten meist nur durch 0P begrenzt werden; die Krystalle sind einzeln aufgewachsen, sehr klein, zum Theil nur als zarter Anflug. — Spaltb. prismatisch nach ∞P und basisch (zufolge *Friedel* nach ∞P2); H. $= 3...3,5$; G. $= 4,8...4,9$; honiggelb bis pomeranzgelb, selten braun, Strich gelb, starker fettartiger Diamantglanz; durchscheinend, Doppelbrechung positiv. — Chem. Zus. nach den Analysen von *Connel* und *Thomson:* Cadmiumsulfid, $Cd\dot{S}$, mit 77,74 Cadmium und 22,26 Schwefel; im Kolben zerknistert er und wird vorübergehend carminroth; v. d. L. mit Soda auf Kohle gibt er einen rothbraunen Beschlag; in Salzsäure löst er sich unter Entwickelung von Schwefelwasserstoff. — Bishopton in Renfrewshire (Schottland) und Przibram in Böhmen, Kirlibaba in der Bukowina, auf den Erzlagern bei Schwarzenberg, Friedensville in Pennsylvanien.

Anm. *Schüler*, sowie *Deville* und *Troost*, auch *Hautefeuille* haben künstlich Greenockitkrystalle dargestellt, welche in allen ihren Eigenschaften mit den natürlichen übereinstimmen.

62. Manganblende, *Blumenbach*, oder Alabandin (Manganglanz).

Regulär und zwar tetraëdrisch-hemiëdrisch: beide Tetraëder mit $\infty O\infty$ oder ∞O; gewöhnlich derb in körnigen Aggregaten und eingesprengt. — Spaltb. hexaëdrisch vollk., Bruch uneben; etwas spröd; H. = 3,5...4; G. = 3,9...4,1; eisenschwarz bis dunkel stahlgrau, bräunlichschwarz anlaufend, Strich schmutziggrün, halbmetallisch glänzend, wenn angelaufen fast matt. — Chem. Zus. nach *Arfvedson* und *Bergemann*: Mangansulfid MnS, mit 63,15 Mangan und 36,85 Schwefel; im Kolben unveränderlich, im Glasrohr gibt sie etwas schwefelige Säure und wird graugrün; auf Kohle schmilzt sie nach vorheriger Röstung im Red.-F. sehr schwer zu einer braunen Schlacke; mit Borax gibt sie die Reaction auf Mangan; von Phosphorsalz wird sie unter starker Entwickelung eines brennbaren Gases aufgelöst; in Salzsäure vollkommen löslich unter Entwickelung von Schwefelwasserstoff. — Kapnik, Nagyag und Offenbánya in Siebenbürgen, Gersdorf in Sachsen, Alabanda in Carien, Mexico am Fusse des Orizaba, Brasilien.

Anm. 1. Als Hüttenproduct ist Manganblende in deutlichen Krystallen, zugleich mit Cyan-Stickstoff-Titan zu Königshütte in Oberschlesien gebildet worden.

Anm. 2. In den Meteoreisenmassen von Bolson de Mapini (mexicanische Wüste) entdeckte *Lawrence Smith* neben Troilit ein schwarzes glänzendes Mineral von krystallinischer Structur mit deutlicher Spaltbarkeit, sehr zerbrechlich und in Salpetersäure völlig löslich, welches CrS ist (mit 87,88 Schwefel und 62,12 Chrom); es erhielt den Namen Daubrelith (Comptes rendus, T. 83. 1876. 74).

63. Millerit, *Haidinger* (Haarkies, Nickelkies).

Rhomboëdrisch, R 144° 8′ nach *Miller*[1]); A.-V. = 1 : 0,3295; in äusserst dünnen, nadelförmigen und haarförmigen, oft abwechselnd dickeren und dünneren, bald büschelförmig, bald verworren gruppirten Krystallen, welche nach *Miller* hexagonale Prismen mit rhomboëdrischer Endigung, $\infty P2.R$, sind; *Kenngott* hat auch das Prisma ∞R, und zwar z. Th. nur als trigonales Prisma, oder in zwei trigonalen Prismen beobachtet, welche Ausbildungsweise schon *Miller* erwähnt. *Websky* fand eigenthümliche, bald nach rechts, bald nach links gedrehte Nadeln. — Spaltb. unbekannt; spröd und leicht zerbrechlich, jedoch die haarfeinen Krystalle etwas elastisch-biegsam; H. = 3,5; G. = 5,26..5,30, nach *Kenngott* nur 4,6; messinggelb in speisgelb geneigt, bisweilen grau oder bunt anlaufen. — Chem. Zus. nach den Analysen von *Arfvedson*, *Rammelsberg* und *Schnabel*: Nickelsulfid NiS, mit 64,45 Nickel und 35,55 Schwefel; im Glasrohr gibt er schwefelige Säure; v. d. L. auf Kohle schmilzt er ziemlich leicht zu einer glänzenden Kugel, welche stark braust und spritzt, aber keinen Arsenrauch entwickelt; mit Borax gibt er die Farben des Nickels; von Salpetersäure und Salpetersalzsäure wird er gelöst, die Solution ist grün. — Johanngeorgenstadt, Joachimsthal, Przibram, Riechelsdorf, Kamsdorf, Oberlahr im Westerwald; Saarbrücken, Dortmund und Bochum im Steinkohlengebirge; Nanzenbach in Nassau, Lancaster Co. in Pennsylvanien, Antwerp in New-York.

---

[1]) *Groth* ertheilt dem Millerit das A.-V. = 1 : 0,9886, und um mit ihm den Greenockit als isomorph hinzustellen, fasst er das P des letzteren als P2 (das A.-V. des Greenockits alsdann = 1 : 0,9587) und das Mineral als rhomboëdrisch auf; die wünschenswerthe Annäherung wird daher doch nur in geringem Maasse erzielt; bei analoger Deutung erhielte Wurtzit das A.-V. = 1 : 0,9858. *Groth* hebt auch hervor, dass *Schüler* an den künstlichen Krystallen des Greenockits rhomboëdrische und skalenoëdrische Formen beobachten haben will. *Mügge* hält die letztere Angabe für nicht hinreichend verbürgt, und spricht sich aus verschiedenen Gründen für den holoëdrischen Charakter des Greenockits aus; auch *Hautefeuille*'s künstliche Krystalle waren, wie alle natürlichen, ganz holoëdrisch entwickelt.

Gebrauch. Wo der Millerit dem Pyrit und Kupferkies reichlicher beigemengt ist, wie in Nassau, da bedingt er eine Benutzung dieser Erze auf Nickelmetall. — A n m. 4. Ein bei Radschputanah in Ostindien in Trümern, derb und eingesprengt vorkommendes, wenig bekanntes gelblich-stahlgraues Erz besteht nach *Middleton* aus 64,64 Kobalt und 35,86 Schwefel, und würde darnach Kobaltsulfid CoS sein. — A n m. 2. Hier würde sich der schon S. 326 besprochene T r o i l l i t, das Einfach-Schwefeleisen FeS anreihen.

64. **Eisennickelkies,** *Scheerer.*

Regulär, derb, in körnigen Aggregaten, deren Individuen oktaëdrisch spaltbar sind, Bruch uneben; spröd; H. = 3,5...4; G. = 4,6; licht tombackbraun, Strich dunkel; nicht magnetisch. — Chem. Zus. nach der Analyse von *Scheerer*: $2FeS + NiS$, mit 44,79 Eisen, 22,00 Nickel, 36,03 Schwefel, gewöhnlich mit ein wenig Kupferkies und Magnetkies gemengt, daher auch etwas Kupfer gefunden wurde; v. d. L. verhält er sich im Allgemeinen wie Magnetkies; das geröstete Pulver gibt mit Borax im Ox.-F. die Farbe des Eisens, im Red.-F. ein schwarzes, undurchsichtiges Glas. — Lillehammer im südlichen Norwegen. Ein ähnliches Mineral von Inverary in Schottland, welches jedoch nach der Formel $5FeS + NiS$ zusammengesetzt ist, und wenig über 44 pCt. Nickel enthält, beschrieb *D. Forbes.*

65. **Rothnickelkies,** Arsennickel, Kupfernickel, Nickelin.

Hexagonal, isomorph mit Antimonnickel; P 86° 50' nach *Breithaupt* und *Miller*; ∞P, 0P; A.-V. = 4 : 0,8209; die Krystalle sind sehr selten, meist undeutlich ausgebildet und verwachsen; gestrickt, baumförmig, kugelig, staudenförmig, traubig, nierförmig, am häufigsten derb und eingesprengt. Spaltb. in höchst unvollk. Spuren, Bruch muschelig und uneben; spröd; H. = 5,5; G. = 7,4...7,7; licht kupferroth, grau und schwarz anlaufend, Strich bräunlichschwarz. — Chem. Zus. nach vielen Analysen wesentlich: $NiAs$, was 43,9 Nickel und 56,4 Arsen erfordern würde; doch wird nicht selten ein mehr oder weniger bedeutender Theil des Arsens durch Antimon (als $NiSb$) vertreten (bis zu 28 pCt.); auch ist oft etwas Schwefel vorhanden; im Kolben gibt er kein Sublimat von Arsen; auf Kohle schmilzt er unter Entwickelung von Arsendämpfen zu einer weissen, spröden Metallkugel; geröstet gibt er mit Borax oder Phosphorsalz die Reactionen des Nickels; in concentrirter Salpetersäure ist er löslich unter Abscheidung von arseniger Säure, noch leichter in Salpetersalzsäure, die Sol. ist grün. — Freiberg, Schneeberg, Annaberg, Marienberg, Joachimsthal, Riechelsdorf, Bieber, Sangerhausen (hier schön krystallisirt), Saalfeld, Andreasberg, Wolfach (hier nach *Petersen* die Var. mit 28 pCt. Antimon), Allemont.

Gebrauch. Der Rothnickelkies ist eines der wichtigsten Erze zur Darstellung des Nickels.

66. **Antimonnickel,** Breithauptit.

Hexagonal, isomorph mit Arsennickel[1]); P 86° 56'; A.-V. = 4 : 0,8585; die Krystalle sind meist kleine, dünne hexagonale Tafeln der Comb. 0P.∞P mit hexagonaler Streifung der Basis, selten mit Flächen von P oder ½P; auch baumförmig und eingesprengt. Bruch uneben bis kleinmuschelig; spröd; H. = 5; G. = 7,5...7,6; licht kupferroth, violblau anlaufend, Strich röthlichbraun, stark glänzend auf 0P. — Chem. Zus. nach den Analysen von *Stromeyer* wesentlich: $NiSb$, mit 32,88 Nickel und 67,42 Antimon, doch wird ein kleiner Theil Nickel durch Eisen vertreten, auch ist ihm oft etwas Bleiglanz beigemengt. Im Glasrohr gibt er etwas Sublimat von Antimon; auf Kohle gibt er starken Antimonbeschlag, ist aber nur sehr schwer zu schmelzen; in Salpetersalzsäure löst er sich leicht und vollständig; die Sol. ist grün. — Andreasberg.

Fassen wir die von Nr. 59 ab erwähnten Mineralien zusammen, so krystallisirt :

	regulär	hexagonal
ZnS	als Zinkblende	als Wurtzit
CdS	in der Zinkblende mit ZnS	als Greenockit

---

[1]) Rothnickelkies und Antimonnickel fasst *Groth* ebenfalls als rhomboëdrisch und deren P als P2 auf; ersterer erhält dann das A.-V. = 4 : 0,9462; letzterer 4 : 0,9944 (vgl. Millerit).

Fe S	{ in der Zinkblende mit Zn S	im Wurtzit mit Zn S
	{ im Eisennickelkies mit Ni S	
Zn S	als Manganblende	—
Ni S	im Eisennickelkies mit Fe S	als Millerit
Ni As	— —	als Arsennickel
Ni Sb	— —	als Antimonnickel.

67. Zinnkies, *Werner*, oder Stannin, *Beudant.*

Regulär, und zwar tetraëdrisch-hemiëdrisch nach *Breithaupt*; äusserst selten in hexaëdrischen Krystallen, oder der Comb. $\infty O \infty \cdot \dfrac{O}{2}$, sowie der Form $\dfrac{2O2}{2}$; meist nur derb und eingesprengt in körnigen bis dichten Aggregaten; Spaltb. hexaëdrisch, sehr unvollk.; Bruch uneben oder unvollk. muschelig; spröd; H. = 4; G, = 4,3...4,5; stahlgrau, etwas in speisgelb geneigt, Strich schwarz. — Chem. Zus.: nach den Analysen von *Klaproth*, *Adger*, *Kudernatsch*, *Mallet* und *Rammelsberg* sind gemäss der Deutung des Letzteren zwei Abänderungen zu unterscheiden: $Cu^2 Fe Sn S^4$ und $Cu^4 Zn Fe Sn^2 S^9$; beide Formeln liefern ca. 30 Schwefel, 28 Zinn, 29 Kupfer, die erste noch 13 Eisen, die letzte noch 6 Eisen und 7 Zink; *Rammelsberg* betrachtet den Zinnkies als eine isomorphe Mischung der Schwefelmetalle RS (R = Zn, Fe, Cu, Sn), *Groth* sieht darin ein Sulfosalz, das Sulfostannat $Cu^2 S$. $Fe S$. $Sn S^2$ und bringt dasselbe mit der Formel des Fahlerzes in Zusammenhang (Tab. Uebers. d. Min. 1882. 31). *H. Fischer* fand im Zinnkies aus Cornwall viele mikroskopische Kupferkiespunkte eingesprengt, weshalb die Analysen fehlerhaft sein müssen. Im Glasrohr gibt er einen weissen, nicht flüchtigen Beschlag und schwefelige Säure; v. d. L. auf Kohle schmilzt er in starker Hitze, wird auf der Oberfläche weiss, und gibt dicht um die Probe einen weissen Beschlag von Zinnoxyd, welcher nicht zu verflüchtigen ist; nach der Röstung gibt er mit den Flüssen die Reaction auf Kupfer und Eisen, sowie mit Soda und Borax ein blasses nicht ganz geschmeidiges Kupferkorn. Von Salpetersäure wird er leicht zersetzt unter Abscheidung von Zinnoxyd und Schwefel; die Sol. ist blau. — Cornwall an vielen Orten und Zinnwald, Tambillo in Peru, hier fast 3 Zoll grosse Trigon-Dodekaëder.

68. Rittingerit, *Zippe.*

Monoklin, $\beta = 88° 26'$, ∞P 126° 18', $-P$ 110° 1' nach *Schabus*, wogegen *Schrauf* das Prisma ∞P zu 124° 20' angibt; beobachtete Formen 0P, $\frac{1}{2}P$, $\pm P$, $\pm 6 P$ und ∞P; die sehr kleinen, aber flächenreichen Krystalle erscheinen tafelförmig durch Vorwalten von 0P, und sehr häufig als Zwillingskrystalle nach $\infty P \infty$, oder nach 6P. — Spaltb. basisch, unvollk., Bruch muschelig; spröd; H. = 2,5...3; G. = 5,68 nach *Schrauf*; eisenschwarz, auf 0P schwärzlichbraun, oft bunt angelaufen; Strich pomeranzgelb; in der Richtung der Verticalaxe durchscheinend mit dunkel honiggelber bis hyacinthrother Farbe. — Chem. Zus.: bis jetzt ist nur so viel bekannt, dass der Rittingerit nicht, wie *Zippe* behauptete, Schwefelarsensilber sei, sondern, wie *Schrauf* fand, wesentlich aus Arsensilber mit etwas Selen besteht und frei von Schwefel ist; der gefundene Silbergehalt von 57,7 pCt. würde Ag As entsprechen. V. d. L. sehr leicht schmelzend, und unter Entwickelung von Arsendämpfen viel Silber hinterlassend. — Joachimsthal, Kupferberg in Schlesien, Felsöbánya in Ungarn.

69. Covellin, *Beudant*, oder Kupferindig, *Breithaupt.*

Hexagonal, P 155° 24', nach *Kenngott*; A.-V. = 1 : 3,972; Combb. 0P.∞P, auch 0P.P.$\frac{1}{4}$P; die Krystalle dünn tafelförmig und gewöhnlich klein, doch auf der Insel Luzon nach *Zerrenner* Tafeln bis zu 5 Cm. Durchmesser, überhaupt aber sehr selten; gewöhnlich derb, in Platten, nierförmig, von feinkörniger Zusammensetzung und flachmuscheligem oder ebenem Bruch, bisweilen in stängeligen Aggregaten, auch als rusiger Anflug, selten als Pseudomorphose nach Kupferkies und Bleiglanz. — Spaltb. der Individuen basisch, sehr vollk.; mild, dünne Blättchen sogar biegsam; H. = 1,5...2; G. = 3,8...3,85 (4,590...4,636 nach *v. Hauer* und *v. Zepharovich*); dunkel indigblau bis schwärzlichblau, Strich schwarz, schwacher Fettglanz in den Metallglanz geneigt;

im Strich glänzender; undurchsichtig. — Chem. Zus. nach den Analysen von *Walchner, Covelli, C. v. Hauer* und *v. Bibra*: $Cu\,S$, mit 66,39 Kupfer und 33,61 Schwefel, dazu etwas Blei und Eisen; für sich brennt er mit blauer Flamme; auf Kohle schmilzt er unter Aufwallen und Spritzen, und gibt mit Soda ein Kupferkorn; in Salpetersäure ist er auflöslich. — Sangerhausen, Leogang in Salzburg, Badenweiler, Vesuv, Chile, Algodonbai in Bolivia, Angola in Afrika, Insel Kawau bei Neuseeland, hier massenhaft, auch in den Goldfeldern von Victoria in Australien und bei Sujuk auf Luzon.

Anm. Der hexaëdrisch spaltbare sog. Caltonit von der Cantongrube in Georgia ist nach *Genth* eine Pseudomorphose von Covellin nach Bleiglanz. Findet sich auch auf den Cornwaller Gruben Wheal Falmouth und Wheal St. George-Perran; wo er noch silberreichen Bleiglanz enthält.

70. Arsenkupfer, *Zincken*, oder Domeykit, *Haidinger*.

Traubig, nierförmig, in schmalen Trümern, derb und eingesprengt, oft mit Rothnickelkies in dünnen Lagen abwechselnd; Bruch uneben bis muschelig; spröd; H. = 3...3,5; G. = 7,0...7,5; zinnweiss bis silberweiss, doch sehr bald gelblich und bunt anlaufend; die Var. von Zwickau ist stahlgrau, läuft aber gleichfalls gelb und bunt an, hat H. = 5, G. = 6,8...6,9, übrigens nach *Th. Richter* dieselbe chem. Zus. wie die Varr. aus Amerika. — Chem. Zus. nach den Analysen von *Domeyko, Field, Genth* und *Richter* wesentlich: Cu^3As, mit 71,7 Kupfer und 28,3 Arsen; v. d. L. schmilzt es leicht unter starkem Arsengeruch; von Salzsäure wird es nicht angegriffen, von Salpetersäure aber aufgelöst. — Coquimbo und Copiapo in Chile, Cerro las Paracatas in Mexico, auch bei Zwickau in Sachsen im Porphyr des Rothliegenden (nach *Weisbach*, im N. Jahrb. für Min. 1873. 64; ebendas. 1882. II. 255).

Anm. 1. Auf der Grube Algodones bei Coquimbo kommt ein anderes Arsenkupfer vor, welches man anfangs für gediegenes Silber hielt; dasselbe hat G. = 6,902 (nach *Genth* 7,6), und ist nach der Formel Cu^6As zusammengesetzt, welche 83,5 Kupfer und 16,5 Arsen erfordert; man hat dieses Mineral Algodonit genannt. Später ist auch von *Genth* unter dem Namen Whitneyit ein röthlichweisses, aber bald braun und schwarz anlaufendes, feinkörniges Mineral aus Houghton Co., Michigan, eingeführt worden, welches H. = 3,5, G. = 8,47 und eine chem. Zus. nach der Formel Cu^9As hat, daher 88,18 Kupfer und 11,82 Arsen enthält. Mit ihm ist wohl das von *Forbes* als Darwinit beschriebene Mineral von Potrero grande bei Copiapo identisch.

Anm. 2. Nach den Untersuchungen von *Blyth* ist der Condurrit von der Condurrow- und der Wheal-Druid-Grube in Cornwall als ein Appendix an das Arsenkupfer zu betrachten. Derselbe findet sich in rundlichen abgeplatteten Knollen, ist im Bruch flachmuschelig, weich und mild, hat G. = 4,20...4,29, ist äusserlich bläulichschwarz, matt oder schimmernd, im Strich glänzend, und undurchsichtig. Aus den Untersuchungen von *Blyth, v, Kobell* und *Winkler*, sowie aus der früheren Analyse von *Faraday* ergibt sich, dass dieses Mineral (jedenfalls infolge einer Zersetzung) zwar 2 bis 9 pCt. Wasser und β bis 43,7 pCt. arsenige Säure enthält, welche durch Wasser ausgelaugt werden kann, dass aber der innere Theil der Knollen wesentlich aus Arsenkupfer mit etwas Schwefel besteht. Nach *Rammelsberg* dürfte der Condurrit als ein durch Zersetzung entstandenes Gemeng verschiedener oxydirter Bestandtheile mit Arsenkupfer, und vielleicht aus Tennantit hervorgegangen sein.

71. Melonit, F. *Genth*, Tellurnickel.

Mikroskopische hexagonale Tafeln mit ausgezeichneter basischer Spaltb., gewöhnlich in undeutlich körnigen und blätterigen Partieen; röthlichweiss, metallglänzend. *Genth* fand darin 79,43 Tellur, 20,98 Nickel, 4,08 Silber, 0,72 Blei, also nach Abzug der kleinen Mengen von Tellursilber und Tellurblei der Hauptsache nach Ni^2Te^3, welchem 76,57 Tellur und 23,43 Nickel entspricht. Färbt die Löthrohrflamme blau, gibt weissen Beschlag und graugrünen Rückstand; löslich in Salpetersäure zu grüner Sol., aus welcher sich beim Verdampfen Krystalle von telluriger Säure abscheiden. Stanislaus-Grube in Calaveras Co., Californien.

72. Sylvanit, *Necker*, oder Schrifterz (und Weisstellur).

Monoklin, wie schon *Mohs* vermuthet und *G. Rose* erkannt hatte, was denn durch v. *Kokscharow* vollkommen bestätigt worden ist, wogegen früher *Phillips, Miller* und *Hausmann* den Sylvanit für rhombisch ausgegeben hatten. Auch *Schrauf* hat anfänglich das Mineral als rhombisch betrachtet, sich indessen später ebenfalls für das monokline System erklärt, wobei er jedoch eine andere Stellung als die von ihm verworfene *v. Kokscharow's* wählt. Halten wir uns noch einstweilen an die von dem letzteren der beiden ausgezeichneten Krystallographen mitgetheilten, auch von *Schrauf* selbst als vorzüglich anerkannten Messungen, sowie an die von ihm herrührenden Bilder, so wird $\beta = 55^\circ 21'$, ∞P (M) $94^\circ 28'$, $-P\infty(n)$ $19^\circ 21'$, $P\infty(y)$ $62^\circ 43'$; A.-V. $= 1,7732$: $1 : 0,8869$. Die Krystalle sind meist sehr klein, dabei von sehr manchfaltigen und complicirten Formen, kurz nadelförmig und longitudinal stark gestreift, oder auch lamellar, und gewöhnlich in einer Ebene reihenförmig und schriftähnlich gruppirt (daher der Name Schrifterz), wobei sich die einzelnen Individuen unter Winkeln von sowohl $69^\circ 44'$ als von $55^\circ 8'$ (nach *Schrauf*) kreuzen, welcher Erscheinung die Zwillingsbildung nach $\infty P\infty$ zu Grunde liegt; auch derb und eingesprengt.

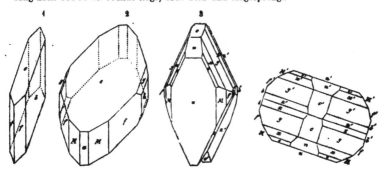

Fig. 1. $\infty P\infty.\infty P2.0P$; $f:f = 56^\circ 46'$, $f:c = 105^\circ 41'$.

Fig. 2. $0P.\infty P2.\infty P.\infty P\infty.\infty P\infty.P\infty$; $M:M = 94^\circ 26'$, $M:f = 161^\circ 10'$, $c:M = 114^\circ 39'$, $c:y = 121^\circ 21'$, $c:a = 124^\circ 39'$.

Fig. 3. Zwillingskrystall nach dem Gesetz: Zwillings-Axe die Verticalaxe, Verwachsungsfläche das Orthopinakoid (a); jedes Individuum zeigt die Combination
$$\infty P\infty.\infty P.\infty P2.\infty P\infty.-P.-P2.P\infty.P7.P\infty.0P$$
$$\quad a\quad M\quad f\quad\quad b\quad\quad o\quad x\quad y\quad z\quad n\quad\quad c$$
in welcher $n:c = 144^\circ 0'$, $a:n = 160^\circ 38'$, $a:o = 141^\circ 54'$, $a:x = 128^\circ 21'$, $a:y = 107^\circ 12'$, $a:z = 99^\circ 44'$; oben zeigen diese Zwillinge natürlich rhombischen Habitus, wie dies auch aus

Fig. 4. ersichtlich ist, welche eine Horizontalprojection derselben darstellt, worin $c:c' = 110^\circ 42'$, $n:n' = 38^\circ 42'$, und $y:y' = 145^\circ 36'$ ist; diese Zwillinge haben früher die Deutung der Krystalle als rhombische veranlasst.

Schrauf nimmt die in den Figuren mit *c* bezeichnete Fläche als $\infty P\infty$ und *a* zu dem Orthodoma $P\infty$, wobei *b* als $\infty P\infty$ verbleibt und *M* zur Pyramide P wird; über den Gegensatz zwischen seiner und *v. Kokscharow's* Auffassung muss seine Abhandlung in Z. f. Kryst. II. (1878) 211 nachgesehen werden; er findet $\beta = 89^\circ 35'$ und das A.-V. $= 1,6339 : 1 : 1,1265$; für die Zwillinge ist alsdann das im monoklinen System kaum je diese Rolle spielende Orthodoma $P\infty$ die Verwachsungsfläche. — Spaltb. nach zwei Richtungen, basisch und klinodiagonal, davon die eine sehr vollkommen; mild, doch in dünnen Blättchen zerbrechlich; H. $= 1,5...2$; G. $= 7,99...8,33$; licht stahlgrau bis zinnweiss, silberweiss und licht speisgelb. — Chem. Zus. des eigentlichen Schrifterzes nach den Analysen von *Petz*: 59,97 Tellur, 26,97 Gold und 11,47 Silber nebst ganz geringen Mengen von Antimon, Blei und Kupfer; dies führt auf die Formel $Au^4Ag^3Te^{11}$, deutbar als $4Au Te^2 + 3Ag Te^2$; *Genth* fand in dem Schrifterz von der Red Cloud-Grube in Colorado 56,31 Tellur, 24,83 Gold, 13,05 Silber, was einer Verbindung von je 1 Mol. Tellurgold und Tellursilber $Au Te^2 + Ag Te^2$ entspricht. Die allgemeine Formel wäre also $(Au, Ag) Te^2$. Im Glasrohr gibt der Sylvanit ein Sublimat von telluriger Säure; auf Kohle schmilzt er unter Bildung eines weissen Beschlags zu einer dunkelgrauen Kugel, welche nach längerem Blasen (oder leichter nach Zusatz von etwas Soda) zu einem geschmeidigen hellgelben Korn von Silbergold reducirt wird, das im Moment der Erstarrung aufglüht; in Salpetersalzsäure löst er sich unter Abscheidung von Chlorsilber, in Salpetersäure unter Abscheidung von Gold; mit concentrirter Schwefelsäure verhält er sich eben so, wie das gediegene Tellur. — Offenbánya und Nagyag in Siebenbürgen, Calaveras-Gebiet in Californien.

Gebrauch. Der Sylvanit wird zugleich auf Silber und auf Gold benutzt.

Anm. 1. Als **Calaverit** hat *Genth* die noch goldreicheren undeutlich krystallisirten, auch körnigen Erze von der Stanislaus- und Red Cloud-Grube in Calaveras Co. (auch von der Keystone- und Mount Lion-Grube) unterschieden, welche sich durch ihre bronzegelbe Farbe auszeichnen, und ca. 44 pCt. Gold enthalten; H. = 2,5; G. = 9,043; nach *Rammelsberg* sind die analysirten Mischungen von entweder $40 Au Te^2$ oder $7 Au Te^2$ mit $Ag Te^2$. *Genth* entscheidet sich für letztere Formel.

Anm. 2. Als **Krennerit** bezeichnet *vom Rath* ein gleichzeitig mit ihm von *Krenner* aufgefundenes und von diesem mit dem schon vergebenen Namen **Bunsenin** belegtes Mineral von Nagyag. Rhombisch; P (o) Polkanten 432°4′ und 438°49′, Mittelk. 79°48′; ∞P (m) 93°30′ (nach *Krenner* 93°40′); beobachtete Formen: P (o), die drei Pinakoide (a, b, c), ∞P (m), ∞P2 (l), Pͦͦͦ (h), Pͦͦ (e), P2 (u), wie in beistehender Fig. A.-V. = 0,9407 : 4 : 0,5044. Krystalle prismatisch ausgedehnt, vertical gestreift, ½ — 2 Mm. gross. Spaltb. basisch vollk.; H. unbekannt; G. = 5,598; fast silberweiss. Decrepitirt sehr heftig v. d. L. Eine mit Antimonglanz vermengte Probe ergab *Scharizer*: 30,03 Gold, 46,69 Silber, 39,44 Tellur, 9,75 Antimon, 4,39 Schwefel, nach Abzug des Antimonglanzes vermuthlich $Au^3 Ag^3 Te^6$ entsprechend. Das Mineral ist vielleicht sehr nahe verwandt mit *Genth*'s derbem Calaverit. Zu Nagyag mit Quarz und Eisenkies (Z. f. Kryst. I. 1877. 644). — Mit dem Krennerit stimmt nach *Krenner* und *Schrauf* gestaltlich das unter dem-Namen **Weisstellur** (oder Gelberz) von Nagyag bekannte Erz überein; es ist zwar nach den Analysen von *Petz* der Hauptsache nach Tellurgoldsilber, doch ist in ihm weit mehr Blei (bis fast 44 pCt.) und Antimon (bis 8,5 pCt.) vorhanden; nach den Analysen schwankt der Gehalt an Tellur von 45 bis 55, an Gold von 25 bis 29,6, an Silber von 2,8 bis 44,7; eine befriedigende Formel für diese vielleicht verunreinigte Substanz ist nicht aufzustellen.

73. Nagyagit, *Haidinger,* oder Blättertellur (Nagyager Erz).

Rhombisch nach *Schrauf* (nach den älteren Beobachtungen von *Phillips* und *Haidinger* tetragonal). Beistehende Fig. ist eine Comb. von ∞Pͦͦ (B), Pͦͦ (d), 3Pͦͦ (f), 5Pͦͦ (g), ∞P2 (e), ∞P6 (o), P (t) und 2P2 (r); B bildet mit d, o, e, t, r die resp. Winkel von 405°26′, 449°30′, 449°20′, 404°9′, 444°30′. A.-V. = 0,284 : 4 : 0,276 (Z. f. Kryst. II. 4878. 239). *Fletcher* bestätigte später den rhombischen Charakter und fand auch ∞P. Die Krystalle sind tafelförmig nach ∞Pͦͦ, parallel welcher Fläche zahlreiche Blätter mit einander verwachsen sind. Aufgewachsen, aber sehr selten; gewöhnlich nur eingewachsene sehr dünne Lamellen, oder derb und eingesprengt in blätterigen Aggregaten. Spaltb. brachypinakoidal, sehr vollk.; sehr mild, in dünnen Blättchen biegsam; H. = 4 ... 4,5; G. = 6,85 ... 7,20; schwärzlich bleigrau, stark glänzend. — Chem. Zus. nach den Analysen von *Klaproth* und *Brandes*: 54 bis 55,5 Blei, 32 Tellur, 8 bis 9 Gold, 4,4 bis 4,3 Kupfer und 3 Schwefel; dagegen nach einer Analyse von *Berthier*: 63,4 Blei, 43 Tellur, 6,7 Gold, 4 Kupfer, 44,7 Schwefel und 4,5 Antimon; nach einer späteren Analyse von *Schönlein*: 54 Blei, 30 Tellur, 9 Gold, 4 Kupfer und Silber, 9 Schwefel; während endlich *Folbert* 60,55 Blei, 47,63 Tellur, 5,94 Gold, 3,77 Antimon und 9,72 Schwefel fand; diese abweichenden Analysen gestatten noch nicht die Aufstellung einer stöchiometrischen Formel. V. d. L. auf Kohle schmilzt er leicht, dampft und beschlägt die Kohle gelb und weiterhin weiss, welcher weisse Beschlag im Red.-Feuer mit einem blaugrünen Schein verschwindet; nach längerem Blasen bleibt ein Goldkorn; im Glasrohr gibt er schwefelige Säure und ein weisses Sublimat; in Salpetersäure löst er sich unter Abscheidung von Gold, in Salpetersalzsäure unter Abscheidung von Chlorblei und Schwefel; wird er in concentrirter Schwefelsäure erwärmt, so· erhält man eine trübe bräunliche Flüssigkeit, welche bald hyacinthroth wird, durch Zusatz von Wasser aber einen schwärzlichgrauen Niederschlag gibt. — Nagyag und Offenbánya.

74. Wismuthsilber, Chilenit.

Kleine, metallglänzende Blättchen, von der Farbe des ged. Silbers, jedoch bald gelblich oder röthlich anlaufend; besteht nach *Domeyko* aus 84,7 Silber und 45,3 Wismuth, während *Forbes* übereinstimmend 83,9 Silber und 46,4 Wismuth fand; ist vielleicht $Ag^{10}Bi$. Grube San Antonio bei Copiapo in Chile.

Anm. Nach *G. Ulrich* findet sich eingesprengt im Granit von Maldon in Victoria, Australien, Wismuthgold oder Maldonit, silberweiss, schwarz anlaufend; G. $= 8,2...9,7$; es besteht aus 64,5 Gold und 35,5 Wismuth, ist also Au^2Bi.

75. Zinnober oder Cinnabarit (Mercurblende).

Rhomboëdrisch (trapezoëdrisch-tetartoëdrisch, vgl. unten); R $= 92°$ 37'; 0R (o),

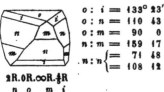

o : i =	133°	23'
o : n =	110	43
o : m =	90	0
n : m =	159	17
. n : n { =	71	48
{ =	108	12

2R.0R.∞R.¾R
n o m i

2R (n) 71° 48', ¼R (i), ⅗R und ∞R (m) sind die gewöhnlichsten Formen; doch hat *Schabus* (Sitzgsber. Wien. Akad. VI. 1851. 68) und später *Mügge* (N. J. f. Min. 1882. II. 29) noch viele andere nachgewiesen; der Letztere zählt insgesammt 65 Formen auf (darunter 29 positive, 22 negative Rhomboëder, welche übrigens vielleicht z. Th. identisch sind); A.-V. $= 1 : 1,1453$; der Habitus der Krystalle ist rhomboëdrisch oder dick tafelartig wegen des meist sehr vorwaltenden Pinakoids; eine oft vorkommende Comb. ist die beistehende; übrigens sind die Krystalle meist klein und zu Drusen vereinigt; in der Redington Mine in Californien nach *E. Bertrand* in dünnen, der Kupferblüthe ähnlichen Nadeln, welche von ∞R und ¾R gebildet werden. Zwillingskrystalle nicht selten, mit parallelen Axensystemen, wobei bald die Individuen im Gleichgewicht stehen, bald das eine nur mit vorragenden Ecken über den herrschenden Flächen des anderen erscheint, bald auch lamellare Einschaltungen vorkommen; gewöhnlich derb, eingesprengt und angeflogen in körnigen, dichten und erdigen Aggregaten; in Pseudomorphosen nach Dolomit, Fahlerz und Eisenkies. — Spaltb. prismatisch nach ∞R, ziemlich vollk., Bruch uneben und splitterig; mild; H. $= 2...2,5$; G. $= 8...8,2$; cochenillroth in bleigrau und scharlachroth verlaufend, Strich scharlachroth, Diamantglanz, pellucid in hohen und mittleren Graden; Doppelbrechung positiv: $\omega = 2,854$, $\varepsilon = 3,201$ (roth); Circularpolarisation, rechtwinkelig auf die Hauptaxe geschliffene Lamellen zeigen im polarisirten Licht alle Erscheinungen der Quarzlamellen. — Chem. Zus.: Quecksilbersulfid **HgS**, mit 86,2 Quecksilber und 13,8 Schwefel; im Kolben lässt er sich vollständig sublimiren; im Glasrohr sublimirt er theils unzersetzt, theils als metallisches Quecksilber, indem schweflige Säure entweicht; mit Soda im Kolben gibt er nur Quecksilber; in Salpetersalzsäure löst er sich vollkommen, während er in Salzsäure, Salpetersäure und Kalilauge unlöslich ist. — Wolfsberg und Moschellandsberg in Rheinbayern, Olpe in Westphalen, Horzowitz in Böhmen, Idria; Rosenau und Szlana in Ungarn; Hartenstein in Sachsen; Ripa und Levigliani in Toscana; Vallalta in den venetianischen Alpen; Almaden in Spanien; Neu-Almaden bei San José in Californien, wohl die reichste Gegend; im Staate Chihuahua in der Sierra Madre (Mexico).

Anm. 1. *Des-Cloizeaux* hat die interessante Entdeckung gemacht, dass die Krystalle des Zinnobers die Erscheinung der circularen Polarisation des Lichts zeigen, und zwar in einem weit höheren Grade als der Quarz, indem das Drehungsvermögen 15 Mal so gross als bei letzterem ist. Später ist dann auch die trapezoëdrische Tetartoëdrie nachgewiesen worden: im Jahre 1874 theilte *d'Achiardi* im Boll. del R. Comitato geologico die überraschende Beobachtung mit, dass an einem schönen Krystall von Ripa bei Seravezza, welcher die vorherrschende Comb. ∞R.0R zeigt, nur die abwechselnden Seitenkanten des Prismas ∞ᴏ̃R̃ abgestumpft, auch, ausser mehren untergeordneten Rhomboëdern, kleine Flächen von Hemiskalenoëdern (Trapezoëdern) vorkommen; vgl. auch dessen Mineralogia della Toscana, Vol. II. 1873. 283. *Mügge* fand an einem Krystall von Almaden 7 Formen *mPn* tetartoëdrisch ausgebildet.

Anm. 2. Das Quecksilber-Lebererz ist ein inniges Gemeng von Zinnober mit Idrialin, Kohle und erdigen Theilen; es ist dunkel cochenillroth bis bleigrau und fast eisenschwarz, hat rothen Strich, G. = 6,8...7,3, und findet sich theils als dichtes, theils als krummschaliges Lebererz (sog. Korallenerz) zu Idria in Krain, welches letztere freilich nur 2 pCt. Zinnober, aber 56 pCt. phosphorsauren Kalk enthält nach *Kletzinsky* und *v. Jahn.* — Quecksilberbranderz ist ein mit Idrialin nur spärlich imprägnirtes Lebererz.

Gebrauch. Der Zinnober ist das hauptsächlichste Erz zur Darstellung des Quecksilbers.

Anm. 3. *Whitney* fand in Lake Co. in Californien ein amorphes schwarzes Quecksilbererz, von schwarzem Strich und G. = 7,7, welches nach *Moore* mit der bekannten amorphen Modification des einfach Schwefelquecksilbers identisch ist (Metacinnabarit). Nahe verwandt damit ist der Guadalcazarit von Guadalcazar in Mexico. Derb, kryptokrystallinisch, ziemlich spröd und sehr weich; H. = 2; G. = 7,15; er ist eisenschwarz, im Strich schwarz, undurchsichtig, und nach der Analyse von *Petersen* eine Verbindung von Schwefelquecksilber und Schwefelzink, nach der Formel 6HgS + ZnS, welche 80,59 Quecksilber, 4,36 Zink und 15,05 Schwefel erfordert, doch wird etwas Schwefel durch 1 pCt. Selen vertreten (*Petersen* in *Tschermak's* Min. Mitth., 1872. 69; *Burkart* ebendas. S. 243).

76. Selenquecksilber oder Tiemannit.

Derb, in feinkörnigen Aggregaten von muscheligem bis unebenem Bruch; etwas spröd; H. = 2,5; G. = 7,10...7,37; dunkelbleigrau, stark glänzend. — Chem. Zus. nach den Analysen von *Rammelsberg, Kerl, Schultz* und *Petersen*: Hg Se, oder genauer Hg⁶Se⁵, mit 24,75 Selen und 75,25 Quecksilber. Im Kolben zerknistert es, schwillt auf, schmilzt und verflüchtigt sich vollständig zu einem schwarzen, weiterhin braunen Sublimat; im Glasrohr desgleichen, das äusserste Sublimat weiss; auf Kohle verfliegt es mit blauer Färbung der Flamme; nur in Königswasser löslich. — Clausthal, mit Quarz innig gemengt und bisweilen mit eingesprengtem Kupferkies, auch bei Zorge und Tilkerode; wurde von *Tiemann* schon im J. 1828 entdeckt.

Anm. Ganz verschieden von diesem Selenquecksilber ist der Onofrit oder das Selenschwefelquecksilber von San Onofre in Mexico, obgleich beide äusserlich grosse Aehnlichkeit zeigen; denn nach einer Analyse von *H. Rose* ist dies mexicanische Mineral = 4 Hg S + Hg Se, was 82,86 Quecksilber, 10,61 Schwefel und 6,53 Selen erfordern würde, wie auch sehr nahe durch die Analyse gefunden wurde. Das Selenquecksilber von Zorge am Harz lässt nach *Marx* eine ähnliche Zusammensetzung vermuthen. Schwärzlichgrauen Onofrit von H. = 2,5, G. = 7,65 und der wesentlichen Zus. Hg(S, Se), worin S : Se = ca. 6 : 1 (nach *Comstock*), beschrieb *J. G. Brush* von Marysvale, 200 Miles s. von Salt Lake City. — Selenquecksilber und Onofrit entsprechen übrigens nach *Brush*, im Hinblick auf ihre spec. Gewichte, nicht dem Zinnober, sondern dem amorphen schwarzen Schwefelquecksilber (Metacinnabarit).

77. Selenquecksilberblei oder Lerbachit.

In körnigen Aggregaten, deren Individuen hexaëdrisch spaltbar sind; weich und mild; G. = 7,80...7,88; bleigrau, in stahlgrau oder eisenschwarz. — Chem. Zus. nach den Analysen von *H. Rose* eine Verbindung von Selenquecksilber mit Selenblei in schwankenden Verhältnissen, indem eine Var. fast 44,7, eine andere Var. nur 17 pCt. Quecksilber ergab, bei einem Selengehalt von 28 und 25 pCt.; dieses Schwanken der Zusammensetzung wurde durch spätere Analysen von *Kalle* und *Schultz* in noch höherem Grade bestätigt; das Mineral ist also im Allgemeinen (Hg, Pb)Se, vielleicht aber auch ein Gemeng. — Lerbach und Tilkerode am Harz.

78. Coloradoit, *Genth.*

Nicht krystallisirt, derb, etwas körnig, bisweilen unvollkommen stängelig, Bruch uneben bis unvollk. muschelig. H. = ca. 3; G. = 8,627. Metallglänzend, eisenschwarz ins Graue, oft bunt angelaufen. — Chem. Zus. nach der Analyse von *Genth*: Tellurquecksilber Hg Te mit 61,04 Quecksilber und 38,99 Tellur, meist verunreinigt durch Gold und Sylvanit. V. d. L. in der

Röhre schwach decrepitirend; er schmilzt, und gibt ein starkes Sublimat von metallischem Quecksilber, Tropfen von Tellurigsäureanhydrid und zunächst der Probe von metallischem Tellur. Auf der Kohle färbt er die Flamme grün und liefert weissen flüchtigen Beschlag. Löslich in kochender Salpetersäure mit Abscheidung von telluriger Säure. Sehr selten, auf der Keystone-, Mountain Lion- und Smuggler-Grube in Colorado (Z. f. Kryst. II. 1877. 4).

79. Molybdänglanz oder Molybdänit, *Beudant* (Wasserblei).

Hexagonal (?); nach Dimensionen unbekannt, weil die Krystalle meist sehr unvollkommen ausgebildet sind, daher sie auch bisweilen für monoklin gehalten wurden. Bis jetzt nur undeutliche, tafelartige oder kurzsäulenförmige Krystalle der Combination 0P.∞P oder 0P.∞P.P, deren laterale Flächen stark horizontal gestreift, oft wie aufgeblättert sind, mit sechsseitiger Basis; meist derb und eingesprengt in schaligen und krummblätterigen Aggregaten. — Spaltb. basisch, sehr vollk., die Spaltungsflächen oft hexagonal federartig gestreift, wie bei gewissen Glimmern, indem die einzelnen Streifensysteme rechtwinkelig auf die Seiten der hexagonalen Basis sind; in dünnen Blättchen biegsam, sehr mild, fettig anzufühlen; H. = 1...1,5; G. = 4,6...4,9; röthlich bleigrau, Strich auf Papier grau, auf Porzellan grünlich, in ganz dünnen Lamellen nach *A. Knop* lauchgrün durchscheinend. — Chem. Zus.: MoS^2, mit 59,99 Molybdän und 40,01 Schwefel. V. d. L. in der Zange oder im Platindraht färbt er die Flamme zeisiggrün; unschmelzbar; auf Kohle entwickelt er schweflige Säure und gibt einen weissen Beschlag, verbrennt aber sehr schwierig und unvollständig; eine mit Salpeter versetzte Boraxperle färbt er im Red.-F. dunkelbraun; mit Salpeter geschmolzen decrepitirt die Masse, löst sich vollkommen farblos in Wasser, welche Lösung durch Behandlung mit Zink und Salzsäure oder mit Zinnchlorür allmählich blau, grün und braun wird. Salpetersäure zersetzt ihn unter Abscheidung weisser pulverförmiger Molybdänsäure; in Salpetersalzsäure erhitzt gibt er eine grünliche Sol., in kochender Schwefelsäure sehr wenig löslich. — Altenberg, Zinnwald, Ehrenfriedersdorf, Schlaggenwald, Hochstätten bei Auerbach in der Bergstrasse, Traversella und Macchetto in Piemont, Finnland an vielen Orten, so auch in Cornwall, bei Nertschinsk, in Grönland und vielorts in Nordamerika.

Gebrauch. Der Molybdänglanz findet nur eine sehr untergeordnete Anwendung zur Darstellung einer blauen Farbe.

80. Laurit, *Wöhler*.

Dies interessante Mineral kommt in ganz kleinen, höchstens ¼ Mm. grossen Kügelchen, Körnern und Krystallen vor, welche letztere nach *S. v. Waltershausen* Oktaöder und Tetrakishexaöder in Comb. mit dem Hexaöder darstellen; sehr spröd; H. = 7,5; G. = 6,99; dunkel eisenschwarz, sehr stark glänzend. — Chem. Zus.: *Wöhler* erhielt bei der Analyse 65,18 Osmiumhaltiges Ruthenium, 3,03 Osmium und 31,79 Schwefel, wonach es $(Ru, Os)^2 S^3$ zu sein scheint. Das Mineral wird weder von Königswasser, noch im Glühfeuer von zweifach-schwefelsaurem Kali angegriffen; allein mit Kalihydrat und Salpeter geschmolzen gibt es eine braune Masse, welche sich im Wasser völlig mit prächtiger Orangefarbe auflöst. Findet sich mit Gold, Diamant und Platin in den Platinwäschen der Insel Borneo und des Staates Oregon in Nordamerika.

81. Realgar (Rothe Arsenblende, Roth Rauschgelb).

Monoklin, $\beta = 66^\circ 5'$ nach *Marignac*, ∞P (M) 74° 26', P∞ (n) 132° 2', ∞P2 (l) 113° 16', und manche andere Formen, welche oft reichhaltige Combinationen bilden. A.-V. = 1,4403 : 1 : 0,9729. Die Krystalle sind kurz- oder langsäulenförmig durch Vorherrschen der Prismen, einzeln aufgewachsen oder zu Drusen verbunden; auch derb, eingesprengt, als Anflug und Ueberzug. — Spaltb. basisch und klinodiagonal ziemlich vollk.; prismatisch unvollk.; Bruch kleinmuschelig bis uneben und splitterig; mild; H. = 1,5...2; G = 3,4...3,6; morgenroth; Strich pomeranzgelb, Fettglanz, pellucid in mittleren und niederen Graden, Doppelbrechung negativ, sehr stark; die optischen Axen liegen im klinodiagonalen Hauptschnitt, ihre spitze Bisectrix fällt in den stumpfen Winkel *ac*, und bildet mit der Klinodiagonale 77°.

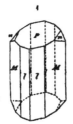
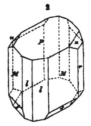
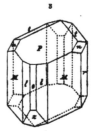

Fig. 1. ∞P.∞P̆2.0P.P̆∞; eine sehr gewöhnliche Form.

Fig. 2. Die Combination Figur 1, noch mit P (s) und ∞P̆∞ (r).

Fig. 3. ∞P. 0P. ½P.∞P̆2.∞P̆∞.∞P̆∞.P̆∞. 2P̆∞.

$M : M = 74° 26'$	$P : M = 104° 12'$	$n : r = 113° 56'$
$l : l = 113\ 16$	$P : n = 156\ 1$	$o : s = 135\ 58$

Chem Zus.: As S, oder das Arsendisulfid As²S², mit 70,08 Arsen und 29,92 Schwefel; im Kolben sublimirt es als dunkelgelbe oder rothe Masse, im Glasrohr verflüchtigt es sich unter Absatz eines Sublimats von arseniger Säure; auf Kohle schmilzt es und brennt mit weissgelber Flamme. In Salpetersalzsäure löslich unter Abscheidung von Schwefel; in erwärmter Kalilauge löslich unter Zurücklassung eines dunkelbraunen Subsulfids. Dem Licht ausgesetzt zerfällt das Mineral allmählich zu einem gelblichrothen Pulver. — Kapnik, Felsöbanya; Joachimsthal; Schneeberg; Andreasberg; Tajowa bei Neusohl, Kreševo in Bosnien; Solfatara bei Neapel, Binnenthal im Wallis; in den brennenden Halden mancher Steinkohlenwerke bilden sich Krystalle von Realgar, wie z. B. bei Hänichen unweit Dresden, von wo sie *Groth* beschrieben hat.

Gebrauch. Das künstliche Realgar wird als Farbe und in der Feuerwerkerei benutzt.

Anm. Die Beobachtungen von *Marignac*, *Des-Cloizeaux* und *Scacchi* scheinen eine andere krystallographische Bezeichnung der vorerwähnten Formen zu fordern.

82. Auripigment, Gelbe Arsenblende, Rauschgelb, Operment.

Rhombisch: ∞P 117° 49', ∞P̆2 (u) 79° 20', P̆∞ (o) 83° 37', ∞P̆∞ (s) nach *Mohs*; die Krystalle sind gewöhnlich kurzsäulenförmig, krummflächig, durcheinander gewachsen und zu Drusen verbunden; auch traubige, nierförmige und stalaktitische Aggregate; am häufigsten in Trümern, sowie derb und eingesprengt in kurz- und breitstängeligen oder körnigblätterigen Aggregaten. —

$u : u = 79° 20'$	
$u : s = 140\ 20$	
$o : o' = 83\ 37$	
$o : o = 96\ 23$	

Spaltb. brachydiagonal höchst vollk., die Spaltungsflächen horizontal gestreift; mild, in dünnen Blättchen biegsam; H. = 1,5...2; G. = 3,4...3,5; citrongelb bis pomeranzgelb, Strich gleichfarbig; Perlmutterglanz auf Spaltungsflächen, sonst Fettglanz; pellucid in mittleren und niederen Graden, Opt. Axenebene parallel der Basis, stumpfe negative Bisectrix senkrecht auf ∞P̆∞, nach *Des-Cloizeaux*. — Chem. Zus.: Arsentrisulfid As²S³, mit 60,96 Arsen und 39,04 Schwefel; im Kolben gibt es ein dunkelgelbes oder rothes Sublimat; im Glasrohr verbrennt es und setzt arsenige Säure ab; mit Soda geschmolzen gibt es metallisches Arsen; in Salpetersalzsäure, in Kalilauge und in Ammoniak ist es vollständig löslich. — Andreasberg; Kapnik und Felsöbanya; Tajowa bei Neusohl; Walachei und Natolien.

Anm. 1. Nach *Breithaupt* sind die Formen des Auripigments nicht rhombisch, sondern monoklin, indem eine der Flächen o um 2 bis 3° steiler liegt als die andere.

Anm. 2. *Groth* hat darauf aufmerksam gemacht, dass, wenn man das Prisma von 117° 49' nicht als ∞P, sondern als ∞P̆⅔ nimmt, sich für das Auripigment das Axen-

verhältniss 0,9044 : 1 : 1,0113 ergibt und somit dies Mineral mit dem analog constituirten Antimonglanz und Wismuthglanz isomorph wird.

Anm. 3.   Das von *Scacchi* Dimorphin genannte Mineral, welches als Sublimat
auf Gesteinsklüften in der Solfatara bei Neapel vorkommt, ist, wie *Dana* hervorhob und
Kenngott sehr genau bewies, Auripigment (N. Jahrb. für Min. 1870. 537).

83. Antimonglanz oder Antimonit, *Haidinger* (Grauspiessglaserz, Stibnit).

Rhombisch, isomorph mit Wismuthglanz und Selenwismuth (und Auripigment);
P (*P*) Polkanten 109° 26' und 108° 21', Mittelkante 110° 30', ∞P (*m*) 90° 54', nach
Krenner (Sitzgsber. Wien. Akad. 1864. 136); A.-V.= 0,9844 : 1 : 1,0110; nach *E. S.*
Dana an den japanischen Krystallen: P Polk. 109° 12' und 108° 36', ∞P 90° 26',
A.-V.= 0,992 : 1 : 1,018.   Die folgenden Figuren geben nur einige ganz einfache
Combinationen [1]).

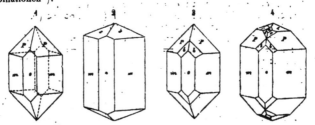

Fig. 1.   ∞P.P.∞P̆∞; m : m = 89° 6', P : m = 145° 15'.
Fig. 2.   ∞P.⅓P.∞P̆∞; s : m = 115° 40'.
Fig. 3.   Die Comb. Fig. 1, noch mit 2P̆2 (b); b : o = 144° 45'.
Fig. 4.   ∞P.∞P̆∞.P.⅓P.2P̆2.⅓P̆2.⅓P̆∞, welche letztere zwei Formen mit e und a
        bezeichnet sind; dabei ist P : s = 150° 25'.

Die Krystalle sind meist langsäulenförmig oder nadelförmig, vertical stark gestreift,
und nur selten mit deutlich ausgebildeter oder wohl erhaltener Endigung versehen;
0P ist jedenfalls äusserst selten; manche werden durch sehr spitze Pyramiden begrenzt,
und sind dann gewöhnlich gekrümmt (in der Richtung der Makrodiagonale, sogar zu
einem vollständigen Ring), auch oft quer eingekerbt, wie denn überhaupt viele Unregelmässigkeiten der Ausbildung vorkommen; oftmals erscheinen die Krystalle büschelförmig gruppirt oder zu Drusen verbunden, auch regellos durcheinander gewachsen;
derb und eingesprengt, in radial- oder verworren-stängeligen bis faserigen, auch in
kleinkörnigen bis dichten Aggregaten, selten in Pseudomorphosen nach Senarmontit. —
Spaltb. brachydiagonal, höchst vollkommen, die Spaltungsflächen oft horizontal gestreift;
auch basisch, prismatisch nach ∞P und makrodiagonal, doch alles unvollk.; die Richtung der Basis erscheint als Gleitfläche, welche parallel derselben weit grösser als senkrecht dazu; mild; H. = 2; G. = 4,6...4,7; rein bleigrau, oft schwärzlich oder bunt angelaufen; Spaltungsflächen stark glänzend. — Chem. Zus.: Antimontrisulfid Sb^2S^3, mit
71,38 Antimon und 28,62 Schwefel; v. d. L. schmilzt er sehr leicht, färbt die Flamme
grünlich, verflüchtigt sich und gibt auf Kohle einen weissen Beschlag; im Glasrohr gibt
er ein Sublimat erst von antimonsaurem Antimonoxyd, dann von Antimonoxyd; in erhitzter Salzsäure ist er vollkommen löslich bis auf einen kleinen Rückstand von Chlorblei;
Salpetersäure zersetzt ihn unter Abscheidung von Antimonoxyd; von Kalilauge wird er
gelb gefärbt und gleichfalls gelöst; aus der Solution wird durch Säuren pomeranzgelbes

---

1) Vor 1864 waren 16 Formen bekannt, *Krenner* fügte 28, *Seligmann* 1 neue hinzu. An den
ausgezeichneten bis 22 Zoll langen, 2 Zoll breiten Krystallen aus Japan vermochte 1883 *E. S. Dana*
(Z. f. Kryst. IX. 29) sogar noch 40, *Krenner* ausserdem noch 8 neue Flächen festzustellen, so dass
deren jetzt 88 bekannt sind, und der Antimonglanz in die Reihe der flächenreichsten Metallverbindungen getreten ist.

Schwefelantimon gefällt. — Mobendorf bei Freiberg, Niederstriegis in Sachsen, Neudorf am Harz; Casparizeche bei Arnsberg in Westphalen (*Seligmann*, N. J. f. Min. 1880. I. 135); Przibram; Kremnitz, Schemnitz, Felsöbánya (hier manchmal mit einer dünnen Umwandlungskruste von Wurtzit überzogen); Goldkronach; Peretta in Toscana; Borneo, Neu-Braunschweig, Nevada; Ichinokawa bei Saijo auf der Insel Shikoku in Südjapan, wo prachtvolle, übergrosse und reich am Ende ausgebildete Krystalle, frisch von dem Glanz des blanken Stahls vorkommen.

Gebrauch. Der Antimonglanz ist fast das einzige Mineral, aus welchem das Antimon im Grossen dargestellt wird.

84. Wismuthglanz oder Bismutin, *Beudant.*

Rhombisch, isomorph mit Antimonglanz und Selenwismuthglanz (und Auripigment); ∞P 91° 30' nach *Haidinger*; nach *Groth* ∞P 91° 52', $\check{P}\infty$ 89°; A.-V. darnach 0,9680 : 1 : 0,985. Die Krystalle sind lang säulenförmig bis nadelförmig, ähnlich denen des Antimonglanzes, stark längsgestreift durch oscillatorische Combination von ∞P mit $\infty \check{P}3$ und den beiden verticalen Pinakoiden, selten frei, meist eingewachsen; häufiger derb und eingesprengt, in körnigen oder stängeligen Aggregaten von blätteriger oder strahliger Textur. — Spaltb. brachydiagonal vollk., makrodiagonal weniger deutlich, basisch und prismatisch nach ∞P unvollk.; mild; H. = 2...2,5; G. = 6,4...6,6 (der Altenberger 6,64...6,65 nach *Weisbach*); licht bleigrau in zinnweiss geneigt, auch wohl rein bleigrau, wie Antimonglanz, gelblich oder bunt anlaufend. — Chem. Zus. nach den Analysen von *H. Rose*, *Wehrle*, *Scheerer*, *Genth* und *Forbes*: Bi^2S^3, mit 81,22 Wismuth und 18,78 Schwefel. Im Glasrohr gibt er ein Sublimat von Schwefel, auch schwefelige Säure und kommt dann ins Kochen; auf Kohle schmilzt er im Red.-F. leicht unter Spritzen, gibt einen gelben Beschlag und ein Wismuthkorn; mit Jodkalium gibt er nach *v. Kobell* auf Kohle rothen Beschlag; von Salpetersäure wird er rasch aufgelöst zu farbloser Solution unter Abscheidung von Schwefel. — Johanngeorgenstadt, Altenberg; Riddarhytta; Redruth, Botallack und anderweit in Cornwall, Rezbánya und Moravicza (von Asbestfäden durchwachsen), Illampu-Gebirge in Bolivia.

85. Selenwismuthglanz, *Frenzel*; Frenzelit, *Dana.*

Rhombisch, isomorph mit Antimonglanz nach *Schrauf*; ∞P ca. 90°; lang-prismatische Krystalle, stark vertical schilfartig gestreift und undeutlich, zu compacten Massen verwachsen; derbe Massen von feinkörniger, blätteriger, bis faseriger Zusammensetzung. Spaltb. brachydiagonal. H. = 2,5...3,5; G. = 6,25; bleigrau, Strich grau und stark glänzend. — Chem. Zus. nach *Frenzel*: Bi^2Se^3, mit theilweiser Beimischung des analogen Schwefelwismuths; die Analyse gab: 67,88 Wismuth, 24,13 Selen, 6,60 Schwefel; nach *Fernandez* ist das Mineral lediglich Selenwismuth und rührt die von ihm gefundene kleine Schwefelmenge von beigemengtem Eisenkies her, was indessen von *Frenzel* bezweifelt wird; auch *J. W. Mallet* erklärte später den Schwefel, wovon er nur 0,66 fand, für einen Bestandtheil desselben. Gibt v. d. L. auf Kohle starken Selengeruch, schmilzt und färbt die Flamme blau. Mit Jodkalium geschmolzen erhält man auch ohne Schwefelzusatz den schönen rothen Beschlag von Jodwismuth. Von Zink, welches *del Castillo* früher angab, fand *Frenzel* keine Spur. — Grube Santa Catarina in der Sierra de Santa Rosa bei Guanaxuato in Mexico.

Sulfosalze.

1. Sulfoferrite.

86. Kupferkies oder Chalkopyrit, *Henckel.*

Tetragonal, P 108° 40', jedoch sphenoidisch-hemiëdrisch ausgebildet (S. 52)[1]; die

---

[1] Nachdem *Haidinger* im Jahre 1822 die richtige Kenntniss der Krystallformen des Kupferkieses und ihrer Zwillinge begründet hatte, gab *Sadebeck* in der Z. d. géol. Ges., Bd. 20, S. 595 eine ausführliche krystallographische Monographie, namentlich mit Bezug auf Zwillingsbildungen und Hemiëdrie (Nachtrag ebend., Bd. 24, S. 642); vgl. auch *vom Rath* in Ann. d. Phys. u. Ch., Jubelband 1874, S. 545; ferner *Schimper* in *Groth's* Min.-Samml. d. Univers. Strassburg S. 54; *Fletcher* in Z. f. Kryst. VII. 321.

Grundform P erscheint daher nicht selten als das Sphenoid $\frac{P}{2}$ mit der horizontalen

Polkante von $71^\circ\ 20'$, öfter noch als die Comb. $\frac{P}{2} \cdot -\frac{P}{2}$ wie die zweite der nach-

stehenden Figuren; A.-V. $= 1 : 0,9856$, also sehr nahe reguläre Dimensionen.
Andere häufige Formen sind $P\infty$ (b) $89^\circ\ 10'$, $2P\infty$ (c) $126^\circ\ 11'$, 0P (a), ∞P (m),
minder häufig $\infty P\infty$ (l) und mehre Skalenoëder, davon P3 zu St. Ingbert bei Saarbrücken selbständig und allein vorkommt; die Krystalle sind meist klein, durch einseitige Verkürzungen und Verlängerungen verzerrt, einzeln aufgewachsen oder zu Drusen verbunden. Das positive Sphenoid der Grundform (Tetraëder erster Stellung nach
Sadebeck) ist gewöhnlich gestreift oder rauh oder matt, das negative dagegen glatt; die
von *Sadebeck* aufgestellte Regel, dass die gewöhnlich vorkommenden Skalenoëder positive seien (daher ihre stumpfen Polkanten über die Flächen des positiven Grundsphe-
noids fallen), ist in dieser Allgemeinheit nach *Schimper* nicht gültig. Einfache Krystalle kommen selten vor, Zwillingskrystalle dagegen ausserordentlich häufig, nach
mehren Gesetzen, und oftmals mit wiederholter Zwillingsbildung, wodurch die Form
der einzelnen Individuen noch mehr entstellt wird; eines der gewöhnlichsten Gesetze
ist dasjenige, dessen Resultat für zwei pyramidale Krystalle der Grundform P in Fig. 7
dargestellt ist: die Zwillings-Ebene ist eine Fläche von P, wobei aber, wie *Sadebeck*
gezeigt hat, ungleichnamige Sphenoidflächen mit einander verwachsen sind.

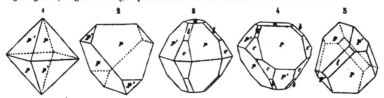

Fig. 1.   Die Grundform P vollständig, beide Sphenoide im Gleichgewicht. Ebenso
Fig. 2.   Das eine Sphenoid sehr vorwaltend, das andere untergeordnet.
Fig. 3.   P.0P.2P∞.P∞; die Grundform als Pyramide ausgebildet.
Fig. 4.   Dieselbe Combination, jedoch die Grundform in zwei ungleichmässigen Sphe-
          noiden ausgebildet.
Fig. 5.   Die beiden Sphenoide der Grundform mit dem Deuteroprisma.

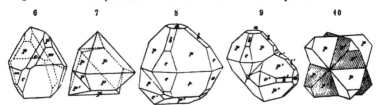

Fig. 6.   Das eine Sphenoid der Grundform sehr vorwaltend, das andere sehr unter-
          geordnet, dazu das Protoprisma und die Deuteropyramide 2P∞.
Fig. 7.   Zwillingskrystall nach einer Fläche von P, beide Individuen verkürzt; diese
          Zwillingsbildung wiederholt sich nicht selten, sowohl an Krystallen, als auch
          an derben Massen, und bedingt dann lamellare Zusammensetzung.
Fig. 8.   Zwillingskrystall nach demselben Gesetz: die Individuen zeigen die Combi-
          nation wie in Fig. 3.
Fig. 9.   Zwillingskrystall derselben Combination, jedoch nach dem Gesetz: Zwillings-
          Ebene eine Fläche von P∞; auch diese Zwillingsbildung wiederholt sich oft

so, dass ein mittleres Individuum bisweilen an allen vier (unteren oder oberen) Polkanten von P mit anderen Individuen verbunden ist.

Fig. 10. Ein Zwillingskrystall der ersten Classe, wie er nur durch die Hemiëdrie möglich ist; zwei Krystalle der Comb. Figur 2 im Zustande vollkommener Durchkreuzung; zur Verdeutlichung des Bildes sind die Flächen des einen Sphenoides so gestreift, wie es auch in der Natur oft vorkommt.

Am häufigsten findet sich der Kupferkies derb und eingesprengt; bisweilen auch traubig und nierförmig; in Pseudomorphosen nach Kupferglanz und Fahlerz. — Spaltb. pyramidal nach 2P∞, mitunter ziemlich deutlich; Bruch muschelig bis uneben; spröd in geringem Grade; H. = 3,5...4; G. = 4,1...4,3; messinggelb, oft goldgelb oder bunt angelaufen; Strich schwarz. — Chem. Zus.: der Kupferkies besteht empirisch wesentlich aus 1 Atom Kupfer, 1 At. Eisen und 2 At. Schwefel, ist $Cu Fe S^2$, mit der procentarischen Zus. 34,52 Kupfer, 30,53 Eisen, 34,95 Schwefel. Man deutet dies am besten als $Cu^2 S + Fe^2 S^3$, wobei der K. als ein Sulfosalz (Sulfoferrit) erscheint, in welchem $Fe^2 S^3$ die Rolle der Sulfosäure spielt. $Cu^2 Fe^2 S^4$ wäre dann abzuleiten aus einer Sulfosäure $H^2 Fe^2 S^4$ durch Ersatz von H^2 durch Cu^2. *Rammelsberg* gibt der Formel $CuS + FeS$ den Vorzug, gegen welche *Knop* geltend macht, dass während der Einwirkung von Salzsäure kein Wasserstoff entwickelt und aus der Sol. alles Eisen als Oxydhydrat gefällt wird. Etliche Kupferkiese scheinen etwas Selen zu halten. V. d. L. zerknistert er und färbt sich dunkler; bei dem Rösten entwickelt er schwefelige Säure, auf Kohle schmilzt er ziemlich leicht unter Aufkochen und Funkensprühen zu einer schwarzen magnetischen Kugel; mit Flüssen reagirt er auf Kupfer und Eisen. In Salpetersalzsäure löslich unter Abscheidung von Schwefel; schwieriger in Salpetersäure. — Freiberg; Mansfeld; Goslar und Lauterberg; Rheinbreitbach, Müsen, Eiserfeld und Dillenburg; Bodenmais, Kitzbühel; Schlaggenwald und Herrngrund; Cornwall; Fahlun; Röraas; vielorts in Nordamerika.

Gebrauch. Der Kupferkies ist das häufigste unter allen Kupfererzen, so dass das meiste Kupfer aus ihm dargestellt wird; auch wird er bisweilen auf Vitriol benutzt.

87. Buntkupfererz, Buntkupferkies, Bornit.

Regulär; ∞O∞, ∞O∞.O, auch ∞O∞.202 und ∞O.202; Zwillingskrystalle nach dem Gesetz: Zwillings-Ebene eine Fläche von O; Krystalle überhaupt selten, mit rauher oder unebener Oberfläche, in Drusen versammelt, oder einzeln eingewachsen in Kalkspath, wie bei Berggiesshübel; meist derb und eingesprengt, auch in Platten, Knollen und angeflogen; Pseudomorphosen nach Kupferglanz. — Spaltb. oktaëdrisch, sehr unvollk. (oder hexaëdrisch nach *Breithaupt*); Bruch muschelig bis uneben; wenig spröd bis fast mild; H. = 3; G. = 4,9...5,1; Mittelfarbe zwischen kupferroth und tombackbraun, auf der Oberfläche buntfarbig, zumal blau und roth angelaufen, Strich schwarz. — Chem. Zus. ist durch die bisherigen Analysen keineswegs in allen Varietäten übereinstimmend befunden worden. Die krystallisirten Buntkupfererze scheinen nach den Analysen von *Plattner*, *Chodnew*, *Varrentrapp* und *Rammelsberg* nach der Formel $Cu^3 Fe S^3$ zusammengesetzt zu sein, welche 55,5 Kupfer, 16,4 Eisen und 28,1 Schwefel erfordert. Gewisse derbe Abarten führen auf dieselbe Zusammensetzung. Man kann jene empirische Formel deuten als diejenige des Sulfosalzes $3 Cu^2 S + Fe^2 S^3$. Andere nicht minder als Buntkupfererz bezeichnete Vorkommnisse sind noch aber erheblich kupferreicher, indem sie 60—63 und dann wieder 69—71 pCt. Kupfer enthalten. Wahrscheinlich sind diese Abarten Gemenge von Buntkupfererz (zusammengesetzt wie oben) und Kupferglanz; eine von *Böcking* analysirte Var. von Coquimbo enthielt sogar 12 pCt. mikroskopisch kleiner Turmalinkrystalle beigemengt. — *Böcking* sieht den Grund für das charakteristische Buntanlaufen des Minerals in der grossen Oxydirbarkeit des vorausgesetzten Anderthalbfach-Schwefeleisens. V. d. L. auf Kohle läuft er dunkel an, wird schwarz und nach dem Erkalten roth; er schmilzt zu einer stahlgrauen, nach längerem Blasen magnetischen, spröden, im Bruch graulichrothen Kugel; mit Borax und Soda gibt er ein Kupferkorn, im

Glasrohr schwefelige Säure aber kein Sublimat; mit Salzsäure befeuchtet färbt er die Flamme blau; concentrirte Salzsäure löst ihn mit Hinterlassung von Schwefel. — Berggieshübel, Freiberg, Annaberg, Eisleben und Sangerhausen; Mansfeld; Kupferberg; Redruth in Cornwall; Monte-Catini in Toscana;. Chile und Bolivia; Wilkesbarre in Pennsylvanien, Chesterfield in Massachusetts, reichlich in Canada nördlich von Quebec.

Gebrauch. Der Buntkupferkies wird mit anderen Kupfererzen auf Kupfer benutzt.

Anm. 1. Unter dem Namen **Homichlin** führte *Breithaupt* ein Mineral von einem Kupfererzgang bei Plauen im sächsischen Voigtland ein. Dasselbe krystallisirt tetragonal, ist im frischen Bruch fast speisgelb, läuft jedoch bald bunt an; $G. = 1,17...1,18$; besteht nach einer Analyse von *Richter* aus 43,76 Kupfer, 25,81 Eisen und 30,21 Schwefel, was der Formel $Cu^3 Fe^2 S^4$ entspricht; es wäre also ein kupferarmes, eisenreiches Buntkupfererz. Im Kolben sublimirt es Schwefel, im Glasrohr schwefelige Säure; auf Kohle schmilzt es leicht zu einer spröden magnetischen Kugel von graulichrothem Bruch. Findet sich nicht nur bei Plauen, sondern auch bei Kreysa in Thüringen, bei Wolfach in Baden, in der Sierra Almagrera in Spanien und bei Nischne Tagilsk am Ural.

Anm. 2. **Barnhardtit** nennt *Genth* ein Mineral von Barnhardt's Landgut und a. O. in Nordcarolina. Derb, ohne Spaltbarkeit, mit muscheligem Bruch, spröd; $H. = 3,5$; $G. = 4,524$; bronzegelb, läuft aber bald tombackbraun oder rosenroth an, im Strich schwarz. — Chem. Zus.: 47,5 Kupfer, 22 Eisen und 29,8 Schwefel; *Rammelsberg* fasst auch dies Mineral als ein kupferarmes Buntkupfer auf.

88. Cuban, *Breithaupt.*

Regulär; bis jetzt nur derb; Spaltb. hexaëdrisch deutlich; spröd; $H. = 4$; $G. = 4,0...$ $4,18$; Mittelfarbe zwischen messinggelb und speisgelb, Strich schwarz. — Chem. Zus. nach *Scheidhauer*: 42,54 Eisen, 22,96 Kupfer, 34,78 Schwefel, was auf die Formel $Cu Fe^2 S^3$ führt, welche man als $Cu^2 S + Fe^4 S^5$ (analog dem Sternbergit) deuten kann. *Eastwick*, *Magee* und *Stevens* fanden etwas abweichende Resultate bei angeblich demselben Material, nämlich nur 39 Eisen, 21 Kupfer und 40 Schwefel, woraus man die Formel $Cu Fe^2 S^4$, deutbar als $Cu S + Fe^2 S^3$, ableiten kann. V. d. L. ist er **sehr leicht** schmelzbar, verhält sich aber ausserdem wie Kupferkies. — Barracanao auf Cuba, mit Kupferkies und Magnetkies; auch als Begleiter des Glanzkobalts in Norwegen und Schweden; zu Kafveltorp bei Nyakopparberg.

Anm. **Carrollit** aus Carroll-County in Maryland nannte *Faber* ein Mineral, welches mit Kupferkies und Buntkupferkies bricht; es ist krystallinisch, von anscheinend rhombischer Spaltb. und unebenem Bruch, spröd; $H. = 5,5$; $G. = 4,58$; zinnweiss bis stahlgrau, metallglänzend. — Chem. Zus. nach den Analysen von *Genth*, *Smith* und *Brush*: $Cu Co^2 S^4$, deutbar als $Cu S + Co^2 S^3$, was 44,5 Schwefel, 38,0 Kobalt und 20,5 Kupfer erfordern würde, von letzterem sind jedoch einige Procent durch Nickel und Eisen ersetzt. V. d. L. schmilzt es zu weisser, spröder, magnetischer Kugel unter Entwickelung von schwefeliger Säure und etwas Arsengeruch; mit Salpetersäure rothe Solution, aus welcher durch Eisen metallisches Kupfer gefällt wird.

89. Sternbergit, *Haidinger.*

Rhombisch; P (*f*; Mittelkante $118^{\circ} 0'$, Querschnitt $119^{\circ} 30'$; A.-V. $= 0,5831$: $1 : 0,8387$; die Krystalle, in Dimensionen und Ausbildung nahe denen des Kupferglanzes, sind stets dünn tafelartig durch Vorwalten des basischen Pinakoids, welches seitlich durch die Flächen von P, $\infty \check{P} \infty$,

$0P. P. \infty \check{P} \infty$
a *f*

$2\check{P}\infty$ u. a. Formen begrenzt wird; Zwillingskrystalle nach einer Fläche von ∞P; fächer- und büschelförmige, auch kugelige Krystallgruppen, sowie derb in blätterigen und breitstängeligen Aggregaten. — Spaltb. basisch, sehr vollk.; sehr mild, in dünnen Blättchen biegsam; $H. = 1...1,5$; $G. = 4,2...4,25$; tombackbraun, blau anlaufend, Strich schwarz. — Chem. Zus. nach einer Analyse von *Zippe*: 33,2 Silber, 36 Eisen und 30 Schwefel; *Rammelsberg* fand sehr übereinstimmend 35,27 Silber, 35,97 Eisen, 29,1 Schwefel; beides führt auf die Formel $Ag Fe^2 S^3$, was man z. B. deuten kann als $Ag^2 S + Fe^4 S^5$; *Plattner* erhielt in einer Var. nur 29,7 Silber. *Janovsky* fand 30,69 Silber, 35,44 Eisen, 33,87 Schwefel, was auf $Ag^4 Fe''S^{15}$ führen würde. Auf Kohle schmilzt er unter Entwickelung von schwefeliger Säure zu einer mit Silber bedeckten magnetischen Kugel; mit Borax gibt er im Red.-F. ein Silberkorn und eine von Eisen gefärbte Schlacke; von Salpetersalzsäure wird er zersetzt unter Abscheidung von Schwefel und Chlorsilber. — Joachimsthal, Schneeberg, Johanngeorgenstadt, Marienberg.

Anm. Silberkiese. Unter dem Namen Silberkies beschrieb *S. v. Waltershausen* ein bei Joachimsthal mit Rothgültigerz vorkommendes Mineral. Dasselbe bildet sehr kleine, scheinbar der hexagonalen Combination ∞P.0P oder ∞P.P entsprechende, bei genauer Untersuchung aber monokline Krystalle; Spaltb. nicht bemerkbar, Bruch uneben; H. = 3,5 ... 4; G. = 6,47; sehr spröd; stahlgrau bis zinnweiss, meist gelb bis tombackbraun angelaufen, metallglänzend, undurchsichtig. — Chem. Zus.: 36,69 Schwefel, 38,54 Eisen und 24,77 Silber, also sehr ähnlich jener des Sternbergits. *Weisbach* stellte dafür die Formel $Ag\,Fe^3\,S^5$ auf, deutbar als $Ag^2S + 3Fe^2S^3$. Nach *Tschermak* soll jedoch dieser Silberkies nur die Pseudomorphose nach einem unbekannten hexagonalen Mineral sein, deren Kern aus Markasit und Magnetkies, deren übrige Partie aus Silberglanz und Rothgültigerz besteht; *Kenngott* hält das Gebilde für eine Pseudomorphose nach Magnetkies. Dagegen wird das Mineral von *Schrauf* als selbständig anerkannt, welcher es Argentopyrit nennt, als rhombisch und isomorph mit Sternbergit befindet, und die der Combination ∞P.$\infty\breve{P}\infty$.P.2$\breve{P}\infty$ angehörigen Krystalle für Zwillinge nach einer Fläche des Prismas ∞P (119°40′) erklärt, auch das spec. Gew. zu 5,53, den Silbergehalt zu 22,3 pCt. bestimmte, und die Substanz homogen fand, so dass sich dieser Silberkies von den durch *Tschermak* beschriebenen Pseudomorphosen wesentlich unterscheidet (Sitzungsber. d. Wiener Ak., Bd. 64. 1871. 192). Ebenso beschrieb *Zerrenner* den Silberkies aus den Höhlungen der Arsensilberblende von der Grube Himmelfahrt bei Freiberg fast wie *Sartorius v. Waltershausen* (Z. geol. Ges., Bd. 24. 1872. 169). Nach *Weisbach* kommt dasselbe oder ein wenigstens ausserordentlich nahestehendes (aber gar nicht spaltbares) Mineral auch zu Marienberg vor, wo es indess nur das G. = 4,08 hat (N. J. f. M. 1877. 908); den Silbergehalt bestimmte *Richter* zu 28,3 pCt. — Von der Grube Himmelsfürst beschrieb sodann *Weisbach* noch einen anderen Kies, welcher mit 29,75 Silber, 36,28 Eisen, 32,84 Schwefel sowie der Formel $Ag^3Fe^7S^{11}$ chemisch zwischen eigentlichem Sternbergit und Argentopyrit steht; diese Zwischenstufe, als Argyropyrit bezeichnet, hat das G. = 4,206, bildet bronzegelbe, vollk. basisch spaltbare Krystalle bis zu 8 Mm. Höhe von anscheinend hexagonaler Symmetrie; auf Grund einer federartigen Zeichnung auf den Lateralflächen hält *Weisbach* es für am richtigsten, die Krystalle als rhombische Durchkreuzungsdrillinge (∞P = 119° 16′) aufzufassen; er fügt hinzu, dass der von *Plattner* analysirte Sternbergit von Schneeberg (mit 29,7 Silber, s. oben) wohl ebenfalls zum Argyropyrit zu ziehen sei (N. J. f. M. 1877. 906).

Einen ferneren, vormals für Magnetkies gehaltenen Silberkies fand *Streng* zu Andreasberg auf; die Krystalle, scheinbar die hexagonale Comb. ∞P.∞P2.mP darstellend, sind ebenfalls rhombische Durchkreuzungsdrillinge nach ∞P, mit den Flächen $\infty\breve{P}\infty$, $\infty\bar{P}3$, 2$\breve{P}\infty$, letzteres in alternirender Comb. mit 0P oder einem sehr stumpfen Brachydoma, wodurch die horizontale Streifung auf der scheinbaren hexagonalen Pyramide herbeigeführt wird. Die Winkel lassen sich mit denen des Argentopyrits von *Schrauf* vergleichen. Die Krystalle sind im Inneren gleichartig, hell speisgelb, oberflächlich braun oder bunt angelaufen. H. = 3,5...4; G. = 4,18. Spaltb. nicht erkennbar. Die Analyse lieferte ausser 0,2 Cu: 32,89 Silber, 35,89 Eisen, 30,71 Schwefel, also $Ag^2S + Fe^4S^5$, übereinstimmend mit dem von *Zippe* untersuchten Sternbergit von Marienberg. *Streng* hielt die vorstehend erwähnten Silberkiese für allerdings nicht immer in einfachen Proportionen erfolgende Mischungen von 1 Mol. Ag^2S (Silberglanz, Akanthit) mit x Mol. Fe^nS^{n+1} (Magnetkies) und erachtete (vgl. S. 325) es für nicht unmöglich, dass Silberkies, Akanthit und Magnetkies isomorph seien (N. J. f. M. 1878. 785).

Unter dem Namen Friesëit beschrieb *Vrba* ein dem Sternbergit krystallographisch und physikalisch nahe stehendes Mineral, welches sich nach der Analyse von *Preis* als $Ag^2Fe^5S^6$ (mit 28,72 Silber, 37,24 Eisen, 34,04 Schwefel) ergab, was sich deuten liesse als $Ag^2S + FeS + 2Fe^2S^3$; die nach der Basis dicktafeligen rhombischen Kryställchen mit den Formen 0P(c), $\infty\bar{P}\infty$(b), 2$\breve{P}\infty$(w), $\frac{1}{4}\breve{P}\infty$($r$) sind parallel der Makrodiagonale stark gerieft und gefurcht.

A.-V. = 0,5969 : 1 : 0,7352; Zwillinge nach ∞P, wie beim Sternbergit; spaltb. nach 0P; in dünnen Lamellen biegsam, und in sehr feinen Plättchen dunkelgrünlichgrau durchscheinend; G. = 4,217; H. = 1,5. *Vrba* macht darauf aufmerksam, dass auch dieser Friesëit sich in die allgemeine Silberkiesformel von *Streng* $Ag^2S + x(Fe^nS^{n+1})$ einfügt (Z. f. Kryst. II. 153 und

III. 186; über andere Formen und eine gesetzmässige Verwachsung mit Silberkiessäulchen ebenda V. 426).

2. Sulfantimonite, Sulfarsenite, Sulfobismutite.

90. Guejarit, *Cummenge.*

Rhombisch, nach *Friedel*; $\infty P\,101°\,9'$; $\infty \overline{P}\infty$ vorherrschend ausgebildet, ausserdem $\infty \overline{P}2$, $\infty \overline{P}\tfrac{3}{2}$, $\infty \overline{P}\tfrac{2}{3}$ (welche letztere drei Flächen mit $\infty \overline{P}\infty$ die Winkel $112°\,21'$, $117°\,10'$, $110°\,2'$ bilden), $\overline{P}\infty$ (mit $\infty \overline{P}\infty$ $128°\,6'$ bildend) und $\tfrac{1}{3}\overline{P}\infty$. A.-V. $= 0,8220 : 1 : 0,7841$. Krystalle bis 20 Mm. lang und 7 Mm. breit. Spaltb. brachydiagonal zieml. vollk.; H. $= 3,5$; G. $= 5,03$; stahlgrau mit einem Stich ins Bläuliche. — Chem. Zus.: 15,5 Kupfer, 0,5 Eisen, 58,5 Antimon, 25,0 Schwefel, woraus sich die Formel $Cu^2 Sb^4 S^7$ ergibt, deutbar als $Cu^2 S + 2 Sb^2 S^3$; darnach besteht der Guejarit aus denselben Sulfiden wie der Wolfsbergit, nur in anderer Molekularproportion. V. d. L. gibt er im Red.-Feuer reichlich weisse Dämpfe und liefert mit Soda ein Kupferkorn. — Auf einem Eisenspathgang am Fuss des Muley-Hacen, District Guejar in der andalusischen Sierra Nevada (Bull. Soc. minér. II. 201. 203).

91. Miargyrit, *H. Rose*, Silberantimonglanz.

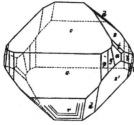

Monoklin: $\beta = 48°\,9\tfrac{1}{2}'$; A.-V. $= 1,0052 : 1 : 1,2973$, nach *Weisbach*, *Friedländer* und *vom Rath*[1]). Die Combinationen sind ziemlich verwickelt, und haben z. Th. einen ganz eigenthümlichen entweder pyramidalen oder kurz säulenförmigen oder dick-tafelartigen Habitus. In beistehender Figur ist:

$\infty \overline{P}\infty$	$\infty \breve{P}\infty$	$0P$	∞P	$\overline{P}\infty$
a	b	c	g	r
$\infty \breve{P}2$	$\tfrac{1}{4}P$	$\overline{P}\tfrac{3}{2}$	$\tfrac{1}{2}\breve{P}\tfrac{3}{2}$	$-9\overline{P}\tfrac{3}{2}$
p	d	s	t	α

$$s : s' = 102°\,56' \qquad g : s' = 126°\,27'$$
$$b : \alpha = 159\ 2 \qquad a : r = 129\ 56$$
$$g : s = 110\ 6 \qquad p : a = 159\ 28$$
$$d : r = 134\ 56 \qquad t : b = 152\ 48$$

Die Basis c ist horizontal gestreift, das Hemidoma r stets stark gestreift parallel den Kanten von d, auch wohl noch orthodiagonal. Die Krystalle sind einzeln aufgewachsen oder zu kleinen Gruppen und Drusen verwachsen; auch derb und eingesprengt. — Spaltb. in undeutlichen Spuren nach mehren Richtungen; Bruch unvollk. muschelig bis uneben; mild; H. $= 2...2,5$; G. $= 5,184...5,253$; schwärzlich bleigrau in eisenschwarz und stahlgrau geneigt, Strich kirschroth, metallartiger Diamantglanz, undurchsichtig. — Chem. Zus. nach den Analysen von *H. Rose*, *Helmhacker* und *Andreasch*: $Ag Sb S^2$, deutbar als $Ag^2 S + Sb^2 S^3$, mit 36,97 Silber, 41,07 Antimon und 21,96 Schwefel; ein wenig Silber wird durch Kupfer und Eisen ersetzt; ein von *Sipöcz* untersuchter, wahrscheinlich von Felsöbánya stammender, enthielt 4,01 Blei (vgl. Kenngottit). Im Kolben zerknistert er, schmilzt sehr leicht und gibt ein geringes Sublimat von Schwefelantimon. Im Glasrohr schmilzt er leicht, gibt schweflige Säure und ein Sublimat von Antimonoxyd; mit Soda auf Kohle liefert er zuletzt ein Silberkorn; mit Säuren und Kalilauge verhält er sich wie Antimon-Silberblende. — Bräunsdorf bei Freiberg,

---

1) Die erste krystallographische Untersuchung des Miargyrits gab *Naumann* in Ann. d. Phys. u. Ch. Bd. 17 (1829). 142; er stellte darin die Krystalle anders, so dass zwar c ebenfalls $0P$ wird, dagegen a als $\tfrac{1}{2}\overline{P}\infty$ erscheint, wobei dann $\beta = 81°\,36'$. *Weisbach* hat zuerst die oben angeführte Aufstellung gewählt, viele neue Formen und Combinationen beschrieben (ebendas. Bd. 125 (1865). 441 und Z. f. Kryst. II. 55); vgl. auch *Friedländer* in *Groth*'s Min.-Samml. d. Univ. Strassburg S. 59. Neuere Daten gab *vom Rath* im Anschluss an *Weisbach* in Z. f. Kryst. VIII. 1884. 25 (woher die obigen Winkel und die Figur entlehnt sind). Als bekannte Formen werden die 3 Pinakoide, 7 Prismen, 6 Orthodomen, 2 Klinodomen, 32 Hemipyramiden aufgezählt. *Lewis* (Z. f. Kryst. VIII. 545) hält allerdings die Zuverlässigkeit der Winkelangaben *vom Rath's* für etwas zweifelhaft, und will überhaupt zu der älteren *Naumann-Miller*'schen Aufstellung zurückkehren.

Przibram, Felsöbánya, Guadalajara in Spanien, Potosi, Parenos bei Potosi und Molinares in Mexico.

Gebrauch. Mit anderen dergleichen Erzen zur Darstellung des Silbers.

Anm. Das von *Haidinger* Kenngottit genannte Mineral von Felsöbánya ist nach *Sipöcz's* Analyse ein etwas (1,76 pCt.) Blei-haltiger (nach der Verticalaxe verkürzter) Miargyrit, d. h. eine isomorphe Mischung von $Ag^2Sb^2S^4$ mit ganz wenig $Pb Sb^2S^4$.

92. Silberwismuthglanz, *Rammelsberg.*

Derb, von grauer Farbe, mit hellgrauem Strich und G. = 6,92. Chem. Zus. gemäss *Rammelsberg's* Analyse nach Abzug einiger Verunreinigungen: $AgBiS^2$, deutbar als $Ag^2S + Bi^2S^3$, mit 28,40 Silber, 54,73 Wismuth, 16,87 Schwefel, also die dem Miargyrit entsprechende Wismuthverbindung. Leicht schmelzbar v. d. L., löslich in Salpetersäure unter Abscheidung von Schwefel (und ein wenig Bleisulfat). — Grube Matilda bei Morococha in Peru. (Sitzgsber. Berlin. Akad. 13. Nov. 1876.)

Anm. Dieselbe Zusammens. hat ein schon durch *Klaproth,* neuerdings durch *Zeitzschel* untersuchtes Erz von der Grube Christian Friedrich im Schapbachthal, von *Sandberger* Plenargyrit genannt, welches aber nach Letzterem schwarzen Strich hat, sehr spröde ist und eisenschwarze miargyritähnliche Kryställchen zeigt.

93. Skleroklas, *vom Rath*; Arsenomelan, *S. v. Waltershausen*; Bleiarsenglanz; Sartorit, *Dana.*

Rhombisch, P mit den Polk. 91° 22′, 135° 46′ und der Mittelk. 105° 3′; daraus berechnet sich das nicht beobachtete ∞P zu 123° 46′ und das A.-V. = 0,539 : 1 : 0,619; sehr kleine, dünn säulenförmige oder nadelförmige Krystalle, welche der Länge nach sehr stark gestreift und fast cylindrisch gestaltet sind, was darin begründet ist, dass, nächst der vorherrschenden Basis 0P, an 12 verschiedene Makrodomen zugleich mit dem Makropinakoid die säulenförmige Gestalt bedingen; an ihrem Ende werden diese vielflächigen Säulen durch das Brachypinakoid und durch 3 bis 5 Brachydomen begrenzt, während die Grundpyramide P (mit den oben angeführten Dimensionen) bis jetzt nur an einem Krystall durch *G. vom Rath* beobachtet und gemessen werden konnte. — Spaltb. basisch recht deutlich; äusserst spröd und zerbrechlich; H. = 3; G. = 5,393; licht bleigrau, Strich röthlichbraun. — Chem. Zus. nach *S. v. Waltershausen* und *Uhrlaub* wahrscheinlich $PbAs^2S^4$, deutbar als $PbS + As^2S^3$, was 42,63 Blei, 30,94 Arsen und 26,43 Schwefel erfordern würde; es fanden sich noch 0,42 Silber und 0,45 Eisen. Im Kolben decrepitirt er stark (frisch gebrochen schon im Sonnenlicht); gibt ein rothes Sublimat von Schwefelarsen, schmilzt v. d. L. leicht unter Entwickelung von Arsendampf und hinterlässt ein Bleikorn. — Mit Binnit im Dolomit des Binnenthals der Schweiz.

94. Zinckenit, *G. Rose*; Bleiantimonglanz.

Rhombisch nach *G. Rose*, ∞P (d) 120° 39′, $\frac{1}{4}\bar{P}\infty$(o) 150° 36′; A.-V. = 0,5698 : 1 : 0,5978; darnach isomorph mit dem analog constituirten Skleroklas[1]). *G. Rose* nimmt an, dass den Krystallen die in der beistehenden ersten Figur abgebildete Comb. ∞P.$\bar{P}\infty$ zu Grunde liegt, dass jedoch immer drei Individuen von dieser Form nach dem gewöhnlichen Gesetz: Zwillings-Ebene eine Fläche von ∞P, mit vollkommener Durchkreuzung zu Drillingskrystallen von scheinbar hexagonalem Habitus verbunden

sind, wie in der zweiten Figur; *Kenngott* will diese Krystalle sogar als Zwölflingskrystalle interpretiren. Sie erscheinen meist säulenförmig und nadelförmig, vertical gestreift und mit tiefen Längsfurchen versehen, büschelförmig gruppirt oder zu Drusen vereinigt; auch derb in stängeligen Aggregaten. — Spaltb. prismatisch sehr unvollk., Bruch uneben; ziemlich mild; H. = 3...3,5; G. = 5,30...5,35; dunkelstahlgrau bis bleigrau, zuweilen bunt angelaufen. — Chem. Zus. nach den Analysen von *H. Rose*, *Kerl* und *Hilger* sehr nahe: $PbSb^2S^4$, deutbar als $PbS + Sb^2S^4$, mit 35,99 Blei, 44,71 Antimon und 22,30 Schwefel, etwas Blei durch ein wenig Kupfer und etwas Eisen ersetzt; v. d. L. zerknistert er, schmilzt, gibt Antimondämpfe und kann bis auf einen geringen eisen- und kupferhaltigen Rückstand verflüchtigt werden; von heisser Salzsäure wird er zerlegt unter Abscheidung von Chlorblei. — Wolfsberg am Harz; Grube Ludwig bei Hausach.

---

1) Bemerkenswerth ist, dass Skleroklas und Zinckenit nicht mit Miargyrit isomorph sind (vgl. Kenngottit).

Anm. 1. Eine ganz analoge Zus. hat der derbe, zinnweisse, stark metallisch glänzende **Galenobismutit**, Bleiwismuthglanz, von der Kogrube in Wermland; H. = 3...4; G. = 6,88. Die Analyse von *Sjögren* führte nämlich auf die Formel $Pb\,Bi^2\,S^4$ oder $Pb\,S + Bi^2\,S^3$, welche 27,55 Blei, 55,38 Wismuth, 17,07 Schwefel erfordert; in Salzsäure schwer, in Salpetersäure leicht löslich. Es verhält sich also Galenobismutit zum Zinckenit, wie Silberwismuthglanz zum Miargyrit.

Anm. 2. Ein Galenobismutit, in welchem ein Theil des Bleies durch Silber und Kupfer (auch Zink) ersetzt wird, ist *König's* Alaskait; kleinblätterige Aggregate mit ab und zu hervortretenden kleinen recht ebenen Spaltungsflächen; mild, leicht zerreiblich; G. = 6,878; bleigrau, ins Weisse, dem Wismuthglanz sich nähernd, stark metallglänzend. — Chem. Zus. nach Abzug des beigemengten Baryts und Kupferkieses: 12,02 Blei, 8,08 Silber, 3,0 Kupfer, 0,26 Zink, 51,49 Wismuth, 15,72 Schwefel (90,57), also entsprechend der Formel $(Pb, Ag^2, Cu^2)\,S + Bi^2\,S^3$. — Auf dem Alaska-Gange im Porphyr, s. ö. vom Mount Sneffels in Colorado (Z. f. Kryst. VI. 42).

95. Emplektit, *Kenngott*; Kupferwismuthglanz z. Th.

Rhombisch, bis jetzt nur in dünnen, nadelförmigen Säulen, welche meist stark vertical gestreift und in Quarz eingewachsen sind; $\infty P\ 102°\ 42'$, $\bar{P}\infty\ 103°\ 38'$ nach *Dauber*, welcher die Combination $\infty P.\infty \bar{P}\infty.\bar{P}\infty.\frac{1}{2}\bar{P}\infty$ beobachtete; *Weisbach* beschrieb einen ähnlichen Krystall, an welchem vier verticale Prismen ausgebildet sind. — Spaltb. makrodiagonal vollk., auch basisch recht deutlich, und prismatisch undeutlich; mild; H. = 2; G. = 6,23... 6,38 nach *Frenzel's* Correctur der Angabe von *Weisbach*; zinnweiss, oft gelb angelaufen. — Chem. Zus. nach den Analysen von *Schneider* und *Petersen*: $Cu\,Bi\,S^2$, deutbar als $Cu^2\,S + Bi^2\,S^3$, mit 18,88 Kupfer, 62,01 Wismuth und 19,11 Schwefel, bisweilen mit Spuren von Blei und Silber; gibt mit heisser Salpetersäure eine dunkel grünlichblaue Solution. — Grube Tannebaum bei Schwarzenberg im Erzgebirge, Freudenstadt in Württemberg, Aamdals Kupferwerk in Ober-Telemarken, Rezbánya in Ungarn, Copiapo in Chile.

Anm. *Groth* hat in sehr treffender Weise gezeigt, dass sämmtliche 5 verticale Prismen, welche *Dauber* und *Weisbach* am Emplektit gemessen haben, in ihren Winkeln bis auf wenige Minuten übereinstimmen mit 5 durch *vom Rath* am Skleroklas beobachteten Makrodomen. Fasst man jene auch als Makrodomen auf (wobei die Makrodomen von *D.* und *W.* zu Brachydomen werden), so ergibt sich für den Emplektit ∞P (noch nicht beobachtet) = 123°24' und das A.-V. = 0,5385 : 1 : 0,6204, also eine völlige Isomorphie mit dem analog constituirten Skleroklas, dessen Krystallhabitus und dessen basische Spaltbarkeit sich dann auch hier wiederholt finden.

96. Wolfsbergit, *Nicol*; Kupferantimonglanz, *Zincken*.

Rhombisch, $\infty P\ 135°12'$, $\infty \bar{P}2\ 111°$ nach *G. Rose*; Krystalle tafelartig und säulenförmig durch Vorwalten des Brachypinakoids und der Prismen, aber an den Enden gewöhnlich verbrochen; auch derb und eingesprengt in feinkörnigen Aggregaten. — Spaltb. brachydiagonal sehr vollk., basisch unvollk., Bruch muschelig bis eben; H. = 3,5; G. = 4,748 nach *H. Rose*, 5,015 nach *Breithaupt*; bleigrau bis eisenschwarz, zuweilen bunt angelaufen, stark glänzend, Strich schwarz und matt. — Chem. Zus. nach den Analysen von *H. Rose* und *Th. Richter* wesentlich: $Cu\,Sb\,S^2$, deutbar als $Cu^2\,S + Sb^2\,S^3$, mit 25,61 Kupfer, 48,47 Antimon, 25,92 Schwefel; der kleine Gehalt an Eisen und Blei (1,89 und 0,56 pCt.) dürfte wohl von Beimischungen herrühren; v. d. L. zerknistert er und schmilzt leicht, gibt auf Kohle Antimonrauch und nach längerem Schmelzen mit Soda ein Kupferkorn; löslich in Salpetersäure unter Abscheidung von Schwefel und Antimonoxyd. — Wolfsberg am Harz, Guadix in Granada.

Anm. Fasst man auch hier mit *Groth* die Richtung der vollk. Spaltb. als Basis $0P$ auf, so werden die beiden zu $\bar{P}\infty$ und $2\bar{P}\infty$, welche dann in ihren Winkeln fast genau mit den entsprechenden Formen beim Skleroklas übereinkommen; beim Kupferantimonglanz (bei welchem alsdann die Axenlänge b unbekannt wird) ist $a : c = 1 : 1,213$, beim Skleroklas $a : c = 1 : 1,149$; also scheint auch hier eine Isomorphie vorzuliegen.

97. Berthierit, *Haidinger*; Eisenantimonglanz.

Krystallform unbekannt; ist bis jetzt nur derb in stängeligen oder faserigen Aggregaten, deren Individuen nach mehren Richtungen undeutliche Spaltb. zeigen; H. = 2...3; G. = 4,0...4,3; dunkel stahlgrau, etwas gelblich oder röthlich, bunt anlaufend. — Chem. Zus.: nach den Analysen von *Berthier, Rammelsberg, Pettko* und *Sackur* gibt es drei verschiedene Verbindungen, welche bis jetzt unter dem gemeinschaftlichen Namen Berthierit aufgeführt werden; es sind nämlich die Varietäten:

a) von Bräunsdorf bei Freiberg, von Anglar im Dép. de la Creuse, von Arany-Idka in Ober-
ungarn: $FeS + 8b^2S^3$, mit 56,55 Antimon, 13,24 Eisen, 30,24 Schwefel; eine ähnliche
Var. von San Antonio in Nieder-Californien enthält nach *Rammelsberg* einige pCt. Mangan
statt Eisen, wie es auch in der von Bräunsdorf der Fall ist;

b) von der Grube Martouret bei Chazelles in der Auvergne (auch nach *Hauer* Vorkommnisse
von Bräunsdorf): $3FeS + 4Sb^2S^3$, mit 59,65 Antimon, 10,45 Eisen und 29,90 Schwefel,
und

c) von Chazelles in der Auvergne (ders. Fundpunkt wie *b*?): $3FeS + 2Sb^2S^3$, mit 51,22 Antimon, 17,95 Eisen und 30,83 Schwefel.

H. Fischer fand in Vorkommnissen von Bräunsdorf und Arany-Idka Eisenkies fein ein-
gewachsen, und ist geneigt, die Abweichungen in der Zus. damit in Verbindung zu bringen.
Auf Kohle schmilzt der Berthierit leicht, entwickelt Antimondämpfe und hinterlässt nach der
Verflüchtigung des Antimons eine schwarze magnetische Schlacke, welche die Reactionen des
Eisens und, bei dem Bräunsdorfer, auch die Reactionen des Mangans gibt. In Salzsäure
schwer, leichter in Salpetersalzsäure löslich.

98. **Plagionit,** *G. Rose.*

Monoklin; $\beta = 72^\circ 28'$, P (*o'*) $134^\circ 30'$, —P (*o*) $142^\circ 3'$, —2P (*r*), $120^\circ 49'$; A.-V. = 1,1361
: 1 : 0,4205; gewöhnliche Comb. wie nachstehende Figur:

0P.—2P.—P.P.∞P∞	$c : a = 107^\circ 32'$	
c r o o' a	$c : o = 154 \quad 20$	
$o : o = 142^\circ 3'$	$c : o' = 149 \quad 0$	
	$c : r = 138 \quad 52$	

Diese Winkel nach *G. Rose*; *Luedecke* fand etwas abweichende und einige neue Formen
(N. Jahrb. f. Min. 1883. II. 112). Die Krystalle dick tafelartig oder säulenartig, den Combinationskanten von o und r parallel gestreift, klein und zu kleinen Drusen gruppirt; auch traubig,
nierförmig, derb, in körnigen Aggregaten. — Spaltb. hemipyramidal nach —2P ziemlich vollk.,
spröd; H. = 2,5; G. = 5,4; schwärzlich bleigrau, auch stahlgrau. — Chem. Zus. nach den
Analysen von *H. Rose*, *Kudernatsch* und *Schultz*: entweder $4PbS + 3Sb^2S^3$, wie *H. Rose* das
Analysenresultat deutet, oder $9PbS + 7Sb^2S^3$, welcher Formel *Rammelsberg* den Vorzug gibt;
erstere erfordert 42,15 Blei, 36,63 Antimon, 21,22 Schwefel; erhitzt zerknistert er heftig; im
Glasrohr gibt er Antimondämpfe und schwefelige Säure; schmilzt sehr leicht, zieht sich in
die Kohle und hinterlässt zuletzt metallisches Blei. — Wolfsberg am Harz, zu Goldkronach
nach *Sandberger*, Arnsberg in Westphalen.

99. **Klaprothit,** *Petersen.*

Rhombisch; ∞P 107°; Comb. ∞P.∞P∞, lang säulenförmige, stark vertical gestreifte
Krystalle mit sehr deutlicher makrodiagonaler Spaltb.; H. = 2,5; G. = 4,6; gelblich stahlgrau,
bunt anlaufend, Strich schwarz. — Chem. Zus. nach *Schneider* und *Petersen* entsprechend der
Formel $Cu^6Bi^4S^9$, deutbar als $3Cu^2S + 2Bi^2S^3$, mit 25,32 Kupfer, 55,45 Wismuth, 19,23 Schwefel. Völlig löslich in Salzsäure. — Dies früher mit Wittichenit vereinigte Erz findet sich auf
den Gruben Daniel bei Wittichen und Eberhard bei Alpirsbach, zu Freudenstadt, Bulach,
Königswart im Murgthal, Sommerkahl im Spessart.

Anm. Eine sehr analoge Zus. hat ein derbes graues feinkörniges und sehr leicht schmelzbares, von *Genth* als S c h i r m e r i t bezeichnetes Erz von der Treasury-Grube in Colorado
(G. = 6,737), indem es auf die Formel $3(Ag^2, Pb)S + 2Bi^2S^3$ führt.

100. **Binnit,** *G. vom Rath*; Dufrenoysit, *Damour.*

Regulär; ∞O.2O2, nach *Heusser* und *Kenngott* finden sich auch O, ∞O∞, 6O6; *Hessenberg* beobachtete, und zwar alles an e i n e m Krystall, ausserdem noch 4O, 4O4, 10O10, 30⅓;
Lewis noch 7O7; doch sind die Krystalle sehr klein; nach *Kenngott* und *Groth* ist übrigens
der Binnit tetraëdrisch-hemiëdrisch, während sich *Hessenberg* für den holoëdrischen Charakter aussprach. Gewöhnlich derb, in kleinen Trümern oder Schnüren, auch eingesprengt;
Spaltb. nicht beobachtet, Bruch muschelig; sehr spröd; H. = 2...3; G. = 4,4...4,7 nach *Kenngott*; dunkel stahlgrau bis eisenschwarz, im muscheligen Bruch mehr braunschwarz, Strich
röthlichbraun, lebhafter Metallglanz, undurchsichtig. — Chem. Zus. nach den Analysen von
S. v. Waltershausen und *Uhrlaub* ziemlich genau der Formel $Cu^6As^4S^9$ entsprechend, deutbar
als $3Cu^2S + As^2S^3$, welche 39,22 Kupfer, 31,00 Arsen und 29,78 Schwefel erfordert, doch
wird etwas Kupfer durch fast 2,8 pCt. Blei und 1,3 Silber ersetzt; auch gab die Analyse nur

27,5 pCt. Schwefel. Dagegen erhielt *Stockar-Escher* 82,78 Schwefel, 18,98 Arsen, 16,24 Kupfer, 1,94 Silber, also fast genau die Formel und Zus. des Enargits, dessen Substanz, sofern die untersuchte Probe regulär krystallisirt war, demnach trimorph sein würde. Im Kolben sublimirt er rothes Schwefelarsen, im Glasrohr arsenige Säure, wobei er braun wird; v. d. L. schmilzt er leicht unter Entwickelung von schwefeliger Säure und von Arsendämpfen, und gibt endlich ein Kupferkorn; von Säuren und von Kalilauge wird er in der Hitze zersetzt. — Im Dolomit des Binnenthals bei Imfeld, mit Realgar, Zinkblende, Skleroklas und Pyrit; anfänglich mit Dufrenoysit verwechselt, bis *S. v. Waltershausen* die wesentliche Verschiedenheit nachwies.

101. Jamesonit, *Haidinger.*

Rhombisch, ∞P 101° 20', andere Formen nicht genau bekannt; A.-V. = 0,915 : 1 : ?. Die Krystalle der Comb. ∞P.$\infty \breve{P} \infty$ langsäulenförmig, parallel oder radial gruppirt; meist derb, in stängeligen Aggregaten. — Spaltb. basisch recht vollk., prismatisch nach ∞P und brachydiagonal unvollk.; mild: H. = 2...2,5; G. = 5,56...5,62; stahlgrau bis dunkel bleigrau. — Chem. Zus. ist das Mineral Pb²Sb²S⁵, deutbar als 2PbS + Sb²S³; dieser Formel entsprechen 50,84 Blei, 29,16 Antimon, 19,70 Schwefel; doch ist ein Theil des Bleies gewöhnlich durch kleine Mengen von Eisen, Kupfer oder Silber ersetzt, auch wohl etwas Antimon durch Wismuth. V. d. L. verhält er sich wie der Zinckenit, doch hinterlässt er nach der Verflüchtigung des Antimons und Bleies eine Schlacke, welche die Reactionen des Eisens gibt; mit Säuren wie Zinckenit. — Cornwall, Nertschinsk, Estremadura in Spanien.

Anm. 1. Das als Heteromorphit, Federerz, Plumosit bezeichnete Mineral stellt nach den Analysen-Resultaten nur die zartesten, faserigen und dichten Varietäten des Jamesonits dar; gewöhnlich erscheint es mikrokrystallinisch, in fein nadelförmigen und haarförmigen Krystallen, welche meist zu filzartigen Häufchen oder zunderähnlichen Lappen verwebt sind; auch derb, in verworren feinfaserigen bis dichten Aggregaten von feinkörnigem Bruch; in Pseudomorphosen nach Plagionit; fast mild; H. = 1...3; G. = 5,68...5,72; schwärzlich bleigrau bis stahlgrau, zuweilen bunt angelaufen, wenig glänzend oder schimmernd. — Die chem. Zus. ist nach den Analysen von *H. Rose, Poselger, Rammelsberg, Michels* und *Bechi* 2PbS + Sb²S³, also genau dieselbe, welche sich auch für den Jamesonit herausgestellt hat. — Wolfsberg, Andreasberg und Clausthal am Harz, Neudorf in Anhalt, Freiberg und Bräunsdorf, Felsöbánya in Ungarn, Portugalete bei Tazna in Bolivien. — Die Angabe von *Sartorius v. Waltershausen*, dass beim Heteromorphit ∞P 90° 52' messe, beruht wahrscheinlich auf einer Verwechselung mit Antimonglanz.

Anm. 2. Das sogenannte Zundererz von Andreasberg und Clausthal, in weichen, biegsamen, zunderähnlichen Lappen oder Häutchen von schmutzig kirschrother bis schwärzlich rother Farbe und geringem Glanz, ist nach einer Analyse von *Bornträger* nicht, wie man sonst glaubte, eine filzartig verwebte Varietät der Antimonblende, sondern ein Gemenge von Heteromorphit, Arsenkies und Rothgültigerz. Nach *Rösing* nähert sich das Z. von Clausthal in seiner Zus. dem Zinckenit. *Luedecke* befand dasselbe u. d. M. als anscheinend einheitliche Substanz.

Anm. 3. Chemisch nahe verwandt mit dem Jamesonit ist *Damour's* Brongniartit, ein gewöhnlich derbes, aber doch auch reguläre Oktaëder zeigendes grauschwarzes Erz aus Mexico (G. = 5,95), welches der Formel 3(Pb, Ag²)S + Sb²S³ entspricht, mit 25,03 Blei, 26,12 Silber, 29,50 Antimon, 19,35 Schwefel; es ist also silberhaltige Jamesonit-Substanz von regulärer Form.

102. Dufrenoysit, *G. vom Rath*; Binnit, *Wiser*; Skleroklas, *S. v. Waltershausen.*

Rhombisch, P, Polkanten 96° 31' und 102° 41', Mittelkante 131° 50', ∞P.98° 39', $\breve{P}\infty$ 63° 0'; $\breve{P}\infty$ 66° 18'; A.-V. = 0,938 : 1 : 1,531 nach *G. vom Rath*; die seltenen aber bisweilen ziemlich grossen Krystalle stellen dicke rectanguläre Tafeln, oder auch kurze und breite (horizontale) Säulen dar, welche vorherrschend von 0P, $\infty \breve{P} \infty$ und den genannten Formen gebildet werden, zu denen sich aber auch noch als untergeordnete Formen 2P, ½$\breve{P}\infty$, ⅜$\breve{P}\infty$, ¼$\breve{P}\infty$ nebst mehren anderen Makrodomen und $\infty \breve{P} \infty$ gesellen, weshalb sie, namentlich in der langgestreckten Makrodiagonalzone, sehr flächenreich und horizontal gestreift erscheinen. — Spaltb.

basisch vollk., Bruch muschelig; sehr sprod und zerbrechlich; H. = 3, G. = 5,549...5,569; schwärzlich bleigrau, Strich rothlichbraun, lebhafter Metallglanz. — Chem. Zus. nach den Analysen von *Damour* und *Berendes*: $Pb^2As^2S^5$, deutbar als $2PbS + As^2S^3$, welche Formel 22,13 Schwefel, 20,73 Arsen, 57,14 Blei erfordert; doch wird etwas Blei durch ein wenig Eisen, Kupfer und Silber ersetzt; die von *S. v. Waltershausen*, von *Nason* und *Uhrlaub*, sowie von *Stockar-Escher* ausgeführten Analysen liessen in verschiedenen Exemplaren etwas verschiedene Mengen der drei hauptsächlichen Bestandtheile erkennen, was zum Theil darin begründet war, dass Gemenge von Dufrenoysit und Skleroklas untersucht wurden. V. d. L. im Kolben decrepitirt er nur schwach, schmilzt und gibt Sublimat von Schwefel und Schwefelarsen; im Glasrohr sublimirt er nach unten arsenige Säure, nach oben Schwefel; auf Kohle schmilzt er leicht und verflüchtigt sich fast gänzlich. — Findet sich bei Imfeld im Binnenthal in Oberwallis, auch nach *Sandberger* bei Hall in Tirol.

Anm. Eine ganz analoge Constitution wie der Jamesonit und der Dufrenoysit hat der Cosalit *Genth's*, ein bleigraues, undeutlich krystallisirtes, längsgestreifte anscheinend rhombische Prismen bildendes Mineral von Cosala, Prov. Sinaloa, Mexico, welches sich auch zu Rezbánya findet; die Analyse führt nämlich auf die Formel $2PbS + Bi^2S^3$, worin etwas Blei durch 2,65 pCt. Silber ersetzt ist. Mit dem Cosalit ist der stahlgraue strahlige sog. Bjelkit von Bjelke's Eisengrube in Wermland nach *Sjögren's* Analyse völlig identisch. Hierher gehört auch *Sandberger's* Schapbachit vom Friedrich-Christiangange im Schapbachthal (kleine rhombische (∞P 105°) basisch spaltbare Täfelchen von H. = 3,5 und G. = 6,43, auch lichtbleigraue Aggregate), welcher bei sonst ganz übereinstimmender Zus. noch mehr Silber (21,6 gegen 20,7 Blei) enthält. — Jamesonit, Dufrenoysit und Cosalit sind höchst wahrscheinlich isomorph.

103. Freieslebenit, *Haidinger* (Schilfglaserz).

Monoklin: $\beta = 87° 46'$, ∞P (m) 119° 12, $-P\infty$ (x) 31° 41' nach *Miller*; A.-V. = 0,5872 : 1 : 0,9278; man kannte anfänglich 19 verschiedene Partialformen, zu denen *V. v. Zepharovich* noch 5, *Bücking* noch 6 neue fügte, so dass gegenwärtig 30 bekannt sind; die Krystalle stellen ziemlich complicirte Combinationen mehrer Prismen und Klinodomen dar, von welchen jene vorwalten und meist oscillatorisch combinirt sind, wodurch schilfartig krummflächige, stark vertical gestreifte Säulen entstehen; die beistehende Figur, eine Projection auf den klinodiagonalen Hauptschnitt, ist von *Miller* entlehnt, und enthält die Formen $c = 0P$, $a = \infty P\infty$, $m = \infty P$, $x = -P\infty$, $k = \infty P2$, $u = \frac{1}{2}P\infty$, $v = \frac{3}{2}P\infty$ und $w = 4P\infty$. Zwillingskrystalle beson-

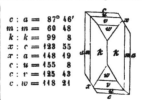

$c : a =$	87°	46'
$m : m =$	60	48
$k : k =$	99	8
$x : c =$	123	55
$x : a =$	148	19
$c : u =$	155	8
$c : v =$	125	13
$c . w =$	118	21

ders häufig nach $\infty P\infty$, doch finden sich auch andere mit theils rechtwinkelig, theils schiefwinkelig sich kreuzenden Individuen, ähnlich denen des Stauroliths; *Bücking* erkannte noch eine Verwachsung, bei welcher die Zwillingsebene eine Hemipyramide (wahrscheinlich $-3P4$) und eine andere, wobei dieselbe eine Prismenfläche (wahrscheinlich $\infty P\frac{9}{5}$) ist; auch derb und eingesprengt. — Spaltb. prismatisch nach ∞P, auch basisch (nach *Breithaupt*); Bruch muschelig bis uneben; wenig spröd; H. = 2...2,5; G. = 6,19...6,38, nach v.§*Zepharovich* = 6,35, nach *Vrba* 6,04; zwischen stahlgrau und schwärzlich bleigrau. — Chem. Zus. nach den Analysen von *Wöhler*, *Escosura* und *Morawski*: $(Pb,Ag^2)^5 Sb^4S^{11}$, deutbar als $5(Pb,Ag^2)S + 2Sb^2S^3$, mit 22,91 Silber, 32,94 Blei, 25,44 Antimon und 18,71 Schwefel (sofern Pb : Ag = 3 : 4), doch wird zuweilen etwas Blei durch 1 pCt. Kupfer ersetzt; im Glasrohr schmilzt er schnell, gibt schwefelige Säure und Antimondämpfe, setzt aber ein weisses Sublimat bilden; v. d. L. auf Kohle entwickelt er schnell schmelzend schwefelige Säure, gibt Antimon- und Blei-Beschlag und hinterlässt ein Silberkorn, welches mit Borax bisweilen auf Kupfer reagirt; eine Var. von Ratiborschitz in Böhmen ist nach *Zincken* wismuthhaltig. — Sehr selten; Freiberg, Felsöbánya, Hiendelaencina in Spanien.

Anm. Die von *A. Reuss* gleichfalls als Freieslebenit beschriebenen und in ihrer Substanz damit übereinstimmenden Vorkommnisse von Przibram haben sich nach der genaueren Untersuchung von v. *Zepharovich* als rhombisch erwiesen, auch zeigen sie das geringere sp. Gewicht 5,90 (nach *Vrba* 6,04, also übereinstimmend mit Freieslebenit); da sie nach Analysen von *Helmhacker*, v. *Payr* und *Morawski* in der That genau dieselbe chem. Zus. haben, wie der monokline Freieslebenit, so liegt hier offenbar ein interessantes Beispiel von Dimorphismus vor; für das rhombische Mineral von Przibram wählte v. *Zepharovich* den Namen Diaphorit. Die Krystalle lassen 23 verschiedene Formen erkennen, und zeigen ziemlich verwickelte Combinationen, welche in ihren Winkeln oft gewissen Winkeln des Freieslebenits nahe kommen, auch nicht selten eine monokline Meroëdrie zeigen und Zwillingskrystalle bilden. A.-V. = 0,4914 : 1 : 0,7844. — Dieses ebenfalls sehr seltene Mineral findet sich auf den Erzgängen von Przibram in Drusenräumen von Blende, Quarz, Bleiglanz und Eisenspath (Sitzungsber. d. Wiener Akad., Bd. 68. 1871. 430); nach *Krenner* auch zu Felsöbánya, ferner nach *E. Bertrand* zu Zancudo in Neu-Granada.

104. Antimonsilberblende oder Pyrargyrit, *Glocker* (Dunkles Rothgültigerz).

Rhomboëdrisch, isomorph mit Arsensilberblende; R (*P*) 108° 42′ nach *Miller* (108° 34¼′ nach *vom Rath*); A.-V. = 1 : 0,7880; die wichtigsten Formen sind ausserdem: —¼R (*z*) 137° 58′, 0R, —2R, R3 (*h*), ∞P2 (*n*) und ∞R, welches letztere Prisma gewöhnlich als trigonales Prisma $\frac{\infty R}{2}$ (*k*) ausgebildet ist, wie denn überhaupt die z. Th. sehr verwickelten Combinationen gar nicht selten hemimorphisch

sind; ferner z. B. R5, ¼R3 u. s. w. Der Habitus der Krystalle ist meist säulenförmig durch Vorwalten der genannten Prismen, auch skalenoëdrisch durch R3; Zwillingsbildungen häufig, nach mehren Gesetzen, am häufigsten nach dem Gesetz: Zwillings-Axe eine Polkante von —¼R; die Krystalle sind bisweilen mit Hohlräumen versehen. Häufig derb, eingesprengt, dendritisch, angeflogen; Pseudomorphosen nach Silberglanz; zu Schneeberg, Bräunsdorf und Przibram umgewandelt in ged. Silber. — Spaltb. rhomboëdrisch nach R, ziemlich vollk., Bruch muschelig bis uneben und splitterig; wenig mild, bisweilen schon fast etwas spröd; H. = 2...2,5; G. = 5,75...5,85; kermesinroth bis schwärzlich bleigrau, Strich cochenill- bis kirschroth, metallartiger Diamantglanz, kantendurchscheinend bis undurchsichtig; Doppelbrechung negativ, $\omega = 3,084$, $\varepsilon = 2,881$ (roth). — Chem. Zus.: wesentlich $Ag^3 Sb S^3$, was sich als $3Ag^2S + Sb^2S^3$ deuten lässt, mit 59,97 Silber, 22,24 Antimon und 17,82 Schwefel. Im Kolben zerknistert sie, schmilzt leicht und gibt endlich ein braunrothes Sublimat von Schwefelantimon; im Glasrohr gibt sie schwefelige Säure und Antimonoxyd; auf Kohle schmilzt sie leicht, gibt schwefelige Säure und Antimonrauch und hinterlässt, mit Soda im Red.-F. behandelt, ein Silberkorn; in Salpetersäure wird sie erst schwarz, und löst sich dann auf mit Hinterlassung von Schwefel und Antimonoxyd; Kalilauge zieht Schwefelantimon aus, welches durch Säuren pomeranzgelb gefällt wird. — Ist eines der gemeinsten Silbererze; ausgezeichnet bei Andreasberg, zu Gonderbach bei Laasphe in Westphalen, bei Freiberg, Joachimsthal, Schemnitz und Kremnitz, Kongsberg, Chañarcillo im nördl. Chile, in Mexico, Nevada, Idaho.

Anm. 1. *Sella* gab im Jahre 1856, in seinem Quadro delle forme cristalline dell' Argento rosso etc, eine Uebersicht der damals am Rothgültigerz überhaupt bekannten Formen, wonach sich nicht weniger als 84 herausstellten, die später doch um einige vermehrt wurden. Vgl. auch die Untersuchungen, welche *Streng* an den schönen Krystallen der Arsen- und Antimonsilberblende von Chañarcillo im N. J. f. Min. 1878, S. 900 lieferte; ferner *Groth* in Min.-Samml. d. Univ. Strassburg, S. 62.

Anm. 2. Nach den Analysen scheinen isomorphe Mischungen von $Ag^3 Sb S^3$ und $Ag^3 As S^3$ auffallender Weise sehr selten zu sein; ein Beispiel lieferte ein von *Streng* untersuchter Pyargyritkrystall von Chañarcillo, welcher neben 18,47 Antimon 3,80 Arsen ergab und auf die Mischung $3Ag^3Sb S^3 + Ag^3 As S^3$ führte.

105. Feuerblende, *Breithaupt*; Pyrostilpnit, *Dana.*

Monoklin (nach *Breithaupt*, *Dana* und *Miller*, sowie) nach *Luedecke*, welcher die Andreasberger Krystalle untersuchte (Z. f. Kryst. VI. 570). $\beta = 90°$; ∞P (*m*) 140° 56′ (nach *Dana* 139° 42′); die sehr zarten Krystalle sind meistens tafelartig nach ∞P∞ (*b*); an den schmalen Seiten finden sich die Prismen ∞P2, ∞P4, auch ∞P∞; oben in der Endigung namentlich —9P9 (o) 69° 49′ und 9P9, —4P4, 4P4, P∞, 0P; die P\ramiden sind gegen ∞P∞ rechts und links, vorn und hinten gleichartig geneigt. A.-V. = 0,3547 : 1 : 0,1782. Die meisten Krystalle sind

Zwillinge nach ∞P∞, die Verwachsungsebene fällt nur sehr selten damit zusammen, verläuft meistens unregelmässig. Krystalle büschelförmig gruppirt, mit dem schön perlmutterglänzenden Klinopinakoid, welchem eine stark ausgeprägte Spaltbark. parallel geht, aneinandergewachsen, bisweilen zu desminähnlichen Formen. Mild, etwas biegsam. H. = 2; G. = 4,2...4,3; pomeranzgelb bis hyacinthroth und röthlichbraun, durchscheinend. Ebene d. opt. Axen senkrecht zu ∞P∞; Auslöschungsschiefe auf ∞P∞ 11—14° (an anderen Krystallen 21—23°) gegen die Verticalaxe. — Chem. Zus. nach *Hampe*: 59,44 Silber, 22,03 Antimon, 18,11 Schwefel, woraus sich die Formel $Ag^3 Sb Š^3$ und die Thatsache ergibt, dass diese Substanz d i m o r p h ist, indem sie in dem dunklen Rothgültigerz (Antimonsilberblende) rhomboëdrisch vorkommt. — Auf dem Samsoner Hauptgang, dem Andreaskreuzer u. a. Gängen zu Andreasberg; nach *Sandberger* zu Wolfach auf dunklem Rothgültigerz; wird auch angegeben vom Kurprinz und der Himmelfahrt bei Freiberg, Przibram, Felsöbánya.

106. Arsensilberblende oder Proustit, *Beudant* (Lichtes Rothgültigerz).

Rhomboëdrisch, isomorph mit Antimonsilberblende, R 107° 50′ nach *Miller*, womit die Messungen von *Streng* (107° 49′ 48″) fast völlig übereinstimmen. A.-V. = 1 : 0,8034; die Krystallformen und Combinationen ganz ähnlich denen der Antimonsilberblende, mit welcher das Mineral auch in der Zwillingsbildung, in den übrigen Formen seines Vorkommens, in der Spaltbarkeit, Tenacität und Härte übereinstimmt; an den ausgezeichneten Krystallen von Chañarcillo beobachtete *Streng* u. A.: R3 (vorherrschend, mit den Polk. 105° 22′ und 144° 43′), ¼R, —¼R (137° 15¼′). R, —2R, ⅜R, R4, —⅜R4, ⅜R2, —2R⅜, ∞R, ∞P2, ∞P⅜. Unter den Zwillingsbildungen fand er vorwaltend solche nach R (Hauptaxen der beiden Individuen unter 94° 18′ geneigt); andere Zwillinge haben ¼R gemeinsam, sind aber mit einer darauf (oder auf einer Polkante von —¼R) senkrechten Fläche verwachsen (Hauptaxen bilden 26° 7′); nach letzterem Gesetz erfolgt auch eine polysynthetische Zwillingslamellirung. G. = 5,5... 5,6; cochenill- bis kermesinroth, Strich morgenroth bis cochenillroth, reiner Diamantglanz, halbdurchsichtig bis kantendurchscheinend; die sehr energische Doppelbrechung ist negativ. — Chem. Zus. nach den gut übereinstimmenden Analysen von *H. Rose, Field* und *Petersen* wesentlich $Ag^3 As S^3$, deutbar als $3 Ag^2 S + As^2 S^3$, mit 65,40 Silber, 15,17 Arsen und 19,43 Schwefel. Im Kolben schmilzt sie leicht zu einer dunkel bleigrauen Masse, und gibt endlich ein geringes Sublimat von Schwefelarsen; im Glasrohr gibt sie schwefelige Säure und Sublimat von arseniger Säure; auf Kohle schmilzt sie leicht, gibt schwefelige Säure und starken Arsengeruch, und hinterlässt ein sprödes, zu reinem Silber schwer reducirbares Metallkorn; in Salpetersäure löslich mit Rückstand von Schwefel und arseniger Säure; Kalilauge zieht Schwefelarsen aus, welches durch Säuren citrongelb gefällt wird. — Findet sich bei Freiberg, Annaberg, Schneeberg, Marienberg und Johanngeorgenstadt in Sachsen, Joachimsthal in Böhmen, Wolfach und Wittichen in Baden, Markirchen im Elsass, Chalanches im Dauphiné, Guadalcanal in Spanien; Chañarcillo in Chile, Mexico, Peru, Nevada, Idaho.

Gebrauch. Die Silberblenden sind als sehr reiche und auch ziemlich häufig vorkommende Silbererze von Wichtigkeit für die Silberproduction.

107. Boulangerit, *Thaulow*, Antimonbleiblende.

Krystallform unbekannt; bis jetzt nur derb, in feinkörnigen, feinstängeligen und faserigen, und zwar theils parallel-, theils radial- und verworrenfaserigen, bisweilen ganz wie Federerz erscheinenden, sowie in dichten Aggregaten; wenig mild; H. = 3; G. = 5,8...6; schwärzlich bleigrau; im Strich etwas dunkler, schwacher seidenartiger Metallglanz. — Chem. Zus. nach den Analysen von *Boulanger, Thaulow, Bromeis, Abendroth, Bechi, Helmhacker, G. vom Rath* und *Boricky*: $Pb^3 Sb^2 S^6$, deutbar als $3 Pb S + Sb^2 S^3$, mit 58,95 Blei, 22,78 Antimon und 18,27 Schwefel, womit auch die Analysen genügend übereinstimmen, wenn man annimmt, dass bisweilen etwas Antimonglanz beigemengt ist. V. d. L. schmilzt er leicht, entwickelt Antimondämpfe, schwefelige Säure und gibt Beschlag von Bleioxyd; von Salpetersäure wird er zersetzt

mit Hinterlassung eines Rückstands; Salzsäure löst ihn in der Hitze vollständig unter
Entwickelung von Schwefelwasserstoff. — Molières im Dép. du Gard, Oberlahr und
Mayen in Rheinpreussen, Wolfsberg am Harz, Przibram, Bottino in Toscana, Nertschinsk,
Nasafjeld in·Lappland.

    A n m. *Breithaupt's* E m b r i t h i t und Pl u m b o s t i b , beide von Nertschinsk, sind ge-
mäss den Analysen von *Frenzel* wahrscheinlich nur verunreinigte Varietäten von Boulangerit.

108. **Kobellit,** *Setterberg.*

    Krystallform unbekannt; bis jetzt nur derb, in sehr feinstängeligen Aggregaten von fa-
dig faserigem Bruch; weich; G. = 6,29...6,32, nur 6,115 nach *Rammelsberg*; dunkel bleigrau,
Strich schwarz. — Chem. Zus. nach der neuesten Analyse von *Rammelsberg* (nach Abzug des
beigemengten Kupferkieses und Kobaltarsenkieses): $Pb^3 Bi Sb S^6$, deutbar als $3 Pb S + (Bi, Sb)^2 S^3$
oder als $(3 Pb S + Bi^2 S^3) + (3 Pb S + Sb^2 S^3)$, welche Formel 54,40 Blei, 18,23 Wismuth, 10,51
Antimon und 16,86 Schwefel erfordert; er ist also eine Verbindung von Boulangerit mit der
entsprechenden Wismuth-Verbindung. Im Glasrohr gibt er schwefelige Säure und Antimonoxyd; v. d. L. schmilzt er anfangs unter starkem Aufschäumen, dann ruhig, beschlägt die
Kohle weiss und gelb, und hinterlässt ein weisses Metallkorn; in concentrirter Salzsäure löst
er sich unter Entwickelung von Schwefelwasserstoff. — Vena in Nerike in Schweden, mit
Strahlstein, Kupferkies und Kobaltarsenkies.

109. **Wittichenit,** *Kenngott,* oder Kupferwismuthglanz (Wismuthkupferblende).

    Rhombisch und nach *Breithaupt* isomorph mit Bournonit, in tafelförmigen glatten Kry-
stallen, doch sehr selten deutlich krystallisirt, meist nur derb und eingesprengt; Spaltb. unbekannt; Bruch uneben von feinem Korn; mild; H. = 2,5; G. = 4,8 nach *Hilger,* 4,45 nach
Petersen, nach Anderen 4,5 und darüber; dunkel stahlgrau, in bleigrau verlaufend; Strich
schwarz. — Chem. Zus. nach einer Analyse von *Schenck* : 31,14 Kupfer, 48,13 Wismuth, 17,79
Schwefel und 2,54 Eisen, womit die Untersuchungen von *Schneider* so ziemlich übereinstimmen, welche in runden Zahlen 33 Kupfer, 50 Wismuth und 17 Schwefel lieferten, zugleich aber
auch erkennen liessen, dass 9 bis 16 pCt. Wismuth als eine fein eingesprengte B e i m e n g u n g
zu betrachten sind, so dass die eigentliche Zusammensetzung des Minerals durch die Formel
$Cu^3 Bi S^3$, deutbar als $3 Cu^2 S + Bi^2 S^3$ dargestellt werden dürfte, welche 38,4 Kupfer, 42,1 Wismuth und 19,5 Schwefel erfordern würde. Damit stimmt auch eine Analyse von *Petersen* und
die neuere Analyse einer ganz reinen, mit Wismuth n i c h t gemengten Var. von *Petersen* sehr
wohl überein; die gewöhnliche Beimengung von Wismuth ist auch von *G. Rose* und *Weisbach*
erkannt worden. — V. d. L. auf Kohle schmilzt er sehr leicht und mit Aufschäumen, beschlägt
die Kohle gelb und gibt mit Soda zuletzt ein Kupferkorn; in Salpetersäure löst er sich unter
Abscheidung von Schwefel, die nicht zu saure Solution gibt mit Wasser ein weisses Präcipitat; auch von Salzsäure wird er unter Entwickelung von Schwefelwasserstoff lebhaft angegriffen, und bei Zutritt der Luft vollständig, bei Abschluss der Luft mit Hinterlassung metallischer Wismuthkörner aufgelöst. — Grube Neuglück bei Wittichen im Schwarzwald, in rothem
und weissem Baryt, und Grube König Daniel daselbst, in röthlichem Fluorit.

110. **Bournonit,** *Jameson* (Schwarzspiessglaserz, Spiessglanzbleierz).

    Rhombisch; ∞P (*m*) 93° 40', $\breve{P}\infty$ (*n*) 96° 13', $\bar{P}\infty$ (*o*) 92° 34' nach *Miller* [1]);
A.-V. = 0,9379 : 1 : 0,8968; eine nicht seltene Comb. zeigt die nebenstehende Figur:

$$0P . \infty P . \infty \breve{P}\infty . \breve{P}\infty . \infty \bar{P}\infty . \bar{P}\infty$$

m	*c*	*a*	*n*	*b*	*o*

      m : m = 93° 40', *m : b* = 136° 50',

o : c = 136° 17'
o : b = 133 13
n : c = 138 6
n : a = 131 54

    Das folgende Bild gibt die Horizontalprojection eines Krystalls nach *Miller,* welche
auch noch die Grundpyramide $P = y$, $\frac{1}{2}P = u$, $\frac{1}{2}\bar{P}\infty = x$, $\infty P2 = e$ und $\infty\bar{P}2 = f$ enthält; dabei ist $c : u = 146° 45'$, $m : y = 142° 40'$, $c : y = 127° 20'$, $c : x = 154° 27'$,

---

1) Eine krystallographische Monographie des Bournonits gab *Zirkel* in den Sitzungsber. d.
Wiener Akad., Bd. 45, S. 431. Er legte dabei die von *Miller* gemessenen Winkel zu Grunde,
welche mit seinen eigenen Beobachtungen sehr nahe übereinstimmen, stellte jedoch, wie dies
schon früher von *G. Rose* geschehen, die Krystalle nach dem Prisma *o* aufrecht, so dass $o = \infty OP$,
$a = 0P$, $c = \infty\bar{P}\infty$ wird. — Vgl. auch die Abhandlung von *Miers* in Mineral. Magazine VII. 59.

$b : e = 154^\circ 53'$, $a : f = 151^\circ 56'$. Andere Combb. sind ziemlich complicirt; die Krystalle erscheinen meist dick tafelartig, nicht selten auch rectangulär säulenförmig, entweder nach der Brachydiagonale (durch c und a), oder häufiger nach der Makrodiagonale (durch c und b), in welchem letzteren Falle das Protoprisma m und das Brachydoma n oft beiderseits eine pyramidenähnliche Begrenzung bilden, so dass die Krystalle auf den ersten Anblick wie tetragonale Combinationen erscheinen. Zwillingskrystalle sehr häufig, nach dem Gesetz: Zwillings-Ebene eine Fläche von ∞P. Die folgenden vier von *Hessenberg* entlehnten Horizontalprojectionen gewähren eine Vorstellung dieser Zwillingsbildung und der Modalitäten ihrer Wiederholung.

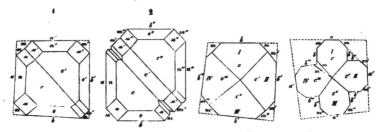

Fig. 1. Ein Zwillingskrystall der Comb. $0P.\infty\breve{P}\infty.\infty\breve{P}\infty.\infty P.\breve{P}\infty.\breve{P}\infty.\frac{1}{4}P$; $a : a' = 93^\circ 40'$, $b : b' = 86^\circ 20'$, der einspringende Winkel $m : m = 172^\circ 40'$.

Fig. 2. Ein Drillingskrystall derselben Combination; die Wiederholung der Zwillingsbildung findet statt mit p a r a l l e l e n Zusammensetzungsflächen, daher das erste und das dritte Individuum parallel gestellt sind; das mittlere bildet nur eine lamellare Einschaltung zwischen den beiden anderen; bei weiterer Wiederholung sieht man oft viele dergleichen eingeschaltete Lamellen.

Fig. 3. Schematische Darstellung eines Vierlingskrystalls der Comb. $0P.\infty P\infty.\infty P$; die Zwillingsbildung ist hier mit durchgängig g e n e i g t e n Zusammensetzungsflächen wiederholt, und zwar so, dass die s t u m p f e n Kanten der Prismen ∞P an der Gruppirungsaxe liegen: die Individuen I, II und III sind daher mit diesem Prisma vollständig ausgebildet, während für das Individuum IV nur noch ein Winkelraum von 79° übrig bleibt. Die drei Winkel $b : b'$, $b' : b''$ und $b'' : b'''$ sind $= 86^\circ 20'$, wogegen der Winkel $b : b''' = 101^\circ$ ist; je zwei neben einander liegende Flächen von ∞P (z. B. m und m') bilden einen ausspringenden Winkel von $172^\circ 40'$.

Fig. 4. Schema eines ähnlichen Vierlingskrystalls der Comb. $0P.\infty P.\infty \breve{P}\infty.\infty \breve{P}\infty$, jedoch so, dass die s c h a r f e n Kanten von ∞P an der Gruppirungsaxe liegen; dann bliebe eigentlich zwischen den Individuen I und IV ein leerer Winkelraum übrig, welcher aber von der Masse dieser Individuen, oder auch von dem Rudiment eines fünften Individuums ausgefüllt wird. Die drei Winkel $a : a'$, $a' : a''$ und $a'' : a'''$ sind $= 93^\circ 40'$, wogegen $a : a''' = 79^\circ$ ist; die drei einspringenden Winkel $b : b'$, $b' : b''$ und $b'' : b'''$ der kreuzförmigen Gruppe messen $86^\circ 20'$, während der vierte Winkel $b : b''' = 101^\circ$ ist. Diese Vierlinge kommen am sog. R ä d e l e r z vor.

Die Zwillingsbildung findet in der That sehr häufig mit Wiederholung statt, wobei sich, wie *Hessenberg* gezeigt hat, fast alle die Verschiedenheiten der Verhältnisse wiederfinden, welche am Aragonit bekannt sind, je nachdem die Wiederholung mit parallelen oder mit geneigten Zusammensetzungsflächen, und mit Juxtaposition oder Penetration der Individuen ausgebildet ist; ausserdem kommen auch reihenförmige

Aggregate parallel verwachsener Individuen vor, welche wohl bisweilen irriger-
weise als Zwillingsbildungen gedeutet worden sind; auch derb, in körnigen Aggregaten, eingesprengt und angeflogen. — Spaltb. brachydiagonal unvollkommen, noch
undeutlicher makrodiagonal, Spuren nach anderen Richtungen; Bruch uneben bis
muschelig; wenig spröd; H. = 2,5...3; G. = 5,70...5,86; stahlgrau, in bleigrau
und eisenschwarz geneigt, stark glänzend. — Chem. Zus. nach den Analysen von
H. Rose, Dufrénoy, Sinding, Bromeis, Kerl und Rammelsberg: $PbCu\,Sb\,S^3$, deutbar als
$(2Pb\,S + Cu^2S) + Sb^2S^3$, oder als eine Verbindung von 2 Mol. Schwefelantimonblei
mit 1 Mol. Schwefelantimonkupfer $2(3Pb\,S + Sb^2S^3) + (3Cu^2S + Sb^2S^3)$, mit 42,55
Blei, 13,02 Kupfer, 24,65 Antimon und 19,78 Schwefel; Silber enthält der Bournonit niemals, wenn er rein und insbesondere frei von beigemengtem Fahlerz ist; im
Glasrohr entwickelt er schwefelige Säure und weisse Dämpfe, welche sich nach oben
als Antimonoxyd, nach unten als antimonigsaures Bleioxyd anlegen; v. d. L. auf Kohle
schmilzt er, dampft eine Zeit lang, und erstarrt dann zu einer schwarzen Kugel, welche,
stärker erhitzt, einen Beschlag von Bleioxyd und, nach Entfernung des Bleies, durch
Soda ein Kupferkorn gibt. Salpetersäure gibt eine blaue Solution unter Abscheidung
von Schwefel und Antimonoxyd; Salpetersalzsäure scheidet Schwefel, Chlorblei und
antimonigsaures Bleioxyd aus. — Der Bournonit findet sich auf Erzgängen, mit Bleiglanz, Zinkblende, Antimonglanz, Fahlerz, Kupferkies: Cornwall; Kapnik, Nagyag,
Przibram; Bräunsdorf bei Freiberg, Oberlahr, Wolfsberg, Harzgerode und Neudorf, sowie Clausthal und Andreasberg am Harz, Olsa und Waldenstein in Kärnten.

Gebrauch. Wo der Bournonit in grösseren Quantitäten vorkommt, da wird er, zugleich
mit anderen Erzen, auf Blei und Kupfer benutzt.

Anm. Der sog. Wölchit von Wölch bei St. Gertraud im Lavantthal und von Olsa bei
Friesach in Kärnten ist nur eine Var. des Bournonits. Kenngott bestimmte schon früher zwei
Exemplare des Wölchits als Bournonit; später haben auch Rammelsberg, Zirkel und v. Zepha-
rovich die Identität beider Mineralien anerkannt.

111. Nadelerz, Mohs, oder Patrinit, Haidinger.

Rhombisch, nach Dimensionen unbekannt; doch hat Hörnes ein Prisma ∞P von ungefähr
110° beobachtet; bis jetzt nur in lang- und dünnsäulenförmigen, nadel- und haarförmigen,
oft gekrümmten und geknickten, oder auch durch Quersprünge getheilten, vertical stark gestreiften, in Quarz eingewachsenen Krystallen. — Spaltb. monotom nach einer verticalen
Fläche, Bruch muschelig bis uneben; wenig spröd; H. = 2,5; G. = 6,757 nach Frick; schwärzlich bleigrau bis stahlgrau, anlaufend, oft mit gelblichgrünem Ueberzug. — Chem. Zus. nach
den Analysen von Frick und Hermann: $PbCu\,Bi\,S^3$, deutbar als $(2Pb\,S + Cu^2S) + Bi^2S^3$ oder
(ganz analog dem Bournonit) als eine Verbindung von 2 Mol. Schwefelwismuthblei mit 1 Mol.
Schwefelwismuthkupfer, $2(3Pb\,S + Bi^2S^3) + (3Cu^2S + Bi^2S^3)$, mit 36,02 Blei, 11,08 Kupfer, 36,21
Wismuth und 16,74 Schwefel. Im Glasrohr gibt es schwefelige Säure und weisse Dämpfe,
welche sich z. Th. in klaren Tropfen condensiren; v. d. L. schmilzt es sehr leicht, dampft und
beschlägt die Kohle weiss und gelblich, und hinterlässt ein metallisches Korn, welches mit
Soda ein Kupferkorn liefert; in Salpetersäure löst es sich mit Hinterlassung von schwefelsaurem Bleioxyd und etwas Schwefel. — Beresowsk am Ural, bisweilen mit Gold verwachsen,
auch in Georgia (Nordamerika).

112. Stylotyp, v. Kobell.

Dieses bei Copiapo vorkommende und dem Antimonfahlerz sehr ähnliche Mineral erscheint in fast rechtwinklig vierseitigen Prismen, welche bündelförmig gruppirt, oft auch
zwillingsartig verwachsen sind, wobei die Längsaxen den Winkel von 92° bilden. Spaltb.
nicht bemerkbar, Bruch unvollkommen muschelig bis uneben; H. = 3; G. = 4,79; eisenschwarz, Strich schwarz. — Chem. Zus. sehr nahe der Formel $3R^2S + Sb^2S^3$ entsprechend,
worin $R^2 = Cu^2$, Ag^2, Fe; die Analyse ergab 24,3 Schwefel, 30,53 Antimon, 28,0 Kupfer, 8,3
Silber und 7,0 Eisen. V. d. L. verknistert er und schmilzt sehr leicht zu einer stahlgrauen
magnetischen Kugel, unter Entwickelung von Antimonrauch; Kalilauge zieht Schwefelantimon aus.

Anm. 1. Dem Stylotyp nahe verwandt sind die beiden im Canton Wallis vorkommenden
Mineralien, welche unter den Namen Annivit und Studerit eingeführt wurden, bis jetzt

noch nicht krystallisirt, sondern nur derb und eingesprengt vorkamen, in ihrem äusseren Ansehen einigermaassen an Fahlerz erinnern, und nach der Formel $3 Cu^2S + As^2S^3$ zusammengesetzt sind, wobei jedoch neben dem Schwefelkupfer auch etwas Schwefeleisen und Schwefelzink, sowie neben dem Arsensulfid auch viel Antimonsulfid und (im Annivit) etwas Wismuthsulfid auftritt. Nach *Kenngott* dürften beide Mineralien nur e i n e r Art angehören.

Anm. 2. Hier ist auch das in der Grube Friederike-Juliane bei Rudelstadt in Schlesien vorgekommene Mineral zu erwähnen, welches *Websky* unter dem Namen J u l i a n i t einführte. Dasselbe bildet in und auf Kalkspath kleine traubige Krystallgruppen, als deren Individuen bauchige Hexaëder z. Th. mit abgestumpften Kanten, auch vollständige Rhomben-Dodekaëder erkannt wurden; das Mineral hat eine sehr geringe Härte, G. = 5,12, ist etwas spröd, im frischen Bruch dunkel röthlichbleigrau, glänzend, läuft aber bald eisenschwarz an, und führt nach *Websky's* Deutung seiner Analyse ebenfalls auf die Formel $3 Cu^2S + As^2S^3$, welche 20,8 Arsen, 52,6 Kupfer und 26,6 Schwefel erfordert; doch wird etwas Arsen durch 1,1 pCt. Antimon, und ein wenig Kupfer durch Eisen und Silber ersetzt (Z. d. geol. Ges., XXIII. 1871. 486).

Anm. 3. Boulangerit, Kobellit, Wittichenit, Bournonit, Nadelerz, Stylotyp sind mit Rücksicht auf ihre analoge Zusammensetzung vermutblich isomorph.

113. Meneghinit, Bechi.

Anfangs durch *Sella* als rhombisch erkannt, dann von *G. vom Rath* und *Hessenberg* irrthümlich als monoklin angegeben, später (Z. f. Kryst. VIII. 622) durch *Krenner* und *Miers* als in der That rhombisch nachgewiesen. Die Krystalle erscheinen als dünne stark gestreifte Prismen; die Endflächen sind unsymmetrisch und mit schwankenden Neigungen ausgebildet, die Basis pflegt zu fehlen. Um eine Isomorphie mit Jordanit zu erzielen, haben *Krenner, Al. Schmidt* und *Miers* die Krystalle in verschiedener Stellung und unter Annahme verschiedener Grundformen betrachtet (vgl. Z. f. Kryst. VIII. 622. 616; IX. 291), wobei aber Axenverhältnisse, welche einigermaassen mit dem des Jordanits übereinstimmen, nur auf sehr gezwungene Weise zum Vorschein kommen. Der Habitus der beiderseitigen Krystalle ist jedenfalls gänzlich verschieden. Spaltb. wird verschieden angegeben, bald nach zwei Pinakoiden ($\infty\bar{P}\infty$ und $0P$), bald nur nach einem derselben. H. = 3; G. = 6,339...6,373 nach *G. vom Rath*. Farbe bleigrau, stark glänzend. Nach den Analysen von *Bechi, Hofmann, vom Rath, Frenzel, Loczka* ist dies Mineral $Pb^4Sb^2S^7$, deutbar als $4 PbS + Sb^2S^3$; dieser Formel entsprechen 64,07 Blei, 18,56 Antimon, 17,37 Schwefel; ein kleiner Theil von Pb wird durch Cu^2 ersetzt. — Bottino bei Seravezza in Toscana, nach *Frenzel* auch am Ochsenkopf bei Schwarzenberg in Sachsen, eingewachsen im Smirgel; zu Goldkronach nach *Sandberger*.

114. Jordanit, G. vom Rath.

Rhombisch mit scheinbar hexagonalen Combinationen, denen eine Pyramide mit den Polkanten 61° 52′, 125° 5′ und der Mittelkante 153° 45′ zu Grunde liegt, daher $\infty P = 122° 29′$ wird, A.-V. = 0,5375 : 1 : 2,0308. Die Krystalle zeigen den Habitus sechsseitiger, sehr vielflächiger Pyramiden mit vorherrschender Basis, indem die Pyramiden $\frac{1}{7}P$, $\frac{1}{4}P$, $\frac{2}{7}P$, $\frac{1}{3}P$, $\frac{1}{2}P$, $\frac{4}{7}P$, $\frac{3}{4}P$ und $\frac{7}{4}P$ nebst den ihnen entsprechenden Brachydomen von der Form $2m\bar{P}\infty$ in lauter ganz schmalen Flächen über einander ausgebildet sind; anderseits werden auch scheinbare hexagonale Pyramiden durch das Zusammen-Auftreten von Pyramiden aus der Reihe $3\bar{P}3$ und den entsprechenden Makrodomen gebildet. *Tschermak* fand ausser diesen von *vom Rath* wahrgenommenen Formen noch $\frac{3}{4}P$ und $4P$, *W. J. Lewis* noch $\frac{1}{2}P$, $\frac{3}{4}\bar{P}\infty$, $\frac{3}{4}\bar{P}\infty$, $\frac{1}{2}\bar{P}3$, $\infty\bar{P}3$. Uebrigens sind es Zwillingskrystalle nach einer Fläche von ∞P, mit vielfacher lamellarer Wiederholung. — Spaltb. brachydiagonal, deutlich; dies, sowie der sc h w a r z e Strich, und das Verhalten vor dem Löthrohr unterscheiden den Jordanit von dem ihm ähnlichen Dufrenoysit und Skleroklas. *Sipöcz* bestimmte das spec. Gewicht zu 6,3842...6,4042, und fand die Zusammensetzung $Pb^4As^2S^7$, deutbar als $4 PbS + As^2S^3$, welche 68,84 Blei, 18,67 Schwefel und 12,49 Arsen erfordert (Mineral. Mitth. von *Tschermak*, 1873. 29). — Imfeld im Walliser Binnenthal mit Binnit, Dufrenoysit und Skleroklas, sehr selten; später auch zu Nagyag in Siebenbürgen gefunden.

115. Fahlerz, Tetraëdrit (Schwarzerz, Weissgültigerz und Graugültigerz z. Th.).

Regulär, und zwar tetraëdrisch-hemiëdrisch; gewöhnliche Formen sind $\frac{O}{2}$, $-\frac{O}{2}$, ∞O (o), $\infty O \infty$ (f), $\frac{2O2}{2}$ (i) u. a., die ziemlich manchfaltigen Combb. lassen in der Regel entweder das Tetraëder, oder das Trigon-Dodekaëder, oder auch das Rhomben-Dodekaëder als vorherrschende Formen erkennen; eine krystallographische Mono-

graphie gab *Sadebeck* in Z. d. geol. Ges., Bd. 24. 1872. 427, auch beschrieb *Klein*
die schönen Krystalle von Horhausen bei Neuwied im N. Jahrb. f. Min. 1871. 493
(vgl. dar. auch *Seligmann* in Z. f. Kryst. I. 1877. 335, und ebendas. V. 1881. 258).

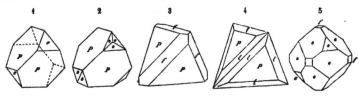

Fig. 1. $\frac{0}{2} \cdot - \frac{0}{2}$; das Tetraëder mit abgestumpften Ecken.

Fig. 2. $\frac{0}{2} \cdot \infty 0$; dasselbe mit dreiflächig zugespitzten Ecken.

Fig. 3. $\frac{0}{2} \cdot \infty O \infty$; dasselbe mit abgestumpften Kanten.

Fig. 4. $\frac{0}{2} \cdot \frac{202}{2}$; dasselbe mit zugeschärften Kanten.

Fig. 5. $\infty 0 . \infty O \infty \cdot \frac{0}{2}$; vorwaltendes Rhomben-Dodekaëder.

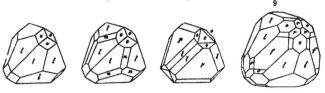

Fig. 6. $\frac{202}{2} \cdot \infty 0$; das Trigon-Dodekaëder vorwaltend.

Fig. 7.   Die Comb. Figur 6, noch mit dem Deltoid-Dodekaëder $\frac{4}{3}O$ (*n*).

Fig. 8.   Die Comb. Figur 4 mit $-\frac{0}{2}$ und ∞O.

Fig. 9. $\frac{202}{2} \cdot \infty O \infty \cdot \infty O \cdot - \frac{202}{2} \cdot \infty O 3$; *l f o r s* in der Figur, von Dillenburg.

Zwillingskrystalle sehr häufig, besonders nach dem Gesetz, dass beide Individuen
eine trigonale Zwischenaxe gemein haben, um welche das
eine gegen das andere durch 180° verdreht ist; wenn die
Individuen die Combination des Tetraëders mit dem Rhomben-Dodekaëder und Trigon-Dodekaëder zeigen, so erscheinen diese Zwillinge oftmals wie die beistehende Figur. Sehr
selten (z. B. zu Bieber im Hanauischen nach *Kopp*) kommen
Zwillinge der ersten Classe vor, welche für zwei Tetraëder
so erscheinen, wie Fig. 168, S. 103. *Sadebeck* erläutert die
verschiedenen Modalitäten der Zwillingsbildung ausführlich
in seiner oben angeführten Abhandlung. Bei den auf Zink-
blende aufgewachsenen Fahlerzkrystallen von Kapnik haben beide Mineralien die Hauptaxen parallel, das 1. Tetraëder des Fahlerzes aber ist mit dem 2. der Blende parallel.
Ausser krystallisirt kommt das Fahlerz sehr häufig derb und eingesprengt vor;
die Krystalle sind oft (besonders schön zu Clausthal und Wolfach) mit einem feindrusigen Ueberzug von Kupferkies versehen, welchen *Volger* und *Blum* für ein Umwandlungsproduct des Fahlerzes selbst erklärten, was jedoch von *Zincken* und

Rammelsberg bezweifelt, von *Osann* und *Sadebeck* widerlegt wurde. Bei den regelmässigen Verwachsungen von Fahlerz-Krystallen mit Kupferkies-Krystallen sind entweder beide aneinander oder aufeinander gewachsen, und zwar so, dass die Hauptaxe des Kupferkieses mit einer Hauptaxe des Fahlerzes zusammenfällt oder mit ihr parallel geht. — Spaltb. oktaëdrisch, sehr unvollk.; Bruch muschelig bis uneben von feinem Korn; spröd; H. = 3...4; G. = 4,36...5,36; stahlgrau bis eisenschwarz, Strich schwarz, in den zinkreicheren Varr. dunkel kirschroth. — Chem. Zus. sehr schwankend und erst durch *H. Rose* aufgeklärt, aus dessen sowie aus vielfachen anderen Analysen hervorgeht, dass sich der Schwefel der elektronegativen Sulfide zu dem der elektropositiven wie 3 : 4 verhalte. Die Fahlerze sind als isomorphe Mischungen $\overset{I}{R}{}^8 Q^2 S^7 = 4 \overset{I}{R}{}^2 S + Q^2 S^3$ und $\overset{II}{R}{}^4 Q^2 S^7 = 4 \overset{II}{R} S + Q^2 S^3$ zu betrachten, in welchen $\overset{I}{R} = Ag$ und Cu, auch Hg, $\overset{II}{R} = Fe$, Zn, und $Q = Sb$ sowie As ist [1]). *Rammelsberg* unterscheidet folgende Hauptgruppen:

1) **Antimonfahlerze**, worin Q blos = Sb ist; es sind isomorphe Mischungen der Verbindungen $Ag^8 Sb^2 S^7$, $Cu^8 Sb^2 S^7$, $Fe^4 Sb^2 S^7$ und $Zn^4 Sb^2 S^7$; Quecksilber kommt in ihnen fast nicht vor; der Silbergehalt ist mehr oder weniger bedeutend, 1—17 und selbst 32 pCt. (die daran reichsten heissen dunkles **Weissgültigerz**, **Silberfahlerz**). Die $R^2 S$ scheinen übrigens zu den RS in keinem constanten Verhältniss zu stehen. Die Antimonfahlerze bilden die **dunklen** Varietäten.

2) **Antimon-Arsenfahlerze**, worin Q sowohl Sb (gewöhnlich vorwaltend) als auch As ist; diese Abtheilung enthält fast gar kein Silber; sie ist zum Theil quecksilberfrei, zum Theil quecksilberhaltig (das Fahlerz von Kotterbach bei Igló in Ungarn enthält nach *vom Rath* 17,27, ein derbes von Schwatz in Tirol nach *Weidenbusch* 15,57, eines von Moschellandsberg nach *Oellacher* 15,75 pCt. Quecksilber, als $Hg^4 (Sb, As)^2 S^7$).

3) **Arsenfahlerze**, die am wenigsten umfangreiche Gruppe (z. B. ein von *Hidegh* untersuchtes Vorkommen von Száska in Ungarn), worin Q blos = As; sie führen gar kein Silber und kein Quecksilber, auch mit zwei Ausnahmen kein Zink und bilden die **lichteren** Varietäten. *Rammelsberg* rechnet hierzu auch den **Tennantit**.

Kupfer (mit 33—44 pCt.) ist demnach in **allen** Fahlerzen das constanteste und verhältnissmässig auch am reichlichsten vorhandene elektropositive Metall, auch Eisen findet sich stets in allen drei Gruppen. Blei ist ein in den Fahlerzen nur **sehr selten** vorkommender Bestandtheil. *Sandberger* hob hervor, dass in vielen Fahlerzen des Schwarzwaldes sowie der Zechsteinformation auch mehr oder weniger Wismuth und Kobalt enthalten sind, was mehre Analysen bestätigt haben; *Senfter* fand z. B. in dem Fahlerz von Neubulach bei Calw im Schwarzwald über 6 pCt. Wismuth. Wegen des Details der Zusammensetzung verweisen wir übrigens auf *Rammelsberg's* Handbuch der Mineralchemie, 2. Aufl., II. 104. — Das **Antimonfahlerz** gibt im Kolben geschmolzen ein dunkelrothes, aus Schwefelantimon und Antimonoxyd bestehendes Sublimat; im Glasrohr schwefelige Säure und Antimonoxyd. V. d. L. auf Kohle schmilzt es leicht zu einer grauen Kugel, welche geröstet auf Kupfer und Eisen reagirt. Salpetersäure zersetzt das Pulver unter Abscheidung von Antimonoxyd und Schwefel; Salpetersalzsäure hinterlässt Schwefel, meist auch etwas Chlorsilber, während die Solution durch Wasser ein weisses Präcipitat gibt. Erwärmte Kalilauge zieht Schwefelantimon aus, welches durch Säuren pomeranzgelb gefällt wird. Das **Arsenfahlerz**

---

1) Aus einer Discussion derjenigen Fahlerzanalysen, bei denen der gefundene und berechnete Schwefelgehalt keine bedeutendere Differenz aufweist, oder bei denen sonst keine Gründe zur Beiseitelassung vorliegen, versucht *Kenngott* zu folgern, dass die Formel des Fahlerzes sei $(4 \overset{I}{R}{}^2 S + Q^2 S^3) + x (3 \overset{II}{R} S + Q^2 S^3)$, indem nämlich 25 Analysen nahe um dieselbe herumschwanken; allerdings stehen diesen 13 Analysen gegenüber, welche auf die oben angeführte Formel $(4 R^2 S + Q^2 S^3) + x (4 R S + Q^2 S^3)$ geleiten, ausserdem 5, welche sich weder der einen noch der anderen Formel anschliessen. Bei der von *Kenngott* in den Vordergrund gestellten, haben die beiden Sulfosalze keine analoge Constitution (N. J. f. Min. 1881. II. 228).

gibt im Kolben ein Sublimat von Schwefelarsen, im Glasrohr schwefelige und arsenige
Säure; v. d. L. auf Kohle schmilzt es leicht zu einer Kugel, welche geröstet auf Kupfer
und Eisen reagirt. Salpetersäure zersetzt das Pulver unter Abscheidung von arseniger
Säure und Schwefel; Salpetersalzsäure gibt eine Solution, welche durch Wasser nicht
getrübt wird. Kalilauge zieht Schwefelarsen aus, welches durch Säuren citrongelb
gefällt wird. Die Arsen-Antimonfahlerze geben gemischte Reactionen. — Clausthal, Zellerfeld und Andreasberg; Dillenburg und Müsen; Horhausen bei Neuwied;
Freiberg; Kamsdorf und Saalfeld; Kahl im Spessart; Brixlegg und Schwatz in Tirol;
Herrengrund, Kremnitz und Schmöllnitz; Kapnik.

Gebrauch. Das Fahlerz wird sowohl auf Silber als auf Kupfer benutzt.

Anm. 1. Das Zinkfahlerz (Kupferblende) von der Grube Prophet Jonas bei Freiberg,
schwärzlich bleigrau bis stahlgrau, ist ein nach *Plattner* fast 9 pCt. Zink haltendes ganz anti-
monfreies Arsenfahlerz (ohne Silbergehalt).

Anm. 2. Der stahlgraue Aphthonit (Aftonit) *Svanberg's*, ein dem derben Fahlerz ähnliches Mineral von Gärdsjön in Wermskog, Wermland, ist durch *L. F. Nilson* als wirkliches
Fahlerz erkannt worden (Z. f. Kryst. I. 1877. 417).

116. Tennantit, *Phillips*.

Regulär, und zwar tetraëdrisch-hemiëdrisch; die Formen und Combb. ähnlich denen
des Fahlerzes, so auch die Zwillingskrystalle; Spaltb. dodekaëdrisch nach $\infty O \infty$, sehr unvollk.;
spröd. H.=4; G.=4,44...4,49; schwärzlich bleigrau bis eisenschwarz, Strich dunkel röthlichgrau. — Chem. Zus.: nach den Analysen von *Kudernatsch, Rammelsberg, Wackernagel,
Baumert* und *vom Rath* beträgt der Procentgehalt der Bestandtheile in runden Zahlen 25 bis
27 Schwefel, 47 bis 52 Kupfer, 18 bis 20 Arsen und 2 bis 6 Eisen. Nur die Analyse von *Baumert* führt auf die Formel eines (von Antimon, Silber und Zink freien) Arsenfahlerzes, indem
sich nur hierin der Schwefel der elektronegativen Sulfide zu dem der elektropositiven wie
3 : 4 verhält. Die Abweichungen von der Fahlerz-Formel sind aber wahrscheinlich in Verunreinigungen zu suchen, da es mit Rücksicht auf die Annäherung an jene und auf die Krystallform höchst wahrscheinlich ist, dass der Tennantit mit zu dem Fahlerz gehört. V. d. L. zerknistert er, verbrennt mit blauer Flamme und Arsengeruch, und schmilzt zu einer magnetischen
Schlacke. — Redruth in Cornwall.

117. Lichtes Weissgültigerz.

Während das oben angeführte dunkle Weissgültigerz mit dem Antimonfahlerz zu vereinigen ist, von welchem es nur die silberreichste Varietät bildet, weicht dagegen das sogenannte
lichte Weissgültigerz von den Gruben Himmelsfürst und Hoffnung Gottes bei Freiberg
von ihm wie von allen übrigen Fahlerzen ab. Man kennt es bis jetzt nur derb, eingesprengt
und angeflogen, von sehr feinkörniger Zusammensetzung; seine Härte ist=2,5, sein Gewicht
=5,43...5,7, die Farbe rein bleigrau; die Var. von der Hoffnung Gottes besteht nach *Rammelsberg* aus 22,58 Schwefel, 22,89 Antimon, 38,36 Blei, 5,78 Silber, 6,79 Zink, 3,83 Eisen und
0,32 Kupfer; der fast gänzliche Mangel an Kupfer und der bedeutende Gehalt an Blei erlauben
wohl nicht, es mit den übrigen Fahlerzen zu vereinigen, obgleich *Rammelsberg's* Analyse lehrt,
dass sich der Schwefelgehalt der Basen zu dem des Schwefelantimons sehr nahe wie 3 : 4 verhält; es führt ebenfalls auf die Formel 4 R S + Sb²S³, worin aber R gar kein Kupfer, sondern
vorwiegend Blei mit etwas Eisen, Zink (und Silber) bedeutet.

118. Stephanit, *Haidinger*, oder Melanglanz, *Breithaupt* (Sprödglaserz).

Rhombisch[1]); ∞P (*o*) 115° 39′, P (*P*) Mittelkante 104° 20′, 2$\check{P}\infty$ (*d*) Mittelkante
107° 48′. A.-V.=0,6311 : 1 : 0,6879. Die Krystalle sind dick tafelartig oder kurz
säulenförmig; häufig Zwillinge nach einer Fläche von ∞P, die Zwillingsbildung meist
wiederholt, auch derb, eingesprengt, als Anflug und in mehren Aggregationsformen; in

---

1) Ueber die Formen vgl. *Schröder* in Ann. d. Phys. u. Ch., Bd. 95. 1855. 257, namentlich
auch die Angaben von *Vrba* (Z. f. Kryst. V. 418) über die Stephanite von Przibram, an denen er
9 neue Formen bestimmte, so auch *Schröder* an den Andreasberger (A.-
V.=0,6291 : 1 : 0,6853), von *Schimper* an den Freiberger, von *Vrba* an den Przibramer Krystallen
nachgewiesenen Gestalten sich auf 54 beläuft, denen später *Morton* (ebendas. IX. 238) an den
Krystallen von Kongsberg (A.-V.=0,6289 : 1 : 0,6851) noch 4, *vom Rath* an einem mexicanischen
noch 1 neue zugesellte.

Pseudomorphosen nach Polybasit. — Spaltb. domatisch nach 2$\overset{v}{P}\infty$ und brachydiagonal, beides unvollk.; Bruch muschelig bis uneben; mild; H. = 2...2,5; G. = 6,2...6,3; eisenschwarz bis schwärzlich bleigrau, selten bunt angelaufen.

1 und 2   3

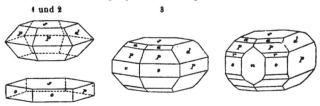

Fig. 1. 0P.P.2$\overset{v}{P}\infty$, erscheint fast wie eine stark abgestumpfte hexagonale Pyramide.
Fig. 2. 0P.∞P.∞$\overset{}{P}\infty$ (p); erscheint fast wie eine hexagonale Tafel.
Fig. 3. ∞P.∞$\overset{}{P}\infty$.P.2$\overset{}{P}\infty$.0P.$\frac{1}{4}$P (a).
Fig. 4. Comb. wie Figur 3, noch mit ∞$\overset{}{P}\infty$ (n) und 2P (r).
Andere Formen sind noch: $\frac{1}{4}$P, $\frac{2}{3}$P, $\frac{3}{4}$P, $\frac{1}{4}\overset{}{P}\infty$, $\frac{1}{4}\overset{v}{P}\infty$, $\overset{v}{P}\infty$, $\overset{}{P}\infty$.

$o : o = 115° 39'$ $d : p = 143° 54'$ $u : s = 147° 14'$
$P : P = 130 \ 16$ $o : p = 122 \ 10$ $P : s = 127 \ 50$
$P : o = 142 \ 10$ $d : s = 126 \ 6$ $r : s = 111 \ 14$

Chem. Zus. nach den Analysen von *H. Rose, Brandes, Frenzel* und *Kerl*: $Ag^5Sb^3S^4$, deutbar als $5Ag^2S + Sb^2S^3$, was 68,50 Silber, 15,22 Antimon, 16,28 Schwefel erfordert; doch wird oft ein Theil Antimon durch Arsen, und ein Theil Silber durch mehre pCt. Eisen und etwas Kupfer ersetzt. Im Kolben zerknistert er, schmilzt dann und gibt etwas Sublimat von Schwefelantimon; im Glasrohr schmilzt er und gibt ein Sublimat von Antimonoxyd, auch zuweilen etwas arsenige Säure; auf Kohle schmilzt er zu einer dunkelgrauen Kugel, welche im Red.-F., zumal bei Zusatz von etwas Soda, ein Silberkorn gibt; von erwärmter Salpetersäure wird er leicht zersetzt unter Abscheidung von Schwefel und Antimonoxyd. — Freiberg, Schneeberg, Johanngeorgenstadt, Annaberg; Joachimsthal, Przibram; Andreasberg; Schemnitz und Kremnitz; Nothgrube bei Kongsberg; Zacatecas in Mexico, Comstock-Gang in Nevada.

Gebrauch. Der Stephanit liefert eines der reichsten Silbererze.

119. Geokronit, *Svanberg.*

Rhombisch; P Polkanten 153° und 64° 45', ∞$\overset{}{P}$2 119° 44' nach *Kerndt*; A.-V. = 0,269 : 1 : 0,469; beobachtete Comb. ∞$\overset{}{P}$2.∞$\overset{}{P}\infty$.P; Krystalle sehr selten; meist derb, dicht mit undeutlich streifiger oder striemig-schieferiger Structur. — Spaltb. prismatisch nach ∞$\overset{}{P}$2, Bruch muschelig, in den zusammengesetzten Varr. eben, mild; H. = 2...3; G. = 6,43...6,54; licht bleigrau, schwarz anlaufend. — Chem. Zus.: die Var. von Meredo in Galicien entspricht sehr genau der Formel $Pb^5Sb^2S^8$ oder $5Pb S + Sb^2S^3$, sobald man sich etwas Blei durch Kupfer ersetzt denkt; denn die Analyse von *Sauvage* gab 65 Blei, 1,6 Kupfer, 16 Antimon und 16,9 Schwefel; in den Varietäten von Sala und Pietrosanto dagegen wird nach *Svanberg* und *Kerndt* fast die stöchiometrische Hälfte des Schwefelantimons durch Schwefelarsen ersetzt, während übrigens gleichfalls etwas Kupfer und Eisen vorhanden ist, daher, abgesehen von diesen letzteren Metallen, die Formel $5Pb S + (Sb, As)^2 S^3$ resultirt. V. d. L. schmilzt er leicht und gibt die Reactionen auf Antimon, Blei, Schwefel und Arsen. — Sala in Schweden, Meredo in Galicien (Spanien) und Pietrosanto in Toscana.

120. Kilbrickenit, *Apjohn.*

Derb, von körnig-blätteriger bis dichter Textur; H. = 2...2,5; G. = 6,407; bleigrau. — Chem. Zus. nach der Analyse von *Apjohn* sehr nahe: $Pb^6Sb^2S^9$, deutbar als $6Pb S + Sb^2S^3$, mit 70,15 Blei, 13,55 Antimon und 16,30 Schwefel; von Salzsäure wird er in der Wärme langsam aufgelöst. — Kilbricken in Irland. — Die Selbständigkeit dieses nur dürftig bekannten Minerals wird von mehren Mineralogen bezweifelt, doch ist zu Gunsten derselben hervorzuheben, dass später in dem Beegerit die ganz entsprechende Wismuthverbindung gefunden wurde; *Dana* vereinigt es mit dem Geokronit.

121. Beegerit, *G. A. König.*

Regulär, sehr kleine Krystalle der Comb. $O.\infty O\infty$, prismatisch verlängert; auch in derben Massen. Spaltb. vollkommen cubisch; G. = 7,278; schwärzlich bleigrau, stark metallisch glänzend. — Chem. Zus. im Mittel 64,28 Blei, 20,59 Wismuth, 14,97 Schwefel, 1,70 Kupfer, woraus die Formel $Pb^6Bi^2S^9$ oder $6PbS + Bi^2S^3$ abgeleitet wird; sehr rasch in heisser Salzsäure löslich. — Baltic-Gang in Park Co., Colorado. *König* spricht die eigenthümliche Ansicht aus, dass das vorwaltende Pb S die reguläre Form, das rhombische Bi^2S^3 den prismatischen Habitus erzeuge (Z. f. Kryst. V. 1881. 322).

122. Polybasit, *H. Rose,* oder Eugenglanz, *Breithaupt.*

Rhombisch nach *Des-Cloizeaux*; ∞P nahe 120°; gewöhnliche Comb. $0P.\infty P.P$; A.-V. = 0,577 : 1 : 0,408; die (früher für hexagonal mit P = 117° gehaltenen) Krystalle immer tafelartig, oft sehr dünn, die Basis bisweilen fein rhombisch gestreift; auch derb und eingesprengt. — Spaltb. basisch unvollkommen; mild, leicht zersprengbar; H. = 2...2,5; G. = 6,0...6,25; eisenschwarz, in sehr dünnen Lamellen roth durchscheinend; optisch-zweiaxig, die optischen Axen liegen im makrodiagonalen Hauptschnitt, ihre spitze Bisectrix fällt in die Verticalaxe. — Chem. Zus. nach den Analysen von *H. Rose, Tonner* und *Joy*: $9Ag^2S + As^2S^3$, wobei ein grösserer oder geringerer Antheil des Silbers durch Kupfer ersetzt wird, auch Schwefelantimon und Schwefelarsen in unbestimmten Verhältnissen zugleich vorhanden sein können, so dass die Zusammensetzung in verschiedenen Varietäten sehr verschieden ist; die allgemeine Formel wäre daher $9(Ag^2, Cu^2)S + (Sb, As)^2S^3$; nach anderen Analysen scheint es richtiger, im ersten Glied nicht 9, sondern nur 8 Mol. anzunehmen. Die analysirten Varr. zeigten einen Silbergehalt von 64 bis über 72, einen Kupfergehalt von 3 bis 10, und einen Schwefelgehalt von· 16 bis 17 pCt. ; eine kleine Quantität Eisen scheint stets vorhanden zu sein, bisweilen auch etwas Zink. V. d. L. zerknistert er etwas und schmilzt sehr leicht; im Glasrohr gibt er schwefelige Säure und ein weisses Sublimat, auf Kohle Antimonbeschlag ; mit Flüssen die Reaction auf Kupfer, mit Soda ein kupferhaltiges Silberkorn. — Freiberg, Joachimsthal, Andreasberg, Przibram, Schemnitz, Kremnitz, Guanaxuato in Mexico, Nevada und Idaho.

123. Polyargyrit, *Petersen.*

Regulär; beobachtet O, $\infty O\infty$, ∞O und mOm; Krystalle sehr klein, meist verzerrt; spaltbar hexaëdrisch; H. = 2,5; G. = 6,974; eisenschwarz bis schwärzlich bleigrau, im Strich schwarz, metallglänzend und sehr geschmeidig. — Chem. Zus.: $Ag^{24}Sb^2S^{15}$, deutbar als $12Ag^2S + Sb^2S^3$, mit 78,23 Silber, 7,24 Antimon und 14,53 Schwefel. V. d. L. schmilzt er leicht zu schwarzer Kugel, gibt dann Antimonrauch und hinterlässt ein Silberkorn. —·Wolfach im Schwarzwald.

3. Anderweitige Verbindungen.

124. Enargit, *Breithaupt.*

Rhombisch, isomorph mit Famatinit; ∞P 97° 53′, $\breve{P}\infty$ 100° 58′ nach *Dauber*, womit die Messungen von *v. Zepharovich* gut übereinstimmen; A.-V. = 0,8711 : 1 : 0,8248; gewöhnliche Combination: $\infty P.0P.\infty\breve{P}\infty.\infty\breve{P}\infty$ (bald durch Vorwalten der 3 Pinakoide würfelähnlich, bald bei herrschendem 0P mehr tafelartig und makrodiagonal gestreckt), auch mit $\breve{P}\infty$, P und anderen untergeordneten Formen; meist derb in gross- bis grobkörnigen Aggregaten; *vom Rath* beschreibt ausgezeichnete, ganz denen des Chrysoberylls gleichende Durchkreuzungsdrillinge, bei welchen die Zwillingsebene $\infty\breve{P}\frac{1}{4}$ ist, während es unentschieden bleiben muss, ob die Verwachsungsfläche damit zusammenfällt, oder, senkrecht darauf stehend, $\infty P2$ ist; die Flächen von ∞P bilden bei diesem Zwilling nach $\infty\breve{P}\frac{1}{4}$ einen einspringenden Winkel von 141° 33¾′. *Breithaupt* gab auch (zweifelhafte) Zwillinge nach ∞P an (vgl. auch *Zettler* im N. Jahrb. f. Min. 1880. I. 159, Ref.). — Spaltb. prismatisch nach ∞P, vollk., brachydiagonal und makrodiagonal ziemlich deutlich, basisch undeutlich; spröd und leicht zu pulverisiren; H. = 3; G. = 4,36...4,47; eisenschwarz, Strich schwarz, lebhafter aber nicht ganz vollkommener Metallglanz. — Chem. Zus. nach den Analysen von *Plattner, Genth, Field, Taylor, v. Kobell, Rammelsberg, Burton* und *Wagner*: wesentlich $Cu^3As S^4$, was man deuten kann als $3Cu^2S + As^2S^5$ oder als $(4CuS + Cu^2S) + As^2S^3$; *Rammelsberg* gibt dem letzteren Ausdruck den Vorzug; die proc. Zus. ist darnach 48,31 Kupfer, 19,09 Arsen und 32,6 Schwefel; doch wird bisweilen etwas Arsen durch Antimon, und ein wenig Kupfer durch Eisen und Zink ersetzt. Im Kolben sublimirt er erst Schwefel, schmilzt dann und gibt hierauf Schwefelsäure; im Glasrohr schwefelige Säure; auf Kohle sehr leicht zur Kugel schmelzbar, deren Pulver nach vorheriger Röstung mit Borax die Kupferfarbe gibt; Aetzkali zieht aus dem Pulver Schwefelarsen, bisweilen auch etwas Schwefelantimon aus. — Findet sich in grosser Menge zu Morococha in Peru; in der Sierra de Famatina in Argentinien; auch in Chesterfield Co. in Südcarolina, am Colorado, in Alpine Co. in Californien, bei Coquimbo in Chile, in Neugranada und bei Cosihuirachi in Mexico; bei Parád in Ungarn und am Matzenköpfl bei Brixlegg in Tirol nach *v. Zepharovich*, sowie bei Mancayan auf Luzon nach *Zerrenner.*

125. Clarit, *Sandberger.*

Monoklin; beobachtete Combination: $\infty P.\infty P\infty.0P.mP$; Winkelmessungen waren bis jetzt nicht möglich. Krystalle bis 8 Cm. lang, büschelförmig gruppirt. — Spaltb. klinodiagonal nach $\infty P\infty$ sehr vollk., orthodiagonal nicht so vollk. H.=3,5; G.=4,46; dunkelbleigrau, Strich schwarz. Die chem. Analyse von *Petersen* ergab: 46,29 Kupfer, 0,88 Eisen, 32,92 Schwefel, 17,74 Arsen, 1,09 Antimon, wonach das Mineral genau dieselbe Zusammensetzung $Cu^3 As S^4$ besitzt, wie der Enargit, und somit diese Substanz ein ferneres Beispiel des Dimorphismus liefert. — Decrepitirt heftig und gibt ein rothgelbes Sublimat von Schwefelarsen und Schwefelantimon, von welchem sich ein weiteres von Schwefel absetzt; leicht schmelzbar; in Salpetersäure zu grüner Solution unter Ausscheidung von weissem Pulver löslich; durch Salzsäure auch nach langem Kochen nicht völlig zersetzbar; Aetzkali verändert das Pulver nicht. — *Sandberger* fand dies Mineral auf Schwerspath der Grube Clara bei Schapbach im Schwarzwald (N. J. f. Min. 1874. 960; auch 1875. 382).

Anm. 1. Sollte es sich erweisen, dass reguläre Krystalle des als Binnit analysirten Minerals (vgl. S. 358) die Enargit-Zusammensetzung besitzen, so würde diese Substanz gar trimorph sein.

Anm. 2. Unter dem Namen Luzonit beschrieb *Weisbach*, und zwar noch etwas vor dem Bekanntwerden von *Sandberger's* Clarit (*Tschermak's* Min. Mittheil. 1874. 259) ein Mineral, welches wohl einen Zweifel mit diesem letzteren identisch ist; dasselbe bildet derbe Massen und sehr undeutliche Krystalle mit fast gänzlich mangelnder Spaltbarkeit (dadurch vom Enargit unterschieden), von dunkelröthlich-stahlgrauer Farbe (mit der Zeit violett anlaufend), schwarzem Strich; H.=3,5; G.=4,42; die Analyse ergab 47,54 Kupfer, 0,93 Eisen, 33,14 Schwefel, 16,52 Arsen, 2,13 Antimon (*Winkler*), also dieselbe Zus. wie der Clarit. — Findet sich auf den Kupfergängen zu Mancayan auf der Philippinen-Insel Luzon. — Der Name Clarit ist hier in den Vordergrund gestellt, weil das Schwarzwälder Vorkommniss erkennbar krystallisirt ist und die Arsenverbindung noch etwas reiner darstellt als die Luzonit.

126. Famatinit, *Stelzner.*

Rhombisch, wie zu vermuthen stand, und durch *vom Rath* dargethan wurde, nach ihm von gleichen Dimensionen wie Enargit; beobachtet $0P, \infty P, \infty P\infty, \infty P3$; Krystalle aber meist äusserst klein, auch undeutlich; derb und eingesprengt. Spaltb. jedoch im Gegensatz zum Enargit nicht hervortretend, was gegen den Isomorphismus zu sprechen scheint. H.=3,5; G.=4,57; Farbe zwischen kupferroth und grau, bisweilen stahlfarbig angelaufen, Strich schwarz. — Chem. Zus. einer Varietät nach *Siewert*: 43,64 Kupfer, 29,07 Schwefel, 21,78 Antimon, 4,09 Arsen, ganz kleine Mengen von Zink und Eisen — also der Hauptsache nach die dem Enargit entsprechende Antimonverbindung $Cu^3 Sb S^4$, gemischt mit etwas der Arsenverbindung (ca. 4 Mol. der ersteren gegen 1 der letzteren). Decrepitirt unter Abscheidung von Schwefel, bei starkem Erhitzen auch von etwas Schwefelantimon; auf Kohle entsteht unter Antimonrauch ein schwarzes sprödes Metallkorn. — Findet sich mit Enargit in der Sierra de Famatina, Prov. La Rioja in Argentinien. — Ein peruanisches Vorkommniss vom Cerro de Pasco hielt 12,74 Antimon und 8,88 Arsen, steht daher zwischen Famatinit und Clarit.

Anm. Epiboulangerit nannte *Websky* ein zu Altenberg in Schlesien vorkommendes, früher für Antimonglanz gehaltenes Mineral. Dasselbe bildet fein nadelförmige, in Braunspath eingewachsene Krystalle und Körner von monotomer Spaltbarkeit, hat G. $= 6,309$, und besteht aus 55,50 Blei, 20,50 Antimon und 21,60 Schwefel, nebst etwas Zink, Eisen und Nickel. *Websky* berechnet als empirische Formel $Pb^6 Sb^4 S^{13}$, *Petersen* nimmt $Pb^3 Sb^2 S^6$ an, was dann als $3 Pb S + Sb^2 S^5$ zu deuten wäre, d. h. eine dem Enargit und Famatinit analog zusammengesetzte Substanz.

127. Chiviatit, *Rammelsberg.*

Krystallinisch-blätterig, sehr ähnlich dem Wismuthglanz; spaltbar nach drei tautozonalen Flächen, von welchen die mittlere, vollkommenste, gegen die beiden anderen unter $133°$ und $133°$ geneigt ist; G. $= 6,920$; bleigrau, stark metallglänzend; besteht nach einer Analyse *Rammelsberg's* aus Schwefel 18,11, Wismuth 61,32, Blei 16,83, Kupfer 2,42, Eisen 1,02; es ist also wesentlich $Pb^2 Bi^6 S^{11}$, deutbar als $2 Pb S + 3 Bi^2 S^3$, daher ein sehr saures Sulfosalz. — Chiviato in Peru.

128. Epigenit, *Sandberger.*

Rhombisch; kleine auf Baryt aufgewachsene, kurz säulenförmige Krystalle, ähnlich denen des Arsenkieses, $\infty P = 110° 50'$; Bruch körnig; H. $= 3,5$; stahlgrau, im Strich schwarz, schwach metallglänzend, läuft erst schwarz, dann blau an; besteht nach einer Analyse von *Petersen* aus 32,34 Schwefel, 12,78 Arsen, 40,68 Kupfer und 11,20 Eisen, was beinahe der Formel $6 R S + As^2 S^5$ entspricht; 2,12 pCt. Wismuth rühren von beigemengtem Wittichenit her, und sind daher in Abzug gebracht worden. *Rammelsberg* schlägt die nicht wahrscheinliche Formel $9 R S + As^2 S^3$ vor, worin $R = Cu$, Fe und Cu^2. — Grube Neuglück bei Wittichen auf dem Schwarzwald.

129. Xanthokon, *Breithaupt.*

Rhomboëdrisch; $0R.R$ und $0R.R.—2R$, R zu $0R 110° 30'$, $—2R$ zu $0R 100° 35'$; A.-V. $= 1 : 2,3163$; die Krystalle erscheinen als papierdünne hexagonale Tafeln mit abwechselnd schief angesetzten Randflächen; auch kleine nierförmige Aggregate von krystallinisch körniger Zusammensetzung. — Spaltb. rhomboëdrisch nach R und basisch; etwas spröd und sehr leicht zersprengbar; H. $= 2...2,5$; G. $= 5,0...5,2$; pomeranzgelb bis gelblichbraun, Strich desgleichen, Diamantglanz, pellucid in hohen Graden. — Chem. Zus. nach zwei Analysen von *Plattner*: $Ag^6 As^2 S^{10}$, was man deuten kann als $2(3 Ag^2 S + As^2 S^3) + (2 Ag^2 S + As^2 S^5)$, mit 64,02 Silber, 11,85 Arsen, 21,13 Schwefel. — Im Kolben schmilzt er sehr leicht, wird bleigrau und gibt ein geringes Sublimat von Schwefelarsen; im Glasrohr gibt er schwefelige und arsenige Säure; v. d. L. gibt er Schwefel- und Arsendämpfe, zuletzt ein Silberkorn. — Grube Himmelsfürst bei Freiberg, Kupferberg in Schlesien, Grube Sophie bei Wittichen.

Oxysulfide.

(Verbindungen von Oxyd mit Sulfid.)

130. Antimonblende oder Pyrostibit, *Glocker* (Rothspiessglaserz).

Krystallformen wahrscheinlich monoklin, wie solches von *Kenngott* erkannt wurde, welcher die Krystalle in der Richtung der Orthodiagonale verlängert und wesentlich von $\infty \bar{P} \infty$, $0P$, und einigen Hemidomen gebildet denkt, deren Winkel er auch zu bestimmen versucht hat; darnach $\beta = 77° 51'$; A.-V $= 1 : 0,675$; die Krystalle sind dünn nadelförmig bis haarförmig, und meist zu büschelförmigen Gruppen verbunden; auch derb und eingesprengt in radialfaserigen Aggregaten; Pseudomorphosen nach Antimonglanz und Plagionit. — Spaltb. sehr vollk. nach einer der Längsaxe der Nadeln parallelen Richtung, unvollk. nach einer zweiten darauf fast rechtwinkeligen Richtung; mild; H. $= 1...1,5$; G. $= 4,5...4,6$; kirschroth, Strich gleichfarbig, Diamantglanz, schwach durchscheinend. — Chem. Zus. nach den Analysen von *H. Rose*: $Sb^2 S^2 O$, was sich deuten lässt als eine Verbindung von 2 Mol. Schwefelantimon und 1 Mol. Antimonoxyd, $2 Sb^2 S^3 + Sb^2 O^3$, mit 74,96 Antimon, 20,04 Schwefel und 5,0 Sauerstoff, oder auch mit 70 Schwefelantimon und 30 Antimonoxyd. V. d. L. wie Antimonglanz; in Salzsäure löslich unter Entwickelung von Schwefelwasserstoff; in Kalilauge färbt sich das Pulver gelb und löst sich dann vollständig auf. — Bräunsdorf, Przibram, Pernek bei Bösing in Ungarn, Allemont, Southham in Ost-Canada.

131. Voltzin, *Fournet.*

Kleine aufgewachsene Halbkugeln (nach *Bertrand* aus einaxig-positiven Individuen bestehend) und nierförmige Ueberzüge, von dünn- und krummschaliger Structur und muscheligem Bruch; H. = 4,5, nach *Vogl* 3,5; G. = 3,66, nach *Vogl* 3,5...3,8; ziegelroth, gelb, grünlichweiss und auch braun, im Bruch fettartiger Glasglanz, auf den schaligen Absonderungsflächen Perlmutterglanz bis Diamantglanz; durchscheinend bis undurchsichtig. — Chem. Zus. nach den Analysen von *Fournet* und *Lindacker*: Zn^5S^4O, oder eine Verbindung von 4 Mol. Schwefelzink mit 1 Mol. Zinkoxyd, $4ZnS + ZnO$, mit 69,27 Zink, 27,32 Schwefel, 3,41 Sauerstoff, oder mit 82,7 Schwefelzink und 17,3 Zinkoxyd; v. d. L. verhält er sich wie Zinkblende; in Salzsäure löst er sich auf unter Entwickelung von Schwefelwasserstoff. — Rosiers bei Pontgibaud in der Auvergne und Eliaszeche bei Joachimsthal.

132. Karelinit, *Hermann.*

Krystallinisch, mit einer vorwaltenden Spaltbarkeit. H. = 2; G. = 6,60; stark metallglänzend, bleigrau. Die von dem beigemengten Bismutit befreite Masse, welche sich nach der Angabe *Hermann's* frei von metallischem Wismuth erwies, ergab 91,26 Wismuth, 5,21 Sauerstoff, 3,52 Schwefel, und ist darnach Bi^4O^3S, oder $3BiO + BiS$. — Grube Sawodinsk im Ural.

A n m. Als B o l i v i t führt *Domeyko* ein (rhombisches?) Erz aus Bolivia auf, welchem er die Zus. $Bi^2S^3 + Bi^2O^3$ zuschreibt (ist vielleicht ein Gemeng).

Dritte Classe: Oxyde.

I. Anhydride.

1. Monoxyde, R^2O und RO.

133. Wasser.

Flüssig, daher gestaltlos. G. = 1, Meerwasser bis 1,028; fast farblos, nur in grossen und reinen Massen grünlichblau; pellucid im höchsten Grade; einfach brechend; im reinen Zustande geschmacklos und geruchlos; bei 0° C. erstarrend und in Eis übergehend; bei 100° C. und 28″ (760 Mm.) Barometerstand siedend und verdampfend. — Chem. Zus. des r e i n e n Wassers = H^2O, bestehend aus 88,864 Sauerstoff und 11,136 Wasserstoff; wird durch Elektricität in Sauerstoffgas und Wasserstoffgas zerlegt; absorbirt gern Gasarten und hält daher meist atmosphärische Luft und etwas Kohlensäure, ist oft durch aufgelöste Substanzen bedeutend verunreinigt (Mineralwasser, Soolen, Meerwasser). — Vorkommen bekannt; theils als Atmosphärwasser, theils Quellen, Bäche, Flüsse, Seen und den Ocean bildend.

134. Eis (Schnee, Reif).

Hexagonal und zwar rhomboëdrisch, doch konnten die Dimensionen noch nicht zuverlässig bestimmt werden; *Clarke* gab Rhomboëder mit der Polkante von 120°, *Smithson* hexagonale Pyramiden mit der Mittelk. von 80° an; *Gutberlet* und *v. Schlagintweit* beobachteten Krystalle mit mehren Rhomboëdern, *Breithaupt* sah Krystalle mit mehren hexagonalen Pyramiden. *Botzenhardt* sucht die Grundform des Eises aus der Form der Schneesterne abzuleiten, und findet so ein Rhomboëder, dessen Polk. 117° 23′ misst; *Galle* berechnet eine hexagonale Pyramide, deren Mittelk. 59° 21′ misst. Gewöhnliche Form: hexagonale Tafel, also 0R.∞R oder 0R.∞P2, oft sehr deutlich am Reif, wo sie bisweilen fast zollgross werden; *Peters* beobachtete in der Eishöhle von Scherisciora bei Rezbánya tafelförmige Eiskrystalle von 5 bis 10 Cm. Durchmesser, sowie kleine Krystalle der Combination R.—$\frac{1}{2}$R.0R; zarte nadelförmige Krystalle, mit grosser Neigung zur Bildung von Zwillings- und Drillingskrystallen u. s. w., welche die feinsten und zierlichsten Gruppen darstellen, denen ein sechsstrahliger Stern zu Grunde liegt: Schnee; doch sind auch bisweilen Schneesterne von tetragonaler Figur beobachtet worden, woraus man auf einen Dimorphismus des Eises geschlossen hat [1]).

---

1) *A. E. Nordenskiöld* hält (Journ. f. pr. Chem., Bd. 85, S. 431) das Eis für dimorph, indem eine Form wahrscheinlich rhombisch sei.

In dünnen, blumig-strahligen Ueberzügen auf Fensterscheiben, in rundlichen und
eckigen Körnern und Stücken als Hagel; in dünnen Krusten als Glatteis; in Zapfen und
anderen stalaktitischen Formen als Tropfeis, wobei die Hauptaxen senkrecht gegen die
Längsaxe der Cylinder stehen; in Schollen und weit ausgedehnten Eisfeldern auf Flüssen,
Seen und auf dem Meere; körnig als Firn- und Gletschereis, in mächtigen und weit
erstreckten Ablagerungen; dass die sehr unregelmässig gestalteten Körner des Gletscher-
eises dennoch wirkliche **Eis-Individuen** sind, dies hat *v. Sonklar* zuerst durch
optische Untersuchung bewiesen, und damit eine für die Theorie der Gletscherbildung
höchst wichtige Entdeckung gemacht, welche später von *Bertin* bestätigt wurde, worauf
Klocke die überall regellose Lagerung jener Individuen nachwies.   Ueber Eiskrystalle
im lockeren Schutt schrieb *G. A. Koch* im N. J. f. M. 1877. 449. *Leydolt* beobachtete
im Eise Höhlungen, die der Comb. ∞R.0R entsprachen und zuweilen noch pyramidale
Flächen zeigten. — Spaltb. angeblich basisch; Bruch muschelig. Mild oder sehr wenig
spröd; H. = 1,5; G. = 0,918, bei 0° und im reinsten Zustande (nach *Brunner*); 0,9175
nach *Dufour*; ein Volumen Wasser gibt also 1,0895 Volumentheile Eis, oder dehnt
sich um $\frac{1}{11}$ aus. Farblos, in grossen Massen grünlich oder bläulich; Glasglanz. Pellucid
in hohem Grade; schwache posit. Doppelbrechung; auf stillem Wasser gebildete Eis-
krusten zeigen nach *Brewster* im polarisirten Licht die Farbenringe mit dem Kreuz
sehr deutlich, welche (später von *Schmid*, von *Bertin* und von *Klocke* wiederholte) Beobachtung beweist, dass die Eisdecken der Teiche, Seen und Flüsse aus stängeligen
Individuen bestehen, deren Hauptaxen alle senkrecht gestellt sind (wobei übrigens
nach *Klocke* die Richtung der Nebenaxen in den einzelnen an keine Gesetzmässigkeit
gebunden ist); daher zerfällt auch das Scholleneis oftmals, während es schmilzt, in
stängelige Stücke. — Bei 0° C. schmelzend zu Wasser. — Chem. Zus. **H2O**, wie
Wasser, doch rein und ohne Beimischungen von Salzen, welche bei der Erstarrung des
Wassers ausgeschieden werden.

135. Periklas, *Scacchi*.

Regulär, bis jetzt nur in sehr kleinen Oktaëdern und Hexaëdern oder in der Combination
0.∞O∞; Spaltb. hexaëdrisch vollk.; H. = 6; G. = 3,674...3,75; dunkelgrün, [glasglänzend,
durchsichtig. — Chem. Zus. nach den Analysen von *Scacchi* und *Damour*: Magnesia, **MgO**, mit
etwas Eisenoxydul; v. d. L. unschmelzbar, durch Säuren im pulverisirten Zustande löslich. —
Am Monte Somma bei Neapel.

136. Nickeloxydul, Bunsenit.

Regulär nach *Bergemann*, vorwaltend Oktaëder; H. = 5,5; G. = 6,898; pistaziengrün,
glasglänzend, durchscheinend, unschmelzbar, in Säuren fast unlöslich; ist **NiO**. Sehr kleine
Krystalle finden sich zu Johanngeorgenstadt mit Nickelocker und Wismuth. Künstliche Krystalle derselben Zusammensetzung erzeugen sich beim Garmachen nickelhaltiger Schwarz-
kupfer.

Anm. *Blomstrand* beschrieb als **Manganosit** grüne hexaëdrisch spaltbare isotrope
Massen von Långbanshyttan in Wermland (H. = 5...6; G. = 5,18), welche aus **Manganoxydul, MnO**, bestehen (Ber. d. chem. Ges., 1875. 180); die Spaltflächen bedecken sich bald mit
einer braunen Oxydschicht. *Sjögren* beobachtete mikroskopische Krystalle mit 0, ∞O, selten ∞O∞.

137. Rothzinkerz oder Zinkit, *Haidinger* (Zinkoxyd).

Hexagonal; P = 123° 46'; A.-V. = 1 : 1,6208; meist derb, in individualisirten
Massen und grobkörnigen oder dickschaligen Aggregaten, und eingesprengt. — Spaltb.
basisch und prismatisch nach ∞P, beides recht vollk., nach der Basis auch schalige
Ablösung; H. = 4...4,5; G. = 5,4...5,7; blut- bis hyacinthroth; zwar rührt dies nach
Hayes theilweise von eingemengten Eisenglanzschüppchen, theilweise von einem glim-
merähnlichen Silicat; doch ist nach *Dana* die Substanz rein und die Farbe kommt von
Manganoxyd her, auch *Laspeyres* konnte jene angeblichen Interpositionen nicht wahrnehmen. Strich pomeranzgelb, Diamantglanz, kantendurchscheinend, Doppelbrechung

positiv. — Chem. Zus. der reinsten Abänderungen: Zinkoxyd, ZnO; aber selbst diese enthalten nach den Analysen von *Whitney* und von *Blake* ganz geringe Mengen von Manganoxyd, während in anderen Analysen von *Bruce* und *Berthier* das Manganoxyd bis auf 8, ja 12 pCt. steigt; v. d. L. unschmelzbar, auf Kohle erfolgt, zumal bei Zusatz von Soda, ein Zinkbeschlag, mit Borax und Phosphorsalz die Reaction auf Mangan; in Säuren löslich. — Sparta, Franklin und Stirling in New-Jersey, mit Franklinit. Das weisse erdige Mineral, welches oft als Anflug mit vorkommt, ist kohlensaures Zink.

Anm. Künstlich bei Hüttenprocessen erzeugte Krystalle von Zinkoxyd (A.-V. = 1 : 1,6219) zeigten einen Hemimorphismus nach der Hauptaxe, der sich auch in der Gestalt der Aetzfiguren ausspricht, insofern dieselben durch den basischen Hauptschnitt nicht symmetrisch getheilt werden; dieselben Aetzfiguren treten auch auf den Spaltflächen des natürlichen Rothzinkerzes hervor (*Rinne*, N. Jahrb. f. Min. 1884. II. 164).

138. Bleiglätte (Massicot).

Natürliche Bleiglätte (Bleioxyd, PbO), ganz ähnlich der künstlichen, derb, feinschuppigkörnig, schwefel-, wachs-, citron- bis pomeranzgelb, fettglänzend, findet sich nach *Majerus*, zugleich mit gediegenem Blei und Bleiglanz, auf einem Gange bei Zomelabuacan, 5 Stunden von Perote, sowie nach *v. Gerolt* in der Umgebung des Popocatepetl in Mexico; die erste Var. hat nach *Pugh* das G. = 7,88...7,98 und besteht aus 92,65 Bleioxyd, 5,21 Eisenoxyd und 1,88 Kohlensäure. *Nöggerath* zeigte, dass alle älteren Nachrichten über das Vorkommen natürlicher Bleiglätte zweifelhaft sind.

139. Rothkupfererz oder Cuprit, *Haidinger*.

Regulär; die häufigsten Formen sind O, ∞O und ∞O∞, seltener erscheinen Flächen von 2O, 2O2 u. a. Gestalten; die Krystalle sind selten eingewachsen, gewöhnlich aufgewachsen und zu Drusen oder Gruppen verbunden; auch derb und eingesprengt in körnigen bis dichten Aggregaten; in Pseudomorphosen nach Kupfer, selbst mehrfach in Malachit umgewandelt. — Spaltb. oktaëdrisch, ziemlich vollk., spröd; H. = 3,5...4; G. = 5,7...6; cochenillroth, zuweilen in bleigrau spielend, Strich bräunlichroth, metalliger Diamantglanz, durchscheinend bis undurchsichtig; nach *Fizeau* ist die Lichtbrechung noch stärker als die des Diamants (2,849 für rothes Licht). — Chem. Zus. im reinsten Zustande Kupferoxydul = Cu_2O, mit 88,8 Kupfer und 11,2 Sauerstoff; v. d. L. auf Kohle wird es erst schwarz, schmilzt dann ruhig und gibt endlich ein Kupferkorn; in der Zange erhitzt färbt es die Flamme schwach grün, und mit Salzsäure befeuchtet, schön blau. In Salzsäure, Salpetersäure und Ammoniak löslich. — Chessy bei Lyon, Rheinbreitbach, Cornwall, Moldova, Gumeschewsk und Nischne Tagilsk am Ural, am Altai im Thon in ringsum ausgebildeten Krystallen, so auch im Damaralande in Afrika, wo die Krystalle in rothem Eisenthon liegen.

Anm. 1. Die Kupferblüthe oder der Chalkotrichit hat genau dieselbe chemische Constitution, wie das Rothkupfererz; auch hat sich *G. Rose* für die Ansicht ausgesprochen, dass die stets nadel- und haarförmigen Krystalle derselben nur einseitig verlängerte Hexaëder seien, wie sie zu Gumeschewsk am Ural sehr schön zu rechtwinkeligen Netzen verwachsen vorkommen; welche Ansicht durch mikroskopische und optische Beobachtungen von *A. Knop* an der Var. aus dem Damaralande, sowie von *H. Fischer* und *F. Zirkel* an den Varr. von Redruth und Rheinbreitbach vollkommen bestätigt worden ist. *Kenngott* hatte früher die Krystalle für rhombische Prismen mit stark abgestumpften Seitenkanten erklärt; er konnte zwar das Prisma ∞P nicht messen, beruft sich aber wiederholt darauf, dass die sehr feinen rectangulären Säulen von zweierlei, krystallographisch und physikalisch verschiedenen Flächen gebildet werden; dies erklärt sich durch die gleichzeitige platte Ausbildung der (stets einfachbrechenden) stark verlängerten Hexaëder. Mikrokrystallinisch, die Krystalle haarförmig, büschelförmig und netzartig gruppirt; G. = 5,8; cochenill- und carminroth. — Rheinbreitbach, Cornwall, Moldova.

Anm. 2. Mit dem Namen Ziegelerz hat man röthlichbraune bis ziegelrothe, erdige Gemenge von Kupferoxydul mit viel Eisenoxydhydrat, oder von Rothkupfererz und Brauneisenerz belegt. Bei Landu in Bengalen kommt ein krystallinisch-feinkörniges schwärzlich-braunrothes Mineral vor, welches nach den Analysen von *Wislicenus* und *Schwalbe* ein Gemeng von Kupferoxydul und Kupferoxyd ist.

Gebrauch. Das Rothkupfererz wird als eines der vorzüglichsten Kupfererze zur Darstellung des Kupfers benutzt.

110. Tenorit, *Semmola.*

Nach *Scacchi* monoklin, nach den späteren Untersuchungen von *Kalkowsky* (Z. f. Kryst. III. 1879. 279) aber triklin; dünne tafelförmige Krystalle, 1 bis 10 Mm. im Durchmesser, mit der Kante aufgewachsen, auch feinschuppig und erdig; die höchst fein gerunzelten Blättchen, vorherrschend nach ∞P̄∞ ausgedehnt, zeigen eine mit ihrer Längsaxe zusammenfallende scharfe Zwillingsnaht, welche mit einer am Ende der Blättchen auftretenden Spaltungsfläche unter ca. 72½° zum Durchschnitt kommt; die Zwillingsebene ist eine Fläche des Brachydomas P̄∞, die Zwillingsaxe geht der Kante P̄∞ : ∞P̄∞ parallel. Den triklinen Charakter erschloss *Kalkowsky* daraus, dass der eine optische Hauptschnitt mit starker Absorption polarisirten Lichts den Winkel zwischen der rechten und linken Domenfläche nicht halbirt, dass ferner die letzteren ungleichwerthige Spaltbarkeit aufweisen, endlich daraus, dass zwei optische Elasticitätsaxen nicht in der Ebene der Blättchen liegen. Dunkel stahlgrau bis schwarz, in den dünnen Blättchen gelblich braun durchscheinend, metallisch glänzend. Ist natürliches Kupferoxyd, = Cu O, und findet sich auf den Klüften vesuvischer Lava, oberhalb Torre del Greco.

Anm. 1. Nach *Jenzsch* krystallisirt das künstlich dargestellte Kupferoxyd rhombisch, ist vollk. basisch spaltbar, und hat G. = 6,451.

Anm. 2. Melaconit nannte *Dana* ein am Superiorsee bei Kewenaw-Point sowohl derb als auch in Krystallen der Comb. ∞O∞.O vorkommendes dunkel stahlgraues bis schwarzes Mineral von H. = 3, G. = 6,25 (nach *Whitney*), welches wesentlich aus Kupferoxyd besteht, und wahrscheinlich eine Pseudomorphose nach Buntkupferkies ist. Dasselbe Mineral erwähnt auch *Rammelsberg* als vorkommend in derben, theils krystallinisch blätterigen, theils dichten, bräunlichschwarzen, schwer zersprengbaren Massen vom G. = 5,952, welche nach *Joy* fast reines Kupferoxyd und daher wohl mit dem Tenorit zu vereinigen sind. Nach *Maskelyne* ist die eigentliche Krystallform des Melaconits monoklin, mit β = 80° 28′; meist in Zwillingen nach 0P; Spaltb. basisch; H. = 4; G. = 5,825; eingewachsen in Chlorit. *Maskelyne* hielt es nicht für unmöglich, dass die Tenorit-Blättchen nach ∞P̄∞ lamellarer Melaconit seien.

2. Sesquioxyde, R²O³.

111. Korund (Sapphir, Rubin, Smirgel).

Rhomboëdrisch, isomorph mit Eisenglanz und Titaneisen; ausgezeichnet durch das häufige und vorherrschende Auftreten vieler Deuteropyramiden und des Deuteroprismas; R (P₁ 86° 4′ nach *v. Kokscharow*; A.-V. = 1 : 1,363; die gewöhnlich vorherrschenden Formen sind ∞P2 (s), 0R (o), R und mehre Deuteropyramiden, besonders ⅓P2 (r), ⅔P2 (b), 4P2 (l) und 9P2 (t); *C. Klein* gab eine Uebersicht der bis dahin bekannten 10 Deuteropyramiden (N. J. f. Min. 1871. 187). Der Habitus der Combinationen ist pyramidal, prismatisch oder rhomboëdrisch.

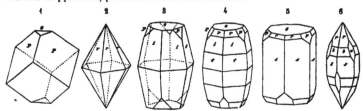

Fig. 1. R.0R; o : P = 122° 26′. Fig. 2. ⅓P2; Mittelkante = 122° 22′.
Fig. 3. 4P2.0R.R; Mittelk. von l = 159° 12′, l : o = 100° 24′.
Fig. 4. 9P2.4P2.⅓P2.0R.R; die von *v. Kokscharow* nachgewiesene Pyramide 9P2 hat

die Mittelkante = 170° 40′; *Klein* schlägt statt ihrer die Pyramide ⅓P2 vor, deren Mittelkante 171° messen würde.

Fig. 5. ∞P2.0R.⅓P2.R.   Fig. 6. ∞P2.⅓P2.⅓P2.—2R.

Die Krystalle eingewachsen oder secundär lose, auch kleine Gerölle und Körner; derb in individualisirten Massen und in grosskörnigen, grobkörnigen bis feinkörnigen Aggregaten. Zwillingsbildung nicht selten, nach einer Fläche von R, meist vielfach wiederholt mit lamellarer Form der Individuen; auf 0R erscheint daher eine Streifung, welche aus 3 sich unter 60° schneidenden, parallel den Combinationskanten von 0R und R laufenden Systemen gebildet wird. Vielleicht handelt es sich bei den derben Massen oder den im Gestein eingeschlossenen Krystallen hier z. Th. um eine secundäre Zwillingsbildung durch Druck. — Spaltb. rhomboëdrisch nach R und basisch, in sehr verschiedenen Graden der Vollkommenheit, oft eine Spaltungsfläche von R vollkommener als die beiden anderen; doch ist diese Spaltbarkeit nach *Bauer* eine durch die Zwillings-Lamellirung nach R hervorgebrachte Absonderung und deshalb gewöhnlich ungleichmässig, weil die Lamellen nicht stets nach allen drei Richtungen vorhanden oder übereinstimmend ausgebildet sind. Bruch vollkommen muschelig bis uneben und splitterig; H. = 9; G. = 3,9...4. Farblos, zuweilen wasserhell und weiss, doch meist gefärbt, zumal blau (Sapphir), und roth (Rubin), auch verschiedentlich grau, gelb und braun, nicht selten zonal-mehrfarbig in einem und demselben Krystall; Glasglanz, einige Varr. auf 0R Perlmutterglanz; pellucid, gewöhnlich in hohen und mittleren Graden, einige Varr. mit einem sechsstrahlig sternförmigen Lichtschein (S. 193), andere fast undurchsichtig; wenn gefärbt, dann stark pleochroitisch (z. B. o himmelblau, e meergrün). Optisch-einaxig negativ, nach *Breithaupt* oft scheinbar zweiaxig; auch *Bertrand* hat an Rubinkrystallen von Battambang in Siam die optische Zweiaxigkeit wahrgenommen, aber mit sehr verschiedenem Winkel, von einer beginnenden Oeffnung des schwarzen Kreuzes bis zu einem Winkel von 58° (in der Luft); nach *Mallard* verweise das optische Verhalten von Korundkrystallen auf Drillinge rhombischer Individuen, während *Tschermak* aus seinen eigenen Beobachtungen zu schliessen geneigt ist, dass manche Korundkrystalle aus monoklinen Partikeln aufgebaut seien; doch haben selbst solche Krystalle gewöhnlich in der Mitte liegende, völlig einaxige Stellen. ω = 1,768, ε = 1,760 (roth). Sapphir enthält nach *Sorby* oft sehr zahlreiche grosse mikrosk. Einschlüsse von flüssiger Kohlensäure, Rubin viel spärlichere und blos kleinere derselben, dagegen viele feinste Kryställchen. — Chem. Zus.: Thonerde = $(Al^2)O^3$, bestehend aus 53,04 Aluminium und 46,96 Sauerstoff, mit Beimischung von sehr wenig Eisenoxyd oder anderen Pigmenten. V. d. L. unschmelzbar und für sich unveränderlich; Borax löst ihn schwierig aber vollkommen zu einem klaren farblosen Glas auf; von Soda wird er gar nicht angegriffen; das feine Pulver wird, mit Kobaltsolution im Ox.-F. stark erhitzt, schön blau. Säuren sind ohne Einwirkung; dagegen schmilzt er mit saurem schwefelsaurem Kali leicht zu einer im Wasser vollkommen löslichen Masse.

Man unterscheidet folgende Varietäten:

a) **Sapphir** (nebst **Rubin** und **Salamstein**); eingewachsene, gewöhnlich aber lose, oft abgerundete, glatte Krystalle und krystallinische Körner von vollk. bis unvollk. Spaltbarkeit, muscheligem Bruch, von blauen und rothen, oder anderen sehr reinen Farben und von höheren Graden der Pellucidität. — Ceylon, Miask, Slatoust und Kossoibrod am Ural, bei Unionville in Pennsylvanien; auch im Basalt.

b) **Korund** und **Diamantspath**; eingewachsen, oft rauhe Krystalle und individualisirte Massen, deutlich spaltbar, trübe Farben und niedere Grade der Pellucidität. — Ceylon, China, Sibirien, Kornilowsk bei Mursinsk, hier nach *Zerrener* sehr häufig in den Seifenlagern, Piemont; auf der Culsagee-Grube, Nordcarolina, in über 300 Pfund schweren Krystallen; Neu-Süd-Wales. Mikroskopisch auch als Contactmineral in krystallinischen Schiefern, sowie in trachytähnlichen Auswürflingen.

c) **Smirgel**; klein- und feinkörnig zusammengesetzte Varietäten, derb und eingesprengt, blaulichgrau bis indigblau; reich an Eisenoxyd und auch etwas Kieselsäure und Wasser haltend; einen kleinen Chromgehalt im Smirgel wies *Kämmerer* nach; unter dem Mikroskop ergibt sich vieler Smirgel als ein inniges Gemeng von blauem Korund und

Magneteisenerz. — Am Ochsenkopf bei Schwarzenberg in Sachsen, auf Naxos, in Kleinasien am Gummuchdagh, Chester in Massachusetts u. a. O.

Gebrauch. Sapphir und Rubin gehören mit zu den am meisten geschätzten Edelsteinen;
das Pulver des Korunds, Diamantspaths und Smirgels aber liefert wegen seiner grossen Härte
ein vorzügliches Schleifmaterial. Dieselbe Eigenschaft empfiehlt das Mineral zu Zapfenlagern
für die Spindeln feiner Uhren; auch hat man die durchsichtigen farblosen Varietäten zu Linsen von Mikroskopen benutzt.

Anm. 1. Nach *Lawrence Smith* ist der blaue Sapphir etwas härter als der Rubin,
während der Korund und der Smirgel von beiden an Härte übertroffen werden. Das
spec. Gewicht fand derselbe für Rubin und Sapphir 4,06...4,08; für Korund 3,60...
3,92; für Smirgel 3,71...4,31, welches letztere hohe Gewicht in beigemengtem
Magneteisenerz begründet sein dürfte.

Anm. 2. Sehr merkwürdig sind die von *Genth* beschriebenen Pseudomorphosen
von Spinell-Varietäten nach Korund, welche sich in Hindustan und an mehren Orten
in Nordamerika finden. Das Umwandlungsproduct besteht gewöhnlich aus einem Gemeng von Pleonast und Hercynit, wozu sich wohl auch noch Picotit gesellt. Nach
Genth ist der Korund ebenfalls fähig, sich in Turmalin, Fibrolith, Cyanit, Zoisit, in Feldspath und Glimmer umzuwandeln; mehrfach ist indessen ein solcher Vorgang blos aus
einer gegenseitigen Umhüllung der betreffenden Mineralien gefolgert worden (Journ. f.
prakt. Chem. IX. 1874; Am. phil. soc. 1882. 381).

142. Eisenoxyd, Eisenglanz, Rotheisenerz, Hämatit.

Das Eisenoxyd bildet zwei Varietäten-Gruppen, von denen eine makrokrystallinisch,
die andere nur mikrokrystallinisch und kryptokrystallinisch ausgebildet zu sein pflegt;
jene ist der Eisenglanz, diese das Rotheisenerz.

a) Eisenglanz (Glanzeisenerz). Rhomboëdrisch, isomorph mit Korund und
Titaneisen[1]; R 86° nach *v. Kokscharow*; A.-V. = 1 : 1,365; gewöhnliche Formen:
R (*P*), 0R (*o*), ¼R (*s*) 143°, —¼R, —¼R (*v*), —2R, ¼P2 (*n*) und ∞P2 (*z*). — Der
Habitus der Krystalle ist vorwiegend theils rhomboëdrisch, theils pyramidal, theils
tafelartig, je nachdem R, ¼P2 oder 0R vorwaltend ausgebildet ist; selten erscheinen
säulenförmige Krystalle, denen wesentlich die Combination ∞P2.0P zu Grunde liegt;
die schönsten Krystalle sind wohl diejenigen vom Cavradi in Tavetsch, an sie schliessen
sich die von Elba, von Traversella und vom St. Gotthard an. Einige der einfacheren
Formen sind in den nachfolgenden Figuren abgebildet.

1   2   3

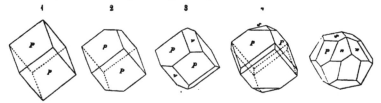

Fig. 1.   R; das Grund-Rhomboëder als selbständige Form; Altenberg.
Fig. 2.   R.0R; dieselbe Comb. erscheint auch tafelförmig, wenn 0R sehr vorwaltet.
Fig. 3.   R.—¼R; die Flächen *v* sind oft weit schmäler; Altenberg.
Fig. 4.   R.¼R.∞P2; Altenberg.
Fig. 5.   ¼P2.R.¼R; gewöhnliche Comb. von Elba; oft noch mit —¼R und 0R.

1) *Hessenberg*, welcher die Krystalle vom Cavradi und andere untersuchte, gab im Jahre
1864 eine vollständige Aufzählung aller 36 bis dahin bekannten Formen. *Strüver* hat in den
Schriften der Turiner Akademie nicht nur die Krystalle von Elba, sondern auch die bisher wenig
bekannten, meist tafelartigen und sehr flächenreichen Krystalle von Traversella vortrefflich beschrieben und abgebildet; die Elbaner Krystalle wurden auch von *A. d'Achiardi* in seiner *Mineralogia della Toscana*, 1872. 111, solche von der Alp Lercheltini im Binnenthal (mit siebenfach

6

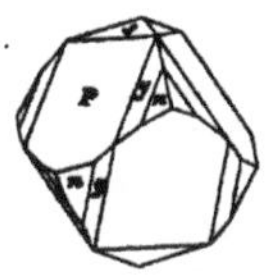

7

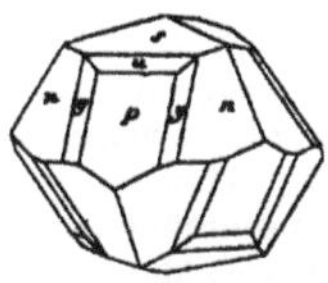

8

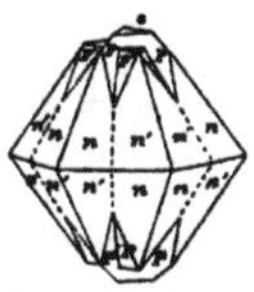

9 und 10

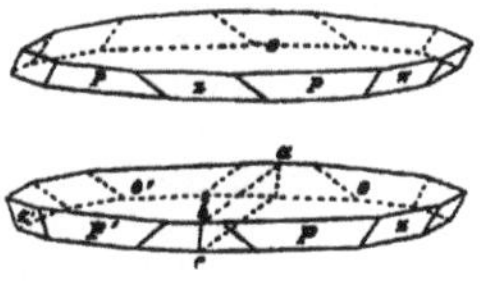

Fig. 6. R.$\frac{1}{4}$R.$\frac{2}{3}$R3.$\frac{4}{3}$P2; von Elba.

Fig. 7. $\frac{4}{3}$P2.R.$\frac{1}{4}$R.$\frac{2}{5}$R.$\frac{2}{3}$R3; ebendaselbst; das Rhomboëder $\frac{2}{5}$R (*u*) ist es besonders, welches durch oscillatorische Combination mit *s* die horizontalen Streifungen und Einkerbungen dieses letzteren Rhomboëders verursacht.

Fig. 8. Zwillingskrystall; die Individuen stellen die Comb. $\frac{4}{3}$P2.R.0R dar, und befinden sich im Zustand einer vollkommenen Durchkreuzung; Altenberg.

Fig. 9. 0R.R.∞P2; dünne tafelförmige Krystalle; Vesuv, Stromboli.

Fig. 10. Zwilling; zwei Individuen wie Fig. 9 sind mit ihren von einander abgewendeten Hälften in einer Fläche des Prismas ∞R (*abc*) verwachsen.

$P : P$ = 94° 0′ und 86°	$n : n$ = 128° 0′	Polk.
$P : o$ = 122 23	$n : n'$ = 122 24	Mittelk.
$P : s$ = 143 54	$s : s$ = 142 58	
$P : n$ = 154 0	$y : P$ = 163 42	
$P : u$ = 165 51	$y : n$ = 170 19	

Die Krystalle selten eingewachsen, öfter aufgewachsen und zu Drusen und Gruppen verbunden; die Flächen von 0R oft triangulär, die von R klinodiagonal, jene von $\frac{1}{4}$R meist horizontal gestreift oder gekerbt; auch sind die Flächen von $\frac{1}{4}$R oft gekrümmt, zumal wenn die ebenfalls gekrümmten Flächen von —$\frac{1}{8}$R zugleich mit auftreten, in welchem Falle diese beiderlei Flächen nebst 0R fast in eine einzige convexe Fläche verfliessen. *A. Schmidt* fand auch die Combinationskanten zwischen —$\frac{1}{2}$R und 0R feinstreifig und stufenweise durch das Auftreten von vicinalen Formen abgerundet. Zwillinge mit parallelen Axensystemen (Zwillingsaxe die Normale zu ∞R), meist als Durchkreuzungszwillinge ausgebildet; auch Zwillinge nach einer Fläche von R (Zwillingsaxe die Normale zu R), welche theils an tafelförmigen Krystallen, theils an der pyramidal-rhomboëdrischen Combination Fig. 5, von Elba, vorkommen und von *Hessenberg* (in Nr. 9 seiner Miner. Notizen, S. 53) beschrieben und abgebildet worden sind; die beiderlei Basen 0R bilden den Winkel von 115° 14′, zwei etwa daran auftretende Prismenflächen ∞P2 fallen in eine Ebene; die hierher gehörigen Zwillinge von Biancavilla am Aetna zeigen nach *v. Lasaulx* ein grosses tafelförmiges Individuum, auf welchem viele kleinere Krystalle so aufsitzen, dass sie eine Fläche von R mit der Unterlage gemeinsam haben; das letztere Zwillingsgesetz erzeugt nach *Max Bauer* (Z. d. g. Ges. 1874. 186) sogar eine lamellar-polysynthetische Zusammensetzung, welche *Mügge* übrigens als durch secundäre Druckkräfte zu Stande gekommen auffasst. Die tafelförmigen Krystalle sind bisweilen mit Rutilkrystallen regelmässig verwachsen (vgl. Rutil); bei einem halb in Eisenglanz eingewachsenen Magnetit beobachtete *Bücking*, dass die Fläche von O mit 0R des Eisenglanzes einspiegelte und ihre drei Kanten parallel waren den drei Zwischenaxen des letzteren. Häufig derb, in körnigen, schaligen und schuppigen Aggregaten, auch in Pseudomorphosen nach Lievrit, Flussspath und Kalkspath, sowie (?) nach Magneteisen (Martit). — Spaltb. rhomboëdrisch nach R und basisch, selten

verschiedenem Typus, wobei blos 0R und R überall ausgebildet erscheint) von *Bücking* in Z. f. Kryst. I. 1877. 562 ausführlich besprochen. Der letztere veranstaltete auch 1877 eine Uebersicht über sämmtliche am Eisenglanz beobachtete Formen (ebendas. I. 578, mit Nachträgen II. 1878. 423). Die schönen Krystalle von Biancavilla beschrieb *v. Lasaulx* ebendas. III. 1879. 294; diejenigen aus dem Amphibol-Andesit des Kakukhegy im Hargita-Gebirge (A.-V. = 1 : 1,367), *A. Schmidt* ebendas. VII. 1883. 547.

recht deutlich, am vollkommensten in manchen derben Varietäten, bisweilen kaum wahrnehmbar; die basische Spaltbarkeit dürfte oft nur eine schalige Zusammensetzung sein; Bruch muschelig bis uneben; spröd; H. = 5,5...6,5; G. = 5,19...5,28, die tafelförmigen Krystalle vom Vesuv bis 5,30 nach *Rammelsberg*, die titanhaltigen aus dem Tavetschthal nur 4,91 nach *Breithaupt;*/eisenschwarz bis dunkel stahlgrau, oft bunt angelaufen, Strich kirschroth, bräunlichroth bis röthlichbraun; Metallglanz, undurchsichtig, in ganz dünnen Lamellen röthlichgelb bis dunkelroth durchscheinend, schwach magnetisch, um so stärker, je krystallinischer er ausgebildet ist;/nach *Griehs* wirken die meisten Varr. schon auf die gewöhnliche, einige nur auf die astatische Magnetnadel. — Chem. Zus.: wesentlich Eisenoxyd, (Fe^2)O^3, mit 70 Eisen und 30 Sauerstoff, zuweilen mit etwas titansaurem Eisenoxydul (wie z. B. die Varietät von Krageröe und aus dem Tavetschthal, in denen dieser Gehalt nach *Rammelsberg* 6 bis 7 pCt. beträgt), oder mit etwas Eisenoxydul, und Magnesia (wie in den tafelförmigen Krystallen vom Vesuv), auch wohl mit ein wenig Chromoxyd oder Kieselsäure; v. d. L. wird er im Red.-F. schwarz und magnetisch, und verhält sich mit Borax und Phosphorsalz wie Eisenoxyd; von Säuren wird er nur sehr langsam gelöst. Ein etwaiger Titangehalt lässt sich nach *G. Rose* am sichersten dadurch erkennen, dass man das Erz mit Phosphorsalz in der äusseren Flamme schmilzt, die noch heisse Schmelzperle mit der Zange platt drückt, und dann unter dem Mikroskop untersucht; ist Titan vorhanden, so sieht man deutliche tafelförmige Krystalle von phosphorsaurer Titansäure (vgl. S. 262) innerhalb der Schmelzmasse. — Elba, Traversella in Piemont, Framont in Lothringen, St. Gotthard, Alp Lercheltini im Binnenthal, Salm Chateau in den Ardennen, Tilkerode, Altenberg, Zinnwald, viele Orte in Norwegen und Schweden; Katharinenburg und Nischne Tagilsk; Vesuv, Aetna, Liparische Inseln; die säulenförmigen Krystalle bei Framont und zu Reichenstein in Schlesien. — Mikroskopische röthliche Blättchen von Eisenglanz sind in mehren Mineralien eingewachsen und erzeugen deren Färbung oder eigenthümlichen Schiller (Carnallit, Sonnenstein, Perthit, Stilbit).

A n m. Die sehr dünnschaligen und feinschuppigen Varietäten hat man **E i s e n -g l i m m e r** genannt; werden die Schuppen noch zarter, so erlangen sie endlich rothe Farbe, verlieren ihren metallischen Glanz, und so entsteht vielleicht der kirschrothe, halbmetallisch glänzende, stark abfärbende und fettig anzufühlende **E i s e n r a h m**, welcher sich unmittelbar an das gewöhnliche Rotheisenerz anschliesst.

b) **R o t h e i s e n e r z.** Mikrokrystallinisch und kryptokrystallinisch; besonders häufig in faserigen Individuen, welche jedoch nicht frei ausgebildet, sondern zu traubigen, nierförmigen, stalaktitischen Aggregaten verbunden sind; auch feinschuppige, schuppig-faserige, dichte und erdige Varietäten, welche, wie ein Theil der faserigen Varr., derb und eingesprengt, z. Th. auch als Pseudomorphosen nach Pyrit, nach Eisenspath, Würfelerz, Granat, Calcit, Baryt, Fluorit, Anhydrit, Dolomit, Pyromorphit und Manganit (zu Ilfeld) vorkommen; H. = 3...5; G. = 4,5...4,9; blutroth, kirschroth bis bräunlichroth, oft in das Stahlgraue verlaufend; Strich blutroth; wenig glänzend bis matt, undurchsichtig; wirkt nicht auf die gewöhnliche, wohl aber auf die astatische Magnetnadel. — Chem. Zus. wesentlich Eisenoxyd, wie der Eisenglanz, oft mit viel Kieselsäure.

Man unterscheidet besonders die Varietäten:

a) **F a s e r i g e s R o t h e i s e n e r z** (**R o t h e r G l a s k o p f**) in den manchfaltigsten nierformigen, traubigen und stalaktitischen Aggregationsformen, welche stets faserige Textur, gewöhnlich auch krummschalige Structur und nicht selten eine, die letztere unregelmässig durchschneidende keilförmige Absonderung mit glatten metallisch glänzenden Absonderungsflächen zeigen.

b) **D i c h t e s R o t h e i s e n e r z**, derb und eingesprengt, auch als Pseudomorphose, spiegelig; von flachmuscheligem bis ebenem Bruch, bräunlichroth bis dunkel stahlgrau, schimmernd; als Martit in Brasilien und zu Framont.

c) **O c k r i g e s R o t h e i s e n e r z**, erdig, fest oder zerreiblich, blutroth bis bräunlichroth, matt, abfärbend; derb, eingesprengt, als Ueberzug.

Sie finden sich gewöhnlich auf derselben Lagerstätte beisammen, theils auf Gängen, theils auf Lagern; Johanngeorgenstadt, Eibenstock, Schwarzenberg, Schneeberg, Platten, Zorge, Brilon und viele a. O.

Alle T h o n e i s e n s t e i n e, K i e s e l e i s e n s t e i n e, o o l i t h i s c h e n Eisenerze von rothem und röthlichbraunem Strich sind, ebenso wie der R ö t h e l, nur als mehr oder weniger unreine Varietäten des Rotheisenerzes zu betrachten.

Gebrauch. Die verschiedenen Varietäten des Rotheisenerzes gehören zu den wichtigsten Eisenerzen, so dass ein bedeutender Theil der Eisenproduction auf ihrem Vorkommen beruht. Der rothe Glaskopf (oder sog. Blutstein) wird auch zum Glätten und Poliren von Metallarbeiten, und das pulverisirte Erz als Putz- oder Polirmittel gebraucht. Der Röthel dient zur Bereitung von Rothstiften und als Farbe zum Anstreichen.

Anm. Nach *Hunt* soll der M a r t i t dennoch ein selbständiges Mineral sein, wie dies von *Breithaupt* schon lange behauptet wurde. Er zeigt die Krystallformen O, auch O.∞O und O.∞O∞, Spuren von Spaltbarkeit, muscheligen Bruch; H. = 6, G. = 5,88, ist eisenschwarz, im Strich rothbraun, halbmetallisch glänzend und n i c h t magnetisch, chemisch Eisenoxyd; Rittersgrün bei Schwarzenberg, Monroe in New-York, Brasilien, Cerro de Mercado bei Durango in Mexico (in oft zollgrossen glänzenden Krystallen), vielorts im Ural. *Hunt* schliesst hieraus, dass das Eisenoxyd d i m o r p h sei, wie schon früher *v. Kobell* vermuthet hatte. Auch *Rammelsberg* erklärt sich dahin, dass es bis jetzt noch nicht möglich sei, mit Sicherheit zu entscheiden, ob der Martit eine Pseudomorphose sei, oder nicht. Dagegen macht es *Blum* sehr wahrscheinlich, dass der Martit und alles oktaëdrische, aber rothstrichige Eisenerz eine P s e u d o m o r p h o s e nach Magneteisen sei; dies wird auch durch die Beobachtungen von *Rosenbusch* in der Serra Araçoyaba in Brasilien vollkommen bestätigt, wo der Martit sehr verbreitet ist; desgleichen durch die Beobachtungen von *Credner* in Michigan, und durch die von *Wedding* bei Schmiedeberg in Schlesien. *Orville A. Derby* wies auch Schmische Zwischenstadien zwischen Magnetit und Martit nach. Die mikroskopische Structur des Martits lieferte *Eug. Geinitz* keinen Anhaltspunkt zur Erledigung der Frage nach seiner pseudomorphen oder ursprünglichen Natur (N. Jahrb. f. Mineral. 1876. 496). Auffallend ist die Angabe von *G. N. Maier* (Z. f. Kryst. VII. 206), dass an der Wyssokaja Gora im Ural der Magnetit gerade nur oberflächlich vorkomme, während in grösserer Tiefe alles Erz durch Oxydation daraus entstandener Martit sei, eine sehr ungewöhnliche Vertheilung beider Materialien. Die umgekehrte Pseudomorphose, Magnetit nach Eisenglanz, ist unzweifelhaft sicher gestellt. Nach *Gorceix's* höchst unwahrscheinlicher Deutung sollen die brasilianischen Martit-Oktaëder Pseudomorphosen nach Eisenkies sein.

143. Titaneisenerz, oder Ilmenit (Kibdelophan, Iserin, Crichtonit, Washingtonit).

Rhomboëdrisch; isomorph mit Eisenglanz und Korund, z. Th. nach den Gesetzen der rhomboëdrischen T e t a r t o ë d r i e, S. 67, welche dadurch ausgezeichnet ist, dass auch die Skalenoëder und die hexagonalen Pyramiden der zweiten Art nur mit der H ä l f t e ihrer Flächen, als Rhomboëder der dritten und zweiten Art ausgebildet sind, was den Combinationen bisweilen ein sehr unsymmetrisches Ansehen ertheilt. R, 85° 40' bis 86° 10', meist nahe um 86°; *v. Kokscharow* maass an einem ausgezeichneten Krystall 85° 30' 56''; A.-V. = 1 : 1,360; einige der gewöhnlichsten Combb. sind: 0R.R oder auch R.0R, 0R.R.—$\frac{1}{2}$R, dieselbe Combination mit —2R oder auch mit ∞P2, 5R.0R, auch 0R.5R oder 0R.∞P2 mit anderen sehr untergeordneten Formen (sog. E i s e n r o s e), und 0R.R—$\frac{1}{2}$R.$\frac{1}{3}$($\frac{1}{2}$P2), wie nachstehende Figur:

$$-R.0R.2R.\frac{\frac{1}{2}P2}{2}$$

P   o   d   n

P : P = 86° 0' oder 94°

P : o = 122 23

P : n = 154 0

Namentlich erscheint auch noch die dihexagonale Pyramide 2P$\frac{1}{2}$ ganz symmetrisch als Rhomboëder der dritten Art und die hexagonale Deuteropyramide $\frac{3}{2}$P2 als Rhomboëder der zweiten Art, wie es die Gesetze der rhomboëdrischen Tetartoëdrie erfordern. Die Krystalle theils tafelartig, theils rhomboëdrisch, eingewachsen und aufgewachsen, im letzteren Falle oft zu Drusen oder zu fächerförmigen und rosettenförmigen Gruppen verbunden; Zwillingskrystalle mit parallelen Axensystemen, daneben auch polysynthetische Zwillinge nach R, wie *Sadebeck* nachwies; auch derb, in körnigen und schaligen Aggregaten, eingesprengt, sowie in losen Körnern (als Iserin), und als Titaneisensand (Menaccanit). — Spaltb. theils basisch, was jedoch oft nur eine durch schalige Zusammensetzung bedingte Ablösung ist; theils rhomboëdrisch nach R, bald ziemlich vollk., bald sehr unvollk.; Bruch muschelig bis uneben; H. $=$ 5...6; G. $=$ 4,56...5,21, bei einer sehr magnesiareichen Var. aus Nordamerika nur 4,29... 4,31, um so höher je mehr Eisenoxyd vorhanden; eisenschwarz, oft in braun, selten in stahlgrau geneigt; Strich meist schwarz, zuweilen braun bis bräunlichroth, halbmetallischer Glanz; undurchsichtig; mehr oder weniger, bisweilen gar nicht magnetisch. — Chem. Zus.: nach *H. Rose* und *Scheerer*, denen später *Groth* sich anschloss, wären die Titaneisenerze als Verbindungen von Eisenoxyd mit blauem Titanoxyd in sehr verschiedenen Verhältnissen zu betrachten, also allgemein $x\mathrm{Ti}^2\mathrm{O}^3 + y(\mathrm{Fe}^2)\mathrm{O}^3$, wobei x und y verschiedene Zahlenwerthe haben können; als Stütze dient dieser Ansicht der kürzlich durch *Friedel* und *Guerin* erbrachte Nachweis, dass die künstlich von ihnen dargestellten Krystalle des Titanoxyds hexagonal-rhomboëdrisch und isomorph mit dem Eisenoxyd sind (A.-V. $=$ 1 : 1,316). Das in den Analysen hervortretende Eisenoxydul, sowie die Titansäure würden bei dieser Auffassung erst während der Auflösung der Substanz, indem $\mathrm{Ti}^2\mathrm{O}^3 + \mathrm{Fe}^2\mathrm{O}^3$ sich in $2\,\mathrm{FeO} + 2\,\mathrm{TiO}^2$ umsetzen. — Dagegen hat *Rammelsberg* die ältere Ansicht *Mosander*'s geltend gemacht, dass die Titaneisenerze wesentlich titansaures Eisenoxydul mit einer Beimischung von mehr oder weniger Eisenoxyd sind, so dass für sie $\mathrm{FeTiO}^3 + x(\mathrm{Fe}^2)\mathrm{O}^3$ die allgemeine Formel sein würde, wobei die Werthe von x zwischen 0 und 5 schwanken; die Isomorphie des Titaneisens mit dem zweiten Gliede seiner Formel (dem Eisenoxyd) erklärt sich dann dadurch, dass FeTi ebenso wie (Fe^2) sechs Werthigkeiten besitzt, während O^3 beiden Gliedern gemeinsam ist; doch wird ein kleiner Antheil des Eisenoxyduls durch Manganoxydul und Magnesia vertreten, welcher letzteren beständiges Vorkommen allerdings für die ganze, durch *Rammelsberg*'s höchst sorgfältige Analysen auch ausserdem bestätigte Ansicht spricht, weil man bei der zuerst geschilderten Auffassung in dem Titaneisen die ganz unannehmbare Magnesiumverbindung Mg^{2}O^3 + Ti^{2}O^3 voraussetzen müsste. — Während die Magnesia gewöhnlich nur ½ bis höchstens 3 pCt. beträgt, fand sich in einer Var. von Layton's Farm in New-York (vom G. $=$ 4,29 ...4,31) ein Betrag von fast 14 pCt., dabei gar kein Eisenoxyd, so dass diese Var. fast genau nach der Formel FeTiO^3 + MgTiO^3 zusammengesetzt ist, welche 59,53 Titansäure, 26,02 Eisenoxydul, 14,45 Magnesia erfordert. *E. Cohen* erhielt bei der Analyse rundlicher Titaneisenkörner von Du Toits Pan auf den südafrikanischen Diamantfeldern (G. $=$ 4,436) auch 12,1 pCt. Magnesia, daneben aber auch 7,05 Eisenoxyd, so dass hier eine Mischung von FeTiO^3, MgTiO^3 und (Fe^2)O^3 vorliegt. Die Varietäten von Hof-Gastein (der Kibdelophan) und Bourg d'Oisans (der Crichtonit) entsprechen sehr nahe der Formel FeTiO^3 (reines titansaures Eisenoxydul), welche 53,35 Titansäure und 46,65 Eisenoxydul verlangt. Die übrigen von *Rammelsberg* analysirten Varietäten enthalten dagegen alle mehr oder weniger Eisenoxyd, und zwar kommen sehr nahe auf ein Molekül FeTiO^3

in den Varr. von Krageröe und Egersund	⅓ Molek. (Fe²)O³	
in der Var. von Miask (Ilmenit).	⅔ » »
in der Var. von der Iserwiese (Iserin)	⅔ » »
in den Varr. von Litchfield (Washingtonit) u. Tvedestrand	1 » »
in der Var. von Eisenach	2 " "
in der Var. von Aschaffenburg	3 " "
in der Var. von Snarum, und aus dem Binnenthal . .	4 » »
in der Var. vom St. Gotthard (sog. Eisenrose) . . .	5 » »

Es wären daher zu unterscheiden: 1) reines titansaures Eisenoxydul; 2) isomorphe Mischungen von letzterem und von Eisenoxyd; 3) isomorphe Mischungen von titansaurem Eisenoxydul mit titansaurer Magnesia; 4) solche, wo zu diesen noch Eisenoxyd tritt. Wo bei der zweiten Gruppe die Grenze zwischen eigentlichem Titaneisenerz und Eisenglanz gezogen werden soll, ist schwer festzustellen. Die Eisenrose vom St. Gotthard enthält nur noch 8 bis 9 pCt. Titansäure gegen 84 pCt. Eisenoxyd und dürfte daher mit vielleicht noch mehr Recht zum Eisenglanz gezählt werden. *Friedel* und *Guerin* nehmen ebenfalls als Hauptsubstanz $FeTiO^3$ an, welche in den titanärmeren Varietäten mit Eisenoxyd, in den titanreicheren mit Titanoxyd isomorph gemischt sei [1]. Nach *Cathrein* (Z. f. Kryst. VI. 1882. 244) kann scheinbar homogenes Titaneisen eine mikroskopische Verwachsung mit Rutil darstellen, woraus sich der Ueberschuss an Titansäure, sowie die Störung des normalen Verhältnisses von Ti : Fe = 1 : 1 in den Analysen erklären liesse. Aus Rutil bestehen auch nach ihm die bisweilen vorhandenen rothbraunen Umrandungen des Titaneisens, welche durch Bloslegung des präexistirenden Rutils bei der Auflösung des Titaneisens hervorgehen. *J. S. Diller* beobachtete im Schalstein der Umgegend von Hof im Fichtelgebirge eine Umwandlung des Titaneisens in weingelbe Anataskryställchen (welche auch auf den Klüften des Gesteins sitzen). Aehnliches hatte *Neef* schon früher wahrgenommen. — V. d. L. sind die Titaneisenerze unschmelzbar; mit Phosphorsalz geben sie in der inneren Flamme ein Glas von bräunlichrother Farbe; bei stärkerem Zusatz bilden sich nach *G. Rose* in der äusseren Flamme innerhalb des Glases mikroskopische tafelförmige Krystalle (S. 262), welche in der plattgedrückten Perle sehr deutlich zu erkennen sind. Mit concentrirter Schwefelsäure erhitzt geben sie eine blaue Farbe, aber keine Auflösung von Titansäure; in Salzsäure oder Salpetersalzsäure sind sie grösstentheils s e h r schwer löslich unter Abscheidung von Titanoxyd; durch Schmelzen mit saurem schwefelsauren Kali werden sie vollständig aufgeschlossen; aus der Solution lässt sich die Titansäure durch Kochen fällen. — Harthau bei Chemnitz in Sachsen, Hof-Gastein, Ilmensee bei Miask, Arendal, Egersund, Tvedestrand, Bourg d'Oisans, Stubaithal in Tirol, St. Gotthard, Iserwiese am Riesengebirge, Aschaffenburg, Litchfield in Connecticut; als Titaneisensand in ungeheurer Menge an der Ausmündung des Moisie-Flusses und anderer linker Zuflüsse des St. Lorenz in Canada. — Als makro- und mikroskopischer Gemengtheil vieler Gesteine, z. B. von Doleriten, Diabasen, Gabbros, Melaphyren, sehr häufig in schmutzig-graulichweisse Substanz (sog. Leukoxen, Titanomorphit) verändert, welche nach *Cathrein* (Z. f. Kryst. VI. 244) ein oft feine Rutilprismen enthaltendes Aggregat von Titanit ist.

Anm. 1. Unter dem Iserin finden sich einzelne Körner, welche nur das Gewicht 4,40 haben, und nach *Rammelsberg's* Analysen eine Verbindung von titansaurem Eisenoxydul und titansaurem Eisenoxyd zu sein scheinen. Das Titaneisen von Harthau ist nach der Analyse von *Hesse* titansaures Eisenoxyd.

Anm. 2. Unter dem Namen P s e u d o b r o o k i t beschreibt *A. Koch* (Miner. u. petr. Mitth. 1878. 334) ein auf Klüften und Spalten des Andesits vom Aranyer Berg (mit sog. Szabóit) vorkommendes Mineral, welches nach ihm eine r h o m b i s c h e Form der Substanz des Titaneisens ist, und dünne rectanguläre Täfelchen darstellt (bis 2 Mm. lang, 1 Mm. breit), welche im Ansehen nicht von kleinen Brookitkryställchen unterschieden werden können. Dieselben sind nach der erneuten Berechnung und Deutung von *Groth* (Z. f. Kryst. III. 306) Combinationen von $\infty P\infty$ (*a*, besonders stark ausgedehnt und vertical gestreift), $\infty \bar{P}\infty$ (*b*), ∞P (*l*, bisweilen fehlend), $\infty \bar{P}2$ (*m*), $\bar{P}\infty$ (*d*), $\frac{1}{2}\bar{P}\infty$ (*e*), $\check{P}\infty$ (*y*), $\bar{P}3$ (*p*), letztere beide Formen sehr selten, aben so wie $\infty \bar{P}2$; *a* : *l* = 135° 54'; *a* : *d* = 138° 44'; *a* : *m* = 154° 9' (153° 37' nach *A. Schmidt*, nach welchem das A.-V. = 0,9922 : 1 : 1,1304). Spaltb. deutlich nach $\infty \bar{P}\infty$; H. = 6; G. = 4,98.

Dunkelbraun, die dünnsten Kryställchen roth durchsichtig. Die nicht ganz vollständige quan-

---

[1] *v. Lasaulx* ist geneigt, zweierlei Titaneisen zu unterscheiden: *a*) ursprünglich hexagonalrhomboëdrisch krystallisirtes T. = $(Fe,Ti)^2O^3$; dazu besonders die kryst. Varietäten von Bourg d'Oisans, Hof-Gastein, St. Gotthard, Miask, Norwegen; *b*) ein aus Rutil entstandenes, meist in

titative Analyse ergab: 52,7 Titansäure, 42,8 Eisenoxyd, 0,7 Glühverlust (95,7); die Oxydationsstufe des Eisens musste unbestimmt bleiben. *Kenngott* bezweifelt mit Recht, dass daraus auf die Formel des Titaneisens geschlossen werden darf (N. Jahrb. f. Min. 1880. I. 165). Fast unschmelzbar, löslich in Borax unter Eisenreaction, in Phosphorsalz unter Titansäurereaction; in kochender concentrirter Salzsäure theilweise, in Schwefelsäure fast völlig löslich. Das Mineral findet sich nach *Gonnard* auch im Trachyt vom Riveau grand im Mont Dore, wo es ebenfalls von sog. Szabóit und Tridymit begleitet wird; nach *W. J. Lewis* auch aufsitzend auf dem sog. Spargelstein (Apatit) von Jumilla in Murcia, wo in der Prismenzone nur (das als ∞P betrachtete) *m* auftritt (Z. f. Kryst. VII. 1883. 180); *H. Thürach* gibt das Mineral auch in dem Zersetzungsschutt des Basalts und Phonoliths vom Kreuzberg in der Rhön an[1]).

144. **Braunit,** *Haidinger.*

Tetragonal; P 108° 39', also sehr ähnlich dem regulären Oktaëder; A.-V. = 1 : 0,9852; gewöhnliche Formen P und P. 0P, auch 4P2 bisweilen vorherrschend; Zwillinge nach P∞; die Krystalle klein und sehr klein, zu Drusen und körnigen Aggregaten verbunden. — Spaltb. pyramidal nach P ziemlich vollk.; H. = 6...6,5; G. = 4,73...4,9; eisenschwarz bis bräunlichschwarz, Strich schwarz, metallartiger Fettglanz, undurchsichtig. — Chem. Zus. nach den Analysen von *Turner, Tönsager* und *Damour*: Manganoxyd, $(Mn^2)O^3$, mit 69,6 Mangan und 30,4 Sauerstoff; die Var. von Elgersburg enthält jedoch nach *Turner* 2,26 pCt. Baryt; andere Varr. (wie z. B. jene von St. Marcel) ergaben einen Gehalt von 7 bis 15 pCt. Kieselsäure. V. d. L. ist er unschmelzbar; mit Borax, Phosphorsalz und Soda gibt er die Reaction auf Mangan; von Salzsäure wird er unter Entwickelung von Chlor aufgelöst. — Elgersburg, Oehrenstock, Ilfeld, St. Marcel, Botnedal in Telemarken.

Anm. *Hermann* deutete die Constitution des Braunits nicht als Manganoxyd, sondern als eine Verbindung von Manganoxyd mit Mangansuperoxyd, $MnO + MnO^2$, und *G. Rose* hat sich dieser Anschauungsweise angeschlossen, weil es nur dabei erklärlich werde, dass der Braunit nicht mit Eisenglanz isomorph sei. — Das Vorkommen von Baryt einestheils und von Kieselsäure anderntheils in gewissen Varietäten des Braunits scheint ihm diese Deutung zu rechtfertigen, indem der erstere als ein Vertreter von MnO, die andere als eine Vertretеrin von MnO^2 zu betrachten sei. Er schlägt demnach vor, die durch ihren Kieselsäuregehalt und ihr geringeres sp. Gewicht (4,752) ausgezeichnete Var. von St. Marcel unter dem schon von *Beudant* gebrauchten Namen **Marcelin** vom Braunit zu trennen. Dagegen deutet *Rammelsberg*, welcher die Varietäten von Elgersburg und St. Marcel analysirte, die Zusammensetzung ganz anders, indem er den Braunit als eine Mischung von Manganoxyd und Manganoxydul-Silicat, nach der Formel $3(Mn^2)O^3 + MnSiO^3$ betrachtet. *Damour*, *v. Kobell* und neuerlich *Laspeyres* sind geneigt, den Kieselsäuregehalt des Braunits mit einem mechanisch eingemengten Silicat (vielleicht Manganepidot) in Verbindung zu bringen; doch bleibt nach *Rammelsberg* diese Kieselsäure beim Auflösen nur theilweise, in gelatinöser und flockiger Form zurück.

rundlichen Körnern vorkommendes T. von unbestimmter Krystallform, chemisch jetzt Fe Ti O³; zu letzterem die Vorkommnisse von der Iserwiese, Rio Chico in Neu-Granada, die aus vielen Dioriten und Diabasen (letztere sind indessen lamellar-hexagonal und haben formell nichts mit Rutil zu thun). Der Rutil bildet sich nach ihm um in titansaures Eisenoxydul und erst aus diesem geht dann durch höhere Oxydation Eisenoxyd hervor. So können gemäss seiner Auffassung später Titaneisen entstehen, welche statt Eisenoxyd als Eisenoxydul enthalten, und bei diesem Vorgang müsste nothwendig Titansäure frei werden (Z. f. Kryst. VIII. 1884. 71).

1) *Groth* macht darauf aufmerksam, dass, wenn man bei diesem Mineral *b* zur Basis nähme, d. h. die Axen *b* und *c* vertauschte, das A.-V. würde 0,8790 : 1 : 0,9071, also sehr nahe dem von ihm für Brookit angenommenen 0,8485 : 1 : 0,9301. Bei dieser Annahme wäre der Pseudobrookit nur ein sehr eisenreicher B r o o k i t und es würde bei ihm *d* = ∞P, *l* = P̄∞, *b* = 0P, *y* = P̄∞, *e* = ∞P3, *m* = 2P̄∞. *vom Rath* wendet sich gegen diesen Vorschlag, weil dann die durch die verticale Streifung auf ∞P∞ bedingte Analogie mit Brookit verloren geht und es überhaupt unwahrscheinlich sei, dass der Pseudobrookit mit Brookit in näherer Beziehung steht, da bis jetzt keines der drei Titansäuremineralien in vulkanischen Gesteinen nachgewiesen wurde. Auch *A. Schmidt* erklärte sich gegen den Vorschlag von *Groth.*

145. Valentinit oder Antimonoxyd (Weiss-Spiessglaserz, Antimonblüthe).

Rhombisch, isomorph mit der rhombischen arsenigen Säure; ∞P schwankend in verschiedenen Dimensionen, nach *Laspeyres* (Z. f. Kryst. IX. 1885. 162) im Mittel 137° 15'; die Krystalle sind entweder prismatisch nach der Brachydiagonale durch starke Ausdehnung von $\frac{4}{3}\bar{P}\infty$ (134° 22') oder $\frac{4}{3}\bar{P}\infty$ (115° 28'), oder es steht ∞P mit solchen Brachydomen fast im Gleichgewicht; anderseits sind sie tafelartig durch $\infty \bar{P}\infty$ und zeigen dann vorne ∞P (auch $\infty \bar{P}\infty$), oben Brachydomen wie $\frac{2.0}{9}\bar{P}\infty$ (106° 24') oder $\frac{2}{3}7\bar{P}\infty$ (147° 30'), bisweilen auch $\bar{P}\infty$; ferner kommen durch ∞P prismatische Krystalle vor, welche oben Pyramiden tragen wie $\frac{4}{3}\bar{P}2$ (127° 17' in den makrod. Polk.). A.-V. $= 0,3914 : 1 : 0,3367$. Die Krystalle einzeln aufgewachsen oder zu fächerförmigen, garbenförmigen, büschelförmigen, sternförmigen Gruppen und zu zelligen Drusen verbunden; auch derb und eingesprengt in körnigen, stängeligen und schaligen Aggregaten; in Pseudomorphosen nach Antimon, Antimonglanz und Antimonblende, Antimonarsen. — Spaltb. nach $\infty \bar{P}\infty$ vollk., auch manchmal nach ∞P, mild, sehr leicht zersprengbar; H. $= 2,5...3$; G. $= 5,6$; gelblich- und graulichweiss bis gelblichgrau und gelblichbraun, aschgrau und schwärzlichgrau, selten roth; Perlmutterglanz auf $\infty \bar{P}\infty$, ausserdem Diamantglanz, halbdurchsichtig bis durchscheinend. — Chem. Zus. im reinsten Zustande: Antimonoxyd oder antimonige Säure $= Sb^2O^3$, mit 83,32 Antimon und 16,68 Sauerstoff; er wird in der Hitze gelb und schmilzt sehr leicht zu einer weissen Masse; im Kolben sublimirt er sich vollständig; auf Kohle gibt er einen starken Beschlag und im Red.-F. metallisches Antimon; in Salzsäure ist er leicht löslich, die Sol. gibt mit Wasser ein weisses Präcipitat. — Bräunsdorf, Wolfsberg, Przibram, Horhausen (in Rheinpreussen), Allemont, Pernek bei Bösing und Felsöbánya in Ungarn, Sansa in Constantine (faserig).

146. Senarmontit, *Dana.*

Regulär; O in ziemlich grossen, oft etwas krummflächigen Krystallen, auch derb, in körnigen oder dichten Massen, deren Cavitäten mit oktaëdrischen Krystallen besetzt sind. — Spaltb. oktaëdrisch, unvollk.; Bruch uneben; wenig spröd; H. $= 2...2,5$; G. $= 5,22...5,30$; farblos, weiss bis grau, Diamant- und Fettglanz, sehr lebhaft; durchsichtig bis durchscheinend. Im pol. Licht zeigt der Senarmontit auch die normale optische Verhalten regulärer Körper: nach *Grosse-Bohle* würden die Polarisationserscheinungen darauf verweisen, das scheinbare Oktaëder als einen Complex von 12 (mit Einschluss der parallelen 24) monoklinen Individuen, nach 0P und P verwachsen, anzusehen. — Chem. Zus.: ebenfalls Antimonoxyd Sb^2O^3, welches demnach **dimorph** ist. Das Mineral, welches deshalb interessant ist, weil es die vermuthete Isodimorphie des Antimonoxyds und der arsenigen Säure completirt, wurde fast gleichzeitig durch *Sénarmont* bei Mimine unweit Sansa in Constantine, und durch *Kenngott* bei Pernek unweit Bösing in Ungarn entdeckt; ferner findet es sich bei Southham in Ostcanada, wo nach *Hintze* auch Krystalle vorkommen, welche in Valentinit paramorphosirt und in Antimonit pseudomorphosirt sind.

147. Arsenikblüthe (Arsenit, Arsenolith).

Regulär, O; gewöhnlich in krystallinischen Krusten, auch als haarförmiger, flockiger und mehliger Anflug. — Spaltb. oktaëdrisch; H. $= 1,5$ (nach *Breithaupt* 3; G. $= 3,69...3,72$; farblos, weiss; Glasglanz, selten wahrnehmbar; durchscheinend; schmeckt süsslich herbe (höchst giftig). — Chem. Zus.: Arsenige Säure $= As^2O^3$, mit 75,78 Arsen und 24,22 Sauerstoff. V. d. L. im Kolben sublimirt sie sich sehr leicht in kleinen Oktaëdern; auf Kohle reducirt sie sich, mit etwas befeuchteter Soda gemengt, zu Metall und verdampft mit Knoblauchgeruch. Im Wasser schwer löslich; die Sol. wird durch Schwefelwasserstoff erst gelb, und gibt dann bei Zusatz von Salzsäure ein gelbes Präcipitat; blos mit Salzsäure versetzt bildet sie auf metallischem Kupfer einen grauen metallischen Ueberzug. — Als secundäres Erzeugniss mit Arsen und Arsenverbindungen: Andreasberg, Joachimsthal, Schwarzenberg i. S., Markirch.

Anm. Die arsenige Säure ist ebenfalls dimorph wie das Antimonoxyd, indem sie auch rhombische Krystalle bildet, wie dergleichen als zufällige Producte bei Hüttenprocessen vorkommen; diese, mit denen des Valentinits völlig isomorphen Krystalle (A.-V. = 0,3758 : 1 : 0,3500) sind von *Groth* genau beschrieben worden in Ann. d. Phys. u. Ch., Bd. 137, S. 415. *Claudet* fand in Verwachsung mit Arsenkies auf den San Domingo-Gruben in Portugal auch natürliche rhombische arsenige Säure, in dünnen gypsähnlichen Blättchen (G. = 3,85), welche *Dana* Claudetit nannte; wahrscheinlich gehören auch die oben erwähnten haarförmigen und faserigen Varietäten der natürlichen arsenigen Säure dem Claudetit an.

Valentinit und Senarmontit, Claudetit und Arsenikblüthe bilden daher eine ausgezeichnete isodimorphe Gruppe.

148. Wismuthocker.

Als Ueberzug, angeflogen, gestrickt, derb und eingesprengt; setzt sich nach *Wichmann* im Wesentlichen aus kleinen, gerade auslöschenden und augenscheinlich rhombischen Nädelchen zusammen. In Pseudomorphosen nach Wismuthglanz und Nadelerz; Bruch uneben und feinerdig; wenig spröd, sehr weich und zerreiblich; G. = 4,3...4,7; strohgelb bis licht grau und grün; schimmernd oder matt, undurchsichtig. — Chem. Zus.: Wismuthoxyd = Bi^2O^3, mit 89,66 Wismuth und 10,34 Sauerstoff, etwas verunreinigt durch Eisen, Kupfer oder Arsen; v. d. L. auf Platinblech leicht zu dunkelbrauner, nach der Abkühlung blassgelber Masse schmelzend; auf Kohle zu Wismuth reducirt; in Salpetersäure leicht löslich. — Schneeberg, Johanngeorgenstadt, Joachimsthal; oft als Zersetzungsproduct des Wismuthglanzes und Emplektits.

3. Bioxyde, RO^2.

149. Quarz (Quartz).

Hexagonal, jedoch nicht holoëdrisch, sondern nach den Gesetzen der trapezoëdrischen Tetartoëdrie gebildet (S. 66), wie namentlich in den reinsten Varietäten (dem sog. Bergkrystall) sehr bestimmt zu erkennen ist, während im gemeinen Quarz gewöhnlich eine scheinbar holoëdrische Ausbildung stattfindet [1]).

---

1) Eine der besten Arbeiten über die so äusserst interessante Krystallreihe des Quarzes gab G. *Rose* in den Abhandlungen der Berliner Akademie für 1844 (erschienen 1846). Im Jahre 1855 erschien die ausführliche Monographie von *Des-Cloizeaux* unter dem Titel: *Mémoire sur la cristallisation et la structure intérieure du Quartz*, die reichhaltigste und gediegenste Arbeit, welche jemals über den Quarz veröffentlicht worden ist, in welcher gezeigt wird, dass an diesem Mineral nicht weniger als 166 verschiedene Formen vorkommen. Beide diese Arbeiten bestätigen übrigens vollkommen die Interpretation, welche *Naumann* schon im Jahre 1830, in seinem Lehrbuch der Krystallographie, für die eigentliche Ausbildungsweise der Quarzformen zu geben versuchte, indem er solche als nothwendige und gesetzmässige Folge der trapezoëdrischen Tetartoëdrie darstellte (vgl. seinen Aufsatz im N. Jahrb. f. Min. 1856. 446). Eine kritische Abhandlung über die Quarzformen gab *E. Weiss* in Abb. der naturf. Ges. zu Halle, Bd. 5. 1860. 53. Sehr ausgezeichnete Krystalle von Striegau in Schlesien beschrieb *Websky*, in Z. d. geol. Ges., Bd. 17. 1865. 348; vgl. auch dessen Abhandlung im N. Jahrb. f. Min., 1871. 782. 785 und 897 über stumpfe Rhomboëder und Hemiskalenoëder der Striegauer Krystalle, sowie seine ferneren Untersuchungen ebendas. 1874. 113. Die sehr interessanten Quarzkrystalle von der Grotta Palombaja auf der Insel Elba beschrieb *G. vom Rath*, in Z. d. geol. Ges., Bd. 22. 1870. 649; und *Antonio d'Achiardi* führt in seiner *Mineralogia della Toscana* (Pisa 1872. 67 bis 99) viele Combinationen auf aus den Monti Pisani, von Bottino, Elba, Carrara u. s. w. *Zerrenner* theilte Notizen mit über merkwürdige Quarzkrystalle von Przibram; in der soeben genannten Zeitschrift, Bd. 22. 921. *Streng* gab Nachrichten über diejenigen der Grube Eleonore am Dünstberg bei Giessen, welche u. a. das zwölfseitige Prisma $\infty P\psi$ tragen (im XVII. Ber. d. oberhess. Ges. f. N. u. H.). *Scharff* lieferte eine Abhandlung über den Quarz im Allgemeinen, in den Abhandl. der Senckenbergischen naturf. Ges., Bd. III. 1859, sowie eine zweite über die Zwillingsbau des Quarzes im N. Jahrb. für Min., 1864. 530, und eine dritte über den Bergkrystall von Carrara, ebendaselbst 1868. 822. Eine fernere Untersuchung über die von ihm sog. Uebergangsflächen veröffentlichte er in den Abhandl. d. Senckenberg. nat. Ges., Bd. IX. 1873. *Stelzner* macht es wahrscheinlich, dass die Ausbildung von Quarzkrystallen mit Trapezoëderflächen nur dort stattgefunden hat, wo sich gleichzeitig aus fluor- und chlorhaltigen Verbindungen die Mineralien der Zinn- und Titan-

Die Grundpyramide P (*P* und *z*) hat die Mittelkante $Z = 103^\circ 34'$ und die Polkante $X = 133^\circ 44'$; A.-V. $= 1 : 1,0999$; die Pyramide erscheint oft vollständig, allein sehr häufig auch als Rhomboëder R (*P*), welches, als nothwendiges Resultat der Tetartoëdrie, eigentlich $\frac{1}{2}$(P) bezeichnet werden muss; seine Polkante misst $94^\circ 15'$. Ausserdem sind als besonders häufige Formen ∞P (*r*), 3P, 4P (*t*), 7P (*c*), 11P (*l*), 2P2 (*s*) gesetzmässig als trigonale Pyramide, aber immer untergeordnet, sowie mehre $m\text{P}\dfrac{m}{m-1}$ (gesetzmässig als trigonale Trapezoëder, aber gleichfalls untergeordnet), gewöhnlich $6\text{P}\frac{5}{2}$ (x) zu bemerken, doch kommen auch noch viele andere Trapezoëder vor; auch P2 erscheint bisweilen, doch nur als trigonale Pyramide. Merkwürdig bleibt es, dass das Pinakoid 0R nur äusserst selten beobachtet worden ist; bisweilen gewahrt man wohl scheinbare basische Endflächen, welche indess durch mechanische Hinderung des Wachsthums, verursacht durch andere Krystalle, entstanden sind. Ueberhaupt aber erscheinen ∞P, P, oder R und —R, 3R, 4R und —11R als diejenigen Formen, welche meist die allgemeine Gestalt der Krystalle wesentlich bestimmen. Daher sind die Krystalle theils säulenförmig, theils pyramidal, theils rhomboëdrisch. — Gewöhnlichste Combb. ∞P.P oder P.∞P; ∞P.P.4P, in welcher ∞P und 4P meist oscillatorisch combinirt sind; ∞P.P.$\frac{1}{2}$(2P2), die Flächen von $\frac{1}{2}$(2P2) erscheinen als rhombische Abstumpfungsflächen der an den abwechselnden Seitenkanten von ∞P liegenden Combinationsecken; ∞P.P.$\frac{1}{2}$(2P2).$\frac{1}{4}$(6P$\frac{5}{2}$), die Flächen von $\frac{1}{4}$(6P$\frac{5}{2}$) und von allen analogen Trapezoëdern erscheinen als Trapeze zwischen den rhombischen Flächen *s* und den Flächen des Prismas. Das Rhomboëder R kommt häufig in Combinationen, selten ganz selbständig vor.

Die folgenden Figuren stellen einige der häufigsten und daher wichtigsten Krystallformen dar, in deren Erklärungen die Rhomboëder mit den Zeichen der gleichartigen hemiëdrischen Formen eingeführt sind, von denen sie in ihrer Erscheinung nicht abweichen; für die Trapezoëder und die trigonale Pyramide sind die Zeichen ihrer holoëdrischen Stammformen gesetzt.

1   2   3   4   5

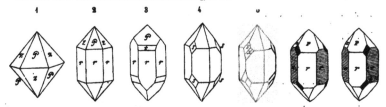

Fig. 1. Die Grundpyramide P, oder die beiden complementären Rhomboëder R und —R (*P* und *z*) im Gleichgewicht ausgebildet; eine sehr häufig vorkommende Form, deren Mittelkanten gewöhnlich durch ∞P abgestumpft sind.

formation unter Entwickelung von Fluor- und Chlorwasserstoffsäure bildeten (N. Jahrb. f. Min., 1871. 83). — Ueber die trigonale Pyramide $\frac{\text{P2}}{4}$ an Amethystzwillingen von Oberstein verbreitete sich *Laspeyres* in Z. d. geol. G., 1874. 327. — Die Krystalle von Zöptau in Mähren wurden durch *vom Rath* in Z. f. Kr. V. 1880. 1, diejenigen von Alexander Co. in Nordcarolina durch denselben in Verh. nat. Verein d. pr. Rheinl. u. s. w. 1884. 290 beschrieben. — Quarzkrystalle mit der zu den grössten Seltenheiten gehörenden Basis fand *J. Lehmann* als pyrogene secundäre Bildungen in den Hohlräumen eines stark angeschmolzenen Sandsteineinschlusses in den Laven des Laacher Sees.

Hankel folgert aus seinen elektrischen Untersuchungen, dass die trigonalen Trapezoëder nicht sowohl als Tetartoëdrieen der dihexagonalen Pyramiden aufzufassen seien, sondern vielmehr als hemimorph-hemiëdrische Gestalten, indem ein (hemiëdrisches) hexagonales Trapezoëder derart hemimorphisch wird, dass an dem einen Ende der drei Nebenaxen die zu ihm gehörigen Flächen sich ausbilden, am anderen Ende derselben Axen aber nicht zur Entwickelung gelangen, wobei das entstehende trigonale Trapezoëder dieselbe Drehung besitzt, wie das hexagonale, aus welchem es hervorgegangen ist (Abh. sächs. Ges. Wiss. XII. 1881. 459).

Fig. **2**. ∞P.P, oder ∞P.R.—R, die gewöhnlichste unter allen Quarzformen.

Fig. **3**. ∞P.R.4R; nicht selten; auch erscheint wohl 3R statt 4R (t).

Fig. **4**. ∞P.P.2P2; die der letzteren Form gehörigen Flächen *s* würden für sich allein
eine trigonale Pyramide bilden; es sind die sogenannten Rhombenflächen,
und sie erscheinen häufig, wenn auch nicht immer vollzählig, und in der
Regel sehr stark glänzend.

Fig. **5**. ∞P.P.2P2.6P$\frac{6}{5}$; die letzteren Flächen *x* gehören zu den sogenannten Trapezflächen, und würden für sich allein ein trigonales Trapezoëder bilden.

Fig. **6** und 7, welche beide die Comb. ∞P.R.—R.2P2 darstellen, sollen besonders
den Unterschied der rechts und links gebildeten Krystalle veranschaulichen, je
nachdem nämlich an ob er en Ende des Krystalls die Flächen *s* rechts oder
links von den Flächen *P* liegen, womit auch die oft vorkommende Streifung
derselben zusammenhängt, welche der Combinationskante zu *P* parallel ist.
Sind die Flächen *s* und *x* zusammen ausgebildet, so liegen die Rhombenflächen (*s*) bei den rechten Krystallen rechts, bei den linken Krystallen (wie
Fig. 5) links über den Trapezflächen (*x*). — An einem einfachen Krystall
kommen stets nur positive rechte und negative linke, oder negative rechte und
positive linke Trapezoëder vor.

Fig. **8**. ∞P.R.—R.4R.6P$\frac{6}{5}$.2P2; eine in der Schweiz und überhaupt in den Alpen
nicht selten vorkommende Comb.; rechts gebildeter Krystall.

Fig. **9**. ∞P.∞P2.R.—R.—7R.6P$\frac{6}{5}$; häufig bei Carrara, besonders interessant durch
die dem Deuteroprisma gehörigen Flächen *i*, welche nur zur Hälfte vorhanden
sind, und also für sich allein ein trigonales Prisma bilden würden, wie es die
Tetartoëdrie erfordert; die Flächen *c* gehören dem Rhomboëder —7R.

Fig. **10**. ∞P.R.—R.—7R.6P$\frac{6}{5}$.2P2; aus dem Dauphiné, gleichfalls mit dem Rhomboëder —7R, dessen Flächen *c* gegen *r* unter 173° 35′ geneigt sind.

Fig. **11**. ∞P.R.—R.—11R.6P$\frac{6}{5}$; ebenfalls aus dem Dauphiné, mit dem Rhomboëder
—11R, dessen Flächen *l* gegen *r* unter 175° 54′ geneigt sind.

Fig. **12**. —11R.R.—R, meist noch mit ∞P; aus dem Dauphiné, mit sehr vorwaltendem Rhomboëder —11R, dessen Flächen *l* gegen die Flächen *s* des Rhomboëders —R unter 145° 52′ geneigt sind.

Fig. **13**. ∞P.R.—R.3R.—$\frac{7}{4}$R.6P$\frac{6}{5}$.4P$\frac{4}{3}$; aus der Schweiz, *o* sind die Flächen von
3R, *v* die Flächen von —$\frac{7}{4}$R, und *u* die Flächen von 4P$\frac{4}{3}$; *o* : *r* = 165° 18′,
v : *r* = 161° 19′, *u* : *r* = 161° 31′.

Fig. **14**. ∞P.R.—R.6P$\frac{6}{5}$; aus Brasilien, deshalb merkwürdig, weil 6P$\frac{6}{5}$ als Skalenoëder, oder als rechtes und linkes Trapezoëder zugleich ausgebildet ist, was,
wie G. Rose schon geschlossen hatte, und von Groth durch optische Untersuchung bewiesen wurde, darin seinen Grund hat, dass ein rechts gebildeter
und ein links gebildeter Krystall vollkommen durcheinander gewachsen sind,
wobei ∞P2 als Zwillings-Ebene dient.

Fig. **15**. Ein Zwillingskrystall mit gegenseitiger Durchdringung der Individuen; die
Schraffirung der Flächen *P* des grösseren Individuums soll nur zur Verdeutlichung des Bildes dienen.

Bei Quebec in Canada kommen auch Krystalle der Comb. ∞P.R. — R.2R. —¼R vor. Von den häufig vorkommenden Combinationskanten sind noch zu erwähnen:

P : oberen $s = 132°\ 44'$	P oder z : $r = 444°\ 47'$	P : $t = 453°\ 5'$
P : unteren $s = 403\ 34$	t : $r = 468\ 52$	s : $r = 442\ 3$
P oder z : $s = 454\ \ 6$		x : r (von s her) $= 468\ 0$

Hat man für irgend eine, der x oder u analog liegende Trapezfläche ihre Combinationskante zu r mit dem Werth k gefunden, so bestimmt sich die Ableitungszahl m nach der Formel:

$$2m - t = 2.34\ \text{tang}\ (k - 90°).$$

In allen diesen Combb. ist P sehr oft in die beiden Rhomboëder R und —R zerfällt, welches letztere nicht selten gänzlich fehlt; auch haben die correlaten Flächen einer und derselben Form, namentlich im sog. Bergkrystall, oft eine höchst ungleichmässige Ausdehnung, so dass die Formen sehr auffallenden Verzerrungen unterworfen sind. So stellen die nachstehenden Figuren 16 bis 20 verschiedene Verzerrungsformen dar, in denen die Combination Fig. 2 nicht selten vorkommt.

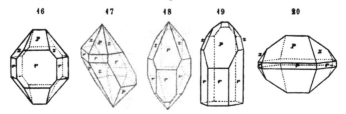

Oberfläche von ∞P sehr gewöhnlich horizontal gestreift, die von R oft glatter und glänzender, als jene von —R [1]). — Zwillingskrystalle häufig, mit parallelen Axensystemen beider Individuen, so dass die R-Flächen des einen Individuums den —R-Flächen des anderen parallel liegen u. s. w., (theils mit Juxtaposition, theils mit gegenseitiger Penetration, und dann scheinbar einfache Krystalle bildend (Figg. 177 u. 178, S. 105), wobei die Flächen s und x oft an allen aufeinanderfolgenden Ecken liegen (vgl. Fig. 179, S. 105), während sie an einfachen Krystallen oben, und gleichfalls unten nur an den abwechselnden Ecken vorkommen können; am sog. Bergkrystall gehören dergleichen, mit vollständiger gegenseitiger Incorporirung der Individuen ausgebildete Zwillingskrystalle, oder auch mehrfach zusammengesetzte Krystalle zu den sehr gewöhnlichen Erscheinungen; die Individuen sind dabei ganz unregelmässig begrenzt und nur stückweise einander einverleibt. — Andere Zwillinge, welche eine Verwachsung von rechts und von links gebildetem Quarz sind (Fig. 14), bei welchen die Trapezflächen so neben einander fallen, dass sie ein Skalenoëder darstellen, wurden auch durch G. Rose von den Färöer und durch vom Rath vom Collo di Palombaja auf Elba, sowie von Zöptau in Mähren beschrieben (vgl. S. 105). Eine Durchkreuzung zweier so gebildeter Zwillinge (wobei die Flächen R der einen und —R der anderen in dieselbe Ebene fallen) liegt den durch den letztgenannten Forscher und durch Laspeyres ausführlich untersuchten Schillerquarzen vom Weisselberg bei St. Wendel zu Grunde, welche namentlich —R einen bläulichen Lichtschein besitzen. Groth wies an Krystallen von Schneeberg nach, dass zwei der nach Fig. 14 gebildeten Zwillinge nach einer Fläche von ∞P derart mit einander verbunden sind, dass von jedem nur die nach aussen gelegene Hälfte ausgebildet und die Zwillings-Ebene als Verwach-

---

[1]) *Baumhauer* hat darauf aufmerksam gemacht, dass bisweilen die Rauhheit von —R u. d. M. als von dichtgedrängten Unebenheiten hervorgebracht sich kundgibt, welche eine dreiseitige Form besitzen und auf —R der rechten Krystalle die entgegengesetzte Lage wie auf —R der linken besitzen: bei den ersteren liegen sie ihrer grössten Ausdehnung nach von rechts oben nach links unten, bei den letzteren, den linken, von links oben nach rechts unten.

sungsfläohe erscheint (Ann. d. Phys. u. Ch., Bd. 158, S. 220)[1]). Seltener kommen die zuerst von *Weiss* erkannten herzförmigen Zwillinge mit geneigten Axensystemen nach einer Fläche von P2 vor, in welchen die Hauptaxen beider Individuen den Winkel von 84° 33′ bilden (vgl. dar. *G. vom Rath* in Ann. d. Phys. u. Ch., Bd. 155, S. 57). *G. Rose* fand an kleinen Quarzgruppen aus dem Serpentin von Reichenstein eine Zwillingsbildung, welcher das Gesetz: Zwillings-Ebene eine Fläche von R zu Grunde zu liegen schien; doch sind diese Drillings- oder Sechslingskrystalle später von *Eck* einer ganz anderen Deutung unterworfen worden, indem er zeigte, dass die regelmässige Verwachsung der Quarz-Individuen durch die Flächen des Rhomboëders —⅓R eines unter jeder Gruppe sitzenden Kalkspathkrystalls bestimmt wird; schon 1836 hatte *Breithaupt* die Natur dieser Vorkommnisse richtig als gesetzmässige Verwachsung zweier Mineralien angegeben; ähnliche Pseudo-Drillinge fanden *vom Rath* und *Frenzel* bei Schneeberg; auch hat *Jenzsch* noch mehre andere Zwillingskrystalle mit geneigten Hauptaxen beider Individuen beschrieben, wie solches schon früher von *Sella* geschehen ist [2]). — Sehr merkwürdig sind die krummflächigen, schraubenförmig gewundenen Quarzkrystalle, auf welche *Weiss* zuerst aufmerksam gemacht hat; einen Versuch dieselben zu erklären, gab *E. Reusch* in Sitzungsber. Berl. Akad. 1882. 133; *G. vom Rath* fand an Quarzkrystallen der Grotta Palombaja auf Elba oft eine Abrundung gewisser Kanten, welche bisweilen soweit geht, dass sie am oberen Ende wie ein Tropfen Glas erscheinen. An Amethystkrystallen von Oberstein und Quarzen von Lizzo bei Bologna gewahrt man eingekerbte Kanten in Folge von ungleichmässigem Flächenwachsthum (S. 92); dass ihnen nicht die durch *vom Rath* angenommene Durchwachsung zweier Individuen zu Grunde liegt, haben *Laspeyres* und *v. Lasaulx* dargethan. Mit den künstlichen Aetzfiguren (S. 146) haben sich namentlich *Leydolt* und *Baumhauer* beschäftigt [3]). — Die Krystalle finden sich theils einzeln auf- und eingewachsen, theils zu Gruppen und Drusen vereinigt; ausserdem häufig stängelige, z. Th. in freie Krystallspitzen auslaufende, auch faserige Aggregate; noch häufiger derb, in körniger bis dichter Zusammensetzung und in kryptokrystallinischen Aggregaten; in Pseudomorphosen nach Flussspath, Gyps, Anhydrit, Baryt, Apatit, Kalkspath, Dolomit, Zinkspath, Eisenspath, Barytocalcit, Cerussit, Stilbit, Galmei, Wolfram, Scheelit, Eisenglanz, Pyrit und Bleiglanz; als Versteinerungsmaterial; in Geschieben, Geröllen und als Sand.

Spaltb. rhomboëdrisch nach R meist sehr unvollkommen, selten vollkommen, wie nach *Scheerer* in einem granitartigen Gestein bei Modum, und nach *G. vom Rath* in einem grosskörnigen Gemenge aus Oligoklas, Quarz und Turmalin im Veltlin; pris-

---

1) Vgl. auch über die zonenförmige Verwachsung von Rechts- und Linksquarz an den Krystallen von Krummendorf in Schlesien *Schumacher* in Z. d. geol. Ges. 1878. 427. — An einem Quarz aus dem Saasthal und an solchen von Zöptau beobachtete *vom Rath* eine polysynthetische Lamellenstructur, welche sich auf den Flächen des Prismas und der spitzeren Rhomboëder darbietet, in ausgezeichneter Weise über die verticalen Kanten weglaufend zu verfolgen ist und parallel R geht, weshalb sich denn die beiden schiefen Streifensysteme z. B. auf ∞P unter 84° 34′ oben und unten schneiden. Schon früher hatte *Des-Cloizeaux* an brasilianischen Krystallen eine sehr grosse Anzahl von Lamellen von entgegengesetzter Drehung parallel den Rhomboëderflächen eingelagert gefunden.

2) *Eck*, in Z. d. geol. Ges., Bd. 18. 426, und *Jenzsch*, in Ann. d. Phys. u. Ch., Bd. 130. 1867. 597, und Bd. 134. 540. — Vgl. auch *Hare* in Z. f. Kryst. IV. 298. *Sella*'s Beobachtungen finden sich in seiner trefflichen Abhandlung: *Studii sulla mineralogia sarda*, 1859. 35.

3) Nach Aetzversuchen, welche *Baumhauer* (mit geschmolzenem Kalihydrat) am Quarz ausführte, ergibt sich, dass die Eindrücke auf den Rhomboëderflächen nach rechts und links, sowie nach oben und unten unsymmetrisch gestaltet und nicht nur auf R und — R eines und desselben Krystalls verschieden sind, sondern auch bei rechten und linken Individuen eine entgegengesetzte Lage haben; dies stimmt mit der Annahme überein, dass (weil R und — R als Grenzgestalten von Trapezoëdern zu betrachten sind) bei rechten Krystallen R als rechtes positives und — R als linkes negatives Grenztrapezoëder, und bei linken Krystallen R als linkes positives und — R als rechtes negatives Grenztrapezoëder anzusehen sind, worin *m* und *n* = 1. Auch die auf ∞P erzeugten Vertiefungen sind rechts und links unsymmetrisch und liegen bei rechten und linken Krystallen in entgegengesetzter Richtung (Ann. d. Phys. u. Ch., N. F., Bd. 1. 1877. 157).

matisch nach ∞P in Spuren; Bruch muschelig bis uneben und splitterig; H. $=$ 7;
G. $=$ 2,5...2,8; die reinsten Varietäten 2,65; nach *Sainte - Claire-Deville* 2,663;
nach *Schaffgotsch* 2,647...2,664, oder im Mittel 2,653. Farblos, oft wasserhell,
aber öfter gefärbt, weiss in allen Nüancen, grau, gelb, braun, schwarz, roth, blau,
und grün; Glasglanz, auf den Bruchflächen oft Fettglanz; pellucid in allen Graden;
optisch - einaxig positiv mit sehr schwacher Doppelbrechung (S. 160), welche durch
die Zwillingsbildung und andere Verhältnisse oftmals gestört wird, weshalb das schwarze
Kreuz nicht selten in zwei Hyperbeln zerfällt. Circularpolarisation (S. 187) nach rechts
oder nach links, je nachdem die Lamelle von einem rechts oder einem links gebildeten
Krystall stammt. Nach *Hankel* polar-thermoelektrisch in der Richtung der Nebenaxen.
— Chem. Zus.: Kieselsäureanhydrid, SiO^2 (bestehend aus 46,73 Silicium und 53,27
Sauerstoff, mit kleinen Beimengungen von Eisenoxyd, Eisensäure, Titanoxyd u. a. Pigmenten; v. d. L. unschmelzbar; Soda löst ihn·unter Brausen zu einem klaren Glas auf;
von Säuren wird er nicht gelöst, ausgenommen von.Flusssäure; heisse Kalilauge greift
das Pulver des Quarzes nur wenig an..

Die zahlreichen Varietäten lassen sich folgendermaassen übersehen:

1) **Phanerokrystallinische Varietäten:**
   a) **Bergkrystall**; ursprünglich immer krystallisirt, in den manchfaltigsten Formen,
   oft sehr grosse Krystalle, wie namentlich in den sog. Krystallhöhlen der Alpen, in
   deren einer am Tiefengletscher (Canton Uri) im J. 1868 riesige Krystalle von Rauchquarz gefunden wurden; secundär in Geschieben und Geröllen; Bruch muschelig;
   wasserhell oder graulichweiss bis rauchgrau, gelblichweiss bis weingelb (Citrin),
   gelblichbraun, nelkenbraun (Rauchquarz) bis fast pechschwarz (Morion), pellucid
   in hohen und mittleren Graden; oft mit Chlorit (oder Helminth) imprägnirt, oder
   dünne, z. Th. haarförmige Krystalle von Turmalin, Epidot, Rutil, Nadeleisenerz, Amphibol, Antimonglanz, selten in ganz kleinen Blasenräumen eine tropfbare sehr expan-
   sibele Flüssigkeit umschliessend [1]. — Schweizer, Tiroler, Französische Alpen, Marma-
   rosch in Ungarn, Carrara, Jerischau in Schlesien, Madagaskar (Krystalle bis 26 Fuss
   Umfang) und viele a. O.
   b) **Amethyst**; stängelige bis dickfaserige, in freie Krystallenden auslaufende Individuen,
   welche meist nur P und ∞P, bisweilen aber auch mancherlei andere Formen frei ausgebildet zeigen, und zu Drusen verbunden sind [2]; die Zusammensetzungsflächen der
   Stängel sind zickzackförmig gestreift, und der Längenbruch der Aggregate zeigt oft eine
   ähnliche (sog. fortificationsartige) Farbenzeichnung; auch derb und in Geschieben;
   violblau, pflaumenblau, nelkenbraun, perlgrau, grünlichweiss; der dunkelviolette aus
   Brasilien entfärbt sich bei 250°. — Wolkenstein, Wiesenbad und Schlottwitz in Sachsen; Schemnitz; Ceylon.
   c) **Gemeiner Quarz**; krystallisirt, fast nur in den Comb. ∞P.P, oder P.∞P, selten
   ∞P.R; auch in Pseudomorphosen nach Flussspath, Kalkspath, Gyps, Baryt u. a. Mineralien; häufig derb und eingesprengt als Gemengtheil sehr zahlreicher Gesteine wie
   Granit, Quarzporphyr, Rhyolith, Gneiss, Glimmerschiefer u. s. w.; mit Eindrücken,
   zellig, zerhackt, oder in körnigen und dichten Aggregaten, als Geröll, Sand und
   Sandstein; äusserst verbreitet und jedenfalls das häufigste Mineral. Als einige,

---

[1] Schon *Kenngott* führt ausser Luft und Wasser nicht weniger als 21 Mineralarten auf,
welche er in krystallisirtem Quarz eingeschlossen beobachtete; eine noch grössere Anzahl geben
Söchting und *Seyffert*, sowie *G. Leonhard* an, welcher letztere in seiner Preisschrift 48 Mineralien
namhaft macht. Dazu kommen noch die Einschlüsse von Pflanzenresten, welche *Bornemann* in
den Quarzkrystallen versteinerter Hölzer nachgewiesen hat. Die expansible Flüssigkeit wurde
von *Vogelsang* und *Geissler* als flüssige Kohlensäure erkannt (S. 117). Sehr häufig sind andere
Flüssigkeitseinschlüsse, von denen manche ein mikroskopisches Hexaëder von Kochsalz enthalten, daher in solchem Falle die Flüssigkeit mit grösster Wahrscheinlichkeit eine gesättigte Lösung
dieses Salzes ist. Die Farbe des Rauchquarzes wird nach *A. Forster* durch eine stickstoff- und
kohlenstoffhaltige Substanz verursacht, welche in einer sauerstoffleeren Atmosphäre bei 200° C.
vollständig abdestillirt werden kann, so dass der Krystall wasserhell wird (Ann. d. Phys. u. Ch.
Bd. 143. 1871. 178). Nach *G. W. Hawes* enthält der Rauchquarz von Brancheville, Connecticut, oft
so viel eingeschlossene flüssige Kohlensäure, dass beim Zerschlagen mit dem Hammer die Stücke
mit einem Knall, ähnlich dem eines Zündhütchens, auseinanderspringen und dass ein Stückchen,
in die Flamme eines *Bunsen*'schen Brenners gebracht, heftig decrepitirt.

[2] Ueber die Structur des Amethystes, an welchem schon *Brewster* eine schichtenförmige
Abwechslung von rechts und links drehendem Quarz erkannte, vgl. *Böklen* im N. Jahrb. f. Min.
1883. I. 62.

durch Farbe, Glanz oder Structur ausgezeichnete Varietäten sind besonders benannt worden:

α) **Rosenquarz**; derb, in individualisirten Massen, röthlichweiss bis rosenroth, durch Titanoxyd oder bituminöse Substanz gefärbt. — Zwiesel, Sibirien.

β) **Milchquarz**; derb, milchweiss, halbdurchsichtig. — Hohnstein bei Pirna, Grönland.

γ) **Siderit** oder Sapphirquarz; indig- bis berlinerblau, durch meist nach bestimmten Richtungen eingelagerte Nadeln und Fasern von Krokydolith gefärbt. — Golling in Salzburg.

δ) **Prasem**; lauchgrün, mit Strahlstein imprägnirt. — Breitenbrunn.

ε) **Katzenauge**; grünlichweiss bis grünlichgrau und olivengrün, auch roth und braun, mit parallelen Amiantfasern durchwachsen; *Fischer* und *Hornstein* sind geneigt, diesen Quarz als eine feinfaserige Pseudomorphosenbildung nach Asbest anzusehen, worin mitunter Asbest noch vorhanden sei. — Ceylon, Ostindien, Treseburg, Hof, Oberlosa bei Plauen.

ζ) **Avanturin**; gelber, rother oder brauner, mit vielen kleinen Glimmerschuppen oder auch von vielen kleinen Rissen nach allen Richtungen erfüllter Quarz; auf den Spältchen ist manchmal Eisenoxyd in dünnsten Häutchen abgelagert.

η) **Faserquarz**; in parallelfaserigen Aggregaten von plattenförmiger Gestalt; der braune und blaue F. vom Cap wird von *Wibel* für eine Pseudomorphose nach Krokydolith, von *Renard* für einen mit Quarz imprägnirten (umgewandelten) Krokydolith gehalten, während andere Faserquarze nach *Fischer* Umwandlungen von Chrysotil oder Fasergyps, nach *v. Lasaulx* solche von Faserkalk sein dürften.

ϑ) **Pisolithischen Quarz**, in der Form ähnlich dem Carlsbader Erbensteine, beschreibt *Kenngott* aus Aegypten und Sicilien.

d) **Eisenkiesel**; ist eine mit rothem oder gelbem Eisenocker, oder auch mit Stilpnosiderit innig gemengte, theils aus deutlichen Krystallen, theils aus körnigen Individuen zusammengesetzte Varietät; roth, gelb oder schwärzlichbraun, undurchsichtig; sie bildet den Uebergang in den Jaspis. — Eibenstock, Johanngeorgenstadt, Sundwig, San Jago de Compostella.

e) **Stinkquarz** hat man gewisse, graue bis braune, mit Bitumen imprägnirte, und daher gerieben oder angeschlagen stinkende Varietäten genannt. — Osterode, Pforzheim.

2) **Kryptokrystallinische Varietäten** :

a) **Hornstein**; dicht, derb, in Pseudomorphosen besonders nach Kalkspath, Fluorit und Baryt, in Kugeln, als Versteinerungsmaterial, zumal als versteinertes Holz (Holzstein), verschiedene graue, gelbe, grüne, rothe und braune Farben; Bruch muschelig und glatt, oder eben und splitterig, schimmernd oder matt, kantendurchscheinend. — Freiberg, Johanngeorgenstadt, Schneeberg, Ingolstadt; Kellheim; Chemnitz und am Kyffhäuser.

b) **Kieselschiefer**; verschiedentlich grau, röthlich, gelblich, oder durch Kohlenstoff schwarz gefärbte, dichte, dickschieferige Varietät; den ganz schwarzen, undeutlich schieferigen, von flachmuscheligem Bruch nennt man auch **Lydit**; bildet ganze Gebirgslager, namentlich im Devon und Culm.

c) **Jaspis**; ist theils dichter Eisenkiesel, theils auch dichte, durch Eisenoxyd roth, oder durch Eisenoxydhydrat gelb und braun gefärbte Varietät des Quarzes, von muscheligem Bruch, matt, undurchsichtig; man unterscheidet noch gemeinen **Jaspis**, **Kugeljaspis** (Kandern in Baden, Geschiebe im Nil), **Bandjaspis**, **Achatjaspis**. Der sogenannte **Porcellanjaspis** ist gebrannter Thon; vieler Bandjaspis, wie z. B. der von Wolftitz bei Frohburg, ist ein gestreifter Felsittuff, und der sog. **Basaltjaspis** ein halbverglaster Mergel oder Grauwackenschiefer.

Zwischen den Opal und Quarz sind gewisse Mineralien einzuschalten, welche von *Fuchs* als **innige Gemenge** von amorpher und krystallinischer Kieselsäure in unbestimmten Verhältnissen betrachtet wurden, und aus welchen sich die amorphe Kieselsäure, oder der opalartige Bestandtheil durch Kalilauge ausziehen lässt. Dahin gehören besonders der **Chalcedon** und der **Feuerstein**. Indessen haben *H. Rose* und *Rammelsberg* später gezeigt, dass auch diese Dinge grösstentheils aus **krystallinischer** Kieselsäure bestehen, dass aber dergleichen **kryptokrystallinische** Varietäten von Kalilauge um so leichter aufgelöst werden, je dichter sie sind. Auch verdünnte Flusssäure lässt in den Chalcedonen und Achaten eine Zusammensetzung aus leichter und aus schwerer auflöslicher Kieselsäure erkennen.

a) **Chalcedon**; in Pseudomorphosen nach Flussspath und Kalkspath, selten nach Datolith (sog. Haytorit)[1]) von Haytor in Devonshire, gewöhnlich aber nierförmig, traubig, stalaktitisch in den manchfaltigsten und zierlichsten Formen, röhrenförmig (so besonders merkwürdig nach *Rosenbusch* in Mergelschichten auf der Hochebene von S. Paulo in Brasilien), in Platten, in mehr oder weniger dünnen Ueberzügen von dünnschaliger Zusammensetzung, als hohle Mandeln[2]), als Versteinerungsmaterial von Schnecken und Muscheln, in stumpfeckigen Stücken und Geröllen; ebener bis flachmuscheliger, dabei feinsplitteriger Bruch; weiss und lichtgrau, blaulichgrau bis smalteblau, auch gelb, braun, roth, grün; zuweilen Farbenstreifung; halbdurchsichtig bis undurchsichtig; matt oder schimmernd im Bruch; man unterscheidet noch als Untervarietäten: Gemeinen Chalcedon, Onyx, Karneol (fleischroth, blutroth), Sardonyx, Plasma (dunkellauchgrün), Heliotrop (dunkellauchgrün mit blutrothen Eisenockerflecken; die erstere Farbe stammt nach *Fischer* von wurmförmigem grünem Helminth-Pigment, welches in farbloser Chalcedonmasse liegt), Chrysopras (durch Nickeloxyd grünlich gefärbt) und Mokkastein oder Moos-Achat.

b) **Feuerstein** oder **Flint**; in Knollen, als Versteinerungsmaterial, in weit fortsetzenden Platten oder Lagern in der oberen Kreideformation, als Geschiebe; sehr leicht zersprengbar zu äusserst scharfkantigen Stücken; Bruch flachmuschelig; G.=2,59...2,61; graulichweiss bis rauchgrau und schwarz, gelblichweiss, gelblichgrau, wachsgelb bis braun, bisweilen roth oder auch buntfarbig; wenigglänzend bis matt, durchscheinend und kantendurchscheinend; hält oft Kieselpanzer von Diatomeen und andere organische Körper. Die weisse matte Kruste der Feuersteine hält etwas Wasser und sehr gewöhnlich mehr oder weniger kohlensauren Kalk. Auch der **Schwimmstein** gehört zum Theil hierher, da *W. von der Mark* gezeigt hat, dass er einem nicht völlig ausgebildeten Feuerstein zu vergleichen ist, welcher durch Substitution von Kieselsäure an der Stelle von weggeführtem kohlensaurem Kalk entstanden zu sein scheint.

Anm. 1. Dass die blass smalteblauen scharfen würfeligen Chalcedonformen von Trestyan in Siebenbürgen nicht, wie *Mohs, Phillips, Ferber* glaubten, für Rhomboëder R von Kieselsäure anzusehen, sondern Pseudomorphosen nach Flussspath sind, dies haben *Behrens* und *Eug. Geinitz* auf Grund der mikroskopischen Structur überzeugend dargethan: die Formen sind nämlich gar keine homogene Krystallmasse, sondern faseriger (mitunter kugelig- oder traubig-radialfaseriger) Chalcedon mit zahlreichen zarten Anwachsringen.

Anm. 2. Der **Achat**, namentlich in Form von Mandeln vorkommend, ist ein gewöhnlich streifenweise wechselndes Gemeng von Chalcedon, Jaspis, Amethyst und anderen Varietäten von Quarz, und wird nach der durch das Zusammenvorkommen dieser Varietäten bedingten Farbenzeichnung als Festungsachat, Wolkenachat, Bandachat, Korallenachat, Punktachat, Trümmerachat u. s. w. unterschieden.

Gebrauch. Der Quarz gewährt in seinen verschiedenen Varietäten eine sehr vielfache Benutzung. Der **Bergkrystall** und der **Amethyst** werden als sogenannte Halbedelsteine zu Schmucksteinen und mancherlei anderen Zierrathen verarbeitet, und eine ähnliche Verwendung findet bei dem **Rosenquarz**, **Avanturin**, **Prasem** und dem **Katzenauge** statt. Dasselbe ist der Fall mit dem **Chalcedon** in seinen zahlreichen Varietäten und mit dem **Achat**, welche noch ausserdem zu Mörsern, Reibschalen und anderen Gegenständen der Steinschleiferei und Steinschneidekunst benutzt werden, und bereits im Alterthum (wie namentlich der Onyx und Sardonyx) zu Cameen und Gemmen verarbeitet wurden. **Jaspis** und **Holzstein** werden gleichfalls zu Ornamenten und Utensilien geschnitten und geschliffen. Die wichtigste Varietät ist jedoch der gemeine Quarz, nicht nur als das hauptsächliche Material des Grund und Bodens vieler Landstriche, sondern auch als der Hauptbestandtheil der meisten Sandsteine, deren ausgedehnter Gebrauch zu Bausteinen, Mühlsteinen, Schleifsteinen u. s. w. hinreichend bekannt ist. Ebenso liefern die Quarzgerölle, der Quarzgrand und Quarzsand Materialien, welche für viele Zwecke des gemeinen Lebens von der grössten Wichtigkeit sind. Der Quarzsand insbesondere dient als Schleif- und Scheuermaterial, als wesentlicher Bestandtheil des Mörtels, als Streusand, als Formsand, und bei verschiedenen anderen

---

[1]) *Hessenberg* hat alle Zweifel gegen die pseudomorphe Natur des Haytorits und seine Abstammung vom Datolith widerlegt (Min. Notizen, Heft 4. 1864. 30). Dass die meisten sogenannten Hornstein-Pseudomorphosen von Schneeberg eigentlich aus Chalcedon bestehen, bemerkt *Breithaupt* in seiner Paragenesis, S. 223; vgl. auch *E. Geinitz* im N. Jahrb. f. Miner., 1876. 473.

[2]) Hierher gehören auch die sog. Enhydros, aus den Monti Berici bei Vicenza, namentlich aber aus Uruguay, Chalcedonmandeln, welche im Inneren eine hauptsächlich aus Wasser mit geringen Mengen gelöster Salze bestehende Flüssigkeit und eine Gasblase von atmosphärischer Luft enthalten.

metallurgischen Arbeiten. Alle reinen Varietäten des Quarzes liefern endlich das hauptsächliche Material für die Glasfabrikation. Der Kieselschiefer liefert ein sehr gutes Material
zur Unterhaltung der Chausseen, als Lydit aber die Probirsteine; der Feuerstein endlich
wurde früher ganz allgemein zum Feueranschlagen und als Flintenstein benutzt, welche Benutzung jedoch in neuerer Zeit ganz in den Hintergrund getreten ist; wohl aber wird er noch
gegenwärtig zu Reibschalen, Reibsteinen, Glättsteinen und dergleichen verarbeitet, und auch
sonst auf ähnliche Weise wie der Achat benutzt.

150. Tridymit, *G. vom Rath.*

Nach *G. vom Rath*, dem Entdecker des Minerals, dessen Darstellungen im Folgenden am zweckmässigsten zunächst zur Sprache gebracht werden, gehört dasselbe dem
hexagonalen System an und es hat P Seitenk. $124° 42'$, Polk. $127° 25\frac{1}{2}'$; ∞P : P =
$152° 21'$. A.-V. = $1 : 1{,}629$. Die einfachen bis 4 Mm. grossen Krystalle erscheinen

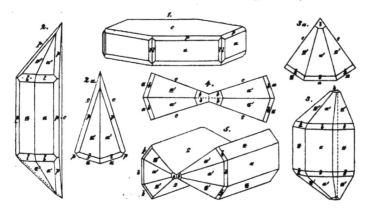

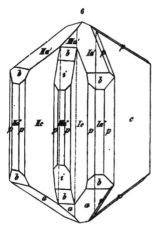

nach ihm als hexagonale Tafeln der Combination
$0P.\infty P$, mit untergeordneten Flächen von P (*p*)
und $\infty P2$ (*b*), $\infty P\frac{4}{4}$ (*i*) oder $\infty P\frac{2}{3}$ (*l*) wie in
Fig. 1. Allein die Krystalle sind fast stets als
Zwillinge und noch häufiger als Drillinge
(auch als Viellinge) ausgebildet, was durch den
Namen Tridymit ausgedrückt wird. Den Zwillingsbildungen liegt namentlich das Gesetz zu
Grunde: Zwillings-Ebene eine unter als Krystallfläche auftretende Fläche von $\frac{1}{3}$P, welche letztere
auch die Zusammensetzungsfläche der Individuen
liefert. Ausserdem wurde noch ein zweites Gesetz, bei welchem $\frac{4}{3}$P Zwillings-Ebene ist, nachgewiesen. Nach dem ersteren wachsen sehr
häufig 3 Individuen theils zu Juxtapositions-
(Contact-), theils zu Penetrations-Drillingen zusammen, wobei bald das mittlere, bald die beiden äusseren Individuen überwiegen. Die beiden Zwillingsgesetze combiniren sich auch häufig miteinander. Durch sehr oftmalige Wieder-
holung dieser Verwachsungen entstehen polysynthetische kugelige Gruppirungen.
Die hier abgebildeten Formen und deren Deutungen sind *G. vom Rath* (Annal. d. Phys.
u. Ch., Bd. 135. 1868. 437 und Bd. 152. 1874. 1) entlehnt.

Fig. 1. 0P.∞P.P.∞P$\frac{4}{3}$: gewöhnliche Form der seltenen einfachen Krystalle, wobei aber auch bisweilen statt des dihexagonalen Prismas ∞P2 auftritt.

Fig. 2. Ein Contact-Zwilling der vorherigen Form, jedoch in solcher Stellung gezeichnet, dass diejenige Nebenaxe vertical steht, welcher die Zusammensetzungsfläche parallel ist; dazu die Horizontalprojection Fig. 2 a. Die beiden Flächen c und <u>c</u> bilden den Winkel von 35° 18'; a' : <u>a</u>' = 162° 34'.

Fig. 3. Ein in derselben Stellung gezeichneter Contact-Drilling der Form Fig. 1, dazu die Horizontalprojection Fig. 3 a; die beiden Flächen c bilden 70° 36'.

Fig. 4. Die Horizontalprojection eines Durchkreuzungs-Zwillings der Form Fig. 1.

Fig. 5. Die schiefe Projection eines Durchkreuzungs-Drillings der Form Fig. 1.

Fig. 6. Zwillingsgruppe nach beiden Gesetzen: *I* und *II* sind verbunden parallel $\frac{4}{3}$P, *III* mit *II* parallel $\frac{4}{3}$P; das Individuum *III* erstreckt sich nicht bis zur Mittellinie, sondern schiebt sich einfach ein in die durch die basischen Flächen c von *I* und *II* gebildete scharfe Kante.

Fast gleichzeitig gelangten indessen *M. Schuster* (*Tschermak's* Min. u. petr. Mitth. 1878. 71) und *v. Lasaulx* (Z. f. Kryst. II. 1878. 253) zu dem Resultat, dass das optische Verhalten des Tridymits (während der gewöhnlichen Beobachtungstemperatur) denselben nicht dem hexagonalen, sondern dem triklinen System zuweist; seine Formen stehen jedoch dem rhombischen System (mit einem 120° genäherten Prismenwinkel) sehr nahe, wie besonders auch in der Lage seiner Hauptschwingungsrichtungen erkennen lässt. Die anscheinend einfachen hexagonalen Tafeln sind schon Zwillingsverwachsungen trikliner Individuen, nach *v. Lasaulx* analog gebildet, wie die Zwillinge des monoklinen Glimmers oder der rhombischen Mineralien der Aragonitgruppe: Zwillingsebene die Fläche des Prismas, aber auch nach dem schon durch *vom Rath* erkannten Gesetz: Zwillingsebene die Fläche einer Pyramide aus der Zone der Prismenkante. Auch die Zwillingslamellen nach dem letzteren Gesetz

sind den Hexagonen ohne Aenderung der äusseren Form eingeschaltet und dann nur optisch nachzuweisen. Die Zwillingsverwachsungen penetriren einander vielfach mit complicirtem Ineinandergreifen der abweichend orientirten Stücke, wie es beistehende, der Abhandlung *v. Lasaulx's* entlehnte Abbildung eines Tridymitblättchens von der Perlenhardt zeigt, worin die verschieden auslöschenden Theile verschieden schraffirt sind. Die Ebene der optischen Axen weicht jedenfalls nur um ein Geringes von der Normalen zur Basis ab, der scheinbare Axenwinkel beträgt 65°—70°.

Darauf hat nun *A. Merian* die sehr bemerkenswerthe Wahrnehmung gemacht, dass Tridymitblättchen, welche bei gewöhnlicher Temperatur im parallelen polarisirten Licht bei gekreuzten Nicols deutlich Partieen von verschiedener Doppelbrechung erkennen liessen, schon bei mässigem Erhitzen vollständig isotrop wurden (N. Jahrb. f. Min. 1884. I. 193); sie gelangen also dann in einen Zustand, in welchem die äussere Form und das optische Verhalten einander entsprechen.

Spaltbarkeit nach 0P der scheinbar hexagonalen Tafeln, nicht sehr deutlich; H.=7; G.= 2,282...2,326; farblos, oder durch theilweise Verwitterung weiss; glasglänzend, die Basis perlmutterglänzend; Doppelbrechung positiv, nach *Max Schultze*. — Chem. Zus.: Kieselsäure bis zu 96 pCt., dazu etwas Thonerde und Magnesia, sowie Spur von Natron und Kali, was wohl daher rührt, dass die sehr kleinen Krystalle von der Gesteinsmasse nicht völlig zu trennen sind. V. d. L. unschmelzbar, mit Soda schmilzt das Pulver zu einer klaren Perle, und in einer kochenden gesättigten Lösung von kohlensaurem Natron löst es sich vollständig auf.

Dies interessante Mineral, welches uns eine zweite krystallinische Verkörperung der Kieselsäure vorführt, wurde zuerst von *G. vom Rath* in den Klüften eines trachytischen Gesteins vom Berge San Cristobal bei Pachuca in Mexico entdeckt; bald darauf fand es *Sandberger* zugleich mit Quarz in den Drusenräumen des Trachyts vom Mont-Dore und vom Drachenfels, sowie *v. Lasaulx* in den trachytischen Gesteinen bei Alleret im Dép. Haute-Loire, und am Puy Capucin bei dem Bade Mont-Dore. *Zirkel* hat das häufige Vorkommen mikroskopischer Tridymitkrystalle in vielen Trachyten und Andesiten nachgewiesen; sie bilden Aggregate zarter, farbloser, dachziegelähnlich über einander geschuppter Blättchen (N. Jahrb. f. Min. 1870. 823). *Sandberger* entdeckte Tridymit neben Quarz und Titaneisenerz in kleinen Drusenräumen eines Dolerits auf der Höhe des Frauenberges bei Brückenau, und *K. Hofmann* fand grosse, dünn tafelartige Krystalle in den Hohlräumen eines Augit-Andesits des Guttiner Gebirges in Ungarn. Besonders ausgezeichneten Tridymit enthält der Augit-Andesit des Aranyer Berges. Auch findet er sich in Rhyolithen, z. B. in den Tardree Mountains in Irland, sowie in den vorwiegend aus Sanidin bestehenden Auswurfsblöcken des Vesuvs aus d. J. 1822. In vo r tertiären Eruptivgesteinen wurden reichliche Tridymite von *Streng* in den Cavitäten des Porphyrits von Waldbökelheim, von *Luedecke* solche in einem Diabasporphyrit aus dem Quellgebiet der kleinen Leina (Thüringer Wald) beobachtet. *G. Rose* erkannte, dass die Opale von Kosemütz, Kaschau und Zimapan, sowie der Kascholong aus Island und von Hüttenberg in Kärnten mit mikroskopisch kleinen Krystallen von Tridymit erfüllt sind, welche nach Auflösung des Opals in Kalihydrat zurückbleiben.

Anm. 1. *G. Rose* hat durch Schmelzung von Adular mit Phosphorsalz, sowie von Kieselpulver mit demselben Salz oder mit kohlensaurem Natron künstlich deutliche Tridymitkrystalle dargestellt, auch gezeigt, dass sich die amorphe Kieselsäure ebenso wie der gepulverte Quarz durch starkes Glühen in ein Aggregat von Tridymit-Individuen verwandelt.

Anm. 2. Sehr merkwürdig ist die dritte krystallisirte Modification der Kieselsäure, welche *Story Maskelyne* in den Meteorstein von Breitenbach in Böhmen entdeckte und Asma n it (nach dem indischen Wort A-Sman, Donnerkeil) benannte. Dies kosmische Mineral, welches sich wahrscheinlich auch in dem Steinbacher und Rittersgrüner Meteoriten findet, bildet gerundete Körner, an denen einzelne sehr glänzende kleine Flächen sichtbar sind: es ist sehr zerbrechlich, spaltbar nach zwei auf einander rechtwinkeligen Flächen, die eine deutlich, die andere undeutlich, optisch-zweiaxig; als Krystallformen bestimmte *Maskelyne* ein rhombisches Prisma ∞P von 120° 20', dazu 0P, ∞P∞, mehre Domen und Pyramiden; nichts erinnert an die Formen des Quarzes oder Tridymits[1]), dagegen ist der Asmanit in sehr interessanter Weise mit dem Brookit isomorph. H.=5,5; G.=2,245; auch *G. vom Rath*, welcher *Maskelyne*'s Bestimmungen bestätigte, fand das sp. Gewicht=2,247, und bei der Analyse 97 pCt. Kieselsäure (Z. d. geol. Ges., Bd. 25. 1873. 109).

151. Zirkon (und Hyacinth).

Tetragonal, isomorph mit Rutil und Zinnstein; P (*P*) Mittelkante 84° 20', Polkante 123° 19' nach *Haidinger, Kupffer, v. Kokscharow, Dauber*; A.-V.=1:0,6404; ∞P (*l*), ∞P∞ (*s*), gewöhnlichste Combb. ∞P.P, oft noch mit 3P3, auch ∞P∞.P.

Fig. 1. ∞P.P; häufige Form des Zirkons, bisweilen P vorherrschend.

Fig. 2. ∞P∞.P; gewöhnliche Form des Hyacinths.

Fig. 3. Comb. wie Fig. 1 mit dem Deuteroprisma.

---

1) *Groth* hält dafür, dass der Asmanit und Tridymit identisch seien und bestrebt sich, die Dimensionen und Formen des ersteren mit denen des letzteren in Einklang zu bringen (wobei dann aber P und ∞P des Asmanits u n beobachtet wären), auch die Zugehörigkeit des Asmanits zum triklinen System als möglich hinzustellen (Tabell. Uebers. 1882. 33), wozu nach der obigen Beobachtung von *Merian* keine eigentliche Veranlassung mehr vorliegt.

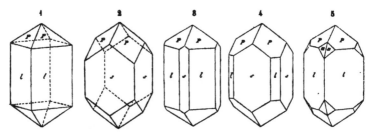

Fig. 4. Comb. wie Fig. 2 mit dem Protoprisma.
Fig. 5. Comb. wie Fig. 1 mit der ditetragonalen Pyramide 3P3 (x).

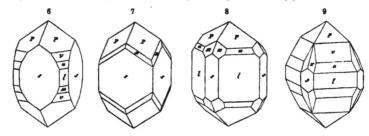

Fig. 6. ∞P∞.P.2P.3P.∞P; gewöhnliche Comb. von Miask.
Fig. 7. Die Comb. Fig. 2 mit der ditetragonalen Pyramide 3P3.
Fig. 8. Die Comb. Fig. 3 mit 3P (u) und 3P3.
Fig. 9. P.2P.3P.∞P. 3P3.∞P∞; von Miask.

Die Krystalle meist säulenförmig oder pyramidal, einzeln ein- und aufgewachsen; auch in stumpfkantigen und abgerundeten Körnern; bei Olahpian in Siebenbürgen kommen Krystalle vor, welche die achtseitige Pyramide 3P3 ganz vorherrschend zeigen. Die Basis 0P, jedenfalls äusserst selten, wurde von *Michel-Lévy* am Zirkon von Autun, von *Cross* an mehren Krystallen vom Pikes Peak in Colorado beobachtet. Zu Renfrew in Canada sind nach *L. Fletcher* grosse Krystalle nach P∞ zu Zwillingen (bis zu 53 Gr. Gewicht) verwachsen wie Zinnstein (vgl. Fig. 7 dieses Minerals) und Rutil. — Spaltb. pyramidal nach P und prismatisch nach ∞P, unvollk., Bruch muschelig bis uneben; H. = 7,5; G. = 4,4...4,7, nach *Damour* 4,04...4,67, nach *Svanberg* 4,072...4,681; farblos, selten weiss und wasserhell (Pfitschthal in Tirol und Laacher See), meist gefärbt, in mancherlei weissen, grauen, gelben, grünen, besonders aber in rothen und braunen Farben; nach *G. Spezia* rührt die Farbe von einem in den meisten Zirkonen vorhandenen Eisengehalt her, und kann man nach Belieben Zirkonkrystalle dunkler färben, oder fast gänzlich entfärben, je nachdem dieselben bald in der Oxydations-, bald in der Reductionsflamme erwärmt werden. *Sandberger* fand in intensiv rothen Zirkonen einen kleinen Gehalt an Kupferoxydul, welchem er die Farbe zuzuschreiben geneigt ist. Glasglanz, sehr oft diamantartig, auch Fettglanz; pellucid in allen Graden; Doppelbrechung positiv, $\omega = 1,92$, $\varepsilon = 1,97$ (rothes Licht); das Kreuz oft in zwei Hyperbeln getheilt. — Chem. Zus. nach vielen Analysen: isomorphe Mischung von 1 Mol. Zirkonsäure und 1 Mol. Kieselsäure, $ZrO^2 + SiO^2$, mit 67,12 Zirkonsäure und 32,88 Kieselsäure[1]), Eisenoxyd als Pigment; in einem Zirkon von El Paso Co., Colo-

---

[1]) Aus der Thatsache, dass die Analysen des Zirkons sämmtlich 1 Atom Zr auf 1 Atom Si ergeben, folgert *Groth*, dass das Mineral keine isomorphe Mischung von ZrO² und SiO² ist (indem

rado, fand *G. A. König* sogar 9,2 pCt. Eisenoxyd. V. d. L. schmilzt er nicht; von Borax wird er nur schwer, von Phosphorsalz gar nicht aufgelöst; Säuren ohne Wirkung, mit Ausnahme der Schwefelsäure, von welcher er nach anhaltender Digestion theilweise zersetzt wird. — Norwegen im Syenit, Waldheim i. S. im Syenitgranit, Miask am Ural im Miascit (hier auch sehr selten P als alleinige Form), New-Jersey im Granit; im Basalt des Siebengebirges; Ceylon, Olahpian in Siebenbürgen, Meronitz in Böhmen, Sebnitz in Sachsen, im Sande an vielen Stellen der tyrrhenischen Küste von Neapel bis Civita Vecchia, in den Sanden des Mesvrin bei Autun; mikroskopisch als wohlge-bildete oder etwas abgerundete Kryställchen (oft mit zonalem Aufbau) accessorisch un-gemein weit aber spärlich verbreitet in sehr vielen Felsarten, einerseits in massigen, wie namentlich in Graniten, auch Syeniten, Porphyren, Trachyten, anderseits in kry-stallinischen Schiefern, auch in Sandsteinen und anderen klastischen Gesteinen vielorts [1]).

Gebrauch. Die schönfarbigen und durchsichtigen Varr. des Zirkons und Hyacinths wer-den als Edelstein benutzt; auch gebraucht man den Zirkon zu Zapfenlagern für feine Waagen, für die Spindeln feiner Räder; endlich dient er zur Darstellung der Zirkonerde.

Anm. Auerbachit nannte *Hermann* ein ganz zirkonähnliches Mineral von Mariapol im Gouv. Jekatherinoslaw. Tetragonal, P 85° 21' nach *v. Kokscharow*; die in Kieselschiefer eingewachsenen Krystalle erscheinen als kleine Pyramiden mit Spuren von Zuschärfungen der Mittelkanten; H. = 6,5; G. = 4,06; bräunlichgrau, schwach fettglänzend. — Chem. Zus.: $2ZrO^2 + SiO^2$, mit nur 57,55 Zirkonsäure.

152. Malakon, *Scheerer.*

Tetragonal; P 83° 30', bekannte Comb. $\infty P\infty.P.\infty P$, wie Hyacinth; Krystalle klein und eingewachsen. — Spaltb. unbekannt, Bruch muschelig; H. = 6; G. = 3,9...4,4; bläulichweiss, auf der Oberfläche meist bräunlich, röthlich, gelblich oder schwärzlich; Glasglanz auf den Krystallflächen, Fettglanz im Bruch, undurchsichtig. — Chem. Zus. nach *Scheerer* und *Damour* wesentlich die des Zirkons, jedoch mit 3 pCt. Wasser; wäre dieser Wassergehalt wesentlich, so würde die Formel $3(ZrO^2 + SiO^2) + H^2O$ gelten; beim Glühen entweicht das Wasser und das spec. Gew. steigt auf 4,2; da jedoch *Nordenskiöld* in einer Var. aus Finnland über 9 pCt. Wasser und viel weniger Kieselsäure fand, so ist das Wasser wohl nicht wesentlich, sondern erst später aufgenommen worden. Der Malakon ist also wohl nur ein verwitterter und theil-weise zersetzter Zirkon. — Hitteröe in Norwegen, Chanteloube im Dép. Haute Vienne, Plauen-scher Grund bei Dresden, Miask am Ural, Rosendal in Finnland.

Anm. Verwandt mit dem Malakon ist der Cyrtolith von Ytterby, welcher sich in kleinen gelbbraunen spröden durchscheinenden tetragonalen Krystallen von der dodekaëder-ähnlichen Comb. $P.\infty P\infty$ gewöhnlich auf schwarzem Glimmer sitzend findet. H. = 5,5...6; G. = 3,29. Die Analyse *v. Nordenskiöld's* ergab: 27,66 Kieselsäure, 44,78 Zirkonsäure, 8,49 Erbium- und Yttriumerde, 3,98 Ceriumoxyde, 5,06 Kalk, 1,10 Magnesia, 12,07 Wasser (Stock-holm Geol. För. Förh. III. 228). Zuerst wurde mit dem Namen Cyrtolith ein amerikanisches Vorkommniss von Rockport in Massachusetts belegt. — Das von *Berlin* unter dem Namen Tachyaphaltit beschriebene Mineral von Kragerõe in Norwegen scheint dem Malakon ebenfalls verwandt. Vielleicht gehört auch der unter Nr. 639 aufgeführte Oerstedit hierher.

153. Thorit (und Orangit).

Tetragonal nach *Breithaupt* und *Zschau*, und zwar isomorph mit Zirkon (der schwarze

---

sich sonst wohl auch andere Mischungsverhältnisse finden müssten und das Fehlen der tetrago-nalen Formen für das eine Mischungsglied SiO^2 unerklärlich wäre), sondern die Verbindung $ZrSiO^4$ darstellt. Consequenter Weise wäre alsdann wahrscheinlich auch der mit Zirkon völlig isomorphe Rutil keine mit dem Anatas dimorphe Modification der Titansäure TiO^2, sondern deren polymere Modification $TiTiO^4$, und weiterhin auch der formell sich gänzlich anschliessende Zinn-stein nicht SnO^2, sondern $SnSnO^4$. — Doch ist mit Bezug auf das Ersterwähnte daran zu erinnern, dass der mit Zirkon isomorphe Auerbachit 2 Zr auf 3 Si ergeben hat. Auch ist es bemerkenswerth, dass, während *Nordenskiöld* früher künstliche tetragonale Zirkonsäure dargestellt hat, *Michel-Lévy* und *Bourgeois* neuerdings die Zirkonsäure auch in hexagonalen, tridymitähnlichen Lamellen er-hielten. Die Vermuthung, dass noch einmal tetragonale Kieselsäure erzeugt werden könne, hat dadurch an Berechtigung gewonnen.

1) Ueber die Verbreitung mikroskopischer Zirkone, Rutile, Anatase und Brookite vgl. die Zusammenfassung von *Hans Thürach* in Verh. d. physik.-med. Ges. zu Würzburg. XVIII. 1884. Nr. 10.

eigentliche Thorit nach *Des-Cloizeaux* regulär); Krystalle äusserst selten, gewöhnlich nur derb und eingesprengt; Bruch muschelig und splitterig. Man unterscheidet:

1) Thorit, schwarz, stellenweise roth angelaufen. *A. E. v. Nordenskiöld*, welcher den Winkel $\infty P : P = 133\frac{1}{4}°$ maass, macht darauf aufmerksam, dass die Krystalle sich optisch wie eine amorphe Substanz verhalten und ist geneigt, in denselben Pseudomorphosen nach Zirkon zu sehen. Strich dunkelbraun, Glasglanz, undurchsichtig; G. = 4,4...4,7. — Chem. Zusammens. nach den Analysen von *Berzelius*, *Delafontaine* und *Bergemann* wesentlich $(Th\,O^2 + Si\,O^2) + 2\,H^2O$, welche Verbindung als die Hauptsubstanz des Thorits zu betrachten ist; sie erfordert 73 Thoroxyd, 17 Kieselsäure, 10 Wasser, ist aber mit mehren Silicaten, besonders von Kalk, Eisenoxyd, Manganoxyd, Uranoxydul u. a. gemengt, so dass *Berzelius* nur 57,91 Thoroxyd erhielt. Die Analyse eines harzbraunen zirkonähnlichen ($\infty P.P$) Thorits von Arendal (G. = 4,38) ergab *A. E. v. Nordenskiöld* auch nur 50,06 Thoroxyd bei 17,04 Kieselsäure und einen Wassergehalt von 9,46 pCt.; kleine Mengen anderer Stoffe deuten auf Verunreinigungen. Im schwarzen Thorit entdeckte *Berzelius* 1828 das Thorium. Es ist übrigens sehr wahrscheinlich, dass der schwarze Thorit als ein wasserreicheres Umwandlungsproduct des gelbrothen Orangits zu betrachten ist. V. d. L. ist er unschmelzbar, mit Phosphorsalz Kieselskelet, mit Soda auf Platinblech Manganreaction; von Salzsäure wird er zersetzt mit Bildung von Kieselgallert. — Insel Löwöe bei Brevig (Norwegen) im Syenit; Champlain, New-York (mit Gehalt an Uranoxyd).

2) Orangit (*Krantz*), pomeranzgelb, gelbroth, fettglänzend, durchscheinend, bis durchsichtig, z. Th. blätterig; H. = 4,5; G. = 5,19...5,40. — Chem. Zus. nach den Analysen von *Bergemann*, *Damour*, *Berlin* und *Chydenius* sehr nahe der Formel $2(Th\,O^2 + Si\,O^2) + 3\,H^2O$ entsprechend, welche 75,2 Thoroxyd, 17,1 Kieselsäure und 7,7 Wasser erfordert; doch sind verschiedene andere Basen in ganz kleinen Quantitäten vorhanden, wodurch die Menge des Thoroxyds um 2 bis 3 pCt. vermindert wird. Findet sich als grosse Seltenheit am Langesunds-Fjord bei Brevig, im Feldspath mit Mosandrit, Hornblende, schwarzem Glimmer, Zirkon und Thorit. Nach *Dauber* auch als Pseudomorphose nach Orthoklas. Da der Wassergehalt des Orangits selbst nicht constant zu sein scheint, und nach *Scheerer* der Thorit oftmals die äussere Umgebung des Orangits bildet, ohne dass eine scharfe Grenze zu entdecken wäre, so ist es, wie oben schon angedeutet, sehr wahrscheinlich, dass der Thorit durch Wasseraufnahme aus dem Orangit hervorgegangen ist. Zieht man aber die Isomorphie mit Zirkon in Betracht, so liegt die Vermuthung sehr nahe, dass auch der Wassergehalt selbst in dem Orangit schon secundär ist und dass (ähnlich wie beim Malakon) die ursprüngliche Substanz beider Mineralien wasserfrei und zwar $Th\,O^2 + Si\,O^2$, analog derjenigen des Zirkons gewesen sei.

154. Zinnstein, oder Kassiterit, *Beudant* (Zinnerz).

Tetragonal, isomorph mit Rutil und Zirkon; P (*s*) $87° 7'$, $P\infty$ (P) $67° 50'$, nach *Miller*; A.-V. = $1 : 0,6724$; andere gewöhnliche Formen sind ∞P (*g*), $\infty P\infty$ (*l*), $\infty P2$, $\infty P\frac{3}{2}$ (*r*), $3P\frac{3}{2}$ (*z*); *Becke*, welcher eine ausgezeichnete Monographie des Zinnsteins verfasste (Min. Mittheil. 1877. 243) führt insgesammt 26 derselben auf. Das Pinakoid $0P$ gehört zu den grossen Seltenheiten; die Flächen der Prismen sind oft vertical, die der Pyramiden $P\infty$ und P ihren Comb.-Kanten parallel gestreift. Die Krystalle erscheinen theils kurz säulenförmig, theils pyramidal, eingewachsen und aufgewachsen und dann meist zu Drusen vereinigt; Zwillingskrystalle ausserordentlich häufig, so dass einfache Krystalle zu den Seltenheiten gehören; Zwillings-Ebene eine Fläche von $P\infty$, daher die Hauptaxen der Individuen unter $112° 10'$ geneigt sind, Fig. 172 und 173, S. 104; die Zwillingsbildung wiederholt sich oft auf verschiedene Weise.

Fig. 1. $\infty P.P$; kurz säulenförmig; kommt auch pyramidal vor, wenn P vorwaltet.

Fig. 2. $\infty P.P.\infty P\infty$; kurz säulenförmig, auch pyramidal, wie die Individuen in Fig. 6.

Fig. 3. Die Comb. wie Fig. 2, noch mit $P\infty$.

Fig. 4. $\infty P.\infty P\frac{3}{2}.3P\frac{3}{2}.P.P\infty$; nach *Hessenberg* ist jedoch das ditetragonale Prisma $\infty P2$ weit häufiger zu beobachten.

Fig. 5. $3P\frac{3}{2}.P.\infty P$; nicht selten in Cornwall (sog. Nadelzinn, woran mitunter noch z. B. $5P$, $\frac{1}{3}P$, $\frac{1}{2}P$, $\frac{1}{3}P3$ ausgebildet sind).

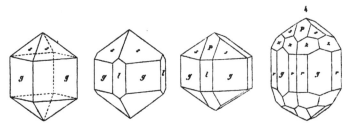

Fig. 6. Zwilling zweier pyramidaler Krystalle; der einspringende Winkel der beiden
         Polkanten x und x' misst $135°\ 40'$.
Fig. 7. Zwilling zweier säulenförmiger Krystalle der Comb. Fig. 2.
Fig. 8. Drillingskrystall, entstanden durch Wiederholung der Zwillingsbildung mit
         parallelen Zusammensetzungsflächen; das mittlere Individuum erscheint nur
         als eine mehr oder weniger dicke Lamelle.

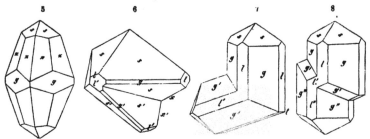

Sehr häufig wiederholt sich aber auch die Zwillingsbildung mit nicht parallelen
Zusammensetzungsflächen, wodurch zunächst ähnliche Drillinge wie die des Rutils
(s. unten) und endlich in sich zurücklaufende oder auch bouquetförmige Systeme von
Individuen entstehen. Auch derb, in fest verwachsenen körnigen Aggregaten, und
eingesprengt, letzteres oft in mikroskopisch kleinen Körnern; selten in sehr zart-
faserigen Aggregaten (Holzzinnerz); endlich in eckigen Stücken, Geschieben und
losen Körnern (Seifenzinn), sowie in schönen Pseudomorphosen nach Orthoklas. —
Spaltb. prismatisch nach ∞P und $\infty P\infty$, unvollk., spröd; H. = 6...7; G. = 6,8...7;
farblos, aber meist gefärbt, gelblichbraun, röthlichbraun, nelkenbraun bis schwärzlichbraun und pechschwarz, gelblichgrau bis rauchgrau, selten gelblichweiss bis weingelb oder hyacinthroth; Strich ungefärbt; Diamantglanz oder Fettglanz, durchscheinend
bis undurchsichtig; Doppelbrechung positiv. — Chem. Zus.: Zinnoxyd oder Zinnsäure-
Anhydrid, SnO^2 (vgl. die Anm. auf S. 398), mit 78,62 Zinn und 21,38 Sauerstoff, meist
etwas Eisenoxyd (im Holzzinnerz bis 9 pCt., daher dessen G. = 6,3...6,4), auch wohl
Kieselsäure, Manganoxyd oder Tantalsäure beigemischt; die seltene farblose Var. aus
dem Flusse Tipuani in Bolivia vom G. = 6,8435 ist nach *Forbes* reines Zinnoxyd.
V. d. L. ist er für sich unveränderlich; auf Kohle wird er im Red.-F., zumal bei Zusatz
von etwas Soda, zu Zinn reducirt; manche Varr. geben mit Soda auf Platinblech die Re-
action auf Mangan; von Säuren wird er nicht angegriffen, daher er sich nur durch
Schmelzen mit Alkalien aufschliessen lässt. — Altenberg, Geier, Ehrenfriedersdorf in
Sachsen, Zinnwald, Graupen und Schlaggenwald in Böhmen, Cornwall und Devonshire,
Penouta in Galicien (sehr flache Kr., welche fast blos P zeigen), Bretagne, Halbinsel
Malacca, Inseln Banka, Billiton und Karimon; in Californien bei Los Angeles, bei Water-
ville im Staate Maine; einfache Krystalle z. B. bei Breitenbrunn in Sachsen, in Corn-

wall, bei St. Piriac in der Bretagne, bei la Villedar im Morbihan, bei Pitkäranda in Finnland (letztere ausgezeichnet durch das Auftreten von 0P, ∞P¾, ¼P). — Im Gegensatz
zu diesen fast stets an granitische Gesteine gebundenen Lagerstätten findet sich Zinnstein auch zu Campiglia marittima in sedimentärem (sog. infraliasischem) Kalkstein (*Max
Braun*, im N. J. f. Min. 1877. 498).

Gebrauch. Das Zinnerz ist das einzige Mineral, aus welchem das Zinn im Grossen dargestellt wird, und daher von ausserordentlicher Wichtigkeit.

155. Rutil, *Werner*, und Nigrin.

Tetragonal, isomorph mit Zinnstein und Zirkon; P (*c*) 84° 40′, Polkante 123° 8′,
nach *Miller* und *v. Kokscharow*, P∞ 65° 35′; A.-V. = 1 : 0,6442; gewöhnliche
Combb. ∞P.∞P∞.P, und ∞P2.P, oder ∞P3.P, wie die Individuen in nachstehenden Figuren; in manchen Krystallen kommen auch verschiedene andere Formen vor,
z. B. ∞P¾ und mehre fernere ditetragonale Prismen, P3 (an Krystallen aus dem Stillup-
Thal in Tirol nach *v.* Zepharovich fast allein
vorwaltend); das Pinakoid 0P ist jedoch äusserst selten. Eine Uebersicht der 24 bekannten Formen gab *Arzruni* in Z. f. Kryst. VIII.
1884. 336. Die schönen Krystalle vom Graves-Mount in Georgia zeigen nach *Haidinger*
zugleich sphenoidische Hemiëdrie und Hemimorphismus, indem sie oben von P und
P3⁄2 , unten dagegen nur von dem Pinakoid begrenzt werden. Krystalle fast stets säulenförmig, bald kurz, bald sehr lang säulenförmig,
oft nadel- und haarförmig; die grösseren Krystalle sind bisweilen an ihren Enden in
viele kleinere Individuen dismembrirt, daher dort stark drusig; aufgewachsen und eingewachsen besonders in Quarz oder Bergkrystall, und dann bisweilen gekrümmt oder
zerbrochen; die Säulenflächen meist stark vertical gestreift durch oscillatorische Comb.
der beiden tetragonalen und wohl auch ditetragonalen Prismen. /Die meist an beiden
Enden ausgebildeten Rutile von Modriach in Steiermark gewinnen bisweilen nach
Hansel durch Vorwalten zweier paralleler Flächen von ∞P einen dicktafelartigen,
oder durch ungleichmässige pyramidale Entwickelung einen monoklinen Habitus. Zwillingskrystalle häufig, Zwillings-Ebene eine Fläche von P∞, daher die Hauptaxen der
Individuen unter 114° 25′ geneigt sind wie in der ersten der obenstehenden Figuren:
die Zwillingsbildung wiederholt sich oft, so dass häufig Drillingskrystalle wie die
zweite Figur, und bisweilen kreisförmig in sich zurücklaufende Aggregate von sechs
Individuen vorkommen. *G. Rose* beschrieb ganz eigenthümliche, kreisförmig geschlossene Achtlingskrystalle vom Graves-Mount, an denen nur die Prismen ∞P und ∞P∞
sichtbar sind, und welche zwar nach demselben Gesetz, jedoch so gebildet sind, dass
eine Polkante von P∞ die Gruppirungsaxe liefert; über ähnliche Achtlinge von Hot
Springs bei Magnet Cove in Arkansas berichtete *G. vom Rath* in Z. f. Kryst. I. 1877. 15.
Auch kommen zarte gitterförmige oder netzartige Gewebe nadel- und haarförmiger
Krystalle vor (von *Saussure* Sagenit genannt), in denen sich die Hauptaxen der Individuen, wie *Kenngott* zuerst richtig beobachtete (nicht, wie *Volger* angab, unter genau
60°, sondern) unter 65° 35′ schneiden, also nach dem gewöhnlichen Gesetz verbunden zeigen. Nach diesem Gesetz sind auch häufig in grössere Individuen Zwillingslamellen eingeschaltet, ja nach *v. Lasaulx* (Z. f. Kryst. VIII. 1884. 58) sind die scheinbar einfachen Krystalle des Rutils grösstentheils polysynthetische Zwillingsstöcke.
Miller und *Kenngott* beobachteten auch Zwillinge nach einer Fläche von 3P∞ mit 55°
Neigung der Hauptaxen; Nadeln von solcher Zwillingsstellung betheiligen sich gleichfalls an den Sagenit-Aggregaten und auch *Hessenberg* fand schon Drillinge nach P∞ und
3P∞ zugleich; oft derb und eingesprengt, in individualisirten Massen und körnigen

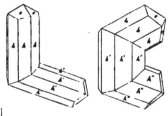

Aggregaten, sowie in Geschieben und Körnern; Paramorphosen nach Anatas und Arkansit. — Spaltb. prismatisch nach ∞P vollk. und $\infty P\infty$ etwas weniger vollk., auch pyramidal nach P unvollk., Bruch muschelig bis uneben; H = 6...6,5; G. = 4,2...4,3 : röthlichbraun, hyacinthroth bis dunkel blutroth und cochenillroth, auch gelblichbraun bis ockergelb und schwarz (Nigrin, s. u.); Strich gelblichbraun; metallartiger Diamantglanz; Dichroismus gewöhnlich kaum wahrnehmbar; durchscheinend bis undurchsichtig, Doppelbrechung positiv, ω = 2,567, ε = 2,841 (für rothes Licht nach *Bärwald*). — Chem. Zus. nach *H. Rose* und *Damour*: Titansäure-Anhydrid, TiO^2 (bestehend aus 61,15 Titan und 38,85 Sauerstoff, vgl. übrigens Anm. auf S. 398), also wie Anatas und Brookit, mit etwa 1,5 pCt. Eisenoxyd. V. d. L. ist er unschmelzbar und unveränderlich; von Säuren wird er nicht angegriffen; mit Borax und Phosphorsalz gibt er die Reactionen der Titansäure. — Krummhennersdorf bei Freiberg, Bärnau in Bayern, Saualpe in Kärnten und Pfitschthal in Tirol, Modriach bei Ligist in Steiermark, St. Gotthard, Binnenthal im Wallis, St. Yrieux bei Limoges, Olahpian in Siebenbürgen, Arendal in Norwegen, Buitrago in Spanien, Takowaya und Tjóplyie Ključi beim Hüttenwerk Kassli im Ural, Minas Geraës in Brasilien; sehr schöne und grosse, bis pfundschwere Krystalle in einem Gemeng von Disthen und Pyrophyllit am Graves-Mount in Georgia. Mikroskopisch ungemein reichlich in sehr vielen krystallinischen und halbkrystallinischen Schiefern, wo die Individuen häufig nach $3P\infty$ zu herzförmigen Zwillingen verwachsen sind; auch die eigenthümlichen bräunlichgelben Nädelchen, welche *F. Zirkel* zuerst in devonischen Dachschiefern wahrnahm (Ann. d. Phys. u. Ch. Bd. 154. 1871. 319) gehören nach den Untersuchungen von *van Werveke* und *Cathrein* (N. J. f. M. 1880. II. 281 und 1881. I. 169) dem Rutil an. Vielfach in Amphiboliten und Eklogiten; auch als mikroskopische Nädelchen eingewachsen in Glimmern.

Gebrauch. Bei der Porcellanmalerei zur Darstellung einer gelben Farbe.

Anm. 1. Nach den Untersuchungen von *Sauer* und *Cathrein* ist es wohl unzweifelhaft, dass Rutil sich in Titanit (sog. Leukoxen) umsetzen kann, welcher den ersteren unter Erhaltung der Form desselben verdrängt (N. Jahrb. f. Min. 1879. 574; Z. f. Kryst. VIII. 328). Umgekehrt beobachtete *Paul Mann* eine Herausbildung von lebhaft gelb gefärbten Rutilnädelchen bei der Umwandlung von Titanit (N. Jahrb. f. Min. 1882. II. 200).

Anm. 2. Bekannt sind die schönen regelmässigen Verwachsungen von Eisenglanz und Rutilkrystallen, welche am Cavradi im Tavetschthal vorkommen, zuerst von *Breithaupt*, dann von *Haidinger* und zuletzt von *G. vom Rath* beschrieben wurden. Die platt säulenförmigen Rutilkrystalle liegen mit einer Fläche von $\infty P\infty$ auf der Fläche OR der tafelförmigen Krystalle des Eisenglanzes, ihre Hauptaxen sind parallel seinen Zwischenaxen, und eine ihrer Flächen von $P\infty$ ist fast parallel einer Fläche des Rhomboëders R; die Rutilflächen $\infty P2$ besitzen eine annähernd parallele Lage zu denen der vollflächigen Deuteropyramide $\frac{1}{2}P2$ beim Eisenglanz. Auch kommt es vor, dass die Rutilkrystalle vollkommen in den Eisenglanz eingesenkt sind. *Hjalmar Gylling* beobachtete eine übereinstimmende Verwachsung von Rutil und Eisenglanz auch mikroskopisch in finnischen Glimmerschiefern (N. Jahrb. f. Min. 1882. I. 163). Sehr bemerkenswerth sind die Gebilde von der Alp Lercheltini im Walliser Binnenthal, welche dasselbe Stellungsgesetz der Rutilprismen zu Formen des Eisenglanzes darbieten, ohne dass der letztere selbst vorhanden ist; *vom Rath*, welcher auch zeigte, wie die Vereinigung der Rutilprismen die hexagonalen Eisenglanz-Gestalten nachahmt, hält diese Vorkommnisse für Pseudomorphosen, weil das Innere nur feinkörnigen Rutil erkennen lässt (Z. f. Kryst., I. 1877. 13). *Seligmann* beschrieb von derselben Alp eine merkwürdige Ein- und Aufwachsung von Rutil auf einer vorherrschenden Fläche eines tafelförmigen Magneteisenoktaëders, wobei die verticalen Combinationskanten des Rutils parallel sind den Kanten der vorherrschenden Oktaëderfläche (weshalb sich auch auf dieser, wie auf der Basis des Eisenglanzes, die Rutilprismen unter 60° schneiden) und ferner $\infty P\infty$ des Rutils mit dieser Oktaëderfläche einspiegelt (Z. f. Kryst. I. 340).

— Rutil und Anatas kommen bisweilen auf einer und derselben Lagerstätte neben einander zugleich vor; dasselbe gilt auch für den Brookit.

Anm. 3. Nachdem schon *Rammelsberg* den schwarzen Nigrin mit dem höheren spec. Gew. 4,5 für einen mit Titaneisen gemengten Rutil gehalten (der von Bärnau führt 11 pCt. Eisenoxyd), zeigte *v. Lasaulx* an Vorkommnissen desselben von Vannes in der Bretagne, dass sie in der Pseudomorphosirung zu Titaneisen begriffene Rutile sind; sie enthalten mehr oder weniger unveränderte Rutilsubstanz in sich, die meist auch noch einen innerlichen Kern bildet (Z. f. Kryst. VIII. 71).

Anm. 4. Ilmenorutil nannte *v. Kokscharow* einen fast 11 pCt. Eisenoxyd haltenden Rutil, dessen schwarze Krystalle im Miascit vom Ostufer des Ilmensees vorkommen, hier aber nur die Grundpyramide zeigen, welche meist in der Richtung einer ihrer Polkanten verlängert ist; sp. Gew. 5,07...5,13. Andere Vorkommnisse von den Seen Argajasch und Wschiwoje, z. Th. sehr reichhaltige Krystallisationen, welche u. a. auch 0P zeigen, wurden später durch *v. Jeremejew* beschrieben, welcher daran einen siebenfach verschiedenen Habitus, auch Viellinge erkannte, die zugleich nach P∞ und nach 3P∞ verzwillingt sind. A.-V. = 1 : 0,6436.

156. **Anatas,** *Hauy.*

Tetragonal; P 136° 36′ nach *v. Kokscharow*; A.-V. = 1 : 1,7771; gewöhnliche Formen P (*P*), 0P (*o*), $\frac{1}{7}$P (*v*) 39° 30′, $\frac{1}{5}$P (*r*) 53° 22′, $\frac{1}{3}$P (*t*) 79° 54′, P∞ (*p*), 2P∞ (*q*); auch kommen im Tavetschthal Krystalle vor, welche nur die Pyramide $\frac{1}{2}$P (Mittelk. 102° 58′) zeigen[1]).

1 2 3 4 5

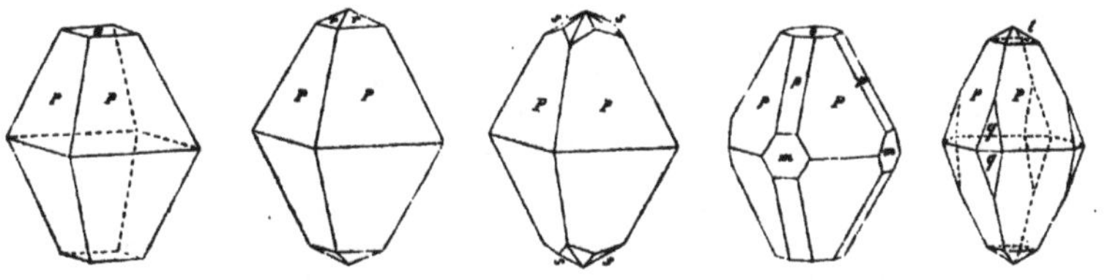

Fig. 1. P.0P; die häufigste Form.
Fig. 2. P.$\frac{1}{5}$P; *r* : *P* = 138° 23′; noch häufiger ist die ähnliche Comb. P.$\frac{1}{7}$P, wo die vierflächige Zuspitzung stumpfer erscheint und *r* : *P* = 131° 27′.
Fig. 3. P.$\frac{5}{19}$P5; nach *Miller* und *Hessenberg*; diese ditetragonale Pyramide erscheint nicht so gar selten, doch stets sehr untergeordnet.
Fig. 4. P.0P.P∞.∞P∞ (*m*). Fig. 5. P.$\frac{1}{3}$P.2P∞.

Schöne und reichhaltige Combinationen von der Alp Lercheltini im Binnenthal beschrieb *C. Klein* im N. Jahrb. für Min., 1871. 900 und 1875. 337. Hier kommen verschiedene Typen von Anatas vor, nämlich: 1) der spitzpyramidale nach P (wie die obigen Fig. 1 bis 5); 2) der stumpfpyramidale, an welchem die Pyramide $\frac{1}{7}$P (*v*) vorwaltend erscheint (Fig. 6, bisweilen ist es auch $\frac{1}{5}$P); 3) der zirkonähnliche säulenförmige Typus, bei welchem ∞P∞ vorwaltet (Fig. 7); 4) der sehr seltene pyramidale Typus, bei welchem eine Pyramide $\frac{8}{3}$P (*η*) oder anderseits $\frac{8}{5}$P vorwaltet (Fig. 8). Typus 2 und 3 sind es, welche früher Wiserin genannt wurden (vgl. diesen). *v. Zepharovich* beobachtete hier noch einen anderen Habitus, an welchem P∞ vorwaltet,

1) Im Ganzen sind bis jetzt am Anatas 42 Formen bekannt, nachdem *v. Zepharovich* (Z. f. Kryst. VI. 241) an Krystallen von der Alp Lercheltini noch $\frac{5}{2}P\frac{5}{3}$, $\frac{13}{2}P\frac{13}{[illegible]}$ und als sehr wahrscheinlich 7P21 und 7P∞ auffand, *Seligmann* (N. Jahrb. f. Min. 1882. II. 281) an denselben Krystallen noch $\frac{17}{2}P\frac{17}{3}$ und $\frac{8}{3}$P∞, und *Vrba* an den nach 0P tafelig ausgebildeten Krystallen vom Leidenfrost in der Rauris $\frac{1}{3}$P∞ beobachtete; vgl. auch *C. Klein* im N. Jahrb. f. Min. 1871. 900 und 1875. 337, sowie *Groth*, Min.-Samml. d. Univ. Strassburg 109.

∞P∞, ½P und P wenig zurücktreten und gleichmässig entwickelt sind. *rom Rath*
fand am Berge Cavradi an farblosen Krystallen die Pyramide ⅜P vorwaltend, auch ∞P
ausgebildet.

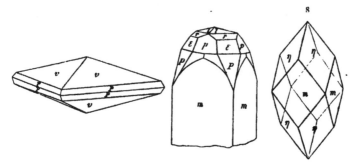

Fig. 6. ½P.P.
Fig. 7. ∞P∞.P.⅜P.½P.⅟₁₀P.P∞; hierin ε = ⅜P und l = ⅟₁₀P.
Fig. 8. ⅜P.∞P∞ (⅜P = 118° 20′).

Gewöhnlich aber erscheinen die Krystalle (in anderer Form ist der Anatas nicht
bekannt) pyramidal durch Vorwalten von P, bisweilen auch dick tafelförmig durch Vorwalten von 0P, sind klein, und finden sich einzeln aufgewachsen, auch secundär lose.
Anatasformen aus Brasilien ergaben sich *Damour* und *Bertrand* als aus kleinen Rutilnadeln zusammengesetzt. *Diller* beobachtete in einem Hornblendegranit aus der Troas
eine secundäre Entstehung von Anatas aus Titanit, in einem Schalstein aus der Gegend
von Hof eine solche aus Titaneisen. — Spaltb. basisch und pyramidal nach P, beides
vollk., spröd; H. = 5,5...6; G. = 3,83...3,93; indigblau bis fast schwarz, hyacinthroth,
honiggelb bis braun, selten farblos, metallartiger Diamantglanz, halbdurchsichtig bis
undurchsichtig; Pleochroismus unmerklich; Doppelbrechung negativ, das Kreuz oft in
zwei Hyperbeln getrennt. — Chem. Zus. nach *Vauquelin* und *H. Rose*: Titansäureanhydrid, TiO², also wie Rutil und Brookit; kleine Beimengungen von Eisenoxyd, selten
von Zinnoxyd; v. d. L. ist er unschmelzbar; beim Glühen verändert er sein spec. Gew.
in das des Brookits und darauf in das des Rutils; mit Borax schmilzt er zu einem Glas,
welches im Red.-F. gelb und zuletzt violblau wird; von Säuren wird er nicht angegriffen. — Bourg d'Oisans, Hof in Bayern, Tavetsch, Maderaner Thal, St. Gotthard,
Binnenthal im Wallis u. a. O. in der Schweiz auf Klüften krystallinischer Gesteine,
Nil-Saint-Vincent in Belgien, Liebecke bei Wettin (auf Klüften des Porphyrs), Slidre in
Norwegen, am Ural mehrorts, Minas Geraës in Brasilien; in den goldführenden Sanden
von Brindletown, Nord-Carolina (in tafelförmigen, bis ¼ Zoll grossen Krystallen). Mikroskopischen Anatas beobachtete *Wöhler* in einem carbonischen Eisenoolith von Cleve-
land in England; *Nessig* und *Kollbeck* fanden ihn in Porphyren von Elba und China;
nach *Thürach* ist er sehr weit verbreitet in zersetzten krystallinischen und sedimen-
tären Gesteinen, sowohl in tafelförmigen oder pyramidalen Combinationen von P mit 0P,
als auch in linsenförmiger Gestalt, welche von P und einer stumpfen Deuteropyramide
gebildet wird (vgl. Anm. auf S. 398).

157. Brookit, *Lévy,* und Arkansit.
Rhombisch [1]); P (o) Polkanten 115° 43′ und 101° 35′ nach *v. Kokscharow*; A.-V. =

_____

1) Nach *Schrauf* soll der Brookit monoklin und vollkommen isomorph mit dem Wolfram
sein; er unterscheidet mehre Typen, in denen der Winkel β zwischen 89° 21′ und 89° 54′
schwankt; ein mit Bezug darauf besonders sorgfältig durch *vom Rath* gemessener Krystall erwies

0,8416 : 1 : 0,9444; $\infty\bar{P}\infty$ (a), $\infty\breve{P}\infty$ (b), ∞P (p), $\breve{P}2$ (e), $\frac{1}{4}\bar{P}\infty$ (x), $\frac{1}{4}P$ (z), $\frac{1}{4}\bar{P}\infty$ (y), $2\breve{P}\infty$ (t); diese sämmtlichen Formen finden sich an dem nebenstehend abgebildeten Krystall von Atliansk bei Miask; auch andere complicirte Combinationen. Die Krystalle erscheinen vorwiegend tafelartig durch das Vorwalten des Makropinakoids; indess hat

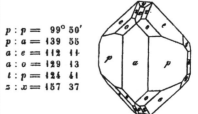

v. *Kokscharow* sehr schöne Krystalle beschrieben, an denen das Prisma ∞P sehr vorwaltet; e (Polk. 135° 37′ und 101° 3′) gewöhnlich grösser ausgebildet als o, weshalb Andere diese Pyramide als P nahmen, wobei a zum Brachypinakoid, b zum Makropi-

p : p =	99°	50′
p : a =	139	55
a : e =	112	11
a : o =	129	13
t : p =	124	41
z : x =	157	37

nakoid, p zu $\infty\breve{P}2$ wird; einzeln aufgewachsen oder lose; in Pseudomorphosen nach Titanit. — Spaltb. brachydiagonal; H. = 5,5...6; G. = 3,8...4,1; gelblichbraun, hyacinthroth, röthlichbraun bis haarbraun und eisenschwarz, metallartiger Diamantglanz, durchscheinend bis undurchsichtig; die optischen Axen liegen in der Ebene der Basis, ihre Bisectrix fällt in die Brachydiagonale. Mehre Beobachter befanden die opt. Axen für Roth (scheinbar ca. 58°) und Gelb in 0P, für Grün in $\infty\breve{P}\infty$ liegend. — Chem. Zus. nach *H. Rose, Hermann* und *Damour*: Titansäureanhydrid, TiO^2, wie Anatas und Rutil (Trimorphie der Titansäure), höchstens mit 1,4 bis 4,5 pCt. Eisenoxyd; durch Glühen erhält er das spec. Gewicht des Rutils, ausserdem verhält er sich v. d. L. wie Titansäure. — Bourg d'Oisans, Tremaddoc in Wales, St. Gotthard, Maderanerthal, Valorsine u. a. Orte in der Schweiz, bisweilen mit Anatas verwachsen, wie *Wiser* gezeigt hat, Biancavilla am Aetna (in Trachyttuffen), Miask am Ural, Magnet-Cove in Arkansas (hier als Arkansit), Ellenville in New-York. Aus Tirol erwähnt *r. Zepharovich* einen dünntafeligen Krystall von 44 Mm. Höhe, 39 Mm. Breite. — Mikroskopisch soll er nach *Thürach* in zersetzten Gesteinen ebenso weit wie Anatas verbreitet sein.

Anm. Der Arkansit unterscheidet sich zwar durch den Habitus seiner Krystalle (in welchen die Pyramide $\breve{P}2$ und das Prisma ∞P, im Gleichgewicht stehend, zu einer scheinbar hexagonalen Pyramide verbunden sind), durch eisenschwarze Farbe und Undurchsichtigkeit von den übrigen Varietäten des Brookits, ist aber dennoch zu diesem zu rechnen, da die Dimensionen seiner Formen, wie *Rammelsberg* und *Kennyott* gezeigt haben, mit denen des Brookits ebenso übereinstimmen, wie seine chemische Zusammensetzung. *Rammelsberg* hält dafür, dass er mit fein vertheiltem Titaneisen gemengt sei. Merkwürdig sind die durch *vom Rath* entdeckten Paramorphosen: Arkansitkrystalle, welche in ein Aggregat verschiedentlich gerichteter Rutilsäulchen umgewandelt sind, und dabei das höhere spec. G. des Rutils erlangt haben.

158. **Pyrolusit,** *Haidinger* (Weichmanganerz, Graubraunsteinerz z. Th.).

Rhombisch; ∞P (M) 93° 40′ (nach *Breithaupt*, nach *Hirsch* aber 99$\frac{1}{4}$°), $\frac{1}{2}\breve{P}\infty$ (d) 140°, $\infty\bar{P}\infty$ (W), $\infty\breve{P}\infty$ (r); A.-V. = 0,938 : 1 : 0,728; die Krystalle gewöhnlich kurz säulenförmig, an den Enden entweder durch die Fläche 0P (P) oder durch das Doma $\breve{P}\infty$ begrenzt, vertical gestreift, bisweilen in viele einzelne Spitzen zerfasert; auch als dünn tafelförmige und spiessige Krystalle; meist derb und eingesprengt, auch traubige, nierförmige, staudenförmige,

sich aber als **echt** rhombisch, und auch *Bücking* hat (*Groth*, Min.-S. d. U. Strassb. 110) dargethan, dass z. B. die schönen Krystalle von Ellenville **nicht** monoklin, und Abweichungen von der rhombischen Symmetrie nur Folgen von unregelmässiger Ausbildung sind. — *Groth*, welcher die Identität des Asmanits und Tridymits, sowie die Isomorphie des Brookits und dieser beiden darthun möchte, gelangt zur Nachweisung der letzteren nur durch eine Neu-Aufstellung des Brookits (Tabell. Uebersicht. 1882. 33′, wodurch aber blos ein ähnliches Axenverhältniss erreicht wird, ohne dass die Uebereinstimmung der Krystallsysteme erbracht würde.

knospenförmige Aggregate von radialstängeliger und faseriger Zusammensetzung, sowie verworren faserige, dichte und erdige Varr., Pseudomorphosen nach Kalkspath,
Dolomit, Smithsonit, Manganit und Polianit. — Spaltb. prismatisch nach ∞P, brachydiagonal und makrodiagonal; wenig spröd bis mild; H. $= 2...2,5$ (die sehr
feinfaserigen und erdigen Varr. noch weicher); G. $= 4,7...5$; dunkel stahlgrau
bis licht eisenschwarz, Strich schwarz, abfärbend, halbmetallischer Glanz, meist
schwach, in faserigen Varietäten mehr Seidenglanz, undurchsichtig. — Chem. Zus.:
Mangansuperoxyd, $Mn O^2$, mit 63,19 Mangan und 36,81 Sauerstoff, in einigen Varr. ist
bis 1 pCt. Thallium, in anderen etwas Vanadinsäure nachgewiesen worden; v. d. L.
unschmelzbar; auf Kohle stark geglüht verwandelt er sich in braunes Oxydoxydul, mit
Verlust von 12 pCt. Sauerstoff; mit Borax und Phosphorsalz gibt er die Reaction des
Mangans, in erwärmter Salzsäure löst er sich unter starker Entwickelung von Chlor,
mit Schwefelsäure erhitzt gibt er Sauerstoff und schwefelsaures Manganoxydul. —
Johanngeorgenstadt, Raschau, Platten, Arzberg, Horhausen, Eiserfeld, Ilfeld, Ilmenau. —

Anm. Es unterliegt wohl keinem Zweifel, dass der Pyrolusit in sehr vielen
Fällen ein Umwandlungsproduct des Manganits, in anderen blos eine locker-faserige
Varietät des Polianits ist; denn dass der Manganit die Neigung hat, seinen Wassergehalt
gegen Sauerstoff umzutauschen, ergibt sich schon daraus, weil seine Krystalle oft nach
aussen oder unten in Pyrolusit umgewandelt erscheinen, während sie nach innen oder
am freien Ende noch braunstrichig und wasserhaltig sind; auch bezeichnet uns der
Varvicit das e i n e Hauptstadium dieses Umwandlungsprocesses, dessen Ziel erst in der
Pyrolusitbildung erreicht zu werden scheint. *Breithaupt* wollte daher den Pyrolusit gar
nicht mehr als ein besonderes Mineral anerkennen, weil er jedenfalls ein epigenetisches
Gebilde entweder nach Manganit oder nach Polianit sei.

Gebrauch. Der Pyrolusit, gewöhnlich B r a u n s t e i n genannt, gestattet vielerlei Anwendungen, und ist wegen seines grossen Sauerstoffgehalts und seiner Weichheit allen übrigen
Manganerzen vorzuziehen. Man benutzt ihn zur Darstellung von Sauerstoff, Chlor und Chlorkalk, zur Entfärbung der Glasmasse, aber auch zur Färbung derselben, und überhaupt als
Pigment von Glasuren, bei der Porcellan- und Fayence-Malerei.

159. Polianit, *Breithaupt.*

Rhombisch; ∞P 92° 52', $\check{P}\infty$ 118°; die Krystalle sind ganz ähnlich denen des Pyro-
lusits, und zeigen ausser den genannten Formen noch $0P$, $\infty \check{P}\infty$, $\infty \check{P}\infty$ und zwei Makroprismen; sie erscheinen meist kurz säulenformig und vertical gestreift; derb, in körnigen
Aggregaten; auch in Pseudomorphosen nach Calcit. — Spaltb. brachydiagonal; H. $= 6,5...7$;
G. $= 4,826...5,061$; licht stahlgrau, schwach metallglänzend, undurchsichtig. — Chem. Zus.
nach den Analysen von *Plattner* und *Rammelsberg*: Mangansuperoxyd, also identisch mit
Pyrolusit. Es scheint daher der harte Polianit blos einen anderen Cohäsionszustand darzu-
stellen, als der weiche Pyrolusit. — Platten, Schneeberg, Johanngeorgenstadt, Nassau,
Cornwall.

160. Plattnerit, *Haidinger,* oder Schwerbleierz, *Breithaupt.*

Hexagonal, Dimensionen unbekannt; Comb. $\infty P.0P.P$; Spaltb. undeutlich nach mehren
Richtungen, Bruch uneben, spröd; G. $= 9,39...9,45$; eisenschwarz, Strich braun, metallartiger
Diamantglanz, undurchsichtig. — Chem. Zus. nach *Lampadius* und *Plattner*: wahrscheinlich
fast reines Bleisuperoxyd, $Pb O^2$, mit 86,6 Blei und 13,4 Sauerstoff. — Leadhills in Schottland,
anscheinend pseudomorph nach Pyromorphit.

161. Cervantit, *Dana.*

Angeblich rhombisch, aber nur in sehr feinen nadelförmigen Kryställchen, auch derb
und als Ueberzug; isabellfarbig bis weiss; H. $= 4...5$; G. $= 4,08$. — Chem. Zus.: $Sb O^2$, oder
vielmehr eine Verbindung von 1 Mol. Antimonoxyd mit 1 Mol. Antimonsäure, $Sb^2 O^3 + Sb^2 O^5$,
mit 78,93 Antimon und 21,07 Sauerstoff. Unschmelzbar, auf Kohle leicht reducirbar, im Kolben nicht flüchtig (zum Unterschied von Valentinit), in Salzsäure schwer löslich. — Cer-
vantes im spanischen Galicia, Pereta in Toscana, auf Borneo. Dieselbe Substanz kommt
wasserhaltig als Stiblith und Antimonocker vor.

162. Tellurit (Tellurocker).

Kleine Kryställchen, bisweilen anscheinend spitze rhombische Pyramiden, meist pris-

.matisch entwickelt, häufig langsgestreift, sehr deutlich monotom, einzeln oder zu Bündeln vereinigt (nach *Genth*), meistens ganz kleine Kugeln und Halbkugeln von radialfaseriger Zusammensetzung und gelblich- bis graulichweisser Farbe; Glasglanz, zum Harzglanz sich neigend, auf den Spaltflächen Diamantglanz; im Glasrohr und auf Kohle zeigt er nach *Petz* ganz das Verhalten der tellurigen Säure, TeO^2, mit 80 pCt. Tellur. — Sehr selten zu Facebay und Zalathna in Siebenbürgen, mit gediegenem Tellur in Quarz; nach *Genth* auch auf der Keystone-, Smuggler- und John Jay-Grube in Colorado.

4. Trioxyde, RO^3.

163. Molybdänocker.

Als Ueberzug, angeflogen oder eingesprengt, feinerdig, zerreiblich; schwefel-, citron- und pomeranzgelb, matt, undurchsichtig. Scheint wesentlich Molybdänsäure, MoO^3, zu sein, mit 66,7 Molybdän und 33,3 Sauerstoff; v. d. L. auf Kohle schmilzt er, raucht und gibt einen Beschlag, welcher heiss gelb, kalt weiss erscheint, am inneren Rande aber von dunkel kupferrothem Molybdänoxyd begrenzt wird; auch mit Borax und Phosphorsalz verhält er sich wie Molybdänsäure; mit Soda auf Kohle liefert er ein graues Metallpulver; in Salzsäure ist er leicht löslich, die Sol. wird durch metallisches Eisen blau gefärbt. — Mit Molybdänglanz im Pfitscher Thal in Tirol, Lindås in Schweden, Nummedalen in Norwegen.

164. Wolframocker.

Als Ueberzug, angeflogen und eingesprengt, erdig, weich, grünlichgelb und gelblichgrün, matt, undurchsichtig. V. d. L. verhält er sich wie Wolframsäure, WO^3, mit 79,3 Wolfram und 20,7 Sauerstoff; in Aetzammoniak lost er sich vollständig, während er in Säuren unlöslich ist. — Huntington in Connecticut.

5. Anderweite Verbindungen.

165. Mennige.

Derb, eingesprengt, angeflogen und als Pseudomorphose nach Cerussit und Bleiglanz; Bruch eben oder flachmuschelig und erdig; H. $= 2...3$; G. $= 4,6$; morgenroth, Strich pomeranzgelb, matt oder schwach fettglänzend, undurchsichtig. — Chem. Zus.: wahrscheinlich die der künstlichen Mennige, also Pb^3O^4, oder $2PbO + PbO^2$, oder $PbO + Pb^2O^3$, mit 90,65 Blei und 9,35 Sauerstoff; v. d. L. färbt sie sich anfangs dunkler, beim Glühen gelb, und schmilzt sehr leicht zu einer Masse, welche auf Kohle zu Blei reducirt wird; von Salzsäure wird sie unter Entwickelung von Chlor entfärbt und in Chlorblei verwandelt; Salpetersäure löst das Bleioxyd auf und hinterlässt braunes Superoxyd. — Bolanos in Mexico, Badenweiler in Baden, Weilmünster in Nassau, Rochlitz am Sudabfall des Riesengebirges, Insel Anglesea, Schlangenberg in Sibirien, Bleialf und Call in Rheinpreussen; indessen bezweifelt *Noggerath* die wirkliche mineralische Natur dieser und anderer Vorkommnisse, und vermuthet, dass solche durch künstliche Erhitzung, durch Feuersetzen, Röstprocesse und dergl. aus anderen Bleierzen entstanden seien.

166. Crednerit, *Rammelsberg*, Mangankupfererz.

Derb, in körnigblätterigen Aggregaten; Spaltb. nach einem schiefen rhombischen Prisma, und zwar recht vollk. nach der einen (basischen) Fläche, minder vollk. nach den beiden anderen; Bruch uneben; spröd in geringem Grade; H. $= 4,5$; G. $= 4,89...5,07$; eisenschwarz, Strich schwarz, auf der vollk. Spaltungsfläche stark metallglänzend, undurchsichtig. — Chem. Zus. nach den Analysen von *Heinrich Credner* und *Rammelsberg* wesentlich: $3CuO + 2(Mn^2)O^3$, oder $Cu^3Mn^4O^9$, mit 57,02 Manganoxyd (die Analysen ergaben ca. 52 Manganoxydul und Sauerstoff) und 42,98 Kupferoxyd; 0,5 bis 4,5 Baryt auch zugegen. V. d. L. schmelzen nur sehr dünne Splitter an den Kanten; mit Borax gibt er ein dunkelviolettes, mit Phosphorsalz ein grünes Glas, welches bei der Abkühlung blau und in der inneren Flamme kupferroth wird. In Salzsäure unter Chlorentwickelung zu einer grünen Flüssigkeit löslich. — Friedrichroda am Thüringer Wald, mit Psilomelan und feinkörnigem Hausmannit.

II. Hydroxyde und Hydrate.

1. Von Monoxyden.

167. Brucit, *Beudant* (Talkhydrat).

Rhomboëdrisch, $R\ 82°\ 22\frac{1}{2}'$ nach *Hessenberg*; A.-V. $= 1 : 0,5214$; andere Formen

sind —$\frac{1}{2}$R, 2R, —4R und 0R, welche letztere meist vorherrscht, und eine tafelförmige Gestalt der Individuen bedingt; die Neigungswinkel der Rhomboëderflächen
gegen das Pinakoid sind für —$\frac{1}{2}$R 149° 39′, für R 119° 39′, für 2R 105° 53′ und für
—4R 98° 6′. Gewöhnlich derb in schaligen und stängeligen Aggregaten. — Spaltb.
basisch, sehr vollk.; mild, in dünnen Blättchen biegsam; H.=2; G.=2,3...2,4:
farblos, graulich- und grünlichweiss; Perlmutterglanz auf 0R; halbdurchsichtig bis
durchscheinend, optisch-einaxig, positiv, ω=1,559, ε=1,5795 nach *M. Bauer*. —
Chem. Zus. nach den Analysen von *Fyfe*, *Bruce*, *Stromeyer*, *Wurtz*, *Smith* und *Brush*:
Magnesiumhydroxyd, $Mg[OH]^2$, mit 68,96 Magnesia und 31,04 Wasser; reiner Brucit
ist frei von Kohlensäure, doch findet sich oft ein Gehalt an Magnesiumcarbonat, die
beginnende Umwandlung in Hydromagnesit bezeichnend; immer ist auch etwas Eisenoxydul vorhanden; bei Jakobsberg in Wermland mit 14,16 MnO statt MgO. Beim Erhitzen gibt er Wasser, ist v. d. L. unschmelzbar, wird mit Kobaltsolution geglüht blassroth, und ist in Säuren leicht und vollkommen löslich. Lemberg gibt noch folgende
Reaction an: wird ein Blättchen über einer Weingeistflamme entwässert und, nach
vorheriger Abkühlung, in eine etwas verdünnte Lösung von salpetersaurem Silber ge-
taucht, so färbt es sich braun bis schwarz, indem die Magnesia schwarzes Silberoxyd
ausscheidet (Zeitschr. d. geol. Ges., Bd. 24. 1872. 226). — Hoboken in New-Jersey,
Lancaster und Texas in Pennsylvanien, Philipstad in Schweden, Insel Unst, Baschart-
sche-Grube im Gouv. Ufa, sowie im Gouv. Orenburg in Russland, Cogne im Aosta-Thal,
Predazzo in Tirol.

Anm. Der Nemalith, von Hoboken in New-Jersey, ein ganz asbestähnliches, in zart-
faserigen, weissen oder blaulichen, seidenglänzenden Aggregaten vorkommendes Mineral, ist
nach den Analysen von *Rammelsberg*, *Whitney* und *Wurtz* eine faserige Varietät des Brucits,
welche bis 5,6 pCt. Eisenoxydul enthält, auch bis zu 10 pCt. Kohlensäure aufgenommen hat,
daher sie *Connel* als ein sehr basisches Carbonat von Magnesia betrachtete, während sie eher
eine Stufe der Umwandlung in Hydromagnesit ist. Noch eisenoxydulreicher (25 pCt.) ist ein
von *Sandberger* untersuchtes Vorkommniss (fälschlich Nakrit genannt) von Siebenlehn bei
Freiberg.

168. Pyrochroit, *Igelström.*

Hexagonal nach *Bertrand*, gewöhnlich körnig-blätterig, schmale Trümer in Magneteisen
bildend; H.=2,5; ursprünglich im frischen Zustand dem Brucit sehr ähnlich, weiss, perlmutterglänzend und in dünnen Lamellen durchscheinend, wird aber an der Luft bald braun
und zuletzt schwarz. Optisch negativ. — Chem. Zus.: wesentlich Manganoxydhydrat,
$Mn[OH]^2$, doch wird ein kleiner Theil des Mangans durch Magnesium und Calcium ersetzt;
auch enthält er 3 bis 4 pCt. Kohlensäure. Im Kolben gibt er viel Wasser, wird erst grün,
dann grünlichgrau und endlich bräunlichschwarz; geglüht verwandelt er sich in Oxydoxydul;
in Salzsäure löslich. — Grube Pajsberg bei Philipstad, Wermland.

2. Von Sesquioxyden.

169. Sassolin, *Hausmann* (Borsäure).

Triklin nach *Miller*, gewöhnlich nur in feinen schuppigen oder faserigen Individuen, von welchen die ersteren unregelmässige, sechsseitige Tafeln mit schief angesetzten Randflächen bilden; nach den Beobachtungen *Haushofer*'s an künstlichen Krystallen (Z. f. Kryst. IX. 1884. 77) werden dieselben in der Prismenzone begrenzt
durch $\infty P'$ und $\infty 'P$ (mit einander 118° 9′ bildend) sowie $\infty \bar{P}\infty$; in der Endigung
erscheinen die vier Tetartopyramiden, ferner die beiden Hemimakrodomen, sowie 0P
zu einem tonnenförmigen Complex vereinigt. A.-V.=1,7329:1:0,9228. Die natürlichen Individuen erscheinen lose, oder zu krustenförmigen und stalaktitischen Aggregaten vereinigt. Häufig Zwillingskrystalle nach $\infty \bar{P}\infty$. — Spaltb. basisch, sehr vollkommen; mild und biegsam; H.=1; G.=1,4...1,5. Farblos, meist gelblichweiss
gefärbt; Perlmutterglanz; durchscheinend; schmeckt schwach säuerlich und bitterlich:
fettig anzufühlen. — Chem. Zus.: Borsäure, $B[OH]^3$, mit 56,39 Borsäure und 43,61

Wasser; in kochendem Wasser leicht, in kaltem etwas schwer löslich; gibt im Kolben Wasser, schmilzt v. d. L. leicht und mit Aufschäumen zu klarem hartem Glas, und färbt die Flamme hoch gelblichgrün (zeisiggrün); auch die Auflösung in Alkohol brennt mit grüner Flamme. — Als Sublimat mancher Vulkane und als Absatz heisser Quellen, Insel Volcano, Sasso in Toscana. Bei Larderello u. a. O. in Toscana werden aus den Suffionen jährlich sehr grosse Quantitäten Borsäure gewonnen.

Anm. Wegen der Analogie der Constitution, wegen der oftmaligen isomorphen Vertretung von $(Al^2)O^3$ durch $(B^2)O^3$ und der äusseren Aehnlichkeit in Form und Spaltbarkeit der beiderseitigen Krystalle, sollte man vermuthen, dass der Sassolin mit dem Hydrargillit isomorph sei.

Gebrauch. Als Reagens bei Löthrohrversuchen, besonders aber zur Darstellung mehrer borsaurer Salze.

170. Hydrargillit, *G. Rose* (Gibbsit).

Monoklin nach *Des-Cloizeaux*, was auch *v. Kokscharow* bestätigte; $\beta = 87^0 47'$; die gewöhnlichen Formen erscheinen als kleine, scheinbar hexagonale Tafeln oder Säulen der Combination $0P . \infty P . \infty P\infty$, indem die klinodiagonale Seitenkante des Prismas ∞P fast 60^0 misst, und $0P$ mit $\infty P\infty$ Winkel von $87^0 47'$ und $92^0 13'$ bildet. Auch kugelige und halbkugelige, radialfaserige, ganz wavellitähnliche, und körnigschuppige Aggregate. — Spaltb. basisch, sehr vollk.; H. $= 2,5...3$; G. $= 2,34...2,39$: farblos, grünlichweiss bis lichtgrün, auch röthlichweiss und blaulichweiss gefärbt, Perlmutterglanz auf $0P$, ausserdem Glasglanz; durchscheinend; optisch-zweiaxig; nach *Des-Cloizeaux* liegen die optischen Axen bald in einer Normal-Ebene, bald in einer Parallel-Ebene des klinodiagonalen Hauptschnitts, während die spitze Bisectrix stets in den letzteren Hauptschnitt fällt; die Dispersion der Axen ist sehr stark. — Chem. Zus.: das normale Aluminiumhydroxyd $(Al^2)[OH]^6$ oder auch $Al[OH]^3$ mit $65,43$ Thonerde und $34,57$ Wasser; nach *A. Mitscherlich* verliert er erst über 200^0 Wasser, welches erst durch starkes Glühen völlig verschwindet; v. d. L. wird er weiss und undurchsichtig, blättert sich auf, leuchtet ausserordentlich stark, ohne jedoch zu schmelzen; mit Kobaltsolution wird er schön blau; in heisser Salzsäure oder Schwefelsäure löst er sich etwas schwierig auf. — An der Schischimskaja und Nasimskaja Gora bei Slatoust im Ural, Villa-rica in Brasilien, Richmond und Lenox in Massachusetts, mehrorts in New-York, Unionville in Pennsylvanien.

Anm. 1. Dass nämlich der Gibbsit, von Richmond in Massachusetts, eine Varietät des Hydrargillits sei, ist durch *Torrey*, *Silliman*, *Smith* und *Brush* dargethan worden; dasselbe Resultat fand *A. Mitscherlich* für den Gibbsit von Villa-rica in Brasilien, welcher jedoch in Säuren leicht löslich sein, und nach *Haidinger* rhombisch krystallisiren soll. Das von *Hermann* als Gibbsit beschriebene, und durch seine Analyse für normale phosphorsaure Thonerde mit 8 Mol. Wasser $(Al^2)[PO^4]^2 + 8 H^2O$ erkannte Mineral muss also wohl etwas ganz Anderes gewesen sein.

Anm. 2. Beauxit nannte *Berthier* ein bei Beaux unweit Arles vorkommendes bolusähnliches Mineral, welches in der von ihm analysirten Var. aus 52 Thonerde, 27,6 Eisenoxyd und 20,4 Wasser besteht, während andere Varr. nach *Deville* ganz anders zusammengesetzt sind (vergl. N. Jahrb. f. Min., 1874. 940). Nach *H. Fischer* ist der Beauxit ein Gemeng von Eisenoxydkornern mit rothem Thon. Aehnliche Dinge von Aegina und Antrim sind wohl auch unter demselben Namen beschrieben worden, wogegen der bei Feistritz in Krain vorkommende sog. Bauxit nur ein mit etwas Kieselsäure und Eisenoxyd gemengtes Aluminiumhydroxyd ist. Die Analysen von *Hentatsch* zeigen grossen Wechsel in der Zusammensetzung, z. B. 9 bis 24 pCt. Kieselsäure. Aus gewissen Varr. des französischen Beauxit werden sehr feuerfeste Schmelztiegel und Steine bereitet; auch dient der Beauxit zur Darstellung von Aluminium und indirect von Aluminiumbronze (6 bis 10 Al und 94 bis 90 Cu).

171. Diaspor, *Hauy*.

Rhombisch, nach *Dufrénoy* und *Kenngott* isomorph mit Göthit [1]), auch in gewissem

---

1) Da wir das Spaltungsprisma als Protoprisma wählen, so tritt allerdings in den beider-

Sinne mit Chrysoberyll (vgl. diesen). A.-V. $= 0,4686 : 1 : 0,3019$; breite Säulen mit vorherrschendem $\infty\breve{P}\infty$, dazu ∞P 129^0 $47'$, $\infty\breve{P}3$ u. a. Prismen, an den Enden durch die meist gekrümmten Flächen der Grundform P, der Brachypyramide $2\breve{P}2$ sowie des Brachydomas $2\breve{P}\infty$ begrenzt, wie es die nachstehende Figur und Horizontal-projection eines Krystalls von Schemnitz zeigt; die dritte Figur gibt in anderer Stellung nach *r. Kokscharow* das Bild eines Krystalls von Mramorskoi, in welchem ausser den Formen *a*, *d*, *s* und *e* auch die Makropyramide $\frac{3}{2}\breve{P}5$ (*r*) und die Brachypyramide $2\breve{P}6$ (*x*) erscheint; die Winkel sind nach *v. Kokscharow* angegeben.

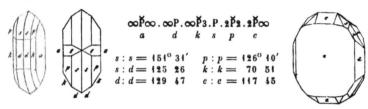

$$\infty\breve{P}\infty . \infty P . \infty\breve{P}3 . P . 2\breve{P}2 . 2\breve{P}\infty$$
$$a \qquad d \quad\;\; k \quad s \quad p \quad\;\; e$$

$s : s = 151^0$ $31'$ $p : p = 126^0$ $10'$
$s : d = 125$ 26 $k : k = 70$ 51
$d : d = 129$ 47 $e : e = 117$ 45

Gewöhnlich derb, in dünnschaligen und breitstängeligen Aggregaten, auch in verworren faserigen und blätterigen Aggregaten als Begleiter des Smirgels. — Spaltb. brachydiagonal sehr vollk., prismatisch minder vollk.; sehr spröd; H. $= 6$; G. $= 3,3 \ldots 3,46$; farblos, meist gelblichweiss und grünlichweiss, auch violblau (äusserlich durch Eisenoxydhydrat gelblichbraun) gefärbt; sehr starker Perlmutterglanz auf $\infty\breve{P}\infty$; durchsichtig und durchscheinend, mit ausgezeichnetem Trichroismus; optisch zweiaxig; die optischen Axen liegen im brachydiagonalen Hauptschnitt und bilden einen sehr grossen Winkel, die spitze Bisectrix fällt in die Brachydiagonale. — Chem. Zus. nach *Hess*, *Löwe*, *Damour* und *Mitscherlich* wesentlich das Aluminiumhydroxyd $(Al^2)^2[⊟]^2$ oder $Al[⊟]$, mit $85,02$ Thonerde und $14,98$ Wasser; nach *A. Mitscherlich* gibt er unter 450^0 kein Wasser und erst beim Weissglühen den letzten Rest ab; er zerknistert wenig oder gar nicht (doch beobachtete *Berzelius* an einer Varietät, dass solche sehr heftig decrepitirte und in kleine weisse glänzende Schuppen zerfiel); er ist unschmelzbar, wird aber mit Kobaltsolution geglüht schön blau; Säuren sind ohne Einwirkung (Salzsäure entzieht ihm blos das oberflächlich färbende Eisenoxydhydrat); erst nach starkem Glühen wird er in Schwefelsäure auflöslich. — Nach *Hermann* enthält der Diaspor vom Ural auch 5 bis 6 Eisenoxyd und etwas Phosphorsäure, welche letztere durch *Shepard* auch in der Var. von Chester nachgewiesen wurde. — Mramorskoi bei Kossoibrod am Ural, Schemnitz in Ungarn, auch im Dolomit am Campolungo bei Faido mit Korund (durch *vom Rath* beschrieben und abgebildet), mit Cyanit am Greiner in Tirol, zu Ephesus in Kleinasien und auf Naxos als Begleiter des Smirgels, Chester in Massachusetts und Unionville in Pennsylvanien, hier nach *Lea* sehr schön, mit Margarit.

172. Manganit, *Haidinger* (Graubraunsteinerz z. Th.).

Rhombisch, isomorph mit Göthit[1]); die Grundpyramide P (*p*) findet sich nur selten und sehr untergeordnet; verhältnissmässig am häufigsten ist unter den Pyramiden die Makropyramide $\bar{P}2$ (*s*) mit den Polkanten $154^0 13'$; seltener ist $\bar{P}3$ (*g*) mit den Polkanten 162^0 $40'$ und 115^0 $10'$; andere einfache Formen sind ∞P (*m*) 99^0 $40'$. $\infty P\frac{3}{4}$ (*k*) 103^0 $23'$, $\infty\bar{P}2$ (*l*) 118^0 $44'$, $\infty\breve{P}2$ (*d*) 134^0 $14'$, $2P$ (*v*), $2\breve{P}2$ (*n*), $\frac{5}{2}\breve{P}2$ (*x*): auch $0P$ (*c*), $\bar{P}\infty$ (*u*) 114^0 $19'$, sowie $\infty\breve{P}\infty$ (*a*) sind häufig vorkommende Formen. Im Ganzen sind bis jetzt 48 verschiedene Formen von *Haidinger*, *Miller* und *Groth* beobachtet worden. A.-V. $= 0,8441 : 1 : 0,5448$. Wir halten uns in Folgendem zunächst

seitigen Zeichen der Krystallformen des Isomorphismus nicht so entschieden hervor. Nimmt man beim Diaspor ∞P als $\infty\bar{P}2$, so wird sein A.-V. $= 0,9372 . 1 : 0,6088$ (vgl. Göthit, Manganit).

[1]) Nimmt man das Prisma $\infty\bar{P}2$ als ∞P, so ist der Manganit isomorph mit dem Diaspor.

an die Untersuchungen, welche *Groth* (Min.-Samml. d. Un. Strassburg S. 79) an den Krystallen von Ilfeld angestellt hat, die auch schon im J. 1831 für die grundlegenden Messungen von *Haidinger* das Material dargeboten haben. Bei diesen Krystallen unterscheidet *Groth* vier Haupttypen der Ausbildung:

1   2   5

 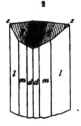 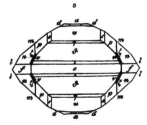

I. Langprismatische und dicke Krystalle, vorherrschend Prismen und Basis; die stumpfe Kante von ∞P wird durch stark gestreifte Makroprismen zugeschärft, am Ende erscheint nur die stark glänzende und makrodiagonal gestreifte Basis; bisweilen ist die Basis durch sehr flache (auch jene Streifung hervorbringende) Makrodomen (etwa $\frac{1}{10}\check{P}\infty$ und $\frac{1}{30}\check{P}\infty$) ersetzt. Selten bilden diese einfachen Formen Zwillinge nach dem Brachydoma $\check{P}\infty$ (e), wobei zwei derselben zu einem schiefwinkeligen Kreuz vollständig durcheinandergewachsen sind, und die Verticalaxen derselben einen Winkel von $122^{\circ}\,50'$ einschliessen. — Fig. 1.

4

II. Langprismatische (10—15 Mm.) und dünne (2—3 Mm.) Krystalle, meist hell stahlgrau, vorherrschend Prismen ($\infty\check{P}2$, ∞P, $\infty\check{P}2$) mit makrodiagonalen Pyramiden als Endigung, unter letzteren hauptsächlich $\check{P}2$ (s), $\check{P}5$ (ϱ), $\check{P}4$, $\check{P}6$, auch $\check{P}\infty$ (u). — Fig. 2. — Der Typus I und II sind durch viele Uebergänge verbunden, indem sich zu den terminirenden Makropyramiden des letzteren die Basis und die Makrodomen des ersteren gesellen.

III. Kurzprismatische stark vertical gestreifte Krystalle, ziemlich flächenreich, mit herrschender Basis und flachen Makrodomen, stets verzwillingt nach $\check{P}\infty$ (e) zu zinnstein- oder rutilähnlichen Formen, gewöhnlich mit mehrfach repetirter Zwillingsbildung in zickzackförmig gebrochenen Prismen. — Fig. 3 stellt einen einfachen Krystall dieser Art auf $0P$ projicirt dar; darin ist ausser den schon genannten Formen $\eta=\frac{1}{5}\check{P}\infty$, $i=\frac{1}{15}\check{P}\infty$, $\vartheta=\frac{2}{15}\check{P}\infty$, $f=2\check{P}\infty$, $v=\check{P}\frac{3\,0}{7}$, $\zeta=\frac{1}{4}\check{P}\frac{3}{5}$.

IV. Kurzprismatische, sehr flächenreiche Krystalle, mit vorherrschenden makrodiagonalen Pyramiden, stets verzwillingt nach dem in der Regel auch als Krystallfläche auftretenden Brachydoma $\check{P}\infty$. Fig. 4 stellt einen solchen, durch Aneinanderwachsung gebildeten Zwilling dar; in der sehr flächenreichen Prismenzone weisen die Individuen ausser den schon genannten Formen noch $\infty\check{P}3$ (η) und $\infty\check{P}3$ (λ), in der Endigung $\check{P}\frac{3}{2}$ (σ), $\check{P}4$ (χ) und $\infty\check{P}\frac{4}{3}$ (x) auf.

$m:m=\ \ 99^{\circ}\ 40'$	$g:g=162^{\circ}\ 40'$	$n:l=141^{\circ}\ 42'$
$l:m=160\ \ 46$	$n:n=132\ \ 50$	$x:n=165\ \ 32$
$v:m=149\ \ 52$	$d:d=134\ \ 14$	$x:l=127\ \ 16$
$u:s\ =167\ \ \ 6$	$n:f=156\ \ 25$	$p:p=120\ \ 54$
$u:\varrho=174\ \ 14$	$e:e=122\ \ 50$	$s:s=154\ \ 13$

Nach *Haidinger's* früheren Untersuchungen ist der Manganit z. Th. **hemiëdrisch**, indem die Pyramide $\frac{4}{3}\breve{P}2$ (x) nur mit ihren abwechselnden vier Flächen als rhombisches Sphenoid ausgebildet ist. Durch diesen hemiëdrischen Charakter der genannten Pyramide kommen nach ihm alsdann auch Zwillinge mit parallelen Axensystemen beider Individuen zu Stande, wobei $\infty\breve{P}\infty$ als Zusammensetzungsfläche dient: jene beiden Sphenoide sind nämlich enantiomorph, d. h. verschieden als rechts und links gebildet, und die wirkliche Zwillingsbildung erfolge nun dadurch, dass das eine Individuum mit dem rechten, das andere mit dem linken Sphenoid versehen sei. Abgesehen von der Thatsache, dass der isomorphe Göthit und Diaspor völlig holoëdrisch entwickelt sind, hält *Groth* es auf Grund seiner eigenen Untersuchungen für höchst unwahrscheinlich, dass man es hier mit einer eigentlichen Hemiëdrie zu thun habe, weil keine einzige der sechzehn übrigen sicher bestimmten Pyramiden hemiëdrisch entwickelt sei; die von ihm nur wenigemal wahrgenommene anscheinend sphenoidische Ausbildung von $\frac{4}{3}\breve{P}2$ erachtet er als eine gesetzlose ungleichmässige Flächenentwickelung, und die von *Haidinger* angenommenen Zwillinge nach $\infty\breve{P}\infty$ (dicksäulenförmige Krystalle mit tief und dicht gefurchten Seitenflächen und grobdrusigen Endflächen) gelten ihm nach Maassgabe der Flächenvertheilung an den Enden blos als parallele Fortwachsungen. — Aufgewachsen und zu Drusen vereinigt, auch derb in radialstängeligen oder faserigen, seltener in körnigen Aggregaten. — Spaltb. brachydiagonal sehr vollk., prismatisch nach ∞P weniger vollk., basisch unvollk.; etwas spröd; H. $= 3,5...4$; G. $= 4,3...4,4$ (im veränderten Zustande $4,5...4,8$); dunkel stahlgrau bis fast eisenschwarz, oft bräunlichschwarz, bisweilen bunt angelaufen. Strich braun (im veränderten Zustande schwarz); unvollkommener aber starker Metallglanz, undurchsichtig. — Chem. Zus.: wesentlich das Manganhydroxyd ($\mathbf{Mn}^2)\mathbf{O}^2[\mathbf{OH}]^2$ oder $\mathbf{MnO(OH)}$, also ganz analog mit Diaspor und Göthit, mit 89,76 Manganoxyd und 10,24 Wasser; das Wasser entweicht erst bei Temperaturen über 200°; v. d. L. ist er unschmelzbar, färbt Borax im Ox.-F. amethystroth, und verhält sich überhaupt wie Manganoxyd: in concentrirter Salzsäure löslich unter Entwickelung von Chlor, die braune Solution entwickelt beim Erwärmen Chlor und entfärbt sich; mit Kalilauge gibt sie ein schmutzigweisses Präcipitat, welches auf dem Filtrum schnell gelb, braun und endlich schwarz wird; concentrirte Schwefelsäure löst ihn nur wenig auf und färbt sich gar nicht oder nur schwach roth. — Ilfeld am Harz, Ilmenau und Oehrenstock am Thüringer Wald, Undenäs in Westgothland in Schweden, Christiansand in Norwegen.

Gebrauch. Der Manganit gestattet eine ähnliche Benutzung wie der Pyrolusit, welchem er jedoch da nachsteht, wo es sich um Darstellung von Sauerstoff oder Chlor handelt.

173. Göthit, *Lenz* (Nadeleisenerz, Rubinglimmer, Pyrrhosiderit). — Rhombisch, isomorph mit Manganit[1]; P (p) Polkk. 121° 5' und 126° 18', ∞P (r, 94° 53', $\infty \breve{P}2$ (i) 130° 40', $\breve{P}\infty$ (c) 117° 30', $\bar{P}\infty$ 113° 8', $4\bar{P}\infty$ (x) 41° 30'; A.-V. $= 0,9182 : 1 : 0,6061$; gewöhnliche Combination $\infty P.\infty\breve{P}2.\infty\breve{P}\infty.P.\bar{P}\infty$, wie die erste der nachstehenden Figuren, säulenförmig und nadel- bis haarförmig; auch dünn-

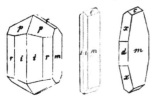

tafelartige und spiessige Lamellen (Göthit), wie die beiden anderen Figuren; die Krystalle sind gewöhnlich klein, zu Drusen oder zu büschelförmigen Gruppen verbunden, bisweilen in Bergkrystall oder in Amethyst eingewachsen; auch stängelige, faserige und schuppig-faserige Aggregate von nierförmigen, traubigen und halbkugeligen Gestalten; derb in stängelig-körniger und schuppiger Zusammensetzung, in Pseudomorphosen nach Pyrit, Calcit und Baryt. — Spaltb. brachydiagonal sehr vollk.; Bruch der

---

[1] Nimmt man auch hier das Prisma $\infty\breve{P}2$ als ∞P, so ist ebenfalls der Göthit, wie zuerst *Dufrenoy* bemerkte, isomorph mit dem Diaspor. Ihren Dimensionen nach stehen sich alsdann Diaspor und Göthit näher als Göthit und Manganit.

Aggregate radialfaserig; spröd; H.= 5...5,5; G.= 3,8...4,2; der von Lostwithiel in Cornwall wiegt nach *Yorke* 4,37; gelblichbraun, röthlichbraun bis schwärzlichbraun, Strich hoch gelblichbraun; meist kantendurchscheinend bis undurchsichtig, nur in dünnen Lamellen und feinen Nadeln durchscheinend, Diamantglanz und Seidenglanz; wirkt nach *Griess* zwar nicht auf die gewöhnliche, wohl aber mehr oder weniger deutlich auf die astatische Magnetnadel. — Chem. Zus. nach den Analysen von *v. Kobell, Schnabel* u. A.: das Eisenhydroxyd (**Fe**)^2**O**^{2}[**OH**]^2 oder **FeO**[**OH**], mit 89,89 Eisenoxyd und 10,11 Wasser, meist ein wenig Eisenoxyd durch Manganoxyd ersetzt (Manganit zugemischt), auch ist gewöhnlich etwas Kieselsäure vorhanden; im Kolben gibt er Wasser und wird roth; v. d. L. im Ox.-F. wird er gleichfalls braunroth, im Red.-F. dagegen schwarz und magnetisch; sehr schwer schmelzbar; mit Borax und Phosphorsalz gibt er die Reactionen des Eisens; in Salzsäure ist er leicht und vollk. löslich, oft mit kleinem Rückstand von Kieselsäure. — Lostwithiel in Cornwall, Oberkirchen im Westerwald, Zwickau in Sachsen, Eiserfeld im Siegenschen, Przibram, Marquette am Superiorsee, Californien, Oregon u. a. O.

Gebrauch. Die derben, in grösseren Massen einbrechenden Varietäten des Güthits liefern wie auch der folgende Lepidokrokit ein sehr brauchbares Eisenerz.

Anm. Zuerst hat *v. Kobell* die chemische Verschiedenheit des Göthits von dem Brauneisenstein erkannt, auch gezeigt, dass das durch Metasomatosis des Pyrits häufig entstandene Eisenhydroxyd gewöhnlich die chem. Zus. des Göthits besitzt.

474. Lepidokrokit, *Ullmann.*

Mikrokrystallinisch in schuppigen Individuen, welche zu halbkugeligen, traubigen und nierförmigen Aggregaten von schuppig-faseriger Textur und körnig-schuppiger Oberfläche verbunden sind; selten derb, eingesprengt und als Ueberzug. — Bruch der Aggregate uneben und schuppig; H.=3,5; G.=3,7...3,8; röthlichbraun bis nelkenbraun, Strich bräunlichgelb, wenigglänzend bis schimmernd, undurchsichtig. — Chem. Zus. nach *v. Kobell, Brandes* und *Schnabel* die des Göthits, doch gewöhnlich mit etwas mehr (2 bis 5 pCt.) Manganoxyd, dagegen nach *Breithaupt* die des Brauneisenerzes; nach *Rammelsberg* aber enthält die ausgezeichnete Varietät von Siegen 85,53 Eisenoxyd, 2,27 Manganoxyd und 12,20 Wasser, weshalb er geneigt ist, das Mineral für eine Verbindung von Göthit und Brauneisenerz zu halten. — Besonders schön bei Sayn und Siegen in Rheinpreussen und Westphalen, Easton in Pennsylvanien.

475. Stilpnosiderit, *Ullmann* (Eisenpecherz).

Nierförmig, stalaktitisch, als Ueberzug, in Trümern, derb und eingesprengt; in Pseudomorphosen nach Vivianit, Dolomit, Zinkspath und Rothkupfererz; Bruch muschelig bis eben, glatt; spröd; H.=4,5...5; G.=3,6...3,8; pechschwarz, bis schwärzlichbraun, Strich hoch gelblichbraun, stark fettglänzend, undurchsichtig. — Chem. Zus. nach *v. Kobell* identisch mit der des Göthits, also mit 10 pCt. Wasser, nach *Vauquelin* und *Ullmann* identisch mit Brauneisenerz, also mit 14,4 pCt. Wasser; meist etwas Kieselsäure, bisweilen auch etwas Phosphorsäure beigemengt; im Kolben gibt er Wasser und verhält sich sonst wie Eisenoxyd. — Nicht selten mit Brauneisen.

Anm. Das sog. **Kupferpecherz**, welches nicht selten in Begleitung anderer Kupfererze vorkommt, dürfte nach den Untersuchungen von *v. Kobell* als ein Gemeng von Eisenhydroxyd und Kupfergrün zu betrachten sein. Amorph, in stalaktitischen Formen, derb und als Ueberzug, bisweilen in Pseudomorphosen nach Kupferkies und Fahlerz; Bruch muschelig; H.=3...5; G.=3,0...3,2; leberbraun bis kastanienbraun, im Strich ockergelb, fettglänzend und undurchsichtig. Eine Var. von Turinsk hielt nach *v. Kobell* 59 Eisenoxyd, 13 Kupferoxyd, 18 Wasser und fast 10 Kieselsäure; andere Varietäten zeigen andere Verhältnisse dieser Bestandtheile.

476. Raseneisenerz (und Quellerz).

Zunächst an den Stilpnosiderit schliesst sich diejenige Varietät des Raseneisenerzes, welche von *Werner* **Wiesenerz** genannt wurde; es findet sich derb, in porösen, schwammartig durchlöcherten Massen, in Knollen und Körnern, hat muscheligen Bruch, geringe Härte, G.=3,3...3,5, ist dunkel gelblichbraun bis schwärzlichbraun und pechschwarz, fettglänzend und undurchsichtig. — Was die Zusammensetzung des-

selben betrifft, so ist zuvörderst zu bemerken, dass es mehr oder weniger durch Sand
verunreinigt ist, welche Verunreinigung bis zu 30 und 50 pCt. steigen kann; übrigens
enthält es 20 bis 60 pCt. Eisenoxyd, gewöhnlich auch etwas Eisenoxydul und Manganoxyd, 7 bis 30 pCt. Wasser, mehre Procent chemisch gebundene Kieselsäure, 0 bis
6 pCt. Phosphorsäure und organische, aus dem Pflanzenreich stammende Beimengungen; auch dürften die meisten Raseneisensteine kleine Quantitäten von Quellsäure oder
Quellsatzsäure enthalten, weshalb sie *Hermann* mit dem Namen Quellerz belegt hat.
An das Wiesenerz schliessen sich die mit dem Namen Morasterz und Sumpferz
bezeichneten braunen und gelben, weichen und unreinen Eisenerze an, deren Bildung,
ebenso wie die des Wiesenerzes, noch gegenwärtig fortgeht. — Das Raseneisenerz
und die mit ihm verwandten Gebilde finden sich in den grossen Niederungen des Flach-
landes, unter Wiesen und Moorgrund, theils in kleineren, theils in weit ausgedehnten
aber nicht sehr mächtigen Ablagerungen, so ·in der Lausitz, Niederschlesien , Mark
Brandenburg, Mecklenburg, Pommern, Preussen, Polen, Litthauen, Russland.
     Gebrauch. Als Eisenerz; besonders zur Darstellung von Gusseisen.

177. Turjit, *Hermann.*

Derb, dicht, Bruch flachmuschelig; H. = 5; G. = 3,54...3,74; röthlichbraun, matt, im
Strich glänzend, undurchsichtig. — Chem. Zus. nach der Analyse von *Hermann*: (Fe²)²O5[O∎]³,
mit 94,7 Eisenoxyd und 5,3 Wasser. — Turjinskische Gruben bei Bogoslowsk am Ural; faserig
bei Salisbury in Connecticut.
     Anm. Hierher gehört auch *Breithaupt's* Hydrohämatit, ein dem faserigen Braun-
eisenerz sehr ähnliches, jedoch etwas dunkler braunes Mineral von rothem Strich, G. =
4,29...4,49, welches nach den Analysen von *Fritzsche*, *Bergemann* und *Pfeiffer* nur 5 pCt.
Wasser enthält. Dasselbe findet sich mit Brauneisenerz auf mehren Eisensteingruben des
Voigtlandes, bei Horhausen u. a. O.

178. Brauneisenerz oder Limonit, *Beudant* (Brauneisenstein).

Mikrokrystallinisch und kryptokrystallinisch; bis jetzt nur in feinen faserigen Individuen, welche zu kugeligen, traubigen, nierförmigen und stalaktitischen, oft vielfach
zusammengesetzten Aggregaten von radialfaseriger Textur, krummschaliger Structur,
und glatter oder rauher Oberfläche vereinigt sind; auch dichte und erdige Varietäten,
welche meist derb und eingesprengt, oder auch in mancherlei Aggregationsformen
auftreten, als oolithisches Eisenerz und als sogenanntes Bohnerz; in Pseudomorphosen, besonders häufig nach Kalkspath und Eisenspath, aber auch nach Ankerit, Granat,
Pyroxen, Pyrit, Markasit, Skorodit, Würfelerz, Eisenglanz und Liëvrit; ferner nach
Quarz, Flussspath, Gyps, Baryt, Dolomit, Beryll, Pyromorphit, Cerussit, Rothkupfererz.
Bleiglanz und Zinkblende. — Bruch im Grossen eben oder uneben, im Kleinen faserig,
dicht oder erdig; H. = 5...5,5; G. = 3,4...3,95; nelkenbraun, bis gelblichbraun oder
ockergelb einerseits, bis schwärzlichbraun anderseits; Strich gelblichbraun bis ockergelb; schwach seidenglänzend, schimmernd bis matt, undurchsichtig; wirkt nach
Griehs zwar nicht auf die gewöhnliche, wohl aber mehr oder weniger deutlich auf die
astatische Magnetnadel. — Chem. Zus. nach vielen Analysen wesentlich: ein Eisenhydroxyd (Fe²)²O3[O∎]6, mit 85,56 Eisenoxyd und 14,44 Wasser, gewöhnlich mit etwas
Kieselsäure (bis über 4 pCt.), welche in Form eines Silicats vorhanden ist; auch wird
bisweilen mehr oder weniger Eisenoxyd durch Manganoxyd vertreten; in vielen Bohn-
erzen ist durch *Böttcher* u. A. ein kleiner Gehalt von Vanadinsäure und Phosphorsäure.
von Chrom, Titan und Arsen nachgewiesen worden. Im Allgemeinen aber ist das chemische Verhalten wie das des Göthits. Man unterscheidet besonders:
a) faseriges Brauneisenerz (brauner Glaskopf); in den mannichfaltigsten traubigen,
     nierförmigen und stalaktitischen Gestalten, als Ueberzug, derb, eingesprengt, stets faserig
     zusammengesetzt, daher auch faserig im Bruch;
b) dichtes Brauneisenerz; meist derb und eingesprengt, doch auch bisweilen in den-
     selben Gestalten wie das faserige, in Pseudomorphosen, Bruch muschelig bis eben, dicht,
     matt;
c) ockeriges Brauneisenerz; derb, eingesprengt, angeflogen, aus locker verbundenen
     erdigen Theilen von gelblichbrauner bis ockergelber Farbe.

Alle drei Varietäten finden sich gewöhnlich beisammen auf Gängen und Lagern, und bilden eines der gewöhnlichsten Eisenerze. — Schneeberg, Eibenstock, Johanngeorgenstadt, Scheibenberg, Saalfeld, Friedrichroda, Clausthal, Tilkerode, Eisenerz, Hüttenberg und viele a. O.

Anm. Die gelben und braunen Thoneisenerze und Eisen-Nieren, die Kieseleisensteine von denselben Farben, sowie wohl auch ein Theil des Seeerzes, Morast- und Sumpferzes, überhaupt die meisten Eisenerze von gelblichbraunem und gelbem Strich dürften als verunreinigte Varietäten des Brauneisenerzes zu betrachten sein. Manche sogenannte Brauneisenerze sind wohl richtiger dem gleich zu erwähnenden Xanthosiderit beizurechnen. — Während die meisten Bohnerze ebenfalls nur kugelig struirte, mit Thon vermengte Brauneisenerze sind, gibt *Walchner* an, dass diejenigen von Kandern in Baden (in denen er 21 Kieselsäure und 9 Thonerde fand) beim Auflösen die Kieselsäure gallertartig abscheiden, was auf die Gegenwart eines Eisenoxydsilicats deuten würde; *Schenk* und *Weltzien* erhielten dagegen bei Behandlung auch dieser Bohnerze mit Säuren keine Kieselsäuregallert.

Gebrauch. Aus allen Varietäten des Brauneisenerzes wird Eisen gewonnen, für dessen Production dieselben, bei der Häufigkeit ihres Vorkommens, sehr wichtig sind; die ockerige Varietät wird auch als gelbe und, nach vorheriger Glühung, als rothe Farbe benutzt.

Anm. *Schmid* beschrieb unter dem Namen Xanthosiderit ein Mineral von Ilmenau, welches in radialfaserigen Aggregaten von goldig-gelbbrauner bis braunrother Farbe vorkommt, und seiner chemischen Zusammensetzung nach wesentlich ein Eisenhydroxyd Fe²)O[OH]⁴ mit 18,88 pCt. Wasser ist. Dasselbe Mineral ist schon lange von *Hausmann* als faseriger Gelbeisenstein, und überhaupt die Substanz von obiger Zusammensetzung als ein besonderes Mineral unter dem Namen Gelbeisenstein fixirt worden, welcher daher von dem unter Nr. 318 beschriebenen Gelbeisenerz wesentlich verschieden ist. *Tschermak* hält jedoch den Xanthosiderit für eine epigenetische Bildung nach Göthit; dagegen erkannte ihn *Zerrenner* vom Lindenberg bei Ilmenau als Pseudomorphose nach Pyrolusit.

179. Gummierz, *Breithaupt* und Gummit.

Amorph erscheinend, doch wohl thatsächlich krystallinisch; derb, eingesprengt, in schmalen Trümern, selten nierförmig; Bruch muschelig bis uneben; H.=2,5...3; G.= 3,9...4,5; röthlichgelb bis hyacinthroth, Strich gelb, Fettglanz, wenig durchscheinend bis undurchsichtig. — Chem. Zus. des von Johanngeorgenstadt nach einer Analyse von *Kersten*: wesentlich Uranhydroxyd, gemengt mit etwas phosphorsaurem Kalk und Kieselsäure; der Gehalt an Uranoxyd beträgt 72,00, der an Wasser 14,7 pCt.; auch soll bisweilen etwas Vanadinsäure vorhanden sein. *Patera* betrachtet die Kieselsäure und die Phosphorsäure als unwesentlich, und findet dann eine Formel analog der des künstlichen Urangelb; *H. v. Foullon* sieht das Mineral als ein wasserhaltiges Silicat an. *F. A. Genth* befand das Gummierz aus Nordcarolina etwas abweichend zusammengesetzt, auch blei- und barythaltig. — Johanngeorgenstadt, Schneeberg, Joachimsthal und Przibram; Flat rock-Mine, Mitchell County in Nordcarolina.

Anm. Der Gummit ist offenbar ein Zersetzungsproduct des Uranpecherzes, und geht einerseits in Uranocker, anderseits in Eliasit über. Das letztere, von *Vogl* benannte und von *Haidinger* beschriebene Mineral bildet plattenförmige Trümer, ist kleinmuschelig bis uneben im Bruch, spröd, von H.=3,5, vom G.=4,068...4,237; dunkel röthlichbraun, im Strich gelb, kantendurchscheinend, und nach *Ragsky* hauptsächlich Uranhydroxyd mit mancherlei Beimengungen von Kalk, Magnesia, Eisenoxyd, Eisenoxydul, Bleioxyd, Kieselsäure, Phosphorsäure, Kohlensäure. — Eliasgrube bei Joachimsthal.

180. Uranocker, *Werner.*

Derb, eingesprengt, angeflogen, sehr feinerdig oder faserig, überhaupt mikro- oder kryptokrystallinisch, wie *Kenngott* gezeigt hat; mild, weich und zerreiblich; citrongelb bis pomeranz- und schwefelgelb, matt oder schimmernd, undurchsichtig. — Chem. Zus. wahrscheinlich ziemlich reines Uranhydroxyd, jedoch nach *Lindacker* mit 7 bis 13 pCt. Schwefelsäure, daher wohl Uransulfat beigemengt ist; auch von *Hans Schulze* untersuchter sog. Uranocker von Johanngeorgenstadt, nach *Weisbach* aus schiefauslöschenden Krystallhaaren bestehend, enthielt ca. 5 pCt. Schwefelsäure, ausserdem 78 Uranoxyd, 15 Wasser, auch 2 Kalk. Im Kolben gibt er Wasser und färbt sich dabei roth; v. d. L. im Red.-F. wird er grün, ohne zu schmelzen; zu Borax und Phosphorsalz verhält er sich wie reines Uranoxyd; in heissem

Wasser theilweise, in Säuren vollständig löslich; die salpetersaure Sol. gibt mit Ammoniak
ein schwefelgelbes Präcipitat. — Mit Uranpecherz zu Johanngeorgenstadt und Joachimsthal.

3. Von Bioxyden.

181. Opal, *Plinius.*

Amorph; derb und eingesprengt, in Trümern; selten traubig, nierförmig, stalaktitisch, knollig; auch als versteinertes Holz; Pseudomorphosen nach Calcit und Augit,
Bruch muschelig bis uneben; spröd; H. = 5,5...6,5; G. = 1,9...2,3; farblos, gewöhnlich gefärbt; Glas- und Fettglanz; pellucid in allen Graden, einige Varr. mit
schönem Farbenspiel; polarisirt das Licht in der Regel nicht. — Chem. Zus.: wesentlich
amorphe Kieselsäure, gewöhnlich mit 3 bis 13 pCt. Wasser; der dem Hyalit ganz ähnliche sog. Wasseropal von Pfaffenreith bei Passau soll jedoch nach *Schmitz* fast 35 pCt.
Wasser enthalten; kleinere oder grössere Beimischungen von Eisenoxyd, Kalk, Magnesia, Thonerde und Alkalien bedingen die verschiedenen Varietäten, deren einige
namentlich Eisenoxyd in nicht unbedeutender Menge enthalten. Im Kolben gibt er
Wasser; v. d. L. zerknistern die meisten Opale, sie sind unschmelzbar und verhalten
sich überhaupt wie Kieselsäure; von heisser Kalilauge werden sie fast gänzlich aufgelöst; übrigens scheint nicht einmal das Wasser wesentlich zu sein, wie denn überhaupt
der Opal wohl nur als eine durch Zersetzung von Silicaten natürlich gebildete und allmählich erstarrte Kieselgallert zu betrachten ist, welche bald mehr, bald weniger und
bisweilen fast gar kein Wasser behalten hat. Die wichtigsten Varr. sind:

Hyalit; kleintraubig und nierförmig, meist als Ueberzug, farblos, durchsichtig, stark glas-
glänzend; zeigt nach *Schultze* bisweilen, nach *Behrens* stets doppelte Lichtbrechung, in
Folge einer sehr feinen lagenweisen Zusammensetzung; G. = 2,15...2,18; hält 3 pCt.
Wasser. — Waltsch in Böhmen, Kaiserstuhl; als jugendliche Bildung sogar auf Gestein
aufsitzende Flechten überkrustend.
Perlsinter; ähnliche Formen, aber weiss, nur durchscheinend und schwach perlmutter-
glanzend; kein Wasser. — Santa Fiora in Toscana.
Kieselsinter; traubig, nierförmig, stalaktitisch, als Incrustat z. Th. von Vegetabilien,
graulich-, gelblich- und röthlichweiss bis grau, kantendurchscheinend bis undurchsichtig,
wenig glänzend oder matt; hält 8 bis 10 pCt. Wasser. — Island, Kamtschatka, Neuseeland.
Nordamerika, als Absatz heisser Quellen.
Kascholong; traubig, nierförmig, als Ueberzug, derb; gelblichweiss, matt, undurchsichtig, hält nur 3,5 Wasser. — Färöer, Island.
Edler Opal; derb, eingesprengt, in Trümern, blaulich- und gelblichweiss, glänzend,
halbdurchsichtig oder durchscheinend, mit buntem Farbenspiel (S. 192); nach *Behrens*
zeigen alle edlen Opale zweiaxige Doppelbrechung. — Czerwenitza in Ungarn, Hacienda
Esperanza im Staat Queretaro, Mexico.
Feueropal; derb, eingesprengt, in Trümern, hyacinthroth, honiggelb bis weingelb, stark
glänzend, durchsichtig. — Zimapan, Telkibánya, Washington Co. in Georgia, Färöer.
Gemeiner Opal; derb, eingesprengt, in Trümern, selten nierförmig und stalaktitisch,
oder in Pseudomorphosen; verschiedentlich weiss, gelb, grau, grün, roth und braun gefärbt; fettglänzend, halbdurchsichtig bis durchscheinend. — Freiberg, Schneeberg, Eibenstock, Hubertusburg, Kosemütz, Tokai, Telkibánya, Eperies.
Hydrophan; ist theils edler, theils gemeiner Opal, welcher seinen Wassergehalt grossentheils und damit sein Farbenspiel, seinen Glanz und seine Durchscheinenheit verloren
hat, welche Eigenschaften er im Wasser unter Ausstossen von Luftblasen vorübergehend
wieder erlangt; haftet stark an der Zunge. — Hubertusburg in Sachsen. Nach *Haidinger*
ist der Hydrophan identisch mit dem in den Knoten des Bambusrohrs sich absetzenden
Tabaschir.
Halbopal; derb, eingesprengt, in Trümern, Lagen und schmalen Schichten; selten nierförmig und stalaktitisch, als versteinertes Holz (Holzopal) mit deutlich erkennbarer
Holzstructur; verschiedene weisse, graue, gelbe, rothe, braune bis schwarze Farben;
schwach fettglänzend bis schimmernd; durchscheinend bis undurchsichtig.
Jaspopal (Eisenopal, Opaljaspis); derb und eingesprengt, blut- und ziegelroth, röthlichbraun, leberbraun, ockergelb; fettglänzend, undurchsichtig (Gewicht bis 2,5), hält viel
Eisenoxyd oder Eisenoxydhydrat, welches in manchen Varietäten bis zu 40 pCt. und
darüber beträgt.
Menilit; knollig, auch in Lagen und schmalen Schichten, kastanien- bis leberbraun oder
gelblichgrau; wenig glänzend bis matt. undurchsichtig. — Menilmontant bei Paris; Nikol-
schitz und Weisskirchen in Mähren.

Schwimmkiesel, knollige Massen, sehr porös, daher leicht. — St. Ouen bei Paris.
Forcherit hat *Aichhorn* einen mit mehr oder weniger Schwefelarsen imprägnirten, und daher pomeranzgelb gefärbten Opal von Knittelfeld in Steiermark genannt; nach *Schrauf* auch am Schöninger im südl. Böhmerwald.

Anm. Die mikroskopische Structur der Opale ist Gegenstand einer ausführlichen Abhandlung von *Behrens* in Sitzungsber. d. Wiener Akad., Bd. 64. 1871. 1.

Gebrauch. Der edle Opal liefert einen sehr geschätzten Edelstein, der als Ring- und Nadelstein und zu mancherlei anderen Schmucksachen benutzt wird. Eine ähnliche Benutzung findet auch statt für den Feueropal, gemeinen Opal, Halbopal, Hydrophan und Kascholong.

Anhangsweise sind noch hierher der **Polirschiefer**, der **Tripel** und die **Kieselguhr** zu stellen, welche mehr oder weniger aus Kieselpanzern von Diatomeen bestehen, und daher eigentlich mehr als Fossilien, denn als Mineralien zu betrachten sind, aber chemisch ebenfalls aus amorpher wasserhaltiger Kieselsäure gebildet werden. Auch der sog. **Randanit** von Ceyssat in der Auvergne besteht nach *Dufrénoy* nur aus dergleichen Kieselpanzern.

Gebrauch. Der Tripel und Polirschiefer werden vielfältig als Polir- und Schleifmaterial benutzt; die Kieselguhr gestattet denselben Gebrauch und ist auch zuweilen aus Noth statt Mehl dem Brot zugesetzt worden, wie denn die Diatomeen-Erden von manchen Völkern gegessen werden. Sie dient auch als Substrat für das Nitroglycerin bei der Dynamitfabrikation.

Anm. Der **Alumocalcit** *Kersten's* kann wohl nur als ein noch nicht ganz erhärteter, also unreifer Opal gelten; derb, eingesprengt und in Trümern, Bruch muschelig; H.=1...2; G.=2,1...2,2; milch- und gelblichweiss, schwach glasglänzend bis matt, sehr leicht zersprengbar; besteht aus 86,6 Kieselsäure, 6,25 Kalk, 2,23 Thonerde, 4 Wasser. — **Eibenstock**; bei Rézbánya blaulichgrüne und himmelblaue Varietäten.

182. Stiblith, *Blum* und *Delffs*.

Derb, feinkörnig bis dicht, stellenweise porös und rissig, als Pseudomorphose nach Antimonglanz; H.=5,5; ·G.=5,28; gelblichweiss, strohgelb, citrongelb und schwefelgelb, Strich gelblichweiss und glänzend, fettglänzend bis matt, undurchsichtig. — Chem. Zus. nach der Untersuchung von *Delffs* und der Berechnung von *Rammelsberg*: $\bar{Sb}^2 \bar{Sb}^2 \bar{O}^5$, oder eine Verbindung von 1 Mol. Antimonoxyd, 1 Mol. Antimonsäure, 2 Mol. Wasser: $\bar{Sb} \bar{O}^3 + \bar{Sb}^2 \bar{O}^5 + 2 \bar{H}^2 O$, was procentarisch 74,52 Antimon, 19,89 Sauerstoff und 5,59 Wasser erfordern würde, und mit der Analyse sehr nahe übereinstimmt; doch glaubt *Delffs*, dass Wasser sei nicht wesentlich. V. d. L. wird er **nicht** für sich, wohl aber mit Soda zu Antimon reducirt. — Grube Silbersand bei Mayen, Kremnitz, Felsöbánya, Goldkronach, Chios, Zacualpan in Mexico, Borneo, fast stets in Begleitung von Antimonglanz.

183. Antimonocker, *v. Leonhard*.

Derb, eingesprengt, angeflogen, als Ueberzug, auch in Pseudomorphosen nach Antimonglanz; Bruch uneben und erdig, mild, weich und zerreiblich; G.=2,7...3,8; stroh-, schwefel-, ockergelb bis gelblichgrau und gelblichweiss, schimmernd oder matt, im Strich etwas glänzend, undurchsichtig. — Chem. Zus.: Antimonoxyd oder vielleicht eine Verbindung desselben mit Antimonsäure, beidesfalls mit etwas Wasser; gibt im Kolben erst Wasser und dann ein Sublimat von Antimonoxyd, und wird auf Kohle im Red.-F. für sich leicht zu Antimon reducirt. — Bräunsdorf, Wolfsberg am Harz, Magurka in Ungarn, Goldkronach; überall als ein Zersetzungsproduct von Antimonglanz.

4. Von Verbindungen mehrer Oxyde.

184. Völknerit, *Hermann* (Hydrotalkit, *Hochstetter*).

Hexagonal; in tafelförmigen Krystallen, gewöhnlich derb, in blätterigen, oft krummblätterigen oder fast flaserigen Aggregaten (wie der sog. Hydrotalkit); Spaltb. basisch, sehr vollk., prismatisch unvollk.; mild, etwas biegsam und fettig anzufühlen; H.=2; G.= 2,04...2,09; weiss, perlmutterglänzend, durchscheinend, wenigstens in dünnen Splittern. — Chem. Zus.: nach *Hermann* und *Rammelsberg* sehr wechselnd, hauptsächlich bestehend aus Magnesia (36 bis 38), aus Thonerde (12 bis 19), aus Wasser (38 bis 42) und aus einer sehr variabeln Quantität von Kohlensäure (2,6 bis 10,5 pCt.); *Hochstetter* fand im Hydrotalkit fast 7 pCt. Eisenoxyd; die Substanzen in ihrem jetzigen Zustand sind wohl mit *Rammelsberg* als Gemenge von Magnesiahydrocarbonaten und Aluminiumhydroxyd zu betrachten, in denen vielleicht Brucit, Hydromagnesit und Hydrargillit als Neubildungen enthalten sind; wahrscheinlich sind es Umwandlungsproducte von Ceylanit. Der Völknerit (Hydrotalkit) gibt im Kolben viel Wasser; v. d. L. in der Zange blättert er sich etwas auf, und leuchtet stark, ohne jedoch zu schmelzen; mit Kobaltsol. wird er schwach rosenroth; in Säuren löst er sich unter Entwickelung von etwas Kohlensäure. — Der Völknerit findet sich im Schischimskischen Gebirge bei Slatoust; die unter dem Namen Hydrotalkit aufgeführte Varietät bei Snarum in Norwegen im Serpentin; beide sind durchweg übereinstimmend.

Anm. *Shepard's* H o u g h i t , ein in kleinen grauen, äusserlich weissen Knollen und in oktaëdrischen Pseudomorphosen mit Skapolith, Spinell etc. in körnigem Kalkstein bei Sommerville in New-York vorkommendes Mineral, welches nach *Johnston* aus 23,9 Thonerde, 43,8 Magnesia, 26,5 Wasser und 5,8 Kohlensäure besteht, dürfte nach *Dana* ein dem Völknerit analoges Zersetzungsproduct des Spinell sein, etwa so, wie die bekannten Pseudomorphosen nach Spinell vom Monzoni in Tirol.

185. Kupfermanganerz, *Breithaupt.*

Amorph; traubig, nierförmig, stalaktitisch und derb; Bruch muschelig, wenig spröd: H.$= 3,5$; G.$= 3,4...3,2$; bräunlichschwarz, Strich gleichfarbig, Fettglanz, undurchsichtig. — Chem. Zus. sehr complicirt und wohl nicht ganz beständig, jedoch nach den Analysen von *Böttger* und *Rammelsberg* in der Hauptsache durch die empirische Formel $2RO, 2Mn0^2 + 3H^20$ darstellbar, in welcher R O wesentlich Kupferoxyd und Manganoxydul bedeutet, zu welchem sich kleine Quantitäten von Kalk und Baryt gesellen. Der Wassergehalt beträgt 15 bis 18 pCt., der Gehalt an Kupferoxyd fast eben so viel, der an Manganoxydul etwa 5 pCt. Im Kolben gibt es viel Wasser und decrepitirt etwas; v. d. L. auf Kohle unschmelzbar, aber braun werdend; mit Borax und Phosphorsalz gibt es die Reactionen auf Mangan und Kupfer; in Salzsäure löst es sich auf unter Entwickelung von Chlor. — Kamsdorf bei Saalfeld und Schlaggenwald.

186. Kupferschwärze, *Werner.*

Amorph; traubig, nierförmig, als Ueberzug, Pseudomorphosen nach Rothkupfererz und Kupferglanz, derb, eingesprengt und angeflogen; Bruch erdig, sehr weich bis zerreiblich; G. unbekannt; bräunlichschwarz und bläulichschwarz, matt, im Strich etwas glänzend, undurchsichtig. — Chem. Zus. der Varietät von Lauterberg nach *Dumenil*: 30,05 Manganoxyd, 29,0 Eisenoxyd, 11,5 Kupferoxyd und 29,45 Wasser; ist wahrscheinlich ein Gemeng verschiedener Hydroxyde; v. d. L. gibt sie ein Kupferkorn; in Säuren leicht löslich. — Lauterberg am Harz, Freiberg, Siegen, Oravicza.

Anm. Das von *Richter* als P e l o k o n i t beschriebene Mineral von Remolinos in Chile (derb, muschelig im Bruch, H.$= 3$; G.$= 2,5...2,6$, blaulichschwarz, schimmernd) hält nach *Kersten* Kupfer-, Mangan- und Eisenoxyd und viel Wasser, und dürfte der Kupferschwärze oder dem Kupfermanganerz am nächsten stehen.

187. Psilomelan, *Haidinger* (Hartmanganerz, Schwarzer Glaskopf).

Kryptokrystallinisch oder auch amorph; in traubigen, nierförmigen und mannichfaltigen stalaktitischen Formen von glatter oder rauher und gekörnter Oberfläche, selten mit Spuren von faseriger Textur, meist nur mit schaliger Structur; auch derb und eingesprengt; Pseudomorphosen nach Kalkspath, Flussspath und Würfelerz. — Bruch muschelig bis eben; H.$= 5,5...6$; G.$= 4,13...4,33$; eisenschwarz bis blaulichschwarz, Strich bräunlichschwarz; schimmernd bis matt, im Strich glänzend, undurchsichtig. — Chem. Zus.: nach den Untersuchungen von *Rammelsberg* lässt sich das Mineral als eine Verbindung von der Formel $R0 + 4Mn0^2$ mit 1 bis $1\frac{1}{2}$ Mol. H^20 betrachten, in welcher R O wesentlich MnO nebst entweder BaO oder K^2O bedeutet, weshalb vielleicht Baryt- und Kali-Psilomelan zu unterscheiden sein würde; *Laspeyres* ertheilt dem reinen und frischen Psilomelan die Formel $H^2Mn0^4 + H^20$; der Wassergehalt beträgt meist 3 bis 4, steigt selten bis 6 pCt., sinkt oft weit unter 3; in den kalihaltigen Varr. ist das Kali zu 3 bis 5 pCt., in den barythaltigen Baryt zu 6 bis 17 pCt. vorhanden. Die Analysen ergeben Manganoxydul 64 bis 81 und noch Sauerstoff 11 bis 17 pCt.; vielfach ist auch Kupferoxyd, Kobaltoxyd, Kalk vorhanden; alle Psilomelane auf eine einfache und übereinstimmende Formel zurückzuführen, ist nicht möglich. Nach *v. Kobell* enthalten manche (jedoch seltene) Varietäten etwas L i t h i o n , was sich durch die carminrothe Färbung der blauen Löthrohrflamme zu erkennen gibt;

ja, *Laspeyres* fand spectralanalytisch, dass dergleichen Varr. gar nicht selten sind und erhielt aus einem Ps. von Salm–Chateau 0,468 Lithion. *Sandberger* gewahrte bei einer Var. aus Nevada eine so deutliche Reaction auf Thallium, dass ein Gehalt von mehren Procenten wahrscheinlich ist. Im Kolben gibt er Wasser; v. d. L. zerknistert er und färbt die Flamme zuletzt grün oder violett, je nachdem Baryt oder Kali vorhanden ist; er ist sehr schwer schmelzbar und verhält sich ausserdem wie Manganoxyd; beim Glühen gibt er viel Sauerstoff, und aus dem geglühten zieht Wasser Alkalien oder alkalische Erde aus; concentrirte Schwefelsäure wird von dem Pulver roth gefärbt; in Salzsäure ist er unter starker Chlorentwickelung ziemlich leicht löslich; die Sol. der barythaltigen Varr. gibt mit Schwefelsäure einen starken weissen Niederschlag. Einige Varietäten z. B. von Elgersburg, Ilmenau liessen k e i n e n Wassergehalt erkennen. — Schneeberg, Johanngeorgenstadt, Ilmenau, Elgersburg, Siegen, Horhausen, Romanèche in Frankreich und viele a. O.

Anm. An den Psilomelan schliesst sich das von *Frenzel* zuerst erkannte und von *Breithaupt* wegen seines (freilich geringen) Lithiongehalts L i t h i o p h o r i t genannte Mineral an. Dasselbe ist amorph (?) und findet sich, wie der Psilomelan, in nierförmigen, traubigen und stalaktitischen Formen mit glatter Oberfläche und oft schaliger Structur, auch derb, in Platten, als Ueberzug und in Pseudomorphosen nach Kalkspath; H. = 3,0 ... 3,5, geringer als beim Psilomelan; G. = 3,14 ... 3,36; blaulichschwarz, Strich schwärzlichbraun, schimmernd oder matt. — Chem. Zus. nach *Frenzel* und *Winkler* wesentlich Mangansuperoxyd mit 11 bis 23 Thonerde, 13 bis 15 Wasser, ein paar Procent Kobalt- und Kupferoxyd, ebensoviel Eisenoxyd, 1 Kali und 1 bis 1,5 Lithion. V. d. L. ist er unschmelzbar, doch wird die Flamme intensiv roth gefärbt; die Thonerde lässt sich durch Kali z. Th. ausziehen. Dieses Mineral ist jedenfalls ein Umwandlungsproduct nach Psilomelan (bei welchem der Lithiongehalt auch im frischen Zustand vorkommt), und findet sich stets mit Quarz auf Eisenerzgängen bei Breitenbrunn, Eibenstock, Schwarzenberg, Johanngeorgenstadt, Schneeberg, Saalfeld (hier durch *v. Kobell* einst als Asbolan aufgeführt, ist aber nach *Frenzel* Lithiophorit), Rengersdorf bei Görlitz (sog. K a k o c h l o r *Breithaupt's*).

188. Wad, *Kirwan.*

Derb, als Ueberzug, knollig, nierförmig, stalaktitisch, staudenförmig, aus feinschuppigen, schaumähnlichen oder höchst feinerdigen Theilen bestehend, und oft mit einer krummschaligen Absonderung versehen, deren Schalen bisweilen wie zerborsten sind; Bruch muschelig bis eben im Grossen, zartschuppig, feinerdig bis dicht im Kleinen; sehr weich und mild (nur gewisse Varietäten haben H. = 3 und sind spröd); scheinbar sehr leicht und schwimmend, was jedoch nur in der lockeren und porösen Textur begründet ist, wahres sp. G. = 2,3 ... 3,7; nelkenbraun, schwärzlichbraun bis bräunlichschwarz; schwach halbmetallisch glänzend, schimmernd bis matt; durch Berührung und im Strich glänzender werdend; undurchsichtig, abfärbend. — Chem. Zus. sehr unbestimmt und schwankend, doch in der Hauptsache Mangansuperoxyd mit Manganoxydul und Wasser; das Wasser pflegt 10 bis 15 pCt. zu betragen, das Manganoxydul wird gewöhnlich theilweise durch etwas Baryt oder Kalk oder Kali vertreten, und von dem Superoxyd ist noch etwas überschüssig beigemengt; Eisenoxyd und Kieselsäure sind in kleinen Quantitäten vorhanden; im Kolben gibt er Wasser und v. d. L. verhält er sich wesentlich wie Manganoxyd. — Elbingerode und Iberg am Harz, Kemlas und Arzberg in Franken, Siegen, Nassau, Devonshire und Derbyshire.

Anm. 1. Der Groroilith von *Berthier* ist dem Wad sehr ähnlich, oder macht vielmehr einen Theil von dem aus, was mit diesem Namen belegt worden ist; er bildet z. Th. rundliche Massen von bräunlichschwarzer Farbe mit röthlichbraunem Strich, und ist seiner chemischen Zusammensetzung nach vorwaltend als Mangansuperoxydhydrat (mit 16,8 pCt. Wasser) zu betrachten, jedoch mit Manganoxydhydrat gemengt und durch 6 bis 9 pCt. Eisenoxyd, Thon und Quarz verunreinigt. — Groroi im Dép. der Mayenne, Vicdessos im Dép. der Ariége, Cautern in Graubündten.

Anm. 2. Als **Manganocker** bezeichnet *de Geer* ein schwarzbraunes, stark abfärbendes, einen glänzenden Strich annehmendes russähnliches Mineral, welches bald als feiner Ueberzug, bald in mehre Mm. dicken Lagen die Rollsteine in einem Aas der Gegend von Upsala überzieht, und hauptsächlich $Mn^3O^4 + 4H^2O$ ist (Stockh. Geol. För. Förh. VI. 42).

189. Varvicit, *Phillips.*

Dieses Mineral scheint nur eine mehr oder weniger zersetzte und dadurch dem Pyrolusit genäherte Varietät des Manganits zu sein; es findet sich besonders in Pseudomorphosen nach dem Kalkspath-Skalenoëder R3, auch in Krystallen, an welchen *Breithaupt* ∞P mit 99° 36′ bestimmte, sowie derb, in stängeligen oder faserigen Aggregaten; hat H. = 2,5...3; G. = 4,5...4,6; ist eisenschwarz bis stahlgrau, von schwarzem Strich und halbmetallischem Glanz. — Nach den Analysen von *Turner* und *Phillips* hält es nur 5 bis 6 pCt. Wasser, und hat überhaupt eine Zusammensetzung, welche sich nach *Rammelsberg* vielleicht als $Mn^4O^7 + H^2O$ oder $MnO + 3MnO^2 + H^2O$ deuten lässt. — Warwickshire in England und Ilfeld am Harz.

190. Chalkophanit, *G. E. Moore.*

Rhomboëdrisch, R = 111° 30′; A.-V. = 1 : 3,527; meist kleine tafelförmige Krystalle mit vollkommen basischer Spaltb., auch blätterige Aggregate und stalaktitische Formen. H. = 2,5; G. = 3,907; bläulich bis eisenschwarz mit chocoladebraunem Strich und starkem Metallglanz. Die Analyse der Krystalle ergab: 59,94 Mangansuperoxyd, 6,58 Manganoxydul, 21,70 Zinkoxyd, 11,58 Wasser, woraus sich die Formel $(Mn,Zn)O + 2MnO^2 + 2H^2O$ ableiten lässt. V. d. L. wird er bronzegelb bis kupferroth (daher der Name). — Sterling Hill, New-Jersey, ein Umwandlungsproduct des Franklinits.

191. Kobaltmanganerz oder Asbolan, *Breithaupt* (schwarzer Erdkobalt).

Amorph; traubig, nierförmig, stalaktitisch, als Ueberzug, derb und eingesprengt: Bruch muschelig bis eben, sehr mild, beinahe schon geschmeidig; H. = 1...1,5: G. = 2,1...2,2; blaulichschwarz, Strich gleichfarbig, abfärbend, schimmernd bis matt, im Strich etwas glänzend, undurchsichtig. — Chem. Zus. nach der Analyse von *Rammelsberg* darstellbar durch die Formel: $RO + 2MnO^2 + 4H^2O$, in welcher RO vorwaltend CoO und CuO bedeutet (indem die 4 pCt. Eisenoxyd als eigemengt anzusehen sind), auch kleine Quantitäten von Baryt und Kali; der Wassergehalt beträgt 21, der Gehalt an Kobaltoxydul 19 bis 20 pCt. Auf Kohle schmilzt es nicht; mit Borax im Ox.-F. dunkelviolett, im Red.-F. smalteblau; in Salzsäure unter Chlor-Entwickelung löslich; die grünlichblaue Solution wird durch Verdünnung mit Wasser roth. — Kamsdorf, Saalfeld, Glücksbrunn, Riechelsdorf, Foel Hiraddug-Mine in Flintshire.

Gebrauch. Das Kobaltmanganerz wird zugleich mit anderen Kobalterzen zur Blaufarbenfabrikation benutzt.

Anm. 1. Heterogenit nennt *Frenzel* ein dem Asbolan ähnliches Mineral, welches in der Grube Wolfgang Maassen bei Schneeberg mit Kalkspath und Pharmakolith ziemlich selten vorkommt. Amorph, in traubigen und nierförmigen Gestalten, auch derb; H. = 3, G. = 3,44; ist schwarz, schwärzlichbraun bis röthlichbraun, im Strich dunkelbraun und fettglänzend. Es ist ein Gemeng von Kalk mit kieselsaurem Eisenoxyd und vorwaltendem wasserhaltigem Kobaltoxydoxydul, welches nach der Formel $Co O + 2Co^2O^7 + 6H^2O$, 64,42 Kobaltoxyd, 14,55 Kobaltoxydul, 21,03 Wasser enthält; wahrscheinlich ein Zersetzungsproduct von Speiskobalt.

Anm. 2. Mit dem Namen brauner und gelber Erdkobalt bezeichnet der thüringer Bergmann gewisse Kobalterze, welche derb, eingesprengt und als Ueberzug vorkommen, H. = 1,0...2,5, G. = 2,0...2,67 sein können, leberbraun, strohgelb bis gelblichgrau, im Bruch erdig und matt, jedoch im Strich glänzend, und undurchsichtig sind. Nach *Rammelsberg* sind sie Gemenge von wasserhaltigem, arsensaurem Eisenoxyd, Kobaltoxyd und Kalkerde, also wahrscheinlich Zersetzungsproducte anderer Kobalterze. Sie finden sich auf einigen Lagerstätten des Speiskobalts mit Kobaltblüthe, Kobaltbeschlag und Asbolan bei Kamsdorf und Saalfeld in Thüringen, Riechelsdorf in Hessen, Allemont im Dauphiné.

192. Heubachit, *Sandberger.*

Russähnliche Anflüge, auch wohl als Dendriten und kleinkugelige Aggregate, welche Klüfte von Baryt überziehen. H. = 2,5; G. = 3,44; tiefschwarz, im Strich mit halbmetallischem Glanz. Die Analyse ergab: 65,50 Kobaltoxyd, 14,50 Nickeloxyd, 5,12 Eisenoxyd, 1,50 Manganoxyd, 12,59 Wasser, also ein Kobaltnickeloxydhydrat von der empirischen Formel

3 (Ce, Ni, Fe, Mn)² O³ + 4 H²O; unschmelzbar v. d. L.; löslich in conc. Salzsäure unter starker Chlorentwickelung mit intensiv blaugrüner Farbe, welche beim Verdünnen mit Wasser in's Rosenrothe übergeht. Heubach und Alpirsbach im Schwarzwald (N. Jahrb. f. Miner., 1877. 299). Es ist dies dasselbe erdkobaltartige Mineral, welches früher von *Sandberger* (ebendas. 1876. 280) als Heterogenit bezeichnet wurde; er ist geneigt, Heubachit und Heterogenit auf den Kobaltspath als Ursprungskörper zurückzuführen.

193. Rabdionit, *v. Kobell.*

Stalaktitisch, sehr weich, abfärbend; G. = 2,80; mattglänzend, von schwarzer Farbe mit dunkelbraunem Strich. Die Analyse ergab 45,0 Eisenoxyd, 13,0 Manganoxyd, 1,1 Thonerde, 14,0 Kupferoxyd, 7,6 Manganoxydul, 5,1 Kobaltoxydul, 13,5 Wasser, was auf die empirische Formel $R O + (R^2) O^3 + 2 H^2 O$ führt, worin $R O = Cu O$, $Mn O$, $Co O$ und $(R^2) O^3 = (Fe^2) O^3$, $(Mn^2) O^3$, $(Al^2) O^3$. Schmilzt v. d. L. zu einer stahlgrauen magnetischen Kugel; löslich in Salzsäure unter Entwickelung von Chlor zu einer smaragdgrünen Solution. — Nischne Tagilsk.

Anm. Uranosphärit nennt *Weisbach* ein in der Grube Weisser Hirsch bei Neustädtel vorgekommenes Mineral, welches ziegelrothe bis pomeranzgelbe feindrusige Warzen vom G. = 6,36 bildet, und nach einer Analyse von *Winkler* aus 50,88 Uranoxyd, 44,34 Wismuthoxyd und 4,75 Wasser besteht.

Vierte Classe: Haloidsalze.

Mineralien von meist sehr geringer Härte (selten bis 4), durchsichtig bis durchscheinend, meist an sich farblos oder von blassen Farben, mit n i c h t - metallischem Habitus; zum Theil löslich in Wasser.

I. Einfache Haloidsalze.

1) Wasserfreie.

194. Steinsalz (Kochsalz, Seesalz).

Regulär, fast immer ∞O∞, selten O oder die Flächen anderer Formen (∞O2 am Steinsalz von Kalusz); meist in körnige oder faserigen Aggregaten, welche letzteren in trümer- und plattenförmigen Gestalten auftreten, auch derb und eingesprengt. — Spaltb. hexaëdrisch, sehr vollk., Bruch muschelig; spröd in geringem Grade; vielfach reich an mikrosk. Flüssigkeitseinschlüssen; H. = 2; G. = 2,1...2,2. Farblos, aber oft roth, gelb, grau, selten blau oder grün gefärbt; die blaue Farbe schwindet nach *Kenngott* durch Glühung; Glasglanz, pellucid; $n = 1,5442$ (Natriumflamme); Geschmack rein salzig; nach *Melloni* diatherman in höherem Grade, als irgend ein anderer Körper. — Chem. Zus. im reinsten Zustand **NaCl**, mit 60,64 Chlor und 39,36 Natrium; oft mehr oder weniger durch beigemengte Salze (Chlorcalcium, Chlormagnesium, Calciumsulfat) verunreinigt; das in Vulkanen und Lavaströmen durch Sublimation gebildete Salz enthält nach *G. Bischof* immer viel Chlorkalium. Im Wasser ist es leicht löslich (1 Th. Salz in ca. 2,8 Th. Wasser) und zwar im warmen nicht besser als im kalten, in feuchter Luft zerfliesst es allmählich; im Kolben zerknistert es (einige Varr. auch bei der Auflösung im Wasser, in Folge des Entweichens mechanisch eingeschlossener verdichteter Gase, sog. K n i s t e r s a l z); auf Kohle schmilzt es und verdampft in sehr starker Hitze; im Platindraht geschmolzen färbt es die Flamme röthlichgelb und, nach Zusatz von reinem Phosphorsalz mit Kupferoxyd, schön blau.

Das Kochsalz, ein sehr verbreitetes und äusserst wichtiges Mineral, bildet einestheils als Steinsalz mit Salzthon, Anhydrit und Gyps mächtige Lager und Stöcke in mehren Gebirgsformationen, namentlich in der Dyas, Trias und im Tertiär, anderntheils Efflorescenzen der Erdoberfläche, welche oft weite Landstriche überziehen (Steppen am Kaspisee, mehre Wüsten Afrikas, Chile); auch findet es sich als Sublimat in den Klüften mancher Lavaströme, sowie an den Kraterwänden mehrer Vulkane. Aufgelöst kommt es in Quellen, in manchen Landseen (Südrussland) und im Meere vor, aus welchen letzteren es als Seesalz und Meersalz gewonnen wird.

Gebrauch. Bekannt ist die allgemeine Benutzung des Kochsalzes als Würze der Speisen, zum Einsalzen von Fleisch und Fischen, als Viehsalz und Düngmittel. Man benutzt es ferner zur Darstellung der Salzsäure, des Salmiaks, als Arzneimittel, als Zuschlag bei vielen metallurgischen Arbeiten, bei der Glas- und Seifenfabrikation, zu Glasuren und mancherlei anderen technischen Zwecken; in Nordafrika sogar als Baumaterial.

Anm. Huantajayit nennt, wie *Sandberger* anführt, *Raimondi* wasserhelle kleine Hexaëder, öfter mit Oktaëder combinirt, und zarte Rinden bildend, von Huantajaya in Peru, welche aus 89 Chlornatrium und 11 (nach *Domeyko* nur 2—5,6) pCt. Chlorsilber bestehen und auf ockerigem Gestein mit Chlorsilber, Chlorbromsilber und Atacamit vorkommen; zersetzt sich in Wasser unter Abscheidung des Chlorsilbers, daher der einheimische Name Lechedor, milchgebend (N. Jahrb. f. Min. 1874. 174; Z. f. Kryst. VI. 1882. 628).

195. Sylvin, *Beudant*; Hövelit, Leopoldit.

Regulär, sehr ähnlich dem Steinsalz; $\infty O \infty$ und O, allein, oder namentlich häufig in Combination; am Sylvin von Kalusz unterschied *Tschermak* ausser diesen beiden Formen noch 2 Tetrakishexaëder, 6 Ikositetraëder, 1 Triakisoktaëder, und 5 Hexakisoktaëder. — Spaltb., Bruch, auch das diathermane Verhalten wie beim Steinsalz; $n = 1,4903$; H. $= 2$; G. $= 1,9...2$. Im reinen Zustand farblos. Geschmack bitterlich salzig. — Chem. Zus.: KCl, mit 47,54 Chlor und 52,46 Kalium, vielfach etwas chlornatriumhaltig. Leicht löslich in Wasser, v. d. L. leicht schmelzbar, die Flamme violett färbend. Findet sich in verschiedenen Steinsalzablagerungen. Bei Stassfurt kommt in prächtigen Krystallen der Comb. $\infty O \infty . O$ reines Chlorkalium vor, für welches *Heintz* und *Girard* den Namen Hövelit vorschlugen. Auch bei Kalusz in Galizien findet sich nach *Tschermak* Sylvin in zum Theil mächtigen Linsen und Lagern von körniger (biswelen auch von feinstängeliger) Zusammensetzung; freie Krystalle kennt man von dort noch nicht, aber die grosskörnigen Aggregate sind oft aus Krystallen zusammengesetzt, welche den oben erwähnten grossen Formenreichthum zeigen (Sitzungsber. d. Wiener Akad., Bd. 63. 1871. 1); nach *Tschermak's* Annahme ist hier der Sylvin aus Carnallit entstanden. Im Steinsalz von Berchtesgaden und Hallein nahm schon *Vogel* kleine Quantitäten von Chlorkalium wahr. Auch als vulkanisches Sublimat am Vesuv.

Gebrauch. Wichtig zur Darstellung von Kaliumsalzen.

196. Salmiak (Chlorammonium).

Regulär (vgl. Anm.), O und $3O3$, sowie andere Ikositetraëder, selten das Hexakisoktaëder $3O\frac{3}{2}$, auch Combinationen mit $\infty O \infty$, ∞O und $3O3$, welche letztere Form oft scheinbar als ditetragonale Pyramide, biswelen auch, in Folge einer merkwürdigen anomalen Gestaltung, als tetragonales Trapezoëder ausgebildet ist; auch kommen mehr oder weniger langgestreckte, scheinbar rhomboëdrische Combinationen vor, welche durch die einseitige Verlängerung von Ikositetraëdern nach einer trigonalen Zwischenaxe entstehen; in Krusten, Stalaktiten, und als erdiger und mehliger Beschlag. — Spaltb. oktaëdrisch, unvollk., Bruch muschelig; mild und zäh; H. $= 1,5...2$; G. $= 1,5...1,6$. Farblos, doch oft gelb (durch Eisenchlorid) und selbst braun gefärbt; Geschmack stechend salzig. — Im reinen Zustand Chlorammonium, NH^{4}Cl, mit 66,49 Chlor, 26,25 Stickstoff, 7,49 Wasserstoff; im Wasser leicht löslich; im Kolben vollständig zu verflüchtigen, mit Soda starken Ammoniakgeruch entwickelnd; auf Platindraht mit kupferoxydhaltigem Phosphorsalz geschmolzen färbt es die Flamme schön blau. — Auf Klüften und Spalten vulkanischer Kratere und mancher Lavaströme, Vesuv, Solfatara, Aetna, auch in Brandfeldern und brennenden Halden mancher Steinkohlengebirge, wie z. B. bei Oberhausen unweit Ruhrort, von wo *Deicke*, und bei Hänichen unweit Dresden, von wo *Groth* Krystalle beschrieben hat.

Anm. An künstlichen Krystallen des Salmiaks beobachtete *Tschermak* die plagiëdrische (gyroëdrische) Hemiëdrie, indem ausser dem gewöhnlichen Ikositetraëder 2O2 noch ein Pentagonal-Ikositetraëder als plagiëdrischer Hälftflächner eines Achtundvierzigflächners (wahrscheinlich $\frac{3}{4}O\frac{3}{2}$) auftritt; auch der Verlauf einer zarten Riefung auf 202, sowie die Form und Richtung der Aetzfiguren spricht für die plagiëdrische Hemiëdrie.

Gebrauch. Beim Verzinnen und Löthen der Metalle, zum Schmelzen des Goldes, zur Bereitung des Königswassers und Ammoniaks, als Beize des Schnupftabaks, in der Färberei und als Arzneimittel.

197. Chlorsilber oder Kerargyrit (Silberhornerz, Hornsilber).

Regulär, meist $\infty O \infty$, die Krystalle klein und sehr klein, einzeln aufgewachsen, oder reihenförmig und treppenförmig gruppirt, auch in Drusenhäute und Krusten vereinigt; derb und eingesprengt. — Spaltb. nicht wahrzunehmen, Bruch muschelig; geschmeidig; H. = 1...1,5; G. = 5,55...5,60; grau, blaulich, grünlich; diamantartiger Fettglanz, durchscheinend; $n = 2,071$ für Natriumlicht nach *Des-Cloizeaux*. — Chem. Zus.: **AgCl**, mit 24,73 Chlor und 75,27 Silber, doch gewöhnlich durch Eisenoxyd u. a. Stoffe verunreinigt; v. d. L. schmilzt es unter Aufkochen zu einer grauen, braunen oder schwarzen Perle, welche sich im Red.-F. mit Soda schnell zu Silber reducirt; mit Kupferoxyd färbt es die Flamme schön blau, von Säuren wird es kaum angegriffen, in Ammoniak langsam löslich. — Auf Silbergängen, zumal in oberen Teufen; Freiberg und Johanngeorgenstadt, Kongsberg, Schlangenberg am Altai, Peru, Chile, Mexico, Nevada, Arizona, Idaho.

Gebrauch. Das Chlorsilber liefert da, wo es häufiger vorkommt, eines der vorzüglichsten Silbererze.

198. Bromsilber oder Bromit, *Haidinger* (Bromargyrit).

Regulär, $\infty O \infty$ und O, sehr klein, auch krystallinische Körner; H. = 1...2; G. = 5,8...6; olivengrün bis gelb, grau angelaufen, Strich zeisiggrün, stark glänzend. — Chem. Zus. nach *Berthier* und *Field* wesentlich: **AgBr**, mit 42,56 Brom und 57,44 Silber, meist gemengt mit Bleicarbonat, Eisenoxyd, Thon; v. d. L. leicht schmelzbar, von Säuren nur wenig angreifbar, in concentrirtem Ammoniak aber bei Wärme löslich. — San Onofre im District Plateros in Mexico, ziemlich häufig; Chile.

A n m. 1. Vielleicht ist auch das Bromsilber aus Mexico zum Theil Chlorbromsilber, da nach *Domeyko* in Chile r e i n e s Bromsilber fast gar nicht, wohl aber eine Mischung von 1 Mol. Bromsilber und 1 Mol. Chlorsilber ziemlich häufig vorkommt. *Breithaupt* hat ein Chlorbromsilber von Copiapo unter dem Namen E m b o l i t beschrieben; dasselbe krystallisirt regulär, ist gelb oder grün, hat das G. = 5,79...5,80, und ist, zufolge einer Analyse von *Plattner*, eine Mischung nach der Formel $2 AgBr + 3 AgCl$, welche 67 Silber, 20 Brom und 13 Chlor erfordert. Andere Varietäten zeigen nach *Field* andere Verhältnisse der beiden Componenten, wie dies bei dem Isomorphismus derselben nicht befremden kann. Zwei fernere isomorphe Mischungen von Chlorsilber und Bromsilber ($m AgCl + n AgBr$) führte *Breithaupt* unter dem Namen Megabromit und Mikrobromit ein. Der M e g a b r o m i t krystallisirt regulär, $O.\infty O \infty$; hat hexaedrische Spaltbarkeit, muscheligen bis unebenen Bruch; H. = 2,5; G. = 6,22...6,23; ist geschmeidig in mittlerem Grade, zeisiggrün, aber pistazgrün bis schwarz anlaufend, diamantglänzend, und besteht nach einer Analyse von *Th. Richter* aus 4 AgCl + 5 AgBr, mit 64,21 Silber, 9,37 Chlor und 26,42 Brom. Der M i k r o b r o m i t krystallisirt gleichfalls in Hexaëdern, hat aber keine Spaltbarkeit, einen hakigen Bruch; H. = 2,5; G. = 5,75...5,76; ist sehr geschmeidig, spargelgrün bis grünlichgrau, aschgrau anlaufend, diamantglänzend und zeigt nach einer Analyse von *R. Müller* die Zusammensetzung: 3 AgCl + AgBr, mit 69,85 Silber, 17,24 Chlor und 12,94 Brom. — Beide Mineralien finden sich auf dichtem Kalkstein bei Copiapo in Chile.

Gebrauch. In Chile und Mexico werden diese Mineralien wesentlich mit zur Gewinnung des Silbers benutzt.

A n m. 2. Ein in regulären bis 1 und 2 Mm. grossen, schwefelgelben bis olivengrünen sehr geschmeidigen Krystallen (O und $O.\infty O \infty$) auftretendes Jodbromchlorsilber, J o d o b r o m i t genannt, lehrte v. *Lasaulx* von der Grube Schöne Aussicht bei Dernbach in Nassau kennen (N. J. f. Min., 1877. 646 und 1878. 649), wo dasselbe in Höhlungen des eisenschüssigen Quarzits sitzt; Spaltb. nach O schwach angedeutet; G. = 5,713. Die Analyse ergab 59,96 Silber, 15,05 Jod, 17,30 Brom, 7,09 Chlor, woraus sich die Formel $2 Ag (Cl, Br) + Ag J$ ableitet; in Schwefelsäure bei Zusatz von Zink sofort schwarz werdend; mit Schwefelkohlenstoff lässt sich Jod ausziehen, wobei derselbe intensiv violett gefärbt wird; v. d. L. Bromdämpfe und ein zuruckbleibendes Silberkorn. Dieses Mineral bietet das erste Beispiel des Zusammenkrystallisirens der drei Haloide in der Natur und ist interessant, weil es eine Dimorphie des Jodsilbers wahrscheinlich macht (Z. f. Kryst. I. 1877. 506).

199. Nantokit, *Breithaupt.*

Derb, in schmalen Gangtrümern und eingesprengt, von körniger Textur, nach *Breithaupt* hexaëdrisch spaltbar, nach *Groth* wahrscheinlich monotom, nach Letzterem auch doppeltbrechend und polysynthetisch-lamellar verzwillingt; H.$=2,0...2,5$; G.$=3,93$; weiss bis wasserhell. — Nach mehren Analysen von *A. Herrmann* und *Sieveking* besteht der Nantokit aus 64 Kupfer und 36 Chlor, ist also Kupferchlorür, $CuCl$ oder Cu^2Cl^2, welches in künstlichen Krystallen tetraëdrisch regulär ist; an der Luft verwandelt er sich allmählich in Atacamit; löslich in Salpetersäure, Salzsäure und Ammoniak, schmilzt auf Kohle, färbt dabei die Flamme intensiv blau und setzt mehre Beschläge ab (N. Jahrb. f. Min., 1872. 811). — Nantoko in Chile.

200. Cotunnit, *v. Kobell* (Chlorblei).

Rhombisch, $\infty P\,118^\circ 38'$, $\bar{P}\infty\,126^\circ 44'$ nach *Miller*; A.-V.$=0,8426:1:0,5015$; kleine nadelförmige Krystalle, auch kleine geflossene Massen; H.$=2$; G.$=5,238$: weiss, diamantglänzend. — Chem. Zus.: $PbCl^2$, mit 74,47 Blei und 25,53 Chlor; im Kolben schmilzt er erst und sublimirt dann, die geschmolzene Masse ist in der Hitze gelb; auf Kohle schmilzt er sehr leicht, färbt die Flamme blau, verflüchtigt sich, gibt einen weissen Beschlag und hinterlässt ein wenig metallisches Blei. — Im Krater und in Lavaströmen des Vesuv, als Fumarolenproduct.

201. Chlorquecksilber oder Quecksilberhornerz (Kalomel).

Tetragonal, $P\,135^\circ 50'$ nach *Miller*, $135^\circ 40'$ nach *Schabus*; A.-V.$=1:1,7414$. Krystalle kurzsäulenförmig durch $\infty P\infty$ (*l*) oder ∞P mit pyramidaler oder basischer Endigung, sehr klein, zu dünnen Drusenhäuten vereinigt. *Hessenberg* hat eine sehr complicirte Krystallform des Kalomel von Moschellandsberg beschrieben, in welcher die Pyramide $\frac{1}{4}P$ sehr vorwaltet. *Schrauf* beobachtete an Krystallen ebendaher noch als neue Flächen: $2P$, $3P$, $\frac{4}{3}P$, $\frac{3}{4}P$, $\frac{1}{4}P6$, $\frac{1}{4}P2$, $2P4$, $\frac{3}{4}P8$, $\frac{7}{4}P\frac{14}{3}$, so dass damals vom Kalomel schon 23 Formen bekannt waren, darunter 6 Protopyramiden, 4 Deuteropyramiden und 8 ditetragonale Pyramiden (Atl. d. Kryst.-Form. d. Mineralr., IV. Lfg.). *Websky* beschrieb die Krystalle von El Doctor, unter denen einige vorherrschend durch $\frac{1}{4}P\infty$ (nebst $\infty P\infty$) gebildet werden, während bei den meisten $\infty P\infty$ und $\frac{1}{4}P$ vorwalten, und fand noch mehre neue ditetragonale Pyramiden (Mon.-Ber. Berl. Ak. 1877. 461). — Spaltb. prismatisch nach $\infty P\infty$, nach *Schabus* pyramidal; mild; H.$=1...2$; G$=6,4...6,5$ (das künstliche 7,0); graulich- und gelblichweiss, auch gelblichgrau; Diamantglanz; Doppelbrechung positiv; $\omega=1,96$, $\varepsilon=2,60$ (roth). — Chem. Zus.: Quecksilberchlorür, Hg^2Cl^2, mit 84,96 Quecksilber und 15,04 Chlor; im Kolben sublimirt es und gibt mit Soda Quecksilber; mit Phosphorsalz und Kupferoxyd färbt es die Flamme blau, auf Kohle verfliegt es vollständig; in Salzsäure theilweis, in Salpetersäure nicht, in Salpetersalzsäure leicht und vollständig löslich; in Kalilauge wird es schwarz. — Moschellandsberg in Rheinbayern, Horzowitz in Böhmen, Idria in Krain, Almaden in Spanien, El Doctor in Mexico (hier aus Onofrit entstanden).

Anm. Jodquecksilber oder Coccinit (*Haidinger*), ein scharlachrothes Mineral, welches HgJ^2 (Quecksilberjodid) sei und wahrscheinlich wie das künstliche rothe Quecksilberjodid tetragonal krystallisiren dürfte, soll nach *Del Rio* zu Casas Viejas in Mexico vorkommen und als Farbe benutzt werden. Nach späteren Mittheilungen von *Castillo* scheint es jedoch eine Verbindung von Quecksilber und Chlor zu sein. Derselbe beschrieb ein ähnliches, in kleinen spitzen, rhombischen Pyramiden krystallisirtes Mineral von Zimapan und Culebras, welches aber ebenfalls kein Jodquecksilber, sondern eine Verbindung von Quecksilber, Chlor und Selen sein dürfte, weshalb denn das Jodquecksilber als Mineral noch zweifelhaft ist.

202. Jodsilber oder Jodit, *Haidinger* (Jodargyrit).

Hexagonal, nach *Des-Cloizeaux* ähnlich den Formen des Greenockits, nach *Breithaupt* in Krystallen der Comb. $0P.P.\infty P$, ähnlich denen des Mimetesits, $\infty P:2P=$

152°; Mittelkante von 2P = 124°; *Seligmann* beschrieb hemimorphe Krystalle von Dernbach (ausser ∞P oben mit P, 2P, 4P, 0P, unten blos mit 2P und 0P); A.-V. = 1 : 0,8144; gewöhnlich in dünnen biegsamen Blättchen und Platten, auch derb und eingesprengt, mit blätteriger Textur und mit deutlicher basischer Spaltbarkeit; H. = 1...1,5; G. = 5,707 nach *Damour*, 5,504 nach *Domeyko*, 5,64...5,67 nach *Breithaupt*; mild, leicht zu pulverisiren; perlgrau, strohgelb, schwefelgelb bis grünlichgelb und citrongelb; Fettglanz, dem Diamantglanz genähert; durchscheinend; optisch-einaxig, Doppelbrechung positiv. — Chem. Zus. nach den Analysen von *Damour* und *Lawrence Smith*: AgJ, mit 45,97 Silber und 54,03 Jod; v. d. L. auf Kohle schmilzt es leicht, färbt die Flamme rothblau und hinterlässt ein Silberkorn. Legt man ein kleines Körnchen auf blankes Zinkblech, und bedeckt es mit ein paar Tropfen Wasser, so wird es schwarz und verwandelt sich in metallisches Silber, während sich das Wasser mit Zinkjodür schwängert. — Grube Schöne Aussicht bei Dernbach in Nassau in bisweilen mehre Mm. grossen Krystallen mit Jodobromit auf Brauneisenstein (*Seligmann*, Z. f. Kryst. VI. 229); bei Mazapil, im Staate Zacatecas in Mexico, auf Klüften von Hornstein; bei Chañarcillo in Chile, auf dichtem Kalkstein; auch bei Guadalajara in Spanien.

Anm. 1. Künstliche flächenreiche Krystalle des Jodsilbers, ausgezeichnet durch Hemimorphismus an den beiden Enden der Hauptaxe, wurden durch *v. Zepharovich* beschrieben; er fand das A.-V. = 1 : 0,8196 (Z. f. Kryst. IV. 1880. 119). — Nach *Lehmann* krystallisirt AgJ aus dem Schmelzfluss auch regulär. —

Anm. 2. *Mallard* und *Le Chatelier* beobachteten, dass bei 146° C. das hexagonale Jodsilber unter Veränderung der gelben in rothe Farbe in die reguläre Modification übergeht und isotrop wird.

203. Fluorit oder Flussspath (Fluss).

Regulär; die am häufigsten vorkommende Form ist ∞O∞, nächstdem O und ∞O; doch finden sich, namentlich in Combb., noch viele andere Formen, besonders verschiedene Tetrakishexaёder ∞O*n* (Fig. 8 und 9, S. 23), welche meist, wie in nachstehender Figur 6, am Hexaёder erscheinen, die Ikositetraёder 202 und 303 (Fig. 15 und 16, S. 25), und mehre Hexakisoktaёder (zumal 402); von den (selteneren) Triakisoktaёdern kommt nach *v. Lasaulx* 40 bei Striegau selbständig vor; im Ganzen sind nach *Klocke* ausser O, ∞O und ∞O∞ jetzt 3 Triakisoktaёder, 8 Tetrakishexaёder, 5 Ikositetraёder, 7 Hexakisoktaёder bekannt; die folgenden Figuren stellen mehre

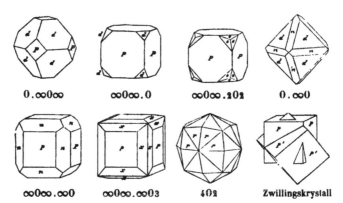

0.∞O∞	∞O∞.0	∞O∞.202	0.∞O

∞O∞.∞O	∞O∞.∞O3	402	Zwillingskrystall

am Fluorit vorkommende Combinationen dar. Die Krystalle sind oft gross und sehr schön und regelmässig gebildet, bisweilen durch partielle Ausbildung des Tetrakis-

hexaëders ∞O3 eigenthümlich skalenoëdrisch defigurirt [1]); bisweilen beobachtet man
auf den Flächen kleine natürliche Vertiefungen (Corrosionsflächen), welche theils
dem Ikositetraëder 3O3, theils der Combination desselben mit ∞O3 (mitunter auch
∞O∞) entsprechen (*Werner* im N. J. f. Min. 1881. I. 14) und den künstlich erzeugten
Aetzfiguren ähnlich sind; *van Calker* beobachtete auch ½O¼ und ∞O¼ als Corrosionsflächen. Einzeln aufgewachsen oder in Drusen und Gruppen versammelt, welche letztere oftmals eine, aus lauter kleinen Hexaëdern aufgebaute andere Krystallform darstellen; Zwillingskrystalle nicht selten, zumal an hexaëdrischen Formen, wie Fig. 171
S. 103 und die obige letzte Figur; auch derb in grosskörnigen und stängeligen Aggregaten, endlich als dichter und erdiger Fluorit; selten in Pseudomorphosen nach Kalkspath oder Baryt (Münsterthal in Baden). — Spaltb. oktaëdrisch, vollk., daher der
muschelige Bruch nur selten sichtbar ist; H. = 4; G. = 3,1...3,2; das Normalgewicht
bestimmte *Kenngott* an 60 Varietäten = 3,183, mit den Grenzen 3,1547...3,1988:
farblos und bisweilen wasserhell, aber gewöhnlich gefärbt in sehr manchfaltigen und
schönen gelben, grünen, blauen und rothen, auch weissen und grauen Farben, unter
denen zumal violblau, weingelb, honiggelb, lauchgrün, smaragdgrün häufig vorkommen; nicht selten zweierlei Farben vereinigt, indem ein und derselbe Krystall nach
aussen und innen verschieden gefärbt ist; Glasglanz, pellucid in allen Graden, fast
alle Varr. phosphoresciren in der Hitze (Chlorophan), büssen aber nach *Kenngott*
durch Glühen ihre Farbe ein, und werden wasserhell, wobei sie einen ganz kleinen Gewichtsverlust erleiden. Nach *Wyrouboff* soll die Farbe der Fluorite in einer
ihrer Substanz beigemengten Kohlenwasserstoff-Verbindung begründet sein. In den
gefärbten Flussspathen fand *Wyrouboff* 0,009 bis 0,015 pCt. Kohlenstoff und 0,002
bis 0,004 pCt. Wasserstoff, denen der Verlust beim Erhitzen stets sehr nahe entsprach:
farbloser Fluorit von Cumberland aber enthält keine bituminöse Substanz und erleidet
beim Erhitzen keinen Gewichtsverlust. — Die Fluoritkrystalle enthalten bisweilen Einschlüsse, noch häufiger aufsitzend viele kleine Krystalle von Kupferkies, Pyrit, Markasit, Bleiglanz u. a. Mineralien. — Chem. Zus.: CaF^2, mit 48,85 Fluor und 51,15
Calcium; v. d. L. zerknistert er oft stark, phosphorescirt und schmilzt in dünnen
Splittern unter Röthung der Flamme zu einer unklaren Masse, welche in stärkerem
Feuer unschmelzbar wird, und sich dann wie Kalkerde verhält; mit Gyps schmilzt er
zu einer klaren Perle, welche nach der Abkühlung unklar erscheint; schmilzt man das
Pulver mit vorher geschmolzenem Phosphorsalz im Glasrohr, so entweicht Flusssäure:
von concentrirter Schwefelsäure wird er unter Entwickelung von Flusssäure vollständig zersetzt, von Salzsäure und Salpetersäure etwas schwer aufgelöst. — Häufig vorkommendes Mineral: auf den Zinnerzlagerstätten in Sachsen, Böhmen und Cornwall:
auf Silbergängen, Freiberg, Gersdorf, Marienberg, Annaberg, Kongsberg, hier sehr
schön; auf Bleigängen in Derbyshire, Cumberland und Northumberland, Beeralstone in
Devonshire; in krystallinischen Schiefern der Schweizer Alpen; derber Fluorit bildet
mächtige Gänge, Stollberg am Harz, Steinbach in Meiningen, sowie zwischen Gabas
und Penticosa in den Pyrenäen.

Gebrauch. Die schön gefärbten, stark durchscheinenden, grosskörnigen und stängeligen
Varietäten des Fluorits werden in England zu allerlei Ornamenten und Utensilien (*spar orna-
ments*) verarbeitet und lieferten vielleicht schon den Alten das Material für die *vasa murrhina*.
Als Flussmittel benutzt man ihn bei metallurgischen Processen und in der Probirkunst, woher
auch der Name Flussspath rührt. Endlich dient er zur Darstellung der Flusssäure, zum Aetzen
des Glases und bei der Bereitung gewisser Glasuren und Emails.

---

1) Ueber diese, unter anderen bei Zschopau in Sachsen vorkommenden Defigurationen
siehe *Naumann's* Lehrbuch der Krystallographie, Bd. 2. 1830. 178, und *Grailich*, Krystallographisch-optische Untersuchungen, 1858. 72. Die schönen und formenreichen Krystalle von
Kongsberg sind von *G. Rose* und *Hessenberg* beschrieben worden; diejenigen aus dem Münsterthal zuletzt von *Klocke*, welcher auch eine Formen-Uebersicht gab (Ber. d. naturf. Ges. zu Freib.
i. Br., Bd. 6, Heft 4). Ueber die Fluorite von Striegau und Königshayn in Schlesien vgl. *v. Lasaulx*
in Z. f. Kryst. 1877. 359.

Anm. 1. Weisser dichter, fast hyalitähnlicher Fluorit bildet, wie *Scacchi* fand, die Hauptmasse der von Glimmer umhüllten Einschlüsse, welche in dem pipernoähnlichen Trachyt von Fiano bei Nocera und Sarno in der Campania eingebettet sind; begleitet wird er von N o c e r i n, einem Doppelfluorid von Magnesium und Calcium.

Anm. 2. Bei Wölsendorf, südlich von Nabburg in Bayern, kommt gangförmig im Granit ein schwarzblauer Fluorit vor, welcher bei dem Schlagen und Zerreiben einen auffallenden Geruch nach unterchloriger Säure entwickelt, gerade wie Chlorkalk. *Schafhäutl*, welcher ihn zuerst unter dem Namen S t i n k f l u s s beschrieb, glaubte wirklich einen Gehalt an Chlorkalk nachgewiesen zu haben. *Schönbein* hatte anfangs dieselbe Ansicht; später jedoch findet er die Ursache des Geruchs in einem Gehalt von Antozon. Dagegen erklärt *Wyrouboff*, dass kein Antozon vorhanden sei, und dass der Geruch durch eine innig beigemengte Kohlenwasserstoff-Verbindung bedingt werde, welche nur 0,02 pCt. beträgt, und durch Aether extrahirt wird. Anderseits erachtet *O. Löw* die riechende Substanz als freies Fluor, welches durch Dissociation eines beigemengten fremden Fluorides (vermuthlich Cerfluorides) entstanden sei. Auch im Staate Illinois und in Grönland sollen stinkende Varietäten von Fluorit vorkommen.

Anm. 3. C h l o r c a l c i u m (Chlorocalcit genannt, $CaCl^2$) fand *Scacchi* auf vesuvischen Auswürflingen von 1872 als Rinde und als reguläre, z. Th. mit Eisenglanzblättchen angeflogene Krystalle.

Anm. 4. Nahe dem Fluorit steht der sehr seltene Y t t r o c e r i t; derb in kleinen, krystallinisch-körnigen Aggregaten und als Ueberzug; zeigt unvollkommene Spaltb. nach einem tetragonalen Prisma; hat H. = 4...5; G. = 3,4...3,5 (nach *Rammelsberg* 3,363); ist violblau in das Graue und Weisse geneigt, schwach glänzend. Besteht wesentlich aus Fluorcalcium mit Fluorcerium und Fluoryttrium, wobei aber nach den Untersuchungen von *Rammelsberg* auch Lanthan, Didym und Erbium, sowie 2,52 Wasser zugegen sind. — Finbo und Broddbo bei Fahlun, Amity in New-York, Massachusetts.

204. Sellait, *Strüver.*

Tetragonal, ähnlich dem Skapolith krystallisirend und spaltend; beobachtete Formen: P∞, ∞P∞, ∞P, P, 2P, ∞P2; P∞ : ∞P∞ = 123°30'; ∞P : P = ca. 47°; A.-V. = 1 : 0,6619; Zwillinge, bei welchen die Normale auf P∞ Zwillingsaxe ist, und die beiden Hauptaxen unter 113° geneigt sind; farblos, glasglänzend, durchscheinend; H. = 5; G. = 2,972. Ist nach *Strüver* Fluormagnesium, MgF^2, mit 61,42 Fluor und 38,58 Magnesium. Schmilzt v. d. L. leicht unter Aufblähen zu weissem Email, wird dann unschmelzbar und stark leuchtend. Dies seltene Mineral, welchem der Name zu Ehren des ausgezeichneten Mineralogen und Staatsmannes *Quintino Sella* gegeben wurde, findet sich am Gletscher von Gerbulaz unweit Moutiers (Savoyen) in einem Anhydritlager (Z. f. Kryst. 1877. 209). — *Cossa* erhielt künstliche Kryställchen von MgF^2 durch Zusammenschmelzen von Fluormagnesium mit Chlorkalium und Chlornatrium und durch Auswaschen der langsam erkalteten Schmelze.

205. Tysonit, *Allen* und *Comstock.*

Hexagonal; nach *E. Dana* zeigen die Krystalle ∞P, ∞P2, 0P, auch mehre Pyramiden; P : 0P = 111° 35'; A.-V. = 1 : 0,6868. Spaltb. basisch recht vollkommen. H. = 4,5...5; G. = 6,12...6,16. Glas- bis Fettglanz, hell wachsgelb. Die Analyse ergab: 40,19 Cer, 30,87 Lanthan und Didym (29,44 Fluor), daher ist das Mineral $(Ce, La, Di)^2 F^6$. V. d. L. schwärzt es sich, ohne zu schmelzen; unlöslich in Salzsäure, löslich in Schwefelsäure unter Entwickelung von Fluorwasserstoff. — Pikes Peak in Colorado; es ist kaum zweifelhaft, dass die Formen des Hamartits (Bastnäsits) von diesem Fundpunkt als Pseudomorphosen auf Tysonit zurückzuführen sind, welcher auch noch den inneren Theil derselben bildet (Am. Journ. of sc. (3) XIX. 390).

Anm. Mit diesem neu in Amerika aufgefundenen Mineral ist vielleicht identisch der zu Broddbo und Finbo bei Fahlun im Feldspath oder Quarz eingewachsene sog. F l u o c e r i t, von welchem ebenfalls die hexagonale tafelförmige Combin. 0P. ∞P angegeben wird; auch in Platten und derb; Bruch uneben und splitterig; H. = 4...5; G. = 4,7; blassziegelroth, auch gelblich, Strich gelblichweiss; wenig glänzend; undurchsichtig und kantendurchscheinend. *Berzelius* führt an, darin 82,64 pCt. Ceroxyd und 1,12 Yttererde erhalten zu haben und dass das im Kolben stark geglühte Mineral Flusssäure gibt.

Ebenfalls zu Finbo, auf einem Granitgange, in Feldspath eingewachsen, kommt nach

Berzelius der H y d r o f l u o c e r i t vor, schön gelbe, auch wohl in Roth und Braun geneigte krystallinische Massen mit Spuren von Spaltbarkeit und muscheligem Bruch; H. = 4,5; Strich gelb, fettglänzend, undurchsichtig. — Chem. Zus. nach *Berzelius*: 84 Ceroxyd mit 5 Wasser und 44 Fluorwasserstoff; gibt im Kolben Wasser und wird dunkler, auf Kohle wird er vor dem Glühen fast schwarz, was während der Abkühlung durch Braun und Roth in Dunkelgelb übergeht; übrigens unschmelzbar.

2. Wasserhaltige.

206. Bischofit, *Ochsenius.*

Krystallinisch-körnig und blätterig, bisweilen faserig (künstlich erhaltene Krystalle sind monoklin). H. = 4,5..2; G. = 4,63; weiss von verschiedener Reinheit bis wasserhell; glasglänzend bis matt. — Chem. Zus.: $MgCl^2 + 6 H^2O$, entsprechend 44,83 Magnesium, 34,95 Chlor, 53,22 Wasser. Löslich in 0,6 Theilen kalten Wassers. — Als derbe krystallinische Massen und plattenförmige Lagen, verwachsen mit Carnallit, Kieserit und Salzthon zu Leopoldshall in Anhalt.

207. Fluellit, *A. Levy.*

Rhombisch, nach *Wollaston* und *Miller*, welcher Letztere an den kleinen weissen spitzen rhombischen Pyramiden Polkanten von 409° 6' und 82° 42', Mittelkanten von 444° maass, wonach das A.-V. = 0,770 : 4 : 1,874. Gewöhnliche Comb. P . 0P. — G. = 2,17; durchsichtig bis durchscheinend, *Groth* befand die optischen Axen mit grossem Winkel im Makropinakoid, die Verticalaxe als spitze Bisectrix. — Chem. Zus. nach der Analyse von *Brandl*: 56,25 Fluor, 27,62 Aluminium (nebst 0,58 Natrium); da der Verlust von 45,56 pCt. nur aus Wasser bestehen kann, so ergibt sich die Formel $(Al^2) F^6 + 2 H^2O$. — Aeusserst seltenes Mineral, vorgekommen zu Stenna Gwyn in Cornwall, z. Th. auf greisenähnlichem Gestein mit Quarz, Wavellit, Zinnstein, Flussspath.

II. Doppelchloride und -Fluoride.
1. Wasserfreie.

208. Kryolith, *Abildgaard.*

Ursprünglich meist für rhombisch gehalten, dann von *Des-Cloizeaux* und namentlich *Websky* (N. Jahrb. f. Min. 4867. 840) als triklin (allerdings mit ausserordentlicher Annäherung an monokline Formen) beschrieben, dann, auch mit Rücksicht auf das optische Verhalten, zuerst von *Krenner* (N. Jahrb. f. Min. 4877. 504) als monoklin erkannt, was von *Groth* bestätigt wurde[1]). — Die würfelähnlichen Krystalle werden von 3 Flächenpaaren begrenzt, nach denen dieselben auch spalten, nämlich von 0P und von ∞P (94° 58'); β = 89° 49'; A.-V. nach *Krenner* = 0,9662 : 4 : 1,3883. Neben den immer vorhandenen Flächen 0P und ∞P sind gewöhnlich auch noch ausgebildet Ṗ∞ (welches mit 0P 425° 46' bildet, und in Gestalt gleichseitiger Dreiecke an den Ecken der Combination 0P.∞P auftritt), sowie das Orthodoma Ṗ∞. Eine solche Comb. erinnert an die reguläre von ∞O∞ . O. Untergeordnet erscheint ∞Ṗ∞, sehr selten sind —Ṗ∞, 2Ṗ2 und P. Eine reichhaltigere Comb. gibt Fig. 4 wieder, worin

Fig. 1.

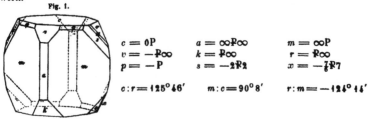

$c = 0P$	$a = ∞Ṗ∞$	$m = ∞P$
$v = -Ṗ∞$	$k = Ṗ∞$	$r = Ṗ∞$
$p = -P$	$s = -2Ṗ2$	$x = -\frac{7}{5}Ṗ7$

$c : r = 425° 46'$ $m : c = 90° 8'$ $r : m = -124° 44'$

1) Eine ausgezeichnete Abhandlung über die Kryolithgruppe (Kryolith, Pachnolith, Thom-

Auf den Prismenflächen erscheint eine schon von *Websky* theilweise beobachtete charakteristische dreifache Streifung, nämlich eine parallel der Zonenaxe der Flächen *r m k*, eine zweite parallel der Zonenaxe von *v m r*, eine dritte parallel der Combinations-

Fig. 2. Fig. 3.

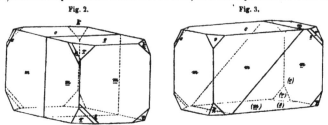

kante von *m* und *c*; auch die Basis trägt bisweilen eine feine klinodiagonale Streifung. Die üblichste Zwillingsbildung erfolgt nach ∞P (Fig. 2), wobei die Basisflächen *c* der beiden gewendeten Individuen mit einander den stumpfen Winkel von 179° 44' bilden, während ihre Prismenflächen *m* unter ein- oder ausspringenden Winkeln von 176° 10' zusammenstossen. *Cross* und *W. Hillebrand* beobachteten eine lamellar-polysynthetische Zwillingsbildung nach diesem Gesetz. Nach einem zweiten von *Krenner* erkannten Gesetz erfolgt die Zwillingsbildung nach der (als Krystallfläche nicht beobachteten Pyramide — ¼P (Fig. 3); dabei fällt ∞P des einen Individuums mit 0P des anderen fast in eine Ebene (179° 56'), während die beiden anderen Prismenflächen sich unter stumpfem Winkel (177° 2') in einer diagonalen Zwillingskante schneiden, welche in beiden Individuen genau der Lage der gemeinsamen Diagonalstreifung entspricht. Auch werden Zwillinge nach 0P angegeben. — Spaltb. nach 0P sehr vollk., recht vollk. auch nach ∞P, ebenfalls noch gut nach ꝑ∞. Da 0P und ∞P nahe rechtwinkelig zu einander sind, so hielt man früher die von ihnen begrenzten Spaltungsformen für rechtwinkelige Parallelepipeda. Bei der Zwillingsbildung nach — ¼P fallen die 4 Spaltungsrichtungen der beiden Individuen nahe zusammen. — Oberflächlich betrachtet macht das Vorkommen der Krystalle den Eindruck einer quadratischen Täfelung an derben Massen, über welche sie sich in paralleler Ordnung, bisweilen treppenartig gelagert, ausdehnen; die einzelnen Krystalle pflegen tafelartig um so ausgedehnter zu sein, je weniger sie sich aus dem Niveau der Unterlage hervorheben; bisweilen werden die alsdann mehr säulenförmigen Krystalle 3—4 Mm. hoch und dick. Der Kryolith ist spröd, hat H. = 2,5...3; G. = 2,95...2,97, ist farblos, meist graulichweiss oder gelblich und röthlich gefärbt; doch soll nach *Taylor* diese lichte Farbe schon eine Folge von Verwitterung und das Mineral in der Tiefe fast schwarz sein (?). Die Krystalle werden manchmal von einer ziemlich leicht ablösbaren äusserst dünnen Haut bedeckt, welche aus einer durch Eisenoxydhydrat braun gefärbten Kryolithsubstanz besteht. — Glasglanz, auf 0P perlmutterähnlich; meist nur durchscheinend. In optischer Beziehung verhalten sich die Krystalle durchaus wie monoklin. Die Ebene der opt. Axen steht nach *Krenner* senkrecht auf dem Klinopinakoid; die pos. spitze Bisectrix liegt in dem letzteren, neigt sich gegen die hintere Hälfte der Klinodiagonale und bildet mit der Verticalaxe 43° 54'; auf 0P genau diagonale Auslöschung. *Groth* befand auch auf beiden Prismenflächen den Axenaustritt, die Weite und Färbung der Lemniscaten ganz übereinstimmend. — Chem. Zus. nach *Berzelius, Deville, Heintz* und *Brandl*:

senolith, Chiolith u. s. w.), welche mit einem historischen Ueberblick neue Untersuchungen darbietet, und in manche verwirrte Angaben Ordnung bringt, verdankt man *Groth* (die Analysen ausgeführt von *Brandl*) in Z. f. Kryst. VII. 1883. 375 und 457. Gleichzeitig hat *Krenner* sehr wichtige Untersuchungen über diese Gruppe angestellt (Mathem. u. naturw. Berichte aus Ungarn 1883. I.). Die obenstehenden Bilder sind den letzteren Mittheilungen entnommen.

$Na^6(Al^2)F^{12}$ oder $6NaF + (Al^2)F^6$, mit 32,79 Natrium, 12,85 Aluminium, 54,36 Fluor; v. d. L. ist er **sehr** leicht schmelzbar zu weissem Email und färbt die Flamme röthlichgelb; im Glasrohr gibt er die Reaction auf Fluor; auf Kohle schmilzt er ebenfalls sehr leicht, zersetzt sich endlich und hinterlässt eine Kruste von Thonerde, welche mit Kobaltsolution blau wird; in Borax und Phosphorsalz leicht löslich; von concentrirter Schwefelsäure wird er unter Entwickelung von Flusssäure vollkommen, von Salzsäure nur theilweise gelöst; mit Aetzkalk und Wasser gekocht wird das feine Pulver vollständig zersetzt, indem sich Fluorcalcium und Natronhydrat bildet, in welchem letzteren die Thonerde aufgelöst bleibt. — Evigtok am Arksutfjord in Südgrönland (zusammen mit Pachnolith, Thomsenolith u. s. w.), wo er nach *Giesecke* mehre, 5 bis 6 Fuss mächtige Lager in einem zinnerzführenden Gneiss bildet und oft mit Eisenkies, Kupferkies, Bleiglanz, Eisenspath, Quarz gemengt ist, auch schöne Krystalle von Columbit und bisweilen von Zinnstein enthält; auch bei Miask am Ural als Begleiter des Chiolith; ferner auf einem Quarzgang im Granit in der Nähe des Pikes Peak in Colorado (*Cross* und *Hillebrand*, Amer. Journ. XXVI. October 1883), mit anderen Fluoriden wie in Grönland.

Gebrauch. Seit der Kryolith in bedeutender Menge und zu billigen Preisen aus Grönland nach Europa und Nordamerika gebracht wird, hat man angefangen, ihn zur Bereitung von Natronlauge für Seifensiedereien, von Aetznatron, kohlensaurem Natron und schwefelsaurer Thonerde zu benutzen; auch zeigte H. *Rose*, dass er dasjenige Mineral ist, aus welchem das Aluminium am leichtesten in grösseren Quantitäten dargestellt werden kann. Nachdem *Julius Thomson* im Jahre 1850 die Zersetzbarkeit des Kryoliths durch Kalk und Kalksalze entdeckt hatte, sind bereits viele Fabriken (in Kopenhagen, Harburg, Prag, Mannheim, Pennsylvanien u. s. w.) entstanden, welche jährlich sehr bedeutende Quantitäten verarbeiten. Auch verfertigt man damit ein porzellanähnliches Glas.

209. Pachnolith, A. *Knop.*

Monoklin, nach *Des Cloizeaux*, *Krenner* und *Groth*; nach dem Letzteren $\beta = 89°40'$; $\infty P\,81°24'$; $P\,94°22'$; A.-V. $= 1,1626 : 1 : 1,5320$. Die Krystalle (anfänglich von *Knop* für rhombisch gehalten) erscheinen als dünne farblose glasglänzende Prismen, am Ende mit einer spitzen anscheinend rhombischen Pyramide, hervorgebracht dadurch, dass die Combination $\infty P.-P$ sehr regelmässig nach der kurzen Diagonale der Basis parallelen Orthopinakoid $\infty P\infty$ verzwillingt ist. Die Pyramidenflächen bilden dabei den Zwillingswinkel $108°14'$. Doch gibt es auch Zwillinge mit unregelmässiger Grenze, deren pyramidale Endigung fast allein von dem einen der verwachsenen Individuen gebildet wird. *Krenner* fand noch mehre andere steile Pyramiden und gab die beistehende Zwillingsfigur, in welcher $m = \infty P$, $p = -P$, $s = -\frac{1}{4}P$, $t = -\frac{1}{2}P$, $q = -2P$, $v = -3P$, $x = -5P$. Selten erscheint an den grönländischen Krystallen die Basis, welche in den regelmässigen Zwillingen dann beiderseits den sehr stumpfen ausspringenden Winkel von $179°30'$ bildet; an denen von Colorado waltet die Basis neben ∞P vor; sie zeigen auch polysynthetische Zwillingsbildung nach $\infty P\infty$. Die Prismenflächen sind stets parallel ihrer Combinationskante zu $0P$ (fast horizontal) fein gestreift. Die meist recht feinen Prismen des Pachnoliths unterscheiden sich durch ihren rhombischen Querschnitt und bequem von den rechtwinkeligen des Thomsenoliths. — Spaltb. nach $0P$ nicht sehr deutlich (im ferneren Gegensatz zum Thomsenolith). — G. $= 2,965$. Glasglänzend, farblos. Die optische Axenebene steht senkrecht zum Klinopinakoid; die positive spitze Bisectrix ist $68°5'$ gegen die Verticalaxe nach vorn geneigt, die Orthodiagonale ist stumpfe Bisectrix, der Axenwinkel gross (der wahre über 70°). — Chem. Zus. nach der Analyse von *Brandl*: 55,77 Fluor, 11,73 Natrium, 18,83 Calcium, 13,61 Aluminium, entsprechend der Formel $Na^2Ca^2(Al^2)F^{12}$ oder $2NaF + 2CaF^2 + (Al^2)F^6$. Der Pachnolith ist daher ein Kryolith, in welchem 4 Na durch 2 Ca ersetzt sind. Bei den früheren Analysen von *Knop*, *Hagemann* und *Wöhler*, welche einen Wassergehalt und eine ähnliche Zus. wie sie dem Thomsenolith zukommt, auffanden, ist wie *Groth* darthat, nicht der reine Pachnolith, sondern ein Aggregat von Thomsenolith sammt den feinen Prismen des Pachnoliths zur Untersuchung gelangt; doch haben neuere Analysen von

Cross und *Hillebrand* wieder ca. 8 pCt. Wasser ergeben. Decrepitirt im geschlossenen Rohr beim Erhitzen und bedeckt bei weiterem Erhitzen dessen Wände mit weissem Staub. — Mit Kryolith zusammen in Grönland, wo sich die höchstens 2—3 Mm. langen, 0,5 Mm. dicken Kryställchen in den Hohlräumen von sehr porösem Kryolith finden, auf den vielfach einander rechtwinkelig durchkreuzenden kastenähnlichen Wandungen, welche ihrerseits zunächst aus oft bräunlich gefärbtem Thomsenolith bestehen; aus letzterem treten dann die Pachnolith-Nädelchen, gewöhnlich rechtwinkelig gegen die Kastenwände gestellt hervor. Auch am Pikes Peak in Colorado mit Kryolith.

Anm. Der sog. Arksutit *Hagemann*'s, ein weisses krystallinisch-körniges stark glänzendes Mineral vom Arksutfjord in Grönland, dessen einzelne Partikel monotome Spaltb. besitzen, ist nach *Groth*'s Darlegung wahrscheinlich ein Gemeng von Kryolith und Pachnolith, vielleicht auch noch von Thomsenolith. — Der von *Krenner* untersuchte Arksutit ist ein optisch-einaxiges, tetragonales, wahrscheinlich mit Chiolith isomorphes Mineral.

210. Chiolith, *Hermann.*

Tetragonal, nach *v. Kokscharow*; selten in ganz kleinen, tetragonalen Pyramiden, deren Mittelk. 111° 44' misst. A.-V. = 1 : 1,0431. Diese pyramidalen Krystalle zeigen an ihren Polecken eine stumpfe convexe, achtflächige Zuspitzung wie in Fig. 1, erscheinen auch wohl mehr tafelförmig, sind aber gewöhnlich als Zwillingskrystalle nach dem Gesetz: Zwillings-Ebene

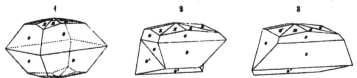

eine Fläche von P, ausgebildet, wie Fig. 2 und 3; gewöhnlich derb in feinkörnigen, auch in schneeklumpenähnlichen Aggregaten; Spaltb. pyramidal, ziemlich voll.; H. = 1; G. = 2,84...2,90; weiss, glasglänzend, optisch-einaxig negativ. — Chem. Zus. nach der neuesten Analyse reinen Materials von *Brandl*: 57,40 Fluor, 24,85 Natrium, 17,75 Aluminium, woraus sich die Formel $Na^{10}(Al^2)^3F^{23}$ oder $10\,NaF + 3\,(Al^2)F^6$ ableitet. V. d. L. sehr leicht schmelzbar, noch etwas leichter als Kryolith; im Glasrohr und mit Schwefelsäure gibt er Flusssäure. — Miask im Ural, als Gang im Schriftgranit.

Anm. *Groth* hat (Z. f. Kryst. VII. 475) das Irrthümliche der früheren Ansicht nachgewiesen, dass es z w e i chemisch und physikalisch verschiedene Chiolithe gebe, von denen der eine die Formel $3\,NaF + (Al^2)F^6$ und das G. = 2,84...2,90 besitze (eigentlicher Chiolith), während der andere, Chodnewit oder Nipholith genannte die Zus. $4\,NaF + (Al^2)F^6$ und das G. = 3...3,006 habe. Die erstere Formel wurde durch eine nicht ganz richtige Berechnung des Analysenresultats gewonnen, während das Material, welches zu der zweiten Formel des sog. Chodnewits Veranlassung gab, durch Kryolith verunreinigt war.

211. Prosopit, *Scheerer.*

Monoklin nach *Groth*, gewöhnl. Comb. bestehend aus ∞P 76° 15', $\infty \check{P} \infty$ (oft herrschend), P (seitlich 120° 56'), $-2\check{P}2$, seltener mit $\check{P}\infty$ und $-3\check{P}\frac{3}{2}$ nach *Scheerer*. Des-Cloizeaux hielt die Krystalle für wahrscheinlich triklin, worauf er nach der Darlegung von *Groth* nur durch eine unregelmässige Ausbildung derselben geführt wurde. Aus seinen Messungen ergibt sich das approx. A.-V. = 1,316 : 1 : 0,5912 und $\beta = 86°$ 2'. — Spaltb. hemipyramidal nach $-2\check{P}2$ (131°). — H. = 4,5; G. = 2,894; farblos, glasglänzend, durchsichtig; auch optisch monoklin, indem in der orthodiagonalen Zone eine schiefe Auslöschung nicht sicher zu constatiren ist. Nachdem früher *Scheerer* Fluorsilicium in dem Mineral angenommen, ergab die neueste Analyse von *Brandl*: 35,01 Fluor, 23,37 Aluminium, 16,19 Calcium, 0,44 Magnesium, 0,83 Natrium, 12,44 Wasser, 12,58 Verlust, als Sauerstoff berechnet; da das Mineral bei 260° noch keinen Gewichtsverlust erleidet, kann es das Wasser nicht als Krystallwasser enthalten: es ist wohl Sauerstoff und Wasserstoff als Hydroxyl vorhanden, welches das Fluor vertritt. Darnach gestaltet sich die Formel zu $Ca(Al^2)(F,OH)^8$, in welcher eine kleine Menge Ca durch Mg und Na^2 ersetzt wird. Der zuerst von *Scheerer* beobachtete Prosopit hat sich selten (seit 1816 nicht mehr vorgekommen) auf der Zinnerzlagerstätte von Altenberg gefunden, auf einem hornsteinartigen Quarzit und ganz mit blätterigem Eisenglanz bedeckt. Merkwürdiger Weise sind die meisten Krystalle ganz oder zum Theil, ohne ihre Form irgendwie einzubüssen, im

Laufe der Zeit zu trübem gelblichweissem Kaolin umgewandelt, während sie bisweilen, wie
Brush gezeigt, und *Scheerer* bestätigt hat, in grünen oder violetten Fluorit umgewandelt sind.
Ein sehr ähnliches Mineral ist auch von Schlaggenwald bekannt. *Cross* und *Hillebrand* entdeckten 1883 den Prosopit mit anderen Fluoriden (z. Th. mit Kryolith, Pachnolith u. s. w.) zusammen auf Quarzgängen in der Nähe des Pikes Peak, Colorado.

2. Wasserhaltige.

212. Thomsenolith, *Dana* (dimetrischer, d. h. tetragonaler Pachnolith, *Hagemann*;
Pachnolith var. A., *Knop's*).

Monoklin, wie zuerst *Dana* feststellte; $\beta = 86^\circ 18'$; ∞P (*m*) 90° 11′ (daher anfänglich für
tetragonal gehalten); P (*q*) 107° 12′; ausser diesen Formen und der fast genau quadratischen
Basis 0P (*c*) sind noch 2 Orthodomen, sowie die Pyramiden 3P (*s*) und —3P (*v*) bekannt. A.-V.
= 0,9973 : 1 : 1,0333 nach *Krenner*. Dünne, nach oben spitzer zulaufende, stark horizontal ge-

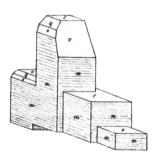

streifte Prismen mit deutlich monokliner hemipyramidaler Endigung (Gegensatz zu Pachnolith); auch würfelähnliche, bisweilen mit Kryolith ver-
wechselte Combinationen, durch gleichmässige Ausbildung von ∞P und 0P; eine diagonale Streifung wie
beim Kryolith kommt dabei nie vor. Solche fast rechtwinkelig parallelepipedische Krystalle sind mit gemeinsamer vollkommener Spaltbarkeit parallel verwachsen.
Bisweilen in prehnitähnlich stark aufgestraubten Aggregaten; häufig als grobkrystallinische, farblosem Anhydrit ähnliche Aggregate, wechselnd mit feinkörnigen,
mehr lockeren, als Ueberzug des Kryoliths. — Spaltb.
sehr vollk. nach 0P (bei weitem mehr vollk. als beim Pachnolith), die Spaltflächen perlmutterglänzend wie beim
Apophyllit (auch dadurch vom Kryolith zu unterscheiden); auch ∞P. — Optische Axenebene
senkrecht zum Klinopinakoid, bildet mit 0P einen Winkel von 40° 59′; die spitze negative Bisectrix fällt in den
klinodiagonalen Hauptschnitt; scheinbarer opt. Axen-
winkel 69°—70°. — Nach den Analysen von *Nordenskiöld, Wöhler, König,* namentlich nach
der von *Jannasch,* womit die von *Brandl* übereinstimmt, ergibt sich die Formel Na²Ca² (Al²)·F¹²
+ 2H²0, welcher entspricht: 51,45 Fluor, 10,34 Natrium, 17,96 Calcium, 12,17 Aluminium,
8,08 Wasser. Da sämmtliche Analysen etwas weniger Fluor liefern, als den Metallen entspricht,
so ist wahrscheinlich ein kleiner Theil des Fluors durch Hydroxyl ersetzt. Thomsenolith ist
also das Hydrat des Pachnoliths, und, wie dieser, aus Kryolith entstanden. Beide Mineralien
haben nicht dieselbe Zus., indem sämmtliche frühere sog. Pachnolith - Analysen bis auf die
neue aufklärende von *Brandl* sich auch auf den Thomsenolith beziehen. V. d. L. zerstäubt er,
in einer Röhre rasch erhitzt zerfällt er augenblicklich unter Geräusch zu feinem Pulver, dabei bildet sich an den kälteren Theilen der Röhre ein Wasserbeschlag (Unterschied von Thomsenolith).

Anm. 1. Der sog. Hagemannit, ocker- oder wachsgelbe, opake, einem dichten Eisenkiesel ähnliche Lagen im Kryolith bildend, ist nach *Groth* ein dichter, durch kieseliges Brauneisenerz verunreinigter Thomsenolith.

Anm. 2. Zu der Kryolithgruppe gehört auch der von *G. J. Brush* eingeführte reguläre
Ralstonit, meist sehr kleine Oktaéder (auch O.∞O∞O), aber auch Individuen von 3 Mm.
Kantenlänge bildend; H. = 4,5; G. = 2,4...2,6; das farblose bis gelblichweisse Mineral findet
sich mit Thomsenolith zusammen, von dessen Prismen auch seine Oktaéder oft durchwachsen
sind und führt nach der Analyse von *Brandl* auf die Formel 3 (Na², **Mg**, Ca) F² + 4 (Al²) F⁶ + 6 H²0.
— Ferner auch *Flight's* Evigtokit von der grönländischen Kryolithlagerstätte; ein trübes
kaolinähnliches sehr weiches Aggregat dünner durchsichtiger Kryställchen; die Analyse führt
auf die Formel (Al²) F⁶ + 2 Ca F² + 2 H² 0.

213. Carnallit, *H. Rose.*

Rhombisch, nach *Hessenberg's* Messungen an Krystallen, welche sich aus der ab-
träufelnden Lauge im Schosse der Erde gebildet hatten; Mittelkante der Grundpyramide P = 107° 20′, des Brachydomas 2P∞ = 108° 27′, Prisma ∞P = 118° 37′;

die Krystalle, an welchen nicht nur diese Formen, sondern auch $2P$, $4\overset{\shortmid}{P}\infty$, $\infty\overset{\shortmid}{P}\infty$, $0P$ und andere ausgebildet sind, erscheinen auffallend wie hexagonale Combinationen, indem mit jeder Pyramide mP das entsprechende Brachydoma $2m\overset{\shortmid}{P}\infty$ im Gleichgewicht ausgebildet ist. A.-V. $= 0,5968 : 1 : 1,3891$. Auf seiner Lagerstätte findet sich das Mineral nur derb, in grosskörnigen Aggregaten; Bruch muschelig; G. $= 1,60$ nach *Reichardt*, stark glänzend, doch durch die Feuchtigkeit matt werdend; wenn rein, farblos, gewöhnlich aber mehr oder weniger roth gefärbt durch die Beimengung vieler mikroskopischer Schuppen von Eisenglimmer. Optisch-zweiaxig, nach *Des-Cloizeaux*; die optischen Axen liegen im brachydiagonalen Hauptschnitt und bilden einen grossen Winkel, die spitze Bisectrix ist parallel der Brachydiagonale, die Doppelbrechung sehr stark. — Chem. Zus. nach den Analysen von *H. Rose, v. Oesten, Siewert* und *Reichardt* wesentlich: $K\,Mg\,Cl^3 + 6\,H^2O$ oder $KCl + Mg\,Cl^2 + 6\,H^2O$, mit 26,8 Chlorkalium, 34,2 Chlormagnesium, 39 Wasser; doch wird meist etwas Kalium durch Natrium ersetzt, auch enthält er organische Substanz, sowie mikroskopische Krystalle von Anhydrit und Quarz, ferner messinggelbe Pentagondodekaëder von Eisenkies. An der Luft zerfliesst er; im Wasser ist er sehr leicht löslich, und v. d. L. leicht schmelzbar; mit Wasser betropft zerlegt er sich nach *Tschermak* in Sylvin, und in wasserhaltiges Chlormagnesium, welches abfliesst. Nach *Erdmann* enthält er auch Spuren von Rubidium und Cäsium. — Wird bei Stassfurt in bedeutenden Quantitäten gefunden, gewonnen und in den Handel gebracht; findet sich auch bei Kalusz in Galizien; nach *Ad. Göbel* kommt gleichfalls im Steinsalz zu Maman (im südöstlichen Theil von Aderbeidjan in Persien) ziegelrother Carnallit in runden, erbsen- bis kopfgrossen Concretionen vor, welcher jedoch keine organische Gallertsubstanz enthält.

T a c h y h y d r i t nannte *Rammelsberg* ein gleichfalls bei Stassfurt vorkommendes salzähnliches Mineral. Krystallisirt rhomboëdrisch und bildet im dichten Anhydrit rundliche Massen; er ist rhomboëdrisch spaltbar (Polk. nach *Des-Cloizeaux* nahe 90°, nach *Groth* ca. 76°), wachs- bis honiggelb gefärbt, durchsichtig bis durchscheinend, optisch-einaxig negativ und zerfliesst sehr bald an der Luft, was durch den Namen ausgedrückt werden soll. Chemisch ist er dem Carnallit ähnlich nach der Formel $Ca\,Mg^2Cl^6 + 12\,H^2O$ oder $CaCl^2 + 2\,Mg\,Cl^2 + 12\,H^2O$, welcher 36,8 Chlormagnesium, 21,4 Chlorcalcium, 41,8 Wasser entspricht. — K r e m e r s i t sind leicht lösliche, zerfliessliche, rothe reguläre Oktaëder, eine ephemere Fumarolenbildung am Krater des Vesuvs; sie scheinen nach der Formel $2\,K\,Cl + 2\,Am\,Cl + (Fe^2)Cl^6 + 3\,H^2O$ zusammengesetzt. Hier auch der in der Lava von 1872 vorgekommene rothe rhombische E r y t h r o s i d e r i t, von der Formel $4\,KCl + (Fe^2)Cl^6 + 2\,H^2O$, ebenfalls ein Sublimationsproduct.

III. Anhang: Oxychloride.

Verbindungen von Chlorid mit Oxyd oder Hydroxyd.

214. Matlockit, *Greg.*

Tetragonal, nach *Miller* und *Kenngott*; P 136° 19' nach dem ersteren, 136° 17' nach dem zweiten Beobachter; die kleinen dünntafelförmigen Krystalle stellen die Comb. $0P.P.P\infty$ auch wohl mit ∞P dar, und sind zusammengehäuft; $0P$ oft gestreift. — Spaltb. basisch, undeutlich, nach *Kenngott* auch prismatisch nach ∞P, unvollk., Bruch uneben und muschelig; H. $= 2,5$; G. $= 7,21$ nach *Greg*; gelblich oder grünlich, diamantglänzend, durchsichtig bis durchscheinend; Doppelbrechung negativ. — Zus. nach den Analysen von *Smith* und *Rammelsberg*: $Pb^2O\,Cl^2$, oder 1 Mol. Bleioxyd und 1 Mol. Chlorblei $= Pb\,O + Pb\,Cl^2$, mit 35,48 Chlorblei und 44,52 Bleioxyd; in der Hitze decrepitirend; v. d. L. zu einer graulichgelben Kugel schmelzbar. — Auf Bleiglanz mit Bleicarbonat und Flussspath zu Matlock in Derbyshire.

215. Mendipit, *Haidinger.*

Rhombisch, bis jetzt nur derb, in individualisirten Massen, auch in dünnstängeligen Aggregaten. — Spaltb. prismatisch nach ∞P 102° 36', sehr vollk., Querbruch muschelig bis uneben; etwas spröd; H. $= 2,5...3$; G. $= 7,0...7,1$; gelblichweiss bis strohgelb und blassroth; diamantähnlicher Perlmutterglanz auf Spaltungsflächen; durchscheinend. — Chem. Zus.

nach den Analysen von *Schnabel* und *Rhodius*: $Pb^3 O^2 Cl^3$, oder 2 Mol. Bleioxyd und 1 Mol. Chlorblei $= 2 Pb O + Pb Cl^2$, mit 38,39 Chlorblei und 61,61 Bleioxyd; doch enthält die von *Berzelius* analysirte Var. bis 16 pCt. kohlensaures Blei, von welchem in der Formel ganz abgesehen ist; v. d. L. zerknistert er, schmilzt leicht und wird mehr gelb; auf Kohle gibt er Blei und saure Dämpfe; mit Phosphorsalz und Kupferoxyd färbt er die Flamme blau; in Salpetersäure leicht löslich. — Churchill an den Mendip-Hills in Somersetshire, Grube Kunibert bei Brilon in Westfalen.

Anm. Aus der Wüste Atacama war unter dem Namen J o d b l e i ein Mineral nach Europa gelangt, welches von *Liebe* näher beschrieben wurde (N. J. f. Min. 1867. 159); dasselbe bildet auf Bleiglanz dichte oder erdige Krusten von strohgelber bis honiggelber Farbe, in den Hohlräumchen rhomboëdrische Kryställlchen; $H. = 2,5$; $G. = 6,2...6,3$; opt. negativ; es ist indessen nicht zur Hauptsache Jodblei, sondern eine Verbindung von diesem mit Chlorblei und Bleioxyd; die Analyse von *Liebe* führt nach *Dana* auf die Formel $Pb^3 O^2 (J,Cl)^2$ oder $Pb (J,Cl)^2 + 2 Pb O$, worin $J : Cl = 3 : 2$; *Domeyko* fand etwas andere Verhältnisse. *Dana* nennt das Mineral S c h w a r t z e m b e r g i t.

216. Atacamit, *Blumenbach* (Salzkupfererz).

Rhombisch, $\infty P\ 112° 20'$, $\check{P}\infty\ 105° 40'$ nach *Lévy*; dieselben beiden Winkel bestimmten an den schönen Krystallen aus der Burraburragrube *Guthe* zu $112° 11'$ und $106° 9'$, v. *Zepharovich* zu $112° 29'$ und $106° 13'$, und *C. Klein* (N. J. f. Min. 1871. 195) zu $112° 25'$ bis $113° 6'$, und $106° 9'$ bis $106° 14'$. Allein die Winkel gerade dieser beiden Formen gestatten wegen der meist unvollkommenen Beschaffenheit ihrer Flächen keine ganz sichere Messung. Nach *Klein* sind die Flächen der nur selten vorkommenden Grundform P die besten des ganzen Formencomplexes; er selbst fand ihre brachydiagonale Polkante $= 127° 12'$, und die Combinationskante von P und $\check{P}\infty$ $= 137° 45'$, woraus denn für die makrodiagonale Polkante der Werth $96° 30'$ folgt. Legen wir diese beiden Polkanten zu Grunde, so berechnet sich der Winkel des Prismas $\infty P = 113° 3'$, die Polkante des Domas $\check{P}\infty = 106° 10'$, und die Combinationskante $3\check{P}\infty : \infty\check{P}\infty = 156° 4'$; darnach das A.-V. $= 0,6626 : 1 : 0,7535$, worauf auch *Brögger* auf Grund seiner Messungen an chilenischen Krystallen (Z. f. Kryst. III. 1879. 489) gelangt. Die gewöhnlichste Combination erscheint wie die folgende Figur, säulenförmig; die Säulenzone ist gewöhnlich durch viele Flächen wie $\infty\check{P}\tfrac{4}{3}$, $\infty\check{P}\tfrac{3}{2}$, $\infty\check{P}2$, $\infty\check{P}3$, $\infty\check{P}4$ streifig entstellt; die Krystalle sind meist klein und gewöhnlich zu

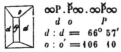

$\infty P . \check{P}\infty . \infty\check{P}\infty$

$d\quad o\quad p$

$d : d = 66° 57'$
$o : o = 106\ 10$

Aggregaten verbunden; nierförmig, derb, von stängeliger und körniger Textur, auch secundär als Sand. Umgewandelt in Malachit, was durch eine Lösung von doppeltkohlensaurem Natron schon bei gewöhnlicher Temperatur auch künstlich erfolgt, ebenfalls in Kieselkupfer. —

Spaltb. brachydiagonal vollk., nach $\check{P}\infty$ unvollk.; $H. = 3...3,5$; $G. = 3,691...3,705$ nach *Breithaupt*, nach *Klein* $= 3,761$, nach *Tschermak* und *Ludwig* $3,757$ und $3,769$: lauch-, gras-, smaragdgrün, Strich apfelgrün; Glasglanz, pellucid in mittleren und niederen Graden; die optischen Axen liegen nach *Des-Cloizeaux* im makrodiagonalen Hauptschnitt und ihre spitze Bisectrix fällt in die Makrodiagonale. — Chem. Zus. nach *Klaproth, Davy, l'lex, Mallet, Rising* und *Ludwig*: $Cu^2 [\bullet \blacksquare]^3 Cl$, oder eine Verbindung von Kupferchlorid mit Kupferhydroxyd $Cu Cl^2 + 3 (Cu [\bullet \blacksquare]^2)$, mit 16,64 Chlor, 59,43 Kupfer, 11,26 Sauerstoff, 12,67 Wasser. Nach anderen Analysen von *Berthier, Field* und *Church* ist der Wassergehalt grösser, und zwar entweder 17,85 oder 22,47 pCt., das Verhältniss der übrigen Bestandtheile jedoch dasselbe, so dass ausser jener oben angeführten Atacamit-Formel (welche übrigens die der gemessenen Krystalle ist) vielleicht noch zwei Verbindungen zu unterscheiden sind, wovon die erstere aus 2 Mol. solchen Atacamits $+ 3\ H^2 O$, die zweite aus 1 Mol. solchen Atacamits $+ 3\ H^2 O$ besteht. — Beginnt erst bei 200° Wasser zu entwickeln, der Rückstand ist ein braunschwarzes pulveriges Gemeng von Kupferoxyd und Kupferchlorid. V. d. L. färbt er die Flamme blaugrün, gibt auf Kohle einen bräunlichen und einen graulichweissen Beschlag, schmilzt und liefert ein Kupferkorn; in Säuren ist er leicht löslich, ebenso in Ammoniak. — Remolinos, Copiapo, Santa Rosa in Chile, Algodon-Bay in Bolivia (hier in grosser Menge); Burraburragrube in Australien, hier grosse und schöne Krystalle; zuweilen in Laven.

Anm. Hier wäre etwa der von *Brooke* beschriebene P e r c y l i t einzuschalten, welcher bei Sonora in Mexico in Begleitung von Gold vorkommt. Derselbe bildet kleine reguläre Krystalle der Comb. $\infty O \infty . O . \infty O . \infty O 2$, ist himmelblau, glasglänzend, und besteht nach *Percy* aus Chlorblei, Chlorkupfer, Bleioxyd, Kupferoxyd und Wasser.

217. Daubröit, *Domeyko.*

Krystallinische perlmutterglänzende Blättchen. H. = 2...2,5; G. = 6,1. *Domeyko* fand darin: 72,60 Wismuthoxyd, 22,52 Chlorwismuth, 0,72 Eisenoxyd, 3,84 Wasser, vielleicht entsprechend $4 \, Bi^2 O^3 + Bi^2 Cl^6$; leicht schmelzbar, in Salzsäure löslich. Dies noch wenig weiter bekannte Mineral findet sich am Cerro de Tazna auf der Wismuthgrube Constancia in Bolivia (Comptes rendus, Vol. 83, Nr. 12).

Fünfte Classe: Sauerstoffsalze.

Erste Ordnung: Aluminate und Ferrate.

218. Chrysoberyll, *Werner,* Cymophan.

Rhombisch; P (*o*) Polkanten 86° 16' und 139° 53', Mittelkante 107° 29', P̆∞ (*i*) 119° 46', $\infty \breve{P} 2$ (*s*) 93° 33' nach *Haidinger*; A.-V. = 0,470 : 1 : 0,580; geometrisch isomorph mit Olivin, wie *G. Rose* zuerst bemerkte; auch in gewissem Sinne mit Diaspor (A.-V. = 0,4686 ; 1 : 0,3019, also *c* ist hier halb so lang) und Göthit.

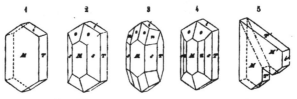

Fig. 1. $\infty \breve{P} \infty . \infty \breve{P} \infty . \breve{P} \infty$; das Makropinakoid ist vertical gestreift, was auch für alle folgenden Figuren gilt.

Fig. 2. $\infty \breve{P} 2 . \infty \breve{P} \infty . \infty \breve{P} \infty . P . \breve{P} \infty$.

Fig. 3. Die Comb. Fig. 2 mit der Brachypyramide $2\breve{P}2$ (*n*).

Fig. 4. Die Comb. Fig. 2 mit dem Brachyprisma $\infty \breve{P} \frac{4}{3}$ (*z*).

Fig. 5. Zwillingskrystall der Comb. Fig. 1, nach einer Fläche von $3\breve{P}\infty$; die Verticalaxen beider Individuen, sowie die Streifungen der Flächen *M* und *M'* bilden einen Winkel von 59° 46'. Diese herzförmigen Zwillinge haben auch bisweilen P (*o*) sehr entwickelt, während in der verticalen Zone die Prismen vor $\infty \breve{P} \infty$ vorwalten. Neben diesen Juxtapositionszwillingen kommen auch Durchwachsungszwillinge nach demselben Gesetz vor, selbst so, dass der eine Krystall kreuzweise durch den andern hindurchragt.

o : *o* vorn = 139° 53'		*n* : *s* = 149° 26'
o : *o* über *i* = 86 16		*i* : *i* = 119 46
o : *M* = 136 52		*M* : *s* = 136 46
o : *s* = 140 3		*T* : *s* = 133 14
n : *n* über *o* = 107 44		*s* : *s* = 93 34

Die unter dem Namen A l e x a n d r i t eingeführten und in Fig. 7, 8 und 9 abgebildeten Drillingskrystalle erlangen oft eine bedeutende Grösse, ihre Individuen zeigen meist die Combination wie Fig. 6.

Fig. 6. $\infty\overset{\vee}{P}\infty . \infty\overset{\vee}{P}\infty . P . 2\overset{\vee}{P}2$, oft noch mit $\overset{\vee}{P}\infty$; *Klein* fand auch $\overset{\vee}{P}2$ u. a. neue Formen.

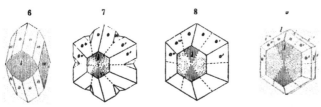

6   7   8   *o*

Diese Drillingskrystalle sind zufolge *v. Kokscharow* nach dem Gesetz gebildet, dass eine Fläche von $\overset{\vee}{P}\infty$ die Zwillings-Ebene liefert, weshalb denn einerseits *i* und *i'*, anderseits *i* und *i''* (Fig. 9) in e i n e Ebene fallen, während *i'* mit der unten anliegenden Fläche einen einspringenden Winkel von $179^{\circ} 20'$ bildet.   Die drei Individuen *o*, *o'* und *o''* durchkreuzen sich vollständig und so regelmässig, dass ihre Flächen *b* in e i n e Ebene fallen, welche jedoch durch die Streifensysteme dieser Flächen in sechs Felder getheilt wird. Je nachdem die Krystalle so oder anders gestaltet sind, erscheinen daher diese Drillinge entweder wie Fig. 7, oder wie Fig. 8, oder auch wie Fig. 9 ; in allen Fällen aber haben sie täuschend das Ansehen von h e x a g o n a l e n Formen, wie dies besonders für die beiden letzten Figuren ersichtlich und darin begründet ist, dass der Winkel des Brachydomas $\overset{\vee}{P}\infty$ sehr wenig von 120° abweicht. Dieselben Drillinge lassen sich wohl a u c h nach d e m s e l b e n Gesetz (Zwillings-Ebene $3\overset{\vee}{P}\infty$) erklären, wie die Zwillingskrystalle in Fig. 5, indem ein drittes Individuum zu den beiden ersteren tritt, und alle drei sich vollkommen durchkreuzen[1]). Ausserdem kommen noch regelmässige Verwachsungen von d r e i Zwillingen wie Fig. 5 vor, welche sich gleichfalls vollkommen durchkreuzen, oder auch s o deuten lassen, dass s e c h s dergleichen Zwillinge um eine gemeinschaftliche Gruppirungsaxe durch Juxtaposition in den Flächen von $\infty\overset{\vee}{P}\infty$ mit einander verwachsen sind, wie *Hessenberg* und *Frischmann* gezeigt haben, welcher letztere auch die Alexandritkrystalle auf diese Weise erklärt. Die Lage der Streifensysteme auf den Flächen $\infty\overset{\vee}{P}\infty$ ist jedenfalls entscheidend. — Der Habitus der Krystalle ist kurz und breit säulenförmig oder dick tafelartig mit verticaler Streifung, zumal des Makropinakoids ; Zwillingskrystalle sehr häufig nach den erwähnten beiden Gesetzen, oft wiederholt; die Krystalle eingewachsen und lose, auch abgerundete Fragmente und Körner. — Spaltb. brachydiagonal unvollk., makrodiagonal noch undeutlicher, Bruch muschelig; H. = 8,5; G. = 3,65....3,8; grünlichweiss, spargel-, olivengrün und grünlichgrau, auch grasgrün bis smaragdgrün; Glasglanz, zuweilen fettartig; durchsichtig bis durchscheinend, z. Th. mit schönem Trichroismus, auch mit blaulichem Lichtschein oder Asterismus. Der Alexandrit erscheint bei künstlicher Beleuchtung intensiv roth. Die optischen Axen liegen im brachydiagonalen Hauptschnitt, und bilden mit der Verticalaxe, als Bisectrix, einen Winkel von 14°. Im Chrysoberyll aus Brasilien fand *Brewster* ungeheuer zahlreiche mikroskop. Einschlüsse einer stark expansibeln Flüssigkeit. — Chem. Zus. nach den Analysen von *Awdejew, Damour* und *Wük:* das Berylliumaluminat $\text{Be}(Al^2)\text{O}^4$, mit $19,72$

---

[1]) Nach *Cathrein*, welcher überhaupt nur eine Zwillingsbildung nach $3\overset{\vee}{P}\infty$ anerkennt, liegt a u c h den Alexandriten d i e s e s Gesetz zu Grunde und er will die oben angeführte Auffassung *von Kokscharow's* ausgeschlossen wissen; er begründet dies namentlich dadurch, dass er auf den 6 Flächen der scheinbar hexagonalen Pyramiden 4 einspringende und 2 ausspringende Winkel beobachtete, wie es der Fall sein muss, wenn $3\overset{\vee}{P}\infty$ Zwillings-Ebene ist, während, sofern $\overset{\vee}{P}\infty$ die Zwillings-Ebene wäre, nur auf 2 der scheinbaren Pyramidenflächen einspringende Winkel auftreten könnten; doch ist zu bedenken, dass die Chrysoberylle vielen Bildungsunregelmässigkeiten ausgesetzt sind, wie denn *Cathrein* selbst an herzformigen Zwillingen (Fig. 5) fand, dass *M* und *M'* nicht in eine Ebene fallen (Z. f. Kryst. VI. 1882. 257).

Beryllerde und 80,28 Thonerde; meist findet sich ein kleiner Eisengehalt, indem entweder Be durch Fe, oder (Al^2) durch (Fe^2) vertreten wird. V. d. L. ist er unveränderlich; von Borax und Phosphorsalz wird er langsam und schwer zu klarem Glas aufgelöst; mit Kobaltsolution wird er blau; Säuren sind ohne Wirkung; Aetzkali und saures schwefelsaures Kali zersetzen ihn. — Marschendorf in Mähren, Ulrikasborg bei Helsingfors, Haddam in Connecticut, in der Grube Sareftinsk, 5 Werst von Stretinsk am Flusse Takowaia im Ural, östlich von Katharinenburg, hier der Alexandrit (nach *Zerrenner*, nicht in den Smaragdgruben); Brasilien, Ceylon.

Gebrauch. Die schönfarbigen und durchsichtigen, oder auch die mit einem Lichtschein versehenen Varietäten des Chrysoberylls liefern einen ziemlich geschätzten Edelstein.

Anm. Da der Chrysoberyll rhombisch ist, die übrigen Verbindungen $\overset{II}{R}(\overset{VI}{R^2})O^4$ als Spinellgruppe regulär sind, so ist diese Verbindungsform dimorph [1]).

219. Spinell (und Pleonast oder Ceylanit).

Regulär; gewöhnliche Formen: O, ∞O und 3O3, auch ∞O∞; das Oktaëder meist vorherrschend und oft allein ausgebildet; Zwillingskrystalle nach einer Fläche von O, die Individuen meist stark verkürzt, wie die zweite Figur; auch polysynthetische Zwillinge (vgl. S. 103); die Krystalle einzeln ein- oder aufgewachsen, selten zu Drusen verbunden, auch lose, meist klein, doch bisweilen zollgross und darüber; Fragmente und Körner. — Spaltb. oktaëdrisch, unvollk., Bruch muschelig; H. $= 8$; G. $= 3,5...4,1$;

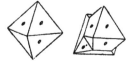

farblos, aber fast immer gefärbt, besonders röthlichweiss, rosen-, carmin-, cochenille-, kermesin-, blut- und hyacinthroth bis braun, blaulichweiss, smalteblau, violblau und indigblau bis blaulichschwarz, grasgrün bis schwärzlichgrün und grünlichschwarz; Glasglanz; pellucid in allen Graden. — Chem. Zus.: wesentlich das Magnesiumaluminat $\overset{II}{Mg}(Al^2)O^4$, was 71,87 Thonerde und 28,13 Magnesia gibt; doch ist gewöhnlich ein nicht unbedeutender Theil des Mg durch Fe, oft auch etwas (Al^2) durch (Fe^2) vertreten, d. h. es ist neben Magnesia Eisenoxydul, neben Thonerde Eisenoxyd vorhanden. V. d. L. unveränderlich und unschmelzbar, nur der rothe zeigt einen Farbenwechsel, indem er grün, farblos und wieder roth wird; mit Borax und Phosphorsalz erfolgen die Reactionen auf Eisen, z. Th. auch auf Chrom; mit Kobaltsolution geglüht färbt sich das Pulver blau, Säuren sind ohne Wirkung; mit saurem schwefelsaurem Kali geschmolzen wird er vollkommen zerlegt. — Hauptsächlichste Abarten sind:

Edler Spinell, die rothen pelluciden Varietäten, reine Magnesia-Thonerde, wie es scheint durch etwas Chromoxyd gefärbt; Ceylon, Ostindien.

Blauer Spinell, mit etwas (3,57 pCt.) Eisenoxyd; Åker in Södermanland.

Chlorospinell, ein grasgrüner Spinell aus dem Chloritschiefer der Schischimsker Berge bei Slatoust, vom G. $= 3,59$, in welchem RO blos Magnesia ist, während $(R^2)O^3$ aus Thonerde mit nicht wenig (9 bis 15 pCt.) Eisenoxyd besteht, also $\overset{}{Mg}(Al^2,Fe^2)O^4$; dazu 0,3 bis 0,6 pCt. Kupferoxyd.

Ceylanit, Pleonast, schwarzer Spinell, die dunkelgrünen und schwärz-

---

1) Nr. 219 bis 227 bilden die ausgezeichnet isomorphen Glieder der regulären Spinellgruppe, theils Grundverbindungen, theils vielfache Mischungen derselben. Sie werden hier als Salze aufgefasst, in welchen die Sesquioxyde gegenüber starken Basen die Rolle von Säuren spielen. In ihnen ist $\overset{II}{R} = Mg$, Fe, Mn, Zn, Cr, und $(\overset{VI}{R^2}) = Al^2$, Fe^2, Mn^2, Cr^2. Der Kürze halber ist mehrfach im Folgenden von einer »Vertretung« der einzelnen Bestandtheile (als Oxyde angeführt) und nicht von einer isomorphen Zumischung der betreffenden Verbindungen die Rede.

Früher pflegte man die hierher gehörigen Glieder als Verbindung von 1 Mol. Monoxyd mit 1 Mol. Sesquioxyd zu betrachten, z. B. $Mg(Al^2)O^4$ als $MgO + (Al^2)O^3$, ebenso $Fe(Fe^2)O^4$ als $FeO + (Fe^2)O^3$.

lichblauen, dunkelbraunen bis ganz schwarzen, von Gew. über 3,65; sie enthalten neben Magnesia und Thonerde entweder blos Eisenoxydul oder meist ausserdem auch noch Eisenoxyd; diese letzteren sind daher $(\mathbf{Mg}, \mathbf{Fe})(\mathbf{Al}^2, \mathbf{Fe}^2)\mathbf{O}^4$; Monzoniberg, Albanergebirge (wo *Strüver* einen ungewöhnlichen Formenreichthum: 0, $\infty0\infty$, $\infty0$, 303, 202, 606, 30, 70, $\infty03$, $50\frac{4}{5}$ beobachtete, vgl. Z. f. Kryst. I. 233), Vesuv, Ceylon, Warwick und Amity in New-York.

Picotit, ein schwarzer, dem Ceylanit genäherter Spinell, welcher im Lherzolith der Pyrenäen und in anderen olivinreichen Gesteinen, auch im Serpentin vorkommt; er hat H. = 8, G. = 4,08, gibt ein hellbraunes Pulver, und enthält nur 10 pCt. Magnesia, dafür über 24 Eisenoxydul, sowie unter $(R^2)O^3$ 8 Chromoxyd. Ja, der Picotit aus dem Olivingestein der Dun-Mountains in Neuseeland enthält sogar über 56 pCt. Chromoxyd und nur 12 Thonerde, dazu 14 Magnesia und 18 Eisenoxydul, weshalb er von *Petersen*, der ihn zugleich mit *Senfter* analysirt hat, Chrompicotit genannt worden ist; er steht eigentlich dem Chromeisen schon näher.

Gebrauch. Der Spinell liefert in seinen rothen und durchsichtigen Varietäten einen recht geschätzten Edelstein, welcher gewöhnlich, je nachdem er dunkel oder licht gefärbt ist, als Rubinspinell und Rubin-Balais unterschieden wird.

220. Hercynit, *Zippe.*

Derb, in klein- und feinkörnigen Aggregaten, Spuren von oktaëdrischen Krystallformen; Spaltb. nicht wahrnehmbar, Bruch muschelig; H.= 7,5...8; G. = 3,91...3,95; schwarz, Pulver dunkel graulichgrün, fast lauchgrün, auf der Oberfläche matt, im Bruch glasglänzend; in dünnen Platten tiefgraulichgrün durchscheinend; magnetisch. — Chem. Zus. nach der Analyse von *Quadrat*: $Fe(Al^2)O^4$, mit 61,2 Thonerde, 35,6 Eisenoxydul und 2,9 Magnesia, also ein Spinell, in welchem fast die ganze Magnesia durch Eisenoxydul vertreten wird. V. d. L. unschmelzbar; das geglühte Pulver wird ziegelroth und gibt mit Borax und Phosphorsalz die Eisenfarbe. — Bei Ronsberg, am östlichen Fuss des Böhmerwaldgebirges, wo indess das Vorkommniss nach *Fischer* andere Mineralien beigemengt enthält (Korund, Magnetit, Eisenhydroxyd); nach *Kalkowsky* als feinkörnige kleine Partieen in glimmerarmen Granuliten Sachsens.

221. Automolit, *Werner*; Gahnit, Zinkspinell.

Regulär, 0, auch $0.\infty0$, theils einfach, theils als Zwillingskrystall (wie Spinell, nach 0); bei Franklin in New-Jersey kommen nach *Brush* bis $1\frac{1}{2}$ Zoll grosse Hexaëder vor, an denen $\infty0$, 0, 202, 404, 808 und 30 als untergeordnete Formen ausgebildet sind; die Krystalle finden sich einzeln eingewachsen. — Spaltb. oktaëdrisch vollk., spröd; H. = 8; G. = 4,33...4,35, die Var. von Franklin 4,89...4,91: dunkellauchgrün bis schwärzlichgrün und entenblau, Pulver grau; fettartiger Glasglanz; kantendurchscheinend und undurchsichtig. — Chem. Zus. nach den Analysen von *Abich* und *Genth* wesentlich das Zinkaluminat $Zn(Al^2)O^4$, was 44,22 Zinkoxyd und 55,78 Thonerde geben würde; doch wird stets ein Theil des ersteren durch Eisenoxydul und Magnesia ersetzt, auch ist gewöhnlich eine geringe Menge von Eisenoxyd statt der Thonerde vorhanden; der Automolit von Fahlun ergibt 31,2 pCt. Zinkoxyd, der aus New-Jersey hält nach den Analysen von *Adam* fast 40 pCt. Zinkoxyd und nur nahe 50 Thonerde, dafür aber 8,58 Eisenoxyd, wodurch sich das höhere spec. Gewicht erklärt. V. d. L. unschmelzbar; mit Soda gibt das Pulver auf Kohle im Red.-F. einen Beschlag von Zinkoxyd; von Säuren und Alkalien unangreifbar. — Fahlun im Talkschiefer, Tiriolo bei Catanzaro in Calabrien im Kalkstein (mit 21,3 ZnO, ferner FeO und MgO), Franklin in New-Jersey und Haddam in Connecticut, Querbach in Schlesien; Canton-Mine in Georgia, in den diamantführenden Sanden der Prov. Minas Geraës.

Anm. 1. Sehr bemerkenswerth ist die Wahrnehmung von *Hans Schulze* und *Stelzner*, dass sich in der verglasten Thonmasse der zur Zinkdarstellung gebrauchten (bei diesem Process eine blaue Farbe gewinnenden) Muffeln unzählige scharfe mikroskopische Zinkspinell-Kryställchen bis zu 0,06 Mm. Axenlänge auszuscheiden pflegen (N. Jahrb. f. Min. 1881. I. 120).

Anm. 2. Der Kreittonit v. *Kobell's* wird am füglichsten mit dem Automolit vereinigt; theils krystallisirt als O und O.∞O, theils derb in körnigen Aggregaten; Bruch muschelig; H. = 7...8; G. = 4,48...4,89; sammetschwarz bis grünlichschwarz, Pulver graulichgrün; Glasglanz, in den Fettglanz geneigt; schwach magnetisch. — Chem. Zus. zufolge der Analyse von v. *Kobell* (nach Abzug des 10 pCt. betragenden Rückstandes) 49,73 Thonerde, 8,70 Eisenoxyd, 26,72 Zinkoxyd, 8,04 Eisenoxydul, 3,41 Magnesia und 1,45 Manganoxydul; also ein Automolit, in welchem ein Theil der Thonerde durch Eisenoxyd, ein Theil des Zinkoxyds durch Eisenoxydul ersetzt wird. *Pisani* fand in der Var. von Ornavano (G. nur 4,241) 58,60 Thonerde, 1,31 Eisenoxyd, 22,80 Zinkoxyd, 44,30 Eisenoxydul und 3,96 Magnesia. V. d. L. ist er unschmelzbar; mit Flüssen gibt er die Eisenfarbe; der Zinkgehalt ist nur auf nassem Wege nachzuweisen. Bodenmais in Bayern, und Ornavano im Tocethale in Piemont. — *H. Fischer* erkannte in Dünnschliffen des von Bodenmais einen reichlichen Gehalt an Magnetkies innerhalb dunkelgrüner Automolitmasse, welche sich beide etwa das Gleichgewicht halten; ausserdem gelbe Anthophyllitfasern und feurig polarisirende Partikeln. Durch diesen Befund der Mikrostructur wird gleichfalls die Selbständigkeit des Kreittonits erschüttert.

Anm. 3. Der Dyslyit von Sterling in New-Jersey ist ein dunkelbraunes, dem Automolit ähnliches Spinell-Mineral, in welchem aber die Hälfte der Thonerde durch Eisenoxyd, und mehr als die Hälfte des Zinkoxyds durch Eisenoxydul und Manganoxydul ersetzt wird, also (Zn, Mn, Fe) (Al², Fe²) O⁴.

222. Franklinit, *Berthier.*

Regulär; O und O.∞O sind die gewöhnlichsten Formen; die Krystalle an Kanten und Ecken oft abgerundet, eingewachsen, oder aufgewachsen und dann zu Drusen verbunden; auch derb in körnigen Aggregaten und eingesprengt. — Spaltb. oktaëdrisch, in der Regel sehr unvollk., Bruch muschelig bis uneben; H. = 6...6,5; G. = 5,0...5,1; eisenschwarz, Strich braun, unvollk. Metallglanz, nach *H. Fischer* in dünnen Splittern schön blutroth durchscheinend; schwach magnetisch, doch nur bisweilen, was nach *H. Fischer* in fein eingesprengtem Magneteisenerz begründet ist. — Chem. Zus.: Nach früheren unrichtigen Bestimmungen der Oxydationsstufen des Eisens und Mangans wurde die Zus. des Franklinits zuerst durch v. *Kobell* auf die Spinellformel R(R²)O⁴ zurückgeführt; unter den Monoxyden fand er vorwaltend Zinkoxyd (21 pCt.) nebst Eisenoxydul (10,6) und etwas Manganoxydul, unter den Sesquioxyden 59 pCt. Eisenoxyd und 8 Manganoxyd; diese Ergebnisse bestätigte *Rammelsberg* durch vier neuere Analysen; der Franklinit ist daher (Zn, Fe, Mn) (Fe², Mn²) O⁴. V. d. L. ist er unschmelzbar, leuchtet aber sehr stark und sprüht Funken, wenn er in der Zange stark erhitzt wird; er gibt auf Kohle einen Zinkbeschlag, auf Platinblech mit Soda die Reaction auf Mangan, mit Borax ein rothes, nach dem Erkalten braunes Glas, auch, nach v. *Kobell*, die Farbe des Eisens; von erwärmter Salzsäure wird er unter Chlorentwickelung gelöst. — Mit Rothzinkerz und Kalkspath zu Franklin und Stirling in New-Jersey.

223. Chromeisenerz, oder Chromit, *Haidinger.*

Regulär; bis jetzt nur in Oktaëdern; gewöhnlich derb, in körnigen Aggregaten, und eingesprengt. — Spaltb. oktaëdrisch, unvollk., Bruch unvollk. muschelig bis uneben; H. = 5,5; G. = 4,4...4,6; bräunlichschwarz, Strich braun, halbmetallischer Glanz in den Fettglanz geneigt, in dünnen Schichten rothgelb und bräunlich durchscheinend, wie *Dathe* und *Thoulet* hervorhoben; unmagnetisch, bisweilen aber magnetisch, was nach *Fischer* in fein eingesprengtem Magneteisen begründet ist. — Chem. Zus. im Allgemeinen durch die Spinell-Formel R(R²)O⁴ darstellbar, in welcher R wesentlich Eisen als Oxydul und etwas Magnesium, (R²) Chrom und Aluminium bedeutet; so enthält z. B. eine Var. von Volterra nach *Bechi* 44,23 Chromoxyd, 20,83 Thonerde und 35,62 Eisenoxydul, während in anderen Varietäten weniger Thonerde (selbst bis zu nur 1 pCt.), und oftmals neben dem Eisenoxydul viel Magnesia (selbst bis zu 18 pCt.) nachgewiesen wurde. Indessen hat *Moberg* gezeigt, dass bisweilen ein kleiner Theil des Chroms als Oxydul vorhanden sein müsse, was auch durch die Untersuchungen von *Hunt* und *Rivot* bestätigt wird; für mehre Chromeisenerze wird zudem die

Gegenwart von Eisenoxyd erforderlich; das Chromeisenerz ist darnach allgemein $(Fe, Cr, Mg)(Cr^2, Al^2, Fe^2)O^4$. V. d. L. unschmelzbar und unveränderlich, nur wird das nicht-magnetische im Red.-F. geglüht magnetisch; mit Borax und Phosphorsalz gibt es die Farben des Eisens und Chroms, mit Salpeter geschmolzen gibt es im Wasser eine gelbe Solution, welche die Reactionen der Chromsäure zeigt. Säuren sind fast ohne Wirkung. — Grochau und Silberberg in Schlesien, Kraubat in Steiermark, Eibenthal in der österreichischen Militärgrenze, Gassin im Dép. des Var, Röraas in Norwegen, Insel Unst, Baltimore und viele a. O. der Ver. Staaten, im Ural am Berge Saranowsk auf Serpentin, welches Gestein überhaupt gewöhnlich die Lagerstätte oder den Begleiter des Chromeisenerzes bildet. Der oben S. 438 erwähnte Chrompicotit aus dem Dunit steht dem Chromeisenerz sehr nahe.

Gebrauch. Das Chromeisenerz ist ein wichtiges Mineral für die Darstellung der Chromfarben, indem zuerst durch Schmelzen mit Salpeter chromsaures Kali, und aus diesem das Chromgrün und Chromgelb bereitet werden kann.

224. **Magneteisenerz,** oder Magnetit, *Haidinger.*

Regulär; O und ∞O am häufigsten und in der Regel vorwaltend; auch ∞O∞, 2O2, 2O und andere Formen[1]; die Flächen von ∞O sind meist makrodiagonal gestreift; Zwillingskrystalle, Zwillings-Ebene eine Fläche von O; lamellar-polysynthetische Zwillinge beschrieb *Rosenbusch* von São-João d'Ypanema in Brasilien und *Frenzel* aus dem Seufzergründel bei Hinterhermsdorf in Sachsen. Die mikroskopischen Kryställchen oft nach den Hauptaxen des regulären Systems zahlreich aneinander gereiht. Die Krystalle eingewachsen und aufgewachsen, im letzteren Falle zu Drusen verbunden; meist derb, in körnigen bis fast dichten Aggregaten, eingesprengt, sowie secundär in losen, mehr oder weniger abgerundeten Körnern, als Magneteisensand; auch in Pseudomorphosen nach Eisenglanz, Eisenspath, Titanit, Glimmer und Perowskit. — Spaltb. oktaëdrisch, von sehr verschiedenen Graden der Vollkommenheit, Bruch muschelig bis uneben; spröd; H. = 5,5...6,5; G. = 4,9...5,2; eisenschwarz, Strich schwarz, Metallglanz, zuweilen unvollkommen, total undurchsichtig auch in feinsten Partikelchen; sehr stark magnetisch, und nicht selten polarisch. — Chem. Zus., wie zuerst *Berzelius, Fuchs* und *Karsten* zeigten: Eisenoxyduloxyd, $FeO + (Fe^2)O^3$ oder $Fe(Fe^2)O^4$ (analog dem Spinell), mit 68,97 Eisenoxyd und 31,03 Eisenoxydul, oder mit 72,41 Eisen und 27,59 Sauerstoff; bisweilen titanhaltig; in der Var. von Pregratten in Tirol fand *Petersen* 1,75 Nickeloxydul. V. d. L. ist es sehr schwer schmelzbar; mit Borax und Phosphorsalz gibt es die Reaction auf Eisen; das Pulver ist in Salzsäure vollkommen löslich. — Schöne Krystalle zu Traversella, am Monte Mulatto in Südtirol, bei Albano, Moravicza im Banat u. a. O. Eingesprengt in den verschiedensten Gesteinen, wie in Chloritschiefer, Talkschiefer, Serpentin, auch in wohl sämmtlichen Massengesteinen, Granit, Syenit, Diorit, Diabas, Basalt, Trachyt u. a., gewöhnlich nur mikroskopisch; auch im Meteoreisen von Ovifak in Grönland; in grossen selbständigen Stöcken und Lagern: Arendal, Dannemora, Utöen, Gellivara; Nischne Tagilsk, Kuschwinsk, Achmatowsk am Ural; kleinere Lager z. B. bei Breitenbrunn und Berggiesshübel in Sachsen, Pressnitz in Böhmen.

Gebrauch. Das Magneteisenerz ist eines der vorzüglichsten Eisenerze, und liefert den grossten Theil des Eisens, welches in Norwegen, Schweden und Russland producirt wird. Auch liefert es die natürlichen Magnete.

Anm. 1. Nach den Analysen von *v. Kobell* hat manches oktaëdrisch krystallisirte Magneteisenerz eine etwas abweichende, der Formel $3FeO + 4(Fe^2)O^3$ entsprechende Zusammensetzung, indem es aus 25,2 Oxydul und 74,8 Oxyd besteht. *Breithaupt* findet auch Unterschiede der Härte und des spec. Gewichts, nämlich für das einfache Oxydoxydul H. = 5...5,5; G. = 4,96...5,07; für die Verbindung von 3 Mol. Oxydul mit 4 Mol. Oxyd dagegen H. = 5,5...6, G. = 5,14...5,18; zu diesem letzteren rechnet er z. B. die Var. aus dem Zillerthal, vom Greiner,

1) Zu den fruher bekannten 15 Formen wies *Strüver* an Krystallen des Albaner Gebirges noch 3O3, ∞O3, $5O\frac{5}{3}$, *Jerofejew* an denen vom Berge Blagodat $2O\frac{4}{3}$, $\frac{3}{2}O\frac{5}{3}$, *Cathrein* an denen von Scalotta in Südtirol noch $\infty O\frac{9}{7}$, $\infty O\frac{5}{3}$, $\frac{3}{2}O\frac{3}{2}$, $\frac{9}{4}O\frac{9}{4}$, $9O\frac{9}{7}$ nach.

von Breitenbrunn, Pressnitz, Rudolphstein, Gellivara; zu dem ersteren die Var. von Berggies-hübel, Orpus, vom Kaiserstuhl, Orijärfvi, Arendal, Haddam. Nach *Winkler* sollte das Magnet-eisenerz aus dem Pfitschthal die Zus. $FeO + 2(Fe^2)O^3$ haben; dagegen fanden *Söchting* und *Finkener* bei genauerer Untersuchung nur die normale Verbindung $FeO + (Fe^2)O^3$; es ist wohl überhaupt erwiesen, dass alle reinen Magneteisen dieselbe Zus. haben, d. h. kein anderes Ver-hältniss beider Oxyde als das von je 1 Molekül.

Anm. 2. Das Titan-Magneteisen (Trappeisenerz *Breithaupt's*), welches in sehr kleinen oktaëdrischen Krystallen und in Körnern, sowie in kleinen derben Massen (als sogenanntes schlackiges Magneteisen) vielen vulkanischen Gesteinen eingemengt ist, ausserdem aber auch oft in losen, eckigen und rundlichen Körnern, als Magnetischer Titaneisensand vorkommt, ausgezeichnet muscheligen Bruch, G. = 4,80...5,10, eisenschwarze Farbe hat, und stark magnetisch ist, kann ungeachtet seines Gehalts an Titansäure nicht füglich zu den eigentlichen Titaneisenerzen gerechnet werden; entweder sind sie unbestimmte Gemenge von Titan- und Magneteisenerz, oder auch vielleicht solche Varietäten von Magneteisen, in welchen ein Theil des Eisen-oxyds durch Titanoxyd vertreten wird, das bei der Analyse in Titansäure übergeht, oder (am wahrscheinlichsten) solche, in denen ein Theil $(Fe^2)O^3$ durch $FeTiO^3$, titan-saures Eisenoxydul, ersetzt ist. Damit zusammenhängend tritt das Titan in sehr schwan-kenden Verhältnissen auf; wie denn z. B. *Rammelsberg* in dem Titaneisensand vom Müggelsee unweit Berlin 5,2, in dem schlackigen Magneteisenerz von Unkel 8,27, *Rhodius* in einer Var. aus dem Basalt von Rheinbreitbach 9,6, und *S. v. Waltershausen* in einem Titaneisensand vom Aetna fast 12,4 pCt. Titansäure auffand, während *Klap-roth* und *Cordier* in anderen Varietäten 11 bis 16 pCt. nachwiesen. Ein auffallendes Beispiel eines solchen titanhaltigen Magneteisens liefern die von *A. Knop* untersuchten Magneteisen-Krystalle aus dem Nephelindolerit von Meiches, welche 25 Titansäure, 51 Eisenoxydul, 22 Eisenoxyd und 1,5 Manganoxydul enthalten. Magnetischer Titan-eisensand findet sich oft sehr reichlich am Strand der Ostsee, an den Ufern der Elbe und Eider, am Ufer des Schweriner und Goldberger Sees sowie des Tollensees in Mecklen-burg; der von Dömitz an der Elbe enthält nach *Du-Mesnil* 12 pCt. Titanoxyd.

Anm. 3. Die in gewissen Gesteinen wahrnehmbare Umrandung des Magneteisens durch sog. Leukoxen (Titanit) ist nach *Cathrein* (nicht, wofür sich *Cohen* entschied, auf eine primäre Verwachsung, sondern) auf eine Umwandlung des ersteren zurückzuführen. In einem solchen Magneteisen fand er Fe^2O^3 durch $FeTiO^3$ (mit 3,34 pCt. Titansäure) ersetzt, und ausserdem trotz der scheinbaren Homogenität, mechanisch mikroskopische Rutilnädelchen eingewachsen (vgl. die S. 402 angeführten makroskopischen Beobach-tungen *Seligmann's*), welche ihrerseits ebenfalls einer Umwandlung in Titanit fähig sind. Auch die Art und Weise der Umhüllung spricht nach ihm mit Nothwendigkeit für eine Genesis des Titanits aus Magnetit (Z. f. Kryst. VIII. 1884. 321).

Anm. 4. Der sog. Eisenmulm oder das mulmige Magneteisen, wie es z. B. auf der Grube Alte Birke bei Siegen vorkommt, ist nach *Genth* und *Schnabel* ein erdiges Magneteisen, in welchem die Hälfte des Eisenoxyduls durch Manganoxydul vertreten wird. *Breithaupt* hat auch unter dem Namen Talkeisenstein ein Magneteisen von Sparta in New-Jersey aufge-führt, in welchem ein Theil des Eisenoxyduls durch Magnesia vertreten wird, daher es nur das G. = 4,41...4,42 hat und schwach magnetisch ist. Nach *Andrews* enthält eine Var. aus dem Mourne-Gebirge 6,45 pCt. Magnesia.

225. Jacobsit, *Damour.*

Regulär, O, auch in körnigen Aggregaten; ritzt Glas; G. = 4,75; dunkelschwarz, stark glänzend, undurchsichtig, stark magnetisch, mit röthlichschwarzem Strich. Nach *Damour's* Berechnung ergab die Analyse 68,25 pCt. Eisenoxyd, 4,21 Manganoxyd, 20,57 Manganoxy-dul und 6,44 Magnesia; es ist also ganz analog dem Magneteisen zusammengesetzt, $(Mn, Mg)(Fe^2, Mn^2)O^4$. Eine Analyse von *G. Lindström* gab nur 4,68 Magnesia. V. d. L. un-schmelzbar, mit Phosphorsalz gibt es im Red.-F. ein grüngelbes, im Ox.-F. bei Zusatz von etwas Salpeter ein violettbraunes Glas; mit Soda auf Platinblech grun; von Salpetersäure wird es nicht, von Salzsäure wird es langsam aber vollständig gelöst. — In körnigem Kalk zu Jakobsberg in Wermland.

226. Magnoferrit, *Rammelsberg* (besser nach *Dana* **Magnesioferrit**).

Regulär, O; die schwarzen, auf manchen Laven des Vesuvs als Product der Fumarolen-thätigkeit vorkommenden Oktaëder sind von dünntafelförmigen Eisenglanzkrystallen durch-wachsen und auch auf ihren Flächen mit dergleichen regelmässig bedeckt. Die Stellung der Eisenglanztäfelchen zu den Magnoferrit-Oktaëdern definirte *vom Rath* so, dass die Combina-tionskante zwischen 0R und R des Eisenglanzes normal zur Oktaëderkante steht, aber in jeder Oktaëderfläche nur diejenigen Kryställchen sichtbar werden, deren basische Flächen zur be-treffenden Oktaëderfläche nicht parallel gestellt sind. Die Oktaëder geben einen dunkelroth-braunen Strich und sind stark magnetisch, indessen kein Magneteisen, da *Scacchi* in ihnen kein Eisenoxydul fand; ihr G. = 4,65 ist weit niedriger als das von Magneteisen oder Eisen-glanz. Die Analysen von *Rammelsberg* thaten dar, dass die Krystalle wesentlich aus Magnesia und Eisenoxyd bestehen; eine derselben ergab z. B. nach möglichster Entfernung des mecha-nisch beigemengten Eisenglanzes 84,2 Eisenoxyd und 16,0 Magnesia, was auf die Formel $3MgO + 4 (Fe^2)O^3$ führen würde; allein auch diese Probe enthielt unzweifelhaft noch eine ge-wisse Menge Eisenglanz, und es ist ausserordentlich wahrscheinlich, dass die ganz reine Sub-stanz aus 4 Mol. Magnesia und 4 Mol. Eisenoxyd bestehe, $Mg(Fe^2)O^4$, und im Einklang mit der Krystallform ein Glied der Spinellgruppe sei.

227. Hausmannit, *Haidinger.*

Tetragonal; P 116° 59′, P∞ 98° 32′, nach *Dauber*; A.-V. = 1 : 1,1743; ge-wöhnliche Formen P, wie Fig. 1, und P.½P, selten mit untergeordnetem ∞P; die

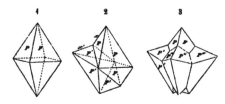

Krystalle stets pyramidal, zu Dru-sen verwachsen, ihre Flächen oft horizontal gestreift; Zwillingskry-stalle nicht selten, Zwillings-Ebene eine Fläche von P∞, wie Fig. 2 : die Zwillingsbildung wiederholt sich oft symmetrisch an allen vier unteren Polkanten eines mittleren Individuums, wie in Fig. 3; nach einer Mittheilung von *Eck* ist der Hausmannit eigentlich sphenoidisch-hemiëdrisch. Auch derb in körnigen Aggregaten; in Pseudomorphosen nach Manganit und Calcit. — Spaltb. basisch, ziemlich vollk., weniger deutlich nach P und P∞; H. = 5...5,5; G. = 4,7...4,87; eisenschwarz, Strich braun, starker Metallglanz, doch in ganz dünnen Schliffen durchscheinend. — Chem. Zus. nach den Analysen von *Turner* und *Rammelsberg*: empirisch Manganoxy-duloxyd, $MnO + (Mn^2)O^3$ mit 72,03 Mangan und 27,97 Sauerstoff, nach der Analogie des Magneteisens also aufzufassen als $Mn(Mn^2)O^4$; beide Analysen ergaben jedoch auch einen ganz kleinen Gehalt an Kieselsäure und Baryt; *Hermann* betrachtet den Hausman-nit, um den Mangel der Isomorphie mit Magneteisen zu deuten, als eine Verbindung von 2 Mol. Manganoxydul mit 4 Mol. Manganhyperoxyd, $2MnO + MnO^2$ (vgl. Brau-nit). V. d. L. ist er unschmelzbar und verhält sich wie Manganoxyd; in Salzsäure unter Chlorentwickelung löslich; concentrirte Schwefelsäure wird durch das Pulver nach kurzer Zeit lebhaft roth gefärbt. — Oehrenstock, Ilmenau und Ilfeld; bei Pajsberg, Nordmark, Längban und Grythytta in Schweden kommt nach *Igelström* der Hausmannit massenhaft im Dolomit vor, theils in einzelnen Krystallen und Körnern, theils in kör-nigen Aggregaten.

Anm. Hetairit nennt G. E. *Moore* schwarze, nierformige, halbmetallisch bis metal-lisch glänzende Krusten mit radialfaseriger Structur (H. = 5; G. = 4,93) von Sterling Hill in New-Jersey, welche ein zinkhaltiger Hausmannit, $ZnO + (Mn^2)O^3$ oder $Zn(Mn^2)O^4$ sind (Am. Journ. of sc. (3) XIV. 423; Z. f. Kryst. II. 1878. 194).

Zwolfe Ordnung: Borate.

4. Wasserfreie Borate.

228. Jeremejewit, *Damour.*

Krystalle nach *Websky* äusserlich hexagonale Prismen (∞P2) mit pyramidal gestalteter oder flach gewölbter Endigung, wobei die Pyramidenflächen auf die Prismenkanten aufgesetzt sind und beide Formen der pyramidalen Hemiëdrie des hexagonalen Systems entsprechen, aber zugleich eine Zwillingsbildung angenommen wird (Zwillingsaxe senkrecht auf der Prismenaxe), verbunden mit hemimorpher Ausbildung; A.-V. **=** 1 : 0,6836. *Jeremejew* beobachtete schon an einem Querschnitt durch die hexagonalen Säulen, dass nur ein schmaler äusserer Rand derselben sich als optisch einaxig erweise, während der von diesem Rand eingeschlossene, nur spärlich an die Oberfläche tretende Kern aus 6 optisch zweiaxigen Sectoren bestehe; dieser Kern kann nach *Websky* auch morphologisch auf einen rhombischen Drilling zurückgeführt werden; im Querschnitt stehen die Grenzen der rhombischen Segmente senkrecht auf den äusseren hexagonalen Säulenflächen, die Bisectrix geht parallel der Hauptaxe des hexagonalen Prismas, der optische Axenwinkel in Luft **=** 52°. *Websky* schliesst auf einen Prismenwinkel ∞P **=** 122° 10½' und das A.-V. **=** 0,5523 : 1 : 0,5434. — H. **=** 5,5; G. **=** 3,28. — *Damour* erhielt bei der Analyse: 55,03 Thonerde, 40,19 Borsäure (aus der Differenz bestimmt), 1,08 Eisenoxyd, 0,70 Kali, die Substanz ist also neutrale borsaure Thonerde, $B^2(Al^2)O^6$. *Websky* schlägt vor, nur den hexagonalen Mantel Jeremejewit, den rhombischen Drillingskern E i c h w a l d i t zu nennen; angesichts der chem. Zus. müsste es sich dann hier um eine Dimorphie jenes Aluminiumborats handeln. Unlöslich in Salzsäure und Salpetersäure. — Diese sehr merkwürdigen Krystallgebilde (bis 50 Mm. lang) finden sich lose im granitischen Grus am Berge Soktuj, einem nördl. Ausläufer der Adontschilon-Kette in Sibirien (N. Jahrb. f. Min. 1884. I. 1).

229. Boracit, *Werner.*

Regulär und zwar tetraëdrisch-hemiëdrisch erscheinend, doch bei gewöhnlicher Temperatur aus rhombischen Theilchen bestehend (vgl. Anm. 2); die häufigsten Formen sind ∞O∞, ∞O und $\frac{O}{2}$, und gewöhnlich ist auch eine der beiden ersteren vorherrschend; die S. 42 und 43 stehenden Figuren 57 bis 61 stellen mehre einfache Combinationen dar; die nachstehenden zeigen einige mehrzählige Combinationen.

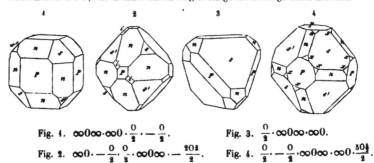

Fig. 1. ∞O∞·∞O· $\frac{O}{2}$· — $\frac{O}{2}$.   Fig. 3. $\frac{O}{2}$·∞O∞·∞O.

Fig. 2. ∞O· — $\frac{O}{2}$· $\frac{O}{2}$·∞O∞· — $\frac{2O2}{2}$.   Fig. 4. $\frac{O}{2}$· — $\frac{O}{2}$·∞O∞·∞O· $\frac{5O1}{2}$.

Die Krystalle einzeln eingewachsen, vollständig ausgebildet, klein, selten bis 1 Cm. gross; bei Stassfurt kommen aufgewachsene, zu kleinen Drusen und Krystallgruppen verbundene Krystalle vor. *Schrauf* erwähnt Penetrationszwillinge, bei welchen eine Fläche des pos. Tetraëders die Zwillingsfläche ist. — Spaltb. nicht bemerkbar, höchst unvollkommen, angeblich oktaëdrisch, Bruch muschelig, spröd; H. = 7; G. = 2,9...3; farblos oder weiss, oft graulich, gelblich, grünlich; Glas- bis Diamantglanz; durchsichtig bis kantendurchscheinend; doppeltbrechend (vgl. Anm. 2); $n = 1,663$ (roth); durch Erwärmung polarelektrisch. — Nach den neueren Analysen von *Siewert, Geist* und *Potyka* ergiebt sich als empirische Formel $Mg^7Cl^2B^{16}O^{30}$, welche man früher in nicht ganz gerechtfertigter Weise als $2Mg^3B^8O^{15}+MgCl^2$ zu deuten pflegte; dies erfordert 62,5 Borsäure, 26,9 Magnesia, 7,9 Chlor und 2,7 Magnesium; doch wird etwas Magnesia durch 1 bis 2 pCt. Eisenoxydul ersetzt; auch kommen oft kleine Spuren von Wasser und ein Gehalt an schwefelsaurem Kalk vor; v.d.L. schmilzt er unter Aufwallen schwierig zu einer Perle, welche klar und gelblich, nach der Erstarrung aber als ein undurchsichtiges und weisses Aggregat von Krystallnadeln erscheint; dabei färbt er nach *v. Kobell* die Flamme grün, was jedenfalls eintritt, wenn er mit saurem schwefelsaurem Kali und Flussspath geschmolzen wird; schmilzt man ihn blos mit schwefelsaurem Kali, und löst die geschmolzene Masse in Wasser, so lässt sich die Magnesia durch Phosphorsalz fällen; in Salzsäure schwer aber vollkommen löslich. — Lüneburg und Segeberg, im Anhydrit und Gyps; auch bei Stassfurt im Carnallit.

Anm. 1. *Kenngott* bemerkt, dass die Hexaëderflächen bisweilen eine ähnliche Streifung erkennen lassen, wie sie am Pyrit so gewöhnlich ist; dies würde auf die Existenz von Pentagon-Dodekaëdern verweisen; und in der That entdeckte er an einem Krystall die Fläche eines solchen Dodekaëders. Sonach würde sich am Boracit eine Tendenz zu tetartoëdrischer Ausbildung zu erkennen geben. *Schrauf* bemerkt hierzu, auch ihm sei es gelungen, eine Form ∞O*n* aufzufinden, welche jedoch holoëdrisch entwickelt war.

Anm. 2. Schon *Brewster* waren die Doppelbrechungserscheinungen am Boracit bekannt. Nachdem *Des-Cloizeaux* dieselben auf regelmässig gruppirte Lamellen einer Umwandlungssubstanz (Parasit) zurückführen gewollt, wies *E. Geinitz* die Unhaltbarkeit dieser Annahme nach, indem er fand, dass auch frische Boracitsubstanz als solche doppeltbrechend ist (N. J. f. M., 1876. 484). *Mallard* schrieb dem Boracit überhaupt nur eine pseudo-reguläre Natur zu: das scheinbar einfache Rhomben-Dodekaëder bestehe (wie schon gerade 50 Jahre vor ihm *Carl Hartmann* annahm) aus 12 rhombischen Pyramiden, deren Basisflächen die Flächen des Rhomben-Dodekaëders sind, während sie ihre gemeinsame Spitze im Krystallmittelpunkt haben. Da je zwei dieser so gebildeten vierseitigen Pyramiden sich in paralleler Stellung befinden, so reducirt sich die Gesammtzahl der verschiedenen Stellungen auf sechs. Die Hemiëdrie des Boracits wollte er durch einen Hemimorphismus der einzelnen Individuen in der Richtung der Brachydiagonale erklären (Ann. des mines, X. 1876. 39). Diese Deutung versuchte alsdann *Baumhauer* zu widerlegen (Z. f. Kryst., III. 1879. 337); auch er erkennt in dem Boracit, wie nach ihm sowohl das optische Verhalten als die Aetzfiguren erweisen, einen Complex rhombischer Individuen; das einzelne derselben, welches allerdings in Wirklichkeit nicht vorkommt, gleiche in seinem Aussehen der regulären Boracitcombination (∞O∞. ∞O. 0), wobei aber vier Würfelflächen einer Zone als ∞P, die beiden anderen als 0P zu betrachten seien, ferner zwei verticale Dodekaëderflächen als ∞P̄∞, zwei andere als ∞P∞, die übrigen acht als P gelten müssen, während die anschneidenden Oktaëderflächen in vier von der Form 2P̄∞ und vier von der Form 2P∞ zerfallen. Sechs Individuen dieser Art seien nun, indem immer für je zwei derselben eine Fläche von P Zwillingsebene ist, nach innen gleichmässig zu einem Krystall zusammengezogen. Bei demselben kehren alle Einzelindividuen eine Fläche 0P nach aussen und die Domenflächen ordnen sich zu den scheinbaren Tetraëdern $\frac{O}{2}$ und $-\frac{O}{2}$. Doch überlagern und durchdringen sich die einzelnen Individuen in der Regel noch theilweise in sehr dünnen Schichten. — Fernere Untersuchungen haben alsdann *Klein* (N. J. f. Min., 1880. II. 299; vgl. auch das Referat *Baumhauer's* darüber in Z. f. Kryst., V. 273) zu dem überraschenden Resultat geleitet, dass die Ausbildungsweise der Rhomben-Dodekaëder und Würfel erscheinende Krystalle eine verschiedene ist von den ein vorwaltendes Tetraëder aufweisenden; jene ersteren Formen entsprechen der Annahme *Mallard's* (womit auch hier nach ihm die Aetzfiguren übereinstimmen), während die Deutung *Baumhauer's* sich auf die tetraëdrischen Krystalle bezieht. — Den bedeutsamsten Schritt in der Aufklärung dieser sonderbar erscheinenden Verhältnisse that aber *Mallard* durch den Nachweis, dass bei Erwärmung auf 265° der Boracit plötzlich und zwar für alle Farben isotrop wird, in höherer Temperatur dann auch so verbleibt, wogegen bei verminderter Temperatur die Zweiaxigkeit und nahezu dieselbe Feldertheilung in den Schnitten wieder zurückkehrt (Bull. soc. minér. V. 1882. 144. 214; VI. 1883. 122; vgl. auch *Klein*. N. Jahrb. f. Min. 1884. I. 235). In höherer Temperatur stehen also beim Boracit die optischen Eigenschaften im Einklang mit der Form; es ist daher eine Dimorphie der Substanz anzunehmen, wobei die zwei Gleichgewichtslagen sich im Rahmen derselben Form abspielen. Schwer zu erklären ist freilich, wie der Boracit bei seiner Bildung zu der regulären Gestalt gelangte, denn es ist aus geologischen Erwägungen sehr unwahrscheinlich, dass er in solcher Temperatur entstanden sei, während welcher er künstlich einfachbrechend gemacht werden kann. — Es hat sich herausgestellt, dass in der Temperatur, in welcher der Boracit isotrop wird, auch jede Elektricitäts-äusserung (vgl. S. 207) aufhört, weshalb es wahrscheinlich ist, dass das Auftreten der elektrischen Erscheinungen durch Spannungsänderungen im Gefüge bedingt wird (vgl. *Mack* in Z. f. Kryst. VIII. 503).

Anm. 3. Durch Zersetzung verwandeln sich die Boracitkrystalle, wie *Weiss, Scheerer* und *Volger* gezeigt haben, ohne ihre äussere Form einzubüssen, in Aggregate von faserigen Individuen, welche nach *Volger*, vom Mittelpunkt ausstrahlend, eine Gruppirung in 12, den Flächen von ∞O entsprechende Systeme erkennen lassen. Die so veränderten Krystalle sind trübe, undurchsichtig und enthalten nach *Weber* einige Procent Wasser. Nach *Volger* ist das neugebildete Mineral, von ihm Parasit genannt, nicht nur wasserhaltig, sondern auch ärmer an Borsäure.

Anm. 4. Bei Stassfurt kommt in dem dasigen Steinsalzgebirge ein Mineral vor, welches *Karsten* für derben und dichten Boracit erklärte. Dasselbe findet sich in bis kopfgrossen rundlichen Knollen, ist feinkörnig bis dicht, oft wie zerfressen, von ebenem oder splitterigem Bruch, hat H.=4...5, G.=2,91...2,95, ist weiss und erscheint überhaupt einem weissen dichten Kalkstein sehr ähnlich, hat aber beinahe dieselbe chem. Zus. wie der krystallisirte Boracit. Gegen *Karsten's* Ansicht machte *G. Rose* die Bedenken geltend, dass das Pulver dieses Minerals u. d. M. lauter prismatische Krystalle zeige, dass es in heisser Salzsäure sehr leicht löslich und v. d. L. viel leichter schmelzbar sei, als der Boracit; er vermuthete daher, dass es ein eigenthümliches Mineral sei, für welches er den Namen Stassfurtit vorschlug. *Heintz, Ludwig, Potyka* und *Steinbeck* zeigten später, dass, nach Ausziehung des beigemengten Chlormagnesium-Hydrats, die Zusammensetzung des Stassfurtits völlig die des Boracits sei, nur mit dem Unterschied, dass er bis 0,6 pCt. Wasser enthält. *Rammelsberg* nimmt daher an, dass im Boracit und Stassfurtit ein Beispiel von Dimorphismus vorliegt, während *Schultze* es wiederum sehr wahrscheinlich zu machen suchte, dass der Stassfurtit eine kryptokrystallinische Varietät des Boracits ist (N. Jahrb. f. Min., 1871. 849). Letzterem steht indess der Umstand entgegen, dass die mikroskopischen faserigen Strahlen des Stassfurtits, welche (zuwider der Angabe von *Des-Cloizeaux*) sehr deutlich doppeltbrechen, eine ganz andere optische Beschaffenheit zeigen, als die den Boracit aufbauenden Partien: es ist wohl am richtigsten, mit *Dana* und *v. Kobell* den Stassfurtit mit dem Parasit in Verbindung zu bringen und in ihm ein etwas wasserhaltiges, anders gestaltetes Umwandlungsproduct des Boracits zu sehen.

230. Rhodizit, *G. Rose.*

Regulär, tetraëdrisch-hemiëdrisch; kleine Krystalle der Comb. ∞O$\cdot\frac{O}{2}$, äusserlich mit dem Boracit gänzlich übereinstimmend, nur ist H.=8, G.=3,3...3,32; schien früher wesentlich borsaurer Kalk zu sein, bis *Damour* 1883 darin fand: 44,49 Borsäure, 44,40 Thonerde, 12,0 Kali, 1,63 Natron, nur 0,74 Kalk, 0,82 Magnesia, 1,93 Eisenoxyd, was auf die empirische Formel $R^2O, 2(Al^2)O^3, 3B^2O^3$ geleitet. Findet sich in kleinen Krystallen auf rothem Turmalin und Quarz bei Sarapulsk und Schaitansk unweit Mursinsk am Ural.

231. Ludwigit, *Tschermak.*

Fein- und parallelfaserig, auch kurz- und dünnstängelig, verworren- oder radialstrahlig; zähe und schwer zersprengbar; H.=5; G.=3,9...4,4; schwarzgrün mit einem Stich ins violette bis fast ganz schwarz; seidenartiger Glanz bei der faserigen Var., Glasglanz auf dem Längsbruch der Stängel. — Nach den Analysen von *E. Ludwig*, von welchen eine 15,06 Borsäure, 39,29 Eisenoxyd, 17,67 Eisenoxydul, 26,91 Magnesia lieferte, ergibt sich die Formel $R^4 B^2 (Fe^2) O^{20}$, was man, da R^4 nahe 3 Mg+Fe sind, als $Mg^3 B^2 O^6 + Fe(Fe^2) O^4$ deuten könnte, als eine Molekül-Verbindung von Magnesiumborat mit Eisenoxyduloxyd. Wird beim Erhitzen an der Luft roth; schwierig in feinen Splittern schmelzbar; leicht löslich in Säuren, in Salzsäure zu gelber, in Schwefelsäure (etwas langsamer) zu grüner Solution; die schwefelsaure

Lösung färbt die Flamme grün. — Moravicza im Banat, mit Magneteisen; einer Umwandlung in Brauneisenstein unterworfen, wobei 20 pCt. der Masse weggeführt werden (*Tschermak's* Mineral. Mittheil., 1874. 59 und 247).

2. Wasserhaltige Borate.

232. Tinkal, *Hausmann* (Borax).

Monoklin; $\beta = 73° 25'$, ∞P 87° 0', P 122° 34'; A.-V. $= 1,0997 : 1 : 0,5394$; auffallend formähnlich mit Pyroxen; gewöhnliche Comb.: ∞P.∞P∞.∞P∞.0P.P. Die nachstehenden Figuren zeigen ein paar andere Combinationen. Die Form der Krystalle ist meist breit und kurz säulenförmig. Zwillingskrystalle selten, Zwillings-Ebene ∞P∞, ganz wie Pyroxen.

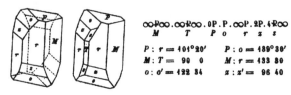

$$\infty\text{P}\infty . \infty\text{P}\infty . 0\text{P} . \text{P} . \infty\text{P} . 2\text{P} . \text{4P}\infty$$
$$M \quad T \quad P \quad o \quad r \quad z \quad s$$

$P : r =$	101°20'	$P : o =$	139°30'
$M : T =$	90 0	$M : r =$	133 30
$o : o' =$	122 34	$z : z' =$	96 40

Spaltb. prismatisch nach ∞P, leichter klinodiagonal; Bruch muschelig; spröd in sehr geringem Grade; H. $= 2...2,5$; G. $= 1,7...1,8$. Farblos, aber meist gelblich-, grünlich-, grau-lichweiss gefärbt; Fettglanz, pellucid. Optisch-zweiaxig, die optischen Axen liegen in einer Normal-Ebene des klinodiagonalen Hauptschnitts, welche nach derselben Richtung einfällt wie die Basis und gegen die Verticalaxe im Mittel 56° geneigt ist; die Bisectrix ist der Ortho-diagonale parallel. Geschmack schwach süsslich-alkalisch. — Saures borsaures Natrium mit 10 Mol. Wasser, Na²B⁴0⁷+10H²0, mit 16,26 Natron, 36,59 Borsäure und 47,15 Wasser; doch meist verunreinigt durch seifenartige oder fette Materie; zerspringt bei schneller Erhitzung; v. d. L. bläht er sich stark auf, wird schwarz und schmilzt endlich zu einer klaren farblosen Perle, indem er die Flamme röthlichgelb färbt. Mit Schwefelsäure befeuchtet, sowie mit Flussspath und schwefelsaurem Kali geschmolzen, färbt er die Flamme grün. Löst sich in 11 Th. kaltem Wasser. Nach *Sullivan* hält der Tinkal zuweilen über 2 pCt. Phosphorsäure. — In losen Krystallen und krystallinischen Körnern an den Ufern mehrer Seen in Tibet; sehr mas-senhaft und in bis 7 Cm. grossen Krystallen auf dem Boden des seichten Clear-Sees in Cali-fornien; auch in oberflächlichen Salzablagerungen im Staate Nevada.

Gebrauch. Zur Darstellung des gereinigten Borax, welcher als Flussmittel bei Bereitung feiner Gläser und Emails, und als Arzneimittel dient.

233. Borocalcit.

Incrustationen an den Borsäure-Lagunen Toscanas (Bechilit *Dana's*) sind nach *Bechi* zweifach-borsaurer Kalk mit 4 Mol. Wasser, CaB⁴0⁷+4H²0, bestehend aus 20,92 Kalk, 52,18 Borsäure, 26,90 Wasser. Es wird noch ein anderer Borocalcit aufgeführt, der Hayesin, welcher (Tiza genannte) Knollen aus zarten schneeweissen Krystallnadeln bildet und sich mit Natronsalpeter und Glauberit in der Ebene von Iquique in Peru findet und nach *Hayes* eben-falls zweifach-borsaurer Kalk, aber mit 6 Mol. Wasser, CaB⁴0⁷+6H²0, sein soll. Nach *Rai-mondi* gehören den aber die hierher gerechneten Vorkommnisse sämmtlich zum Natroborocalcit.

234. Colemanit, *Hanks*.

Monoklin, ∞P 107° 58'; $\beta = 69° 47'$; 0P : $-$P $= 146° 11'$; ∞P : $-$P $= 140°$; A.-V. $=$ 0,7747 : 1 : 0,5418 nach *Hiortdahl*, welcher 20 Flächen bestimmte, darunter die 3 Pinakoide, 3 Prismen, 2 Klinodomen, 3 Hemiorthodomen, 4 negative und 5 positive Hemipyramiden (Z. f. Kryst. X. 25); die Messungen von *vom Rath* stimmen damit sehr gut überein. Habitus der Krystalle bald kurzprismatisch und dann fast rhomboëdrisch, indem ∞P sehr ähnliche Win-kel mit ∞P und mit 0P (107° 11') bildet, bald mehr langprismatisch und rhombisch scheinend, indem 0P und $-$P∞ fast gleichgeneigt gegen ∞P∞ und ausgedehnt sind, bald auch mehr tafel-förmig durch Vorwalten von ∞P∞. Spaltb. nach dem Klinopinakoid höchst vollk., weit weniger vollkommen nach der Basis. — H. $= 3,5...4$; G. $= 2,39...2,42$. Glasglanz bis Diamant-glanz; farblos und durchsichtig, datolithähnlich. Optische Axenebene senkrecht auf dem Klinopinakoid, wahrer Winkel der opt. Axen für Gelb 55° 20'; die spitze Bisectrix liegt in dem stumpfen Axenwinkel β, gegen die Kante $0P : \infty\!P\!\infty$ unter $26^0\,25'$ geneigt. — Chem. Zus.: *Bodewig* erhielt bei der Analyse: 49,70 Borsäure, 27,42 Kalk, 22,26 Wasser, woraus er die Formel $Ca^2B^6O^{11}+5H^2O$ ableitet; *Hiortdahl* fand in durchsichtigen reinen Krystallen auch 1,28 Kieselsäure, 0,19 Thonerde und Eisenoxyd, 0,13 Magnesia und entscheidet sich für die Formel $Ca^3B^9O^{15}+7H^2O$. V. d. L. aufblätternd, decrepitirend, unvollständig schmelzend. In heisser Salzsäure völlig löslich, die erkaltete Sol. setzt Krystalle von Borsäure ab. — Death Valley in Californien, $\frac{1}{2}$—2 Cm. grosse prachtvolle Krystalle mit Quarz in Drusen einer derberen Varietät; letztere ist wohl identisch mit dem Priceit, einem weichen kreideähnlichen Mineral aus Süd-Oregon und San Bernardino Co., Californien.

Anm. Ein ferneres sehr nahe stehendes wasserhaltiges Calciumborat, Pandermit genannt, bildet nach *Muck* schneeweisse, einem feinkrystallinischen Marmor ähnliche Knollen und Stöcke in grauem Gyps von Panderma am schwarzen Meer und führt auf die Formel $Ca^2B^6O^{11}+3H^2O$, mit 55,79 Borsäure, 29,83 Kalk und 14,38 Wasser.

235. Natroborocalcit (Boronatrocalcit). Ulexit.

Weisse knollige Massen mit filzig-feinfaseriger Zusammensetzung und dem spec. Gew. = 1,8, welche sich sowohl bei Iquique in Peru, als auch in Südafrika und Neuschottland finden und zuerst von *Ulex*, später auch von *Rammelsberg* analysirt wurden. Die wahrscheinlichste Zusammensetzung ist wohl die nach der empirischen Formel $Na^2Ca^2B^{12}O^{21}+18H^2O$, welcher 45,70 Borsäure, 12,24 Kalk, 6,77 Natron und 35,32 Wasser entsprechen; *Kraut, Lunge* und *A. Brun* fanden etwas andere Resultate, welche aber nur wenig von dem vorstehenden abweichen. Neuerdings zieht *Rammelsberg* die Formel $Na^4Ca^4B^{18}O^{33}+27H^2O$ vor. An der Oberfläche sind die Knollen mit etwas Kochsalz sowie mit ein wenig Gyps und Glaubersalz gemengt; das Pulver ist in kochendem Wasser schwer, in verdünnter Salzsäure oder Salpetersäure leicht löslich.

Anm. Tinkalzit nennt *Kletzinsky* ein dem Natroborocalcit sehr nahe stehendes Mineral, welches von der Westküste Afrikas unter dem Namen Rhodizit in den Handel gebracht wird. Dasselbe bildet kleine Knollen bis zu 2 Loth im Gewicht, ist radialfaserig, blendendweiss, hat H. = 4,5, G. = 1,92, ist im Wasser theilweise, in Essigsäure vollständig löslich, und besteht wesentlich aus borsaurem Kalk und borsaurem Natron nebst Wasser, jedoch in anderen Verhältnissen als der Natroborocalcit. *Phipson* untersuchte eine Varietät aus Peru, welche in ihren Eigenschaften mit jener aus Afrika ganz übereinstimmt, und auch sehr nahe dieselbe chem. Zus. zeigt.

236. Szajbelyit, *Peters*.

Sehr kleine radialfaserige schneeweisse Kugeln innerhalb des körnigen Kalksteins von Rézbánya bildend, und nach *A. Stromeyer* wesentlich aus 38,35 Borsäure, 54,65 Magnesia und 7,0 Wasser bestehend, was der empirischen Formel $2Mg^5B^4O^{11}+3H^2O$ zu entsprechen scheint; H. = 3,5; G. = 2,7. Die Kugeln umschliessen in ihrer Mitte wasserhelle Körnchen, welche, bei übrigens analoger Zus., 12,35 pCt. Wasser enthalten.

237. Hydroboracit, *Hess*.

Krystallinisch, bis jetzt von unbekannter Form; derb in strahligblätterigen Massen, fast wie blätteriger Gyps; H. = 2; G. = 1,9...2; weiss, stellenweise röthlich, durchscheinend. — Chem. Zus. nach den Analysen von *Hess*: $CaMgB^6O^{11}+6H^2O$ mit 50,67 Borsäure, 13,54 Kalk, 9,67 Magnesia und 26,12 Wasser; v. d. L. schmilzt er leicht zu klarem farblosem Glas, wobei sich die Flamme grün färbt; an kochendes Wasser gibt er etwas borsaure Magnesia ab; in erwärmter Salzsäure und Salpetersäure leicht löslich. — Am Kaukasus von unbekanntem Fundort; auch bei Stassfurt.

238. Sussexit, *Brush*.

Asbestähnliche faserige Trümer in Kalkspath; H. = 3; G. = 3,42; gelblichweiss bis fleischroth, seide- bis perlmutterglänzend, durchscheinend; nach mehren Analysen wasserhaltiges Mangan- und Magnesiumborat, $(Mn,Mg)^2B^2O^5+H^2O$, mit 40 Manganoxydul und 17 Magnesia. Er gibt im Kolben Wasser, schmilzt im Ox.-F. zu schwarzer krystallinischer Masse, und färbt dabei die Flamme gelblichgrün, mit Borax geschmolzen gibt er eine amethystfarbige Perle; in Salzsäure leicht löslich. — Franklingrube in Sussex Co., New-Jersey, mit Rothzinkerz, Willemit, Tephroit und Kalkspath.

Anm. An den Borsäure-Lagunen Toscanas findet sich nach *Bechi* als gelbe erdige Substanz der Lagonit, welcher wasserhaltiges borsaures Eisenoxyd, $(Fe^2)B^6O^{12}+3H^2O$ zu sein scheint; die Analyse gab 37,74 Eisenoxyd, 49,53 Borsäure, 12,73 Wasser.

Ebenda kommt auch als eine in Wasser lösliche Efflorescenz in mikroskopischen, nach *Des-Cloizeaux* monoklinen Krystallen der gleichfalls von *Bechi* untersuchte Larderellit vor, welcher nach seiner Analyse wasserhaltiges borsaures Ammoniak, $Am^2B^8O^{13} + 4H^2O$ zu sein scheint; doch ist auch eine Substanz von der Zusammensetzung $Am^2B^{12}O^{19} + 6H^2O$ nach *Fouqué* damit vermengt.

Dritte Ordnung: Nitrate.

1. Wasserfreie Nitrate.

239. Natronsalpeter (Chilesalpeter).

Rhomboëdrisch, R = 106° 33′ (105° 50′ nach *Schrauf*), isomorph mit Kalkspath oder Dolomit[1]); A.-V. = 1 : 0,8276; findet sich in Krystallen der Grundform und in krystallinischen Körnern. — Spaltb. nach R, ziemlich vollkommen; H. = 1,5...2; G. = 2,1...2,2; farblos oder licht gefärbt; durchsichtig bis durchscheinend, mit sehr starker negativer Doppelbrechung; schmeckt salzig kühlend. — Im gereinigten Zustand ist er salpetersaures Natron, $NaNO^3$, mit 36,49 Natron und 63,51 Salpetersäure, wogegen der rohe Natronsalpeter nach *Hayes* mit viel Kochsalz und etwas Glaubersalz verunreinigt ist; im Wasser leicht löslich, verpufft auf glühender Kohle, jedoch schwächer als Kalisalpeter, und schmilzt v. d. L. auf Platindraht, indem er die Flamme gelb färbt. — In Thon- und Sandlagern bei Iquique und Tarapaca im Departement Arequipa in Peru.

Gebrauch. Zur Darstellung von Salpetersäure und Kalisalpeter, bei der Schwefelsäurefabrication; zum Schiesspulver ist er nicht brauchbar, weil er die Feuchtigkeit aus der Luft anzieht.

240. Kalisalpeter (Salpeter).

Rhombisch, ∞P = 118° 49′, 2P̆∞ = 70° 55′, isomorph mit Aragonit; P̆∞ = 109° 52′ nach *Schrauf*; A.-V. = 0,5843 : 1 : 0,7028; gewöhnliche Comb. der künstlich dargestellten Krystalle wie nachstehende Figuren :

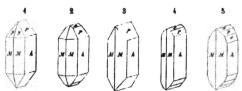

Fig. 1.　∞P.∞P̆∞.P.2P̆∞; wenn in dieser Comb. die Flächen des Brachydomas mit jenen der Pyramide, und die des Brachypinakoids mit denen des Prismas im Gleichgewicht ausgebildet sind, so erhalten die Krystalle das Ansehen der gewöhnlichen Comb. ∞P. P des Quarzes.

Fig. 2.　Die vorige Combination, zugleich mit P̆∞.

Fig. 3.　∞P.∞P̆∞.2P̆∞.

Fig. 4.　Die Comb. Fig. 3, zugleich mit P̆∞, doch mehr tafelartig.

Fig. 5.　Die Comb. Fig. 4, zugleich mit 4P̆∞.

M : M = 118° 49′　M : y = 144° 4′　x : h = 125° 4′
M : h = 120 35　P : h = 144 32　s : h = 160 24

Die Form der Krystalle ist säulenförmig; Zwillingskrystalle, Zwillings-Ebene eine Fläche von ∞P; die in der Natur vorkommenden Varr. erscheinen jedoch nur in

---

1) Ueber die Isomorphie der beiden analog constituirten $NaNO^3$ und KNO^3, mit einerseits Kalkspath, andererseits Aragonit, den beiden heteromorphen Modificationen von $CaCO^3$, vgl. S. 238. *Tschermak* befand auch die Cohäsionsverhältnisse des Natronsalpeters ganz mit denen des Calcits übereinstimmend: durch Pressung entstehen Gleitflächen nach — ½R, durch Eindrücken einer Messerklinge Zwillinge nach — ½R; auch die Schlagfiguren und Aetzeindrücke sind ganz ident. — Uebrigens besitzt auch der Natronsalpeter noch die rhombische Form des Kalisalpeters und dieser die rhomboëdrische des Natronsalpeters, beide aber kommen in der Natur nicht vor.

nadel- und haarförmigen Krystallen, sowie als flockiger und mehlartiger Beschlag oder in feinkörnigen Krusten. — Spaltb. brachydiagonal, auch prismatisch nach ∞P, undeutlich; Bruch muschelig; $H. = 2$; $G. = 1,9 \ldots 2,1$; farblos, weiss und grau; Doppelbrechung negativ; die optischen Axen liegen in der Ebene des makrodiagonalen Hauptschnitts, und bilden mit der Verticalaxe (als Bisectrix) sehr spitze Winkel; schmeckt salzig kühlend. — Der gereinigte Salpeter ist salpetersaures Kali, KNO^3, mit 16,58 Kali und 53,42 Salpetersäure; im Wasser leicht löslich, verpufft auf glühender Kohle sehr lebhaft, und schmilzt v. d. L. auf Platindraht sehr leicht, indem er die Flamme violet färbt. Der natürliche Salpeter ist jedoch stets mit anderen Salzen mehr oder weniger verunreinigt. — In den Höhlen mancher Kalksteingebirge (Salpeterhöhlen), Ceylon, Calabrien, Homburg, Belgrad; als Efflorescenz der Oberfläche, Aragonien, Ungarn, Ostindien; in Ungarn, jedoch nur in der unmittelbaren Nähe der Dörfer und Bauerhöfe, auf einem Raum von 130 Quadratmeilen, zumal bei Kálló; sehr bedeutende Salpetergewinnung findet auch in Algerien, sowie bei Tacunga in Quito statt.

Gebrauch. Zu Schiesspulver, zur Darstellung der Salpetersäure und bei Bereitung des Vitriolöls, als Arzneimittel, als Flussmittel zu Glascompositionen, zur Reinigung des Goldes und Silbers, als Beizmittel in der Färberei und Druckerei.

Anm. Auch Barytsalpeter, $Ba[NO^3]^2$, hat sich als natürliche Krystalle, bis 4 Mm. gross und farblos, in Chile gefunden. Da das künstlich dargestellte Salz tetartoëdrisch regulär krystallisirt, so müssen die natürlich vorkommenden Oktaëder als aus zwei ungefähr im Gleichgewicht stehenden Tetraëdern gebildet gelten.

2. Wasserhaltige Nitrate.

241. Kalksalpeter (Nitrocalcit).

Dieses Salz bildet weisse oder graue, flockige Efflorescenzen in den Kalksteinhöhlen von Kentucky in Nordamerika, und entspricht nach der Analyse von *Shepard* sehr nahe der Formel $Ca[NO^3]^2 + H^2O$, mit 30,76 Kalk, 59,35 Salpetersäure, 9,89 Wasser. Nach *Hausmann* dürfte ein grosser Theil des gewöhnlichen, als Efflorescenz gebildeten sog. Kehrsalpeters hierher gehören.

Anm. Der Magnesiasalpeter (Nitromagnesit) findet sich zugleich mit dem vorigen in ähnlichen Formen und unter ähnlichen Verhältnissen, und ist angeblich $Mg[NO^3]^2 + H^2O$. Auch er dürfte einen Theil des sogenannten Kehrsalpeters bilden.

Gebrauch. Wo sich der Kalksalpeter und Magnesiasalpeter in grösserer Menge finden, da werden solche durch Zusatz von Kalisalzen zur Darstellung von Kalisalpeter benutzt.

Vierte Ordnung: Carbonate.

Mineralien von nicht-metallischem Habitus. Härte nicht über 5; solche, deren Basis kein schweres Metall ist, farblos; sämmtlich mit heisser, zum Theil auch schon mit kalter Chlorwasserstoffsäure aufbrausend.

1. Wasserfreie Carbonate.

242. Kalkspath (Calcit).

Rhomboëdrisch; R (P) $105° 3'$ bis $105° 18'$, die gewöhnlichste Varietät nach *Breithaupt* $105° 8'$; die ausgezeichnete reinste Var. aus Island $105° 5'$; A.-V. $= 1 : 0,8543$; ausserordentlicher Reichthum der Formen und Combinationen; nach *Zippe* kannte man im Jahre 1851 bereits 11 Rhomboëder, unter denen besonders häufig $-\frac{1}{2}R$ (g) $135°$, R, $\frac{1}{4}R$ $95\frac{1}{2}°$, $-\frac{1}{4}R$ $88° 12'$, $-2R$ (f) $79°$ und $4R$ (m) $66°$ vorkommen, dazu OR (o) und ∞R (c) als ganz gewöhnliche Grenzformen; 85 verschiedene Skalenoëder, darunter am häufigsten R3 (r), R2 und $\frac{1}{4}R3$; auch das zweite hexagonale Prisma $\infty P2$ (u) ist nicht selten, während hexagonale Pyramiden $mP2$, von denen 7 bekannt sind, zu den selteneren Formen gehören. Doch schon 1856 führte *Sella* 151 Formen auf, und gegenwärtig ist die Zahl derselben noch weit grösser; nach *Des-Cloizeaux* betrug sie i. J. 1874 über 170; eine von *J. R. Mc. D. Irby* 1878 veranstaltete kritische Zusammenstellung zählt 50 Rhomboëder und 155 Skalenoëder als sicher festgestellte Formen. Indess sind die meisten Gestalten sehr grosse Seltenheiten: wenigstens 90 pCt. aller Formen gehören entweder ∞R, oder —¼R oder R3 an. Einige der gewöhnlichsten Combinationen sind: ∞R.—¼R oder auch —¼R.∞R, sehr häufig; ebenso ∞R.OR oder OR.∞R; ferner —2R.R (Fig. 122, S. 65), R.R3 (Fig. 124), R3.∞R, R3.∞R. —2R, R3.¼R3 (Fig. 125) und viele andere, wie denn überhaupt schon über 750 verschiedene Combinationen bekannt sind[1]). Die Krystallflächen sind meist eben, bisweilen gekrümmt, OR ist oft drusig oder rauh, —¼R gestreift parallel der Klinodiagonale seiner Flächen, während alle Rn und ∞P2 oft eine den Mittelkanten von R parallele Streifung zeigen.

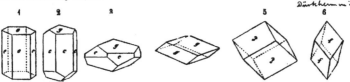

Fig. 1.   ∞R.OR, eine der allergewöhnlichsten Combinationen, theils säulenförmig, wie in der Figur, theils tafelförmig, wenn OR vorherrschend ausgebildet ist, und dann bisweilen als papierdünne Tafel.

Fig. 2.   ∞R.—¼R; gleichfalls eine der häufigsten Combinationen; ist das Rhomboëder vorherrschend, so erscheint sie wie

Fig. 3.   als —¼R.∞R; sehr häufig.

Fig. 4.   —¼R; dieses Rhomboëder ist sehr oft selbständig ausgebildet.

Fig. 5.   R; das Grundrhomboëder, selten als Krystallform, als Spaltungsform aus allen Individuen darzustellen.

Fig. 6.   —2R; als selbständige Form nicht selten; so auch die mit viel Quarzsand gemengten Krystalle von Fontainebleau und von Dürkheim in der Pfalz.

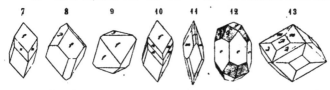

Fig. 7.   —2R.∞P2; das Deuteroprisma stumpft die Mittelkanten von —2R ab.

Fig. 8.   —2R.R; das Grundrhomboëder stumpft die Polkanten von —2R ab.

Fig. 9.   —2R.—¼R.   Fig. 10.   —2R.—2R2.

Fig. 11.   4R.R3.

Fig. 12.   ∞R.R2.—¼R; die Flächen von R2 meist den Mittelkanten von R parallel gestreift, wie in der Figur.

Fig. 13.   R2.¼R2.R; die beiden Skalenoëder bilden mit einander horizontale Combinationskanten; die Mittelkanten von R2 sind den Mittelkanten, die schärferen Polkanten von ¼R2 (w) den Polkanten von R parallel gestreift.

---

1) Ueber die so reichhaltige Krystallreihe des Kalkspaths sind bereits mehre sehr umfassende Arbeiten geliefert worden; so von *Bournon*, in seinem dreibändigen, aber nicht sehr kritischen Traité complet de la chaux carbonatée, 1808; von *Hauy* in der zweiten Ausgabe seines Traité de Minéralogie, 1822, besonders aber von *Zippe*, in den Denkschriften der math.-naturwiss. Classe der Kais. Akad. zu Wien, Bd. 3. 1851, und von *v. Hochstetter*, ebendaselbst Bd. 6. 1854. Manche neue Combinationen beschrieb *Hessenberg*, in seinen Miner. Notizen, Heft 3, 4 und 5. Die schönen Krystalle vom Superiorsee in Nordamerika wurden von *G. vom Rath* in Ann. d. Phys. u. Ch. Bd. 132. 387, sowie von *Hessenberg*, a. a. O., Heft IX. 1, auch ebendaselbst S. 9 Krystalle von

14 15 16 17 18 19 20 21

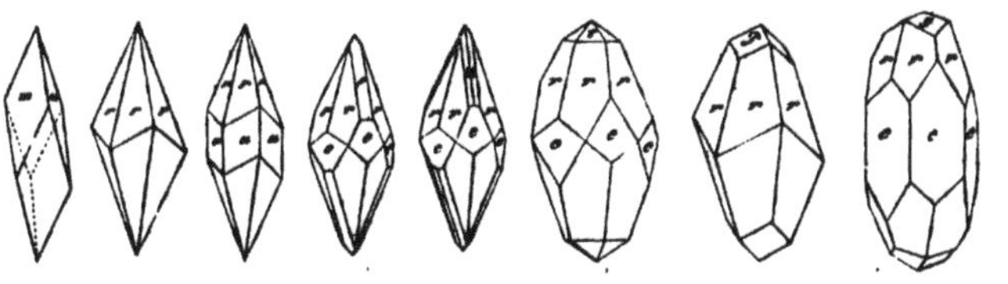

Fig. 14. 4R; auch dieses Rhomboëder erscheint zuweilen selbständig.
Fig. 15. R3; unter allen Skalenoëdern ist dieses am häufigsten ausgebildet.
Fig. 16. R3.∞P2. Fig. 17. R3.∞R.—2R.
Fig. 18. R3.∞R.—$\frac{4}{5}$R3. Fig. 19. R3.∞R.$\frac{1}{4}$R3; nicht selten.
Fig. 20. R3.R; ist aus R3 durch Spaltung leicht herzustellen.
Fig. 21. ∞R.R3.—$\frac{1}{2}$R.

22 23 24 25 26 27 28

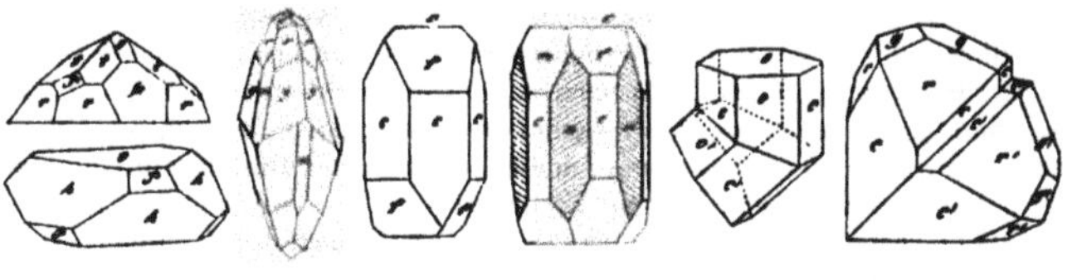

Fig. 22. R3.$\frac{1}{4}$R3.—$\frac{5}{4}$R.R.—$\frac{1}{2}$R. Die Comb., deren oberes Ende in Fig. 22 dargestellt ist, findet sich in grossen vollständigen Krystallen in Derbyshire; sie kommt aber auch zuweilen ganz so vor, wie sie unser Bild zeigt, d. h. unten durch die basische Fläche wie abgeschnitten, oder durch 0R begrenzt, also hemimorphisch; Ahrn im Pusterthale in Tirol. *Bauer* beschrieb einen hemimorphischen Kalkspath von Andreasberg, welcher an dem einen Ende nur 0R, an dem anderen zwei Skalenoëder, sowie sehr untergeordnet 4R und 0R trug, *Frenzel* andere aus dem Plauenschen Grunde bei Dresden, an deren einem Ende ∞R.0R.R2.—$\frac{1}{2}$R, an deren anderem nur 0R ausgebildet ist; *Kloos* solche von Brigels im Tavetsch, welche einerseits blos R3, anderseits vorherrschend —$\frac{1}{2}$R zeigen; doch ist es wohl in diesen Fällen nur eine individuelle Anomalie, aber kein specifischer Hemimorphismus.

Fig. 23. Die untere Figur; —$\frac{5}{4}$R.0R.R; die Polkanten des Rhomboëders $\frac{5}{4}$R (*h*) messen 88° 18′, so dass selbiges dem Hexaëder sehr ähnlich ist.

Fig. 24. R5.R3.4R.R. Fig. 25. ∞R.—2R.0R.

Fig. 26. ∞P2.∞R.0R.4R.—2R; das Deuteroprisma ist gewöhnlich den Mittelkanten von R parallel gestreift.

Fig. 27. Zwilling nach dem Gesetz: Zwillings-Ebene eine Fläche von —$\frac{1}{2}$R.

Fig. 28. Die eine Art der sog. herzförmigen Zwillinge, nach dem Gesetz: Zwillings-Ebene eine Fläche von R; den Individuen liegt die Comb. Fig. 21 zu Grunde.

Agaëte auf Gran Canaria, und Heft 11. S. 9 Krystalle vom Rödefjord auf Island, dagegen neue Formen aus dem Melaphyr des Nahethals von *G. vom Rath* in Ann. d. Ph. u. Ch., Bd. 135. 572, ein ausgezeichneter Krystall aus dem Ahrnthal bei Bruneck in Tirol durch ihn ebendas., Bd. 155. 48 beschrieben. Ueber den Einfluss des Zwillingsbaues auf die Gestaltung der Kalkspathkrystalle gab *Scharff* eine Abhandlung im N. Jahrb. f. Min., 1870. 542. Die schön krystallisirten Kalkspathe aus den Blasenräumen des Mandelsteins bei Niederplanitz, und aus den Hohlräumen des oberdevonischen Kalksteins von Planitz und Wildenfels bei Zwickau beschrieb *Schnorr* (Programm d. Realschule zu Zwickau, Ostern 1874), diejenigen aus den Kalken und Dolomiten der Gegend von Giessen *Stromann* im XXII. Ber. d. oberhess. Ges. S. 284. *v. Kokscharow* charakterisirte die

Ueberhaupt sind Zwillingskrystalle nicht selten, und zwar nach verschiedenen Gesetzen; besonders häufig Zwillinge mit p a r a l l e l e n Axensystemen, welche meistentheils mit Juxtaposition beider Individuen und sehr symmetrisch gebildet erscheinen, indem von jedem Individuum gewöhnlich nur die eine (obere oder untere) Hälfte vorhanden ist, und beide Hälften in der Ebene des Mittelquerschnitts mit einander verwachsen sind; diese Zwillingsbildung kommt namentlich häufig bei R3 und den dazu gehörigen Combb. vor (Fig. 176, S. 105), auch bei der Comb. ∞R.—⅓R (Fig. 175) und bei ähnlichen Combb. sowie bei R selbst, und dann zuweilen mehrfach wiederholt. — Es gibt aber auch Zwillinge mit g e n e i g t e n Axensystemen; so nach dem Gesetz: Zwillings-Ebene eine Fläche von R, dann sind die Hauptaxen beider Individuen fast rechtwinkelig auf einander (Fig. 183, S. 105, und die oben in Fig. 28 abgebildeten herzförmigen Krystalle); noch häufiger nach dem Gesetz: Zwillings-Ebene eine Fläche von —⅓R, bei welchem die Hauptaxen beider Individuen den Winkel von 127½° bilden. Diese letztere Zusammensetzung unter anderen häufig bei R (Fig. 181, S. 105), auch in Spaltungsstücken aus derben Massen, und gewöhnlich vielfach repetirt, mit äusserst starker Verkürzung der inneren Individuen, welche nicht selten als papierdünne Lamellen erscheinen (§ 68 und Fig. 182, S. 105); ja, Oschatz hat gezeigt, dass selbst die Zusammensetzungsstücke des körnigen Marmors diese vielfache Zwillingsbildung besitzen. Die hohlen linearen C a n ä l e, welche die Spaltungsstücke bisweilen zeigen, finden sich nach G. Rose stets in dergleichen feinen Zwillingslamellen, und sind entweder parallel einer Nebenaxe, oder einer Polkante von —⅓R, je nachdem sie nur in e i n e r solchen Lamelle, oder in der Durchschnittslinie z w e i e r derselben liegen. Auch sehr seltene Zwillinge nach 2R, von welchen Edward Dana Kunde gab (Tschermak's Min. Mitth., 1874. 180; vgl. auch Groth, Miner.-S. d. Univ. Strassburg, S. 120); Mügge hält es für möglich, dass hier eine Verwechslung mit der Zwillingsbildung nach —⅓R vorliegt. Die S. 144 erwähnten Schlagfiguren des Kalkspaths hat G. Rose noch genauer beschrieben.

Grössere Krystalle, aus kleineren aufgebaut, und mancherlei Gruppirungsformen, z. B. reihenförmige, büschelförmige, garbenförmige, staudenförmige, rosettenförmige, treppenförmige Gruppen, kommen nicht selten vor. Körnige bis dichte Aggregate sehr häufig, derb, als Kalkstein ganze Gebirge und weite Landstriche bildend; minder häufig stängelige bis faserige Aggregate; als Zapfen, Röhren, und in den verschiedensten stalaktitischen Formen, welche bisweilen aus einem einzigen Individuum bestehen. — In Pseudomorphosen nach Gaylussit (? oder Cölestin, oder Gyps?), nach Aragonit (sog. Paramorphosen, von Schlackenwerth und Oberwern bei Schweinfurt). nach Anhydrit, Gyps, Baryt, Fluorit, Cerussit, Pektolith, Apophyllit, Analcim, Orthoklas und Granat nur selten, dagegen äusserst häufig als Versteinerungsmaterial, zumal von Korallen, Crinoiden, Conchylien und Holz. — Spaltb. rhomboëdrisch nach R, sehr vollkommen, daher der muschelige Bruch nur selten zu beobachten ist; spröd; über die Gleitflächen und Schlagfiguren der Spaltungsflächen siehe oben S. 143 und 144; über die Aetzfiguren vgl. S. 239. H.=3; G.=2,6...2,8; der reine wasserhelle Kalkspath =2,72; farblos oder weiss, aber oft grau, blau, grün, gelb, roth, auch braun und schwarz gefärbt; Glasglanz ist herrschend, auf manchen und namentlich auf gekrümmten Krystallflächen Fettglanz, auf OR Perlmutterglanz, doch ist die letztere Fläche oft matt; pellucid in allen Graden; ausgezeichnete negative Doppelbrechung (S. 160).

Chem. Zus. identisch mit Aragonit: die reinsten Varietäten Calciumcarbonat (kohlensaurer Kalk) Ca C O³, mit 44 Kohlensäure und 56 Kalk; allein in den meisten Varie-

russischen Kalkspathe in seinen Material. z. Mineralog. Russl., Bd. 7. 59. Sehr ausführlich ist der Kalkspath von Des-Cloiseaux in seinem Manuel de Minéralogie, T. II. 97, behandelt. Eine zusammenfassende Arbeit über den Kalkspath unter besonderer Berücksichtigung der Rhomboëder und Skalenoëder nebst tabellarischen Uebersichten der Formen und Winkelverhältnisse lieferte Irby (s. o.) als Göttinger Doctordissertation (Bonn 1878).

täten sind kleine Beimischungen der isomorphen Carbonate von Mg oder Fe, auch wohl von Mn oder Zn vorhanden, welche natürlich einigen Einfluss auf die Krystalldimensionen, das spec. Gewicht u. a. Eigenschaften ausüben müssen, weshalb in dieser Hinsicht kleine Schwankungen zu erwarten sind; *Jenzsch* hat in vielen Varietäten etwas Fluorcalcium nachgewiesen. Auch kommen mechanische Beimengungen oder Imprägnationen vor, wie namentlich von Quarzsand, welche die Krystallform nicht gestört haben, und den sog. krystallisirten Sandstein bilden, wie er von Fontainebleau in Frankreich, von Dürkheim in Rheinbayern, von Sievering bei Wien bekannt ist. V. d. L. unschmelzbar; brennt sich kaustisch unter starkem Leuchten, und verhält sich ausserdem wie Kalkerde; mit Salzsäure benetzt braust er sehr lebhaft; auch löst er sich, ohne pulverisirt zu sein und ohne Beihülfe von Wärme, sehr leicht in Säuren. Wird das sehr feine Pulver des Kalksteins auf Platinblech über der Spiritusflamme geglüht, so bildet es dann nach *v. Zehmen* eine etwas zusammenhängende und selbst dem Platin adhärirende Masse. Die Kalksinter enthalten oft etwas Quellsäure.

Die sehr manchfaltigen Varietäten dieses äusserst wichtigen Minerals werden unter verschiedenen Namen aufgeführt; der eigentliche Kalkspath begreift die frei auskrystallisirten oder doch deutlich individualisirten Varietäten (sehr schön von Andreasberg, Freiberg, Tharand, Maxen, aus Derbyshire, Cumberland, und von anderen Localitäten); die aggregirten Varietäten sind entweder stänglig und faserig (Faserkalk und faseriger Kalksinter), oder schalig (Schieferspath), oder körnig bis dicht (Kalkstein, Kalktuff); die grösste Wichtigkeit haben die Kalksteine, zu welchen auch alle Marmorarten, und, als mehr oder weniger durch Thon und andere Beimengungen verunreinigte Varietäten, die Mergel und Mergelschiefer, als Structurvarietäten die oolithischen Kalksteine und Rogensteine gehören. Die eigentliche Kreide scheint grossentheils aus mikroskopisch kleinen rundlichen Körnern zu bestehen. Die durch Kohle ganz schwarz gefärbten, undurchsichtigen Varietäten des Kalkspaths hat man Anthrakonit genannt. Die sogenannte Bergmilch scheint nach *G. Rose* ein kryptokrystallinisches Gemeng von Aragonit und kreideähnlichem Calcit mit etwas organischer Substanz zu sein.

Gebrauch. Es gibt wenige Mineralien von gleich allgemeiner Verbreitung und Benutzung wie der Kalk. Als wasserheller Kalkspath wird er, vermöge seiner Doppelbrechung, zu mehren optischen Instrumenten, als gelber, stark durchscheinender, späthiger Kalksinter unter dem Namen Kalkalabaster zu mancherlei Ornamenten benutzt. Der weisse körnige Kalkstein liefert den Bildhauer-Marmor, das Material zu Monumenten und architektonischen Gegenständen, sowie zu allerlei kosmetischen Utensilien; dieselben Gebrauch gewähren die zahlreichen Varietäten der buntfarbigen und schwarzen Marmor-Arten, der Lumachell oder Muschelmarmor, und auch der Faserkalk wird, als Atlasspath (oder *satin-spar* der Engländer) kugelig oder halbkugelig geschliffen, zu kleineren Ornamenten verwendet. Die allerwichtigste Benutzung gewähren jedoch die verschiedenen Kalksteine als Bausteine, sowie, im gebrannten Zustand, als Hauptmaterial des gemeinen und des hydraulischen Mörtels, zu welchem letzteren besonders gewisse mergelige, 25 bis 30 pCt. Thon enthaltende Varietäten geeignet sind; manche Kalktuffe und andere sehr weiche Varietäten lassen sich sogar zu Quadersteinen zersägen, während die dünnplattenförmigen Kalksteine in manchen Gegenden das Deckmaterial der Dächer liefern. Der gebrannte Kalk spielt auch in der Seifensiederei, Färberei, Gerberei etc. eine wichtige Rolle. Eine andere sehr ausgedehnte Benutzung ist die zum Kalken und Mergeln der Felder und Wiesen. Der sehr dichte und homogene, hellfarbige und dünnschichtige oder plattenförmige Kalkstein liefert die Steinplatten zur Lithographie, und die Kreide findet als Zeichnen- und Schreibmaterial, als Putz- und Polirmittel eine vielfache Anwendung. Kreide oder weisser Marmor dienen auch gewöhnlich zur Darstellung der Kohlensäure für chemische und technische Zwecke.

Anm. 1. Der sog. Predazzit, welcher bei Predazzo in Tirol als eine mächtige Gebirgsmasse auftritt, und äusserlich einem weissen, krystallinisch-körnigen Kalkstein oder Marmor gleicht, wurde von *Petzholdt* als ein selbständiges Mineral betrachtet, welches nach der Formel $2 CaCO^3 + H^2 MgO^2$ zusammengesetzt sei. Dagegen sprach schon *Damour* die Ansicht aus, dass der Predazzit nur ein inniges Gemeng von Kalkstein und Brucit sei, welcher letztere bisweilen deutlich zu erkennen ist. *Roth* versuchte zwar, die Selbständigkeit des Predazzits aufrecht zu erhalten, auch noch ein zweites Gestein, welches unter demselben gelagert ist, wie ein dunkelgrau gestreifter dichter Kalkstein erscheint, und nach der Formel $CaCO^3 + H^2 MgO^2$ zusammengesetzt sei, unter dem Namen Pencatit einzuführen. Die Ansicht *Damour's* ist jedoch später durch die mikroskopischen Untersuchungen von *Hauenschild* vollkommen bestätigt worden, aus denen sich ergibt, dass der Predazzit und Pencatit nur Gemenge von Kalkstein und Brucit sind, welcher letztere bald mehr bald weniger vorhanden und meist in kleinen Schuppen ausgebildet ist. *Lemberg* gibt den sehr überzeugenden Versuch an, dass man eine kleine angeschliffene Platte des Predazzits nach vorheriger Erhitzung und Wiederabkühlung mit einer verdünnten Lösung von salpetersaurem Silber betropft, wodurch die Brucit-Theile schwarzbraun werden, während die Kalkspath-Theile weiss bleiben (Z. d. geol. G., XXIV. 227).

Anm. 2. Der Plumbocalcit *Johnston's* ist ein bleihaltiger Kalkspath, eine isomorphe Mischung von weit überwiegendem Calciumcarbonat mit etwas Bleicarbonat $n(Ca\,C\,O^3) + Pb\,C\,O^3$, rhomboëdrisch krystallisirend (R105°7') und spaltend, weiss, perlmutterglänzend, und etwas weniger hart, aber schwerer als Kalkspath (G. = 2,772...2,824); derjenige von Leadhills in Schottland enthält nach *v. Hauer* 7,74, nach *Delesse* nur 2,34, derjenige von Wanlockhead nach *Johnston* 7,8 pCt. PbCO³ (Polkantenw. von R104°83'). Zu Bleiberg in Kärnten kommen Rhomboëder vor, welche nach *Schöffel* über 23 pCt. kohlensaures Blei enthalten und auf einem krystallinischen Kalkstein sitzen, der 2 bis 9 pCt. davon enthält. Der Plumbocalcit ist deshalb ein sehr interessantes Mineral, weil bei ihm das Bleicarbonat Pb CO³ in Mischung mit Calciumcarbonat rhomboëdrisch krystallisirt, während es sonst für sich nur rhombisch bekannt ist.

Anm. 3. Der Kalkspath von Sparta in New-Jersey (R 104° 57'), in welchem das Rothzinkerz eingewachsen ist, hat G. = 2,8 und darüber, und hält nach *Jenzsch* 6,8 pCt. Manganoxydul; eine andere von *Tyler* analysirte Var. enthielt fast 14 pCt. Manganoxydul. Er ist also eine isomorphe Mischung von Calcium- und Mangancarbonat. *Breithaupt* führt ihn unter dem Namen Spartait auf. — Nach *Genth* findet sich bei Girgenti auf Sicilien ein strontianhaltiger Kalkspath, Strontianocalcit; auch der kohlensaure Strontian kommt für sich nur rhombisch vor. — Einen Baryterde-haltigen Kalkspath aus Cumberland vom Gew. 2,82 ...2,88 hat *Breithaupt* unter dem Namen Neotyp aufgeführt. *Sjögren* untersuchte einen Kalkspath von Längban's Gruben (röthliche, deutlich rhomboëdrisch spaltbare Körner in weissem, körnigem Kalkspath), welcher ausser 10,06 Mangancarbonat auch 2,04 Barytcarbonat enthielt.

243. Dolomit (Rautenspath und Braunspath, Bitterspath z. Th., Perlspath).

Rhomboëdrisch, isomorph mit Kalkspath, R 106° 15' bis 106° 20'; A.-V. = 1:0,8322; die allergewöhnlichste Form ist (im Gegensatz zum Kalkspath, wo dieselbe nur äusserst selten auftritt) R selbst[1]), auch gibt es Combinationen von R, — 2R und — ½R, und andere, in denen 0R, ∞R, ½R auftreten; das Rhomboëder R sehr häufig mit mehr oder weniger stark sattelförmig gekrümmten Flächen, seltener kugelig aufgebläht; nach diesem ist wohl ½R die häufigste Form; das Rhomboëder —½R oft linsenförmig gestaltet: an Krystallen aus dem Binnenthal fand *Hintze* ½R anstatt R vorwiegend ausgebildet. Sehr seltene skalenoëdrische Formen sind bisweilen nur mit der Hälfte der Flächen ausgebildet[2]). Zwillingskrystalle, zumal des Grundrhomboëders, als Durchkreuzungszwillinge von +R und —R, mit parallelen Axensystemen; auch Zwillinge nach — ½R, sowie nach —2R; die Krystalle selten einzeln eingewachsen, meist aufgewachsen, zu Drusen, bisweilen zu kugeligen, halbkugeligen, traubigen, nierförmigen, zelligen u. a. Aggregaten verbunden; mitunter pisolithisch; auch derb, in grob- bis feinkörnigen (oft

---

[1]) Für den Dolomit und für alle folgende rhomboëdrisch krystallisirende Carbonate lassen sich oben gegebene Figuren zur Erläuterung benutzen, indem Fig. 443 auf S. 64 das Rhomboeder R, Fig. 444 das Rhomboëder —2R, Fig. 445 das Rhomboëder —½R und Fig. 447 das Skalenoeder R3 darstellt. Dasselbe gilt von den Figuren 4 bis 9, 44 und 45, welche S. 450 und 454 bei Kalkspath stehen.

[2]) Nach *Tschermak* ist der Dolomit in der That (rhomboëdrisch-)tetartoëdrisch, wofür abgesehen von dem hemiëdrischen Auftreten jener Skalenoëder (z. B. 4R½, 4R⅜, ⅜R3 nach *Des-Cloizeaux*) insbesondere die asymmetrische Gestalt der Aetzeindrücke sowie die Thatsache spricht, dass man auf verschiedenen Krystallen einerseits nach rechts, andererseits nach links gerichtete Aetzeindrücke erhalten kann; auch *Haushofer* hat schon beobachtet, dass bisweilen die Aetzfiguren auf derselben Fläche partieenweise rechts und links geneigt sind, und solche äusserlich einfach erscheinenden Krystalle wären dann als Ergänzungszwillinge zu betrachten, indem solche rechte und linke Individuen in meist unregelmässiger Durchkreuzung auftreten. Auch ist bemerkenswerth, dass die Schlagfigur von derjenigen des Calcits abweicht, und dass sich weder durch Pressung Gleitflächen nach — ½R, noch künstliche Zwillinge nach — ½R herstellen lassen. Beim Magnesit und Eisenspath zeigen sich auffallender Weise auf derselben Spaltfläche gleichzeitig monosymmetrische Aetzfiguren (wie beim Calcit) und asymmetrische (wie beim Dolomit); vgl. Min. u. petr. Mitth. IV. 402.

locker und porös gebildeten, zuckerig-körnigen) sowie in dichten Aggregaten. Pseudomorphosen nach Kalkspath, Anhydrit, Fluorit, Baryt und Weissbleierz. — Spaltb. rhomboëdrisch nach R, Spaltungsflächen meist gekrümmt; H. $= 3,5...4,5$; G. $= 2,85...2,95$; farblos oder weiss, aber häufig roth, gelb, grau, grün, doch meist licht gefärbt; Glasglanz, oft perlmutterartig oder fettartig; durchscheinend. — Chem. Zus.: wesentlich isomorphe Mischung von Calcium- und Magnesiumcarbonat, $(Ca, Mg)CO^3$, am häufigsten wohl ein Molekül von jedem Carbonat, also $CaCO^3 + MgCO^3$, mit $54,35$ kohlens. Kalk und $45,65$ kohlens. Magnesia, daher man den so zusammengesetzten Dolomit als Normal-Dolomit betrachten kann; vielleicht ist derselbe aber auch als Molekülverbindung $CaMgC^2O^6$ zu betrachten. Andere Dolomite, wie z. B. die von Kolosoruk bei Bilin und Glücksbrunn bei Liebenstein sind $3CaCO^3 + 2MgCO^3$; noch andere, wie jene vom Taberg in Schweden und von Hall in Tirol $2CaCO^3 + MgCO^2$; auch kommen gewiss sehr viele Varietäten vor, in denen beide Carbonate nicht nach bestimmten Proportionen verbunden sind, obgleich sich dergleichen Proportionen immer berechnen lassen werden. Uebrigens ist noch zu bemerken, dass in der Regel etwas Eisencarbonat, und gar nicht selten ein wenig Mangancarbonat vorhanden ist, welche beide in den eigentlichen Braunspathen sogar einen bedeutenden Antheil an der Zusammensetzung nehmen. V. d. L. ist er unschmelzbar, brennt sich kaustisch, und gibt gewöhnlich die Reactionen auf Eisen, oft auch die auf Mangan; mit Salzsäure benetzt brausen die meisten Varietäten gar nicht oder sehr wenig, auch lösen sie sich gewöhnlich nur im pulverisirten Zustand und unter Mitwirkung der Wärme vollständig auf. Wird das sehr feine Pulver des Dolomits einige Minuten auf Platinblech über der Spiritusflamme geglüht, so bleibt es nach v. Zehmen ein ganz lockeres Pulver, bläht sich aber während des Glühens etwas auf. — Häufig vorkommendes Mineral, als Dolomit ganze Gebirgsmassen bildend; die krystallisirten Varietäten unter anderen zu Campolungo am St. Gotthard, am Brenner und Greiner in Tirol, zu Schweinsdorf bei Dresden, Freiberg, Joachimsthal, Tinz bei Gera, Glücksbrunn, Kolosoruk, Miemo, Traversella u. a. O. Granc. in Gyps eingewachsene Krystalle der Combination $4R.0R$ finden sich nach *G. Rose* zu Hall in Tirol, Kittelsthal bei Eisenach, Compostella und am Cabo de Gata in Spanien. Pisolithisch zu Zepze in Bosnien und Rakovác in Slavonien.

Anm. 1. Diejenigen Dolomite, welche mehr Calciumcarbonat enthalten, als die Zusammensetzung des Normal-Dolomits erfordert, sind nach *Karsten* Gemenge von Normal-Dolomit und Kalkstein, welcher letztere sich durch Essigsäure in der Kälte ausziehen lässt, worauf dann der wahre Dolomit zurückbleibt. Dieselbe Ansicht hat auch *Forchhammer* wenigstens für die dichten kalkreichen Dolomite aufgestellt: *v. Inostranzeff* beobachtete, dass solche Massen u. d. M. aus stark zwillingsgestreiften Körnern und solchen ohne Zwillingsstreifung bestehen, von denen er die ersteren dem Kalkspath, die letzteren dem Dolomit zurechnet, eine Diagnose, gegen welche berechtigte Einwendungen zu erheben sind. *Haushofer* zeigte, dass die Angaben *Karsten's* über das Verhalten von Dolomit gegen Essigsäure in der Kälte nicht allgemein zutreffen (Journ. f. prakt. Chem., VII. 1873. 149; Sitzgsb. Münch. Akad. 5. Febr. 1881). Dass übrigens die krystallisirten Varr. von Kolosoruk, Hall u. a. O. als Gemenge angesehen werden können, ist wohl sehr zu bezweifeln.

Anm. 2. Der sog. Konit ist ein dichter, im Bruch kleinsplitteriger und matter, asch-, gelblich- bis grünlichgrauer, mit Kieselsäure gemengter, dolomitischer Kalk.

Anm. 3. Braunspath nennt man die isomorphen Mischungen von Calcium-, Magnesium- und Eisencarbonat, also die beträchtlich eisenhaltigen (ca. 5 bis 20 pCt. $FeCO^3$) Dolomite $(Ca, Mg, Fe)CO^3$, welche deshalb bei der Verwitterung braun werden. Sie sind sehr häufig besonders auf den Erzgängen, z. B. von Freiberg, Schemnitz, wo sie gern Quarze und Kalkspathe überkrusten. Gewöhnlich findet sich auch etwas $MnCO^3$ zugemischt.

244. Ankerit, *Haidinger.*

Rhomboëdrisch, R $106° 12'$, meist derb in körnigen Aggregaten; Zwillingsbildung nach einer Fläche des Rhomboeders —$\frac{1}{4}$R, oft vielfach wiederholt. Spaltb. nach R vollk., die Spaltungsflächen oft etwas gekrümmt; H. = 3,5...4; G. = 2,95...3,1; gelblichweiss bis licht gelblichgrau, braun verwitternd; zwischen Perlmutter- und Glasglanz. — Chem. Zus.. wesentlich eine isomorphe Mischung von vorwaltendem Calcium- und Eisencarbonat (mit zurücktretendem Magnesium- und Mangancarbonat) = $(Ca, Fe, Mg, Mn)CO^3$; durchschnittlich 50 pCt. kohlens. Kalk, 32 bis 35 kohlens. Eisen, 8 bis 16 kohlens. Magnesia, 3 bis 5 kohlens. Mangan enthaltend; die meisten Ankerit-Analysen stimmen darin überein, dass sie fast genau zur stöchiometrischen Hälfte Calciumcarbonat aufweisen. *Boricky* schreibt die Formel: $Ca Fe C^2 O^6 + x (Ca Mg C^2 O^6)$ und nennt diejenigen Verbindungen, worin $x < 2$ ist, **Ankerit**, die übrigen **Parankerit**, speciell diejenige, worin $x = 1$, Normal-Ankerit, die worin $x = 2$, Normal-Parankerit. — V. d. L. decrepitirt er nach *Schrötter* sehr heftig zu feinem Pulver, und wird schwarz und magnetisch; gibt mit Soda die Reaction auf Mangan; lost sich in Salpetersäure oder Salzsäure mit Brausen auf, schwieriger als Calcit, leichter als Dolomit, die Sol. gibt Reactionen auf Kalk und Eisenoxyd. — Admont und Eisenerz in Steiermark, Rathhausberg in Salzburg, Ems, Lobenstein.

245. Magnesit, *v. Leonhard.*

Der Magnesit zerfällt in die zwei Gruppen des Magnesitspaths und des dichten Magnesits, oder der phanerokrystallinischen und kryptokrystallinischen Varietäten :

a) **Magnesitspath** (Talkspath, Bitterspath z. Th., Giobertit).

Rhomboëdrisch, isomorph mit Kalkspath, R 107° 10′ bis 107° 30′, der von Snarum 107° 28′ nach *Breithaupt*, jener von Bruck 107° 16′ nach *v. Zepharovich*, der von Mariazell 107° 29′ nach *Rumpf*; A.-V. = 1 : 0,8095; bis jetzt meist nur in einzeln eingewachsenen Krystallen der Form R, selten in aufgewachsenen, zu Drusen verbundenen Krystallen, an denen wohl auch die Combination ∞P2.0R vorkommt; häufig in körnigen und stänglig-körnigen Aggregaten. — Spaltb. nach R sehr vollk., die Spaltungsflächen eben; H. = 4...4,5; G. = 2,9...3,1, die Var. von Snarum 3,017; farblos, bisweilen schneeweiss, aber meist gelblichweiss bis wein- und ockergelb, oder graulichweiss bis schwärzlichgrau gefärbt; lebhafter Glasglanz; durchsichtig bis kantendurchscheinend. — Chem. Zus.: wesentlich Magnesiumcarbonat, $MgCO^3$, mit 52,38 Kohlensäure und 47,62 Magnesia, allein selten ganz rein, in der Regel mit kleiner Beimischung des isomorphen Carbonats von Eisen, auch wohl mit ganz geringen Mengen von Mangan- oder Calciumcarbonat; v. d. L. unschmelzbar, meist grau oder schwarz, und im letzteren Falle magnetisch werdend; mit Soda erfolgt oft die Reaction auf Mangan; von Säuren wird er meist nur als Pulver unter Mitwirkung von Wärme gelöst. — In Talkschiefer eingewachsen am St. Gotthard, am Greiner, im Zillerthal. Pfitschthal und Ultenthal in Tirol, von dort, sowie aus Vermont in Nordamerika, von Snarum in Norwegen, von Bruck, Flachau, Mariazell, aus dem Tragösthal und anderen Orten in Steiermark, fast rein als $MgCO^3$; in selbständigen Lagern.

b) **Kryptokrystallinischer Magnesit** (dichter Magnesit, oder auch Magnesit schlechthin).

Kryptokrystallinisch; bis jetzt nur nierförmig und derb, dicht, oft etwas zerborsten und rissig; u. d. M. krystallinisch-körnig erscheinend; Bruch muschelig bis uneben: H. = 3...5; G. = 2,85...2,95; schneeweiss, graulichweiss, gelblichweiss bis licht isabellgelb, matt, im Strich zuweilen etwas glänzend, kantendurchscheinend; haftet kaum an der Zunge. — Chem. Zus.: reines Magnesiumcarbonat, $MgCO^3$, ohne eine Beimischung von isomorphen Metallcarbonaten, wohl aber zuweilen mit einigen Procenten Kieselsäure gemengt, was endlich in förmliche Gemenge von Opal und Magnesit übergeht; verhält sich v. d. L. wie reines Magnesiumcarbonat, verliert durch Glühen seine Kohlensäure und wird mit Kobaltsolution roth. — Baumgarten und Frankenstein in Schlesien, Hrubschitz in Mähren, Kraubat in Steiermark, Baldissero in Piemont.

Gebrauch. Der Magnesit lässt sich mittels Schwefelsäure zur Bereitung von Bittersalz und zur Darstellung von Kohlensäure benutzen; auch gebraucht man ihn bei der Porcellanfabrication, und neuerdings in Steiermark zur Fabrication feuerbeständiger Ziegel.

Anm. Den kieseligen Magnesit (**Kieselmagnesit**) hält *G. Bischof* für ein Gemeng von Magnesit und Magnesiumsilicat, wie schon *Döbereiner* 1816 erklärte.

246. Breunnerit.

Mit diesem Namen bezeichnet man allgemein die rhomboëdrischen isomorphen Mischungen von Magnesium- und Eisencarbonat, welche zwischen Magnesit und Eisenspath stehen. Gewisse Mischungsverhältnisse sind von *Breithaupt* mit besonderen Bezeichnungen belegt worden:

Mesitin; R 107° $14'$; nur krystallisirt in schönen, stark glänzenden, erbsengelben bis gelblichgrauen, linsenförmigen Krystallen, welchen nach *Hessenberg* lediglich das Rhomboëder R zu Grunde liegt, dessen Flächen durch oscillatorische Combination mit einander eine linsenförmige Gestalt hervorbringen; von G. $= 3,3...3,4$, und vollk. Spaltbarkeit nach R. — Chem. Zus. nach *Fritzsche, Gibbs* und *Patera*: $2MgCO^3 + FeCO^3$, mit $59,15$ kohlens. Magnesia und $40,85$ kohlens. Eisenoxydul. — Traversella in Piemont, und Werfen in Salzburg, hier mit Lazulith.

Pistomesit; das Vorkommniss von Flachau unweit Radstadt bei Salzburg erscheint derb, in grosskörnigen Aggregaten, deren Individuen nach einem Rhomboëder von 107° $18'$ spalten, hat H. $= 4$, G. $= 3,42...3,43$, ist dunkel gelblichweiss, bräunt sich jedoch an der Luft, hat einen perlmutterartigen Glasglanz, ist schwach durchscheinend, und entspricht nach den Analysen von *Fritzsche* und *Ettling* der Formel $MgCO^3 + FeCO^3$, welche $42,0$ kohlens. Magnesia und $58,0$ kohlens. Eisenoxydul erfordert. Nach der Analyse von *Stromeyer* finden sich auch zu Traversella Mischungen beider Carbonate nach d i e s e m Verhältniss. — Ausserdem sind noch manche fernere Breunnerite mit anderem Mischungsverhältniss der beiden Carbonate untersucht worden, welche mit zunehmendem Gehalt an $MgCO^3$ in Magnesit übergehen.

247. Eisenspath (Siderit, Spatheisenstein).

Rhomboëdrisch, R 107°, doch etwas schwankend; A.-V. $= 1 : 0,8171$; in den Krystallen ist meist R vorherrschend, doch finden sich auch $0R$, $-\frac{1}{4}R$, ∞R, $-2R$, $\infty P2$, $R3$; eine Uebersicht der 13 Formen gab *Klein* in N. Jahrb. f. Min. 1884. I. 258; die Rhomboëder oft sattelförmig oder linsenförmig gekrümmt; häufig derb in gross- bis kleinkörnigen Aggregaten, selten in kleintraubigen und nierförmigen Gestalten (Sphärosiderit), noch seltener in Trümern von parallelfaseriger Zusammensetzung, häufig in dichten und feinkörnigen, mit Thon verunreinigten Varietäten, welche theils in runden oder ellipsoidischen Nieren, theils in stetig fortsetzenden Lagen und zuweilen rogensteinähnlich ausgebildet sind (thoniger Sphärosiderit, oder nach *Kenngott* besser thoniger Siderit schlechthin, vielleicht Pelosiderit, weil er von dem eigentlichen Sphärosiderit doch auffallend verschieden ist). In Pseudomorphosen nach Flussspath, Aragonit, Kalkspath, Dolomit, Baryt, Bleiglanz und Eisenkies. — Spaltb. rhomboëdrisch nach R, vollk.; H. $= 3,5...4,5$; G. $= 3,7...3,9$; gelblichgrau bis erbsengelb und gelblichbraun, Glas- bis Perlmutterglanz, durchscheinend (im zersetzten Zustand schwärzlichbraun, matt und undurchsichtig); wirkt nach *Griess* nicht auf die gewöhnliche, wohl aber auf die astatische Magnetnadel. — Chem. Zus.: wesentlich Eisencarbonat oder kohlensaures Eisenoxydul, $FeCO^3$, mit $62,08$ Eisenoxydul und $37,92$ Kohlensäure, allein sehr selten rein, wohl immer mit mehr oder weniger Beimischung der isomorphen Carbonate von Mangan oder Magnesium, oft auch von beiden; auch Calciumcarbonat ist nicht selten bis zu 1 oder 2 pCt. vorhanden. V. d. L. unschmelzbar, schwärzt sich aber und wird magnetisch, indem Kohlensäure und etwas Kohlenoxydgas entweicht; mit Borax und Phosphorsalz gibt er die Reaction auf Eisen, mit Soda gewöhnlich die auf Mangan; in Säuren ist er mit Aufbrausen löslich; verwittert zu Eisenoxydhydrat. — Sehr wichtiges Eisenerz; Lobenstein, Müsen, Eisenerz in Steiermark, Hüttenberg in Kärnten, Freiberg, Clausthal u. a. O.; der (reine) Sphärosiderit, Steinheim und Dransberg; der thonige Siderit sehr häufig in der Steinkohlen- und Braunkohlenformation.

Gebrauch. Sowohl der eigentliche Eisenspath als auch der thonige Siderit liefern ein ganz vorzügliches Material für die Gewinnung von Eisen und Stahl, so dass viele der bedeutendsten Eisenwerke lediglich auf dem Vorkommen dieser Mineralien beruhen.

An m. 1. Von den rhomboëdrischen Substanzen, welche durch die Mischung von vorwaltendem Eisencarbonat mit den isomorphen Carbonaten von Magnesium, Mangan oder Zink entstehen, sind hervorzuheben:

Sideroplesit (R 107° 6') nennt *Breithaupt* einen Eisenspath vom G. $= 3,64...3,66$, welcher bei Bohmsdorf unweit Schleiz, bei Pöhl im Voigtlande, bei Dienten in Salzburg und bei Traversella vorkommt, und 11 bis 12 pCt. Magnesia enthält, so dass er zwischen dem Siderit und Pistomesit inne steht.

Breithaupt's Oligonspath von Ehrenfriedersdorf (R 107° 3') hält 36,84 Eisenoxydul und 25,51 Manganoxydul, und führt auf die Formel $3 FeCO^3 + 2 MnCO^3$. — Sehr manganreiche Sphärosiderite, welche als schmutzigweisse oder gelbbraune Kügelchen auf Antimonglanz oder Baryt von Felsöbánya und Kapnik sitzen, analysirte *Dietrich*; in einem fand er 53,07 $FeCO^3$ und 44,36 $MnCO^3$.

Aus der Gegend von Aachen untersuchte *Monheim* eine grosse Anzahl von Mittelgliedern zwischen Eisenspath und Zinkspath. Diejenigen Mischungen, welche aus vorwaltendem Eisencarbonat mit 28 bis 40 pCt. Zinkcarbonat bestehen, nennt man Zinkeisenspath; vgl. Zinkspath.

Anm. 2. Unter dem Namen Kohleneisenstein führt *Schnabel* innige Gemenge von thonigem Siderit mit Kohle auf, welche dickschieferige Massen von schwarzer Farbe, dunkelbraunem bis schwarzem Strich, ohne Glanz, und vom Gewicht 2,2...2.9 darstellen, 35 bis 78 pCt. $FeCO^3$ enthalten, und bis 2 Fuss mächtige Flötze im Steinkohlengebirge bei Bochum in Westphalen, Steyerdorf im Banat, in Schottland und England bilden, wo dieselben Blackband heissen.

248. Manganspath (Rhodochrosit, Dialogit, Himbeerspath).

Rhomboëdrisch und isomorph mit Kalkspath; R $106^\circ 51'$ bis 107° nach *Mohs* und *Breithaupt*, bei reinster Substanz $107^\circ 13'$ nach *Sansoni*; A.-V. darnach $= 1 : 0,8183$: die gewöhnlichsten Formen sind R und $-\frac{1}{2}$R, z. Th. mit 0R und ∞P2, auch 4R mit 0R, andere Gestalten selten, wie das an den bis $\frac{1}{2}$ Cm. grossen Krystallen der Grube Eleonore bei Horhausen vorwaltende Skalenoëder R3; die Krystalle oft sattelförmig oder linsenförmig gekrümmt, meist zu Drusen vereinigt, auch kugelige und nierförmige Aggregate von stängeliger, und derbe Massen von körniger Textur; auch in Pseudomorphosen nach Kalkspath und Bleiglanz. — Spaltb. rhomboëdrisch nach R: H. $= 3,5...4,5$; G. $= 3,3...3,6$: rosenroth his himbeerroth, Glas- oder Perlmutterglanz, durchscheinend. — Chem. Zus.: Mangancarbonat (kohlensaures Manganoxydul), $MnCO^3$ (entsprechend 61,72 Manganoxydul und 38,28 Kohlensäure), mit Beimischungen der Carbonate von Calcium, Magnesium, auch wohl von Eisen, welche in schwankenden Verhältnissen auftreten, und auf Krystallform, Farbe und Gewicht einwirken; der Manganspath von Horhausen, welche die reinste unter allen bekannten Varr., enthält nach *Sansoni* 99,2 $MnCO^3$ und nur eine Spur Kalk, der dunkelrosenrothe von Vieille in den Pyrenäen hält nach *Gruner* 97,1 pCt., der ähnlich gefärbte von Kapnik fast 90, die himbeerrothe Var. von Oberneisen und Hambach bei Diez in Nassau über 89, der rosenrothe von der Grube Alte-Hoffnung bei Voigtsberg über 81, der hellrothe von Beschert-Glück bei Freiberg kaum 74 pCt. Mangancarbonat. V. d. L. zerknistert er oft sehr heftig, ist unschmelzbar und wird grünlichgrau bis schwarz, gibt die Reactionen auf Mangan; von Salzsäure bei gewöhnlicher Temp. langsam, in der Wärme rasch und mit starkem Brausen löslich. — Freiberg, Kapnik, Nagyag, Vieille, Oberneisen bei Diez in Nassau, Horhausen, Moët-Fontaine in den Ardennen.

Anm. 1. Manganocalcit nannte *Breithaupt* fleischrothe bis dunkelröthlichweisse radial auseinanderlaufende Stängel und Fasern von Schemnitz, welche der Hauptsache nach aus Mangancarbonat bestehen, aber nach ihm eine laterale, am deutlichsten brachydiagonale, Spaltbarkeit wie Aragonit besitzen sollen, so dass man darnach annahm, dieser Manganocalcit verhalte sich zu Manganspath, wie Aragonit zu Kalkspath. *Kenngott* hat indessen nachgewiesen, dass die angebliche laterale Spaltbarkeit darin besteht, dass die Fasern und Stängel, wenn sie weniger verwachsen sind, ihrer Längsrichtung nach auseinandergebrochen werden können; die Stängel selbst haben eine entschieden rhomboëdrische Spaltbarkeit, ihre Längserstreckung fällt mit der Hauptaxe des Rhomboëders zusammen. Eine Dimorphie des Mangancarbonats ist demnach nicht erwiesen. H. $= 4...5$; G. $= 3,037$; glasglänzend, durchscheinend. *Missoudakis* fand 78 pCt. Mangancarbonat, mit 18,7 Calciumcarbonat und 2,2 Eisencarbonat, *Rammelsberg* nur 67,5 $MnCO^3$, dagegen noch fast 10 pCt. $MgCO^3$.

Anm. 3. *Röpper* untersuchte ein rosenrothes, von ihm Mangandolomit genanntes Mineral von Stirling in New-Jersey, welches nur 43 bis 44 pCt. Mangancarbonat gegen 50 Caleium- und fast 6 Magnesium-Carbonat enthält.

249. Kobaltspath, *Weisbach* (Sphärocobaltit).

Sphäroidische Gebilde, im Bruch von grobstrahliger Zusammensetzung, deren kugelige Oberfläche u. d. M. aus lauter kleinen flachen Rhomboëderchen mit der Basis besteht, wobei die Hauptaxen der Individuen mit den Längsrichtungen der Stängel zusammenfallen; H. = 4; G. = 4,02...4,13; die Sphäroide sind äusserlich schwarz sammetähnlich, innerlich von erythrinrother Farbe mit pfirsichblüthrothem Strich. — Chem. Zus. nach Abzug von etwas Eisenhydroxyd und etwas Wasser: Kobaltcarbonat (kohlensaures Kobaltoxydul), $CoCO^3$, mit 62,95 Kobaltoxydul und 37,05 Kohlensäure. Schwärzt sich beim Erhitzen; von Salz- und Salpetersäure in der Kälte wenig angreifbar, in der Wärme unter lebhafter Kohlensäure-Entwickelung auflöslich. — Schneeberg, mit Roselith zusammen, 1876 von *Weisbach* gefunden, nachdem schon 1850 *Sénarmont* rhomboëdrisches Kobaltcarbonat künstlich dargestellt.

250. Zinkspath (Smithsonit, Galmey z. Th.).

Rhomboëdrisch und isomorph mit Kalkspath; R 107° 40'; A.-V. = 1 : 0,8062: die häufigsten Formen sind R, 4R und R3, auch kennt man 0R, $-\frac{1}{4}$R, 2R und ∞P2; die Krystalle meist klein und sehr klein, stumpfkantig und oft wie abgerundet; gewöhnlich nierförmige, traubige, stalaktitische und schalige, oft zellig durcheinander gewachsene Aggregate, auch derb, in feinkörniger bis dichter Zusammensetzung: in Pseudomorphosen nach Flussspath und Kalkspath. — Spaltb. rhomboëdrisch nach R; H. = 5; G. = 4,1...4,5; farblos, doch oft licht grau, gelb, braun oder grün gefärbt; Glas- bis Perlmutterglanz, durchscheinend bis undurchsichtig. — Chem. Zus.: Zinkcarbonat oder kohlensaures Zinkoxyd, $ZnCO^3$, mit 64,8 Zinkoxyd und 35,2 Kohlensäure, doch ist meist etwas isomorphes Carbonat von Eisen, Mangan, Calcium und Magnesium, zuweilen auch ein wenig von Blei und Spur von Cadmium zugemischt; ja, der schön gelb gefärbte von Wiesloch hält über 3 pCt. Cadmium-Carbonat; manche Varr. sind durch etwas Kieselsäure, Thonerde und Eisenoxyd verunreinigt, wie z. B. viele von Wiesloch; v. d. L. verliert er die Kohlensäure und verhält sich dann wesentlich wie Zinkoxyd; zuweilen gibt er auf Kohle im Red.-F. einen rothgesäumten Beschlag von Cadmiumoxyd; in Säuren leicht und mit Brausen, auch in Kalilauge löslich. — Chessy bei Lyon, Altenberg bei Aachen, Tarnowitz, Olkusz, Wiesloch in Baden, Dognacska und Rezbánya, Nertschinsk, Mendip und Matlock in England.

Gebrauch. Der Zinkspath liefert in seinen verschiedenen Varietäten eines der wichtigsten Erze zur Gewinnung des Zinks.

Anm. 1. Sehr interessante Mittelglieder zwischen dem Zinkspath einerseits, dem Eisenspath und Manganspath andererseits lehrte *Monheim* von den Galmeygruben der Umgegend von Aachen durch die Analyse kennen. Der Eisenzinkspath (Monheimit) schliesst sich unmittelbar an den S. 458 genannten Zinkeisenspath an; seine Rhomboëder haben meist grüne oder gelbe Farbe, Fettglanz und eine etwas schärfere Polkante; sie enthalten 23,98 bis 36,46 Eisencarbonat auf 74,08 bis 55,89 Zinkcarbonat (dazu etwas Calciumcarbonat), werden v. d. L. schwarz, geben auf Kohle den Beschlag von Zinkoxyd, und mit Borax oder Phosphorsalz die Farbe des Eisens. — Der Manganzinkspath von dieser Localität besitzt 7,62 bis 14,98 Mangancarbonat auf 72,42 bis 85,78 Zinkcarbonat.

Anm. 2. Der von *Del Rio* als besonderes Mineral betrachtete pistaz- bis grasgrüne Herrerit von Albarradon in Mexico ist nach *Genth* nichts Anderes als eine Varietät des Zinkspaths, welche 3,4 pCt. färbendes kohlens. Kupferoxyd enthält.

251. Aragonit, *Hauy.*

Rhombisch; ∞P (*M*) 116° 10', Pꝏ (*k*) 108° 26'; A.-V. = 0,6228 : 1 : 0,7207; ausser jenen zwei Formen noch besonders häufig ∞Pꝏ (*h*), P (*P*), 0P (*o*), 6P$\frac{4}{3}$ (*p*) und mehre Brachydomen [1]; gewöhnlichste Combinationen ∞Pꝏ.∞P.Pꝏ, wie Fig. 1,

---

[1] Die neueste Zusammenstellung sämmtlicher 62 am Aragonit bekannten Formen veranstaltete *v. Zepharovich* im 71. Bande der Sitzungsber. d. Wiener Akad., 1875. — Eine wichtige

meist lang säulenförmig, ∞P̌∞.∞P.0P, Fig. 5, meist kurz säulenförmig, 6P̌¼.∞P.
P̌∞, wie Fig. 6, spitz pyramidal und spiessig; andere sehr spitz pyramidale Formen,
dergleichen an den Krystallen von Gross-Kamsdorf vorkommen, bestimmte *E. E. Schmid*
zu 6P und 9P, dazu auch das Doma 9P̌∞; ja *Schrauf* beobachtete an Krystallen von
Dognacska die sehr spitzen Pyramiden 10P und 24P, sowie die sehr steilen Brachydomen 16P̌∞, 20P̌∞ und 24P̌∞; die von *Schmid* gefundenen Formen erkannte auch
Sandberger in dem Drusendolomit zwischen Würzburg und Rottendorf. An den spitz-
pyramidalen und lanzettförmigen Krystallen vom Lölling-Hüttenberger Erzberg maass
v. Zepharovich ferner z. B. die Formen 14P̌∞, 24P̌∞, 14P, 24P. Ausserordentliche
Neigung zur Zwillingsbildung und zur Bildung polysynthetischer Krystalle, daher einfache Krystalle sehr selten sind; Gesetz: Zwillings-Ebene eine Fläche von ∞P, Wiederholung theils mit parallelen, theils mit geneigten Zusammensetzungsflächen; vergl.
oben S. 106 die Figuren 184 bis 186. Bei diesen Drillingen und Vierlingen kommt es
häufig vor, dass von einem Individuum aus sich kleine blatt- oder stabförmige Fort-
sätze in die benachbarten erstrecken, so dass bisweilen ein äusserst complicirt in-
einandergreifendes Gewebe gebildet wird, wie dies *Leydolt* an geätzten Platten erkannte.

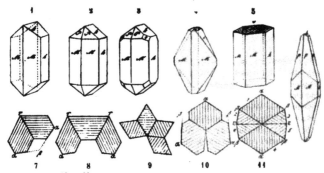

Fig.	1.	∞P'.∞P̌∞.P̌∞; diese und die beiden folgenden Formen finden sich sehr
	schön an den Krystallen in den Basalten und basaltischen Tuffen, zumal bei
	Horschenz unweit Bilin.
Fig.	2.	Die vorige Comb. mit der Grundform P̌.
Fig.	3.	Die Comb. 2 mit der Brachypyramide 2P̌2 (*s*).
Fig.	4.	∞P.2P̌∞.0P; aus Spanien; die Polkante von 2P̌∞ (*i*) misst 69° 30'.
Fig.	5.	∞P.∞P̌∞.0P; ebendaher, auch von Leogang und Herrengrund, wo die
	basische Fläche mit einer brachydiagonalen Streifung versehen ist.
Fig.	6.	6P̌¼.∞P'.∞P̌∞.6P̌∞.P̌∞; diese oft liegt manchen spitz pyramidalen
	oder spiessigen Krystallen zu Grunde, welche besonders auf Kalkstein- und
	Brauneisenerzlagern vorkommen.
	Die Figuren 7 bis 11 stellen Horizontalprojectionen oder Querschnitte
	von Zwillingskrystallen dar, wobei die Streifung die Richtung der Brachy-
	diagonalen der einzelnen Individuen andeuten soll.
Fig.	7.	Ein Zwilling; die Winkel α messen 116° 10', ebenso der Winkel *r*; der

und reichhaltige Abhandlung über Aragonit und Kalkspath gab *G. Rose* in den Abhandl. d. Ber-
liner Akad. von 1856, 1859 und 1860. — Ueber die Zwillingsbildungen des Aragonit, Witherit und
Alstonit, vgl. *Sénarmont* in Ann. de Chim. et de Phys. (3), T. 41. (1854.) 60. Auch *Leydolt* gab eine
sehr lehrreiche Abhandlung über die Zwillinge des Aragonits, in den Sitzungsber. der Wiener
Akad., Bd. 19. (1856.) 10, desgleichen *Hankel* in seiner Abhandlung über die thermoelektrischen
Eigenschaften des Aragonits, 1872. 39.

Winkel β, welcher oft durch die Masse beider Individuen ausgefüllt ist, 127° 40'; die beiden noch übrigen Winkel 121° 55'.

Fig. 8. Ein Drillingskrystall; α und $r = 116° 10'$.

Fig. 9. Ein Vierlingskrystall; nach diesem Schema sind die spiessigen Krystalle oft zusammengesetzt.

Fig. 10. Ein Drillingskrystall, wie sie z. B. bei Herrengrund vorkommen; die Werthe der Winkel α und β wie in Fig. 7.

Fig. 11. Ein Sechslingskrystall nach *Sénarmont*; lässt sich jedoch auch als ein Drillingskrystall mit Durchkreuzung der Individuen vorstellen; die Winkel α und β wie vorher, die Winkel $\varepsilon = 168° 30'$. Dieses Schema liegt den meisten spanischen Krystallen zu Grunde, nur dass bald dieses bald jenes der vier mittleren Individuen ausfällt.

Die Krystalle einzeln eingewachsen oder zu Drusen verbunden; auch stängelige und faserige Aggregate, die letzteren entweder parallelfaserig in Platten und Trümern, oder radialfaserig in Kugeln (Erbsenstein), Krusten, Stalaktiten (Sprudelstein und alle Aragonitsinter) und zackigen Gestalten (Eisenblüthe). Als Pseudomorphose nach Gyps bildet er den sogenannten Schaumkalk, von welchem G. Rose gezeigt hat, dass sein spec. Gew. bis 2,989 beträgt, und dass er sich auch ausserdem wie Aragonit verhält; Paramorphosen nach Kalkspath, welche aus mikroskopisch kleinen spiessigen Individuen bestehen, beobachtete *Sandberger* in Drusenräumen von Basalt und Anamesit. — Spaltb. brachydiagonal deutlich, auch prismatisch nach ∞P, brachydomatisch nach $\bar{P}\infty$ unvollk., Bruch muschelig bis uneben; H. $= 3,5...4$; G. $= 2,9...3$ (in Aggregaten herab bis 2,7, *Kenngott* bestimmte es zu 2,943 mit den Grenzen 2,92...2,96); farblos, doch oft gelblichweiss bis weingelb, röthlichweiss bis ziegelroth, auch lichtgrün, violblau, grau gefärbt; Glasglanz, durchsichtig bis durchscheinend. Optisch zweiaxig; die optischen Axen liegen im makrodiagonalen Hauptschnitt, die spitze Bisectrix fällt in die Verticalaxe; Doppelbrechung negativ; $\varrho < v$. Werden die Krystalle erwärmt, so zeigen sie bei der Abkühlung auf ∞P positive, auf $\infty\bar{P}\infty$ negative Elektricität. — Chem. Zus. identisch mit Kalkspath: Calciumcarbonat (kohlensaurer Kalk), $CaC\dot{O}^3$; bisweilen, aber nicht immer, mit $\frac{1}{2}$ bis 4 pCt. kohlensaurem Strontian; *Winkler* fand in einer feinstängeligen Var. von Alstonmoor 2$\frac{1}{2}$ pCt. kohlensaure Magnesia; auch hat *Jenzsch* in vielen Aragoniten etwas Fluorcalcium nachgewiesen, welches als Vertreter von Kalkerde zu betrachten sein dürfte. Im Kolben schwillt er an und zerfällt zu einem weissen, groben (oft spiessigen) Pulver, dessen Theile in der Pincette geglüht die Flamme carminroth färben, wenn Strontian vorhanden ist; auf Kohle brennt er sich kaustisch; in Salzsäure oder Salpetersäure ist er leicht und mit Brausen löslich. — Molina u. a. O. in Aragonien, Bastennes bei Dax (Landes), im Thon und Gyps; Leogang in Salzburg, Dognacska im Banat und Herrengrund in Ungarn, auf Erzlagerstätten; besonders häufig in Basalten und Basalttuffen vieler Gegenden, namentlich Böhmens (sehr schön bei Horschenz), Sasbach am Kaiserstuhl, auch in den Schwefelgruben Siciliens; die spiessigen Varietäten besonders auf Kalksteinlagern (Heidelbach bei Wolkenstein) und Brauneisenerzlagern (Saalfeld, Kamsdorf, Lölling-Hüttenberg), die Eisenblüthe bei Eisenerz in Steiermark, der Sprudelstein und Erbsenstein bei Carlsbad, der Schaumkalk bei Gera, Hettstedt und bei Lauterberg am Harz.

Gebrauch. Vom Aragonit haben die unter dem Namen Erbsenstein und Sprudelstein bekannten Varietäten eine Benutzung gefunden, indem solche zu kleinen Ornamenten und Utensilien verarbeitet werden.

Anm. Der Tarnowitzit ist ein Aragonit, welcher isomorphes Bleicarbonat (bis zu 9 pCt.) zugemischt enthält, und ausserdem alle Eigenschaften des Aragonits besitzt. Die Krystalle zeigen mitunter sehr verwickelte Combinationen, wie sie an dem Aragonit nicht bekannt sind, erscheinen aber gleichfalls als Zwillinge und Drillinge (*Websky*, Z. d. geol. Ges., IX. 787; *Langer*, Z. f. Kryst. IX. 196). — Friedrichsgrube bei Tarnowitz in Oberschlesien.

252. Witherit, *Werner.*

Rhombisch, isomorph mit Aragonit; ∞P 118° 30' (117° 48' nach *Des-Cloizeaux*),

P Mittelk. 110^0 $49'$, $2\overset{x}{P}\infty$ Mittelk. 112^0, nach *Miller*; A.-V. $= 0,5949 : 1 : 0,7113$; die Krystallformen scheinbar hexagonal, die Zwillingsbildungen ähnlich denen des Aragonits; ein paar gewöhnliche Combb. sind P.$2\overset{x}{P}\infty$.0P, auch P.$2\overset{x}{P}\infty$.∞P.$\infty\overset{x}{P}\infty$, sowie ∞P.$\infty\overset{x}{P}\infty$.$2\overset{x}{P}\infty$ und dieselbe mit P; doch sind die Krystalle nach *Haidinger* und *Sénarmont* keine einfachen Individuen, sondern Drillingskrystalle mit vollkommener Durchkreuzung der Individuen.

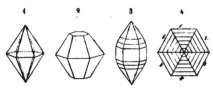

Fig. 1.   P.$2\overset{x}{P}\infty$, beide Formen im Gleichgewicht ausgebildet, so dass sie scheinbar eine hexagonale Pyramide darstellen.

Fig. 2.   Die vorige Comb. mit der Basis 0P.

Fig. 3. ∞P.$\infty\overset{x}{P}\infty$.P.$2\overset{x}{P}\infty$, nebst den untergeordneten Pyramiden $\frac{1}{2}$P und 2P, sowie den untergeordneten Brachydomen $3\overset{x}{P}\infty$ und $4\overset{x}{P}\infty$.

Dies ist die gewöhnliche Deutung der Formen; nach *Sénarmont's* optischen Untersuchungen sind sie jedoch nicht einfache Krystalle, sondern Sechslingskrystalle, welche in der folgenden Figur ihre Erklärung finden.

Fig. 4.   Horizontalprojection eines zwillingsartig zusammengesetzten Krystalls; sechs Individuen sollen nach dem Gesetz: Zwillings-Ebene eine Fläche von ∞P, mit einander verwachsen sein; die in dem Bilde eingetragene Streifung soll die Lage der Brachydiagonalen andeuten, in deren Hauptschnitt die unter 5 bis 8^0 geneigten optischen Axen enthalten sind; es würden also die nach aussen erscheinenden Flächen in den pyramidalen Krystallen auf Brachydomen, in den säulenförmigen Krystallen auf das Brachypinakoid zu beziehen sein. Doch könnte man die Krystalle auch als Drillingskrystalle mit vollkommener Durchkreuzung der Individuen betrachten, so dass 1 und 4, 2 und 5, 3 und 6 je einem Individuum angehören.

Meist kugelige, traubige, nierförmige und derbe Aggregate von drusiger Oberfläche und radial-stängeliger Textur. — Spaltb. ∞P deutlich, $2\overset{x}{P}\infty$ und $\infty\overset{x}{P}\infty$ unvollk., Bruch uneben; H. $= 3...3,5$; G. $= 1,2...1,3$; farblos, meist licht graulich oder gelblich gefärbt, Glasglanz, im Bruch fettartig, durchscheinend, selten durchsichtig; optisch-zweiaxig, die optischen Axen liegen im brachydiagonalen Hauptschnitt, die spitze Bisectrix fällt in die Verticalaxe; $\varrho > v$; die Krystalle oft mit einer matten und trüben Kruste. — Chem. Zus.: Baryumcarbonat (kohlensaurer Baryt), $BaCO^3$, mit 77,68 Baryt und 22,32 Kohlensäure; v. d. L. schmilzt er zu einem klaren Glas, das nach der Abkühlung emailweiss erscheint; dabei färbt er die Flamme gelblichgrün; mit Soda auf Platinblech schmilzt er zu einer klaren Masse; auf Kohle kommt er nach einiger Zeit zum Kochen, wird kaustisch und verhält sich dann wie reiner Baryt; in nicht zu concentrirten Säuren mit Brausen löslich. — Alston in Cumberland, Anglesark in Lancashire, Fallowfield und Hexham in Northumberland, Leogang in Salzburg, Peggau in Steiermark.

253. Alstonit, *Breithaupt*; Bromlit.

Rhombisch, isomorph mit Witherit und Aragonit; ∞P 118^0 $50'$, P Mittelk. 110^0 $54'$, $2\overset{x}{P}\infty$ Mittelk. 111^0 $50'$, 2P Mittelk. 112^0, nach *Miller*; A.-V. $= 0,5910 : 1 : 0,7390$; nach *Des-Cloizeaux* misst ∞P 121^0; gewöhnliche Comb. P.$2\overset{x}{P}\infty$.∞P, ähnlich einer hexagonalen Pyramide; Zwillings- und Drillingskrystalle, nach *Sénarmont* sogar Zwölflingskrystalle, als spitze hexagonale Pyramiden erscheinend; Spaltb. ∞P und $\infty\overset{x}{P}\infty$, ziemlich deutlich; H. $=4...4,5$; G. $=3,65...3,76$; farblos, graulichweiss, schwach fettglänzend, durchscheinend. — Chem. Zus.

nach *Delesse* und *v. Hauer*: isomorphe Mischung von Baryum- und Calciumcarbonat (in der Aragonitform), ungefähr im Verh. 1 : 1, $BaCO^3 + CaCO^3$, mit 66,35 Baryumcarbonat und 33,65 Calciumcarbonat; demnach procentarisch ganz ident mit Barytocalcit zusammengesetzt. — Fallowfield bei Hexham in Northumberland, und Bromley Hill bei Alston in Cumberland; *Johnston* fand in einem Alstonit noch 6,65 pCt. des isomorphen Strontiumcarbonats.

254. Strontianit, *Sulzer*.

Rhombisch, isomorph mit Aragonit, ∞P (M) $117^\circ 19'$, $\overset{\smile}{P}\infty$ (x) $108^\circ 12'$, $2\overset{\smile}{P}\infty$ (P) $69^\circ 16'$ nach *Miller*; A.-V. $= 0,6089 : 1 : 0,7237$; nach *Hessenberg* waren bereits 20 verschiedene einfache Gestalten bekannt, welchen später *Laspeyres* noch 5 neue zugesellte; zu den Pyramiden mP treten häufig die Brachydomen $2m\overset{\smile}{P}\infty$ im Gleichgewicht auf, und bilden mit ihnen eine scheinbar hexagonale Pyramide.

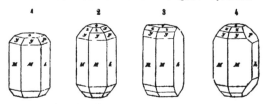

Fig. 1. $\infty P . \infty \overset{\smile}{P}\infty . 0 P . P . 2\overset{\smile}{P}\infty$, erscheint wie eine hexagonale Combination.
Fig. 2. Die Comb. Fig. 1 noch mit $\frac{1}{2}P(z)$ und $\overset{\smile}{P}\infty$, erscheint ebenso.
Fig. 3. $\infty P . \infty \overset{\smile}{P}\infty . 0 P . P . \frac{1}{2}P$.
Fig. 4. Die Comb. wie Fig. 2, jedoch ohne $\overset{\smile}{P}\infty$ und mit vorwaltendem $2\overset{\smile}{P}\infty$.

$$M : M = 117^\circ 19' \qquad P : h = 145^\circ 22'$$
$$M : h = 121\ 20 \qquad x : h = 125\ 54$$

Die Krystalle und Zwillingsbildungen sind ähnlich denen des Aragonits, oft nadelförmig und spiessig, büschelförmig gruppirt, auch tonnenähnlich nach oben verjüngt; derb, in dünnstängeligen und faserigen Massen. — Spaltb. prismatisch nach ∞P und brachydomatisch nach $2\overset{\smile}{P}\infty$ ($69^\circ 16'$), unvollk.; H. $= 3,5$; G. $= 3,6\ldots 3,8$; farblos, aber oft graulich, gelblich, und besonders grünlich (licht spargel- oder apfelgrün) gefärbt; Glasglanz, im Bruch fettartig; durchscheinend bis durchsichtig; opt. Verhalten ganz wie bei Aragonit. — Chem. Zus.: Strontiumcarbonat (kohlensaurer Strontian), $SrCO^3$, mit 70,17 Strontian und 29,83 Kohlensäure, doch in der Regel etwas (bis 8 pCt.) Calciumcarbonat isomorph beigemischt. V. d. L. schmilzt er in starker Hitze, jedoch nur in den äussersten Kanten, schwillt dabei zu blumenkohlähnlichen Formen an, leuchtet stark und färbt die Flamme roth; in Säuren löst er sich leicht und mit Brausen auf; wird die salzsaure Sol. eingedampft und der Rückstand mit Alkohol übergossen, so brennt dieser mit carminrother Flamme. — Bräunsdorf bei Freiberg, Clausthal am Harz, Leogang in Salzburg, Strontian in Schottland, Hamm in Westphalen, hier Gänge im Kreidemergel bildend.

Gebrauch. Der Strontianit wird zuweilen zur Darstellung der Strontianerde oder gewisser ihrer Salze benutzt; besonders wichtig ist er zur Gewinnung des Zuckers aus der Melasse.

Anm. 1. Die schönen Krystalle von Hamm hat *Laspeyres* zum Gegenstand eingehender Untersuchungen gemacht: bei einem Habitus herrschen sehr spitze Pyramiden sammt den zugehörigen (s. o.) Brachydomen ($24\overset{\smile}{P}\infty$, $12\overset{\smile}{P}\infty$, $4\overset{\smile}{P}\infty$, $2\overset{\smile}{P}\infty$); sogar $40P$ wurde gemessen; am Ende erscheinen stumpfe Formen, wie $\frac{1}{4}P$, $\frac{3}{4}\overset{\smile}{P}\infty$; 0P ist hier sehr selten (Verh. d. naturh. Ver. d. pr. Rh. u. W., Bd. 33. 1876. 308). — *Hessenberg* beschrieb früher eine reichhaltige Combination und Zwillingsbildung von Clausthal (in Mineral. Notizen, Nr. IX. 1870. 41).

Anm. 2. Stromnit, welcher nach *Traill* in gelblichweissen, schwach perlmutterglänzenden, dünnstängeligen Aggregaten von G. $= 3,7$ bei Stromness auf der Orkney-Insel

Pomona vorkommt, soll 68,6 kohlensauren Strontian, 27,5 schwefelsauren Baryt und etwas kohlensauren Kalk führen, ist aber wohl nur ein Gemeng.

255. Cerussit, *Haidinger*, oder Bleicarbonat (Weissbleierz und Schwarzbleierz).

Rhombisch, isomorph mit Aragonit [1]; P (*t*) vordere Polk. $130^0 0'$, Mittelk. $108^0 28'$, ∞P (*M*) $117^0 14'$, P̆∞ (*P*) $108^0 16'$, 2P̆∞ (*u*) $69^0 20'$, die wichtigsten einfachen Formen sind ausserdem 0P (*k*), ½P̆∞ (*s*) $140^0 15'$, 4P̆∞ (*z*) $38^0 9'$, ∞P̆∞ (*l*), ∞P̆3 (*e*), ∞P̆∞ (*y*); vorstehende Winkel nach den fast ganz übereinstimmenden Messungen von *v. Kokscharow* und *v. Zepharovich*. A.-V. $= 0,6102 : 1 : 0,7232.$

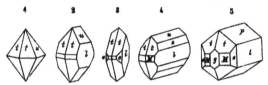

Fig. 1.   P.2P̆∞; wie eine hexagonale Pyramide erscheinend.
Fig. 2.   P.∞P̆∞.2P̆∞.∞P; die Flächen *u* und *l* gewöhnlich horizontal gestreift.
Fig. 3.   ∞P̆∞.P.∞P.∞P̆3; tafelartige Krystalle, *l* oft vertical gestreift.
Fig. 4.   ∞P̆∞.4P̆∞.2P̆∞.P.∞P; horizontal säulenförmig oder auch tafelförmig.
Fig. 5.   P̆∞.∞P̆∞.P.∞P.∞P̆3.∞P̆∞; horizontal säulenförmig.

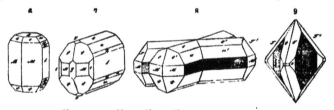

Fig. 6.   ∞P.∞P̆∞.0P.P.2P̆∞.3P̆∞.4P̆∞; vertical säulenförmig; ähnliche Kry-
          stalle sehr schön bei Kirlibaba.
Fig. 7.   ∞P̆∞.½P̆∞.2P̆∞.4P̆∞.P.∞P.∞P̆∞.∞P̆3.½P̆∞.
Fig. 8.   Ein Zwillingskrystall der Comb. ½P̆∞.2P̆∞.∞P̆∞.P.∞P.
Fig. 9.   Ein Zwillingskrystall der Combination Fig. 3.

t : *t* = $130^0 0'$ *M* : *M* = $117^0 14'$ *P* : *l* = $125^0 52'$ *t* : *P* = $136^0 9'$
t : *u* = $132 50$ *M* : *l* = $121 23$ *u* : *l* = $145 20$ *s* : *l* = $109 52$
t : *l* = $115 0$ *e* : *l* = $151 21$ *z* : *l* = $160 56$ *t* : *M* = $144 14$

Der Habitus der Krystalle ist theils pyramidal, theils horizontal-(selten vertical-) säulenförmig, theils tafelartig, die Brachydomen horizontal gestreift. An Cerussiten

---

4) Ueber den Cerussit vgl. *N. v. Kokscharow's* Beschreibung der russischen Krystalle (im 6. Band der Materialien z. Mineral. Russl. 1870. 100); *V. v. Zepharovich's* Abhandlung über die Krystalle von Kirlibaba (Sitzungsb. d. Wiener Akad., Bd. 72. 1870. 439); *Schrauf* in *Tschermak's* Mineral. Mittheil., 1873. 203; *Seligmann* über die Krystalle von Braubach in Verh. d. nat. Ver. d. pr. Rheinl. u. W. 1876. 244, sowie N. J. f. Min. 1880. I. 338 ; *Alex. Schmidt* über diejenigen von Telekes in Z. f. Kryst. VI. 1882. 545; letzterer zählt 47 bis dahin bekannt gewordene Formen auf, nämlich ausser den Pinakoiden 5 Prismen (darunter 1 Makroprisma und 3 Brachyprismen), 5 Makrodomen, 11 Brachydomen, 23 Pyramiden (darunter 5 Makro- und 12 Brachypyramiden, die übrigen aus der Hauptreihe). An den Krystallen von Sta Eufemia, Prov. Cordova in Spanien, fand *Mügge* noch 9 neue Formen, nämlich 6 Brachydomen, ferner 1 Makrodoma, 2 Pyramiden (N. Jahrb. f. Min. 1882. II. 40). *Jeremejew* beobachtete noch 3 neue Formen an Krystallen von Nertschinsk (vgl. Z. f. Kryst. VII. 627), *Liweh*, welcher die von Hausbaden bei Badenweiler beschrieb, daran noch 2 (ebendas. IX. 512).

von Rodna nahm *Vrba* eine Art von hemimorpher Ausbildung wahr, indem $\infty \breve{P} \infty$ und $\frac{1}{2}\breve{P}\infty$ einerseits stark ausgedehnt, anderseits nur schmal erscheinen, und ferner $\breve{P}\infty$ und $2\breve{P}\infty$ gewöhnlich überhaupt nur auf der Seite auftreten, wo $\infty \breve{P}\infty$ breit entwickelt ist; meist Zwillingskrystalle nach dem Gesetz: Zwillings-Ebene eine Fläche von ∞P, Berührungs- und Durchkreuzungszwillinge, auch Drillinge und mehrfach zusammengesetzte Krystalle; in diesen Zwillingen schneiden sich bei Durchkreuzung der Individuen die Brachypinakoide beider unter den Winkeln von $117^0 14'$ und $62^0 46'$; in den Drillingen bilden dieselben Flächen vier Winkel von $62^0 46'$, und zwei Winkel von $54^0 28'$. Am Altai, 68 Werst südwestlich von Schlangenberg in der Grube Solotuschinsk, kommen nach *N. v. Kokscharow* andere Zwillingskrystalle vor, nach dem Gesetz: Zwillings-Ebene eine Fläche des Prismas $\infty \breve{P}3$, in welchen zwei der beiderseitigen Flächen des Prismas ∞P einen einspringenden Winkel von $174^0 33'$ bilden; *Sadtebeck* beschrieb später herzförmige Zwillinge dieser Art von Diepenlienchen bei Aachen, *Schrauf* dergleichen auch von Rezbánya und Leadhills, *Zettler* beobachtete sie zu Haus Baden bei Badenweiler, *Seligmann* von der Grube Friedrichssegen bei Braubach, wo sich an die Zwillinge nach $\infty \breve{P}3$ wohl noch Krystalle nach ∞P zwillingsartig anlehnen. — Die Krystalle sind theils einzeln aufgewachsen, theils zu Gruppen und Drusen, selten zu bündelförmigen Aggregaten verbunden; Pseudomorphosen nach Bleiglanz und Bleihornerz, nach Anglesit, Leadhillit, Linarit, auch nach Fluorit, Eisenkies, Calcit und (?) Baryt; sehr feinkörnige und erdige Varietäten (Bleierde, diese übrigens verunreinigt durch Kalk, Thon, Eisenoxyd und etwas wasserhaltig). Bei Vilbeck in Franken als Bindemittel des Sandsteins; ebenso bisweilen bei Commern in Rheinpreussen, wo er auch nach *v. Dechen* in stalaktitischen Ueberzügen als ganz neue Bildung vorkommt. — Spaltb. prismatisch nach ∞P, und brachydomatisch nach $2\breve{P}\infty$, beide ziemlich deutlich; Bruch muschelig; spröd und leicht zersprengbar; $H.=3...$ $3,5$; $G.=6,4...6,6$ (in der Bleierde bis $5,4$ herabgehend); farblos, oft weiss, aber auch grau, gelb, braun, schwarz, selten grün oder roth gefärbt, die dunkeln Varr. durch Kohle oder durch allmähliche Umwandlung in Schwefelblei gefärbt (Schwarzbleierz); Diamantglanz, auch Fettglanz; pellucid in hohen und mittleren Graden. Die optischen Axen liegen im brachydiagonalen Hauptschnitt; die spitze Bisectrix in der Verticalaxe; Doppelbrechung negativ; durch die Wärme wird der optische Axenwinkel nicht unbeträchtlich grösser; $\varrho > v$. — Chem: Zus.: Bleicarbonat (kohlensaures Bleioxyd), $PbCO^3$ mit $16,48$ Kohlensäure und $83,52$ Bleioxyd; v. d. L. im Kolben verknistert er sehr stark, färbt sich gelb, verliert seine Kohlensäure und verhält sich dann wie Bleioxyd; auf Kohle reducirt er sich zu Blei, in Salpetersäure löst er sich vollständig unter Aufbrausen; auch in Kalilauge ist er löslich. — Ein häufiges Bleierz; besonders schöne Varr. bei Johanngeorgenstadt, Mies, Przibram, Zellerfeld, Clausthal, Friedrichssegen bei Braubach (mit 23 Formen nach *Seligmann*) und Ems in Nassau, Tarnowitz, Leadhills, bei Kirlibaba in der Bukowina, Telekes im Borsoder Comitat (hier 21 Formen nach *Al. Schmidt*), in Russland bei Beresowsk, auch mehrorts am Altai, vorzüglich aber in Transbaikalien bei Nertschinsk; die Bleierde bei Kall, Olkusz, Nertschinsk, Phönixville in Pennsylvanien.

Gebrauch. Zugleich mit anderen Bleierzen zur Gewinnung von Blei.

Anm. Der Iglesiasit vom Monte Poni bei Iglesias auf Sardinien ist nach der Analyse von *Kersten* ein zinkhaltiges Weissbleierz, bestehend aus 6 Mol. Bleicarbonat (92,10 pCt.) und 1 Mol. Zinkcarbonat (7,02 pCt.), und bemerkenswerth, weil in ihm $ZnCO^3$ in isomorpher Mischung mit vorwaltendem $PbCO^3$ auch rhombisch krystallisirt.

Fassen wir die zuletzt von Nr. 242 bis 255 besprochene isodimorphe Carbonatgruppe ins Auge, so findet sich:

	hexagonal		rhombisch
$CaCO^3$	als Kalkspath	. . . .	als Aragonit
$MgCO^3$	als Magnesit	. . . .	—
$SrCO^3$	im Strontianocalcit	. . . . .	als Strontianit
$BaCO^3$	im Neotyp	. . . .	als Witherit

	hexagonal	rhombisch
$FeCO^3$	als Eisenspath	—
$MnCO^3$	als Manganspath	—
$CoCO^3$	als Kobaltspath	—
$ZnCO^3$	als Zinkspath	im Iglesiasit
$PbCO^3$	im Plumbocalcit	als Cerussit.

256. Barytocalcit, *Brooke.*

Monoklin, $\beta = 77^0\ 34^0$; A.-V. $= 1,1201 : 1 : 0,8476$; ∞P (*b*) $84^0\ 52'$, P (*M*) $406^0\ 54'$, $P\infty$ (*h*) 61^0, nach *Miller*; die Krystalle stellen gewöhnlich Combb. dieser und einiger anderen Formen dar, wie z. B. die beistehende Figur; sie sind säulenförmig, klein zu Drusen vereinigt. auch derb in stänglig-körniger Zusammensetzung. — Spaltb.

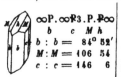

$\infty P . \infty \bar{P}3 . P . P\infty$

| b | c | M | h |

$b : b = \quad 84^0\ 52'$
$M : M = 106\quad 54$
$c : c = 146\quad 6$

nach P vollk. und nach $P\infty$ weniger deutlich; H. $= 4$; G. $= 3,63...3,66$; gelblichweiss, glasglänzend, durchscheinend. — Chem. Zus. nach den Analysen von *Children* und *Delesse* $(Ba, Ca)CO^3$, worin Ba : Ca $= 4 : 1$, also übereinstimmend mit Alstonit (Beispiel von Dimorphie)[1], der erstere erhielt 65,9 Baryumcarbonat und 33,6 Calciumcarbonat. V. d. L. ist er unschmelzbar; mit Soda auf Platinblech schmilzt er zu einer unklaren Masse; Borax löst ihn unter Brausen zu einem klaren, von Manganoxyd gefärbten Glase auf, das im Red.-F. farblos wird. Von Soda wird er zersetzt, der Baryt mit der Soda in die Kohle, während der Kalk zurückbleibt; in verdünnter Salzsäure mit Brausen löslich, in concentr. nur momentan aufbrausend. — Alston in Cumberland, Långban in Schweden.

Anm. Nach *Des-Cloiseaux* ist es höchst wahrscheinlich, dass die Individuen eines krystallinisch-körnigen sog. Barytocalcits, welchen *Sjögren* (Stockh. Geol. För. Förh. III. 4877. 289) von Långban beschrieb, und bei welchem *Lundstrom* die zutreffende chem. Zus. fand. rhomboëdrisch ($R = $ ca. 105^0, auch darnach spaltbar) sind (Bull. soc. min. 4884. Nr. 4).

2. Basische und wasserhaltige Carbonate.

a) Von leichten Metallen.

257. Thermonatrit, *Haidinger* (Kohlensaures Natron, Urao z. Th.).

Rhombisch, gewöhnliche Comb. rectanguläre Tafeln mit zweireihig angesetzten Randflächen, wie beistehende Figur; A.-V. $= 0,3644 : 1 : 1,2254$.

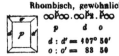

$\infty \bar{P}\infty . \infty \bar{P}2 . \bar{P}\infty$

| p | d | o |

$d : d' = 407^0\ 50'$
$o : o' = 83\quad 50$

— Spaltb. brachydiagonal; H. $= 4,5$; G. $= 4,5...4,6$; farblos. — Chem. Zus. $Na^2CO^3 + H^2O$, mit 44,54 pCt. Wasser, schmilzt nicht in der Wärme. — Lagunilla in Neu-Granada, Aegypten.

258. Natron (Kohlensaures Natron, Soda).

Monoklin, $\beta = 57^0\ 40'$; gewöhnliche Combination der künstlichen Krystalle wie

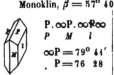

$P . \infty P . \infty \bar{P}\infty$

| P | M | l |

$\infty P = 79^0\ 44'$
$P = 76\quad 28$

beistehende Figur, als spitz rhomboidische Tafel mit zweireihig angesetzten Randflächen. A.-V. $= 4,4186 : 4 : 4,4828$. Die natürlichen Vorkommnisse bilden nur krystallinische Krusten oder mehligen Beschlag als Efflorescenzen des Bodens und verschiedener Gesteine. — Spaltb. orthodiagonal, auch klinodiagonal; H. $= 4...4,5$; G. $= 4,4$ ...4,5; farblos. — Chem. Zus.: $Na^2CO^3 + 10H^2O$, mit 54,5 Wasser, verwittert schnell an der Luft; schmilzt bei gelinder Wärme in seinem Krystallwasser unter Ausscheidung von Thermonatrit, und zeigt übrigens dieselben Reactionen wie das Trona. In der Natur immer mit Thermonatrit, mit Natriumsulfat und etwas Chlornatrium gemengt.

Gebrauch. Zur Seifen- und Glasfabrikation, zum Bleichen und Waschen, als Beizmittel

---

[1] Wegen des abweichenden Krystallsystems ist auch die Ansicht ausgesprochen worden, dass der Barytocalcit (im Gegensatz zum Alstonit) nicht die isomorphe Mischung der beiden Carbonate, sondern eine Molekularverbindung derselben, $BaCO^3 + CaCO^3$ oder $BaCaC^2O^6$ sei. Doch pflegen solche Verbindungen von sehr geringer Stabilität zu sein und äusserst leicht in ihre Constituenten zu zerfallen, was bei dem vorliegenden Mineral nicht zutrifft.

in der Färberei, zu Glasuren, zur Bereitung mehrer Farben, zur Darstellung des Berliner-blaues, als Beize des Tabaks.

259. Trona, *Klaproth* (Urao, in Südamerika).

Monoklin, $\beta = 76\frac{1}{2}°$; die Krystalle vorwaltend durch 0P und $\infty P\infty$ ($103° 15'$) gebildet, daher horizontal und breit säulenförmig; A.-V. = $2,81 : 1 : 2,99$. Stängelige Aggregate. — Spaltb. orthodiagonal; H. = $2,5...3$; G. = $2,1...2,2$; farblos. — Chem. Zus.: $Na^4 H^2 [CO^3]^3 + 2 H^2 O$ oder anderthalbfach koh-lensaures Natrium mit 2 Mol. Wasser = $Na^2 CO^3 + 2(NaHCO^3) + 2 H^2 O$, mit $17,4$ pCt. Wasser, doch fast immer mit Chlor-

$$0P.\infty P\infty.P$$
$$T \quad M \quad n$$
$$T : M = 103° 15'$$
$$n : n = 132 \quad 30$$

natrium und Natriumsulfat gemengt; verwittert nicht an der Luft; gibt im Kolben viel Was-ser; löst sich in verdünnter Salzsäure unter starkem Aufbrausen; färbt auf Platindraht ge-schmolzen die Flamme röthlichgelb. — In Sukena unweit Fezzan; in den Natronseen Aegyp-tens, bei Lagunilla in Neugranada und Nizam in Ostindien.

Gebrauch. Wie der des gemeinen Natrons; da es nicht verwittert, so wird es in den steinarmen Gegenden von Fezzan sogar als Baustein benutzt.

260. Gaylüssit, *Boussingault* (Natrocalcit).

Monoklin, $\beta = 78° 27'$, $\infty P = 68° 51'$, P = $110° 30'$; A.-V. = $1,4895 : 1 : 1,4440$; die Krystalle oft säulenförmig verlängert nach P, einzeln eingewachsen in Thon. — Spaltb. prismatisch nach ∞P, unvollk.; Bruch muschelig; H. = $2,5$; G. = $1,9...1,95$; farblos, durchsichtig. Opt. Axenebene senkrecht zum Klinopinakoid, um die Orthodiagonale als spitze Bisectrix für verschiedene Farben gedreht; Disper-sion $\varrho < v$. — Chem. Zus.: $Na^2 CO^3 + Ca CO^3 + 5 H^2 O$, mit $30,40$ pCt. Wasser; lang-sam und nur theilweise im Wasser löslich; im Kolben verknistert er, gibt Wasser, wird undurchsichtig und reagirt dann alkalisch; v. d. L. schmilzt er rasch zu einer un-klaren Perle und färbt die Flamme röthlichgelb. — Lagunilla in Neu-Granada, auch am kleinen Salzsee bei Ragtown im Staate Nevada, hier nach *Silliman* sehr häufig. In Kalkspath umgewandelt, als sog. Pseudo-Gaylüssit, bei Sangerhausen in Thüringen in neuen Thonausfüllungen von Gypsspalten, ferner im Zechstein zwischen Amt Gehren und Königsee (nach *E. E. Schmid*); auch bei Tönningen in Schleswig, wo diese Ge-bilde überhaupt nach *Meyn* in der Marscherde von Eiderstedt häufig vorkommen und von den Landleuten Gerstenkörner genannt werden; ebenso nach *G. vom Rath* im Marschboden am Dollart; am nevadischen Natronsee überall den frischen Gaylüssit begleitend; *Des-Cloizeaux* hält diese Formen jedoch für Pseudomorphosen nach Cöle-stin (wogegen sich manche Bedenken erheben lassen), *Groth* für solche nach Anhydrit. Die manchmal den Pseudo-Gaylüssiten von Sangerhausen ähnlichen, in der Gegend von Archangel vom Meeresboden heraufgefischten sog. Heugabeln vom Weissen Meer (Bjelomórskija Rogúljki) sollen nach *Jereméjew* auch Pseudomorphosen nach Cölestin sein, aber nicht aus Kalkspath, sondern aus Aragonit bestehen.

A n m. Gaylüssit-Krystalle, ganz mit den natürlich vorkommenden übereinstim-mend, haben sich mehrfach künstlich gebildet, u. a. in der Schönebecker Sodafabrik; über Dimensionen und Ausbildung vgl. *Arzruni* in Z. f. Kryst. VI. **24.**

261. Hydromagnesit, *v. Kobell.*

Monoklin nach *Dana*, rhombisch nach *Tschermak*, ∞P $87°$ ($87° 56'$ nach *Des-Cloizeaux*); die Krystalle klein und dünn nadelförmig; doch nur sehr selten deutlich krystallisirt, ge-wöhnlich kryptokrystallinisch, in der Form rundlicher plattgedrückter Knollen; bisweilen in radial-stängeligen Aggregaten; Bruch erdig und unvollk. muschelig; H. = $1,5...2$; G. = $2,14 ...2,18$; weiss, matt, fühlt sich etwas fettig an, färbt ab und schreibt. — Chem. Zus.: Wasser-haltiges basisches Magnesiumcarbonat, $3 Mg CO^3 + Mg(OH)^2 + 3 H^2 O$, oder $Mg^4(OH)^2[CO^3]^3 + 3 H^2 O$, mit $43,95$ Magnesia, $36,27$ Kohlensäure, und $19,78$ Wasser; v. d. L. ist er unschmelzbar, gibt im Kolben Wasser und verhält sich wie reine Magnesia; in Säuren löslich unter starkem Auf-brausen. — Im Serpentin bei Kumi auf Negroponte, zu Hoboken in New-Jersey, Texas in Pennsylvanien, Hrubschitz in Mähren, Kraubat in Steiermark.

A n m. 1. Das weisse, dichte Mineral von Baldissero in Piemont, welches *Guyton* unter dem Namen B a u d i s s e r i t aufgeführt hat, scheint nur eine mit Kieselsäure innig gemengte Varietät des Hydromagnesits zu sein.

Anm. 2. *Rammelsberg's* Hydromagnocalcit oder Hydrodolomit, ein in gelblichweissen, dichten, zu grösseren Aggregaten verwachsenen Kugeln vom G. 2,495 vorkommendes travertinähnliches Mineral vom Vesuv, ist nach den Analysen von *v. Kobell* und *Rammelsberg* ein inniges Gemeng von Hydromagnesit und von dolomitischem Kalk etwa in dem
Verhältniss von 1 : 2.

Anm. 3. Lancasterit hat *Silliman* ein in kleinen Krystallen vorkommendes Mineral
von Lancaster in Pennsylvanien genannt, welches G. = 2,32...2,35 hat und mit 50 Magnesia
27,5 Kohlensäure, 22,5 Wasser ebenfalls ein basisches Magnesiumcarbonat darstellt.
$MgCO_3 + Mg[OH]^2 + H^2O$. *Smith* und *Brush* erklären aber das Mineral für ein Gemeng von
Brucit und Hydromagnesit.

262. Dawsonit, *Harrington*.

Monoklin, nach Dimensionen unbekannt; dünnblätterige Krystalle; bisweilen faserig.
H. = 3 ; G. = 2,40; weiss, glasglänzend, durchscheinend bis durchsichtig. — Chem. Zus.: sowohl die Analyse des canadischen Vorkommens (welches auch etwas Kalk hält) von
Harrington, als die des toscanischen von *Friedel* führen auf die empirische Formel
$(Al^2)O^3 + Na^2O + 2CO^2 + 2H^2O$, welche sich als $Al[OH]^2 NaCO^3$ schreiben lässt, und 35,45 Thonerde, 21,54 Natron, 30,52 Kohlensäure, 12,49 Wasser erfordert. Aluminiumcarbonat existirt
bekanntlich nicht selbständig. V. d. L. nicht schmelzbar, verliert sein Wasser erst bei 180°,
ist nach der Rothgluth in verdünnter Salzsäure löslich. — Im Trentonkalk zu Mc Gill College
bei Montreal in Canada; findet sich auch im ganzen Flussgebiete des Siele, der Zolfarata und
der Senna in Toscana, um den Trachytkegel Monte Amiata, von Zinnober begleitet (Bull. soc.
min. IV. 28. 155).

b) Von schweren Metallen.

263. Kupferlasur, *Werner* (Azurit, *Beudant*; Chessylit).

Monoklin, $\beta = 87^\circ 36'$, ∞P (*M*) 99° 20′, $-P$ (*k*) 106° 3′; diese und die folgenden Winkel nach *Schrauf* (Sitzungsber. d. Wiener Akad., Bd. 64. 1871. S. 123).
A.-V. = 0,8502 : 1 : 1,7611; nach Anderen ist ∞P 99° 32′. Vielen Krystallen liegt
die Comb. $0P.\infty P.\infty P\infty$. — P zu Grunde, doch kommen auch ganz andere und z. Th.
sehr verwickelte Combinationen vor; so gibt es Krystalle, welche vorherrschend von
$\frac{1}{2}P.\frac{1}{2}P\infty.0P$ gebildet werden, andere, in denen — P als kurze Säule vorwaltet u.s.w.
Schrauf zählt im Ganzen 51 Partialformen auf. *Groth* führt eine Zwillingsbildung nach
$\frac{1}{2}P\infty$ bei Krystallen von Chessy an.

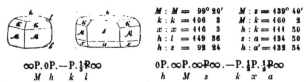

M : *M* = 99° 20′	*M* : *s* = 139° 40′
k : *k* = 106 3	*M* : *k* = 160 2
x : *x* = 116 3	*h* : *k* = 111 50
h : *l* = 149 36	*s* : *a* = 134 50
h : *s* = 92 24	*h* : *a′* = 132 54

$\infty P. 0P. - P. \frac{1}{2}P\infty$ $0P. \infty P. \infty P\infty. - P. \frac{1}{2}P. \frac{1}{2}P\infty$

   M *h*   *k*   *l*   *h*   *M*   *s*   *k*   *x*   *a*

Der Habitus der Krystalle ist meist kurz säulenförmig, dick tafelartig oder auch
lang säulenförmig, wenn sie durch vorherrschende Hemidomen nebst $0P$ und $\infty P\infty$
nach der Orthodiagonale in die Länge gestreckt sind; mittler Grösse bis sehr klein,
meist in Drusen und Gruppen vereinigt, auch derb und eingesprengt in strahligen bis
dichten, sowie angeflogen in erdigen Varietäten. Pseudomorphosen nach Rothkupfererz,
Fahlerz und Dolomit. — Spaltb. klinodomatisch nach $P\infty$ 59° 12′, ziemlich vollkommen, Bruch muschelig bis uneben und splitterig; H. = 3,5...4; G. = 3,7...3,8; farbig, lasurblau, in erdigen Varr. smalteblau, Strich smalteblau; Glasglanz, pellucid in
geringen Graden. Die Ebene der optischen Axen ist parallel der Orthodiagonale, ihre
spitze Bisectrix liegt im klinodiagonalen Hauptschnitt und bildet mit der Verticalaxe
einen Winkel von 12° 36′, mit der Klinodiagonale 75°. — Die Kupferlasur ist das
basische Kupfercarbonat $2CuCO^3 + Cu[OH]^2$ oder $Cu^3[OH]^2[CO^3]^2$, mit 69,19 Kupferoxyd, 25,58 Kohlensäure, 5,23 Wasser; im Kolben gibt sie Wasser und schwärzt sich;
v. d. L. auf Kohle schmilzt sie und liefert ein Kupferkorn; löst sich in Säuren mit

Brausen und auch in Ammoniak. — Auf Kupferlagerstätten; die schönsten Varr. zu Chessy bei Lyon, zu Neu-Moldova im Banat, Kolywan und Nischne Tagilsk in Sibirien, Redruth in Cornwall, Phönixville in Pennsylvanien, Burra-Burra bei Adelaide in Australien.

Gebrauch. Vorzüglich als Kupfererz zur Darstellung des Kupfers; auch zur Bereitung von Kupfervitriol, und als blaue Farbe.

264. Malachit, *Wallerius*.

Monoklin, $\beta = 61° 50'$, $\infty P = 104° 20'$, $-P\infty : \infty P\infty$ 90° 15' nach *Hessenberg*; *A. Nordenskiöld* fand $\beta = 61° 57'$ und $\infty P = 104° 52'$, wogegen *v. Zepharovich's* Messungen mit jenen von *Hessenberg* mehr übereinstimmen; fast immer mikrokrystallinisch, daher die Krystallformen, welche gewöhnlich die säulenförmige Comb. ∞P. $\infty P\infty$. 0P darstellen, und zwillingsartig nach $\infty P\infty$ verbunden sind, nur selten deutlich ausgebildet erscheinen; die Zwillinge sind theils mit Durchkreuzung, theils nur mit Juxtaposition der Individuen ausgebildet wie in beistehender Figur. In der Regel nadel- oder haarförmig, oder dünn tafelförmig und schuppig, in traubigen, nierförmigen, stalaktitischen Aggregaten von krummschaliger und radialfaseriger Textur, welche endlich in das Dichte übergeht; auch derb, eingesprengt, angeflogen; als Pseudomorphose besonders nach

$\infty P.0P.\infty P\infty$
M P s
Zwillingskrystall
$P : P' = 123° 40'$
$M : M = 104° 20$

Kupferlasur und Rothkupfererz, selten, aber sehr schön nach Atacamit (bei Bogoslowsk, wie *Tschermak* berichtete), auch nach Kupfer, Kupferglanz, Kupferkies und Fahlerz, sowie in anderen Pseudomorphosen nach Kalkspath, Zinkspath und Cerussit. — Spaltb. basisch und klinodiagonal, sehr vollk.; die Aggregate haben theils büschel- und sternförmig faserigen, theils schuppigen, theils sehr feinsplitterigen Bruch; H. = 3,5...4; G. = 3,7...4,1; farbig, smaragd- bis spangrün, Strich span- bis apfelgrün; die Krystalle diamant- und glasglänzend, die Aggregate seidenglänzend bis matt; pellucid in niederen Graden. Die optischen Axen liegen im klinodiagonalen Hauptschnitt, ihre spitze Bisectrix ist gegen die Basis 85° 20' geneigt. — Chem. Zus.: das basische Kupfercarbonat $Ca\,CO^3 + Ca[OH]^2$ oder $Cu^2[OH]^2CO^3$, mit 71,90 Kupferoxyd, 19,94 Kohlensäure, 8,16 Wasser; gibt im Kolben Wasser und schwärzt sich; v. d. L. auf Kohle schmilzt er und reducirt sich endlich zu Kupfer; in Salzsäure mit Brausen, sowie auch in Ammoniak löslich. — Man kann blätterige, faserige, dichte und erdige Varr. unterscheiden; sie finden sich mit anderen Kupfererzen oder mit Brauneisenerz an vielen Orten; Saalfeld, Rheinbreithach, Betzdorf bei Siegen, Olsa in Kärnten, Chessy bei Lyon, Cornwall, Rezbánya, Saska und Moldova im Banat, Miedzana-Gora in Polen, Nischne Tagilsk und Gumeschewsk am Ural und vielorts in Nordamerika; überhaupt ein sehr verbreitetes Kupfererz.

Gebrauch. Der in grösseren Massen vorkommende dichte Malachit wird zu Tischplatten, Vasen, Dosen, Brochen, Leuchtorn u. a. Ornamenten verarbeitet; auch benutzt man ihn zur Mosaik und bisweilen als Malerfarbe; die wichtigste Benutzung des Minerals ist jedoch seine metallurgische, zur Darstellung des Kupfers.

Anm. 1. Dass die Umwandlung der Kupferlasur in Malachit auf einem gegenseitigen Austausch von Kohlensäure gegen Wasser beruht, ergibt sich, wenn man die Formeln beider Mineralien, um sie directer mit einander vergleichen zu können, dualistisch etwas anders schreibt:

Kupferlasur = $3\,Cu\,O.2\,CO^2 + H^2O = 6\,Cu\,O.4\,CO^2 + 2\,H^2O$
Malachit   = $2\,Cu\,O.C\,O^2 + H^2O = 6\,Cu\,O.3\,CO^2 + 3\,H^2O$.

Anm. 2. Der Kalkmalachit *Zincken's* in spangrunen, seidenglänzenden, traubigen und nierformigen Aggregaten von schaliger und radialfaseriger Textur, welcher wesentlich aus wasserhaltigem kohlensaurem Kupfer und kohlensaurem und schwefelsaurem Kalk bestehen soll, löst sich in Salzsäure mit Brausen unter Hinterlassung eines gallertartigen Rückstandes von Gyps, und dürfte deshalb ein Gemeng sein. — Lauterberg am Harz.

Anm. 3. Atlasit nennt *Breithaupt* einen Malachit, welcher 8 pCt. Chlorkupfer enthält, das Gewicht 3,84...3,87 hat, und in faustgrossen derben Massen von dünnstängeliger Textur bei Chañarcillo in Chile vorkommt. Er ist äusserlich dem Atacamit sehr ähnlich, und dürfte ein Mittelstadium derjenigen Metasomatosis darstellen, durch welche der Atacamit in Malachit übergeht, und auch die schönen von *Gustav Rose* beschriebenen Pseudomorphosen gebildet wurden, welche erst durch *v. Kokscharow* und *Tschermak* auf ihren wahren Archetypus zurückgeführt worden sind.

265. Zinkblüthe, *Karsten* (Hydrozinkit).

Nierförmige und derbe, erdige oder dichte, z. Th. oolithische, etwas spröde, oft eckig abgesonderte, und auf den Absonderungsklüften mit Galmei und Zinkspath erfüllte Massen von blassgelber bis schneeweisser Farbe und glänzendem Strich; G. = 3,252, doch mehr oder weniger schwankend nach Maassgabe der Aggregation. — Chem. Zus. nach den meisten Analysen: das basische Zinkcarbonat $Zn CO^3 + 2 Zn [O H]^2$ oder $Zn^3 [O H]^4 CO^3$, mit 75,24 Zinkoxyd, 13,62 Kohlensäure, 11,14 Wasser. — Mit Zinkspath zu Bleiberg und Raibl in Kärnten, im Höllenthal an der Zugspitze bei Partenkirchen, Cumillas und Udias in der Provinz Santander in Spanien, Grube Guttrupala bei Iglesias auf Sardinien, Auronzo in der Lombardei, Friedensville in Pennsylvanien.

Anm. 1. Nach *Schnabel* kommt bei Ramsbeck in Westphalen eine Art Zinkbluthe sehr häufig als secundäres Erzeugniss vor; sie bildet auf den Halden und in den Gruben weisse Efflorescenzen, deren Zusammensetzung von jener der soeben beschriebenen Zinkblüthe nur dadurch abweicht, dass ein Mol. Krystallwasser vorhanden ist.

Anm. 2. Das gediegene Blei von Långban ist nach *A. E. Nordenskiold* häufig von einer Schicht eines wasserhaltigen kohlensauren Bleioxyds (Hydrocerussit genannt) umhüllt, welche aus farblosen und weissen viereckigen, optisch einaxig negativen, mit einer vollk. Spaltb. versehenen Blättern besteht; löslich in Säuren unter Entweichen von Kohlensäure.

Anm. 3. Hier mag auch das von *Haidinger* mit dem Namen Wiserit belegte Mineral erwähnt werden. Faserige Aggregate, gelblichweiss bis röthlich, seidenglänzend; ist wasserhaltiges kohlensaures Manganoxydul, und findet sich nach *Wiser* am Berge Gonzen bei Sargans in der Schweiz auf Klüften von Hausmannit. *Kenngott* vermuthet, dass es sich zu dem Pyrochroit (vgl. diesen) verhalte, wie der Nemalith zu dem Brucit, und dass die Kohlensäure erst später aufgenommen worden sei.

266. Aurichalcit, *Böttger*.

Nadelförmige Krystalle; H. = 2; spangrun; perlmutterglänzend, durchscheinend. Nach *Böttger's* Analyse wasserhaltige Verbindung von Kohlensäure, Zinkoxyd und Kupferoxyd, mit 46 Zinkoxyd, 28 Kupferoxyd, 16 Kohlensäure, 10 Wasser, was man durch die Formel $2 R CO^3 + 3 R [O H]^2$ ausdrücken könnte, worin R = Cu und Zn im Verhältniss von 2 : 3. Im Kolben gibt er Wasser und wird schwarz; auf Kohle im Red.-F. mit Soda gibt er starken Zinkbeschlag, und mit Borax oder Phosphorsalz die Reactionen des Kupfers; in Salzsäure mit Brausen löslich. — Loktewsk am Altai.

Anm. 1. Hierher gehört auch das von *Risse* mit dem Namen Messingblüthe belegte Mineral, welches in kleinen, lichtgrünlichblauen, strahligen bis faserigen Aggregaten bei Santander in Spanien vorkommt, und 55,3 Zinkoxyd, 18,4 Kupferoxyd, 11,1 Kohlensäure und 10,8 Wasser enthält, was ungefähr der Formel $R CO^3 + 2 R [O H]^2$ entspricht, worin R = Cu und Zn im Verh. von 1 : 3.

Anm. 2. Der Buratit *Delesse's* scheint ein kalkhaltiger Aurichalcit zu sein. Mikrokrystallinisch, in nadelförmigen Krystallen und in Aggregaten von faseriger Zusammensetzung; G. = 3,32; himmelblau, spangrün bis apfelgrün, perlmutterglänzend. — Chem. Zus. desjenigen von Loktewsk nach der Analyse von *Delesse*: 32 Zinkoxyd, 29,5 Kupferoxyd, 8,6 Kalk, 24,1 Kohlensäure, 8,5 Wasser. Die Varietät von Chessy enthielt nur 2,16 Kalk und 41,2 Zinkoxyd. Die trockenen Reactionen sind ähnlich denen des Aurichalcits, in Säuren ist er unter Brausen löslich, auch in Ammoniak unter Hinterlassung von kohlensaurem Kalk. — Findet sich mit Zinkspath zu Chessy, auch bei Volterra in Toscana, bei Framont und zu Loktewsk am Altai.

267. Nickelsmaragd, Emerald-Nickel, Texasit.

Bildet dünne, sehr feinkrystallinische, nierformige Ueberzüge über dem Chromeisenerz von Texas in Pennsylvanien; H. = 3; G. = 2,57...2,69; smaragdgrün, schwach glänzend, durchscheinend; ist zufolge der Analysen von *Silliman*, *Smith* und *Brush* wasserhaltiges basisches Nickelcarbonat, $Ni CO^3 + 2 Ni [O H]^2 + 4 H^2 O$, mit 59,60 Nickeloxydul, 11,69 Kohlensäure und 28,71 Wasser; gibt im Kolben viel Wasser, wird v. d. L. schwarz und verhält sich dann wie Nickeloxyd; in Säuren mit Brausen löslich zu gruner Solution. — Fand sich auch am Cap Ortegal in Spanien (sog. Z a r a t i t), auf der Insel Unst, und bei Pregratten in Tirol.

268. Uranothallit, *Schrauf,* oder Uran-Kalk-Carbonat, *Vogl.*

Krystallformen nicht hinlänglich bekannt; die sehr kleinen Blättchen und Prismen sechsseitig begrenzt, mit Winkeln von ca. 120° (*Schrauf,* Z. f. Kryst. VI. 111); bis jetzt nur eingesprengt in kleinkörnigen Aggregaten, als Anflug und in Ueberzügen auf Uranpecherz. — H. = 2,5...3; zeisiggrün, halbdurchsichtig und durchscheinend, auf Spaltungsflächen perlmutterglänzend, sonst glasglänzend. — Chem. Zus. nach der Analyse von *Lindacker,* womit eine spätere von *Schrauf* sehr gut übereinstimmt: 37,03 Uranoxydul, 15,55 Kalk, 24,18 Kohlensäure, 23,24 Wasser, was der Formel $U[CO^3]^2 + 2CaCO^3 + 10H^2O$ recht wohl entspricht. Im Kolben gibt er Wasser und wird schwarz; auf Kohle unschmelzbar; mit Borax und Phosphorsalz Uranreaction; in Salzsäure unter Aufbrausen vollkommen zu gruner Flüssigkeit, in Schwefelsäure mit Rückstand löslich. — Joachimsthal in Begleitung von Uranpecherz.

A n m. 1. Sehr nahe verwandt, aber auch noch Kupfercarbonat haltend, ist der V o g l i t *Haidinger's.* Derselbe bildet schuppige Aggregate auf Uranpecherz, deren Individuen ganz kleine rhomboidische Lamellen von etwa 100° und 80° Flächenwinkel darstellen; smaragdbis grasgrün, Strich blassgrün, perlmutterglänzend, mild und zerreiblich. — Chem. Zus. nach *Lindacker*: 37,0 Uranoxydul, 14,09 Kalk, 14,40 Kupferoxyd, 13,9 Wasser, 26,11 Kohlensäure, also wohl ein neutrales wasserhaltiges Carbonat von Uran, Kalk und Kupfer. — Eliaszeche bei Joachimsthal.

A n m. 2. L i o b i g i t nennt *Smith* ein grünes, in Begleitung des Uranpecherzes zu Adrianopel vorkommendes Mineral, welches wohl ein wasserhaltiges basisches Carbonat von Uran und Kalk ist, mit 38 Uranoxyd, 8 Kalk, 10 Kohlensäure, 45 Wasser; gibt mit Salzsäure eine gelbe Lösung.

269. Bismutit, *Breithaupt.*

Derb, eingesprengt, als Ueberzug und in nadelförmigen Pseudomorphosen nach ged. Wismuth; doppeltbrechend nach *Weisbach*; Bruch muschelig bis uneben, sehr spröd; H. = 4...4,5; G. = 6,12...6,27 nach *Weisbach,* nach Anderen etwas höher; gelblichgrau, weisslichschwarze, auch berg- und zeisiggrün; schwach glasglänzend bis matt, in dünnen Schliffen graugelb pellucid. — Chem. Zus. nach *Winkler*: 95,90 Wismuthoxyd, 2,91 Kohlensäure, 1,04 Wasser, entsprechend der empirischen Formel $Bi^6CO^{11} + H^2O$; doch mag nach *Plattner* findet sich auch ein kleiner Gehalt an Schwefelsäure. V. d. L. zerknistert er, schmilzt auf Kohle sehr leicht, und reducirt sich unter Aufbrausen zu einem leichtflüssigen Metallkorn, welches die Kohle mit Wismuthoxyd beschlägt; in Salzsäure unter Brausen löslich. — Ullersreuth bei Hirschberg und Sparenberg im Voigtlande, Schneeberg, Johanngeorgenstadt.

A n m. 1. *Rammelsberg* beschrieb einen dem Galmei ähnlichen, porösen und zelligen W i s m u t h s p a t h aus den Goldgruben von Chesterfield-County in Süd-Carolina, welcher aus 90 Wismuthoxyd, 6,56 Kohlensäure und 3,44 Wasser besteht, und daher wasserhaltiges basisches Wismuthcarbonat, etwa $3Bi^2CO^5 + Bi^2[OH]^6 + H^2O$ ist; auch vermuthet er, dass der Bismutit in seinen reinsten Varietäten mit diesem Wismuthspath identisch sein dürfte; *Genth* fand auch 3,9 bis 5 pCt. Wasser. *Frenzel* untersuchte einen graulichweissen und trüben Wismuthspath von Guanaxuato in Mexico, welcher ganz übereinstimmende Zus., aber nur 1,80 Wasser besass.

A n m. 2. Das von *Hausmann* als G r a u s i l b e r aufgeführte, von *Haidinger* S e l b i t genannte kohlensaure Silberoxyd, welches zu Real-de-Catorce in Mexico vorkommt, erscheint derb und eingesprengt, als eine aschgraue bis graulichschwarze matte, undurchsichtige, weiche, pulverförmige Substanz, welche sich auf Kohle sehr leicht zu Silber reducirt und in Salpetersäure mit Brausen löst. Das bei Altwolfach in Baden vorkommende, ähnlich erscheinende Mineral ist nach *Sandberger* ein sehr inniges Gemeng von erdigem Silberglanz, etwas gediegenem Silber und Braunspath; doch soll sich nach *Dufrénoy* auch dort wirkliches kohlensaures Silberoxyd finden.

270. Lanthanit, *Haidinger* (Hydrocerit).

Rhombisch, $\infty P = 92° 46'$, P Mittelkante = 105° 12' nach *v. Lang*; A.-V. = 0,9528 : 1 : 0,9548; findet sich nur selten in kleinen tafelförmigen Krystallen der Comb. 0P.∞P.∞P∞.P; gewöhnlich derb in feinkörnigen, schuppigen, bis erdigen Aggregaten. — Spaltb. basisch; H. = 2; G. = 2,6...2,7; weiss, gelb oder rosenroth, perlmutterglanzend bis matt. — Nach *Mosander* ist dieses Mineral wasserhaltiges kohlensaures Lanthanoxyd und n i c h t Ceroxydul,

wie man früher glaubte; dies wird durch die Untersuchungen von *Smith*, *Blake* und *Genth*
bestätigt, welche 55 Lanthanoxyd (nebst etwas Didymoxyd), 24 Kohlensäure und 24 Wasser
fanden, woraus sich die Formel $(La^2)[C O^3]^3 + 9 H^2 O$ ergibt; in Säuren mit Brausen loslich; v.
d. L. schrumpft es ein, bleibt unschmelzbar, wird weiss und undurchsichtig, nach dem Erkalten aber braun und metallisch glänzend. — Riddarhytta in Schweden, Bethlehem in Pennsylvanien, Cantongrube in Georgia.

3. Chlor- und Fluor-haltige Carbonate.

271. Bleihornerz oder Kerasin, *Beudant* (Hornblei, Phosgenit).

Tetragonal, P 113° 56′ nach *v. Kokscharow*; A.-V. = 1 : 1,0876; die Krystalle bestehen
einestheils aus $\infty P\infty$ (*l*), 0P mit ∞P (*g*) und untergeordneten Flächen von P (*c*) oder 2P∞, anderntheils (wie die zweite Figur) aus 8P
(*n*) 170° 42′, $\frac{3}{2}$P (*r*) 133° 8′ und 0P, oder auch aus $\frac{1}{2}$P 150° 50′, mit ∞P
und 0P, und erscheinen daher theils kurzsäulenförmig, wobei sich
auch noch wohl ∞P2 einstellt, theils spitz pyramidal. — Spaltb.
prismatisch nach ∞P, ziemlich vollk., Bruch muschelig; H. = 2,5
...3; G. = 6...6,3; gelblichweiss bis weingelb, grünlichweiss bis
spargelgrün, graulichweiss bis grau; fettartiger Diamantglanz; pellucid in verschiedenen
Graden; Doppelbrechung positiv. — Chem. Zus. nach den Analysen von *Rammelsberg* und *Krug
v. Nidda*: empirisch $Pb^2 Cl^2 C O^3$ oder Verbindung von 1 Mol. Bleicarbonat mit 1 Mol. Chlorblei = $Pb C O^3 + Pb Cl^2$, mit 19 Bleicarbonat und 54 Chlorblei; v. d. L. schmilzt es leicht im
Ox.-F. zu undurchsichtiger gelber Kugel, welche eine etwas krystallinische Oberfläche zeigt;
im Red.-F. bildet sich Blei unter Entwickelung saurer Dämpfe; in verdünnter Salpetersäure
mit Brausen loslich, die Sol. reagirt auf Chlor. — Sehr selten, zu Matlock und Cromford in
Derbyshire, Gibbas und Monte Poni (vgl. das. *Hansel* in Z. f. Kr. II. 1878. 291) auf der Insel
Sardinien, und zu Tarnowitz, wo die vollständig ausgebildeten und oft ziemlich grossen Krystalle meist ganz in Bleicarbonat umgewandelt sind.

272. Parisit, *Medici-Spada*; nach dem Entdecker *J. Paris* benannt.

Hexagonal, P 164° 58′; A.-V. = 1 : 6,563, also eine sehr spitze hexagonale Pyramide,
vielleicht auch rhomboëdrisch, da *Sartorius v. Waltershausen* die abwechselnden Polkanten
der Pyramide verschieden fand; Spaltb. basisch, sehr vollkommen, Bruch kleinmuschelig;
H. = 4...5; G. = 4,35; bräunlichgelb in das röthliche, Strich gelblichweiss; Glasglanz im
Bruch, fast Perlmutterglanz auf den Spaltungsflächen; kantendurchscheinend; optisch - einaxig, starke pos. Doppelbrechung, $\omega = 1,569$, $\varepsilon = 1,670$. — Chem. Zus. nach der Analyse von
Bunsen: eine ziemlich complicirte Verbindung von kohlensaurem Ceroxydul (nebst Didym-
und Lanthanoxyd), etwas Fluorcalcium und Ceroxydulhydrat, mit 2,4 Wasser, 23,3 Kohlensäure, 11,5 Fluorcalcium und Ceroxydul u. s. w. Eine spätere Analyse von *Damour* und
Sainte-Claire-Deville ergab 23,48 Kohlensäure, 42,32 Ceroxydul, 9,58 Didymoxyd, 8,26 Lanthanoxyd, 2,85 Kalkerde, 10,10 Fluorcalcium und 2,16 Fluorcerium, aber kein Wasser. V. d.
L. unschmelzbar; in Salzsäure unter Brausen schwer löslich. — Dies sehr seltene Mineral
findet sich in den Smaragdgruben des Muzothals in Neu-Granada, auch in den Kischtimis-
kischen Goldwäschen am Ural, doch hier nur als Geschiebe, und von etwas abweichender
chemischer Zusammensetzung, indem darin das Lanthan über das Cer überwiegt und das
Calcium fehlt; auch G. = 4,784.

273. Bastnäsit, *Huot*, oder Hamartit, *A. E. Nordenskiöld*.

Hexagonal mit prismatischem Habitus, gewöhnliche Combination ∞P. ∞P2. 0P; weitere
Dimensionen nicht bekannt. — H. = 4...4,5; G. = 4,93...5,18; wachsgelb bis röthlichbraun,
glas- bis harzglänzend. — Chem. Zus.: das Vorkommen von Riddarhytta ist dasjenige Mineral, welches früher von *Hisinger* als »basisches Fluorcerium« bezeichnet, dessen flüchtiger Bestandtheil von *A. Nordenskiöld* nicht als Wasser, sondern als Kohlensäure erkannt wurde;
des Letzteren Analyse ergab 28,49 Ceroxyd, 45,77 Lanthanoxyd (mit Didym), 19,50 Kohlensäure; der Fluorgehalt berechnet sich zu 8,67. *Allen* und *Comstock* fanden später bei dem
amerikanischen Vork. Kohlensäure und Fluor ganz übereinstimmend, ferner 44,04 Ceroxyd,
34,76 Lanthanoxyd. Darnach gestaltet sich die Formel zu $2(R^2) [C O^3]^3 + (R^2) F^6$, worin R = Ce,
La, Di. — V. d. L. unschmelzbar; sehr leicht zersetzbar durch Salzsäure unter Entwickelung
von Kohlensäure. — Bastnäs - Grube bei Riddarhytta in Schweden mit Allanit; neuerdings
auch, theilweise in Feldspath eingewachsen, in der Nähe des Pikes Peak in Colorado, wo das
Mineral aus Tysonit (vgl. diesen) hervorgegangen ist (Am. Journ. of sc. (3) XIX. 390).

4. Verbindung von Carbonat mit Sulfat.

274. Leadhillit, *Beudant*.

Monoklin, wie schon *Haidinger* aus seinen Messungen ableitete und *Laspeyres* wieder erwies, nachdem *Miller* und *Des-Cloizeaux* das Mineral für rhombisch gehalten hatten; $\beta = 89°$ $47'\ 38''$; A.-V. $= 1,7476 : 1 : 2,2454$. Die Krystalle meist tafelartig nach 0P und in ihrer einfachsten Ausbildung auf den ersten Anblick an hexagonale Combinationen erinnernd. Doch kommen auch sehr complicirte Combinationen vor, betreffs deren Formen und Winkelverhältnisse man die Abhandlung von *Laspeyres* in Z. f. Kryst. I. 1877, 194 vergleichen möge. Zwillingskrystalle und noch häufiger Drillingskrystalle, Zwillings-Ebene eine Fläche von ∞P3, auch eine solche von ∞P; nach *Mügge* lassen sich künstlich durch Erhitzen ausserordentlich zahlreiche und feine Zwillingslamellen hervorbringen; schalige Aggregate. Spaltb. basisch höchst vollk., sehr wenig spröd. H. $= 2,5$; G. $= 6,26...6,55$; gelblichweiss in grau, grün, gelb und braun geneigt; diamantartiger Perlmutterglanz auf 0P, sonst Fettglanz; pellucid in höheren Graden. Die Ebene der optischen Axen steht normal zu ∞P∞, die spitze (negative) Bisectrix liegt in ∞P∞ im stumpfen Axenwinkel und bildet mit der Verticalaxe $0°\ 12'\ 22''$, d. h. ist normal zu 0P; die optische Normale fällt also mit der Klinodiagonale zusammen. Dispersion ziemlich bedeutend, $\varrho < v$. Der Winkel der optischen Axen verengert sich bei der Erhitzung: bei $20°$ Temperatur beträgt er $20°$, bei $60°$ Temp. misst er nur $16°$, bei $122°$ Temp. ist der Leadhillit einaxig, wobei die Substanz sich trübt; zufolge *Mügge* ist dazu eine höhere Temperatur, über $285°$ erforderlich. — Die chem. Zus. wurde nach vielen Analysen als eine Verbindung von 3 Mol. Bleicarbonat mit 1 Mol. Bleisulfat, $3 PbCO^3 + PbSO^4$ (mit 80,80 Bleioxyd, 11,95 Kohlensäure, 7,25 Schwefelsäure) aufgefasst. *Laspeyres* wies indessen, zuerst an dem sardinischen, dann auch an dem schottischen Vorkommniss einen Wassergehalt nach, und erhielt 81,98 Bleioxyd, 8,03 Kohlensäure, 8,12 Schwefelsäure, 1,87 Wasser; in Folge dessen ertheilt er dem Leadhillit die empirische Formel $H^{10}Pb^{18}C^9S^5O^{56}$ oder $Pb^{18}C^9S^5O^{51} + 5 H^2O$), welche sich vielleicht als $H^2Pb^4C^2SO^{10}$ vereinfachen lässt. V. d. L. auf Kohle schwillt er etwas an, wird gelb, aber beim Erkalten wieder weiss und reducirt sich leicht zu Blei; in Salpetersäure mit Aufbrausen löslich unter Hinterlassung von Bleisulfat. — Leadhills in Schottland, Taunton in Somersetshire, Grube Malo Calzetto unweit Iglesias auf Sardinien (hier bis 2 Mm. dicke, 10 Mm. im Quadrat messende Krystalle, von *Max Braun* entdeckt, vgl. unten Maxit), Nertschinsk in Sibirien.

Anm. 1. Ein ferneres Vorkommen des Leadhillits machte *E. Bertrand* von Matlock in Derbyshire bekannt; krystallographisch identisch mit den anderen Leadhilliten, ist es optisch verschieden, indem hier der Winkel der optischen Axen $72°$ (für Gelb) beträgt, auch bei steigender Temperatur die Axen sich sehr langsam einander nähern; bei $250°$ beträgt ihr Winkel bei diesem Leadhillit noch $66°$ und seine Krystalle büssen noch nichts von ihrer Durchsichtigkeit ein; bei höherer Temperatur decrepitiren sie sehr stark (Comptes rendus Bd. 86. 1878. 343).

Anm. 2. Auf dem Susannagange bei Leadhills soll dieselbe Substanz auch heteromorph in rhomboëdrischen Krystallformen vorkommen; R $72°\ 30'$, also ein spitzes Rhomboëder, dessen Mittelecken gewöhnlich durch 0R, und dessen Polecken durch 0R abgestumpft sind; A.-V. $= 1 : 2,2424$. — Spaltb. basisch vollk.; H. $= 2,5$; G. $= 6,55$; weiss, grün und braun. *Haidinger* hat dieses Vorkommen S u s a n n i t genannt; es findet sich nach *Dana* auch bei Moldova. *Kenngott* macht es indessen sehr wahrscheinlich, dass dieser Susannit nur ein Drillingsgebilde des Leadhillit ist (N. Jahrb. für Min., 1868. 349). *Bertrand* führt übrigens ein Stück Leadhillit von Leadhills an, an welchem er graugefärbte Stellen mit zwei Axen (24°) und grüngefärbte mit einer optischen Axe beobachten konnte.

Fünfte Ordnung: Selenite, Arsenite, Antimonite.

1. Selenite.

275. Chalkomenit, *Des-Cloizeaux* und *Damour*.

Monoklin, $\beta = 89°\ 9'$; beobachtete Formen ∞P ($108°\ 20'$), ∞P∞ (mit ∞P $144°\ 10'$), P∞, $-6P3$, $-2P6$, sämmtlich mit glänzenden und ebenen Flächen, ferner 0P (mit P∞ $161°\ 6'$), $-8P∞$, $-1P2$, letztere mehr oder minder gerundet. A.-V. $= 0,7222 : 1 : 0,2460$. Krystallinische Krusten, aus blauen, durchsichtigen kleinen Krystallchen zusammengesetzt. G. $= 3,76$ etwas zu hoch. Optische Axenebene normal zum Klinopinakoid, Axenwinkel sehr klein. — Chem. Zus.: die Analyse von *Damour* ergab ein wasserhaltiges selenigsaures Kupferoxyd,

Cu Se O³ + 2 H²O, welchem entspricht 35,09 Kupferoxyd, 49,00 selenige Säure, 15,91 Wasser. —
Gibt für sich erwärmt zuerst etwas saures Wasser, dann Selenigsäure-Anhydrid, welches in
weissen Nadeln sublimirt. Löslich in den gewöhnlichen Säuren. — Bildet Krusten auf einem
buntkupferähnlichen Erz im Cerro de Cacheuta, s. ö. von Mendoza in Argentinien, mit Claus-
thalit, Zorgit u. s. w. (Bull. soc. min. IV (1881). 51. 164. 225).

    Anm. An demselben Orte kommen nach E. Bertrand auch weisse perlmutterglänzende
Blättchen von wahrscheinlich selenigsaurem Blei (Molybdomenit von μόλυβδος Blei und
μήνη Mond), kleine kobaltblüthfarbene monokline Kryställchen von selenigsaurem Kobalt
(Cobaltomenit), sowie sehr feine weisse Nädelchen von secundär entstandener seleniger
Säure vor.

2. Arsenite.

276. Trippkeit, vom Rath.

    Tetragonal, P Polkante 111° 56', Mittelk. 104° 40'; ½P Polk. 134° 47'; P : ½P = 160° 36';
andere Formen 3P, sowie einige ditetragonale Pyramiden, wie ⅗P3, ⅘P3, ferner ∞P, ∞P∞
und 0P. A.-V. = 1 : 0,9160. Krystalle, höchstens 1 — 2 Mm. gross, vorwaltend gebildet von
P, 0P und ∞P∞. Spaltb. nach ∞P∞ und ∞P, beide vollk. — Blaugrün, lebhaft glänzend,
einaxig positiv. — Chem. Zus. nach der qualitativen Analyse von Damour ein arsenigsaures
Kupferoxyd ≈ Cu O.As²O⁶. Leicht löslich in Salpetersäure und Salzsäure. Beim Erhitzen entweicht sogleich arsenige Säure, welche einen aus feinsten Oktaéderchen bestehenden Beschlag bildet. — Mit Olivenerz in Drusen von Rothkupfer zu Copiapo in Chile (Z. f. Kryst. V.
1881. 245).

277. Ekdemit, A. E. Nordenskiöld.

    Tetragonal, doch nur in derben grobkörnigen Massen; spaltb. ziemlich. vollk. nach 0P.
H. = 2,5...3 ; G. = 7,11. Hellgelb ins grüne, stark glasglänzend auf der Spaltungsfläche, fett-
glänzend auf den Bruchflächen, in dünnen Splittern durchscheinend, optisch einaxig. — Chem.
Zus.: 59,67 Bleioxyd, 22,16 Blei, 7,58 Chlor, 10,59 arsenige Säure, entsprechend der Formel
Pb⁵As²O⁶ + 2 Pb Cl². Schmilzt leicht zu einer gelben Masse, unter Entweichung eines weissen
Sublimats von Chlorblei; leicht löslich in Salpetersäure und warmer Salzsäure. — Bei Lång-
ban in Wermland, eingesprengt in gelbem Calcit (A. E. Nordenskiöld, Stockh. Geol. For. Förh.
III. 376 ; Z. f. Kryst. II. 306).

3. Antimonite.

278. Romëit, Damour.

    Tetragonal, P 110° 50', nach Dufrénoy, also sehr oktaéder-ähnlich; A.-V. = 1 : 1,029.
Nach Bertrand soll die scheinbare Pyramide aus 8 rhomboedrischen Individuen bestehen,
welche ihre Basis in der betreffenden Krystallfläche, ihre Pole im Mittelpunkt haben, was natürlich nur möglich wäre, sofern die Form ein reguläres Oktaeder darstellte. Krystalle klein,
gruppirt; ritzt Glas; G. = 4,67...4,71 ; honiggelb bis hyacinthroth, übrige Eigenschaften unbekannt. — Die letzte Analyse von Damour versucht Rammelsberg in erster Linie so zu deuten,
dass der Romëit als ein Doppelsalz von antimonigsaurem und antimonsaurem Kalk erscheint,
Ca² Sb³ O⁶ (wobei Sb O² = antimonsaure antimonige Säure, Sb³ O³. Sb² O⁵); darnach würde das
Mineral enthalten : 63,36 Antimon, 16,91 Sauerstoff, 19,73 Kalk, was mit der Analyse sehr gut
stimmt. — Nach Breithaupt ist aber der Romëit isomorph mit Scheelit und dann könnte er nur
antimonigsaurer Kalk sein, Ca Sb² O⁴, entsprechend dem wolframsauren Kalk; dies stimmt aber
bei weitem nicht so gut mit der Analyse, indem dann nur 16,29 Kalk, aber 69,75 Antimon
erforderlich wären ; etwas Kalk wird übrigens durch Eisen- und Manganoxydul ersetzt. Unlöslich in Säuren; schmilzt v. d. L. zu schwärzlicher Schlacke. — St. Marcel in Piemont, eingewachsen in Feldspath oder Manganerz.

    Anm. Schneebergit nannte Brezina durchsichtige, honiggelbe, glas- bis diamant-
glänzende, ½—1 Mm. grosse Oktaéder, spröd und muschelig brechend, von H. = 6,5 und
G. = 4,1, welche bei der qualitativen Analyse als Hauptbestandtheile Antimon und Kalk ergaben, ausserdem merkliche Mengen von Eisen, Spuren von Kupfer, Wismuth, Zink, Mangan,
Schwefelsäure; unschmelzbar v. d. L., unlöslich in Säuren. — Eingewachsen im Anhydrit
und Kupferkies bei der Bockleitner Halde am Schneeberg in Tirol (Verh. geol. Reichsanst.
1880. Nr. 17).

279. Nadorit, *Flajolot.*

Rhombisch; $\infty P = 132^\circ 51'$; A.-V. $= 0,4365 : 1 : 0,3896$. Krystalle flach tafelartig nach $\infty \bar{P}\infty$; spaltb. makrodiagonal. H. $= 3$; G. $= 7,02$; gelbbraun, graulichbraun; fett- bis diamantglänzend, durchscheinend; opt. Axenebene parallel dem Brachypinakoid, die Verticalaxe ist die positive Bisectrix; Axenwinkel sehr gross, Dispersion stark, $\varrho > v$. — Nach den Analysen von *Flajolot, Pisani* und *Tobler* $Pb\,Cl\,Sb\,O^2$, was gedeutet zu werden pflegte als eine Verbindung von antimonigsaurem Blei mit Chlorblei, $Pb\,Sb^2\,O^4 + Pb\,Cl^2$, mit 52,48 Blei, 30,11 Antimon, 8,12 Sauerstoff, 8,99 Chlor. *Groth* erblickt im Nadorit die Substanz $[Pb\,Cl]\,Sb\,O^2$, d. h. ein Salz der antimonigen Säure $H\,Sb\,O^2$, in welcher das Wasserstoffatom durch die einwerthige Gruppe $Pb\,Cl$ ersetzt ist. — Löslich in Salzsäure und in einem Gemisch von wässeriger Salpetersäure mit Weinsteinsäure. — Am Gebel Nador in der algierischen Prov. Constantine in Drusenräumen eines im Nummulitenkalk liegenden Galmeilagers (Z. d. geol. Ges. Bd. 24, S. 40).

Sechste Ordnung: Sulfate.

1. Wasserfreie Sulfate.

280. Glaserit; Arcanit, *Haidinger*; Kalisulfat.

Rhombisch, isomorph mit Mascagnin; A.-V. $= 0,5727 : 1 : 0,7464$; P etwas spitze Pyramide, Polkanten $87^\circ 30'$ und $131^\circ 8'$, Mittelkante $112^\circ 40'$ nach *Mitscherlich*, dazu ∞P $120^\circ 24'$, $\bar{P}\infty$ $106^\circ 32'$, $2\bar{P}\infty$ $67^\circ 38'$, $0P$ u. a. Formen, auch Zwillings- und Drillingskrystalle; meist als Kruste und Beschlag. — Spaltb. basisch unvollkommen; H. $= 2,5...3$; G. $= 2,689...2,709$; farblos; Geschmack salzigbitter. — Chem. Zus.: wasserfreies neutrales Kaliumsulfat, $K^2\,S\,O^4$, mit 54,07 Kali und 45,93 Schwefelsäure, oft mit mehr oder weniger Natriumsulfat gemischt; v. d. L. zerknisternd, schmelzend, und beim Erstarren krystallisirend; färbt die Löthrohrflamme violett und wird auf Kohle im Red.-F. hepatisch; die wässerige Solution präc. durch Weinsäure und durch Chlorbaryum. — Bei Racalmuto in Sicilien, nach *G. vom Rath*, in schönen, ganz aragonitähnlichen Zwillings- und Drillingskrystallen, welche aus 61,47 schwefelsaurem Kali und 38,53 schwefelsaurem Natron bestehen, bemerkenswerth, weil das letztere in seinem eigenen A.-V. dem Glaserit nicht eben nahe kommt.

Anm. Das Kalisulfat ist dimorph, da es nach *Mitscherlich* auch rhomboëdrisch krystallisirt, R $88^\circ 14'$; auch zeigte *Scacchi*, dass es mit einer grösseren Menge Natronsulfat verbunden rhomboëdrisch in Formen krystallisirt, welche mit denen des rhombischen Salzes polysymmetrisch sind (Z. d. geol. G., Bd. 17, S. 39). Das in den vesuvischen Laven natürlich vorkommende Kalisulfat gehört, wie *Scacchi* nachwies, zu dieser rhomboëdrischen Modification (Aphthalos genannt) und ist kein Glaserit.

281. Mascagnin, *Karsten.*

Rhombisch, isomorph mit Glaserit; A.-V. $= 0,5613 : 1 : 0,7810$; $\infty P = 121^\circ 8'$, $\bar{P}\infty = 107^\circ 40'$; gewöhnliche Comb. $\infty P . \infty \bar{P}\infty . 0P$; meist in Krusten und Stalaktiten. — Spaltb. brachydiagonal, ziemlich vollk.; H. $= 2...2,5$; G. $= 1,7...1,8$; farblos, weiss und gelblich; mild; schmeckt scharf und etwas bitter. — Chem. Zus.: Ammoniumsulfat, $[N\,H^4]^2\,S\,O^4$, mit 39,4 Ammoniak und 60,6 Schwefelsäure; im Wasser leicht löslich; im Kolben verknistert er, schmilzt dann, gibt Wasser, zersetzt und verflüchtigt sich endlich gänzlich. — Als Sublimat in Klüften mancher Laven des Vesuv und Aetna; an den Suffionen in Toscana.

282. Thenardit, *Casaseca.*

Rhombisch, nicht isomorph mit Glaserit[1]; A.-V. $= 0,4734 : 1 : 0,8005$; ziemlich spitze Pyramiden P, Polkanten $74^\circ 48'$ und $135^\circ 41'$, Mittelkante $123^\circ 43'$ nach *Mitscherlich*, mit $0P$ und ∞P $129^\circ 24'$, welche zu Drusen und Krusten verbunden sind; Zwillinge nach ∞P zufolge *Bärwald* (Z. f. Kryst. VI. 36). — Spaltb. basisch unvollk., brachydiagonal noch weniger vollk., Bruch uneben. H. $= 2,5$; G. $= 2,675...2,68$; farblos, wasserhell und durchsichtig, häufig mit zart röthlichem Ton, überzieht sich beim Liegen an der Luft mit einer oberflächlichen weissen Kruste. Optische Axenebene das Brachypinakoid, spitze Bisectrix die Brachydiagonale, Dop-

---

[1] Vertauscht man, wie *Hausmann* hervorhebt, beim Thenardit die Makrodiagonale und die Verticalaxe, so wird $\infty P = 118^\circ 16'$ und das A.-V. $= 0,5977 : 1 : 1,3525$; die dadurch bezweckte Annäherung an den Glaserit ($c : c = 5 : 3$) ist indessen doch nur unvollkommen erreicht; vgl. auch *Mügge*, N. Jahrb. f. Min. 1884. II. 1.

pelbrechung positiv. Geschmack schwach salzig. — Chem. Zus.: **wasserfreies neutrales Natriumsulfat, Na²S O⁴**, mit **43,68 Natron** und **56,32 Schwefelsäure**; im Wasser leicht löslich; v. d. L. färbt er die Flamme gelb, schmilzt und lässt sich auf Kohle zu Schwefelnatrium reduciren. — Im Steinsalzgebirge zu Espartinas bei Aranjuez und zu Tarapacá; Wüste Atacama; am Balchasch-See in Contralasion, bei Schemacha am Kaukasus; am·Rio Verde, Maripoca Co. in Arizona; nach *Kayser* auch als Efflorescenz auf Oberharzer Gruben.

Gebrauch. Zur Sodabereitung.

Anm. Alumian nennt *Breithaupt* ein in der Sierra Almagrera auf zersetztem Thonschiefer vorkommendes Mineral, welches in feinkörnigen Aggregaten von schneeweisser, grünlichweisser, apfelgrüner und licht himmelblauer Farbe auftritt, H.=2,5...3, G.=2,77...2,89 hat, und nach der Analyse von *Utendörffer* aus 39 Thonerde und 61 Schwefelsäure besteht, folglich nach der Formel (Al²)²S²O⁹ zusammengesetzt ist; dasselbe Salz kommt nach *Goebel* als Efflorescenz am Ararat vor.

283. Glauberit, *Brongniart* (Brongniartin).

Monoklin, $\beta = 68°\,16'$, ∞P (*M*) $83°\,20'$, $-P$ (*f*) $116°\,20'$, $0P = \infty P = 104°\,15'$ nach früheren Messungen; *v. Zepharovich* fand an den Krystallen von Westeregeln $\beta = 67°\,49'$, $\infty P\ 83°\,2'$, $\infty P : 0P\ 104°\,29\frac{1}{2}'$, $0P : -P\ 147°\,31'$; nach ihm A.-V. $= 1,2199 : 1 : 1,0275$, womit das von *Laspeyres* an den Krystallen von Aranjuez

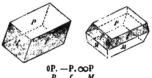

ermittelte fast völlig übereinstimmt; gewöhnliche Combination $0P. -P. \infty P$, nicht selten mit ∞P, wie nebenstehende Figuren, auch wohl $\infty \overline{P}\infty$ und mehre fernere Pyramiden, desgleichen Klinodomen $2\overline{P}\infty$, $\frac{3}{4}\overline{P}\infty$; meist dick tafelartig durch Vorherrschen von $0P$, die Flächen ihren Comb.-Kanten parallel gestreift; auch derb in dünnschaligen Aggre-

$0P. -P. \infty P$
$P\quad f\quad M$

gaten. — Spaltb. basisch vollk., auch Spuren nach ∞P; H.=2,5...3; G.=2,7...2,8; farblos, graulich- und gelblichweiss bis weingelb, röthlichweiss bis fleischroth und ziegelroth; Glas- bis Fettglanz; durchsichtig bis durchscheinend, jedoch in feuchter Luft an der Oberfläche sich mit einem Ueberzug von Gypskryställchen bedeckend und trübe werdend; die Ebene der optischen Axen ist normal zu $\infty \overline{P}\infty$, die spitze Bisectrix bildet mit *Laspeyres* auf die Normalen auf $0P$ einen Winkel von etwas über 8°: der sehr kleine Winkel der Axen wird durch Erwärmung (z. B. für gelbes Licht bei 45,8°) = 0, worauf dann die Axen in der Symmetrie-Ebene auseinander gehen (vgl. *Laspeyres* in Z. f. Kryst. I. 1877. 529); schmeckt salzigbitter. — Das Mineral ist eine Verbindung von 1 Mol. Natriumsulfat (51 pCt.) und 1 Mol. Calciumsulfat (49 pCt.), Na²S0⁴+CaS0⁴; nur theilweise löslich in Wasser, mit Hinterlassung des schwefelsauren Kalks; v. d. L. zerknistert er heftig, schmilzt leicht zu klarem Glas und wird auf Kohle im Reductionsfeuer hepatisch; auf Platindraht geschmolzen färbt er die Flamme röthlichgelb. — Im Steinsalzgebirge zu Villarubia in Spanien, Vic in Lothringen, Varengeville bei Nancy, Westeregeln bei Stassfurt (1873 sehr schön gefunden), Berchtesgaden, Ischl, Priola in Sicilien, Mayo Salt Mines im Pendschab, Iquique in Peru (4 bis 5 Cm. grosse, nach $-P$ prismatische Krystalle). In der Varietät aus Peru fand *Ulex* 1 bis 5 pCt. Borsäure.

284. Anhydrit (Karstenit, Muriazit).

Rhombisch; ∞P (*s*) $90°\,4'$, $\overline{P}\infty$ (*r*) $96°\,30'$ nach *Hessenberg*, dessen letzte Messungen mit denen von *Grailich* so ziemlich, mit jenen von *Miller* dagegen weniger übereinstimmen; Combb. $0P.\infty \overline{P}\infty.\infty \overline{P}\infty.\infty P$, auch $0P.\infty \overline{P}\infty.\infty \overline{P}\infty$ mit untergeordneten Flächen von P und $2\overline{P}2$; eine Comb. fast aller bisher bekannt gewesenen Formen von Aussee zeigt die nachstehende Figur.

$0P.\infty \overline{P}\infty.\infty \overline{P}\infty.\infty P. \overline{P}\infty. P. 2\overline{P}2. 3\overline{P}3$

P	M	T	s	r	o	n	c

$M : s = 135°\ 2'$　　$T : r = 131°\,45'$
$M : o = 123\ \ 41$　　$M : c = 153\ \ 26$
$M : n = 143\ \ \ 8$　　$P : o = 128\ \ 22$

Die Krystalle sind meist dick tafelartig, aber überhaupt selten; bei Berchtesgaden finden sich rectangulär tafelförmige Krystalle, gebildet von vorwaltenden $\infty\breve{P}\infty$ und $\infty\bar{P}\infty$ nebst mehren Brachydomen; bei Stassfurt kommen im Kieserit kleine, aber vollständig ausgebildete Krystalle vor, welche die Combination eines Prismas mit einem Doma zeigen, von *Girard, Fuchs* und *Blum* beschrieben, auch von ihnen und von *Schrauf* gemessen worden sind, jedoch keine hinreichend genauen Resultate ergaben, um sie auf die von *Miller*, *Grailich* und *Hessenberg* angegebenen Formen beziehen zu können; erst *Hessenberg* hat sie wohl richtig gedeutet, indem er zeigte, dass sie vorherrschend von dem Brachydoma $\breve{P}\infty$ oder auch $3\breve{P}\infty$ gebildet und durch ein unbestimmbares verticales Prisma begrenzt werden, dessen scheinbare Flächen nur in einer oscillatorischen Combination der beiden verticalen Pinakoide bestehen. Meist derb in grossund grobkörnigen bis feinkörnigen und fast dichten Aggregaten, auch stängelige Zusammensetzungen; bisweilen Zwillingsbildung, auch lamellare in derben Massen, Zwillings-Ebene eine Fläche von $\breve{P}\infty$, daher Neigung der beiderseitigen Flächen $T = 96^{0}30'$; nach *Hessenberg* kommen auf Santorin noch andere Zwillinge vor, in denen eine Fläche von $\infty\breve{P}2$ die Zwillings-Ebene liefert, weshalb die beiderseitigen Flächen T einen Winkel von $53^{0}10'$ bilden; die Individuen werden fast nur von den drei Pinakoiden begrenzt, und die sie trennende Zwillings-Ebene ist spiegelglatt. Sehr selten finden sich Pseudomorphosen nach Gyps, wie bei Sulz am Neckar nach *G. Rose*. — Spalth. brachydiagonal und makrodiagonal sehr und fast gleich vollk., doch die erstere etwas vollkommener als die zweite, deren Spaltungsflächen meist stark vertical gestreift sind, basisch vollk., prismatisch nach ∞P unvollkommen; die vollkommenste Spaltungsfläche ist nach *Hessenberg* leicht und sicher daran zu erkennen, dass sie, wenn ein kleines Spaltungsstück in einem Glasrohr etwas erhitzt wird, sehr deutlich starken Perlmutterglanz erhält. H. $= 3\ldots3,5$; G. $= 2,8\ldots3$; farblos, weiss, aber häufig blaulichweiss, blaulichgrau bis smalteblau und violblau, röthlichweiss bis fleischroth, graulichweiss bis rauchgrau gefärbt; auf $\infty\bar{P}\infty$ starker Perlmutterglanz, auf der Spaltungsfläche $0P$ Fettglanz, sonst Glasglanz; durchsichtig und durchscheinend. Die optischen Axen liegen im makrodiagonalen Hauptschnitt, und sind gegen die Verticalaxe als spitze Bisectrix $21^{0}46'$ geneigt. — Chem. Zus.: Calciumsulfat, $Ca\bar{S}0^{4}$, mit 58,84 Schwefelsäure und 41,16 Kalk; v. d. L. schmilzt er schwer zu weissem Email; er gibt auf der Kohle im Red.-F. Schwefelcalcium, mit Borax ein klares Glas, welches bei starker Sättigung nach dem Erkalten gelb ist; mit Soda kann er auf Kohle n i c h t zu einer klaren Masse geschmolzen werden, indem die Kalkerde als eine unschmelzbare Substanz zurückbleibt; mit Flussspath schmilzt er leicht zu einer klaren Perle, welche beim Erstarren undurchsichtig wird, bei längerem Glühen aber anschwillt und unschmelzbar wird; in Salzsäure ist er nur sehr wenig, als feines Pulver in conc. Schwefelsäure dagegen vollkommen und verhältnissmässig leicht löslich, wobei die Lösung durch Wasser nicht getrübt wird (zufolge *v. Zepharovich*); von kohlensauren Alkalien wird er zersetzt. — Mit Gyps und Steinsalz in den Stöcken und Lagern der Salzgebirge; Aussee in Steiermark, Hallein, Ischl, Berchtesgaden, Hall in Tirol, Sulz am Neckar, Bex im Waadtland, Eisleben, Stassfurt, Wieliczka; auf Gängen bei Andreasberg; in Einschlüssen der Lava von Aphroessa bei Santorin.

A n m. 1. In seiner Arbeit über den Anhydrit (Mineralog. Notizen Nr. 10, 1871) stellt *Hessenberg* nach dem Vorgang von *Grailich* die Krystalle so aufrecht, dass $T = 0P$, $M = \infty\bar{P}\infty$ und $P = \infty\breve{P}\infty$.

A n m. 2. *Hausmann* glaubte beweisen zu können, dass der Anhydrit homöomorph mit Baryt und Cölestin sei. Es haben jedoch *Grailich* und *v. Lang*, sowie später *Hessenberg* das Ungenügende seiner Betrachtung nachgewiesen. Da die drei Mineralien Baryt, Cölestin und Anglesit isomorph sind, so hat *Sartorius v. Waltershausen* gleichfalls versucht, denselben Isomorphismus für den Anhydrit, Thenardit und Glaserit nachzuweisen, wobei freilich Pyramiden, welche noch niemals an diesen Mineralien beobachtet worden sind, als Grundform eingeführt werden müssen; weshalb er

denn selbst erklärt, dass diese Mineralien »nur bedingungsweise mit Baryt, Cölestin und Anglesit isomorph sein können« (Nachrichten von der K. Ges. der Wiss.
zu Göttingen, 1870. 235). *Arxruni* sieht in dem (sehr geringen) Gehalt von Calciumsulfat in den von ihm geprüften Cölestinen einen genügenden Beweis für die Isomorphie
beider Verbindungen.

Anm. 3. Der sogenannte Vulpinit von Vulpino bei Bergamo ist nur eine graue,
länglich-körnige Varietät, und der sogenannte Gekrösstein von Bochnia und Wieliczka eine weisse, fast dichte, in gekrösartig gewundenen Lagen ausgebildete Varietät
des Anhydrits. — Wo der Anhydrit den Wechseln der Temperatur und der Feuchtigkeit unterworfen ist, da nimmt er allmählich Wasser auf, und verwandelt sich in Gyps,
welcher daher oft eine epigenetische Bildung nach Anhydrit ist. Dass sich aber auch
umgekehrt der Anhydrit aus Gyps bilden kann, dies haben *Hoppe-Seyler* und *G. Rose*
gezeigt (Monatsber. d. Berl. Akad., 1871, Juli, S. 363). Wird z. B. Gyps in einer concentrirten Lösung von Kochsalz überhitzt, so verwandelt er sich in Anhydrit.

285. Baryt (Schwerspath).

Rhombisch, isomorph mit Cölestin und Anglesit; P (die Pyramidenflächen in der
zweiten unter den nachstehenden Figuren), $\check{P}\infty$ *(M)* 78° 20', $\check{P}\infty$ *(o)* 105° 22',
$\infty\check{P}2$ *(d)* 77° 44' nach *Dauber*; diese drei Formen, sowie $\infty\check{P}\infty$ *(P)* erscheinen vorwaltend in den meisten Combinationen, welche ausserordentlich mannigfaltig sind, wie
denn die Krystallreihe des Baryts eine der reichhaltigsten im Gebiet des rhombischen
Systems ist[1]); der Habitus der Krystalle ist entweder tafelartig durch Vorwalten von
$\infty\check{P}\infty$, oder säulenförmig durch Vorwalten prismatischer Formen, gewöhnlich des
Domas $\check{P}\infty$ oder des Prismas $\infty\check{P}2$, daher die Säulen sehr häufig horizontal zu stellen
sind. *Reuss* bemerkt, dass manche Krystalle, wie z. B. die schönen von Dufton in
Westmoreland, oftmals eine hemimorphische Ausbildung zeigen; dasselbe beobachtete
v. Zepharovich an Krystallen von Hüttenberg, und *Schrauf*, jedoch in anderer Richtung, an Krystallen von Felsöbánya. Einige der gewöhnlichsten Combb. sind:

1   2   3   4   5   6

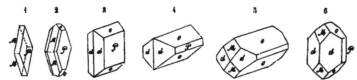

Fig. 1. $\infty\check{P}\infty.\check{P}\infty$; eine häufig vorkommende Combination, und die Hauptform der
        meisten rhombisch-tafelartigen Krystalle.
Fig. 2. Die vorhergehende Combination mit P und $\check{P}\infty$; nicht selten.
Fig. 3. $\infty\check{P}\infty.\infty\check{P}2.\check{P}\infty$; sehr häufig, und die Hauptform der meisten rectan-
        gulär-tafelartigen Krystalle.
Fig. 4. Dieselbe Comb. wie Fig. 3, nur nach $\check{P}\infty$ säulenförmig gestreckt; häufig.
Fig. 5. Die vorige Comb. mit Hinzufügung von $\check{P}\infty$; sehr gewöhnlich.
Fig. 6. Dieselbe Comb. wie Fig. 5, nur nach $\infty\check{P}2$ säulenförmig gestreckt.
Fig. 7. $\infty\check{P}\infty.\check{P}\infty.\infty P.\check{P}\infty$.   Fig. 8. $\infty\check{P}\infty.\check{P}\infty.\check{P}\infty.2\check{P}\infty$.
Fig. 9. $\infty\check{P}\infty.\check{P}\infty.\check{P}\infty.\infty\check{P}2.\infty P$; diese Comb. erscheint oft als längliche acht-

---

[1]) Die Zahl der bis jetzt bekannten einfachen Formen des Baryts beträgt 67. *Helmhacker*
beschrieb (Denkschr. d. Wien. Akad., 1871) die schönen Krystalle von Svárov in Böhmen (unter
denen es solche gibt, welche Combinationen von 20 einfachen Gestalten sind, und weit über 100
Flächen besitzen), *Strüver* jene von Vialas bei Villefort im Dép. der Lozère; *Vrba* die von Swoszowice in Z. f. Kryst. V. 1881. 433, *Al. Schmidt* die von Telekes im Borsoder Comitat (ebendas.
VI. 554), *Miers* solche von La Croix im Elsass (ebendas. VI. 600), *Buss* die von Mittelagger im
Aggerthal, Rheinprovinz (ebend. X. 32).

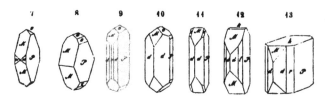

seitige Tafel, als ein Verbindungsglied der rhombisch- und der rectangulär-tafelartigen Krystalle.

Fig. 10. Dieselbe Comb. wie Fig. 6, nur noch mit 2P̌∞.

Fig. 11. ∞P̌∞.∞P̌2.P̌∞.P.   Fig. 12. ∞P̌∞.P̄∞.∞P̌2.∞P̌4.0P.

Fig. 13. 0P.∞P̌∞.∞P̌2.∞P̌5.P̌∞.

$M : M = 101^0 40'$	$o : o = 74^0 36'$	$P : o = 127^0 18'$
$d : d = 77\ 43$	$d : o = 118\ 10$	$P : d = 111\ 8$
$u : u = 116\ 22$	$P : l = 158\ 4$	$P : r = 162\ 8$

Beispielsweise fügen wir zu den vorigen Figuren noch vier andere, welche nach *Grailich* und *v. Lang* in einer anderen Stellung gezeichnet sind, nämlich so, dass das Pinakoid *P* als Basis 0P und das Makrodoma *M* als Protoprisma ∞P erscheint, dessen s c h a r f e Seitenkanten nach vorn und hinten gewendet sind. Die Buchstaben-Signatur der Flächen ist dieselbe, wie in den Figuren 1 bis 13.

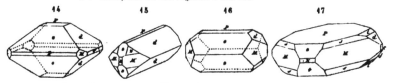

Fig. 14. P̌∞.¼P̌∞.0P.∞P.∞P̌∞.∞P̄∞. Auvergne und Felsöbánya.

  o   d   P   M   k   c

Fig. 15. ¼P̌∞.0P.∞P.P.P̌∞.∞P̄∞. Auvergne, Przibram, Marienberg.

Fig. 16. P̌∞.0P.∞P.¼P̌∞. Dies ist dieselbe Combination, wie Fig. 5.

Fig. 17. 0P.∞P.P̌∞.2P.¼P̌∞.¼P̌∞.∞P̄∞.∞P̄∞. Schemnitz, Felsöbánya, Offen-bánya.

Eine andere s e h r gebräuchliche Aufstellungsweise der Barytkrystalle ist diejenige, dass ebenfalls das Pinakoid *P* als Basis 0P und das Makrodoma *M* als Protoprisma ∞P erscheint, letzteres aber seinen s t u m p f e n Winkel nach vorn und hinten wendet.

Die Krystalle einzeln, doch öfter in Drusen und mancherlei Gruppen vereinigt; auch in schaligen, stängeligen, faserigen, körnigen und dichten Aggregaten; in Pseudo-morphosen nach Witherit und Barytocalcit. — Spaltb. brachydiagonal vollk., makro-domatisch nach P̄∞ etwas weniger vollk., basisch und makrodiagonal Spuren;) H. = 3...3,5; G. = 4,3...4,7 (das Normalgewicht ist nach *G. Rose* 4,482); farblos und zu-weilen wasserhell, aber meist röthlichweiss bis fleischroth, auch gelblich, grau, blau-lich, grünlich und braun gefärbt; Glas- oder Fettglanz; pellucid in hohen und mittleren Graden. Optisch-zweiaxig; die optischen Axen liegen bei der ersteren Stellung der Krystalle im basischen, bei der zweiten Stellung im brachydiagonalen Hauptschnitt; die spitze Bisectrix fällt in die Brachydiagonale. — Chem. Zus.: Baryumsulfat, Ba S̄ O⁴, mit 34,32 Schwefelsäure und 65,68 Baryt; manche Varietäten halten einige pCt. Strontium-sulfat isomorph beigemischt, wie z. B. eine von Clausthal 6,7, eine aus dem Binnenthal im Wallis 9, und eine von Görzig in Anhalt sogar 15 pCt. (G. = 4,488); v. d. L. zer-knistert er heftig und schmilzt sehr schwer, oder rundet sich nur an den Kanten, wo-bei die Flamme gelblichgrün gefärbt wird; mit Soda auf Platinblech schmilzt er zu einer klaren, nach der Abkühlung trüben Masse, ebenso auf Kohle, doch breitet sich später die Perle aus und dringt in die Kohle ein; im Red.-F. gibt er Schwefelbaryum, welches, nach vorheriger Behandlung mit Salzsäure, die Alkoholflamme nicht roth färbt; von Salzsäure nicht angreifbar, dagegen (wie *v. Zepharovich* hervorhob) als feines Pulver durch concentr. Schwefelsäure beim Erwärmen vollkommen löslich; einige Tropfen der klaren Lösung erzeugen im Wasser sogleich eine Trübung und später einen Niederschlag; durch kohlensaure Alkalien nicht zersetzbar. — Häufig vorkommendes Mineral; deutlich krystallisirte Varr. von Freiberg, Marienberg, Clausthal, Przibram, Svárov, Kapnik, Offenbánya, Felsöbánya, Courtade (Auvergne), Dufton und vielen a. O.. der sog. Stangenspath von Freiberg, der Bologneserspath von Bologna; der Faserbaryt von Kurprinz bei Freiberg, Rattenberg in Tirol, Chaudefontaine bei Lüttich; der körnige Baryt von Peggau in Steiermark; der dichte von Goslar und Halsbrücke bei Freiberg, Meggen in Westphalen; die Baryterde von Freiberg.

Gebrauch. Der weisse derbe Baryt wird pulverisirt zur Verfälschung des Bleiweisses gemissbraucht; ausserdem dient das Mineral besonders zur Darstellung der Baryterde und mancher ihrer Präparate; auch wohl zu den sogenannten Lichtmagneten.

Anm. 1. Dass der sog. Wolnyn von Rosenau, Muszaj und Bereghszasz in Ungarn, von Miask und Kussinsk im Ural wirklich nur Baryt sei, wie schon *Beudant* erkannte, dies bewies krystallographisch und optisch *Schrauf* (in Sitzungsber. d. Wiener Akad., Bd. 39. 186). Die ungarischen Krystalle sind dadurch ausgezeichnet, dass sie nach der Makrodiagonale säulenförmig verlängert erscheinen.

Anm. 2. Allomorphit hat *Breithaupt* ein rhombisches Mineral genannt, welches bis jetzt nur derb in schaligen Aggregaten bekannt ist; Spaltb. nach drei auf einander senkrechten Richtungen, von welchen die erste sehr, die andere minder deutlich, die dritte undeutlich ist; H. = 3; G. = 4,36...4,48; weiss; Perlmutterglanz auf der vollkommensten Spaltungsfläche, ausserdem Glasglanz; durchscheinend bis kantendurchscheinend. — Chem. Zus. nach *Gerngross* und *v. Hauer* wesentlich dieselbe wie die des Baryts; v. d. L. zerknistert er und schmilzt ziemlich schwer zu Email; unlöslich in Säuren. — Unterwirbach bei Rudolstadt; *Dana* vermuthet, dass dieses Mineral eine Pseudomorphose nach Anhydrit ist.

Anm. 3. Der Kalkbaryt (*Werner*'s krummschaliger Schwerspath) hat ganz ähnliche Krystallformen (nach *Breithaupt* P∞ = 101° 53′); die Krystalle sind jedoch meist tafelförmig gebildet, und fast immer zu mandelförmigen, rosettenförmigen, kugeligen und nierförmigen Aggregaten verbunden, welche letztere durch wiederholte Aggregation nierförmige gebogene krummschalige Massen bilden; G. = 4,0...4,3; verwittert leicht. — Chem. Zus.: Baryumsulfat mit Calciumsulfat; mit Soda auf Platinblech geschmolzen gibt er eine durch die unaufgelöste Kalkerde unklare Masse. — Freiberg, Derbyshire.

Anm. 4. Das von *Dufrénoy* unter dem Namen Dreellt eingeführte Mineral besitzt folgende Eigenschaften. Rhomboëdrisch; R 93°, die Krystalle aufgewachsen auf Sandstein: Spaltb. rhomboëdrisch nach R unvollk.; H. = 3...4; G. = 3,2...3,4; weiss. Perlmutterglanz auf Spaltungsflächen, äusserlich matt. — Chem. Zus. nach *Dufrénoy*: wesentlich Baryumsulfat (64,7) mit Calciumsulfat (14,3) und Calciumcarbonat (8); ausserdem noch über 9 pCt. Kieselsäure, etwas Thonerde und Wasser, so dass die chem. Constitution noch etwas zweifelhaft erscheint; v. d. L. schmilzt er zu einem weissen blasigen Glas; mit Salzsäure braust er etwas auf, löst sich aber nur theilweise. — Grube la Nuissière bei Beaujeu, im Dep. der Saône und Loire.

286. Barytocölestin, *Thomson.*

Krystallinisch; die seltenen Krystalle sind isomorph mit denen des Baryts und Cölestins. obschon, wie *Neminar* gezeigt hat, ihre Winkel nicht zwischen diejenigen dieser letzteren fallen (S. 243); an einem Krystall aus dem Binnenthal maass *Neminar* o : o = 74° 54½′; d : d = 79° 35′; der vom Greiner spaltet nach *v. Zepharovich* nach einem Prisma von 103° 44°; die Krystalle erscheinen als spiessige rhombische Tafeln oder, wie am Greiner, als ungestaltete Individuen mit zellig zerfressener bis erdiger Oberfläche; gewöhnlich nur derb in radialstängeligen und schaligen Aggregaten; spröd und sehr leicht zerbrechlich; H. = 2,5; G. = 4,288 nach *Breithaupt*, des vom Greiner im Mittel = 4,133 nach *v. Zepharovich*; bläulichweiss. — Chem. Zus.: Isomorphe Mischung von Baryum- und Strontiumsulfat in verschiedenen Verhältnissen; die Var. von Drummond-Island im Erie-See führt nach *Thomson*'s Analyse mit 40 Schwefelsäure, 35 Strontian und 25 Baryt sehr nahe auf die Formel $2SrSO^4 + BaSO^4$ (nach

Arzruni enthält das Vorkommniss gar keinen Baryt und ist Cölestin); der vom Greiner ist nach *Ullik's* Analyse 4 $SrSO^4$ + 3 $BaSO^4$; da die zerfressenen und erdigen Partieen dieser letzteren Var. aus schwefelsaurem Baryt und kohlensaurem Strontian, in abnehmenden Verhältnissen des letzteren bis auf ¼ pCt. bestehen, so vermuthet *v. Zepharovich*, dass sie nur ein Gemeng von Baryt und Cölestin sein möge; v. d. L. schwer schmelzbar. — Jocketa in Sachsen, Imfeld im Binnenthal (Wallis), am Greiner in Tirol, hier im Talkschiefer mit Dolomit, Magnesit und Apatit, Drummond-Insel im Erie-See. Der Barytocölestin von Nürten in Hannover, enthält nach *Gruner* 26 pCt., nach *Turner* 20,4 pCt. Baryumsulfat.

287. Cölestin, *Werner.*

Rhombisch, isomorph mit Baryt und Bleisulfat; die Winkel etwas schwankend [1]), $\bar{P}\infty$ (*M*) 75° 50', $\check{P}\infty$ (*o*) 104° 0' nach *Auerbach*, welcher die Krystalle so aufrecht stellt, dass in den nachstehenden Figuren

$$o = \infty P, \quad P = \infty \check{P}\infty, \quad M = \bar{P}\infty, \quad d = 2\check{P}\infty$$

wird, (was jedenfalls die zweckmässigste Stellung ist); er führt demgemäss als die gewöhnlichsten Formen ausser diesen vier noch 4$\check{P}\infty$, dazu als nicht seltene die drei Pyramiden P, 2P und 3P auf. In anderer Stellung gezeichnet sind die drei folgenden gewöhnlichen Combinationen:

$o : o =$	76° 0' Mittelkante
$M \cdot M =$	104 10 desgleichen
$d : d =$	78 49 vordere Kante
$n : o =$	161 24
$M : P =$	90 0
$d \cdot P =$	140 36

$\check{P}\infty.\bar{P}\infty.\infty\check{P}\infty$	$\bar{P}\infty.\bar{P}\infty.\infty\check{P}2.\infty\check{P}\infty$	$\bar{P}\infty.\check{P}3$
$o \quad M \quad P$	$o \quad M \quad d \quad P$	$o \quad n$

Diese Krystalle sind meist säulenförmig in der Richtung der Brachydiagonale (durch das Brachydoma $\check{P}\infty$); andere erscheinen tafelförmig durch das Brachypinakoid, so zumal die Comb. $\infty\check{P}\infty.\bar{P}\infty$, wie Fig. 4 (S. 478), andere wie Fig. 17 (S. 479); die von *Kenngott* an sicilianischen Krystallen von Racalmuto und aus dem Val Guarnera als Contactzwillinge angeführten Verwachsungen nach $\infty\check{P}\infty$ (nach welcher Fläche im rhombischen System keine eigentliche Zwillingsbildung vorkommen kann) sind wohl nur Parallel-Aggregate. Gewöhnlich zu Drusen vereinigt; auch derb in stängeligen und schaligen Aggregaten, in Platten und Trümern von parallelfaseriger, und in Nieren von feinkörniger bis dichter Zusammensetzung. — Spaltbar brachydiagonal vollkommen, makrodomatisch nach $\bar{P}\infty$ weniger vollk., auch basisch, unvollk.; H. = 3...3,5; G. = 3,9...4, Normalgewicht an Krystallen von Dornburg = 3,962 nach *Kopp*; farblos und bisweilen wasserhell, häufig blaulichweiss, blaulichgrau, smalteblau bis indigblau, selten röthlich (nach *E. E. Schmid* in der Lettenkohle des Salzschachts bei Erfurt, sowie in Dolomiten und Quarziten des Röths am Hausberge bei Jena) oder gelblich gefärbt; Glas- bis Fettglanz; pellucid in hohen und mittleren Graden. Optisch-zweiaxig; die optischen Axen haben eine ganz ähnliche Lage, wie in den Krystallen des Baryts. — Chem. Zus.: wesentlich Strontiumsulfat $SrSO^4$ mit 43,61 Schwefelsäure und 56,39

---

[1]) *Dauber* discutirte die Winkel des Cölestins, und fand die Polkante von $M = 75°$ 45' 43", die Polkante von $o = 104°$ 6' 84", wonach sich auch die übrigen Winkel etwas ändern würden. Die Messungen von *v. Kokscharow* stimmen sehr nahe überein mit denen von *Miller*. *Auerbach* (Sitzgsber. d. Wiener Akad. Bd. 59. 1869. 549) fand an sehr reinen Krystallen von Herrengrund und Bex $M : M = 104°$ 10', $o : o = 76°$ 0' und $d : d$ wie oben, erklärte (ohne indessen Analysen zu erwähnen) die Schwankungen der Winkel aus Beimischungen von Baryterde, und bemerkt, dass nur der Winkel $d : d$ constant sei. *Manross* fand an ganz reinen künstlich dargestellten Krystallen $M : M = 104°$ 10'. Die Krystalle von Rüdersdorf und Mokattam beschrieb *Arzruni* in Zeitschr. d. geol. Ges., Bd. 24. 1872. 477; er maass das Spaltungsprisma für das erste Vorkommniss = 104° 19', für das zweite = 104° 2', und führte aus, dass die Winkelverhältnisse weder in ersichtlicher Weise von einer Beimischung mit $CaSO^4$ noch von $BaSO^4$ abhängig sind. — Eine Zusammenstellung sämmtlicher Formen (bis jetzt 52) und wichtigeren Winkel gab *Al. Schmidt* in Természetrajzi Füzetec, Bd. IV. 1880 (vgl. Excerpt in Z. f. Kryst. VI. 1882. 99, auch N. Jahrb. f. Min. 1881. II. 169).

Strontian, auch enthalten manche Cölestine geringe Mengen Kalk oder Baryt (vgl. Baryto-
cölestin); der von Clifton bei Bristol enthält von 1,2 bis selbst 10,9 pCt. Ba SO^4; v. d. L.
zerknistert er und schmilzt ziemlich leicht zu einer milchweissen Kugel; dabei färbt
er die Flamme carminroth (nach *v. Kobell* besonders deutlich, wenn die im Red.-F. geglühte Probe mit Salzsäure befeuchtet worden ist); auf Kohle im Red.-F. gibt er
Schwefelstrontium; wird dieses in Salzsäure gelöst, die Sol. eingedampft und dann mit
Alkohol versetzt, so brennt derselbe mit carminrother Flamme. Von Salzsäure wird er
nur wenig angegriffen; gegen conc. Schwefelsäure verhält er sich wie Baryt; von kohlensauren Alkalien wird er nach *H. Rose* zu kohlensaurem Strontian zersetzt. — Girgenti u. a. Gegenden Siciliens, La Perticara bei Rimini (ebenfalls mit Schwefelkrystal-
len), Pschow unweit Ratibor, wo in einem tertiären Kalkstein nach *v. d. Borne* und
Websky sehr formenreiche Combb. vorkommen, Rüdersdorf bei Berlin, Jühnde bei Göttingen (im Muschelkalk), Bács bei Klausenburg, Stefansstolln bei Steierdorf im Banat
(im Neocomkalk), Herrengrund in Ungarn, Montecchio maggiore bei Vicenza, Bristol in
England, Ville-sur-Saulx in Frankreich (in Kimmeridgemergeln), Meudon und Montmartre bei Paris, Dornburg bei Jena (*E. E. Schmid* in Ann. d. Phys. u. Chem., Bd. 120.
637), Strontian-Island im Huronsee, Kingston in Canada, Frankstown in Pennsylvania
u. a. O. Nordamerikas, auch Mokattam in Aegypten, hier innerhalb der Nummulitenformation in zwei verschiedenen Horizonten.

    Gebrauch. Zur Darstellung der Strontianerde und gewisser ihrer Verbindungen, zumal
des gewässerten Chlorstrontiums und des salpetersauren Strontians, welche beide in der Feuerwerkerei zur Bildung des rothen Feuers dienen; bei der Zuckerfabrikation.

288. Anglesit, *Beudant* (Bleisulfat, Bleivitriol, Vitriolbleierz).

    Rhombisch, isomorph mit Baryt und Cölestin[1]), wie eine Vergleichung der folgen-
den Gestalten darthut, wenn darin *c* als 0P und *m* als P̄∞ angenommen wird. Wenn
wir die von *Victor v. Lang* in seiner trefflichen Monographie des Bleivitriols gewählte
Stellung zu Grunde legen, bei welcher das Spaltungsprisma (*m*) als Protoprisma eingeführt wird, während die in den folgenden Figuren mit *z* bezeichnete Pyramide wie
gewöhnlich als Grundform P gilt, so werden nach *v. Kokscharow's* Messungen:

für P (*z*) die Polkanten 89° 38′ und 112° 18′, die Mittelkanten 128° 49′,
für P̄2 (*y*) die Polkanten 126° 34′ und 90° 12′, die Mittelkanten 113° 37′,
für ∞P (*m*) die Seitenkanten 103° 43′ und 76° 17′, welche letztere Kante in den
    folgenden Figuren nach vorn gewendet ist[2]),
für ½P̄∞ (*d*) die Polkante 101° 13′, die Mittelkante 78° 47′,
für P̄∞ (*o*) die Polkante 75° 36′, die Mittelkante 104° 24′,

---

    1) *Victor v. Lang* führt in seiner Monographie des Anglesits (Sitzgsber. d. Wiener Akad.
Bd. 36. 1859. 244) schon 34 einfache Formen an und gibt die Bilder von 178 Combinationen, von
welchen die nachstehenden 19 copirt sind; die von ihm gemessenen Winkel stimmen fast vollkommen mit den Angaben *v. Kokscharow's* überein. Auch *Dauber* discutirte die Winkel des Anglesits, und fand nur sehr wenig abweichende Werthe (Ann. d. Phys. u. Ch., Bd. 108. 1859). *Hessenberg* beschrieb sehr schöne Krystalle vom Monte Poni, *v. Zepharovich* eben dergleichen von
Schwarzenbach und Miss in Kürnten, *v. Kokscharow* die russischen Vorkommnisse. Ueber Ungarns
Anglesite, ihre Winkelverhältnisse und den Ausbildungshabitus an den verschiedenen Fundorten
machte *Krenner* sehr ausführliche Mittheilungen in Z. f. Kryst. I. (1877). 324 (nebst den Bildern
neuer Combinationen). *Quintino Sella's* Studien über die sardinischen Anglesite, welche ihn auf
38 (übrigens nicht sämmtlich schon definitiv festgestellte) Formen leiteten, sind in vorläufigem
Auszug mitgetheilt in Trans. Accad. d. Lincei, III. 150, April 1879 (vgl. Z. f. Kr. IV. 400 oder N.
Jahrb. f. Min. 1880. I. 464). Ueber die Anglesite der Grube Hausbaden bei Badenweiler mit ihren
verschiedenen Typen vgl. *Liweh* in Z. f. Kryst. IX. 1884. 504; ebendas. X. 88 auch *Franzenau*
über die von Felsö-Vissó in Ungarn. — Im Ganzen sind bis jetzt, mit Einschluss der von *Sella*
genannten, 85 Formen bekannt.

    2) Die Stellung ist dieselbe, in welcher auch die Figuren 14 bis 17 des Baryts (S. 479) ge-
zeichnet sind; vom krystallographischen Gesichtspunkte aus würde es zweckmässiger sein,
den stumpfen Winkel des Prismas nach vorn zu wenden. Es hat jedoch *v. Lang* auf Grund
optischer Verhältnisse die angegebene Stellung gewählt.

womit denn auch die wichtigsten der in den folgenden Bildern vorkommenden Winkel
gegeben sind.

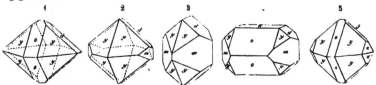

Krystalle theils pyramidal durch die vorwaltende Brachypyramide P̌2, theils vertical kurzsäulenförmig nach ∞P, theils horizontal säulenförmig nach P̌∞.

Fig. 1. P̌2.P̌∞.¼P̌∞, von Siegen.

Fig. 2. P̌2.¼P̌∞.∞P, ebendaher.

Fig. 3. ∞P.¼P̌∞.P̌2, von Siegen, $m : y = 142^0\ 8'$, $m : d = 119^0\ 57'$.

Fig. 4. P̌∞.∞P.0P.¼P̌∞.P̌2, von Siegen, $m : o = 119^0\ 3'$.

Fig. 5. P̌2.P̌∞.⅓P̌∞.P, von Pila in Ungarn.

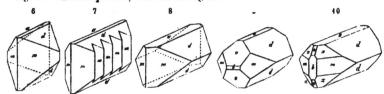

Krystalle meist horizontal säulenförmig nach dem Makrodoma ⅓P̄∞.

Fig. 6. ∞P.¼P̄∞.0P; Anglesea; diese Comb. erscheint oft mit oscillatorischer Wiederholung des Prismas ∞P, wie in der folgenden

Fig. 7. was, wenn es in sehr feinem Maassstabe stattfindet, endlich die Ausbildung
einer mehr oder weniger stark gereiften Fläche ∞P̄∞ zur Folge hat.

Fig. 8. ¼P̄∞.∞P.0P; Anglesea u. a. O.

Fig. 9. Die vorige Comb. mit P̄∞ und ∞P̄∞; Anglesea.

Fig. 10. Die Comb. Fig. 8 mit P, ∞P̄∞ und P̌∞; Anglesea.

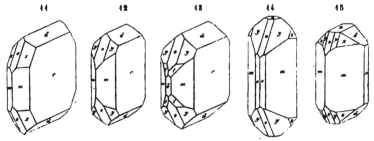

Krystalle theils rectangulär tafelförmig nach ∞P̄∞, theils vertical säulenförmig
nach ∞P.

Fig. 11. ∞P̄∞.¼P̄∞.∞P.P.P̌∞, von Siegen.

Fig. 12. ∞P̄∞.¼P̄∞.∞P.P̌2.P̌∞, ebendaher.

Fig. 13. Die Comb. Fig. 12 mit 2P̌2 und ∞P̄∞, Siegen.

Fig. 14. ∞P.∞P̌2.P̌2.P.P̄∞.0P, vom Monte Poni auf Sardinien, $n : n = 115^0\ 1'$.

Fig. 15. ∞P.∞P̄∞.¼P̄∞.0P.P.P̌2.P̌∞, ebendaher.

16　　　　　17　　　　　18　　　　　19

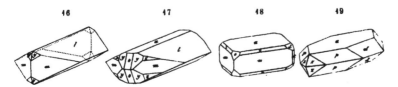

Krystalle theils horizontal säulenförmig nach $\frac{1}{4}\breve{P}\infty(l)$, theils rhombisch tafelförmig nach 0P.

Fig. 16. $\frac{1}{4}\breve{P}\infty.\infty P.\breve{P}2$, Leadhills und am Harz, $l : l = 44^{\circ} 38'$, $m : l = 107^{\circ} 23'$.

Fig. 17. Die Comb. Fig. 16 mit 0P, P und $\breve{P}\infty$, Leadhills.

Fig. 18. 0P.∞P.P.$\breve{P}\infty$.$\frac{1}{4}\breve{P}\infty$.$\infty\breve{P}\infty$, von Müsen.

Fig. 19. 0P.$\frac{1}{4}\breve{P}\infty$.$\frac{3}{4}\breve{P}\frac{3}{2}$.P, aus dem Breisgau, $p : a = 125^{\circ} 44'$, $p : d = 155^{\circ} 11'$.

Die Krystalle sind meist klein, einzeln aufgewachsen und in Drusen verbunden; Pseudomorphosen nach Bleiglanz. — Spaltb. prismatisch nach ∞P und basisch, nicht sehr vollkommen; Bruch muschelig; sehr spröd; H. $= 3$; G. $= 6,29...6,35$, nach *Breithaupt* $6,12....6,35$; Normalgewicht $= 6,316$, nach *Mohs*, *Filhol* und *Smith*; farblos, oft wasserhell, auch gelblich, grau, braun gefärbt; Diamant- und Fettglanz, durchsichtig bis durchscheinend; die optischen Axen liegen im brachydiagonalen Hauptschnitt und bilden einen grossen Winkel; die spitze Bisectrix fällt in die Brachydiagonale. — Chem. Zus.: Bleisulfat, **Pb S0⁴**, mit 26,43 Schwefelsäure und 73,57 Bleioxyd; im Kolben zerknistert er, auf Kohle im Ox.-F. schmilzt er zu einer klaren Perle, welche nach dem Erkalten milchweiss ist, im Red.-F. gibt er Blei; mit Soda und Kieselerde Reaction auf Schwefel; zu den Flüssen verhält er sich wie Bleioxyd; in Salzsäure schwer, in Kalilauge völlig löslich; Verhalten gegen conc. Schwefelsäure wie bei Baryt. — Zellerfeld, Badenweiler, Grube Friedrich bei Wissen a. d. Sieg, Schwarzenbach und Miss in Kärnten, Moravicza, Dognácska, Felsöbánya und Borsabánya in Ungarn, Leadhills, Insel Anglesea, Wirksworth in Derbyshire, Iglesias und Monte Poni auf Sardinien, Beresowsk, Nertschinsk u. a. O.; prachtvoll bei Phönixville in Pennsylvanien.

Gebrauch. Wo das Bleisulfat in grösserer Menge vorkommt, da wird es mit anderen Bleierzen zur Gewinnung von Blei benutzt.

Anm. 1. Bei Coquimbo kommt nach *Field* ein schwarzes, mattes, erdiges Mineral vor, welches das Gewicht 6,2 hat, und anfangs weggeworfen wurde, bis man erkannte, dass es 96,74 Bleisulfat und 3,16 Eisenoxydul enthält. Es ist aus Zersetzung von Bleiglanz entstanden, und wird als schwarzes amorphes Bleisulfat aufgeführt.

Anm. 2. *Breithaupt* führt auch ein selensaures Blei, **Pb Se 0⁴**, von Hildburghausen, unter dem Namen **Selenbleispath** auf; dasselbe findet sich in kugeligen Aggregaten und derb, ist schwefelgelb und deutlich spaltbar nach **einer** Richtung.

Anm. 3. **Zinkosit** hat *Breithaupt* ein mit Zinkblende vorkommendes Mineral vom Gange Jaroso in der Sierra Almagrera in Spanien genannt. Die sehr kleinen Krystalle sind rhombisch und homöomorph mit Bleisulfat und Baryt; H. $=3$; G.$=4,331$; gelblich- und graulichweiss bis licht weingelb; Glas- bis Diamantglanz, durchsichtig und durchscheinend. — Chem. Zus.: Zinksulfat, **Zn S0⁴**. — Der blassgrüne oder himmelblaue durchscheinende **Hydrocyanit**, welcher sich bei der Eruption des Vesuvs im October 1868 als Sublimationsproduct gebildet hat, ist **Cu S0⁴** und besitzt nach *Scacchi* eine prismatische Form mit Winkeln ähnlich denen des Anglesits.

Anm. 4. **Sardinian** nennt *Breithaupt* einen Bleivitriol, welcher nach *Th. Richter*'s Analyse in seiner Substanz mit dem Anglesit übereinstimmt, aber monoklin krystallisirt, demzufolge ein Beispiel von Dimorphismus liefert. Die Krystalle zeigen vorwaltend ein verticales Prisma von $127\frac{3}{4}^{\circ}$ mit Abstumpfungen der stumpfen und scharfen Seitenkanten, und einer auf die stumpfen Seitenkanten aufgesetzten schiefen Basis ($75\frac{3}{4}^{\circ}$), sowie einem Klinodoma von 126° 50'; spaltbar nach einem Prisma von $101\frac{1}{2}^{\circ}$ und klinodiagonal; G.$=6,38...6,39$; Glanz und Farbe wie bei dem Anglesit. Findet sich bei Monte Poni auf Sardinien; auch einen Theil des Bleivitriols von Zellerfeld erkannte *Breithaupt* als Sardinian.

289. Lanarkit, *Beudant.*

Monoklin, $\beta = 88^\circ$ 11'; A.-V. $= 0,8681 : 1 : 1,3836$ nach *Schrauf* (Z. f. Kryst. I. 1877. 34); gewöhnlichste Formen 0P, $\infty\text{P}\infty$, $\frac{1}{2}\text{P}\infty$, $-3\text{P}3$, $-2\text{P}10$, ausserdem einige mit $-\frac{1}{2}\text{P}\infty$ vicinale Flächen; die Krystalle sind nach der Orthodiagonale zu scheinbaren Prismen verlängert, und namentlich sind Orthodomen an ihnen entwickelt; auch in dünnstängeligen Aggregaten. — Spaltb. sehr vollk. nach der Fläche der Basis, spurenhaft nach $\infty\text{P}\infty$; mild, in dünnen Blättchen biegsam (nach *Breithaupt* sehr leicht zersprengbar); H. $= 2...2,5$; G. $= 6,8...7$ (nach *Thomson* 6,319); dunkel grünlichweiss, gelblichweiss bis grau; diamantähnlicher Perlmutterglanz auf 0P, sonst z. Th. fettglänzend. — Chem. Zus.: nach den früheren Analysen von *Brooke* und *Thomson* galt der Lanarkit als eine Verbindung von 1 Mol. Bleisulfat mit 1 Mol. Bleicarbonat, $PbSO^4 + PbCO^3$. Allein *Pisani* und *Flight* haben später in einem Vorkommniss von Leadhills, welches sich krystallographisch und optisch als echter Lanarkit erwies, keine Kohlensäure, sondern nur Schwefelsäure und Bleioxyd gefunden (15,2 Schwefelsäure und 84,8 Bleioxyd); darnach ist der Lanarkit Pb^2SO^5, was man nach *Rammelsberg* als eine Verbindung von 1 Mol. Bleisulfat (37,6) mit 1 Mol. Bleioxyd (42,4), $PbSO^4 + PbO$ auffassen kann, oder, wohl besser mit *Groth* als $[Pb^2O]SO^4$. V. d. L. auf Kohle schmilzt er zu einer weissen Kugel, welche etwas reducirtes Blei enthält, in Salpetersäure löst er sich nur theilweise mit Brausen. — Leadhills in Schottland, selten.

2) Wasserhaltige Sulfate.

a) Wasserhaltige einfache Sulfate.

290. Glaubersalz oder Mirabilit, *Haidinger.*

Monoklin, $\beta = 72^\circ$ 15', ∞P (o) $= 86^\circ$ 31', P (n) $= 93^\circ$ 12', $\text{P}\infty$ (z) $= 80^\circ$ 38'; A.-V. $= 1,1161 : 1 : 1,2382$; die Krystalle meist in der Richtung der Orthodiagonale verlängert, vorwaltend durch 0P und $\infty\text{P}\infty$ gebildet, zu Aussee auch nach der Verticalaxe verlängert; ausser den erwähnten Formen sind u. a. noch $-\frac{1}{2}\text{P}\infty$, $\frac{1}{2}\text{P}\infty$, $2\text{P}\infty$, $-\text{P}$, $\frac{1}{2}\text{P}$, $-\frac{1}{2}\text{P}$, -2P bekannt, die beiden letzteren durch *v. Zepharovich* an Krystallen von Altaussee.

$$0P.\infty\text{P}\infty.\infty\text{P}\infty.\text{P}\infty.0P.\text{P}\infty.P$$
$$T \quad M \quad P \quad r \quad o \quad z \quad n$$
$$M:T = 107^\circ 45', \quad M:r = 130^\circ 10'.$$

Die natürlichen Varr. bilden meist nur Efflorescenzen und krustenartige Ueberzüge auf Gesteinen und altem Gemäuer. — Spaltb. orthodiagonal, sehr vollk.; Bruch muschelig; H. $= 1,5...2$; G. $= 1,4...1,5$; farblos, pellucid; Geschmack kühlend und salzigbitter. — Chem. Zus.: neutrales Natriumsulfat mit 10 Mol. Wasser, $Na^2SO^4 + 10H^2O$, mit 24,85 Schwefelsäure, 19,27 Natron und 55,88 Wasser; in Wasser leicht löslich; verwittert und zerfällt an der Luft, indem es 8 Mol. Wasser verliert; im Kolben schmilzt es in seinem Krystallwasser; auf Platindraht geschmolzen färbt es die Flamme röthlichgelb; das entwässerte Salz schmilzt auf der Kohle und wird im Red.-F. hepatisch. — In den Salzbergwerken zu Hallstatt, Aussee, Berchtesgaden und in Mineralquellen und Salzseen; im Thale des Ebro, bei Logroño und Lodosa, wechsellagert das Glaubersalz mit Kochsalz in bedeutender Mächtigkeit und Ausdehnung; als 2 M. mächtige Schicht bei Bompensieri in Sicilien; *Nöschel* fand am Kaukasus, 25 Werst von Tiflis bei Muchrevan, ein 5 Fuss mächtiges Lager von reinem Glaubersalz, welches sich über eine halbe Quadratwerst ausbreitet und von Thon und Mergel bedeckt wird.

Gebrauch. Als Arzneimittel, zur Glasbereitung und zur Darstellung von Natron.

Anm. *Reussin* nannte *Karsten* ein bei Sedlitz und Franzensbad in büschelförmigen und flockigen Efflorescenzen vorkommendes, mit 31 pCt. Magnesiumsulfat verbundenes Glaubersalz.

291. Gyps.

Monoklin, $\beta = 81^\circ$ 5' nach den unten bei Fig. 1 angegebenen Messungen von *Des-Cloizeaux*, berechnet von *Hessenberg*, wie auch die folgenden Winkel; A.-V. $= 0,6894 : 1 : 0,4156$; die gewöhnlichsten Formen sind ∞P (f) 111°30', P (n) 138°32', $-\text{P}$ (l) 143° 30' und $\infty\text{P}\infty$ (p); auch kommen nach *Soret* viele Klinoprismen $\infty\text{P}n$

vor, wie besonders $\infty \dot{P} \frac{3}{2}$ und $\infty \dot{P} 2$, deren vordere oder klinodiagonale Seitenkanten respective 88° 48' und 72° 35' messen; ein paar andere wichtige Formen sind die Hemidomen $\frac{1}{2} P \infty$ (*o*), welches die Verticalaxe unter 87° 20' schneidet, und $-\frac{1}{2} P \infty$. welches mit der schiefen Basis den Winkel von 10° 54' bildet; eine vollständige Ueber-sicht aller 34 bekannten Formen, welchen später *Laspeyres* noch 2 hinzufügte, gab *Brezina* in *Tschermak*'s Mineral. Mittheil., 1872. 18. Ein paar häufige Combb. sind:

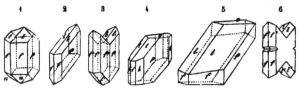

Fig. 1. $\infty P . \infty \dot{P} \infty . P . -P$; die Grundform ist vollständig ausgebildet; vergl. auch
            Fig. 155 auf S. 80; nach *Des-Cloizeaux* sind die Winkel $f : f = 111° 30'$.
            $l : l = 143° 30'$, $l : f = 130° 51'$; die Polkante von $+P$ (*n*) ist gegen die
            Klinodiagonale 33° 19', gegen die Verticalaxe 65° 36' geneigt, während
            dieselben Winkel für die Polkante von $-P$ (*l*) 28° 35' und 52° 29' messen.
Fig. 2. $\infty \dot{P} \infty . \infty P . -P$; die Grundform ist nur mit der negativen Hemipyramide
            ausgebildet; eine der gewöhnlichsten Combinationen.
Fig. 3.   Ein Zwillingskrystall der in Fig. 2 abgebildeten Form; sehr häufig; beide
            Individuen sind in der Fläche des Orthopinakoids verbunden, während die
            Flächen *p* und *p'* in eine Ebene fallen; je nachdem diese Zwillinge mit dem
            unteren oder oberen Ende aufgewachsen sind, zeigen sie an ihrem freien
            Ende eine einspringende oder eine ausspringende vierflächige Zuspitzung:
            übrigens kommen nach demselben Gesetz auch solche Zwillinge vor, in denen
            die Individuen seitwärts, mit ihren rechten, oder mit ihren linken Flächen
            des Klinopinakoids (*p*) verwachsen sind.
Fig. 4. $\infty \dot{P} \infty . \infty P . \infty \dot{P} 2 . -P . \frac{1}{2} P \infty$; Bex im Kanton Waadt; die Flächen *o* sind
            meist etwas gekrümmt, und etwa 87° gegen die Verticalaxe geneigt.
Fig. 5. $-P . \infty P . \infty \dot{P} \infty . \frac{1}{2} P \infty$; diese Form liegt zum Theil den linsenförmigen Kry-
            stallen zu Grunde.
Fig. 6.   Ein Zwillingskrystall wie Fig. 3, jedoch mit vollkommener Durchkreuzung
            beider Individuen, nach *Oborny*.

Die Krystalle erscheinen theils kurz und dick, theils lang und dünn säulenförmig, gewöhnlich nach ∞P, bisweilen auch nach $-P$ verlängert, theils auch tafelartig; auch kommen oft linsenförmige Krystalle vor, denen Fig. 5 oder auch die Comb. $-P . -\frac{1}{2} P \infty . 0P . \infty P$ zu Grunde liegt, deren Flächen mehr oder weniger gekrümmt sind, wie denn auch an anderen Krystallen oft convexe Flächen vorkommen. Zwillings-krystalle sehr häufig, nach zwei verschiedenen Gesetzen: 1) Zwillings-Axe die Normale von $\infty \dot{P} \infty$, oder Zwillings-Ebene das Orthopinakoid: nach diesem Gesetz sind besonders die säulenför-migen Krystalle der Comb. Fig. 2 verwachsen (Fig. 3). und 2) Zwillings-Axe die Normale von $-P \infty$, nach diesem Gesetz erscheinen besonders die linsenför-migen Krystalle verbunden.

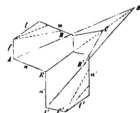

Zur Erläuterung dieser letzteren Zwillingskry-stalle mag beistehendes, in der Ebene des klinodia-gonalen Hauptschnitts gezeichnete Diagramm dienen. in welchem zur leichteren Orientirung die beiden sechsseitigen Figuren mit den Buchstaben *n*, *f*, *l*
mit aufgenommen sind, welche die klinodiagonalen Durchschnitte zweier Krystalle der

in Fig. 1 abgebildeten Combination darstellen, während *EC* die Projection der Zwillings-Ebene bedeuten soll.

In den linsenförmigen Krystallen pflegt nun jedes einzelne Individuum durch die Flächen —P (*l*) und —½P∞ (*A B*) oder 0P (*B C*) begrenzt zu sein, welche jedoch gewöhnlich in eine einzige, convexe Fläche verfliessen; auch die untere, durch die beiden Hemipyramiden P (*n* und *n'*) bewirkte Begrenzung ist meist krummflächig. Findet nun blos Juxtaposition statt, was am öftesten der Fall ist, so erhalten die Zwillinge (und deren Spaltungslamellen) im Profil ein pfeilspitzenähnliches Ansehen; der ausspringende Winkel der Pfeilspitze beträgt entweder 25° 26' (*A D A'*) oder 57° 11' (*B C B'*), je nachdem —½P∞ oder 0P sehr vorwaltend ausgebildet ist; der einspringende Winkel *A E A'* beträgt 123° 48'. Dergleichen linsenförmige Zwillingskrystalle kommen besonders schön am Montmartre bei Paris vor.

Ganz eigenthümlich erscheinen die schönen bei Wasenweiler, am s.-ö. Fuss des Kaiserstuhls vorkommenden linsenförmigen Gypszwillinge, welche *Hessenberg* in Nr. 10 seiner Mineralogischen Notizen (1871, S. 30) ausführlich beschrieben und abgebildet hat. Es finden sich dort z w e i Varietäten; die eine zeigt die Combination —P.∞P̆∞.P̆∞.½P∞.½P̆⅔; Fig. 7 und 8; die andere dagegen statt —P das Hemi-
$$\quad l \qquad p \qquad v \qquad \beta \qquad \zeta$$
doma —½P∞ (*ε*), und statt P̆∞ das Klinodoma ¾P̆∞ (*γ*), übrigens dieselben drei Gestalten *P*, *β* und *ζ*; Fig. 9. Die Figuren 7 und 9 zeigen zwei Contactzwillinge dieser Combinationen; in beiden misst der einspringende Winkel *ββ'* = 95° 40', welchen Werth in Fig. 7 auch der gegenüberliegende ausspringende Winkel hat, wogegen

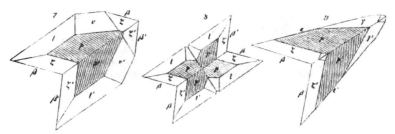

in Fig. 9 die beiderseitigen Flächen *εε'* den Winkel 35° 22' bilden; die Fig. 8 stellt einen Durchkreuzungszwilling der ersten Varietät dar. Die auf den Flächen *P* und *P'* eingezeichnete Streifung entspricht der faserigen Spaltungsfläche P̆∞, welche sehr häufig durch Risse angedeutet ist.

Laspeyres entzifferte eigenthümliche kleine, nach dem ersten Gesetz gebildete Gypszwillinge von Eisleben, welche in ihrer Form Pilzen oder Doppelkegeln ähnlich sehen (*Tschermak's* Mineral. Mittheil., 1875. 120). — *Oborny* beschreibt Zwillingskrystalle der Fig. 2 mit parallelen Verticalaxen und fast rechtwinkeligen Klinopinakoiden beider Individuen; bei ihnen dürfte das Gesetz: Zwillings-Ebene eine Fläche von ∞P̆⅔ anzunehmen sein, da die vordere Seitenkante dieses Klinoprismas 88° 48' misst.

Die Krystalle sind einzeln eingewachsen, oder zu Gruppen und Drusen verbunden; oft gebogen oder schlangenförmig gewunden, wobei allermeist ∞P̆∞ die Krümmungen und Runzelungen zeigt, ∞P̆∞ eine Ebene ist; ausserdem erscheint der Gyps derb in gross-, grob-, klein- und feinkörnigen bis dichten Aggregaten; in Platten und Trümern von stängeliger und faseriger Zusammensetzung (F a s e r g y p s); in schuppigen Aggregaten (S c h a u m g y p s) und als erdiger Gyps; in Pseudomorphosen nach Kochsalz, Anhydrit und Kalkspath.

Spaltb. klinodiagonal höchst vollk., hemipyramidal nach P viel weniger vollk., die beiden pyramidalen Spaltungsflächen meist oscillatorisch hervortretend, daher scheinbar eine einzige, faserige oder gestreifte Fläche $\dot{P}\infty$ bildend; orthodiagonal unvollk. in flachmuscheligen Bruch verlaufend. Ausser diesen längst bekannten Spaltungsrichtungen hat *Laspeyres* auf das Vorhandensein einer bereits von *Hauy* nicht übersehenen ferneren aufmerksam gemacht, welche der Krystallfläche $o = \frac{1}{2}\dot{P}\infty$ folgt: *E. Reusch* hat nachgewiesen, dass parallel der Fläche $\beta = \frac{3}{2}\dot{P}\infty$ eine auch als Schlaglinie hervortretende Spaltungsrichtung existirt, welche mit der Faserrichtung sehr nahe 14^0 bildet; eine andere solche Richtung gibt es, fast horizontal liegend, in der Zone $\frac{1}{2}\dot{P}\infty : \infty\dot{R}\infty$, eine fernere parallel der Kante $-\dot{P}\infty : \infty\dot{R}\infty$. Mild, in dünnen Blättchen biegsam (doch nicht in allen Varietäten); H. $= 1,5...2$; G. $= 2,2...2,4$, nach *Kenngott* $2,313...2,328$ an 15 Varr. bestimmt; farblos und oft wasserhell, auch schneeweiss, aber häufig gefärbt, besonders röthlichweiss bis fleisch- und blutroth; gelblichweiss bis wein- und honiggelb und gelblichbraun, graulichweiss bis schwärzlichgrau. selten grünlich oder blaulich; Perlmutterglanz auf den vollkommensten, Seidenglanz auf den pyramidalen Spaltungsflächen; ausserdem Glasglanz; pellucid in hohen und mittleren Graden. Doppelbrechung negativ. Die optischen Axen liegen bei der gewöhnlichen Temperatur im klinodiagonalen Hauptschnitt; mit der Verticalaxe bildet die eine den Winkel von 83^0, die andere den Winkel von 22^0; bei höheren Tempp. vermindert sich ihr Neigungswinkel, und bei 80^0C. ungefähr fallen beide in eine gegen die Verticalaxe $52\frac{1}{2}^0$ geneigte Linie. — Ueber die Grösse und Lage der opt. Elasticitätsaxen vgl. *v. Lang* in Sitzber. d. Wien. Akad. II. Abth. Decbr. 1877, über die thermische Ausdehnung *Beckenkamp* in Z. f. Kryst. VI. 1882. 450. — Chem. Zus.: Calciumsulfat mit 2 Mol. Wasser, $CaS\ddot{O}^4 + 2\ddot{H}^2\ddot{O}$, mit $32,55$ Kalk, $46,52$ Schwefelsäure und $20,93$ Wasser; im Kolben gibt er Wasser; v. d. L. wird er trübe und weiss, blättert sich auf und schmilzt zu einem weissen Email, welches alkalisch reagirt; auf Kohle im Red.-F. gibt er Schwefelcalcium; mit Soda auf Kohle n i c h t zu einer klaren Masse schmelzbar, weil die Kalkerde ungelöst zurückbleibt; mit Flussspath schmilzt er zu einer klaren Perle, die beim Erkalten weiss und undurchsichtig wird; er ist löslich in 380 bis 460 Theilen Wasser, und die Sol. gibt die Reactionen auf Kalk und Schwefelsäure; in Säuren löst er sich nicht viel leichter auf; in kochender Auflösung von kohlensaurem Kali wird er vollständig zersetzt. — Sehr verbreitetes Mineral im Gebiet gewisser Sedimentär-Formationen; Castellina in Toscana, Girgenti, Montmartre, Bex, Oxford, Reinhardsbrunn, Kaaden in Böhmen, Wasenweiler im Breisgau und viele a. O. liefern schöne krystallisirte Varietäten.

Gebrauch. Sowohl der rohe als der gebrannte Gyps werden mit sehr viel Erfolg als Verbesserungsmaterial des Bodens, zum Gypsen der Felder und Wiesen benutzt. Der gebrannte und mit Wasser angemachte Gyps wird als Mörtel, zur Herstellung von Estrichen, Stuckaturen, Büsten, Statuen, Abgüssen und Formen aller Art, auch zur Bereitung des künstlichen Marmors (Gypsmarmor) gebraucht; auch dient er als Zusatz von Glasuren, zur Glas- und Porzellanmasse. Der dichte und feinkörnige weisse Gyps wird unter dem Namen Alabaster zu Vasen, Säulen, Statuen und anderen Ornamenten, der feinfaserige Gyps zu Perlen und anderen Schmuckgegenständen verarbeitet.

A n m. Nach *Escher* ist in der Wüste Sahara eine Sandsteinbildung sehr verbreitet, in welcher Gyps als Cäment der Sandkörner erscheint; in dem darüber liegenden Sande kommen sehr zahlreiche Krystalle und Krystallgruppen von Gyps vor, welche recht vielen Sand in sich aufgenommen haben, ohne doch in ihrer Ausbildung sehr auffallend gestört worden zu sein. Sie bilden ein Seitenstück zu den bekannten Kalkspath-Krystallen von Fontainebleau.

292. Kieserit, *Reichardt.*

Gewöhnlich mikrokrystallinisch; derb, in sehr feinkörnigen bis dichten Aggregaten, welche ganze Schichten bilden. Bei Hallstatt findet er sich jedoch nach *Tschermak* auch grobkörnig, sowie krystallisirt in ziemlich grossen monoklinen Krystallen. $\beta = 88^0 53'$; A.-V. $= 0,9147 : 1 : 1,7445$; als vorherrschende Form erscheint die vollständige und im Gleichgewicht ausgebildete Grundpyramide $\pm P$, mit einer vierflächigen Zuspitzung ihrer Polecken durch die in ähnlicher Weise ausgebildete Pyramide $\pm \frac{1}{2}$P; dazu noch, als Abstumpfung der orthodiagonalen Combinationsecken beider Pyramiden, das Klinodoma $\frac{1}{2}$Ṗ∞. *Tschermak* fand:

die klinodiagonale Polkante von $+$P $= 101^o\ 32'$

\- \- \- \- $-$P $= 102\ 26$

\- \- $+\frac{1}{2}$P $= 127\ 10$

\- \- $-\frac{1}{2}$P $= 128\ 9$

die Mittelkante von . . . . . . $\pm$P $= 93\ 0$ und

die obere Kante von . . . . . $\frac{1}{2}$Ṗ∞ $= 104\ 2$;

die Krystalle haben einige Aehnlichkeit mit denen des Lazuliths, zeigen auch vielfache Zwillingsbildung nach dem Gesetz: Zwillings-Ebene eine Fläche von $-$P. Spaltbarkeit nach den Hemipyramiden P und $\frac{1}{2}$P vollkommen, auch nach $\frac{1}{2}$Ṗ∞ und $-$Ṗ∞, unvollkommen; H. $= 3$; G. $= 2,569$, in Aggregaten herab bis $2,517$; farblos, graulichweiss, auch gelblich gefärbt; schimmernd, durchscheinend mit blaulichem Lichtschein in der Richtung der Normale des Hemidomas $\frac{1}{2}$Ṗ∞. Ebene der optischen Axen das Klinopinakoid. — Chem. Zus. nach vielen Analysen: Magnesiumsulfat mit 1 Mol. Wasser, $MgSO^4 + H^2O$, mit $28,97$ Magnesia, $57,99$ Schwefelsäure und $13,04$ Wasser. Einige dieser Analysen ergaben einen grösseren Wassergehalt, was wohl darin begründet war, dass das Mineral sehr begierig Wasser anzieht, und endlich in Bittersalz übergeht. An der Luft überzieht es sich bald mit einer trüben Verwitterungsrinde; im Wasser wird es sehr langsam aber vollständig gelöst; mit wenig Wasser befeuchtet erhärtet es, fast wie gebrannter Gyps. — Dieses in technischer Hinsicht wichtige Salz findet sich bei Stassfurt in zoll- bis fussstarken Schichten, welche mit Steinsalz wechselnd eine bis 180 Fuss mächtige Ablagerung bilden; in ihm kommt Sylvin in grossen, und Anhydrit in kleinen Krystallen vor; auch bei Kalusz in Galizien und bei Hallstatt in Oesterreich ist es reichlich vorhanden.

Anm. Röthlichweisse stalaktitische Knollen des entsprechenden Mangansulfats von der Formel $MnSO^4 + H^2O$ aus einer aufgelassenen Grube bei Felsöbánya beschrieb *v. Schröckinger* unter dem Namen Szmikit (Verh. geol. R.-Anstalt 1877. 111).

293. Bittersalz, oder Epsomit, *Beudant.*

Rhombisch, isomorph mit Zinkvitriol und Nickelvitriol; A.-V. $= 0,9901 : 1 : 0,5709$; die Pyramide P meist hemiëdrisch, als rhombisches Sphenoid ausgebildet, wie in der zweiten Figur; gewöhnl. Comb. ∞P.P und ∞P·$\frac{P}{2}$, dazu oft ∞P̌∞, die Krystalle säulenförmig; ∞P $= 90^o$ $38'$, $l : M = 129^o\ 3'$, Polkante des Sphenoids $101^o\ 54'$. Die natürlichen Varietäten in körnigen, faserigen, erdigen Aggregaten, als Efflorescenz des Erdbodens und verschiedener Gesteine. — Spaltb. brachydiagonal, vollk.; H. $= 2...2,5$; G. $= 1,7...1,8$; farblos, pellucid. Optisch-zweiaxig, die optischen Axen liegen in der Basis, und ihre Bisectrix fällt in die Makrodiagonale; Doppelbrechung negativ; Geschmack salzigbitter. — Chem. Zus.: Magnesiumsulfat mit 7 Mol. Wasser, $MgSO^4 + 7H^2O$, mit $16,25$ Magnesia, $32,53$ Schwefelsäure und $51,22$ Wasser; in Wasser leicht löslich; im Kolben gibt es Wasser, schmilzt dann und bleibt unverändert; auf Kohle erhitzt schmilzt es anfangs, verliert dann sein Wasser und seine Säure, fängt an zu leuchten, und wirkt nun alkalisch; mit Kobaltsolution im Ox.-F. stark geglüht, schwach rosenroth. — Als Efflorescenz des Bodens (Steppen Sibiriens, Catalonien, Gegend zwischen Madrid und Toledo) und mancher Gesteine (Gneiss bei Freiberg, Schieferthon bei Offenburg in Baden); auch auf Erzlagerstätten (Herrengrund, Neusohl), wo kleine Mengen von Metalloxydulen die Magnesia zu vertreten pflegen; aufgelöst in Mineralwässern (Epsom, Seidschütz, Püllna).

Manches natürliche Bittersalz hält nur 6 Mol. oder 48 pCt. Wasser.

Gebrauch. Als Arzneimittel und zur Darstellung reiner und kohlensaurer Magnesia.

Anm. $MgSO^4 + 7H^2O$ ist dimorph, indem man es aus übersättigten Lösungen künstlich auch in monoklinen Krystallen erhalten kann, welche aber schnell trübe werden, so dass hier die rhombische Form die beständigere ist. Diese Dimorphie ist deshalb sehr interessant, weil die ganz analog constituirten Eisen- und Kobaltsulfate mit 7 Mol. Wasser isomorph sind mit jener monoklinen Gestalt. Das dimorphe $Mg\,S\,O^4 + 7\,H^2O$ ist daher ebenso das verbindende Glied zwischen den rhombischen und monoklinen Substanzen $R\,S\,O^4 + 7\,H^2O$, wie das als Kalkspath und Aragonit dimorphe $Ca\,C\,O^3$ die Reihe der rhomboëdrischen und der rhombischen wasserfreien Carbonate $R\,C\,O^3$ verknüpft (vgl. Eisenvitriol).

294. Zinkvitriol, oder Goslarit, *Haidinger.*

Rhombisch, isomorph mit Bittersalz, doch fällt die Hemiëdrie seltener auf, indem P gewöhnlich mit allen 8 Flächen als $\dfrac{P}{2}$ und $-\dfrac{P}{2}$ entwickelt ist; gewöhnliche Comb. der künstlichen Krystalle $\infty P.\infty \overset{\smile}{P}\infty.P$, wobei $\infty P = 90^\circ\,42'$, Krystalle säulenförmig verlängert; A.-V. $= 0,9804 : 1 : 0,5631$; die natürlichen Varietäten meist körnige Aggregate von stalaktitischen, nierförmigen, krustenförmigen Gestalten; doch fanden sich auf der Mordgrube bei Freiberg im Inneren hohler Stalaktiten nach *Frenzel* Krystalle mit $\infty P(91^\circ 5'$ nach *Schrauf*$).\infty \overset{\smile}{P}\infty.P.2\overset{\smile}{P}\infty.\overset{\smile}{P}\infty.2\overset{\smile}{P}\infty.$ — Spaltb. brachydiagonal, vollkommen; H. $= 2...2,5$; G. $= 2...2,1$; farblos, graulichweiss, schmeckt widerlich zusammenziehend; optische Beziehungen wie beim Bittersalz. — Ist im reinen Zustand Zinksulfat mit 7 Mol. Wasser, $Zn\,S\,O^4 + 7\,H^2O$, entsprechend $28,23$ Zinkoxyd, $27,88$ Schwefelsäure, $43,89$ Wasser; einige natürliche Zinkvitriole scheinen nur 6 Mol. Wasser zu enthalten; sehr leicht löslich in Wasser, verliert bei 100° 40 pCt. Wasser, wobei er schmilzt; gibt, mit Kohlenpulver geglüht, schwefelige Säure; mit Soda auf Kohle gibt er im Red.-F. starken Beschlag von Zinkoxyd (welches sich durch Kobaltsolution grün färbt), sowie Schwefelnatrium. — Als secundäres Erzeugniss (namentlich aus Zinkblende entstehend), Goslar, Schemnitz, Fahlun.

Gebrauch. Der künstlich dargestellte Zinkvitriol (oder weisse Vitriol) wird als Arzneimittel, in der Färberei und Druckerei und bei der Darstellung gewisser Lackfarben und Firnisse gebraucht.

Anm. Fauserit nannte *Breithaupt* einen rhombischen Manganvitriol, welcher sich in den Bergwerken von Herrengrund in Ungarn bildet. $\infty P = 94^\circ\,18'$, dazu mehre andere Prismen, $\infty \overset{\smile}{P}\infty$ und P; die ziemlich grossen Krystalle gehen durch Abrundung und Gruppirung in stalaktitische Formen über. — Spaltb. brachydiagonal; H. $= 1...2,5$; G. $= 1,888$; röthlich- und gelblichweiss, bisweilen wasserhell, meist nur durchscheinend. — Chem. Zus. nach *Mollndr*: 14,49 Schwefelsäure, 19,61 Manganoxydul, 5,15 Magnesia und 12,66 Wasser; löslich in Wasser. Dieses Mineral wurde früher für Bittersalz oder auch für Zinkvitriol gehalten, und manche Exemplare sind nach *Tschermak* wirklich nichts Anderes als Bittersalz.

295. Nickelvitriol, *Cronstedt*; Morenosit, *Casares.*

Dieser schon früher am Cap Ortegal in Spanien und am Huronsee gefundene Vitriol ist auch nach *Fulda* später bei Riechelsdorf vorgekommen, theils derb von muscheligem Bruch, theils faserig und haarförmig; H. $= 2$; G. $= 2,004$; smaragdgrün, die haarförmigen Individuen fast farblos; glasglänzend. Die künstlich dargestellten Krystalle rhombisch, isomorph mit Bittersalz und Zinkvitriol; A.-V. $= 0,9815 : 1 : 0,5656$. — Chem. Zus. nach zwei Analysen von *Fulda* und *Körner*: $Ni\,S\,O^4 + 7\,H^2O$, mit 28,31 Schwefelsäure, 26,61 Nickeloxydul, 44,88 Wasser. Im Sonnenlicht oder bei 30 bis 40° C. verwittert er und verliert 1 Mol. Wasser; sehr leicht löslich in Wasser; im Kolben gibt er viel Wasser, bläht sich auf, wird gelb und undurchsichtig.

296. Eisenvitriol, oder Melanterit, *Beudant.*

Monoklin[1]), $\beta = 75^\circ\,45'$ nach *Senff*, wie auch die folgenden Winkel; die gewöhn-

---

[1]) Nach *v. Kobell* verhält sich der Eisenvitriol stauroskopisch triklin und nicht monoklin, die ebenen Winkel der als Rhombus angenommenen Basis werden nämlich nach ihm vom Kreuz nicht halbirt, sondern der stumpfe Winkel (von 99°) werde in Winkel von 52° und 47° getheilt (Münchener Gelehrte Anzeigen 1858, Nr. 31 und Sitzgsber. Münch. Akad. 2. Nov. 1878). *Groth* und *v. Zepharovich* constatirten dagegen, dass die $\infty \overset{\smile}{P}\infty$ entsprechende Schwingungsrichtung auf 0P Schwankungen von mehren Graden ausgesetzt ist, ja an demselben Krystall nicht geradlinig

lichste Comb. ist ∞P. 0P und liegt allen übrigen zu Grunde, daher die Krystalle kurz säulenförmig oder dick tafelförmig erscheinen; ∞P (f) = 82° 22′, — P(P) = 101° 34′, ꝑ∞ (o) = 67° 30′. A.-V. = 1,1793 : 1 : 1,5441. Gewöhnliche Combb. sind:

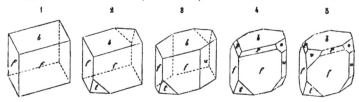

1   2   3   4   5

Fig. 1. ∞P. 0P; f : f = 82° 22′, b : f = 99° 20′ und 80° 40′; diese Krystalle erscheinen fast wie Rhomboëder, weshalb *Hauy* die ganze Krystallreihe für rhomboëdrisch hielt.

Fig. 2. ∞P. 0P. ꝑ∞; von *Hauy* als die Comb. R . 0R gedeutet.

Fig. 3. Die Combination Fig. 2 mit ∞ꝑ∞.

Fig. 4. Die Comb. Fig. 2 mit — P, ꝑ∞ und ∞ꝑ∞; b : o = 123° 45′.

Fig. 5. Die Comb. Fig. 4 mit —ꝑ∞; v : b = 137° 36′.

Nach *v. Zepharovich* misst β = 75° 44½′, f : f = 82° 12′; b : f = 99° 19′ und 80° 41′; b : o = 123° 46′; v : b = 136° 16′, und ist das A.-V. = 1,1828 : 1 : 1,5427; er beobachtete noch — ¼ꝑ∞, — 3ꝑ∞, ½ꝑ∞.

Die in der Natur vork. Varr. selten deutlich krystallisirt, meist stalaktitisch, traubig, nierförmig, als Kruste und Beschlag; Pseudomorphosen nach Eisenkies. — Spaltb. basisch vollk., prismatisch nach ∞P, weniger deutlich; H. = 2; G. = 1,8...1,9; farbig, lauch- und berggrün, an der Oberfläche oft gelb beschlagen; pellucid in hohen und mittleren Graden; die optischen Axen liegen im klinodiagonalen Hauptschnitt, ihre spitze Bisectrix ist gleichsinnig geneigt wie die Klinodiagonale, und bildet mit selbiger den Winkel von 14° 45′; Geschmack süsslichherb. — Chem. Zus.: Eisensulfat (schwefelsaures Eisenoxydul) mit 7 Mol. Wasser, Fe S0⁴ + 7 Ḣ²O, mit 25,89 Eisenoxydul, 28,79 Schwefelsäure, 45,32 Wasser; bisweilen mit zugemischtem Magnesiumsulfat (bei Idria mit 4,60 Magnesia) oder etwas Mangansulfat (Luckit Carnot's). In Wasser leicht löslich; v. d. L. im Kolben schmilzt der Eisenvitriol in seinem Krystallwasser, welches dann entweicht und weisses entwässertes Salz zurücklässt; auf Kohle gibt er im Ox.-F. Eisenoxyd. — Als neueres Erzeugniss durch Zersetzung von Eisenkiesen gebildet; Goslar, Bodenmais, Fahlun, Graul bei Schwarzenberg, Potschappel bei Dresden, Idria.

Gebrauch. Der Eisenvitriol (oder grüne Vitriol) findet eine Anwendung in der Färberei und Druckerei, zur Bereitung der schwarzen Tinte, des Berlinerblaus, zur Darstellung des Vitriolöls, bei Bereitung des Goldpurpurs und anderer Präparate.

Anm. 1. Pisanit nannte *Kenngott* zu Ehren *Pisani's* einen sehr kupferreichen Eisenvitriol, welcher aus einem Kupferbergwerk der Türkei stammt; er bildet krystallinische Aggregate, an deren kleinen Krystallen *Des-Cloizeaux* den Isomorphismus mit dem Eisenvitriol und ziemlich complicirte Combinationen mit vorwaltendem ∞P. 0P erkannte; ∞P = 82° 33′, 0P : ∞P = 100° 10′, β = 74° 38′. Die Farbe ist die des Kupfervitriols, und die Analyse von *Pisani* ergab 29,90 Schwefelsäure, 10,98 Eisenoxydul, 15,56 Kupferoxyd, 43,56 Wasser, daher (Fe, Cu) S0⁴ + 7 Ḣ²O. — Einen anderen, ganz ähnlich (10,07 Kupferoxyd) zusammengesetzten Kupfereisenvitriol, welcher aber nur ∞P und 0P zeigt, beschrieb *C. Hintze* aus dem »alten Mann« der Grube Fenice bei Massa Marittima in Toscana.

Anm. 2. Grüne Krusten auf der Vesuvlava vom April 1872 bestehen aus kleinen Kry-

_____

verläuft; indem dies auf Nicht-Homogenität zurückzuführen ist, ergab ein wirklich homogener Krystall die völlige opt. Beschaffenheit des monoklinen Systems, während auch die genauen Winkelmessungen von *v. Zepharovich* daran keinen Zweifel übrig lassen (Sitzber. Wiener Akad., Bd. 79. I; Z. f. Kr. IV. 406).

ställchen, ebenfalls von der Eisenvitriol-Form; *Scacchi* fand diese Substanz, Cupromagnesit genannt, nach der analogen Formel $(Cu, Mg) S O^4 + 7 H^2 O$ zusammengesetzt.

Anm. 3. *Volger* hat an einer Stufe von der Windgälle neben dem gewöhnlichen Eisenvitriol auch schöne Krystalle derselben Substanz in der Form des Bittersalzes gefunden ; er schlägt den Namen Tauriscit für diesen neuen Körper vor, welcher denselben Dimorphismus der Substanz $Fe S O^4 + 7 H^2 O$ beweist, welcher auch bei dem analog constituirten Magnesiumsalz bekannt ist (vgl. Bittersalz).

297. Mallardit, *Carnot.*

Krystallinische, parallelfaserige Massen; die prismatischen Individuen zeigen schiefe Auslöschung (43°), daher höchst wahrscheinlich monoklin und identisch mit dem chemisch übereinstimmenden künstlich erzeugten Mangansulfat. — Chem. Zus. : $Mn S O^4 + 7 H^2 O$. Leicht löslich in Wasser; an der Luft gibt das Mineral 2 Mol. $H^2 O$ ab. — Silbergrube Lucky Boy, s. vom grossen Salzsee in Utah (Bull. soc. minér. 11. 117. 119. 168); vgl. den S. 490 genannten Fauserit.

298. Kobaltvitriol, oder Bieberit, *Haidinger.*

Krystallformen monoklin, ähnlich denen des Eisenvitriols, gewöhnlich nur stalaktitisch oder als flockige Efflorescenz. — Blass rosenroth ; Geschmack zusammenziehend. — Die künstlichen Krystalle ($\beta = 75°5'$) sind schwefelsaures Kobaltoxydul mit 7 Mol. Wasser, $Co S O^4 + 7 H^2 O$; allein der natürliche Kobaltvitriol von Bieber enthält nach *Winkelblech* fast 4 pCt. Magnesia. — Bieber bei Hanau.

Anm. Fassen wir die isodimorphe Gruppe der Vitriole $R S O^4 + 7 H^2 O$ tabellarisch zusammen, so findet sich bis jetzt:

	rhombisch	monoklin
$Mg S O^4 + 7 H^2 O$	Bittersalz	{künstlich als solches {beigemischt im Cupromagnesit und Eisenvitriol
$Zn S O^4 + 7 H^2 O$	Zinkvitriol	—
$Ni S O^4 + 7 H^2 O$	Nickelvitriol	—
$Fe S O^4 + 7 H^2 O$	Tauriscit	Eisenvitriol
$Mn S O^4 + 7 H^2 O$	Fauserit	Mallardit
$Co S O^4 + 7 H^2 O$	—	Kobaltvitriol
$Cu S O^4 + 7 H^2 O$	—	beigemischt im {Pisanit {Cupromagnesit.

Aus der Reihe der künstlichen Salze ist noch mit Bittersalz isomorph: $Mg Se O^4 + 7 H^2 O$ und $Mg Cr O^4 + 7 H^2 O$.

---

299. Haarsalz, oder Halotrichit, *Hausmann* ; Keramohalit.

In haar- und nadelförmigen Krystallen von unbestimmter Form; doch gibt *Haidinger* sechsseitig-tafelförmige, monokline Krystalle, mit zwei Winkeln von 92° und vier Winkeln von 134° an; *Arzruni* befand die Fasern schief auslöschend; meist zu Krusten, Trümern, traubigen und nierförmigen Aggregaten von faseriger oder schuppiger (selten körniger) Structur verbunden ; H. = 1,5...2; G. = 1,6...1,7; weiss, gelblich oder grünlich, seidenglänzend. — Dieses Salz ist nach vielen Analysen wesentlich: neutrale schwefelsaure Thonerde mit 18 Mol. Wasser, $(Al^2)[S O^4]^3 + 18 H^2 O$, mit 15,33 Thonerde, 36,04 Schwefelsäure, 48,63 Wasser. Im Kolben bläht es sich auf, gibt viel Wasser, ist dann unschmelzbar, und wird mit Kobaltsolution blau, dafern nicht zu viel Eisenoxyd vorhanden ist; im Wasser leicht löslich; versetzt man die Solution mit etwas schwefelsaurem Kali, so bilden sich Alaunkrystalle. — Besonders im Braunkohlengebirge, Kolosoruk, Friesdorf bei Bonn, Freienwalde, auch im Steinkohlengebirge, Potschappel, und in vulkanischen Gesteinen, Vulkan von Pasto, Insel Milo: Königsberg in Ungarn, Adelaide in Neu-Südwales, hier in grosser Menge.

300. Aluminit, Websterit.

Bis jetzt nur in kleinen nierförmigen Knollen und derb, von höchst feinschuppiger

oder feinerdiger Zusammensetzung; u. d. M. sich als ein Aggregat kleiner doppeltbrechender, vierseitig prismatischer Kryställchen erweisend, wie *Naumann* vermuthete
und *Oschatz* zuerst für die von Halle zeigte; doch sind dieselben nicht, wie letzterer
angab, rechtwinkelig, sondern schiefwinkelig und löschen auch nach *H. Fischer* schief
(ca. 18°) aus; Bruch feinerdig, mild; zerreiblich; H. = 1; G. = 1,8; schneeweiss,
gelblichweiss, schimmernd oder matt; undurchsichtig. — Chem. Zus. der reinsten
Varietät nach vielen Analysen: drittelschwefelsaure Thonerde mit 9 Mol. Wasser,
empirisch $(Al^2)S O^6 + 9 H^2 O$ oder$[AlO]^2 SO^4 + 9 H^2 O$, mit 29,69 Thonerde, 23,25 Schwefelsäure, 47,06 Wasser; im Kolben gibt er viel Wasser, beim Glühen schwefelige
Säure, der Rückstand ist unschmelzbar und verhält sich wie Thonerde; mit Kobaltsolution wird er blau, mit Soda gibt er Schwefelaluminium; in Salzsäure löst er sich
leicht. — Halle, in der Stadt und unweit derselben bei Morl, in Knollen auf Schich-
tungsfugen des oligocänen Sandes, sehr häufig nach *Laspeyres*; Kochendorf in Württemberg in der Lettenkohlenformation; Mühlhausen bei Kralup, nierförmig im Quader-
sandstein; Newhaven in Sussex, Brighton, als 3 Fuss mächtiger Gang in der Kreide,
Auteuil bei Paris, Lunel-Vieil im Dép. du Gard, eine 3 bis 4 Zoll mächtige Lage
bildend.

Anm. 1. Viele Varietäten des Aluminits sind mit mehr oder weniger Aluminiumhydroxyd gemengt, wodurch das Analysen-Resultat bedeutend verändert werden kann.

Anm. 2. Der Felsöbanyit, welchen *Kenngott* vorläufig neben den Hydrargillit stellte,
ist nach späteren Untersuchungen *Haidinger*'s und *v. Hauer*'s ein dem Aluminit nahe stehendes Mineral. Er findet sich in kleinen kugeligen Krystallgruppen, welche aus rhombischen
Tafeln der Comb. 0P.∞P.∞P∞ bestehen, wobei ∞P 112° misst; Spaltb. basisch; sehr mild;
H. = 1,5; G. = 2,33; weiss, optisch-zweiaxig. — Chem. Zus. nach *v. Hauer*: $(Al^2)^2 S O^9 + 10 H^2 O$,
mit 44,01 Thonerde, 17,23 Schwefelsäure, 38,76 Wasser; er gibt im Kolben viel Wasser, wird
v. d. L. mit Kobaltsolution blau, in Salzsäure nur aufgelockert, in Schwefelsäure nur theilweise gelöst, mit Soda geschmolzen vollkommen löslich in Salzsäure. — Felsöbánya in Ungarn,
auf Baryt.

301. Coquimbit, *Breithaupt*.

Hexagonal, P = 122° 1'. A.-V. = 1 : 1,5645 nach *G. Rose* und *Arzruni* (Z. f. Kryst. III. 1879.
516). Die Krystalle sind dick tafelförmige oder kurz säulenförmige Combinationen von 0P und
∞P und P; ausserdem beobachtet ∞P2, P2, ½P, 2P2; gewöhnlich klein- und feinkörnige
Aggregate. — Spaltb. prismatisch nach ∞P, unvollkommen; H. = 2...2,5; G. = 2...2,1;
farblos, weiss, blaulich, licht violett und grünlich; Doppelbrechung positiv; Geschmack vitriolisch. — Nach *H. Rose* ist dies Salz neutrales schwefelsaures Eisenoxyd mit 9 Mol. Wasser, $(Fe^2)[S O^4]^3 + 9 H^2 O$, mit 28,46 Eisenoxyd, 42,72 Schwefelsäure, 28,82 Wasser; *Eug. Bam-
berger* fand auch etwas entsprechendes Aluminiumsulfat (4,9 Thonerde) hinzugemischt; v. d.
L. im Kolben gibt es erst Wasser, dann schwefelige Säure, der Rückstand verhält sich wie
Eisenoxyd; löslich in kaltem Wasser, aus der erhitzten Sol. präcipitirt Eisenoxyd. — In einem
Lager von grünlichem Jaspis bei Copiapo in der Provinz Coquimbo in Chile.

Anm. 1. Unter dem Namen M i s y hat *Hausmann* schon lange ein mikrokrystallinisches, in
feinschuppigen lockeren Aggregate vorkommendes, schwefel- bis citrongelbes, im Wasser
unlösliches Eisenoxydsulfat aus dem Rammelsberg bei Goslar aufgeführt, dessen chem. Zus.
nach *Borcher*, *Ahrend* und *Ullrich* wesentlich mit jener des Coquimbits übereinstimmt; das
Misy vom Rammelsberg ist aber nicht hexagonal, sondern nach den Winkeln und Auslöschungs-
verhältnissen entweder monoklin oder triklin. Es ist löslich in Salzsäure, und wird von Wasser, unter Abscheidung eines rothgelben Pulvers, zersetzt. Andere, mit demselben Namen
belegte und sehr ähnliche Körper sind nach den Analysen von *Dumenil* und *List* etwas anders
zusammengesetzt, und nähern sich mehr dem Copiapit, während *Blaas* manches sog. Misy,
aber nicht das vom Rammelsberg, als Metavoltin erkannte.

Anm. 2. Dem Misy nahe verwandt ist der von *Schrauf* benannte Ihleit, orangegelbe
traubige Ausblühungen (G. = 1,842) bildend, welche aus den im Graphit von Mugrau (Böhmerwald) eingesprengten Eisenkiesen hervorgehen; im kalten Wasser löslich; die Substanz ist
nach *Schrauf*'s Analysen wesentlich $(Fe^2)S^3 O^{12} + 12 H^2 O$ (N. Jahrb. f. Miner., 1877. 252).

302. Copiapit, *Haidinger* (blättriges bas. schwefelsaures Eisenoxyd).

Rhombisch nach *Bertrand*, ∞P 102°, meist als sechsseitige Tafeln ausgebildet, begrenzt von der vorwaltenden Basis, von ∞P und $\infty\bar{P}\infty$, auch wohl von $\infty\bar{P}\infty$, auch körnige Aggregate. — Spaltb. basisch vollk.; H. $= 4,5$; G. $= 2,44$; Perlmutterglanz, gelb, durchscheinend; spitze Bisectrix senkrecht auf $\infty\bar{P}\infty$, stumpfe senkrecht auf $0P$; $\varrho < v$. — Scheint nach *H. Rose's* Analyse und der Deutung von *Rammelsberg*, welcher etwas Magnesia als Bittersalz in Abzug bringt, $(Fe^2)^2 S^5 O^{21} + 43 H^2 O$, mit $33,54$ Eisenoxyd, $44,94$ Schwefelsäure und $24,52$ Wasser[1]). — Copiapo in Chile.

Anm. 1. Mit dem Copiapit findet sich in krustenartigen Ueberzügen von radialfaseriger Zusammensetzung ein anderes, gelblichweisses bis schmutzig gelbgrünes schwefelsaures Eisenoxydsalz vom G. $= 4,84$, welches strahliges schwefelsaures Eisenoxyd oder Stypticit genannt worden ist, und nach den Analysen von *H. Rose, Lawrence Smith* und *A. Brun* die empirische Zus. $(Fe^2) S^2 O^9 + 40 H^2 O$, mit 32 Eisenoxyd, 32 Schwefelsäure und 36 Wasser; doch zeigt das Verhalten beim Erhitzen, dass 2 Mol. H^2O zur Constitution des Sulfats gehören; es wird von kaltem Wasser theilweise gelöst, mit Hinterlassung eines basischeren unlöslichen Salzes.

Anm. 2. Fibroferrit, ein ebenfalls aus Chile stammendes feinfaseriges, gelbes Eisenoxydsulfat, besteht nach der Analyse von *Field* aus $34,89$ Eisenoxyd, $34,94$ Schwefelsäure, $35,90$ Wasser, so dass es mit dem vorhergehenden identisch zu sein scheint; es löst sich in heissem Wasser theilweise, schwillt in Salzsäure auf, färbt sich dunkel gelblichroth, und löst sich zuletzt fast vollständig. Nach *Pisani* findet sich ein ganz ähnliches Salz bei Pallières im Dép. des Gard.

Anm. 3. Tekticit oder Braunsalz nennt *Breithaupt* ein Eisensulfat von folgenden Eigenschaften. — Rhombisch, nach Dimensionen unbekannt; kleine pyramidale und nadelförmige, z. Th. büschelförmig gruppirte Krystalle und derbe Partieen, nelkenbraun, glas- bis fettglänzend, wenig spröd, sehr weich. Dieses von *Breithaupt* entdeckte Salz ist ebenfalls ein wasserhaltiges schwefelsaures Eisenoxyd von noch unbekannter stöchiometrischer Zusammensetzung; es löst sich in Wasser sehr leicht, zerfliesst an der Luft sehr bald und schmilzt v. d. L. in seinem Krystallwasser. — Am Graul bei Schwarzenberg und zu Bräunsdorf bei Freiberg.

303. Pissophan, *Breithaupt.*

Stalaktitisch und derb, Bruch muschelig; wenig mild, äusserst leicht zersprengbar; H. $= 2$; G. $= 4,9...2$; olivengrün bis leberbraun, Strich grünlichweiss bis blassgelb; Glasglanz. durchsichtig bis durchscheinend. — Dieses harzähnlich erscheinende Mineral ist nach *Erdmann* in der braunen Varietät ebenfalls der Hauptsache nach wasserhaltiges Eisenoxydsulfat, sehr nahe die Formel $(Fe^2)^2 S O^9 + 45 H^2 O$ liefernd; die grünen Varietäten scheinen mehr Gemenge mit Thonerdesulfat zu sein. Im Kolben gibt er erst Wasser, dann schwefelige Säure und wird bräunlichgelb. V. d. L. wird er schwarz ohne zu schmelzen. Mit Kobaltsolution zeigen nur die eisenarmen Varietäten eine blaue Färbung. — Als secundäres Erzeugniss aus Alaunschiefer, Reichenbach in Sachsen und Garnsdorf bei Saalfeld.

Anm. 1. Als Glockerit bezeichnete *Naumann* ein durch *Glocker* beschriebenes Mineral von Obergrund unweit Zuckmantel. Es bildet als ächter Eisensinter Stalaktiten bis 2 Fuss Länge, von glänzender Oberfläche und dünnschaliger Zusammensetzung, ist im Bruch theils muschelig und glänzend, theils erdig und matt, im ersten Falle schwärzlichbraun bis pechschwarz, im anderen gelblichbraun bis dunkelgrün; Strich gelblichbraun bis ockergelb; undurchsichtig, nur in dünnen Lamellen durchscheinend. — Chem. Zus. nach *v. Hochstetter*: $(Fe^2)^2 S O^9 + 6 H^2 O$, mit $62,96$ Eisenoxyd, $45,75$ Schwefelsäure und $24,29$ Wasser, doch sind wohl diese Verhältnisse nicht constant; in Wasser unlöslich, in concentrirter Schwefelsäure löslich; bei dem Glühen wird er roth unter Entwickelung von schwefeliger Säure.

Anm. 2. Vitriolocker nannte *Berzelius* eine erdige, ockergelbe Substanz, welche zu Fahlun den Botryogen begleitet, sich an der Luft aus Eisenvitriolsolutionen abscheidet, und wohl nur als erdige Varietät des Glockerits zu betrachten ist, indem *Berzelius* fast 63 Eisenoxyd, 46 Schwefelsäure und 24 Wasser erhielt. Findet sich auch bei Goslar.

Anm. 3. Der Apatelit bildet kleine, nierförmige und erdige, gelbe Massen, welche zwar dem Gelbeisenerz ähneln, aber nach *Meillet* ziemlich genau der Formel $(Fe^2)^2 S^5 O^{24} + 2 H^2 O$ entsprechen, welche $43,68$ Schwefelsäure auf $52,39$ Eisenoxyd und $3,93$ Wasser ergibt. — Im Thon bei Auteuil unweit Paris.

---

[1]) Dieses und die folgenden wasserhaltigen (basischen) Eisensulfate sind aller Wahrscheinlichkeit nach hydroxylhaltig; nur ein Theil des in der empirischen Formel erscheinenden H^2O ist daher als Krystallwasser zu betrachten.

304. Utahit, *Arzruni.*

Rhomboëdrisch; gew. Combin. 0R.R; Neigung der beiden Formen 127° 15'; auch wohl
∞R; A.-V.=1 : 1,1389. Die Kryställchen, selten über 0,1 Mm. gross, stellen äusserst feine
Schuppen dar, und bilden seidenglänzende Ueberzüge; die einzelnen Täfelchen haben einen
breiteren grellgelben Rand, einen dunkleren braunen bis braunrothen Kern. — Chem. Zus. nach
Damour: 58,82 Eisenoxyd, 28,45 Schwefelsäure, 3,19 Arsensäure, 9,35 Wasser, was auf die
empirische Formel (Fe²)³S³O¹⁸+4H²O führt. V. d. L. ziemlich schwer schmelzbar; gibt im
Kolben erwärmt, saures Wasser ab, und gewinnt die rothe Farbe des Eisenoxyds, löslich in
heisser Salzsäure, nicht in Salpetersäure. — Auf Quarz in der Eureka-Hill-Grube, Yuab Co.,
Utah.

305. Kupfervitriol, oder Chalkanthit, *Glocker.*

Triklin, die Krystallformen sehr unsymmetrisch und ziemlich manchfaltig gebildet,
doch liegt den meisten die Combination ∞'P.∞P'.P' (*M, T* und *P*) zu Grunde, zu
welcher noch besonders häufig 0P, ∞P̄∞ (*n*) und ∞P̄∞ (*r*) treten; die beiden
letzten Flächen sind zu einander 79° 19' oder 100° 41' geneigt. Eine nicht seltene
Combination ist die nachfolgend abgebildete:

P'.∞P'.∞'P.∞P̄∞.∞'P̄∞.∞'P̄2.2P̄'2

	P	*T*	*M*	*n*	*r*	*l*	*s*
M : *T* = 123° 10'.					*P* : *r* = 130° 27'		
M : *r'* = 126 40					*P* : *n* = 120 50		
T : *r* = 110 10					*P* : *T* = 127 40		

Die in der Natur vorkommenden, gewöhnlich durch Eisenvitriol verunreinigten
Varietäten erscheinen selten deutlich krystallisirt, sondern in stalaktitischen, nierförmigen u. a. Aggregaten, sowie als Ueberzug und Beschlag. — Spaltb. sehr unvollkommen nach ∞P' und ∞'P; Bruch muschelig; H. = 2,5; G. = 2,2...2,3; farbig;
berlinerblau bis himmelblau; durchscheinend; Geschmack höchst widerlich. — Ist
Kupfersulfat mit 5 Mol. Wasser, CuSO⁴+5H²O, mit 31,81 Kupferoxyd, 32,10 Schwefelsäure, 36,09 Wasser; im Wasser leicht löslich, aus der Solution wird das Kupfer durch
Eisen metallisch gefällt; v. d. L. im Kolben für sich schwillt er bedeutend auf, gibt
Wasser (bei 100° 4 Mol., das fünfte erst über 200°) und wird weiss; mit Kohlenpulver
gemengt entwickelt er aber viel schwefelige Säure; auf Kohle lässt sich, zumal mit
Soda, das Kupfer leicht metallisch darstellen. — Goslar, Herrengrund, Moldova u. a. O.,
überall als secundäres Erzeugniss, meist aus Kupferkiesen entstehend.

Gebrauch. In der Färberei und Druckerei, zur Bereitung mehrer Malerfarben und sym-
pathetischer Tinte, zur Verkupferung des Eisens, bei der Papierfabrication.

306. Brochantit, *Heuland* (und Krisuvigit).

Rhombisch, ∞P 104° 32', P̄∞ 152° 37' nach *v. Kokscharow*; dafür spricht, wie
Groth hervorhebt, die optische Eigenschaft, dass die Hauptschwingungsrichtungen mit
den Krystallaxen zusammenfallen; auch nach *Bertrand* aus optischen Gründen rhombisch; A.-V. = 0,7803 : 1 : 0,4838 (nach *Schrauf* monoklin, β = 89° 28', ∞P 104°
6', P̄∞ 152° 50', oder triklin). Combination: ∞P.∞P̄∞.P̄∞ nebst einigen anderen
Formen, kurz säulenförmig, vertical gestreift; auch nierförmig von feinstängeliger Zusammensetzung. — Spaltb. brachydiagonal

vollk.; H. = 3,5...4; G. = 3,78...3,9; sma-
ragd- bis schwärzlichgrün, Strich hellgrün;
Glasglanz; durchsichtig bis durchscheinend.
— Der Brochantit ist nach den Analysen von

∞P̄∞.∞P.P̄∞.P̄∞

	p	*d*	*o*	*M*
	P : *d* = 127° 44'			
	P : *o* = 103 42			

Magnus, Forchhammer, Risse, Pisani, v. Kobell, Tschermak, Ludwig: das basische Kupfersulfat CuSO⁴+3Cu(OH)², eine Verbindung von 1 Mol. Kupfersulfat mit 3 Mol. Kupferhydroxyd, auch darstellbar durch Cu⁴[OH]⁶SO⁴, enthaltend 70,36 Kupferoxyd, 17,74

Schwefelsäure, 11,90 Wasser. Nach *Ludwig* verliert er erst bei 300° Wasser und hinterlässt ein Gemeng von Kupfersulfat und –Oxyd. Beim Erhitzen gibt er, mit Kohlenpulver gemengt, schwefelige Säure, auf Kohle schmilzt er und hinterlässt endlich ein Kupferkorn; in Säuren und in Ammoniak ist er löslich, nicht in Wasser. — Am Ural bei Gumeschewsk und Nischne Tagilsk, Rezbánya, Nassau an der Lahn, Solfataren von Krisuvig in Island (*Forchhammer's* Krisuvigit); Pisco in Peru.

307. Langit, *Maskelyne.*

Rhombisch; die sehr kleinen Krystalle, welche Krusten auf Schiefer bilden, stellen die langgestreckt tafelförmige oder breit säulenförmige Combination 0P.∞P̌∞.∞P. P̌∞ dar, in welcher ∞P = 123° 44' und 0P : P̌∞ = 128° 44'; sie sind meist zu Zwillingen oder zu sternförmigen Drillingen verwachsen. A.-V. = 0,5847 : 1 : 0,8393. — Spaltb. basisch und brachydiagonal; H. = 2,5; G. = 3,48...3,50; grünlichblau, auf 0P stark glänzend; die optischen Axen liegen im brachydiagonalen Hauptschnitt. — Chem. Zus. nach *Maskelyne* und *Warington*: $Cu\,SO^4 + 3\,Cu\,[OH]^2 + 2\,H^2O$, gleichsam Brochantit mit 2 Mol. Wasser; entsprechend 65,11 Kupferoxyd, 16,42 Schwefelsäure, 18,47 Wasser; in Wasser unlöslich, dagegen leicht löslich in Säuren und in Ammoniak. — Cornwall; *Rammelsberg* macht darauf aufmerksam, dass ein von *Berthier* analysirtes Mineral aus Mexico und ein von *Field* untersuchtes von Andacollo in Chile, welche früher als Brochantit galten, genau die Zusammensetzung des Langits haben.

Das von *Pisani* unter dem Namen Langit beschriebene und analysirte Mineral aus Cornwall stimmt in vielen seiner Eigenschaften und in seinem Vorkommen so ganz mit *Maskelyne's* Langit überein, dass wohl beide zu vereinigen wären, wenn nicht *Pisani* eine grössere Härte und ein kleineres spec. Gewicht, sowie ein etwas abweichendes Verhältniss der Bestandtheile gefunden hätte, welches der Formel $Cu\,SO^4 + 3\,Cu\,[OH]^2 + H^2O$ entsprechen würde, mit 67,60 Kupferoxyd, 17,06 Schwefelsäure, 15,34 Wasser. Dieselbe Formel fand *Maskelyne* für ein anderes, den Langit begleitendes, mikrokrystallinisches Mineral, welchem er den Namen Waringtonit gab. — Dass das von *Pisani* analysirte und unter dem Namen Devillin aufgeführte Mineral nur ein lagenweises Aggregat von Langit und feinschuppigem Gyps sei, dies ist nach den Untersuchungen von *Tschermak* wohl nicht zu bezweifeln.

308. Johannit, *Haidinger* (Uranvitriol).

Monoklin, ∞P = 69°, β = 85° 40'; die Krystalle haben grosse Aehnlichkeit mit jenen des Trona, sind aber sehr klein und in nierförmige Aggregate versammelt. — Spaltb. prismatisch nach ∞P; H. = 2...2,5; G. = 3,19; lebhaft grasgrün, Strich lichter. — Nach *John's* Untersuchung wasserhaltiges schwefelsaures Uranoxydul; nach *Haidinger* hält er auch etwas Kupferoxyd; in Wasser schwer löslich; gibt im Kolben Wasser, wird braun und verhält sich zu Borax und Phosphorsalz wie Uranoxyd. — Sehr selten; Joachimsthal und Johanngeorgenstadt.

Anm. Von Joachimsthal ist noch eine Anzahl anderer Substanzen analysirt worden, welche hauptsächlich Schwefelsäure, Uranoxyd und Wasser in ganz schwankenden Verhältnissen enthalten und aus dem Uranpecherz hervorgegangen sind.

b) Wasserhaltige Sulfate mehrer Metalle.

309. Blödit, *John* (Astrakanit, Simonyit).

Monoklin; β = 79° 16'; A.-V. = 1,3494 : 1 : 0,6715; die erste Kenntniss der Krystallformen dieses Salzes verdankt man *Brezina*, welcher sehr kleine Krystalle von Hallstatt untersuchte; genauere Bestimmungen gewannen fast gleichzeitig *G. vom Rath*, sowie *P. Groth* und *Hintze* an den grossen, formreichen und regelmässig ausgebildeten Krystallen von Stassfurt. Die einfachste und gewöhnlichste Comb. ist folgende:

$$\infty P.\infty \check{P}\infty.\infty \check{P}2.\infty \check{P}\infty.-P.\check{P}\infty.0P$$
$$m \quad\quad b \quad\quad n \quad\quad a \quad\quad p \quad d \quad\quad c$$

deren wichtigste Winkel die folgenden sind:

$m : m$ =	74°	4'	$p : p$ =	122°	17'
$n : n$ =	112	56	$p : c$ =	143	4
$m : c$ =	96	26	$d : b$ =	123	25
$n : c$ =	98	53	$d : c$ =	146	35

allein die meisten Krystalle zeigen noch mancherlei untergeordnete Formen, besonders Hemipyramiden und Prismen, welche einen recht interessanten Zonenverband erkennen lassen; dabei sind sie sehr vollkommen ausgebildet. Gewöhnlich kommt das Mineral derb vor, in körnigen bis dichten (bisweilen auch in stängeligen) Aggregaten, welche ganze Schichten bilden; H. = 2,5...3,5; G. = 2,22...2,28; farblos oder lichtgrau, röthlich, gelblich auch blaulichgrün gefärbt; glasglänzend, pellucid; nach *Groth* ist die Ebene der optischen Axen parallel der Symmetrie-Ebene und die erste Bisectrix halbirt ungefähr den spitzen Winkel β zwischen der Verticalaxe und Klinodiagonale. — Chem. Zus. nach den Analysen von

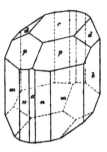

John, v. Hauer, Tschermak, Reichardt, Lössner und *Paul*: Magnesium-Natrium-Sulfat mit 4 Mol. Wasser, $Na_2Mg[SO_4]^2 + 4H_2O$, liefernd 18,58 Natron, 11,97 Magnesia, 47,91 Schwefelsäure, 21,54 Wasser. Das Salz verwittert an der Luft und löst sich im Wasser leicht; die zweite Hälfte des Wassers verliert es erst bei 200° C. und darüber. — Der Blödit findet sich nach *Zincken* am schönsten bei Stassfurt mit Kainit; ferner bei Ischl und Hallstatt (hier nach *Tschermak* in dünnen Krusten zwischen Steinsalz, als Simonyit), auch, nach *G. Rose*, unter dem Salz der Bittersalzseen an der Ostseite der Wolgamündungen, in weissen, undurchsichtigen Krystallen (als Astrakanit); nach *Hayes* bei Mendoza und S. Juan, am ö. Fuss der Anden in Argentinien; sehr schön in den Mayo Salt Mines im Pendschab.

Anm. *Tschermak* erklärt sich gegen den Namen Blödit, weil das von *John* so benannte Salz entweder ein Gemeng, oder ein vom Simonyit verschiedenes Salz sei.

310. Löwëit, *Haidinger*.

Tetragonal nach *Dana*, doch bis jetzt nur derb, und die Grundform P mit der Mittelkante 105° ist blos als undeutliche Spaltungsform nachgewiesen worden; im Bruch muschelig, jedoch deutlich spaltbar nach 0P, undeutlich nach ∞P, in Spuren nach P; H. = 2,5....3; G. = 2,376; gelblichweiss bis fleischroth, glasglänzend, zuweilen fast wie Feueropal erscheinend; Geschmack schwach salzig.—Chem. Zus. nach den Analysen von *Karafiat* und *v. Hauer*: Magnesium-Natrium-Sulfat mit 2,5 Mol. Wasser = $2 Na_2Mg[SO_4]^2 + 5H_2O$, mit 20,21 Natron, 13,02 Magnesia, 52,12 Schwefelsäure, 14,65 Wasser. — Bei Ischl, mit Anhydrit verwachsen.

311. Syngenit, *v. Zepharovich* (Kaluszit, *Rumpf*).

Monoklin; $\beta = 76° 0'$ nach *v. Zepharovich* (76°9' nach *Rumpf*); ∞P 73° 55'; A.-V. = 1,3699 : 1 : 0,8733. Die häufigsten Formen sind: ∞P̶∞, ∞P̶∞, 0P, ∞P̶3, ∞P̶2, ∞P, ∞P̶2, −P̶∞, P̶∞, 2P̶∞, P̶∞, P, 2P. Die Krystalle sind nach der Verticalaxe lang gestreckte schmale Täfel-

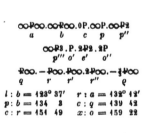

∞P̶∞. ∞P̶∞. 0P. ∞P. ∞P̶2
  a b c p p''

∞P̶3 . P . 2P̶2 . 2P
  p''' o' e' o''

P̶∞. − P̶∞. P̶∞. 2P̶∞. − P̶∞
  q r r' r'' ϱ

$l : b = 128° 37'$ $r : a = 132° 12'$
$p : b = 134 \quad 3$ $c : q = 139 \quad 42$
$c : r = 151 \quad 49$ $x : o = 159 \quad 22$

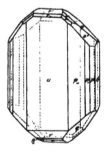

chen mit vorwaltendem Orthopinakoid, im Allgemeinen mit rectangulären oder lanzettförmigen Umrissen; ∞P̶∞ vertical gestreift an den grösseren Krystallen; die verticale Zone, worin ∞P̶3 vorwaltet, oftmals mit unvollzähligen Flächen, das Klinodoma P̶∞ oft auch nur einseitig vorhanden, das Klinopinakoid ∞P∞ gewöhnlich nur rechts oder links; *v. Zepharovich* hebt die Analogie in der Entwickelung namentlich der verticalen Zone mit der des Gypses hervor. Die Tafeln meist in paralleler oder auch in divergenter Richtung zu lamellaren Aggregaten verbunden. Spaltb. nach ∞P∞ und ∞P; H. = 2,5; G. = 2,603; farblos, durchsichtig. Ebene der opt. Axen parallel der Orthodiagonale, die spitze Bisectrix bildet 2° 46′ mit der Normalen auf ∞P∞; wirkl. Winkel der opt. Axen roth 26° 31′, blau 29° 24′; Br.-Exponent 1,55, Doppelbrechung negativ, Axendispersion $\rho < v$. — Chem. Zus. nach *Ullik* und *Völker* $K^2Ca[SO^4]^2 + H^2O$, oder vielmehr, da das Mineral unter Zurücklassung von Calciumsulfat leicht von Wasser angegriffen wird: $K^2SO^4 + CaSO^4 + H^2O$, mit 28,79 Kali, 17,11 Kalk, 48,91 Schwefelsäure, 5,19 Wasser. Decrepitirt heftig, leicht schmelzbar zu einer weissen Perle; 100 Th. Wasser lösen 1 Th. Syngenit vollkommen. — In Steinsalz-Drusen zu Kalusz in Ostgalizien.

Anm. 1. Der Syngenit wurde zuerst von *v. Zepharovich* aufgefunden und nach seiner Verwandtschaft mit dem Polyhalit benannt, anfänglich aber für rhombisch erachtet; vgl. über ihn *Rumpf* in *Tschermak's* Min. Mitth., 1872. 118, und *v. Zepharovich*, Sitzungsber. d. Wiener Akad., Bd. 67. 1873. 128. Die Substanz des Syngenits ist auch als künstliches Salz bekannt, dessen Form mit der des natürlichen ident ist.

Anm. 2. Aus der Auflösung von Salzkrusten, welche aus den Fumarolen der Vesuvlaven im Jahre 1855 entstanden waren, erhielt *Scacchi* zwei krystallisirte und zwar monoklin isomorphe Salze: den Pikromerit ($\beta = 71°50′$) mit dem A.-V. = 0,7438 : 1 : 0,4864; ist Magnesium-Kalium-Sulfat mit 6 Mol. Wasser, $K^2Mg[SO^4]^2 + 6H^2O$. Ferner den Cyanochrom oder Cyanochroit ($\beta = 71° 56′$) mit dem A.-V. = 0,7701 : 1 : 0,4932; ist Kupfer-Kalium-Sulfat mit 6 Mol. Wasser, $K^2Cu[SO^4]^2 + 6H^2O$.

312. Polyhalit, *Stromeyer*.

Rhombisch, nach *Tschermak* mit monoklinem Formentypus und vielfach lamellarer Zwillingsbildung; ∞P = 115°, gewöhnlich Comb. ∞P∞.∞P.0P, als breite langgestreckte Säulen, meist zu parallel-stängeligen bis faserigen, mitunter auch zu stängelig-blätterigen Aggregaten verwachsen, welche letztere bisweilen für Glauberit gehalten wurden. — Spaltb. prismatisch nach ∞P, unvollk.; H. = 3,5; G. = 2,72...2,77. Farblos, doch meist fleisch- bis ziegelroth, selten grau gefärbt; schwach fettglänzend, kantendurchscheinend. — Chem. Zus. .nach vielen Analysen: wasserhaltige Verbindung der Sulfate von Calcium (2 Mol.), Kalium (1 Mol.) und Magnesium (1 Mol.), $2CaSO^4 + K^2Mg[SO^4]^2 + 2H^2O$, mit 45,17 schwefelsaurem Kalk, 28,93 schwefelsaurem Kali, 19,92 schwefelsaurer Magnesia, 5,98 Wasser; löst sich im Wasser mit Zurücklassung von Gyps, daher die obige Schreibweise der Formel; nach vorheriger Entwässerung wird er im Wasser erst hart, schwillt dann bedeutend auf und zersetzt sich noch leichter;· schmilzt auf Kohle äusserst leicht zu einer unklaren röthlichen Perle, die im Red.-F. erstarrt, weiss wird und eine hohle Kruste bildet. — Ischl, Hallein, Hallstatt, Aussee, Berchtesgaden, Vic, Stassfurt, Stebnik in Galizien. —

Anm. Krugit nennt *Precht* ein dem Polyhalit ähnliches Mineral aus dem Steinsalzlager von Neu-Stassfurt, theils weiss, theils durch Bitumen grau gefärbt, von H. = 3, G. = 2,801 und der Formel $4CaSO^4 + K^2Mg[SO^4]^2 + 2H^2O$.

313. Alaune.

Die Alaune bilden eine der ausgezeichnetsten isomorphen Gruppen. Die Krystallformen sind regulär, gewöhnlich nur O, hin und wieder ∞O∞ und ∞O; die künstlichen Krystalle zeigen parallelflächige Hemiëdrie (Pentagondodekaëder); dagegen hat *L. Wulff* dargethan, dass die tetraëdrische Differenzirung der Flächen von O, deren wesentliches Vorhandensein den Alaun als tetartoëdrisch hinstellen würde, nur eine scheinbare und nachweislich als durch Verzerrung erzeugt, aufzufassen ist (Z. f. Kryst. V. 1880. 81). Die allgemeine chemische Constitution entspricht der Formel

$$X(R^2)[SO^4]^4 + 24H^2O, \text{ worin}$$

$X = K^2, Na^2, Am^2 (= 2NH^4)$, oder Mg, Mn, Fe
und $(R^2) = (Al^2), (Fe^2), (Cr^2)$ bedeutet.

Die Grundverbindungen vereinigen sich zu manchfachen isomorphen Mischungen.

Die Alaune sind leicht löslich im Wasser und schmecken süsslich zusammenziehend.
Die in der Natur vorkommenden Alaune sind, benannt nach X, in etwas anderer
Schreibweise folgende:

Kali-Alaun	$K^2SO^4 + (Al^2)[SO^4]^3 + 24H^2O$
Natron-Alaun	$Na^2SO^4 + (Al^2)[SO^4]^3 + 24H^2O$
Ammoniak-Alaun	$Am^2SO^4 + (Al^2)[SO^4]^3 + 24H^2O$
Magnesia-Alaun	$MgSO^4 + (Al^2)[SO^4]^3 + 24H^2O$
Mangan-Alaun	$MnSO^4 + (Al^2)[SO^4]^3 + 24H^2O$
Eisen-Alaun	$FeSO^4 + (Al^2)[SO^4]^3 + 24H^2O.$

Doch ist zu bemerken, dass in einem Theil dieser natürlich vorkommenden sog.
Alaune, z. B. Pickeringit (Magnesia-Alaun), Natron-Alaun, Dietrichit nur 22 Mol. H²O
nachgewiesen sind oder angenommen werden; diese faserigen Alaune verhalten sich
auch doppeltbrechend und sind wenigstens zum Theil sicher monoklin.

Kali-Alaun.

Meist als Efflorescenz, selten deutlich krystallisirt; H. = 2...2,5; G. = 1,7...1,9; farblos;
besteht aus 9,93 Kali, 10,78 Thonerde, 33,75 Schwefelsäure, 45,54 Wasser; im Kolben schmilzt
er, bläht sich auf und gibt Wasser; die trockene Masse bis zum Glühen erhitzt gibt schwefelige Säure und wird mit Kobaltsolution blau. — Auf Klüften mancher Laven; in Brandfeldern
des Steinkohlengebirges, Saarbrücken; als Ausblühung kieshaltiger Gesteine.

Natron-Alaun, oder Mendozit.

In seinen Eigenschaften dem Kali-Alaun ganz ähnlich (nur G. = 1,67); als faserige Aggregate bei San Juan in Argentinien, nach *Shepard* auch auf Milo; nach *Divers* auch zu Shi-
mane, Prov. Idzumo in Japan (der Alaunformel mit 24 H²O entsprechend).

Ammoniak-Alaun.

Meist in parallelfaserigen Platten und Trümern; G. = 1,75; farblos, weiss und durchscheinend; enthält 5,75 Ammoniak; gibt im Kolben Sublimat von schwefelsaurem Ammoniak,
und entwickelt mit Soda erhitzt Ammoniak; auf Kohle bläht er sich auf zu schwammiger
Masse, welche durch Kobaltsolution blau wird. — Tschermig in Böhmen und Tokod bei Gran
in Ungarn, an beiden Orten in Braunkohle; im Krater des Aetna mit anderen schwefelsauren
Salzen; Solfatara bei Pozzuoli.

Magnesia-Alaun.

Als solcher dürfte ein von *Stromeyer* analysirter Alaun vom Bosjemanfluss in Südafrika
zu betrachten sein, in welchem das erste Glied obiger Formel fast gänzlich aus Magnesiumsulfat (und etwas Mangansulfat) besteht. Mit ihm stimmt der von *Smith* analysirte Alaun überein, welcher bei Utah am grossen Salzsee in Nordamerika vorkommt. Der Pickeringit
(faserig, weiss, seidenglänzend, doppeltbrechend zufolge *Arzruni*) von Iquique in Peru ist
gleichfalls ein Magnesia-Alaun, welcher jedoch nach *Hayes* nur 22 Mol. Wasser enthält; nach
How findet er sich auch am Mäanderfluss in Neuschottland. — *Hayden's* farbloser, seiden-
glänzender, krystallinischer Sonomait (G. = 1,604) aus den Umgebungen des Geysirs in der
californischen Grafschaft Sonoma, führt nach ihm auf die Formel $3 MgSO^4 + (Al^2)[SO^4]^3 + 33 H^2O$,
besitzt also eine von den Alaunen etwas abweichende Constitution.

Anm. Ein dem Pickeringit nahestehendes anderes Magnesium-Aluminium-Sulfat ist
Roster's Pikroalumogen, welcher in der Eisengrube von Vigneria auf Elba stalaktitische,
knotige, faserig-strahlige (monokline oder trikline) Massen bildet, weiss mit einem Stich in's
Rosenrothe, in seinem Krystallwasser, sehr leicht löslich im Wasser;
chem. Zus.: $2MgSO^4 + (Al^2)[SO^4]^3 + 22 H^2O$, was 7,36 Magnesia, 9,48 Thonerde, 36,80 Schwefelsäure, 46,36 Wasser entspricht.

Mangan-Alaun, oder Bosjemanit.

In der Lagoa-Bai in Südafrika kommt ein haarförmiger Alaun vor, welcher nach den
Analysen von *Apjohn* und *Ludwig* fast ganz genau nach der oben angeführten Formel zusammengesetzt ist, welche 7,68 Manganoxydul erfordert.

Anm. Einen schmutzigweisse Aggregate feinfaseriger Nädelchen bildenden Alaun von
Felsöbánya, welcher 3,7 Zinkoxyd enthält, aber nach der berichtigenden Formelberechnung
von *Arzruni* auch nur 22 Mol. Wasser führt, und doppeltbrechend mit gerader Auslöschung
ist, hat *v. Schrockinger* Dietrichit genannt.

32*

Eisen-Alaun, oder Halotrichit, *Glocker*; Feder-Alaun.

Rammelsberg analysirte einen farbigen Alaun von Mörsfeld in Rheinbayern, in welchem das erste Glied obiger Formel fast nur aus Eisenoxydulsulfat besteht (mit einer ganz geringen Spur von Magnesia- und Kalisulfat). Ganz ähnliche Eisenalaune finden sich zu Björkbakkagard in Finnland, zu Urumia in Persien, auch an der Solfatara von Pozzuoli. Zu Idria findet sich Eisen-Alaun apfelgrün, gelblichweiss, seidenartig faserig, an der Luft dunkel und erdig werdend, von tintenartigem Geschmack; daneben ein röthlichgelber Eisenalaun, welcher nach *v. Zepharovich* wesentlich durch Austritt von Wasser verändert ist, und stellenweise Aggregate von Epsomit in sich enthält. Manche sog. Bergbutter ist hierher zu stellen. Das von *Forchhammer* untersuchte sog. H ver salt von Island, mit 4,57 Eisenoxydul und 2,19 Magnesia gehört aber wegen seines geringeren Wassergehalts, sowie der von *Blaas* beobachteten Doppelbrechung und wahrscheinlich schiefen Auslöschung seiner Fasern nicht zu den eigentlichen Alaunen.

Gebrauch. Der aus Alunit, Alaunschiefer, Eisenkiesen, Alaunerde u. s. w. im Grossen dargestellte Kali-Alaun wird als Arzneimittel, als Beizmittel bei der Färberei und Druckerei, bei der Gerberei, Papierfabrication, zur Bereitung verschiedener Lackfarben und zu mancherlei anderen Zwecken verwendet.

314. Voltait, *Scacchi*.

Anscheinend regulär (in den Formen O und ∞O, auch ∞O∞o), aber nach *Blaas* tetragonal, wobei gewöhnlich eine Zwillingsbildung nach ∞OP2 derart herrscht, dass um ein centrales Individuum sich vier andere herumgruppiren. A.-V. = 4 : 0,9744 oder noch mehr 4 : 4 genähert. Gewöhnlich kleine oft undeutliche Krystalle, die sich bald zersetzen. — Spaltb. nicht wahrnehmbar, spröd. H. über 3; G. = 2,79, nach *Blaas* 2,6. Dunkelgrün und schwarz, in grösseren Stücken undurchsichtig, an den Kanten ölgrün durchscheinend. Strich grüngrau; lebhaft glänzend, an der Oberfläche sich bald etwas trübend, aber nicht weiter verwitternd. Die letzte Analyse von *Blaas* ergab: 13,85 Eisenoxyd, 3,72 Eisenoxydul, 5,24 Eisenoxydul, 7,35 Magnesia, 2,37 Kali, 4,62 Natron, 49,42 Schwefelsäure, 46,60 Wasser, was auf die empirische Formel R5(R2)2S10O41+45H2O führt. Frühere Analysen von *Abich* und *Tschermak* weichen etwas ab, u. a. ergeben sie auch keine Magnesia. Das Mineral kann also weder nach seiner Krystallform noch nach seiner Zusammensetzung und Wassermenge als ein Eisenoxydul-Eisenoxyd-Alaun betrachtet werden. In kaltem Wasser schwer löslich; trübt sich im Kolben und wird lichtbläulichgrün. — Unter den Fumarolenbildungen der Solfatara bei Neapel, gewöhnlich mit Haarsalz verunreinigt, im Rammelsberg bei Goslar und bei Kremnitz, eingeschlossen in faserigen Eisenvitriol; als Zersetzungsproduct eisenkieshaltiger trachytischer Gesteine bei Madeni Zakh in Persien mit Hversalt in über 4 Cm. grossen Krystallen (*Blaas*, Sitzgsber. Wien. Akad. 4888. Märzheft).

315. Metavoltin, *Blaas*.

Hexagonal, kurze Prismen mit der Basis oder sechsseitige Täfelchen, fest aneinanderhaftend und oft kaum 0,5 Mm. gross, zu einem schuppigen Aggregat von schwefel-, ocker- bis braungelber Farbe verbunden. H. = 2,5; G. = 2,53; ausgezeichnet dichroïtisch, durch die Basis gesehen (ω) schwefelgelb, durch die Prismenflächen erscheint das parallel der Hauptaxe schwingende Licht (ε) grün. — Die Analyse von *Blaas* ergab: 24,20 Eisenoxyd, 2,92 Eisenoxydul, 9,87 Kali, 4,65 Natron, 46,90 Schwefelsäure, 44,58 Wasser, was, unter Annahme, dass etwas zu viel Schwefelsäure gefunden wurde, auf die empirische Formel R5(R2)3S12O50+48H2O führt. Es ist das als künstliches Laboratoriumsproduct längst bekannte, von *Scheerer* chemisch und von *Haidinger* optisch untersuchte sog. Maus'sche Salz. — Schwer und unvollkommen in kaltem Wasser löslich, auch in verdünnter Salzsäure nur langsam zu grünlichgelber Sol.; in der Zange geglüht gibt es eine rothbraune Schlacke. — Fand sich mit Voltait, aus dessen Zersetzung es hervorgegangen, zu Madeni Zakh in Persien.

316. Alunit, *Beudant* (Alaunstein).

Rhomboëdrisch, R 89° 40', nach *Breithaupt*, also dem Hexaëder sehr nahe kommend, isomorph mit Jarosit; A.-V. = 4 : 1,2523; gewöhnlich kommen nur R und die Comb. R.$\frac{1}{8}$R (477° 46') vor; doch hat *Breithaupt* auch —2R, $\frac{4}{3}$R, $\frac{9}{8}$R, und 0R. *Jeremejew* noch andere Formen nachgewiesen; die Krystalle sind klein, oft krummflächig und zu Drusen gruppirt; meist derb in klein- und feinkörnigen, erdigen bis dichten Aggregaten, welche gewöhnlich mit Quarz, Hornstein oder Felsit gemengt und innig durchwachsen sind. — Spaltb. basisch, ziemlich vollk.; H. = 3,5...4; G. = 2,6...2,8:

farblos, weiss, gelblich, röthlich, graulich gefärbt; Glasglanz, auf OR Perlmutterglanz; durchscheinend. — Chem. Zus. nach Analysen von *Berthier* und *Al. Mitscherlich*: $K[Al0)^3[S0^4]^2 + 3H^20$, was auch als Verbindung von 1 Mol. Kaliumsulfat, 1 Mol. Aluminiumsulfat und 2 Mol. Aluminiumhydroxyd, $K^2S0^4 + (Al^2)S^30^{12} + 2Al^2[0H]^6$ aufgefasst wird. Procentarisch enthält der Alunit 11,37 Kali, 36,98 Thonerde, 38,62 Schwefelsäure, 13,03 Wasser. Verliert erst nahe der Glühhitze Wasser (und einen Theil Schwefelsäure); v. d. L. zerknistert der krystallisirte heftig; er ist unschmelzbar, gibt mit Soda eine Hepar und wird mit Kobaltsolution blau. Concentrirte Schwefelsäure, sowie Kalilauge lösen ihn in der Wärme schwer; Salzsäure ist ohne Wirkung; aus dem geglühten Mineral zieht Wasser Alaun aus, wobei wesentlich Aluminiumhydroxyd zurückbleibt. — Tolfa im ehem. Kirchenstaat, Bereghszasz, Parád und Muszay in Ungarn, Insel Milo, Pic de Sancy am Mont Dore, hier überall im Bereich von trachytischen Gesteinen, welche durch Schwefelwasserstoffexhalationen umgewandelt wurden; im feinkörnigen Gyps von Hadji-Kàn bei Kelif in Buchará; auch als erbsenbis apfelgrosse Concretionen in den Quarzsanden des unteren Oligocäns bei Wurzen unfern Leipzig.

Gebrauch. Der Alunit liefert ein treffliches Material zur Bereitung des Alauns, dessen wesentliche Elemente in ihm enthalten sind; der römische Alaun von la Tolfa ist berühmt wegen seiner vorzüglichen Güte.

Anm. Bei la Tolfa, Muszay und in der Steinkohle von Zabrze in Oberschlesien kommt ein Mineral vor, welches *Mitscherlich* L ö w i g i t nennt; dasselbe ist amorph, licht strohgelb, loslich in Salzsäure, und, nach *Lowig's* Analyse, bis auf den Wassergehalt identisch mit dem Alunit; es enthält nämlich in der ersterwähnten Formel nicht 3, sondern 4½ Mol. H^20 (18,33 pCt.). Uebrigens haben auch einige Alunit-Analysen nahe denselben Wassergehalt ergeben.

317. Jarosit, *Breithaupt.*

Rhomboëdrisch, R 88° 58′ (nach *v. Kokscharow* 89° 8′, nach *G. A. König* 89° 15′); A.-V. = 1 : 1,2584, isomorph mit Alunit; gewöhnliche Comb. 0R.R, tafelförmig, die Krystalle klein, zu Drusen verbunden; auch derb in körnigen und schuppigen Aggregaten. — Spaltb. basisch, deutlich; spröd, doch in sehr dünnen Lamellen etwas elastisch; H. = 3...4; G. = 3,244...3,256; nelkenbraun bis dunkel honiggelb und schwärzlichbraun; Strich ockergelb; Glasglanz oder Diamantglanz, auf den Spaltungsflächen fast Perlmutterglanz; die hellfarbigen Varr. hyacinthroth durchscheinend bis durchsichtig. — Chem. Zus. nach den etwas abweichenden Analysen von *Richter* und *Ferber*, namentlich aber nach der späteren von *G. A. Konig* analog der des Alunits: $K[Fe0)^3[S0^4]^2 + 3H^20$ oder $K^2S0^4 + (Fe^2)S^30^{12} + 2Fe^2[0H]^6$, also ein Alunit, worin alles Al durch Fe ersetzt ist (ergebend 9,40 Kali, 47,89 Eisenoxyd, 31,94 Schwefelsäure, 10,77 Wasser). — Vom Gange Jaroso in der Sierra Almagrera, Schwarzenberg und Hauptmannsgrün in Sachsen, Beresowsk, Vultur gold mine in Arizona, und South Arkansas in Chaffee County in Colorado, Mexico.

Anm. Als E t t r i n g i t bezeichnete *Johannes Lehmann* sehr feine seidenglänzende Prismen, welche in Kalkstein-Einschlüssen aus der Lava vom Ettringer und Mayener Bellenberg am Laacher See vorkommen und hexagonal krystallisiren mit P, ∞P, 0P, ½P. Die Mittelkante von P berechnete er zu 94° 54′; nach *E. Bertrand* optisch negativ; G. = 1,750. Die Analyse ergab: 27,27 Kalk, 7,76 Thonerde, 16,64 Schwefelsäure, 45,82 Wasser, woraus sich die empirische Formel $Ca^6(Al^2)S^30^{18} + 32 H^20$ ableitet. V. d. L. blähen sich die Krystalle auf und sind unschmelzbar; löslich in Salzsäure und zum grossen Theil in Wasser (N. J. f. Min., 1874. 273).

318. Gelbeisenerz.

Nierförmig, knollig, in Platten und derb, auch erdig; Bruch muschelig, eben und uneben, wenig spröd; H. = 2,5...3; G. = 2,7...2,9; schön ockergelb; Strich gelb; wenig glänzend bis matt, im Strich glänzender; undurchsichtig. — Nach *Rammelsberg* wird die chem. Const. des Gelbeisenerzes von Kolosoruk, welches bei der Analyse 46,73 Eisenoxyd, 7,88 Kali, 0,64 Kalk, 33,11 Schwefelsäure und 13,56 Wasser ergab, sehr genau durch die empirische Formel $K^2(Fe^2)^4S^50^{28} + 9 H^20$ ausgedrückt. *Scheerer* analysirte eine Varietät von Modum, welche genau dieselbe Constitution zeigt, nur dass N a t r o n statt Kali vorhanden ist. Im Kolben wird es roth, indem es erst Wasser und dann schwefelige Säure gibt; in Wasser gar nicht, in Salzsäure schwer löslich. — Secundärbildungen aus Eisenkies: Kolosoruk und Tschermig in Böhmen, Modum in Norwegen, Insel Tschelekon im Kaspischen Meer.

319. Urusit, *Frenzel.*

Sehr kleine rhombische Kryställchen von desminähnlichem Habitus, bisweilen wie Kieselzink hemimorph erscheinend; beobachtete Formen: die drei Pinakoide, ∞P, $P\infty$ und P; die Kryställchen sind zu citron- bis pomeranzgelben weichen Knollen und pulverigen Massen zusammengefugt. $G. = 2,22.$ — Chem. Zus.: entspricht der empirischen Formel $Na^4(Fe^2)^8 4O^{17} + 8H^2O$, mit $21,38$ Eisenoxyd, $16,60$ Natron, $42,78$ Schwefelsäure, $19,24$ Wasser. — Unlöslich in Wasser, leicht löslich in Salzsäure; von kochendem Wasser zersetzbar unter Hinterlassung von rothem Eisenoxyd. — Mit Eisenvitriol auf der Hochfläche Urus unfern Sarakaja auf der Naphtha-Insel Tscheleken im Kaspischen Meer (*Tschermak's* Min. u. petr. Mitth. 1879. 133).

320. Botryogen, *Haidinger.*

Monoklin, $\beta = 62^\circ 26'$, $\infty P\, 119^\circ 56'$, $P\, 125^\circ 22'$, $\frac{1}{2}P\infty\, 141^\circ 0'$; die gewöhnlichste Comb. ist $\infty P.\infty P2.0P.\frac{1}{2}P\infty$, und erscheinen die kleinen Krystalle immer sehr kurz säulenförmig; häufiger sind kleintraubige und nierförmige Aggregate feinstängeliger Individuen. — Spaltb. prismatisch nach ∞P; mild; $H. = 2...2,5$; $G. = 2...2,1$; hyacinthroth, pomeranzgelb und gelblichbraun; sehr merklich dichroitisch; Strich ockergelb; Geschmack schwach vitriolisch. Der Botryogen scheint wesentlich eine Verbindung von schwefelsaurem Eisenoxyd und Eisenoxydul mit schwefelsaurer Magnesia und 30 pCt. Wasser zu sein. In Wasser theilweise löslich; v. d. L. blabt er sich auf, gibt im Kolben Wasser, beim Glühen schwefelige Säure und verhält sich dann wie Eisenoxyd. — Mit Bittersalz zu Fahlun.

321. Römerit, *Grailich.*

Triklin nach *Blaas* (früher von *Grailich* für monoklin gehalten); die sehr kleinen Krystalle der Aggregate meist dünn tafelförmig durch Vorwalten von $\infty P\infty$; hauptsächliche Formen ausserdem $0P$, ∞P ($98^\circ 43'$) mit $\infty P2$, oben ausgedehnt $\frac{1}{2}P\infty$ (bildet mit $0P\, 126^\circ 43'$, selten das Makropinakoid. A.-V. $= 0,8791:1:0,8475.$ — $G. = 2,45...2,18$; nach *Grailich* rothlichgelb, nach *Blaas* lichtbraunviolett, lebhaft glasglänzend, auf allen Pinakoiden schief auslöschend. In dem Vorkommen aus dem Rammelsberg, welches im kalten Wasser eine rothe oder bei starker Verdünnung eine grünliche Solution gibt (mit beiden Oxyden des Eisens, fand *L. Tschermak*: $20,78$ Eisenoxyd, $7,27$ Eisenoxydul, $2,34$ Zinkoxyd, $44,56$ Schwefelsäure, entsprechend der Formel $(Fe, Zn)(Fe^2)[SO^4]^4 + 12H^2O$. Das persische Vork., in welchem neben Zink auch Magnesia vertreten ist, ergab *Blaas* 13 Mol. Wasser. — Rammelsberg bei Goslar, Madeni Zakh in Persien (vgl. Voltait).

322. Herrengrundit, *Brezina*; Urvölgyit, *Szabó.*

Monoklin (triklin?) nach *Brezina* (Z. f. Kryst. III. 1879. 359); $\beta = 88^\circ 50'$; herrschende Form $0P$, wornach die Krystalle sechsseitige, $1—2,5$ Mm. im Durchmesser haltende, kaum $0,2$ Mm. dicke Tafeln bilden; am Rande treten auf $\frac{1}{2}P\infty$, $\frac{1}{2}P\infty$ und eine Reihe von Prismen, deren häufigstes ∞P, sodann $\infty P\frac{3}{2}$; A.-V. $= 1,8161:1:2,8004.$ Krystalle stark zusammengesetzt parallel der Kante $0P:\infty P\infty$. Nach *Szabó* wäre das Mineral rhombisch und brachydiagonal gestreift. Spaltb. nach $0P$ vollk., nach ∞P deutlich. Zwillinge nach $0P$. $H. = 2,5$; $G.$ nach *Winkler* $= 3,13$. Durchsichtig, auf $0P$ starker Glasglanz, bisweilen perlmutterartig. Grössere einzelne oder fächerförmig angeordnete Krystalle dunkelsmaragdgrün, kleine zu Rosetten gruppirte spangrün. Doppelbrechung negativ; opt. Axen-Ebene parallel der Streifungsrichtung auf $0P$; Bisectrix nicht merkbar von der Verticalen auf $0P$ abweichend. Axendispersion stark. $\varrho < \upsilon$. — Chem. Zus. nach *Berwerth's* Analyse: $37,22$ Kupferoxyd, $23,04$ Schwefelsäure, $19,44$ Wasser; einen Kalkgehalt von $2,05$ pCt. bringt *Berwerth* als Gyps in Abzug. Nach *Szabó* ergab eine Analyse von *Schenek* sehr abweichend: $49,52$ Kupferoxyd, $8,59$ Kalk, $24,62$ Schwefelsaure, $16,73$ Wasser, geringe Mengen von FeO, Spuren von Mn und Mg, woraus er die Formel $4CuO.CaO.2SO^3 + 6H^2O$ ableitet (Min. u. petr. Mitth. 1879. 311). Nach *Szabó* könne das Mineral als ein Product des Zusammenkrystallisirens von Brochantit- oder Langit-Substanz mit Gyps-Substanz angesehen werden; doch hat *Groth* in den dünnen Tafeln zahlreiche mikroskopische Nadeln, möglicherweise dem Gyps angehörig, eingelagert gefunden. — In Salpetersäure ganz, in Salzsäure theilweise bis auf einen weissen Rückstand von Gyps löslich. Die salpetersaure Lösung gibt mit Ammoniak eine azurblaue Lösung, worin ein Tropfen Oxalsäure einen weissen Niederschlag hervorbringt. — Herrengrund in Ungarn, auf Grauwackenschiefer mit Gyps, Malachit, Calcit.

323. Linarit, oder Bleilasur, *Breithaupt*.

Monoklin, $\beta = 77^0\,22'$, A.-V. $= 1,7186 : 1 : 0,8272$; $\infty P\,61^0\,41'$ und $118^0\,19'$, $2\text{P}\infty\,52^0\,31'$ nach *v. Kokscharow*, mit dessen Messungen die früheren von *Hessenberg* und die späteren von *v. Zepharovich* und *v. Jerémejew* bis auf wenige Minuten übereinstimmen; er bestimmte im 5. Bande seiner Mater. zur Mineral. Russlands überhaupt 32 verschiedene Formen; die Krystalle erscheinen meist breit säulenförmig in der Richtung der Orthodiagonale, vorwaltend von 0P (darnach bisweilen tafelförmig), $\infty\text{P}\infty$ und den Hemidomen $2\text{P}\infty$, $\frac{1}{2}\text{P}\infty$ ($62^0\,34'$), $\text{P}\infty$ ($74^0\,49'$) gebildet, und seitwärts durch ∞P, $\infty\text{P}2$ ($98^0\,48'$), $\frac{1}{2}\text{P}\infty$ ($135^0\,56'$), $2\text{P}2$ und $\infty\text{P}\infty$ begrenzt; Zwillingskrystalle nach $\infty\text{P}\infty$ oft mit sehr ungleich grosser Entwickelung der Individuen; *Schrauf* wies einen theilweisen Isomorphismus mit Kupferlasur

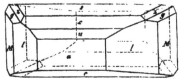

0P. $\infty\text{P}\infty$. ∞P. $\infty\text{P}2$
c a M l
$\text{P}\infty$. $\frac{1}{2}\text{P}\infty$. $2\text{P}\infty$. $\frac{1}{2}\text{P}8$. $2\text{P}2$ (*v. Zephar.*)
s x u z g

nach. — Spaltb. orthodiagonal, sehr vollkommen, und basisch, minder vollk.; Bruch muschelig; H. $= 2,5...3$; G.$=5,3...5,45$, nach *Stelzner* nur 5,05; farbig, rein lasurblau, Strich blassblau; Diamantglanz, durchscheinend. — Der Linarit ist, zufolge den Analysen von *Brooke*, *Thomson* und *Frenzel* nach der empirischen Formel **Pb Cu S O^5 + H^{2}O** zusammengesetzt, was man als eine Verbindung der basischen Sulfate von Blei und Kupfer, **(Pb,Cu) SO^4 + (Pb,Cu)[OH]^2** oder (Pb,Cu)^2[OH]^{2}SO^4 ansehen kann; proc. Zus.: Bleioxyd 55,70, Kupferoxyd 19,82, Schwefelsäure 19,98, Wasser 4,50. Im Kolben gibt er etwas Wasser und entfärbt sich; auf Kohle im Red.-F. reducirt er sich zu einem Metallkorn, welches weiter erhitzt einen Beschlag von Bleioxyd liefert; mit Soda erfolgt gleichfalls eine Reduction unter Bildung von Schwefelnatrium. — Linares in Spanien und Leadhills in Schottland, Caldbeck und Keswick in Cumberland, auch Rezbánya, Nassau an der Lahn, Lölling in Kärnten, Nertschinsk in Sibirien, Grube Ortiz in der Sierra Capillitas, Argentinien. Bei der Zersetzung zerfällt er nach *Peters* in Cerussit und Malachit.

324. Caledonit, *Beudant*.

Rhombisch[1], ∞0P (*m*) 95^0, $\text{P}\infty$ (*e*) 70^0 57', $2\text{P}\infty$ (*x*) 36^0 10' nach *Miller*; *Hessenberg*, welcher nach *Mohs* und *Haidinger* die Krystalle so aufrecht stellt, dass die Flächen *a*, *e* und *c* in nachstehender Figur vertical sind, fand den ersten Winkel 94^{0}47', und den zweiten 70^{0}22'; die einfachste Combination ist 0P. $\infty\text{P}\infty$. ∞P; die Figur gibt die Horizontalprojection einer mehrzähligen Combination nach *Miller*:

0P. $\infty\text{P}\infty$. ∞P. $\text{P}\infty$. $2\text{P}\infty$. P. $\frac{3}{2}$P
c a m x r s

$c : e = 123^0\,9'$ $c : s = 125^0\,50'$
$c : x = 108\ 5$ $c : r = 145\ 43$
$m : m = 95\ 0$ $c : a = 90\ \ 0$

Die Krystalle erscheinen gewöhnlich horizontal-säulenförmig nach den Flächen *a*, *c* und *e*, auch nadelförmig und zu Büscheln gruppirt. — Spaltb. brachydiagonal deutlich, basisch

---

[1] Nach *Schrauf* krystallisirt der Caledonit von Rezbánya m o n o k l i n, mit $\beta = 89^0\,18'$; auch sind die Krystalle meist Zwillinge nach dem Gesetz: Zwillings-Ebene die Basis *c* (in obiger Figur), wodurch denn auf den Flächen *a* horizontale ein- und ausspringende Kanten von 178^0 36' gebildet werden (Sitzungsber. d. kais. Ak. d. Wiss. zu Wien, Bd. 64. 1871. 177). Auch *Jerémejew* befand den Caledonit aus dem uralischen Huttendistrict Berjósowsk als monoklin mit $\beta = 89^0$22', dem A.-V.: 1,0896 : 1 : 1,5773, die deutlichste Spaltb. nach 0P; auch hier schienen die meisten Krystalle Zwillinge nach 0P zu sein (Z. f. Kryst. VII. 1883. 202).

und prismatisch unvollk.; H.$= 2,5 \ldots 3$; G.$= 6,4$; bläulichgrün, spangrün bis berggrün. Strich grünlichweiss; fettglänzend, pellucid in höheren Graden. — Chem. Zus.: nach *Brooke* eine Verbindung von 55,8 Bleisulfat mit 32,8 Bleicarbonat und 11,4 Kupfercarbonat, $Pb SO^4 + (Pb, Cu) CO^3$; allein *Flight* hat späterhin gefunden, dass die Kohlensäure dem begleitenden Cerussit angehört, und dass das Mineral wasserhaltig ist (Journ. Chem. Soc. [2], XII. 101); nach ihm ist es eine Verbindung von Bleisulfat mit Bleihydroxyd und Kupferhydroxyd, $5 Pb SO^4 + 2Pb [O H]^2 + 3 Cu [OH]^2$; die gefundene Zusammensetzung: 68,42 Bleioxyd, 10.17 Kupferoxyd, 17,20 Schwefelsäure, 4,05 Wasser stimmt freilich mit dieser Formel nicht sonderlich überein. V. d. L. auf Kohle leicht zu Blei reducirbar; in Salpetersäure löst er sich unter Brausen mit Hinterlassung von Bleisulfat. — Leadhills in Schottland, Red-Gill in Cumberland, Rezbánya in Siebenbürgen, Ural, sehr selten.

325. Lettsomit, *Percy*, oder Kupfersammeterz, *Werner*.

Rhombisch nach *E. Bertrand*, doch nur sehr mikrokrystallinisch, als kurz haarförmige Individuen, welche zu feinen sammetähnlichen Drusen und Ueberzügen vereinigt sind; schön smalteblau; die spitze negative Bisectrix steht normal auf der Längserstreckung der Krystalle, welcher die opt. Axenebene parallel geht; deutlich pleochroitisch; übrige Eigenschaften unbekannt. Die schon früher von *Brooke* ausgesprochene Ansicht, dass dieses Mineral nicht als eine feinfaserige Varietät der Kupferlasur zu betrachten sei, ist durch die Analyse von *Percy* bestätigt worden, welcher in ihm 47,94 Kupferoxyd, 11,32 Thonerde, 1,19 Eisenoxyd, 14,92 Schwefelsäure, 23,84 Wasser fand, was allerdings auf keine befriedigende Formel führt. Der aus dem Dep. des Var ergab *Pisani*: 49,0 Kupferoxyd, 2,97 Kalk, 11,21 Thonerde, 1,41 Eisenoxyd, 12,10 Schwefelsäure, 22,50 Wasser. — Alt-Moldova im Banat; Grube La Garonne im Dep. des Var, in radial angeordneten Kryställchen als Anflug auf Sandsteinplatten. Der schon blaue und pellucide, in kleinen traubigen Concretionen vorkommende **W o o d w a r d i t** aus Cornwall hat eine ganz ähnliche chem. Zus.

326. Zinkaluminit, *Bertrand* und *Damour*.

Sechsseitig umgrenzte Tafeln, doch ist die Zugehörigkeit zum hexagonalen System zweifelhaft, da bei der optischen Prüfung das Kreuz in Hyperbeln auseinandergeht, und einige Winkel des Sechsecks $124° — 128°$ messen. H. über 3; G.$= 2,26$; weiss mit einem schwachen Stich ins Grüne. — Chem. Zus. führt nach *Damour* auf die empirische Formel: $6 Zn O, 3 (Al^2) O^3, 2 SO^3 + 18 H^2 O$, welche 38,12 Zinkoxyd, 24,12 Thonerde, 12,48 Schwefelsäure, 25,28 Wasser erfordert. Löslich in Kalilauge und in Salpetersäure. — Mit Zinkspath zusammen zu Laurium in Griechenland (Bull. soc. min. IV. 1884. 185; vgl. Z. f. Kryst. VI. 297).

A n m. Ein wasserhaltiges basisches Sulfat von Zink und Kupfer ist nach *Damour* der durch *Bertrand* und *Des-Cloizeaux* bestimmte **S e r p i e r i t**, welcher ebenfalls zu Laurium auf Zinkspath aufgewachsen vorkommt. Rhombische, äusserst dünne, nach der Basis tafelartige, und nach der Brachydiagonale verlängerte Krystalle von 0,5 — 1 Mm. Länge und 0,25 — 0,5 Mm. Breite; beobachtete Formen: ∞P (98° 42'), $0P$ und P (115° 32' bildend), $\tfrac{1}{2}\check{P}\infty$, $\tfrac{1}{2}\check{P}\infty$, $\check{P}\infty$ u. a. Brachydomen. A.-V.$= 0,8586 : 1 : 1,2637$. Optische Axenebene das Makropinakoid, spitze negative Bisectrix parallel der Verticalaxe. Schön blau mit einem Stich ins Grüne, in Büscheln gruppirt.

3. Sulfat mit Haloidsalz.

327. Kainit, *Zincken*.

Monoklin nach *P. Groth*; $\beta = 85° 5'$; A.-V. $= 1,2186 : 1 : 0,5863$; die Krystalle, von welchen anfangs nur selten über 5 Mm. grosse, später aber bis 20 Mm. in Länge und Breite, bis 8 Mm. in Höhe messende Individuen bekannt wurden, erscheinen meist tafelförmig, wie nachstehende Combination:

$$0P. — P. P.\infty\check{P}\infty.\infty\check{R}\infty. — 2\check{P}\infty.3\check{P}3$$

c	o	o'	a	b	r	x

$$o : o = 125° 59'$$
$$o' : o' = 122 \quad 49$$
$$o : o' = 74 \quad 13$$
$$a : o = 116 \quad 8$$
$$a : o' = 108 \quad 54$$
$$b : o = 117 \quad 0$$

$$b : o = 118° 35'$$
$$c : o = 144 \quad 2$$
$$c : o' = 141 \quad 45$$
$$c : a = 91 \quad 54$$
$$r : a = 136 \quad 26$$
$$b : x = 148 \quad 33$$

Die letzte Zusammenstellung der von *Groth* und ihm selbst beobachteten 15 Formen gab *v. Zepharovich* in Z. f. Kryst. VI. 1882. 234. Diese Krystalle bilden bei Stassfurt, wo *Zincken* dieselben zuerst entdeckte, kleine Drusen innerhalb des derben Kainits, welcher gewöhnlich in selbständigen, oft mächtigen Schichten als ein feinkörniges Aggregat auftritt. *Tschermak* fand dieselben Krystalle bei Kalusz in Galizien, wo der Kainit stellenweise 60 bis 70 Fuss mächtig vorkommt. — Spaltb. orthodiagonal sehr deutlich, prismatisch nach ∞P deutlich, klinodiagonal undeutlich. G. = 2,07 ...2,15. Farblos, lichtgrau, gelblich bis dunkel fleischroth. Die optischen Axen liegen nach *Groth* im klinodiagonalen Hauptschnitt; die erste Bisectrix fällt in den spitzen Winkel β, und bildet mit der Verticalaxe einen Winkel von 8° (10° 43′ nach *v. Zepharovich*); geneigte Dispersion, Doppelbrechung negativ; wirkl. Winkel der optischen Axen für Gelb 84° 33′. — Chem. Zus. nach den Analysen von *Philipp, Rammelsberg* und *Tschermak*: **Mg S O⁴ + K Cl + 3 H² O**, was 32,2 Schwefelsäure, 16,1 Magnesia, 15,7 Kalium, 14,3

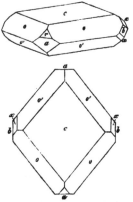

Chlor und 21,7 Wasser erfordert; doch wird bisweilen ein Antheil Chlorkalium durch Chlornatrium ersetzt. Der Kainit wird an der Luft nicht feucht, löst sich in Wasser leicht, bei rascher Lösung bleiben wohl eingeschlossene wasserhelle Kieseritkörnchen zurück; aus der Lösung krystallisirt zuerst das von *Scacchi* unter dem Namen Pikromerit eingeführte Doppelsalz (vgl. dieses), zuletzt aber gewöhnliches Bittersalz heraus, während Chlormagnesium und Chlorkalium in der Mutterlauge zurückbleiben.

Siebente Ordnung: Chromate.

328. **Rothbleierz,** *Werner*, oder Krokoit, *Breithaupt*; Bleichromat.

Monoklin, β = 77° 27′, ∞P 93° 42′ (m), —P 119° 12′ (t), P 107° 38′ (v) ∞P̶2 (f) 56° 10′ nach *Dauber*'s Bestimmungen; A.-V. = 0,9603 : 1 : 0,9181.

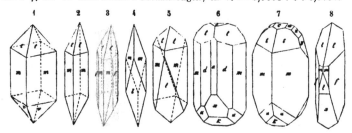

Fig. 1. ∞P.—P.P, beide Hemipyramiden im Gleichgewicht; Luzon.

Fig. 2. ∞P.—P, nur die negative Hemipyramide ausgebildet; Luzon.

Fig. 3. Die vorige Comb. mit dem Klinoprisma ∞P̶2; Luzon.

Fig. 4. ∞P.4P̶∞, das Protoprisma mit einem sehr steilen Hemidoma; Beresowsk.

Fig. 5. ∞P.—P.4P̶∞, die Comb. Fig. 2 mit demselben Hemidoma; Beresowsk.

Fig. 6. ∞P.∞P̶2.∞P̶∞.—P.P̶∞.3P̶∞.2P̶2.0P; Beresowsk.

     m d a t k x u c

Fig. 7. ∞P.—P.P̶∞.2P̶2.0P.2P̶∞.P̶∞.4P̶∞; Beresowsk.

     m t k u c y z w

Fig. 8. ∞P̶2.—P.3P̶∞.4P̶∞.∞P′; Beresowsk.

$$m : m = 93^\circ 42' \qquad k \text{ zur Verticalaxe} = 52^\circ 55'$$
$$f : f = 56\ 10 \qquad x \dots \dots = 19\ 56$$
$$d : d = 129\ 46 \qquad l \dots \dots = 15\ 0$$
$$t : t = 119\ 42 \qquad y \text{ zur Basis } c \dots = 119\ 14$$
$$m : t = 146\ 3 \qquad z \dots \dots = 138\ 13$$
$$v : v = 107\ 38 \qquad w \dots \dots = 155\ 56$$
$$m : v = 139\ 22 \qquad a \dots \dots = 102\ 33$$

Es kommen noch weit reichhaltigere Combinationen vor, wie denn *Dauber*, aus dessen Abhandlung die vorstehenden Bilder entlehnt sind, 54 verschiedene Combinationen abgebildet hat; einige andere Combb. beschrieb *Hessenberg* in Min. Not. III.

Die Krystalle säulenförmig nach ∞P (bisweilen auch nach $-P$), vertical gestreift, in Drusen vereinigt, oder der Länge nach aufgewachsen. — Spaltb. prismatisch nach ∞P, ziemlich deutlich, orthodiagonal und klinodiagonal unvollkommen; mild; H. = 2,5...3; G. = 5,9...6; hyacinthroth bis morgenroth, Strich pomeranzgelb, Diamantglanz, durchscheinend. Optische Axenebene das Klinopinakoid, die spitze Bisectrix liegt im stumpfen Winkel β, ca. $5\frac{1}{2}^\circ$ gegen die Verticalaxe geneigt; $\omega = 2,203$, $\varepsilon = 2,667$ (für Roth). — Chem. Zus. nach den Analysen von *Pfaff*, *Berzelius* und *Bärwald*: neutrales chromsaures Blei oder Bleichromat, $PbCr O^4$, mit 68,91 Bleioxyd und 31,09 Chromsäure. V. d. L. zerknistert es und färbt sich dunkler; auf Kohle schmilzt es und breitet sich aus, während der untere Theil unter Detonation zu Blei reducirt wird, mit Borax oder Phosphorsalz im Ox.-F. grün, im Red.-F. dunkler; mit Soda gibt es Blei; in erhitzter Salzsäure löslich unter Entwickelung von Chlor und Abscheidung von Chlorblei, in Salpetersäure schwierig; in Kalilauge färbt es sich erst braun, und löst sich dann zu einer gelben Flüssigkeit auf. — Beresowsk, Mursinsk und Nischne Tagilsk, Rezbánya, Congonhas do Campo in Brasilien, Labo auf der Insel Luzon.

Anm. 1. *Bourgeois* stellte die Substanz des Rothbleierzes künstlich in rhombischen, mit dem Anglesit völlig isomorphen Krystallen dar.

Anm. 2. Jossait nennt *Breithaupt* ein rhombisch, ähnlich dem Arsenkies krystallisirendes, pomeranzgelbes Mineral von H. = 3...3,5, G. = 5,2, welches nach *Plattner* aus chromsaurem Bleioxyd und Zinkoxyd besteht, und bei Beresowsk mit Vauquelinit und Phönicit vorkommt.

329. Phönicit, *Haidinger*; Phönikochroit, *Glocker* (Melanochroit).

Rhombisch, nach Dimensionen unbekannt; kleine, fast rechtwinkelig tafelformige Krystalle, welche, fächerartig gruppirt oder zellig durcheinander gewachsen, zu lagenformigen Schalen über Bleiglanz verbunden und von Rothbleierz bedeckt sind. — Spaltb. mehrfach aber sehr unvollkommen (jedoch nach *G. Rose* nach einer auf die Schalen rechtwinkeligen Richtung sehr vollkommen); H. = 3...3,5; G. = 5,75; cochenilleroth bis hyacinthroth; Strich ziegelroth; Diamant- und Fettglanz; kantendurchscheinend. — Chem. Zus. nach *Hermann*: Zweidrittelchromsaures Blei, $Pb^3 Cr^2 O^9 = 2 Pb Cr O^4 + Pb O$, mit 76,88 Bleioxyd und 23,12 Chromsäure; im Kolben erhitzt färbt er sich vorübergehend dunkler, zerknistert aber; auf Kohle schmilzt er leicht zu einer dunkeln, nach dem Erkalten krystallinischen Masse; im Red.-F. gibt er Blei, mit Borax und Phosphorsalz die Reaction auf Chrom. In Salzsäure löslich unter Abscheidung von Chlorblei, nach längerem Erhitzen färbt sich die Sol. grün, während Chlor entweicht. — Beresowsk.

330. Laxmannit, *A. Nordenskiöld*.

Monoklin, $\beta = 69^\circ 50'$ im Mittel von *Nordenskiöld*, *Des-Cloizeaux* und *v. Kokscharow*, ∞P 108° 40' —109°; $0P : \infty P = 133^\circ 54'$; hauptsächlich Formen $0P$, $\infty P\infty$, ∞P, $\infty P2$, $\frac{1}{2}P\infty$ und andere Orthodomen; liniendicke krystallinische Krusten, deren Drusenräume mit kleinen glänzenden Krystallen bedeckt sind. H. = 3; G. = 5,77; pistaz- bis dunkelolivengrün, Strich licht pistazgrün. — Die chem. Analyse ergab: 61,90 Bleioxyd, 11,78 Kupferoxyd, 16,19 Chromsäure, 8,41 Phosphorsäure, ausserdem 1,08 Eisenoxydul. *Nicolajew* u. A. fanden bis 10 pCt. und mehr Phosphorsäure. Als Formel scheint $(Pb,Cu)^3 \dot{P}O^4|^2 + (Pb,Cu)^3 Cr^2 O^9$ zu resultiren. V. d. L. auf Kohle schwillt er etwas auf, und schmilzt dann unter starkem Aufschäumen zu einer dunkelgrauen, metallglänzenden, von kleinen Bleikornern umgebenen Kugel; mit Borax und Phosphorsalz im Ox.-F. ein grünes, im Red.-F., zumal nach etwas Zinnzusatz, ein rothes Glas; mit Soda auf Platindrahb ein Glas, welches heiss grün, kalt gelb ist, und Wasser durch chromsaures Natron gelb färbt; in Salpetersäure löslich mit gelbem Rückstand. — Beresowsk in Sibirien und Congonhas do Campo in Brasilien (erdige grüne Krusten, angeblich amorph), beiderseits in Rothbleierz; auch als dünne drusige Kruste auf Pyromorphit von Wanlockhead und Leadhills in Schottland.

Anm. Als Vauquelinit hat *v. Leonhard* ein Mineral von Beresowsk bezeichnet, welches schwärzlichgrün bis dunkelolivengrün, von zeisiggrünem Strich, der H. $=2,5...3$ ist und mit dem Laxmannit vorkommt; nach einer Analyse von *Berzelius* enthält es 61,48 Bleioxyd, 10,95 Kupferoxyd, 27,57 Chromsäure (also keine Phosphorsäure), was auf die Formel $Pb^2 Cu Cr^2 O^9$ führen würde. Wie aber schon *A. Nordenskiöld* vermuthete, *v. Kokscharow* und *Des-Cloizeaux* später nachwiesen, ist jedenfalls der grösste Theil des sog. Vauquelinits zu dem Laxmannit zu stellen, indem der erstere ebenfalls Phosphorsäure ergibt. Die dunkleren Krystalle des sog. Vauquelinits seien auch mit denjenigen des Laxmannits isomorph (∞P 109° 35'; 0P : ∞P $= 131^\circ$ 1'), aber mit etwas anderen Flächen versehen. Ja es ist wahrscheinlich, dass echter phosphorsäurefreier Vauquelinit gar nicht existirt, wie denn *Hermann* schon lange die Identität des Vauquelinits mit dem Laxmannit vertreten hat.

Achte Ordnung: Molybdate und Wolframiate, Uranate.

1. Molybdat.

331. Wulfenit, *Haidinger,* oder **Gelbbleierz,** *Werner*; Molybdänbleispath.

Tetragonal, und zwar pyramidal-hemiëdrisch, isomorph mit Scheelbleierz und Scheelit; P 131° 48' (nach *Dauber*'s sehr genauen Messungen schwankend von 42' bis 57'); A.-V. $= 1 : 1,5807$, nach *Koch* im Mittel : 1,5777; die gewöhnlichsten Formen sind 0P, $\frac{1}{3}$P, P, ∞P, $\frac{1}{2}$P∞ und P∞ [1]).

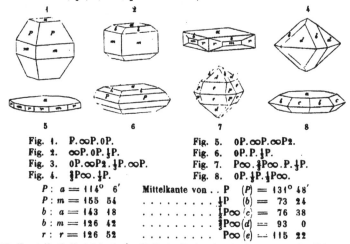

Fig. 1.	P.∞P.0P.		Fig. 5.	0P.∞P.∞P2.
Fig. 2.	∞P.0P.$\frac{1}{2}$P.		Fig. 6.	0P.P.$\frac{1}{2}$P.
Fig. 3.	0P.∞P2.$\frac{1}{2}$P.∞P.		Fig. 7.	P∞.$\frac{1}{3}$P∞.P.$\frac{1}{2}$P.
Fig. 4.	$\frac{3}{2}$P∞.$\frac{1}{2}$P.		Fig. 8.	0P.$\frac{1}{2}$P.$\frac{1}{2}$P∞.

			Mittelkante von . .	P	(P)	$=$	131° 48'
$P : a =$	114°	6'	. . . .	$\frac{1}{2}$P	(b)	$=$	73 24
$P : m =$	155	54	. . . .	$\frac{1}{2}$P∞	$/c)$	$=$	76 38
$b : a =$	143	18	. . . .	$\frac{3}{2}$P∞	(d)	$=$	93 0
$b : m =$	126	42	. . . .	P∞	(e)	$=$	115 22
$r : r =$	126	52					

Die Krystalle theils tafelartig (an Stelle der Basis tritt oft eine ausserordentlich stumpfe Pyramide auf, z. B. $\frac{1}{181}$P∞), theils kurz säulenförmig oder pyramidal; bisweilen (jedoch zufolge *Koch* nur sehr selten) hemimorphische, sowie andere, zuerst von *Zippe*

---

[1]) Nach *S. Koch,* welcher eine krystallographische Monographie des Minerals verfasste (Z. f. Kryst. VI. 389), sind an demselben bis jetzt 29 Formen bekannt, von denen er selbst 7 zuerst auffand.

beobachtete Krystalle mit pyramidaler Hemiëdrie, dergleichen *v. Zepharovich* beschrieb und abbildete (z. B. die Tritoprismen $\infty P\frac{4}{3}$ und $\infty P\frac{4}{3}$); indessen scheint diese Hemiëdrie mit Sicherheit nur an den Prismen nachgewiesen zu sein; die Krystalle erscheinen aufgewachsen und meist in Drusen zusammengehäuft; Pseudomorphosen nach Bleiglanz; auch derb in körnigen Aggregaten. — Spaltb. pyramidal nach P, ziemlich vollkommen, basisch unvollk., Bruch muschelig bis uneben; wenig spröd; H. = 3; G. = 6,3...6,9; farblos, aber meist gefärbt, gelblichgrau, wachsgelb, honiggelb und pomeranzgelb bis morgenroth, Fettglanz oder Diamantglanz, pellucid in allen Graden. — Chem. Zus. nach den Analysen von *Göbel, Melling, Parry, Bergemann, Smith* und *Jost*: Molybdänsaures Blei, **PbMoO⁴**, mit 60,73 Bleioxyd und 39,27 Molybdänsäure; in einigen Varietäten ist ein kleiner Chromgehalt nachgewiesen (z. B. Wheatley-Mine 0,38 pCt.), auch Vanadin wird bisweilen angegeben, so in *Schrauf*'s Eosit, welcher als dunkelmorgenrothe Kryställchen (A.-V. = 1 : 1,376) auf Pyromorphit und Cerussit von Leadhills sitzt. Die rothe Farbe einiger Wulfenite soll nach *G. Rose* und *Schrauf* von jenem Chromgehalt herrühren, wogegen *Jost* nachwies, dass dieselbe nicht nur an etwas chromhaltigen, sondern auch an ganz chromfreien auftritt, weshalb *Groth* mit Recht der Ansicht ist, dass dieselbe mit dem Chromgehalt in keiner Beziehung steht und wahrscheinlich von einem organischen Pigment herrührt, wie denn auch nach *Ochsenius* die orangefarbigen Krystalle von Utah am Licht rasch bleichen. V. d. L. verknistert er heftig; auf Kohle schmilzt er und zieht sich dann in dieselbe, indem er Blei zurücklässt; ebenso ist das Verhalten mit Soda; von Phosphorsalz wird er leicht gelöst und gibt ein licht gelblichgrünes Glas, welches im Red.-F. dunkelgrün wird; mit saurem schwefelsaurem Kali geschmolzen gibt er eine Masse, welche mit Wasser und etwas Zink eine blaue Flüssigkeit liefert; löslich in erwärmter Salpetersäure unter Abscheidung gelblichweisser salpetersaurer Molybdänsäure, in Salzsäure unter Bildung von Chlorblei, in concentrirter Schwefelsäure zu einer blauen Lösung von molybdänsaurem Molybdänoxyd (nach *Höfer*), auch in Kali- und Natronlauge; setzt man dabei Schwefelpulver zu, so erhält man nach *Wöhler* alles Molybdän als Schwefelsalz in Lösung. — Bleiberg und Kappel in Kärnten, Berggieshübel in Sachsen, Przibram, Rezbánya, Badenweiler, Swinzowaja Gora in der Kirgisensteppe, Zacatecas in Mexico, Wheatley-Mine bei Phönixville in Pennsylvanien, Comstockgang in Nevada, Tecomah-Mine und Mount Nebo in Utah (Krystalle bis 1½ Zoll Grösse); im Silver-District, Juma Co., Arizona (hier sehr schöne rothe und intensiv gelbe tafelförmige, sowie braungelbe spitzpyramidale Krystalle).

Anm. *Domeyko* erhielt aus einem Gelbbleierz aus Chile 6,88 pCt. Kalk, was auf die isomorphe Mischung **2 PbMoO⁴ + CaMoO⁴** führt; *Naumann* vermuthete, dass in ähnlichen Mischungen die Schwankungen des spec. Gewichts und der Krystalldimensionen begründet sein mögen, auf welche *Breithaupt* aufmerksam gemacht hat. *v. Zepharovich* fand in grauen, vorwiegend als P krystallisirten Wulfeniten von Kreuth im Bleiberger Revier etwas über 1 pCt. Kalk und ist geneigt, damit das etwas abweichende A.-V. = 1 : 1,5743 in Verbindung zu bringen (P = 131° 37¼').

2. Wolframiate.

332. Scheelbleierz, oder Stolzit, *Haidinger*; Wolframbleierz.

Tetragonal, und zwar pyramidal-hemiëdrisch, P 131° 25', also isomorph mit Wulfenit und Scheelit; A.-V. = 1 : 1,567; meist sehr spitze, pyramidale, fast spindelförmige Krystalle der Comb. 2P.P.∞P, oder kurz säulenförmig; klein, einzeln, oder knospenförmig und kugelig gruppirt. — Spaltb. pyramidal nach P unvollk., mild; H. = 3; G. = 7,9...8,1; grau, braun, auch grün und roth gefärbt, fettglänzend, wenig pellucid. — Chem. Zus. nach *Lampadius* und *Kerndt*: Neutrales wolframsaures Blei, **PbWO⁴**, mit 48,99 Bleioxyd und 51,01 Wolframsäure; v. d. L. schmilzt es recht leicht, beschlägt die Kohle mit Bleioxyd und erstarrt bei der Abkühlung zu einem krystallinischen Korn; gibt mit Phosphorsalz im Ox.-F. ein farbloses, im Red.-F. ein blaues Glas, mit Soda auf Kohle Bleikörner; löst sich in Salpetersäure unter Abscheidung von gelber Wolframsäure; auch löslich in Kalilauge. — Zinnwald in Sachsen, Co-·quimbo in Chile, Southampton in Massachusetts.

333. Scheelit, v. *Leonhard* (Schwerstein, Tungstein).

Tetragonal und zwar pyramidal-hemiëdrisch, isomorph mit Wulfenit und Scheelbleierz [1]); A.-V. $= 1 : 1,5356$; P (n) 130^0 $33'$, und P∞ (P) 113^0 $52'$ nach *Dauber*, letztere Pyramide oft selbständig.

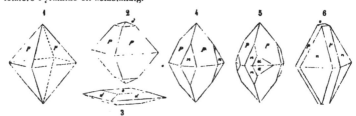

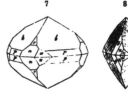

Fig. 1. Die Deuteropyramide P∞ für sich allein; sehr häufig, überhaupt in den meisten Krystallen bei weitem vorherrschend, weshalb sie früher mehrfach als Grundform gewählt wurde; die Rücksicht auf den Isomorphismus mit Stolzit und Wulfenit fordert jedoch die Pyramide n zur Grundform.

Fig. 2. P$\infty.\frac{1}{4}$P∞; die letztere Form (d) selten, auch andere flache Pyramiden erscheinen wie d; besonders $\frac{1}{4}$P∞.

Fig. 3. 0P.$\frac{1}{4}$P∞; oft linsenförmig zugerundet, die Basis drusig.

Fig. 4. P∞.P; kommt häufig vor.

Fig. 5. P∞.P.3P3; die letzte Form (a) erscheint hemiëdrisch.

Fig. 6. P.P∞.0P; nicht selten, auch wohl mit d statt o.

Mittelkante von . .	P∞ $(P) = 113^0$ $52'$	$P : d = 140^0$ $8'$	$n : a = 151^0$ $39'$
. . . .	$\frac{1}{4}$P∞ $(d) = 34$ 8	$P : n = 140$ 2	$n : g = 155$ 37
. . . .	P $(n) = 130$ 33	$d : o = 162$ 56	$g : P = 164$ 23

Die schon in der Fig. 5 angezeigte hemiëdrische Ausbildung gibt sich in anderen Krystallen ebenfalls zu erkennen, wie z. B. in der nach *Lévy* copirten Fig. 7 der Comb. $\frac{1}{4}$P∞.P∞.P.$\frac{1}{4}$P.3P3, in welcher (wie in Fig. 5) 3P3 als eine rechts gewendete Tritopyramide, und in der gar nicht seltenen Comb. Fig. 8, in welcher zugleich P3 (g) als eine links gewendete Tritopyramide erscheint. Die auf den Flächen P angedeutete Combinationsstreifung ist sehr gewöhnlich und wichtig für die Erkennung der nur durch die Hemiëdrie bedingten Zwillinge. Selten finden sich die zuerst von *Bauer* nachgewiesenen Contactzwillinge nach dem Gesetz: Zwillings-Ebene eine Fläche des Deuteroprismas ∞P∞; häufiger kommen Penetrationszwillinge vor, welche auf den ersten Blick ganz wie einfache Krystalle erscheinen, indem sich zwei Individuen der Comb. 8 von entgegengesetzter Bildung gegenseitig durchkreuzen, so, dass die beiderseitigen Flächen P coincidiren; die beiderseitigen Streifensysteme stossen dann in einer Naht zusammen, welche den Höhenlinien der P-Flächen entspricht; dieselben Flächen sind dagegen an einfachen Krystallen gewöhnlich ihren Höhenlinien parallel ge-

---

1) Ueber die Formen des Scheelits vgl. die treffliche Monographie von *Max Bauer* in den Württemb. naturwiss. Jahresheften von 1871; er wählte, wie *Breithaupt, Hausmann* und die Mehrzahl der Mineralogen, die Pyramide von der Mittelk. 130°33′ zur Grundform, und bestimmte 13 neue Formen, so dass er überhaupt 22 verschiedene aufführen konnte; *vom Rath* fügte noch $\frac{3}{4}$P∞ (nach *Hintze*'s Correctur) hinzu.

streift. — Der Habitus der Krystalle meist pyramidal, selten tafelartig; einzeln aufgewachsen, selten eingewachsen; die grossen Krystalle von Schlaggenwald zeigen bisweilen eine schalige Zusammensetzung nach den Flächen von P∞; knospenförmige Gruppen und Krystallstöcke vieler parallel verwachsener Individuen mit stark drusigen oberen und unteren Enden sehr gewöhnlich; auch in Drusen, sowie derb und eingesprengt; Pseudomorphosen nach Wolframit. — Spaltb. pyramidal nach P, ziemlich vollk.; nach P∞ und 0P, weniger vollk.; Bruch muschelig und uneben; H. = 4,5...5: G. = 5,9...6,2; farblos, doch gewöhnlich grau, gelb, braun, auch roth, selten grün gefärbt; Fettglanz, z. Th. in Diamantglanz übergehend, pellucid in niederen Graden: optisch-einaxig, positiv, jedoch oft mit getrenntem Kreuz. — Chem. Zus. im reinsten Zustand: wolframsaurer Kalk, Ca W 0⁴, mit 19,44 Kalk und 80,56 Wolframsäure, meist mit 2 bis 3 pCt. Kieselsäure und etwas Eisenoxyd (selten mit Kupferoxyd und dann grün); bisweilen mit etwas Fluor. Scheele entdeckte 1781 in dem grauen Tungstein von Bispberg die Wolframsäure. V. d. L. schmilzt er nur schwierig zu einem durchscheinenden Glas; mit Borax leicht zu klarem Glas, welches, bei vollkommener Sättigung, nach dem Erkalten milchweiss und krystallinisch wird; mit Phosphorsalz im Ox.-F. ein klares, farbloses, im Red.-F. ein Glas, welches heiss gelb oder grün, kalt blau erscheint. Von Salzsäure und Salpetersäure wird er zersetzt mit Hinterlassung von gelber, in Alkalien löslicher Wolframsäure; fügt man zu der salzs. Sol. etwas Zinn und erwärmt sie, so wird sie tief indigblau. — Zinnwald, Ehrenfriedersdorf und Fürstenberg bei Schwarzenberg in Sachsen (hier auf einem in Kalkstein aufsetzenden, aus Fluorit und Kalkspath bestehenden Gang bis zollgrosse Krystalle), Neudorf und Harzgerode, Schlaggenwald, am Kiesberg im Riesengrund des Riesengebirges, Framont. Cornwall, Oersterstorgrufva in Wermland; bei Traversella in z. Th. grossen, eingewachsenen Krystallen mit herrschender Grundpyramide; Connecticut.

Gebrauch. In Connecticut ist das dort massenhaft vorkommende Mineral zur Darstellung von Wolframsäure im Grossen benutzt worden.

334. Wolframit, Werner (Wolfram).

Monoklin, nach Des-Cloizeaux: β = 89° 22', ∞P (M) 100° 37', —½P∞ (P) 61° 54', P∞ (u) 98° 6'. A.-V. = 0,830 : 1 : 0,8881. — Ein paar der gewöhnlichen Combb. der Krystalle von Zinnwald stellen die Figuren 1 und 2 dar:

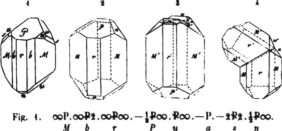

Fig. 1.   ∞P.∞P2.∞P∞. — ½P∞.P∞. — P. — 2P2.½P∞.
          M   b   r   P   u   a   s   n
Fig. 2.   ∞P.∞P∞. — ½P∞.P∞.½P∞.
          M   r   P   u   n

M : r = 140° 18'   r : n = 117° 6'   P : u = 132° 5'
M : M = 100 37   b : r = 157 28   u : M = 115 9
P : r = 118   6   u : u' = 98   6   u : M' = 114 20

Andere, durch das vorwaltende Orthopinakoid mehr tafelartig erscheinende Combinationen sind ∞P∞.∞P2.∞P.0P. —½P∞.P∞ mit fast horizontaler Basis (Ehrenfriedersdorfer Krystalle), und ∞P∞.∞P.∞P2.P∞.P (Krystalle von Schlaggenwald und Nertschinsk); merkwürdig sind die von Krenner beschriebenen lamellaren Krystalle aus dem Trachyt von Felsöbánya, welche durch den Mangel von ∞P (wofür wohl ∞P3 auftritt), durch die Gegenwart des Klinopinakoids ∞P∞, sowie durch steile Hemidomen (zumal $\frac{1}{4}$P∞) charakterisirt sind, so dass ihre Form an die einseitig geschürfter Meissel erinnert. — Die Krystalle erscheinen meist theils kurz säulenförmig, theils breit tafelförmig, die grösseren oft schalig zusammengesetzt; die verticalen Flächen sind meist vorherrschend, und vertical gestreift; Zwillingskrystalle nicht selten, besonders nach zwei Gesetzen: *a)* Zwillingsaxe die Verticalaxe, die Zusammensetzungsfläche das Orthopinakoid, der einspringende Winkel der beiderseitigen Flächen $\frac{1}{4}$P∞ (*P* und *P'*) misst 123° 48', während die beiden Flächen *u* und *u'* fast in eine Ebene fallen, da sie den Winkel von 179° 2' bilden, Fig. 3; *b)* Zwillings-Ebene eine Fläche von $\frac{3}{2}$P∞, die Verticalaxen beider Individuen sind unter 119° 54' geneigt, und der einspringende Winkel der beiderseitigen Flächen P∞ misst 142° 0', während die beiden Flächen *r* und *r'* scheinbar in eine Ebene fallen, aber den Winkel von 178° 54' bilden, Fig. 4; selten kommen Zwillinge vor, bei denen die Zwillings-Ebene eine Fläche von $\frac{1}{4}$P∞ ist, die Verticalaxen unter 147° 44', und die zu einem einspringenden Winkel verbundenen Flächen P∞ unter 114° 10' geneigt sind. Häufig derb, in stängeligen, schaligen und grosskörnigen Aggregaten mit stark gestreiften Zusammensetzungsflächen; Pseudomorphosen nach Scheelit. — Spaltb. klinodiagonal sehr vollk., orthodiagonal unvollk., Bruch uneben; H. = 5...5,5; G. = 7,143...7,544; bräunlichschwarz, Strich röthlichbraun oder schwärzlichbraun, metallartiger Diamantglanz auf Spaltungsflächen, ausserdem oft Fettglanz, meist undurchsichtig, selten in feinen Krystallen oder dünnen Lamellen durchscheinend; an solchen erkannte *Des-Cloizeaux*, dass die optischen Axen im klinodiagonalen Hauptschnitt liegen, und die eine Bisectrix mit der Verticalaxe einen Winkel von 19° bis 20° bildet. — Chem. Zus. nach den Analysen von *Schaffgotsch, Ebelmen, Rammelsberg, Damour, Schneider* und *Bernoulli* im Allgemeinen: isomorphe Mischungen von wolframsaurem Eisen- und Manganoxydul, RWO^4, worin R = Fe und Mn; oder $mFeWO^4 + nMnWO^4$, daher manganreiche und eisenreiche Varietäten unterschieden werden können, von denen jene durch röthlichbraunen Strich und geringeres sp. Gewicht, diese durch schwärzlichbraunen Strich und grösseres sp. Gewicht ausgezeichnet sind; der Zinnwalder z. B. hält 75,7 Wolframsäure, 14,7 Manganoxydul und 9,6 Eisenoxydul, der Ehrenfriedersdorfer dagegen 76,1 Wolframsäure, 4,7 Manganoxydul und 19,2 Eisenoxydul. *Kerndt* hat eine ausführliche Arbeit über die Wolframite geliefert, aus welcher zu folgen scheint, dass namentlich zwei Mischungen am häufigsten vorkommen, von welchen die eine nach der Formel $2FeWO^4 + 3MnWO^4$ (mit 9,49 Eisenoxydul, 14,03 Manganoxydul, 76,48 Wolframsäure), die andere nach der Formel $4FeWO^4 + MnWO^4$ (mit 18,96 Eisenoxydul, 4,67 Manganoxydul, 76,37 Wolframsäure) zusammengesetzt ist. Auch *Rammelsberg* versuchte, die verschiedenen Varietäten nach den Resultaten der Analysen in verschiedene Gruppen zu bringen, von denen die beiden zahlreichsten mit den von *Kerndt* aufgestellten zusammenfallen. Indessen dürften sowohl die älteren Arbeiten als auch die neueren Analysen von *Schneider, Weidinger* und *Bernoulli* beweisen, dass es doch wohl auch unbestimmte und schwankende Verhältnisse sind, in denen die beiden Wolframiate gemischt sind. Bisweilen findet sich auch etwas Kalk. *Bernoulli* fand auch in mehren Varr. ein wenig Niobsäure; andere halten etwas Tantalsäure, auch ist bisweilen Indium oder Thallium nachgewiesen. V. d. L. schmilzt er auf Kohle in starkem Feuer zu einer magnetischen Kugel mit krystallisirter Oberfläche; mit Borax gibt er die Reaction auf Eisen, mit Phosphorsalz im Red.-F. die Reaction auf Wolfram, mit Soda auf Platinblech die Reaction auf Mangan; von Salzsäure wird das Pulver in der Wärme und an der Luft vollkommen zersetzt, wobei ein gelblicher Rückstand bleibt, der sich in Ammoniak grösstentheils löst; in conc. Schwefelsäure erhitzt wird das Pulver blau; dazu gibt es, mit Phosphorsäure stark eingekocht, eine schön blaue Flüssigkeit von syrupähnlicher Consistenz. — Zinnwald, Ehrenfriedersdorf, Geyer, Schlaggenwald, am Harz, in Cornwall, Lockfell und Godolphins Ball in Cumberland,

Chanteloube bei Limoges, Nertschinsk, Aduntschilon, Bajewka bei Katharinenburg, hier pellucide Krystalle. Im Gegensatz zu diesen Lagerstätten im alten meist granitischen Gebirge, auch auf Klüften des Trachyts zu Felsöbánya.

Gebrauch. Zur Darstellung verschiedener Farben und des Wolframstahls.

Anm. In dem von *Riotte* aufgefundenen interessanten **Hübnerit** aus dem **Mammoth**-District in Nevada liegt das **reine Manganwolframiat Mn W O⁴** vor; die Analyse ergab 76,4 Wolframsäure und 23,4 Manganoxydul, kein Eisenoxydul. *Sandberger* fand auch einen Gehalt von Thallium. Das monokline Prisma soll 105° messen, das spec. Gew. beträgt 7,14: optische Axenebene senkrecht auf dem Klinopinakoid, spitze pos. Bisectrix ist in ∞Ř∞ ca. 18° gegen die Verticalaxe im stumpfen Winkel β geneigt. Hübnerit findet sich nach *Bertrand* auch im Manganspath von Adervielle (Hautes-Pyrénées) als rosenrothe Zwillingskrystalle nach ∞P. — Chemisch steht sehr nahe ein Wolframit von Bajewka bei Katharinenburg, in welchem *Kulibin* 20,96 MnO und nur 2,42 FeO, sowie einer von Schlaggenwald, in welchem *Philipp* 22,24 MnO und nur 3,74 FeO fand.

Als **Reinit** benannte *v. Fritsch* und beschrieb *Luedecke* **reines Eisenwolframiat** von Kimbosan in Kai (Japan), von wo ein schwarzbrauner, z. Th. mit Eisenocker überzogener tetragonaler Krystall untersucht wurde, welcher P (Polk. 108° 32′, Mittelk. 122° 8′) mit schmalen Abstumpfungen der Polkanten darstellte; A.-V. = 1 : 1,279. Spaltb. unvollk. nach ∞P. H. = 4; G. = 6,64; in sehr dünnen Splittern violett bräunlich durchsichtig. — Besteht nach der Analyse von *E. Schmid* aus 23,40 Eisenoxydul, und 75,45 Wolframsäure, ist also Fe W O⁴. Bemerkenswerth ist,° dass diese Verbindung **nicht** mit dem Wolframit (und Hübnerit) isomorph ist und anderseits ihre tetragonale Form auch **keine** Uebereinstimmung mit dem analog constituirten Scheelit zeigt (N. Jahrb. f. Min. 1879. 286).

Breithaupt beschrieb als **Ferberit** aus der Sierra Almagrera in Spanien ein **Mineral**, in welchem nach der Analyse von *Rammelsberg* zwar 26 FeO und nur 3 MnO, aber anderseits auch nur 69,5 WO³ (ferner 0,16 Zinnsäure und 1,57 Kalk) zugegen sind, so dass es nicht möglich erscheint, diese Zusammensetzung auf die Wolframit-Formel RWO⁴ zu beziehen; *Rammelsberg* schlägt dafür 2RWO⁴+RO vor, worin R= Fe und Mn im Verh. 9 : 1. Eine frühere Analyse von *Liebe* ergibt ähnliche Zahlen. Dieses Mineral ist bis jetzt fast nur derb bekannt, in länglich-körnigen Aggregaten, deren Individuen vollkommen monotome Spaltbarkeit zeigen; H. = 4...4,5; G. = 6,74...6,80 nach *Breithaupt*; schwarz, Strich schwärzlichbraun bis schwarz, stark glasglänzend.

3. Uranat.

335. Uranpecherz, *Werner,* oder Nasturan, *v. Kobell.* Uraninit.

Regulär, wenn krystallisirt, gewöhnlich O, auch mit ∞O und ∞O∞, wie schon *Scheerer* bei Valle in Sütersdalen fand; meist aber scheinbar amorph, derb und eingesprengt, auch nierförmig von stängeliger und krummschaliger Structur; Bruch flachmuschelig bis uneben, aber glatt; H. = 5...6; G. = 8...9,03; pechschwarz, grünlichschwarz und graulichschwarz, Strich bräunlichschwarz, Fettglanz, undurchsichtig. Chem. Zus.: nach der älteren Ansicht über die Sauerstoffverbindungen des Urans galt das Uranpecherz der Hauptsache nach als das Uranoxyduloxyd UO+U²O³, welches, dem Magneteisen vergleichbar, als ein Glied der Spinellgruppe aufgefasst wurde, womit seine oktaëdrischen Krystalle im Einklang zu stehen schienen. Nach den späteren Erfahrungen muss es aber als ein Uranat des Uranoxyduls (UO²) aufgefasst werden. 3UO² +2UO³. Indessen ist die Substanz namentlich der derben Massen mit Blei, Eisen, Arsen, Kalk, Magnesia, Kieselsäure, Wismuth u. s. w. dermaassen verunreinigt, dass der Gehalt an den Sauerstoffverbindungen des Urans hier nur selten 80 pCt. zu erreichen scheint. Eine Analyse an reinerem Material ergab *W. J. Comstock*: 54,51 Uranoxydul (UO²), 40,08 Uranoxyd (UO³), 4,27 Bleioxyd, 0,49 Eisenoxydul, 0,88 Wasser; eine andere lieferte *Lorenzen*: 50,42 Uranoxydul, 38,23 Uranoxyd, 9,72 Bleioxyd, 0,25 Eisenoxydul, 0,31 Kieselsäure, 0,21 Kalk, 0,70 Wasser. *v. Foullon* fand in dem aus Nord-Carolina nur 3,83 Bleioxyd. Das Urantrioxyd UO³ hat man wohl auch als Uranoxydul- (oder Uranyl-)Oxyd (UO²)O auffassen und damit den Gehalt an

PbO u. s. w. als Ersatz in Verbindung bringen wollen, während SiO^2 für UO^2 einträte. — V. d. L. unschmelzbar; mit Borax und Phosphorsalz gibt es im Ox.-F. ein gelbes, im Red.-F. ein grünes Glas; von Salpetersäure wird es in der Wärme leicht gelöst, die Sol. gibt mit Ammoniak ein schwefelgelbes Präcipitat; von Salzsäure wird es nicht angegriffen. — *Marienberg*, *Annaberg*, *Johanngeorgenstadt*, *Joachimsthal*, *Przibram*, *Redruth* in *Cornwall*; Halbinsel *Anneröd*, *Elvestad* in *Råde* und *Huggenaeskilen* bei *Vandsjö* in Norwegen (O und ∞O nach *Lorenzen*); im Pegmatit auf der Insel *Digelskär* bei *Öregrund* in Schweden (∞O∞. O, nach *Svenonius*); *Branchville* in Connecticut, ebenfalls krystallisirt nach *Comstock*; *Mitchell Co.* in Nord-Carolina (∞O∞ vorwaltend zufolge *v. Foullon*).

Gebrauch. Das Uranpecherz findet in der Emailmalerei seine Anwendung, und wird auch ausserdem zur Darstellung des Urangelb u. a. Farben, des Uranglases u. s. w. benutzt.

Anm. 1. An gewissen Uranpecherzen fand *Breithaupt* viel geringere Härte (3...4), geringeres Gewicht (4,8...5,5) und grünen Strich; er hat dieselben unter dem Namen **Pittinerz** unterschieden. An norwegischen Vorkommnissen beobachtete *Lorenzen*, dass es die Verwitterung ist, wodurch eine weiche erdige, tief zeisiggrüne Masse von niedrigem spec. Gew. entsteht.

Anm. 2. *Le Conte* beschrieb unter dem Namen **Coracit** ein Mineral von der Nordküste des Superior-Sees in Nordamerika. Dasselbe ist angeblich amorph, hat H. = 4,5, G. = 4,878, muscheligen Bruch, Fettglanz, schwarze Farbe und grauen Strich, und wird meist von haarfeinen Kalkspathadern durchzogen. *Genth* hat gezeigt, dass es wesentlich Uranoxydoxydul, mit Kieselsäure, Bleioxyd, Eisenoxyd und anderen Beimengungen, und folglich nur eine Varietät des Uranpecherzes ist.

Anm. 3. Ein verunreinigtes und durch Wasseraufnahme verändertes Uranpecherz scheint *A. E. v. Nordenskiöld's* **Clevëit** zu sein. Regulär, ∞O∞, oft mit ∞O und O, gewöhnlich nur unregelmässige Körner; H. = 5,5; Gew. = 7,49; eisenschwarz, undurchsichtig, matt und wenig glänzend, Strich schwarzbraun. Die Analyse von *Lindström* ergab: 42,04 Uranoxyd, 6,87 Yttererde, 3,47 Erbiumsesquioxyd, 2,33 Ceroxyde, 1,05 Eisenoxyd, 4,76 Thoroxyd, 23,89 Uranoxydul, 11,34 Bleioxyd, 4,28 Wasser. In Salzsäure unter Abscheidung von Chlorblei leicht löslich, unschmelzbar, im Kolben Wasser gebend. Eingewachsen im Feldspath zu Garta bei Arendal (Geol. För. Förhandl. IV. 28).

Neunte Ordnung: Tellurate.

336. Montanit, *Genth*.

Erdige, weiche Substanz, matt oder von wachsartigem Glanz, von gelblichweisser Farbe, Ueberzüge über Tellurwismuth bildend, aus dessen Oxydation sie entstanden ist. *Genth* fand in einer Var. aus Montana: 26,83 Tellursäure, 66,87 Wismuthoxyd, 0,56 Eisenoxyd, 0,39 Bleioxyd, 5,94 Wasser, was auf die Formel $Bi^2Te O^6 + 2H^2O$ führt; eine andere ergab nur 2,80 Wasser, was 1 Mol. H^2O entspricht. Gibt im Kolben Wasser und v. d. L. die Reactionen von Wismuth und Tellur; löslich in Salzsäure unter Chlorentwickelung. — Highland in Montana; Davidson Co. in Nord-Carolina.

Anm. Ein Quecksilberoxydultellurat, $Hg^2Te O^4$, **Magnolit** genannt, fand *Genth* als weisse seidenglänzende, höchst feine nadel- und haarförmige Kryställchen mit Coloradoit (Tellurquecksilber) auf der Keystone-Grube in Colorado.

Zehnte Ordnung: Phosphate, Arseniate, Vanadinate, Niobate, Tantalate.

Diese, auf analog zusammengesetzte Säuren zurückzuführenden Salze sind hier in eine Ordnung vereinigt worden. Eingangs mag daran erinnert werden, dass solche Salze sich ableiten:

a) von den **Orthosäuren**, z. B. der Orthophosphorsäure H^3PO^4, Orthoarsensäure H^3AsO^4 u s. w., allgemein H^3RO^4, worin R = P, As, V, Nb, Ta;

b) von den **Pyrosäuren**, z. B. der Pyrophosphorsäure $H^4P^2O^7$, allgemein $H^4R^2O^7$;

c) von den **Metasäuren**, z. B. der Metaphosphorsäure HPO^3, allgemein HRO^3 oder $H^2R^2O^6$.

4. Wasserfreie neutrale Salze.

Phosphate.

337. Xenotim, *Beudant* (Ytterspath).

Tetragonal, P Mittelk. $82^\circ 22'$; Polk. $121^\circ 30'$; A.-V. $= 1 : 0,6187$; man kannte früher fast nur die Grundform mit ∞P, in einzeln eingewachsenen oder losen Krystallen, welche nach *Zschau* oft eine sehr merkwürdige und regelmässige Verwachsung mit Malakon zeigen, oder von Polykras durchsetzt werden; *Brögger* beobachtete auch 3P, wahrscheinlich 3P3, ferner Zwillinge nach P∞, führt auch hemimorphe Ausbildung eines Krystalls an; er fand P : ∞P $= 121^\circ 31'$, daraus A.-V. $= 1 : 0,6259$; auch derb und eingesprengt; Spaltb. prismatisch nach ∞P; H. $= 4,5$; G. $= 4,45...4,56$; röthlichbraun, haarbraun, gelblichbraun und fleischroth, Strich gelblichweiss bis fleischroth; Fettglanz, in dünnen Splittern durchscheinend: Doppelbrechung positiv. — Chem. Zus. nach *Berzelius, Zschau, Scheerer, Smith* und *Schlötz* aller Wahrscheinlichkeit nach neutrales orthophosphorsaures Yttriumsesquioxyd, $(Y^2)[P O^4$? oder Y P O^4, welchem $61,47$ Yttererde und $38,53$ Phosphorsäure entspricht; oder eigentlich $(Y, Ce)^2 [P O^4]^2$, da sich immer neben der Yttererde ein Theil (bis über 11 pCt.) Ceroxyd findet. Doch ergab die neueste Analyse von *Schlötz* (womit die ältere von *Zschau* recht übereinstimmt; u. a. nur $31,88$ Phosphorsäure. V. d. L. unschmelzbar; mit Borax bildet er ein klares Glas, welches bei grösserem Zusatz während der Abkühlung unklar wird; mit Borsäure und Eisendraht gibt er Phosphoreisen; in kochenden Säuren unlöslich; auf Zusatz von Wasser entsteht eine klare Lösung. — Hitterö bei Flekkefjord u. a. Punkte (Arendal, Kragerö) im südlichen Norwegen, Schreiberhau im Riesengebirge, Schwalbenberg bei Königshayn unfern Görlitz (wo nach *v. Lasaulx* die Krystalle auch ∞P∞ und P∞ zeigen), Ytterby in Schweden und in den Goldwäschen von Clarksville in Georgia; nach *E. W. Hidden* auch in den goldführenden Sanden von Brindletown in Nordcarolina, in regelmässiger Verwachsung mit gelbbraunen Zirkonen, nach dem von *Zschau* ermittelten Gesetz, dass die Hauptaxen beider Mineralien zusammenfallen, in Krystallen bis $\frac{1}{4}$ Zoll Durchmesser. — Das von *Damour* als Castelnaudit aufgeführte Mineral aus dem Diamant führenden Sand von Bahia scheint auch hierher zu gehören.

Anm. Zu dem Xenotim gehört auch als eine der ausgezeichnetsten Varietäten das in sehr zirkonähnlichen Formen schön krystallisirte honiggelbe Mineral vom Berge Fibia in der St. Gotthardgruppe, welches anfangs in der That für Zirkon gehalten, dann aber von *Kenngott* als selbständig unter dem Namen Wiserin eingeführt wurde (P $= 82^\circ 22'$), worauf jedoch die Analyse von *Wartha* $62,49$ Yttererde und Ceroxyd, sowie $37,51$ Phosphorsäure ergab. Doch ist es in Schwefelsäure vollkommen löslich und besitzt die H. $= 5,5...6,5$ (vgl. *Kenngott*, Die Mineralien der Schweiz 1866. 196). Auch *Hessenberg* erklärte einen hieher gehörigen ausgezeichneten Krystall (P.∞P.3P3) aus dem Tavetsch geradezu für Xenotim und maass daran u. a. P$= 82^\circ 9'$ (N. J. f. Min. 1874. 832). Das früher ebenfalls für Wiserin resp. Xenotim gehaltene Mineral von der Alp Lercheltini im Binnenthal in Wallis ist aber nach den neueren Untersuchungen von *Carl Klein* Anatas, für welchen er schon früher diejenigen binnenthaler Krystalle erklärt hatte, aus denen *Brezina* Zweifel gegen den Zusammenhang mit Xenotim abgeleitet hatte. Dennoch hat sich aber auch im Binnenthal später ächter und von *Klein* gemessener Xenotim von honiggelber Farbe gefunden, dessen P ($82^\circ 22'$) dem $\frac{1}{4}$P des Anatas ($79^\circ 54'$) und dessen 3P3 dem P3 des Anatas so nahe stehen, dass nur Messungen vor Verwechselungen bewahren können; die Krystalle zeigen P, ∞P∞ (rauh und matt), ∞P, 3P3 (N. J. f. Miner. 1875. 887, auch 1879. 536). Xenotim findet sich auch an der Wyssi-Turben-Alp auf Gneiss.

338. Kryptolith, *Wöhler*; Phosphocerit.

Krystallisirt in äusserst feinen (nach *H. Fischer* etwa $0,045 — 0,224$ Mm. langen, $0,004$ bis $0,016$ Mm. dicken), nadelförmigen, vielleicht hexagonalen Prismen, welche in derbem, namentlich röthlichem Apatit eingewachsen sind, und erst dann sichtbar werden, wenn die Apatitstücke eine Zeitlang in verdünnter Salpetersäure gelegen haben. G. $= 4,6$; blass weingelb, durchsichtig. *Wöhler's* Analyse gab $70,26$ Ceroxyd (mit etwas Lanthan und Didym), $4,51$ Eisenoxydul, $27,87$ Phosphorsäure, daher er eine Formel aufstellte, welche jetzt $(Ce^2)[PO^4]^2$ lauten würde. Unschmelzbar; als feines Pulver von conc. Schwefelsäure vollständig zerlegbar. — Arendal, wahrscheinlich auch im Moroxit von der Sljudianka in Sibirien. Eine ganz übereinstimmende Zus. hat nach *Watts* ein grüngelbes krystallinisches Pulver, welches beim Auflösen des gerösteten Kobaltglanzes von Johannesberg in Schweden zurückbleibt (G. $= 4,78$).

339. Monazit, *Breithaupt* (Mengit, Edwardsit).

Monoklin, $\beta = 76^\circ 14'$; A.-V. $= 0,9742 : 1 : 0,9227$; $\infty P (M)$ $93^\circ 23'$, Poo (*e*) $96^\circ 18'$, nach *v. Kokscharow's* Messungen, von welchen allerdings die älteren Messungen von *G. Rose, Breithaupt, Dana, Brooke* und *Des-Cloizeaux* mehr oder weniger abweichen; doch sind erstere nur approximativ, weil die Krystalle keine scharfen Messungen erlaubten. *G. vom Rath* bestimmte dieselben Winkel an einem genau messbaren Krystall von Laach (vergl. die folgende Anmerkung), und fand $\beta = 76^\circ 32'$, $\infty P = 93^\circ 35'$, und $\mathrm{Poo} = 96^\circ 15'$. An Krystallen aus Nordcarolina maass *E. S. Dana* $\beta = 76^\circ 20'$, $\infty P = 93^\circ 26'$. Die nachstehenden Figuren zeigen einige Combinationen des russischen Monazits.

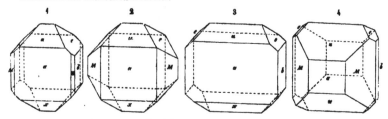

Fig. 1. $\infty\mathrm{Poo}.\infty\mathrm{Poo}.\mathrm{Poo}. -\mathrm{Poo}.\mathrm{Poo}.\infty P.$ Fig. 3. $\infty\mathrm{Poo}.\infty\mathrm{Poo}. -\mathrm{Poo}.\mathrm{Poo}.\mathrm{Poo}.$
$\qquad\quad a \qquad b \qquad e \qquad u \qquad x \qquad M \qquad\qquad a \qquad b \qquad u \qquad x \qquad e$
Fig. 2. $\infty\mathrm{Poo}.\infty P.\mathrm{Poo}. -\mathrm{Poo}.\mathrm{Poo}.$ Fig. 4. $\infty P. -\mathrm{Poo}.\mathrm{Poo}.\mathrm{Poo}.\infty\mathrm{Poo}.$

Einige der wichtigsten Winkel sind nach *v. Kokscharow*:

$M : M = 93^\circ 23' (35')$ $x : a = 126^\circ 15' (34')$ $e : u = 126^\circ 31' (23')$
$M : a = 130 44 (47)$ $M : e = 109 14 (18)$ $a : b = 90 \quad 0$
$u : a = 140 44 (40)$ $e : b. = 134 54 (52)$

die in Klammern beigefügten Minutenzahlen fand *G. vom Rath*; vgl. auch *E. Dana's* Winkeltabelle im Am. Journ. of sc. XXIV. 1882. 247. Die nach vorn geneigte schiefe Basis erscheint nur selten, und in keinem der hier abgebildeten Krystalle. Bisweilen entsteht ein scheinbar prismatischer Habitus durch Vorherrschen der Hemipyramide P (häufig in Nordcarolina, vgl. auch Turnerit). Zwillingskrystalle sehr selten, Zwillings-Ebene das Orthopinakoid, auch (nach *v. Jerémejew*) die Basis. Die Krystalle dick tafel- oder ganz kurz säulenförmig, einzeln eingewachsen. — Spaltb. basisch vollk., orthodiagonal minder vollk.; H. $= 5...5,5$; G. $= 4,9...5,25$; röthlichbraun, hyacinthroth, fleischroth, auch topasgelb, schwach fettglänzend, kantendurchscheinend, bisweilen durchsichtig. Die Ebene der optischen Axen ist parallel der Orthodiagonale und bildet mit der Verticalaxe einen Winkel von fast 4°; die spitze Bisectrix fällt in den klinodiagonalen Hauptschnitt. — Chem. Zus. nach den Analysen von *Kersten, Hermann, Damour* und *Penfield* in den reinsten Varr.: neutrales Orthophosphat von Ceroxyd und Lanthanoxyd (auch Didymoxyd), $(Ce, La, Di)^2 [P O^4]^2$; der Gehalt an Phosphorsäure beträgt ungefähr 28—29 pCt. In manchen Monaziten ist aber auch ein beträchtlicher Gehalt an Thorerde nachgewiesen worden (7 bis angeblich gar 32 pCt.); wegen der Verschiedenheit der Thorerde (ThO^2) von den Oxyden der Cermetalle ist es nicht wahrscheinlich, dass dieselbe isomorph zugemischt sei; es ist wohl anzunehmen, dass sie als Thoriumsilicat (Orangit) mechanisch vorhanden ist; im M. aus Nordcarolina fand *Penfield* auch die entsprechende Menge Kieselsäure (1,4—2,8 pCt.) und wies er gelatinirende dunkelbraune harzglänzende fremde Körner nach. Nach *Fischer* ist der Monazit von Chester dermaassen mit haarfeinen farblosen Mikrolithen erfüllt, dass sie $\frac{1}{8}$ bis $\frac{1}{4}$ der ganzen Masse ausmachen, auch norwegische Monazite erwiesen sich ihm als nicht homogen. Einige Analysen ergeben auch etwas Kalk und Zinnsäure. V. d. L. schwer schmelzbar, mit Schwefelsäure befeuchtet färbt er die Flamme grün; in Salzsäure löslich mit Hinterlassung eines weissen Rückstandes. — Am Ural bei Miask im Granit und am Flusse Sanarka, auch im östlichen Sibirien in Goldseifen, Norwich und Chester in Connecticut, Milhollands Mill, Brindletown-District u. a. O. in den Goldseifen Nordcarolinas, Amelia County in Virginien (in Massen von 15—20 Pfd. Gewicht). Rio Chico bei Antioquia in Neu-Granada, Schreiberhau im Riesengebirge, Nöterö in Norwegen; Nil St. Vincent in Belgien (kaum 1 Mm. grosse Krystalle in einer thonähnlichen Kluftausfüllung nach *Renard*).

Anm. 1. Auch der E r e m i t der nordamerikanischen Mineralogen ist Monazit. *Hermann* hat zu beweisen gesucht, dass die Krystalle von b r a u n e r Farbe, glänzender Oberfläche, gekrümmten Flächen, weniger scharfkantiger Ausbildung (bei übrigens gleicher Form) und vom sp. G. = 5,28 einen geringeren Gehalt von Phosphorsäure (nur 18 pCt.), daneben 6 pCt. Tantalsäure besitzen. Er trennte daher unter dem Namen M o n a z i t o i d als ein besonderes Mineral, während *v. Kokscharow* sie nur für eine unreine Varietät des Monazits erklärt.

An m. 2. Zu dem Monazit ist auch der gelbe und braune diamantglänzende T u r n e r i t (*Lévy*) zu rechnen, dessen Krystallformen *Dana* bereits im Jahre 1866 als übereinstimmend mit denen des Monazits erkannt hatte, woraus und aus der Aehnlichkeit einiger physischer Eigenschaften er folgerte, dass beide ein und dasselbe Mineral sind. Diese Folgerung wurde 1870 durch *G. vom Rath* bestätigt, indem die Messungen eines olivengrünen, auf Orthit aufgewachsenen Monazitkrystalls aus einem Sanidin-Auswürfling vom Laacher See eine so genaue Uebereinstimmung mit den von *Des-Cloizeaux* am Turnerit gefundenen Winkeln ergaben, dass letzterer in der That mit dem Monazit vereinigt werden muss; auch optisch ist die Uebereinstimmung vollkommen. Uebrigens gehört der Turnerit zu den sehr seltenen, auch nur in ganz kleinen, doch ziemlich complicirten Krystallen vorkommenden Mineralien; er wurde zuerst am Mont Sorel im Dauphiné gefunden, wo er von Anatas, Quarz und Feldspath begleitet wird; dann beobachtete ihn *G. vom Rath* bei Sa. Brigitta unweit Rueras im Tavetscher Thal; nach *Wiser* findet er sich auch im Cornera-Thal, am Piz Cavradi, südlich von Chiamut, und bei Amsteg im Maderaner Thal, nach *Hessenberg* überall von Anatas begleitet; bei Perdatsch im Val Nalps (3—4 Mm. gross); auch auf der Alp Lercheltini im Binnenthal, wo der Turnerit nach *G. vom Rath* die Zwillingsbildung des Monazits nach ∞P∞ wiederholt; nach *Trechmann* ist für dieses Vorkommniss β = 77° 18' und das A.-V. = 0,9584 : 1 : 0,9217; vorherrschend sind daran die Flächen *a* und *x*, auch finden sich u. a. die Formen 2P∞, ∞P̄2 und ∞P3. die Bisectrix fällt in den stumpfen Winkel der Krystallaxen *a c* und bildet mit *c* 1° 4' (N. Jahrb. f. Min. 1876. 594). *Pisani* fand in dem sog. Turnerit vom Binnenthal: 28,4 Phosphorsäure und 68,0 Ceroxyd und Lanthanoxyd (darin ca. 8,9 Lanthanoxyd), also genau die Zus. des Monazits. Eine eigenthümliche Ausbildung beobachtete *Seligmann* an einem weiteren Vorkommniss aus der Gegend von Olivone im Tessin, wo die Krystalle durch Vorherrschen von P einen prismatischen Habitus besitzen, wobei ∞P∞ zurücktritt.

An m. 3. *Groth* macht darauf aufmerksam, dass das Cerphosphat CePO⁴ dimorph sei. da es in isomorpher Mischung mit dem Ytterphosphat YPO⁴ im Xenotim tetragonal, dagegen im Monazit, dessen Hauptbestandtheil es bildet, monoklin krystallisirt ist. Der Kryptolith sei vielleicht als lanthan - und thorfreier Monazit zu betrachten und müsse dann monoklin krystallisiren.

340. Triphylin, *Fuchs*.

Rhombisch, bis jetzt fast nur derb in individualisirten Massen oder grosskörnigen Aggregaten; doch ist es *Tschermak* gelungen, an einigen zersetzten Exemplaren die Krystallformen als Combinationen von ∞P 132°, ∞P̄3 98°, P̄∞ 79°, 2P̄∞ 98°, 0P und ∞P̄∞ nachzuweisen. A.-V. = 0,4848 : 1 : 0,4745. Spaltb. prismatisch nach ∞P und brachydiagonal unvollkommen. basisch vollkommen; H. = 4...5; G. = 3,5...3,6, nach *Rammelsberg* 4,403 ; grünlichgrau und blau gefleckt, Fettglanz, kantendurchscheinend (bei der Verwitterung wird er braun und undurchsichtig und geht in den sog. Pseudotriplit über). Chem. Zus. nach den Analysen von

$$\overset{I}{Rammelsberg},\ Wittstein,\ Oesten,\ Penfield\ \text{am einfachsten}:\ \overset{II}{R^2}PO^4 + \overset{I\ II}{R^3}[PO^4]^2\ \text{oder}\ RRPO^4.$$

worin R hauptsächlich = Li, daneben Na, auch ganz wenig K, R = Fe und Mn (auch etwas Ca. *Rammelsberg* erhielt als Mittel aus 4 Analysen: 40,72 Phosphorsäure, 39,97 Eisenoxydul, 9,89 Manganoxydul, 7,28 Lithion, 1,45 Natron, 0,58 Kali. Abweichungen von jener Formel und Schwankungen beruhen wohl in Unreinheit des Materials, begonnener Zersetzung oder Analysenfehlern. In dem manganreichen Triphylin von Grafton (26,09 Eisenoxydul und 18,17

Manganoxydul) ist das Verhältniss der beiden Phosphate wie 10 : 11. V. d. L. zerknistert er erst, und schmilzt dann sehr leicht und ruhig zu einer dunkelgrauen magnetischen Perle, färbt dabei die Flamme blaugrün, mitunter auch röthlich, jedoch nach vorheriger Befeuchtung mit Schwefelsäure deutlicher grün; mit Soda auf Platinblech die Reaction auf Mangan, mit Borax die auf Eisen; ist leicht löslich in Salzsäure; wird die Sol. abgedampft und der Rückstand mit Alkohol digerirt, so brennt der letztere mit purpurrother Flamme. — Bodenmais in Bayern, mit Beryll, Oligoklas und grünem Glimmer, Norwich in Massachusetts, Grafton in New-Hampshire (in einem sehr glimmerreichen Granitgang). Den im frischen Zustand gelben und schwarz verwitternden, aber übereinstimmend zusammengesetzten von Ketyö im finnischen Kirchspiel Tammela hat man T e t r a p h y l i n genannt.

A n m. Einen fast natronfreien und sehr eisenarmen Lithion-Mangan-Triphylin von Branchville in Fairfield Co., Connecticut, beschrieben *Brush* und *Edw. Dana* unter dem Namen L i t h i o p h i l i t (Z. f. Kryst. II. 546; IV. 71); derbe Massen mit dreifach verschiedener Spaltb., im frischen Zustand hell lachsfarbig, durchscheinend, glas- bis harzglänzend. G. = 3,43. — Der Gehalt an Manganoxydul beträgt nach *Wells* 10,80 (an Eisenoxydul nur 3,99), an Lithion 8,72 (an Natron nur 0,13), die Formel ist $Li^3PO^4 + Mn^3[PO^4]^2$; eine andere Probe ergab *Penfield* 32,02 Manganoxydul, 13,01 Eisenoxydul und 9,26 Lithion; es existirt also ein formlicher Uebergang von dem manganhaltigen Lithion e i s e n phosphat $LiFePO^4$ (Triphylin) zu dem eisenhaltigen Lithion m a n g a n phosphat $LiMnPO^4$ (Lithiophilit). V. d. L. gibt er eine intensiv lithionrothe Flamme mit blassgrünen Streifen am unteren Ende.

Arseniate.

341· Berzeliit, *Kühn* (Kühnit, *Brooke*).

Derb ohne oder mit Spuren von Spaltbarkeit, nach *A. Wichmann* und *W. Lindgren* regular; gelblichweiss bis honiggelb und schwefelgelb, bisweilen grün, weil dann mit unzähligen kleinen Hausmannit-Kryställchen durchwachsen; fettglänzend, durchscheinend bis kantendurchscheinend, spröd; neben den einfach brechenden kommen übrigens auch doppeltbrechende Körner vor; H. = 5; G. = 4,07...4,09 nach *Lindgren*, früher als 2,52 angegeben. — Chem. Zus. nach *Kühn*, *Anderson* und *Mc Cay*: wahrscheinlich ein neutrales Arseniat von Kalk und Magnesia, worin auch ganz wenig Manganoxydul, $(Ca, Mg, Mn)^3[AsO^4]^2$, mit ca. 60 Arsensäure, 23 Kalk, 15 Magnesia; v. d. L. nach *Lindgren* leicht zu brauner Perle schmelzend (früher als unschmelzbar angeführt), übrigens gibt er die Reactionen auf Arsen und Mangan; in Salpetersäure vollkommen löslich. — Långbanshytta in Schweden in Kalkstein.

A n m. 1. In einem Vorkommniss von Johanngeorgenstadt hat *Bergemann* zwei wasserfreie N i c k e l a r s e n i a t e entdeckt. Das eine ist dunkel grasgrün, feinkörnig bis dicht, schwefelgelb, amorph, hat H. = 4, G. = 4,942, und bildet dunne Lagen, welche mit dem anderen abwechselnd verbunden sind; es ist wesentlich ein neutrales Arseniat $Ni^3[AsO^4]^2$, mit 50,65 Arsensäure und 49,35 Nickeloxydul. Das andere ist dunkel grasgrün, feinkörnig bis dicht, hat dieselbe Härte, aber G. = 4,838, und ist ein basisches Arseniat, $Ni^5As^2O^{10}$, mit 38,12 Arsensäure und 61,88 Nickeloxydul.

A n m. 2. Unter dem Namen C a r m i n s p a t h hat *Sandberger* ein Mineral eingeführt, das bei Horhausen in Rheinpreussen auf Quarz und Brauneisenerz vorkommt. Dasselbe ist mikrokrystallinisch, erscheint in feinen Nadeln, in büschelformigen, traubigen und kugeligen Aggregaten, scheint prismatische Spaltb. zu besitzen, hat H. = 2,5, G. = 4,105, ist sprod, carminroth bis ziegelroth, im Strich röthlichgelb, glasglänzend und stark durchscheinend. Es besteht nach einer Analyse von *Müller* aus 47,24 Arsensäure, 29,14 Eisenoxyd, 23,62 Bleioxyd, was auf die Formel $Pb^3[AsO^4]^2 + 5(Fe)^2[AsO^4]^2$ führt; im Kolben für sich ganz unveranderlich; in Säuren mit gelber Farbe loslich; Kalilauge zieht Arsensäure aus.

Vanadinate.

342. Pucherit, *Frenzel.*

Rhombisch, in Formen ahnlich dem Euchroit; vorkommende Formen nach der Aufstellung von *Frenzel*, welcher die Ebene der vollkommensten Spaltbarkeit als Basis nimmt: $\infty P 123° 55'$, $0P$, $\infty \bar{P} \infty$, $\bar{P} \infty$, $\bar{P}2$ (seitl. Polk. 145° 20'), $\frac{1}{2}P$; auch wohl $\infty P \infty$, $\frac{1}{2}\bar{P}\infty$, $\frac{3}{2}\bar{P}\frac{3}{2}$. A.-V. = 0,5327 : 1 : 2,3357. *Websky*, welcher genaue Winkelangaben, Flächenbestimmungen und Abbildungen lieferte, suchte den Pucherit in eine krystallographische Beziehung zum Brookit zu bringen und setzt deshalb die Ebene der vollkommensten Spaltb. als $\infty \bar{P} \infty$, *Frenzel's*

$\infty \bar{P} \infty$ als $\infty \bar{P} \infty$ (*Tschermak*'s Mineral. Mitth. 1872. 245). Die Krystalle sind sehr klein, einzeln aufgewachsen, hyacinthroth, gelblichbraun, röthlichbraun bis schwärzlichbraun, glasbis diamantglänzend; H. = 4; G. = 6,249. — Chem. Zus. nach *Frenzel*: neutrales (ortho-) vanadinsaures Wismuth, $Bi\,V\,O^4$, mit 74,77 Wismuthoxyd und 28,23 Vanadinsäure (davon ein kleiner Theil durch Arsensäure und Phosphorsäure vertreten). Decrepitirt heftig, gibt in Salzsäure unter Chlorentwickelung eine tiefrothe Lösung, die beim Stehen oder Eindampfen grün wird, und beim Verdünnen einen gelblichen Niederschlag bildet. — Pucherschacht bei Schneeberg, von *Weisbach* entdeckt; Grube Arme Hilfe bei Ullersreuth im reuss. Voigtland (N. Jahrb. f. Min. 1872. 97 u. 515).

343. **Dechenit,** *Bergemann.*

Mikrokrystallinisch, doch sind bei Kappel in Kärnten sehr kleine, zu kugeligen und nierförmigen Aggregaten verbundene rhombische Pyramiden, mit den Polkanten 113° 30' und 125° 30', Mittelk. 91° (nach *Grailich*) vorgekommen; A.-V. = 0,8354 : 1 : 0,6538 (vgl. Anm. zu Tantalit), übrigens derb, in klein-traubenförmigen oder in dünnschaligen, aus warzenförmigen Elementen bestehenden Aggregaten; pseudomorph nach Bleiglanzoktaëdern. H. = 3,5; G. = 5,81…5,83; roth bis röthlichgelb und nelkenbraun, Strich gelblich bis pomeranzgelb, im Bruch fettglänzend, kantendurchscheinend. — Chem. Zus. nach *Bergemann* und *Nessler* neutrales (meta-)vanadinsaures Bleioxyd, $Pb\,V^2O^6$, mit 54,99 Bleioxyd und 45,01 Vanadinsäure, doch gaben die Analysen des Ersteren etwas mehr Vanadinsäure; *Brush* fand auch Zinkoxyd. V. d. L. in der Zange und auf Kohle leicht zu gelblicher Perle schmelzend, aus welcher sich auf Kohle Bleikörner reduciren, mit Phosphorsalz im Red.-F. grün, im Ox.-F. gelb. In verdünnter Salpetersäure leicht löslich, auch zersetzbar in Salzsäure unter Bildung von Chlorblei und einer grünen Solution, die sich mit Wasser bräunlich färbt, sowie in Schwefelsäure unter Abscheidung von Bleisulfat. — Bildet schmale Trümer im dunkelrothen Letten des Buntsandsteins bei Niederschlettenbach in Rheinbayern; Zähringen bei Freiburg i. Br. als gelbrothe Krusten auf Quarz; auch bei Kappel in Kärnten.

Anm. 1. Der von *Fischer* bestimmte Eusynchit findet sich mikrokrystallinisch in kleinen kugeligen und traubigen Aggregaten, sowie in Ueberzügen, mit radialfaseriger Textur. H. = 3,5; G. = 5,27…5,59, nach *Rammelsberg* und *Czudnowicz*; gelblichroth, Strich etwas lichter, glänzend, fast undurchsichtig. — Chem. Zus. nach der Analyse von *Rammelsberg* 24,22 Vanadinsäure, 1,14 Phosphorsäure, 0,50 Arsensäure, 57,66 Bleioxyd, 15,80 Zinkoxyd und 0,68 Kupferoxyd, also wesentlich ein neutrales (Ortho-)Vanadinat $R^3 V^2 O^8$, worin R = Pb und Zn im At.-Verh. 3 : 1; damit stimmt auch in der Hauptsache die Analyse von *Czudnowicz* überein. V. d. L. leicht schmelzbar zu bleigrauer Kugel, aus welcher auf Kohle Blei reducirt wird; mit Phosphorsalz im Ox.-F. gelb, im Red.-F. grün; in Salpetersäure leicht löslich. — Hofsgrund bei Freiburg i. Br. auf zelligem Quarz.

Anm. 2. Sehr nahe verwandt ist das von *v. Kobell* unter dem Namen Aräoxen beschriebene Mineral. Dasselbe erscheint in traubigen mikrokrystallinischen Aggregaten, mit Spuren von radialfaseriger Textur, hat H. = 3, G. = 5,79, ist roth, mit etwas braun gemischt, im Strich blassgelb und durchscheinend. — Chem. Zus. nach der Analyse *Bergemann*'s: 52,55 Bleioxyd, 18,11 Zinkoxyd, 16,84 Vanadinsäure, 10,52 Arsensäure, nebst 1,34 Thonerde und Eisenoxyd, also isomorphe Mischung von neutralem (Ortho-)Vanadinat mit neutralem Arseniat, $2\,R^3[V\,O^4]^2 + R^3[As\,O^4]^2$, worin R = Pb und Zn in gleichem At.-Verh. V. d. L. auf Kohle leicht schmelzbar unter Abscheidung von Bleikörnern und Entwickelung von starkem Geruch nach Arsen, mit Soda gibt es eine strengflüssige Masse, welche mit Borax geschmolzen im Red.-F. schön grün, im Ox.-F. zuletzt klar gelb erscheint. Von conc. Salzsäure wird es zersetzt unter Bildung von Chlorblei, die Sol. ist erst gelb, wird dann bräunlich und zuletzt smaragdgrün; setzt man Alkohol hinzu, kocht und filtrirt, so bleibt sie noch grün, wird aber durch Eindampfen und Zusatz von Wasser schön himmelblau. — Auf Klüften des Buntsandsteins bei Dahn unfern Niederschlettenbach in Rheinbayern.

Niobate und Tantalate.

344. **Columbit,** *G. Rose* (Niobit).

Rhombisch; sehr nahe homöomorph mit Wolframit, wie *G. Rose* zeigte; P (*u*) Polk. 104° 10' und 151° 0', Mittelk. 83° 8' nach *Schrauf*, welcher eine Monographie des Columbits lieferte. A.-V. = 0,4074 : 1 : 0,3347. Die gewöhnlichsten Formen sind: 0P (*c*), $\infty \bar{P} \infty$ (*b*), $\infty \breve{P} \infty$ (*a*), ∞P (*g*) 135° 40', $\infty \breve{P}3$ (*m*) 101° 26', P (*u*), 2P (*s*),

$3\breve{P}3$ (o), $3\breve{P}\frac{3}{4}$ (π), $\frac{1}{4}\breve{P}\infty$ (l) $161°$ $0'$, $\breve{P}\infty$ (k) $143°$ $0'$, $2\breve{P}\infty$ (h) $112°26'$, $\breve{P}\infty$ (i)
$101°12'$, $2\breve{P}\infty$ (e) $62°40'$ und andere, wie denn überhaupt nach *Schrauf* 24 verschiedene einfache Formen vorkommen; die manchfaltigen und oft sehr complicirten Combinationen zeigen entweder einen tafelartigen Habitus bei sehr vorherrschendem Brachypinakoid, oder einen kurz (jedoch horizontal) säulenförmigen Habitus, wenn mit dem Brachypinakoid zugleich Brachydomen vorherrschend ausgebildet sind. Folgende minder complicirte Krystallformen sind von *Schrauf* entlehnt.

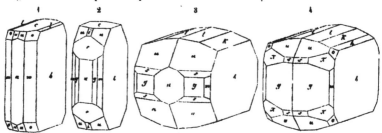

Fig. 1.	$\infty\breve{P}\infty . \infty\breve{P}3 . \infty\breve{P}\infty . 0P . 3\breve{P}3 . P . \frac{1}{4}\breve{P}\infty$.

Fig. 2.	$\infty\breve{P}\infty . \infty\breve{P}\infty . \infty P . \infty\breve{P}3 . 0P . P . 2\breve{P}\infty . \breve{P}\infty$; beide Figuren zeigen den für die Krystalle aus Bayern, Russland und Connecticut üblichen tafelförmigen Habitus.

Fig. 3.	$\infty\breve{P}\infty . \breve{P}\infty . \frac{1}{4}\breve{P}\infty . P . \infty\breve{P}\infty . \infty P . 2P . \infty\breve{P}3$.

Fig. 4.	$\infty\breve{P}\infty . \frac{1}{4}\breve{P}\infty . \breve{P}\infty . 2\breve{P}\infty . \infty P . P . 3\breve{P}\frac{3}{4} . \infty\breve{P}3 . 2P . 3\breve{P}3$; diese beiden Figuren veranschaulichen den in horizontaler Richtung kurz säulenförmigen Habitus, wie er an den schönen Krystallen aus Grönland vorzukommen pflegt.

$m : a = 129°17'$		$o : b = 120°$ $6'$		$i : a = 129°24'$	
$m : b = 140$ 43		$o : c = 127$ 48		$i : c = 140$ 36	
$g : a = 157$ 50		$o : m = 142$ 22		$e : a = 148$ 40	
$g : b = 112$ 10		$l : b = 99$ 30		$e : c = 121$ 20	
$u : b = 104$ 30		$k : b = 108$ 30		$s : u = 160$ 59	
$u : c = 138$ 26		$h : b = 123$ 47		$\pi : b = 117$ 33	

Die Krystalle kommen stets eingewachsen vor; die Fläche $\infty\breve{P}\infty$ ist meist vertical gestreift, zumal in den tafelförmigen Krystallen; bei diesen letzteren findet sich bisweilen eine Zwillingsbildung nach dem Gesetz: Zwillings-Ebene eine Fläche von $2\breve{P}\infty$ (e), so dass die Verticalaxen beider Individuen einen Winkel von $62°40'$ bilden, wie in beistehender, von *vom Rath* entlehnter Abbildung eines Zwillings von Bodenmais ($n = 2\breve{P}2$), welcher durch die verticale Streifung auf b selbst federartig gestreift erscheint. — Spaltb. brachydiagonal recht deutlich, makrodiagonal ziemlich deutlich, basisch undeutlich; Bruch muschelig bis uneben; H. = 6; G. = 5,37...6,39; in den reinsten und frischesten Varr. aus Grönland aus dem Ilmengebirge 5,37...6,39, nach *H. Rose* und *Schrauf*; nach *Marignac* steigt das sp. Gewicht mit dem Gehalt an Tantalsäure. Bräunlichschwarz bis eisenschwarz; Strich kirschroth in den genannten

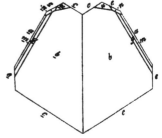

Varr., ausserdem röthlichbraun bis schwarz; metallartiger Diamantglanz; undurchsichtig, in dünnen Splittern durchscheinend. — Chem. Zus.: nach den Untersuchungen von *H. Rose*, *Marignac*, *Blomstrand* und *Rammelsberg* ist der Columbit nur selten blos

(meta-) niobsaures Eisenoxydul, $Fe[Nb O^3]^2$, gewöhnlich eine Mischung von niobsaurem und tantalsaurem Eisenoxydul, $m Fe[Nb O^3]^2 + n Fe[Ta O^3]^2$, mit vorwaltendem Niobat: die tantalreichen Columbite gehen daher in die niobreichen Tantalite über. Das Eisenoxydul wird, wie im Tantalit, immer theilweise durch Manganoxydul ersetzt; in einer Var. von Branchville in Connecticut fand *Comstock* gar 15,58 pCt. des letzteren auf nur 0,43 Eisenoxydul; die allgemeinste Formel wäre darnach $(Fe, Mn)[(Nb, Ta) O^3]^2$. Die grönländischen Columbite sind die tantalärmsten; *Marignac* erhielt aus einem solchen nur 3,30, *Hermann* aus einem anderen gar nur 0,56 pCt., *Blomstrand* aus einem dritten selbst gar keine Tantalsäure $(n = 0)$; dies ist also das reine Niobat, welches 78,82 Niobsäure und 21,18 Eisenoxydul erfordern würde. Auch die Col. aus Nordcarolina und Colorado sind nach *Lawrence Smith* sehr arm an Tantalsäure. Dagegen fand *Blomstrand* in dem Columbit von Haddam mehr als 28, in einer Var. von Bodenmais fast 23, in einer anderen Var. ebendaher über 30, und *Rammelsberg* sogar 33 pCt. Tantalsäure; hierin ist $m : n = 1...2 : 1$. Uebrigens wechselt auch hier das Verhältniss der beiden Grundverbindungen selbst an demselben Fundort sehr, wie denn *Marignac* von Bodenmais auch einen Columbit mit nur 13,4 Tantalsäure analysirte. Kleine Quantitäten von Wolframsäure, Zinnsäure und Zirkonsäure sind gewöhnlich vorhanden. — V. d. L. für sich unveränderlich, von Säuren unangreifbar daher nur durch Schmelzen mit Kali, oder besser mit saurem schwefelsaurem Kali aufzuschliessen. — Dieses seltene Mineral findet sich zu Bodenmais, Zwiesel und Tirschenreuth in Bayern, bei Chanteloube in Frankreich, in den Kirchspielen Pojo und Tammela in Finnland, im Ilmengebirge bei Miask, bei Haddam und Middletown in Connecticut, Acworth in New-Hampshire, bei Chesterfield und Beverly in Massachusetts, Jancey Co. und Mitchell Co. in Nordcarolina, Pikes Peak in Colorado; an allen diesen Orten in grobkörnigem Granit oder Feldspath; die schönsten Krystalle kommen jedoch bei Evigtok am Arksutfjord in Grönland, in Kryolith eingewachsen vor. Nach *Janovsky* findet sich Columbit auch unter den Körnern des sog. Iserins; er enthält hier 62,61 Niobsäure und 16,25 Tantalsäure.

Anm. Bei einer anderen Deutung der Formen, als sie im Vorstehenden nach den früheren Autoren gegeben ist, träte das wünschenswerthe Verhältniss gegenseitiger Isomorphie zwischen Tantalit und Columbit hervor, wie dies aus den Axenverhältnissen erhellt, in welchen a und c beim Tantalit $= \frac{1}{2}a$ und $\frac{1}{2}c$ beim Columbit sind. — Die Monographie des Columbits von *Schrauf* findet sich in Sitzungsber. d. Wien. Akad. Bd. 44. 1861. 445.

345. **Tantalit**, *Ekeberg*, und Ixiolith.

Rhombisch; P (p) Polkk. 126° und 112½°, Mittelk. 91° 42' nach *Nordenskiöld*; A.-V. = 0,8466 : 1 : 0,6519; die gewöhnlichsten Formen sind ausserdem: $\infty P\frac{3}{2}$ (r) 122° 53', $\infty P\infty$ (s), $\infty P\infty$ (t), $P\infty$ (m) 113° 48'; auch kommen noch vor $3 P\infty$ (q) 54° 10', $\frac{1}{4}P\infty$ (n) 167° 36', $\frac{1}{2}P\frac{3}{2}$ (v) und $2P\frac{3}{2}$ (o). Die nachstehende Figur stellt eine Combination aller dieser Formen dar.

$s : r = 118° 33'$	$t : r = 154° 27'$	$m : p = 146° 15'$
$s : o = 143° 12$	$t : q = 152° 55$	$m : v = 134° 56$
$s : t = 135° 4$	$t : m = 123° 6$	$m : o = 126° 48$
$s : p = 128° 45$	$t : n = 97° 12$	$m : s = 90° 0$

Die Krystalle sind meist säulenförmig verlängert, ihre Flachen glatt, aber oft uneben und nur selten spiegelnd; auch derb und eingesprengt. Spaltb. sehr unvollk. brachydiagonal. Bruch muschelig, bis uneben; H. = 6...6,5; G. = 6,3...8,0, überhaupt um so höher, je mehr Tantalsäure, um so leichter, je mehr Niobsäure vorhanden ist; eisenschwarz, Pulver schwarzlichbraun; unvollkommener Metallglanz, in Diamantglanz und Fettglanz geneigt; undurchsichtig. — Chem. Zus.: nach *Marignac* und *Blomstrand*, welche die ideale Zusammensetzung des Tantalits als tantalsaures Eisenoxydul deuteten, worin aber bisweilen ein bedeutender Theil der Tantalsäure durch Niobsäure ersetzt sei, sowie nach der Abhandlung von *Rammelsberg* über die Zusammensetzung des Tantalits, Columbits und Pyrochlors (Ann. d. Phys. u. Ch., Bd. 111.

1872. 56) muss man die Tantalite wesentlich als (isomorphe) Mischungen von (meta-) tantalsaurem Eisenoxydul und niobsaurem Eisenoxydul (und Manganoxydul) auffassen: m Fe [Ta O³]² + n Fe [Nb O³]², oder Fe (Ta, Nb)² O⁶; dabei ist m grösser als oder mindestens gleich n, und hier gehen alsdann die Tantalite in die Columbite über. Gewöhnlich ist auch etwas Zinnsäure, bisweilen sehr spärlich Titansäure vorhanden. Nach *Rammelsberg* enthält z. B. der Tantalit von

	Ta²O⁵	Nb²O⁵	SnO²
Harkassari, Tammela, Finnland	76,34	7,54	0,70
Skogböle, Kimito, Finnland . .	69,97	12,26	2,94
Ebendaher	63,58	19,24	1,70
Broddbo bei Fahlun	49,64	29,27	2,49

Das Verhältniss des Tantalats zum Niobat ($m : n$) ist im ersten 6 : 1, im zweiten 3 : 1, im dritten 2 : 1, im vierten 1 : 1. Uebrigens ist das Verhältniss der beiden Grundverbindungen selbst an einem und demselben Fundpunkt nicht constant. Eine Var. von Broddbo ergab noch 6 pCt. Wolframsäure. Sehr reich an Tantalsäure ist die Var. von Chanteloube, doch scheint es keine niobfreien Tantalite zu geben (reines FeTa²O⁶ würde aus 86,05 Tantalsäure und 13,95 Eisenoxydul bestehen). Die zinnreichen Varietäten sind auch meist reicher an Manganoxydul (1 bis 7 pCt.), und von *Nordenskiold* unter dem Namen Ixiolith (richtiger Ixionolith) von den übrigen Tantaliten getrennt worden; doch enthielt auch ein zinnfreier Tantalit von Utö 9,5 Manganoxydul (daneben 1,2 Kalk). — V. d. L. ist der Tantalit unschmelzbar und unveränderlich; von Säuren wird er gar nicht oder nur wenig angegriffen. — Selten; Kirchspiele von Kimito und Tammela in Finnland, bei Finbo und Broddbo unweit Fahlun in Schweden, bei Chanteloube unweit Limoges, überall in Granit eingewachsen.

Anm. Bei der Analogie der chem. Zusammensetzung und dem sehr genäherten Axenverhältniss wird der Dechenit als mit dem Tantalit (und Columbit) isomorph gelten können.

346. Tapiolit, *E. Nordenskiöld.*

Tetragonal, und isomorph mit Rutil; in seiner Substanz aber mit dem Tantalit völlig übereinstimmend, weshalb denn hier ein Beispiel von Dimorphismus vorliegt. Die Grundform P hat die Mittelkante von 84° 52′; A.-V. = 1 : 0,6464; H. = 6; G. = 7,2...7,5; schwarz, stark glänzend. *Nordenskiöld* und *Arppe* fanden in ihm 83 Tantalsäure und fast 16 pCt. Eisenoxydul, während *Rammelsberg* die Metallsäure für 73,91 Tantalsäure und 11,22 Niobsäure erkannte, und daher für den Tapiolit 4 Mol. Tantalat gegen 1 Mol. Niobat annimmt, 4 Fe [Ta O³]² + Fe [Nb O³]². Den Isomorphismus des Tapiolits mit Rutil erklärt *Kenngott* in der Weise, dass man die Formel des Rutils ebensowohl Ti³O⁶ wie Ti O² schreiben könne, und dass die Formel jeder Grundverbindung des Tapiolits insofern mit jener des Rutils übereinstimme, wiefern beide 3 At. Metall und 6 At. Sauerstoff angeben. — Sukkula, im finnischen Kirchspiel Tammela.

Anm. Hier wäre auch der Azorit *Teschemacher's* einzuschalten, welcher in einem trachytischen Gestein der Azoren ganz kleine, grünlich- oder gelblichweisse tetragonale Pyramiden bildet, und nach *Hayes* wesentlich tantalsaurer Kalk ist. H. = 5...6. *Schrauf* befand die Pyramidenwinkel denen des Zirkons sehr genähert.

347. Yttrotantalit, *Berzelius.*

Schon *Berzelius* unterschied schwarzen, braunen und gelben Yttrotantalit; aus den Untersuchungen von *Nordenskiöld* ergibt sich jedoch, dass nur die schwarzen und gelben Varietäten wirklich Yttrotantalit sind, wogegen die braunen Varr. zum Fergusonit gehören.

Der schwarze Yttrotantalit krystallisirt rhombisch nach *Nordenskiöld*; den Krystallen, welche bald kurz säulenförmig, bald tafelförmig erscheinen, liegt meist die Comb. ∞P.∞P∞.0P zu Grunde; sie sind stets eingewachsen und meist sehr unvollkommen ausgebildet; ∞P 121° 48′, 2P∞ : 0P = 103° 26′ (schwankend von 101° 30′ bis 105°); auch in eingewachsenen Körnern und krystallinischen Partieen. Spaltb. brachydiagonal, in undeutlichen Spuren; Bruch muschelig bis uneben; sammetschwarz, Strich grau, halbmetallischer Glanz; H. = 5...5,5; G. = 5,39...5,67. — Er findet sich bei Ytterby unweit Wexholm und in der Gegend von Fahlun.

Der gelbe Yttrotantalit erscheint dagegen wie amorph, gelblichbraun bis strohgelb, oft gestreift bis gefleckt, glas- bis fettglänzend, vom G. = 5,458...5,88. — Er findet sich bei Ytterby und Korarfvet.

In ihrer chem. Zus. sind sich beide ganz ähnlich: nach den Analysen von *Berzelius*, *H. Rose*, *v. Perez*, *Chandler*, *Nordenskiöld*, *Blomstrand* und *Rammelsberg* im Allgemeinen

wesentlich ein Tantalat und Niobat von Yttererde und Erbinerde, Ceroxydul, Kalk, Eisenoxydul und Uranbioxyd (Uranoxydul), auch ist etwas Wolframsäure und Zinnsäure vorhanden.
Die Hauptsubstanz ist wohl jedenfalls das pyrosaure Salz $(Y^2, Er^2)^2[(Ta, Nb)^2O^7]^3$. *Nordenskiöld's*
Analyse ergab 56,56 Tantalsäure, 3,87 Wolframsäure, 19,56 Yttererde, 4,27 Kalk, 8,90 Eisenoxydul, 0,82 Uranoxydul und 6,68 Wasser; damit stimmen auch die früheren Analysen in der
Hauptsache überein, nur dass sie meist weniger Wolframsäure und Eisenoxydul, aber etwas
mehr Uranoxydul lieferten. *Blomstrand* fand in einem gelben Yttrotantalit etwa 16, in einem
schwarzen an 20 pCt. Niobsäure; dies bestätigte anderweit *Rammelsberg*, welcher in der
schwarzen Var. von Ytterby als Mittel zweier Analysen 46,25 Tantalsäure, 12,82 Niobsäure.
2,36 Wolframsäure, 1,12 Zinnsäure, 10,25 Yttererde, 6,74 Erbinerde, 2,22 Ceroxydul, 5,73
Kalk, 3,80 Eisenoxydul, 1,64 Uranbioxyd, 6,34 Wasser fand; übrigens zeigen alle einen Wassergehalt zwischen 4 bis 6 pCt. an, welcher wahrscheinlich secundär ist. V. d. L. sind die
Yttrotantalite unschmelzbar, von Säuren werden sie nicht aufgelöst, durch Schmelzung mit
saurem schwefelsaurem Kali aber völlig zersetzt. — Ytterby, Finbo und Korarfvet in
Schweden.

348. Fergusonit, *Haidinger*. (Brauner Yttrotantalit.)

Tetragonal, und zwar pyramidal-hemiëdrisch, überhaupt isomorph mit Scheelit und
Wulfenit; P (*s*) 128° 28' nach *Miller*; A.-V. = 1 : 1,464; gewöhnliche Comb. P. $\frac{1}{4}$OOP$\frac{3}{2}$. 0P, in
anderen Krystallen ist auch die halbe ditetragonale Pyramide 3P$\frac{3}{2}$ (*z*) recht vorherrschend
ausgebildet, wie solches die nachstehende Figur zeigt; die Krystalle von Ytterby sind sehr
undeutlich ausgebildet, und erscheinen als kurze tetragonale Prismen oder Pyramiden mit
abgestumpften Polecken, oft nur als ungestaltete Körner; die Krystalle von Schreiberhau bilden dünne, bis 3 Linien lange, sehr spitze und etwas bauchige tetragonale Pyramiden, welche

$$\frac{3P\frac{3}{2}}{2}.P.\frac{OOP\frac{3}{2}}{2}.0P$$

z	*s*	*r*	*i*

$s : s = 100°\ 54'$
$s : i = 115\ 16$
$z : r = 169\ 17$

oft in feine Strahlen ausgezogen sind; gewöhnlich einge-
wachsen in Quarz. — Spaltb. nach P in undeutlichen Spuren.
Bruch unvollk. muschelig; spröd; H. = 5,5...6; G. = 5,6...5,9;
für die Var. von Ytterby gibt *Nordenskiöld* H. = 4,5...5 und
G. = 4,89, für die von Massachusetts *Lawr. Smith* H. = 6 und
G. = 5,684 an; dunkel schwärzlichbraun bis pechschwarz,
Strich hellbraun, fettartiger halbmetallischer Glanz, undurchsichtig, nur in feinen Splittern durchscheinend. — Chem.
Zus.: nach den Analysen von *Hartwall*, *Weber*, *Nordenskiöld* und *Rammelsberg* zwar ebenfalls der Hauptsache nach ein Niobat (und Tantalat) von Yttererde, aber vorwiegend die
orthosaure Verbindung $(Y^2)[(Nb, Ta)O^4]^2$, worin ausser Yttrium auch ganz wenig Erbium, Cer,
Lanthan zugegen; ein geringer variabler Wassergehalt ist mit grösster Wahrscheinlichkeit secundär; auch sind ganz kleine Mengen von Zinnsäure und Wolframsäure vorhanden, ferner wohl,
in allen ein von 4,20 bis 8,16 pCt. schwankender Gehalt an Uranbioxyd (vielleicht ist das Uran
als UO^3 zugegen). Die neueste Analyse des F. aus Massachusetts von *Lawrence Smith* ergab
48,75 Niobsäure, 46,01 Yttererde, 4,23 Ceroxyde, 0,25 Eisenoxydul und Uranbioxyd, 1,63 Wasser. — Sehr selten; am CapFarewell in Grönland, bei Ytterby in Schweden und nach *Websky*
bei Josephinenhütte unweit Schreiberhau im Riesengebirge (uranreich), auch im Feldspath
des Granits von Rockport, Massachusetts, in den goldführenden Sanden von Brindletown,
Bershe Co., in Nordcarolina.

Anm. Den Tyrit von *Forbes*, welcher bei Helle unweit Arendal in ziemlicher Menge
und in grossen, doch nicht messbaren Krystallen, sowie auch a. a. O. in Norwegen vorkommt,
betrachten *Kenngott* und *Rammelsberg* nur als Fergusonit.

349. Mikrolith, *Shepard*.

Regulär, gewöhnlich in der Combination O.∞O und O.202, auch 202 ist beobachtet. —
Spaltb. unvollkommen nach O, Bruch muschelig bis uneben; H. = 5...6; G. = 5...5,66; hell-
graugelb, strohgelb bis dunkelröthlichbraun, ins braunschwarze; fettglänzend bis glasglän-
zend, durchscheinend bis kantendurchscheinend. — Chem. Zus.: wesentlich ein neutrales
(Pyro-)Tantalat (und Niobat) von Kalk, $R^2Ta^2O^7$, worin R in erster Linie Ca, auch etwas Mg,
Mn, Fe oder Alkalien darstellt, etwas Ta durch Nb ersetzt ist. Eine annähernde Analyse von
A. E. v. Nordenskiöld ergab: 77,3 Tantalsäure und Niobsäure, 0,8 Zinnsäure, 11,7 Kalk, 7,7
Manganoxydul, 1,8 Magnesia. Die Analyse des M. aus Virginien lieferte: 68,43 Tantalsäure.
7,74 Niobsäure, 1,35 Wolframsäure und Zinnsäure, 11,80 Kalk, kein Manganoxydul, 3,45 Al-
kalien, 2,83 Fluor. Die frühere Ansicht von *Teschemacher* und *Brush*, dass das Mineral eine
Var. des Pyrochlors sei, muss daher verlassen werden. — Eingewachsen im Albit zu Chester-

field in Massachusetts; in den Glimmergruben von Amelia Co. , Virginien, in bis $\frac{1}{4}$ Zoll grossen Krystallen und grossen krystallinischen Massen; im turmalinführenden Potalit von Utö (sehr kleine Krystalle nach *v. Nordenskiöld*); auf den Feldspathen granitischer Gänge bei Le Fate und Facciatoia auf Elba (0,5 Mm. grosse Kryställchen, nach *Corsi*).

350. Hjelmit, *Nordenskiöld.*

Dieses dem schwarzen Yttrotantalit sehr ähnliche Mineral findet sich derb in kleinen Trümern; Krystalle sind nur in zweideutigen Spuren angezeigt; Spaltb. nicht wahrnehmbar. Bruch körnig; H. = 5; G. = 5,82; sammetschwarz, Strich schwärzlichgrau; metallglänzend. — Nach den Analysen von *Nordenskiöld* und *Rammelsberg* hält er an 70 pCt. Tantalsäure und Niobsäure, 5 bis 6 Zinnsäure und Wolframsäure, das übrige ist Eisenoxydul und Manganoxydul, Uranbioxyd, Yttererde und Ceroxyd, Kalk und Magnesia, dazu ca. 4 pCt. Wasser. V. d. L. zerknistert er, schmilzt nicht, wird im Ox.-F. braun, und von Phosphorsalz leicht zu blaulichgrünem Glas aufgelöst. — Bei Korarfvet in grobkörnigem Granit mit Pyrophysalit, Granat und Gadolinit.

351. Samarskit, *H. Rose* (Uranotantal).

Rhombisch, gewöhnliche Comb. des aus N.-Carolina $\infty P \bar{\infty}$. $\infty \bar{P} \infty$. $\bar{P} \infty$. $\infty P 2$.P, mitunter mit ∞P und $3\bar{P}\frac{3}{2}$ nach *Edw. Dana;* ∞P 122° 46′, $\infty \bar{P} 2$ 95°, $\bar{P} \infty$ 93°; A.-V. = 0,545 : 1 : 0,574; Krystalle meist rectangulär-prismatisch, indem $\infty \bar{P} \infty$ und $\infty \bar{P} \infty$ im Gleichgewicht, oder tafelartig durch Ueberwiegen eines derselben; auch wohl scheinbar rectangulär-prismatisch durch Vorwalten von $\bar{P} \infty$; in eingewachsenen platten Körnern bis zur Grösse einer Haselnuss, mit polygonalen Umrissen. Spaltb. brachydiagonal, Bruch muschelig; spröd; H. = 5...6; G. = 5,614...5,76; sammetschwarz, Strich dunkel röthlichbraun; starker halbmetallischer Glanz oder Fettglanz, undurchsichtig. — Chem. Zus.: nach den Analysen von *Chandler* und *v. Perez* eine Verbindung von 56 pCt. Niobsäure (nebst etwas Wolframsäure) mit 15 bis 16 Eisenoxydul, 14 bis 20 Uranbioxyd und 8 bis 11 Yttererde, wozu sich noch sehr wenig Manganoxydul, Kalk und Magnesia gesellen. Zwei spätere Analysen von *Finkener* und *Stephans* ergaben dagegen recht wohl übereinstimmend in runden Zahlen: 50 Niobsäure (incl. sehr wenig Wolframsäure), 11 Uranbioxyd, 6 Thorsäure, über 4 Zirkonsäure, 12 Eisenoxydul (incl. etwas Manganoxydul), 16 Yttererde (incl. Ceroxyd), ein wenig Kalk und Magnesia. Miss *Ellen Swallow*, *Lawrence Smith* und *O. D. Allen* untersuchten den amerikanischen (näheres im Amer. Journ. of sc. (3) XIII. 359), letzterer trennte die Metallsäure in 37,20 Niobsäure und 18,60 Tantalsäure. Durch den Nachweis des Uranbioxyds, der Thorsäure und der Zirkonsäure wird die früher vermuthete Aehnlichkeit zwischen der chem. Constitution des Samarskits und Columbits bedeutend alterirt. *Rammelsberg* gelang es bei seinen Analysen n i c h t, die Säuren von Zirkonium und Thorium zu finden. *Hermann* fand ein etwas verschiedenes Resultat. Im Kolben zerknistert er etwas, verglimmt, berstet dabei auf, wird schwärzlichbraun und vermindert sein Gewicht bis auf 5,37; v. d. L. schmilzt er an den Kanten zu schwarzem Glas; mit den Flüssen gibt er die Reactionen auf Niobsäure, Eisen und Uran; von Salzsäure wird er schwer, aber vollständig zu einer grünlichen Flüssigkeit gelöst; leichter wird er durch Schwefelsäure oder saures schwefelsaures Kali zerlegt. — Miask am Ural; in mehren Grafschaften von N.-Carolina, namentlich Mitchell County in der Nähe des North Joe River, wo bis über 20 Pf. schwere Massen vorkommen, hier, wie bei Miask von Columbit begleitet.

A n m. Das von *Hermann* unter dem Namen Y t t r o i l m e n i t aufgeführte und untersuchte Mineral ist nach *H. Rose* identisch mit dem Samarskit und zeigt nach *G. Rose* die Formen des Columbits. Dagegen behauptete *Hermann* fortwährend die Selbständigkeit und chemische Eigenthumlichkeit des Yttroilmenits. N o h l i t nannte *A. Nordenskiöld* ein dem Samarskit ähnliches Mineral von Nohl bei Kongself; doch sind seine Härte und sein Gewicht geringer, auch hält es 4,6 pCt. Wasser (welches *Brögger* für s e c u n d ä r hält), während übrigens seine qualitative Zusammensetzung jener des Samarskits sehr nahe kommt; vielleicht ist es nur eine Zersetzungsphase desselben.

352. Ännerödit, *Brögger.*

Rhombisch, in seinen Winkelverhältnissen dem Columbit sehr ähnlich; P Polkk. 99° 41′ und 149° 52′, Mittelk. 87° 46′; $\infty P = 136° 2′$; beobachtete Formen ausser den Pinakoiden: ∞P, $\infty \bar{P} 3$ (100° 44′), $\infty \bar{P} 5$ (137° 48′), P, 2P, 2$\bar{P}$2, $\bar{P} \infty$, 2$\bar{P} \infty$ (58° 25′) u. a. A.-V. = 0,4037 : 1 : 0,3610. Gestalten bald langprismatisch polykrasähnlich, bald vertical tafelförmig nach $\infty \bar{P} \infty$, bald scheinbar quadratisch durch Gleichgewicht der beiden verticalen Pinakoide, bald kurzprismatisch und scheinbar monoklin. Durchkreuzungszwillinge nach $\infty \bar{P} 5$. — Spaltb. undeutlich, Bruch unvollk. muschelig. — H. = 6; G. = 5,7; schwarz, Strich heller, schwach metallischer bis fettähnlich halbmetallischer Glanz, undurchsichtig bis kantendurchscheinend. — Chem. Zus. nach *Blomstrand*: 48,18 Niobsäure, 2,51 Kieselsäure, 16,28 Uranoxydul, 2,37 Thorerde, 2,56 Coroxyde, 7,10 Yttriumoxyde, 2,40 Bleioxyd, 3,38 Eisenoxydul, 3,85 Kalk, 8,19 Wasser, geringe Mengen von Zirkonsäure, Manganoxydul, Magnesia, Alkalien. *Brögger* sieht den Wassergehalt als secundär an, da er auch bisweilen fast fehlte. Die wasserfreie Substanz würde der Zus. des Samarskits sehr nahe kommen; krystallographisch bestehen indessen erhebliche Gegensätze. — In Pegmatitgängen der Halbinsel Änneröd bei Moss in Norwegen (Geol. För. i. Stockh. V. 354).

353. **Koppit**, *A. Knop.*

Regulär, einzig beobachtete Form ∞O∞, vormals zum Pyrochlor gerechnet; braun, durchsichtig, mikroskopische Flüssigkeitseinschlüsse enthaltend. G. = 4,45...4,56. — Chem. Zus. nach der Analyse von *Knop*: 61,90 Niobsäure, 10,10 Cer- (Didym-, Lanthan-) Oxyd, 16,00 Kalk, 1,80 Eisenoxydul, 0,40 Manganoxydul, 4,23 Kali, 7,52 Natron; ausserdem ein Fluorgehalt unter 2 pCt.; *Rammelsberg* hatte 62,46, *Bromeis* 62,03 Niobsäure gefunden. Der Koppit ist daher, abgesehen von dem geringen Fluorgehalt, ein reines Niobat, nach *Knop* R5 Nb4 O15 und unterscheidet sich von dem Pyrochlor durch das Fehlen der Titanate und Thorate. — Mit Apatit und Magnoferrit im körnigen Kalk von Schelingen (auch seltener bei Vogtsburg) am Kaiserstuhl (N. J. f. Min. 1875. 66; Z. f. Kryst. I. 1877. 294).

2. Wasserhaltige Phosphate, Arseniate, Vanadinate.

a) Einfache Phosphate, Arseniate, Vanadinate.

354. **Brushit**, *Dana.*

Monoklin, β = 62° 45'; ∞P 142° 26'; A.-V. = 0,3826 : 1 : 0,2064; Krystalle lang säulenförmig; Spaltb. klinodiagonal und basisch; farblos bis blassgelblich, durchsichtig bis durchscheinend; G. = 2,208; leicht löslich in Säuren; gluht mit grünem Licht und schmilzt v. d. L. Ist nach *Julien* und *Moore* H Ca P O4 + 2 H2 O, mit 32,55 Kalk, 41,29 Phosphorsäure, 26,16 Wasser; das Krystallwasser geht bei 240°, der Rest erst beim Glühen fort. Dieses Phosphat von der Insel Sombrero ist ein Product der Wirkung löslicher Bestandtheile des Guano auf den unterliegenden Korallenkalk.

Anm. 1. Von derselben Lagerstätte unterschied *Dana* noch den Metabrushit, nach *Julien* 2 H Ca P O4 + 3 H2 O. *Rammelsberg* macht darauf aufmerksam, dass in diesen Salzen Repräsentanten jener künstlich darstellbaren wasserstoffhaltigen Phosphate vorliegen, welche durch Erhitzen zu Pyrophosphaten werden.

Anm. 2. Ein fernerer, aber basisches wasserhaltiges Kalkphosphat, von welchem *Sandberger* (N. Jahrb. f. Min., 1870. 306) Nachricht gab, ist der farblose, monokline, langsäulenformige Isoklas von Joachimsthal (∞P ca. 136° 50'), welcher nach *Kottnitz* Ca4 P2 O9 + 5 H2 O ist, was man als Ca3 [P O4]2 + Ca[O H]2 + 4 H2 O oder Ca2 [O H] P O4 + 2 H2 O deuten kann.

355. **Haidingerit**, *Turner.*

Rhombisch, ∞P 100°, Pͦoo 127°, ½Pͦoo 147°, auch ∞Pͦoo und ∞Pͦoo sind die vorwaltenden Formen; A.-V. = 0,8394 : 1 : 0,4986; beistehende Figur stellt die Comb. ∞P.∞Pͦoo.Pͦoo dar; Krystalle kurz säulenförmig, klein und meist zu drusigen Krusten verbunden. Zwillinge nach ∞P. — Spaltb. brachydiagonal sehr vollk.; mild, in dünnen Blättchen biegsam; H. = 2...2,5; G. = 2,8...2,9; farblos, weiss, durchsichtig und durchscheinend. — Chem. Zus. nach *Turner*: H Ca As O4 + H2 O, mit 28,27 Kalk, 58,10 Arsensäure, 13,63 Wasser; schmilzt in der Zange im Ox.-F. zu weissem Email und färbt die Flamme hellblau, auf Kohle unter Arsendämpfen zu einem halbdurchscheinenden Korn; leicht löslich in Säuren. — Aeusserst selten: Joachimsthal, Wittichen und Grube Wolfgang bei Alpirsbach (nach *Sandberger*); die von *Breithaupt* fur Haidingerit gehaltenen Vorkommnisse von Schneeberg und Johanngeorgenstadt sind nach *Frenzel* wahrscheinlich Wapplerit.

356. **Roselith**, *Lévy.*

Von *Lévy* für rhombisch, von *Haidinger* für monoklin gehalten, ist nach *Schrauf* triklin mit Axenwinkeln (89°, 90° 34', 89° 20'), welche sehr nahe 90° sind. *Schrauf* führt die sehr zahlreichen Formen nebst den Winkeln in *Tschermak's* Mineral. Mitth., 1874. 137 an', worauf bei der Vielgestaltigkeit des Habitus verwiesen werden muss. Alle untersuchten Roselithe sind nach ihm mehrfache Zwillinge, indem zum Aufbau eines Krystalls fünf bis sechs Verwachsungsgesetze beitragen, welche sich hauptsächlich auf die Drehung um eine Normale auf die Pinakoidflächen gründen. Bemerkenswerth ist die reichliche Entwickelung der Makrodomen mit complicirtem Zeichen, das Fehlen des Brachypinakoids und das zweifelhafte Auftreten der Prismenflächen. Krystalle klein, oft kugelige Aggregate bildend. — Spaltb. makrodiagonal; H. = 3,5; G. = 3,46; dunkelrosenroth, Strich weiss. — Chem. Zus. nach der letzten von mehren Analysen *Winkler's*: 52,39 Arsensäure, 25,54 Kalk, 10,25 Kobaltoxydul, 3,65 Magnesia, 8,20 Wasser, woraus die Formel $R^3(As O^4)^2 + 2H^2O$ resultirt, worin R = 10 Ca : 3 Co : 2 Mg. Wird beim Erhitzen blau (beim schwachen Erhitzen dann wieder roth), schmilzt v. d. L. leicht, gibt mit Salzsäure eine blaue, beim Verdünnen rothe Lösung. Auf Quarz und Hornstein in den Gruben Daniel und Rappold bei Schneeberg.

357. Pharmakolith, *Hausmann*.

Monoklin, $\beta = 65° 4'$, ∞P (*f*) $117° 24'$, $-P$ (*l*) $139° 17'$, $\frac{1}{2}P$ (*n*) $141° 8'$, $\frac{1}{2}P\infty$ (*o*) $83° 14'$ und $\infty P3$ (*g*) $157° 5'$ nach *Haidinger*, wie die beistehende Figur, welche eine Combination dieser Formen mit $\infty P\infty$ (*P*) darstellt; nach *Schrauf's* neueren Messungen misst ∞P $117° 17'$, $\infty P3$ $157° 2'$; er setzt $n = P\infty$, $o = 0P$ und findet $\beta = 83° 13'$, daraus das A.-V. = $0,6137 : 1 : 0,3622$; die Krystalle sind der Klinodiagonale säulenförmig verlängert, 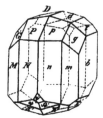 klein und sehr selten, meist nur kurz nadel- und haarförmig, zu kleinen traubigen, nierförmigen Gruppen und Krusten von radialfaseriger Textur verbunden. — Spaltb. klinodiagonal sehr vollk., mild, in dünnen Blättchen biegsam; H. = 2...2,5; G. = 2,730; farblos, weiss, auf $\infty P\infty$ perlmutterglänzend, die faserigen Aggregate seidenglänzend; durchscheinend. — Chem. Zus. nach *Rammelsberg* und *Petersen*: $H Ca As O^4 + 2\frac{1}{2}H^2O$, mit 24,88 Kalk, 51,12 Arsensäure, 24,00 Wasser; bei 100° entweichen 1½ Mol. Wasser und es bleibt die Zus. des Haidingerit; die chem. Reactionen sind dieselben wie bei dem Haidingerit. — Andreasberg, Joachimsthal, Glücksbrunn, Wittichen, Riechelsdorf, Markirchen.

Anm.   Das von *Stromeyer* Pikropharmakolith genannte Mineral ist in seinen Eigenschaften dem Pharmakolith äusserst ähnlich; Krystallform unbekannt; kleine kugelige und traubige, radialblätterige Aggregate; schwach perlmutterglänzend, weiss, undurchsichtig. — Chem. Zus. nach *Stromeyer*: 46,97 Arsensäure, 24,65 Kalk, 4,22 Magnesia, 23,98 Wasser, woraus sich eine sichere befriedigende Formel nicht entwickeln lässt; ganz ähnliche Zus. fand *Frenzel*. — Riechelsdorf, Freiberg.

358. Wapplerit, *Frenzel*.

Triklin nach *Schrauf* (Z. f. Kryst. IV. 1880. 284), indessen mit fast monokliner Vertheilung und Anordnung der Flächen. $\alpha = 90° 14'$, $\beta = 95° 20'$, $\gamma = 90° 10\frac{1}{2}'$. A.-V. = $0,9001 : 1 : 0,2615$. Die beifolgende, nach *Schrauf* copirte Figur weist auf:

$m = \infty P'$	$t = 3,'P\infty$	$g = 3P_{\frac{1}{2}}$
$M = \infty'P$	$T = 3'P\infty$	$G = 3'P_{\frac{1}{2}}$
$n = \infty P'2$	$p = 2P'_{\frac{1}{2}}$	$w = 4,P_{\frac{1}{2}}$
$N = \infty'P2$	$P = 2'P2$	$\Omega = 4'P_{,4}$
$d = ,P\infty$	$\pi = 2,P2$	$\Psi = 10,P_{\infty}$
$D = 'P,\infty$	$II = 2P,2$	$b = \infty P\infty$

$b : n = 144° 19'$	$b : t = 128° 10'$	$g : p = 157° 17'$
$b : N = 113 \ 59$	$g : b = 123 \ 14$	$d : D = 150 \ 48$
$b : m = 132 \ 0$	$g : P = 159 \ 8$	

Prismenzone meist vorherrschend. Krystalle klein, meist reihenförmig gruppirt, krystallinische Krusten, hyalitähnliche, kleintraubige oder zähnige Aggregate und derbe glasähnliche Ueberzüge. Spaltb. brachydiagonal; mild; H. = 2...2,3; G. = 2,48; farblos, weiss, wasserhell. Eine Analyse ergab nach *Frenzel*: 47,70 Arsensäure, 14,19 Kalk, 8,39 Magnesia, 29,40 Wasser, also ein Kalkmagnesia-Arseniat $H R As O^4 + 3\frac{1}{2}H^2O$, worin R = Ca und Mg, im Verh. 4 : 3. — Verliert bei 100° 2½ Mol. Wasser (18 bis 20 pCt.) und verwandelt sich (wie Pharmakolith) alsdann in

Haidingerit; bei 360° entweicht der Rest Wasser. — Joachimsthal, Schneeberg, Wittichen, Riechelsdorf, Bieber; von Pharmakolith begleitet.

359. Newberyit, *vom Rath.*

Rhombisch, P Polk. 109° 49' und 112° 19; ∞P = 92° 39'; A.-V. = 0,9548 : 1 : 0,9360 nach *Al. Schmidt.* Habitus meist tafelförmig durch breite Ausdehnung von ∞P∞ oder rechtwinkelig säulenförmig durch gleichmässige Ausbildung der beiden verticalen Pinakoide, wobei die Endigung namentlich durch ½P∞ (52° 13'), P∞ (86° 18') und ¼P∞ (56° 18'), auch mit P dargestellt wird. — Spaltb. brachydiagonal vollk., basisch unvollk.; H. etwas über 3; G. = 2,1. Wasserhell, doch mehr oder weniger mit feinem Guanostaub verunreinigt. Die opt. Axen (44° 47' für gelb) liegen im Brachypinakoid, die Verticalaxe ist spitze Bisectrix. Doppelbrechung positiv, $\varrho < v$. — Chem. Zus. nach *Mac Ivor*: 23,02 Magnesia, 41,25 Phosphorsäure. 35,73 Wasser, woraus sich die Formel $\mathbf{H}$ Mg P O⁴ + 3 $\mathbf{H}$² O ergibt. — Im Guano der Skipton-Höhlen bei Ballarat, Victoria in Australien, von *C. Newbery* entdeckt, hier nach *vom Rath* in sogar quadratzollgrossen Krystallen; auch im Guano von Mejillones in Chile als bis 8 Mm. lange Individuen (*Al. Schmidt*, Z. f. Kryst. VII. 1883. 26).

360. Hörnesit, *Haidinger.*

Monoklin, aller Wahrscheinlichkeit nach isomorph mit Vivianit und Kobaltblüthe. Die bis halbzollgrossen sternförmig gruppirten Krystalle ähneln der gewöhnlichen Combination des Gypses (Fig. 2, S. 486); doch messen ungefähr die Winkel *ff* (∞P) = 107°, *ll* = 152°, Kante *ff*: Kante *ll* = 144°; Spaltb. klinodiagonal vollkommen; H. = 0,5...1,0; G. = 2,474; äusserst mild und in dünnen Blättchen biegsam; weiss, blass rosaroth, perlmutterglänzend, pellucid; die stumpfe negative Bisectrix steht senkrecht auf dem Klinopinakoid. — Chem. Zus. nach *K. v. Hauer*: Mg³ [As O⁴]² + 8 $\mathbf{H}$² O, mit 24,26 Magnesia, 46,57 Arsensäure, 29,15 Wasser; schmilzt schon in der Kerzenflamme, gibt im Glasrohr mit Soda und Kohle erhitzt ein Sublimat von metallischem Arsen; mit Kobaltsolution befeuchtet und erhitzt rosenroth. — Früher ein einziges Stück im kaiserlichen Mineraliencabinet zu Wien, wahrscheinlich von Cziklova oder Oravicza; 1882 auch von *Bertrand* in einer thonigen Gangmasse von Nagyag gefunden. — *Kenngott* erkannte die Selbständigkeit dieses früher für krystallisirten Talk gehaltenen Minerals.

361. Vivianit, *Werner* (Blaueisenerz, Anglarit, Mullicit).

Monoklin, isomorph mit Kobaltblüthe; nach *G. vom Rath* ist $\beta = 75°\ 34'\ (= c : a'$ in Fig. 3); A.-V. = 0,7498 : 1 : 0,7017.

∞P	(m)	= 108° 2'	P (v)	= 120° 26'	P∞ (w)	= 54° 40'
∞P3	(y)	= 152 48	½P (r)	= 142 13	—P∞ (n)	= 39 15
∞P∞	(a)		—P (x)	= 132 8	¼P∞ (g)	= 142 30
∞P∞	(b)		—½P (z)	= 148 31	¼P3 (q)	
0P	(c)		3P3 (s)	= 60 27		

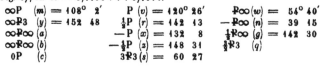

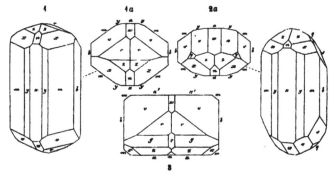

Fig. 1, und deren Horizontalprojection Fig. 1a:
∞P.∞P∞.∞P∞.∞P3.P. — P.½P. —½P.P∞. —P∞; aus Cornwall.

Fig. 2, und deren Horizontalprojection Fig. 2 *a*:

∞P.∞P̄∞.∞P̄∞.∞P̄3.P.3P̄3.P̄∞. —P. —½P. —P̄∞; aus Cornwall.

Fig. 3. Horizontalprojection eines Krystalls von Commentry, welcher die Comb.
∞P̄∞.∞P̄∞.∞P.½P̄∞. —½P. —P.0P.P̄∞. —P̄∞ darstellt.

Die schönsten Krystalle kommen aus England und Frankreich, wie die Figuren zeigen. Die Krystalle von Bodenmais sind ähnlich Fig. 3, zeigen jedoch am Ende nur die Hemipyramide P und das Hemidoma P̄∞ als vorherrschende Formen; die schiefe Basis erscheint nur selten und sehr untergeordnet. Alle Krystalle aber sind säulenförmig durch Vorherrschen der verticalen Formen; meist klein, einzeln aufgewachsen oder gruppirt; auch kugelige, nierförmige Aggregate von radial stängeliger und faseriger Textur, derb, eingesprengt und in staubartigen Theilen als B l a u e i s e n e r d e. — Spaltb. klinodiagonal sehr vollkommen; mild, in dünnen Blättchen biegsam; H. = 2; G. = 2,6...2,7; indigblau bis schwärzlichgrün und blaulichgrün, Strich blaulichweiss aber bald blau werdend; auch ist die Blaueisenerde auf der Lagerstätte oft farblos, wird aber bald blau; Spaltungsfl. stark perlmutterglänzend; durchscheinend, in Lamellen durchsichtig. — Doppelbrechung sehr stark; die optischen Axen liegen in einer Normal-Ebene des klinodiagonalen Hauptschnitts, ihre spitze Bisectrix fällt in die Orthodiagonale. — Der Vivianit ist ursprünglich in seinem farblosen Zustand nur neutrales wasserhaltiges phosphorsaures Eisenoxydu l gewesen, $Fe^3[P0^4]^2 + 8H^2O$, mit 43,03 Eisenoxydul, 28,29 Phosphorsäure, 28,68 Wasser; an der Luft aber hat er sich theilweise in basisches Eisen o x y d phosphat oxydirt; *Rammelsberg* war es, welcher, veranlasst durch die Isomorphie mit der Kobaltblüthe, zuerst auf diesen Vorgang aufmerksam machte, indem er zeigte, dass die blauen Vivianitkrystalle eine grosse Menge Eisenoxyd enthalten. *Fisher* hat in der That alsdann die farblosen Krystalle aus dem Sand des Delaware, welche an der Luft grün werden, als oxydfrei erkannt. Auch bei den künstlichen Krystallen erfolgt theilweise die Umwandlung in das Oxydphosphat und die Bläuung sehr rasch. In den vorliegenden Vivianitanalysen (mit Ausnahme jener von *Fisher*) sinkt der Eisenoxydulgehalt von 42,71 auf 9,75, und steigt der Eisenoxydgehalt von 1,12 auf 38,20 pCt.; es sind 87 bis 0,5 Mol. des Oxydulphosphats und 3 bis 99,5 Mol. des Oxydphosphats darin vorhanden. Im Kolben gibt er viel Wasser, bläht sich auf und wird stellenweise grau und roth; in der Zange schmilzt er und färbt die Flamme blaulichgrün; auf Kohle brennt er sich roth und schmilzt dann zu grauer glänzender magnetischer Kugel. In Salzsäure und Salpetersäure leicht löslich; durch heisse Kalilauge wird er schwarz. — Schöne krystallisirte Varietäten in Cornwall, sowie bei Commentry und Cransac in Frankreich, in den Brandfeldern der dortigen Steinkohlenformation; andere zu Bodenmais und Amberg in Bayern, bei Starkenbach im nordöstl. Böhmen, bei Allentown in New-Jersey, Middletown in Delaware und anderweit in Nordamerika; auch krystallisirt in Säugethierknochen z. B. aus dem Laibacher Torfmoor; als ebenfalls ursprünglich weisse Knollen und Ueberzüge (29,66 Eisenoxydul, 20,83 Eisenoxyd) in den thonigen Sanden bei den antwerpener Festungswerken (nach *Fr. Dewalque*); Blaueisenerde zu Eckartsberga und Spandau, zu Anglar im Dép. de la haute Vienne, in den Mullica-Hills in New-Jersey, hier und bei Kertsch in der Krim als Ausfüllung von Petrefacten; in Torfmooren und im Raseneisenstein.

Gebrauch. In einigen Gegenden wird der erdige Vivianit als blaue Farbe benutzt.

362. Symplesit, *Breithaupt.*

Monoklin, höchst wahrscheinlich isomorph mit Vivianit, nach Dimensionen unbekannt; zarte, fast mikroskopische, säulenförmige Krystalle, auch büschelförmig gruppirt, und kleine derbe Partieen. Spaltbar, monotom sehr vollk.; ziemlich mild; H. = 2,5; G. = 2,937; blass indigblau bis seladongrün; Perlmutterglanz auf Spaltungsfl., durchsichtig bis durchscheinend. — Ist oder war wenigstens wasserhaltiges arsensaures Eisenoxydul, wegen der Aehnlichkeit mit Vivianit wahrscheinlich $Fe^3[As0^4]^2 + 8H^2O$, obschon *Boricky* für das Vorkommniss von Hüttenberg in Kärnten 9 Mol. Wasser (27,43 pCt.) berechnete; *Plattner* fand im Symplesit von Lobenstein nur 25 pCt. Wasser; nach ihm ist auch Eisenoxyd vorhanden, wie im Vivianit. —

Gibt im Kolben erst Wasser und wird braun, dann arsenige Säure und wird schwarz und magnetisch; nur in der Spitze der blauen Flamme etwas schmelzbar, wobei die äussere Flamme hellblau gefärbt wird; auf Kohle unter Entwickelung von Arsendämpfen einen schwarzen magnetischen Rückstand lassend; löslich in Salzsäure. — Lobenstein im Fürstenthum Reuss, Lölling in Kärnten.

363. Kobaltblüthe, Erythrin.

Monoklin, isomorph mit Vivianit; β ca. 75°; A.-V. $= 0,75 : 1 : 0,70$; die gewöhnlichste und einfachste Combination: $\infty \check{P} \infty . \infty \check{P} \infty . \check{P} \infty$, oder breite rectanguläre Säule mit schief angesetzter Endfläche, welche gegen die schmälere Seitenfläche unter 55° 9′ geneigt ist; auch ein paar verticale Prismen, wahrscheinlich $\infty \check{P} \frac{3}{4}$ und $\infty \check{P} \frac{5}{3}$. sowie die Hemipyramide P (118° 24′) sind nicht selten zu beobachten; *Brezina* bestimmte die Formen etwas näher, und bestätigte den Isomorphismus mit Vivianit (*Tschermak's* Min. Mitth., 1872. 20); die Krystalle klein, meist nadel- und haarförmig. büschel- und bündelartig, auch sternförmig gruppirt. Pseudomorphosen nach Speiskobalt. — Spaltb. klinodiagonal, sehr vollk., fast mild, in dünnen Blättchen sogar etwas biegsam; H. $= 2,5$; G. $= 2,9 \ldots 3,0$; kermesin- bis pfirsichblüthroth (zuweilen schmutziggrün in Folge einer Zersetzung), Strich blassroth; auf Spaltungsflächen perlmutterglänzend, durchscheinend. Die optischen Axen und deren Bisectrix liegen ebenso wie im Vivianit. — Chem. Zus. nach *Bucholz, Kersten* und *Lindacker*: $Co^3[As O^4]^2 + 8 \dddot{H}^2 O$. mit 37,47 Kobaltoxydul, 38,46 Arsensäure, 24,07 Wasser; kleine Beimischungen der isomorphen Arseniate von Nickel, Eisen oder Calcium zugegen. Im Kolben gibt er Wasser und wird blau, oder (bei Eisengehalt) grün und braun; auf Kohle im Red.-F. schmilzt er unter Arsendämpfen zu grauer Kugel von Arsenkobalt; Borax färbt er blau: in Säuren leicht löslich zu rother Solution; conc. Salzsäure gibt jedoch eine blaue Solution, welche erst durch Wasserzusatz roth wird; mit Kalilauge digerirt wird er schwarz, während sich die Lauge blau färbt. — Zersetzungsproduct kobalthaltiger Kiese, besonders des Speiskobalts; Schneeberg, Saalfeld, Riechelsdorf, Allemont.

Anm. Der **Kobaltbeschlag**, pfirsichblüth- bis rosenroth, erdig, kleinkugelig und nierförmig, ist nach *Kersten* ein Gemeng von Kobaltblüthe und arseniger Säure, welche letztere durch heisses Wasser ausgezogen wird.

Der **Köttigit** von der Grube Daniel bei Schneeberg ist eine, der Kobaltblüthe ganz ähnliche Neubildung, eine isomorphe Mischung von wenig wasserhaltigem Kobaltarseniat mit dem entsprechenden Zinkarseniat, $(Zn, Co)^3[As O^4]^2 + 8 \dddot{H}^2 O$, worin Zn : Co $= 2 : 1$ ist. *Köttig*. der Entdecker des Minerals, fand darin 30,52 Zinkoxyd, 6,91 Kobaltoxydul, 2,0 Nickeloxydul; es bildet dünne, pfirsichblüthrothe bis weisse Ueberzüge von blätterig-faseriger Zusammensetzung, deren Individuen in ihrer Form und Spaltbarkeit mit denen der Kobaltblüthe übereinstimmen (∞P ca. 106° nach *Groth*).

364. Nickelblüthe, Annabergit, Nickelocker.

Gewöhnlich mikrokrystallinisch, kurz haarförmige Krystalle, welche nach *Breithaupt* unter dem Mikroskop den Habitus der Krystalle der Kobaltblüthe zeigen, selten makrokrystallinisch; flockige Efflorescenzen, auch derb und eingesprengt, von erdiger Textur; ziemlich mild; H. $= 2 \ldots 2,5$; G. $= 3 \ldots 3,1$; apfelgrün bis grünlichweiss. schimmernd bis matt, im Strich glänzender. — Chem. Zus.: nach *Kersten* u. A. ganz analog mit jener des Vivianits und der Kobaltblüthe, nämlich $Ni^3[As O^4]^2 + 8 \dddot{H}^2 O$. mit 37,47 Nickeloxydul, 38,46 Arsensäure, 24,07 Wasser; bisweilen eine kleine isomorphe Zumischung des entsprechenden Kobalt- oder Eisenarseniats. Gibt auf Kohle Arsendampf und die Reactionen auf Nickel; schmilzt im Red.-F. zu einer schwärzlichgrauen Kugel; in Säuren leicht löslich. — Zersetzungsproduct nickelhaltiger Kiese: Annaberg und Schneeberg, Saalfeld, Riechelsdorf, Allemont, Sierra Cabrera.

Anm. 1. *Ferber* beschrieb eine etwas deutlicher krystallisirte Varietät von einem Braunspathgang der Sierra Cabrera in Spanien (Cabrerit), welche jedoch nur 20 pCt. Nickeloxydul, und dafür über 9 Magnesia und 4 Kobaltoxydul enthält. Sie findet sich auch mit grünem Adamin in den Galmeigruben von Laurium in kleinen Adern und Nestern von radialer Textur; für die apfelgrünen, auf der vollk. Spaltfläche perlmutterglänzenden Lamellen stellte *Des-Cloizeaux* den Isomorphismus mit Kobaltblüthe (der bei der letzteren angeführte Winkel von $55^o 9'$ beträgt bei diesem Cabrerit $54\frac{3}{4}^o$ — 55°), sowie die völlige Uebereinstimmung der optischen Eigenschaften fest. H. $= 1$; G. $= 3,11$; unschmelzbar v. d. L. *Damour* fand darin $28,72$ Nickeloxydul, aber nur $4,64$ Magnesia, Kobalt blos in Spuren (Bull. soc. minér. I. 75).

Anm. 2. Hörnesit, Vivianit, Symplesit, Kobaltblüthe, Köttigit, Nickelblüthe, Cabrerit bilden nach ihrer analogen chemischen Zusammensetzung höchst wahrscheinlich eine ausgezeichnete isomorphe Gruppe, wenn auch wegen der gewöhnlichen Kleinheit der Individuen die wirkliche Isomorphie sich bis jetzt nur für Vivianit, Kobaltblüthe und Cabrerit nachweisen liess.

365. **Ludlamit,** *Field* und *Maskelyne.*

Monoklin, $\beta = 79^o 27'$; ∞P $131^o 23'$; $0P:P = 111^o 29'$; $P : \infty\text{-}P\infty \doteq 143^o 23'$; $P\infty : 0P$ $= 143^o 19'$; $P\infty : \infty\text{-}P\infty = 137^o 14'$; A.-V. $= 2,2527 : 1 : 1,9820$; vorherrschende Formen $0P$ und P, auch $\infty\text{-}P\infty$, ∞P und $P\infty$, selten $-P$, $\frac{1}{2}P$, und $P\infty$; $0P$ und P beide nach ihren Combinationskanten gestreift, $\infty\text{-}P\infty$ sehr glänzend. — Spaltb. nach $0P$ sehr vollkommen, nach $\infty\text{-}P\infty$ deutlich; H. $= 3,5$; G. $= 3,12$; ziemlich grosse, hellgrüne, durchsichtige und glänzende Krystalle mit einer charakteristischen dreiflächigen Gestalt in der freien Endigung. Opt. Axenebene parallel dem Klinopinakoid, Doppelbr. pos.; die Bisectrix bildet $67^o 5'$ mit der Verticalaxe im spitzen Winkel ac. — Basisches wasserhaltiges Eisenoxydulphosphat von der empirischen Formel $Fe^7 \overset{..}{P}^4 O^{17} + 9 \overset{..}{H}^2 O$, mit $53,05$ Eisenoxydul, $29,90$ Phosphorsäure, $17,05$ Wasser. V. d. L. auf Kohle die Flamme schwach grün färbend und einen schwarzen Rückstand lassend; beim Erhitzen decrepitirt er heftig, wird schön dunkelblau und gibt Wasser. Löslich in verdünnter Salz- und Schwefelsäure; sofort zersetzbar durch Kochen in Kali- oder Natronlauge; oxydirt sich etwas an der Luft, wie Vivianit, zu einem Eisenoxyduloxydphosphat. — Cornwall (Z. f. Kryst. I. 382).

366. **Hureaulit,** *Alluaud.*

Monoklin, $\beta = 89^o 27'$; ∞P $61^o 0'$; $P\infty$ $96^o 43'$ nach *Des-Cloizeaux*; A.-V. $= 1,6977 : 1 : 0,8886$; gewöhnliche Comb. $\infty P.0P.P\infty$; noch öfter kommen Combinationen von mehr tafelartigem Habitus mit vorherrschendem $\infty\text{-}P\infty$ vor; Krystalle klein, vertical gestreift; auch knollige und kugelige Aggregate von stängeliger oder körniger Textur, und drusiger Oberfläche. — Spaltb. unbekannt; Bruch muschelig bis uneben; H. $= 3,5$; G. $= 3,18...3,20$; röthlichgelb und röthlichbraun, auch violblau und röthlichweiss; fettglänzend, durchscheinend. — Einige Analysen von *Damour* ergeben für den Hureaulit: $5(\overset{..}{M}n, Fe)O$, $2 \overset{..}{P}^2 O^5$, $5 \overset{..}{H}^2 O$, mit 39 Phosphorsäure, 44 Manganoxydul, 8 Eisenoxydul, 12 Wasser, $= \overset{..}{H}^3(\overset{..}{M}n, Fe)^5 [\overset{..}{P} O^4]^4 + 4 \overset{..}{H}^2 O$. V. d. L. schmilzt er im Ox.-F. sehr leicht zu einer schwarzen, metallisch glänzenden Kugel, die etwas Funken sprüht, während die Flamme grünlich gefärbt wird; in Säuren leicht löslich. — Bei Huréault unweit Limoges und la Vilate bei Chanteloube, in Cavitäten von Heterosit oder Triphylin.

Anm. 1. Ein ganz ähnliches Phosphat ist der ebenfalls von *Alluaud* benannte Heterosit (Hetepozit). Rhombisch oder monoklin, bis jetzt nur derb in individualisirten Massen; Spaltb. basisch und prismatisch nach ∞P 100°, wie *Dufrénoy* angibt, wogegen *Tschermak* die Spaltbarkeit des Triphylins nachgewiesen hat, Bruch uneben; ziemlich leicht zersprengbar; H. $= 4,5...5,5$; G $= 3,39...3,5$ (nach *Breithaupt* im frischen Zustand $3,5...3,6$); grünlichgrau in das Blaue schielend, doch an der Luft dunkel viol- bis lavendelblau oder violettbraun werdend; Strich violblau bis kermesinroth; Glas- bis Fettglanz; undurchsichtig oder kantendurchscheinend. — Die Analyse einer frischen Var. von *Dufrénoy* ergab $34,89$ Eisenoxydul, $17,57$ Manganoxydul, $44,77$ Phosphorsäure, $4,40$ Wasser; darnach wäre der Heterosit ein Oxydulphosphat; *Rammelsberg* fand in einer violetten Var. $34,46$ Eisenoxyd und $20,01$ Manganoxyd, und vermuthet, dass dies Oxydsalz aus jenem Oxydulsalz hervorgegangen sei. Verhält sich sonst wie Hureaulit. — Bei Huréault unweit Limoges in Frankreich. — *Fuchs* vermuthete, dass der Heterosit nur ein zersetzter Triphylin sei, was später von *Tschermak* bestätigt worden ist. — Nach *Stelzner* findet er sich auch in den granitischen Quarzstöcken der Sierra von Cordoba, wo er aus Triplit hervorgegangen.

Anm. 2. Pseudotriplit nannte *Blum* ein gleichfalls aus der Zersetzung des Triphylins hervorgegangenes und äusserlich dem Triplit sehr ähnliches Mineral, welches zufolge der Analysen von *Fuchs* und *Delffs* aus $35,7$ Phosphorsäure, ca. 50 Eisenoxyd, $8,5$ Manganoxyd und 5 Wasser besteht. Es findet sich bei Bodenmais in Bayern, und soll nach *Tschermak* ein Gemeng aus Kraurit und Wad sein.

Anm. 3. Hierher gehört wohl auch der Alluaudit, ein braunes, nur in feinen Splittern durchscheinendes, nach zwei, unter 90° geneigten Flächen ziemlich leicht, nach einer dritten, auf jenen beiden rechtwinkeligen Fläche nur schwierig spaltbares, in Salzsäure unter Entwickelung von Chlor lösliches Mineral vom G. = 3,468, welches, nach einer Analyse von Damour, ein Phosphat von Eisenoxyd, Manganoxydul und Alkalien, mit 2,6 pCt. Wasser ist. Es findet sich bei Chanteloube unweit Limoges, und ist wohl nur ein Zersetzungsproduct des Triplits; auch zu Norwich in Massachusetts in Krystallen, deren Form und Spaltbarkeit an Triphylin erinnern.

367. Triploidit, Brush und Edw. Dana.

Monoklin, bisweilen prismatische Krystalle zeigend, gewöhnlich faserig bis stänglelig. G. = 3,697; durchscheinend bis durchsichtig, glas- bis fettartig diamantglänzend, gelblich- bis röthlichbraun. — Obschon die mittlere Zus.: 32,44 Phosphorsäure, 48,45 Manganoxydul, 44,88 Eisenoxydul, 0,33 Kalk, 4,08 Wasser auf die analoge Formel $(Mn, Fe)^3 [PO^4]^2 + (Mn, Fe) [O H]^2$ oder $(Mn, Fe)^2 [O H] P O^4$ führt, ist der Triploidit mit Olivenit, Libethenit und Adamin nicht isomorph. Eine grosse Formähnlichkeit existirt aber mit dem Wagnerit, und Brush und Dana bringen das Mineral mit dem dem letzteren analog zusammengesetzten Triplit in Verbindung, indem das Hydroxyl (O H) das Fluor des Triplits ersetze. — Branchville in Fairfield Co., Connecticut (Z. f. Kryst. II. 4878. 538).

368. Chondroarsenit, Igelström.

Gelbe Körner mit harzähnlichem Bruch (ähnlich dem Chondrodit), eingewachsen in Schwerspath, der in Hausmannit vorkommt; H. = 3; in chemischer Hinsicht wesentlich wasserhaltiges arsensaures Manganoxydul (mit etwas Kalk und Magnesia); die Analyse ergibt 6 $(Mn, Ca, Mg) O, As^2 O^5, 3 H^2 O$, mit 54,5 Manganoxydul, 33,5 Arsensäure und 7,8 Wasser, der Rest Kalk und Magnesia. — Pajsberg in Wermland.

369. Reddingit, Brush und Edw. Dana.

Rhombisch, kleine Krystalle, an denen P, $\bar{P}2$ und $\infty\bar{P}\infty$ beobachtet wurden, sitzen in den Höhlungen derber, glasglänzender, blassrosenrother bis farbloser Massen; A.-V. = 0,8676 : 4 : 0,9485; H. = 3...3,5; G. = 3,402. — Trotz der vollkommenen Isomorphie mit Skorodit und Strengit ist die Zusammensetzung nicht analog, indem der Reddingit auf die Formel $Mn^3 [P O^4]^2 + 3 H^2 O$ führt, welcher 52,05 Mangan o x y d u l (durch etwas Eisenoxydul theilweise vertreten), 34,74 Phosphorsäure, 13,24 Wasser entspricht, also stimmt weder der Oxydationszustand der Metalle, noch die Anzahl der Wassermoleküle überein. Löslich in Salz- und Salpetersäure. — Branchville in Fairfield Co., Connecticut (Z. f. Kryst. II. 548).

Anm. Zu Branchville in Connecticut haben Brush und Edw. Dana noch mehre andere wasserhaltige Phosphate, namentlich ebenfalls von Mangan aufgefunden, nämlich:

Fillowit, Aggregate von krystallinischen, leicht von einander trennbaren Körnern mit Harz- und Fettglanz, wachsgelb, durchsichtig bis durchscheinend; selten in monoklinen ($\beta = 89° 54'$; durch gleichmässige Ausbildung von P und $-2\bar{P}\infty$ (neben 0P) sehr rhomboёderähnlichen Krystallen. H. = 4,5; G. = 3,43. — Chem. Zus. 3 $R^3 [P O^4]^2 + H^2 O$, worin RO vorwiegend MnO (40,49), FeO, CaO und etwas Na²O (5,84) ist; der Wassergehalt beträgt nur 4,7 (Z. f. Kryst. III. 4879. 582; N. J. f. Min. 4880. I. 22).

Dickinsonit, grüne, blätterige, fast glimmerähnliche Massen, glasglänzend bis durchsichtig, selten in monoklinen Krystallen ($\beta = 64° 30'$) nur vollk. basischer Spaltb., ein wasserhaltiges Phosphat von MnO, FeO, CaO, nach der Formel 4 $R^3 [P O^4]^2 + 3 H^2 O$ (Z. f. Kryst. II. 4873, 542).

Fairfieldit, meist blätterige, bisweilen radialblätterige Aggregate, mit einer vollk. Spaltungsfläche, selten trikline Krystalle; etwas diamantartiger Perlmutterglanz, durchsichtig, weiss bis blass strohgelb; H. = 3,5; G. = 3,45; wasserhaltiges Phosphat von CaO (34 pCt.), MnO (43), FeO (7) mit 39 P² O⁵ und 40 H²O nach der Formel $R^3 [P O^4]^2 + 2 H^2 O$ (Z. f. Kryst. III. 4879. 577; Am. journ. of sc. (3) XVII; auch N. J. f. Min. 4880, I. 20). — Sandberger fand das Mineral auch zu Rabenstein im bayer. Walde als Zersetzungsproduct von Triphylin.

370. Skorodit, Breithaupt.

Rhombisch, isomorph mit Strengit; die etwas spitze Grundform P (p), (mit Polkk. 444° 40' und 402° 52', Mittelk. 444° 6' nach vom Rath), erscheint meist vorherrschend in den Combinationen mit $\infty\bar{P}\infty$ (a) und $\infty\bar{P}2$ (d), auch $\infty\bar{P}\infty$ (b), $2\bar{P}\infty$ (m), 0P. ∞P (n), $2\bar{P}2$ (s); vgl. die nachstehenden Figuren. A.-V. = 0,8673 : 4 : 0,9558.

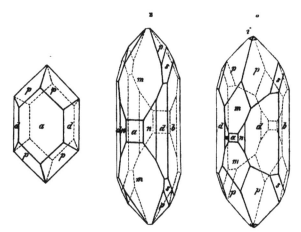

Fig. 1. P.∞P̄∞.∞P̆2.   Fig. 2. ·P.∞P̄∞.∞P̄∞.∞P.∞P̆2.2P̄∞.2P̆2.

Fig. 3. Dieselbe Combination mit etwas anderem Habitus und noch ½P (*i*).

$$n:n = 98° \ 8' \qquad p:i = 160°32\tfrac{1}{2}' \qquad p:b = 122°40'$$
$$d:d = 59 \ 56 \qquad p:d = 140 \ 28 \qquad n:d = 160 \ 54$$
$$m:a = 155 \ 36 \qquad p:s = 160 \ 27 \qquad n:p = 144 \ 43$$

Die Krystalle erscheinen pyramidal, oder kurz säulenförmig, klein, drusenartig gruppirt; auch feinstängelige, faserige, erdige und dichte Aggregate. — Spaltb. parallel ∞P̄∞ deutlich, prismatisch nach ∞P̆2 unvollk.; wenig spröd; H. = 3,5...4; G. = 3,1...3,2; lauch-, berg-, seladongrün bis grünlichschwarz, auch indigblau, roth und braun; durchscheinend; Glasglanz. Doppelbrechung positiv, die optischen Axen liegen im makrodiagonalen Hauptschnitt, und ihre spitze Bisectrix fällt in die Verticalaxe. — Chem. Zus. nach den Analysen von *Berzelius*, *Boussingault* und *Damour*: neutrales arsensaures Eisenoxyd mit 4 Mol. Wasser, $(Fe^2)[As0^4]^2 + 4\,H^20$, mit 34,62 Eisenoxyd, 49,80 Arsensäure, 15,58 Wasser, ohne alles Eisenoxydul, wie schon *Boussingault* annahm; im Kolben gibt er Wasser und wird gelblich; stärker erhitzt sublimirt er arsenige Säure; auf Kohle schmilzt er unter Arsendämpfen zu grauer, metallisch glänzender, magnetischer Schlacke; in Salzsäure leicht (in Salpetersäure nicht) löslich; die Sol. ist braun und gibt mit Goldsolution kein Präcipitat; Kalilauge zieht Arsensäure aus unter Abscheidung von Eisenoxyd. — Graul bei Schwarzenberg in Sachsen, Dernbach bei Montabaur, Lölling in Kärnten, Chanteloube bei Limoges, Cornwall, Beresowsk, Nertschinsk, Antonio Pareira in Brasilien.

Anm. *v. Kokscharow* beschrieb die Krystalle von Beresowsk (Material. z. Min. R., VI. 307—321); Messungen und die oben in Fig. 2 und 3 copirten Zeichnungen der bis 4 Mm. grossen Krystalle von Dernbach gab *G. vom Rath* im N. Jahrb. für Min., 1876. 394; vgl. auch *v. Lasaulx* ebendas., 1875. 629.

371. **Strengit,** *Aug. Nies.*

Rhombisch, isomorph mit Skorodit; P Polkk. 115° 36' und 101° 38', Mittelk. 111° 30'; ∞P̆2 und ∞P̄∞, diese drei Formen in Comb. wie Fig. 1 des Skorodits; A.-V. = 0,8435:1: 0,9468. Selten einzelne Krystalle, meist kugelige, nierförmige, radialfaserige Aggregate mit drusiger Oberfläche. — Spaltb. anscheinend am deutlichsten parallel ∞P̄∞; H. = 3...4; G. = 2,87; roth in verschiedenen Nüancen, pfirsichblüthroth, kermesinroth, mitunter fast farblos; durchsichtig bis durchscheinend; Glasglanz. Die Analyse von *Nies* ergab: 43,48 Eisenoxyd, 37,42 Phosphorsäure, 19,40 Wasser; darnach ist das Mineral das dem Skorodit ganz analoge

Phosphat $(Fe)^2[PO^4]^2 + 4H^2O$. Gibt im Kolben viel Wasser; leicht löslich in Salzsäure, unlöslich in Salpetersäure; v. d. L. leicht zu schwarzer glänzender Kugel schmelzbar. — Eisensteingrube Eleonore am Dünsberg bei Giessen (N. Jahrb. f. Min., 1877. 8); Grube Rothläufchen bei Waldgirmes; fand sich auch mit Dufrenit und Kakoxen in Rockbridge Co., Virginia, in abweichender krystallographischer Ausbildungsweise, aber von derselben chemischen Zusammensetzung (G. A. König, Proceed. of nat. sc. of Philadelphia, 1877. 277). — Das entsprechende Thonerdephosphat findet sich als Variscit.

Anm. Aehnlich dem Strengit ist der schon früher durch v. Zepharovich bekannt gewordene Barrandit, welcher sich in ganz kleinen, radial-faserigen und concentrisch-schaligen Kugeln und traubigen Aggregaten von grünlich-, röthlich-, bläulich- oder gelblichgrauer Farbe auf silurischem Sandstein bei Cerhovic unweit Beraun in Begleitung des Wavellits findet und nach Boricky $(Fe^2, Al^2)[PO^4]^2 + 4H^2O$ ist, mit 26,17 Eisenoxyd, 12,59 Thonerde, 40,64 Phosphorsäure, 20,60 Wasser; also ein Strengit mit theilweisem Ersatz des Eisenoxyds durch Thonerde.

372. Kraurit, *Breithaupt*, oder Grüneisenerz.

Nach *Streng* in scheinbar würfelförmigen rhombischen (optisch monoklinen) Kryställchen mit etwas gerundeten Flächen, begrenzt von $\infty P\infty$, $\infty \breve{P}\infty$ und gerundetem $\breve{P}\infty$ (ca. 133° 50'), auch ∞P (ca. 97° 44'); A.-V. $=$ ca. 0,873 : 1 : 0,426 (N. J. f. Min. 1881. I. 110); gewöhnlich mikrokrystallinisch, kugelige, traubige, nierförmige Aggregate von radial-faseriger Textur und drusiger Oberfläche, selten in makrokrystallinischen Gruppen; als Pseudomorphosen nach Triphylin. — Sehr spröd; H. $=$ 3,5... und darüber; G. $=$ 3,3...3,4 (3,534 nach *Diesterweg*); schmutzig und dunkel lauchgrün, pistazgrün, schwärzlichgrün, durch Zersetzung braun und gelb werdend; Strich fast zeisiggrün; schimmernd oder nur sehr wenig glänzend; schwach kantendurchscheinend und undurchsichtig; stark pleochroitisch. — Die Analysen von *Karsten*, *Vauquelin*, *Diesterweg* mit 63 Eisenoxyd, 28 Phosphorsäure und 9 Wasser ergeben $2(Fe^2)O^3$, P^2O^5, $3H^2O$, was sich als $(Fe^2)[PO^4]^2 + (Fe^2)[OH]^6$ oder $(Fe^2)[OH]^3PO^4$ deuten lässt; *Schnabel* fand jedoch in einer Varietät fast 10 pCt. Eisenoxydul, daher *Rammelsberg* vermuthete, dass das Mineral ursprünglich ein Eisenoxydulphosphat (wie der Vivianit) gewesen sei. *Streng's* Analyse der Var. von Waldgirmes (welche auch 1,53 Eisenoxydul enthält) weicht etwas ab, indem sie 31,82 Phosphorsäure ergab. *J. L. Campbell* und *F. A. Massie* fanden in dem aus Virginia übereinstimmend: 51 Eisenoxyd, 6 Eisenoxydul, 32 Phosphorsäure, 8,5 Wasser. — Gibt im Kolben Wasser, schmilzt sehr leicht zu einer porösen, schwarzen, nicht magnetischen Kugel und färbt dabei die Flamme blaulichgrün; ist in Salzsäure leicht löslich. Die mit der Verfärbung eintretende Zersetzung besteht nach *Diesterweg* in einem allmählichen Verlust der Phosphorsäure, Zutritt von etwas Wasser, und schliesslich in einer Umwandlung zu Brauneisenerz. — Auf Brauneisenerz im Siegen'schen, Waldgirmes, Hirschberg im Fürstenthum Reuss, Hauptmannsgrün im Voigtland, Limoges in Frankreich, Rockbridge Co. in Virginia.

Anm. *Brongniart's* Dufrenit ist wohl nur eine Varietät des Grüneisenerzes, was auch durch eine Analyse von *Pisani* bestätigt wurde.

373. Beraunit, *Breithaupt.*

Kleine, blätterige und strahlige Aggregate, deren Individuen eine vollkommene Spaltungsfläche besitzen; Pseudomorphosen nach Vivianit; H. $=$ 2; G. $=$ 2,87...2,98; hyacinthroth bis röthlichbraun, Strich gelb; Perlmutter- bis Glasglanz auf Spaltungsflächen. — Er wurde schon von *Plattner* als wasserhaltiges phosphorsaures Eisenoxyd in noch unbestimmten Proportionen erkannt; *Frenzel* analysirte später die Var. von Scheibenberg und fand 54,5 Eisenoxyd, 28,65 Phosphorsäure und 16,55 Wasser; das recht genaue Analysenresultat $5(Fe^2)O^3$, $3P^2O^5$, $14H^2O$ lässt sich als $3(Fe^2)[PO^4]^3 + 2(Fe^2)[OH]^6 + 8H^2O$ deuten; die Analysen von Boricky weichen etwas ab; er gibt im Kolben viel Wasser; v. d. L. in der Zange schmilzt er und färbt die Flamme blaulichgrün; in Salzsäure löslich. — Mit Kakoxen und Grüneisenerz zu St. Benigna im Berauner Kreis in Böhmen; mit Brauneisenerz auf der Grube Vater Abraham bei Scheibenberg in Sachsen.

Nach *Breithaupt* und *Tschermak* ist der Beraunit nur ein Umwandlungsproduct von Vivianit, was jedoch für die Scheibenberger Var. kaum anzunehmen ist.

374. Eleonorit, *Nies.*

Monoklin nach *Streng*; $\beta = 48°38'$; P klinodiag. Polk. $89°56'$; A.-V. $= 2,755 : 4 : 4,0467$; Krystalle hauptsächlich begrenzt von P, $\infty P\infty$ und $0P$; gewöhnlich tafelartig nach $\infty P\infty$, welche Fläche parallel der Combinationskante mit $0P$ gestreift erscheint. Zwillinge nach der Fläche des Orthopinakoids (wobei beide $0P$ $97°$ $6'$ bilden), auch Durchkreuzungszwillinge. Krystalle nur $4-2$ Mm. gross, gewöhnlich parallel gestellt zu Drusen oder zu aufgeblätterten Partien und radialblätterigen Krusten verbunden. — Spaltb. parallel $\infty P\infty$; H. $= 3...4$; rothbraun bis dunkelhyacinthroth mit gelbem Strich; auf $\infty P\infty$ Glasglanz, in Perlmutterglanz geneigt; stark pleochroïtisch, braunroth parallel der Längsrichtung, hellgelb senkrecht dazu. — Chem. Zus. nach *Streng*: 54,94 Eisenoxyd, 31,88 Phosphorsäure, 46,87 Wasser, woraus er die Formel $(Fe^2)^3 P^4 O^{19} + 8 H^2 O$ ableitete, welche sich als $2 (Fe^2)[P O^4]^2 + (Fe^2)[O H]^6 + 5 H^2 O$ oder $(Fe^2)^3 [O H]^6 [P O^4]^4 + 5 H^2 O$ deuten lässt. Die Zus. stimmt also über mit der des Beraunits überein, doch schliessen die physikalischen Abweichungen vorläufig noch eine Vereinigung mit dem letzteren aus. *E. Bertrand* hält allerdings den Eleonorit und den Beraunit (von St. Benigna) für identisch; in beiden stehe die spitze Bisectrix auch normal auf der Spaltfläche. V. d. L. leicht zu krystallinisch erstarrender schwarzer metallglänzender Kugel schmelzend; leicht löslich in Salzsäure. — Gruben Eleonore bei Bieber und Rothläufchen bei Waldgirmes (zwischen Wetzlar und Giessen), begleitet von Kraurit, Kakoxen u. s. w. (*Streng* im N. J. f. Min. 1884. I. 402).

375. Kakoxen, *Steinmann.*

Mikrokrystallinisch, sehr zarte faserige und nadelförmige, nach *H. Fischer* schief ($5-8°$) auslöschende Individuen, welche zu sammetähnlichen Ueberzügen, kleinen Kugeln, nierförmigen Gestalten und kleinen derben Partieen verbunden sind; sehr weich; G. $= 2,3...2,4$; ockergelb, sehr rein, fast citrongelb; seidenglänzend. — Chem. Zus. nach den (nach Abzug der Thonerde und Kieselsäure unter einander ziemlich übereinstimmenden) Analysen von *Steinmann, Richardson* und *v. Hauer*: ca. 24 Phosphorsäure, 47 Eisenoxyd und 38 Wasser; das Analysenresultat $2 (Fe^2) O^3$, $P^2 O^5$, $42 H^2 O$ lässt sich als $(Fe^2)[P O^4]^2 + (Fe^2)[O H]^6 + 9 H^2 O$ oder $(Fe^2)[O H]^3 P O^4 + 4\frac{1}{2} H^2 O$ deuten. Im Kolben gibt er Wasser und Spuren von Flusssäure; in der Zange schmilzt er zu schwarzer glänzender Schlacke und färbt die Flamme blaulichgrün; von Salzsäure wird er gelöst. — Auf Brauneisenerz zu St. Benigna und auf Sandstein über Wavellit zu Cerhovic in Böhmen, Amberg in Bayern; Gruben Rothläufchen bei Waldgirmes und Eleonore am Dünsberg bei Giessen (wo die Zus. etwas abweicht).

A n m. Ein ganz analog constituirtes Eisenarseniat ist von *Kersten* als »weisser Eisensinter« vom Tiefen Fürstenstolln bei Freiberg untersucht worden.

376. Pharmakosiderit, *Haidinger,* oder Würfelerz.

Regulär, und zwar tetraëdrisch hemiëdrisch, die Krystalle zeigen gewöhnlich das Hexaëder $\infty O \infty$, mit $\frac{O}{2}$ oder mit $\infty O4$, auch ein sehr hexaëderähnliches Trigon-Dodekaëder fast wie Fig. 28, S. 33; sie sind meist sehr klein und in Drusen versammelt. — Spaltb. $\infty O \infty$, unvollk., wenig spröd; H. $= 2,5$; G. $= 2,9...3$; lauchgrün, pistazgrün bis honiggelb und braun; Strich hellgrün oder gelb; Diamant- bis Fettglanz; pellucid in geringen Graden. — Die Analysen ergaben $4 (Fe^2) O^3$, $3 As^2 O^5$, $45 H^2 O$, was sich nach *Rammelsberg* als basisches Eisenarseniat $3 (Fe^2)[As O^4]^2 + (Fe^2)[O H]^6 + 42 H^2 O$ oder $(Fe^2)^2 [O H]^3 [As O^4]^3 + 6 H^2 O$ deuten lässt, welchem alsdann 39,99 Eisenoxyd, 43,14 Arsensäure, 46,87 Wasser entsprechen; doch ist etwas Phosphat zugemischt. Im Kolben gibt er Wasser, wird roth und bläht sich dann ein wenig auf; auf Kohle schmilzt er unter starkem Arsengeruch zu einer stahlgrauen magnetischen Schlacke; löst sich leicht in Säuren; von Kalilauge wird er schnell röthlichbraun gefärbt und grösstentheils zersetzt. — St. Day in Cornwall, am Graul bei Schwarzenberg, Kahl in der Wetterau, Eisenbach bei Neustadt im Schwarzwald, auch im goldführenden Quarz von Victoria in Australien.

377. Kallait, *Fischer v. Waldheim* (Türkis).

Anscheinend amorph, jedoch nach *Bücking* (Z. f. Kryst. II. 462) ein Aggregat allerkleinster doppeltbrechender Partikelchen; in Trümern und Adern, nierförmig, stalaktitisch, als Ueberzug, auch derb, eingesprengt und in kleinen Geröllen; Bruch muschelig und uneben; H. $= 6$; G. $= 2,62\ldots 2,8$; himmelblau bis spangrün, auch zuweilen pistaz- oder apfelgrün, Strich grünlichweiss; sehr wenig glänzend; undurchsichtig bis schwach kantendurchscheinend. — Die Analysen von *John* und *Hermann* ergeben $2\,(Al^2)O^3$, P^2O^5, $5\,H^2O$, was sich deuten lässt als $(Al^2)[PO^4]^2 + (Al^2)[OH]^6 + 2\,H^2O$ oder $(Al^2)[OH]^3 PO^4 + H^2O$, mit ein wenig Kupfer- und Eisenoxyd-Phosphat gemengt: die Formel erfordert 46,83 Thonerde, 32,55 Phosphorsäure, 20,62 Wasser; doch ist die Zusammensetzung nicht in allen Varietäten übereinstimmend, und namentlich scheint der grüne Kallait ein sehr verschiedentlich gebildetes Gemeng zu sein; im Kolben gibt er Wasser, zerknistert heftig, wird beim Glühen schwarz und später braun, was nach *Bücking* wahrscheinlich von einem in der Glühhitze sich unter Abscheidung von Kupferoxyd zersetzenden Kupferphosphat bewirkt wird, welches dann auch die blaue Farbe des Minerals hervorbringen würde; die Flamme färbt er grün; er ist übrigens unschmelzbar, gibt mit Borax und Phosphorsalz die Reactionen auf Kupfer und Eisen, und löst sich in Säuren. — Der orientalische Türkis findet sich bei Meschéd, nordwestlich von Herat im Kieselschiefer, auch im Megarathal am Sinai mit schaligem Brauneisenerz auf Klüften eines Porphyrs; andere, weniger schöne Varietäten bei Jordansmühle in Schlesien, bei Oelsnitz in Sachsen, Mt. Chalchuitl in den Cerillos-Bergen in Neu-Mexico (Adern und Nester in zersetztem feldspathreichem Trachyt), Turquois Mountain in Cochise Co. in Arizona; 35 Milesnw. von Silver Seak im Columbus-District Nevadas. — *v. Zepharovich* beschrieb eine merkwürdige Pseudomorphose von Kallait nach Apatit aus Californien.

Gebrauch. Der Kallait liefert in seinen himmelblauen Varietäten den unter dem Namen Türkis bekannten Edelstein, welcher zu mancherlei Schmucksachen verarbeitet wird. Vieles, was als Türkis in den Handel kommt, ist jedoch nur blau gefärbtes fossiles Elfenbein. Anm. *Blomstrand* untersuchte mehre Mineralien von der auflässigen Grube bei Westanà in Schonen, und erkannte dabei drei verschiedene Thonerde-Phosphate, nämlich B e r l i n i t $=$ $2(Al^2)O^3, 2\,P^2O^5, H^2O$, T r o l l e i t $= 4(Al^2)O^3, 3\,P^2O^5, 3\,H^2O$, und A u g e l i t h $= 2(Al^2)O^3, P^2O^5, 3\,H^2O$ (Journ. f. prakt. Chemie, Bd. 105. 338); das letztere Mineral hat eine ganz analoge Constitution, wie der Kraurit. — Ein kupferhaltiges (7,10 pCt.) Thonerdephosphat in türkisblauen oder grünlichblauen kugeligen Massen von der West-Phönix-Mine in Cornwall beschrieb *J. H. Collins* als H e n w o o d i t (Mineralog. Magaz., 1876. I. 11).

378. Wavellit, *Werner* (Lasionit).

Rhombisch (mikrokrystallinisch), $\infty P\,(d)$ $126^{\circ}\,25'$, $\breve{P}\infty\,(o)$ $106^{\circ}\,46'$ nach *Senff*; A.-V. $= 0,5048 : 1 : 0,3750$; gewöhnliche Comb. $\infty P\breve{\infty}.\infty P.\breve{P}\infty$, wie beistehende Figur; *Streng* beobachtete u. d. M. drei verschiedene unmessbare Pyramiden. Die Krystalle meist klein, nadelförmig, und in kleine halbkugelige und nierförmige Aggregate von radialfaseriger Textur und drusiger Oberfläche vereinigt. — Spaltb. nach ∞P und $\breve{P}\infty$; H.$= 3,5\ldots 4$; G.$=2,3\ldots 2,5$; farblos, aber meist gelblich oder graulich, zuweilen auch schön grün und blau gefärbt; Glasglanz; durchscheinend. — Die Analysen ergeben wesentlich $3\,(Al^2)O^3$, $2\,P^2O^5$, $12\,H^2O$, was sich als $2\,(Al^2)[PO^4]^2 + (Al^2)[OH]^6 + 9\,H^2O$ oder als $(Al^2)^3[OH]^6[PO^4]^2 + 9\,H^2O$ deuten lässt, mit 38,00 Thonerde, 35,22 Phosphorsäure, 26,78 Wasser; *Berzelius*, *Hermann*, *v. Kobell* und *Pisani* fanden auch etwas Fluor, wovon *Fuchs* und *Städeler* gar nichts, *Erdmann* und *Genth* nur Spuren angeben, so dass es vielleicht nicht wesentlich zur Zusammensetzung gehört; will man den 1 bis 2 pCt. betragenden Fluorgehalt berücksichtigen, so wird die chemische Formel ziemlich complicirt; im Kolben gibt er Wasser und oft Spuren von Flusssäure; in der Pincette schwillt er auf und färbt die Flamme schwach blaulichgrün, zumal wenn er vorher mit Schwefelsäure befeuchtet wurde; auf Kohle schwillt er an und wird schneeweiss, mit Kobaltsolution dagegen blau; er wird von Säuren sowohl als von Kalilauge gelöst; mit Schwefelsäure erwärmt entwickelt er oft etwas Flusssäure. — Langenstriegis bei Frankenberg auf Klüften von Kieselschiefer, Cerhovic bei Beraun auf Klüften silurischer Grauwacke, Staffel in Nassau in Drusen des Phosphorits, am Dünsberg bei Giessen und bei Waldgirmes auf Kieselschiefer, Amberg in Bayern, Barnstaple in Devonshire, Montebras (Creuse) in Frankreich, Steamboat in Pennsylvanien.

Anm. 1. *Breithaupt*'s Striegisan scheint nur ein unreiner etwas zersetzter Wavellit zu sein, und verhält sich v. d. L. in der Hauptsache wie dieser. Auch der Planerit *Hermann*'s, von Gumeschewsk am Ural, welcher dünne traubige Ueberzüge über Quarz bildet, äusserlich olivengrün, innerlich spangrün und matt ist, steht dem Wavellit sehr nahe; doch enthält er nur 21 pCt. Wasser, sowie neben der Thonerde auch 3 bis 4 Kupferoxyd und eben so viel Eisenoxydul.

Anm. 2. Caeruleolactin nennt *Petersen* ein anderes, dem Kallait ähnliches Thonerdephosphat. Es bildet Trümer und Adern im Brauneisenstein von Rindsberg bei Katzenellenbogen in Nassau, ist krypto- bis mikrokrystallinisch, im Bruch muschelig, bläulichmilchweiss, matt; H. = 5; G. = 2,55...2,59; die Analyse von *Petersen* ergibt wesentlich $3(Al^2)O^3, 2P^2O^5, 10H^2O$, also das Wavellit-Phosphat mit 10 Mol. Wasser; dem entspricht 39,78 Thonerde, 36,86 Phosphorsäure, 23,36 Wasser; unschmelzbar, decrepitirt in der Hitze, in Säuren leicht löslich (N. J. f. Min., 1871. 353).

379. Variscit, *Breithaupt*.

Krystallinisch nach *Petersen* und *A. N. Chester*, auch in rhombischen Krystallen; nierförmige und halbkugelige, krustenförmige Ueberzüge, welche manchmal radialfaserig sind, und Trümer bildend, häufig scheinbar amorph; Bruch muschelig, bisweilen uneben; etwas spröd, fühlt sich fettig an; H. = 4...5; G. = 2,34...2,38 (2,40 nach *Petersen*); smaragd-, apfel-, span- und berggrün bis ganz farblos; schwacher Fettglanz, durchscheinend; opt. Axenebene nach *Bertrand* das Brachypinakoid, spitze negative Bisectrix senkrecht auf dem Makropinakoid. — Chem. Zus. nach *Plattner*: hauptsächlich wasserhaltiges Phosphat von Thonerde, Magnesia und etwas Eisenoxydul nebst Chromoxyd; eine quantitative Analyse der Var. aus dem Voigtlande von *Petersen* führte auf die Formel $(Al^2)(PO^4)^2 + 4H^2O$, mit 32,31 Thonerde, 44,92 Phosphorsäure, 22,77 Wasser, womit *Chester*'s spätere Analyse der nordamerikanischen Var. ganz genau übereinstimmt; er ist also völlig analog dem Strengit und Skorodit zusammengesetzt. Im Kolben gibt er ziemlich viel Wasser und wird dabei schwach rosenroth; in der Pincette färbt er die Flamme bläulichgrün, schmilzt nicht und brennt sich weiss, mit Kobaltsolution dagegen blau; in warmer conc. Salzsäure auffallend schnell löslich. — Messbach bei Plauen im Voigtland, in Quarz und Kieselschiefer; in Montgomery Co., Arkansas, auf Quarz, reichlich damit gemengt.

Anm. 1. Evansit nannte *Forbes* ein Mineral vom Berg Zeleznik unweit Szirk im Gömörer Comitat in Ungarn; anscheinend amorph in kleinen kugeligen, traubigen, nierförmigen und stalaktitischen Gestalten auf Höhlungen von Brauneisenerz. H. = 3,5...4; G. = 1,82...2,10; farblos bis bläulichweiss, z. Th. lichtgelblich oder bläulich, glas- bis fettglänzend. — Die Analyse ergibt $3(Al^2)O^3, P^2O, 18H^2O^5$, was sich deuten lässt als $Al^2[PO^4]^2 + 2(Al^2)[OH]^6 + 12H^2O$, entsprechend 39,68 Thonerde, 18,38 Phosphorsäure, 41,94 Wasser. — Im Kolben gibt er viel Wasser und decrepitirt zu weissem Pulver; v. d. L. unschmelzbar; mit Schwefelsäure befeuchtet färbt er die Flamme grün, mit Kobaltsolution geglüht wird er intensiv blau.

Anm. 2. Unter dem Namen Zepharovichit beschrieb *Boricky* ein bei Trzenic in Böhmen, auf silurischem Sandstein vorkommendes, kryptokrystallinisches, grünlich-, gelblich- oder graulichweisses, durchscheinendes Mineral von muscheligem Bruch, H. = 3,5, G. = 2,38, welches nach der Formel $(Al^2)(PO^4)^2 + 5H^2O$ zusammengesetzt ist, wenn von verschiedenen Beimengungen abgesehen wird; vielleicht sind auch 6 Mol. Wasser vorhanden.

380. Fischerit, *Hermann*.

Rhombisch; ∞P 118° 32' nach *v. Kokscharow*, auch bildet $\infty \bar{P}2$ Zuschärfungen der scharfen Seitenkanten; meist kleine undeutliche sechsseitige Säulen der Comb. $\infty P.\infty \bar{P}\infty.0P$, welche zu krystallinischen Krusten und Drusenhäuten vereinigt sind; H. = 5; G. = 2,46; grasgrün bis olivengrün und spangrün; Glasglanz; durchsichtig. Nach *Des-Cloizeaux* ist $\infty \bar{P}\infty$ die opt. Axenebene und die spitze positive Bisectrix steht senkrecht auf $0P$; opt. Axenwinkel 62° für Roth. — Die Analyse von *Hermann* ergibt $2(Al^2)O^3, P^2O^5, 8H^2O$, was sich deuten lässt als $(Al^2)[PO^4]^2 + (Al^2)[OH]^6 + 5H^2O$ oder $(Al^2)[OH]^3PO^4 + 2\frac{1}{2}H^2O$, mit 41,68 Thonerde, 28,96 Phosphorsäure, 29,36 Wasser; auch etwas Eisenoxyd und Kupferoxyd; gibt im Kolben Wasser und wird weiss; von Schwefelsäure wird er vollständig gelöst, von Salzsäure und Salpetersäure nur wenig angegriffen. — Nischne Tagilsk am Ural; Román-Gladna (Krassóer Comitat in Ungarn).

381. Peganit, *Breithaupt.*

Rhombisch; ∞P ca. 127°; meist sehr kleine, kurz säulenförmige Krystalle der Comb. ∞P.0P.∞Р̆∞, welche in dünne Krusten und Drusenhäute vereinigt sind. — Spaltb. nach mehren Richtungen, sehr undeutlich; H. = 3...4; G. = 2,49...2,54; smaragd-, gras-, berggrun bis grünlichgrau und weiss, Glas- bis Fettglanz; durchscheinend. — Die Analyse von *Hermann* ergibt 2 (Al²) O³, P²O⁵, 6 H²O, was sich deuten lässt als (Al²) [P O⁴]² + (Al²) [O H]⁶ + 3 H²O oder (Al²) [O H]³ P O⁴ + 1½ H²O, mit 44,97 Thonerde, 31,26 Phosphorsäure, 23,77 Wasser; auch sehr wenig Kupferoxyd und Eisenoxyd; gibt im Kolben viel Wasser; v. d. L. in der Zange färbt er die Flamme blaulichgrün, zumal nach vorheriger Befeuchtung mit Schwefelsäure. wird violett bis röthlichweiss, ist aber unschmelzbar; von Salzsäure und Salpetersäure wird er mehr oder weniger vollständig gelöst. — Langenstriegis bei Frankenberg.

382. Hopëit, *Brewster.*

Rhombisch; ∞P̆2 (*s*) vordere Kante 82° 20′, P (*P*) Polkanten 106° 36′ und 110° 0′ nach *Miller,* P̆∞ (*M*) 101° 0′, 0P (*g*), ∞P̆∞ (*l*) und ∞P̆∞ (*n*). Nach *Des-Cloizeaux* Polk. von P 106" 14′ und 139° 58′, darnach A.-V. = 0,5723 : 1 : 0,4717. Die Figur stellt eine Combination der

erwähnten Formen dar. — Spaltb. makrodiagonal (nach *l*), sehr vollkommen, H. = 2,5...3; G. = 2,76; graulichweiss, Glasglanz, auf *l* Perlmutterglanz. Ebene der opt. Axen 0P, erste Mittellinie negativ, normal zu ∞P̆∞. *Nordenskiöld*'s Angabe, dass dieses den Haidingerit sehr ähnliche Mineral wesentlich ein wasserhaltiges phosphorsaures Zinkoxyd sei, wurde durch *Friedel* und *Sarasin* bekräftigt, welche krystallographisch und optisch mit dem Hopëit übereinstimmende Krystalle künstlich erzeugten, die die Zus. nach der Formel Zn³[P O⁴]² + 4 H²O (35,18 Zinkoxyd, 34,07 Phosphorsäure, 15,75 Wasser) besassen. V. d. L. schmilzt er auf Kohle zu einer weissen Kugel, färbt dabei die Flamme etwas grünlich, und reagirt mit Soda auf Zink und Cadmium. — Sehr selten am Altenberg bei Aachen mit Galmei.

383. Adamin, *Friedel.*

Rhombisch, die sehr kleinen Krystalle nach *Des-Cloizeaux* isomorph mit Libethenit und Olivenit; ∞P 94° 52′, P̆∞ 107° 20′, dazu ∞P̆∞ und andere Formen; A.-V. = 0,9736 : 1 : 0,7161, auch in kleinkörnigen Aggregaten; Spaltb. makrodomatisch, vollkommen; H. = 3,5; G. = 4,33...4,35; honiggelb und violblau, auch rosenroth, selbst grün, lebhaft glasglänzend, pellucid; optisch-zweiaxig, die optischen Axen liegen in der Basis, und ihre spitze Bisectrix fällt in die Makrodiagonale. — Analysen von *Friedel*, *Damour* und *Pisani* ergeben wesentlich 4 Zn O, As² O⁵, H²O, was sich deuten lässt als Zn³ [As O⁴]² + Zn [O H]² oder Zn² [O H] As O⁴; dieser Formel würde entsprechen 56,64 Zinkoxyd, 40,21 Arsensäure, 3,15 Wasser; doch stimmen einige Analysen damit nicht ganz überein; die rosenrothe Var. vom Cap Garonne enthält 1 bis 5 Kobaltoxydul, die grüne ebendaher 23,45 Kupferoxyd. Im Kolben gibt er für sich etwas Wasser, mit Kohlenpulver und Soda einen Arsenspiegel; auf Kohle Zinkoxyd-Beschlag; in Salzsäure leicht löslich. — Chañarcillo in Chile mit Silber, Kalkspath, Limonit und Embolit, am Cap Garonne bei Hyères in Frankreich, zu Laurium in Drusen eines zelligen Galmeis [1].

---

1) Nach *Laspeyres* erscheint der Adamin von Laurium in zwei Typen, welche sich krystallographisch nur gezwungen auf einander zurückführen lassen; die ganz oder fast ganz farblosen Krystalle des I. Typus, welche nur spurenhaft Kupfer enthalten, und in ihrer Combination Aehnlichkeit mit denen von Chañarcillo aufweisen, sind prismatisch nach der Makrodiagonale und zeigen nur Flächen in der Zone der Makrodiagonale und Verticalaxe. Die smaragdgrünen Krystalle des II. Typus mit einem nicht unbedeutenden Cu O-Gehalt, formell ähnlich denen vom Cap Garonne und dem Olivenit, sind prismatisch nach der Verticalaxe und besitzen fast ausschliesslich nur Flächen in der Zone der Brachy- und Verticalaxe. Beide Typen haben in der Verticalzone völlig übereinstimmende Winkel, ∞P = 90° 14′ und A.-V. *a* : *b* = 0,9958 : 1 (viele andere Prismen wurden beobachtet, wie ∞P̆4, ∞P̆2, ∞P̆$\frac{3}{2}$, ∞P̆$\frac{2}{3}$, ∞P̆2); beim Typus I ist aber *b* : *c* = 1 : 0,7176, beim Typus II, dafern das nie fehlende und meist in der Endigung allein vorkommende Brachydoma (111° 12′ über *c*) als P̆∞ genommen wird, ist *b* : *c* = 1 : 0,6848. Bezieht man das Brachydoma des II. Typus auf die Axen des Typus I, so bekommt es das ungefügige Zeichen $\frac{19}{20}$P̆∞. *Laspeyres* wirft die Frage auf, ob etwa der höhere Cu-Gehalt des Typus II die Verkürzung der Verticalaxe bei gleichbleibender Brachyaxe hervorruft; oder ob anderseits hier die (damals, beim Humit beobachtete Erscheinung wiederkehre, dass bei nicht nachweisbarer chemischer Verschiedenheit diese Typen krystallographisch wesentlich nur in der Länge der Verticalaxen

384. Libethenit, *Breithaupt.*

Rhombisch, isomorph mit Adamin und Olivenit; gewöhnlichste Comb. ∞P.$\breve{P}\infty$. P
(u, o und P), kurz säulenförmig nach ∞P, welches $92^\circ 20'$ misst, während $\breve{P}\infty$ 109°
$52'$ hat (nach *Miller*); A.-V. $= 0,9601 : 1 : 0,7019$; die Krystalle klein, einzeln
aufgewachsen und zu Drusen vereinigt. — Spaltb. brachydiagonal und makrodiagonal, unvollkommen; H. $= 4$; G. $= 3,6 \ldots 3,8$; lauch-, oliven-,
schwärzlichgrün; Strich olivengrün; Fettglanz, kantendurchscheinend. — Die
Analysen von *Kühn, Field, Bergemann* und *Müller* ergeben: $4\,\text{Cu}\,\text{O}$, P^2O^5, H^2O,
was man deuten kann als $\text{Cu}^3[\text{P}\,\text{O}^4]^2 + \text{Cu}[\text{O}\,\text{H}]^2$ oder $\text{Cu}^2[\text{O H}]\text{P O}^4$, mit $66,47$
Kupferoxyd, $29,76$ Phosphorsäure, $3,77$ Wasser; schon *G. Rose* nahm an, dass Libe-
thenit und Olivenit eine analoge chem. Constitution haben; *Bergemann* wies noch einen
Gehalt von $2,3$ pCt. Arsensäure nach; die chemischen Reactionen sind dieselbe, wie
bei dem Phosphorkupfer. — Libethen und Nischne Tagilsk, auch Mercedes, östlich von
Coquimbo, Loanda in Afrika, Ullersreuth unweit Hirschberg im Fürstenthum Reuss,
hier vorzüglich schön. — *Debray* erhielt künstlich Libethenit durch Erhitzen von
$\text{Cu}^3\text{P}^2\text{O}^8 + 3\,\text{H}^2\text{O}$ mit Wasser in zugeschmolzenen Röhren.

Anm. Als Pseudolibethenit bezeichnet *Rammelsberg* zwei von *Berthier* und von
Rhodius analysirte Substanzen von Libethen und von Ehl bei Linz am Rhein, welche dieselbe
empirische Zus. haben, wie Libethenit, nur anstatt 1 Mol. H^2O deren 2 besitzen.

385. Olivenit, *v. Leonhard* (Olivenerz).

Rhombisch, isomorph mit Adamin und Libethenit; ∞P $92^\circ 30'\,(r)$, $\breve{P}\infty$ $110^\circ 50'$
(l); A.-V. $= 0,9573 : 1 : 0,6892$; gewöhnliche Comb. ∞P.$\breve{P}\infty$.$\infty\breve{P}\infty$, wie beistehende Figur; auch $\frac{1}{4}\breve{P}\infty$, 0P; kurz oder lang säulenförmig bis nadelförmig; die Krystalle einzeln aufgewachsen oder zu Drusen vereinigt,
auch kugelige und nierenförmige Aggregate von feinstängeliger bis faseriger Textur. — Spaltb. prismatisch und brachydomatisch, sehr unvollk.;
H. $= 3$; G. $= 4,2 \ldots 4,6$; lauch-, oliven- und pistaz- bis schwärzlichgrün, auch gelb bis braun; Strich olivengrün bis braun; Glas-, Fett-
und Seidenglanz; pellucid in allen Graden; die optischen Axen liegen in
der Basis, die spitze Bisectrix fällt in die Brachydiagonale. — Nach *v. Kobell*, *Her-
mann* und *Damour* ergibt die chem. Analyse $4\,\text{Cu}\,\text{O}$, As^2O^5, H^2O, deutbar als
$\text{Cu}^3[\text{As}\,\text{O}^4]^2 + \text{Cu}[\text{O H}]^2$ oder $\text{Cu}^2[\text{O H}]\text{As O}^4$, mit $56,12$ Kupferoxyd, $40,70$ Arsensäure,
$3,18$ Wasser, doch ist auch, vermöge einer isomorphen Beimischung von Libethenit,
1 bis 6 pCt. Phosphorsäure vorhanden; im Kolben gibt er Wasser und wird erst grün,
dann graulichschwarz; v. d. L. in der Zange schmilzt er leicht, färbt dabei die Flamme
blaulichgrün und krystallisirt beim Erkalten zu einer schwarzbraunen, diamantglänzen-
den, strahligen Perle; auf Kohle wird er unter Arsendämpfen zu weissem Arsenkupfer,
und mit Borsäure zu Kupfer reducirt; löslich in Säuren und in Ammoniak. — Redruth
und St. Day in Cornwall, Cumberland, Zinnwald, Nischne Tagilsk.

Anm. Hier mag auch *Schrauf's* V e s z e l y i t angereiht werden. Scheinbar monoklin,
indessen nach *Schrauf* triklin; $\alpha = 89^\circ 31'$, $\beta = 103^\circ 50'$, $\gamma = 89^\circ 34'$. A.-V. $= 0,7104 : 1 :$
$0,9434$. Die Krystalle zeigen gewöhnlich nur das vorherrschende Prisma ∞P ($109^\circ 45'$, in
Comb. mit dem Doma $\breve{P}\infty$ ($95^\circ 10'$); vordere Domenkante gegen vordere Prismenkante unter
$103^\circ 50'$ geneigt; sehr selten $2,\breve{P}2$ und $2,\breve{P},\infty$. Meist rindenartige Krusten und undeutliche
Individuen. H. $= 2,3 \ldots 4$; G. $= 3,53$; grünlichblau. — Die Analyse lieferte: $37,34$ Kupferoxyd,
$25,20$ Zinkoxyd, $10,44$ Arsensäure, $9,04$ Phosphorsäure, $17,05$ Wasser, woraus sich die Mole-
kularformel $9\,\text{Cu O}$, $6\,\text{Zn O}$, P^2O^5, $\text{As}^2\text{O}^5 + 18\,\text{H}^2\text{O}$ ergibt. Auf Granatfels und Brauneisenstein
zu Moravicza im Banat (Z. f. Kryst. IV. $1880.$ 31).

386. Descloizit, *Damour.*

Rhombisch, nach *Des-Cloizeaux*, und in der Ausbildung der Krystalle einigermaassen

---

verschieden sind, indem sie sich nur mittels ganz ungewöhnlicher Indices auf eine gemeinsame
Grundform zurückführen lassen. Vgl. Z. f. Kr. II. 151; auch *Des-Cloizeaux*, Comptes rendus
Bd. 86. 1878. 88.

ähnlich dem Libethenit (wie *Schrauf* anführt, isomorph mit Anglesit); $\infty P = 116^{\circ}\ 25'$; nach *Websky* (Monatsb. d. Berl. Akad. 1880. 672) wohl eher monoklin mit $\beta = 89^{\circ}\ 26'$, wobei die anscheinend rhombischen Krystalle durch Zwillingsbildung nach $0P$ zu Stande kommen. Spaltb. nicht erkennbar. H. = 3,5; G. = 5,84...6,1; olivengrün bis schwarz, im Bruch mit concentrischen gelben und braunen Farbenzonen. — Nach der älteren nicht fehlerfreien Analyse von *Damour* schien das Mineral auf die Formel $Pb^2 V^2 O^7$ zu führen; die neuen Analysen von *Rammelsberg* lieferten dagegen im Mittel: 56,48 Bleioxyd, 16,60 Zinkoxyd, 1,16 Manganoxydul, 22,74 Vanadinsäure, 2,84 Wasser, 0,24 Chlor, woraus sich bei Vernachlässigung des geringen Chlorgehalts die Formel $4\,R\,0$, $V^2 O^5$, $H^2 0$ ergibt, worin $R = Pb$ und Zn, also ganz analog mit Adamin, Libethenit und Olivenit; dieselbe lässt sich deuten als $R^3 [V O^4]^2 + R [0\,H]^2$ oder $R^2 [O\,H] V O^4$; die hellsten Varr. enthalten nur Spuren von Mangan. Mit wenig Salpetersäure erwärmt nimmt das Pulver die hochrothe Farbe der Vanadinsäure an, welche durch grösseren Zusatz von Säure sich auflöst, während die Flüssigkeit blassgelb erscheint. Auf Quarz in der Sierra de Cordoba in der argentinischen Republik (Ajuadita, Grube Venus). *Schrauf* fand dasselbe Mineral (G. = 5,83) am Obir in Kärnten. — In dem bräunlichschwarzen krustenförmigen sog. Cuprodescloizit von S. Luis Potosi in Mexico fand *Rammelsberg* unter R auch 8,26 Kupferoxyd, auf Kosten des Zinks.

387. Volborthit, *Hess.*

Hexagonal, Comb. $0P. \infty P$; die Krystalle tafelförmig, klein und sehr klein, einzeln und zu kugeligen und rasenförmigen Aggregaten oder zu schuppigen Partieen verbunden; meist als erdiger Anflug; H. = 3; G. = 3,49...3,55; olivengrün, grasgrün bis zeisiggrün und gelb. Strich fast gelb. — Als chem. Zus. ergeben die Analysen von *Heinrich Credner* bei der Var. von Friedrichrode: $4(Cu, Ca)0$, $V^2 0^5$, $H^2 0$, deutbar als $(Cu, Ca)^3 [V O^4]^2 + (Cu, Ca)[0\,H]^2$, mit ca. 38 Vanadinsäure, 39 bis 44 Kupferoxyd, 12 bis 17 Kalk, ca. 5 Wasser, also eine dem Descloizit und den drei vorhergehenden Mineralien ganz analoge Zusammensetzung. *Genth* fand sehr abweichend in der Var. von Wroskressenskoi im Gouv. Perm: 13,59 Vanadinsäure, 38,44 Kupferoxyd, 4,49 Kalk, 4,30 Baryt, 34,60 Wasser, geringe Mengen von Thonerde, Kieselsäure, Eisenoxyd und Magnesia. Im Kolben gibt er etwas Wasser und wird schwarz; auf Kohle schmilzt er leicht und erstarrt bei stärkerer Hitze zu einer graphitähnlichen Schlacke, welche Kupferkörner enthält; mit Soda liefert er sogleich Kupfer; mit Phosphorsalz im Ox.-F. licht, im Red.-F. tief grün, welche Farbe selbst nach einem Zusatz von Zinn verbleibt; löslich in Salpetersäure; aus der sauren Sol. wird durch Eisen das Kupfer metallisch gefällt, wobei sich die Sol. licht smalteblau färbt, was auch durch einen Zusatz von Zucker erfolgt. — Syssersk und Nischne Tagilsk in Russland, Friedrichrode am Thüringer Wald (Kalkvolborthit). — Nach *Planer* ist der Volborthit ziemlich häufig in der Permischen Formation Russlands; bisweilen färbt er den Sandstein gelbgrün, öfter bildet er einen Anflug auf Klüften, in versteinerten Holzstämmen u. s. w.

Anm. *Groth* vermuthet, dass zu der isomorphen Reihe des Adamin, Libethenit und Olivenit auch die analog zusammengesetzte Descloizit und Kalkvolborthit gehören, dass aber alle diese Mineralien nicht rhombisch, sondern monoklin krystallisiren (wie dies für den Libethenit auch schon früher von *Schrauf* für wahrscheinlich gehalten wurde); er versuchte auch, durch Stellungsveränderungen genäherte Axenverhältnisse der einzelnen zu gewinnen, wobei freilich die oben als rhombisch angeführten Adamin, Libethenit, Olivenit in ihren Axenverhältnissen alsdann viel grössere Differenzen aufweisen, und der Descloizit sogar s e h r erheblich abweicht (Tab. Uebers. 1882. 65).

388. Tagilit, *Hermann.*

Monoklin nach *Breithaupt*; die sehr kleinen und nicht messbaren Krystalle sind ähnlich denen des Lirokonits, und zu nierförmigen oder kugeligen Aggregaten gruppirt; gewöhnlich bildet das Mineral schwammige, traubige, warzenförmige, staudenförmige Massen von rauher erdiger Oberfläche und radialfaserigem oder erdigem Bruch; H. = 3; G. = 4,066...4,076; smaragdgrün, verwittert berggrün; Strich spangrün; glasglänzend, kantendurchscheinend. — Die Analyse von *Hermann* liefert: $4\,Cu\,0$, $P^2 0^5$, $3\,H^2 0$, was sich deuten lässt als $Cu^3 [P O^4]^2 + Cu[0\,H]^2 + 2\,H^2 0$ oder $Cu^2 [O\,H] P O^4 + H^2 O$, mit 61,81 Kupferoxyd, 27,67 Phosphorsäure, 10,52 Wasser. — Er findet sich häufig bei Nischne-Tagilsk; auch bei Mercedes östlich von Coquimbo, sowie bei Ullersreuth unweit Hirschberg im Fürstenthum Reuss, und nach *Zerrenner* bei Grosskamsdorf.

389. Euchroit, *Breithaupt.* .

Rhombisch, ∞P $117^\circ 20'$, $\check{P}\infty$ $87^\circ 52'$ nach *Miller*; A.-V. $= 0,6088 : 1 : 1,0879$; gewöhnliche Combination:

∞P.$\infty$$\check{P}$2.0P.$\check{P}\infty$ $M : M' = 117^\circ 20'$
  M l P n $l : l = 101 \; 12$
          $P : n = 133 \; 56$

Die Krystalle sind kurz säulenförmig, vertical gestreift. — Spaltb. prismatisch und brachydomatisch, unvollk.; ziemlich spröd; H. $= 3,5...4$; G. $= 3,3...3,4$; smaragd - und lauchgrün; Strich spangrün; Glasglanz; durchsichtig und durchscheinend; die optischen Axen liegen im makrodiagonalen Hauptschnitt, ihre spitze Bisectrix fällt in die Verticalaxe. — Analysen von *Turner*, *Kühn* und *Wöhler* ergeben: $4\,Cu\,O$, $As^2\,O^5$, $7\,H^2\,O$, was sich deuten lässt als $Cu^3\,[As\,O^4]^2 + Cu\,[O\,H]^2 + 6\,H^2\,O$ oder $Cu^2\,[O\,H]\,As\,O^4 + 3\,H^2\,O$, mit $47,12$ Kupferoxyd, $34,17$ Arsensäure, $18,71$ Wasser. Im Kolben verknistert er nicht, wird aber gelblichgrün und zerreiblich; v. d. L. schmilzt er und erkaltet zu einer grünbraunen krystallisirten Masse; auf Kohle schmilzt er unter Arsengeruch, gibt erst weisses Arsenkupfer, endlich ein Kupferkorn; mit Kohlenpulver im Glasrohr geglüht gibt er ein Sublimat von Arsen und arseniger Säure; in Salpetersäure leicht löslich. — Libethen in Ungarn.

390. Erinit, *Haidinger.*

Krystallinisch nach *Haidinger*, porodin - amorph nach *Breithaupt*; in nierförmigen Gestalten von concentrisch schaliger Zusammensetzung mit rauher Oberfläche und muscheligem Bruch; H. $= 4,5...5$; G. $= 4...4,1$; smaragdgrün, Strich apfelgrün; matt, in Kanten durchscheinend. — Chem. Zus. nach *Turner* sehr genau entsprechend $5\,Cu\,O$, $As^2\,O^5$, $2\,H^2\,O$, deutbar als $Cu^3\,[As\,O^4]^2 + 2\,Cu\,[O\,H]^2$ oder $Cu^5\,[O\,H]^4\,[As\,O^4]^2$, was $59,85$ Kupferoxyd, $34,72$ Arsensäure und $5,43$ Wasser gibt. — Mit Olivenit angeblich in Limerick, Irland, wogegen *Church* den Fundort in Cornwall erkannte, daher der Name nicht mehr passt. Vgl. über ein anderes Erinit genanntes Mineral Nr. 617.

391. Dihydrit, *Hermann.*

In den meisten Eigenschaften mit Phosphorchalcit übereinstimmend; G. $= 4,1$; ist das dem Erinit genau entsprechende Phosphat $5\,Cu\,O$, $P^2\,O^5$, $2\,H^2\,O$, deutbar als $Cu^3\,[P\,O^4]^2 + 2\,Cu\,[O\,H]^2$ was $69,02$ Kupferoxyd, $24,72$ Phosphorsäure, $6,26$ Wasser ergibt. — Rheinbreitbach und Nischne Tagilsk. Vgl. die Anm. auf S. 541.

392. Mottramit, *Roscoe.*

Krystallinische Krusten, aus kleinen undeutlichen schwarzen Krystallen zusammengesetzt; in dünnen Schichten gelb durchsichtig; Strich gelb; H. $= 3$; G. $= 5,894$. Ist das vorigen beiden vollständig entsprechende Vanadinat, worin neben dem Kupfersalz auch das Bleisalz vorkommt: $5\,(Cu, Pb)\,O$, $V^2\,O^5$, $2\,H^2\,O$, deutbar in ganz analoger Weise wie Erinit und Dihydrit; äquivalenten Mengen von Cu und Pb entspricht die berechnete Zusammensetzung: $20,48$ Kupferoxyd, $56,95$ Bleioxyd, $18,85$ Vanadinsäure, $3,72$ Wasser, was nach Abzug kleiner Beimengungen sehr gut mit dem Gefundenen stimmt. — Auf Keupersandstein zu Mottram St. Andrews in Cheshire.

Anm. Bei der völligen Analogie in der Zus. bilden Erinit, Dihydrit und Mottramit mit äusserster Wahrscheinlichkeit eine isomorphe Reihe.

393. Ehlit, *Breithaupt.*

Rhombisch nach *Kenngott*; traubige und nierförmige Aggregate von radial blätteriger Textur und drusiger oder auch glatter glänzender Oberfläche, auch derb und eingesprengt; Spaltb. nach e i n e r Richtung, sehr vollk.; H. $= 1,5...2$ (nach *Hermann* bis 4?); G. $= 3,8...4,27$; spangrün im Inneren, die Oberfläche der Aggregate fast smaragdgrün; Perlmutterglanz auf Spaltungsflächen; kantendurchscheinend. — Nach den Analysen von *Bergemann*, *Nordenskiöld*, *Hermann*, *Wendel* und *Church* ergibt sich der Ehlit als $5\,Cu\,O$, $P^2\,O^5$, $3\,H^2\,O$, deutbar als $Cu^3\,[P\,O^4]^2 + 2\,Cu\,[O\,H]^2 + H^2\,O$ oder $Cu^5\,[O\,H]^4\,[P\,O^4]^2 + H^2\,O$, mit $66,92$ Kupferoxyd, $23,97$ Phosphorsäure, $9,11$ Wasser. *Bergemann* wies in demjenigen von Ehl über 7 pCt. Vanadinsäure nach, welcher daher eine Mischung des Phosphats mit dem entsprechenden Vanadinat ist; *Nordenskiöld* fand in 3 Varr. von Tagilsk nur 6 bis 7 pCt. Wasser; *Rhodius* analysirte sog. Ehlit von Ehl, welcher nur 4 Mol. CuO und nur 2 Mol. $H^2\,O$ ergab (vgl. Pseudolibethenit). Decrepitirt sehr heftig, verhält sich übrigens ganz ähnlich wie der Phosphorchalcit. — Ehl bei Linz am Rhein, Libethen, Nischne Tagilsk, Cornwall. Vgl. die Anm. auf S. 541.

Anm. 1. *Breithaupt*'s Prasin von Libethen (*Kühn*'s Pseudomalachit), ausgezeichnet durch glatte Oberfläche seiner nierförmigen Gestalten und durch smaragdgrünen Strich, hat nach *Kühn*'s Analyse genau die Zusammensetzung des Ehlits.

Anm. 2. *Zippe* hat unter dem Namen Cornwallit ein amorphes Kupferarseniat aus Cornwall von muscheligem Bruch, H. = 4,5, G. = 4,166, und dunkelgrüner Farbe beschrieben, dessen chem. Analyse nach *Lerch* 5 Cu O, As² O⁵, 5 H² O ergibt, wogegen *Church* nur 3 Mol. Wasser fand; es findet sich mit Olivenit.

394. Kupferschaum, *Werner*; Tirolit, *Haidinger*.

Krystallform unbekannt, bis jetzt nur nierförmige, kugelige, und kleine derbe Aggregate von strahlig-blätteriger Textur und drusiger Oberfläche; Spaltb. nach einer Richtung sehr vollk., mild, in dünnen Blättchen biegsam; H. = 1,5...2; G. = 3...3,1; spangrün bis himmelblau, Strich gleichfarbig, Perlmutterglanz. — Die Analyse von *v. Kobell* ergab den Kupferschaum als ein wasserhaltiges Kupferarseniat in Verbindung mit Calciumcarbonat; das erstere liefert für sich nach Abzug des letzteren 5 Cu O, As² O⁵, 9 H² O, (deutbar als 3 Cu [As O⁴]² + 2 Cu [O H]² + 7 H² O), welchem 50,28 Kupferoxyd, 29,48 Arsensäure, 20,54 Wasser entspricht. Die Analyse fand 13,65 Calciumcarbonat (Ca CO³); sollte eine chem. Verbindung vorliegen, so würde wohl 1 Mol. des Calciumcarbonats gegen 1 Mol. des Kupferphosphats vorhanden sein; dafür, dass der Kupferschaum kein Gemenge beider Substanzen ist, spricht der Umstand, dass *Frenzel* in einem Schneeberger Vorkommniss gleichfalls 13 pCt. Ca C O³ fand. V. d. L. zerknistert er sehr heftig; in der Zange schwärzt er sich und schmilzt zu stahlgrauer Kugel, gibt auf Kohle Arsengeruch; löslich in Säuren mit Entwickelung von Kohlensäure, in Ammoniak mit Hinterlassung von kohlensaurem Kalk. — Falkenstein und Schwatz in Tirol, Riechelsdorf und Bieber in Hessen, Saalfeld in Thüringen.

395. Phosphorchalcit, *v. Kobell*; Lunnit, Phosphorkupfer, Pseudomalachit.

Monoklin; die gewöhnlichsten Formen: ∞P̶2 (s) 38° 56', P (P) 117° 69', mit der fast horizontalen Basis 0P (a) und ∞P̶∞ (o) zu kurzsäulenförmigen Combb. verbunden, wie in der nachstehenden Figur; doch sind die Krystalle meist undeutlich und klein; in der Regel kugelige, traubige und nierförmige Aggregate, von strahliger und faseriger Textur und drusiger Oberfläche. — Spaltb. orthodiagonal, unvollk.:

∞P̶2.P.0P.∞P̶∞.¼P̶∞
   s   P   a   o   b
   s : s = 141° 4'
   P : P = 147 49

Bruch uneben und feinsplitterig; H. = 5: G. = 4,1...4,3; schwärzlich-, smaragd- und spangrün; Strich spangrün; Fettglanz: pellucid in sehr geringem Grade. — Die chem. Analyse liefert nach *Kühn*, *Rhodius* und *Bergemann*: 6 Cu O, P²O⁵, 3 H² O, was sich deuten lässt als Cu³ [P O⁴]² + 3 Cu [O H]² (also vollkommen analog dem Strahlerz), oder Cu³ [OH]³ P O⁴, mit 70,82 Kupferoxyd, 21,14 Phosphorsäure, 8,04 Wasser; nach *Boedecker* zeigt er bisweilen einen kleinen Gehalt an Selen, welches wahrscheinlich als Selenkupfer beigemengt ist, wogegen *Bergemann* 1,78 pCt. Arsensäure nachwies. Im Kolben gibt er Wasser und wird schwarz; schmilzt man die entwässerte Probe in der Zange, so erhält man eine bei der Abkühlung krystallisirende schwarze Kugel; v. d. L. schnell erhitzt zerknistert er, langsam erhitzt wird er schwarz und schmilzt zu einer schwarzen Kugel, welche ein Kupferkorn enthält; schmilzt man diese Kugel mit gleichem Volum Blei, so bildet sich um das Kupferkorn eine bei der Abkühlung krystallisirende Hülle von phosphorsaurem Blei; mit Salzsäure befeuchtet färbt er die Flamme blau: leicht löslich in Salpetersäure, wenig löslich in Ammoniak. — Rheinbreitbach, Hirschberg im Voigtland, Nischne Tagilsk, Cornwall.

Anm. Die vorstehenden Angaben über die Krystallgestalt des Phosphorchalcits stammen von *Haidinger* (1825); nach *Schrauf* ist das Mineral (Lunnit) nur scheinbar monoklin, eigentlich triklin und zwar ist nach dessen neueren Angaben (Z. f. Kryst. IV. 1, nach Verbesserung des früher in *Tschermak*'s Min. Mitth. 1873. 139 Angeführten) α = 89° 29¼', β = 91° ¼', γ = 90° 39¼', das A.-V. = 2,8252 : 1 : 1,5339; nach *Schrauf* ist ein Theil der von *Haidinger* angegebenen Winkel unrichtig (die oben angeführten stimmen bei beiden Autoren fast überein); er selbst stellt die Krystalle so, dass P *Haid.* zu $\frac{4}{3}\check{P}3$, $\frac{4}{3}\check{P}\infty$ *Haid.* zu $\infty\check{P}\infty$, 0P (a) *Haid.* zu $\infty\check{P}\infty$ wird. Die von *Haidinger* als Phosphorchalcit angeführten und gemessenen Krystalle haben nach der Auffassung von *Schrauf* dem **Dihydrit** angehört, und Krystalle von der oben für den Phosphorchalcit angegebenen chem. Zusammensetzung wären demnach überhaupt noch **nicht bekannt** [1]).

396. **Strahlerz,** *Werner*; Aphanesit, *Shepard*; Abichit; Klinoklas.

Monoklin, $\beta = 80^0\ 30'$, 0P (P), ∞P (M) 56^0, $\frac{4}{3}\check{P}\infty$ (c) 49^0 nach *Miller*; A.-V. $= 4,9069 : 4$: 3,8507; gewöhnliche Comb. ∞P.0P.$\frac{4}{3}\check{P}\infty$, wie beistehende Figur, in welcher die beiden Flächen P und c, oder 0P und $\frac{4}{3}\check{P}\infty$ eine horizontale Kante von $99^0\ 30'$ bilden; säulenförmig nach ∞P; keilförmige und halbkugelige Aggregate mit convexer Oberfläche und radialsstängeliger Textur. — Spaltb. basisch, höchst vollk. Die Spaltungsflächen in den Aggregaten gekrümmt; H. $= 2,5...3$; G. $= 4,2...4,4$; aussen fast schwärzlich blaugrün, innen dunkel spangrün, Strich blaulichgrün, Perlmutterglanz auf den Spaltungsflächen, sonst Glasglanz; kantendurchscheinend. Die optischen Axen liegen im klinodiagonalen Hauptschnitt, ihre spitze Bisectrix ist fast normal auf die Basis. — Die Analyse liefert nach *Rammelsberg* und *Damour*: 6 CuO, As^{2}O^5, 3 $\blacksquare^2$O, was sich deuten lässt als Cu^3[As O^4]^2 + 3 Cu [O $\blacksquare$]^2, oder Cu^3[O H]^3 As O^4 (also vollkommen analog jener des Phosphorchalcits), mit 62,62 Kupferoxyd, 30,28 Arsensäure, 7,40 Wasser. Im Kolben gibt er Wasser und wird schwarz; auf Kohle hinterlässt er ein Kupferkorn; löslich in Säuren und in Ammoniak. — Cornwall mehrorts, Tavistock in Devonshire, und Saida in Sachsen.

Anm. Bei der vollkommen analogen Zusammensetzung von Phosphorchalcit und Strahlerz ist eigentlich ein Isomorphismus beider zu erwarten.

397. **Mixit,** *Schrauf.*

Monoklin oder triklin; als Anflug oder als derbe, im Centrum körnige, aussen radialfaserige Partieen. U. d. M. erscheinen die Fasern als sechsseitige Prismen (∞P ca. 125^0); Auslöschung 6—9^0 gegen die Prismenkante geneigt. H. $= 3...4$; G. $= 2,66$; smaragdgrün bis blaulichgrün, Strich etwas lichter. — Chem. Zus.: 43,24 Kupferoxyd, 43,07 Wismuthoxyd, 30,43 Arsensäure (in ganz geringer Menge Phosphorsäure), 44,07 Wasser, ausserdem 4,52 Eisenoxydul, 0,83 Kalk; daraus leitet *Schrauf* die Formel Cu^{20}Bi^{2}As^{10}$\blacksquare^{44}$O^{70} ab. In gewässerter Salpetersäure bedeckt sich das Mineral fast unverzüglich mit einer neugebildeten Schicht von darin unlöslichem weissem glänzendem Wismutharseniat, während das vorhandene Kupferarseniat vollkommen in Lösung geht. Beim Glühen schwärzlichgrün werdend. — Auf gelbem Wismuthocker im Geistergang zu Joachimsthal (Z. f. Kryst. IV. 4880. 277); zu Wittichen (nach *Sandberger*).

398. **Rhagit,** *Weisbach.*

Mikrokrystallinisch in isolirten und traubenförmig gruppirten Kügelchen von weinbeer-

---

[1]) Phosphorchalcit, Ehlit und Dihydrit gehören nach *Schrauf* zusammen und bilden die Gruppe des **Lunnits**. Die krystallisirten Lunnitvarietäten (auf deren morphologische Verhältnisse sich das beim Phosphorchalcit Angeführte bezieht) besitzen nach ihm in überwiegender Menge die Zusammensetzung des **Dihydrits** (Cu^{5}P^{2}H^{4}O^{42}) mit dem relativ kleinsten Wassergehalt und dem grössten G. $= 4,4$, und zeigen bei 200^0 keinen Glühverlust; es sind theils isolirte Individuen, theils kugelige Krystallaggregate. Die meisten nierförmigen, concentrisch-schaligen malachitähnlichen Massen, von ihm als **Pseudomalachit** zusammengefasst und mit unrichtigem Gebrauch des Wortes als amorph bezeichnet, seien wechselnde **Gemische** von Cu^{6}P^{2}H^{6}O^{44} (Phosphorchalcit), Cu^{5}P^{2}H^{6}O^{43} (Ehlit) und Cu^{5}P^{2}H^{4}O^{42} (Dihydrit) in binärer oder ternärer Combination; sie zeigen schon bei 200^0 einen wägbaren Glühverlust und haben G. $= 4,2$. Die lichtgraugrünen strahlig-faserigen mürben (H. $= 2$) Vorkommnisse von Ehl seien **zersetzte Dihydrite** und enthalten Kupfersilicat; letztere zersetzte Varr. will *Schrauf* als **Ehlit** bezeichnen. — Dagegen lässt sich indessen einwenden, dass, wenn das Vorkommen von Ehl nur zersetzter Dihydrit ist, es ja gar kein als selbstständig und ursprünglich bekanntes Kupferphosphat Cu^{5}P^{2}H^{6}O^{43} gibt; und auch das Kupferphosphat Cu^{6}P^{2}H^{6}O^{44} ist dann als solches nicht bekannt, wenn der Phosphorchalcit, welchem seine Zusammensetzung aus demselben bisher zugeschrieben wurde, gar nicht dieses, sondern das Phosphat des Dihydrits enthält. Die Gruppe der malachitähnlichen Lunnite kann daher nicht wohl, wie *Schrauf* sagt, »mit den Plagioklasen verglichen« werden, denn bei letzteren sind die Grundsubstanzen als solche wohlbekannt und analysirt. Auch *Edw. Dana* nennt diese Ansichten *Schrauf's* »a very artificial hypothesis«.

grüner Farbe, die glatte Oberfläche schwach wachsartig glänzend; H.= 5; G.= 6,82; Strich weiss. — Die Analyse von *Winkler* ergab nach Abrechnung einiger Verunreinigungen ein wasserhaltiges Arseniat von Wismuthoxyd, von der empirischen Formel $5\ddot{B}i^2 O^3$, $2\ddot{A}s^2 O^5$, $8\dot{H}^2\dot{O}$. welche erfordert 79,88 Wismuthöxyd, 15,74 Arsensäure, 4,98 Wasser; *Rammelsberg* berechnet 9 Mol. Wasser. In Salzsäure leicht, in Salpetersäure schwer löslich; beim Erhitzen im Kolben decrepitirend und unter Wasserabgabe zu einem isabellgelben Pulver zerfallend; v. d. L. auf Kohle schmelzend. — Das Mineral findet sich, stets von Walpurgin begleitet, mit Uranerzen auf der Grube Weisser Hirsch bei Neustädtel unweit Schneeberg.

399. Troegerit, *Weisbach.*

Monoklin; β = ca. 80° nach *Schrauf*, welcher $\infty P\infty$, $\infty P\infty$, $2P\infty$, $-2P\infty$, $-\frac{1}{2}P$, $2P$, $\infty P2$ beobachtete. A.-V. ungefähr 0,70 : 1 : 0,42. Krystalle von gypsähnlichem Habitus, dünn, tafelförmig, vollkommen spaltb. klinodiagonal; G. = 3,22; citrongelb. — Die Analyse von *Winkler* ergab: $2\dot{U}O^3$, $As^2 O^5$, $12\dot{H}^2\dot{O}$, was erfordert 65,97 Uranoxyd, 17,55 Arsensäure, 16,48 Wasser. — Mit Walpurgin, Zeunerit u. a. Uranerzen ebenfalls auf der Grube Weisser Hirsch bei Schneeberg.

b) Phosphate und Arseniate mehrer Metalle.

400. Struvit, *Ulex.*

Rhombisch, doch ausgezeichnet hemimorphisch, bisweilen auch hemiëdrisch. Eine der gewöhnlichsten Krystallformen ist die nachstehende. A.-V. = 0,5626 : 1 : 0,9163. Die Krystalle kommen meist vollständig, doch am unteren Ende etwas

Am oberen Ende sind ausgebildet die Flächen		dagegen die Flächen am unteren Ende	
$a = \check{P}\infty$	63° 7′	$m = \frac{1}{2}\check{P}\infty$	123°
$c = \bar{P}\infty$	95 0	$o = 0P$	
$b = 4\check{P}\infty$	30 32		
$n = \infty\bar{P}\infty$			

unregelmässig ausgebildet vor; Spaltb. basisch vollk., brachydiagonal ziemlich vollk.: H. = 1,5...2; G. = 1,66...1,75; farblos, meist gelb oder lichtbraun gefärbt, glasglänzend, halbdurchsichtig bis undurchsichtig; nach *Hausmann* polar-thermoelektrisch, am unteren Ende liegt der negative, am oberen der positive Pol; optische Axenebene die Basis, die spitze Bisectrix fällt in die Brachydiagonale. — Chem. Zus.: wasserhaltiges phosphorsaures Ammonium-Magnesium, $\ddot{A}m\ddot{M}g\ddot{P}O^4 + 6\dot{H}^2\dot{O}$, mit 10,63 Ammoniak, 16,32 Magnesia, 28,97 Phosphorsäure, 44,08 Wasser. — Vorkommen in einer aus Viehmist gebildeten Moorerde unter der Nikolaikirche in Hamburg, in den Abzugscanälen der Kaserne in Dresden, zu Braunschweig in einer Düngergrube; auch in einer Guanoschicht in den Skiptonhöhlen bei Ballarat in Australien und im Guano an den Küsten Afrikas, daher auch Guanit genannt.

Anm. Nach *Sadebeck* misst an den Krystallen von Hamburg $\check{P}\infty$ 63° 44′, $\check{P}\infty$ 95° 16′, $a : c = 112° 56\frac{1}{4}$′; $4\check{P}\infty$ sei nur eine Scheinfläche, dagegen trete am unteren Ende zwischen n und o bisweilen noch $2\check{P}\infty$ auf; die Basis fehlt auch dem oberen Krystallende nicht ganz; auch erwähnt er das vollflächige verticale Prisma $\infty P2$, dessen Auftreten in Verbindung mit ausgedehntem Brachypinakoid einen besonderen Habitus der Krystalle erzeugt. Er beschreibt auch die schon von *Marx* erwähnten, ganz denen des Kieselzinks analogen Zwillinge, bei welchen zwei Individuen bald mit ihren unteren, bald mit ihren oberen Enden in der Fläche 0P aneinandergewachsen sind, und schliesst ferner aus den erhaltenen Aetzfiguren, dass der Struvit nicht hemiëdrisch sei (*Tschermak's* Mineralog. Mitth., 1877. 173).

401. Arseniosiderit, *Dufrénoy.*

Mikrokrystallinisch, kugelige Aggregate von faseriger Textur, die faserigen Individuen leicht trennbar; H. = 1...2; G. = 3,8...3,9 (nach *Dufrénoy* 3,52); bräunlichgelb, an der Luft dunkelnd; seidenglänzend. — Nach *Rammelsberg's* Analyse ergibt das Mineral empirisch $2\dot{C}aO$, $3(\ddot{Fe}^2)O^3$, $2\ddot{A}s^2 O^5$, $6\dot{H}^2\dot{O}$, was man deuten kann als $(Ca^3 Fe^2)[As O^4]^4 + 2(Fe^2)[O\ddot{H}]^6$, mit

13,81 Kalk, 39,47 Eisenoxyd, 37,84 Arsensäure, 8,88 Wasser; eine Analyse von *Church* stimmt damit ziemlich überein; v. d. L. schmilzt er leicht, und gibt dabei die Reactionen auf Arsen und Eisen; in Salzsäure vollständig löslich. — Romanèche bei Mâcon auf Manganerz; auch zu Schneeberg nach *E. Bertrand.*

Anm. Der kastanienbraune Delvauxit von Visé in Belgien, Leoben in Steiermark, Nenacovic in Böhmen ist nach den Analysen von *C. v. Hauer* ein ähnliches wasserhaltiges Phosphat von Eisenoxyd und Kalk.

402. Chalkosiderit, *Maskelyne.*

Triklin, nach *Maskelyne;* hellgrüne Krystalle von G. = 3,108; die Analyse von *Flight* ergab: 30,54 Phosphorsäure, 42,84 Eisenoxyd, 4,45 Thonerde, 8,15 Kupferoxyd, 45,0 Wasser. — Cornwall (Journ. of Chemical Soc. [2]. XIII. 586).

403. Lazulith, *Karsten* (Blauspath).

Monoklin, nach den Bestimmungen von *Prüfer;* $\beta = 88^\circ 2'$, $\infty P\ 91^\circ 30'$, P (c) $99^\circ 40'$, —P (b) $100^\circ 20'$, $\bar{P}\infty$ (l) $30^\circ 22'$, —$\bar{P}\infty$ (d) $29^\circ 25'$, —$\frac{1}{4}$P $115^\circ 30'$. A.-V. $= 0,9747 : 1 : 1,6940$. Die bei-stehende Figur stellt eine der ein-fachsten Combinationen dar; an-dere sind z. Th. sehr complicirt; der allgemeine Habitus der Kry-stalle ist theils pyramidal durch P und —P, theils tafelartig wenn

$$-P.P. -\bar{P}\infty . \bar{P}\infty . 0P. \infty \bar{P}\infty$$
$$b \quad c \quad d \quad l \quad a \quad f$$

$b : b = 100^\circ 20'$ $d : a = 121^\circ 23'$
$c : c = \quad 99\ 40$ $l : a = 118\ 24$
$b : c = 135\ 25$ $d : b = 140\ 10$

0P, theils säulenförmig wenn die Hemipyramide —P (b) sehr vorwaltend ausgebildet ist; doch kommen deutliche und schön entwickelte Krystalle äusserst selten vor; zu den schönsten gehören die vollständig ausgebildeten, in Quarzit eingewachsenen Krystalle aus Georgia; gewöhnlich findet sich der Lazulith nur derb oder eingesprengt, in individuali-sirten Partieen und in körnigen Aggregaten. *Prüfer* beschreibt auch Zwillingskrystalle; die Zwillings-Ebene ist die Fläche $\infty\bar{P}\infty$, und die Zwillinge bestehen aus zwei symme-trischen Hälften, welche einen scheinbar einfachen Krystall bilden; weit seltener sind Zwillinge nach einer Fläche der Pyramide —$\frac{1}{4}$P. — Spaltb. prismatisch nach ∞P, unvoll-kommen, Bruch uneben und splittrig; H. = 5...6; G. = 3...3,12; eigentlich farblos, aber fast immer blau gefärbt, indigoblau, berlinerblau, smalteblau bis blaulichweiss; Strich farblos; Glasglanz; in Kanten durchscheinend. Ebene der optischen Axen nach *Des-Cloi-seaux* im Klinopinakoid, die negative Bisectrix bildet im spitzen Winkel β mit der Ver-ticalaxe $9\frac{1}{2}^\circ$. — Chem. Zus. nach *Fuchs, Rammelsberg, Smith, Brush* und *Igelström*: wasserhaltiges Thonerde-, Magnesia-, Eisenoxydul-Phosphat; die Analysen ergeben $\dot{R}\dot{\dot{O}}$, $(\ddot{Al}^2)\ddot{O}^3$, $\ddot{P}^2\dot{O}^5$, $\ddot{H}^2\dot{O}$, oder $\dot{R}(\ddot{Al}^2)[\ddot{O}\ddot{H}]^2[\ddot{P}\dot{O}^4]^2$, worin R = Mg und Fe in sehr ver-schiedenem Verhältniss (aber Mg immer vorwaltend); der Gehalt an Phosphorsäure be-trägt 43 bis 45, der an Thonerde 33 bis 34, der an Wasser ca. 6 pCt.; der dunkel-blaue Lazulith hält 6 bis 10, der hellblaue sogenannte Blauspath nur 1 bis 3 pCt. Eisenoxydul. Im Kolben gibt er Wasser und entfärbt sich, wird jedoch, mit Kobalt-solution geglüht, wieder blau; auf Kohle schwillt er an, wird etwas blasig, schmilzt aber nicht; die Flamme färbt er schwach grün; von Säuren wird er nur wenig ange-griffen, nach vorgängigem Glühen aber fast gänzlich gelöst. — Fressnitzgraben bei Krieglach und Fischbacher Alpe in Steiermark, Rädelgraben bei Werfen in Salzburg, Zermatt in Wallis, Horrsjöberg in Wermland, Sinclair-County in Nordcarolina, hier mit Cyanit in grosser Menge, am Graves Mountain in Lincoln-County in Georgia, in Quarzit oder Itacolumit reichlich eingewachsen.

404. Childrenit, *Brooke.*

Rhombisch; P Polkk. $101^\circ 48'$ und $130^\circ 10'$, Mittelk. $98^\circ 44'$ nach *Cooke;* A.-V. $= 0,6758 : 1 : 0,6428$; gewöhnliche Form wie nebenstehende Figur $P.2\bar{P}\infty.\infty\bar{P}\infty$ (e, a und P); meist die Grundform oder die Pyramide $\frac{1}{4}$P, bisweilen auch die Basis sehr vorherrschend und dann dick tafelartig. Krystalle einzeln aufgewachsen und zu drusigen Ueberzügen verbunden. — Spaltb. pyramidal nach P, unvoll-kommen; H. = 4,5...5; G. = 3,25...3,28 nach *Rammelsberg*, 3,484 nach *Kenn-gott;* gelblichweiss, wein- bis ockergelb, auch gelblichbraun bis fast schwarz;

pleochroitisch; Glasglanz fettartig; durchscheinend. — Den Childrenit analysirten früher *Rammelsberg* und *Church*, zuletzt *Penfield*; letzterer erhielt 24,17 Thonerde, 26,54 Eisenoxydul, 4,87 Manganoxydul, 4,24 Kalk, 30,19 Phosphorsäure, 15,37 Wasser, woraus sich die empirische Formel R²(Al²) P²O¹⁰+4H²O ableitet, also ganz analog mit der des Eosphorits, welcher sich nur durch das Ueberwiegen des Manganoxyduls vor dem Eisenoxydul unterscheidet V. d. L. färbt er die Flamme blaugrün, schwillt etwas an, ist unschmelzbar (nach *Brush* schwer schmelzbar), gibt aber die Reaction auf Eisen und Mangan. In Salzsäure schwer löslich. — Tavistock in Devonshire, Crinnisgrube bei St. Austell in Cornwall mit Eisenspath. Quarz und Kupferkies, Hebron im Staat Maine in derbem Apatit.

405. Eosphorit, *Brush* und *E. Dana.*

Rhombisch; P (*p*) Polk. 433° 32′ und 148° 58′; ∞P (*i*) 404° 49′; ausserdem noch, wie in

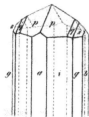

beistehender Figur, ∞P̄∞ (*a*), ∞P̆∞ (*b*), ∞P̌2 (*g*), ½P̌⅓ (*q*) und 2P̌2 (*s*) mit den Polk. 430° 26′ und 98° 42′. A.-V. = 0,7768 : 4 : 0,54502. Krystalle klein, gewöhnlich nicht sehr vollkommen und nur an einem Ende ausgebildet; Prismenflächen fein gestreift; auch in derben Massen und ganz dichten Aggregaten. — Spaltb. makrodiagonal vollkommen. H. = 5; G. = 3,134; blassroth bis ganz farblos, auch durch fremde Einmengungen (von Dickinsonit) grünlich. Glasglanz, fettartig. Ebene der optischen Axen ∞P̄∞, die Makrodiagonale ist spitze Bisectrix; Doppelbrechung negativ; deutlich pleochroitisch. — Die Analysen von *Penfield* ergaben im Mittel: 34,05 Phosphorsäure. 22,19 Thonerde, 7,40 Eisenoxydul, 23,51 Manganoxydul, 0,54 Kalk. 0,83 Natron, 45,60 Wasser, woraus sich die empirische Formel R²(Al²) P²O¹⁰+4H²O ableitet, also ganz analog mit der des Childrenits, bei welchem blos MnO über FeO überwiegt. Decrepitirt beim Erhitzen und gibt Wasser; v. d. L. färbt er die Flamme blassgrün und schmilzt ziemlich schwer zu einer schwarzen magnetischen Masse. Löslich in Salpetersäure und Salzsäure. — Begleitet von anderen Manganphosphaten auf Nestern im Albit des Granits von Branchville in Fairfield County, Connecticut (Z. f. Kr. II. 529; IV. 72 und 615).

Anm. Nach *Brush* und *E. S. Dana* ist der Eosphorit völlig isomorph mit dem Childrenit, wie sich dann ergibt, wenn das Brachydoma 2P̄∞ (*a*) bei dem letzteren (404° 44′) zum Grundprisma gewählt wird; P (*e*) des Childrenits entspricht alsdann 2P̌2 (*s*) des Eosphorits. Der Childrenit erhält dann das A.-V. = 0,7899 : 4 : 0,4756.

406. Lirokonit, *Haidinger* (Linsenerz).

Monoklin, wie *Breithaupt* schon erkannte und *Des-Cloizeaux* bestätigte; β = 88° 32′. ∞P 64° 84′ (also *d* : *d* = 448° 29′), P̄∞ (*o*) 74° 24′ nach Letzterem; A.-V. = 4,6809 : 4 : 4,3490, gewöhnlich gerade so ausgebildet wie die rhombische Comb. ∞P.P̄∞ (*d* und *o*), kurz säulen-

förmige oder rectangulär pyramidal; die Flächen beider Formen sind ihren Combinationskanten parallel gestreift; Krystalle klein, zu Drusen vereinigt, auch derb und eingesprengt. — Spaltb. prismatisch, unvollk.; H. = 2...2,5; G. = 2,83...2,93; himmelblau bis spangrün; Strich lichter; Glas- und Fettglanz; durchscheinend. Optische Axenebene normal auf ∞P̄∞ und etwa 25° gegen die Klinodiagonale geneigt; die spitze Bisectrix fällt in die Orthodiagonale. — Die sehr übereinstimmenden Analysen von *Trolle-Wachtmeister*, *Hermann* und *Damour* führen auf das sehr complicirte Verhältniss 18 CuO, 4 (Al²)O³, 5 As²O⁵, 60 H²O, wofür vielleicht 4 CuO, (Al²)O³, As²O⁵, 42 H²O zu setzen; etwas Phosphorsäure (3 bis 4 pCt.) stets vorhanden; die Arsensäure beträgt ca. 23, Kupferoxyd 37 bis 39, Thonerde 9 bis 44, Wasser 25 bis 26 pCt. Im Kolben zerknistert er nicht, gibt Wasser, wird grün, fängt dann an zu glühen und erscheint darauf braun; in der Zange schmilzt er und färbt die Flamme blaulichgrün; auf Kohle schmilzt er unter Arsengeruch zu dunkelbrauner Schlacke mit einzelnen Kupferkörnern. Löslich in Säuren, sowie in Ammoniak. — Cornwall, Herrengrund in Ungarn.

407. Chalkophyllit, *Breithaupt*, oder Kupferglimmer, *Werner*.

Rhomboëdrisch, R 69° 48′ (*P*) nach *Miller*; A.-V. = 4 : 2,5386; die Krystalle stets tafelartig durch Vorherrschen von 0R (*o*), welches seitlich durch die Flächen von R begrenzt wird,

kleine Drusen, auch derb in blätterigen Aggregaten. — Spaltb. basisch, sehr vollk.; mild; H. = 2; G. = 2,4...2,6; bläulich-, smaragd- bis spangrün, Strich hellgrün, Perlmutterglanz auf 0R; durchsichtig bis durchscheinend; Doppelbrechung negativ. — Die Analysen von *Hermann*, *Damour* und *Church* weichen so von einander ab, dass eine gemeinsame Formel für dies thonerdehaltige Kupferarseniat noch nicht aufzustellen ist; sie ergeben: Arsensäure 16 bis 21, Kupferoxyd 44 bis 53, Thonerde 2 bis 6, Wasser 23 bis 32 pCt; auch ist etwas Phosphorsäure und Eisenoxyd vorhanden. Zerspringt im Kolben heftig, wird schwarz und gibt viel Wasser; auf Kohle schmilzt er unter Entwickelung von Arsendämpfen zu grauem sprödem Metallkorn, welches mit Soda umgeschmolzen reines Kupfer wird; in Säuren und in Ammoniak leicht löslich. — Redruth in Cornwall, Saida in Sachsen, Sommerkahl im Spessart, Nischne Tagilsk am Ural.

408. Kalkuranit, oder Uranit (Uranglimmer z. Th., Autunit).

Rhombisch nach *Des-Cloizeaux*; $\infty P \doteq 90^\circ 43'$, P Mittelkante $= 127^\circ 32'$, also $0P : P = 116^\circ 14'$, $0P : 2\bar{P}\infty = 109^\circ 6'$, $0P : 2\breve{P}\infty = 109^\circ 19'$; hiernach weichen die Formen in ihren Dimensionen nur wenig ab von tetragonalen Formen; A.-V. = 0,9876 : 1 : 1,4265; die Krystalle erscheinen daher sehr ähnlich denen des Kupferuranits, fast immer tafelartig durch Vorwalten des Pinakoids 0P, welches seitlich entweder durch ∞P oder durch P, oder auch durch die beiden im Gleichgewicht ausgebildeten Domen $2\bar{P}\infty$ und $2\breve{P}\infty$ begrenzt wird, welche letztere beide Formen dann scheinbar eine tetragonale Pyramide bilden; auch kommen Zwillingskrystalle vor nach dem Gesetz: Zwillings-Ebene eine Fläche von ∞P; das Pinakoid ist bisweilen brachydiagonal gestreift. Die Krystalle sind meist stumpfkantig, einzeln aufgewachsen oder zu kleinen Drusen vereinigt. — Spaltb. basisch höchst vollk., auch zufolge *Brezina* nach $\infty \bar{P}\infty$ und $\infty \breve{P}\infty$ vollk.; nach ∞P deutlich; mild; H. $= 1...2$; G. $= 3...3,2$; zeisiggrün bis schwefelgelb; Strich gelb; Perlmutterglanz auf 0P; durchscheinend, optisch-zweiaxig. — Die Analysen von *Berzelius, Werther* und *Winkler* ergeben: $Ca[U^2]^2[P^4]^2 + 8\,H^2O$ (phosphorsaures Uranyl-Calcium), mit 62,77 Uranoxydul, 6,09 Kalk, 15,46 Phosphorsäure, 15,68 Wasser. Allein eine ältere Analyse von *Laugier* und eine neuere von *Pisani* hatten einen viel grösseren Wassergehalt (20 pCt. und mehr) geliefert, und neuerdings hat *Church* bewiesen, dass Krystalle von Autun und Cornwall schon beim Aufbewahren an trockener Luft oder beim Erwärmen bis auf 20° einen Theil ihres Wassers verlieren und trübe werden. Der Kalkuranit enthält daher ursprünglich, wie auch *Rammelsberg* hervorhebt, 10 Mol. Wasser (18,87 pCt.), und *Berzelius, Werther* und *Winkler* haben Krystalle untersucht, welche schon ⅕ ihres Wassergehalts eingebüsst hatten (vielleicht kommen 12 Mol. Wasser der Wahrheit noch näher). Der ursprüngliche Kalkuranit besitzt deshalb bei sonst analoger Zusammensetzung nicht denselben Wassergehalt wie der Kupferuranit (8 Mol.), weshalb er auch nicht mit ihm isomorph zu sein braucht [1]. Im Kolben gibt er Wasser und wird strohgelb, auf Kohle schmilzt er zu einer schwarzen Masse von halbkrystallinischer Oberfläche, mit Soda bildet er eine gelbe unschmelzbare Schlacke; in Salpetersäure löslich, die Solution gelb; auch wird er nach *Werther* von kohlensaurem Ammoniak zersetzt. — Johanngeorgenstadt, Eibenstock und Falkenstein in Sachsen, Cornwall, Autun in Frankreich, Chesterfield in Massachusetts, Philadelphia.

Anm. 1. *Des-Cloizeaux* hat den früher angenommenen Isomorphismus mit Kupferuranit widerlegt. *Breithaupt* erklärte sich jedoch gegen die Annahme rhombischer Krystallformen für den Kalkuranit, und führt unter anderen Gegengründen auch die Thatsache an, dass bisweilen beide Uranite in paralleler Verwachsung vorkommen, indem der Kalkuranit einen Rahmen um die Krystalle des Kupferuranits bildet (Mineralogische Studien, 1856, S. 6). Allein diese Erscheinung kann nicht gegen die Differenz der Krystallsysteme beider verwerthet werden, indem z. B. monokliner und trikliner Feldspath ganz dieselbe Verwachsung häufig darbieten. Dennoch ist die Annäherung der Dimensionen des Kalkuranits an das tetragonale System bemerkenswerth.

---

[1] *Groth* ist dagegen der Ansicht, dass das Mehr an Wasser bei dieser so vollkommen spaltbaren dünnblätterigen Substanz hygroskopisch vorhanden sei, und der eigentliche Wassergehalt in der That nur 8 Mol. betrage, worauf allerdings auch die nahen krystallographischen Beziehungen zum Kupferuranit verweisen. Doch muss es bei dieser Auffassung sehr befremden, dass nicht auch der Kupferuranit manchmal ein Mehr an Wasser ergibt, da er nicht minder vollkommen spaltbar ist.

Anm. 2. Nach *Brezina* sind zeisiggrüne, 1 bis höchstens 2 Mm. lange, 0,4 bis höchstens 1 Mm. breite (nicht analysirte) Kalkuranit-Kryställchen von der Grube Himmelfahrt bei Johanngeorgenstadt monoklin (oder triklin); Z. f. Kryst. III. 273.

409. Uranospinit, *Weisbach.*

Zeisiggrüne schuppige Krystalle von scheinbar tetragonaler, jedoch ihren optischen Verhältnissen nach rhombischer Form (höchst wahrscheinlich isomorph mit Kalkuranit); sie bilden vorwiegend Combinationen von 0P mit zwei Domen, ½P∞ und ½P∞, deren Neigung gegen 0P (121°28′) indess so nahe gleich ist, dass sie durch Messung nicht unterschieden werden können. Spaltb. basisch höchst vollk., nach dem Protoprisma deutlich; G. = 3,45. Die Analyse von *Winkler* ergab 59,18 Uranoxydul, 5,47 Kalkerde, 19,87 Arsensäure und 16,19 Wasser; das Mineral ist daher das dem Kalkuranit entsprechende Arseniat (arsensaures Uranyl-Calcium), $Ca[UO^2]^2[AsO^4]^2$ mit 8 Mol. Wasser, und verhält sich (abgesehen davon) zu dem Kalkuranit gerade so, wie der Zeunerit zu dem Kupferuranit; es findet sich mit Zeunerit, Trögerit, Walpurgin auf der Grube Weisser Hirsch zu Neustädtel unweit Schneeberg.

410. Uranocircit, *Weisbach.* Baryumuranit.

Gelblichgrüne Krystalle, entschieden optisch-zweiaxig und wahrscheinlich rhombisch, isomorph mit Uranospinit; Spaltb. basisch höchst vollk., nach dem Protoprisma deutlich; opt. Axenwinkel 15—20°, spitze Bisectrix die Verticalaxe; G. = 3,53. Die Analyse von *Winkler* ergab: 56,86 Uranoxydul, 14,57 Baryt, 15,16 Phosphorsäure, 13,99 Wasser, also das entsprechende Baryum-Uranyl-Phosphat, $Ba[UO^2]^2[PO^4]^2 + 8H^2O$; von den 8 Mol. Wasser entweichen nach *A. H. Church* 6 bei 100° C. oder beim Aufbewahren des feinen Pulvers über Schwefelsäure, während die beiden letzten Mol. nur durch starkes Erhitzen ausgetrieben werden können. — Gegend von Bergen bei Falkenstein im Sächs. Voigtland; früher für Kalkuranit gehalten.

411. Kupferuranit, Torbernit oder Chalkolith, *Werner* (Uranglimmer z. Th.).

Tetragonal, P (*P*), Mittelkante 142° 8′ nach *v. Kokscharow* (142° 44′ nach *Hessenberg*). ½P 88° 22′ und P∞ (*p*) 128° 14′; in den Formen und Combinationen sehr ähnlich dem Kalkuranit, nur sind die Krystalle mehr scharfkantig und glänzender.

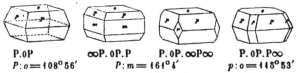

P.0P   ∞P.0P.P   P.0P.∞P∞   P.0P.P∞
P : o = 108° 56′   P : m = 161° 4′   p : o = 115° 53′

Meist sind die Krystalle sehr dünn tafelartig, klein und sehr klein, einzeln aufgewachsen oder zu kleinen Drusen verbunden. — Spaltb. basisch, höchst vollk., nach *Mügge* auch deuteroprismatisch recht vollk.; etwas spröd; H. = 2...2,5; G. = 3,5...3,6; gras- bis smaragdgrün, auch spangrün, Strich apfelgrün; Perlmutterglanz auf 0P; durchscheinend, optisch-einaxig, nach *Breithaupt* jedoch zweiaxig; Doppelbrechung negativ. — Chem. Zus. nach den Analysen von *Phillips, Berzelius, Werther, Pisani, Winkler*. ein dem Kalkuranit analoges Doppelphosphat von Kupfer und Uran (phosphorsaures Uranyl-Kupfer), aber mit nur 8 Mol. Wasser, $Cu[UO^2]^2[PO^4]^2 + 8H^2O$, mit 61,21 Uranoxydul, 8,42 Kupferoxyd, 15,08 Phosphorsäure, 15,29 Wasser. Im Gegensatz zum Kalkuranit verliert der Kupferuranit im Vacuum oder an trockener Luft kein Wasser (nach *Church*); bei 100° entweichen 11,1 pCt. Wasser. *Winkler* fand auch etwas Arsensäure, was auf eine Mischung mit Zeunerit verweist. Auf Kohle mit Soda gibt er ein Kupferkorn, und mit Phosphorsalz und etwas Zinn die Reaction auf Kupfer; mit Salzsäure befeuchtet färbt er die Flamme blau; löslich in Salpetersäure, Sol. ist gelblichgrün; mit Kalilauge gekocht wird er braun, und von kohlensaurem Ammoniak zersetzt. — Johanngeorgenstadt, Eibenstock, Schneeberg, Joachimsthal, Cornwall, hier an vielen Orten, besonders schön bei Callington und Redruth; St. Yrieix bei Limoges.

Anm. 1. Fritzscheit nennt *Breithaupt* ein ähnlich krystallisirtes und zusammengesetztes Mineral, welches jedoch röthlichbraun ist und statt Kupferoxyd Manganoxydul enthält;

die sehr seltenen Krystalle fanden sich, mit einem Rahmen von Kalkuranit eingefasst, bei Neudeck in Böhmen, bei Johanngeorgenstadt und Elsterberg.

Anm. 2. Wählt man die in der letzten Fig. abgebildete seltene Pyramide *p* als Protopyramide (wobei das gewöhnliche $P = 2P\infty$ wird), so ergibt der Kupferuranit das A.-V. $= 1 : 1 : 1,4691$, was demjenigen des rhombischen Kalkuranits $0,9876 : 1 : 1,4265$ sehr nahe kommt.

412. Zeunerit, *Weisbach.*

Tetragonal, isomorph mit dem Kupferuranit, welchem er überhaupt täuschend ähnlich ist; P Mittelk. $142° 6'$; $0P : P = 109° 57'$; die Krystalle sind theils tafelartig, theils pyramidal; *Weisbach* gibt die Formen 0P, P und ∞P an, aber auch spitze Pyramiden, welche fast selbstständig ohne die Flächen anderer Formen erscheinen; *Schrauf* erwähnt noch $2P\infty$ und $4P\infty$. — Spaltb. basisch, vollk.; H. $= 2,5$; G. $= 3,53$; grasgrün, auf den Spaltungsflächen perlmutterglänzend, optisch-einaxig nach *Schrauf.* — Chem. Zus. zufolge der Analysen von *Winkler*: das dem Kupferuranit völlig entsprechende Arseniat (arsensaures Uranyl-Kupfer), $Cu [UO^2]^2 [AsO^4]^2 + 8 H^2 O$, mit 55,98 Uranoxydul, 7,70 Kupferoxyd, 22,34 Arsensäure, 13,98 Wasser. Die Krystalle finden sich auf eisenschüssigem Quarz oder auf ockerigem Brauneisen, zugleich mit Uranpecherz, Trögerit und Walpurgin in der Grube Weisser Hirsch zu Neustädtel unweit Schneeberg in Sachsen; auch auf der Geisterhalde bei Joachimsthal kommen sie vor; ferner zu Zinnwald, auf dem St. Anton-Gang bei Wittichen, zu Huel Gorland in Cornwall.

413. Walpurgin, *Weisbach.*

Triklin nach *Weisbach*, $\alpha = 70° 44'$; $\beta = 111° 8'$; $\gamma = 85° 30'$. A.-V. $a : b = 0,686 : 1$; der Habitus der Krystalle ist gypsähnlich und scheinbar monoklin, weil sie sämmtlich Zwillinge zweier, nach ∞P∞ verwachsener tafelartiger Individuen von nahezu gleicher Dicke sind, oben begrenzt von einem scheinbaren Klinodoma, welches von den symmetrisch entgegengesetzt geneigten Basisflächen 0P der beiden an einander gewachsenen Individuen gebildet wird; die verticalen Prismenflächen des Zwillings bilden vorne $107° 42'$, hinten $117° 30'$; die gewöhnlichste Comb. besteht aus ∞P∞, 0P', ∞'P, 0P; auch erscheint ∞P∞. Der Walpurgin wurde von *Schrauf*, anfänglich auch von *Weisbach*, als monoklin angeführt. — Spaltb. ziemlich deutlich nach ∞P∞; dünne spanförmige Krystalle von pomeranzgelber oder wachsgelber Farbe; H. $= 3,5$; G. $= 5,76$; diamant- und fettglänzend. Nach den Analysen von *Winkler* ist der Walpurgin ein Arseniat von Wismuth und Uran; sie liefern als Mittel: 60,39 Wismuthoxyd, 20,42 Uranoxydul, 12,96 Arsensäure, 4,49 Wasser. — Mit Trögerit und Zeunerit ebenfalls auf der Grube Weisser Hirsch unweit Schneeberg.

414. Bleigummi, *v. Leonhard.*

Traubige, nierförmige und stalaktitische Formen von schaliger Zusammensetzung, muscheligem und splitterigem Bruch; nach *E. Bertrand's* optischen Untersuchungen hat das Mineral eine von ihm als sphärolitisch bezeichnete Structur und besteht es aus aggregirten hexagonalen Individuen; H. $= 4...4,5$; G. $= 6,3...6,4$ nach *Berzelius*, 4,88 nach *Dufrénoy*; gelblichweiss in grün, gelb, röthlichbraun verlaufend, fettglänzend, durchscheinend. Es unterliegt keinem Zweifel, dass unter dem Namen Bleigummi verschiedene und schwankende Verbindungen von Bleioxyd, Thonerde, Phosphorsäure und Wasser aufgeführt und analysirt worden sind. Die verschiedenen Analysen verweisen in der That mehr auf unbestimmte Gemenge, als auf bestimmte stöchiometrische Verbindungen. In sechs Analysen von *Damour, Dufrénoy, Berthier* und *Genth* schwankt die Phosphorsäure von 1,40 bis 25,5, das Bleioxyd von 10 bis 78,22, die Thonerde von 2,88 bis 34,32, das Wasser von 1,24 bis 38,0; ausserdem meist ein Gehalt an Chlor (bis 2,85) und ganz geringe Mengen von Schwefelsäure. Im Kolben zerknistert es heftig und gibt Wasser; v. d. L. in der Zange schwillt es an, färbt die Flamme blau, schmilzt aber nur unvollkommen; Soda reducirt das Blei, und Kobaltsolution färbt die Probe blau. — Zu Poullaouen in der Bretagne und zu Nussière bei Beaujeu im Rhônedepartement; Canton-Grube in Georgia.

3. Phosphate, Arseniate, Vanadinate mit Chlor-, resp. Fluorgehalt.

415. Apatit, *Werner.*

Hexagonal, und zwar pyramidal-hemiëdrisch ($\S$ 39); P (x) $80° 37'$, nach *Breit-*

haupt schwankend von 80° bis 81° [1]); A.-V. = 1 : 0,7346; isomorph mit Pyromorphit.
Mimetesit, Vanadinit: die gewöhnlichen Formen sind ∞P (*M*), ∞P2 (*e*), 0P (*P*.
¼P (*r*), 2P ʒ·, auch 2P2 (*s*); die seltenern dihexagonalen Pyramiden und Prismen
erscheinen in der Regel nur mit der Hälfte ihrer Flächen; an gewissen Krystallen von
Pfitsch haben jedoch sowohl *G. vom Rath* als auch *Hessenberg*, an solchen aus dem
Sulzbachthal hat *Klein*, und an anderen von Schlaggenwald hat *Schrauf* die Pyramide
3P¾, und ebenso haben *Kenngott* und *Klein* das Prisma ∞P¾ vollflächig beobachtet,
was übrigens nur der Seltenheit wegen merkwürdig ist, weil ja die complementären
hemiëdrischen Formen einander keineswegs ausschliessen, und, bei gleichzeitiger Ausbildung, ihre holoëdrische Stammform reproduciren. Auch durch die Aetzversuche
Baumhauer's wird der pyramidal-hemiëdrische Charakter des Apatits erwiesen [2]).

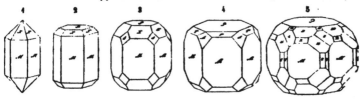

Fig. 1.　∞P.P; besonders am Spargelstein und Moroxit; die Seitenkanten des Pris-
　　　　mas sind oft abgestumpft durch ∞P2.
Fig. 2.　∞P. 0P.P; eine der gewöhnlichsten Combinationen; noch häufiger ohne P.
　　　　und dafür mit abgestumpften Seitenkanten des Prismas, womit eine verticale
　　　　Streifung seiner Flächen verbunden ist; P:x = 139° 41¼'.
Fig. 3.　Die vorige Comb. mit Zutritt der Flächen von 2P2.
Fig. 4.　∞P. 0P. ¼P. 2P2; P:r = 157° 1'.
Fig. 5.　∞P. 0P. P̄. 2 P. 2P2. 3P¾. ∞P¾. P2.∞P2; vom Gotthard, interessant wegen
　　　　der hemiëdrischen Ausbildung der Pyramide 3P¾ (*u*) und des Prismas ∞P¾.·ʻ.

Der Habitus der Krystalle ist meist kurz (selten lang) säulenförmig oder dick tafelartig; die Prismen sind gewöhnlich vertical gestreift; Krystalle einzeln aufgewachsen
und eingewachsen oder zu Drusen vereinigt; auch in eingewachsenen rundlichen
Körnern; derb in individualisirten oder körnig zusammengesetzten, sowie in faserigen
und dichten Massen (Phosphorit). — Spaltb. prismatisch nach ∞P und basisch,
beides unvollk., Bruch muschelig bis uneben und splitterig; spröd; H. = 5; G. =
3,16...3,22; farblos und bisweilen weiss, aber gewöhnlich grün, blau, violett, roth,
grau, doch meist licht gefärbt; die spargelgrünen Varietäten hat man Spargelstein,
die dunkel blaulichgrünen Moroxit genannt; in dem Spargelstein vom Greiner

---

1) Die Bemerkung *v. Kokscharow*'s, dass die Mittelkante der Grundform bei denjenigen
Varietäten, welche kein Chlor enthalten, etwas schärfer ist, als bei jenen, welche chlorhaltig
sind, scheint durch die Untersuchungen *Pusyrewsky*'s bestätigt zu werden. Derselbe ausgezeichnete Beobachter hat fünf Varietäten von verschiedenen Fundorten sehr genau und nach vielen
Richtungen gemessen, und die Neigung von P zu 0P von 139° 42' bis 139° 54', folglich die Mittelkante der Grundform von 80° 12' bis 80° 36' schwankend gefunden (Materialien zur Mineralogie
Russlands, Bd. 5, S. 88). Später gab *Strüver* eine Beschreibung der Formen des Apatits aus
dem Alathal, von Bottino und Baveno; auch beschrieb *Schrauf* neue Formen von verschiedenen
Fundorten, und *Klein* dergleichen aus dem Sulzbachthal (vergl. Neues Jahrb. f. Min. 1868. 604,
1871. 485, 515, 574, und 1872. 424). Messungen an denen aus dem Tavetsch- und Floitenthal gab
Al. Schmidt in Z. f. Kryst. VII. 551.

2) Sitzungsber. d. Bayer. Akad. d. W., 5. Juni 1875. Auch die Flächen der scheinbar
holoëdrischen Combinationen ergeben nach rechts und links unsymmetrische Aetzfiguren, weshalb denn z. B. *M* als ein Tritoprisma ∞Pn, wo n = 1, *x* als eine Tritopyramide Pn, wo n = 1
gelten muss; selbst die Basis zeigt gemäss ihrer Aetzeindrücke einen hemiëdrischen Charakter,
demzufolge sie als eine Tritopyramide *m*Pn gedeutet werden kann, bei welcher *m* = 0 ist. Bei
den isomorphen Pyromorphit und Mimetesit treten auf den Prismenflächen ∞P ebenfalls hemi-
edrische Eindrücke hervor.

im tiroler Zillerthal fand *Sandberger* Einschlüsse von flüssiger Kohlensäure und zu Büscheln gruppirte Amianthfasern, welche beim Lösen in Salpetersäure im biegsamen Zustand zurückblieben. Glasglanz auf Krystallflächen, Fettglanz auf Spaltungs- und Bruchflächen; durchsichtig bis kantendurchscheinend; $n = 1,657$; Doppelbrechung negativ, nicht stark, Dichroismus oft bedeutend, der ausserordentliche Strahl hat eine stärkere Absorption als der ordentliche; viele Varietäten und besonders die Phosphorite leuchten mit farbigem Licht, wenn sie erhitzt werden. — Betreffs der chem. Zusammensetzung sind 2 Grundverbindungen zu unterscheiden, welche in den meisten Apatiten als isomorphe Mischungen zusammen vorkommen, der Chlorapatit und der Fluorapatit, von folgender analoger Constitution [1]:

$$\text{Chlorapatit} = Ca^5Cl[PO^4]^3, \quad \text{Fluorapatit} = Ca^5F[PO^4]^3.$$

Im ersteren beträgt der Chlorgehalt 6,81, der an Phosphorsäure 40,93; im letzteren der Fluorgehalt 3,78, der an Phosphorsäure 42,26 pCt. Reiner Chlorapatit ist nicht bekannt, denn selbst der chlorreichste, ein von *Völker* untersuchter von Kragerö, ergab nur 4,10 Cl. Dagegen sind fast ganz reine Fluorapatite untersucht worden, welche nur eine Spur von Chlor besassen (Pargas, Miask, Canada); der Fluorgehalt in einem von *Faltigl* bei Sterzing betrug nach der Berechnung 3,74 auf 0,05 Chlor, weshalb denn dieser Apatit aus 99,3 der Fluorverbindung und 0,7 der Chlorverbindung gemischt erscheint. *Völker* fand selbst in einem und demselben Krystall den Chlorgehalt nicht unbedeutenden Schwankungen unterworfen: er erhielt so Werthe von z.B. 1,44, 2,64, 1,37 pCt. Chlor. Manche Apatite enthalten etwas Eisenoxyd oder Magnesia; *Weber* wies im A. von Snarum etwas Ceroxyd und Yttererde nach, welche vielleicht von eingeschlossenem Kryptolith herrühren. Manganhaltige Apatite lehrte *Penfield* von Branchville in Connecticut kennen; in einem sehr dunkelgrünen vom G.$= 3,39$ fand er sogar 10,59 Manganoxydul als Ersatz für Kalk; auch *Sandberger* gibt in einem A. von Zwiesel 3,04 desselben an. Die häufig eingetretene Zersetzung der Apatite wird durch die Aufnahme von Kohlensäure und Wasser eingeleitet. An der Schischimskaja Gora bei Slatoust nach *Jeremejew* in Serpentin verwandelt; *v. Zepharovich* beschrieb eine merkwürdige Umwandlungspseudomorphose von Kallait nach Apatit aus Californien. — V. d. L. ist er nur schwer in dünnen Splittern schmelzbar; erhitzt man das mit Schwefelsäure befeuchtete Pulver im Oehr des Platindrahts, so färbt sich die Flamme blaulichgrün; von Phosphorsalz wird er in grosser Menge gelöst zu klarem Glas, welches bei ziemlicher Sättigung während der Abkühlung unklar wird und einzelne Krystallflächen zeigt; Borsäure löst ihn schwierig, und gibt mit Eisendraht Phosphoreisen; mit Phosphorsalz und Kupferoxyd erfolgt die Reaction auf Chlor, mit Phosphorsalz im Glasrohr oder mit Schwefelsäure die auf Fluor, die Kalkerde ist nur auf dem nassen Wege nachzuweisen. Nach *Forchhammer* löst sich der Apatit leicht in geschmolzenem Kochsalz, was ein gutes Mittel zur Nachweisung eines geringen Phosphorsäuregehalts in vielen Gesteinen gewähren soll. Löslich in Salzsäure und Salpetersäure. — Der eigentliche Apatit findet sich auf den Zinnerzgängen zu Ehrenfriedersdorf, Zinnwald und Schlaggenwald, ebenso in Cornwall; ferner am Gotthard; Zillerthal, Floitenthal und Sulzbachthal in Tirol, zu Arendal, Snarum und Kragerö in Norwegen, Gellivara, am Cabo de Gata; Hammond in New-York, fast fussgrosse Krystalle, und Hurdstown in New-Jersey, als bedeutendes Lager; bei South-Burgess und Elmsley in Canada in körnigem Kalkstein, sehr reichlich und in bis fussgrossen Krystallen, aber auch in einem selbständigen Lager, welches 10 Fuss mächtig ist und abgebaut wird; Ottawa County (Quebec) in mehre Fuss langen, über

---

[1] Vielfach wird die Formel des Chlorapatits (und entsprechend die des Fluorapatits) auch geschrieben $3 Ca^3[PO^4]^2 + CaCl^2$; doch ist es, wie *Groth* mit Recht hervorhebt, gar nicht wahrscheinlich, dass hier eine Molekularverbindung von Calciumphosphat mit Chlorcalcium vorliegt; die oben angeführte Formulirung gestattet, den Apatit abzuleiten von 2 Molekülen Orthophosphorsäure $3 H^3[PO^4]$, von deren 9 H acht durch 4 Ca, eines durch die einwerthige Gruppe CaCl ersetzt werden (*Groth*); die Formel müsste daher eigentlich $Ca^4[CaCl][PO^4]^3$ lauten.

4 Fuss dicken, mehre Centner schweren Krystallen; als accessorischer, gewöhnlich nur
mikroskopisch wahrnehmbarer Gemengtheil in den meisten massigen und schieferigen
krystallinischen Gesteinen, längere, stets frische Prismen mit grellem Querschnitt, mitunter mit zahlreichen staubähnlichen Einschlüssen, durch Absonderung nach O P in
einzelne Gliedchen zerbrochen, vielfach auch als Einschluss in Biotit, Hornblende,
Augit; der Ph o s p h o r i t zu Logrosan in Estremadura, bei Amberg und Pilgramsreuth,
hier als erdiger Phosphorit dünne Schichten im Tertiär bildend, in Nassau; auch
kommen Knollen von Phosphorit hier und da in der Kreideformation vor. Die schönsten
Varietäten des Phosphorits sind wohl diejenigen, welche bei Staffel, unweit Limburg
an der Lahn, in hellgrünen, traubigen und nierförmigen mikrokrystallinischen Aggregaten vorkommen, und von *Stein* unter dem Namen S t a f f e l i t als ein besonderes Mineral eingeführt worden sind, weil sie bis zu 9 pCt. kohlensauren Kalk, auch etwas
Wasser und Spuren von Jod enthalten; *Sandberger* sowie auch *Th. Petersen* anerkennen
die Selbständigkeit des Staffelits, welche von *Kosmann* bezweifelt wurde. *Streng* erkannte durch Messung kleine aber ganz deutliche Krystalle der Combination P . O P des
Apatits, auch die Comb. ∞P.0P, welche schon früher von *Sandberger* beobachtet
worden war; diese Krystalle bilden theils Ueberzüge auf dichtem Staffelit, theils die
hervorragenden Enden seiner faserigen Individuen, woraus denn wenigstens so viel
folgt, dass der Staffelit mit dem Apatit isomorph ist (*Streng*, im Neuen Jahrb. für Min.,
1870. 430). *Haushofer* fand im Staffelit 7,19 pCt. kohlensauren Kalk und vermuthet,
dass das Phosphat und das Carbonat ein inniges Gemeng bilden, sowie dass letzteres
als Aragonit vorhanden sei, was das äusserst heftige Decrepitiren vor dem Löthrohr er-
kläre, indem dabei der Aragonit in Calcit übergeht und eine Ausdehnung erleidet
(Journ. f. pract. Chemie, VII. 1873. 151).

Gebrauch. Wo sich der Phosphorit in grösserer Menge findet, da lässt er sich zur Ver-
edlung des Ackerbodens benutzen; dies ist auch in neuerer Zeit mit den massenhaften
Apatit-Vorkommnissen des südl. Norwegens geschehen, deren Lagerung und Ausbeute *Brögger*
und *Reusch* (Zeitschr. d. geol. Ges., 1875, S. 646) ausführlich beschrieben haben. Neuerdings sind auch in England, bei Cromgynen unweit Oswestry, Lagerstätten mit Kalkphosphat
entdeckt worden, welche sich 9 englische Meilen weit erstrecken sollen. Das Vorkommen des
Phosphorits in Nassau ist nach *Wicks* über einen Raum von 6 geogr. Meilen Länge und 4 Meilen Breite bekannt und hat schon im Jahr 1867 eine Million Centner geliefert. Die durch ihre
zahlreichen Phosphoritknollen ausgezeichnete Zone der Kreideformation in Russland erstreckt
sich nach *Grewingk* von Simbirsk bis nach Grodno.

A n m. 1. Der sog. P s e u d o - A p a t i t von der Grube Kurprinz bei Freiberg bildet matte,
undurchsichtige, gelblichweisse bis röthlichgelbe Krystalle, und ist nach *Breithaupt* und
Frenzel eine Pseudomorphose nach Pyromorphit. Dass der F r a n c o l i t von Tavistock in
Devonshire ein weisser, krystallisirter Apatit sei, ist durch die Analyse von *Henry* bewiesen
worden. *v. Kokscharow* und *Volger* haben ferner dargethan, dass *Hermann's* T a l k a p a t i t von
Kussinsk in den Schischimskischen Bergen am Ural, milchweisse und sehr wenig durchscheinende hexagonale Krystalle, auf der Oberfläche gelblich matt und erdig, welche nach
Hermann 3 $Ca^3P^2O^8 + Mg^3P^2O^8$ sein sollten, ebenfalls nur ein zersetzter Apatit ist; durchscheinender und frischer Apatit begleitet ihn. Auch das von *Emmons* E u p y r c h r o i t genannte,
zu Hammondsville in Essex Co. (New-York) für agronomische Zwecke gewonnene Mineral,
welches faserige Knollen bildet, ist nur ein unreiner Phosphorit.

A n m. 2. Der Phosphorit von Amberg enthält nach *Schröder* fast 90 pCt. Kalkphosphat, kein Chlor, aber Fluor und Spuren von Jod, 5 Kieselsäure, etwas Eisenoxyd,
Kohlensäure und Wasser; er hat G. = 2,89, ist gewöhnlich stellenweise braun gefleckt,
leicht zerreiblich, klebt stark an der Zunge und gibt befeuchtet einen Thongeruch.
Den, nach Abzug seiner Beimengungen, fast reinen phosphorsauren Kalk, welcher hier
und da als ein weisses, feinerdiges bis dichtes Zersetzungs- und Ausscheidungs-Product
in vulkanischen Gesteinen, wie z. B. im Dolerit der Wetterau, bei Ostheim unfern
Hanau, vorkommt, will *Bromeis*, zum Unterschied vom Phosphorit, O s t e o l i t h nennen.
Dahin würde auch das schneeweisse erdige Mineral vom sp. G. = 2,828 gehören, welches nach *Dürre*, bei Schönwalde unweit Böhmisch-Friedland, zolldicke Lagen zwischen

den Basaltsäulen bildet, da es wesentlich aus neutralem Kalkphosphat besteht; es ist jedenfalls ein Zersetzungsproduct des Basalts und des in ihm enthaltenen Apatits.

Anm. 3. Der **Sombrerit**, von der kleinen Insel Sombrero am nördlichen Ende der kleinen Antillen, ist ein durch überliegenden Guano umgewandelter neuer, mariner Kalkstein; er enthält 75 bis 90 pCt. phosphorsauren Kalk, 8 bis 4 kohlensauren Kalk, 7 bis 9 Thon, und wird als kräftiges Düngemittel in den Handel gebracht.

416. Pyromorphit, *Hausmann* (Grün- und Braunbleierz z. Th., Buntbleierz, Polychrom).

Hexagonal, isomorph mit Apatit, Mimetesit und Vanadinit, P $80^0 44'$ oder $80^0 41'$ bis $40'$ nach *Schabus* (x); A.-V. $= 1:0,7362$; gewöhnliche Comb. $\infty P.0P$ (M und P), oft noch mit $\infty P2$, oder mit P, selten mit anderen Pyramiden; säulenförmig, zuweilen in der Mitte bauchig (spindel- oder fassförmig) oder an der Basis ausgehöhlt; meist in Drusen vereinigt, auch in nierförmigen, traubigen und derben Aggregaten; Pseudomorphosen nach Cerussit und Bleiglanz. — Spaltb. pyramidal nach P, sehr unvollkommen, prismatisch nach ∞P Spuren; Bruch muschelig bis uneben; H. $= 3,5...4$; G. $= 6,9...7$; farblos aber fast immer gefärbt, namentlich grün (gras-, pistaz-, oliven-, zeisiggrün) und braun (nelken- und haarbraun), selten wachs- bis honiggelb; Fettglanz z. Th. glasartig; durchscheinend; Doppelbrechung negativ. — Chem. Zus. nach zahlreichen Analysen ganz analog dem Apatit: $Pb^5 Cl [P0^4]^3$, worin der Gehalt an Phosphorsäure 15,73, der an Chlor 2,62 beträgt; doch wird zuweilen etwas Phosphorsäure durch Arsensäure, etwas Bleioxyd durch Kalk und ein kleiner Antheil Chlor durch Fluor vertreten, d. h. es ist etwas Mimetesit und Fluorapatit isomorph zugemischt. V. d. L. schmilzt er sehr leicht und erstarrt dann unter Aufglühen zu einem polyëdrischen krystallinischen Korn, welches jedoch kein Krystall, sondern ein polyëdrisch begrenztes Aggregat ist; indessen erhielt *Kenngott* einmal ein deutliches Pentagon-Dodekaëder; mit Borsäure und Eisendraht gibt er Phosphoreisen und Blei, das letztere auch mit Soda; löslich in Salpetersäure, und, wenn kalkfrei, auch in Kalilauge. — Freiberg, Zschopau, Zellerfeld, Przibram, Bleistadt, Mies, Braubach und Ems, Schapbach, Poullaouen, Phönixville und Philadelphia in Pennsylvanien.

Anm. *Breithaupt's* **Miesit** und **Polysphärit** sind braune Varietäten, welche in nierförmigen und ähnlichen Aggregaten auftreten, und deshalb, sowie wegen der Anwesenheit einer grösseren Menge von Kalk, ein geringeres specifisches Gewicht zeigen; dasselbe beträgt nämlich für den Miesit **6,4**, für den (fast dichten und bis 11 pCt. Kalkphosphat haltenden) Polysphärit **5,9...6,1.**

417. Mimetesit, *Breithaupt* (Grünbleierz z. Th.).

Hexagonal, P $81^0 48'$ nach *G. Rose*, $80^0 44'$ nach *Mohs*, $80^0 4'$ im Mittel, nach *Schabus* aber schwankend von $79^0 24'$ bis $80^0 43'$ an verschiedenen Varietäten, jedenfalls isomorph mit dem Pyromorphit und Apatit, jedoch ohne die Hemiëdrie des letzteren; A.-V. $= 1:0,7276$; gewöhnliche Comb. $\infty P.0P.P$, oder $P.0P$, wozu bisweilen $\infty P2$, $2P$, $\frac{1}{4}P$ treten; Krystalle kurz säulenförmig, tafelartig oder pyramidal, übrigens selten lose, meist einzeln aufgewachsen, oder auch verbunden zu Drusen, zu rosetten-, knospen- und wulstförmigen Krystallgruppen. — Spaltb. pyramidal nach P ziemlich deutlich, prismatisch nach ∞P sehr unvollk., Bruch muschelig bis uneben; H. $= 3,5...4,0$; G. $= 7,19...7,25$; farblos, aber gewöhnlich gelb (honig- und wachsgelb), gelblichgrün oder grau gefärbt, von Fettglanz oder Diamantglanz, durchscheinend; Doppelbrechung positiv [1]. — Chem. Zus. nach *Wöhler*, *Bergemann* und *Smith*: ganz

---

[1] Nach *E. Bertrand* ist zwar das arsensäurefreie Bleiphosphat optisch einaxig, dagegen sollen die Bleiarseniate, welche keine oder nur wenig Phosphorsäure enthalten, zweiaxig mit spitzem Axenwinkel sein, welcher um so spitzer zu sein scheine, je mehr Phosphorsäure vorhanden ist (Bull. soc. minér. 1884. IV. 35). *Jannettas* beobachtete im Wesentlichen dieselben Erscheinungen (ebendas. IV. 39, 196), aber auch dass bisweilen Umwachsungen der beiden Salze vorkommen, und dass es neben entschieden einaxigen auch solche arsensäurefreie Pyro-

analog dem Pyromorphit, $Pb^5Cl[As O^4]^3$, mit einem Gehalt an Arsensäure von $23,22$, an Chlor von $2,38$, wobei jedoch zuweilen etwas Arsensäure durch Phosphorsäure vertreten wird, d. h. etwas Pyromorphit zugemischt ist. V. d. L. auf Kohle schmilzt er und gibt im Red.-F. unter Arsendämpfen ein Bleikorn; in der Pincette geschmolzen krystallisirt er bei der Abkühlung; zu den Flüssen verhält er sich wie Bleioxyd; löslich in Salpetersäure und in Kalilauge. — Johanngeorgenstadt, Zinnwald, Przibram, Badenweiler, Almodovar del Campo in der Provinz Murcia (lose Krystalle, welche von *Zerrenner* als hemimorph beschrieben wurden, sind dies nach *Hankel* nur scheinbar). Zacatecas in Mexico; Phönixville in Pennsylvanien.

Gebrauch. Zugleich mit anderen Bleierzen zur Bleigewinnung.

An m. 1. *Breithaupt's* Kampylit (pomeranzgelb, in hexagonalen, fassähnlich bauchigen, wulstartig gruppirten Säulen von G. $= 6,8...6,9$, nach *Rammelsberg* $7,218$) hat wesentlich die Zusammensetzung des Mimetesits, enthält aber auch nach *Rammelsberg's* Analyse $3,34$ Phosphorsäure, $0,5$ Kalk und Spuren von chromsaurem Bleioxyd. — Alston in Cumberland und Badenweiler, auch Przibram.

An m. 2. Der ebenfalls von *Breithaupt* eingeführte Hedyphan, welchen *Des-Cloizeaux* 1881 aus optischen Gründen für monoklin (vermuthlich isomorph mit Karyinit) erklärte, schliesst sich chemisch an den Mimetesit an, enthält aber nicht nur neben der vorwaltenden Arsensäure etwas Phosphorsäure, sondern auch neben dem Bleioxyd ziemlich viel Kalk; eine Analyse von *Michaelson* ergab $57,43$ Bleioxyd, $28,51$ Arsensäure, $8,19$ Phosphorsäure, $10,50$ Kalk, $3,06$ Chlor; *Lindström* fand in der Var. von Långbanshytta auch $8,03$ Baryt; er bildet kleine derbe Massen, deren Individuen nach *Des-Cloizeaux* zwei einander unter 96° kreuzende Spaltungsrichtungen aufweisen, sonst muschelig brechen; H. $= 3,5...4$; G. $= 5,4...5,5$; weiss, fettartiger Diamantglanz, trübe. — Långbanshytta in Schweden, nach *Domeyko* auch als gelbe erdige Masse auf der Mina grande bei Arqueros, Chile.

448. Vanadinit, *Haidinger*.

Hexagonal, P 78° $46'$ nach *Schabus*, 80°-nach *Rammelsberg*, isomorph mit Pyromorphit und Mimetesit; A.-V. $= 1:0,727$; Combb. $\infty P.0P$, $\infty P.P$, dazu bisweilen $2P$, auch $\frac{1}{4}P$, $\infty P2$, $\infty P\frac{3}{4}$, $2P2$; *Websky* beobachtete $3P\frac{3}{4}$ auch in pyramidal-hemiëdrischer Ausbildung; die Krystalle säulenförmig, klein, auch in nierförmigen Aggregaten von feinstängeliger bis faseriger Textur; Spaltb. nicht deutlich wahrzunehmen: H. $= 3$; G. $= 6,8...7,2$; gelb und braun, selten roth, Strich weiss, fettglänzend und undurchsichtig. — Chem. Zus. nach vielen Analysen: Bleivanadinat mit etwas Chlorgehalt, ganz analog dem Pyromorphit und Mimetesit, $Pb^5Cl[V O^4]^3$, mit $19,33$ Vanadinsäure, $2,50$ Chlor, was auch dem von *Roscoe* künstlich dargestellten Mineral vollkommen entspricht; bisweilen ist auch etwas Phosphorsäure (bis 3 pCt.) vorhanden, d. h. Pyromorphit zugemischt; v. d. L. verknistert er stark, schmilzt auf Kohle zu einer Kugel, welche sich unter Funkensprühen zu Blei reducirt, während die Kohle gelb beschlägt; mit Phosphorsalz im Ox.-F. ein warm rothgelbes, kalt gelbgrünes, im Red.-F. ein schön grün gefärbtes Glas; mit einer kupferoxydhaltigen Perle von Phosphorsalz geschmolzen färbt er die Flamme blau; mit 3 bis 4 Theilen sauren schwefelsauren Kalis im Platinlöffel geschmolzen liefert er eine gelbe flüssige Salzmasse, die endlich pomeranzgelb wird; leicht löslich in Salpetersäure. — Zimapan in Mexico, Beresowsk in Sibirien, Wanlockhead in Schottland, Berg Obir bei Windischkappel in Kärnten, Haldenwirthshaus im Schwarzwald, Bölet in Westgotland, Sierra de Cordoba in Argen-

---

morphite gibt, bei welchen das Kreuz entweder gänzlich oder am Rande gestört erscheint; indem letzteres auf eine nicht parallele Gruppirung der Theilkrystalle zurückgeführt wird, liegt es nahe, auch die Erscheinungen beim Mimetesit damit in Verbindung zu bringen, um so mehr als die Angaben von *Bertrand* und *Jannettaz* betreffs der Grösse des opt. Axenwinkels desselben auffallend abweichen; auch verweist die Angabe *Bertrand's*, dass die Axenebene in den 6 Sectoren einer basischen Mimetesitplatte bald den Combinationskanten von 6P und ∞P, bald den Diagonalen von 0P parallel liege, auf optisch-anomales Verhalten, nicht auf wirkliche Zweiaxigkeit.

tinien, Silver-District (Yuma Co.) in Arizona (tief rubin- bis orangeroth), Pinal Co. in Arizona (Krystalle bis zu $\frac{1}{4}$ Zoll im Durchmesser).

Anm. *Vrba* beschrieb die wohlausgebildeten Krystalle von der Obir in Z. f. Kryst. IV. 1880. 858, und ermittelte daran das A.-V. = 1 : 0,7122. — Nach *v. Struve* ist der Vanadinit von Beresowsk eine Pseudomorphose nach Pyromorphit, von welchem die Krystalle noch einen unveränderten Kern umschliessen. Gegen diese Deutung erklärte sich *Rammelsberg* mit Recht, indem er hier nur eine regelmässige Verwachsung zweier isomorpher Mineralien erkennt, etwa so, wie grüner und rother Turmalin sich bisweilen in demselben Krystall gegenseitig umschliessen.

419. Wagnerit, *Fuchs*.

Monoklin (vgl. unten Kjerulfin), die Krystalle stellen sehr complicirte Combinationen dar, welche kurzsäulenförmig und vertical gestreift erscheinen. Spaltb. prismatisch nach ∞P und orthodiagonal, unvollk., auch Spuren nach $0P$, Bruch muschelig; H. = 5...5,5; G. = 3,0...3,15; weingelb und honiggelb bis weiss; Fettglanz, dem Glasglanz genähert, durchsichtig bis durchscheinend. — Chem. Zus. nach den Analysen von *Fuchs* und *Rammelsberg*: $Mg^2F.PO^4$, welcher Formel zufolge die Analyse in 100 Theilen 11,79 Fluor, 43,81 Phosphorsäure und 49,84 Magnesia ergeben würde; doch wird die Magnesia zum Theil durch Eisenoxydul (3 bis 1,5 pCt.) und durch Kalk (1 bis 4 pCt.) ersetzt. Jene Formel lässt den Wagnerit entweder auffassen als ein Salz der normalen Phosphorsäure H^3PO^4, in welcher 2H durch Mg, das dritte Wasserstoffatom durch die einwerthige Gruppe [MgF] ersetzt sind (*Groth*), oder besser ableiten aus der basisch phosphorsauren Magnesia HMg^2PO^4 durch Ersatz von H durch F (*Tschermak*). V. d. L. schmilzt er sehr schwer und nur in dünnen Splittern zu dunkel grünlichgrauem Glas; mit Schwefelsäure befeuchtet färbt er die Flamme schwach blaulichgrün, in erwärmter Salpetersäure und Schwefelsäure löst sich das Pulver unter Entwickelung von etwas Flusssäure langsam auf. — Sehr selten, bei Werfen in Salzburg.

Unter dem Namen Kjerulfin führte *Rode* ein Mineral von Havredal im norwegischen Kirchspiel Bamle ein; dasselbe findet sich meist derb, hat eine sehr unvollkommene Spaltbarkeit nach einem scheinbar rechtwinkeligen Prisma, unebenen und splittrigen Bruch, H. = 4...5, G. = 3,15, ist blassroth, gelblich, fettglänzend, in dünnen Stücken durchscheinend. Nachdem *Bauer* schon vermuthet, dass bei näherer Prüfung sich der Kjerulfin als identisch mit dem Wagnerit erweisen dürfte (Z. d. g. Ges. 1875. 230), haben dann die von *W. C. Brögger* an inzwischen gefundenen, z. Th. mehre Decimeter langen Krystallen angestellten Untersuchungen (Z. f. Kryst. III. 1879. 474) in der That eine bedeutende Uebereinstimmung mit den vorhandenen Messungen des Wagnerits ergeben; er nimmt $\infty P = 84°34'$, $\infty \bar{P}2 = 122°25'$, beide mit $\infty \bar{P}\infty$ hauptsächlich in der verticalen Zone entwickelt; in der Endigung herrschen namentlich $2\bar{P}\infty$ (69°53'), $P\infty$, $P2$, $-P2$, auch $0P$ vorhanden; nach ihm ist $\beta = 71°53'$ und das A.-V. = 0,9569 : 1 : 0,7527. Die verschiedenen Formen treten sowohl in der verticalen Zone als am Ende z. Th. unvollzählig, z. Th. nicht mit gleichmässiger Flächenausdehnung auf. Optische Axenebene $\infty \bar{P}\infty$; optisch negativ; $\varrho > v$; die spitze Bisectrix bildet mit der Verticalaxe ungefähr $21\frac{1}{2}°$ und tritt in dem spitzen Winkel ac aus. Die Krystalle sind sehr stark zum Verwittern geneigt, und entweder von weissen Adern durchsetzt, oder fast vollständig in eine weisse undurchsichtige Substanz verändert. — *Pisani* hat darauf (Bull. soc. minér. II. 43) als Analysenresultat der reinen Substanz erhalten: 10,7 Fluor, 43,7 Phosphorsäure, 34,7 Magnesia, 6,8 Magnesium, 3,1 Kalk, 0,9 Rückstand — eine Zusammensetzung, welche völlig derjenigen des Wagnerits entspricht; das weisse trübe Umwandlungsproduct ist nach *Pisani* Apatit. An der Identität von Kjerulfin und Wagnerit ist daher wohl nicht mehr zu zweifeln (vgl. auch N. J. f. Min. 1880. II. 75), obschon *Rammelsberg* (Z. d. g. Ges. 1879. 107) aus einer von ihm angestellten Analyse eine Formel ableitete, welche nicht die des Wagnerits ist.

420. Triplit, *Hausmann* (Eisenpecherz).

Wahrscheinlich monoklin, nach *Des-Cloizeaux*, und isomorph mit Wagnerit, jedoch nach seinen Dimensionen unbekannt, indem die von *Shepard* beschriebenen Krystalle von Norwich in Massachusetts nach *Kenngott* kein Triplit sind; bis jetzt nur derb in grosskörnigen Aggregaten und individualisirten Massen. — Spaltb. nach zwei auf einander senkrechten Richtungen, die eine ziemlich vollk., die andere weniger deutlich; Bruch flachmuschelig bis eben; H. = 5...5,5; G. = 3,6...3,8; kastanienbraun, röthlichbraun bis schwärzlichbraun, Strich gelblichgrau, Fettglanz, kantendurchscheineud bis undurchsichtig. Dünne Lamellen stark doppeltbrechend, wobei die opt. Axen in der Ebene der unvollkommenen Spaltungsfläche zu liegen scheinen, während die spitze Bisectrix gegen die vollkommenere Spaltungsfläche etwa 42° geneigt ist. — Nach v. *Kobell's* Analyse der schönen Var. von Schlaggenwald und nach einer Correction der Analyse von *Berzelius* wird die Zus. recht wohl durch die Formel $R^2 F . P O^4$ dargestellt, in welcher R wesentlich Eisen und Mangan bedeuten (als Oxydul vorhanden), auch ganz geringe Mengen von Calcium und Magnesium; die Formel ist also analog derjenigen des Wagnerits; die Phosphorsäure ist zu 32 bis 34, das Fluor zu 7 bis 8 pCt. vorhanden; der Rest ist Eisenoxydul und Manganoxydul. V. d. L. auf Kohle schmilzt er leicht zu einer stahlgrauen, metallglänzenden, sehr magnetischen Kugel: mit Soda auf Platinblech grün; mit Borax im Ox.-F. die Farbe des Mangans, im Red.-F. die des Eisens; in Salzsäure löslich; mit Schwefelsäure Reaction auf Fluor. — Bei Limoges in Frankreich, Schlaggenwald in Böhmen, Peilau in Schlesien; in den granitischen Quarzstöcken in der Sierra von Cordoba, Südamerika, wo eine helle Var. nach *Siewert* etwas andere chem. Zus. (namentlich weniger Fluor) ergab.

421. Zwieselit, *Breithaupt* (Eisenapatit).

Rhombisch, bis jetzt nur derb in individualisirten Massen; Spaltb. basisch ziemlich vollkommen, brachydiagonal weniger deutlich, prismatisch nach ∞P 129°, sehr unvollkommen; Bruch muschelig bis uneben; H.=4,5...5; G.=3,90...4,03; braun, Strich gelblichweiss, fettglänzend, kantendurchscheinend. — Chem. Zus. nach der Analyse von *Rammelsberg* auf genau dieselbe Formel führend, wie sie der Triplit besitzt, nur tritt in R das Mn vor dem Fe mehr zurück (Fe : Mn = 2 : 1). V. d. L. verknistert er und schmilzt leicht unter Aufwallen zu einer metallisch glänzenden blaulichschwarzen magnetischen Kugel; löst sich leicht in Borax oder Phosphorsalz; gibt mit Schwefelsäure erwärmt Flusssäure; löst sich leicht in heisser Salzsäure. — Zwiesel unweit Bodenmais und Döfering bei Waldmünchen.

Anm. Da der Triplit und der Zwieselit chemisch identisch zu sein scheinen, so wurden sie zusammenfallen, wenn sich die Verschiedenheiten der Krystallform, der Spaltbarkeit und des specifischen Gewichts bei genaueren Beobachtungen ausgleichen sollten. Da die Spaltbarkeit der des Triphylins ganz analog ist, so vermuthete *Rammelsberg*, dass der Zwieselit mit diesem isomorph oder auch aus ihm entstanden sei, wogegen jedoch *Gümbel* mehre Bedenken geltend machte.

422. Amblygonit, *Breithaupt.*

Triklin nach *Des-Cloizeaux*, was auch *Dana* bestätigte; Krystalle, deren einer von *Dana* gemessen und abgebildet worden ist, sind äusserst selten; gewöhnlich findet sich das Mineral derb, in individualisirten und grosskörnig zusammengesetzten Massen, deren Individuen nach einem schiefwinkeligen Parallelepipedon spaltbar sind, welches sich nach der letzten Mittheilung von *Des-Cloizeaux* (Comptes rendus, T. 76, 10. Février 1873) als die Combination $0P.\infty P.\infty P'$ (oder *p m t*) vorstellen lässt. Die eine, vollkommenste und stark glasglänzende Spaltungsfläche ∞P (*m*) macht mit der zweiten, mehr perlmutterglänzenden Fläche $\infty P'$ (*t*) den Winkel von 151°4'; die schiefe Basis 0P (*p*), fast gleich vollkommen spaltbar wie $\infty P'$ oder *m*, bildet mit dieser Fläche den Winkel von 105°44', mit $\infty P'$ oder *t* den Winkel von 95°20'; die rechts oben liegende spitze Ecke dieser Combination wird durch eine sehr unvollkommene Spaltungsfläche abgestumpft, welche gegen 0P 152°10', gegen $\infty P'$ 99°44' geneigt ist. Zwillingsbildung kommt häufig und zwar in der Weise vor, dass die Spaltungsstücke von zahlreichen papierdünnen Lamellen durchsetzt werden, deren Ausstriche auf der Fläche $\infty P'$ (*t*) eine Streifung bilden, welche ihrer Combinationskante mit der vorgedachten sehr unvollkommenen Spaltungsfläche parallel ist; oft ist noch ein zweites Streifensystem vorhanden, welches das erste unter 49° schneidet. Bruch uneben und splitterig; H. = 6; G. = 3,05...3,11; graulich- und grünlichweiss bis berg- und seladongrün, Glasglanz, auf $\infty P'$ in Perlmutterglanz, auf den Bruchflächen in Fettglanz geneigt; durchscheinend. Optisch-zweiaxig; die Ebene der optischen Axen fällt in die spitzen Neigungswinkel der Flächen *p* und *m*. — Chem. Zus.: auf Grund der neueren Analysen von v. *Kobell*, *Pisani* und *Penfield* hat sich *Rammelsberg* für die Formel $(Al^2) [P O^4]^2 + 2 R F$ entschieden, in welcher R Lithium und Natrium bedeutet; dieselbe ergibt a) für die reine Lithiumverbindung (Montebras, *Pisani*), b) für das Verhältniss 9 Li : Na (Penig, *Penfield*), c) für diejenige 4 Li : Na (Montebras, *Penfield*, v. *Kobell*):

die Var.	Phosphorsäure	Thonerde	Fluor	Lithion	Natron	Summe
a	47,88	34,59	12,81	10,12	—	105,40
b	47,37	34,22	12,67	9,30	2,07	105,63
c	46,86	33,68	12,54	7,93	4,09	105,28

Penfield hat 8 Amblygonite der verschiedenen Fundpunkte analysirt, darunter auch solche (Montebras, Hebron), welche nur 4—5 pCt. Fluor und nahe ebensoviel Wasser enthalten, und gelangt zu dem Schluss, dass alle Vorkommnisse wesentlich auf dieselbe Zus. führen, sofern eine variirende Ersetzung des Fluors durch Hydroxyl [OH] angenommen wird. In den Analysen ist nach ihm das Atomverhältniss von P : Al : R : (OH,F) nahe wie 1 : 1 : 1 : 1, woraus sich alsdann die Formel (Al²)P²O⁸ + 2R(OH,F) oder R²(Al²)(OH,F)².[PO⁴]² ergibt; den Lithiongehalt fand *Penfield* fast constant zu 8 bis 9,8 pCt. (Am. journ. (3) XVIII. 295). *Rammelsberg* erklärt sich gegen diese Ersetzung des Fluors durch Hydroxyl und hält alle fluorärmeren und wasserhaltigen Amblygonite für Umwandlungsproducte in verschiedenen Stadien (N. Jahrb. f. Min. 1883. I. 45). V. d. L. schmilzt der Amblygonit sehr leicht zu einem klaren Glas, welches kalt unklar wird; dabei färbt er die Flamme mehr gelb als roth; mit Schwefelsäure befeuchtet färbt er sie vorübergehend bläulichgrün, im Glasrohr mit geschmolzenem Phosphorsalz gibt er Flusssäure; fein pulverisirt wird er von Salzsäure schwierig, von Schwefelsäure leichter gelöst; die schwefelsaure Sol. gibt mit Ammoniak einen bedeutenden Niederschlag von phosphorsaurer Thonerde. — Sehr selten, bei Chursdorf und Rochsburg (oder Arnsdorf) unweit Penig, sowie bei Geier in Sachsen, überall in Granit, bei Arendal in Norwegen, bei Montebras im Dép. der Creuse, auf Zinnerzgängen, bei Hebron und Paris im Staate Maine, Branchville in Connecticut.

Anm. *Des-Cloizeaux* unterscheidet zwei verschiedene Arten, indem er auf Grund gewisser krystallometrischer und optischer Verschiedenheiten, sowie der Analysen von *Pisani* einen Theil der bei Montebras und Hebron vorkommenden Varietäten vom Amblygonit trennt, und als ein besonderes Mineral mit dem Namen Montebrasit belegt. Die Spaltungsform ist ähnlich jener des Amblygonits, zeigt aber die Differenzen, dass ihre Winkel 105° 0' (statt 105° 44'), 89° und darüber, und 135° bis 136° messen; Zwillingsbildungen fehlen hier; das Gewicht beträgt nur 3,01...3,03; nach *Pisani* enthält der Montebrasit von Alkalien nur Lithion (9,84 pCt.), weniger Fluor (nur 3,8 bis 5,2 pCt.), und 4 bis 5 Wasser; übrigens Phosphorsäure und Thonerde in demselben Verhältniss wie der Amblygonit (Ann. de Chimie et de Phys. [4], T. 27. 1872. 400). Auch *Penfield* erhielt später bei der leichteren Var. des Amblygonits von Montebras 6,61 Wasser und nur 1,75 Fluor, sodann blos 0,33 Natron, ferner bei einer von Branchville 5,91 Wasser, 1,75 Fluor; bei seiner oben angeführten Annahme einer Ersetzung von F durch OH fügen sich indessen auch diese Amblygonite chemisch seiner allgemeinen Formel ein (über *Rammelsberg*'s Auffassung dieser Verschiedenheiten s. oben). *Fr. v. Kobell*, welcher den Namen Montebrasit, weil derselbe ursprünglich irrthümlich für echten Amblygonit aufgestellt war, und weil Montebras nicht der älteste Fundpunkt ist, mit Hebronit vertauscht wissen will, war dagegen geneigt, die Selbständigkeit dieses Vorkommnisses anzuerkennen: weil ihm eine Var. von Auburn in Maine bei der Analyse in der Hauptsache ähnliche Resultate ergab, wie sie *Pisani* gefunden hatte (nämlich 49 Phosphorsäure, 37 Thonerde, 3,44 Lithium, 0,79 Natrium, 5,5 Fluor und 4,5 Wasser), da ferner der Wassergehalt nicht als zufällig betrachtet werden könne, da der Fluorgehalt auffallend kleiner ist als im Amblygonit, da auch die Winkel der Spaltungsform etwas verschieden sind, und da nach *Des-Cloizeaux* die Dispersion der optischen Axen im Amblygonit für das rothe Licht grösser ist als für das violette, während sich dies im Montebrasit umgekehrt verhält, so schliesst *v. Kobell*, dass derselbe doch ein besonderes Mineral zu sein scheint (Sitzungsber. Münch. Akad., 4. Jan. 1873. 284).

423. Durangit, Brush.

Monoklin; ∞P 110° 10', P 112° 10' nach *Des-Cloizeaux*; gewöhnlichste Combinationen sind ∞P.P; ∞P.½P; auch ∞P.∞P∞.P.½P; und ∞P.½P; ausserdem noch 2P∞ und ∞P∞. Spaltb. zieml. vollk. prismatisch; H. = 5; G. = 3,95...4,03; röthlichgelb; starker Glasglanz, doch sind die Krystalle gewöhnlich rauh- oder mattflächig. Ebene der opt. Axen senkrecht zur Symmetrie-Ebene, spitze Bisectrix negativ. — Chem. Zus. nach *Brush*: 53,11 Arsensäure, 17,19 Thonerde, 9,23 Eisenoxyd, 2,08 Manganoxyd, 13,06 Natron, 0,65 Li-

thion, 7,67 Fluor; dies führt auf die Formel $Na^2(R^2)F^2[As\,O^4]^2$, also ganz analog dem Amblygonit, obschon die Krystallformen ganz verschieden sind; darin ist $(R^3) = (Al^2)$ und (Fe^2), und
etwas Na durch Li ersetzt. V. d. L. leicht zu gelbem Glas schmelzend und Fluorreaction gebend; schwer löslich in Salzsäure. — Mit farblosen Topasen auf Zinnerz führenden Spalten
n.-w. von Coneto, Staat Durango in Mexico.

424. Herderit, *Haidinger* (Allogonit).

Rhombisch; Polk. $444°\,27'$ und $77°\,20'$ nach *E. S. Dana*; $\infty P\,(l)\,446°\,24'$; die meist an
beiden Enden ausgebildeten Krystalle weisen vielfach beistehende, bisweilen auch eine einfachere oder etwas reichhaltigere Combination auf; b ($\infty\bar{P}\infty$) und c ($0P$) mitunter fehlend.

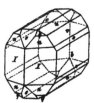

$\frac{3}{2}\bar{P}\infty$ (o) $94°\,20'$; $\bar{P}\infty$ (u) $434°\,6'$; $3\bar{P}\infty$ (v) $76°\,25'$; $6\bar{P}\infty$ (s) $62°$
$58'$; $3P$ (n) Polk. $424°\,43'$ und $408°\,24'$; $\frac{3}{4}P$ (q) und andere Formen,
Habitus prismatisch nach der Brachydiagonale. A.-V. = $0,6296$
$4:0,4234$. — H. = 5; G. = 3; spröd, Bruch kleinmuschelig; durchsichtig, farblos oder schwach gelblich, glasglänzend. — Opt. Axenebene das Brachypinakoid, die spitze negative Bisectrix ist die
Brachydiagonale. Die Analyse von *Mackintosh* ergab: $33,24$ Kalk,
$45,76$ Beryllerde, $44,84$ Phosphorsäure, $44,82$ Fluor, woraus sich
die Formel $(Ca,Be)^3P^2O^8 + (Ca,Be)F^2$ oder $(Ca,Be)^2F.PO^4$ ableitet. V.
d. L. phosphorescirt er, wird weiss und opak. — Findet sich, nie
derb, sondern nur in wohlausgebildeten Krystallen in einem Margarodit - Gang bei Stoneham in Oxford Co., Maine.

An m. Der Name Herderit knüpft sich ursprünglich an ein äusserst seltenes Mineral von
Ehrenfriedersdorf, dessen von *Haidinger* angegebene Dimensionen mit denen der 1884
aufgefundenen Krystalle von Maine völlig übereinstimmen, wie auch der Habitus an beiden
Fundpunkten sehr ähnlich ist. Anfänglich hatte allerdings für den H. von Ehrenfriedersdorf
die qualitative Prüfung durch *Turner* und *Plattner* phosphorsaure Thonerde und phosphorsauren Kalk, nebst etwas Fluor ergeben. Nach dem Bekanntwerden des amerikanischen Vorkommnisses führte *Winkler* mit spärlichem Ehrenfriedersdorfer Material eine Analyse aus,
welche lieferte: $34,06$ Kalk, $8,64$ Beryllerde, $6,58$ Thonerde, $4,77$ Eisenoxyd, $42,44$ Phosphorsäure, $6,54$ Verlust, als Wasser betrachtet, indem die Fluorreaction nur zweifelhaft sei; auch
in dem H. von Stoneham fand er neben Beryllerde $2,26$ Thonerde, sowie $6,59$ Wasser, aber
ebenfalls keinen sicheren Fluorgehalt. *Genth* hat aber darauf ebenfalls den amerikanischen H.
mehrfach untersucht, den Fluorgehalt, wie überhaupt die Resultate von *Mackintosh* bestätigt,
und auf Incorrectheiten der *Winkler'*schen Methoden hingewiesen. — *Des-Cloiseaux* that auch
die völlige optische Identität beider Vorkommnisse dar.

Phosphate und Arseniate mit Sulfaten.

425. Svanbergit, *Igelström*.

Rhomboëdrisch nach *Dauber*; R Polkante $90°\,35'$ (nach *Breithaupt* $87\frac{1}{4}°$ bis $88°$); dazu
$4R$ und nach *Breithaupt* ein paar andere, dem Grundrhomboëder sehr nahe stehende Rhomboëder von gleicher Stellung; *Seligmann* fand als Mittel manchfacher Schwankungen R = $90°$
$47'$ und berechnete R auf Grund des Werthes der Mittelkanten von $4R$ ($447°\,6'$) zu $90°\,22'$,
darnach das A.-V. = $4:4,2365$; er fand auch noch $5R$ und $-2R$ (Z. f. Kryst. VI. 227). Spaltbar nach $0R$; spröd; H. = $4,5$; G. = $2,57$; honiggelb bis hyacinthroth; im Dünnschliff nach
H. Fischer ganz farblos, mit streifenweise eingebettetem Eisenoxydpigment. Glas- bis Diamantglanz; Doppelbrechung positiv. — *Igelström* fand darin: $47,32$ Schwefelsäure, $47,80$
Phosphorsäure, $37,84$ Thonerde, $42,84$ Natron, $6,00$ Kalk, $4,40$ Eisenoxydul, $6,80$ Wasser.
Theilweise löslich in Säuren, der Rückstand zeigt beim Glühen eine Feuererscheinung. —
Horrsjöberg in Wermland als Begleiter des Lazuliths, und Westanå, sehr selten.

426. Diadochit (Phosphoreisensinter).

Mikrokrystallinisch und zwar monoklin nach *Dewalque*; gewöhnlich nierförmig und stalaktitisch von schaliger Zusammensetzung; Bruch muschelig; spröd und sehr leicht zersprengbar; H. = $2,5...3$; G. = $4,9...2$; braun und gelb; Glas- und Fettglanz; durchscheinend
— *Plattner* erhielt: $45,44$ Schwefelsäure, $44,82$ Phosphorsäure, $39,69$ Eisenoxyd, $30,35$ Wasser, womit die Analysen von *Dewalque* und *Carnot* gut übereinstimmen. Die Schwefelsäure
ist jedenfalls wesentlich, obgleich sie durch Kochen in Wasser grösstentheils ausgezogen werden kann. Im Kolben gibt er viel Wasser, welches sauer reagirt, schwillt etwas an, wird gelb,

matt und undurchsichtig; geglüht gibt er schwefelige Säure. V. d. L. blüht er sich stark auf und zerfällt fast zu Pulver; auf Kohle schmilzt er für sich zu einer stahlgrauen magnetischen Kugel, mit Soda aber zu einer hepatischen Masse, die metallische Eisentheile enthält. — Arnsbach bei Gräfenthal und Garnsdorf bei Saalfeld, Vedrin in Belgien, in den Anthracitgruben von Peychagnard-Isère.

427. Pittizit (Arseneisensinter).

In den meisten morphologischen und physischen Eigenschaften dem vorhergehenden so ähnlich, dass er fast nur durch sein höheres spec. Gewicht, 2,3...2,5, von ihm unterschieden werden kann. Um so wichtiger wird die chemische Differenz, indem er nach *Stromeyer, Laugier, Rammelsberg* und *Frenzel* als ein wasserhaltiges Gemeng von wenig schwefelsaurem mit viel arsensaurem Eisenoxyd zu betrachten ist, dessen Zusammensetzung sehr zu schwanken scheint, so dass der Gehalt an Arsensäure 24 bis 29, an Schwefelsäure 4 bis 15, an Eisenoxyd 33 bis 58 und an Wasser 12 bis 29 pCt. beträgt. Die Arsensäure gibt sich v. d. L. auf Kohle sehr leicht durch die Arsendämpfe zu erkennen, während die Schwefelsäure durch Kochen mit Wasser grösstentheils ausgezogen werden kann. — Ein porodines Zersetzungsproduct des Arsenkieses: mehre Gruben bei Freiberg (wo es sich mitunter im butterweichen Zustand findet), am Graul bei Schwarzenberg, am Rathhausberg bei Gastein.

An m. Das sogenannte **Gänseköthigerz** oder der **Ganomatit** von Andreasberg, Schemnitz, Joachimsthal und Allemont, ein Mineral, welches dünne nierförmige Ueberzüge über Arsen, Silberblende, Bleiglanz u. a. bildet, gelblichgrüne, auch rothe und braune Farbe und Fett- bis Glasglanz besitzt, ist offenbar ein Zersetzungsproduct, hält Arsensäure, Eisenoxyd, Antimonsäure und Wasser, und dürfte nach *Rammelsberg* zu dem Arseneisensinter gehören.

428. Beudantit, *Lévy*.

Rhomboëdrisch; R nach *Dauber* 91° 18', nach *vom Rath* 91° 20'; gewöhnliche Comb. R.0R.—2R, auch R.0R.—R, andere nach *Sandberger* mit vorwaltendem 5R. Spaltb. basisch; H.=3,5; G.=4 nach *Sandberger*, 4,295 nach *Rammelsberg*; olivengrün, dichroïtisch. Glasglanz, durchsichtig bis undurchsichtig; optisch negativ. — *Rammelsberg* fand in den Krystallen von Glendone wesentlich Eisenoxyd (40,69), Bleioxyd (24,05), Schwefelsäure (13,76), Phosphorsäure (3,97), Arsensäure (0,24) und Wasser (9,77 pCt.). Zwei Analysen von *Müller* stimmen zwar in qualitativer Hinsicht mit *Rammelsberg's* Analyse einigermaassen überein (obwohl die eine weit mehr Arsensäure als Phosphorsäure nachweist), in quantitativer weichen sie aber von ihr, wie von einander selbst ziemlich ab. In den vorhandenen 5 Analysen schwankt die Schwefelsäure von 4,70 bis 13,76, die Phosphorsäure von 0 bis 13,22, die Arsensäure von Spur bis 13,60 pCt.; von der Unterlage der Krystalle, wie *Rammelsberg* glaubt, solche Differenzen wohl nicht herrühren. — Horhausen in Rheinpreussen (hier früher von *Damour* und *Des-Cloizeaux* für Pharmakosiderit gehalten, nach *Bertrand* kommt indessen auch hier der letztere daneben vor), Grube Schöne Aussicht bei Dernbach in Nassau, Glendone bei Cork in Irland.

5. Phosphat mit Borat.

429. Lüneburgit, *Nöllner*.

Platte Knollen von feinkrystallinischer, faseriger und erdiger Textur, innerhalb des Gypsmergels von Lüneburg; G.=2,05. Die Analyse von *Nöllner* liefert das Resultat $3 Mg O, B^2 O^3, P^2 O^5, 8 H^2 O$, was man als $2 H Mg P O^4 + Mg [B O^2]^2 + 7 H^2 O$ deuten kann, mit 25,24 Magnesia, 29,85 Phosphorsäure, 14,68 Borsäure, 30,26 Wasser.

Elfte Ordnung: Antimoniate.

430. Atopit, *A. E. v. Nordenskiöld*.

Regulär, O in Combination mit ∞O∞ und ∞O∞, auch mit untergeordneten *m*O*m* und ∞O*n*; H.=5,5...6; G.=5,03; gelbbraun bis harzbraun, fettglänzend, halbdurchsichtig. — Chem. Zus.: 73,12 Antimonsäure, 17,51 Kalk, 2,74 Eisenoxydul, 1,50 Manganoxydul, 4,32 Natron, 0,24 Kali, was auf die Formel $R^2 Sb^2 O^7$ führt. Auf Kohle in der Red.-Fl. z. Th. sublimirend, anfangs schwierig schmelzbar, zuletzt eine dunkle unschmelzbare Schlacke liefernd. In Phosphorsalz ohne Rückstand zu einem heiss gelben, nach der Abkühlung farblosen Glas löslich; unlöslich in Säuren, durch Schmelzen mit kohlensaurem Natron schwierig zersetzbar. — Sehr selten bei Långban in Wermland, eingewachsen in· grauweissem Hedyphan (Stockh. Geol. För. Förh. III. 876; Z. f. Kryst. II. 865).

434. Bleiniere, *Karsten.*

Nierförmig von krummschaliger Absonderung, auch knollig, derb, eingesprengt und als Ueberzug, fest, bis erdig und zerreiblich; Bruch muschelig bis eben; H. = 4 in den festen Varietäten; G. = 3,93...4,76; verschiedene weisse, gelbe, graue, grüne und braune Farben. mit geaderter, geflammter, gewolkter Farbenzeichnung; fettglänzend bis matt. — Chem. Zus. nach den Analysen von *Hermann, Dick, Heddle* und *Stamm:* Bleioxyd, Antimonsäure und Wasser, aber in sehr schwankenden Verhältnissen (Bleioxyd 40,73 bis 64,88; Antimonsäure 34,74 bis 47,86; Wasser 6,08 bis 44,94), so dass hier wohl Gemenge vorliegen. Im Kolben gibt das Mineral Wasser und wird dunkler, auf Kohle reducirt es sich zu einer Legirung von Blei und Antimon, und gibt den diese Metalle charakterisirenden gelben und weissen Beschlag. — Nertschinsk in Sibirien, Lostwithiel in Cornwall, Horhausen in Rheinpreussen.

432. Rivotit, *Ducloux.*

Derb und compact, von gelblichgrüner bis graulichgrüner Farbe, undurchsichtig, von unebenem Bruch und leicht zersprengbar. H. = 3,5...4; G. = 3,55...3,62. — Chem. Zus. nach *Ducloux:* 42 Antimonsäure, 24 Kohlensäure, 39,5 Kupferoxyd, 4,48 Silberoxyd. Decrepitirt und färbt die Flamme grün; mit kalter Salzsäure erfolgt Entweichen von Kohlensäure, aber nur theilweise Lösung. — Eingesprengt in Kalkstein der Sierra del Cadi, Provinz Lerida.

Anm. Der **Thrombolith** *Breithaupt's* ist eine porodine amorphe Substanz von muscheligem Bruch, ziemlich spröd und leicht zersprengbar; H. = 3...4, G. = 3,38...3,40 (nach *Schrauf* 3,67); smaragdgrün, dunkellauch- bis schwärzlichgrün, glasglänzend, in dickeren Stücken undurchsichtig. Enthält nach *Plattner* 39,2 Kupferoxyd und 46,8 Wasser, während der Rest für Phosphorsäure gehalten wurde. *Schrauf* fand 39,44 Kupferoxyd, 4,85 Eisenoxyd und 46,56 Wasser und ausserdem Antimonsäure mit etwas antimoniger Säure (42,95). Wird dieser Rest als Antimonsäure angenommen, so ist das Mol.-Verhältniss von CuO, Sb²O⁵, H²O = 40 : 3 : 42. — Bei Rothgluth schmelzend; kalte Salzsäure zieht den Kupfergehalt aus. das gelblichweisse rückbleibende Skelet (aus Antimonoxyden bestehend) löst sich beim Sieden langsam, aber beinahe völlig auf. — Im Kalkstein zu Rezbánya in Ungarn, als Umwandlungsproduct von kupferantimonreichem Fahlerz (Z. f. Kryst. IV. 38).

Zwölfte Ordnung: Silicate.

Unter allen natürlichen Sauerstoffsalzen sind die Silicate diejenigen, welche die verschiedensten Verhältnisse der Basen zu der Säure ergeben. Das normale Hydroxyd des Siliciums scheint die Kieselsäure $H^4SiO^4 = Si[OH]^4$ (Orthokieselsäure) zu sein. Durch Austritt eines Mol. Wasser leitet sich daraus die ebenfalls als solche, wenn auch in gleicher Weise als ziemlich unbeständige Verbindung bekannte Kieselsäure $H^2SiO^3 = SiO[OH]^2$ (Metakieselsäure) ab. Wie überhaupt die mehrbasischen Säuren (z. B. Schwefelsäure, Phosphorsäure, Titansäure, Wolframsäure) durch Vereinigung mehrer Moleküle, unter Austritt von Wasser Polysäuren zu bilden vermögen, so scheint die Kieselsäure ebenfalls eine grosse Neigung zu solchen Condensationen zu besitzen; diese allerdings im freien Zustand nicht bekannten oder nicht isolirten Polykieselsäuren gehen, wie schon die vorerwähnte, ferner aus der normalen Säure nach der allgemeinen Formel $mSi[OH]^4 — nH^2O$ hervor, z. B. die Säure $H^4Si^3O^8$ oder $Si^3O^4[OH]^4$ durch Austritt von 4 Mol. Wasser aus 3 Mol. Säure, $H^2Si^2O^5$ durch Austritt von 3 Mol. Wasser aus 2 Mol. Säure.

Darnach wäre der Olivin Mg^2SiO^4 ein neutrales Orthosilicat, durch Ersatz von 4 H in H^4SiO^4 vermittels 2 Mg; ebenfalls der Granat $Ca^3(Al^2)[SiO^4]^3$, indem in 3 Mol. Orthokieselsäure 42 H durch die zwölfwerthigen $Ca^3 + Al^2$ ersetzt sind[1].

---

[1] Silicate dieser Constitution nannte man früher Singulosilicate, weil das Silicat zwei-

Das neutrale Salz der Metakieselsäure H^2SiO^3 ist darnach z. B. $MgSiO^3$ (Enstatit), oder $K^2(Al^2)[SiO^3]^4$ (Leucit), letzteres vermöge des Ersatzes von $8H$ durch die achtwerthigen $K^2 + Al^2$ in 4 Mol. dieser Säure[1]). Wohl die meisten Silicate hängen mit d i e s e n beiden Säuren zusammen.

Das neutrale Salz der Kieselsäure $H^4Si^3O^8$ wäre in dem Orthoklas $K^2(Al^2)Si^6O^{16}$ gegeben, durch Ersatz von $8H$ vermittels $K^2 + Al^2$ in 2 Mol. dieser Säure. Dasjenige der Kieselsäure $H^2Si^2O^5$ in dem Petalit $Li^2(Al^2)Si^8O^{20}$ oder $Ll^2(Al^2)[Si^2O^5]^4$ vermöge des Ersatzes von $8H$ durch $Li^2 + Al^2$ in 4 Mol. dieser Säure.

1. Andalusitgruppe.

433. Andalusit, *Lamétherie.*

Rhombisch; ∞P (M) $90^\circ 50'$, $\bar{P}\infty$ (o) $109^\circ 4'$, $\check{P}\infty$ $109^\circ 51'$ nach *Haidinger*; A.-V. $= 0,9856:1:0,7020$; gewöhnliche Combb. $\infty P.0P$, wie M und P in beistehender Figur, und dieselbe mit $\bar{P}\infty$ oder $\check{P}\infty$; andere Formen selten, doch hat *Kenngott* an einem Krystall von Lisens eine 10 zählige Comb. beobachtet; *Edw. Dana* fand an einem Krystall von Upper-Providence, Pennsylvanien, $\infty\bar{P}2$ und $\bar{P}\infty$, auch P und $2\bar{P}2$ nur mit der Hälfte ihrer Flächen ausgebildet. Eine Uebersicht der Formen gab *Grünhut* in Z. f. Kryst. IX. 120. Die Krystalle z. Th. gross, säulenförmig, aufund eingewachsen, auch radial-stängelige und körnige Aggregate. — Spaltb. prismatisch nach P, nicht sehr deutlich; Spuren nach $\infty\bar{P}\infty$, $\infty\check{P}\infty$ und $\bar{P}\infty$; Bruch uneben und splitterig. $H. = 7...7,5$; $G. = 3,10...3,17$, die schönen durchsichtigen Varr. aus Brasilien $3,16$ nach *Damour* (im zersetzten Zustand weicher und leichter); farblos, aber stets gefärbt; röthlichgrau bis fleischroth, pfirsichblüthroth, violblau und röthlichbraun, aschgrau, grünlichgrau bis grün; Glasglanz, selten stark; meist durchscheinend bis kantendurchscheinend, selten durchsichtig; die optischen Axen liegen im brachydiagonalen Hauptschnitt, und ihre negative Bisectrix fällt in die Verticalaxe; $a = c$, $b = b$, $c = a$; stark trichroitisch; a rosaroth bis blutroth, b ölgrün, c olivengrün. U. d. M. vielfach verschiedentlich gelagerte faserige Büschelsysteme zeigend. — Chem. Zus. nach den Analysen von *Damour, Schmid, Arppe, Rouney, Pfingsten* u. A.: das Aluminiumsilicat $(Al^2)SiO^5$, mit $37,02$ Kieselsäure und $62,98$ Thonerde (vgl. Anm. auf S. 562); *Grünhut* fand beim A. aus Brasilien einen Glühverlust von $0,51$ pCt., der nach ihm nur auf Fluor oder Hydroxyl zurückgeführt werden kann, und in beiden Fällen auf eine Analogie mit Topas verweise. Einige Analysen haben in Folge beigemengten Quarzes einen etwas zu hohen Kieselsäuregehalt ergeben. V. d. L. ist er unschmelzbar; mit Kobaltsolution geglüht wird er blau; Säuren sind ohne Wirkung. Die Zersetzung, welcher der Andalusit so häufig unterworfen ist, hat eine Verminderung des Thonerdegehalts zur Folge, worin vielleicht auch der Ueberschuss an Kieselsäure begründet ist, welchen manche Analysen ergeben haben. — Bräunsdorf, Munzig und Penig in Sachsen, Katharinenberg bei Wunsiedel, Zwiesel, Herzogau u. a. O. des bayerischen Waldes, Lisens in Tirol, Andalusien, Connemara in Irland, Kalwola in Finnland, Juschakowa bei Mursinsk im Ural; der durchsichtige aus Brasilien und aus Mariposa in Californien. Mikroskopisch

---

[footnote]

werthiger Metalle R^2SiO^4, in dualistischer Weise zu $2RO+SiO^2$ zerlegt gedacht, für die Säure SiO^2 und die Basis $2RO$ das Sauerstoffverhältniss $2:2 = 1$ aufweist.

1) Früher bezeichnete man so constituirte Silicate als B i s i l i c a t e, weil in der ebenso erhaltenen Formel $RO+SiO^2$ das Sauerstoffverhältniss zwischen der Säure SiO^2 und der Basis $RO = 2:1$ ist.

Ebenso hiess der Orthoklas ein Trisilicat, weil darin O von $6SiO^2$ zu O von $(K^2O+Al^2O^3)$ $= 12:4 = 3:1$ ist; der Petalit ein Quadrisilicat, insofern in ihm O von $8SiO^2$ zu O von $(Li^2O+Al^2O^3) = 16:4 = 4:1$ ist.

Groth möchte ausser der Ortho- und Metakieselsäure nur noch die Dikieselsäure $H^2Si^2O^5$ annehmen, dagegen die Säure $H^4Si^3O^8$ anerkennen als eine Verbindung von 1 Mol. Metasäure H^2SiO^3 und 1 Mol. Dikieselsäure $H^2Si^2O^5$ (Tab. Uebers. d. Min. 1882.74).

in vielen krystallinischen Schiefern und metamorphischen Contactgesteinen, welche Höfe um Granitmassivs bilden; hier oft in radialstrahlig aggregirten Nadeln oder Körnchenreihen, in und zwischen welchen sehr zahlreiche Einschlüsse von Quarz, kohligen Partikeln und Biotitblättchen liegen.

    Anm. Der **Chiastolith** (Hohlspath) ist nur eine, freilich recht eigenthümliche Varietät des Andalusits; ∞P 91°4′, nach *Des-Cloizeaux*; die Krystalle lang säulenförmig und gewöhnlich in schwarzem Thonschiefer eingewachsen, dessen kohlige Substanz längs der Axe eine centrale Ausfüllung, oft auch vier an den Kanten herablaufende marginale (und mit der centralen in Verbindung stehende) Ausfüllungen bildet, welche Eigenthümlichkeit den Querschnitt der Krystalle, wie beistehende Figur erscheinen lässt, die Namen des Minerals veranlasst hat, und durch die Annahme einer zwillingsartigen Verwachsung n i c h t erklärt werden kann. — Spaltb. prismatisch nach ∞P. ziemlich vollk., auch brachydiagonal, unvollk.; Bruch uneben und splitterig: H.= 5...5,5; G.= 2,9...3,1; graulich- und gelblichweiss bis gelblichgrau, schmutzig gelb und licht gelblichbraun, auch röthlich bis pfirsichblüthroth; schwacher Glasglanz bis matt; in Kanten durchscheinend. — Chem. Zus.: diejenige des Andalusits, doch ist durch eingetretene Zersetzung, die sich auch in einem Wassergehalt ausspricht, die Kieselsäuremenge gewöhnlich erhöht; sonstiges Verhalten wie bei Andalusit. — Gefrees im Fichtelgebirge, Leckwitz bei Strehla in Sachsen, Bretagne, Pyrenäen, Bona in Algerien, überhaupt nicht selten in den metamorphischen Thonschiefern, fast stets an die Nachbarschaft von Granitmassen gebunden; Mankowa im District von Nertschinsk.

434. Disthen, *Hauy* (Cyanit oder Kyanit, Rhätizit).

    Triklin; meist langgestreckte, breit säulenförmige Krystalle (Fig. 1 und der Querschnitt derselben in Fig. 2), vorwaltend durch zwei Flächenpaare, ∞P̄∞ (*M*) und ∞P̆∞ (*T*) gebildet, welche sich nach *Phillips* unter 106° 15′ (106°4′ nach *vom Rath*) durchschneiden; *M* glänzend, aber selten glatt und eben, *T* glatter und auch glänzender:

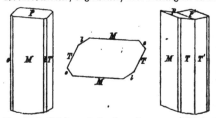

die s c h a r f e n Seitenkanten dieser rhomboidischen Säule sind gewöhnlich durch ∞′P (*o*) abgestumpft, welches mit *M* 130° 44′, mit *T* 123° 1′ bildet; die s t u m p f e n Seitenkanten zwischen *M* und *T* werden wohl durch mehre Flächen abgestumpft, darunter ∞P′ (*l*), mit *M* 145° 16′ und mit *T* 140° 59′ bildend, sowie ∞P̆2 (*k*, meist rauh).

Terminale Flächen sind sehr selten ausgebildet: 0P (*P*), gewöhnlich matt, ist gegen *M* unter 79°10′, gegen *T* unter 86°45′ geneigt. An ausgezeichneten kleinen Krystallen vom Greiner im Zillerthal und vom Monte Campione bei Faido fand *vom Rath* z. B. noch ,P, P,, P̆∞, ∞′P̆2, 2,P̆2, 2,P, 2′P̆,∞ u. s. w. Nach *M. Bauer* ist α = 90° 23′, β = 100° 18′, γ = 106° 1′; Å.-V. = 0,89912 : 1 : 0,69677; welcher i. J. 1879 daran festhielt, dass α merkwürdiger Weise gerade genau == 90° sei, bestimmte diesen Axenwinkel *bc* i. J. 1880 in einem Falle zu 90° 5¼′, und musste in Uebereinstimmung mit der von ihm zuerst verworfenen Ansicht *Bauer's* bestätigen, dass die Abweichung von 90°. wirklich existirt, wenn sie auch eine sehr geringe ist; er fand dann das A.-V. = 0,89942 : 1 : 0,70898. Mehrfache Zwillingsbildungen, und zwar erfolgt einerseits auf verschiedene Weise eine Verwachsung nach den breiten Pinakoidflächen *M*: 1) Drehungsaxe die Normale zu *M* (Fig. 3), wobei eine rinnenartig einspringende Längskante entsteht, und nach *M. Bauer* häufig eine polysynthetische Zwillingsverwachsung nach Art der Plagioklase erfolgt; 2) Drehungsaxe die Kante zwischen *M* und *P*; 3) Drehungsaxe die Kante zwischen *M* und *T*. *Groth, Bauer* und *vom Rath* beobachteten fast gleichzeitig noch als ferneres Gesetz: Zwillings-Ebene die

Basis, wobei die auf T entstehenden ein- und ausspringenden Zwillingskanten 173^0 $33'$ betragen. Nach *Bauer* sind diese nach der Basis verwachsenen Krystalle möglicherweise schon vorher Zwillinge nach dem oben unter 2) aufgeführten Gesetz, übrigens nicht ursprünglich gebildet, sondern durch Druckwirkung (ähnlich den nach $-\frac{1}{3}R$ verzwillingten Calciten) erzeugt. *vom Rath* fand auch parallel $\frac{1}{3}, P, \infty$ eingeschaltete Lamellen. *Kenngott* beobachtete Zwillinge, in denen sich die Säulen unter fast 60^0 schneiden; *Bauer* ermittelte dafür die Brachypyramide $2P, 2$ als Zwillings- und Verwachsungsebene. Die Krystalle einzeln eingewachsen; auch derb, in stängeligen Aggregaten, welche oft krumm- und theils radial-, theils verworrenstängelig sind; in Pseudomorphosen nach Andalusit. — Spaltb. nach M sehr vollk., nach T vollk., auch nach der schiefen Basis P, doch handelt es sich nach *Bauer* hier um eine Gleitfläche, nicht um eine eigentliche Spaltungsfläche. *Bauer* beobachtete noch eine seltene Spaltb. nach $'P, \infty$; spröd; H. $= 5...7$, nämlich auf den breiten Seitenflächen der Säulen der Länge nach $= 5$, der Quere nach $= 7$; G. $= 3,48...3,68$; farblos, aber häufig gefärbt; blaulichweiss, berlinerblau bis himmelblau und seladongrün, gelblichweiss bis ockergelb, röthlichweiss bis ziegelroth, graulichweiss bis schwärzlichgrau; Perlmutterglanz auf der Hauptspaltungsfl., sonst Glasglanz, durchsichtig bis kantendurchscheinend. Die Ebene der optischen Axen, welche durch den scharfen ebenen Winkel auf M geht, ist ungefähr 30^0 gegen die Verticalaxe geneigt, und ihre negative Bisectrix (a) fast normal auf der vollkommensten Spaltungsfläche. Scheinbarer Axenwinkel in Oel für Roth $100—101^0$. Bei intensiverer Blaufärbung deutlich pleochroitisch. c blau, a ganz schwach bläulichweiss. — Chem. Zus. nach den neuesten und besten Analysen von *Rosales, Marignac, Jacobson, Deville, Smith, Brush* u. A.: $(Al^2)SiO^5$, genau dieselbe wie die des Andalusits (vgl. Anm. auf S. 562); ein wenig Thonerde ist oft durch Eisenoxyd ersetzt; auch hier ergeben vereinzelte Analysen etwas zu viel Kieselsäure; v. d. L. ist er unschmelzbar; in Phosphorsalz löslich mit Hinterlassung eines Kieselskelets; mit Kobaltsolution stark geglüht färbt er sich dunkelblau; Säuren sind ohne Wirkung. Man unterscheidet als Varietäten Cyanit (meist breitstängelig und blau gefärbt) und Rhätizit (schmalstängelig und nicht blau, oft durch Kohle grau bis schwarz gefärbt). — In Glimmerschiefer und Quarz: Monte Campione bei Faido, Greiner im Zillerthal und a. O. in Tirol, Pontivy im Morbihan, Petschau in Böhmen, Penig und viele a. O.; auch im Granulit und Eklogit, fast immer frisch und unzersetzt; intensiv dunkle und doch klare abgerollte Krystalle in den Goldseifen des südl. Urals; bei Horrsjöberg in Wermland bildet der Cyanit selbständige Lager von mehren Klaftern Mächtigkeit.

A nm. Die krystallographische Kenntniss des Disthens ist durch die Arbeiten von *M. Bauer* (Z. d. geol. Ges. 1878. 283 und 1879. 244, 717), sowie von *vom Rath* (Z. f. Kryst. III. 1 und V. 17) sehr gefördert worden.

435. Sillimanit, *Bowen.*

Rhombisch, nach *Des-Cloizeaux*; $\infty P 111^0$; man kennt bis jetzt nur säulenförmige Individuen, ohne terminale Formen, gebildet von ∞P, von dem auch selbständig auftretenden $\infty \check{P}\frac{3}{4}$ ($88^0 15'$), sowie anderen Flächen, durch deren oscillatorische Combination eine starke verticale Streifung hervorgebracht wird; die Krystalle lang säulenförmig und eingewachsen; derb, mit feinstängeligen, oft gekrümmten und verdrehten, büschelförmig verwachsenen Individuen. — Spaltb. makrodiagonal sehr vollk.; H. $= 6...7$; G. $= 3,23...3,24$; farblos, auch gelblichgrau bis nelkenbraun gefärbt; Fettglanz, auf Spaltungsflächen Glasglanz; durchsichtig bis kantendurchscheinend. Die optischen Axen liegen im makrodiagonalen Hauptschnitt, ihre Bisectrix fällt in die Verticalaxe; Lamellen, welche rechtwinkelig auf die Säulenaxe geschnitten sind, lassen im polarisirten Licht zwei symmetrisch liegende Systeme von Farbenringen erkennen; $a = b$, $b = a$, $c = c$; optischer Axenwinkel $35^0 — 40^0$, spitze Bisectrix positiv; $\varrho > v$. — Chem. Zus. nach den Analysen von *Norton, Staaf* und *Silliman*: sehr nahe die des Disthens und Andalusits, also $(Al^2)SiO^5$; von der Thonerde wird ein kleiner Antheil durch Eisenoxyd ersetzt; v. d. L. unschmelzbar; von Säuren nicht angreifbar. — Saybrook und Norwich in Connecticut, mit Monazit; Yorktown in New-York; im Gneiss vom Morvan (Frankreich).

Anm. 1. Da Andalusit, Sillimanit und Disthen übereinstimmende chemische Zusammensetzung besitzen und die beiden ersten, wenn auch gemeinsam rhombisch, doch krystallographisch und optisch verschieden sind, so liegt hier ein Fall von Trimorphismus vor[1]).

Anm. 2. Eine Reihe von Mineralien ist weiter nichts als Sillimanit, welcher vielfach mit feinvertheiltem Quarz vermengt ist, weshalb die Analysen dann einen wechselnden Kieselsäuregehalt ergeben, welcher den der Formel $(Al^2)Si O^5$ entsprechenden übersteigt. *Des-Cloizeaux* ist es namentlich, welcher auch durch krystallographische und optische Untersuchungen die Zugehörigkeit der folgenden Mineralien zum Sillimanit dargethan hat.

Silliman's Monrolith von Monroe in Orange Co. (New-York) ist blos eine grünlichgrau gefärbte Var. des Sillimanits, mit welchem er in den meisten Eigenschaften und auch in der chemischen Constitution nach den Analysen von *Smith* und *Brush* übereinstimmt. — Der Bucholzit oder Fibrolith (Faserkiesel) erscheint derb, in sehr fein- und meist filzartig verworren-faserigen Aggregaten, von grauen, gelben, grünlichen Farben; H. = 6...7. G. = 3,21...3,24; wenig glänzend, kantendurchscheinend; optisch ist nach *Des-Cloizeaux* der Fibrolith mit Sillimanit identisch. — Die Analysen von *Silliman* und *Deville* führen auf die Formel des Disthens, andere mit wahrnehmbarem feinvertheiltem Quarz gemengte Fibrolithe ergeben einen etwas höheren Kieselsäuregehalt. Unschmelzbar und von Säuren unangreifbar. — Lisens und Faltigl in Tirol, in dem Cordieritgneiss und sog. Schuppengneiss des bayerischen Waldes und des sächs. Granulitgebirges, im Glimmerschiefer der Bretagne, im Gneiss des Eulengebirges, wo aber nach *Kalkowsky* die Individuen ein vorwaltendes Prisma von ca. 91° zeigen und sich vom Andalusit nur dadurch unterscheiden, dass bei ihnen die positive opt. Bisectrix in die Verticalaxe fällt. — Der von *Axel Erdmann* benannte Bamlit gehört auch zum Sillimanit; derb, in radial-dünnstängeligen bis faserigen, von rhomboidischen Prismen gebildeten Massen; Bruch uneben und splitterig. — Spaltb. sehr deutlich nach der breiten Seitenfläche der Prismen. Spröd; H. = 5...7; G. = 3,98; grünlich- oder graulichweiss, Spaltungsflächen stark perlmutterglänzend, stark durchscheinend. — Der höhere Kieselsäuregehalt von 56,9 wird durch beigemengten Quarz hervorgebracht. — Bamle in Norwegen, in einem aus Quarz, Glimmer und Amphibol bestehenden Gestein. — Auch der Xenolith und Wörthit, zwei feinstängelige und faserige Aggregate, vorkommend als Geschiebe in der Gegend von St. Petersburg, sind hierher zu stellen.

436. **Topas,** *Werner.*

Rhombisch; P (o) Polkanten 101° 40′ und 141° 0′, Mittelkante 91° 10′ 2), ∞P (M) 124° 17′, 2P̄∞ (n) 92° 42′, ∞P̄2 (l) 93° 11′, 4P̄∞ (y) 55° 20′ nach *v. Kol-*

---

1) Das völlig abweichende Verhalten gegenüber den natürlichen Zersetzungsagentien, welches Andalusit und Disthen zeigen, hat *Groth* auf die Ansicht geführt, dass dieselben trotz der übereinstimmenden empirischen Zusammensetzung doch nicht chemisch identisch, sondern abweichend constituirt und somit auch nicht eigentlich dimorph seien: dem leichter zersetzbaren Andalusit sowie dem Sillimanit komme wahrscheinlich eine chemische Structur zu, welche durch die Formel Al [Al O] Si O⁴ (Orthosilicat) ausgedrückt wird, wogegen alsdann der Disthen durch [Al O]²Si O³ (Metasilicat) seine Bezeichnung fände. *Grünhut* schliesst sich dieser Auffassung an, schlägt aber vor, die Formel des Andalusits zu [Al O]²Al²O⁸ zu verdoppeln, indem alsdann auch die im Andalusit bisweilen wahrgenommenen geringen Mengen von Monoxyden (Kalk, Magnesia, Eisenoxydul) insofern ihre Berücksichtigung finden würden, als ein Silicat von der Formel R Al²Si²O⁸ isomorph hinzugemischt wäre, worin R = Ca, Mg, Fe, entsprechend den 2 Mol. des einwerthigen Aluminyls [Al O].

2) Wir wählen diese Pyramide zur Grundform, weil sie an den meisten Krystallen wirklich ausgebildet ist; Andere nehmen die Pyramide 2P als Grundform, so auch *v. Kokscharow*, in dessen Materialien zur Mineral. Russlands auf Taf. 29 bis 38 eine vollständige Darstellung der schönen und mannichfaltigen russischen Krystalle gegeben wurde. *P. Groth* veröffentlichte eine lehrreiche Abhandlung über die Krystalle von Altenberg und Schlaggenwald (Z. d. geol. Ges. XXII. 381), worin u. a. bewiesen wird, dass die Winkel in verschiedenen Varietäten des Topas gewissen Schwankungen unterliegen; den Winkel ∞P fand *Groth* an Krystallen von Altenberg 124° 45′, von Schlaggenwald 124° 9′, die Polkante von 2P̄∞ dort 92° 44′, hier 92° 57′. An den Topaskrystallen des Schneckensteins beobachtete *Laspeyres* nicht weniger als 24 verschiedene

scharow, und viele andere Formen, unter denen jedoch P (*o*) in der Regel, und 2P häufig vorhanden ist; A.-V. = 0,5285 : 1 : 0,4768.

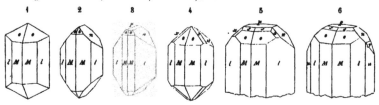

1   2   8   4   5   6

Fig. 1. ∞P.∞P̆2.P; die gemeinste Form der brasilianischen Krystalle.
Fig. 2. ∞P.∞P̆2.2P̆∞.P; eine häufig vorkommende Combination.
Fig. 3. Comb. wie Fig. 2, mit der Basis 0P.
Fig. 4. Comb. wie Fig. 1, mit 2P̆∞ und ⁴⁄₃P̆2 (*x*); Brasilien, Schneckenstein, Ural.
Fig. 5. ∞P.∞P̆2.0P.2P̆∞.P.³⁄₂P.⁴⁄₃P̆2; vom Schneckenstein in Sachsen.
Fig. 6. Comb. wie Fig. 5 ohne *x*, dafür mit ∞P̆3 und 4P̆∞ (*u* und *y*); ebendaher.

Der Habitus der Krystalle ist immer säulenförmig, indem gewöhnlich die Prismen ∞P und ∞P̆2 vorwalten, deren Combination an den Enden durch mancherlei Flächen begrenzt wird, unter denen sich besonders 0P, oder P, oder auch 2P̆∞ auszeichnen; bisweilen scheinbar hemimorphisch[1]); ein wirklicher Hemimorphismus findet jedoch nach *Hankel* und *Groth* nicht statt (auch schliessen nach *Baumhauer* die Aetzfiguren denselben aus), wohl aber ist das ei n e Ende der Krystalle bisweilen nur rudimentär, mit sehr kleinen und unvollkommenen Flächen ausgebildet, oder in sehr viele kleine Krystallspitzen dismembrirt, daher drusig; die Prismen fein vertical gestreift; einzeln aufgewachsen oder zu Drusen verbunden; auch derb in grossen, undeutlich ausgebildeten Individuen (P y r o p h y s a l i t), eingesprengt, und in Geröllen und stumpfeckigen Stücken. — Spaltb. basisch sehr vollk.; Spuren nach mehren anderen Richtungen; Bruch muschelig bis uneben; H. = 8; G. = 3,514...3,567; farblos und bisweilen wasserhell, aber meist gefärbt, gelblichweiss bis wein- und honiggelb, röthlichweiss bis hyacinthroth und fast violblau, grünlichweiss bis berg-, seladon- und spargelgrün; dem Tageslicht lange ausgesetzt bleichen die Farben aus; Glasglanz; durchsichtig bis kantendurchscheinend. U. d. M. häufig Flüssigkeitseinschlüsse führend, darunter auch solche von liquider Kohlensäure (S. 117). Die optischen Axen liegen im brachydiagonalen Hauptschnitt, und bilden in verschiedenen Varr. sehr verschiedene Winkel, ihre Bisectrix fällt in die Verticalaxe; Doppelbrechung positiv; *a* = *a*, *b* = *b*, *c* = *c*; *n* = 1,6138. Ueber die merkwürdigen thermo-elektrischen Eigenschaften vgl. *Hankel* in Abh. d. k. Sächs. Ges. d. W. IX. 1870. 359. — Chem. Zus. nach den älteren Analysen *Forchhammer's* und den neuesten von *Rammelsberg* und *Hugo Klemm*: eine Mischung von 5 Mol. des sog. Zweidrittel-Aluminium-Silicats mit 1 Mol. eines analogen Kieselfluoraluminiums, $5(Al^2)$ Si $\dot{O}^5 + (Al^2)$ Si $\dot{F}^{10}$; dieser Formel gemäss würden 100 Theile Topas 33,22 Kieselsäure, 56,54 Thonerde und 17,61 Fluor (Summe 107,37) liefern,

---

[1) Formen; ∞P fand er zu 124° 0′ 43″, als ferneren Beweis des Schwankens der Winkel des Topases; auch bespricht er den scheinbaren Hemimorphismus dieser Krystalle (Zeitschr. f. Kryst. 1877. 347). Eingehendere weitere krystallographische Untersuchungen über Topase der verschiedenen Fundorte gab *Grünhut* in Z. f. Kryst. IX. 1884. 113; zu den bis dahin bekannten 62 Formen fügte er 22 neue hinzu und gab eine Uebersicht derselben nach der üblichen und nach der von ihm vorgeschlagenen (vgl. Anm. 1) neuen Aufstellung.

1) *Jeremejew* schreibt einem Topaskrystall aus dem Ilmengebirge, bei welchem ³⁄₂P̆∞ an dem einen Ende vorhanden ist, an dem anderen fehlt, Hemimorphismus zu. — *Grünhut* hat dargethan, dass der scheinbare Hemimorphismus auch so zu Stande kommt, dass ein auf natürlichem Wege g e s p a l t e n e r Krystall an den beiden Enden der Verticalaxe sich in abweichender Weise wieder weiter krystallographisch ausbildet.

was den erwähnten Analysen äusserst genau entspricht [1]). Sonach liefert der Topas ein interessantes Beispiel der Verbindung eines Sauerstoffsalzes mit einem ganz analog gebildeten Fluorsalz. In einem Topas von Stoneham in Maine gibt *Bradbury* 29,21 pCt. Fluor an. Im Glasrohr mit Phosphorsalz stark erhitzt gibt er die Reaction auf Fluor: v. d. L. ist er unschmelzbar, löst sich aber in Phosphorsalz mit Hinterlassung eines Kieselskelets; mit Soda geschmolzen gibt er kein klares Glas; mit Kobaltsolution geglüht wird er blau; Salzsäure greift ihn nicht an; mit Schwefelsäure anhaltend digerirt gibt er etwas Flusssäure. — Am Schneckenstein bei Gottesberg; zu Ehrenfriedersdorf, Altenberg und Penig in Sachsen, Schlaggenwald in Böhmen, Cairngorm in Schottland und in den Mourne-Bergen in Irland, Cornwall, Finbo in Schweden, Miask und Alabaschka bei Mursinka im Ural, Aduntschilon und am Flusse Urulga in Transbaikalien (hier in bis fussgrossen Krystallen), Villarica in Brasilien, Mughla in Kleinasien (sehr schöne, den brasilianischen ähnliche Krystalle). Am Mount Bischoff in Tasmanien mit Quarz ein quarzporphyrähnliches Gestein bildend. Während alle diese Vorkommnisse an die alten krystallinischen Gesteine gebunden sind, fand *Wh.* Cross auch Topaskrystalle in den Drusenräumen des tertiären Eruptivgesteins Nevadit vom Chalk-Mountain. Nevada.

Gebrauch. Der Topas wird in seinen schön gefärbten und durchsichtigen Varietäten als Edelstein benutzt.

Anm. 1. Wegen der Analogie der chemischen Zusammensetzung hat man sich mehrfach bestrebt, einen Isomorphismus zwischen Andalusit und Topas zu erweisen. *Grünhut* wählt zu diesem Zweck für den Andalusit das Prisma ∞P2 als Grundprisma und ertheilt dem bisherigen P̄∞ das Zeichen ½P̄∞, worauf alsdann das A.-V. = 0,5069 : 1 : 1,4246 resultirt. Wird beim Topas ∞P als solches beibehalten und die Form ½P̄∞ zum primären Brachydoma genommen, so ergibt sich für ihn das A.-V. = 0,5285 : 1 : 1,4309. Ueber ein anderes Verfahren vgl. *Groth*, Tab. Uebers. 1882. 85.

Anm. 2. Der Pyknit, welchen *Werner* als ein besonderes Mineral betrachtete, ist nur eine Varietät des Topas; derb, in parallelstängeligen Aggregaten, deren Individuen oft eine schiefe transversale Absonderung zeigen, nach *G. Rose* aber bisweilen die Krystallformen des Topas erkennen lassen; G. = 3,49...3,5; strohgelb bis gelblich- und röthlichweiss, Glasglanz, kantendurchscheinend. — Chem. Zus. nach der letzten Analyse von *Rammelsberg* wesentlich übereinstimmend mit Topas, während *Forchhammer* weniger Thonerde gefunden hatte; verhält sich auch ausserdem wie Topas. — Altenberg in Sachsen; Magnetberg von Durango in Mexico.

437. Staurolith, *Karsten.*

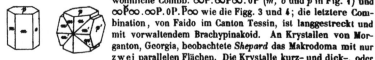

Rhombisch; ∞P (m) 128° 42′, P̄∞ (r) 70° 46′ nach *Kenngott* (129° 26′ und 69° 32′ nach *Des-Cloiseaux*); A.-V. = 0,4803 : 1 : 0,6761; gewöhnliche Combb. ∞P.∞P̄∞. 0P (m, o und p in Fig. 1) und ∞P̄∞.∞P. 0P. P̄∞ wie die Figg. 3 und 4; die letztere Combination, von Faido im Canton Tessin, ist langgestreckt und mit vorwaltendem Brachypinakoid. An Krystallen von Morganton, Georgia, beobachtete *Shepard* das Makrodoma mit nur zwei parallelen Flächen. Die Krystalle kurz- und dick-, oder lang- und breitsäulenförmig; eingewachsen; Zwillingskrystalle sehr häufig, als Durchkreuzungs-Zwillinge namentlich nach zwei verschiedenen Gesetzen, indem sich die Verticalaxen beider Individuen entweder fast rechtwinkelig durchschneiden, wobei die Zwillings-Ebene eine Fläche des Brachydomas ½P̄∞ ist (Fig. 2, auch Fig. 187 auf S.

---

1) *Groth* hält den Topas und Andalusit für isomorph und nimmt als Hauptbestandtheil des Topases eine Fluorverbindung von ähnlicher Constitution, wie sie dem Andalusit entspricht, an, nämlich Al[Al F2] Si O4, indem Al O durch die ebenfalls einwerthige Gruppe Al F2 vertreten sei, diese Verbindung sei nun mit Andalusitsubstanz Al[Al O] Si O4 isomorph gemischt, vielfach in dem Verhältniss 5 : 1, was dann die empirische Formel (Al2)6 Si6 O25 F10 (genau wie oben) liefert. An festen Molekularverhältnissen braucht man übrigens auch bei der oben stehenden Deutung *Rammelsberg*'s nicht festzuhalten.

107), oder indem sie sich schiefwinkelig fast unter 60° schneiden, wobei als Zwillings-Ebene eine Fläche der Brachypyramide $\frac{3}{4}P\frac{3}{4}$ erscheint (Fig. 5 und 6, auch Fig. 188 auf S. 107). *Edward Dana* lehrte an den Krystallen von Fannin Co., Georgia, noch ein

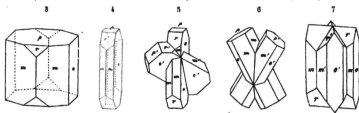

3   4   5   6   7

drittes seltenes Zwillingsgesetz kennen (Fig. 7), wobei $\infty\check{P}3$ die Zwillings-Ebene der beiden sich durchkreuzenden Individuen ist, deren Brachypinakoide 70° 18' mit einander bilden; auch beschreibt er merkwürdige Drillinge, bei welchen zwei Individuen sich nach dem ersten Gesetz fast rechtwinkelig kreuzen, während ein drittes beide nach dem zweiten Gesetz nahezu unter 60° schneidet. — Spaltb. brachydiagonal vollk., auch Spuren nach ∞P; Bruch muschelig oder uneben und splitterig; H. $= 7...7,5$; G. $= 3,34...3,77$; röthlichbraun bis schwärzlichbraun; Glasglanz, durchscheinend bis undurchsichtig. Die optischen Axen liegen in dem makrodiagonalen Hauptschnitt; ihre Bisectrix fällt in die Verticalaxe; $a = b$, $b = a$, $c = c$; pleochroitisch: c dunkelbraun, a und b beide ähnlich lichtgelb. — Die Feststellung der chem. Zus. hat grosse Schwierigkeiten verursacht, weil die einzelnen Bestandtheile: Kieselsäure, Thonerde, Eisenoxydul und Magnesia so erhebliche Schwankungen aufwiesen, wie denn z. B. die Kieselsäuremenge zwischen 27,9 und 54,3, die Thonerdemenge zwischen 34,3 und 54,7 liegend befunden wurde. Der Staurolith von Faido ist der an Kieselsäure ärmste, an Thonerde reichste. Durch die Untersuchungen von *Lechartier* (Bull. soc. chim. [2.] III. 1865. 378), *v. Lasaulx* und *Fischer* ergab sich, dass alle anderen Varr. von Staurolith, welche einen höheren Kieselsäuregehalt (und niedrigeren an Thonerde) aufweisen, diesen einer reichlichen Interposition von Quarzkörnern (auch von Granat, Glimmer u. s. w.) verdanken. Werden diese fremden mechanischen Einwachsungen, welche u. d. M. sehr gut zu erblicken sind, durch Behandlung des Stauroliths mit Fluorwasserstoffsäure weggeätzt, so bleibt reine Mineralmasse von der Zus. der Var. von Faido übrig. Verhältnissmässig rein sind auch die Staurolithe von St. Radegund, von Massachusetts und von der Culsagee-Grube in Nordcarolina; diese Staurolithe sind auch die sp. schwersten; zu den stark verunreinigten gehören namentlich die aus der Bretagne und von Pitkäranda in Finnland, auch solche von Lisbon in New-Hampshire; sie schliessen, obwohl gut krystallisirt, bis zu 40 pCt. Quarz ein und sind deshalb sp. leichter; auch der St. von Airolo am St. Gotthard ist im Gegensatz zu dem von Faido nicht rein. Was die Zus. der reinen Staurolithsubstanz betrifft, so ist noch hervorzuheben, dass *Lechartier* ca. 1,5 pCt. Wasser fand, welches erst beim Glühen entweicht; unter Berücksichtigung dessen ergibt sich die Formel $\mathbf{R}^2\mathbf{R}^3(\ddot{A}l^2)^6\ddot{S}i^6\mathbf{O}^{34}$, welche, wenn R $= 3$ Fe $+ 1$ Mg, liefert: 30,45 Kieselsäure, 54,81 Thonerde, 13,69 Eisenoxydul, 2,53 Magnesia, 1,52 Wasser. Möglicherweise ist aber selbst diese als reinste geltende Substanz immer noch etwas zu kieselsäurereich und das Sauerstoffverhältniss der Basen zur Säure das einfache 2 : 1 (anstatt 11 : 6, wie in obiger Formel). Das Eisen ist nicht — nach der vormaligen Annahme — als Oxyd, sondern mindestens grösstentheils als Oxydul vorhanden. Ein kleiner Antheil des Eisens wird zuweilen durch Mangan vertreten; die Var. von Nordmark in Schweden hält sogar 11,6 pCt. Manganoxydul und 13,7 Manganoxyd, weshalb und wegen ihrer Schmelzbarkeit *Dana* für sie den Namen Nordmarkit vorschlägt; eine Var. von Canton in Georgia enthält über 7 pCt. Zinkoxyd. V. d. L. selbst in Splittern nicht schmelzbar, in Borax und Phosphorsalz nur sehr schwer löslich; Säuren sind ganz ohne Wirkung. — In Glimmerschiefer bei Airolo am St. Gotthard und bei Faido, Radegund in Steiermark, Goldenstein in Mähren, Umgegend von Sebes in Siebenbürgen, Polekowskoi am Ural, im Dép. de Finistère in Frankreich, bei San Jago de Compostella in Spanien, Windham in Maine, Lisbon und Franconia in New-Hampshire u. a. O. in Nordamerika. — Ueber die bisweilige Verwachsung des Stauroliths der St. Gotthard-Gegenden mit Disthen vgl. S. 110.

Anm. Der sog. Crucilith aus der Gegend von Dublin scheint nach *Kenngott* nur ein zersetzter Staurolith zu sein, dessen Zwillingsformen er noch besitzt, während er eine weiche, rothbraune bis schwarze, fettglänzende Masse darstellt.

138. Dumortierit, *F. Gonnard.*

Rhombisch; ∞P nahezu 120° nach *Bertrand*; strahlig faserige Aggregate, die einzelnen strahligen Krystalle sind Zwillinge mit paralleler Stellung ihrer Längsrichtungen, die opt. Axenebenen bilden mit einander ca. 120°. — G. = 3,36; intensiv blau, z. Th. fast schwarz; auffallend stark dichroitisch: weiss bei Parallelstellung der Faser-Längsrichtung mit dem Nicolhauptschnitt, senkrecht dazu schön smalteblau. Opt. Axenebene parallel den Fasern, die spitze negative Bisectrix fällt mit der Längsaxe der Fasern zusammen, die stumpfe senkrecht zu denselben(?); starke Dispersion, $\varrho < \upsilon$. — Chem. Zus. nach *Damour*: 29,85 Kieselsäure, 66,02 Thonerde, 1,01 Eisenoxyd, 0,45 Magnesia, 2,25 Glühverlust, also $(Al^2)^4 Si^3 O^{18}$, was erfordert 30,40 Kieselsäure, 69,60 Thonerde. Unlöslich in Säuren, unschmelzbar. — In Pegmatitgängen im Gneiss zwischen Oullins und Chaponost im Iseron-Thal (Rhône); Bull. soc. min. IV. 1881. 2, 6.

139. Sapphirin, *Giesecke.*

Krystallinisch von unbekannter Form (nach *Des-Cloizeaux* aus optischen Gründen monoklin, womit *Tschermak* übereinstimmt); bis jetzt nur derb, in kleinkörnigen oder körnigblätterigen Aggregaten, deren Individuen eine Richtung spaltbar sind; Bruch unvollk. muschelig; H. = 7,5; G. = 3,42...3,47; licht berlinerblau in blaulichgrau und grün geneigt, Glasglanz, durchscheinend, optisch-zweiaxig, pleochroitisch. — Chem. Zus. nach der Analyse von *Damour*: 14,86 Kieselsäure, 63,25 Thonerde, 19,28 Magnesia, 1,99 Eisenoxydul, womit diejenigen von *Stromeyer* und *Schluttig* recht gut übereinstimmen, die führen auf die Formel $Mg^4 (Al^2)^5 Si^2 O^{23}$; *Stromeyer* fand etwas mehr Eisenoxydul (4,45 pCt.) und weniger Magnesia. Unschmelzbar v. d. L. — Fiskenäs in Grönland, in Glimmerschiefer mit Tremolit.

Anm. *Hausmann* vereinigte den Sapphirin mit dem Spinell, wogegen sich jedoch *G. Rose* erklärte und wogegen auch die optischen Verhältnisse sprechen. *Fischer* ist geneigt, ihn für eine (magnesiahaltige) Var. des Disthens zu halten, doch findet in dessen Formel die Magnesia überhaupt keinen Platz und ausserdem ist das Mineral nicht triklin. Auch kann nach dem Befund von *Schluttig* die ganz homogene Masse desselben nicht, wie *Dana* es für möglich hielt, ein mit Korund gemengter Staurolith sein, auch *Groth* ist er vielleicht mit dem Chloritoid verwandt, wogegen indessen abgesehen von anderen Differenzen der Zus. die völlige Abwesenheit von Wasser spricht. Der Sapphirin ist das kieselsäureärmste und thonerdereichste aller bekannten Silicate.

2. Turmalingruppe.

140. Turmalin (Schörl, Indigolith, Rubellit).

Rhomboëdrisch[1]); R(P) 133°10' (schwankend nach *Kupffer* von 133°2' bis 133°13', nach *Breithaupt* von 132° bis 134°); *Seligmann* maass an weissen durchsichtigen Krystallen von Dekalb R = 132°49', *Arzruni* am Chromturmalin des Ural R = 132°46'; A.-V. = 1 : 0,4476; die gewöhnlichsten Formen sind: 0R (k), $-\frac{1}{2}$R(n) 155°, R(P), -2R(o) 103°3', ∞P2 (s), und ∞R (l), wozu sich noch viele andere untergeordnete Formen gesellen, wie $-\frac{7}{2}$R, 4R, R5, R3; ausgezeichnet hemimorphisch, daher ∞R als

---

1) Eine Uebersicht über die bis dahin beobachteten 34 Formen des Turmalins gab *Seligmann* in Z. f. Kryst. VI. 1882. 221, welcher selbst 3 neue Rhomboëder auffand; vgl. auch die Zusätze im N. Jahrb. f. Min. 1883. I. 367 (Ref.), wo auch die früheren Aufzählungen von *Jeroféjew* angeführt sind. *Cossa* und *Arzruni* fanden am Chromturmalin noch 4 neue Formen (Z. f. Kryst. VII. 1883. 7).

trigonales Prisma (ferner $\infty P\frac{4}{3}$ als ditrigonales Prisma, dagegen $\infty P2$ vollflächig) ausgebildet ist, vgl. S. 86. Die nachstehenden Figuren beziehen sich auf einige der gewöhnlichsten Combinationen, in deren krystallographischen Zeichen die p r i s m a t i - s c h e n Formen zuerst, dann die o b e r e n, und zuletzt die u n t e r e n terminalen Formen aufgeführt sind.

1   2   o   .   5   6

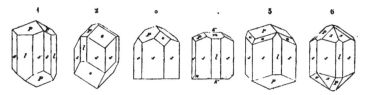

Fig. 1. $\infty P2 \cdot \dfrac{\infty R}{2} \cdot R$ oben und unten; die gemeinste Form, in welcher die Prismen meist oscillatorisch combinirt sind, so dass die Säule oft eine dreiseitig cylindrische Gestalt erhält.

Fig. 2. $\infty P2 \cdot \dfrac{\infty R}{2} \cdot -2R \cdot R$ oben, blos $-2R$ unten.

Fig. 3. $\infty P'2 \cdot R \cdot -2R$ oben, $0R$ unten.

Fig. 4. $\infty P2 \cdot -\dfrac{\infty R}{2} \cdot R \cdot -\frac{1}{2}R \cdot 0R$ oben, $-\frac{1}{2}R \cdot 0R$ unten.

Fig. 5. $\infty P2 \cdot -\dfrac{\infty R}{2} \cdot R \cdot R5$ oben, R unten.

Fig. 6. $\infty P2 \cdot -\dfrac{\infty R}{2} \cdot -\frac{1}{2}R3 \cdot R$ oben und unten.

Ausser diesen finden sich viele andere und zum Theil sehr complicirte Combinationen, wie namentlich an den schönen von G. *Rose* beschriebenen und abgebildeten Krystallen von Gouverneur in New-York. — Der Habitus der Krystalle ist theils lang-, theils kurz-säulenförmig, selten rhomboëdrisch, indem sie vorwaltend von $\infty P'2.\frac{1}{2}\infty R$ gebildet und von Rhomboëdern begrenzt werden; die Säulen meist vertical gestreift; bisweilen ist ein scheinbar einfacher Krystall aus mehren nicht ganz parallel mit einander verwachsenen zusammengesetzt. Eingewachsen und aufgewachsen; auch derb, in parallel-, radial- und verworren-stängeligen bis faserigen, oder in körnigen Aggregaten. — Spaltb. rhomboëdrisch nach R und prismatisch nach $\infty P2$, doch beides sehr unvollk.; die mikroskopischen Prismen zeigen parallel der Basis sehr vollkommene Absonderung. H. $= 7...7,5$; G. $= 2,94...3,24$; Bruch muschelig bis uneben; zuweilen farblos, selten wasserhell, gewöhnlich gefärbt, in manchfaltigen grauen, gelben, grünen, blauen, rothen und braunen Farben, am häufigsten ganz schwarz, oft mehrfarbig in einem und demselben Krystall, indem bald der innere Kern und die äussere Hülle, bald das obere Ende und der untere Theil der Krystalle ganz verschieden gefärbt sind. Manche rothe Varr. werden Rubellit, die blauen Varr. von Utö Indigolith genannt, während die schwarzen Varr. den Namen Schörl führen. Glasglanz; pellucid in allen Graden, die schwarzen undurchsichtig, Doppelbrechung negativ; das schwarze Kreuz erscheint oft gestört; auffallend dichroitisch (vgl. S. 190); der tiefgrüne uralische Chromturmalin ist sogar parallel der optischen Axe gelbbraun, senkrecht dazu blaugrün (bei künstlicher Beleuchtung tritt hier an die Stelle der gelbbraunen Färbung von *e* ein Orangerothbraun bis Rothbraun ein, während *o* bis auf ein sohwaches Grün fast gänzlich absorbirt wird); polar-thermoelektrisch. — Chem. Zus. ist äusserst complicirt und schwankend, so dass es früher unmöglich war, eine allgemeine Formel aufzustellen, und die Ansicht *Breithaupt's*, der Turmalin müsse in mehre Arten zerfällt werden, auch von chemischer Seite her gerechtfertigt erschien. Die Turmaline enthalten als Bestandtheile überhaupt: Kieselsäure, Phosphorsäure, Borsäure, Thonerde,

Chromoxyd, Eisenoxydul, Manganoxydul, Kalk, Magnesia, Kali, Natron, Lithion, Fluor und Wasser. Nachdem jedoch *A. Mitscherlich* gefunden hatte, dass die Turmaline das Eisen und das Mangan nicht, wie man früher glaubte, theilweise als Oxyd, sondern ausschliesslich als Oxydul enthalten; nachdem dies später von *Rammelsberg* allgemein bestätigt worden war, und der letztere unermüdliche Forscher erkannt hatte, dass neben dem sehr untergeordneten Fluor in allen Turmalinen etwas basisches oder chemisch gebundenes Wasser vorhanden sei, so haben sich die Resultate über die chemische Constitution derselben wesentlich vereinfacht, wie *Rammelsberg* in einer 1869 erschienenen Abhandlung auf Grund sehr zahlreicher Analysen gezeigt hat (Ann. d. Phys. u. Chem., Bd. 139, S. 379 und 547). Das meist zu 2 bis 2,5 pCt. vorhandene Fluor wird als ein theilweiser Vertreter von Sauerstoff betrachtet, die Menge der Phosphorsäure ist so gering, dass sie vernachlässigt werden kann.

Die Turmaline bestehen darnach[1]) insgesammt aus den Silicaten

$$\overset{I}{R}{}^6 Si O^5, \text{ worin } \overset{I}{R} = H, K, Na, Li,$$
$$\overset{II}{R}{}^3 Si O^5, \text{ worin } \overset{II}{R} = Mg, Fe, Mn, Ca,$$
$$(\overset{VI}{R}{}^2) Si O^5, \text{ worin } (\overset{VI}{R}{}^2) = (Al^2), (B^2).$$

Sie zerfallen aber in folgende zwei Gruppen:

Erste Abtheilung, die bei weitem grössere, mit der Zusammensetzung $\overset{I}{R}{}^6 (Al^2)^2 (\overset{II}{B}{}^2) Si O^{20} + \overset{II}{R}{}^3 (Al^2)^2 (B^2) Si O^{20}$, oder allgemein $(\overset{I}{R}{}^2, R)^3 (\overset{VI}{R}{}^2)^3 Si O^{20}$, wobei $3 (R^2) = 2 (Al^2) + (B^2)$ sind. Zu dieser Gruppe gehören die gelben, braunen und schwarzen Turmaline, welche nur 32 bis 34 pCt. Thonerde und meist viel Eisenoxydul (in den schwarzen Varr. 3 bis 17 pCt.) enthalten; in den T. dieser Gruppe herrschen die zweiwerthigen Elemente (Magnesium und Eisen) vor den einwerthigen vor, also das zweite Glied der obigen Formel betheiligt sich mit mehr Mol.

Zweite Abtheilung, bestehend aus $\overset{I}{R}{}^6 (Al^2)^6 (B^2)^2 Si O^{15} + \overset{II}{R}{}^3 (Al^2)^6 (B^2) Si O^{15}$, oder allgemein $(\overset{I}{R}{}^2, R)^3 (\overset{VI}{R}{}^2)^3 Si O^{45}$, wobei $8 (R^2) = 6 (Al^2) + 2 (B^2)$ sind; diese Gruppe begreift die farblosen, hellgrünen und rothen Turmaline, welche 42 bis 44 pCt. Thonerde enthalten und durch die Gegenwart von Lithion, sowie durch den fast gänzlichen Mangel an Eisen ausgezeichnet sind; bei ihnen treten die einwerthigen Elemente vor den zweiwerthigen in den Vordergrund.

Die intensiv grünen Turmaline sind nach *Rammelsberg* isomorphe Mischungen der beiden vorstehenden Gruppen.

Um eine Vorstellung von der verschiedenen Zusammensetzung der Turmaline zu geben, mögen einige Beispiele angeführt werden.

I. Turmaline der ersten Abtheilung: *a)* brauner Turmalin von Windischkappel in Kärnten; G. = 3,035; *b)* schwarzer Turmalin von Elba; G. = 3,059; *c)* blaulichschwarzer Turmalin von Sarapulsk; G. = 3,162.

II. Turmaline der zweiten Abtheilung: *d)* rother Turmalin von Schaitansk, eisenfrei; G. = 3,082; *e)* farbloser oder röthlicher Turmalin von Elba, eisenfrei; G. = 3,022.

III. Turmaline als isomorphe Mischungen von I und II: *f)* intensiv grüner Turmalin aus Brasilien; G. = 3,107.

---

[1]) Ueber *Groth*'s etwas abweichende Ansichten betreffs der Formulirung der Turmalin-Analysen (welche aber nicht überall befriedigend gelingt), s. Tabell. Uebers. 1882. 87.

	a	b	c	d	e	f
Kieselsäure . .	38,09	38,20	38,30	38,26	38,85	38,06
Thonerde . . .	32,90	30,02	31,53	43,97	44,05	37,81
Borsäure	11,15	9,03	11,62	9,29	9,52	10,09
Magnesia	14,79	6,77	1,06	1,62	0,20	0,92
Kalkerde	1,25	0,74	—	0,62	—	—
Eisenoxydul . .	0,66	9,93	10,30	—	—	5,83
Manganoxydul .	—	0,58	2,68	1,53	0,92	1,13
Natron	2,37	2,19	2,37	1,53	2,00	2,21
Kali	0,47	0,25	0,33	0,21	1,30	0,42
Lithion	—	—	Spur	0,48	1,22	1,30
Wasser	2,05	2,29	1,81	2,49	2,41	2,23
Fluor	0,64	0,15	0,80	0,70	0,70	0,70

In dem tiefgrünen Chromturmalin von Nischne-Issetsk im Ural fanden *Cossa* und *Arzruni* 10,86 Chromoxyd als theilweisen Vertreter der Thonerde. — Das Verhalten v. d. L. muss natürlich bei so verschiedener Zusammensetzung etwas verschieden ausfallen; einige Varr. schmelzen leicht und unter Aufblähen, andere schwellen nur auf, ohne zu schmelzen, noch andere schmelzen mehr oder weniger schwer, ohne aufzuschwellen; alle geben mit Flussspath und saurem schwefelsaurem Kali die Reaction der Borsäure; Salzsäure zersetzt das rohe Pulver gar nicht, Schwefelsäure nur unvollkommen; dagegen wird das Pulver des geschmolzenen Turmalins durch längere Digestion mit concentrirter Schwefelsäure fast vollkommen zerlegt. — Häufig vorkommendes Mineral; Penig und Wolkenburg in Sachsen, Andreasberg am Harz, Bodenmais, Rabenstein und Zwiesel in Bayern, Dobrowa bei Unter-Drauburg in Kärnten, Elba, Utö, Rozena, Campolungo in Tessin und Binnenthal in Wallis, Ramfos in Snarum, Mursinsk, Miask, Chesterfield in Massachusetts, Auburn, Paris und Hebron in Maine, Haddam und Monroe in Connecticut, Gouverneur in New-York (mit stark entwickeltem R5), Dekalb in St. Lawrence Co., New-York (wo nach *Seligmann* auch —R vorkommt) und viele a. O. in Nordamerika, Ceylon, Grönland, Madagaskar u. a. Länder liefern schöne Varietäten; ausserdem kommt der schwarze Turmalin oder Schörl häufig als Gemengtheil gewisser Gesteine vor. Als mikroskopischer Gemengtheil in vielen Thonschiefern und Phylliten (vgl. dar. zuerst *F. Zirkel* im N. Jahrb. f. Min. 1875. 628), auch von *A. Wichmann* als Säulchen bis 0,05 Mm. lang, 0,02 Mm. breit in sehr vielen Sanden nachgewiesen.

Gebrauch. Die grünen, blauen und rothen Varietäten von starker Pellucidität werden als Edelsteine benutzt; auch liefern die durchsichtigeren Varietäten die Platten zu Polarisations-Apparaten (vgl. S. 165).

Anm. Die zarten nadelförmigen, grünlichbraunen Kryställchen des Zeuxits von Redruth in Cornwall, welche zu lockeren, verworrenen, feinstängeligen und faserigen Aggregaten verbunden sind, gehören nach *Greg* und *Des-Cloizeaux* dem Turmalin an; sie sind stark dichroitisch und geben v. d. L. die Reaction auf Borsäure.

444. Datolith, *Esmark*.

Monoklin[1]), isomorph mit Homilit (und Euklas); $\beta = 89^\circ 51'$, ∞P (g) $115^\circ 22'$,

---

[1] *Edward Dana* gab 1872 eine krystallographische Monographie des ausgezeichneten Vorkommens aus dem Tunnel von Bergen-Hill im Staate New-Jersey; darin werden zahlreiche ganz neue Formen aufgeführt, auch vier Typen von Combinationen unterschieden und abgebildet (Am. Journ. of Science, IV. 1872. 7); dabei stellt er die Krystalle so auf, dass bei ihm das Orthopinakoid der Basis *b* entspricht; ferner Untersuchungen über die Datolithe anderer Fundpunkte lieferte er in *Tschermak's* Mineral. Mitth., 1874. 1. *Vrba* beschrieb die Krystalle von Kuchelbad in Z. f. Kryst. IV. 1880. 358, andere von Theiss bei Klausen in Tirol ebendas. V. 1881. 425; *J. Lehmann* diejenigen von Niederkirchen ebendas. V. 1881. 529; *Liweh* die von Terra di Zanchetto bei Bologna, welche 6 neue Formen aufwiesen, ebendas. VII. 1883. 569.

$\infty \dot{P}2$ (f) $76^{\circ}38'$, $-\dot{P}\infty$ (a) $45^{\circ}8'$, $-\dot{P}2$ (c) $120^{\circ}58'$ nach *Dauber*, $\beta = 89^{\circ}54'$ nach *E. Dana*; A.-V. $= 0,6329 : 1 : 0,6345$. Die Krystalle zeigen mancherlei und z. Th. sehr verwickelte Comb., von denen einige der einfachsten folgende sind:

nach *Dauber*

$b : a = 135^{0}\ 4'$	
$b : o = 128\ 14$	
$b : c = 141\ 7$	
$b : f = 90\ 6$	
$b : s = 90\ 9$	
$b : d = 147\ 38$	
$g : f = 160\ 38$	

$0P . \infty P . \infty \dot{P}2 . - \dot{P}2 . \infty \dot{P}\infty . - \dot{P}\infty . \dot{P}\infty$
$b \quad\quad g \quad\quad f \quad\quad c \quad\quad s \quad\quad a \quad\quad o$

$0P . \infty P . \infty \dot{P}2 . - \dot{P}\infty . - \dot{P}2 . P . 2\dot{P}\infty$
$b \quad\quad g \quad\quad f \quad\quad a \quad\quad c \quad e \quad d$

Gewöhnlich sind sie kurz säulenförmig oder dick tafelartig durch Vorwalten der beiden genannten Prismen und des basischen Pinakoids; meist zu Drusen zusammengehäuft: auch derb in grobkörnigen Aggregaten. — Spaltb. orthodiagonal und prismatisch nach ∞P, sehr unvollk.; Bruch uneben bis muschelig; H. $= 5 ... 5,5$; G. $= 2,9 ... 3$; farblos, grünlich-, gelblich-, graulich- und röthlichweiss; Glasglanz, jedoch im Bruch Fettglanz; durchscheinend bis kantendurchscheinend. Die optischen Axen liegen in der Symmetrie-Ebene, die Bisectrix liegt im spitzen Winkel ac und bildet mit letzterer Axe ca. 4°. — Chem. Zus. nach den Analysen von *Stromeyer*, *Rammelsberg*, *Lemberg*, *Tschermak*, *Preis*: das Silicat $\ddot{H}^2 Ca^2 (\ddot{B}^2) \ddot{S}i^2 \dot{O}^{10}$ oder $Ca^2 (B^2)[O H]^2 [Si O^4]^2$, mit $37,54$ Kieselsäure, $21,83$ Borsäure, $35,00$ Kalk, $5,63$ Wasser; da der Datolith bei schwachem Glühen keinen Verlust erleidet und das Wasser erst in starker Glühhitze entweicht, so muss es als chemisch gebunden erachtet werden; die Constitution ist demnach völlig der des Euklas und Homilits analog. V. d. L. schwillt er an und schmilzt leicht zu einem klaren Glas, wobei er die Flamme grün färbt; in Phosphorsalz löslich mit Hinterlassung eines Kieselskelets; das Pulver zeigt starke alkalische Reaction und wird von Salzsäure leicht und vollständig zersetzt mit Ausscheidung von Kieselgallert. — Arendal, Utö, Andreasberg, Freiburg in Baden, Niederkirchen im Nahethal (bayer. Pfalz), Seisser Alp, Kuchelbad bei Prag (im Diabas), Toggiana in Modena (hier wasserhelle Krystalle im Serpentin), Bergen-Hill in New-Jersey, am Superiorsee und anderwärts in Nordamerika.

Anm. Der mikrokrystallinische Botryolith *Hausmann's* bildet kleine traubige und nierförmige Ueberzüge auf Kalkspathkrystallen; Textur zartfasorig; H. $= 5...5,5$; G. $= 2,8...2,9$, grau, roth, weiss, matt oder schwach fettglänzend; undurchsichtig. — Chem. Zus. wesentlich die des Datoliths, jedoch mit doppelt so grossem Wassergehalt, was $10,64$ pCt. Wasser gibt, der Botryolith ist also gewissermaassen Datolith mit 1 Mol. $H^2 O$; im Verhalten auf trockenem und nassem Wege übereinstimmend mit Datolith. — Arendal.

442. Homilit, *Paijkull.*

Monoklin, wie *Des-Cloizeaux* fand, nachdem *A. E. Nordenskiöld* das Mineral früher als rhombisch oder vielleicht monoklin beschrieben hatte; isomorph mit Datolith (und Gadolinit. $\beta = 89^{\circ}21'$. Namentlich entwickelt ∞P (116°) und $\dot{P}\infty$, was den Krystallen ein oktaedrisches Ansehen verleiht, daneben sind $0P$ und $\infty \dot{P}\infty$ stark ausgebildet. A.-V. $= 0,6249 : 1 : 0,6412$ — Spaltb. undeutlich. H. $= 5,5$; G. $= 3,28$; schwarz oder schwarzbraun, wachs- oder glasglänzend, in dünnen Lamellen durchsichtig bis durchscheinend. *Des-Cloizeaux* und *Damour* beobachteten Krystalle mit einem grünen doppeltbrechenden Kern und einer gelblichbraunen isotropen Rinde, daneben aber auch vollkommen einfach brechende Krystalle; in den doppeltbrechenden Partieen steht die optische Axenebene senkrecht auf $\infty \dot{P}\infty$; starke horizontale Dispersion der Mittellinien; die erste positive Bisectrix fast parallel mit der Prismenkante. — Chem. Zus. als Mittel von 5 Analysen *Paijkull's*: $31,87$ Kieselsäure, $18,09$ Borsäure, $27,28$ Kalk, $16,25$ Eisenoxydul, $2,14$ Eisenoxyd, $1,50$ Thonerde, $1,09$ Natron, $0,11$ Kali, $0,52$ Magnesia, $0,85$ Glühverlust, was, wenn die Sesquioxyde nicht berücksichtigt werden, auf die dem Datolith völlig analoge Formel $Fe Ca^2 (B^2) \ddot{S}i^2 \dot{O}^{10}$ führt (H^2 des Datoliths ist also hier durch Fe ersetzt); eine spätere Analyse *Damour's* stimmt damit überein. Schmilzt leichter als Natrolith zu schwarzem Glas; leicht und völlig in Salzsäure löslich. — Mit Erdmannit und Melinophan auf Stokö bei Brevig, Norwegen (Geol. För. Förh. III. 229; Ann. chim. et phys. (5) XII. 1877. 405).

443. Euklas, *Hauy.*

Monoklin; $\beta = 79°$ 44', ∞P 444° 45', P 454° 46', —P 456° 42', ∞R2 (s) 443° 0', 3R3 (f) 405° 49', P∞ 49° 8' nach *Schabus*[1]); A.-V. = 0,3237 : 4 : 0,3332; den durch viele Orthoprismen und Hemipyramiden z. Th. recht complicirten Combinationen liegt wesentlich die in beistehender Figur abgebildete Comb. ∞R2.3R3.∞R∞ zu Grunde; indessen haben die uralischen Krystalle einen anderen Habitus als die brasilianischen. — Spaltb. klinodiagonal höchst vollk., hemidomatisch nach P∞ weniger vollk., orthodiagonal in Spuren; sehr leicht zersprengbar; H. = 7,5; G. = 3,089...3,402; licht berggrün, in gelb, blau und weiss verlaufend; Glasglanz; durchsichtig bis halbdurchsichtig. Die optischen Axen liegen im klinodiagonalen Hauptschnitt, ihre spitze positive Bisectrix ist dem Hemidoma P∞ fast parallel, und also gegen die Verticalaxe 49° geneigt. — Chem. Zus.: die neueren Analysen von *Damour* haben gelehrt, dass der Euklas 6 pCt. Wasser enthält, welches nur in der Glühhitze auszutreiben und daher als basisches Wasser zu betrachten ist; der Euklas ist ein dem Datolith völlig analog constituirtes Silicat, $H^2Be^2(Al^2)Si^2O^{10}$ oder $Be^2(Al^2)[OH]^2[SiO^4]^2$, mit 44,34 Kieselsäure, 35,18 Thonerde, 47,28 Beryllerde, 6,20 Wasser; in der Analyse von *Damour*, sowie auch in den älteren von *Berzelius* und *Mallet* (welche den Wassergehalt nicht auffanden), erscheint auch etwas Eisenoxyd und Zinnsäure. V. d. L. stark erhitzt schwillt er an und schmilzt in dünnen Splittern zu weissem Email; mit Kobaltsolution geglüht wird er blau, von Borax und Phosphorsalz wird er unter Brausen schwer gelöst, von Säuren aber nicht angegriffen. — Aeusserst seltenes Mineral, das in losen Krystallen und Krystallfragmenten angeblich aus Peru kommt, besonders aber zu Boa Vista in Brasilien in Drusenhöhlen eines Chloritschiefers mit Bergkrystall, Topas und Steinmark gefunden worden ist; nach *v. Kokscharow* kommen auch schöne Krystalle in den Goldseifen des südlichen Ural unweit des Flusses Sanarka vor; hier wurde ein 24 Mm. langer und 8,5 Mm. dicker Krystall gefunden. *Becke* fand auch auf einer alpinen Stufe (wahrscheinlich aus den Rauriser Tauern) Euklas mit stark ausgedehntem 2R∞, zurücktretendem —P und ohne positive Hemipyramiden (Min. u. petr. Mitth. IV. 447).

Anm. *Rammelsberg* ertheilte (Z. d. geol. Ges., XXI. 812) den Euklas-Krystallen eine andere Stellung, um sie in eine Beziehung zu denjenigen des chemisch analog constituirten Datoliths zu bringen; er betrachtet ∞P (*Schabus* und *v. Kokscharow*) als —P, s als 2R2, 0P als P∞, f als ∞R$\frac{3}{2}$ (wobei nur ∞R∞ seine Bedeutung behält) und findet $\beta = 88°$ 48'; das A.-V. wird alsdann 0,5043 : 4 : 0,4242, und er macht darauf aufmerksam, dass sich nun bei Euklas und Datolith die Axen a wie 4 : 5, die Axen c wie 2 : 3 verhalten.

444. Gadolinit, *Ekeberg.*

Während *Kupffer*, *A. Nordenskiöld*, *Scheerer*, *Phillips*, *V. v. Lang*, sowie *Brooke* und *Miller* die Krystalle für rhombisch erklärten, glaubte *Waage* aus seinen Beobachtungen mit Sicherheit monokline Formen folgern zu können, was denn auch von *Des-Cloizeaux* bestätigt wurde, welcher unter theilweiser Benutzung früherer Messungen den Winkel $\beta = 89°$ 28', sowie ∞P = 116°, P = 120° 56', —P = 129° 46', R∞ = 74° 22', $\frac{1}{2}$R∞ = 443° 42' und viele andere Winkel bestimmte, aus denen sich, wie *Rammelsberg* (Z. geol. Ges. 4869. 807) gezeigt, ein Isomorphismus mit Datolith ergibt; A.-V. = 0,6249 : 4 : 0,6594. Dagegen wurde *vom Rath* für ein paar kleine aber wohlgebildete Krystalle aus dem Granit des Radauthals abermals auf das rhombische System geführt; die neuesten Untersuchungen von *H. Sjögren*, welcher 22 Formen beobachtete[2]), verweisen indess für den G. von Hitterö wieder mit Sicherheit auf das monokline System; die häufigsten Formen daran sind: P, —P, ∞P, R∞, $\frac{1}{2}$R∞; die Krystalle sind hier gewöhnlich prismatisch gebildet und am Ende von den Klinodomen zugeschärft, durch die Basis abgestumpft; die Messungen stimmen mit denen von *Des-Cloizeaux* recht gut überein. Die Krystalle von Ytterby sind meist nach der Klinodiagonale in die Länge

---

1) Vgl. dessen Monographie in Denkschr. d. Wien. Akad. VI. 1854, sowie die Beschreibung der russischen Krystalle durch *v. Kokscharow* in Mat. z. Miner. Russl. III. 1858. 97. Neue Formen an brasilianischen Krystallen gab *Des-Cloizeaux* (vgl. im Exc. N. Jahrb. f. Min. 1884. I. 48).

2) *Sjögren's* Messungen stehen in k. Vetensk. Akad. Förh. Stockholm 1882. No. 7. — Aeltere Untersuchungen stammen von *Scheerer* (im N. Jahrb. für Min., 1864. 434), von *Waage* (ebendas. 1867. 696) von *Des-Cloizeaux* (Ann. d. Chimie et de Physique [4], T. 48) und von *G. vom Rath* (Ann. d. Phys. u. Chem. Bd. 444. 4871. 578).

gestreckt und tragen u. a. das Klinopinakoid sowie die Pyramiden —$\frac{1}{2}$R$\frac{1}{2}$ und $\frac{1}{2}$R2. Im Allgemeinen sind die Krystalle sehr selten, stets eingewachsen und undeutlich ausgebildet; gewöhnlich nur derb und eingesprengt. — Spaltb. gar nicht, oder nur in höchst undeutlichen Spuren; Bruch muschelig oder uneben und splitterig; H = 6,5...7; G. = 4...4,3; pechschwarz und rabenschwarz, Strich grünlichgrau; Glasglanz, oft fettartig; kantendurchscheinend bis undurchsichtig. Nach den optischen Untersuchungen von *Des-Cloizeaux* erwies sich die Var. von Hitterö (Pulver grüngrau) als ein homogener Körper mit zwei in der Symmetrie-Ebene liegenden Axen und starker Dispersion; ebenso die Var. von Fahlun; *Brögger* nahm an einem parallel ∞P∞ gefertigten Dünnschliff von Hitterö (unregelmässig abwechselnd braun und grün gefärbt, aber ganz frisch) eine Auslöschungsschiefe von 8—10° wahr, wodurch ebenfalls der m o n o k l i n e Charakter gewährleistet ist. Andere Varr. (von Ytterby, Pulver grauschwarz waren nach *Des-Cloizeaux* auffallender Weise einfach-brechend, wie reguläre oder wie amorphe Körper; auch *Sjögren* befand Gad. von Fahlun, Ytterby und Hofors als isotrop, während Dünnschliffe von anderen Fundorten sich als ganz oder theilweise doppeltbrechend erwiesen (vgl. auch Orthit). — Chem. Zus.: im Allgemeinen sind die Gadolinite Silicate von Yttererde, Eisenoxydul, Berylierde, sowie Beryllerde, welche aber in der Var. von Ytterby ganz fehlt. Der beryllerdereiche Gadolinit (z. B. von Hitterö) ist das Silicat FeBe²(Y²)Si²O¹⁰ (also ganz analog dem Homilit und Euklas); diese Formel würde erfordern 25,56 Kieselsäure, 48,44 Yttererde, 15,32 Eisenoxydul, 10,68 Beryllerde; hierher gehört auch der G. von Carlberg im Stora Tuna-Kirchspiel, in welchem *Lindström* 10,94 Beryllerde (auch 11,65 Erbinerde und 3,03 Wasser) fand; in anderen Analysen sinkt der Beryllerdegehalt bis auf 3,5 herab. Die beryllerdefreien Gadolinite (namentlich Ytterby), welche dieselbe Menge von Kieselsäure und auch Yttererde, aber mehr Ceroxydul (bis zu 17 pCt.) führen, nähern sich dagegen in ihrer Zus. sehr einem neutralen Silicat. *Des-Cloizeaux* vermuthete, dass die das Licht einfach-brechenden Varietäten pseudomorphe hyaline (?) Umbildungen der doppeltbrechenden Varietäten seien, und da in den früheren Analysen die ersteren zugleich die beryllfreien, die letzteren die beryllreichen waren, so durfte man mit ihm glauben, dass diese die ursprüngliche Gadolinitsubstanz darstellen, aus welcher bei der Umwandlung die Beryllerde allmählich verschwindet. Die beryll a r m e n Gad. bildeten dann ein Zwischenglied, welches eine t h e i l w e i s e Zersetzung erfahren hat, und *Des-Cloizeaux* hat auch zahlreiche Fälle constatirt, wo der Gadolinit aus einem Gemeng von doppelt- und von einfachbrechenden Partikeln bestand. — Doch ist der G. von Carlberg nach *Lindström*'s Analyse einer der beryll r e i c h s t e n und gleichwohl nach *Des-Cloizeaux* eine e i n f a c h - brechende Masse, in welcher einzelne doppeltbrechende Theilchen liegen. Auch *J. S. Humpidge* und *W. Burney* fanden im G. von Ytterby und Hitterö, welche im Schliff eine isotrope dunkelgrüne Masse ergaben, 9,39 und 6,56 pCt. Beryllerde (im ersteren auch 1,28 Phosphorsäure), zuwider der Angabe von *Des-Cloizeaux*. — V. d. L. verglimmt der muschelige (oder glasähnliche) Gadolinit sehr lebhaft, indem er etwas anschwillt, jedoch ohne zu schmelzen, der splitterige Gadolinit zeigt das Verglimmen nicht, und schwillt nur zu staudenförmigen Gestalten auf; von Salzsäure wird er vollkommen zersetzt mit Abscheidung von Kieselgallert. — Fast stets in Granit eingewachsen; Gegend von Fahlun (Finbo, Broddbo, Kårarfvet, Ytterby), Hitterö in Norwegen, im Riesengrund bei Schreiberhau, im Radauthal am Harz.

3. Epidotgruppe.

445. Zoisit, *Werner.*

Rhombisch nach *Des-Cloizeaux*; nach den neuesten Messungen von *Tschermak* (Sitzgsber. Wien. Akad. LXXXII. 1. Abth. 1880) an den Krystallen von Ducktown misst ∞P 116°26', ∞P2 145°24', ∞P3 156°40', P∞ 122°4', 2P∞ 111°6': andere beobachtete Gestalten sind ∞P∞, ∞P2, ∞P3, ∞P4, ∞P∞, P, 2P2. A.-V. = 0,6196 : 1 : 0,3429. ∞P nach *Miller* 116°16', nach *Breithaupt* schwankend bis 117°5'. Die Krystalle, an denen sehr selten terminale Gestalten deutlich ausgebildet sind, erscheinen lang säulenförmig nach der Verticalaxe, meist gross, aber eingewachsen, stark gestreift oder gerieft, oft gekrümmt, geknickt und sogar zerbrochen. Nach *Tschermak*'s Beobachtungen sind die Zoisitkrystalle von Ducktown aus vielen Individuen aufgebaut, welche ihre Auslöschungsrichtungen beinahe genau parallel haben, im übrigen aber optisch verschieden orientirt sind; über die vermuthlichen Zwillingsverwachsungen vgl. die angeführte Abhandlung. Auch derb in stängeligen Aggregaten.

Spaltb. brachydiagonal, sehr vollkommen, Bruch muschelig und uneben; H. = 6; G. 3,22...3,36. Farblos, doch meist gefärbt, graulichweiss, aschgrau bis licht rauchgrau, gelblichweiss, gelblichgrau bis erbsengelb, auch grünlichweiss, grünlichgrau bis grün; Glasglanz, auf den Spaltungsflächen starker Perlmutterglanz; meist nur schwach durchscheinend. Nach *Des-Cloizeaux* und *Tschermak* ist die Ebene der optischen Axen bald parallel $\infty\overset{\cdot}{P}\infty$ ($b = b$, $c = a$), bald parallel der Basis ($b = a$, $c = b$), und beides kann an demselben Krystall vorkommen, wobei aber die spitze Bisectrix stets in die Brachydiagonale fällt ($a = c$); die optischen Axen bilden einen Winkel von 42°—70°; in jenem ersteren Fall $\varrho < v$, im letzteren $\varrho > v$. — Die chem. Zus. wird nach vielen Analysen, namentlich den besten von *Rammelsberg* und *Sipöcz*, durch die Formel $\mathbf{H^2 Ca^4 (Al^2)^3 Si^6 O^{26}}$ dargestellt, worin etwas Thonerde durch Eisenoxyd vertreten wird; der Zoisit von Gefrees enthielt z. B. 40,32 Kieselsäure, 29,77 Thonerde, 2,77 Eisenoxyd, 24,35 Kalk, 0,24 Magnesia, 2,08 Wasser, welches erst in sehr starker Hitze entweicht, wie *Rammelsberg* darthat, und deshalb als chemisch gebunden gelten muss. Der Zoisit hat somit nach allen Analytikern genau dieselbe Zusammensetzung wie der Epidot, die beiderseitige Substanz ist indessen d i m o r p h. Der Zoisit stellt chemisch die eisenä r m s t e n Varietäten dar. V. d. L. schwillt er an, wirft Blasen und schmilzt an den Kanten zu einem klaren Glas; mit Kobaltsolution wird er blau; von Säuren wird er roh nur schwer, geglüht sehr leicht angegriffen unter Bildung von Kieselgallert. — In krystallinischen Schiefern, Amphiboliten und Eklogiten makroskopisch und mikroskopisch (als längliche Körnchen, lange quergegliederte Säulen, oft reich an Flüssigkeitseinschlüssen, und sechsseitige Querschnitte); Gefrees in Oberfranken, bei Sterzing, Faltigl, Pregratten und Windisch-Matrey in Tirol, an der Saualpe in Kärnten, im Pinzgau, Syra; Ducktown in Tennessee, Goshen in Massachusetts.

A n m. 1. Der T h u l i t, von Kleppan (Kirchspiel Souland) in Telemarken und Arendal, ist eine Varietät des Zoisits; er findet sich meistens nur in stängeligen Aggregaten, deren Individuen nach e i n e r Fläche spaltbar sind, derb und eingesprengt, doch wurden von *Brögger* (Z. f. Kryst. III. 1879.471) auch wohlausgebildete, vertical-prismatische, $^1/_3$ bis $1^1/_2$ Cm. lange Krystalle beschrieben, welche in der verticalen Zone eine Reihe von Prismen zeigten, darunter das ungestreifte Grundprisma ∞P 116° 34' sehr überwiegt, und beide Pinakoide; am Ende tritt hauptsächlich ein steiles Brachydoma auf, angenommen zu $6\overset{\cdot}{P}\infty$ (geneigt zu $\infty\overset{\cdot}{P}\infty$ unter 154° 20'); daraus ergibt sich das A.-V. = 0,6180 : 1 : 0,3471, das des Zoisits; ausserdem findet sich am Ende ein zweites Brachydoma (alsdann $4\overset{\cdot}{P}\infty$), ziemlich klein ein Makrodoma $\overset{\cdot}{P}\infty$, sowie zwei Pyramiden P und $3\overset{\cdot}{P}3$; die Krystalle waren alle vollständig rhombisch-symmetrisch ausgebildet. G. = 3,124...3,340, rosen- und pfirsichblüthroth, glasglänzend, durchscheinend; nach *C. Gmelin*, *Berlin* und *Pisani* ist die Zus. der des Zoisits ganz ähnlich; die rothe Farbe wird durch etwas Manganoxyd bedingt.

A n m. 2. Das als S a u s s u r i t bezeichnete Mineral ist gewöhnlich ein fast gänzlich oder theilweise aus Zoisit bestehendes Umwandlungsproduct des (triklinen) Feldspaths; vgl. die Anhänge an letzteren.

A n m. 3. Gegen die schon von *Werner* eingeführte Trennung des Zoisits vom Epidot hatte sich *Rammelsberg* eine Zeit lang ausgesprochen, welcher beide nach dem Vorgang *Hauy*'s vereinigte. *Miller* und *Brooke* erkannten zuerst die verschiedene Krystallform und Spaltbarkeit, hielten indessen den Zoisit für monoklin. *Des-Cloizeaux* wies das verschiedene optische Verhalten nach. Die Selbständigkeit des Zoisits findet auch darin eine Stütze, dass er bisweilen von unzweifelhaftem Epidot begleitet wird.

446. Epidot, *Hauy* (Pistazit, Bucklandit, z. Th.).

Monoklin; die Dimensionen etwas schwankend; ausserordentlich viele verschiedene Partial-Formen, deren bis jetzt nicht weniger als 220 unzweifelhaft nachgewiesen sind [1]. Der Habitus der Krystalle ist fast immer horizontal-säulenartig, indem sie nach

---

[1] Die Kenntniss der Krystallformen des Epidots ist durch *Marignac* sehr vervollständigt worden, welcher äusserst complicirte Combinationen von Zermatt und von Lanzo beschrieben und abgebildet hat; auch *v. Kokscharow, Hessenberg, v. Zepharovich, Klein, Becker* und *Brezina*

der Orthodiagonale langgestreckt, und die Hemidomen sowie das basische und orthodiagonale Pinakoid vorwaltend ausgebildet sind; diese an dem einen Ende meist aufgewachsenen Säulen zeigen an dem anderen, frei ausgebildeten Ende oft sehr complicirte Combinationen von Hemipyramiden, Klinodomen und Prismen. Selten kommen
Krystalle vor, welche in der Richtung der Orthodiagonale nicht gestreckt sind, wie
z. B. nach *v. Kokscharow* bei Achmatowsk und nach *E. Becker* bei Striegau. Die Deutung aller dieser Formen wird natürlich verschieden je nach der Wahl der **Grundform**
und aufrechten Stellung, in welcher Hinsicht besonders zwei Betrachtungsweisen,
nämlich jene von *Mohs* und die von *Marignac* Geltung gefunden haben. Halten wir
uns vorläufig an die von *Mohs* gewählte Stellung und Grundform, welchen die nachfolgenden drei kleinen Bilder entsprechen, so wird nach *v. Kokscharow's* Messungen
$\beta = 89^\circ 27'$, 0P (*l*), $\infty \bar{P} \infty$ (*M*), $\infty \bar{P} 2$ (*o*) $63^\circ 1'$, $\bar{P} \infty$ (*T*) $64^\circ 36'$, $-\bar{P} \infty$ (*r*) $63^\circ 42'$.
P (*z*) $70^\circ 0'$, $-$P (*n*) $70^\circ 25'$, $-3\bar{P} \infty$ (*i*), und so erhalten diese drei gewöhnlichsten
und einfachsten Combinationen die unter ihnen stehenden Zeichen.

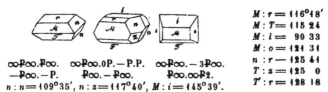

$\infty \bar{P} \infty . \bar{P} \infty$.	$M : r = 116^\circ 18'$
$-\bar{P} \infty . -$P.	$M : T = 115 \ 24$
$\infty \bar{P} \infty . 0$P. $-$P.P.	$M : l = \ 90 \ 33$
$\bar{P} \infty . -\bar{P} \infty$.	$M : o = 121 \ 31$
$\infty \bar{P} \infty . -3\bar{P} \infty$.	$n : r = 125 \ 41$
$\bar{P} \infty . \infty \bar{P} 2$.	$T : z = 125 \ \ 0$
$n : n = 109^\circ 35'$, $n : z = 117^\circ 40'$, $M : i = 145^\circ 39'$.	$T : r = 128 \ 18$

Naumann hatte jedoch schon im Jahre 1828 bemerkt, dass es wegen der Zwillingsbildung, sowie wegen der Analogieen mit Pyroxen und Amphibol vortheilhafter sein
dürfte, die Krystalle so aufrecht zu stellen, dass *M* als schiefe Basis und *T* als Orthopinakoid eingeführt wird; betrachtet man dann die Flächen *n* als die positive Hemipyramide P, so erhalten die vorstehenden drei Combinationen die folgenden Zeichen:
$$\infty \bar{P} \infty . 0P . \bar{P} \infty . P ; \quad\quad \infty \bar{P} \infty . 0P . \bar{P} \infty . 2P . P . \infty P ; \quad\quad \infty \bar{P} \infty . 0P . \tfrac{1}{3}\bar{P} \infty . \bar{P} \infty.$$
$$T \quad\quad M \ r \quad n \quad\quad\quad\quad T \quad\quad M \ r \quad l \quad n \quad z \quad\quad\quad\quad T \quad\quad M \ i \quad o$$
Marignac und *v. Kokscharow* haben sich für diese Stellung entschieden, und der
Letztere setzt ebenfalls *n* = P. Dann wird $\beta = 64^\circ 36'$, P (*n*) $70^\circ 25'$, ∞P(*z*) $70^\circ 0'$;
A.-V. = 1,5807 : 1 : 1,8057. Die folgenden Bilder, sowie die ferneren Angaben, be-
ziehen sich auf diese von *v. Kokscharow* gewählte Stellung und Grundform. Die
erste Reihe enthält nur Projectionen auf die Ebene des Klinopinakoids, weil die meisten
Formen nur an dem einen Ende der Orthodiagonale erscheinen; die Umrisse dieser
Figuren stellen daher die in die Zone dieser Horizontalaxe fallende Flächen vor:
Fig. 1 ist von *Miller*, die anderen drei sind von *Hessenberg* entlehnt.

Fig. 1.   Die Flächen 0P (*M*), $\bar{P} \infty$ (*r*), $2\bar{P} \infty$ (*l*) und $\infty \bar{P} \infty$ (*T*) bilden eine mehr
                oder weniger langgestreckte Säule mit den Winkeln $M : T = 115^\circ 24'$,
                $r : T = 128^\circ 18'$, $T : l = 154^\circ 3'$, $l : r = 154^\circ 15'$ und $r : M = 116^\circ 18'$.
                Am Ende dieser Säule sind die Formen ∞P (*z*), 2P (*q*), P (*n*), $\tfrac{1}{3}$P (*x*), $-$P
                (*u*), ∞P2 (*u*), 2P2 (*y*) und $\bar{P} \infty$ (*o*) ausgebildet; $n : n = 109^\circ 35'$, $n : z$ über
                $q = 150^\circ 57'$, $n : z$ über $o = 117^\circ 40'$, $n : r = 125^\circ 13'$, $z : T = 125^\circ 0'$.
Fig. 2.   Die Flächen 0P (*M*), $\bar{P} \infty$ (*r*) und $\infty \bar{P} \infty$ (*T*) bilden eine sehr langgestreckte
                Säule, welche an ihrem oberen Ende durch die vorwaltende Fläche $\infty \bar{P} \infty$
                (*P*), sowie durch die meist sehr untergeordneten Formen ∞P2 (*u*), $\bar{P} \infty$ (*o*)

haben mehre neue Formen kennen gelehrt. Die sehr werthvolle Monographie von *Bücking*,
worin die Entwickelung der Krystalle an den einzelnen Fundorten ausführlich geschildert, die
Zahl der bekannten Formen fast um das Dreifache vermehrt, und eine allgemeine Uebersicht der-
selben nebst Winkelwerthen u. s. w. gegeben wird, findet sich in der Z. f. Kryst. II. 1878. 321.
N. v. Kokscharow (Sohn) gab Messungen der Krystalle aus dem Sulzbachthal in Verh. d. russ. min.
Ges. z. St. Petersb. (2) XV. 31 (1879).

und $2\overset{.}{P}2$ (y) begrenzt wird; die Fläche P ist oft ihrer Combinationskante mit r parallel gestreift, wie solches die Zeichnung angibt. Dies ist die Form der bündelförmig gruppirten Krystalle von Oisans im Dauphiné.

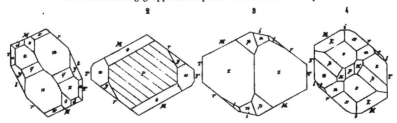

Fig. 3.   Wie vorher bilden die Flächen M, r und T zugleich mit i ($\frac{1}{2}\overset{.}{P}\infty$) eine Säule, welche an ihrem Ende durch ∞P (z), $-3\overset{.}{P}\frac{1}{2}$ (p), P (n) und $\frac{1}{2}\overset{.}{P}\infty$ (t) begrenzt wird; z : z = 109° 0′, M : i = 145° 39′. Krystalle von Zermatt.

Fig. 4.   Die Flächen M, T, r, i und l ($2\overset{.}{P}\infty$) bilden eine Säule, welche an ihrem Ende durch $\overset{.}{P}\infty$ (o), ∞P (z), $\infty\overset{.}{P}5$ (π), $\infty\overset{.}{P}\infty$ (P), $-3\overset{.}{P}\frac{1}{2}$ (p), $\frac{1}{4}\overset{.}{P}\infty$ (k), $\frac{1}{4}$P (x), P (n) und $\frac{1}{2}\overset{.}{P}2$ (t) begrenzt wird. Krystalle von Zermatt[1].

Die folgenden Figuren entlehnen wir aus v. *Kokscharow's* Atlas; sie sind so gezeichnet, dass die Orthodiagonale von rechts nach links schräg am Beschauer vorbei läuft; die Buchstaben-Signatur der Flächen wie vorher.

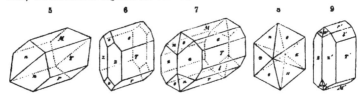

Fig. 5.   0P.$\infty\overset{.}{P}\infty$.$\overset{.}{P}\infty$.P; diese einfache Comb. findet sich in der Grube Poljakowsk am Ural, ist aber auch anderwärts nicht selten.]

Fig. 6. $\infty\overset{.}{P}\infty$.$\overset{.}{P}\infty$.$-\overset{.}{P}\infty$.$\infty$P.$\overset{.}{P}\infty$; ebendaher; T : e = 150° 6′, e : o = 115° 27′.

Fig. 7.   0P.$\infty\overset{.}{P}\infty$.$-\overset{.}{P}\infty$.$2\overset{.}{P}\infty$.$\overset{.}{P}\infty$ bilden eine mehr oder weniger langgestreckte Säule, welche an ihrem freien Ende durch ∞P, P und $\overset{.}{P}\infty$ begrenzt wird; diese Krystalle finden sich in der Mineralgrube Achmatowsk am Ural.

Fig. 8. ∞P.P.$\overset{.}{P}\infty$; z : n = 150° 58′, z : o = 145° 47′, n : o = 146° 6′; diese und ähnliche ganz eigenthümliche Krystalle, welche sich von allen übrigen dadurch unterscheiden, dass sie nicht nach der Orthodiagonale gestreckt sind, und dass die in die Zone dieser Horizontalaxe fallenden Flächen meist gänzlich fehlen, finden sich gleichfalls bei Achmatowsk in Kalkspath eingewachsen. Sie wurden anfangs für schwarzen Titanit gehalten, dann Bucklandit genannt, bis G. *Rose* sie für eine Var. von Epidot erkannte.

Fig. 9.   Ein Zwillingskrystall der Combination $\infty\overset{.}{P}\infty$.0P.$2\overset{.}{P}\infty$.$\overset{.}{P}\infty$.$\infty$P.P; ebenfalls von Achmatowsk; das Orthopinakoid ist die Zwillings-Ebene.

Die in die Zone der Orthodiagonale fallenden Flächen sind oft stark horizontal gestreift; Krystalle meist zu Drusen vereinigt; Zwillinge nicht selten, Zwillings-Ebene

---

1) In unserm Holzschnitt erscheint die Combinationskante von l : z parallel jener von t : r, was ein Fehler ist; sie muss so liegen, wie in Fig. 3.

und Zusammensetzungsfläche $\infty\bar{P}\infty$; nach *Klein* ist an den sulzbacher Krystallen mikroskopische Zwillings-Lamellirung ganz allgemein und gibt es eigentlich gar keine einfachen Krystalle; sehr selten ist die Zwillings-Ebene 0P; derb in stängeligen, körnigen bis dichten Aggregaten. Pseudomorphosen nach Granat, Skapolith, Orthoklas, Oligoklas, Labradorit, Pyroxen, und Amphibol. — Spaltb. basisch sehr vollk., und orthodiagonal nach $\infty\bar{P}\infty$ vollk., die beiden Spaltungsflächen bilden daher einen Winkel von 115°24'; Bruch muschelig bis uneben und splitterig; H. = 6...7; G. = 3,32...3,50; fast immer gefärbt, besonders grün, gelb und grau, selten roth und schwarz; Glasglanz, auf Spaltungsflächen diamantartig, pellucid in allen Graden, meist nur durchscheinend bis kantendurchscheinend. Die optischen Axen liegen im klinodiagonalen Hauptschnitt, also rechtwinkelig auf der Längen-Ausdehnung der Säulen; die Doppelbrechung ist negativ; die erste Bisectrix (a) liegt im spitzen Winkel *ac* und bildet mit *c* 2° 56' für Roth, 2° 26' für Grün (steht also fast vertical); daher geneigte Dispersion; vgl. auch *Klein* im N. J. f. Miner. 1874. 1. Dickere Krystalle zeigen deutlichen Pleochroismus: a nur ganz hellgelb, fast farblos, b (= b) gelbgrün bis braun. c citrongelb bis grün; Absorption b > c > a. — Ueber die chem. Zus. des Epidots (mit Ausschluss des Mangan-Epidots) haben die Analysen von *Kühn*, *Stockar-Escher*. *Scheerer*, *Hermann*, namentlich aber die neueren an dem schönen Vorkommniss vom Sulzbachthal von *Ludwig* und *Rammelsberg*, Kenntniss verschafft. In starker Glühhitze tritt ein Verlust von ca. 2 pCt. ein, welchen *Escher* und *Scheerer* nach dem Vorgang von *Napione* und *Bucholz* für Wasser erklärten. *Kenngott* erschloss durch eine Discussion von 46 Analysen die Formel $\mathbf{R^2 Ca^4 (R^2)^3 Si^6 O^{26}}$ oder $Ca^4(R^2)^3[OH]^2[SiO^4]^6$, worin $(R^2) = (Al^2)$ und (Fe^2), welche auch später von *Tschermak*, *Ludwig* und *Renard* (nach der Analyse des Vorkommens von Quenast) trotz des anfänglichen Widerspruchs von *Rammelsberg* bestätigt wurde, und augenblicklich als allgemein angenommen gilt[1]. Das At.-V. von (Al^2) zu (Fe^2) ist in den Analysen wie 6 : 1 bis 2 : 1. *Ludwig* betrachtet alle Epidote als Gemische von idealem reinem Thonerde-Epidot und reinem Eisenoxyd-Epidot, wovon der erstere theoretisch 39,65 Kieselsäure, 33,73 Thonerde. 24,64 Kalk, 1,98 Wasser, der letztere 33,29 Kieselsäure, 44,35 Eisenoxyd, 20,70 Kalk, 1,66 Wasser enthält. In den verschiedenen Varietäten schwankt der Gehalt an Kieselsäure von 36 bis 40, an Thonerde von 18 bis 29, an Eisenoxyd von 7 bis 17, und an Kalk von 21 bis 25 pCt. Bei Zöptau fand *Bauer* auf dunkelgrünem Epidot (einer Mischung von 60 Thonerde- und 40 pCt. Eisenepidot) ganz hellgrüne Krystalle (eine Mischung von 80 Thonerde- und nur 20 pCt. Eisenepidot) parallel aufgewachsen. Das Verhalten v. d. L. ist etwas verschieden; stark geglüht oder geschmolzen werden alle Varietäten mehr oder weniger leicht von Salzsäure zerlegt, mit Abscheidung von Kieselgallert; roh wird er wenig angegriffen, doch findet nach *Laspeyres* eine vollständige Zersetzung statt, wenn überaus feines Pulver sehr lange Zeit hindurch mit conc. Salzsäure gekocht wird.

Man unterscheidet im Bereich des Epidots besonders d r e i Gruppen:

a) Pistazit oder eigentlicher Epidot; pistaz- bis schwärzlichgrün einerseits und öl- bis zeisiggrün anderseits, krystallisirt, derb und eingesprengt in stängeligen, körnigen, dichten und erdigen Aggregaten, in Trümern, als Ueberzug; die gemeinste Varietät; v. d. L. schmilzt er erst an den äussersten Kanten und schwillt dann zu dunkelbraunen, staudenförmigen Massen an, welche meist nicht vollständig in Fluss zu bringen sind; die Gläser sind stark eisenfarbig. — Arendal, Bourg d'Oisans, Rothlaue im Haslithal, Breitenbrunn, Schwarzenberg, bei Striegau in Schlesien nach *Becker* in mehren Varietäten; an der Knappenwand im Unter-Sulzbachthal des Pinzgaus, hier die schönsten zuerst durch v. *Zepharovich* beschriebenen Krystalle; am Rothenkopf bei Schwarzenstein im Zillerthal; Zöptau in Mähren; bei Lanzo in Piemont sehr complicirte Krystalle; auch in Russland am Ural, in Finnland. In den Gesteinen erscheint der Epidot vielfach als ein secundäres Neubildungsproduct, na-

---

1) *Laspeyres* ist in einer sehr ausführlichen Untersuchung (Z. f. Kryst. III. 525) zu einer ganz abweichenden Auffassung der Epidot-Zusammensetzung gelangt, welche aber von *Tschermak* und *Sipocz*, sowie von *Ludwig* (ebendas. VI. 175) in überzeugender Weise widerlegt wurde.

mentlich aus der Hornblende hervorgegangen, auch aus Feldspathen und Biotit, seltener aus Augit. Skorza heisst ein feiner Pistazitsand von Muska in Siebenbürgen.

b) Mangan-Epidot oder Piemontit; schwärzlichviolblau bis röthlichschwarz, lebhaft pleochroitisch, Strich kirschroth, in stängeligen Aggregaten; nach *Des-Cloizeaux*'s Messungen ist bei ihm $\beta = 64^{\circ}\,40'$ und A.-V. $= 1,552 : 1 : 1,774$; *Laspeyres* befand die Differenz in den Dimensionen zwischen dieser Var. und dem eigentlichen Epidot nicht so gross, dagegen die Doppelbrechung positiv. Führt seinen Namen mit Recht, da ein grosser Theil von $(R^2)O^3$ neben Thonerde und Eisenoxyd aus Manganoxyd (mit 14 bis 24 pCt.) besteht; übrigens führt er auf ganz dieselbe Formel wie der gewöhnliche Epidot, und auch bei ihm hat sich der Gehalt an Wasser, welches erst beim Glühen entweicht, herausgestellt. V. d. L. schmilzt er sehr leicht zu einem schwarzen Glas; mit Borax die Reaction auf Mangan. — St. Marcel in Piemont. Bei Jakobsberg in Wermland (Schweden) kommt in Kalkstein ein roth durchscheinender Epidot vor, welcher jedoch nach *Igelström* kein Manganoxyd, sondern Manganoxydul (und zwar nur 4,85 pCt.) enthält, weshalb es wohl noch weiterer Untersuchungen bedarf, bevor er mit dem Mangan-Epidot von St. Marcel vereinigt werden kann.

c) Bucklandit von Achmatowsk; seine Krystalle unterscheiden sich von denen des Pistazits dadurch, dass die Flächen M, T und r gar nicht oder nur sehr untergeordnet auftreten; er ist schwarz, in dünnen Splittern röthlichbraun durchscheinend, hat G. $= 3,51$, und ist nach den Analysen von *Hermann* und *Rammelsberg* wesentlich ein eisenreicher Epidot. — In Kalkspath, mit Granat und Diopsid, bei Achmatowsk am Ural (vgl. Fig. 8. S. 575).

Anm. 1. *Miller* und *Brooke* wiesen zuerst nach, dass der früher so oft mit dem Epidot vereinigte Zoisit morphologisch wesentlich von ihm abweicht. Da indess die beiden Mineralien genau dieselbe chemische Zusammensetzung besitzen, so muss ihre Substanz als dimorph gelten (S. 573).

Anm. 2. Der Puschkinit von Werchneiwinsk und Kyschtimsk am Ural, in losen Krystallen, grün, gelb bis hyacinthroth, durchsichtig mit ausgezeichnetem Pleochroismus, H. $= 6\ldots7$, G. $= 3,49$, hat ungefähr die Zusammensetzung eines Eisen-Epidots, enthält aber gegen 2 pCt. Natron und noch ausserdem $\frac{1}{4}$ pCt. Lithion, und ist auch krystallographisch durch *v. Auerbach* und *v. Kokscharow* als eine Varietät des Epidots erkannt worden. — Auch der Withamit, aus dem Porphyrit von Glencoe in Schottland, der in kleinen, sternförmig gruppirten stark pleochroitischen Krystallen von strohgelber bis rother Farbe vorkommt, ist seiner Form nach wohl nur Epidot; mikroskopisch tritt er auch im rothen antiken ägyptischen Porphyrit auf.

447. Orthit, *Berzelius* **(Bucklandit z. Th.), und Allanit (Cerin).**

Nach *Hermann*, *v. Kokscharow*, *v. Nordenskiöld*, *G. vom Rath*, *Des-Cloizeaux* und *M. Bauer* monoklin und isomorph mit Epidot; $\beta = 65^{\circ}$, ∞P (z) $70^{\circ}\,48'$, P (n) $71^{\circ}\,27'$, $-P$ (d) $96^{\circ}\,40'$ nach *v. Kokscharow*; A.-V. $= 1,5527 : 1 : 1,7780$; die folgenden, zunächst den sog. Uralorthit betreffenden Bilder sind *v. Kokscharow* entlehnt.

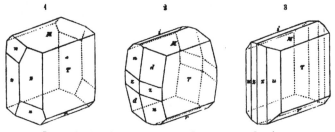

1   2   3

Fig. 1. $\infty\bar{P}\infty.\infty P.0P.P.\bar{P}\infty$; $M : T = 115^{\circ}$, $z \cdot z = 109^{\circ}\,12'$.
        T z M n r

Fig. 2. $\infty\bar{P}\infty.0P.\bar{P}\infty.\frac{1}{2}\bar{P}\infty.P.-P.\infty P$; $T : n = 111^{\circ}\,24'$, $T : d = 130^{\circ}\,18'$.
        T M r i n d z

Fig. 3. $\infty\bar{P}\infty.0P.\bar{P}\infty.\frac{1}{2}\bar{P}\infty.\infty P.\infty\bar{P}2$; $M : i = 145^{\circ}\,36'$, $T : r = 128^{\circ}\,34'$.

Aehnliche tafelförmige Krystalle beschrieb *G. vom Rath* vom Laacher See.

Die Krystalle sind oft verlängert nach der Orthodiagonale, und erscheinen theils als langgestreckte stängelige Individuen, welche fest eingewachsen, und oftmals zu Büscheln vereinigt sind, theils als dicke, bis mehre Zoll grosse, oder auch als kleine tafelförmige Individuen; oft nur derb und eingesprengt. Spaltb. sehr undeutlich. nach zwei unter 115° geneigten Flächen; Bruch muschelig; H. $= 5,5...6$; G. $= 3,3...3,8$, die Var. vom Laacher See $3,983$ nach *G. vom Rath*; dunkelgrau, braun bis pechschwarz und rabenschwarz; aussen oft unvollkommener Metallglanz bis Fettglanz, im Bruch oft Glasglanz; undurchsichtig; in optischer Hinsicht verhält sich das Mineral nach *Des-Cloizeaux* sehr eigenthümlich, indem nur ein Theil der Vorkommnisse doppeltbrechend ist, während ein anderer Theil sich völlig einfach-brechend, wie ein amorpher Körper erweist. Diese Angaben wurden von *Sjögren* bestätigt, welcher die Orthite von Stockholm, Ytterby, Sandö, Oedegard und Helle als isotrop, Dünnschliffe von anderen Fundorten als ganz oder theilweise doppeltbrechend befand; er nimmt an, dass alle Orthite (wie auch die Gadolinite, vgl. S. 572) ursprünglich in gelatinösem Zustand in Höhlungen infiltrirt wurden und dass sie z. Th. amorph geblieben sind (woher dann die Krystallform?), z. Th. eine krystallinische Structur im Inneren angenommen haben.

Die chemischen Analysen weisen eine grosse Menge von Stoffen auf, nämlich Kieselsäure, Thonerde, die beiden Oxyde des Eisens (auf deren Gegenwart zuerst *Hermann* aufmerksam machte), Ceroxyd (und Didym), Lanthanoxyd und Kalk, ferner bisweilen Yttererde, dann auch wohl kleine Mengen von Magnesia und Manganoxydul. Sehr viele Vorkommnisse besitzen auch einen Wassergehalt, während es andererseits auch ganz oder fast ganz wasserfreie Orthite gibt; da der Wassergehalt selbst durchaus nicht constant ist (alle Werthe durchlaufend von 0 bis 3,5, dann auch 8 bis 13 pCt. betragend) und da unter den flüchtigen Stoffen sich auch manchmal Kohlensäure befindet, so war es wahrscheinlich, dass das Wasser dem Orthit nicht ursprünglich eigen ist, sondern nur in Folge von Zersetzungsvorgängen eintritt. Der Gehalt an Kieselsäure beträgt durchschnittlich 33 bis 36, der an Ceroxyd und Didymoxyd 10 bis 20 pCt.; der Gehalt an Yttererde geht gewöhnlich nicht über 3 pCt.; während *Berlin* bei einem Vorkommen von Ytterby 21 und 30 pCt. angibt; der Gehalt an Lanthan ist in der Regel grösser, als der an Yttrium; auch die Kalkmenge ist sehr verschieden, in den frischeren 9 bis 12 pCt., in den sehr wasserreichen Varietäten sinkt sie bedeutend. *Groth* war der Ansicht, dass von den vorhandenen Analysen ein Theil, als an zersetztem Material angestellt, unbrauchbar sei, dass das Cer nicht, wie man früher glaubte, sämmtlich als Oxydul, sondern zum Theil auch als $(Ce^2)O^3$ vorhanden sei und dass der Orthit basisches Wasser enthalte; er vermuthet daher mit Rücksicht auf die Isomorphie, im Gegensatz zu früheren Deutungen *Rammelsberg's*, dass der Orthit nach derselben Formel wie der Epidot, $\bar{R}^2\bar{R}^4(\bar{R}^2)^3\bar{S}i^6\bar{O}^{26}$, zusammengesetzt sei. Im J. 1877 hat dann *Nils Engström* 13 neue höchst sorgfältige Analysen ausgeführt, um die Formel unter der Voraussetzung zu ermitteln, dass die selteneren Erden als Sesquioxyde aufgefasst werden. Er gelangte, unter gleichzeitiger Berücksichtigung der von *Cleve* früher angestellten Analysen, zu dem Ergebniss, dass die Varr. mit dem niedrigsten Wassergehalt dann in der That der eben angeführten Epidotformel entsprechen, worin R $= \frac{3}{5}Ca + \frac{2}{5}Fe$, $(R^2) = \frac{8}{15}Al^2 + \frac{5}{15}(Ce^2, Di^2, La^2, Y^2, Er^2) + \frac{2}{15}Fe^2$ ist. Andere Varietäten ergaben einen doppelten Wassergehalt und also die Formel $\bar{R}^4\bar{R}^4(\bar{R}^2)^3\bar{S}i^6\bar{O}^{27}$; die erstere Formel scheint nach ihm für den Orthit in seinem ursprünglichen Zustand gelten zu müssen. In dem sog. Allanit von Norfolk in Virginia fand *Page* 33,76 Ceroxyd; 16,34 Didymoxyd, 1,03 Lanthanoxyd. — V. d. L. schmilzt er z. Th. unter Aufblähen oder Aufschäumen zu einem braunen oder schwarzen Glas; mancher Orthit zeigt beim Erhitzen eine dem Verglimmen ähnliche Feuererscheinung. Viele Abänderungen werden von Salzsäure völlig unter Gallertbildung zersetzt, andere werden indess von Säuren kaum angegriffen. — Gegend von Fahlun, auf Fillefjeld und Hitterö in Norwegen, bei Miask und Werchoturie im

Ural (Uralorthit), Plauenscher Grund bei Dresden, in Feldspath-Concretionen des dortigen Syenits, auch im Syenit bei Seligstadt und Lampersdorf; in Graniten des Thüringerwaldes mehrorts, z. B. am Schwarzen Krux bei Schmiedefeld, Glasbachskopf bei Brotterode (vgl. darüber *M. Bauer*, Z. geol. Ges. XXIV. 385 und *Luedecke*, Z. f. Kryst. X. 188); als häufiger accessorischer Gemengtheil im Tonalit des Adamellogebirges in Tirol. Nach *Nordenskiöld* umschliessen die Epidotkrystalle von Helsingfors gewöhnlich einen Kern von Orthit, sowie nach *Blomstrand* der Orthit von Wexiö von strahligem Pistazit umgeben ist. Am Laacher See und Vesuv (im Gegensatz zu jenen Fundstellen in Graniten, Syeniten und Gneissen), auch in ächt vulkanischen Gesteinen. Auch mit Granat und Pargasit im körnigen Kalk von Auerbach a. d. Bergstrasse (mit eigenthümlicher Formausbildung, vgl. *vom Rath* in Z. f. Kryst. VI. 1881. 539). — Orthite von anderen Fundpunkten hat man Allanit genannt; da dieselben kein charakteristisches Merkmal besitzen, welches sie von den anderen unterscheidet, so ist eine fernere Trennung des Orthits und Allanits unangemessen; zu solchen sog. Allaniten gehören die Orthite der Gegend von Stockholm, von Grönland, Jotunfeld und Snarum in Norwegen, vom Schwarzen Krux bei Schmiedefeld, Orange Co. in New-York, Berks Co. und Northampton Co. in Pennsylvanien; das Vorkommniss von Bastnäs bei Riddarhytta in Schweden wird als C e r i n aufgeführt.

Anm. 1. Der sehr wasserreiche, v. d. L. sich entzündende und verglimmende P y r o r - t h i t von Korarfvet bei Fahlun ist dem Orthit äusserlich sehr ähnlich, und dürfte nach *Berzelius* nur ein mit Kohle, Wasser u. a. Körpern gemengter Orthit sein.

Anm. 2. Dem Orthit steht auch der von *Kerndt* beschriebene und analysirte B o d e n i t sehr nahe, dessen langgestreckte, röthlichbraune bis schwärzlichbraune, säulenförmige Krystalle in Oligoklas eingewachsen bei Boden unweit Marienberg in Sachsen vorkommen. Hierher gehört auch *Kerndt's* M u r o m o n t i t, welcher in kleinen, selten über erbsengrossen, grünlichschwarzen Körnern von muscheligem, stark glänzendem Bruch bei Mauersberg unweit Marienberg in Oligoklas eingesprengt auftritt. — Der B a g r a t i o n i t von Achmatowsk ist nur eine durch ihre Krystallformen besonders interessante Var. des Orthits; er verhält sich nach *v. Kokscharow* zu den übrigen Orthiten, wie der Bucklandit von Achmatowsk zu dem gewöhnlichen Pistazit.

Anm. 3. Der früher von *Lévy* als ein selbständiges Mineral eingeführte B u c k l a n d i t, dessen meist kleine, schwarze und undurchsichtige Krystalle die Formen des Epidots besitzen, hat seine Selbständigkeit verloren, seitdem *G. vom Rath* bewies, dass der Bucklandit vom Laacher See in allen seinen wesentlichen Eigenschaften als ein Orthit (mit 24 pCt. Ceroxydul) charakterisirt ist, und dass dasselbe auch vom Arendaler Bucklandit gilt, während *G. Rose*, *Hermann* und *v. Kokscharow* den Bucklandit von Achmatowsk als eine schwarze Varietät des Epidots erkannten.

448. Vesuvian, *Werner* (Idokras, Egeran, Wiluit).

Tetragonal; P (c) 74°27' nach *r. Kokscharow*; A.-V. = 1:0,5372; nach *Kupffer* und *Breithaupt* schwankt P von 73¼° bis 74°20'. Diese Schwankungen sind durch die späteren Beobachtungen von *v. Zepharovich* vollkommen bestätigt, und innerhalb der Grenzen von 74°6' bis 74°30' fixirt worden. Die Manchfaltigkeit der Formen und Combinationen ist sehr gross; *v. Zepharovich* wies 46 einfache Formen, darunter 22 verschiedene tetragonale und 17 ditetragonale Pyramiden nach (Sitzgsber. Wien. Akad. Bd. 49, S. 106). *Bücking* fand später noch 3, *Korn* noch 4 ditetragonale, *Lewis* noch 1 tetragonale Pyramide auf [1]). Die gewöhnlichsten Formen sind ∞P (*d*), ∞P∞ (*M*), 0P (*P*), P (*c*), P∞ (*o*) 56°29', ∞P2 (*f*); viele andere Formen erscheinen unter-

---

1) Aus den zahlreichen Winkelmessungen, welche *Strüver* (Z. f. Kryst., I. 1877. 234) an dem Vesuvian der Albaner Berge anstellte, ergab es sich, dass die durchsichtigen honiggelben Krystalle genau auf das auch von *v. Kokscharow* und *v. Zepharovich* als Mittel gefundene A.-V. 1 : 0,5372 führen, während die schwarzen oder schwarzbraunen Krystalle dasselbe als 1 : 0,5278 (P 73°281/2'), also nicht unbeträchtlich abweichend, ergeben; übrigens schwanken auch an einem und demselben Individuum die zu einander gehörigen Winkel nicht unerheblich. Vgl. auch die Winkelmessungen *Dölter's* ebendas. V. 1881. 289, sowie diejenigen von *Korn* an dem kaukasischen Vesuvian von Kedabék, ebendas. VII. 1883. 371.

geordnet. Die folgenden Bilder sind grösstentheils von *v. Zepharovich* und *v. Kok-scharow* entlehnt.

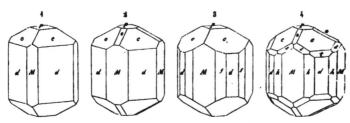

Fig. 1.   ∞P.∞P∞.P. 0P; vom Wilui in Sibirien; Achmatowsk, Cziklova.
Fig. 2.   Comb. wie Fig. 1, mit der Deuteropyramide P∞ (*o*); vom Vesuv.
Fig. 3.   ∞P∞.∞P.∞P2.P. 0P; Vesuv; ∞P2 das gewöhnliche achtseitige Prisma.
Fig. 4.   Comb. ähnlich der vorigen, doch mit dem seltenen Prisma ∞P3 (*h*) statt ∞P2, und mit 3P (*t*), 3P3 (*s*) und P∞.

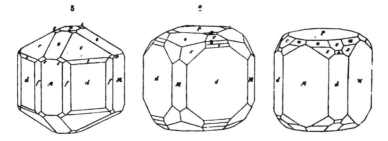

Fig. 5.   ∞P̃.∞P∞.∞P2.P. 3P.⅓P.P∞. 0P. 3P3 ; grüne Krystalle von der Mussa-Alp im Alathal in Piemont, mit der sehr flachen Pyramide ⅓P (*s*).
Fig. 6.   ∞P.∞P∞. 0P.P∞. 3P3.3P. 2P.P.⅓P; grüne Krystalle ebendaher, merkwürdig wegen der noch flacheren Pyramide ¼P (*x*).
Fig. 7.   ∞P∞.∞P. 0P.P.3P. 3P3.⅓P3; braune Krystalle ebendaher; gewöhnlich schlanke, meist nur von ∞P∞, ∞P und 0P gebildete Säulen, an denen gegenüber den dortigen grünen Krystallen ∞P∞ vor ∞P vorwaltet.

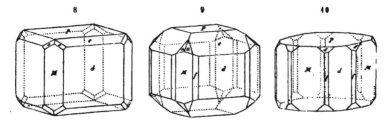

Fig. 8.   ∞P. 0P.∞P∞.P. 3P3; kleine, dunkelbraune Krystalle von Zermatt.
Fig. 9.   ∞P.P. 0P.∞P∞.∞P2.⅓P3; andere dergleichen, ebendaher.
Fig. 10.   ∞P∞.∞P. 0P.∞P2.3P3; noch andere, ebendaher.

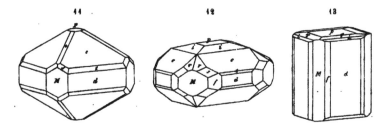

Fig. 11.   P.∞P.∞P∞. 3P. 0P. 3P3. P∞; vom Monzoniberg in Tirol; die Grundpyra-
mide erscheint dort zuweilen ganz vorwaltend.
Fig. 12.   P.½P. 0P.∞P.∞P∞.∞P2. 3P3. ½P5. 3P; Porgumer Alp, Pfitschthal.
Fig. 13.   ∞P.∞P∞.∞P2. 0P. ½P. ½P; von Eker bei Drammen in Norwegen; ähnliche
und z. Th. recht grosse, schalig zusammengesetzte Krystalle, in denen jedoch
P statt der beiden niedrigen Pyramiden auftritt, finden sich bei Egg unweit
Christiansand, sowie bei Achmatowsk.

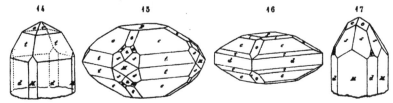

Fig. 14.   ∞P. 3P. P.∞P∞; von Achmatowsk in den Nasämsker Bergen am Ural.
Fig. 15.   P. 3P. 0P.∞P∞. 2P∞. P∞. 3P3. ¾P3; von pyramidalem Habitus, ebendaher.
Fig. 16.   ∞P. 3P. P.½P. 0P. P∞; dunkel rothbraune Krystalle, ebendaher.
Fig. 17.   ∞P∞.∞P. 3P3. P. 3P; von Poläkowsk am Ural; ganz ähnliche Krystalle mit
sehr vorwaltender Pyramide 3P3 im Saasthal und an der Mussa-Alp.

Der Habitus der Krystalle ist meist säulenförmig, durch Vorwalten der Prismen
∞P und ∞P∞, selten tafelartig oder pyramidal, durch Vorwalten von 0P oder P;
die Prismen sind oft vertical gestreift, das Pinakoid quadratisch parkettirt; die Krystalle finden sich selten eingewachsen, meist aufgewachsen und zu Drusen verbunden;
auch derb in stängeligen und körnigen Aggregaten. — Spaltb. prismatisch nach ∞P∞
und ∞P, unvollk.; Bruch uneben und splitterig oder unvollk. muschelig; H. = 6,5;
G. = 3,34...3,44 (nach *Breithaupt* bis 4; *Korn* fand nur 3,253); gefärbt in mancherlei
gelben, besonders aber in grünen und braunen bis fast schwarzen Farben, selten himmelblau und spangrün; Glasglanz oder Fettglanz; pellucid in allen Graden; Doppelbrechung negativ, das schwarze Kreuz erscheint oft gestört, doch sind die beobachteten optischen Anomalieen wohl auf blose Unregelmässigkeiten im Krystallbau
zurückzuführen. — Chem. Zus.: wesentlich ein Silicat von Thonerde, Eisenoxyd und
Kalk, auch mit etwas Eisenoxydul, Magnesia und ganz kleinen Mengen von Alkalien,
sowie einem Gehalt von 2 bis 3 pCt. an Substanzen (Wasser und Fluor), welche in
starker Glühhitze entweichen; doch ist das gegenseitige Verhältniss recht schwankend. Man war sonst der Ansicht, dass der Vesuvian wesentlich dieselbe Zusammensetzung habe, wie die Kalkthongranate, und dass daher so die Granatsubstanz dimorph sei; diese Ansicht ist zuerst von *Hermann* bestritten worden, welcher
zu zeigen versuchte, dass viele Vesuviane nach der Formel Ṙⁿ(R²)² S̈i⁷ Ö²⁹ zusammengesetzt sind; auch durch *Rammelsberg*'s Untersuchung von zwölf verschiedenen Varietäten wurde der vermuthete Dimorphismus der Granatsubstanz vollständig wider-

legt. Kurz darauf veröffentlichte *Scheerer* eine Abhandlung, in welcher ein besonderes Gewicht auf das in manchen Vesuvianen enthaltene Wasser gelegt wurde, welches, wie auch *Magnus* und *Rammelsberg* gezeigt, bis zu 3 pCt. betragen kann; er entscheidet sich auch für die von *Hermann* aufgestellte Formel, welche in der That schon damals der Hauptsache nach das Richtige getroffen haben dürfte. Wenn man das erst in der Glühhitze entweichende Wasser berücksichtigt und die sehr geringen Alkalimengen mit den Monoxyden vereinigt, so gestaltet sich die Formel zu $R^2(Ca, Mg)^8(Al^2, Fe^2)^2 Si^7 O^{29}$, doch kommt vielleicht $R^4 R^{12}(R^2)^3 Si^{10}O^{43}$ der Wahrheit noch näher. *Rammelsberg* gab 1873 eine äusserst complicirte Formel mit sehr ungefügigen Atomverhältnissen. In den besseren Analysen liegt der Kieselsäuregehalt zwischen 37 und 39, der Thonerdegehalt zwischen 13 und 16, der Eisenoxydgehalt zwischen 4 und 9, der Kalkgehalt zwischen 33 und 37 pCt., die Alkalimengen erreichen nicht 1 pCt. Das Mittel aus den zwei sehr genauen und fast ganz übereinstimmenden Analysen, welche *Ludwig* und *Renard* an besonders reinem Material von Ala und vom Monzoni anstellten, ist: 37,4 Kieselsäure, 0,2 Titansäure, 16,25 Thonerde, 3,9 Eisenoxyd, 0,35 Eisenoxydul, 36,5 Kalk, 3,1 Magnesia, Spuren von Alkalien, 2,5 Wasser. *Jannasch* wies nach, dass der Glühverlust häufig nicht blos aus Wasser, sondern auch aus Fluorsilicium besteht, und dass der V. vom Vesuv, Egg, Wilui 0,23—1,06 Fluor enthält, während andere sich fluorfrei verhielten; derselbe fand in einem V. vom Wilui 2,81 Borsäure. Ein pfirsichblüthrother V. vom Johnsberge bei Jordansmühl in Schlesien ergab *v. Lasaulx* 3,23 Manganoxydul; *Schumacher* fand in dem von Deutsch-Tschammendorf i. Schles. 1,77 Titansäure, welche nicht auf eine Beimengung von Titaneisen oder Titanit zurückzuführen ist und zufolge *Jannasch* allgemein verbreitet zu sein scheint. — V. d. L. schmilzt er leicht und unter Aufschäumen zu einem gelblichgrünen oder bräunlichen Glas; mit Borax und Phosphorsalz gibt er Eisenfarbe und in letzterem ein Kieselskelet; von Salzsäure wird er roh nur unvollständig, nach vorheriger Schmelzung vollständig zersetzt, unter Abscheidung von Kieselgallert. — Vesuv, Mussa-Alp in Piemont, Monzoniberg in Tirol. Achmatowsk und Poläkowsk am Ural, vom Wilui in Sibirien, Oravicza im Banat, Egg und Eker in Norwegen, Haslau bei Eger in Böhmen (stängeliger Egeran), ähnlich zu Sandford in Maine, wo der Egeran einen 200 F. mächtigen Gang bilden soll, auch an vielen anderen Orten in Nordamerika; Amity in New-York (Xanthit *Thomson's*); der blaue sogenannte Cyprin, von Soudland in Norwegen, ist durch Kupferoxyd gefärbt. Nach *Breithaupt* ist auch der Kolophonit grossentheils Vesuvian, was später durch *Wichmann* bestätigt wurde. Merkwürdig sind die Vesuviankrystalle in den durch Auswitterung organischer Reste gebildeten Hohlräumen des Silur-Kalksteins vom Konerudskollen bei Drammen in Norwegen.

4. Olivingruppe (vgl. S. 558).

449. Forsterit, *Lévy*.

Rhombisch, und, wie namentlich *Hessenberg* bestätigte, völlig isomorph mit Olivin (s. diesen); A.-V. = 0,466 : 1 : 0,587; die Krystalle zeigen gewöhnlich die Combination P. 0P.∞P∞. ∞P, sind klein und aufgewachsen. Spaltb. brachydiagonal; H. = 7; G. = 3,19...3,24; farblos, stark glänzend, durchsichtig. — *Children* und *Rammelsberg* befanden dieses Mineral wesentlich als das neutrale Magnesiasilicat $Mg^3 Si O^4$, mit 42,89 Kieselsäure, 57,11 Magnesia; die Analyse ergab ausserdem nur noch 2,3 pCt. Eisenoxydul (als isomorphes Silicat zugemischt); nach *Lösch* fast vollkommen unlöslich in Salzsäure. Findet sich in den alten Auswürflingen des Vesuv am M. Somma, in Begleitung von Spinell und Augit, auch in bläulichem Kalkspath der Nikolaje-Maximiliangrube im uralischen District Slatoust.

Anm. Der Boltonit von Bolton in Massachusetts gehört zu dem Forsterit; er bildet eingewachsene Individuen, sowie grobkörnige Aggregate im Kalkstein, hat H. = 6, G. = 3,20...3,33, ist grünlich- und bläulichgrau, wird aber an der Luft gelb, und besteht nach *Smith* aus 42,82 Kieselsäure, 54,44 Magnesia, 1,47 Eisenoxydul, 0,85 Kalk.

450. Fayalit, *C. Gmelin.*

Krystallinisches Mineral, welches derb und in Trümern vorkommt und in seiner chemischen Zusammensetzung ganz mit den krystallisirten Frisch-, Puddel- und Schweissofenschlacken übereinstimmt; diese künstlichen rhombischen Krystalle sind isomorph mit dem Olivin und haben das A.-V. $= 0,4623 : 1 : 0,5813$. — Spaltb. nach zwei Richtungen, die nach *Miller* und *Delesse* einen r e c h t e n Winkel bilden; H. $= 6,5$; G. $= 4...4,44$; grünlichschwarz und pechschwarz, stellenweise tombackbraun oder messinggelb angelaufen, Strich dunkelbraun, Fettglanz, z. Th. metallartig, undurchsichtig, stark magnetisch, was nach *H. Fischer* in fein eingesprengtem Magneteisen begründet ist. — Chem. Zus.: der Fayalit von Slavcarrach in den Mourne-Bergen Irlands besteht nach *Thomson* und *Delesse* aus dem neutralen Eisenoxydulsilicat $Fe^2 Si O^4$, entsprechend 29,43 Kieselsäure und 70,57 Eisenoxydul; darin sind nur 5 pCt. Manganoxydul anstatt des Eisenoxyduls vorhanden; doch konnte auch hieraus *H. Fischer* Magnetit als solchen ausziehen. Der irländische F., im Tiegel geschmolzen und langsam abgekühlt, bedeckt sich mit Krystallen der Olivinform; gelatinirt mit Salzsäure vor und nach dem Glühen. — Mourne-Mountains in Irland, als kleine Trümer in einem sehr grobkörnigen Granit; der s o g. Fayalit von der Insel Fayal (woher die nicht passende Bezeichnung stammt) ist aber höchst wahrscheinlich nur eine ausgeladene fremde k ü n s t l i c h e Schlacke, worauf auch die von *Fischer* beschriebene mikroskopische Structur verweisen dürfte; er ist nach *C. Gmelin* und *Fellenberg* nur theilweise in Salzsäure zersetzbar, hält in seinem unzersetzten Antheil Magnesia, Thonerde und etwas Kupferoxyd in ganz schwankenden Verhältnissen und gibt im Glasrohr Spuren von Schwefel.

451. Olivin und Chrysolith; Peridot.

Rhombisch; P (*e*) Polkanten $85^{\circ} 16'$ und $139^{\circ} 54'$, Mittelkante $108^{\circ} 30'$, ∞P (*n*) $130^{\circ} 2'$, $\bar{P}\infty$ (*d*) $76^{\circ} 54'$, $\bar{P}\infty$ (*h*) $119^{\circ} 12'$, $2\bar{P}\infty$ (*k*) $80^{\circ} 53'$ [1]); A.-V. $= 0,466 : 1 : 0,5866$; die Combb. zeigen ausser jenen Formen besonders noch $\infty\bar{P}\infty$ (*M*), $\infty\bar{P}\infty$ (*T*), auch P (*e*), 0P (*P*) u. a.

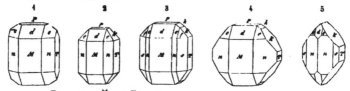

Fig. 1. $\infty\bar{P}\infty.\infty P.\infty\bar{P}\infty.P.\bar{P}\infty.0P.$
Fig. 2.   Die Comb. Fig. 1 mit dem Brachydoma $2\bar{P}\infty$.
Fig. 3.   Die Comb. Fig. 2 mit $\infty\bar{P}2$ (*s*), $2\bar{P}2$ (*f*) und $\bar{P}\infty$ (*h*).
Fig. 4.   Die Comb. Fig. 1 mit $2\bar{P}\infty$ und $\bar{P}\infty$.
Fig. 5. $\infty P.\infty\bar{P}2.\infty\bar{P}\infty.2\bar{P}\infty.P.\bar{P}\infty$; dieser durch das Fehlen von $\infty\bar{P}\infty$ und das Vorwalten von $2\bar{P}\infty$ ausgezeichnete Habitus findet sich besonders am Olivin, dessen Krystalle oft nur von ∞P, $\infty\bar{P}\infty$ und $2\bar{P}\infty$ gebildet werden.

Nach *Kalkowsky* (Z. f. Kryst. X. 1885. 17) kommen in einigen, namentlich Nephelin und Melilith führenden Basalten Zwillinge von Olivin (wahrscheinlich nach $3\bar{P}\infty$ gebildet) vor, doch hat die Trennungslinie der aneinandergelagerten Individuen, welche auf die Anerkennung der Zwillingsverwachsung geleitete, dabei einen ausser-

---

[1]) Diese Messungen gab *Haidinger*, fast genau dieselben Winkel fand auch *v. Kokscharow*; *Erman* folgert aus einer Discussion der Winkel für ∞P $130^{\circ} 11'$, für $\bar{P}\infty$ $76^{\circ} 44'$ und für $2\bar{P}\infty$ $80^{\circ} 55'$ als die wahrscheinlichsten Werthe (Archiv für wissensch. Kunde von Russland, Bd. 19. 216). *G. vom Rath* hebt (Ann. d. Phys. u. Ch., Bd. 135. 582) den schon von *G. Rose* erkannten Isomorphismus mit Chrysoberyll hervor, welcher sich durch eine relative Analogie der Constitution erklärt (vgl. S. 238). — Der Olivin aus dem Pallas-Meteoreisen hat die reichhaltigsten Combinationen geliefert, von denen *G. Rose* bereits im J. 1825 eine elfzählige, *v. Kokscharow* aber im Jahre 1870 mehre und zum Theil noch verwickeltere Combinationen von überhaupt 19 Formen beschrieb und abbildete; derselbe untersuchte auch die schon von *G. Rose* erkannten, haarfeinen, geradlinigen und der Verticalaxe parallelen Canäle in diesem Olivin.

gewöhnlich unregelmässigen Verlauf. — Der Habitus der Krystalle ist meist säulenförmig durch gleichzeitiges Vorherrschen mehrer Prismen und des Makropinakoids. welche vorzüglich durch $2\overset{\smile}{P}\infty$ und $\overline{P}\infty$ begrenzt werden; eingewachsen oder lose, auch Fragmente und Körner; derb in körnigen Aggregaten und eingesprengt. — Spaltb. brachydiagonal ziemlich deutlich, makrodiagonal sehr unvollk., Bruch muschelig: H. = 6,5...7; G. = 3,2...3,5; olivengrün bis spargelgrün und pistazgrün; auch gelb und braun, selten roth, wie nach G. vom Rath am Laacher See und nach C. Fuchs auf der Insel Bourbon, welche Farbe nach Fuchs durch Glühen bei Luftzutritt entstanden sein soll; Glasglanz, durchsichtig bis durchscheinend. Die optischen Axen '87'' 46' bildend) liegen in der Ebene der Basis, und ihre spitze Bisectrix fällt in die Brachydiagonale; Doppelbrechung positiv; a = c, b = a, c = b. — Chem. Zus.: nach vielen Analysen sind die Olivine isomorphe Mischungen des neutralen Magnesiasilicats $Mg^2 Si O^4$, mit dem Eisenoxydulsilicat $Fe^2 Si O^4$, also von Forsterit- und Fayalitsubstanz, allgemein $n Mg^2 Si O^4 + Fe^2 Si O^4$; der magnesiareichste Olivin, in welchem n = 12, bildet Körner in der Hekla-Lava; er besitzt nur 6,93 pCt. Eisenoxydul; nach Rammelsberg ist in den meisten Olivinen der Basalte n = 9, welchem die Zusammensetzung: Kieselsäure 41,01, Magnesia 49,16, Eisenoxydul 9,83 entspricht. In anderen Olivinen besitzt n geringere Werthe; der Olivin in dem Pallas-Eisen hält nach dem Herzog von Leuchtenberg 11,8 pCt. Eisenoxydul; schon ein sehr eisenreicher Olivin ist der braune Hyalosiderit von Sasbach im Kaiserstuhl, mit 29,96 Eisenoxydul und nur 31,99 Magnesia, in welchem n = 2. Manche Olivine halten mehre pCt. Manganoxydul, auch Kalk oder Thonerde, andere Spuren von Phosphorsäure; Stromeyer fand in mehren einen Gehalt an Nickel, auch trifft man bisweilen Spuren von Kupfer und Zinn; eine Spur von Fluor entdeckte Erdmann im Olivin von Elfdalen und Tunaberg in Schweden; auch wies Damour in einem bräunlichrothen, derben Chrysolith von Pfunders in Tyrol 4 bis 5 pCt. Titansäure (und 1,7 pCt. Wasser), sowie in einem rothen, almandinähnlichen, welcher Nester und undeutlich rhombisch gestalte Körner in Talkschieferblöcken vom Findelengletscher bei Zermatt bildet, 6,10 pCt. Titansäure (und 2,23 Glühverlust) nach (Bull. soc. min. II. 15); die Analyse führt beiderseits auf die Formel $(Mg,Fe)^2 (Si,Ti) O^4$; bei der Zersetzung des Pulvers bleibt die Titansäure zurück. — V. d. L. ist er unschmelzbar, mit Ausnahme der sehr eisenreichen Varietäten: durch Salzsäure wird er zersetzt, je eisenreicher desto leichter, wobei sich die Kieselsäure pulverig oder auch gallertartig abscheidet; auch mit Schwefelsäure gelatinirt er: das Pulver des Olivins wirkt nach Kenngott stark alkalisch. — Chrysolith bildet die schön grün gefärbten und durchsichtigen losen Krystalle und Körner aus dem Orient, besonders auch aus Ober-Aegypten, östlich von Esne, und aus Brasilien; Olivin die minder schönfarbigen und meist nur durchscheinenden Varietäten, welche in eingewachsenen Krystallen (sehr gross zu Coupet, bei Largeac im Dép. der Haute Loire, am Forstberg bei Mayen) und in körnigen Aggregaten in Basalten, Laven und Meteoreisen. sowie in Talkschiefer des Ural und Nordcarolinas, auch als Gemengtheil des Lherzoliths, Dunits, Pikrits u. a. Gesteine vorkommen; hin und wieder auch im Gabbro, Diabas und Melaphyr; als faustgrosse Partieen im Glimmerschiefer von Birkedal bei Stat in Norwegen; der Meteorstein von Chassigny besteht gänzlich aus Olivin.

Der von A. Erdmann im Eulysit von Tunaberg neben Augit und Granat nachgewiesene Olivin hält nur 2,4 bis 3,4 Magnesia, dagegen 53 bis 56 Eisenoxydul und 8 bis 9 Manganoxydul; es ist der eisenreichste Olivin; der von Roepper untersuchte. dunkelgrüne bis schwarze, gut krystallisirte Olivin von Stirling in New-Jersey (von Brush Roepperit genannt) führt nur 30 pCt. Kieselsäure und 5 bis 6 Magnesia, aber 35 Eisenoxydul, gegen 17 Manganoxydul und fast 11 pCt. Zinkoxyd, und ist daher $(Fe,Mn,Zn,Mg)^2 Si O^4$ (G. = 4,08). — Der von Brush nach seinem Entdecker Horton benannte Hortonolith von Monroe in New-York ist nach der chem. Analyse von Mixter ein Olivin mit 44,37 Eisenoxydul, 4,35 Manganoxydul und 16,68 Magnesia; er steht also mitten inne zwischen dem Hyalosiderit und dem Olivin des Eulysits; Blake fand seine Krystallformen übereinstimmend mit denen des Chrysoliths. — In dem Olivin aus dem Pikrit der Schwarzen Steine in der Dillgegend (Nassau) fand *Oebbeke* 14,1 Kalk (35,7 Magnesia und 6,5 Eisenoxydul); derselbe bildet daher ein Mittelglied zwischen Olivin und Monticellit.

Gebrauch. Die schönfarbigen und klaren orientalischen und brasilianischen Chrysolithe werden als Edelsteine benutzt.

Anm. 1. Der Olivin ist oft der Zersetzung sehr unterworfen, wobei er matt, undurchsichtig, ockergelb oder röthlichbraun und sehr weich wird; diese Zersetzung besteht gewöhnlich in einer mit Wasseraufnahme verbundenen Verminderung des Magnesiagehalts und Aufnahme von kohlensaurer Kalkerde. Gar häufig unterlag er einer anderen Umbildung zu Serpentin, so dass ganze Serpentinlager ursprünglich aus Chrysolith oder Olivin bestanden; diese Umwandlung erfolgt längs der vielen mikroskopischen Sprünge der Olivinkörner, und so gibt es ein Stadium, in welchem sich grünliche oder bräunliche Adern und Stränge von Serpentin netzartig durch die noch frische und klare Olivinmasse hindurchziehen. — Pseudomorphosen von filzig-faseriger Hornblende nach Olivin beobachteten *Törnebohm* und später *Becke* (zuerst im Olivingabbro von Langenlois); letzterer erklärt dieselben durch eine Einwirkung der Silicate des benachbarten Feldspaths auf den Olivin; ebenfalls fand er eine Umwandlung von Olivin in eine aus Anthophyllit und eine aus Hornblende bestehende Zone. *Becke* schlägt vor, diese Pseudomorphosen von Hornblendemineralien nach Olivin als P i l i t zu bezeichnen. Ferner gehen auch Delessit und Chlorophäit manchmal aus Olivin hervor, welche sich dann weiter zu Gemengen von Brauneisen mit Carbonaten oder mit Quarz zersetzen.

Anm. 2. Der G l i n k i t ist ein derber Olivin mit 17 pCt. Eisenoxydul, welcher im Talkschiefer bei Kyschtimsk, nördlich von Miask, bis 3 Zoll mächtige Trümer bildet, gerade so wie bei Syssersk der Olivin als faustgrosse Massen im Talkschiefer vorkommt.

452. Tephroit, *Breithaupt.*

Rhombisch und isomorph mit Olivin, wie *Sjögren* an den zu Långban gefundenen Krystallen bestätigte; $\infty P = 130° 36'$; A.-V. $= 0,460 : 1 : 0,5937$; Combinationen denen des Olivins ganz ähnlich, gewöhnlich aber nur derb; in individualisirten Massen und körnigen Aggregaten. — Spaltb. prismatisch nach zwei auf einander rechtwinkeligen Flächen, nach der einen recht, nach der anderen minder vollkommen; Spuren einer dritten, auf jenen senkrechten Spaltungsfläche; Bruch muschelig, uneben und splitterig; H. = 5,5...6; G. = 3,95...4,12; aschgrau, rauchgrau, röthlichgrau bis braunroth, braun und schwarz anlaufend, fettartiger Diamantglanz, kantendurchscheinend. Optisch zweiaxig, die optischen Axen liegen in der vollkommensten Spaltungsfläche, ihre spitze Bisectrix ist normal auf der minder vollkommenen Spaltungsfläche. — Chem. Zus. nach den Analysen von *Thomson*, *Rammelsberg*, *Deville*, *Brush*, *Collier*, *Hague* und *Mixter*: wesentlich neutrales Manganoxydulsilicat, $Mn^2 Si O^4$, entsprechend 29,75 Kieselsäure und 70,25 Manganoxydul; in manchen Tephroiten ist von dem analogen Magnesiasilicat (selbst 24 pCt. Magnesia liefernd) zugemischt, auch eine ganz geringe Menge des entsprechenden Eisenoxydul- und Kalksilicats; sie sind daher hauptsächlich $(Mn, Mg)^2 Si O^4$; der 0,8 bis 11,6 pCt. betragende Zinkgehalt solcher Tephroite ist indess aller Vermuthung nach auf eine mechanische Beimengung von Rothzinkerz zu schieben. Von Långban untersuchte *S. R. Paikull* einen 12,17 pCt. Magnesia haltenden Tephroit (33,70 Kieselsäure, 51,19 Manganoxydul), welcher gar kein Zink führte, unter dem Namen P i k r o t e p h r o i t. V. d. L. schmilzt er sehr leicht zu schwarzer oder dunkelbrauner Schlacke; mit Borax gibt er die Reaction auf Mangan und Eisen; von Salzsäure wird er zersetzt, indem er eine steife Gallert bildet. — Sparta, Franklin und Stirling in New-Jersey, mit Franklinit und Rothzinkerz; Långban in Schweden, im Gemeng mit Jacobsit, Glimmer und Diopsid.

Anm. Das von *Döbereiner* K n e b e l i t genannte Mineral schliesst sich an den Tephroit an; es erscheint derb und in Kugeln von lamellarer Aggregation; spaltbar nach einem Prisma von 115°; Bruch unvollk. muschelig; hart; G. = 3,744...4,122; grau bis graulichweiss, auch in roth, braun, schwarz und grün ziehend; schimmernd bis matt, undurchsichtig, nur in sehr dünnen Lamellen pellucid, und optisch-zweiaxig. — Chem. Zus.: nach den Analysen von *Döbereiner*, *Erdmann* und *Pisani* eine isomorphe Mischung gleicher Moleküle des Eisenoxydul-

und Manganoxydulsilicats, $Fe^2 Si O^4 + Mn^2 Si O^4$, welchem 29,50 Kieselsäure, 35,46 Eisenoxydul und 34,94 Manganoxydul entsprechen; v. d. L. unveränderlich, von Salzsäure wird er zersetzt. unter Abscheidung von Kieselgallert. — Ilmenau; Dannemora in Schweden.

Grauschwarze krystallinische Massen von unregelmässig schaliger Structur, kanten-durchscheinend mit gelblicher Farbe, angeblich spaltbar nach 2 Richtungen (131°), dem G. = 4,17, zwischen glas- und fettglänzend, hat *Weibull* Igelströmit genannt; es ist ein etwas magnesiahaltiger Knebelit, in welchem 2 Mol. des Eisensilicats mit 1 Mol. des Mangansilicats verbunden sind. — Vester-Silfberget in Dalarne.

453. Monticellit, *Brooke.*

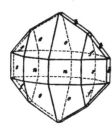

Rhombisch; nach *vom Rath* P (*f*) Polkanten 110° 43½' und 97° 55½'; ∞P (*s*) 98° 7½': ∞P2 (*n*) 133° 6½'; P̌∞ (*k*) 81° 57'; ½P̌∞ (*h*) 129° 8½'; P2 (*e*) Pol-kanten 111° 17' und 82° 0', wie beistehende Combination, an welcher noch ∞P̌∞ (*b*). *Brooke* maass *n* : *n* = 132° 54' und *k* : *k* = 82° 18'. A.-V. = 0,8673 : 1 : 1,1514. Der Habitus der Krystalle ist völlig olivinähnlich und setzt man, abweichend von *vom Rath*, *n* = ∞P, und *s* = ∞P2 und *e* = P, so können beide Mineralien füglich als isomorph gelten; A.-V. alsdann 0,4386 : 1 : 0,5757. Bruch mehr oder weniger muschelig. H. = 5...5,5; G. = 3,119; farblos, gelblichgrau, lichtgrünlichgrau, weisslich; durchsichtig bis durchscheinend, glasglänzend. — Chem. Zus. nach den Analysen von *Rammelsberg* und *vom Rath*. isomorphe Mischung gleicher Moleküle des neutralen Kalk- und Magnesiasilicats $Ca^2 Si O^4 + Mg^2 Si O^4$ (welche aus 38,19 Kiesel-säure, 35,88 Kalk, 25,63 Magnesia bestehen würde), wobei indessen ¼ des Magnesiums durch Eisen (5,63 Eisenoxydul) ersetzt wird. — V. d. L. sich nur an den Kanten abrundend; bildet mit verd. Salzsäure eine klare Lösung, welche beim Erhitzen zu einer Gallert wird. Die Kry-stalle des Monticellits finden sich selten mit Glimmer und Augit in den körnigen Kalksteinen des Monte Somma; sodann entdeckte *vom Rath* das Mineral mit ganz den vesuvischen gleichen Formen (bis 5 Cm. gross), aber theilweise in Serpentin umgewandelt, in der Pesmeda-Schlucht am Monzoni, wo der Monticellit auch unter Erhaltung seiner Form in ein Aggregat regellos gelagerter Fassait-Kryställchen metamorphosirt erscheint; diese merkwürdigen Gebilde hat man früher für Fassaitformen gehalten (Z. d. geol. Ges. 1875. 879). — Der Batrachit *Breit-haupt's*, welcher im Gemeng mit Ceylanit und blaugrauem Kalkspath in unvollkommenen Krystallkörnern oder derb am Toal dei Rizzoni beim Monzoni vorkommt, ist mit dem Monti-cellit identisch.

454. Humit.

Vorbemerkung. Humit war der Name für eine eigenthümliche Mineralgruppe, bestehend aus drei Gliedern, welche man zufolge *Scacchi* und *G. vom Rath* früher als Humit des 1., 2. und 3. Typus bezeichnete, sowie sämmtlich für rhombisch und trotz der abweichenden Formausbildung auf eine Grundgestalt zurückführbar erachtete. auch chemisch einander sehr nahe verwandt, oder identisch befand. Auf Grund der optischen (und krystallographischen) Untersuchungen von *Edw. Dana*, *C. Klein* und *Des-Cloizeaux* hat sich aber herausgestellt, dass nur der sog. erste Typus dem rhom-bischen System angehört (eigentlicher Humit), während der sog. zweite Typus (Chondrodit genannt), und der dritte Typus (deshalb als Klinohumit bezeichnet). dem monoklinen System zuzuweisen ist [1].

Humit. Für die rhombischen Krystalle dieses Minerals wählten *Scacchi* und nach ihm *vom Rath* als Grundform eine Pyramide mit dem A.-V. = 0,9257 : 1 : 1,0742 (vgl. unten. Es messen daher die ebenen Winkel der Basis 85° 35' und 94° 25', die oberen Winkel des makrodiagonalen und des brachydiagonalen Hauptschnitts 27° 34' und 25° 36', und die Mittel-

---

[1] Vgl. über die drei Mineralien: *Scacchi*, Ann. d. Phys. u. Chem., Ergänzungsbd. III. 1851; *vom Rath*, ebendas. Ergänzungsbd. V. 1872. 321, auch Bd. 144. 563 und Bd. 147. 261; *Hessen-berg*, Mineralog. Notizen, Heft II. 17; *Des-Cloizeaux*, N. Jahrb. f. Min. 1876. 641; *C. Klein*, eben-das. 1876. 633; *Edw. Dana*, Trans. of the Connecticut Academy, vol. III. 1875. 1 und Amer. journ. of sc. vol. IX. Febr. 1876; *Sjögren*, Z. f. Kryst. VII. 1883. 120.

kanten der Pyramide 161° 3′. Die einzelnen Formen dieses Typus sind aus folgender Aufzählung ersichtlich, bei welcher zugleich die in den Bildern zur Abkürzung benutzte Flächensignatur, sowie der Neigungswinkel ihrer Flächen mit der Fläche A angegeben ist.

Namen der Formen	Krystall. Zeichen	Flächen-signatur	Winkel mit A	Namen der Formen	Krystall. Zeichen	Flächen-signatur	Winkel mit A
Proto-	P	*n*	99° 28′	Brachy-	$\breve{P}\infty$	*e*	103° 47′
pyramiden	$\frac{1}{2}P$		108 28	domen	$\frac{1}{2}\breve{P}\infty$	2*e*	116 9
»	$\frac{1}{3}P$	3*n*	116 37	»	$\frac{1}{3}\breve{P}\infty$	3*e*	126 22
Makro-	$\bar{P}2$	*r*	104 39	»	$\frac{1}{4}\breve{P}\infty$	4*e*	134 28
pyramiden	$\frac{1}{2}\bar{P}2$	2*r*	112 25	»	$\frac{1}{5}\breve{P}\infty$	5*e*	140 49
»	$\frac{1}{3}\bar{P}2$	3*r*	121 44	Makro-	$\bar{P}\infty$	*i*	102 48
»	$\frac{1}{4}\bar{P}2$	4*r*	129 31	domen	$\frac{1}{3}\bar{P}\infty$	3*i*	124 17
»	$\frac{1}{5}\bar{P}2$	5*r*	135 52	»	$\frac{1}{5}\bar{P}\infty$	5*i*	138 39
Prismen	$\infty\bar{P}2$	*o*	90 —	Pinakoide	$0P$	*A*	0 0
»	∞P		90 —	»	$\infty\breve{P}\infty$	*B*	90 —
»	$\infty\breve{P}\frac{3}{2}$	3*o*	90 —	»	$\infty\bar{P}\infty$	selten	90 —

Die nachstehenden zwei Bilder (*vom Rath* entlehnt) mögen eine Vorstellung von der Reichhaltigkeit der Combinationen des Vorkommens vom Vesuv geben. Fig. 1 stellt einen ausgezeichneten Krystall dar, welcher in der Richtung der Verticalaxe verlängert ist; Fig. 2 enthält fast alle vorhin angeführten Formen, ist aber mehr in der Richtung der Brachydiagonale ausgedehnt[1]). Die Krystalle erscheinen stets vollflächig, theils als einfache Krystalle, theils als Zwillinge, welche oft sehr regelmässig und meist mit Durchkreuzung der Individuen gebildet sind, theils als sehr unregelmässige Drillinge. Als Zwillings-Ebene fungirt entweder eine Fläche von $\frac{3}{7}\breve{P}\infty$ (Polkante 59° 36′) oder auch eine Fläche von $\frac{1}{7}\breve{P}\infty$ (Polk. 119° 36′); in beiden Fällen bilden die beiderseitigen Pinakoide A sehr nahe Winkel von 120° oder 60°.

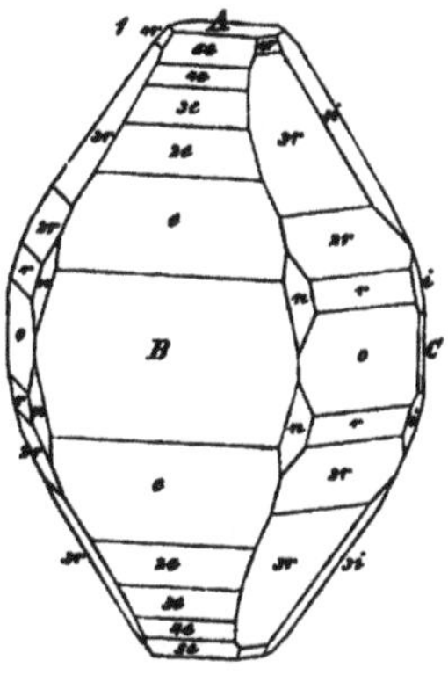

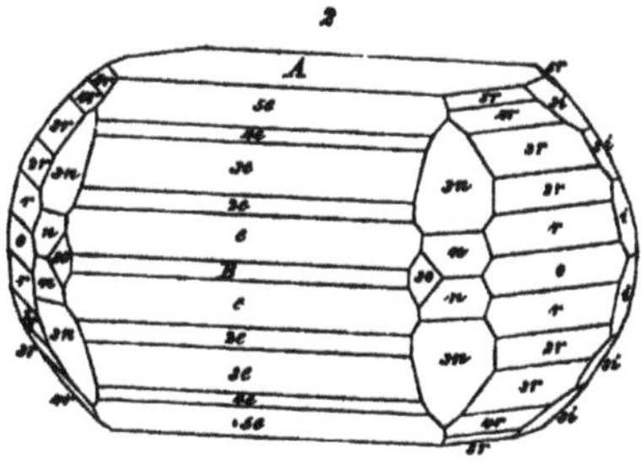

Zum Humit gehörige Krystalle wurden von *H. Sjögren* auch von der Ladugrube bei Filipstad erkannt; sie sind formenärmer als die vesuvischen, indem die stumpfesten und die spitzesten Formen daran vermisst werden, auch nur sehr selten als Zwillinge (nach $\frac{3}{7}\breve{P}\infty$) ausgebildet. Wenn man mit *Groth* statt der Pyramide *n* diejenige *r* als Grundform wählt, und die Makrodiagonale nach vorn richtet, so gewinnt der Humit das A.-V. = 2,1605 : 1 : 4,4013, wobei dann das Verhältniss *a* : *b* mit dem von *Des-Cloizeaux* für Klinohumit und Chondrodit gegebenen sehr nahe übereinstimmt. — Neben den Krystallen erscheinen auch rundliche Körner, zuweilen körnige Aggregate. — Spaltb. basisch, Bruch unvollkommen

1) *G. vom Rath* hat die Bilder so gezeichnet, dass die Makrodiagonale auf den Beschauer zulaufend, die Brachydiagonale an ihm vorbeilaufend gedacht wird.—In Fig. 2 muss rechts oben 5*i* statt 3*i* stehen.

muschelig; H. = 6,5; G. = 3,06 ... 3,23. Farbe gelblichweiss, weingelb, honiggelb, pomeranzgelb, in das Röthliche und Bräunliche; Glasglanz, durchsichtig bis durchscheinend. Die optischen Verhältnisse bestätigen die Zugehörigkeit dieses eigentlichen Humits zum rhombischen System: nach *Des-Cloizeaux* ist die optische Axen-Ebene parallel der Basis und die spitze pos. Bisectrix fällt in die Brachydiagonale; Axenwinkel 78° 48' bis 79°. — Chem. Zus.; aus den Analysen *vom Rath's* und *Rammelsberg's* ergibt es sich als am wahrscheinlichsten, dass der Humit ein Magnesiasilicat von der Form $Mg^5 Si^2 O^9$ ist, in welchem eine geringe Menge Sauerstoffs durch Fluor vertreten ist, also allgemein $Mg^5 Si^2 (O, Fz)^9$, d. h. eine Mischung von $Mg^5 Si^2 O^9$ und $Mg^5 Si^2 O^8 F^2$. Nach *vom Rath* beträgt bei allen vesuvischen Humiten der Fluorgehalt im Mittel 2,57 pCt.; der angenommenen Zusammensetzung entspricht in 100 Theilen: 17,27 Silicium, 36,92 Magnesium, 43,23 Sauerstoff und 2,58 Fluor; doch wird ein Theil der Magnesia durch 5 bis 6 pCt. Eisenoxydul vertreten, während auch immer ein wenig (¼ bis 1 pCt.) Thonerde vorhanden ist. Die Analysen der vesuvischen Humite von *Rammelsberg* ergeben freilich auch z. Th. einen etwas höheren, bis 5,04 sich erhebenden Fluorgehalt. — Nachdem schon *Rammelsberg* betont, dass die Analysen (sowie auch diejenigen des Chondrodits und Klinohumits), einen Verlust ergeben, welcher nach seiner Vermuthung aus Wasser besteht, und *Groth* die Ansicht geäussert, dass Hydroxyl als isomorpher Vertreter des Fluors vorhanden sei (weil jener Verlust besonders gross bei den wenig Fluor liefernden Varietäten ist), hat *Sjögren* für den Humit die Formel $Mg^3 [Mg (O H, F)]^2 [Si O^4]^2$ aufgestellt, mit einem Gehalt von 10,58 pCt. an O H und F. *Kenngott* hebt dagegen hervor, dass man nicht berechtigt sei, das in den Analysen statt des erforderlichen Ueberschusses vorhandene unerklärte Deficit für Hydroxyl zu halten und verwirft daher die auch von *Groth* acceptirte Formel *Sjögren's*. — V. d. L. kaum schmelzbar, im Glasrohr erfolgt mit Phosphorsalz die Reaction auf Fluor; in Phosphorsalz löslich mit Hinterlassung eines Kieselskelets; mit Kobaltsolution blassroth, wenn nicht zu viel Eisen zugegen; in Salzsäure löslich unter Ausscheidung von Kieselsäure, so auch in concentrirter Schwefelsäure, durch welche letztere das Fluor ausgetrieben wird. — Der eigentliche Humit findet sich in den alten Auswürflingen des Monte Somma am Vesuv, sowohl in den Kalkblöcken als auch in den Silicatblöcken, meist in Begleitung von licht grünem oder röthlichgelbem Glimmer, grünem Augit, weissem Olivin, schwarzem Spinell und Kalkspath. — *Sjögren* fand ihn auch in der S. 587 erwähnten Grube in Schweden mit Magnetit, Serpentin und Brucit; er befindet sich hier in verschiedenen Stadien der Umwandlung zu Serpentin, unter ganz ähnlichen Erscheinungen, wie sie der Olivin darzubieten pflegt.

455. Klinohumit, *Des-Cloizeaux*.

Monoklin, früher als dritter Typus des Humits bezeichnet und für rhombisch gehalten; *G. vom Rath*, welcher die Krystalle im letzteren Sinne auffasste, legte ihnen eine Pyramide mit dem A.-V. 0,9257 : 1 : 5,2382 zu Grunde, deren Verticalaxe sich zu derjenigen der Grundpyramide des sog. ersten Humittypus wie 9 : 7 verhält; die ebenen Winkel der Basis sind natürlich dieselben wie vorher, die an der Verticalaxe liegenden ebenen Winkel ihrer verticalen Hauptschnitte messen 21° 37' und 20° 2' und ihre Mittelkanten 165° 12'. Doch wurde, während die Messungsresultate keine Abweichung von dem rhombischen Axensystem erkennen liessen, schon ein nach oben und unten alternirendes Auftreten von Pyramiden constatirt. Nach *Des-Cloizeaux's* Aufstellung ist $\beta = 71° 12'$ und das A.-V. = 2,1634 : 1 : 1,4422. Ueber die Formausbildungen und Zwillinge müssen die S. 586 citirten Abhandlungen von *vom Rath* nachgesehen werden, welche sich allerdings auf die rhombische Auffassung der Krystalle beziehen. Die optischen Verhältnisse aber verweisen dieselben in das monokline System und *Des-Cloizeaux* schlug deshalb für sie den Namen Klinohumit vor. Die Ebene der opt. Axen bildet einen schiefen Winkel mit der Basis, welcher nach *Edward Dana* 7½°, nach *C. Klein* 12° 28', nach *Des-Cloizeaux* ca. 11° beträgt; die spitze positive Bisectrix steht normal zur Symmetrie-Ebene; scheinbarer Axenwinkel in Oel 84° 55'. — Die sonstigen physikalischen Eigenschaften sowie die chemischen Reactionen sind dieselbe wie bei dem eigentlichen Humit. Desgleichen wird die chemische Zusammensetzung von den meisten Forschern als mit derjenigen des Humits übereinstimmend erachtet, namentlich finden auch gemäss diesen Ansichten keine durchgreifenden Unterschiede bezüglich des Fluorgehalts statt; *Sjögren* (vgl. Humit) will allerdings dem Klinohumit die etwas abweichende Formel $Mg^5 [Mg (O H, F)]^2 [Si O^4]^3$ zuschreiben (mit einem Gehalt an O H und F von 7,5 pCt.). — Der Klinohumit findet sich mit dem Humit am Monte Somma; er ist entschieden häufiger als der letztere, ja in den meisten Sammlungen unter der früheren Bezeichnung Humit fast allein vertreten; seine Krystalle gehören zu den complicirtesten des Mineralreichs, welche auch eine aussergewöhnliche Manchfaltigkeit in der individuellen Ausbildung darbieten. *E. Dana* erkannte auch Klinohumit neben den auf der Tilly-Foster-Eisengrube vorkommenden Chondroditen.

456. Chondrodit.

Monoklin. Nachdem schon *Miller*, *Brooke* und *v. Nordenskiöld* die Analogie mit dem vesuvischen Humit erkannt hatten, lieferte *v. Kokscharow* 1870 eine Beschreibung mehrer Krystalle von Pargas, worin er zeigte, dass sie vollkommen *Scacchi's* sog. zweitem Typus des Humits entsprechen. *vom Rath* hat die zu Kafveltorp bei Nyakopparberg in Schweden innerhalb eines Erzlagers vorkommenden Chondroditkrystalle einer Untersuchung unterworfen, bei welcher sich die durch *v. Kokscharow* für die finnländischen Krystalle nachgewiesene Identität ihrer Formen mit dem als rhombisch geltenden zweiten Typus der vesuvischen Humitkrystalle vollkommen bestätigte. Die Krystalle des letzteren wurden auf eine (rhombische) Pyramide vom A.-V. = 0,9257 : 1 : 2,9109 bezogen, in welchem sich also die Verticalaxe zu jener des ersten Typus wie 5 : 7 verhält; die ebenen Winkel der Basis sind natürlich dieselben wie vorher, dagegen messen die oberen Winkel des makrodiagonalen und des brachydiagonalen Hauptschnitts 87° 56' und 85° 17', sowie die Mittelkante der Grundform P 133° 40'. Obschon nun, wie auch später *E. Dana* und *Sjögren* fanden, eine Abweichung von den Winkelerfordernissen des rhombischen Systems durch Messung nicht constatirt werden konnte, so fiel doch bereits auf, dass mit Ausnahme der stets vollflächigen angenommenen Grundform die übrigen Pyramiden gewöhnlich in 2 Partialformen zerfallen, welche als positive und negative Hemipyramide unterschieden werden konnten. Nachdem im Einklang damit fernere optische Prüfungen den Chondrodit in das monokline System verwiesen hatten, wurden jene Krystalle von Kafveltorp sehr ausführlich von *Sjögren* krystallographisch und physikalisch untersucht (vgl. dessen Uebersicht über alle 28 gefundenen Formen nebst den Bezeichnungsweisen der verschiedenen Autoren in Z. f. Kryst. VII. 120). Auch er konnte eine Abweichung des Winkels β von 90° nicht direct durch Messung nachweisen, indem sie innerhalb der Fehlergrenzen fällt. Die anscheinend einfachen Krystalle dieses Vorkommens sind eigentlich zusammengesetzt und durch polysynthetische Zwillingsbildung nach dem (durch *vom Rath* nicht erkannten, bei Annahme des rhombischen Systems aber auch gar nicht möglichen) Gesetz: Zwillings-Ebene die Basis, gebildet, wodurch es auch geschieht, dass Flächen, welche eigentlich zu den positiven Quadranten gehören, gleichfalls in den negativen auftreten und umgekehrt; bei äusserst dünner Zwillingslamellirung werden dadurch die Winkeldifferenzen zwischen den + und — Quadranten ausgeglichen und es findet eine fast vollständige Accommodation an die Winkelverhältnisse des rhombischen Systems statt. Dieser Chondrodit gehört also zu den sog. mimetischen Krystallen und weist auch deren Inconstanz der Winkel auf. Vielfach sind es nach 0P polysynthetisch lamellirte Krystalle, welche sich nach den von *vom Rath* angegebenen Gesetzen (nach $\frac{1}{4}\bar{P}\infty$ und $\frac{1}{8}\bar{P}\infty$ gemäss der rhombischen Deutung) weiter verzwillingen. — Die folgenden, der Abhandlung des Letzteren entlehnten und deshalb noch mit rhombischer Interpretation versehenen Bilder mögen eine Vorstellung von der Erscheinungsweise der Krystalle gewähren.

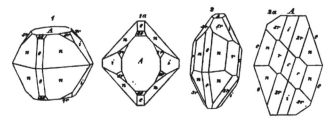

Fig. 1. Combination von pyramidalem Habitus, mit vorwaltender Grundform und Basis; Fig. 1a, Horizontalprojection derselben; ihre Formen sind: $\pm P . 0P . \pm \bar{P}\infty . \pm \frac{1}{4}\bar{P}\infty . \frac{1}{4}\bar{P}\infty . \frac{3}{8}\bar{P}2 . -\frac{3}{8}\bar{P}2$; findet sich auch tafelförmig.

$n \quad A \quad e \quad 3e \quad i \quad 5r \quad 7r$

Fig. 2. Dieser Krystall enthält folgende Formen:

$$\pm P.\,2\bar{P}2.-\tfrac{3}{2}\bar{P}2.\tfrac{1}{4}\bar{P}2.\tfrac{1}{4}\bar{P}\infty.\,0P.\,\pm\bar{P}\infty.\,\infty\bar{P}\infty.\quad\text{Fig. 2 a stellt die orthographische}$$

$$n\quad r\quad\quad 3r\quad 5r\quad i\quad\quad A\quad\quad e\quad\quad c$$

Projection auf den makrodiagonalen Hauptschnitt dar.

Des-Cloizeaux wählt eine Aufstellung, gemäss welcher $\beta = 71^\circ 2'$ und das A.-V. = 2,1663 : 1 : 1,6610. — H. und G. wie beim Humit. Die Farbe ist gewöhnlich etwas dunkler, vielfach roth oder braun, auch bisweilen ölgrün, spargelgrün bis olivengrün; der Ch. von Kafveltorp ist nach *Sjögren* stark pleochroitisch; die braunen Krystalle erscheinen im pol. L. parallel dem Klinopinakoid braungelb und blaugrau, parallel der Basis gelbbraun und gelbgrau. Die Ebene der optischen Axen bildet (wie zuerst *E. S. Dana* an hierher gehörigen Chondrodit-Krystallen von Tilly-Foster nachwies) mit der Basis einen Winkel, welcher nach *Dana* 25° bis 26°, nach *Des-Cloizeaux* ca. 30°, nach *Sjögren* 28° 56' beträgt — eine Thatsache, welche ihrerseits die Krystalle in das monokline System verweist; die spitze positive Bisectrix steht normal auf der Symmetrie-Ebene; scheinbarer Axenwinkel in Oel für roth 88° 48' nach *Dana*; an den braunen Krystallen von Kafveltorp maass *Sjögren* diesen Winkel zu 86°—86° 42', an den dortigen gelben war er über 2½° grösser. Dispersion sehr unbedeutend, bei den braunen $\varrho > v$, bei den gelben $\varrho < v$. — Chem. Zus.: nach den Analysen von *Langstaff, Rammelsberg* und *Breidenbaugh* u. A. ganz analog jener des Humits; wenn auch bisweilen ein grösserer, bis 2,4 pCt. betragender Gehalt an Fluor gefunden wurde, so scheint dies doch keinen Unterschied gegenüber dem Humit begründen zu können; auch die Analyse von *Hawes* ergab für den amerikanischen Chondrodit von der Tilly-Foster-Grube nur 1,14 Fluor. *Sjögren* gibt die Formel $Mg^4[Mg(OH, F)]^4[SiO^4]^3$, mit einem Gehalt von 13,33 pCt. an OH und F (vgl. Humit). — Findet sich in körnigen Kalksteinen, Pargas in Finnland, Gullsjö, Åker u. a. O. in Schweden, Boden in Sachsen, Sparta in New-Jersey und Warwick, Monroe und Brewster (Tilly-Foster-Grube, ausgezeichnete granatrothe Krystalle) in New-York; in einem aus Bleiglanz, Kupferkies und Pyrit bestehenden Erzlager zu Kafveltorp bei Nyakopparberg, auch in den Kupfergruben von Orijärfvi in Finnland.

457. Liëvrit, *Werner* (Ilvait).

Rhombisch; P (o) Polkk. 139° 31' und 117° 27', Mittelk. 77° 12', nach *Des-Cloizeaux*; ∞P (*M*) 112° 38', $\infty\bar{P}2$ (*s*) 73° 45', $\bar{P}\infty$ (*P*) 112° 49'; A.-V. = 0,6665 1 : 0,4427; über die 19 bekannten Formen vgl. *vom Rath* (Z. geol. Ges. XXII. 711).

1   2   3   4   5

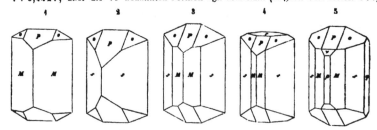

Fig. 1. $\infty\bar{P}.\bar{P}\infty.P$; $M:M=112^\circ 38'$, $M:o=128^\circ 36'$.
Fig. 2. $\infty\bar{P}2.\bar{P}\infty.P$; $s:s=73^\circ 45'$.
Fig. 3.   Die Comb. Fig. 2 mit ∞P; sehr gewöhnlich auf Elba.
Fig. 4.   Die Comb. Fig 3, noch mit der Basis 0P.
Fig. 5. $\infty P.\infty\bar{P}2.\infty\bar{P}\infty.\infty\bar{P}\infty.P.\bar{P}\infty.3\bar{P}\infty.$

Die Krystalle sind meist langsäulenförmig, vertical gestreift, aufgewachsen und zu Drusen vereinigt; auch derb in radialstängeligen bis faserigen, selten in körnigen Aggregaten. — Spaltbarkeit nach mehren verschiedenen Richtungen, namentlich den 3 Pinakoiden entsprechend, aber sämmtlich unvollkommen; Bruch muschelig und uneben; spröd; H. 5,5...6; G. = 3,8...4,1; bräunlichschwarz bis grünlichschwarz, Strich schwarz, Fettglanz z. Th. halbmetallisch; gewöhnlich undurchsichtig, auch in sehr feinen Dünnschliffen nach *Fischer*; doch erhielt *Lorenzen* an grönländischen Liëvriten durchscheinende Schnitte, welche zeigten, dass der parallel der Brachydiagonale schwingende Strahl braungelb ist, während die parallel den anderen Axen schwingenden Strahlen fast ganz absorbirt werden, sowie dass die opt. Axen mit grossem Winkel im Makropinakoid liegen und die Verticalaxe spitze Bisectrix ist. — Chem. Zus. nach den neueren Analysen von *Städeler*, *Rammelsberg* u. nam. *Sipöcz*: $\overset{\text{II}}{\mathbf{R}^2}\mathbf{R}^6(\mathbf{Fe}^2)8\mathbf{i}^4\mathbf{O}^{18}$, welcher, wenn $6\,R = 4\,Fe + 2\,Ca$, entspricht: 29,36 Kieselsäure, 19,55 Eisenoxyd, 35,20 Eisenoxydul, 13,69 Kalk, 2,20 Wasser; in den nassauischen Liëvriten ist R als RO auch Manganoxydul. Der Wassergehalt der Liëvrite entweicht erst in starker Hitze; nachdem *Städeler* denselben schon für wesentlich gehalten, *Rammelsberg* jedoch seine Ursprünglichkeit wegen der leichten Zersetzbarkeit des Minerals zu Brauneisenstein bezweifelt hatte, hat *Sipöcz* erwiesen, dass der Liëvrit in der That ein wasserstoffhaltiges Mineral ist und jene obige, bereits von *Städeler* aufgestellte Formel besitzt. *Reynolds (Early)* fand später im elbanischen L. nur 0,42 Wasser. V. d. L. schmilzt er leicht zu schwarzer magnetischer Kugel; mit Phosphorsalz Eisenfarbe und Kieselskelet; von Salzsäure wird er leicht und vollständig gelöst mit Abscheidung von Kieselgallert. — Rio auf Elba und Campiglia in Toscana, Kupferberg in Schlesien, Zschorlau bei Schneeberg, Herborn u. a. O. in Nassau, wo das Mineral nach *Koch* auf einer meilenlangen Contactzone zwischen Culmschiefer und Melaphyr vorkommt; Kangerdluarsuk in Grönland (mit sehr steilen Brachydomen und Pyramiden, A.-V. = 0,6744 : 1 : 0,4484 nach *Lorenzen*).

458. Cerit, *Berzelius* (**Cerinstein**).

Hexagonal nach *Haidinger*; Comb. $0P.\infty 0P$ als niedrige sechsseitige Säule, sehr selten; nach *A. v. Nordenskiöld* rhombisch mit $\infty P = 90^\circ 4'$; meist derb, in feinkörnigen Aggregaten mit sehr fest verwachsenen und kaum unterscheidbaren Individuen. — Spuren von Spaltbarkeit, Bruch uneben und splitterig, spröd; H. = 5,5; G. = 4,9...5; schmutzig nelkenbraun bis kirschroth und dunkel röthlichgrau, Strich weiss, Diamantglanz bis Fettglanz, kantendurchscheinend. — Chem. Zus. nach der an Krystallen angestellten Analyse von *Nordström*: $\overset{\text{I}}{\mathbf{R}^6}\mathbf{R}^2(\mathbf{Ce}^2)^3 8\mathbf{i}^6\mathbf{O}^{26}$, worin R = Kalk und Eisen, Ce auch Lanthan und Didym begreift, H²O auch vielleicht als Krystallwasser zugegen ist; jener Formel würde entsprechen: 23,47 Kieselsäure, 64,68 Ceroxyd, 4,69 Eisenoxydul, 2,65 Kalk, 3,51 Wasser; frühere Analysen von *Hisinger*, *Kjerulf*, *Rammelsberg* sind an derbem, wohl schon verändertem Cerit ausgeführt und ergeben einen grösseren Gehalt an Wasser, einen geringeren an den Monoxyden. *Deville* fand im Cerit auch sehr geringe Mengen von Tantalsäure und Titansäure, sowie Spuren von Vanadin. Im Kolben gibt er Wasser; v. d. L. ist er unschmelzbar und wird schmutziggelb; mit Borax gibt er im Ox.-F. ein sehr dunkelgelbes Glas, welches beim Erkalten sehr licht und im Red.-F. farblos wird; mit Phosphorsalz verhält er sich ähnlich und gibt ein Kieselskelet; von Salzsäure wird er vollständig zersetzt unter Abscheidung von Kieselgallert. — Riddarhytta in Westmanland (Schweden).

459. Kieselzink, Galmei, Calamin, Hemimorphit.

Rhombisch, und zwar ausgezeichnet hemimorphisch in der Richtung der Verticalaxe. Die von *G. Rose*[1]) als Grundform gewählte Pyramide ist zwar bis jetzt noch nicht beobachtet worden, lässt aber die bekannten Formen mit sehr einfachen Zeichen hervortreten, weshalb sie hier beibehalten ist. A.-V. = 0,7835 : 1 : 0,4778, nach *Schrauf's* Messungen, welche wir zu Grunde legen. Zu den wichtigsten Formen gehören $2\check{P}2$ (s) Polk. $101^\circ 35'$ und $132^\circ 26'$, ∞P (g) $103^\circ 50'$, $\bar{P}\infty$ (o) $117^\circ 14'$, $\check{P}\infty$ (r) $128^\circ 55'$, $3\check{P}\infty$ (p) $57^\circ 20'$, $3\bar{P}\infty$ (m) $69^\circ 48'$, $0P$ (c), $\infty\bar{P}\infty$ (a) und $\infty\check{P}\infty$ (b).

---

1) *G. Rose* gab (Ann. d. Phys. u. Ch., Bd. 59) eine Beschreibung und Abbildung der wichtigsten Formen. Später lieferte *Schrauf* eine vollständige Monographie der Krystallformen des Kieselzinks (vom Altenberg) (Sitzungsber. d. Wien. Ak. Bd. 38. 1859. 789). Leider wählte er jedoch die in physiographischer Hinsicht sehr unnatürliche aufrechte Stellung, dass die hemimorphische Axe horizontal von rechts nach links läuft, wodurch die Bilder an Deutlichkeit verlieren und die Krystalle in einer Stellung erscheinen, welche ihnen in der Natur nicht zukommt. Die S. 592 mitgetheilten Bilder sind nach den schönen Originalbildern von *G. Rose* copirt worden, welche die Krystalle in ihrer natürlichen Stellung zeigen.

— Der Hemimorphismus gibt sich an den Krystallformen fast immer in d e r Weise kund, dass sie am unteren Ende nur durch die Brachypyramide $2\overset{\smile}{P}2$ begrenzt werden, wie verschieden sie auch am oberen Ende ausgebildet sein mögen, was freilich nicht immer zu erkennen ist, weil sie meist mit jenem unteren Ende aufgewachsen sind[1]). Auch in den Aetzeindrücken des Kieselzinks tritt nach *Baumhauer* der Hemimorphismus deutlich hervor (vgl. S. 146). Krystalle gewöhnlich klein, länglich tafelförmig, oder kurz und breit säulenförmig, bisweilen auch pyramidenähnlich nach oben. durch gleichmässige Ausbildung der beiden Domen $3\overset{\smile}{P}\infty$ und $3\overline{P}\infty$.

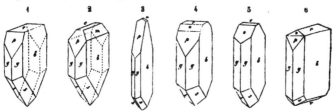

Fig. 1.　$\infty\overset{\smile}{P}\infty.\infty P.0P.3\overline{P}\infty$; unten nur $2\overset{\smile}{P}2$; vom Altenberg bei Aachen.
Fig. 2.　Die Comb. Fig. 1 mit $3\overset{\smile}{P}\infty$; ebendaselbst.
Fig. 3.　$\infty\overset{\smile}{P}\infty.\infty P.3\overline{P}\infty.\overset{\smile}{P}\infty$; unten nur $2\overset{\smile}{P}2$; Nertschinsk, Santander.
Fig. 4.　$\infty\overset{\smile}{P}\infty.\infty P.3\overline{P}\infty.\overline{P}\infty.0P$; unten nur $2\overset{\smile}{P}2$; Rezbánya.
Fig. 5.　$\infty\overset{\smile}{P}\infty.\infty P.\overline{P}\infty.0P$; unten nur $2\overset{\smile}{P}2$; Tarnowitz.
Fig 6.　$\infty\overset{\smile}{P}\infty.\infty P.\overline{P}\infty.3\overline{P}\infty.\overline{P}\infty$; unten $2\overset{\smile}{P}2$ und $\overset{\smile}{P}\infty$; Bleiberg, Raibl, Kreuth.

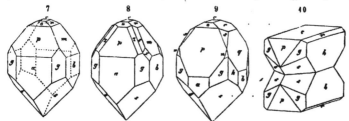

Fig. 7.　$\infty\overline{P}\infty.\infty\overset{\smile}{P}\infty.\infty P.3\overline{P}\infty.3\overset{\smile}{P}\infty.\overline{P}\infty.\overset{\smile}{P}\infty.0P$; unten nur $2\overset{\smile}{P}2$; Altenberg.
Fig. 8.　Comb. wie Figur 7, nur noch mit $2\overset{\smile}{P}2$ (s), $2\overline{P}2$ (z) und $4\overset{\smile}{P}4$ (x) am oberen Ende; Altenberg.
Fig. 9.　· Comb. wie Figur 7, nur dass oben $7\overset{\smile}{P}\infty$ (q) statt $3\overset{\smile}{P}\infty$, sowie $2\overset{\smile}{P}2$ und $4\overset{\smile}{P}\tfrac{4}{3}(n)$, und ausserdem das Brachyprisma $\infty\overset{\smile}{P}5$ (h) auftritt; Altenberg.
Fig. 10.　Zwillingskrystall der Comb. $\infty\overset{\smile}{P}\infty.\infty P.2\overset{\smile}{P}2$; beide Individuen sind mit ihren unteren Enden in der Fläche 0P an einander gewachsen, so dass sich in diesen Zwillingen gleichsam eine Tendenz zur Aufhebung des Hemimorphismus und zur Wiederherstellung einer vollständigen Form zu erkennen gibt; vom Altenberg bei Aachen.

$g:g=103°50'$	$m:m=\ \ 69°48'$	$o:c=148°37'$
$g:b=128\ \ \ \ 5$	$m:c=124\ \ 54$	$s:s=101\ \ 35$
$g:a=141\ \ 55$	$m:b=145\ \ \ \ 6$	$s:s'=132\ \ 26$
$p:p=\ \ 57\ \ 20$	$r:r=128\ \ 55$	$s:a=113\ \ 47$
$p:c=118\ \ 40$	$r:c=154\ \ 28$	$s:b=129\ \ 10$
$p:a=151\ \ 20$	$o:o=117\ \ 14$	$s:g=135\ \ \ \ 1$

[1]) Bei ganz seltenen Krystallen vom Altenberg beobachtete *Seligmann* am unteren Ende 0P, ferner die auch schon von Anderen dort wahrgenommenen Formen $\overset{\smile}{P}\infty$ und $2\overset{\smile}{P}2$.

Die Krystalle aufgewachsen und zu Drusen, besonders häufig aber zu keilförmigen, fächerförmigen, kugeligen, traubigen und nierförmigen Gruppen vereinigt, welche letzteren meist aus lauter in einander greifenden fächerförmigen Gruppen zusammengesetzt sind; auch feinstängelige und faserige Aggregate von ähnlichen Gestalten; endlich feinkörnige, dichte bis erdige Varietäten. Pseudomorphosen nach Flussspath, Kalkspath, Dolomit, Pyromorphit und Bleiglanz. — Spaltb. prismatisch nach ∞P recht vollk., makrodomatisch nach $\bar{P}\infty$ vollk.; $H. = 5$; $G. = 3,35 \ldots 3,50$; farblos und weiss, aber· oft verschiedentlich grau, gelb, roth, braun, grün und blau, doch gewöhnlich licht gefärbt; Glasglanz, auf $\infty \bar{P}\infty$ perlmutterartig, pellucid in mittleren Graden bis undurchsichtig; optisch-zweiaxig; die Axen liegen in der Ebene des makrodiagonalen Hauptschnitts, ihre Bisectrix fällt in die Verticalaxe, Doppelbrechung positiv. Die Krystalle werden durch Erwärmung polar-elektrisch, der analoge Pol liegt am oberen, der antiloge Pol am unteren (durch $2\bar{P}2$ begrenzten) Ende der Verticalaxe. — Chem. Zus. nach zahlreichen Analysen: $Zn^2\ddot{S}i\ddot{0}^4 + \ddot{H}^2\ddot{0}$, mit 25,01 Kieselsäure, 67,49 Zinkoxyd, 7,5 Wasser. Im Kolben gibt er zufolge der gewöhnlichen Angabe Wasser, doch theilt *Groth* mit, dass das Kieselzink kein Krystallwasser enthält, indem nach *Fock*'s Versuchen wasserhelle Krystalle bei 340° sich nicht veränderten, sondern erst bei Rothgluth Wasser abgaben; darnach würde sich die Formel zu $\ddot{H}^2Zn^2\ddot{S}i\ddot{0}^5$ oder $Zn^2[OH]^2SiO^3$ gestalten; v. d. L. zerknistert er etwas, schmilzt aber nicht; mit Kobaltsolution färbt er sich blau und nur stellenweise grün; von Säuren wird er gelöst unter Abscheidung von Kieselgallert. — Raibl und Bleiberg in Kärnten, Altenberg bei Aachen, Iserlohn, Matlock in Derbyshire, Tarnowitz, Olkusz, Rezbánya, Nertschinsk, Phönixville und Friedensville in Pennsylvanien, Austins-Mine in Virginien.

Gebrauch. Der Galmei ist ein wichtiges Zinkerz und bedingt, zugleich mit dem Zinkspath, die Production des Zinkmetalls.

5. Willemitgruppe.

460. Willemit, *Lévy.*

Rhomboëdrisch, isomorph mit Troostit und Phenakit; $R = 116° 4'$; gewöhnl. Comb. $\infty R.\frac{3}{4}R$; Polk. von $\frac{3}{4}R$ (welches *Lévy* als Grundrhomboëder nahm) $128° 30'$; A.-V. = $1 : 0,6695$; an Krystallen vom Altenberg bei Moresnet beobachtete *Arzruni* eine Zwillingsverwachsung, wobei die Pyramide $\frac{3}{4}P2$ die Zwillings-Ebene und die darauf normale Ebene diejenige der Verwachsung ist. Die Krystalle klein und sehr klein; meist mit abgerundeten Kanten und Ecken; gewöhnlich derb in klein- und feinkörnigen Aggregaten, auch nierförmig; bisweilen in Pseudomorphosen nach Kieselzink. Spaltb. basisch ziemlich vollk., prismatisch nach ∞R unvollk., spröd; $H. = 5,5$; $G. = 3,9 \ldots 4,2$; weiss, gelb oder braun und roth, bisweilen grün; schwach fettglänzend, meist nur durchscheinend, Doppelbrechung positiv. — Chem. Zus. nach den Analysen von *Vanuxem, Thomson, Rosengarten, Delesse, Monheim*: wesentlich das neutrale Zinksilicat $Zn^2\ddot{S}i\ddot{0}^4$, mit 27,04 Kieselsäure und 72,96 Zinkoxyd; Eisenoxydul und Manganoxydul vertreten oft in kleinen Mengen das Zinkoxyd als isomorph beigemischte Silicate. Gibt kein Wasser, verhält sich aber ausserdem wie Kieselzink; der rothe enthält Eisenoxyd mechanisch beigemengt. — Altenberg bei Moresnet unfern Aachen, Lüttich, Stirling und Franklin in New-Jersey, Grönland.

461. Troostit, *Shepard.*

Rhomboëdrisch, isomorph mit Willemit und Phenakit; Comb. $\infty P2.R$, worin R $116°$; A.-V. = $1 : 0,6739$; z. Th. grosse, mehre Zoll lange, in Franklinit oder Kalkspath eingewachsene Krystalle; auch derb in körnigen Aggregaten; Spaltb. prismatisch nach $\infty P2$ vollk., basisch und rhomboëdrisch nach R unvollk., spröd; $H. = 5,5$; $G. = 4 \ldots 4,1$; spargelgrün, gelb, grau und röthlichbraun, Glasglanz, z. Th. fettartig und metallartig (nach *Thomson*), durchscheinend. — Chem. Zus. nach den Analysen von *Hermann, Wurtz* und *Mixter*: das Zinksilicat des Willemits, in isomorpher Mischung mit dem entsprechenden Manganoxydulsilicat $(Zn, Mn)^2\ddot{S}i\ddot{0}^4$; die Kieselsäure beträgt ca. 28, der Gehalt an Zinkoxyd ist nach den Analysen 58 bis 67, der an Manganoxydul 4 bis fast 13 pCt.; auch kleine Mengen der entsprechenden Silicate von Eisenoxydul und Magnesia sind zugemischt. — **Stirling** und **Sparta** in New-Jersey.

Anm. Wegen der Isomorphie mit Phenakit ist es sehr wahrscheinlich, dass **Willemit** und **Troostit** auch rhomboëdrisch-tetartoëdrisch krystallisiren.

462. Phenakit, *Nordenskiöld.*

Rhomboëdrisch, isomorph mit Willemit und Troostit; jedoch nicht hemiëdrisch, sondern tetartoëdrisch, wie solches bereits *Beyrich* erkannte und *v. Kokscharow* bestätigte; R (*P* 116° 36′ nach *v. Kokscharow* (116° 32½′ nach *Websky*); A.-V. = 1 : 0,6611; gewöhnliche Combb. theils R.∞OP2, theils ∞OP2.⅜P2.R (*n*, *s* und *P* in beistehender Figur), oft noch mit

anderen untergeordneten Formen; die Skalenoëder treten nur mit der Hälfte der Flächen als Rhomboëder dritter Ordnung auf; eine Uebersicht der beobachteten 17 Formen veranstaltete *Seligmann* im N. J. f. Min. 1880. I. 29; vgl. dazu noch die Messungen *Websky's* ebendas. 1882. I. 207. Häufig Zwillingskrystalle mit parallelen Axensystemen, als vollkommene Durchkreuzungszwillinge; die Krystalle rhomboëdrisch, oder kurzsäulenförmig und pyramidal. — Spaltb. rhomboëdrisch nach R und prismatisch nach ∞OP2, nicht sehr deutlich; Bruch muschelig; H. = 7,5 ... 8; G. = 2,96 ... 3; farblos, wasserhell oder gelblichweiss bis weingelb; quarzähnlicher Glasglanz, durchsichtig und durchscheinend. Rechtwinkelig auf die Hauptaxe geschnittene Lamellen zeigen im polarisirten Licht das Ringsystem und schwarze Kreuz, wie *Haidinger* nachwies. — Chem. Zus. nach den Analysen von *Hartwall* und *G. Bischof:* das dem Willemit analoge neutrale Beryllerdesilicat Be²Si O⁴, mit 54,47 Kieselsäure und 45,53 Beryllerde; v. d. L. ist er unschmelzbar; in Phosphorsalz löst er sich sehr langsam mit Hinterlassung eines Kieselskelets, mit Soda gibt er kein klares Glas, mit Kobaltsolution wird er schmutzig blaulichgrau; von Säuren wird er nicht angegriffen. — Framont in Lothringen in Brauneisenerz mit Quarz; Ural in braunem Glimmerschiefer, bei Stretinsk an der Takowaia, 85 Werst n.-ö. von Katharinenburg, auch auf Granitgängen bei Miask, im Ilmengebirge, mit Topas und grünem Feldspath; am Magnetberg von Durango in Mexico, Pikes Peak in Colorado; ferner in der Schweiz von unbekanntem Fundort.

463. Dioptas, *Hauy.*

Rhomboëdrisch (eigentlich hexagonal mit rhomboëdrischer Tetartoëdrie); R 125° 54′ nach *Breithaupt* und *v. Kokscharow*, — 2R (*r*) 95° 28′; A.-V. = 1 : 0,5281; gewöhnlichste Comb. ∞OP2.—2R, wie an beistehender Figur, welche die Combinationskanten zwischen beiden Formen abwechselnd durch ein Rhomboëder der dritten Art (*s*), den Hälftflächner eines Skalenoëders —2R⅓ abgestumpft zeigt; die Krystalle meist kurz säulenförmig und aufgewachsen, auch zu Drusen vereinigt. — Spaltb. rhomboëdrisch nach R (also

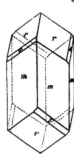

nach den Abstumpfungsflächen der Polkk. von *r*), vollk., spröd; H. = 5; G. = 3,27...3,35; smaragdgrün, selten bis span- oder schwärzlichgrün, Glasglanz, durchsichtig bis durchscheinend, Doppelbrechung positiv. — Chem. Zus.: nach den Analysen von *Hess* und *Damour* wurde der Dioptas früher für CuSi O³ + H²O gehalten; *Rammelsberg* wies jedoch nach, dass er beim Erhitzen bis gegen 400° unverändert bleibt, dass das Wasser (11,5 pCt.) erst beim Glühen austritt und dass das geglühte braunschwarze Pulver kein Wasser wieder anzieht; darnach und unter Berücksichtigung seiner dem Willemit und Phenakit so nahestehenden Krystallform ist die Ansicht begründet, er sei ein diesen analoges Kupfersilicat Cu²Si O⁴, in welchem für 1 At. Kupfer 2 At. Wasserstoff eingetreten sind, also (H²Cu) Si O⁴; das berechnete Analysenresultat ist: 38,16 Kieselsäure, 50,40 Kupferoxyd, 11,44 Wasser; v. d. L. wird er im Ox.-F. schwarz, im Red.-F. roth, ohne jedoch zu schmelzen; mit Phosphorsalz gibt er die Farben des Kupfers und ein Kieselskelet; mit Soda auf Kohle ein dunkles Glas einen Kupferkorn; von Salpetersäure oder Salzsäure wird er gelöst mit Abscheidung von Kieselgallort; so auch von Ammoniak. — Sibirien, im Kalkstein des Berges Altyn-Tübe (einem w. Ausläufer des Altai, ungefähr 100 Werst n.-w. von Karkaralinsk, 500 Werst s. vomOmsk), auch in den Goldseifen am Oni und an der Quelle der Muroschnaja; ferner in Hohlräumen von Kieselkupfer von Copiapo; an den Bon Jon Mines bei Clifton in Arizona; am Gabun nach *Des-Cloiseaux*; auch zu Rezbánya in Ungarn, zufolge *Krenner.*

Anm. Bei der Verschiedenheit der Axenverhältnisse kann trotz der sonstigen Uebereinstimmung in der Ausbildung der Dioptas nicht im strengsten Sinne mit dem Willemit als iso-morph gelten; *Rammelsberg* macht aber darauf aufmerksam, dass die Hauptaxen der beiden Mineralien in dem rationalen Verhältniss 4 : 5 stehen.

464. Kupfergrün oder **Chrysokoll,** *Haidinger* (Kieselkupfer, Kieselmalachit).

Traubig, nierförmig, als Ueberzug und Anflug, derb und eingesprengt, selten in Pseudomorphosen nach Kupferlasur, Cerussit, Libethenit und Labradorit. Bruch musche-lig und feinsplitterig; spröd; H. = 2...3; G. = 2...2,3; farbig, spangrün, oft sehr blaulich, selten bis pistazgrün, Strich grünlichweiss, wenig glänzend bis matt, halb-durchsichtig bis kantendurchscheinend. — Chem. Zus. nach den Analysen von *Ber-thier, v. Kobell* und *Scheerer*: $CuSiO^3 + 2H^2O$ mit 34,23 Kieselsäure, 45,23 Kupfer-oxyd, 20,54 Wasser; im Kolben gibt es Wasser; v. d. L. färbt es sich im Ox.-F. schwarz, im Red.-F. roth, ohne zu schmelzen; mit Phosphorsalz gibt es die Reactionen auf Kupfer und Kieselskelet, mit Soda metallisches Kupfer; von Salzsäure wird es zersetzt unter Abscheidung von Kieselsäure. — Ein häufiger Begleiter des Malachits u. a. Kupfererze; Saida und Schneeberg in Sachsen, Lauterberg am Harz (hier von *Zincken* Malachitkiesel genannt), Kupferberg in Bayern, Saalfeld, Rezbánya, Saska und Mol-dova, Cornwall, Bogoslowsk, Chile, auch in Lava auf Lipari; das pistazgrüne, sog. eisen-schüssige Kupfergrün hält Eisenoxyd; manches ist mit Malachit gemengt.

Anm. 1. Nach *Peters* lässt das Kupfergrün von Rezbánya und Moldova eine Zusammen-setzung aus amorpher und faseriger Masse erkennen, welche letztere vielleicht eine Pseudo-morphose nach Malachit ist. — In einem Kupfergrün aus Utah fand *J. W. Mallet* 10,78 Thon-erde; nach *Kramberger* enthält eine lichtgrünlichblaue Var. aus Chile (von ihm Pilarit ge-nannt) 16,9 Thonerde, 2,5 Kalk und nur 19,0 Kupferoxyd.

Anm. 2. *Hermann* hat ein dem Kupfergrün ähnliches Mineral wegen seiner grossen Sprödigkeit unter dem Namen Asperolith eingeführt. Dasselbe ist amorph, und findet sich in nierförmigen Massen; Bruch flachmuschelig, glatt und glänzend; sehr spröd und bröckelig; H. = 2,5; G. = 2,306; blaulichgrün, Strich spangrün, glasglänzend, kantendurchscheinend. — Chem. Zus.: $CuSiO^3 + 3H^2O$, oder vielleicht H^6CuSiO^6, mit 31,05 Kieselsäure, 41,02 Ku-pferoxyd und 27,93 Wasser. Im Wasser zerknistert es; im Kolben gibt es viel Wasser und wird schwarz; von Salzsäure wird das Pulver leicht zersetzt, unter Abscheidung von Kiesel-pulver. — Tagilsk am Ural.

465. Kupferblau, *Breithaupt* und *G. Rose.*

Derb und eingesprengt, Bruch muschelig bis eben; spröd; H. = 4...5; G. = 2,36; him-melblau bis licht lasurblau, Strich smalteblau, schimmernd bis matt, im Strich etwas glän-zender; kantendurchscheinend bis undurchsichtig. — Chem. Zus. quantitativ noch nicht bekannt; es ist wesentlich ein wasserhaltiges Kupfersilicat, welches nach *Plattner* 45,5 pCt. Kupferoxyd (also eben so viel wie das Kupfergrün) enthält; die Var. vom Ural hält auch nach *G. Rose* Kohlensäure; im Kolben gibt es viel Wasser und wird schwarz; v. d. L. mit Phos-phorsalz die Farben des Kupfers und Flocken von Kieselsäure; von Salzsäure wird es zer-setzt, mit oder ohne Aufbrausen. — Im Schapbachthal in Baden und zu Bogoslowsk am Ural.

Anm. Möglicherweise sind es zwei verschiedene Mineralien, welche von *Breithaupt* und *G. Rose* als Kupferblau aufgeführt worden sind. Das von *Nordenskiöld* als Demidowit be-zeichnete Mineral von Nischne Tagilsk, welches dünne, himmelblaue Ueberzüge über Malachit bildet und aus 31,55 Kieselsäure, 5,73 Phosphorsäure, 33,14 Kupferoxyd, 20,47 Wasser nebst etwas Thonerde und Magnesia besteht, ist aber nur ein Gemeng von Kupfersilicat mit -Phosphat.

466. Friedelit, *E. Bertrand.*

Rhomboëdrisch; R = 123° 42′; A.-V. = 1 : 0,5624; Combinationen von R, 0R, auch wohl mit ∞R, meist von tafelartigem Habitus; gewöhnlich aber nur in körnigen Aggregaten. Spaltb. basisch vollk.; H. = 4...5; G. = 3,07. Rosenroth mit röthlichweissem Strich; optisch-einaxig mit negativer Doppelbrechung, dünne Blättchen durchsichtig. — Chem. Zus.: 36,12 Kieselsäure, 53,05 Manganoxydul, 2,96 Kalk und Magnesia, 7,87 Wasser, woraus man die Formel $Mn^4Si^3O^{10} + 2H^2O$ ableitete, welche aber zu $H^4Mn^4Si^3O^{12}$ wird, nachdem *Fock* fand, dass das Wasser erst in der Glühhitze entweicht. Leicht schmelzbar zu schwarzem Glas und leicht löslich in Salzsäure unter Abscheidung von Kieselsäuregallert. — Mit Manganspath und

Manganblende zu Adervielle im Thal von Louron in den Hochpyrenäen (Comptes rendus. T. 82. 1176).

6. Granatgruppe.

467. Granat, *Albertus Magnus.*

Regulär; gewöhnlichste Formen ∞O und $2O2$, oft beide combinirt, auch $3O\frac{3}{2}$. $4O\frac{4}{3}$ u. a. untergeordnete Formen; merkwürdig ist das seltene Vorkommen von O und $\infty O\infty$; doch erscheinen sie bisweilen untergeordnet in Combinationen, wie *G. Rose* schon lange gezeigt hat; ja, auf Elba kommen sogar vollständige Oktaëder vor. Unter den sehr seltenen Formen sind $\frac{1}{2}O$ und $\infty O2$ noch am häufigsten. Bisweilen sind sehr rhombendodekaëderähnliche Pyramidenwürfel (z. B. $\infty O\frac{14}{3}$) und Hexakisoktaëder (z. B. $64O\frac{24}{3}$) beobachtet worden [1]). Einige der gemeinsten Formen und Combinationen sind:

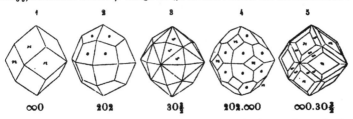

1	2	3	4	5
∞O	$2O2$	$3O\frac{3}{2}$	$2O2.\infty O$	$\infty O.3O\frac{3}{2}$

Die Krystalle erscheinen theils und sehr häufig einzeln eingewachsen, theils aufgewachsen, im letzteren Fall meist zu Drusen verbunden; derb, in körnigen bis dichten Aggregaten und eingesprengt, secundär in kleinen Geschieben und Körnern. Bisweilen sind die Krystalle als Perimorphosen (S. 93) ausgebildet, dergleichen sehr merkwürdige, aus abwechselnden Granat- und Calcitschalen bestehende, nach *Kenngott* am Sixmadun in Graubünden vorkommen. — Häufig umgewandelt in Chlorit (mit oder ohne Ausscheidung von Magnetit) oder Glimmer, auch in ein Gemeng von Epidot und Chlorit; *Cathrein* beobachtete eine Umwandlung in Skapolith (Z. f. Kryst. IX. 378). Ueber Mineralproducte bei der Erstarrung des künstlich geschmolzenen Granats vgl. S. 266. — Spaltb. dodekaëdrisch, sehr unvollk., bisweilen gar nicht wahrnehmbar; Bruch muschelig, oder uneben und splitterig; H.= 6,5...7,5; G.= 3,4...4,3, in den Talkthongranaten herab bis 3,15; gefärbt, sehr verschieden nach Maassgabe der chemischen Zusammensetzung, besonders grün, gelb, roth, braun und schwarz, selten ganz farblos oder weiss; Glas- bis Fettglanz; pellucid in allen Graden. Erscheinungen von Doppelbrechung, namentlich an schichtenförmig aufgebauten Granaten, wurden von vielen Forschern constatirt (vgl. Anm.). — Chem. Zus. äusserst schwankend, doch stets nach der allgemeinen Formel $\overset{II}{R^3}(\overset{VI}{R^2})Si^3O^{12}$ oder $R^3(R^2)[SiO^4]^3$ (vgl. S. 558); die Grundverbindungen (neutrale Silicate) sind, genannt nach den sechswerthigen Elementen:

I. Thongranat.	II. Eisengranat.	III. Chromgranat.
$Ca^3(Al^2)Si^3O^{12}$	$Ca^3(Fe^2)Si^3O^{12}$	$Ca^3(Cr^2)Si^3O^{12}$
$Mg^3(Al^2)Si^3O^{12}$	$Mg^3(Fe^2)Si^3O^{12}$	$Mg^3(Cr^2)Si^3O^{12}$
$Fe^3(Al^2)Si^3O^{12}$	$Fe^3(Fe^2)Si^3O^{12}$	$Fe^3(Cr^2)Si^3O^{12}$
$Mn^3(Al^2)Si^3O^{12}$	$Mn^3(Fe^2)Si^3O^{12}$	$Mn^3(Cr^2)Si^3O^{12}$

[1]) Eine Zusammenstellung der bekannten Formen gab *Max Bauer* in Z. d. geol. Ges. 1874. 119; vgl. auch noch *E. Dana* im Amer. Journ. of sc. 1877. XIV. 245. Ungewöhnliche und anomale Flächen am Granat aus dem tiroler Pflitschthal lehrte *vom Rath* kennen in Z. f. Kryst. II. 1878. 173. — Ueber die optischen Verhältnisse des Granats, namentlich seine Doppelbrechung vgl. die zusammenfassende und ausführliche Abhandlung von *C. Klein* im N. Jahrb. f. Min. 1883. I 87.

II   VI

Wahrscheinlich tritt auch Cr, vielleicht auch ($\overset{\text{VI}}{\text{Mn}}{}^2$) auf. Die verschiedenen Granate sind nun isomorphe Mischungen der einzelnen Glieder untereinander, worunter namentlich häufig Thongranat (I) und Eisengranat (II), bisweilen auch Thongranat und Chromgranat sich mischen. Um eine Vorstellung von der specielleren Zusammensetzung der Granate zu geben, sei im Folgenden diejenige einiger Grundverbindungen angeführt.

a) Reiner Kalk-Thongranat, $Ca^3(Al^2)Si^3O^{12}$.
b) Reiner Eisen-Thongranat, $Fe^3(Al^2)Si^3O^{12}$.
c) Reiner Kalk-Eisengranat, $Ca^3(Fe^2)Si^3O^{12}$.

	a	b	c
Kieselsäure	40,01	36,15	35,45
Thonerde	22,69	20,51	—
Eisenoxyd	—	—	31,49
Eisenoxydul	—	43,34	—
Kalk	37,30	—	33,06

Websky wies in dem dunkelrothbraunen Granat von Schreiberhau in Schlesien 2,64 pCt. Ytererde nach, nachdem schon früher *Bergemann* in einem schwarzen Granat aus Norwegen 6,66 davon gefunden hatte. *Damour* erhielt im Melanit von Frascati, der wesentlich ein Kalk-Eisengranat ist, 1 pCt. Titanoxyd, welchem er die schwarze Farbe zuschreibt, weil ein hellgrüner und durchscheinender Granat von Zermatt noch eisenreicher, und fast ein normaler Kalk-Eisengranat ist; *Knop* fand im Melanit von Frascati 3,02, in dem von Oberbergen und Oberschaffhausen (Kaiserstuhl) gar 7,05 Titansäure; im Melanit von Newhaven konnte dagegen *E. Dana* keine Titansäure nachweisen. V. d. L. schmelzen die Granate ziemlich leicht (die Kalk-Eisengranate am schwersten) zu einem grünen, braunen oder schwarzen Glas, welches oft magnetisch ist; mit Borax und Phosphorsalz geben viele die Reactionen auf Eisen oder Mangan, und mit letzterem Salz alle ein Kieselskelet; Soda auf Platinblech wird oft grün gefärbt. Von Salzsäure werden sie roh nur wenig, nach vorheriger Schmelzung aber leicht und vollständig zersetzt mit Ausscheidung von Kieselgallert.

Man hat besonders folgende Varietäten unterschieden:

a) **Almandin** oder **edler Granat**; columbin-, blut-, kirsch- oder bräunlichroth bis röthlichbraun, meist krystallisirt, selten derb und schalig zusammengesetzt, durchsichtig und durchscheinend. Sehr häufig als Gemengtheil verschiedener Gesteine; ist Eisen-Thongranat; die rothen und braunen Granate der Serpentine sind dagegen nach *Delesse* Magnesia-Thongranate mit 22 pCt. Magnesia, und nur von dem Gew. 3,45.

b) **Weisser Granat**; derb, fast ungefärbt, von Souland oder Soudland in Telemarken und Slatoust am Ural; auch nach *Websky* in ganz kleine, z. Th. wasserhellen Dodekaëdern und sehr hexaëderähnlichen Tetrakishexaëdern auf Prehnit bei Jordansmühle in Schlesien; ist meist fast reiner Kalk-Thongranat; der von Wakefield in Canada führt nur 4,75 Eisen- und 0,80 Manganoxyd.

c) **Grossular**; grünlich- und gelblichweiss bis spargelgrün, ölgrün, grünlichgrau, und licht olivengrün, krystallisirt, durchscheinend; Wiluifluss in Sibirien, Rezbánya.

d) **Hessonit** (oder **Kaneelstein**); honig-, pomeranzgelb bis hyacinthroth, in eckigen Geschieben, krystallisirt und körnig zusammengesetzt, durchsichtig bis durchscheinend; Ceylon, Piemont, Vesuv, auch wohl die Oktaëder von Elba.

Diese zwei sind grösstentheils Kalk-Thongranate, gemischt mit mehr oder weniger Eisen-Thongranat.

e) **Gemeiner Granat** (und **Aplom**); verschiedentlich grün, gelb und braun gefärbt, schwach durchscheinend bis undurchsichtig, krystallisirt und in körniger bis dichten Aggregaten, welche letztere **Allochroit** genannt worden sind; häufig, Breitenbrunn, Schwarzenberg, Berggieshübel.

f) **Melanit**; schwarz, undurchsichtig, krystallisirt; Frascati, als vulkanischer Auswürfling, am Kaiserstuhl in Trachyt; am East Rock unfern Newhaven, Conn., auf Klüften der sog. Trappgesteine.

Diese Varietäten sind wesentlich Kalk-Eisengranate.

g) **Spessartin** hat man einen Mangan-Thongranat von Aschaffenburg im Spessart genannt, welcher nach einer neueren Analyse v. *Kobell's* über 27 pCt. Manganoxydul gegen 13 Eisenoxydul enthält; ein von *Mallet* analysirter Granat von Haddam in Con-

necticut wies 27,36 Manganoxydul, ein dichter, bräunlich-fleischrother Granat von
Pfitsch nach *v. Kobell* sogar 34 Manganoxydul gegen 6,37 Eisenoxydul auf; der letztere, sowie ein bei Salm-Château (Ardennen) vorkommender Spessartin wird in seiner
Annäherung an den reinen Mangan-Thongranat noch übertroffen durch einen Spessartin aus Amelia Co. In Virginien mit 44,2 MnO; sehr manganreich (34,25) ist auch
der Spessartin von St. Marcel in Piemont, dessen Krystalle nach *Pisani* stets einen
Kern von Marcelin enthalten. Minder manganreich (11½ bis 15 pCt. MnO) sind die
viel Eisenoxyd (bis 24 pCt.) führenden schön rothen und durchsichtigen Granate
welche *Heddle* aus Graniten in Rossshire analysirte. *Klement* fand 14,72 MnO auf
15,53 FeO in dem Granat aus *Dumont's* »Quartzite grénatifère« der Gegend von Ba-
stogne. — Topazolith ist ein gelber Granat von der Mussa-Alp in Piemont, auch
vom Mill Rock unfern Newhaven, welcher in Hexaëdern (darunter 640 ⅔⅔) krystallisirt, die wie Rhomben-Dodekaëder erscheinen, deren Flächen in vier Felder getheilt
sind. Romanzovit, Rothhoffit und Pyrenäit sind ebenfalls Varietäten von
Granat; dasselbe gilt von dem Polyadelphit von Franklin in New-Jersey. Der
glänzende prächtig grüne sog. Demantoid von Bobrowka im syssersker Bezirk in Sibirien ist nichts als ein Kalkeisengranat (kein Uwarowit).

h) Der Uwarowit ist ein sehr schöner, dunkel smaragdgrüner als ∞O krystallisirter
Granat, welcher sich dadurch auszeichnet, dass (R²)O³ fast nur durch Chromoxyd re-
präsentirt wird, welches zu 22 pCt. vorhanden ist; er lässt sich betrachten als eine
Mischung von 5 Mol. Kalk-Chromgranat mit 2 Mol. Kalk-Thongranat, ist unschmelz-
bar v. d. L. und findet sich am Berge Saranowsk, 14 Werst von Bisserk, sowie bei
Kyschtimsk am Ural, im Chromeisenerz, auch an der Westseite des Mt. Venasque in den
Pyrenäen, bei Neu-Idria in Californien, und bei Haule im westlichen Himalaya. —
Es gibt übrigens auch Chromoxyd (5 — 7 pCt.) haltige Thongranate, welche unter
den Monoxyden fast nur Kalk besitzen.

i) Der Pyrop *Werner's* ist eine dunkelhyacinthrothe bis blutrothe Granatvarietät
äusserst selten krystallisirt, in undeutlichen Hexaëdern mit convexen und rauhen
Flächen; gewöhnlich nur in rundlichen, eingewachsenen oder losen Körnern. —
Bruch vollk. muschelig; H. = 7,5; durchsichtig bis stark durchscheinend. Der Pyrop
ist wesentlich ein Magnesia-Thongranat, gemischt mit Eisen-Thongranat, ausserdem
ist etwas Chrom vorhanden, von welchem es früher nicht ganz entschieden war, auf
welcher Oxydationsstufe sich dasselbe befinde, bis *Moberg* zu beweisen suchte, dass
es als Chromoxydul anzunehmen ist; seine, mit einer früheren Analyse von *c. Kobell* im Allgemeinen recht wohl übereinstimmende Analyse ergab 41,35 Kieselsäure.
22,35 Thonerde, 15 Magnesia, 9,94 Eisenoxydul, 5,29 Kalk, 4,17 Chromoxydul und
2,59 Manganoxydul, was der Granat-Formel sehr gut entspricht. Sonach wäre im
Pyrop noch Chrom-Thongranat zugemischt. V. d. L. geglüht wird er schwarz und
undurchsichtig, während der Abkühlung aber wieder roth und durchsichtig; starker
erhitzt schmilzt er etwas schwierig zu einem schwarzen glänzenden Glas; mit Borax
gibt er die Reaction des Chroms; von Säuren wird er roh gar nicht, geschmolzen
nur unvollständig zersetzt. — In Serpentin eingewachsen, Zöblitz u. a. O.; lose oder
von Opal umschlossen, Meronitz und Podsedlitz in Böhmen, Santa Fé in New-Mexico.

Gebrauch. Die schönfarbigen und klaren Varietäten des Almandins und Hessonits werden als Edelsteine benutzt; der gemeine Granat wird, wo er häufig vorkommt, als Zuschlag
bei dem Schmelzen der Eisenerze gebraucht. Der Pyrop ist ein in noch höherem Werth stehender Edelstein als der Granat; seine feineren Körner dienen als Schleifpulver.

Anm. 1. Der Kolophonit, körnige Aggregate von gelblichbrauner bis honiggelber und fast pechschwarzer Farbe und Harzglanz, ist, namentlich zum Theil der von
Arendal, nach *Wichmann* nicht, wie man glaubte, Granat, sondern, wie schon *Breithaupt*
1847 vermuthete und auch *Des-Cloizeaux* angibt, körniger Vesuvian. Doch werden auch
körnige Varietäten von wirklichem Granat als Kolophonit bezeichnet.

Anm. 2. Partschin nennt *Haidinger* ein in dem Rutilsande von Olahpian (Siebenbürgen) in ganz kleinen Geschieben, sehr selten in kleinen Krystallen oder Krystallbruch-
stücken vorkommendes Mineral von folgenden Eigenschaften. Monoklin; ∞P 94° 52', P∞
52° 16', P 146°; β = 52° 16'; A.-V. = 1,2289 : 1 : 0,7902; Combb. ähnlich denen des Augits.
Spaltb. unbekannt; Bruch unvollk. muschelig; spröd; H. = 6,5; G. = 4,006; gelblich- und
röthlichbraun, schwach fettglänzend, wenig kantendurchscheinend. — Chem. Zus. nach
Carl v. Hauer ganz die des Granats mit 35,63 Kieselsäure, 18,99 Thonerde, 14,17 Eisenoxydul, 29,23 Manganoxydul, 2,77 Kalk; darnach würde also hier ein Dimorphismus der
Granatsubstanz vorliegen. *Breithaupt* erkannte schon 1832 dieses Mineral als etwas Eigenthümliches.

468. Axinit, *Hauy.*

Triklin; bei der von *Dufrénoy* und *Des-Cloizeaux* angenommenen Stellung würden sich in den folgenden Abbildungen die Flächen so deuten lassen, dass $P = \infty'P$, $u = \infty P'$, $l = \infty \bar{P}\infty$, $v = \infty \check{P}\infty$, $r = 'P$, $x = P'$ und $s = 2'\bar{P}\infty$ wird.

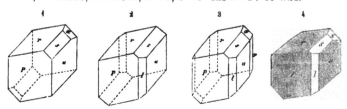

Einige der wichtigsten Winkel sind nach den Messungen von *G. vom Rath*, mit denen die älteren Messungen *Marignac's* sehr gut übereinstimmen:

$P : r = 134^\circ 45'$	$l : P = 151^\circ 5'$	$s : r = 143^\circ 35'$	$r : x = 139^\circ 13'$
$P : u = 135\ 31$	$l : u = 164\ 26$	$s : u = 152\ 3$	$u : v = 147\ 13$
$r : u = 115\ 38$	$l : v = 131\ 39$	$s : x = 163\ 53$	$x : u = 149\ 27$

Die Flächen *P* und *u* sind vertical, die Flächen *r* ihren Comb.-Kanten zu *P* parallel gestreift, wie solches in der 4. Figur angedeutet ist. Die Krystalle finden sich einzeln aufgewachsen oder zu Drusen vereinigt, auch derb, in schaligen und breitstänglichen Aggregaten. — Spaltb. deutlich nach einer Fläche *v*, welche die scharfe Kante zwischen *P* und *u* so abstumpft, dass sie gegen *P* $77^\circ 20'$ geneigt ist, und ebenso nach einer Fläche, welche die scharfe Kante zwischen *P* und *r* so abstumpft, dass sie mit *P* $89^\circ 51'$ bildet; auch nach *P* und *r*, unvollkommen; H. $= 6,5...7$; G. $= 3,29$ ...3,3; nelkenbraun bis rauchgrau, und pflaumenblau bis pfirsichblüthroth; durchsichtig bis kantendurchscheinend, bisweilen mit Chlorit imprägnirt; Glasglanz. Die Ebene der optischen Axen steht senkrecht auf der Fläche *x*, und bildet mit der Kante *rx* $24^\circ 40'$, und *Px* ca. 40°; ihre spitze Bisectrix steht senkrecht auf *x*; Doppelbrechung negativ; ausgezeichneter Trichroismus. — Chem. Zus.: die Hauptbestandtheile sind Kieselsäure, Borsäure, Thonerde, Kalk und Eisen, welches anfangs lediglich als Eisenoxyd bestimmt wurde, bis eine spätere Analyse des Axinits von Bourg d'Oisans *Rammelsberg* nur 2,80 Eisenoxyd, aber 6,78 Eisenoxydul ergab; diese Analyse (43,46 Kieselsäure, 5,61 Borsäure, 16,33 Thonerde, 2,80 Eisenoxyd, 6,78 Eisenoxydul, 2,62 Manganoxydul, 20,19 Kalk, 1,73 Magnesia, 0,11 Kali) lieferte aber auch einen Gewichtsverlust von 1,45 pCt., welcher von chemisch gebundenem Wasser herrührt. *Rammelsberg* stellt darnach die Formel auf: $\overset{II}{R}^2 R^6 (R^2)^3 Si^8 \Theta^{32}$ oder $H^2 R^6 (\overset{II}{R}^2)^3 [Si\, O^4]^5$, wobei H auch die kleine Menge von K begreift, $R = 8\, Ca$, $2\, Fe$, Mn, Mg, und $3(R^2 = 2(Al^2) + (B^2)$. V. d. L. schmilzt er leicht und unter Aufblähen zu dunkelgrünem Glas, welches sich im Ox.-F. durch höhere Oxydation des Mangans schwarz färbt; mit Borax gibt er ein Glas, welches die Farbe des Eisens und im Ox.-F. die violblaue des Mangans zeigt; so auch mit Phosphorsalz, welches zugleich die Kieselsäure abscheidet; mit Soda gibt er ebenfalls die Reaction auf Mangan, mit Flussspath und saurem schwefelsaurem Kali die Reaction auf Borsäure; von Salzsäure wird er roh nicht, geschmolzen aber vollständig zersetzt mit Ausscheidung von Kieselgallert. Das Pulver reagirt nach *Kenngott* kräftig alkalisch. — Oisans in Dauphiné, Botallack u. a. O. in Cornwall, Kongsberg, Thum in Sachsen, Andreasberg, Treseburg und Heinrichsburg am Harz, Falkenstein im Taunus, Striegau in Schlesien, Scopi am Lukmanier und St. Gotthard in der Schweiz, mehrorts in den Pyrenäen, Poloma bei Betler in Ungarn, Berkutskaja Gora bei Miask am Ural.

Anm. *G. vom Rath* wählte (Ann. d. Phys. u. Ch. Bd. 128, 1866) die Stellung so, dass u und r das Protoprisma $\infty'P'$, und s das Makropinakoid bilden; P wird alsdann $= 2\overset{.}{P}_{,}\infty$. *Schrauf* wählt seinerseits wieder eine andere Stellung und Grundform $(P = 0P, r = 'P, u = P')$, welche allerdings weit einfachere Ableitungszahlen gewähren. *Websky* beschrieb die Krystalle von Striegau, welche dadurch ausgezeichnet sind, dass die Flächen x und r sehr vorwalten, und dass die stumpfe Kante zwischen P und r durch eine stark gestreifte Fläche abgestumpft ist. Schliesslich hat noch *Hessenberg* in Nr. 11 seiner Mineralog. Notizen (1873) an Krystallen von Botallack ein paar neue Flächen nachgewiesen, und eine Uebersicht sämmtlicher bekannten 12 Partialformen gegeben. Ueber den ungarischen A. vgl. *A. Schmidt* in Természetrajzi Füzetec III. 1879 (Z. f. Kryst. VI. 98).

469. Danburit, *Shepard.*

Rhombisch nach *Brush* und *Edw. Dana*, merkwürdig formähnlich mit Topas; ∞P (*J* 122° 52'; $\infty\check{P}2$ (*l*) 94° 53'; $\check{P}\infty$ (*d*) 97° 7'; $4\check{P}\infty$ (*w*) 54° 58'; andere Formen: $0P$ (*c*) in der Regel vorhanden, P (*o*) selten gross, $2\check{P}2$ (*r*), $\infty\check{P}\infty$ (*a*), $\infty\check{P}4$ (*n*), wie in beistehenden Figuren. auch $2P$, $\frac{1}{2}\check{P}2$, $4\check{P}4$, $\infty\check{P}\infty$, u. a. Gestalten. A.-V. $= 0,5445 : 1 : 0,4808$.

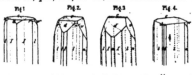

Fig. 1.   Fig. 2.   Fig. 3.   Fig. 4.

Habitus der Krystalle prismatisch. bisweilen wegen des Vorwaltens von $\infty\check{P}2$ scheinbar quadratisch-prismatisch. in der Endigung herrschen an den amerikanischen Krystallen (vgl. beistehende Figuren) ausser $0P$ gewöhnlich $\check{P}\infty$ und $4\check{P}\infty$; an den schweizer Krystallen pflegt $0P$ ganz zu fehlen, und die Pyramide $2\check{P}4$ (auch $2\check{P}2$) vorwiegend entwickelt zu sein, wozu sich oft eine stark gestreifte Brachydomenreihe gesellt. Ueber die Flächenbeschaffenheit und Bauweise der Krystalle vom Scopi vgl. *Schuster* in Min. u. petr. Mitth. V. 397; VI. 301. — Spaltb. basisch, nicht sehr vollk.; Bruch uneben bis halbmuschelig, glas- bis fettglänzend. H. $= 7 \ldots 7,5$; G. $= 2,986 \ldots 3,021$; blassweingelb, honiggelb bis gelblichbraun; die frischesten Krystalle vollkommen durchsichtig, das derbe Mineral durchscheinend. Die optischen Axen liegen (abweichend vom Topas) in der Basis und bilden einen sehr grossen, fast rechten Winkel; die spitze Bisectrix liegt für Roth, Gelb und Grün parallel der Makrodiagonale, für Blau parallel der Brachydiagonale; $\mu = 1,637$. — Chem. Zus. nach den früheren Analysen von *Smith* und *Brush*, sowie den späteren von *Comstock*, auch denjenigen von *Bodewig, Schrauf* und *Ludwig*, sehr übereinstimmend: ein neutrales Silicat von der Formel $Ca\,(B^2)\,Si^2O^8$ oder $Ca(B^2)\,[SiO^4]^2$, welche 48,84 Kieselsäure, 28,39 Borsäure, 22,77 Kalk erfordert; eine dem Anorthit analoge Constitution, welche trotz der überaus grossen Aehnlichkeit der Krystallformen keine unmittelbare Beziehung zum Topas erkennen lässt [1]). V. d. L. wird er leuchtend, und schmilzt leicht unter grüner Färbung der Flamme. Von Salzsäure roh nur schwach angreifbar, bis zum Schmelzpunkt erhitzt, gelatinirt er. — Fand sich zuerst, im Dolomit eingewachsen, bei Danbury in Connecticut, später mit Quarz, Pyroxen, Turmalin, Glimmer in einem »granitischen« Gestein bei Russell, St. Lawrence Co., New-York, wo derbe Massen und freiliegende bis $1\frac{1}{2}$ Zoll lange Krystalle vorkommen, welche letztere ursprünglich in einem die Hohlräume erfüllenden, jetzt weggelösten Kalkspath eingewachsen waren (Z. f. Kryst. V. 1884. 183). Im J. 1882 wurde das Mineral am Scopi (oder vielmehr nach *Seligmann* am Piz Walatscha) in Graubünden als 2—15 Mm. lange, $\frac{1}{4}$—3 Mm. dicke Prismen in einer mit Chlorit erfüllten Spalte gefunden, lose und mit Chlorit zu kuchenähnlichen kleinen Massen zusammengebacken (*Hintze* in Z. f. Kryst. VII. 1883. 296 u. 594).

7. Helvingruppe.

470. Helvin, *Werner.*

Regulär, und zwar tetraëdrisch-hemiëdrisch; $\frac{0}{2}$ und die Comb. $\frac{0}{2} \cdot \frac{0}{2}$ (P und e

---

[1]) *Grünhut*, welcher die Hauptsubstanz des Topases und Andalusits $[AlO]^2\,Al^2Si^2O^8$ schreibt, findet allerdings eine solche Analogie mit dem Danburit, indem in jener Formel des ersteren das Aluminyl AlO durch das gleichwerthige Ca, das Aluminium (ähnlich wie in der Turmalin- und Datolithgruppe) durch Bor ($Al^2 = B^2$) vertreten erscheint.

in beistehender Figur), selten $\frac{202}{2}$; Krystalle eingewachsen und aufgewachsen, bei
Miask auch in grossen kugeligen Aggregaten. Spaltb. oktaëdrisch, unvollkommen; H. = 6...6,5; G. = 3,24...3,37; honiggelb bis wachsgelb und
zeissiggrün, oder bis gelblichbraun und röthlichbraun; fettartiger Glasglanz; kantendurchscheinend. — Chem. Zus.: aus den Analysen von
C. Gmelin, *Rammelsberg* und *Teich* ergibt sich die merkwürdige empirische Zus.
(Mn, Be, Fe)⁷ Si³O¹²S, welche sich deuten lässt als Verbindung von 3 Mol. des neutralen
Silicats von Beryllium und Mangan (auch Eisen), verbunden mit 1 Mol. Schwefelmangan
(auch -Eisen), also 3 (Be, Mn, Fe)²SiO⁴+(Mn, Fe)S; die Analyse der Var. aus dem norwegischen Syenit ergab z. B. Kieselsäure 32,42, Beryllerde 11,46, Manganoxydul 49,12,
Eisenoxydul 4,00, Schwefel 5,71. *Groth* hält die Formulirung R⁵[R²S][SiO⁴]³ für
wahrscheinlich. V. d. L. schmilzt er im Red.-F. unter Aufwallen zu einer gelben unklaren Perle; in Borax löst er sich zu klarem Glas, welches im Ox.-F. violblau wird;
mit Phosphorsalz gibt er ein Kieselskelet; mit Natron auf Platinblech grün; Salzsäure
zersetzt ihn unter Entwickelung von Schwefelwasserstoff und mit Abscheidung von
Kieselgallert. — Schwarzenberg und Breitenbrunn in Sachsen auf Erzlagern; Kapnik in
Ungarn in der Erzgangmasse; auch im Syenit des südlichen Norwegens; die kugeligen
Aggregate bei Miask in einem Schriftgranit, die in Trigon-Dodekaëdern krystallisirte
Var. bei Lupiko in Finnland; auch in Amelia County, Virginien, eingewachsen im
Spessartin und Orthoklas.

A n m. An der Mündung des Baches Achtaragda in den Wilui-Fluss kommt mit Vesuvian (Wiluit) ein in eingewachsenen (bis 2 Cm. grossen) Trigon-Dodekaëdern $\frac{202}{2}$ krystallisirtes, ganz zersetztes Mineral vor, welches *Breithaupt* Achtaragdit nennt und für eine
Pseudomorphose nach Helvin hält. *Hermann* und *v. Kokscharow* beobachteten auch vollkommene Durchkreuzungs-Zwillinge; die innere Masse der Krystalle ist erdig, wird aber von
einer dünnen ziemlich festen Rinde umgeben; G. = 2,32; aschgrau, nach innen fast weiss.
Die chem. Zus. lässt ein Gemeng von 71 Kalk-Thongranat und 29 Magnesiahydrat erkennen.
Breithaupt's Ansicht ist wohl die richtige, während *G. Rose* und *Auerbach* die Krystalle für
zersetzten Grossular halten.

471. Danalith, *Cooke.*

Regulär; eingesprengt und derb, zum Theil in bedeutenden Massen; aus den derben Massen lassen sich Oktaëder mit abgestumpften Kanten herausschlagen, deren Abstumpfungsflächen stark gestreift sind. Bruch muschelig; H. = 5,5 ... 6; G. = 3,427; spröd; fleischroth bis grau, glas- bis fettglänzend, durchscheinend. Auch dieses Mineral ist die Verbindung
eines Silicats mit Schwefelmetallen; nach mehren Analysen von *Cooke* besteht es nämlich aus
34,54 bis 34,96 Kieselsäure, 12,8 Beryllerde, 25,71 bis 29,09 Eisenoxydul, 16,14 bis 49,44
Zinkoxyd, 5,83 bis 6,47 Manganoxyd und 5,02 bis 5,93 Schwefel; die Zusammensetzung ist
also derjenigen des Helvins ganz analog: 3 R²SiO⁴ + RS, es ist ein zinkhaltiger, sehr man-
ganarmer, eisenreicher Helvin. V. d. L. in Kanten leicht schmelzbar zu schwarzem Email;
auf Kohle gibt er Zinkbeschlag; von Säuren leicht zersetzbar unter Entwickelung von Schwefelwasserstoff und Abscheidung von Kieselsäure. — Im Granit von Cap Ann, sowie bei Glou-
cester in Massachusetts; auf der Eisengrube von Bartlett, New-Hampshire.

472. Kieselwismuth, oder Eulytin, *Breithaupt* (Wismuthblende).

Regulär, und zwar tetraëdrisch-hemiëdrisch, gewöhnliche Formen $\frac{202}{2}$ und $-\frac{202}{2}$,
welche beide bisweilen im Gleichgewicht ausgebildet sind; dazu untergeordnet $\frac{O}{2}$
und ∞O∞, seltener nach *vom Rath* auch $\frac{505}{2}$. Nach *Bertrand* ist der Eulytin blos
scheinbar tetraëdrisch-regulär, indem jedes Tetraëder aus vier im Centrum zusammen-
stossenden Rhomboëdern von 60° gebildet werde. Die Krystalle sind sehr klein, oft
krummflächig, einzeln aufgewachsen oder zu kleinen Drusen und kugeligen Gruppen
vereinigt, auch kommen nicht selten Durchkreuzungs-Zwillinge vor. — Spaltb. nicht

beobachtet; Bruch muschelig; H. = 4,5...5; G. = 6,106; nelkenbraun, gelblichbraun bis gelblichgrau, weingelb und graulichweiss, auch wohl rabenschwarz; Diamantglanz: durchsichtig und durchscheinend. — Chem. Zus.: nach einer Analyse von *Kersten* hauptsächlich Wismuthoxyd und Kieselsäure (69,4 und 22,2 pCt.), dazu etwas Phosphorsäure und Eisenoxyd nebst Manganoxyd (3,3 und 2,7 pCt.); der Rest Flusssäure, Wasser und Verlust. Zwei neuere Analysen von *G. vom Rath* ergaben jedoch 80,6 bis 82,2 Wismuthoxyd und 15,9 bis 16,2 Kieselsäure, nebst ein wenig phosphorsaurem Eisenoxyd, also in der Hauptsache das neutrale Wismuthsilicat $Bi^4Si^3O^{12}$ oder $Bi^4[SiO^4]^3$. welchem entspricht: 83,74 Wismuthoxyd und 16,26 Kieselsäure. V. d. L. schmilzt es unter Aufwallen leicht zu einer braunen Perle; mit Soda gibt es Wismuthmetall, mit Phosphorsalz ein Kieselskelet; von Salzsäure wird es zersetzt unter Abscheidung von Kieselgallert. — Schneeberg, Johanngeorgenstadt.

A n m. Die Substanz des Kieselwismuths ist dimorph, indem *Frenzel* zeigte, dass kleine weingelbe bis wasserhelle Kugeln, welche auf Quarz von Johanngeorgenstadt und Schneeberg sitzen und nach *Groth* ein Aggregat m o n o k l i n e r Kryställchen sind, aus 81,82 Wismuthoxyd, 16,67 Kieselsäure und 0,90 Eisenoxyd bestehen; *Frenzel* nannte das von regulärem Eulytin begleitete Mineral A g r i c o l i t.

8. Skapolithgruppe.

Die tetragonal krystallisirenden isomorphen Mineralien Nr. 473 bis einschl. 476 bilden die eigentliche Skapolithgruppe. Die nicht sehr verbreiteten Glieder derselben sind im reinen Zustand gewöhnlich farblos und glasglänzend oder weiss und trübe, frei von färbenden Metallen. Nach den auf frühere und eigene Untersuchungen gestützten Deutungen von *Tschermak*[1]) lassen sich, ähnlich wie auf dem Gebiet der Feldspathgruppe, die hier bisher unterschiedenen Mineralien als eine fortlaufende Reihe von isomorphen Mischungen zweier Silicate auffassen, von welchen das eine in manchen Meioniten fast ·rein auftritt und demnach als Meionit (Me) bezeichnet werden kann, während das andere den grössten Theil des Marialiths ausmacht und daher auch von ihm mit dem Namen Marialith (Ma) belegt wurde. Die vermittels Abstraction aus den Analysen gewonnenen Formeln derselben, welche eine atomistische Gleichartigkeit besitzen, sind:

Meionit = $Ca^4(Al^2)^3Si^6O^{25}$,   Marialith = $Na^4Al^3Si^9O^{24}Cl$.

Der ersteren (Me) entspricht die Zus.: 40,3 Kieselsäure, 34,6 Thonerde, 25,1 Kalk, der letzteren (Ma), wenn dieselbe 3 $(Na^2(Al^2)Si^6O^{16}) + 2 NaCl$ geschrieben wird: 63,8 Kieselsäure, 18,3 Thonerde, 11 Natron, 6,9 Chlornatrium[2]). Das spec. Gew. nimmt mit der Zunahme der Betheiligung von Ma zugleich zu; die kalkreichen, Me-reichen Glieder werden durch Salzsäure leicht, die kalkarmen und natronreichen schwer zersetzt.

---

1) Sitzungsber. Wien. Akad. Bd. 88. 1. Abth. Novbr. 1883. — Nach der Ansicht von *Rammelsberg* (Z. d. geol. Ges. XXXVI. 1884. 320) sei *Tschermak's* Theorie unhaltbar, u. a. weil die Endglieder nicht ganz rein als solche bekannt sind. Letzteres ist aber z. B. auch in der Granatgruppe der Fall, deren sämmtliche Vorkommnisse dennoch allgemein, ebenfalls von *Rammelsberg*, als isomorphe Mischungen von Grundverbindungen betrachtet werden.

2) Chlor gehört, wie erst spät erkannt wurde, auch zu den normalen Bestandtheilen. Da der Chlorgehalt mit dem Natriumgehalt zugleich steigt, so muss das Chlor dem Natriumsilicat angehören, in welchem das Verhältniss Na : Cl = 4 : 1. Neuere Analysen geben auch einen freilich sehr geringen Schwefelsäuregehalt an. Wenn auch Skapolithe, welche eine grössere Menge von Kohlensäure ergeben, öfters auffallend verändert erscheinen, so lässt es sich zur Zeit nicht entscheiden, ob nicht etwa auch frische Skapolithe bisweilen Kohlensäure als wesentlichen Bestandtheil besitzen.

473. Meionit, *Hauy.*

Tetragonal; P (*o*) 63° 42′ nach *Scacchi* und *v. Kokscharow*; A.-V. = 1 : 0,4393; die von *Zippe* zuerst beobachtete und von *N. v. Kokscharow* richtig als pyramidal gedeutete Hemiëdrie ist von *Brezina* durch Nachweis eines an beiden Enden ausgebildeten Krystalls bestätigt worden, welcher die Pyramide 3P3 als Tritopyramide erkennen liess (*Tschermak*'s Mineral. Mittheil. 1872. 16); ebendarauf verweisen auch die Aetzfiguren. Gewöhnliche Comb. ∞P∞.P.∞P, wie *a*, *o* und *b* in beistehender Figur; bisweilen mit P∞ (*t*), 0P u. a. untergeordneten Formen; säulenförmig. — Spaltb. prismatisch nach ∞P∞ vollk., auch nach ∞P unvollk.; Bruch muschelig; H. = 5,5...6; G. = 2,60...2,64 (nach *vom Rath* 2,734...2,737; nach *Neminar* 2,716); farblos und weiss; Glasglanz, durchsichtig und durchscheinend; Doppelbrechung negativ. — Chem. Zus.: die früheren Analysen von *Stromeyer*, *L. Gmelin*, *Wolff* und *G. vom Rath* lassen z. Th. einen Verlust bis fast 3 pCt. hervortreten; eine neuere des Vorkommens vom Vesuv ergab *Neminar*: 43,36 Kieselsäure, 32,09 Thonerde, 21,45 Kalk, 0,31 Magnesia, 1,35 Natron, 0,76 Kali, 1,14 Chlor, 0,72 Kohlensäure, 0,27 Wasser; *Sipöcz* bestimmte an einem anderen Exemplar 0,74 Chlor und 0,22 Schwefelsäure. Noch näher der oben als **Me** angeführten Substanz kommt eine ältere Analyse von *Stromeyer*. *Tschermak* hat vorgeschlagen, als Meionit diejenigen Glieder der Skapolithgruppe zu bezeichnen, welche von dem Grenzglied **Me** bis zur Mischung **Me²Ma**

gehen, in welchen also theoretisch der Gehalt an Kieselsäure 40,31—47,87, an Thonerde 34,60—29,35, an Kalk 17,02—25,09, an Natron 0—4,71, an Chlor 0—1,35 betragen würde. *Rammelsberg* schlägt für den Meionit vom Vesuv die Formel R⁴(Al²)³Si⁷O²⁷, für den vom Laacher See eine andere complicirtere vor. V. d. L. schmilzt der Meionit unter starkem Aufschäumen zu einem blasigen farblosen Glas: von Salzsäure wird er völlig aufgelöst, und aus der Sol. beim Abdampfen die Kieselsäure als Pulver ausgeschieden. — Vesuv, in den sog. Auswürflingen der Somma; im trachytischen Lavastrom vom Arso auf Ischia; am Laacher See.

A n m. 1. Die eben angeführten Mischungsverhältnisse sind auch einigen der unter dem Namen Wernerit und Skapolith aufgeführten Vorkommnisse eigen, t r ü b e n, oft graulich, grünlich, blaulich gefärbten Krystallen; so gewissen Skapolithen von Pargas und Bolton; *Tschermak* schlägt neuerdings vor, für d i e s e Glieder speciell die Bezeichnung W e r n e r i t zu reserviren.

A n m. 2. Einige in diese Abtheilung zu stellende Skapolithglieder sind früher mit besonderen Namen belegt worden. Dazu gehören: das von *Brooke* N u t t a l l i t genannte tetragonale Mineral von Bolton in Massachusetts und Diana in New-York, mit P 64° 40′; Comb. ∞P.∞P∞ . P, säulenförmig; Spaltb. wie Skapolith; H. = 5,5; G. = 2,74...2,78; aschgrau und grünlichgrau bis graulichschwarz; Perlmutterglanz und Fettglanz. — *Weybie*'s A t h e r i a s t i t von Arendal ist wahrscheinlich nur ein zersetzter Skapolith dieser Art. — Das von *Fischer von Waldheim* als G l a u k o l i t h aufgeführte Mineral aus dem Thal der Sljudianka wurde schon von *G. Rose*, *Haidinger* und *Hermann* zu den Skapolithen gerechnet, was durch die Analyse von *G. vom Rath* vollkommen bestätigt wird. Dasselbe findet sich derb, hat die Spaltbarkeit des Skapoliths, H. = 5...6, G. = 2,65...2,67, ist licht indigblau; v. d. L. entfärbt es sich, schmilzt leicht und unter Aufschäumen, und von Salzsäure wird es nur wenig angegriffen. Ebenso ist der S t r o g o n o w i t *Hermann*'s aus derselben Gegend nichts Anderes, als ein mehr oder weniger zersetzter und daher etwas Kohlensäure enthaltender Skapolith (dieser Art), wie *v. Kokscharow* gezeigt hat.

474. Mizzonit, *Scacchi.*

Dieses', dem Meionit sehr ähnliche und ebenfalls am Monte Somma sowie am Laacher See vorkommende Mineral unterscheidet sich dadurch, dass an den farblosen und glasglänzenden Krystallen ∞P stets vorwaltet, auch 0P oft ausgebildet ist, weshalb sie so erscheinen, wie die beistehende Figur. — Die Mittelk. von P misst 64°; *vom Rath* fand das G.$=2,628$, und die Zus.: 54,70 Kieselsäure, 23,80 Thonerde, 8,77 Kalk, 0,22 Magnesia, 9,83 Natron, 2,44 Kali, 0,43 Wasser (ein Chlorgehalt nicht bestimmt); dies führt auf die Mischung Me Ma². Das feine Pulver ist in Salzsäure nur wenig löslich.

475. Skapolith, *Werner* (Wernerit, Paranthin).

Tetragonal; P $63^\circ 42'$, also völlig isomorph mit dem Meionit; gewöhnl. Combb. wie die bei dem Meionit und Mizzonit dargestellten Figuren; selten sieht man die Flächen anderer Formen, von welchen eine ditetragonale Pyramide und ein dergleichen Prisma nach den Gesetzen der pyramidalen Hemiëdrie ausgebildet sind, wie *v. Kokscharow* gezeigt hat; die Krystalle oft sehr lang säulenförmig, eingewachsen, oder aufgewachsen und in Drusen vereinigt; auch derb, in individualisirten Massen und grosskörnigen Aggregaten. — Spaltb. prismatisch nach $\infty P \infty$ ziemlich vollkommen. nach ∞P weniger deutlich, die Spaltungsflächen oft wie abgerissen erscheinend: H.$=5...5,5$; G.$=2,63...2,79$; farblos, zuweilen weiss, gewöhnlich gefärbt, doch nie lebhaft, verschiedentlich grau und grün, auch gelb und roth, Glasglanz z. Th. perlmutterähnlich, und Fettglanz; halbdurchsichtig bis undurchsichtig; Doppelbrechung negativ; $\omega = 1,566$, $\varepsilon = 1,545$. — Die chem. Zus. der als Skapolith und Wernerit bezeichneten Mineralien ergab sich als äusserst schwankend, so dass es nicht möglich erschien, die Resultate der zahlreichen Analysen unter einer und derselben Formel darzustellen, wie sich dies u. a. auch aus den umfassenden Arbeiten von *Wolff* und *G. vom Rath* ergab. Nach *Tschermak's* Deutung liegen eben hier sehr verschiedene isomorphe Mischungen der oben (S. 602) genannten Endsubstanzen vor; er möchte den Namen Skapolith speciell auf diejenigen Glieder beschränken, in denen die Betheiligung der beiden Substanzen von Me²Ma bis MeMa² geht, in welchen daher die Kieselsäure von $47,87$—$55,70$, Thonerde von $29,35$—$23,94$, Kalk von $17,02$—$8,67$. Natron von $4,71$—$9,59$, Chlor von $1,35$—$2,75$ schwankt. Diese Skapolithe stellen die trüberen Varietäten des Mizzonits dar. Der Skapolith von Gouverneur in New-York hat fast genau die Zus. des Mizzonits vom Vesuv. *Rammelsberg* stellt für einzelne Vorkommnisse des Skapoliths verschiedene feste Formeln auf. Der früher nicht vermuthete Gehalt an Chlor (und Schwefelsäure) wurde zuerst von *Frank D. Adams* und *Sipöcz* constatirt; derselbe vermindert sich bei beginnender Zersetzung und bei Glanzverlust, wird also leicht aus dem Mineral entfernt. *Adams* fand in seinen meisten Analysen auch geringe Mengen von Kohlensäure. Neben der an sich wechselnden Zusammensetzung sind aber die Skapolithe auch noch sehr vielen Zersetzungsprocessen unterworfen, wofür auch oft das äussere trübe und matte Ansehen, die häufige grössere Weichheit der Krystalle, ihr oftmaliger Gehalt an Wasser, ja an kohlensaurem Kalk spricht. Auch eine Umbildung in bestimmte andere Silicate ist nachgewiesen, so in Epidot (von Arendal), in Albit (Kragerö), namentlich in Glimmer, wie in Biotit (Arendal, Bolton) und in Muscovit (Pargas). — V. d. L. schmelzen die meisten Skapolithe unter starkem Aufschäumen zu einer durchscheinenden, nicht weiter schmelzbaren Masse; im Glasrohr geben manche die Reaction auf Fluor; mit Kobaltsolution werden sie blau; von Salzsäure werden sie als Pulver zerlegt, ohne Bildung von Kieselgallert; die stark umgewandelten kieselsäurereichen sind unschmelzbar und auch unzersetzbar. — Auf Kalk- und Magneteisenerz-Lagern; so zu Arendal in Norwegen, Tunaberg, Malsjö, Sjösa in Schweden, Pargas u. a. O. in Finnland; an den Ufern der Slüdianka unweit des Baikalsees in sehr grossen Krystallen und reichhaltigen Combinationen; Bolton und viele andere Orte in Massachusetts, Two Ponds, Amity und Edenville in New-York, Franklin in New-Jersey. Als Gesteinsgemengtheil mit Hornblende, Magnetit, Titanit und wenig Plagioklas zu Oedegarden in Bamle und zu Rigordsheien n.-ö. von Arendal (*Michel-Lévy*, Bull. soc. min. I. 43), auch nach *Svedmark* in schwedischen Amphiboliten und Gneissen.

Anm. 1. Zu den Skapolithen gehört wohl auch der Passauit oder Porcellanspath nach *Fuchs* und *Schafhäutl* soll ∞P ungefähr 92° betragen, was auf das rhombische System verweisen würde, aber *Des-Cloizeaux* befand das Mineral optisch-einaxig (negativ), demzufolge tetragonal; in eingewachsenen Individuen; meist derb, in individualisirten Massen und grobkörnigen Aggregaten. — Spaltb. rechtwinkelig; Bruch uneben; H. = 5,5; G. = 2,67...2,69; gelblichweiss, graulichweiss bis lichtgrau, Glasglanz, auf der vollk. Spaltungsfläche fast Perlmutterglanz, durchscheinend meist nur in Kanten. — Chem. Zus. nach *Schaf-häutl*: 49,20 Kieselsäure, 27,80 Thonerde, 45,48 Kalk, 4,28 Kali, 4,20 Wasser, 0,92 Chlor; eine spätere, mit sehr frischem Material ausgeführte Analyse von *Wittstein* ergab abweichend: 54,875 Kieselsäure, 25,284 Thonerde, 11,625 Kalk, 3,856 Natron, 4,50 Kali, 2,151 Chlornatrium. V. d. L. schmilzt er ziemlich leicht unter Aufwallen zu einem farblosen blasigen Glas; von concentrirter Salzsäure wird er zerlegt. Durch Zersetzung liefert er Kaolin oder Porcellanthon, worauf sich der eine Name bezieht. — Obernzell, Pfaffenreuth u. a. Orte bei Passau, theils säulenförmige Krystalle oder derbe Partieen im Syenit, theils Nester und Lagen im körnigen Kalk bildend.

Anm. 2. Hierher sind auch die beiden pyrenäischen Mineralien zu rechnen, welche man Dipyr (*Hauy*) und Couseranit (*Charpentier*) nennt, die aber etwas kieselsäurereichere Mischungen darstellen, als die meisten eigentlichen Skapolithe. Der Dipyr ist tetragonal nach *Des-Cloizeaux*; P 64° 4', also sehr nahe wie die Grundform des Meionits; Comb. ∞P∞.∞P.P, doch erscheinen die Krystalle meist blos als unvollkommen ausgebildete, an den Enden abgerundete Säulen, welche gewöhnlich nur 2 bis 3 Linien lang und in grauem Schiefer oder in Kalkstein zahlreich eingesprengt sind; Spaltb. prismatisch nach ∞P∞ deutlich, Spuren nach ∞P, Bruch muschelig oder splitterig; H. = 6; G. = 2,63...2,68; weiss oder röthlich, schwach glänzend, kantendurchscheinend. — Eine Analyse desjenigen von Pouzac ergab *Damour*: 56,22 Kieselsäure, 23,05 Thonerde, 9,44 Kalk, 7,68 Natron, 0,90 Kali, 2,44 Wasser. V. d. L. wird er undurchsichtig und schmilzt mit geringem Aufwallen zu einem weissen blasigen Glas; von Säuren wird er nur sehr schwer angegriffen. — Mauléon, Castillon, Pouzac und Libarens in den Pyrenäen. — Der ebenfalls nach *Des-Cloizeaux* tetragonale Couseranit erscheint bis jetzt nur in säulenförmigen Krystallen der Comb. ∞P.∞P∞, doch ohne Endflächen; Oberfläche vertical gestreift; die Krystalle eingewachsen in schwarzem und braunem Kalkstein oder in Schiefer. — Spaltb. prismatisch nach ∞P und basisch, unvollk.; H. = 5,5...6; G. = 2,69...2,76; pechschwarz (durch Kohlenstoff gefärbt), schwärzlichblau bis grau und weiss, Glas- bis Fettglanz, undurchsichtig bis durchscheinend. — Chem. Zus. nach *Dufrénoy*: 52,87 Kieselsäure, 24,02 Thonerde, 11,85 Kalk, 1,4 Magnesia, 5,52 Kali, 3,96 Natron. Auch *Pisani* gab zwei Analysen, von denen die eine so ziemlich mit jener von *Dufrénoy* übereinstimmt, die andere aber auffallend abweicht. V. d. L. schmilzt er zu weissem Email, von Säuren wird er nicht angegriffen. — Bei Saleix u. a. Orten der Landschaft Couserans, bei Pouzac unfern Bagnères de Bigorre in den Pyrenäen, als Contactmineral im Kalkstein; am Nufenen-Pass in der Schweiz. Die als Couseranit geltenden schwarzen Prismen in den dunkeln pyrenäischen Glimmerschiefern sind durch Kohlenstoff gefärbte Andalusite. — Bei der Uebereinstimmung aller äusseren und physikalischen Eigenschaften (beide sind auch optisch negativ und ziemlich stark doppeltbrechend) und bei der gegenseitigen Deckung der Analysen ist kein Grund zur Trennung von Couseranit und Dipyr vorhanden (*F. Zirkel*, Z. d. geol. G. 1867. 209), eine Ansicht, womit auch der um die mineralogische Kenntniss der Pyrenäen verdiente Graf *Limur*, sowie *P. Groth* übereinstimmen.

Anm. 3. Nach *Dana* ist auch der Algerit von Franklin in New-Jersey ein Skapolithmineral; seine dünnen strohgelben, glasglänzenden Prismen werden bisweilen 2 bis 3 Zoll lang, sind oft gekrümmt und in Kalkstein eingewachsen.

476. Marialith, *G. vom Rath.*

Tetragonal, in der Form seiner sehr kleinen wasserhellen Prismen mehr an den Meionit als an den Mizzonit erinnernd. — Chemische Zus. nach einer mit äusserst wenig Material angestellten Analyse: 62,28 Kieselsäure, 21,67 Thonerde, 4,60 Kalk, 0,30 Magnesia, 9,34 Natron, 1,14 Kali (ein Chlorgehalt nicht bestimmt); diese Zus. erreicht beinahe die des von *Tschermak* (s. S. 602) angenommenen Endgliedes Ma der Skapolithreihe. Im Piperno von Pianura (Z. d. geol. Ges. XVIII. 687). — Sehr kieselsäurereiche trübe sog. Skapolithe (z. B. von Bolton nach *Hermann*, auch von Ripon in Quebec nach *Adams*) kommen in der Zus. dem Marialith ziemlich nahe.

477. Sarkolith, *Thompson.*

Tetragonal; P 102° 58'; A.-V. = 1 : 0,8842; Comb. ∞P∞.0P.P, fast wie der sog. Mittelkrystall zwischen O und ∞O∞ erscheinend (daher die frühere Verwechslung mit Analcim), nebst untergeordneten Formen, welche z. Th. nach den Gesetzen der pyramidalen Hemiëdrie ausgebildet sind; H. = 5,5...6; G. = 2,54 *Brooke*, 2,932 *Rammelsberg*; röthlichweiss bis fleischroth; Glasglanz, durchscheinend; Doppelbrechung pos. — Chem. Zus. nach den Analysen von *Scacchi* und *Rammelsberg*: $Na^2Ca^8(Al^2)^3 Si^9 O^{36}$; die Analyse des Letzteren ergab: 40,54 Kieselsäure, 24,54 Thonerde, 32,36 Kalk, 8,30 Natron, 4,20 Kali. Nimmt man eine Vertretung von Ca durch Na^2 an, so wird die Formel zu $(Ca, Na^2)^3(Al^2) Si^3 O^{12}$ (an die des Granats erinnernd) vereinfacht. Schmilzt v. d. L. zu weissem blasigem Email; von Säuren unter Bildung von Kieselgallert zersetzbar. — Selten am Vesuv; wird von einigen Mineralogen mit dem Humboldtilith vereinigt, von dem er jedoch verschieden ist.

478. **Melilith,** *Fleuriau de Bellevue* (Humboldtilith, Sommervillit).

Tetragonal; P (a) 65° 30′ nach *Des-Cloizeaux*; A.-V. = 1 : 0,6429; die gewöhnlichste Combination ist 0P.∞P∞, meist tafelartig oder kurz säulenförmig; untergeordnet erscheinen noch ∞P, ∞P3 und selten P.

					$M : M =$	90° 0′
0P.∞P∞.∞P.		∞P3.P			$M : d =$	135 0
P	M	d	c	a	$M : c =$	161 34
					$P : a =$	147 15

Zuweilen kommen auch lang säulenförmige Krystalle vor, welche durch die oscillatorische Combination aller drei Prismen fast cylindrisch erscheinen, sowie auch strahlige Aggregate, während die Krystalle gewöhnlich einzeln aufgewachsen sind. — Spaltb. basisch, mehr oder weniger deutlich; H. = 5...5,5; G. = 2,90...2,95; gelblichweiss bis honiggelb und gelblichbraun, die Humboldtilith genannte, sonst ganz übereinstimmende Var. vom Vesuv meist hellgrau bis gelblichgrau; Glasglanz oder Fettglanz; meist nur in Kanten durchscheinend, zuweilen bis halbdurchsichtig; Doppelbrechung negativ. — Chem. Zus. nach den vorhandenen Analysen sehr schwankend, so dass die Aufstellung einer Formel kaum möglich erscheint; im Allgemeinen ist das Mineral eine Verbindung von Kieselsäure, Thonerde, Kalk, Magnesia, Natron; die am besten übereinstimmenden Analysen von *Damour* ergaben 38 bis 41 pCt. Kieselsäure, 6 bis 11 Thonerde nebst 4 bis 10 Eisenoxyd, 32 Kalk nebst 4 bis 7 Magnesia und 2 bis 4 Natron; mit Ausnahme einer Analyse von *Carpi* geben alle übrigen fast 32 pCt. Kalk; die gelben und braunen Varietäten halten 10 pCt. Eisenoxyd. *Stelzner* fand auch Eisenoxydul. Vielleicht wird die Zusammensetzung durch $(Ca, Mg, Na^2)^{12}(Al^2, Fe^2)^2 Si^9 O^{36}$ oder $R^{12}(R^2)^2[Si O^4]^9$ ausgedrückt. V. d. L. schmilzt er z. Th. schwierig zu einem hellgelben oder auch schwärzlichen Glas; von Säuren wird er zersetzt unter Abscheidung von Kieselgallert. — Vesuv, Capo di Bove bei Rom, Herchenberg im Brohlthal, mikroskopisch in Basalten der schwäbischen Alb, des Erzgebirges, Hessens, von Alnö in Schweden u. s. w., in Eifeler Laven, bald allein neben Augit (gewöhnlich von Perowskit begleitet), bald auch mit Nephelin und Leucit; vgl. *F. Zirkel*, Basaltgesteine 1879, S. 77, *Stelzner*, N. Jahrb. f. Min. Beilageb. II. 369; die hier vorherrschenden dünnen Tafeln mit meist rechteckigen Längsschnitten sind gewöhnlich parallel den kurzen Seiten (d. h. der Hauptaxe) gestreift und von 0P aus in pflockähnliche Fasergebilde umgewandelt, welche wohl kalkreichen Zeolithen angehören.

479. **Gehlenit,** *Fuchs*.

Tetragonal; P 59° 0′, nach *Des-Cloizeaux*, welcher auch 2P, eine Deuteropyramide und das ditetragonale Prisma ∞P3 angibt; A.-V. = 1 : 0,400; ziemlich homöomorph mit dem Melilith; in der Regel sieht man nur die einfache Comb. 0P.∞P∞, dick tafelartig oder kurz säulenförmig, die Krystalle eingewachsen oder zu lockeren Aggregaten verbunden. — Spaltb. basisch ziemlich vollk., prismatisch nach ∞P∞ in Spuren; H. = 5,5...6; G. = 2,98...3,1; berg-, lauch-, olivengrün bis leberbraun; schwach fettglänzend, kantendurchscheinend bis undurchsichtig; Doppelbrechung negativ. — Chem. Zus. nach den Analysen von *Fuchs, v. Kobell, Damour, Kühn, Rammelsberg* und *Lemberg*: $Ca^3(R^2) Si^2 O^{10}$, worin (R^2) vorwiegend (Al^2), daneben auch (Fe^2), und etwas Ca durch Mg ersetzt wird; *Rammelsberg* fand z. B.: Kieselsäure 29,78, Thonerde 22,02,

Eisenoxyd 3,22, Eisenoxydul (in den meisten anderen Analysen nicht angegeben) 1,82, Kalk 37,90, Magnesia 3,88, Wasser 1,28. *Kühn* fand auch einen Gehalt von 3,6 bis 5,5 Wasser, *Lemberg* einen solchen von 4,72 pCt.; *Bischof* untersuchte einen zersetzten Gehlenit, welcher Kalkcarbonat enthielt. V. d. L. ist er in sehr dünnen Splittern nur schwer schmelzbar, auch in Borax und Phosphorsalz sehr schwierig zu lösen; von Salzsäure, sowohl vor als nach dem Glühen, unter Gelatiniren völlig zersetzbar. — Monzoniberg im tiroler Fassathal; Oravicza im Banat.

9. Nephelingruppe.

480. Leucit, *Werner.*

Der Leucit wurde früher ganz allgemein für r e g u l ä r gehalten, indem seine gewöhnlichste und fast einzige Form das Ikositetraëder 202 so genau darzustellen schien, dass man dieser Form sogar den Namen Leucitoëder ertheilt hatte. Nachdem jedoch schon lange von Mehren (*Biot, Scheerer, Zirkel*) eine Zusammensetzung der Krystalle aus doppeltbrechenden Lamellen constatirt war, beobachtete *vom Rath* an aufgewachsenen Krystallen vesuvischer Drusen auch eine oberflächliche Streifung, welche auf eine Zwillingsbildung nach einer Fläche von ∞O verwies; da nun eine solche

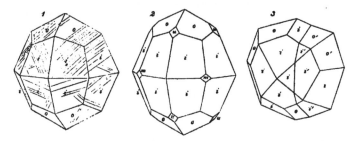

nach dieser Symmetrie-Ebene im regulären System unmöglich ist, so glaubte er, eine t e t r a g o n a l e Form annehmen zu müssen, welche dann auch durch Winkelmessungen eine Bestätigung zu erlangen schien. Darnach wurde das anscheinende Ikositetraëder 202 aufgefasst als die Combination der Grundpyramide P (*o*) mit der ditetragonalen Pyramide 4P2 (*i*). Die am Leucit nur selten gefundene Gestalt Fig. 2, welche man vormals als die reguläre Comb. 202.∞O betrachtet hatte, ergab sich somit als die tetragonale 4P2.P.2P∞.∞P. Die sich ausserordentlich oft wiederholende polysynthetisch-lamellare Zwillingsbildung soll zufolge dieser Auffassung stets und nur nach der Fläche von 2P∞ (*u*), d. h. blos nach einem Theil der scheinbaren Rhombendodekaëder-Flächen erfolgen, n i c h t auch nach den ebenfalls zu diesen gehörigen Flächen ∞P (*m*). Fig. 1, wie die zweite *vom Rath* entlehnt, zeigt auf der Oberfläche die Ausstriche zahlreicher dünner darnach einem grösseren Individuum eingeschalteter Lamellen; Fig. 3 ist ein nach diesem Gesetz gewachsener einfacher Zwilling, wobei oft das eine Individuum noch weit mehr verkürzt erscheint. Die nicht-reguläre Natur des Leucits suchte *Baumhauer* noch dadurch zu erweisen, dass die als tetragonale Pyramidenflächen angenommenen Flächen sich von den als 4P2 geltenden durch ihre geringere Löslichkeit in Aetzmitteln unterscheiden. *Hirschwald* war es alsdann, welcher im Gegensatz zu *vom Rath* die ganz richtige Beobachtung machte, dass an dem Leucit die polysynthetische Zwillingsbildung nach a l l e n Flächen des scheinbaren Rhomben-Dodekaëders, also nicht blos nach *u*, sondern auch nach *m* vor sich geht. Während nun inzwischen bei den Leucit-Formen trotz ihres constanten regulären Typus überhaupt mancherlei Schwankungen der Winkelwerthe wahrgenommen waren, gelangte *Weisbach* auf Grund von Messungen, welche *Treptow* an einem völlig durchsichtigen Krystall aus dem Albaner Gebirge anstellte, zu dem Schluss, dass dieser Leucit rhombisch sei: das scheinbare Ikositetraëder zerlöst 'sich dabei in die 3 rhombischen Pyramiden: P (mit Polkk. 130° 43' und 132° 33'; A.-V. = 0,965 : 1 : 0,494), darüber liegend 4P̆2 und 4P̆2; das scheinbare Rhomben-Dodekaëder zerfällt alsdann in die rhombischen Partialformen ∞P, 2P̆∞, 2P̆∞, der allerdings nur einmal wahrgenommene scheinbare Würfel in 0P, ∞P̆∞, ∞P̆∞. — Darauf stellte *C. Klein* die höchst bemerkenswerthe und aufklärende Thatsache fest, dass eine über 265° erhitzte dünne Platte von Leucit eine völlige Isotropie gewinnt, die sich aber beim Erkalten sehr rasch verliert und meist den doppeltbrechenden Zustand der anfänglichen Beobachtungstemperatur wieder unverändert eintreten lässt. Darnach ist anzunehmen, der Leucit habe sich ursprünglich beim Entstehen als regulärer Körper gebildet, und seine jetzige Erscheinungsweise sei eine Folge geänderter Molecularanordnung, welche beim Sinken der Temperatur Platz griff (vgl. S. 233). Bei allen seinen Untersuchungen gelang es nicht, eine Fläche zu finden, welche in optischer Hinsicht die Rolle einer tetragonalen Basis gespielt hätte; indem auch er ferner nachwies, dass nach denjenigen Flächen des Dodekaëders, welche *vom Rath* von der Zwillingsbildung ausschloss (nämlich den Flächen *m*), in der That eine solche und zwar in reichlichem Maasse stattfindet, musste überhaupt das von Letzterem angenommene tetragonale System verlassen werden: denn nach diesen, tetragonal als ∞P und als Symmetrie-Ebene aufzufassenden Flächen kann in diesem System keine Zwillingsbildung eintreten. Der Aufbau der Krystalle ist im Allgemeinen so, dass drei sich durchkreuzende Individuen vorkommen, die entweder gleichmässig oder ungleichmässig entwickelt sein können, von denen aber auch eines zur ausschliesslichen Herrschaft gelangt sein kann; diese Grundindividuen sind verzwillingt nach allen Flächen des Dodekaëders früherer Bedeutung. Der bei seiner Bildung regulär gewesene Leucit gehört also jetzt dem rhombischen System an, wobei der geometrische Bau noch immer die volle Erinnerung an die reguläre Symmetrie bewahrt. Auf die secundäre Entstehung der optischen Feldergrenzen der Zwillingslamellen verweist auch die schon von *F. Zirkel*, später noch von *F. Kreutz* gemachte Wahrnehmung, dass die mikroskopischen Einschlüsse nicht an diese gebunden sind, sondern darüber hinwegziehen. Gewisse beobachtete Erscheinungen im pol. Licht, welche mit rhombischer Symmetrie nicht direct vereinbar sind, können nach *Klein* auf Spannungen zurückgeführt werden und *Rosenbusch* hob hervor, dass da, wo die ursprüngliche starre Form sich bis zu einem gewissen Grade der neugebildeten Molecularanordnung anpasst, und eine grössere oder geringere Deformation der Krystallgestalt stattfindet, in der That unausgelöste Spannungen zurückbleiben müssen. Letzterem gelang es auch, in geeigneter hoher Temperatur eine Ausglättung der Zwillingsstreifung auf den Krystallflächen zu beobachten, worauf bei sinkender Temperatur die Zwillingslamellen und Knickungen wiederkehren, häufig in anderer Anzahl und Vertheilung, aber stets mit dem früheren Gruppirungsgesetz [1]).

Die Krystalle des Leucits sind meist rundum ausgebildet und einzeln eingewachsen, selten aufgewachsen und zu Drusen gruppirt, auch finden sich krystallinische Körner und körnige Aggregate. Die Leucite, in den Gesteinsschliffen gewöhnlich mehr oder weniger regelmässige Achtecke liefernd, haben die namentlich bei den kleineren hervortretende charakteristische Tendenz, fremde mikroskopische Körperchen (z. B. Augitmikrolithen, Magneteisen-, Glas- und Schlackenkörnchen) so in sich einzuschliessen, dass in den Durchschnitten die Gruppirungsfigur derselben dem äusseren Leucit-

[1]) Vgl. über den Leucit: *Biot*, Mém. sur la polaris. lamellaire, Paris 1844. **669.** — *F. Zirkel*, Z. geol. Ges. 1868. 97. — *vom Rath*, Monatsber. Berl. Ak., 1. Aug. 1872; N. Jahrb. f. Min. 1873. 113 u. 1876. 284. — *Baumhauer*, Z. f. Kryst. 1877. 257. — *Hirschwald*, Min. Mitth. 1875. 227; N. Jahrb. f. Min. 1876. 549. 733; Min. u. petrogr. Mitth. 1878. I. 85. — *Weisbach*, N. Jahrb. f. Min. 1880. I. 143. — *Klein*, Nachr. d. Gött. Ges. d. W., 3. Mai 1884; N. Jahrb. f. Min. 1884. II. 50 und Beilageb. III. 1885. 523. — *Rosenbusch*, N. Jahrb. f. Min. 1885. II. 59.

umriss conform ist (*F. Zirkel*, Z. geol. Ges., 1868. 97). — Spaltb. gewöhnlich höchst unvollkommen, Bruch muschelig; H. = 5,5...6; G. = 2,45...2,50; graulichweiss bis aschgrau, auch gelblich- und röthlichweiss; Glasglanz, im Bruch Fettglanz, halbdurchsichtig bis kantendurchscheinend. Die gitterähnlichen und sehr lebhaften Polarisationsstreifen sind in der polysynthetischen Zwillingsbildung begründet. — Chem. Zus. nach vielen Analysen: $K^2(Al^2)Si^4O^{12}$ oder $K^2(Al^2)[SiO^3]^4$ (vgl. S. 559), mit 55,02 Kieselsäure, 23,40 Thonerde, 21,58 Kali [1]); *Abich* wies in einer Var. vom Vesuv über 8 pCt. Natron nach, und *G. Bischof* zeigte, dass viele Leucite neben Kali auch mehr oder weniger Natron enthalten, welches in den zersetzten Varr. sogar vorwaltend werden kann; im Leucit des Monte Somma erkannte *Theodor Richter* durch Spectralanalyse auch etwas Lithion. Der Leucit ist also analog dem Akmit, Arfvedsonit und Spodumen zusammengesetzt. — V. d. L. unschmelzbar und unveränderlich; mit Kobaltsolution wird er schön blau; Borax löst ihn zu einem wasserhellen Glas; das Pulver zeigt nach *Kenngott* alkalische Reaction, und wird von Salzsäure vollständig zersetzt unter Abscheidung von Kieselpulver. — Gemengtheil der Laven des Vesuv und der Umgegend von Rom, Viterbo und Acquapendente, Rocca Monfina, Rieden bei Andernach, am Kaiserstuhl, hier jedoch zersetzt und (wahrscheinlich durch natronhaltige Gewässer) unter Ersetzung des Kalis in die Analcim-Zusammensetzung übergeführt. *Lemberg* hat diese Umwandlung künstlich durch Natronsalz-Lösung nachgeahmt, zugleich aber auch das überraschende Resultat erhalten, dass umgekehrt der Analcim durch gelöste Kalisalze wieder in Leucit übergeführt werden kann (Z. geol. Ges., 1876. 538). Mikroskopischer Gemengtheil vieler Basalte, auch mancher Phonolithe. Sehr grosse und äusserst scharfe, aber zersetzte Krystalle finden sich lose auf den Feldern von Oberwiesenthal im Erzgebirge und bestehen nunmehr nach *E. Geinitz* aus Sanidin und Kaliglimmer. In älteren Vesuvgesteinen kommen Krystalle von Leucitform vor, welche in ein Aggregat von Sanidin und Nephelin umgewandelt sind. Sehr bemerkenswerth sind die Leucitkrystalle, welche in den Drusen der vesuvischen Auswurfsblöcke durch Sublimation entstanden, wie *Scacchi* und *vom Rath* darthaten (Z. geol. Ges., 1873. 227).

481. Nephelin und Eläolith.

Hexagonal[2]); P (x) 88° 11′ nach *v. Kokscharow*; A.-V. = 1 : 0,8389; gewöhnliche Comb. ∞P.0P und ∞P.0P.P, wie beistehende Figur; doch kommen auch andere, reichhaltigere Combinationen vor, in welchen besonders verschiedene Protopyramiden, auch die Deuteropyramide 2P2 und das Deuteroprisma erscheinen. Die Krystalle sind meist klein, einzeln eingewachsen oder aufgewachsen und dann zu kleinen Drusen gruppirt; auch derb, in individualisirten Massen und grosskörnigen Partieen; selten in Pseudomorphosen nach Meionit. — Spaltb. basisch und prismatisch nach ∞P, unvollk.; Bruch muschelig bis uneben; H. = 5,5...6; G. = 2,58...2,64; theils weiss und ungefärbt (Nephelin), theils gefärbt, besonders grünlichgrau, berggrün bis lauchgrün und entenblau, oder gelblichgrau, röthlichgrau bis fleischroth und licht gelblichbraun; Glasglanz auf Krystallflächen, im Bruch ausgezeichneter Fettglanz, durchsichtig bis kantendurchscheinend; Doppelbrechung negativ, schwach. — Chem. Zus. wurde nach

---

1) Sehr interessant ist die durch *Hautefeuille* zu Wege gebrachte künstliche Erzeugung eines Eisenleucits, $K^2O,(Fe^2)O^3, 4SiO^2$, welcher an Stelle der gesammten Thonerde Eisenoxyd enthält, sich durch seine Winkel noch mehr als der natürliche Thonerdeleucit dem Ikositetraëder nähert, auch dieselbe häufig wiederholte Zwillingsbildung zeigt, und dabei stark doppeltbrechend ist (Comptes rendus, Bd. 90. 1880. 878).

2) *Baumhauer*'s namentlich auf die Untersuchung von Aetzfiguren begründete Angabe, dass der Nephelin pyramidal- resp. trapezoëdrisch-hemiëdrisch und nach der Hauptaxe hemimorph, zugleich stets verzwillingt sei (Z. f. Kryst. VI. 1882. 209), muss wohl noch als problematisch gelten; vgl. auch die entgegenstehenden Bemerkungen von *Tenne* im N. Jahrb. f. Min. 1883. II. 334.

zahlreichen Analysen als $(Na, K)^2 (Al^2) Si^2 O^8$ oder $(Na, K)^2 (Al^2)[Si O^4]^2$ aufgefasst, was wenn das erste Glied aus $4 Na + K$ besteht, entspricht: $44,24$ Kieselsäure, $35,26$ Thonerde, $17,04$ Natron, $6,46$ Kali; doch ergaben die Analysen gewöhnlich einen etwas höheren Kieselsäuregehalt; auch ist meistens eine ganz kleine Menge von Kalk, sowie oft etwas, offenbar secundär hineingelangtes Wasser (0,2 bis 2 pCt.) vorhanden. *Doelter* fand, dass die künstliche Mischung $Na^2 Al^2 Si^2 O^8$ geschmolzen beim Erstarren in der That mit Leichtigkeit als Nephelin krystallisirt. Neuere Analysen *Rammelsberg*'s, welche im Mittel $44,98$ Kieselsäure, $34,49$ Thonerde, $15,49$ Natron, $4,63$ Kali, 0.50 Kalk ergaben, führten ihn indessen auf die Folgerung, dass, wenn Ca $= 2 R$, die Formel sei $R^6 (Al^2)^3 Si^7 O^{26}$, was, sofern $K : Na = 1 : 5$, gedeutet werden kann als $5(Na^2 Al^2 Si^2 O^8) + K^2 (Al^2) Si^4 O^{12}$, wobei dann das erste Glied das Silicat des Sodaliths, Hauyns und Noseans, das zweite Leucit ist. Noch später erschloss *Rauff* aus seinen Analysen, welche ihm im Durchschnitt $44,08$ Kieselsäure, $33,28$ Thonerde, $16,00$ Natron, $4,76$ Kali, sogar $1,85$ Kalk und $0,15$ Wasser geliefert hatten, unter der Annahme, dass $K : Na = 1 : 5$ und Ca $: (H, K, Na) = 1 : 10$, die schon früher einmal von *Scheerer* aufgestellte Formel $R^8 (Al^2)^4 Si^9 O^{34}$; dieselbe setzt sich alsdann aus 7 Mol. des vorhin zuerst genannten Silicats $R^2 (Al^2) Si^2 O^8$ und 2 Mol. des Leucit-Silicats zusammen (Z. f. Kryst., II. 1878. 345). wie Nepheline enthalten nach ihm auch höchst geringe Spuren von Chlor. V. d. L. schmilzt er schwierig (Nephelin) oder ziemlich leicht (Eläolith) zu blasigem Glas; in Phosphorsalz zersetzt er sich äusserst schwer; mit Kobaltsolution wird er an den geschmolzenen Kanten blau; farblose und klare Splitter werden in Salpetersäure trübe; von Salzsäure vollkommen zersetzbar unter Abscheidung von Kieselgallert; das Pulver reagirt deutlich alkalisch.

Der Nephelin begreift die farblosen, weissen und grauen, stark durchscheinenden, krystallisirten Varietäten, wie sie namentlich in den jüngeren Gesteinen auftreten: Vesuv, Capo di Bove bei Rom, Katzenbuckel im Odenwald, Löbauer Berg in Sachsen, Meiches in Hessen u. a. O., besonders wichtig als Gemengtheil der Phonolithe, vieler Basalte und Laven, sowie des Nephelinits, in den Dünnschliffen mit sechseckigen und kurz-rechteckigen (auch quadratischen) Durchschnitten, daneben auch als ganz unregelmässig contourirte und individualisirte Partieen, oft in trübe zeolithische Fasern mit Aggregatpolarisation umgewandelt; der Eläolith begreift die stark fettglänzenden grünen, rothen, trüben und derben Varietäten aus den alten Syeniten der Südküste von Norwegen, von Grönland, Miask, Ditró; Hot Springs in Arkansas; von der Insel Låven im Langesundsfjord beschrieb *Klein* einen ausgezeichneten Krystall; die grüne Farbe kommt von interponirten mikroskopischen Hornblende- oder Augit-Lamellen her.

Anm. 1. Der Davyn erscheint theils in einfachen hexagonalen Prismen mit der Basis, theils in Krystallformen, wie die beistehende Figur, welche die Comb. $\infty P.\infty P2.0P.\frac{1}{4}P$ darstellt, wobei die Pyramide $\frac{1}{4}P$ (r) die Mittelkante $51° 46'$ hat, und daher fast völlig mit der auch am Nephelin bekannten Pyramide $\frac{1}{4}P$ übereinstimmt. Diese Krystalle sind mehr oder weniger lang säulenförmig, vollk. spaltbar nach $\infty P2$, wasserhell bis graulichweiss, fettglänzend, durchsichtig bis durchscheinend, haben nach *Breithaupt* das G. $= 2,429$,

und nach *Rammelsberg* eine mit (kaliarmem) Nephelin wesentlich übereinstimmende chem. Zus., indem nur noch $5,6 — 6$ pCt. Kohlensäure als kohlensaurer Kalk und fast 2 pCt. Wasser vorhanden sind, wesshalb denn der Davyn wohl nur Nephelin sei, welcher kohlensauren Kalk aufgenommen hat; schon *Plattner* bestätigte den zuerst von *Monticelli* angezeigten Kohlensäuregehalt. *Rauff* ist geneigt, den Davyn mit dem Mikrosommit in Verbindung zu bringen, welcher ihm formell näher stehe als der Nephelin, macht aber darauf aufmerksam, dass die chem. Zus. des Davyns nach *Rammelsberg* so nahe mit der des Cancrinits übereinstimmt. Viele Beschreibungen des Davyns bezögen sich zweifelsohne auf Mikrosommit. — Am Vesuv, theils in Lava, theils in Drusenräumen der Auswürflinge des Monte Somma.

Anm. 2. Auch der Cancrinit *G. Rose's* wird vielfach als ein Nephelin oder Eläolith betrachtet, welcher etwas kohlensauren Kalk und Wasser aufgenommen hat; das hexagonale Mineral erscheint derb, in individualisirten Massen und stängeligen Aggregaten. — Spaltb. prismatisch nach ∞P, vollk.; H. $= 5...5,5$; G. $= 2,42...2,46$; rosenroth, welche Farbe nach

Kenngott von interponirten mikroskopischen Eisenoxydschuppen herrührt; auch citrongelb, grün und blaulichgrau; auf Spaltungsflächen Glas- bis Perlmutterglanz, ausserdem Fettglanz; durchsichtig bis durchscheinend. Der Cancrinit von Ditró hat z. B. nach *Tschermak* die Zusammensetzung: 37,2 Kieselsäure, 30,3 Thonerde, 5,1 Kalk, 17,4 Natron, 4,0 Wasser, 5,2 Kohlensäure; wie auch in den anderen Analysen hat das nach Abzug des Carbonats übrig bleibende Silicat ziemlich genau die Zusammensetzung eines auch hier wieder äusserst kaliarmen oder ganz kalifreien Nephelins; eigenthümlich ist es, dass man u. d. M. den kohlensauren Kalk nicht als solchen erkennt, und es ist daher die Ansicht *Lemberg's* wohl nicht von der Hand zu weisen, dass man es hier mit einer chemischen Verbindung von Silicat mit Carbonat zu thun hat. Dafür sprach sich auch *Rauff* aus, welcher dabei die Frische der Substanz und die Uebereinstimmung in dem Gehalt an Kohlensäure und Wasser an den verschiedenen Fundorten hervorhebt: aus zwei Analysen des C. von Miask, welche im Durchschnitt 37,28 Kieselsäure, 28,64 Thonerde, 17,89 Natron und Kali, 6,95 Kalk, 6,16 Kohlensäure, 4,03 Wasser ergaben, folgert er die Formel $Na^6(Al^2)^4 Si^9 O^{34} + 2 CaCO^3 + 3 H^2O$, wobei das erste Glied das von ihm angenommene Silicat des Nephelins (vgl. S. 610) ist. Aehnlich ist *Lindström's* Analyse des schwedischen Vorkommnisses. — Beim Glühen trübt er sich — im Gegensatz zu dem dann unverändert bleibenden frischen Nephelin — gleichmässig, wahrscheinlich durch Verlust der Kohlensäure. V. d. L. schmilzt der Cancrinit sehr schwer zu einem weissen, blasigen Glas; in Salzsäure löst er sich unter starkem Aufbrausen vollständig, indem aus der klaren Solution erst beim Kochen oder Abdampfen Kieselgallert ausgeschieden wird; auch Oxalsäure löst ihn unter Abscheidung von oxalsaurem Kalk. — Miask im Ural, Tunkinsk in Sibirien, Litchfield in Maine (Nordamerika), Ditró in Siebenbürgen, Barkevig bei Brevig in Norwegen, Siksjöberg in Särna (Dalarne, Schweden), meist in Eläolith führenden Syeniten.

Anm. 3. Gieseki t und Liebenorit sind wohl auch nur als Umwandlungsproducte des Nephelins aufzufassen, allein nach ihrer jetzigen Beschaffenheit finden sie richtiger ihre Stelle in der Nähe des Pinits.

482. Mikrosommit, *Scacchi.*

Hexagonal; gewöhnl. Combination ∞P. $0P$; eine die Combinationskanten zwischen ∞P und $0P$ abstumpfende Pyramide ist nach *vom Rath* gegen das Prisma mit ungefähr 111° 50' geneigt. *Rauff* bestimmte an grösseren Krystallen noch $\infty P2$ und $\infty P\frac{1}{2}$ sowie das A.-V. = 1 : 0,1183 (*c* gerade $\frac{1}{4}c$ beim Nephelin); die beim Mikrosommit beobachtete Pyramide entspricht also $\frac{1}{4}P$ am Nephelin. Spaltb. sehr vollk. nach ∞P, wenig vollk. nach $0P$; lebhaft seidenglänzend — H. = 6; G. = 2,42...2,53. Die farblosen und wasserhellen Krystalle in den Auswürflingen des Vesuvs bei der Eruption von 1872 sind bisweilen büschelförmig gruppirt, aber so klein, dass ihrer zwanzig ungefähr ein Milligramm wiegen. *Scacchi* und *Rauff* haben das Mineral aber auch in älteren Auswürflingen des Monte Somma gefunden, und zwar in viel grösseren Krystallen, durchschnittlich von den Dimensionen der vesuvischen Nepheline (mehrfach für Davyn ausgegeben). *G. vom Rath*, welcher etwa 1500 Krystalle von 1 Decigr. summarischem Gewicht analysirte, erhielt: 33,0 Kieselsäure, 29,0 Thonerde, 11,2 Kalk, 11,5 Kali, 8,7 Natron, 9,1 Chlor und 1,7 Schwefelsäure, in Summa 104,1. Bei der Annahme, dass der Natrongehalt etwas zu hoch bestimmt wurde, und dass alles Natron als Chlornatrium vorhanden sei, findet er, ohne Berücksichtigung der kleinen Menge von schwefelsaurem Kalk, die Formel $R(Al^2)Si^2O^8 + NaCl$, worin R sehr nahe $= 3Ca + 2K^2$; will man das Sulfat mit berücksichtigen, so ist dieser Formel noch das Glied $\frac{1}{12}CaSO^4$ beizufügen. *Rauff* entdeckte in grösseren Krystallen auch einen Gehalt an Kohlensäure, fand für gewisse Stoffe etwas andere Mengen und erhielt als Mittel seiner Analysen: 32,21 Kieselsäure, 28,52 Thonerde, 10,53 Kalk, 11,20 Natron, 7,13 Kali, 7,04 Chlor, 3,94 Schwefelsäure, 1,12 Kohlensäure, ausserdem ist noch in sehr geringer Menge ein Sulfosalz beigemischt; daraus berechnet er eine höchst complicirte, übrigens nur unter gewisser Voraussetzung gültige Formel (Z. f. Kryst., II. 1878. 168). Nach *Scacchi* sind gewisse Krystalle schwefelsäurefrei. Wird von Salzsäure sowie von Salpetersäure zersetzt unter Bildung von Kieselgallert; schwierig schmelzbar. Es ist ein interessantes Sublimationsproduct der vesuvischen Lava (Monatsber. der Berl. Akad., 1873. 270) und bemerkenswerth, weil es in der Mitte steht zwischen Nephelin einerseits, dessen Krystallform es besitzt, und zwischen Sodalith und Nosean anderseits, denen es chemisch sehr ähnlich ist.

483. Sodalith, *Thomson.*

Regulär; ∞O, auch $\infty O.\infty O\infty$; an einem Krystall von Låven im Langesundsfjord fand *Klein* auch O und 404; Zwillingskrystalle nach einer trigonalen Zwischenaxe mit Durchkreuzung der Individuen nicht selten; auch derb in körnigen Aggregaten und individualisirten Massen. — Spaltb. dodekaëdrisch nach ∞O, mehr oder weniger vollk.; Bruch muschelig bis uneben und splitterig; H. = 5,5; G. = 2,13...2,29 farblos, gelblichweiss, grünlichweiss, grünlichgrau bis spargelgrün, auch berliner- bis lasurblau; Glasglanz auf Krystallflächen, doch in den Fettglanz geneigt, welcher im Bruch sehr vollk. ist; durchscheinend. — Chem. Zus. nach mehren, ziemlich gut übereinstimmenden Analysen: $Na^4Al^3Si^3O^{12}Cl$, welches gedeutet zu werden pflegt als $3(Na^2(Al^2)Si^2O^8) + 2NaCl$, also als Verbindung von 3 Mol. des Thonerde-Natron-Silicats, welches auch im Nephelin erscheint, mit 2 Mol. Chlornatrium; doch ist letzteres, wie das Verhalten gegen Wasser zeigt, nicht als solches in dem Mineral vorhanden.: die Analysen ergeben darnach in 100 Theilen: 37,14 Kieselsäure, 31,60 Thonerde. 25,60 Natron, 7,31 Chlor (101,65). Der grüne S. vom Vesuv und aus Grönland i.' dagegen viel ärmer an Chlor, indem derselbe davon nur 2,6 pCt. (zufolge *Lorenzen* allerdings auch 7,30) enthält, was auf eine Verbindung von 9 Mol. jenes Silicats mit 2 Mol. NaCl führt, während ein von *E. Bamberger* untersuchter blauer erratischer S. von Tiahuanaco in Bolivien auf die einfachere von 2 Mol. Silicat mit 1 Mol. Chlorid (empirisch $Na^5(Al^2)Si^4O^{16}Cl$) mit 5,65 Chlor geleitet. V. d. L. schmilzt er, theils ruhig, theils unter Aufblähen, mehr oder weniger schwer zu einem farblosen Glas; von Salzsäure und Salpetersäure wird er leicht und vollkommen zersetzt unter Abscheidung von Kieselgallert. — Grönland, Ilmengebirge in Russland, hier berlinerblau; Brevig und Frederiksvärn in Norwegen; Vesuv, Rieden am Laacher See, Litchfield in Maine, Ditró in Siebenbürgen, namentlich in Nephelin führenden Syeniten.

484. Nosean, *Klaproth* (Spinellan).

Regulär; meist ∞O, die Krystalle meist einzeln eingewachsen oder auch aufgewachsen, und dann oft als Zwillingskrystalle ausgebildet, auch krystallinische unregelmässige Körner, und derb in körnigen Aggregaten. Spaltb. dodekaëdrisch nach ∞O. ziemlich vollk.; Bruch muschelig; H. = 5,5; G. = 2,279...2,399; aschgrau, gelblichgrau und graulichweiss, auch graulichblau, grün und schwarz, selten weiss, oft wird ein grauer Kern von einer weissen Rinde umschlossen oder umgekehrt; durch Glühen kann, wie *Vogelsang* und *Dressel* erwiesen, dem Nosean die blaue Farbe des Hauyn- mitgetheilt werden; fettartiger Glasglanz, durchscheinend bis kantendurchscheinend. — Chem. Zus.: nach den früheren Analysen von *Bergemann* und *Varrentrapp*, namentlich aber den späteren von *Whitney* und *vom Rath* ist in dem Nosean mit einem Silicat ein Sulfat verbunden; das Silicat hat, unberücksichtigt den sehr geringen Kalkgehalt (1 bis 2 pCt.), darnach die Formel $Na^2(Al^2)Si^2O^8$, ist also ganz dasselbe, was auch im Sodalith und im Nephelin auftritt; das Sulfat, welches indessen wohl nicht als solches in dem Mineral auftritt, ist Na^2SO^4. Es scheint, dass auf 2 Mol. des Silicats 1 Mol. des Sulfats vorhanden ist, was, den Nosean kalkfrei gedacht, die empirische Formel $Na^6(Al^2)^2Si^4O^{20}S$ ergeben und liefern würde: 33,79 Kieselsäure, 28,75 Thonerde. 26,20 Natron, 11,26 Schwefelsäure. Doch müssten bei dieser Annahme die meisten Noseane schon etwas Sulfat verloren haben, indem viele Analysen auf eine Verbindung von 3 Mol. des Silicats mit 1 Mol. des Sulfats führen (entsprechend 8,04 Schwefelsäure). Der Nosean enthält auch 0,6 bis 1 pCt. Chlor (vermuthlich als Sodalithsubstanz). V. d. L. entfärbt er sich und schmilzt an den Kanten zu blasigem Glas: Salzsäure und andere Säuren zersetzen ihn unter Abscheidung von Kieselgallert, ohne dass sich Schwefelwasserstoff entwickelt; das Pulver reagirt alkalisch. — Laacher See und Rieden in Rheinpreussen in Sanidingestein, Olbrücker Berg bei Brohl, sowie Hohentwiel im Phonolith; nach *Zirkel* in mikroskopischen Krystallen ein Gemengtheil fast aller Phonolithe, nach *Dressel* auch in den Trachytbomben am Laacher See.

Anm. Ueber die so merkwürdige mikroskopische Structur des Noseans (sowie des folgenden Hauyns), in welchem dunkle staubähnliche Körnchen, schwarze strichähnliche Gebilde, schwarze und röthliche Krystalle (alle oft zu regelrecht netzförmig sich durchkreuzenden Fäden aneinandergereiht) eine grosse Rolle spielen, vgl. z. B. *Zirkel*.

die mikrosk. Beschaffenh. der Mineralien und Gesteine, 1873. 156. Eine Umwandlung erfolgt in ein filziges polarisirendes Aggregat farbloser zeolithischer Fäserchen, mit oder ohne Calcitbildung.

485. Hauyn, *Neergard.*

Regulär; meist ∞O, oder die Comb. $0.\infty O$, selten O allein, auch $\infty O\infty$, $2O2$ und $\infty O2$; häufiger in krystallinischen Körnern, welche, ebenso wie die Krystalle, gewöhnlich einzeln eingewachsen, selten aggregirt sind; der weisse erscheint oft in Zwillingskrystallen nach einer Fläche von O, auch Durchwachsungszwillinge wie beim Sodalith, sowie polysynthetische Juxtapositionszwillinge; Spaltb. dodekaëdrisch nach ∞O, mehr oder weniger vollk.; H. $= 5...5,5$; G. $= 2,4...2,5$; selten farblos oder weiss (sog. Berzelin), gewöhnlich lasur- bis himmelblau oder blaulichgrün, nach *Scacchi* auch zuweilen schwarz und roth (durch secundäre Lamellen von Eisenoxyd); Strich meist blaulichweiss; Glas- bis Fettglanz, halbdurchsichtig bis durchscheinend.

— Chem. Zus.: nach den Analysen des Albaner Hauyns, des schön blauen vom Vesuv, desjenigen aus den Lesesteinen am Laacher See, sowie aus den Laven von Niedermendig und Melfi, welche namentlich *Rammelsberg, Whitney* und *vom Rath* ausgeführt haben, und die im Allgemeinen die empirische Formel $(Na^2, Ca)^3 (Al^2)^2 Si^4 O^{20} S$ geben, besteht der Hauyn ebenfalls aus demselben Silicat und Sulfat mit demselben Molekularverhältniss $2 : 1$, wie der Nosean, nur waltet der Unterschied ob, dass hier eine nicht unbeträchtliche Menge des Natriums durch Calcium ersetzt ist; die Formel des Hauyns wird daher $2(Na^2, Ca)(Al^2) Si^2 O^8 + (Na^2, Ca) S O^4$. Das Verh. von Na : Ca geht von $5 : 1$ bis $5 : 2$. Ein verdunstender Tropfen der salzsauren Lösung scheidet daher — im Gegensatz zum Sodalith — mikroskopische Gypsnädelchen ab. Die Hauyne enthalten auch kleine Mengen von Kalium, welches hier zu dem Natrium gezogen wurde. Die Schwefelsäure beträgt in den Analysen 11 bis $12\frac{1}{2}$ pCt., die meisten ergeben auch Spuren oder bis 0,5 pCt. Chlor. Für den blauen Hauyn vom Vesuv fand *Rammelsberg* 34,06 Kieselsäure, 27,64 Thonerde, 11,79 Natron, 4,96 Kali, 10,60 Kalk und 11,25 Schwefelsäure. Die blaue Farbe des Hauyns wird wahrscheinlich durch etwas beigemischtes Schwefelnatrium bedingt. V. d. L. decrepitirt er stark, entfärbt sich und schmilzt zu einem blaugrünlichen blasigen Glas; in Salzsäure entwickelt er kaum eine Spur von Schwefelwasserstoff, und zersetzt sich unter Abscheidung von Kieselgallert; das Pulver zeigt alkalische Reaction. — Vesuv, im Peperin des Albaner Gebirges bei Rom (hier neben blauem auch farbloser und weisser, als O krystallisirter Hauyn, *Necker's* sog. Berzelin), in den Laven von Niedermendig und vom Hochsimmer bei Laach, Hohentwiel im Phonolith; sehr gemein in allen Laven des Vultur bei Melfi, welche daher *Abich* Hauynophyr nannte; in Gesteinen der Insel St. Antao (Capverden) nach *Doelter*; mikroskopisch in verschiedenen Nephelin- und Leucitbasalten.

Anm. 1. Im Anhang an den Hauyn kann *Gmelin's* Ittnerit aufgeführt werden. Regulär, bis jetzt fast nur derb, in individualisirten Massen oder in grobkörnigen Aggregaten. — Spaltb. dodekaëdrisch nach ∞O, deutlich; Bruch flachmuschelig; H. $= 5...5,5$; G. $= 2,35...2,40$; rauchgrau, aschgrau bis dunkel blaulichgrau, Fettglanz, kantendurchscheinend, in dünen Lamellen farblos. — Chem. Zus.: die letzte Analyse von *van Werveke* ergab: 34,14 Kieselsäure, 28,17 Thonerde, 6,75 Kalk, 0,50 Magnesia, 1,81 Kali, 14,35 Natron, 0,92 Natrium, 5,58 Schwefelsäure, 1,44 Chlor, 5,78 Wasser, eine Zus., mit welcher die älteren Analysen von C. *Gmelin, Whitney* und *Rammelsberg* ziemlich gut übereinstimmen, abgesehen von der bei letzteren viel höheren Wassermenge (10,76; 9,83 und gar 12,04 pCt.), und welche also eine hauyn-oder noseanähnliche mit einem Wassergehalt ist. *Rammelsberg* ist der Ansicht, dass der Ittnerit das Zersetzungsproduct eines Minerals der Sodalithgruppe, wahrscheinlich des Noseans sei; auch *van Werveke* hält ihn (N. J. f. Min., 1880. II. 264) für ein selbständiges Mineral, sondern für einen in verschiedenem Grade zeolithisirten Hauyn (vielleicht auch Nosean), wobei der sich entwickelnde Zeolith wahrscheinlich Gismondin sei; allerdings ergibt alsdann seine eigene Analyse nicht weniger als 27,4, die von *Gmelin* gar 51,1 pCt. Gismondin, Quantitäten, womit die wahrnehmbare Betheiligung zeolithischer Substanz an der

Ittneritmasse nicht im Einklang zu stehen scheint. U. d. M. enthält der Ittnerit Körnchen von grünlichem Augit und von bräunlichem Melanit, sowie opake Mikrolithe (vielleicht Magnetkies) und andere farblose Interpositionen, auch reihenförmig gelagerte leere Poren; längs zahlreicher Sprünge ist seine wasserklare frische isotrope Grundsubstanz etwas getrübt; auf Klüften sitzt wohl Calcit. — V. d. L. schmilzt er leicht unter starkem Aufblähen und Entwickelung schwefeliger Säure zu blasigem undurchsichtigem Glas; kochendes Wasser zieht etwas schwefelsauren Kalk aus; in Salzsäure löslich unter Entwickelung von Schwefelwasserstoff und Abscheidung von Kieselgallert. — Oberbergen am Kaiserstuhl bei Freiburg.

Anm. 2. Skolopsit nannte *v. Kobell* ein dem Ittnerit ähnliches Mineral vom Kaiserstuhl, welches jedoch nur Spuren von Spaltbarkeit, splitterigen Bruch und G. = 2,53 zeigt, die Analysen von *v. Kobell, Rammelsberg* und *van Werveke* weichen beträchtlich unter einander ab, und es ist wahrscheinlich, dass auch hier ein in verschiedenem Grade veränderter Hauyn oder Nosean vorliegt.

486. Lasurstein, *Werner,* oder Lapis Lazuli.

Regulär; ∞O, selten deutlich erkennbar, meist derb und eingesprengt in kleinund feinkörnigen Aggregaten. — Spaltb. dodekaëdrisch nach ∞O, unvollk.; H. = 5,5; G. = 2,38...2,42; lasurblau, glasähnlicher Fettglanz; kantendurchscheinend bis undurchsichtig. — Chem. Zus. nach *Varrentrapp:* 45,5 Kieselsäure, 31,76 Thonerde, 5,89 Schwefelsäure, 9,09 Natron und 3,52 Kalk, dazu etwas Eisenoxyd, Schwefel und Spur von Wasser, woraus sich wiederum die Verbindung eines Silicats mit einem Sulfat und die Beimischung eines Sulfids ergibt, in welchem die Ursache der blauen Farbe vermuthet wird. Andere Analysen gaben mehr oder weniger abweichende Resultate, wie denn auch schon das Ansehen des Minerals auf ein Gemeng deutet. Dies bestätigen die mikroskopischen Untersuchungen von *Fischer,* denen zufolge der Lasurstein besteht aus blauer einfach-brechender Substanz, körnig verwachsen mit blauen polarisirenden Partikeln, ferner mit Kalkspath und anderen, nicht durch Essigsäure entfernbaren farblosen Theilen; ein homogenes Mineral liegt also hier nicht vor, aber selbst ein von *Fischer* untersuchter **Krystall** erwies sich als **nicht homogen.** V. d. L. entfärbt er sich und schmilzt zu einem weissen blasigen Glas, in Salzsäure entwickelt er etwas Schwefelwasserstoff und zersetzt sich unter Abscheidung von Kieselgallert. — Mit Kalkstein verwachsen und mit Eisenkies gemengt in Sibirien am Baikalsee, in der Tatarei, Buchara, Tibet, China, Chile in der Cordillere von Ovalle; in Auswürflingen des Monte Somma, nuss- bis faustgrosse von Kalkstein umgebene Massen; auch als Bruchstücke im Peperin der Albaner Berge.

Gebrauch. Der Lasurstein wird wegen seiner schönen Farbe zu allerlei Geschmeide und Ornamenten verarbeitet; ehemals diente er auch zur Bereitung des Ultramarins.

Anm. Nach *Nordenskiöld* ist der Lasurstein eigentlich ein farbloses Mineral, welches nur durch ein interponirtes Pigment gefärbt ist; dieses Pigment zeige verschiedene grüne, blaue, violette und rothe Farben, werde aber durch Erhitzung lasurblau. Vgl. auch bezüglich der zuletzt erwähnten Mineralien die treffliche Abhandlung von *H. Vogelsang*: Ueber die natürlichen Ultramarin-Verbindungen, Amsterdam 1873.

10. Glimmergruppe[1]).

Silicate wesentlich von Thonerde und Kali (oder Natron), wozu aber in vielen Glimmern auch Magnesia (und Eisenoxydul) tritt; bisweilen begleitet Lithion das Kali und findet sich neben Thonerde Eisenoxyd; Kalk fehlt gewöhnlich; immer mit

---

[1] Ueber die Glimmergruppe vgl. in krystallographischer und chemischer Hinsicht: *Tschermak*, Sitzgber. Wiener Akad. Bd. 76. Juliheft, und Bd. 78. Juniheft; auch Z. f. Kryst. II. 1878. 14 und III. 1879. 122. In chemischer Hinsicht: *Rammelsberg*, Ann. d. Phys. u. Ch., N. F. Bd. IX. 1880. 443 u. 392. — Ueber Aetzfiguren bei verschiedenen Glimmerarten vgl. *F. J. Wiik* in Öfvers. af Finska Vet. Soc. Förh. XXII. 1880, und Z. f. Kryst. VII. 187.

Gehalt an Wasser, welches erst beim Glühen entweicht, oft auch an Fluor. Ungeachtet zahlreicher Analysen ist die chemische Natur sehr vieler Glieder der Glimmergruppe noch nicht ganz befriedigend festgestellt, da anscheinend übereinstimmende Vorkommnisse nicht ungezwungen auf dieselbe Formel zurückgeführt werden können, und andere Glimmer überhaupt zur Annahme sehr complicirter Verbindungen nöthigen. Das Krystallsystem ist monoklin, doch merkwürdigerweise mit einerseits meist scheinbar hexagonaler Entwickelung, indem die Prismenwinkel und die ebenen Winkel der Basis 120° betragen, anderseits einem Axenwinkel ac, welcher 90° (dem des rhombischen Systems) höchst nahe kommt. Krystalle, welche sichere Messungen gestatten, sind nur selten. Optisch sind die Glimmer dadurch, dass die optische Mittellinie nicht normal auf der Basis steht, entschiedener als monoklin charakterisirt; doch treten, was die Lage der optischen Axenebene und den Axenwinkel betrifft, bei scheinbar zusammengehörigen Glimmern und selbst bei solchen desselben Fundorts manche Verschiedenheiten auf. Sehr ausgezeichnet monotom basisch spaltbar, weshalb sich die Glimmer in ungemein feine, meist elastisch biegsame Lamellen zertheilen lassen. Geringe Härte; G. $= 2,7...3$; wichtige Gemengtheile vieler und weit verbreiteter Felsarten.

487. Meroxen, *Breithaupt*; Biotit z. Th.; Magnesiaglimmer z. Th.

Winkelmessungen an dem hierher gehörigen vesuvischen Glimmer führten *Phillips* (1837) und *G. Rose* (1844) zur Annahme des monoklinen, *Marignac* (1847) zu der des hexagonalen Systems, während *v. Kokscharow* (1854) aus zahlreichen Beobachtungen schloss, das System sei das rhombische und das monokline Aussehen der Krystalle die Folge einer eigenthümlichen Meroëdrie. Auch *Des-Cloizeaux* stellte sämmtliche Magnesiaglimmer zum rhombischen System. *Hessenberg* vertheidigte dann (1866) wieder die Zugehörigkeit zum rhomboëdrisch-hexagonalen System, welcher Ansicht *G. vom Rath* (1874) und *v. Kokscharow* (1875) beitraten, wobei jedoch ebenfalls eine Partialflächigkeit angenommen wurde. In den Jahren 1877 und 1878 erschien die ausgezeichnete Abhandlung von *Tschermak* über die Glimmergruppe (vgl. Anm. S. 614), worin die **monokline** Natur sämmtlicher eigentlicher Glimmer endgültig, namentlich auch aus optischen Gründen, dargethan wurde, nachdem schon vorher *Hintze* einen durch *G. vom Rath* als morphologisch entschieden hexagonal bestimmten Glimmer vom Vesuv als optisch zweiaxig mit einem Axenwinkel von etwas über 5° erkannt und festgestellt hatte, dass die Mittellinie der opt. Axen mit der Normalen auf die Basis **nicht** zusammenfällt.

Monoklin nach *Tschermak*. An den meisten Krystallen ist $0P$ (c), P (m), $-P$ (o) und $\infty\check{P}\infty$ (b) vorwaltend entwickelt[1]), m und o häufig parallel zur Kante mc gestreift; seltener sind $-\check{P}\infty$ (r) und $-3\check{P}3$ (z), welche Flächen zu c gleich geneigt sind, was z. Th. die frühere Annahme des rhomboëdrischen Charakters begünstigte. Ausserdem wurde eine Reihe stumpferer Protopyramiden beobachtet; selten ist ∞P. Die umstehenden Figuren *Tschermak*'s stellen 3 Combinationen dar.

Die wichtigsten Winkel sind nach *Tschermak* und *vom Rath*:

$m:m =$ 120° 47′ T	$m:c =$ 98° 44′ T	$c:z =$ 99° 59½′ R
$b:c =$ 90 0	$o:o =$ 122 50 R	$b:m =$ 119 44 R
$c:o =$ 106 56 T	$c:r =$ 100 0 R	$b:z =$ 148 32 R

Aus den Messungen *vom Rath*'s ergibt sich, dass $\infty P = 119° 59′ 12''$ sein würde, und $\beta = 89° 59′ 50''$ ist; das Krystallsystem hat also das Eigenthümliche, dass es mit

---

1) Gemäss der neueren Deutung der Formen, welche *Tschermak* in seinem Lehrbuch der Mineralogie angenommen hat.

Bezug auf die Kantenwinkel dem hexagonalen, auf die Axenwinkel dem rhombischen sehr nahe steht, und zwar so, dass es durch Winkelmessungen kaum oder gar nicht bestimmt werden kann.

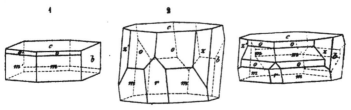

Fig. 1.   0P.P.—P.∞P∞.
Fig. 2.   Dieselbe Comb., noch mit —P∞ (r) und —3P3 (z).
Fig. 3.   Dieselbe Comb. wie Fig. 2, mit treppenförmiger Wiederholung der Flächen.

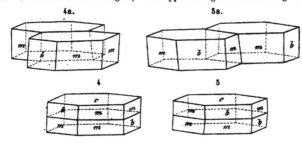

Den Zwillingsbildungen liegt nach *Tschermak* das Gesetz zu Grunde, dass eine gegen c senkrechte Fläche, welche in der Prismenzone 0P : ∞P liegt, Zwillings-Ebene ist, die beiden Individuen sich jedoch übereinanderschieben, so dass sie sich in einer Ebene berühren, welche fast genau parallel 0P ist. Wenn die beiden Individuen sich an der Zwillings-Ebene berührten, so würden zwei Fälle zu unterscheiden sein, je nachdem das zweite Individ sich an die vordere rechts liegende Prismenkante (Fig. 4 a), oder an die vordere links liegende Prismenkante anlagert (Fig. 5 a). Da nun das Fortwachsen der Zwillinge seltener von den Zwillingsflächen aus (d. h. in horizontaler Richtung) erfolgt, häufig aber von der Fläche 0P aus vor sich geht, so erscheinen die beiden Individuen übereinandergelagert, wie es Fig. 4 für den rechten, und Fig. 5 für den linken Zwilling zeigt. Dabei beträgt der einspringende Winkel mm=162°49′, mb=171°19′. Bisweilen sind auch in grössere Krystalle eine oder mehre dünne Zwillingslamellen eingeschaltet. Anstatt der Flächen m und b treten mitunter vicinale Flächen auf.

  Ueberhaupt sind die Krystalle meist tafelartig durch Vorherrschen von 0P, bisweilen mit abgerundeten Kanten, selten kurz säulenförmig in der Richtung der Verticalaxe; die dunkelbraunen und schwarzen Glimmer der Basalte, Porphyre u. a. Massengesteine erscheinen meist als hexagonale Tafeln, randlich begrenzt von m und b. Einzeln eingewachsen, oder aufgewachsen und dann zu Drusen gruppirt; derb in individualisirten Massen, in schaligen, körnig-blätterigen und schuppig-schieferigen Aggregaten, und als Gemengtheil vieler krystallinischer Silicatgesteine. — Als mikroskopische Einwachsungen finden sich namentlich Apatit, Magnetit, sowie spiessige, keulenförmige und nadelförmige Mikrolithen (auch Körnchen derselben Substanz), welche z. Th. dem Rutil, z. Th. dem Epidot angehören, und einerseits — wie z. B. die von *Williams* beschriebenen sich gesetzmässig kreuzenden schönen Rutilnadeln — gerade in dem ganz frischen Glimmer liegen, und bei dessen Zersetzung allmählich verschwinden, anderseits aber auch namentlich in dem der Ausbleichung und Umbildung unterworfenen erst hervorzutreten scheinen. — Spaltb. basisch, höchst vollkommen; die Schlagfigur auf der Basis ist nach *Bauer* ein hexagonales Kreuz; die eine Linie geht parallel der Kante *cb* (die ihr entsprechende Trennungsfläche ist nach *Tschermak* das Klinopinakoid), während zwei andere Schlaglinien parallel den Kanten *cm* und *cm'* verlaufen (mehren Pyramidenflächen entsprechend, darunter *m* die vollkommenste Trennung darbietet); eine faserige Theilbarkeit findet nicht statt; mild, bisweilen fast spröd, in dünnen Lamellen elastisch biegsam; H. $= 2,5...3$; G. $= 2,8...3,2$; beim Aetzen entstehen nach *Baumhauer* regelmässig sechsseitige Vertiefungen; grüne, braune, schwarze und graue, meist sehr dunkle Farben; starker metallartiger Perlmutterglanz auf 0P; pellucid, doch gewöhnlich in sehr geringem Grade, so dass man oft äusserst dünne Lamellen anwenden muss, um den optischen Charakter zu prüfen. Optisch zweiaxig negativ mit oft äusserst kleinem Axenwinkel (aber wachsend bis zu 56° in einem schwarzen Meroxen aus dem Albanergebirge); nach *Tschermak* vergrössert sich in den eigentlichen Meroxenen der negative Axenwinkel mit Zunahme des Eisenoxydulgehalts. Die Ebene der optischen Axen liegt im klinodiagonalen Hauptschnitt, geht also in den sechsseitigen basischen Lamellen parallel einer Randkante (vgl. S. 144); die spitze Bisectrix (a) weicht wenig von der Normalen auf 0P ab, und zwar ist dieselbe manchmal vor der Normalen, öfters aber hinter derselben (gegen *r* zu) geneigt, oder fällt mit derselben fast zusammen; $\varrho < v$. Sehr stark pleochroitisch (stärker als Hornblende) mit bedeutender Absorption in Schnitten, welche nicht parallel zu 0P sind: senkrecht auf die Lamellirung (a) gelblich bis hellbraun, parallel der Lamellirung (c) dunkelbraun bis schwarz; die Querschnitte sind meist scheinbar isotrop und ohne Pleochroismus, die Längsschnitte zeigen gerade Auslöschung.

Chem. Zus. äusserst verschiedenartig: charakteristisch und unterscheidend vom Kaliglimmer ist der meist von 10 bis 30 pCt. schwankende Gehalt an Magnesia, und der oft bedeutende Gehalt an Eisen, welches zum Theil Oxydul ist; neben diesen beiden Basen tritt aber stets Kali (5 bis 11 pCt.), auch etwas Natron (in einem Biotit von Portland in Connecticut nach *G. Hawes* auch 0,93 Lithion) auf, während die Sesquioxyde (Thonerde 11 bis 20 pCt., und Eisenoxyd 1 bis 13 pCt.) meist in umgekehrten Verhältnissen, aber in Summa etwas weniger vorhanden sind, als in den Kaliglimmern. Der Gehalt an Kieselsäure pflegt zwischen 38 und 43 pCt. zu schwanken, dabei ist zuweilen ein kleiner Theil derselben durch Titansäure vertreten. Ein wenig Fluor ist oft, etwas Wasser stets vorhanden. Aus der Discussion der brauchbaren Analysen (derjenigen, welche beide Oxyde des Eisens getrennt haben) folgert *Rammelsberg*, dass diese Glimmer sämmtlich Mischungen von neutralen Silicaten sind: sie bestehen in wechselnden Verhältnissen aus $m\overset{I}{R}{}^4\text{Si}\,\text{0}^4$, $n\overset{II}{R}{}^2\text{Si}\,\text{0}^4$, $v(\overset{IV}{R}{}^2)^2\text{Si}^3\text{0}^{12}$, worin $\overset{I}{R} = K$ (und H, auch Na), $\overset{II}{R} = Fe$ und Mg, $(R^2) = (Al^2)$ und (Fe^2). Während aber diese Zusammensetzung bei gewissen Glimmern scharf hervortritt, wenn alles Wasser als basisch betrachtet wird, führen andere Glimmer auf diese Mischung von neutralen Silicaten schon ohne Einrechnung des Wasserstoffs als einwerthiges Element. — *Tschermak* betrachtet die Meroxene als Mischungen der Substanzen $\overset{II}{R}{}^3\overset{3}{K}(Al^2)^3\text{Si}^6\text{0}^{24}$ Muscovit) und $Mg^{12}\text{Si}^6\text{0}^{24}$ (eine Polymerie des Olivinsilicats) in dem Verhältniss 1 : 1 oder 2 : 1, auch intermediäre Mischungen; (Al^2) ist durch (Fe^2) und Mg durch Fe theilweise vertreten. — Die Magnesiaglimmer sind meist schwer schmelzbar zu grauem oder schwarzem Glas, und geben mit Flüssen eine starke Reaction auf Eisen; von Salzsäure werden sie wenig angegriffen, von concentrirter Schwefelsäure dagegen vollständig zersetzt mit Hinterlassung eines weissen Kieselskelets; das Pulver reagirt nach *Kenngott* stark alkalisch. — Gemengtheil vieler Gesteine, besonders gewisser Basalte, Trachyte, Porphyre, Granite, Gneisse und Glimmerschiefer; ausgezeichnete Varietäten vom Vesuv,

von Grönland, vom Monzoni, von Arendal, Pargas, Sala, Miask, Monroe in New-York.
Chester in Pennsylvanien u. a. O.; ob indessen alle diese Vorkommnisse zum eigent-
lichen Meroxen gehören, ist noch zweifelhaft. — Anm. *Breithaupt's* Rubellan, dessen hexagonale Tafeln sich durch bräunlichrothe
bis fast ziegelrothe Farbe, Undurchsichtigkeit, Sprödigkeit und Unbiegsamkeit auszeichnen,
ist wohl in den meisten Fällen ein nicht homogenes, auf verschiedenen Stadien befindliches
Umwandlungsproduct von Magnesiaglimmer (*Hollrung* in Min. u. petrogr. Mitth. V. 304); er
findet sich als Gemengtheil von Melaphyren, Basalten und Laven. Einigermaassen ähnlich
dem Rubellan scheint das glimmerartige Mineral zu sein, welches *Simmler* unter dem Namen
Helvetan einführte. Dasselbe erscheint in schuppigen Aggregaten, ist vollk. monotom,
spröd, sehr verschiedentlich gefärbt, meist graugrün, gelb, bräunlich bis kupferroth, hat H. =
2,5 ... 3, G. = 2,77 ... 3,03, und besteht wesentlich aus Kieselsäure, Thonerde, Magnesia
und Eisenoxydul. Es bildet selbständige Schieferzonen, besonders in der Tödikette und im
Engadin. — Aspidolith nennt *v. Kobell* einen in kleinen rhombischen, schildförmig convexen, oval-tafelförmigen Krystallen vorkommenden, dunkel olivengrünen Magnesiaglimmer,
von H. = 1,5, G. = 2,72, welcher sich v. d. L. ausserordentlich aufbläht, krümmt und windet, dabei metallischen Glanz und hellgraue Farbe erhält, auch von conc. Salzsäure ziemlich
leicht zersetzt wird, mit Hinterlassung von weissen Kieselschuppen; eingesprengt in schuppi-
gem Chlorit im Tiroler Zillerthal, auch im Gneiss bei Znaim in Mähren. — *Igelström's* Man-
ganophyll von Pajsberg bei Filipstad in Schweden ist ein rother Magnesiaglimmer mit dem
grossen Gehalt von 24,4 pCt. an Manganoxydul.

488. Lepidomelan, *Hausmann*.

Wahrscheinlich monoklin nach *Tschermak*, in kleinen sechsseitigen Tafeln, welche
körnig-schuppige Aggregate bilden und selten über ½ Linie gross sind. — Spaltb. basisch
vollk.; etwas spröd; H. = 3; G. = 3; rabenschwarz, Strich berggrün, stark glasglänzend;
Ebene der optischen Axen (Axenwinkel circa 4—8°) parallel dem Klinopinakoid. — Chem.
Zus. nach der Analyse von *Soltmann*: 37,40 Kieselsäure, 11,60 Thonerde, 27,66 Eisenoxyd,
12,43 Eisenoxydul, 0,60 Magnesia, 9,20 Kali, 0,60 Wasser; dies lässt sich nach *Rammelsberg*
auf die Constitution eines Magnesiaglimmers zurückführen, worin |(vgl. S. 617) $m = 1$, $n = 3$,
$v = 2$; doch gab *Rammelsberg's* eigene Analyse abweichende Zahlen. —] Nach *Tschermak*
zusammengesetzt in verschiedenen Verhältnissen aus $R^4 K^2 (Al^2)^3 Si^6 O^{24}$ und $Mg^{12} Si^6 O^{24}$ (vgl. Meroxen), wobei statt der ersteren Verbindung auch wechselnde Mengen der entsprechenden
Eisenoxydverbindung eintreten. V. d. L. wird er braun und schmilzt dann zu einem schwarzen magnetischen Glas; von Salzsäure oder Salpetersäure wird er ziemlich leicht zersetzt mit
Hinterlassung eines Kieselskelets. — Persberg in Wermland. — Chemisch gehören zum
Lepidomelan noch gewisse sog. Biotite von Harzburg und Freiberg, auch nach *Haughton*
schwarze Glimmer aus den Graniten von Donegal, sowie braune von zwei Orten in Suther-
land. Ein von *Nessler* untersuchter brauner Glimmer aus dem Gneiss von Milben im Rench-
thal enthielt z. B. ebenfalls 13,73 Eisenoxyd, 7,4 Eisenoxydul und nur 0,36 Magnesia. —
Anm. Als Haughtonit bezeichnet *Heddle* einen namentlich in schottischen Graniten
reichlich vorhandenen, braunen oder schwarzen Glimmer, meist optisch schwach zweiaxig,
welcher sich von dem Biotit durch den geringen Gehalt an Magnesia (im Mittel 9,07 pCt.), von
dem Lepidomelan durch die grosse Menge des Eisenoxyduls (im Mittel 17,22) auszeichnet
(Min. Magaz. 1879. No. 13); schwer schmelzbar zu einer magnetischen Perle von schwarzer
Farbe, während Lepidomelan und Biotit beim Erhitzen heller werden; G. im Mittel = 3,04.
Aehnlich ist ein von *Baltzer* untersuchter dunkler Glimmer aus dem Tonalit; ferner gehören
ihrer Zus. nach hierher Glimmer von Brand, von Harzburg, aus dem Schapbachthal und von Tri-
berg im Schwarzwald.

489. Anomit, *Tschermak*.

Monoklin, wie Meroxen und ganz wie dieser gestaltet; $c : m = 98° 42'$; $c : o = 106°$
47'; gewöhnl. Comb. *c, m, o, b* (S. 615). Winkel der opt. Axen 12—16°, auch kleiner als 12°:
die Ebene derselben ist aber nicht, wie beim Meroxen, parallel mit, sondern senkrecht
auf $\infty P \infty$, steht also in den sechsseitigen basischen Lamellen senkrecht auf einer Randkante; $\varrho > v$. Die spitze Bisectrix (a) ist ebenfalls gegen die Normale auf 0P geneigt und
zwar oben nach rückwärts. — Der mehrfach untersuchte Anomit vom Baikal-See lieferte bei
der Analyse von *E. Ludwig*: 40,00 Kieselsäure, 17,28 Thonerde, 0,72 Eisenoxyd, 4,88 Eisenoxydul, 23,91 Magnesia, 8,57 Kali, 1,47 Natron, 1,57 Fluor, 1,87 Wasser, womit der ebenfalls

öfter analysirte von Greenwood Furnace sehr übereinstimmt; diese Zusammensetzung führt auf die Formel H^2O, $2K^2O$, $12MgO$, $3(Al^2)O^3$, $12SiO^2$, was *Tschermak* auffasst als eine Verbindung von $H^2K^4(Al^2)^3Si^6O^{24}$ (Muscovit) und $Mg^{12}Si^6O^{24}$ (Olivin) in dem Verhältniss 1 : 1 (andere ergeben dies Verhältniss wie 2 : 1, auch intermediäre Mischungen). — Hierher gehören die braunen durchsichtigen Glimmerkrystalle vom Baikal-See, welche mit Diopsid im grosskörnigen Kalkspath liegen, sowie der schöne grüne Glimmer von Greenwood Furnace bei Monroe, dessen Stücke gewöhnlich ausser von der basischen Spaltfläche von bisweilen faserigen Gleitflächen begrenzt werden, welche leicht mit Krystallflächen. verwechselt werden könnten und nach *Tschermak* namentlich $\frac{1}{2}P\infty$ und $\frac{1}{2}P2$ entsprechen. *Becke* fand Anomit in einem Quarzdioritporphyrit von Steinegg im niederösterr. Waldviertel, *Eichstädt* denselben in dem Melilithbasalt von Alnö, Schweden.

490. Phlogopit, *Breithaupt* **(Magnesiaglimmer z. Th.)** [1]**.**

Monoklin nach *Tschermak*, wie es scheint, formell mit dem Meroxen vollständig übereinstimmend; gewöhnl. Comb. $0P.P.\infty P\infty$; $c:m = 98^{\circ}30'$ bis 99°; $c:o = 107^{\circ}$; $-P$ gewöhnlich nur schmal (vgl. Meroxen). Zwillinge wie beim Meroxen mit übereinandergelagerten Individuen, aber auch mit nebeneinandergelagerten, wie beistehende Figur, wobei auf $0P$ eine zur Combinationskante mit b parallele Streifung erscheint. Auch

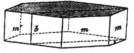

in der Lage der Gleitflächen zeigt sich grosse Aehnlichkeit mit dem Meroxen. G. $= 2,75$ $... 2,97$; roth, gelb, braun, in dünnen Lamellen vollkommen durchsichtig. Bei den von *Tschermak* untersuchten Phlogopiten war die opt. Axenebene parallel $\infty P\infty$, der Axenwinkel variirte von 0° bis $17^{\circ}25'$ für Roth, verschiedene Blättchen desselben Krystalls zeigen bisweilen verschiedene Axenwinkel. Die spitze Bisectrix weicht bis $2\frac{1}{2}^{\circ}$ von der Normalen auf $0P$ ab; $\varrho < v$. Einige Varr. zeigen einen sechsstrahligen Asterismus, auf der gesetzmässigen Interposition feiner leistenförmiger Einschlüsse beruhend, welche aber nach *Tschermak* nicht einem anderen Glimmer angehören (vgl. S. 193). *Sandberger* beobachtete in einem Phl. von Ontario ein feines Gitter farbloser, unter 60° sich durchkreuzender Nadeln von Rutil, welche einen ausgezeichneten Asterismus erzeugen. — Die Phlogopite enthalten 41 bis 44 Kieselsäure, 13 bis 15 Thonerde, 1 bis 2 Eisenoxydul, 27 bis 29 Magnesia, 8 bis 10 Kali, 1 bis 2 Natron, 1 bis 4 Fluor, 0,5 bis 3 Wasser, auch Spuren von Lithion. Es sind also fast eisenfreie Magnesiaglimmer, denen *Rammelsberg* die allgemeine Formel $\overset{I}{R}^2\overset{II}{R}^5(\overset{VI}{R}^2)Si^5O^{19}$ oder besser $\overset{I}{R}^{14}\overset{II}{R}^{35}(\overset{VI}{R}^2)^7Si^{36}O^{135}$ zuschreibt. *Tschermak* fasst sie auf als Verbindungen von $K^6(Al^2)^3Si^6O^{24}$, ferner $H^8Si^{10}O^{24}$ und $Mg^{12}Si^6O^{24}$, oft dem Verhältniss von 3 : 1 : 1 genähert; gewöhnlich seien auch andere Glieder des ersten Silicats vorhanden, und so trete anstatt der zweiten Verbindung die isomorphe $Si^{10}O^8F^{24}$ ein. Die rothbraunen Phlogopite enthalten alle Fluor, die grünen sind fluorarm, letztere oft schwer von dem Meroxen zu unterscheiden. — Pargas in Finnland (mit Diopsid und Pargasit im körnigen Kalk), Åker in Schweden, Campolungo in Tessin (hellbraun, völlig durchsichtig, im Dolomit), Rezbánya (fast farblos), Fassathal, Natural Bridge und Penneville in Jefferson Co. (braun), Edwards in St. Lawrence Co., New-York (brauner Phlogopit, worin *Berwerth* 2,46 Baryt nachwies), Perth-Amboy in Canada, Burgess in Ontario u. a. O. in Nordamerika, Ratnapura auf Ceylon, überall besonders in körnigen Kalken und Serpentinen, doch sind die dunkleren Glimmer in den schottischen Urkalken sämmtlich Meroxen.

Anm. Als ein zersetzter Phlogopit ist nach *Tschermak* der sog. Vermiculit aus Nordamerika zu betrachten, schuppige und grossblätterige Aggregate von grüner und grüngelber

---

[1] Von *Breithaupt* schon richtig als monoklin erkannt; später haben *Dana* und *Kenngott* vorgeschlagen, den Namen Phlogopit für diejenigen Glimmer zu gebrauchen, welche in ihrer Substanz dem Magnesiaglimmer ähnlich sind, während sie »rhombische« Krystallform und entschiedene optische Zweiaxigkeit, jedoch mit kleinem Axenwinkel besitzen.

Farbe, Perlmutterglanz und H. = 1, welche v. d. L. die merkwürdige Eigenschaft besitzen, zu einem fast hundert Mal längeren, wurmartig gewundenen Cylinder anzuschwellen, bevor sie sehr schwierig schmelzen. Nachdem früher nur der Vermiculit von Millbury in Massachusetts bekannt war, hat *Cooke* später die durch jene charakteristische physikalische Eigenschaft ausgezeichnete G r u p p e der Vermiculite aufgestellt, innerhalb welcher er drei verschiedene Mineralien von abweichender chem. Zus. unterscheidet, den J e f f e r i s i t (*Brush*), C u l s a g e e i t (*Cooke*) und H a l l i t (*Cooke*); vgl. Proc. of Amer. Acad. of Sc. 1878. Decbr.

491. Zinnwaldit, *Haidinger*; Lithionit, *v. Kobell*; Rabenglimmer, *Breithaupt*; Lithionglimmer z. Th.

Monoklin nach *Tschermak*, gewöhnliche Formen 0P (*c*), ∞P̶∞ (*b*), P (*m*), öfter auch —P (*o*), wie beim Meroxen; daneben erscheinen aber auch noch 2P̶∞ (*H*) und 3P̶3 (*x*), wie in Fig. 1, welche bei dem Meroxen fehlen. Häufig sind 0P und ∞P̶∞ glatt, die übrigen Flächen vollständig matt; *c* : *o* = 106° 41'; *m* : *c* = 98° bis 99°. Viel-

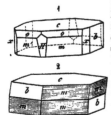

fach Zwillinge mit Aufeinanderlagerung der Individuen (vgl. Meroxen), wie Fig. 2, worin die matten Flächen, ihrer Streifung entsprechend, schraffirt erscheinen. Auf der Basis findet sich gewöhnlich eine feine, von der Zwillingsbildung unabhängige federförmige Faltung in 6 Systemen, wobei die Falten auf den Randflächen der Tafel senkrecht stehen. Oft sind die Individuen und Zwillinge in solcher Weise zusammengefügt, dass jedes gegen den Strahlungspunkt hin sich verschmälert, nach der Seite der freien Krystallisation sich verdickt, und dass die vielen dünnen Individuen zusammengenommen nach aussen hin fassförmige oder auch rosettenförmige Aggregate bilden; beim Zertheilen werden dadurch oft keilförmige Platten erhalten. G. = 2,816...3,19 nach *Breithaupt*; grau, braun oder dunkelgrün. Die Ebene der optischen Axen liegt im klinodiagonalen Hauptschnitt; scheinbarer Axenwinkel bis 65°, doch kommen auch bei den eisenreichen Varietäten kleine Axenwinkel vor, ja es finden sich Blättchen, in welchen der Axenwinkel fast 0° wird. Dispersion sowohl der opt. Axen als der Mittellinie fast 0. — In chemischer Hinsicht sind die Zinnwaldite (wie auch die Lepidolithe) charakterisirt durch den Gehalt an L i t h i o n, welcher meist 1¼ bis 5 pCt. beträgt, neben welchem aber das Kali in grösserer absoluter Menge (Natron nur sehr spärlich) auftritt; ferner sind sie ausgezeichnet durch den bedeutenden Gehalt an F l u o r (4—8 pCt.), sodann im Gegensatz zu dem Lepidolith durch die Gegenwart von 8—15 pCt. E i s e n o x y d u l (daneben auch etwas Oxyd); in der Var. von Zinnwald ist auch etwas Rubidium, Caesium und Thallium erkannt worden. In diesem Zinnwaldit fand *Berwerth* 11,61 Eisenoxydul, 7,94 Fluor, 3,28 Lithion, sowie einen früher nicht darin erkannten Gehalt von 0,91 Wasser.

Rammelsberg führt die Formel R̶⁶R̶⁴(R̶²)⁶S̶i²⁰O̶⁶⁵ an, nach *Tschermak* sind die Zinnwaldite zusammengesetzt aus K⁶(Al²)³S̶i⁶O̶²⁴, ferner Fe¹²S̶i⁶O̶²⁴ und S̶i¹⁰F̶²⁴O̶⁸ in dem Verhältniss 10 : 2 : 3; die Kaliumverbindung ist zur Hälfte der entsprechenden Lithiumverbindung; die Fluorverbindung zum Theil von der entsprechenden Wasserstoffverbindung vertreten. *Sandberger* fand in einigen Vorkommnissen, sowie auch im Lepidolith eine nicht unbeträchtliche Borsäure-Reaction. Im Kolben oder Glasrohr geben die Zinnwaldite, wie überhaupt die Lithionglimmer Reaction auf Fluor; v. d. L. schmelzen sie s e h r l e i c h t unter Aufwallen zu einem farblosen, braunen oder schwarzen Glas, wobei die Flamme r o t h gefärbt wird (zumal bei Zusatz von etwas Flussspath und saurem schwefelsaurem Kali); mit Phosphorsalz geben sie ein Kieselskelet; von Säuren werden sie roh unvollständig, nach vorheriger Schmelzung aber vollkommen zerlegt. — Namentlich auf Zinnerzlagerstätten: Altenberg und Zinnwald im Erzgebirge, St. Just und Trewavas Head in Cornwall. Ein Lithioneisenglimmer (mit ca. 12 Eisenoxydul, 7,5 Eisenoxyd, 3,4 Lithion, 4 Fluor, auch 0,2 Zinnsäure) ist zufolge *Sandberger* der schwarze Glimmer aus dem Eibenstock-Neudecker Granitzug.

Anm. 1. Zum Zinnwaldit gehört auch der Kryophyllit Cooke's, welcher in dunkelgrünen sechsflachigen Säulen im Granit vom Cap Ann in Massachusetts auftritt und 53,46 Kieselsäure, 16,77 Thonerde, 1,97 Eisenoxyd, 7,98 Eisenoxydul, 0,31 Manganoxydul, 0,76 Magnesia, 13,15 Kali, 4,06 Lithion, 2,50 Fluor ergab. G. = 2,909: Winkel der optischen Axen 55° bis 60°, Axenebene klinodiagonal. Dieser fast kieselsäurereichste aller Glimmer ist beinahe genau ein sog. Bisilicat.

Anm. 2. Polylithionit nennt Lorenzen einen dem Zinnwaldit optisch nahe stehenden Lithionglimmer von Kangerdluarsuk in Grönland, welcher aber 59,25 Kieselsäure, nur 12,57 Thonerde, blos 0,93 Eisen und sehr viel Alkalien (9,04 Lithion, 7,63 Natron, 5,37 Kali) enthält.

492. Lepidolith, *Klaproth*; Lithionglimmer z. Th.

Monoklin, Dimensionen nach *Tschermak* ähnlich denen des Muscovits, doch kommen messbare Krystalle kaum vor. Oft von rosenrother bis pfirsichblüthrother Farbe, was von etwas Manganoxyd herrührt. Ebene der optischen Axen senkrecht auf dem Klinopinakoid (Unterschied vom Zinnwaldit), optischer Axenwinkel 50° bis 77°, spitze Bisectrix wenig von der Normalen auf 0P abweichend. In chemischer Hinsicht wie beim Zinnwaldit charakterisirt durch den bedeutenden Gehalt an Lithion und Fluor (zu Juschakowa am Ural sogar 8,7 pCt. des letzteren); im Gegensatz zum Zinnwaldit aber eisenfrei; auch hier sind Rubidium, Caesium und Thallium erkannt worden, ausserdem wies *Sandberger* in mehren Varr. einen Gehalt an Zinnsäure nach. In den Lepidolithen von Rozena und Paris fand *Berwerth* 5,88 und 5,08 Lithion, auch 0,96 und 2,36 Wasser, welches vordem gar nicht darin ermittelt war. *Rammelsberg*, welcher diesen Glimmer für wasserfrei hielt, construirte die Formel $\overset{\text{I}}{R}{}^{10}(Al^2)^5 Si^{16} O^{52}$; *Tschermak* deutet die Zus. als $3 K^6(Al^2)^3 Si^6 O^{24} + Si^{10} O^8 F^{24}$, worin die Kaliumverbindung wenigstens zur Hälfte durch die entsprechende Lithiumverbindung, und auch die Fluorverbindung zum Theil durch die entsprechende Wasserstoffverbindung vertreten erscheint. Das Verhalten v. d. L. und gegen Säuren stimmt mit dem beim Zinnwaldit angeführten überein. — Ausgezeichnete Varr. zu Chursdorf bei Penig, am Berge Hradisko bei Rozena in Mähren, Utö, Paris und Hebron in Maine, Schaitanka, Alabaschka und Juschakowa in der Gegend von Katharinenburg, meist begleitet von Turmalin, auch von Topas.

Anm. Als Anhang zu dem Lepidolith kann vorläufig *Blake's* Roscoelith gerechnet werden. Blätterige Massen von glimmerähnlichem Aussehen, sternförmige Aggregationen; Spaltb. ausgezeichnet monotom; H. = 1; G. = 2,93 nach *Genth*; dunkelgrün, dunkel- bis grünlichbraun; Perlmutterglanz, in den Metallglanz geneigt, stark doppeltbrechend; nach *Des-Cloizeaux* optisch negativ, spitze Bisectrix normal zur Spaltfläche, Axenebene senkrecht zu den Längskanten der viereckigen Tafeln; ϱ < υ. — Chem. Zus. nach *Genth*: 47,69 Kieselsäure, 22,02 Vanadinsäure (z. Th. Vanadinsesquioxyd), 14,10 Thonerde, 2,00 Magnesia, 1,67 Eisenoxydul, 7,59 Kali, ganz geringe Mengen oder Spuren von Kalk und Natron, 4,96 Glühverlust; eine Analyse von *Roscoe* weicht namentlich bezüglich der erstgenannten Stoffe ab, indem sie 41,25 Kieselsäure und 28,85 Vanadinsäure ergab. Bei einer späteren Gelegenheit berechnete *Genth* alles Vanadin nicht als Vanadinsäure V²O⁵, sondern als Vanadinsesquioxyd V²O³, eine Annahme, welche auf die Formel H⁸K²(Mg, Fe)(Al², V²)Si¹²O³⁶ führt. — Dies als Vanadiumglimmer bezeichnete Mineral findet sich auf schmalen Spalten eines plattigen Porphyrs auf einer Goldgrube bei Granit Creek, Eldorado Co., in Californien.

493. Muscovit; Kaliglimmer, Phengit, optisch-zweiaxiger Glimmer z. Th.

Früher von *Sénarmont*, *v. Kokscharow* und *Grailich* als rhombisch mit monoklinem Formentypus angenommen, nach *Tschermak* dagegen in der That monoklin, zu welchem Resultat er zuerst durch die Wahrnehmung gelangte, dass die Ebene der optischen Axen nicht genau senkrecht auf der Basis steht, wie dies später durch *Bauer* bestätigt wurde. Die monoklinen Formen (vgl. die S. 614 citirte Abhandlung von *Tschermak*) sind denjenigen des Meroxens sehr ähnlich. In den nachstehenden Figuren ist $c = 0P$, $M = \infty P$, $b = \infty \overline{P} \infty$, $m = P$, $y = 2\overline{P}\infty$, $x = 3\overline{P}3$, $N = \infty \overline{P}3$; g und e sind nicht wohl bestimmbar, überhaupt sind die Formen nur selten befriedigend messbar. Anstatt M und b treten manchmal vicinale Flächen auf; eine treppenförmige Wiederholung von c und e ist sehr häufig; $\infty P = 120^\circ 11'$; $c : M = 84^\circ 24'$; $c : m = 88^\circ 30'$.

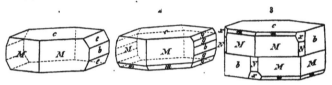

Die einfachsten Krystalle sind scheinbar hexagonale Tafeln oder niedrige Prismen, begrenzt von c, M, b; sehr selten (z. B. am Ostufer des Ilmensees nach v. *Kokscharow*) ist ein spitzpyramidaler Habitus.   Die Zwillinge sind in derselben Weise gebildet, wie die des Meroxens (vgl. S. 616), wofür Fig. 3 ein Beispiel gibt; meistens sind es linke Zwillinge; an einem Muscovit von Abühl im Sulzbachthal ist wahrscheinlich $\frac{5}{8}P$ Zwillings-Ebene. Die Krystalle sind eingewachsen und aufgewachsen, in letzterem Falle zu Drusen vereinigt; derb und eingesprengt, in individualisirten Massen und in schaligen, blätterigen, schuppigen und schieferigen Aggregaten.   Pseudomorphosen nach Korund, Orthoklas, Beryll, Cordierit, Disthen, Andalusit, Skapolith, Turmalin, Granat, Vesuvian, Pyroxen und Amphibol; sehr scharfkantige und glattflächige Pseudomorphosen nach Granat (202) finden sich nach *Helland* in einem Pegmatitgang auf Röstö bei Arendal.

Spaltb. basisch höchst vollk., auch prismatisch unvollk.; die Spaltungsflächen sind oft faserig gestreift oder fein gefältelt. Die Schlaglinien liegen den Kanten $c\,b$, sowie den beiderseitigen $c\,M$ parallel. Häufig zeigt der Muscovit auch Gleitflächen, welche zuerst von *M. Bauer* richtig erkannt wurden; sie liegen gewöhnlich den Richtungen der Flächen $-P3$ und $\frac{1}{4}P\infty$ parallel. — Mild, in dünnen Lamellen elastisch biegsam: H. $= 2...3$; G. $= 2,76...3,1$; farblos, oft weiss in verschiedenen Nüancen, besonders gelblich-, graulich-, grünlich- und röthlichweiss, aber daraus in gelbe, graue, grüne und braune Farben übergehend, welche jedoch gewöhnlich nicht sehr dunkel werden; metallartiger Perlmutterglanz, pellucid in hohen und mittleren Graden. Optisch-zweiaxig, mit sehr verschiedenen Neigungswinkeln der optischen Axen, wie namentlich zuerst von *Sénarmont* (1851) festgestellt wurde. Die Ebene der opt. Axen liegt immer der längeren Diagonale des Prismas M parallel, steht daher stets s e n k r e c h t auf dem Klinopinakoid; entgegenstehende Angaben beziehen sich theils auf Zinnwaldite, theils auf Glimmer ohne Seitenflächen, für welche, bevor die charakterisirende Hinweisung vermittels der Schlagfigur bekannt war (S. 144), die Orientirung nicht sicher durchgeführt werden konnte. Die spitze negative Bisectrix (a) weicht wenig von der Normalen auf 0P ab, und zwar ist sie nach den bisherigen Ermittelungen oben nach rückwärts geneigt (vgl. dazu *Bauer* in Min. u. petr. Mittheil. 1878. 14, wo auch die Hauptbrechungscoëfficienten des Kaliglimmers bestimmt sind). Doppelbrechung negativ, ziemlich stark, $\varrho > v$.

Chem. Zus. sehr schwankend und keineswegs bei allen Vorkommnissen auf eine gemeinsame Formel zurückzuführen. Nach den neuesten Discussionen von *Rammelsberg* lässt sich unter der Voraussetzung, dass das sämmtliche Wasser chemisch gebunden sei, für eine Anzahl namentlich eisenarmer Glimmer die einfache Formel $\overset{\text{I}}{R^2}(Al^2)Si^2O^8$ (neutrale Silicate)[1] aufstellen, worin R Kalium (bisweilen auch etwas Na und H) ist und (Al²) auch die kleine Menge von (Fe²) mit begreift; stets ist dabei dieser Verbindung die analoge $\overset{\text{II}}{R}(Al^2)Si^2O^8$ zugemischt, worin R = Mg, Mn und Fe (als Oxydul); dadurch

---

1) Es ist sehr bemerkenswerth, dass genau dieselbe Formel neutraler Silicate mit $\overset{\text{I}}{R^2} = Na^2$ in der Nephelingruppe, und mit $\overset{\text{I}}{R^2} = Ca$ beim Anorthit wiederkehrt.

wird der Kaligehalt wesentlich vermindert. Eine Reihe von anderen Muscoviten führt nach *Rammelsberg* dann auch auf diese Formel, wenn ein Theil des Wassers als chemisch gebunden erachtet wird. Diesen Glimmern steht aber eine zweite Abtheilung von etwas kieselsäurereicheren und etwas eisenreicheren gegenüber, deren Zusammensetzung sich überhaupt nicht mit jener einfachen Formel in Einklang bringen lässt. *Rammelsberg* vermuthet in ihnen die Verbindungen: $\overset{I}{R}{}^2(Al^2,^2Si^4O^{15}$, oder $\overset{I}{R}{}^6(R^2)^2Si^6O^{21}$, oder $R^4(R^2)^2Si^5O^{18}$, wobei stets die einzelne dieser Verbindungen das analoge Glied zugemischt besitzt, welches $\overset{II}{R}$ anstatt $\overset{I}{R}{}^2$ enthält. Auch *Tschermak* führt als Formel des eigentlichen Muscovits $H^4K^2(Al^2)^3Si^6O^{24}$ auf, welche unter die in den Vordergrund gestellte $\overset{I}{R}{}^2(Al^2)Si^2O^8$ fällt.

Um indessen eine allgemeine Vorstellung von der quantitativen Zusammensetzung der Kaliglimmer zu verschaffen, folgen zunächst einige Analysen:

	a	*b*	*c*	*d*	*e*	*f*	*g*
Fluor	1,32	0,15	0,52	0,19	1,06	—	—
Kieselsäure . .	45,75	45,57	47,02	47,69	46,10	51,80	48,15
Thonerde . . .	35,48	36,72	36,83	33,07	31,60	25,78	29,40
Eisenoxyd . .	1,86	0,95	0,51	3,07	8,65	5,02	2,14
Eisenoxydul .	—	1,28	—	2,02	—	2,66	2,84
Manganoxydul	0,52	—	1,05		1,26	—	—
Magnesia . . .	0,42	0,38	0,26	} 1,73	—	2,12	2,84
Kalk	—	0,21	—		—	0,28	0,15
Kali	10,36	8,81	9,80	9,70	8,39	6,66	9,13
Natron	1,58	0,62	0,30	—	—	1,22	—
Wasser	2,50	5,05	3,90	3,66	1,00	4,79	4,60

a) Gelber Glimmer von Utö (Winkel der optischen Axen 72°). *Rammelsberg;*
b) farbloser Glimmer aus Bengalen. *Blau;*
c) blassrother Glimmer von Goshen in Massachusetts (Axenwinkel 75°). *Rammelsberg;*
d) grauer Glimmer von Aschaffenburg (Axenwinkel 68°). *Rammelsberg;*
e) grauer Glimmer von Broddbo bei Fahlun. *H. Rose;*
f) graugrüner Glimmer aus rothem Gneiss von Freiberg. *Scheerer;*
g) bräunlicher Glimmer aus Granit von Borstendorf. *Scheerer.*

c enthält noch 0,19 Lithion, *g* 0,99 Titansäure. — Phengit nennt *Tschermak* einen Theil der Muscovite, welche sich darin dem Lepidolith nähern, dass sie reicher an Kieselsäure, ärmer an Thonerde sind, als die übrigen Muscovite, ohne jedoch grössere Mengen von Lithion und Fluor zu enthalten; diese kieselsäurereicheren Kaliglimmer, wozu der vom Rothenkopf im Zillerthal, von Soboth in Steiermark gehört, besitzen, wie es scheint, einen kleineren optischen Axenwinkel, als die übrigen normalen Muscovite; in dieser Abtheilung tritt nach *Tschermak* zu dem oben genannten Silicat noch in dem Verhältniss 1 : 3 die Verbindung $Si^{10}R^8O^{24}$ hinzu. — Merkwürdig ist es, dass Kalk und Magnesia in der Substanz aller Kaliglimmer sehr untergeordnet erscheinen, was übrigens in Betreff des Kalks auch für die Magnesia- und Lithionglimmer gilt, denen er meist gänzlich fehlt. Beim Erhitzen geben diese Glimmer Wasser, welches auf Fluor reagirt; übrigens schmelzen sie mehr oder weniger leicht zu trübem Glas oder weissem Email; von Salzsäure oder Schwefelsäure werden sie nicht angegriffen. Nach *Kenngott* zeigt das Pulver der Kaliglimmer nur eine schwache alkalische Reaction. — Sehr verbreitet als Gemengtheil mancher Gebirgsarten, namentlich gewisser Granite, Gneisse und Glimmerschiefer; ausgezeichnete Varr. finden sich gewöhnlich nur auf Drusenräumen oder in grosskörnigen Ausscheidungen der krystallinischen Silicatgesteine; so am St. Gotthard, auf Utö, bei Fahlun, Kimito **und Pargas** in Finnland, in Cornwall, am Ural bei Katharinenburg und am Ilmensee (hier in spitz pyramidalen bis 25 Cm. langen Krystallen), an der Slüdianka in Sibirien ; **Grafton** in New-Hampshire, sowie die Staaten Maine, Massachusetts, Connecticut , **New-York**, Pennsylvanien und Maryland lieferten gleichfalls schöne Varietäten.

Gebrauch. Grosse Glimmertafeln werden vermöge ihrer ausgezeichneten Spaltbarkeit und Durchsichtigkeit zu Fensterscheiben benutzt; auch gebraucht man wohl durchsichtige Glimmer als Object-Träger bei Mikroskopen, Lampenschirme, Lichtrosetten und den pulverisirten Glimmer als Streusand; der fein pulverisirte, mit Salzsäure ausgekochte und dann ausgewaschene Glimmer wird fabrikmässig zu Brocatfarben oder Glimmerbronze benutzt.

Anm. 1. Ueber die häufig vorkommenden regelmässigen Verwachsungen der verschiedenen Glimmerarten unter einander, sowie über deren Verwachsungen mit Pennin und mit Eisenglanz vgl. *G. Rose* in Monatsber. d. Berliner Akad., 1869. 539. Die schwarzen bis braunen, rothen und gelben Täfelchen, welche sternförmige, unter Winkeln von 60° sich schneidende und gesetzmässig eingewachsene Gruppirungen in dem zweiaxigen pennsylvanischen Glimmer von Pensbury, New-Providence u. s. w. bilden, erklärt *G. Rose* sämmtlich für Eisenglanz, dessen abweichende Farbe nur eine Folge der verschiedenen Blättchendicke sei, wogegen *Dana* und *Brush* auf Grund des Strichs und des chemischen Verhaltens die schwarzen Blättchen für Magneteisen, die rothen für Eisenglanz, die gelben für Eisenoxydhydrat erachten.

Anm. 2. *Delesse's* Damourit ist, wie noch neuerdings *Bauer* nachwies, nach seinen hervorragendsten Eigenschaften vom Kaliglimmer nicht verschieden: mikrokrystallinisch; derb, in feinblätterigen Aggregaten mit Anlage zu strahlig-schuppiger Textur; H. = 1,5; G. = 2,792; gelblichweiss, perlmutterglänzend, kantendurchscheinend; optisch-zweiaxig. — Auch die chem. Zus. stimmt mit der in den Vordergrund gestellten Formel des Muscovits völlig überein. — V. d. L. bläht er sich auf , wird milchweiss und schmilzt unter starkem Leuchten schwierig zu weissem Email ; Salzsäure ist ohne Wirkung, kochende Schwefelsäure dagegen zersetzt ihn mit Hinterlassung der Kieselsäure in der schuppigen Form des Minerals. — Pontivy im Dép. Morbihan als Matrix des Disthens und Stauroliths; Unionville in Pennsylvanien, Korund führend. — *Tschermak* theilt mit, dass im Salzburgischen ein fast dichter Damourit in apfelgrünen Pseudomorphosen nach Disthen vorkommt; H. = 2,5; G. = 2,806. — Chem. Zus.: nach einer Analyse von *Schwarz* ganz die des Damourits, nur wird etwas Kali durch 1,12 pCt. Natron ersetzt. Stängelige Aggregate von derselben Beschaffenheit finden sich in den Quarzlinsen des Gneisses bei Reschitza im Banat. Damit hängt vielleicht das Vorkommen von Damourit als Ausfüllung der Klüfte derber Disthenmassen zusammen, welches *Igelström* von Horrsjöberg in Elfdalen erwähnt.

Anm. 3. Der von *List* eingeführte, äusserlich talkähnliche Sericit gehört auch zu dem Muscovit, und stellt davon eine dichte Aggregationsform dar, welche sich zu ihm etwa in ähnlicher Weise verhält, wie Speckstein zu Talk ; er bildet einen wesentlichen Bestandtheil der huronischen Taunusschiefer, findet sich aber auch isolirt in lamellaren Aggregaten ; er ist sehr weich und mild, lauchgrün, grünlich- oder gelblichweiss, seidenglänzend, fettig anzufühlen, hat G. = 2,809, und besteht nach der sorgfältigsten Analyse reinen Materials durch *Laspeyres* aus 45,36 Kieselsäure, 32,92 Thonerde, 2,05 Eisenoxyd, 1,76 Eisenoxydul, 0,49 Kalk, 0,89 Magnesia, 11,67 Kali. 0,72 Natron, 4,13 Wasser; dies neutrale Silicat hat daher genau die Zus. der Muscovite: bei früheren Analysen war der innigst beigemengte Quarz nicht entfernt. — V. d. L. schmilzt er zu graulichweissem, oder grünlichgrauem Email. Die Lamellen des Sericits besitzen u. d. M. eine faserig-schuppige Structur, wobei die einzelnen meist gewundenen Schüppchen bald parallel, bald verworren verfilzt sind; als Aggregate weisen sie die den individualisirten Kaliglimmerblättern eigene Elasticität nicht auf (vgl. *Lossen* in Z. d. geol. G. Bd. 19. 546 und Bd. 21. 334; *Wichmann*, Verh. nat. Ver. pr. Rheinl. u. W. 1877. 1; *Laspeyres* in Z. f. Kryst. IV. 1880. 244). Sericitführende Schiefer finden sich auch in Sachsen, am Harz, am Stilfser Joch; ferner sind das sog. weisse Gebirge von Holzappel, Wellmich und Werlau, die Lagerschiefer von Mitterberg, die sog. weissen Schiefer von Agordo zufolge *v. Groddeck* (N. Jahrb. f. Min. Beilageb. II. 72) Sericitgesteine.

Anm. 4. Der Fuchsit von Schwarzenstein in Tirol ist durch 4 pCt. Chromoxyd schön smaragd-bis grasgrün gefärbt, und findet sich nur in feinschuppigen schieferigen Aggregaten; von ihm trennt *Schafhäutl* den Chromglimmer, welcher in grösseren, z. Th. säulenförmig verlängerten Individuen von gelblichgrüner Farbe und G. = 2,75 mit Fuchsit vorkommt, und sich durch einen weit geringeren Gehalt an Thonerde, fast 6 pCt. Chromoxyd, 44,58 Magnesia, bei geringerem Kaligehalt vom Fuchsit unterscheidet. Chromglimmer fand *Sandberger* auch zu Steinbach und Alzenau im Spessart. Ein durchsichtiger schön smaragdgrüner Glimmer (G. = 2,88) aus dem uralischen Hüttendistrict von Syssert ergab *Damour* 8,51 Chromoxyd.

Anm. 5. *Schafhäutl* hat zwei andere, äusserlich talkähnliche Mineralien als Silicate von Thonerde und Alkalien erkannt, in deren einem Natron und Kali fast gleich vertreten sind; er nennt sie Didymit und Margarodit; das erstere ist ein sog. Talkschiefer aus dem Zillerthal, und enthält nur 4,22 pCt. Natron; das andere ist der sog. verhärtete Talk, in welchem die schwarzen Turmaline eingewachsen vorkommen, und reicher an Natron. Der Margarodit findet sich auch in Connecticut, wo er nach der Analyse von *Smith* und *Brush* eine dem Damourit sehr analoge Zus. zeigt. — Nach *Haughton* ist der silbergraue Glimmer vieler Granite und Gneisse Irlands gleichfalls Margarodit.

494. Paragonit, *Schafhäutl* (Natronglimmer).

Ein glimmerähnliches Mineral, welches bis jetzt nur in der Form eines feinschuppigen Glimmerschiefers bekannt ist; H. = 2…2,5; G. = 2,778; gelblichweiss und graulichweiss, schwach glänzend von Perlmutterglanz. Optisch sich wie Muscovit verhaltend, Axenwinkel ca. 70°. — Chem. Zus. nach einer Analyse von *Rammelsberg*: 47,75 Kieselsäure, 40,10 Thonerde, 6,04 Natron, 4,12 Kali, 4,58 Wasser, was, wenn man das Wasser als chemisch gebunden betrachtet, auch auf die in erster Linie bei dem Kaliglimmer entwickelte, und gleichfalls dem Damourit zukommende Formel
$$\overset{I}{R}{}^2(Al^2)\,Si^2O^8$$
führt, nach *Tschermak* $\overset{..}{H}{}^4 Na^2 (Al^2)^3 Si^6 O^{24}$. Der Paragonit ist also ein dem Kaliglimmer ganz analog constituirter Natronglimmer. *Schafhäutl* hatte darin 8,45 Natron gefunden. V. d. L. schwieriger oder leichter schmelzbar; nach *v. Kobell* wird er von concentrirter Schwefelsäure zersetzt. — Er bildet das Muttergestein der schönen Staurolith- und Disthenkrystalle vom Monte Campione bei Faido im Canton Tessin, sowie der Strahlsteinkrystalle aus dem Pfitsch- und Zillerthal in Tirol; auch auf Syra, wo er Cordierit, Staurolith und Disthen führt.

Anm. Zu den Natronglimmern gehört ausser dem Paragonit der von *Oellacher* analysirte, feinschuppige hellgrüne Glimmer von Pregratten im Pusterthal, welcher 7 pCt. Natron gegen 4,7 Kali enthält, überhaupt eine dem Paragonit sehr ähnliche Zus. hat, sich aber durch starkes Aufblähen und Krümmen v. d. L. unterscheidet und Pregrattit genannt worden ist.

495. Barytglimmer.

Weisse feinschuppige Aggregate, dem Margarit sehr ähnlich, aus dem Pfitschthal in Tirol, in welchen *Oellacher* einen Barytgehalt auffand; G. = 2,894; seine Analyse ergab: 42,59 Kieselsäure, 30,18 Thonerde, 4,74 Eisenoxydul, 4,85 Magnesia, 4,65 Baryt, 0,09 Strontian, 4,03 Kalk, 7,64 Kali, 4,42 Natron, 4,43 Wasser; recht gut stimmt damit eine spätere Analyse von *Rammelsberg* (welche 2,90 Magnesia und 5,91 Baryt nebst Strontian aufführt). Dieser Barytglimmer scheint auf die Formel
$$\overset{I\ \ II}{(R^2,R)}(Al^2)\,Si^2O^8$$
zu führen, welche diejenige der einfachst zusammengesetzten Kaliglimmer ist. — Einen anderen Barytglimmer lehrte *Sandberger* näher kennen, indem er nachwies, dass das weisse im smaragdführenden Glimmerschiefer des salzburgischen Habachthals in dünnen Lagen vorkommende Mineral kein Talk sei, sondern hierher gehöre; die rhombischen (optisch-zweiaxigen) Krystalle haben H. = 4,5 und G. = 2,83,

sind v. d. L. leicht schmelzbar zu weissem Email und führen nach *Bergmann* 5,76 Baryt, neben 7,54 Kali (kein Natron) und 4,24 Wasser (N. Jahrb. f. Miner. 1875. S. 625). Auch in den Schweizer Alpen fand *Sandberger* Barytglimmer.

496. Margarit, *Fuchs* (Perlglimmer und Emerylith); Kalkglimmer.

Monoklin, nach *Tschermak*, mit Dimensionen, welche denen des Meroxens ähnlich sind; beobachtete Formen: 0P, $-\frac{1}{2}$P, $-$P, $\frac{1}{2}$P, $\frac{3}{2}$P, $\frac{1}{2}$P, $\frac{3}{2}$P∞, ∞P∞; 0P oft vollkommen glatt und glänzend, die Pyramidenflächen gewöhnlich parallel zu 0P gestreift; 0P : $-$P $=$ 107° 39' bis 107°; ∞P∞ : $\frac{1}{2}$P $=$ 115° 4'. Dünne sechsseitige Tafeln, meist derb in körnigblätterigen oder lamellaren Aggregaten. — Spaltb. monotom, nach den Seitenflächen der Tafeln, sehr vollkommen; spröd und in Lamellen leicht zerbrechlich, nicht elastisch; H.$=$3,5...4,5; G.$=$2,99...3,10; schneeweiss, graulichweiss, röthlichweiss bis perlgrau; stark perlmutterglänzend, durchscheinend, in dünnen Lamellen durchsichtig. Ebene der optischen Axen, welche gewöhnlich einen grossen Winkel bilden, senkrecht auf ∞P∞, wie beim Muscovit; unter allen Glimmern ist hier die Abweichung der negativen Bisectrix von der Normalen auf 0P am grössten (ca. 6—8°) und zwar ist die Neigung, abweichend vom Muscovit, oben nach rückwärts; ϱ<v. — Chem. Zus.: aus den Analysen von *Hermann, Craw, Oellacher, Heintz, Brush* und *Smith* scheint sich, wenn man das Wasser als chemisch gebunden annimmt, die Formel $\overset{I}{R}^2\overset{II}{R}(Al^2)^2Si^2O^{12}$ zu ergeben, wonach hier sog. Halbsilicate vorlägen: die Analyse des tiroler Perlglimmers durch *Oellacher* lieferte z. B.: 30,11 Kieselsäure, 50,15 Thonerde, 1,05 Eisenoxyd, 10,29 Kalk, 1,22 Magnesia, 2,38 Natron, 0,39 Kali, 4,64 Wasser, 0,14 Fluor. V. d. L. schmilzt er, oft unter Aufschäumen und Leuchten, mehr oder weniger leicht an den Kanten. — Am Greiner im Zillerthal in Tirol, auf Naxos als Begleiter des Korunds und Smirgels, in Kleinasien, bei Chester in Massachusetts, in Pennsylvanien und Nord-Carolina. In den Smaragdgruben des Ural mit Chrysoberyll, Smaragd und Phenakit (sog. Diphanit *Nordenskiöld*'s, weiss, perlmutterglänzend und undurchsichtig auf 0P, bläulich, glasglänzend und durchsichtig auf ∞P).

11. Clintonitgruppe [1]).

497. Clintonit, *Mather*; Seybertit, *Clemson* (Chrysophan).

Monoklin nach *Tschermak*, formverwandt mit Meroxen, ∞P ca. 120°; die Krystalle, entweder einfache Individuen oder Ueberlagerungszwillinge mit einer Verdrehung um 120°, erscheinen als längliche, dicke sechsseitige Tafeln mit herrschender Basis und runzeligen Seitenflächen, welche nur selten bestimmbar sind. — Spaltb. basisch, sehr vollk.; spröd; H.$=$5...5,5; G.$=$3,148; röthlichbraun, gelblichbraun bis gelb, metallartiger Perlmutterglanz, durchscheinend, in dünnen Lamellen durchsichtig. Ebene der optischen Axen senkrecht zu ∞P∞, Winkel derselben zwischen 8° und 13°, erste Mittellinie negativ, Dispersion nicht zu beobachten. — Chem. Zus. nach der Analyse von *L. Sipöcz*: 19,19 Kieselsäure, 39,73 Thonerde, 0,64 Eisenoxyd, 1,88 Eisenoxydul, 21,09 Magnesia, 13,11 Kalk, 4,85 Wasser, 1,26 Fluor, was *Tschermak* als eine Verbindung von 4 Mol. $\overset{..}{R}^4Ca^2Mg^6Si^6O^{24}$ mit 5 Mol. des Aluminats $\overset{..}{R}^2CaMg(Al^2)^3O^{12}$ interpretirt. *Brush* fand bei einer früheren Analyse auch 0,72 pCt. Zirkonsäure, welche von beigemengten mikroskopischen Zirkonkryställchen herrührt. V. d. L. ist er unschmelzbar, brennt sich weiss und wird undurchsichtig; von Salzsäure vollk. zersetzbar, ohne Gallertbildung. — Amity und Warwick in New-York.

A n m. Von den meisten Mineralogen wird mit dem Clintonit der nach *Tschermak* monokline B r a n d i s i t *Liebener*'s vereinigt, welcher in ähnlichen ebenfalls vielfach verzwillingten Formen auftritt; Spaltb. basisch, sehr spröd; H.$=$4,5...5 auf der Basis, 6...6,5 auf den Randflächen der Tafeln; G.$=$3,01...3,06; lauchgrün bis schwärzlichgrün, in Folge der Verwitterung röthlichgrau bis röthlichbraun, Perlmutterglanz auf 0P, Glasglanz auf den anderen Flächen, in dünnen Lamellen durchscheinend. Ebene der optischen Axen, deren Winkel zwi-

---

1) Vgl. das Nähere über die einzelnen Glieder in der Abhandlung von *Tschermak* und *Sipöcz*, Z. f. Kryst. III. 1879. 496.

schen 48° und 35° schwankt, das Klinopinakoid. — Chem. Zus. nach der Analyse von *L. Sipöcz* : 18,75 Kieselsäure, 39,10 Thonerde, **3,24** Eisenoxyd, 1,62 Eisenoxydul, 20,46 Magnesia, 12,14 Kalk, 5,35 Wasser, was *Tschermak* als eine Verbindung der beiden beim Clintonit aufgeführten Substanzen in dem Mol.-Verh. 3 : 4 interpretirt. V. d. L. wird er trüb und graulichweiss, ist unschmelzbar, wird aber mit Kobaltsolution blau; von Salzsäure wird er nicht angegriffen, von kochender concentrirter Schwefelsäure aber langsam zersetzt. — Am Monzoniberg in Tirol mit Pleonast.

498. Xanthophyllit, *G. Rose.*

Monoklin; anfänglich nur in krystallinischen Aggregaten bei Slatoust bekannt, welche eine völlige Erkennung der Formen nicht zuliessen, worauf dann *v. Kokscharow* von Achmatowsk grosse schöne Krystalle unter dem Namen Waluewit oder Walujewit beschrieb (Z. f. Kryst. II. 1878. 51), welche indessen nach *Tschermak* von dem eigentlichen Xanthophyllit nicht verschieden sind. *v. Kokscharow* beobachtete daran die Formen 0P (c), —½P∞ (x), ½R3 (d), ½R∞, ∞R3, —½P (o), ½P; am häufigsten sind c, x, d; x : c = 109° 28'; d : c = 109° 28'; d : x = 109° 28½'; o : c = 140° 46'. β = 90°. Dicke Tafeln und Blätter, oft von sechsseitigem Umriss, oft wie ein Rhomboëder mit Endfläche aussehend, aber sehr von Zwillingsverwachsungen beherrscht, indem einerseits mehre Individuen 0P gemeinsam haben und in ihrer Stellung um je 120° von einander abweichen, wobei die aufeinanderfolgenden Blättchen immer andere Abgrenzungen der Individuen zeigen, anderseits aber auch solchergestalt entstehende Sammelindividuen in einer um 120° verschiedenen Stellung sich mit parallelen Basisflächen übereinanderlagern. — Spaltb. nach 0P sehr vollkommen; H. = 4,5...6; G. = 3...3,1; wachsgelb (Xanthophyllit) oder lauchgrün und bouteillengrün (Waluewit), stark perlmutterglänzend auf 0P, in dünnen Blättchen durchsichtig. Ebene der opt. Axen parallel ∞P∞; der Axenwinkel beträgt bei dem Xanthophyllit 0°—20°, bei dem Waluewit 17°—32°; die negative Mittellinie ist 12' gegen die Normale zur Basis geneigt. Der Waluewit ist ausgezeichnet pleochroitisch, schön grün in der Richtung der Verticalaxe, röthlichbraun in der darauf senkrechten Richtung. — Die neueste Analyse des Waluewits von *Nikolajew*, womit die des Xanthophyllits von *Knop* und *Meitzendorf* recht gut übereinstimmen, ergab: 16,39 Kieselsäure, 43,40 Thonerde, 1,57 Eisenoxyd, 0,60 Eisenoxydul, 13,04 Kalk, 20,88 Magnesia, 4,40 Wasser; *Tschermak* deutet das Mineral als eine Verbindung der beiden oben beim Clintonit genannten Substanzen im Mol.-Verh. 5 : 8; das Wasser geht grösstentheils erst bei der Weissglühhitze fort. V. d. L. wird er trübe und undurchsichtig, ist aber unschmelzbar; von erhitzter Salzsäure wird er nur sehr schwierig zersetzt. — Im Bezirk von Slatoust am Ural auf Talkschiefer (Xanthophyllit), unweit Achmatowsk im Chloritschiefer (Waluewit). — *Jeremejew* glaubte in dem Xanthophyllit mikroskopische Diamantkrystalle in der Form von Hexakistetraëdern eingeschlossen gefunden zu haben; *A. Knop* wies indessen später nach, dass diese Gebilde Hohlräume seien und dass dieselben auch künstlich durch die corrodirende Wirkung von Schwefelsäure in dem Xanthophyllit hervorgebracht werden können (N. Jahrb. f. Min., 1872. 785).

499. Chloritoid, *G. Rose* (Chloritspath).

Monoklin nach *Tschermak*, mit formellen Beziehungen zum Biotit; langgestreckte sechsseitige Tafeln, bei welchen ebenfalls die Zonen 0P : ∞P∞ und 0P : ∞P genau 120° von einander abstehen. Die Tafeln sind aus einer Folge von dünnen Blättern aufgebaut, welche zwillingsartig verwachsen und gegen einander um 120° verwendet erscheinen (∞P ist Zwillings-Ebene, 0P Verwachsungs-Ebene). Meist aber derb in blätterig oder schuppig krummschaligen Aggregaten, die zu grosskörnigen Massen verwachsen sind, auch als wesentlicher Bestandtheil gewisser Schiefer. — Spaltb. nach 0P sehr vollkommen, doch nicht so wie beim Glimmer; nach *Barrois* auch unvollk. nach einem Prisma von ca. 120°; spröd. H. = etwas über 6,5; G. = 3,52...3,56; schwärzlichgrün bis dunkel lauchgrün, Strich grünlichweiss, schwach perlmutterglänzend, undurchsichtig, nur in feinen Lamellen durchscheinend. Die optischen Axen liegen parallel ∞P∞, die Bisectrix weicht ca. 12° von der Normalen auf 0P ab; bedeutende horizontale Dispersion der Axen, sehr stark pleochroitisch: blaugrün und gelblichgrün. — Chem. Zus. nach den Analysen von *Erdmann, Gerathewohl, Bonsdorff, v. Kobell, Sterry Hunt, L. Sipöcz* und *Renard* auf die einfache Formel **R²R̄ (Al²) Si O⁷** führend, worin R weitaus vorwiegend Fe als Oxydul, daneben etwas Mg ist; die Analysen liefern ca.

40*

24 bis 26 Kieselsäure, 39 bis 41 Thonerde, 26 bis 28 Eisenoxydul, 2 bis 4 Magne-
7 Wasser, welches nur im Glühfeuer ausgetrieben wird. V. d. L. ist er nur schw-
schmelzbar zu einem schwärzlichen, schwach magnetischen Glas; von Salzsäure w-
er nicht angegriffen, von concentrirter Schwefelsäure aber vollständig zersetzt. — I
Diaspor, Brauneisen und Smirgel bei der Hütte Mramorskoi unweit Katharinenburg a
Ural, wo diese Mineralien einen Stock in körnigem Kalkstein bilden; Pregratten
Tirol, am Gumugh Dagh in Kleinasien; neuerdings vielfach in Phylliten und Glimmerschiefern eingemengt gefunden: Markneukirchen im Voigtland von *Schröder*, in
Alpen von *H. v. Foullon*, zu Vanlup bei Hillswickness (Shetland) von *Heddle*; in Cana-
wo gewisse Schiefer so vorwaltend aus ihm bestehen, dass sie von *Sterry Hunt* Chlo-
toidschiefer genannt worden sind.

Anm. Der Sismondin *Delesse's* ist aller Vermuthung nach mit dem Chloritoid zu vereinigen; derb, in körnig-blätterigen Aggregaten, deren nach *Tschermak* wahrscheinlich monokline Individuen nach 0P sehr vollk. spaltbar sind; annähernd senkrecht dazu zwei ander
Spaltbarkeiten, welche sich unter ca. 120° schneiden; spröd; H. = 5...6; G. = 3,56; schwar-
lichgrün, Strich licht grünlichgrau, stark glänzend auf den vollk. Spaltungsflächen; sehr wen-
pellucid durch die Spaltungslamellen, weit mehr rechtwinkelig darauf; optisch-zweiaxig, -
pos. Bisectrix steht etwas schief auf der vollk. Spaltungsfläche; starker Pleochroismus. —
Chem. Zus. nach den Analysen von *Delesse*, *v. Kobell* und *Sipöcz* ganz wie Chloritoid, nur
eisenärmer und magnesiareicher. V. d. L. sehr schwer schmelzbar, brennt sich eher braun
Salzsäure zerlegt das Pulver nicht, Schwefelsäure nur schwierig. — St. Marcel in Piemon
nach Graf *Limur* auf der Insel Groix, Dép. Morbihan (auch von *v. Lasaulx* Sismondin genann
während *Barrois* von dieser Insel »Chloritoid« beschrieb, dessen opt. Axenebene aber als senkrecht auf dem Klinopinakoid angegeben wird).

500. Masonit, *Jackson*.

Grosse lamellare, in einem chloritschieferähnlichen Gestein eingewachsene Massen
Spaltb. vollk. nach einer Richtung, sehr unvollk. nach einer zweiten, welche gegen die erste
etwa 95° geneigt ist; H. = 6,5; G. = 3,45...3,53; dunkelgrünlichgrau, Strich grau, Spaltungsf-
glänzend von Perlmutter- bis Glasglanz; optisch-zweiaxig, die Bisectrix scheint ziemlich schief
auf der vollk. Spaltungsfläche zu stehen. — Chem. Zus. nach der Analyse von *Hermann*: 32,6
Kieselsäure, 26,88 Thonerde, 18,95 Eisenoxyd, 16,7 Eisenoxydul, 1,82 Magnesia, 4,5 Wasser
Andere Analysen von *Jackson* und *Whitney* ergaben gar kein Eisenoxyd, und jene von *Jackson*
lieferte 33,20 Kieselsäure, 29,00 Thonerde, 25,93 Eisenoxyd, 6,00 Manganoxydul, 0,24 Magnesia, 5,60 Wasser, also doch immerhin eine von der des Chloritoids abweichende Zusammensetzung, doch bemerkt *Tschermak*, dass die Lamellen eine grosse Menge fremder Einschlüsse, hauptsächlich Biotitblättchen enthalten. V. d. L. blättert er sich etwas auf und
schmilzt an den Kanten zu einem schwarzen magnetischen Masse; von Säuren wird er angegriffen. — Middletown in Rhode-Island.

Anm. Nach *v. Kobell*, *Dana*, *Tschermak* und *Des-Cloizeaux* würden Sismondin und Masonit mit Chloritoid vereinigt werden müssen.

501. Ottrelith, *Hauy*.

Kleine, dünne, sechsseitige oder beinahe kreisrunde 1 bis 2 Linien breite Tafeln
in grauem Thonschiefer fest eingewachsen; nach *Tschermak* wohl monoklin, nach *Renard* und *de la Vallée-Poussin* wahrscheinlich triklin; *Renard* beobachtete eine Hauptspaltbarkeit (0P), zu welcher noch drei andere schief stehen, nämlich zwei von anscheinend gleichem Werth, welche sich unter ca. 131° durchkreuzen und eine dritte
welche annähernd senkrecht auf einer der beiden letzterwähnten steht; nach *Beck-*
ausser nach 0P auch noch prismatisch (110°—120°) spaltbar; hart, Glas ritzend;
G. = 3,27; grünlichgrau bis lauchgrün und schwärzlichgrün, Strich grünlichgrau,
Glasglanz, durchscheinend; optisch zweiaxig, die spitze Bisectrix ziemlich schief auf
der Hauptspaltbarkeit. Pleochroismus parallel 0P lavendelblau, parallel der Verticale
gelblichgrün oder grünlichblau. — Chem. Zus. nach der neuesten Analyse von *Klement*
und *Renard*: 42,48 Kieselsäure, 29,29 Thonerde, 3,30 Eisenoxyd, 12,11 Eisenoxydul,
6,10 Manganoxydul, 2,05 Magnesia, 5,07 Wasser, woraus man die Formel $R^2R(Al^2)^3P^2$
ableiten kann, worin R = Fe, Mn, Mg, und etwas (Al²) durch (Fe²) vertreten ist. V. d.

L. schmilzt er schwer an den Kanten zu einer schwarzen magnetischen Kugel; mit Borax zeigt er die Farbe des Eisens, mit Soda die des Mangans; von concentr. Salz- oder Salpetersäure zersetzbar unter Abscheidung von Kieselsäuregallert. — Ottrez bei Stavelot an der Grenze von Luxemburg, Aste im Thal d'Ossau in den Pyrenäen, Ebnat in der Oberpfalz, Newport in Rhode-Island, Vardhos in Griechenland; meist mit vielen Einschlüssen von farblosem Quarz, Rutilnädelchen und Erzpartikelchen.

Anm. *Laspeyres* will den Ottrelith als eine eisenoxydul- und manganoxydulreiche Glimmerart betrachten (N. J. f. M. 1869. 341 und 1873. 463), wogegen sich jedoch *G. Rose* erklärte (Z. d. g. Ges. Bd. 21. 488). *Dana* und *Tschermak* sind geneigt, ihn als eine Var. des Chloritoids zu deuten.

Anhang.

502. **Pyrosmalith,** *Hausmann.*

Hexagonal; P 101° 34' (nach *Miller* und *Brooke*), die Krystalle stellen meist die Comb. ∞P. 0P, säulenförmig oder tafelartig, zuweilen mit den Flächen von P oder anderen Pyramiden dar; aufgewachsen, auch derb, in individualisirten Massen und körnigen Aggregaten. — Spaltb. basisch vollk., prismatisch nach ∞P unvollk., spröd; H. $= 4...4,5$; G. $= 3...3,2$; lederbraun bis olivengrün, metallartiger Perlmutterglanz auf 0P, sonst Fettglanz, durchscheinend bis undurchsichtig; optisch-einaxig, nach *Des-Cloizeaux*. — Chem. Zus. nach der Analyse von *v. Lang*: 3,76 Chlor, 35,43 Kieselsäure, 0,79 Eisenoxyd, 30,00 Eisenoxydul, 21,01 Manganoxydul, 0,74 Kalk, 0,24 Thonerde, 7,75 Wasser. Spätere Analysen von *Wöhler* lieferten sonst übereinstimmende Resultate, nur 6,88 Chlor und 3,32 Wasser. Die letzte Analyse von *E. Ludwig* nähert sich noch mehr derjenigen von *v. Lang* (4,88 Chlor, 3,34 Wasser); merkwürdig ist der constatirte gänzliche Mangel an Eisenoxyd und überhaupt an sog. Sesquioxyden. Beim Erhitzen giebt er Wasser und dann eine gelbe Tropfen von Eisenchlorid, doch wird nach *v. Lang* bei 200° noch nichts ausgetrieben. *Rammelsberg* versuchte die Zus. durch $(R Cl^2 + 7 R Si O^3) + 5 H^2 O$ auszudrücken; wogegen *Ludwig* die Formel $H^{14} Fe^5 Mn^5 Si^8 O^{32} Cl^2$ entwickelt, welche mit den Resultaten der besseren Analysen recht gut übereinstimmt; da Fe und Mn (wie auch Ca) sich wohl hier isomorph vertreten, so kann man die Formel zu $R^7 (Fe, Mn)^5 Si^{10} O^{16} Cl$ vereinfachen. V. d. L. schmilzt er zu einer schwarzen magnetischen Kugel; mit Borax und Phosphorsalz giebt er die Reaction auf Eisen, Mangan und Kieselsäure, mit Phosphorsalz und Kupferoxyd die auf Chlor; von concentrirter Salpetersäure wird er vollständig zersetzt. — Nordmarken bei Philipstad in Schweden; selten.

503. **Astrophyllit,** *Scheerer.*

Monoklin nach *Scheerer*, sowie nach *König* und *Bücking* (Z. f. Kryst. I. 424)[1]; nach *Des-Cloizeaux* und *A. E. Nordenskiöld* rhombisch. Die nach der Klinodiagonale langgestreckten, sechsseitig tafelförmigen Krystalle werden vorwaltend von 0P und ∞Ř∞ gebildet, und durch eine Hemipyramide begrenzt, deren klinodiagonale Polkante 160° misst, und gegen die Basis unter 125° geneigt ist; bisweilen sind sie zu Zwillingen nach 0P verbunden, gewöhnlich aber zu strahligen oder sternförmigen Gruppen verwachsen; der monokline Charakter geht auch aus den optischen Untersuchungen *Bücking's* hervor. — Spaltb. basisch, vollk.; spröd; H. $= 3,5$; G. $= 3,3...3,4$; tombackbraun bis fast goldgelb und schwärzlichbraun; starker fast metallartiger Glasglanz; wenig pellucid; die optischen Axen liegen im klinodiagonalen Hauptschnitt, und ihre stumpfe Bisectrix ist nicht, wie *Des-Cloizeaux* früher angab, senkrecht auf der Spaltungsfläche, sondern bildet nach *Bücking* mit der Normalen zu derselben einen Winkel von etwas über 3°. Deutlicher Pleochroismus: parallel der Orthodiagonale orange, senk-

---

[1] Nach *Brögger* (Z. f. Kryst. II. 1878. 281) besitzen die Krystalle von der kleinen Insel Låven im Langesundsfjord gar keine Symmetrie-Ebene, sind also triklin; er fand auch, dass nicht blos, wie *Bücking* angab, die optische Mittellinie, sondern auch die optische Axenebene selbst gegen die Fläche der besten Spaltbarkeit (von ihm gleichfalls als Basis betrachtet) schief steht, wobei aber ihre Neigung ebenso wie der opt. Axenwinkel nicht unbeträchtlich variirt. Doch scheine aber die Ausbildung der Krystalle immer eine für ein triklines Mineral auffallend symmetrische Anordnung der Flächen aufzuweisen; $\alpha = 86° 8'$, $\beta = 90° 27'$, $\gamma = 89° 44'$. Das Dasein der von *Scheerer* hervorgehobenen Zwillingsbildung wird von *Brögger* bezweifelt; nach ihm ist der parallel der optischen Normale schwingende Strahl prachtvoll dunkelroth, während die anderen Strahlen, wie *Bücking* angab, orange (b) und citrongelb (c) sind. Die Spaltblättchen zeigen gar nicht die elastische Biegsamkeit des Glimmers, sondern sind oft äusserst zerbrechlich.

recht dazu in der Spaltungsfläche und parallel der optischen Axenebene citrongelb. Der Astrphyllit von Brevig ist von *Scheerer, Meinecke, Sieveking, Pisani* und *Rammelsberg* analysir
worden, der Letztere erhielt: 39,19 Kieselsäure, 7,96 Titansäure, 9,27 Eisenoxyd, 21. ·
Eisenoxydul, 10,01 Manganoxydul, 3,86 Natron, 5,96 Kali, kleine Mengen von Thonerde, M.,. ·
nesia und Kalk; während die anderen sonst ziemlich übereinstimmenden Analysen 2 bi · .
pCt. Wasser angeben, befand *Rammelsberg* das Mineral wasserfrei, es verliert aber bei starke:
Glühen bis 1,7 pCt. Später untersuchte *G. A. König* den A. von El Paso Co. und fand da:
34,68 Kieselsäure, 13,58 Titansäure, 2,20 Zirkonsäure, 6,56 Eisenoxyd, 26,10 Eisenoxydu:
3,48 Manganoxydul, 5,01 Kali, 2,51 Natron, 3,51 Wasser, ganz geringe Mengen von Thonerd
Magnesia und Kupferoxyd; er berechnet daraus die Formel $R^8(K, Na)^4(Fe, Mn)^9(Fe^2)\ Ti^4 Si^{13}O$ ·
welche sich als die eines neutralen Silicats darstellt. *Groth* schlägt vor, weil der A. niema.-
ganz frisch sei, von dieser Formel 1 Mol. H^2O abzuziehen, und ferner Ti mit Si zu vereinigen
worauf sich nach weiterer geringer Veränderung dann die Formel zu $R^3 K^2 Fe^4 Fe\ Si^6 O^{24}$, derjenigen eines sog. Bisilicats, gestaltet, in welchem wahrscheinlich H für K oder Na durch Zersetzung eingetreten sei. Schmilzt v. d. L. unter kleiner Aufblähung leicht zur schwarzet
Kugel. Findet sich im Elaeolithsyenit bei Barkevig unweit Brevig mit Aegirin, schwarze
Glimmer, Katapleït, Zirkon u. s. w., auch in El Paso Co. (Colorado), zu Kangerdluarsuk i:
Grönland und wird von vielen Mineralogen (z. B. *Des-Cloizeaux, Scheerer*) zu den Glimmer:
gestellt; *Rammelsberg* hielt ihn für ein Glied der Augitgruppe, *Nordenskiöld* ebenfalls für eine:
dem Hypersthen nahestehenden (rhombischen) Pyroxen; *Groth,* welcher ihn früher zu de·
Glimmern setzte, vermuthet neuerdings eine Beziehung desselben zu den triklinen Pyroxenen

12. Chloritgruppe.

Die Glieder der Chloritgruppe stehen sowohl ihrer äusseren Erscheinungsweise, als ihrer chemischen Constitution, als der Weise ihres Auftretens nac:
zwischen Glimmern und Talken. Von den ersteren sind sie durch den grosse:
Gehalt an Wasser und das Fehlen des Kalis, von den letzteren durch den Gehal:
an Thonerde unterschieden. Beim Erhitzen geben sie Wasser, jedoch nicht b·
schwachem Glühen, sondern erst in starker Glühhitze.

504. Chlorit, *Werner* (Ripidolith, *G. Rose*).

Hexagonal, P nach *Des-Cloizeaux* 106° 50′, oder nach Art der Glimmer mon·
klin; die Krystalle erscheinen tafelförmig als 0P. ∞P und 0P. P, wie bei·
stehende Figur, oft in kamm-, wulst- und kegelförmigen Gruppen verwachsen; meist derb, in blätterigen und schuppigen Aggregaten und al·
Chloritschiefer; auch nicht selten anderen Mineralien in feinen Schuppen ein- und
aufgestreut; als Pseudomorphose nach Hornblende, Glimmer, Orthoklas, Axinit, Turmalin, Granat und Vesuvian; auch nach Quarz, Flussspath, Kalkspath, Eisenspath.
Eisenglanz und Magneteisen. — Spaltb. basisch, sehr vollk.; mild, in dünnen Blättchen biegsam, aber nicht elastisch; H. = 1...1,5; G. = 2,78...2,95; lauch-, seladon-.
pistaz- bis schwärzlichgrün, in Krystallen oft quer auf die Hauptaxe roth durchscheinend, Strich seladongrün bis grünlichgrau, Perlmutterglanz bis Fettglanz; in Lamellen
durchsichtig und durchscheinend; optisch-einaxig, oder auch zweiaxig mit sehr kleinem Neigungswinkel der Axen; sehr schwach pleochroitisch. — Chem. Zus. noch nicht
endgültig festgestellt; früher nahm man grösstentheils die Formel $R^4(Al^2)Si^2O^{11} + 3 H^2O$
an, oder theilweise, da das Wasser erst beim Glühen gänzlich ausgetrieben wird.
$H^6 R^4(Al^2)Si^2O^{14}$, wobei R aus Eisen (als Oxydul) und Magnesium besteht. *Kenngott*
führte den Chlorit (wie auch den Pennin, Klinochlor und Kämmererit) auf die Forme:
$2\ Mg\ SiO^3 + H^4 Mg\ O^3$ zurück, wobei theilweise Mg durch Fe, und das Silicat durch
Thonerde vertreten wird. *Rammelsberg* schlug vor, den Chlorit als eine Verbindun:
von zwei Mol. des Silicats $H^2 R^5 Si^3 O^{12}$ und drei Mol. des Aluminiumhydroxyd·
$H^6(Al^2)O^6$ anzusehen, wobei er sich indessen nicht verhehlt, dass die vielfach mangelnde Uebereinstimmung mit den Analysenresultaten diese Formel problematisch
macht; es wären dieselben Substanzen, welche nach ihm in anderem Mol.-Verhältniss

auch im Pennin und Klinochlor auftreten. *Groth* schreibt nur wenig abweichend $H^9(Fe,Mg)^5Al^3Si^3O^{20}$. Die Analysen ergeben 25 bis 28 Kieselsäure, 19 bis 23 Thonerde (einige führen auch etwas Eisenoxyd auf), 15 bis 29 Eisenoxydul, 13 bis 25 Magnesia, 9 bis 12 Wasser. V. d. L. schwer und nur in dünnen Kanten schmelzbar zu schwarzem Glas; von conc. Schwefelsäure wird er zersetzt, auch von Salzsäure, wobei die amorphe Kieselsäure in der Form des Minerals zurückbleibt, und begierig Farbstoffe, z. B. Anilinroth einsaugt. — Als Hauptgemengtheil des Chloritschiefers und als körnigschuppiges Chloritgestein mit Magneteisen, in der Schweiz, Tirol, Salzburg, Berggieshübel in Sachsen; Nester und Trümer in Serpentin bildend, häufig; auf Erzgängen und in Drusen mancher krystallinischen Silicatgesteine.

Anm. 1. Metachlorit hat *List* ein chloritähnliches Mineral von Elbingerode genannt, welches schmale Trümer im Schalstein bildet, strahligblätterige Textur, H. = 2,5, dunkel lauchgrüne Farbe, Glas- bis Perlmutterglanz besitzt, über 40 pCt. Eisenoxydul, fast 11 Wasser, beinahe 24 Kieselsäure und über 16 Thonerde enthält, und von Salzsäure sehr leicht unter Gallertbildung zersetzt wird.

Anm. 2. Das von *Sandberger* unter dem Namen Aphrosiderit beschriebene Mineral von Weilburg ist feinschuppigem Chlorit sehr ähnlich. — Die Analysen von *Erlenmeyer*, *Sandberger* und *Nies* weichen zu sehr ab, um die Aufstellung einer Formel zu versuchen. *Erlenmeyer* erhielt: 25,72 Kieselsäure, 20,69 Thonerde, 4,04 Eisenoxyd, 27,79 Eisenoxydul, 11,70 Magnesia, 10,05 Wasser. V. d. L. schmilzt er nur in dünnen Kanten; durch Salzsäure zersetzbar. Zum Aphrosiderit rechnet *Websky* auch fast schwarze blätterige Aggregate aus den Drusenräumen des Granits von Striegau, *F. Heddle* dunkelgrüne Massen im Quarz des Chloritschiefers von Bishops Hill bei Dunoon in Schottland.

Anm. 3. Tabergit nannte *G. Rose* das schon von *Werner* unterschiedene blaulichgrüne, grossblätterige, chloritähnliche Mineral vom Taberg in Wermland; H. = 2 ... 2,5, G. = 2,813; nach *Des-Cloizeaux* theils optisch-einaxig, theils zweiaxig; eine ältere Analyse von *Svanberg* ergab: 35,76 Kieselsäure, 13,03 Thonerde, 6,84 Eisenoxydul, 1,64 Manganoxydul, 30,00 Magnesia, 2,07 Kali, 11,76 Wasser, 0,67 Fluor. *Fuchs* fand etwas verschiedene Verhältnisse, namentlich über 18 pCt. Eisenoxydul, auch den von *Svanberg* angegebenen Fluorgehalt. *Kenngott* versuchte zu zeigen, dass die Analyse von *Fuchs* genau seiner oben angegebenen Formel der chloritähnlichen Mineralien entspricht.

505. **Pennin,** *Fröbel.*

Rhomboëdrisch, R 65°28' nach *Des-Cloizeaux* und *Hessenberg*, 64°30' nach *Kenngott*, dagegen 65°50' nach *G. Rose*, welcher den Neigungswinkel von 0R zu R im Mittel 104°15' bestimmte; auch wird von *v. Kobell* eine hexagonale Pyramide *mP2* angegeben, deren Mittelkante ungefähr 120° misst, und welche daher für das aus *Rose*'s Messung folgende Rhomboëder R die Pyramide $\frac{1}{2}$P2 sein würde, deren Kante 119°16' beträgt. Die Krystalle erscheinen theils wie spitze Rhomboëder, welche oft durch die Basis sehr stark abgestumpft sind, theils wie abgestumpfte sechsseitige Pyramiden, sehr selten tafelförmig, wenn die Basis vorwaltet, übrigens aufgewachsen und zu Drusen verbunden. Spaltb. basisch, sehr vollk.; mild, in dünnen Blättchen biegsam; die Schlagfigur ist nach *Bauer* ein hexagonaler Stern; H. = 2...3; G. = 2,61 ...2,77; lauchgrün, blaulichgrün bis schwärzlichgrün, quer auf die Axe hyacinthroth bis braun durchscheinend, daher ausgezeichnet dichroitisch, Strich grünlichweiss; auf der Basis Perlmutterglanz; durchscheinend, in dünnen Lamellen durchsichtig; optisch-einaxig, jedoch häufig mit getrenntem Kreuz. — Chem. Zus.: früher nahm man vorwiegend die Formel $R^7(Al^2)Si^4O^{18}+5H^2O$ an, oder vielmehr, da das Wasser auch hier erst in der Glühhitze entweicht, $H^{10}R^7(Al^2)Si^4O^{23}$, und es lässt sich nicht läugnen, dass die Analysen des ausgezeichneten Vorkommens von Zermatt durch *Marignac, Picard, Merz, Fellenberg, Wartha, v. Hamm* damit gut übereinstimmen; vielleicht wäre $4H^2O$ noch angemessener. *Rammelsberg*, welcher der Ansicht ist, dass Pennin und Klinochlor chemisch identisch sind, stellte die auch von *Groth* adoptirte Formel $H^9R^5(Al^2)Si^3O^{18}$ auf, welche er als eine Verbindung von einem Mol. des Silicats $H^2R^5Si^3O^{12}$ mit einem Mol. des Aluminiumhydroxyds $H^6(Al^2)O^6$ betrachtet; das letztere kommt für sich als hexagonaler Hydrargillit vor; vgl. übrigens Chlorit. Ueberhaupt unterscheidet sich der Pennin durch die geringere Menge von Eisenoxydul und Thonerde von dem Chlorit. *Wartha* analysirte z. B. einen Pennin vom Findelengletscher bei **Zermatt** und fand sehr nahe 3**2**,5 Kieselsäure, **14**,5 Thonerde, 3**4** Magnesia, nur 5 Eisenoxydul, **14**,**1** Wasser. Vielfach scheint die Frage unbeachtet geblieben zu sein, ob nicht etwa ein Theil des Eisens als Oxyd vorhanden ist; *P. v. Hamm*, welcher die Var. von Rümpfischwäng bei Zermatt analysirte, hat diese Frage berücksichtigt, und fand 3 3 , 7 **1** Kieselsäure, **12**,**55** Thonerde, **2**,7**4** Eisenoxyd, 3,**40** Eisenoxydul, 3**4**,70 Magnesia, 0.6**6** Kalkerde und **12**,**27** Wasser. *Kenngott* nimmt die von ihm für den Chlorit vorgeschlagene Formel auch für den Pennin an. V. d. L. in der Platinzange blättert er sich auf wird weiss und trübe, und schmilzt endlich an den Kanten zu gelblichweissem Email; von Salzsäure wird er zersetzt, unter Abscheidung von Kieselflocken; das Pulver zeigt nach *Kenngott* eine starke alkalische Reaction. — Zermatt und Binnenthal in der Schweiz, Ala in Piemont; nach *Des-Cloizeaux* gehört auch der weisse Chlorit von Mauléon in den Pyrenäen hierher.

A n m. **1**. *Kenngott* ist, nach einer sorgfältigen Vergleichung der Analysen des Chlorits und Pennins ebenfalls geneigt, beide Mineralien zu vereinigen; der Pennin würde sich zu dem Chlorit etwa so verhalten, wie der Diopsid zu dem Augit. Derselbe Beobachter fand, dass viele Penninkrystalle zahlreiche, fein nadelförmige oder faserige, farblose Krystalle eines anderen Minerals umschliessen, welches wahrscheinlich Grammatit ist. Auch erklärt er später das früher von ihm P s e u d o p h i t genannte Mineral vom Berge Zdjar bei Aloysthal in Mähren, in welchem der Enstatit vorkommt, für eine dichte Varietät des Pennins. Feldspath hat sich nach *v. Drasche* bei Plaben unfern Budweis und nach *v. Zepharorich* bei Czkyn im südlichen Böhmen in eine pseudophit-artige Masse umgewandelt. *H. Fischer* dagegen glaubte auf Grund von Dünnschliffen den Pseudophit vom Zdjar für einen mit Magnetitkörnern reichlich erfüllten Serpentin halten zu müssen, woran auch *v. Drasche* auch die Substanz von Plaben u. d. M. erinnert; doch enthalten alle diese Substanzen viel zu viel Thonerde (**16** bis **18** pCt.) für einen eigentlichen Serpentin. — Hierher gehört auch eine früher von *Delesse* als Pyrosklerit bezeichnete sehr hellgrüne fett- und wachsglänzende Substanz, welche nierenförmige Massen, deren Kern oft aus Feldspath besteht, im körnigen Kalk von St. Philippe unweit Markirch in den Vogesen bildet und von *Groth* neuerdings dem Pseudophit zugezählt wurde; sie geht (unter ähnlichen Erscheinungen, wie aus dem Olivin der Serpentin entsteht, aus dem Feldspath hervor, und ist als ein höchst fein verfilztes krystallinisches Aggregat (eine scheinbar dichte Varietät) von Pennin anzusehen; der Thonerdegehalt beträgt **17**,**84** pCt.

A n m. **2**. Zu dem Pennin ist wohl auch der in grossen, anscheinend hexagonalen, tafelförmigen Krystallen und in schaligen Massen von grünlichweisser, gelblichweisser bis licht ockergelber Farbe, den Schischimskischen Bergen bei Slatoust vorkommende L e u c h t e n b e r g i t zu rechnen, da er wesentlich die Zus. des Pennins besitzt, wie *Hermann* gezeigt hat, auch nach *Des-Cloizeaux* optisch-einaxig ist, und im polarisirten Licht das schwarze Kreuz sehr deutlich erkennen lässt. Dagegen fand Herzog *Nicolas von Leuchtenberg* in einer ganz frischen und reinen Var. mehr die chemische Zus. des Klinochlors. Die etwas abweichenden physischen Eigenschaften dürften in einer begonnenen Zersetzung begründet sein, für welche *Volger* sich ganz entschieden erklärt und besonders d e n Umstand als Beweis betrachtet, dass der Leuchtenbergit an den Rändern seiner Krystalle mit Hydrargillit und mit gelbem Granat gemengt ist, welchen letzteren auch *Kenngott* in kleinen Krystallen erkannte. *Kenngott* dehnt seine allgemeine Chloritformel auch auf den Leuchtenbergit aus.

A n m. **3**. Mit dem Pennin ist ferner aller Wahrscheinlichkeit nach die K ä m m e r e r i t zu vereinigen, welcher eine Var. darstellt, in der ein Theil der Thonerde durch C h r o m - o x y d ersetzt ist; *v. Kokscharow*, welcher früher zu beweisen gesucht hatte, dass der Kämmererit in seinen Krystallformen mit dem Pennin übereinstimmt, betrachtete freilich denselben später als holoëdrisch; nach ihm ist P **148**° **16**', also P : 0P == **105**° **52**'. Die Krystalle erscheinen theils als spitze hexagonale Pyramiden, theils als kurze oder auch lange Prismen der Comb. ∞P . 0P, deren Combinationskanten durch die Flächen der Pyramiden ¼P, ½P, 3P, 4P abgestumpft sind, deren Neigung gegen 0P **110**° **43**', **102**° **1**', 95° **25**' und 94° **4**' beträgt; die Krystalle auf den Seitenflächen stark horizontal gestreift; gewöhnlich derb, in körnig-blätterigen und dichten Aggregaten. Spaltb. basisch, sehr vollk.; mild, in dünnen Lamellen biegsam und zäh; H. = **1**,5 ... **2**; G. == **2**,**617** ... **2**,76; kermesinroth, pfirsichblüthroth bis violblau, auch grünlich und blaulichgrünlich; Perlmutterglanz auf 0P; optisch-einaxig, nach *v. Kokscharow*, doch erscheint das Kreuz meist getrennt. — Chem. Zus.: nach *Hermann* besteht die Var. vom See Itkul aus **30**,58 Kieselsäure, **45**,94 Thonerde, **4**,99 Chromoxyd, **33**,45 Magnesia, **3**,82 Eisenoxydul, **42** Wasser. Aehnliche Resultate erhielten *N. v. Leuchtenberg, Genth, Smith* und *Brush*, sowie *Pears* bei der Var. von Texas. *Rammelsberg* ertheilt dem Kämmererit dieselbe Formel, wie dem Pennin; *Kenngott* aber suchte zu zeigen, dass bei Annahme von Chromoxydul die allgemeine von ihm für die Chloritmineralien angenommene Formel resultire. V. d. L. blättert er sich etwas auf, schmilzt aber nicht; mit Phosphorsalz gibt er ein Kieselskelet und ein Glas, welches heiss braun, kalt grün ist; Kobaltsolution färbt ihn stellenweise blau; von Schwefelsäure wird er zersetzt. — Bissersk im Gouvernement Perm, auch am See Itkul und bei Miask, Hagdale auf Unst, Shetland (nach *Heddle*), überall auf Klüften von Chromeisen; Texas in Pennsylvanien. — Den Kämmererit sind auch *G. Rose, N v. Leuchtenberg* und *Des-Cloizeaux* mit dem Pennin zu vereinigen geneigt.

Anm. 4. Was *Fiedler* Rhodochrom genannt hat, das ist nach *G. Rose* dichter Kämmererit, womit auch die Analyse von *Hermann* übereinstimmt, welche 5,5 Chromoxyd ergab. Derb aber bisweilen von sehr feiner körnig-schuppiger Zusammensetzung, meist dicht, mit ausgezeichnet splitterigem Bruch; mild; H. **= 2,5 ... 3**; G. **= 2,668**; graulichschwarz und schmutzig violblau, in dünnen Splittern pfirsichblüthroth durchscheinend; Strich röthlichweiss; stellenweise schwach glänzend bis schimmernd; stark kantendurchscheinend. V. d. L. schmilzt er schwierig in den äussersten Kanten zu gelbem Email; mit Borax und Phosphorsalz gibt er die Chromfarbe und mit letzterem ein Kieselskelet. Von Salzsäure wird er nur schwer zersetzt. — Mit Chromeisen verwachsen, Kyschtimsk am Ural, Bissersk und am See Itkul, Insel Tino, Baltimore.

506. Klinochlor, *Blake* (Ripidolith, *v. Kobell*; Chlorit, *G. Rose*).

Monoklin, nach *v. Kokscharow*; $\beta = 76^o\,4'$; $a:b:c = V\overline{6}:V\overline{18}:V\overline{11}$, nach *Naumann*, daher die ebenen Winkel der schiefen Basis **420°** und **60°** messen. Unter Zugrundlegung dieser Verhältnisse sind die folgenden Winkel berechnet, welche fast vollkommen mit den sehr genauen Messungen *v. Kokscharow's* übereinstimmen[1]). Einige der einfachsten Combinationen sind die folgenden:

$m:m = 425^o\,37'$	$o:o = 421^o\,28'$	$P:t = 408^o\,44'$
$P:m = 443\ 59$	$n:n = 427\ 54$	$h:t = 464\ 46$
$m:o = 443\ 53$	$n:o = 463\ 34$	$t:t = 443\ 32$
$P:o = 402\ 8$	$o:h = 449\ 46$	$m:t = 424\ 8$
$m:n = 427\ 27$	$P:n = 448\ 34$	$n:t = 424\ 34$

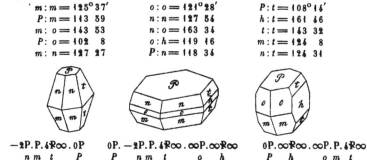

$-2P.P.4\overset{\smile}{P}\infty.0P$	$0P.\ -2P.P.4\overset{\smile}{P}\infty.\infty P.\infty\overset{\smile}{P}\infty$	$0P.\infty\overset{\smile}{P}\infty.\infty P.P.4\overset{\smile}{P}\infty$
$n\ m\quad t\qquad P$	$P\quad n\ m\quad t\qquad o\quad h$	$P\quad h\qquad o\ m\ t$

Die Flächen *m*, *n* und *o* sind meist ihren Combinationskanten parallel gestreift und gereift. Häufig kommen Zwillings- und Drillingskrystalle vor, nach dem Gesetz: Zwillings-Ebene eine Fläche der Hemipyramide 3P; da nun die Flächen dieser Hemipyramide gegen die Basis unter **89° 44'** geneigt sind, und da ihre Polkante fast genau **420°** misst, so passen je drei Individuen genau in einander, und bilden mit ihren Basen Winkel von **479° 28'**. Die Krystalle aufgewachsen und zu Drusen verbunden; auch in fächerförmigen und wulstförmigen Gruppen, sowie derb in lamellaren Aggregaten; Spaltb. basisch, sehr vollkommen, Spuren nach anderen Richtungen; die

---

4) Um die Aehnlichkeit mit hexagonalen Formen besser hervortreten zu lassen, hat *Naumann* in der Deutung und Bezeichnung der Formen eine kleine Aenderung vorgenommen; die Buchstaben-Signatur der Flächen ist jedoch dieselbe, wie in *v. Kokscharow's* vortrefflicher Abhandlung; nur ist *m* statt *M* gewählt.

Schlagfigur ist nach *Bauer* ein sechsstrahliger Stern; Klinochlor ist mitunter mit Kämmererit so verwachsen oder umgibt ihn so, dass die Spaltungsflächen beider in eine Ebene fallen; H. $= 2$ $(1,5 \ldots 3)$; G. $= 2,65 \ldots 2,78$; mild, in dünnen Blättchen biegsam. Lauchgrün, blaulichgrün und schwärzlichgrün; Strich grünlichweiss bis grün; Perlmutterglanz auf 0P, ausserdem Glas- oder Fettglanz; pellucid, in dünnen Lamellen durchsichtig, sonst nur durchscheinend oder kantendurchscheinend. Optisch-zweiaxig; die optischen Axen liegen im Klinopinakoid, sind aber unter sehr verschiedenen Winkeln geneigt (von 10° bis 86° nach *Des-Cloizeaux*); die Bisectrix (c) bildet mit der Basis den Winkel von 75° bis 78°. Oft ausgezeichnet dichroitisch, nämlich grün in der Richtung der Verticalaxe, roth in der auf ihr rechtwinkeligen Richtung. — Chem. Zus. eine Anzahl von Analysen, z. B. die der Var. von Slatoust durch *Hermann*, der von Achmatowsk durch *Varrentrapp* und *v. Kobell* führen zu der Formel $\mathbf{R}^8 \mathbf{R}^6 (\mathbf{Al}^2) \mathbf{Si}^3 \mathbf{O}^{1v}$ (worin R vorwiegend Mg, daneben Fe als Oxydul). *Rammelsberg* folgert, dass der Klinochlor d i e s e l b e Zusammensetzung habe, wie der Pennin (vgl. diesen), weshalb alsdann diese Substanz d i m o r p h wäre. Nach dieser letzteren auch von *Groth* getheilten Ansicht berechnet sich ein eisenfrei gedachter Klinochlor (und Pennin) zu 30,32 Kieselsäure, 17,19 Thonerde, 40,37 Magnesia, 12,12 Wasser; ein solcher, worin 15 R bestehen aus 14 Mg $+$ 1 Fe, zu 29,68 Kieselsäure, 16,83 Thonerde, 4,74 Eisenoxydul, 36,89 Magnesia, 11,86 Wasser. Die letzte Analyse des Kl. von der Mussa-Alp ergab *Jannasch*: 29,31 Kieselsäure, 21,31 Thonerde, 0,07 Eisenoxyd, 3,24 Eisenoxydul, 31,28 Magnesia, 0,43 Natron, 14,58 Wasser, Spur Lithion; er schliesst daraus, dass der Kl. 5 (nicht 4) Mol. Wasser enthält, und da von diesem ca. 1 Mol. bereits über conc. Schwefelsäure entweicht, während 4 erst in der Glühhitze weggehen, so erschliesst er die Formel $\mathbf{R}^8 \mathbf{R}^5 (\mathbf{Al}^2) \mathbf{Si}^3 \mathbf{O}^{15} + \mathbf{R}^2 \mathbf{O}$, worin Mg auch Fe, Al² auch Fe² begreift. Darnach wären Klinochlor und Pennin n i c h t übereinstimmend zusammengesetzt, sondern der erstere gewissermaassen Pennin $+$ 1 Mol. Wasser. Im Allgemeinen ist der Klinochlor, ebenso wie der Pennin, weit ärmer an Eisenoxydul, als der Chlorit. *Neminar* fand in dem von Chester neben 2,33 Eisenoxydul auch 1,55 Eisenoxyd. V. d. L. wird er weiss und trübe, und schmilzt schwer zu graulichgelbem Email; von Salzsäure wird er kaum, von Schwefelsäure leichter angegriffen. — West-Chester in Pennsylvanien, Achmatowsk am Ural, Slatoust, Schwarzenstein in Tirol, Traversella in Piemont, der derbe zu Markt-Leugast in Oberfranken.

Anm. 1. Unter dem Namen H e l m i n t h hat *Volger* jenes merkwürdige chloritähnliche Mineral aufgeführt, welches in der Form ganz kleiner, wurmartig gewundener und verdrehter, rhombischer oder sechsseitiger Prismen so gewöhnlich dem Bergkrystall, Adular, Periklin, Titanit u. a. Mineralien aufgestreut und eingestreut ist; H. $= 2,5$; G. $= 2,6 \ldots 2,75$; Spaltb. basisch, sehr vollkommen; grün und fettglänzend auf den prismatischen, silberweiss und metallartig perlmutterglänzend auf den basischen Flächen. — Chem. Zus. nach *Delesse* sehr ähnlich dem des Klinochlors.

Anm. 2. Das von *Shepard*, wegen seines beständigen Vorkommens mit Korund, K o r u n d o p h i l i t genannte Mineral von Chester in Massachusetts und Asheville in Nord-Carolina, welches nach seiner Krystallform, Spaltbarkeit und fast allen übrigen physischen Eigenschaften dem Klinochlor ähnlich ist, dürfte vielleicht mit diesem zu vereinigen sein, obgleich sein sp. G. zu 2,90 angegeben wird, und eine Analyse *Pisani's* von den bekannten des Klinochlors abweicht, indem sie 24,0 Kieselsäure, 25,9 Thonerde, 22,7 Magnesia, 14,8 Eisenoxydul und 11,9 Wasser lieferte. *Kenngott* führt auch diese Analyse auf seine allgemeine Formel der Chlorite zurück.

Anm. 3. K o t s c h u b e y i t nennt *v. Kokscharow* ein kermesinrothes, glimmerartiges, dem Kämmererit sehr ähnliches Mineral, welches unweit der Goldseifen Karkadinsk im District Ufaleisk am südlichen Ural vorkommt. Dasselbe krystallisirt wahrscheinlich monoklin, wie der Klinochlor, ist basisch vollk. spaltbar, hat H. $= 2$, G. $= 2,65$, ist optisch-zweiaxig, und wohl nur eine rothe Var. des Klinochlors.

Anm. 4. Die Untersuchung der unter dem Namen Chlorit, Ripidolith und Pennin aufgeführten Mineralien hat in neuerer Zeit die Chemiker und Mineralogen vielfach beschäftigt; es ist aber die Vergleichung der früheren und der späteren Resultate dadurch einigermaassen erschwert worden, dass der von *G. Rose* gemachte Vorschlag zum Theil Eingang gefunden hat, die Namen Ripidolith und Chlorit zu vertauschen, wonach denn auch der meiste Chloritschiefer Ripidolithschiefer genannt werden müsste. Wir glaubten mit *Hausmann*, *Kenngott* und *Naumann* die ursprunglichen Benennungen beibehalten zu müssen. — Ueber die von *Kenngott* vorgeschlagene gemeinschaftliche Formel für die drei Mineralien vgl. Chlorit. — Sehr häufig wurden sonst und werden noch jetzt g r ü n e G l i m m e r als Chlorit aufgeführt, wie z. B. der dunkelgrüne Glimmer des Protogins in den Alpen, welcher nach *Delesse* ein zwischen Kali- und Magnesiaglimmer stehender sehr eisenreicher Glimmer ist.

A n m. 5. Noch ist das von *Rammelsberg* unter dem Namen E p i c h l o r i t bestimmte Mineral von Neustadt am Harz zu erwähnen; es findet sich, nach der Art der Asbeste, in gerad- und krummstängeligen Aggregaten, welche sich in dünne Stängel absondern lassen; H. = 2,5; G. = 2,76; dunkellauchgrün, im Strich graulichweiss, fettglänzend, in dünnen Stängeln durchscheinend, sich sehr fettig anfühlend. — Chem. Zus.: 40,88 Kieselsäure, 40,96 Thonerde, 8,72 Eisenoxyd, 20,0 Magnesia, 8,96 Eisenoxydul, 0,68 Kalk, 40,48 Wasser. V. d. L. schmilzt er nur sehr schwer in dünnen Splittern, von Salzsäure wird er nur sehr unvollkommen zersetzt.

507. Pyknotrop, *Breithaupt.*

Derb in grosskörnigen Aggregaten, deren Individuen aber sehr innig mit einander verwachsen und oft schwer zu unterscheiden sind; Spaltb. nach zwei rechtwinkeligen Flächen, undeutlich, Bruch splitterig; H. = 2...3; G. = 2,60...2,72; graulichweiss in grau, braun und röthlich verlaufend; Glas- bis Fettglanz, schwach; durchscheinend und kantendurchscheinend. — Chem. Zus. der braunen Var. nach *Fikenscher*: 45,02 Kieselsäure, 29,34 Thonerde, 42,60 Magnesia, 4,48 Kali, 0,24 Eisenoxydul, 7,83 Wasser; v. d. L. schmilzt er etwa so schwer wie Orthoklas zu einem blasigen Email. — Im Serpentin bei Waldheim in Sachsen. — *H. Fischer* hat bei Todtmoos im Schwarzwald ein dem Waldheimer Pyknotrop ganz ähnliches Mineral als ein Zersetzungsproduct nach Saussurit erkannt, und vermuthet daher, dass wohl aller Pyknotrop nur als ein Durchgangsstadium von Saussurit in Serpentin zu betrachten sei; die von *Hüttin* ausgeführte Analyse des Todtmooser Minerals weicht jedoch in ihren Resultaten ziemlich ab von der obigen.

508. Thuringit, *Breithaupt* (und Owenit).

Mikrokrystallinisch, derb in schuppigen oder feinkörnig blätterigen Aggregaten, Spaltb. der Individuen nach e i n e r Richtung, vollk.; H. = 2...2,5; G. = 3,15...3,49; olivengrün, Strich grünlichgrau bis zeisiggrün, perlmutterglänzend. — Chem. Zus. nach den Analysen von *Rammelsberg*, *Lawrence Smith* und *Keyser*: 22 bis 23,7 pCt. Kieselsäure 46 bis 47 Thonerde, 44 bis 45 Eisenoxyd, 33 Eisenoxydul nebst etwas Magnesia und Manganoxydul, 40 bis 44 Wasser, welcher Zusammensetzung die Formel $R^4 (R^2)^2 \dot{S}i^3 \ddot{O}^{16} + 4 \ddot{H}^2\dot{O}$ entspricht; v. d. L. schmilzt er zu einer schwarzen magnetischen Kugel; von Salzsäure wird er zersetzt mit Hinterlassung von Kieselgallert. — Gegend von Hof im Fichtelgebirge als Hauptgemengtheil eines magnetitreichen Schiefergesteins; Schmiedefeld bei Saalfeld, Harpers Ferry am Potomacflusse (sog. O w e n i t) und bei den Hot Springs in Arkansas. — Ein dem Thuringit ganz ähnliches Mineral lehrte *v. Zepharovich* vom Zirmsee in Kärnten kennen, wo es wahrscheinlich die Zwischenräume zwischen den Individuen jetzt weggelöster Calcitvierlinge abgeformt hat (Z. f. Kryst. I. 4877. 374 und II. 4878. 495).

A n m. Unter dem Namen S t r i g o v i t beschrieb *Becker* ein dem Thuringit oder auch dem Aphrosiderit nahe stehendes Mineral von Striegau in Schlesien, es bildet feinschuppige schwärzlichgrüne Ueberzüge über anderen Mineralien; G. = 2,588; in verdünnter Säure erhitzt, leicht zersetzbar mit Hinterlassung von Kieselpulver. Eine Analyse von *Websky* ergab: 32,60 Kieselsäure, 44,08 Thonerde, 24,94 Eisenoxyd, 42,47 Eisenoxydul, 3,82 Magnesia, 0,28 Kalk, 44,84 Wasser, was auf die Formel $R (R^2) \dot{S}i^2 \dot{O}^6 + 3 \ddot{H}^2\dot{O}$ führt.

509. Delessit (*Chlorite ferrugineuse, Delesse*).

Mikrokrystallinisch, in schuppigen und kurzfaserigen Individuen, welche in den Melaphyren theils vollständige, concentrisch schalige Mandeln, theils nur die Krusten von anderen Mandeln und Geoden bilden; diese Krusten haben eine einwärts fein nierförmige Oberfläche und eine radialfaserige oder schuppige Textur; mild; H. = 2... 2,5; G. = 2,89; olivengrün bis schwärzlichgrün, Strich licht graulichgrün. — Chem.

Zus. der Varietät von La Grève aus den Vogesen nach *Delesse*: 31,07 Kieselsäure. 15,47 Thonerde, 17,54 Eisenoxyd, 4,07 Eisenoxydul, 19,14 Magnesia, 0,46 Kalk. 11,55 Wasser; die Var. von Planitz stimmt damit ziemlich überein, nur ist darin kein Eisenoxyd, sondern blos Eisenoxydul (15,12 pCt.) angegeben. Auch *Heddle's* Analysen schottischer Delessite ergeben fast alles Eisen als Oxydul; er schlägt die Formel **R⁴(R²)Si³O¹³ + 5 R²O** vor. Im Kolben gibt er Wasser und wird braun; v. d. L. ist er sehr schwer und nur in Kanten schmelzbar; von Säuren wird er sehr leicht zersetzt mit Hinterlassung von Kieselsäure. — Häufig in den Melaphyr-Mandelsteinen, als Ausfüllung von Hohlräumen.

Anm. Das von *Hisinger* unter dem Namen Grengesit angeführte Mineral von Grengesberg in Dalekarlien dürfte hierher gehören. Auch *Liebe's* Diabantachronnyn, die schmutziggrün färbende Substanz der Diabase, steht dem Delessit sehr nahe, ist aber nach *Kenngott* wohl nur eine Varietät des Chlorits (N. J. f. Min., 1871. 51).

510. Cronstedtit, *Steinmann* (Chloromelan).

Rhomboëdrisch und zwar bisweilen hemimorphisch, indem an dem einen Ende die Polecke des Rhomboëders oder Skalenoëders, an dem anderen das basische Pinakoid auftritt. Die Krystalle aus Cornwall sind Combinationen zweier Rhomboëder, welche *v. Zepharovich* als R und 8R (*Maskelyne* als ¼R und R) annimmt, mit 0R : R : 0R = 104° 15'; 8R : 0R = 94° 48'; die Rhomboëderflächen sind längsgerieft und mehr oder weniger bauchig, 0R ist mit zarter trigonaler Täfelung versehen. An den Krystallen von Przibram bestimmte *v. Zepharovich* ein

Skalenoëder, wahrscheinlich ¼R₃, an den anderen ein spitzes Rhomboeder, wahrscheinlich 8R. Häufiger finden sich nierförmige Aggregate von radialfaseriger, stängeliger oder krummschaliger Zusammensetzung; an den leicht trennbaren Stängeln erscheinen sehr spitze abgestumpfte Kegel, oder sechsseitige pyramidenähnliche Gestalten. — Spaltb. basisch vollk., die Spaltungsflächen in den Aggregaten etwas convex, dünne Lamellen etwas biegsam; H. = 2,5; G. = 3,3 ...3,5; rabenschwarz, Strich dunkelgrün, starker Glasglanz, undurchsichtig. — Chem. Zus. nach der Analyse von *Janovsky*, womit diejenige von *Damour* ziemlich übereinstimmt: 21,30 Kieselsäure, 32,34 Eisenoxyd, 29,28 Eisenoxydul, 4,25 Manganoxydul, 4,51 Magnesia, 11,90 Wasser, was auf die Formel Fe³(Fe²)Si²O¹⁰ + 4 H²O führt, worin etwas des zweiwerthigen Fe durch Mg und Mn ersetzt ist; auch *Steinmann* und *v. Kobell* haben den Cronstedtit von Przibram, jedoch mit etwas abweichenden Resultaten untersucht. Thonerde wird nirgends angegeben. V. d. L. bläht er sich etwas auf und schmilzt an den Kanten zu schwärzlichgrauer magnetischer Schlacke; mit Borax und Phosphorsalz gibt er die Reactionen auf Eisen, Kieselsäure und Mangan, die letztere auch mit Soda auf Platinblech; von Salzsäure, Salpetersäure und Schwefelsäure wird er zerlegt unter Ausscheidung von Kieselgallert. — Przibram in Böhmen, Lostwithiel in Cornwall; auf der Hexaëderfläche Cornwaller Eisenkiese fand *v. Zepharovich* als 0R.8R krystallisirte hemimorphe Cronstedtite in sehr grosser Anzahl so mit ihren spitzen Enden aufgewachsen, dass ihr nach aussen gekehrtes 0R mit ∞O∞o des Eisenkies parallel ist; auch zu Conghonas do Campo in Brasilien (sog. Sideroschisolith).

43. Talk- und Serpentingruppe.

511. Talk, *Werner,* und Steatit oder Speckstein.

Dieses Mineral zerfällt in die zwei Gruppen der phanerokrystallinischen und kryptokrystallinischen Varietäten, oder des Talks in der engeren Bedeutung des Wortes, und des Steatits oder Specksteins; beide sind chemisch identisch.

a) Talk, oder phanerokrystallinische Varietäten.

Wahrscheinlich rhombisch, vielleicht monoklin; bis jetzt nur selten in sechsseitigen oder auch rhombischen Tafeln beobachtet, welche keine genauere Bestimmung zulassen; gewöhnlich derb in krummschaligen, keilförmig-stängeligen, körnig-blätterigen oder schuppigen Aggregaten, auch schieferig als Talkschiefer, und fast dicht. Pseudomorphosen nach Talkspath, Orthoklas, Disthen, Chiastolith, Pyrop, Pyroxen und Amphibol. — Spaltb. basisch, höchst vollk., prismatisch nach ∞P 120°? (113°

30' nach *Delesse)* Spuren; sehr mild, fast geschmeidig, äusserst fettig anzufühlen, in dünnen Lamellen biegsam; H. $= 1$; G. $= 2,69$...2,80 nach *Scheerer*; farblos, doch meist grünlichweiss bis apfelgrün, lauchgrün und grünlichgrau, gelblichweiss bis ölgrün und gelblichgrau gefärbt; Perlmutter- oder Fettglanz; pellucid in mittleren Graden; dünne Lamellen sind durchsichtig und lassen erkennen, dass der Talk optisch-zwei-axig ist; die optischen Axen liegen im makrodiagonalen Hauptschnitt, und ihre nega-tive Bisectrix fällt in die Verticalaxe. — Chem. Zus.: nachdem früher der Talk als ein wasserfreies Magnesiumsilicat gegolten, zeigten *Delesse* und *Scheerer*, dass er ungefähr 5 pCt. Wasser enthält, welches jedoch nur durch sehr starkes Glühen gänzlich auszu-treiben und daher als basisches Wasser zu betrachten ist. Die chemische Constitution wird nach diesen Untersuchungen gemäss dem Vorschlag von *Rammelsberg* durch $H^2 Mg^3 Si^4 O^{12}$ ausgedrückt, welcher Formel der procentale Gehalt von 63,52 Kiesel-säure, 31,72 Magnesia, 4,76 Wasser entspricht. Von der Magnesia wird gewöhnlich ein kleiner Theil durch Eisenoxydul (1 bis 5 pCt.) vertreten, auch ist nicht selten etwas Thon-erde (1 bis 2 pCt.) vorhanden, welche vielleicht von thonerdehaltigen Mineralien her-stammt, die der Umwandlung in Talk anheimfielen. V. d. L. leuchtet er stark, blättert sich auf, wird hart (bis 6), schmilzt aber nur in sehr dünnen Blättchen; mit Phosphor-salz gibt er ein Kieselskelet, mit Kobaltsolution geglüht wird er blassroth; Salzsäure oder Schwefelsäure greifen ihn weder vor noch nach dem Glühen an. Nach *Kenngott* zeigt das feine Pulver, auf Curcumapapier mit etwas Wasser befeuchtet, starke alka-lische Reaction. — Tirol, Steiermark, Schweiz und viele andere Gegenden.

Gebrauch. Die grosse Weichheit und die an Geschmeidigkeit grenzende Mildheit des Talks begründen seinen Gebrauch zu Maschinenschmieren, um die Friction zu verhindern, und seine Benutzung als Substrat der Schminke.

b) **Steatit oder Speckstein.**

Kryptokrystallinisch, derb, eingesprengt, nierförmig, knollig und in Pseudomor-phosen, besonders nach Quarz und Dolomit, auch nach Baryt, Orthoklas, Skapolith, Andalusit, Chiastolith, Topas, Spinell, Turmalin, Granat, Vesuvian, Staurolith, Pyroxen, Amphibol und Glimmer; Bruch uneben und splitterig, mild, fühlt sich sehr fettig an, und klebt nicht an der Zunge; H.$= 1,5$; G.$= 2,6$...$2,8$; weiss, besonders graulich-gelblich- und röthlichweiss, auch lichtgrau, grün, gelb und roth; matt, im Strich glänzend, kantendurchscheinend. — Die chem. Zus. führt bei dem Speckstein auf genau dieselbe Formel, wie sie der Talk zeigt. Im Kolben gibt er etwas Wasser; v. d. L. brennt er so hart, dass er Glas ritzt; mit Kobaltsolution geglüht wird er blassroth; von Salzsäure wird er nicht angegriffen, von kochender Schwefelsäure aber zersetzt. — Göpfersgrün bei Wunsiedel, Briançon, Lowell in Massachusetts.

Die Aehnlichkeit des Specksteins mit dem Talk ist in der That so gross, dass man den ersteren nur als eine kryptokrystallinische oder dichte Varietät des letzteren be-trachten, und beide vereinigen muss, wie solches auch von *Hausmann* schon lange geschehen ist. Schöne und grosse Pseudomorphosen nach Augit von Olafsby bei Snarum beschrieb *Amund Helland* (Ann. d. Phys. u. Chem., Bd. 145. 1872. 480).

Gebrauch. Zum Zeichnen (als sog. spanische Kreide), zur Vertilgung von Fettflecken, zum Einschmieren von Maschinentheilen, zu allerlei geschnittenen und gedrehten Bildwerken und Utensilien, zum Schminken; bei Groton, unweit Lowell in Massachusetts, werden sogar Röhren zu Wasserleitungen daraus gefertigt.

Anm. *Scheerer* hat gezeigt, dass es ausser diesem Talk noch ein ganz anderes Talk-mineral gibt, welches das spec. Gewicht 2,48 besitzt, schneeweiss und grossblätterig oder strahligblätterig ist, und auf dem Magneteisenerzlager von Presnitz vorkommt; die Zusam-mensetzung ist: 67,81 Kieselsäure, 26,27 Magnesia, 4,17 Eisenoxydul, 4,13 Wasser. *Naumann* schlug dafür den Namen **Talkoid** vor.

542. Pikrophyll, *Svanberg.*

Krystallinisch, von unbekannter Form, wahrscheinlich rhombisch nach *Des-Cloizeaux*; stängelig-blätterige Aggregate, ähnlich dem Salit; monotome Spaltbarkeit; H.$= 2,5$; G.$=$ 2,78; dunkel grünlichgrau, schillernder Glanz; optisch-zweiaxig, die optischen Axen liegen in einer Normal-Ebene der Spaltungsfläche und ihre Bisectrix fällt in die Normale derselben Fläche. — Chem. Zus. nach *Svanberg's* Analyse: 49,8 Kieselsäure, 4,44 Thonerde, 30,4 Magnesia, 6,86 Eisenoxydul, 0,78 Kalk, 9,83 Wasser, woraus man die Formel $3\,R\,Si\,O^3 + 2\,H^2O$ ableiten könnte, worin $R = Mg$ und Fe. V. d. L. brennt er sich weiss oder braun, ist aber unschmelzbar; mit Kobaltsolution wird er roth. — Sala in Schweden. Nach *Dana* soll er ner ein veränderter Pyroxen sein, womit *H. Fischer* nach Beobachtungen an Dünnschliffen übereinstimmt.

543. Pikrosmin, *Haidinger.*

Derb in körnigen und stängeligen Aggregaten, deren Individuen innig verwachsen sind. — Die für die Aggregate angegebene, dem rhombischen System entsprechende Spaltb. (brachydiagonal vollk., makrodiagonal weniger vollk., prismatisch nach ∞P 126° 52′, und makrodomatisch nach $\check{P}\infty$ 447° 49′ unvollk.) bezieht sich wohl auf ein Mineral, aus welchem der Pikrosmin durch Umwandlung hervorgegangen ist. Sehr mild; H. = 2,5...3; G. = 2,5...2.7 grünlichweiss, grünlichgrau bis berg-, öl-, lauch- und schwärzlichgrün, Strich farblos, Perlmutterglanz auf $\infty\check{P}\infty$, ausserdem Glasglanz; kantendurchscheinend bis undurchsichtig optisch-zweiaxig; gibt angehaucht einen bitteren Geruch. — Chem. Zus. nach der Analyse von *Magnus* sehr nahe: wasserhaltiges Magnesiumbisilicat, $2\,Mg\,Si\,O^3 + H^2O$, entsprechend 55,07 Kieselsäure, 36,67 Magnesia, 8,26 Wasser (kleine Antheile von Eisenoxydul, Manganoxydul und Thonerde). Im Kolben gibt er Wasser und wird schwarz; v. d. L. brennt er sich weiss und hart, schmilzt aber nicht; in Phosphorsalz löslich mit Hinterlassung eines Kieselskelets; mit Kobaltsolution roth. — Presnitz in Böhmen, auch bei Waldheim in Sachsen und zu Pregratten in Tirol.

544. Monradit, *Erdmann.*

Derb, in krystallinisch-blätterigen und körnigen Aggregaten; zwei vollkommene Spaltungsflächen, die sich unter etwa 430° schneiden und von denen die eine vollkommener ist als die andere; H. = 6; G. = 3,267; gelblichgrau bis honiggelb; auf der deutlichen Spaltungsfläche stark glänzend, im Bruch matt, durchscheinend. — Chem. Zus. nach *Erdmann's* Analyse sehr genau: wasserhaltiges Silicat von Magnesium und Eisen, $4\,R\,Si\,O^3 + H^2O$, was, wenn darin $R = 6,5\,Mg + 4\,Fe$, in völliger Uebereinstimmung mit der Analyse ergibt: 55,49 Kieselsäure, 34,85 Magnesia, 8,82 Eisenoxydul, 4,44 Wasser; v. d. L. unschmelzbar. — Im Bergenstift in Norwegen.

Anm. Neolith hat *Scheerer* ein noch jetzt entstehendes Mineral von der Aslakgrube bei Arendal genannt; theils mikrokrystallinische parallelfaserige Trümer, theils kryptokrystallinische bis zolldicke Ueberzüge; geschmeidig wie Seife und fettig anzufühlen; H. = 4; G. = 2,77; dunkelgrün, bräunlichgrün, schwärzlichgrün bis fast schwarz; glänzend von Fett- oder Seidenglanz bis matt, dann aber im Strich glänzend. Nach den Analysen von *Scheerer* ist das Mineral hauptsächlich ein wasserhaltiges Magnesiumsilicat (48 bis 52 Kieselsäure und 28 bis 34 Magnesia), mit 4 bis 6 pCt. Wasser, etwas Eisenoxydul und wenig Manganoxydul, sowie 7 bis 40 pCt. Thonerde. *Kenngott* zeigte, dass sich der Neolith auch als ein Gemeng von Magnesiumsilicat und Hydrargillit betrachten lasse. Das Mineral kommt auch bei Rochlitz am Südabfall des Riesengebirges vor. Der lichtgrüne dünne Ueberzug, welcher nicht selten die auf den Freiberger Erzgängen häufig vorkommenden Pseudomorphosen von Eisenkies nach Magnetkies bekleidet, wird von *Frenzel* auch mit Neolith in Verbindung gebracht, obschon er 44,49 Eisenoxydul und nur 4,34 pCt. Magnesia, dabei 8,88 Wasser enthält. Nach *Scheerer's* Untersuchungen ist es sehr wahrscheinlich, dass ein Theil des in den Blasenräumen mancher Basaltmandelsteine vorkommenden sog. Basaltspeckstein s eine dem Neolith ganz analoge Zusammensetzung hat.

545. Meerschaum.

Derb und in Knollen, auch in Pseudomorphosen nach Kalkspath; Bruch flachmuschelig und feinerdig; mild; H. = 2...2,5; G. = 0,988...1,279 (*Breithaupt*), 4.6 (*Klaproth*), nach eingesaugtem Wasser bis gegen 2,0; gelblichweiss und graulichweiss. matt, Strich wenig glänzend, undurchsichtig; fühlt sich etwas fettig an und haftet stark an der Zunge. — Chem. Zus.: aus den Analysen von *Lychnell, Scheerer, Berthier,* v. *Kobell* ergibt sich unzweifelhaft, dass das Silicat des Meerschaums $Mg^2\,Si^3\,O^8$ ist; der Wassergehalt ist aber noch fraglich, da es nicht leicht ist, das hygroskopisch vorhandene Wasser genau als solches zu trennen; die Analysen ergeben zum Theil 2, zum

Theil 4 Mol. Wasser; der letzteren Formel, $Mg^2Si^3O^9 + 4H^2O$, entsprechen 54,24 Kieselsäure, 24,08 Magnesia, 21,68 Wasser (der ersteren nur 12,15 Wasser). Nach *A. N. Chester*, welcher einen feinfaserigen Meerschaum (Sapiolith) aus Utah untersuchte, enthält die weisse Varietät desselben 18,70 pCt. Wasser, davon die Hälfte (8,80 pCt.) bereits unter 100° entweicht und hygroskopisch ist, während der Rest bei 200° noch nicht, und seine letzte Spur erst bei voller Rothgluth entfernt wird; darnach gestaltet sich die Formel zu $H^4Mg^2Si^3O^{10}$; eine hellgrün gefärbte Var. enthält 6,82 Kupferoxyd. Auch enthält wohl jeder Meerschaum etwas Kohlensäure. V. d. L. schrumpft er ein, wird hart und schmilzt an den Kanten zu weissem Email; mit Kobaltsolution blassroth; Salzsäure zersetzt ihn unter Abscheidung von schleimigen Kieselflocken. — Natolien, Negroponte, Krim, Vallecas, Hrubschitz.

Gebrauch. Zu Pfeifenköpfen, Cigarrenspitzen u. dgl.

516. Aphrodit, *Berlin.*

Aeusserlich dem Meerschaum sehr ähnlich, jedoch durch sein G. = 2,21 und durch seine chem. Zus. unterschieden, welche nach *Berlin* durch die Formel $4Mg Si O^3 + 8H^2O$ ausgedrückt wird, und 52,89 Kieselsäure, 35,22 Magnesia, 11,89 Wasser erfordert; von der Magnesia wird jedoch ein kleiner Antheil durch 1,6 pCt. Manganoxydul ersetzt. U. d. M. homogen. — Långbanshytta in Schweden, Insel Elba.

517. Spadait, *v. Kobell.*

Scheinbar amorph, doch nach *H. Fischer* kryptokrystallinisch; derb; Bruch unvollkommen muschelig und splitterig; H. = 2,5; mild; röthlich gefärbt; schwach fettglänzend, durchscheinend. — Chem. Zus. nach *v. Kobell*: $Mg^5Si^6O^{17} + 4H^2O$, mit 56,99 Kieselsäure, 31,62 Magnesia, 11,39 Wasser; von der Magnesia wird ein kleiner Theil durch 0,66 Eisenoxydul ersetzt; v. d. L. schmilzt er zu emailartigem Glas; von concentrirter Salzsäure wird er unter Abscheidung von Kieselschleim leicht zersetzt. — Capo di Bove bei Rom.

518. Gymnit, *Thomson* (Deweylit).

Derb, z. Th. krummschalig und anscheinend amorph, zeigt aber nach *Fischer* Aggregat-Polarisation; Bruch muschelig; H. = 2...3; G. = 1,936...2,216; schmutzig pomeranzgelb, honiggelb bis weingelb und gelblichweiss, fettglänzend, durchscheinend, überhaupt sehr ähnlich dem arabischen Gummi. — Chem. Zus. nach *Thomson*, *Brush*, *v. Kobell* und *Widtermann*: $Mg^4Si^3O^{10} + 6H^2O$, mit 40,2 Kieselsäure, 35,7 Magnesia und 24,1 Wasser; *Haushofer* fand im der Var. von Passau 45,5 Kieselsäure und 34,5 Magnesia; v. d. L. gibt er Wasser, färbt sich dunkelbraun, wird mit Kobaltsolution rosenroth. — Bare-Hills bei Baltimore, daher (nämlich von bare, nackt, γυμνός) ist seltsamer Weise der Name entlehnt, und Fleimser Thal in Tirol, an beiden Orten im Serpentin; Texas in Pennsylvanien; bei Passau in körnigem Kalk.

A n m. 1. Einen grünen Ueberzug auf Chromeisenstein von Texas in Pennsylvanien nannte *Genth* N i c k e l g y m n i t; er führt in der That auf die ganz analoge Formel $(Ni, Mg)^4Si^3O^{10} + 6H^2O$, mit 34,81 Kieselsäure, 28,88 Nickeloxydul, 15,45 Magnesia, 20,86 Wasser. Nach *Brush* gehört der Röttisit auch hierher.

A n m. 2. M e l o p s i t nannte *Breithaupt* ein Mineral von Neudeck im böhmischen Erzgebirge. Derb und in Trümern; Bruch muschelig und glatt, oder splitterig; wenig spröd; H. = 2...3; G. = 2,5...2,6; gelblich-, graulich- und grünlichweiss, matt, durchscheinend; fühlt sich kaum fettig an und hängt nur wenig an der Zunge. Nach den Analysen von *Goppelsröder* ist es wesentlich ein wasserhaltiges Magnesiumsilicat, mit 15 bis 16 pCt. Wasser (von denen 11,5 bei 160° C. entweichen), 44 Kieselsäure, 34,6 Magnesia nebst 3,4 Kalk, aber nur 5 Thonerde.

519. Saponit (Seifenstein, Soapstone).

Derb und in Trümern; mild, sehr weich; G. = 2,266; weiss oder lichtgrau, gelb und röthlichbraun, auch grünlich, matt, im Strich glänzend, fettig anzufühlen, überhaupt dem Speckstein sehr ähnlich. — Chem. Zus. nach den Analysen von *Klaproth*, *Smith* und *Brush*, *Haughton*, *Heddle* sehr wechselnd: im Allgemeinen ein wasserhaltiges Magnesiumsilicat mit wenig Thonerde; die Kieselsäure schwankt von 40 bis 54, die Magnesia von 24 bis 33, das Wasser von 11 bis 22, die Thonerde von 6,5 bis 9,5. *Rammelsberg* bemerkt ganz richtig, dass unter dem Namen Saponit mancherlei Hydrosilicate von Magnesia und Thonerde zusammen-

gefasst worden sind, welche dichte, fettig anzufühlende Massen bilden, aber eine mehr ob
weniger verschiedene quantitative Zusammensetzung haben. V. d. L. schmilzt er zu eur
farblosen blasigen Glas; von Schwefelsäure wird er leicht und vollständig zersetzt. — Car
wall; nach *F. Heddle* auch als Adern und in Hohlräumen von Eruptivgesteinen.

    Anm. An den Saponit mögen hier anhangsweise noch einige andere wasserhaltige :
licate gereiht werden, in welchen neben der vorwaltenden Magnesia auch die Thonerde et.
mehr oder weniger bedeutende Rolle spielt.

    Der Piotin (Saponit), von *Svanberg* benannt, bildet Nester und Trümer, ist mi.
sehr weich, weiss, gelblich und röthlich, wird im Strich glänzend, fühlt sich fettig an v.
klebt an der Zunge. — Chem. Zus. nach *Svanberg*: 50,89 Kieselsäure, 9,40 Thonerde. :
Eisenoxyd, 26,52 Magnesia, 0,78 Kalk, 10,50 Wasser; im Kolben schwärzt er sich. — Svärd
in Dalarne.

    Der Kerolith *Breithaupt's* erscheint derb, in Trümern und nierförmig; Bruch r.
stückelt-uneben, muschelig und glatt, selten splitterig; etwas spröd, leicht zersprengbar
H. = 2 ... 3; G. = 2,3 ... 2,4; grünlich- und gelblichweiss, licht gelblichgrau und gei
auch röthlich; sehr schwach fettglänzend, im Strich glänzender; durchscheinend; fühlt su:
fettig an und hängt nicht an der Zunge. — Chem. Zus. des K. von Frankenstein nach *Mos.*
37,95 Kieselsäure, 42,48 Thonerde, 48,02 Magnesia, 34 Wasser; im Kolben wird er schwar
v. d. L. ist er unschmelzbar. — Frankenstein in Schlesien. — Andere unter dem Nam.
Kerolith analysirte Mineralien, wie z. B. das vom See Itkul, welches durch *Hermann*, ein
von Harford Co. in Nordamerika, welches durch *Genth*, und eines aus Schlesien, welch-
durch *Kühn* untersucht wurde, haben sich als thonerdefrei erwiesen und sind reine -
wie es scheint sog. zweifachsaure — wasserhaltige Magnesiumsilicate mit etwas Eisenoxyd.

    Karsten's Pimelith findet sich derb, in Trümern und als Ueberzug; Bruch m:
schelig; H. = 2,5; G. = 2,23 ... 2,3 (2,74 ... 2,76 nach *Baer*); apfelgrün, Strich grünlichweiss; schwach fettglänzend, durchscheinend; fühlt sich fettig an und klebt nicht an der
Zunge. — Chem. Zus. nach den Analysen von *Baer*: 35,80 Kieselsäure, 23,04 Thonerd:
2,69 Eisenoxyd, 2,78 Nickeloxyd, 44,66 Magnesia, 21,03 Wasser; beigemengt ist etwas organische Substanz; mit Borax und Phosphorsalz gibt er Reaction auf Nickel und mit letzterem
ein Kieselskelet; wird von Säuren zersetzt; fast unschmelzbar. — Kosemütz und Gläsendor
unweit Frankenstein in Schlesien. — Es ist zweifelhaft, ob *Klaproth's* Analyse des Pimelith
oder der grünen Chrysopraserde, aber wohl gewiss, dass *Schmidt's* Analyse eines ähnlichen
Minerals nicht auf diesen Pimelith zu beziehen ist; jenes letztere Mineral fühlt sich namliit
mager an, klebt an der Zunge, und hat G. = 4,458; sein Thonerdegehalt beträgt nur 0,3:
sein Wassergehalt nur 5,23, aber es führt 54,63 Kieselsäure und 32,66 Nickeloxyd neben 5,35
Magnesia. Eine dieser letzteren ziemlich ähnliche Substanz von Numea in Neu-Caledonien
untersuchte *Liversidge*.

520. Serpentin, *Wallerius.*

    Kryptokrystallinisch; zuweilen kommen körnig und undeutlich faserig zusammen-
gesetzte Varietäten vor und Serpentinschliffe zeigen Aggregatpolarisation zwischen Nicols. Allein alle bis jetzt beobachteten Krystalle sind Pseudomorphosen, weshalb denn
der Serpentin überhaupt als ein Umwandlungs-Product verschiedener anderer Mineralien und Gesteine betrachtet wird. Er findet sich in mächtigen Stöcken, Lagern *oder*
Gängen, auch derb, eingesprengt und in Trümern, Platten und Adern, in Pseudomorphosen nach Olivin, Pyroxen, Amphibol, Granat, Spinell, Chondrodit und Glimmer; *die*
oft sehr grossen olivinähnlichen Krystalle von Snarum enthalten bisweilen noch einen
unzersetzten Kern von Olivin; auf der Tilly-Foster-Eisengrube in New-York sind
nach *J. D. Dana* ausser den eben genannten Mineralien noch Chlorit, Enstatit, Dolomit,
Brucit, wahrscheinlich auch Kalkspath und Apatit in Serpentin umgewandelt. — Bruch
muschelig und glatt, oder uneben bis eben und splitterig, bisweilen feinkörnig *oder*
verworren faserig; mild oder wenig spröd; H. = 3...4; G. = 2,5...2,7; verschiedene
grüne, gelbe, graue, rothe und braune, meist düstere Farben, gewöhnlich lauch-, *pistaz*-
und schwärzlichgrün; oft mehrfarbig gefleckt, gestreift, geadert; wenigglänzend bi:
matt, durchscheinend bis undurchsichtig. — Chem. Zus. nach zahlreichen Analysen
$Mg^3 Si^2 O^7 + 2 H^2 O$; da indessen *Rammelsberg* gefunden hat, dass das Wasser erst beim
Glühen (die eine Hälfte allerdings schon in schwacher, die andere erst bei längerer und

stärkerer Gluth) entweicht, so gestaltet sich die Formel zu **H⁴Mg³Si²O⁹**, welcher entspricht die Zusammensetzung 43,50 Kieselsäure, 43,46 Magnesia, 13,04 Wasser; doch ist stets etwas des entsprechenden Eisenoxydulsilicats vorhanden, dessen Gegenwart den Magnesiagehalt mehr als den Kieselsäuregehalt hinabdrückt; die Menge des Eisenoxyduls steigt bis 8 und sogar über 13 pCt.; auch enthalten manche Serpentine geringe, gewöhnlich nur den Bruchtheil eines Procents ausmachende Mengen von Thonerde (steigend bis auf 3 pCt.), welche von thonerdehaltigen Mineralien abstammt, die zu Serpentin umgewandelt wurden; auch ist bisweilen etwas Kohlensäure und Bitumen nachgewiesen, ferner einigemal Nickeloxyd aufgefunden worden (nach *Stromeyer* 0,2 bis 0,45 pCt.), welches wahrscheinlich aus dem Olivin stammt, der hier serpentinisirt wurde. Im Kolben gibt er Wasser und schwärzt sich; v. d. L. brennt er sich weiss und schmilzt nur schwer in den schärfsten Kanten; mit Phosphorsalz Eisenfarbe und Kieselskelet; wenn hellfarbig mit Kobaltsolution blassroth; von Salzsäure, noch leichter von Schwefelsäure wird das Pulver vollkommen zersetzt; auch zeigt nach *Kenngott* das Pulver, auf Curcumapapier mit Wasser befeuchtet, eine starke alkalische Reaction.

Man unterscheidet besonders:

a) Edlen Serpentin; schwefelgelb, zeisig-, öl-, spargel- bis lauchgrün, auch grünlich- und gelblichweiss, durchscheinend, meist mit muscheligem, glattem, etwas glänzendem Bruch; gewöhnlich mit Kalkstein verwachsen; auch gehören hierher die in Krystallformen des Olivins ausgebildeten Varietäten, welche von Snarum in Norwegen, von Miask, Katharinenburg u. a. Punkten des Ural, sowie von mehren Orten im Staat New-York bekannt sind. Die schönen Serpentinkrystalle haben nach *Heffter* G. = 3,037...3,044 und eine solche Zusammensetzung, dass sie als ein Gemeng mit 30 pCt. Serpentin mit 70 pCt. Olivin betrachtet werden können. Auch mancher Serpentinschiefer gehört hierher, wie z. B. die schöne graulichgrüne Var. von Villarota am Po, welcher nach der Analyse von *Delesse* ein Serpentin ist. Dasselbe dürfte von dem Antigorit (Nr. 523) gelten.

b) Gemeinen Serpentin; dunkelfarbige, undurchsichtige, durch allerlei Beimengungen mehr oder weniger verunreinigte Varietäten mit splitterigem, glanzlosem Bruch; bildet ganze Berge und mächtige Stöcke und Lager.

Gebrauch. Der edle Serpentin und der mit ihm durchwachsene Kalkstein werden zu kosmetischen und architektonischen Ornamenten, die gemeinen Serpentine zu Reibschalen, Vasen, Leuchtern, Tellern und vielerlei anderen geschnittenen und gedrehten Utensilien verarbeitet; Zöblitz in Sachsen, Epinal in Frankreich. In neuerer Zeit hat man den Serpentin auch zur Darstellung des Bittersalzes im Grossen benutzt, wie bei Remiremont in den Vogesen. Auch wird er bisweilen, wegen seiner Feuerbeständigkeit, zu Ofengestellen, Herd- und Brandmauern verwendet.

Anm. 1. Pikrolith; hat Bruch und Farbe des edlen Serpentins, ist aber nur kantendurchscheinend, härter als gewöhnlicher Serpentin (H. = 3,5...4,5), innerhalb dessen er meist in Trümern und als Ueberzug vorkommt, oft mit glänzender, striemiger oder gestreifter Oberfläche. — Chem. Zus. die des Serpentins, doch fand *Hare* in einem von Reichenstein 16,97 pCt. Thonerde (vgl. Metaxit).

Anm. 2. *Hermann* hat gezeigt, dass der apfelgrüne, stark durchscheinende Williamsit aus Chester-County in Pennsylvanien ein edler Serpentin ist, der nur 1,39 pCt. Eisenoxydul und etwas Nickeloxyd enthält. Dies bestätigten später *Smith* und *Brush*, welche auch bewiesen, dass der Bowenit von Smithfield ein feinkörniger, apfelgrüner, stark durchscheinender Serpentin sei; nach *Berwerth* gehört auch die von den neuseeländischen Maori als Tangiwai bezeichnete Varietät ihres sog. Punamusteins (Nephrit) zu dem Bowenit. Der von *Hunt* analysirte Retinalith aus Canada ist eine honiggelbe bis ölgrüne Var. des edlen Serpentins; *Thomson*'s Analyse des von ihm so geheissenen Materials weicht völlig ab, da sie z. B. 19 pCt. Natron ergab.

521. Chrysotil, *v. Kobell* (Serpentin-Asbest).

Mikrokrystallinisch, in Platten, Trümern und Nestern von parallelfaseriger Zusammensetzung, die Fasern bald sehr fein, bald grob, leicht trennbar; weich; G. = 2,2...2,6; oliven-, lauch-, pistaz- und ölgrün, auch gelblich- und grünlichweiss; metallartig schillernder Seidenglanz oder Fettglanz, durchscheinend oder kantendurchscheinend. Die Fasern löschen nach *Websky* parallel und senkrecht aus, und zeigen bei einem Schliff normal zu ihrer Längsrichtung die beiden optischen Axen symmetrisch. — Chem. Zus. nach den Analysen von *v. Kobell, Thomson, Delesse* und *Emil Schmidt* genau die des Serpentins, wobei gleichfalls ein kleiner Theil Magnesia durch Eisen-oxydul ersetzt wird; die von *Thomson* analysirte Varietät von Baltimore (der sogenannte Baltimorit) enthält 10,5 Eisenoxydul. Im Kolben gibt er Wasser; v. d. L. brennt er sich weiss und hart, erleidet aber nur in den feinsten Fasern eine geringe Schmel-zung; mit Kobaltsolution wird er roth; von Schwefelsäure wird er leicht und voll-kommen zersetzt mit Hinterlassung eines faserigen Kieselskelets; das Pulver zeigt, auf Curcumapapier mit Wasser befeuchtet, eine deutliche alkalische Reaction. — Reichen-stein in Schlesien, Eloyes in den Vogesen, Tirol, Baltimore in Nordamerika, Zöblitz in Sachsen u. a. O., überall in Serpentin.

Anm. 1. Dass die in den Serpentinen vorkommenden Asbeste eine dem Serpen-tin ganz analoge Zusammensetzung haben, dies wurde schon von *Saussure* zufolge einer älteren Analyse von *Margraf* hervorgehoben, und bestimmte ihn zu der Annahme, dass diese Asbeste nur eine krystallinische Ausbildungsform des Serpentins seien. In der That verhalten sie sich zu diesem Gestein auf ähnliche Weise, wie der Fasergyps zu dem feinkörnigen oder dichten Gyps. Auch *Dana* betrachtet sie als faserige Varie-täten des Serpentins, wogegen *Delesse* beide Mineralien für dimorphe Vorkommnisse einer und derselben Substanz zu halten geneigt war.

Anm. 2. In einer blauen, grobfaserigen Varietät des Baltimorits fand *Hermann* 7,23 pCt. Thonerde und 4,34 Chromoxyd, dagegen nur 2,89 Eisenoxydul; für die Thonerde wird dies durch *v. Hauer's* Analyse bestätigt, welche übrigens im Baltimorit 3 Mol. Wasser nachweist. Auch das von *Hermann* analysirte, und unter dem unpassenden Namen Chromchlorit auf-geführte, veilchenblaue, faserige Mineral aus Lancaster in Texas scheint nur eine Varietät von Chrysotil zu sein. Aus *Scheerer's* Analysen ergibt sich, dass auch das sog. Bergleder aus dem Zillerthal und aus Norwegen hierher gehört.

Anm. 3. Zu dem Chrysotil wird auch noch *Breithaupt's* Metaxit gerechnet; mikro-krystallinisch, derb, von feinfaseriger Zusammensetzung, deren Individuen büschelförmig divergiren und zu kleinen spitz-keilförmigen und eckig-körnigen Aggregaten verbunden sind; wenig spröd; H. = 2...2,5; G. = 2,52; grünlich und gelblichweiss, schwach seidenglänzend; im Strich etwas glänzender, kantendurchscheinend. — Chem. Zus.: nach der älteren Analyse von *Plattner* sollte der Metaxit ein wasserhaltiges Magnesiumsilicat mit 6,4 Thonerde und 3,5 Eisenoxyd sein; allein die Analyse der Var. von Schwarzenberg von *Kühn* (ergebend 43,15 Kieselsäure, 44,00 Magnesia, 2,20 Eisenoxydul, 12,95 Wasser), mit welcher diejenige des Vor-kommens von Reichenstein durch *Delesse* sehr wohl übereinstimmt, that dar, dass das Mineral Chrysotil ist, mit welchem er auch von *Des-Cloizeaux, Dana* und *H. Fischer* vereinigt wird. Ganz abweichend davon lieferte zwar eine Analyse von angeblichem Reichensteiner M. durch *Hare* nicht weniger als 23,44 Thonerde und nur 15,18 Magnesia, allein eine darauf von *Max Bauer* mitgetheilte Untersuchung *Friederici's* des ganz ächten und typischen M. von diesem Fundort ergab das Mineral als in der That völlig frei von Thonerde, und sehr nahe wie Serpen-tin zusammengesetzt. Von Salzsäure wird er vollständig zersetzt mit Hinterlassung von Kiesel-pulver, die Solution ist gelb. — Schwarzenberg in Sachsen, in Kalkstein; Reichenstein in Schlesien, in Serpentin.

522. Marmolith, *Nuttal.*

Monoklin, zufolge den Spaltungsverhältnissen; bis jetzt nur derb in krummstängeligen Aggregaten. — Spaltb. nach zwei sich schiefwinkelig schneidenden Flächen verschiedenen Werthes (wahrscheinlich 0P und ∞P∞); wenig spröd; H.=2,5...3; G.=2,44...2,47; farblos, aber meist licht grün, gelb oder graulich gefärbt; Perlmutterglanz bis Fettglanz; halbdurch-sichtig bis kantendurchscheinend; sehr schwach optisch-zweiaxig, die Bisectrix scheint nor-mal auf der vollkommeneren Spaltungsfläche zu sein. — Chem. Zus. nach der Analyse von *Shepard* (Marmolith von Blandford): 40,08 Kieselsäure, 41,40 Magnesia, 2,70 Eisenoxydul, 15,67 Wasser; damit stimmt die Analyse der Var. von den Bare Hills in Maryland durch *Vanuxem* ganz gut überein, welche 16,11 Wasser ergab; *v. Kobell* fand in einer Var. von Kraubat 42,0 Kieselsäure, 38,5 Magnesia, 1,0 Eisenoxydul und gar 17,5 Wasser. V. d. L. zer-knistert er, wird härter, spaltet sich auf, schmilzt aber nicht, oder nach *Fischer* nur vor dem

Gebläse in sehr dünnen Splittern; wird mit Kobaltsolution schmutzig roth. — Bildet Trümer im Serpentin bei Hoboken in New-Jersey, Blandford in Massachusetts, Orijärfvi in Finnland, Kraubat in Steiermark. Wird von Vielen zum Serpentin gerechnet, jedoch ist der Wassergehalt in allen Analysen constant höher.

Anm. Das von *Kenngott* Vorhauserit genannte, mit Grossular und blaulichem Kalkspath vorkommende Mineral vom Monzoniberge, stimmt chemisch sehr mit Marmolith überein, wie die Analyse von *Oellacher* (44,21 Kieselsäure, 39,24 Magnesia, 2,02 Eisenoxydul, 16,16 Wasser) ergab; dasselbe ist jedoch anscheinend amorph, dunkelbraun bis schwarz, von gelblichbraunem Strich.

523. Antigorit, *Schweizer.*

Sehr dünn- und geradschieferig, also theilbar nach einer Richtung; H.=2,5; G.=2,62; schwärzlichgrün im reflectirten, lauchgrün im transmittirten Licht, stellenweise braunfleckig; Strich weiss; schwach glänzend; durchsichtig bis durchscheinend; nach *Haidinger* zeigen dünn geschliffene Lamellen zweiaxige Doppelbrechung, daher eine parallele Anordnung der Individuen oder eine durchgreifende Krystallstructur der ganzen Masse stattfinden muss; Doppelbrechung negativ; spitze Bisectrix (a) senkrecht auf der Spaltrichtung. — Chem. Zus. nach zwei Analysen von *Stockar-Escher*: 40,83 Kieselsäure, 36,26 Magnesia, 5,84 Eisenoxydul, 3,20 Thonerde und 12,36 Wasser, woraus sich ergibt, dass derselbe dem Serpentin sehr nahe verwandt und vielleicht nur ein schieferiger edler eisenreicher Serpentin ist, wie solches auch durch die Analysen von *Brush, Hussak* und *v. Kobell* bestätigt wird; die letztere lieferte 42,73 Kieselsäure, nur 1,33 Thonerde, 36,51 Magnesia, 7,20 Eisenoxydul, 11,66 Wasser; v. d. L. schmilzt er in ganz dünnen Blättchen an den Kanten zu gelblichbraunem Email; stark geglüht wird er silberweiss und schwach metallglänzend; concentrirte Schwefelsäure zersetzt ihn schwierig unter Abscheidung von Kieselflocken. — Antigorio-Thal in Piemont, Sprechenstein bei Sterzing in Tirol; wird von Vielen zum Serpentin gerechnet.

Anm. Das von *Svanberg* unter dem Namen Hydrophit eingeführte Mineral ist derb, bisweilen von feinstängeliger Zusammensetzung; Bruch uneben; H.=3...4; G.=2,65; berggrün; Strich etwas lichter. — Chem. Zus. nach der Analyse von *Svanberg*: 36,19 Kieselsäure, 2,89 Thonerde, 24,08 Magnesia, 22,73 Eisenoxydul, 1,66 Manganoxydul, 16,08 Wasser, auch 0,11 Vanadinsäure, woraus man die Formel R³Si²O⁷+3 H²O ableiten könnte, also das sehr eisenreiche Silicat des Serpentins mit drei Mol. Wasser; nach *Fischer* enthält er übrigens viel Magnetit mechanisch in sich. V. d. L. unschmelzbar; oder nach *H. Fischer* nur in den feinsten Kanten frittend; mit Flüssen gibt er die Reaction auf Eisen; löslich in Salzsäure. — Taberg in Småland (Schweden); *Websky* hält ihn für einen sehr eisenreichen Metaxit. — Der Jenkinsit von der O'neils Mine in Orange Co., New-York, Ueberzüge über Magnetit bildend, ist ähnlich reich an Eisenoxydul (49,95), hat aber nur 13,42 Wasser, und führt auf die Serpentinformel mit 2 Mol. Wasser. *H. Fischer* fand ihn reichlich imprägnirt mit Calcit und Magnetit und erklärt das Uebrige für gewöhnlichen Serpentin.

524. Villarsit, *Dufrénoy.*

Rhombisch; die in Dolomit eingewachsenen Krystalle stellen hauptsächlich die pyramidale oder dick tafelartige Comb. P.0P dar, in welcher 0P zu P um 136° 32′ geneigt ist, während die Polkanten der Pyramide nach *Des-Cloizeaux* 106° 48′ und 139° 51′ messen, und der stumpfe Winkel der Basis 120° 8′ beträgt; gewöhnlich sind die Individuen zu sehr symmetrischen Drillingskrystallen mit vollkommener Durchkreuzung, ähnlich den Krystallen des sogenannten Alexandrits (Nr. 248) verwachsen. *Hausmann* machte aufmerksam auf ihre grosse Aehnlichkeit mit gewissen von *Haidinger* beschriebenen Serpentinkrystallen, welche auch *G. Rose* bestätigt, indem er die Vermuthung ausspricht, dass der Villarsit nur eine Pseudomorphose nach Olivin sei, wogegen jedoch nach *Des-Cloizeaux* die optischen Verhältnisse sprechen; die meisten Individuen erscheinen nur als rundliche Körner; auch derb, in körnigen Aggregaten; Bruch uneben; H.=3; G.=2,9...3; olivengrün, grünlich- und graulichgelb; durchscheinend; stark doppeltbrechend, die optischen Axen liegen im makrodiagonalen Hauptschnitt, die positive Bisectrix fällt in die Verticalaxe. — Chem. Zus. des Villarsits von Traversella nach *Dufrénoy*: 39,64 Kieselsäure, 47,37 Magnesia, 3,59 Eisenoxydul, 2,42 Manganoxydul, 0,53 Kalk, 0,46 Kali, 5,80 Wasser. *Rammelsberg*, welcher diesen Villarsit für ehemaligen Olivin hält, hebt hervor, dass darin noch immer R : Si fast wie 2 : 1, also wie im Olivin ist; die Substanz besteht aus ungefähr 2 Mol. Olivin und 1 Mol. Wasser. V. d. L. unschmelzbar; von starken Säuren zersetzbar. — Traversella in Piemont im Dolomit; in Graniten des Forez und Morvan.

Anm. Zum Villarsit hat man auch die grossen vollständigen Pseudomorphosen von Serum (S. 644) gerechnet; die ehemalige Olivin-Natur dieses Vorkommnisses ist allerdings unzweifelhaft.

525. Pyrallolith, *Nordenskiöld.*

Monoklin nach *Nordenskiöld*; $\beta = 72^\circ 56'$; die sehr seltenen Krystalle sind nach der Orthodiagonale säulenförmig verlängert, und werden vorwaltend von 0P, 2$\dot{P}\infty$, $\dot{P}\infty$ u. $\infty\dot{P}\infty$ gebildet, wobei 0P gegen 2$\dot{P}\infty$ 94° 36', gegen $\frac{1}{2}\dot{P}\infty$ 130° 33', und gegen $\dot{P}\infty$ 131° 11' geneigt ist; gewöhnlich derb in stängeliger, bisweilen auch in körniger Zusammensetzung. — Spaltb. basisch, sowie hemidomatisch nach 2$\dot{P}\infty$ und $\frac{1}{2}\dot{P}\infty$, vollkommen; Bruch uneben u. splitterig; wenig spröd; H. = 3...4; G. = 2,53...2,78; grünlichweiss bis spargelgrün und bläulichgrün; auch gelblichgrau; Fettglanz, auf den Spaltungsflächen perlmutterartig; kantendurchscheinend bis undurchsichtig. — Chem. Zus. nach den Analysen von *Nordenskiöld, Arppe* u. A.: wesentlich Magnesiumsilicat mit etwas Calciumsilicat und Wasser (auch etwas Thonerde, sowie bisweilen bituminöse Stoffe); die Verhältnisse dieser Bestandtheile sind jedoch sehr schwankend, so dass sich eine bestimmte stöchiometrische Formel gar nicht aufstellen lässt; die verschiedenen Analysen ergeben z. B. Kieselsäure zwischen 49 und 76, Magnesia zwischen 12 und 30, Kalk zwischen 2,5 und 10, Thonerde zwischen 0,3 und 3,4, Glühverlust zwischen 7 und 12 pCt.; er gibt im Kolben etwas Wasser, wird schwarz, geglüht aber wieder weiss; schmilzt schwer und nur wenig an den äussersten Kanten. — Storgård im Pargas-Kirchspiel und viele a. O. in Finnland.

Anm. *G. Bischof* suchte zu zeigen, dass der Pyrallolith nur zersetzter Pyroxen sei, welcher $\frac{1}{3}$ seiner Kalkerde und seines Eisenoxyduls verlor, und dafür Wasser und bituminöse Stoffe aufnahm, womit sich *Arppe* und *Dana* ganz einverstanden erklären. *Rammelsberg* glaubt, dass auch Hornblende das Material für manche Varietäten geliefert haben möge, und *Fischer* erkannte u. d. M. zweierlei interponirte krystallinische Mikrolithe, welche er für Augit und Chondrodit erklären zu können glaubt.

526. Dermatin, *Breithaupt.*

Nierförmig, stalaktitisch und als Ueberzug; Bruch muschelig; spröd; H. = 2,5; G. = 2,1...2,2; lauch-, oliven- und schwärzlichgrün bis leberbraun, Strich gelblichweiss, schwach fettglänzend, undurchsichtig und kantendurchscheinend; klebt nicht an der Zunge, fühlt sich fettig an und riecht angehaucht bitterlich. — Chem. Zus. nach zwei Analysen von *Ficinus*: 36 bis 40 Kieselsäure, 19 bis 24 Magnesia, 11 bis 14 Eisenoxydul, 22 bis 25 Wasser und Kohlensäure, kleine Quantitäten von Kalk, Natron, Manganoxydul und Thonerde; v. d. L. zerbersteter und wird schwarz. — Waldheim in Sachsen; nach *H. Fischer* zeigt er, obgleich amorph. in Dünnschliffen u. d. M. prachtvolle Polarisationsfarben, welche von grösseren und kleineren, bald geradlinigen, bald gekrümmten Einschlüssen von Chrysotil (?) hervorgebracht werden.

527. Chlorophäit, *Macculloch.*

Derb und eingesprengt, besonders aber als Ausfüllung von Blasenräumen in den Mandelsteinen mancher Basalte und Melaphyre; Bruch muschelig und erdig, mild, sehr weich; G. = 2,02; pistaz- und olivengrün, an der Luft sehr rasch braun oder schwarz werdend, welche Aenderung nicht durch höhere Oxydation des Eisenoxyduls hervorgebracht wird. — Chem. Zus. des von Qualböe auf der Insel Suderöe (Faeröer) nach *Forchhammer*: 32,85 Kieselsäure, 21,56 Eisenoxydul, 3,44 Magnesia, 42,15 Wasser, woraus man vielleicht die Formel $(\dot{F}e, \dot{M}g)^2 \ddot{S}i^3 \dot{\dot{O}}^8 + 12 \dot{H}^2\dot{O}$ ableiten könnte. *Heddle's* Analyse des zuerst von *Macculloch* mit dem Namen Ch. bezeichneten Vorkommens vom Scuir Mohr auf Rum (Hebriden) ergab ganz abweichend u. a. 36,00 Kieselsäure, 22,80 Eisenoxyd, 2,46 Eisenoxydul, 9,50 Magnesia, 2,52 Kalk, 26,46 Wasser. V. d. L. schmilzt er zu einem schwarzen magnetischen Glas. — Faeröer, Hebriden, Schottland.

Anm. Für ein ähnliches, in den Basalten des unteren Mainthals häufig vorkommendes amorphes Mineral schlägt *Hornstein* den Namen Nigrescit vor. Es findet sich eingesprengt und als Ausfüllung von Blasenräumen, ist splitterig im Bruch, mild, hat H. = 2, G. = 2,845, ist frisch schön apfelgrün und kantendurchscheinend, wird aber sehr bald dunkelgrau, braun bis schwarz und undurchsichtig, und ist wesentlich ein wasserhaltiges Silicat von Magnesia und Eisenoxydul.

528. Kirwanit, *Thomson.*

Mikrokrystallinisch, in kugeligen Aggregaten von radialfaseriger Textur; H. = 2; G. = 2,9; dunkel olivengrün, undurchsichtig. — Chem. Zus. nach der Analyse von *Thomson*: 40,5 Kieselsäure, 11,44 Thonerde, 23,49 Eisenoxydul, 49,78 Kalk, 4,35 Wasser. V. d. L. färbt er sich schwarz und schmilzt theilweise. — Nordküste von Irland, in Hohlräumen eines basaltischen Gesteins; in Dünnschliffen erscheint er nach *Fischer* als ein Gewirr von seladongrünen, stark dichroitischen Nadeln.

529. Glaukonit.

Kleine, runde, wie Schiesspulver geformte, sehr häufig aber auch als Steinkerne von Foraminiferen erscheinende Körner, welche in Thon, Mergel, Sandstein eingewachsen, oder zu lockeren, leicht zerreiblichen Aggregaten (G r ü n s a n d) verbunden sind, und in ihrer Farbe und sonstigen Beschaffenheit grosse Aehnlichkeit mit Grünerde haben; schwach doppeltbrechend; G. = 2,29...2,35, die Var. aus Alabama, nach *Mallet.* — Nach den Analysen von *Berthier*, *Seybert*, *Turner* und *Rogers* ist dieses in agronomischer Hinsicht wichtige Mineral wesentlich ein wasserhaltiges Silicat von Eisenoxydul und Kali, welches letztere meist von 5 bis fast zu 15 pCt. vorkommt, jedoch auch in gewissen Varietäten (wie z. B. in manchen westphälischen, nach *von der Mark*, und in den sächsischen, nach *Geinitz*) fast gänzlich fehlt; auch sind 5 bis 9 Thonerde vorhanden, während der Gehalt an Kieselsäure von 43 bis 55, an Eisenoxydul von 49 bis 27, und an Wasser von 4 bis 8 pCt. schwankt. *Haushofer* analysirte viele Varr. aus der bayerischen Kreide- und Nummulitenformation, und fand sie in schwankenden Verhältnissen meist aus 44 bis 50 Kieselsäure, 20 bis 32 Eisenoxyd, 4,5 bis 7 Thonerde, 3 bis 7 Eisenoxydul, 4 bis 8 Kali und 7 bis 14 pCt. Wasser zusammengesetzt. Eine allgemeine Formel lässt sich nicht aufstellen, und das Eisen scheint ursprünglich grösstentheils als Oxyd vorhanden zu sein; *Dewalque* fand in belgischem Glaukonit 49,90 Eisenoxyd und 5,96 Eisenoxydul. V. d. L. schmilzt der Glaukonit schwierig zu schwarzer, schwach magnetischer Schlacke; von heisser concentrirter Salzsäure wird er langsam aber vollständig zersetzt, mit Hinterlassung der Kieselsäure in Form der Körner. — In älteren und neueren Sedimentformationen, besonders reichlich in den Mergeln und Sandsteinen der Kreideformation.

Gebrauch. Im Staate New-Jersey wird der vorwaltend aus Glaukonit bestehende, 6 bis 7 pCt. Kali enthaltende Grünsand der Kreideformation als ein äusserst wirksames Düngemittel massenhaft benutzt; hier und da gebraucht man ihn auch als grüne Farbe zum Anstreichen.

530. Grünerde, z.Th., oder Seladonit.

Derb, mandelförmig, als Ueberzug und in metasomatischen Pseudomorphosen nach Augit und Hornblende, aus deren Zersetzung überhaupt die meiste Grünerde hervorgegangen zu sein scheint; Bruch uneben und feinerdig; etwas mild; H. = 1...2; G. = 2,8...2,9; apfelgrün, seladongrün in schwärzlichgrün und olivengrün verlaufend; matt, im Strich etwas glänzend, undurchsichtig, fühlt sich etwas fettig an und klebt wenig an der Zunge. — Chem. Zus.: die Grünerde von Verona besteht nach den Analysen von *Delesse* aus 54 pCt. Kieselsäure, 7 Thonerde, 24 Eisenoxydul, 6 Magnesia, 6 Kali, 2 Natron und fast 7 Wasser. Die Grünerde von Gösen, Atschau und Männelsdorf bei Kaaden führt zufolge *v. Hauer* 44 pCt. Kieselsäure, 3 Thonerde, 23 Eisenoxydul, 8 Kalk, 2 Magnesia, 3 Kali, 49 Kohlensäure und Wasser; andere Varr. sind wieder etwas anders zusammengesetzt, wie denn *Heddle* in derjenigen vom Giants Causeway u. a. 56,4 Kieselsäure, 2,1 Thonerde, 44,1 Eisenoxyd, 5,1 Eisenoxydul, 5,9 Magnesia, 8,8 Kali, 6,8 Wasser fand; doch unterscheiden sich alle von den Chloriten durch den geringen Gehalt von Thonerde und Magnesia, durch den grösseren Gehalt an Kieselsäure und durch die Gegenwart von Alkalien; v. d. L. schmilzt sie zu einem schwarzen magnetischen Glas; von kochender Salzsäure wird sie erst gelb, dann farblos und endlich gänzlich zersetzt, mit Hinterlassung von Kieselpulver. — Monte Baldo bei Verona, Insel Cypern; häufig als Kruste von Blasenräumen in den basaltischen Mandelsteinen Islands, der Faeröer und Schottlands, auch als Zersetzungs-

product in basaltischen Tuffen, wie bei Kaaden in Böhmen. Die Pseudomorphosen na.
Augit besonders schön im Fassathal und am Superior-See in Nordamerika, dort c.
Augitporphyr, hier im Kalkstein.

Gebrauch. Als grüne Farbe zum Anstreichen.

531. Stilpnomelan, *Glocker.*

Krystallform unbekannt; derb, eingesprengt und in Trümern von körnigblätterig
und radialblätteriger Zusammensetzung. — Spaltb. monotom sehr vollk., etwas spr
H. $= 3 \ldots 4$; G. $= 3 \ldots 3,4$ (2,76 nach *Breithaupt*); grünlichschwarz bis schwärzlic
grün, Strich olivengrün bis grünlichgrau; perlmutterartiger Glasglanz, undurchsicht.
in Dünnschliffen aber nach *Fischer* pellucid und stark dichroitisch. — Chem. Z
nach den Analysen von *Rammelsberg*, *Siegert* und *Igelström* ziemlich gut übereinsta
mend: 45 bis 46 Kieselsäure, 5 bis 6 Thonerde, 35,6 bis 38 Eisenoxydul, 4 bis
Magnesia, 9 Wasser und eine ganz kleine Menge von Kalk; die Var. von der Sterlin.
mine bei Antwerp in New-York hat nach *Brush* sonst eine ganz ähnliche Zus. n
fand er darin blos 16,47 Eisenoxydul, dagegen 20,47 Eisenoxyd. Im Kolben gib
Wasser; v. d. L. schmilzt er etwas schwer zu einer schwarzen glänzenden Kugel;
Säuren wird er nur sehr unvollkommen zerlegt. — Obergrund bei Zuckmantel u.
Bennisch in Oesterreichisch-Schlesien, Kriesdorf bei Hof in Mähren, Weilburg u.
Villmar in Nassau, Nordmark in Wermland.

532. Chamosit, *Berthier.*

Derb und fein oolithisch, die Körner z. Th. platt und unregelmässig gestaltet;
Bruch dicht; H. $= 3$; G. $= 3 \ldots 3,4$; grünlichschwarz, Strich licht grünlichgrau, matt ob
schwach glänzend, undurchsichtig, wirkt schwach auf die Magnetnadel. — Chem. Zus. n
folge *Berthier* (nach Abzug von 45 pCt. kohlensaurem Kalk): 14,3 Kieselsäure, 60,5 Eisen
oxydul, 7,8 Thonerde, 17,4 Wasser. V. d. L. brennt er sich roth; von Säuren wird er leich
zersetzt mit Hinterlassung von Kieselgallert. Dieses Eisenerz ist mit Kalkstein gemengt u.
bildet einen Stock im Kalkschiefer des Chamosonthales bei Ardon im Wallis.

14. Augit- und Hornblendegruppe.

Die Augit- und Hornblendegruppe, oder diejenige von Pyroxen und Amphibo
begreift eine Anzahl von Silicaten, welche durch ihre weite Verbreitung, namen-
lich als Gemengtheile der Gesteine, sehr wichtig und durch gewisse gegenseitig
Beziehungen sehr bemerkenswerth sind. Die am einfachsten zusammengesetzten
Glieder sind in erster Linie (neutrale Meta-)Silicate (sog. Bisilicate vgl. S. 559) von
der Formel $\overset{\text{II}}{R} Si O^3$ (worin R $=$ Ca, Mg, Fe, Mn, Zn), mit welchen solche von den ana-
logen Formeln $\overset{\text{I}}{R}{}^2 Si O^3$ (darin R $=$ Na, Li, K) und $(\overset{\text{VI}}{R}{}^2) Si^3 O^9$ (darin R $=$ Al, Fe) gemischt sind. Einige Abarten, namentlich die schwarzen und impelluciden Augit
und Hornblenden, welche als Gesteinsgemengtheile vorkommen, führen noch einen
besonderen Gehalt an Thonerde (und Eisenoxyd); über die Rolle, welche diese
Sesquioxyde hier spielen vgl. Pyroxen und Amphibol. Von den gewöhnlichen
Säuren werden diese Mineralien nur wenig angegriffen.

Diese chemisch im einzelnen identisch oder analog zusammengesetzten Mineralien ordnen sich nun nach ihrer krystallographischen Ausbildung, namentlich
nach der Ausbildung gewisser Zonen (insbesondere der Säulenzone) in zwei parallele Reihen, nämlich

die Augitreihe (Pyroxenreihe), charakterisirt durch ein Prisma von ca. 87°
(resp. ca. 93°),

die Hornblendereihe (Amphibolreihe), charakterisirt durch ein Prisma von ca. $124\frac{1}{2}°$, welchem fast stets die vollkommenste Spaltbarkeit entspricht.

Diese beiden verschiedenen Prismenwinkel stehen beim Pyroxen und Amphibol in der merkwürdigen Beziehung, dass das Prisma von $124\frac{1}{2}°$ die Queraxe b desjenigen von $87°$ genau in der doppelten Entfernung, das von $87°$ die Queraxe desjenigen von $124\frac{1}{2}°$ genau in der halben Entfernung schneiden würde (vgl. S. 235); trotz der Existenz dieser einfachen krystallonomischen Relation treten dennoch b e i d e Prismen niemals an e i n e m Individuum gemeinsam, sondern immer nur von einander getrennt auf.

Wenn aber nun ein und dasselbe dieser Silicate, oder eine Mischung mehrer, sowohl in der Pyroxenreihe als in der Amphibolreihe krystallisiren kann, so tritt eine fernere Zergliederung dadurch ein, dass der scharfe Prismenwinkel von ca. $87°$ sich nicht in nur einem Krystallsystem, sondern in d r e i K r y s t a l l s y s t e m e n, dem rhombischen, monoklinen und triklinen, findet, und anderseits auch die durch den stumpfen Prismenwinkel von $124\frac{1}{2}°$ charakterisirten Amphibol-Mineralien z w e i verschiedenen S y s t e m e n, dem rhombischen und monoklinen angehören (trikline Amphibole sind bis jetzt nicht mit Sicherheit bekannt). Es liegt also hier der eigenthümliche Fall vor, dass Formen, welche abweichenden Krystallsystemen zuzurechnen sind, und welche abweichende Symmetrieverhältnisse besitzen, gleichwohl Zonen aufweisen, in denen die Winkel fast genau übereinstimmen. — Aus dem Nachstehenden wird sich ergeben, dass die beiden Reihen aus folgenden Hauptgliedern bestehen, von welchen die horizontal neben einander gestellten auch im Detail der chemischen Zusammensetzung untereinander übereinstimmen.

A u g i t r e i h e (Pyroxenreihe)   H o r n b l e n d e r e i h e (Amphibolreihe)

1. Rhombisch krystallisirend:

Enstatit . . . . (Kupfferit)
Bronzit . . . . ⎫
Hypersthen . . . . ⎭ Anthophyllit.

2. Monoklin krystallisirend:

Wollastonit . . . . —
Diopsid . . . . Tremolit
Grüner Augit (Pyroxen) . . . . Strahlstein
Schwarzer Augit . . . . . . Schwarze Hornblende
Akmit und Aegirin . . . . . . Arfvedsonit
— . . . . Glaukophan, Gastaldit
Spodumen . . . . —
— . . . . Grunerit?

3. Triklin krystallisirend.

Rhodonit . . . . Hermannit?
Babingtonit . . . . —

Im Allgemeinen scheint nach *Groth* bei beträchtlichem Magnesiumgehalt die rhombische, bei beträchtlichem Calcium- oder Alkaligehalt die monokline, bei vorwaltendem Gehalt an Mangan (oder anderen schweren Metallen) die trikline Form die beliebtere zu sein. Den einzelnen der hier in Betracht kommenden Metasilicate, von welchen man als solche $MgSiO_3$ rhombisch, $CaSiO_3$ monoklin, $MnSiO_3$ triklin krystallisirt kennt, muss man aber wohl einen Trimorphismus zuschreiben, da sie

als isomorphe Beimischungen in den Formen aller drei Krystallsysteme vorkommt.
Die beiden Parallelreihen der Pyroxene und Amphibole, innerhalb deren dieselbe im einzelnen Fall wieder zweigestaltig stattfindet, stehen aber wahrscheinlich nicht sowohl im allgemeinen Verhältniss der Dimorphie, als vielmehr in derjenigen der Polymerie zu einander, insofern verschiedene Andeutungen dafür
vorliegen, dass den Amphibolen ein grösseres (vermuthlich doppelt so grosses) Kry-
stallmolekül eigen ist als den Pyroxenen (vgl. die chem. Zus. der thonerdefreien
Pyroxene und Amphibole).

Anm. Die eigenthümlichen gegenseitigen Beziehungen zwischen Pyroxen u.
Amphibol beschränken sich nicht nur auf die allgemeine Uebereinstimmung der chemischen Zusammensetzung, und auf die geometrische Ableitbarkeit der Formen d-
eines Minerals aus denjenigen des anderen: *Mitscherlich*, *Berthier* und *G. Rose* habe
gezeigt, dass geschmolzener Amphibol (Tremolit) beim Erstarren in der Pyroxen-
stalt krystallisirt, während geschmolzener Pyroxen wieder in seinen eigenen Form-
fest wird. Und ferner kennt man in dem Uralit ein Vorkommniss des Pyroxens
welches sich unter Erhaltung seiner charakteristischen äusseren Krystallform in ein
Aggregat von feinen Amphibolprismen aller Wahrscheinlichkeit nach auf nassem We.
umgewandelt hat; auch die Spaltbarkeit entspricht trotz der Pyroxengestalt derjenig-
des Amphibols.

Ueber die in Rede stehende Mineraliengruppe hat *Tschermak* eine sehr wichtig
Abhandlung veröffentlicht in seinen Mineralog. Mittheilungen 1871. 17. Vgl. auch d-
vortrefflichen Zusammenstellungen *Streng*'s über die Unterschiede der Glieder der Augitreihe im N. Jahrb. f. Min. 1872. 272. Viele neue chemische Untersuchungen über d-
Glieder der Pyroxengruppe hat *Doelter* ausgeführt, welcher dann in *Tschermak*'s Min.
u. petr. Mitth. 1879. 193 eine Zusammenfassung der Resultate veranstaltete.

In letzterer Zeit ist man der Frage näher getreten, ob und wie die an den chemisch
und mineralogisch verschieden zusammengesetzten Gesteinen sich betheiligenden Pyroxene auch untereinander abweichend — und vielleicht in einer Abhängigkeit von jenen
Differenzen — charakterisirt seien. *Mann* befand so die untersuchten Pyroxene aus Phonolithen
und verwandten Gesteinen sämmtlich als alkalihaltig (N. Jahrb. f. Min. 1884. II. 172); auch
A. Merian hat nach dieser Richtung hin Analysen angestellt (ebendas. Beilageb. III. 252), doch
lassen diese Ergebnisse noch nichts allgemein Gültiges hervortreten.

a) Augitreihe.

533. Enstatit, *Kenngott.*

Rhombisch, wie zuerst *Des-Cloizeaux* auf Grund optischer Untersuchungen nachwies (∞P nach ihm 92° bis 93°), isomorph mit Bronzit und Hypersthen. An den

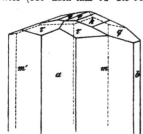

sehr grossen Krystallen von Kjörrestad berechneten *Brögger* und *vom Rath* ∞P (*m*) 91° 44'[1]. Die
beistehende Figur gibt eine ideale Reconstruction
eines dieser riesigen Krystalle, welche selbst über
40 Cm. lang werden (bei einer Breite von z. B.
26 Cm.); daran sind ausgebildet: $\infty\breve{P}\infty$ (*a*), ∞P (*m*)
$\infty\breve{P}\infty$ (*b*), $\frac{1}{2}\breve{P}\infty$ (*k*), $\frac{3}{2}\breve{P}\infty$ (*q*), $\frac{1}{4}\breve{P}\infty$ (*ψ*), $\frac{3}{2}$P (*r*)
ausserdem noch z. B. 0P und $\breve{P}$2. Charakteristisch
ist die grosse Zahl der sich vielfach wiederholen-
den Flächen, welche, meist wenig geneigt, eine
flachgerundete Scheitelbegrenzung zu bilden stre-
ben.

---

[1] Um die Winkel-Uebereinstimmung in der Säulenzone zwischen Enstatit, Bronzit und
Hypersthen einerseits, Augit anderseits hervortreten zu lassen, müssen die Krystalle der ersteren

$$m : m' — 91°44' \qquad q : b = 110°50\tfrac{1}{2}'$$
$$a : \tau — 110 \ 8 \qquad k : b = 105 \ 56$$
$$m : \tau — 118 \ 40 \qquad \tau : q = 159 \ 52$$
$$k : \psi = 169 \ 30 \qquad \psi : b = 95 \ 26$$

Diese grossen Krystalle zeigen oftmals die pseudomonokline Deformität, dass die vordere und hintere Seite des makrodiagonalen Hauptschnitts unsymmetrisch ausgebildet ist. Andere Enstatite stellen rechtwinkelig säulenförmige, oft quer zerbrochene Krystalle der Combin. $\infty \bar{P} \infty . \infty \check{P} \infty$ dar. — Spaltb. prismatisch nach ∞P deutlich, brachydiagonal unvollk.; H. = 5,5; G. = 3,10 ... 3,29, das der Krystalle von Kjörrestad 3,153. Farblos, graulichweiss, gelblich oder grünlich und braun; Perlmutterglanz auf der vollk. Spaltungsfläche; halbdurchsichtig bis kantendurchscheinend; die optischen Axen liegen in der Ebene des brachydiagonalen Hauptschnitts, ihre spitze positive Bisectrix fällt in die Verticalaxe [1]; $a = \mathfrak{a}$, $b = \mathfrak{b}$, $c = \mathfrak{c}$. In den Olivinknollen des Gröditzberges bei Liegnitz beobachtete *Trippke* eine regelmässige lamellare Verwachsung von Enstatit und Diallag in der Weise, dass dem ersteren parallel seinem Makropinakoid orthopinakoidale Lamellen des letzteren eingeschaltet sind; auch sonst finden sich in der rhombischen Enstatitsubstanz Lamellen monoklinen Pyroxens, welche bei der Einstellung der ersteren auf Dunkel hell hervorleuchten, mit parallelen Verticalaxen eingewachsen. — Chem. Zus. nach den Analysen von *v. Hauer, Damour, Brögger* und *vom Rath*: Magnesiumsilicat $\mathbf{Mg \ Si O^3}$, mit 60,03 Kieselsäure und 39,97 Magnesia, doch ist mitunter ein wenig des analogen Eisenoxydulsilicats zugemischt (bis ca. 3 pCt. Fe O) und ein ganz geringer Thonerdegehalt (unter 2 pCt.) vorhanden. V. d. L. fast unschmelzbar, Säuren sind ohne Einwirkung. — Dieses Mineral wurde zuerst 1855 durch *Kenngott* im Serpentin des Berges Zdjar bei Aloisthal in Mähren, sodann am Berge Brésouars (Brezouard) bei Markirch in den Vogesen gefunden; später erkannte man es als einen wesentlichen Gemengtheil des Schillerfels von der Baste, des Lherzoliths der Pyrenäen und anderer olivinreicher Gesteine, auch accessorisch in Diabasporphyriten, Melaphyren, gewissen Quarzporphyren, hier gewöhnlich mit basischer Absonderung und in bastitähnliche Aggregate paralleler Fasern umgewandelt. 1874 entdeckten *Brögger* und *Reusch* die oben erwähnten gigantischen Enstatitkrystalle auf der Apatit-Lagerstätte von Kjörrestad zwischen Kragerö und Langesund im norwegischen Kirchspiel Bamle; dieselben sind aussen in eine steatitische, nur die H. 3 besitzende Rinde umgewandelt, welche bei sonst gleicher Zusammensetzung 4,30 pCt. Wasser enthält (*Brögger* und *vom Rath* im Philos. Magaz. 1876. Nr. 12, und in Z. f. Kryst., 1877. 18). Snarum in Norwegen mit scharf entwickeltem $\bar{P}2$, in Speckstein umgewandelt. *Pettersen* fand am Slunkas-Berge im norwegischen Amt Nordland grosse Massen von fast reinem Enstatit.

Anm. Der reinste Enstatit findet sich in einigen Meteoriten (Stein von Bishopville in Süd-Carolina, dessen Enstatit von *Shepard* Chladnit genannt worden war, Stein von Goalpara in Assam, Stein von Busti); vgl. auch Hypersthen. — Künstlichen Enstatit erzeugte *Cossa* durch einfaches Zusammenschmelzen von Kieselsäure und Magnesia (ohne Anwendung von Mg Cl² als Flussmittel, wie es *Hautefeuille* bei seinen Versuchen that; das Product ergab 59,65 Kieselsäure und 41,50 Magnesia.

534. Bronzit, *Karsten*.

Rhombisch, ∞P 94° nach *Des-Cloizeaux*, isomorph mit Enstatit und Hypersthen,

---

Mineralien in diejenige Stellung gebracht werden, dass nicht der stumpfe Prismenwinkel von 92° bis 94°, sondern der scharfe von 88° bis 86° vorn liegt; es entspricht also die Makrodiagonale der ersteren rhombischen Krystalle der Klinodiagonale des monoklinen Augits. Bezeichnet man die rhombische Brachydiagonale als b und setzt sie $= 1$, so wird das A.-V. des Enstatits = 1,0308 : 1 : 0,5885, das des Hypersthens = 1,0295 : 1 : 0,5868.

[1] Für die rhombischen Pyroxene constatirte *Tschermak*, dass mit wachsendem Eisengehalt der optische Axenwinkel zunimmt; so kommt es denn, dass der eisenreichere Hypersthen im Gegensatz zu dem Enstatit optisch negativ ist, und unter den Bronziten neben positiven auch negative Exemplare vorkommen.

aber die eingewachsenen Individuen meist ohne freie Formausbildung; auch derb
körnigen Aggregaten. — Spaltb. brachydiagonal sehr vollk., prismatisch nach ∞
unvollk., makrodiagonal in Spuren, die vollk. Spaltungsfläche oft etwas gekrümmt
gestreift, am Bronzit im Olivinfels des tiroler Ultenthals auch bisweilen mit regelm-
siger horizontaler Knickung versehen, was nach *Bücking* durch eine wiederholte Z-
lingsbildung nach $\frac{1}{4}\breve{P}\infty$ (163° 46') hervorgebracht wird; häufiger sind unregelm-
verlaufende Faltungen und Knickungen. *Becke* beobachtete an dem Bronzit in Au-
andesiten häufig kreuz- und sternförmige Zwillinge nach Domenflächen, insbeson-
nach $\breve{P}\infty$ (Min. u. petr. Mitth. VII. 94). H. = 4...5; G. = 3...3,5; nelkenbraun-
tombackbraun, zuweilen grünlich und gelblich; auf der vollk. Spaltungsfläche met-
artiger Perlmutterglanz bis Seidenglanz, etwas schillernd, übrigens Fett- oder G-
glanz; der Schiller wird durch eingelagerte mikroskopische bräunliche, schwärzl-
auch grünliche Lamellen, Leistchen und Körnchen hervorgebracht; durchscheine-
bis kantendurchscheinend. Die optischen Axen liegen in dem brachydiagonalen Hau-
schnitt, die spitze Bisectrix fällt gewöhnlich in die Verticalaxe; sehr schwach dich-
tisch. — Chem. Zus. nach den Analysen von *Regnault*, *Köhler*, *Garret* und *Kj-
($\ddot{M}g$, $\dot{Fe}$) $\ddot{S}i\dot{O}^3$), oder eine isomorphe Mischung von $m(\ddot{M}g\ddot{S}i\dot{O}^3) + n(\dot{Fe}\ddot{S}i\dot{O}^3)$, wo-
wenn $n = 1$ ist, nach *Rammelsberg's* Zusammenstellung der Werth von m zwisc-
11 und 3 liegt (ca. 36 bis 25 pCt. Magnesia); der Bronzit begreift also die magn-
reichsten dieser Mischungen; übrigens ist auch mitunter etwas des analogen Calc-
silicats zugemischt, sowie oft etwas Thonerde vorhanden; v. d. L. schmilzt er-
schwer; von Säuren wird er nicht angegriffen. — Kupferberg bei Bayreuth. Th-
thal in Tirol, Kraubat in Steiermark; bisweilen eingewachsen in Basalt und Serpen-
z. B. zu Starkenbach im Oberelsass (vgl. Enstatit vom Brésouars); auch der rhon-
sche Pyroxen in Augitandesiten gehört mehrfach dem Bronzit an. Die Meteorse-
von Manegaum in Ostindien und von Ibbenbühren bestehen nach *Maskelyne* und G.-
Rath fast gänzlich aus sehr eisenreichem Bronzit, jener mit mehr als 20, dieser-
17 pCt. Eisenoxydul; chemisch gehört dieser Gemengtheil daher mehr zum Hyperst-

Anm. 1. *Breithaupt's* Phästin ist ein zersetzter Bronzit, von welchem er sich be-
ders durch seine grosse Weichheit (H. = 1), sein G. = 2,8, seine Mildheit und seine m-
grauen Farben unterscheidet.

Anm. 2. Der Bastit oder Schillerspath von der Baste am Harz ist, wie aug-
blicklich wenig zweifelhaft, aus einer Umwandlung des Bronzits (oder Enstatits) hervorgegang-
Streng hatte früher das Mineral, woraus der Bastit namentlich durch Wasseraufnahme entst-
als Protobastit bezeichnet, von welchem dann *Kenngott* nachwies, dass er zum Enstatit-
Bronzit) gehört. Der Bastit erscheint nur derb und eingesprengt in breiten lamellaren Indiv-
und in körnigblätterigen Massen, welche häufig mit Serpentin durchwachsen oder gleichs-
gespickt sind. — Spaltb. nach einer Richtung sehr vollkommen, nach zwei anderen R-
tungen unvollkommen, beide ungefähr 87° und 93° geneigt; Bruch uneben und splitter-
H. = 3,5 ... 4; G. = 2,6 ... 2,8; lauch-, oliven- und pistazgrün, in das Braune und Gel-
schielend; metallartig schillernder Perlmutterglanz auf der vollkommenen Spaltungsfläc-
kantendurchscheinend; die optischen Axen liegen symmetrisch in einer Normalebene d-
vollkommenen Spaltungsfläche, also im makrodiagonalen Hauptschnitt, was nicht mit ihr-
Orientirung im Enstatit oder Bronzit übereinstimmt und möglicherweise mit der Umwandlu-
zusammenhängt. — Chem.Zus. nach *Köhler*: 43,90 Kieselsäure, 1,50 Thonerde, 2,87 Chromoxyd, 10,78 Eisenoxydul (Oxyd?), 26,00 Magnesia, 2,70 Kalk, 0,47 Kali, 12,42 Wasser. Indessen ist nach *Streng* und *Fischer* im Bastit Chromeisenerz sehr fein eingesprengt, wesh-
ein Theil des Chromoxyds, der Thonerde und des Eisenoxyduls in Abzug zu bringen ist. Di-
Var. von Todtmoos in Baden, welche von *Hetzer* analysirt wurde, ergab 43,77 Kieselsäur-
5,96 Thonerde, 30,96 Magnesia, 7,29 Eisenoxydul, 1,25 Kalk und 11,3 Glühverlust. Es sche-
also der Umwandlungsprocess, welcher den Bastit liefert, die Richtung nach dem Serpent-
zu einzuschlagen. V. d. L. wird er tombackbraun und magnetisch, schmilzt aber nur i-
dünnen Splittern an den Kanten; mit Borax und Phosphorsalz gibt er Eisen- und Chromfarbe, und mit letzterem ein Kieselskelet; von Salzsäure wird er unvollkommen, von Schwefelsäure vollständig zersetzt. — An der Baste und am Radauberge bei Harzburg am Harz, in-
einem serpentinähnlichen Gestein eingewachsen, welches fast genau dieselbe chemisch-

Zusammensetzung hat. Auf ähnliche Weise, jedoch mehr eingesprengt als derb, findet sich der Bastit bei Todtmoos im südlichen Schwarzwald. In den Melaphyren der Gegend von Ilfeld am Harz, sowie in manchen Melaphyren Schlesiens kommen oft sehr zahlreiche kleine, prismatische, fast nadelförmige Krystalle vor, welche in ihren physischen Eigenschaften und, nach *Streng's* Analysen, auch in ihrer Substanz dem Bastit ganz ähnlich, obgleich fast wasserfrei sind. Sie dürften gleichfalls als etwas veränderte Krystalle von Enstatit oder Bronzit zu betrachten sein. Nach *H. Fischer* sind in dem Serpentin des Glatten Steines, bei Todtmoos im Schwarzwald, ganz ähnliche, bis 6 Linien lange Krystalle eingewachsen.

535. Hypersthen, *Hauy* (Paulit).

Rhombisch, wie *Des-Cloizeaux* nachwies (nach ihm ∞P 93° 30'), isomorph mit Enstatit; derb, in individualisirten Massen und körnigen Aggregaten, auch eingesprengt, als Gemengtheil von Gesteinen, und als Geschiebe. Frei ausgebildete Krystalle sind zuerst als grosse Seltenheit durch *V. v. Lang* in dem Meteoreisen von Breitenbach in Böhmen (später auch wohl zum Enstatit gezogen, obwohl sie 13,44 Eisenoxydul enthalten), sowie durch *vom Rath* in Auswürflingen des Laacher Sees nachgewiesen worden. Diese letzteren, sehr kleinen, aber gut messbaren, braunen und stark glänzenden Krystalle wurden von ihm anfangs für ein selbständiges Mineral gehalten, welchem er den Namen Amblystegit gab.

Fig. 1, von *G. vom Rath* entlehnt, zeigt den entschieden rhombischen Charakter dieser Laacher Hypersthenkrystalle [1]; wählt man die Pyramide *o* zur Grundform P, so wird

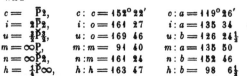

$$c = \bar{P}2,$$ $c : c = 152° 22'$ $o : a = 119° 26'$
$$i = 2\bar{P}2,$$ $i : o = 161\ 27$ $i : a = 135\ 34$
$$u = \tfrac{1}{2}\bar{P}\tfrac{3}{2},$$ $u : o = 169\ 46$ $u : b = 126\ 24\tfrac{1}{2}$
$$m = \infty P,$$ $m : m = 91\ 40$ $m : a = 135\ 50$
$$n = \infty \bar{P}2,$$ $n : m = 161\ 24$ $n : b = 152\ 46$
$$h = \tfrac{1}{4}\bar{P}\infty,$$ $h : h = 163\ 47$ $h : b = 98\ \ 6\tfrac{1}{4}$

endlich ist $a = \infty \bar{P}\infty$, und $b = \infty \breve{P}\infty$; die sehr stumpfe dachförmige Begrenzung, welche das Brachydoma *h* bildet,, veranlasste den Namen Amblystegit. Für die Grundform selbst bestimmen sich die Polkanten zu 127° 38' und 125° 58'. Später entdeckte *Des-Cloizeaux* grüne durchscheinende, mehr nach $\breve{P}\infty$. tafelförmige Hypersthen-Krystalle von der Form jenes Amblystegits in den Hohlräumen eines feinkörnigen lichten und eines dunkeln Trachyts vom Rocher du Capucin am Mont Dore, vgl. Fig. 2 nach *vom Rath*; daran ist $k = \tfrac{1}{3}\breve{P}\infty$, $d = 2\bar{P}\infty$. An einem H. aus West-Ecuador führt *v. Siemiradzki* eine Zwillingsbildung nach 0P an, was natürlich nur ein Irrthum sein kann. — Spaltb. brachydiagonal sehr vollkommen, prismatisch nach ∞P deutlich; makrodiagonal sehr unvollk.; H. = 6; G. = 3,3...3,4; pechschwarz und grünlichschwarz bis schwärzlichgrün und schwärzlichbraun; metallartig schillernder Glanz auf der vollkommenen Spaltungsfläche, oft mit einem Farbenschiller bis in Kupferroth verbunden, welcher durch interponirte braune mikroskopische Lamellen hervorgebracht wird (vgl. S. 192), die Lamellen sind wohl nicht, wie *Kosmann* wollte, nach $\infty\breve{P}3$, sondern nach $\infty\breve{P}\infty$ eingelagert; ausserdem Glas- oder Fettglanz; undurchsichtig, nur in feinen Splittern durchscheinend. Die optischen Axen fallen in den brachydiagonalen Hauptschnitt, weshalb darnach gespaltene Blättchen kein Axenbild geben; die stumpfe Bisectrix ist parallel der Verticalaxe, die spitze parallel der Brachydiagonale. $a = a$, $b = b$, $c = c$; in dünnen Lamellen, namentlich in Längsschnitten stark pleochroitisch: α hya-

---

[1] Die Beobachtungen von *G. vom Rath* und *V. v. Lang* finden sich in den Ann. d. Phys. u. Ch., Bd. 138. 1869. 529; Bd. 139. 1870. 349; Ergänzungsband 5. 1871. 443; Bd. 152.

cinthroth oder braunroth, b röthlichbraun oder gelblichbraun, c graulichgrün. — Chem. Zus.: der Hypersthen ist, wie der Bronzit, $(\dot{M}g, \dot{F}e)\ddot{S}i\dot{O}^3$, d. h. eine isomorphe Mischung von $m(\dot{M}g\ddot{S}i\dot{O}^3) + n(\dot{F}e\ddot{S}i\dot{O}^3)$, begreift aber magnesiaärmere und eisenreichere Glieder als der Bronzit; nach *Rammelsberg's* Zusammenstellung ist, wenn $n = 1$ ist, $m = 5$ bis $\frac{2}{3}$ (ca. 26 bis 11 pCt. Magnesia, 10 bis 34 pCt. Eisenoxydul); meist ist auch etwas von dem entsprechenden Calciumsilicat vorhanden. Die H. vom Capucin und von Bodenmais führen über 5 pCt. Manganoxydul. *Remelé* fand im Hypersthen von Farsund in Norwegen 10,47 Thonerde und 3,94 Eisenoxyd, weshalb sich d i e s e Var. zu dem gewöhnlichen Hypersthen verhält, wie ein thonerdehaltiger Pyroxen zu dem Diopsid; auch eine Analyse von *Pisani* ergab über 9, und *G. vom Rath's* Analyse des Amblystegits 5 pCt. Thonerde; der H. von Arvieu im Aveyron enthält 5,65 pCt. davon. Die Rolle, welche diese Thonerde in den Hypersthenen spielt, unterliegt derselben Deutung, wie diejenige in den Augiten (vgl. diese). Nach *Doelter* dürften ganz sesquioxydfreie Hypersthene überhaupt nicht vorkommen und es verhalte sich somit der Hypersthen zum Bronzit wie der thonerdehaltige Augit zum Diopsid. V. d. L. schmilzt der Hypersthen mehr oder weniger leicht zu einem grünlichschwarzen oft magnetischen Glas; von Säuren wird er nicht angegriffen. — Im Hypersthenfels und Norit, auch im Gabbro: St. Paulsinsel und Küste von Labrador, Skye, Norwegen, Penig, New-York und Canada, Arvieu im Aveyron (vgl. Z. f. Kryst. III. 433); neuerdings auch vielfach in olivinfreien Andesiten (Hypersthen-Andesiten) gefunden, wo er sich dem Bronzit nähert; auf Hohlräumen trachytischer Gesteine am Mont Dore; nach *Blaas* auch verbreitet auf Hohlräumen und in der Grundmasse persischer Trachyte vom Demavend (hier herrscht in der Endigung die Pyramide $2\bar{P}2$ (i); als bis 0,7 Mm. lange Prismen im Bimsstein von Santorin (nach *Fouqué*); zufolge *Merian* im sog. Trappgranulit (Pyroxengranulit) Sachsens, von monoklinem Pyroxen begleitet (N. Jahrb. f. Min. Beilageb. III. 304). Bodenmais in dem bekannten magnetkiesführenden mineralreichen Aggregat (*Becke* in Min. u. petr. Mitth. 1880. 60); nach *Des-Cloizeaux* gehören auch hierher unter dem Namen muscheliger Augit bekannte, dunkelgrüne und glasig aussehende Knollen von Maar bei Lauterbach in Hessen-Darmstadt.

Gebrauch. Die mit schönem Farbenschiller versehenen Hypersthene werden bisweilen zu Schmucksteinen und Ornamenten verarbeitet.

Anm. 1. Mit dem Hypersthen ist nach den neueren Untersuchungen von *Krenner* (Z. f. Kryst. IX. 1884. 255) auch das von *A. Koch* unter dem Namen S z a b ó i t eingeführte Mineral zu vereinigen, welches am Aranyer Berge in Siebenbürgen mit Pseudobrookit und Tridymit in Spalten und Höhlungen, auch in der Grundmasse eines Andesits auftritt, und in welchem *Koch* ein neues t r i k l i n e s Glied der Pyroxengruppe erkannt zu haben glaubte (Min. u. petr. Mittheil. 1878. 331). Die Kryställchen sind höchstens 2 Mm. lang, durchschnittlich 0,5 Mm. breit, 0,05 — 0,16 Mm. dick, mit einer breiten Tafelfläche ($\infty\bar{P}\infty$), welche oft sehr tief vertical gestreift erscheint, auch wohl lang prismatisch nadelförmig. Prismenflächen (∞P 91° 11' und 88° 40' nach *Koch*, 91° 56' und 88° 4' nach *Krenner*) und Makropinakoid nur schmal. Die Endigung besteht bei wohlgebildeten Krystallen aus einer oder zwei Pyramiden ($\frac{1}{2}$P und $\bar{P}2$), von denen die stumpfere vorherrscht. Basis selten und nicht messbar. Durch oftmaliges Ausbleiben terminaler Flächen wird ein monokliner oder trikliner Habitus bedingt. Die beiden verticalen Pinakoide (*Krenner* 88° 49') bilden nach *Krenner* 90°. — Spaltb. parallel $\infty\bar{P}\infty$ relativ am besten, nach ∞P minder vollk. — H. über 6, G. = 3,505. Dickere Krystalle gelblichbraun bis kastanienbraun, die sehr dünnen und durchsichtigen lichtgrünlichgelb bis grünlichbraun; bei der Verwitterung opak werdend, sich aussen mit einem zarten bunten, metallisch glänzenden Häutchen überziehend. Auf dem Brachypinakoid, auf welchem *A. Koch* eine Auslöschungsschiefe von 2 — 3° angab, fand *Krenner* vollkommen gerade Auslöschung. Wie beim Hypersthen liegen die optischen Axen im Brachypinakoid, die negative spitze Bisectrix ist parallel der Brachydiagonale, auch der Pleochroismus stimmt ganz überein. *Franz Koch* that ferner dar, dass bei der anfänglichen Analyse von *A. Koch*, welche u. a. eine Spur von Magnesia aufwies, ein Versehen erfolgt war, und dass das Mineral auch in chemischer Hinsicht ein ächter Hypersthen ist, dessen Gehalt an FeO 19,7 pCt. beträgt. Schwer schmelzbar. — Ob die durch *v. Lasaulx* am Mte Calvario bei Biancavilla am Aetna mit Eisenglanz zusammen, sowie in einem trachytischen Gestein vom Riveau-Grand im Mont-Dore gefundenen »Szabóit«

(Z. f. Kryst. III. 288) ebenfalls dem Hypersthen angehören, steht vorläufig dahin, ist aber sehr wahrscheinlich.

Anm. 2. Nach dem Vorstehenden ist die zwischen Bronzit und Hypersthen gezogene Grenze völlig willkürlich und die beiden Mineralien gehen ineinander über. Anderseits hängt auch der Enstatit eng mit dem Bronzit zusammen, wenngleich nicht ganz so unmittelbar, insofern die eisenärmsten Bronzite immer noch viel eisenreicher sind, als die eisenhaltigen Enstatite. — Diese Mischungsglieder sind um so strengflüssiger, je mehr Magnesia sie enthalten, die eisenreichen Hypersthene schmelzen nicht sonderlich schwer.

536. Wollastonit, *Hauy* (Tafelspath).

Monoklin; stellen wir die Krystalle so aufrecht, wie *G. vom Rath*, so wird in beistehender Figur die Fläche *c* das Orthopinakoid, während *z* und *x̄* zwei verticale Prismen sind; betrachten wir nun die nach vorn einfallende Fläche *u* als die schiefe Basis, und wählen wir mit *G. vom Rath* ein Prisma, dessen Flächen (*e*) die Combinationskante zwischen *z* und *x* abstumpfen (jedoch in der Figur fehlen) zum Protoprisma ∞P, so bestimmt sich auf Grund vieler Messungen des genannten Beobachters: $\beta = 84°30'$, 0P (*u*), $\infty P\infty$ (*c*), $\infty P\,87°18'$, $\infty P\frac{3}{2}$ (*z*) $110°7'$, $\infty P2$ (*x*) $51°0'$,

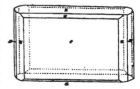

$-P\infty$ (*v*) $44°27'$, $\frac{1}{2}P\infty$ (*a*) $69°56'$; nimmt man die Verticalaxe nur halb so gross, wobei z. B. $\frac{1}{2}P\infty$ zu $P\infty$ wird, so resultirt das A.-V. $= 1,0534 : 1 : 0,4840$, nicht sehr verschieden von dem S. 654 angeführten des Pyroxens. Die Fig. zeigt eine Combination fast aller dieser Formen, in welcher $c : u = 95°30'$, $c : v = 135°83'$, $c : a = 110°4'$, $c : e = 133°39'$, $c : z = 145°3'$ und $c : x = 115°30'$; doch kommen auch viel reichhaltigere Combinationen vor, wie namentlich die in Einschlüssen des Lavastroms der Aphroëssa zahlreich vorhandenen, zwar sehr kleinen, aber schön und manchfaltig ausgebildeten Krystalle (vgl. *Hessenberg* Mineral. Notizen Nr. 9); auch diese Krystalle sind vorherrschend tafelartig nach *c*, bisweilen nach *v*. Die Krystalle sind ziemlich häufig als Zwillingskrystalle nach dem Orthopinakoid (*c*) ausgebildet, tafelförmig oder auch säulenförmig in der Richtung der Orthodiagonale; doch kommen sie selten vor, und gewöhnlich finden sich nur eingewachsene, unvollk. ausgebildete, nach der Orthodiagonale gestreckte, breit säulenförmige oder schalige Individuen, sowie schalige und radial-stängelige bis faserige Aggregate. — Spaltb. orthodiagonal und basisch (*c* und *u*), vollk., so auch hemidomatisch nach *t* und *a*, welche mit *c* Winkel von $129°35'$ und $110°4'$ bilden; die Spaltungsfläche *t* gehört dem Hemidoma $P\infty$, welches die Combinationskante zwischen *c* und *a* (in unserer Figur) abstumpft, gegen *c* $129°35'$ geneigt ist, und auch als Krystallfläche sowohl am Capo di Bove, als auch bei Cziklova und Santorin vorkommt; nach *Des-Cloizeaux* und *Hessenberg* sind die drei Spaltungsflächen *c*, *t* und *a* gleich vollk., dagegen *u* minder deutlich; übrigens erscheinen sie oft wie abgerissen; H. $= 4,5...5$; G. $= 2,78...$ 2,91; farblos, meist röthlich-, gelblich-, graulichweiss bis isabellgelb und licht fleischroth; Glasglanz, auf Spaltungsflächen stark und z. Th. Perlmutterglanz; durchscheinend, selten durchsichtig; die optischen Axen fallen in den klinodiagonalen Hauptschnitt, und die Bisectrix (*c*) bildet mit der Basis nach vorn einen Winkel von $32°42'$. — Chem. Zus. nach vielen Analysen: Calciumsilicat, $\mathrm{Ca\,Si\,O^3}$, mit 51,75 Kieselsäure und 48,25 Kalk; v. d. L. schmilzt er schwierig zu halbdurchsichtigem Glas; Phosphorsalz löst ihn auf mit Hinterlassung eines Kieselskelets; von Salzsäure wird er vollständig zersetzt unter Abscheidung von Kieselgallert. — Vesuv, in den sog. Auswürflingen der Somma, Capo di Bove bei Rom, Cziklova im Banat, Perheniemi in Finnland, New-York und Pennsylvanien; Lengefeld in Sachsen; in der Lava von Aphroëssa auf Nea Kaimeni bei Santorin; in einem archaischen Plagioklas-Pyroxengestein von Roguedas in der Bretagne (nach *Cte. de Limur* und *Cross*, Min. u. petr. Mitth. 1880.

369); auch als einschluss-ähnliche Aggregate im Phonolith von Oberschaffhausen u.
Kaiserstuhl.

Anm. 1. Die faserigen Aggregate erscheinen bisweilen wie Asbest; so namentlich d.-
jenige Varietät, welche in Grönland den Trapptuff der Halbinsel Noursoak in schmalen Tru-
mern durchzieht, und von *Rink* asbestartiger O k e n i t genannt wurde. *Forchhammer* zeigt
dass es ein etwas zersetzter Wollastonit sei (vgl. Anm. 1 nach Nr. 567); vgl. auch Pektolith u.
Bezug auf Wollastonit.

Anm. 2. Ein zu Aedelfors in Småland vorkommendes, auch A e d e l f o r s i t (vgl. La-
montit) genanntes Mineral, ist nach *Forchhammer* ein unreiner Wollastonit, gemengt mit Quarz
Feldspath, oft auch Kalkcarbonat und Granat.

537. Pyroxen, *Hauy* (Augit, Salit, Diopsid u. a.).

Monoklin; $\beta = 74^\circ 11'$; die gewöhnlichsten Formen sind: 0P (*t*), $\infty \text{P} \infty$
$\infty \text{P} \infty$ (*l*), ∞P (*M*) $87^\circ 6'$, P (*s*) $120^\circ 48'$, —P (*u*) $131^\circ 30'$, 2P (*o*) $95^\circ 48'$, $\text{P} \infty$ /
$74^\circ 30'$ und $2 \text{P} \infty$ (*z*) $82^\circ 48'$, nach v. *Kokscharow*'s genauen Messungen, welcher in
1. Bande seiner Materialien z. Mineral. Russlands eine krystallographische Monographie
der russischen Pyroxene, sowie eine allgemeine Uebersicht aller sicher bekannten
Formen gegeben hat, deren überhaupt 48 aufzuführen waren, nämlich 11 positive
16 negative Hemipyramiden, 3 positive und 2 negative Hemidomen, 4 Klinodomen
6 Prismen und die drei Pinakoide. A.-V. $= 1,0903 : 1 : 0,5893$. Die wichtigsten
Combb. sind in den folgenden Figuren abgebildet.

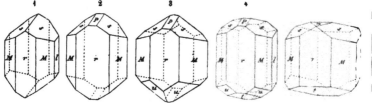

Fig. 1. ∞P.$\infty \text{P} \infty$.$\infty \text{P} \infty$.P; die gemeinste Form der in den plutonischen und vulkanischen Gesteinen eingewachsenen Krystalle; $s : s = 120^\circ 48'$.

Fig. 2. Die Comb. Fig. 1 mit dem Hemidoma $\text{P} \infty$ (P); P:$r = 105^\circ 30'$.

Fig. 3. Die Comb. Fig. 2, noch mit der Hemipyramide —P (*u*); $u:u = 131^\circ 30'$.

Fig. 4. Die Comb. Fig. 3, noch mit der schiefen Basis 0P (*t*); $t:r = 105^\circ 49'$.

Fig. 5. ∞P.$\infty \text{P} \infty$.$\infty \text{P} \infty$. 0P.P.$\frac{1}{2}\text{P} \infty$; die Flächen dieser letzteren Form (*n*) sind
fast horizontal[1]).

Alle diese Formen, sowie die nächstfolgende Fig. 6, finden sich besonders an
dem eigentlichen A u g i t.

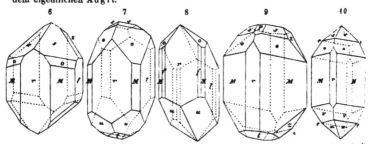

Fig. 6. Die Comb. Fig. 1 mit der Hemipyramide 2P und dem Klinodoma $2\text{P} \infty$; Augit.

1) Wenn man diese Form $\frac{1}{2}\text{P} \infty$ (*n*) als Basis 0P wählt, wobei alsdann $\text{P} \infty$ (P) zu $\frac{1}{2}\text{P} \infty$, 0P

Fig. 7.   ∞P̶∞.∞P̶∞.∞P. 2P. −P.P. 0P; am Diopsid.
Fig. 8.   ∞P̶∞.∞P̶∞.∞P.∞P̶3. −P.2P; ebenfalls am Diopsid; f = ∞P̶3.
Fig. 9.   ∞P.∞P̶∞.2P.P. 0P. P̶∞. 2P̶∞; Diopsid und Fassait.
Fig. 10. ∞P.∞P̶∞. ±2P. ±P; am Fassait oder Pyrgom.

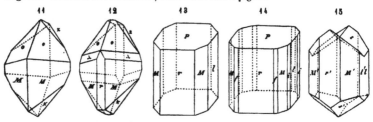

11   12   13   14   15

Fig. 11. ∞P. 2P. 2P̶∞; am Fassait.
Fig. 12. Die Comb. Fig. 11, noch mit ∞P̶∞ und der Hemipyramide 3P (λ); Fassait.
Fig. 13. ∞P̶∞.∞P̶∞.∞P. P̶∞; am Baikalit, Salit, Kokkolith z. Th.
Fig. 14. Die Comb. Fig. 13, noch mit ∞P̶3 und ∞P̶3 (f und i).
Fig. 15. Zwillingskrystall des gemeinen Augits; kommt häufig vor; seltener sind die folgenden Zwillinge, copirt nach den Zeichnungen von *Vrba*, welche v. *Zepharovich* im N. Jahrb. f. Mineral., 1871. 60 mitgetheilt hat.

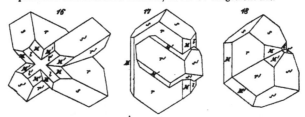

16   17   18

Fig. 16. Durchkreuzungs-Zwilling nach dem Gesetz: Zwillings-Ebene eine Fläche des Hemidomas −P̶∞; diese im Bilde vertical erscheinende Ebene macht mit den Orthopinakoiden r oder r′ den Winkel von 130¼°, daher denn r : r′ = 81° oder 99° misst. *Vrba* entdeckte diese Zwillinge in einem zersetzten Basalt bei Schönhof unweit Saatz.

Fig. 17. Penetrations-Zwilling nach dem Gesetz: Zwillings-Ebene eine Fläche der Hemipyramide P̶2, welches *Naumann* bereits im Jahre 1830 angab; der damals von ihm vorausgesetzte Parallelismus der Flächen r und r′, sowie der vermuthete Werth des Neigungswinkels beider Verticalaxen von 120° findet jedoch nicht statt, sobald man die neueren Messungen zu Grunde legt; übrigens erscheinen diese Zwillinge gewöhnlich so wie im Bilde, dass nämlich ein kleineres Individuum einem grösseren halb eingesenkt aufliegt; von *Breithaupt* bei Schima, und von *Vrba* bei Schönhof gefunden.

Fig. 18. Contact-Zwilling nach demselben Gesetz; ebendaher, doch weit seltener.
Die Krystalle erscheinen meist kurz, bisweilen lang säulenförmig (wobei mitunter, wie an manchen Diopsiden und am Augit von Nordmarken bei Philipstad die verticalen Pinakoide stark überwiegen), sehr selten tafelförmig, sind einzeln eingewachsen,

---

(*t*) zu −½P̶∞ wird u. s. w., so steht die Klinodiagonale fast genau rechtwinkelig auf der Verticalaxe, indem alsdann β = 89° 38′. *G. vom Rath* ist geneigt, die Fläche P als 0P, und *s* als P̶∞ zu setzen, damit sie darin mit den Flächen *p* resp. *l* bei der Hornblende übereinstimmen. Ueber neue Flächen am Diopsid vgl. *vom Rath* in Z. f. Kryst. VIII. 1883. 16.

oder aufgewachsen und dann in der Regel zu Drusen vereinigt; auch derb in körn.
stängeligen und schaligen Aggregaten. Die in Gesteinen eingewachsenen Kry-ı
zeigen oft einen zonalen Bau aus Kern und zahlreichen Schalen, welche vielfach l.
Farbengegensätze darbieten und auf Grund etwas abweichender chem. Zusam-
setzung auch kleine Differenzen in den Auslöschungsrichtungen und Polarisations-
aufweisen. Bisweilen erscheint der sog. sanduhrförmige Bau, indem Schnitte par.
den verticalen Pinakoiden in vier Felder zerfallen, von welchen je zwei gegenüb
liegende gleichmässig auslöschen (während Querschnitte die gewöhnliche Sch.
umhüllung zeigen); hier scheint sich zuerst ein sanduhrförmiges Krystallskele.
bildet zu haben, dessen kegelförmige Ausbuchtungen später durch etwas chem
abweichende Augitsubstanz erfüllt wurden; eine gesetzmässige Verwachsung l
dabei nicht vor (vgl. zuerst *van Werveke* im N. Jahrb. f. Min. 1879. 183). — Zwillin
bildungen nicht selten, nach verschiedenen Gesetzen, am häufigsten nach dem
setz: Zwillings-Ebene das Orthopinakoid, Zwillingsaxe die Normale desselben, Fig.
S. 107; parallel der Basis eingeschaltete Zwillingslamellen fand *vom Rath* an I
siden von Achmatowsk und Mussa. — Spaltb. prismatisch nach ∞P, mehr oder
niger vollk., doch meist in geringem Grade, orthodiagonal und klinodiagonal un-
H. = 5...6; G. = 2,88...3,5; farblos und zuweilen weiss, doch in der Regel gef
besonders grau, grün und schwarz. Glasglanz, manche Varr. Perlmutterglanz auf ∞P
pellucid in allen Graden. Die optischen Axen liegen im klinodiagonalen Hauptsch
ihre spitze positive Bisectrix (c) fällt in den stumpfen Winkel β und bildet mit
Verticalaxe einen Winkel von ca. 39°. Augite aus basaltischen Gesteinen bes
aber wohl eine grössere Auslöschungsschiefe auf ∞P∞); nach *Wiik* z. B. der A.
Monte Rossi eine solche von 48°50′, der A. von Frascati gar von 54°1); *b = b*. P
chroismus im Allgemeinen sehr schwach, namentlich im Gegensatz zur Hornble
stärker in gewissen Nephelingesteinen; Absorption $c > a$, welches fast $= b$. —
chemischer Hinsicht unterscheidet man thonerdefreie und thonerdehaltige Pyrove
zu den ersteren gehören die Varr. des Salits, Malakoliths, Diopsids, Kokkoliths
den letzteren der Fassait, sowie die dunkelgrünen und schwarzen eigentlichen Aug
Die thonerdefreien bestehen vorwiegend aus Kieselsäure, Kalk und Magnesia
sind, weil darin stets Ca : Mg = 1 : 1, nach der Formel **CaMgSi^{2}O^6** zusammenge-
gewöhnlich enthalten sie aber etwas Eisenoxydul, welches als Silicat grünlich fä
und weil alsdann immer Ca : (Mg + Fe) = 1 : 1, so gestaltet sich für sie die Formel
Ca(Mg, Fe)Si^{2}O^6; doch gibt es auch fast ganz eisenfrei weisse Pyroxene (Salit); anderseits liegt in der Var. des Hedenbergits ein magnesiafreier Pyroxen vor, welcher
aus Kalk- und Eisenoxydulsilicat besteht. — Die thonerdehaltigen Augite füh
ausser jenen Silicaten noch 4 bis 9 pCt. Thonerde und ausserdem Eisenoxyd in
Betreffs der Rolle, welche diese Sesquioxyde hier spielen, ist es am wahrschei-
lichsten, dass dieselben, wie *Tschermak* zuerst gelehrt hat, auf die isomorphe Beimischung eines Silicats der Sesquioxyde, **R(R^2)Si O^6** zurückzuführen sind. W
R insbesondere = Mg, und (R^2) vorwiegend = (Al^2). Die Formel wird daher
n(**Mg, Fe**)**Ca Si^{2}O^6** + **Mg(Al^2, Fe^2)SiO^6**. Das letztere Silicat mit den Sesquioxyden

---

1) Nachdem *Tschermak* schon constatirt, dass bei sesquioxydfreien monoklinen Diopside
mit wachsendem Eisengehalt der optische Axenwinkel und auch die Auslöschungsschiefe auf dem
Klinopinakoid zunimmt, glaubte *Wiik* es wahrscheinlich machen zu können, dass auch für ander
Pyroxene der Eisenoxydulgehalt in directem Verhältniss zur Veränderung der Auslöschungsschiefe steht (Z. f. Kryst. VII. 78, VIII. 203). *Doelter* gelangte dagegen seinerseits zu dem Resultat, dass zwar bei dem Diopsid und Malakolith schon eine Abhängigkeit jener Schiefe von dem
Gehalt an Eisenoxydul allein hervortritt, bei den eigentlichen Augiten aber keine gesetzmässige
Beziehung zwischen diesen beiden zu finden sei. Eine solche werde dagegen hier ersichtlich
wenn man die Summe von Eisenoxydulsilicat, Eisenoxydsilicat und Thonerdesilicat im Gegensatz
zu dem Diopsidsilicat Ca Mg Si^2 O^6 in diesen eigentlichen Augiten in Betracht zieht: die Auslöschungsschiefe nehme continuirlich zu mit der Summe der erstgenannten Silicate (sofern diese
alle und nicht in zu grossem Missverhältniss vertreten sind) und mit der Abnahme des Diopsid-
silicats (N. Jahrb. f. Min. 1885. I. 43); vgl. auch *Paul Mann*, ebendas. 1884. II. 205.

n i c h t, wie es bei den ersteren thonerdefreien der Fall, f ü r s i c h bekannt. Die
Möglichkeit der Isomorphie besteht darin, dass für das erstere Silicat auch $\overset{II}{Mg}\overset{IV}{Ca}SiSiO^6$
gesetzt werden kann, welches mit $Mg(Al^2)\overset{VI}{SiO^6}$ chemisch äquivalent ist, indem $CaSi$
durch Al^2 vertreten wird. Die Sesquioxyde müssen an Magnesia gebunden sein,
weil in diesen Pyroxenen $Ca < Mg + Fe$ ist. — *Rammelsberg* vertritt diesen Deutungen gegenüber die minder wahrscheinliche Ansicht, dass die Sesquioxyde a l s
s o l c h e in isomorpher Mischung zugegen seien und glaubt, indem er die thonerde-
freien Glieder als $\overset{II}{R}\overset{IV}{Si}O^3$ auffasst, dass $(R^2)\overset{VI}{O^3}$ vermöge der chemischen Aequivalenz
zu einer solchen Anlagerung wohl befähigt sein dürfte[1]). — Bemerkenswerth ist
noch im Gegensatz zu dem sonst so ähnlichen Amphibol, dass die Pyroxene kein
Fluor enthalten. Alkalien treten in der Regel gar nicht oder nur in ganz geringen
Spuren auf; in gewissen Gesteinen zeichnen sich allerdings die Pyroxene durch
einen nicht unbeträchtlichen Natrongehalt aus: *Doelter* fand z. B. in einem leicht
schmelzbaren Augit aus Nephelinsyenit von San Vincente (Capverden) 8,7 Natron; mit
Sorgfalt isolirte und analysirte Augite aus Phonolithen ergaben *Mann* z. B. 10,69 Natron nebst 2,64 Kali (Hohentwiel, schon akmitartig) und 8,68 Natron nebst 0,68 Kali
(Elfdalen). Im Augit vom Horberig bei Oberbergen (Kaiserstuhl) wies *Knop* 2,09, in
dem von Burkheim 3,6, in einem aus Limburgit 4,57 pCt. Titansäure nach; nach ihm
zeigen solche titanhaltige Augite in Dünnschliffen eine bräunlichviolette Färbung,
welche er überhaupt für einen Titangehalt (bei relativ geringem Eisengehalt) als charakteristisch hält; möglicherweise sei das Ti nicht als TiO^2 (in Vertretung von SiO^2),
sondern gewissermaassen als Eisenoxyd vorhanden, worin 4 At. Fe durch 4 At. Ti ersetzt werde. — V. d. L. schmelzen die Pyroxene theils ruhig, theils unter etwas
Blasenwerfen zu einem weissen, grauen, grünen oder schwarzen Glas; mit Borax
und Phosphorsalz (welches letztere sie im Allgemeinen schwer und die thonerdehaltigen Varr. fast gar nicht löst) geben die meisten Reaction auf Eisen; mit Kobaltsolution werden die weissen und hellfarbigen roth; von Säuren werden sie nur sehr
unvollständig zersetzt. Das Pulver des Diopsids und Augits zeigt nach *Kenngott* starke
alkalische Reaction.

Man unterscheidet besonders folgende Varietäten:

  a) D i o p s i d; graulichweiss bis perlgrau, grünlichweiss bis grünlichgrau und lauchgrün,
  durchsichtig und durchscheinend, schön krystallisirt, auch derb in breitstängeligen
  und schaligen Aggregaten, welchen letzteren oft eine wiederholte Zwillingsbildung zu
  Grunde liegt; seine Substanz entspricht der Formel $CaMgSi^2O^6$, doch ist in den grünen
  Varietäten etwas Eisenoxydul vorhanden. — Mussa-Alp, Schwarzenstein, Breitenbrunn, Gulsjö und Nordmarken in Schweden (vgl. *J. Lehmann* in Z. f. Kryst. V. 1881.
  582), Achmatowsk am Ural; im Olivinfels.

  b) S a l i t (und M a l a k o l i t h); zuweilen fast weiss, gewöhnlich aber von verschiedenen
  grünen Farben, selten braun, gelb oder roth, durchscheinend und kantendurchscheinend; die weissen sind fast eisenfrei; selten krystallisirt (B a i k a l i t), meist in schaligen (nach 0P) und stängeligen Aggregaten; Sala, Arendal, Degerö, Schwarzenberg,
  Baikal-See; auf der schottischen Insel Tiree im fleischrothen Marmor; nach *Kalkowsky*
  auch als Gemengtheil in Gneissen und Hornblendeschiefern.

  c) K o k k o l i t h (und k ö r n i g e r A u g i t); berg-, lauch-, pistaz-, schwärzlichgrün bis
  rabenschwarz, durchscheinend bis undurchsichtig; reicher an Eisenoxydul-Silicat als
  die vorhergehenden Varr.; krystallisirt, die Krystalle mit abgerundeten Kanten und

---

[1]) *Rammelsberg* bestreitet auch, dass in den thonerde- und eisenoxydhaltigen Pyroxenen immer Ca < Mg + Fe, und weil in der That in mehren Analysen Kalksilicat im Ueberschuss vorhanden ist, glaubt *Doelter*, dass ausser den von *Tschermak* eingeführten Silicaten noch die Existenz
von Ca $(Fe^2)Si^4O^{12}$ und Ca $(R^2)SiO^6$ anzunehmen sei. — Er zeigte auch durch Schmelzversuche,
dass das künstlich zusammengemischte Silicat $R(R^2)SiO^6$ (vgl. oben) als solches krystallisirbar
sei, und in seinen Eigenschaften ganz denjenigen Erstarrungsproducten gleiche, welche durch
die Schmelzung natürlicher Augite entstanden.

Ecken, wie geflossen, und dadurch in rundliche Körner übergehend; derb, in s⁻·
ausgezeichneten körnigen Aggregaten. — Arendal, Svardsjö.

d) **Hedenbergit** von Tunaberg, schwärzlichgrün bis schwarz, Strich grünlichgrau, undurchsichtig; nur derb, jedoch mit deutlicher Spaltbarkeit nach einem Prisma ν
87° 5'; ist nach den Analysen von *H. Rose* und *Wolff* blos $CaFeSi^2O^6$, entsprech⁻:
48,44 Kieselsäure, 22,57 Kalk, 29,02 Eisenoxydul, bisweilen mit ganz wenig Magne⁻
sia; hierher gehört ein schwarzer Augit im Kalkspath von Arendal; G. = 3.46·
Ein graugrüner sehr leicht nach ∞P (ca. 87° 10') spaltbarer Hedenbergit von Ves⁻·
Silfberget in Dalarne (G. = 3,55) hält 6,5 Mangan.

e) **Fassait** (und **Pyrgom**); lauchgrün, pistazgrün, schwärzlichgrün, meist stark gl⁻·
zende und scharfkantige Krystalle, ein- und aufgewachsen, kantendurchscheinend. :·
aus dem Fassathal hat nach *Doelter* insofern eine eigenthümliche Zusammensetzun⁻,
er abweichend von den anderen Thonerde-Augiten mehr Eisenoxyd als Eisenoxyd.
und mehr Kalk als Magnesia enthält. — Fassathal, Vesuv, Traversella.

f) **Augit**; lauchgrün bis schwärzlichgrün, rabenschwarz, pechschwarz, sammetschwarz,
kantendurchscheinend bis undurchsichtig; krystallisirt, Krystalle in der Regel ein-
wachsen, seltener als Auswürflinge oder secundär lose; auch in Körnern und ein-
sprengt oder derb (als **muscheliger Augit**); wesentlicher Gemengtheil zahlreic⁻
Gesteine, von Diabasen, Melaphyren, Porphyriten, Andesiten, Doleriten, Basalten und⁻
entsprechenden Laven, auch in Kalksteinen. Die in den Basalten vorkommenden Aug⁻
krystalle sind oft erstaunlich reich an mikroskopischen Krystallnadeln, Magneti⁻·
nern und Glaseinschlüssen; dazu gesellen sich in den Augiten der leucitführen⁻·
Basalte mikroskopische Leucitkrystalle, ausserdem nicht selten Einschlüsse der ba⁻·
tischen Grundmasse, und Poren, die mit Gas oder auch mit einer Flüssigkeit erf⁻:
sind, welche als flüssige Kohlensäure erkannt wurde.

Die bei a) bis d) aufgeführten Varr. enthalten gar keine oder nur sehr wenig Th⁻
erde; die bei e) und f) aufgeführten sind durch einen Gehalt an Thonerde ⁻
Eisenoxyd) ausgezeichnet.

Gebrauch. Manche schön grüne und durchsichtige Varietäten des Diopsids werden ⁻'
Schmuckstein, der Kokkolith und körnige Augit bisweilen als Zuschlag beim Schmelzen ⁻
Eisenerze, und die Pyroxen-Asbeste ebenso wie die übrigen Asbeste benutzt.

Anm. 1. Chromdiopsid ist der im Olivinfels den Olivin und Bronzit begl⁻
tende lebhaft grüne Pyroxen, welcher sich durch einen Chromoxyd- und Thoner⁻
gehalt auszeichnet. *Damour* fand in dem vom Weiher Lherz in den Pyrenäen ⁻
Chromoxyd und 4,07 Thonerde, *Rammelsberg* in dem aus den Olivinbomben des Dre⁻·
Weihers in der Eifel 2,61 Chromoxyd und 7,42 Thonerde.

Anm. 2. Der braune, meist kleinkörnige Schefferit von Långbanshytta sche⁻'
nach *Des-Cloizeaux* dem Pyroxen nahe zu stehen, wie auch die übereinstimmenden Analys⁻
von *Igelström* und *Michaelson* beweisen, welche ihn als einen manganreichen Augit erkenn⁻
lassen; letzterer fand 10,46 Manganoxydul. — Porricin hat man grüne bis schwar⁻
stark glänzende, nadelförmige bis haarfeine Pyroxenkrystalle genannt, welche in den Cavi⁻
ten der Basaltlaven der Eifel vorkommen.

Anm. 3. Der durch seine grasgrüne Farbe, und sein gewöhnliches Zusammen⁻
vorkommen mit rothem Granat ausgezeichnete, derb, in körnigschaligen und körnig⁻
Aggregaten auftretende **Omphacit** ist, nachdem schon *R. v. Drasche* an den Vor⁻
kommnissen von Karlstätten und von der Saualpe zwei gleichwerthige, unter 87° si⁻
schneidende Spaltungsflächen beobachtet, und auch *Luedecke* an dem von Syra u. d. M
Sprünge gewahrt hatte, welche die augitische Spaltbarkeit andeuten, von *E. R. Rim*
eingehend untersucht und in der That als eine echte Varietät des Pyroxens mit dem
prismatischen Spaltungswinkel von 87° und einer Auslöschungsschiefe von 35° bi⁻
45° auf ∞Р∞ erkannt worden (Min. u. petr. Mitth. 1878. 168); er bestreitet die
Richtigkeit der Angabe von *Tschermak*, dass, wie früher schon *Haidinger* ausgespro⁻
chen, der Omphacit immer ein Gemeng von einem Diopsid mit einer grünen Horn⁻
blende (Smaragdit) sei. Nach *Fikenscher* schwankt das G. zwischen 3,24 und 3.3⁻
und ergeben die Analysen ein Silicat von Kalkerde und Magnesia mit theilweiser Ver⁻
tretung von Eisenoxydul, daneben jedoch auch einen nicht unbedeutenden, etwa 9 pCt
betragenden Gehalt an Thonerde. Auch die Analyse von *Luedecke* lieferte für der
Omphacit von Syra 4,6 Thonerde; der hohe Thonerdegehalt ist namentlich im Hinbli⁻
auf die nicht geringe Pellucidität dieses Pyroxens bemerkenswerth. Das Mineral bil⁻

det, zugleich mit Granat, wohl auch mit Disthen, das unter dem Namen Eklogit bekannte Gestein, welches z. B. bei Schwarzbach, Eppenreuth, Silberbach und Stambach im Fichtelgebirge, sowie am Bacher in Steiermark und bei Karlstätten in Nieder-Oesterreich vorkommt; auf Syra mit Glaukophan und Zoisit.

538. Jeffersonit, *Keating.*

Monoklin (vielleicht triklin?); die Spaltungsflächen (∞P ca. 87° 30') verweisen auf die Formen des Pyroxens; derb, in individualisirten Massen und körnigen Aggregaten, welche bisweilen in Krystalle auslaufen, deren Form *Kenngott* gleichfalls für identisch mit der gewöhnlichen Augitform erkannte. — Spaltb. nach ∞P, und orthodiagonal, letzteres vollkommener als ersteres, auch nach anderen Flächen; H. = 4,5; G. = 3,3...3,5; dunkel olivengrün, braun, bis fast schwarz, Fettglanz, auf den deutlichsten Spaltungsflächen fast halbmetallisch, kantendurchscheinend bis undurchsichtig. — Chem. Zus.: die eines manganreichen, zinkhaltigen Augits; *Pisani* fand 10,20 Manganoxydul und 10,15 Zinkoxyd, nur 0,85 Thonerde; *Hermann* gab 7,00 Manganoxydul und 4,89 Zinkoxyd an; er ist (Ca, Mg, Fe, Mn, Zn) Si O³; v. d. L. schmilzt er zu schwarzer Kugel; von Säuren wenig angreifbar. — Sparta in New-Jersey.

539. Diallag, *Hauy.*

Der eigentliche braune, graue und schmutziggrüne Diallag ist, obwohl nicht frei auskrystallisirt, so doch isomorph mit Pyroxen; er findet sich derb, in bisweilen mehre Zoll grossen dick tafelförmigen Individuen, welche nicht selten nach der schiefen Basis zwillingsartig verwachsen, auch nach ∞P∞ polysynthetisch lamellirt sind, und eingesprengt, auch in körnigblätterigen Aggregaten; sehr charakteristisch ist für ihn seine vollkommene Spaltbarkeit nach einer Fläche, welche der des Orthopinakoids und zugleich einer schaligen Zusammensetzung entspricht; unvollkommen spaltbar nach der Fläche des Klinopinakoids, bisweilen auch, und zwar deutlicher, nach den Flächen des Protoprismas (87°); die vollkommenste Spaltungsfläche ist meist vertical gestreift oder gefasert; H. = 4; G. = 3,23 ... 3,34; graue, bräunlichgrüne bis tombackbraune und schwärzlichbraune Farbe, äusserst schwach pleochroitisch, metallartiger, oft schillernder Perlmutterglanz auf der vollkommenen Spaltungsfläche; gewöhnlich nur kantendurchscheinend. Die optischen Verhältnisse werden als denen des Pyroxens entsprechend angenommen, was jedoch nach *Websky* Z. geol. Ges., 1875. 371 bei einem schwarzen Diallag aus einem Monzoni-Gabbro nicht der Fall ist. Manche Varr. enthalten zahllose mikroskopische, dunkelbraune Krystall-Lamellen und Mikrolithen (auch opake Gebilde), namentlich nach ∞P∞ und ∞P∞, interponirt; bisweilen ist der Diallag von Hornblendepartikeln durchwachsen, wobei die Verticalaxen und die Orthopinakoide beider Mineralien parallel sind. Manchmal umgewandelt in Hornblende, wobei bald die Stengel der letzteren parallel gerichtet (Uralit), bald aber auch unregelmässig gelagert sind. — Chem. Zus. wesentlich die des Pyroxens, wobei meist 8 bis 12 pCt. Eisenoxydul nebst Manganoxydul und 1 bis 4 pCt. Thonerde vorhanden sind; Kalk ist stets, und zwar von 16 bis 22 pCt. zugegen, während die Magnesia zwischen 15 und 17, die Kieselsäure zwischen 50 und 53 pCt. zu schwanken pflegt. *Cathrein* fand in Diallagen aus der Wildschönau 0,7 und 0,88 Titansäure, sowie 0,2 und 0,6 Chromoxyd. Abgesehen von der Thonerde ergeben die Analysen im Ganzen R : Si = 1 : 1. Nur wenige Diallage zeigen keinen Wassergehalt, die meisten liefern 0,2 bis 3,5 Wasser; weil aber keine basischen Oxyde entfernt wurden, so ist es wohl nicht gerechtfertigt, wenn *G. Bischof, Roth* u. A. auf Grund des Wassergehalts und der abweichenden Spaltbarkeit in dem Diallag einen veränderten Augit sehen. V. d. L. schmilzt er mehr oder weniger leicht zu einem graulichen oder grünlichen Email. — Als wesentlicher Gemengtheil des Gabbro fast überall in diesem Gestein, auch wohl im Norit, im Serpentin und Olivinfels.

540. Akmit, *Berzelius.*

Monoklin; isomorph mit Pyroxen; ∞P = 87° 15' nach *G. vom Rath*; langgestreckte, meist in Quarz eingewachsene, oder doch von Quarz umhüllte, säulenförmige

42*

Krystalle der Combination ∞P̶∞ . ∞P . ∞P̶∞, an den Enden bald sehr spitz durch 6P u. a. Formen, bald stumpf durch P und P∞ begrenzt; die nebenstehenden Figuren zeigen diesen zweifachen Habitus der Individuen.　Die durch das vorwaltende Ortho-pinakoid breite Säule wird in der ersten Figur durch die Hemipyramide P (s) und die dazu gehörige Hemidoma begrenzt, wogegen in der zweiten Figur die spitzen Hemi-pyramiden 6P und —6P̶3 (o und z) die hauptsächliche Begrenzung bilden, web

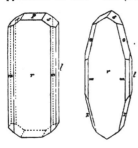

zumal dann ganz auffallend spitz erscheint, wenn die meist noch vorhandene Hemipyramide P nur in ganz kleinen Flächen ausgebildet ist.　Die Krysta sind jedoch fast immer Zwillingskrystalle, indem zwei halbe Individuen in der Fläche ∞P̶∞ (r) mit einan-der verwachsen sind, also ganz nach dem Gesetz der gewöhnlichen Zwillinge des Pyroxens. — Spaltb. wie der Pyroxen, also prismatisch nach ∞P (87°). or-thodiagonal und klinodiagonal; H. = 6 ... 6.5; G. = 3,43 ... 3,53; bräunlich- und grünlichschwarz; Glasglanz, fast undurchsichtig; die opt. Axen liegen im klinodiagonalen Hauptschnitt.　Bisectrix und op-tische Normale bilden mit einer auf ∞P̶∞ senk-rechten Linie Winkel von ca. 97° und 7°; c ist daher gegen c sehr wenig geneigt; ziemlich stark pleochroitisch: c dunkelbraun, a fast wie b bräunlichgrün. — Der Akmit ist von *Ström, Berzelius, Doelter* und *Rammelsberg* analysirt worden; Letzterer bestimmte zuerst die Oxyde des Eisens und stellte nach seiner Analyse die Form 5 Na²Si0³ + 2 Fe Si0³ + 4 (Fe²) Si³0⁹ auf, welcher 51,04 Kieselsäure, 28,63 Eisen-oxyd, 6,44 Eisenoxydul, 13,89 Natron entspricht.　*Tschermak* ist dagegen der An-sicht, dass hier der Gehalt an Eisenoxydul etwas zu hoch, der an Eisenoxyd etwas zu niedrig bestimmt sei, und, indem er, Bezug nehmend auf *Mitscherlich's* Berichtigung der Arfvedsonit-Analyse, die Hälfte des Eisenoxyduls in Oxyd umsetzt, sowie den bleiben-den ganz kleinen Rest des ersteren vernachlässigt, gelangt er genau auf die Form Na²(Fe²)Si⁴0¹², mit 51,96 Kieselsäure, 34,61 Eisenoxyd und 13,43 Natron — eine Deutung, welche auch *Doelter* vertritt.　Bei beiden Auffassungen erscheint der Akmit wie der gewöhnliche Pyroxen, also blos aus Silicaten mit dem Sauerstoffverhältniss 1:3 gemischt.　Uebrigens fand *Rammelsberg* im Akmit 1,11, *v. Kobell* gar 3,25 pCt. Titan-säure.　V. d. L. schmilzt er leicht zu einer glänzend schwarzen magnetischen Perle mit Phosphorsalz gibt er Reaction auf Eisen und ein Kieselskelet, mit Soda auf Platin-blech die Reaction auf Mangan; von Säuren nur unvollständig zersetzbar. — Rund-myr bei Eger in Norwegen, in Quarz; Kless bei Porsgrund in Norwegen, Ditró in Sieben-bürgen u. a. O. im Elaeolithsyenit.

541. Aegirin, *Esmark.*

Monoklin, in eingewachsenen, stark gestreiften, schilfähnlichen Säulen, denen ein Prisma von 86°52' (nach *Tschermak* 87° 18', nach *Kenngott* 87° 30' bis 45') zu Grunde liegt, während sie an den Enden so ausgebildet sein sollen, wie die stumpfen Akmitkrystalle, mit denen sie nach *Tschermak* völlig isomorph sind; er ist spaltbar orthodiagonal vollk., klinodiagonal deutlich, prismatisch in Spuren (nach *Kenngott* G. Rose und *Rammelsberg* auch prismatisch deutlich), nach der Längsaxe stark gestreift hat H. = 5,5...6; G. = 3,43...3,50 nach *Breithaupt,* 3,63 nach *Joh. Lorenzen;* grünlich-schwarz bis lauchgrün, im Strich hellgrün, glasglänzend, kantendurchscheinend bis un-durchsichtig, nach *Fischer* stark pleochroitisch.　Optische Axen-Ebene der klinodiago-nale Hauptschnitt, nach *Tschermak* bildet die positive Bisectrix 93° mit der Normalen auf ∞P̶∞. Die Analyse von *Rammelsberg* ergab: 50,25 Kieselsäure, 1,22 Thonerde, 22,07 Eisenoxyd, 8,80 Eisenoxydul, 1,40 Manganoxydul, 5;47 Kalk, 1,28 Magnesia, 9,29 Natron, 0,94 Kali, woraus er die Formel Na²Si0³ + 2 (Ca, Mg, Fe)Si0³+(Fe²)Si³0⁹ ableitet.　Von dieser Analyse weicht die von *Pisani* nur wenig ab, während die von

Gutzkow und *Rube* bedeutender differiren. *Lorenzen* erhielt 13,31 Natron. *Tschermak* setzt auch hier, wie beim Akmit, die Hälfte des Eisenoxyduls in Oxyd um, bringt den Rest sammt Kalk und Magnesia für ein wahrscheinlich beigemischtes diopsidähnliches Silicat in Abzug und erhält für den Aegirin die Formel: $Na^2(Fe^2)Si^4O^{12}$, welche zugleich diejenige des Akmits ist; auch *Doelter* erschliesst aus seinen Analysen d i e s e Formel. V. d. L. schmilzt der Aegirin leicht und färbt dabei die Flamme gelb; von Säuren wird er kaum angegriffen. — Skaadö bei Brevig in Norwegen, auch bei Barkevig als Begleiter des Astrophyllits; Kangerdluarsuk in Grönland mit Eudialyt, Arfvedsonit und Sodalith.

A n m. 1. Nach dem Vorstehenden dürften Akmit und Aegirin für völlig oder fast völlig identisch gelten. Beide verhalten sich zu dem gewöhnlichen Pyroxen genau so, wie der Arfvedsonit zum gewöhnlichen Amphibol.

A n m. 2. Hier mag auch der monokline V i o l a n *Breithaupt's* eingeschaltet werden; nach *Des-Cloizeaux* finden sich sehr selten kleine Krystalle von den Formen des Pyroxens; meist erscheint das Mineral derb und in undeutlich stängeligen oder lamellaren Aggregaten, in welchen letzteren die breiten Seitenflächen der Lamellen dem Klinopinakoid der vorausgesetzten Pyroxenform entsprechen. — Spaltb. prismatisch, ganz dem Pyroxen entsprechend, und klinodiagonal; H. = 6; G. = 3,21...3,23; dunkel violblau, Strich blaulichweiss, Glasglanz, kantendurchscheinend bis undurchsichtig; sehr dünne, dem Orthopinakoid parallel geschliffene Lamellen zeigen im polarisirten Licht ähnliches Verhalten wie der Diopsid; mittlere Auslöschungsschiefe auf dem Klinopinakoid zufolge *Schluttig* 27½°. — *Pisani* erhielt 50,20 Kieselsäure, 2,31 Thonerde, 22,35 Kalk, 14,80 Magnesia, 5,03 Natron, nebst 4,91 Eisen- und Manganoxydul. Die neueste Analyse von *Schluttig* lieferte: 51,81 Kieselsäure, 2,59 Thonerde, 0,79 Eisenoxydul, 2,58 Manganoxydul, 22,62 Kalk, 14,16 Magnesia, 0,25 Kali, 5,00 Natron, auch 0,37 Kobalt und Nickel. — V. d. L. schmilzt er ziemlich leicht zu einem klaren gelben Glas, wobei die Flamme gelb gefärbt wird. — St. Marcel in Piemont, verwachsen und durchwachsen mit Quarz, Tremolit und Manganepidot.

542. Spodumen, *d'Andrada* (Triphan).

Monoklin und isomorph mit Pyroxen, ähnlich den Krystallen des sog. Diopsids: $\beta = 69^\circ 40'$, ∞P 87° (86° 45' nach *Pisani*), P 116° 19', 2P 91° 24' nach *Dana*; A.-V. = 1,124 : 1 : 0,641; die Krystalle z. Th. gross; gewöhnlich aber nur derb, in individualisirten Massen oder in breitstängeligen und dickschaligen Aggregaten; Zwillinge nach $\infty \bar{P}\infty$. — Spaltb. prismatisch nach ∞P, etwas vollkommener orthodiagonal; H. = 6,5...7; G. = 3,13...3,19; nach *Rammelsberg* 3,132...3,182; grünlichweiss bis apfelgrün und licht grünlichgrau (bei Warren und Lyon in Alexander Co., Nordcarolina, auch tief smaragdgrün und dann stark pleochroitisch, H i d d e n i t genannt; vgl. über dessen zahlreiche Krystallformen E. S. Dana, Am. journ. sc. (3) XXII. 179, auch Z. f. Kryst. VI. 519). Glasglanz, auf der vollkommensten Spaltungsfläche Perlmutterglanz; durchscheinend, oft nur in Kanten; die optischen Axen liegen im klinodiagonalen Hauptschnitt, die spitze positive Bisectrix bildet mit dem Orthopinakoid 26°, mit der Basis 84° 20'. — Chem. Zus. gemäss neuer Analysen von *Doelter*, *Pisani* und *A. A. Julien*: $Li^2(Al^2)Si^4O^{12}$, was sich als eine Verbindung von je e i n e m Molekül der Metasilicate Li^2SiO^3 und $(Al^2)Si^3O^9$ deuten lässt und ergeben würde: 64,49 Kieselsäure, 27,44 Thonerde, 8,07 Lithion; meist ist neben dem Lithion etwas Natron vorhanden, auch weist die Mehrzahl der Analysen einen ganz geringen Kalkgehalt auf. Der Hiddenit führt nach *Genth* 0,18 Chromoxyd, wovon vielleicht seine Farbe herrührt. Spodumen ist also ein dem Natronaugiten Akmit und Aegirin entsprechender L i t h i o n - A u g i t. — V. d. L. bläht er sich auf, färbt die Flamme schwach und vorübergehend roth, und schmilzt leicht zu einem klaren Glas; mit Kobaltsolution wird er blau; mit Flussspath und saurem schwefelsaurem Kali geschmolzen färbt er die Flamme lebhaft roth; von Phosphorsalz wird er aufgelöst mit Hinterlassung eines Kieselskelets; das Pulver reagirt nach *Kenngott* stark alkalisch. Säuren sind ohne Wirkung. — Insel Utö, Tirol, Schottland, Massachusetts, hier bei Norwich und Sterling die Krystalle; an den Black Hills in Pennington Co., Dakota, in 2—6 Fuss langen Krystallen; nach *Pisani* auch als Geschiebe in Brasilien, wo ihm aber die orthodiagonale Spaltbarkeit fehlt. Doch ist mancher s. Spodumen, wie z. B. der von Passeyer in Tirol, nur Zoisit.

Anm. 1. Von grossem Interesse sind die Untersuchungen von *Brush* und *Edw. D-* über die Umwandlungen an den Spodumenkrystallen von Branchville in Connecticut. 1 Alterationsproducte entstehen dabei, bald einzeln, bald in gegenseitigem Gemeng: All Eukryptit (ein eigenthümliches neues hexagonales Lithionsilicat $Li^2(Al^2)Si^2O^8$), Muscovit : Albit zu sog. Cymatolith innig gemengt), Mikroklin, Killinit, in chemisch gesetzmässiger b henfolge (Z. f. Kryst. V. 1881. 191). Ganz ähnliche Umwandlungen des Spodumens verfu. *A. Julien* bei den Vorkommnissen in den Granitgängen von Hampshire Co. in Massachus- (Amer. Journ. of sc. (3) XIX. No. 111. S. 287).

Anm. 2. Hierher mag auch der Jadëit *Damour's* gestellt werden, welcher eir Theil des Nephrits ausmacht, nämlich diejenigen sog. Nephrite, welche sich du Thonerde- und Natrongehalt auszeichnen. Derbe Massen von splitterigem Bru *Krenner* befand an den aus Ober-Birma stammenden (anfänglich von ihm für Nephr gehaltenen) Aggregaten die faserigen Individuen als monokline Pyroxene (∞P 86° 3' optische Axenebene parallel dem Klinopinakoid, auf welchem eine auch schon v *H. Fischer* wahrgenommene Auslöschungsschiefe von 32°—33°); auch *Cohen* erläut verhältnissmässig grobkörnigen Jadëit aus Tibet als ein Glied der Pyroxengruppe z Querschnitte der Krystalle zeigen nahezu rechtwinkelige Spaltbarkeit, Längsschr eine Auslöschungsschiefe bis 11°. Nach *Arzruni* besteht der J. aus triklinen Pyroxen. — H. = 6,5...7 und darüber, grösser als die des übrigen eigentlichen Nephrits: G. = 3,2...3,4, höher als das des letzteren; durchscheinend, geringer Glasglanz, manch perlmutterartig; apfel- bis smaragdgrün, blaulichgrün, grünlichweiss. Eine der zu. reichen Analysen von *v. Fellenberg* und *Damour* ergab: 58,92 Kieselsäure, 18,98 Th- erde, 0,98 Eisenoxydul, 6,04 Kalk, 1,33 Magnesia, 11,05 Natron (*Damour*), also se abweichend von den übrigen Nephriten; die Thonerde geht in den Analysen bis ! das Natron bis 14 pCt. Nach diesen Analysen scheint in Anbetracht der kristall- graphischen und optischen Ermittelungen der J. ein Natron-Thonerde-Augit, ein An- logon des Spodumens zu sein, etwa von der Formel: $Na^2(Al^2)Si^4O^{12}$. V. d. L. leid schmelzbar zu halbklarem Glas; dünne Splitter werden mit Kobaltsolution bei stark Erhitzen schön blau. Als Steinbeile verarbeitet exotisch in Schweizer Pfahlbauten ub in Südfrankreich, auch in Mexico; nach *H. Fischer* findet sich der rohe Jadëit als ge waltige Blöcke in der Umgegend von Mogoung, n. von Bhamo in Birma, eingebettet u röthlichgelben Thon.

543. Petalit, *d'Andrada* (und Kastor, *Breithaupt*).

Ein zwar sehr krystallinisches, aber bis jetzt nur äusserst selten frei auskrystal lisirt vorgekommenes Mineral. Diese krystallisirten Varietäten wurden zuerst vo *Breithaupt* entdeckt, und als ein besonderes Mineral unter dem Namen Kastor ein geführt, von *G. Rose* aber schon 1850 dem Petalit zugerechnet, womit sich denn auch später *Des-Cloizeaux* vollkommen einverstanden erklärte, welcher bald nachher dar that, dass das Mineral mit dem Spodumen, d. h. dem Pyroxen, isomorph ist. Die Krystallform ist, wie bereits *Breithaupt* erkannt hatte, monoklin; $\beta = 67°34'$, ∞P 86° 20', $\infty\bar{P}2$ 50° 15', 0P : —2$\bar{P}\infty$ = 141° 23'; die am häufigsten vorkommender Formen sind 0P, $\infty\bar{P}\infty$ mit den bereits genannten und mit 4$\bar{P}\infty$; der Habitus der Krystalle ist theils rechtwinkelig säulenförmig, theils dick tafelförmig, durch Vorwalte von 0P und $\infty\bar{P}\infty$, gewöhnlich mit ∞P und —2$\bar{P}\infty$ als terminalen Flächen; in der Regel erscheinen sie jedoch als zackige und ausgenagte, sehr monströs gebildete Indi- viduen. Den eigentlichen Petalit kennt man bis jetzt nur derb, in gross- und grob- körnigen Aggregaten. — Spaltb. nach der Basis 0P ziemlich vollkommen, nach dem Hemidoma —2$\bar{P}\infty$ weniger deutlich, beide unter 141° 23' geneigt; Spuren nach einer dritten Richtung, welche einem positiven Hemidoma entspricht, dessen Flächen gegen 0P 101° 30', gegen —2$\bar{P}\infty$ 117° geneigt sind; die drei Spaltungsflächen fallen also in eine Zone und bilden Winkel von 117°, 141° 23' und 101° 30'; die vollkommenste ist oft etwas gekrümmt und wie gestreift oder rissig; H. = 6,5; G. = 2,397...2,405 des Kastor nach *Damour*, 2,412...2,562 des Petalits; röthlichweiss bis blassroth, auch grauulichweiss, Glasglanz, auf der vollk. Spaltungsfläche Perlmutterglanz; durchscheinend. Der Kastor ist farblos, stark glasglänzend und durchsichtig wie Bergkrystall. Die optischen Axen liegen fast genau in der Ebene der Basis, ihre spitze positive Bisectrix fällt in die Orthodiagonale. — Chem. Zus. des Petalits nach den Analysen von *Arfvedson, Hagen, Rammelsberg, Smith* und *Brush,* und *Sartorius v. Waltershausen,* insbesondere auch nach der neuesten von *K. Sondén:* Li² (Al²) Si³ O²⁰, deutbar als Li² Si² O⁵ + (Al²) Si⁶ O¹⁵ (also ein sog. Quadrisilicat, vgl. S. 559), mit 78,42 Kieselsäure, 16,68 Thonerde, 4,90 Lithion (und Natron). Die Analyse des Kastor von *Plattner* stimmt so nahe überein mit denen des Petalits, dass die Vereinigung beider auch in chemischer Hinsicht vollkommen gerechtfertigt erscheint. *Rammelsberg* deutet indess diese Analyse als eine Verbindung von 1 Mol. des Lithionsilicats mit 2 Mol. des Thonerdesilicats. V. d. L. schmilzt er ruhig zu einem trüben, etwas blasigen Glas, wobei er die Flamme roth färbt, was sehr deutlich hervortritt, wenn er mit Flussspath und saurem schwefelsaurem Kali geschmolzen wird; Säuren sind ohne Wirkung. — Insel Utö, York in Canada, Bolton in Massachusetts; Insel Elba, hier der Kastor zugleich mit Pollux.

Anm. 1. Der Petalit ist hier auf Grund seiner Dimensionsverhältnisse hinter dem Spodumen in die Augitreihe eingefügt worden. Bemerkenswerth ist aber, dass er sich che misch von den aus sog. Bisilicaten bestehenden Pyroxenen beträchtlich unterscheidet.

Anm. 2. Der Kastor aus den turmalinführenden Granitgängen von San Piero in Campo auf Elba wandelt sich nach *Grattarola* in ein Aggregat zartester faseriger Nädelchen (H y d r o - k a s t o r i t) um, welches blos 59,6 Kieselsäure, 24,4 Thonerde, gar kein Lithion besitzt, aber 4,4 Kalk und 14,7 pCt. Wasser aufgenommen hat.

Anm. 3. Anhangsweise mag hier der von *Kenngott* eingeführte M i l a r i t eingeschaltet werden; dies schöne Mineral erscheint in hexagonalen Krystallen der Comb. ∞P2 . P . ∞P . 0P (P Mittelk. 74° 40' nach *Kenngott,* 74° 46' nach *Hessenberg;* Polk. nach *Des-Cloizeaux* 144° 22' bis 145° 20'); die Flächen glatt und glänzend mit Ausnahme von 0P. Die optischen Untersuchungen von *Tschermak* und *Des-Cloizeaux* haben indessen gelehrt, dass diese Krystalle ganz nach Art der beim Witherit aufgeführten gebildete Drillinge oder Sechslinge r h o m b i s c h e r Individuen sind, von denen jedes in basischen Schnitten parallel der anscheinenden Deuteroprismenfläche auslöscht; auf den prismatischen Flächen erscheint daher auch eine sägeförmig gezeichnete Verticalnaht, und diese Flächen bilden nicht genau 420°, sondern z. B. 420° 9', 420° 7', 419° 49' Kantenwinkel. Doch enthalten nach *Tschermak* diese polysynthetischen Krystalle einen optisch einaxigen Kern; die grösseren Krystalle sind oft noch complicirter zusammengesetzt, wobei aber immer das rhombische Prisma ∞P die Zwillings-Ebene abgibt (Min. Mitth. 1877. 350; N. J. f. Min. 1878. 44. 374). *Rinne* (ebendas. 4885. II. 1) spricht sich dafür aus, dass den Krystallen ursprünglich eine hexagonale Gleichgewichtslage zukam, dass aber durch secundäre Umstände ein Zerfall derselben in Theile niederer Symmetrie (und zwar von den Begrenzungselementen aus) eingetreten sei; die künstlichen Aetzfiguren befand er in Uebereinstimmung mit hexagonaler Symmetrie. — Spaltb. nicht beobachtet, Bruch muschelig bis uneben. H. = 5,5...6; G. = 2,59; farblos oder schwach grünlich, meist wasserhell und durchsichtig. — Chem. Zus. nach *Ludwig:* 74,84 Kieselsäure, 40,67 Thonerde, 44,65 Kalk, 4,86 Kali, 4,36 Wasser, wovon die Analyse von *Finkener* kaum wesentlich abweicht; Natron, von welchem *Frenzel* 7,64 pCt. angab, findet sich darnach nur spurenhaft. *Ludwig* stellt die Formel H K Ca² (Al²) Si¹² O³⁰ auf. Der Wassergehalt entweicht erst bei sehr hoher Temperatur. Leicht schmelzbar, unter Anschwellen, zu Glas. Von Salzsäure ohne Gallertbildung etwas angreifbar. Findet sich nicht, wie der erste Finder fälschlich angab, im Val Milar, sondern in dem benachbarten Val Giuf bei Ruäras in der Schweiz auf einem granitischen Gestein mit Rauchquarz, Orthoklas, Chabasit, Titanit,. Chlorit. *Seligmann* gibt auch den Strimgletscher im Tavetsch als Fundort. *Kenngott* war geneigt, das Mineral als ein zeolithisches in die Nähe des Levyns zu stellen; *Frenzel* weist ihm nach der chem. Zus. einen Platz in der Nähe des Petalits an.

544. Rhodonit, *Beudant;* Pajsbergit, *Igelström* (Mangankiesel, Kieselmangan).

Triklin, nach *Dauber, Greg* und *v. Kokscharow;* die Krystallformen einigermaassen ähnlich denen des Babingtonits, doch weichen die Darstellungen und Messungen der beiden erstgenannten Beobachter mehr oder weniger von einander ab; früher wurden die Formen für monoklin gehalten und direct mit denen des Pyroxens in Verbindung gebracht; deutliche Krystalle sind jedoch sehr selten. Die folgenden von *v. Kokschar* entlehnten Figuren zeigen nach ihm die Partialformen: $a = \infty\bar{P}\infty$, $b = \infty\bar{P}\infty$. $c = 0P$, $n = \infty P'$, $k = {}_,P'\infty$, $s = P_,\infty$, $o = 'P'\infty$, $t = m'P'\infty$.

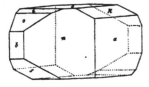 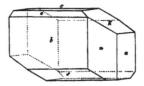

$a : b =$	$111°\ 9'$	$o : b =$	$131°28'$	$k : c =$	$148°47'$	$s : b =$	$134°\ 1'$
$b : c =$	$87\ 38$	$o : c =$	$136\ 10$	$n : b =$	$142\ 32$	$s : c' =$	$138\ 21$
$c : a =$	$93\ 28$	$k : a =$	$117\ 45$	$n : a =$	$106\ 19$	$s : n =$	$152\ 57$

Doch tritt bei dieser Aufstellung *v. Kokscharow's* die Aehnlichkeit der Winkel der triklinen Krystalle mit denen des monoklinen Pyroxens nicht hervor. Wie *Groth* zeigt, wird sie evident, wenn man die Flächen *b* und *c* zu Hemiprismen $\infty P'$ und $\infty'P$ nimmt, da diese einen Winkel von $87°38'$, fast genau den Prismenwinkel des Augits, einschliessen; *o* und *s* werden alsdann zu $\infty\bar{P}\infty$ und $\infty\bar{P}\infty$; die beiden Flächen *t* und *n* entsprechen vollkommen der Hemipyramide $2P$ des Augits u. s. w. Darauf, dass *b* und *c* besser als Prismenflächen gelten, verweist auch die ihnen parallel gehende Spaltbarkeit. *Sjögren* hat (Stockh. Geol. Förh. V. 259) eine andere Aufstellung vorgeschlagen (wobei *b* und *c* als verticale Pinakoide gelten und als Basis eine nicht vorhandene Fläche aus der Zone *b n a* angenommen wird), welche sich nicht empfiehlt, weil die Spaltb. dann keine Uebereinstimmung mit der des Pyroxens zeigt. Die Flächen *c* sind glatt und stark glänzend, *k* desgleichen, doch etwas gestreift parallel der Combinationskante zu *c*, die Flächen *a*, *b*, *s* und *o* sind glänzend, *n* und *t* matt. Meist findet sich das Mineral nur derb, in individualisirten Massen und in körnigen bis dichten Aggregaten. — Spaltb. nach *b* und *c* $87°38'$, vollk., also wie Pyroxen; spröd: H. = 5...5,5; G. = 3,5...3,63; dunkel rosenroth, blaulichroth bis röthlichbraun und grau; Glasglanz, z. Th. perlmutterartig, durchscheinend. — Chem. Zus. des von Långbanshytta nach *Berzelius*, und des von St. Marcel nach *Ebelmen*: Mangansilicat $Mn\,Si\,O^3$, also ganz analog den übrigen Gliedern der Augitgruppe, mit 45,85 Kieselsäure und 54,15 Manganoxydul; doch wird von letzterem ein kleiner Theil durch 3 bis 5 pCt. Kalk vertreten; ebenso fand *Ebelmen* in einer Var. von Algier 6,4 Eisenoxydul, 4,7 Kalk und 2,6 Magnesia, und *Igelström* in der von Pajsbergs Eisengrube 8,1 Kalk und 3,3 Eisenoxydul; diese letzteren sind daher $(Mn, Ca, Fe)\,Si\,O^3$. V. d. L. schmilzt er im Red.-F. zu rothem Glas, im Ox.-F. zu schwarzer metallglänzender Kugel; mit Borax und Phosphorsalz gibt er die Reaction auf Mangan; von Salzsäure nicht angreifbar. — St. Marcel in Piemont, Långbanshytta, Pajsberg bei Philipstad, Kapnik, Málaja Ssedelnikówaja, ssö. von Katharinenburg, hier in grossen Massen (1877 an 120 000 russ. Pfund), welche zu Vasen u. a. Ornamenten verarbeitet werden; Monte Civillina bei Vicenza. — *L. Bourgeois* erzeugte künstlich Rhodonit durch Zusammenschmelzen von MnO^2 und SiO^2.

Anm. Was *Germar* und *Jasche* unter dem Namen Hydropit, Photicit und Allagit aufgeführt haben, sind dichte, röthlich, braun und grau gefärbte, z. Th. wasserhaltige Gemenge von Hornstein und Rhodonit oder auch dichtem Manganspath; sie finden sich besonders bei Elbingerode am Harz. — Der Bustamit aus Mexico ist eine sehr kalkreiche Varietät des Kieselmangans, von radialstängeliger Zusammensetzung; G. = 3,1...3,4; blass grünlich- und röthlichgrau; hält nach *Dumas* 14,6 Kalk und nur 36,06 Manganoxydul, was $2\,Mn\,Si\,O^3 + Ca\,Si\,O^3$

entspricht; *Ebelmen* fand in einer Var. von Tetela 24,3 Kalk und 12,25 kohlensauren Kalk; findet sich auch bei Campiglia in Toscana und zu Rezbánya in Ungarn (hier nach *Sipöcz* mit 22,13 Manganoxydul und 24,02 Kalk), ferner zu Långban (nach *G. Lindström* mit 31,65 Manganoxydul und 18,16 Kalk).

Der nach *Dauber* ebenfalls trikline F o w l e r i t *Shepard's* ist nur ein zink- und eisenreicher Rhodonit; bisweilen ziemlich grosse Krystalle mit einer matten, weichen Verwitterungskruste; meist derb und eingesprengt. — Spaltb. nach zwei unter $87\frac{1}{2}°$ geneigten Flächen, deutlich; mit dem Messer ritzbar; G. = 3,3..,3,68; röthlichbraun, röthlichgelb bis schmutzig rosenroth; auf der einen Spaltungsfläche stark glänzend. — Chem. Zus.: eine Mischung der sog. Bisilicate von vorwaltend Mangan mit Eisen, Calcium, Magnesium und Zink; *Rammelsberg* fand z. B. 81,20 Manganoxydul, 8,35 Eisenoxydul, 6,80 Kalk, 5,10 Zinkoxyd, 2,84 Magnesia. — Stirling und Hamburg in New-Jersey.

545. Babingtonit, *Lévy.*

Triklin; gewöhnlich als kurze, acht- oder sechsseitige Säulen erscheinend, welche an den Enden mit 2 Flächen stumpf domatisch begrenzt sind, wie nachstehende Figur (nach *Dauber*).

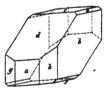

$c : b = 87° 23'$	$c : z = 137° 2'$	$a : g = 132° 34'$
$c : b' = 92\ 36$	$g : c' = 85\ 22$	$a : h = 136\ 42$
$c : a' = 87\ 27$	$h : c' = 89\ 36$	$b : d = 81\ 8$
$c : d = 150\ 10$	$a : b = 113\ 12$	$b : h = 155\ 14$
$c : o = 134\ 53$	$a : d = 122\ 31$	$g : h = 90\ 24$

Die Figur zeigt in der früher üblichen Aufstellung den Habitus der Krystalle von Arendal und von Baveno, doch sind die letzteren mehr verlängert nach den Flächen *c* und die Krystalle von Herbornseelbach erscheinen dagegen stark verlängert nach den Flächen *b* und *d*, und aufgewachsen mit dem einen Ende dieser verlängerten Form (nach *G. vom Rath,* Ann. d. Phys. u. Chem., Ergänzungsband V. 421). — Auch hier tritt, wie beim Rhodonit, dann die Analogie der Winkelverhältnisse mit dem monoklinen Augit hervor, wenn man *c* und *b* zu Prismenflächen wählt, welche 87°22' mit einander bilden, und denen überdies die beste Spaltbarkeit parallel geht. Die Krystalle sind meist klein und aufgewachsen, auch verbunden zu radial stängeligen Aggregaten. — Spaltb. nach *c*, sehr vollk., auch nach *b*; H. = 5,5...6; G. = 3,35...3,4; schwarz, stark glasglänzend, undurchsichtig und nur in dünnen Lamellen durchscheinend; trichroitisch: nelkenbraun, olivengrün, gelbgrün. — Chem. Zus.: der Babingtonit ist die Mischung des Monoxydsilicats $\dot{R}$ $\ddot{Si}$ O^3 (worin R=Ca, Fe, Mn) mit Eisenoxydsilicat $(\overset{2}{Fe})$ $\ddot{Si}^3$ O^9; aus der Analyse der Arendaler Varietät von *Rammelsberg*, welche ergab 51,22 Kieselsäure, 11,0 Eisenoxyd, 10,26 Eisenoxydul, 19,32 Kalk, 0,77 Magnesia, 0,44 Glühverlust, ist die Zusammensetzung $9\dot{R}\ddot{Si}O^3 + (\overset{2}{Fe})\ddot{Si}^3O^9$; während die von *Jehn* analysirte Var. von Herbornseelbach nur 6 Mol. des ersteren Silicats auf 1 Mol. des Eisenoxydsilicats enthält. — V. d. L. schmilzt er leicht unter Blasenwerfen zu einer bräunlichschwarzen, glänzenden, magnetischen Perle; von Säuren wird er nicht zersetzt. — Arendal in Norwegen, Shetland-Inseln, auch Baveno, und Herbornseelbach in Nassau; hier auch, sowie in Devonshire, die stängeligen Aggregate.

b) Hornblendereihe.

546. Anthophyllit, *Schumacher.*

Dieses zuerst aus der Gegend von Kongsberg bekannt gewordene und von *Werner* als selbständig aufgeführte Mineral wurde später als eine Var. des Amphibols betrachtet, ist jedoch abermals von *Des-Cloizeaux* auf Grund optischer Untersuchung als selbständig anerkannt worden. Die Krystallform wird als r h o m b i s c h angenommen, ∞P 124°30' bis 125°; das Mineral findet sich derb, in radial breitstängeligen Aggregaten, deren Individuen bisweilen die Form ∞P.∞P̄∞.∞P̌∞ mit vertical gestreiften Flächen erkennen lassen; Spaltb. makrodiagonal vollk., prismatisch weniger vollk. und brachydiagonal unvollk.; H. $= 5,5$; G. $= 3,187...3,225$; nelkenbrau.n bis gelblichgrau; auf den vollk. Spaltungsflächen stark glänzend von Perlmutter- bis Glasglanz, auf der brachydiagonalen Fläche schillernd; durchscheinend; die optischer Axen liegen im brachydiagonalen Hauptschnitt, und ihre spitze positive Bisectrix fäll' in die Verticalaxe; $a = \mathfrak{a}$, $b = \mathfrak{b}$, $c = \mathfrak{c}$; Axenwinkel gross; stark pleochroitisch parallel der Streifung grünlichgelb, senkrecht darauf röthlichbraun. — Chem. Zu- nach den Analysen von *L. Gmelin*, *Vopelius*, *Pisani* und *Lechartier*: eine Mi- schung von vorwaltendem Magnesiumsilicat mit entsprechendem Eisenoxydulsilicat $n \mathfrak{Mg} \mathfrak{Si} \mathfrak{O}^3 + \mathfrak{Fe} \mathfrak{Si} \mathfrak{O}^3$, worin n namentlich $= 2$ und 3, aber auch $= 7$ ist; bisweilen ist auch etwas Manganoxydulsilicat zugegen; gewöhnlich ist auch ein Wassergehalt von 1,5 bis 2,5 pCt. vorhanden, auf eingetretene Veränderung hinweisend, weshalf jene normale Zusammensetzung nicht stets erfüllt ist. V. d. L. sehr schwer schmelz- bar, von Säuren wird er nicht angegriffen. — Kjernerud bei Kongsberg und Modum in Norwegen; am Ausfluss des Nidister auf der Shetlandsinsel Mainland, als 2 Fuss mäch- tiges Lager an Serpentin grenzend (nach *F. Heddle* hier mit 1,5 Thonerde, 3,4 Wasser. bei Fiskenäs in Grönland, sowie bei Bodenmais in Bayern; nach *Fischer* enthält er mikroskopisch kleine Lamellen eines grünen Minerals und eben dergleichen Körner vor Magnetit. — *Tschermak* fand, dass in den Magnesiaglimmerkugeln von Hermannschlag die zwischen der äusseren Rinde und dem inneren Kern von Glimmer lagernde con- centrische Schicht aus grünlichweissem faserigem Anthophyllit gebildet wird, dessen Fasern den Radien des Knollens parallel sind.

Anm. 1. Der rhombische Anthophyllit ist somit krystallographisch und chemisch dasjenige Glied der Hornblendegruppe, welches dem Bronzit (und Hypersthen) inner- halb der Augitgruppe völlig entspricht, womit auch die Mikrostructur grosse Aehnlich- keit hat. Uebrigens kommen nach den Beobachtungen von *Des-Cloizeaux* unter den Kongsberger und grönländischen Anthophylliten Exemplare vor, in denen die Bisectrix mit der Verticalaxe einen Winkel von 15 bis 17° bildet, und welche demzufolge mono- klin sind, wogegen nach *Lechartier* ihre chem. Zus. nicht verschieden von der des übri- gen Anthophyllits ist. *Des-Cloizeaux* führt sie als »Amphibol-Anthophyllit« auf, und ver- muthet hier einen Fall von Dimorphie.

Anm. 2. Der Gedrit *Dufrénoy's*, strohgelbe bis braune lamellar-strahlige Massen aus dem Héas-Thal bei Gèdres in den Pyrenäen bildend, ist ein rhombischer thonerdehaltiger An- thophyllit, und erinnert demzufolge an den thonerdehaltigen Hypersthen der Augitgruppe; in Structur, optischem Verhalten und Farbe dem eigentlichen Anthophyllit gleich. *Pisani* fand 17 pCt. Thonerde, aber auch einen Wassergehalt von über 4 pCt., weshalb das Mineral nicht mehr als ganz frisch gelten kann. Ein gedritähnliches Mineral findet sich nach *Gonnard* auch als blätterige oder faserige Massen im Gneiss von Beaunan bei Lyon. — Gedrit, breitstängelig. lebhaft glasglänzend, hellbraun ins Grünliche wies auch *Sjögren* in mehren skandinavischen Hornblendeschiefern (z. B. von Hilsen bei Snarum, wo die Hälfte des Gesteins daraus besteht, nach; $\infty P = 125° 10' - 125° 4'$; er unterscheidet sich von dem gewöhnlichen Anthophyllit durch einen kräftig tiefblauen Schiller auf $\infty \bar{P} \infty$, auch ist die prismatische Spaltb. vollkom- mener als die nach dem Makropinakoid; der parallel der Längsrichtung schwingende Strahl schwach gelbbraun, der darauf senkrechte bräunlichviolett; der Thonerdegehalt beträgt 11,34 pCt. — Ein von *Des-Cloizeaux* untersuchter Anthophyllit von Bamle in Norwegen, gelblich- graue, radialstängelige und faserige Aggregate, leicht spaltbar nach ∞P 125° 20', hält nach *Pisani* auch 12,40 Thonerde und 3 Wasser; die opt. Axenebene ist dieselbe wie bei allen anderen Anthophylliten, aber die spitze Bisectrix ist negativ und parallel der Brachy- diagonale.

Anm. 3. Man hat auch Vorkommnisse analysirt, welche sich als fast ganz reines Magne- siumsilicat $\mathfrak{Mg} \mathfrak{Si} \mathfrak{O}^3$ zu erkennen gaben, und, sofern sie in der That rhombisch sein sollten, dem Enstatit der Augitreihe entsprechen würden. Dazu gehört ein sog. Anthophyllit von Perth in Canada, in welchem *Thomson* 29,3 Magnesia, 3,55 Kalk und nur 2,1 Eisenoxydul (aber 3,55 Wasser) fand, und der grüne Kupferit aus dem Ilmengebirge mit 57,46 Kieselsäure, 30.88 Magnesia, 2,94 Kalk, 6,05 Eisenoxydul (auch 1,21 Chromoxyd) nach *Hermann*.

547. Amphibol, *Hauy* (Hornblende, Tremolit).

Monoklin [1]); $\beta = 75^0 \, 10'$, 0P (p), $\infty \mathrm{P}\infty$ (x), ∞P (M) $124^0 30'$, P (r) $148^0 30'$, doch schwanken diese und die übrigen Winkel in den verschiedenen Varietäten; nach *Des-Cloizeaux* ist $\beta = 75^0 2'$, ∞P $= 124^0 11'$, P $= 148^0 28'$; A.-V. $= 0,5318 : 1 : 0,2936$; die Krystalle sind theils kurz- und dick-, theils lang- und dünn-säulenförmig bis nadel- und haarförmig, vorwaltend von ∞P und $\infty \mathrm{P}\infty$ gebildet und an den Enden meist durch 0P und P, oder auch durch $\mathrm{P}\infty$ (l) $148^0 16'$ begrenzt.

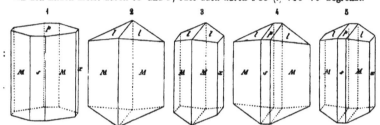

Fig. 1. ∞P. $\infty \mathrm{P}\infty$. $\infty \mathrm{P}\infty$. 0P; am Grammatit und Aktinolith; durch oscillatorische Combination des Prismas und Orthopinakoids entstehen die sog. schilfähnlichen Säulen; $M:M = 124^0 30'$, $M:x = 117^0 45'$, $p:s = 104^0 50'$.

Fig. 2. ∞P. $\mathrm{P}\infty$, oder auch ∞P. P, je nach der Deutung der Flächen l; Winkel $l:l = 148^0 16'$.

Fig. 3. Die Comb. Fig. 2 mit dem Klinopinakoid.

Fig. 4. Die Comb. Fig. 2 mit dem Orthopinakoid und 0P.

Fig. 5. Die Comb. Fig. 4 mit dem Klinopinakoid.

Alle diese Formen finden sich besonders an dem Grammatit, dem Aktinolith und an der gemeinen Hornblende. Die Flächen l lassen sich entweder als die Hemipyramide P, oder auch als das Klinodoma $\mathrm{P}\infty$ betrachten, da die Kante l : l in beiden Fällen fast genau denselben Werth hat; die Fläche p würde demgemäss entweder als das Hemidoma $\mathrm{P}\infty$, oder als die Basis 0P zu deuten sein. — Die folgenden Formen finden sich zum Theil an der gemeinen, ganz besonders aber an der basaltischen Hornblende; sie sind aber nach *Hauy* in der anderen Stellung gezeichnet, dass die Fläche des Klinopinakoids x dem Beobachter zugekehrt und nach oben bedeutend zugeneigt ist, um das obere Ende der Krystalle recht sichtbar zu machen.

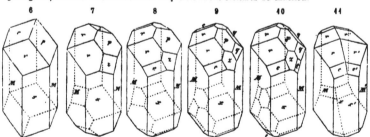

Fig. 6. ∞P. $\infty \mathrm{P}\infty$. P. 0P; die gemeinste Form der basaltischen Hornblende; $p:r = 145^0 35'$.

---

[1]) *v. Kokscharow* fand an den russischen Amphibolen Schwankungen bei ∞P $124^0 0'$ bis $124^0 37'$, P $148^0 22'$ bis $148^0 39'$ (vgl. die Angaben in Material. z. Mineral. Russlands VIII. — A.

Fig. 7. Die Comb. Fig. 6 mit dem Klinodoma $2P\infty$ (z); $p:z = 150° 13'$.

Fig. 8. Die Comb. Fig. 7 mit der halben Klinopyramide $3P3$ (c); $x:c = 130° 53'$.

Fig. 9. Die vorige Comb. noch mit $-P$ (q).

Fig. 10. Die Comb. Fig. 9 mit der halben Klinopyramide $-3P3$ (t).

Fig. 11. Ein Zwillingskrystall; sehr ausgezeichnet durch die verschiedene Ausbildung beider Enden, an deren einem die beiderseitigen Hemipyramiden P eine vierflächige Zuspitzung bilden, während sich am anderen die beiderseitigen Basen 0P zu einer Zuschärfung vereinigen. Da die Flächen x und x' in eine Ebene fallen, und von jedem Individuum nur die eine Hälfte ausgebildet ist, so erhalten diese Zwillinge ein sehr symmetrisches Ansehen.

Die Krystalle finden sich entweder eingewachsen oder aufgewachsen, in letzterem Falle meist zu Drusen verbunden; Zwillingskrystalle nach dem häufigsten Gesetz: Zwillings-Ebene das Orthopinakoid, Zwillings-Axe die Normale desselben; die von *Cohen* angegebenen Zwillinge nach $\infty P2$ mit geneigter Berührungsebene sind, wie *Becke* ausführlich erläuterte (Min. u. petr. Mitth. VII. 98), nur schiefe Schnitte der gewöhnlichen Zwillinge nach $\infty P\infty$. Nach *G. Williams* kommt an der Hornblende von St. Lawrence Co., New-York, eine Zwillingsbildung nach der Basis vor. Sehr häufig derb, in radial-, parallel- oder verworrenstängeligen und faserigen, sowie in grossbis feinkörnigen Aggregaten; auch eingesprengt, als wesentlicher Bestandtheil vieler Gesteine, in Pseudomorphosen nach Pyroxen. — Spaltb. prismatisch nach ∞P recht vollk., orthodiagonal und klinodiagonal meist sehr unvollk.; $H. = 5...6$; $G. = 2,9...3,3$; farblos und bisweilen weiss, aber gewöhnlich gefärbt in verschiedenen grauen, gelben und braunen, besonders aber in grünen und schwarzen Farben; Glasglanz, zuweilen Perlmutter- und Seidenglanz; pellucid in allen Graden. Die optischen Axen (mit im Einzelnen abweichenden Winkeln) liegen in der Ebene des Klinopinakoids; $b = b$: die spitze Bisectrix ($= a$) fällt in den stumpfen Winkel β, und bildet mit der Verticalaxe den Winkel von 75°, die stumpfe zweite Bisectrix ($= c$) bildet daher mit der Verticalaxe ca. 15° im spitzen Winkel β (bei den grünen Hornblenden 13°—15°, bei den braunen 13°—11°). Trichroismus meist sehr stark: $a =$ gelbgrün oder honiggelb, $b =$ gelbbraun, $c =$ schwarz- oder grünlichbraun; Absorption im Allgemeinen bei den grünen $c > b > a$, bei den braunen $c = b > a$.

Aus den neueren und besseren Analysen ergibt es sich, dass die chem. Zus. des Amphibols in jeder Hinsicht mit derjenigen des Pyroxens übereinstimmt (S. 656). Auch hier gibt es zunächst thonerdefreie Amphibole, wie namentlich die Grammatite (Tremolite) und die hellfarbigen Strahlsteine, welche, wie *Rammelsberg* in einer wichtigen Abhandlung gezeigt hat, alle die allgemeine Formel $R Si 0^3$ führen, worin R vorwaltend Mg, in zweiter Linie Ca, nur spärlich Fe (als Eisenoxydul) ist. Magnesia scheint hier reichlicher zugegen zu sein, als in den entsprechenden thonerdefreien Pyroxenen. *Tschermak* betont, dass in den besten Analysen das Atomverhältniss von Mg oder von Mg + Fe zu Ca stets ganz genau wie 3:1 ist, weshalb die Formel dieser thonerdefreien Amphibole nicht sowohl $(Mg, Ca) Si 0^3$ oder $(Mg, Ca, Fe) Si 0^3$, als vielmehr $Mg^3 Ca Si^4 0^{12}$ oder $(Mg, Fe)^3 Ca Si^4 0^{12}$ zu schreiben, also beziehentlich der quantitativ übereinstimmend zusammengesetzten Pyroxene zu verdoppeln sei. Diese Amphibole führen kein Eisenoxyd und ihr Kieselsäuregehalt schwankt zwischen 55 und 59 pCt. Ein dem Hedenbergit entsprechendes Kalkeisensilicat ist hier nicht bekannt. — Anderseits kommen auch hier in reichlicher Menge thonerdehaltige Amphibole vor, welche meist dunkelgrün, braun und schwarz, dabei undurchsichtig sind; für sie fand *Rammelsberg*, dass sie insgesammt Eisenoxyd und Eisenoxydul zugleich, sowie etwas Natron und Kali enthalten. Der Kieselsäuregehalt dieser Gruppe schwankt gewöhnlich zwischen 39 und 49, der Thonerdegehalt zwischen 8

Franzenau bestimmte am Amphibol des Aranyer Berges $\beta = 74° 39',7$, $\infty P = 124° 16'$, $P = 148° 22'$; A.-V. $= 0,5484 : 1 : 0,2945$; er gibt eine auf diese Elemente gegründete Winkeltabelle sämmtlicher bis dahin bekannter 23 Formen des Amphibols in Z. f. Kryst. VIII. 1884. 568.

und 15 pCt., der Natrongehalt geht bis über 3 pCt. Die beim Pyroxen angeführte Ansicht *Tschermak*'s über die Rolle, welche die Sesquioxyde spielen, hat natürlicherweise auch auf die Amphibole Bezug, nur mit dem Unterschied, dass das der thonerdefreien Amphibolsubstanz hier zugemischte Magnesia-Sesquioxydsilicat aus dem eben angeführten Grunde gleichfalls eine Verdoppelung des Molekulargewichts erfahren müsste. *Rammelsberg* gibt, entsprechend den thonerdehaltigen Augiten, den allgemeinen Ausdruck $m\,R\,Si\,O^3 + n\,(R^2)\,O^3$, wobei aber neben dem ersteren Silicat auch das analoge $R^2\,Si\,O^3$ eintritt, dessen $R^2 = Na^2$, K^2 ist [1]). — In vielen Amphibolen, auch in thonerdefreien, ist etwas Fluor (sogar bis 2,8 pCt.) nachgewiesen worden, welches wahrscheinlich als Vertreter von Sauerstoff zu betrachten ist; auch enthalten einige ganz geringe Mengen von Titan; ferner ergeben einige anscheinend recht frische Amphibole beim Glühen eine gewisse Menge von Wasser. — V. d. L. schmelzen die Amphibole gewöhnlich unter Aufschwellen und Kochen zu einem grauen, grünlichen oder schwarzen Glas, und zwar meist um so leichter, je reicher sie an Eisen sind; die eisenreichen Varr. werden auch von Salzsäure theilweise zersetzt, welche die übrigen Varr. nicht sonderlich angreift.

Man unterscheidet besonders folgende Varietäten:

a) **Grammatit** (**Tremolit** und **Calamit**); weiss, grau, hellgrün, in eingewachsenen langsäulenförmigen Krystallen ∞P.∞P∞, und in stängeligen Aggregaten, perlmutter- oder seidenglänzend, halbdurchsichtig bis durchscheinend; G. = 2,93...3; ist wesentlich nur Magnesia- und Kalksilicat; besonders in körnigem Kalkstein und Dolomit. Hierher würde auch ein Theil des Nephrits gehören.

b) **Aktinolith** oder **Strahlstein**; grünlichgrau, lauchgrün bis schwärzlichgrün, durchscheinend bis kantendurchscheinend, meist in eingewachsenen säulenförmigen Krystallen ∞P.∞P∞, und in radialstängeligen Aggregaten; G. = 3,026...3,166; in der Hauptsache ebenso zusammengesetzt wie der Grammatit, nur dass sich Eisenoxydulsilicat hinzugesellt; in Talkschiefer, Chloritschiefer und auf gewissen Erzlagern.

c) **Hornblende**; und zwar:
   α) **Gemeine Hornblende**; dunkel lauchgrün bis schwärzlichgrün und grünlichschwarz, undurchsichtig; krystallisirt, die Krystalle zu Drusen verbunden; derb, eingesprengt, als Gemengtheil vieler älteren Eruptivgesteine und krystallinischer Schiefer. Der sog. **Karinthin** bildet den Uebergang in die basaltische Hornblende, und der blaulichgrüne bis lauchgrüne **Pargasit** den in den Aktinolith.
   β) **Basaltische Hornblende**; bräunlichschwarz, undurchsichtig; krystallisirt in mannichfaltigen Formen, die Krystalle rundum ausgebildet und eingewachsen, mit sehr glatten und stark glänzenden Spaltungsflächen; in trachytischen, andesitischen, auch (accessorisch) in basaltischen Gesteinen, sowie im Teschenit; sie enthält oft sehr viele mikroskopische Körner von Magneteisen und ist vielfach von ·einem breiten dunkeln Rand umgeben, welcher gewöhnlich aus opacitischen Partikeln und kaustisch–neugebildeten Augitkörnchen besteht.
   Diese Hornblenden sind es besonders, welche mehr oder weniger Thonerde und viel Eisenoxyd enthalten, und auch ausserdem durch die oben erwähnte Eigenthümlichkeit ihrer Zusammensetzung ausgezeichnet sind; ihr specifisches Gewicht schwankt meist zwischen 3,1 und 3,3.

d) **Uralit**; Formen ganz die des Augits, aber aus feinen Fasern von Hornblende zusammengesetzt, welcher auch die Spaltbarkeit angehört; mit grösster Wahrscheinlichkeit

---

[1]) Für die grosse Zahl der Thonerde- und Eisenoxyd-haltigen Hornblenden stellte *Scharizer* die Vermuthung auf, dass dieselben in variabeln Proportionen erfolgte Mischungen zweier Endglieder seien, von denen das eine durch den thonerdefreien Aktinolith $(Mg, Fe)^3\,Ca\,Si^4\,O^{12}$ repräsentirt werde, während er das andere in einer schwarzen basaltischen Hornblende von Jan Mayen
gefunden zu haben glaubt, deren Formel er $(\overset{I}{R^2},\overset{II}{R})^3\,(Al, Fe)^2\,Si^3\,O^{12}$ schreibt; diese Hornblende, für welche er einen alten, von *Breithaupt* gebrauchten Namen Syntagmatit wieder einführt, enthält 39,43 Kieselsäure, 14,27 Thonerde, 12,53 Eisenoxyd, 5,95 Eisenoxydul, 1,54 Manganoxydul, 10,74 Magnesia, 11,08 Kalk, 1,94 Kali, 2,43 Natron, 0,39 Wasser; bei diesem pleochroitischen Mineral (G. = 3,334) wird auffallender Weise a als schwarz, die Auslöschungsschiefe auf ∞P∞ gegen c als 0° angegeben. Er findet eine Unterstützung seiner Annahme darin, dass, wenn aus der Formel der Thonerde und Eisenoxyd haltenden Hornblenden ein Silicat von der Zusammensetzung dieses Syntagmatits ausgeschieden wird, in dem restirenden Silicat stets das Verhältniss $(Mg, Fe) : Ca$ das dem Aktinolith entsprechende 3 : 1 sei.

ein Umwandlungsproduct von Augit, dessen unversehrte Substanz mitunter noch im Inneren steckt; eingewachsene Krystalle in den Grünsteinporphyren des Urals, Norwegens, Südtirols.

e) **Asbest, Amiant** und **Byssolith** sind zum Theil äusserst feinfaserige und haarförmige Varietäten von Grammatit und Aktinolith; *Kenngott* hat gezeigt, dass der Byssolith vom St. Gotthard und aus Tirol wirklich die Winkel des Amphibols und die gewöhnliche Form des Aktinoliths besitzt. Bisweilen etwas ($1\frac{1}{2}$—3 pCt.) natronhaltig. nach *Max Bauer*.

f) An den Amphibol-Asbest und Uralit schliesst sich wohl auch der **Traversellit** von Agiolla unweit Traversella an, von welchem *Scheerer* gezeigt hat, dass er eine Pseudomorphose nach Pyroxen ist, dessen Krystalle in ein System von haarfeinen, parallel und symmetrisch gestellten Amphibolkrystallen umgewandelt worden sind. Da dergleichen zartfaserige Aggregate sehr geeignet sind, Wasser aufzunehmen und festzuhalten, so kann der zwischen 3 und 4 pCt. betragende Wassergehalt nicht befremden, während ausserdem die Zusammensetzung des Traversellits sehr wohl mit der allgemeinen Amphibolformel übereinstimmt.

Gebrauch. Die Hornblende wird zuweilen als Zuschlag beim Schmelzen der Eisenerze benutzt; der Asbest und Amiant werden zu unverbrennlichen Zeugen verwebt, auch wohl zu Lampendochten und bei chemischen Feuerzeugen benutzt; doch beziehen sich diese Benutzungsarten mehr auf den Serpentin-Asbest oder Chrysotil.

Anm. 1. Wo Hornblende mit Augit verwachsen ist, da geschieht dies so, dass die Verticalaxen und Orthodiagonalen beider parallel sind, und (wie sich aus der Untersuchung der Vesuvauswürflinge von 1872 durch *vom Rath* ergeben hat) dass die Flächen z der Hornblende sich fast vollkommen ins Niveau legen mit den Flächen s des Augits, wodurch auch p der ersteren und P des letzteren ähnliche Neigung besitzen.

Anm. 2. In den Gesteinen kommt nach den bisherigen Kenntnissen die Hornblende (abgesehen von der als Porenbekleidung auftretenden) unter folgenden abweichenden Verhältnissen der Erscheinung und Entstehung vor:

1) primäre braune H. in selbständigen Krystallen } compact.
2) primäre grüne H. in selbständigen Krystallen }
3) primäre grüne faserige H.
4) primäre H. als Umwachsung oder Fortwachsung von Augit, zeigt meist aussen selbständige Contouren, ist bald braun, bald grün.
5) secundäre uralitische H., aus Augit hervorgegangen, grün; darin ist der Augit a) noch als Rest erhalten, b) aufgezehrt.
6) grüne faserige H., wahrscheinlich als secundäres Umstehungsproduct von 1); leicht mit 3), und wenn die regelmässige äussere Umgrenzung fehlt, auch mit 5 b) zu verwechseln.
7) grüne filzig-faserige secundäre H., aus Olivin entstanden (S. 585), sehr selten.

Anm. 3. Zum Amphibol gehört auch, wie *v. Lasaulx* (N. J. f. Min. 1878. 380) zeigte, der früher auf Grund von *Chapman's* Angaben mit dem Pyroxen vereinigte, von *Brocchi* eingeführte **Breislakit**; derselbe bildet sehr feine haar- und nadelförmige Krystalle, welche zu kleinen lockeren Büscheln und wolleähnlichen Aggregaten vereinigt sind, aber u. d. M. sehr ausgezeichnet die Gestalt, auch die Zwillingsbildung der Hornblende aufweisen, gelblichbraun, röthlichbraun bis kastanienbraun, durchscheinend, stark trichroitisch. In Hohlräumen von Lava, Capo di Bove bei Rom, Resina bei Neapel, wohl ein Sublimationsproduct.

Anm. 4. Der meist als ein lamellares Aggregat ausgebildete grasgrüne **Smaragdit**, welchen *Hauy* einst mit dem Diallag vereinigte, *Haidinger* in manchen Vorkommnissen als eine nach ∞P∞ erfolgende Verwachsung von Pyroxen mit Amphibol erachtete, gilt augenblicklich mit Recht als eine meist aus einzelnen Säulchen aufgebaute Varietät des Amphibols, *Fikenscher* wies bei dem Smaragdit aus dem Euphotid vom Genfer See das Spaltungsprisma von 124° nach und auch nach den Angaben von *Tschermak*, *Hagge*, *v. Drasche* und *R. Riess* gehört dieses früher mehrfach mit Omphacit verwechselte Mineral den Hornblenden an, es findet sich in mehren Saussurit-Gabbros (z. B. auf Corsica), auch in granatreichen Hornblendegesteinen des Fichtelgebirges.

Anm. 5. Dass der in aschgrauen, seideglänzenden, strahligen Aggregaten vorkommende **Cummingtonit**, von Cummington in Massachusets, dessen Selbständigkeit schon früher bezweifelt wurde, nur ein sehr eisenreicher und etwas zersetzter Amphibol oder Strahlstein ist, dies ist durch die Analysen von *Smith* und *Brush* bewiesen worden. Das von *Nordenskiöld* unter dem Namen **Kokscharowit** eingeführte Mineral ist nur eine (weisse strahlig-faserige) Varietät des Amphibols (nach *Hermann* mit 18,20 Thonerde); desgleichen der R a p h i l i t *Sterry Hunt's* von Lanark in Canada, und der P i t k ä r a n d i t von Pitkäranda in Finnland. Den dunkelgrasgrünen Amphibol aus dem quarzführenden Hornblendeporphyrit vom Mte Altino, Prov. Bergamo, welcher nur 0,93 Magnesia (und 4 Natron enthält), hat *P. Lucchetti* als B e r g a m a s k i t bezeichnet.

A n m. 6. Anhangsweise muss hier der N e p h r i t (Beilstein, Punamustein) erwähnt werden , von welchem es sehr wahrscheinlich ist, dass er als eine dichte Varietät des Tremolits oder Grammatits zu betrachten ist, mit welchem er auch in seiner chem. Zus. mehr oder weniger übereinstimmt. Hier sind aber nach dem Vorgang von *Damour* nur diejenigen Substanzen als Nephrit bezeichnet , welche frei sind von Thonerde und Natron, während die diese Stoffe enthaltenden und auch sonst etwas abweichenden unter dem Namen J a d ë i t an den Spodumen angereiht sind. Bis jetzt nur derb, in dichten Massen; Bruch ausgezeichnet splitterig; zäh und sehr schwer zersprengbar; H. = 6,5; G. = 2,97...3,00; lauchgrün, seladongrün bis grünlichweiss und grünlichgrau , auch gelblichweiss und gelblichgrau; matt, durchscheinend; fühlt sich etwas fettig an. — Chem. Zus.: eine Analyse eines orientalischen Nephrits von *Damour* ergab z. B.: 58,24 Kieselsäure, 27,14 Magnesia, 11,94 Kalk, 1,14 Eisenoxydul. *R. v. Fellenberg*, welcher den ächten Nephrit aus Turkestan und Neuseeland, auch schon früher die Nephrite aus den schweizerischen Pfahlbauten analysirte, fand in dem ersteren hauptsächlich 58,4 bis 59,5 Kieselsäure, 23,5 bis 25,6 Magnesia, 10,5 bis 14,6 Kalk nebst etwa 1 pCt. Eisenoxydul, in dem Neuseeländer 57,75 Kieselsäure, 19,86 Magnesia, 14,89 Kalkerde, 4,79 Eisenoxydul, 0,46 Manganoxydul, 0,22 Nickeloxyd, 0,88 Eisenoxyd, 0,90 Thonerde und 0,68 Wasser. Nach diesen und anderen zahlreichen Analysen, z. B. des sibirischen, ist es nicht zweifelhaft, dass d i e s e r Nephrit aus Silicaten R Si O³ besteht, worin R vorwiegend Mg und Ca; die Mehrzahl der Analysen führt auf die Formel 3 Mg Si O³ + Ca Si O³, welche in der That die herrschende des Grammatits ist. Die Zugehörigkeit des Nephrits zu dem letzteren hat auch *Kenngott* sehr wahrscheinlich gemacht: der unvollkommen schieferige, im Bruch ausgezeichnet grobsplitterige von Neuseeland erwies sich in Dünnschliffen u. d. M. mikrokrystallinisch , aus sehr feinen, filzartig verwebten Fasern bestehend ; hieraus folgert er mit Hinblick auf die Analysen , dass der Nephrit wohl nur eine mikrokrystallinische, unvollkommen schieferige Varietät des Grammatits sei, welche als Gebirgsart auftretend, durch Beimengung locale Verschiedenheiten zeige (N. Jahrb. f. Min. 1871. 293). Später hat *Berwerth* in der dichten Grundmasse eines ausgezeichneten neuseeländischen Nephritblocks krystallinische Partieen wahrgenommen, welche aus einer Anhäufung kleiner bis 5 Mm. langer Säulchen bestehen, deren prismatischer Spaltungswinkel (125° 22') derjenige der Hornblende ist, während er die Grundmasse u. d. M. als aus einzelnen Faserbüscheln zusammengeflochten und zusammengepresst befand und als »dichten Strahlsteinschiefer« bezeichnet (Wien. Akad. Sitz. v. 17. Juli 1879). An den Fasern des transbaikalischen N. gewahrten *Jannettaz* und *Michel* starken Pleochroismus , eine Auslöschungsschiefe von 11° und einen optischen Axenwinkel von ca. 90° — Verhältnisse gerade wie beim Tremolit. Auch nach *v. Beck* und *v. Muschketow* sind die sämmtlichen Nephrite des Gouv. Irkutsk und aus Turkestan zum Aktinolith zu stellen. V. d. L. brennt er sich weiss und schmilzt in den dünnsten Kanten s c h w e r zu einem farblosen Glas. — Anstehend bei Gulbashén im Karakash-Thal, einem Querthal des Kuenluen in Turkestan, sowie an der Westküste der Südinsel von Neuseeland, Lager zwischen Hornblendeschiefern, Gneissen u. a. archäischen Gesteinen bildend; als gewaltige erratische Blöcke in Moränenablagerungen am Bach Onot am Berge Botogol, n. w. von der Südspitze des Baikalsees (hier leicht schmelzbar zu hellgrüner Perle). Auch der einmal zu Schwemsal bei Düben gefundene, sowie der in der Leipziger Sandgrube und der bei Potsdam vorgekommene Block gehören nach *H. Credner* der Diluvialformation an und stammen wahrscheinlich, wie auch die übrigen Materialien derselben aus Skandinavien. *Fischer* hält diese norddeutschen Funde für durch Menschen eingeschleppte Blöcke. Nach der Angabe von *Traube* steht Nephrit in schmalen Bändern und grösseren Einlagerungen im Serpentin des Zobtengebirges bei Jordansmühl an; sp. G. = 2,987; u. d. M. erweise er sich als feinverfilzte Hornblende, vermengt mit Augit. — Ein sehr umfassendes und werthvolles, alle Verhältnisse berücksichtigendes Werk verdanken wir *H. Fischer*: Nephrit und Jadëit nach ihren mineralogischen Eigenschaften, sowie nach ihrer urgeschichtlichen und ethnographischen Bedeutung. Stuttgart 1875.

G e b r a u c h. Der Nephrit wird namentlich im Orient zu Siegelsteinen, Säbelgriffen, Amuletten u. a. Dingen verarbeitet; ebenso auf Neuseeland als Punamustein zu Streitäxten.

548. **Arfvedsonit**, *Brooke*.

Monoklin; gewöhnlich derb, in individualisirten Massen und körnigen Aggregaten, deren Individuen nach den Flächen eines Prismas von 123° 55' nach *Brooke* (123°30' nach *Breithaupt*, 124° 22', an Spaltstücken gemessen, nach *Lorenzen*) sehr vollk. spaltbar sind; zufolge *Lorenzen* auch spaltbar nach dem Klinopinakoid; Krystalle niemal gestreift; Zwillinge nach dem Orthodoma. H. = 6; G. = 3,33...3,59; rabenschwarz, Strich seladongrün, gemäss der Angabe von *Lorenzen* dunkelblaugrau (Unterschied von Aegirin). Stark pleochroitisch, optisch wie Hornblende beschaffen, stark glasglänzend, undurchsichtig. — Chem. Zus.: nachdem *v. Kobell* schon früher gezeigt hatte, dass in diesem hornblendeähnlichen Mineral ein sehr bedeutender N a t r o n gehalt vorhanden ist, ergab eine neuere Analyse von *Rammelsberg* 51,22 Kieselsäure 23,75 Eisenoxyd, 7,80 Eisenoxydul, 10,58 Natron, 2,08 Kalk, sowie ganz kleine Mengen von Manganoxydul, Magnesia und Kali, auch 0,16 Glühverlust; er leitet daraus die Formel $Na^2 Si O^3 + R Si O^3 + (Fe^2) Si^3 O^9$ ab. Dagegen hob *A. Mitscherlich* hervor dass die von *Rammelsberg* für Eisenoxydul gefundene Zahl zu gross sei und bis auf den vierten Theil vermindert werden müsse, wodurch *Tschermak* auf die Ansicht geführt wurde, dass der Arfvedsonit dieselbe Formel habe, wie Aegirin und Akmit, nämlich $Na^2 (Fe^2) Si^4 O^{12}$, eine Auffassung, der auch *Doelter*, welcher selbst eine Analyse ausführte, völlig zustimmte. Zu ganz anderen und mehr mit den älteren Analysen [?] *Kobell's* übereinstimmenden Resultate gelangte *J. Lorenzen*; er fand 43,85 Kieselsäure, 4,45 T h o n e r d e, 3,80 Eisenoxyd, 33,43 Eisenoxydul, 4,65 Kalk, 8,15 Natron. 1,06 Kali, ganz kleine Mengen von Manganoxydul, Magnesia, Glühverlust (0,16), und betrachtet den (grönländischen) Arfvedsonit als einen thonerdehaltigen Amphibol von der Formel 11 R Si O³ + (R²) O³, hält es auch für möglich, dass *Rammelsberg* und *Doelter* Aegirin anstatt Arfvedsonit analysirt haben. Das Mineral schmilzt schon in der Lichtflamme, kocht v. d. L. stark auf und gibt eine schwarze magnetische Kugel; in Säuren ist es unlöslich. — Kangerdluarsuk in Grönland mit Eudialyt in einem Sodalithsyenit Frederiksvärn in Norwegen; El Paso Co., Colorado, im Quarz mit Astrophyllit und Zirkon. Auf Grund der leichten Schmelzbarkeit gehört möglicherweise manche Hornblende aus Phonolithen zum Arfvedsonit.

A n m. Die dunkelschwarze, sehr vollkommen spaltbare und auf den Spaltungsfläche sehr stark glänzende Hornblende, welche in norwegischen Syeniten als Gemengtheil auftritt steht nach *Hausmann* dem Arfvedsonit sehr nahe. Dies bestätigt auch die Analyse von *Kawanko*, welche neben viel Kalk und Magnesia auch 4,18 Natron und 2 Kali nachwies; dabei beträgt jedoch ihr Gehalt an Thonerde über 12, der an Eisenoxyd 10, an Eisenoxydul 9, der an Kieselsäure auffallender Weise nur 37,34 pCt. *Rammelsberg* fand indess nur 2,72 Natron und 2,58 Kali, blos 7,69 Thonerde und dafür 40,00 Kieselsäure.

549. Krokydolith, *Hausmann.*

Mikrokrystallinisch, aller Wahrscheinlichkeit nach die Asbestform des Arfvedsonits. sich zu diesem verhaltend, wie der gewöhnliche weisse Asbest zum Tremolit; plattenförmig in parallelfaserigen Aggregaten, die Fasern sind sehr zart und leicht trennbar. auch derb von verschwindender Zusammensetzung, und bisweilen in paralleler Richtung mit Arfvedsonit verwachsen. — Die Fasern sind sehr zähe, schwer zerreissbar und elastisch biegsam; H. = 4; G. = 3,2...3,3; indigblau bis smalteblau, Strich lavendelblau, schwach seidenglänzend bis matt; in dünnen Fasern durchscheinend, sonst undurchsichtig. — Chem. Zus. des südafrikanischen nach *Renard* und *Klement*: 51.89 Kieselsäure, 19,22 Eisenoxyd, 17,53 Eisenoxydul, 0,40 Kalk, 2,43 Magnesia, 7.71 Natron, 0,15 Kali, 2,36 Wasser; der von Wakembach enthält nach *Delesse* u. a. 53.01 Kieselsäure, 25,62 Eisenoxydul, 10,14 Magnesia, 6,08 Natron, 2,52 Wasser. Eine nicht ganz vollständige Analyse von *Doelter* ergab nur 1,58 Wasser; nach ihm besteht der Kr. vorwiegend aus dem Silicat $Na^2 (Fe^2) Si^4 O^{12}$ (wie Arfvedsonit), wozu noch $FeSiO^3$ tritt. Im Glasrohr erhitzt wird er braunroth; v. d. L. schmilzt er leicht zu einem aufgeblähten schwarzen, magnetischen Glas; einzelne Fasern schmelzen schon in einer Flamme; von Säuren unangreifbar. — Am Orange-River im Capland; Stavärn in Norwegen, bei Golling in Salzburg als Begleiter und als Pigment des blauen Quarze[?]

(sog. Sapphirquarzes); in der Minette der Vogesen bei Wakembach. — Das gelbbraune faserige Mineral von den Doorn- und Griquastad-Bergen in Südafrika, welches als sog. Tigerauge zu Schmucksachen verschliffen wird, besteht nach den Untersuchungen von *Renard* und *Klement* vorwiegend aus Quarz, welcher zwischen die Fäsern eines veränderten Krokydoliths eingedrungen ist, dessen Eisengehalt hydratisirt wurde.

550. Glaukophan, *Hausmann.*

Monoklin, isomorph mit Hornblende; ∞P 124° 51' nach *Bodewig* und *Luedecke*; die säulenförmigen Krystalle zeigen meist nur ∞P, ∞P∞, ∞P∞, selten terminale Formen P und 0P; derb in stängeligen oder körnigen Aggregaten. — Spaltb. prismatisch deutlich, Bruch kleinmuschelig; H. $= 6 \ldots 6,5$; G. $= 3,1$; graulich-indigblau bis lavendelblau und schwärzlichblau; Strich blaulichgrau; perlmutterartiger Glasglanz auf den Spaltungsflächen; durchscheinend bis undurchsichtig. Die optischen Axen liegen, wie bei der Hornblende, in dem klinodiagonalen Hauptschnitt; die stumpfe Bisectrix liegt im spitzen Winkel ac und bildet mit der Verticalaxe ca. $6\frac{1}{4}^{\circ}$ bis fast 7°, nach Anderen nur 4°; stark trichroitisch: a hellgrüngelb, b violett, c azurblau. — Chem. Zus. nach der Analyse von *Bodewig*, womit die ältere von *Schnedermann* ziemlich gut übereinstimmt: 57,81 Kieselsäure, 12,03 Thonerde, 2,17 Eisenoxyd, 5,78 Eisenoxydul, 13,07 Magnesia, 2,20 Kalk, 7,33 Natron. Daraus ergibt sich ganz genau, dass der Glaukophan aus sog. Bisilicaten von Na, Ca, Mg, Fe, (Al²), (Fe²) besteht; eine Analyse von *Luedecke* weicht zwar in den Procenten der einzelnen Bestandtheile etwas ab, lässt aber ebenfalls den Glaukophan als Mischung analog constituirter Bisilicate erkennen; er deducirt die specielle Formel $3\,\mathbf{Na^2\,Si\,O^3} + 6\,\mathbf{R\,Si\,O^3} + 3\,(Al^2)\,Si^3\,O^9 + (Fe^2)\,Si^3\,O^9$. Das Mineral gehört also zu den natriumreichen Hornblenden (wie Arfvedsonit), enthält aber unter den Sesquioxyden nicht das Eisenoxyd, sondern Thonerde vorwaltend. *Doelter* interpretirt die Zus. als vorwiegend aus $Na^2\,(Al^2)\,Si^4\,O^{12}$ bestehend, wozu noch Ca $(Mg, Fe)^3 \overset{\text{II}}{Si^4\,O^{12}}$ und eine kleine Menge von $R^4\,Si^4\,O^{12}$ tritt. Unter den Augiten ist der Jadëit in einigermaassen ähnlicher Weise zugleich natrium- und thonerdereich. — Schmilzt v. d. L. leicht zu graulichweissem oder grünlichem, nicht magnetischem Glas; von Säuren nur sehr unvollkommen zersetzbar. — Syra, im Glimmerschiefer, bis 20 Mm. lang, 7 Mm. breit, auch den Haupttheil des dortigen Glaukophanschiefers bildend (*Luedecke*, Z. d. geol. Ges., 1876. 248), nach *Becke* auch mikroskopisch in anderen krystallinischen Schiefern Griechenlands; Insel Groix im Dep. Morbihan der Bretagne; bei Zermatt im Gneiss (*Bodewig*, Ann. d. Phys. u. Ch., Bd. 158. 224); mit Granat und Glimmer auf der Balade-Mine bei Ouegoa auf Neu-Caledonien (*Liversidge*).

Anm. In sehr naher Verbindung mit dem Glaukophan steht *Strüver*'s Gastaldit, welcher ebenfalls mit Hornblende isomorph ist (∞P 124° 25', säulenförmige Krystalle, meist ohne terminale Flächen, auch stabförmige und faserige Partieen) und in allen physikalischen Eigenschaften mit dem Glaukophan eng übereinstimmt; Spaltb. prismatisch; G. $= 3,04$; schwarzblau bis azurblaue, ebenfalls stark trichroitisch. *Cossa* fand 58,55 Kieselsäure, 21,40 Thonerde, 9,04 Eisenoxydul, 3,92 Magnesia, 2,03 Kalk, 4,77 Natron, also ebenfalls eine Mischung von Metasilicaten, $3\,R\,Si\,O^3 + 2\,(Al^2)\,Si^3\,O^9$, eine natriumhaltige Hornblende mit viel Sesquioxyd, welches hier lediglich aus Thonerde (keinem Eisenoxyd) besteht. — Eingewachsen in chloritischen Gesteinen bei S. Marcel und Champ de Praz im Aostathal, im Val Locana; in erratischen Blöcken bei Brosso im Bezirk Ivrea (Piemont), sowie nach *Stelzner* oberhalb Sonvilliers im St. Immenthal des Berner Jura.

551. Hermannit, *Kenngott.*

Stängelig-körniges rosenrothes Mineral vom G. $= 3,42$, welches eine Mangan-Hornblende sein soll. Krystallisationsverhältnisse unbekannt. — Chem. Zus. nach der Analyse von *Hermann*: 48,91 Kieselsäure, 46,74 Manganoxydul, 2,00 Kalk, 2,35 Magnesia, also fast allein das Mangansilicat Mn Si O³, entsprechend in der Hornblendegruppe dem Rhodonit der Augitgruppe, sofern dieses Mineral in der That die Prismenwinkel oder Spaltungsverhältnisse der Hornblende besitzen sollte. *Hermann* vermuthet, dass ein von *Thomson* unter dem Namen Sesquisilicate of Manganese beschriebenes Mineral, welches die Spaltb. der Hornblende besitzt, hierher gehört. Eine Analyse von *Schlieper* ist an einem Mineral angestellt, welches mit $\langle$ 10 pCt. Carbonaten vermengt war. — Cummington in Massachusetts, — wohl zu unterscheiden von dem Cummingtonit S. 670. *Rammelsberg* nennt irrthümlich den Hermannit Cummingtonit.

A n m. G r u n e r i t, ein asbestartiges, faseriges und blätterig-strahliges Mineral, von brauner Farbe, Seidenglanz und G. = 3,713, welches an den Mores-Bergen bei Collobrieres Dép. Var, mit rothem Granat und Magnetit vorkommt, und nach *Des-Cloizeaux* die optischen Charaktere der Hornblende besitzt, ist zufolge *Gruner* fast das reine Eisenoxydulsilicat $Fe\,Si\,\dot{}$ mit 45,48 Kieselsäure und 54,52 Eisenoxydul.

15. Cordieritgruppe.

552. Cordierit, *Hauy* (Dichroit, Iolith).

Rhombisch; ∞P (*M*) 119° 10' (*Breithaupt*), P, Polkanten 100° 35' und 135° 57'. Mittelk. 95° 36', Mittelk. von $\frac{1}{4}P$ 57° 46', von $\check{P}\infty$ 58° 22'; A.-V. = 0,5870 : 1 : 0,5585; einige der gewöhnlichsten Combb. sind: $\infty P.\infty\check{P}\infty$ $0P$; dieselbe mit $\check{P}\infty$ (*s*) und $\frac{1}{4}P$ (*t*), wie in beistehender Figur, häufig auch mit $\infty\check{P}\infty$ und $\infty\check{P}3$, u. a.; die meist undeutlich ausgebildeten, aber bisweilen ziemlich grossen Krystalle sind kurz säulenförmig, erscheinen fast wie hexagonale und zwölfseitige Prismen, und zeigen oft eine schalige Zusammensetzung nach $0P$, bisweilen auch eine auffallende Abrundung ihrer Kanten und Ecken. *Des-Cloizeaux* beobachtete Zwillingsbildungen nach einer Fläche von $\infty\check{P}$ (wonach auch polysynthetische Zwillingsbildung stattfindet), *v. Lasaulx* ebensolche und damit verbundene andere nach einer Fläche von $\infty\check{P}3$; letztere lassen sich aber auch so auffassen, dass die Zwillingsebene hier ebenfalls ∞P, indess die Verwachsungsebene normal zu dieser ist; derb und eingesprengt, auch in Geschieben. — Spaltb. brachydiagonal, ziemlich deutlich, auch Spuren nach $\check{P}\infty$; Bruch muschelig bis uneben; H. = 7...7,5; G. = 2,59...2,66; farblos, aber meist gefärbt, blaulichweiss, blaulichgrau, violblau, indig- bis schwärzlichblau, gelblichweiss, gelblichgrau bis gelblichbraun; Glasglanz, im Bruch mehr Fettglanz; durchsichtig bis durchscheinend, ausgezeichneter Trichroismus, vgl. S. 191 (daher das Synonym Dichroit unstatthaft. Die optischen Axen liegen im makrodiagonalen Hauptschnitt, ihre negative Bisectrix fällt in die Verticalaxe; $a = b$, $b = c$, $c = a$; $\varrho < v$; der Axenwinkel ist sehr schwankend; Erhöhung der Temperatur vergrössert ihn merklich. — Chem. Zus. nach vielen Analysen: $Mg^2(R^2)^2\,Si^5\,\dot{O}^{18}$, worin (R^2) vorwiegend (Al^2), daneben (Fe^2); die Analysen ergeben durchschnittlich 49 bis 50 Kieselsäure, 32 bis 33 Thonerde, 5 bis 9 Eisenoxyd (der eisenärmste nur 1,07), 10 bis 12 Magnesia; die meisten auch einen ganz kleinen Gehalt an Manganoxydul, Kalk und Wasser, als Folge einer beginnenden Zersetzung. Doch lässt sich anderseits mit kaum minderem Recht die Formel $Mg^3(R^2)^3\,Si^6\,\dot{O}^{28}$ ableiten. V. d. L. schmilzt er schwierig in Kanten zu Glas; wird von Borax und Phosphorsalz langsam gelöst, und von Säuren nur wenig angegriffen; mit Kobaltsolution wird er blau oder blaulichgrau. — Bodenmais in Bayern (krystallisirt), Orijärfvi, Helsingfors u. a. O. in Finnland, Arendal und Kragerö in Norwegen, *Cabo de* Gata in Spanien (sog. I o l i t h), Fahlun in Schweden (braun, als sog. h a r t e r Fahlunit); Ceylon (Geschiebe, sehr glatt, schön gefärbt und durchsichtig, als sog. Luchsoder W a s s e r s a p p h i r), Mursinka im Ural; Sachsen, als Gemengtheil gewisser Gneisse im Gebiet und an der Grenze der Granulitformation; in nordischen Geschieben; in schieferigen Auswürflingen des Laacher Sees; in trachytischen vulkanischen Auswürflingen z. B. der Auvergne; Haddam in Connecticut, Richmond in New-Hampshire.

Gebrauch. Die blau gefärbten und durchsichtigen Varietäten des Cordierits, zu welchen besonders die Gerölle aus Ceylon gehören, werden als Ring- und Nadelstein benutzt.

A n m. Der Cordierit ist sehr häufig einer mehr oder weniger tief eingreifenden Zersetzung unterworfen gewesen, welche mit einer Aufnahme von Wasser verbunden war, und hauptsächlich zuerst die an die reichlichen mikroskopischen Spältchen angrenzenden Theile der Cordieritmasse betraf. Die folgenden Mineralien sind solche

Umwandlungsproducte des Cordierits, welche sich in verschiedenen Stadien der Alteration befinden und in denen häufig bald makroskopisch, bald nur mikroskopisch noch Reste unangegriffenen Cordierits gefunden werden. *Shepard*, *Dana*, *Haidinger* und *G. Bischof* (Chem. u. phys. Geol., II. 569) haben sich namentlich um die Feststellung ihrer Entwickelung aus Cordierit verdient gemacht, und *A. Wichmann* hat in einer ergebnissreichen Abhandlung die mikroskopische Structur dieser Mineralien sowie die materiellen Vorgänge bei ihrer Herausbildung aus ursprünglichem Cordierit beleuchtet (Z. d. geol. Ges., 1874. 675). Dass die Zusammensetzung solcher Mineralien, welche sich in verschiedentlich vorgeschrittenen Graden der Umwandlung befinden und keine festen Verbindungen darstellen, nicht durch eine Formel auszudrücken ist, ist klar. Der chemische Umwandlungsprocess scheint, abgesehen von der Wasseraufnahme, hauptsächlich in einer Reduction des Magnesiagehalts (auch der Kieselsäure) und in späteren Stadien in einer Zufuhr von Alkalien (Kali) zu bestehen. Bemerkenswerth ist, dass die geringe Manganoxydulmenge des Cordierits sich in fast sämmtlichen Alterationsproducten wiederfindet. Das Endproduct der Zersetzung scheint vielfach Glimmer zu sein. Die Form dieser epigenetischen Substanzen stimmt, wo sie einigermaassen erkenntlich bewahrt blieb, mit der des Cordierits überein.

Esmarkit (*Erdmann*) und Chlorophyllit (*Jackson*). Diese beiden Mineralien sind wohl kaum zu trennen; sie finden sich in grossen zwölfseitigen Säulen und in derben individualisirten Massen von schaliger Absonderung, auf den Ablösungsflächen oft mit Glimmer belegt; H. = 3...4; G. = 2,7; Farbe, Glanz und Pellucidität wie bei Fahlunit und Gigantolith. — Chem. Zus. des Esmarkits nach *Erdmann*: 45,97 Kieselsäure, 32,08 Thonerde, 4,26 Eisenoxyd, 0,41 Manganoxydul, 10,82 Magnesia, 5,49 Wasser, also mit Ausnahme des Wassergehalts nur sehr wenig von der des Cordierits sich entfernend. Der Chlorophyllit weicht nach der Analyse von *Rammelsberg* (46,81 Kieselsäure, 25,17 Thonerde, 10,99 Eisenoxyd, 10,91 Magnesia, 0,58 Kalk, Manganoxydul Spur, 6,70 Wasser) ebenfalls nur wenig ab und es stellt sich darnach das Mineral als ein Cordierit dar, welcher 3 bis 4 Mol. Wasser aufgenommen hat, weshalb schon *Dana* dasselbe sehr richtig als *hydrous Iolithe* aufführte. — Der Esmarkit findet sich zu Bräkke bei Brevig in Norwegen, der Chlorophyllit zu Unity in Maine und Haddam in Connecticut (wo er im Inneren noch sehr reichlich unveränderten Cordierit enthält und oft von noch frischem Cordierit begleitet wird), auch im Pegmatit von Vizézy bei Montbrison (Loire).

Praseolith (*Erdmann*). Formen rhombisch wie die des Cordierits; vier-, sechs-, acht- und zwölfseitige Säulen mit abgerundeten Kanten und Ecken, fast wie geflossen; Spaltb. basisch, in schalige Absonderung übergehend, Bruch flachmuschelig und splittrig; H. = 3,5; G. = 2,754; grün, Strich lichter, schwach fettglänzend, kantendurchscheinend bis undurchsichtig. — Chem. Zus. nach *Erdmann*: 40,94 Kieselsäure, 28,79 Thonerde, 7,40 Eisenoxyd, 0,82 Manganoxydul, 13,78 Magnesia, 7,80 Wasser. Auch der Praseolith enthält u. d. M. wasserklare Körner von Cordierit als Reste des Urminerals; *Wichmann* constatirt bei diesem Mineral zwei auf einander folgende Acte der molekularen Umwandlung. Der Praseolith ist ein Cordierit, welcher Kieselsäure verloren und Wasser aufgenommen hat. V. d. L. schmilzt er sehr schwierig in dünnen Kanten zu blaugrünem Glas. — Bräkke bei Brevig in Norwegen, in Granit.

Aspasiolith (*Scheerer*). Formen rhombisch wie diejenigen des Cordierits; sechsseitige, scheinbar hexagonale Säulen und derb; H. = 3,5; G. = 2,764; licht grün bis grünlichgrau und schmutzig grünlichweiss, wenig glänzend, durchscheinend. — Chem. Zus. nach *Scheerer*: 50,48 Kieselsäure, 32,88 Thonerde, 8,04 Magnesia, 2,60 Eisenoxyd, 6,78 Wasser; der Aspasiolith ist ein Cordierit, in welchem Magnesia ausgeschieden und Wasser aufgenommen worden ist, wofür auch der Umstand spricht, dass nicht selten im Inneren des Aspasioliths noch ein unzersetzter Kern von Cordierit angetroffen wird. V. d. L. unschmelzbar; von Salzsäure wird er in der Hitze zersetzt. — Kragerö in Norwegen, mit Quarz und Cordierit im dortigen Hornblendegneiss.

Pyrargillit (*Nordenskiöld*). Undeutlich gebildete, in Granit eingewachsene Krystalle, auch derb und eingesprengt. — Spaltb. nicht zu beobachten, Bruch uneben; H. = 3,5; G. = 2,5; graulich- bis schwärzlichblau, auch leberbraun bis ziegelroth, schwacher Fettglanz, kantendurchscheinend bis undurchsichtig. — Chem. Zus. nach *Nordenskiöld*: 43,93 Kieselsäure, 28,93 Thonerde, 5,30 Eisenoxydul (Oxyd?), 3,90 Magnesia, 1,85 Natron, 1,05 Kali, 15,47 Wasser; ist nach *G. Bischof* und *Blum* ebenfalls nur ein Umwandlungsproduct des Cordierits. V. d. L. unschmelzbar; auf Kohle erhitzt gibt er den sogenannten Thongeruch; von Salzsäure vollständig zersetzbar. — Helsingfors in Finnland.

553. Gigantolith, *Nordenskiöld*.

Formen rhombisch wie die des Cordierits; grosse, dicke, zwölfseitige Säulen, mit Winkeln von 148° und 152°, durch die Basis begrenzt; auch derb, in individualisirten Massen. – Spaltb. angeblich basisch, was jedoch mehr eine schalige Absonderung sein dürfte, da oft Chloritblättchen auf den Ablösungsflächen liegen; H. = 3,5; G. = 2,8...2,9; grünlichgrau bis lauchgrün und schwärzlichgrün, schwach fettglänzend, undurchsichtig. — Chem. Zus. nach *Trolle-Wachtmeister*: 46,27 Kieselsäure, 25,1 Thonerde, 15,6 Eisenoxyd, 3,8 Magnesia, 0,30 Manganoxydul, 2,7 Kali, 1,2 Natron, 6,0 Wasser. Später haben *Komonen* und *Marignac* Analysen angestellt, welche etwas weniger Kieselsäure und mehr Kali, denselben Thonerde- und Wassergehalt, aber die Procente des Eisenoxyds als Oxydul angeben. V. d. L. schmilzt er leicht und etwas aufschwellend zu grünlicher Schlacke. — Tammela in Finnland.

554. Fahlunit, *Hisinger* (und Weissit).

Wahrscheinlich rhombisch, in Formen des Cordierits; doch nur selten in undeutlich gebildeten eingewachsenen Krystallen, gewöhnlich derb und eingesprengt in individualisirten Massen, welche z. Th. Querschnitte von sechsseitigen Säulen und eine der Basis parallele schalige Absonderung zeigen. — Spaltb. sehr unvollk. und zweifelhaft, angeblich nach einem Prisma von 109½°; Bruch muschelig bis uneben und splitterig; mild; H. = 2,5...3; G. = 2,5...2,8; schwärzlichgrün, olivengrün bis ölgrün und gelb, oder gelblichbraun bis schwarzlichbraun; schwacher Fettglanz; kantendurchscheinend bis undurchsichtig. — Chem. Zus. nach den Analysen von *Hisinger* und *Trolle-Wachtmeister* etwas schwankend; zwei Analysen des Letzteren ergaben indessen: 44,95 Kieselsäure, 30,70 Thonerde, 7,22 Eisenoxydul (Oxyd?), 1,90 Manganoxydul, 6,04 Magnesia, 0,95 Kalk, 1,88 Kali, 8,65 Wasser, was, wenn man das Eisenoxydul als Oxyd auffasst, befriedigend mit wasserhaltigem Cordierit übereinstimmt, welcher etwas Magnesia verloren hat. V. d. L. schmilzt er an den Kanten zu weissem blasigem Glas; mit Phosphorsalz Eisenfarbe und Kieselskelet, mit Kobaltsolution blau; von Säuren wird er nicht angegriffen. — Fahlun in Schweden, im Talkschiefer, wo der Fahlunit oft eine Rinde um den ebenfalls dort vorkommenden braunen Cordierit (harter Fahlunit; vgl. S. 674) bildet, wobei ein allmählicher Uebergang dieses Kerns in die Rinde stattfindet.

Anm. 1. Der Weissit von Fahlun ist nach *Haidinger* im Aeusseren vom Fahlunit kaum verschieden, obgleich die undeutlichen Krystalle angeblich monoklin sein sollen; Farbe grau und braun; G. = 2,8; hält nach *Trolle-Wachtmeister* nur 3 pCt. Wasser, 59 Kieselsäure, 22 Thonerde, 9 Magnesia, 2 Eisen- und Manganoxydul, 4,1 Kali, 0,7 Natron. — Nach *Hunt* ist auch *Thomson's* Huronit ein dem Fahlunit analoges Zersetzungsproduct nach Cordierit, welches sich derb in Geschieben eines Hornblendegesteins am Huronsee findet, lichtgelblichgrün, fettglänzend, kantendurchscheinend.

Anm. 2. Der Bonsdorffit *Thomson's* besitzt Formen rhombisch wie die des Cordierits; sechsseitige Säulen mit abgestumpften Kanten, fast cylindrisch erscheinend, an den Enden nicht deutlich ausgebildet. Spaltb. angeblich basisch, wohl nur schalige Absonderung; H. = 3...3,5; grünlichbraun bis dunkel olivengrün; Fettglanz; kantendurchscheinend. — Chem. Zus. nach *Bonsdorff*: 45 Kieselsäure, 30 Thonerde, 5 Eisenoxydul, (wahrscheinlich Oxyd), 9 Magnesia, 11 Wasser, also wasserhaltige Cordieritsubstanz; eine spätere Analyse von *Malmgren* stimmt so ziemlich mit jener von *Bonsdorff*, und beweist mit *Arppe* die Identität mit Fahlunit; auch eine von *Holmberg* gab ein ähnliches Resultat. V. d. L. wird er bleich, schmilzt aber nicht; durch Säuren nur unvollständig zersetzbar. — Im Granit bei Åbo, mit Cordierit.

555. Pinit, *Werner*.

Die sechs- und zwölfseitig prismatischen Krystallformen haben so grosse Aehnlichkeit mit denen des Cordierits, dass man auch den Pinit für eine secundäre Bildung nach Cordierit zu halten berechtigt ist, obwohl Reste davon noch u. d. M. in der Regel nicht gefunden werden; nach *Gümbel* kommt im Cordieritgneiss von Cham in der Oberpfalz ein pinitartiges Mineral vor, welches oft noch einen Kern von Cordierit umschliesst. Die Krystalle eingewachsen und aufgewachsen; auch derb, in individualisirten Massen, welche die (bisweilen auch an Krystallen vorkommende) schalige Absonderung nach 0P zeigen. — Spaltb. basisch, unvollk., und mehr Absonderung erscheinend: Bruch uneben und splitterig; H. = 2...3; G. = 2,74...2,85; verschiedene graue, grüne, braune, meist schmutzige Farben, selten blau; schwach fettglänzend bis matt; kantendurchscheinend bis undurchsichtig. — Chem. Zus. ziemlich schwankend, was wahrscheinlich in einer mehr oder weniger weit fortgeschrittenen Zersetzung des Minerals begründet ist; im Allgemeinen sind 45 bis 56 Kieselsäure, 25 bis 34 Thonerde, 4 bis 12 Eisenoxyd, 6 bis 12 Kali nebst ein wenig Magnesia (0,5 bis 3 pCt.) und Eisenoxydul als die wesentlichen Bestandtheile desselben zu betrachten, zu welchen sich noch ein Wassergehalt von 4 bis 8 (meist 5) pCt. gesellt; in dem sehr zersetzten Pinit von Schneeberg fand *Klaproth* gar kein Kali (was später von *Thümmel* bestätigt wurde), die übrigen Bestandtheile aber in einem ganz abweichenden Verhältniss (29,5 Kieselsäure, 63,75 Thonerde und 6,75 Eisenoxyd). *Rammelsberg* folgert aus einer Discussion zahlreicher Pinit-Analysen, dass darin das Verhältniss von Thonerde und Eisenoxyd zur Kieselsäure häufig unverändert dasjenige des Cordierits geblieben sei, und ist geneigt, einem Theile der Pinite die Formel $\dot{M}^2(Al^2)^2 Si^5 \ddot{O}^{17} + 3\ \dot{H}^2\ddot{O}$ (oder $\dot{M}^6 \dot{M}^2(Al^2)^2 Si^5 \ddot{O}^{20}$) zuzuschreiben, wobei (Al²) auch (Fe²) begreift. Wenn der Pinit wirklich nur ein zersetzter Cordierit ist, so ist bei der Zersetzung des letzteren die Magnesia entfernt und durch mehr oder weniger Kali ersetzt worden, während zugleich Wasser hinzutrat. Im Kolben gibt der Pinit etwas Wasser; v. d. L. schmilzt er an den Kanten zu farblosem oder dunkel gefärbtem Glas; von Salzsäure wird er wenig oder, wenn sehr zerstört, grösstentheils zersetzt. — Besonders als accessorischer Gemengtheil mancher Granite und Porphyre; Schneeberg, Aue, Buchholz und Penig in Sachsen, im Porphyr des Auersbergs am Harz, St. Pardoux in der Auvergne u. a. O. — Der sog. Pinit von Neustadt bei Stolpen, von *Freiesleben* als M i c a r e l l bezeichnet, steht aber nach *Wichmann* in gar keiner Beziehung zum Cordierit.

A n m. 1. Der O o s i t im Porphyr vom Cäcilienberg bei Lichtenthal unfern Baden-Baden ist nach der Analyse von *Nessler* ein pinitähnliches, in sechs- und zwölfseitigen Prismen krystallisirendes Mineral, zerbrechlich, schneeweiss, undurchsichtig und v. d. L. sehr leicht schmelzbar.

A n m. 2. Der I b e r i t von Montoval bei Toledo schliesst sich unmittelbar an den Pinit an; er findet sich in grossen, scheinbar hexagonalen Prismen, spaltbar nach ∞P und 0P, hat H. = 2...3, G. = 2,89, ist graulichgrün, und zeigt Glas- bis Perlmutterglanz. Die Analyse von *Norlin* ergab: 40,90 Kieselsäure, 30,74 Thonerde, 17,18 Eisenoxyd, 1,20 Magnesia, 4,57 Kali, geringe Mengen von Manganoxydul und Natron, sowie 5,57 Wasser. Wahrscheinlich ist er gleichfalls nur ein umgewandelter Cordierit.

A n m. 3. Hier mag auch der G r o p p i t *Svanberg's* angereiht werden, obgleich seine Abstammung von Cordierit zweifelhaft ist; derb, in grossblätterigen Aggregaten; Spaltb. deutlich nach einer Richtung, undeutlich nach zwei anderen Richtungen. H. = 2,5; G. = 2,73; rosenroth bis braunroth, in dünnen Splittern durchscheinend. — Chem. Zus. nach *Svanberg*: 45 Kieselsäure, 22,5 Thonerde, 8,0 Eisenoxyd, 12,3 Magnesia, 4,5 Kalk, 5,5 Kali, 7 Wasser. V. d. L. wird er weiss, schmilzt aber nur in scharfen Kanten, in heisser Salzsäure schwer zersetzbar. — Im Kalkbruch von Gropptorp in Södermanland.

556. Beryll (und Smaragd).

Hexagonal; P (*P*) 59° 53′ nach *Kupffer* und *v. Kokscharow*; A.-V. = 1 : 0,4989; die gewöhnlichsten Formen sind ∞P (*M*), 0P (*m*), ∞P2 (*n*), P und 2P2 (*s*); auch erscheinen ⅔P, ⅓P, 3P. Die gemeinsten Combinationen sind ausser ∞P.0P in nachstehenden Figuren abgebildet.

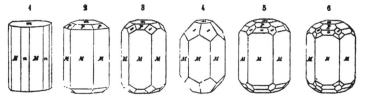

Fig. 1.   ∞P.∞P2.0P; sehr häufig; beide Prismen meist oscillatorisch combinirt,

wodurch eine starke verticale Streifung und nicht selten eine fast cylindrische Form der Säulen bedingt wird.

Fig. 2. ∞P. 0P. P; nicht selten am Beryll wie am Smaragd.
Fig. 3. Die Comb. wie Fig. 2 mit 2P2.
Fig. 4. ∞P. 2P2. 0P; ein zweiter Haupttypus.
Fig. 5. Die Comb. wie Fig. 3 mit 2P (u).
Fig. 6. Die Comb. Fig. 5, noch mit der dihexagonalen Pyramide 3P$\frac{3}{2}$.

Die Prismen des Berylls sind meist vertical gestreift, die Krystalle säulenförmig einzeln eingewachsen, oder aufgewachsen und zu Drusen verbunden, sowie in stängeligen Aggregaten. — Spaltb. basisch, ziemlich vollkommen, prismatisch nach ∞P unvollkommen; Bruch muschelig bis uneben; H. = 7,5...8; G. = 2,677...2,725 für Beryll, 2,710...2,759 für Smaragd, nach v. *Kokscharow* und *Kämmerer*; farblos, zuweilen wasserhell, doch meist gefärbt, und zwar grünlichweiss, seladongrün, berggrün, ölgrün, smaragdgrün und apfelgrün; auch strohgelb, wachsgelb, und smalteblau bis fast himmelblau, sehr selten lichtrosenroth; Glasglanz; durchsichtig bis in Kanten durchscheinend. Doppelbrechung negativ; das Kreuz oft in zwei Hyperbeln getrennt. — Chem. Zus.: Be^3(Al^2) Si^{6}O^{18}, mit 67 Kieselsäure, 19 Thonerde, 14 Beryllerde; gewöhnlich sind auch ganz geringe Mengen von Eisenoxyd vorhanden; nach *Lévy* hält der Smaragd von Muzo auch gegen 1,66 pCt. Wasser und Spuren einer Kohlenwasserstoff-Verbindung, von welcher er die schöne grüne Farbe ableitet, wogegen *Wöhler* zeigte, dass die Farbe nur durch Chromoxyd (von welchem 0,186 pCt. zugegen sei) bedingt wird, wie schon *Vauquelin* gefunden. Der schöne Beryll der Insel Elba sollte nach *Bechi* in einigen Krystallen nur 3,3 pCt., in anderen gar keine Beryllerde, sondern nur Thonerde enthalten (auch 0,88 Cäsiumoxyd); wäre dies in der That der Fall, so würde die ältere Ansicht über die Zusammensetzung der Beryllerde, dass sie nämlich ein Sesquioxyd sei, gerechtfertigt werden, für welche auch die Angabe *Ebelmen's* sprechen würde, dass er diese Erde in rhomboëdrischen Krystallen von der Korundform dargestellt habe (nach den neueren Untersuchungen von *Nilson* und *Pettersson* ist indessen das Beryllium entschieden zweiwerthig). *Rammelsberg* hat jedoch den Beryll von Elba in der Folge gleichfalls analysirt, ohne *Bechi's* Angaben bestätigen zu können, und angesichts dessen verdient die spätere Analyse *Grattarola's*, welcher in einem Beryll wieder blos 8,81 Beryllerde fand, nur wenig Vertrauen. V. d. L. schmilzt er nur schwierig in Kanten zu trübem blasigem Glas; von Phosphorsalz wird er langsam gelöst ohne Hinterlassung eines Kieselskelets; von Säuren nicht angreifbar. — Man unterscheidet Smaragd (smaragd-, gras- bis apfelgrüne Krystalle mit glatten Seitenflächen): Habachthal in Salzburg in Glimmerschiefer, Muzo in Neugranada (Columbia), hier in schwarzem Kalkstein mit Kalkspath und Parisit, Santa Fé de Bogota in Neugranada (*Vrba* in Z. f. Kryst. V. 430), Kosseir in Aegypten, am Fluss Takowoia, 85 Werst östlich von Katharinenburg im Ural, hier bis 40 Cm. lange und 25 Cm. dicke Krystalle in Glimmerschiefer, Mourne Mountains in Irland; Stony Point in Alexander Co. in Nord-Carolina (bis 8½ Zoll lange Krystalle in einem feldspathreichen Gneiss); und Beryll, welcher die übrigen Varr. begreift. und weiter als edler und gemeiner Beryll unterschieden wird (der letztere in z. Th. fusslangen und noch grösseren, aber schlecht gefärbten und fast undurchsichtigen Krystallen): Mursinka (bis 3 Decimeter lange, sehr formenreiche Krystalle) und Schaitanka bei Katharinenburg, sowie Miask im Ural, Altai (Krystalle bis zu 1 Meter Länge), Gebirge Aduntschilon und Thal der Urulga im Nertschinsker Kreise, Finbo. Eidsvold am Mjösen-See, Bodenmais, Tirschenreuth, Limoges, Insel Elba, Grafton zwischen dem Connecticut und Marimac, hier in 4 bis 6 Fuss langen, über fussdicken, 20 bis 30 Ctr. schweren Krystallen.

Gebrauch. Der Smaragd ist ein sehr geschätzter und auch der edle Beryll ein recht beliebter Edelstein; die blauen und blaulichgrünen Varietäten des letzteren heissen gewöhnlich Aquamarin; auch wird der Beryll zur Darstellung der Beryllerde benutzt.

Anm. Die Beryllkrystalle erleiden mitunter eine Umwandlung in eine glanzlose erdige Masse, welche in der That Kaolin darstellt; eine solche Substanz von Vilate bei Chanteloube, getrennt von den noch unzersetzt gebliebenen Krystallpartikeln, ergab *Damour*: 45,61 Kieselsäure, 38,86 Thonerde, 1,10 Beryllerde, 14,04 Wasser.

557. Leukophan, *Esmark*.

Monoklin nach *Groth*, früher von *Des-Cloizeaux*, *Greg* und *v. Lang* für rhombisch gehalten; die würfelähnlichen oder dicktafelförmigen Krystalle, häufig mit einer diagonal kreuzförmigen Streifung auf der besten Spaltungsfläche versehen, sind, wie die optische Untersuchung erweist, vielfach aus 2 zwillingsartig durcheinandergewachsenen Krystallen gebildet (bei welcher Verwachsung ∞P∞ Zwillings-Ebene ist); diese beiden Krystalle sind aber wahrscheinlich selbst schon aus einzelnen nach 0P verzwillingten Lamellen zusammengesetzt. *Groth* beobachtete als Formen ∞P, 0P, P, 2P2, ∞P∞, ½P∞ und bestimmte das A.-V. zu 1,061 : 1 : 1,054, wobei $\beta = 90°$. Bezüglich des Näheren muss auf seine Mittheilungen in Z. f. Kryst. II. 1878. 200 verwiesen werden, die sich an die Untersuchungen von *E. Bertrand* anknüpfen, welcher eine Zwillingsverwachsung von hemiëdrisch-rhombischen Individuen für wahrscheinlich hielt. Selten krystallisirt, meist derb, in stängeligen oder schaligen Aggregaten. Spaltb. klinodiagonal vollk.; sehr schwer zersprengbar; H.$= 3,5...4$; G.$= 2,964...$2,974; blass grünlichgrau bis licht weingelb; Glasglanz auf den Spaltungsflächen; in dünnen Splittern durchscheinend und farblos; nach gewissen Richtungen reflectirt er einen weissen Lichtschein, daher der Name; phosphorescirt bläulich, wenn er geschlagen oder erhitzt wird. — Chem. Zus.: *Erdmann* und *Rammelsberg* haben mit ziemlich übereinstimmenden Resultaten den Leukophan untersucht; Letzterer fand 47,03 (ein andermal 49,70) Kieselsäure, 10,70 Beryllerde, 23,37 Kalk, 0,17 Magnesia, 11,26 Natron, 0,30 Kali, 1,03 Thonerde und 6,57 Fluor; eine völlig befriedigende Formel ist indess aus den Analysen nicht abzuleiten. *Rammelsberg* entschied sich unter der Voraussetzung, dass das Fluor als Fluornatrium vorhanden ist, zu der Formel 6 NaF + R¹⁵ Si¹⁴ O⁴³, worin R = Be + Ca. *Groth* leitet die einfachere empirische Formel Na² R⁵ Si⁵ O¹⁵ F² ab. — V. d. L. schmilzt er zu einer klaren, schwach violblauen Perle; mit Borax gibt er ein durch Mangan gefärbtes Glas, Phosphorsalz löst ihn mit Hinterlassung eines Kieselskelets; im Glasrohr mit Phosphorsalz erhitzt gibt er Fluorreaction. — Auf Lamö im Langesundsfjord in Norwegen; selten.

558. Melinophan, *Scheerer*.

Tetragonal nach *Bertrand*; P Polk. 122° 23', Mittelk. 85° 55'; gewöhnl. Comb. P.P∞. A.-V.$= 1 : 0,6584$; Krystalle äusserst selten, meist derb und eingesprengt, in schaligen und grossblätterigen Aggregaten. H.$= 5$; G.$= 3,018$; honiggelb, citrongelb bis schwefelgelb. — Nach *Rammelsberg's* Analysen und Deutungen ebenfalls eine Verbindung von Fluornatrium mit einem Beryll-Kalksilicat, aber von der Formel 6 NaF + 7 R³ Si² O⁷. *Groth* ertheilt ihm die abweichende empirische Formel Na⁴ (Be, Ca)¹² Si¹⁰ O³⁰ F⁴. — Brevig, Frederiksvärn u. a. O. in Norwegen.

Anm. Schon vor der Feststellung des Krystallsystems (Comptes rendus, 9. Oct. 1876) hatte *Des-Cloizeaux* den Melinophan als optisch-einaxig erkannt; dadurch und durch die chem. Zus. war *Scheerer's* Vermuthung widerlegt, dass er eine Var. des Leukophans sei; auch phosphorescirt er nicht. — Der Name ist übrigens nicht correct gebildet und müsste richtiger Melitophan lauten: *Dana* schreibt Meliphanit.

16) Feldspathgruppe.

Die eigentlichen Feldspathe (mit Ausschluss der barythaltigen Glieder sind, soweit bis jetzt bekannt, zu unterscheiden in:

1) **monoklinen Feldspath**, oder **Orthoklas**, ein Silicat von Thonerde und vorwiegend Kali, daher auch eigentlicher **Kalifeldspath**, worin K : (Al²) $= 2 : 1$, und (Al²) : Si $= 1 : 6$;

2) **trikline Feldspathe**, oder **Plagioklase** (Klinoklase); sie zerfallen in:

    a) **Mikroklin**, chemisch mit dem Orthoklas identisch;

    b) **Albit**, ein Silicat von Thonerde und Natron, daher auch **Natronfeld-**

spath, worin, übereinstimmend, wie im Orthoklas Na : $(Al^2) = 2 : 1$. und $(Al^2) : Si = 1 : 6$ ist. Orthoklas, Mikroklin und Albit sind daher die Alkalifeldspathe.

c) **Anorthit**, ein Silicat von Thonerde und Kalk, daher auch **Kalkfeld-spath**, worin Ca : $(Al^2) = 1 : 1$, und $(Al^2) : Si = 1 : 2$ ist.

Albit und Anorthit sind isomorph, und aus der Mischung ihrer beiden Substanzen gehen die zwischen diesen beiden Endesgliedern stehenden **Kalknatronfeldspathe** und **Natronkalkfeldspathe** hervor (Oligoklas, Andesin, Labradorit u. s. w.).

Nachdem schon früher *Sartorius v. Waltershausen, Delesse* und *Hunt* die frei-lich nicht befriedigend begründete und auch nicht übereinstimmend aufgefasste Ansicht ausgesprochen, dass ein allmählicher Uebergang zwischen Anorthit und Albit existire, hat dann *G. Tschermak* (Sitzungsber. d. Wiener Akad., 1864. L. 1) die-jenige geistreiche und fruchtbringende Theorie aufgestellt und näher entwickelt. welche den gegenseitigen Zusammenhang namentlich der triklinen Feldspathe überhaupt erläutert, und wenigstens in den Hauptheilen längst allseitige Anerken-nung gefunden hat. *Tschermak* nahm zu einer Zeit, als die Bedeutung des Mikro-klins noch nicht erkannt war , nur drei selbständige Feldspathe an: den Kalifeld-spath oder Orthoklas, den Natronfeldspath oder Albit und den Kalkfeldspath oder Anorthit, wie dies aus obiger, auf seinen Forschungen fussenden Uebersicht her-vorgeht. Diejenigen Feldspathe, welche wesentlich nur Kali und Natron zu-gleich enthalten (also natronhaltige Orthoklase und kalihaltige Albite), betrachtete er als mechanische Gemenge von Orthoklas und Albit, indem er sich auf die Thatsachen stützt, dass im Perthit ein wirkliches lamellares Aggregat dieser beiden Feldspathe vorliegt, und dass diese als solche nicht isomorph sind (vgl. darüber unten). Ausgehend dagegen von dem Isomorphismus zwischen Albit und Anorthit fasste er alle Feldspathe, welche wesentlich Natron und Kalk zugleich enthalten, als isomorphe Gemische von Albit und Anorthit in verschiedenen Verhältnissen auf, deren specifisches Gewicht von dem betreffenden Mischungs-verhältniss abhängig ist. Demgemäss erhielt er eine erste Reihe von Orthoklas-Albit-Feldspathen und eine zweite Reihe von Albit-Anorthit-Feldspathen, von denen jene blose mechanische Gemenge, diese dagegen chemische Gemische be-greift. Da nun aber gewisse, Kalk und Natron enthaltende Feldspathe auch ge-ringe Mengen von Kali erkennen lassen, so nahm *Tschermak* noch eine dritte Reihe an, isomorphe Gemische von Kalk-Natronfeldspath, welchen der Kalifeldspath (vermöge seines mangelnden Isomorphismus blos) mechanisch beigemengt sein soll.

Dieser genialen Theorie liegt die Hypothese zu Grunde, dass die zweierlei Sub-stanzen des Albits und Anorthits überall da *in promptu* vorhanden gewesen sind, wo sich die Mischlings-Plagioklase bildeten, und dass sich diese beiden so differenten Substanzen in den verschiedensten Verhältnissen zu homogenen Körpern vereinigten. statt isolirt zu krystallisiren. Es erinnert dies einigermaassen an *Bunsen's* Idee, dass die sämmtlichen vulkanischen Gesteine aus zwei gesonderten Herden stammen, deren einer die normal-trachytische, der andere die normal-basaltische Substanz lieferte. und dass sich diese so differenten Substanzen auf ihren Eruptionswegen begegnet und in verschiedenen Verhältnissen gemischt haben.

Tschermak hat auch zuerst darauf hingewiesen, dass die bei der gewöhnlichen Schreibweise, trotz der waltenden Isomorphie, wenig einander entsprechenden Formeln des Albits $Na^2 (Al^2) Si^6 O^{16}$ (= **Ab**) und des Anorthits $Ca (Al^2) Si^2 O^8$ dann einander relativ analog werden, wenn man das Molekulargewicht des Anorthits verdoppelt, letzteren als $Ca^2 (Al^2)^2 Si^4 O^{16}$ (= **An**) ansieht (vgl. S. 238 Anm.)

Bevor die *Tschermak*'sche Theorie die verdiente Anerkennung fand, hielt man dafür, dass die zwischen Albit und Anorthit stehenden Kalknatronfeldspathe drei feste selbständige Species ausmachen, den Oligoklas, Andesin und Labradorit, denen man folgende Zusammensetzung, zunächst ausgedrückt als Analysenresultat, zuschrieb:

Oligoklas: $(Na^2, Ca) O, Al^2 O^3, 4\frac{1}{2} Si O^2 = (Na^4, Ca^2) (Al^2)^2 Si^9 O^{24}$,

Andesin: $(Na^2, Ca) O, Al^2 O^3, 4 Si O^2 = (Na^2, Ca) (Al^2) Si^4 O^{12}$,

Labradorit: $(Ca, Na^2) O, Al^2 O^3, 3 Si O^2 = (Ca, Na^2) (Al^2) Si^3 O^{10}$.

Den Mangel an Uebereinstimmung, welchen die Analysen zahlreicher trikliner Kalknatronfeldspathe mit der einen oder der anderen dieser Formeln erkennen liessen, pflegte man durch Verunreinigung des Materials, durch begonnene Zersetzung oder durch Fehler in der Analyse zu erklären. Nunmehr, wo es als ausgemacht gilt, dass eine continuirliche Reihe der verschiedensten Kalknatronfeldspath-Mischungen zwischen Albit und Anorthit existirt, in welcher jedes Glied keine mindere Berechtigung besitzt als ein anderes, können Oligoklas, Andesin und Labradorit nicht mehr als selbständige Feldspathe gelten, während sie immerhin noch die Rolle von vermöge der Häufigkeit ihrer Ausbildung besonders bevorzugten Mischungen spielen, und als Sammelpunkte und Collectivnamen auch fürderhin aufrecht erhalten werden können. Von diesem Standpunkt aus pflegt man jetzt die ganze Mischungsreihe in sechs Theile zu zerlegen, indem ausser den Endgliedern Albit (Ab) und Anorthit (An) nun noch vier, willkürlich, aber gleichmässig abgegrenzte Mischglieder angenommen werden,

von Ab bis $Ab^3 An^1$, Oligoklas,

von $Ab^3 An^1$ bis $Ab^1 An^1$, Andesin,

von $Ab^1 An^1$ bis $Ab^1 An^3$, Labradorit,

von $Ab^1 An^3$ bis An, Bytownit.

Indem jedes Glied der Mischungsreihe das Gesetz m Ab $+ n$ An, oder, wie es kürzer geschrieben zu werden pflegt **Ab**^{m} **An**^{n} befolgt[1]), hängt also in den Kalknatronfeldspathen von dem Verhältniss Na : Ca auch dasjenige von Al : Si ab, und umgekehrt; je mehr Natrium ein solcher Feldspath besitzt, desto kieselsäurereicher muss er sein, weil dann desto mehr der kieselsäurereicheren Albitsubstanz sich an ihm betheiligt; umgekehrt muss mit dem Vorwalten des Calciums — herrührend von der grösseren Betheiligung des Anorthits — auch ein geringerer Kieselsäuregehalt sich einstellen, weil dieses Endglied kieselsäurearm ist. Und allemal muss mit dem Steigen des Natriums ein Sinken des Calciums, mit dem Zunehmen des

---

[1] Vgl. auch darüber: *Rammelsberg* (Z. geol. Ges., XVIII. 1866. 210, und ebendas., XXIV. 1872. 138), *G. vom Rath* (Ann. d. Phys. u. Ch., Bd. 111. 1871. 219 und namentlich Z. geol. Ges. XXVII. 295), *König* (Z. geol. Ges. XX. 1868. 378), *Bunsen* (Annal. d. Chem. u. Pharm., 6. Supplementband, 1868. 183), *Streng* (N. Jahrb. f. Min., 1865. 426, und 1871. 598 und 745); *Tschermak* (Ann. d. Phys. u. Ch., Bd. 138. 1869. 162).

letzteren eine Verminderung des Natriums verbunden sein. Weit über hundert zuverlässige Analysen bringen in der That diese Relationen zum Ausdruck, und erproben somit die Richtigkeit der Theorie.

Die folgende Tabelle ergibt die chem. Zusammensetzung und das spec. Gewicht verschiedener Mischungen von Albit (Ab) und Anorthit (An).

Ab : An	1 : 0	12 : 1	8 : 1	6 : 1	4 : 1	3 : 1	2 : 1	3 : 2	1 : 1
SiO^2	68,68	66,61	65,70	64,85	63,84	62,02	59,84	58,11	57,37
Al^2O^3	19,48	20,88	21,50	22,07	23,09	23,98	25,46	26,62	27,42
CaO	—	1,64	2,86	3,02	4,22	5,26	6,97	8,34	8,92
Na^2O	11,84	10,87	10,45	10,06	9,85	8,74	7,73	6,93	6,39
sp. Gew.	2,624	2,635	2,640	2,645	2,652	2,659	2,671	2,680	2,684

Ab : An	1 : 1	3 : 4	2 : 3	1 : 2	4 : 3	1 : 4	1 : 6	1 : 8	0 : 1
SiO^2	55,55	53,78	53,01	51,34	49,26	48,03	46,62	45,85	43,16
Al^2O^3	28,35	29,58	30,06	31,20	32,60	33,43	34,38	34,90	36,72
CaO	10,36	11,79	12,36	13,67	15,31	16,28	17,39	18,00	20,12
Na^2O	5,74	4,90	4,57	3,79	2,83	2,26	1,61	1,25	—
sp. Gew.	2,694	2,703	2,708	2,716	2,728	2,735	2,743	2,747	2,738

Mit Hülfe einer Kaliumquecksilberjodidlösung hat *Goldschmidt* eine grosse Menge von Bestimmungen des spec. Gewichts der verschiedenen, z. Th. auch optisch und chemisch geprüften triklinen Feldspathe vorgenommen und dabei im Einzelnen den schon früher in seiner Allgemeinheit bekannten Satz bestätigt, dass das spec. Gew. bei reinem und frischem Material einen vollkommen sicheren Schluss auf die Natur des Feldspaths zulässt. Die Reihe der Plagioklase schreitet stetig fort von dem leichteren Albit zu dem schwereren Anorthit (N. Jahrb. f. Min. Beilageb. I. 179). — Indem der Albit von Salzsäure unangreifbar, der Anorthit durch dieselbe leicht zersetzbar ist, regelt sich das Verhalten der Mischungen gegen die Säure auch im Allgemeinen nach der Betheiligung von Ab und An.

Zufolge den wichtigen Untersuchungen von *M. Schuster* bilden die Kalknatronfeldspathe, wie nach allen ihren anderen Eigenschaften, so auch in optischer Beziehung eine analoge Reihe, und zwar scheint jedem bestimmten Mischungsverhältniss der Grenzglieder auch ein bestimmtes optisches Verhalten zu entsprechen, welches demgemäss bald mehr an den Albit, bald mehr an den Anorthit erinnert[1]) (Min. u. petrogr. Mitth. III. 1880. 252; V. 1882. 189).

Bezeichnet man, wie es in nachstehender Figur (bei welcher die auf S. 692 Anm. 1 angegebene Aufstellung der Plagioklase zu Grunde liegt) geschehen, für die verschiedenen Feldspathe aus der Albit-Anorthitreihe die Hauptschwingungsrichtungen durch

---

1) *Des-Cloizeaux* hatte geglaubt, auf Grund von optischen Wahrnehmungen die Richtigkeit der *Tschermak*'schen Theorie hinfällig machen zu können (Comptes rendus 1875. LXXX. 364). Nachdem indessen schon *M. Bauer* treffend dargethan, dass die Berechtigung der aus diesen Beobachtungen gezogenen Schlussfolgerungen höchst zweifelhaft ist (Z. d. g. Ges. 1875. 952), hat *Schuster* auch noch speciell erwiesen, auf welche Weise *Des-Cloizeaux* zu Verwechselungen und nicht richtigen Voraussetzungen gelangt ist. Auch die späteren sehr ausführlichen Untersuchungen von *Des-Cloizeaux* (Bull. soc. min. VI. 1883. 89) sind kaum geeignet, die Grundsätze von *Schuster* zu erschüttern. *E. Mallard* hat in einer theoretischen Betrachtung gezeigt, dass die Auslöschungsschiefe auf einer bestimmten Fläche eines seiner Mischung nach bekannten Plagioklases in der That aus derjenigen des Albits und Anorthits auf dieser Fläche durch Rechnung bestimmt werden kann, und dass die Auslöschungsschiefe mit dem Verhältniss, in welchem sich Ab und An an der Mischung betheiligen, durch eine Gleichung ersten Grades zusammenhängt (Bull. soc. min. IV. 1881. 96).

Linien auf der Basis P, dann wird der nach vorn sich öffnende Winkel der Auslöschungsschiefe mit der Kante PM, vom Albit angefangen, allmählich mit zunehmendem Kalkgehalt kleiner und nähert sich der Null, und nimmt sodann jenseits derselben einen entgegengesetzten Werth an, welcher im Anorthit, dem anderen Endglied, sein Maximum erreicht. Wird der Winkel als positiv eingeführt, wenn die Auslöschungsrichtung im Sinn der Kante des rechten Prismas gegen die Kante PM geneigt ist, im entgegengesetzten Fall als negativ, so ergeben sich für die von *Schuster* untersuchten Feldspathe die Werthe, welche in der weiter unten folgenden Tabelle in der mit a bezeichneten Colonne angeführt sind. Noch auffallender wird der allmähliche Uebergang der optischen Orientirung, welcher beim Weiterschreiten in der isomorphen Reihe sich offenbart, sobald man die Lage der Hauptschwingungsrichtungen auf dem Brachypinakoid M in gleicher Weise (vgl. nebenstehende Figur) ins Auge fasst. Hat das positive Zeichen des Winkels die Bedeutung, dass die Auslöschungsschiefe in gleichem Sinn gegen die Kante PM hin gerichtet ist, wie der Schnitt der Fläche x mit der Fläche M, während das negative Zeichen einen entgegengesetzten Verlauf andeuten soll, so ergeben sich nach *Schuster* für die von ihm geprüften Feldspathe die in der folgenden Tabelle unter der Colonne b verzeichneten Zahlenwerthe.

	a			b
Albit [1]	$+ 4\frac{1}{2}^0$		. . .	$+ 19^0$
Zwischenglieder zw. Albit u. Oligoklas	$+ 2$ bis $+ 1^0$		. .	$+ 12^0$
Oligoklas	$+ 2 + 1^0$		. .	$+ 3$ bis $+ 2^0$
Andesin	$- 1 \gg - 2^0$		. .	$- 4$ bis $- 6^0$
Labradorit	$- 4 \gg - 5^0$		. .	$- 16^0$
Zwischenglieder zw. Labrad. u. Anorthit	$- 16 \gg - 18^0$		. .	$- 29^0$
Anorthit	$- 36^0$		. . .	$- 37^0$

In der Mischungsreihe von Ab und An sind daher chemische Zusammensetzung, optische Beschaffenheit und specifisches Gewicht drei Verhältnisse, von denen jedes einzelne auf die beiden anderen einen sicheren Schluss gestattet.

Bei den Plagioklasen der Gesteine, welche zonenförmige Anwachsstreifen aufweisen, ist es oft auf Grund der in den einzelnen Schalen abweichenden Auslöschungsschiefen constatirt worden, dass dieselben im Inneren aus kieselsäureärmeren kalkreicheren, nach aussen zu aus zonenweise immer kieselsäurereicher und kalkärmer werdenden Mischungen bestehen. Die Zwillingslamellirung pflegt dabei durch die Schichten ungestört und gleichmässig hindurchzugehen. Zuerst hat wohl *Törnebohm* auf solche Umwachsungen aufmerksam gemacht, welcher in Gesteinen von Rådmansö jedes Anorthit-Individuum von einer weniger durch Säuren zersetzbaren Plagioklassubstanz rindenartig umgeben fand (N. Jahrb. f. Min. 1877. 392; vgl. auch den optischen Nachweis durch *Höpfner*, ebendas. 1881. I. 164).

Was den Natrongehalt der Orthoklase und den Kaligehalt der Albite betrifft, so erklärte, wie oben angeführt, *Tschermak* den ersteren durch eine mechanische Einwachsung von Albit-Lamellen und -Partikeln im Orthoklas, den letzteren durch eine ebensolche von Orthoklas-Lamellen im Albit. Obschon nun vielfach derlei Interpositionen, namentlich von triklinem Natronfeldspath innerhalb des Orthoklas beobachtet wurden, so gibt es doch zahlreiche Fälle, wo natronhaltige Orthoklase sich als ganz reine einschlussfreie Substanz erweisen. Um daher

---

[1] Die betr. Werthe fand *Bårwald* an einem von Kali und Kalk ganz freien Albit vom Kasbek zu $2^0 17\frac{1}{4}'$ und $18^0 23\frac{3}{4}'$.

den Natrongehalt zu deuten, waren *Rammelsberg* und *Groth* schon vor der speciellleren Nachweis von der Verbreitung des Mikroklins geneigt, der Orthoklas-Substanz und der Albit-Substanz eine Isodimorphie zuzuschreiben, d. h. jeder kann sowohl monoklin, als auch und zwar in ähnlicher Form triklin krystallisiren nur sei, wenn in der Verbindung $R^2(Al^2)Si^6O^{16}$ das R durch Kalium dargestellt wird, die monokline Modification, wenn aber R=Natrium, die triklin Modification die beständigere und stabilere. Unter dieser Voraussetzung kann allerdings vorherrschende Orthoklas-Substanz mit etwas Albit-Substanz ein monoklin-isomorphes Gemisch, vorherrschende Albit-Substanz mit Orthoklas-Substanz ein triklin-isomorphes Gemisch eingehen, ohne dass die chemisch abweichende, spärlicher vorhandene Substanz mechanisch als solche zugegen zu sein braucht. Wenn aber Kalifeldspath und Natronfeldspath isodimorph sind, so muss es auch der Kalkfeldspath (Anorthit) sein, da er mit dem letzteren wie beiden, als dem triklinen Albit, isomorph ist.

Durch die an ältere Wahrnehmungen sich anschliessenden Forschungen Des Cloizeaux's ist nun in der That in dem Mikroklin der neben dem monoklinen Orthoklas vorhandene trikline Kalifeldspath als solcher nachgewiesen, und in seiner weiten Verbreitung erkannt worden. Reiner monokliner Natronfeld-spath ist dagegen bis jetzt noch nicht gefunden [1].

Szabó wandte in seinem S. 246 citirten Werk die Flammenreactionen in einem *Bunsen*'schen Gasbrenner mit sehr befriedigenden Resultaten zur Diagnose der verschiedenen Feldspathe an.

559. Orthoklas, *Breithaupt* (Feldspath).

Monoklin [2]; $\beta = 63^\circ 57'$ (116°3'), 0P (P), ∞P (T und l) 118°47', $P\infty(x)$ 65°41'.

---

[1] *H. Förstner* glaubte auf Pantelleria am Monte Gibele und bei Cuddia-Mida einen »Natron-Orthoklas« gefunden zu haben, d. h. wenigstens einen Feldspath, welcher an dem letzteren Orte sogar 4 Mol. des Natronthonerdesilicats (Albitsubstanz) auf nur 1 Mol. des Kalithonerdesilicats (Orthoklassubstanz) enthält (7,99 Natron auf 2;58 Kali), und gleichwohl dem monoklinen System, aber mit möglichster Winkelannäherung an den Albit, angehöre (Z. f. Kryst. I. 1877. 547). *C. Klein* hat indessen überzeugend dargethan, dass wenigstens der Feldspath des erstgenannten Fundpunktes nicht monoklin, sondern triklin (Oligoklas) ist (Nachr. d. G. d. W z. Göttingen, 1878. Nr. 14; N. Jahrb. f. Min. 1879. 518). Indem *Förstner* dies für beide zugleich beschrieb er in Z. f. Kryst. VIII. 1883. 128 zwei andere Feldspathe von Pantelleria, welche nach ihm dem Begriff des Natron-Orthoklases entsprechen, d. h. unzweifelhaft monokline Feldspath (Sanidine) sind, in deren Mischung das isomorphe Natronsilicat mehr als die Hälfte ihrer Moleküle bildet; sie ergeben 2,1 Mol. $Na^2Al^2Si^6O^{16}$ auf 1 Mol. $K^2Al^2Si^6O^{16}$ und sind gleichwohl krystallographisch und optisch in jeder Hinsicht monoklin; dabei ist ∞P (119° 50') dem des Albits sehr genähert; Auslöschungsschiefe auf M gegen die Spaltungstrace von P = 9 — 11° Zu solchen natronreichen Orthoklasen scheinen auch die von *Brögger* aus den norwegischen Augit-syeniten untersuchten zu gehören. — Ueber die kalihaltigen Kalknatron-Plagioklase von Pantelleria vgl. *Förstner* ebendas.

[2] Aus gewissen, nach dem Karlsbader Gesetz gebildeten Zwillingskrystallen, welche z. B. auf Elba vorkommen, ergibt sich, dass wenigstens in manchen Orthoklasen die schiefe Basis und das Hemidoma $P\infty$ gleiche Neigung gegen die Verticalaxe haben, was an den ähnlichen Adular-zwillingen nicht der Fall ist; auch *d'Achiardi* erwähnt in seiner Abhandlung sui Feldispati della Toscana dergleichen Krystalle von S. Piero, und sagt, dass er sie häufig und an verschiedenen Combinationen beobachtet hat. Dieselbe Erscheinung wiederholt sich an grossen Krystallen von Zwiesel, sowie nach *Tschermak* an Krystallen aus Sibirien, nach *Quenstedt* an solchen von Striegau, und wird auch von *Breithaupt* in seinem Pegmatolith anerkannt. Die nach dem Bave-noer Gesetz gebildeten Zwillinge beweisen aber, dass das Klinodoma $2P\infty$ rechtwinklig ist. Mit diesen beiden Thatsachen stimmen die bis jetzt bekannt gewordenen Messungen nicht völlig überein, was wenigstens in Betreff des letzteren Winkels nach *Naumann* möglicherweise

2P∞ (n) 90°7', 2P∞ (y) 35°45', P (o) 126°17', nach v. *Kokscharow's* Messungen am Adular, mit welchen die älteren von *Kupffer* und die von *G. vom Rath* meist bis auf einzelne Minuten übereinstimmen. A.-V. = 0,6585: 1: 0,5554.

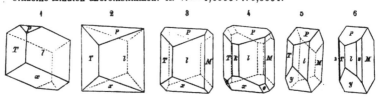

Fig. 1. ∞P.P∞.0P; häufig am Adular; x meist horizontal gestreift, bildet mit P eine Kante von 129°43'.

Fig. 2. Dieselbe Combination, jedoch so, dass die Basis und das Hemidoma im Gleichgewicht ausgebildet sind; ebenfalls häufig am Adular.

Fig. 3. Dieselbe Combination mit dem Klinopinakoid (M); am Adular und an anderen Varietäten; $P:T$ oder $l = 112°13'$, $x:T$ oder $l = 110°41'$.

Fig. 4. Die Comb. 3, mit dem Orthopinakoid (k) und der Hemipyramide P (o).

Fig. 5. ∞P∞.∞P.0P.2P∞; eine der gewöhnlichsten Formen der in den Graniten und Porphyren eingewachsenen Krystalle; in einer anderen Stellung zeigt sie die Fig. 158 auf S. 81.

Fig. 6. Die Comb. 5, mit dem Klinoprisma ∞P3 (z); gleichfalls sehr häufig an den eingewachsenen Krystallen.

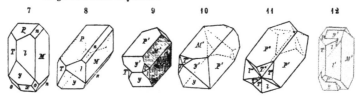

Fig. 7. Die Comb. 5 mit dem Hemidoma P∞, der Hemipyramide P, und dem Klinodoma 2P∞ (n); auch nicht selten; $P:n = 135°3\frac{1}{2}'$.

darin seinen Grund haben dürfte, dass sich die Krystalle bei einer ganz anderen Temperatur gebildet haben, als diejenige ist, bei der sie gemessen werden; vergl. oben S. 204. Zwar haben v. *Kokscharow* und *G. vom Rath* an gewissen Krystallen von Elba die Neigung jener Flächen eben so ungleich gefunden, wie am Adular, und auch neuerdings constatirte noch der Letztere, dass an den Karlsbader Zwillingen von Frath bei Bodenmais, wo P und x neben einander liegen, beide nicht in dasselbe Niveau fallen; an allen Krystallen kann dies jedoch nicht stattfinden, und es ist hiernach, wie *Naumann* hervorhebt, wahrscheinlich, dass Adular und Pegmatolith als zwei verschiedene Arten getrennt werden müssen, wie dies von *Breithaupt* schon lange geschehen ist. *Klockmann* ist geneigt, die Erscheinung, dass an aufgewachsenen Karlsbader Zwillingen die Flächen P und x trotz ihrer verschiedenartigen Neigung zur Verticalaxe, sowie diejenige, dass bei Bavenoer Zwillingen die entsprechenden M-, n- und P-flächen durchaus parallel zu verlaufen scheinen, dem Umstand zuzuschreiben, dass die zu einer Gruppe zusammentretenden Orthoklaskrystalle diejenige Lage einzunehmen suchen, bei welcher annähernd gleiche Krystallräume, wenn diese auch von ganz verschiedenen Flächen herrühren, in dieselbe Lage gerathen — wobei er auch noch auf andere Beispiele für dieses Princip des Ausgleichens und Anpassens aufmerksam macht (Z. f. Kryst. VI. 1882. 507). — Ueber die Bauweise und die Flächenbeschaffenheit der Orthoklaskrystalle gab *Scharff* eine Abhandlung (in dem 6. Band der Abhandl. der Senckenbergischen Ges., S. 76); über die letztere vgl. auch *Websky* in Z. d. geol. Ges., Bd. 15, S. 677. Die krystallographische Abhandlung N. v. *Kokscharow's* befindet sich im 5. Band seiner Mater. z. Mineral. Russlands, 1867, S. 115 und 329; diejenige von *G. vom Rath* in Ann. d. Phys. u. Ch., Bd. 135. 1868. 454.

Fig. 8.　0P.∞Ṗ∞.∞P. 2Ṗ∞. 2Ṗ∞; gewöhnlichste Form der rectangulär-säulenförmigen Krystalle; oft noch mit der Hemipyramide P (vgl. Fig. 159, S. 81.

　　Die Krystalle sind theils rhombisch kurzsäulenförmig wenn ∞P, theils dick tafelartig wenn ∞Ṗ∞, theils sechsseitig kurzsäulenförmig wenn ∞P und ∞Ṗ∞, theils
rechtwinkelig säulenförmig wenn 0P und ∞Ṗ∞ vorherrschen.　*Klocke* beschreibt
Orthoklaskrystalle von Schiltach im Schwarzwald, welche durch das zu grösserer Entwickelung gelangte Orthopinakoid ∞Ṗ∞ einen fast tafelartigen Habitus besitzen.

　　Der Orthoklas zeigt eine grosse Neigung zur Bildung von Zwillingskrystallen, besonders nach folgenden drei Gesetzen:

1. Zwillings-Ebene die Basis; dieses zuerst von *de Drée* beobachtete und von Hū..
beschriebene (sog. M a n e b a c h e r) Gesetz findet sich theils an rectangulär-
säulenförmigen Krystallen, wie es Fig. 9 darstellt, theils an rhombisch- od.
sechsseitig-säulenförmigen Krystallen, dergleichen in Fig. 2 und 3 abgebildet sind.

2. Zwillings-Ebene eine Fläche des Klinodomas 2Ṗ∞; kommt besonders bei den
rectangulär-säulenförmigen Krystallen vor, von denen dann jeder nur mit der
einen, von dem anderen Krystall weggewendeten Hälfte ausgebildet zu sein
pflegt, wie in Fig. 10; wiederholt sich diese Zwillingsbildung, so entstehen zuletzt sehr regelmässige Vierlingskrystalle, wie Fig. 11¹). Man pflegt dieses Gesetz das B a v e n o e r Gesetz zu nennen, weil es zuerst an den schönen aufgewachsenen Krystallen von Baveno erkannt worden ist; es findet sich aber auch
häufig an anderen Varietäten, und namentlich sehr schön an den rhombisch-
und sechsseitig-säulenförmigen Krystallen des Adulars verwirklicht, bei welchen
die theilweise Coincidenz der beiderseitigen Flächen *P* und *M* oft ganz augenscheinlich zu beobachten ist, obgleich dies den Messungen nicht entspricht. Bei
den Krystallen von Baveno soll es nach *Breithaupt* entschieden nicht der Fall
sein.　E i n g e w a c h s e n e Krystalle nach diesem Gesetz sind nicht sonderlich
häufig.　Mitunter geschieht es, dass zwei Manebacher Zwillinge symmetrisch
zum Klinodoma, also nach dem Bavenoer Gesetz miteinander verwachsen.

3. Zwillings-Axe die Normale von ∞Ṗ∞, oder Zwillings-Ebene das Orthopinakoid,
wobei jedoch die Individuen s e i t l i c h, also in der Richtung der Orthodiagonale
a n einander, oder gewöhnlich durch einander gewachsen sind; das allerhäu-
figste Gesetz, nach welchem besonders die dick tafelförmigen oder breit säulenförmigen, in Graniten und Porphyren e i n g e w a c h s e n e n Krystalle der Combb.
Fig. 5, 6 und 7 zu Zwillingen verbunden sind, wie in Fig. 12, oder Fig. 191.
S. 107, wobei noch der daselbst erläuterte Unterschied zu berücksichtigen ist,
ob die Individuen mit ihren rechten oder linken Seiten verwachsen sind²). Man
pflegt dieses Gesetz das K a r l s b a d e r Gesetz zu nennen, weil es zuerst an den
Krystallen der Gegend von Karlsbad erkannt wurde; selten sind die Individuen
mit einander in einer Fläche des Orthopinakoids verwachsen, wie es *G. Rose*
an den Krystallen im Syenitporphyr von Christiania beobachtete.　Auch kommt
wohl nach diesem Gesetz eine wiederholte Zwillingsbildung vor, indem mehre
Individuen neben einander, zum Theil in Zwillinge verbunden liegen.　Bisweilen
findet man zwei Karlsbader Zwillinge abermals symmetrisch zur Fläche 0P zweier
ihrer Individuen, also nach dem Manebacher Gesetz verwachsen; ferner erfolgt
mitunter eine Verwachsung von zwei Karlsbader Zwillingen nach dem Bavenoer

---

　　1) Während gewöhnlich die Zwillingsfläche zugleich die Verwachsungsfläche darstellt, beobachtete *Klockmann* im Granit des Riesengebirges, dass die einzelnen Individuen in der Richtung der Klinodiagonale h i n t e r einander lagen, also mit einer zu dieser Richtung senkrechten
Fläche verwachsen waren.

　　2) An denen aus dem Granit des Riesengebirges wird nach *Klockmann* sehr häufig die Erscheinung beobachtet, dass die Pyramidenfläche O eines Individuums über die schiefe Basis des
anderen soweit hinübergreift, dass sie die directe Fortsetzung des Klinodomas des letzteren Individuums bildet.

Gesetz, wobei dann gewöhnlich eine gegenseitige Durchdringung stattgefunden hat.

Ausserdem wurden als sehr seltene Zwillingsverwachsungen von *Naumann* und *Miller* noch solche angegeben, bei welchen ∞P̶3 Zwillings-Ebene ist; *Laspeyres* beobachtete auch ∞P als Zwillings-Ebene von zwei Karlsbader Zwillingen an den Cornwaller Zinnerzpseudomorphosen nach Orthoklas (Z. f. Kryst., I. 1877. 204); dasselbe Zwillingsgesetz fand *K. Haushofer* an zwei verwachsenen einfachen rectangulär säulenförmigen Individuen aus dem fichtelgebirgischen Granit, bei welchen die vordere Fläche *T* des einen Individuums mit der Fläche *l'* des zweiten in eine Ebene fällt (ebend. III. 601). An Orthoklasen aus dem Granit des Riesengebirges erkannte *Klockmann* ebenfalls Verwachsungen nach ∞P, nach ∞P̶3, häufig nach P, (wobei es stets Karlsbader Zwillinge sind, deren Individuen gemäss diesen Gesetzen verwachsen erscheinen); auch nach 2̶P∞ (wornach sowohl einfache Individuen als Karlsbader Zwillinge verwachsen); Z. geol. Ges. 1879. 421, und Z. f. Kryst. VI. 1882. 500. Ausserdem gewahrte *Laspeyres* noch ebenfalls an Cornwaller Pseudomorphosen nach ½P̶⅓, nach P und nach 5̶P∞ erfolgende Durchkreuzungen von entgegengesetzten (rechten und linken) Karlsbader Zwillingen.

Die Krystalle finden sich theils einzeln eingewachsen, und dann vollständig ausgebildet, theils aufgewachsen und dann gewöhnlich zu Drusen vereinigt; auch derb, in individualisirten Massen und gross- bis feinkörnigen Aggregaten; selten in Pseudomorphosen nach Analcim, Laumontit, Prehnit und Leucit (Oberwiesenthal).

Spaltb. basisch und klinodiagonal, sehr und beide fast gleich vollkommen, hemiprismatisch nach der einen Fläche, oder auch prismatisch nach beiden Flächen von ∞P sehr unvollkommen, bisweilen gar nicht vorhanden; Bruch muschelig bis uneben und splitterig; H. = 6; G. = 2,53...2,58; farblos, bisweilen wasserhell, häufiger gefärbt, besonders röthlichweiss bis fleisch- und ziegelroth, gelblichweiss bis gelb, graulichweiss bis asch- und schwärzlichgrau (selten), grünlichweiss bis grünlichgrau; Glasglanz, auf der basischen Spaltungsfläche oft Perlmutterglanz; pellucid in allen Graden, bisweilen mit Lichtschein (Mondstein) oder mit Farbenwandlung, letztere auf ∞P̶∞. Die Ebene der optischen Axen ist meist normal auf dem klinodiagonalen Hauptschnitt, gleichsinnig geneigt mit der Basis, und bildet mit dieser einen Winkel von ca. 5°, mit der Verticalaxe einen Winkel von 69°; die spitze Bisectrix (a) fällt in den klinodiagonalen Hauptschnitt und ist also gegen die Klinodiagonale unter 5° geneigt; *b* = *c*; in Schnitten parallel ∞P̶∞ oder ∞P̶∞ ist im converg. pol. Licht eine verschobene zweiaxige Interferenzfigur sichtbar. Bisweilen liegen jedoch die optischen Axen im klinodiagonalen Hauptschnitt, während die Bisectrix ihre Lage behauptet; *b* in diesem Falle = *b*. Die Hauptauslöschung des pol. Lichts erfolgt bei basischen Spaltungsplättchen parallel der Kante *P* : *M*. Der Winkel der optischen Axen ist sehr variabel, selbst in einer und derselben Platte nicht constant, ja die Axen-Ebene hat an verschiedenen Stellen derselben wohl verschiedene Lage. — *Kenngott* beobachtete in einem Adular von der Fibia mikroskopische Hohlräume z. Th. von der Form der Comb. 0P.∞P, oder anderer Combinationen des Adulars, von denen viele eine Flüssigkeit enthielten (N. Jahrb. f. Min., 1870. 781). *Zirkel* fand in einem graulichweissen Orthoklas aus Sibirien gelbe, trübe, dem Orthopinakoid parallele Streifen, welche bei sehr starker Vergrösserung erkennen liessen, dass sie durch dichtgedrängte Reihen leerer Poren und dazwischen eingestreute blassgelbe nadelförmige Mikrolithe hervorgebracht werden (ebendas., 1872. 13).

Chem. Zus. des reinen Orthoklases nach zahlreichen Analysen: $K^2(Al^2)Si^6O^{16}$, oder $KAlSi^3O^8$, mit 64,72 Kieselsäure, 18,35 Thonerde, 16,93 Kali; fast alle Analysen weisen kleine Mengen von Kalk, Eisen, Magnesia, Wasser auf, und namentlich neben dem Kali auch Natron, welches gewöhnlich zu 2 bis 3 pCt. vorhanden ist, ja in manchen Orthoklasen sind 5 bis 8 pCt. Natron aufgefunden worden (vgl. darüber oben S. 684). *Al. Mitscherlich* fand in mehren Varietäten etwas Baryt, *Wittstein* in einer aus Bayern

2,5 pCt. davon (vgl. Hyalophan). Nach *Bergemann* enthält ein gelblicher Orthoklas aus dem norwegischen Zirkonsyenit ausser 7 Natron noch 5 pCt. Ceroxyd. V. d. L. schmilzt er schwierig zu trübem blasigem Glas; auch in Phosphorsalz löst er sich schwer mit Hinterlassung eines Kieselskelets; mit Kobaltsolution färbt er sich in der geschmolzenen Kanten blau. Von Säuren wird er kaum angegriffen. Das Pulver zeigt nach *Kenngott* deutliche alkalische Reaction. Bei der vielfach eingetretenen, geringeren oder stärkeren Zersetzung der Orthoklase, bei welcher die Kieselsäure theilweise, das Kali gänzlich fortgeführt und Wasser aufgenommen wird, kommt es schliesslich zur Bildung von Kaolin oder Thon.

Man unterscheidet besonders folgende Varietäten :

a) **A d u l a r und E i s s p a t h** ; z. Th. farblos oder nur licht gefärbt, stark glänzend, durchsichtig und halbdurchsichtig, schön krystallisirt; findet sich auf Gängen und Drusenhöhlen im Granit, Gneiss u. s. w. der Alpen, als Eisspath mit Hornblende i Vesuv. Doch soll sich der Eisspath nach *Sartorius v. Waltershausen* durch sein geringes sp. G. 2,449, und durch seine chem. Zus. vom Orthoklas unterscheiden.

b) **G e m e i n e r F e l d s p a t h (Pegmatolith)**; verschiedentlich gefärbt, weniger glänzend als Adular, durchscheinend bis undurchsichtig, krystallisirt und dann besonders in einzeln eingewachsenen Krystallen, auch in Drusen, derb, als wesentlicher Gemengtheil vieler Gesteine, besonders des Granits, Gneisses, Syenits, Porphyrs; sehr verbreitet; schöne Varr. liefern Karlsbad, Elnbogen und besonders Petschau in Böhmen, Bischofsgrün im Fichtelgebirge, Hirschberg und Striegau in Schlesien, **Baveno** am Lago maggiore, Valfloriana in Fleims, Insel Elba, Arendal, Alabaschka am Ural. Der farbenspielende Feldspath kommt von Frederiksvärn. S c h r i f t g r a n i t hat man individualisirte Feldspathmassen genannt, welche von verzerrten, bisweilen hohlen, Quarzindividuen regelmässig durchwachsen sind.

c) **S a n i d i n (Glasiger Feldspath, Eisspath z. Th., Rhyakolith)**; der Sanidin ist nur eine eigenthümliche Varietät des Orthoklases, ausgezeichnet durch seine physikalische Beschaffenheit, durch gewisse Winkeldifferenz, einen durchschnittlich etwas höheren Natrongehalt, und sein Auftreten in den tertiären und nachtertiären Eruptivgesteinen. $\beta = 65^\circ 1'$, $\infty P 119^\circ 16'$ bis $33'$, $P\infty 65^\circ 27'$ bis $30'$, $0P : P\infty 129^\circ 26'$ bis $30', 42''$ $2P\infty 135^\circ 8'$ bis $18'$ nach *G. vom Rath*; die Messungen v. *Kokscharow's* weichen im Allgemeinen nur wenig ab, den letzten Winkel fand schon G. *Rose* $135^\circ 17'$; eine wichtige vergleichende Zusammenstellung der Winkelmessungen an den Sanidinen vom Vesuv, von Laach und der eigenen an denen aus dem Albaner Gebirge gab *Strüver* in Z. Kryst. I. 1877. 246; gewöhnliche Combb. $\infty P\infty . \infty P . 0P . 2P\infty$, wie Fig. 5, S. 651 oder auch $0P . \infty P\infty . 0P . 2P\infty$, wie Fig. 8, nicht selten treten noch andere Formen hinzu; die Krystalle meist tafelförmig wenn $\infty P\infty$, oder rechtwinkelig säulenförmig wenn $\infty P\infty$ und $0P$ vorwalten, ganz ähnlich denen des Orthoklases, oft sehr rissig, fast immer eingewachsen, oft mit sehr feinem zonalem Aufbau; die gestreifte oder geflammte Zeichnung auf $0P$ oder $\infty P\infty$ wird nach *Zirkel* durch mikroskopische reihenförmig gruppirte Poren und Risse hervorgebracht; Zwillingskrystalle nicht selten, nach dem Gesetz: Zwillings-Axe die Normale von $\infty P\infty$. — Spaltb. basisch und klinodiagonal, fast gleich vollkommen; H. $= 6$; G. $= 2,56...2,60$; der wechselnde Natrongehalt findet nach *Goldschmidt* keinen Ausdruck im spec. Gewicht; graulich- und gelblichweiss, auch grau; sehr starker Glasglanz; durchsichtig und durchscheinend. — Chem. Zus.: dieselbe wie beim Orthoklas, nur ist ein verhältnissmässig hoher Natrongehalt häufig; in einer Var. von Laach fand G. *vom Rath* sogar etwas mehr Natron als Kali, in etlichen Varietäten ist aber wenig Natron vorhanden, während einige Orthoklase davon eben so viel enthalten, als andere Sanidine. Bei steigendem Natrongehalt scheint die Axe *a* kürzer, d. h. der vordere Prismenwinkel stumpfer zu werden. Ein sehr häufiger Gemengtheil der Rhyolithe, Trachyte und Phonolithe, und für diese charakteristisch; auch in den Lesesteinen am Laacher See sowie bei Wehr und Rockeskyll in der Eifel und in den Auswürflingen des Monte Somma am Vesuv.

Gebrauch. Der Mondstein und der farbenwandelnde Orthoklas werden zur Zierde und als Schmuckstein benutzt, der Schriftgranit wird ebenfalls bisweilen zu Platten, Dosen u. a. Gegenständen verarbeitet. Der reine Orthoklas dient als Zusatz zur Porzellanmasse, zu Glasuren und Emails. Auch besitzt der Orthoklas, wie gleichfalls die folgenden Feldspathe, als Gemengtheil vieler Gesteine, die als Bau- und Hausteine benutzt werden, und als hauptsächliches Material vieler Bodenarten eine grosse technische und agronomische Wichtigkeit.

A n m. 1. Der P e r t h i t, von Bathurst und Township bei Perth in Canada, erscheint zwar wie ein röthlichbrauner Orthoklas, ist aber, wie *Breithaupt* gezeigt hat, ein lamellares Aggregat von Orthoklas (Kalifeldspath) und Albit: dem röthlichbraunen Orthoklas sind nämlich zahlreiche, dem orthodiagonalen Hauptschnitt parallele Lamellen eines röthlichweissen klinotomen Feldspaths eingeschaltet, deren Ränder auf den Spaltungsflächen des Aggregats eine parallele Streifung hervorbringen. Der Orthoklas ist an und für sich farblos, und seine röthlichbraune Farbe wird durch sehr viele interponirte mikroskopische Schuppen von Eisenglanz bedingt. Uebrigens hat *Paul Mann* beobachtet, dass diese Lamellen nicht reiner Orthoklas sind, sondern mehr oder weniger reichlich Mikroklin enthalten (N. J. f. Min. 1879. 389). *Gerhard* fand das spec. Gew. der rothen Lamellen 2,570, der weissen 2,614, und, bei gesonderter Analyse, in jenen 12,16 Kali gegen 2.25 Natron, in diesen 3,34 Kali gegen 8,50 Natron, auch führte er viele Beispiele ähnlicher Verwachsungen an (Z. d. geol. Ges., Bd. XIV. 155). Eben dergleichen beschrieb *Streng* am Orthoklas von Harzburg (N. Jahrb. f. Min., 1871. 721), *Herm. Credner* an solchen in den Pegmatitgängen des sächsischen Granulitgebirges (Z. geol. Ges., 1875. 158), *Des-Cloiseaux* (Comptes rendus, Bd. 82, 1. Mai) an vielen anderen Feldspathen (z. B. von der Selenga bei Werchne Udinsk, an dem hellgrünen Orthoklas von Bodenmais).

An m. 2. Die u. d. M. oftmals wahrgenommene eigenthümliche Faserung der Kalifeldspathe wird, wie *Becke* an geeigneten Präparaten darthat, dadurch hervorgebracht, dass dem Kalifeldspath schmale unregelmässig gestaltete und oft sich auskeilende Lamellen eines Plagioklases (aus der Oligoklas-Albitreihe) nahezu parallel der Querfläche eingelagert sind, welche besonders in Schnitten parallel der Längsfläche als spindelförmige Durchschnitte hervortreten. Er schlägt für solche Feldspathe den Namen Mikroperthit vor, und lässt es dabei unentschieden, ob der Kalifeldspath Orthoklas oder Mikroklin ist. Doch kommen nach ihm zwischen solchem Mikroperthit und dem Mikroklin mit deutlich ausgeprägter Gitterstructur alle Uebergänge vor, so dass eine Trennung des Mikroklin von dem Mikroperthit nicht mehr möglich sei, und die Vermuthung Platz greife, dass alle faserigen Orthoklase (Mikroperthite) Mikroklin von so feinem Zwillingsbau seien, dass die jetzigen Hülfsmittel denselben gar nicht mehr erkennen lassen (Min. u. petr. Mitth. IV. 1882. 189); vgl. auch Mikroklinperthit S. 691.

An m. 3. Regelmässige äussere Verwachsungen von Orthoklas und Albit kommen nicht selten vor; die grossen Orthoklaskrystalle von Hirschberg in Schlesien sind auf den Flächen von ∞P ganz gewöhnlich mit kleinen Albitkrystallen besetzt (wobei dieselben nach ihrer krystallographischen Orientirung in zwei Gruppen zerfallen, die sich wie die beiden Hälften eines Albitzwillings verhalten); auch die Orthoklaskrystalle von Elba zeigen sämmtlich auf allen verticalen Flächen einen Ueberzug von Albit. Ganz ähnliche Verwachsungen beschrieb *Streng* von Harzburg und knüpfte daran sehr interessante Folgerungen (a. a. O., S. 715); auch *H. Credner* aus den granitähnlichen Gängen des sächs. Granulitgebirges.

An m. 4. Der sog. Krablit oder Baulit aus Island, ein angeblicher Feldspath mit 80 pCt. Kieselsäure, ist gar kein selbständiges Mineral, sondern ein Gemeng von Feldspath und Quarz (*Preyer* und *Zirkel*, Reise nach Island. 1862. 348).

An m. 5. *Breithaupt* bestimmte einen Feldspath von Hammond in New-York unter dem Namen Loxoklas, welcher die monoklinen Formen des Orthoklases mit der chem. Zus. des Oligoklases vereinigen soll, ausser basisch und klinodiagonal auch orthodiagonal spaltbar ist, und G. = 2,50...2,62 hat. Doch zeigte *Scheerer*, dass *Plattner*'s Analyse mehr Kieselsäure als der sog. Oligoklas ergibt. Er schmilzt v. d. L. viel schwerer als der Oligoklas, färbt die Flamme stark gelb, und wird in der Wärme von Salzsäure unvollständig zersetzt. *Smith* und *Brush* halten, ihren Analysen zufolge, diesen Loxoklas für einen natronreichen Orthoklas, was durch die Analyse von *Ludwig* bestätigt wird; auch zeigt er nach *Tschermak* die Structur des Perthits.

560. Hyalophan, *S. v. Waltershausen.*

Monoklin mit Formen und Winkeln, welche fast ganz mit denen des Orthoklases übereinstimmen; $\beta = 64° 25'$; A.-V. = 0,6584 : 1 : 0,5512. — Spaltb. auch vollkommen nach 0P. Auf dem Klinopinakoid bildet die Auslöschung ca. 5° mit der Klinodiagonale. H. = 6...6,5; G. = 2,80 ; farblos, mitunter fleischroth; durchsichtig bis durchscheinend. Eine Analyse der Krystalle aus dem Binnenthal von *Stockar-Escher* ergab: 52,67 Kieselsäure, 21,12 Thonerde,

15,05 Baryt, 0,46 Kalk, 0,04 Magnesia, 7,82 Kali, 2,14 Natron, 0,58 Wasser; Analysen derselben Vorkommens von *Uhrlaub* und *Petersen* stimmen damit sehr gut überein. Man pflegt darnach diesen Hyalophan zu betrachten als eine isomorphe Mischung von 1 Mol. Orthoklas, $K^2(Al^2)Si^6O^{16}$ mit 1 Mol. eines Barytfeldspaths[1]) von einer dem Anorthit analogen Zusammensetzung $Ba(Al^2)Si^2O^8$, oder vielmehr (vgl. S. 684) $Ba^2(Al^2)^2Si^4O^{16}$. Von Säuren kaum angreifbar. — Im körnigen Dolomit von Imfeld im Binnenthal, Wallis. Bei Jakobsberg in Wermland findet sich in schmalen Trümern ein rother orthoklastischer Feldspath, welcher nach *Igelstr.* 9,56 Baryt, aber auch 1,28 Kalk und 3,10 Magnesia enthält. Auch der Feldspath aus dem Nephelinit von Meiches im Vogelsgebirge scheint hierher zu gehören, welcher aber nach *Knop* nur 2,63 Baryt besitzt. Ein anderer von *Lea Cassin* it genannter orthoklastischer Feldspath aus Pennsylvanien enthält nach *F. A. Genth* 3,71 Baryt, 9,0 Kali und 1,7 Natron.

561. Mikroklin, *Breithaupt*.

Unter dem Namen Mikroklin waren von *Breithaupt* einige sonst zu dem Orthoklas gerechnete Feldspathe von diesem abgetrennt worden, weil er dieselben als nicht orthotom befunden hatte; obschon nun zwar gerade der Hauptrepräsentant derselben, der farbenspielende Feldspath von Frederiksvärn, sich später als echt monoklin erwies, so benutzte doch *Des-Cloizeaux* jenen Namen, um damit den durch eine Reihe mühevoller Untersuchungen als weitverbreitet erkannten triklinen Feldspath zu bezeichnen, welcher krystallographisch dem Orthoklas möglichst nahe steht und als Kalifeldspath sogar chemisch mit ihm identisch ist, dessen Substanz daher mit der des Orthoklases dimorph ist (Comptes rendus, Bd. 82, Nr. 12; Ann. de chim. et de phys., 5. Sér., T. IX. 1876)[2]).

Triklin, in Dimensionen, Combinationen und Zwillingsbildungen dem Orthoklas ausserordentlich ähnlich; wird die Flächensignatur des letzteren auf den Mikroklin übertragen, so ist bei diesem nach *Des-Cloizeaux* $P:T = 111^{\circ}38'$; $T:l = 118^{\circ}31$ $T:M = 119^{\circ}11'$; $P:M$ aber $90^{\circ}16'$ (nach *Schuster* $90^{\circ}25'$ bis $90^{\circ}30'$, nach *Klockmann* $90^{\circ}7'$); A.-V. $= 0,6495 : 1 : 1,05546$; $\alpha = 90^{\circ}7'$, $\beta = 115^{\circ}50'$, $\gamma = 89^{\circ}35$ zufolge *Klein's* Correctur der Angaben von *Klockmann*. Die Abweichung des Winkels $P:M$ von 90°, welche die Krystalle in das trikline System verweist, ist zwar nicht immer zu constatiren, dagegen sowohl die verschiedene Spaltbarkeit parallel den beiden Prismenflächen, als auch der Umstand, dass bei einer Spaltungslamelle parallel P die Auslöschungsrichtung nicht der Kante $P:M$ parallel geht (wie dies beim Orthoklas der Fall), sondern damit 15 bis 16° bildet. Die Ebene der optischen Axen ist fast genau senkrecht auf P, ihr Durchschnitt mit M bildet mit der stumpfen Kante $P:M$ 5—6° im stumpfen Winkel ac; die stumpfe Bisectrix (c) bildet etwa 15°16 mit der Normalen auf M, während sie beim Orthoklas senkrecht auf M steht. Feldspath dieser Art, z. B. der Amazonenstein, enthält sehr häufig zahlreiche regelmässige Lamellen von (vermöge der geraden Auslöschungsrichtung charakterisirtem) Orthoklas; diese Verwachsung erzeugt auf den basischen Spaltplättchen eine gitterähnliche Durchkreuzung vieler Streifchen, von denen die einen parallel M verlaufen, die anderen

---

1) Dieses Baryt-Thonerdesilicat betheiligt sich demnach hier, trotz seiner dem triklinen Anorthit völlig entsprechenden Zusammensetzung, an dem Aufbau monokliner Krystalle eine Thatsache, welche es ebenfalls wahrscheinlich macht, dass auch die (dann dimorphe) Anorthitsubstanz einer monoklinen Form fähig ist, wodurch der nicht etwa von mechanischen Einlagerungen stammende Kalkgehalt mancher Orthoklase seine Erklärung fände. — Vgl. über Hyalophan *Obermeyer* in Z. f. Kryst. VII. 64; *Rinne*, N. Jahrb. f. Min. 1884. I. 207.

2) *Michel-Lévy* hat die Vermuthung ausgesprochen, dass der Orthoklas überhaupt nur das Resultat einer allerfeinsten Verzwillingung von Mikroklin-Lamellen sei, worüber man Bull. soc. minér. 1879. Nr. 5, oder Z. f. Kr. IV. 1880. 632, oder N. J. f. Min. 1880. I. 174 nachsehen möge; Vgl. auch *Kloos* im N. Jahrb. f. Min. 1884. II. 100, nach welchem die gerade Auslöschung der an den Gittern sich betheiligenden Partieen (auf 0P) nur eine scheinbare sei: die anscheinende Einheitlichkeit dieser Leistchen werde nur durch die ausserordentliche Feinheit ihrer Lamellirung hervorgebracht.

mehr oder weniger rechtwinkelig darauf gerichtet sind; ausserdem verlaufen unregelmässig contourirte, oft verzweigte Schnüre und Adern von Albit hindurch. Daneben wird aber auch durch entsprechend eingeschaltete Mikroklin-Lamellen s e l b s t eine ähnliche Gitterstructur hervorgerufen (vgl. ferner Ánm. **2**). — 0P ist auch hier die vollkommenste Spaltungsrichtung. Eine durch polysynthetische Zwillingsverwachsung parallel $\infty\overset{\smile}{P}\infty$ auf 0P auftretende Zwillingsstreifung, wie sie bei den anderen triklinen Feldspathen so charakteristisch ist, wird nur äusserst selten wahrgenommen, muss übrigens wegen der geringen Abweichung der Kante *PM* von 90° hier makroskopisch jedenfalls viel weniger markirt ausfallen. G. im ganz reinen Zustand = **2,540**. Eine Analyse des ganz reinen (orthoklas- und albitfreien) Mikroklins von Magnet Cove in Arkansas ergab nach *Pisani*: 64,30 Kieselsäure, 19,70 Thonerde, 0,74 Eisenoxyd, 15,60 Kali, nur 0,48 Natron, 0,35 Glühverlust; das in anderen etwas reichlicher (bis 3,95 pCt.) vorkommende Natron scheint stets von der Menge des u. d. M. nachweisbaren Albits abzuhängen.

Zu dem Mikroklin gehören u. a.: die grünen sog. A m a z o n e n s t e i n e vom Ilmengebirge, vom Pikes Peak in Colorado, von Delaware in Pennsylvanien und von Sungangarsoak in Grönland; ferner Feldspathe aus vielen Graniten und Pegmatiten, wie aus dem Riesengebirge, von Striegau in Schlesien, solche aus der Gegend von Arendal, von Boru in Wermland, Silböle in Finnland, Lipowaia im Ural, von Dinard bei St. Malo (Bretagne), aus dem Lesponne-Thal in den Pyrenäen, Insel Cedlovatoi bei Archangel, Everett in Massachusetts u. a.; auch der sog. C h e s t e r l i t h aus Pennsylvanien, ferner auch nach *F. J. Wiik* (Z. f. Kryst. VII. 76) der farblose und röthliche Ersbyit von Ersby auf der finnischen Insel Åhlön, an welchem schon *A. E. Nordenskiöld* $P : M =$ $90^\circ 22'$ gefunden hatte; die Gegenwart mikroskopischen Calcite hatte den grossen Kalkgehalt der älteren Analyse von *N. Nordenskiöld* dem Vater hervorgerufen, zufolge deren der Ersbyit früher als eine Var. des Labradorits galt.

A n m. **1.** Der Amazonenstein verdankt nicht, wie man früher glaubte, einer geringen Menge von Kupferoxyd seine grüne Farbe: u. d. M. ist kein eigentliches grünes Pigment wahrzunehmen und nach *Des-Cloizeaux* entfärbt sich die Masse durch Erhitzen bis zur Rothgluth; dies sowie der constante Glühverlust der Analysen machen es ihm wahrscheinlich, dass die Farbe von organischer Substanz herrührt; *Georg König* hält ein organisch-saures Eisensalz für das färbende Princip.

A n m. **2.** Nachdem schon *P. Mann* an dem Perthit aus Canada erkannt hatte, dass die röthlichbraunen mit Albit verwachsenen Lamellen (nicht stets dem Orthoklas, sondern auch) dem Mikroklin angehören (vgl. S. 689), hat man so struirte Feldspathe mehrfach wahrgenommen und als M i k r o k l i n p e r t h i t zu bezeichnen vorgeschlagen. Eine Zwillingsverwachsung von vorwaltendem grünem Mikroklin und weissen Lamellen und Keilen von Albit, welche senkrecht zur Kante *PM* verlaufen, beobachtete z. B. *Klein* an einem Amazonenstein von Lille Hoseid, s.-w. von Christiania (N. J. f. Min. 1879. 532). Auch im Granit der Königshainer Berge bei Görlitz fand *Neubauer* grünen Mikroklin ($P : M$ $90^\circ 30'$), in welchem ungefähr parallel zur Kante zwischen 0P und $\infty\overset{\smile}{P}\infty$ zwillingsgestreifte weisse Albitlamellen (mit Auslöschungsschiefen von 4 bis 5°) eingelagert waren (Z. geol. G. 1879. 410).

562. Albit, *Gahn* (Tetartin, *Breithaupt*) (mit **Periklin**).

Triklin; 0P : $\infty\overset{\smile}{P}\infty$ oder $P : M = 86^\circ 24'$ und $93^\circ 36'$, $\infty P'$: $\infty'P$ oder $T : l =$ $120^\circ 47'$, $P : x = 127^\circ 43'$ und $52^\circ 17'$, $P : T = 110^\circ 50'$, $P : l = 114^\circ 42'$ nach *Des-Cloizeaux*; es ist jedoch hervorzuheben, dass die Messungen verschiedener Beobachter keineswegs ganz übereinstimmen[1]. Die Krystalle des Albits haben in Dimen-

---

1) Wegen der zahlreichen Winkelangaben verweisen wir auf das vortreffliche Manuel de Minéralogie von *Des-Cloizeaux*, T. I. 848. Nach *Brezina* ist $P : M = 86^\circ 48' 30''$ und $T : l = 120^\circ 39' 44''$. Andere Messungen und Winkeltabellen gab *Klockmann* in Z. geol. Ges. 1882. 449. Zu

sion und Formentwickelung eine allgemeine Aehnlichkeit mit denen des Orthoklases sind gewöhnlich tafelförmig durch Vorwalten von $\infty\breve{P}\infty$, oder kurz säulenförmig in der Richtung der Verticalaxe. Fig 162, S. 84 gibt das Bild eines einfachen Albitkrystalls: die folgenden Figuren stellen ein paar Combinationen und Zwillingskrystalle dar, und sind so gezeichnet, dass die doppelt schiefe Basis P, oder die Makrodiagonale eine sanfte Einsenkung nach rechts hat, wie dies der Pfeil andeutet[1]); wegen der Uebereinstimmung mit den folgenden Feldspathen wurden die Buchstaben T und l vertauscht. Die wichtigsten Partialformen sind:

$$P = 0P \qquad T = \infty'P \qquad n = 2'\breve{P}\infty$$
$$M = \infty\breve{P}\infty \qquad l = \infty P' \qquad e = 2\breve{P}'\infty$$
$$o = P, \qquad z = \infty'\breve{P}3 \qquad x = ,\breve{P},\infty$$
$$v = ,\breve{P} \qquad f = \infty\breve{P}'3 \qquad y = 2,\breve{P},\infty$$

Fig. 1 ist eine einfache und sehr gewöhnliche Comb.; die verticalen Flächen sind meist vertical gestreift. Fig. 2 ist eine Comb. aller so eben aufgeführten Partialformen, wie sie am Monte Rosa, auch bei Pfitsch in Tirol und anderwärts vorkommt.

$P:M = 93°\ 36'$	$P:e = 136°\ 50'$	$z:T = 150°\ 2'$	$y:T = 137°\ 33'$
$P:M' = 86\ 24$	$P:n = 133\ 14$	$f:M = 149\ 35$	$y:l = 134\ 18$
$P:T = 110\ 50$	$P:z = 99\ 54$	$f:l = 149\ 58$	$v:T = 125\ 3$
$P:l = 114\ 42$	$P:f = 106\ 16$	$e:M = 136\ 46$	$o:l = 123\ 6$
$P:x = 52\ 17$	$T:l = 120\ 47$	$n:M' = 133\ 10$	$x:r = 154\ 8$
$P:y = 97\ 54$	$T:M' = 119\ 40$	$x:M = 86\ 24$	$x:o = 152\ 40$
$P:o = 57\ 48$	$l:M = 119\ 33$	$o:M = 113\ 44$	$o:v = 126\ 48$
$P:v = 55\ 53$	$z:M' = 149\ 38$	$v:M' = 149\ 34$	$e:n = 90\ 4$

Alle diese Winkel sind von *Des-Cloizeaux* entlehnt; den letzten Winkel $e:n$ berechnete *vom Rath* aus sehr genauen Messungen zu $89°\ 59'$, wodurch die von *Neumann* vor 50 Jahren ausgesprochene Vermuthung bestätigt wird, dass das Brachydoma $2\breve{P}\infty$ des Albits rechtwinkelig ist, während das analoge Klinodoma des Orthoklases $2\breve{R}\infty$ nach den neuesten Messungen als schiefwinkelig gilt (Ann. d. Phys. u. Ch.. Ergänzungsband 5. 1871. 430).

---

bedenken ist, dass alle bis 1883 gemessenen Albite nicht die ideal reine Substanz darstellten, sondern mehr oder weniger viel Kali und Kalk enthielten; ein dann durch *Bärwald* untersuchter, davon ganz freier A. vom Kasbek ergab zwar $P:M = 86°\ 22'$, aber z. B. für $T:l$ den sehr abweichenden Werth $123°\ 41'$ (Z. f. Kryst. VIII. 1884. 54).

[1]) Was die naturgemässe Aufstellung der Krystalle aller triklinen Feldspathe betrifft, so hebt es *Tschermak* ganz richtig und in Uebereinstimmung mit *Des-Cloizeaux* hervor, wie solche in der Weise gewählt werden müsse, dass die oben nach vorn abfallende schiefe Basis sich zugleich stets von links nach rechts (oder auch umgekehrt) einsenkt, weil nur dadurch eine Uebereinstimmung ihrer morphologischen Verhältnisse und ihres allgemeinen Isomorphismus erhalten bleibt; was nicht mehr der Fall ist, wenn die früher von *Breithaupt* vorgeschlagenen Stellungen gewählt werden, nach welchen theils rechts, theils links geneigte Feldspathe zu unterscheiden waren. Nach dem Vorgang von *Des-Cloizeaux* hat man sich jetzt allgemein für die Einsenkung von links oben nach rechts unten geeinigt, wobei alsdann die stumpfe Kante PM zur Rechten des Beschauers liegt.

Der Albit ist Zwillingsbildungen so gewöhnlich unterworfen, dass einfache Krystalle, wie dergleichen durch *Rumpf* vom Schneeberg im Passeyr (*Tschermak's* Mineral. Mitthlg., 1874. 97) beschrieben wurden, zu den Seltenheiten gehören; besonders häufig nach dem Gesetz: Zwillings-Ebene das Brachypinakoid (oder Zwillings-Axe die Normale zu *M*), wodurch zwischen den beiderseitigen Flächen *P* und *P'* einspringende und ausspringende Winkel von 172° 48', zwischen den Flächen *x* und *x'* eben dergleichen Winkel von 172° 42' entstehen, wie dies die Fig. 193, S. 108 und die oben stehende Fig. 3 zeigt. Diese Zwillingsbildung wiederholt sich nun oftmals, und so entstehen zunächst Drillingskrystalle, wie Fig. 194, S. 108, weiterhin aber aus vielen, bisweilen aus hundert und mehr lamellaren Individuen bestehende polysynthetische Krystalle; nicht selten sind auch z w e i Zwillingskrystalle dieser Art nach dem Gesetz der Karlsbader Orthoklaszwillinge verwachsen, wie dies die Figur 3a zeigt. — Sehr selten finden sich Zwillinge nach dem Gesetz : Zwillings-Axe die Verticalaxe, Zusammensetzungsfläche das Brachypinakoid, dergleichen einer in Fig. 4 dargestellt ist; die einspringenden und ausspringenden Winkel der Flächen *P* und *x* messen dann 172° 45'.

Sehr interessant sind die kleinen, höchstens halbzollgrossen Zwillingskrystalle des Albits, welche mehrorts in Savoyen, zuerst in einem dichten hellgelben Dolomit am Col du Bonhomme, später auch in einem graulichschwarzen Dolomit bei Villarodin, sowie in einem weissen feinkörnigen Dolomit bei Bourget und zwar hier besonders schön am Roc-Tourné nachgewiesen wurden. Die folgenden Bilder derselben sind aus *G. Rose's* genauer Abhandlung darüber entlehnt [1]).

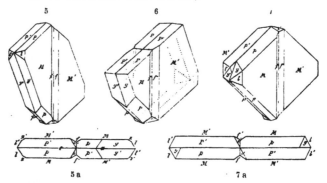

Fig. 5.   Die Individuen sind, ebenso wie in Fig. 1 oder 3 a, tafelartig durch Vorwalten des Brachypinakoids *M*, und werden ausserdem wesentlich von $0P(P \cdot \mathbf{2} \, \overline{P}, \infty$ (*u*), $P_{,}$ (*p*), $\infty P'$ (*l*) und $\infty' \overline{P}3$ (*f*; [2]) begrenzt. Die Zwillinge sind zwar nach demselben Gesetz gebildet, wie in Fig. 3, sind aber dadurch ausgezeichnet, dass die Flächen *f* beiderseits auf *M* eine verticale R i n n e bilden, und dass die Individuen jenseits der durch beide Rinnen bestimmten Vertical-Ebene in e n t g e g e n g e s e t z t e r Lage fortsetzen, folglich einen eigenthümlichen Durchkreuzungs-Zwilling darstellen, wie solches insbesondere aus der Horizontalprojection Fig. 5a zu ersehen ist. Diese Zwillinge sind also C o n t a c t - Zwillinge

1) Vollkommen ähnliche Zwillinge und Doppelzwillinge des Albits wurden von Graf *Limur* in einem dolomitischen Kalkstein von der Butte du Mont Cau im Circus des Pey de Hourat in den Pyrenäen entdeckt und von *v. Lasaulx* in Z. f. Kryst. V. 1881. 344 beschrieben.

2) Die Flächen des e i n e n Individuums sind, wie in den Figuren 3 und 4, so auch in den Figuren 5 bis 7 mit n i c h t accentuirten, die des z w e i t e n Individuums mit a c c e n t u i r t e n Buchstaben bezeichnet.

in Bezug auf den brachydiagonalen, D u r c h k r e u z u n g s - Zwillinge in Bezug
auf den makrodiagonalen Hauptschnitt. Noch besser geht dies hervor aus

Fig. 6, welche einen nach den basischen Spaltungsflächen *P* durchbrochenen
Krystall darstellt, in welchem die v o r d e r e n Flächen *P* einen einspringenden, die h i n t e r e n Flächen *P* einen ausspringenden Winkel bilden, so dass
sich über's Kreuz *P* und *P*, sowie *P'* und *P'* parallel liegen.

Z w e i solcher Zwillinge sind nun oftmals zu einem D o p p e l z w i l l i n g
verbunden, nach dem sog. Karlsbader Gesetz des Orthoklases, dass nämlich
die in $\infty \bar{P} \infty$ liegende Normale zur Verticalaxe Zwillings-Axe, und die Zusammensetzungsfläche abermals *M* ist. Dabei tritt aber der eigenthümliche
Umstand ein, dass die beiden i n n e r e n, unmittelbar an der Zusammensetzungsfläche liegenden Krystalle meist als . ganz dünne, oft kaum sichtbare
Lamellen ausgebildet sind, oder auch gänzlich ausfallen, so dass nur die beiden äusseren Krystalle allein das Ansehen der ganzen Gruppe bestimmen.
wie solches in   .

Fig. 7 dargestellt ist, in welcher nur die beiden äusseren Krystalle gezeichnet sind
denkt man sich in der Horizontalprojection Fig. 7a zwei, mit den Kanten
zwischen *P'* und *P* parallele, sehr nahe liegende Linien gezogen, so würden
diese die beiden lamellaren i n n e r e n Individuen andeuten. Die verticalen
Rinnen in der Mitte der Flächen *M* sind ebenso vorhanden, wie an den einfachen Zwillingen.

Sehr selten findet sich endlich eine dem Bavenoer Gesetz beim Orthoklas analoge
Zwillingsbildung nach $2\bar{P}\infty$, welche *Weiss* entdeckte (vgl. darüber *Brezina* in *Tschermak's* Mineral. Mitth. 1873. 18).

Während sich das Vorstehende auf die Krystalle des e i g e n t l i c h e n Albits
bezieht, besitzen diejenigen der weissen, trüben und nur kantendurchscheinenden
Varietät P e r i k l i n die Eigenthümlichkeit, dass sie meist nach der Richtung der Makrodiagonale in die Länge gestreckt sind, durch Vorwalten der Flächen 0P *(P)* und
$\bar{P}\infty$ *(x)*; auch ist nach *Breithaupt* beim Periklin $0P : \infty\bar{P}\infty$ oder $P : M = 86^0\,41'$. und
$\infty P' : \infty' P$ oder $T : l = 120^0\,37'$. Ein Paar der einfachsten Combinationen des Periklins sind in den zunächst folgenden Figuren 8 und 9 dargestellt [1]).

8   9

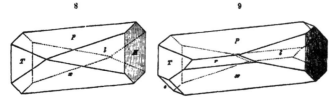

Fig. 8. $0P.\bar{P},\infty.\infty'P.\infty P'.\infty\bar{P}\infty$ | $P : x = 52^0\,17'$ $T : l = 120^0\,47'$
         P   x   T   l   M | $P : T = 114\,42$ $P : l = 110\,50$

Diese Winkel nach *Des-Cloizeaux*; die Flächen *M* sind gewöhnlich vertical gestreift durch oscillatorische Comb. mit denen von $\infty P3$, welche auch
oft untergeordnet erscheinen, und die Kanten zwischen *M* und *l* oder *T* abstumpfen.   .

Fig. 9. Dieselbe Comb. wie in Fig. 8, nur noch mit der Viertelpyramide $\frac{1}{4}P$ *(o)* und
         mit dem Hemidoma $\frac{1}{4}\bar{P}\infty$ *(r)*, welches mit *x* den Winkel von $166^0\,49'$ bildet.

-- -- -- -- -- --

1) Da diese Figuren 8 und 9 des Periklins nach den Originalen von *G. Rose* copirt sind, so
erscheinen sie in anderer Stellung als die des Albits, nämlich so, dass sich die Basis und die
Makrodiagonale nach l i n k s einsenken.

Betreffs der Zwillingsbildungen des Periklins hat *vom Rath* (N. J. f. M., 1876. 689) gezeigt, dass nach dem vorwaltenden Gesetz die Drehungs-Axe die **Makrodiagonale** ist (wobei die auf *M* verlaufende Zwillingskante mit der Kante *P* : *M* **nicht** parallel geht), und dass das zuerst von *G. E. Kayser* als fast stets vorhanden angegebene Gesetz: Drehungs-Axe die in der Basis liegende Normale zur Brachydiagonale (wobei jene Kanten parallel sind), hier **keine** Geltung besitzt. Jenes erste Gesetz kommt auch beim Anorthit in vollkommener Uebereinstimmung vor (vgl. diesen). Dreht man die eine Hälfte des Zwillings 180° um die gemeinsame Makrodiagonale, so kommt sie in

10   11

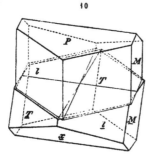 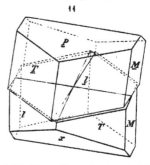

die Stellung der anderen Hälfte. Es gibt zweierlei Zwillinge dieses Gesetzes (vgl. Figg. 10 und 11).

In Fig. 10 sind die beiden Individuen mit den unteren, in Fig. 11 mit den oberen *P*-Flächen verbunden; Fig. 10 weist das untere Individuum in der gewendeten, das obere in der normalen Stellung auf, in Fig. 11 ist dies gerade umgekehrt. Die zum Zwilling verbundenen Individuen können nun entweder ohne, oder mit Ueberwachsung der incongruenten Ränder verbunden sein; im ersteren (in Fig. 10 und 11 nach *vom Rath* dargestellten) Falle treffen die Flächen der Zwillings-Individuen nicht genau zu Kanten zusammen; im zweiten Falle entstehen ringsum durch Ueberwachsung und Ausgleichung der vorragenden Ränder Zwillingskanten, deren Ebene die eigenthümliche Lage des sog. **rhombischen Schnitts** besitzt, d. h. es ist diejenige Ebene, welche das rhomboidische Prisma *Tl* so schneidet, dass die ebenen Winkel, welche einerseits durch *T* und *M*, anderseits durch *l* und *M* gebildet werden, einander **gleich** werden. Die dabei über *M* laufende charakteristische einspringende Zwillingskante ist beim Periklin (Albit) **weniger** geneigt als die Kante *P* : *M*, und bildet mit derselben einen zwischen 13° und 22° schwankenden Winkel. — Doch scheinen einfache Zwillinge parallel der Makrodiagonale beim Periklin nicht vorzukommen; dieselben sind vielmehr stets Kreuzzwillinge, welche an **beiden** Enden der Makrodiagonale **einspringende** Kanten zeigen, und wobei diese beiden Enden verschieden sind, indem das eine der Fig. 10, das andere der Fig. 11 entspricht. — Fig. 12

12

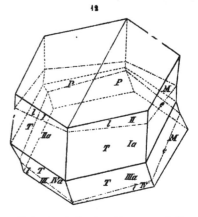

ist ein bemerkenswerther ebenfalls von *vom Rath* mitgetheilter Durchkreuzungsvierling des Periklins (Albits); die 4 Individuen, von denen ein jedes in zwei Hälften getheilt ist (z. B. *I* und *Ia*), besitzen parallele Makrodiagonalen, zweierlei Richtungen der Brachydiagonalen, und eine vierfache Stellung der Verticalaxen. Nach dem Gesetz: Drehungs-Axe die Makrodiagonale, sind die Individuen *I* und *II*, sowie *III* und *IV* verbunden, während ein anderes Zwillingsgesetz: Drehungs-Axe die Normale zur Basis, der Stellung der Individuen *I* und *III*, sowie *II* und *IV* zu Grunde liegt. Der Ausgleich der incongruenten Ränder, welcher im rhombischen Schnitt erfolgt, erzeugt zwei, ringsum durch gestrichelt-punktirte Linien (*e*) bezeichnete Ebenen, welche n a c h h i n t e n convergiren; die mittlere (ausgezogene) Zwillingskante ist genau parallel der Kante *PM* (vgl. Anorthit, sowie die Anm. S. 703).

Der Albit findet sich auch derb,. in individualisirten Massen, und in körnigen. schaligen und strahligen Aggregaten, sowie eingesprengt; bisweilen in Pseudomorphosen nach Skapolith, Laumontit und Analcim (Arudy in den Pyrenäen). — Spaltb. basisch und brachydiagonal, beide fast gleich vollkommen, hemiprismatisch nach ∞P (*l*) und viertelpyramidal nach P, (*o*), unvollkommen; die basische Spaltungsfläche ist in der Regel mit einer Zwillingsstreifung versehen; H. = 6 ... 6,5; G. = 2,61...2,64. farblos, weiss in verschiedenen Nüancen, auch licht roth, gelb, grün und braun gefärbt; Glasglanz, auf der Spaltungsfläche 0P Perlmutterglanz, pellucid in hohen und mittleren Graden; die Varietät Periklin ist weiss, trübe und blos kantendurchscheinend. Die Ebene der optischen Axen bildet mit der Verticalaxe einen Winkel von 96° 16', mit der Normale des brachydiagonalen Hauptschnitts einen Winkel von 16' 17'; die Bisectrix (c) ist gegen dieselbe Normale unter demselben Winkel, und gegen die Normale der Basis unter 77° 19' geneigt. Die Hauptauslöschung des pol. Lichts bildet bei basischen Spaltplättchen mit der Kante *P* : *M* einen Winkel von 3° 50' bis 4° 50'. Dispersion $\varrho < \upsilon$. Spaltplättchen parallel ∞P∞ zeigen, weil die positive Bisectrix fast senkrecht auf dieser Fläche austritt, eine fast vollständige verschobene Interferenzfigur, bei welcher jedoch in Folge des grossen Axenwinkels bei der 45"-Stellung die Hyperbeln nicht im Gesichtsfeld liegen. — Chem. Zus. des reinen Albits nach vielen Analysen: $Na^2(Al^2)Si^6O^{16}$, oder $NaAlSi^3O^5$, mit 68,68 Kieselsäure, 19,48 Thonerde, 11,84 Natron. Kalk, nach *Tschermak*'s Theorie herstammend von einer Beimischung des isomorphen Anorhits, ist fast in jeder Analyse nachgewiesen worden. wenn auch meist u n t e r 1 pCt., und nur selten zwischen 1 und 2 pCt.; Kali wird nur in wenigen Analysen gänzlich vermisst; in vielen ist es zwar nur u n t e r 1 pCt., in einigen aber von 1 bis 2 pCt. vorhanden; die Periklins scheinen etwas kalireicher (oft bis 2,5 pCt.) zu sein als die eigentlichen Albite; immerhin aber spielt Kali in den Albiten nicht diejenige Rolle, wie das Natron in den Orthoklasen. Auch ein kleiner Gehalt an Magnesia und Eisenoxydul ist gar nicht selten. Albit als r e i n e r (oder normaler) N a t r o n f e l d s p a t h dürfte jedenfalls eine grosse S e l t e n h e i t sein. *Bärwald* untersuchte einen solchen von Kasbek (vgl. Anm. auf S. 692). V. d. L. schmilzt er schwierig und färbt dabei die Flamme deutlich gelb; von Säuren wird er nicht angegriffen; das Pulver zeigt nach *Kenngott* alkalische Reaction. — Penig, Siebenlehn in Sachsen, Hirschberg in Schlesien, St. Gotthard, Thusis, Schmirn und andere Gegenden der Alpen, Insel Elba; als Gemengtheil von Dioriten, vielleicht auch mancher Granite; in vollständig ausgebildeten Kryställchen in einigen dichten Dolomiten. Nicht selten gesetzmässig mit Orthoklas verwachsen (vgl. S. 689, Anm. 3; auch kommen umgekehrt Krystalle von Periklin oder Albit mit kleinen Adularen besetzt vor).

A n m. Was man P e r i s t e r i t (von Perth und Bathurst in Canada) und O l a f i t (von Snarum) genannt hat, das scheint nur Albit und Periklin zu sein. — Der von *Breithaupt* unter dem Namen H y p o s k l e r i t bestimmte, trikline, grünlichgraue bis olivengrüne Feldspath von Arendal in Norwegen ist höchst wahrscheinlich ein mit etwas Pyroxen gemengter Albit. — Auch der Z y g a d i t *Breithaupt*'s ist nach *Des-Cloizeaux* wahrscheinlich Albit; die triklinen Krystalle sind klein und sehr klein, und erscheinen wie stark geschobene dicke rhomboidische Tafeln mit zweireihig angesetzten, abwechselnd glatten und rauhen Randflächen, und mit ebenen Winkeln von ungefähr 136° und 44°; allein es sind stets Zwillingskrystalle, in denen

die glatten Randflächen des einen Individuums neben den rauhen und matten Flachen des
anderen liegen, und beiderseits sehr stumpfe ein- und ausspringende Winkel bilden. Spaltb.
nach den breiten Seitenflächen der Tafeln, recht deutlich; H. $=$ 5,5; G. $=$ 2,54; röthlich- und
gelblichweiss; auf den Seitenflächen fast perlmutterglänzend, ausserdem glasglänzend, meist
ganz trübe. — Nach *Plattner* enthält dies dem Stilbit sehr ähnlich erscheinende Mineral nur
Kieselsäure, Thonerde und Lithion und namentlich kein Wasser; *Fischer* konnte jedoch
weder v. d. L. noch mit dem Spectralapparat eine Spur von Lithion entdecken. — Grube
Katharina Neufang bei Andreasberg mit Desmin und Quarz.

563. Anorthit, *G. Rose* (Indianit, Christianit).

Triklin; nach den genauen, allgemein adoptirten Messungen von *Marignac* ist
$\infty'P : \infty P' = 120° 30'$, $0P : \infty \breve{P} \infty$ nach links $85° 50'$, nach rechts $94° 40'$, $\infty'P : \infty \breve{P} \infty = 117° 33'$, $\infty P' : \infty \breve{P} \infty = 121° 56'$. Man kennt bis jetzt an den vesuvischen Krystallen allein 32, an dem Anorthit überhaupt aber mehr als 35 verschiedene
Partialformen [1]), von denen in den nachstehenden Bildern enthalten sind:

Pinakoide und Hemiprismen	Makrod. Hemidomen	Brachyd. Hemidomen	Viertelpyramiden verschiedener Art	
$P = 0P$	$t = 2'\breve{P}'\infty$	$e = 2\breve{P}'\infty$	$m = P'$	$w = 4'\breve{P}2$
$h = \infty \breve{P} \infty$	$q = \frac{3}{2}\breve{P}\infty$	$r = 6\breve{P}'\infty$	$a = 'P$	$b = 4'\breve{P}2$
$M = \infty \breve{P} \infty$	$x = '\breve{P}\infty$	$k = \frac{3}{2}\breve{P}\infty$	$o = P$	$\pi = 3\breve{P}2$
$T = \infty'P$	$y = 2'\breve{P}\infty$	$n = 2'\breve{P}\infty$	$p = ,P'$	$\mu = 4,\breve{P}2$
$l = \infty P'$		$c = 6'\breve{P}\infty$	$u = 2P,$	$d = 4\breve{P},2$
$z = \infty'\breve{P}3$			$g = 2,P$	$s = 4,\breve{P}2$
$f = \infty \breve{P}'3$			$r = 4\breve{P},2$	$i = \frac{4}{3}\breve{P},2$

Fig. 4 eine Combination von 14 Partialformen, einfacher Krystall, wie auch

Fig. 2 eine für die Bestimmung aus den Zonen sehr geeignete Combination aller oben
aufgeführter Partialformen, mit Ausnahme der Viertelpyramide *g*, welche an den
Individuen des in der folgenden

Fig. 3 dargestellten Zwillingskrystalls mit ausgebildet ist.

Die Krystalle erscheinen bald kurz säulenförmig in der Richtung der Verticalaxe,
bald ebenso in der Richtung der Brachydiagonale, bisweilen auch nach den Polkanten
einer Hemipyramide, endlich auch tafelförmig wenn 0P sehr vorwaltet. Uebrigens
kann auch eine und dieselbe Comb. sehr abweichende Configuration besitzen. Einige
der wichtigsten Winkel sind nach *Marignac* und *Des-Cloizeaux* die folgenden:

---

4) *G. vom Rath* (Ann. d. Phys. u. Ch., Bd. 488. 449, und Bd. 447. 22 bis 63); *N. v. Kokscharow* (Materialien zur Mineralogie Russlands, Bd. IV. 200 bis 257).

$P : M =$	$94^o\,10'$	$P :\ e =$	$137^o\,22'$	$T :\ a =$	$144^o\,50'$	$p :\ P' =$	$125^o\,13$
$P : M' =$	$85\ 50$	$P :\ r =$	$112\ 19$	$l :\ m =$	$147\ 24$	$l :\ o =$	$123\ 35$
$P : T =$	$110\ 40$	$P :\ k =$	$161\ 22$	$P :\ h =$	$116\ 3$	$l :\ u =$	$150\ 14$
$P : l =$	$114\ 7$	$P :\ n =$	$133\ 14$	$M :\ h =$	$92\ 54$	$g :\ T =$	$149\ 39$
$M' : T =$	$117\ 33$	$P :\ t =$	$138\ 32$	$T :\ z =$	$148\ 33$	$y :\ P' =$	$98\ 18$
$M : l =$	$121\ 56$	$P :\ a =$	$145\ 50$	$l :\ f =$	$151\ 25$	$x :\ P' =$	$128\ 31$
$T : l =$	$120\ 30$	$P :\ m =$	$146\ 43$	$p :\ T =$	$123\ 37$	$q :\ P' =$	$145\ 14$

Zwillingskrystalle ganz gewöhnlich, und nach verschiedenen Gesetzen. Bei weitem am häufigsten ist jenes im Gebiet der triklinen Feldspathe herrschende Gesetz: Zwillings-Ebene das Brachypinakoid; beide Individuen berühren und decken sich in der Zwillings-Ebene (Fig. 3); die ein- und ausspringenden Winkel der beiderseitigen Flächen P und P' messen $171^o\,40'$. Diese Zwillingsbildung wiederholt sich nicht selten in der Weise, dass eine Lamelle, oder einige Lamellen einem grössern Krystall eingeschaltet sind, doch niemals so vielfach, wie beim Albit oder Oligoklas. — Ein zweites Gesetz, genau dasjenige des Periklins, lautet: Zwillings-Axe die Makrodiagonale (vgl. *vom Rath* in Annal. d. Phys. u. Ch. Bd. 138, S. 449, und Bd. 141, S. 39). Wie bei den auf S. 695 beschriebenen Zwillingskrystallen des Periklins sind auch hier zwei Modificationen zu unterscheiden, je nachdem die beiden Individuen einander ihre unteren, oder ihre oberen P-Flächen entgegen gewendet haben; im ersteren Falle liegt die einspringende Kante der beiderseitigen M-Fläche zur linken Hand, im zweiten Falle zur rechten Hand. In den nachstehenden beiden Figuren 4 und 5 ist der erstere Fall vorausgesetzt.

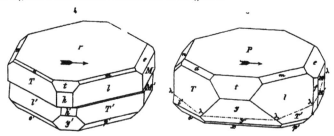

Denkt man sich also erst beide Individuen in paralleler Stellung über einander stehend und darauf das untere (mit accentuirten Buchstaben versehene) Individuum um die Makrodiagonale durch 180° verdreht, so befinden sich dann beide zu einander in der Zwillingsstellung, und zwar so, dass ihre unteren P-Flächen einander zugewendet sind; die besondere Ausbildung des Zwillingskrystalls hängt nun davon ab, in welcher Fläche sich beide Individuen berühren. Bisweilen liegen sie einfach mit ihren einander zugewendeten P-Flächen übereinander; dann erscheint der Zwilling wie Fig. 4, und die dabei stattfindende Verschiebung der Flächen zeigt sich besonders deutlich an den beiden Makropinakoiden h und h'. — Weit häufiger jedoch berühren sich die Individuen nicht in den beiderseitigen P-Flächen, sondern, wie *vom Rath* bestimmt hat, in der merkwürdigen Fläche des (schon S. 695 beim Periklin hervorgehobenen) rhombischen Schnitts. Die in Fig. 5 durch punktirt-gestrichelte Linien angegebenen Ausstriche dieser Fläche bilden auf der Oberfläche des Zwillings eine in sich zurücklaufende polygonale ebene Figur, $\lambda \ldots \lambda$, welche eine Durchschnitts-Ebene beider Individuen von der Eigenschaft ist, dass die vier auf den Flächen T und l liegenden Seiten des Polygons mit einander einen Rhombus bilden. die Rechnung lehrt, dass diese Fläche dem Hemidoma $\frac{3}{2}'\bar{P}\infty$ angehört, welches mit der Basis 0P den Winkel von $15^o\,59'$ bildet, und in diesem häufigeren Falle die Zusammensetzungsfläche beider Individuen liefert. Die dabei ringsum durch Ueberwachsung und Ausgleichung der vorragenden Ränder über M verlaufende charakteristische einspringende Zwillingskante neigt sich (im Gegensatz zum Albit oder Periklin) beim Anorthit nach vorne steiler abwärts als die Kante $P:M$. Ueber die verschiedenen Resultate, welche dieses zweite Gesetz theils für sich allein, theils in Verbindung mit dem ersten Gesetz zur Folge hat, müssen wir auf die Abhandlung *vom Rath's* verweisen.

Als ein drittes Gesetz der Zwillingsbildung am Anorthit wurde von *Strüver* das auch am Albit vorkommende Gesetz: Zwillings-Axe die Verticalaxe nachgewiesen; doch sind dergleichen Zwillinge selten. Nach einem vierten Gesetz ist die Zwillings-Axe die in der Ebene des Brachypinakoids liegende Normale zur Verticalaxe; auch hier ist, wie beim ersten und dritten Gesetz, $\infty \breve{P} \infty$ die Zusammensetzungsfläche.

Ausser in frei auskrystallisirten Varietäten findet sich der Anorthit auch als Gemengtheil verschiedener Gesteine, sowie in krystallinischen Körnern und in körnigen Aggregaten. — Spaltb. basisch und brachydiagonal, vollk.; H. $= 6$; G. $= 2,73...2,76$; farblos, weiss (an der Pesmeda-Alp beim Monzoni auch rosaroth, welche Farbe beim Glühen verschwindet). Glasglanz, durchsichtig und durchscheinend. Die Hauptauslöschung des pol. Lichts bildet bei basischen Spaltplättchen mit der Kante $P:M$ Winkel von ca. 38°, also solche von grösserem Werth, als bei irgend einem anderen triklinen Feldspath. Dispersion $\varrho > v$. Plättchen parallel 0P und $\infty \breve{P} \infty$ zeigen seitlichen Austritt der einen oder anderen optischen Axe, die Axenpunkte liegen am Rande des Gesichtsfelds. — Chem. Zus. des reinen Anorthits (Kalkfeldspaths) nach vielen Analysen: $Ca(Al^2)Si^2O^8$, oder vielmehr $Ca^2(Al^2)^2Si^4O^{16}$ (vgl. S. 238 und 681), mit 43,16 Kieselsäure, 36,72 Thonerde, 20,12 Kalk. Doch enthalten wohl alle Anorthite etwas Alkali, namentlich Natron (als isomorph beigemischte Albitsubstanz), weshalb der Kieselsäuregehalt etwas höher ausfällt, auch Magnesia ist in ganz geringen Mengen zugegen. Salzsäure zersetzt ihn vollständig, doch ohne Bildung von Kieselgallert; auch zu natürlicher Zersetzung ist er mehr als andere Feldspathe geneigt, was der Wassergehalt vieler Abänderungen erweist. V. d. L. schmilzt er ziemlich schwer. Das Pulver zeigt nach *Kenngott* rasch und deutlich eine alkalische Reaction. — In den Drusenhöhlen der Auswürflinge des Somma am Vesuv, auf Contactlagerstätten an der Pesmeda-Alp und im Toal Rizzoni am Monzoni, als Matrix des Korunds von Carnatik in Indien (daher der von *Bournon* schon 1817 gebrauchte Name Indianit), im Kugeldiorit von Corsica (nach *Delesse*), im Serpentin und Gabbro bei Harzburg und bei Neurode in Schlesien, im Diorit des Berges Yamaska in Canada, in den Eukriten von Hammerfest und Rådmansö, mit Olivin ein Gestein bildend an der Skurruvaselv bei Trondhjem, im Andesit des Aranyer Berges (Siebenbürgen), in der Lava von Aphroessa (Santorin), in der Thjorså-Lava der Hekla und in anderen Laven; zufolge *Mallard* als kaustisches Product von brennenden Steinkohlenflötzen in deren Hangendem zu Commentry in Frankreich; auch in den Meteorsteinen von Juvenas und Stannern.

Anm. Der Amphodelit *Nordenskiöld's* in grossen röthlichgrauen bis schmutzig und licht pfirsichblüthrothen Krystallen von Lojo in Finnland und Tunaberg in Schweden ist, wie auch *Svanberg's* Analyse erweist, jedenfalls nur eine, wenn auch etwas umgewandelte Var. des Anorthits. — *Brooke's* Latrobit oder *Breithaupt's* Diploit von der Insel Amitok an der Küste bei Labrador ist zwar krystallographisch noch etwas zweifelhaft, durch seine übrigen Eigenschaften aber als ein rosenrother bis pfirsichblüthrother Anorthit charakterisirt, in welchem jedoch der Kalk nur von 8 bis 10 pCt. vorhanden ist, wogegen 6 bis 7 pCt. Kali und 3 bis 4 pCt. Manganoxydul zugegen sind.

Der sog. Lepolith von Lojo und Orijärfvi in Finnland, sowie der von *Genth* analysirte Thjorsauit aus einem Lavastrom der Hekla sind krystallographisch und chemisch nichts anderes als Anorthit. — Der Bytownit aus Canada ist nach *Zirkel* gar kein einfaches Mineral, sondern ein Gemeng, welches aus vorwaltendem Anorthit, aus Hornblende, Quarz und Magneteisen besteht. *Tschermak* bezeichnet mit diesem Namen Zwischenglieder zwischen Anorthit und Labradorit, welche von An bis Ab^{1}An^3 gehen.

Den Linsëit, oder richtiger Lindsayit, von Orijärfvi, erklärte schon *Breithaupt* richtig für einen durch Wasseraufnahme umgewandelten Lepolith (d. h. Anorthit). — Auch der

Tankit von Arendal in Norwegen stimmt, nach *Des-Cloizeaux*, krystallographisch mit dem Anorthit vollkommen überein; nach einer Analyse von *Pisani* ist er in der That nur ein Anorthit, welcher 4 bis 5 pCt. Wasser aufgenommen hat; auffallend bleibt sein hohes spec. Gewicht, welches von *G. Rose* zu 2,877, von *Pisani* zu 2,897 bestimmt wurde.

Auch das von *Monticelli* B i o t i n genannte, angeblich rhomboëdrisch krystallisirende u. 3,14 wiegende Mineral wird von einigen Mineralogen dem Anorthit zugerechnet. Der R o s e l lan, ein schön rosenrothes Mineral, mit vollkommen monotomer Spaltbarkeit und stark glänzenden Spaltungsflächen, ist ebenfalls aller Wahrscheinlichkeit nach zu dem Anorthit zu stellen; H. = 2,5; G. = 2,72; es enthält 44,90 Kieselsäure, 34,50 Thonerde, 3,59 Kalk, 2,47 Magnesia, 6,68 Kali, 6,53 Wasser, und findet sich in erbsen- bis hirsekorngrossen individualisirten Körnern auf Kalksteinlagern von Åker, Baldursta und Magsjö in Södermanland in Schweden. Sehr ähnlich und wohl auch hierher gehörig ist der rosenrothe bis carminrothe Polyargit aus dem Syenit von Tunaberg und dem Kalkstein von Baldursta, welcher zwei ungleiche Spaltungsrichtungen besitzt, die sich unter 93° und 87° schneiden.

Des-Cloizeaux bemerkt, dass eines der beiden Mineralien, welche bei Bråkke in Norwegen vorkommen und E s m a r k i t genannt worden sind, nämlich dasjenige, welches in derben lamellaren Massen vorkommt, sowohl nach seiner Spaltungsform und seinem spec. Gew. = 2,737, als auch nach seiner durch eine Analyse von *Pisani* ermittelten Substanz, ferner auch nach seinen optischen Beziehungen nur eine Var. des Anorthits ist. *Brögger* und *Reusch* fanden an den lamellar-polysynthetischen Krystallen 0P : ∞P̆∞ = 86° 5′ und 93° 55′. das G. = 2,66, auch die beiden ersterwähnten Zwillingsgesetze der vesuvischen Anorthite.

Das von *Sartorius v. Waltershausen* als C y c l o p i t aufgeführte Mineral aus den Hohlräumen des Dolerits der Cyclopen-Inseln ist gemäss seiner eigenen Analysen und der weiteren krystallographischen Bestimmung von *v. Lasaulx* (Z. f. Kryst. V. 1881. 327) nichts anderes als Anorth.

564. Kalknatronfeldspath und Natronkalkfeldspath.

Oligoklas, *Breithaupt*.

Triklin, isomorph mit Albit und Anorthit, aus beiden gemischt; 0P : ∞P̆∞ = 86° 10′, ∞P′ : ∞′P = 120° 42′ nach *Des-Cloizeaux*, jedoch nach *Hessenberg* schwankend; Krystalle selten, meist ähnlich denen des Periklins oder auch jenen des Albits, wie z. B. die sehr schön ausgebildeten Krystalle vom Vesuv, welche *G. vom Rath* genau gemessen und abgebildet hat, und von welchen zwei nachstehend copirt sind.

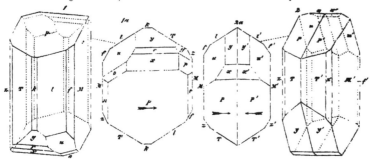

Fig. 1 und die Horizontalprojection 1a stellt das ideale Bild eines e i n f a c h e n Krystalls dar, dessen Partialformen und wichtigste Winkel die folgenden sind:

P = 0P	u = 2P,	l : T = 120° 53½′	M : k = 91° 36′
M = ∞P̆∞	p = ,P	M : l = 120 46½	P : x = 128 3
k = ∞P̆∞	g = ∞P̆∞	M : P links = 86 32	P : y = 98 7¼
l = ∞P′	x = ,P̆∞	M : P rechts = 93 28	P : k = 116 13
T = ∞′P	y = 2,P̆∞	M : T = 118 20	P : o = 122 10
z = ∞′P̆3	r = ½,P̆∞	P : T = 111 12	P : l = 111 21
f = ∞P̆′3	n = 2′P̆∞	M : u = 121 47	e : n = 90 35
o = P,	e = 2P̆′∞	P : u = 95 3	l : u = 150 36

Die Makrodiagonale und Brachydiagonale sind bis auf 4' rechtwinkelig auf einander, die Basis ist also fast genau ein Rhombus.

Fig. 2 nebst der Horizontalprojection 2a gibt das Bild eines Zwillingskrystalls nach dem gewöhnlichen Gesetz: Zwillings-Ebene das Brachypinakoid; in ihm ist $T : T' = 123° 20'$, $P : P' = 173° 4'$ einspringend, $y : y' = 179° 9'$, $x : x' = 175° 50'$, welche letztere beide Winkel am oberen Ende des Krystalls ebenfalls einspringend sind. — Die später aus den trachytischen Gesteinen des Antisana (Andes) gemessenen Oligoklaskrystalle stimmten mit denen des Vesuv überraschend überein.

G. vom Rath beschreibt noch an den Krystallen vom Vesuv Zwillinge nach zwei anderen Gesetzen; überhaupt aber ist die Zwillingsbildung am Oligoklas sehr häufig, meist nach denselben Gesetzen wie bei Albit und Periklin (darunter auch die Zwillings-verwachsung parallel der Makrodiagonale hier wiederkehrt), oft mit vielfacher Wiederholung; der sehr dunkel lauchgrüne Oligoklas von Bodenmais zeigt eine gleichzeitige doppelte Zwillingsbildung sowohl nach dem sog. Albitgesetz (parallel $\infty\breve{P}\infty$) als nach dem Gesetz der Makrodiagonale (S. 695). Gewöhnlich in eingewachsenen polysynthetischen Krystallen, als Gemengtheil vieler Gesteine, auch derb in körnigen Aggregaten.

Spaltb. basisch vollkommen, brachydiagonal ziemlich vollk., hemiprismatisch nach $\infty P'$ oder $\infty'P$, bisweilen nach beiden Flächen, jedoch unvollkommen; die basische Spaltungsfläche meist mit ausgezeichneter Zwillingsstreifung, welche oft hundertfältig, mikroskopisch fein und nicht selten stellenweise absetzend oder unterbrochen ausgebildet ist. H. = 6; G. = 2,62...2,65; graulich-, gelblich- und grünlichweiss, auch gelblichgrau bis gelb und roth, grünlichgrau bis grün; Fettglanz, auf der Spaltungsfläche 0P Glasglanz; gewöhnlich trüb und nur in Kanten durchscheinend, bisweilen bis halbdurchsichtig; selten durch regelmässig interponirte Schuppen von Eisenrahm als sog. Sonnenstein ausgebildet, wie die Var. von Tvedestrand. Die optischen Axen haben eine ähnliche Lage, wie im Albit; ihre spitze Bisectrix ist fast normal auf der brachydiagonalen Spaltungsfläche, in den entsprechenden Spaltungslamellen liegen im convergenten pol. Licht die Axenpunkte noch weiter aus dem Gesichtsfeld als beim Albit.

Als Oligoklas (unter welchem man früher eine selbständige Species verstand) pflegt man jetzt diejenigen isomorphen Mischungen zu befassen, welche von **Ab** bis **Ab³Äu¹**. gehen (vgl. S. 681); die meisten Oligoklase enthalten auch eine kleine Menge von Kali. Der Kieselsäuregehalt geht in den Analysen von ca. 62 bis 65 pCt. — V. d. L. schmilzt der Oligoklas weit leichter als Orthoklas und Albit zu einem klaren Glas, wobei die Flamme gelb gefärbt wird; von Säuren wird er wenig zersetzt, um so leichter, je reicher, um so schwieriger, je ärmer er an Kalk ist. — Bodenmais, Arendal und Tvedestrand in Norwegen, Stockholm und andere Orte in Schweden, Pargas und Kimito in Finnland, Unionsville in Pennsylvanien, Haddam und Danbury in Connecticut; häufig in Granit, Gneiss, Porphyr, Diabas, Diorit, Trachyt, Andesit u. a. Gesteinen als Gemengtheil; selten in den Auswürflingen des Monte Somma am Vesuv.

Andesin, *Abich.*

Triklin, gewöhnlich nicht krystallisirt, eingewachsen in Gesteinen; die aus einem Auswürfling des Monte Somma von *G. vom Rath* untersuchten Krystalle sind vollkommen isomorph mit denen des Oligoklases von demselben Fundort, auch erscheinen sie nur als Zwillingskrystalle, und zwar am häufigsten nach dem Gesetz: Zwillings-Axe die Verticalaxe, Zusammensetzungsfläche das Brachypinakoid, dann auch nach dem herrschenden Gesetz: Zwillings-Ebene das Brachypinakoid (also wie Fig. 2, S. 700), sowie nach dem Gesetz: Drehungs-Axe die Makrodiagonale. G. = 2,65, für den vesuvischen nach *vom Rath* 2,647, für den von Orijärfvi 2,68 nach *Gylling.*

Der Andesin, über dessen Selbständigkeit man früher getheilter Meinung war, indem Viele ihn nur als einen kalkreichen oder zersetzten Oligoklas betrachteten, ist ein ferneres Mischungsglied zwischen Albit und Anorthit, befassend nach dem jetzigen Sprachgebrauch die isomorphen Mischungen, welche von Ab^3Am^1 bis Ab^1Am^1 gehen (vgl. S. 681); scharfe Grenzen gegen die kalkreicheren Oligoklase und die natronreicheren Labradorite existiren natürlicherweise nicht. Der Kieselsäuregehalt der Analysen schwankt von ca. 58 bis 61 pCt. V. d. L. schmilzt der Andesin weit leichter als Albit. — Der Andesin kommt in den vulkanischen Gesteinen der Anden sehr häufig, vor und bildet nach *Delesse* einen Bestandtheil des Syenits der Vogesen, nach *G. vom Rath* den Feldspath des Tonalits, nach *K. v. Hauer* den Feldspath des Dacits von Rodna und Nagy-Sebes, nach *Hunt* den Feldspath des Hypersthenits in Canada, nach *Rammelsberg* die Zwillingskrystalle im Porphyr des Esterelgebirges, nach *Petersen* den Feldspath in Doleriten und Basalten; zu Ojamo in Finnland labradorisirend, wohlkrystallisirt, periklinartig nach der Makrodiagonale verlängert ($P : M = 93^0\,10'$), zu Ersby auf Åhlön (Finnland) mit G. = 2,67 nach *Wiik* (Z. f. Kryst. VII. 77).

Labradorit (Labrador).

Triklin, isomorph mit Albit und Anorthit; nach *Marignac* ist $0P : \infty \breve{P}\infty = 86^0\,10'$ $0P : \infty'P = 111^0\,0'$, $0P : \infty P' = 113^0\,34'$, $\infty P' : \infty'P = 121^0\,37'$, $\infty \breve{P}\infty : \infty P$ $= 120^0\,53'$, $\infty \breve{P}\infty : \infty'P = 117^0\,30'$; ähnliche Werthe fand *vom Rath* an den Krystallen von Visegrad bei Gran in Ungarn (Bezeichnungsweise wie beim Anorthit $P : M = 86^0\,50'$, $P : T = 110^0\,40'$, $P : y = 98^0\,45'$, $T : y = 136^0\,55'$, $M : o = 115^0\,10'$), die Krystalle fast immer eingewachsen; auch derb, in individualisirten Massen und in körnigen bis dichten Aggregaten, wobei fast immer eine vielfach wiederholte Zwillingsbildung und lamellare Zusammensetzung nach denselben Gesetzen wie bei Albit oder Periklin zu beobachten ist, mit abwechselnd ein- und ausspringenden Winkeln von $173^0\,20'$; auch kommen Sammelindividuen vor, an welchen mehre Zwillingsbildungen sich betheiligen, wie nachstehende Figuren erweisen, welche sich auf die Labradoritkrystalle aus dem Quarz-Andesit von Verespatak beziehen, die *Tschermak* in seinen Mineral. Mittheil. 1874, S. 269 beschrieben hat. Bei allen ist die durch Zwillingsbildung nach $\infty \breve{P}\infty$ auf $0P$ (*P*) erscheinende Zwillingsstreifung weggelassen.

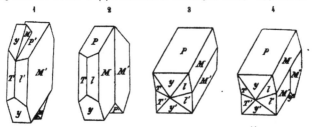

Fig. 1.   Zwei Labradorite, jeder lamellar verzwillingt nach $\infty \breve{P}\infty$, sind nach Art der Karlsbader Orthoklaszwillinge verwachsen; dieselbe Bildung beschrieb *G. Rose* aus dem Gabbro von Neurode.

Fig. 2.   Derselbe Doppelzwilling, bei welchem aber die Berührung in der That an der Zwillingsfläche $\infty \breve{P}\infty$ erfolgt.

Fig. 3.   Zwei lamellar-polysynthetische Krystalle, so verwachsen, dass $0P$ Zwillings-Ebene ist (entsprechend Fig. 9 beim Orthoklas).

Fig. 4.   Doppelte Verwachsung dreier polysynthetischer Krystalle nach Fig. 2 und 3. Auch gibt es polysynthetische Krystalle, welche nach dem Bavenoer Gesetz des Orthoklases zu Doppelzwillingen verwachsen sind.

Spaltb. basisch sehr vollkommen, brachydiagonal ziemlich vollkommen, jedoch an verwitterten Varietäten nach *Vogelsang* vollkommener als die basische Spaltbarkeit. hemiprismatisch rechts oder links, bisweilen nach beiden Richtungen, unvollkommen; die Spaltungsflächen gewöhnlich mit Zwillingsstreifung; H. = 6; G. = 2,68...2,71 bei reiner frischer Substanz; farblos, doch verschiedentlich weiss und grau, auch röthlich, blaulich, grünlich und anders gefärbt; Glasglanz, auf der brachydiagonalen Spaltungsfläche oft fettartig; durchscheinend, meist nur in Kanten; auf $\infty\overset{.}{P}\infty$ zeigen viele Varietäten schöne Farbenwandlung, über welche oben S. 192 nachzusehen ist; die optischen Axen haben eine ähnliche Lage wie im Albit. Auf Plättchen parallel $\infty\overset{.}{P}\infty$ erscheinen Andeutungen von Lemniscaten, indem eine Axe seitlich austritt, der Axenpunkt selbst ist nicht sichtbar; ebenso verhält es sich auf $0P$. — Chemisch versteht man unter dem Labradorit (früher gleichfalls für eine selbständige Species gehalten) diejenigen isomorphen Mischungsglieder, welche zwischen Ab^1Au^1 und Ab^1Au^3 liegen (S. 681); sie gehen einerseits in die kalkreicheren, natronärmeren Andesine, anderseits durch den sog. Bytownit in die etwas natronhaltigen Anorthite über. Die Kieselsäure schwankt von ca. 50 bis 56 pCt. Viele Labradorite enthalten ganz kleine Mengen von Wasser, welches wohl nur als secundär hinzugetreten gelten kann. V. d. L. schmilzt er noch etwas leichter als Oligoklas; von concentrirter Salzsäure wird das sehr feine Pulver nach längerem Erhitzen zersetzt. — Küste von Labrador (hier anstehend in der Gegend von Nain, vgl. *A. Wichmann* in Z. geol. Ges. 1884. 485), Ingermannland; verbreiteter Gemengtheil vieler Gesteine, in Diabasen, Doleriten, Basalten, auch Dioriten, im Hypersthenit, Gabbro u. a.; sehr schöne Varr. bei Kiew und im Gouv. Wolhynien.

Gebrauch. Die schön farbenwandelnden Varietäten des Labradorits werden zu Ringsteinen, Dosen und mancherlei Ornamenten verschliffen.

Anm. zu den triklinen Feldspathen. Sehr bemerkenswerth ist die Entdeckung *vom Rath's*, dass die in Folge der Zwillingsverwachsung mit parallelen makrodiagonalen Axen auf der M-Fläche erscheinende Zwillingskante oder Zwillingslamellirung durch ihre **R i c h t u n g** als sicheres Unterscheidungsmittel der verschiedenen Glieder der triklinen Feldspathe gelten kann. Beim Albit ist diese einspringende Zwillingskante, deren Neigung zur Kante $P : M$ durch den Winkel γ (ebenen Winkel der brachy- und makrodiagonalen Axen) bedingt wird, **w e n i g e r** geneigt als Kante $P : M$ und bildet mit derselben 13° bis 22° (S. 695); beim Anorthit ist sie nach vorn **s t e i l e r   a b w ä r t s** (16° mit $P : M$) geneigt (S. 699). Die Kalknatronfeldspathe, welche bezüglich ihrer (chem. Zus. und) Krystallform eine fortlaufende Reihe zwischen Albit und Anorthit bilden, zeigen die Richtung der betreffenden Zwillingskante liegend **z w i s c h e n** jenen beiden Directionen: bei den Zwillingen des Oligoklas nach diesem Gesetz von Arendal ist die einspringende Linie **w e n i g e r** geneigt als die Kante $P : M$ und bildet mit derselben einen nach vorn convergirenden Winkel von etwa 4°; bei dem Andesin ist die Zwillingslinie **p a r a l l e l** der Kante $P : M$, wie es namentlich der labradorisirende Andesin von Ojamo in Finnland zeigt, welcher früher irrthümlich für Labradorit gehalten wurde; anderseits gibt sich die Annäherung des Labradorits an den Anorthit dadurch kund, dass sie bei ihm (z. B. am Labradorit von Visegrad in Ungarn) **s t e i l e r** nach vorn herabsinkt, als die Kante $P : M$ (N. Jahrb. f. Mineral. 1876. 705); vgl. auch die an finnischen Plagioklasen angestellten Untersuchungen von *F. J. Wiik* in Z. f. Kryst. II. 1878. 497.

Nach *Des-Cloizeaux* gibt es auch einen **B a r y t - P l a g i o k l a s**; bei ihm ist $P:M = 86° 37'$ und der durch Zwillingsbildung erzeugte einspringende Winkel auf der Basis $= 173° 14'$, beides sehr ähnlich dem Labradorit; die spitze Bisectrix ist negativ und bildet mit der Symmetrie-Ebene (?) einen nur kleinen Winkel (5—6°); die Analyse von *Pisani* ergab: 55,10 Kieselsäure, 23,20 Thonerde, 0,45 Eisenoxyd, 7,30 Baryt, 1,83 Kalk, 0,56 Magnesia, 7,45 Natron, 0,83 Kali, 3,72 flüchtige Stoffe, also mit Ausschluss der letzteren der Hauptsache nach $(Ba, Na^2)(Al^2)Si^4O^{12}$, analog dem monoklinen Hyalophan. G. $= 2,835$ (*Tschermak's* Mineral. Mittheil. 1877. 99; vgl. auch N. J. f. Min. 1877. 502 und 1879. 592). *Kenngott* macht darauf aufmerksam, dass ein einfaches Abziehen eines so hohen Glühverlustes wohl nicht berechtigt, und dass es auffallend ist, wenn dennoch die Analyse eine Feldspathzusammensetzung ergibt.

Der am Gläsendorfer Berge, bei Baumgarten und am Gumberge bei Frankenstein in Schlesien vorkommende **S a c c h a r i t** *Glocker's*, früher für eine feinkörnige Var. des Andesins gehalten, und nach der Analyse von *Schmidt* demselben ebenfalls chemisch nahestehend, ist nach der mikroskopischen Untersuchung von *v. Lasaulx* (N. Jahrb. f. Min. 1878. 623) überhaupt kein Mineral, sondern ein plagioklashaltiges, gesteinsartiges Gemeng von wechselnder Zusammensetzung, indem es bald fast nur aus triklinem und monoklinem Feldspath besteht, bald aber auch sehr reichlich, bisweilen fast lediglich Quarz, Diopsid, Granat, Talk enthält. Die zuckerähnliche, feinkörnige Masse bildet Einschaltungen im Serpentin: sehr spröd und leicht zersprengbar; H. = 5...? G. = 2,66...2,69; weiss, meist grünlichweiss, wenig glänzend, von perlmutterartigem Glasglanz bis matt; kantendurchscheinend.

Im Anschluss an die triklinen Feldspathe mag auch der früher schon beim Zoisit erwähnte sog. **S a u s s u r i t** seine Stelle finden, welcher einen Gemengtheil vieler Varietäten des Gabbro, in der Gegend von Genua, auf Corsica, in den französischen Alpen u. a. O. bildet; meist feinkörnige bis dichte Aggregate von unebenem und splitterigem Bruch, sehr zäh und äusserst schwer zersprengbar; H. = 6...7; G. = 3,31... 3,389 nach *Saussure*, 3,266...3,431 nach *Breithaupt*, 3,227 nach *Fikenscher*: grauluchweiss, grünlichweiss in das grünlichgraue und aschgraue, schimmernd bis matt; kantendurchscheinend. — V. d. L. schmilzt er sehr schwierig an den Kanten zu einem grünlichgrauen Glas (der aus dem Orezzathal in Corsica nach *Boulanger* sehr leicht) von Säuren wird er nicht oder sehr wenig angegriffen. Nach *Hagge* besteht der Saussurit u. d. M. aus kleinen, farblosen oder grünlichen Krystallnadeln, Prismen und Körnern, welche innerhalb einer scheinbar homogenen farblosen Grundsubstanz regellos vertheilt sind; im polarisirten Licht erscheint jedoch auch die letztere als ein krystallinisches Aggregat. Nachdem schon *Sterry Hunt* 1859 den Saussurit aus den Euphotiden der Schweiz mit **Z o i s i t** in Verbindung gebracht, hat *Besnard* denjenigen von Grossarl in Salzburg für dichten Zoisit erklärt, sodann *Becke* neuerdings u. d. M. in ihm Anhäufungen winziger Prismen und Körner beobachtet, welche er nach Winkeln Spaltbarkeit und optischem Verhalten für Zoisit hielt, hat *Cathrein* (Z. f. Kryst. VII. 1883. 234) unter Anerkennung der Ergebnisse von *Hagge* dargethan, dass der sog. Saussurit ein Product der Metamorphose der Feldspathe durch Austausch von Kieselsäure und Alkalien gegen Kalk, Eisen und Wasser ist, und ein durch solche Umwandlung erzeugtes **G e m e n g** von Plagioklas (seltener Orthoklas) mit Zoisit darstellt, worin accessorisch noch Strahlstein, Chlorit u. a. Mineralien treten können. Die sog. Grundsubstanz (*Hagge*) ist der Rest des theils durch Zoisit verdrängten Feldspaths und man kann oft bemerken, wie durch das Ueberwuchern des Zoisits die ursprüngliche deutliche Zwillingsstreifung des letzteren bis zur Unkenntlichkeit verwischt wird. In dem Maasse als der Zoisit überhand nimmt, scheint sich das spec. Gew. zu erhöhen. Manchmal sind auch nur ganz wenig veränderte Plagioklase schon mit dem Namen Saussurit bezeichnet worden. Aus den Alkali-, Kalk- und Eisenmengen des Saussurits lässt sich nach Kenntniss des feldspathigen Gemengtheils das Mengungsverhältniss der Partikel des Saussurits feststellen. Im engsten Zusammenhang mit der Herausbildung des Saussurits steht die Epidotisirung der Feldspathe, welche sich davon nur unwesentlich durch eine Mehraufnahme von Eisen unterscheidet.

Anhang.

565. Barsowit, *G. Rose.*

Als Gerölle in kleinkörnigen bis dichten Aggregaten, rein weiss bis schwach ins bläuliche fallend; nach den Untersuchungen von *M. Bauer* besitzt der vielfach mit Kalkspath, auch mit kleinen Körnchen von Korund und Spinell gemengte Barsowit zwei auf einander senkrechte, verschieden vollkommene pinakoidale Spaltrichtungen und erweist sich durch die Auslöschungsverhältnisse als rhombisch (oder monoklin). H. = 5,5...6; G. der reinen Substanz = 2,584; die körnigen Varr. schwach perlmutterglänzend, kantendurchscheinend. — Chem. Zus. nach den Analysen von *Friederici* bei einem Vorkommniss: 42,20 Kieselsäure,

36,85 Thonerde, 19,82 Kalk, 0,33 Magnesia, 1,30 Alkalien, was auf die Formel $Ca(Al^2)Si^2O^8$ führt, und wornach Barsowit und Anorthit Dimorphieen einer und derselben Substanz wären. V. d. L. schmilzt er schwer und nur an den Kanten zu blasigem Glas; von Salzsäure wird das feine Pulver in der Wärme fast momentan zersetzt und das Ganze erstarrt beinahe plötzlich zu dicker Gallert, ein von dem des Anorthits abweichendes Verhalten. — Bei dem Seifenwerk Barsowsk im Ural, als Matrix der dortigen Korundkrystalle und Ceylanitkörner, wahrscheinlich nach *Bauer* ursprünglich im körnigen Kalk eingewachsen (N. Jahrb. f. Min. 1880. II. 68). Das Aggregat von Barsowit und Korund wird nach *Zerrenner* am Ural S o i - m o n i t genannt.

17. Zeolithgruppe.

Wasserhaltige Silicate von Aluminium (mit Ausnahme z. B. des Apophyllits) und ein- und zweiwerthigen Leichtmetallen (häufig Metasilicate); fast sämmtlich an sich farblos und nur selten gefärbt, durchsichtig bis durchscheinend, gewöhnlich glasglänzend, auf Spaltungsflächen oft perlmutterglänzend; H. meist 4...5,5, G. nur 1,9...2,5. In Salzsäure allermeist zersetzbar, in der Regel leicht, oft mit Abscheidung von gallertartiger (oder pulveriger) Kieselsäure; schmelzbar v. d. L. gewöhnlich unter Aufschäumen und Blasenwerfen. Finden sich besonders in Hohlräumen von Eruptivgesteinen, der Basalte, Phonolithe, Melaphyre u. s. w., und sind dort wahrscheinlich als wasserhaltige Regenerationsproducte von zersetzten, namentlich feldspathartigen Gesteinsgemengtheilen zu betrachten; auch wohl auf Erzgängen, stets aber als mehr secundäre Bildungen.

566. Pektolith, *v. Kobell.*

Monoklin; die Krystallformen sind nach *Heddle* und *Greg* isomorph mit denen des Wollastonits, was auch für den Winkel $\beta = 84^\circ 37'$ sehr genau, und für die verticalen Prismen insofern zutrifft, als sie aus dem Prisma ∞P des Wollastonits nach einfachen Zahlen ableitbar sind; auch finden sich Zwillingskrystalle nach $\infty \mathcal{P}\infty$, gerade so wie am Wollastonit; die Pinakoide $0P$ und $\infty \mathcal{P}\infty$, sowie die vorhandenen Hemidomen bilden lang säulenförmige Krystalle und stängelige Individuen; gewöhnlich nur in kugeligen Aggregaten und derb, von radial stängeliger oder faseriger Textur; Spaltb. nach $0P$ und $\infty \mathcal{P}\infty$, also nach zwei unter $95^\circ 23'$ geneigten Flächen, von denen die erstere sehr vollkommen ist; H. = 5; G. = 2,74...2,88; graulichweiss und grünlichweiss, wenig perlmutterglänzend, kantendurchscheinend; die optischen Axen liegen in einer Ebene, welche auf der vollkommensten Spaltungsfläche normal, aber der Längenausdehnung der Krystalle parallel ist, also ganz anders als im Wollastonit. — Die chem. Zus. wird nach vielen Analysen ziemlich genau durch die Formel $(Ca,Na^2,H^2)Si^4O^3$ dargestellt, welche, wenn das Verhältniss $Ca : Na : H = 2 : 1 : 1$ ist, 54,23 Kieselsäure, 33,72 Kalk, 9,34 Natron und 2,71 Wasser erfordert, und mit den meisten Analysen recht wohl übereinstimmen, obschon manche derselben etwas mehr Wasser und alle etwas Thonerde ergaben. Gibt im Kolben ein wenig Wasser; v. d. L. schmilzt er leicht zu einem durchscheinenden Glas, der verwitterte ist jedoch fast unschmelzbar; in Phosphorsalz löslich mit Hinterlassung eines Kieselskelets; das Pulver wird von Salzsäure zersetzt unter Abscheidung von schleimigen Kieselsäureflocken; war er vorher geglüht oder geschmolzen, so bildet er mit Salzsäure eine steife Gallert. — Am Monte Baldo, am Monzoniberge, auf der Insel Skye, bei Ratho unweit Edinburgh und an vielen a. O. in Schottland, wie z. B. bei Ballantrae in Ayrshire in bis 3 Fuss langen faserigen Aggregaten; Bergenhill in New-Jersey.

Anm. 1. Sollte sich der Isomorphismus mit dem Wollastonit vollkommen bestätigen, so würde vielleicht mit *Kenngott* und *Groth* anzunehmen sein, dass der Pektolith nur ein natriumhaltiger Wollastonit $(Ca,Na^2)Si O^3$ sei, welcher bei einer beginnenden Zersetzung mehr oder weniger Wasser aufgenommen hat, indem ein Theil des Ca und Na entfernt und die äquivalente Menge H dafür aufgenommen wurde; der nach den Analysen von **2** bis **5** pCt. schwankende Wassergehalt könnte diese Annahme bestätigen; freilich sind die optischen Eigenschaften beider Mineralien ganz verschieden.

Anm. **2.** Dem Pektolith scheint das von *Breithaupt* unter dem Namen O s m e l i t h aufgeführte Mineral von Wolfstein in Bayern sehr nahe zu stehen. Eine frühere Analyse von *Adam* gab wirklich die Zusammensetzung des Pektoliths, wogegen eine spätere von *Riegel* allerdings eine andere chemische Constitution beweisen dürfte.

Anm. **3.** Das von *Thomson* S t e l l i t genannte Mineral von Kilsyth in Schottland (zarte weisse perlmutterglänzende, durchscheinende, angeblich rhombische Prismen in sternförmig strahliger Gruppirung) ist seiner Selbständigkeit nach sehr zweifelhaft; *Heddle* und *Greg* erklären diesen Stellit von Kilsyth für Pektolith. Von den durch *Beck* und *Hayes* analysirten sog. Stelliten aus New-Jersey (welche von *Thomson's* Stellit ganz verschieden sind) hat der eine fast ganz die Zus. des Pektoliths.

Anm. **4.** Ein von den Quellen bei Plombières noch jetzt gebildetes, porodines, schneeweisses, undurchsichtiges, in stalaktitischen Ueberzügen vorkommendes Mineral hat nach *Daubrée* eine Zusammensetzung aus 40,6 Kieselsäure, 4,3 Thonerde, 34,1 Kalk, **23,2** Wasser ist also $CaSiO^3 + 2H^2O$, oder die Substanz des Wollastonits mit 2 Mol. Wasser. *Daubrée* schlägt dafür den Namen P l o m b i è r i t vor.

567. Okenit, *v. Kobell.*

Rhombisch; ∞P 122° 19′, Comb. $\infty P.\infty P\infty.0P$ nach *Breithaupt*; gewöhnlich nur derb in krummschaligen Aggregaten von dünnstängeliger bis faseriger Textur; zäh, schwer zersprengbar und zerreibbar; H. = 5; G. = 2,28...2,36; gelblich- und blaulichweiss, perlmutterglänzend, durchsichtig bis kantendurchscheinend. — Chem. Zus. nach *v. Kobell*, *Wurth Connel*, *v. Hauer* und *E. E. Schmid*: $CaSi^2O^5 + 2H^2O$, mit 56,63 Kieselsäure, 26,40 Kalk, 16,97 Wasser. Da indessen nach *Schmid* über Schwefelsäure $\frac{1}{4}$, und bei 100° $\frac{1}{2}$ des Wassers entweichen, so ist es wahrscheinlich, dass die Hälfte des Wassers als solches, die Hälfte chemisch gebunden ist, was $H^2CaSi^2O^6 + H^2O$ ergibt. Darnach ist der Okenit das Silicat des Apophyllits, und unterscheidet sich von ihm nur durch den Mangel des Fluorkaliums; er schmilzt v. d. L. mit Aufschäumen zu Email; das Pulver wird von Salzsäure bei gewöhnlicher Temperatur leicht zersetzt unter Abscheidung gallertartiger Kieselsäureflocken; war er vorher geglüht, so erfolgt die Zersetzung nicht. — Disko-Insel, Island und Faeröer.

Anm. **1.** Das von *Rink* unter dem Namen a s b e s t a r t i g e r O k e n i t eingeführte Mineral, welches in Grönland auf der Halbinsel Noursoak den Trapp und Trapptuff in schmalen Trümern so durchzieht, dass die sehr wenig zusammenhängenden, äusserst zähen und mit Calcit gemengten Fasern der Trum-Ebene parallel liegen, ist nach *Forchhammer* kein Okenit, sondern ein asbestartiger W o l l a s t o n i t, der eine partielle Zersetzung erlitten und etwas Kohlensäure und Wasser aufgenommen hat.

Anm. **2.** Das von *Rammelsberg* X o n o t l i t genannte Mineral von Tetela de Xonotla in Mexico, welches weisse oder blaulichgraue, concentrisch schalige Aggregate von dichtem oder feinsplitterigem Bruch, grosser Härte und Zähigkeit, und dem spec. G. 2,71...2,72 bildet, ist nach der Formel $4CaSiO^3 + H^2O$, mit nur etwa 4 pCt. Wasser, zusammengesetzt; es ist v. d. L. unschmelzbar und wird von Salzsäure zersetzt, scheint jedoch mit etwas Quarz innig gemengt zu sein; nach *Heddle* auch an einigen Localitäten der Insel Mull.

568. Apophyllit, *Hauy* (Ichthyophthalm, Albin).

Tetragonal; P 120° 56′ im Mittel, Polkante 104° 3′; P schwankt nach *Dauber* an verschiedenen Varietäten von 119° 43′ bis 121° 7′; *Luedecke* maass 119° 33′ an Krystallen aus dem Radauthal, 119° 42′ an solchen von Andreasberg; nach *Streng* 120° 15′ im Mittel an den Krystallen vom Limberger Kopf ö. vom Siebengebirge. A.-V. = 1 : 1,2515. Die vorherrschenden Formen sind P (*P*), $\infty P\infty$ (*m*) und 0P (*o*). *Seligmann* führt im N. J. f. Min. 1880. I. 141 im Ganzen 18 Formen übersichtlich an. Der Habitus der Krystalle ist theils pyramidal durch Vorwalten von P, theils säulenförmig durch $\infty P\infty$, theils tafelartig durch 0P; sie sind gewöhnlich zu Drusen verbunden, auch finden sich schalige Aggregate; als grosse Seltenheit beobachtete *Schrauf* einen Zwillingskrystall nach einer Fläche von P.

Fig. **1.** Die Grundpyramide selbständig ausgebildet.
Fig. **2.** $\infty P\infty.P$; das Deuteroprisma mit der Grundform.

Fig. 3. P.∞P∞.0P; die Krystalle von Andreasberg; *m* meist cylindrisch gekrümmt.
Fig. 4. Die Combination Fig. 2 mit dem ditetragonalen Prisma ∞P2.
Fig. 5. ∞P∞.0P.P; die Krystalle von Cziklova.

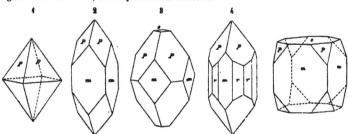

Spaltb. basisch vollkommen, prismatisch nach ∞P∞ unvollkommen; spröd; H. = 4,5...5; G. = 2,3...2,4; die Varietät aus dem Radauthal im Harz wiegt nach *Rammelsberg* nur 1,96; farblos, gelblichweiss, graulichweiss, röthlichweiss bis rosenroth und fleischroth, selten braun; Perlmutterglanz auf 0P, sonst Glasglanz; durchsichtig bis kantendurchscheinend; Doppelbrechung theils positiv, theils negativ, oft mit starker Absorption verbunden, auch bisweilen gestört, so dass das Kreuz in zwei Hyperbeln zerfällt [1]. — Die chem. Zus. wird nach vielen Analysen sehr genau durch die Formel 4 (H²Ca Si²O⁶ + H²O) + KF dargestellt, welche 53,00 Kieselsäure, 24,70 Kalk, 15,88 Wasser, 6,42 Fluorkalium erfordert, was den Analysen recht gut entspricht. *Rammelsberg* fand nämlich, dass dasjenige Wasser, welches bei 260° entweicht, wieder ersetzbar ist, der in höherer Temperatur eintretende Wasserverlust aber nicht; deshalb ist der letztere Wassergehalt als chemisch gebunden in die Formel aufgenommen. Somit besteht der Apophyllit aus 4 Mol. Okenit und 1 Mol. Fluorkalium. Die rothen Varietäten von Andreasberg sind nach *Suckow* durch Fluorkobalt gefärbt. Im offenen Glasrohr gibt er mit Phosphorsalz etwas Fluor-Reaction; v. d. L. wird er matt, blättert sich auf und schmilzt unter Aufblähen zu einem weissen blasigen Email; mit Phosphorsalz gibt er ein Kieselskelet; das Pulver wird von Salzsäure sehr leicht zersetzt unter Abscheidung von Kieselschleim; nach vorherigem Glühen erfolgt die Zersetzung schwierig. Das Pulver zeigt, auf Curcumapapier mit Wasser befeuchtet, eine starke alkalische Reaction. — Auf Erzlagern: Utö, Oravicza und Cziklova; auf Gängen: Andreasberg, Kongsberg, auch auf Himmelsfürst Fdgr. bei Freiberg; in Blasenräumen von Eruptivgesteinen: Aussig (hier auch durch theilweise Umwandlung in Kalkcarbonat weiss und matt geworden, der Albin *Werner's*), Fassathal, Island, Faeröer, Poonah in Ostindien.

Anm. 1. Sehr nahe verwandt, ja vielleicht identisch mit dem Apophyllit ist das von *Anderson* unter dem falsch gebildeten Namen Gurolit (eigentlich Gyrolith, nach der rundlichen Form) eingeführte Mineral vom Storr auf der Insel Skye. Es bildet kleine kugelige radial-schalige Aggregate von schön gestreifter Oberfläche, ist vollk. spaltbar nach einer Richtung, weiss, glasglänzend, optisch-einaxig, und verhält sich v. d. L. und gegen Säuren ganz wie Apophyllit; findet sich auch bei Margaretville in Neuschottland, wo er, nach der Ansicht von *How*, ein Zersetzungsproduct des Apophyllits sein soll.

---

[1] *Rumpf* gelangte zu der Ansicht, dass das Mineral nicht tetragonal, sondern eine unzähligemal sich wiederholende Zwillingsverwachsung monokliner Individuen sei (Min. u. petr. Mitth. 1879. 369); vgl. die sehr richtigen Einwendungen, welche *Klocke* im N. Jahrb. f. Min. 1880. II. 11 gegen diese Auffassung erhoben hat. Auch *Groth* hält dafür, dass durch die Untersuchungen von *Rumpf* die Zusammensetzung des Apophyllits aus monoklinen Individuen nicht erwiesen sei (Z. f. Kryst. V. 1881. 374); vgl. auch *Klein* im N. J. f. Min. 1884. I. 252, welcher darthat, dass die optische Felderzerfällung mit der dem Individuum eigenthümlichen Flächenausbildung zusammenhängt.

Anm. 2. Dem Apophyllit steht gleichfalls sehr nahe das von *Sartorius v. Waltershausen* entdeckte und unter dem Namen **Xylochlor** eingeführte Mineral. Sehr kleine tetragonale Pyramiden, deren Mittelkante 96° misst, sind drusig gruppirt und oft in Schnüren an einander gereiht; Spaltb. basisch; H. = 6; G. = 2,29; olivengrün; fand sich im Surturbrand bei Husavik in Island, als Ausfüllung der Klüfte eines fossilen Baumstamms.

569. Analcim, *Hauy*.

Regulär, meist 202, oft mit abgestumpften tetragonalen Ecken, seltener die Combination ∞O∞. 202, wie beistehende Figur; auch ⅘O (Kerguelen-Inseln

nach *Laspeyres*, Table Mountain in Colorado zufolge *Cross*); die Krystalle oft gross, auch klein und sehr klein; meist zu Drusen verbunden; körnige Aggregate; Pseudomorphosen nach Leucit. — Spaltb. hexaëdrisch sehr unvollk.; Bruch uneben; H. = 5,5; G. = 2,1...2,28; farblos, weiss, graulichweiss bis grau, röthlichweiss bis fleischroth; Glasglanz, bisweilen Perlmutterglanz; durchsichtig bis kantendurchscheinend. Die meisten Krystalle zeigen, wie schon *Brewster* erkannte, im polarisirten Licht anomale Erscheinungen der Doppelbrechung, welche auf Spannungsvorgänge zurückgeführt worden sind[1]. Eine erhitzte doppeltbrechende Analcimplatte nimmt nach *Klein* (N. Jahrb. f. Min. 1881. I. 250) in ihren einzelnen Stellen nach und nach die Isotropie an, so dass Partieen starker Wirkung erst schwächer doppeltbrechend, dann isotrop werden. — Chem. Zus. nach den Analysen von *G. Rose, Connel, Awdéjew* und *Rammelsberg*: $Na^2(Al^2)Si^4O^{12}+2H^2O$. (also ein sog. Bisilicat), mit 54,54 Kieselsäure, 23,20 Thonerde, 14,09 Natron, 8,17 Wasser; der Analcim ist also gewissermaassen Natron-Leucitsubstanz mit 2 Mol. Wasser (vgl. S. 609 über die Umwandlungen). Manche Varietäten, wie z. B. die von Niederkirchen in Rheinbayern und die vom Superiorsee, halten 3 bis 6 pCt. Kalk, andere, wie jene von den Cyclopen-Inseln, etwas Kali als theilweisen Vertreter des Natron; *Ricciardi* und *Speciale* fanden hier sogar 10,56 Kali auf nur 2,0 Natron. Gibt im Kolben Wasser und wird weiss und trübe; v. d. L. schmilzt er ruhig zu klarem Glas; von Salzsäure wird er vollständig zersetzt unter Abscheidung von schleimigem Kieselpulver; das Pulver zeigt alkalische Reaction, doch schwächer als Natrolith. — In Blasenräumen und Klüften plutonischer Gesteine: Aussig, Fassathal, Vicenza, Dumbarton, Faeröer, Kerguelen-Inseln; auf den Cyclopen-Inseln sehr reichlich in allen Spalten und Höhlungen eines zersetzten Dolerits; selten auf Erzgängen und -Lagern: Andreasberg, Arendal; im Thoneisenstein von Duingen in Hannover.

Anm. 1. Der **Cuboit** von *Breithaupt* ist eine derbe, auch als 202 krystallisirte, deutlich spaltbare, aber grünlichgraue bis berggrüne Var. des Analcims vom Magnetberg Blagodat im Ural. — **Pikranalcim** nennt *Meneghini* eine im Gabbro rosso vom Monte Caporciano in Toscana vorkommende Var., welche gleichfalls sehr deutlich spaltbar sein, und statt Natron 10 pCt. Magnesia enthalten soll; *E. Bamberger* konnte indess in diesem Vorkommniss keine Magnesia, dagegen den normalen Gehalt von 18,6 Natron nachweisen, auch die Spaltb. nicht wahrnehmen (Z. f. Kryst. VI. 1882. 32). *Thomson's* **Cluthalith** von den Kilpatrick-Hügeln scheint zersetzter Analcim.

Anm. 2. **Eudnophit** hat *Weybie* ein auf Lamö bei Brevig im Syenit vorkommendes Mineral genannt, welches meist derb und eingesprengt in körnigen Aggregaten ausgebildet, sehr selten krystallisirt ist, und dann rhombische Krystallformen (∞P fast 120°) mit vollk. basischer, und unvollk. Spaltbarkeit nach beiden Diagonalen erkennen lässt, dabei aber, nach den Analysen von *Berlin, v. Borck* und *Damour* genau die Zusammensetzung des Analcims hat, mithin ein Beispiel von Dimorphismus liefern würde. *Des-Cloizeaux* beobachtete sehr energische Doppelbrechung, *Bertrand* optische Zweiaxigkeit. Ersterer befand einen Eudnophit vom Kangerdluarsuk prismatisch und basisch fast gleich leicht spaltbar unter Winkeln von fast 90°, sowie aus optischen Gründen als wahrscheinlich rhombisch. H. = 5...6; G. = 2,27. *Möller* bemerkt jedoch, dass alle Exemplare, die er gesehen habe, bei näherer Untersuchung für Analcim erkannt worden sind.

---

1) Vgl. darüber: *Ben-Saude*, Nachr. d. Ges. d. Wiss. zu Göttingen, 5. März 1881; N. Jahrb. f. Min. 1882. I. 41. — *v. Lasaulx*, Z. f. Kryst. V. 1881. 331. — *Arzruni* und *S. Koch* ebendas. V. 1881. 483.

570. Pollux, *Breithaupt.* Pollucit.

Krystallinisch, und zwar regulär nach *Des-Cloizeaux*, der schönste, 2 Cm. grosse Krystall in der École des mines zu Paris zeigt die Comb. ∞O∞.2O2; deutliche Krystalle sind aber selten, meist erscheint er in ungestalteten, vielfach eingeschnittenen, eckigen oder abgerundeten, z. Th. hyalitähnlichen Formen; Bruch muschelig mit undeutlichen Spuren von Spaltbarkeit; H. = 5,5...6,5; G. = 2,86...2,90; farblos, stark glasglänzend, durchsichtig, überhaupt klarem Hyalit, oft auch reinem Kampher sehr ähnlich; im polarisirten Licht verhält er sich nach *Des-Cloizeaux* wie ein einfachbrechender Körper. — Chem. Zus.: nach der Analyse von *Pisani* ist der Pollux ein sehr merkwürdiges Mineral, indem das seltene Element Cäsium einen ganz wesentlichen Bestandtheil desselben bildet; die Analyse ergab nämlich 44,03 Kieselsäure, 15,97 Thonerde, 0,68 Eisenoxyd, 34,07 Cäsiumoxyd, 3,88 Natron, 0,68 Kalk und 2,40 Wasser; dies entspricht der Formel 3 R² (Al²) Si⁴ O¹² + 2 H² O (also ein sog. Bisilicat), worin R = 2Cs + Na. *Rammelsberg* fand: 46,18 Kieselsäure, 17,24 Thonerde, 30,62 Cäsiumoxyd, 0,58 Kali, 2,25 Natron, 2,34 Wasser (Monatsber. Berl. Akad. 1880. 669), woraus er die Formel H²R²(Al²) Si¹⁵ O¹⁵ ableitet. Das Wasser entweicht erst beim Glühen, wobei das Mineral trübe wird; v. d. L. runden sich dünne Splitter an den Kanten zu emailähnlichem Glas und färben dabei die Flamme röthlichgelb; auf Platindraht mit Fluor-Ammonium erhitzt und dann mit Salzsäure befeuchtet zeigt er im Spectroskop die zwei blauen Streifen des Cäsiums; mit Borax oder Phosphorsalz gibt er ein klares Glas, welches warm gelblich, kalt farblos ist. Salzsäure zerlegt ihn in der Wärme nach *Rammelsberg* sehr schwer, nach *Plattner* vollständig mit Abscheidung von Kieselpulver; die Solution gibt mit Platinchlorür einen reichlichen Niederschlag von Cäsiumplatinchlorid. — Insel Elba, in Drusenräumen des dortigen Granits; sehr selten.

571. Faujasit, *Damour.*

Regulär, nach *Blum*, *Knop* und *Des-Cloizeaux*; die einzige bekannte Form erscheint zwar wie das Oktaëder; indessen hebt *Knop* hervor, dass die Flächen desselben gewöhnlich in drei Felder gebrochen sind, wonach die Form eigentlich ein Ikositetraëder *m*O*m* mit kleinem Werth von *m*, vielleicht ⅘O⅘, sein würde, dessen trigonale Ecken noch durch die meist gekrümmten Flächen von O abgestumpft sind. *Streng* beobachtete auch Zwillinge, welche theils als Hemitropieen, theils als Durchkreuzungszwillinge nach einer Oktaëderfläche ausgebildet sind; nach ihm sind hin und wieder Faujasite unter Erhaltung ihrer Form in eine braune palagonitähnliche Masse umgewandelt. Spaltb. zufolge *Wichmann* nach O, vollk.; Bruch uneben; spröd; H. = 5...6, ritzt Glas; G. = 1,923; weiss bis braun, Glas- bis Diamantglanz, durchsichtig bis durchscheinend. — Chem. Zus. nach der Analyse von *Damour*, wenn man mit *Rammelsberg* 2 Mol. Wasser als chemisch gebunden ansieht, ebenfalls die eines sog. Bisilicats, H⁴Na²Ca (Al²)² Si¹⁰ O³⁰ + 18 H² O; mit 46,84 Kieselsäure, 15,93 Thonerde, 4,36 Kalk, 4,84 Natron, 28,06 Wasser. Sollten sich Na² und Ca einander vertreten, so vereinfacht sich die Formel zu H²(Na²,Ca) (Al²) Si¹⁵ O¹⁵ + 9 H²O. V.d.L. bläht er sich auf und schmilzt zu weissem Email; von Salzsäure wird er zersetzt. — Kaiserstuhl in Baden, Annerod bei Giessen, Pflasterkaute bei Eisenach, wahrscheinlich auch am Stempel bei Marburg nach *v. Koenen.*

572. Chabasit, *Werner.*

Rhomboëdrisch nach der üblichen Auffassung (vgl. unten), R (*P*) 94° 46′(Fassathal 95° 2′, Oberstein 94° 24′); A.-V. = 1 : 1,0858; die Grundform erscheint meist selbständig, wie in der ersten Figur, oder auch mit —¼R, und —2R, wie in der zweiten Figur, bisweilen auch mit anderen untergeordneten Formen; Zwillingskrystalle sehr häufig, als Durchkreuzungszwillinge nach dem Gesetz: Zwillings-Axe die Hauptaxe; seltene Zwillinge, wobei R Zwillings-Ebene darauf die Normale ist;

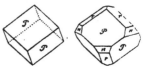

die Krystalle meist zu Drusen versammelt, die Flächen von R oft gestreift parallel den Polkanten. *Streng* [1]) wies nach, dass die federförmige Streifung

---

1) In seiner nicht nur für den Chabasit, sondern auch für die chemische Deutung vieler anderer Glieder der Zeolithgruppe sehr wichtigen Abhandlung, 16. Ber. d. oberhess. Ges.f. Nat.- u. Heilk. 1877. 74.

und die im Winkelwerth sehr schwankende stumpfe Kante, welche oft auf R ersichtlich sind, nicht von dem angeblichen Skalenoëder $\frac{1}{2}\frac{1}{4}R\frac{3}{4}$ herrühren, sondern durch Störungen in dem Ebenmaass des Krystallaufbaues hervorgebracht werden, in Folge des Durchwachsens eines in Zwillingsstellung befindlichen Krystalls. — Spaltb. rhomboëdrisch nach R ziemlich vollk.

Nachdem *Streng* schon auf Platten parallel 0R eine Zusammensetzung aus 6 Individuen, sowie die Abhängigkeit der optischen Orientirung von der auf den Rhomboëderflächen auftretenden federförmigen Streifung erkannt hatte, gelangte *Becke* zu dem Resultat, dass der Chabasit **triklin** sei, und dass seine **scheinbare** rhomboëdrische Form durch complicirte wiederholte Zwillingsbildung zu Stande komme. Ein Schliff parallel 0R des Rhomboëders zeigt zwischen gekreuzten Nicols (keine Dunkelheit sondern) eine Zusammensetzung aus 6 verschieden orientirten Individuen, deren gegenseitige Grenzen den Höhenlinien der gleichseitig-dreieckigen Platte entsprechen; die Auslöschungen je zweier benachbarter Individuen sind symmetrisch zu ihrer Grenzlinie. Auf einem Schliff parallel R gewahrt man eine Zweitheilung nach der kurzen (nach der Hauptaxe verlaufenden) Rhomboëderflächendiagonale, ganz entsprechend der stumpfen Kante auf den natürlichen Chabasitflächen und der Federstreifung auf denselben. *Becke* berichtet, dass es ihm gelungen sei, aus einem Krystall ein solches triklines Einzelindividuum herauszuspalten, ein rhomboëderähnlich gestaltetes Stück, welches er als die Combination der drei triklinen Pinakoide auffasst, die sich unter Winkeln von $96^{\circ}18'$, $94^{\circ}28\frac{1}{2}'$, $94^{\circ}55'$ durchschneiden. Bei dem Aufbau der Chabasitrhomboëder aus 6 derlei Individuen hat er 2 Zwillingsgesetze angenommen (ein drittes ist nicht zweifellos); jene beiden sind a) Zwillings-Ebene eine Fläche ∞P und b) Zwillings-Ebene eine Fläche P∞. Beide Flächen, $118^{\circ}5'$ gegen einander geneigt, entsprechen zwei Flächen des Prismas ∞P2, bezogen auf das Chabasitrhomboëder. Die Vereinigung zu dem scheinbaren Rhomboëder erfolgt nun nach 2 Typen, je nachdem die Individuen die Flächen ∞P∞ oder 0P nach aussen kehren; ein dritter Typus, wobei die Flächen von ∞P∞ aussen liegen, ist nach *Becke* zwar wahrscheinlich, aber nicht vollständig nachgewiesen. Die Zwillingsbildung im Groben nach den 2 bekannten Gesetzen (nach 0R und R) geht derart vor sich, dass die Theile, welche nach diesen Gesetzen mit einem Hauptkrystall verbunden sind, selbst in derselben gesetzmässigen Weise aus triklinen Individuen aufgebaut sind, wie der letztere (Min. u. petr. Mitth. 1879. 391); vgl. auch *Bauer* in N. Jahrb. f. Min. 1880, II. 135, welcher u. a. bemerkt, dass die Beobachtung von entschieden einaxigen Stellen im Chabasit vorläufig noch der Annahme trikliner Einzelindividuen entschieden als ein **Hinderniss** entgegensteht, welches andererseits bei der Annahme von **Spannungserscheinungen** (wozu auch *Streng* sich geneigt zeigt) nicht vorhanden ist.

H. $= 4 \ldots 4,5$; G. $= 2,07 \ldots 2,15$; farblos, weiss, bisweilen röthlich, gelblich; die ein ins Orangeroth ziehendes Kastanienbraun zeigenden Krystalle von Striegau sind nach *Websky* durch organische Substanz gefärbt, sie färben sich beim Erhitzen im geschlossenen Rohr schwärzlich und lassen in kleiner Menge eine Theersubstanz überdestilliren. Glasglanz, durchsichtig und durchscheinend. — Chem. Zus.: die zahlreich ausgeführten Analysen lassen manche Verschiedenheiten unter einander erkennen. *Rammelsberg* entscheidet sich auf Grund der von ihm für die verlässlichsten erachteten Analysen für die Formel $R^2Ca(Al^2)Si^5O^{15} + 6H^2O$, worin $R^2 = \frac{3}{4}H + \frac{1}{4}K$; entsprechend 50,55 Kieselsäure, 17,20 Thonerde, 9,43 Kalk, 1,98 Kali, 20,84 Wasser; nach ihm und *Damour* verliert der Chabasit bei 300° 17,1 bis 19,5 pCt. Wasser, welches er wieder aufnehmen kann; 18,18 pCt. dieses Wassers sind als 6 Mol. Krystallwasser in obiger Formel aufgenommen, in welcher das übrige, auch bei 300° nicht abgegebene Wasser als chemisch gebunden erscheint. Mitunter ist ein Theil des Kali durch Natron ersetzt. Die Abweichungen, welche andere Analysen mit geringerem Kieselsäuregehalt ergaben, will *Rammelsberg* theils auf das Material, theils auf die Methode zurückführen. Doch haben auch die neuesten, an völlig **reinem** Material und nach übereinstimmender Methode von *Streng* ausgeführten vier Analysen abermals die von früher her bekannten Abweichungen der Zus. ergeben, indem z. B. in ihnen (Al^2) : Si $= 1 : 3,85, 1 : 4,12, 1 : 4,4$ und $1 : 5,09$; die Differenz der Kieselsäure beträgt $4,4$ pCt. und kann weder durch Beimengung von Quarz, noch von wasserhaltiger Kieselsäure hervorgebracht werden. Das einzig Constante ist blos das Verhältniss der Monoxyde zur Thonerde. Mit steigendem Kalkgehalt sinkt der Alkaligehalt und umgekehrt; bei gleichem Thonerdegehalt steigt die Menge des Wassers mit derjenigen der Kieselsäure. *Streng* spricht daher die Vermuthung aus, dass die Chabasite sich als beliebige M i s c h u n g e n zweier isomorpher Endglieder betrachten lassen, welche die im Albit und Anorthit gegebenen Silicate, aber im wasserhaltigen Zustand darstellen, nämlich (R zweiwerthig genommen) von $R(Al^2)Si^6O^{16} + 8H^2O$ und $R(Al^2)Si^2O^8 + 4H^2O$, wobei das letztere durch Verdoppelung der Molekularformel auch auf den mit dem ersteren alsdann eine übereinstimmende Summe der Valenzen ergebenden Ausdruck $R(Al^2)R(Al^2)Si^4O^{16} + 8H^2O$ gebracht werden kann. Es handelte sich also hier um dieselben Substanzen mit 8 Mol. Wasser, welche in der Phillipsit-Desmin-Chabasitreihe mit 6 Mol. Wasser auftreten (vgl. die Anm. auf S. 720). Auch die Phakolithe, Levyne und Gmelinite lassen nach *Streng* eine übereinstimmende Deutung ihrer Zus. zu, welche zwischen den extremen Ergebnissen der Chabasit-Analysen schwankt. Doch ist bis jetzt eine jener beiden wasserhaltigen Plagioklassubstanzen als solche n o c h n i c h t rhomboëdrisch bekannt. — V. d. L. schwillt er an und schmilzt zu kleinblasigem, wenig durchscheinendem Email; von Salzsäure wird er vollständig zersetzt unter Abscheidung von schleimigem Kieselpulver. Das Pulver zeigt nach *Kenngott* langsam eine alkalische Reaction. — In Blasenräumen plutonischer Gesteine: Aussig, Oberstein, Faeröer, Kilmacolm in Schottland, Fassathal; auch in Drusenräumen des Granits am Harz, von Gräben (w. von Striegau in Schlesien), bei Baveno und in Connecticut; Maryland (als sog. H a y d e n i t), auf Erzgängen bei Andreasberg und als ganz neue Bildung in den Thermen von Plombières und Luxeuil.

A n m. Der P h a k o l i t h *Breithaupt's* ist nach *G. Rose, Des-Cloizeaux, Dana* und *Rammelsberg* mit dem Chabasit zu vereinigen. R = 94° 0'; die gewöhnliche Form der Durchkreuzungszwillinge mit parallelen Axensystemen ist $\frac{1}{2}P2.\infty P2.R. — \frac{1}{4}R$; die glasglänzenden durchscheinenden Krystalle von röthlich-, gelblich und graulichweisser Farbe waren namentlich von Böhmisch-Leipa und von Salesl bekannt. Später hat aber *vom Rath* dargethan, dass zu dem Phakolith als ausgezeichnetster Repräsentant desselben derjenige schöne farblose Zeolith von Richmond in der austral. Colonie Victoria gehört, welchen *v. Lang* mit dem Herschelit vereinigt, *M. Bauer* unter dem Namen S e e b a - c h i t als ein neues selbständiges Mineral eingeführt und aufrecht zu erhalten versucht hatte. Dieser australische Phakolith besitzt R, —2R (n), — $\frac{1}{4}R$ (r), $\frac{1}{2}P2$ (t), $\infty P2$, $0P$ (c). Polk. von $\frac{1}{2}P2$ = 145°, von R = 93° 9'. Alle Krystalle sind Zwillinge, Zwillings-Ebene auch ist die Basis, die abwechselnden Sextanten der scheinbaren pyramidalen Gestalt werden aus Theilen der beiden Zwillings-Individuen gebildet; bald waltet $\frac{1}{2}P2$, bald $0P$ vor; schwach optisch-zweiaxig in Folge innerer Spannungen parallel den Zwischen-Axen; *Becke*, welcher diesen Phakolith abweichend vom Chabasit gebaut fand, ist geneigt, in seinen Krystallen das Resultat mehrfacher Zwillingsbildung monokliner Individuen zu sehen. Spaltb. nach R; G. = 2,135. Dieser australische Zeolith, dessen Zugehörigkeit zum Phakolith schon *Ulrich* vermuthet hatte, ist von *Pittmann, Kerl* und *Lepsius*, zuletzt von *vom Rath* analysirt worden, welcher erhielt: 46,08 Kieselsäure, 21,09 Thonerde, 5,75 Kalk, 1,77 Kali, 4,52 Natron, 21,08 Wasser, welches völlig erst in der Glühhitze entweicht; daraus lässt sich die Formel $R^2Ca(Al^2)^2Si^8O^{24} + 12H^2O$ ableiten, welche auch der von *Streng* angeregten Deutung unterzogen werden kann. Als fernere Fundorte des Phakoliths nennt *vom Rath* noch Andreasberg am Harz und Asbach unfern des Siebengebirges (Ann. d. Phys. u.

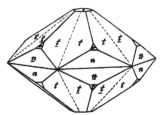

Ch., Bd. 158. 387); nach *v. Koenen* im zersetzten Basalt vom Stempel bei **Marburg** mit $\frac{4}{3}$P?
und —2R; vgl. auch Herschelit.

573. Gmelinit, *Brooke* (Natronchabasit).

Hexagonal, und zwar rhomboëdrisch; R $112°10'$ nach *Guthe*, $112°26'$ nach
Des-Cloizeaux; A.-V = 1 : 0,7254; eine seltenere Combination ist R . —R.∞R, ge-

wöhnlich aber treten beide Rhomboëder ins Gleichgewicht, und bilden eine hexagonale Pyramide P von der Mittelk. $79°54'$ und der Poll.
$112°33'$ (*Des-Cloizeaux*); Mittelk. nach *G. Rose* und *Tamnau* $80°54'$.
nach *Streng* $80°46\frac{1}{2}'$; durch Abstumpfung der Polecken und Mittelkanten dieser Pyramide entsteht dann die Comb. P. 0P.∞P, wie beistehende Figur:
die Flächen der Pyramide parallel ihren Polkanten, die des Prismas horizontal gestreift.
Da die abwechselnden Flächen der Pyramide oft grösser erscheinen als die übrigen.
so verweist schon dies auf rhomboëdrische Hemiëdrie. *Streng* hebt hervor, dass die
Pyramide des Gmelinits auf den Chabasit bezogen das Zeichen $\frac{3}{2}$P erhalten würde
wenn auch so die Winkelverhältnisse einer Vereinigung des ersteren mit dem letzteren
nicht im Wege stehen, so stimmt doch, wie *Streng* und *G. Rose* betonen, die Spaltbarkeit bei beiden nicht überein. — Spaltb. prismatisch nach ∞P, deutlich; H.= 4.5
G.=2...2,1; gelblichweiss, röthlichweiss bis fleischroth; glasglänzend, durchscheinend in geringem Grade. — Chem. Zus.: nach den Analysen von *Connel, Rammelsberg.*
Damour, How und *Lemberg* durch die Formel $(Na^2, Ca)(Al^2)Si^4O^{12} + 6H^2O$ darstellbar.
doch ist immer auch eine ganz kleine Menge Kali (0,4 bis 1,7 pCt.) vorhanden. Der
Kieselsäuregehalt der Analysen beträgt 46,5 bis 48,5, der Wassergehalt ca. 20 pCt.
Streng hat gezeigt, dass chemisch eine scharfe Trennung des Gmelinits vom Chabasit
nicht möglich ist, und dass der erstere auch in der Weise als Mischung gedeutet werden kann, wie es auf S. 711 für den letzteren angeführt wurde. V. d. L. verhält er
sich wie Chabasit; von Salzsäure wird er zersetzt unter Abscheidung von Kieselgallert.
— Vicenza, Glenarm in Antrim, Pyrgo auf Cypern, Bergen Hill, Cap Blomidon auf Neuschottland (sog. Ledererit *Jackson's*).

A n m. Eine bei Andreasberg höchst selten vorkommende Var. des Gmelinits, welche nach
der Analyse von *Broockmann* an Stelle der Thonerde ca. 8 pCt. Eisenoxyd und unter den Monoxyden ca. 3,5 Magnesia enthält (A.-V. = 1 : 0,7252) hat *Arzruni* Groddeckit genannt Z. f.
Kryst. VIII. 1884. 343). Auffallend ist der hohe Eisengehalt bei der Angabe, dass die stark
glasglänzenden Krystalle vollkommen wasserhell seien. .

574. Levyn, *Brewster*.

Rhomboëdrisch; R $79°29'$, $-\frac{1}{4}$R $106°3'$; A.-V. = 1 : 1,6717; gewöhnliche Form
0R.R. dick tafelartig, in vollkommenen Durchkreuzungszwillingen. wie

beistehende Figur, o : P = $117°23'$; auch hier ist nach *Streng* eine Zurückführung auf die Chabasitformen krystallonomisch möglich. Spaltb. rhomboëdrisch
nach R unvollk.; H. = 4; G. = 2,1...2,2; weiss oder lichtgrau, glasglänzend.
durchscheinend bis durchsichtig, Doppelbrechung negativ. Die Analyse von
Damour ergab: 43,80 Kieselsäure, 22,80 Thonerde, 9,70 Kalk, 4,89 Natron, 1,09 Kali, 21,00
Wasser, was auf die Formel $Ca(Al^2)Si^3O^{10} + 5H^2O$ führt, worin etwas Ca durch Na^2 und K^2 ersetzt ist; diejenigen von *Berzelius* und *Connel* weichen etwas ab, *Streng* deutet die Zus. ebenso, wie für den Chabasit (vgl. S. 711). V. d. L. wie Chabasit. — Als Fundpunkte werden angegeben Insel Skye, Faeröer, Island und Irland mehrorts, doch ist die Selbständigkeit des
Minerals zweifelhaft.

575. Herschelit, *Lévy*.

Anscheinend hexagonal, gewöhnlich in sechsseitigen fast tafelförmigen Krystallen mit
einer gewölbten, wie eine sehr flache abgerundete Pyramide erscheinenden Endigung, weshalb
Lévy die Krystalle für die hexagonale Comb. 0P.∞P.P hielt. *Victor v. Lang* erklärte auf
Grund seiner Untersuchungen die Krystalle des Herschelits für Drillinge rhombischer Formen
mit vollkommener Durchkreuzung der Individuen, welche vorwaltend von Brachydomen
nebst 0P und ∞P∞ gebildet werden, und nach der Fläche eines verticalen Prismas von 60°
zwillingsartig verwachsen sind; indem sich diese Zwillingsbildung mit geneigten Zusammen-

setzungsflächen wiederholt, entstehen nach ihm Drillingskrystalle mit Durchkreuzung, welche sich auch als Sechslingskrystalle mit Juxtaposition deuten lassen, und eine scheinbar hexagonale Form darstellen, etwa so, wie die S. 462 Fig. 4 abgebildete Form des Witherits. Die Winkel der scheinbaren hexagonalen Pyramiden findet *v. Lang* folgendermaassen: $0P : \text{P} \infty\ 139°$ 23′, $0P : 2\text{P} \infty\ 120°\ 15′$, $0P : \frac{1}{2}\text{P} \infty\ 114°\ 58′$. Allein nach *Becke's* optischen Untersuchungen sind die Individuen, welche die Herschelit-Krystalle zusammensetzen, nicht rhombisch, sondern monoklin, und auch *v. Lasaulx* ist aus optischen Gründen zu diesem Schluss geführt worden (Z. f. Kryst. V. 1881. 338); nach Letzterem sind die einzelnen begrenzt durch $\infty P \text{P} \infty$ und $\infty \text{P} \infty$, Zwillingsebene sei eine gegen das Orthopinakoid oder gegen die Verticalaxe unter nahe 60° geneigte Endfläche; jeder der 6 Sectoren, in welche im polarisirten Licht ein basischer Schnitt zerfällt, bestehe aus zwei innig vereinigten Individuen. Die Flächen des scheinbaren hexagonalen Prismas sind horizontal gestreift, 0P bauchig, oft convex, die Krystalle zumeist keilförmig und fächerförmig gruppirt; Bruch muschelig; $H. = 4,5$; $G. = 2,06$; farblos, glasglänzend, durchsichtig bis durchscheinend, optisch-zweiaxig. — Chem. Zus. nach den Analysen von *Sartorius v. Waltershausen*: 47,03 Kieselsäure, 20,24 Thonerde, 1,14 Eisenoxyd, 5,15 Kalk, 2,03 Kali, 4,82 Natron und 17,86 Wasser, woraus sich die Formel

$$\overset{1}{\dot{R}}{}^2 \dot{C}a (\ddot{A}l^2)^2 \ddot{S}i^6 \dddot{O}^{24} + 10 \dot{H}^2 O$$

construiren lässt; eine Analyse von *v. Lasaulx* ergibt eine ganz übereinstimmende Zus. des Silicats, führt aber auf 12 Mol. Wasser; eine fernere ältere Analyse von *Damour* weicht im Kalkgehalt und Alkalienverhältniss ziemlich ab, desgleichen eine von *Lemberg*. Leicht schmelzbar zu emailweissem Glas, von Säuren leicht zersetzbar. — Aci-Castello und Palagonia in Sicilien, Yarra in Australien.

576. Laumontit, *Hauy.*

Monoklin, $\beta = 80°\ 42′$, $\infty P\ (M)\ 86°\ 16′$, $\infty P : -\text{P} \infty$ (oder $M : P_| = 113°\ 30′$, $-\text{P} \infty$ zur Verticalaxe $54°\ 19′$, $\text{P} \infty$ desgleichen $68°\ 46′$ nach *Miller*; $A.-V. = 1,0818 : 1 : 0,5896$; die Krystalle erscheinen meist in der Comb. $\infty P. - \text{P} \infty$, wie die Figur, säulenförmig, in Drusen vereinigt; auch derb in körnig-stängeligen Aggregaten. — Spaltb. prismatisch nach ∞P vollk., orthodiagonal und klinodiagonal nur in Spuren; wenig spröd, aber sehr mürb und zerbrechlich; $H. = 3...3,5$, im verwitterten Zustand bis unter 1 und zerreiblich; $G. = 2,25...2,35$; gelblich- und graulichweiss, auch röthlich, perlmutterglänzend auf den vollk. Spaltungsflächen; durchsichtig bis kantendurchscheinend, verwittert undurchsichtig. — Chem. Zus. nach den Analysen von *Dufrénoy, Connel, Delffs, Gericke, Zschau* und *v. Babo* sehr genau: $\dot{C}a (\ddot{A}l^2) \ddot{S}i^4 \dddot{O}^{12} + 4 \dot{H}^2 O$, mit 51,07 Kieselsäure, 21,72 Thonerde, 11,90 Kalk, 15,31 Wasser. Der Laumontit verliert leicht Krystallwasser (nach *Malaguti* schon über Schwefelsäure 3,85 pCt. = 1 Mol.), weshalb er oft wasserärmer (nur 13 bis 14 pCt.) gefunden wird; an der Luft wird er dabei trübe und bröcklich, erhält aber im Wasser durch Aufnahme desselben sein frisches Ansehen wieder. Nach *Smita* entweicht 1 Mol. Krystallwasser an trockener Luft allmählich, rasch bei 100°, das zweite erst bei 300° vollständig; die beiden anderen Wassermoleküle entweichen erst in der Glühhitze, weshalb die Formel eigentlich zu $\dot{H}^4 \dot{C}a (\ddot{A}l^2) \ddot{S}i^4 \dot{O}^{14} + 2 \dot{H}^2 O$ wird. Verwittert enthält er oft kohlensauren Kalk. V. d. L. schwillt er an und schmilzt dann leicht zu weissem Email, welches in stärkerer Hitze klar wird; in Salzsäure wird er vollkommen zerlegt, mit Abscheidung von Kieselgallert. — Huelgoët in der Bretagne, Eule bei Prag, Dumbarton in Schottland, Sarnthal bei Botzen im Porphyr, Floitenthal und Löffelspitz im Stillappthal (Tirol) Plauenscher Grund bei Dresden im Syenit, am Culm de Vi in Graubünden, Monte Catini, Insel Skye, Mora Stenar bei Upsala, Kupfergruben am Superior-See und a. a. O. in Nordamerika.

Anm. 1. Vom Laumontit trennt *Blum* den **Leonhardit**, welcher folgendermaassen charakterisirt wird. Monoklin, $\infty P\ 82°\ 30′$, $\infty P : -\text{P} \infty\ 114°$; die Krystalle stellen die Comb. $\infty P. - \text{P} \infty$, überhaupt die Formen des Laumontits dar, sind regellos auf und durch einander gewachsen, theils bündelförmig und büschelförmig gruppirt, auch derb in stängeligen und körnigen Aggregaten. — Spaltb. prismatisch nach ∞P sehr vollk., basisch unvollk.; spröd, sehr zerbrechlich; $H. = 3...3,5$; $G. = 2,25$; gelblichweiss, Perlmutterglanz, kantendurchscheinend, verwittert undurchsichtig. — Chem. Zus. nach den Analysen von *Delffs* und *v. Babo*: ein Laumontit, welcher 1 Mol. Wasser verloren hat, $Ca(Al^2)Si^4O^{12}+3H^2O$, mit 53,10 Kieselsäure, 22,59 Thonerde, 12,38 Kalk und nur 11,93 Wasser. Nach *Smita* beträgt jedoch die Differenz im Wassergehalt nicht einmal 1 Mol., sondern der Leonhardit gewinnt erst die Zus. mit $3H^2O$, wenn er längere Zeit an trockener Luft liegt, oder auf $100°$ erwärmt wird. V. d. L. schmilzt er sehr leicht unter Aufblättern und Schäumen zu weissem Email an der Luft verwittert er leicht; von Säuren wird er zersetzt. — Schemnitz, Copperfalls am Superior-See.

Anm. 2. Der Caporcianit, von Caporciano bei Monte Catini in Toscana, röthlichgrau radialfaserige Aggregate, ist nach den krystallographischen Bestimmungen von *d'Achiardi*, sowie den Analysen von *Anderson* und *Bechi* ganz identisch mit dem Leonhardit (Laumontit).

Anm. 3. Nach *Berlin* gehört der von *Retzius* benannte Aedelforsit (sog. rother Zeolith von Aedelfors) zum Laumontit; er bildet lichtgraue und röthliche stängelig-faserige Aggregate von H. = 6 und G. = 2,6, und ist kantendurchscheinend; *Hisinger* fand darin: 53,76 Kieselsäure, 15,6 Thonerde, 1,8 Eisenoxyd, 8 Kalk, 11,6 Wasser. — Aedelfors in Småland in Schweden. Ueber einen ganz verschiedenen Aedelforsit vgl. Wollastonit.

577. Epistilbit, *G. Rose*.

Monoklin nach den neueren gleichzeitigen Untersuchungen von *Des-Cloizeaux* und *Tenne* früher von *G. Rose* und *Sartorius von Waltershausen* für rhombisch angesehen. $\beta = 51°53'$, $\infty P (M) 135° 10'$ nach *G. Rose*, $133° 57'$ nach *Tenne*, $134° 30'$ nach *Trechmann*; diese gewöhnlich verlängerten Flächen sind stark vertical gestreift; $\frac{1}{4}P (s) 147° 40'$; $0P (t)$ vorne und hinten nach *G. Rose* $109° 46'$ (nach *Tenne* $110° 47\frac{1}{4}'$, zufolge *Hintze* wachsend bis $113° 30'$); auch nach $\infty \bar{P}\infty$ und $\bar{P}\infty$; A. -V. = $0,5043 : 1 : 0,5804$ (nach *Trechmann* = $0,5060 : 1 : 0,5763$). Die Krystalle, wie beistehende Figur als scheinbar einfache Individuen gebildet

sind indessen Zwillinge nach $\infty \bar{P}\infty$, wobei die auf $\infty \bar{P}\infty$ nahtförmig hervortretende Zwillingsgrenze nicht immer geradlinig verläuft, sondern Fetzen des einen Krystalls in den anderen hineinragen. Die Auslöschungsrichtung giebt rechts und links von der Verticalen im Mittel $8° 11'$. *Hintze* fand auch solche Zwillinge, bei denen nicht eine blose Aneinanderwachsung zweier Individuen, sondern eine völlige Durchkreuzung, analog der dem Desmin vorlag. *G. Rose* fand auch nicht seltene Zwillinge nach ∞P an, wobei *Hintze* beobachtete, dass es sich hier um die Verwachsung von zwei wirklich einfachen Individuen, und nicht etwa um die zweier der erst-erwähnten Zwillinge handelt. Auch derb in körnigen Aggregaten. — Spaltb. klinodiagonal, sehr vollk.; H. = 3,5...4, die Spaltfläche weicher als das Prisma; G. = 2,24...2,86; farblos weiss oder bläulich; Perlmutterglanz auf der Spaltungsfläche, sonst Glasglanz; durchsichtig bis kantendurchscheinend; die optische Axenebene ist das Klinopinakoid; $\varrho < v$. — Chem. Zus. nach den Analysen von *G. Rose*, *Limpricht*, *Sartorius v. Waltershausen*, *Jannasch* und *Bodewig*: $Ca(Al^2)Si^6O^{16}+5H^2O$, oder vielmehr, weil 1 Mol. Wasser erst in der Glühhitze entweicht: $H^2Ca(Al^2)Si^6O^{17}+4H^2O$; etwas Ca ist durch Na^2 vertreten, auch bisweilen spurenhaft etwas Lithion vorhanden. Der Wassergehalt beträgt ca. 15 pCt. (vgl. Heulandit). V. d. L. schmilzt er unter Aufschwellen zu blasigem Email, welches mit Kobaltsolution blau wird; in concentrirter Salzsäure nach *Tenne* nicht oder nur äusserst schwer löslich, nach Anderen löslich unter Abscheidung von Kieselpulver; geglüht ist er unlöslich. — Djupivogr am Berufjord und am Fuss des Bulandstindr auf Island, Finkenhübel bei Glatz in Schlesien, Viesch im Wallis, Port George in Neuschottland; sehr seltenes Mineral.

Anm. Parastilbit hat *Sartorius v. Waltershausen* ein dem Epistilbit sehr ähnliches Mineral von Thyrill in Island genannt, welches jedoch nach der ersten Schreibweise der Formel nur 3 Mol. Wasser enthält; G. = 2,30. Vgl. *Tenne* im N. Jahrb. f. Min. 1881. II. 195 *Trechmann* hält es (ebendas. 1882. II. 261) für sehr wahrscheinlich, dass der Parastilbit mit dem Epistilbit zu vereinigen sei; ebenso wie der Reissit (*K. v. Fritsch*) von der Insel Santorin (vgl. dar. *Hessenberg*, Abhandl. Senckenb. Ges. VII. 1870 und *Luedecke*, N. Jahrb. f. Min. 1884. I. 162).

578. Stilbit, *Hauy* (Heulandit).

Monoklin[1], $\beta = 63° 10'$, $\bar{P}\infty (P) 50° 20'$. Die Krystalle meist dünn- oder dick-

---

1) Nach *Breithaupt* ist der Stilbit triklin, wofür die bisweilen vorkommenden zwillingsartigen Verwachsungen zu sprechen scheinen, welche parallel dem Klinopinakoid verlaufen. *Hessenberg* und *G. vom Rath* haben für isländische Stilbite in der That nachgewiesen, dass sie zum triklinen System gehören: sie zeigen eine den polysynthetischen Plagioklasen ähnliche la-

tafelartig, selten säulenförmig in der Richtung der Orthodiagonale, nach P, N und T; einzeln aufgewachsen oder zu Drusen vereinigt; auch derb in strahlig-blätterigen Aggregaten. — Spaltb. klinodiagonal, sehr vollk.; spröd; H. $= 3,5…4$; G. $= 2,1…2,2$; farblos, weiss, aber oft gefärbt, besonders fleisch- bis ziegelroth, was durch interponirte mikroskopische Schuppen, Körnchen, und Kryställchen von Eisenoxyd (nach *Kenngott* von Göthit) bewirkt wird; auch gelblichgrau bis haarbraun; starker Perlmutterglanz auf $\infty\mathrm{\mathcal{R}}\infty$, sonst Glasglanz; durchsichtig bis kantendurchscheinend; die optischen Axen liegen gewöhnlich sehr nahe in der Ebene der schiefen Basis, ihre positive Bisectrix (c) fällt in die Orthodiagonale; starke gekreuzte Dispersion. Zufolge *Des-Cloizeaux* ändert sich der Axenwinkel beträchtlich mit der Temperatur, auch wird bei hoher Temperatur $\infty\mathrm{\mathcal{R}}\infty$ die Axenebene.

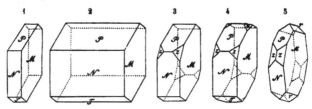

Fig. 1. $\infty\mathrm{\mathcal{R}}\infty.\infty\mathrm{\mathcal{P}}\infty.\mathrm{\mathcal{P}}\infty.0P$; tafelförmig durch Vorwalten des Klinopinakoids.
Fig. 2. Dieselbe Comb., horizontal-säulenförmig; $N:P = 129^{\circ} 40'$, $N:T = 116^{\circ} 20'$.
Fig. 3. Die Comb. Fig. 1 mit $2P$ (z); $z:z = 136^{\circ} 4'$, $z:M = 111^{\circ} 58'$.
Fig. 4. Dieselbe Comb. noch mit der Hemipyramide $\frac{3}{2}P$ (u); $u:u = 146^{\circ} 52'$.
Fig. 5. Die Comb. Fig. 1 mit der Hemipyramide $2P$ und dem Klinodoma $2\mathrm{\mathcal{R}}\infty$ (r); diese Combination ist die gewöhnliche Form der ziegelrothen Krystalle aus dem Fassathal, oft noch mit $3\mathrm{\mathcal{R}}\infty$; die Polkante von r misst $98^{\circ} 44'$.

Die chem. Zus. wurde nach den Analysen von *Rammelsberg*, *Thomson*, *Walmstedt*, *How*, *Sartorius v. Waltershausen* und *Lemberg* als $Ca(Al^2)Si^6O^{16} + 5H^2O$ angenommen (dieselbe wie die des Epistilbits), worin ein kleiner Theil des Kalks durch Natron vertreten ist, mit 59,22 Kieselsäure, 16,79 Thonerde, 9,20 Kalk und Natron, 14,79 Wasser; da jedoch nach *Damour* 10,2 pCt. (3 Mol.) des bei 200° ausgetriebenen Wassers wieder aufgenommen werden und somit nur dieses als Krystallwasser zu betrachten ist, während die letzten Procente des Wassers (2 Mol.) als chemisch gebundenes überhaupt erst in der Glühhitze entweichen, so gestaltete sich diese Formel als $H^4Ca(Al^2)Si^6O^{18} + 3H^2O$. Neuere Analysen von *Jannasch* ergeben dagegen einen höheren Wassergehalt von fast 17 pCt. und er findet die Formel $Ca(Al^2)Si^6O^{16} + 6H^2O$, oder vielmehr, da nach ihm nur 1 Mol. Wasser erst in der Glühhitze entweicht, $H^2Ca(Al^2)Si^6O^{17} + 5H^2O$; auch erhielt er $\frac{1}{4}$ pCt. Strontian und eine geringe Menge von Kali. Darnach ist die Zus. des Epistilbits und Stilbits n i c h t identisch und es liegt hier k e i n Beispiel des Dimorphismus vor. V. d. L. blättert und bläht er sich auf, und schmilzt zu einem weissen Email; von Salzsäure wird er leicht zersetzt unter Abscheidung von schleimigem Kieselpulver; das Pulver zeigt nach *Kenngott* alkalische

mellare Zusammensetzung mit ein- und ausspringenden Winkeln, welche wahrscheinlich ebenfalls aus dem Gesetz: Drehungs-Axe die Normale zum Brachypinakoid M beruht. $P:M$ wurde zu $90^{\circ} 39'$ gefunden. In derselben Weise gestreift und deshalb aller Wahrscheinlichkeit nach auch triklin sind nach *vom Rath* die Stilbite in den Drusen des elbanischen Granits, deren Theilungsnaht schon *d'Achiardi* beobachtete. Anderseits verhalten sich nach der Angabe von *Hessenberg* die Krystalle vom Giebelbach bei Viesch und die rothen aus dem Fassathal ganz entschieden monoklin (N. Jahrb. f. Mineral., 1874. 517). — *Wiik* erkannte scheinbar einfache Krystalle von Arendal als Zwillinge nach $0P$ (T); die optische Axen-Ebene bildete 20° mit der Zwillings-Ebene.

Reaction. — Selten auf Erzlagern: Arendal; oder auf Erzgängen: Kongsberg und Andreasberg; häufig in den Blasenräumen der Basalte und Basaltmandelsteine; Faeröer Island, Skye, Fassathal, Culm de Vi in Graubünden, in Nordamerika an vielen Orten.

Anm. 1. *Rosenbusch* fand in den Stilbiten von den Faeröer eine sehr reichliche Menge von mikroskopischen Quarzkryställchen eingewachsen.

Anm. 2. Der Beaumontit *Lévy*'s ist dem Stilbit sehr nahe verwandt; sehr kleine, scheinbar tetragonale Krystalle der Comb. ∞P.P, welche jedoch nach *Des-Cloizeaux* nur eine eigenthümliche Comb. des Stilbits sein könnte, in der die Flächen 0P und ∞P∞ ein rechtwinkeliges Prisma, und die im Gleichgewicht ausgebildeten Flächen von P∞, ∞P∞ und 2P eine vierflächige Zuspitzung bilden; H. = 4,5...5; G. = 2,24; gelblichweiss bis honiggelb. *Delesse* erhielt: 64,2 Kieselsäure, 14,1 Thonerde, 1,3 Eisenoxyd, 4,8 Kalk, 1 Magnesia, 0,5 Natron, 13,4 Wasser. Sehr selten, bis jetzt nur bei Baltimore vorgekommen. *Alger* und *Dana* halten ihn auch für Stilbit, womit aber *G. Rose* nicht einverstanden war.

579. Brewsterit, Brooke.

Monoklin; β = 86° 56', ∞P (g) = 136°; A.-V. = 0,4046 : 1 : 0,4203; die Krystalle erscheinen als kurze Säulen, welche von mehren verticalen Prismen nebst dem Klinopinakoid

∞P∞.∞P.∞P⅔.∞P2.∞P∞ . nP∞

| P | g | e | c | h | d |

P : c = 128° 56'   P : g = 112° 0'
P : e = 121 13   d : d = 172 0

gebildet und durch ein äusserst stumpfes fast horizontales Klinodoma (d 172°) begrenzt werden, was sie vorzüglich auszeichnet; sie sind meist klein, vertical gestreift und zu Drusen vereinigt.

— Spaltb. klinodiagonal sehr vollk.; H. = 5...5,5; G. = 2,1...2,2? (2,432 nach *Thomso.* 2,453 nach *Mallet*); gelblichweiss und graulichweiss, Perlmutterglanz auf ∞P∞, sonst Glasglanz, durchsichtig und durchscheinend. Die Ebene der optischen Axen ist normal auf dem klinodiagonalen Hauptschnitt und bildet mit der Verticalaxe einen Winkel von etwa 80°; die Bisectrix fällt in die Orthodiagonale. — Chem. Zus. nach *Connel* und *Thomson* sehr nahe, nach *Mallet* fast genau: R (Al²) Si⁶O¹⁶ + 5 H²O, worin R Strontium, Baryum und Calcium bedeutet; die Formel ist wahrscheinlich H⁴ R (Al²) Si⁶O¹⁸ + 3 H²O zu schreiben. Ist R = ⅓Sr + ⅓Ba + ⅓Ca, so ist die Zusammensetzung: 54,34 Kieselsäure, 15,40 Thonerde, 8,94 Strontian, 6,60 Baryt, 1,21 Kalk, 13,57 Wasser. Schmilzt v. d. L. mit Schäumen und Aufblähen; in Salzsäure löslich unter Abscheidung von Kieselsäure. — Strontian in Schottland, Riesendamm in Irland, am Col de Bonhomme, bei Freiburg im Breisgau.

580. Phillipsit, Lévy (Kalkharmotom, Kaliharmotom, Christianit).

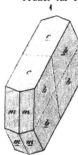

Früher für rhombisch gehalten; die meist wie ein tetragonales Prisma mit vierflächiger, auf die Seitenkanten aufgesetzter Zuspitzung erscheinenden, theils lang-, theils kurzsäulenförmig aussehenden Krystalle fasste man als rhombische Comb. ∞P∞.∞P∞.P auf, wobei *Miller* als Polk. von P 120° 42' und 119° 18' (Mittelk. alsdann genau 90°) maass. Die Krystalle sind indessen monoklin, wie *Groth* zuerst angab, darauf durch *Streng* (N. J. f. Min. 1875. 585) unter Annahme einer anderen richtigeren Aufstellung (welche sich der von *Des-Cloizeaux* für den Harmotom begründeten anschloss) höchst wahrscheinlich gemacht und endlich durch optische Untersuchungen von *Tripph* und *Fresenius* erwiesen wurde. Darnach verwandelt sich das frühere rhombische P in das monokline ∞P, ferner P∞ in ∞P∞, ∞P∞ in 0P, ∞P∞ in ∞P∞ und 0P in P∞.

Die scheinbar einfachen Krystalle, deren Fig. 1 einen darstellt, sind nun schon vollständige Durchkreuzungszwillinge zweier monokliner Krystalle; darin ist m = ∞P, b = ∞P∞, c = 0P. Die Basis (oder das auf ihr rechtwinkelige Hemidoma P∞) liefert die Zwillings-Ebene, ∞P∞ fällt bei beiden in eine Ebene; weil sich aber beide Individuen gliedweise durchkreuzen, so erscheint eben der Zwilling wie eine rhombische Combination. Da m und b parallel ihren Combinationskanten gestreift sind.

so zeigen sich auf dem Klinopinakoid des Zwillings 4, zu je 2 parallele Systeme von Federstreifung, welche zu einem Rhombus zusammenstossen. Die Basis c ist horizontal gestreift, was jedoch in den Figg. der Uebersichtlichkeit halber weggelassen ist. — Zwei solcher einfachen Zwillinge, welche indessen isolirt nicht vorzukommen scheinen, sind nun mit ɭ∞ als Zwillings-Ebene (Zwillings-Axe die Klinodiagonale) zu einem der Doppelzwillinge verbunden, wie es in den Figuren 2, 3 und 4 dargestellt ist, und zwar sind die letzteren, wie *Streng* zuerst hervorhob, nach zwei etwas verschiedenen Typen ausgebildet.

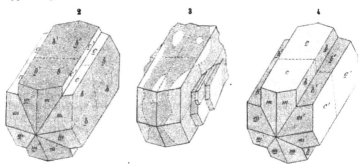

a) Fig. 2. Die zusammensetzenden einfachen Zwillinge sind nach der Basis dicktafelförmig entwickelt, und in Folge dessen liegen an dem Doppelzwilling die rhombisch gestreiften Klinopinakoide nach aussen, während die schmalen einspringenden Kanten von 0P gebildet werden. Bei aufrechter Stellung der Säulen ist die Spitze der Federstreifung auf *m* abwärts gerichtet. Dazu gehören z. B. die Krystalle von Marburg, vom Limberger Kopf, von Daubringen. Bisweilen sind aber auch die Formen des einfachen Zwillings im Gleichgewicht, und der Doppelzwilling erscheint ganz ohne einspringende Kanten, wie es Fig. 3 zeigt. Da hierbei die Zwillingsgrenzen stets sehr unregelmässig verlaufen, so fällt oft das federförmig gestreifte Klinopinakoid des einen Zwillings mit der (horizontal gestreiften) Basis des anderen in eine Ebene.

b) Fig. 4. Die einfachen Zwillinge sind nach ∞ɭ∞ tafelförmig ausgebildet und deshalb liegen an dem Doppelzwilling die Basisflächen nach aussen, die federförmig gestreiften Klinopinakoide sind nur in den einspringenden Kanten sichtbar, und die Spitze der Federstreifung auf den Prismenflächen ist nach der Mitte zu gerichtet, bei aufrechter Stellung der Säulen nach aufwärts. Krystalle von Nidda in Hessen, von Sirgwitz in Schlesien, von Richmond in Victoria.

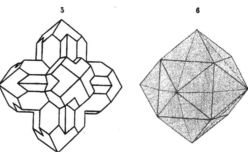

Schliesslich gibt es noch Vereinigungen von drei solchen Doppelzwillingen, welche sich rechtwinkelig kreuzen, wie es Fig. 5 schematisch darstellt. Dabei ist ∞P die Zwillingsebene je zweier Doppelzwillinge. Das Ganze ist also aus 12 Individuen zusammengesetzt. Füllen sich die Fugen aus, so entstehen alsdann Gebilde, welche ganz und gar die Form regulärer Rhomben-Dodekaëder haben, wie die von *Streng* entlehnte Fig. 6 zeigt, welche einen Phillipsitkrystall vom Stempel bei Marburg wiedergibt, wobei indessen die Zwillingsgrenzen in der Natur unregelmässiger verlaufen. Jede Rhomben-Dodekaëderfläche zerfällt in 4 Felder, welche alle ∞P angehören, indem jedes Feld ein Achtel der Fläche ∞P eines einfachen monoklinen Krystalls darstellt; die längere Diagonale ist die Zwillingsnaht nach P∞, die kürzere diejenige nach ∞P; an Stelle der dreiflächigen Ecken findet sich mitunter eine dreieckige Vertiefung, in welcher die 3 Flächen von ∞P∞ sichtbar werden[1]).

Isomorph mit Harmotom und Desmin; $\beta = 55°1'$; ∞P$=119°18'$; ∞P : 0P$=119°39'$; A.-V.$=0,7146 : 1 : 1,2205$ nach *Miller* $(0,7095 : 1 : 1,2563$ nach *Streng*, bei welchem $\beta = 55°37'$); von anderen Formen ist noch ∞P2 bekannt $(81°$ nach *Streng*); *v. Zepharovich* fand an den Krystallen von Salesl ∞P∞, sowie 5P∞. — Spaltb. basisch und klinodiagonal; H.$=4,5$; G.$=2,15...2,20$; farblos, weiss, lichtgrau, gelblich, röthlich; glasglänzend, durchsichtig bis kantendurchscheinend. D. optische Axenebene, mit einem wahren Axenwinkel von ca. 64° steht auf ∞P∞ senkrecht, fällt aber (nach *Fresenius*) nicht mit 0P zusammen, sondern ist dagegen unter etwa 10° geneigt, und zwar für Gelb stärker als für Roth; die erste Mittellinie liegt in ∞P∞; nach *Trippke* bildet dagegen die Auslöschungsrichtung auf ∞P∞ mit der der Fläche 0P entsprechenden Zwillingsgrenze den Winkel von 22°5'. Ueber den innern Zwillingsbau hat *Trippke* auf optischem Wege viele Untersuchungen angestellt, wegen deren das Nähere im N. J. f. Min. 1878. 681 oder in Z. d. geol. G. 1878. 145 nachgesehen werden muss. — Die chem. Zus. wird auf Grund vieler Analysen nach *Rammelsberg* am besten durch die Formel R(Al²)Si⁴0¹² + 4H²0 ausgedrückt, worin R vorwaltend Ca, auch K² und Na²; doch hat *Fresenius* späterhin darauf aufmerksam gemacht, dass die älteren und seine eigenen Analysen keineswegs so genau übereinstimmen, indem, wenn auch in allen das Verhältniss von R : Al² sehr nahe 1 : 1 ist, doch dann Si Werthe ergibt, welche zwischen 3,39 und 4,84 schwanken; mit steigendem Kieselsäuregehalt nimmt auch der Wassergehalt zu (von 4,31 bis 5,67 Mol. bei lufttrockner Substanz). Ueber seine Deutung des chemischen Zusammenhangs zwischen Phillipsit und Desmin, vgl. die Anm. zu Desmin. — V. d. L. bläht er sich während des Schmelzens etwas auf; in Salzsäure bisweilen gelatinirend. — Marburg, Annerod bei Giessen, Nidda im Vogelsgebirge, Limberger Kopf, Cassel, Limburg bei Sasbach im Kaiserstuhl, Sirgwitz bei Löwenberg und Wingendorfer Steinberg bei Lauban in Schlesien; Hauenstein, Salesl; Hasenried im Zillergrund; Antrim in Irland; Capo di Bove bei Rom, Vesuv, Aci Castello, Palagonia u. a. O. Siciliens; Island.

581. Harmotom, *Hauy* (Barytkreuzstein, Morvenit).

Monoklin, isomorph mit Phillipsit und Desmin. Man nahm früher bald tetragonale, bald rhombische Formen an; bei der letzteren Auffassung stellte man die einfachste Gestalt des Harmotoms (entsprechend Fig. 1 beim Phillipsit) nach der längsten Erstreckung vertical, so dass sie als eine etwas breite rectanguläre Säule mit vierflächiger

---

[1]) Der Phillipsit (und Harmotom) ist eines der ausgezeichnetsten Beispiele dafür, wie durch Zwillingsbildung die Symmetrie erhöht wird; das einfache monokline Individuum besitzt nur e i n e Symmetrie-Ebene; nachdem 2 Krystalle nach dem ersten Gesetz (Fig. 1) zu einem einfachen Zwilling verwachsen sind, zeigt der letztere rhombischen Charakter mit d r e i Symmetrie-Ebenen. Die Doppelzwillinge (Fig. 2 und 4) haben ganz und gar den Charakter tetragonaler Formen mit f ü n f Symmetrie-Ebenen erlangt, und den Durchkreuzungen von drei Doppelzwillingen (Fig. 6) sind die n e u n Symmetrie-Ebenen des regulären Systems eigen; vgl. *Streng*, N. J. f. Min 1875. 592. — Sehr bemerkenswerth sind die schon von *Breithaupt* angedeuteten Beziehungen des Phillipsits (und Harmotoms) zu dem Orthoklas: das die einfachen Zwillinge bildende Gesetz (nach 0P) führt zu ganz ähnlichen Formen, wie sie beim Orthoklas in den nach 0P gebildeten Manebacher Zwillingen gegeben sind; die Zwillingsbildung nach P∞ bei den Kreuzsteinen entspricht den Bavenoer Zwillingen des Orthoklas. Und endlich besteht eine grosse Aehnlichkeit zwischen den Durchkreuzungszwillingen der ersteren und den Vierlingen der letzteren.

Zuspitzung erschien, geltend als die Comb. $\infty \overset{\smile}{P} \infty . \infty \overset{\smile}{P} \infty . P$, an welcher das Brachydoma $\overset{\smile}{P} \infty$ wohl noch die Kante $m : m$ abstumpfte. *Des-Cloizeaux* hat indessen schon im J. 1868 (Comptes rendus, Tome 66, S. 199) u. a. wegen der von ihm beobachteten Dispersion tournante (vgl. S. 179) ein monoklines Axensystem zu Grunde gelegt, und gerade die damit in Verbindung stehende Deutung der Harmotom-Krystalle ist auch Veranlassung gewesen zu der augenblicklichen gewiss richtigen Auffassung der Phillipsit- und Desminformen[1]). Im Folgenden beziehen wir uns auf die beim Phillipsit mitgetheilten Zeichnungen. Das frühere P (*m*) wird jetzt zu ∞P, $\infty \overset{\smile}{P} \infty$ (*c*) zu $0P$, $\infty \overset{\smile}{P} \infty$ (*b*) zu $\infty \overset{\smile}{R} \infty$, $\overset{\smile}{P} \infty$ zu $\infty \overset{\smile}{P} \infty$.

$\beta = 55^\circ 10'$; $\infty P = 120^\circ 1'$; $\infty \overset{\smile}{P} \infty : 0P = 124^\circ 50'$; A.-V. $= 0,7031 : 1 : 1,231$.
Die einfachsten Gestalten, von *Thomson* Morvenit genannt (vgl. Fig. 1 beim Phillipsit) sind auch hier schon (einfache) monokline Zwillinge der Comb. $\infty P.0P.\infty \overset{\smile}{R} \infty$, verwachsen nach $0P$, bei welchen gleichfalls *m* und *b* parallel ihren Combinationskanten gestreift erscheinen. Daneben kommen häufiger Doppelzwillinge zweier solcher Gestalten vor, bei welchen $\overset{\smile}{P} \infty$ (Polk. $90^\circ 36'$) als Zwillings-Ebene wirkt, meist von der Ausbildung, wie es Fig. 2 beim Phillipsit zeigt (seltener ist die Verwachsungsweise, welche Fig. 4 darstellt). Endlich finden sich auch die rechtwinkeligen Kreuzungen von drei solchen länglichen Doppelzwillingen (Fig. 5). — Spaltb. basisch und klinodiagonal unvollk., doch erstere etwas deutlicher als letztere. H. $= 4,5$; G. $= 2,11$ ...2,50; farblos, meist graulichweiss, gelblichweiss, röthlichweiss, selten lichtroth, gelb oder braun gefärbt; glasglänzend, wenig durchscheinend. Die Ebene der fast 90° bildenden optischen Axen und die positive spitze Bisectrix stehen nach *Des-Cloizeaux* senkrecht auf $\infty \overset{\smile}{R} \infty$; der Winkel der optischen Axen-Ebene mit einer Normalen nach *Des-Cloizeaux* und *Fresenius* von 25° bis $27^\circ 10'$, nach Letzterem selbst an einer und derselben Platte. Auch *Baumhauer* hat auf optischem Wege anomale Spannungserscheinungen beobachtet, weshalb er vorläufig den monoklinen Charakter noch nicht als völlig erwiesen halten will, gegen welche Folgerung jedoch *Fresenius* Einsprache erhebt. — Chem. Zus: $(\mathbf{Ba}, \mathbf{K}^2)(\mathbf{Al}^2)\mathbf{Si}^5\mathbf{O}^{14} + 5\,\mathbf{H}^2\mathbf{O}$, bestehend (wenn K : Ba $= 1 : 2$) aus 46,63 Kieselsäure, 15,87 Thonerde, 20,39 Baryt, 3,14 Kali, 13,97 Wasser; da jedoch der Harmotom nach *Damour* bei 190° 13,5 pCt. Wasser verliert, welche wieder angezogen werden, so schreibt *Rammelsberg*, indem er dieses Wasser (4 Mol.) als Krystallwasser, den Rest (1 Mol.) als chemisch gebunden erachtet, die Formel: $\mathbf{H}^2\mathbf{R}(\mathbf{Al}^2)\mathbf{Si}^5\mathbf{O}^{15} + 4\,\mathbf{H}^2\mathbf{O}$ (vgl. die Anm. zu Desmin). V. d. L. schmilzt er ohne Aufwallen ziemlich schwer zu einem durchscheinenden weissen Glas; pulverisirt reagirt er schwach alkalisch, und wird durch Salzsäure vollkommen zersetzt mit Hinterlassung von Kieselpulver. — Auf Erzgängen: Andreasberg, Kongsberg, Strontian; in Mandelstein zu Oberstein und anderwärts in Basalt.

582. Desmin, *Breithaupt* (Stilbit, Strahlzeolith).

Monoklin, und isomorph mit Harmotom und Phillipsit, wie *v. Lasaulx* wenigstens für gewisse Vorkommnisse sicher feststellte (Z. f. Kryst. II. 1878. 576). Die Krystalle wurden vordem für rhombisch gehalten und in die Stellung gebracht, wie es Fig. 1 und 2 darstellt, worin alsdann $T = \infty \overset{\smile}{P} \infty$, $M = \infty \overset{\smile}{P} \infty$, $r = P$, $P = 0P$, $i = \infty P$[2]). Diese Krystalle sind indessen schon einfache Zwillinge zweier monokliner Individuen, übereinstimmend mit der Phillipsit-Figur 1; das zweite Individuum, welches als solches nicht vorkommt, würde die Form von der nachstehenden Fig. 3 besitzen, und es ist demzufolge P als ∞P, $\infty \overset{\smile}{P} \infty$ als $0P$, $\infty \overset{\smile}{P} \infty$ als $\infty \overset{\smile}{R} \infty$, $0P$ als $\overset{\smile}{P} \infty$, ∞P (*i*) als $\overset{\smile}{P} \infty$ aufzufassen. Indem zwei solcher Individuen nach $0P$ verwachsen, gehen die

---

[1]) *Breithaupt* hat schon 1832 und später den Harmotom für triklin, die einfach erscheinenden Krystalle für Vierlinge, und die kreuzförmigen Durchwachsungen (wie Fig. 2 des Phillipsits) für Achtlinge erklärt.

[2]) Schon *Breithaupt* hat die Formen des Desmins ganz übereinstimmend mit denen des Harmotoms und Phillipsits gedeutet.

scheinbaren einfachen rhombischen Krystalle hervor. β ist alsdann $50°49'$; $\infty P = 11$?
$50'$ ($119°16'$ nach *Miller*); $\infty P : 0P = 122°56\frac{1}{2}'$; $0P : \stackrel{\cdot}{P}\infty = 90°30'$; $\stackrel{\cdot}{P}\infty = 94°2?$
($94°16'$ nach *Miller*); A.-V. $= 0,7624 : 1 : 1,1939$ nach *v. Lasaulx*. — Spaltb. klino
diagonal recht vollk., basisch unvollk.; H. $= 3,5...4$; G. $= 2,1...2,2$; farblos, mel-
weiss, aber auch roth, gelb, grau und braun gefärbt (letzteres nach *Websky* durch or
ganische Substanz); auf $\infty\stackrel{\cdot}{P}\infty$ Perlmutterglanz, sonst Glasglanz. Die Ebene de
optischen Axen ist parallel dem Klinopinakoid, Axenwinkel $52°$ bis $53°$; die Bisectru
bildet mit der Klinodiagonale einen Winkel von $4\frac{1}{2}°$ bis $5°$, die optische Normale m
der Verticalaxe einen solchen von $34°$. Das optische Verhalten stimmt bei vielen de
durch *v.* Lasaulx untersuchten Desmine mit der Annahme einer Verzwillingung moc-
kliner Individuen sehr gut überein; bei anderen treten die Zwillingstheile nicht -

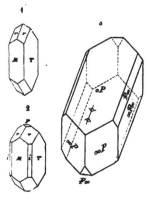

deutlich hervor; nach *v.* Lasaulx betheiligt si.
am Desmin, wie auch am Harmotom und Phillips
neben der in regelrechter Stellung vorhanden-:
(normalen) Substanz auch solche (inverse), weld'
sich in einer ganz anderen optischen Stellung b-
findet, als man es nach der äusseren Form, od-:
dem sonstigen optischen Verhalten vermuthen sollt'
— Chem. Zus. nach den Analysen von *Hisinγ*'
Moss, Leonhard, Münster, Sjögren, Schmid, Cossa u.¦
gemäss *Rammelsberg*: $Ca(Al^2)Si^6O^{16} + 6H^2O$, wob-
ein kleiner Theil des Ca durch Na² (und K² vertreten ist, mit $57,54$ Kieselsäure, $16,34$ Thonerde, $8,9?$
Kalk, $17,24$ Wasser; doch sein hier wahrscheinlich
2 Mol. Wasser chemisch gebunden. Nach *Fresenie*
ist zwar das Verhältniss von $R : Al^2 = 1 : 1$, aber s
schwankt in den Analysen von $5,02$ bis $6,67$,vg'
Anm.). Nach *Schmid* ist mancher Desmin mit eli-æ'
feinstrahligem Mesolith durchwachsen, wodurch de:
Kieselsäuregehalt herabgezogen wird (Ann. d. Phys. u. Ch., Bd. 142, S. 115). V. d
L. bläht er sich stark auf und schmilzt nicht schwierig zu blasigem Glas; von cot-
centrirter Salzsäure wird er völlig zersetzt mit Hinterlassung eines schleimigen Kie-
selpulvers; das Pulver zeigt langsam eine alkalische Reaction. Auf Erzlagern: Arendal; auf Gängen: Andreasberg, Kongsberg, Rezbánya (roth); am häufigsten in den Blasenräumen plutonischer Gesteine: Fassathal, Gräben, w. von Striegau in Schlesien (gelb),
Poonah in Ostindien, Faeröer, Island, auf dieser Insel sehr verbreitet und am Berufjord in prächtigen Varietäten; auch im Granit von Baveno, Bodenmais und *Montoriano*.
sowie am Culm de Vi in Graubünden, auch am Viescher Gletscher im Wallis; in Nordamerika vielorts.

    Anm. Ausgehend von dem Isomorphismus zwischen Phillipsit und Desmin, sowie
von der Thatsache, dass in allen Analysen beider Mineralien $\overset{II}{R} : (Al^2) = 1 : 1$ und nur
Kieselsäure und Wasser schwanken, fasst *Fresenius*, der von *Streng* für den Chabasit gegebenen Deutung folgend, alle Desmine und Phillipsite auf als entstanden durch Mischung
zweier verschieden zusammengesetzter Endglieder, aus x Mol. $R(Al^2)Si^6O^{16} + 6H^2O$
und y Mol. $R(Al^2)Si^2O^8 + 3H^2O$, wovon im wasserfreien Zustand das erstere Silicat der Albitsubstanz (mit Ca für Na²), das letztere der Anorthitsubstanz entspricht,
und wobei er, um die Analogie in der chemischen Constitution hervortreten zu lassen,
das erste Endglied $R(Al^2)Si^2Si^4O^{16} + 6H^2O$, das zweite durch Verdoppelung der Molekularformel $R(Al^2)R(Al^2)Si^4O^{16} + 6H^2O$ schreibt (vgl. Anm. auf S. 238). Die Phillipsite und Desmine wären demnach eine der Mischungsreihe der wasserfreien Feldspathe
parallele Mischungsreihe mit 6 Mol. Wasser. Dem ersten Endglied gehören die kiesel-
säurereichsten Desmine an, das andere, das Anorthit-Hydrat, ist als solches noch nicht
bekannt. In den Phillipsiten ist R zum grossen Theil Na² und K². Auch der Harmo-

tom, in welchem R sehr vorwiegend Baryum, fügt sich seiner allgemeinen Constitution nach in diese Reihe ein (Z. f. Kryst. III. 1879. 42).

583. Edingtonit, *Haidinger.*

Tetragonal, jedoch sphenoidisch-hemiëdrisch (S. 52) ; P (*P*) 87° 19', als Sphenoid ausgebildet, dessen Polkante 92° 41' misst, ebenso ¼P (*n*) als Sphenoid mit Polk. 129° 0' ; gewöhnlich sind diese beiden Sphenoide mit einander in verwendeter Stellung und mit ∞P (*m*) combinirt, so dass die kleinen Krystalle etwa so erscheinen, wie beistehende Figur. A.-V. ⚊ 1 : 0,6747. — Spaltb. nach ∞P, vollk.; H. ⚊ 4...4,5; G. ⚊ 2,71 nach

Haidinger (2,694 nach *Heddle*); graulichweiss bis licht-roth; Glasglanz, die Flächen von ¼P matt; pellucid in mittleren Graden, Doppelbrechung negativ. — Die Ana-lyse von *Heddle* lieferte: 36,98 Kieselsäure, 22,63 Thon-

P : m ⚊ 133° 39'
n : m ⚊ 115 30
m : m ⚊ 90 0

erde, 26,84 Baryt, 12,46 Wasser, was vielleicht der Formel Ba (Al²) Si³ O¹⁰ + 3 H²O entspricht. Im Kolben gibt er Wasser, wird weiss und un-durchsichtig; v. d. L. schmilzt er etwas schwierig zu farblosem Glas; von Salzsäure wird er zersetzt unter Abscheidung von Kieselgallert. — Kilpatrik in Dumbartonshire in Schottland, mit Analcim, Harmotom, Kalkspath und Grünerde.

584. Foresit, *vom Rath.*

Rhombisch, sehr ähnlich dem rhombisch gedeuteten Desmin; gewöhnl. Combin. ∞P∞. ∞P∞. 0P, selten und untergeordnet P mit kleinen dreiseitigen Flächen. P : 0P ⚊ annähernd 132°; P : ∞P∞ ⚊ ann. 121°. Weisse Krystalle bis zu 1 Mm. gross, rindenartig die in den Drusen des elbanischen Granits vom Masso della Fonte del Prete sitzenden Feldspathe, Tur-maline und Desmine überkrustend. — Spaltb. wie beim Desmin brachydiagonal, auch mit Perl-mutterglanz auf ∞P∞, welches gleichfalls vorherrscht über ∞P∞. Ebene der opt. Axen und Bisectrix nach *Des-Cloizeaux* in gleicher Weise orientirt wie beim Desmin. G. ⚊ 2,403...2,407, erheblich höher als das des Desmins. — Chem. Zus. nach *G. vom Rath:* 49,96 Kieselsäure, 27,40 Thonerde, 5,47 Kalk, 4,88 Natron, 0,77 Kali, 15,07 Wasser, woraus sich die Formel (Ca, Na²)(Al²)²Si⁶O¹⁹ + 6 H²O ergibt. Der Foresit verliert bei 100° 1,7, bei 250° 6,6 pCt. Wasser. V. d. L. bläht er sich auf und schmilzt. Dies sonst zu den Zeolithen gehörige Mineral wird aber durch Salzsäure nur schwer zersetzt, auch scheidet sich die Kieselsäure nicht gallertartig aus. *G. vom Rath* beschrieb es zuerst und stellt es in die nächste Verwandtschaft mit Desmin (N. Jahrb. f. Min. 1874. 518), nach *F. Sansoni* ist die Selbständigkeit des Minerals nicht zweifellos.

585. Natrolith, *Werner* (Mesotyp z. Th., Natronmesotyp, Spreustein).

Rhombisch, ∞P 91°, P Polkanten 143° 20' und 142° 40', Mittelk. 53° 20' ; A.-V. ⚊ 0,9827: 1 : 0,3521 nach *Des-Cloizeaux, Dana* und *v. Lang;* nach *Seligmann* (Z. f. Kryst. I. 338) ist ∞P 91° 13', P Polkk. 143° 20' und 142° 51', Mittelk. 53° 27' ; darnach das A.-V. ⚊ 0,97897 : 1 : 0,35215. *Brögger* maass an ausgezeichneten Krystallen aus dem norwegischen Langesundsfjord ∞P 91° 9' ; P Polkk. 143° 12½' und 142° 22½' ; er berechnet das A.-V. zu 0,9786 : 1 : 0,3536 (ebendas. III. 478). Gewöhnlich sieht man nur die Comb. ∞P.P oder dieselbe noch mit ∞P∞, wie die beistehenden zwei Figuren; ab und zu

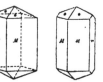

erscheinen namentlich noch ∞P∞, 2P und 3P3; *Brögger* fand u. a. noch die Makro-pyramide P̄3/2 1/2, welche vorne mit P 179° 11' bildet. Ueberhaupt beobachtete *Palla* die Grundpyramide sehr häufig durch vicinale Flächen ersetzt (ebendas. IX. 386). Die Krystalle sind dünn säulenförmig, nadelförmig und haarförmig, meist klein und sehr klein, doch bei Brevig ziemlich gross, in Drusen sowie in büschelförmige und nier-förmige Aggregate verwachsen, welche letztere bei sehr feiner Ausbildung dicht wer-den; Pseudomorphosen nach Oligoklas und Nephelin. — Spaltb. prismatisch nach ∞P vollk.; H. ⚊ 5...5,5; G. ⚊ 2,17...2,26; farblos, graulichweiss, doch oft gelblichweiss, isabellgelb bis ockergelb, selten roth gefärbt; Glasglanz; durchscheinend bis kanten-durchscheinend; die optischen Axen liegen im Brachypinakoid, ihre positive Bisectrix fällt in die Verticalaxe; a⚊a, b⚊b, c⚊c; thermoelektrisch, aber nicht sonderlich stark nach *Hankel.* — Chem. Zus. nach vielen Analysen: Na²(Al², Si³ O¹⁰ + 2 H²O, mit

47,36 Kieselsäure, 26,86 Thonerde, 16,32 Natron, 9,46 Wasser; nur selten wird e
ganz kleiner Theil des Natrons durch Kalk ersetzt. Der Natrolith gibt bei etwa 30
sein Wasser vollständig ab, welches wohl sämmtlich als Krystallwasser betrachtet we-
den muss. — *Bergemann* analysirte einen dunkelgrünen Natrolith vom spec. G. 2,35
aus der Gegend von Brevig, in dem ein bedeutender Theil Thonerde durch fast 7
pCt. Eisenoxyd, und etwas Natron durch 2,4 Eisenoxydul ersetzt wird; ein merkwürdiger Fall, dass in einem Zeolith schwere Metalloxyde statt anderer Basen au-
treten. V. d. L. wird er trübe und schmilzt dann ruhig und ohne Aufblähen zu klaren
Glas; in Salzsäure löst er sich unter Abscheidung von Kieselgallert; von Oxalsäure
wird er meist vollständig gelöst; das Pulver sowohl des rohen als auch des entwäss-
ten Natroliths zeigt nach *Kenngott* alkalische Reaction. — In Blasenräumen basaltisch-
und phonolithischer Gesteine; Aussig, Hohentwiel, am Alpstein bei Sontra, Auvergne-
Faeröer, Island, Brevig in Norwegen, hier grosse Krystalle und dickstängelige Aggregat-

A n m. 1. *Scheerer* hat gezeigt, dass der Spreu s te i n *Werner*'s, oder der Ber-
mann i t und der R a d i o l i t h, beide aus dem Elaeolithsyenit des südlichen Norwegen
nichts Anderes als Varietäten des Natroliths sind, was auch für den Radiolith v-
C. G. Gmelin und *Michaelson* bestätigt worden ist. Die Pseudomorphosen, in dem
dieser Spreustein oft vorkommt, sind nach *Blum* und *Krantz* durch Umwandlung v
Nephelin oder Oligoklas entstanden, wogegen sie *Scheerer* für sogenannte Param-
phosen nach Paläonatrolith, d. h. nach einem ehemals vorhandenen, eigenthümlicher
Mineral von der Zusammensetzung des Natroliths, aber von besonderer Krystallform
erklärt; vgl. oben S. 134. Nach *Scheerer* ist der Substanz des Spreusteins Diaspor
beigemengt. *Pisani* hält sie für Pseudomorphosen nach Cancrinit; *Herter* erkannt
andere Stücke als Pseudomorphosen nach Orthoklas. *v. Eckenbrecher*, welcher eine
gute Zusammenstellung aller dieser Deutungen gab, befand u. d. M., dass der Spreustein zwar vorwiegend aus Elaeolith, daneben aber a u c h aus Orthoklas (und Mikroklin) entsteht (Min. u. petr. Mitth. 1880. 21).

A n m. 2. Der L e h u n t i t von Glenarm in Antrim enthält nach *Thomson* 47,33 Kieselsäure, 24,00 Thonerde, 13,20 Natron, 1,52 Kalk, 13,60 Wasser, und scheint daher das Silicat
des Natroliths, aber die Wassermenge des Skolecits (3 H²O) zu enthalten. — Der G a l a k t i t
ein von *Haidinger* benannter, bei Kilpatrick in Schottland vorkommender Zeolith, radial-
stängelig mit ∞P 91°, H. = 4,5...5, G. = 2,21, hat nach *v. Hauer* eine dem Natrolith sehr nah
kommende Zus., enthält jedoch 3,5 bis 11 pCt. Wasser und über 4 Kalk. Ebenso ist der Galaktit von Glenfarg und Bishoptown in Schottland, nach den Untersuchungen von *Heddle*
wirklich nichts Anderes als Natrolith mit einem geringen Kalkgehalt, welcher bis zu 4 pC
beträgt, und wohl die weisse Farbe, sowie die schwache Pellucidität des Minerals bedingt.
v. Zepharovich bezeichnet einen Zeolith von der Seisser Alp ebenfalls als Galaktit. — Auch der
B r e v i c i t von Brevig scheint nur Natrolith zu sein.

586. Skolecit, *Fuchs* (Mesotyp z. Th., Kalkmesotyp).

Unter dem Namen Skolecit werden hauptsächlich m o n o k l i n e Krystalle, daneben
aber auch, wie *Luedecke* gezeigt hat, t r i k l i n e Vorkommnisse begriffen.

Bei dem m o n o k l i n e n Skolecit ist nach *G. Rose* β = 89° 6', ∞P (*M*) 91°35'
P (*o*) 144°20', —P (*o'*) 144°40'; A.-V. = 0,9726 : 1 : 0,3389; gewöhnliche Comb.

∞P.P.—P wie beistehende Figur; die Krystalle kurz oder lang säulenförmig bis nadelförmig; sehr häufig oder stets Zwillingskrystalle nach
dem Gesetz: Zwillings-Ebene ∞P∞, Zwillings-Axe die Normale derselben, beide Individuen einen scheinbar einfachen Krystall bildend; auf
dem Klinopinakoid erscheint die geradlinige Zwillingsgrenze sowohl
durch das federförmige Absetzen der feinen, oben nach vorne schräg
gerichteten Streifung, als durch die analog, übrigens nach *Luedecke* an
verschiedenen Krystallen unter verschiedenen Winkeln geneigte Auslöschung. Derb.
von radial-stängeliger oder faseriger Textur. — Spaltb. prismatisch nach ∞P ziemlich vollk.; H. = 5...5,5; G. = 2,20...2,39; farblos, schneeweiss, graulich-, gelblich-

und röthlichweiss; Glas- und Perlmutterglanz, die faserigen Aggregate Seidenglanz; durchsichtig bis kantendurchscheinend; die optischen Axen liegen in einer Ebene durch die Orthodiagonale, welche gegen die Verticalaxe 10 bis 22° geneigt ist, ihre negative Bisectrix fällt in den klinodiagonalen Hauptschnitt, und bildet also denselben Winkel mit der Verticalaxe; ist meist ausgezeichnet polar-thermoelektrisch, das freie ausgebildete Ende der Verticalaxe ist beim Erkalten positiv, das abgebrochene und das am Centrum der radialstängeligen Aggregate liegende Ende negativ; die klinodiagonalen Seitenkanten, sowie die Flächen von ∞P̶∞ sind positiv, die Flächen von ∞P̶∞ negativ.

Die triklinen Skolecite sind zufolge *Luedecke* (N. Jahrb. f. Min. 1884. II. 19) nach ihrer äusseren Form und ihren Dimensionen den monoklinen sehr ähnlich, und zeigen ebenfalls die Comb. eines Prismas mit einer soheinbaren rhombischen Pyramide; ∞P 91°27', Polkanten der Pyramide 145°44', 145°11' und 141°28'; ∞P̶∞ selten; α = 88°30', β = 90°41', γ = 89°49'; A.-V. = 0,9712 : 1 : 0,3576. Zwillings-Ebene hier das Brachypinakoid. Schliffe nach ∞P̶∞, welche die vordere Säulenkante abstumpfen, zeigen eine verticale Zwillingsnaht, mit welcher die Auslöschungen einerseits 14¼°, anderseits 17½° bilden (an anderen Krystallen ergaben sich diese Winkel beiderseits gleich und zwar zu 15°—16°). Schliffe parallel ∞P̶∞ besitzen über ihre ganze Fläche hin übereinstimmende Auslöschung, 7½°—8° gegen die Prismenkante geneigt.

Chem. Zus. nach den Analysen von *Fuchs, Gehlen, Gibbs, Stephan, Lemberg, Sartorius von Waltershausen* und *Luedecke* identisch bei den monoklinen und triklinen Vorkommnissen: $Ca(Al^2)Si^3O^{10} + 3H^2O$ mit 45,92 Kieselsäure, 26,05 Thonerde, 14,27 Kalk, 13,76 Wasser, dessen letzte Theile erst in der Glühhitze entweichen (vgl. Anm. 1 zu Mesolith). V. d. L. krümmt und windet er sich wurmförmig, und schmilzt dann leicht zu einem blasigen Glas; von Salzsäure wird er vollkommen zersetzt, jedoch ohne Bildung von Kieselgallert; nach *Kenngott* dagegen bildet das Pulver mit Salzsäure, ebenso wie mit Salpetersäure, eine Gallert, welche mit wenig Schwefelsäure benetzt nadelförmige Gypskrystalle liefert; auch nach *Lemberg* gelatinirt der Skolecit mit Salzsäure; in Oxalsäure löst er sich mit Hinterlassung von oxalsaurem Kalk.

Zu den monoklinen Sk. gehören nach *Luedecke* die in den Blasenräumen basaltischer Gesteine auftretenden vom Berufjord und Eskifjord in Island, ferner die bis 20 Mm. langen, 4—5 Mm. dicken Krystalle von Kandallah. Als triklin befand er die Sk. vom Schattigen Wichel über der Fellinen Alp hinter dem Bristenstock (mit Calcit, Quarz, Byssolith, Chlorit u. a. Zeolithen), diejenigen aus dem Etzlithal (mit Stilbit und Byssolith), sodann solche von den Faeröer. — Andere Skolecite, deren krystallographische Natur noch nicht bestimmt ist, finden sich auf Staffa, in der Auvergne, zu Poonah in Ostindien (sog. Poonahlith).

587. Mesolith, *Fuchs* (Mesotyp z. Th., Mesole).

Mit dem Namen Mesolith bezeichnet man Mineralien, welche eine Mischung von Skolecit- und Natrolithsubstanz darstellen. Wie es monokline und trikline Skolecite gibt, so sind auch unter dem sog. Mesolith die beiden Krystallsysteme vertreten.

Die monoklinen Mesolithe sind zufolge *Luedecke* (N. Jahrb. f. Min. 1884. II. 29) mit den monoklinen Skoleciten isomorph; die Krystalle, von welchen aber im Gegensatz zu dem Skolecit bis jetzt keine Zwillinge, sondern nur einfache Individuen beobachtet wurden, sind auch hier Combinationen von ∞P, ±P und weniger häufigen ∞P̶∞. Die Prismenflächen sehr oft (durch vicinale Prismen ∞Pm) vertical, die Pyramidenflächen manchmal parallel den klinodiagonalen Polkanten gestreift. Auslöschung auf ∞P̶∞ meist 8—9° gegen c, auf der orthopinakoidalen Schlifffläche parallel der Verticalaxe. Zu solchen monoklinen Mesolithen gehören nach *Luedecke* Krystalle aus Island, ferner solche aus den Nephelinbasalten der Pflasterkaute bei Eisenach.

Andere Mesolithe von nicht näher angegebenen Fundorten hat *Des-Cloizeaux* auf

Grund des optischen Verhaltens als t r i k l i n und nach $\infty \overset{*}{P} \infty$ verzwillingt erkann

Nach *Luedecke,* welcher keine dergleichen selbst beobachtete, sind dieselben mit s-
nen triklinen Skoleciten isomorph und unterscheiden sich vielleicht nur durch die La
der optischen Axenebene.

Gewöhnlich erscheinen die Mesolithe in radialstängeligen und -faserigen Aggregaten von ähnlichem Aussehen wie die Skolecite dieser Ausbildung. Aus den chem.
Analysen, welche namentlich *E. E. Schmid* (Annal. d. Phys. u. Chem. **Bd. 142.** 157
118), auch *Lemberg* und *Luedecke* angestellt haben, ergibt sich, dass die Mesolithe s-
ein Gemisch von meistens 2 Mol. Skolecit- und 1 Mol. Natrolithsubstanz aufgefasst werden können, welches 46,39 Kieselsäure, 26,31 Thonerde, 9,61 Kalk, 5,33 Natr-
12,36 Wasser erfordert; übrigens dürften auch wohl andere Verhältnisse der Misch-
vorkommen, wozu, wie es scheint, die sog. Mesole gehört.

Anm. 1. Nach dem Vorstehenden müssen Skolecit und Mesolith als i s o d i m o r j
gelten. Da nun der Mesolith eine isomorphe Mischung von Skolecit und Natro
darstellt, so folgert *Luedecke,* dass dann auch ebensowohl die Existenz von monoklinen und triklinen Natrolithen wahrscheinlich ist; er fügt hinzu, dass ihm
der That Natrolithe von Aussig und Salesl (von welchen Orten allerdings *Seligma-*
ausgezeichnet rhombische Krystalle maass) eine Auslöschungssch i e f e von 5°—
ergaben. Umgekehrt würde es alsdann auch r h o m b i s c h e Mesolithe und Skole
geben können; zu den ersteren scheine der S. 722 erwähnte Galaktit zu gehör.
Auffallend ist nun bei der Annahme dieser gegenseitigen morphologischen Beziehungen, dass, wenn auch die im Natrolith und Skolecit vorhandenen Silicate völlig anal-
sind, der Wassergehalt des ersteren auf 2, der des letzteren auf 3 Mol. führt. Gr-
hält angesichts des verschiedenen Verhaltens der beiden Substanzen beim Erhitz
dafür, dass auch der Skolecit eigentlich nur 2 Mol. Krystallwasser enthält, das dritt
Mol. dem Silicat selbst angehört. Unter dieser Voraussetzung wird, während er die
Formel des Natroliths als $Na^2Al.AlO.Si^3O^9 + 2H^2O$ schreibt, diejenige des Skolecits $CaAl.Al[OH]^2.Si^3O^9 + 2H^2O$; alsdann sind beide relativ übereinstimmend. indem an Stelle der einwerthigen Gruppe AlO in der ersten die ebenfalls einwerthige
Gruppe $Al[OH]^2$ in der zweiten steht.

Anm. 2. Zu den Mesolithen gehört auch das von *Thomson* unter dem Namen Antri-
m o l i t h aufgeführte Mineral. Sehr lockere, radial-faserige Aggregate fein nadelförmiger und
haarförmiger Krystalle, denen nach *Kenngott* ein Prisma von 92° 13' zu Grunde liegt; R =
3,5...4; G. = 2,09; weiss, durchsichtig bis durchscheinend. Nach den Analysen von *Heddle*
ist es ein Mesolith, welcher neben 10 bis 11 Kalk auch 4 bis 5 Natron, dabei 12 bis 14 pCt.
Wasser enthält. V. d. L. schmilzt er ohne Aufschäumen zu weissem Email; von Salzsäure
zersetzbar unter Abscheidung von Kieselgallert. — Bengane in Antrim, in Mandelstein mit
Chabasit und Pinguit. — Auch *Thomson's* H a r r i n g t o n i t von Portrush und den Skerries in
Antrim (Irland) wird am zweckmässigsten mit den Mesolithen vereinigt.

588. Gismondin, *Marignac.*

Tetragonal nach *Marignac* und *Kenngott;* P Polkante 118° 34', Mittelkante 92° 30' nach
Marignac, doch wurden diese Winkel als Mittelwerthe aus sehr schwankenden Zahlen abgeleitet; vom *Rath* betrachtet den Gismondin auch als tetragonal und fand P Polkante 118° 56'
Mittelkante 94° 52'; rhombisch nach *Heinrich Credner* und *v. Lang,* welcher Letztere die pyramidenähnliche Combination ∞P. Pōō mit ∞P 90° 50', Pōō 86° 19' und den Combinationskanten 118° 42' bestimmte; diese Pyramide erscheint entweder allein oder in Comb. mit
∞P∞ (oder ∞Pōō und 0P), häufig mit stark eingekerbten Polkanten, was auf eine kreuzförmige Zwillingsbildung und vielleicht auch auf eine rhombische Krystallreihe verweist
auch *Des-Cloizeaux* betrachtete ihn anfangs als rhombisch; *Streng* beschrieb (N. Jahrb. f.
Min., 1874. 581) interessante Sechslinge von Gismondin, bei welchen drei (nach P gebildete
Zwillinge sich zu einem Krystallstock durchkreuzen, welcher die Symmetrieverhältnisse der
regulären Systems besitzt; wegen der Kleinheit lässt sich aber auch durch sie nicht entscheiden, ob das Mineral tetragonal oder rhombisch ist[1]). *Seligmann* maass an einem Krystall

---

1) Nachdem schon 1877 *Schrauf* die am Gismondin beobachteten Winkeldifferenzen auf

von Salesl in Böhmen, welchen er für rhombisch zu halten geneigt ist, zwei Mittelkanten zu 94° 46' und 92° 12', zwei brachydiagonale Polkanten zu 128° 23' und 122° 40'. Die Krystalle klein, meist halbkugelig, knospenförmig oder garbenförmig, überhaupt in paralleler Verwachsung zahlreich aggregirt; Spaltb. nach P, unvollk.; H. = 5, an Kanten und Ecken bis 6; G. = 2,265; graulichweiss bis licht röthlichgrau, glänzend, halbdurchsichtig bis durchscheinend, optisch-zweiaxig nach v. Lang. — Die Analyse von Marignac ergab: 35,88 Kieselsäure, 27,33 Thonerde, 13,12 Kalk, 2,85 Kali, 21,10 Wasser, was sehr nahe der Formel $Ca(Al^2)Si^2O^8 + 4H^2O$ entspricht. Dieselbe ist diejenige des Anorthits mit 4 Mol. Wasser (vgl. Anm. auf S. 720). V. d. L. bläht er sich auf, wird undurchsichtig, und schmilzt unter Leuchten zu weissem Email; in Salzsäure löst er sich leicht mit Hinterlassung von Kieselgallert. — Vesuv und Aci-Castello in Sicilien; auch Capo di Bove bei Rom; im Basalt vom Schiffenberg bei Giessen und vom Schlauroth bei Görlitz.

589. Zeagonit, Gismondi.

Rhombisch, P Polkk. 120° 37' und 121° 44', Mittelk. 89° 13' nach Kenngott; gewöhnliche Comb. P. $\infty\bar{P}\infty.\infty\breve{P}\infty$. Nach v. Lasaulx ist der Zeagonit morphologisch mit dem Gismondin übereinstimmend, und seine Formen sind wie die des letzteren zu deuten. Die Krystalle sind einzeln ausgebildet oder zu kugeligen und knospenförmigen Gruppen verwachsen; Spaltb. nicht beobachtet; H. = 5, an Kanten und Ecken bis 7 und darüber; G. = 2,213 nach Marignac; wasserhell, weiss, oder blaulich, stark glasglänzend, durchsichtig bis halbdurchsichtig. — Die Analyse von Marignac ergab: 43,95 Kieselsäure, 23,34 Thonerde, 5,34 Kalk, 11,09 Kali, 15,34 Wasser, was sehr nahe der Formel $(K^2,Ca)(Al^2)Si^3O^{10} + 4H^2O$ entspricht. V. d. L. wird er weiss, blättert sich auf, leuchtet und schmilzt zu klarem blasenfreiem Glas; in Salzsäure völlig löslich, die Sol. gibt beim Abdampfen eine Gallert. — Capo di Bove bei Rom. — Manche Mineralogen vereinigen den Zeagonit mit dem Gismondin, die Verschiedenheiten (der Krystallformen und) der chemischen Zusammensetzung dürften jedoch noch vor der Hand gegen eine solche Vereinigung sprechen.

590. Thomsonit, Brooke, und Comptonit, Brewster.

Rhombisch, ∞P 90° 26' nach Brögger (90° 40' nach Miller). A.-V. = 0,9925 : 1 : 1,0095; die gewöhnliche Form des sog. Comptonits zeigt beistehende Figur, worin $m = \infty$P, $a = \infty\bar{P}\infty$, $b = \infty\breve{P}\infty$, $y = \frac{1}{4}\breve{P}\infty$, $r = \breve{P}\infty$, und x ein äusserst stumpfes Brachydoma (nach Brögger $\frac{1}{18}\breve{P}\infty$), welches nur wie die Basis mit gebrochener Fläche erscheint und die Krystalle sehr charakterisirt; $r : a = 135° 29'$; $x : x = 177° 34' 20''$ (nach Des-Cloizeaux 177° 23'). Die Flächen von ∞P sind vertical gestreift; nach Wiser zeigt der von den Cyclopen-Inseln, und nach Guthe auch jener von Kaaden bisweilen kreuzförmige Zwillingskrystalle; gewöhnlich Drusen, fächerförmige, büschelförmige, garbenförmige und kugelförmige Gruppen, auch stängelige Aggregate. — Spaltb. brachydiagonal und makrodiagonal, fast gleich vollkommen; H. = 5...5,5; G. = 2,35...2,38; weiss; Glasglanz z. Th. perlmutterähnlich, durchscheinend, doch meist trübe; die optischen Axen liegen in der Ebene der Basis, ihre positive Bisectrix fällt in die Makrodiagonale. — Chem. Zus. nach den Analysen von Berzelius, Retzius, Rammelsberg und Anderen darstellbar durch die Formel: $2(Ca,Na^2)(Al^2)Si^2O^8 + 5H^2O$; der Thomsonit (Comptonit) vom Seeberg bei Kaaden enthält z. B. nach Rammelsberg: 38,73 Kieselsäure, 30,84 Thonerde, 13,42 Kalk, 4,39 Natron (darunter 0,54 Kali), 13,09 Wasser. V. d. L. bläht er sich auf, wird undurchsichtig und schmilzt schwierig zu weissem Email; von

---

Zwillingsbildungen zurückzuführen versucht und vermuthet hatte, dass das Einzelindividuum triklin sei, gelangte v. Lasaulx auf optischem Wege zu dem Resultat, dass alle Krystalle des Gismondins verschiedenartige Zwillingsverwachsungen trikliner Einzelgestalten sind, welche als solche nur sehr einfache Combinationen darstellen (Z. f. Kryst. IV. 1880. 185). Des-Cloizeaux, welcher gewisse Unrichtigkeiten in diesen Deutungen nachweis, spricht sich seinerseits dafür aus, dass das optische Verhalten nicht bestimmter auf die Annahme eines triklinen als auf diejenige des monoklinen oder rhombischen Systems verweise; es habe darin seinen Grund, dass zahlreiche Krystalle mit nur unvollkommen parallelen Axen zusammengruppirt sind.

Salzsäure wird er zerlegt unter Abscheidung von Kieselgallert; das Pulver reagirt nach *Kenngott* stark alkalisch. — Kilpatrickhills bei Dumbarton, Seeberg bei Kaaden, Hauenstein und Waltsch in Böhmen; Vesuv, Cyclopen-Inseln bei Aci-Reale, Pflasterkaute bei Eisenach (wo nach *Luedecke* das sehr stumpfe Brachydoma $\frac{1}{50}\overset{\smile}{P}\infty$ mit 177° 42'); Låven im Langesundsfjord, Norwegen (*Brögger*, Z. f. Kryst. II. 4878. 289); Table Mountain in Colorado. Bei Grand Marais am n.-w. Ufer des Oberen Sees in glatten, radialfaserigen Kugeln, welche achatähnlich gefärbte Zonen zeigen, hier auch als grüne feinkörnige, meist prehnitähnliche Aggregate, überflüssiger Weise Lintonit genannt, zu Ehren von Fräul. *L. A. Linton*, welche dieselben analysirte.

594. Glottalith, *Thomson*.

Regulär, O und ∞O∞, wie *Thomson* vermuthete; die Krystalle zu Drusen gruppirt. Spaltb. unbekannt; H. = 3...4; G. = 2,48; farblos, weiss; Glasglanz, stark durchscheinend. — Chem. Zus. nach *Thomson*: 37,04 Kieselsäure, 46,84 Thonerde, 0,50 Eisenoxyd, 22,93 Kalk. 24,25 Wasser; gibt im Kolben Wasser und schmilzt v. d. L. unter Aufblähen zu weissem Email. — Glotta bei Portglasgow am Clyde in Schottland; eine zweifelhafte Mineralart, wie so manche andere, die *Thomson* aufstellte.

A nm. *Greg* vermuthet, dass der Glottalith nur eine Varietät des Chabasits, *Heddle* dagegen, dass er Edingtonit sei, und wohl von demselben Fundort stamme, wie dieser.

Anhang.

592. Prehnit, *Werner* (Kupholith).

Rhombisch, ∞P (*M*) 99° 58', 3$\overset{\smile}{P}\infty$ (*o*) 33° 26', $\frac{4}{3}\overset{\smile}{P}\infty$ (*n*) 90° 32', $\frac{4}{3}\overset{-}{P}\infty$ 127° 47'
4 und 2   3   4   nach *Streng* (N. Jahrb. f. Min. 4870. 316);
A.-V. = 0,8404 : 4 : 4,4253.

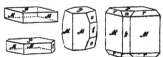

Fig. 4. 0P.∞P; sehr häufig.
Fig. 2. Dieselbe Comb. mit $\infty\overset{-}{P}\infty$.
Fig. 3. ∞P.0P.$\infty\overset{-}{P}\infty$.3$\overset{\smile}{P}\infty$; nicht selten.
Fig. 4. ∞P.0P.$\infty\overset{-}{P}\infty$.P.$\frac{4}{3}\overset{\smile}{P}\infty$.

Die Form der Krystalle ist tafelartig oder kurz säulenförmig; die Flächen von 0P sind makrodiagonal, diejenigen von ∞P, $\infty\overset{-}{P}\infty$ und 3$\overset{\smile}{P}\infty$ horizontal gestreift; die Krystalle sind zu Drusen, oder, wie namentlich die Tafeln, zu keilförmigen, fächerförmigen und wulstförmigen, bisweilen auch zu kugeligen, traubigen und nierförmigen Gruppen verbunden; auch in Pseudomorphosen nach Calcit, Analcim, Natrolith, Laumontit und Leonhardit; derb in körnigen Aggregaten; wenn kugelig, traubig oder nierförmig, dann von schaliger oder radial-faseriger Zusammensetzung. — Spaltb. basisch, ziemlich vollk., prismatisch nach ∞P unvollk.; H. = 6...7; G. = 2,8...3; farblos, doch meist grünlichweiss, spargelgrün, apfelgrün bis lauchgrün gefärbt; Glasglanz, auf 0P Perlmutterglanz; durchsichtig bis kantendurchscheinend; die optischen Axen liegen nach *Des-Cloizeaux* meist im Brachypinakoid, und ihre pos. Bisectrix fällt in die Verticalaxe; bisweilen geben sich optische Anomalien (Zerfallen der Platten in Felder mit verschiedenem Axenwinkel, gekreuzte Dispersion) kund, mit *Des-Cloizeaux* wohl auf einen complicirten Aufbau aus dünnen abweichend orientirten Lamellen zurückzuführen, wobei auch eine feine Zwillingslamellirung nach ∞P eine Rolle spielt (vgl. auch *Mallard*, Bull. soc. minéral. V. 4882. 495); durch Erwärmung elektrisch. — Chem. Zus. nach den Analysen von *Gehlen*, *Walmstedt*, *Amelung*, *Rammelsberg*, *Laspeyres* und *Corsi*: $Ca^2(Al^2)Si^3O^{11}+H^2O$; weil aber, wie *Rammelsberg* fand, das Wasser erst in starker Glühhitze austritt, so ergibt sich die Formel zu $H^2Ca^2(Al^2)Si^3O^{12}$: dem entspricht: 43,69 Kieselsäure, 24,78 Thonerde, 27,46 Kalk, 4,37 Wasser. *Amelung* fand in dem von ihm untersuchten Prehnit aus dem Radauthal 7,38 Eisenoxyd. auch *Walmstedt* gibt in dem vom Edelforss in Småland 6,84 Eisenoxyd an. Im Kolben gibt er stark geglüht Wasser, ohne jedoch undurchsichtig zu werden; v. d. L. schmilzt er unter starkem Blasenwerfen zu blasigem Glas; Salzsäure löst ihn nur dann vollständig mit Bildung von Kieselgallert auf, wenn er vorher geglüht oder geschmolzen wurde; das Pulver zeigt nach *Kenngott* eine alkalische Reaction. — Cap der guten Hoffnung, Oisans im Dauphiné, Ratschinges und Fassathal in Tirol, Spitzberg bei Wermsdorf in Mähren, Kilpatrick und Dumbarton in Schottland, Harzburg, Norheim a. d. Nahe, Impruneta in Toscana, Farmington in Connecticut, und viele andere Orte in Europa und Nordamerika.

18. Thongruppe
nebst Anhang: Allerlei Metallsilicate.
Vorwiegend blos Thonerdesilicat.

593. Kaolin, *Hausmann* (nach dem chinesischen Kao-ling), P o r c e l l a n e r d e.

Scheinbar amorph; jedoch kryptokrystallinisch, bei starker Vergrösserung aus lauter feinen, meist sechsseitigen Lamellen bestehend, wie schon *Johnston* und *Blake*, sowie *Kenngott* erkannten, auch von *Safarik* für alle böhmischen Kaoline bestätigt wurde; derb, ganze Gang- und Lagermassen bildend, und eingesprengt; auch in Pseudomorphosen nach Orthoklas und anderen Feldspathen, nach Porcellanspath, Leucit, Beryll, Topas und Prosopit; Bruch uneben, rauh und feinerdig; sehr weich, mild und zerreiblich; $H.=1$; $G.=2,2$; weiss, schnee-, röthlich-, gelblich- und grünlichweiss, matt, undurchsichtig, fühlt sich im trockenen Zustand mager an; ist im feuchten Zustand sehr plastisch. — Chem. Zus.: nach den Analysen von *Forchhammer*, *Berthier*, *Malaguti*, *Wolff*, *Brown* u. A. schwanken die meisten Varietäten (nach Abzug der in Schwefelsäure unlöslichen und löslichen Beimengungen) um die Formel $(Al^2)Si^2O^7 + 2H^{20}$, welche daher die Normalzusammensetzung darstellen dürfte, und 46,50 Kieselsäure, 39,56 Thonerde, 13,94 Wasser erfordert; da das Wasser aber erst vollständig durch längeres stärkeres Erhitzen entweicht, so scheint es gerechtfertigt, die Formel $H^4(Al^2)Si^2O^9$ zu schreiben, wodurch der Kaolin dem Serpentin ähnlich wird, insofern 3 Mg des letzteren hier durch die gleichwerthigen (Al^2) ersetzt sind. V. d. L. unschmelzbar; in Phosphorsalz löslich unter Abscheidung von Kieselsäure; mit Kobaltsolution wird er blau; Salzsäure und Salpetersäure greifen ihn nicht merklich an; kochende Schwefelsäure dagegen löst die Thonerde und scheidet die meiste Kieselsäure in demjenigen Zustand aus, in welchem sie durch kohlensaures Natron gelöst wird. Mit Kalilauge gekocht bildet sich eine lösliche Verbindung von kieselsaurer Thonerde und Kali. — Der Kaolin ist grossentheils ein Zersetzungsproduct des Feldspaths (Orthoklases) und feldspathiger Gesteine (besonders gewisser Granite und Porphyre), sowie des Passauits, auch bisweilen nach *Damour* und *Müller* des gemeinen Berylls, und findet sich besonders in vielen Gegenden, wo jene Gesteine vorkommen. — Aue bei Schneeberg, St. Yrieix bei Limoges, St. Stephans in Cornwall, Seilitz bei Meissen, Sornzig bei Mügeln, Rasephas bei Altenburg, Morl und Trotha bei Halle, u. a. O.; nach Beryll bei Chanteloube und Tirschenreuth; nach Passauit in der Gegend von Passau.

Anm. Die T h o n e sind anhangsweise nach dem Kaolin einzuschalten; sie lassen sich grossentheils als Kaolin betrachten, welcher durch kohlensauren Kalk, Magnesia, Eisen- und Manganhydroxyd, feinen Quarzsand und den Detritus anderer Mineralien mehr oder weniger verunreinigt ist. An die unreinen Thone schliesst sich der L e h m an. Die sogenannte W a l k e r d e ist theils ein unreiner Thon, wie die Var. von Nutfield in Surrey, theils der unmittelbare Rückstand der Zersetzung gewisser Silicatgesteine, wie z. B. jene von Rosswein in Sachsen.

Gebrauch. Der K a o l i n liefert die Hauptmasse für die Fabrication des Porcellans, wird aber auch zu manchen anderen Gegenständen der feineren Töpferei, zu Steingut, Fayence u. dgl. verwendet. Welche äusserst wichtige Anwendung die T h o n e zu ähnlichen Zwecken gewähren, ist bekannt, indem die ganze Töpferei und Ziegelei wesentlich auf ihrem Vorkommen beruht. Die feinen feuerfesten Thone werden zu Tabakspfeifen, Schmelzgefässen, feuerfesten Ziegeln benutzt. Ausserdem findet der Thon eine vielfache Anwendung beim Walken der

Tücher, beim Modelliren, bei Herstellung wasserdichter Füllungen; der Lehm insbesond-
aber wird zum Pisébau, zu Lehmwänden, Scheunentennen, Luftziegeln und gebrannten Z-
geln, als Formmasse und zu vielen anderen Zwecken verwendet. Manche Völker gebrau.-
sogar den Thon als Nahrungsmittel, oder wenigstens zur Füllung des Magens.

594. Nakrit, *Vauquelin*. (Pholerit?)

Mikro - oder kryptokrystallinisch; die ausgezeichnete Varietät von Brand bei Freib-
findet sich in kleinen, sechsseitig tafelförmigen, nach *Des-Cloizeaux* rhombischen, aus c-
zwillingsartig verbundenen Sectoren von fast 60° bestehenden Krystallen, welche keilförm-
oder fächerförmig gruppirt, nach der Basis vollkommen spaltbar, gelblichweiss und perl:-
terglänzend sind, und das sp. Gew. 2,627 haben; gewöhnlich nur derb und eingespren:t
sehr feinschuppigen, fast dichten Aggregaten von schneeweisser Farbe, in starkem L-
schimmernd mit Perlmutterglanz; optisch-zweiaxig, die optischen Axen liegen im makrod-
gonalen Hauptschnitt der einzelnen Sectoren; H. = 0,5…1; G. = 2,35…2,63. — Che:
Zus. der Var. von Brand, nach *Richard Müller*: 46,74 Kieselsäure, 39,48 Thonerde, 14
Wasser, also genau diejenige des Kaolins; v. d. L. bläht er sich auf und schwillt an :
einer unschmelzbaren Masse; mit Kobaltsolution wird er schön blau; von Schwefelsäure +
von Salzsäure wird er zersetzt unter Abscheidung von Kieselsäure. Auch andere Varieta-
wie z. B. die von Lodève, sowie jene aus Pennsylvanien haben nach den Analysen von Pin-
und *Genth* genau die Zusammensetzung des Kaolins. Dagegen liessen manche unter d-
Namen Nakrit oder Pholerit analysirte Mineralien eine mehr oder weniger abweichende Z-
sammensetzung erkennen. — Häufig auf Erzgängen und im Sphärosiderit der Steinkohl-
formation; Marienberg, Freiberg, Ehrenfriedersdorf, Zwickau, Lodève, Pottsville und Tal-
qua in Pennsylvanien.

Pholerit nannte *Guillemin* eine weisse Substanz, welche Spalten verschiedener G-
steine der Kohlenformation von Fins (Allier) erfüllt; *de Koninck* untersuchte später and-
belgische Pholerite (weisse wachsähnliche Partieen aus den Spalten eines groben Schief-
von St. Gilles bei Lüttich, schuppig-pulverige Massen, welche zu Bagatelle bei Visé und zu '
Chartreuse bei Lüttich Hohlräume im Kohlensandstein ausfüllen, schneeweisse milde Partieen im Quarzdiorit von Quenast) und fand, dass dieselben der Kaolinformel entsprechen
Diese Massen bestehen u. d. M. aus sechsseitigen Täfelchen, oft nach einer Richtung verlau-
gert, von höchstens ¼ Mm. Durchmesser, welche dem rhombischen System angehören. ab-
sehr genau Winkel von 120° haben.

Anm. Manches sog. Steinmark dürfte hierher gehören; so hat z. B. *A. Knop* g-
funden, dass das die Topase vom Schneckenstein begleitende Steinmark aus mikroskopis-
kleinen rhombischen Tafeln besteht, deren stumpfe Seitenkante 118° misst, während d-
scharfe Seitenkante oft abgestumpft ist; ebenso wurde von *Fikenscher* das in den Melaph-
von Cainsdorf vorkommende weisse Steinmark als ein kryptokrystallinisches Aggregat erkannt; beide haben die chem. Zus. des Nakrits. Ueberhaupt ist der Nakrit nicht so g-
selten,. obwohl auch ganz andere Dinge mit diesem Namen belegt worden sind. *Kenng* '
schlägt vor, den Nakrit als selbständiges Mineral fallen zu lassen, und das zu ihm Gerechnete mit dem Kaolin zu vereinigen, welcher nach seiner Beobachtung u. d. M. gleichfalls kr-
stallinisch erscheint. Auch der Gilberit t von St. Austell in Cornwall ist wenigstens ein
sehr nahe verwandtes Mineral, hält jedoch nur 4,2 pCt. Wasser; *Fischer* rechnet ihn zum Margarit. *Frenzel* bezeichnet mit diesem Namen ein derbes oder krystallinisches Mineral von
den Zinngängen von Ehrenfriedersdorf, Zinnwald und Pobershau, welches den Zinnstein und
Wolframit begleitet, und Pseudomorphosen nach Apatit, Scheelspath und Topas, sowie
laut *Sandberger*, auch nach Zinnwaldit bildet; der aus Topas entstandene sog. Gilbertit wandelt sich weiter in Kaliglimmer um. Graf *Limur* fand mit dem sächsischen übereinstimmenden Gilbertit auf der Zinngrube Villeder in der Bretagne.

595. Steinmark.

Unter diesem Trivialnamen werden viele, theils schlecht bestimmte, theils schwer
bestimmbare Mineralien zusammengefasst, und noch ausserdem als festes und zerreibliches Steinmark unterschieden.

Die folgende Beschreibung bezieht sich nur auf die ausgezeichneten Varietäten aus
dem Porphyr des Rochlitzer Berges in Sachsen, welche *Breithaupt* ihrer Farbe wegen
Carnat und Myelin nannte. Der Carnat findet sich derb, eingesprengt, in Trümern und Nestern, ist im Bruch muschelig bis eben, sehr wenig spröd, hat H. = 2…3.
G. = 2,5…2,6; ist fleischroth bis röthlichweiss, matt, kaum in den schärfsten Kanten

durchscheinend, fühlt sich fein und wenig fettig an, und hängt bald stark, bald fast gar nicht an der Zunge. — Chem. Zus. nach *Naschold*: 45,09 Kieselsäure, 38,13 Thonerde, 1,79 Eisenoxyd, 0,19 Magnesia, 0,21 Natron, 14,26 Wasser (womit die ältere Analyse von *Klaproth* gut übereinstimmt), also sehr nahe die Zusammensetzung des Kaolins. Der M y e l i n findet sich nierförmig, von krummschaliger Structur und derb; Bruch flachmuschelig bis eben; wenig mild; H. = 2,5...3; G. = 2,45...2,50; gelblich- und röthlichweiss bis licht erbsengelb und fleischroth, schimmernd bis matt, im Strich wenig. glänzend; kantendurchscheinend. Nach *Frenzel* enthält er 14 pCt. nur durch starkes Glühen entweichendes Wasser, übrigens Kieselsäure und Thonerde genau in dem Verhältniss wie der Kaolin. Beide aber, sowohl Myelin wie Carnat, verhalten sich u. d. M. nach *Frenzel* ebenfalls als kryptokrystallinische Aggregate. Auch ein Steinmark von Saska im Banat hat nach *C. v. Hauer* genau die Zus. des Kaolins, und ein von *Zellner* analysirtes Steinmark vom Buchberg bei Landshut, sowie eine weisse, fettig anzufühlende Varietät von Elgersburg, welche von *Rammelsberg* analysirt wurde, gab fast ganz dasselbe Resultat.

A n m. Andere sog. Steinmarke nähern sich der Zusammensetzung: $(Al^2)^2 Si^3 O^{12} + H^2 O$; alle aber dürften Zersetzungsproducte feldspathiger Gesteine sein. Dass auch manche unter dem Namen N a k r i t analysirte Mineralien genau die Zusammensetzung des Kaolins besitzen, dies wurde bereits oben bemerkt.

Schon 1867 haben *Johnston* und *Blake* vorgeschlagen, die Mineralien Kaolin, Nakrit, Pholerit, Steinmark unter dem Namen K a o l i n i t zu vereinigen, und die Benennung Kaolin für die mehr oder weniger unreinen, in der Industrie verwendeten Substanzen zu belassen, ein Vorschlag, der mehrfache Billigung erfahren hat.

596. Halloysit, *Berthier*.

Amorph nach *Helmhacker*, knollig und nierförmig, bisweilen wie zerborsten, Bruch flachmuschelig; etwas mild; H. = 1,5...2,5; G. = 1,9...2,1; blaulich-, grünlich-, graulich- und gelblichweiss, in blassblau, grün und grau verlaufend; schwach fettglänzend, im Strich glänzender, kantendurchscheinend; im Wasser wird er mehr durchscheinend; klebt mehr oder weniger an der Zunge. — Chem. Zus. nach Analysen von *Berthier*, *Boussingault*, *Oswald*, *Dufrénoy*, *Monheim* und *Helmhacker* im lufttrockenen Zustand: $(Al^2) Si^2 O^7 + 4 H^2 O$, mit 40,81 Kieselsäure, 34,72 Thonerde, 24,47 Wasser; gibt im Kolben Wasser; v. d. L. unschmelzbar, wird mit Kobaltsolution geglüht blau; von concentrirter Schwefelsäure wird er vollkommen zersetzt. — La Vouth und Thiviers in Frankreich, Miechowitz in Oberschlesien, Drenkova im Banat; die Vorkommnisse von Angleur bei Lüttich und Housscha bei Bayonne gehören zum Kaolin.

A n m. Der L e n z i n von Kall in der Eifel ist nach der Analyse von *John* Halloysit. — Für den sog. S c h r ö t t e r i t *Glocker's* von Freienstein in Steiermark (und Cherokee Co. in Alabama) wurde, nachdem schon *Rammelsberg* und *Fischer* seine gemengte Natur vermuthet hatten, durch *Helmhacker* ausführlich nachgewiesen, dass von dem steierischen Vorkommniss die glasglänzende durchsichtige bis beinahe wasserhelle Varietät zum Halloysit gehört, während die damit durch Uebergänge verbundene kreideweisse mattglänzende mit erdigem Bruch aus vorherrschendem Variscit (59 pCt.), viel Diaspor (18 pCt.), wenig Halloysit (6 pCt.) und noch weniger Gyps (über 1 pCt.) und Calcit gemengt erscheint (Min. u. petr. Mitth. 1879. 288).

597. Glagerit, *Breithaupt*.

Ein dem Halloysit ähnliches amorphes Mineral, welches bei Bergnersreuth unweit Wunsiedel auf Brauneisenerzgängen in knolligen Massen vorkommt. *F. Fikenscher* unterscheidet e r d i g e n und d i c h t e n Glagerit. Der erstere ist schneeweiss und feinerdig im Bruch, hat H. = 1, G. = 2,355, klebt stark an der Zunge, und besteht aus 37 Kieselsäure, 41 Thonerde, 21 Wasser, was der Formel $(Al^2)^2 Si^3 O^{12} + 6 H^2 O$ entspricht. Der dichte Glagerit tritt innerhalb des erdigen in Körnern und Adern auf, hat ein opalähnliches Ansehen, blaulichweisse Farbe, schwachen Fettglanz, H. = 2,5, G. = 2,33, und ist reicher an Kieselsäure (42,85 pCt.). Wahrscheinlich ist der dichte innerhalb des erdigen durch Imprägnation mit amorpher Kieselsäure gebildet worden.

A n m. Der von *Breithaupt* bestimmte M a l t h a z i t dürfte hier einzuhalten sein; er findet sich derb, in dünnen Platten und als Ueberzug, ist sehr weich, mild und fast geschmeidig, leicht zersprengbar, graulichweiss, durchscheinend, wiegt 1,95...2,0, hängt nicht an der Zunge, besteht nach der Analyse von *Meissner* aus 50,2 Kieselsäure, 10,7 Thonerde, 3,1 Eisenoxyd, 0,2 Kalk und 35,8 Wasser; ist angeblich unschmelzbar, jedoch nach *Fischer* leicht schmelzbar zu weissem Email, und in concentrirter Salzsäure vollständig zersetzbar mit Ausscheidung von Kieselflocken. — Fand sich auf Klüften in Basalt bei Steindörfel unweit Bautzen.

598. Kollyrit, *Karsten.*

Nierförmig und derb; Bruch muschelig bis eben und feinerdig; wenig mild, leicht zersprengbar; H. — 1...2; G. — 2...2,15; schneeweiss, graulich- und gelblichweiss; schimmernd bis matt; kantendurchscheinend bis undurchsichtig; fühlt sich etwas fettig an, klebt an der Zunge; wird im Wasser durchscheinend. — Chem. Zus. nach den Analysen von *Klaproth* und *Berthier*: (Al²)²Si O⁹ + 9 H²O, mit nur 11,08 Kieselsäure, 47,93 Thonerde, 37,99 Wasser; v. d. L. ist er unschmelzbar, von Säuren wird er gelöst, die Sol. gibt beim Abdampfen eine Gallert. — Schemnitz in Ungarn, Ezquerra in den Pyrenäen; Weissenfels in Thüringen; dies letztere Vorkommniss hat indessen nach *Karsten* eine etwas abweichende Zus., mit 33 pCt. Kieselsäure; auch ist wohl Manches mit dem Namen Kollyrit belegt worden, was nicht dazu gehört.

Anm. Anhangsweise ist hier noch der Dillnit zu erwähnen; derb, fest bis erdig; Bruch flachmuschelig; H. — 2...3,5 nach Maassgabe der Consistenz; G. — 2,57...2,84 desgleichen; weiss, matt, undurchsichtig; klebt mehr oder weniger an der Zunge. — Die Analyse von *Hutzelmann* ergab: 22,40 Kieselsäure, 56,40 Thonerde, 0,44 Magnesia, 21,13 Wasser; eine andere von *Karasat* lieferte ein sehr ähnliches Resultat, welches ungefähr der Formel (Al²)³Si² O¹² + 6 H²O entspricht. — Findet sich bei Dilln unweit Schemnitz als Matrix des dortigen Diaspors; ist aber nach *Dana* wahrscheinlich ein Gemeng von Diaspor mit Kaolin oder Pholerit.

599. Miloschin, *v. Herder* (Serbian).

Derb, Bruch muschelig und glatt, bisweilen erdig; etwas mild, leicht zersprengbar. H. — 2; G. — 2,13; indigblau bis seladongrün, Strich gleichfarbig, doch etwas lichter, schimmernd bis matt; kantendurchscheinend; hängt an der Zunge, im Wasser zerknistert er. — Chem. Zus. nach *Kersten*: 27,5 Kieselsäure, 45,0 Thonerde, 3,6 Chromoxyd, 23.3 Wasser; v. d. L. unschmelzbar; von Salzsäure nur unvollständig zersetzbar. — Rudniak in Serbien. — Uebrigens fand *Kenngott*, dass der amorphen Grundmasse des Miloschins u. d. M. sehr viele grössere und kleinere krystallinische doppeltbrechende Theile eingewachsen sind; der Miloschin ist also kein homogenes Mineral.

600. Montmorillonit, *Salvétat.*

Derb, sehr weich, zerreiblich und mild, rosenroth; im Wasser zergeht er, ohne plastisch zu werden. — Chem. Zus. nach der Analyse von *Damour* und *Salvétat*: ungefähr 50,1 Kieselsäure, 20,9 Thonerde und 29 Wasser, dazu etwas Kalk und Kali, auch ist etwas Eisenoxyd und eine Spur von Magnesia vorhanden. *Helmhacker* leitet aus seiner Analyse des siebenbürgischen Vorkommnisses im hygroskopisch trockenen Zustand die Formel (Al²)²Si⁷O²⁰ + 2 H²O ab. Im Kolben gibt er viel Wasser und wird graulichweiss; v. d. L. unschmelzbar, brennt sich aber hart; von Salzsäure wird er nur theilweise, von kochender Schwefelsäure aber gänzlich zersetzt. — Montmorillon im Dép. de la Vienne, Confolens im Dép. der Charente, Saint-Jean-de-Côle unweit Thiviers im Dép. der Dordogne, Poduruoj in Siebenbürgen.

Anm. 1. Ein amorphes, weisses oder blau marmorirtes, weiches und geschmeidiges, ganz seifenartig anzufühlendes Mineral, welches sich noch gegenwärtig in der Seifenquelle bei Plombières bildet, ist von *Nicklès* untersucht worden; es besteht aus 42,30 Kieselsäure, 19,30 Thonerde, 38,54 Wasser, was sehr nahe der Formel (Al²) Si³ O¹¹ + 12 H²O entspricht. Im Wasser zerfällt es, v. d. L. ist es unschmelzbar; es wird von Salzsäure nicht, wohl aber von heisser Schwefelsäure zersetzt. *Nicklès* schlug den Namen Saponit vor, welcher aber bereits vergeben war, weshalb die von *Naumann* eingeführte Bezeichnung Smegmatit vorzuziehen ist.

Anm. 2. Tuësit nannte *Thomson* ein bläulichweisses, steinmarkähnliches Mineral vom G. —2,5; die Analysen von *Thomson* und *Richardson* ergeben ungefähr 44 Kieselsäure, 40 Thonerde, 44 Wasser, ganz kleine Mengen von Kalk und Magnesia. — Am Ufer des Tweed in Schottland.

601. Razoumoffskin, *John.*

Dieses von *John* und *Zellner* analysirte, weisse und grün gefleckte, einigermaassen dem

Pimelith ähnliche Mineral von Kosemitz in Schlesien wird zwar von einigen Mineralogen für einen theilweise entwässerten Pimelith gehalten; allein die chem. Zus. widerspricht dieser Annahme, da sie sehr nahe durch die Formel $(Al^2)Si^3O^9 + 3H^2O$ dargestellt wird; die Analyse ergab hauptsächlich 54,5 Kieselsäure, 27,25 Thonerde, 14,25 Wasser; die grünliche Farbe rührt von $\frac{1}{2}$ pCt. Eisenoxydul her. Zum R. rechnet *Heimhacker* auch ein blass himmelblaues bis azurblaues Vorkommniss von Lading in Kärnten von der Formel $(Al^2)Si^3O^9$, mit welchem Silicat im hygroskopisch trockenen Zustand 6, bei 100° 4 Mol. H^2O verbunden sind; die Farbe wird hier durch Kupferlasur hervorgebracht.

Anm. Nahe verwandt ist der sogenannte Chromocker, ein grasgrünes, apfelgrünes bis zeisiggrünes, mattes Mineral von unebenem und erdigem Bruch, welches in kleinnierförmigen Ueberzügen, und als Ausfüllung oder Anflug von Klüften im Porphyr bei Halle und bei Waldenburg in Schlesien, auch bei Creusot in einem Conglomerat vorkommt, und, bei einer ausserdem dem Razoumoffskin sehr ähnlichen Zusammensetzung, 2 bis 10 pCt. Chromoxyd enthält.

602. Cimolit, *Klaproth*.

Dieses Mineral von der Insel Argentiera erscheint als ein graulichweisser, ziemlich stark an der Zunge hängender und Fett einsaugender Thon, wahrscheinlich das Zersetzungsproduct eines trachytischen Gesteins. *Klaproth* hat zwei Analysen bekannt gemacht, von welchen die erste sehr genau auf die Formel $(Al^2)^2Si^9O^{24} + 6H^2O$ führt, mit 63,87 Kieselsäure, 23,96 Thonerde, 12,67 Wasser. Auch ein Cimolit von Ekaterinowska führt, zufolge der Analyse von *Ilimoff*, genau auf dieselbe Formel.

Anm. 1. Zum Cimolit rechnet *Rammelsberg* auch die Umwandlungssubstanz der bis $1\frac{1}{2}$ Zoll grossen Augitkrystalle vom Berge Hradischt bei Bilin, welche wahrscheinlich mit dem Anauxit *Breithaupt's* identisch ist. Ebenso sind die bis 2 Cm. langen tafelförmigen Augitkrystalle aus dem basaltischen Gestein der Limburg bei Sasbach am Kaiserstuhl nach *Knop* in Cimolit umgewandelt, wobei sich der durchschnittlich etwa 3 pCt. betragende Titansäuregehalt der frischen Augite in diesen Pseudomorphosen auf über 9 pCt. angereichert hat.

Anm. 2. Dem Cimolit steht sehr nahe *Outschakoff's* Pelikanit; amorph, im Bruch muschelig; H. = 2,5; G. = 2,256; grünlich, matt, kantendurchscheinend. — Chem. Zus.: dieselbe wie der Cimolit, nur mit 4 Mol. (9 pCt.) Wasser; v. d. L. zerknisternd und weiss werdend, unschmelzbar, mit Kobaltsolution blau; ist jedoch mit etwas Quarz gemengt. — Ein häufiger Bestandtheil des Granits im Gouv. Kiew.

603. Allophan, *Stromeyer*.

Traubig, nierförmig, stalaktitisch, als Ueberzug, derb und eingesprengt; Bruch muschelig, spröd, leicht zersprengbar; H. = 3; G. = 1,8..2; lasur-, smalte- und himmelblau, bläulichweiss, spangrün, auch lichtbraun, honiggelb bis rubinroth, selten farblos und wasserhell; Glasglanz, durchsichtig bis durchscheinend. — Chem. Zus. schwankend, doch führen die Analysen mehrer Varietäten ziemlich genau auf die Formel $(Al^2)Si^3O^5 + 5H^2O$, welche 23,81 Kieselsäure, 40,51 Thonerde, 35,68 Wasser erfordert; andere scheinen 6 bis 7 Mol. Wasser zu halten, fast allen aber ist etwas Kupferoxyd, oder auch ein wasserhaltiges Silicat von Kupferoxyd beigemischt. Die blaue Farbe wird durch dieses Kupferoxyd verursacht, welches zwar gewöhnlich nur in geringer Menge (bis zu 2,5 pCt.) vorkommt, in der Var. von Guldhausen bei Corbach aber von *Schnabel* zu 13 bis 19 pCt. aufgefunden wurde, welche letztere Menge auch eine Varietät von Schneeberg enthielt. Wie schwankend überhaupt die Zus. ist, dies lehren auch die Analysen, welche *Northcote* mit verschiedenen Varr. von Woolwich angestellt hat. Im Kolben gibt er viel Wasser und wird stellenweise schwarz; v. d. L. schwillt er an, schmilzt aber nicht, wird weiss und färbt die Flamme grün; auch mit Soda zeigt er die Reaction auf Kupfer; in Säuren löslich unter Abscheidung von Kieselgallert. — Gräfenthal bei Saalfeld, Dehrn bei Limburg in Nassau (hier wasserhell), Gersbach in Baden, Grossarl in Salzburg, Firmi im Dép. des Aveyron; sehr schön im Blauen Stolln bei Zuckmantel, bei Neu-Moldova im Banat und bei Woolwich in England, wo die gelben und rothen Varr. vorkommen.

Anm. 1. Ein dem Allophan sehr ähnliches, jedoch weisses, graues oder braunes Mineral ist der von *Dana* bestimmte und von *Silliman* analysirte Samoit, welcher Stalaktiten in der Lava auf der Insel Upolu bildet.

Anm. 2. Auch das von *Weiss* unter dem Namen Carolathin eingeführte, und von *Sonnenschein* untersuchte Mineral scheint ein dem Allophan sehr nahe verwandtes, mit vielem

Bitumen imprägnirtes Thonerdesilicat zu sein. Es bildet Trümer, Ueberzüge, kugelige un: derbe Massen, von muscheligem Bruch, H. $= 2,5$; G. $= 1,515$; ist sehr spröd, honiggelb bis schmutzig weingelb, schwach fettglänzend und kantendurchscheinend. Es enthält an fünf Bestandtheilen $29,62$ Kieselsäure und $47,25$ Thonerde; ausserdem $4,88$ Kohlenstoff, sowie $2,42$ Wasserstoff und $19,89$ Sauerstoff, welche beiden letzteren theils als Wasser, theils in Verbindung mit Kohlenstoff zugegen sind. — In einem Steinkohlenflötz bei Zabrze unweit Gleiwitz.

604. Pyrophyllit, *Hermann.*

Vielleicht rhombisch, womit auch nach *Des-Cloizeaux* das optische Verhalten überein- stimmt, doch sind die Dimensionen noch unbekannt; Krystalle sehr undeutlich, lamellar, der: und in Trümern von radial stängelig-blätteriger Textur. — Spaltb. monotom sehr vollk., parallel der Axe der Stängel; H. $= 4$; G. $= 2,78...2,92$; mild, in Blättchen biegsam; licht span- grün, apfelgrün bis grünlichweiss und gelblichweiss; perlmutterglänzend; durchscheinend, optisch-zweiaxig, die Bisectrix normal auf der Spaltungsfläche. — Nach den Analysen v. *Hermann*, *Rammelsberg*, *Sjögren*, *Genth*, *Brush*, *Allen*, *Berlin* und *Dewalque* ist ein Theil des Pyrophyllits kieselsäureärmer, und führt auf die Formel (Al²) Si³ O⁹ + H² O (59,98 pCt. Kiesel- säure); die Mehrzahl der Pyrophyllite ist aber etwas kieselsäurereicher (66,65 pCt.), un lässt die Formel (Al²) Si¹⁴ O¹¹ + H² O, oder vielmehr H² (Al²) Si⁴ O¹² erkennen; die meisten enthal- ten ganz geringe Mengen von Magnesia und Eisenoxyd. Er gibt im Kolben Wasser und wir dabei silberglänzend; in der Zange zerblättert er sich, und schwillt unter vielen Windunger zu einer schneeweissen unschmelzbaren Masse auf; mit Kobaltsolution blau; mit Schwefel- säure wird er unvollkommen zersetzt. — Am Ural zwischen Beresowsk und Pyschminsk Ottrez in den Ardennen, Westanå in Schonen und Horrsjöberg in Wermland; in Nord- und Süd-Carolina; bei Villa rica in Brasilien. Nach *Genth* erscheint ächter Pyrophyllit in dunm: Lagen von sehr zartfaseriger Structur in einem Kohlenflötz bei Mahanoy City, Schuyll. Co., Pennsylvanien, wo er auch die Abdrücke von Kohlenpflanzen in den dortigen Schiefern bildet.

Anm. 4. Wie der Steatit eine dichte Varietät des Talks ist, so ist wenigstens ein Theil des Agalmatoliths (Nr. 606) eine dichte Varietät des Pyrophyllits, wie *Brush* gezeigt hat. Es sind dies die schon von *Walmstedt* analysirten, grünlichweissen, z. Th. roth geaderten, durch- scheinenden Varietäten, welche sich auch chemisch wie Pyrophyllit verhalten, nur dass sie sich v. d. L. nicht aufblähen, was in ihrer dichten Structur begründet ist.

Anm. 2. Talcosit nannte *Ulrich* das Mineral vom Berg Ida unweit Heathcote in Vic- toria, welches dort den Selwynit (ein dem Wolchonskoit ähnliches Mineral) in Trümern durch- zieht; sehr ähnlich weissem Glimmer; H. $= 1...1,5$; G. $= 2,46...2,50$; ist silberweiss, stark perlmutterglänzend, bläht sich v. d. L. etwas auf, und besteht nach *Newbery* aus 49 Kiese- säure, 47 Thonerde und fast 4 pCt. Wasser.

605. Anauxit, *Breithaupt.*

Krystallinisch; bis jetzt nur derb in körnigen Aggregaten, deren Individuen eine sehr vollkommene monotome Spaltbarkeit besitzen; H. $= 2...3$; G. $= 2,264...2,376$; grünlichweiss perlmutterglänzend, kantendurchscheinend. — Chem. Zus. nach den Analysen v. *Hauer* 62,3 Kieselsäure, 24,2 Thonerde, 0,9 Kalk, 12,3 Wasser, was sehr nahe auf die Formel (Al²) Si¹⁴ O¹¹ + 3 H² O führt. Der Anauxit ist somit dem Cimolit sehr ähnlich zusammengesetzt Gibt im Kolben Wasser und wird schwarz, brennt sich aber in grösserer Hitze weiss und schmilzt in den äussersten Kanten; mit Kobaltsolution wird er blau. — Berg Hradischt bei Bilin in Böhmen, auf einem Gang von verwittertem Basalt (vgl. Anm. 4 zu Nr. 602).

Anm.. Gümbelit nannte *v. Kobell* ein von *Gümbel* bei Nordhalben in Oberfranken ent- decktes Mineral, welches schmale faserige Lagen im Thonschiefer bildet; die Fasern sind weich und biegsam wie Asbest, grünlichweiss, seidenglänzend und durchscheinend; ihre chem. Analyse ergab: 50,52 Kieselsäure, 34,04 Thonerde, 3,0 Eisenoxyd, 4,88 Magnesia, 3,49 Kali, 7,00 Wasser. Hierher gehört auch nach *Gümbel* das weisse Versteinerungsmaterial der Graptolithen, sowie der silberartig glänzende Ueberzug über den Kohlenpflanzen der Taren- taise mit H. $= 4$ und G. $= 2,8$ (Min. u. petr. Mitth. 4879, 489).

Vorwiegend Kali-Thonerdesilicat.

606. Agalmatolith, *v. Leonhard* (Bildstein).

Derb, undeutlich schieferig; Bruch ausgezeichnet splitterig; fast mild; H. $= 2...3$;

G. $= 2,8...2,9$; gelblichgrau bis perlgrau, isabellgelb bis fleischroth, grünlichgrau bis berg- und ölgrün, matt oder schimmernd, durchscheinend bis kantendurchscheinend; fühlt sich etwas fettig an, und klebt nicht an der Zunge. — Chem. Zus. nach den Analysen von *Klaproth*, *John* und *Vauquelin*: ungefähr 55 Kieselsäure, 33 Thonerde, 7 Kali und 5 Wasser; v. d. L. brennt er sich weiss und schmilzt nur in den schärfsten Kanten etwas an; Phosphorsalz zerlegt ihn nicht oder nur in sehr starkem Feuer vor dem Gebläse; in erhitzter Schwefelsäure wird er nicht zersetzt. — China, Nagyag in Siebenbürgen. Ein dem Agalmatolith sehr ähnliches Mineral vom G. $= 2,735$ und mit 10 pCt. Kali findet sich bei Schemnitz. Auch ein von *v. Fellenberg* untersuchtes Mineral aus der Moräne des unteren Grindelwaldgletschers steht ihm sehr nahe.

· Anm. Es unterliegt keinem Zweifel und ist noch besonders durch *Scheerer* dargethan worden, dass mehre ganz verschiedenartige Mineralien unter dem Namen Agalmatolith aufgeführt und analysirt worden sind; so z. B. der hellgrüne chinesische Agalmatolith, welchen *Schneider* analysirte, und nicht nur frei von Wasser, sondern auch nach der Formel $Mg^4 Si^5 O^{14}$ zusammengesetzt fand; *Wackenroder* wies in einem sog. Agalmatolith dasselbe Magnesiasilicat mit einem Mol. Wasser nach (dies sind demnach speckssteinartige Mineralien). *Brush* zeigte, was schon aus *Walmstedt's* Analyse folgt, dass die grünlichweissen, durchscheinenden Varietäten dichter Pyrophyllit sind (vgl. die Anm. nach Nr. 604). *Kenngott* erkannte eine blassgelbe Var. aus China in Dünnschliffen u. d. M. als ein feinschuppiges krystallinisches Aggregat.

Gebrauch. Wird in China zu allerlei Bild- und Schnitzwerken verarbeitet.

607. Onkosin, *v. Kobell.*

Derb, Bruch unvollk. muschelig bis uneben und splitterig; mild; H. $= 2,5$; G. $= 2,8$; licht apfelgrün bis graulich und bräunlich, schwach fettglänzend, durchscheinend. — Chem. Zus. nach *v. Kobell's* Analyse: 52,52 Kieselsäure, 30,88 Thonerde, 6,88 Kali, 3,82 Magnesia, 0,8 Eisenoxydul und 4,6 Wasser. Schmilzt v. d. L. unter Aufblähen zu blasigem farblosem Glas, wird von Schwefelsäure vollkommen zersetzt, von Salzsäure dagegen nicht angegriffen. — Tamsweg in Salzburg; ist nach *Tschermak* ein dichtes Aggregat von Kaliglimmer. Anm. *Scheerer* hat gezeigt, dass der sogenannte Agalmatolith vom Ochsenkopf bei Schwarzenberg in Sachsen dem Onkosin am nächsten stehen dürfte.

608. Liebenerit, *Stotter.*

Hexagonal; bis jetzt nur in Krystallen der Form $\infty P.0P$. — Spaltb. prismatisch sehr unvollk., Bruch dicht und splitterig; mild; H. $= 3,5$; G. $= 2,799...2,814$; ölgrün und blaulichgrün bis grünlichgrau, schwach fettglänzend, kantendurchscheinend; die Durchschnitte zeigen u. d. M. ausgezeichnete Aggregatpolarisation. — Chem. Zus. nach der Analyse von *Marignac*: 44,66 Kieselsäure, 36,51 Thonerde, 1,94 Eisenoxyd, 1,40 Magnesia, 9,90 Kali, 0,92 Natron, 5,05 Wasser; diejenige von *Oellacher* stimmt damit fast ganz genau überein. V. d. L. ist er nur in Kanten schmelzbar; von Salzsäure wird er nur unvollständig zersetzt. — Findet sich reichlich eingesprengt in dem am ziegelrothen Orthoklasen reichen Porphyr des Monte Viesena bei Forno und Predazzo im Fleimser Thal in Tirol (vgl. Anm. zu Nr. 609).

609. Gieseckit, *Stromeyer.*

Hexagonal; bis jetzt nur in eingewachsenen säulenförmigen Krystallen der Comb. $\infty P.0P$, nur selten mit Abstumpfungen der Combinationskanten. — Spaltb. nicht beobachtet, Bruch uneben und splitterig oder feinschuppig; mild; H. $= 3...3,5$; G. $= 2,74...2,85$; grünlichgrau, schwach glänzend bis matt, kantendurchscheinend bis opak; die Durchschnitte im pol. Licht u. d. M. ganz denen des Liebenerits gleich. — Chem. Zus. nach den Analysen von *Stromeyer*, *v. Hauer* und *Brush* einigermaassen ähnlich der des Liebenerits, jedoch quantitativ mehr oder weniger verschieden, der Wassergehalt schwankt zwischen 5 und 7 pCt. V. d. L. schmilzt er in den Kanten; von Säuren nur wenig angreifbar. — Bei Kangerdluarsuk in Grönland im Porphyr; bei Diana, Lewis Co. in New-York, in einem aus Pyroxen und Glimmer bestehenden Gestein.

Anm. Die einander sehr ähnlichen Mineralien Liebenerit und Gieseckit sind wohl jedenfalls als Zersetzungsproducte eines anderen Minerals zu betrachten, als welches man mit grösster Wahrscheinlichkeit den Nephelin anzunehmen pflegt.

640. Killinit, *Thomson.*

Dieses Mineral wird gewöhnlich in die Nähe des Pinits gestellt, von welchem es jedoch
schon sehr verschieden ist, weil ihm sowohl die Basis als die bas. Spaltbarkeit fehlt, weil
es auch nicht als Pseudomorphose nach Cordierit gelten kann. Breit säulenförmige Indi-
duen, auch wohl derb, in stängeligen und körnigen Aggregaten; die Individuen zeigen zwei
ungleichwerthige Spaltungsflächen, von denen die vollkommenere den breiten Seitenflächen
parallel und gegen die andere etwa 135° geneigt ist; Bruch uneben; mild; H. = 3,5...;
G. = 2,63...2,71; grünlichgrau bis gelblich und bräunlich, schwach durchscheinend. N-
den Analysen von *Lehunt* und *Blyth* enthält das irische Mineral 48 bis 49 Kieselsäure, 31 Thonerde, 2,3 Eisenoxydul, 6,5 Kali, 10 Wasser, sowie ganz geringe Mengen von Kalk und Ma-
nesia; ein etwas anderes Resultat (fast 53 Kieselsäure, 33 Thonerde, 5 Kali und 3,6 Was-
erhielt *Mallet*, während *Galbraith*'s Analysen mehr mit den ersteren übereinstimmen. Au.
A. Julien fand in dem amerikanischen: 46,80 Kieselsäure, 33,52 Thonerde, 2,23 Eisenoxyd
7,24 Kali, Natron, Kalk, Lithion je unter 1 pCt., 7,66 Wasser, 1,14 organische Substanz, w-
aus er die Formel $\mathrm{\ddot{R}^2 \ddot{R}^2 (Al^2)^2 Si^5 O^{20}}$ ableitet. Erhitzt wird er schwarz und gibt etwas Wass-
v. d. L. schwillt er auf, und schmilzt schwierig zu weissem blasigem Email; nur durch Schi-
felsäure zersetzbar. — In Granit eingewachsen zu Killiney und Dalkey bei Dublin, mit Spodumen, Granat und Turmalin; auch in den Granitgängen von Chesterfield Hollow, Hampshr-
Co. in Massachusetts, wo nach *A. Julien* der Killinit ebenfalls neben frischem Spodu-
vorkommt, und dessen Spaltbarkeit noch erkennen lässt, weshalb man mit grösster Wah-
scheinlichkeit in dem Mineral ein Umwandlungsproduct des Spodumens erblicken muss.

641. Hygrophilit, *Laspeyres.*

Derbe Partieen von kryptokrystallinisch-schuppiger Zusammensetzung; die Schuppen
zeigen u. d. M. sehr vollkommene monotome Spaltb.; hellgrünlichgrau, ins berggrüne gefärbt, die Substanz selbst farblos und wasserklar, kantendurchscheinend, matt bis schwa-
schimmernd, im Strich etwas fettglänzend. H. = 2...2,5; G. = 2,670. Im Wasser we-
werdend und sich zu schuppigen Häuten abblätternd, schliesslich zu schlammiger Masse zr-
fallend. Auffallend stark hygroskopisch, indem das lufttrockene Pulver, wie aus den sehr
sorgfältigen Versuchen von *Laspeyres* hervorgeht, noch über 17 pCt. seines Gewichts an W-
serdampf absorbiren kann. — Chem. Zus. im Mittel: 48,42 Kieselsäure, 32,06 Thonerde
3,26 Eisenoxydul, 4,15 Kalk, 1,72 Magnesia, 5,67 Kali, 1,36 Natron, 9,01 Wasser, woraus man
wenn $\overset{I}{\mathrm{R^2}} = \overset{II}{\mathrm{R}}$, die Formel $\overset{II}{\mathrm{R^2}}(Al^2)^8 Si^8 O^{27} + 5 H^2 O$ ableiten könnte. Vollkommen löslich in concentrirter heisser Salzsäure unter Abscheidung flockiger Kieselsäure, auch löslich in kochen-
der Kalilauge. — Bildet bis kopfgrosse Putzen und Schweife in den Quarzsandsteinen und
Kieseleonglomeraten des unteren Rothliegenden zu Halle a. d. S. In den Schichten des Rothl-
schiefers von Reuschbach in der Pfalz fand *Gümbel* eine dem Hygrophilit ähnlich in Wasser
rasch zu feinsten Splitterchen zerbröckelnde Substanz.

642. Bravaisit, *E. Mallard.*

Dünne, sehr feinschieferige Lagen von grauer, schwach grünlicher Farbe, an den Rändern vollkommen durchsichtig, aus sehr zarten, stark doppeltbrechenden, meist parallelen
Fasern zusammengesetzt, deren rhombische Natur wenig zweifelhaft ist. H. = 1...2. G.
= 2,6; im feuchten Zustand klebrig, fettig und seifenähnlich anzufühlen. — Chem. Zus.
54,4 Kieselsäure, 18,9 Thonerde, 4,0 Eisenoxyd, 2,0 Kalk, 3,3 Magnesia, 6,5 Kali, 13,3 Wasser, was auf die Formel $\mathrm{R^2 (Al^2)^2 Si^9 O^{26} + 4 H^2 O}$ führt. Gibt beim Erhitzen Wasser und schmilzt
leicht zu einer weissen Kugel; durch Säuren angreifbar, aber nicht völlig zersetzbar. — In
bituminösen Schiefer und kieseligem Kalk zu Noyant, Dép. Allier (Bull. soc. min. I. 5.).

643. Pinitoid, *A. Knop.*

Anscheinend amorph, allein bei starker Vergrösserung feinschuppig krystallinisch; bildet nicht nur einen diffusen Gemengtheil mancher Thonsteine, sondern erscheint auch mehr
selbständig in Thonsteinen und Thonsteinporphyren in der Form lenticularer, bis ein paar Zoll
grosser Concretionen von rauher, oder striemiger und glatter Oberfläche, und von flachmuscheligem feinerdigem Bruch; H. = 2,5; G. = 2,788; dunkel olivengrün, lauchgrün
ölgrün, grünlichgrau bis grünlichweiss, durch Eisenoxyd bisweilen roth gefleckt, matt, im
Strich glänzend, fettig anzufühlen, an der feuchten Zunge haftend, angehaucht thonig riechend.
— Chem. Zus. nach *Knop*: 47,7 bis 49,7 Kieselsäure, 24 bis 31 Thonerde, 6,6 bis 8,9 Eisenoxydul, 5,8 Kali, 1,5 Natron, 4,2 bis 4,9 Wasser; doch ist er häufig mit kleinen pyramidalen

Quarzkrystallen gemengt. — Findet sich in den Felsit-Tuffen oder Thonsteinen der Gegend von Chemnitz in Sachsen, und in manchen Porphyren, welche durch die parallel liegenden flachen Linsen eine plane Parallelstructur erhalten.

Vorwiegend Kalk-Thonerdesilicat.

614. Chalilith, *Thomson.*

Derb, Bruch flachmuschelig und splitterig; H. = 4,5; G. = 2,252; dunkelröthlich-braun; Glas- bis Fettglanz; kantendurchscheinend. — Chem. Zus. nach *Thomson*: 36,56 Kieselsäure, 26,2 Thonerde, 10,28 Kalk, 9,28 Eisenoxyd, 2,72 Natron, 16,66 Wasser; *v. Hauer* fand gar kein Eisenoxyd und Natron, sondern 38,56 Kieselsäure, 27,71 Thonerde, 12,01 Kalk, 6,85 Magnesia, 14,32 Wasser. — V. d. L. wird er weiss, und schmilzt mit Borax zu farblosem Glas. — Sandy Brae, Antrim in Irland.

615. Stolpenit oder Bol von Stolpen.

Mit dem Bol verhält es sich wie mit dem Steinmark, d. h. viele Dinge sind unter diesem Namen aufgeführt worden, ohne dass ihre specifische Identität in allen Fällen nachgewiesen wurde, oder vielleicht nachgewiesen werden kann, was bei solchen porodinen Gebilden nur dann möglich ist, wenn die chemische Analyse mit der Untersuchung der physischen Eigenschaften Hand in Hand geht. Während die meisten Bole neben der Thonerde so viel Eisenoxyd enthalten, dass sie an anderer Stelle aufgeführt werden müssen, ist an gegenwärtigem Ort aber der gelblichweisse bis gelbe Bol von Stolpen zu erwähnen, welcher nach *Rammelsberg* nur eine Spur von Eisenoxyd, dafür aber fast 4 pCt. Kalk hält, und sich dadurch vor allen übrigen auszeichnet. — Die Analyse ergab: 45,92 Kieselsäure, 22,44 Thonerde, 3,90 Kalk, 25,86 Wasser.

Vorwiegend Eisenoxyd-Thonerdesilicat.

616. Bergseife, *Hausmann.*

Derb; Bruch muschelig oder eben, dicht oder feinerdig; H. = 1...2, mild; pech-schwarz und blaulichschwarz, matt, im Strich fettglänzend, undurchsichtig; sehr fettig an-zufühlen, schreibend aber nicht abfärbend; an der Zunge klebend, im Wasser zerknisternd. — Chem. Zus. unbestimmt; wesentlich aus Kieselsäure (44 bis 46), Thonerde (17 bis 26), Eisenoxyd (6 bis 10) und Wasser (13 bis 25) bestehend. — Olkusz in Polen, Bilin und Stirbitz bei Aussig in Böhmen, Insel Skye. Manche sog. Bergseife ist nur schwarzer, von Bitumen und Kohle gefärbter fetter Letten oder Thon.

Gebrauch. Die Bergseife wird zum Waschen und Walken grober Zeuge benutzt.

617. Plinthit, *Thomson.*

Derb; Bruch flachmuschelig und erdig; H. = 2...3; G. = 2,34; ziegelroth und bräunlich-roth; undurchsichtig, schimmernd bis matt, nicht an der Zunge klebend. — Chem. Zus. nach *Thomson*: 30,88 Kieselsäure, 30,76 Thonerde, 26,16 Eisenoxyd, 2,6 Kalk, 19,6 Wasser; *v. d. L.* wird er schwarz, aber nicht magnetisch; schmilzt weder für sich noch mit Borax, noch mit Phosphorsalz. — Antrim in Irland, Quiraing auf Skye.

Anm. Was *Thomson* Erinit genannt hat, ist ein dem vorigen sehr ähnliches Mineral und vielleicht nur eine Varietät des Bols (vgl. über ein anderes als Erinit bezeichnetes Mineral S. 539); G. = 2; roth. — Chem. Zus. nach *Thomson*: 47,0 Kieselsäure, 18,5 Thonerde, 6,4 Eisenoxyd, 1 Kalk, 25,3 Wasser. — Antrim in Irland.

618. Bol.

Derb in Nestern und Trümern; Bruch muschelig; mild oder wenig spröd; H. = 1...2; G. = 2,2...2,5; leberbraun bis kastanienbraun einerseits, und isabellgelb andererseits; schwach fettglänzend, im Strich glänzend, kantendurchscheinend bis undurchsichtig; fühlt sich mehr oder weniger fettig an, klebt theils stark, theils wenig oder gar nicht an der Zunge (Fettbol) und zerknistert im Wasser. — Chem. Zus. schwankend, doch sind die Bole im Allgemeinen wasserhaltige Silicate von Thonerde und Eisenoxyd, der Bol von Stolpen (Nr. 615) bildet eine Ausnahme (doch besitzen nach *Kenngott* die von ihm quantitativ untersuchten Bole auch einen Gehalt von Kalk, wie der Stolpener). Die meisten Varr. führen 41 bis 42 Kieselsäure, 20 bis 25 Thon-

erde, 24 bis 25 Wasser und den Rest Eisenoxyd. Andere Varr., wie z. B. der E.
von Oravicza und der von Sinope, enthalten nur 31 bis 32 Kieselsäure und 17 bis 21
Wasser. Der sog. Fettbol von der Halsbrücke bei Freiberg führt nur 3 pCt. Thonerd
V. d. L. brennen sie sich hart, sind aber theils schmelzbar, theils unschmelzbar: von
Säuren werden sie mehr oder weniger vollständig zersetzt. — Der Fettbol zu Freibr.
auf Erzgängen, die übrigen Varr. theils im Kalkstein (Miltitz und Scheibenberg in Sachsen
Oravicza im Banat), theils in Basalt· und basaltischen Gesteinen.

Gebrauch. Als braune Farbe; ehemals spielte auch der Bol eine grosse Rolle in der
Heilkunde. Die eigentliche *terra sigillata*, oder der Sphragid von Lemnos, ist jedoch·
etwas verschiedenes Mineral, von gelblichgrauer Farbe mit etwa 8 pCt. Wasser und 66 Kieselsäure.

619. Eisensteinmark, *Schüler* (Teratolith).

Derb; Bruch uneben bis flachmuschelig und feinerdig; H. = 2,5...3; G. = 2,5,·
vendelblau bis perlgrau und pflaumenblau, oft röthlichweiss geadert und gefleckt; Str
gleichfarbig; matt, undurchsichtig; fühlt sich rauh und mager an. — Chem. Zus. nach ein-
Analyse von *Schüler* ungefähr: 41,7 Kieselsäure, 22,8 Thonerde, 13,0 Eisenoxyd, 3.0 Kal
2,5 Magnesia, 1,7 Manganoxyd, 14,2 Wasser. — Planitz bei Zwickau in Sachsen.

Gebrauch. Auch dieses Mineral wurde sonst, unter dem Namen Sächsische Wunder-
erde, als Arzneimittel gepriesen und gebraucht.

620. Gelberde, oder Melinit.

Derb, bisweilen dickschieferig; Bruch feinerdig; H. = 1...2; G. = 2,2; ockergelb
matt, nur auf den schieferigen Ablösungsflächen schwach schimmernd, undurchsichtig. ·
etwas fettig anzufühlen, klebt an der Zunge, und zerfällt im Wasser zu Pulver. — Chem
Zus. nach der Analyse von *Kühn*: 33,28 Kieselsäure, 14,21 Thonerde, 37,76 Eisenoxyd. 1·
Magnesia, 13,24 Wasser. V. d. L. ist sie unschmelzbar, brennt sich roth und im Red-i
schwarz; in Salzsäure ist sie z. Th. löslich. — Amberg, Wehrau, Blankenburg. — Nach *Kenng*,
und *Hausmann* ist die Gelberde nur ein durch Eisenoxydhydrat gefärbter Kaolin, und *dah*,·
mit diesem zu vereinigen.

Gebrauch. Als gelbe Farbe zum Anstreichen.

Vorwiegend Mangan-Thonerdesilicat.

621. Karpholith, *Werner.*

Mikrokrystallinisch; bis jetzt wohl nur in fein nadel- und kurz haarförmigen In-
dividuen, welche zu büschelförmig-faserigen, und diese wiederum zu kleinen eckig-
körnigen Aggregaten verbunden sind; doch gibt *Kenngott* ein rhombisches, an allen
Seitenkanten abgestumpftes und durch die Basis begrenztes Prisma von 111° 27' an.
Nach *H. Fischer* löschen die Nadeln indessen, wie sich an den richtig gelagerten constatiren lasse, schief (unter etwa 24°) aus. — Bruch der Aggregate radialfasern
H. = 5...5,5; G. = 2.935; strohgelb in das wachsgelbe geneigt, lebhaft grüngelb
Strich farblos; Seidenglanz; durchscheinend. — Chem. Zus.: der K. besteht aus
Kieselsäure, Thonerde, Oxyden von Eisen und Mangan, sowie Wasser, welches erst
in der Rothgluth völlig entweicht (bei 500° nur 1,2 pCt.), weshalb es als chemisch
gebunden betrachtet wird. *Steinmann, Stromeyer* und *v. Hauer* geben Eisen und Mangan
als Oxyd an, nach *v. Kobell* ist letzteres als Oxydul zugegen. *Bülowius* stellte fest, dass
das Eisen sowohl als Oxyd wie als Oxydul, das Mangan nur als Oxydul vorkommt, und
fand in der Var. von Wippra: 38,02 Kieselsäure, 29,40 Thonerde, 2,89 Eisenoxyd.
4,07 Eisenoxydul, 11,78 Manganoxydul, 1,80 Magnesia, 0,56 Alkalien, 10,17 Wasser:
in guter Uebereinstimmung ergab der K. von Schlaggenwald nach *Stromeyer* u. a.
36,15 Kieselsäure, 28,67 Thonerde, 10,78 Wasser. Die Formel ist darnach.
$3^4R(R^2)Si^2O^{10}$, worin R vorwiegend = Mn und Fe, und $(R^2) = (Al^2)$ und (Fe^2); der
von *Stromeyer* und *v. Hauer* bemerkte Fluorgehalt rührt von etwas beigemengtem
Fluorit her; der aus den Ardennen enthält kein Eisenoxydul. Im Kolben gibt er Wasser:
v. d. L. schwillt er an und schmilzt zu trübem bräunlichem Glas; mit den Flüssen
deutliche Manganreaction; von Säuren kaum angreifbar. — Schlaggenwald in Böhmen,

mit blauem Flussspath, ein altbekanntes Vorkommniss; *Lossen* fand ihn in der Gegend von Biesenrode bei Wippra am südöstlichen Harz, wo er in den Quarznestern des dortigen Schiefergebirges parallelfaserige, schmale und meist geknickte Trümer von lebhaft gelblichgrüner Farbe und ausgezeichnetem Seidenglanz bildet (Z. geol. Ges., 1870. 454). Mit Quarz innig gemengt in Geschieben bei Meuville in den Ardennen (*L. L. de Koninck*, Bull. acad. Belge (2) Bd. 47, Nr. 5).

Vorwiegend Metalloxydsilicate.

622. **Nontronit,** *Berthier.*

Derb und in Nieren, oft wie zerborsten; Bruch uneben und splitterig; weich, mild, fettig anzufühlen; G. = 2,08; strohgelb bis gelblichweiss und zeisiggrün, schimmernd bis matt, im Strich fettglänzend, undurchsichtig, im Wasser wird er durchscheinend unter Entwickelung von Luftblasen. — Chem. Zus. etwas schwankend, doch nach den Analysen von *Berthier, Jacquelain, Biewend, Thorpe, Schrauf* ziemlich genau: wasserhaltiges Eisenoxydmetasilicat, (Fe²) Si³ O⁹ + 5 H²O, mit 44,88 Kieselsäure, 37,20 Eisenoxyd, 20,92 Wasser. V. d. L. zerknistert er, wird dann gelb, braun, endlich schwarz und magnetisch, ohne zu schmelzen; in erhitzten Säuren leicht löslich unter Abscheidung von Kieselgallert. — Nontron im Dép. der Dordogne, Andreasberg am Harz, Tirschenreuth in Bayern, Heppenheim in Baden, Mugrau im Böhmerwald (sog. Chloropal, schwefelgelb).

Anm. Das von *Bernhardi* und *Brandes* unter dem üblen Namen Chloropal aufgeführte, von Anderen Unghwarit genannte Mineral ist nach *v. Kobell* nicht sehr wesentlich verschieden vom Nontronit. Es findet sich derb, von muscheligem bis splitterigem und erdigem Bruch; H. = 2,5...4,5; G. = 2,1...2,2; zeisiggrün bis pistazgrün, z. Th. braun gefleckt, im Strich lichter; wenig glänzend bis schimmernd, im Strich glänzender, kantendurchscheinend bis undurchsichtig, klebt schwach an der Zunge. — Chem. Zus. nach der Analyse von *v. Kobell*: (Fe²) Si³ O⁹ + 3 H²O, was 45,7 Kieselsäure, 40,6 Eisenoxyd, 13,7 Wasser erfordert; dagegen findet *v. Hauer* die Formel Fe Si³ O⁷ + 3 H²O, mit 23,5 Eisenoxydul, 17,6 Wasser, woraus *Kenngott* auf eine schwankende und veränderliche Zusammensetzung des Minerals schliesst, was auch durch die Analysen von *Hiller* vollkommen bestätigt wird, welche jedoch ebenfalls Eisenoxyd ergaben. Doch ist das Mineral meist innig mit Opal gemengt, in welchen es sogar übergeht, woraus auch der oft weit grössere Gehalt an Kieselsäure zu erklären ist. V. d. L. ist er unschmelzbar, wird sogleich schwarz und magnetisch; von Salzsäure wird er theilweise zersetzt; in concentrirter Kalilauge wird er sogleich dunkelbraun, was nach *v. Kobell* sehr charakteristisch ist. — Unghwar und Munkacz in Ungarn, Haar und Leitzersdorf bei Passau, Meenser Steinberg bei Göttingen, hier mit Opal auf Klüften von Basalt.

623. **Pinguit,** *Breithaupt.*

Derb, in Trümern, bisweilen in Ausfüllungs-Pseudomorphosen nach Flussspath; Bruch flachmuschelig oder uneben und splitterig, geschmeidig, leicht zersprengbar; H. = 1; G. = 2,3...2,35; zeisiggrün und dunkel ölgrün, Strich lichter, schimmernd mit Fettglanz, kantendurchscheinend bis undurchsichtig; fühlt sich sehr fettig an, klebt nicht an der Zunge und erweicht sehr langsam im Wasser. — Chem. Zus. der Var. von Wolkenstein nach *Kersten*: 36,90 Kieselsäure, 4,30 Thonerde, 29,50 Eisenoxyd, 6,40 Eisenoxydul, 23,11 Wasser, ganz kleine Mengen von Manganoxydul und Magnesia; gibt im Kolben viel Wasser; v. d. L. schmilzt er nur in den Kanten; mit Phosphorsalz Eisenfarbe und Kieselskelet; von Salzsäure wird er zersetzt unter Abscheidung von Kieselpulver. — Wolkenstein, Tannhof bei Zwickau, Suhl.

Anm. Gramenit (richtiger Graminit) nannte *Krantz* ein grasgrünes, sehr weiches und mildes Mineral, welches bei Menzenberg im Siebengebirge Trümer und Mandeln in einer Wacke bildet, und nach *Bergemann's* Analyse dem Pinguit sehr nahe verwandt ist; ein ähnliches Mineral fand *Collins* auf den Eisensteinlagern von Smallacombe bei Bovey, Tracey in Devon.

624. **Hisingerit,** *Berzelius* (Thraulit).

Nierförmig mit rauher Oberfläche und derb; Bruch muschelig; spröd; H. = 3,5...4; G. = 3,6...3; pechschwarz, Strich leberbraun bis grünlichbraun, Fettglanz oder fettartiger Glasglanz, undurchsichtig. — Die chem. Zus. dieser amorphen Gebilde, welche wahrscheinlich Umwandlungsproducte augitischer Mineralien sind, ist quantitativ recht wechselnd; im Allgemeinen sind es wasserhaltige Silicate von Eisenoxyd und Eisenoxydul (Magnesia). *Cleve* und

E. Nordenskiöld haben viele Analysen veranstaltet. Die Var. von Riddarhytta enthält n;
Cleve: 35,02 Kieselsäure, 4,20 Thonerde, 39,46 Eisenoxyd, 2,20 Eisenoxydul, 0,80 Magnesi.
24,70 Wasser; die Var. von Bodenmais (der Thraulit) hat nach *Hisinger* und *v. Kobell* e:
abweichende Zus., indem sie aus 34,28 Kieselsäure, 42,79 Eisenoxyd, 5,70 Eisenoxydul. 15.
Wasser besteht. Noch anders ist nach *Lindström* und *Arppe* das Vorkommniss von Onjar
zusammengesetzt. *Rammelsberg* glaubt, dass man aus vielen Analysen im Ganzen die For·
2 (R (Fe²) Si³ O¹⁰) + 9 H²O ableiten könne. Jene Schwankungen der chem. Zus. können nicht :-
fremden, weil der schwedische Hisingerit nach *H. Fischer* u. d. M. gar nicht homogen ist :.
Kolben gibt er Wasser, und zwar einen Theil schon u n t e r, den anderen Theil erst ü b e r !
C.; v. d. L. auf Kohle schmilzt der von Bodenmais schwer zu einer stahlgrauen Perle. ·-
gegen der schwedische sich nur in Kanten rundet, aber magnetisch wird; von Säuren ׳
zersetzbar mit Abscheidung von Kieselschleim. — Riddarhytta, Långban, Bodenu
Orijärfvi; Degerö (hier der sog. Degeröit), Gillinge-Grube in Westmanland (hier der ·.
Gillingit).

A n m. 1. Dem Hisingerit ist der schwarze M e l a n o l i t h sehr verwandt, welche:
dünnen Platten auf Syenit bei Cambridge in Massachusetts vorkommt, das G. = 2,69 und, n:
Abzug des beigemengten kohlensauren Kalks, eine dem Hisingerit ziemlich nahe komme.
Zus. hat. Desgleichen der etwas röthlich-schwarze und durchscheinende, derbe M e l a :·
s i d e r i t mit 7,89 Kieselsäure, 75,12 Eisenoxyd, 4,84 Thonerde, 12,83 Wasser von Mineral h.
Delaware Co., Pennsylvanien.

A n m. 2. Der auf den Erzgängen von Przibram vorkommende theils dichte, theils·׳
dige, von *Reuss* benannte L i l l i t bildet traubige und nierförmige Gestalten , fühlt sich ma.·
an, hat H. = 2, G. = 3,0428, ist schwärzlichgrün, im Strich dunkel graugrün, und besteht u
Payr aus 34,5 Kieselsäure, 54,7 Eisenoxyd und Eisenoxyd, 10,8 Wasser. Im Kolben גי
er schwarz; auf Kohle schmilzt er schwierig zu schwarzer magnetischer Schlacke; du׳
Salzsäure löslich mit Bildung von Kieselgallert; vielleicht ist er dem Cronstedtit verwandt

625. Bergholz, oder Xylotil, *Glocker*.

Derb, plattenförmig, von sehr zartfaseriger, und zwar sowohl gerad- als krummfasen·
Textur, die Fasern meist fest verwachsen, zuweilen fadig aufgelockert; mild, in dünnen Sp¨
nen etwas biegsam, weich und sehr weich; G. = 1,5 (2,40...2,56 nach *Kenngott*, die grunk:
Var. am schwersten); holzbraun, bald lichter, bald dunkler, auch bräunlichgrün, schimmen
und matt, im Strich etwas glänzend, undurchsichtig; klebt etwas an der Zunge. — Chem.Zu:
nach der Analyse von *Thaulow*: 53,54 Kieselsäure, 19,50 Eisenoxyd, 15,07 Magnesia, 11 ?׳
Wasser; doch haben spätere Untersuchungen von *C. v. Hauer* gelehrt, dass das Mineral e:
etwas schwankende Zusammensetzung bei fast 22 pCt. Wasser (einschliesslich des hygr·
skopischen) besitzt, und meist noch etwas Eisenoxydul enthält; der Gehalt an Kieselsäure u:
Magnesia ist in diesen letzteren Analysen geringer. Im Kolben gibt es Wasser und wird not:·
lich; von Salzsäure wird es ziemlich leicht zersetzt, mit Hinterlassung eines Kieselskele:
welches aus lauter parallelen Fasern besteht, die u. d. M. aus kleinen aneinander gereihter.
Kugeln zusammengesetzt erscheinen. — Sterzing in Tirol.

A n m. 1. Nach *Kenngott* ist es sehr wahrscheinlich, dass das Bergholz von Sterzing e:·
metasomatische Bildung nach Chrysotil. ist, indem das Eisenoxydul in Eisenoxyd übergi::
während ein Theil der Magnesia entfernt wurde. Aus *Erdmann*'s Analyse des B e r g k o r k·:
von Dannemora aber ergibt sich, dass auch dieses Mineral dem Xylotil sehr nahe steht. se:
Wassergehalt beträgt fast 14,6 pCt.

A n m. 2. Sehr ähnlich ist *Hermann*'s X y l i t. Formen wie die des Bergholzes; H. = :
G. = 2,935; nussbraun, schimmernd, undurchsichtig. — Chem. Zus. nach *Hermann*: 44,2¦
Kieselsäure, 37,84 Eisenoxyd, 5,42 Magnesia, 6,58 Kalk, 1,86 Kupferoxyd, 4,70 Wasser. Wi:
im Kolben dunkler; schmilzt schwer an den äussersten Kanten; von Säuren wenig angreif·
bar. — Wahrscheinlich vom Ural.

626. Umbra, *Hausmann.*

Derb; Bruch flachmuschelig und höchst feinerdig; mild; H. = 1,5; G. = 2.2, leber·
braun bis kastanienbraun, matt, im Strich etwas glänzend, undurchsichtig, klebt stark an der
Zunge, und fühlt sich etwas rauh und mager an; im Wasser zeigt sie sehr lebhafte Entwick·
lung von Luftblasen. — Chem. Zus. nach *Klaproth*: 48 Kieselsäure, 5 Thonerde, 48 Eisenox,·:
20 Manganoxyd, 14 Wasser. *Victor Merz* fand über 52 pCt. Eisenoxyd, 14,5 Manganoxyd un·
nur 3 Thonerde. — Insel Cypern; ist vielleicht nur ein Gemeng von Thon mit Eisen- un·:
Manganhydroxyd.

Gebrauch. Als braune Farbe; was jedoch unter dem Namen kölnische Umbra in den Handel kommt, ist eine aus Braunkohle bereitete Farbe.

A n m. 1. Das schon lange als Terra di Siena bekannte Mineral ist später von *Rowney* unter dem Namen Hypoxanthit eingeführt worden. Es findet sich derb, ist im Bruch muschelig und feinerdig, hat H. = 2, G. = 3,46, ist bräunlichgelb, matt, wird im Strich glänzend, klebt stark an der Zunge, und absorbirt viel Wasser. — Chem. Zus. nach *Rowney*: 44,44 Kieselsäure, 9,47 Thonerde, 65,85 Eisenoxyd, 0,53 Kalk, 48,00 Wasser; gibt im Kolben Wasser, brennt sich nussbraun, ist unschmelzbar, wird, im Red.-F. geglüht, magnetisch, und bleibt unverändert in concentrirter Salzsäure. Wird sowohl im rohen, als im gebrannten Zustand als Malerfarbe benutzt.

A n m. 2. *Sartorius v. Waltershausen* hat ein kastanienbraunes bis leberbraunes, im durchscheinenden Licht blutrothes, amorphes Mineral von H. = 2,5, G. = 2,748 aus der Tuffbildung vom Capo Passaro in Sicilien unter dem Namen Siderosilicit eingeführt; besteht aus 34 Kieselsäure, 48,5 Eisenoxyd, 7,5 Thonerde, 40 Wasser.

627. Klipsteinit, v. Kobell.

Scheinbar amorph; derb, dicht, im Bruch flachmuschelig; H. = 5,5 ; G. = 3,5; spröd, dunkel leberbraun in röthlichbraun und grau verlaufend, Strich röthlichbraun, fettglänzend, auch metallisch schimmernd, undurchsichtig, selten in scharfen Kanten durchscheinend. — Chem. Zus. nach *v. Kobell*: 25,0 Kieselsäure, 32,17 Manganoxyd, 4,0 Eisenoxyd, 4,7 Thonerde, 25,0 Manganoxydul, 2,0 Magnesia, 9 Wasser. V. d. L. schmilzt er zu schwarzgrauer wenig glänzender Schlacke; das Pulver wird von Salzsäure unter Chlorentwickelung leicht gelöst mit Abscheidung von schleimigem Kieselpulver; mit concentrirter Phosphorsäure gibt er eine violette Lösung. — Bildet ein über fussmächtiges Lager über Rotheisenstein bei Herborn in Nassau.

A n m. 1. *Fischer* befand den Klipsteinit als ein Gemeng von rothbraunen oder gelblichen isotropen und von schwarzen opaken Partikelchen; auch die Chlorentwickelung mit Salzsäure, welche einem reinen Silicat nicht zukommen kann, spricht, wie er mit Recht bemerkt, gegen die Homogenität des Minerals.

A n m. 2. Schwarzen Mangankiesel nannte *v. Leonhard* ein noch ziemlich unvollständig bekanntes Mineral. Derb und als Anflug oder Ueberzug; Bruch unvollkommen muschelig bis eben; weich; eisenschwarz, Strich gelblichbraun, halbmetallisch glänzend, undurchsichtig. — Chem. Zus. nach einer Analyse von *Bahr*: 36,20 Kieselsäure, 4,44 Thonerde, 0,70 Eisenoxyd, 42,00 Manganoxyd, 0,57 Magnesia, 9,48 Wasser; v. d. L. schwillt er an und schmilzt im Red.-F. zu einem grünen, im Ox.-F. zu einem schwarzen Glas; in Säuren leicht löslich. — Klapperud in Dalekarlien, Schweden. Diese Substanz ist wahrscheinlich aus der Oxydation manganreicher Bisilicate, wie des Manganaugits (Rhodonits) hervorgegangen; hierher scheint auch der Stratopëit von Pajsberg, sowie der Neotokit von der Erik Mattsgrube in Schweden und von Gåsböle in Finnland zu gehören.

628. Wolkonskoit, Kämmerer.

Derb, nierförmig, in Trümern und Nestern; Bruch muschelig bis uneben, wenig spröd; H. = 2...2,5; G. = 2,2...2,3; gras- und smaragdgrün bis pistaz- und schwärzlichgrün, Strich gleichfarbig, doch lichter; schimmernd bis matt, im Strich glänzend; fühlt sich etwas fettig an; klebt nicht an der Zunge. — Chem. Zus.: wesentlich ein wasserhaltiges Silicat von Chromoxyd und etwas Eisenoxyd (auch wenig Thonerde, Magnesia und andere Bestandtheile), für welches jedoch keine stöchiometrische Formel möglich ist, da die Analysen von *Berthier*, *Kersten*, *Ilimoff* und *Iwanow* zu sehr differiren, und das Mineral jedenfalls ein Gemeng von schwankender Zusammensetzung sein dürfte. V. d. L. unschmelzbar; mit Phosphorsalz Reaction auf Chrom und Kieselskelet. — Gouv. Perm in Russland, am Berge Efimyatskaja im Ochansker Kreise, in Sandschichten der unteren Dyas.

629. Röttisit, Breithaupt.

Röttisit nannte *Breithaupt* ein auf einem Gang bei Röttis unweit Reichenbach im Voigtland vorkommendes Mineral. Dasselbe ist (auch nach *Bertrand's* optischer Untersuchung) amorph, findet sich derb, in linsen- und keilförmigen Massen, auch eingesprengt; hat muscheligen bis erdigen Bruch; H. = 2...2,5; G. = 2,35..2,37; ist smaragd- bis apfelgrün, im Strich apfelgrün, schimmernd bis matt, durchscheinend bis undurchsichtig, ziemlich leicht zersprengbar, und besteht nach einer Analyse von *Winkler* hauptsächlich aus 42,67 Kieselsäure, 35,87 Nickeloxyd und 44,48 Wasser; doch ist auch etwas Thonerde und Eisenoxyd,

Phosphorsäure und Arsensäure, wenig Kobaltoxydul und Kupferoxyd vorhanden. Findet sich in Begleitung des K o n a r i t s (nicht Komarits, da der Name von $\varkappa o\nu\alpha\varrho o\varsigma$, immergrün, stammt, eines fast genau ebenso zusammengesetzten Minerals von pistaz- bis zeisiggrüner Farbe (G. = 2,54...2,62), welches kleine Körner und Krystalle von vollkommen monotomer Spaltbarkeit bildet, und nach *Kenngott* wohl nur das krystallinische Vorkommen derselben Substanz ist; zufolge *Bertrand* sehr stark doppeltbrechend und zwar negativ und wahrscheinlich hexagonal.

Anm. Hier würde wohl auch das von *C. Schmidt* unter dem Namen P i m e l i t h aus Schlesien analysirte Mineral einzureihen sein, welches 54,68 Kieselsäure, 32,66 Nickeloxyd bei nur 5 pCt. Wasser enthält.

630. Uranophan, *Websky.*

Krystallinisch und wahrscheinlich rhombisch; allein bis jetzt nur in mikroskopisch kleinen nadelförmigen Krystallen beobachtet, an denen es jedoch *Websky* gelang, bei hundertfacher Vergrösserung die Combination $\infty\mathsf{P}\infty.\infty\mathsf{P}.\infty\mathsf{P}\infty$ zu erkennen, wobei $\infty\mathsf{P} = 116°$, und $\mathsf{P}\infty$ in der Polkante etwas weniger als 90° misst. Im Ganzen erscheint das Mineral derb, dicht oder kryptokrystallinisch, und nur in kleinen lockeren Partieen feindrusig; die Spaltbarkeit der kleinen Krystalle ist brachydiagonal, der Bruch der dichten Aggregate uneben und flachmuschelig; H. = 2,5; G. = 2,6...2,7; honiggelb bis zeisiggrün und schwärzlichgrün, matt, doch die Krystalle glänzend. — Nach den Analysen von *Grundmann* besteht das Mineral im r e i n e n Zustand, d. h. nach Abzug von mancherlei Beimengungen, aus 17,0 Kieselsäure, 6,1 Thonerde, 53,88 Uranoxyd, 5,07 Kalk, 1,46 Magnesia, 1,85 Kali und 15,11 Wasser, welche Zusammensetzung sich durch die Formel Ca³ Ü²⁾⁵ Si⁶ O³⁰ + 18 H²O ausdrücken lässt, welche vielleicht zu Ca Ü²Si²O¹¹ + 6 H²O vereinfacht werden darf. Schwärzt sich beim Erhitzen und wird braun; zersetzbar durch Säuren unter Abscheidung flockiger Kieselsäure — Kleine derbe Massen in den Apophysen eines feinkörnigen Granits bei Kupferberg in Schlesien (Z. geol. Ges., 1859. 384, und 1870. 92).

Anm. Sehr nahe verwandt dem Uranophan, zufolge *H. v. Foullon* damit identisch, ist dasjenige Mineral von Wölsendorf in Bayern, welches *Bořicky* mit dem Namen U r a n o t i l belegt hat. Dasselbe bildet in kleinen Quarzdrusen über dem dortigen Fluorit höchst feine, citrongelbe Krystallnadeln, welche nach *v. Zepharovich* dem rhombischen System angehören ($\infty\mathsf{P}$ ca. 164°, nach *Schrauf's* abweichender Aufstellung = 97°), und zu radialen oder sternförmigen Aggregaten verbunden sind; G. = 3,959. — Chem. Zus. nach drei Analysen: 13,75 Kieselsäure, 0,45 Phosphorsäure, 66,75 Uranoxyd, 0,54 Thonerde, 5,27 Kalk, 12,67 Wasser (N. Jahrb. f. Min., 1870. 780), woraus sich wohl die Formel CaU²Si²O¹¹ + 6 H²O ableiten lässt, welche auch von *Genth* aufgestellt wird. Nach *Weisbach* stimmt ein in dem Bergwerk Weisser Hirsch bei Neustädtel in schön gelben, haarförmigen Krystallen vorkommendes Uranerz ganz mit dem Uranotil überein, indem es das G. = 3,87 besitzt, und nach *Winkler* 13,09 Kieselsäure, 63,93 Uranoxyd, 8,03 Thonerde und Eisenoxyd, 5,13 Kalk, 14,55 Wasser enthält. *F. A. Genth* befand das Vork. aus Nordcarolina, welches dort wachsglänzende strohgelbe bis citrongelbe anscheinend amorphe Massen um Gummit bildet (G. = 3,834), ganz genau übereinstimmend zusammengesetzt mit 13,95 Kieselsäure, 66,98 Uranoxyd, 6,51 Kalk, 12,56 Wasser. — Findet sich nach *Schrauf* auch zu Joachimsthal; ferner auf der Flatrock-Mine, Mitchell Co., Nordcarolina.

631. Bismutoferrit, *Frenzel* (Grüne Eisenerde).

Mikro- und kryptokrystallinisch; meist derb und eingesprengt in sehr feinkörnigen bis dichten und erdigen Aggregaten, in deren Hohlräume bisweilen kleine Krystalle eintreten, welche monoklin zu sein scheinen. — Bruch der derben Massen uneben und erdig; H. = 3,5; G. = 4,48; zeisiggrün bis olivengrün, Strich lichter, schimmernd bis matt, kantendurchscheinend bis undurchsichtig. — Chem. Zus. nach *Frenzel*: 24,05 Kieselsäure, 42,83 Wismuthoxyd und 33,12 Eisenoxyd, was sehr nahe dem Verhältniss Bi² (Fe²)² Si⁴ O¹⁷ entspricht. — Schneeberg in Sachsen auf Erzgängen, oft innig mit Hornstein oder Chalcedon gemengt. — Anm. Dergleichen mit Bismutoferrit und anderen Dingen gemengter Hornstein ist es, was früher von *Schüler* analysirt und mit dem Namen H y p o c h l o r i t belegt wurde. Eine Var. von Schneeberg hat H. = 6, G. = 2,9...3, und soll nach *Schüler's* (etwas zweifelhafter Analyse aus 50,24 Kieselsäure, 43,03 Wismuthoxyd, 10,54 Eisenoxydul, 14,65 Thonerde, 9,62 Phosphorsäure bestehen. Da aber dieser Schneeberger Hypochlorit nach *Fischer's* mikroskopischer Untersuchung ein mehrfaches G e m e n g ist, so lässt sich gar keine bestimmte Zusammensetzung erwarten; *Frenzel* fand z. B. in einem Exemplar 88,45 Kieselsäure, 6 Eisenoxyd und 4,76 Wismuthoxyd. Ein ähnliches Mineral von Bräunsdorf enthält dagegen Antimonoxyd statt Wismuthoxyd.

Dreizehnte Ordnung: Verbindungen von Silicaten mit Titanaten, Zirkoniaten, Niobaten, Vanadinaten.

632. Titanit, *Klaproth* (Sphen, Greenovit).

Monoklin; nach den Messungen von *Des-Cloizeaux* ist $\beta = 85^\circ 22'$; A.-V. = 0,4272 : 1 : 0,6575; ∞P (*l*) $133^\circ 52'$, $\frac{1}{2}P\infty$ (*x*) $55^\circ 21'$, $P\infty$ (*y*) $34^\circ 21'$, $0P$ (*P*), $P\infty$ (*r*) $113^\circ 30'$, die Hemipyramide $\frac{3}{2}P2$ (*n*) $136^\circ 12'$, ferner $4P4$ (*s*) $67^\circ 57'$, $\infty P3$ (*M*) $76^\circ 7'$ und $\infty P\infty$ (*q*) sind diejenigen Formen, welche in den Combb. gewöhnlich vorwalten[1]); diese erscheinen sehr mannichfaltig, doch grossentheils entweder horizontal säulenförmig, durch Vorwalten der genannten und anderer Hemidomen mit $0P$; oder tafelartig, wenn das Hemidoma $\frac{1}{2}P\infty$ oder $0P$ vorwalten; sehr oft geneigt säulenförmig durch Vorherrschen von $\frac{3}{2}P2$, bisweilen auch durch Vorherrschen von $4P4$, selten vertical säulenförmig durch ∞P und $\infty P\infty$. Zwillingskrystalle sehr häufig, Zwillings-Axe die Normale der Basis (oder Zwillings-Ebene die Basis), Berührungs- und Durchkreuzungs-Zwillinge. Die nachstehenden Holzschnitte zeigen einige der gewöhnlichsten Formen, deren Bilder meist aus *G. Rose*'s Abhandlung entlehnt sind.

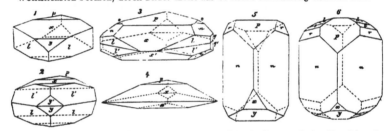

Fig. 1. $\infty P.0P.\frac{1}{2}P\infty.P\infty$; die schiefe Basis *P* ist in dieser, wie in allen folgenden Figuren, mit Ausnahme von Fig. 5, 6 und 9, nach hinten einfallend zu denken.

Fig. 2.   Ein Durchkreuzungs-Zwilling zweier Krystalle von der Form wie in Fig. 1; der rinnenartige einspringende Winkel der Flächen *x* und *x'* misst $101^\circ 26'$, der ebenfalls einspringende Winkel der Flächen *y* und *y'* $120^\circ 34'$.

Fig. 3. $0P.\frac{1}{2}P\infty.\frac{3}{2}P2.\infty P\infty.\frac{1}{2}P\infty$; zwei Krystalle dieser Form sind zu einem Contact-Zwilling in der Fläche $0P$ verbunden; die Verticalaxen beider bilden einen Winkel von $170^\circ 44'$; $x : x' = 78^\circ 34'$.

Fig. 4.   Ein ähnlicher Zwilling, dessen Individuen die Comb. Fig. 1 zu Grunde liegt.

Fig. 5. $\frac{3}{2}P2.0P.P\infty.\frac{1}{2}P\infty.P\infty$; diese und die folgende Figur sind in einer solchen Stellung gezeichnet, dass die Hemipyramide *n* als verticales Prisma erscheint, und die schiefe Basis *P* sehr stark nach vorn abfällt.

Fig. 6.   Comb. wie Fig. 5, mit ∞P (*l*) und $-2P2$ (*t*); diese und ähnliche Combb. kommen besonders an dem in Gesteinen eingewachsenen braunen und gelben Titanit vor. Die Kante zwischen *l* und *t* wird an Krystallen von Wermsdorf in Mähren abgestumpft durch die Hemipyramide $-5P\frac{5}{4}$.

1) Wir halten diejenige Stellung, in welcher *G. Rose* die Krystalle beschrieb, für weit naturgemässer als jene, welche von *Des-Cloizeaux* und *Schrauf* gewählt wurde. — *Hessenberg* gab eine vollständige Uebersicht aller bekannten Formen, deren nicht wenige erst von ihm entdeckt worden sind (Min. Mitth., Heft XI, 1873. 28). Ihre Zahl beträgt gegenwärtig 44. Schon früher hatte *V. v. Zepharovich* am Titanit 40 verschiedene Partialformen aufgezählt. Ueber die Krystalle des Nasjam'schen und Ilmengebirges vgl. *Jeremejew* in Verh. d. min. Ges. Petersb. (2) XVI. 1881. 254. — *Arzruni* zog aus den Messungen eines Krystalls aus einem Auswürfling von Procida und

Fig. 7.   ∞P.∞P̶∞.0P.½P̶∞.P̶∞.⅜P̶2.P̶∞; vertical-säulenförmig, wie auch
Fig. 8,   welche meist dieselben Formen, jedoch statt des Klinodomas P̶∞ (r) die p-
       sitive Hemipyramide 4P̶4 (s), und ausserdem noch das Klinoprisma ∞P̶3
       sowie die negative Hemipyramide —2P̶2 (t) zeigt; $M : M = 76° 7'$.

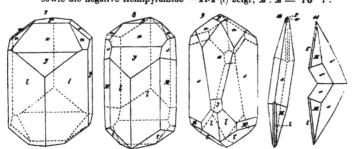

Fig. 9.   Diese Fig. ist so gezeichnet, dass die Hemipyramide 4P̶4 (s) als verticales Prma
       erscheint; sie stellt die Comb. 4P̶4.0P.½P̶∞.P̶∞.⅜P̶2.∞P.∞P̶3.—?P:
       dar; $s : s = 67° 57'$.
Fig. 10.   4P̶4.∞P̶3.∞P.0P.½P̶∞; von Schwarzenstein in Tirol, nach *Hessenbr-*
       die Hemipyramide 4P̶4 (s) erscheint als geneigtes Prisma, weil die Vertica-
       axe senkrecht steht.
Fig. 11.   Ein Contact-Zwilling der Comb. Fig. 10; ebendaher nach *Hessenberg* de
       beiderseitigen klinodiagonalen Polkanten der prismatisch erscheinende
       Hemipyramide s bilden einen Winkel von $120° 34'$; auch kommen voll-
       kommene Durchkreuzungs-Zwillinge vor, in welchen beide Individuen über
       die Zwillings-Ebene hinaus verlängert sind.

$l : l = 133° 52'$	$P : r = 146° 45'$	$P : x = 140° 43'$
$M : M = 76 \quad 7$	$n : n = 136 \quad 12$	$P : y = 119 \quad 43$
$s : s = 67 \quad 57$	$r : n = 152 \quad 46$	$P : l = 85 \quad 45$
$M : s = 159 \quad 39$	$n : y = 141 \quad 44$	$x : l = 121 \quad 33$
$s : P = 106 \quad 5$	$n : P = 144 \quad 56$	$y : l = 139 \quad 26$

    Die Krystalle erscheinen aufgewachsen und eingewachsen; auch derb in schaligen
Aggregaten. — Spaltb. in manchen Varr. prismatisch nach ∞P, in anderen klinodi-
matisch nach P̶∞ 113° 30', unvollk.; H. = 5...5,5; G. = 3,4...3,6; verschiedentlich
gefärbt, besonders gelb, grün und braun, auch roth (Greenovit), zuweilen zwei-
farbig; Glasglanz, zuweilen diamantartig, oft fettartig; halbdurchsichtig bis undurchsichtig; optisch-zweiaxig, die optischen Axen liegen in der Ebene des klinodiagonalen
Hauptschnitts, und ihre Bisectrix (c) ist fast normal auf der Fläche x. $a : c = 39° 17'$.
$a : a = 21°$; sehr starke Axendispersion, $\varrho > v$. In den dunkleren Varietäten ist der
Pleochroismus: a (in den lang rhombischen Schnitten der parallel der kurzen Diagonale schwingende Strahl) röthlichbraun, c grünlichgelb, $b > a$. — Die pelluciden.
meist gelblichgrünen, aufgewachsenen Krystalle bilden die Sphen genannte Varietät.
die impelluciden eingewachsenen von vorwiegend braunen Tönen heissen Titanit.
— Chem. Zus. nach den Untersuchungen von *H. Rose* und anderer Chemiker
$CaSiTiO^5 = CaSi^2O^5 + CaTi^2O^5$, vierfach kieselsaurer und titansaurer Kalk (sog. Qua-
drisilicate), mit 30,27 Kieselsäure, 41,51 Titansäure, 28,22 Kalk, von welchem letz-

---

mehrer von Ponzá den gewagten Schluss, dass der sublimirte Titanit ein etwas anderes Axen-
verhältniss besitze, als der in den älteren massigen Gesteinen und krystallinischen Schiefern vorkommende, weil im Vergleich mit den *Jeremejew'*schen Resultaten — in der dritten Decimale
sich kleine Abweichungen ergeben (Sitzgsber. Berl. Akad. 1882. 869).

teren in den braun gefärbten Varietäten einige Procent durch Eisenoxydul vertreten werden, d. h. es ist FeSiTiO^5 vorhanden. In dem Titanit aus dem Syenit des Plauen-schen Grundes bei Dresden fand *Groth* 5,83 Eisenoxyd, 2,44 Thon- und Yttererde, sowie nur 31,16 Titansäure; vielleicht ist es hier die sechswerthige Gruppe CaSi, welche durch (Al^2), (Fe^2) u. s. w. vertreten wird; minder wahrscheinlich ist, dass 2(R^2) für 3 des vierwerthigen Ti eintreten. Titanit aus dem Syenit des Biellesischen enthält nach *Cossa* auch Yttrium und Cermetalle. V. d. L. schmilzt er an den Kanten unter einigem Aufschwellen zu dunklem Glas; mit Phosphorsalz gibt er im Red.-F., zumal bei Zusatz von Zinn, die Reaction auf Titan; durch Salzsäure nur unvollständig, durch Schwefelsäure vollkommen zersetzbar, welche die Titansäure löst, während sich Gyps bildet; das Pulver reagirt nach *Kenngott* stark alkalisch. — St. Gotthard u. a. Punkte in der Schweiz; Obersulzbachthal im Pinzgau, Pfunders- und Pfitsch-Thal in Tirol, Arendal, Achmatow'sche Gruben in den Nasjam'schen Bergen und Ilmen-gebirge; bei Eganville, Renfrew Co. in Canada, Krystalle von 20—80 Pfund Gewicht; im Syenit und Phonolith häufig, doch nur in kleinen Krystallen eingewachsen; über-haupt besonders gern in hornblendehaltigen Gesteinen, fast nie in augitführenden.

Anm. 1. Mit dem Namen Leukoxen hatte *Gümbel* trübe grauweisse Umwand-lungsrinden bezeichnet, welche um mikroskopische Individuen von Titaneisen in dia-basischen u. a. Gesteinen in weiter Verbreitung bekannt geworden waren. Ein ähn-liches Umwandlungsproduct, welches in Form einer weissen, schwach grünlichen, innen radialfaserigen, nach aussen durch allmähliche Uebergänge körnigen Zone, Körner von Rutil, auch von Titaneisen zu umhüllen pflegt, wurde von *v. Lasaulx* Titanomorphit genannt und auf Grund einer unrichtigen Analyse *Bettendorff*'s als das reine Calciumtitanat CaTi^{2}O^5 erachtet (Z. f. Kryst. IV. 1880. 162). Nach *Cathrein*'s Untersuchungen (ebendas. VI. 244) ist der sog. Leukoxen nichts anderes als ein Aggregat von Titanit; nach Abzug verschiedener Beimengungen erhielt er als Zus. der reinen Substanz: 33,26 Kieselsäure, 41,12 Titansäure, 25,62 Kalk; ganz ausserordentlich zarte zierliche sagenitische Netzwerke und Gitter von Rutil (z. B. in einer Betheiligung von 19 pCt.) sind häufig diesem feinkörnigen Titanit-Aggregat eingelagert. Ferner that derselbe Forscher dar, dass auch der sog. Titanomorphit dem Titanit angehört, mit welchem auch die chem. Analyse — im Gegensatz zu der zugestandenermaassen falschen von *Bettendorff* — völlig übereinstimmt; auch hierin finden sich vielfach feine Rutilprismen. — Nach *Paul Mann* entsteht in portugiesischen Foyaiten bisweilen Rutil als Umwandlungsproduct aus rissigem Titanit, wobei sich auch zugleich kohlensaurer Kalk und wohl etwas amorphe Kieselsäure bildet. *Diller* beobachtete in Hornblende-graniten der Troas eine Entstehung von gelblichen Anatas-Kryställchen aus Titanit. — Merkwürdig ist, dass der Titanit der Gesteine sich bisweilen mit einem trüben kör-nigen Umwandlungsproduct umgibt, welches mit dem Leukoxen oder Titanomorphit die allergrösste Aehnlichkeit besitzt.

Anm. 2. Den oben erwähnten, von *Groth* (N. J. f. Min. 1866. 44) ausführlich beschrie-benen Titanit aus dem Plauen'schen Grund, welcher auch sehr deutlich nach ½P̄2̄ spaltet, be-legt *Dana* mit dem besonderen Namen Grothit.

Anm. 3. Der Greenovit wurde von *Breithaupt* zuerst für eine manganhaltige Varie-tät des Titanits erkannt; die Analysen von *Delesse* und *Marignac* zeigten, dass ein Theil des Kalks durch 1 bis 8 pCt. Manganoxydul ersetzt wird, daher das Mineral fleisch- bis rosenroth erscheint; St. Marcel in Piemont.

Anm. 4. *Guiscardi* beschrieb unter dem Namen Guarinit ein in kleinen angeblich te-tragonalen Tafeln krystallisirendes schwefelgelbes Mineral von ähnlicher Zusammensetzung wie der Titanit, dessen Substanz er daher für dimorph hält; es findet sich in den sogenann-ten Auswürflingen des Monte Somma, zum Theil mit honiggelbem Titanit. *V. v. Lang* er-kannte jedoch durch optische Untersuchung den rhombischen Charakter der Krystalle (*Tschermak*'s Miner. Mitth., 1871. 81; 1874. 285). Die wegen Materialmangels unvollständige Analyse ergab 33,64 Kieselsäure, 33,92 Titansäure, 28,91 Kalk (95,57).

633. Yttrotitanit, *Scheerer* **(Keilhauit).**

Monoklin, nach der Angabe von *Groth* völlig isomorph mit Titanit, indem $\beta = $ ⁇ und A.-V. $= 0,430 : 1 : 0,649$; bildet z. Th. recht grosse Krystalle; auch derb; H. $=$ ...7; G. $= 3,51...3,72$; bräunlichroth bis dunkelbraun, Strich schmutziggelb; auf Spaltungsflächen glasglänzend, ausserdem fettglänzend, durchscheinend bis undurchsicht. — Chem. Zus. nach den Analysen von *Erdmann, Forbes* und *Rammelsberg*: durchschnitt. ca. 30 pCt. Kieselsäure, 38 Titansäure, 6 Thonerde, 7 Eisenoxyd, 9 Yttererde und Cerox 19 Kalk, 1 Kalk oder Magnesia. Man kann vielleicht die Formel $Ca^2(Al,Fe,Y)^2(Si,Ti^{13}O^{15}$ ⁇ stellen, nach welcher das Mineral als sesquioxydreicher Titanit (vgl. diesen) erschiene. Der glaubt überhaupt den Yttrotitanit mit dem Titanit vereinigen zu können. V. d. L. sch er mit Blasenwerfen ziemlich leicht zu einer schwarzen glänzenden Schlacke; von Borax ⁇ er gelöst und zeigt dabei die Eisenfarbe, welche im Red.-F. blutroth wird; mit Phosphors Kieselskelet und in der inneren Flamme ein violettes Glas; mit Soda die Reaction auf Man. Das feine Pulver wird von Salzsäure schwierig aber vollständig gelöst. — Auf Buö bei Ar dal in Norwegen, sowie an mehren anderen Punkten zwischen Arendal und Kragerö.

634. Schorlomit, *Shepard* **(Ferrotitanit).**

Regulär, nach *Shepard* und *Dauber*; ∞O und $\infty O . 2O2$; jedoch sehr selten krysta sirt, meist derb. — Spaltb. nicht bemerkbar, Bruch muschelig; H. $= 7...7,5$; G $=$ $3,78...3,86$; pechschwarz, Strich schwärzlichgrau, stark glasglänzend, undurchsichtig. — Chem. Zus. der Var. aus Arkansas nach *Rammelsberg*, womit die Analysen von *Whit* *Crossley* und *Knop* recht wohl übereinstimmen: 26,09 Kieselsäure, 21,34 Titansäure, 2 Eisenoxyd, 29,38 Kalk, 1,57 Eisenoxydul, 1,36 Magnesia. *Claus* analysirte den Schorl vom Kaiserstuhl und fand ziemlich übereinstimmende Resultate, nur enthält er 29,55 Kies säure und blos 25,13 Kalk, aber 4,22 Alkalien. V. d. L. schmilzt er sehr schwer an Kanten oder (nach *Claus*) ziemlich leicht zu einer schwarzen, nicht magnetischen Schlack mit Borax gibt er im Ox.-F. ein gelbes, im Red.-F. ein grünes Glas; mit Phosphorsalz und etw Zinn im Red.-F. ein violettes Glas. Von Salzsäure wird er nur wenig angegriffen. — Mag Cove in Arkansas, mit dunkelbraunem Granat, Arkansit und Eläolith; am Kaiserstuhl Oberschaffhausen im Phonolith, und am Horberig bei Oberbergen, an beiden Orten mehr mit Melanit oder Augit verwechselt. Ja, nach *Knop* kommt am Kaiserstuhl überhaupt k ächter Schorlomit vor.

Anm. *Des-Cloizeaux* hält den Schorlomit für einen titanhaltigen Granat; *Rammels* macht darauf aufmerksam, dass, wenn man die Hälfte des Titans als Ti^2O^3 annimmt, alsd R(Ca) : (Fe²),(Ti²) : Si, Ti sehr nahe $3 : 1 : 3$ wird, wie es die Granatformel verlangt. Gr bringt ihn mit dem Yttrotitanit in eine Verbindung und erinnert daran, dass Titanit nach ein Beobachtung *G. Rose's* aus dem geschmolzenen Zustand in regulärer Form krystallisirt.

635. Tschewkinit, *G. Rose.*

Derb, und wie es scheint amorph; Bruch flachmuschelig; H. $= 5...5,5$; G. $= 4,5$ 4,55; sammetschwarz, Strich dunkelbraun, starker Glasglanz, fast ganz undurchsichtig. — Chem. Zus. der Var. von Miask nach Analysen von *H. Rose*: wesentlich 21 Kieselsäure, 2 Titansäure, 45,09 Ceroxyd, Lanthanoxyd und Didymoxyd, 11,21 Eisenoxydul, 3,5 Kalk, etw Manganoxydul, Magnesia und sehr wenig Kali und Natron; also wohl jedenfalls die Verbi dung eines Silicats mit einem Titanit. Dafür spricht auch die von *Damour* ausgeführte Ana lyse der Var. von Coromandel, welche nach *Des-Cloizeaux* mikroskopische Körner ein doppeltbrechenden Minerals einschliesst, woraus sich der fast 8 pCt. betragende Gehalt Thonerde erklären dürfte. *Hermann* fand dagegen für die Var. von Miask etwas andere R sultate als *H. Rose*, und namentlich fast 21 pCt. Thoroxyd. V. d. L. erglüht er schnell. bla sich ausserordentlich auf, und wird sehr schwammig und porös; stärker erhitzt wird er ge schmilzt aber noch nicht, was erst in der stärksten Weissglühhitze erfolgt; mit Salzsäure latinirt er in der Wärme. — Sehr selten, im Granit des Ilmengebirges bei Miask, und an d Küste von Coromandel.

636. Mosandrit, *Erdmann.*

Monoklin nach *Weibye*, von *Des-Cloizeaux* für rhombisch gehalten, nach den neuer Untersuchungen von *Brögger* (Z. f. Kryst. II. 1878. 275) in der That monoklin; darnach $\beta = 71° 24\frac{1}{2}'$; A.-V. $= 1,0811 : 1 : 0,8135$. Formen wie in nachstehender Fig.: ∞P (t) $88°36'$, $\infty \bar{P}2$ (n), $\infty \bar{P}\infty$ (a), $-P$ (e) $121° 1'$, $-\bar{P}\infty$ (q), auch $\infty \bar{P}\infty$. $t : a = 134° 18'$, $n : a = 152° 52'$, $q : a = 138° 2'$.

Zwillinge nach dem Orthopinakoid. Gewöhnlich derb in lamellaren Massen. — Spaltb. ziemlich vollk. orthodiagonal, Bruch uneben; H. = 4; G. = 2,93...3,03; röthlichbraun bis gelblichbraun, Strich hellgelb; Glanz glasartig auf den Spaltungsflächen, fettartig im Bruch; kantendurchscheinend, nur in sehr dünnen Lamellen durchsichtig. Eine in der Symmetrie-Ebene gelegene Elasticitätsaxe bildet mit der Verticalaxe 21° 30'; stark pleochroitisch: weingelb und dunkelorangeroth. — Chem. Zus. nach den Analysen von *Berlin*: 29,93 Kieselsäure, 9,90 Titansäure, über 26 Cer-, Lanthan- und Didymoxyd, 19 Kalk, fast 3 Natron, ein wenig Eisenoxyd, Magnesia und Kali nebst 8,90 pCt. Wasser. Im Kolben gibt er Wasser; v. d. L. schmilzt er leicht unter Aufblähen zu einer bräunlichgrünen Perle; von Salzsäure wird er zersetzt unter Abscheidung von Kieselsäure; die Sol. ist dunkelroth, wird aber beim Erwärmen gelb. — Selten, im Syenit der Insel Lamö bei Brevig in Norwegen, mit Leukophan, Spreustein, Eukolit und violblauem Fluorit; auch auf der kleinen Insel Låven im Langesundsfjord.

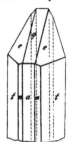

637. Eudialyt, *Stromeyer.*

Rhomboëdrisch; R 73° 30'; A.-V. = 1:2,1117; gewöhnliche Comb. R. 0R.∞P2.⅓R (*P, o, u* und *z* in beistehender Figur), ausserdem noch bekannt nach *Miller, v. Lang* und *v. Kokscharow* ∞R, ⅔R, —⅓R, —2R, —¼R, R3, ⅔P2; die Krystalle ziemlich gross; auch derb in körnigen Aggregaten. — Spaltb. basisch, deutlich, ⅓R (*z*) weniger deutlich, auch prismatisch nach *Damour*; Bruch uneben; H. = 5...5,5; G. =

$$o : z = 148° 38'$$
$$o : P = 112\ 18$$
oder 67 42

2,84...2,95; dunkel pfirsichblüthroth bis bräunlichroth; Glasglanz; schwach durchscheinend bis undurchsichtig; Doppelbrechung positiv. Nach *H. Fischer* enthält der Eudialyt u. d. M. viele Mikrolithen von Arfvedsonit, auch etwas Feldspath und Sodalith. — Die Analyse des grönländischen Eudialyts von *Rammelsberg*, welche ungefähr das Mittel derjenigen von *Damour* und *Nylander* darstellt, ergab: 49,92 Kieselsäure, 16,88 Zirkonsäure, 6,97 Eisenoxydul, 1,15 Manganoxydul, 11,11 Kalk, 12,28 Natron, 0,65 Kali, 1,19 Chlor, 0,37 Glühverlust. Nimmt man an, dass das Chlor von beigemengtem Sodalith herrührt, so vereinfacht sich die von *Rammelsberg* gegebene Formel zu $Na^2R^2(Si, Zr)^6 O^{15}$, worin R = Ca, Fe, und das At.-Verh. von Si : Zr = 6 : 1. *Lorenzen* gibt eine etwas andere Formel. V. d. L. schmilzt er ziemlich leicht zu graugrünem Email; durch Phosphorsalz wird er aufgelöst, wobei die ausgeschiedene Kieselsäure so stark anschwillt, dass die Perle ihre Kugelform verliert; von Salzsäure wird er vollständig zersetzt unter Bildung von Kieselgallert. — Kangerdluarsuk in Grönland, Insel Sedlovatoi im weissen Meer, Magnet Cove in Arkansas; Brevig in Norwegen, hier als *Scheerer's* brauner Eukolit, welcher nach *Möller, Damour, Des-Cloizeaux* und *Nylander* krystallographisch mit Eudialyt identisch ist, und auch chemisch damit übereinstimmt (nur sind unter R einige Procent Cer und Lanthan begriffen). Der einzige auffallende Unterschied besteht nach *Des-Cloizeaux* darin, dass der Eukolit negative Doppelbrechung besitzt.

638. Kataplëit, *Weybie.*

Hexagonal; P 114° 43' nach *Dauber*; A.-V. = 1 : 1,3593; Krystalle äusserst selten, 0P.∞P.P, tafelförmig, auch wohl noch mit 2P und ⅓P, gewöhnlich nur derb, in schaligen oder lamellaren Aggregaten. *Sjögren* fand an Tafeln von 5 Mm. Dicke und 2—4 Cm. Grösse P : 0P = 122°26' (122° 40' nach *Dauber*), P : ∞P = 147° 34', P Polk. 130° 4', A.-V. = 1 : 1,3628; auch gibt er zwei (aber wohl noch fragliche) Zwillingsgesetze an, nach 2P und nach P. Spaltb. prismatisch nach ∞P, deutlich, auch pyramidal nach P; Bruch splitterig; H. = 6; G. = 2,8; hellgelb bis licht gelblichbraun, auch graulichblau; schwach glasglänzend, kantendurchscheinend bis undurchsichtig; Doppelbrechung positiv. — Chem. Zus.: die Analysen von *Sjögren* und *Rammelsberg* differiren beträchtlich, indem der Erstere im Mittel 46,67 Kieselsäure und 39,57 Zirkonsäure, der Letztere 39,78 Kieselsäure und 40,12 Zirkonsäure fand; ausserdem 8 bis 10 Natron, 4 Kalk und 9 Wasser; *Rammelsberg* leitet aus seiner Analyse die Formel 2 Na⁴Ca (Si, Zr)⁹ O²¹ + 9 H² O ab; v. d. L. schmilzt er leicht zu weissem Email, in Salzsäure zersetzt er sich mit Gallertbildung. — Im Syenit von Lamö bei **Brevig** mit Zirkon, Mosandrit, Tritomit. . .

639. **Oerstedtit,** *Forchhammer.*

Tetragonal, P 84° 25′, gewöhnliche Comb. P. ∞P. ∞P∞, nebst anderen Flächen, $\leftsquigarrow$ Krystalle in Dimensionen und Formen ganz ähnlich denen des Zirkons, aufgewachsen; H. = 5,5; G. = 3,629; röthlich- bis gelblichbraun, diamantglänzend. — Chem. Zus. nach der Analyse von *Forchhammer*: 68,96 Titansäure und Zirkonsäure, 19,71 Kieselsäure, das Uebrige Kalk, Magnesia, Eisenoxydul und 5,54 Wasser; v. d. L. ist er unschmelzbar. — Arendal in Norwegen, auf Augit mit Titanit.

640. **Wöhlerit,** *Scheerer.*

Monoklin nach *Des-Cloizeaux,* welcher, nachdem früher *Weibye* und *Dauber* das Mineral für rhombisch erklärt hatten, durch genaue optische Untersuchungen (der Dispersion die Annahme einer monoklinen Krystallreihe geführt wurde, und solche auch durch Messungen bestätigte; da zu beiden Seiten der Verticalaxe fast gleich geneigte Flächen vorkommen so ist die frühere Deutung der Formen erklärlich. Nach *Des-Cloizeaux* ist β = 70° 47′, ∞P = 90° 44′ (die klinodiagonale Seitenkante), ∞P2 = 127° 4′ (ebenso), —P∞ = 43° 13′ folglich wird 0P : ∞P∞ = 109° 45′, —P∞ : ∞P∞ = 136° 42′, 0P : ∞P = 103° 31′. A.-V. = 1,0554 : 1 : 0,7092. Die von mehren verticalen Prismen, Hemipyramiden, Hemidomen Klinodomen und den drei Pinakoiden gebildeten Combinationen sind ziemlich complicir. allein deutliche Krystalle sind äusserst selten, gewöhnlich nur undeutlich tafel- und saulenförmige Individuen; meist derb und eingesprengt. Spaltb. klinodiagonal deutlich, prismatisch nach ∞P unvollk., und orthodiagonal noch schwieriger; Bruch muschelig; H. = 5..5 G. = 3,41; wein- und honiggelb bis gelblichbraun; Fettglanz im Bruch; durchscheinend ′ — Die Ebene der optischen Axen ist rechtwinkelig auf ∞P∞ und fast parallel dem Hemidoma —P∞, die spitze Bisectrix steht normal auf der Orthodiagonale. — Chem. Zus. nach den Analysen von *Scheerer, Hermann* und *Rammelsberg* stellt der Letztere die Formel 9 R̈ Si O³ + 3 R̈ Zr O³ + R̈ Nb²O⁶ auf, wobei R = Ca, Na² und sehr wenig Fe; dem entspricht die mit den Analysen recht gut stimmende Zusammensetzung: 27,97 Kieselsäure, 18,96 Zirkonsäure, 18,93 Niobsäure, 27,84 Kalk, 8,33 Natron, 2,97 Eisenoxydul. V. d. L. zu gelblichem Glas schmelzend; von concentrirter Salzsäure zersetzt unter Abscheidung von Kieselsäure und Niobsäure. — Bei Brevig in Norwegen, im Syenit.

641. **Ardennit,** *v. Lasaulx.*

Rhombisch; nach den Messungen eines einzigen kleinen Krystalls durch *G. vom Rath,* dessen Gestalt einigermaassen an die Krystalle der Liëvrits erinnerte, ist ∞P = 130° (nach *Pisani* 131° 2′), P̄∞ = 142° 10′; auch P½, ∞P½, ∞P2, ∞P∞, ∞P∞; A.-V. = 0,4663 1 : 0,3435; übrigens kennt man nur dickfaserige oder dünnstängelige Aggregate, deren Individuen brachydiagonal vollkommen, prismatisch noch deutlich spaltbar sind; H. = 6... G. = 3,620...3,662; dunkel kolophoniumbraun bis fast schwefelgelb; die dunklere Var. durchsichtig, die helle undurchsichtig; fettglänzend. — Chem. Zus. der dunkleren Var. nach der Analyse von *Bettendorff:* 27,84 Kieselsäure, 24,22 Thonerde und Eisenoxyd, 26,70 Manganoxydul, 2,17 Kalk, 3,04 Magnesia, 9,20 Vanadinsäure, 2,76 Arsensäure, 5,04 Wasser, welches letztere nur durch anhaltendes Glühen ausgetrieben wird; frühere Analysen ergaben sich als frei von Arsensäure. In den lichteren Varietäten ist ein grösserer Theil der Vanadinsäure durch Arsensäure ersetzt, auf deren Gegenwart überhaupt erst *Pisani* aufmerksam machte; eine solche ergab sogar 9,33 Arsensäure und nur 0,53 Vanadinsäure; diese Var. des Arsen-Ardennits, welche auch die spec. leichtere ist, scheint nach *v. Lasaulx* aus dem Vanadin-Ardennit hervorgegangen zu sein. — V. d. L. sehr leicht mit Kochen zu schwarzem Email schmelzend; unangreifbar durch Säuren. — Auf einem Quarzgang bei Ottrez in den Ardennen, wo er von *v. Lasaulx* und *Pisani* gleichzeitig aufgefunden wurde.

Vierzehnte Ordnung: Titanate u. Verbindungen von Titanaten mit Niobaten u. s. w.

642. **Perowskit,** *G. Rose.*

Regulär (vgl. Anm.); verschiedene Formen, besonders ∞O∞, O, ∞O, sechs verschiedene Tetrakishexaëder ∞O*n*, auch mehre Ikositetraëder und ein paar Hexakisoktaëder, doch am gewöhnlichsten Hexaëder; die reichhaltigste Combination ist diejenige vom Wildkreuzjoch in Tirol, welche *Hessenberg* beschrieben und abgebildet hat;

v. Kokscharow, welcher die uralischen Krystalle untersuchte, betrachtete anfangs den Perowskit wegen der regelmässig gekreuzten Streifung auf den Hexaëderflächen, ferner wegen der Unvollzähligkeit der Flächen verschiedener ∞On und mOn, sowie wegen der einspringenden Nähte an den Hexaëderkanten als der dodekaëdrischen Hemiëdrie unterworfen und seine Krystalle als gekreuzte Penetrationszwillinge. Die Krystalle sind klein und gross, auf- oder eingewachsen; auch nierförmig und derb. — Spaltb. hexaëdrisch; H. $= 5,5$; G. $= 3,95...4,1$; graulichschwarz bis eisenschwarz oder auch dunkel röthlichbraun, selten hyacinthroth, pomeranzgelb und honiggelb; Strich graulichweiss; metallartiger Diamantglanz, undurchsichtig oder auch (der braune) kantendurchscheinend, der gelbe bis halbdurchsichtig; doppeltbrechend nach *Des-Cloizeaux*, *Hessenberg* und *v. Kokscharow*. — Chem. Zus. nach den Analysen von *Jacobson* und *Brooks*, von *Damour* und *Seneca*: Titansaurer Kalk, $CaTiO^3$, mit 59,53 Titansäure und 40,47 Kalk, von welchem letzteren ein kleiner Theil durch 2 bis 6 pCt. Eisenoxydul ersetzt wird. V. d. L. ganz unschmelzbar, mit Borax und Phosphorsalz die Reactionen auf Titansäure; von Säuren wird er nur sehr wenig angegriffen, durch Schmelzen mit saurem schwefelsaurem Kali aber vollständig zerlegt. — In einem Chloritschieferlager der Nasämsker Berge bei Achmatowsk am Ural; in Chloritschiefer am Rympfischwäng bei Zermatt in der Nähe des Adlerpasses in 2900 Mr. Höhe; Monte Lagazzolo im Malencothal (Sondrio); bei Pfitsch in Tirol; Magnet Cove in Arkansas. Nachdem *Bořicky* mikroskopischen Perowskit als Gemengtheil eines nephelinführenden Pikrits vom Devín bei Wartenberg in Böhmen gefunden, solchen auch *Hussak* in mehren Nephelinbasaltlaven der Eifel und des Laacher Sees, sowie in Melilithbasalten der schwäbischen Alb beobachtet, hat er sich in sämmtlichen anderen Melilithbasalten constant gefunden; er bildet hier häufig sehr scharfe Oktaëderchen, auch unregelmässig ästige Formen, violettgrau oder graulich-rothbraun, von rauher Schlifffoberfläche.

A n m. Der Gegensatz zwischen dem unzweifelhaft regulären Charakter der Krystalle und ihrem optischen Verhalten hat manche Untersuchungen und Deutungen im Gefolge gehabt. Die honiggelbe bis röthlichbraune durchscheinende Varietät von Zermatt, welche nierförmige Massen bildet, an denen sich zuweilen kleine Hexaëder erkennen lassen, erweist sich nach *Des-Cloizeaux* wie ein optisch-z w e i a x i g e s Mineral von r h o m b i s c h e r Krystallform; das gleiche bestätigte derselbe für die durchscheinenden Varietäten vom Ural. *Hessenberg* befand einen ihm als entschieden regulär geltenden Krystall vom Wildkreuzjoch als optisch-einaxig (d. h. wie später berichtigt wurde, als optisch-zweiaxig mit kleinem Axenwinkel) und nahm eine innere Umlagerung der kleinsten Theile, ohne Aenderung des chemischen Bestandes, als die Ursache dieser anomalen optischen Erscheinung an. Nachdem *v. Kokscharow* früher an der regulären Natur des Minerals festgehalten hatte, versuchte er später die Krystallisation desselben auf das r h o m b i s c h e System zu beziehen, indem er die Flächen des Würfels als diejenigen der drei Pinakoide, die des Oktaëders als Pyramidenflächen, die des Dodekaëders als diejenigen eines Prismas, eines Makro- und eines Brachydomas annahm und zu 2 Zwillingsgesetzen gelangte (Zwillings-Ebene einerseits $\check{P}\infty$, anderseits $\check{P}\infty$), wobei er im Falle der grössten Complication die Krystalle als Sechslinge — nach beiden Gesetzen zugleich gebildet — betrachtete (vgl. N. J. f. Min. 1878. 38). *Des-Cloizeaux* gab dagegen, indem er sich ebenfalls für das r h o m b i s c h e System bekannte, darauf auf Grund der optischen Eigenschaften den Krystallen eine andere Deutung: die Würfelflächen müssten als ∞P und $0P$, die Dodekaëderflächen als $\infty P\infty$, $\infty \check{P}\infty$ und P, die Oktaëderflächen als $2\check{P}\infty$ und $2\check{P}\infty$ aufgefasst werden (N. Jahrb. f. Min. 1878. 43, 872). Spätere, sehr ausführliche Untersuchungen, welche namentlich auf den beim Aetzen hervortretenden Zwillingsleisten und Eindrücken, auch auf optischen Studien beruhen, haben dann *Baumhauer* zu dem Resultat geführt, dass l e t z t e r e Auffassung die richtige sei; zugleich gelangte er auf die Annahme zweier Zwillingsgesetze, nämlich Zwillings-Ebene einmal ∞P (an den Krystallen von Zermatt vorherrschend) und alsdann P (letzteres, bei denen von Achmatowsk vorwaltend, auch schon von *Des-Cloizeaux* als Zwillingsgesetz erkannt); vgl. Z. f. Kr. IV. 187, auch N. J. f. Min. 1880. II. 139. — In einer umfangreichen Abhandlung (Göttingen 1882) hat sich darauf *Ben Saude* mit dem P. beschäftigt; nach ihm fordert die optische Beschaffenheit die Annahme eines optisch-zweiaxigen Systems und zwar des rhombischen, während die Symmetrie der mit Flussäure erzeugten Aetzfiguren mit einem solchen nicht ohne weiteres in Einklang zu bringen ist, auch die mit Kalihydrat hervorgebrachten Aetzfiguren nicht ausschliesslich auf ein rhombisches System verweisen. Nach *Tschermak* ist dagegen der Würfel des P. die Combination der **3·monoklinen Pinakoide**; die opt. Axenebene ist das Klinopinakoid, die opt. Axen stehen nahezu normal auf ∞P und ∞P∞, Zwillingsbildung erfolgt nach 0P, ∞P∞ und den Prismenflächen. Nur die Symmetrieverhältnisse und Vertheilung der Flusssäure-Eindrücke werden unmittelbar dieser Annahme gerecht, die Kalihydrat-Aetzfiguren müssen dabei schon als höher pseudosymmetrisch gelten; desgleichen ist auch die optische Anlage, welche auf ein zweiaxig-rhombisches System zu deuten scheint, darnach nur pseudosymmetrisch (Min. u. petr. Mitth. V. 191). — Vielleicht gelingt es, sagt *C. Klein* mit Recht, wie beim Boracit, so beim Perowskit, das der Form wirklich zugehörige reguläre Verhalten auch in optischem Sinne zu erzielen, und damit würde auch hier das seither Unerklärte verschwinden. Er neigt sich zu der Annahme, dass das Krystallsystem des P. ursprünglich nach den Anforderungen des regulären Systems zu Standgekommen ist, und dass spätere Umstände, wie Aenderung der Temperatur u. s. w. das Bestehenbleiben dieser ersten Anordnung nicht gestattet haben; in Folge einer molekularen Umlagerung wäre alsdann eine neue Gleichgewichtslage entstanden, aus welcher sich das optische Verhalten erklären würde (N. Jahrb. f. Min. 1884. I. 249). Leider ist es bis jetzt nicht gelungen diesen Wechsel beim Erhöhen der Temperatur wieder, wie beim Boracit, in rückläufiger Art zur Darstellung zu bringen. — *Hauteseuille* hat übrigens künstliche Perowskitkrystalle dargestellt, welche gleichfalls reguläre Formen, dennoch aber doppelte Lichtbrechung zeigen.

643. Dysanalyt, *A. Knop.*

Regulär, einzig beobachtete Form ∞O∞, vormals zum Perowskit gerechnet. Spaltbarkeit hexaëdrisch; G. $=4,13$; eisenschwarz. — Chem. Zus. nach der Analyse von *Knop*, auf 100 berechnet: 44,47 Titansäure, 23,23 Niobsäure, 5,72 Ceroxyde, 19,77 Kalk, 5,81 Eisenoxydul, 0,43 Manganoxydul, 3,57 Natron, woraus sich die Formel 6 R Ti O^3, + R Nb^2 O^6 ableitet, welche den wegen der Schwierigkeit der Trennung von Titan und Niob so genannten Dysanalyt dem Pyrochlor nahe verwandt erscheinen lässt. Aufschliessbar durch Schmelzen mit zweifach schwefelsaurem Kali. — Im körnigen Kalkstein von Vogtsburg am Kaiserstuhl (Z. f Kryst. I. 1877. 284).

644. Pyrochlor, *Wöhler.*

Regulär, O, selten mit untergeordneten Flächen von ∞O oder 202 und anderen Formen. Krystalle eingewachsen, auch dergleichen Körner. — Spaltb. oktaëdrisch, kaum wahrnehmbar Bruch muschelig, spröd; H. $=5$; G. $=4,18...4,37$, die Var. von Frederiksvärn 4,228; dunkel röthlichbraun und schwärzlichbraun, Strich hellbraun, Fettglanz, kantendurchscheinend und undurchsichtig. — Chem. Zus., mit welcher sich *Wöhler*, *Hermann*, *Chydenius* und namentlich *Rammelsberg* beschäftigt haben, sehr complicirt; für die Varietät von Miask ergaben vier neuere Analysen von *Rammelsberg* im Mittel: 58,19 Niobsäure, 10,47 Titansäure, 7,56 Thorsäure, 14,21 Kalk, 7,0 Ceroxydul, 1,84 Eisenoxydul, 0,25 Magnesia, 5,04 Natron und 0,74 Wasser; ein Fluorgehalt wurde nicht direct bestimmt, doch nimmt R. an, dass nicht Natron sondern Fluornatrium vorhanden sei, was also 6,77 pCt. ergeben würde. Die Analyse von *Wöhler* stimmt damit gut überein. In der Var. von Brevig fand *Rammelsberg* 58,27 Niobsäure. 5,38 Titansäure, 4,96 Thorsäure, 10,93 Kalk, 5,50 Ceroxydul, 5,53 Eisenoxydul und Uranbioxyd, 5,34 Natron, 3,75 Fluor, 1,53 Wasser; eine Analyse von *Chydenius* stimmt damit der Hauptsache nach. Ueber das weitere Detail der Zusammensetzung müssen wir auf *Rammelsberg's* Abhandlung (Ann. d. Phys. u. Ch., Bd. 144. 1872. 491) verweisen. — V. d. L. wird er gelb und schmilzt schwer zu einer schwarzbraunen Schlacke; der von Miask verglimmt vorher wie mancher Gadolinit; mit Borax gibt er ein Glas, welches im Ox.-F. röthlichgelb, im Red.-F. dunkelroth ist; die Varietät von Brevig und Frederiksvärn gibt die Reaction auf Uran. Von concentrirter Schwefelsäure wird das Pulver mehr oder weniger leicht zersetzt. — Miask am Ural, Brevig und Frederiksvärn in Norwegen, in Granit oder Syenit eingewachsen.

Anm. 1. Unter dem Namen Hatchettolith führte *Lawrence Smith* ein gelbbraunes harzglänzendes reguläres (0.∞O∞) Mineral auf, mit muscheligem Bruch, dem G.$=4,8...4,9$ und H.$=5$, welches nach seiner und *O. D. Allen's* Analyse vorwiegend ein wasserhaltiges Niobat und Tantalat von Uranbioxyd und Kalk ist; der Letztere fand u. a. 34,24 Niobsäure. 29,83 Tantalsäure, 45,50 Uranbioxyd, 8,87 Kalk, 4,49 Wasser (Glühverl.). Das Löthrohrverh. ist dem des Pyrochlors ähnlich, und *Allen* glaubt, dass der Hatchettolith durch Zersetzung aus einem Mineral hervorgegangen sei, welches im wesentlichen die Constitution und Krystallform des Pyrochlors besessen habe. Findet sich mit Samarskit zusammen in den Glimmergruben von Mitchell Co. in Nord-Carolina. — **Anm. 2.** **Pyrrhit** hat *G. Rose* ein in kleinen, pomeranzgelben Oktaëdern bei Alabaschka unweit Mursinsk vorkommendes, sehr seltenes Mineral genannt, mit welchem *Teschemacher* ähnliche, den Azorit von der Insel S. Miguel begleitende Krystalle vereinigt, die nach *Hayes* hauptsächlich aus Niobsäure und Zirkonsäure bestehen. Nach *G. vom Rath* scheint der Pyrrhit auch im Granit von S. Piero auf Elba als grosse Seltenheit vorzukommen; *Schrauf* bestimmte die Härte der kleinen Krystalle von S. Miguel zu 5,5 und gab auch ihr Verhalten vor dem Löthrohr an. *Corsi* ist der Ansicht, dass *G. Rose's* uralischer und *vom Rath's* elbanischer Pyrrhit zum Mikrolith gehören, während der von S. Miguel etwas anderes zu sein scheine.

645. Polykras, *Scheerer.*

Rhombisch, ähnlich dem Columbit; sechsseitig dünn-tafelförmige, häufig geknickte und gebogene, z. Th. über zollgrosse Krystalle der Comb. $\infty\bar{P}\infty.\infty P.2\bar{P}\infty$, mit noch anderen Flächen, darin ∞P 140°, brachyd. Polk. von P 152°, $2\bar{P}\infty$ 56°; $\infty\bar{P}\infty$ stets vertical gestreift. — Spaltb. unbekannt, Bruch muschelig; H. = 5...6; G. = 5...5,15; schwarz, Strich graulichbraun, undurchsichtig, in ganz feinen Splittern gelblichbraun durchscheinend. — Die Analyse einer krystallisirten (und einer derben) Var. führte *Rammelsberg* auf das Resultat, dass der Polykras, welchen *Scheerer* vorher qualitativ untersucht hatte, eine wasserhaltige Verbindung von Titanaten und Niobaten des Yttriums, Erbiums, Cers, Urans und Eisens sei. In der krystallisirten Abänderung betrug die Titansäure 26,59, Niobsäure 20,35 (auch 4,0 Tantalsäure). Yttererde 23,82, Erbinerde 7,53, Uranbioxyd (Uranoxydul) 7,70, Wasser 4,02. Eine Analyse von *Blomstrand* ergibt ziemlich übereinstimmende Resultate. V. d. L. zerknistert er heftig; rasch bis zum Glühen erhitzt verglimmt er zu einer graubraunen Masse; er ist unschmelzbar, und wird von Salzsäure nur unvollständig, von Schwefelsäure aber vollständig zersetzt. — Hitterö in Norwegen, in Granit eingewachsen; Slettåkra im Kirchspiel Alsheda in Jönköping.

646. Euxenit, *Scheerer.*

Rhombisch nach *Dahll*, *Breithaupt* und *Groth*; der Letztere theilt (Min.-S. d. Univ. Strassburg 255) die beistehende Abbildung eines Krystalls mit, woran $m = \infty P$ (ca. 140°), $b = \infty\bar{P}\infty$, $d = 2\bar{P}\infty$ (52°), $p = P$ (102° 58′); $p : b = 103° 6′$; A.-V. = 0,364 : 1 : 0,303; die Messungen *Breithaupt's* stimmen damit ziemlich gut überein, während die Angaben von *Greg* und *Dahll* sehr abweichen. Die seltenen Krystalle finden sich eingewachsen; das Mineral erscheint aber gewöhnlich derb, ohne Spur von Spaltbarkeit; Bruch unvollk. muschelig; H. = 6,5; G. = 4,6...4,99; bräunlichschwarz, Strich röthlichbraun, metallartiger Fettglanz, undurchsichtig, nur in feinen Splittern röthlichbraun durchscheinend. — Chem. Zus. nach *Scheerer*, *Strecker*, *Forbes*, *Dahll*, *Blomstrand*, *Marignac* und *Rammelsberg*: wesentlich titansaure und niobsaure Ytttererde (Erbinerde) und Uranbioxyd; das Quantitätsverhältniss der Niobsäure und Titansäure beträgt nach *Strecker* 37,16 : 16,26, nach *Forbes* 38,58 : 44,36, nach *Marignac* 29,25 : 23,0 pCt. In einer Var. vom Cap Lindesnäs fand *Behrend* als Mittel vier Analysen: 34,98 Niobsäure, 19,17 Titansäure, 19,52 Uranoxydul, 18,23 Yttererde, 2,84 Ceroxydul, 4,77 Eisenoxydul, 1,19 Kalkerde und 2,40 Wasser. *Rammelsberg* fand in einer Var. von Alvö bei Arendal 35,09 Niobsäure, 24,16 Titansäure, 27,48 Yttererde, 3,40 Erbinerde, 4,78 Uranbioxyd, 3,17 Ceroxydul, 4,38 Eisenoxydul, 2,63 Wasser. — Im Kolben gibt er Wasser und wird gelblichbraun. V. d. L. schmilzt er nicht, und von Säuren wird er nicht angegriffen, weshalb er durch Schmelzen mit saurem schwefelsaurem Kali aufgeschlossen werden muss. — Jölster im Bergenstift in Norwegen; Tromö und Alvö bei Arendal in Pegmatit, auch Hitterö und Cap Lindesnäs.

647. Aeschynit, *Berzelius.*

Rhombisch; ∞P (*M*) 128° 6′, $2\bar{P}\infty$ (*x*) 78° 10′ nach *v. Kokscharow*; A.-V. = 0,4864 : 1 : 0,6736; bis jetzt nur krystallisirt, gewöhnlich die Comb. $\infty P.2\bar{P}\infty$, wozu sich noch $\infty\bar{P}\infty$ $\infty\bar{P}2$ und zuweilen P gesellt, wie in umstehender Figur, welche den Typus der säulenförmigen Krystalle von Miask wiedergibt; die neuerdings gefundenen Krystalle von Hitterö, an welchen *Brögger* ∞P 128° 34′, $2\bar{P}\infty$ 73° 16′, P (*o : o*) 137° 14′ maass, und noch u. a. $\infty\bar{P}3$ (69° 23′) und $\bar{P}\infty$ auffand (A.-V. = 0,4846 : 1 : 0,6735), sind nach dem horizontal gestreiften Pinakoid $\infty\bar{P}\infty$ breit tafelförmig und zeigen in der Prismenzone $\infty\bar{P}3$ vorherrschend, auch $0P$ vor-

handen (Z. f. Kryst. III. 481). Die Krystalle sind meist sehr unvollkommen ausgebildet, bi-
weilen gebogen und sogar zerbrochen, selten glatt, meist rauh oder vertical gestreift, u-
eingewachsen in Feldspath. — Spaltb. angeblich makrodiagonal, kaum bemerkbar, Bruch u-

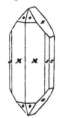

vollk. muschelig; H. = 5 . . . 5,5; G. = 5,06 . . . 5,28, nach *Hermann* 4.9...5
eisenschwarz bis braun, Strich gelblichbraun, unvollk. Metallglanz bis Fet-
glanz, schwach kantendurchscheinend bis undurchsichtig. — Chem. Zu-
nach den vier Analysen von *Marignac* besteht der Aeschynit aus 22,64 Ti-
säure, 15,75 Thorsäure, 23,84 Niobsäure, 18,49 Ceroxydul, 5,60 Lanthan- u.
Didymoxyd, 1,12 Yttererde, 2,75 Kalk, 2,17 Eisenoxydul, 1,07 Wasser. Au
diesen und *Rammelsberg's* Analyse ergibt sich die Formel R²(R²)² Nb⁶ (Ti, Th)⁴⁰
worin R = Ca, Fe, (R²) = (Ce, La, Y)². Im Kolben gibt er etwas Wasser ..
Spur von Flusssäure; v. d. L. schwillt er auf, wird gelb oder braun, bleibt a-
fast unschmelzbar; mit Borax und Phosphorsalz gibt er die Reaction auf Ti-
von Salzsäure wird er gar nicht, von Schwefelsäure nur theilweise zer-
— Miask am Ural; in mineralreichen Pegmatitgängen auf Hitterö.

Anm. Ueber gegenseitige (ziemlich entfernte) Beziehungen zwischen den A.-Verhh.
Aeschynit, Euxenit, Polykras hat sich *Brögger* in Z. f. Kryst. III. 483 ausgelassen.

648. Polymignyt, *Berzelius.*

Rhombisch; P (a) Polk. 136° 28' und 116° 22', ∞P 109° 46'; die Krystalle stellen c-
Comb. ∞P∞.∞P∞.∞P.P z. Th. mit noch anderen Prismen dar, sind lang- u-
etwas breitsäulenförmig, vertical gestreift und eingewachsen. — Spaltb. makr-
diagonal unvollk., brachydiagonal kaum bemerkbar, Bruch muschelig; H. = 6
G. = 4,75...4,85; eisenschwarz und sammetschwarz, Strich dunkelbraun, ha -
metallischer Glanz, undurchsichtig. — Chem. Zus.: nach *Berzelius* wesentl-
16,30 Titansäure, 14,14 Zirkonsäure, 11,5 Yttererde, 4,1 Kalk, 12,2 Eisenox-
2,7 Manganoxyd und 5,0 Ceroxyd; zur Zeit der Analyse waren jedoch die Tre-
nungsmethoden solcher Körper noch sehr unvollkommen. V. d. L. ist er für sich unveränd-
lich; von concentrirter Schwefelsäure wird das Pulver zersetzt. — Frederiksvärn in Norwege-
im Syenit. .

649. Mengit, *G. Rose.*

Rhombisch; P Polkk. 151° 27' und 101° 10', ∞P 136° 20'; die Krystalle stellen die Coml
∞P.∞P̄3.∞P∞.P dar, sind klein, kurzsäulenförmig, glatt und eingewachsen. — Spaltb-
nicht bemerkbar, Bruch uneben; H. = 5...5,5; G. = 5,48; eisenschwarz, Strich kastanienbraun, halbmetallischer Glanz, undurchsichtig. — Chem. Zus. noch nicht genau bekannt
doch dürfte sie wesentlich in Titansäure, Zirkonsäure und Eisenoxyd bestehen; v. d. L
für sich ist er unschmelzbar und unveränderlich; von conc. Schwefelsäure wird er in der
Wärme fast völlig gelöst. — Miask am Ural, in Albit eingewachsen; Insel Groix im Dép. Morbihan (nach Graf *Limur*).

Sechste Classe: Organische Verbindungen und deren
Zersetzungsproducte.

Mineralien, hervorgegangen aus organischen Stoffen, sämmtlich vollständig
oder mit Hinterlassung von mehr oder weniger Asche verbrennlich.

1) Salze mit organischen Säuren.

650. Mellit, *Hauy* (Honigstein).

Tetragonal; P 93° 5' nach *Dauber*, 93° 1' nach *v. Kokscharow*; A.-V. nach ersterer
Angabe 1:0,7454; doch sind die Kantenwinkel an einem und demselben Krystall
ziemlich schwankend; auch sollen nach *Jenzsch* die meisten Krystalle aus zwei mit
einander verwachsenen Individuen zusammengesetzt sein. Die Grundform erscheint
theils selbständig, theils in Comb. mit 0P, auch wohl mit ∞P (t) und ∞P∞ (y), die
Basis 0P ist stets convex gekrümmt.

Die Krystalle sind gewöhnlich einzeln eingewachsen, selten zu kleinen Gruppen oder Drusen verbunden; auch kleine derbe Aggregate von körniger Zusammensetzung.

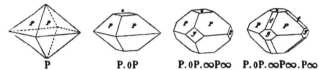

| P | P.0P | P.0P.∞P∞ | P.0P.∞P∞.P∞ |

— Spaltb. pyramidal nach P sehr unvollk., meist nur muscheliger Bruch, wenig spröd; H. = 2...2,5; G. = 1,5...1,6, nach *Kenngott* 1,574...1,642; honiggelb bis wachsgelb, selten fast weiss, Fettglanz, halbdurchsichtig bis durchscheinend; optisch-zweiaxig nach *Jenzsch*, einaxig nach *Des-Cloizeaux* und zwar negativ, jedoch mit auf-fallenden Anomalieen, welche wohl in der unregelmässigen Bildung der Krystalle und der Zusammenhäufung zahlreicher kleinerer zu einem grösseren Individuum begründet sind. — Chem. Zus. nach den Analysen von *Wöhler* und *Iljenkow*: (Al²) C¹²O¹² + 18 H²O, mit 14,31 Thonerde, 40,32 Honigsteinsäure (Mellitsäure C¹²O⁹), 45,37 Wasser. Im Kolben gibt er Wasser; v. d. L. verkohlt er ohne merklichen Geruch, auf Kohle brennt er sich zuletzt weiss und verhält sich dann wie reine Thonerde; in Salpeter-säure leicht und vollständig löslich, so auch in Kalilauge. — Artern in Thüringen und Luschitz in Böhmen, in Braunkohle; Walchow in Mähren, in der Kohle des Quader-sandsteins; Malöwka im Gouv. Tula, in der Steinkohle der carbonischen Formation.

Anm. Die Mellitsäure oder Honigsteinsäure ist von *C. Friedel* und *Crafts* durch Oxyda-tion des Hexamethylbenzols vermittels Kaliumpermanganats synthetisch dargestellt wor-den (Bull. soc. min. III. 1880. 189); durch Diffusion zwischen mellitsaurem Kalium oder Na-trium und einer wässerigen Lösung von Aluminiumchlorid wurde auch Mellit in künst-lichen Krystallen erhalten (ebendas. IV. 1881. 26).

651. Oxalit, *Breithaupt* (Humboldtin).

Haarförmige Krystalle; traubig, in Platten, derb und eingesprengt, von faseriger und feinkörniger bis erdiger und dichter Textur, als Beschlag und Anflug, recht ähnlich dem Gelb-eisenerz; Bruch der Aggregate uneben bis erdig, mild in geringem Grade; H. = 2; G. = 2,15...2,25; ockergelb bis strohgelb, schwach fettglänzend bis matt, undurchsichtig. — Chem. Zus. nach den Analysen von *Rammelsberg*: Verbindung von 2 Mol. oxalsauren Eisen-oxyduls und 3 Mol. Wasser, 2 Fe C² O⁴ + 3 H² O, mit 42,11 Eisenoxydul, 42,10 Oxalsäure (C² O³), 15,79 Wasser; v. d. L. auf Kohle wird er erst schwarz, dann roth; mit Borax oder Phosphor-salz gibt er die Reactionen auf Eisen; in Säuren ist er leicht löslich; auch von Kali wird er zerlegt, indem sich Eisenoxyd abscheidet, welches anfangs grün ist, bald aber rothbraun wird. — Kolosoruk bei Bilin, Gross-Almerode in Hessen, Duisburg, überall in Braunkohle.

Anm. *Brooke* hat unter dem Namen Whewellit auch einen oxalsauren Kalk, an-geblich aus Ungarn, beschrieben, welcher auf Kalkspath vorkommt, monokline Krystallformen hat (∞P 100° 36′), und nach *Sandall* der Formel Ca C² O⁴ + H² O entspricht. Ausgezeichnet grosse herzförmige Zwillingskrystalle desselben, selbst bis zu 25 Mm. lang und 12 Mm. dick, fand *Weisbach* auf einer Kluft im Liegenden eines Steinkohlenflötzes zu Burgk im Plauenschen Grunde bei Dresden (N. Jahrb. f. Min. 1884. II. 48).

2) Kohlen.

652. Anthracit (Kohlenblende).

Amorphe und, wie es scheint, ursprünglich phytogene Substanz; derb und ein-gesprengt, selten in stängeligen Formen, als Ueberzug und pulveriger Beschlag. Bruch muschelig; spröd; H. = 2...2,5; G. = 1,4...1,7; eisenschwarz bis graulichschwarz; Strich graulichschwarz; starker metallartiger Glasglanz, undurchsichtig. *Fischer* be-fand die Anthracite frei von jenen mikroskopischen rothen und gelben Harzpartieen, welche von der Steinkohle stets umschlossen werden. — Chem. Zus.: Kohlenstoff, meist über 90 pCt., mit wenig Sauerstoff und Wasserstoff, und mit Spuren von Stick-

stoff, ausserdem mit Beimengungen von Kieselsäure, Thonerde, Eisenoxyd; er ist
Pflanzensubstanz, welche ihren Sauerstoff- und Wasserstoffgehalt fast gänzlich verloren
hat; verbrennt schwer mit schwacher Flamme und ohne zu backen; gibt im Kolbe
etwas Feuchtigkeit aber kein brenzliches Oel; Kalilauge ist ohne Wirkung. — In de
silurischen, devonischen und Steinkohlen-Formation ganze Nester, Stöcke und Lage
bildend, auch, jedoch selten und nur in kleineren Partieen, auf Gängen und Lagen.
Rhode Island und Pennsylvanien in Nordamerika; Schönfeld, Wurzbach, Lischwitz
Französische und Piemontesische Alpen.

Gebrauch. Der Anthracit liefert für manche Feuerungen ein sehr brauchbares Brennmaterial.

Anm. Als »äusserstes Glied in der Reihe der amorphen Kohlenstoffe« bezeichne
v. Inostranzeff eine schwarze, diamantartig-metallglänzende Kohle von dem n.-w. Ufer
des Onega-Sees, wo dieselbe nach ihm zur huronischen Formation gehört; sie ist härter
als Anthracit (3,5...4) und spec. schwerer (frisch 1,84, nach dem Trocknen 1.9)
und enthält nur 0,40 Wasserstoff, 0,44 Stickstoff, keinen Sauerstoff, ist also procentarisch so reich an Kohlenstoff, wie die besten Graphite; verbrennt nur bei starke
Sauerstoffzustrom mit blendend weisser Flamme (N. Jahrb. f. Min. 1880, I. 67).

653. Schwarzkohle (Steinkohle).

Nicht krystallinische, ursprünglich phytogene Substanz; derb, in mehr oder
weniger mächtigen, oft viele Quadratmeilen ausgedehnten Lagern, den sogenannten
Kohlenflötzen, auch in Lagen, Trümern, Schmitzen, Nestern und eingesprengt; häufig
als Phytomorphose. Dicht, schieferig oder faserig, oft parallelepipedisch abgesondert;
u. d. M. bei gehöriger Vorbereitung vegetabilische Textur zeigend. Nach den sehr
wichtigen mikroskopischen Untersuchungen von *Fischer* und *Rüst* (Z. f. Kryst. VII. 209)
machen Harze und Kohlenwasserstoffe, in Form von verbrennbaren rothen cylindrischen Körpern und Strängen, sowie von leuchtend gelben Körnchen einen wesentlichen Bestandtheil der Steinkohle aus; diese Substanzen, grösstentheils isotrop, verhalten sich chemisch analog dem Bernstein. Bruch muschelig bis uneben oder faseric;
wenig spröd bis mild; H.=2...2,5; G.=1,2...1,5; schwärzlichbraun, pechschwarz
graulichschwarz bis sammetschwarz, Strich bräunlich- bis graulichschwarz, Glasglanz
und Fettglanz, die faserige Seidenglanz. — Chem. Zus.: Kohlenstoff vorherrschend, mit
Sauerstoff, etwas Wasserstoff und sehr wenig Stickstoff, ausserdem verunreinigende
Beimengungen von Erden, Metalloxyden und Schwefelmetallen, zumal Eisenkies; das
Verhältniss der Bestandtheile äusserst schwankend: 74 bis 96 pCt. Kohlenstoff, 3 bis
20 pCt. Sauerstoff, ½ bis 5½ pCt. Wasserstoff, 1 bis 30 pCt. Asche. Verbrennt leicht
mit starker Flamme und mit aromatischem Geruch; färbt Kalilauge nicht braun; entwickelt im Kolben mit Schwefelpulver geglüht Schwefelwasserstoff; nach *Frémy* gibt
die Schwarzkohle in einem Gemeng von concentrirter Schwefelsäure und Salpetersäure eine schwärzlichbraune Lösung von Ulminsubstanz, welche durch Wasser gefällt wird. — Man unterscheidet in technischer Hinsicht besonders fette (bitumen-
reiche) und magere (bitumenarme) Kohle oder anderseits Backkohle, Sinterkohle und
Sandkohle, und nach gewissen äusseren Eigenschaften Glanz- oder Pechkohle. Kännelkohle (worin zufolge *Fischer* und *Rüst* die eigentliche Kohlenmasse gegenüber der
Menge der eingelagerten kleinen gelben und rothen Harzcylinder sogar zurücktritt),
Grobkohle, Blätterkohle, Faserkohle, Russkohle, Schieferkohle. — In Sachsen bei Dresden, Zwickau, Lugau, Schönfeld; Böhmen, Schlesien, Westphalen, Rheinpreussen, Bel-
gien, Frankreich, England, Schottland, überhaupt in der Steinkohlenformation aller
Länder, bisweilen auch in anderen Formationen, z. B. im Rothliegenden (Saarbrücken,
Böhmen), Rhät (Schonen), Lias (Banat), braunen Jura (Ostindien) und Wealden (Grafschaft Schaumburg).

Gebrauch. Die Steinkohlen werden theils unmittelbar, theils im verkokten Zustand
als Brennmaterial, sowie zur Darstellung des Leuchtgases benutzt; als Nebenproduct bei der
Fabrication von Kokes und Leuchtgas wird der Steinkohlentheer gewonnen, aus welchem Ben-

zol, Nitrobenzol, Anilin, Carbolsäure u. a. wichtige Stoffe dargestellt werden; die Kännelkohle wird auch zu Knöpfen, Dosen und anderen Utensilien verarbeitet.

654. Braunkohle (Lignit).

Deutlich phytogenes Fossil, oft noch die äussere vegetabilische Form, sehr häufig die vegetabilische Structur erhalten; derb, Textur dicht, holzartig oder erdig; Bruch muschelig, holzartig oder uneben; holzbraun bis pechschwarz; zuweilen Fettglanz, meist schimmernd oder matt; weich, oft zerreiblich; G.=1,2...1,4. — Chem. Zus. ähnlich jener der Schwarzkohle, doch ist das Verhältniss des Sauerstoffs und Wasserstoffs grösser; verbrennt leicht mit stinkendem Geruch, färbt Kalilauge tief braun, wobei, wie *Kaufmann* fand, nach Maassgabe des höheren oder geringeren Alters der Braunkohle, 2 bis 75 pCt. ausgezogen werden; mit Schwefel erhitzt gibt sie viel Schwefelwasserstoff. — Man unterscheidet besonders muschelige Braunkohle (Gagat), holzige Braunkohle, Bastkohle (Wetterau), Nadelkohle (Lobsan), Moorkohle, Papierkohle, erdige Braunkohle. In der Braunkohlenformation (Tertiärformation) aller Länder. Nach *J. Hirschwald* ist auf der Grube Dorothee bei Clausthal die vor höchstens 4 Jahrhunderten verstürzte Zimmerung aus Fichtenholz im Lauf der Zeit in ächte Braunkohle umgewandelt worden.

Gebrauch. Die Braunkohlen gestatten wesentlich dieselbe Benutzung wie die Steinkohlen; auch werden sie bisweilen als Düngemittel, zur Vitriol- und Alaunbereitung, und die erdige Braunkohle als braune Farbe (Kölnische Umbra) gebraucht; durch trockene Destillation wird das Paraffin gewonnen; die feste, compacte Braunkohle (Gagat, *Jayet*) wird in Asturien, sowie bei Sainte-Colombe im Dép. de l'Aude zu Knöpfen, Rosenkränzen, Kreuzen, Trauerschmuck u. dgl. verarbeitet.

Anm. Stellt man den Gehalt an Kohlenstoff, Sauerstoff, Wasserstoff bei der unzersetzten Holzfaser, dem Torf, der Braunkohle, Steinkohle und dem Anthracit zusammen, so erhält man folgende Tabelle, aus welcher sich ergibt, dass in fortlaufender Reihe stets das nächstfolgende Glied aus dem Voranstehenden durch eine procentarische Anreicherung des Kohlenstoffs unter Ausscheidung der übrigen Bestandtheile hervorgeht.

	Holzfaser	Torf	Braunkohle	Steinkohle	Anthracit
C	51,4 bis 52,6	50 bis 58	55 bis 75	74 bis 96	über 90
O	43 - 42	35 - 28	26 - 19	20 - 3	3 bis 0
H	6 - 5,5	7 - 5	6 - 3	5 - 0,5	3 - 0,5

3) Harze.

655. Bogheadkohle, Bituminit, *Traill.* Torbanit.

Derb, in ganzen Flötzen von 1½ bis 2 Fuss Mächtigkeit; Bruch einerseits dickschieferig, anderseits eben oder muschelig, Bruchstücke scharfkantig; weich und schneidbar, zäh und schwer zersprengbar; G.=1,284; schwärzlichbraun bis leberbraun; schimmernd bis matt, im Strich gelblichgrau und wenig glänzend; nur in ganz scharfen Kanten röthlichbraun durchscheinend. Im sehr dünnen Schliff wird sie nach *Fischer* zur Hauptsache heller bis tiefer honiggelb durchscheinend und scheint aus eckigen isotropen Körnchen zu bestehen. Diese ganz eigenthümliche Masse, welche zwischen Brandschiefer und Asphalt zu stehen scheint, enthält nach *Matter* 60 bis 65 Kohlenstoff, über 9 Wasserstoff, 4 bis 5,5 Sauerstoff und 18 bis 24 pCt. Asche. Sehr leicht entzündlich, brennt mit weisser Flamme und starkem Rauch, und liefert ein vortreffliches Leuchtgas. Durch Aether wird nichts, durch reines Terpentinöl ein wie Copal riechender harzartiger Körper ausgezogen. — In der Steinkohlenformation von Torbanehill, bei Bathgate in Linlithgowshire (Schottland); bei Pilsen in Böhmen, bei Kurakina unweit Tula und bei Murajewna im Gouv. Rjäsan in Russland.

Anm. Die Bogheadkohle ist kaum als Steinkohle, in der gewöhnlichen Bedeutung des Wortes, zu betrachten, obgleich sie der Steinkohlenformation angehört. Schon *Bennet* zeigte, dass sie in ihrer mikroskopischen Structur wesentlich von aller Stein-

kohle abweicht. Weil sie weit mehr Wasserstoff als Sauerstoff enthält, ist sie n~·
· dem Vorgang von *Kenngott* hier zu den Harzen gestellt. *Liversidge* vereinigt mit i:
auch den sog. Kerosene-Shale von Neu-Süd-Wales ,(auch Wollongongit e-
heissen).

656. Bernstein (Succinit).

In rundlichen und stumpfeckigen Stücken und Körnern, auch in getropften c·.
geflossenen Gestalten, ganz wie Baumharz, zuweilen Insekten, Pflanzentheile, Luftbla~
einschliessend; Bruch vollk. muschelig; wenig spröd; H. $= 2...2,5$; G. $= 1...1,1$: b-
niggelb bis hyacinthroth und braun einerseits, bis gelblichweiss anderseits, zuwei·
geflammte oder gestreifte Farbenzeichnung, Fettglanz, durchsichtig und durchscheinet
bis fast undurchsichtig; manche Varr., zumal aus Sicilien, zeigen blaue Fluorescea
gerieben gibt er einen angenehmen Geruch und wird negativ-elektrisch. *Sorby* g-
wahrte u. d. M. oft in grosser Menge Höhlungen, welche entweder mit Gas, oder t
einem Liquidum (Wasser), oder mit einer libellenführenden Flüssigkeit erfüllt sim:
Erscheinungen der Doppelbrechung in dem Bernstein führt er auf die in Folge der V·-
lumverminderung bei der festwerdenden Harzmasse eingetretene Spannung zurück. –
Chem. Zus. nach *Schrötter*: $C^{10}H^{16}O$, oder vielmehr $C^{40}H^{64}O^4$, mit 78,93 Kohlenst·'
10,55 Wasserstoff und 10,52 Sauerstoff; seine näheren Bestandtheile sind Bernstei·-
säure, ein ätherisches Oel, zweierlei Harze und ein unlöslicher bituminöser Stoff; ·
schmilzt bei 287° (dagegen Copal schon bei 200° bis 220°), brennt mit heller Flam·:
und angenehmem Geruch; beim Schmelzen entweichen Wasser, brenzliches Oel un
Bernsteinsäure. Der Bernstein, ein von urweltlichen Coniferen abstammendes fossil ·
Baumharz, findet sich wesentlich in der Braunkohlen- und Diluvialformation vie·
Länder; besonders aber im nordöstlichen Deutschland, in Preussen, Curland, Livla·:
in Sicilien am Simeto bei Catania, und in Spanien. Bei dem Dorfe Gluckau unw·:
Danzig ist ein fast 12 Pfund schweres Stück sehr reinen Bernsteins gefunden worde:.
für welches 12000 Mark geboten wurden; auch im tertiären Kalkstein bei Lember·.
kommen Bernsteinstücke vor.

Gebrauch. Der Bernstein wird besonders zu allerlei Schmucksachen, zu Perlen, Knöpfea
Pfeifen- und Cigarrenspitzen, Rosenkränzen u. s. w. verarbeitet; auch braucht man ihn r
Räucherpulvern, Lackfirniss, zur Bereitung der Bernsteinsäure und des Bernsteinöls.

Anm. 1. Es sind wahrscheinlich mancherlei sehr verschiedene fossile Harze w:
gelber Farbe und bernsteinähnlichem Ansehen, welche unter dem Namen Bernstein aufgeführ:
werden; wenigstens ist vieler sogenannter Bernstein nicht eigentlicher und wirklicher Bernstein. Nicht selten finden sich in den Sammlungen Stücke von Copal unter dem Namen Bernstein niedergelegt, doch kommt auch fossiler Copal oder Copalin in tertiärem Thon ar
Highgate Hill unweit London vor; führt nach *Johnston* auf die Formel $C^{40}H^{66}O$.

Anm. 2. Euosmit nennt *Gümbel* ein Erdharz, welches in der Braunkohle bei Thur.
senreuth unweit Erbendorf in Bayern vorkommt. Dasselbe bildet theils pulverige, theils fesk
Massen in den Klüften der von *Cupressinoxylon subaequale* gelieferten Lignitstämme; Bru·:
muschelig; spröd und leicht zersprengbar; H.$=1,5$; G.$=1,2...1,5$; braungelb; geriebea
stark elektrisch; wohlriechend. — Chem. Zus. nach *Wittstein*, 81,89 Kohlenstoff, 11,73 Wa-
serstoff und 6,88 Sauerstoff; es schmilzt bei 77° C. und verbrennt mit stark leuchtende
Flamme unter sehr aromatischem Geruch; in Aether sowie in Alkohol wird es vollständi.
gelöst.

657. Dopplerit, *Haidinger*.

Amorph, derb und in Trümern; im Bruch muschelig; geschmeidig und elastisch w·
Kautschuk; H.$=0,5$; G.$=1,089$; braunlichschwarz, im Strich dunkel holzbraun; Glasglar
etwas fettartig; in dünnen Lamellen röthlichbraun durchscheinend. An der Luft schwind·:
er, und zerfällt in kleine, stark glänzende Stücke; auch wird er durch ganz gelinde Erwar-
mung und durch Auspressung entwässert, und verliert dabei 66 (bei 100° C. bis 79) pCt. ar
Gewicht. Der Rückstand ist wenig spröd, sammetschwarz, stark glänzend, hat H.$=2...2,5$.
G.$=1,466$, und verbrennt oder verglimmt mit dem Geruch des brennenden Torfes. In Wa-

ser, Alkohol und Aether unlöslich; nach *Mühlberg* besteht er aus 56,46 Kohlenstoff, 38,06 Sauerstoff, 5,48 Wasserstoff und einer Spur von Stickstoff. *Demel's* Elementar-Analyse der bei 100° getrockneten Substanz (von Aussee) ergab die Formel $C^{12}H^{14}O^{6}$; der Aschengehalt beträgt 5,1 pCt. und besteht weitaus vorwiegend aus Kalk, daneben aus Thonerde und Eisenoxyd, auch etwas Schwefelsäure. Scheint eine sehr homogene Torfmasse zu sein, welche ihre fast gelatinöse Beschaffenheit einer grossen Menge von absorbirtem Wasser verdankt. — In einem Torflager bei Aussee, sowie bei Gonten unweit Appenzell, Obbürgen in Unterwalden und bei Berchtesgaden; nach *Kaufmann* auch mehrorts in den tertiären Pechkohlen und in der diluvialen Schieferkohle von Uznach.

658. Asphalt (Erdpech).

Derb, eingesprengt, in Trümern und Adern, auch in getropften und geflossenen Gestalten; Bruch muschelig, zuweilen im Inneren blasig; mild; H. = 2 ; G. = 1,1...1,2 ; pechschwarz, fettglänzend, undurchsichtig, doch bisweilen nach *H. Fischer* im Dünnschliff honiggelb werdend und dann als amorph sich erweisend; riecht, zumal gerieben, stark bituminös. — Chem. Zus.: Kohlenstoff, Sauerstoff und Wasserstoff in nicht ganz bestimmten Verhältnissen; schmilzt bei etwa 100°, entzündet sich leicht und verbrennt mit heller Flamme und dickem Rauch; löst sich zum grösseren Theil in Aether mit Hinterlassung eines in Terpentinöl löslichen Rückstandes, des Asphaltens. — Auf Erzgängen und Lagern; in Sandstein- und Kalksteinschichten, welche er z. Th. imprägnirt; auch in selbständigen Ablagerungen von gang- und lagerartiger Natur: Avlona in Albanien, Insel Trinidad, Todtes Meer; Pyrimont bei Seyssel im Dép. de l'Ain, Val Travers in Neufchatel; Lobsan im Elsass; Bentheim in Hannover, hier gangförmig; Dannemora in Schweden; Gegend von Grossnaja zwischen dem Terek und Argun.

Gebrauch. Als Deckmaterial für Dächer, Plattformen und Altane, zu Trottoirs und Strassenpflaster; zu wasserdichtem Kitt, zum Kalfatern und Betheeren der Schiffe, zu schwarzem Firniss, schwarzem Siegellack, zu Fackeln u. s. w.

Anm. 1. Albertit hat man ein bei Hilsborough in Albert-County (in Neubraunschweig) vorkommendes asphaltähnliches Mineral genannt, welches schon von *Wetherill* unter dem Namen Melanasphalt aufgeführt worden war. Es findet sich in Trümern und Adern, welche von einem gemeinschaftlichen gangähnlichen Stamm auslaufen, der durch den Bergbau schon 1000 Fuss tief verfolgt worden ist, ohne an Mächtigkeit abzunehmen; das pechschwarze Pulver schmilzt in der Wärme und liefert eine Menge von brennbarem Gas, mit Hinterlassung einer leichten voluminösen Kohle. Nach *Wetherill* besteht es aus 86,037 Kohlenstoff, 8,962 Wasserstoff, 2,930 Stickstoff, 1,971 Sauerstoff und 0,1 Asche. *Hitchcock* vermuthet, dass der Albertit aus Petroleum entstanden ist, welches in eine Spalte des Gebirges injicirt worden war, während *Peckham* glaubt, dass das Bitumen aus tiefer liegenden bituminösen Schichten in die Spalten destillirt wurde. Der sehr ähnliche Grahamit in West-Virginien erscheint gleichfalls als Spaltenausfüllung.

Anm. 2. Walait ist ein stark glänzendes, dem Asphalt ähnliches Harz, welches als dünner Ueberzug auf Dolomit- oder Kalkspathkrystallen in der Rossitz-Oslawaner Steinkohlenformation vorkommt; der krystallinische Habitus der Substanz, welchen *Helmhacker* für einen ihr eigenthümlichen hielt, kommt nach *v. Zepharovich* von der Abformung sehr kleiner Rhomboëder jener Mineralien her.

659. Piauzit, *Haidinger.*

Derb, von vielen parallelen Klüften durchzogen, fast wie Schieferkohle erscheinend; Bruch unvollk. muschelig; mild; H. = 1,5...2 ; G. = 1,18...1,22 ; schwärzlichbraun, Strich gelblichbraun, Fettglanz, in dünnsten Kanten etwas durchscheinend. Er schmilzt bei 315° und verbrennt dann unter eigenthümlichem aromatischem Geruch mit lebhafter Flamme und starkem russendem Rauch, ist vollständig löslich in Aether und in Aetzkali, und bildet Trümer in der Braunkohle bei Piauze nördlich von Neustadt in Krain, auch bei Tüffer in Steiermark.

660. Ixolyt, *Haidinger.*

Amorph und derb; Bruch muschelig; H. = 1 ; G. = 1,008; hyacinthroth, Strich ockergelb, Fettglanz; zwischen den Fingern gerieben gibt er aromatischen Geruch; erweicht bei 67°, ist aber bei 100° noch fadenziehend. — Oberhart bei Gloggnitz in Oesterreich, in Braunkohle.

Anm. 1. Ein ähnliches Harz ist dasjenige, welches *v. Zepharovich* unter dem Namen Jaulingit, nach seinem Fundort Jauling bei St. Veit in Nieder-Oesterreich, eingeführt hat. Es bildet theils Knollen, theils Trümer und Anflüge in Lignitstämmen, ist hyacinthroth, stark fettglänzend, im Strich gelb; sehr spröd, leicht zersprengbar; H. = 2...3; G. = 1,093...1,1·· brennt mit rothgelber, stark rauchender Flamme. — Nach *Rumpf* auch bei Oberdorf unweit Voitsberg in Steiermark zugleich mit Hartit.

Anm. 2. *H. Höfer* beschrieb unter dem Namen Rosthornit ein neues Harz aus der schwarzen eocänen Braunkohle von Guttaring in Kärnten. Dasselbe bildet innerhalb der Koh- linsenförmige Körper bis zu 6 Zoll Durchmesser und 1 Zoll Dicke, lässt sich mit dem Finger- nagel ritzen, hat G. = 1,076, ist rothbraun, im Strich hellbraun bis pomeranzgelb, fettglän- zend, in Splittern weingelb durchscheinend, und besteht nach der Elementar-Analyse von *Mitteregger* aus 84,42 Kohlenstoff, 11,01 Wasserstoff und 4,57 Sauerstoff, was der Formel $C^{24}H^{40}O$ entspricht. An der Luft erhitzt entwickelt es aromatisch riechende weisse Dämpfe und verbrennt dann mit gelber russender Flamme ohne Rückstand (N. Jahrb. f. Min., 1871. 561.

Anm. 3. Siegburgit nennt *v. Lasaulx* ein kohlenstoffreiches, leicht schmelzbares und brennbares Harz von H. = 2...2,5, welches als kleine goldgelbe bis hyacinthrothe Kör- chen das Cäment sandiger Concretionen der Tertiärformation bei Siegburg unweit Bonn bil- det (N. J. f. Min. 1875. 128); nach den noch nicht abgeschlossenen Untersuchungen von Kla- ger und *Pitschki* findet sich unter den Destillationsproducten Styrol und Zimmtsäure und liegt hier vielleicht ein fossiler Storax vor (Ber. d. chem. Ges. XVII. 1884. 2742).

661. Retinit, *v. Leonhard.* •

Rundliche Massen, stumpfeckige Stücke, derb, eingesprengt und als Ueberzug; Bruch muschelig bis uneben, auch erdig; sehr leicht zersprengbar, spröd, der erdige mild; H. = 1,5...2; G. = 1,05...1,15; gelblich bis braun in verschiedenen Nüancen; Fettglanz, oft nur schimmernd, der erdige matt, doch im Strich wenig glänzend; durchscheinend bis undurch- sichtig. — Chem. Zus. sehr verschieden, da, wie es scheint, verschiedene fossile Harze mit dem Namen Retinit belegt worden sind; die muschelige gelbliche Var. von Walchow in Mähren entspricht nach *Schrötter* der Formel: $C^{12}H^{18}O$, mit 80,88 Kohlenstoff, 10,14 Wasser- stoff und 8,98 Sauerstoff, sie schmilzt bei 250° und verbrennt mit stark russender Flamme, doch trennt *Schrötter* diese Var. als ein eigenthümliches Harz unter dem Namen Walchowit von den übrigen Retiniten, welche sich nach *Hatchett* und *Johnston* ganz anders verhalten. — Halle, Walchow, Bovey in Devonshire.

Anm. Tasmanit nennt *Church* ein röthlichbraunes Harz, welches am Merseyfluss in Tasmanien innerhalb eines Schieferthons zahlreiche Lamellen oder Schuppen bildet, und aus 79,84 Kohlenstoff, 10,44 Wasserstoff, 4,98 Sauerstoff und 5,82 Schwefel besteht (nach *Newton* ist der Tasmanit ein bituminöser papierkohlen-ähnlicher Schiefer). — Ein ähnliches, eben- falls schwefelhaltiges und von *Tschermak* Trinkerit genanntes Harz findet sich in kleinen länglichen Knollen in der Braunkohle von Carpano in Istrien, sowie im schwarzen Mergel der Gosaubildung bei Gams, unweit Hieflau in Steiermark.

662. Krantzit, *Bergemann.*	.

Faustgrosse, meist längliche und abgerundete, zuweilen selbst stalaktitisch geformte Stücke, und kleine Körner; weich, schneidbar, elastisch; G. = 0,988; äusserlich gelb, braun bis schwarz, rauh und undurchsichtig; innerlich röthlich, stark glänzend und durchsichtig. Chem. Zus. nach *Landolt*: 79,25 Kohlenstoff, 10,41 Wasserstoff und 10,84 Sauerstoff, entspre- chend ungefähr der Formel $C^{10}H^{16}O$; schmilzt bei 224° C.; in Aether nur zu 6, in Alkohol zu 4 pCt. löslich, schwillt in Terpentinöl zu einer hellgelben elastischen Masse an. — Dieses dem Walchowit einigermaassen ähnliche Harz findet sich in der Braunkohle von Lattorf, bei Nienburg unweit Bernburg. Nach *Spirgatis* ist der sogenannte unreife Bernstein Ostpreussens mit dem Krantzit identisch (Sitzgsb. d. Münchener Akad. 1872. 200).

Anm. Der Bombiccit in der Braunkohle von Castel Nuovo im oberen Arnothal bildet farblose trikline Krystalle, welche bei 75° schmelzen, sich in Schwefelkohlenstoff, in Aether und Alkohol leicht lösen, und nach *Bechi* aus 74,56 Kohlenstoff, 10,7 Wasserstoff und 14,74 Sauerstoff bestehen.

663. Pyroretin, *Reuss.*	.

Derb, in nuss- bis kopfgrossen Knollen oder in mehrzölligen Platten; Bruch muschelig. äusserst spröd und zerbrechlich, und leicht zu pulverisiren; H. = 2; G. = 1,05...1,18, pech- schwarz, im Strich dunkel holzbraun, schwach fettglänzend; leicht entzündlich und mit heller, stark rauchender Flamme verbrennend unter Entwickelung eines aromatischen Geruchs. Wahrscheinlich ein durch Einwirkung des Basalts erzeugtes Educt der Braunkohle. — Findet sich in der Braunkohle zwischen Salesl und Proboscht unweit Aussig in Böhmen.

664. Idrialit, *Schrötter*.

Derb, theils selbstständige Knollen, theils Anflüge auf Ganggestein bildend, von blätterigem Gefüge, mild; H. = 1...1,5; G. = 1,4...1,6; pistaziengrün, gewöhnlich verunreinigt durch Gangschiefer mit Zinnober und dann graulich- bis bräunlichschwarz; matt bis fettglänzend; löslich in concentr. heisser Schwefelsäure mit tief indigoblauer Farbe; gibt beim Verbrennen oder Destilliren ein feinschuppiges strohgelbes Destillationsproduct, welches reines Idrialin ist (nach *Goldschmidt* von der Zusammensetzung $C^{30} H^{36} O^2$) und hinterlässt gewöhnlich die Verunreinigung als braunrothe Asche (*Scharizer* in Verh. geol. R.-Anst. 1881. 835). — Idria in Krain, vgl. Quecksilberlebererz.

4) Kohlenwasserstoffe.

665. Hartit, *Haidinger*.

Paraffinähnliche krystallinische Substanz, welche die Klüfte und Risse der Braunkohle und des bituminösen Holzes ausfüllt, und eine schalige Zusammensetzung aus lamellaren Individuen erkennen lässt; selten frei auskrystallisirt; doch hat Hartit an dem Hartit von Oberdorf deutliche bis 8 Mm. lange und 1 Mm. breite Krystalle entdeckt, beschrieben und abgebildet; sie sind triklin, säulenförmig oder tafelförmig, und werden vorherrschend von den drei Pinakoiden 0P, $\infty P \bar{\infty}$ und $\infty \check{P} \infty$ gebildet, zu denen sich noch einige untergeordnete Formen gesellen; 0P : $\infty \check{P} \infty = 88^\circ 30'$ oder $91^\circ 30'$, 0P : $\infty \check{P} \infty = 74^\circ 30'$ oder $105^\circ 30'$, $\infty \check{P} \infty$: $\infty \check{P} \infty = 80^\circ 48'$ oder $99^\circ 12'$. — Spaltb. makrodiagonal vollk., brachydiagonal minder deutlich. Der Hartit ist mild, aber unbiegsam; H. = 1,5; G. = 1,040...1,051; weiss, doch durch Bitumen oder Kohle auch grau, gelb oder braun gefärbt; schwacher Fettglanz, durchscheinend, überhaupt weissem Wachs sehr ähnlich; die Lamellen zeigen nach *Kenngott* im polarisirten Licht elliptische Farbenringe. — Chem. Zus. nach *Schrötter* und *Ullik*: 87,8 Kohlenstoff und 12,2 Wasserstoff, also $C^5 H^8$ (wie Fichtelit), oder vielleicht $C^6 H^{10}$; er schmilzt bei 74° und verbrennt mit stark russender Flamme; in Aether ist er sehr reichlich, in Alkohol viel weniger löslich. — Oberhart bei Gloggnitz in Oesterreich, und Rosenthal bei Köflach, sowie Oberdorf bei Voitsberg in Steiermark.

Anm. Aragotit, auf Zinnober von der Reddington-Mine, und im Dolomit von New-Almaden in Californien, bildet heilgelbe Schuppen, welche in Aether, Alkohol und Terpentinol unlöslich sind; er ist ein flüchtiger, nach *Dana* dem Idrialit nahestehender Kohlenwasserstoff.

666. Fichtelit, *Bromeis*.

Bildet krystallinische Lamellen, deren Formen nach *Clark* monoklin ($\infty P 83^\circ$) und hemimorphisch in der Richtung der Orthodiagonale sind, oder auch dünne Krusten und Anflüge im bituminösen Holz eines Torflagers bei Redwitz in Bayern, ist weiss, perlmutterglänzend, geruch- und geschmacklos, schwimmt auf Wasser, sinkt im Alkohol unter, schmilzt bei 46° und erstarrt wiederum krystallinisch. — Chem. Zus.: $C^5 H^8$, mit 87,13 Kohlenstoff, 12,87 Wasserstoff nach *Clark*; in Aether ist er sehr leicht löslich; wird ein Körnchen auf einer Glasplatte in Aether gelöst, so bleibt es lange halbflüssig und zäh, bevor es wieder krystallinisch wird. — Auch im Torfmoor von Holtegaard in Dänemark (*Forchhammer*'s T e k o r e t i n).

667. Könleinit, *Schrötter* (Scheererit z. Th.).

Kleine nadelförmige und lamellare Krystalle von monoklinen Formen, als Anflug und Ueberzug auf Klüften und eingewachsen zwischen den Fasern von bituminösem Holz; weich, spröd, fettig anzufühlen; G. = 1...1,2 (*Breithaupt*); weiss, Diamant- und Fettglanz, durchsichtig bis durchscheinend; geruchlos. — Chem. Zus. nach den Analysen von *Kraus* und *Trommsdorff*: 92,31 Kohlenstoff und 7,69 Wasserstoff, also vielleicht $C^5 H^5$; schmilzt bei 108° bis 114°; löslich in Aether; wird ein Körnchen auf einer Glasplatte in Aether gelöst, so scheidet es sich sogleich wieder in fester Form aus. — Uznach in der Schweiz und Redwitz in Bayern.

Anm. Der eigentlich zuerst von *Stromeyer* so benannte S c h e e r e r i t von Uznach schmilzt bei 45° und hat auch eine andere Zusammensetzung, nämlich $C H^4$, daher *Schrötter* vorgeschlagen hat, die vorher beschriebene und bis dahin als Scheererit aufgeführte Substanz mit dem Namen Könleinit zu belegen.

668. Ozokerit, *Glocker* (Erdwachs, Paraffin).

Derb, nach *Magnus* und *Huot* bisweilen faserig; nach *Fischer* u. d. **M.** ein filzig Fasergewebe allerfeinster doppeltbrechender, wie es scheint, gerade auslöschender Nädelchen. Hauptbruch vollk. flachmuschelig, Querbruch splitterig; **sehr weich.** schmeidig und biegsam, zwischen den Fingern geknetet klebrig; G. = 0,94...0,97; im reflectirten Licht lauchgrün bis grünlichbraun, im transmittirten Licht gelblichbraun hyacinthroth; im muscheligen Bruch bis stark glänzend, im splitterigen schimmernd kantendurchscheinend in hohem Grade; riecht angenehm aromatisch. — Chem. Zu. nach den Analysen von *Magnus, Malaguti, Schrötter* und *Johnston* gleich dem künstlichen Paraffin = $C^n H^{2n}$ (also ganz ähnlich dem Elaterit), mit 85,7 Kohlenstoff und 14 Wasserstoff; in der Var. von Baku fand *Fritsch* auch 2,64 Sauerstoff; schmilzt äusserst leicht zu einer klaren öligen Flüssigkeit, welche beim Abkühlen erstarrt; bei höherer Temperatur verbrennt er mit heller Flamme meist ohne Rückstand; in Terpentinöl er leicht, in Alkohol und Aether sehr schwer löslich. — Slanik in der Moldau, Borslaw in Galizien, Newcastle in England, Wettin, Baku am Kaspi-See. — Das sog. Neftgil von der Insel Tschelekän im Kaspi-See ist nach *v. Bär* und *Fritzsche* identisch m. dem Ozokerit. — In Aether äusserst leicht lösliches Paraffin als wachsähnliche gelblichweisse, durchsichtige Tafeln (schmelzend bei 56°, sich verflüchtigend bei ca. 300) fand *Silvestri* in Hohlräumen einer basaltischen Lava bei Paternò am Aetna.

Gebrauch. In der Moldau wird er zur Darstellung von Kerzen benutzt.

669. Hatchettin, *Conybeare.*

Wallrath- oder wachsähnliche Substanz, weich und biegsam; G. = 0,6; gelblichweiss wachsgelb bis grünlichgelb, schwach perlmutterglänzend, durchscheinend bis fast undurchsichtig, fettig anzufühlen, geruchlos; fängt bei ca. 57° an zu schmelzen. *Cosali* befand d unvollk. spaltbaren Blättchen, welche am Monte Falò bei Savigno im Bolognesischen w.r durcheinander gelagert formlose Aggregate bilden, doppeltbrechend mit 2 symmetrisch gege die Normale zur Spaltfläche austretenden Axen. — Chem. Zus.: nach einer Analyse von *Johnston* dürfte der Hatchettin die Zusammensetzung des Ozokerits haben, doch gilt dies nur wo der Var. vom Loch Fyne, nicht aber von der von Merthyr-Tydvil, welche ein etwas andere Verhalten zeigt und daher wohl auch anders zusammengesetzt sein dürfte. Nach *Boricky* entsteht der Hatchettin, welcher sich im unteren Silur Böhmens mit Ozokerit findet, aus diesem und stellt nur die reinere, deutlicher krystallinische Var. desselben dar. — Findet sich auch bei Wettin, und auf der Grube l'Espérance bei Seraing.

670. Pyropissit, *Kenngott* (Wachskohle).

Derb, in ganzen Schichten, zufolge *H. Fischer* isotrop; Bruch uneben und feinerdig; sehr weich, leicht zu zerbröckeln,· sehr mild und fast geschmeidig; G. = 0.9. schmutziggelb bis lichtgelblichbraun, matt, im Strich glänzend. Bei einer geringen Wärme entwickelt er weisse, schwere Dämpfe, in der Flamme verbrennt er nicht unangenehmem Geruch, und in einem offenen Gefäss schmilzt er zu einer pechähnlichen Masse. Durch Aether lässt sich ein wachsartiger Bestandtheil (30 pCt.) ausziehen, welcher nach *Brückner* ein sehr zusammengesetzter Körper ist. — Gerstewitz unweit Weissenfels in Thüringen, Helbra bei Eisleben, Zweifelsreuth im Braunkohlenbassin von Eger.

Anm. *Freiesleben* kannte den Pyropissit von Helbra schon seit dem Jahre 1800, ausführlich behandelt sein Vorkommen *Emil Stöhr* (N. Jahrb. f. Min., 1867. 403). Vergl. *Zincken,* Physiographie d. Braunkohle 1867. 239.

671. Elaterit (Elastisches Erdpech).

Derb, eingesprengt, nierförmig, als Ueberzug; zufolge *H. Fischer* isotrop; geschmeidig. oft etwas klebrig, elastisch wie Kautschuk, sehr weich; G. = 0,8...1,23; schwärzlichbraun röthlich- und gelblichbraun, Fettglanz, kantendurchscheinend bis undurchsichtig, stark bituminös riechend. — Chem. Zus. wesentlich: $C^n H^{2n}$, mit geringer Beimengung einer sauerstoffhaltigen Verbindung; *Johnston* fand in weichem klebendem Elaterit 85,47 Kohlenstoff, 13,28 Wasserstoff. — Castleton in Derbyshire auf Bleierzgängen, Montrèlais im Dép. der unteren Loire auf Quarz- und Kalkspathgängen, Newhaven in Connecticut.

672. Erdöl (Petroleum, Bergöl, Steinöl, Naphtha[1].

Dünn- oder dickflüssig, farblos oder gelb und braun, durchsichtig bis durch-scheinend; $G. = 0,7 \ldots 0,9$; an der Luft sich leicht verflüchtigend mit aromatisch-bituminösem Geruch. — Chem. Zus.: wesentlich Kohlenstoff und Wasserstoff, in ver-schiedenen Verhältnissen; aus den Untersuchungen der amerikanischen Erdöle hat sich ergeben, dass darin viele homologe Kohlenwasserstoffe $C^n H^{2n+2}$ enthalten sind, an-gefangen von dem gasförmig sich entwickelnden Aethylhydrür $C^2 H^6$ bis zum Cethyl-hydrür $C^{16} H^{34}$. Leicht entzündlich und mit aromatischem Geruch verbrennend. Man unterscheidet: Naphtha, wasserhell und sehr flüssig; Steinöl, gelb und noch vollk. flüssig, und Bergtheer, gelblich- bis schwärzlichbraun, mehr oder weniger zähflüssig; auf Klüften und Spalten des Gesteins hervordringend, theils mit, theils ohne Wasser. — In Braunschweig und in Hannover (Peine, Hildesheim, Lehrte), auch im Elsass an vielen Punkten (z. B. Bechelbronn); Häring und Tegernsee in den Alpen; in den Apenninen an mehren Orten; in vielen Steinkohlenwerken; Baku u. a. O. am Kaspisee, wo jährlich an 250000 Pud Naphtha gewonnen werden; Ost- und West-Galizien, zumal die Gegend von Boryslaw bei Drohobycz, wo mehre tausend Schächte sowohl Petroleum als auch Ozokerit liefern. Eine wahrhaft colossale Production findet in den Vereinigten Staaten Nordamerikas und in Canada statt.

Gebrauch. Als Brenn- und Beleuchtungsmaterial, als Arzneistoff, als Auflösungsmittel von Harzen, als Bewahrungsmittel der Metalloide, zur Bereitung von Firnissen.

Anm. Vieles, was unter dem Namen Bergöl oder Petroleum in den Handel kommt, ist eigentlich schon als tropfbar-flüssiger Bergtheer zu betrachten, wie denn überhaupt tropf-bar-flüssiger und zähflüssiger Bergtheer zu unterscheiden sind, von welchen sich der erstere an das Bergöl, der andere an den Asphalt anschliesst.

Anhang.

Der folgende Anhang führt in alphabetischer Aneinanderreihung eine Anzahl von Mineralien auf, welche entweder ausserordentlich selten, oder bezüglich ihrer Eigenschaften noch nicht nach allen Richtungen hin genügend bekannt sind, oder in der diesen Elementen zu Grunde gelegten Gruppirung noch nicht mit erforderlicher Sicherheit eine Stellung erhalten konnten, oder endlich ihrer Selbständigkeit nach noch als zweifelhaft gelten müssen. Für sie ist meist nur eine ganz kurze Charakteristik, daneben die leicht zugängliche Quelle angegeben, wo Specielleres zu ersehen ist.

Adelpholith, tetragonal, bräunlich, ein wasserhaltiges niobsaures Eisen und Mangan von Laurinmäki in Finnland; *A. E. Nordenskiöld,* Poggend. Ann. Bd. 122. 618.

Aenigmatit (Kölbingit), ein monoklines epidotähnliches Silicat von Kangerdluarsuk in Grönland; *Breithaupt,* Berg- und hüttenm. Zeitg. XXIV. 898.

Amesit, grünes, talk- oder chloritähnliches Mineral von Chester in Massachusetts (*Shepard* u. *Pisani,* Comptes rendus, Tome 83, Nro. 2, p. 166; Z. f. Kryst. I. 1877. 223.

Anthosiderit nannte *Hausmann* ein in schwach seidenglänzenden, feinfaserigen, blumigstrahligen Aggregaten von ockergelber bis gelblichbrauner Farbe ausgebildetes Mineral von Antonio Pereira in Minas Geraes (Brasilien) von H. = 6,5, G. = 3; von Säuren zerlegbar; die Analyse von *Schnedermann* lieferte ca. 60,3 Kieselsäure, 35 Eisenoxyd, 3,6 Wasser. *H. Fischer* erkannte dasselbe indessen als ein entschiedenes Gemeng von Magnesiaglimmer und Fibrolith.

Arsenargentit; so bezeichnet *J. B. Hannay* kleine nadelförmige Krystalle, welche in derben Arsen (wahrscheinlich von Freiberg) eingewachsen sind, und die Zus. Ag^3As (mit 81,2 Silber 18,8 Arsen), sowie das G. = 8,825 haben; Mineralog. Magaz. 1877. Nro. 5. S. 149.

Attakolith (*Blomstrand*), derb, lachsfarbig, wesentlich ein Kalk-Thonerdephosphat von Westanå, Schweden.

Barcenit, eine mit Zinnober und mit Antimonoxyd innig gemengte Substanz von Huitzuco in Mexico, welche nach *J. W. Mallet* ein Gemeng von Antimonsäure mit einem antimonsauren Salz von Kalk und Quecksilber ist (und wohl auf Selbständigkeit keinen Anspruch hat,; Amer. journ. of sc. (3), XVI. 306, October 1878; Z. f. Kryst. III. 1879. 78.

Beccarit, eine angebliche »Zirkonvarietät« *Grattarola's,* bestehend aus 30,3 Kieselsäure, 63,1 Zirkonsäure, 2,5 Thonerde, 3,6 Kalk; H. = 8; unschmelzbar und unlöslich, aber olivengrün und optisch zweiaxig; als Geröll bei Point de Galles; Z. f. Kryst. IV. 1880. 398.

Bertrandit (*Damour*), rhombische, glänzende, z. Th. gelbliche Kryställchen, nach $\infty P\infty$ tafelformig; H. über 6; in Salpetersäure unlöslich, unschmelzbar; die Zus. aus 49 Kieselsäure. 42 Beryllerde, 1,4 Eisenoxyd, 6,9 Wasser, mit der Formel $H^2Be^4Si^2O^9$, würde dem Mineral einen Platz hinter dem Humit anweisen; sehr selten auf Quarz oder Feldspath in Pegmatitgängen in der Gegend von Nantes; vgl. N. Jahrb. f. Min. 1885. I. 194.

Bernardinit (*Stillmann*), fast weisses, zerreibliches, leichtes und poröses Harz, auf dem Bruch schwach faserig, bestehend aus 64,5 Kohlenstoff, 9,2 Wasserstoff, 26,3 Sauerstoff; aus San Bernardino Co., Californien. Amer. journ. (3) Bd. 18. 57; Z.f. Kryst., IV. 1880. 380; V. 1881. 311.

Bismutosphaerit (*Weisbach*) ist das *Werner'*sche Arsenikwismuth, welches zu Neustädtel bei Schneeberg vorkam; seine concentrisch feinfaserigen krummschaligen braunen Kügelchen sind nach Winkler Bi^2CO^5; Jahrb. f. d. Berg- u. Hüttenwes. i. Kgr. Sachsen 1877. Z. f. Kryst. I. 1877. 394; dieselbe Substanz bildet Pseudomorphosen nach einem anscheinend tetragonalen Mineral zu Guanaxuato.

Brackebuschit (*Döring*), dem Descloizit nahe stehend, kleine schwarze gestreifte Prismen aus dem Staat Cordoba in Argentinien, für welche die Zus. $R^3V^2O^8 + H^2O$ angegeben wird, worin R = Pb, Mn, Fe, Zn, Cu (Z. geol. Ges. 1880. 744).

Calcoferrit (*Blum*), ein gelbes, blätteriges, dem Delvauxit chemisch sehr ähnliches Phosphat von Battenberg im Leiningenschen.

Castillit, silberhaltiges und wahrscheinlich mit anderen Schwefelverbindungen gemengtes Buntkupfererz von Guanesivi, Mexico.

Chlorastrolith (*Jackson*), hellblaulichgrüne, radialstrahlige, schön polirbare, kleine Geschiebe von H. = 5...6, aus dem Trapp stammend, von den Ufern der Isle Royale, Lake Superior; ein eisenoxydhaltiges Kalkthonerdesilicat.

Chonikrit (*v. Kobell*), weiss, von Porto Ferrajo auf Elba, ist ein zersetzter und mit sog. Pyro-sklerit gemengter Feldspath.

Cirrolith (*Blomstrand*), dicht, blassgelblich, von Westanå in Schweden, ein wasserhaltiges Kalk-Thonerdephosphat.

Connellit (*Dana*), schön blaue, durchscheinende, spitze hexagonale Kryställchen aus Cornwall, sollen aus Kupfersulphat und -Chlorid bestehen.

Cookëit (*Brush*), farblose hexagonale Säulen mit basischer Spaltb., wurmförmig gekrümmt, auch knäuelähnliche Aggregate, biegsam, aber nicht elastisch; H. = 2,5; G. = 2,7; die Zus. nähert sich der eines lithionhaltigen Glimmers (2,82 Li); blättert sich wie Vermiculit v. d. L. auf und färbt die Flamme intensiv carminroth; grünen und rothen Turmalin zu Paris und Hebron in Maine bedeckend und verkittend, wahrscheinlich daraus entstanden.

Cossyrit nennt *H. Förstner* ein Mineral aus den Rhyolithlaven der Insel Pantelleria, worin er eine trikline Hornblende zu erkennen glaubt, bei welcher indessen gerade das charakteristische. auch hier spaltbare ∞P nicht ca. 124°, sondern 111°9' beträgt, und die Zwillingsebene ∞P∞ ist; die schwarzen kaum 1,5 Mm. langen Kryställchen enthalten 32,87 Eisenoxydul, 7,97 Eisen-oxyd, 5,29 Natron (Z. f. Kryst. V. 1881. 348).

Cuspidin (*Scacchi*), spiessige blass rosenrothe, auch wasserhelle und weisse, monokline Krystalle, vollk. basisch spaltbar; besteht aus 2 CaO . SiO², worin ungefähr ¼ des CaO durch Ca F² ersetzt ist; theils in Drusen aufgewachsen, theils mit Biotit und Hornblende die körnige Masse von Auswürflingen in den Tuffen der Somma am Vesuv bildend; *vom Rath*, Z. f. Kryst. I. 1877. 398; VIII. 1884. 38.

Davreuxit, dünnfaserige weisse Aggregate aus den Quarzgängen der Ardennenschiefer von Ottré und Salm-Château, völlig asbestähnlich, aber ein wasserhaltiges Manganoxydul-Thonerdesili-cat mit geringer Menge von Magnesia; das Analysenmaterial war mit nicht wenig Quarz ver-unreinigt; die Fasern löschen parallel und senkrecht zur Längsrichtung aus. *M. L. L. de Ko-ninck*, Bull. acad. de Belgique (2) Bd. 48. Nr. 8; Z. f. Kryst. IV. 1880. 111.

Diamagnetit *Shepard's*, von Monroe in New-York, ist nach *Dana* eine Pseudomorphose von Magnetit nach Liëvrit.

Duporthit nennt *Collins* grünlich- oder bräunlichgraue Fasern, welche höchstens 1½ Zoll mäch-tige Gänge im Serpentin von Duporth bei St. Austell in Cornwall bilden. H. = 2; G. = 2,78. Besteht hauptsächlich aus 49,2 Kieselsäure, 27,3 Thonerde, 6,2 Eisenoxydul, 11,14 Magnesia, 1 Wasser; steht wohl am nächsten dem S. 638 erwähnten Neolith, welcher jedoch Magnesia und Thonerde in anderem Verhältniss enthält. Mineral. Magaz. 1877. Nr. 7. 226.

Eggonit, anscheinend rhombische, und gewissen Combinationen des Baryts ähnliche, wohl aber trikline, sehr kleine, lichtgraubraune Kryställchen, durchsichtig bis durchscheinend, welche dem Kieselzink vom Altenberg auf- und eingewachsen sind. H. = 4...5. Wahrscheinlich ein Cadmium haltiges Silicat. *Schrauf*, Z. f. Kryst. III. 1879. 353; N. Jahrb. f. Min. 1880. I. 31.

Empholit (*Igelström*), ein dem Davreuxit ähnliches wasserhaltiges Thonerdesilicat von Horrsjö-berg in Wermland (Bull. soc. min. VI. 1883. 40).

Enophit und **Lernilith,** zwei serpentinartige, zum Chlorit hinneigende Mineralien aus dem Ser-pentin von Krzemze, s.-w. von Budweis (*Schrauf*, Z. f. Kryst. VI. 345).

Erdmannit (*Esmark*), ein dunkel lauchgrünes Mineral (G. = 3,388), welches mit Melinophan auf Stokö in Norwegen vorkommt; eine unvollständige Analyse von *Blomstrand* schien es in die Nähe des Orthits zu stellen; eine neuere von *Nils Engström* ergibt eine Formel, welche nach ihm vielleicht derjenigen des Datoliths am nächsten steht (Z. f. Kryst. III. 1879. 200).

Erythrozinkit (*Damour*), dünne rothe durchsichtige Platten in den Spalten eines sibirischen La-sursteins, besteht wesentlich aus S, Zn und Fe, ist einzig positiv wie der Spiauterit und wahrscheinlich ein manganhaltiger Wurtzit (Bull. soc. min. III. 1880. 156; auch *Des-Cloizeaux* ebendas. IV. 1881. 40).

Eukrasit, ein schwarzbraunes, schwach durchscheinendes, fettglänzendes (rhombisches?) Sili-cat (16,20 SiO²) von ThO² (35,96), Oxyden des Cers, Lanthans, Yttriums, Eisenoxyd, Kalk, mit 9,15 Wasser. *S. R. Paikull*, Stockh. geol. För. Förh. III. 350; Z. f. Kryst. II. 1878. 208.

Euralit (*F. J. Wiik*), delessit- oder epichloritähnliche Substanz auf den Klüften eines Hypersthen-gesteins von Eura in Finnland.

Franklandit, verfilzte, weisse Massen von langfaseriger Zusammensetzung aus Tarapaca in Peru, mit H. = 1, leicht löslich in erdünnter Salzsäure; soll nach *J. E. Reynolds* ein Kalk-natronborat Na⁴Ca²B¹²O²² + 15 H²O sein, ähnlich dem Ulexit. Phil. Magaz. (5) III. 1877. 284.

Fredricit, ein als eisenschwarze, unregelmässige Körner und Knoten im Geokronit auf dem Friedrichsschacht der Erzgrube Fahlun eingewachsenes, 2,34 pCt. Blei und 1,11 Zinn führen-des silberhaltiges Fahlerz. *Sjögren*, Stockholm Geol. For. Förh. V. 82.

Freyalith (*Esmark*), harzartig glänzendes, braunen Thorit ähnliches Mineral von Brevig. Bull. soc. minér. I. (1878). 33; vgl. auch Z. f. Kryst. III. 687.

Ganomalith (*A. E. Nordenskiöld*), derbe Massen, aber auch tetragonal-prismatische Krystalle (spaltb. recht deutlich nach ∞P und 0P), farblos oder weisslich, stark fettglänzend, durch-sichtig; H. = ca. 3; G. = 5,72...5,76; optisch einaxig positiv; ergab bei der Analyse von *Lind-strom*: 18,33 Kieselsäure, 68,30 Bleioxyd, 9,34 Kalk, 2,29 Manganoxydul, ganz kleine Mengen von CuO, Al²O³, Fe²O³, MgO, P²O⁵, Cl; daraus wird die Formel Pb³Si²O⁷ + R²SiO⁴ abzuleiten versucht. Schmilzt leicht in dünnen Splittern schon in der Kerzenflamme; leicht löslich i Salpetersäure, unter Abscheidung von Kieselgallert. Zu Jakobsberg und zu Långban in Schwden, hier auch der ähnliche **24** pCt. Baryt haltige **Hyalotekit** (vgl. Z. f. Kryst. II. **4878.** 31 und VIII. **4884.** 651).

Gurhofian (*Klaproth*) von Gurhof, Els und Karlstätten in Oesterreich, ist nur ein dichter Dolom:

Hannayit, ein triklines, wasserhaltiges Magnesia-Ammoniakphosphat aus dem Guano der St; tonhöhlen bei Ballarat, Victoria, Australien; begleitet von Struvit und Newberyit. *G. com Rat*: Sitzgsber. niederrhein. Ges. f. N.- u. H.-K. 43. Jan. 4879; N. J. f. Min. 4880. I. 38.

Hieratit (*Cossa*), sehr kleine oktaëdrische isotrope Kryställchen, von der Zus. **2 K F + 8 1 F⁴**, en geschlossen in grauen, stalaktitischen, aus Alaun, Natronsulfat, Sassolin u. s. w. gemengte Concretionen in Fumarolenlöchern der Insel Vulcano (Hiera); Bull. soc. min. V. 64.

Hofmannit, rhombenförmige, farblose, geruch- und geschmacklose Tafeln mit **Perlmutterglan** in Form weisser krystallinischer Ausblühungen, von der Zus. C²⁰ H³⁶ O, mit 82,23 C, 42,20 H 5,57 O; löslich in Alkohol, leichter in Aether; G. = 4,0565; schmelzend bei 71° zu ein olivenölähnlichen Flüssigkeit, brennend mit leuchtender Flamme. Im Lignit der Umgege: von Siena; *Emilio Bechi* in R. Accad. d. Lincei (3) Transunti II. 485 (4878).

Hullit (*Hardman*), ein delessit- oder chlorophaeitartiges, sammetschwarzes, schwach wach; glänzendes Mineral aus den Hohlräumen des Basalts vom Carnmoney-Hügel bei Belfast in Ir land. Miner. Magaz. II. Nr. 40. 453; Nr. 44. 247.

Hydroilmenit (*Blomstrand*), aus dem Kirchspiel Alsheda in Småland, ein in Umwandlung begr: fenes Titaneisen mit 4,33 Wasser, an der Oberfläche mit einer gelblichweissen, wesentlich a.; **Titansäure** bestehenden Haut überzogen; vielleicht weist dies darauf hin, dass das gra weisse Umwandlungsproduct des Titaneisens der Gesteine nicht immer Titanit, sondern be weilen auch Titansäure (und dann wohl Anatas) ist.

Ilesit (*Wünsch*), weiss, zerreiblich, in Wasser leicht löslich, bestehend aus 35,85 S O³, 23,44 MnO, 5,63 ZnO, 4,55 FeO, 33,48 H²O, ungefähr der Formel **R S O⁴ + 4 F²O** entsprechend; gan: förmig im Hall Valley, Park Co., Colorado (Z. f. Kryst. VI. 523).

Irit *Hermann's*, aus den Platinsanden des Urals, ist nach *Claus* und *A. Wichmann* ein Gemen: von Osmiridium und Chromeisenerz.

Iserit nennt *Jannovsky* braune, in dünnen Schichten honiggelbe Körner vom G. = 4,52, welch: sich unter den sog. Iserinkörnern von der Iserwiese im Riesengebirge finden und worin er e: neues Titanat von der Formel **Fe Ti² O⁵** erblickt (Sitzgsber. Wien. Akad. Bd. 80. I. 34); da su: bisweilen eine mit der Rutils übereinstimmende Krystallform zeigt, z. Th. sogar dessen Zwillingsbildungen erkennen lassen, so ist die Möglichkeit keineswegs ausgeschlossen, dass hier ein mit Titaneisen **vermengter** Rutil (Nigrin) vorliegt.

Ivaarit (*Nordenskiöld*, Beskr. Finl. Min. 4855. 404), ein schorlomit-ähnliches Mineral von Ivaar in Finnland, begleitet von Elaeolith.

Iviglit, ein vielleicht zu den dichten Glimmern gehörendes Natronthonerdesilicat, Schnure u: Kryolith bildend.

Karyinit (*H. C. Lundström*), ein derbes, bräunliches Mineral mit splitterigem Bruch, nach *Des Cloizeaux* mit 2 unter 430° geneigten Spaltungsrichtungen und optisch monoklin; H. = 3...3,5 G. = 4,25; ist arsensaures Blei, Mangan, Kalk, Magnesia, leicht löslich in Salpetersäure; ist gemengt mit Calcit, Hausmannit und Berzeliit zu Långban in Schweden (Geol. För. Förh. II 478. 223; Z. f. Kryst. VI. 299. 543).

Keatingit (*Shepard*), ein unvollständig analysirtes Silicat von Ca, Mn, Zn, von Franklin Furnace New-Jersey, scheint eine Varietät von Rhodonit oder Fowlerit.

Kelyphit nennt *Schrauf* die bekannte lichtgraubraune, aus concentrischen schwach doppeltbre chenden Fasern bestehende Schicht, welche stets in einer Dicke von ¾—4 Mm. die im Serpen tin eingewachsenen Pyropen umgibt; H. = 6,5...7; G. = 3,064. Die Zus. des K. von Prabsch bei Krzemze, s.-w. von Budweis ist 40,4 SiO², 43,4 Al²O³, 2,5 Fe²O³, 4,7 Cr²O³, 7,0 FeO. 3',1 MgO, 5,4 CaO, 0,3 MnO, 2,2 Glühverlust; selbst als feinstes Pulver sehr schwierig aufschliess bar, durch kochende Säuren schwach aber erkennbar angreifbar. *Schrauf* hält den K. für ein pyrogenes Contactgebilde, entstanden durch die Mengung von Pyrop- und Olivinmagma, und versucht die obige Zus. als eine von 2 Mol. Pyrop + 4 Mol. Olivin zu deuten. Aehnliche Kely phite finden sich zu Pétrempré in den Vogesen, zu Greifendorf in Sachsen. *v. Lasaulx* zei indessen, dass nicht nur die letzte genetische Ansicht unhaltbar, sondern der sog. Kelyph auch keineswegs stets gleichartig zusammengesetzt oder überhaupt ein individualisirtes Mine ral sei (Z. f. Kryst. VI. 358; N. Jahrb. f. Min. 4884. II. 24; Sitzungsber. Niederrhein. Ges 3. Juli 4883).

Kentrolith (*Damour* und *G. vom Rath*). Rhombisch; P brachyd. Polk. 425° 32', makrod. Polk. 87° 29'; ∞P 445° 48'; beobachtete Comb. P.∞P.∞P∞; A.-V. = 0,683 : 4 : 0,784; ∞P hori zontal gestreift, glänzender als P; ∞P∞ stets nur schmal entwickelt; spaltb. prismati deutlich. H. = 5; G. = 6,49; dunkelröthlichbraun, auf der Oberfläche schwärzlich. Individu oft in garbenförmigen bis 4 Cm. grossen Gruppen, auch derb. — Chem. Zus.: besteht wesen lich aus Kieselsäure, Bleioxyd und einer der höheren Oxydationsstufen des Mangans: w:rd das Mangan als Superoxyd genommen, so führt die Analyse auf die Formel Pb O, Mn O². Si O (4 6,24 SiO², 60,27 PbO, 23,52 MnO²); ist es als Manganoxyd vorhanden, so wird die Formel 24

$2 Pb O, (Mn^2) O^3, 2 Si O^3$ (46,58 SiO^3, 64,59 PbO, 24,83 (Mn^2)O^3. Auf Kohle schmelzend, wobei die Probe sich mit einem schwachen, grünlichgelben Beschlag umgibt; in geschmolzenem Phosphorsalz löslich, und eine schwach gelblich gefärbte Perle liefernd; in verd. Salzsäure theilweise löslich unter Abscheidung von schwarzem, mit Kieselsäure gemengtem Manganoxyd; mit Salzsäure Chlor entwickelnd. Südl. Chile mit Quarz, Baryt, Apatit, näherer Fundort unbekannt. Z. f. Kryst. V. 1881. 32.

Kochelit von den Kochelwiesen bei Schreiberhau, Schlesien, enthält Nb, Zr, Y, Fe^{2}O^3, ist vielleicht dem Fergusonit genähert; *Websky*, Z. geol. Ges. 1868. 250.

Lautit (*Frenzel*), ein eisenschwarzes, mildes bis wenig sprödes, stängeliges, feinfaseriges bis körniges Mineral von H. = 3 und G. = 4,96, von der Grube Rudolphschacht zu Lauta bei Marienberg i. S.; besteht nach der Analyse aus 28,28 Kupfer, 12,04 Silber, 44,83 Arsen, 47,85 Schwefel, was auf die Formel $(Cu, Ag) As 8$ führt; v. d. L. heftig decrepitirend, leicht schmelzbar, löslich in Salpetersäure. Min. u. petr. Mitth. 1880. 545. Ist nach *Weisbach* ein Gemeng irgend eines Kupfersulfosalzes mit ged. Arsen (N. Jahrb. f. Min. 1882. II. 250).

Lavroffit (*Hermann*, Journ. f. prakt. Chem. II. 444) von der Sludianka am Baikal-See, ist ein durch 4,2 pCt. Kalkvanadinat grün gefärbter Diopsid.

Leidyit, grüne, warzenförmige, wachsglänzende Incrustationen und zarte Stalaktiten, wahrscheinlich krystallinisch, v. d. L. unter starkem Aufschäumen schmelzend, leicht löslich in kalter Salzsäure und theilweise gelatinirend; nach *G. A. König's* Analyse, welche ein Thonerde-, Kalk-, Magnesia-, Eisenoxydsilicat mit 47,08 Wasser ergab, deshalb von diesem zu den Zeolithen gerechnet. Mit Grossular und Zoisit zu Leiperville am Crum Creek, Delaware Co., Pennsylvanien. Z. f. Kryst. II. 1878. 300.

Lepidophaeit (*Weisbach*), röthlichbraunes, schwach seidenartig glänzendes, abfärbendes Mineral, mit zartfaserig schuppiger Textur, von Kamsdorf, enthaltend ca. 59 pCt. Mangansuperoxyd, 9,5 Manganoxydul, 41,5 Kupferoxyd, 21 Wasser. N. Jahrb. f. Min. 1880. II. 410.

Leukochalcit (*Sandberger*), zarte, schwach seidenglänzende Nadeln, weiss, ein wenig ins Grüne spielend, welche nach *Petersen* mit 47,10 Kupferoxyd, 4,56 Kalk, 3,28 Magnesia, 37,89 Arsensäure, 4,60 Phosphorsäure, 9,57 Glühverlust der Formel $Cu^4 As^2 O^9 + 3 H^2 O$ entsprechen. Als Anflug auf der Grube Wilhelmine bei Schöllkrippen im Spessart. N. Jahrb. f. Min. 1881. I. 268.

Leukotil (*Hare*), auf dunklem Serpentin von Reichenstein aufgewachsene Fasern von starkem silberartigem Seidenglanz und grüner Körperfarbe; wasserreiches Silicat von Magnesia, mit Thonerde, Eisenoxyd, Kalk. Ber. d. chem. Ges. 1879, S. 1895.

Liskeardit nennt *Flight* ein grünlich-blaulichweisses Mineral von Chyandour bei Penzance in Cornwall, welches als ein Evansit betrachtet werden kann, dessen Phosphorsäure durch Arsensäure ersetzt ist.

Livingstonit (*Barcéna*), ein nadelförmiges Erz vom Ansehen des Antimonglanzes, aber mit rothem Strich, ist $Hg^2 S + 4 Sb^2 S^3$; von Huitzuco im Staat Guerrero, auch zu Guadalcazar in S. Luis Potosi, Mexico (Z. f. Kr. VI. 97. 542).

Martinsit *Karsten's* von Stassfurt, ein Gemeng von 90,7 Kochsalz mit 9,3 Kieserit.

Mit dem Namen **Melanophlogit** belegte *v. Lasaulx* ein sehr sonderbares Mineral; dasselbe krystallisirt regulär in kleinen Würfelchen von höchstens ½—1 Mm. Kantenlänge, die nicht selten Zwillingsdurchkreuzungen zeigen. Spaltb. hexaëdrisch ziemlich vollk.; licht bräunlich oder farblos, lebhaft glasglänzend und ziemlich durchsichtig; H. = 6,5...7; G. = 2,04. Chem. Zus.: nach *Spezia* 89,46 Kieselsäure, 5,60 Schwefelsäure, 4,33 Kohlenstoff, 0,35 Eisenoxyd, 2,42 Glühverlust, zufolge einer früheren Analyse auch als Verunreinigung 2,8 Strontian. V. d. L. wird die Farbe erst gelblichgrau, dann graublau, bei starkem Glühen glänzend tief schwarzblau, wobei dann dünne Splitter blau durchscheinen und diese Farbe constant bleibt; mit Borax ein klares farbloses Glas, mit Phosphorsalz eine farblose Perle mit Kieselskelet liefernd. Dieses durch seine chem. Zus. höchst auffällige Mineral findet sich sehr selten aufsitzend auf den Kalkspath- und Cölestinkrystallen, welche den Schwefel von Girgenti begleiten, oft in kettenförmigen Reihen, auch in krustenähnlichen Aggregaten, übrigens sehr innig mit der Quarzhaut und der Kruste amorpher Kieselsäure verwachsen, welche die Cölestinkrystalle überrindet, und ausserdem mit Schwefel, Kalkspath und Cölestin stark gemengt (N. Jahrb. f. Mineral., 1876. 250 und 628). Nach *E. Bertrand* sollen die Würfel aus 6 tetragonalen Pyramiden aufgebaut sein, deren Basen die 6 Würfelflächen bilden, während die Spitzen im Mittelpunkt zusammenstossen. Auch die neueren Untersuchungen von *Spezia* (Z. f. Kryst. IX. 1885. 585) haben die Natur desselben nicht besser aufgeklärt, seinen pseudomorphen Charakter aber unwahrscheinlich gemacht.

Melanotekit (*G. Lindström*), ein metall- bis fettglänzendes Mineral von Långban in Schweden, schwarz bis schwarzgrau, doppeltbrechend und pleochroitisch, Bruch eben bis flachmuschelig; H. = 6,5; G. = 5,73. Chem. Zus. der reinen Substanz: 17,32 Kieselsäure, 55,26 Blei, 23,18 Eisenoxyd, 0,93 Glühverlust, geringe Mengen von Cu^{2}O, FeO, MnO, CaO, u. s. w., Cl, P^{2}O^5, nach der Formel $(Pb, H)^2 (Fe)^2 Si^2 O^9$; zersetzbar durch Salzsäure; Z. f. Kryst. VI. 1882. 515; vgl. auch Ganomalith.

Misenit (*Scacchi*), eine weisse seidenglänzende Efflorescenz aus der Tuffgrotte von Miseno bei Neapel, scheint saures Kalisulfat zu sein (Z. d. geol. Ges. IV. 162).

Monetit (*C. U. Shepard*), kleine, wahrscheinlich trikline blassgelblichweisse Krystalle von der Zus. $H CaPO^4$, im Guano der westindischen Insel Moneta; vgl. Z. f. Kryst. VII. **1883. 436.**

Mordenit, kleine halbkugelige, faserige seidenglänzende, weisse Aggregate, ein zeolithisches Mineral mit dem hohen Kieselsäuregehalt von 68,4 (Thonerde 12,8, Kalk 3,5, Natron 2,3, Wasser 13) im Trapp von Morden, Nova Scotia; *How*, vgl. Z. f. Kryst. IV. **100.**

Neochrysolith (*Scacchi*), schwarze Krystallblättchen in den Höhlungen der Vesuvlava von 1631 ein Olivin mit bedeutendem Gehalt an FeO und MnO. Z. f. Kryst. I. **1877. 399.**

Neukirchit (*Thomson*), ein noch etwas problematisches Mineral, bildet kleine vierseitige Krystallnadeln auf faserigem Rotheisenerz, hat H. = 3,5, G. = 3,82; ist schwarz und beste. nach *Muir* aus 56,3 Manganoxyd, 40,85 Eisenoxyd und 6,7 Wasser (Summe 103,85). Ist vielleicht eine isomorphe Mischung von Goethit und Manganit. — Neukirchen im Elsass.

Numealt oder Garnierit, aus Neu-Caledonien, warzige heller oder dunkler apfelgrüne Stalaktiten, meerschaumähnliche oder zerreibliche Massen, eines der besten Nickelerze, indessen kein wohl definirtes Mineral, sondern ein wasserhaltiges Magnesiasilicat, mit ganz veränderlichen Mengen von Nickeloxydul (bis 45 pCt.) imprägnirt; bildet einen Gang im olivinführenden Basalt.

Ontariolith (*C. N. Shepard*), ein skapolithähnliches Mineral, kleine Krystalle in blaugrauem Marmor bildend. Miner. Magaz. IV. **1880. 131.**

Ostranit (*Breithaupt*) von Brevig ist ein scheinbar rhombisch krystallisirtes, ausserdem aber ganz zirkonähnliches Mineral, von welchem *Kenngott* gezeigt hat, dass es ein zersetzter und abnorm gestalteter Zirkon sei.

Partzit aus Peru, ist ein Gemeng von Antimonhydroxyd mit verschiedenen Metalloxyden.

Pateralt (*Haidinger*), schwarz, derb, von Joachimsthal, soll vorwiegend molybdänsaures Kobalt sein; *Laube* in Verh. geol. R.-Anst. XIV. **303.**

Penwithit (*Collins*), ein durchsichtiges, wachsglänzendes, dunkel bernstein- bis röthlichbraunes Mineral von H. = 3,5, G. = 2,49, ausgezeichnet muschelig brechend; $Mn SiO^3 + 2H^2O$ wird als Formel abgeleitet (also analog dem Plombierit), entsprechend 42,5 Manganoxydul, 35,9 Kieselsäure, 21,5 Wasser; schmilzt v. d. L. an den Kanten; Salzsäure löst alles Mangan und hinterlässt farblose Kieselsäure. Mit Quarz und Manganspath zu Penwith, Cornwall. Mineral. Magaz. 1878, Nr. 9, p. 91, und Nr. 13, p. 89.

Philadelphit (*Henry Carvill Lewis*), ein vermiculitartiges Glimmermineral, welches sich v. d. L. mit solcher Gewalt aufblättert, dass es im Stande ist, das 50000-fache seines eigenen Gewichts zu heben; aus dem Amphibolgneiss von Philadelphia. Z. f. Kryst. V. **1881. 512.**

Pilinit (*v. Lasaulx*), aus den Höhlungen des Granits von Striegau, bildet ein asbestähnlich filzartiges Gewebe äusserst feiner biegsamer, seidenfadengleicher Nädelchen (die breitesten nur 0,01 Mm. dick), welche dem rhombischen System angehören, basische Spaltbarkeit besitzen, unter starkem Aufschäumen schmelzen, aber von Salzsäure selbst beim Kochen nicht zersetzt werden. G. = 2,263. Die Analyse von *Bettendorff* ergab: 55,70 Kieselsäure, 18,64 Thonerde und Eisenoxyd (nicht getrennt), 19,51 Kalk, 1,18 Lithion, Magnesia, Natron, Kali Spuren. 4,1 Wasser — also nicht die Zusammensetzung eines Asbests (N. Jahrb. f. Min. 1876. 358).

Plagiocitrit, Klinophaeit, Wattevillit, Klinocrocit, wasserhaltige Sulfate von Thonerde, Eisenoxyd, Kali u. s. w., entstanden durch Einwirkung sich zersetzender Eisenkiese auf Basalttuff vom Bauersberg bei Bischofsheim vor der Rhön. *Singer*, Würzburger Dissertation 1879.

Polyhydrit (*Breithaupt*) von Breitenbrunn in Sachsen, steht dem Hisingerit nahe.

Posepnyit, ein schmutzig lichtgrünes Harz, bald gallertartig, bald sehr hart, von der Great-Western-Quecksilbergrube in Californien. *v. Schröckinger* in Verh. geol. R.-Anstalt 1877. 12.

Psittacinit (*Genth*), dünne, kryptokrystallinische Krusten auf Quarz, bisweilen kleintraubig. papageigrün, aus dem Silver-Star-District in Montana, ist wahrscheinlich $(Pb, Cu)^3 V^4 O^{19} + 9 H^2O$. Am. journ. sc. (3) XII. 1876. 35.

Pyroaurit (*Igelström*), goldfarbige hexagonale Blättchen von Långban in Wermland, ganz analog dem Völknerit zusammengesetzt, hält nur Fe^2O^3 statt Al^2O^3.

Pyrosklerit (*v. Kobell*), grünlich, von Porto Ferrajo auf Elba, mit Chonikrit gemengt, ist ein zersetzter Diallag.

Raimondit, honiggelbe flache Rhomboëder mit der Basis, auf Zinnstein von Ehrenfriedersdorf. ein wasserhaltiges Eisenoxydsulfat, aber nicht mit Coquimbit identisch (*Breithaupt*, Berg.- u. hüttenm. Zeitg. XXV. 1866. 149).

Rezbanyit (*Frenzel*), lichtbleigraue, feinkörnige bis dichte Massen von Rezbánya, bestehend aus 23,35 Blei, 59,16 Wismuth, 17,29 Schwefel, nach der Formel $4 PbS + 5 Bi^2 S^3$ (Min. u. petr. Mitth. V. 175).

Rhabdophan (*Lettsom*), ein äusserst seltenes Mineral aus Cornwall, nierförmige fettglänzende Massen von der Farbe dunklen Bernsteins, optisch einaxig, nach *Hartley* von der Zus. $(R^2)^3 [PO^4]^2 + 2H^2O$, worin 65,75 Sesquioxyde von Lanthan, Didym, Yttrium, Erbium, 26,26 Phosphorsäure, 7,99 Wasser. Identisch damit, bis auf einen Gehalt von 2,59 Kohlensäure. ist ein vorübergehend als Scovillit bezeichnetes Mineral (dünne faserige Schichten von braunlich- bis gelblichweisser Farbe und Fettglanz auf der Oberfläche) von Scoville in Connecticut. vgl. Z. f. Kryst. X. 83.

Richellit (*Cesaro* und *Despret*), hellgelbe und harzglänzende Massen mit schichtenartigen Absonderungen, von Richelle bei Visé in Belgien, ein wasserreiches Phosphat von Fe^2O^3, CaO und etwas Al^2O^3 mit einem Gehalt an Fluor (angeblich Fluorwasserstoff; N. J. f. M. 1884. II. 179).

Rinkit (*Lorenzen*), monoklin mit tafelförmigem Orthopinakoid, gelbbraun, glasglänzend, H. = 5, G. = 3,46, führt 29,1 Kieselsäure, 13,4 Titansäure, 23,3 Kalk, 21,2 Cer-, Lanthan-, Didymoxyd, 8,9 Natron, 5,8 Fluor. Kangerdluarsuk in Grönland; Z. f. Kryst. IX. 243.

Rösslerit (*Blum*), farblose oder weisse dünne Blättchen in dem Kupferschiefer von Bieber, ein dem Hörnesit nahestehendes, aber wasserreicheres Magnesiumarseniat.

Rutherfordit (*Shepard*) aus Nordcarolina, soll monoklin und vorwiegend titansaures Cerium sein.

Sarkopsid, ein fluorhaltiges Eisen- und Manganphosphat von Michelsdorf in Schlesien, sehr wahrscheinlich eine Var. des Triplits; *Websky*, Z. geol. Ges. 1868. 245.

Schraufit, hyacinthrothes bis blutrothes durchscheinendes Harz von der Zus. $C^{11}H^{16}O^2$, in dem Karpathensandstein von Wamma, Bukowina; kommt auch im Libanon vor; *v. Schröckinger*, Verh. geol. R.-Anst. 1875. 134; auch 1876. 255.

Schuchardtit hat *Schrauf* die sog. grüne Chrysopraserde von Gläsendorf in Schlesien (schuppig, sehr weich, in Wasser zerfallend, frisch schön apfelgrün) geheissen.

Siderophyllit (*Henry Carvill Lewis*), ein schwarzes Glimmermineral vom Pikes Peak, reich an FeO (25,50 pCt.), aber mit nur 1,14 MgO. Z. f. Kryst. V. 1884. 543.

Silaonit, derbes Mineral von Guanaxuato, Mexico, sollte nach *Fernandez* Bi^3Se sein, ist aber zufolge H. D. Bruns nur ein dichtes Gemeng von metallischem Wismuth und Selenwismuthglanz; Z. f. Kryst. I. 499; VI. 96.

Silfbergit, honiggelb, durchsichtig, glänzend, in langen Krystallnadeln oder derben Massen, spaltb. nach dem Hornblendeprisma; H. = 5,5; G. = 3,446; besteht aus 48,83 SiO^2, 30,49 FeO, 8,34 MnO, 8,89 MgO, 4,74 CaO, 0,44 Glühverlust, woraus die Formel $4Fe Si O^3 + 2(Mg, Ca)Si O^3 = Mn Si O^3$ abgeleitet und weshalb das Mineral in die Nähe des Anthophyllits gesetzt wird, obschon die rhombische Natur nicht erwiesen ist. Mit Igelströmit zu Vester-Silfberget in Dalarne; *Weibull*, vgl. Z. f. Kryst. VIII. 1884. 647.

Sipylit (*J. W. Mallet*), meist kleine unregelmässige Partieen mit kleinmuscheligem bis unebenem Bruch, doch auch in einem tetragonalen Krystall (P Mittelk. 127°, darnach deutlich spaltbar) gefunden; bräunlichschwarz, in dünnen Splittern rothbraun durchsichtig; metallischer Harzglanz. H. = ca. 6; G. = 4,89. Ist nach W. S. Brown's Analyse vorwiegend ein (ca. 2 pCt. Ta^2O^5 haltiges) Niobat ($Nb^2O^5 + Ta^2O^5 = 48,66$) von (ca. 1 pCt. Y^2O^3 haltigem) Erbiumoxyd $Er^2O^3 + Y^2O^3 = 27,94$), welches auch 3,92 La^2O^3, 4,06 Di^2O^3, 1,37 Ce^2O^3, 3,47 UO, ferner 2,09 ZrO^2 und 3,19 H^2O enthält. Decrepitirt v. d. L. und zeigt lebhaftes Aufglühen, noch stärker als Gadolinit; unschmelzbar, zersetzbar durch kochende Schwefelsäure. Im Little Friar Mountain in Amherst Co., Virginia, mit einem Gemeng von Allanit und Magnetit. Ist wahrscheinlich dem Fergusonit verwandt. Vgl. Z. f. Kryst. II. 1878. 192; VI. 1882. 548.

Sphenoklas (*v. Kobell*), derb, schwach glänzend, mit splitterigem Bruch und halbdurchscheinend, hellgraulichgelb, bildet Lagen im Kalkstein von Gjellebäck in Norwegen, chemisch dem Melilith ähnlich zusammengesetzt (Journ. f. prakt. Chem. Bd. 91. 348).

Stannit (*Breithaupt*), ist eine gelblichweisse bis isabellfarbige, derbe Substanz von klein- und flachmuscheligem Bruch, spröd, schwach fettglänzend bis schimmernd; gibt bei der Analyse nach *Plattner* und G. Bischof 87 bis 89 pCt. Zinnoxyd, ausserdem vorwiegend Kieselsäure, etwas Thonerde und Eisenoxyd; findet sich in Cornwall mit Quarz, Zinnstein und ist (kein Zinnsilicat, sondern) entweder wie *Des-Cloizeaux* und *Tschermak* glauben, ein blosses Gemeng von Zinnstein und Quarz, oder nach *Dana* eine Pseudomorphose von Zinnstein nach Feldspath.

Stützit, monokline, aber mit einer vollkommen hexagonal entwickelten Formenreihe versehene Tellursilberblende, vermuthlich Ag^4Te, aus Siebenbürgen. *Schrauf*, Z. f. Kryst. II. 1878. 245.

Tavistockit (*Dana*), ein weisses sternförmige Fasern bildendes wasserhaltiges Thonerde-Kalkphosphat von Tavistock in Devonshire.

Tengerit, ein pulveriges weisses nicht näher untersuchtes Yttriumcarbonat, bildet Ueberzüge über Gadolinit von Ytterby.

Thaumasit, ein weisses schwach fettglänzendes Mineral von Bjelke in Areskustan (Schweden), von H. = 3,5, G. = 1,877, ist nach A. E. Nordenskiöld (Comptes rendus, Bd. 87. 1878. 314, vgl. N. Jahrb. f. Min. 1880. I. 37) = $CaSiO^3 + CaSO^4 + CaCO^3 + 14H^2O$, trotzdem aber homogen, nach *Bertrand* indessen ein Gemeng von kohlens. Kalk, Gyps und einem Kalksilicat, wahrscheinlich Wollastonit (Bull. soc. minéral. 1881, Nr. 1); darauf hat jedoch Nordenskiöld nochmals die Homogenität betont und hervorgehoben, dass weder der Gehalt von 42,2 pCt. Wasser, noch das (alsdann viel zu geringe) sp. Gew. dieser Deutung entspricht.

Thermophyllit (*A. Nordenskiöld*), schuppige, talkähnliche, perlmutterglänzende Massen, welche sich beim Erhitzen aufblättern, von Hopansuo in Finnland, ein chemisch dem Gymnit verwandtes Magnesiasilicat.

Tobermorit (*F. Heddle*), durchscheinender weisser Zeolith, vorwiegend wasserhaltiges (12,5 pCt.) Kalksilicat mit nur 2,4 Thonerde, dem Okenit oder Gyrolith nahestehend, von Tobermory auf Mull; vgl. N. Jahrb. f. Min. 1882. I. 11.

Totaigit, kleine, hell rehbraune Körner im Kalk bei Totaig in Rossshire, nach F. Heddle in der Zusammensetzung dem Chondrodit, noch mehr dem Danburit ähnlich. Z. f. Kryst. IV. 1880. 340.

Tritomit hat *Weibye* ein auf der Insel Lamö bei Brevig mit Mosandrit und Leukophan im Sycnit eingewachsenes Mineral genannt, welches angeblich in Tetraëdern krystallisirt; Bruch muschelig, sehr spröd; H. = 5,5; G. = 4,16...4,66; dunkelbraun, Strich gelblichbraun; glasglänzend, kantendurchscheinend bis undurchsichtig. Die älteren Analysen von *Berlin*, *Forbes* und *Mohr* waren unvollständig; neuere, von *Nils Engström* ausgeführte ergaben: Kieselsäure (3) Tantalsäure und Zinnsäure (sehr wenig), Borsäure (ca. 8), Kalk (7), Oxyde von Cer, ca. Lanthan (16—20), Didym (ca. 5), Thorium (ca. 9), Yttrium, Eisenoxyd, Manganoxyd, Tht- erde, Natron (letztere sehr spärlich), Wasser (6,5) und Fluor (3—4). Z. f. Kryst. III. 1879. 31
Uranothorit (*Collier*), ein dem Thorit nahestehendes Mineral mit 10 pCt. Uranoxyd aus der Eisen- erzregion von Champlain, New-York; Journ. Amer. chem. soc. II.; Z. f. Kryst. V. 1881. 34
Vallerlit (*Blomstrand*), von Nyakopparberg, Schweden, derb, metallglänzend, von der Far- des Magnetkieses, aber mit dem Fingernagel ritzbar, enthält Schwefelkupfer, Schwefeleisen, Eisenoxyd, Magnesia und Wasser.
Venasquit, ein ottrelithähnliches wasserhaltiges Eisenoxydul-Thonerdesilicat von Venasque, den Pyrenäen. *Damour* in Bull. soc. minéral. II. 1879. 167.
Vestan, ein Name, welchen *Jenzsch* für den sog. Fettquarz vorschlägt, wie er in den Blasenräu- men der Melaphyre Sachsens, Schlesiens, des Harzes, des Thüringer Waldes vorkommt, u: auf Grund seiner Spaltbarkeit und Krystallformen eine trikline Kieselsäure darstellen so- welche in allen übrigen Eigenschaften mit dem Quarz übereinstimme; die objective Realität dieser Mineralart ist wohl sehr zu bezweifeln.
Voigtit, lauchgrünes, durch Verwitterung braun werdendes chloritähnliches Mineral aus einem schriftgranitartigen Gestein vom Ehrenberg bei Ilmenau; *E. E. Schmid* in Ann. d. Phys. u Chem. Bd. 97. 108.
Walkerit (*Heddle*), ein Zeolith aus dem Diabas des Corstorphine Hill bei Edinburgh, schein: nichts anderes als Pektolith zu sein.
Warwickit (*Shepard*, auch **Enceladit** von *St. Hunt* genannt), dunkelhaarbraune, rauhflächige prismatische Krystalle (G. = 3,4) im körnigen Kalk von Edenville, New-York, soll ein Bor- titanat von Magnesia und Eisen sein.
Wehrlit (*v. Kobell*), eine krystallinisch-körnige schwarze Substanz von Szarvaskö im Zemescher Comitat in Ungarn, welche von *Zipser* für Liëvrit gehalten, jedoch, nachdem *Fischer* sie scho für ein Gemeng erklärt hatte, von *Wichmann* als ein pikritartiges Gestein erkannt wurde.
Winkierit (*Breithaupt*), ein derbes dunkelblaues wasserhaltiges Nickel-Kobaltoxyd von Almeri im südl. Spanien; N. Jahrb. f. Min. 1872. 816; 1882. II. 256.
Xantholith (*Heddle*) von Milltown am Loch Ness (Schottland) scheint ein verunreinigter kalkhal- tiger Staurolith; vgl. N. Jahrb. f. Min. 1882. I. 9.

Zusätze und Berichtigungen.

Zu S. 7. Von *Tschermak's* Lehrbuch der Mineralogie ist 1885 die zweite Auflage erschienen.

Zu S. 90. Für die Auffassung und Bildungsweise vicinaler Flächen ist von Wichtigkeit *Schuster's* ausführliche Discussion derselben am Danburit vom Scopi, Min. u. petrogr. Mittheil. VI. 1885. 304.

Zu S. 158. *Michel Lévy's* Methoden der Bestimmung der Doppelbrechung von Mineralien in Dünnschliffen von der Dicke 0,04 bis 0,03 Mm. vgl. Bull. soc. min. 1883. 143; im Exc. N. Jahrb. f. Min. 1885. I. 179.

Zu S. 167. *Tschermak* hat vorgeschlagen, das mit Nicols versehene Mikroskop, in welchem die Untersuchung im parallelen polarisirten Licht vorgenommen wird, Orthoskop, das die Untersuchung im convergenten Licht bedingende *Nörremberg's*che sog. Polarisationsmikroskop Konoskop zu nennen (Lehrb. d. Min. 2. Aufl. 1885. 169).

Zu S. 172. Ueber neuere Apparate zur Messung des optischen Axenwinkels vgl. *Liebisch*, N. Jahrb. f. Min. 1885. I. 175.

Zu S. 173. Wenn man eine *Bertrand's*che Linse in das Mikroskop einfügt und im letzteren das Interferenzbild eines zweiaxigen Krystalls beobachtet, so kann man durch Messen des Abstands der Hyperbeln mittels eines Ocularmikrometers, oder durch Projection der Hyperbeln mit der Camera lucida auf Papier, den Axenwinkel der Platte bestimmen, indem man jenen Abstand mit demjenigen in anderen Krystallplatten von bekanntem Axenwinkel vergleicht.

Zu S. 189. Zur Erklärung der Farbenerscheinungen pleochroitischer Krystalle vgl. *W. Voigt* im N. Jahrb. f. Min. 1885. I. 119.

Zu S. 285 und 372. Der Chiviatit gehört zufolge seiner chem. Zus. nicht unter die Gruppe 3 der Sulfosalze, sondern ist unter die Gruppe 2 derselben und zwar in die Nähe des Guejarits zu setzen.

Zu S. 286. In der Namen-Uebersicht lies Z. 1. v. o. Nickeloxydul statt Nickeloxyd.

Zu S. 295. Hinzuzufügen: *E. Hatle*, Die Minerale des Herzogthums Steiermark. Graz 1885.

Zu S. 308. Gediegen Blei findet sich zufolge *Mallet* zu Maulmain in Birma, sitzend in Cerussitkrystallen.

Zu S. 345, Z. 26 v. o. lies genauer statt genauerer.

Zu S. 345. Selenquecksilber (Tiemannit), HgSe, von Marysvale im s. Utah fand *S. L. Penfield* in bis über 3 Mm. grossen, tetraëdrisch regulären Krystallen, Combinationen der beiden abweichend glänzenden Tetraëder mit ∞O∞, 303, 505, $\frac{4}{3}$O$\frac{4}{3}$; Zwillinge nach O; schwarz, stark metallisch glänzend; H. = ca. 3; G. = 8,188; Bruch muschelig, Spaltb. nicht bemerkbar. — Der Metacinnabarit ist zufolge *Penfield* nur scheinbar amorph; er beobachtete von der Reddington Mine, Lake Co., Californien, bis zu 1 Mm. grosse Krystalle mit etwas rauhen und gekrümmten Flächen, aber doch deutlich tetraëdrisch regulär, mit beiden Tetraëdern fast im Gleichgewicht; G. = 7,81. Darnach wären Selenquecksilber und Metacinnabarit isomorph (Am. Journ. Sc. XXIX. Juni 1885). — Zugleich würde aber daraus folgen, dass HgS als Zinnober und Metacinnabarit dimorph ist.

Zu S. 360. Ueber die Antimon- und Arsensilberblende (Rothgültigerz) handelt eine sehr ausführliche Arbeit von *Rethwisch*, Göttinger Inauguraldissert. 1885; gelangt auch im N. Jahrb. f. Min. zum Abdruck.

Zu S. 377. Zufolge der Untersuchungen von *v. Lasaulx* sind bei dem Korund die früher als optische Zweiaxigkeit gedeuteten Erscheinungen theilweise nur die Folge der combinirten Wirkung eingeschalteter Zwillingslamellen mit der in normaler basischer Stellung befindlichen Substanz, und demnach keine Anomalien, sondern durchaus gesetzmässige Interferenzerscheinungen, zum anderen Theil durch optische Zweiaxigkeit in Folge einer Compression normal zu den Zwillingslamellen hervorgerufen. Die einfachen Krystalle des Korunds sind in der That optisch einaxig, abgesehen von ganz geringen Störungen durch zonale Schichtung oder fremde Einschlüsse (Sitzungsb. niederrhein. Ges. 6. Febr. 1885).

Zu S. 382. Pseudobrookit fand *Törnebohm* in einem Augitandesit von der Beringsinsel; er vermuthet, dass die braunen tafelförmigen Interpositionen im Hypersthen ebenfalls dem Pseudobrookit angehören.

Zu S. 404. Am Rutil aus dem Dolomit von Imfeld im Binnenthal fand *Rinne* als neue Form noch $P\frac{1}{2}$ (N. Jahrb. f. Min. 1885. II. 21).

Zu S. 421, Z. 18 v. u. lies 60,604 Chlor und 89,399 Natrium statt 60,64 Chlor und 89,86 Natrium.

Zu S. 427. Der beiläufig erwähnte Nocerin (weisse seidenglänzende Prismen und faserige Partieen) ist nach der Analyse von *E. Fischer* ein Oxyfluorid von der Form. $2(Ca, Mg)F^2 + (Ca, Mg)O$; allerdings war das analysirte Mineral durch einen in Abrn: gebrachten Gehalt an Al, K und Na (zusammen 7,84 pCt.) verunreinigt.

Zu S. 446. In den höheren Schichten der Kainitregion zu Stassfurt findet sich, oft verwachsen m. erdigem Boracit oder durchsetzt von Kainit, der Pinnoit, schwefel- bis strohgelt zuweilen pistaziengrüne, auch röthliche und graue Knollen, feinkörnig bis dich: schwach schimmernd im Bruch; H. $= 3...4$; G. $= 2,27$; ist neutrales (Meta-) Borat \v2 Magnesium, $MgB^2O^4 + 3H^2O$ mit 24,89 Magnesium, 42,69 Borsäure, 82,92 Wasser leicht löslich in Säuren (*Staute*, Ber. chem. Gesellsch. XVII. 1884. S. 1584).

Zu S. 446. Ueber Colemanit vgl. ferner *Wendell Jackson* im Bull. California Acad. sc., Jan. 185; auch *Arzrúni* in Z. f. Kryst. X. 272.

Zu S. 473. Z. 27 v. u. lies: Maxit genannt, statt: vgl. unten Maxit.

Zu S. 530. Mehre neue wasserhaltige Manganarseniate sind neuerdings von Nordmarken in Wermland untersucht worden: Allaktit, monoklin, bräunlichroth, durchsichtig, mit vivianitähnlichen Formen; Hämafibrit, radialstrahlige Aggregate in Drusen, rhombisch, braunroth bis granatroth; Diadelphit, kleine rhomboédrische, braunrothe bis granatrothe Krystalle, leicht basisch spaltbar; Synadelphit, monoklin schwarzbraune bis schwarze Krystalle (vgl. *Hj. Sjögren*, Z. f. Kryst. X. 113).

Zu S. 534. Der Hauptfundort des orientalischen Türkis ist nicht Meshed, sondern das 15 geogr. Meilen weiter westl. gelegene Nischapur, wo das Mineral zufolge *Tietze* höchstens ? Mm. starke Gänge in einer aus kantigen Fragmenten porphyrischen Trachyts bestehenden Breccie bildet (Verh. geol. R.-Anst. 1884. 93).

Zu S. 537. An ausgezeichneteren, mehre (bis 8) Mm. grossen Krystallen von Descloizit aus der Lake Valley in Sierra Co., New-Mexico, entscheidet sich *vom Rath* für die rhombische Krystallisation dieses Minerals.

Zu S. 543. Goyazit nennt *Damour* ein neues Mineral, welches in der brasilianischen Provinz Goyaz die Diamanten begleitet, gelblichweisse, mehr oder minder durchsichtige Körner von 4—5 Mm. Durchmesser, leicht spaltbar, optisch einaxig positiv; H. $= 5$; G. $= 3,26$ Die Zus. aus 14,87 Phosphorsäure, 50,66 Thonerde, 17,83 Kalk, 16,67 Wasser geleitet auf die Formel $(Al^2)O^3, 3CaO, P^2O^5 + 9H^2O$. Wird beim Erhitzen bleich und undurchsichtig; kaum schmelzbar, von Säuren unangreifbar (Bull. soc. min. VII. 204).

Zu S. 551 u. 552. Einen Vanadin haltigen Mimetesit oder Mittelglieder zwischen Mimetesit und Vanadinit, z. B. mit 14,86 Arsensäure, 9,60 Vanadinsäure, aus dem Lake Valley, Sierra Co., New-Mexico, hat *Genth* Endlichit genannt. Ebendaselbst erscheinen schöne bis 5 Mm. lange und 8 Mm. dicke orangegelbe Krystalle von Vanadinit.

Zu S. 565. Analysen von *Friedl* an ganz reinem Staurolith-Material haben die Formel $R^4 R^6 (R^2)^{12} Si^{11} O^{66}$ ergeben, worin R = vorwaltend Fe, auch etwas Mg, und $(R^3) = (Al^2$ nebst ganz wenig (Fe^2); derselben entspricht das einfache Sauerstoffverhältniss $2 : 1$; der Kieselsäuregehalt beträgt ca. 28,2, der an Thonerde ca. 52 (Z. f. Kryst. X. 366).

Zu S. 583. Tafelförmige, licht honiggelbe, ganz durchscheinende Krystalle von Fayalit wurden von *J. P. Iddings* in den lithophysenartigen Hohlräumen der Sphärolithe in Obsidian und Rhyolith des Yellowstone National Park gefunden, mit Quarz und Tridymit; sie sind das reine (Ortho-) Silicat von Eisenoxydul, ohne Magnesia und ergeben das A.-V. $= 0,4584 : 1 : 0,5794$; Poo $= 76° 43'$; optische Axenebene wie im Olivin 0P (Am. Journ. sc. XXX. Juli 1885).

Zu S. 586 ff. Nach den neuen Untersuchungen von *C. v. Wingard* besitzen die drei Humit mineralien in der That eine völlig identische chem. Zus. Der Humit des 1. Typus (eigentlicher H.) vom Vesuv führt einen mittleren Gehalt an (direct bestimmtem) Fluor von 5,64, an Wasser von 1,45, der Kieselsäuregehalt liegt zwischen 35,88 und 35,55, das übrige ist MgO und FeO; ein Verlust fand nicht statt; er gibt dafür die Formel $Mg^{13}[Mg_2F]^4(Mg[OH])^2[SiO^4]^6$, welche auch auf die anderen passt. Der Humit vom Ladugrufva gab Fluor 4,72, Kieselsäure 35,26; der Klinohumit vom Vesuv Fluor 5,67, Wasser 1,44, Kieselsäure 33,2 bis 33,4; die Chondrodite vom Vesuv und von Nyakopparberg Fluor 5,20 und 5,58, Wasser 1,87 und 4,34, Kieselsäure zwischen 83,4 und 35 pCt. Vgl. Z. f. anal. Chemie v. *Fresenius*, XXIV. 344.

Zu S. 602. Ueber die Gruppe der Skapolithe hat *Rammelsberg* neuerdings im Gegensatz zu *Tschermak* seine Ansichten dargelegt in Sitzgsber. Berliner Akad. XXX. 18. Juni 1885.

Zu S. 704. Pseudomorphosen von weisslichem feinkörnigem Oligoklas nach Granat beobachtete *Cathrein* in Amphibolit-Rollstücken der Brandenberger Ache in Nordtirol (XVIII. Vers. des oberrhein. geol. Ver.).

Register zum Allgemeinen Theil.

Register zur Physiographie.

Druck von Breitkopf & Härtel in Leipzig.

Lightning Source UK Ltd.
Milton Keynes UK
UKHW020418090119
334943UK00009B/1329/P